AF816154

NR. 17
REFERAT 0001–3161
SEITE 1–296

1964
29. APRIL

CHEMISCHES ZENTRALBLATT

1830 gegründet
1897—1945 von der Deutschen Chemischen Gesellschaft fortgeführt

Herausgegeben im Auftrage
der Deutschen Akademie der Wissenschaften zu Berlin,
der Chemischen Gesellschaft in der DDR,
der Akademie der Wissenschaften zu Göttingen
und der Gesellschaft Deutscher Chemiker
von Prof. Dr. HEINRICH BERTSCH und Prof. Dr. Dr. h. c. WILHELM KLEMM

Chefredakteure
Dr. EUGEN KLEVER und Prof. Dr.-Ing. EBERHARD LEIBNITZ

135. JAHRGANG
1964

AKADEMIE-VERLAG GMBH · BERLIN · VERLAG CHEMIE GMBH · WEINHEIM · BERGSTRASSE

Chem. Zbl. 135. Jg. Nr. 17 Ref. 0001—3161 S. 1—296 Berlin, 29. April 1964

Inhalt

Anschriften der Chefredakteure: Dr. Eugen Klever, 1 Berlin 30, Geisbergstraße 39, Fernsprecher: 24 95 41
Prof. Dr.-Ing. Eberhard Leibnitz, Berlin N 4, Schiffbauerdamm 19, Fernsprecher: 42 55 71

Redaktionsstab:

Teil A: Dr.-Ing. Christian Weiske, Dr. Armand Blaschette, Dr. Horst Liepack, Dipl.-Chem. Horst Roschkowski, Dipl.-Phys. Herbert Weber
Wissenschaftliches Redaktionsmitglied: Dr. Gerhard Schmidt, Berlin

Teil B: Dr.-Ing. Günther Pötzscher, Dipl.-Ing. Joachim Richter, Dr.-Ing. Wolfgang Schramm, Dr. Hubertus Zimmer

Teil C: Dr. Eugen Herr, Dipl.-Chem. Peter Golinske, Dr. Irmtraud Hahn, Dipl.-Chem. Wolfgang Liebscher, Dipl.-Chem. Maria Mirsch, Dr. Horst Pagel, Dipl.-Chem. Ingrid Schwandt, Dipl.-Chem. Elfriede Sidow, Dr.-Ing. Ilse Spaeth
Wissenschaftliche Redaktionsmitglieder: Dr. Margareta Boit, Frankfurt/M.; Prof. Dr. Oto Wichterle, Prag

Teil D: Dr. Eugen Herr, Dipl.-Chem. Heinz Czech
Wissenschaftliches Redaktionsmitglied: Prof. Dr. Oto Wichterle, Prag

Teil E: Dr. Paul Loch, Dr. Else Brandt, Dipl.-Chem. Peter Gregorzewski, Dipl.-Chem. Ilse Hähn, Dr. Wilfried Hiller, Christiane Jürgens, Dipl.-Ing. Heinz Kockert, Dipl.-Biol. Margot Metze

Teil F: Dipl.-Ing. Frigga Thomas

Teil G: Dr. Armand Blaschette, Dr. Helene Fröhlich, Dr.-Ing. Christian Weiske

Teil H: Dipl.-Ing. Gerhard Reisner, Dipl.-Chem. Heinz Czech, Dr. Mechthilde Gehlen-Keller, Dipl.-Min. Hildtraut Noack, Dipl.-Chem. Klaus Schmidt, Dipl.-Ing. Frigga Thomas, Dr. Helga Völz, Dr. Michael Winiker
Wissenschaftliche Redaktionsmitglieder: Dr.-Ing. Rudolf Karl Müller, Heidelberg; Dr. Ingeborg Kalzendorf, Leuna

Register: Dr. Walther Schicke, Dr. Else Brandt, Dr. Helene Fröhlich, Dr. Margret Hänel, Gertrud Klesse, Dr. Gerda von Krueger, Dr.-Ing. Ruth Levi, Dr.-Ing. Günther Pötzscher, Dipl.-Chem. Wolfgang Räck, Dipl.-Chem. Asta Reisner, Dipl.-Ing. Elfriede Rosdorff, Dr.-Ing. Wolfgang Schramm, Dr.-Ing. Nikolaus Ullmann, Dr. Irma Wilke, Dr. Maria Winter.

Unter weiterer Mitarbeit von: Dr. Else Arnold, Dr. Christa Bahr, Dipl.-Chem. Ingrid Beßer, Dipl.-Ing. Klaus Bittmann, Dipl.-Ing. Ingeborg Buchta, John Burridge, Dipl.-Chem. Sigrid Dehmlow, Dr. Irmgard Delius, Dipl.-Chem. Joachim Günther, Dipl.-Chem. Christel Hemmann, Dipl.-Chem. Gertraud Herper, Dipl.-Ing. Werner Hoffmann, Dipl.-Chem. Eva Hunger, Hannelore Jehne, Barbara Köhler, Dipl.-Chem. Ursula Krüger, Dr. Horst Liepack, Dipl.-Chem. Günther Lietz, Dipl.-Chem. Brigitte Lukanoff, Dipl.-Ing. Gisela Maier, Dipl.-Ing. Ruth Mattner, Dr.-Ing. Friedrich Meyer-Wildhagen, Dr. Steffi Mohrmann, Dipl.-Ing. Marietta Moldenschardt, Dipl.-Chem. Hildegard Neumann, Dipl.-Chem. Sylvia Oelsner, Dipl.-Chem. Rosemarie Pankow, Dipl.-Ing. Brigitte Repp, Dipl.-Ing. Joachim Richter, Dipl.-Chem. Horst Rochow, Margret Rodegast, Dr. Ingeborg Störig, Dr. Edit Ulbrich, Dipl.-Phys. Herbert Weber, Dipl.-Chem. Irmela Wendlandt, Dipl.-Chem. Rosemarie Werner, Dr. Hubertus Zimmer, Dr. Ilse Zoll

Entwicklungsabteilung: Dr. Gerd Bauer, Dipl.-Ing. Fritz Ehrhardt
Slawische Sprachen: Dipl.-Chem. Else Heinemann, Dr. Helene Fröhlich, Dr. Georg Froelich, Dr. Eugen Klever, Joachim Lehmberg, Dr.-Ing. Günther Pötzscher, Dipl.-Chem. Ilse Schade, Prof. Dr. Max Ulmann, Dr.-Ing. Christian Weiske
Unter weiterer Mitarbeit von: Ing. Sergej Baryschnikow, Dipl.-Ing. Otto Lebtag, Dr.-Ing. Rudolf Karl Müller, Heidelberg
Fernöstliche Sprachen: Prof. Dr. Eturô Maekawa, Japan; Prof. Dr. Leonhard Schuler, Heidelberg
Außenredaktionen:
Zeitschriften-Referate: prom. Chem. Csc. Vladimir Dadák, Brünn; Prof. Dr. Oto Wichterle, Prag; Prof. Dr. Jenö Plank, Budapest; Prof. Dr. B. Kurtev, Sofia; Prof. Dr. Eturô Maekawa, Japan; Prof. Dr. Leonhard Schuler, Heidelberg; Dipl.-Chem. Peter Angelé, Leipzig; Dipl.-Chem. Dora Huhn, Schkopau; Dr. Ingeborg Kalzendorf, Leuna
Patent-Referate: Berlin: Dr. Julius Gante, Dr.-Ing. Hans-Jürgen Nitzschke
München: Dr.-Ing. Hermann Bräucker, Dr. Hanns Donle, Dr. Walther Ganzlin, Dr.-Ing. Josef Mühleisen, Dr.-Ing. Fritz Vier
Ständiger wissenschaftlicher Berater bei der Redaktion Geisbergstraße: Prof. Dr. Bertold Reuter
Referentendienst: 1 Berlin 30, Geisbergstraße 39, Dr. Armand Blaschette
Berlin N 4, Schiffbauerdamm 19, Alice Hawelek

Namenregister

Ein vollständiger oder gekürzter Abdruck der Referate ist ohne Genehmigung der Redaktion und des Verlages verboten!

Allgemeine Chemie *Physikalische Chemie*
Mineralogische Chemie *Biologische Chemie*
Organische Chemie *Anorganische Chemie*
Pharmazie *Angewandte Chemie* *Werkstoffe*

Unser neues Gesamtverzeichnis 1964
»Bücher und Zeitschriften«
senden wir Ihnen auf Anforderung
gern kostenlos zu

Wasserchemie *Verfahrenstechnik* *Analyse*
Laboratorium *Korrosion* *Arbeitsschutz*
Geschichte der Chemie *Forschungsberichte*
Patentrecht *Nachschlagewerke* *Biographien*

Verlag Chemie · GmbH · 694 Weinheim/Bergstr.

Patentregister

Nr.	Referat
909368	2777
909675	2049
909895	2025
909945	2024
910129	2774
910207	2028
910216	2773
910372	1949
910454	2787
910481	2020
910893*	2502
911330	2048
911410	2890
911628	2888
911640*	2739
911664	2041
912118	2416
912401	2643
912408*	2254
912454	2865
912689	2661
912739	2776
912747*	2261
912829	2663
912893	2051
913059*	1716
913353	1714
913445	2697
913520	2772
913585	2424
913706	3009
913965*	3161
914003	2673
914141	2655
914153	2371
914154	2372
915635*	1715
916499	3143
916920	3144
916945*	2059
918064*	1933
924319*	2568
926221*	2075
931397*	3155

Französische Patente (F.P.)

Nr.	Referat
[Méd.] 959*	1726
74319*	2253
75163*	1704
75209*	1699
75211*	1687
75244*	1708
1174045*	2400
1178313*	2400
1178314*	2400
1203640*	2801
1204714*	2717
1205582*	2256
1206125*	2742
1207232*	2731
1212832*	2743
1213902*	2715
1217374*	2726
1229599	2053
1231634	3145
1242642*	2738
1244475*	2522
1244479*	2508
1244565*	1709
1244576*	2506
1244591*	2492
1244607*	2503
1244675*	2518
1244713*	2504
1244718*	2488
1244771*	2491
1244813*	2484
1245066*	2494
1245493*	2507
1245495*	2514
1245507*	3158
1250075*	1742
1250076*	1743
1250403*	1710
1250411*	1731
1250779*	2618
1251212*	1694
1251214*	1703
1251218*	1706
1252011*	1705
1252016*	1688
1252021*	1698
1252028*	1697
1252605*	1707
1252623*	1695
1256192*	2546
1257034*	1932
1261176*	1691
1261853*	2523
1261871*	1735
1261872*	1730
1266267*	2509
1266326*	2487
1266458*	1700
1271888*	2385
1272659*	2722
1277907*	2545
1279863	2148
1280210	1925
1280532	1927
1281616	2154
1283357	1926
1288702*	1736
1288718*	1684
1289163*	3157
1289423*	1738
1290631	3142
1296441*	3152
1304492	2920

Indische Patente (Ind.P.)

Nr.	Referat
65373	2054
66291	1645
67240	1649
67471*	2257
67634	2867
67866	3023
68209	1958
68453*	1718
69403	1676
69566*	1711
69609*	2255
69956	1650
75131	2230

Israelische Auslegeschriften (Israel.A.S.)

Nr.	Referat
15941	2015
16883	2224

Italienische Patente (It.P.)

Nr.	Referat
545212	2141
551348	2146
555439	2035
559098	1948
560499	3022
560574	2034
561072	1964
562240	3088

Japanische Auslegeschriften (Jap.A.S.)

Nr.	Referat
7538/1961	3112
8598/1961*	2740
8740/1961	2648
10642/1961*	2737
10847/1961*	2730
14637/1961*	2738

Niederländische Patente (Niederl.P.)

Nr.	Referat
102037	1924
102038	1924
102451	2052
102461*	2070
103096*	2071
103114	1965
103895*	3159
104043*	1971
104398*	2799

Österreichische Patente (Oe.P.)

Nr.	Referat
204025*	1740
214908*	2489
215971*	2481
219025*	1693
219029*	2505
219032*	1732
219034*	2517
219035*	2515
219036*	1696
219059*	2480
219576*	1685
219589*	1739
219591*	1686
219594*	2512
219598*	1702
219599*	1701
219600*	2524
219617*	2487
220132*	2485
220137*	2490
220595*	2069
220815*	2723
221802*	2716
223373*	2719
223374*	2720
223630*	2546
223722*	2568
223811*	2800
223813*	2959
223816*	2722
224821*	1724
224822*	1723
225316*	2589
226383*	1717

Portugiesische Patente (Port.P.)

Nr.	Referat
38010	1678
38140	1651

Schwedische Patente (Schwed.P.)

Nr.	Referat
173062	2150
173344	2153
174216	2151
174918	2023

Schweizer Patente (Schwz.P.)

Nr.	Referat
342581	1642
357059	2029
362483	3096
363971*	2066
364276*	3160
365164*	2566
365369*	2068
365472	3108
365811*	2561
365813*	2579
366034	2055
366110*	2569
366111*	2580
366112*	2577
366270	1931
366547*	2521
366611*	2556
366612*	2551
366913*	2584
367179*	2955
367257*	2553
367479*	2062
367480*	2078
367538*	2564
367580*	2554
367581*	2563
367583*	2564
367584*	2567
367585*	2574
367657	2237
367910*	2555
367912*	2559
367913*	2555
368253*	3041
368501*	2500
368560*	2560
368563*	2576
368622*	2714
368793*	2260
369107*	2544
369110*	2548
369117*	3039
369118*	2516
369227*	2556
369230*	2558
369232*	2557
369234*	2566
369236*	2578
369237*	2585
369448*	1725
369466*	2588
369532*	2570
369738*	2547
369757*	1721
369800*	1968
369837*	2565
370086*	1689
370796*	1692
370797*	1692
370798*	1692
370799*	1692
370800*	1692

Sowjetische Patente (UdSSR.P.)

Nr.	Referat
119434	3150
129193	2027
129428	2241
131346	1959
133237	2057
134083	2220
134218	2036
150398	2149

Ungarische Patente (Ung.P.)

Nr.	Referat
150116	1672
150165	1669
150471	2370
150770	1966
150817	1967
150821	2917
150852	2039
150860	2868

CHEMISCHES ZENTRALBLATT

Nr. 17 · 29. April 1964
Referat 0001—3161
Seite 1—296

Geschichte, Unterricht

0001 **Karl Lohmann zum 65. Geburtstag am 10. April 1963.** K. Täufel und M. Ulmann. (Ernährungsforschung **8**, 185, 1963; Potsdam-Rehbrücke, Inst. für Ernährung; dt.) — Kurze Hinweise auf die Leistungen von Lohmann auf dem Gebiet der Biochemie. M. Ulmann 1◇

0002 **Edward Cholewa (1908—1962). Nachruf.** Zdzisław Wojtaszek. (Wiadomości chem. **17**, 391—94, 1963; pol.) — Würdigung der wissenschaftlichen u. pädagog. Arbeit des Assistenten am Lehrstuhl für anorgan. Chemie der Univ. Krakau. F. Urban 1◇

0003 **Johan Gadolin.** K. R. Webb. (J. Roy. Inst. Chem. **84**, 349—50, 1960; Univ. of Southampton, Dep. of Chem.; engl.) — Kurze Lebensbeschreibung von J. Gadolin (geb. 5/6. 1760 in Turku, gest. 15/8. 1852 in Wirmo). — Bild. Ch. Weiske 1◇

0004 **2500 Jahre Gußeisen.** Anonym. (Chem. Rdsch. **16**, 556, 1963; dt.) — Übersicht mit Angaben über sehr frühe Anwendung des Gußeisens durch die Chinesen. F. Rosendahl 2△

0005 **Zur Geschichte der Spinnschmälzen und Präparationen.** E. Corty. (Z. ges. Textilind. **65**, 586—91, 1963; dt.) — Die geschichtliche Entw. der Schmälztechnik im Rahmen der chem. u. mechan. Technologie wird behandelt. I. Beßer 2◇

0006 **Studentenmessung der Fermi-Energie durch Positronenvernichtung.** John D. McGervey. (Amer. J. Physics **31**, 713—18, 1963; Cleveland, Ohio, Western Reserve Univ.; engl.) — Beschreibung einer Anordnung zur Messung der Winkelkorrelation der Positronenvernichtungsstrahlung aus einem polykristallinen Metall. Aus der Winkelkorrelation wird der Wert für die Fermi-Energie der Leitungselektronen bestimmt, wobei gute Übereinstimmung mit dem Modell des Gases freier Elektronen erhalten wird. Herbert Weber 6◇

0007 **Die Bestimmung der Gaskonstante R.** Allan Adair. (School Sci. Rev. **43**, 732—33, 1962; Tavistock, Kelly Coll.; engl.) — Angabe eines im Unterricht anwendbaren Verfahrens. D. Hoene 6◇

0008 **Molekülmodelle aus sich berührenden Kugeln. 2. Mitt. Anwendungen im Unterricht.** Henry A. Bent. (J. chem. Educat. **40**, 523—30, 1963; Minneapolis, Minn., Univ., of Minnesota; engl.) — 1. vgl. J. chem. Educat. **40**, [1963], 446. A. Blaschette 6◇

0009 **Ein Diels-Alder-Praktikumsversuch.** J. C. Kellett jun. (J. chem. Educat. **40**, 543, 1963; Chapel Hill, N.C., Univ. of North Carolina, School of Pharm.; engl.) — Darst. von *9.10-Dihydro-11.11.12.12-tetracyano-9.10-äthanoanthracen*, F. 263° (geschlossenes Röhrchen), aus Tetracyanoäthylen u. Anthracen; ca. 80% Ausbeute. A. Blaschette 6◇

0010 **Einfache Methode zur Darstellung von 2.4-Dinitroanilin.** A. A. Ashton. (J. chem. Educat. **40**, 545, 1963; St. Helens, Lancashire, St. Helens Techn. Coll.; engl.) — Praktikums-Vers.: 2.4-Dinitroanilin, F. 178—180°, durch Rk. von 2.4-Dinitrochlorbenzol mit sd. konz. alkohol. NH_3-Lösung. A. Blaschette 6◇

0011 **Der Stoffwechsel von Fetten in Pflanzen.** G. A. Strafford. (School Sci. Rev. **43**, 594—603, 1962; Isle of Man, King William's Coll.; engl.) — Anleitung zur Beschreibung der Rolle der Fette in Pflanzen, ihrer Umsetzungen u. der Weiterverarbeitung der Bruchstücke (Glycerin, Fettsäuren) in den verschiedenen Cyclen im Schulunterricht. D. Hoene 6◇

A. Allgemeine, physikalische und anorganische Chemie

0012 **Fehlergrenzen für Erwartungswerte.** Norman W. Bazley und David W. Fox. (Rev. mod. Physics **35**, 712—15, 1963; Geneva, Inst. Battelle; Silver Spring, Md., Johns Hopkins Univ., Appl. Phys. Labor.; engl.) — Diskussion der Abschätzung von Erwartungswerten von stationären Zuständen der Schrödinger-Gleichung. A. Blaschette 10◇

0013 **Über die asymptotische Bedingung in einer lokalen relativistischen Quantenfeldtheorie.** Klaus Hepp. (Acta physica austriaca **17**, 85—95, 1963; Zürich, ETH; engl.) Herbert Weber 10◇

0014 **Obere Grenzen für Kopplungskonstanten in der Quantenfeldtheorie.** B. V. Geshkenbein und B. L. Ioffe. (Physic. Rev. Letters **11**, 55—58, 1963; Moscow, USSR, Inst. of Theoret. and Experiment. Phys.; engl.) Herbert Weber 10◇

A_1. Kernphysik und Kernchemie

0015 **Erzeugung von π-Mesonen und γ-Strahlung in der Galaxis durch Höhenstrahlen.** J. B. Pollack und G. G. Fazio. (Physic. Rev. [2] **131**, 2684—91, 1963; Cambridge, Mass., Harvard Univ., Astronom. Dep. and Smithsonian Astrophys. Observ. and Harvard Coll. Observ.; engl.) — Wiedergabe einer detaillierten Analyse der wahrscheinlichsten Quellen von γ-Strahlung mit einer Energie $>$ 0,2 MeV. Die Voraussagen erfolgen aus sich ergebenden Flüssen u. deren Winkelverteilung in Erdnähe. Gerhard Schmidt 85◇

0016 **Kerne der primären Höhenstrahlung mit $Z \geqq 2$ auf großen Höhen.** M. Koshiba, E. Lohrmann, H. Aizu und E. Tamai. (Physic. Rev. [2] **131**, 2692—98, 1963; Chicago, Ill., Univ. of Chicago, Dep. of Phys.; Evanston, Ill., Northwestern Univ., Dep. of Phys.; engl.) — Messungen mit auf Höhen von mehr als 135000 ft. geflogenen Emulsionsstapeln ermöglichen eine Best. des *Li*—*Be*—*B*-Flusses mit sehr geringen Unsicherheiten. 971 Kerne mit $Z \geqslant 3$ werden identifiziert. Das Verhältnis der L/M-Kerne ist 0,51 $\pm$ 0,07 bei 200 MeV/N $< E <$ 700 MeV/N u. 0,32 $\pm$ 0,003 bei Energien $>$ 700 MeV/N. Diese Zunahme der leichten Kerne mit abnehmender Energie findet sich für Li, Be u. B. Sehr wenig *F* wird bei hohen u. niedrigen Energien festgestellt. C ist das am häufigsten auftretende Element auch unterhalb 700 MeV/N. Weitere Ergebnisse liefern abs. Flußwerte, das Energiespektrum der leichten, mittleren u. schweren Kerne von 100 bis 700 MeV/N u. der α-Teilchen von 100—300 MeV/N. Gerhard Schmidt 85◇

0017 **Energiespektren von kernaktiven Teilchen in einer Höhe von 3260 m über dem Meeresspiegel.** N. L. Grigorow, I. N. Jerofejewa, W. Ss. Mursin, L. G. Mischtschenko, I. D. Rapoport, B. O. Rosstomjan, W. A. Ssobinjakow und A. F. Titenkow. (J. exp. theoret. Physik [UdSSR] **44**, 1806—10, 1963; Moskau, Univ., Inst. für Kernphys.; russ., Auszug: engl.) — In einem aus 12 Reihen von Ionisationskammern bestehenden Ionisationscalorimeter wurde das Spektrum bestimmt. Im Energieintervall $2 \cdot 10^{11}$—$2 \cdot 10^{12}$ eV kann das Integralspektrum durch eine Potenzfunktion mit γ = 1,92 dargestellt werden. Der mittlere Kceff. der Unelastizität der Kernwechselwrkg. bleibt konstant. G. Ewald 85◇

0018 **Mariner II: Untersuchung der energiereichen Strahlung.** Hugh R. Anderson. (Science [Washington] **139**, 42—45, 1963; Pasadena, Calif., California Inst. of Technol., Jet Propulsion Labor.; engl.) — Mittels Geiger-Zähler mit Stahl- oder Be-Schutz u. mittels einer Ionisationskammer wurden an Bord von Mariner II Messungen der Intensität der ionisierenden Strahlung in Abhängigkeit von der Entfernung von der Sonne durchgeführt. Vom 31/8. bis 15/11. 1962 war die Strahlung konst., ein Anstieg wurde am 23. u. 24/10. im Zusammenhang mit einer Sonnenfackel beobachtet. M. Wiedemann 85◇

0019 **Änderung im Steifespektrum während kurzdauernder Variation der Höhenstrahlung.** Hachiro Takahashi. (Physic. Rev. Letters **10,** 116—17, 1963; Ueda, Morioka, Iwate Univ., Dep. of General Educat.; engl.) — Die 1957 auf 52° S u. 16° S beobachteten Änderungen im Steifespektrum erfolgten exponentiell mit der geomagnet. Störung u. dürften durch magnet., von der Sonne emittierte Wolken verursacht sein. M. Wiedemann 85◇

0020 **Einige Theoreme bezüglich der Bewegung eines elektrisch geladenen Teilchens in einem magnetischen Dipolfeld.** Ernest C. Ray und Joseph E. Kasper. (Ann. Physics **20,** 119—31, 1962; Santa Monica, Calif., The RAND Corp.; Iowa City, Iowa, State Univ. of Iowa, Dep. of Phys. and Astronomy; engl.) — Unters. im Hinblick auf Höhenstrahlprobleme. Herbert Weber 85◇

0021 **Abschirmung gegen Weltraumstrahlung.** Richard Madey. (Nucleonics [New York] **21,** Nr. 5, 56—60, 1963; Farmingdale, N.Y., Republ. Aviat. Corp.; engl.) — Hinweis auf die Existenz eines durch das geomagnet. Feld hervorgerufenen strahlensicheren Bereichs in Höhen unterhalb des Van Allen-Gürtels. Gerhard Schmidt 85◇

0022 **Über die Energie der μ-Mesonen in μ-Mesonenbündeln der Höhenstrahlung.** Ju. N. Wawilow. (J. exp. theoret. Physik [UdSSR] **43,** 1009—11, 1962; Akad. der Wiss. der UdSSR, Physikal. Lebedew-Inst.; russ., Auszug: engl.) — Die minimale mittlere Energie in Meereshöhe sollte auf Grund von Intensitätsmessungen $\gtrsim 10^{12}$ eV sein. H. Liepack 85◇

0023 **Über die Möglichkeit von Resonanzwechselwirkungen des Myons.** G. von Gehlen. (Nuovo Cimento [10] **29,** 295—97, 1963; Frascati, Roma, Labor. Naz. del C.N.E.N.; engl.) — Theoret. Betrachtungen, z. B. über die Möglichkeit eines angeregten Zustands des Myons bei der π-μ-Streuung. H. Schroeder 90◇

0024 **Winkelverteilung von Myonen beim π–μ-Zerfall in Ruhe.** H. Hulubei, J. S. Ausländer, E. M. Friedländer und Ş. Ţiţeica. (Physic. Rev. [2] **131,** 2841, 1963; engl.) — Druckfehlerberichtigungen zur C. **1964,** 10-0006 referierten Arbeit. Herbert Weber 90◇

0025 **Erzeugung neutraler Pionen aus Proton–Proton-Stößen bei 735 MeV.** Robert J. Cence, Don L. Lind, Gilbert D. Mead und Burton J. Moyer. (Physic. Rev. [2] **131,** 2713—18, 1963; Berkeley, Calif., Univ. of California, Lawrence Radiat. Labor.; engl.) — Mit einem Target aus fl. H_2 wurde der Querschnitt für π^0-Erzeugung zu $3{,}46 \pm 0{,}25$ mb bestimmt. Herbert Weber 90◇

0026 **Chiralitätserhaltung und Erzeugung weicher Pionen bei Pion–Nucleon-Stößen.** Ely Shrauner. (Physic. Rev. [2] **131,** 1847—56, 1963; Chicago, Ill., Univ. of Chicago, Enrico Fermi Inst. for Nucl. Stud. and Dep. of Phys.; engl.) Herbert Weber 90◇

0027 **Modifizierte Phasenverschiebungsanalyse von Pion–Nucleon-Streudaten.** G. L. Kane und T. D. Spearman. (Physic. Rev. Letters **11,** 45—48, 1963; Urbana, Ill., Univ. of Illinois; engl.) — Unters. unter Benutzung von Phasenverschiebungen für die niedrigen Partialwellen u. eines geschlossenen Terms zur Darst. des Einfl. aller höheren Partialwellen. Herbert Weber 90◇

0028 **Elastische $\pi^{\pm}$–p-Streuung bei 31,4 MeV.** D. E. Knapp und K. F. Kinsey. (Physic. Rev. [2] **131,** 1822—25, 1963; Rochester, N.Y., Univ. of Rochester; engl.) — Messungen differentieller Querschnitte u. Phasenverschiebungsanalyse. Herbert Weber 90◇

0029 **Der Einfluß von $\pi\pi$-Wechselwirkung auf die s- und p-Wellen der πN-Streuung.** P. Ss. Issajew und W. A. Meschtscherjakow. (J. exp. theoret. Physik [UdSSR] **43,** 1339—48, 1962; Vereinigtes Inst. für Kernforsch.; russ., Auszug: engl.) — Unters. auf der Grundlage der Mandelstam-Darstellung. P. Sliwinski 90◇

0030 **Erzeugung von Multimesonenresonanzen durch π^+–p-Wechselwirkung und Beweis für eine $\pi\omega$-Resonanz.** Maris Abolins, Richard L. Lander, Werner A. W. Mehlhop, Nguyen huu Xuong und Philip M. Yager. (Physic. Rev. Letters **11,** 381—85, 1963; La Jolla, Calif., Univ. of California at San Diego, Phys. Dep.; engl.) — H_2-Nebelkammer-Messung von verschiedenen partiellen Querschnitten der Rkk. $\pi^+ + p \to \pi^+ + p + X$ bei 3,43 u. 3,54 GeV/c, wobei X die bekannten Multimesonen-Resonanzen ω, η, ϱ^0, f^0 u. Φ darstellt. Es wurden Beweise für eine $\pi\omega$-Resonanz bei 1,22 GeV mit einer vollen Breite von $0{,}100 \pm 0{,}020$ GeV gefunden. Bzgl. des f^0-Mesons ($I = 0$, $\pi\pi$-Resonanz bei 1250 MeV) wurde eine obere Grenze des Querschnitts der Rk. $\pi^+ + p \to \pi^+ + p + f^0$ von 0,1 mb für 3,34 GeV/s gefunden. Herbert Weber 90◇

0031 **Beweis bezüglich der Existenz der f^0-Resonanz.** I. J. R. Aitchison. (Physic. Rev. [2] **131,** 1797—1801, 1963; Upton, N.Y., Brookhaven Nat. Labor.; engl.) — Eine Einpionenaustausch-Berechnung zeigt, daß der kleine Querschnitt für f^0-Erzeugung, der bei der Rk. $\pi^+p \to \pi^+\pi^-\pi^+p$ beobachtet wurde, den in $\pi^-p \to \pi^+\pi^-n$ beobachteten großen Werten nicht zu widersprechen braucht. Herbert Weber 90◇

0032 **Struktur im totalen Pion–Proton-Wirkungsquerschnitt zwischen 2 und 3 GeV.** A. N. Diddens, E. W. Jenkins, T. F. Kycia und K. F. Riley. (Physic. Rev. Letters **10,** 262—65, 1963; Upton, N.Y., Brookhaven Nat. Labor.; engl.) — Die totalen Wrkg.-Querschnitte für $\pi^{\pm}$ gegenüber Protonen wurden im Energiebereich von 1,5—6 GeV gemessen. 2 neue Resonanzen bei einer totalen Energie von 2,19 bzw. 2,36 GeV (Schwerpunkts-Syst.) u. einem Isotopenspin von 1/2 bzw. 3/2 wurden beobachtet. H. Schroeder 90◇

0033 **Einige empirische Systematiken für das Pion–Nucleon-System.** T. F. Kycia und K. F. Riley. (Physic. Rev. Letters **10,** 266—67, 1963; engl.) — Vgl. vorst. Referat. — Empir. Systematiken der Quantenzahl u. Massen zweier Isobaren (l. c.) mit den Massen 2,19 u. 2,36 GeV u. Isotopenspin 1/2 bzw. 3/2 wurden aufgestellt. H. Schroeder 90◇

0034 **Empirische Beziehungen unter Einschluß von Hyperonen und Baryonenisobaren.** R. M. Sternheimer. (Physic. Rev. [2] **131,** 2698—2703, 1963; Upton, N.Y., Brookhaven Nat. Labor.; engl.) — Ein von Kycia u. Riley (vgl. vorst. Ref.) vorgeschlagenes Schema für die Klassifizierung der Nucleonenisobaren wird erweitert, um die Hyperonenisobaren Y_0^* u. Y_1^* mit Strangeness $S = -1$ einzuschließen. Herbert Weber 90◇

0035 **Erzeugung von Hyperonenresonanzen in $\Lambda^0 + \bar{\Lambda}^0 + \pi^+ + \pi^-$-Endzuständen.** C. Baltay, J. Sandweiss, H. Taft, B. B. Culwick, W. B. Fowler, J. K. Kopp, R. I. Louttit, J. R. Sanford, R. P. Shutt, A. M. Thorndike und M. S. Webster. (Physic. Rev. Letters **11,** 32—35, 1963; New Haven, Conn., Yale Univ.; Upton, N.Y., Brookhaven Nat. Labor.; engl.) — Die Erzeugung einer Hyperon–Pion-Resonanz Y_1^* mit Isospin 1 u. Masse 1385 MeV (u. des Antiteilchens $\bar{Y}_1^*$) wurde bei $\bar{p}$–p-Stößen beobachtet, die zur Rk. $\bar{p} + p \to \Lambda^0 + \bar{\Lambda}^0 + \pi^+ + \pi^-$ führen. Herbert Weber 90◇

0036 **Y_0^* und die $\bar{K}$–N-Wechselwirkung niedriger Energie.** Y. Fujii. (Physic. Rev. [2] **131,** 2681—83, 1963, Tokyo, Surugadai, Nihon, Univ., Coll. of Sci. and Engng., Dep. of Phys.; engl.) — Vers. einer Analyse von $\bar{K}$N-Daten niedriger Energie unter der Annahme, daß das Y_0^* ein gebundener S-Wellen-$\bar{K}$N-Zustand ist. Herbert Weber 90◇

0037 **Resonanzmodell für $\gamma + N \to Y + K$.** N. A. Beauchamp und W. G. Holladay. (Physic. Rev. [2] **131,** 2719—bis 2721, 1963; Nashville, Tenn., Vanderbilt Univ., Dep. of Phys. and Astronomy; engl.) Herbert Weber 90◇

0038 **Suche nach ungewöhnlichen Zerfallsmodi der Hyperkerne.** S. J. St. Lorant. (Physics Letters [Amsterdam] **5,** 343—44, 1963; Oxford, Clarendon Labor.; engl.) — Wiedergabe der Hyperkerne ${}^7_{\Lambda}He$, ${}^7_{\Lambda}Li$, ${}^9_{\Lambda}Li$ u. ${}^{14}_{\Lambda}C$, deren Zerfallsmodi, Bindungsenergien, Rückstoßimpulse u. Q-Werte. Nahezu sämtliche doppelt geladenen Hyperfragmente können als Hyper-He mit Massenzahl 4 u./oder 5 identifiziert werden. Gerhard Schmidt 90◇

0039 **Beobachtung eines doppelten Hyperfragments.** M. Danysz, K. Garbowska, J. Pniewski, T. Pniewski, J. Zakrzewski, E. R. Fletcher, J. Lemonne, P. Renard, J. Sacton, W. T. Toner, D. O'Sullivan, T. P. Shah, A. Thompson, P. Allen sen., M. Heeran, A. Montwill, J. E. Allen, M. J. Beniston, D. H. Davis, D. A. Garbutt,

V. A. Bull, R. C. Kumar und P. V. March. (Physic. Rev. Letters **11,** 29—32, 1963; Warsaw, Univ. of Warsaw, Inst. of Exp. Phys. and Inst. of Nucl. Res.; Bristol, Univ. of Bristol, H. H. Wills Phys. Labor.; Bruxelles, Univ. Libre de Bruxelles; Geneva, CERN; Dublin, Inst. for Advanced Stud.; Dublin, Univ., Coll.; London, Univ. Coll.; London, Westfield Coll.; engl.) — Während einer systemat. Unters. von Wechselwrkg. von 1,5-GeV/c-K^--Mesonen in Emulsionen wurde ein Ereignis beobachtet, dessen wahrscheinlichste Erklärung die Erzeugung eines ${}^{10(11)}_{\Lambda\Lambda}Be$ durch einen Ξ^--Einfang in *C* ist. Der nachfolgende Zerfall wird als ${}^{10(11)}_{\Lambda\Lambda}\mathrm{Be} \rightarrow {}^{9(10)}\mathrm{Be} + {}^{1}\mathrm{H} + \pi^-$; ${}^{9(10)}_{\Lambda}\mathrm{B} \rightarrow 2\,{}^{4}\mathrm{He} + {}^{1(2)}\mathrm{H} + \pi^-$ gedeutet.
Herbert Weber 90◇

0040 **Intermediäre Bosonen: Paarerzeugungsquerschnitt durch Photonen.** Alfred C. T. Wu, Tai Tsun Wu und Kurt Fuchel. (Physic. Rev. Letters **11,** 390—94, 1963; Cambridge, Mass., MIT, Labor. for Nucl. Sci.; Ann Arbor, Mich., Univ. of Michigan, Harrison M. Randall Labor. of Phys.; Princeton, N.J., Inst. for Advanced Study; Upton, N.Y., Brookhaven Nat. Labor., Appl. Math. Dep.; engl.) — Berechnungen zu den Querschnitten von $\gamma + p \rightarrow p + W^+ + W^-$ u. $\gamma + Z \rightarrow W^+ + W^-$. Herbert Weber 90◇

0041 **Einfluß von schwachen Wechselwirkungen höherer Ordnung auf den Erzeugungsquerschnitt von intermediären Bosonen durch Neutrinos.** Tsai Tsun Wu. (Physic. Rev. Letters **11,** 395—96, 1963; Princeton, N.J., Inst. for Advanced Study; engl.) — Vgl. vorst. Referat. Herbert Weber 90◇

0042 **Eine Feldtheorie der schwachen Wechselwirkungen.** I. Mitt. G. Feinberg und A. Pais. (Physic. Rev. [2] **131,** 2724—61, 1963; New York, N.Y., Columbia Univ., Phys. Dep.; Princeton, N.J., Inst. for Advanced Study; engl.) — Effekte von schwachen Wechselwrkg. höherer Ordnung werden im Rahmen der Vektormesonen-Feldtheorie untersucht.
Herbert Weber 90◇

0043 **Möglicher Test der Vektornatur von starken Wechselwirkungen.** K. E. Eriksson und S. A. Yngström. (Physic. Rev. [2] **131,** 2805—08, 1963; Uppsala, Sweden, Univ. of Uppsala, Inst. of Theoret. Phys.; engl.) — Unters. zur Prüfung der Vektormesonentheorie von starken Wechselwrkg. durch Messung der Verzweigungsverhältnisse für Emission weicher Mesonen. Es wird angenommen, daß das ω-Meson zu dem Feld in Beziehung steht, das die Wechselwrkg. zwischen Baryonenströmen vermittelt. Herbert Weber 90◇

0044 **Elementarität von Vektormesonen.** Kunio Yamamoto. (Physics Letters [Amsterdam] **5,** 355—56, 1963; Chicago, Ill., Univ. of Chicago, Enrico Fermi Inst. for Nucl. Stud., Dep. of Phys.; engl.) — Vf. zeigt, daß Vektormesonen nicht durch elementare Pole mit Ausnahme des unrealist. Falles beschrieben werden können, für den der totale Querschnitt wie $\log s$ für große s-Werte zunimmt, wobei s das Quadrat der Energie im Schwerpunkts-Syst. darstellt.
Gerhard Schmidt 90◇

0045 **Über das Vorwärtsmaximum der Streuung bei der energiereichen Grenze.** Seiya Aramaki. (Progr. theoret. Physics [Kyoto] **30,** 265—66, 1963; Nagoya, Nagoya Univ., Dep. of Phys.; engl.) — Unters. nach der Mandelstam-Darstellung. Herbert Weber 90◇

0046 **Komplexer Drehimpuls in der nichtrelativistischen Potentialstreuung.** A. H. Völkel. (Acta physica austriaca **17,** 3—17, 1963; Hamburg, Univ., Inst. für Theoret. Phys.; engl.) — Unters. über die analyt. Eigg. der Partialwellenamplituden. Herbert Weber 90◇

0047 **Die Bestimmung von Partialwellenamplituden aus Dispersionsbeziehungen in Gegenwart von unelastischer Streuung.** P. Beckmann. (Acta physica austriaca **17,** 45—55, 1963; Mainz, Inst. für Kernphys.; engl.) — Unters. zur Reduzierung des Problems auf ein äquivalentes rein elast. Problem, wenn der Imaginärteil der Streuphasenverschiebung als bekannt angenommen wird.
Herbert Weber 90◇

0048 **Obere Schranke zum Anwachsen der Streuamplitude bei hoher Energie.** Toichiro Kinoshita. (Acta physica austriaca **17,** 56—64, 1963; Geneva, Switzerland, CERN; engl.) — Unters. am Beispiel der Streuung von spinlosen Teilchen gleicher Masse. Herbert Weber 90◇

0049 **Ein axiomatischer Rahmen für Potentialstreuung.** G. Berendt. (Acta physica austriaca **17,** 65—71, 1963; Berlin, FU, Inst. für Theoret. Phys.; engl.) — Vgl. C. **1963,** 15655. Herbert Weber 90◇

0050 **Komplexe Energie und komplexer Drehimpuls bei Vorhandensein von Nichtzentralpotentialen.** K. Ringhofer und P. Urban. (Acta physica austriaca **17,** 96—108, 1963; Graz, Univ., Inst. für Theoret. Phys.; dt.) — Unters. zur Potentialstreuung bei Vorhandensein von LS- u. Tensorpotentialen (Lösungen der Schrödinger-Gleichungen).
Herbert Weber 90◇

0051 **Über die Verteilung der transversalen Impulse und Zusammenhang mit der elastischen Streuung bei hohen Energien.** D. S. Narayan und K. V. L. Sarma. (Physics Letters [Amsterdam] **5,** 365—68, 1963; Bombay, Tata Inst. of Fundament Res.; engl.) — Aufstellung einer bei hohen Energien geltenden Beziehung zwischen dem elast. u. dem totalen Querschnitt sowie dem mittleren transversalen Impulsen gestreuter Teilchen, die mit den Ergebnissen über p-p- u. π-p-Streuung im Einklang ist.
Gerhard Schmidt 90◇

0052 **Schrumpfung und Nichtschrumpfung von Beugungspeaks.** P. G. O. Freund und R. Oehme. (Physics Letters [Amsterdam] **5,** 353—55, 1963; Chicago, Ill., Univ. of Chicago, Enrico Fermi Inst. for Nucl. Stud., Dep. of Phys.; engl.) — Behandlung der theoret. Differenzen zwischen den Grenzen der Amplituden für Proton–Proton- u. Proton–Antiproton-Streuung bei hoher Energie in Verbindung mit den asymptot. Formen der $\pi^{\pm}$–p-Streuung.
Gerhard Schmidt 90◇

0053 **Schrumpfung des Beugungsverlaufs und Kräfte kurzer Reichweite.** Bipin R. Desai. (Physic. Rev. Letters **11,** 59—62, 1963; Bloomington, Ind., Indiana Univ.; engl.) — Unters. zur Frage, ob die Schrumpfung bei pp-Streuung (bei ca. 10—20 GeV/c) auf starke Effekte kurzer Reichweite zurückgeführt werden kann. Im Hinblick auf die Tatsache, daß der π^-p-Beugungsverlauf nicht gedämpft wird, scheinen wichtige Effekte aus dem ω-Austausch herzuführen, der in pp-, aber nicht in πp-Streuung anwesend ist.
Herbert Weber 90◇

0054 **Eine qualitative Untersuchung über energiereiche elastische Streuung und Regge-Pole.** R. Hagedorn. (Acta physica austriaca **17,** 18—28, 1963; Geneva, Switzerland, CERN; engl.) — Unters. im Hinblick auf die Schrumpfung des Beugungsmaximas bei elast. pp-Streuung bei hohen Energien (≥ 5 GeV). Herbert Weber 90◇

0055 **Čerenkov-Strahlung linear polarisierter Teilchen.** Li Men Cha. (Hochschulnachr. [Tomsk], Physik **1962,** Nr. 1, 136—37; Moskau, Lomonossow-Univ.; russ.) — Vgl. C. **1962,** 6657. — Nach der Quantenelektrodynamik wird die Čerenkov-Strahlung linear polarisierter Teilchen mit Ladung u. magnet. Eigenmoment ermittelt u. der Grad der Zirkularpolarisation der Strahlung erhalten. M. Wiedemann 90◇

0056 **Berechnung von Elektron–Photon-Kaskaden in Blei für eine Primärenergie von 200 MeV.** H. H. Nagel und Ch. Schlier. (Z. Physik **174,** 464—71, 1963; Bonn, Univ., Physik. Inst.; dt.) — Die durch 200-MeV-Elektronen ausgelöste Schauer-Entw. in *Pb* wurde nach der Monte-Carlo-Meth. auf einer elektron. Rechenanlage simuliert; die ausgelösten Elektronen wurden bis zur Abschneideenergie von $E = 1{,}53$ MeV u. die Photonen bis zu $E = 0{,}26$ MeV verfolgt. Berücksichtigt wurden Bremsstrahlung, Ionisierungsverluste u. Vielfachstreuung der Elektronen sowie Paarbildung, Compton-Streuung u. Photoeffekte für Photonen. Die Ergebnisse wurden mit experimentellen Daten anderer Autoren verglichen. H. Schroeder 90◇

0057 **Elektronenstreuung durch ein starkes polarisiertes Photonenfeld.** Richard H. Milburn. (Physic. Rev. Letters **10,** 75—77, 1963; Medford, Mass., Tufts Univ., Dep. of Phys.; engl.) — Die Möglichkeit, einen Strahl von Elektronen mit mehreren GeV an einem starken Fluß sichtbarer Photonen, erzeugt durch einen Laser, zu streuen, wird diskutiert. Es ließen sich während jeden Impulses des Beschleunigers einige tausend kollimierte, energiereiche Photonen erhalten, die die Polarisation des ursprünglichen Strahls zu einem hohen Grad behalten hatten. M. Wiedemann 90◇

0058 **Direkte Messung der Anomalie des g-Faktors freier Elektronen.** P. S. Farago, R. B. Gardiner, J. Muir und A. G. A. Rae. (Proc. physic. Soc. **82,** 493—500, 1963; Univ. of Edinburgh; engl.) — Der g-Faktor freier Elektronen, die von einem β-Strahler emittiert werden, wird aus der Änderung des Winkels zwischen dem Spin u. dem Bahnimpuls der Elektronen in gekreuzten Feldern bestimmt. Der erhaltene Wert $g - 2 = 2\,(1{,}153 \pm 0{,}023) \cdot 10^{-3}$ ist aber nicht genau genug, um den Term zweiter Ordnung in der Theorie zu prüfen. F. Schneider 90◇

0059 **Axialvektor-Formfaktor des Nucleons.** Ching-Hung Woo. (Physic. Rev. Letters **11,** 385—87, 1963; New York, N.Y., Columbia Univ., Phys. Dep.; engl.) — Dispersionstheoret. Untersuchung. Herbert Weber 90◇

0060 **Die Struktur des Nucleonencores nach der Hartree-Näherung.** Yasushi Takahashi. (Nuclear Physics [Amsterdam] **26,** 658—69, 1961; Dublin, Inst. for Advanced Studies; engl.) — Eine Anzahl Gleichungen zur Definition des Nucleoncores u. der Mesonenwolke werden abgeleitet. H. Schroeder 90□

0061 **Wellenverzerrung für Effekte des magnetischen Moments bei Nucleon-Nucleon-Streuung.** G. Brei und H. M. Ruppel. (Physic. Rev. [2] **131,** 2839, 1963; engl.) — Berichtigungen zur C. **1963,** 7223 referierten Arbeit. Herbert Weber 90◇

0062 **Reichweite von sehr energiereichen Nucleon-Nucleon-Stößen.** Freda Salzman. (Physic. Rev. [2] **131,** 1786—96, 1962; Boulder, Colo., Univ. of Colorado; engl.) — Vgl. C. **1964,** 16-0020. — Die Reichweite der Kette-von-Pionen-Wechselwrkg. wird für sehr energiereiche N-N-Stöße berechnet. Herbert Weber 90◇

0063 **Einflüsse von Regge-Polen auf die Polarisation bei energiereicher Nucleon-Nucleon-Streuung.** Ivan J. Muzinich. (Physic. Rev. Letters **9,** 475—77, 1962; Seattle, Wash., Univ. of Washington, Dep. of Phys.; engl.) Herbert Weber 90◇

0064 **Quasifreie Proton-Neutron- und Proton-Proton-Streuung bei 140 MeV.** J. Lefrançois, R. A. Hoffman, E. H. Thorndike und Richard Wilson. (Physic. Rev. [2] **131,** 1660—70, 1962; Cambridge, Mass., Harvard Univ., Cyclotron Labor.; engl.) — Messungen der n-p-Dreifachstreuparameter R u. A durch Streuung eines polarisierten Protonenbündels an einem Deuteriumtarget. Auch die R- u. A-Parameter für quasifreie p-p-Streuung in Deuterium werden erhalten. Herbert Weber 90◇

0065 **Elastische Proton-Deuteron-Dreifachstreuung bei 140 MeV.** R. A. Hoffman, J. Lefrançois und E. H. Thorndike. (Physic. Rev. [2] **131,** 1671—79, 1963; engl.) — Vgl. vorst. Referat. — Messungen für R u. A für elast. p-d-Dreifachstreuung bei Labor.-Winkeln von 20, 25, 30, 35 u. 40°. Herbert Weber 90◇

0066 **Interpretation von quasifreier Proton-Deuteron-Streuung.** A. H. Cromer und E. H. Thorndike. (Physic. Rev. [2] **131,** 1680—89, 1963; Boston, Mass., Northeastern Univ., Dep. of Phys.; Rochester, N.Y., Univ. of Rochester, Dep. of Phys. and Astronomy; engl.) — Vgl. vorst. Referate. — Unelast. p-d-Streuung wird in der Impulsapproximation (Cromer-Formalismus) untersucht, bes. für eine Streuenergie von 142 MeV. Ergebnisse für quasifreie p-p-Streuung u. p-n-Streuung wurden erhalten. Herbert Weber 90◇

0067 **Schwelleneffekte bei n-d-Streuung infolge der Existenz des Dineutrons.** R. Alzetta, G. C. Ghirardi und A. Rimini. (Physic. Rev. [2] **131,** 1740—45, 1963; Trieste, Univ., Ist. di Fis., Ist. Naz. di Fis. Nucl., Sottosez. di Trieste; Parma, Univ., Ist. di Fis., Ist. Naz. di Fis. Nucl.; engl.) — Theoret. Unters. nach einem einfachen Modell; $n + d \longleftrightarrow p + n_2$. Herbert Weber 90◇

0068 **Polarisation von Protonen aus der energiereichen Photozertrümmerung von Deuterium.** F. J. Loeffler, T. R. Palfrey jun. und T. O. White jun. (Physic. Rev. [2] **131,** 1844—46, 1963; Lafayette, Ind., Purdue Univ., Dep. of Phys.; engl.) — Messungen für eine mittlere Photonenenergie von 294 MeV. Herbert Weber 90◇

0069 **Probleme der Kernstruktur.** V. F. Weisskopf. (Energia nucleare **9,** 644—56, 1962; Gineva, CERN; ital.) — Überblick. Herbert Weber 95◇

0070 **Oktupoldeformation in gerade-gerade-Kernen mittlerer Masse.** M. L. Rustgi und S. N. Mukherjee. (Physic. Rev. [2] **131,** 2615—16, 1963; Varanasi, India, Banaras Hindu Univ., Phys. Dep.; engl.) — Die Stabilität der Oktupoldeformation wird für Kerne mit geringer sphäroidaler Deformation untersucht, um die Existenz von angeregten Zuständen ungerader Parität in einigen dieser Kerne zu erklären. Diese Kerne scheinen stabil gegen Oktupoldeformation zu sein. Gerhard Schmidt 95◇

0071 **Kollektive, mit den Quadrupolschwingungen der Kernoberfläche übereinstimmende Anregung.** A. S. Davydov. (Nuclear Physics [Amsterdam] **24,** 682—94, 1961; Moscow, State Univ.; engl. — C. **1962,** 11440.) H. Schroeder 95□

0072 **Über das Quadrupolmoment des Strontium-87-Kerns.** H. Bucka, H. Kopfermann und G. zu Putlitz. (Z. Physik **168,** 542—43, 1962; Heidelberg, Univ., I. Physik. Inst.; dt.) — Zur Best. des elektr. Kernquadrupolmoments wurde die Hyperfeinstrukturaufspaltung des $5s\,5p\,^3P_1$-Terms im Sr I-Spektrum mit der Doppelresonanz-Meth. untersucht: $Q = +0{,}36 \cdot 10^{-24}$ cm². O. Jansen 95◇

0073 **Lebensdauer und g-Faktor des ersten angeregten Zustandes von ^{56}Fe.** F. R. Metzger. (Nuclear Physics [Amsterdam] **27,** 612—19, 1961; Swarthmore, Pa., Franklin Inst., Bartol Res. Foundat.; engl.) — Mit γ-Strahlung aus einer gasförmigen Quelle von ^{56}Co beobachtete Vf. Resonanzstreuung am ersten angeregten Zustand von ^{56}Fe. Aus der Selbstabsorption der Resonanzstrahlung ergab sich eine Breite $\Gamma = (6{,}2 \pm 1{,}0) \cdot 10^{-5}$ eV, einer Halbwertszeit von $1{,}06 \cdot 10^{-11}$ s entsprechend. Ein g-Faktor von $+0{,}53 \pm 0{,}16$ wurde gefunden. H. Schroeder 95□

0074 **Der mittlere g-Faktor der ersten angeregten Rotationszustände der geraden Wolframisotope in natürlichem Wolfram.** A. Kleine-Tebbe und H. Spehl. (Z. Physik **174,** 546—58, 1963; Freiburg/Br., Univ., Physikal. Inst.; dt.) — An einem Target aus natürlichem *W* (0,025 mm dicke Folie) wurde das mittlere gyromagnet. Verhältnis der ersten angeregten 2^+-Niveaus zu $\bar{g} = 0{,}264^{+0{,}023}_{-0{,}010}$ bestimmt. Zur Beobachtung der Präzession der Winkelverteilung der γ-Strahlen, die beim Abklingen des durch Coulomb-Anregung mit H-Atomen von 2,18 MeV entstandenen 115-keV-Zustandes auftreten, wurde ein äußeres Magnetfeld von (40950 ± 200) Gauß angelegt. Die Messung der Winkelverteilung erfolgte mit einem Protonenbündel bei 6 verschiedenen Energien zwischen 1,5 u. 3,7 MeV; sie wird durch innere Felder leicht gestört. Die gefundenen Schwächungs-Koeff. sind $G_2 = 0{,}966 \pm 0{,}049$ u. $G_4 = 1{,}07 \pm 0{,}15$. H. Schroeder 95◇

0075 **Winkelverteilung der Resonanzstreuung von Bremsstrahlung am 2,21-MeV-Niveau des ^{27}Al.** G. J. Vanpraet. (Verh. Kon. vlaamse Acad. Wetensch., Letteren schone Kunsten Belgie, Kl. Wetensch. **25,** 1—84, 1963; fläm.) — Nach einer allg. Übersicht über Resonanzfluorescenz in Kernen u. Wechselwrkg. von γ-Strahlung mit Materie sowie über elektromagnet. Übergänge in Kernen wird die Theorie der Winkelverteilung von Kernstrahlung, vor allem von Resonanzfluorescenz gegeben. Mittels einer Anordnung aus Linearbeschleuniger, achromat. Ablenkungs-Syst. mit 2 Magneten, Strahlmonitor sowie Nachweis- u. Zählkreis wurde die Winkelverteilung der Resonanzstrahlung vom 2,21-MeV-Niveau des ^{27}Al gemessen. Hiernach wird dem Niveau der Spin 7/2 u. gerade Parität zugeordnet. M. Wiedemann 95◇

0076 **Richtungskorrelation für Kernresonanzfluoreszenz und Lebensdauer des 412-keV-Niveaus von ^{198}Hg.** E. Friedland und H. R. Lemmer. (Z. Physik **174,** 507—10, 1963; Pretoria, Univ., Phys. Inst.; dt.) — Die effektiven differentiellen Wrkg.-Querschnitte für die Kernresonanzstreuung von 412-keV-Photonen aus ^{198}*Hg* wurden für 2 Streuwinkel (120, 160°) gemessen. Zur Beobachtung der Resonanzstreuung wurde die Meth. der Doppler-Verbreiterung der Emissionslinie durch therm. Bewegung angewandt. Die wahrscheinlichste Lebensdauer des 412-keV-Niveaus für γ-Zerfall wurde zu $(5{,}12 \pm 0{,}23) \cdot 10^{-11}$ s errechnet. Aus den differentiellen Wrkg.-Querschnitten für Resonanzstreuung bei 120 u. 160° ein Wert von $0{,}37 \pm 0{,}05$; dies ist verträglich mit einem 0-2-0-Übergang. H. Schroeder 95◇

0077 **Resonanzstreuung von γ-Quanten an ^{65}Cu- und ^{46}Ti-Kernen.** D. K. Kaipow, R. B. Begshanow, A. W. Kusminow und Ju. K. Schubnyi. (J. exp. theoret. Physik [UdSSR] **44**, 1811—17, 1963; Inst. für Kernphys. der Akad. der Wiss. der KasachSSR; russ., Auszug: engl.) — Vff. bestimmten die Lebensdauer des 2. angeregten Zustandes von ^{65}Cu (1,114 MeV) u. des ersten angeregten Zustandes von ^{46}Ti (0,890 MeV) nach der Meth. der Resonanzstreuung. Zur Vermeidung eines Einfl. von Stößen der Rückstoßkerne auf das Ergebnis wurde mit gasförmigen ^{65}Ni- u. ^{46}Sc-Quellen in Form von $NiCl_2$ bzw. $ScCl_3$ bei ca. 1000° gearbeitet. Als Streukörper dienten im Falle von $^{46}Sc \rightarrow {}^{46}Ti$ aus TiO_2 u. CuO gepreßte Platten, im Falle von $^{65}Ni \rightarrow {}^{65}Cu$ Platten aus Cu bzw. Fe. Gemessen wurde mit einem Scintillationsspektrometer. Die Lebensdauer des 0,890-MeV-Niveaus von ^{46}Ti beträgt $(8{,}42 \pm 0{,}20)\cdot 10^{-11}$ s, die des 1,114-MeV-Niveaus von ^{65}Cu $(6{,}5 \pm 1{,}6)\cdot 10^{-13}$ s. G. Ewald 95◇

0078 **Die Linienform bei der Mössbauer-Spektroskopie.** Stanley L. Ruby und John M. Hicks. (Rev. sci. Instruments **33**, 27—30, 1962; East Pittsburgh, Pa., Westinghouse Electr. Corp., Radiat. and Nucleon. Labor., Mater. Labor.; engl.) — Die zu erwartende Amplitude u. Halbwertsbreite der Linie einer schmalen Mössbauer-Quelle bei Verw. eines Mössbauer-Absorbers natürlicher Linienbreite werden als Funktion der Stärke des Absorbers berechnet. Verss. mit rostfreiem Stahl (^{57}Co) als Quelle u. Absorber ergeben nach Untergrundkorrektur Halbwertsbreiten mit doppeltem theoret. Wert, jedoch fast die theoret. fraktionelle Geschw.-Änderung. Die Effekte entsprechen einem durch unterschiedliche Mikroumgebung bedingten Verschmieren von ca. ± 10 mm/s. H. Roschkowski 95◇

0079 **Die Linienform des Mössbauer-Spektrums infolge der Streuung der lokalen ∇E-Werte.** Ss. W. Karjagin. (Festkörperphysik [UdSSR] **5**, 2128—32, 1963; Moskau, Chem. -Phys. Inst. der Akad. der Wiss. der UdSSR; russ.) — Berechnet werden unter Berücksichtigung der Streuung der lokalen ∇E-Werte (E = elektr. Feldstärke am Kern) die Mössbauer-Spektren der M1-γ-Übergänge $3^+/2 \rightarrow 1^+/2$. Die beiden Maxima, die erhalten werden, weisen verschiedene Formen auf für den Fall, daß der Mössbauer-Faktor anisotrop ist. Es werden Formeln abgeleitet, die eine Berechnung des ∇E-Streugrades aus den gemessenen Spektren ermöglichen. K. Jaeger 95◇

0080 **Riesenresonanz an schweren, stark deformierten Kernen.** L. Mjunchow. (Nachr. Moskauer Univ., Ser. III **17**, Nr. 6, 37—44, 1962; Moskau, Univ., russ.) — Zur Best. der Dipolenergie nach der Anregungs-Meth. wird ein Syst. von Gleichungen angegeben u. auf stark deformierte Kerne angewendet. R. Teichmann 103◇

0081 **Berechnung intranuclearer Kaskaden niedriger Energie.** Hugo W. Bertini. (Physic. Rev. [2] **131**, 1801—21, 1963; Oak Ridge, Tenn., Oak Ridge Nat. Labor.; engl.) — Monte-Carlo-Kaskadenberechnungen für die Kern-Rkk. durch Protonen, Neutronen, π^+ u. π^-, die auf komplexe Kerne treffen. Betrachtungen zur Nucleonendichteverteilung. Herbert Weber 103◇

0082 **Quantitative Kernverdampfungstheorie und das Kernpotential.** Davis B. Beard und Alden McLellan. (Physic. Rev. [2] **131**, 2664—74, 1963; Davis, Calif., Univ. of California; engl.) — Die Energieniveaudichten von Nucleonen in einer diffusen Kernmulde werden unter Verw. eines Eckart-Bethe (Woods-Saxon)-Potentials berechnet. Sie scheinen eine empfindlichere Funktion der Energie als die berechneten Dichten von Nucleonen in einer quadrat. Mulde mit dem gleichen Vol. zu sein. Die Teilchenspektren von 16-MeV-(p, n)-Rkk. u. unelast. gestreuten 14-MeV-Neutronen werden unter Einschluß der multiplen Neutronenemission berechnet. Die theoret. Spektren passen sich den experimentell beobachteten Spektren innerhalb des experimentellen Fehlers an. Gerhard Schmidt 103◇

0083 **Durch 14,7-MeV-Neutronen induzierte seltene Kernreaktionen.** E. T. Bramlitt und R. W. Fink. (Physic. Rev. [2] **131**, 2649—63, 1963; Fayetteville, Ark., Univ. of Arkansas, Dep. of Chem.; engl.) — Die Aktivierungsquerschnitte für $14{,}7 \pm 0{,}2$-MeV-Neutronen werden für [(n, nα) + (n, αn)]-Rkk. mit ^{65}*Cu*, ^{70}*Zn*, ^{71}*Ga* u. ^{93}*Nb* gemessen, während obere Grenzen für diese Rk. für ^{51}*V*, ^{76}*Ge*, ^{81}*Br*, ^{87}*Rb*, ^{107}*Ag*, ^{109}Ag, ^{115}*In*, ^{197}*Au* u. ^{203}*Tl* festgesetzt werden. Querschnittsgrenzen werden auch festgesetzt für (n, 2p)-Rkk. an ^{29}*Si*, ^{41}*K*, ^{45}*Sc*, ^{50}*Ti*, ^{51}V, ^{55}*Mn*, ^{75}*As*, ^{89}Y, ^{93}Nb, ^{133}*Cs*, ^{139}*La*, ^{141}*Pr* u. ^{159}*Tb* sowie für (n, ^{3}He)-Rkk. an ^{45}Sc, ^{93}Nb, ^{197}Au u. ^{205}Tl. Querschnitte werden bestimmt für (n, γ)-Rkk. an ^{89}Y, ^{93}Nb u. ^{141}Pr u. obere Grenzen werden aufgestellt für (n, 3n)-Rkk. mit ^{141}Pr, ^{197}Au u. ^{203}Tl. Die [(n, np) + (n, pn)]-Rk. wird mit ^{58}*Ni*, jedoch nicht mit ^{92}*Mo*, nachgewiesen. Für die erstere wird ein Wert von 520 ± 120 mbarn festgesetzt, für die letztere wird eine obere Grenze festgesetzt. Abs. Zertrümmerungsraten werden nach β- u. γ-spektroskop. Zähl-Meth. erhalten. Die statist. Theorie wird verwendet, um theoret. Querschnitte für viele der untersuchten Rkk. zu schätzen. Die theoret. Querschnitte für (n, αn)-Rkk. stimmen merklich gut mit den experimentell bestimmten [(n, nα) + (n, αn)]-Querschnittssummen überein. Gerhard Schmidt 103◇

0084 **Die Reaktion ^{3}He(α, γ)^{7}Be.** P. D. Parker und R. W. Kavanagh. (Physic. Rev. [2] **131**, 2578—82, 1963; Pasadena, Calif., California Inst. of Technol.; engl.) — Obige Rk. wird unter Verw. gasförmiger He-Targets hinter dünnen Ni-Folien bei Beschuß mit α-Energien von 0,42—5,80 MeV untersucht. Die prompten γ-Strahlen werden mit NaJ(Tl)-Scintillationsspektrometern nachgewiesen, die sich ergebenden Impulshöhenspektren werden analysiert, um den totalen Einfangquerschnitt u. das Verzweigungsverhältnis zwischen den Kaskaden- u. Crossover-Übergängen als Funktionen der Energie zu bestimmen. Durch diese Messungen wird ein neuer Wert für den Nullenergieabschnitt des Querschnittsfaktors S(E) für diese Rk. erhalten. Gerhard Schmidt 103◇

0085 **Modell des direkten Einfangs für die Reaktionen ^{3}He(α, γ)^{7}Be und T(α, γ)^{7}Li.** T. A. Tombrello und P. D. Parker. (Physic. Rev. [2] **131**, 2582—89, 1963; engl.) — Vgl. vorst. Referat. — Unter Verw. der ^{3}He + ^{4}He-Streuphasenverschiebungen wird der Querschnitt für die Rk. ^{3}He(α, γ)^{7}Be auf der Grundlage eines ^{3}He + ^{4}He-Modells für den Grundzustand u. ersten angeregten Zustand von ^{7}Be berechnet. Der Einfang von Teilchen an den *S*-, *P*-, *D*- u. *F*-Partialwellen durch E1-, M1- u. E2-Übergänge wird betrachtet. Die Ergebnisse stimmen mit experimentellen Daten (l. c.) überein u. zeigen an, daß die Rk. hauptsächlich durch E1-Einfang an den *S*- u. *D*-Wellen erfolgt. Unter Verw. der gleichen Werte für die red. Breiten der Endzustände, die für die Rk. ^{3}He(α, γ)^{7}Be bestimmt worden sind, liefern analoge Berechnungen volle Übereinstimmung mit den experimentellen Daten für das Verzweigungsverhältnis u. den totalen Querschnitt der Spiegel-Rk. T(α, γ)^{7}Li. Gerhard Schmidt 103◇

0086 **Die Reaktion ^{9}Be(^{7}Li, ^{8}Li)^{8}Be in einer Coulomb-Approximation der verzerrten Welle.** Charles W. Lewis. (Physic. Rev. [2] **131**, 2590—93, 1963; Minneapolis, Minn., Univ. of Minnesota, School of Phys.; engl.) — Vf. zeigt, daß die Theorie der Rk. ^{9}Be(^{7}Li, ^{8}Li)^{8}Be auf quantenmechan. Grundlage unter Verw. einer Approximation aufgestellt werden kann, die für die Darst. von (d, p)-Rkk. bei niedrigen Beschußenergien auf schwere Kerne entwickelt worden ist. Gerhard Schmidt 103◇

0087 **Eine Untersuchung der ^{9}Be(^{3}He, n)^{11}C-Reaktion.** L. van der Zwan, A. T. Stewart, J. Y. Park und E. Merzbacher. (Canad. J. Physics **41**, 1036—46, 1963; Halifax, Nova Scotia, Dalhousie Univ., Dep. of Phys.; Chapel Hill, N.C., Univ. of North Carolina, Dep. of Phys.; engl.) — Eine dünne Be-Schicht wurde mit 2-MeV-^{3}He beschossen u. die Rk. ^{9}Be(^{3}He, n)^{11}C durch Beobachtung der Rückstoßprotonen in der photograph. Emulsion untersucht. Energie- u. Winkelverteilung der Neutronen sowie die differentiellen Wrkg.-Querschnitte wurden bestimmt u. die einzelnen Niveaus von ^{11}C behandelt. Ferner wurden die Daten mit der Rk. ^{9}Be(^{3}He, p)^{11}B verglichen. Eine direkte Wechselwrkg. ist wahrscheinlicher als die Bldg. eines Compoundkerns. Auch das doppelte Stripping wird diskutiert. M. Wiedemann 103◇

0088 **Winkelkorrelation bei der Reaktion ^{11}B(d, n$\gamma_{15,11\,MeV}$)$\cdot$^{12}C.** H. J. Kim und E. F. Shrader. (Physic. Rev. [2] **131**, 2594—97, 1963; Cleveland, Ohio, Case Inst. of Technol.; engl.) — Die Neutronen-Winkelverteilung der obigen Rk. wird für Einfallsenergien von der Schwelle bis 2,7 MeV untersucht. Es zeigt sich, daß die Butlersche Stripping-Theorie die Form der Winkelverteilung sehr genau für das betrachtete Einfallsenergiegebiet voraussagt. Die Neutronengruppen, die den Grundzustand, die 4,43- u. 12,73-MeV-Zustände von ^{12}C auffüllen, zeigen jedoch nicht solche einfachen Winkelverteilungen. Gerhard Schmidt 103◇

0089 **Die $^{16}O(p, p')$-Reaktion bei 150 MeV.** D. J. Rowe, A. B. Clegg, G. L. Salmon und P. S. Fisher. (Proc. physic. Soc. **80**, 1205—17, 1962; Oxford, Clarendon Labor.; engl.) — Die Wrkg.-Querschnitte für die getrennte Erzeugung der 6,06-, 6,14-, 6,92-MeV-Zustände von ^{16}O werden gemessen. Die Winkelbeziehungen zwischen den Abkling-γ-Strahlen u. den Protonen aus obiger Rk. werden bestimmt. O. Jansen 103◇

0090 **Polarisation von γ-Strahlen bei der Reaktion $^{30}Si(p, \gamma)^{31}P$.** P. M. Tutakin. (J. exp. theoret. Physik [UdSSR] **43**, 1140—45, 1962; Phys.-Techn. Inst. der Akad. der Wiss. der UkrainSSR; russ., Auszug: engl.) — Zur Messung der ebenen γ-Polarisation bei $^{30}Si(p,\gamma)^{31}P$ wurden mit Schwerem W. imprägnierte Photoemulsionen verwendet. Für die Protonenenergien 773, 939 u. 975,5 keV wurde der Übergang vom Resonanz- zum Grundniveau ($3/2^+ \rightarrow 1/2^+$) untersucht. Für $E_p = 1393$ keV wurde der Übergang zum ersten angeregten Niveau bei 1,26 MeV ($3/2^+$) untersucht. Spin u. Parität des Resonanzniveaus ist $5/2^+$, u. $\delta = 0{,}02$. P. Sliwinski 103◇

0091 **γ-Strahlung bei inelastischer Streuung von 14-MeV-Neutronen an Calcium, Sauerstoff und Kohlenstoff.** Alfred Hofmann. (Z. Physik **173**, 402—12, 1963; Erlangen-Nürnberg, Univ., Physik. Inst.; dt.) — Ca, O u. C wurden in den Verbb. CaO, CaC_2, H_2O, Paraffin u. Graphit durch unelast. Streuung von 14-MeV-Neutronen angeregt; die während der Bestrahlung ausgesandten γ-Spektren wurden gemessen. Bei ^{40}*Ca* ergibt sich ein Übergang des 8,4-MeV-Niveaus u. mindestens eines Niveaus aus dem Triplett bei 5,3 MeV in den Grundzustand sowie ein Übergang des 4,48-MeV-Niveaus in das 3,73-MeV-Niveau. Die aus anderen Prozessen bekannten γ-Zerfälle verschiedener anderer Niveaus von ^{40}Ca, ^{16}O u. ^{12}C wurden in der vorliegenden Arbeit ebenfalls gefunden. Die Quantenenergien lassen sich in die Energieniveauschemata der betreffenden Kerne einordnen. H. Schroeder 103◇

0092 **Relativmessung integrierter Wirkungsquerschnitte für den Kernphotoeffekt: Reaktionen am ^{40}Ca.** K. H. Lindenberger und J. A. Scheer. (Z. Physik **158**, 111—19, 1960; Heidelberg, Univ., I. Phys. Inst.; dt.) — Relativ zu $^{12}C(\gamma, n)^{11}C$ wurde mit Bremsstrahlung von 29 MeV u. 34 MeV die Summe der bis 33 MeV integrierten Querschnitte für $^{40}Ca(\gamma, n)^{39}Ca$, $^{40}Ca(\gamma, 2n)^{38}Ca$, $^{40}Ca(\gamma, np)^{38m}K$ u. $^{40}Ca(\gamma, np)^{38}K$ zu 116 ± 17 MeV·mb bestimmt. O. Jansen 103◇

0093 **Zerfallschema des 8,92-MeV-Zustandes und die Quantencharakteristiken niedriger Niveaus des ^{41}K-Kerns.** A. K. Walter, Ju. P. Antufjew, Je. G. Kopanetz, A. N. Lwow und Ss. P. Zytko. (Nachr. Akad. Wiss. UdSSR, physik. Ser. **26**, 1137—42, 1962; Physik.-techn. Inst. der Akad. der Wiss. der UdSSR; russ.) — Das Target bestand aus ^{40}*Ar*-Ionen in Ta, diese wurden mit Protonen von 1107,5 keV beschossen u. die Rk. $^{40}Ar(p,\gamma)^{41}Kr$ untersucht. Verwendet wurde ein Einkristallspektrometer, das auch als Zweikristallkoinzidenzspektrometer benutzt werden konnte. Das Spektrum zeigte Linien mit 7,9; 7,3; 6,3; 5,8; 4,5; 4,4; 3,1 u. 2,6 MeV. Auch die Winkelverteilung wurde untersucht. Der Zerfall des Niveaus 8,92 MeV auf die Niveaus 1,0; 1,6 u. 2,6 MeV wurde behandelt u. den Niveaus in Richtung steigender Energie $1/2^-$, $3/2^-$, $5/2^-$ u. $3/2^-$ zugeordnet. M. Wiedemann 103◇

0094 **Eine Untersuchung des Zerfalls von ^{48}V.** R. A. Ristinen, A. A. Bartlett und J. J. Kraushaar. (Nuclear Physics [Amsterdam] **45**, 321—35, 1963; Boulder, Colo., Univ. of Colorado, Dep. of Phys.; engl.) — Die Unters. der beim Zerfall von ^{48}V auftretenden angeregten Zustände von ^{48}*Ti* zwischen 0 u. 4 MeV führte zu Verbesserungen u. Abänderungen des ^{48}Ti-Niveauschemas. Einem neuen Niveau bei 3240 keV wird 5^+ zugeordnet. H. Schroeder 103◇

0095 **Kernstrukturuntersuchungen bei den Zirkonium-Isotopen mit (d, p)- und (d, t)-Reaktionen.** Bernard L. Cohen und Oleg V. Chubinsky. (Physic. Rev. [2] **131**, 2184—92, 1963; Pittsburgh, Pa., Univ. of Pittsburgh; engl.) — Vgl. C. **1963**, 20664. — Mit der l. c. beschriebenen Meth. werden Targets mit 15-MeV-Deuteronen aus dem 47-in.-Cyclotron beschossen. Die Rk.-Prodd. werden magnetspektrograph. analysiert. Die Winkelverteilungen aus (d, p)-Rkk. in den Zr-Isotopen stimmen völlig mit den Approximationsberechnungen der verzerrten Welle überein, diese Übereinstimmung schließt die abs. Querschnitte ein. Die Rkk. werden verwendet, um allen durch (d, p)-Rkk. in ^{90}Zr, ^{91}Zr, ^{92}Zr, ^{94}Zr u. ^{96}Zr angeregten Niveaus Einzelteilchenzustände zuzuordnen. Die summierten Querschnitte für Zustände von $I = 0$, 2 u. 4 aus der $^{91}Zr(d, p)$-Rk. stimmen ebenfalls mit der Theorie überein. Der Grundzustand von ^{92}Zr ergibt sich zu 78% $(d_{5/2})^2$. Die Ergebnisse aus (d, t)-Rkk. an den geraden Isotopen, die zu anderen als zu $(d_{5/2})$-Zuständen führen, verhalten sich sehr anomal. Die $^{91}Zr(d, t)$-Rk. wird verwendet, um Informationen über den Grundzustand von ^{91}Zr u. den 3^--Zustand von ^{90}Zr zu erhalten. Gerhard Schmidt 103◇

0096 **Der Zerfall von ^{134}Cs und das Niveauschema von ^{134}Ba.** P. N. Trehan, John D. French und Max Goodrich. (Physic. Rev. [2] **131**, 2625—32, 1963; Baton Rouge, La., Louisiana State Univ.; engl.) — Die Energie (in keV) u. die relative Intensität der γ-Strahlen aus dem Zerfall von ^{134}Cs werden zu 475 (1,1), 563 (9), 569 (11), 605 (98), 800 (93), 1038 (1,1), 1168 (2,7) u. 1367 (3,5) mit Hilfe der Scintillationsspektrometrie gemessen. γ-Strahlen mit Energien von 960, 1570, 1640, 1770 u. 1970 keV können nicht nachgewiesen werden. Zusätzlich zu den bereits mitgeteilten 86-keV-(26%)- u. 655-keV-(71%)-Endpunkt-β-Strahlen werden drei β-Strahlen mit Endpunkten u. Intensitäten 1453 keV (0,13%), 892 keV (0,7%) u. 410 keV (2,1%) bestätigt. Der K-Konversions-Koeff. der γ-Strahlen u. der log *ft*-Wert der β-Strahlen werden erhalten. Gerhard Schmidt 103◇

0097 **Das Verhältnis der voneinander unabhängigen Bildungsquerschnitte der Isomeren von ^{134}Cs bei der durch Protonen induzierten Spaltung des Urans.** J. H. Davies und L. Yaffe. (Canad. J. Chem. **41**, 1836—37, 1963; Montreal, Quebec, McGill Univ., Dep. of Chem., Radiochem. Labor.; engl.) — Wird die Spaltung durch niederenerget. Protonen ausgelöst, so entsteht der metastabile Zustand mit hohem Spin (8—), mit steigender Energie der Protonen steigt der Anteil der Grundform des ^{134}Cs mit niedrigem Spin (4+). B. Schmitt 103◇

0098 **β-γ-Richtungskorrelation in ^{140}La.** S. K. Bhattacherjee und S. K. Mitra. (Physic. Rev. [2] **131**, 2611—15, 1963; Bombay, Tata Inst. of Fundament. Res.; engl.) — Die Richtungskorrelation zwischen der nichteindeutigen erstverbotenen äußeren β-Gruppe der Endpunktenergie 2,175 MeV in ^{140}La u. dem 1,6-MeV-Kaskaden-γ-Strahl in ^{140}*Ce* wird bei neun β-Energien gemessen. Der experimentell bestimmte β-γ-Korrelations-Koeff. erstreckt sich von $0{,}080 \pm 0{,}010$ bis $0{,}111 \pm 0{,}020$ im β-Energieintervall von 1,6 bis 2 MeV. Unter Berücksichtigung der Daten für den Korrekturfaktor des Verlaufs u. den β-γ-Zirkularpolarisation-Koeff. werden die Matrixelementverhältnisse des erstverbotenen β-Zerfalls wiedergegeben. Gerhard Schmidt 103◇

0099 **Anregungsfunktionen für die (d, p)-, (d, n)- und (d, 2n)-Reaktionen an ^{142}Ce bis 11,8 MeV.** R. Bock und R. Rüdel. (Z. Physik **174**, 440—45, 1963; Heidelberg, MPI für Kernphys.; dt.) — Vgl. C. **1963**, 9. — Für die Rkk. wurden mittels der Aktivierungs-Meth. die totalen Wrkg.-Querschnitte u. Anregungsfunktionen gemessen. Folgende Werte für σ_{tot} bei $E_d = 11{,}8$ MeV wurden erhalten: $^{142}Ce(d, 2n)^{142}Pr$, 535 mbarn $\pm$ 6%; $^{142}Ce(d, p)^{143}Ce$, 187 mbarn $\pm$ 7%; $^{142}Ce(d, n)^{143}Pr$, 54 mbarn $\pm$ 25%. Die Daten wurden mit der statist. Theorie verglichen; es zeigt sich, daß die (d, p)-Rk. u. nahezu die ganze (d, n)-Rk. auf Grund eines „stripping"-Mechanismus erfolgen. H. Schroeder 103◇

0100 **Die Coulomb-Anregung von ^{99}Tc und ^{147}Sm.** J. C. Albergotti und P. E. Shearin. (Physic. Rev. [2] **131**, 1224—27, 1963; Chapel Hill, N.C., Univ. of North Carolina; engl.) — Die Coulomb-Anregungs-γ-Spektren von ^{99}Tc u. ^{147}Sm werden mit 2-MeV-Protonen untersucht. Zur Messung der Energie u. Intensität der γ-Strahlen wird ein NaJ(Tl)-Scintillationsspektrometer verwendet. γ-Strahlen von $120 \pm 3{,}2$ u. $199 \pm 4{,}1$ keV werden aus dem angeregten ^{147}Sm-Kern beobachtet. Im Falle von ^{99}Tc betragen die Energien der γ-Strahlen $140 \pm 3{,}5$ u. $178 \pm 4{,}0$ keV. Die totalen red. Übergangswahrscheinlichkeiten für diese Übergänge sind von der gleichen Größenordnung wie die Einzelteilchenschätzung. Gerhard Schmidt 103◇

0101 **α-Zerfallseigenschaften einiger Erbiumisotope nahe der geschlossenen 82-Neutronenschale.** Ronald D. Macfarlane und Roger D. Griffioen. (Physic. Rev. [2] **131,** 2176–81, 1963; Berkeley, Calif., Univ. of California, Lawrence Radiat. Labor.; engl.) — Nach der Rückstoß-Meth. werden neue α-strahlende Isotope von Er nachgewiesen, die durch den Beschuß von ^{142}Nd mit ^{16}O bei Energien bis zu 151 MeV erzeugt werden. Es handelt sich um die Nuclide ^{152}Er, ^{153}Er u. ^{154}Er, deren Q_α-Werte, Halbwertszeiten u. α-Verzweigungsverhältnisse wiedergegeben werden. Ein α-Zerfall von Er-Isotopen mit A < 152 wird nicht beobachtet, wodurch angezeigt wird, daß die α-Bindungsenergien dieser Isotope beträchtlich höher sind als diejenigen für die 84-, 85- u. 86-Neutronen-Isotope. Die red. Breiten für α-Teilchen, die aus den Ergebnissen für ^{152}Er u. ^{153}Er berechnet worden sind, liegen höher als bei den entsprechenden *Dy-*, *Ho-* u. *Tb*-Isotopen. Relative Anregungsfunktionen werden für einige ^{142}Nd(^{16}O, xn)- u. ^{142}Nd(^{16}O, pxn)-Rkk. erhalten. Gerhard Schmidt 103◇

0102 **Zerfall von ^{197}Pt.** R. G. Helmer. (Physic. Rev. [2] **131,** 2597–2601, 1963; Idaho Falls, Idaho, Phillips Petrol. Co., Nat. Reactor Test. Stat.; engl.) — Der Zerfall von ^{197}Pt (20 Std.) zu ^{197}Au wird mittels γ-Scintillationsspektrometrie untersucht. Hierbei zeigt sich, daß 3 γ-Übergänge von 77, 191 u. 269 keV bestehen. Im Gegensatz zu dem früher angegebenen Wert von 279 keV ergibt sich die Energie des dritten Überganges zu (269,2 ± 0,5) keV. Ein neues Zerfallsschema mit nur zwei angeregten Zuständen bei 77 u. 269 keV wird vorgeschlagen. Die möglichen Wrkg. dieser Ergebnisse auf die Interpretation der Messungen der Coulomb-Anregung von ^{197}Au u. des Zerfalls von ^{197}Hg werden diskutiert. Gerhard Schmidt 103◇

0103 **Kernspektroskopie von ^{210}Bi mit Strippingreaktionen.** Paresh Mukherjee. (Physic. Rev. [2] **131,** 2162–68, 1963; Pittsburgh, Pa., Univ. of Pittsburgh; engl.) — Mit ^{209}Bi(d, p)-Rkk. werden 44 Einzelneutronenzustände in ^{210}Bi festgesetzt. Diese Zustände werden mit Niveaus verglichen, die nach dem *j-j*-Kopplungsschalenmodell vorhergesagt werden. Von den 10 Niveaus, die aus einer Kopplung des $h_{9/2}$-Protons u. des $g_{9/2}$-Neutrons vorausgesagt werden, werden neun unter Einschluß des Grundzustandes beobachtet. Die Proton-Winkelverteilungen u. der totale Querschnitt für die Anregung der 10 Niveaus lassen vermuten, daß sie eine sehr reine $(h_{9/2})_p(g_{9/2})_n$-Konfiguration besitzen. Ein Vgl. der relativen Querschnitte für Anregung dieser 10 Niveaus mit dem statist. Faktor $2J + 1$ liefert für diese Niveaus konsistente Spinwerte. Die Winkelverteilungen der Protonen aus mehreren überragenden Gruppen bei ^{209}Bi(d, p)-Rkk. werden mit denen aus ^{208}Pb(d, p)-Rkk. verglichen, wobei die $(d_{5/2})$-, $(s_{1/2})$- u. $(d_{3/2})$-Neutronenzustände in ^{210}Bi identifiziert werden. Gerhard Schmidt 103◇

0104 **Die Energieniveaus von ^{233}U.** R. G. Albridge, J. M. Hollander, C. J. Gallagher und J. H. Hamilton. (Nuclear Physics [Amsterdam] **27,** 529–53, 1961; Berkeley, Calif., Univ. of California, Lawrence Radiat. Labor.; Pasadena, Calif., California Inst. of Technol.; Nashville, Tenn., Vanderbilt Univ.; engl.) — Vff. untersuchten den β-Zerfall von ^{233}Pa mit Hilfe von Permanentmagnet-Elektronenspektrographen hoher Auflösung, einem Fe-freien doppeltfokussierenden β-Sepktrometer u. einem γ-Spektrometer mit gebogenem Kristall. Die gemessenen Werte der relativen Konversionselektronen- u. Photonenintensitäten wurden zur Best. von Konversions-Koeff. u. zur Zuweisung von Multipolaritäten u. Multipolmischungsverhältnissen für die Übergänge in ^{233}U herangezogen. Neue Übergänge (z. B. 41,65 u. 145,42 keV) wurden beobachtet, die z. T. die Postulierung neuer Niveaus erforderlich machten. H. Schroeder 103□

0105 **Das K- und L-Auger-Spektrum von Uran.** R. G. Albridge und J. M. Hollander. (Nuclear Physics [Amsterdam] **27,** 554–60, 1961; engl.) — Vgl. vorst. Referat. — Das K- u. L-Auger-Elektronenspektrum von U, das beim Zerfall von ^{233}Pa auftritt, wurde gemessen. Niedrige Energien, einschließlich Coster-Kronig-Übergänge im Energiebereich 0,9–4 keV, wurden mit einem Elektronenspektrographen bei Quellenvorbeschleunigung beobachtet. H. Schroeder 103□

0106 **Die durch geladene Teilchen induzierte Spaltung niedriger Energie.** Gregory R. Choppin, John Meriwether und John D. Fox. (Physic. Rev. [2] **131,** 2149–52, 1963; Tallahassee, Fla., Florida State Univ.; engl.) — Die Anregungsfunktionen für die durch Protonen u. Deuteronen induzierte Spaltung von ^{232}Th u. ^{238}U wird im Energiebereich von 3–12 MeV bestimmt. Diese Funktionen werden unter Verw. direkter Zählung mit pn-Übergangszählern, Grobzählung mit einer Rückstoßauffangtechnik u. radiochem. Messung bestimmter Spaltprod.-Nuclide erhalten. Das Verhältnis der Peak-zu Tal-Werte des Energiespektrums der Spaltfragmente wird als eine Funktion der Beschußenergie bestimmt. Gerhard Schmidt 103◇

0107 **Masse-Energie-Beziehungen bei der Spaltung hochangeregter schwerer Kerne.** Eldon L. Haines und Stanley G. Thompson. (Physic. Rev. [2] **131,** 2169–75, 1963; Berkeley, Calif., Univ. of California, Lawrence Radiat. Labor.; engl.) — Die Masse-Energie-Beziehungen bei der Spaltung des Compoundkerns ^{254}Fm werden bei Anregungsenergien von 58–116 MeV untersucht. Dieser Compoundkern wird durch Beschuß von ^{232}Th, ^{238}U u. ^{242}Pu mit den schweren Ionen ^{22}Ne, ^{16}O bzw. ^{12}C erzeugt. Die kinet. Energien der beiden Spaltfragmente aus jedem Ereignis werden unter Verw. von Halbleiterdetektoren gemessen. Hieraus lassen sich die Massen u. totalen kinet. Energien berechnen. Die Masseverteilungen werden als eine Funktion der totalen kinet. Energie untersucht. Die glockenförmigen Masseverteilungen verengen sich sehr schnell, wenn die kinet. Energien der Fragmente zunehmen. Gerhard Schmidt 103◇

0108 **Masse- und Energieverteilungen bei der spontanen Spaltung einiger schwerer Isotope.** Reinhard Brandt, Stanley G. Thompson, Raymond C. Gatti und Llad Phillips. (Physic. Rev. [2] **131,** 2617–24, 1963; Berkeley, Calif., Univ. of California, Lawrence Radiat. Labor.; engl.) — Mit einem Halbleiter-Zählersyst. werden die Energie- u. Masseverteilungen der Spaltfragmente bei der spontanen Spaltung von ^{254}Fm, ^{253}E, ^{254}Cf u. ^{248}Cm untersucht. Die Ergebnisse werden mit Spaltfragmenten aus der spontanen Spaltung von ^{252}Cf verglichen. Sämtliche Verteilungen sind ziemlich ähnlich, jedoch nicht mit dem Standard ^{252}Cf identisch. Die mittlere prompte kinet. Energie der Fragmente nimmt mit der Kernladungszahl zu. Die Asymmetrie der Massenverteilungen zeigt nur geringe Differenzen zwischen den hier untersuchten Nucliden. Gerhard Schmidt 103◇

0109 **Verwendung ringförmiger Neutronenquellen in einem Forschungsreaktor.** P. N. Cooper, K. Firth und K. G. Stephens. (J. Brit. nuclear Energy Soc. **1,** 119–20, 1962; Birmingham, Coll. of Advanc. Technol.; Aldermaston, Berks., Assoc. Electr. Industr. Ltd.; engl.) — Vgl. C. **1963,** 3469. — Die Messungen des Wirkungsgrades solcher Quellen werden am MERLIN-Reaktor durchgeführt. Es wird ein Neutron/γ-Verhältnis von $(0{,}7 \pm 0{,}1) \cdot 10^6$ n/s·c von ^{124}Sb erhalten. Gerhard Schmidt 110◇

0110 **Die Reaktion ^{1}H(t, n)^{3}He als eine Neutronenquelle.** W. Deuchars, J. L. Perkin und R. Batchelor. (Nuclear Instruments Methods [Amsterdam] **23,** 305–08, 1963; Aldermaston, A.W.R.E.; engl.) — Winkelverteilungen der sämtlich in Vorwärtsrichtung emittierten Neutronen werden für Tritonenenergien zwischen 3,7 u. 11,86 MeV gemessen. In der Vorwärtsrichtung ist der Neutronenfluß beträchtlich größer als derjenige aus dem Beschuß von ^{3}H mit Protonen. Gerhard Schmidt 112◇

0111 **Experimentelle Untersuchungen an einer ^{90}Sr-Bremsstrahlenquelle.** F. Hartmann und V. Schuricht. (Isotopentechnik **1,** 225–28, 1961; Dresden, TU, Inst. für Anwend. radioakt. Isotope; dt.) — Die Vers.-Anordnung bestand in der Hauptsache aus einer Bremsstrahlenquelle mit veränderlicher Targetanordnung u. einem Scintillationsspektrometer. Die für die Konstruktion von β-Bremsstrahlenquellen wichtigen Faktoren — spektrale Verteilung, Quantenausbeute u. Absorption — wurden ermittelt. Die Absorptionskurven ermöglichen eine Abschätzung des Dickenbereichs, in dem die Bremsstrahlenquellen günstig eingesetzt werden können. Gerhard Schmidt 112◇

0112 **Messungen der Lebensdauern radioaktiver Quellen.** J. E. Monahan, S. Raboy und C. C. Trail. (Nuclear Instruments Methods [Amsterdam] **17,** 225–30, 1962; Argonne, Ill., Argonne Nat. Labor.; engl.) — Messungen der Intensität der γ-Linien mit einem Antikoinzidenzspektrometer liefern die Halbwertszeiten von ^{38}Cl, ^{42}K u. ^{24}Na zu 37,12 ± 0,18 Min., 12,47 ± 0,07 Std. bzw. 15,05 ± 0,05 Stunden. Beim Zerfall von ^{38}Cl hat der β-Zweig zum 2,1-MeV-Zustand in ^{38}Ar das 0,31 ± 0,07fache der Intensität des Zweiges zum 3,7-MeV-Niveau. Gerhard Schmidt 112◇

0113 **Der Einfluß der Elektronenstreuung auf γ-Energiebestimmungen durch die Methode der äußeren Konversion.** P. F. A. Goudsmit. (Nuclear Instruments Methods [Amsterdam] **23**, 203—08, 1963; Amsterdam, Inst. voor Kernphys. onderz.; engl.) — Berechnung der Energieverschiebung der Photoelektronen aus äußerer Konversion infolge unelast. Streuung der Photoelektronen an den Konverteratomen sowie Messung des 2754-keV-γ in ^{24}Mg nach der Meth. der äußeren Konversion. Gerhard Schmidt 112◇

0114 **Analyse der Elektronenbahnen im axialen β-Spektrometer mit zentraler Quelle.** W. I. Lukaschew. (Versuchsgeräte u. Versuchstechn. [UdSSR] **6**, Nr. 2, 26—32, 1961; Akad. für Ingenieure der Kriegsartillerie; russ.) — Das axiale β-Spektrometer mit zentraler Quelle oder Spiralspektrometer wird theoret. untersucht. Ermittelt werden die Gleichgewichtsbewegung der Elektronen, die Potentialkurven, die Spiralbahnen u. die Parameter der Pseudogleichgewichtsbahnen für verschiedene Felder. M. Wiedemann 112◇

0115 **Fokussierung eines breiten Elektronenbündels im β-Spektrographen.** M. Balodiss, W. Bondarenko, P. Prokofjew und G. Ssermonss. (Nachr. Akad. Wiss. LettSSR **1962**, Nr. 11, 41—44; Inst. für Phys. der Akad. der LettSSR; russ.) — Die Form der magnet. Abschirmung u. deren Lage werden berechnet. Die mit einer Quelle (^{137}Cs) von 20 mm ∅ erhaltenen Ergebnisse entsprechen der Theorie. Infolge der magnet. Abschirmung erhöht sich die Lichtstärke des β-Spektrographen. M. Wiedemann 112◇

0116 **Großes β-Spektrometer mit doppelter Fokussierung.** O. D. Kowrigin, N. W. Kolessnikow und G. D. Latyschew. (Versuchsgeräte u. Versuchstechn. [UdSSR] **6**, Nr. 2, 19—25, 1961; Inst. für Kernphys. der Akad. der Wiss. der KasanSSR; russ.) — Es wird ein β-Spektrometer mit einem Radius der Gleichgewichtsbahn von 500 mm beschrieben. Das Verhältnis $\Delta H\varrho/H\varrho$ ändert sich von 0,5 auf 0,08% bei einer Änderung des Raumwinkels von 0,65 auf 0,15%. Das Konversionsspektrum von ^{137}Ba wurde aufgenommen. M. Wiedemann 112◇

0117 **Verfolgung eines neutralen Teilchenbündels mit Hilfe einer γ-Quelle.** L. Oshdjani, W. Ss. Pantujew und M. N. Chatschaturjan. (Versuchsgeräte u. Versuchstechn. [UdSSR] **6**, Nr. 2, 173—74, 1961; Verein. Inst. für Kernforsch.; russ.) — Mittels einer ^{60}Co-Quelle von 150 mc sowie eines NaJ(Tl)-Scintillators mit Photomultiplier wurde die Abhängigkeit der Zahl der Impulse je Zeiteinheit von der Lage des Detektors gegenüber einem Bündel neutraler Teilchen bei verschiedenen Abständen zwischen Quelle u. Detektor bestimmt. M. Wiedemann 112◇

0118 **Protonendetektor mit Filmkathode.** W. A. Jergakow und Ju. W. Trebuchowski. (Versuchsgeräte u. Versuchstechn. [UdSSR] **7**, Nr. 1, 158—59, 1962; russ.) — Die Kathode wird mit einer dünnen Schicht aus Polyvinylchloridacetat von 35 mm ∅ u. 5 μg/cm^2 Dicke bedeckt u. diese auf beiden Seiten mit 1—2,5 μg/cm^2 Ag durch Vakuum-Verdampfung. Die austretenden Sekundärelektronen werden registriert. γ-Quanten erzeugen nur sehr wenig Sekundärelektronen, schwere Teilchen durchdringen die Schicht nicht. Der Wirkungsgrad des Detektors betrug 60% bei den α-Teilchen von ^{233}U u. 20—30% bei Protonen u. H_2^+. M. Wiedemann 112◇

0119 **Eine Methode zur Messung der Energie von α-Teilchenbündeln im Bereich von 5 bis 30 MeV.** J. Benveniste, A. Mitchell und R. Thomas. (Nuclear Instruments Methods [Amsterdam] **23**, 349—52, 1963; Livermore, Calif., Univ. of California, Lawrence Radiat. Labor.; engl.) — Die α-Teilchen laufen durch Al-Absorber, bis ihre Restreichweite mit derjenigen bekannter α-Teilchen aus einer radioakt. Quelle (z. B. ^{242}Cm mit 6,110- u. 6,066-MeV-α) vergleichbar ist. Die Meth. gestattet eine Energiemessung mit der Genauigkeit der Kenntnis der Reichweite–Energie-Beziehung für α-Teilchen in Al. Gerhard Schmidt 112◇

0120 **Kernteilchenspuren in Silicium.** D. P. Miller und H. L. Taylor. (Appl. Physics Letters **2**, 33—34, 1963; Dallas, Tex., Texas Instr., Inc.; engl.) — Si-Schichten mit 10^{17} B-Atomen/cm^3 u. 10^{18} O-Atomen/cm^3 wurden bis auf eine Stärke von 0,015 in. angeätzt u. einem Neutronenfluß von $5 \cdot 10^{14}$ Neutronen/cm^2 ausgesetzt. Bei Unters. der Schichten in einem Transmissions-Elektronenmikroskop werden Neutronenbahnen erkennbar. Diskussion dieser Bilder führt zu dem Schluß, daß es sich um Si-Atome handelt, die durch Rk.-Prodd., z. B. aus der Rk. ^{10}B(n, α)^{7}Li, angestoßen wurden. Gleichzeitig auftretende wolkenförmige Trübungen werden auf die Erzeugung von Leerstellen zurückgeführt. W. Reusse 112◇

0121 **Detektor zur Impulsregistrierung geringer Mengen von Neutronen.** L. P. Bilibin und Ju. A. Syssin. (Versuchsgeräte u. Versuchstechn. [UdSSR] **6**, Nr. 3, 154—55, 1961; russ.) — Zur Messung von Neutronen bei starker γ-Strahlung wurde die Aktivierung von Rh-Folien benutzt. Der Detektor ist ein Paraffinblock mit 60 cm Kante. Die Quelle befand sich in einem Kanal von 4 cm ∅. Die Empfindlichkeit des Detektors nahm mit steigendem Abstand zwischen Zählerachse u. Zentrum des Blocks im Paraffin (10—18,6 cm) ab. Die spektrale Empfindlichkeit war im Bereich 0,15 bis 5 MeV konst. u. betrug 0,6% für 2 MeV. Der Untergrund des Zählers lag bei 540 Impulsen/Minute. M. Wiedemann 112◇

0122 **Zählung von Kernprozessen mit gleichzeitiger Emission mehrerer Neutronen.** Jacques Jacquesson. (J. Physique Radium, Physique appl. **24**, 112A—116A, 1963; Commissariat à l'Énergie Atom.; franz.) — Die Meth. gestattet, multiple Neutronenprozesse, wie (n, 2n) oder spontane Spaltung, neben einfachen, wie (α, n), zu zählen. Hierzu wird einmal über eine Linie mit sehr kurzer Totzeit, das andere Mal über eine solche mit einer Totzeit, die größer als die Lebensdauer der Neutronen im Moderator ist, gezählt. Aus den Abweichungen vom Poisson-Gesetz ergeben sich die multiplen Prozesse. Der Neutronendetektor bestand aus 6 BF_3-Zählern in Paraffin. Der Geh. von Pu-Proben an ^{240}Pu ergab sich nach einem Vgl. mit massenspektrometr. Best. nach dieser Meth. auf 0,5% genau. M. Wiedemann 112◇

0123 **Berechnung der endlichen Kammergröße bei der Untersuchung von Kernprozessen.** N. N. Melnikowa. (Versuchsgeräte u. Versuchstechn. [UdSSR] **7**, Nr. 1, 32—36, 1962; Inst. für Kernforsch.; russ.) — Es wird eine analyt. Funktion für die Verteilung der Wahrscheinlichkeit aufgestellt, die Spuren sek. Teilchen zu registrieren. Dabei wird vorausgesetzt, daß die Bahnen der Sekundärteilchen an jedem Punkt mit gleicher Wahrscheinlichkeit auftreten können, u. daß die Verteilung, bezogen auf die Achse des Primärstrahls, $A\cos^2 + B\cos + C$ gehorcht. Die Ergebnisse lassen sich auf die Propanblasenkammer von 24 Litern anwenden. M. Wiedemann 112◇

0124 **Anwendung der Sektoren-Ionisationskammer zur absoluten Messung der Intensität von γ-Strahlung hoher Energie.** I. N. Ussowa. (Versuchsgeräte u. Versuchstechn. [UdSSR] **6**, Nr. 1, 53—55, 1961; Phys. Inst. der Akad. der Wiss. der UdSSR; russ.) — Die abs. Genauigkeit ist mit 7% besser als bei der üblichen runden Ionisationskammer mit parallelen Flächen. Bei einem Synchrotron mit maximaler Energie von 260 MeV ergab die Sektoren-Ionisationskammer übereinstimmende Ergebnisse mit dünnwandigen Kammern aus den gleichen Metallen oder aus Graphit u. mit der Aktivierungs-Meth. nach ^{12}C(γ, n). M. Wiedemann 112◇

0125 **Dichteverteilung in einer Diffusionskammer.** A. P. Andrejew und N. W. Duschin. (Versuchsgeräte u. Versuchstechn. [UdSSR] **7**, Nr. 1, 37—40, 1962; Phys. Techn. Inst. der Akad. der Wiss. der UdSSR; russ.) — Für eine Diffusionskammer, gefüllt mit Methylalkohol in H_2 unter 100 at, wird unter der Annahme des Fehlens von Kondens. die Verteilung der Dampfdichte nach der Höhe theoret. berechnet. Temp. werden zwischen 250 u. 320° K gewählt. M. Wiedemann 112◇

0126 **Durch Photomultiplier gesteuerte Diffusionskammer.** W. K. Ljapidewski und M. M. Obodowski. (Versuchsgeräte u. Versuchstechn. [UdSSR] **6**, Nr. 6, 38—40, 1961; Moskau, Ingenieur-phys. Inst.) — Die Bahnen von α-Teilchen wurden photographiert, so der Zerfall Tn–ThA–ThB, ferner die Anfangsstadien von Entladungen in der Kammeratmosphäre. Es konnte gezeigt werden, daß innerhalb weiter Grenzen die Übersättigung in der empfindlichen Zone von Änderungen des Dampfstroms unabhängig ist. M. Wiedemann 112◇

0127 **Gesteuerte Funkenkammer — ein neues Gerät zur Beobachtung der Bahn geladener Teilchen.** W. A. Michailow, W. N. Roinischwili und G. Je. Tschikowani. (Versuchsgeräte u. Versuchstechn. [UdSSR] **6,** Nr. 1, 39—42, 1961; Inst. für Phys. der Akad. der Wiss. der GrusinSSR; russ.) — Es wird eine Funkenkammer beschrieben, die im Prinzip dem Funkenzähler ähnelt, jedoch im Impulsbereich arbeitet. Als Gas wurde *Ne* von 1,1 at benutzt. Die Abhängigkeit der Empfindlichkeit (Ausbeute) von der Verzögerung u. Amplitude der Hochspannungsimpulse wurde bestimmt. M. Wiedemann 112◇

0128 **Charakteristiken von Funkenzählern mit planparallelen Elektroden.** Ju. F. Skatschkow. (Versuchsgeräte u. Versuchstechn. [UdSSR] **6,** Nr. 6, 41—44, 1961; russ.) — Die Füllungen (Gesamtdruck ca. 16 at) bestanden aus He + O_2, Ne + O_2, Ar + O_2 u. Xe + O_2. Bei den beiden ersten betrug die Auflösungszeit 10^{-11} bzw. $3 \cdot 10^{-11}$ s. M. Wiedemann 112◇

0129 **Untersuchung der Charakteristik von Funkenzählern mit Impulsspeisungsarbeitsweise.** Ju. D. Bajukow, G. A. Lekssin und D. A. Ssutschkow. (Versuchsgeräte u. Versuchstechn. [UdSSR] **6,** Nr. 3, 66—68, 1961; russ.) — Bei Funkenzählern wurde die Abhängigkeit der Empfindlichkeit von der Natur der Füllgase, Luft, N_2, CO_2, He, Ne u. Ar, dem Druck, dem Abstand zwischen den Elektroden, der Spannung an den Elektroden u. der Verzögerung der Hochspannungsimpulse bestimmt. Die Empfindlichkeit nahm mit einem Anstieg der beiden letzteren ab. Für den Druck u. den Elektronenabstand gibt es krit. Werte. M. Wiedemann 112◇

0130 **Luminescenz-γ-Spektrometer zur Messung der Strahlenkoinzidenz.** A. Ss. Melioranski. (Versuchsgeräte u. Versuchstechn. [UdSSR] **6,** Nr. 3, 44—49, 1961; Forschungsinst. für Kernphys. GMU; russ.) — Es wurde ein γ-Spektrometer nach dem Prinzip der Langsam-Schnell-Koinzidenzen konstruiert. Ein Einkanalanalysator mit laufend regulierbarer Spaltbreite bis zu 25 V ergab eine Totzeit von 1,5 μs, das Koinzidenz-Syst. verbesserte die Auflösung auf $5-8 \cdot 10^{-8}$ s bei 100% Wirkungsgrad. Der App. kann für Paar-Bldg., Compton-Effekt oder γ-γ-Kaskaden bei Zählgeschw. bis zu 10^5 Impulsen/s verwendet werden. M. Wiedemann 112◇

0131 **γ-Spektrometer mit organischem Scintillator mit zeitlicher Auswahl der γ-Strahlung.** A. I. Weretennikow, W. Ja. Awertschenkow, M. W. Ssawin und Ju. A. Spechow. (Versuchsgeräte u. Versuchstechn. [UdSSR] **6,** Nr. 2, 42—46, 1961; russ.) — Es wird ein γ-Spektrometer beschrieben, das mit plast. Scintillatoren eine zeitliche Auflösung von 1 ns u. mit NaJ(Tl)-Kristall eine von 4 ns erzielt. Im ersten Fall lag die Energieauflösung für ^{137}Cs bei 25%, im zweiten Fall der Wirkungsgrad bei Koinzidenzzählung für ^{60}Co bei 90%. M. Wiedemann 112◇

0132 **Übergang des Scintillationslichtes durch Plastikscintillatoren und Lichtleiter.** W. W. Kriwitzki und G. A. Lekssin. (Versuchsgeräte u. Versuchstechn. [UdSSR] **6,** Nr. 1, 79—81, 1961; russ.) — Der Durchgang des Scintillationslichts durch die Scintillatoren u. Lichtleiter wird experimentell untersucht. Bei den Scintillatoren ist die Kontaktgrenze beim Photomultiplier maßgebend. Bei den Lichtleitern ist neben Form u. Größe das Material wichtig, ob hohl oder massiv (Ag oder Al). M. Wiedemann 112◇

0133 **Die WB-Zähler.** Pierre Wenger. (Ind. atom. **6,** Nr. 5/6, 93—97, 1962; Genève, Univ., Inst. du Radium; franz.) — Beschreibung des Ganzkörperzählers u. dessen Anwendung zur Best. der γ-Aktivitäten natürlichen Ursprungs u. durch Kontamination. Gerhard Schmidt 112◇

0134 **Nachweis und Messung radioaktiver Stoffe im menschlichen Körper.** Hubert Wolfgang Eich. (Arch. Pharmaz. **296/68,** 161—65, 1963; Saarbrücken; dt.) — Überblick, bes. über Ganzkörperzähler. Herbert Weber 112◇

0135 **Zeitselektor zur Analyse von Impulsserien.** W. G. Browtschenko und Ju. D. Moltschanow. (Versuchsgeräte u. Versuchstechn. [UdSSR] **6,** Nr. 6, 74—77, 1961; Inst. für Atomenergie der Akad. der Wiss. der UdSSR; russ.) — Der Selektor zur Messung der zeitlichen Verteilung von Impulsen in Serien hat eine minimale Kanalbreite von 25 μs, der Abstand zwischen den Kanälen beträgt 2,5 μs. Die Auflösungszeit ist $3 \cdot 10^{-8}$ s. M. Wiedemann 112◇

0136 **Bestimmung des Vorzeichens der Teilchenladung in Photoemulsionen.** I. M. Gramenitzki, S. Korbel und L. Rob. (Versuchsgeräte u. Versuchstechn. [UdSSR] **6,** Nr. 1, 42—44, 1961; Vereinigtes Inst. für Kernforsch.; russ.) — Ein Emulsionsstapel wurde dem inneren Protonenbündel des Synchrophasotrons von 9 GeV im Magnetfeld von 1,2 kOe ausgesetzt. Die magnet. Ablenkung der Sekundärteilchen wurde bestimmt. Eine Aufteilung in positive u. negative Teilchen ist möglich. M. Wiedemann 112◇

0137 **Über die Anwendung der Kernemulsionstechnik zur Untersuchung komplexer Elektronenkonversionsspektren.** A. M. Cartacci, M. G. Dagliana und L. Tocci. (Suppl. Nuovo Cimento Nr. **1,** (zu [10] **21**), 21—28, 1961; Firenze, Univ., Ist. di Fis., Ist. Naz. di Fis. Nucl.; engl.) — Bei Unterss. von (n, p)-Rkk. in G-5-Emulsionen wurden durch Blob-Zählung u. mkr. Reichweitenmessungen die Energien langsamer Konversionselektronen untersucht. Ferner werden Ergebnisse über ^{109}Ag(n, p)^{109}Pd u. ^{81}Br(n, p)^{81m}Se mitgeteilt, wobei im letzteren Fall die Konversionselektronen mit heranzuziehen sind. Die Verss. wurden mit 14-MeV-Neutronen durchgeführt. Die Energieberechnung aus den Bahnen ist mit ±5% Unsicherheit behaftet. W. Reusse 112□

0138 **Einrichtung zur automatischen Durchsicht von Kernphotoemulsionen nach der Methode des Fernsehrasters.** 2. Mitt. **Registriersystem.** A. K. Woronkow, I. D. Murin, L. W. Ssuchow und I. W. Strachin. (Versuchsgeräte u. Versuchstechn. [UdSSR] **7,** Nr. 1, 42—49, 1962; Physik. Inst. der Akad. der Wiss. der UdSSR; russ.) — Die Meß-Geschw. beträgt bei der Ionisation 100 μ/s, bei der Streuung 200 μ/s u. übertrifft dabei diejenige ohne mechan. Hilfe um das 10fache. M. Wiedemann 112◇

0139 **Hochauflösende Autoradiographie von chemisch aktiven Oberflächen.** G. T. Rogers und J. D. H. Hughes. (Nature [London] **199,** 566—67, 1963; Wantage, A.E.R.E., Wantage Res. Labor., Isotope Res. Div.; engl.) — Bei Anwendung der Autoradiographie auf Proben mit sehr reaktionsfähigen Oberflächen muß zwischen Emulsion u. Probe eine Schutzschicht angebracht werden. Vff. verwenden einen ca. 10 μ dicken Kunststoffilm aus Polyvinylformal (Formvar), auf den eine dünne AgBr-Schicht aufgetragen wird (∅ der AgBr-Kristalle $< 0{,}3$ μ). Die Schicht wird anschließend mit einem 0,3 μ dicken Polyisobutylen (I)-Film überzogen. Zur Herst. der Autoradiographie wird der Film kurzzeitig in Methyläthylketon aufgeweicht u. mit **I** auf die Probe aufgebracht. Beim Verdunsten des Lsgm. erhärtet der Film u. paßt sich genau der Oberfläche der Probe an. Nach Belichtung wird der Film abgezogen, zur Entfernung von **I** in Toluol oder CCl_4 gebadet u. anschließend entwickelt. Die Meth. gibt mit ^{14}C u. ^{35}S eine Auflösung von 3—4 μ u. mit Tritium eine Auflösung von besser als 2 μ. H. Kuchenbecker 112◇

A_2. Optisches Verhalten der Materie

0140 **Zweielektronenatome.** 2. Mitt. **Eine Störungsuntersuchung einiger angeregter Zustände.** Robert E. Knight und Charles W. Scherr. (Rev. mod. Physics **35,** 431—36, 1963; Austin, Tex., Univ. of Texas, Dep. of Phys.; engl.) — 1. vgl. C. **1964,** 10-0151. — Die l. c. auf den Grundzustand (1^1S) eines Zweielektronenatoms angewendete Störungsnäherung wird auf die Zustände 2^1S, 2^3S, 2^1P u. 2^3P des gleichen Syst. ausgedehnt. A. Blaschette 114◇

0141 **Zweielektronenatome.** 3. Mitt. **Eine Störungsuntersuchung sechster Ordnung des Grundzustandes 1^1S.** Charles W. Scherr und Robert E. Knight. (Rev. mod. Physics **35,** 436—42, 1963; engl.) — 2. vgl. vorst. Referat. — Anwendung auf den 1^1S-Zustand der isoelektron. *He*-Reihe. A. Blaschette 114◇

0142 **Natürliche Entwicklung exakter Wellenfunktionen.** 3. Mitt. **Der Grundzustand des Heliumatoms.** Ernest R. Davidson. (J. chem. Physics **39,** 875—80, 1963; Seattle, Wash., Univ. of Washington, Chem. Dep.; engl.) — 2. vgl. **1963,** 10372. — Eine der Kinoshita-Funktion ähnliche Wellenfunktion wird in natürliche Orbitale zerlegt. Die ersten drei natürlichen Orbitale, deren erstes annähernd der SCF-Funktion entspricht, beschreiben das He-Atom recht gut (Energie: —2,8974 Hartree; Überlappung mit der exakten Wellenfunktion: 0,99979). Nach diesen drei Gliedern konvergiert die natürliche Entwicklung nur sehr langsam. A. Blaschette 114◇

0143 **Energien einiger isoelektronischer Ionenreihen.** G. G. Hall und D. Rees. (Proc. physic. Soc. **79, 444–45,** 1962; London, Imp. Coll., Dep. of Math.; engl.) — Theoret. Unters. auf Grundlage der Ionisationspotentiale in der Formulierung von Hylleraas [1930]. C. Gottfried 114△

0144 **Mittlere quadratische Schwingungsamplitudenmatrizen.** 19. Mitt. **Coriolis-Kopplungskoeffizienten in planarsymmetrischen XY_3-Molekülen.** L. Kristiansen und S. J. Cyvin. (J. molecular Spectroscopy **11,** 185–94, **1963;** Trondheim, TU of Norway, Inst. of Theoret. Chem.; engl.) — 18. vgl. J. molecular Spectroscopy **8,** [1962], 464; 15. vgl. C. **1963,** 19179. — Die ζ-Werte (Coriolis-Koeff.) eines planar-symm. Modells für XY_3-Moll. werden mit Hilfe von Kraft-Konst. bzw. von Matrixelementen ausgedrückt. In letzterem Fall wird eine Beziehung zwischen der Σ- u. der C-Matrix (Bezeichnung nach Meal u. Polo) benutzt. Numer. ζ-Werte sind für $^{11}BY_3$ ($Y = F$; Cl; Br; J) angegeben. A. Blaschette 114◇

0145 **Mittlere quadratische Schwingungsamplitudenmatrizen.** 20. Mitt. **Coriolis-Kopplungskoeffizienten in gewinkeltsymmetrischen XY_2-Molekülen.** S. J. Cyvin. (J. molecular Spectroscopy **11,** 195–99, 1963; engl.) — 19. vgl. vorst. Referat. — Die ζ-Werte eines gewinkelt-symm. Modells für XY_2-Moll. werden mit Hilfe von Kraft-Konst. bzw. von Elementen der mittleren quadrat. Schwingungsmatrix bzw. von Elementen der Kraft-Konst.-Kehrmatrix ausgedrückt. Numer. Werte sind für $^{14}NO_2$ u. $^{15}NO_2$ angegeben. A. Blaschette 114◇

0146 **Verbreiterung und Verschiebung der magnetischen Resonanzlinien als Folge einer optischen Anregung.** 2. Mitt. J. P. Barrat und C. Cohen-Tannoudji. (J. Physique Radium **22,** 443–50, 1961; Caen, Fac. des Sci., Labor. d'Opt.; Paris, Labor. de Phys. de l'E.N.S.; franz.) — 1. vgl. C. **1963,** 6458. — Der Gesamt-Einfl. absorbierter u. emittierter Strahlung auf den Grundzustand von Atomgruppen bei opt. Anregung durch die Resonanzstrahlung wird berechnet, wobei auch der Einfl. von Hochfrequenzfeldern berücksichtigt wird. Mathemat. u. physikal. können die Vorgänge als Relaxationsvorgänge beschrieben werden. Die opt. Absorptions- oder Fluorescenzsignale werden als Funktion der Elemente der Dichtematrizen im Grundzustand dargestellt. K. Scheffler 114◇

0147 **System zur Verarbeitung und Registrierung von Anregungsfunktionsdaten.** Robert M. St. John, Chun C. Lin, R. L. Stanton, H. D. West, J. P. Sweeney und E. A. Rinehart. (Rev. sci. Instruments **33,** 1089–94, 1962; Norman, Okla., Univ., Dep. of Phys.; engl.) — Vff. beschreiben ein Syst. zur automat. Verarbeitung von opt. Anregungsdaten. Der scheinbare Wrkg.-Querschnitt durch Elektronenstoß eines einzelnen Zustandes ist proportional der Lichtintensität eines Strahlungsübergangs von diesem Niveau, dividiert durch das Prod. aus Elektronenstrahlstrom und Druck. Die Lichtintensität wird aus dem Ausgangsstrom eines Photomultipliers ermittelt. Wenn der Druck in der Stoßkammer konst. gehalten wird, dann ist der scheinbare Wrkg.-Querschnitt proportional dem Verhältnis des Photomultiplierstroms zu dem Elektronenstrahlstrom. Dieses Verhältnis wird kontinuierlich automat. berechnet, während die Anregungsfunktion auf einem Oszilloskop sichtbar ist u. photographiert wird. Mit dieser Vorr. wurden die scheinbaren Anregungsfunktionen des 3^1P- u. 3^3P-Niveaus von He bestimmt bzw. gemessen. C. Gottfried 114△

0148 **Über die absolute Emissionsintensität charakteristischer Röntgenstrahlung.** V. Metchnik und S. G. Tomlin. (Proc. physic. Soc. **81,** 956–64, 1963; Adelaide, Australia, Univ. of Adelaide, Phys. Dep.; engl.) — Eine Erweiterung der Theorie von Worthington u. Tomlin (C. **1958,** 1201) erlaubte die Behandlung der Elektronenstreuung in einem Target. Zum Vgl. wurden Messungen der abs. Intensität von K_α-Strahlung aus dicken *Cu-*, *Ag-* u. *Cr*-Targets gemacht. Die Ergebnisse von Theorie u. Experiment zeigten gute Übereinstimmung. J. Blume 116◇

0149 **Über den Charakter der zwischenatomaren Bindungskräfte in Eisen–Aluminium-Legierungen.** Ss. A. Nemnonow und K. M. Kolobowa. (Metallphysik u. Metallkunde [UdSSR] **6,** Nr. 1, 183–85, 1958; Inst. für Metallphys. der Ural-Zweigstelle der Akad. der Wiss. der UdSSR; russ.) — Die Feinstruktur der K-Absorptionsspektren von Fe in Fe-Al-Legg. mit 9,9; 17; 25; 50 u. 75 Atom-% Al wird untersucht. Aus Breite u. Lage der K-Absorptionskante wird auf die Elektronenstruktur der Lsgg. u. der Verbb. Fe_3Al, FeAl u. $FeAl_3$ geschlossen. H. Hochstein 116◇

0150 **Absorptionsspektrum des NO-Moleküls.** 3. Mitt. **Heterogene Störung in $H^2\Sigma^+$—$H'^2\Pi$.** K. P. Huber und E. Miescher. (Helv. physica Acta **36,** 257–68, 1963; Basel, Switzerland, Univ., Inst. of Phys.; engl.) — Vgl. C. **1960,** 11548. — An den komplexen Banden $H, H' - X$ im Absorptionsspektrum des *NO*-Mol. (0,0) bei 1595 u. (1,0) bei 1538 Å wird eine Rotationsanalyse durchgeführt. Bei den oberen Rydberg-Zuständen $H^2\Sigma^+$ u. $H'^2\Pi$ wird eine Wechselwrkg. in bislang nicht beobachteter Art festgestellt. Behandlung u. Eliminierung der Störfunktion führt zu erstmaliger übereinstimmender Deutung aller bekannten Rydberg-Zustände, die zur ersten Ionisationsgrenze des NO-Mol. gehören. W. Sobieski 118◇

0151 **Optische Absorption von CaO-Einkristallen.** Victor I. Neeley und James C. Kemp. (J. Physics Chem. Solids **24,** 1301–04, 1963; Eugene, Oreg., Univ. of Oregon, Dep. of Phys.; engl.) — Die opt. Absorption von CaO-Einkristallen wird im Wellenlängenbereich von 0,2–14,5 μ untersucht. An der hochenerget. Seite des Spektrums beginnt die Absorption bei ca. 0,25 μ, an der niederenerget. Seite bei 10 μ. An der Oberfläche der Kristalle bildet sich sehr leicht $Ca(OH)_2$, welches zu einer Absorptionslinie bei 2,755 μ führt. Ebenso verursachen Oberflächeneffekte eine schwächere, aber breitere Absorptionsbande bei 0,26 μ. Der Bandabstand im CaO wird zu $\geq 6{,}0$ eV bestimmt. K. H. Härdtl 119◇

0152 **Optische Spektren einiger d^1-Elektronensysteme.** J. R. O'Connor und J. H. Chen. (J. Physics Chem. Solids **24,** 1382–84, 1963; Lexington, MIT, Lincoln Labor.; Chestnut Hill, Mass., Boston Coll., Phys. Dep.; engl.) — In CaF_2-, SrF_2- u. BaF_2-Einkristallen werden 0,1 Mol-% Sc, Y, La, Ti, V u. Mo eingelagert. Nach Beschuß dieser Kristalle mit 2-MeV-Elektronen zur Erzeugung von Fehlstellen u. zur Ladungskompensation sind alle eingelagerten Ionen in den $3d^1$-, $4d^1$- oder $5d^1$-Zustand übergegangen. Ihr Absorptionsspektrum wird zwischen 0,2 u. 0,8 μ gemessen. Die Spektren zeigen charakterist. Absorptionsmaxima für das betreffende eingelagerte Ion u. sind ähnlich für CaF_2, SrF_2 u. BaF_2. Die Spektren werden mit Hilfe der Kristallfeldtheorie diskutiert. K. H. Härdtl 119◇

0153 **Zur additiven Verfärbung von Strontiumfluorid.** Hans Karras. (Physica Status solidi [Berlin] **1,** Nr. 2, Kurze Orig.-Mitt. K33–K34, 1 Tafel, 1961; Jena; dt.) — Zwei Aufnahmen additiv durch Sr verfärbter SrF_2-Kristalle werden im Anschluß an eine frühere Mitt. (C. **1963, 3092**) kurz besprochen. H. Roschkowski 119◇

0154 **Effekte bei der Bestrahlung von Quarzkristallen mit Elektronen.** F. Porreca. (Nuovo Cimento [10] **23,** 859–66, 1962; Napoli, Univ., Ist. di Fis. Sper.; engl.) — Quarzkristalle werden mit 1- u. 2-MeV-Elektronen bestrahlt. Die Eindringtiefe, die Reichweite der Verfärbung u. das Absorptionsspektrum werden bestimmt. B. Schmitt 119◇

0155 **Absorption und Reflexionsvermögen einiger Halbleiter im mittleren und Vakuum-UV.** Sonja Robin-Kandare. (J. Rech. Centre nat. Rech. sci. **1959,** 311–56; Labor. des Hautes Pressions; franz.) — Es wurden das Reflexionsvermögen u. die Absorption dünner amorpher u. krist. Schichten von Si, Ge, Se u. Te in Abhängigkeit von der Herst.-Meth. gemessen. Die Reflexions-Unterss. wurden im Spektralbereich 3000–1000 Å (4–12 eV), die Absorptionsmessungen im Bereich 3000–110 Å durchgeführt. Man versucht, die Absorptionskurven im Bereich der opt. Übergänge mit Hilfe von Schemata der Energiebanden, den Ergebnissen aus der Messung der Reflexionskurven krist. Proben u. einiger, bestimmten internen Übergängen zugeordneten Absorptionsbanden zu erklären. Dabei erlaubt die Kramers-Kronig-Beziehung, die opt. Konst. aus der Reflexionskurve zu berechnen. H. Peter 119◇

0156 **Die diffusen Reflexionsspektren einiger Titanoxide.** Audrey L. Companion und Robert E. Wyatt. (J. Physics Chem. Solids **24,** 1025–28, 1963; Chicago, Ill., Illinois Inst.

of Technol., Dep. of Chem.; engl.) — Die diffusen Reflexionsspektren von *TiO*, Ti_2O_3 u. den Rutil-, Anatas- u. Brookit-Modifikationen von TiO_2 werden im Energiebereich von 2 bis 6 eV gemessen. Für TiO wird ein Absorptionsmaximum bei 3,57 eV beobachtet, Ti_2O_3 zeigt 2 Maxima bei 2,25 u. 3,4 eV. Die Reflexionsspektren von Rutil, Anatas u. Brookit zeigen scharfe Absorptionskanten bei 3,00, 3,23 bzw. 3,26 eV. Diese Ergebnisse werden qual. mit Elektronenübergängen zwischen den verschiedenen p- u. d-Zuständen gedeutet. K. H. Härdtl 119◇

0157 **Optische Schwingungen im Perowskitgitter.** R. I. Joseph und B. D. Silverman. (J. Physics Chem. Solids **24,** 1349—55, 1963; Waltham, Mass., Raytheon Co., Res. Div.; engl.) — Die opt. Schwingungen im Perowskitgitter werden durch die gegenseitige Verschiebung von 5 Teilgittern charakterisiert. Die Bewegung dieser Teilgitter kann mit 7 Kopplungs-Konst. beschrieben werden. Wenn man die 3 kleinsten vernachlässigt, können 3 der verbleibenden aus den beobachteten Frequenzen von $SrTiO_3$ bestimmt werden. Mit ihrer Hilfe kann man die relative Verschiebung der Teilgitter als Funktion von $T - T_C$ (T_C = Curie-Konst.) beschreiben. Zwei verschiedene Lösungen werden gefunden, die der Beschreibung von Slater bzw. von Last entsprechen. Es wird nicht entschieden, welche der beiden Beschreibungen zutrifft, allerdings kann gezeigt werden, daß für $T \neq T_C$ beide nicht exakt zutreffen. K. H. Härdtl 119◇

0158 **Zur Theorie der IR-Absorption in Kristallen; Vierphononenwechselwirkungen.** W. N. Kaschtschejew. (Festkörperphysik [UdSSR] **5,** 2339—44, 1963; Riga, Phys. Inst. der Akad. der Wiss. der LettSSR; russ.) — Untersucht wurde der Einfl. der Anharmonizität vierter Ordnung auf die Frequenz u. die Temp.-Abhängigkeit des Koeff. der linearen IR-Absorption für Ionenkristalle mit einem opt.-akt. Phononenast. K. Jaeger 120◇

0159 **Infrarotgitterabsorption von GaP.** D. A. Kleinman und W. G. Spitzer. (Physic. Rev. [2] **118,** 110—17, 1960; Murray Hill, N.J., Bell Telephone Labor.; engl.) — Durchlässigkeits- u. Reflexionsmessungen wurden zur Best. der Gitterschwingungen im Wellenlängenbereich 1—40 μ durchgeführt. Von 1—12,5 μ erstreckt sich ein Durchlässigkeitsbereich, zwischen 12,5 u. 24 μ liegen die Gitter-Kombinationsschwingungsbanden, die Hauptbande liegt bei 27,3 μ. Die DK beträgt 8,5 $\pm$ 0,2 für $1 < \lambda < 12\ \mu$ u. 10,2 für $\lambda > 40\ \mu$. Die auf freien Trägern beruhende Untergrundabsorption wurde durch Diffusion von Cu eingeschränkt. Die Zuordnungen einiger Kombinationsschwingungen werden angegeben. Die Temp.-Abhängigkeit der Banden stimmt mit einem Zweiphononenprozeß überein. Aus der integrierten Absorption wird geschlossen, daß der Hauptmechanismus für die Kombinationsbanden die anharmon. Potentialenergie ist. H. Roschkowski 120◇

0160 **Anharmonische Kräfte im GaP-Kristall.** D. A. Kleinman. (Physic. Rev. [2] **118,** 118—27, 1960; engl.) — Vgl. vorst. Referat. — Die IR-Eigg. u. die Wärmeausdehnung von GaP werden mit Hilfe eines einfachen Modells der anharmon. Kräfte behandelt. In diesem Modell sind die anharmon. Kräfte durch einen einzigen Parameter charakterisierte Zentralkräfte nächster Nachbarn. Der Wert dieses Parameters bei GaP wird aus der integrierten IR-Absorption (l. c.) ermittelt. Die Theorie entspricht sowohl den IR- als auch den Ausdehnungseigenschaften. H. Roschkowski 120◇

0161 **Gitterreflexionsspektren im Infraroten von LiCl, LiBr, KF, RbF und CsF.** Marvin Hass. (J. Physics Chem. Solids **24,** 1159—64, 1963; Washington, D.C., U.S. Naval Res. Labor.; engl.) — Die Reflexionsspektren von LiCl, LiBr, KF, RbF u. CsF werden zwischen 95 u. 1500 cm^{-1} gemessen u. mit Hilfe der Kramers-Kronig-Beziehung analysiert. Folgende Fundamentalabsorptionsfrequenzen wurden bestimmt: LiCl 191 $\pm$ 2 (cm^{-1}), LiBr 159 $\pm$ 4, KF 190 $\pm$ 2, RbF 156 $\pm$ 2, CsF 115 (?). Durch die Szigeti-Beziehung werden effektive Ladungen u. Kompressibilitäten berechnet u. in guter Übereinstimmung mit den aus den Ionenpolarisierbarkeiten bestimmten Werten gefunden. K. H. Härdtl 120◇

0162 **Bestrahlungseffekte in α-Quarz.** G. Ss. Shdanow, W. G. Subow, Je. W. Kolonzowa, L. P. Ossipowa und I. W. Telegina. (Kristallographie [UdSSR] **8,** 207—12, 1963; Moskau, Lomonossow-Univ.; russ.) — Verglichen wurden die Raman-Spektren von α-Quarz vor u. nach Neutronenbestrahlung ($7 \cdot 10^{19}$ schnelle Neutronen/cm^2). Strukturänderungen wurden röntgenograph. (Laue-Aufnahmen) bestimmt; sie zeigten im wesentlichen eine Symmetrieänderung $C_3 \rightarrow C_6$. Zwei Modelle zur Deutung der Strukturänderungen werden diskutiert. K. Jaeger 120◇

0163 **Polarisationsuntersuchungen an den Raman-Spektren kubischer Kristalle.** 2. Mitt. **Calciumfluorid und Kaliumaluminiumsulfat.** V. Ananthanarayanan. (Z. Physik **167,** 39—45. 1962; Bangalore, India, Indian Inst. of Sci., Dep. of Phys.; engl.) — 1. vgl. Z. Physik **159,** [1960], 51. — Untersucht wurden die Depolarisationsfaktoren der Raman-Linien von CaF_2 u. $KAl(SO_4)_2 \cdot 12\,H_2O$ (Einfallwinkel des unpolarisierten Lichtes: 22,5° zur Würfelfläche). Die CaF_2-Linie bei 322 cm^{-1} zeigte 3fache Entartung (Depolarisationsfaktor < 1), die Alaunlinien hauptsächlich doppelte Entartung (Depolarisationsfaktor > 1), aber auch totale Symmetrie (3 Linien) u. 3fache Entartung (8 Linien). K. Jaeger 120◇

0164 **Infrarotabsorptionsspektren von Uranylnitrat und seinen Komplexen mit neutralen Addenden.** W. M. Wdowenko, D. N. Ssuglobow und W. A. Krassilnikow. (Radiochemie [UdSSR] **5,** 311—19, 1963; russ.) — Vff. nahmen die IR-Absorptionsspektren von Uranylnitrat sowie von den Komplex-Verbb. $UO_2(NO_3)_2 \cdot 2\,A$ (A = NO_2, W., Acetonitril, Methyläthylketon, Ae. u. Pyridin) im Bereich 650—1800 cm^{-1} auf. Nach der Zahl u. Lage der Absorptionsbanden befinden sich die mol. Addenden u. die Nitratgruppen in den Komplexen im Koordinationszustand. Auf Grund der entsprechenden Intensitäten der Nitratgruppen muß die Struktur der Koordinationssphäre des Urans für die verschiedenen Komplexe gleich sein. Das Nitration im wasserfreien $UO_2(NO_3)_2$ ist vergleichsweise weniger deformiert. Die Frequenzen der Valenzschwingungen des Uranyls verringern sich mit der Vergrößerung der Donator-Eigg. der Addenden, was auf einen z. T. kovalenten Charakter der Uran—Addend-Bindung hinweist. Vff. bestimmten die Konst. der anharmon. Valenzschwingungen des Uranyls, die Kraft-Konst. K_1 für die Bindung U—O sowie die Kraft-Konst. K_{12} für die Wechselwrkg. der U—O-Bindungen im Uranyl für alle Komplexe. Die Werte liegen für K_1 in den Grenzen 7,90—7,23 dyn/cm, für K_{12} zwischen —0,12 u. —0,23 dyn/cm. G. Ewald 120◇

0165 **Die Erzeugung zweiter harmonischer Oberwellen in Festkörpern.** P. L. Kelley, (J. Physics Chem. Solids **24,** 1113—19, 1963; Lexington, Mass., MIT, Lincoln Labor.; engl.) — Theoret. Arbeit über den Zusammenhang zwischen der Erzeugung 2. harmon. Oberwellen u. der Bandstruktur. Zur Berechnung wird ein Festkörper mit idealisierten Bändern herangezogen. Das Ausgangssignal der 2. harmon. Oberwelle für 2- u. 3-Bandübergänge wird in der Dipolnäherung berechnet. Der Einfl. von Quadrupolgliedern wird abgeschätzt. K. H. Härdtl 121◇

0166 **Steuerung für optische Maseroscillatoren durch Ultraschall-Lichtbeugung.** A. J. De Maria. (J. appl. Physics **34,** 2984—88, 1963; East Hartford, Conn., United Aircraft Corp., Res. Labor.; engl.) — Der Debye-Sears-Effekt wird zur Steuerung u. Amplitudenmodulation eines Rubinlasers durch Regulierung der opt. Rückkopplung im Fabry-Perot-Interferometer verwendet. Eine zusätzliche fortschreitende Ultraschallwelle verändert die opt. Weglänge zwischen den Interferometerreflektoren durch Veränderungen des Brechungsindex. H. U. Borgstedt 121◇

0167 **Photoelektrisches Mischen als spektroskopisches Hilfsmittel.** A. Theodore Forrester. (J. opt. Soc. America **51,** 253—59, 1961; Pasadena, Calif., Electro-Opt. Syst., Inc.; engl.) — Beschreibung der Meth. des photoelektr. Mischens (vgl. Forrester u. Mitarbeiter, C. **1957,** 3181) in Verbindung mit opt. Masern (oder Lasern) als Grundlage opt. Messungen. W. Betcke 121◇

0168 **Ein Beitrag zum Verlauf der Luminescenz reiner und dotierter AgCl-Kristalle.** K. Vacek. (Czechoslov. J. Physics **13,** 424—30, 1963; Praha, Fyz. ústav Karlovy univ.; engl.) — Vgl. C. **1964,** 5-0191. — An Hand experimenteller u. theoret. Daten aus der Literatur wird eine Bestätigung des von Matyáš bzw. Vf. (vgl. C. **1961**, 6042 bzw. C. **1963**, 3854) vorgeschlagenen Luminescenzmodells von AgCl-Kristallen abgeleitet. Die Theorie erklärt die von der jeweiligen Dotierung abhängige Emission sowie die Temp.-Verschiebung der Emissionsbande u. ihre Abhängigkeit von der Konz. der Luminescenzzentren. Eine Erklärung der Röntgenluminescenz bei Raum-Temp. wird angeführt. — 21 Literaturangaben. H. Roschkowski 125◇

0169 **Eine Bemerkung zum Verlauf der Kinetik der Luminescenz von AgCl-Einkristallen.** K. Vacek. (Abh. dtsch. Akad. Wiss. Berlin, Kl. Math., Physik Techn. **1960**, Nr. 7, 208—13; Prag, Karls-Univ., Phys. Inst.; dt. — C. **1963**, 3854.) G. Ruban 125◇

0170 **Elektronenprozesse in verfärbten NaCl-Kristallen mit Cadmium.** A. Bohun, J. Dolejší, M. Kaderka, J. Kantůrek, I. Kunzlová, M. Lébl und J. Trnka. (Abh. dtsch. Akad. Wiss. Berlin, Kl. Math., Physik Techn. **1960**, Nr. 7, 214—24; Prag, Tschechoslow. Akad. der Wiss., Inst. für Techn. Phys.; dt.) — Vgl. C. **1963, 13053**. — An $CdCl_2$-haltigen NaCl-Kristallen (Geh. an Cd 10^{-4}) werden Messungen der Absorption (Thermoabsorption u. Thermoluminescenz), Thermoemission, Photoemission, dielektr. Verluste sowie eine Spektralanalyse der Luminescenz durchgeführt. Bei der Diskussion der Vers.-Ergebnisse werden die Rolle der Cd-Zusätze u. bes. der V-Zentren erörtert. G. Ruban 125◇

0171 **Thermoluminescenz und die Beziehung zwischen thermischen und optischen Aktivierungsenergien in Diamant.** J. Nahum und A. Halperin. (J. Physics Chem. Solids **24**, 823—34, 1963; Jerusalem, Hebrew Univ. of Jerusalem, Dep. of Phys.; engl.) — Diamantkristalle vom Typ I, IIa bzw. IIb werden in einem Vakuumkryostaten bei 80 bis 300° K mit monochromat. UV-Licht der Wellenlängen zwischen 225 u. 360 nm angeregt. Anschließend werden Thermoluminescenz (TL) u. Photoleitfähigkeit σ bei Erwärmung auf Temp. zwischen 80 u. 600° K untersucht. Typ I zeigt ein breites TL-Maximum bei 525° K, während bei Typ IIa scharfe Maxima bei 113, 150 u. 217° K u. im allg. ein breites Maximum bei 600° K auftreten. Nach Anregung mit UV-Strahlung von 225 nm zeigt Typ IIb ein TL-Maximum bei ca. 250° K. Die therm. Aktivierungsenergien (E_{th}) werden aus der Form der TL-Kurven u. dem anfänglichen Anstieg abgeleitet. E_{th} wird mit den aus opt. Bleich-Verss. mit IR-Bestrahlung u. der Temp.-Abhängigkeit von σ erhaltenen opt. Energien (E_{opt}) verglichen. Für Typ IIa sind E_{th} u. E_{opt} bis 1,5 eV gleich, während bei Typ I $E_{th} < E_{opt}$ gilt u. das Verhältnis E_{opt}/E_{th} in Abhängigkeit vom beobachteten TL-Maximum zwischen 1,5 u. 2,5 liegt. Der Unterschied zwischen E_{th} u. E_{opt} wird diskutiert. Herbert Müller 125◇

0172 **Wärmeleitungseffekte bei der Sonoluminescenz.** Robert Hickling. (J. acoust. Soc. America **35**, 967—74, 1963; Pasadena, Calif., California Inst. of Technol.; engl.) — Die Spektren u. die Phasenzuordnung der Sonoluminescenzblitze zum Schallwechseldruck sprechen für einen therm. Mechanismus. Die Intensität ist stark von der Art des gelösten Gases abhängig. Sie nimmt vom He zum Xe etwa um das 500fache zu, während die Wärmeleitfähigkeit in der gleichen Reihenfolge abnimmt. Da die Wärmeleitfähigkeit des in der kollabierenden Kavitation komprimierten Gases die Temp. mitbestimmen kann, erscheint ein Einfl. der Wärmeleitfähigkeit der Gase auf die Sonoluminescenz möglich. Angestellte Berechnungen führen für die Intensität zu Übereinstimmungen mit den Befunden, für die Spektren ist ein solcher Zusammenhang nicht angeführt. H. U. Borgstedt 125◇

A_3. Elektrizität, Magnetismus, Elektrochemie

0173 **Irreversible Thermodynamik eines nicht linearen R–C-Systems.** William Bernard und Herbert B. Callen. (Physic. Rev. [2] **118**, 1466—70, 1960; Waltham, Mass., Raytheon Comp., Res. Div.; Philadelphia, Pa., Univ. of Pennsylvania, Dep. of Phys.; engl.) — Vgl. C. **1962**, 5197. — Der l. c. angegebene Formalismus wird auf einen Kreis aus einer Kapazität u. einem nichtlinearen Widerstand angewendet. H. Liepack 130□

0174 **Zur Einelektronennäherung in der Stoßtheorie.** B. A. Weklenko und I. W. Nowobranzew. (J. exp. theoret. Physik [UdSSR] **43**, 919—26, 1962; russ., Auszug: engl.) — Unters. der Stöße zwischen einem langsamen Elektron u. einem Atom unter Berücksichtigung von Austausch- u. Polarisationserscheinungen. Es werden konkrete Berechnungen für die Streuung von Null-Energie-Elektronen an Wasserstoffatomen durchgeführt. H. Liepack 131◇

0175 **Ladungsaustausch in Stößen unter Einschluß symmetrischer und asymmetrischer Resonanz.** W. L. Fite, A. C. H. Smith und R. F. Stebbings. (Proc. Roy. Soc. [London], Ser. A **268**, 527—36, 1962; San Diego, Calif., Gen. Atom. Div. of Gen. Dynamics Corp., John Jay Hopkins Labor. for Pure and Appl. Sci.; engl.) — Es werden Querschnitte für den Ladungsaustausch beim Stoß zwischen atomarem H u. O^+ bzw. He^{2+} mitgeteilt. Diese Prozesse können mit geringem oder ohne Energieverlust ablaufen. Für den symm. Resonanz-Ladungsaustausch $H^+ + H (1s) \rightarrow H (1s) + H^+$ werden ebenfalls Querschnitte bis herunter zu 20 eV angegeben. L. Roth 131◇

0176 **Zur Bildung negativer Wasserstoffionen in Quecksilber- und Wasserdämpfen.** N. B. Brooks, M. Roos, R. P. Bastide, P. H. Rose und A. B. Wittkower. (Physics Letters [Amsterdam] **6**, 169—70, 1963; Burlington, Mass., High Voltage Engng. Co., Res. Tandem Group; engl.) — Ein Strahl positiv geladener H-Ionen (5—30 keV) wurde auf Hg- u. H_2O-Dampf-Targets gelenkt. Bestimmt wurden die Ausbeuten der Rkk. $H_1^+ \rightarrow H_1^-$, $H_2^+ \rightarrow H_1^-$ u. $H_3^+ \rightarrow H_1^-$. Sie lagen im H_2O- höher als im Hg-Dampf. K. Jaeger 131◇

0177 **Ionisation von Gasen durch negative Ionen.** Ja. M. Fogel, A. G. Kowal und Ju. S. Lewtschenko. (J. exp. theoret. Physik [UdSSR] **38**, 1053—60, 1960; Physikotechn. Inst. der Akad. der Wiss. der UkrainSSR; russ., Auszug: engl.) — Vgl. C. **1963**, 13434. — Die totalen Wrkg.-Querschnitte für die Bldg. positiver Ionen bei Zusammenstößen von negativen H^-- u. O^--Ionen mit Edelgasatomen (He, Ne, Ar, Kr, Xe) u. Gas-Moll. (H_2, N_2 u. O_2) werden gemessen. Die Energie der negativen Primärionen wird von 10 bis 50 keV variiert. Die negativen Ionen werden in der früher (C. **1961**, 1099) beschriebenen Ionenquelle erzeugt, durch einen magnet. Massenmonochromator geschickt u. mittels einer elektrostat. Vierpollinse auf den Eintrittsspalt der Stoßkammer fokussiert. In der Stoßkammer sind eine Reihe von 5 Plattenkondensatoren angeordnet, deren elektr. Querfeld die beim Stoß erzeugten langsamen Ionen herauszieht. Um bei der Messung zwischen Elektronen u. negativen Ionen unterscheiden zu können u. eine Verfälschung der Ergebnisse durch Sekundärelektronen von der Meßelektrode zu vermeiden, kann auch ein longitudinales Magnetfeld angelegt werden. Im untersuchten Energiebereich nehmen die Wrkg.-Querschnitte σ_i^+ für die Erzeugung positiver Ionen anfangs rasch, später langsamer monoton mit der Energie zu. Bei den Edelgasen nimmt σ_i^+ mit steigender Ordnungszahl der Edelgasatome zu, bei den mol. Gasen in der Reihenfolge H_2, O_2, N_2. Ein Vgl. von D^- an Stelle von H^- als Primärionen zeigt, daß σ_i^+ bei gleicher Geschw. der Ionen von der Masse der streuenden Teilchen prakt. nicht abhängt. Die Querschnitte σ_i^+ für H^--Ionen haben denselben Gang mit der Ionen-Geschw. u. nahezu dieselben abs. Werte wie die Gesamtquerschnitte für die Erzeugung freier Elektronen durch H^+-Ionen. Die σ_i^+ für H^--Ionen sind wesentlich kleiner als die Summen $\sigma_{-10} + \sigma_{-11}$ der Wrkg.-Querschnitte für Abstreifung eines oder zweier Elektronen vom H^--Ion. Für O^--Primärionen ist die Zunahme der Querschnitte σ_i^+ mit der Ionen-Geschw. viel steiler als für H^--Ionen. Dies ist dadurch zu erklären, daß im gleichen Bereich der Primärenergien die O^--Ionen entsprechend langsamer sind als die H^--Ionen, u. die Zunahme der Wrkg.-Querschnitte σ_i^+ mit zunehmender Ionen-Geschw. immer langsamer verläuft. F. Lenz 131◇

0178 **Umladungsmessungen von Li-Ionen an freitragenden Folien.** K. Bethge und H. Fabricius. (Z. Physik **168**, 143—47, 1962; Heidelberg, Univ., II. Phys. Inst.; dt.) — Gemessen wurde die Gleichgewichtsladungsverteilung in einem Li-Ionenstrom des Energiebereiches 3—10 keV nach dem Passieren u. der Umladung in einer dünnen Zaponlackfolie, deren Flächendichte zwischen 5 u. 13 $\mu g/cm^2$ lag. Für die Komponenten $F_{0\infty}$ u. $F_{1\infty}$ wurde ein mittlerer Wert von 0,5 gefunden. K. Jaeger 131◇

0179 **Reichweite von ^{133}Xe- und ^{41}Ar-Ionen von einigen keV in Al.** J. A. Davies, F. Brown und M. McCargo.

(Canad. J. Physics **41,** 829—43, 1963; Chalk River, Ontario, Canada, Atom. Energy of Canada Ltd., Res. Chem. Branch; engl.) — Eine Al-Folie wurde mit ^{133}Xe-Ionen von 0,5 bis 240 keV u. mit ^{41}Ar-Ionen von 0,7 keV bis 2,25 MeV beschossen. Durch schrittweise Auflösung des Al u. Messung der Aktivität wurde die Eindringtiefe bestimmt u. so Reichweite u. Reichweitenverteilung erhalten. Die Ergebnisse stimmen mit den bei ^{137}Cs u. ^{42}K erhaltenen gut überein. Die Verteilungskurven zeigen ein asymm. Maximum u. einen exponentiellen Schweif. Die theoret. Reichweitenkurve gibt die Meßergebnisse im wesentlichen wieder.
M. Wiedemann 131◇

0180 **Einfluß der Energie und des integrierten Flusses auf die Retention und Reichweite von mit keV-Energien in Metalle injizierten Edelgasionen.** F. Brown und J. A. Davies. (Canad. J. Physics **41,** 844—57, 1963; engl.) — Vgl. vorst. Referat. — Metallfolien (*Be, Al, Ni, Zr, Ag, Ta, W, Au*) wurden mit radioakt. Ionen (^{41}Ar, ^{85}Kr, ^{125}Xe, ^{133}Xe) beschossen u. der zurückgehaltene Bruchteil (Haftfaktor) in Abhängigkeit von Energie u. Gesamtintensität sowie die Reichweitenverteilung als Funktion der Intensität bestimmt. Die Energien lagen bei 1—150 keV. In Al wurden die Sättigungserscheinungen untersucht. Die Eindringtiefe eines 30-keV-Strahls wurde durch Beschuß mit 2—3 μg Xe/cm² merklich verringert. M. Wiedemann 131◇

0181 **Plasmastrahlung mit besonderer Berücksichtigung kohärenter Strahlung.** H. G. van Bueren. (Nederl. Tijdschr. Natuurkunde **29,** 154—71, 1963; Eindhoven, N. V. Philips' Gloeilampenfabr., Natuurk. Labor.; niederl.) — Übersicht über die Spektroskopie von Gasentladungen u. Plasmen u. die Strahlung eines verunreinigten, ionisierten Plasmas. W. Wesly 131◇

0182 **Eigenschaften und Anwendungen des Cäsiumplasmas.** J. C. Terlouw. (Nederl. Tijdschr. Natuurkunde **29,** 209—18, 1963; Rijnhuizen, FOM-Inst. voor Plasmafys.; niederl.) — Übersicht. — 10 Literaturangaben. W. Wesly 131◇

0183 **Nichtadiabatische magnetische Fallen.** E. W. Laing und A. E. Robson. (J. nuclear Energy, Part C **3,** 146—55, 1961; Harwell, Berks., A.E.R.E.; engl.) — Vff. behandeln theoret. die Bewegung der Teilchen in der magnet. Falle. Dabei erfolgt die Injektion der Teilchen durch einen der Spiegel in Richtung der Kraftlinien; das Magnetfeld im Zentrum der Maschine besitzt eine kleine räumlich period. Radialkomponente, die für bestimmte Anfangsbedingungen einen Resonanzaustausch der Energie von der longitudinalen zur transversalen Komponente der Teilchen-Geschw. verursacht. Es wird auch die Möglichkeit einer Vergrößerung der Teilchenspeicherung durch Kombination obiger Meth. mit der Mol.-Ionen-Dissoziation diskutiert.
H. Schirrwitz 131□

0184 **Über die Schwarmmethode zur Bestimmung des Verhältnisses der Elektronendriftgeschwindigkeit zum Diffusionskoeffizienten.** R. W. Crompton und R. L. Jory. (Austral. J. Physics **15,** 451—69, 1962; Canberra, Australian Nat. Univ., Ion Diffusion Unit; engl.) — Vff. berichten über systemat. Unterss. der Schwarm-Meth. zur Best. von W/D mit einer App. (Abb., schemat. Darst.), die eine einfache u. schnelle Variation der Dimensionen der Diffusionskammer ermöglicht. Die Meth. wird am Beispiel von H über den Bereich $0{,}1 < E/p < 5{,}0$ [$cm^{-1}\,Torr^{-1}$] geprüft u. die Ergebnisse mit einem größten Fehler von $<1\%$ angegeben, wobei die möglichen Fehlerquellen analysiert u. diskutiert werden. W. Sobieski 131◇

0185 **Dem elektrischen Durchschlag im Vakuum vorausgehende Elektronenemission.** R. P. Little und W. T. Whitney. (J. appl. Physics **34,** 2430—32, 1963; Washington, D.C., U. S. Naval Res. Labor., Electron. Div.; engl.) — Vff. zeigen, daß die bei äußeren Feldstärken von 10^5 V/cm bis zu 1000° K von der Emitter-Temp. unabhängige Vordurchschlagemission auf Oberflächenerhebungen bis zu 2 μ zurückzuführen ist, die zu einer ca. 100fachen Feldstärkeerhöhung u. damit zu einer Feldemission führen.
H. Liepack 131◇

0186 **Zum Mechanismus der Kanalstrahlenentladung.** 2. Mitt. D. Kamke und F. W. Richter. (Ann. Physik [7] **10,** 360—98, 1963; Leipzig, Karl-Marx-Univ., Phys. Inst.; dt.) — 1. vgl. C. **1952,** **966.** — Vff. diskutieren eigene u. Messungen anderer Autoren, um ein einheitliches Bild über den Mechanismus der Kanalstrahlentladung zu erhalten. Es werden die experimentellen Ergebnisse für die positive Entladungscharakteristik, die Abstandscharakteristik, den Einfl. der an der Kathode ausgelösten Elektronen auf die Entladung u. die Sondenkennlinien im anodenseitigen Entladungsraum angegeben. H. Jehne 131◇

0187 **Energieausgleich in der positiven Säule der Quecksilber–Argon–Niederdruckentladung.** M. Koedam, A. A. Kruithof und J. Riemens. (Physica [Utrecht] **29,** 565—84, 1963; Eindhoven, Nederland, N. V. Philips' Gloeilampenfabrieken, Lighting Div., Phys. Labor.; engl.) — Vff. analysieren die Energieverteilung in der positiven Säule einer Hg–Ar-Niederdruckentladung bei einem Hg-Dampfdruck von $6-7\cdot10^{-3}$ Torr u. Ar-Druck von 1—20 Torr, Entladungsströmen von 0,1—1 A u. einer Wand-Temp. der Entladungsröhre von 40—42°. Energietransport geschieht durch Strahlung, Vol.- u. Wandverluste, die gemessen werden, wobei die wichtigsten Vol.-Verluste aus elast. Stößen zwischen Elektronen u. Gasatomen stammen u. bei Wandverlusten nur die Energie von Rekombinationen an der Wandfläche berücksichtigt wird. Die Linienenergien wurden durch Vgl. mit Standardstrahlungsquellen bekannter Energieverteilung bestimmt. Die Übereinstimmung beim Vgl. der Summen abgestrahlter Energie, Vol.- u. Wandverluste mit der angewandten Energie ist befriedigend (Energieschema, schemat. Darst. der App., Winkelverteilungskurven der Strahlung).
W. Sobieski 131◇

0188 **Das longitudinale elektrische Feld bei Resonanzerscheinungen für bewegliche Schichten in einer Hg–Ar-Entladung.** Hiroshi Yoshimoto und Yoshihiko Yamashita. (J. physic. Soc. Japan **18,** 313—14, 1963; Okayama Univ., Dep. of Phys.; engl.) — Vff. untersuchten die Beziehung zwischen den Ionendichteschwingungen u. dem elektr. Feld in der positiven Säule mit sich bewegenden Schichten einer Gleichstromentladung in einem Hg-Ar-Gasgemisch. Die Gleichstromentladung verläuft unter einem Ar-Gasdruck von 3 mm bei einem konst. Strom von 70 mA, der etwas kleiner war als der für die sich bewegenden Schichten u. wurde mit einem Audiofrequenzsignal moduliert. Der überlagerte Wechselstrom wurde für alle Frequenzen konst. in seiner Amplitude von 4 mA gehalten. Das longitudinale elektr. Feld in der positiven Säule wurde mit Doppelsonden gemessen, die sich im mittleren Teil der Entladungsröhre befanden. Außerdem wurden die Ionendichteschwingungen u. die Wechselstromkomponente des Ionenstroms gemessen. Infolge der Strommodulationen treten die sich bewegenden Schichten in der positiven Säule in dem Frequenzbereich von 440—900 Hz auf, wobei die Resonanzfrequenz 700 Hz ist. In Übereinstimmung mit dem Auftreten der sich bewegenden Schichten nimmt die Amplitude der Ionendichteschwingung zu u. erreicht ein Maximum bei der Resonanzfrequenz von 700 Hz. Aus den Messungen geht hervor, daß, sowie infolge der sich bewegenden Schichten Schwingungen in der positiven Säule auftreten, das longitudinale elektr. Feld einen kleineren Wert annimmt, als in dem Falle ohne sich bewegende Schichten. C. Gottfried 131△

0189 **Zur Frage der Energiebilanz beim stationären und impulsmodulierten Argon-Hochtemperaturbogen.** W. Neumann. (Mber. dtsch. Akad. Wiss. Berlin **3,** 260—63, 1961; Dt. Akad. der Wiss., Phys.-Techn. Inst., Forsch.-Gemeinschaft; dt.) — Gemessen wurde die Energiebilanz eines 10 mm langen Ar-Hochtemp.-Bogens bei Stromstärken von 40 bis 400 A (stationär) u. bei 180 A (stromimpulsüberlagert). Die Strahlungsausbeute pro cm Bogenlänge beträgt unabhängig von der Stromstärke u. der Betriebsart 45—46%.
K. Jaeger 131◇

0190 **Elektrischer Durchschlag in Natriumchlorid bei hoher Temperatur.** J. R. Hanscomb. (Austral. J. Physics **15,** 504—12, 1 Tafel, 1962; Kensington, N.S.W., Univ. of New South Wales, School of Phys.; engl.) — Vf. untersucht den Mechanismus des elektr. Durchschlags in Alkalihalogenidkristallen bei Temp., bei denen die Durchschlagsstärke bei Temp.-Anstieg abnimmt. An reinen u. dotierten *NaCl*-Kristallen wird bei 350° die Abhängigkeit von der Zeit, dem elektr. Widerstand u. die Möglichkeit eines therm. Durchschlags experimentell geprüft. Bei linear steigender Ausgleichsspannung stimmt die Abhängigkeit der Durchschlagsfeldstärke von der elektr. Leitfähigkeit, der Zeit u. der angelegten Energie für Durchschlagszeiten in der Größenordnung von einigen ms gut mit der therm. Impulstheorie überein. Bei zunehmender Durchschlagszeit ist die Leitungswärme ein wichtiger Faktor. Bei den Unterss. beobachtete Effekte, wie ein nach dem Durchschlag mit 10-Min.-Übergängen auftretendes Dendritenwachstum, werden diskutiert. W. Sobieski 132◇

0191 **Dielektrische Eigenschaften von KBr-Einkristallen nach der Bestrahlung mit schnellen Elektronen.** W. W. Krassnopewzew. (Festkörperphysik [UdSSR] **5,** 2261—69, 1963; Moskau, Phys.-Inst. der Akad. der Wiss. der UdSSR; russ.) — Vgl. C. **1963,** 22592. — Untersucht wurden die dielektr. Eigg. u. die opt. Absorption von KBr-Einkristallen nach Bestrahlung mit 0,5-, 0,75- u. 1,0-MeV-Elektronen. Die Bldg. von F- u. V_2-Zentren u. anderen Störstellen wurden beobachtet. Sie verursachen eine dielektr. Relaxation, die durch ein Cole-Diagramm beschrieben werden kann. Diskutiert werden die Bldg.-Mechanismen u. die Ausglühprozesse der durch die Bestrahlung erzeugten Störstellen. K. Jaeger 132◇

0192 **Dielektrische Messungen an dünnen Filmen mit Hilfe von Elektroden, die mit bestrahltem Silicongummi verkleidet sind.** W. P. Baker und F. B. Waddington. (J. sci. Instruments **36,** 309—12, 1959; Manchester, Metropolitan-Vickers Electr. Co. Ltd.; engl.) — Zur Messung dielektr. Eigg. unebener Oberflächen von dünnen Schichten wird eine Elektrode entwickelt, die mit bestrahltem, gummiartigem Polydimethylsiloxan verkleidet ist. Apparative Einzelheiten werden beschrieben. K. Jaeger 132◇

0193 **Zur makroskopischen Theorie der ferroelektrischen Kristalle vom $BaTiO_3$-Typ mit der Form einer dicken Platte.** L. P. Cholodenko. (Festkörperphysik [UdSSR] **5,** 2090—2101, 1963; Smolensk, Pädagog. Inst.; russ.) — Untersucht wurde die domänenfreie, inhomogene Struktur plattenförmiger, ferroelektr., kub. Kristalle vom $BaTiO_3$-Typ, die durch eine ferroelektr. Phasenumwandlung erster Ordnung bestimmt sind. Die Induktionsverteilung, Feldstärke u. das Potential werden für den Fall angegeben, daß zwischen der Raumladungsdichte u. dem Potential eine lineare Abhängigkeit besteht. Ferner wird das thermodynam. Potential des Kristalles abgeleitet. Aus dem auf die Inhomogenität zurückgehenden Potentialanteil läßt sich die Oberflächenenergie berechnen. K. Jaeger 133◇

0194 **Die Änderung der Absorptionskante von ferroelektrischem SbSJ durch elektrische Felder.** Günther Harbeke. (J. Physics Chem. Solids **24,** 957—63, 1963; Zürich, RCA Labor.; engl.) — Die Änderung der Absorptionskante in SbSJ durch elektr. Felder wird als Funktion der Feldstärke u. der Temp. gemessen. Die Feldänderung hat ein steiles Maximum von $1{,}5 \cdot 10^{-5}$ eV/V am Curie-Punkt T_c. Unterhalb T_c beobachtet man lineare, oberhalb T_c quadrat. Feldabhängigkeit. Der Temp.-Koeff. der Bandkante beträgt unterhalb T_c $-(2{,}2 \pm 0{,}2) \cdot 10^{-3}$ eV/Grad, oberhalb T_c $-(0{,}9 \pm 0{,}2)$. Die Erscheinungen werden mit dem bekannten dielektr. Verh. von SbSJ gedeutet. K. H. Härdtl 133◇

0195 **Vorübergehende Effekte bei Peltier-Kühlern.** A. D. Reich, T. Arai und J. R. Madigan. (J. appl. Physics **32,** 2493—94, 1961; Des Plaines, Ill., Borg-Warner Corp., Roy C. Ingersoll Res. Center; engl.) — Vff. geben einige zusätzliche theoret. Erklärungen zu den von Arai u. Madigan (vgl. C. **1963,** 783) gemachten Beobachtungen u. Ausführungen. C. Gottfried 133

0196 **Einfluß der Elektroformierung, der thermochemischen und elektrochemischen Behandlung auf die in Selenphotoelementen verlaufenden Prozesse.** M. Ja. Bakirow, M. A. Talibi und G. B. Abdullajew. (Nachr. Akad. Wiss. AserbaidshanSSR, Ser. physik.-techn. chem. Wiss. **1958,** Nr. 6, 43—53; aserbaidshan., Auszug: russ.) — Vgl. C. **1963,** 15677. — Experimentelle Unters. des Einfl. der elektr. Formierung sowie therm. u. elektrochem. Bearbeitung auf den Photostrom u. die Photo-EMK von Se-Photozellen mit p–n-Übergängen (50 μ Schichtstärke auf Al-Unterlagen, 10 cm² Fläche, erhitzt bei 130 u. 218°). — Den höchsten Anstieg des Photostroms nach elektr. Formierung wird nach 2std. Behandlung mit 20 V beobachtet (ca. 2facher Anstieg bis 500 mA). Am effektivsten ist die Verlängerung der Erhitzungszeit (auf 40 Std.), wobei ein Anstieg des Photostroms um das 5fache, der EMK um das 2fache erreicht werden kann; durch elektrochem. kathod. Reinigung des Se wird ein Anstieg dieser Werte um das 3- bzw. 2fache erreicht. Der Anstieg wird bei der elektr. Formierung durch Verdichtung des p–n-Überganges, bei den anderen Meth. vor allem durch Ebnung u. Reinigung der Se-Oberflächenschicht hervorgerufen. J. Tůmová 134◇

0197 **Bemerkungen zu einer Arbeit von A. J. Guba über die Energie–Winkel-Verteilung von Sekundärelektronen.** W. Brauer und H. Puff. (Physica Status solidi [Berlin] **2,** kurze Orig.-Mitt. K 300, 1962; Berlin, Physikal.-techn. Inst. der Dt. Akad. der Wiss., Bereich Theoret. Phys.; dt.) — Ablehnung der Deutung der experimentellen Ergebnisse von Jonker (C. **1958,** 13423) durch Guba (C. **1964,** 8-0249). D. Hoene 134◇

0198 **Ionenemissionsbedingungen zur Entfernung der Elektronenraumladungsschwellen.** L. K. Hansen und C. Warner III. (J. appl. Physics **34,** 2574—77, 1963; Canoga Park, Calif., Div. of North American Aviat., Atom. Internat.; engl.) — Für eine Glühemissionsdiode wird ein Modell für den stoßlosen Fall entwickelt, wobei von der emittierenden Elektrode sowohl Ionen- als auch Elektronenemission angenommen wird. Die Potentialverteilungen werden untersucht u. die Bedingungen für das Dioden-Verh. im Bereich des Anlauf-, raumladungsbegrenzten u. Sättigungsstroms diskutiert. H. Liepack 134◇

0199 **Theorie der raumladungsbegrenzten Emission in Hochdruckgasdioden.** R. Forman. (J. appl. Physics **34,** 2578—81, 1963; Parma, Ohio, Union Carbide Corp., Parma Res. Labor.; engl.) — Entw. einer Theorie für den raumladungsbegrenzten Strom in einer gasgefüllten Glühemissionsdiode, die die Abhängigkeit der mittleren freien Weglänge von der Elektronenenergie berücksichtigt. Die Theorie stimmt mit experimentellen Ergebnissen für Dioden mit He-, Ne-, Ar- u. Kr-Füllung im Druckbereich 1—700 Torr hinreichend überein. H. Liepack 134◇

0200 **Die Austrittsarbeit von Zirkoniumcarbid.** B. J. Hopkins und K. J. Ross. (Proc. physic. Soc. **79,** 447—48, 1962; Southampton, Univ., Phys. Labor.; engl.) — Zur Best. der Austrittsarbeit von Zirkoniumcarbid (I) wurde die Kontaktpotentialdifferenz zwischen der I-Oberfläche u. einer Bezugsoberfläche mit bekannter Austrittsarbeit (Mo) gemessen. Eine Reihe von Messungen an verschiedenen Dioden ergaben stets den gleichen Wert für den Kontaktpotentialunterschied von $0{,}61 \pm 0{,}01$ eV. Für die Austrittsarbeit von I wird der Wert $3{,}62 \pm 0{,}01$ eV erhalten. I wurde elektrophoret. auf eine carburisierte Ta-Scheibe niedergeschlagen. Das Erhitzen auf ca. 2000° K geschah entweder durch eine einfache Elektronenkanone oder durch Hochfrequenzinduktion. C. Gottfried 134△

0201 **Austrittsarbeit und thermische Desorption im System Thorium auf Rhenium.** J. Anderson, W. E. Danforth und A. J. Williams III. (J. appl. Physics **34,** 2260—65, 1963; Swarthmore, Pa., Bartol Res. Foundat. of Franklin Inst.; engl.) — Aus Glühemissions-Unterss. wurden die Richardson-Konst. für reines Re zu $\Phi = 4{,}85$ eV u. $A = 66$ A cm^{-2} Grad^{-2} ermittelt. Bei zunehmender Th-Bedeckung σ durchläuft Φ ein Minimum von 3,15 eV bei $\sigma = 4{,}2 \cdot 10^{14}$ Atome/cm² u. erreicht bei $8 \cdot 10^{14}$ Atome/cm² einen konst. Wert von 3,3 eV. Minimum u. konst. Φ werden bei denselben Oberflächendichten wie im Syst. W–Th erreicht. Die Oberflächendichte bei Φ = konst. ist gleich der einer (1 0 0)–Th-Fläche. Φ_{konst} unterscheidet sich nur um 0,1 eV von der Th-Austrittsarbeit. Die therm. Desorption wurde zwischen 2203 u. 2468° K untersucht. Bei niedriger Bedeckung ist die Desorptions-Geschw. pro Atom η_0 konst. in bezug auf σ u. genügt $\eta_0 = CT \exp(-\varepsilon/kT)$, $C = 4 \cdot 10^{10}$. s^{-1} Grad^{-1}, $\varepsilon = 8{,}30$ eV. Die Desorptions-Geschw. nimmt bei Bedeckungen zwischen 0,05 u. 0,5 Monoschicht zu. H. Liepack 134◇

0202 **Schottky-Abweichungen bei photoelektrischer und Glühemission für Wolframeinkristalle.** D. F. Stafford und A. H. Weber. (J. appl. Physics **34,** 2667—70, 1963; St. Louis, Mo., Saint Louis Univ.; engl.) — Die period. Schottky-Abweichungen wurden in [1 1 1]-Richtung untersucht. Die photoelektr. Abweichungen sind in Periode u. Phase in hin-

reichender Übereinstimmung mit den Glühemissionsabweichungen, wobei die Übereinstimmung bei größeren elektr. Feldern besser ist als bei kleineren. Die Amplitude der photoelektr. Abweichung beträgt 1,7% bei $E^{1/2} = 350$ $(V/cm)^{1/2}$.
H. Liepack 134◇

0203 **Kristallphasen von Nickel in Beziehung zur Adhäsion von Glühemissionsüberzügen und Emissionserscheinungen.** Aurelius Sandor. (J. Electronics and Control [1] **15,** 1—19, 1963; Montreal, Quebec, Canada, Phylectron Labor.; engl.) — Die Mikroablösung zwischen der Ni-Basis u. dem Überzug, hergestellt aus $Ba(HCO_3)_2$, während der Aktivierungsphase wurde in einem Glühemissionsmikroskop untersucht. Die Ablösung von dem kaltbearbeiteten Ni-Träger wird auf Scherungskräfte bei der Rekristallisation zurückgeführt. Mit den Kristallisationseffekten verbundene Emissionserscheinungen werden beschrieben. Es wird vorgeschlagen, den Ni-Träger vor dem Bepasten bei 1200° vorzuheizen.
H. Liepack 134◇

0204 **Theorie und Experiment zur Glühemission von bariumüberzogenem legiertem Nickel.** 1. Mitt. Aurelius Sandor. (J. Electronics and Control [1] **15,** 101—10, 1963; engl.) — Vgl. vorst. Referat. — Vf. beschreibt glühemissionsmkr. Beobachtungen an Ba-überzogenem, polykristallinem Ni 220. In der Theorie werden folgende Erscheinungen berücksichtigt: Störung von Ni-Kristallflächen während der Rekristallisation; Gleichförmigkeit der Emissionsdichte auf jeder Kristallfläche; bevorzugte Ätzbarkeit von Kristallflächen mit Emissionszunahme; Ausbildung von Punktstrukturen auf Flächen mit Emissionsabnahme bei Temp.-Zunahme; Emissionsumkehr bei nur wenigen Flächen; Abnahme des Helligkeitskontrastes mit zunehmender Temp.; schnelle Erholung nach Sauerstoffvergiftung im glühenden Zustand durch Heizen im Vakuum; Reaktivierung nach Sauerstoff-Einw. im kalten Zustand. H. Liepack 134◇

0205 **Theorie und Experiment zur Glühemission von bariumbedecktem legiertem Nicke .** 2. Mitt. Aurelius Sandor. (J. Electronics and Control [1] **15,** 111—29, 1963; engl.) — Vgl. vorst. Referate. — Weitere Unterss. an einem Glühemissionsmikroskop mit einem 21-in.-Schirm. Die Bldg. von Ba-Tröpfchen u. ihre lange Existenz auf Ni-Flächen mit Emissionsumkehr werden auf Adhäsionskräfte, verstärkt durch Ionendruck, u. auf Kohäsionskräfte im fl. Ba zurückgeführt. Ursache der Emissionsumkehrung (höhere Stromdichte bei niedrigerer Temp.) ist Ionisation in der Ni–Ba-Kontaktschicht. Die unterschiedlichen Packungsdichten auf den verschiedenen Kristallflächen bewirken unterschiedliche Adhäsions- u. Chemisorptions-Eigg. u. damit anisotrope Austrittsarbeit. H. Liepack 134◇

0206 **Drift und Diffusion der Aktivierung in Oxidkathoden.** Koji Okumura und Eugene B. Hensley. (J. appl. Physics **34,** 519—31, 1963; Columbia, Mo., Univ. of Missouri, Dep. of Phys.; engl.) — Die in Ggw. eines elektr. Feldes durchgeführten Driftmessungen der Aktivatoren ergaben eine zeitlich ungleichförmige Zunahme der Leitfähigkeitsaktivierung, deren Ursprung durch Impulsmessungen der Strom–Spannungs-Charakteristik mit nichtohmschen Eigg. des Überzugs in Verbindung mit dem Nergaard-Effekt in Zusammenhang gebracht wird. Eine auffallende räumliche Ungleichförmigkeit wurde nicht gefunden. Die Diffusions-Verss. in Abwesenheit eines elektr. Feldes ergaben bei 1000° K einen Diffusions-Koeff. für die diffundierenden Kristalldefekte von $(1{,}5 \pm 0{,}8) \cdot 10^{-7}$ cm²/s u. eine Aktivierungsenergie für die Diffusion von $0{,}67 \pm 0{,}4$ eV. Es wird angenommen, daß die beweglichen Defekte Ba-Leerstellen sind. Es wird ein Modell mit beweglichen Acceptoren entwickelt. Danach kommt die Aktivierung durch Entfernung sehr beweglicher Acceptoren (Ba-Leerstellen) zustande, die relativ unbewegliche Donatoren (Sauerstoff-Leerstellen) kompensieren. Die Nergaardsche Theorie zur Erklärung des ms-Abklingens der Glühemission wird modifiziert.
H. Liepack 134◇

0207 **Der Aktivierungsprozeß in Vorratskathoden.** A. H. W. Beck und H. Ahmed. (J. Electronics and Control [1] **14,** 623—27, 1963; Cambridge, Univ., Engng. Labor.; engl.) — Rastermikroskopaufnahmen von mit Ba versetzten Ni-Kathoden, imprägnierten W-Kathoden u. Katz-Capillarkathoden zeigen, daß es sich hierbei um dünne Oxidkathoden handelt, vermutlich mit einem stöchiometr. Überschuß von Ba. Einzelheiten der Aufnahmen werden diskutiert.
R. Nink 134◇

0208 **Wismut-Silber-Sauerstoff-Cäsium-Photokathode.** A. H. Sommer und W. E. Spicer. (J. appl. Physics **32,** 1036—42, 1961; Princeton, N.J., RCA Labor.; engl.) — Opt. Absorption, Photoemission u. elektr. Leitfähigkeit der durch Aufdampfen in verschiedener Reihenfolge hergestellten Photokathoden wurden untersucht. Danach besteht die Bi–Ag–O–Cs-Kathode aus dem Halbleiter Cs_3Bi, elementarem Ag u. einem oder mehreren Cs-Oxiden sowie wahrscheinlich elementarem Cs. Ag konnte durch Au, Cu, Pd, Al u. Mn ersetzt werden. Eine Substitution von Bi durch andere Metalle war nicht möglich. Es werden Bändermodelle entwickelt u. Werte für Bandabstand u. Elektronenaffinität für Cs_3Bi, $Cs_3Bi(O)$, $Cs_3Bi(Ag)$ u. Bi–Ag–O–Cs mitgeteilt. Die Bandabstände betragen ca. 0,7 eV. Durch Sauerstoff wird die Elektronenaffinität des Cs_3Bi von 1,3 auf 1,0 eV erniedrigt, die photoelektr. Ausbeute wird jedoch nicht wesentlich vergrößert. Durch Zusatz von Ag zu Cs_3Bi oder $Cs_3Bi(O)$ nimmt die Ausbeute stark zu, ohne daß die Elektronenaffinität wesentlich herabgesetzt wird.
H. Liepack 134◇

0209 **Photoleitfähigkeit bei zwei Ladungsträgerarten.** F. H. Stieltjes und G. Diemer. (Philips Res. Rep. **18,** 127—46, 1963; Eindhoven, Netherlands; engl.) — Es wird theoret. gezeigt, daß entgegen bisherigen Vorstellungen ein eigenleitender Photoleiter, in dem beide Ladungsträgerarten eine hohe Beweglichkeit haben, unter geeigneten Bedingungen eine Verstärkung des Photostroms aufweisen kann, wobei das Hell–Dunkelstrom-Verhältnis nicht wesentlich unter dem von Photoleitern mit nur einer Ladungsträgerart liegt. Dieser neue Gesichtspunkt wird bestätigt durch Experimente an *Ge*-Photoleitern unter Anwendung einer neuen Elektrodenstruktur („Ambivalente Elektroden“).
R. Nink 135◇

0210 **Über die Theorie des Photoadsorptionseffektes bei Halbleitern.** Th. Wolkenstein und I. V. Karpenko. (J. appl. Physics, Suppl. zu **33,** Nr. 1, 460—65, 1962; Moscow, Univ., Inst. of Phys. Chem.; engl.) — Vgl. C. **1962,** 6326. — Vff. leiten ein Kriterium für den positiven u. negativen Photoadsorptionseffekt bei Halbleitern (Photoadsorption u. Photodesorption) auf der Grundlage der Elektronentheorie der Chemisorption ab u. stellen eine Beziehung auf zwischen dem Vorzeichen des Effekts u. der Natur des Adsorbenten u. des Adsorbats, der Vorbehandlung der Probe u. den experimentellen Bedingungen (Temp. u. Druck). Das zugängliche experimentelle Material wird analysiert.
A. Kumm 135◇

0211 **Tensor der effektiven Elektronenmassen, elektrische Leitfähigkeit und Hall-Effekt bei kugelförmigen Energieoberflächen.** Jean-Pierre Jan. (Amer. J. Physics **30,** 497—99, 1962; Lausanne, Switzerland, Neuchâtel; Univ. of Lausanne, Labor. Suisse de Rech. Horlogères; engl.) — Es wird nachgewiesen, daß der Tensor im Falle einer kugelförmigen Energieoberfläche auf einen Einheitstensor, multipliziert mit einer skalaren effektiven Masse, red. werden kann, wenn die Energie eine quadrat. Funktion der Größe des Wellenvektors ist. Die elektr. Leitfähigkeit u. der Hall-Koeff. für ein niedriges Feld werden berechnet. Die erste Ableitung der Energiefunktion ist dabei die maßgebende Größe, bes. für das Vorzeichen des Hall-Koeffizienten.
H. Schibilla 135◇

0212 **Zwischentalstreuung heißer Elektronen.** Motiochi Shibuya und Wataru Sasaki. (J. Physic. Soc. Japan **15,** 207—08, 1960; Tokyo, Japan, Electrotechn. Labor.; engl.) — Modifiziert wird die Temp.-Näherung für Elektronen in der Theorie von Shockley, so daß auch Intertal-Gitterstreuungen berücksichtigt sind, wie sie für Vieltal-Halbleiter wichtig sind. K. Jaeger 135◇

0213 **Zur Nichtgleichgewichtsverteilung heißer Elektronen in einem Vieltalhalbleiter.** Louis Gold. (J. physic. Soc. Japan **16,** 575—76, 1961; Ann Arbor, Mich., Univ., Radiat. Labor. and Dep. of Nucl. Engng.; engl.) — Untersucht wurde der Beitrag nicht gleichförmiger Ladungsdichten zu den ellipsoiden Energieoberflächen in Ge. Zur Deutung der Ergebnisse wird die Annahme verschiedener Elektronendichten für verschiedene Energieminima eingeführt. Abgeleitet wird ein Ausdruck für $\operatorname{tg}\varepsilon$ als Funktion der Elektronendichten (der Energieflächen) u. der cos der Winkel der elektr. Feldvektorrichtungen mit den kristallograph. (kub.) Achsen. K. Jaeger 135◇

0214 **Der Magnetokonzentrationseffekt in Halbleitern.** Je. M. Gerschensson, Ju. A. Gurwitsch und L. B. Litwak-Gorskaja. (Festkörperphysik [UdSSR] **5**, 1605—10, 1963; Moskau, Lenin-Inst. für Pädagogik; russ.) — Behandelt wird der Magnetokonzentrationseffekt in halbleitenden Platten. Es wird vermutet, daß die Oberflächenrekombinations-Geschw. auf der Ober- u. Unterseite der Platte unterschiedlich sind. Die Ergebnisse werden mit experimentellen Daten verglichen. K. Jaeger 135◇

0215 **Frequenzabhängigkeit der durch heiße Ladungsträger bewirkten Leitung in Halbleitern.** B. R. Nag und P. Das. (J. Electronics and Control [1] **14**, 315—19, 1963; Calcutta, Inst. of Radiophys. and Electron.; engl.) — Es wird theoret. gezeigt, daß die Leitfähigkeit von der Frequenz nur unwesentlich beeinflußt wird, während die effektive DK deutlich frequenzabhängig ist. R. Nink 135◇

0216 **Mikrowellenfrequenzvervielfachung durch energiereiche Elektronen.** Karlheinz Seeger. (J. appl. Physics **34**, 1608, 1963; Heidelberg, Univ., II. Phys. Inst.; engl.) Unter Verw. einer Fundamentalfrequenz von 9,4 GHz wurde durch Trägeraufheizung in n-Ge eine Ausbeute für die 3. Harmon. (28,14 GHz) von 1% erhalten. Die Anisotropie u. die hochfrequente Grenze werden berechnet. G. Klotz 135◇

0217 **Ein neuer Aspekt der Halbleiterdiode.** J. Lindmayer und C. Wrigley. (J. Electronics and Control [1] **14**, 289—301, 1963; North Adams, Mass., Sprague Electr., Co., Res. Labor.; engl.) — Eine normale Halbleiterdiode zeigt bei hohen Frequenzen ungewöhnliche Eigg.: Es wird eine Umkehr der Gleichrichterpolarität beobachtet. Dies ist mit kurzzeitigen Ladungsträger-Vervielfachungen zu erklären. R. Nink 135◇

0218 **Bestimmung der effektiven freien Elektronenmasse von n-Silicium.** L. E. Howarth und J. F. Gilbert. (J. appl. Physics **34**, 236—37, 1963; Murray Hill, N.J., Bell Telephone Labor., Inc.; engl.) — Mit Hilfe der Meth. von Spitzer u. Fan wird aus Messungen des Reflexionsvermögens im Wellenlängenbereich von 2—20 μ die freie effektive Elektronenmasse von mit P, As oder Sb dotiertem *Si* bestimmt. Der erhaltene Wert $m^* = 0{,}28$ m entspricht berechneten Werten aus Cyclotronresonanz-Messungen. I. Zoll 135◇

0219 **Einfluß der Störstellen auf die Ladungsträgerbeweglichkeit in hochdotiertem Silicium.** Yoshitaka Furukawa. (J. physic. Soc. Japan **16**, 577, 1961; Musashinoshi, Tokyo, Japan, Electr. Communicat. Labor.; engl.) — Gemessen wurden (mit Hilfe der herkömmlichen Gleichstrom-Meth.) die Ladungsträgerbeweglichkeiten von *Sb*-, *As*-, *B*-, *Al*- u. *Ga*-dotiertem Si (Ladungsträger-Konz. stets $2 \cdot 10^{18}$ cm^{-3}): 235 (Sb), 220 (As), 110 (B) u. 100 (Ga) cm^2 V^{-1} s^{-1}. Das Verhältnis dieser Werte untereinander entspricht den Verhältnissen der Ionisationsenergien. K. Jaeger 135◇

0220 **Querschnitte der Oberflächenzustände in Bandmitte in Silicium aus der Untersuchung des gepulsten Feldeffektes.** G. Rupprecht. (Physics Chem. Solids **14**, 208—13, 1960; Raytheon Co., Res. Div.; engl.) — Einkristallproben von p- u. n-leitendem Si mit spezif. Widerständen von 10—200 $\Omega \cdot$cm werden mit Au kontaktiert, bei einem äußeren Druck von 10^{-6} Torr elektr. Impulse von 60 μs—3 s Dauer u. 300 bis 1500 V angelegt u. die auftretenden Relaxationserscheinungen oscillograph. untersucht. In der Bandmitte der Proben werden ein akzeptor- (A) u. ein donatorähnlicher (D) Zustand beobachtet. Die Meßergebnisse liefern für die Aktivierungsenergien u. Querschnitte $(E_C-E_A) = 0{,}52$ (eV) u. $\sigma_n^A = 3 \cdot 10^{-16}$ (cm^2), $(E_A-E_V) = 0{,}72$ u. $\sigma_p^A = 4 \cdot 10^{-12}$, $(E_D-E_V) = 0{,}54$ u. $\sigma_p^D = 2 \cdot 10^{-15}$ bzw. $(E_C-E_D) = 0{,}63$ u. $\sigma_n^D = 1 \cdot 10^{-13}$. Der Zusammenhang mit der Leitungscharakteristik wird diskutiert. Herbert Müller 135◇

0221 **Die Energie zur Erzeugung von Elektron-Loch-Paaren durch α-Teilchen in Silicium.** G. Fabri, E. Gatti und V. Svelto. (Physic. Rev. [2] **131**, 134—36, 1963; Milano, Italy, Labor. CISE; engl.) — Die mittlere Energie wird bei verschiedenen Temp. gemessen. Die experimentellen Werte sind als Funktion des Bandabstands dargestellt. Sie werden mit einem theoret. Ausdruck von Shockley verglichen. R. Nink 135◇

0222 **Nachweis von Bor auf Siliciumoberflächen mit Aktivierungsanalyse.** G. Busch, H. Schade, A. Gobbi und P. Marmier. (Physics Chem. Solids **23**, 513—14, 1962; Zürich, ETH, Labor. für Festkörperphys.; Labor. für Kernphys.; engl.) — Beim Heizen von n- u. p-Typ-*Si* in Borsilicatgläsern bildet sich auf der Oberfläche eine hochleitende p-Schicht. Von Allen u. Mitarbeitern (J. appl. Physics **31**, [1960], 979) wurde vermutet, daß diese p-Schicht durch Einbau von B aus dem Glas gebildet wird. Das Ziel der vorliegenden Unters. ist es, dieses B auf den Si-Proben durch Aktivierungsanalyse quant. nachzuweisen. Die Proben wurden mit 3 MeV-Protonen bestrahlt u. die Rk. ^{11}B(p, n)^{11}C zur Aktivierungsanalyse benutzt. Damit konnte B eindeutig nachgewiesen werden. Die Anzahl der B-Atome ergab sich zu $3{,}4 \cdot 10^{16}$ cm^{-2}. Sie ist in befriedigender Übereinstimmung mit der aus elektr. Messungen gefolgerten Anzahl von B-Atomen von $1{,}3 \cdot 10^{16}$ cm^{-2}. K. H. Härdtl 135◇

0223 **Neuverteilung von Al in thermisch oxydierten Si-Oberflächen.** Hiroshi Edagawa, Yoshinori Morita und Yoshio Inuishi. (J. physic. Soc. Japan **18**, 460—61, 1963; Kobe, Kobe Kogyo Corp.; Osaka Univ., Coll. of Engng.; engl.) — Si-Proben mit durch Al bzw. Sb erzeugten p—n-Übergängen werden 10 Min. bis 6 Std. lang therm. oxydiert. Aus der Unters. der Photoempfindlichkeit folgt, daß die Umwandlung zur n-Leitung an der p-leitenden Seite der Proben auftritt. Nach Entfernung der Oxidschichten mit HF bleibt das opt. Verh. erhalten. Erst nach Ätzen mit CP-4 werden die ursprünglichen Eigg. der p—n-Übergänge wieder hergestellt; der Bereich der Neuverteilung ist nach mkr. Aufnahmen ca. 1,5 μ tief. Herbert Müller 135◇

0224 **Vorgänge in Silicium-Punktkontakt-Dioden.** H. V. Shurmer. (J. Electronics and Control [1] **13**, 305—23, 1962; Rugby, A.E.I., Res. Labor.; engl.) — Systemat. Unterss. an *Al*- u. *B*-dotiertem Si. G. Klotz 135◇

0225 **Sperrkennlinien von Siliciumgleichrichtern unter besonderer Berücksichtigung des Oberflächeneinflusses.** Ottomar Jäntsch. (Z. angew. Physik **16**, 198—207, 1963; Erlangen, Siemens-Schuckert-Werke, Forschungslabor.; dt.) — Zusammenfassende Übersicht. — 70 Literaturangaben. R. Nink 135◇

0226 **Elektrische und optische Eigenschaften von kristallinem schwarzem Phosphor.** Douglas Warschauer. (J. appl. Physics **34**, 1853—60, 1963; Waltham, Mass., Raytheon Res. Div.; engl.) — Polykristalliner schwarzer Phosphor wurde nach der Bridgman-Meth. hergestellt. Er erwies sich als vom p-Typ mit einem spezif. Widerstand von ca. 1 $\Omega \cdot$cm. Im Bereich zwischen 300—700° K läßt sich der spezif. Widerstand durch $\varrho = 4{,}6 \cdot 10^{-3} \cdot \exp(0{,}35/2\,kT)\,\Omega \cdot$cm, der Hall-Koeff. durch $(ReT^{3/2})^{-1} = \text{const.} \cdot \exp(0{,}34/2\,kT)$ u. $R\sigma$ durch $9 \cdot 10^5\,T^{-1{,}4}$ cm^2/Vs beschreiben (e = Elektronenladung). Bis zur Temp. von fl. He steigt der spezif. Widerstand, der Hall-Koeff. hat zwischen 24 u. 30° K Maxima. Das Prod. $R\sigma$ zeigt bei tiefen Temp. ebenfalls Maxima. Eine opt. Absorptionskante mit der Temp.-Abhängigkeit $dW/dT = 2{,}8 \cdot 10^{-4}$ eV/grad liegt im Wellenlängenbereich zwischen 2 u. 6 μ. Eine scharfe Absorptionsspitze liegt bei 21 μ, ihre Temp.-Abhängigkeit ist $dW/dT = 2 \cdot 10^{-6}$ eV/grad. Bei fl. He-Temp. liegt die Wechselstrom-Photoleitfähigkeit zwischen 1 μ u. 20 μ, sie hat einen relativ flachen Verlauf. Bei fl. Stickstoff-Temp. gibt es dagegen zwischen 4 μ u. 5 μ ein ausgeprägtes Maximum, das bei Zimmer-Temp. bei der gleichen Wellenlänge liegt, nur ist die Empfindlichkeit geringer. S. Krause 135◇

0227 **Mikrowellentechniken zur Messung der Lebensdauer in Germanium.** A. P. Ramsa, H. Jacobs und F. A. Brand. (J. appl. Physics **30**, 1054—60, 1959; West Long Branch, N.J., Monmouth Coll.; Fort Monmouth, N.J., U.S. Army Signal Res. and Dev. Labor.; engl.) — Vgl. Atwater, C. **1963**, 8427. — Vff. entwickeln neue Meth. zur Messung der Lebensdauer in Halbleitern durch Anwendung der Absorption von Mikrowellen durch die Ladungsträger. Die Dichten der Löcher u. Elektronen werden durch Bestrahlung mit Licht oder durch den Leitungsmechanismus verändert. Bei Vgl. dieser Mikrowellen-Absorptions-Meth. mit der Photoleitungs-Abfall-Meth. ergibt sich gute Übereinstimmung. Bei einer der neu ausgearbeiteten Techniken ergibt sich zusätzlich noch der Vorteil, daß Elektrodenzuführungen nicht mehr erforderlich sind. G. Ruban 135◇

0228 **Beweglichkeitsanisotropie warmer Elektronen in n-Typ Germanium bei 35 GHz.** Ernst Kühn und Karlheinz Seeger. (Z. Physik **174**, 353—57, 1963; Heidelberg, Univ., II. Physik. Inst.; dt.) — Es werden Verss. beschrieben, bei denen die feldabhängige elektr. Leitfähigkeit von verschieden orientierten n-Ge-Proben bei 35,1 GHz gemessen wurden. Daraus wurden die Werte für die Schmidt-Tiedemann-Konst. β_0 u. γ_0 abgeleitet. Das Verhältnis $\gamma_0/(-\beta_0)$ ist im Temp.-Bereich von 100° K bis 273° K nahezu temperaturunabhängig, es hat den Wert 0,65. S. Krause 135◇

0229 **Feldinduzierte Photoemission und Emission heißer Elektronen von Germanium.** R. E. Simon und W. E. Spicer. (J. appl. Physics **31**, 1505—06, 1960; Princeton, N.J., RCA Labor.; engl.) — Vgl. C. **1961**, 1814. — Gemessen wurden die Emission heißer Elektronen u. die Photoemission in Ggw. innerer elektr. Felder für Ge-p–n-Übergänge mit Cs-behandelter Austrittsfläche. Die Schwelle der Photoemission liegt bei Abwesenheit innerer elektr. Felder bei 1,5 eV, in Ggw. innerer elektr. Felder bei 0,7 eV. Photoemission u. die Emission heißer Elektronen zeigen bis 3 V die gleiche Spannungsabhängigkeit; bei höheren Spannungen bleibt die Photoemission hinter der Emission heißer Elektronen zurück (einsetzender Lawinendurchschlag). Diskutiert werden Modelle zur Deutung der Ergebnisse. K. Jaeger 135◇

0230 **Negative magnetische Widerstandsänderung in stark antimondotiertem Germanium.** M. Mirsabajew, W. M. Tutschkewitsch und Ju. W. Schmarzew. (Festkörperphysik [UdSSR] **5**, 1625—29, 1963; Leningrad, Akad. der Wiss. der UdSSR, Phys.-Techn. Joffe-Inst.; russ.) — Gemessen wurden die spezif. elektr. Leitfähigkeit, der Hall-Koeff. u. der Koeff. der magnet. Widerstandsänderung von fünf n-Ge-Proben mit einer Sb-Dotierung von 10^{17}—$2\cdot10^{18}$ cm^{-3}. Die magnet. Feldstärke betrug bis zu 20,5 kOe, der Temp.-Bereich der Verss. erstreckte sich von 1,7—290 °K. Für Temp., bei denen die Fremdleitung eintritt, wurden negative magnet. Widerstandsänderungen beobachtet. K. Jaeger 135◇

0231 **Die Abhängigkeit der thermoelektrischen Kraft des p-Ge von der Konzentration und der Temperatur.** M. N. Winogradowa, O. A. Golikowa, I. N. Dubrowskaja und B. Ja. Moishess. (Festkörperphysik [UdSSR] **5**, 1657—67, 1963; Leningrad, Akad. der Wiss. der UdSSR, Halbleiter-Inst.; russ.) — Gemessen wurde die thermoelektr. Kraft von p-Ge bei Defektelektronen-Konzz. von $7\cdot10^{19}$—$7\cdot10^{20}$ cm^{-3} u. bei Temp. zwischen 300 u. 950° K. Die Abweichung von der quadrat. $\varepsilon(k)$-Abhängigkeit wird bei großen Defektelektronen-Konzz. bemerkenswert. Diese Abweichung beeinflußt auch die Temp.- u. Konz.-Abhängigkeit der elektr. Leitfähigkeit, des Hall-Koeff. u. der thermoelektr. Kraft in Proben, die in der Nähe des Bereichs der Störstellenhalbleitung liegen. K. Jaeger 135◇

0232 **Messung der Verteilung der Verunreinigungen in den in Germanium eindiffundierten Schichten.** E. S. Schlegel und D. P. Sanders. (Proc. I.R.E. **50**, 1987—88, 1962; Lansdale, Pa., Philco Corp., Lansdale Div.; engl.) — Vff. beschreiben 2 Meth. zur genauen Best. der Verteilung der Verunreinigungen von in dünne u. ebene n-Ge-Proben eindiffundierten Schichten. Meßergebnisse an einer Ge-Probe, in die eine Schicht As eindiffundiert war, sind graph. wiedergegeben. C. Gottfried 135△

0233 **Elektronenübergang in III–V-Verbindungen mit Zinkblendestruktur.** C. C. Wang und Leo H. Spinar. (J. Physics Chem. Solids **24**, 953—55, 1963; Fort Collins, Colo., Colorado State Univ., Dep. of Chem.; engl.) — Aus Röntgenpulveraufnahmen an *AlP*, *BP*, *GaAs*, *GaSb*, *InAs* u. *InSb* werden Zusammenhänge zwischen Ladungsverhältnissen, Atomabständen u. Elektronenübergängen gefolgert. Der Bandabstand nimmt mit steigender Bindungslänge ab u. mit steigendem ion. Bindungscharakter in den isoelektron. Reihen zu. K. H. Härdtl 135◇

0234 **Einfluß der Formierung auf die Kennlinie von Germaniumspitzendioden.** Otto Dehalt, Eberhard Groschwitz und Ernst Hofmeister. (Z. angew. Physik **16**, 190 bis 198, 1963; München, Siemens u. Halske Akt.-Ges.; dt.) — Es werden n-leitende Ge-Plättchen mit einer Dotierung von $5\cdot10^{14}$ cm^{-3} formiert. Starke Formierung ergibt bei kleinen Fluß- u. Sperrspannungen höhere Ströme als schwache Formierung. Mit zunehmender Spannung setzt Trägerinjektion ein. Der Sperrstrom wird auch bei höheren Spannungen außer vom spezif. Widerstand des Kristallmaterials durch die formierbedingte Geometrie der p-Zone beeinflußt. R. Nink 135◇

0235 **Das magnetische Moment von Leitungselektronen in Verbindungen des Typs $A^{III}B^{V}$.** Włodzimierz Zawadzki. (Physics Letters [Amsterdam] **4**, 190—91, 1963; Warsaw, Polish Acad. of Sci., Inst. of Phys.; engl.) — Über den g-Faktor zur Best. der Spinresonanz, paramagnet. Susceptibilität u. magnet.-opt. Zwischenbandeffekte untersucht Vf. das sehr große negative magnet. Moment von Leitungselektronen, das von einer Wechselwrkg. zwischen Leitungs- u. Valenzband herrührt. Analog der von Roth u. Mitarbeitern aufgestellten Formel (C. **1959**, 14951) wird eine Beziehung zwischen g-Wert, effektiver Masse m*, Spinbahnaufspaltung Δ u. Bandabstand ε_g für nicht parabol. Bandstrukturen aufgestellt (vgl. Kane, C. **1959**, 11144), die für die Mehrzahl von Verbb. des Typs $A^{III}B^{V}$ Gültigkeit hat. — Als Beispiel wird der g-Wert von Leitungselektronen in *InSb* als Funktion der Wellenzahl berechnet u. dargestellt. W. Sobieski 135◇

0236 **Von Li-Diffusion herrührende Acceptoren in durch Donatoren dotiertem GaAs.** C. S. Fuller und K. B. Wolfstirn. (J. appl. Physics **34**, 1914—20, 1963; Murray Hill, N.J., Bell Telephone Labor., Inc.; engl.) — An GaAs-Kristallen, die mit *Te* dotiert waren ($1-3\cdot10^{18}$ cm^{-3}), wurden Leitfähigkeits- u. Hall-Messungen zur Best. der Elektronendichte durchgeführt, während man Li hineindiffundieren ließ u. es wieder entfernte. Die Li-Menge wurde spektralanalyt. bestimmt. Es wurde gefunden, daß 2 Li-Atome ein (Li^+Li^-)-Paar bilden u. den Verlust eines Elektrons verursachen. Von Acceptoren, die nach der Entfernung des Li zurückblieben, vermutet man, daß sie Ga-Leerstellen sind. Der Prozeß des Verschwindens der Leerstellen scheint durch Diffusion gesteuert zu sein, seine Aktivierungsenergie beträgt 5—6 eV. Im Gleichgewichtszustand steigt die Leerstellenlöslichkeit mit abnehmender Temperatur. Es wird ein Modell diskutiert, nach dem Ga-Leerstellen mit Te-Atomen stabile Paare bilden S. Krause 135◇

0237 **Rekombinationsstrahlung in GaAs.** J. Black, H. Lockwood und S. Mayburg. (J. appl. Physics **34**, 178—80, 1963; New York, N.Y., Gen. Telephone and Electron. Labor., Inc.; engl.) — Die Rekombinationsstrahlung in GaAs-Dioden (p-n-Typ, Träger-Konz. $10^{17}/cm^3$) ist proportional dem Diodenstrom in Flußrichtung. Es wird eine rote sichtbare Strahlung beobachtet, die aus Übergängen des 2. Minimums im Leitungsband zum Valenzband oder einem Verunreinigungsband nahe dem Valenzband herrühren könnte. I. Zoll 135◇

0238 **Die Absorptionskante von entartetem n-leitendem Galliumarsenid.** I. Kudman und L. Vieland. (J. Physics Chem. Solids **24**, 967—69, 1963; Princeton, N.J., R.C.A. Labor.; engl.) — GaAs-Proben werden mit verschiedenen Se-Konzz. dotiert u. die Verschiebung der Absorptionskante mit der Dotierung wird gemessen. Die Messungen zeigen, daß die Bandstruktur sich nicht mit der Dotierung ändert. Die Bandkante verschiebt sich jedoch mit steigender Dotierung zu höheren Energien. Dies wird mit dem Auffüllen des Leitungsbandes durch Leitungselektronen gedeutet. K. H. Härdtl 135◇

0239 **Phononenzuordnung für GaAs und CdS.** William G. Spitzer. (J. appl. Physics **34**, 792—95, 1963; Pasadena, Calif., Bell u. Howell Res. Center; engl.) — Bisher wurden die 16 Maxima im gemessenen Gitterabsorptionsspektrum von GaAs mittels 5 Phononenenergien gedeutet. Hier wird gezeigt, daß die Lage u. die Temp.-Abhängigkeit der Absorptionen auch mit einem anderen Satz von 5 Phononenenergien erklärt werden können. Ebenso können frühere Messungen von Balkanski u. Besson an CdS mit einem anderen Satz von Phononen gedeutet werden. Vf. schlägt Messung der Kombinationsbanden im IR vor, bei denen die Differenzen der Energien dieser Phononen auftreten, um die richtige Zuordnung zu finden. H.-J. Schulz 135◇

0240 **Untersuchung der Temperaturabhängigkeit der effektiven Elektronenmasse in n-InAs bei 293—600° K.** Ju. I. Uchanow und Ju. W. Malzew. (Festkörperphysik [UdSSR]

5, 1548–51, 1963; Leningrad, Militärakad. des Nachrichtenwesens; russ.) — Gemessen wurde der Faraday-Effekt zwischen 10 u. 18 μ an n-InAs mit einer Elektronen-Konz. von $2{,}9 \cdot 10^{17}$ cm^{-3} bei 293° K. Aus den Ergebnissen wurden die effektiven Elektronenmassen als Funktion der Temp. berechnet. Sie haben bei 393° K ein Maximum, das (7,0 ± 0,6) % über dem Wert bei 293° K u. (11 ± 1)% über dem Wert bei 603° K liegt. K. Jaeger 135◇

0241 **Nernst-Effekt in n-GaSb.** S. J. Silverman, R. O. Carlson und H. Ehrenreich. (J. appl. Physics **34**, 456–59, 1963; Schenectady, N.Y., Gen. Electr. Res. Labor.; engl.) — Im Temp.-Bereich zwischen 60 u. 800° K wurden an Te- u. Se-dotiertem GaSb der Nernst-, der Hall- u. der Seebeck-Koeff. sowie der elektr. Widerstand gemessen. Zur Deutung der experimentellen Ergebnisse wird ein Modell mit einem Doppel-Leitfähigkeitsband angenommen, bei dem das untere [0 0 0]-Bandminimum von dem oberen [1 1 1]-Bandminimum durch eine Energiedifferenz ΔE voneinander getrennt sind. Da ΔE bei Zimmer-Temp. ungefähr 0,08 eV beträgt, kann der Einfl. des oberen Leitungsbandes im untersuchten Temp.-Bereich nicht vernachlässigt werden. Für die hier untersuchten Größen sind allg. Beziehungen angegeben. D. Noack 135◇

0242 **Polarisationseffekte in der elektrischen Leitfähigkeit von künstlichem Sapphir bei hohen Temperaturen.** J. Cohen. (Physics Chem. Solids **16**, 285–90, 1960; Bayside, N.Y., Gen. Telephone and Electron. Labor., Inc.; engl.) — In einer geeigneten Vakuum-App. werden bei $< 10^{-6}$ Torr 0,1 in. dicke Stäbe von künstlichem Saphir durch Strahlungsheizung auf 900–1300° gebracht u. mit Hilfe der Potential-Meth. die scheinbaren elektr. Leitfähigkeiten σ bestimmt. Das Ohmsche Gesetz ist nicht anwendbar, u. σ zeigt einen ungleichmäßigen Verlauf über den Stab. Es werden große Polarisationsspannungen, eine anomale Potentialverteilung u. ein Stromabfall direkt nach dem Anlegen einer Spannung beobachtet. Offenbar können diese Effekte auf elektron. u. ion. Raumladungen zurückgeführt werden, die hauptsächlich von Verunreinigungen herrühren. Herbert Müller 135◇

0243 **Elektrische Leitfähigkeit und Thermokraft von Indiumoxid.** M. J. Arvin. (Physics Chem. Solids **23**, 1681–83, 1962; Carbondale, Ill., Southern Illinois Univ.; engl.) — Die elektr. Leitfähigkeit σ u. Thermokraft η gepreßter Proben von In_2O_3-Pulver werden in Luft zwischen 180 u. 460° gemessen. Die Kurve $\log \sigma = f(T)$ besteht aus 2 linearen Teilen mit einer Anstiegsänderung bei 290°. Die Aktivierungsenergie für den Tieftemp.-Zweig beträgt 0,67 eV, für den Hochtemp.-Zweig 0,87 eV. η fällt von -4 mV/Grad für 180° linear mit der Temp. auf $-1{,}4$ mV/Grad für 290°. η zeigt bei 290° ebenfalls eine Diskontinuität u. nimmt mit viel kleinerer Neigung auf $-1{,}2$ mV/Grad bei 480° ab. Diese Diskontinuität bei 290° wird mit dem Vorhandensein von PbO_2 als Verunreinigung gedeutet. K. H. Härdtl 135◇

0244 **Punktkontaktdioden unter Verwendung von reduzierten Titandioxid (Rutil)-Einkristallen.** Goebel Davis jun. und W. W. Grannemann. (J. appl. Physics **34**, 228 bis 230, 1963; Albuquerque, N.Mex., Univ. of New Mexico, Electr. Engng. Dep.; engl.) — Das zur Herst. der Dioden verwendete TiO_{2-x} wird durch Red. reiner Rutil-Einkristalle in H_2-Atmosphäre erhalten. Mit Hilfe der Dioden- u. Diffusions-Theorie wird eine Erklärung für die Strom-Spannungs-Kurven der Diode gegeben. In Flußrichtung des Diodenstroms liefern beide Theorien gute Übereinstimmung mit dem Experiment. In Sperrichtung lassen sich die Gleichrichtungserscheinungen durch eine Schwelle vom Mott-Typ erklären, in der die Bildkräfte die effektive Schwellenhöhe herabsetzen. Für die Schwellenspannung u. Dicke wird erhalten: $V_D \approx 0{,}58$ V; $\lambda_0 \approx 10^{-6}$ cm. I. Zoll 135◇

0245 **Elektrische und optische Eigenschaften von natürlichen Zinn(IV)-oxidkristallen.** E. E. Kohnke. (Physics Chem. Solids **23**, 1557–62, 1962; Stillwater, Okla., Univ., Phys. Dep.; engl.) — Aus den Messungen der elektr. Leitfähigkeit (100–500° K), des Hall-Effekts u. der opt. Durchlässigkeit (0,4–8 μ) werden Aussagen über den Leitungscharakter in SnO_2 gemacht. Die opt. Messungen ergeben den Bandabstand zu 3,54 eV bei Raum-Temp. u. die Temp.-Abhängigkeit des Bandabstandes zu $-6 \cdot 10^{-4}$ eV/Grad. Eine scharfe Absorptionsbande bei 3,07 μ wird der Anwesenheit von OH-Verunreinigungen zugeschrieben. Die untersuchten Proben enthielten bei Raum-Temp. 10^{14}–10^{15} Donatoren/cm^3 mit einer Aktivierungsenergie von ca. 0,7 eV. Es wurden nur n-Leiter mit effektiven Massen von $0{,}8\,m_0$ u. Beweglichkeiten von ca. 40 cm^2/Vs bei Raum-Temp. gefunden. K. H. Härdtl 135◇

0246 **Einige physikalische Eigenschaften aufgesprühter PbO_2-Schichten.** F. Lappe. (Physics Chem. Solids **23**, 1563–66, 1962; Zürich, R.C.A. Labor.; engl.) — Die Schichten werden mit dem üblichen Verf. in einer Ar–O_2-Atmosphäre verschiedener Zus. aufgesprüht u. ihre Dicke wird mit Hilfe von Interferenzen bestimmt. Bei O_2-Konzz. < 3% bestehen die Schichten aus metall. Pb. Bei steigendem O_2-Geh. fällt die Leitfähigkeit der Schichten bis auf $10^{-10}/\Omega \cdot$cm ab, um bei einer O_2-Konz. von 25% bis auf $10^2/\Omega \cdot$cm anzusteigen. Hall-Effekt-Messungen an diesen gutleitenden Schichten ergeben eine Ladungsträger-Konz. von 10^{21} cm^{-3}. Diese hohe Ladungsträger-Konz. wird auf eine Nichtstöchiometrie von PbO_2 mit Pb-Überschuß zurückgeführt. Aus opt. Messungen kann der Bandabstand der PbO_2-Schichten zu 1,5 eV geschätzt werden. K. H. Härdtl 135◇

0247 **Untersuchungen über die elektrische Leitfähigkeit von Nb_2O_5 als Funktion des Sauerstoffdruckes zwischen 600 und 1200° C.** P. Kofstad. (Physics Chem. Solids **23**, 1571–78, 1962; Blindern, Norway, Central Inst. for Ind.; engl.) — Es wird gefunden, daß die elektr. Leitfähigkeit von gesintertem α-Nb_2O_5 zwischen 750 u. 1200° proportional $p_{O_2}^{-1/4,2}$ im O_2-Druckbereich von 1–10^{-3} at ist. Bei niedrigen O_2-Drücken, die durch CO_2/CO-Gemische eingestellt werden, findet man eine Proportionalität zu $p_{O_2}^{-1/6}$. Dann allerdings ist die O-Leerstellen-Konz. größer als 10^{19} cm^{-3}. Die Änderung der O_2-Druckabhängigkeit wird mit einer Abnahme der Ionisierungsenergie mit steigender Leerstellen-Konz. erklärt. Unterhalb 700° treten Abweichungen von den oben beschriebenen Gesetzmäßigkeiten auf. Die Temp.-Abhängigkeit des elektr. Widerstandes bei 1 at O_2 kann durch $\varrho = \varrho_0 \exp \cdot (-E/kT)$ mit $E = 1{,}65$ eV wiedergegeben werden. K. H. Härdtl 135◇

0248 **Zur Ladungsträgerbeweglichkeit von Li-dotiertem NiO.** Ja. M. Kssendsow, L. N. Ansselm, L. L. Wassiljewa und W. M. Latyschewa. (Festkörperphysik [UdSSR] **5**, 1537–47, 1963; Leningrad, Akad. der Wiss. der UdSSR, Halbleiter-Inst.; russ.) — Gemessen wurden zwischen 77 u. 673° K die spezif. elektr. Leitfähigkeit, der Hall-Koeff. u. die thermoelektr. Kraft von $Li_xNi_{1-x}O$ mit $0{,}01 \leq x \leq 0{,}2$. Die Ergebnisse können mit dem bekannten Bändermodell beschrieben werden, das ein Polaronband (Defektelektronen an Ni^{2+}) u. ein Acceptorniveau (Li-Dotierung) 0,2 eV über diesem Band enthält. Berücksichtigt werden die teilweise Kompensation der Acceptoren durch Donatoren (Sauerstoffleerstellen) u. das Auftreten einer Bandhalbleitung in den Acceptorniveaus. Mit zunehmender Temp. nimmt die Beweglichkeit der Defektelektronen im Polaronband ab, die Beweglichkeit der Elektronen im Acceptorband nimmt zu. Die Änderungen der Beweglichkeiten gehen exponentiell mit der Temperatur. Die Aktivierungsenergie der Beweglichkeiten beträgt etwa k' (Debye-Temp.) für die Defektelektronen u. etwa das doppelte der Austauschwechselwrkg. der antiferromagnet. Ordnung für die Elektronen. K. Jaeger 135◇

0249 **Breite des verbotenen Bandes und die effektive Ionenladung im ZnS-Kristallgitter.** M. W. Fok. (Festkörperphysik [UdSSR] **5**, 1489–95, 1963; russ.) — Nach zwei verschiedenen Meth. wird der Unterschied zwischen der Breite des verbotenen opt. u. therm. Bandes in ZnS bestimmt. Aus diesem Wert u. den opt. Phononenenergien wird die effektive Ladung der Gitterionen zu 0,5 e bestimmt. — Vgl. C. **1964**, 12-0259. K. Jaeger 135◇

0250 **Die Wahrscheinlichkeit der Befreiung von Haftstellenelektronen für Zinksulfid–Leuchtstoff bei verschiedenen Temperaturen.** Jean Saddy. (J. Physique **24**, 199–202, 1963; Paris, Fac. des Sci., Labor. de Luminesc.; franz.) — Aus der Analyse der Abklingkurven von Phosphoren wird die mittlere Lebensdauer τ von Elektronen in Haftstellen erhalten. Messungen bei verschiedenen Temp. T bestätigen experimentell die Gültigkeit der Beziehung $p = 1/\tau = s \cdot \exp(-E/kT)$ für die Wahrscheinlichkeit der Befreiung von Elektronen aus Haftstellen der energet. Tiefe E. Der Frequenzfaktor s ist in erster Näherung konstant. Für ZnS(Cu) ergibt sich $s = 10^{7-7,5}$ s^{-1} bei Messungen im Temp.-Bereich zwischen 293° K u. 333° K. R. Moser 135◇

0251 **Feldeffektmessungen an CdS-Einkristallen.** F. Eckart und H. Tetsch. (Mber. dtsch. Akad. Wiss. Berlin **3**, 264—65, 1961; Dt. Akad. Wiss., Phys.-Techn. Inst., Forsch.-Gemeinschaft; dt. — C. **1962**, 2263.) K. Jaeger 135◇

0252 **Elektrische Leitfähigkeit und Hall-Koeffizient von CdS-Einkristallen.** Masayuki Itakura und Hiroo Toyoda. (J. physic. Soc. Japan **18**, 150—51, 1963; Musashino, Tokyo, Telegraph and Telephone Publ. Corp., Electr. Commun. Labor. Nippon; engl.) — An CdS-Einkristallen von Eagle Picher mit 0,3—8 $\Omega \cdot$cm bei Zimmer-Temp. u. einer scharfen Kante bei 520 nm wurden σ u. Hall-Koeff. ab 4° K gemessen: σ steigt von $5 \cdot 10^{-6}$ bei 4° K auf 10^{-4} bei 10° K u. auf ca. 8 $\Omega^{-1} \cdot$ cm^{-1} über 50° K. Der Hall-Koeff. entspricht Träger-Konzz. zwischen 10^{13} u. 10^{17} cm^{-3}. Die Hall-Beweglichkeit ist ca. 1 cm²/Vs bei 4° K, 1700 cm²/Vs bei 50° K u. 240 cm²/Vs bei 200° K. C. Reuber 135◇

0253 **Photoleitung in CdS bei isolierten Elektroden.** Masami Onuki und Tohru Miyake. (J. physic. Soc. Japan **18**, 151—52, 1963; Ikuta, Kawasaki, Kanagawa-Khu, Japan, Matsushita Electr. Co., Tokyo Labor.; engl.) — An 0,2—1 mm dicken CdS-Kristallen wurde bei Zimmer-Temp. der Wechselstrom-Widerstand mit 10 μm dicken Mylarfolien als Elektroden-Isolation gemessen. Anregung mit 508 nm; Frequenzbereich 200 Hz—300 kHz. C. Reuber 135◇

0254 **Einige elektrische und magnetische Eigenschaften der Seltenerdmetallmonosulfide und -nitride.** R. Didchenko und F. P. Gortsema. (J. Physics Chem. Solids **24**, 863 bis 870, 1963; Parma, Ohio, Union Carbide Corp., Parma Res. Labor.; engl.) — Die Seltenerdmetallmonosulfide zeigen mit Ausnahme von EuS, YbS u. SmS metall. Leitfähigkeit sowie Thermokräfte zwischen 5—10 μV/Grad. EuS erweist sich als Isolator bis zu 1000°. Stöchiometr. YbS hat bei Raum-Temp. einen spezif. elektr. Widerstand von 10^4—$10^5 \Omega \cdot$cm. Bei S-Zugabe wird es p-leitend mit einem Bandabstand von 0,33 bis 0,36 eV. Die Beweglichkeit ist kleiner als 1,3 cm³/Vs. SmS ist dagegen ein n-Leiter. Bei Raum-Temp. beträgt seine Ladungsträger-Konz. $4{,}30 \cdot 10^{18}$ cm^{-3} u. die Beweglichkeit 22,4 cm²/Vs. Bei Raum-Temp. beträgt die paramagnet. Susceptibilität von SmS $4480 \cdot 10^{-6}$ e.m.u. mit einer Weiß-Konst. (Θ) von $-195°$; die analogen Werte von EuS sind $27400 \cdot 10^{-6}$ mit $\Theta = +18°$. YbS erweist sich als nur schwach paramagnetisch. Die Seltenerdmetallnitride haben mit Ausnahme von YbN metall. Charakter der elektr. Leitfähigkeit u. der Thermokraft. YbN zeigt einen negativen Temp.-Koeff. des spezif. elektr. Widerstandes. Die Ladungsträgerdichte beträgt $2 \cdot 10^{21}$ cm^{-3} mit einer Beweglichkeit von 0,3 cm²/Vs. Die Nitride weisen mit Ausnahme von LaN starke paramagnet. Susceptibilitäten auf. Es kann gezeigt werden, daß Ce in CeN als Ce^{4+} vorkommt, daß ferner in EuN, SmN u. YbN große Mengen Eu^{2+} bzw. Sm^{2+} u. Yb^{2+} vorhanden sind. In allen anderen Nitriden ist das Metallion dreiwertig. K. H. Härdtl 135◇

0255 **Die elektronische Struktur der Seltenerdmetallmonosulfide.** J. W. McClure. (J. Physics Chem. Solids **24**, 871—80, 1963; Parma, Ohio, Union Carbide Corp., Parma Res. Labor.; engl.) — Aus den bekannten elektr. u. magnet. Eigg. der Seltenerdmetallmonosulfide (vgl. vorst. Ref.) wird ihre elektron. bzw. Bandstruktur hergeleitet. Die metall. Leitung findet in breiten 5d- oder 6s-Bändern statt. In den halbleitenden Verbb. SmS, EuS u. YbS sind diese beiden Bänder leer. Die Leitung über 4f-Bänder wird wegen der berechneten extrem kleinen Beweglichkeit von 10^{-8} cm²/Vs als vernachlässigbar betrachtet. K. H. Härdtl 135◇

0256 **Spektrale Empfindlichkeit von aufgedampften PbS: Tl_2S-Filmen.** Katsuya Yamaguchi. (Jap. J. appl. Physics **2**, 252—53, 1963; Ube City, Yamaguchi Univ., Fac. of Engng., Dep. of Appl. Phys.; engl.) — Auf Glasträger werden bei ca. 0,1 Torr u. Raum-Temp. Filme von PbS(Tl_2S) aufgedampft. Der Dunkelwiderstand R_d der Filme liegt bei Raum-Temp. zwischen 100 u. 500 MΩ; aus der Temp.-Abhängigkeit von R_d folgt der Bandabstand zu 0,96 eV. Die spektrale Empfindlichkeit wird zwischen 0,5 u. 3,0 μ untersucht; die Werte sind graph. angegeben. Die Filme sprechen auf der langwelligen Seite auf Licht der Wellenlänge 2,7 μ an u. besitzen ein Rauschäquivalent von $9{,}36 \cdot 10^{-8}$ Watt/cm². Herbert Müller 135◇

0257 **Elektrische Eigenschaften von Bi_2S_3-Einkristallen.** Richard C. Heckman und D. M. Mattox. (J. Physics Chem. Solids **24**, 973—75, 1963; Albuquerque, N.Mex., Sandia Corp.; engl.) — An einem Bi_2S_3-Einkristall werden spezif. elektr. Leitfähigkeit σ u. Hall-Effekt zwischen -60 u. $+80°$ gemessen. Unterhalb Raum-Temp. ist die Ladungsträgerdichte konst. bei $2{,}5 \cdot 10^{17}$ cm^{-3}, während σ (0,3 $\Omega^{-1} \cdot$cm^{-1}) leicht mit steigender Temp. abnimmt. Dies wird auf eine entsprechende Abnahme der Beweglichkeit (5 cm²/V·s) zurückgeführt. Messungen bei 75° zeigen eine langsame Zunahme der Ladungsträgerdichte, die auf eine diffusionsbestimmte Änderung der chem. Zus. zurückgeführt wird. K. H. Härdtl 135◇

0258 **Der Zusammenhang zwischen der magnetischen Susceptibilität und der chemischen Bindung halbleitender Verbindungen mit Sphaleritstruktur.** M. Matyáš. (Czechoslov. J. Physics **12**, 838—42, 1962; Prag, TH, Fak. für techn. Phys. u. Kernphys.; Tschech. Akad. der Wiss., Inst. für Festkörperphys.; dt.) — An Hand einfacher Modellvorstellungen zeigt Vf., wie sich mit Hilfe der magnet. Susceptibilität bei halbleitenden Verbb. mit Sphaleritstruktur die Abweichung von der idealen Kovalenzbindung bestimmen läßt u. wie man die Messung der magnet. Susceptibilität zur Abschätzung der Energie des verbotenen Bandes u. umgekehrt verwenden kann. Experimentell wurde bei Zimmer-Temp. die magnet. Susceptibilität von *ZnSe*, *CdTe*, *CuBr*, *AgJ*, *CdS* u. *ZnS* gemessen. C. Gottfried 135△

0259 **Elektrische und magnetische Untersuchung von Verbindungen der Übergangselemente mit Schwefel und Arsen. 1. Mitt. Elektrische Messungen mit der Vierpunktmethode. 2. Mitt. Elektrische Eigenschaften von Chalkopyrit.** M. Wintenberger. (Bull. Soc. franç. Minéralog. Cristallogr. **85**, 77—89, 1962; Paris, Sorbonne, Labor. de Minéral.-Cristallogr.; franz.) — Vf. untersucht theoret. den Gültigkeitsbereich der zu Potentialmessungen verwendeten Vierpunkt-Meth., wenn sie auf elektr. u. galvanomagnet. Messungen an Proben mit einem Minimum an ebenen Flächen angewendet wird. An natürlichen Einkristallen von Chalkopyrit (I) mit verschiedenen Geh. an Verunreinigungen werden die Temp.-Abhängigkeit des spezif. elektr. Widerstandes ϱ zwischen 78 u. 473° K, die Widerstandsanisotropie $\varrho_{\perp}/\varrho_{\parallel}$ von ϱ senkrecht u. parallel zu A_4 sowie der Hall-Koeff. R in einem Magnetfeld von 11 kOe bestimmt. Bei Raum-Temp. liegt ϱ für verschiedene I-Proben zwischen 0,05 u. 0,8 $\Omega \cdot$cm. Bei tiefer Temp. tritt Verunreinigungsleitung mit Aktivierungsenergien von ca. 0,06 eV auf; die Proben sind n-leitend. Oberhalb Raum-Temp. sind die Verunreinigungen vollständig ionisiert, u. der Temp.-Koeff. von ϱ ist positiv. $\varrho_{\perp}/\varrho_{\parallel}$ ist stets größer als 1 u. erreicht maximal den Wert 1,9. R liegt zwischen 4 u. 14 cm³/As u. liefert eine Ladungsträgerdichte von ca. 10^{18} cm^{-3}. Der Einfl. einer Substitution von Cu durch Ag bzw. Fe^{3+} auf ϱ u. R wird diskutiert. Herbert Müller 135◇

0260 **Herstellung von CdSe durch Reaktion der Komponenten.** P. Höschl und Č. Koňák. (Czechoslov. J. Physics **13**, 437—40, 1963; Prag, Karlsuniv., Kat. fyz. pevných látek; tschech.) — Polykristallines CdSe wird aus den Komponenten unter einem Stickstoffdruck von 125 atm bei 1250° hergestellt. Aus dem Wert des spezif. Widerstandes ($\varrho = 10^6$—10^7 $\Omega \cdot$cm) wird geschlossen, daß das erhaltene CdSe annähernd stöchiometr. ist. Die Photoempfindlichkeit im Maximum war ca. 10^{-8} A/Lx. Eine schwache Luminescenz wurde bei $\lambda = 1{,}1\ \mu$ nachgewiesen. Alle Eigg., auch das Absorptionsvermögen, scheinen ähnlich zu sein wie bei aus der Dampfphase hergestellten CdSe-Einkristallen. R. Broser 135◇

0261 **Photoleitfähigkeit in CdSe.** Edward H. Stupp. (J. appl. Physics **34**, 163—68, 1963; Yorktown Heights, N.Y., IBM, Thomas J. Watson Res. Center; engl.) — Es wird gezeigt, daß das Klasens-Modell zur Erklärung der Photoleitfähigkeit in CdSe ungeeignet ist. Durch Addition von Cu oder Ag werden wenigstens 3, vielleicht auch 4 Rekombinationszentren gebildet, so daß das einfache Zwei-Zustands-Modell nur unter gewissen Voraussetzungen zur Deutung herangezogen werden kann. I. Zoll 135◇

0262 **Zur Kinetik der Störstellenphotoleitfähigkeit in GaSe-Kristallen.** R. F. Mechtijew, L. G. Paritzki und Ss. M. Rywkin. (Festkörperphysik [UdSSR] **5**, 1649—56,

1963; Leningrad, Physikal.-techn. Joffe-Inst. der Akad. der Wiss. der UdSSR; Baku, Physikal. Inst. der Akad. der Wiss. der AserbaidshanSSR; russ.) — In GaSe-Kristallen wurde p-Störstellenphotoleitfähigkeit beobachtet. Dafür kommen Acceptorenniveaus 0,4, 0,56 u. 0,71 eV über dem Valenzband in Frage. Aus den gemessenen Abklingkurven des Photostroms wurden die Konzz. der Leitungsniveaus sowie ihr Einfangquerschnitt für Photonen u. Löcher abgeleitet. Es wird Mehrfachtrapping beobachtet, jedoch beeinflußt dieses nicht die gemessenen Relaxationszeiten für hohe Besetzungsgrade der Acceptorenniveaus u. die hohen Konzz. der freien Defektelektronen. K. Jaeger 135◇

0263 **Zur Kinetik der Photoleitfähigkeit in p-TlSe-Einkristallen.** M. Ch. Alijewa und G. A. Achundow. (Festkörperphysik [UdSSR] **5**, 2087—89, 1963; Baku, Physikal. Inst. der Akad. der Wiss. der AserbaidshanSSR; russ.) — Mitgeteilt werden experimentelle Ergebnisse von Messungen der Relaxation der Photoleitfähigkeit sowie die Parameter der Fremdionenniveaus in p-TlSe-Einkristallen. K. Jaeger 135◇

0264 **Doppelacceptorstörstellen in CdTe.** M. R. Lorenz und H. H. Woodbury. (Physic. Rev. Letters **10**, 215—17, 1963; Schenectady, N.Y., Gen. Electr. Res. Labor.; engl.) — CdTe-Kristalle hoher Reinheit wurden in einer Cd-Atmosphäre auf 900° erhitzt. Hall-Konst., elektr. Widerstand u. Hall-Beweglichkeit wurden ermittelt für 12^0 K $\leq$ T $\leq$ 350^0 K. Belichtung bei tiefer Temp. erhöht die Hall-Beweglichkeit der getemperten Proben etwa um den Faktor 5. Ein Niveau 0,056 eV unter dem Leitungsband ist einem Doppelacceptor zuzuordnen. Eine Potentialschwelle erschwert beim einfach ionisierten Zustand dieses Zentrums die Rekombination mit Leitungselektronen. Erst oberhalb von ca. 100° K wird dieser Einfang häufig. An CdS wurde ein entsprechender Term 0,09 eV unter dem Leitungsband gefunden. H.-J. Schulz 135◇

0265 **Elektrische Leitfähigkeit von Einkristallen aus $(NH_4)_2SO_4$.** V. Hugo Schmidt. (J. chem. Physics **38**, 2783—84, 1963; Valparaiso, Ind., Valparaiso Univ., Dep. of Phys.; engl.) — Aus wss. Lsgg. werden $(NH_4)_2SO_4$-Einkristalle gezüchtet u. die Kristalle mit Ag kontaktiert. Von den Kristallen wird mit Gleichspannung die elektr. Leitfähigkeit σ zwischen 200 u. 500° K bestimmt. Die Temp.-Abhängigkeit wird mit $\sigma = 29 \cdot \exp(-0{,}76/k\,T)\ (\Omega \cdot cm)^{-1}$ beschrieben. Die ferroelektr. Übergangs-Temp. liegt für Abkühlung u. Erwärmung bei 223 ± 1^0 K. Offenbar wird σ durch Protonen als elektr. Ladungsträger bestimmt. Herbert Müller 135◇

0266 **Die Boltzmann-Gleichung für inhomogene elektrische Felder.** G. V. Chester. (Proc. physic. Soc. **81**, 938—48, 1963; Birmingham, Univ., Dep. of Math. Phys.; engl.) — Die Gleichung wird abgeleitet unter der Annahme einer elast. Elektronenstreuung an stat. Verunreinigungen. Die Gültigkeit der Gleichung ist unter folgenden Bedingungen gesichert: 1. $\hbar/\tau \ll \eta$; τ = Streuzeit, η = Fermi-Energie des Syst.; 2. $\lambda \gg \lambda_F$; r_0/λ = kleinste Wellenlänge in $\vec{E}$ (s, t), λ_F = Fermi-Wellenlänge der Elektronen, r_0 = Bereich des Streupotentials; 3. $\hbar\,\omega \ll E_a$; ω = größte Frequenz in $\vec{E}$ (s, t), E_a = Energie in der Größe der Fermi-Energie. J. Blume 136◇

0267 **Theorie der Elektronenspektren von Metallen des Wismuttyps in einem magnetischen Feld.** L. A. Falkowski. (J. exp. theoret. Physik [UdSSR] **44**, 1935—40, 1963; Inst. für physikal. Probleme der Akad. der Wiss. der UdSSR; russ., Auszug: engl.) — Es werden das „Loch"- u. das „Elektronen"-Spektrum berechnet. Nach einem quasiklass. Näherungs-Verf. wird das paramagnet. Energieinkrement berechnet. Für den Fall, daß die Richtung des Magnetfeldes mit der trigonalen Achse des Kristalls zusammenfällt, werden die diamagnet. Niveaus für die „Löcher" vollständig berechnet. D. Noack 137◇

0268 **Absolutbestimmung der Anzahl freier Elektronen mit Hilfe eines EPR-Spektrometers.** J. Smidt. (Arch. Sci. [Genève] **13** (**165**), Sonderh. 337—41, 1960; Geleen, Staatsmijnen in Limburg, Centraal Labor.; franz.) — Ableitung theoret. Beziehungen zwischen der Anzahl N von Spinzentren u. den durch Messung zugänglichen Größen. A. Blaschette 137◇

0269 **Magnetostatische Oberschwingungsresonanz in einem Paramagnetikum.** Hidetaro Abe, Hiroko Morigaki und Kei-ichi Koga. (Physic. Rev. Letters **9**, 338—39, 1962; Tokyo, Japan, Univ. of Tokyo, Inst. for Solid State Phys.; engl.) — Vgl. Ôno u. Ohtsuka, C. **1961**, 2521. — EPR-Messungen an $K_2CuCl_4 \cdot 2\,H_2O$ wurden bis 1,5° K ausgedehnt. Die Proben hatten nahezu Ellipsenform u. die Richtung des stat. magnet. Feldes lag in der [0 0 1]-Richtung, so daß alle Cu-Ionen der Elementarzelle äquivalent waren. Die Linienbreite der Resonanz bei 1,30 cm betrug ca. 30 Oe bei 3,0° K u. ca. 17 Oe bei 1,5° K. Bei letzterer Temp. war die Linie um ca. 60 Oe nach niedrigerer Feldstärke verschoben u. Nebenmaxima, verursacht durch magnetostat. Oberschwingungen im Paramagnetikum, traten auf. G. Winkhaus 137◇

0270 **Elektronenspinresonanz von Fe^{3+} und Mn^{2+} in CaO-Einkristallen.** Alexander J. Shuskus. (Physic. Rev. [2] **127**, 1529—31, 1962; East Hartford, Conn., United Aircraft Res. Labor.; engl.) — Von CaO-Einkristallen mit 0,05% Fe^{3+} bzw. Mn^{2+} wird mit einem X-Band-EPR-Spektrometer bei 9,5 GHz u. 77 bzw. 290° K die Elektronenspinresonanz untersucht. Das paramagnet. Resonanzspektrum wird mit einer Spin-Hamilton-Funktion für die Ionen im kub. Kristallfeld beschrieben; die Parameter der Funktion sind für Fe^{3+} bei 77° K $a = (63{,}8 \pm 0{,}3) \cdot 10^{-4}\ cm^{-1}$ u. $g = 2{,}0052 \pm 0{,}0005$ bzw. für Mn^{2+} bei 290° K $A = -(80{,}8 \pm 0{,}2) \cdot 10^{-4}\ cm^{-1}$, $a = (5{,}9 \pm 0{,}3) \cdot 10^{-4}\ cm^{-1}$ u. $g = 2{,}0009 \pm 0{,}0005$. Die Ergebnisse werden mit der Theorie für die Grundzustandsaufspaltung von Mn^{2+} in kub. Kristallfeldern von Powell, Gabriel u. Johnston (C. **1963**, 9581) diskutiert. Herbert Müller 137◇

0271 **Das Cu^{3+}-Ion in Korund.** W. E. Blumberg, J. Eisinger und S. Geschwind. (Physic. Rev. [2] **130**, 900—09, 1963; Murray Hill, N.J., Bell Telephone Labor.; engl.) — Das paramagnet. Resonanzspektrum des Cu^{3+}-Ions (die Konfiguration 3 d^8 ist isoelektr. mit Ni^{2+}) in Al_2O_3 wird untersucht. Die Ergebnisse werden nach der Kristallfeldtheorie mit dem opt. Absorptionsspektrum in Beziehung gebracht. Außerdem wird mit der Elektron-Kern-Doppelresonanz-Meth. (ENDOR) eine genaue Aussage über die Elektronen-Kern-Wechselwrkg. in diesem Ion erhalten. Das Cu^{3+}-Ion hat im Al_2O_3-Gitter als Störstelle das Al^{3+}-Ion substituiert. R. Nink 137◇

0272 **Elektronenspinresonanzuntersuchungen an einigen von Dicyclopentadienyltitandichlorid–Trialkylaluminium abgeleiteten Komplexen.** P. E. M. Allen, J. K. Brown und R. M. S. Obaid. (Trans. Faraday Soc. **59**, 1808—14, 1963; Edgbaston, Univ. of Birmingham, Dep. of Chem.; engl.) — Aus Dicyclopentadienyltitandichlorid (**I**) u. Al-Triäthyl (**II**) bzw. Al-Triisobutyl (**III**) wurde *Dicyclopentadienyltitan(III)-di-μ-chlorodiäthylaluminium* (**IV**, F. 124 ± 2^0) bzw. (**I** u. **III** im Verhältnis a = 1 : 1 bis 1 : 12) ein blauer bzw. violettroter Komplex (**V**) dargestellt u. in Benzol-Lsg. mit Elektronenspinresonanz bei 11,4 GHz untersucht. **IV** gibt ein Signal mit einem g-Wert von 1,976 (DPPH als Standard) u. schwach ausgeprägter Hyperfeinstruktur, die durch ^{47}Ti u. ^{49}Ti verursacht sein kann. In **V** liegen mehrere paramagnet. Substanzen nebeneinander vor. Bei a = 1 : 1 tritt eine Linie bei g = 1,976 auf, bei 1 : 3 zusätzlich ein Dublett mit g = 1,985. Bei 1 : 12 verschwindet die 1,976-Linie, dafür besitzt g = 1,985 Multiplettaufspaltung u. liegt bei 1,987. Hierbei scheinen zwischen Ti u. Al zwei H-Brücken aufzutreten. H. Bürger 137◇

0273 **Eine Dispersionsfunktion der paramagnetischen Relaxation.** P. H. Fang. (Physica [Utrecht] **24**, 970—74, 1958; Washington, D.C., Nat. Bur. of Stand.; engl.) — Vf. leitet eine empir. Dispersionsfunktion ab, die das von van der Marel u. Mitarbeiter (C. **1959**, 10135) gefundene asymm. Frequenzspektrum der paramagnet. Susceptibilität von Alaunen bei tiefen Temp. ergibt, im Gegensatz zu der von Cole u. Cole (J. chem. Physics 9, [1941], 341) angegebenen Funktion u. in besserer Weise wie mit der von Casimir u. Du Pré. Auf Grund der neuen Funktion erhält man auch eine verbesserte Dispersionsfunktion der Relaxationszeit. W. Haberditzl 137◇

0274 **Temperaturabhängigkeit der Spin-Gitter-Relaxation des V^{4+}-Ions in TiO_2.** G. M. Swerew. (J. exp. theoret. Physik [UdSSR] **44**, 1859—63, 1963; Moskau, Univ., Inst. für Kernphys.; russ., Auszug: engl.) — Gemessen wurde im

Temp.-Bereich 4,2—110° K die Temp.-Abhängigkeit der Spin-Gitter-Relaxationszeit τ_1 des V^{4+} in TiO_2. Bei Temp. $> 50^0$ K erfolgt die Relaxation über den angeregten Zustand, 650 cm^{-1} über dem Grundzustand. Für Temp. $> 70^0$ K ist $\tau_1 = 6 \cdot 10^{-12} \exp (\Delta/k\,T)$. K. Jaeger 137◇

0275 **Ein Superheterodyn-paramagnetisches Resonanzimpulsspektrometer.** P. M. Llewellyn, P. R. Whittlestone und J. M. Williams. (J. sci. Instruments **39**, 586—89, 1962; Bristol, Univ., H. H. Wills Phys. Labor.; engl.) — Vff. beschreiben einen App. zur Messung der Spin-Gitter-Relaxationszeiten von paramagnet. Ionen durch eine Impuls-Meth., dessen Grundlage ein Superheterodyn-paramagnet. Resonanzspektrometer bildet. Mit dem App. wurden Relaxationszeiten zwischen 5 μs u. 10 ms gemessen. C. Gottfried 137△

0276 **Der Einfluß der Elektron-Elektron-Wechselwirkung auf die Kern-Spin-Relaxation in Metallen.** Tôru Moriya. (J. physic. Soc. Japan **18**, 516—20, 1963; Tokyo, Univ. of Tokyo, Inst. for Solid State Phys.; engl.) — Vf. untersucht theoret. den Einfl. der Elektron-Elektron-Wechselwrkg. auf die Kern-Spin-Relaxation in Metallen. Unter Berücksichtigung einer Fermi-Wechselwrkg. kann die Relaxationszeit T_1 in Abhängigkeit von Wellenlänge u. frequenzabhängigen Susceptibilitäten angegeben werden. T_1 wird mit der Knight-Verschiebung verglichen u. der Korrekturfaktor für die Beziehung von Korringa (C. **1951**, I, 826) berechnet. Herbert Müller 137◇

0277 **Knight-Verschiebungen in der intermetallischen Verbindung $PtSn_2$.** S. S. Dharmatti, V. Udaya Shankar Rao und R. Vijayaraghavan. (Nuovo Cimento [10] **22**, 435—36, 1961; Bombay, Tata Inst. of Fundamental Res.; engl.) — An $PtSn_2$ von kub. CaF_2-Struktur wurde der Einfl. des Legierens mit Sn auf die Knight-Verschiebung von ^{195}Pt als Indikation für eine Auffüllung des d-Elektronenbandes untersucht u. ein Absinken der Verschiebung auf —0,16% (verbunden mit einer Abnahme der magnet. Susceptibilität auf $^1/_4$ des reinen Pt-Wertes) festgestellt. Für ^{117,119}Sn wird in $PtSn_2$ der hohe Wert von +1,06% erreicht; in der bei der Herst. der reinen Substanz auftretenden hexagonalen Pt_2Sn_3-Phase war die Knight-Verschiebung von ^{195}Pt —0,01%, die von ^{119}Sn +0,72%. W. Sobieski 137◇

0278 **Neuere Anwendungen der magnetischen Kernresonanzspektroskopie.** R. F. Zürcher. (Chimia [Aarau, Schweiz] **17**, 175—84, 1963; Basel, Ciba Akt.-Ges., Physikal. Labor.; dt.) — Übersicht. — 26 Literaturangaben. H. Roschkowski 137◇

0279 **Anwendung der hochauflösenden kernmagnetischen Resonanz in der Chemie.** Shizuo Fujiwara. (Chem. and chem. Ind. [Kagaku to Kogyo] **16**, 286—95, 1963; Tôkyô, Univ., Naturwiss. Fak.; jap.) — Übersicht. — 23 Literaturangaben. E. Maekawa 137◇

0280 **Ein Spektrometer für kernmagnetische Resonanzabsorption zur Untersuchung von Festkörpern.** S. Visweswaramurthy. (Nuclear Instruments Methods [Amsterdam] **22**, 375—76, 1963; Bangalore, Indian Inst. of Sci., Dep. of Phys.; engl.) — Für ein Resonanzabsorptionsspektrometer (RS) für Festkörper (FK) muß das Signal-Rausch-Verhältnis beträchtlich erhöht werden. Zweitens bedingt die lange Relaxationszeit der FK die Verw. sehr niedriger Radiofrequenzpegel, um Sättigung zu vermeiden. Vf. baute ein RS für FK unter Berücksichtigung dieser Forderungen. P. Detje 137◇

0281 **Untersuchung der Elektronenstruktur von Metallen mit Hilfe der magnetischen Kernresonanz.** I. F. Schtschegolew. (Fortschr. physik. Wiss. [UdSSR] **78**, 267—90, 1962; russ.) — Übersicht. — 109 Literaturangaben. Ch. Weiske 137◇

0282 **Kernmagnetische Resonanz von ^{23}Na in Natriumchloridkristallen.** Eizo Otsuka, Yudo Oshio, Toyohide Kobayashi und Hazimu Kawamura. (J. physic. Soc. Japan **14**, 1454, 1959; Osaka, Japan, Univ., Dep. of Appl. Phys.; engl.) — Vff. zeigten, daß die Verbreiterung der KMR-Linie des ^{23}Na in NaCl-Kristallen, die häufig beobachtet wurde, auf Unvollkommenheiten des Kristallbaus beruht. Für mit größter Sorgfalt gezüchtete Kristalle konnten sie folgende Sekundärmomente messen: $H_0 \parallel [1\,0\,0]$ 0,54 ± 0,04 u. $H_0 \parallel [1\,1\,0]$ 0,54 ± 0,02 Gauß²; der theoret. Wert ist für $H_0 \parallel [1\,0\,0]$ 0,555 u. für $H_0 \parallel [1\,1\,0]$ 0,550 Gauß². Die Spin-Gitter-Relaxationszeiten lagen für den besten Kristall bei 16,0 s, für „gewöhnliche" Kristalle bei 12,5 s u. für 0,81 NaCl · 0,19 NaBr bei 12,4 s. K. Jaeger 137◇

0283 **Spannungsbedingte Verbreiterungen der magnetischen Kernresonanzlinien in Kupfer.** E. A. Faulkner. (Philos. Mag. [8] **5**, 843—51, 1960; Melbourne, Australia, Univ., C.S.I.R.O., Div. of Tribophys.; engl.) — Plast. Deformation an 99,98% ig. Cu-Proben zeigte eine Verbreiterung der KMR-Linien bis zu 40% (mittlere Quadrate der Halbwertsbreite; Meßgenauigkeit ± 4%). Die Verbreiterung der Linien scheint der gespeicherten Energie proportional zu sein. Ferner zeigen deformierte Proben auf eine etwas kleinere integrale Intensität als nicht deformierte Proben, was durch Zonen hoher Spannung verursacht sein kann. Diskutiert wird ein Modell zur Deutung der Ergebnisse, das allein auf dem Spannungszustand der Probe fußt. K. Jaeger 137◇

0284 **Kernquadrupoleffekte in Spinellen ($MgAl_2O_4$).** E. Brun, St. Hafner und P. Hartmann. (Arch. Sci. [Genève] **13** (**165**), Sonderh. 410—11, 1960; Zürich, ETH, Physikal. Inst., Inst. für Kristallograph. u. Petrograph.; engl.) — Vorläufige Unters. der Kernquadrupoleffekte auf die KMR-Spektren von ^{27}Al. A. Blaschette 137◇

0285 **KMR von ^{59}Co in ferromagnetischen Kobaltlegierungen.** Yoshitaka Kôi, Akira Tsujimura, Tadamiki Hihara und Toshimoto Kushida. (J. physic. Soc. Japan **16**, 574, 1961; Tokushima, Japan, Univ., Fac. of Engng.; Hiroshima, Japan, Univ., Fac. of Sci.; engl.) — Vgl. C. **1962**, 5563. — Gemessen wurden die Lage u. Form der KMR-Linie von ^{59}Co in ferromagnet., kub.-flächenzentrierten Co-Legg. mit 1—5 (7) % *Fe, Ni, Cu, Al, Mn* u. *Cr*. Die beobachtete Linienverbreiterung gegenüber reinem Co geht nicht auf Quadrupoleffekte zurück, sondern beschreibt die Verteilung des hyperfeinen Kristallfeldes. K. Jaeger 137◇

0286 **Ferromagnetische Relaxation.** 3. Mitt. **Theorie der Instabilitäten.** R. M. White und M. Sparks. (Physic. Rev. [2] **130**, 632—38, 1963; Stanford, Calif., Stanford Univ., W. W. Hansen Labor. of Phys., Mikrowave Labor.; engl.) — 2. vgl. Physic. Rev. [2] **124**, [1961], 1015; 1. vgl. C. **1962**, 1129. — Mit Hilfe eines quantenmechan. Modells werden verschiedene Instabilitätsprozesse bei ferromagnet. Isolatoren betrachtet, wobei das Problem instabiler Spinwellen in den Feldvariablen durch Quantisierung der Hamilton-Funktion neu formuliert wird. Dabei wird die zeitabhängige Störungstheorie zur Ermittlung der Bedingungen benutzt, unter denen die Geschw. des Energieflusses in ein Magnon oder ein Phonon gleich der Geschw. ist, bei der Relaxation auftritt. Diese Bedingung führt zu einem allg. Instabilitätskriterium für Magnon-Magnon-, Photon-Magnon- u. Magnon-Phonon-Prozesse. H. Fahlenbrach 137◇

0287 **Anwendung von retardierten und avancierten Greenschen Funktionen in der Theorie des Ferromagnetismus.** Je. N. Jakowlew. (Festkörperphysik [UdSSR] **4**, 179—84, 1962; Moskau, Inst. für Hochdruckphys. der Akad. der Wiss. der UdSSR; russ.) — Es werden retardierte u. avancierte Greensche Funktionen zur Berechnung der spontanen Magnetisierung von ferromagnet. Festkörpern benutzt. Es wird ein Syst. von Gleichungen für die Greenschen Funktionen erhalten u. durch Störungs-Meth. gelöst. Der Ausdruck, der für die erste Ordnung der Magnetisierung erhalten wird, ist ähnlich dem von Dyson (C. **1957**, 10397, 10398) u. von Oguchi (vgl. C. **1960**, 11566) erhaltenen. K. Huste 137◇

0288 **Theorie der Bloch-Elektronen im Magnetfeld.** L. M. Roth. (Physics Chem. Solids **23**, 433—46, 1962; Lexington, Mass., MIT, Lincoln Labor.; engl.) — Vf. entwickelt einen Formalismus, mit dem man einen relativ einfachen Ausdruck für die magnet. Susceptibilität (einschließlich Spin-Bahn-Korrektur) eines Bloch-Elektrons erhält. K. H. Härdtl 137◇

0289 **Berichtigung: Oberflächenenergie einer 90°-Blochwand bei Eisen.** C. D. Graham jun. (J. appl. Physics **30**, 2022, 1959; Schenectady, N.Y., Gen. Electr. Res. Labor.; engl.) — Berichtigung eines Rechenfehlers in der C. **1959**, 14629 referierten Arbeit. H. Fahlenbrach 137□

0290 **Neue remanente Elementarbereichsstruktur von $BaFe_{12}O_{19}$.** Hiroshi Kojima und Kimiyoshi Goto.

(J. physic. Soc. Japan **17**, 584, 1962; Sendai, Tohoku Univ., Res. Inst. for Sci. Measurements; engl.) — Nach einem früher (C. **1962**, 16934) beschriebenen Verf. werden durchsichtige Einkristallschichten aus $BaO \cdot 6\,Fe_2O_3$ hergestellt u. mit dem Faraday-Effekt auf die Elementarbereichsstruktur hin untersucht. Im remanenten Zustande wurden je nach Kristall drei verschiedene Strukturen beobachtet, von denen zwei bekannt sind (Labyrinth- u. Strahlenstruktur). Bei der dritten Struktur waren nach dem Abschalten des Magnetfeldes zunächst keine Bereiche zu sehen. Diese traten erst sprunghaft nach Wartezeiten in der Größenordnung von Std. oder bei kleinen Gegenfeldern als zylindr. Stäbe auf. Mit zunehmender Gegenfeldstärke wachsen diese Bereiche plattenförmig. H. Fahlenbrach 137◇

0291 **Über ideale Magnetisierungskurven der Ferromagnetika.** L. W. Kirenski, A. I. Drokin, W. Ss. Tscherkaschin und R. P. Smolin. (Hochschulnachr. [Tomsk], Physik **1961,** Nr. 5, 78—83; Physik. Inst. der Sibir. Abt. der Akad. der Wiss. der UdSSR; Krasnojarsk, Pädagog. Inst.; russ.) — Von realen Ferromagnetika können, je nach dem Verf., mehrere hysteresefreie Magnetisierungskurven (MK) erhalten werden. Die größte Annäherung an die theoret. ideale MK wird nach Durchlaufen des vollständigen A-Cyclus der magnet. Temp.-Hysterese erzielt. Bei period. mechan. Spannungen wechselnden Vorzeichens mit einer Frequenz von 50 u. 20000 Hz u. Klopfen der Probe im Magnetfeld werden in der Regel keine hysteresefreien MK erhalten. Beim Anlegen größerer, homogener mechan. Spannungen an die Probe, die die Grenzwerte der elast. Deformation nicht übersteigen, nähern sich die nach verschiedenen Verff. erhaltenen MK einander u. fallen im Grenzfall zusammen. R. K. Müller 137◇

0292 **Einfluß der nacheinanderfolgenden Ummagnetisierung auf die Bereichsstruktur polykristalliner Fe-Si-Bleche.** Vincent Kavečanský, Vladimir Hajko und Juraj Daniel-Szabó. (Mat.-fyzik. Časopis **13,** 64—71, 1963; Košice, Kat. fyz. Vysokej školy techn. v Kósiciach; dt.) — Im Anschluß an eine frühere Arbeit (vgl. Gengnagel u. Mitarbeiter, C. **1963,** 18348) wird der Einfl. einer unsymm., zum B=H=O-Punkt verlaufenden Ummagnetisierung auf die Elementarbereichsstruktur geglühter polykristalliner Fe-Li-Legg. mit 3,2% Si mit der Bitterschen Meth. untersucht. Die dabei erhaltenen Ergebnisse werden mit der Néel-Theorie der „Reptation" gedeutet. Bei den Unterss. werden in den einzelnen Körnern Veränderungen der Lage der Bloch-Wände in Abhängigkeit von der Anzahl der Ummagnetisierungen beobachtet. H. Fahlenbrach 137◇

0293 **Änderung der Sättigungsmagnetisierung von ferromagnetischen Substanzen bei Heliumtemperaturen.** N. W. Sawaritzki und W. A. Zarjew. (J. exp. theoret. Physik [UdSSR] **43,** 1638—43, 1962; russ., Auszug: engl.) — Die Änderung des spontanen Moments M_s von *Fe* u. *Ni* wurden im Bereich von 1,4—5° K gemessen. Es wurde gefunden, daß die Temp.-Abhängigkeit der Größe dM_s/dT durch die Stärke des äußeren Magnetfeldes bestimmt ist. Bei Fe genügt sie dem Blochschen Gesetz nur bei niedrigen Feldstärken. Die Werte werden mit der Spinwellentheorie verglichen. P. Sliwinski 137◇

0294 **Untersuchung der magnetischen Anisotropie von nickelhaltigen Eiseneinkristallen bei 4, 2, 78 und 293° K.** O. Ss. Galkina, L. A. Tschernikowa und Ss. Ss. Fonton. (Nachr. Moskauer Univ., Ser. III **16**, Nr. 5, 48—51, 1961; Lehrstuhl für Magnetismus; russ.) — Die ersten u. zweiten Konst. (K_1, K_2) der magnet. Anisotropie werden an 5,5% Ni enthaltenden Fe-Proben aus einem Meteorit in Form von längs den Richtungen [1 0 0], [1 1 0] u. [1 1 1] geschnittenen Rähmchen bei 4,2, 78 u. 293° K gemessen. Für K_1 gilt die von Brjuchatow u. Kirenski [1938] empir. abgeleitete Temp.-Abhängigkeit $K_1 = K_0 \exp(-\alpha T^2)$ bis herab zur Temp. des fl. He. Bei 4,2° K ist $K_1 = 4{,}00 \pm 0{,}3$ ($\cdot 10^{-5}$ erg/cm), bei 78° K $3{,}52 \pm 0{,}3$, bei 293° K $2{,}78 \pm 0{,}3$, K_2 bei 4,2° K $+1{,}0 \pm 0{,}3$, bei 78° K $-0{,}3 \pm 0{,}3$. R. K. Müller 137◇

0295 **Magnetische Eigenschaften des Systems FeO–Fe_2O_3–TiO_2 als eine Grundlage für den Magnetismus von Gesteinen.** Syun-iti Akimoto. (J. physic. Soc. Japan, Suppl. B-I **17,** 706—10, 1962; Tokyo, Univ. of Tokyo, Geophys. Inst.; engl.) — Die magnet. Eigg. ferromagnet. oxid. Mineralien in Gesteinen lassen sich grundsätzlich als charakterist. für das tern. Syst. FeO–Fe_2O_3–TiO_2 kennzeichnen, in dem Spinell-, rhomboedr. u. orthorhomb. Phasen existieren. Vf. untersucht die Änderungen der Curie-Temp., des Sättigungsmoments u. der Dimensionen der Elementarzelle in Abhängigkeit von der Zus. an Mineralien des genannten tern. Syst. mit Spinellstruktur. Außer den idealen Titanomagnetiten (Fe_2TiO_4-Fe_3O_4-Serie) wird auch Titanmaghaemit mit unterschiedlichen Metallionenfehlstellen im Gitter betrachtet. D. Noack 137◇

0296 **Anisotropie leicht verdrillter ferromagnetischer Drähte.** M. Sorohan. (An. ştiinţ. Univ., „Al. I. Cuza" Iaşi, Secţ, I [N. S.] **8,** 487—92, 1962; franz.) — Bei der Magnetisierung gekrümmter ferromagnet. Drähte tritt zwischen der Richtung des Feldes u. der der Induktion ein Winkel auf. Die Abhängigkeit von der Torsion wie der Magnetisierung wird diskutiert. M. Wiedemann 137◇

0297 **Ferromagnetische dünne Schichten.** 4. Mitt. W. Andrä, Z. Frait, V. Kamberský, Z. Málek, U. Rösler, W. Schüppel, P. Šuda, L. Valenta und G. Vogler. (Physica Status solidi [Berlin] **2,** 1227—53, 1962; Prag, Tschechoslov. Akad. der Wiss., Phys. Inst.; Jena, Dt. Akad. der Wiss. zu Berlin, Inst. für Magnet. Werkstoffe; dt.) — 3. vgl. C. **1963,** 20683. — Übersicht (Temp.-Abhängigkeit des elektr. Widerstands u. magnet. Widerstandsänderung sowie Impulsummagnetisierung). — 93 Literaturangaben. H. Fahlenbrach 137◇

0298 **Über die mikromagnetische Struktur von durch kathodische Zerstäubung erhaltenen Filmen.** G. W. Spiwak, I. G. Ssirotenko und R. D. Iwanow. (J. techn. Physik [UdSSR] **31,** 754—56, 1961; Moskau, Lomonossow-Univ., Physik. Inst.; russ.) — Statt nach dem üblichen Verf. durch Verdampfung im Vakuum oder durch elektrolyt. Abscheidung können Filme von ferromagnet. Stoffen zweckmäßiger durch kathod. Zerstäubung erhalten werden. Verss. werden mit *Co, Mo-Permalloy* (79 Ni, 17 Fe, 4 Mo) oder ***FeSi*** (3,3% Si) im Plasma einer Niederdruckentladung ($2 \cdot 10^{-2}$ — 10^{-3} Torr) mit auf 100—125° vorerhitzten Glasunterlagen in einem Magnetfeld von 175—200 Oe durchgeführt. Die abgeschiedenen Metallfilme lassen nach der Meth. der Pulverfiguren eine Domänenstruktur u. deren Änderung erkennen. R. K. Müller 137◇

0299 **Einige neuere Arbeiten sowjetischer Physiker über die Theorie des Ferro- und Antiferromagnetismus.** S. V. Vonsovski. (J. physic. Soc. Japan, Suppl. B-I **17,** 44—55, 1962; Swerdlovsk, Acad. of Sci. USSR, Inst. of Phys. of Metals; engl.) — Übersicht. 137 Literaturangaben. D. Noack 137◇

0300 **Einige Beobachtungen an nichtmetallischen ferro- und antiferromagnetischen Stoffen.** G. A. Smolensky und A. G. Gurevich. (J. physic. Soc. Japan, Suppl. B-I **17,** 221—22, 1962; Leningrad, Acad. of Sci. USSR, Inst. of Semiconductors; engl.) — Zusammenfassende Mitt. über eine Reihe früherer Arbeiten der Vff. über magnet. u. Relaxationsmessungen sowie damit zusammenhängende theoret. Fragen an nichtmetall. ferro- u. antiferromagnet. Stoffen. — 7 Literaturangaben. D. Noack 137◇

0301 **Fehlen von Antiferromagnetismus in Molybdän.** S. C. Abrahams. (Physics Chem. Solids **23,** 1348, 1962; Murray Hill, N.J., Bell Telephone Labor.; engl.) — Bei 1—4° K wird die magnet. Ordnung von Mo-Einkristallen mit Hilfe von Neutronenbeugung untersucht. Die Nachw.-Grenze der App. liegt für Auftreten von Antiferromagnetismus bei 0,08 ± 0,04 BM. Im untersuchten Temp.-Bereich konnte keine Streuung infolge antiferromagnet. Kopplung gefunden werden. K. H. Härdtl 137◇

0302 **Relaxationsphänomene in Antiferromagnetika mit Spiralstrukturen.** W. G. Barjachtar und M. A. Ssawtschenko. (Festkörperphysik [UdSSR] **5,** 1158—66, 1963; Charkow, Akad. der Wiss. der UkrainSSR, Phys.-Techn. Inst.; russ.) — Untersucht wurden die Aufspaltung u. Kombination der Spinwellen, ihre Streuung durch andere Spinwellen, Phononenemission u. -absorption u. der Übergang eines emittierten Phonons in sek. Spinwellen in einem Antiferromagnetikum mit spiraliger Spinkonfiguration bei tiefen Temperaturen. Es zeigte sich, daß die Wahrscheinlichkeit dieser Vorgänge proportional T^5 ist. K. Jaeger 137◇

0303 **Der Einfluß von Fe^{4+} im System $SrFeO_3$–$SrTiO_3$.** Thomas R. Clevenger jun. (J. Amer. ceram. Soc. **46,** 207—10, 1963; Cambridge, Mass., MIT, Dep. of Electr. Engng., Labor. for Insul. Res.; engl.) — Das magnet. u. elektr. Verh. von Perowskit im Syst. $SrFeO_3$–$SrTiO_3$ wurde untersucht. Der Geh. an Fe^{4+} wechselte von 72,5% bei $SrFeO_{2,86}$ bis ca. 0% bei $Sr(Fe_{0,1}Ti_{0,9})O_{2,95}$. Das restliche Fe ist dreiwertig; elektr. Gleichgewicht stellt sich durch Sauerstoffverlust ein. $Sr(Fe_{1-x}Ti_x)O_3$ ist antiferromagnet. zwischen x = 0 u. x = 0,9 mit einer Néel-Temp. $< 60^0$ K. Eine parasitäre ferromagnet. Komponente bildet sich bei Abkühlungen im magnet. Feld. Die Menge dieser Komponente hängt vom Abkühlungsfeld ab. Die Leitfähigkeit der Perowskite liegt zwischen $10^{-8} \cdot \Omega^{-1}$ cm^{-1} bei x = 1 u. 10^{-2} bei x = 0,0 mit einem deutlichen Sprung bei x = 0,8. Der Zusammenbruch korrespondiert mit einem Wechsel im Anstieg der Gitter-Konst. u. dem Verschwinden von Fe^{4+}. Der Fe^{4+}-Geh. hängt ab von der Wärmebehandlung u. der Atmosphäre während der Bildung. J. Heinze 137◇

0304 **Eine Bemerkung zur magnetischen Struktur von AuMn.** A. W. Overhauser. (Proc. physic. Soc. **80,** 797 bis 800, 1962; Dearborn, Mich., Ford Motor Comp., Sci. Labor.; engl.) — Für die antiferromagnet. Ausrichtung der t_2-Phase von AuMn wird ein Modell vorgeschlagen, das auch die Korrelation zwischen den tetragonalen Störungen des kub. AuMn-Gitters u. der magnet. Ordnung erklären kann. Das Modell benutzt die Spinwellentheorie u. beruht im wesentlichen auf der Austausch-Wechselwrkg. der lokalisierten Spins mit den Spindichtewellen-Erregungen des Elektronengases, wobei diese Spindichtewellen linear sind. H. Fahlenbrach 137◇

0305 **Zur Theorie der magnetischen Streuung langsamer Neutronen an Kristallen.** Ju. A. Isjumow. (Metallphysik u. Metallkunde [UdSSR] **12,** 480—92, 1961; Akad. der Wiss. der UdSSR, Inst. für Metallphys.; russ.) — Für die magnet. Streuung langsamer Neutronen in ferromagnet. Kristallen werden unter Verw. der Greenschen Temp.-Funktionen Gleichungen entwickelt. Ein Sonderproblem stellt die Verbreiterung der elsat. gestreuten kohärenten Neutronenlinien infolge Wechselwrkg. zwischen Spinwellen u. Leitfähigkeitselektronen dar. R. K. Müller 137◇

0306 **Elektronenstruktur von Verunreinigungen in Nickel. Anwendung auf die magnetische Neutronenstreuung durch ungeordnete Legierungen auf Nickelbasis.** F. Gautier. (J. Physics Chem. Solids **24,** 387—403, 1963; Orsay, Seine-et-Oise, Fac. des Sci., Serv. de Phys. des Solides, Groupe II; franz.) — Vf. berechnet wellenmechan. die asymptot. Form der durch Verunreinigungsatome hervorgerufenen Schwankungen der Elektronendichte $\Delta\varrho$ (r) im d-Band von Ni. Das Modell des d-Bandes von reinem Ni wird aus der Theorie für starke Bindungen von Fletcher (C. **1956,** 2374) abgeleitet, u. es werden Wellenvektoren in der Nähe der oberen Bandkante angenommen. $\Delta\varrho$ (r) ist stark anisotrop u. an die Atomebenen (1 0 0), (0 1 0) u. (0 0 1) mit dem Verunreinigungsatom gebunden. Es schwankt mit einer Amplitude, die mit dem Abstand r nach r^{-2} abnimmt. Diese Änderungen von $\Delta\varrho$ (r) für Ni rufen ein magnet. Weitbereichsmoment hervor, dessen Vorzeichen sich mit steigendem r fortlaufend ändert. Der magnet. Formfaktor für Neutronenstreuung erreicht bei Legg. auf Ni-Basis eine Singularität, die an Fe–Ni-Legg. experimentell beobachtet wird. Herbert Müller 137◇

0307 **Thermische Eigenschaften von Dysprosiumaluminiumgranat nahe der Néel-Temperatur.** M. Ball, M. J. M. Leask, W. P. Wolf und A. F. G. Wyatt. (J. appl. Physics **34,** 1104—05, 1963; Oxford, Clarendon Labor.; engl.) — Die spezif. Wärme von $Dy_3Al_5O_{12}$ zwischen 1,2 u. 4^0 K wurde bestimmt. Eine ausgeprägte λ-Anomalie wurde bei $2,49^0$ K festgestellt, die durch eine ungewöhnliche Art antiferromagnet. Ordnung erklärt wird, wie sie bereits früher (vgl. Ball u. Mitarbeiter, C. **1963,** 16070) aus Messungen der magnet. Susceptibilität u. Resonanz abgeleitet wurde. Aus zwei verschiedenen Berechnungen wird geschlossen, daß ca. 70% der Gesamt-Wechselwrkg. auf magnet. Dipol–Dipol-Kopplung zurückzuführen sind. Eine Entropieabschätzung stimmt sehr gut mit der Annahme überein, daß die Dy^{3+}-Ionen nur mit einem Kramers-Doublett ($S' = \frac{1}{2}$) beschrieben werden können. H. Roschkowski 137◇

0308 **Untersuchung des Relaxationsspektrums von $Mn_xFe_{3-x}O_{4+y}$-Ferriten.** S. Krupička. (J. physic. Soc. Japan, Suppl. B-I **17,** 304—08, 1962; Prague, Czechoslovak Acad. Sci., Inst. of Techn. Phys.; engl.) — Vgl. C. **1963,** 19112. — Die früher (C. **1962,** 4083) mitgeteilten Diffusions-Relaxationsspektren von $Mn_xFe_{3-x}O_{4+y}$ für $x < 1$ werden quant. untersucht. Das Spektrum setzt sich aus mehreren Relaxationsbanden zusammen, von denen einige auch in anderen Fe-reichen Ferriten vorkommen, während andere den Mn-Ionen zuzuschreiben sind. Ferner wird der Einfl. der chem. Zus., bes. der O-Überschuß y, auf das Relaxationsspektrum untersucht. Es werden mehrere mögliche Mechanismen des Relaxationsprozesses diskutiert. D. Noack 137◇

0309 **Temperaturabhängigkeit des schnellen Teiles der magnetischen Zähigkeit von Ni–Zn-Ferriten.** Je. W. Kartschagina. (Nachr. Moskauer Univ., Ser. III **16,** Nr. 5, 59—63, 1961; russ.) — An bei 1200—1400^0 gesinterten Ni–Zn-Ferriten (I) wird nach der Impuls-Meth. die Abhängigkeit des schnellen Teils der magnet. Zähigkeit von der Sinter-Temp. u. von der magnet. Feldstärke untersucht. Der Abfall der zähen EMK zeigt 2 Maxima. Bei Zunahme der Feldstärke fällt das zweite Maximum mit dem ersten zusammen. Bei den I können 2 Typen der magnet. Zähigkeit angenommen werden. Vermutlich wird das erste Maximum durch Elektronendiffusion verursacht, während das zweite Maximum mit irreversiblen Prozessen von Fluktuationscharakter zusammenhängt. R. K. Müller 137◇

0310 **Messung periodischer Magnetostriktionsdeformation.** W. Je. Kusnetzow und W. U. Ussatow. (Versuchsgeräte u. Versuchstechn. [UdSSR] **7,** Nr. 3, 157—60, 1962; Akad. der Wiss. der UdSSR, Phys. Inst.; russ.) — Auf der Basis der Modulations-Interferometrie wird eine Anordnung zur Messung von Magnetostriktionsschwingungen kleiner Amplitude (unter 0,3 Å) konstruiert. Messungen wurden an *Fe* mit 0,92% Si bei Feldern von 0—900 Oe durchgeführt. M. Wiedemann 137◇

0311 **Instabilität der Teilchenfeinstruktur einiger elektrisch abgeschiedener Stoffe.** J. S. Sallo und J. M. Carr. (J. appl. Physics **34,** 1309—10, 1963; Hopkins, Minn., Honeywell Res. Center; engl.) — Der Einfl. einer abrasiven Kaltbehandlung u. eines Anlaßprozesses auf aus kleinen Teilchen bestehende Co–P- bzw. Co–N–P-Elektroablagerungen wird untersucht. Dabei erhalten sich die früher (C. **1963,** 14197) beschriebenen Stab- u. Plättchenstrukturen unterschiedlich. Aus dem Anlaß-Verh. wird geschlossen, daß beide Teilchenarten mit einer dünnen unmagnet. aus Co–Co-Phosphid oder Ni–Ni-Phosphid bestehenden Schicht überzogen sind. Dieser unmagnet. Überzug erklärt die hohe Koerzitivkraft der Proben u. den Einfl. des Anlassens. H. Roschkowski 137◇

0312 **Magnetische Untersuchung einiger Komplexe des Zinks mit organischen Basen.** V. G. Sonalkar und M. G. Datar. (J. Univ. Bombay [N. S.] **29,** Nr. 3 u. 5, Sect. A 48 bis 52, 1961; Bombay, Univ., Inst. of Sci., Dep. of Chem.; engl.) — Die magnet. Susceptibilitäten der Verbb. *$ZnCl_2$-2-Pyridin* (0,489), *Pyridin* (0,593), *$ZnCl_2$-2-Chinolin* (0,547), *Chinolin* (0,678), *$ZnCl_2 \cdot 2\,H_2O$-2-Chinolin* (0,545), *Anilin* (0,672), *$ZnCl_2 \cdot 2\,H_2O$-2-o-Toluidin* (0,577), *o-Toluidin* (0,696), *$ZnCl_2$-2-m-Toluidin* (0,553), *m-Toluidin* (0.695), *$ZnCl_2 \cdot 2\,H_2O$-2-p-Toluidin* (0,554), *p-Toluidin* (0,678), *$ZnCl_2 \cdot 2\,H_2O$-2-m-Xylidin* (0,560), *m-Xylidin* (0,718) wurden nach der Meth. von Gouy gemessen. Die beobachteten Werte der molaren Susceptibilitäten sind niedriger als die additiv aus den Komponenten berechneten. Die Abweichung wird auf die Erniedrigung von $\sum_n \bar{r}^2$ u. das Ansteigen des Wertes für das temperaturunabhängige Glied des Paramagnetismus bei der Komplex-Bldg. zurückgeführt. F. Haenschke 137◇

0313 **Magnetische Susceptibilität und Stereochemie der komplexen Mo(III)-Verbindungen mit Harnstoff, Thioharnstoff und ihren Derivaten.** W. B. Jewdokimow, W. W. Selenzow, I. D. Kolli und Wen-ssja Tam. (Ber. Akad. Wiss. UdSSR **145,** 1282—84, 1962; russ.) — Es wurden 9 Mo(III)-Komplex-Verbb. synthetisiert u. ihre magnet. Eigg. untersucht. Die Verbb. $[Mo(NH_2CSNH_2)_3Cl_3]$; $[Mo(NH_2CS\cdot NHC_6H_5)_3Cl_3]$; $[Mo(C_6H_5NHCSNHC_6H_5)_3Cl_3]$; $[Mo(NH_2\cdot CONH_2)_3Cl_3]$; $[Mo(NH_2CONH_2)_6]Br_3 \cdot 2\,H_2O$ u. $[Mo(NH_2\cdot CONH_2)_4Br_2]Br$ besitzen effektive magnet. Momente von 3,71; 3,66; 3,76; 3,72; 3,85; u. 3,78 μ_B, die sich dem für Mo(III) errechneten Wert 3,87 μ_B nähern. Die Komplexe $[Mo_2(C_6H_5\cdot NHCSNH_2)_3Cl_6]$; $[Mo_2(NH_2CSNH_2)_3Cl_6]$; $[Mo(NH_2CSNH\cdot CH_3)_3Cl_6]$ haben dagegen negative magnet. Susceptibilitäten u. effektive magnet. Momente von 0,57; 0,59; 0,60 μ_B. Für diese Komplexe wird die Struktur der diamagnet. W(III)-Komplexe $[W_2Cl_9]^{3-}$ u. $[W_2A_3Cl_6]$, d. h. zwei Oktaeder mit einer gemeinsamen Fläche, vermutet. Diese Struktur kann den Diamagnetismus erklären. S. Slováková 137◇

0314 **Untersuchung der magnetischen Susceptibilität von γ-Mangandioxid und seiner Depolarisationsprodukte.** 1. Mitt. Siddhartha Ghosh und J. Brenet. (Ber. Bunsenges. physik. Chem. **67**, 723—26, 1963; Strasbourg, Univ., Fac. des Sci., Labor. de Chim. Phys. du Solide et Electrochim.; engl.) — In Fortführung früherer Unterss. der Vff. (C. **1963**, 16813) wurden von Mangandioxiden des γ-Typs, die auf elektrochem. Wege verschieden stark red. wurden u. dabei röntgenograph. eine Gitteraufweitung zeigen, die magnetochem. Eigg. zwischen ca. 290 u. 370° K ermittelt. Der im Laufe der elektr. Entladung stattfindende mögliche Depolarisationsmechanismus γ-MnO_2 → γ-Mn_2O_3 → MnOOH → Mn_3O_4 wird diskutiert. Die magnet. Susceptibilitäten ($\cdot 10^6$) nachst. Verbb. wurden neu bestimmt: *γ-MnO_2* 35,7; *Mn_2O_3* 37,2; *MnOOH* 32; *Mn_3O_4* 50,5. G. Gattow 137◇

0315 **Spektroskopische und magnetische Eigenschaften von tetraedrischen Kobalt(II)- und Nickel(II)-Komplexen.** J. Lewis. (Sci. Progr. **51**, 450—73, 1963; Univ. of Manchester; engl.) — Übersicht, in der die Bandenlagen, die Bandenintensitäten u. die theoret. Deutungen der magnet. u. Spektrendaten von tetraedr. Co(II)- u. Ni(II)-Komplexen behandelt werden. — 57 Literaturangaben. Ch. Weiske 137◇

0316 **Zur Deutung der magnetischen Härte von Vicalloy II.** H. G. Müller und G. K. Schmidt. (Physica Status solidi [Berlin] **2**, K 217—K 219, 1962; Dresden, Hochsch. für Verkehrswes., Phys. Inst.; dt.) — Vgl. C. **1964**, 2-0311. — Von Baran u. Mitarbeitern (C. **1961**, 9158) war als Ursache der Dauermagnet-Eigg. der Vicalloy-II-Leg. KOERZIT T (52% Co, 8% V, 4% Cr, Rest Fe) auf Grund von magnet. Unterss. eine innere Spannungsanisotropie vermutet worden. Durch röntgenograph. Best. von Dehnungsmeßwerten in verschiedenen geeigneten Probenrichtungen konnte diese Vermutung nicht bestätigt werden. H. Fahlenbrach 137◇

0317 **Magnetisierungsspulen ohne Eisenkern für hohe Feldintensitäten.** K. Wotruba. (Czechoslov. J. Physics **12**, 854—57, 1962; Prague, Acad. Sci., Inst. of Solid State Phys.; engl.) — Vf. entwickelt eine neue Theorie für rechteckige Spulen ohne Eisenkern, mit der man hohe Feldintensitäten in Spulen mit sehr kleinen Öffnungen berechnen kann, was mit der bekannten Meth. von Fabry-Bitter nicht möglich war. C. Gottfried 137△

0318 **Apparatur für magnetische Messungen im Temperaturbereich 110—573°K.** E. A. Bylina und W. B. Jewdokimow. (J. physik. Chem. [UdSSR] **37**, 2138, 1963; Moskau, Lomonossow-Univ.; russ., Auszug: engl.) H. Roschkowski 137◇

0319 **Messung der Überführungszahlen in wässerigen Perchlorsäurelösungen.** K. Banerjee und R. D. Srivastava. (Z. physik. Chem. [Frankfurt/M.] [N. F.] **38**, 234—39, 1963; Lucknow, India, Univ., Chem. Dep.; engl.) — Es wurden die Kationen-Überführungszahlen t_+ in 0,0028—0,0671 m wss. $HClO_4$-Lsgg. bei Temp. von 25, 30, 40 u. 50° nach der Meth. der wandernden Grenzflächen (mit Ag-Elektroden, Indicator: Methylorange) bestimmt. Die t_+-Werte hängen linear von $\sqrt{c}$ ab. Bei $c < 0{,}054$ m nimmt t_+ jedoch mit steigender Konz. ab, ebenso auch bei gleicher Konz. mit steigender Temperatur. Im Bereich von 0—50° gilt für $HClO_4$, HNO_3, HCl, HBr u. HJ die Beziehung $\log t_+/t_- = A + B/T$, wobei A u. B Konst. sind. W. Pruss 138◇

0320 **Leitfähigkeit von Alkalihalogeniden.** 7. Mitt. **Cäsiumchlorid in Dioxan-Wasser-Mischungen bei 25°.** Jean-Claude Justice und Raymond M. Fuoss. (J. physic. Chem. **67**, 1707—08, 1963; New Haven, Conn., Yale Univ., Sterling Chem. Labor.; engl.) — 4. vgl. C. **1963**, 4974. — Untersucht wurde die Leitfähigkeit λ_0 in Dioxan-W.-Mischungen mit $12{,}73 \leq DK \leq 78{,}54$ (Tabellen). Für CsCl wurde in W. 152,81 u. für Cs^+ 76,44 gefunden. K. Roß 138◇

0321 **Über die Ionenassoziation in Lösungen.** 10. Mitt. **Elektrolytische Leitfähigkeit von Cäsiumjodid in Dioxan-Wasser-Gemischen. Über die Theorie der Ionenpaarbildung von Fuoss.** Je. M. Ryshkow und A. M. Ssuchotin. (J. physik. Chem. [UdSSR] **36**, 2205—08, 1962; Inst. für angew. Chem.; russ., Auszug: engl.) — 9. vgl. J. physik. Chem. [UdSSR] **36**, [1962], 601; vgl. auch C. **1964**, 12-0331. — Vff. untersuchen die elektrolyt. Leitfähigkeit von CsJ in einem Gemisch von Dioxan u. W., wobei die Dielektrizitäts-Konst. (D) im Bereich von 3,2—78,54 geändert wurde. Es wurden die pK von CsJ in Gemischen Dioxan-W., die den D 3,2, 3,7 u. 5,8 entsprechen, bestimmt. Die gemessene Abhängigkeit des pK von D steht in guter Übereinstimmung mit der Theorie. Lothar Müller 138◇

0322 **Über die Diffusion von Ionen in Membranen.** 2. Mitt. **Verallgemeinerte Planck-Teorell-Gleichungen.** Joseph David Harris. (J. chem. Physics **38**, 2986—90, 1963; Hanover, N.H., Dartmouth Coll. and Dartmouth Med. School, Dep. of Phys. and Biochem.; engl.) — Theoret. Abhandlung. Ausgehend vom Fluß einwertiger Ionen durch eine gleichförmig geladene Membran mit parallelen Oberflächen werden die Planck-Teorell-Gleichungen auf Membranen mit willkürlicher Gestalt erweitert. Gleichungen für das Potential u. die Ionen-Konz. im Innern der Membranen werden gegeben. K. Roß 138◇

0323 **Über eine neue Methode der elektrochemischen Reduktion an der Quecksilberkathode.** Je. P. Starosstenko und N. F. Starosstenko. (J. physik. Chem. [UdSSR] **35**, 1168, 1961; russ.) — Vff. benutzen die Elektrocapillarbewegung zur Entw. einer neuen Meth. der Red. an der Hg-Kathode. Die Vers.-Anordnung besteht aus einem Elektrolysegefäß mit einem durch ein Diaphragma abgetrennten Anodenraum. Das Gefäß trägt am Boden einen mit einem porösen Verschluß versehenen Rohransatz. Als Kathode wird ein Hg-Tropfen verwendet, der auf der Filterplatte liegt u. im stromlosen Zustand ein Abfließen des Elektrolyten verhindert. Fließt aber durch den Tropfen ein genügend großer Strom, dann wird durch die ungleichmäßige Polarisation der Oberfläche des Hg eine Bewegung des Metalls hervorgerufen, der Elektrolyt fließt um das Hg herum u. aus der Zelle aus. Das Verf. ist nur im negativen Teil der Elektrocapillaritätskurve anwendbar. Mit dieser Meth. wurden Verss. zur Red. von Kationen, Anionen u. ungeladenen Teilchen organ. u. anorgan. Verbb., wie J_2, Glucose, Fe^{3+}, MnO_4^- usw., durchgeführt. Die Bldg. von Amalgamen, Ndd. u. gasförmigen Rk.-Prodd. stört den normalen Verlauf. Außerdem ist die Ggw. bestimmter oberflächenakt. Stoffe zu vermeiden. E. Winkler 141◇

0324 **Studium der Kinetik von Elektrodenvorgängen mit Hilfe der Elektrolyse bei konstantem Strom.** 8. Mitt. **Kinetische Erscheinungen bei der Bildung adsorbierbarer Salze an Quecksilber.** O. Fischer und O. Dračka. (Collect. czechoslov. chem. Commun. **27**, 2727—43, 1962; Brno, Purkyně-Univ., Inst. für theoret. u. phys. Chem.; Tschechoslow. Akad. der Wiss., Inst. für Hydrodynamik; dt.) — 7. vgl. C. **1963**, 16075. — Es wurde der Einfl. der Adsorptionsfilme, die bei anod. Hg-Auflösung in Lsgg. schwerlösl. Salze bildender Stoffe entstehen, auf die Übergangszeiten τ unter den Bedingungen der Elektrolyse bei konst. Strom untersucht. Die E-t-Kurven wurden in Lsgg. von Barbitur- (**I**) u. Diäthylbarbitursäure (**II**), Hexarhodanochromat (**III**), Hexacyanoferrat (**IV**), Cystein (**V**) u. Mercaptobenzthiazol (**VI**) aufgenommen. Das beobachtete Absinken des Prod. der angewandten Stromdichte u. der Übergangszeit $i\tau$ kann durch Ausdehnung der prim. gebildeten Schicht des Depolarisations-Prod. oder durch Bedeckung der freien Elektrodenoberfläche mit einem neuen, katalyt. gebildeten Stoff gedeutet werden. In diesem Falle können drei Mechanismen unterschieden werden, je nachdem, ob die Bldg.-Geschw. des neu entstehenden Stoffes nur von der Menge des Depolarisations-Prod. oder außerdem noch von der autokatalyt. Einw. dieses Stoffes oder von der Größe der freien Elektrodenoberfläche abhängig ist. Für diese Mechanismen werden theoret. Beziehungen abgeleitet. Zur Unterscheidung der Mechanismen eignet sich das Diagramm $i\tau = f(i\tau^2)$; eine Meth. zur Ermittlung der kinet. Konst. wird beschrieben. Für **I**, **II** u. **III** entsprechen die Vers.-Ergebnisse am besten dem erstgenannten Mechanismus, für **V** u. **VI** können sie keinem der vorgeschlagenen Mechanismen eindeutig zugeschrieben werden. I. Frič/Prag 141△

0325 **Reinigung und Abtrennung von Wasserstoff aus einem Gasgemisch nach einer elektrolytischen Methode.** Stanley H. Langer und Robert G. Haldeman. (Science [Washington] **142**, 225—26, 1963; Stamford, Conn., Amer. Cyanamid Co., Central Res. Div.; engl.) — In eine Zelle mit getrennten Elektrodenräumen, an der eine äußere Gleichspannung anliegt, wird das H_2 enthaltende Gasgemisch in den Anodenraum eingeführt, dort zu H^+ oxydiert, über eine Elektrolytbrücke in den Kathodenraum transportiert u. dort wieder zu H_2 reduziert. Die Elektrolytbrücke dient als Absperrung für die übrigen Komponenten des Gasgemisches. Geeignete Elektrodenmetalle sind u. a. Pt, Pd, Rh u. Ni. Der Energieaufwand ist sehr gering u. abhängig vom Widerstand des Elektrolyten. Mit dieser Meth. kann H_2 in genau dosierten Mengen geliefert werden. R. Drautzburg 141◇

0326 **Die elektrolytische Darstellung von Natriumhyponitrit.** C. N. Polydoropoulos. (Chem. and Ind. **1963,** 1686; Athens, Univ., Labor. of Phys. Chem.; engl.) — Die elektrolyt. Darst. von $Na_2N_2O_2$ aus $NaNO_2$ nach Abel wurde apparativ vereinfacht. Die Zelle besteht aus 2 konzentr. Behältern (Durchmesser u. Höhe des äußeren 20 cm), deren innerer keinen Boden hat u. in eine als Kathode geschaltete Hg-Schicht eintaucht. Als Anode dient ein Ni-Draht in Spiralen- oder Netzform. Elektrolyse von konz. NaOH im äußeren Gefäß ergibt Na-Amalgam, das durch Rühren nach innen kommt u. sich mit einer wss. $NaNO_2$-Lsg. zu N_2O u. einer alkal. Lsg. von $Na_2N_2O_2$ umsetzt. Man betreibt die Elektrolyse mit 4 A u. 3—4 V. K. Pfleghar 141◇

0327 **Elektrooxydation–Elektroreduktion des Systems Jod–Jodid.** Ss. W. Gorbatschew und W.A. Beljajewa. (J. physik. Chem. [UdSSR] **35,** 2158—62, 1961; Chem.-technolog. Mendelejew-Inst.; russ.) — Vff. betrachten die kathod. u. anod. Rk.-Prozesse bei der Elektrolyse im Syst. J_2–J^-, die in Abhängigkeit von Stromdichte, Polarisationspotential u. Aktivierungsenergie bei Elektrolytbewegungen von 0 bis 3000 U/min u. Temp. von 0,3—29,5° untersucht werden. W.-D. Heussner 141□

0328 **Thermodynamische Berechnungen über die Zersetzungsspannung von Al_2O_3.** Endre Balázs. (Fémipari Kutató Intézet Közleményei [Mitt. Forsch.-Inst. NE-Metalle] **6,** 121—29, 1962; Budapest, Forsch.-Inst. für NE-Metalle; ung.) — Aus neueren Literaturangaben wurde die Zers.-Spannung von Al_2O_3 bei neutraler Anode sowie der Depolarisationswert bei C-Anode für die Bldg. von reinem CO u. reinem CO_2 berechnet. Zur Best. der Änderung der Zers.-Spannung von Al_2O_3 in Abhängigkeit von der Temp. schlägt Vf. einen neuen Ausdruck vor. Mit Hilfe thermodynam. Berechnungen wurde der theoret. Zusammenhang zwischen der Zers.-Spannung des Al_2O_3 u. dem Al_2O_3-Geh. der Schmelze bestimmt. L. Zombory 141△

0329 **Elektrolytische Herstellung von Thalliumamalgam für Tieftemperaturthermometer.** Je. D. Wolowa, I. N. Maximowa, W. P. Maschowetz und W. G. Fomitschew. (J. angew. Chem. [UdSSR] **33,** 349—54, 1960; Leningrad, Technol. Lensowjet-Inst.; russ.) — Tl-Amalgam (**I**) kann elektrolyt. dargestellt werden, wenn eine strömende Tl_2SO_4-Lsg. mit fließendem Hg als Kathode u. Pt als Anode (besser als Pb) elektrolysiert wird. Die optimalen Bedingungen sind: Tl-Konz. = 50 g Tl_2SO_4/Liter, freie $H_2SO_4 \leq 0{,}01$ Val/Liter, 20—40°, 35—50 mA/cm², Strömungs-Geschw. der Lsg. 2 bis 5% größer als der Theorie entsprechend. Mit Pb-Anode sind 60—65° u. 50—70 mA/cm² erforderlich, auch ist unter diesen Bedingungen die Stromausbeute kleiner, die Tl-Verwertung u. die Badspannung ungünstiger. Zum Vgl. mit dem elektrolyt. **I** wird **I** auch durch direkte Lsg. von Tl in Hg hergestellt, das Elektrolyse-Prod. ist reiner. **I** muß unter Glycerin aufbewahrt werden, das vor Gebrauch (z. B. in Tief-Temp.-Thermometern) mit dest. W. abgewaschen wird. Bei längerem Stehen unter W. tritt Zers. von **I** ein. R. K. Müller 141□

0330 **Trennung von Praseodym und Neodym durch Elektrolyse an der Quecksilberkathode.** W. P. Schwedow und P. G. Antonow. (Radiochemie [UdSSR] **5,** 342—46, 1963; russ.) — Vff. untersuchten die Abhängigkeit der Ausbeute von Pr u. Nd von der Konz. des Komplexbildners (Li-Tartrat) unter folgenden Bedingungen: Nd- u. Pr-Konz.: 0,02m; Stromdichte 15,5 mA/cm³; 60 Min. Dauer, 0,1—0,833m Tartratlösung. Während die Ausbeute von Pr bei 0,4m Tartrat-Lsg. noch 100% beträgt, ist sie bei dieser Konz. für Nd = 0. Bei Konz.-Erhöhung verringert sich auch die Pr-Ausbeute. Die Ausbeute beider Elemente erhöht sich mit der Vergrößerung der Stromdichte. Sie beträgt bei 50 mA/cm³ 100%. Der Trennungs-Koeff. verringert sich bei Vergrößerung der Stromdichte. Es wird ein Trennungs-Koeff. von 30—60 erreicht. Die optimalen Trennungsbedingungen für 0,02m Lsgg.: Li-Tartrat-Konz. 0,34m; Stromdichte 7,7 mA/cm³; 60 Min.; 20°. G. Ewald 141◇

0331 **Elektrolytische Fällung der Legierung Zinn–Nickel aus Chlorid–Fluorid-Lösungen.** K. M. Tjutina und N. T. Kudrjawzew. (J. angew. Chem. [UdSSR] **31,** 723—29, 1958; russ. — C. **1958,** 13350.) A. v. Wilpert 141□

0332 **Innere Spannungen in aus schwefelsauren Elektrolyten erhaltenen Zinkniederschlägen.** N. P. Fedotjew und A. A. Chonikewitsch. (J. angew. Chem. [UdSSR] **33,** 355—62, 1960; Leningrad, Technol. Lensowjet-Inst., Lehrst. für Elektrochem.; russ.) — Zur Best. der inneren Spannungen in kathod. abgeschiedenem Zn wird die Biegung der Kathode mittels eines vertikalen Optimeters gemessen. Die Abhängigkeit der inneren Spannungen, der Mikrohärte (MH), des Kathodenpotentials (KP) u. der kathod. Stromausbeute von der Stromdichte (SD) wird in einem Elektrolyten mit 240 (g/Liter) $ZnSO_4 \cdot 7\,H_2O$, 30 $Al_2(SO_4)_3 \cdot 18\,H_2O$, 50 $KAl(SO_4)_2 \cdot 12\,H_2O$ u. 120 $Na_2SO_4 \cdot 10\,H_2O$ bei Zimmer-Temp., pH = 3,5 u. kathod. SD bis zu 2 A/dm² an Zn-Ndd. von 25—30 μ untersucht. Die inneren Spannungen sind unter diesen Bedingungen sehr gering (0,4—1 kg/mm²). Sie nehmen aber, ebenso wie KP mit steigender SD zu. Bei SD = 0,75—1,25 A/dm² hat die MH ein Minimum, die Stromausbeute ein Maximum. Bei pH = 6,3 sind die inneren Spannungen annähernd Null. Zn-Ndd. von gutem Aussehen werden nur bei pH = 3,5—4,3 erhalten. Als Zusätze werden Dextrin, Gelatine, Glucose, Glycerin, Phenol u. α-Nitroso-β-naphthol geprüft; sie erhöhen alle die inneren Spannungen. R. K. Müller 141□

0333 **Elektrische Methode zur Bestimmung innerer Spannungen in galvanischen Überzügen.** G. K. Potanow und A. T. Ssansharowski. (J. physik. Chem. [UdSSR] **32,** 1416—19, 1958; Moskau, Inst. für Mechanisierung der Elektrifizierung; russ.) — Vff. beschreiben eine App., mit deren Hilfe innere Spannungen in galvan. Überzügen ermittelt werden können. Die Meth. besitzt den Vorzug, daß mit einer hohen Genauigkeit in beliebig großen Bädern, in heißen u. kalten, durchsichtigen u. trüben Elektrolyten gearbeitet werden kann. Einige Meßdaten für elektrolyt. *Mn-* bzw. *Ni–P*-Schichten werden angegeben. G. Rudakoff 141□

0334 **Oberflächenzustände an der Grenze Elektrolyt-Germaniumkathode.** Mino Green, V. Jendrasic und J. McBreen. (J. Physics Chem. Solids **24,** 701—04, 1963; Philadelphia, Pa., Univ. of Pennsylvania, Electrochem. Labor.; engl.) — Bei Verw. von eigenleitenden, 10^{-2}—0,32 cm dicken Ge-Plättchen als Kathoden wird an der Zelle Ge/2 m HCl/1 atm H_2 die Abhängigkeit der H_2-Überspannung η vom Seitenwiderstand des Plättchens mit Hilfe von Feldeffektmessungen untersucht. Die Kathodenfläche weist für $-450 \geqq \eta \geqq -850$ mV eine hohe Dichte von Oberflächenzuständen N_s auf. Wird $N_s = 5 \cdot 10^{14}$ cm^{-2} angesetzt, so folgt für die Energie E_s der Oberflächenzustände, daß E_s 0,22 eV oberhalb der Mitte des Bandabstandes liegt u. Donatorcharakter besitzt. Herbert Müller 142◇

0335 **Einfluß der kathodischen Polarisation auf die Stabilität von Tantal in Salzsäure.** Ch. L. Zeitlin, W. A. Strunkin und Je. K. Rewasow. (J. angew. Chem. [UdSSR] **33,** 345—48, 1960; Woroschilow-Inst. für organ. Zwischenprodd. u. Farbstoffe; russ.) — Vgl. C. **1959,** 13622. — Die bei der Verdampfung von HCl in der Phenol-Herst. nach Raschig beobachtete Versprödung von Ta kann darauf zurückgeführt werden, daß Ta durch die Aufnahme größerer H_2-Mengen, wie sie aus HCl entwickelt werden, spröde u. rissig wird. Die Riß-Bldg. wird beschleunigt, wenn die Stromdichte u. die Temp. (von 20 auf 60°) erhöht wird. Bei elektr. Kontakt mit einem in dem untersuchten Medium unter H_2-Depolarisation korrodierenden Metall oder bei Anlegen eines negativen Potentials sind Ta-Elemente nicht anwendbar. R. K. Müller 142□

0336 **Die Konzentration des molekularen Wasserstoffs an der Pt-Kathode.** Shigeo Shibata. (Bull. chem. Soc. Japan **36,** 53—57, 1963; Yamagata Univ., Fac. of Liberal Arts and Sci., Dep. of Chem.; engl.) — Die H_2-Konz. ${}_0C_{H_2}$ an der Pt-Kathode in 1n H_2SO_4 während der Elektrolyse ergibt sich einmal aus der anod. Potential–Zeit-Kurve nach Umkehrung der Stromrichtung. Sie ist proportional $i_a \cdot t^{1/2}$, wobei i_a = anod. Stromdichte u. t = Zeit für den horizontalen Teil der Potential–Zeit-Kurve. Diese Bedingung ist nur bei genügend

hohen anod. Stromdichten erfüllt, u. zwar steigt die erforderliche anod. Stromdichte mit der vorher angewandten kathod. Stromdichte. Die H_2-Konz. ist außerdem proportional der H_2-Konz.-Überspannung, die sich durch Extrapolation auf t = 0 der Potential–Zeit-Kurve nach Abschalten des kathod. Stromes ergibt. Die Überspannung steigt linear mit dem Logarithmus der kathod. Stromdichte bis ca. 300 mA/cm². Dann geht sie gegen einen konst. Grenzwert. Beide Meth. liefern befriedigende Übereinstimmung für die H_2-Konz., die mit steigender kathod. Stromdichte zunimmt u. oberhalb 300 mA/cm² gegen einen Grenzwert von $11{,}6 \cdot 10^{-2}$ Mol/Liter geht.
R. Drautzburg 142◇

0337 **Über die Wirkung eines Wechselstroms auf Elektrodenvorgänge.** 10. Mitt. **Wirkung eines Sinusstroms auf die Wasserstoffüberspannung an der Platinkathode.** T. Erdey-Grúz, J. Dévay und I. Vajasdy. (Acta chim. Acad. Sci. hung. **37,** 53—64, 1963; Budapest, L. Eötvös Univ., Lehrst. für Phys. Chem. u. Radiol.; Ungar. Akad. der Wiss., Forsch.-Gruppe für Elektrochem.; dt. — C. **1963,** 6480.) P. Frenzel 142◇

0338 **Über die Wirkung eines Wechselstroms auf Elektrodenvorgänge.** 11. Mitt. **Wirkung eines Wechselstroms auf die Korrosion des Metallpaares Hg–Zn bei einem Vorgang mit gemischter Steuerung.** T. Erdey-Grúz, J. Dévay und R. Szegedi. (Acta chim. Acad. Sci. hung. **37,** 65—70, 1963; dt. — C. **1963,** 6480.) P. Frenzel 142◇

0339 **Über die Wirkung eines Wechselstroms auf Elektrodenvorgänge.** 12. Mitt. **Wirkung eines Sinusstroms auf die Überspannung an der Platinkathode bei großen Stromdichten** T. Erdey-Grúz, J. Dévay, Gy. Horányi und I. Vajasdy. (Acta chim. Acad. Sci. hung. **37,** 251—59, 1963; dt. — C. **1963,** 11914.) P. Frenzel 142◇

0340 **Über die Wirkung eines Wechselstroms auf Elektrodenvorgänge.** 13. Mitt. **Wirkung eines Wechselstroms auf die Verteilung einiger galvanischer Überzüge.** T. Erdey-Grúz und J. Dévay. (Acta chim. Acad. Sci. hung. **37,** 405—47, 1963; dt.) — 12. vgl. vorst. Referat. — Modell- u. Galvanisierungs-Verss. ergeben, daß in Ni-, Zn- (sauer). Cu- (sauer) u. cyanid. Ag-Bädern einfacher Zus. die Verteilung des abgeschiedenen Metalls durch Überlagerung eines Wechselstroms gesteuert werden kann, was durch eine Änderung der Polarisation bestimmter Kathodenbereiche in Abhängigkeit von der lokalen Stromdichte erklärt wird. Das Verf. kann zur gleichmäßigen Abscheidung galvan. Überzüge herangezogen werden. P. Frenzel 142◇

0341 **Oscillographische Polarographie. Gleichung des fallenden Zweiges der polarographischen Welle und ihre Anwendungen.** Ja. P. Gochstein und A. Ja. Gochstein. (J. physik. Chem. [UdSSR] **34,** 1654—57, 1960; Vernadsky-Inst. für Geochem. u. analyt. Chem. der Akad. der Wiss. der UdSSR; russ.) — Vgl. C. **1962,** 8160. — Es werden Gleichungen für die Kurvenfunktion reversibler u. irreversibler Elektroden-Rkk. in genügender Entfernung vom Kurvenmaximum abgeleitet. Im prakt. wichtigen Potentialbereich liegt der Fehler unter 1%. Die Unabhängigkeit des polarograph. Stromes vom Rk.-Typ bei $|E - E_1| > 2$ V ist für analyt. Best. günstig. Es werden Gleichungen zur Berechnung des Stromes in verschiedener Entfernung vom Maximum u. der Diffusions-Koeff. angegeben. Durch Vgl. der Ströme im Maximum u. abfallenden Kurventeil lassen sich Stufentyp sowie die Konst. der Kurvenfunktion bestimmen. Bei gleichzeitiger Red. mehrerer Stoffe, stufenweiser Red. eines Stoffes u. einer Reihe weiterer Fälle kann mit Hilfe der Formeln die erste Welle im Potentialgebiet der nächstfolgenden Wellen verfolgt werden. Die Gleichungen wurden experimentell an Hand der Reduktion von Cd^{2+} überprüft.
Hans Berge 142◇

0342 **Der Einfluß des gelösten Sauerstoffs auf Oscillopolarogramme.** B. B. Damasskin, O. A. Petri und N. W. Nikolajewa-Fedorowitsch. (J. physik. Chem. [UdSSR] **35,** 2643—45, 1961; Moskau, Lomonossow-Univ.; russ.) — Es wird gezeigt, daß die kathod. Peaks der Oscillopolarogramme des Cd (ca. 10^{-5} m) in Ggw. von O_2 nicht linear mit der Konz. wachsen. Unter den gleichen Bedingungen ist jedoch der anod. Peak (Auflösung des Cd-Amalgams) linear von der Konz. abhängig. W. Pötsch 142□

0343 **Polarographische und oscillographische Untersuchungen auf dem Gebiet der Mischströme.** 2. Mitt. **Über die Reaktion des Ions CrO_4^{2-} an der Quecksilberelektrode in Gegenwart des Ions S^{2-}.** R. Ralea und Gh. Burlacu. (Studii Cercetări ştiinţ. [Iaşi] Chim. **11,** 193—204, 1960; rum.) — 1. vgl. Studii Cercetări ştiinţ. [Iaşi]. Chim. **10,** [1959], 1. — Die Mischströme der gleichzeitigen Red. von CrO_4^{2-} u. Oxydation von S^{2-} werden polarograph. u. oscillograph. untersucht (Vorunters. über getrennte Red. u. Oxydation). Das Verh. der 1. Red.-Stufe von CrO_4^{2-} in Abhängigkeit vom pH-Wert der Lsg. (Britton-Robinson-Puffer) zeigt, daß bei pH 7 u. $-0{,}1$ V nur eine Stufe auftritt (Adsorptionsstrom), wobei ein Film von adsorbiertem $Cr_2 \cdot (CrO_4)_3$ oder $Cr(OH)_3$ an der Tropfenoberfläche gebildet wird. überlagert einem Diffusionsstrom für die Red. $CrO_4^{2-} \rightarrow Cr(OH)_3$. Bei höherem pH-Wert ($>8$) trennen sich diese Ströme in 2 Stufen durch Abnahme des Adsorptions- u. Zunahme des Diffusionsstroms, wobei kein $Cr_2(CrO_4)_3$ mehr entsteht, sondern nur noch oberflächeninakt. CrO_2^- vorliegt. Bei pH >12 existiert nur noch eine Stufe, die in ihrer Höhe der Depolarisator-Konz. proportional ist, auf den Diffusionsstrom zurückgeht, der Red. zu lösl., oberflächeninakt. CrO_2^- entspricht u. bis $-0{,}85$ V bestehen bleibt. Bei der Oxydation von S^{2-} bei 1/3000—1/8m Konz. u. pH 9 liegt eine niedrigere Stufe bei $-0{,}3$ V u. eine höhere bei $-0{,}7$ V (Adsorption), unabhängig von der Konz., vor. Das Verh. der Stufe bei $-0{,}3$ V, die bei 1/750m Konz. auftritt, bleibt bis pH 12 unverändert. Diese Stufe entspricht einem kinet. Strom. Eine eingehendere Unters. dieser Stufe zeigt, daß sie durch eine Rk. $S^{2-} + HgS \rightarrow HgS_2^{2-}$ verursacht sein könnte, die die Elektroden-Rk. $HgS_2^{2-} + Hg \rightarrow 2\,HgS + 2\,e^-$ begrenzt. Die gleichzeitige Red. von CrO_4^{2-} u. Oxydation von S^{2-} in Abhängigkeit von Konz. u. pH-Wert ergibt, daß die Oxydationsstufe von S^{2-} zwischen der Adsorptions- u. der Diffusionsstufe der CrO_4^{2-}-Red. bei pH 7 liegt, der 2. Stufe der CrO_4^{2-}-Red. bei pH 8—9 überlagert ist u. daß bei pH >10 die Stufen zusammenfallen. Im pH-Bereich 8—9 kann die CrO_4^{2-}-Konz. durch den kathod. Zweig der S^{2-}-Oxydationsstufe bestimmt werden, wenn die S^{2-}-Konz. nicht höher als 1/200 m ist, so daß eine wohldefinierte S^{2-}-Stufe entsteht. Oscillograph. wird das Verh. von $dV/dt - f(V)$ für jedes polarograph. Ergebnis untersucht. R. K. Müller 142◇

0344 **Über die polarographischen „Mischströme".** R. Ralea. (Rev. Chim. [Bucarest] **7,** 431—38, 1962; Jassi, Akad. der Wiss. der RNR, Petru Poni-Inst. für Chem.; russ.) Vgl. vorst. Referat. — Polarograph. „Mischströme" treten auf, wenn Red.-Stufen zu gleichzeitig ablaufenden anod. Oxydationsstufen (OS) verschoben sind, die dann als Stufen im kathod. Gebiet erscheinen. Bei Erreichen des Oxydationspotentials hört die anod. Polarisation auf, u. es erscheint die Oxydationsstufe, die ins kathod. Gebiet in Richtung auf das Red.-Potential verschoben ist. Fallen beide Stufen zusammen, spricht man von „Mischpotentialen", bei denen neue Titrationsmöglichkeiten bestehen, wobei die zu titrierenden Verbb. nicht mit dem Titrator reagieren. Die Red.-Stufe des O_2 wird in Ggw. von OS des CN^- u. S^{2-} zur anod. Seite verschoben. In Ggw. eines zusätzlichen kathod. Red.-Prozesses vergrößert sich nur der kathod. Grenzstrom. Bei gleichzeitiger Red. von CrO_4^{2-} u. Oxydation von S^{2-} werden negativere Prozesse als Oxydationsprozesse nicht verändert, positiver verlaufende Red.-Prozesse erleiden eine Verschiebung von OS in das kathod. Gebiet. Der Grenzstrom der Red. schließt den Grenzstrom der Oxydation ein, da der Oxydationsprozeß des S^{2-} infolge seines negativeren Potentials fortdauert. Es erscheint ein Mischstrom. Die Red. von CrO_4^{2-} verläuft in 2 Stufen. Es zeigt sich Additivität der Ströme. Bei Verringerung des anod. Stromes wächst entsprechend die kathod. Stufe. Analyt. kann die Konz. von CrO_4^{2-} aus OS des S^{2-} bestimmt werden. Geringe Cu^{2+}-Konzz. lassen sich in Ggw. der mehr als 20fachen Fe^{3+}-Menge durch Zusatz von S^{2-} bestimmen. Die Red. von CrO_4^{2-} bei gleichzeitiger S^{2-}-Oxydation wurde oscillograph. verfolgt. Oberflächenakt. Stoffe, wie Gelatine, bewirken eine Verringerung des anod. Grenzstromes von CN^- in Ggw. von O_2. $E_{1/2}$ wird negativ verschoben, bis beide Stufen zusammenfallen. Gelatine hemmt die Red. von Metavanadat in Ggw. von CN^-. OS bleibt unverändert. Isoamylalkohol beeinflußt kathod., Arginin anod. Stufen. Hans Berge 142◇

0345 **Über das Auftreten zweier Stufen bei der polarographischen Reduktion von Wasserstoffperoxid in alkali-**

schem Medium. Michel Bernard und Solange Hausswirth. (C. R. hebd. Séances Acad. Sci. **257**, 1282—84, 1963; Poitiers, Fac. des Sci., Labor. de Cinét. chim. appl.; franz.) — Die polarograph. Red. von 10^{-4}m H_2O_2 wurde bei 24,5 ± 0,25° in Puffer-Lsgg. nach Hodgman (pH 10—13) sowie in 0,01, 0,1 u. 1,0n NaOH untersucht. Die Aufspaltung in zwei Red.-Stufen mit $E_{1/2} = -0{,}93$ bzw. $\leqslant -1{,}0$ V(SCE) wird bei pH $\geqslant$ pK_a ($pK_a = 11{,}85$) nachgewiesen, d. h. die beiden Stufen entsprechen der Red. von HO_2^- bzw. H_2O_2. A. Blaschette 142◇

0346 **Polarographisches Verhalten von Quecksilberjodidsuspensionen an der Platinelektrode.** W. A. Sacharow und O. A. Ssongina. (Nachr. Akad. Wiss. KasachSSR, chem. Ser. **1961**, Nr. 2 (20), 53—58; russ., Auszug: kasach.) — HgJ_2-Suspensionen geben in 1m H_2SO_4 an der rotierenden Pt-Elektrode Oxydations- u. Red.-Stufen. Die Oxydation beginnt bei +1,0 V, die Red. bei +0,3 V. Die Entladung nicht gebundener J^-- u. Hg^{2+}-Ionen beginnt bei +0,6 bzw. +0,7 V. Die Stufenhöhe nimmt mit steigender Teilchengröße der HgJ_2-Suspension u. mit Alterung ab. Sie ist ferner abhängig von Ablaufrichtung u. -Geschw. der polarograph. Aufnahmen u. vom Oberflächenzustand, d. h. der kathod. oder anod. Vorpolarisation der Pt-Elektrode. An dem irrevresiblen Oxydationsprozeß der HgJ_2 nimmt bei hohen anod. Potentialen der Sauerstoff von Oberflächenoxiden des Pt teil. Die anod. u. kathod. Stufenhöhen sind unter vergleichbaren Bedingungen der HgJ_2-Konz. streng proportional. Bei anod. amperometr. Titration muß das Potential der Indicatorelektrode bei +0,8 bis +1,0 V, bei kathod. Titration bei +0,5 bis +0,3 V liegen, damit die Titrationskurve nicht verfälscht wird. Hans Berge 142◇

0347 **Reduktion von Indium an der Quecksilbertropfelektrode in Gegenwart einiger anorganischer und organischer Kationen.** Ch. S. Brainina. (Ber. Akad. Wiss. UdSSR **130**, 797—800, 1960; Uraler Gorki-Univ.; russ.) — Die Reversibilität des Red.-Prozesses von In^{3+} an der Hg-Tropfelektrode hängt von der Zus. der Lsg. ab. In Ggw. von Cl^- bildet sich nach Erreichen des Grenzstromes ein Minimum, dessen Stärke bei gleicher Cl^--Konz. von der Wertigkeit u. Konz. der Fremdionen (Na^+, Rb^+, Cs^+, La^{3+}) in der Lsg. abhängt. Der Grenzstrom von $InCl_3$ wird in 0,9n KCl durch $5 \cdot 10^{-5}$m Tetrabutylammoniumchlorid merklich verringert u. bei $1{,}5 \cdot 10^{-4}$ fast vollständig unterdrückt. Der Einfl. von Tetramethylammoniumchlorid ist schwächer. Die Zus. der Chlorokomplexe des In^{3+} wurde bestimmt. In 0,1—3,0n KCl treten $[InCl]^{2+}$, $[InCl_2]^+$ u. $InCl_3$ auf. Die Red. des $InCl_3$ beginnt nahe dem Nullpotential des Hg. Die Komplexe orientieren sich in engem Potentialbereich um $E_{1/2}$ mit ihrem negativen Teil zur elektr. Doppelschicht der Elektrodenoberfläche unter Bldg. von Anionenbrücken. Fremdkationen können entweder Annäherung der In-Komplexe zur Elektrodendoppelschicht erleichtern oder die positiv geladenen Teilchen aus dem nahen Elektrodenraum verdrängen u. die Rk.-Geschw. infolge Verschiebung des ψ_1-Potentials nach der positiven Seite vermindern. Bei negativeren Potentialen als $E_{1/2}$ erfolgt unmittelbarer Übertritt der Elektronen von der Elektrodenoberfläche zu den In-Ionen. Organ. Kationen verzögern den Zutritt der zu reduzierenden Teilchen zur Elektrodenoberfläche u. vermindern den Diffusionsstrom. Dagegen steigt die Überspannung von In^{3+} in Reihe $Na^+ < Rb^+ < La^{3+}$. Hans Berge 142◇

A_4. Thermodynamik, Thermochemie

0348 **Klassen von Carnotschen Kreisprozessen.** Robert A. Lufburrow. (Amer. J. Physics **31**, 480—81, 1963; Canton, N.Y., St. Lawrence Univ.; engl.) — Theoret. Behandlung des Carnotschen Kreisprozesses für verschiedene Teile in der graph. Darstellung unter Verw. verschiedener thermodynam. Grundgesetze. G. Gattow 146◇

0349 **Variationstheorie der molekularen Verteilungsfunktionen. 2. Mitt. (3,4)-Approximation.** Ju. W. Gurikow. (J. physik. Chem. [UdSSR] **37**, 1455—60, 1963; Leningrad, Strahlungs-Inst.; russ., Auszug: engl.) — Vf. wendet die allg. Variationstheorie der mol. Verteilungsfunktionen auf die Analyse einer bestimmten Näherung an, bei der im Ausdruck der Verteilungsfunktion für N Teilchen die Pseudokorrelationsfunktion 2. u. 3. Ordnung enthalten ist, wofür ein Syst. von Integralgleichung abgeleitet wird. Unter der Voraussetzung, daß die Dichten ausreichend klein sind, können die 3fachen Korrelationsfunktionen durch doppelte, verallgemeinerte Verteilungsfunktionen ausgedrückt werden. A. Kumm 146◇

0350 **Intermolekulare Potentiale von H_2 und D_2.** I. B. Srivastava und A. K. Barua. (Indian J. Physics Proc. Indian Assoc. Cultivat. Sci. **35** (**44**), 320—22, 1961; Calcutta, India, I.A.C.S.; engl.) — Berechnet wurden für H_2 u. D_2 die Kraft-Parameter (α, ε/k [° K], r_m [Å]) nach dem exp-6-Modell u. die zweiten Virial-Koeff. im Temp.-Bereich 98 bis 423° K. Theoret. u. experimentelle Ergebnisse stimmen gut überein. K. Jaeger 149◇

0351 **Ein akustisches Modell der Diffusion in Gasen.** 1. Mitt. Leonard Kotin. (Molecular Physics **4**, 401—12, 1961; Chicago, Ill., Univ., Inst. for the Study of Metals; engl.) — Angewendet werden die Prinzipien der makroskop.-akust. Theorie zur Berechnung der Reibungs-Konst. eines verdünnten Gases aus starren Kugeln. In diesem Modell werden die Mol.-Bewegungen akust. (Schwankungen der Gleichgewichtsdichte) gestört. Der numer. Koeff. dieser Theorie fällt bedeutend niedriger aus als in der Theorie von Chapman u. Enskog. K. Jaeger 149◇

0352 **Thermischer Transpirationseffekt von Wasserstoff, Edelgasen und Methan.** T. Takaishi und Y. Sensui. (Trans. Faraday Soc. **59**, 2503—14, 1963; Yokosuka, Japan, Rikkyo Univ., Inst. for Atom. Energy; engl.) — Im Druckbereich von $3 \cdot 10^{-3}$ bis 2,5 Torr wurden die Transpirationseffekte von H_2, Ne, Ar, Kr u. CH_4 bei verschiedenen Temp. nach einer näher beschriebenen abs. Meth. bestimmt. Die für die abgeleitete empir. Gleichung notwendigen Konst. werden mitgeteilt. G. Gattow 149◇

0353 **Phasentrennung verdünnter Mischungen von ^4He in ^3He.** D. F. Brewer und J. R. G. Keyston. (Physics Letters [Amsterdam] **1**, 5—6, 1962; Oxford, Clarendon Labor.; engl.) — Bei früheren Best. der spezif. Wärme von ^3He unterhalb 1,0° K (C. **1962**, 15498) wurde bei der Abkühlung von 1,0° K durch reversible Entmagnetisierung bei ca. 0,15° K eine rasche Erwärmung beobachtet, die einer Phasentrennung $^4He/^3He$ zugeschrieben wird. ^4He bildet dabei eine nahezu superfluide Schicht am Boden des Gefäßes. Das Ergebnis läßt sich theoret. bestätigen. H. Roschkowski 149◇

0354 **Dampfdruckbestimmungen von Cd und Cd–Ag-Legierungen bei 950°.** W. Van Gool. (Proc., Kon. nederl. Akad. Wetensch., Ser. B **66**, 209—15, 1963; Eindhoven, Netherlands, Philips Res. Labor.; engl.) — Beschreibung einer App., mit der Dampfdrücke (DD) unter Verw. einer flexiblen Quarzglasmembran zwischen 0,4 u. 10 atm von 700—1000° bestimmt werden können. Die DD (in atm) von Cd (Kp. 767°) lassen sich zwischen 701 u. 1009° (0,46—8,47 atm) durch die Gleichung $\log p = 4{,}955 - 5150/T$ beschreiben. Die DD von Cd wurden über dem gesamten Konz.-Bereich des Syst. Cd–Ag bei 950° ermittelt; sowohl die DD als auch die Cd- u. Ag-Aktivitäten sind graph. wiedergegeben. G. Gattow 150◇

0355 **Messungen des Liquidus Cd–CdS.** H. H. Woodbury. (J. Physics Chem. Solids **24**, 881—84, 1963; Schenectady, N.Y., Gen. Electr. Res. Labor.; engl.) — In einem Quarzrohr werden gleichzeitig CdS-Einkristalle u. freies Cd ½—60 Std. lang auf Temp. T zwischen 700 u. 1250° erhitzt u. die Gew.-Verluste des CdS gravimetr. bestimmt. Die Meßwerte sind als Funktion $(T_m/T - 1) = f\,[\ln 4x(1-x)]$ bzw. für $x \leq 1/2$ als $(T_m/T - 1) = f(\ln 2x)$ (T_m = maximaler F. der Verb., x = Molenbruch von S) graph. dargestellt. Da der Dampfdruck über der CdS-Schmelze klein gegen den der freien Komponenten ist, muß im fl. Zustand eine starke gegenseitige Wechselwkrg. bestehen, die mit der Annahme undissoziierter Moll. in der Schmelze gedeutet werden kann. Aus der graph. Darst. folgt die Schmelzentropie ΔS = 18 cal/Mol · Grad, die mit den Werten für III—V-Verbb. übereinstimmt. Herbert Müller 150◇

0356 **Flüchtigkeitsanstieg von Oxiden durch Wasserdampf.** J. Neugebauer. (Acta chim. Acad. Sci. hung. **37**, 247—49, 1963; Budapest, Ungar. Akad. der Wiss., Forschungsinst. für Techn. Phys.; dt.) — In Fortführung früherer Unterss. des Vf. (vgl. Nature [London] **163**, [1949], 601) wurden die Flüchtigkeiten von V_2O_5 (**I**) u. Cr_2O_5 (**II**) in Ggw. von H_2O-Dampf

(WD) untersucht. Während CrO_3 u. Cr_2O_3 keine Erhöhung der Flüchtigkeit bzw. keine Flüchtigkeit mit WD zeigen, soll sich **II** ab 350° verflüchtigen; als Kondens.-Prod. wurde CrO_3 beobachtet. Analoge Messungen mit I ergaben ebenfalls eine starke Erhöhung der Flüchtigkeit $>900°$ in Ggw. von WD. MoO_2 soll nicht flüchtig sein, dagegen weist WO_2 (**III**) eine deutliche Zunahme in Ggw. von WD auf. Mo, das in **III** enthalten ist, wirkt flüchtigkeitsvermindernd. SiO_2, GeO_2, SnO_2, TiO_2 u. TaO_2 zeigen $<1000°$ u. Nb_2O_5 $<1300°$ keinen Anstieg der Flüchtigkeit infolge Anwesenheit von WD. Experimentelle Einzelheiten u. Vers.-Ergebnisse werden nicht mitgeteilt.
G. Gattow 150◇

0357 **Einige Beziehungen zwischen der Unterkühlung und der Struktur wässeriger Lösungen.** Hans R. Pruppacher. (J. chem. Physics **39**, 1586—94, 1963; Los Angeles, Calif., Univ. of California, Dep. of Meteorol.; engl.) — Unters. des Einfl. wss. Lsgg. von Halogeniden der Art AX, AX_2 u. AX_3 X = F, Cl, Br, J) auf die Unterkühlung von reinem H_2O. Die Gefrierpunktserniedrigung (GE) der Lsg. hängt vom Typ des Gelösten ab u. nimmt z. T. mit steigender Konz. zu. Zwischen der Nichtgleichgewichts-GE Δt_f u. der Gleichgewichts-GE Δt_e existiert nachst. Zusammenhang: $\Delta t_f = \Delta t_w + \Delta t_e + \delta$; Δt_w = GE von H_2O, δ = Unterkühlungsinkrement; die entsprechenden Werte sind tabelliert. Über den strukturellen Aufbau der wss. Lsgg. wird unter Verw. von Literaturangaben ausführlich diskutiert.
G. Gattow 150◇

0358 **Physikalisch-chemische Eigenschaften von flüssigen Metallen und von verdünnten flüssigen Metall-Lösungen.** S. W. Strauss. (Rep. NRL Progr. **1962**, 1—13; Washington, D.C., U.S. Naval Res. Labor., Phys. Metallurg. Branch, Metallurg. Div.; engl.) — Allg. Übersicht über den Zusammenhang zwischen Löslichkeiten u. Radienquotienten in 92 bin. Leg.-Systemen. Die Viscosität fl. Metalle (in Millipoise) bei der Temp. T (in °K) kann mit Hilfe der empir. Gleichung $\log \eta = \log [0{,}57 (M \cdot T_m)^{1/2} V_m^{-2/3}] + [C(T_m - T)/T \cdot T_m]$ mit $C = (1{,}79 \cdot 10^{-2}\, T_m + 9{,}73)^2$ berechnet werden (M = Atomgew.; T_m = F. in °K; V_m = Atom-Vol. bei T_m). Für die Oberflächenspannung (in dyn/cm) bei der Temp. T (in °K) gilt die empir. Beziehung $\gamma = 0{,}59 \cdot S^{5/6} [(T_c - T)/(T_c - T_m)]$; es bedeuten: S = Verdampfungswärme, T_c = krit. Temp. in °K. Über die Dichten fl. Metalle u. von fl. bin. Legg. wird diskutiert.
G. Gattow 150◇

0359 **Hydrostatischer Effekt in der Nähe des kritischen Punktes einer Flüssigkeit.** A. W. Woronel und M. Sch. Giterman. (J. exp. theoret. Physik [UdSSR] **39**, 1162—63, 1960; Inst. für physik.-techn. u. radiotechn. Messungen; russ.) — Aus der Gleichung für die Änderung des Druckes p mit der Höhe h einer Fl. $dp = (Mg/V)\, dh$ (V = spezif. Vol., M = Molgew. der Fl., g = Schwerebeschleunigung) wird abgeleitet, daß in der Nähe des krit. Punktes die Kurve der Koexistenz von Fl. u. Dampf in den Koordinaten p, V bzw. T, V ein prakt. geradliniges Stück aufweist, dessen Breite $\Delta = (3/2)(6\, MgH/BV_k)^{1/3}$ ist, wobei $B = (\delta^3 p/\delta V^3)_{T_k}$, H = Gefäßhöhe ist. Aus Verss. mit Xe folgt, bei H = 19 cm, $\Delta = 0{,}20$ g/cm³, $B = -4 \cdot 10^{-5}$ at/cm⁹. Eine ähnliche Form der Kurve wurde auch für Äthan u. Äthylen gefunden.
R. K. Müller 150□

0360 **Über die Gleichung der Schmelzkurve.** A. W. Woronel. (J. techn. Physik [UdSSR] **28**, 2630—34, 1958; russ.) — Vgl. vorst. Referat. — Die empir. ermittelte Gleichung für die Kurve Schmelztemp.–Druck von Simon u. Glatzel, aufgestellt auf Grund der Beziehungen von Clapeyron-Clausius unter Voraussetzung linearer Abhängigkeit von $Q/\Delta V$ vom Druck entspricht am besten den experimentellen Daten, wie an 14 Stoffen (H_2, D_2, N_2, *Ar*, *Hg*, *Na*, *K*, *Rb*, *Cs*, CCl_4, *Bzl.*, $C_6H_5NO_2$, C_6H_7N, $C_{13}H_{10}O$) dokumentiert wird. Die beste Übereinstimmung erscheint dann, wenn die Größe 1/c, die die Verteilung der latenten Wärme zwischen der zur Vol.-Vergrößerung beim Schmelzen erforderlichen Arbeit u. dem Zuwachs der kinet. Energie der Wärmebewegung der Moll. charakterisiert, konst. Wert behält.
J. Tůmová 150□

0361 **Darstellung zweidimensionaler polythermer Schnitte von Gleichgewichtsdiagrammen eutektischer Mehrstoffsysteme mit Hilfe der Projektionsmethode.** 4. Mitt. **Anwendung der Methode des geometrischen Aufklappens (Schatten) auf Gleichgewichtsdiagramme eutektischer Systeme mit einer beliebigen Anzahl von Komponenten.** A. I. Landau. (J. physik. Chem. [UdSSR] **37**, 1933—37, 1963; Charkow, Forsch.-Inst. für Grundlagenchem.; russ., Auszug: engl.) — 3. vgl. J. physik. Chem. [UdSSR] **36**, [1962], 808; 1. vgl. C. **1964**, 8-0361.
H. Roschkowski 150◇

0362 **Berechnung des Beitrags von F_2^--Zentren in LiF zur spezifischen Wärme.** W. C. Obermoeller und W. A. Barker. (J. Physics Chem. Solids **24**, 641—48, 1963; St. Louis, Mo., Saint Louis Univ., Phys. Dep.; engl.) — Für $Li^{19}F$ wird der Schottky-Beitrag der spezif. Wärme $C_{H,\Theta}$ von F_2^--Zentren, die bei Röntgenbestrahlung von LiF bei tiefen Temp. gebildet werden, unter Verw. des Mol.-Ionenmodells, der Spin-Hamilton-Funktion u. der entsprechenden Eigenwertfunktionen berechnet. Die F_2^--Zentren in LiF besitzen sechs Energieniveaus mit ungleichen Abständen. Diese Abstände haben zwei auflösbare Maxima in der $C_{H,\Theta}$-Kurve zur Folge. Beim Vorliegen von 10^{18} Zentren/cm³ beträgt der Hyperfeinwert von $C_{H,\Theta}$ ca. 100 (erg/Grad·cm³) u. das $C_{H,\Theta}$-Maximum der Löcher ca. 65.
Herbert Müller 151◇

0363 **Wärmeinhalte von Niobcarbid und Tantalcarbid bei hohen Temperaturen.** L. S. Levinson. (J. chem. Physics **39**, 1550—51, 1963; Los Alamos, N.Mex., Univ. of California, Los Alamos Sci. Labor.; engl.) — Die Wärmeinhalte von NbC (Zus.: $NbC_{0,97}$) bzw. TaC zwischen 1289 u. 2778° K bzw. 1296 u. 2843° K wurden nach der drop-Meth. bestimmt (in cal/g; Genauigkeit: ±1,3 bzw. ±1,8%): $H_T - H_{310°K} = -4{,}008 + 1{,}067 \cdot 10^{-1}\, T + 6{,}154 \cdot 10^{-6}\, T^2$ bzw. $H_T - H_{310°K} = -2{,}407 + 5{,}942 \cdot 10^{-2}\, T + 3{,}442 \cdot 10^{-6}\, T^2$. Die spezif. Wärmen sind tabelliert.
G. Gattow 151◇

0364 **Thermodynamische Eigenschaften anorganischer Substanzen.** 6. Mitt. **Der Wärmeinhalt von Chromel-P und Alumel bei hohen Temperaturen.** Arun Kumar Gangopadhyay und John L. Margrave. (J. chem. Engng. Data **8**, 204—05, 1963; Madison, Wis., Univ. of Wisconsin, Dep. of Chem.; engl.) — Der Wärmeinhalt der Legg. Chromel-P (**I**; 90% Ni, 10% Cr) u. Alumel (**II**; 72% Ni, 25% Mn, 2% Al u. 1% Si) wurde im Temp.-Bereich von 402,96—1378,66 °K bzw. 398,56—1322,06 gemessen u. daraus die spezif. Wärme u. die Entropiezunahme berechnet. Für 298,15 wurden folgende Werte ermittelt: **I**, $c_p = 0{,}1023$ (cal/g·Grad); **II**, $c_p = 0{,}1134$. Für den untersuchten Temp.-Bereich läßt sich die Temp.-Abhängigkeit des Wärmeinhalts u. der spezif. Wärme durch folgende Beziehungen darstellen: **I**, $H_T - H_{298} = 0{,}08954\, T + 2{,}137 \cdot 10^{-5}\, T^2 - 28{,}60 \pm 0{,}8$ (cal/g), $c_p = 0{,}08954 + 4{,}274 \cdot 10^{-5}\, T$; **II**, $H_T - H_{298} = 0{,}1081\, T + 8{,}981 \cdot 10^{6-}\, T^2 - 33{,}03 \pm 0{,}7$, $c_p = 0{,}1081 + 1{,}796 \cdot 10^{-5}\, T$.
Wolfgang Krüger 151◇

0365 **Änderung der spezifischen Wärme von Metallen bei der plastischen Verformung.** B. W. Belogurow und L. M. Schesstopalow. (Metallphysik u. Metallkunde [UdSSR] **6**, 734—38, 1958; Phys.-techn. Inst. der Akad. der Wiss. der UdSSR; russ.) — Unterss. der Änderungen der spezif. Wärme von Fe u. Cu werden unter Zug u. Druck in einem besonderen Differential-Vakuumcalorimeter durchgeführt. Das Verhältnis $\Delta C/C$ ist bei Druck u. bei Zug positiv. Die Änderung der spezif. Wärme bei Cu beginnt bei einer Verformung um 2,5%, ist bei 10% längst beendet u. erreicht asymptot. einen Maximalwert von 0,5%. Bei Fe beginnt der Anstieg bei einer Verformung von 1,5%, ist bei 10% noch nicht ausgeprägt beendet u. erreicht ca. 0,8%. Die Ähnlichkeit der gefundenen Kurven mit den Kurven der Verfestigung, der Restspannungen u. Energieabsorption läßt auf engere Beziehungen schließen.
J. Tůmová 151◇

0366 **Anwendung der Differentialthermocalorimetrie zur Messung der Abgabe der Speicherenergie von Metallen.** J. L. White und Karl Koyama. (Rev. sci. Instruments **34**, 1104—10, 1963; San Diego, Calif., Gen. Dynamics Co., Gen. Atomic Div., Labor. for Pure and Appl. Sci.; engl.) — Entwickelt wurde mit Hilfe der Meth. der DTA ein Differentialthermocalorimeter. Mit diesem Calorimeter wurde die Abgabe der Speicherenergie deformierter Cu-Proben (ca. 5 cal/g-Atom) mit ca. ±0,4 cal/g-Atom gemessen.
K. Jaeger 156◇

0367 **Kurve zur Ermittlung thermochemischer Daten.** James R. Kramer. (Amer. J. Sci. **261**, 780—85, 1963; London, Canada, Univ. of Western Ontario, Dep. of Geol.;

engl.) — Mit Hilfe der von Forsythe (Ind. appl. Math. Soc. J. 5, [1957], 74) beschriebenen Meth. (Verw. polynom. Kurven) wurden die Enthalpien der Zers.-Rkk. Paragonit → Albit + Korund + H_2O u. Muskovit → Sanidin + Korund + H_2O aus bekannten p-t-Daten für verschiedene Temp. ermittelt. Die allg. Gasgleichungen von H_2O u. CO_2 wurden errechnet; die entsprechenden Konst. werden mitgeteilt.
G. Gattow 156◇

0368 **Thermochemische Untersuchungen. 8. Mitt. Reaktionswärmen und -entropien von Ionen der Übergangsmetalle mit 2.2'.2''-Triaminotriäthylamin.** P. Paoletti, M. Ciampolini und L. Sacconi. (J. chem. Soc. [London] **1963,** 3589—93; Firenze, Italy, Univ., Ist. di Chim. Gen. e Inorg.; engl.) — 6. vgl. C. **1962,** 8163. — Vff. bestimmten bei 25° die Rk.-Wärmen u. berechneten unter Verw. von Literaturangaben die Rk.-Entropien von Übergangsmetallionen Me^{2+} mit 2.2'.2''-Triaminotriäthylamin (tren) in 0,1 m Lsgg. von KCl: $[Mn\,tren]^{2+}$ $\Delta H = -3{,}00 \pm 0{,}05$ kcal/Mol u. $\Delta S = 16{,}5 \pm 0{,}5$ cal/Grad·Mol; $[Fe\,tren]^{2+}$ $-6{,}30 \pm 0{,}05$ u. $18{,}5 \pm 0{,}5$; $[Co\,tren]^{2+}$ $-10{,}65 \pm 0{,}15$ u. $22{,}01 \pm 1{,}0$; $[Ni\,tren]^{2+}$ $-15{,}15 \pm 0{,}05$ u. $16{,}0 \pm 0{,}5$; $[Cu\,tren]^{2+}$ $-20{,}40 \pm 0{,}10$ u. $18{,}0 \pm 1{,}0$; $[Zn\,tren]^{2+}$ $-13{,}85 \pm 0{,}20$ u. $19{,}5 \pm 1{,}0$. Aus einem Vgl. der Spektren von $[Me\,tren]^{2+}$ mit denen anderer, ähnlich gebauter Me^{2+}-Komplexionen folgt, daß in Lsg. eine oktaedr. cis-Diaquo-Struktur für Mn, Fe, Ni u. Cu vorliegt; Co u. Zn sind vermutlich weniger hydratisiert. Die Spektren im sichtbaren Bereich sowie die magnet. Suszeptibilitäten sind wiedergegeben. G. Gattow 156◇

0369 **Thermochemische Untersuchung am System SrO–Al_2O_3.** Franco Massazza. (Ann. Chimica **51,** 898—903, 1961; Cagliari, Univ., Ist. di Chim. appl.; ital.) — Die Lsg.-Wärmen von α-*4 SrO·Al₂O₃* (**I**) u. β-*4 SrO·(Al₂O₃)ₓ* (**II**) mit $x = 1-1{,}13$ sowie von SrO in 4 n HCl u. die Verdünnungswärmen von $SrCl_2$ u. $AlCl_3$ werden bestimmt u. daraus die Bldg.-Wärme von **I** zu $-11{,}2$ (kcal/Mol) u. von **II** bei $x = 1$ zu $-10{,}2$, bei $x = 0{,}065$ zu $-13{,}65$ u. bei $x = 1{,}13$ zu $-15{,}0$ berechnet. **I** u. **II** werden durch 20std. Tempern von $SrCO_3$ u. Al_2O_3 bei 1500° u. anschließend in 72 Std. bei 1300° erhalten. W. Holland 156◇

0370 **Thermochemische Messungen am System SrO–Al_2O_3–CaO. 1. Mitt. Bildungswärmen im System 3 CaO·Al_2O_3–3 SrO·Al_2O_3.** Franco Massazza und Mario Cannas. (Ann. Chimica **51,** 904—11, 1961; ital.) — Vgl. vorst. Referat. — Durch Best. der Lsg.- u. Verdünnungswärmen der Verb.-Reihe 3 (SrO, CaO)·Al_2O_3 mit 0, 20, 40, 50, 60, 80 u. 100% CaO in 4 n HCl werden die Bldg.-Wärmen errechnet. Die Darst. der Verbb. erfolgt durch Tempern von $SrCO_3$ bzw. $CaCO_3$ mit Al_2O_3 bei 1400°. Die Bldg.-Wärmen betragen für *3 CaO·Al₂O₃* 0,43, für *3 SrO·Al₂O₃* 21,01 kcal/Mol mit linearem Anstieg für die Zwischenstufen.
W. Holland 156◇

0371 **Die Bildungswärmen von Strontium-, Blei- und Silbersulfit.** A. A. Schidlowski und A. A. Wosskressenski. (J. physik. Chem. [UdSSR] **37,** 2062—67, 1963; Moskau, Inst. für Chemiemaschinenbau; russ., Auszug: engl.) — Die Standard-Bldg.-Wärmen von krist. $SrSO_3$, $PbSO_3$ u. Ag_2SO_3 wurden calorimetr. bestimmt u. betragen $\Delta H_{298} = -279{,}4 \pm 0{,}1$ bzw. $-157{,}0 \pm 0{,}1$ bzw. $-114{,}4 \pm 0{,}5$ kcal/Mol. Die Werte der Bldg.-Wärmen von Na-, K-, Sr-, Ba-, Pb- u. Ag-Sulfiten, -Sulfaten u. -Carbonaten aus der Literatur werden überprüft u. tabellar. angegeben. Der Unterschied der Bldg.-Wärmen von Carbonat u. Sulfit des gleichen Kations ist annähernd konst. 4,5 kcal/Äquivalent.
W. Pump 156◇

0372 **Über die Messung der Flammentemperatur durch die Methode der relativen Intensitäten der Spektrallinien.** A. P. Dronow, A. G. Swiridow und N. N. Ssobolew. (Optik u. Spektroskopie [UdSSR] **5,** 490—99, 1958; russ.) — Die Abhängigkeit der Intensität der Spektrallinien von Na u. Li von der Konz. des Elements in der C_2H_2–Luft- u. der H_2–O_2-Flamme wird bestimmt. Einige Linien der Nebenserien können in der Flammenstrahlung gleichzeitig ohne Verzerrung ihrer Intensitäten durch Reabsorption beobachtet werden. Die relative Intensität der 5 Na-Linien 8195—83 (Å), 5688—83, 5154—49, 4963—79 u. 4669—65 u. der 5 Li-Linien 8126, 6104, 4972, 4603 u. 4132 wird gemessen u. die relative Übergangswahrscheinlichkeit bestimmt, wobei Übereinstimmung mit der Theorie festgestellt wird. Die Messung der relativen Linienintensitäten kann zur Best. von Flammen-Temp. benutzt werden. R. K. Müller 157□

0373 **Stabilität der Fortpflanzung von Ozonflammen.** J. B. Rosen. (VIth Sympos. [int.] Combust., New Haven, Conn. **1956,** 236—41, 1957; engl.) — Eine früher (C. **1955,** 990) beschriebene allg. Theorie der Stabilität laminarer Flammen wird zur Unters. der Stabilität der Fortpflanzung von Gleichgewichts-O_3-Flammen herangezogen u. an einigen experimentellen Werten überprüft. H. Roschkowski 157◇

0374 **Verbrennungsuntersuchungen in einem Rührreaktor.** H. C. Hottel, G. C. Williams und M. L. Baker. (VIth Sympos. [int.] Combust., New Haven, Conn. **1956,** 398—411, 1957; engl.) — Die Verbrennungs-Geschw. von zwei Brennstoffgemischen, deren chem. Struktur verschieden ist, bei denen jedoch die Molgew. u. die atomare Zus. ident. sind, wird unter Bedingungen einer intensiven Vermischung des vorgemischten Brennstoffs mit seinen Verbrennungs-Prodd. untersucht. Ebenso sind die Endprodd. nach adiabat. Verbrennung bis zum Gleichgewicht ident. in allen Eigenschaften. Verändert wurde die Größe der Brennstoffeinspeisungsöffnung, um den Mischungsgrad zu variieren, bestimmt wurde weiterhin die Rk.-Ordnung. Verwendet wurden Gemische aus 57,7 (%) Propan, 31 CO_2 u. 11,3 O_2 bzw. 57,7 Aceton, 26,8 W. u. 15,5 Äthylen. Sie zeigen bei guter Durchmischung verschiedenes Verhalten. Frühere Ergebnisse von Longwell u. Mitarbeitern (C. **1957,** 1135), nach denen das Gas im größten Teil des Rührreaktors bei Einspeisung eines mageren KW-Stoff–Luft-Gemisches CO u. H_2, jedoch vernachlässigbar wenig unverbrannten Brennstoff enthält, werden bestätigt. Der Rührreaktor erbringt Ergebnisse, die hauptsächlich vom chem. Widerstand gegenüber der Verbrennung abhängig sind.
H. Roschkowski 157◇

0375 **Untersuchungen über den Übergang der Verbrennung explosiver Stoffe zur Detonation. 2. Mitt. Über die Stabilität der normalen Verbrennung pulverförmiger Explosivstoffe.** K. K. Andrejew und W. W. Gorbunow. (J. physik. Chem. [UdSSR] **37,** 1958—65, 1963; Moskau, Chem.-technol. Mendelejew-Inst.; russ., Auszug: engl.) — 1. vgl. J. physik. Chem. [UdSSR] **35,** [1961], 426. — Vff. vergleichen die Verbrennungsstabilität verschiedener Explosionsstoffe (Trotyl, Pikrinsäure, Hexogen, TEN, Knallquecksilber) unter gleichen Ausgangsbedingungen. Die Brenninstabilität ist größtenteils von der effektiven Temp. der gasförmigen Verbrennungs-Prodd. abhängig, die wiederum das Fortschreiten des Verbrennungsvorgangs in den Explosivstoff bestimmt.
H. Roschkowski 157◇

0376 **Wärmeleitfähigkeit bei polyatomaren, elektronisch angeregten oder chemisch reagierenden Mischungen.** 3. Mitt. Joseph O. Hirschfelder. (VIth Sympos. [int.] Combust., New Haven, Conn. **1956,** 351—66, 1957; engl.) — 2. vgl. C. **1957,** 10941. — Fortsetzung der l. c. beschriebenen theoret. Untersuchungen. H. Roschkowski 158◇

0377 **Wärmeleitfähigkeit von langsam reagierenden Systemen.** B. N. Srivastava, A. K. Barua und P. K. Chakraborti. (Trans. Faraday Soc. **59,** 2522—27, 1963; Calcutta, Indian Assoc. for the Cultiv. of Sci.; engl.) — Die Theorie von Secrest u. Hirschfelder (Physics Fluids **4,** [1961], 61) die für die Wärmeleitfähigkeit (L) langsam reagierender Syst. zwischen parallelen Platten Gültigkeit besitzt, wurde für das Syst. $2\,NO_2 \rightleftharpoons 2\,NO + O_2$ in einer zylindr. App. angewendet. Die berechneten L stimmen zufriedenstellend mit den experimentellen Daten überein. G. Gattow 158◇

0378 **Über den Einfluß von allseitigem Druck auf die Wärmeleitfähigkeit von Isolatoren.** K. P. Rodionow. (Metallphysik u. Metallkunde [UdSSR] **6,** 745—49, 1958; Moskau, Inst. für Metallphys. der Akad. der Wiss. der UdSSR; russ.) — Vf. erläutert die derzeitigen physikal. Vorstellungen über die Wärmeleitfähigkeit von kristallinen Isolatoren u. deren Beeinflussung durch Druck u. analysiert die Möglichkeit der Best. der Wärmeleitfähigkeit über die freie Weglänge von Phononen im Kristallgitter. Dabei werden die Fälle auf hohe Drücke (bis 10^5 kg/cm²) u. hohe Temp. u. auf sehr hohe Drücke (oberhalb der angeführten Grenze) bei beliebigen Temp. unterteilt. — Die resultierenden theoret. Ergebnisse werden mit experimentellen Daten von *NaCl, NaBr, CsCl, CsBr* u. *CsJ* verglichen. J. Tůmová 158◇

0379 **Wärmeübergang von gefrierendem Wasser.** Haruo Yamada und Teiichi Okochi. (Bull. Nagoya Inst. Technol. **13,** 158—59, 1961; jap., Auszug: engl.) — Die Wärmeübergangszahl aus gefrierendem W. an die Oberfläche beträgt 600 kcal/m²·h·Grad. K. Jaeger 158◇

0380 **Über die Wärmeleitfähigkeit von Germanium.** Je. D. Dewjatkowa und I. A. Smirnow. (J. techn. Physik [UdSSR] **27**, 1944—49, 1957; russ.) — An drei n-leitenden ($\varrho = 6 \cdot 10^{-3}$, 2,84 u. 40 $\Omega \cdot$cm) Ge-Einkristallproben sowie an p-Ge-Einkristallen (Sb- bzw. Ga-Dotierung, $\varrho = 3 \cdot 10^{-3}$ bis 68) wurde die Wärmeleitfähigkeit $\varkappa$ in einem Temp.-Bereich von 80—300° K bei einem Wärmestrom von $0,5 \cdot 10^{-2}$ bis $8 \cdot 10^{-2}$ cal/s gemessen. Die zur Kontrolle von $\varkappa$ gemessenen Koeff. der Thermo-EMK stimmen mit den von Geballe gefundenen Werten überein. Für den gesamten Temp.-Bereich ist, unabhängig von der Konz. der Ladungsträger, die Leitfähigkeit von p-Proben höher als von n-Proben, was auf unterschiedliche Mikrostrukturen zurückgeführt wird. Die (p-)n-leitenden sollen (größere) kleinere Mikrobereiche haben, an deren Grenzen Phononenstreuung erfolgt. Diese Annahme wird durch die Änderung der Werte für $\varkappa$ durch eine Thermokonversion, verbunden mit einer Änderung des Leitungstyps (von n nach p) unterstützt. Weiterhin wurde gefunden, daß $\varkappa$ von hochohmigem Material höher als von niederohmigem ist, was durch Phononenstreuung an den Dotierungsatomen verursacht werden soll. H. Dahmen 158□

0381 **Die Gitterwärmeleitfähigkeit von antiferromagnetischem MnF_2 unterhalb seiner Néel-Temperatur.** B. N. Mehrotra. (J. Physics Chem. Solids **24**, 1053—55, 1963; St. Louis, Mo., Washington Univ., Dep. of Phys.; engl.) — Vf. berechnet aus der bekannten Wärmeleitfähigkeit von MnF_2 bei tiefen Temp. die freien Weglängen für die verschiedenen Phononen-Streuprozesse. Um gute Übereinstimmung mit dem Experiment zu erhalten, ist es nötig, die Ergebnisse des Casimir-Modells um einen temperaturabhängigen Faktor zwischen 6 u. 1,2 im Temp.-Gebiet von 3—10° K zu korrigieren. K. H. Härdtl 158◇

0382 **Akustische Messungen mit 3- und 10-GHz-Quarzhohlraumresonatoren.** Ellen S. Stewart und James L. Stewart. (J. acoust. Soc. America **35**, 975—81, 1963; San Diego, Calif., U.S. Navy Electron Labor.; engl.) — Quarzhohlraum-Resonatoren können als Schallquellen für die Unters. akust. Eigg. dienen, wenn der Schwingquarz sehr dünn u. abs. planparallel ist. Die Dispersion der Schall-Geschw. im Kristall bei 10 GHz ist geringer als 0,005%. Die Absorptions-Koeff. im Kristall betragen $4 \pm 0,4$ np/cm bei 3,2 GHz u. 33 ± 6 np/cm bei 9,6 GHz. Für W. wurde mit der Anordnung eine akust. Impedanz von $(1,5 \pm 0,6) 10^5$ g$\cdot$cm$^{-2}\cdot$s^{-1} bei 3,2 GHz gemessen. H. U. Borgstedt 159◇

0383 **Kopplungszemente für Ultraschallwellengeschwindigkeitsmessungen bei hoher Temperatur.** E. S. Fisher und C. J. Renken. (J. acoust. Soc. America **35**, 1055, 1963; Argonne, Ill., Argonne Nat. Labor.; engl.) — Zur akust. Kopplung eines Zr-Einkristalls an den Quarzschwinger ist bis 883° für Kompressions- u. Scherwellen eine Art Wasserglaszement aus Na-Silicat-Lsg., Na-Metasilicat u. $CaCO_3$ verwendbar; zum gleichen Zweck wird bei U-Einkristallen bis 610° bei Kompressions- u. bis 350° bei Scherwellen ein Epoxyphenolharz eingesetzt. H. U. Borgstedt 159◇

0384 **Apparat zum Nachweis von piezoelektrischer Kopplung.** Lothar Frenkel. (J. Res. nat. Bur. Standards, C **67**, 197—99, 1963; engl.) — Das Gerät zur Feststellung von piezoelektr. Kopplung in feinkörnigem Material bedient sich der Meth. der Radiofrequenzspektroskopie. Jedes piezoelektr. gekoppelte Teilchen verursacht eine Absorption. Starke Effekte wurden bei *KJO_3* u. *NH_4-Tartrat*, keine bei *$Ba(NO_3)_2$* u. *Diammoniumhydrogencitrat* gefunden. Die Meth. scheint für halbquant. Arbeiten brauchbar. H. U. Borgstedt 159◇

0385 **Die Wirkung nicht exakt paralleler Probenflächen auf die Messung der Ultraschallabsorption.** Rohn Truell und William Oates. (J. acoust. Soc. America **35**, 1382—86, 1963; Providence, R.I., Brown Univ., Metals Res. Labor.; engl.) — Bei der Unters. von Quarz-Einkristallen mit Hilfe der Ultraschallabsorption u. -Geschw. im MHz-Bereich wird je nach der Frequenz eine Parallelität der Probenflächen gefordert, die eine Toleranz von 10^{-7} in./in. nicht überschreitet. Abweichungen von der Parallelität verursachen Veränderungen der exponentiellen Abklingkurven der Ultraschallimpulse. H. U. Borgstedt 159◇

0386 **Verbesserungen der „sing-around"-Technik für Ultraschallgeschwindigkeitsmessungen.** R. L. Forgacs. (J. acoust. Soc. America **32**, 1697—98, 1960; Dearborn, Mich., Ford Motor Co., Sci. Labor.; engl.) — Es wird ein hochempfindliches „sing-around"-Syst. (vgl. Cedrone u. Mitarbeiter, C. **1950/54**, 3731S) zur Messung von Ultraschall-Geschw. in Festkörpern entwickelt. Aus einem Zug von Echos wird eine besondere Frequenz eines bestimmten Echos ausgewählt, die dann als auslösender Impuls für den nächsten „sing-around"-Cyclus dient. Ein mit zwei elektron. Zählern ausgestattetes Zeitnehmer-Syst. trägt zur Erhöhung der Stabilität u. der Empfindlichkeit bei. Unter der Voraussetzung einer vernachlässigbar kleinen Schallschwächung lassen sich Geschw.-Schwankungen der Größenordnung 1 : 10^7 nachweisen. W. Betcke 159◇

0387 **Über die auf ein kleines Teilchen in einem akustischen Feld in einer idealen Flüssigkeit wirkenden Kräfte.** L. P. Gorkow. (Ber. Akad. Wiss. UdSSR **140**, 88—91, 1961; Akad. der Wiss. der UdSSR, Wawilow-Inst. für physik. Probleme; russ.) — Für die Best. der Größe der auf ein Teilchen in einem Schallfeld wirkenden mittleren Kräfte werden Gleichungen unter der Voraussetzung entwickelt, daß die Dimensionen des in einer idealen Fl. befindlichen Teilchens viel kleiner sind als die Schallwellenlänge. R. K. Müller 159◇

0388 **Theorie des Pulsierens von Bläschen und der Kavitation.** Gerald Houghton. (J. acoust. Soc. America **35**, 1387—93, 1963; Pittsburgh, Pa., Univ. of Pittsburgh, Div. of Engng. Res., Dep. of Chem. Engng.; engl.) — Die modifizierte Rayleigh-Gleichung für das adiabat. Pulsieren von Bläschen kann durch eine Mathieu-Gleichung angenähert werden. Das Pulsieren ist eine gedämpfte Schwingung, deren Eigenfunktion vom hydrostat. Druck, der Oberflächenspannung u. der Viscosität der Fl. abhängt. Die Energieschwelle für das Einsetzen von Kavitation ist eine Funktion der Frequenz, des Keimblasenradius u. des hydrostat. Drucks. Kavitation tritt nur innerhalb bestimmter Grenzen der Frequenz u. der Blasengröße auf. Nach der Mathieu-Gleichung auf einfachem Wege errechnete Kavitationsdaten stimmen gut mit den exakten Werten von Noltingk u. Neppiras (1950) überein. H. U. Borgstedt 159◇

0389 **Ultraschallatomisierung von Flüssigkeiten.** Richard L. Peskin und Roland J. Raco. (J. acoust. Soc. America **35**, 1378—81, 1963; New Brunswick, N.J., Rutgers State Univ., Bur. of Engng. Res.; engl.) — Ein Fl.-Film, der eine schwingende Fläche bedeckt, wird durch Bldg. von Tröpfchen zerstört. Die Tropfengestalt, Schwingerfrequenz u. -amplitude, Dicke des Fl.-Films u. die Eigg. der Fl. stehen in Beziehung zueinander, die sich aus der hydrodynam. Stabilitätsgleichung ableiten läßt. H. U. Borgstedt 159◇

0390 **Die Dispersion von Ultraschallwellen in zweiatomigen Gasen bei niedrigem Druck.** K. Samal. (Indian J. Physics Proc. Indian Assoc. Cultivat. Sci. **37 (46)**, 331—38, 1963; Edmonton, Canada, Univ. of Alberta, Phys. Dep.; engl.) — In zweiatomigen Gasen ändert sich die Schall-Geschw., wenn die Wellenlänge des Schalls die Größe der mittleren freien Weglänge der Gas-Moll. erreicht. Eine vereinfachte Rechnung für N_2 u. O_2 wurde durch Kombination der Navier-Stokes-Gleichung mit der Rotationsrelaxation ausgeführt; für V_0/V wurde befriedigende Übereinstimmung mit Meßwerten gefunden. H. U. Borgstedt 159◇

0391 **Ultraschallabsorption und Relaxationszeiten in Stickstoff, Sauerstoff und Wasserdampf.** Y. Fujii, R. B. Lindsay und K. Urushihara. (J. acoust. Soc. America **35**, 961—66, 1963; Providence, R.I., Brown Univ., Dep. of Phys.; engl.) — In N_2, O_2 u. H_2O-Dampf wurde auf direktem Wege mit einem impulsmodulierten Ultraschallstrahl von 65,5 kHz der Absorptions-Koeff. α gemessen. Für N_2 ergab sich die Relaxationszeit zu $\tau = (7,6 \pm 0,6) \cdot 10^{-10}$ s, für O_2 zu $\tau = (5,1 \pm 0,4) \cdot 10^{-10}$ s. Beim Wasserdampf entsprechen die Absorptionswerte zwischen 40 u. 180° Relaxationszeiten zwischen 1,0 u. $2,0 \cdot 10^{-8}$ s. H. U. Borgstedt 159◇

0392 **Schallabsorptions- und -geschwindigkeitsmessungen in Sauerstoff.** F. D. Shields und Kun Pal Lee. (J. acoust. Soc. America **35**, 251—52, 1963; Mississippi Univ.; engl.) — Mit Hilfe der von Shields (vgl. C. **1961**, **11620**) beschriebenen Röhren-Meth. maßen Vff. die Schallabsorption u. Schall-Geschw. in reinem O_2 bei 23,5°; 208,7° u. 301,3°. Die Messungen bei den beiden höheren Temp. zeigten, daß die Absorption größer ist als sie sich mit Hilfe der Kirchhoffschen Gleichung berechnet. Diese Beobachtung wird einer

therm. Relaxation der Schwingungsenergie zugeschrieben. Bei 208,7° liegt der maximale Wert der Relaxations-Absorptionskurve schätzungsweise bei 100 ± 4 Hz/at, bei 301,3° bei 175 ± 13 Hz/at. Diese beiden Werte entsprechen Relaxationszeiten von $1,71 \cdot 10^{-3}$ bzw. $1,01 \cdot 10^{-3}$ Sekunden.
C. Gottfried 159△

0393 **Untersuchung gewisser Ultraschallparameter einiger Metallnitrate.** M. Satyanarayana Murty und B. H. Krishnamurty. (Indian J. pure appl. Physics **1**, 332—34, 1963; Waltair, India, Andhra Univ., Phys. Dep.; engl.) — Aus Messungen der Schall-Geschw. im Konz.-Gereich von 0—3m werden die molaren Schall-Geschw., die akust. Impedanz, die relative Assoziation u. die Hydratationszahl für die Nitrate von Li, Ca, Cu, Mg, Mn, Ni, Zn, Fe(III), Al u. Cr(III) berechnet. Die Hydratationswerte stimmen gut mit Literaturwerten überein, für Ca, Cu, Fe(III), Al u. Cr(III) wurden sie erstmals bestimmt. H. U. Borgstedt 159◇

0394 **Ultraschallabsorption durch chemische Relaxation in wässerigen Elektrolytlösungen.** M. Pancholy und S. P. Singal. (Nuovo Cimento [10] **29**, 1027—33, 1963; New Delhi, Nat. Phys. Labor.; engl.) — Mit Hilfe einer Ultraschallimpuls-Meth. wurde von 4—26 MHz im Temp.-Bereich von 20—50° von verschieden konz. Lsgg. von *Na-Isovaleriat, Pb-Acetat* u. *Zn-Sulfat* die Schallabsorption gemessen. Nach Subtraktion eines geschätzten Wertes für die Viscosität der Lsgg. verbleibt ein frequenzabhängiger Rest, der der chem. Relaxation zuzuschreiben ist. Die Relaxationsfrequenz hat einen Konz.-Gang. H. U. Borgstedt 159◇

0395 **Anomale Schallfortpflanzung in CdS.** H. Kroger, E. W. Prohofsky und R. W. Damon. (Physic. Rev. Letters **11**, 246—48, 1963; Sudbury, Mass., Sperry Rand Res. Center; engl.) — Bei 10—60 MHz u. Raum-Temp. zeigen verschiedene CdS-Einkristalle anomale Schallfortpflanzung, die am Ausgangswandler zusätzliche Impulse verursacht. Ein im Dunklen nicht auftretender Satellitenimpuls zum Impuls der sich normal fortpflanzenden Scherwelle zeigt sich unter Bedingungen zur akust. Verstärkung. Der Satellitenimpuls hat die gleiche Polarisation wie die Scherwelle u. im Quarzwandler auch die gleiche Geschwindigkeit. Die Erscheinung ist durch die Wechselwrkg. von Phononen u. Elektronen zu verstehen.
H. U. Borgstedt 159◇

A$_5$. Kolloidchemie, Grenzschichtforschung

0396 **Oberflächeneigenschaften des Kieselgels und ihre Veränderung bei der chemischen Modifizierung der Oberfläche.** Zdzislaw Czarny. (Wiadomości chem. **17**, 395 bis 410, 1963; pol.) — Übersicht. — 87 Literaturangaben.
F. Urban 162◇

0397 **Der Einfluß des Ausmaßes der vorangehenden Dehydratation von Hydrogelen und des Wasserdampfdrucks beim Trocknungsprozeß auf die Struktur der zu bildenden Kieselsäurexerogele.** S. S. Wyssotzki, L. F. Diwnitsch und W. W. Strelko. (Ukrain. chem. J. **28**, 156—61, 1962; Physik.-chem. Pissarshewsky-Inst. der Akad. der Wiss. der UkrainSSR; russ.) — Eine Antrocknung der Kieselsäurehydrogele (bis ~ 80%) beeinflußt nur unmerklich den nachfolgenden Prozeß der Bldg. der porösen Struktur der Silicagele in Bzl.-Dämpfen. Die Entwässerungskinetik der Silicagele mit den verschiedensten Trockenmitteln (Luft, P_2O_5, $CaCl_2$, H_2SO_4, Silicagele, Alumogele) hat gezeigt, daß mit Anwachsen des Wasserdampfdrucks, d. h. mit der Dauer des Trocknungsprozesses, die Porosität der Xerogele anwächst. Mit dem Alter der Hydrogele nimmt ihre Dichte zu, ihr Wassergeh. nimmt ab. Es ist wahrscheinlich, daß das Anwachsen der Porosität durch den Alterungsprozeß bewirkt wird.
J. v. Schroeder 162◇

0398 **Einfluß der Reifung und Alterung von Aluminiumnaphthenatgelen auf ihre elastische Deformation, Schubfestigkeit, Relaxationszeit und Struktur.** A. A. Trapesnikow. (Ber. Akad. Wiss. UdSSR **129**, 387—90, 1959; Physikochem. Inst. der Akad. der Wiss. der UdSSR; russ.) — Messungen u. Best. der elast. Deformation, Schubfestigkeit, Relaxationsdauer u. Struktur in Abhängigkeit von Konz., Lebensdauer u. anderen Zuständen des Gels wurden durchgeführt. Die erhaltenen Ergebnisse wurden in Form von Abhängigkeitskurven dargestellt u. die Darst. eingehend diskutiert. — 8 Literaturangaben. C. Kozak 162□

0399 **Rheologische Untersuchungen an Ton-Wasser-Systemen. 5. Mitt. Viscosität und Gelbeständigkeit von Natriumattapulgitsystemen und deren Koagulation durch Elektrolyte.** A. Packter. (Rheol. Acta [Ergänzungsh. z. Kolloid-Z.] **2**, 44—50, 1962; Canons Park, Middlesex, England; engl.) — 3. vgl. C. **1960**, **14966**. — Untersucht wurden die rheolog. Eigg. (Viscosität, Fließgrenze) von „Permagel" (gereinigtes Na-Attapulgit)-Sol u. -Gel als Funktion der Tonkonzentrationen. Der Einfl. peptisierender (Na-Hexametaphosphat) u. koagulierender (NaCl, Cetyltrimethylammoniumbromid) Elektrolyte auf die rheolog. Eigg. wurde geprüft. Die Koagulation in Na_2CO_3-Lsg. dispergierter Sole durch Elektrolyte führt zur Bldg. hoch dissymm. Strukturen mit hoher Viscosität u. Fließgrenze. Bei der Koagulation peptisierter Sole, die gegen Elektrolyte viel beständiger sind, wird die Partikelaggregation u. Struktur-Bldg. stark zurückgedrängt. K. Jaeger 162◇

0400 **Über die Koagulation von lyophoben Solen unter der Wirkung von Elektrolytgemischen.** 3. Mitt. **Einfluß der Adsorption von Gegenionen.** W. M. Barboi, Ju. M. Glasman und I. M. Dykman. (Kolloid-J. [UdSSR] **23**, 376—80, 1961; Kiew, Technol. Inst. der Leichtind.; russ., Auszug: engl.) — 2. vgl. Kolloid-J. [UdSSR] **20**, [1958] 149; 1. vgl. C. **1959**, 6043; vgl. auch C. **1963**, 17977. — Auf Grund theoret. Überlegungen wird eine Gleichung für die Berechnung der koagulierenden Wrkg. verschiedener Elektrolytgemische abgeleitet, die dann anwendbar ist, wenn als Folge der Adsorption der Gegenionen der krit. Zustand des Sols bei genügend niedrigem Potential der koll. Teilchen eintritt. Die Arten der Wechselwrkg. zwischen den dem Sol zugesetzten Elektrolyten u. den koll. Teilchen werden erörtert.
O. Lebtag 163△

0401 **Über die Koagulation von lyophoben Solen unter der Wirkung von Elektrolytgemischen.** 4. Mitt. **Einfluß der Adsorption von Gegenionen.** W. M. Barboi, Ju. M. Glasman und I. M. Dykman. (Kolloid-J. [UdSSR] **23**, 381—88, 1961; russ., Auszug: engl.) — 3. vgl. vorst. Referat. — Auf Grund der Beziehungen zwischen dem Potential der koll. Teilchen u. der Konz. der Elektrolyte wird gezeigt, daß ein stabiler Zustand des Sols sowohl bei sehr niedriger wie bei relativ hoher Konz. der Elektrolyte erzielt werden kann. Eine positive Abweichung der koagulierenden Wrkg. von der Additivität (Antagonismus u. Superadditivität) tritt ein, wenn die krit. Ionenstärken für die Elektrolyte verschieden sind. Ist dieser Unterschied sehr groß, so geht die Superadditivität immer in Antagonismus über. Ein Synergismus wird nur dann beobachtet, wenn sowohl das krit. wie das Ausgangspotential der koll. Teilchen genügend klein sind. Ein Antagonismus kann bei der Koagulation von lyophoben Solen selbst dann eintreten, wenn eines der zugesetzten Gegenionen überhaupt nicht adsorbiert wird.
O. Lebtag 163△

0402 **Ausbreitungseigenschaften von Capillarwellen.** 2. Mitt. **Meßeinrichtung für die Wellengeschwindigkeit und die Wellenamplitude.** J. Adin Mann jun. und R. S. Hansen. (J. Colloid Sci. **18**, 757—71, 1963; Ames, Iowa, Iowa State Univ., Inst. for Atom. Res. and Dep. of Chem.; engl.) — Es wird eine Meßeinrichtung beschrieben, die im wesentlichen aus einem Langmuir-Trog aus Teflon mit einer Sender- u. einer Empfängersonde zur Erzeugung u. zur Messung stehender Fl.-Wellen besteht. Als Sendersonde dient ein dünner Stab, der durch einen Lautsprechermagneten sinusförmig erregt wird, als Empfängersonde eine Rasierklinge, die mit einem Kristalltonabnehmer-Syst. u. einem nachfolgenden Verstärker verbunden ist; Stab u. Klinge werden mit Hilfe eines Mikromanipulators zueinander parallel u. genau an der zu untersuchenden Fl.-Oberfläche justiert. Aus den sich zwischen Sender u. Empfänger ausbildenden stehenden Wellenzügen u. an Hand eines Phasen-Vgl. zwischen den Schwingungen an den beiden Sonden läßt sich die Ausbreitungs-Geschw. u. der Dämpfungs-Koeff. als Funktion der Frequenz ermitteln. D. Forst 166◇

0403 **Zur Ausbreitung flüssiger Metalle auf der Oberfläche fester Metalle im Zusammenhang mit dem Absorptionseffekt der Festigkeitsverminderung.** 2. Mitt. **Einfluß der Volumendiffusion auf den Ausbreitungsprozeß von Quecksilber auf einer Zinkoberfläche.** Je. D. Schtschukin, B. D. Ssumm, Ju. W. Gorjunow, N. W. Perzow und A. W.

Perzow. (Kolloid-J. [UdSSR] **25,** 253—59, 1963; Moskau, Lomonossow-Univ., Chem. Fak., Lehrst. für Kolloidchem.; russ., Auszug: engl.) — Die Entfernung, über die sich Hg auf der Zn-Oberfläche durch viscosen Fluß verbreitet, ist mit der Hg-Masse durch eine exponentielle Beziehung verbunden: Für den eindimensionalen Fall: $\lambda \sim m^{1/6}$, für den zweidimensionalen $R \sim m^{1/8}$. Die Zeit bis zur Beendigung des Oberflächenfließens ist ebenfalls eine exponentielle Funktion der Masse des Hg-Tropfens. Die Endgröße der Hg-Tropfen wird durch das Verhältnis der Geschw. des Zerfließens u. der Geschw. der Vol.-Diffusion des Hg in Zn bestimmt. Die Berechnungen stimmen mit den experimentellen Ergebnissen überein. Bei Temp.-Erhöhung werden die Größen der Hg-Flecke vermindert u. der Prozeßablauf verlangsamt. Die berechneten Daten der Aktivierungsenergie der Diffusion stimmen mit den Daten anderer Autoren überein.
J. v. Schroeder 166◇

0404 **Ein Gerät zur Bestimmung der ζ-Potentiale nach der Methode der elektroosmotischen Überführung an Mineraldiaphragmen.** Bohuslav Dobiáš. (Chem. Listy **56,** 1434—37, 1962; Praha, Čs. akad. věd, Hutnický ústav; tschech.) — Es wurde zur Unters. der Elektroosmose an Mineraldiaphragmen eine App. entwickelt, die gegenüber der früher benutzten (C. **1959,** 16236) verschiedene Verbesserungen aufweist. M. Ryba/Prag 168△

0405 **Die Scintillationsmethode zur kontinuierlichen Messung der Selbstdiffusion in Capillaren.** Alexandr Gosman. (Chem. Listy **56,** 1445—48, 1962; Praha, Fak. techn. a jader. fys., Kat. jader. chem.; tschech.) — Die Messung der Selbstdiffusion in Lsgg. mit Hilfe von Radioisotopen nach der Meth. von Anderson u. Saddington (J. chem. Soc. [London] **1949,** 381) wurde so verbessert, daß der zeitliche Verlauf der Selbstdiffusion kontinuierlich verfolgt werden kann. Die App. wird beschrieben. M. Ryba/Prag 171△

0406 **Diffusion von $H_2^{18}O$ in konzentrierten wässerigen Lithiumchlorid- und Cäsiumchloridlösungen bei 25°.** József Tamás, Sándor Lengyel und János Giber. (Magyar Kémiai Folyóirat [Ung. Z. Chem.] **69,** 265—69, 1963; Budapest, L. Eötvös Univ., Lehrst. phys. Chem. u. Radiol.; ung.) — $H_2^{18}O$ ist günstiger als die mit ^2H markierten W.-Moll., die die H-Brücken im fl. W. beeinflussen. Es wurde die Mikrocapillar-Meth. angewandt, ohne Rühren der Fl. am Ende der Capillare, was nach den Verss. keinen Fehler erzeugt. Die Ergebnisse bei verschiedenen Konzz. sind mitgeteilt; die Diffusion sinkt mit steigender Konz. der Salzlösungen.
I. Náray-Szabó 171△

0407 **Theorie des schwingenden Viscosimeters.** 4. Mitt. **Eine dicke Scheibe.** Alfonso Gil Azpeitia und Gordon Frank Newell. (Z. angew. Math. Physik [Basel] **10,** 15—34, 1959; Providence, R. I., Brown Univ.; engl.) — 3. vgl. J. angew. Math. Physik [Basel] **9,** [1958], 97. — Wie früher wird der Einfl. der Zähigkeitskräfte auf eine in einer Fl. schwingende Scheibe theoret. behandelt, wobei jedoch eine im Vgl. zu Scheibendicke u. Radius kleine Grenzschichtdicke vorausgesetzt wird. Die Formeln lassen sich mit gutem Ergebnis auf die dünne Scheibe (Grenzschichtdicke groß im Vgl. zur Scheibendicke, klein im Vgl. zum Radius) extrapolieren. Durch eine Interpolation zwischen den Ausdrücken für „dünne" u. für „dicke" Scheiben ist die Berechnung des Reibungsmomentes für Scheiben unterschiedlichster Form möglich, vorausgesetzt, daß die Grenzschichtdicke klein ist im Vgl. zum Radius. Die Formel für dicke Scheiben ermöglicht genaue Absolutmessungen. Die prakt. Best. der Viscosität aus Messungen des Dekrementes erfolgt ähnlich wie in der 2. u. 3. Mitt. u. ist nicht viel schwieriger als mit den gebräuchlichen Näherungsformeln. Die zur Berechnung der Bewegung der Fl. nahe rechtwinkligen Ecken benutzte Meth. läßt sich auf ähnliche Probleme (Wärmeübergang) anwenden.
R. Junge 172◇

0408 **Zusammenhang zwischen der Dielektrizitätskonstante eines Lösungsmittels und der Viscosität von Elektrolytlösungen.** 2. Mitt. **Die Systeme $AgBr-Al_2Br_6-C_6H_6$ und $AgBr-Al_2Br_6-C_2H_5Br$.** Je. Ja. Gorenbein und P. I. Smolenzew. (Ukrain. chem. J. **28,** 185—87, 1962; Ukrain. Akad. der landwirtsch. Wiss.; russ.) — 1. vgl. C. **1963,** 462. — Es wurde der Einfl. der DK des Lsgm. auf die Viscosität η der angeführten Syst. studiert. η von $AgBr-Al_2Br_6$-Lsgg. in Bzl. u. Äthylbromid mit DK-Werten 2,284 bzw. 9,39 wurde in Abhängigkeit von der Konz. bei 18, 25 u. 30° untersucht. Es wurde festgestellt, daß bei einem Übergang von einem Lsgm. mit größerer DK zu einem mit kleinerer DK η von Lsgg. eines u. desselben Elektrolyten bei sonst gleichen Bedingungen zunimmt. Es wurde die Anwendbarkeit der Formel $\eta = \eta_0 \cdot \exp(A/\varphi)$ (η u. η_0 = Viscositäten der Lsg. u. des Lsgm., A = empir. Konst. u. φ = Verdünnung) bestätigt.
C. Kozák 172◇

0409 **Über den Weissenberg-Effekt.** N. I. Malinin. (Kolloid-J. [UdSSR] **22,** 201—10, 1960; Inst. für Hydrodynamik der Sibir. Abt. der Akad. der Wiss. der UdSSR; russ., Auszug: engl.) — Der Weissenberg-Effekt (WE), nach dem beim Fließen einer Lsg. eines Hochpolymeren nicht nur eine tangentiale Spannung in der Schubebene, sondern auch eine Normalspannung senkrecht dazu auftritt, sollte nicht nur für Lsgg. von Hochpolymeren gültig sein, sondern auch für beliebige disperse Syst., die eine gewisse Elastizität der Form besitzen. Es wurden Gleichungen zur Berechnung von Drücken, die den WE hervorrufen, abgeleitet. Vf. berücksichtigte hierbei die Modelle von Maxwell u. Burgers, welche das Verh. von viscoelast. Körpern beschreiben. Im Falle eines Maxwellschen Körpers fallen die vorgeschlagenen Gleichungen mit den aus der Weissenbergschen Theorie abgeleiteten zusammen. Für den Fall der Übereinstimmung von Axial- u. Radialdruck sind die normalen Spannungen angegeben, die beim WE im Zwischenraum zwischen zwei Scheiben entstehen, wobei eine Scheibe beweglich, die zweite unbeweglich ist. Für die Fälle der relativen Bewegung zweier Scheiben u. einer Scheibe zu einem Konus gegeneinander bestimmte Vf. die Axialkräfte für den WE. Kurt Winkler 173◇

0410 **Zur Untersuchung rheologischer Eigenschaften schwerer Suspensionen.** K. M. Alexandrowitsch, M. M. Pawljutschenko und F. F. Mosheiko. (Ber. Akad. Wiss. BelorussSSR **6,** 168—71, 1962; Inst. für allg. und anorg. Chem. der Akad. der Wiss. der BelorussSSR; russ.) — Die rheolog. Eigg. schwerer Suspensionen hängen vom Dispersitätsgrad u. der Konz. des Beschwerungsmittels ab. Mit Erhöhung der Konz. werden die Suspensionen fähig zur Struktur-Bldg. u. in ihren physikal. Eigg. nehmen sie dann eine Zwischenstellung zwischen fl. u. festen Körpern ein. Fließkurven von *Glycerin–W.*-Lsgg. verschiedener Dichte u. von ***Magnetit***-Suspensionen in W. oder *KCl–NaCl*-Lsgg. werden vorgelegt.
J. v. Schroeder 173◇

0411 **Die Messung der spezifischen Oberfläche nach Derjagin.** M. Hollnagel. (Abh. dtsch. Akad. Wiss. Berlin, Kl. Chem. Geol. Biol. **1961,** Nr. 3, 85—88; Berlin, Dt. Akad. der Wiss., Phys. Chem. Inst.; dt.) — Vf. bestimmt Oberflächen von *α-FeO(OH)*-Pulvern mit einer modifizierten App. nach Derjagin auf 3% genau. A. Kumm 176◇

0412 **Untersuchung der Struktur von Sorbenten durch kinetische Methoden. Durchlässigkeit von aktiven Kohlen mit teilweise ausgeschlossenem Porenvolumen.** D. P. Timofejew und I. T. Jeraschko. (Ber. Akad. Wiss. UdSSR **129,** 384—86, 1959; Physikochem. Inst. der Akad. der Wiss. der UdSSR; russ.) — Zur Unters. der Durchlässigkeit D von Aktivkohlen wurde eine Meth. angewendet, die auf folgendem Prinzip beruhte: Zuerst wurde D an Hand eines nicht sorptionsfähigen Gases (He) bestimmt. Darauf wurden an der Aktivkohle Propylalkoholdämpfe adsorbiert, u. zwar bei einem Gleichgewichts-Druck, welcher der Ausfüllung des Mikroporen-Vol. entsprach, worauf D von der Kohle noch einmal bestimmt wurde. Die durchgeführten Messungen u. Verss. wurden mit — durch Dampfgas-Meth. — erhaltenen granulierten Kohlensorten durchgeführt. Es wurde bes. festgestellt, daß D bei der Ausfüllung des Volumens von Mikro- u. Durchgangs-Poren sinkt. Diese Erscheinung wurde eingehend diskutiert. C. Kozák 176□

0413 **Untersuchung der porösen Struktur fester Körper durch Sorptionsmethoden.** 5. Mitt. **Anwendung verschiedener Methoden zur Untersuchung von Übergangs- und Makroporen von Aktivkohlen.** M. M. Dubinin, M. M. Wischnjakowa, Je. G. Shukowskaja, Je. A. Leontjew, W. M. Lukjanowitsch und A. I. Ssacharow. (J. physik. Chem. [UdSSR] **34,** 2019—29, 1960; Inst. für physikal. Chem. der Akad. der Wiss. der UdSSR; russ., Auszug: engl.) — 4. vgl. C. **1959,** 9815. — Durch Sorption von Bzl. u. N_2 u. durch Eindrücken von Hg wird die Porenstruktur der Aktivkohlen AU-10 bis AU-14 mit ausgeprägter Übergangsporosität untersucht u. festgestellt, daß die Integralkurven der Vol.-

Verteilung der Poren aus den Verss. über die Sorption von Bzl.-Dampf u. über das Eindrücken von Hg gut miteinander übereinstimmen, jedoch von den Sorptionskurven der Verss. mit N_2 etwas abweichen. Die elektronenmkr. Beobachtungen bestätigen die Ergebnisse der Sorptions- u. Porenmessungen. Die Ergebnisse bestätigen in gewisser Näherung die Möglichkeit, die Porenstruktur realer Sorbenten quant. durch die entsprechenden äquivalenten Modellsorbenten einfacherer geometr. Porenstruktur zu beschreiben. O. Lebtag 176△

0414 **Chemisorption von Stickstoff auf Wolfram.** Takeo Oguri. (J. physic. Soc. Japan **18**, 1280—94, 1963; Tokyo, Metropolitan Univ., Fac. of Sci., Dep. of Phys.; engl.) — Durch massenspektrometr. Unters. in einem abgeschlossenen Syst. wurden 3 Chemisorptions-Zustände α, ε u. ζ gefunden. α ist mit ca. 5% der Sättigungsbedeckung ein instabiler, dissoziativer Zustand mit einer Chemisorptionswärme von $0{,}7_8$ eV, ε mit 60—65% u. $3{,}6_5$ eV ein nichtdissoziativer Zustand u. ζ mit 35—30% eine dissoziative Adsorption mit 3,0 eV. Die Aktivierungsenergien der Chemisorption für ζ u. ε betragen $-0{,}07_5$ bzw. ca. $-0{,}08$ eV, die Haftwahrscheinlichkeiten für ζ 0,5 bei $0-1\cdot10^{13}$ Moll./cm² u. für ε 0,04 bzw. 0,02 bei $11{,}5\cdot10^{13}$ bzw. $12{,}5\cdot10^{13}$ Moll./cm². Bei Zimmer-Temp. erfolgt die Adsorption in den 3 Zuständen bei niedriger Bedeckung gleichzeitig mit einer mittleren Haftwahrscheinlichkeit von 0,2. Bei angenähert vollständiger Monoschicht erfolgt nur ε-Adsorption. H. Liepack 176◇

0415 **Adsorption von Polonium an Gläsern und Papierfiltern in Gegenwart von Salzen.** I. Je. Starik, B. Ss. Kusnetzow und N. I. Ampelogowa. (Radiochemie [UdSSR] **5**, 304—11, 1963; russ.) — Vff. untersuchten die Adsorption von Po auf einer polierten Quarzplatte, durch Glaspulver u. durch aschefreies Filterpapier in Abhängigkeit vom pH-Wert (HCl) u. der Konz. der Verbb. NaCl, $BaCl_2$ u. $La(NO_3)_3$. Die maximale Po-Adsorption wird für Glas bei pH 5,0—5,5; für Filterpapier bei pH $<2-3$ beobachtet. Bei pH $<2-3$ verringert sich die Adsorption bei Zugabe von $BaCl_2$ u. $La(NO_3)_3$. Die Ggw. von kleinen $BaCl_2$- u. NaCl-Mengen bei pH >3 vergrößert etwas die Po-Adsorption auf Quarz u. Papier. Bei weiterer Erhöhung der $BaCl_2$-Konz. bis auf 0,3 Mol verringert sich die Adsorption stark. Im Bereich pH 3—6 hat die Ggw. von La keinen Einfl. auf die Po-Adsorption auf Quarz, bei pH >4 vergrößert sie die Adsorption durch Filterpapier. Die Resultate können mit der Annahme eines Ionencharakters der Sorptionsprozesse erklärt werden. G. Ewald 176◇

0416 **Struktur und Adsorptionseigenschaften von Ca–A-Zeolith mit ausgetauschten Kationen.** Ss. A. Lewina, L. P. Schirinskaja, M. W. Saretzki und N. F. Jermolenko. (Ber. Akad. Wiss. BelorussSSR **6**, 164—67, 1962; Inst. für allg. u. anorg. Chem. der Akad. der Wiss. der BelorussSSR; russ.) — Die Adsorption von W. u. A. durch Me(Ca)-Zeolithe mit Me = Na, Li, K, Zn, Mg, Ni, Sr, Cd, Pb, Ba, Bi, NH_4, Co u. Rb ist bei Ersatz von Ca durch Metalle, deren Ionenradius kleiner als von Ca ist, größer; bei denen, deren Ionenradius größer als von Ca ist, kleiner. Ein vollständiger Austausch erfolgt nicht. Ca–A-Zeolith u. seine Austauschformen haben ein kub.-primitives Gitter vom Typ Linde 4 A. Veränderungen in der Gitterperiode durch den Kationaustausch wurden festgestellt, ebenso teilweise Zerstörung des Kristallgitters. J. v. Schroeder 177◇

0417 **Folien aus Polystyrolsulfonsäure und ihren Salzen. 6. Mitt. IR-Untersuchung der Be-, Al-, Ga-, In- und Tl-Form.** G. Zundel, A. Murr und G.-M. Schwab. (Z. physik. Chem. [Frankfurt/M.] [N. F.] **35**, 199—204, 1962; München, Univ., Phys.-Chem. Inst.; dt.) — 5. vgl. Naturwissenschaften **50**, [1963], 17; 4. vgl. C. **1963**, 12918. — Die Ionenaustauscherformen (5%ig. Vernetzung) der hydratisierten (H_2O/D_2O 1:1) Salze werden IR-spektroskop. untersucht. Banden bei 3400 (cm^{-1}) u. 3150 werden OH-Valenzschwingungen, bei 1640 einer H_2O-Scherenschwingung zugeordnet, die mit W. hydratisierten Al-, Ga- u. In-Formen zeigen eine weitere Bande um 2500. Die Bande der antisymm. Valenzschwingung der SO_3^--Gruppe bei ca. 1180 ist aufgespalten. Aus dem Einfl. der Kationen wird auf unterschiedliche Polarisation der SO_3^--Gruppe durch die Kationen geschlossen. Einfl. der protolyt. Zers. von W. durch die Kationen, Bindungsverhältnisse u. Hydratationsmechanismus werden erörtert. P. Frenzel 177◇

0418 **Einige Probleme der Theorie des Ionenaustausches. 1. Mitt. Ionenabsorptionskurven von Kationen- und Anionenaustauschern.** B. P. Nikolski und N. F. Bogatowa. (Nachr. Leningrader Univ. **16**, Nr. 10, Ser. Physik Chem. Nr. 2, 94—111, 1961; russ., Auszug: engl.) — Der Austausch der Ionen H^+ u. Na^+ an verschiedenen Kationiten u. von Cl^- u. OH^- an einem Anionit wurde untersucht u. unabhängig vom Typ des Austauschers im Einklang mit der Theorie gefunden. Die Messung des Verhältnisses der Aktivitäten der Ionen in der Lsg. konnte gut mit der Meth. der EMK von Ketten ausgeführt werden. Die potentiometr. erhaltenen Absorptionskurven bestätigen die Theorie. Die absorbierte Menge des Ions ist mit einer Genauigkeit von 3—5% nicht durch die abs. Konz., sondern das Verhältnis der Aktivitäten der Ionen in der Gleichgewichtslösung bestimmt. Das Verhältnis der Aktivitäts-Koeff. ändert sich in der Austauscherphase nicht wesentlich. M. Wiedemann 177□

0419 **Die Affinitätsfolgen von Kationenaustauscherharzen.** J. Kennedy und V. J. Wheeler. (Chem. and Ind. **1959**, 1577; Harwell, Berks., A.E.R.E.; engl.) — Verschiedene Austauscherharze, z. B. Nalcite X-219 [$R-P(O)(OH)_2$] u. polymere Diallylphosphorsäure [$(C_3H_5O)_2P(O)(OH)$], werden in ihrem Absorptions-Verh. miteinander verglichen. Da u. a. auch die Absorptionsreihe $H^+ > Cs^+ > Rb^+ > K^+ > Na^+ > Li^+$ für monofunktionelle Austauscher gilt, wird angenommen, daß der Gesamtdipol, den Ionen hoher Feldstärke (H^+ oder mehrwertige Kationen) mit der funktionellen Gruppe ergeben, größer ist als der von Wasser. Für das Verh. gegenüber Ionen geringerer Feldstärke ist dagegen lediglich der permanente Dipol funktioneller Gruppen von Bedeutung. F. M. Friedrich-Anderseck 177◇

0420 **Untersuchungen über den Einfluß der Geometrie der Austauscherschicht auf den Ausnutzungsgrad der Ionenaustauschersäule.** Antoni Justat und Wiesław Radomski. (Chem. stosowana **6**, 397—407, 1962; Łódź, Politechn., Kat. Technol. chem. nieorgan.; pol.) — Der Ausnutzungsgrad η einer Säule beim Ionenaustausch nimmt mit größer werdendem Schlankheitsgrad der Kolonne ψ (= Höhe/Durchmesser) zu. Für $\psi = 0{,}32 - 3$ ist der Einfl. von ψ auf η sehr groß, für größere ψ-Werte ist er klein. Für eine Belastung von 20 Vol.-Teilen Lsg./Vol.-Teil des Austauschers u. Std. ist die Abhängigkeit $\eta = 0{,}82 - 0{,}23\cdot\psi^{-1/3}$. Die Form der Kurve $\eta = f(\psi)$ bleibt auch bei anderen Belastungen erhalten. F. Urban 177◇

A_6. Strukturforschung

0421 **Ableitung neuer und bekannter Gleichungen für die direkte Methode der Strukturanalyse.** De-ssjan Tsetshou, Schi-lin Pan, Wui-in Ssun und Mei-lun Lo. (Acta physica sinica **19**, 560—65, 1963; chin.) M. Hähnert 181◇

0422 **Einfluß der Elektron–Phonon-Wechselwirkung auf die Streuung von Neutronen durch leitende Kristalle.** J. J. J. Kokkedee. (Physica [Utrecht] **28**, 893—907, 1962; Utrecht, Rijksuniv., Inst. voor theoret. fys.; engl.) — Eine für den Einfl. von Phonon–Phonon-Wechselwrkg. auf die Lage u. Breite der Einphononen-Maxima im Spektrum durch Einkristalle unelast. gestreuter Neutronen entwickelte Theorie wird auf Metalle ausgedehnt u. erfaßt die Wechselwrkg. zwischen Phononen u. Leitungselektronen. Für die Verschiebung u. Breite des Spektrums im Ergebnis der Elektron–Phonon-Kopplung werden Gleichungen abgeleitet. Im allg. ist der Einfl. der Elektron–Phonon-Wechselwrkg. auf die Linienform der Streumaxima gering zu bewerten. H. Roschkowski 181◇

0423 **Streuung kalter Neutronen in Berylliumoxid.** P. G. Khubchandani und S. Sanatani. (J. Physics Chem. Solids **24**, 782—84, 1963; Trombay, Bombay, Atom. Energy Establ.; engl.) — Da für kalte Neutronen die Bedingungen nicht erfüllt sind, die bei der von Kothari u. Singwi (Solid State Physics **8**, [1959], 109) angegebenen Beziehung für die kohärenten unelast. Neutronenquerschnitte notwendig sind, berechnen Vff. für die Neutronenwellenlängen 5, 5,5 u. 6 Å die Einphononstreuquerschnitte bei 100—400° K. Bei steigender Temp. müssen außerdem Zweiphononquerschnitte berücksichtigt werden. Herbert Müller 181◇

0424 **Der Ursprung des Elektronenmikroskops.** Martin M. Freundlich. (Science [Washington] **142,** 185—88, 1963; engl.) — Überblick über die Entstehungsgeschichte. H. Liepack 181◇

0425 **Aktuelle Fragen der Theorie der modernen Strukturelektronographie (Übersicht).** B. K. Wainstein, S. G. Pinsker, A. N. Lobatschew und B. B. Swjagin. (Betriebs-Lab. [UdSSR] **27,** 673—82, 1961; russ.) — 39 Literaturangaben. W.-D. Heußner 181□

0426 **Mikrobeugungsuntersuchung der Tieftemperaturoxydation polykristalliner Materialien.** D. I. Lainer, M. I. Zypin und A. Ss. Bai. (Betriebs-Lab. [UdSSR] **29,** 1093—95, 1963; Forsch.- u. Projekt-Inst. für Legg. u. für die Verarbeitung von Buntmetallen; russ.) — Vorgeschlagen wird eine elektronenmkr. Meth. zur Best. der kristallograph. Orientierung einer Oxidhaut zu verschiedenen Körnern eines Metalls (Fe, Ni, Al, Ti), die diese Orientierung mit einem Fremdkorn von bekannter Orientierung zu vergleichen gestattet. H. Hochstein 181◇

0427 **Methode zur Bestimmung der Verschiebung der Probenoberfläche an einem Röntgendiffraktometer.** B. W. Delf. (Brit. J. appl. Physics **12,** 421—23, 1961; Cardiff, Univ. Coll., Viriamu Jones Labor.; engl.) — Vf. entwickelt eine Meth. zur Best. der Probenverschiebung im Röntgendiffraktometer durch Vgl. mit einer Glasplatte bekannter Dejustierung u. Beobachtung mit einem Schlittenmikroskop. Es werden auf diese Weise Verschiebungen von 0,006 mm registriert, entsprechend einem Fehler des Beugungswinkels von 0,004° bei 17 cm Diffraktometerradius. G. Ruban 181◇

0428 **Der Einfluß von Baufehlern auf die Lage der (3 1 1)-Linien auf Röntgendiagrammen von kubisch-flächenzentrierten Metallen.** Ja. D. Wischnjakow und Ja. Ss. Umanski. (Kristallographie [UdSSR] **8,** 273—75, 1963; Moskau, Stahl-Inst.; russ.) — Von den 24 Flächen von {3 1 1} kub.-flächenzentrierter Metalle werden mit zunehmender Baufehler-Konz. α die Reflexe von 6 Flächen zunehmend nach kleineren Winkeln u. in gleichem Maße die Reflexe von 6 anderen Flächen nach größeren Winkeln verschoben, während die restlichen 12 Flächen keine Reflexverschiebung aufweisen. Daher tritt für die (3 1 1)-Reflexe kub.-flächenzentrierter Metalle mit zunehmendem α keine Verschiebung des Reflexschwerpunktes, wohl aber eine zunehmende Reflexunschärfe ein. Dieses Ergebnis wurde an *Cu*- 10 Atom-% *Al* geprüft. K. Jaeger 181◇

0429 **VB-Theorie in der Koordinationschemie.** Linus Pauling. (J. chem. Educat. **39,** 461—63, 1962; Pasadena, Calif., California Inst. of Technol.; engl.) — Krit. Stellungnahme zu einem Artikel von Liehr (C. **1963,** 20699). Ch. Weiske 182◇

0430 **Über die Anwendung von zwei einfachen Annäherungen für „Atome in Molekülen".** Alicia Batana und Norah V. Cohan. (Proc. physic. Soc. **79,** 279—83, 1962; Buenos Aires, Univ., Fac. de Cienc. Exactas; engl.) — Vff. wandten 2 von Moffitt (vgl. Proc. Roy. Soc. [London], Ser. A **210,** [1952], 245) u. von Hurley (vgl. C. **1957,** 4035) entwickelte einfache Annäherungen der Meth. der „Atome in Moll." auf den tiefsten $^1\Sigma_u^+$-Zustand, den sog. B-Zustand des H_2 an. C. Gottfried 182△

0431 **Molekulare Zweizentrenintegrale.** 2. Mitt. **Einige Einelektronintregrale.** Alf Lofthus. (Molecular Physics **6,** 115—20, 1963; Blindern, Oslo, Univ. of Oslo, Dep. of Phys.; engl.) — 1. vgl. C. **1963,** 14945. — Einelektron-Coulomb-Integrale werden für beliebige Kombinationen von s-, p-, d-, f-, g- u. h-Orbitalen u. für beliebige nichtnegative Werte des Parameters n berechnet. Die Formeln sind tabelliert. Die Einelektron-Resonanzintegrale u. die Integrale der kinet. Energie werden in einfacher Weise zu den Überlappungsintegralen in Beziehung gesetzt. A. Blaschette 182◇

0432 **Molecular-orbital-Untersuchungen zweiatomiger Moleküle.** 2. Mitt. **Methode zur Berechnung von Multikonfigurationen heteronuclearer und homonuclearer Systeme.** Howard S. Taylor und Frank E. Harris. (Molecular Physics **6,** 183—92, 1963; Berkeley, Calif., Univ. of California, Dep. of Chem.; engl.) — 1. vgl. C. **1961,** 3584; 3. vgl. C. **1964,** 12-0445. — Computer-Programmierung einer LCSC-MO-Methode. A. Blaschette 182◇

0433 **Berechnung adiabatischer Energieflächen für Moleküle mit Hilfe der Methode der Atomassoziation.** Heinzwerner Preuss. (Rev. mod. Physics **35,** 646—68, 1963; Frankfurt/M., Univ., Fac. of Nat. Sci.; Munich, MPI for Phys. and Astrophys.; engl.) — Das vom Vf. entwickelte Verf. der Atomassoziation (vgl. z. B. C. **1963,** 10384) beruht auf einer Zurückführung des Mol.-Problems auf ein angenommen gelöstes Atomproblem mit Hilfe von bestimmten fiktiven Strukturen, den sog. Atomassoziationen. Erörtert werden die Grundlagen der Meth., ihre mathemat. Formulierung als Variations- u. als Störungsproblem, ihre Vereinfachung (halbempir. Form u. Näherungen) sowie einige numer. Berechnungen für H_2^+ u. H_2. A. Blaschette 182◇

0434 **Die Natur der chemischen Bindung über zwei Elektronen.** 3. Mitt. **Natürliche Orbitale für H_2.** Stanley Hagstrom und Harrison Shull. (Rev. mod. Physics **35,** 624—29, 1963; Bloomington, Ind., Indiana Univ., Chem. Dep.; engl.) — 2. vgl. J. physic. Chem. **66,** [1962], 2320. — Unters. an Hand einer neuen, genaueren Wellenfunktion für H_2 (Entw. nach Konfigurationen von Prodd. über Grundorbitale, letztere in ellipt. Koordinaten). A. Blaschette 182◇

0435 **Die Elektronenstruktur von Disauerstoffdifluorid.** J. W. Linnett. (J. chem. Soc. [London] **1963,** 4663—65; Oxford, Inorg. Chem. Labor.; engl.) — Es wird eine Deutung der kurzen O—O-Bindungslänge (1,22 Å) u. der großen F—O-Abstände (1,58 Å) im O_2F_2-Mol. mit Hilfe der Doppelquartettmodifikation der Oktettregel (C. **1961,** 17852) gegeben u. die Struktur des O_2F_2 mit der des N_2F_2 verglichen. A. Blaschette 182◇

0436 **Vielelektronenstörungstheorie für nichtmetallische Systeme niedriger Dichte.** W. J. Carr jun. (Physic. Rev. [2] **131,** 1947—52, 1963; Pittsburgh, Pa., Westinghouse Res. Labor.; engl.) — Entw. einer Störungstheorie bis zur 2. Ordnung für die Energie eines Syst. von Atomen mit schwacher Wechselwirkung. Für ein großes gleichförmiges Syst. ist der Ausdruck proportional der Zahl der Atome. Das Ergebnis ist als Summe aus elektrostat. u. Van der Waals-Termen plus Austauscheffekte dargestellt. Für den Fall, in dem die ungestörten Atome einen Drehimpuls haben, führt die Störungstheorie mit Entartung zu einer Lösung vom Spinwellentyp mit Kopplung zwischen den Atomen. H. Liepack 182◇

0437 **Anisotropie der chemischen Bindung in der Verbindung CdSb.** K. Toman. (Czechoslov. J. Physics **13,** 431—36, 1963; Praha, Českoslov. akad. věd, Ústav fyz. pevných látek; engl.) — Aus Literaturdaten zur Spaltbarkeit des orthorhomb. CdSb, Best. der linearen Wärmeausdehnungs-Koeff. über die Temp.-Abhängigkeit der Gitter-Konst. [$\alpha_a = (17 \pm 1) \cdot 10^{-6}$; $\alpha_b = (4 \pm 3) \cdot 10^{-6}$ u. $\alpha_c = (2 \pm 1) \cdot 10^{-6}$ Grad^{-1}] u. bis zu einem gewissen Grad aus Berechnungen der Anisotropie der therm. Schwingungen der Atome im Gitter mit Hilfe röntgenograph. Daten leitet Vf. eine Bestätigung der von Mooser u. Mitarbeiter (J. Electronics **1,** [1956], 636) vertretenen Auffassung ab, daß nur zwischen zwei der drei nahe benachbarten Cd–Sb-Paare im Gitter Bindungen bestehen. CdSb hat demnach Schichtstruktur. H. Roschkowski 182◇

0438 **Achterkoordination in den ersten Übergangsperioden.** R. J. H. Clark, D. L. Kepert, R. S. Nyholm und J. Lewis. (Nature [London] **199,** 559—62, 1963; London, Univ. Coll., Dep. of Chem.; Manchester, Univ., Dep. of Chem.; engl.) — Übersicht über die bisher bekannten Verbb. mit 8fach koordiniertem Ti, V, Cr, Zr, Nb, Mo, Tc, Hf, Ta, W, Re, Th, Pa, U, Np u. Diskussion der Beziehungen zwischen der Natur der Liganden, der Art der Bindungen u. der Stereochemie des Komplexes. Als neue Verbb. des bereits bekannten Typs Me(IV)$X_4 \cdot 2$ Diarsin (Diarsin = o-Phenylen-bis-[dimethylarsin]) erhielten Vff. *$NbCl_4 \cdot 2$ Diarsin, $NbBr_4 \cdot 2$ Diarsin* u. *$NbJ_4 \cdot 2$ Diarsin.* — 56 Literaturangaben. A. Blaschette 182◇

0439 **Elektronenabsorptionsspektren von Acetylacetonatokomplexen.** 2. Mitt. **LCAO–MO-Berechnungen nach Hückel für Komplexe mit dreiwertigen Ionen der Übergangsmetalle.** D. W. Barnum. (J. inorg. nuclear Chem. **22,** 183—91, 1961; Emeryville, Calif., Shell Dev. Co.; engl.) — 1. vgl.

C. **1962,** 11088. — Für die Best. der Wrkg. der Metall–Ligand–π-Bindung auf die Elektronenübergangsenergien der Komplexe MeA_3 (Me = *Ti, V, Cr, Mn, Fe* u. *Co*, HA = Acetylaceton) wurden LCAO–MO-Berechnungen nach Hückel eingeführt. Von den Parametern wurde das Coulomb-Integral α_i bzw. das Austauschintegral β_{ij} aus den abs. Elektronegativitätswerten bzw. den Werten für die Bindungsenergien mit Ausnahme von β_{ij} für die Metall–O–π-Bindungen bestimmt, das als variabler Parameter blieb. Mit Hilfe dieser Ergebnisse wurden die meisten Banden im UV-Gebiet spezif. Übergängen zugeordnet. Die berechneten u. beobachteten Werte der Übergangsenergien stimmen gut überein. Die Metall–Ligand–π-Bindung, deren Wert in der oben angeführten Reihenfolge der Komplexe steigt, veranlaßt die Aufspaltung des $\pi_3 \rightarrow \pi_4$-Übergangs in 4 Banden. Die schwächste Bande ist von der π-Bindung unabhängig, während die 3 anderen zu Werten höherer Energie verschoben werden. Beim $d_\varepsilon \rightarrow \pi_4$-Übergang findet infolge π-Bindung Aufspaltung in 3 Banden statt. Die schwächste Bande verschiebt sich mit steigender Metall–Ligand–π-Wechselwrkg. zu Werten niedrigerer Energie. Die anderen 2 überlappen u. sind beinahe unabhängig von der π-Bindung. G. Heller 182◇

0440 **Temperatureinfluß auf die Größe kleiner Moleküle. Anwendung auf einige Kobalt(II)-Komplexe.** F. D. Peat, P. J. Proll und L. H. Sutcliffe. (J. inorg. nuclear Chem. **25,** 1491—94, 1963; Liverpool, Univ., Donnan Chem. Labor.; engl.) — Theoret. Ableitung einer allg. Gleichung, die die Temp.-Abhängigkeit des Mol.-Radius unter der Voraussetzung, daß ein Syst. aus gequantelten harmon. Vibratoren vorliegt, berücksichtigt. Angewendet wird die Meth. auf das kugelförmige Ion bzw. Mol. $[Co(OAc)_4]^{2-}$ bzw. $Co(OAc)_2 \cdot 4\,HOAc$. G. Gattow 182◇

0441 **Kovalenzeffekte in $KNiF_3$.** 1. Mitt. **Kernmagnetische Resonanzuntersuchungen.** R. G. Shulman und S. Sugano. (Physic. Rev. [2] **130,** 506—11, 1963; Murray Hill, N.J., Bell Telephone Labor.; engl.) — An einem kub. Einkristall von $KNiF_3$ mit Perowskit-Struktur wird die d-Elektronenbindung untersucht. Die bei 60 MHz gemessene ^{19}F-Resonanz von $KNiF_3$ u. zum Vgl. von $KMnF_3$ zeigt, daß die NMR-Messung nur auf die Differenz der Besetzung der pσ- u. pπ-Bahnen durch unpaare Elektronen anspricht. Mn^{2+} besitzt unpaare Spins, die mit pσ- u. pπ-Bahnen des F koppeln können, Ni^{2+} besitzt Spins, die nur mit pσ-Bahnen des F in Wechselwrkg. treten können. Aus den experimentellen Daten werden Zahlenwerte für die Besetzungszustände von 2s- u. 2pσ-Bahnen durch unpaare Spins berechnet. K. Scheffler 182◇

0442 **Kovalenzeffekte in $KNiF_3$.** 2. Mitt. **Optische Untersuchungen.** K. Knox, R. G. Shulman und S. Sugano. (Physic. Rev. [2] **130,** 512—16, 1963; engl.) — 1. vgl. vorst. Referat. — Es werden die Absorptionsspektren von Einkristallen der Zus. $KNiF_3$, $KMgF_3$: 0,10 Ni^{2+}, $KMgF_3$: 0,05 Ni^{2+} u. $KMgF_3$: 0,01 Ni^{2+} im Wellenlängenbereich 5000—40000 cm^{-1} bei 300, 77 u. 4,2° K untersucht. Aus den Absorptionsbanden ergeben sich Werte für den Anregungszustand des Ni^{2+} in einem oktaedr. Kristall, für die Energien der Anregungszustände u. für verschiedene Parameter der Spin–Bahn-Wechselwrkg., des kub. Felds u. der Coulombschen Wechselwrkg. nach Racah. Die experimentellen Ergebnisse werden bes. hinsichtlich des Verh. von $KNiF_3$ oberhalb u. unterhalb der Néel-Temp. (275° K) ausgewertet. K. Scheffler 182◇

0443 **Kovalenzeffekte in $KNiF_3$.** 3. Mitt. **Theoretische Betrachtungen.** S. Sugano und R. G. Shulman. (Physic. Rev. [2] **130,** 517—30, 1963; engl.) — 2. vgl. vorst. Referat. — Vff. nehmen für den $(NiF_6)^{4-}$-Komplex im $KNiF_3$-Kristall Mol.-Bahnen (MO) als Linearkombination der Ni^{2+} u. F^- Hartree-Fock-Atombahnen (LCAO–MO) an. Die Bahnen werden als Lösungen der Schrödinger-Gleichung betrachtet, wobei die Coulombschen u. die Austausch-Wechselwrkg. mit dem Metallion bzw. mit den Liganden eingesetzt werden. Es zeigt sich, daß die so theoret. berechneten Parameter mit den experimentell gefundenen (vgl. l. c.) gut übereinstimmen. K. Scheffler 182◇

0444 **Zur Theorie des Kristalls.** I. P. Basarow. (Ber. Akad. Wiss. UdSSR **140,** 85—87, 1961; Moskau, Lomonossow-Univ.; russ.) — Auf Grund einer Modell-Hamilton-Funktion, die die der period. Struktur des Kristalls entsprechende Wechselwrkg. enthält, werden Gleichungen für die mit dem Gitter period. veränderlichen Eigg. eines Kristalls entwickelt. R. K. Müller 190◇

0445 **Einige Einflüsse einer Störung in einem Gitter auf die Normalschwingungen.** T. N. Casselman und Jordan J. Markham. (J. Physics Chem. Solids **24,** 669—79, 1963; Chicago, Ill., Armour Res. Found., Phys. Div.; engl.) — Für ein eindimensionales Kristallgitter mit einer Punktfehlstelle werden theoret. die Änderungen der Normalschwingungen mit Hilfe des Eigenwerteffektes berechnet. Einige Schwingungsbanden sprechen bes. stark auf Fehlordnungen im Gitter an. Die Lage der Banden im Schwingungsspektrum des Gitters hängt von Masse u. Kraft-Konst. der Fehlstelle ab. Eine Verbreiterung der Absorptionslinien kann unabhängig von der Kenntnis der Normalschwingungen berechnet werden, wenn eine Näherung durch effektive Frequenzen durchführbar ist. Die Verbreiterung wird für das Vorliegen von Isotopenfehlstellen angegeben. Herbert Müller 190◇

0446 **Kohäsionsenergie der Alkalihalogenidkristalle.** Mario Tosi. (J. Physics Chem. Solids **24,** 965—67, 1963; Argonne, Ill., Argonne Nat. Labor.; engl.) — Vf. berechnet für die Alkalihalogenide MX (M = Li, Na, K, Rb, Cs; X = F, Cl, Br, J) nach verschiedenen Näherungs-Verff. für die Abstoßungsenergie im Born-Haber-Kreisprozeß die Kohäsionsenergie der Kristalle bei Raum-Temp. u. atmosphär. Druck; die Werte sind tabellar. angegeben. Herbert Müller 190◇

0447 **Über die Umwandlung der Wolkentropfen in Eiskristalle.** N. W. Gliki, A. A. Jelissejew und N. M. Martschenko. (Ber. Akad. Wiss. UdSSR **143,** 1087—89, 1 Tafel, 1962; Inst. für Kristallogr. der Akad. der Wiss. der UdSSR; russ.) — Übersicht auf Möglichkeiten der experimentellen Prüfung der Umwandlung unterkühlter Tropfen in gut ausgebildete Eiskristalle, die damit bedeutend sind bei der Entscheidung über den Charakter der Bldg.-Prozesse von Eisphasen in der Atmosphäre. Diese anschaulichen Vorstellungen über den Mechanismus lassen sich auf die Bldg. von Kristallen in allen ähnlichen Fällen übertragen, wie sie von Vff. auf die Bldg. von kleinen Martensiteinkristallen aus Fe–Ni-Schmelzen angewendet wurden. W.-D. Heußner 190◇

0448 **Epitaktisches Wachstum von Eis auf organischen Kristallen.** N. Fukuta und B. J. Mason. (J. Physics Chem. Solids **24,** 715—18, 1963; London, Imp. Coll.; engl.) — Mit Hilfe des Verf. von unterkühlten Seifenfilmen (Mason u. Maybank, Quart. J. Roy. Meteorol. Soc. **84,** [1958], 235) wird die Grenz-Temp. T_G bestimmt, bei der das Aerosol einer organ. Verb. in dem Film Eiskeim-Bldg. hervorruft; T_G ist für *Pentaerythrit* (**I**) $-7°$, *dl-Leucin* (**II**) $-5°$, *dl-Alanin* $-9°$, *dl-Tryptophan* $-8{,}5°$, *β-Naphthol* $-8{,}5°$, *Fluorenon* $< -17°$, *Cholesterin* (**III**) $-2°$, *Testosteron* (**IV**) $-2°$, *Pregnenolon* (**V**) $-2°$, *Diosgenin* (**VI**) $-1{,}5°$ u. *Stigmasterin* $-8°$. Außerdem wird auf Spaltflächen größerer Kristalle oder auf aus der Schmelze gewonnenen Kristallen von **I—VI** sowie *Phloroglucin* mkr. das epitakt. Aufwachsen von Eis untersucht. Die Keim-Bldg. ist offenbar nur von der Anordnung von H-Brückenbindungen an der Kristalloberfläche, nicht jedoch von den Gitter-Konst. der Kristalle abhängig. Eiskristalle werden bevorzugt an Stufen u. Rissen in der Oberfläche abgeschieden. Herbert Müller 190◇

0449 **Der Einfluß von Eisen(III)-, Chrom(III)- und Aluminiumionen auf die Kristallisation von Ammoniumsulfat.** Tamotsu Yamada und Eiko Hiyama. (Bull. Nagoya Inst. Technol. **13,** 295—300, 1961; jap., Auszug: engl.) — $>$100 mg Cr^{3+}/Liter u. $>$500 mg Al^{3+}/Liter Mutterlauge erniedrigen die Kristallisations-Geschw. von $(NH_4)_2SO_4$ u. verursachen nadelförmige statt reiskornartige Kristalle. Liegen Cr^{3+}, Al^{3+} u. Fe^{3+} in der $(NH_4)_2SO_4$-Mutterlauge nebeneinander vor, so bestimmt Fe^{3+} allein die Kristallisation des $(NH_4)_2SO_4$. K. Jaeger 190◇

0450 **Der Einfluß von Verunreinigungen auf die Ausbildung der Oberfläche von NaCl-Kristallen.** G. Turtschani. (Kristallographie [UdSSR] **8,** 290—93, 1963; Budapest, Med.-Phys.-Inst.; russ.) — Oberflächenstrukturen von bei 600—800° getemperten NaCl-Kristallen wurden in rechtwinklige, diagonale u. kreisförmige Typen eingeteilt. Die Ausbildung der jeweiligen Typen scheint durch Verunreinigungen (qual. u. quant.), bes. Si (*$SiCl_4$*) gesteuert zu werden. K. Jaeger 190◇

0451 **Der Einfluß der Zwillingsstruktur auf die Wachstumsrichtungen in dendritischen Bändern von Materialien mit Diamant- oder Zinkblendestruktur.** N. Albon und A. E. Owen. (J. Physics Chem. Solids **24,** 899—907, 4 Tafeln, 1963; Pittsburgh, Pa., Westinghouse Res. Labor.; engl.) — Aus Schmelzen von InSb mit Verunreinigungs-Konz. von $<10^{14}-10^{17}$ cm^{-3} sowie mit Zusätzen von 0,1 Atom-% In werden bei Unterkühlungen von 2—18° mit Zieh-Geschw. von 0,05—0,5 cm/s bänderförmige Dendrite gezogen. Die Kristalle wachsen in ⟨1 1 0⟩-Richtung, wenn auf dem Impfkristall der Abstand zweier Zwillingsebenen $d < 5\,\mu$ ist. Mit $d > 10\,\mu$ wird stets die Wachstumsrichtung ⟨2 1 1⟩ beobachtet, während im Zwischenbereich die Richtungen ⟨1 1 0⟩ u. ⟨2 1 1⟩ nebeneinander auftreten. Wachstum in ⟨3 2 1⟩-Richtung wird nur in einem engen Unterkühlungsbereich beobachtet, wenn der Impfkristall sieben Zwillingsebenen in gleichen Abständen enthält. Die verschiedenen Wachstumsrichtungen werden unter Berücksichtigung eines einfachen morpholog. Modells der Dendritenspitze diskutiert. Da in dem Modell die Polarität des InSb nicht eingeht, kann es auf Verss. des Dendritenwachstums von Ge u. Si angewendet werden. Herbert Müller 190◇

0452 **Wachstum von Mangan(II)-oxid-Whiskers.** Thomas E. Dixon und Richard A. Kane. (J. appl. Physics **34,** 2774—75, 1963; College Station, Tex. A. and M. Coll. of Texas, Phys. Dep.; engl.) — MnO-Whiskers wurden durch Tempern von *$MnCl_2$* bei 900° in H_2 (1½ Std.) erhalten. Wachstumsformen u. -mechanismen der in hohem Maße ideal gebauten Whiskers werden beschrieben (Schraubenversetzungs-Wachstumsmechanismus). K. Jaeger 190◇

0453 **Gewinnung von Ferriteinkristallen nach der Methode von Verneuil.** A. A. Popowa. (Ber. Akad. Wiss. UdSSR **121,** 453—54, 1958; russ.) — Vf. beschreibt die Gewinnung von Ferriteinkristallen aus Oxiden von Mn, Co, Ni, Zn, Mg u. Fe. Der Durchmesser der so erhaltenen Einkristalle betrug 7—8 mm, die Länge 50—90 mm. Das Vol.-Verhältnis von H_2:O_2 in der Schmelzflamme betrug 0,7—1. Durch röntgenograph. u. goniometr. Unterss. wurde der Einkristallcharakter bestätigt. Es werden Angaben zur Homogenität der Zus. entlang der Einkristalle gemacht. G. Rudakoff 190□

0454 **Durch Abrasion in einer Richtung verursachte Reorientierung von Substanzen, die im Steinsalzgitter kristallisieren.** P. S. Dobson und H. Wilman. (Acta crystallogr. [Copenhagen] **15,** 794—99, 1 Tafel, 1962; London, England, Imp. Coll., Chem. Engng. Dep., Appl. Phys. and Chem. of Surfaces Labor.; engl.) — Untersucht wurden mit Hilfe der Elektronenbeugung die Oberflächen- u. Suboberflächenstruktur von polykristallinen *LiF-*, *NaF-*, *NaCl-*, *KCl-*, *KBr-*, *MgO-* u. *NiO*-Proben nach Abrasion in einer Richtung, sowie eine NaCl-Einkristallwürfelfläche nach Abrasion längs [1 0 0] u. [1 1 0]. LiF u. NaF bildeten [1 0 0]-, MgO [1 1 1]- u. NaCl, KCl, KBr [1 1 0]-„Abnutzungstexturen". Für KCl betrug die Abweichung der Texturorientierung von [1 1 0] an der Oberfläche 16° u. nahm bei Tiefen > 1000 Å auf ca. 22° zu. Diskutiert werden die Beziehungen zum Reibungskoeffizienten. Fast keine Abnutzungstextur wurde an der Würfelfläche des NaCl-Einkristalls beobachtet. NiO zeigte eine rückwärts geneigte [1 0 0]-Textur. Die Ergebnisse zeigen, daß sogar in diesen relativ spröden Substanzen Abrasion starkes plast. Fließen u. Orientierungen bis zu Tiefen von einigen tausend Å bewirkt. K. Jaeger 190◇

0455 **Ätzgrübchen und Entwässerungskeime auf Gipskristallen.** J. E. Bright und M. J. Ridge. (Philos. Mag. [8] **6,** 441—44, 1961; Melbourne, C.S.I.R.O., Div. of Building Res.; engl.) — Wird eine frische (0 1 0)-Spaltfläche von Gips kurz mit W. behandelt, dann treten innerhalb von 1 oder 2 Min. auf Teilen der Oberfläche Ätzgrübchen auf, die bei Verw. einer 1%ig. Lsg. von Na-Hexametaphosphat deutlicher u. etwas häufiger werden. Entfernt man ca. 60 μ der Oberfläche durch Schleifen, dann lassen sich oft die ursprünglichen Ätzgrübchen noch unterscheiden. Demnach treten die Grübchen an festen Plätzen auf, die sich in den Kristall hinein erstrecken. Unter Berücksichtigung von röntgenograph. Unterss. von Schulz (Amer. Inst. Mining metallurg. Engr. **200,** [1954], 355) an Gips folgern Vff., daß die Ätzgrübchen die Austrittspunkte von Versetzungslinien u. Schnüren von Grübchen die Lagen von Subkorngrenzen kennzeichnen. Erhitzt man Kristalle einige Std. lang in einem Luftofen auf 98°, dann bilden sich Gebiete langsamer Zers., die zuerst als rechteckige Keime auftreten, die im allg. nicht an den Punkten auftreten, an denen die Ätzgrübchen beobachtet wurden. Bei weiterem Erhitzen wachsen diese Entwässerungskeime u. neue treten kontinuierlich in den noch freien Teilen der Oberfläche auf. Bei Anätzen der Oberfläche nach Bldg. der Entwässerungskeime bildeten sich keine Ätzgrübchen. Entfernt man durch Abschleifen 60 μ der Oberfläche u. erhitzt erneut, dann bilden sich wieder Entwässerungskeime, aber nicht an derselben Stelle wie bei der ersten Erhitzung. C. Gottfried 190

0456 **Beobachtungen von inneren Spannungen in der Umgebung von Versetzungen in Silicium.** W. L. Indenbom, W. I. Nikitenko und L. Ss. Milewski. (Ber. Akad. Wiss. UdSSR **141,** 1360—62, 1 Tafel, 1961; Inst. für Kristallogr. der Akad. der Wiss. der UdSSR; Baikow-Inst. für Metallurg. der Akad. der Wiss. der UdSSR; russ.) — Durch innere Spannungen entstehen in verschiedenen Kristallen nicht durch äußere Beanspruchung hervorgerufene Defekte im Kristallgitter. Diese Spannungsfelder entstehen um jede Versetzungslinie kreisförmig u. bestimmen Form der Spannungslinien u. des Burgers-Versetzungsvektors. In Abhängigkeit der gegenseitigen Anordnung werden solche Versetzungen einmal günstig miteinander in einer Mikrospannung kompensiert oder als Makrospannung durch Abstandsveränderungen im Kristall wirksam. Werden Oberflächen von Si mit einem Gemisch von HNO_3, HF u. CH_3COOH angeätzt, so können Versetzungen direkt im Polarisationsmikroskop sichtbar werden, u. es wird festgestellt, daß bei Mikrospannungen die Versetzungen durch radiale Zusammenpressung u. tangentiale Ausdehnung entstehen. Nicht eindeutig ist, in welchem Grad der bemerkte Effekt den Ausdehnungs-Koeff. u. die Volumenänderung der entstandenen neuen Phase beeinflußt. Die gewöhnlichen Intensitäten der Mikrospannungen wachsen so an, daß sich leicht nicht nur gerade, sondern auch in Kurven verlaufende Versetzungen erkennen lassen. W.-D. Heußner 190□

0457 **Ermittlung von Versetzungen auf der (1 1 1)-Fläche von Galliumarsenid beim Ätzen.** R. L. Petrussewitsch, Je. Ss. Ssollertinskaja und O. I. Pawlowa. (Festkörperphysik [UdSSR] **4,** 1378—80, 1962; Moskau, Forschungsinst. für Buntmetalle; russ.) — Verschiedene aus der Literatur bekannte Ätzmittel (HF, HCl, HNO_3, H_2SO_4, H_2O_2, NaOH, KOH, $K_3[Fe(CN)_6]$ u. ihre Kombinationen) u. Ätzverf., mit denen auf der (1 1 1)-Fläche von GaAs Versetzungen sichtbar gemacht wurden, sind zusammengestellt. — 6 Literaturangaben. M. Wiedemann 190◇

0458 **Reichweite und Zerstörungseffekte von Tunneltrajektorien in einer Wurtzitstruktur.** J. R. Beeler jun. und D. G. Besco. (J. appl. Physics **34,** 2873—78, 1963; Cincinnati, Ohio, Gen. Electr. Co., Nuclear Materials and Propulsion Operation; engl.) — Rechner. untersucht wird das Verh. von 2-keV-Be u. 6-keV-O im *BeO*-Gitter (Bremskräfte, Zerstörungseffekte). 6-keV-O zeigen noch ein Verh. wie es für Bewegung in Strukturtunneln charakterist. ist, wenn sie mit ±10° zur Tunnelachse eingestrahlt werden. Für 2-keV-Be beträgt dieser Wert sogar ±25°. K. Jaeger 190◇

0459 **Weitreichende Kanaleffekte in bestrahlten Kristallen.** Christian Lehmann und Günther Leibfried. (J. appl. Physics **34,** 2821—36, 1963; Oak Ridge, Tenn., Oak Ridge Nat. Labor., Solid State Div.; engl.) — Analysiert wird das Verh. eines atomaren Primärteilchens, das sich innerhalb eines Kristalles in Kanälen bewegt, die von Ketten dichtest gepackter Gitteratome begrenzt werden. Numer. Ergebnisse für Cu-Atome im *Cu*-Gitter werden mitgeteilt. Die Unterss. sind auf Bewegungen nahe der Kanalachsen beschränkt. K. Jaeger 190◇

0460 **Durch Röntgenstrahlung verursachte Änderungen der Teilchengröße in Thallium(I)-azid.** Brigitte H. Krause. (J. Physics Chem. Solids **24,** 779—80, 1 Tafel, 1963; Fort Belvoir, Va., US Army Engng. Res. and Dev. Labor., Basic Res. Group; engl.) — TlN_3-Pulver wird 2—115 Std.

ang mit CuK_α-Strahlung (35 kV, 39 mA) bestrahlt u. aus der Verbreiterung der (0 0 2)-Reflexe mit zunehmender Bestrahlungszeit die Änderung der Fourier-Koeff. nach der Meth. von Warren u. Averbach (C. **1955**, 10933) abgeleitet; die Werte sind graph. angegeben. Die Linienverbreiterung wird offenbar durch Formänderungen des TlN_3 hervorgerufen. Herbert Müller 190◇

0461 **Beweglichkeit von Ionen auf Zwischengitterplätzen in NaCl.** K. Tharmalingam. (J. Physics Chem. Solids **24**, 1380—82, 1963; Princeton, N.J., Princeton Univ., Solid State and Materials Programme; engl.) — Mit Hilfe der Bornschen Theorie der Ionenkristalle werden die Aktivierungsenergien E der Beweglichkeit von Na^+, Cl^0 u. Cl^- auf Zwischengitterplätzen berechnet. Es ergibt sich: $E_{Na^+} = 0{,}47$ eV; $E_{Cl^0} = 0{,}35$ eV. Über die Beweglichkeit von Cl^- wird nur ausgesagt, daß sie sehr klein ist. K. H. Härdtl 190◇

0462 **Selbstdiffusion von Wismut in Wismutoxid.** G. D. Palkar, D. N. Sitharamarao und A. K. Dasgupta. (Trans. Faraday Soc. **59**, 2634—38, 1963; Poona, India, Nat. Chem. Labor.; engl.) — Unter Verw. von ^{210}Bi wurden die Selbstdiffusions-Koeff. (SK) von Bi in Bi_2O_3 (I), in I + 1% CdO bzw. in I + 1% V_2O_5 bei 600, 650, 700, 750 u. 780° bestimmt u. die Aktivierungsenergien ermittelt: 0,90 eV (<710°) u. 2,00 (>710°), 0,85 u. 2,49 bzw. 0.99 u. 2,45. Aus dem Verlauf der SK mit der Temp. ergibt sich der Umwandlungspunkt der monoklinen Tieftemp.- in die pseudokub. (tetragonale) Hochtemp.-Modifikation von I zu 710°. Die Diffusion des Bi in I erfolgt über Leerstellen. Es wird angenommen, daß das Cd des CdO in I Leerstellen besetzt. G. Gattow 190◇

0463 **Umwandlungsgeschwindigkeiten der Hochdruckpolymorphen von KNO_3.** Briant L. Davis und Leason H. Adams. (J. Physics Chem. Solids **24**, 787—94, 1963; Los Angeles, Calif., Univ. of California, Inst. of Geophys.; engl.) — In ein Röntgengoniometer wird ein Hochdruckgefäß aus Be eingebaut, in dem die Phasenumwandlung u. die Umwandlungs-Geschw. (UG) von KNO_3 bei Temp. bis 300° u. Drücken zwischen 1 u. 3600 ± 500 bar mit MoK_α-Strahlung untersucht wird. Die Gitter-Konst. der im angegebenen Druck- u. Temp.-Bereich beobachteten Phasen sind für KNO_3-I (1 bar, 133°) a = 5,42 u. c = 19,33 (Å) bei pseudohexagonaler Indizierung, für KNO_3-II (1 bar, 25°) a = 5,44 u. c = 9,19, KNO_3-III (2500 bar, 133°) a = 5,44 u. c = 17,51 bzw. KNO_3-IV (3000 bar, 25°) a = 11,04, b = 8,36 u. c = 7,40. In der Nähe der Phasengrenzen nimmt UG ab u. weist Ordnungen zwischen 1 u. 2 auf. Am Tripelpunkt I–II–III (113 bar, 128,3°) erscheint KNO_3-III bei steigender Temp. u. fallenden Drücken im metastabilen Zustand. Die Umwandlungen I–II u. III–II zeigen eine bevorzugte Orientierung von KNO_3-II, das mit Aragonitstruktur krist.; die Spaltebenen (0 1 0) u. (1 1 0) liegen normal zur Druckrichtung. Die allmähliche Abnahme der UG ist bei nahezu allen Umwandlungen auf Keim-Bldg. u. mechan. Spannungen zurückzuführen. Herbert Müller 190◇

0464 **Röntgenographische Untersuchung des Einflusses eines hydrostatischen Druckes bis zu 18000 kg/cm² auf die Struktur von Bleititanat.** Ss. Ss. Kabalkina und L. F. Wereschtschagin. (Ber. Akad. Wiss. UdSSR **143**, 818—21, 1 Tafel, 1962; russ.) — Das im Perowskittyp kristallisierende $PbTiO_3$ besitzt bei 20° eine tetragonale Struktur mit a = 3,903 (Å), c = 4,154. Diese Struktur wandelt sich bei $T_K = 490°$ u. p = 1 kg/cm² in eine kub. Struktur um. Vff. führen röntgenograph. Unterss. an $PbTiO_3$ unter hydrostat. Drücken von 1—17800 kg/cm² bei 20° durch u. bestimmen aus den Reflexen längs (1 0 0) (1 1 0) (1 0 1) (1 1 1) deren Einfl. auf die Kristallstruktur durch Messung des c/a-Verhältnisses, das von 1,064 (1 kg/cm²) auf 1,035 (17800 kg/cm²) abnimmt. Die Werte für c, a, c/a u. $\Delta c/c$ sind dem Druck p direkt linear proportional. — Die Konstruktionsweise der Hochdruckröntgenkamera wird angegeben.
W.-D. Heußner 190◇

0465 **Röntgenographische Untersuchung und elektrische Leitfähigkeit der Fluoritphase im System ZrO_2–CaO.** T. Y. Tien und E. C. Subbarao. (J. chem. Physics **39**, 1041—47, 1963; Pittsburgh, Pa., Westinghouse Res. Labor.; engl.) — Durch Tempern bei 2000° u. nachfolgendes Abschrecken von 1400 wurden im Syst. ZrO_2–CaO im Bereich 12—22 Mol-% CaO feste Lsgg. vom Fluorittyp erhalten. Die Gitter-Konst. nahm mit zunehmendem CaO-Geh. linear von 5,125 Å auf 5,144 Å zu. Intensitäts-Unterss. führten zu einem Strukturmodell mit Sauerstoffleerstellen. Für CaO 13—20 Mol-% nimmt die spezif. elektr. Leitfähigkeit bei 1000° von $5 \cdot 10^{-2}$ auf $6 \cdot 10^{-3}$ $\Omega^{-1} \cdot cm^{-1}$ ab; die Aktivierungsenergie nahm von 1,11 auf 1,35 eV zu. Proben, die 7d bei 1000° getempert worden waren, zeigten Überstrukturlinien. Es handelt sich hierbei um reversible Ordnungs-Unordnungs-Umwandlungen (Vervierfachung der Fluoritelementarzelle). K. Jaeger 190◇

0466 **Die Kristallstruktur von festem Wasserstoff.** J. van Kranendonk und H. P. Gush. (Physics Letters [Amsterdam] **1**, 22—23, 1962; Toronto, Univ. of Toronto, Dep. of Phys.; engl.) — Ergebnisse früherer Unterss. des IR-Spektrums von festem H (vgl. Gush u. Mitarbeiter, C. **1961**, 5687) sind für Parawasserstoff nicht mit der von Ozerov u. Mitarbeitern (C. **1963**, **12318**) vorgeschlagenen tetragonal-raumzentrierten Struktur in Übereinstimmung. Für Kristalle mit >2% Orthowasserstoff kann aus IR-Unterss. kein Schluß auf die Struktur gezogen werden.
H. Roschkowski 195◇

0467 **Über die Modifikationen des Bors. Versuche zur Einlagerung von Beryllium in das Borgitter.** H. J. Becher und A. Schäfer. (Z. anorg. allg. Chem. **306**, 260—65, 1960; Stuttgart, TH, Anorg. Chem. Labor.; dt.) — Durch gemeinsames Zersetzen von BBr_3 u. $BeBr_2$ am glühenden Ta-Draht wurden Einkristalle von B mit 0,1—0,5% Be (spektralanalyt.) u. der tetragonalen B-Struktur mit den Parametern a = 8,80 u. c = 5,08 Å (Drehkristall- u. Weißenberg-Aufnahmen) dargestellt. K. Jaeger 195◇

0468 **Über das Berylliumborid BeB_{12} mit β-Bor-Struktur.** H. J. Becher. (Z. anorg. allg. Chem. **306**, 266—72, 1960; dt.) — Vgl. vorst. Referat. — Dargestellt wurde aus rhomboedr. γ-B mit 4—12% Be die Verb. BeB_{12}, die im hexagonalen Gitter des β-B mit a = 5,08 u. c = 8,80 Å kristallisiert. Be besetzt dabei die Hälfte der vorhandenen B_{12}-Ikosaederlücken. K. Jaeger 195◇

0469 **Die Struktur des Kaliumpolyphosphats $(KPO_3)_x$.** K. H. Jost. (Acta crystallogr. [Copenhagen] **16**, 623—26, 1963; Berlin-Adlershof, Dt. Akad. der Wiss., Inst. für anorg. Chem. dt) — Vf. bestätigte die von Corbridge (Acta crystallogr. [Copenhagen] **8**, [1953], 520) mitgeteilten Gitter-Konst. u. die Raumgruppe u. bestimmte auf Grund von Weißenberg-Daten mittels der verallgemeinerten Patterson-Funktion die Atomkoordinaten, -abstände u. Valenzwinkel. Die Struktur baut sich aus Phosphatketten auf, die den Silicatketten des *Diopsids* gleichen u. enthält von 7 u. 8 O-Atomen koordiniertes K. R. Uttech 195◇

0470 **Die Struktur des Kurrolschen Na-Salzes $(NaPO_3)_x$, Typ B.** K. H. Jost. (Acta crystallogr. [Copenhagen] **16**, 640—42, 1963; dt.) — Vgl. vorst. Referat. — Vf. bestätigt die von Corbridge (vgl. Acta crystallogr. [Copenhagen] **8**, [1955], 520) angegebenen Gitter-Konst. u. Raumgruppe u. berechnete die Elektronendichteverteilungen aus Weißenberg-Daten nach Tripel-Prod. u. statist. Methoden. Das Anion bildet eine schraubenförmig gewundene PO_4-Tetraederkette aus vier Tetraedern pro Windung, die sich von der im Kurrolschen Salz Typ A durch die Lage zweier O-Brückenatome unterscheidet. Na wird von 6 O koordiniert.
R. Uttech 195◇

0471 **Die Kristallstruktur der Komplexe $TiCl_3(C_5H_5)$ und $[TiCl_2(C_5H_5)]_2O$. 1. Mitt. Der Komplex $TiCl_3(C_5H_5)$.** Paolo Ganis und Giuseppe Allegra. (Atti Accad. naz. Lincei, Rend., Cl. Sci. fisiche, mat. natur. [8] **33**, 303—11, 1962; Napoli, Univ., Ist. di Chim. gen.; Milano, Politecn., Ist. di Chim. Ind.; ital.) — Die Konst. der Elementarzelle von $TiCl_3(C_5H_5)$ betragen a = 6,66 (Å), b = 10,39, c = 6,65 u. β = 115° 18′; $P2_1/m$; Z = 2. Die Atomabstände zwischen den Moll. liegen <4,5 (Å), die weiteren Abstände betragen: C–C = 3,68, C–Cl = 3,7–4 u. Cl–Cl = 3,7.
W. Holland 195◇

0472 **Neutronenbeugungsuntersuchungen an pulverförmigem $LiNbO_3$.** Yoichi Shiozaki und Toshio Mitsui. (J. Physics Chem. Solids **24**, 1057—61, 1963; Sapporo, Japan, Hokkaido Univ., Dep. of Phys.; engl.) — Die mit

Neutronenbeugungsmessungen an pulverförmigem $LiNbO_3$ gewonnene Kristallstruktur läßt auf eine nichtgeordnete Verteilung der Li-Ionen im Kristallgitter schließen. Die Verschiebungen der einzelnen Ionen innerhalb des Gitters wird als Ursache für das ferroelektr. Verh. diskutiert.
K. H. Härdtl 195◇

0473 **Die Ionenverteilung in den Granaten $Gd_3Al_3Fe_2O_{12}$ und $Y_3Al_3Fe_2O_{12}$.** C. E. Miller. (Physics Chem. Solids **17,** 229—31, 1961; Murray Hill, N.J., Bell Telephone Labor.; engl.) — Eine quant. Analyse der Röntgenintensitäten von Pulveraufnahmen der Granate $Gd_3Al_3Fe_2O_{12}$ u. $Y_3Al_3Fe_2 \cdot O_{12}$ zeigt, daß eine exakte Indizierung bzw. Aufteilung auf diesem Wege nicht möglich ist. G. Ruban 195◇

0474 **Die Kristallstruktur von Tetramethylammonium-tetrachlorozincat und -tetrachlorocobaltat.** 2. Mitt. B. Morosin und E. C. Lingafelter. (Acta crystallogr. [Copenhagen] **12,** 611—12, 1959; Seattle, Wash., Univ., Dep. of Chem.; engl.) — $[N(CH_3)_4]_2ZnCl_4$ (**I**) u. $[N(CH_3)_4]_2CoCl_4$ (**II**) sind isomorph, P n m a, Z = 4. Die Gitter-Konst. betragen für **I**: a = 12,268 ± 0,007, b = 8,964 ± 0,007, c = 15,515 ± 0,012 u. für **II**: a = 12,24 ± 0,03, b = 8,92 ± 0,02 u. c = 15,39 ± 0,03 Å. Tabelle der Atomparameter, Atomabstände u. Valenzwinkel für **I**. Die $ZnCl_4^{2-}$-Gruppe zeigt die erwartete tetraedr. Konfiguration. Die Struktur entspricht derjenigen von Cs_2ZnCl_4, wobei die Cs^+-Ionen durch $[N(CH_3)_4]^+$-Ionen ersetzt sind. K. Jaeger 195◇

0475 **Die Struktur von Tetraphenylporphinatokupfer.** Everly B. Fleischer. (J. Amer. chem. Soc. **85,** 1353—54, 1963; Chicago, Ill., Univ. of Chicago, Dep. of Chem.; engl.) — Vgl. C. **1963,** 8866. — α.β.γ.δ-Tetraphenylporphinatokupfer(II) krist. tetragonal mit a = 15,03 ± 0,01, c = 13,99 ± 0,01 Å; $I\bar{4}2d$, Z = 4; Liste der Atomkoordinaten u. Bindungsabstände nach der Schweratom-Meth. u. Verfeinerung nach der Meth. der kleinsten Quadrate. Die C_6H_5 sind gegen die Porphin-„Ebene" um 13° nach unten geneigt u. dann seitlich um 72° verdreht; Abstand C (Phenyl)–C (Porphin) = 1,51 Å. Der Porpherinring weicht erheblich von der planaren Konfiguration ab. Die Bindungslängen entsprechen denen des Ni-Komplexes von Äthioporphyrin I (vgl. Davidson u. Mitarbeiter, J. inorg. nuclear Chem. **13,** [1960], 64) bei jedoch andersartiger Abweichung von der Planarität.
R. Uttech 195◇

0476 **Wechselwirkungsenergien zwischen Fehlstellen in Metallen.** J. Worster und N. H. March. (J. Physics Chem. Solids **24,** 1305—08, 1963; Sheffield, Univ., Dep. of Phys.; engl.) — Mit Hilfe der Störungstheorie werden Aussagen über die Wechselwrkg. geladener Störstellen in Metallen gemacht. Die ungestörten Leitungselektronen werden dabei als ebene Wellen u. die Störstellen als abgeschirmte Punktladungen beschrieben. Es wird gezeigt, daß die Wechselwrkg.-Energie von Störstellen im Abstand nächster Nachbarn in einwertigen (Cu) u. zweiwertigen (Mg) Metallen gleich der ist, die man bei einer elektrostat. Behandlung des Problems erhält. In dreiwertigen Metallen (Al) ändert sich dagegen das Vorzeichen. K. H. Härdtl 197◇

0477 **Normale Schwingungen von Natrium.** A. D. B. Woods, B. N. Brockhouse, R. H. March und R. Bowers. (Proc. physic. Soc. **79,** 440—41, 1962; Chalk River, Ontario, Atomic Energy of Canada Ltd., Phys. Div.; Ithaca, N.Y., Cornell Univ., Labor. of Atomic and Solid State Phys.: engl.) — Vff. bestimmten die Dispersionskurven (Frequenz gegen red. Wellenvektor) der Gitterschwingungen von kub.-innenzentriertem Na bei 90° K in den [1 0 0]-, [1 1 0]- u. [1 1 1]-Richtungen. Ein Vgl. mit theoret. Berechnungen von Toya (C. **1964,** 8-0471) ergab eine gute Übereinstimmung mit Ausnahme des niedrigen transversalen [1 1 0]-Zweiges. Bei 296° K waren die Breiten der Neutronengruppen breiter als bei 90° K, was auf ziemlich kurze Lebensdauern der Phononen hinweist. C. Gottfried 197△

0478 **Thermodiffusion in den Hochtemperaturphasen von Zirkonium und Titan.** H. G. Feller und H. Wever. (J. Physics Chem. Solids **24,** 969—73, 1963; Berlin, TU, Inst. für Metallk.; dt.) — Rohrförmige Proben aus Ti bzw. Zr werden bei $< 10^{-5}$ Torr zwischen wassergekühlten Cu-Haltern durch Wechselstromheizung 72 bzw. 48 Std. bei einer Maximal-Temp. in Probenmitte von 950° gehalten, mit 10°/Min. abgekühlt u. anschließend die Wanderung von Phasengrenze u. Markierungen mkr. bestimmt. Bei Zr ist die Markierungswanderung linear von der Zeit abhängig, u. die Zr-Atome wandern in Richtung zur höheren Temperatur. In Ti ist der Materiestrom in der Hochtemp.-Phase zu niedrigeren Temp. gerichtet. Während Zr-Proben nach der Wärmebehandlung verlängert sind, werden Ti-Proben verkürzt; beide Effekte lassen sich durch nachträgliches Glühen bei 950° nur teilweise rückgängig machen. In der Hochtemp.-Phase von Zr ist die Transportwärme positiv, von Ti dagegen offenbar negativ. Die Diffusion im Temp.-Gefälle zeigt, daß in den Hochtemp.-Phasen von Zr u. Ti kein Ringmechanismus der Diffusion vorliegen kann. Herbert Müller 197◇

0479 **Spiralige Ätzgruben auf Germaniumeinkristallen mit wenig Versetzungen.** A. Hrubý. (Czechoslov. J. Physics **11,** 690—92, 2 Tafeln, 1961; Prague, Czechoslov. Acad. of Sci., Inst. of Techn. Phys.; engl.) — Vgl. C. **1963,** 4631. — Vf. macht Ätzproben mit versetzungsfreien Ge-Einkristallen u. untersucht die geätzten Flächen licht- u. elektronenmikroskopisch. A. Kumm 197◇

0480 **Anisotropie der Energielücke bei Zinn in der Ebene der zweizähligen Achsen des Kristalls.** P. A. Besugly und A. A. Galkin. (J. exp. theoret. Physik [UdSSR] **39,** 1163 bis 1164, 1960; russ.) — Vgl. C. **1960,** 11899. — Aus der Temp.-Abhängigkeit von α_s/α_n (α_s, α_n = elektron. Teil des Ultraschallabsorptions-Koeff. im supraleitenden bzw. im normalen Zustand) bis zu 1° K bei einer Ultraschallfrequenz von 70 MHz wird die Anisotropie der Energielücke (Breite $2\varepsilon_0$) in der Ebene der zweizähligen Achsen eines Sn-Einkristalls ermittelt. Der maximale Unterschied von $2\varepsilon_0$ beträgt 25%, wobei der Mindestwert von $2\varepsilon_0$ in den Richtungen [1 0 0] u. [1 1 0] vorliegt. R. K. Müller 197□

0481 **Untersuchung der Aktivität von Wolframkristallflächen im Hinblick auf die Sauerstoffmethode der Farbätzung.** O. W. Mitrofanow. (Kristallographie [UdSSR] **8,** 229—31, 1963; Taganrog, Techn. Inst.; russ.) — Die chem. Aktivität gegenüber O_2 wird für verschiedene W-Kristallflächen bestimmt. Sie ist um so größer, je geringer die Elektronenaustrittsarbeit u. je größer die Oberflächenenergie der Kristallflächen ist. K. Jaeger 197◇

0482 **Kinetik der Rekristallisation von Wolfram.** L. N. Alexandrow und W. Ss. Mordjuk. (Metallphysik u. Metallkunde [UdSSR] **12,** 249—54, 1961; Forsch.-Inst. für Lichtquellen; russ.) — Vff. untersuchen die Rekristalliationskinetik von W-Drähten WA-3 u. WA-15 (1,67% ThO_2) bei Temp. von 800—2600° u. 10^{-3} Torr durch die Änderung der mechan. Eigg. u. der Mikrostruktur in Abhängigkeit von Glühtemp. u. Rk.-Dauer. Für Korngrößen von 49, 50 u. 250 μ wird die Aktivierungsenergie U zu 67 ± 1, 110 ± 2 u. 130 ± 2 kcal/g·Atom bestimmt. Die Aktivierungsenergie Q der Selbstdiffusion in reinem W beträgt 142 kcal/g·Atom. Der ThO_2-Geh. führt zur Bldg. einer feinkörnigen festen Struktur. W.-D. Heußner 197◇

0483 **Die Kristallstrukturen magnesiumreicher Verbindungen in den Systemen La–Mg, Ce–Mg und Nd–Mg.** W. I. Jewdokimenko und P. I. Kripjakewitsch. (Kristallographie [UdSSR] **8,** 186—93, 1963; Lwow, Franko-Univ.; russ.) — La_2Mg_{17} u. Ce_2Mg_{17} krist. hexagonal im Th_2Ni_{17}-Typ. Die Gitter-Konst. betragen für La_2Mg_{17}: a = 10,36, c = 10,24 Å u. für Ce_2Mg_{17} a = 10,35 u. c = 10,26 Å. Die Atomlagen werden mitgeteilt. $NdMg_{12}$ krist. ebenfalls hexagonal, jedoch im $ThMn_{12}$-Typ mit a = 10,31, c = 5,93 Å. Auch für $NdMg_{12}$ werden die Atomlagen mitgeteilt.
K. Jaeger 197◇

0484 **Kristallstrukturen einiger intermetallischer Verbindungen von Gadolinium und Neodym.** P. I. Kripjakewitsch, W. F. Terechowa, O. Ss. Saretschnjuk und I. W. Burow. (Kristallographie [UdSSR] **8,** 268, 1963; Lwow, Univ. u. Baikow-Inst. für Metallurg.; russ.) — Vgl. vorst. Referat. — Bestätigt wurden die Verbb. Gd–(86,8 Atom-%)Fe (hexagonal, a = 8,55; c = 12,40 Å, Th_2Zn_{17}-Typ) u. Gd–89,5 Fe (hexagonal, a = 8,50; c = 8,35 Å, Th_2Ni_{17}-Typ). Als Co-reichste Phase im Syst. Gd–Co wird Gd_2Co_{17} (hexagonal, a = 8,37; c = 8,14 Å, Th_2Ni_{17}-Typ) angegeben. Ebenso existiert eine Nd–Fe-Phase vom Th_2Zn_{17}-Typ: a = 8,59; c = 12,47 Å. Für $GdRu_2$ wird als zweite Modifikation eine Verb. vom $MgCu_2$-Typ mit a = 7,56 Å aufgefunden. Im Syst. Gd–Mg wurden folgende Verbb. festgestellt: $GdMg$ (CsCl-Typ, a = 3,79 Å), $GdMg_2$ ($MgCu_2$-Typ, a = 8,55 Å) u. $GdMg_3$ (BiF_3-Typ, a = 7,31 Å).
K. Jaeger 197◇

0485 **Resistometrische und calorimetrische Untersuchungen der Alterungsphänomene in abgeschreckten Aluminiumlegierungen.** G. Borelius und L. E. Larsson. (Ark. Fysik **21,** 213—40, 1962; Stockholm, Royal Inst. of Technol.; engl.) — Früher veröffentlichte resistometr. u. calorimetr. Unterss. an reinem Al (C. **1963,** 5752) sowie dessen Legg. mit Zn (Ark. Mat., Astronomi Fysik **32,** [1948], Nr. 13), Ag (Ark. Fysik **11,** [1956], 137), u. Cu (National Physical Laboratory Symposium No. 9, paper 4F, 1958) werden durch weitere Meßergebnisse an Al–Zn- u. Al–Ag-Legg. ergänzt u. eingehend diskutiert. Heinrich Arnold 197◇

0486 **Struktur einiger intermetallischer Verbindungen des Yttriums. 1. Mitt. Verbindungen mit Cu, Ag, Au, Zn, Cd, Hg.** Giacomo Bruzzone und Assunta Ferro Ruggiero. (Atti accad. naz. Lincei, Rend., Cl. Sci. fisiche, mat. natur. [8] **33,** 312—14, 1962; Genova, Univ., Ist. di Chim. e Fis.; ital.) — Einige Verbb. des Y mit Zn, Cd, Hg, Cu, Ag u. Au werden durch direkte Rk. von Y mit dem entsprechenden Metall unter Ar erhalten. *YCu, YAg, YZn, YCd* u. *YHg* krist. im kub. CsCl-Gitter, YCd_2 im hexagonalen CdJ_2-Gitter u. YHg_3 im hexagonalen $CdMg_3$-Gitter. YAu, YCd_3 u. YHg_2 bilden keine homogene Phase. W. Holland 197◇

0487 **Das Zustandsdiagramm $TiCr_2$–$NbCr_2$.** I. I. Kornilow, K. I. Schachowa, P. B. Budberg und N. A. Nedumow. (Ber. Akad. Wiss. UdSSR **149,** 1340—42, 1963; Baikow-Inst. für Metallurg.; russ.) — Die Tieftemp.-Modifikationen von $TiCr_2$ u. $NbCr_2$ krist. kub.-primitiv ($MgCu_2$-Typ) mit a = 6,943 bzw. 6,95 kX. Die Hochtemp.-Modifikationen krist. hexagonal mit $TiCr_2$ (a =) 4,921, (c =) 9,45; $NbCr_2$ 4,92; 8,11 kX. Zur Aufstellung des Diagramms wurden 9 Legg. u. die reinen Verbb. therm., opt. u. röntgenograph. untersucht. Polymorphe Umwandlung wird an $TiCr_2$ bei 1220 ± 10°, an $NbCr_2$ bei 1585 ± 10° gefunden. Alle Legg. zeigen ebenfalls diese Umwandlungen. Die Gitterabstände durchlaufen bei ca. 80% $NbCr_2$ ein Minimum. R. Teichmann 197◇

0488 **Untersuchung des Phasengleichgewichtsdiagramms des Systems Cr–Co–Ti.** L. A. Schischko und L. I. Jussfina. (Hochschulnachr. [Moskau], Eisenmetallurgie **5,** Nr. 5, 140—45, 1962; Moskau, Stahl-Inst.; russ.) — Untersucht werden 42 Legg. des tern. Syst. Cr–Co–Ti mit einem Geh. bis zu 40% Co u. bis zu 20% Ti. Hierbei werden die Phasenbereichsgrenzen ermittelt u. das Phasengleichgewichtsdiagramm Cr–Co–Ti in der Cr-Ecke aufgestellt. In der festen Lsg. auf Cr-Basis treten eine kub. (a = 2,85—2,75 Å) u. eine hexagonale (c/a = 4,63) kristalline Modifikation auf. In den untersuchten Legg. wird die tern. Verb. $Ti(CrCo)_2$ auch durch zwei kristalline Modifikationen gekennzeichnet, nämlich in den Legg. auf Cr-Basis als kub. vom Typ einer $TiCr_2$-Verb. u. in den Legg. auf Co-Basis als hexagonale von der Art $TiCo_2$. H. Hochstein. 197◇

0489 **Ordnungsvorgang der festen Lösung auf Basis von α-Mn.** N. W. Agejew und W. Sch. Schechtman. (Ber. Akad. Wiss. UdSSR **143,** 922—24, 1962; russ.) — In Zweiphasengemischen von Re u. einer anderen Komponente, deren Atomradius größer ist als der des Re, bilden sich leicht Verbb. mit dem Strukturtyp des α-Mn (χ-Phase), wobei von den 58 Atomen der Elementarzelle 10 Atome einen um 5,4% größeren mittleren Zwischenatomabstand besitzen als die übrigen 48 Atome. Vff. untersuchen Legg. im Syst. Re–α–Mn mit 6,9 Atom-% Re u. bestimmen die Atomverteilung in der Elementarzelle. Während nach der Zus. der Schmelze 4 Re-Atome in der Elementarzelle eingebaut werden können, variiert diese Verteilung in der Struktur der Leg. nach Glühtemp. von 750, 800 u. 950°. Für die Positionen 2(a), 8(c), 24(g) u. 24(g') werden bei Koordinationszahlen von 16, 16, 13 u. 12 mittlere Zwischenatomabstände von 2,74 (Å), 2,75, 2,64 u. 2,57 bestimmt. Einer statist. Verteilung von 4 Re + 54 Mn stehen die gefundenen Verhältnisse von Re + Mn wie 4 + 6, 2 + 6, 4 + 4, 0 + 2 u. 0 + 24 gegenüber. Die Leg.-Struktur unterscheidet sich damit von der statist. Verteilung deutlich. Die therm. Behandlung bei höheren Temp. hat auf die Atomverteilung auf Grund der Linienintensitäten der Röntgenanalyse keinen Einfluß. Die Re-Atome besetzen in festen Lsgg. bevorzugt die Positionen (a) u. (c). W.-D. Heußner 197◇

0490 **Änderung der Zusammensetzung der β-Phase bei martensitischer Umwandlung in Cu–Al–Ni-Legierungen.** W. A. Lobodjuk und L. G. Chandross. (Metallphysik u. Metallkunde [UdSSR] **14,** 133—35, 1962; Inst. für Metallphys. der Akad. der Wiss. der UkrainSSR; russ.) — Untersucht wird die Änderung der Zus. der β-Phase bei der martensit. Umwandlung von Cu-Legg. mit 14,4% Al u. 4,7% Ni nach Abschreckung von 900° in einer wss. NaCl-Lsg. u. nachfolgender Erwärmung bis auf 40°. Laue-Diagramme zeigen, daß nach einer direkten u. einer umgekehrten martensit. Umwandlung, wenn die Kristalle der martensit. Phase fast völlig verschwinden, das Korn der β-Phase in Fragmente zerkleinert bleibt. Erst bei weiterer Erhitzung werden diese Fragmente des Kristalls der β-Phase wieder in ihre Ausgangslagen gedreht. Eine Erhitzung von insgesamt nur um 10—12° führt zu einer Verringerung des Ausgangs-β-Kristalls; dies führt zu der Annahme, daß Kleinwinkelgrenzen zwischen den Fragmenten leicht verschoben werden können, d. h., daß ein Fragment auf Kosten eines anderen wachsen kann. Der Abstand zwischen Versetzungen in einer solchen Kleinwinkelgrenze beträgt ca. 250 Å. Diese Versetzungen können offenbar über Ätzgrübchen unter dem Elektronenmikroskop sichtbar gemacht werden. H. Hochstein 197◇

0491 **Durch Abschrecken erzeugte Störstellen in Legierungen vom CsCl-Typ.** 1. Mitt. C. M. Wayman, K. M. Thein und N. Nakanishi. (J. appl. Physics **34,** 2842—46. 1963; Urbana, Ill., Univ.; engl.) — Abgeschreckt wurden *Au–Cd-* u. Au–Cd–*Cu*-Legg. vom CsCl-Typ. Mit Ausnahme der sehr hohen Temp. wurde für die Störstellen-Bldg. eine Arrheniussche Abhängigkeit gefunden; Aktivierungsenergie ca. 0,4 eV. Dieser Wert ist beträchtlich kleiner als theoret. erwartet. Die Einfl. der Probengeometrie u. Abschreckspannungen wurden berücksichtigt. K. Jaeger 197◇

0492 **Ausglühen durch Abschrecken erzeugter Störstellen in Legierungen vom CsCl-Typ.** 2. Mitt. N. Nakanishi, K. M. Thein und C. M. Wayman. (J. appl. Physics **34,** 2847—51, 1963; engl.) — 1. vgl. vorst. Referat. — Abgeschreckte *Au–Cd-* u. Au–Cd–*Cu*-Legg. wurden nachgetempert (79—100°). Die bestimmten Aktivierungsenergien der Störstellenwanderung lagen höher als die theoret. berechneten u. waren stark von den Abschreck-Temp. (450—550 → 40°) abhängig. Die höheren Aktivierungsenergien werden durch Doppelleerstellen gedeutet. K. Jaeger 197◇

0493 **Kinetik der Änderung der Nahordnung in binären Legierungen.** I. N. Kidin und M. A. Schtremel. (Metallphysik u. Metallkunde [UdSSR] **11,** 641—49, 1961; Moskau, Stalin-Stahlinst.; russ.) — Mit Hilfe von Mehrteilchenverteilungsfunktionen wird in der Näherung regulärer Lsgg. eine Gleichung erhalten, die die Kinetik der isothermen Änderung der Nahordnung in einer bin. Leg. bei Vakanzmechanismus der Diffusion beschreibt. Die Gleichung verwendet die thermodynam. u. die Diffusions-Konst. der Legierung. Der Ordnungsgrad im Gleichgewicht stimmt mit früheren Unterss. überein, die Ordnungskinetik mit dem Vers. für α-Messing mit 25% Zn. R. K. Müller 197◇

0494 **Methode zur Untersuchung des räumlichen Mikroaufbaus von Legierungen.** W. I. Schewtschenko und Je. N. Alpatow. (Betriebs-Lab. [UdSSR] **29,** 1095—98, 1963; Ukrain. wiss. Untersuchungsinst. für Turbinen; russ.) — Entwickelt wird eine Unters.-Meth. für den räumlichen mkr. Aufbau des austenit. nichtrostenden Cr–Ni-Stahls Ch 18N9T, die aus einer elektrolyt. Auflösung der Schliffoberfläche u. Feststellung der Querschnitts–Flächenstruktur besteht. Ein Vgl. von aufeinanderfolgenden Flächenstrukturquerschnitten gibt eine anschauliche Vorstellung von der räumlichen Form, Größe u. Orientierung der Gefügebestandteile in der untersuchten Legierung. H. Hochstein 197◇

0495 **Über die Möglichkeit einer Wärmeexplosion und Rolle der Spannung bei der Bildung von Flocken.** Ju. W. Grdina und L. B. Krepyschewa. (Metallphysik u. Metallkunde [UdSSR] **14,** 75—79, 1962; Sibir. metallurg. Inst.; russ.) — Der Mechanismus der Flocken-Bldg. infolge einer „Wärmeexplosion" nach der Hypothese von Messkin (C. **1957,** 6881) wird krit. betrachtet u. für irreal gehalten. Fragen über die Rolle von zusätzlichen Spannungen u. der Flocken-Bldg.-Temp. werden erörtert. Es wird die Unzulänglichkeit der bestehenden Hypothesen beim Auftreten von Flockenunempfindlichkeit ledeburit. Stähle nachgewiesen. Das Fehlen von

Flocken nur in diesen Stählen dient als Bestätigung für die Richtigkeit der Methanhypothese. H. Hochstein 197◇

0496 **Über die Kinetik der Graphitausscheidung in hypereutektoidem Siliciumstahl.** K. P. Bunin, Sh. B. Sakorko und E. N. Pogribny. (Ber. Akad. Wiss. UkrainSSR **1962**, 1194—97; Inst. für Eisenmetallurg. der Akad. der Wiss. der UkrainSSR; ukrain., Auszug: engl.) — An Stahlproben mit 1,20% C u. 1,10% Si wird gezeigt, daß die Ausscheidung des Graphits an der Oberfläche der Diffusions- u. Schrumpfmikroporen beginnt. Durch Warmverformung u. Homogenisierung wird die Graphitausscheidung verzögert, bedingt durch Abnahme der Zahl u. Größe der Defekte. Der Bereich der Unterkühlung, in welchem eine Zementitausscheidung unmöglich ist, wird durch diese Behandlung eingeengt. O. Lebtag 197△

0497 **Vergleich röntgenographischer und elektronographischer Werte der Größe von Kristallblöckchen in verformtem nichtrostendem Stahl und Nickel.** Ju. D. Tjapkin und M. P. Ussikow. (Metallphysik u. Metallkunde [UdSSR] **14**, 85—91, 1962; Inst. für Metallkunde u. Metallphys. des Zentralen Forschungsinst. für das Eisenhüttenwes.; russ.) — Durch einen Vgl. der Werte von röntgenograph. u. von elektronenmkr. Unterss. hinsichtlich der Anzahl der Reflexe wird nachgewiesen, daß im Falle eines verformten nichtrostenden Stahls u. von Ni die Abmessungen der Bereiche kohärenter Streuung, die röntgenograph. bestimmt wurden, den Abmessungen der realen Kristallblöckchen entsprechen. H. Hochstein 197◇

0498 **Phasenverfestigung beim Altern in mit Titan und Aluminium legierten Chromnickelstählen.** N. F. Laschko und K. P. Ssorokina. (Metallphysik u. Metallkunde [UdSSR] **14**, 121—24, 1962; russ.) — In niedriggekohlten Stählen, die eine hinreichende Konz. von Ni, Ti u. Al enthalten, bilden sich beim Altern chem. Verbb. auf der Basis von Ni(Ti, Al) u. Ni_3(Ti, Al), welche Fe in Art einer Beimengung enthalten. Eine solche Zus. von Ausscheidungsphasen hemmt den Ablauf von Diffusionsprozessen in solchen Stählen u. macht sie relativ warmbeständig. Eine Reihe von Cr–Ni–Ti–Al-Stählen der Übergangs- u. Martensitklassen werden bei der Alterung im Temp.-Bereich von 470—570° durch Phasen vom Typ Ni_3(Ti, Al) u. Ni(Ti, Al) verfestigt. Es gibt eine Klasse austenit. Stähle des Syst. Fe–Ni–Cr–Ti–Al, in der die Hauptverfestigungsphase β-Ni_3Ti flächenzentrierte Kristallstruktur besitzt, jedoch hinsichtlich der Zus. der η-Ni_3Ti-Phase entspricht. In dieser Phase werden Cr u. Fe fast nicht gelöst. H. Hochstein 197◇

0499 **Untersuchung der Phasenverfestigung des hochlegierten Stahls EI612K.** W. W. Lewitin und W. I. Syreischtschikowa. (Metallphysik u. Metallkunde [UdSSR] **14**, 144—46, 1962; Uraler Forschungsinst. für Schwermetalle; russ.) — In dem hochlegierten Stahl EI612K mit der Zus.: 0,09 (%) C, 0,013 Si, 1,2 Mn, 13 Cr, 36,5 Ni, 4,1 Co, 3,2 W, 1,5 Ti, 0,18 Al, 0,012 B, 0,013 P, 0,004 S, Rest Fe werden nach Abschrecken von 1200° u. dreistufigem Anlassen bei 850° (10 Std.), 750° (20 Std.) sowie bei 650° (30 Std.) elektronenmkr. ausgeschiedene Teilchen von drei die Stahl-Leg. verfestigenden Phasen festgestellt, die nach Form, Größe u. Verteilung beschrieben werden. Auf Grund früherer Literaturangaben werden diese Phasen für die drei intermetall. Verbb. Ni_3Al, Ni_3(Al, Ti) u. Ni_3Ti gehalten. H. Hochstein 197◇

0500 **Zum Strukturmechanismus der Phasenumwandlungen bei der Erhitzung von Stahl.** W. D. Ssadowski, G. N. Bogatschewa und B. K. Ssokolow. (Metallphysik u. Metallkunde [UdSSR] **14**, 414—21, 1962; Inst. für Metallphys. der Akad. der Wiss. der UdSSR; russ.) — Behandelt wird die Analogie des Strukturmechanismus eines heterogenen Zerfalls übersättigter Mischkristalle sowie der Austenit-Bldg. bei der Erhitzung eines abgeschreckten Stahls. Vorgeschlagen wird hierfür als Erklärung eine anomale Abhängigkeit des krit. Ac_3-Punktes von der Erhitzungsgeschwindigkeit. H. Hochstein 197◇

0501 **Bildung der kubischen Textur von Transformatorenstahl.** I. K. Kokscharowa, M. W. Ljassko und L. W. Mironow. (Metallphysik u. Metallkunde [UdSSR] **14**, 464 bis 465, 1962; Uraler Inst. für Fe-Metalle; russ.) — Es wird nachgewiesen, daß beim Walzen von Transformatorenstahlblechen mit einer Textur {1 1 0}, ⟨0 0 1⟩, mit Abnahmen von 60—80% (manchmal bis 85—90%) u. beim nachfolgenden Hochtemp.-Glühen (1100—1200°) Sekundärrekristallisation auftritt, bei der sich eine axiale Textur mit der Achse ⟨0 0 1⟩, parallel zur Walzrichtung einstellt. Ein Teil der Körner hat bei einer solchen Textur die ideale kub. Orientierung. Beim nachfolgenden Kaltwalzen mit einer Abnahme von 50—80% der Bleche mit axialer Struktur u. Hochtemp.-Glühung tritt aufs neue eine sek. Rekristallisation auf, welche die relative Menge an Körnern mit kub. Orientierung erhöht. Infolgedessen hängt der Charakter der sek. Rekristallisationstextur von Transformatorenstahl vom Charakter der Textur vor dem Kaltwalzen ab. Einen großen Einfl. auf die Bldg. der kub. Textur beim Hochtemp.-Glühen übt das Glühmedium aus. Glühen in trockenem H_2 (Taupunkt von —60 bis —70°) oder in einem starken Vakuum (Restdruck $1 \cdot 10^{-4}$ Torr) erhöht die Anzahl der Kristalle mit kub. Orientierung. Transformatorenstahl (mit einer Dicke von 0,05 bis 0,08 mm) besitzt in Ggw. einer kub. Textur nach einer Vakuumglühung bei 1200° folgende magnet. Eigg.: μ_0 = 2000—3500 Gauß/Oe; μ_{max} 30000—36000 Gauß/Oe u. H_c = 0,17—0,25 Oe. H. Hochstein 197◇

0502 **Kristallographische Orientierung und Oxydation von Submikron-Whiskers von Eisen, Eisen–Kobalt und Kobalt.** F. E. Luborsky, E. F. Koch und C. R. Morelock. (J. appl. Physics **34**, 2905—09, 1963; Schenectady, N.Y., Gen. Electr. Res. Labor.; engl.) — Untersucht wurden Fe-, Fe–Co- u. Co-Whiskers mit Durchmessern von 250 bis 7000 Å. Whiskers mit Durchmessern $>$700 Å zeigten Oxidreflexe (Elektronenbeugungsaufnahmen), mit Durchmessern $<$700 Å nicht mehr. Das Fehlen der Oxidreflexe wird einer Zunahme der Perfektion des Kristallgitters mit abnehmender Whiskergröße zugeschrieben. Die gebildeten Oxide waren Fe_3O_4 (oder γ-Fe_2O_3) u. *CoO*. Erst bei Oxydation oberhalb 120° wurde auch α-Fe_2O_3 beobachtet. Die kristallograph. Orientierungen der Whisker u. Oxide werden mitgeteilt. K. Jaeger 197◇

0503 **Einfluß der Trennungsfläche auf die Diffusion in Metallen.** W. T. Borissow, W. M. Golikow und G. W. Schtscherbedinski. (Metallphysik u. Metallkunde [UdSSR] **11**, 709—13, 1961; Zentrales Forschungsinst. für Eisenhüttenkunde, Inst. für Metallkunde u. Metallphys.; russ.) — Nach den Umwandlungen $\gamma \rightarrow \alpha \rightarrow \gamma$ unterscheiden sich die Diffusions-Eigg. u. andere Eigg. von *Austenit* (I) von den Eigg. vor dieser Umwandlung. Die Unterschiede bleiben bis zu hohen Temp. (weit über der Temp. der Umwandlung $\alpha \rightarrow \gamma$) bestehen. An den Grenzen der umgewandelten Martensitkörner entstehen bei den Umwandlungen innerhalb der I-Körner neue Trennflächen. Der Einfl. dieser Trennflächen auf die Selbstdiffusion des Fe wird an Fe–Ni-Legg. mit 28% Ni u. mit 29% Ni + 0,5% C untersucht. Nach mehrfachem Härten u. Glühen nimmt der Diffusions-Koeff. stärker ab als bei einmaligem Glühen. Je mehr Grenzen das diffundierende Atom durchläuft, desto größer ist die summar. Hemmwirkung. R. K. Müller 197◇

0504 **Durch Verformung hervorgerufene gerichtete Diffusion des Wasserstoffs in einer festen Lösung und die Festigkeit des Metalls.** K. W. Popow und W. A. Jagunowa. (Metallphysik u. Metallkunde [UdSSR] **8**, 187—92, 1959; Ostsibir. Abt. der Akad. der Wiss. der UdSSR; russ.) — Bei Einw. von H_2 durch chem. Ätzung, kathod. Polarisation in Elektrolyten oder von H_2 enthaltenden gasförmigen Phasen auf *Stahl 20* bestimmen Vff. die Größe des H_2-Drucks, der zu innerkristallinen Verformungen mit gerichteter H-Diffusion in mikrodefekten Strukturen u. damit zur Wasserstoffsprödigkeit der Metalle führt. Während der kathod. Polarisation läßt sich dabei eine spontane Bldg. von Blasen in der Oberflächenschicht des Metalls beobachten. Der Diffusions-Koeff. wird nach den Meßwerten mit $2{,}3 \cdot 10^{-6}$ cm²/s angegeben. Aus der minimalen Rißbreite bei bekannter Zeitdauer für Verformung u. Diffusion lassen sich H_2-Drücke von 2—3000 atm angeben. W.-D. Heußner 197□

0505 **Über einige Besonderheiten der Kinetik von Diffusionsprozessen in einer zementierten Legierungsschicht.** A. P. Ljubtschenko. (Metallphysik u. Metallkunde [UdSSR] **11**, 714—24, 1961; russ.) — Vgl. C. **1961**, 10731. — Die Diffusions-Koeff. D von Fe in der zementierten Schicht von Cr–Ni–W-Stahl (18ChNWA), elektrolyt. Fe-Überzügen u. einer zementierten Schicht ähnlichen Legg. werden unter

Verw. von ^{59}Fe während des Zementierens u. beim Vakuumglühen bestimmt. Charakter u. Vollständigkeit des Verlaufs der Diffusionsprozesse in der zementierten Schicht bestimmen deren Phasen-Zus., die Legierbarkeit u. das Untergefüge der Phasen u. damit die Einsatzfähigkeit der Legierung. Die Orientierung der Mikrodiffusionsströme der Fe-Atome u. der Leg.-Elemente (Cr, W) beim Zementieren u. bei der Abkühlung von der Zementations-Temp. beeinflussen die physikal.-mechan. Parameter. Es wird eine allg. Diffusionsgleichung angegeben, die für Syst. mit von Null verschiedenen Gradienten von Konz., Druck u. Temp. gilt. R. K. Müller 197◇

0506 **Zur Diffusion und Mikroverteilung von Cer in Eisen und Gußeisen.** A. P. Ljubtschenko und M. W. Mosharow. (Metallphysik u. Metallkunde [UdSSR] **14,** 61—67, 1962; russ.) — Vgl. vorst. Referat. — Mit Hilfe von ^{144}Ce wird eine autoradiograph. u. radiometr. Unters. der Mikroverteilung in Fe, des Charakters u. der Richtung der Ce-Diffusionsbewegung bei der Graphitkristallisation sowie ferner auch der Sättigung von Gußeisen u. Armco-Eisen in festem Zustande an Ce durchgeführt. In fl. Zustande des Gußeisens wird Ce prakt. gleichmäßig im Mikrovol. der Leg. verteilt. Bei einer Abkühlung von den Temp. des fl. Zustandes während der Graphitkristallisation u. auch bei der Sättigung des Gußeisens im festen Zustande bei lamellarer oder Kugelgraphitausbildung entstehen zum Graphitkorn gerichtete Mikrodiffusionsströme von Ce-Atomen, die zu einer fast vollständigen Ce-Konz. in den Unterkornzonen des Graphitkristalls führen. H. Hochstein 197◇

0507 **Einfluß von Cer auf die Selbstdiffusion von Eisen.** A. P. Ljubtschenko und W. N. Jermolajew. (Metallphysik u. Metallkunde [UdSSR] **14,** 157—60, 1962; russ.) — Vgl. vorst. Referate. — Der Einfl. eines Ce-Geh. von 0,5% auf die Fe-Selbstdiffusion wird durch Verw. von ^{59}Fe bei einer 10std. Diffusionsbehandlung im Vakuum bei 990—1200° an Armco-Fe bestimmt. Die Selbstdiffusion von Fe wird bei einer Modifizierung durch Ce nicht merklich verändert. H. Hochstein 197◇

0508 **Einfluß geringer Titankonzentrationen auf die Selbstdiffusion von Eisen.** W. W. Ssanadse und T. A. Tiwziwadse. (Metallphysik u. Metallkunde [UdSSR] **14,** 135—37, 1962; Grusin. polytechn. Inst.; russ.) — Kleine Ti-Zusätze zu Eisen erhöhen die Aktivierungsenergie der Selbstdiffusion von Fe sowohl im α- als auch im γ-Zustande. Der Ti-Zusatz erhöht die Bindungskräfte im Kristallgitter beider Fe-Zustände. H. Hochstein 197◇

0509 **Zwillingsbildung und Kaltbrüchigkeit.** N. N. Dawidenkow und T. N. Tschutschman. (J. techn. Physik [UdSSR] **28,** 2502—13, 1958; russ.) — Sprödbrüche bei Armco-*Fe* (0,033% C) erscheinen im Temp.-Bereich zwischen —70 u. 0° u. fallen mit einer Genauigkeit von ±5° mit dem Erscheinen der Verzwillingung bei der plast. Verformung zusammen. Bei —196° verschwinden die Sprödbrüche, obgleich eine starke Verzwillingung erscheint. Für die Klärung der Frage, ob die Verzwillingung eine spezif. Eig. des kub.-raumzentrierten Gitters für den Sprödbruch ist, wurden Verss. mit *Ta* bei der Temp. des fl. He unternommen u. keine Versprödung ermittelt. Es wird geschlossen, daß die Verzwillingung nicht unbedingt Grund des Sprödbruches sein muß. J. Tůmová 200□

0510 **Stufenweise Belastung von Proben bei der Prüfung auf Dauerfestigkeit.** G. I. Pogodin-Alexejew. (Betriebs-Lab. [UdSSR] **29,** 1133, 1963; russ.) — Bei Vgl.-Unterss. auf Dauerfestigkeit des Stahls 20 bei einer Temp. von 670° mit direkter bzw. stufenweiser Belastung wird festgestellt, daß bei der letzteren eine Verfestigung des Werkstoffs auftritt. H. Hochstein 200◇

0511 **Bruchfestigkeit gehärteter Stähle bei ungleichmäßigem Volumendruck.** Je. Je. Ssurikowa und F. Ss. Ssawitzki. (Metallphysik u. Metallkunde [UdSSR] **6,** Nr. 1, 173—76, 1958; Swerdlowsk; russ.) — Krit. Erörterung von 9 Literaturangaben. H. Hochstein 200◇

0512 **Einfluß der Zerfallstemperatur auf die Struktur von Ermüdungsbrüchen des Stahls 1Ch18N9T.** P. M. Koslow und A. G. Jachontow. (Metallphysik u. Metallkunde [UdSSR] **14,** 387—90, 1962; Kirgis. Univ.; russ.) — Bestimmt wird die Temp.-Charakteristik der Beständigkeit von Austenit eines nichtrostenden Cr–Ni-Stahls 1Ch18N9T beim Ermüdungsbruch. Es wird gezeigt, daß die Verzerrungsfähigkeit des Austenits auf der Bruchoberfläche nicht von der Unters.-Temp. abhängt. Soweit bei der röntgenograph. Unters. die Linienbreite des Austenits nicht von der α-Phasen-Konz. auf dem Bruch abhängt, wird gefolgert, daß die γ-Phase nicht durch eine $\gamma \rightarrow \alpha$-Phasenumwandlung, sondern durch andere Prozesse verzerrt wird, die beim Ermüdungsbruch ablaufen. Solche Prozesse sind Gleiten u. Abreißen in den Austenitkörnern. H. Hochstein 200◇

0513 **Restspannung in Oberflächenschichten eines unlegierten Stahls nach voraufgegangener Diffusionssättigung mit Elementen.** G. N. Dubinin und L. Gribowski. (Metallphysik u. Metallkunde [UdSSR] **14,** 472—75, 1962; Moskau, Ordshonikidse-Flugzeuginst.; russ.) — Die Ggw. von Restspannungen in der Oberfläche eines unlegierten Stahls, der auf dem Diffusionswege an der Oberfläche mit Al, Cr, Ti, B oder C angereichert wurde, bestätigt den metastabilen Zustand des jeweiligen Systems. Die physikal.-chem. Eigg. von so an der Oberfläche mit den angegebenen Elementen gesätt. Stahl werden durch Veränderung des energet. Zustandes der Oberflächenschichten erklärt. H. Hochstein 200◇

0514 **Änderungen in der Carbidphase des Stahls unter dem Einfluß einer plastischen Kaltverformung.** M. W. Belouss und W. T. Tscherepin. (Metallphysik u. Metallkunde [UdSSR] **14,** 48—54, 1962; Kiew, Polytechn. Inst.; russ.) — Vgl. C. **1964,** 5-0510. — Durch magnetometr. u. dilatometr. Meth. werden die Veränderungen in der Carbidphase von 5 handelsüblichen unlegierten Stahlmarken mit 1,19, 1,09, 0,79, 0,77 u. 0,60% C bei einer plast. Kaltverformung untersucht. Hierbei werden der Grad des Zerfalls u. der Grad der Zementitgraphitisierung bei der plast. Verformung u. der nachfolgenden Erhitzung bestimmt u. auch die Veränderungen der mittleren Zus. der Carbidphasenbereiche ermittelt. Bei der plast. Verformung treten eine Zerkleinerung der Zementitteilchen u. ihr Zerfall ein. Hierbei bilden sich chem. freies C u. Fe, wodurch die Magnetisierbarkeit des Stahls ansteigt. Die C-Atome umgeben die erhalten gebliebenen Zementitteilchen; möglicherweise spielt hierbei der Einfl. der Anziehung der Beimengungsatome zu den Strukturunvollkommenheiten an der Grenze Zementit–α-Phase eine bestimmte Rolle. Ein gewisser Teil der C-Atome aus der Anzahl der die Zementitlamellen umgebenden Atome entsteht im Innern des Carbidkristallgitters, wodurch eine Änderung seines Curie-Punktes herbeigeführt wird. Bei der Erwärmung des verformten Stahls erhalten die C-Atome bei erhöhter Beweglichkeit die Möglichkeit zur gegenseitigen Rk. sowie zur Rk. mit den Fe-Atomen. Ein Teil der miteinander reagierenden C-Atome bildet Graphitbereiche, wodurch die Bldg. von Mikroporen bei der plast. Verformung bedingt wird. Ein anderer Teil der C-Atome, der mit den Fe-Atomen reagiert, bildet neuerlich Zementit; dieser Prozeß wird von einer Abnahme der Magnetisierbarkeit des Stahls begleitet. H. Hochstein 200◇

0515 **Elastizität und Plastizität eines austenitischen Chrom–Nickel-Stahls.** Kurt Salmutter und Ferdinand Stangler. (Z. Metallkunde **51,** 544—48, 1960; Wien, Univ., II. Physikal. Inst.; dt.) — Das elast. u. plast. Verh. eines austenit. Cr–Ni-Stahls wurde an zonengeschmolzenen Einkristallstäben untersucht. Die elast. Parameter ergaben sich aus Messungen des Elastizitäts- u. Torsionsmoduls. Die elast. Anisotropie des γ-Fe ist erheblich größer als die des α-Fe. Die Ermittlung der Translationselemente erfolgte aus Dehnungs- u. Stauchversuchen. Es ergab sich in Übereinstimmung mit den für kub.-flächenzentrierte Metalle erhaltenen Ergebnissen eine Oktaedertranslation. Die krit. Schubspannung für Oktaedertranslation liegt bei 5,15 kp/mm², u. die Verfestigungskurve zeigt ein Gebiet von „easyglide". H. Hochstein 200◇

0516 **Anfangsstadien der Spannungs-Relaxation in elastischen Legierungen.** A. G. Rachschtadt und M. A. Stremel. (Metallphysik u. Metallkunde [UdSSR] **14,** 153—57, 1962; Moskau, Höhere techn. Bauman-Schule; Stahlinst.; russ.) H. Hochstein 200◇

0517 **Über die Gründe des Auftretens von Anomalien der Plastizität bei metallischen Legierungen.** A. A. Pressnjakow. (Nachr. Akad. Wiss. KasachSSR **17,** Nr. 2, 27—34, 1961; russ.) — An Hand von 28 Literaturangaben werden die Ursachen für das Auftreten von Anomalien im plast.

Verh. von Metall-Legg. erörtert, wobei eine neue Theorie über die Entstehung der Arten der Plastizitätsanomalien aufgestellt wird u. Mitt. über die Wege der Beseitigung des nachteiligen Einfl. verschiedener Faktoren auf das Formänderungsvermögen der Legg. gemacht werden. H. Hochstein 200◇

0518 **Durch Zwischengitteratome bedingte Relaxationserscheinungen in kaltverformtem Kupfer.** Johann Völkl und Werner Schilling. (Physik kondens. Materie **1**, 296 bis 315, 1963; München, TH, Labor. für techn. Phys.; dt.) — An polykristallinen Cu-Drähten (99,999%) wurde nach Kaltverformung bei 23° K um 4% die innere Reibung bei Raum-Temp. mit einem umgekehrten Torsionspendel gemessen. Bei 50° K traten das Bordoni-Maximum u. bei 165 u. 250° K zwei weitere Maxima auf, wobei das letztere der Umordnung von Zwischengitteratom-„Hanteln" im äußeren Spannungsfeld zugeschrieben wird. H. Roschkowski 200◇

0519 **Energieabsorption durch Gleiten und Zwillingsbildung in Zinneinkristallen.** Ken-ichiro Ishii und Toshio Yokoyama. (Bull. Nagoya Inst. Technol. **13**, 41 bis 44, 1961; jap., Auszug: engl.) — Vgl. C. **1964**, 15-0526. — Für Sn-Einkristalle wurde eine lineare Abhängigkeit der beim Gleiten absorbierten Energie u. dem Prod. aus Dehnung u. Spannung festgestellt. Eine gleiche lineare Abhängigkeit wurde für durch Wandern der Zwillingsgrenzen absorbierte Energie gefunden. K. Jaeger 200◇

0520 **Makroskopische plastische Eigenschaften von versetzungsfreiem Germanium und anderen Halbleiterkristallen.** 1. Mitt. **Fließverhalten.** J. R. Patel und A. R. Chaudhuri. (J. appl. Physics **34**, 2788—99, 1963; Murray Hill, N.J., Bell Telephone Labor., Inc.; engl.) — Untersucht wurden „versetzungsfreie" Kristalle von *Ge, Si, InSb* u. *GaSb*. Plast. Deformation tritt bei allen Kristallen bei niedrigeren Kräften ein als von der Theorie berechnet. Die große Festigkeitsminderung wird durch das dynam. Verh. der Versetzungen bei Beginn des plast. Fließens verursacht. K. Jaeger 200◇

0521 **Der Bruch von Ge und Al_2O_3.** O. W. Johnson und P. Gibbs. (J. appl. Physics **34**, 2852—62, 1963; Salt Lake City, Utah, Univ.; engl.) — Gemessen wurde die Bruchfestigkeit σ_F von Ge im Temp.-Bereich —196 bis +500°. σ_F nimmt bis 200° langsam ab, dann bis 400° stark zu, um dann ebenso stark wieder abzunehmen. Die Ergebnisse werden durch Vorgänge bei der Bruchkeim-Bldg. gedeutet (>400° tritt vor dem Bruch plast. Deformation ein) u. diese Deutung auf das aus der Literatur bekannte Verh. von Al_2O_3 angewendet. K. Jaeger 200◇

0522 **Temperaturabhängigkeit der elastischen Konstanten von Kaliumbromid-Einkristallen.** Ss. P. Nikanorow und A. W. Stepanow. (J. exp. theoret. Physik [UdSSR] **37**, 1814—15, 1959; Leningrad, Physikal.-techn. Inst. der Akad. der Wiss. der UdSSR; russ.) — Vff. untersuchten die elast. Eigg. von KBr-Einkristallen im Temp.-Bereich von 20° bis zum F. des KBr (730°). Durch Extrapolation der annähernd linearen Temp.-Abhängigkeit wurden die elast. Konst. bei T = 0° K errechnet. Sie stehen in guter Übereinstimmung mit den von Galt [1941] angegebenen Werten. G. Rudakoff 200◇

0523 **Deformation von Graphit durch thermisches Cyclisieren.** G. M. Jenkins und G. K. Williamson. (J. appl. Physics **34**, 2837—41, 1963; Berkeley, Gloucestershire, England, Central Electricity Generating Board, Nucl. Labor.; engl.) — Gemessen wurden die Formänderungen von unter einer Torsionskraft stehenden Graphitproben bei cycl. Wärmebehandlung. Die durch die anisotrope Wärmeausdehnung entstehenden Deformationen sind Funktionen der Temp.-Änderungen, nicht der abs. Temperatur. Die Ergebnisse werden durch ein therm. erweitertes Spannungs-Dehnungs-Modell beschrieben. K. Jaeger 200◇

0524 **Über die Wiedergabe des Prozesses einer elastisch-plastischen Verformung bei thermischer Ermüdung.** Ss. W. Sserenssen und P. I. Kotow. (Betriebs-Lab. [UdSSR] **26**, 1133—36, 1960; russ.) — In Diagrammen wird die elast.-plast. Deformation bei der therm. Ermüdung unter cycl. Erhitzen dargestellt, wobei die cycl. Belastung auf Kosten des linearen Ausdehnungs-Koeff. erfolgt u. daher durch eine bestimmte Gesetzmäßigkeit mit dem Temp.-Cyclus gek. ist. Als Modell wird die Kombination eines zu deformierenden Körpers mit Starrheit C_1 u. eines elast. Elements mit Starrheit C_2 angenommen. Die Deformation Δ_2 des elast. Elements steht dann zur therm. Deformation Δ_t in der Beziehung $\Delta_2 = \Delta_t/[(C_2/C_1) + 1]$. R. K. Müller 200□

0525 **Mechanisches Verhalten von Ionenkristallen.** J. J. Gilman. (Progr. Ceram. Sci. **1**, 146—99, 2 Tafeln, 1961; Schenectady, N.Y., Gen. Electr. Res. Labor.; engl.) — Übersicht. — 93 Literaturangaben. H. Roschkowski 200◇

0526 **Zur Theorie elastischer Wellen in Kristallen. Vergleich mit einem isotropen Medium.** F. I. Fedorow. (Kristallographie [UdSSR] **8**, 213—20, 1963; Physikal. Inst. der Akad. der Wiss. der BelorussSSR; russ.) — Bestimmt wurde der Tensor der Elastizitäts-Konst. eines isotropen Mediums, das sich in seinen elast. Eigg. möglichst wenig von denen eines gegebenen Kristalls unterscheidet. Parameter wurden eingeführt, die die Anisotropie der elast. Eigg. eines Kristalls quant. charakterisieren. Ferner wurde ein nichtlinearer Ausdruck abgeleitet, der die Abweichung einer ebenen Welle von der Wellennormalen in einem Kristall beschreibt. Das Verh. transversaler u. longitudinaler Wellen im Kristall wird untersucht. K. Jaeger 200◇

0527 **Zur Definition der Kompressibilitätskoeffizienten und Volumen-Elastizitätsmoduln eines Festkörpers.** K. P. Rodionow. (Metallphysik u. Metallkunde [UdSSR] **6**, 786—93, 1958; Inst. für Metallphys. der Ural-Abt. der Akad. der Wiss. der UdSSR; russ.) — Theoret.-physikal. Betrachtung. H. Jäger 200◇

0528 **Innere Reibung und Schallabsorption in Systemen mit zusätzlichen inneren Parametern.** W. T. Schmatow. (Metallphysik u. Metallkunde [UdSSR] **6**, 984—93, 1958; Inst. für Metallphys. der Ural-Zweigstelle der Akad. der Wiss. der UdSSR; russ.) — Ableitung von mathemat. Formeln für die innere Reibung sowie für die Geschw. u. den Absorptions-Koeff. des Schalls in Syst. mit einem oder mehreren zusätzlichen „inneren Parametern" (Größen, die bestimmte innere Eigg. des Syst. charakterisieren u. im Gleichgewicht als Zustandsfunktion auftreten). In der Nähe einer durch derartige Parameter erzeugten Phasenumwandlung II. Ordnung bestehen Beziehungen zwischen Sprüngen des Elastizitätsmoduls u. der inneren Reibung sowie des Quadrats der Geschw. u. dem Absorptions-Koeff. des Schalls. In Nähe des Curie-Punkts ist die innere Reibung u. Schallabsorption am größten. J. Tůmová 200◇

A$_7$. Gleichgewichte, Kinetik

0529 **Viscosimetrische Untersuchung von Komplexen in wasserfreiem HNO_3.** Ewa Kozłowska. (Studia Soc. sci. Torunensis, Sect. B **4**, 1—61, 1963; Toruń, Uniw. M. Kopernika, Kat. Chem. nieorg.; pol.) — Die Viscosität von Lsgg. von Elektrolyten in abs. HNO_3 wurden mit Hilfe des Ostwald-Viscosimeters gemessen. Die Auswertung erfolgte unter Anwendung der Theorie der Viscosität für starke Elektrolyte. Die Meth. ist hier deshalb anwendbar, weil der Elektrolyt die Eigenionisation von HNO_3 zurückdrängt. Bei hohen Konzz. c ist die Gleichung von Jones u. Dole $\eta/\eta_{Lsgm.} = 1 + A\cdot\sqrt{c} + B\cdot c + D\cdot c^2$ anwendbar. Aus den Abweichungen von dieser Gleichung läßt sich auf die Ggw. von Solvatkomplexen u. auf deren Koordinationszahl schließen. Im Syst. KNO_3–HNO_3 tritt der Komplex $K[NO_3(HNO_3)_2]$ auf. Leitfähigkeits- u. viscosimetr. Messungen im Syst. HNO_3–Me_2SO_4 zeigen dagegen, daß im Gegensatz zur Ansicht von Chédin u. Vandoni [1948] hier keine Komplexe vorliegen. Es bilden sich nur Hydrogensulfate. In den Syst. Nichtelektrolyt–HNO_3 [mit Chlf., Ae., symm.-Dichloräthyläther (**I**) u. 1.4-Dioxan (**II**)] wurden die Dichte u. Viscosität (mit einem modifizierten Ubbelohde-Viscosimeter) gemessen. Aus den Abweichungen vom Verh. idealer Gemische wird gefolgert, daß im Syst. HNO_3–Chlf. keine Additions-Verb. auftritt. In HNO_3-reichen Gemischen wird eine Redox-Rk. beobachtet. Im Syst. HNO_3–Ae. tritt die Verb. $HNO_3\cdot$Ae. auf. Bei hoher HNO_3-Konz. setzt starke Oxydation von Ae. ein. Im Syst. HNO_3–**I** bildet sich ebenfalls eine Verb. 1 : 1. Im Syst. HNO_3–**II** kann die stabile Verb. $2\,HNO_3\cdot C_4H_8O_2$ isoliert werden. Die Verb. ist kein Oxoniumsalz. Die von Alphen [1930] beschriebene Verb. $4\,HNO_3\cdot 3\,C_4H_8O_2$ wurde nicht gefunden. Bei hoher HNO_3-Konz. wird **II** zu Oxalsäure oxydiert. — 164 Literaturangaben. F. Urban 223◇

0530 **Komplexe von Seltenerdmetallen.** 5. Mitt. **Piperidin-2.6-dicarbonsäure.** L. C. Thompson. (J. inorg. nuclear Chem. **25,** 819—22, 1963; Duluth, Minn., Univ. of Minnesota, Dep. of Chem.; engl.) — 4. vgl. Inorg. Chem. [Washington] **2,** [1963], 222; 2. vgl. C. **1963,** 14601. — Die Bldg.-Konst. (log K_1; log K_2) der 1 : 1- u. 2 : 1-Chelate der Seltenerdmetallionen (**I**) sowie von Y(III) u. Cd(II) mit Piperidin-2.6-dicarbonsäure (**II**; pK_1 2,54; pK_2 10,12) in wss. Lsg. betragen nach potentiometr. Titrationen bei $\mu = 0,1$ (KNO_3) u. 25° für *La(III)* 5,31; 4,06; *Ce(III)* 5,69; 4,50; *Pr(III)* 5,83; 4,78; *Nd(III)* 5,92; 4,88; *Sm(III)* 6,13; 5,30; *Eu(III)* 6,13; 5,32; *Gd(III)* 6,09; 5,37; *Tb(III)* 6,16; 5,43; *Dy(III)* 6,26; 5,56; *Ho(III)* 6,32; 5,55; *Er(III)* 6,42; 5,65; *Tm(III)* 6,53; 5,77; *Yb(III)* 6,64; 5,83; *Lu(III)* 6,71; 5,84; *Y(III)* 6,00; 5,40 u. *Cd(II)* 5,22; 4,42. Zur Ausschaltung der Hydrolyse der I-Ionen betrug das Verhältnis **II** : **I** = 5 : 1. Die log K_1-Werte zeigen eine Schwankung bei Gd („Gadolinium break"), die log K_2-Werte eine geringe Unregelmäßigkeit bei Ho. Der log K_1-Wert von Y entspricht nicht der Einstufung nach der Ionenradiusgröße, wohl aber der log K_2-Wert. Die 1 : 1-Chelate von Iminodiessigsäure sind beständiger als die von **II**, die 2 : 1-Chelate sind gleich beständig. Die Cd-Chelate von **II** werden bei ihrer Bldg. genauso ster. beeinflußt wie die I-Chelate von **II**. G. Heller 223◇

0531 **Untersuchung der Gleichgewichte in Lösungen heterogener Metallkomplexverbindungen. Gemischte Blei- und Cadmiumhalogenide.** Ja. D. Fridman, Dsh. Ss. Ssarbajew und R. U. Ssorotschan. (J. anorg. Chem. [UdSSR] **5,** 791—804, 1960; Labor. für Buntmetallurg. der Akad. der Wiss. der KirgisSSR; russ.) — Die Gleichgewichte in Lsgg. von Cd- u. Pb-Perchloraten in Anwesenheit von 2 verschiedenen Halogenidionen wurden bei 25° u. z. T. bei 50° bei konst. $\mu = 5$ potentiometr. durch Messung der Metall-Amalgam-Elektrodenpotentiale in den Lsgg. untersucht. Die Bldg. folgender Komplexe wurde aus den Messungen abgeleitet (in Klammern Bldg.-Konst.): Cd: in Cl^-–Br^--Lsg. alle möglichen Formen von $[CdCl_{3-j}Br_j]^-$ (j = 0: $4 \cdot 10^2$; j = 1: $1 \cdot 10^3$; j = 2: $4,2 \cdot 10^3$; j = 3: $2,5 \cdot 10^3$) u. $[CdCl_{4-j}Br_j]^{2-}$ mit j = 3 u. j = 4 ($1 \cdot 10^4$); in Br^-–J^--Lsg. alle Kombinationen von $[CdBr_{4-j}J_j]^{2-}$ (j = 1: $8 \cdot 10^4$; j = 2: $4,8 \cdot 10^5$; j = 3: $1,4 \cdot 10^6$; j = 4: $2,5 \cdot 10^6$); in Cl^-–J^--Lsgg. $[CdCl_{3-j}J_j]^-$ mit j = 0 ($4 \cdot 10^2$) u. j = 1 ($1,0 \cdot 10^4$) u. $[CdCl_{4-j}J_j]^{2-}$ mit j = 2 ($7,4 \cdot 10^4$), j = 3 ($3,5 \cdot 10^5$) u. j = 4 ($2,5 \cdot 10^6$). Pb: In Cl^-–Br^--Lsgg. $[PbCl_{4-j}Br_j]^{2-}$ (j = 1: $2,9 \cdot 10^2$; j = 2: $1,1 \cdot 10^3$; j = 3: $1,6 \cdot 10^3$; j = 4: $7,0 \cdot 10^2$) u. in Abwesenheit von Br^- auch $PbCl_3^-$ ($0,89 \cdot 10^2$); in Br^-–J^--Lsgg. $[PbBr_{4-j}J_j]^{2-}$ (j = 1: $6,3 \cdot 10^3$; j = 2: $3,0 \cdot 10^4$; j = 3: $1,4 \cdot 10^5$; j = 4: $2,1 \cdot 10^5$); in Cl^-–J^--Lsgg. keine gemischten Komplexe. G. Winkhaus 223□

0532 **Untersuchung der Komplexbildung von Protactinium mit Mono-, Di- und Polycarbonsäuren nach der Ionenaustauschmethode.** 2. Mitt. **Komplexbildung von Protactinium mit α-Hydroxyisobuttersäure und Mandelsäure.** A. W. Lapitzki und I. Geletzeanu. (Radiochemie [UdSSR] **5,** 330—34, 1963; russ.) — Die Unters. der Verteilung von Pa zwischen fl. Phase u. dem Ionenaustauscher Dowex-50 für die Syst. Pa–α-Hydroxyisobuttersäure (**I**) u. Pa–Mandelsäure (**II**) ergab, daß der Verteilungs-Koeff. von Pa stark von der Konz. der Addenden (A) u. vom pH-Wert abhängt. Die Abhängigkeit von der Konz. wurde im Bereich 0,001—0,5 m untersucht. Durch Hydrolyse u. Koll.-Bldg. verringert sich die Adsorption auf dem Kationit bei der Alterung der Lösungen. Es werden in Ggw. von **I** u. bei pH 1,1 zwei Komplexe (Me : A = 1 : 2 bzw. 1 : 3), in Ggw. von **II** ein Komplex (Me : A = 1 : 1) gebildet. Die nach zwei Meth. berechneten Instabilitäts-Konst. betragen im 1. Falle (Ggw. von **I**) $K_1 = (3,43—3,36) \cdot 10^{-4}$ u. $K_2 = (1,5—1,0) \cdot 10^{-7}$. Mit **II** ergibt sich folgender Wert: $K_1 = (1,45—1,17) \cdot 10^{-3}$. Die mittlere effektive Ladung $\bar{z}$ der Komplexe hängt ebenfalls vom pH-Wert ab u. hat in beiden Fällen bei pH 4 ein Maximum. G. Ewald 223◇

0533 **Spektrophotometrische Untersuchungen der Chelatbildung durch Pharmazeutica.** 5. Mitt. **Chelatbildung von 3-Hydroxytyramin und Molybdän(VI).** Jaakko Halmekoski. (Suomen Kemistilehti B **36,** 55—58, 1963; Helsinki, Univ. of Helsinki, Dep. of Chem.; engl.) — 4. vgl. C. **1963,** 17229. — Durch Messung der Absorption im Sichtbaren wurde bei pH 7 Chelat-Bldg. zwischen MoO_4^{2-} u. 3-Hydroxytyramin im stöchiometr. Verhältnis 1 : 2 festgestellt: Beständigkeits-Konst. log $K_2 = 5,566 \pm 0,012$. Bei pH 4 wird ein 1 : 1-Chelat neben etwas 1 : 2-Chelat gebildet. Die Beziehung zwischen der Beständigkeit des Chelatkomplexes u. dem pK des Chelatbildners wird diskutiert. G. Heller 223◇

0534 **Bestimmung der Zusammensetzung und Instabilitätskonstanten von Oxalato-, Nitrato- und Sulfatokomplexen von Am(III) und Cm(III) durch die Ionenaustauschmethode.** I. A. Lebedew, Ss. W. Piroshkow und G. N. Jakowlew. (Radiochemie [UdSSR] **2,** 549—58, 1960; russ.) — Auf Grundlage der Abhängigkeit der Sorption von Am^{3+} u. Cm^{3+} an einem Kationenaustauscher von der Konz. des entsprechenden Anions wurden folgende Komplexionen u. ihre Stabilitäts-Konst. gefunden (in Klammern Ionenstärke der Lsg.): $[Am(C_2O_4)]^+$ $9,8 \cdot 10^5$ ($\mu = 0,2$); $[Am(C_2O_4)_2]^-$ $1,4 \cdot 10^{10}$ (0,2); $[Cm(C_2O_4)]^+$ $9,1 \cdot 10^5$ (0,2); $[Cm(C_2O_4)_2]^-$ $1,4 \cdot 10^{10}$ (0,2); $[AmNO_3]^{2+}$ 4,0 (1,0); $[CmNO_3]^{2+}$ 3,7 (1,0); $[AmSO_4]^+$ 60 (0,75); $[AmSO_4]^+$ 58 (1,5); $[Am(SO_4)_2]^-$ $1,3 \cdot 10^2$ (1,5); $[CmSO_4]^+$ 56 (0,75); $[Cm(SO_4)_2]^-$ 84? (0,75). Verwendet wurden der Kationenaustauscher KU-2 in der NH_4^+-Form u. die Isotope ^{241}Am u. ^{241}Cm. K.-D. Schubert 223◇

0535 **Chelatbildung zwischen Eisen und Zuckern.** Philip J. Charley, Bibudhendra Sarkar, Clyde F. Stitt und Paul Saltman. (Biochim. biophysica Acta [Amsterdam] **69,** 313—21, 1963; Los Angeles, Calif., Univ. of Southern California, School of Med., Dep. of Biochem.; engl.) — Es werden Standard-Lsgg. von $FeCl_3$, $Fe(NO_3)_3$, $FeCl_2$ oder $FeSO_4$ mit Lsgg. von Fructose (**I**) u. anderen reduzierenden Monosacchariden unter Variierung des pH-Werts vermischt u. die Komplex-Bldg. untersucht. Fe^{3+} bildet mit **I** im sauren Bereich einen dunkelgelben, im alkal. einen rotbraunen Komplex. Komplexe von Fe^{2+} mit **I** sind im alkal. Bereich blaugrün. Die Charakterisierung der Komplexe erfolgt durch Messung der Löslichkeit im alkal. Bereich sowie durch spektralphotometr. u. potentiometr. Untersuchungen. Durch Einstellen einer Lsg., 0,1 m an $FeCl_3$ u. 1,0 m an **I**, auf pH 9 u. Fällen mit abs. A. wird ein Komplex mit einem Fe(III)- zu **I** : Na-Verhältnis von 2 : 2 : 1 isoliert. Auf Grund der leichten Dialyse wird auf die Bedeutung der Komplexe für den Transport von Spurenmetallen durch Zellmembranen hingewiesen. Weiterhin wird eine Reihenfolge für die Fähigkeit von Polyolen, eine Fällung von Fe(III) im alkal. Bereich zu verhindern, angegeben: **I** > Sorbit > Glucose = Galaktose = Maltose = Lactose > Saccharose > Ribose > Erythrose. Mit Ausnahme von Cd bilden Cu^{2+}, Mn^{2+}, Co^{2+}, Ni^{2+}, Zn^{2+}, Ca^{2+}, Sr^{2+}, Ba^{2+}, Ni^{2+} u. Co^{2+} mit **I** Komplexe in Lösung. K. Täufel 223◇

0536 **Die Tendenz von Äthylendiamin, N.N-Diäthyläthylendiamin und 1.2-Diaminopropan zur Komplexbildung mit Kupfer.** Reino Näsänen und Paavo Meriläinen. (Suomen Kemistilehti B **36,** 97—102, 1963; Helsinki, Univ. of Helsinki, Dep. of Chem.; engl.) — Vgl. C. **1963,** 11158. — Die Dissoziations-Konst. von diprotoniertem Äthylendiamin (A) wurden bei 25° u. verschiedenen Ionenstärken I ($NaClO_4$) nach der potentiometr. pH-Meth. bestimmt. Durch Extrapolation auf I = 0 wurden die Werte pk_1^0 ($k_1 = [H][HA]/[H_2A]$) = 6,847 u. pk_2^0 ($k_2 = [H][A]/[HA]$) = 9,933 erhalten. Die Beständigkeits-Konst. der Cu-Komplexe $[CuA]^{2+}$ u. $[CuA_2]^{2+}$ wurden als Funktion von I untersucht u. durch Extrapolation auf I = 0 bei 25° zu log k_1^0 = 10,48 u. log k_2^0 9,07 bestimmt. Diese Werte sind prakt. so groß wie die der entsprechenden Cu-Komplexe von 1.2-Diaminopropan u. sehr viel größer als die von N.N'-Diäthyläthylendiamin. G. Heller 223◇

0537 **Der Einfluß von Kaliumchlorid auf die Beständigkeit der Kupferkomplexe von N.N-Diäthyläthylendiamin in wässeriger Lösung.** Reino Näsänen, Paavo Meriläinen und Marjatta Koskinen. (Suomen Kemistilethi B **36,** 110—12, 1963; engl.) — pk_1 u. pk_2 von diprotoniertem *N.N-Diäthyläthylendiamin* (A) sowie die Beständigkeits-Konst. k_1 u. k_2 der Cu-Komplexe $[CuA]^{2+}$ u. $[CuA_2]^{2+}$ wurden bei 25° u. verschiedenen Ionenstärken nach der potentiometr. pH-Meth. bestimmt. Die Ionenstärken wurden mit KCl u. $NaClO_4$ eingestellt. Die pK-Werte von A wurden mit denen von 1.2-Diaminopropan (B) verglichen. Der Einfl. der Ionenstärke ist bei A größer als bei B; $NaClO_4$ hat in beiden Fällen einen größeren Einfl. als KCl, bes. im Falle des A. Der Unterschied zwischen den Einfl. von KCl u. $NaClO_4$ auf k_1 ist ziemlich gering, aber zwischen denen auf k_2 sehr groß. Vermutlich werden im Falle des KCl Chlorokomplexe wie $[CuCl]^+$ u. $[CuACl]^+$ gebildet. G. Heller 223◇

0538 **Die Dissoziation von Pt(II)-, Pd(II)- und Ni(II)-Chelaten von Pyridin-2-aldoxim unter Abgabe von Protonen.** Isao Masuda und Koichiro Shinra. (Sci. Rep., Coll. gen. Educat., Osaka Univ. **11**, 3–5, 1962; Osaka Univ., Coll. of Gen. Educat., Inst. of Chem.; engl.) — Spektralphotometr. wurde durch Änderung des pH die Abspaltung von H^+-Ionen aus den Komplexen $[Pt(A)_2H]Cl$ (I), $[Pd(A)_2H]\cdot Cl$ (II) u. $[Ni(A)_2H(py)_2]Cl$ (HA = Pyridin-2-aldoxim, py = Pyridin), beobachtet u. die pK_a-Werte berechnet: HA 11,05; I 8,70; II 4,00 u. III 8,40. G. Heller 223◇

0539 **Ergänzende Daten zur Löslichkeit des Uran(IV)-oxalats.** A. A. Grinberg und G. I. Petrshak. (Radiochemie [UdSSR] **5**, 319–29, 1963; russ.) — Die unter den Vers.-Bedingungen zur Best. der Löslichkeit von Uran(IV)-oxalat (I) auftretenden teilweise Oxydation von U(IV) zwangen Vff. zur Wiederholung früherer Best. nach einer neuen Meth., bei der durch das Gefäß zur Löslichkeits-Best. sauerstofffreies H_2 geleitet wurde bzw. die Sättigung in abgeschmolzenen Ampullen unter N_2-Atmosphäre erfolgte. Durch Fällung des U(IV) als Urantetrafluorid u. durch Best. der Gesamtaktivität des U konnte der Anteil an oxydiertem U bestimmt werden. Mit Vergrößerung der Oxalsäure-Konz. von 0,001 auf 1,50n vergrößert sich die Löslichkeit von I. I wird in wss. Lsgg. u. bes. in Ggw. von H_2SO_4, HNO_3 u. $HClO_4$ weitgehend oxydiert. In Ggw. von HCl u. $H_2C_2O_4$ tritt fakt. keine Oxydation ein. Infolge der Oxydation ist die Löslichkeit von $U(C_2O_4)_2\cdot 6\,H_2O$ nicht mehr streng konstant. Sie beträgt in W. ca. 25 mg/Liter. I hat saure, der Oxalsäure ähnliche Eigenschaften. Die α-Aktivität des U hat einen Einfl. auf die Kinetik des Lösungsprozesses sowie auf den pH der Lösung. G. Ewald 224◇

0540 **Doppelsalze und Hydratisierung in einigen ternären gesättigten Lösungen.** Stanisław Poczopko. (Studia Soc. sci. Torunensis, Sect. B **4**, 1–50, 1963; Toruń, Uniw. M. Kopernika, Kat. Chem. fiz.; pol.) — Auf Grund von Literaturangaben über Löslichkeitsisothermen tern. Syst. Salz A–Salz B–W. u. Salz–Nichtelektrolyt–W. wird die Bldg. u. Beständigkeit von Doppelsalzen in gesätt. wss. Lsgg. erörtert. Dabei wird die Konstanz der Hydratisierungszahlen der Ionen bzw. Moll. vorausgesetzt. Die Ansicht, daß in solchen tern. Syst. vollständige Dissoziation der Elektrolyten besteht, ist nicht haltbar, denn auch bei monoton verlaufenden Isothermen ist die Bldg. von Doppelsalzen experimentell bewiesen. Die Zus. der Doppelsalze in gesätt. Lsgg. u. im festen Zustand muß nicht übereinstimmen. Die Zus. der nur in Lsg. vorhandenen Doppelsalze wird durch die Unstetigkeitsstellen der Isothermen bestimmt. Aus der Abweichung der scheinbaren u. wirklichen Hydratisierungszahlen kann der Zerfallsgrad der Doppelsalze in Lsg. bestimmt werden. — 93 Literaturangaben. F. Urban 224◇

0541 **Über den Ionenzustand des Germaniums in schwach sauren Lösungen.** W. A. Nasarenko, G. W. Fljantikowa und N. W. Lebedewa. (Ukrain. chem. J. **28**, 33–67, 1962; Odessa, Inst. für allg. u. anorg. Chem. der Akad. der Wiss. der UkrainSSR; russ.) — Bei der Elektrolyse (30–210 V, 15 mA) einer wss. GeO_2-Lsg. oder bei Zugabe von Disulfophenylfluoren als Komplexbildner in Biphthalat-gepufferter Lsg. im pH-Bereich von 1,08–7,0 läßt sich nach Unterss. der Vff. die Existenz von Ge(IV)-Kationen nachweisen. W.-D. Heußner 224◇

0542 **Lösungen anorganischer Salze in nichtwässerigen oder in gemischten Lösungsmitteln. 2. Mitt. Konduktometrische Untersuchungen an $SnCl_4\cdot 5\,H_2O$, gelöst in reinem Methanol oder in Methanol plus Wasser.** P. A. D. de Maine. (J. inorg. nuclear Chem. **14**, 262–67, 1960; Albany, N.Y., State Univ., New York State Coll. for Teachers, Chem. Dep.; engl.) — 1. vgl. C. **1963**, 3473. — Die spezif. Leitfähigkeit von $SnCl_4\cdot 5\,H_2O$ (I) in W.–Methanol (II) wurde bei 25° in Abhängigkeit von der I- u. II-Konz. gemessen. In verd. I-Lsgg. (< 0,0938 Mol/Liter) verhindert eine Erhöhung der I- oder II-Konz. die Koagulation der hydrolysierten Sn(IV)-Ionen u. verringert die mol. Leitfähigkeit. Es wird folglich angenommen, daß II in spezif. Weise mit kovalenten Teilchen oder Ionen des Sn(IV) reagiert. G. Heller 224◇

0543 **Lösungen anorganischer Salze in nichtwässerigen oder in gemischten Lösungsmitteln. 3. Mitt. Konduktometrische Untersuchungen an $SnCl_4\cdot 5\,H_2O$ und $SnCl_2\cdot 2\,H_2O$, getrennt gelöst in Methanol–Tetrachlorkohlenstoff.** P. A. D. de Maine, M. M. de Maine und G. E. McAlonie. (J. inorg. nuclear Chem. **14**, 268–72, 1960; engl.) — 2. vgl. vorst. Referat. — Die spezif. Leitfähigkeit von $SnCl_4\cdot 5\,H_2O$ (I) u. $SnCl_2\cdot 2\,H_2O$ (II), die einzeln in Methanol (III) oder III–CCl_4 gelöst wurden, wurde bei 25° in Abhängigkeit von der I- oder II- u. der III-Konz. gemessen. Bei hohen I- u. niedrigen III-Konzz. sowie bei einer Lsg. mit 0,26 (Mol/Liter) II u. 6 III bilden sich 2 Schichten. Für höhere I- oder II-Konzz. gibt es nur einen Ionisationsprozeß, während bei niedrigen Konzz. mehrere möglich sind. G. Heller 224◇

0544 **Lösungen anorganischer Salze in nichtwässerigen oder in gemischten Lösungsmitteln. 4. Mitt. Leitfähigkeitsuntersuchungen an $SnCl_4\cdot 5\,H_2O$ und $SnCl_2\cdot 2\,H_2O$, zusammen gelöst in Methanol–Tetrachlorkohlenstoff.** P. A. D. de Maine, G. E. McAlonie und M. M. de Maine. (J. inorg. nuclear Chem. **14**, 273–75, 1960; engl.) — 3. vgl. vorst. Ref.; vgl. auch C. **1963**, 7252. — Die molare Leitfähigkeit einer Lsg. von $SnCl_4\cdot 5\,H_2O$ (I) u. $SnCl_2\cdot 2\,H_2O$ (II) in Methanol (III) oder III–CCl_4 ist bei 25° bedeutend kleiner als die Summe der molaren Leitfähigkeiten von I u. II, wenn diese einzeln im gleichen Lsgm. gelöst werden; dieses Ergebnis spricht für eine Wechselwrkg. zwischen einkernigen Sn(II)- u. Sn(IV)-Ionen. Diese Wechselwrkg. wird durch „Solvatation" der Sn(II)- oder Sn(IV)-Ionen durch III teilweise aufgehoben. G. Heller 224◇

0545 **Eigenschaften der Mischlösungen von Chloriden des Mangans und Ammoniums.** W. N. Lissow. (Ukrain. chem. J. **28**, 32–38, 1962; Dnepropetrowsk, Chem.-Technol. Inst.; russ.) — Die Unterss. über die elektr. Leitfähigkeit $\varkappa$, Viscosität η u. Dichte D des Syst. $MnCl_2$–NH_4Cl–H_2O bei 25, 40 u. 55° ergab, daß beim Mol-Verhältnis > 1,0 $\varkappa$ abnimmt, während η stark ansteigt. Für alle untersuchten isomolaren Serien sind die η-Isothermen konkav zur Achse der Zusammensetzung. Die Werte für $\varkappa$, η u. D zeigen eine Abweichung von der Additivität. Bei den $\varkappa$-Isothermen ist die Abweichung von der Linearität geringer als bei den η-Isothermen. O. Lebtag 224△

0546 **Untersuchung der Extraktion von Thorium mit Hilfe von Benzhydroxamsäure.** Abdel Gawad Sajed, A. W. Lapitzki und N. P. Rudenko. (Radiochemie [UdSSR] **5**, 290–94, 1963; russ.) — $UO_2(NO_3)_2\cdot 6\,H_2O$ wurde mit Ae. extrahiert. Die wss. $^{234}Th(UX_1)$ enthaltende Phase wurde auf 8m HCl angesäuert u. auf eine Kolonne mit KU-2 aufgegeben. UO_2^{2+} wird nicht adsorbiert, etwaige Rückstände werden mit 2n HCl eluiert. ^{234}Th wurde mit 0,5m Oxalsäure eluiert. Benzhydroxamsäure (I) bildet mit VO_3^--Ionen einen farbigen Komplex. Die Best. von I wurde photocolorimetr. durchgeführt. Eine 1 ml ^{234}Th-Lsg., 2 ml 0,1m Lsg. von I, 10 ml Acetatpuffer u. 3 ml Hexanol enthaltende Mischung wurde 30 Min. bei 25° geschüttelt. Die Extraktion von Th durch Hexanol in Ggw. von I erreicht bei pH 5,2 ihren maximalen Wert: 98%. Nach der Neigung der die Abhängigkeit log D/[R^-] (D = Verteilungs-Koeff., R^- = Anion von I) charakterisierenden Geraden (tgα = 2) wurde die Zus. der extrahierten Verb. zu $Th(NO_3)_4\cdot 2\,HR$ bestimmt. Diese Verb. wurde thermograph. analysiert. Zwischen 140 u. 280° bildet sich $ThO(NO_3)_2$, von 360–440° ThO_2. G. Ewald 224◇

0547 **gem.-Bis-[disubstituierte Phosphinyl]-alkane. 2. Mitt. Extraktion von Uran(VI) mit Bis-[di-n-hexylphosphinyl]-methan.** J. E. Mrochek, J. W. O'Laughlin, H. Sakurai und C. V. Banks. (J. inorg. nuclear Chem. **25**, 955–62, 1963; Ames, Iowa, Iowa State Univ., Inst. for Atomic Res., Dep. of Chem.; engl.) — 1. vgl. C. **1962**, 3785. — Das Solventextraktionsvermögen von Bis-[di-n-hexylphosphinyl]-methan (I) für $UO_2(NO_3)_2$ wurde mit dem von Tri-n-octylphosphinoxid (II) verglichen. Im Gegensatz zu II bildet I mit U(VI) in nichtpolaren Lsgm. polymere Komplexe von hoher Viscosität, deren Bldg. in polaren Lsgm. wie 1.2-Dichlorbenzol (III) verhindert wird. Als Extraktionsmittel in III aus HCl-, HNO_3–H_2SO_4- oder H_3PO_4-sauren Lsgg. hat I eine ähnliche

Wrkg. wie **II**; das Verteilungsverhältnis von U(VI) ist für **I** allg. größer als für **II**, aus $HClO_4$-sauren Lsgg. sogar um mehrere Größenordnungen stärker. G. Heller 224◇

0548 **Extraktion von Salzsäure und Calciumchlorid mit Isoamylalkohol.** L. M. Gindin, I. F. Kopp, A. M. Rosen und E. F. Kouba. (J. anorg. Chem. [UdSSR] **5**, 139–48, 1960; Norilsk, Bergbau-Metallurg. Kombinat, Versuchszeche; russ.) — Vff. untersuchten die Verteilung von getrennt u. zusammen anwesendem HCl u. $CaCl_2$ zwischen W. u. Isoamylalkohol bei 20°. Die Ergebnisse zeigten, daß der Verteilungs-Koeff. von HCl α_{HCl} eine lineare Funktion der HCl-Konz. X in der wss. Phase ist. $\alpha_{HCl} \cong 2{,}5 \cdot 10^{-3} \cdot X_{HCl}$. $CaCl_2$ wird wesentlich schwächer extrahiert als HCl. α_{CaCl_2} ist ca. um das 10fache kleiner als α_{HCl}. Thermodynam. Daten zeigten, daß in beiden Fällen Dissoziation nicht nur in der wss. Lsg., sondern auch in der organ. Phase stattfindet. HCl u. $CaCl_2$ werden zusammen mit W. extrahiert. Die Berechnungen zeigten, daß mit 1 Mol. HCl ca. 4 Mol. W. extrahiert werden. S. Slováková 224◇

0549 **Extraktionsgleichgewichte von Kobalt, Nickel und einigen anderen Metallen.** L. M. Gindin, I. F. Kopp, A. M. Rosen, P. I. Bobikow, E. F. Kouba und N. A. Ter-Oganessow. (J. anorg. Chem. [UdSSR] **5**, 149–59, 1960; russ.) — Vgl. vorst. Referat. — Die Extraktion von Co^{2+}, Ni^{2+}, Cu^{2+}, Mn^{2+} u. Fe^{3+} durch verschiedene sauerstoffhaltige organ. Lsgm. (Butylalkohol, Isoamylalkohol, Alkoholfraktion mit C_7—C_9, 2-Äthylhexanol, Alkoholfraktionen mit C_{11}—C_{17} bzw. C_{13}—C_{19}, Phenylmethylcarbinol, Aceton, Methyläthlyketon, höhere Ketone (> C_{10}), Cyclohexanon, Propiophenon, Äthylacetat, Isoamylacetat, Dimethyl-, Diäthylphthalat, Ae. u. Dioxan) in Ggw. von $CaCl_2$ u. HCl als Aussalzmittel wurde untersucht. Der Verteilungs-Koeff. von Co^{2+} (A_{Co}) u. Ni^{2+} (A_{Ni}) sowie die Koeff. der Trennung beider Kationen ($\beta_{Co/Ni}$) sinken, je kleiner die Anzahl der C-Atome im Mol. des Alkohols ist. Prakt. können die Alkohole mit C_6—C_9 am besten angewandt werden. Eine wesentliche Vergrößerung von A_{Co} wird bei ziemlich großer Konz. an Aussalzstoffen (HCl > 250 g/Liter; $CaCl_2$ > 500 g/Liter) beobachtet. In Ggw. von $CaCl_2$ wächst A_{Co} mit Vergrößerung der HCl-Konz. in wss. Phase stark an (bis zum Wert $A_{Co} = 1{,}29$), während A_{Ni} bis zum Wert $A_{Ni} = 0{,}03$ sinkt, so daß der Trennungs-Koeff. bis zum Wert $\beta_{Co/Ni} = 43$ stark anwächst u. damit die Bedingung für die Trennung dieser Metalle erfüllt wird. Die Extraktionstrennung von Co^{2+} u. Ni^{2+} mit Isoamylalkohol in Ggw. von $CaCl_2$ u. HCl wurde auf einer Extraktionskolonne von 2,8 m Höhe durchgeführt. Aus einer Lsg., die Co- u. Ni-Chlorid im Verhältnis 1 : 1 enthielt, erhielten Vff. ein Prod. mit einem Verhältnis Co : Ni = 20000 : 1. Der Mechanismus der Extraktion von $CoCl_2$ in Ggw. von Aussalzstoffen wird diskutiert. S. Slováková 224◇

0550 **Mitkristallisation des Argonkristallhydrats mit den Kristallhydraten von Silan und Methan.** E. K. Gerling und T. W. Kolzowa. (Radiochemie [UdSSR] **5**, 277–83, 1963; russ.) — Vff. untersuchten die isomorphe Mitkristallisation von Argonkristallhydraten (**I**) mit Silan- bzw. Methankristallhydraten mit Hilfe der Best. des Dampfdruckes über der aus verschiedenen Mengen von Ar, CH_4, SiH_4 u. H_2O bestehenden festen Kristallphase. Der Dampfdruck erhöht sich bei CH_4 u. SiH_4 mit Erhöhung des Geh. an Ar. Der Ar-Dampfdruck bei —183° über reinem **I** beträgt $15—17 \cdot 10^{-5}$ Torr (bei reinem Ar bei —183° ca. 1 at.). Die Mischkristallhydrate werden bei längerer Berührung mit der entsprechenden Gasphase durch Ar, CH_4 u. durch Ar + CH_4 gesätt, wobei die feste Phase 50% u. mehr der Ausgangsmenge aufnimmt. Vff. untersuchten die Abhängigkeit des Austauschs zwischen radioakt. Ar in der Gasphase u. dem nichtakt. Ar eines CH_4–Ar-Mischkristallhydrats von der Zeit. Der Austauschprozeß verläuft in den ersten 40 Min. schnell (Oberflächenaustausch), anschließend langsamer (Diffusion). Der Diffusionsprozeß im Kristall-Vol. wird durch einen Wert $[D/R^2] = 1 \cdot 10^{-5} s^{-1}$ charakterisiert. Die gebildeten Mischkristallhydrate haben die Zus.: $M \cdot 6\,H_2O$ (M = Ar + SiH_4 oder Ar + CH_4). G. Ewald 224◇

0551 **Untersuchung des Verhaltens von ^{90}Sr in Schmelzen nach der Methode der isomorphen Mitkristallisation in den Systemen $PbCl_2$–$SrCl_2$–LiCl und $PbCl_2$–$SrCl_2$–NaCl.** W. R. Klokman und N. Ss. Kolessnikowa. (Radiochemie [UdSSR] **5**, 284–90, 1963; russ.) — Vff. untersuchten die Verteilung von ^{90}Sr zwischen Schmelze u. $PbCl_2$-Kristallen für die einfachen eutekt. Syst. $PbCl_2$–LiCl u. $PbCl_2$–NaCl. Zur Kontrolle wurde das Schmelzdiagramm für den Teil der $PbCl_2$-Kristallisation aufgenommen. Im Syst. $PbCl_2$–LiCl wurde der Verteilungs-Koeff. D für die Temp. 477 u. 418° (90 u. 65 Mol-% $PbCl_2$) bestimmt. In beiden Fällen betrug D unabhängig von der Menge der festen Phase 2,3 ± 0,2. Im Syst. $PbCl_2$–NaCl wurde D für die Temp. 477 u. 425° (90 u. 75 Mol-% in der Schmelze) bestimmt. D beträgt 2,9 ± 0,2 bzw. 2,8 ± 0,1. Der Unterschied von D für beide Syst. wird mit der Verringerung der Aktivität der Makrokomponente ($PbCl_2$) in Ggw. von NaCl durch Bldg. von Komplex-Verbb. erklärt. G. Ewald 224◇

0552 **Über die Verwendung der Funktion t/x zur Bestimmung der Ordnung einer Reaktion.** Maryse Chevillon und Francis Mahieux. (Bull. Soc. chim. France **1963**, 1666–70; Paris, Soc. l'Air Liquide, Labor. Centr.; franz.) — Durch Integration der Geschw.-Gleichung als Funktion der Zeit t wird $(1-x)^{1-n} = f(t)$ erhalten u. dieses Binom in eine Reihe entwickelt (x = Fortschrittsgrad der Rk.; n = Ordnung der Rk. bzgl. eines der reagierenden Stoffe). Analysiert werden die so erhaltenen Näherungsformeln $t/x = f(x)$ u. $t/x = f(t)$. Aus ihnen werden die Rk.-Ordnung u. die Rk.-Geschw. leicht erhalten, wenn die Messungen am Anfang der Rk. genügend genau sind; anderenfalls werden die beiden Größen durch sukzessive graph. Näherungen zwischen der experimentellen u. der theoret. Kurve ermittelt. Die Genauigkeit hängt vom Abbruch der Reihenentw. ab. A. Blaschette 225◇

0553 **Die Stabilisierung der freien Radikale in der Gasphase und die reaktionskinetischen Folgen der Stabilisierung.** Zoltán G. Szabó. (Österr. Chemiker-Ztg. **63**, 122 bis 125, 1962; Szeged, Ungarn, Univ., Inst. für Anorg. u. Anal. Chem.; dt.) — Übersichtsvortrag. — 23 Literaturangaben. A. Blaschette 225◇

0554 **Methoden zur Untersuchung der chemischen Kinetik in Flammen.** G. Dixon-Lewis und Alan Williams. (Quart. Rev. [chem. Soc., London] **17**, 243–63, 1963; Leeds, Univ., Houldsworth School of Appl. Sci.; engl.) — Übersicht. — 66 Literaturangaben. A. Blaschette 225◇

0555 **Eigenschaften von Flammen und die Kinetik von Kettenverzweigungsreaktionen.** J. Calvin Giddings und J. O. Hirschfelder. (VIth Sympos. [int.] Combust., New Haven, Conn. **1956**, 199–212, 1957; engl.) — Vgl. C. **1957**, 11222. — Es werden theoret. Berechnungen der Flammen-Geschw. u. der chem. Profile einer Kettenverzweigungs-Rk.-Folge mit einem Kettenabbruch zweiter Ordnung durchgeführt. H. Roschkowski 225◇

0556 **Reaktionen einiger Radikale und ihre Konzentration in Flammen.** V. N. Kondratiev. (VIIth Sympos. [int.] Combust., London and Oxford **1958**, 41–44, 1959; Moscow, Acad. of Sci., Inst. of Chem. Phys.; engl.) — Da die Radikal-Konzz. in Flammen erheblich über den Gleichgewichts-Konzz. liegen, ist zur Best. des Geh. an Radikalen in Verbrennungsgasen die Kenntnis der Geschw.-Konst. einfacher chem. Rkk. zwischen diesen Radikalen erforderlich. Im Hinblick auf diese Problematik werden die Rkk. $O + H_2 \rightarrow HO + H$ (1), $HO + CO \rightarrow CO_2 + H$ (2) u. $O + CO \rightarrow CO_2$ (3) im Licht des vorliegenden kinet. Materials diskutiert. Die wahrscheinlichsten Geschw.-Konst. für (1) u. (2) sind $k_1 = 10^{-11} \exp(-6000/RT)$ u. $k_2 = 4{,}8 \cdot 10^{-12} \exp(-5700/RT) \cdot cm^3 \cdot Mol^{-1} \cdot s^{-1}$. Der Mechanismus von (3) scheint noch nicht endgültig geklärt zu sein. — 23 Literaturangaben. A. Blaschette 225◇

0557 **Das HO_2-Radikal in Gasphasenreaktionen.** V. N. Kondratiev. (Z. physik. Chem. [Leipzig] **223**, 337–44, 1963; engl.) — Vgl. vorst. Referat. — Skizzierung des derzeitigen Stands der Unterss. sowjet. Autoren über die Rolle von HO_2-Radikalen bei der Start-, Verzweigungs-, Fortpflanzungs- u. Abbruchphase von Ketten-Rkk. in gasförmigen Syst., so bei der Oxydation von Formaldehyd u. Acetaldehyd mit O_2, bei der Oxydation von H_2 mit O_2 in der Nähe der 3. Zündgrenze u. bei der Unterdrückung der Induktionsperiode im Syst. CH_4–O_2 (> 400°) durch Formaldehyd. — 16 Literaturangaben. A. Blaschette 225◇

0558 **Spektroskopische Untersuchungen an HO-Radikalen bei Detonationen in der Gasphase.** Hajime Miyama. (Combust. and Flame **6**, 319–23, 1962; Yokosuka, Japan, Def. Acad.; engl.) — Aus der Anlayse der Absorptionsspektren von HO bei Detonationen im Syst. $C_2H_2 + H_2 + 2\,O_2$ (Anfangsdruck 120 oder 180 Torr) werden die Rotations-Temp. u. die abs. HO-Konz. in guter Übereinstimmung mit den theoret. Werten ermittelt. A. Blaschette 225◇

0559 **Farberscheinungen in Verbindung mit dem Energieübergang beim Nachleuchten und in atomaren Flammen.** Arnold M. Bass und H. P. Broida. (J. Res. nat. Bur. Standards A **67**, 379—81, 7 Farbtafeln, 1963; engl.) — Rkk. zwischen reaktiven Teilchenarten in elektr. Entladungen machen sich häufig durch die Emission von sichtbarem Licht verschiedener Farbe bemerkbar. Einige typ. Emissionen von Nachleuchtsyst. (N_2, N_2 + He, $N_2 + O_2$) bzw. atomaren Flammen (N + NO, N + CH_2Cl_2, O + C_2H_2) sowie von N- u. He-Flammen unter bes. Bedingungen (Astrojet; de Laval-Düse; Überschallgeschw.) wurden photographiert u. die beobachteten Farberscheinungen bzgl. ihrer Herkunft diskutiert. A. Blaschette 225◇

0560 **Geschwindigkeit von Elementarprozessen der Kettenreaktion zwischen Wasserstoff und Sauerstoff.** 1. Mitt. **Reaktionen von Sauerstoffatomen.** M. A. A. Clyne und B. A. Thrush. (Proc. Roy. Soc. [London], Ser. A **275**, 544—58, 1963; Cambridge, Dep. of Phys. Chem.; engl.) — Die Geschw. der Rk. von O(^{3}P)-Atomen mit HO bzw. H_2 wurde in einem Strömungs-Syst. bei Drücken von ca. 2 Torr gemessen. Die Rk. O + HO → H + O_2 erfolgt in den Prodd. der schnellen Rk. zwischen H u. NO_2 (H + NO_2 → HO + NO; HO + HO → H_2O + O) u. wurde durch Messung der O-Konz. mit Hilfe der NO_2-Titrations-Meth. verfolgt. Ihre Geschw.-Konst. ergibt sich zu $(5 \pm 2)\cdot 10^{-11}\,cm^3\cdot Mol^{-1}\cdot s^{-1}$ bei 265 u. 293° K. Durch Kombination dieses Wertes mit bekannten Geschw.-Konst. der umgekehrten Rk. bei hohen Temp. wird eine Geschw.-Konst. erhalten, die weitgehend unabhängig von der Temp. u. prakt. gleich 1/10 der bimol. Stoßfrequenz ist. Die Rk. O + H_2 → HO + H wurde in Abwesenheit von mol. O_2 untersucht; ihre Geschw.-Konst. im Bereich 409—733° K beträgt $6\cdot 10^{-13}\,T^{1/2}\exp(-8900/RT)\,cm^3\cdot Mol^{-1}\cdot s^{-1}$. Die Geschw.-Konst. der Rk. zwischen O u. D_2 ist bei 491—671° K merklich kleiner. A. Blaschette 225◇

0561 **Geschwindigkeit von Elementarprozessen der Kettenreaktion zwischen Wasserstoff und Sauerstoff.** 2. Mitt. **Kinetik der Reaktion von Wasserstoffatomen mit molekularem Sauerstoff.** M. A. A. Clyne und B. A. Thrush (Proc. Roy. Soc. [London], Ser. A **275**, 559—74, 1963; engl.) — 1. vgl. vorst. Referat. — Zusatz von O_2 erhöht den Verbrauch von H-Atomen in einem Strömungs-Syst. bei u. unterhalb Zimmertemperatur. Die kinet. Unters. dieser Erscheinung unter Verw. von Ar als Trägergas zeigte, daß die Rk. dritter Ordnung (1) H + O_2 + Ar → HO_2 + Ar der geschwindigkeitsbestimmende Schritt ist. Außerdem entstehen geringe Mengen von O-Atomen. Durch Analyse der Rk.-Prodd. u. Best. der O-Konz. wurde ermittelt, daß HO_2 unter den vorliegenden Bedingungen hauptsächlich durch nachst. Rkk. verschwindet: H + HO_2 → H_2 + O_2, H + HO_2 → 2 HO, H + HO_2 → H_2O + O. Für Rk. (1) ergibt sich $k_1 = 2{,}2\cdot 10^{-32}\,cm^6\cdot Mol.^{-2}\cdot s^{-1}$ bei 293° K; der Temp.-Koeff. der Rk. ist geringfügig negativ. Durch Kombination mit Daten aus Messungen der Explosionsgrenze im Syst. H_2-O_2 folgt für 250—800° K der Ausdruck $k_1 = 1{,}3\cdot 10^{-33}\exp[(+1600 \pm 700)/RT]\,cm^6\cdot Mol.^{-2}\cdot s^{-1}$. Die Dreiteilchen-Stoßausbeute für He u. H_2O im Vgl. zu Ar ist für Rk. (1) bei 293° K vergleichbar der aus Unterss. der zweiten Explosionsgrenze bei höheren Temp. ermittelten. A. Blaschette 225◇

0562 **Weitere Untersuchungen über Induktionsperioden in Gemischen von H_2, O_2 und NO_2.** P. G. Ashmore und B. P. Levitt. (VIIth Sympos. [int.] Combust., London and Oxford **1958**, 45—52, 1959; engl.) — Photometr. Unterss. über die Abhängigkeit des NO_2-Grenzdrucks p_c im Augenblick des Rk.-Beginns von NO_2-Anfangsdruck (bis ca. 10 Torr), Gesamtdruck, H_2- u. O_2-Partialdruck (z. B. 66,7 u. 33,3 Torr), Temp. (370 bzw. 412°) u. Druck eines zugesetzten Inertgases (bis 175 Torr N_2); Diskussion der Dauer der Induktionsperiode, der Zündgrenzen u. Zündbedingungen sowie der Kinetik u. des Mechanismus. A. Blaschette 225◇

0563 **Untersuchung der Produkte der thermischen Zersetzung von Wasserstoff, Sauerstoff und Wasserdampf durch Massenspektrometrie.** Pham Dông und Maurice Cottin. (J. Chim. physique Physico-Chim. biol. **58**, 803—11, 1961; Paris, Labor. Curie; franz.) — Vgl. C. **1961**, 15289. — Die Prodd. der therm. Zers. von H_2-, O_2- bzw. H_2O-Mol.-Strahlen an einem Re-Glühdraht wurden massenspektrometr. untersucht. In H_2 entsteht *H*, in O_2 *O*, in H_2O neben H- u. O-Atomen *HO*. Als sek. Prodd. werden O_3 in O_2, H_2O in $H_2 + O_2$ u. H_2O_2 in $H_2 + O_2$ sowie $H_2O + O_2$ gebildet, wahrscheinlich durch Rkk. zwischen einem freien Atom u. einem an der Wand des Rk.-Gefäßes oder der Ionenquelle adsorbierten Mol. (O + O_2 → O_3; O + H_2 → H_2O; O + H_2O → H_2O_2). Die Appearance-Potentiale u. Bldg.-Mechanismen der beobachteten Ionen H^+, O^+, HO^+, O_3^+, H_2O^+ u. $H_2O_2^+$ sind angegeben. Die Bldg. von HO_2-Radikalen, etwa nach H + O_2 + HO_2, konnte nicht nachgewiesen werden. A. Blaschette 225◇

0564 **Kinetik und Mechanismen der Isotopenaustauschreaktionen der Halogene.** Rolfe H. Herber. (Selecta Chim. [São Paulo] **1958**, Nr. 17, 36—48; Univ. of California, Rad. Labor.; engl.) — Übersicht über neuere Ergebnisse. — 49 Literaturangaben (April 1957 bis Juni 1958). A. Blaschette 225◇

0565 **Die Trennfähigkeit von Komplexen in bezug auf Lithiumisotope.** D. A. Knjasew und E. W. Sklenskaja. (J. physik. Chem. [UdSSR] **37**, 2094—99, 1963; Moskau, Chem.-technol. Mendelejew-Inst.; Phys.-chem. Karpow-Inst.; russ., Auszug: engl.) — Das homogene Isotopenaustausch-Gleichgewicht zwischen dem Aquo-Komplex von Li u. seinen Chelaten mit Nitridotriessigsäure, ÄDTE u. Aminobarbitur-N.N-diessigsäure in wss. Lsgg. wurde mit der Ionenaustausch-Meth. untersucht. Die Trennungsfaktoren sind: $1{,}018 \pm 0{,}002$; $1{,}027 \pm 0{,}001$ bzw. $1{,}076 \pm 0{,}004$. Die Chelat-Komplexe werden mit ^{6}Li angereichert. Die Anreicherungsrichtung u. die Folge der wachsenden Werte der Trennungsfaktoren wurden qual. mit dem Unterschied der Bindungsstärken des Lithiumions mit den funktionellen Gruppen der Chelat-Agentien erklärt. W. Pump 225◇

0566 **Über den Austausch von Thiocyanationen in $K_2[Pt(SCN)_4]$ und $K_2[Pt(SCN)_6]$.** A. A. Grinberg und Ss. Ss. Borsakowa. (Radiochemie [UdSSR] **2**, 574—83, 1960; russ.) — In Abhängigkeit von der Zeit, der Konz. der Pt-Komplexe $[Pt(SCN)_4]^{2-}$ (**I**) u. $[Pt(SCN)_6]^{2-}$ (**II**) u. der Konz. von $(SCN)^-$ (**III**) wird der Austausch zwischen **I** u. **III** u. **II** u. **III** mit Hilfe von ^{35}KSCN bzw. KS^{14}CN untersucht. Geschw.-Konst. u. Austauschgrad werden für verschiedene Konzz. **I** u. **III** bzw. **II** u. **III** mitgeteilt. Die Halbwertsdauer des Austauschs beträgt im Syst. **I**-**III** 6—7 Min. (t = 22°, Konz. von **I** $0{,}5\cdot 10^{-2}$, Konz. von **III** $2\cdot 10^{-2}$m), im Syst. **II**-**III** ca. 19 Min. (t = 22°, Konz. von **II** $0{,}5\cdot 10^{-2}$, Konz. von **III** $3\cdot 10^{-2}$m). Die Geschw. des Austauschs im Syst. **I**-**III** ist dem Quadrat der Konz. von **I** u. **III** proportional, im Syst. **II**-**III** der Konz. von **III** u. der 1,6. Potenz der Konz. von **II**. K.-D. Schubert 225◇

0567 **Die Protonierung von Hexacyanoferraten.** Joseph Jordan und Gordon J. Ewing. (Inorg. Chem. [Washington] **1**, 587—91, 1962; University Park, Pa., Pennsylvania State Univ., Dep. of Chem.; engl.) — Mit Hilfe einer potentiometr. pH-Titration wurde die Protonierung von Hexacyanoferrat(II)- u. -(III)-Ionen in wss. Lsg. untersucht. Dabei läßt die hohe Genauigkeit der pH-Messungen den Vgl. mit den vom National Bureau of Standards definierten Konst. zu. Die sukzessiven Ionisations-Konst. von $H_3[Fe(CN)_6]$ (**I**) u. $H_4[Fe(CN)_6]$ (**II**) bei 25° sind: für **I** $K_1^{III} > K_2^{III} > K_3^{III} > 0{,}1$; für **II** $K_1^{II} > K_2^{II} > 0{,}1$; $K_3^{II}\,(6 \pm 2)\cdot 10^{-3}$, $K_4^{II}\,(6{,}7 \pm 0{,}3)\cdot 10^{-5}$. Daraus geht hervor, daß bei pH > 1 Hexacyanoferrat(II) vollständig dissoziiert ist im Gegensatz zu weitgehender Protonierung beim Hexacyanoferrat(II). Bei pH ca. 1 kann die Konz. an $[Fe(CN)_6]^{4-}$ neben der dominierenden Form $[H_2Fe(CN)_6]^{2-}$ vernachlässigt werden. Unter Verw. der vorst. Protonierungsdaten in Verbindung mit den von Latimer angegebenen, auf das unprotonierte Redoxpaar bezogenen Standard-Potentialen wurden Formalpotentiale E_0' für das Hexacyanoferrat(III)/(II)-Paar in saurem Medium berechnet. Dabei stimmten die für 0,1 m u. 0,5 m H_2SO_4 berechneten Werte von E_0' mit den experimentellen Daten überein unter gleichzeitiger Bestätigung der Standardpotentiale als auch der von den Vff. durchgeführten thermodynam. Berechnung der Protonierung. Die Entropiewerte für die $[Fe(CN)_6]^{4-}$- u. $[HFe(CN)_6]^{3-}$-Ionen differieren um 6 cal/Mol·Grad, was etwa der Schmelzentropie von W. entspricht. Daraus schließen die Vff., daß diese Differenz aus Unterschieden in den um jedes Ion fixierten Hydratwassermoll. herrühren. E. Beyerle 225□

0568 **Arsen(IV) als Zwischenprodukt der induzierten Oxydation von Arsen(III) durch die Eisen(II)-Peroxodisulfat-Reaktion und die Photoreduktion von Eisen(III).** 1. Mitt. **Abwesenheit von Sauerstoff.** R. Woods, I. M. Kolthoff und E. J. Meehan. (J. Amer. chem. Soc. **85**, 2385–90, 1963; Minneapolis, Minn., Univ. of Minnesota, School of Chem.; engl.) — Das Redoxpaar $S_2O_8^{2-}$-Fe(II), untersucht am Syst. $K_2S_2O_8$-$Fe(ClO_4)_2$ in 0,002–0,5m $HClO_4$, induziert die Oxydation von As(III) zu As(V). In Abwesenheit von O_2 kann der Induktionsfaktor bei niedrigem $[S_2O_8^{2-}]$ u. [Fe(II)] Werte > 1 annehmen. In Ggw. von Fe(III) oder Cu(II) erhöht sich der Induktionsfaktor so stark, daß er dem Wert ∞ zustreben kann. Zur Deutung der Befunde wird ein Mechanismus vorgeschlagen, als dessen Zwischenprod. As(IV) postuliert wird; dieses vermag Fe(II) zu oxydieren u. Fe(III) zu reduzieren, wobei $FeOH^{2+}$ ca. 90mal reaktionsfähiger ist als Fe^{3+}: $Fe^{2+} + S_2O_8^{2-} \rightarrow Fe(III) + SO_4^{2-} + SO_4^-$; $Fe^{2+} + SO_4^- \rightarrow Fe(III) + SO_4^{2-}$ (1); $As(III) + SO_4^- \rightarrow As(IV) + SO_4^{2-}$ (2); $As(IV) + FeOH^+ \rightarrow As(V) + Fe^{2+}$; $As(IV) + Fe^{3+} \rightarrow As(V) + Fe^{2+}$; $As(IV) + Fe^{2+} \rightarrow As(III) + Fe(III)$; $As(IV) + Cu^{2+} \rightarrow As(V) + Cu(I)$. Bei 25° ist das Verhältnis der Geschw.-Konst. $k_2/k_1 = 21$. Hinweise auf die Bldg. von As(IV) wurden auch bei der Unters. der photosensibilisierten Oxydation von As(III) in Fe(III)-Lsgg. gefunden.
A. Blaschette 225◇

0569 **Kinetik der Oxydation von Quecksilber(I)-nitrat mit Kaliumperoxodisulfat in wässeriger Lösung.** 1. Mitt. **Unkatalysierte Reaktion.** J. C. Gupta und S. P. Srivastava. (Proc. nat. Acad. Sci., India, Sect. A **33**, 221–30, 1963; Naini Tal, D.S.B. Governm. Coll., Chem. Labor.; engl.) — Die Kinetik der Oxydation von $Hg_2(NO_3)_2$ (**I**) mit $K_2S_2O_8$ (**II**) in wss. Lsg. wurde im Bereich [**I**] bzw. [**II**] = 0,01 bis 0,05m bei Temp. zwischen 313 u. 328° K jodometr. verfolgt. Die Gesamt-Rk. ist erster Ordnung bzgl. [**II**] u. nullter Ordnung bzgl. [**I**]. Die beobachtete Induktionsperiode nimmt mit größer werdendem [**I**] zu, mit größer werdendem [**II**] ab. In 0,01 m Lsg. beträgt der Temp.-Koeff. 3,1685, entsprechend einer Aktivierungsenergie von 25,5 cal, einem Frequenzfaktor von $1{,}06 \cdot 10^{12}\,s^{-1}$ u. einer Aktivierungsentropie von −3,659 Entropieeinheiten. HNO_3 besitzt keinen wesentlichen Einfl. auf die Rk.-Geschwindigkeit. A. Blaschette 225◇

0570 **Über die Theorie von Redox-Reaktionen unter Elektronenübergang.** 5. Mitt. **Vergleich und Eigenschaften elektrochemischer und chemischer Geschwindigkeitskonstanten.** R. A. Marcus. (J. physic. Chem. **67**, 853–57, 1963; Brooklyn, Polytechn. Inst. of Brooklyn; Upton, N.Y., Brookhaven Nat. Labor., Dep. of Chem.; engl.) — 4. vgl. Discuss. Faraday Soc. **1960**, Nr. 29, 21. — Unter Verw. einer Theorie für Elektronenübergänge, die die Rückbldg. des Mediums außerhalb der inneren Koordinationshülle u. Veränderungen der Bindungslängen innerhalb derselben berücksichtigt, werden Beziehungen zwischen elektrochem. u. verwandten chem. Geschw.-Konst. abgeleitet u. mit experimentellen Daten verglichen. Beim Vgl. der Isotopenaustausch-Geschw. mit den entsprechenden elektrochem. „Austausch"-Strömen sowie chem. u. elektrochem. Redox-Geschw. einer Reihe von Reaktanten [Tl(I)/Tl(III), $[Co(NH_3)_6]^{2+}/[Co(NH_3)_6]^{3+}$, Ce(III)/Ce(IV) u. Cr(II)/Cr(III)] wurde eine Korrelation ohne Verw. willkürlicher Parameter gefunden. Um die Redox-Rkk. herbeizuführen, wird im chem. Syst. bei konst. Reagens, im elektrochem. bei konst. Elektrodenpotential gearbeitet. Einfl. der Ligandenfeldeffekte auf die Geschw. der Redox-Rkk. wird diskutiert. Außer der Möglichkeit des Vgl. experimenteller Daten elektrochem. u. chem. Elektronenübergänge liefern die Korrelationen einen Test zur Unterscheidung eines Elektronen- von einem Atomübergangsmechanismus. E. Beyerle 225◇

0571 **Abhängigkeit der Chemisorption von der Konzentration von Kohlendioxid und der Temperatur sowie dem Ultraschalleinfluß.** L. M. Sapolskaja, A. G. Bolschakow und G. N. Gassjuk. (J. angew. Chem. [UdSSR] **34**, 1040–46, 1961; russ.) — Vff. untersuchen die Absorption von CO_2 in wss. NH_3-Lsg. u. Lsgg., die Zusätze von Na_2SO_4 in verschiedener Konz. enthalten. Im Anfangsstadium ist der allg. Absorptions-Koeff. $K_{allg.}$ unabhängig von der Gaskonzentration. Die Intensität u der Umsetzung ist der Konz. des einströmenden Gases direkt proportional, die Temp.-Abhängigkeit gehorcht folgender Beziehung: $u = b' \cdot \exp(0{,}217\,t)$, b' ist eine Konst., die unter den verwendeten Bedingungen den Wert 755 hat. Die Temp.-Abhängigkeit von $K_{allg.}$ läßt sich nach $K_{allg.} \cdot a = b \cdot \exp(0{,}0294\,t)$ bestimmen, b beträgt bei den verwendeten Vers.-Bedingungen 2760, a hängt von der Zus. der Lsgg., der Temp. t u. den hydrodynam. Bedingungen ab. Ultraschall bewirkt eine Vergrößerung von $K_{allg.}$. G. Engelhardt 225◇

0572 **Einfluß der Bildungsbedingungen von Calciumsulfathalbhydrat auf die Kinetik seiner Umwandlung in das Dihydrat in Phosphorsäurelösungen.** Je. W. Chamski und M. L. Tschepelewetzki. (J. angew. Chem. [UdSSR] **31**, 976–80, 1958; Moskau, Ssamoilow-Inst. für Düngestoffe u. Insektofungicide; russ.) — $CaSO_4 \cdot ½\,H_2O$ (**I**) wurde durch Zusammengeben einer phosphorsauren Monocalciumphosphat-Lsg. mit einer wss. H_2SO_4-Lsg. gewonnen. Die Umwandlung von **I** in $CaSO_4 \cdot 2\,H_2O$ (**II**) wurde nach verschiedenen Zeitabschnitten u. bei verschiedenen P_2O_5-Geh. der Ausgangs-Lsg. bestimmt. Steigerung des P_2O_5-Geh. führt zu einer erheblichen Verlangsamung der Umwandlung **I** → **II**.
A. v. Wilpert 225□

0573 **Die Reaktion zwischen Sauerstoff und aufgedampften Natriumfilmen.** J. R. Anderson und N. J. Clark. (J. physic. Chem. **67**, 2135–41, 1963; Parkville, Victoria, Australia, Univ. of Melbourne, Chem. Dep.; engl.) — Die Kinetik der Rk. zwischen O_2 u. Na-Aufdampffilmen wurde bei 90, 195 u. 273° K im Druckbereich 10^{-3} bis 10^{-1} Torr untersucht. Unter der Voraussetzung, daß die Reaktanten genügend rein u. die O_2-Drücke nicht zu gering waren, entstand auf dem Na-Substrat eine Schutzschicht aus elektronenmkr. identifiziertem NaO_2. Für die Bldg. dieser Schicht ergab sich bei 90 u. 195° K ein Geschw.-Gesetz der Form $1/x = k \ln(t - t_0)$; bei 273° K wurde kein über den gesamten Bereich der O_2-Aufnahme geltendes kinet. Gesetz gefunden, doch erwies sich ein kub. Gesetz als zutreffend, sobald die Schichtdicke x einen gewissen Schwellenwert erreicht hatte. Das in den Anfangsstadien der Oxydation nach der Dioden-Meth. gemessene Oberflächenpotential zeigte positive Werte. Bei Durchführung der Oxydation unter einem konst. O_2-Druck von maximal 10^{-3} Torr war die Gesamtaufnahme an O_2 höher als bei der NaO_2-Bldg.; Verunreinigungen führten zu umfangreicher u. nicht reproduzierbarer Oxydation unter Ausbildung einer nicht als Schutzschicht wirkenden Kruste der angenäherten Zus. Na_2O. Der Mechanismus der Oxydation wird diskutiert. A. Blaschette 225◇

0574 **Oxidbildung an Magnesiumeinkristallen.** 1. Mitt. **Wachstumskinetik.** Richard L. Schwoebel. (J. appl. Physics **34**, 2776–83, 1963; Ithaca, N.Y., Univ., Dep. of Engng. Phys.; engl.) — Untersucht wurde die Kinetik der Oxid-Bldg. an (0 0 0 1)- u. $(1\,0\,\bar{1}\,0)$-Flächen von Mg-Einkristallen mit Hilfe einer Ultrahochvakuummikrowaage. Bei 400° u. 2,5 Torr O_2 wird im Bereich der Oxidschichtdicken von 50–1000 Å ein parabol. Geschw.-Gesetz gefunden. Die Aktivierungsenergie der Oxydation beträgt dabei 39 ±3) kcal/Mol. Die Kinetik wird im wesentlichen durch Kationenleerstellen-Bldg. an der Phasengrenze Oxid–Sauerstoff (Sauerstoffadsorption/-dissoziation) bestimmt. K. Jaeger 225◇

0575 **Oxidbildung an Magnesiumeinkristallen.** 2. Mitt. **Struktur und Orientierung.** Richard L. Schwoebel. (J. appl. Physics **34**, 2784–88, 1963; engl.) — 1. vgl. vorst. Referat. — Untersucht wurden Oxidschichten von 100 bis 200 Å. Die Schichten wurden von dem Mg-Subtrat durch Verdampfen des Mg getrennt. Elektronenmkr. wurden Kontinuität, Kristallitgröße u. Epitaxie der Oxidschichten untersucht. K. Jaeger 225◇

0576 **Beitrag zum Jodidprozeß der Kristallisation.** G. A. Kurow. (Kristallographie [UdSSR] **8**, 297–98, 1963; Inst. für Kristallograph. der Akad. der Wiss. der UdSSR; russ.) — Diskutiert werden die Kinetik u. der Mechanismus der Abscheidung epitakt. *Ge*-Schichten durch Disproportionierung von GeJ_2-Dämpfen. K. Jaeger 225◇

0577 **Über das Maximum der Zerfallsgeschwindigkeit des Wüstits.** O. K. Schabalina und G. I. Tschufarow. (Ber. Akad. Wiss. UdSSR **142**, 411–12, 1962; Uraler Polytechn. Kirow-Inst., Inst. für Metallurgie der Ural-Abt. der Akad. der Wiss. der UdSSR; russ.) — Der therm. Zerfall von Wüstit über die Stufen $4\,Fe_{1-x}O \rightarrow Fe_3O_4 + (1 - 4x)Fe$

(x = 0,093), wird bei Temp. von 350—500° neben röntgenograph. Unterss. auch magnetoanalyt. u. elektronenmkr. verfolgt. Das Zerfallsmaximum wird bei 400° bereits nach 7 Std. erreicht, während bei Temp. von 350° 10 Std. u. bei 500° 12 Std. bis zur Beobachtung gleicher Effekte notwendig sind. W.-D. Heussner 225□

0578 **Molekulare Anregung von Wasser durch γ-Strahlung.** D. N. Sitharamarao und J. F. Duncan. (J. physic. Chem. **67**, 2126—32, 1963; Melbourne, Australia, Univ., Chem. Dep.; engl.) — Die Thermoluminescenz von ^{60}Co-γ-bestrahltem Eis u. die Fluorescenz von Eis u. fl. W. bei der γ-Bestrahlung wurden mit Hilfe eines hochempfindlichen CdS-Kristallzählers untersucht. Es ergeben sich Hinweise dafür, daß sowohl in Eis als auch in W. HO-Radikale im angeregten $^2\Sigma$-Zustand entstehen u. z. T. unter Strahlungsemission in den $^2\Pi$-Grundzustand übergehen. In Eis scheint eine große Anzahl von Elektronenhaftstellen verschiedener Tiefe (ca. 2,4 eV über dem Grundzustand) aufzutreten. A. Blaschette 226◇

0579 **Bildung und Zerfall von H_2O_3 und HO_2 in wässerigen Lösungen unter Elektronenbestrahlung.** Gideon Czapski und Benon H. J. Bielski. (J. physic. Chem. **67**, 2180—84, 1963; Upton, L.I., N.Y., Brookhaven Nat. Labor., Chem. Dep.; engl.) — Die Kinetik der Rk. $HO_2 + HO_2 \rightarrow H_2O_2 + O_2$ wurde bei 23° untersucht. Die HO_2-Radikale wurden in schnell strömendem O_2-haltigem W. durch den Elektronenstrahl eines Van de Graaff-Generators erzeugt u. ihr zeitlicher Konz.-Abfall nach der Bestrahlung durch schnelles Zumischen einer Tetranitromethan (I)-Lsg. ermittelt. I reagiert mit HO_2 u. O_2^- unter Bldg. von gefärbtem Nitroform gemäß $C(NO_2)_4 + HO_2 \rightarrow C(NO_2)_3^- + H^+ + NO_2 + O_2$. Die Geschw.-Konst. wurden zu $k(HO_2 + HO_2) = 2{,}2 \cdot 10^6$ u. $k(O_2^- + O_2^-) = 1{,}5 \cdot 10^7$ Liter/Mol·s, der pK-Wert des HO_2 zu $4{,}4 \pm 0{,}4$ bestimmt. Unter Verw. von $FeSO_4$-Lsg. als Scavenger wurde gezeigt, daß neben HO_2 ein weiteres Radiolyse-Prod. auftritt, dessen Verschwinden nach einer Rk. pseudoerster Ordnung erfolgt, wobei die Geschw.-Konst. erster Ordnung eine Funktion der Acidität ist. Aus kinet. Gründen wird dieser Species die Zus. H_2O_3 zugeschrieben; ihre Bldg. soll nach $HO_2 + HO \rightarrow H_2O_3$ erfolgen. Die Halbwertszeit des H_2O_3 erreicht ein Maximum von 2s in 0,02 m Säure (H_2SO_4) u. sinkt auf weniger als 0,1s in 1 m bzw. 10^{-4}m Säure. Die kinet. Daten entsprechen einem durch Säuren u. Basen katalysierten Zerfall des H_2O_3 zu H_2O u. O_2. Seine Rk. mit Fe(II) erfolgt nach $4\,Fe^{2+} + H_2O_3 + 4\,H^+ \rightarrow 4\,Fe^{3+} + 3\,H_2O$. Der pK-Wert des H_2O_3 wird auf 9—10 geschätzt. Es reagiert mit 2.5-Dimethylhydrochinon unter Bldg. des entsprechenden Chinons, wirkt aber nicht oxydierend auf neutrale KJ-Lsg. (Molybdat als Katalysator), I-Lsg. oder Lsgg. nachst. Stoffe in 0,4 m H_2SO_4: Ce(IV)-Sulfat; Ce(III)–Ce(IV); Ce(IV)–Tl(I); Ce(IV)–Cu(II); FeX_3^{2+}-Komplexe mit X = 1.10-Phenanthrolin, 3.4.7.8-Tetramethyl-1.10-phenanthrolin bzw. 5-Nitro-1.10-phenanthrolin; 2.5-Dichlorhydrochinon. A. Blaschette 226◇

0580 **Wasserstoffperoxid-Ausbeuten bei der Bestrahlung alkalischer Lösungen mit Kobalt-60-Gammastrahlung.** Mary-Louise Rothschild und William T. Tsukamoto. (Radiat. Res. **19**, 402—08, 1963; Los Angeles, Calif., Univ. of California, School of Med., Dep. of Biophys. and Nucl. Med., Labor. of Nucl. Med. and Rad. Biol.; engl.) — Die durch H_2O_2 u. andere Prodd. der Wasserradiolyse induzierte, in einer Ketten-Rk. erfolgende Umwandlung von *Ferriprotoporphyrin* (I) wurde zur Best. der beobachtbaren Anfangsausbeute an H_2O_2, $G(H_2O_2)_{obs}$, u. der gesamten Anfangsausbeute an kettenstartenden Radikalen, G(R), bei der ^{60}Co-γ-Radiolyse lufthaltiger alkal. Lsgg. (pH 7,7—14) benutzt. Bei pH < 10,5 besitzen $G(H_2O_2)_{obs}$ u. G(R) die konst. Werte 1,5 bzw. 1,03. G(R) steigt bei pH > 10,5, $G(H_2O_2)_{obs}$ bei pH > 12,5 an; beide Größen zeigen ein Maximum bei pH 13,3, dessen Wert 6,25 bzw. 4,1 beträgt. In alkal. Lsgg. mit pH < 10,5 ist G(R) prakt. gleich dem Wert von F + 2 E in neutraler Lsg., wobei F + E die durch die Wasser-Zers. gebildete H_2O_2-Menge, E die durch Red. von gelöstem O_2 durch die im Vgl. zu den HO-Radikalen überschüssigen H-Atome entstandene H_2O_2-Menge ist. Es wird angenommen, daß in alkal. Lsgg. mit pH < 10,5 nacheinander Rk. von HO u. H mit I stattfindet, wodurch die beiden Radikale zur Rekombination gebracht werden u. I insgesamt unverändert bleibt. Bei pH > 10,5 scheinen zusätzliche Radikalarten bei der Radiolyse zu entstehen, die nicht reversibel mit I reagieren, sondern eher seine irreversible Umwandlung bewirken. A. Blaschette 226◇

0581 **Modell für die Stabilisierung von HO-Radikalen in Eis während der γ-Bestrahlung bei 77° K.** Seymour Siegel. (J. chem. Physics **39**, 390—92, 1963; Los Angeles, Calif., Aerospace Corp.; engl.) — Es wird eine analyt. Gleichung für die Stabilisierung von HO-Radikalen bei 77° K als Funktion der Gesamtstrahlungsdosis entwickelt. Die Ableitung erfolgt unter Zugrundelegung eines rein phänomenolog. Modells, welches auf der Annahme eines reaktiven Vol. beruht, innerhalb dessen die Rk. $H + HO \rightarrow H_2O$ eine Wahrscheinlichkeit > Null hat; außerhalb dieses Vol. ist die Wahrscheinlichkeit streng gleich Null. Theoret. u. experimentelle Stabilisierungskurve stimmen gut überein. A. Blaschette 226◇

0582 **Solvatisierte Elektronen in glasförmigen Alkalimetallhydroxid-Lösungen.** M. J. Blandamer, L. Shields und M. C. R. Symons. (Nature [London] **199**, 902—03, 1963; Leicester, Univ., Dep. of Chem.; engl.) — Messungen der ESR- u. der opt. Absorption an glasförmig erstarrten u. bei 77° K γ-bestrahlten wss. NaOH- u. KOH-Lsgg. deuten darauf hin, daß neben O^--Zentren solvatisierte Elektronen entstehen. Sie können als F-Zentren angesehen werden, deren nächste Nachbarn nicht Kationen, sondern Wasser-Moll. sind. Die g-Werte sind von der Art des Kations weitgehend unabhängig u. von der gleichen Größe wie in Lsgg. von Alkalimetallen in fl. NH_3 oder Aminen (ca. 2,0005). A. Blaschette 226◇

0583 **Nachweis des paarweisen Einfangs photolytischer freier Radikale.** P. W. Atkins, M. C. R. Symons und P. A. Trevalion. (Proc. chem. Soc. [London] **1963**, 222; engl.) — Vgl. vorst. Referat. — Nach Bestrahlung von $K_2S_2O_8$-Einkristallen bei 20° mit Licht der Wellenlänge 3650 Å wird ein ESR-Spektrum erhalten, das symm. zur Einzellinie des SO_4^--Radikals zwei Dubletts aufweist, die charakterist. für magnet. Dipolkopplung sind. Sie werden auf isolierte Zentren zurückgeführt, die aus Radikalpaaren mit Dublett–Spin-Zuständen im Abstand von 13 u. 19 Å bestehen. Es wird angenommen, daß nach der photolyt. Spaltung der O—O-Bindung eines oder beide SO_4^--Radikale mit nächstbenachbarten $S_2O_8^{2-}$-Ionen neue peroxid. Bindungen eingehen, wodurch neue $S_2O_8^{2-}$-Ionen u. isolierte SO_4^--Radikale entstehen. Diese Deutung steht in Übereinstimmung mit der Kristallstruktur des $K_2S_2O_8$. A. Blaschette 226◇

0584 **Strahlungschemie ionischer Festkörper.** 3. Mitt. **Chemische Untersuchungen über Bildung und Ausheilung von Radikalen in bestrahlten Nitraten.** Joseph Cunningham. (J. physic. Chem. **67**, 1772—78, 1963; Chicago, Armour Res. Found.; Argonne, Ill., Argonne Nat. Labor., Chem. Div.; engl.) — 2. vgl. C. **1963**, 5380. — Kristallines $NaNO_3$ u. KNO_3 wurden nach γ-Bestrahlung unter He bei 70 u. 300° K durch Auflösen in einer $2 \cdot 10^{-4}$m Ce^{4+}-Lsg. in 0,4 m H_2SO_4 u. Best. der Extinktionsänderung bei 330 nm analysiert. Nach dieser Meth. läßt sich eine größere Menge an Radiolyse-Prodd. nachweisen als mit dem Verf. von Shinn (Diazotierung des NO_2^- u. colorimetr. Best.); so reagieren neben NO_2^- auch NO, NO_2 u. O_2^- (HO_2) mit Ce^{4+} unter Bldg. von Ce^{3+} u. NO_3^- bzw. O_2, während O^- (HO) der Red. entgegenwirkt. Der Unterschied zwischen den Ergebnissen beider Meth., welcher durch Ausheileffekte (Tempern nach der Bestrahlung) vermindert wird, beruht auf im Gitter eingefangenem NO (Bestätigung durch ESR). Es wird geschlossen, daß bei einem großen Bruchteil aller radiolyt. Elementarakte je ein NO- u. ein O_2^--Radikal entstehen. Während der Bestrahlung bei 300° K sowie beim Tempern bei 460° K erfolgt Rück-Rk. dieser Radikale nach $NO + O_2^- \rightarrow NO_2^- + O$, $NO + O \rightarrow NO_2^*$. Die Wahrscheinlichkeit dieses Vorgangs ist eine Funktion des „Free-space". A. Blaschette 226◇

0585 **Katalytische Oxydation des Ammoniaks in nichtwässerigen Lösungen. 1. Mitt. Katalysatoren der 1. Gruppe des Periodensystems.** Ss. I. Papko. (J. physik. Chem. [UdSSR] **34**, 162—67, 1960; Moskau, 2. Med. Pigorow-Inst.; russ., Auszug: engl.) — 2. vgl. C. **1963**, 9238. — Bei der Oxydation von NH_3 in CCl_4-Lsg. durch O_2 werden 25 Verbb. von Elementen der 1. Gruppe als Katalysatoren geprüft. Näher untersucht werden die Oxide u. Sulfide von Cu, wobei diejenigen von Cu^+ höhere Aktivität zeigen als die von Cu^{2+}.

Die Art der Darst. hat Einfl. auf die Aktivität. Zusatz von Ag zu Cu_2O erhöht die Aktivität, Zusatz von Ni setzt sie herab. Cu_2O bleibt auch nach wiederholter Sättigung der Lsg. mit NH_3 aktiv. Auf einem inerten Träger (MgO) zeigt Cu schon bei 100 mal geringerer Konz. etwas erhöhte Aktivität, also ist nur ein Teil der Cu-Oberfläche katalyt. wirksam. Die Oxydations-Prodd. enthalten immer NO_3^-, aber kein NO_2^-, daneben ist meist auch Cl^- vorhanden.
R. K. Müller 227 □

0586 **Die katalysierte Reaktion zwischen NH_3 und NO.** A. Krause. (Bull. Acad. polon. Sci., Sér. Sci. chim. **8**, 331—32, 1960; Poznan, Mickiewicz-Univ., Inst. für anorg. Chem.; dt.) — Auf Grund eigener Unterss. u. der Ergebnisse anderer Autoren kommt Vf. zu der Ansicht, daß der geschwindigkeitsbestimmende Schritt der nach Michailowa [1939] am Pt-Kontakt bei 500—530° gemäß der summar. Gleichung $2\,NH_3 + 3\,NO \rightarrow 5/2\,N_2 + 3\,H_2O$ verlaufenden Rk. zwischen NH_3 u. NO die Ausbildung von NH-Radikalen nach $2\,NH_3 + 2\,NO \rightarrow 2\,H_2O + N_2 + 2\,NH$ ist, für die die Lockerung der N-H-Bindungen des NH_3 am Kontakt verantwortlich ist. In der Folge-Rk. setzen sich die NH-Radikale mit NO-Moll. unter Bldg. von N_2 u. H_2O um. W. Betcke 227◇

0587 **Über heterogene Lösungskatalyse.** A. Krause. (Bull. Acad. polon. Sci., Sér. Sci. chim. **8**, 333—34, 1960; dt.) — Vgl. vorst. Referat. — Die Rk.-Mechanismen für die Umwandlung von H_3PO_3 in wss. Lsg. am Pt-Kontakt in H_3PO_4 u. für die Knallgas-Rk. in wss. Elektrolyt-Lsg. (verd. HCl) an Pt-Kohle werden auf der Grundlage der Chemisorption u. Aktivierung von H durch den Kontakt unter Ausbildung von $(OH)_2PO$- bzw. OH-Radikalen (oder von H_2O_2) diskutiert.
W. Betcke 227◇

0588 **Zerfallsreaktionen von Festkörpern an festen Katalysatoren.** A. Krause. (Bull. Acad. polon. Sci., Sér. Sci. chim. **8**, 335—36, 1960; dt.) — Vgl. vorst. Referate. — Die Katalyse des in fester Phase verlaufenden Zerfalls von $ZnCO_3$ u. $NiCO_3$ durch NiO u. MnO_2 wird auf die p-Halbleiter-Eigg. des NiO bzw. die n-Eigg. des MnO_2 u. den damit gegebenen Überschuß an Acceptor- bzw. an Donator-Radikalen zurückgeführt. W. Betcke 227◇

0589 **Die Wirkungsweise des Ag/Al_2O_3-Kontakts als Oxydationskatalysator.** A. Krause. (Bull. Acad. polon. Sci., Sér. Sci. chim. **8**, 369—70, 1960; dt.) — Vgl. vorst. Referate. — Die Wirkungsweise des durch Zers. von Ag-Oxalat auf Al_2O_3 bei ca. 290° herstellbaren Ag/Al_2O_3-Katalysators bei der Oxydation von C_2H_4 zu Äthylenoxid wird auf der Grundlage der Radikaltheorie des Vf. [1936] damit erklärt, daß die im Al_2O_3 vorhandenen Acceptorradikale durch Ag-Aluminat blockiert werden, so daß die ohnehin wegen der n-Halbleiter-Eigg. des Al_2O_3 in schwachem Überschuß vorhandenen kation. Donatorradikale nunmehr zu einer verstärkten Chemisorption u. Aktivierung von O_2 befähigt sind.
W. Betcke 227◇

0590 **Mechanismus der katalysierten Reduktion von CS_2.** A. Krause. (Bull. Acad. polon. Sci., Sér. Sci. chim. **8**, 371 bis 372, 1960; dt.) — Vgl. vorst. Referate. — Für die katalyt. Red. des CS_2 an MgO wird ein Rk.-Mechanismus diskutiert, der auf der Radikalhypothese [1936] des Vf. basiert. Von den in gleicher Konz. im MgO vorhandenen n-Donator- u. p-Acceptorradikalen aktivieren die letzteren chemisorbiertes H_2, das nun das CS_2-Mol. reduktiv unter Bldg. von Thioameisensäure angreift. In Folge-Rkk. entstehen unter Mitwirkung beider MgO-Radikaltypen über CS-Radikale HCSH u. CH_3SH. Letzteres wird bei hoher Temp. (870°) reduktiv zu CH_4 u. H_2S zersetzt. W. Betcke 227◇

0591 **Die Vergiftung der inhomogenen Katalysatoroberfläche.** A. Krause. (Bull. Acad. polon. Sci., Sér. Sci. chim. **8**, 373—77, 1960; dt.) — Vgl. vorst. Referate. — Das Verh. von wenig akt. u. von stark akt. NiO gegenüber der Vergiftung durch CO_2 wird auf der Grundlage der Radikaltheorie des Vf. auf das unterschiedliche Konz.-Verhältnis von Acceptor- u. Donatorradikalen in den beiden Katalysatortypen zurückgeführt. Der starke Aktivitätsabfall eines wenig akt. Ni-Oxydationskatalysators mit steigender CO_2-Konz. wird damit erklärt, daß das CO_2 die in diesem Katalysator überwiegend vorhandenen Radikalpaare blockiert, während die im stark akt. NiO in größerem Überschuß auftretenden p-Acceptorradikale nicht beansprucht werden, so daß bei diesem nur ein anfänglich stärkerer Aktivitätsabfall zu beobachten ist, der mit der Blockierung der Radikalpaare ein Ende findet. Je stärker die p-Fehlordnung des NiO-Katalysators ist, desto schwerer ist er durch CO_2 vergiftbar. — Die mit zunehmendem H_3PO_4-Zusatz zu einem Mg-Chromit-Katalysator abwechselnde Vergiftung u. Aktivierung gegenüber der Oxydation von Isooctan wird so verstanden, daß H_3PO_4 zunächst die Aktivität des Katalysators durch Bindung des stöchiometr. MgO-Überschusses erhöht, dann aber durch Blockierung des Chromit-Mg vermindert u. schließlich noch die Cr-haltigen Radikalpaare angreift. Für eine weitere Aktivierung ist der Überschuß an Donatorradikalen im Cr-Oxid verantwortlich, dessen n-Fehlordnung infolge der Wasserabspaltung bei 350° aus den bei der Dehydrierung des Isooctans entstehenden O=Cr—OH-Moll., die zur Bldg. weiterer O=Cr-Donatorradikale führt, laufend zunimmt.
W. Betcke 227◇

0592 **Untersuchung der Kinetik der katalytischen Zersetzung von H_2O_2 durch Chrom- und Calciumsalze.** A. I. Minajew und G. L. Petrowa. (J. physik. Chem. [UdSSR] **35**, 1512—17, 1961; Moskau, Lomonossow-Univ., Textil-Inst.; russ.; Auszug: engl.) — Die katalyt. Zers. von H_2O_2 in Lsgg. bei kombinierter Einw. von $CaCl_2$ u. K_2CrO_4 werden in Abhängigkeit von Temp. u. wechselnder Konzz. des Katalysators untersucht. Vff. beobachten, daß der Einfl. der $CaCl_2$-Konz. keiner direkten Proportionalität zwischen Katalysator-Konz. u. der Zers.-Geschw. entspricht. Bei 15° üben beliebige $CaCl_2$-Konzz. keinen Einfl. auf die Geschw. aus, aktivieren aber bei 25° den H_2O_2-Zerfall bei Einw. von K_2CrO_4 nur unter der Bedingung, daß $[CrO_4^{2-}] > [H^+]$ ist.
W.-D. Heußner 227□

0593 **Die Chemisorption von Wasserstoff, Kohlenmonoxid und Wasserdampf am Kobaltkatalysator.** Zdzisław Rojek. (Studia Soc. sci. Torunensis, Sect. B **4**, 1—75, 1963; Toruń, Uniw. M. Kopernika, Kat. Chem. fiz.; pol.) — Untersucht wurde die Kinetik der Chemisorption von H_2, CO u. Wasserdampf an pyrophorem Co-Pulver in Abhängigkeit von seinem Oxydationsgrad. Die Chemisorption von H_2 wird im Bereich 0,5—200 Min. u. 150—300° durch die Gleichung $q = a_0 + a_1 \log t$ (q = Anteil der bedeckten Oberfläche des Katalysators zur Zeit t, a_0 u. a_1 Konst.) beschrieben. Enthält der Katalysator $< 60\%$ metall. Co (Red.-Wert 60%), so treten Abweichungen auf, die mit dem Oxydationsgrad zunehmen. Reines Co (Red.-Wert 100%) absorbiert kein H_2. Vf. erklärt dies damit, daß entweder reines Co die Fähigkeit, H_2 zu absorbieren, nicht besitzt, oder daß der Katalysator, der durch Red. des CoO mit H_2 entsteht, überschüssiges H_2 so stark absorbiert, daß es beim Erhitzen nicht desorbiert wird. Die Chemisorption von CO gehorcht im Bereich 100—300° der Gleichung $q = a\,t^n$, wenn der Red.-Grad des Katalysators mindestens 60% beträgt. Je höher der Red.-Grad ist, desto mehr CO wird absorbiert. Das absorbierte CO kann nur zu 60% desorbiert werden. Stark oxydiertes Co-Pulver adsorbiert CO erst nach vorangehender Einw. von H_2. Je höher die Temp. bei der Chemisorption von H_2 war, desto mehr CO wird aufgenommen. Bei der Chemisorption von H_2 an oxydiertem Co wird W. schon bei $< 200°$ gebildet. Die Sorption von Wasserdampf an Co-Pulver gehorcht ebenfalls der Gleichung $q = a \cdot t^n$. Bei reinem Co ist die Geschw. der Chemisorption von W. sehr groß. Mit steigender Temp. nimmt die Menge des sorbierten W. ab. Bei 300—340° wird das auf der Oberfläche des oxydierten Katalysators bei H_2-Aufnahme gebildeten W. vollständig abgegeben. Die Verteilungsfunktionen der akt. Zentren auf dem Katalysator sind für H_2 $f(E) = H_1$, für CO $f(E) = H_2 \cdot \exp(\alpha_1 E)$, u. für Wasserdampf $f(E) = H_3 \cdot \exp(\alpha_2 E)$, wobei H u. α Konst. u. E die Aktivierungsenergie ist. Die Inhomogenität der Oberfläche des Katalysators, die als Kehrwert von f(E) dargestellt wird, ist allerdings nicht linear mit der Aktivität des Katalysators bei der Fischer-Tropsch-Synth. verbunden. Die Aktivität ist auch nicht vom Red.-Grad des Co abhängig. Nur wenn die Oberfläche des Katalysators oxidfrei ist, kann als 1. Schritt der Rk. von CO mit H_2 die Chemisorption von CO an Co stattfinden. Bei nicht vollständig red. Katalysator wird zunächst durch Chemisorption von H_2 u. Abgabe von W. bei $> 300°$ die Oberfläche für den 1. Schritt vorbereitet. — 53 Literaturangaben. F. Urban 227◇

0594 **Katalytische Aktivität von Platin auf einem Cadmiumoxidträger.** Sh. W. Strelnikowa, E. A. Trossman und W. P. Lebedew. (J. physik. Chem. [UdSSR] **35,** 1327 bis 1330, 1961; Moskau, Lomonossow-Univ.; russ., Auszug: engl.) — Vff. untersuchen den H_2O_2-Zerfall an auf Cd adsorbiertem Pt. Der Zusammenhang zwischen der Aktivität u. der Anzahl der Pt-Atome auf der Katalysatoroberfläche wird quant. ermittelt. Es läßt sich zeigen, daß die Zers. von H_2O_2 an den akt. Zentren $(Pt)_1$, $(Pt)_3$ u. $(Pt)_5$ durch intramol. Zerfall des Zwischenprod. O—Pt—O vor sich geht. Ausgehend von dieser Annahme werden kinet. Gleichungen für diesen Prozeß aufgestellt. G. Engelhardt 227□

0595 **Untersuchung der Abhängigkeit der Vermischung der Gasphase in der Wirbelschicht von der Strömungsgeschwindigkeit und Schichthöhe des Katalysators.** K. W. Toptschijewa und I. P. Planowskaja. (Ber. Akad. Wiss. UdSSR **141,** 679—82, 1961; Moskau, Lomonossow-Univ.; russ.) — Vff. betrachten den Vermischungsgrad der Gasphase als den Faktor, welcher die Rk.-Geschw. bedeutend ändert, u. diskutieren dessen Abhängigkeit von Strömungs-Geschw. u. Schichthöhe des Katalysators bei konst. ∅ des Reaktors. Diese Verss. werden mit einem Modell der Crack-Rk. von Cumol zu Bzl. durchgeführt. Als Katalysator wird feinverteiltes Al-Silicat in Schichthöhen von 27—99 mm bei Temp. von 425° verwendet. Die Cumolzugabe betrug 0,144 Mol/h bei einer N_2-Strömungs-Geschw. von 8—45 Liter/h. Das Rk.-Gefäß aus Quarz hatte einen ∅ von 30 mm. Vff. bestimmen die Kontaktzeiten u. zeigen, daß der Vermischungsgrad in der Schicht von Katalysatorschichthöhe, dem ∅ des Rk.-Rohrs sowie der Strömungs-Geschw. des Gasgemisches abhängt u. durch die Beziehung $0{,}008\ (l_0/d)^{-0{,}5} Re^{1{,}8}$ (Re = Reynolds-Zahl, l_0 = Schichthöhe des Katalysators, d = Durchmesser des Rk.-Rohres) wiedergegeben wird. W.-D. Heußner 227□

0596 **Modelluntersuchung der Regenerierung von Aluminiumsilicat-Crackkatalysatoren.** 3. Mitt. **Diffusionskinetik der Ausbrennung des inneren „Kokses" und Einfluß der Porenstruktur des Katalysators auf die Geschwindigkeit des Prozesses.** D. P. Dobytschin und Z. M. Klibanowa. (J. physik. Chem. [UdSSR] **34,** 1745—52, 1960; Leningrad, Inst. für Erdölverarbeitung; russ., Auszug: engl.) — 2. vgl. C. **1961,** 9258. — Die Ausbrenn-Geschw. (AG) von „Koks" (C) aus einzelnen Kugeln u. Tabletten von Al-Silicat-Crackkatalysatoren wird bei 500 u. 600° ermittelt. In der Anfangsperiode (τ = 20 Min.), in der C von der Oberfläche ausgebrannt wird, ist die AG von der Porosität des Katalysators unabhängig. Wenn der Vorgang ins Innere weiter fortschreitet, nimmt die AG mit dem Porendurchmesser u. der auf dem Katalysator verbliebenen C-Menge q_k ab. Die Kurven $q_k^{1/3}$—$\tau^{0,5}$ stellen Gerade dar, deren abfallende Neigung zunimmt, wenn die spezif. Katalysatoroberfläche von 264 auf 0,39 m^2/g abnimmt u. der Diffusions-Koeff. D* des O_2 von 0,0013 auf 0,006 cm^2/s zunimmt. D* ist eine Funktion des Verhältnisses der Voll. der großen u. der kleinen Poren; wenn dieses von 0,56 auf 3,0 zunimmt, nimmt D* von ca. 1,4 auf ca. 5,9 zu. R. K. Müller 227◇

A₈. Präparative anorganische Chemie, Komplexverbindungen, Metallorganische Verbindungen

0597 **Alkalimetallorganische Additionsverbindungen und katalysierte Autoxydation der Alkalimetalle.** André Le Berre und Pierre Goasguen. (Bull. Soc. chim. France **1963,** 1838—49; Paris, Conserv. nat. des Arts et Métiers, Labor. de Chim. ind.; franz.) — Ausführliche experimentelle Angaben zu den C. **1963,** 16482 referierten Unterss. über die Autoxydation von Metallketylen. Die durch Addition von einem oder von zwei Alkalimetallatomen (Li, Na, K) an eine ungesätt. C—C-, C—O- oder C—N-Bindung entstehenden metallorgan. Verbb. autoxydieren sich unter O_2 im allg. leicht unter Bldg. peroxid. Prodd., deren Art vor allem durch das Alkalimetall u. das Lsgm. bestimmt wird. So liefern in einem polaren Lsgm. (THF, Dimethoxyäthan) die Benzophenon-Derivv. *Me[OC(C₆H₅)₂]* u. *Me₂[OC(C₆H₅)₂]* die Hyperoxide KO_2 u. NaO_2 bzw. das Peroxid Li_2O_2; in allen Fällen wird Benzophenon regeneriert. Wird jedoch Ae. als Lsgm. verwendet, so entsteht lediglich mit Me = K das Hyperoxid, mit Me = Na bzw. Li hingegen ein Gemisch aus organ. u. anorgan. Salzen, in dem die Ggw. von $(C_6H_5)_2C(OMe)OOMe$ (I; Me = Na, Li) u. $(C_6H_5)_2C(OMe)_2$ (Me = Li) vermutet wird. I (Me = Na) bildet sich als Zwischenprod. der Autoxydation in THF. *Naphthalin-* u. *Pyridinnatrium* sowie *Tetraphenyläthylen-*, *Anthracen-* u. *Azobenzoldinatrium* gehen ähnliche Autoxydations-Rkk. ein. Da die organ. Komponente bei der Autoxydation in polarem Zustand laufend regeneriert wird, konnte eine einfache Meth. zur präparativen Darst. von KO_2 (Reinheit 90—95%) u. NaO_2 (80—85%) durch Einw. von O_2 auf das massive Alkalimetall in THF in Ggw. einer geringen Menge Benzophenon als Katalysator entwickelt werden. Dabei werden O_2-Mengen absorbiert, die bei Na dem 20—30-fachen, bei K dem 70fachen der Benzophenonmenge entsprechen (in Molen). Unter geeigneten Bedingungen können KO_2 u. NaO_2 bzw. Na_2O_2 (als Zwischenprod.) in reaktiver Form (koll. Lsgg.) erhalten werden. A. Blaschette 241◇

0598 **Eine verbesserte Apparatur zur Entwicklung von Bromwasserstoff.** Miloš Hudlický. (Chem. Listy **56,** 1442—44, 1962; Praha, Výzkum. ústav pro farm. a biochem.; tschech.) — Vf. beschreibt eine App. zur Herst. von HBr aus Brom u. Tetralin, die eine regelmäßige Entw. des Gases u. feine Regulierung seiner Durchflußmenge sichert. Das Gerät besitzt eine Dosiereinrichtung mit selbsttätiger Konstanthaltung des Bromniveaus u. eine Vorr. zur azeotrop. Entwässerung des Tetralins. M. Ryba/Prag 248△

0599 **Eine bequeme Methode zur Entfernung von Jod aus wässerigen Lösungen von Jodwasserstoffsäure.** C. M. Davidson und R. F. Jameson. (Chem. and Ind. **1963,** 1686—87; Dundee, Univ. of St. Andrews, Queen's Coll., Dep. of Chem.; engl.) — Aus einer teilweise oxydierten wss. Lsg. von HJ kann das Jod quant. extrahiert werden durch 3maliges Ausschütteln mit einer 4%ig. Lsg. von Amberlit LA-2 (langkettiges aliphat. Amin) in CCl_4, Toluol oder Petroläther. K. Pfleghar 249◇

0600 **Umsetzung von Trimethylsiliciummonochlorid mit Silicagel.** 2. Mitt. G. Wirzing und H. W. Kohlschütter. (Z. analyt. Chem. **198,** 270—75, 1963; Frankfurt/M., Farbwerke Hoechst Akt.-Ges., Analyt. Labor.; Darmstadt, TH, Eduard-Zintl-Inst.; dt.) — 1. vgl. C. **1956,** 12491. — Vff. verfolgen die Rk. von Trimethylsiliciummonochlorid (**I**) u. Silicagel mit Hilfe der IR-Spektroskopie, wobei zwischen der Rk. des **I** mit nicht chem. gebundenem W. u. der Rk. mit den oberflächenständigen Si—OH-Gruppen unterschieden wird. **I** reagiert bei Zimmer-Temp. mit dem nicht chem. gebundenen W. quant. u. mit dem chem. gebundenen W. erst bei höherer Temp. u. dann nicht quantitativ. A. Kumm 261◇

0601 **Organische Verbindungen des Siliciums.** 2. Mitt. **Die Reaktionen von Chlor- und Alkoxysilanen mit Salicylsäure und anderen Hydroxy- und Carboxyverbindungen.** R. C. Mehrotra und B. C. Pant. (J. Indian chem. Soc. **40,** 623—28, 1963; Jaipur, Univ. of Rajasthan, Chem. Labor.; engl.) — 1. vgl. J. Indian chem. Soc. **39,** [1962], 65. — Salicylsäure (H_2A) reagiert mit Siliciumchloriden u. Alkoxysilanen unter Substitution; hierbei sind sowohl COOH- als auch OH-Gruppe von H_2A reaktionsfähig. Phenol, Brenzcatechin, Benzoe- u. Phthalsäure reagieren nicht.

Versuche: *Dimethylsiliciumsalicylat,* $C_9H_{10}O_3Si$, $[(CH_3)_2SiA]$, $Kp._{1,5}$ 114°, durch 20std. Rückflußerhitzen von H_2A u. $(CH_3)_2SiCl_2$ in Bzl.; 81% (Ausbeute); auch aus H_2A u. $(CH_3)_2Si(OC_2H_5)_2$; 95%. — *Trimethylsiliciumsalicylat,* $C_{10}H_{14}O_3Si$, $[(CH_3)_3Si\cdot HA]$, $Kp._{1,5}$ 105—107°, analog vorst. Verb. aus $(CH_3)_3SiCl$ u. H_2A; 85%. — *Diphenylsiliciumsalicylat,* $C_{19}H_{14}O_3Si$, $[(C_6H_5)_2SiA]$, analog vorst. Verb.; zersetzt sich beim Erhitzen; 97%. — *Siliciumdisalicylat,* $C_{14}H_8O_6Si$, (SiA_2), gelbes Pulver, unlösl. in Bzl. u. CCl_4; aus $SiCl_4$ u. H_2A; 99,85%. Addiert 1 Mol A. zu *Siliciumdisalicylat·Äthanol,* $C_{16}H_{14}O_7Si$. — *Diäthoxysiliciumsalicylat,* $C_{11}H_{14}O_5Si$, $[(C_2H_5O)_2SiA]$, aus H_2A u. Tetraäthoxysilan in Bzl., Abdest. des A.; schokoladenfarbene Flüssigkeit. — *Äthoxysiliciumdisalicylat,* $C_{16}H_{14}O_7Si$, $[(C_2H_5O)SiA\cdot HA]$, aus H_2A u. Tetraäthoxysilan, Abdest. des A., 5 Std. lang bei 110—115°; weißer Rückstand.; 96%. — *Dimethyldi-p-chlorphenoxysilan,* $C_{14}H_{14}Cl_2O_2Si$, $Kp._{0,8}$ 188°, aus $(CH_3)_2Si(OC_2H_5)_2$ u. p-Chlorphenol in Bzl.; 91%. H. Bürger 261◇

0602 **Komplexe Metaphosphatpolymere.** R. C. Mehrotra und V. S. Gupta. (J. Polymer Sci. **58,** 501—16, 1962; Gorakhpur, U. P., Gorakhpur Univ., Chem. Labor.; engl.) — Die Komplex-Bldg. zwischen polymeren Metaphosphationen u. Metallionen wurde durch Schmelzen von $NaH_2PO_4\cdot 2\,H_2O$ (**I**), $(NH_4)_2HPO_4$ (**II**) u. MO (M = Cu, Ca, Ba, Zn, Pb) bei 700 oder

800° in stöchiometr. Verhältnissen herbeigeführt; während sich in diesen Fällen mit Ausnahme von CuO (grüne Schmelze) fast durchsichtige, farblose Schmelzen bildeten, wurde mit Fe_2O_3 keine klare Schmelze erhalten. Die Komplexe der allg. Formel $(Na_xM_{(1-x)/2}PO_3)_n$ mit x = 2/3, ½ oder 1/3 wurden durch Leitfähigkeitsmessungen, Molgew.-Best. (Viscositäts-Meth., Endgruppenanalyse), thermogravimetr. u. papierchromatograph. untersucht. Je höher die Darst.-Temp., desto mehr assoziieren die Ionen, um so geringer wird die Leitfähigkeit. Die Beweglichkeit des Anions $[Na_x(PO_3)_y]_n^{n(y-x)-}$ wird durch die teilweise oder vollständige Substitution der Na^+-Ionen nicht beeinflußt. Durch sek. Dissoziation der Metallionen sinkt die Viscosität. Die R_F- u. R_g-Werte der Komplexe entsprechen denen des Grahamschen Salzes.

Versuche: *$[Na_4Ca(PO_3)_6]_n$*, aus I, II u. CaO (4:2:1); durchsichtiges Glas. — Analog: *$[Na_4Ba(PO_3)_6]_n$*, *$[Na_4Zn(PO_3)_6]_n$*, *$[Na_4Pb(PO_3)_6]_n$* u. *$[Na_4Cu(PO_3)_6]_n$*. — *$[Na_2Ca(PO_3)_4]_n$*, aus I, II u. CaO (2:2:1) in langsamer Rk.; durchsichtiges Glas. — Analog: *$[Na_2Ba(PO_3)_4]_n$*, *$[Na_2Zn(PO_3)_4]_n$*, *$[Na_2Pb(PO_3)_4]_n$* u. *$[Na_2Cu(PO_3)_4]_n$*. — *$[NaCa(PO_3)_3]_n$*, aus I, II u. CaO (1:2:1), 950°, 5 Std. lang; Glas, daneben geringer weißer Rückstand (Ca:Na:P = 2:1:5). Analog: *$[NaZn(PO_3)_3]_n$* u. *$[NaCu(PO_3)_3]_n$*. G. Heller 264◇

0603 **Einige Addukte von Phosphinen und Aminen mit Boranen.** P. A. Chopard und R. F. Hudson. (J. inorg. nuclear Chem. **25,** 801—05, 1963; Geneva, Switzerland, Cyanamid European Res. Inst.; engl.) — *Triphenylbenzyl-* (I) bzw. *Tribenzylmethylphosphoniumtetrahydridoborat* (II) zersetzen sich bei 60 bzw. 150° unter Bldg. von Toluol u. Stabilisierung durch Konjugation. Im Gegensatz zu diesen Rkk. dissoziiert *Tribenzylborazan* beim Erhitzen auf 100—150° in Tribenzylamin u. Boran, ohne sich zu zersetzen. *N-Dibenzylborazan* (III) zersetzt sich beim Erhitzen auf 150°/10—12 Torr unter Bldg. von monomerem N-Dibenzylborazen u. H_2, während das bei der Rk. von Benzylamin u. Diboran entstehende trimere N-Benzylborazin sehr beständig ist. Demnach ist in der quatern. Gruppe ein H-Atom zur weiteren Zers. der Borazane zu Borazenen u. Borazinen nötig; die Zers.-Rk. beginnt wahrscheinlich mit der Anlagerung eines Protons an die BH_3-Gruppe. Einen weiteren Beweis für diesen Rk.-Mechanismus liefert die Zers.-Rk. von $(C_6H_5O)_3P—BH_3$ bei 130—140° unter Bldg. von Phenol u. einer polymeren P-Verbindung.

Versuche: *Triphenylbenzylphosphoniumtetrahydridoborat* (I), $C_{25}H_{26}BP$, F. 295—300°; aus $NaBH_4$ in Diglyme (IV) u. $[(C_6H_5)_3(C_6H_5CH_2)P]Br$ in Chlf.; farblose Kristalle; 45%. — *Triphenylphosphanboran*, $C_{18}H_{18}BP$, F. 170—180°; a) durch 2std. Erhitzen von I in IV/Chlf. auf 50—60° unter red. Druck; 27%; b) durch Erhitzen von I auf 130—140°/0,1—0,2 Torr; c) durch 12std. Erhitzen von I in Chlf./Hexan unter Rückfluß. — *Tribenzylmethylphosphoniumtetrahydridoborat* (II), aus 2 g $NaBH_4$ u. 10 g $[(C_6H_5CH_2)_3CH_3P]Br$ in IV. — *P-Dibenzylmethylphosphanboran*, $C_{15}H_{20}BP$, F. 132° (A.); durch 12std. Erhitzen von II in IV (150°); 5,6 g. — *Tribenzylborazan*, $C_{21}H_{24}BN$, dissoziiert bei 100° in seine Komponenten; aus Tribenzylamin u. B_2H_6 in IV; 75%. — *N-Dibenzylborazan* (III), $C_{14}H_{18}BN$, F. 94—95°; aus 30 g Dibenzylamin u. B_2H_6 in IV (1 Std. lang, Raum-Temp.); 24 g. — *N-Dibenzylborazen*, $C_{14}H_{16}BN$, F. 96—97°, Kp.$_{0,05}$ 110—112°; durch Erhitzen von 50 g III auf 100—150°/15 Torr unter N_2; 25 g. — *Trimeres N-Benzylborazin*, $C_{21}H_{24}B_3N_3$, F. 45—50°, Kp.$_{0,005}$ 180—182°; aus 57,5 g Benzylamin u. B_2H_6 in IV; 55 g. — *P-Triphenoxyphosphanboran*, $C_{18}H_{18}PO_3$, F. 46—48° (aus PAe.); aus $P(C_6H_5O)_3$ u. B_2H_6 in Monoglyme; 75%. G. Heller 264◇

0604 **Die Reaktion von Borhydriden mit Trialkyl- und Triarylphosphinen.** W. Jeffers. (J. chem. Soc. [London] **1963,** 1919—23; Chessington, Surrey, Borax Consolidated Ltd., Res. Centre and Labor.; engl.) — Nach 0,3—4std. Erhitzen von B_5H_9 u. $B_{10}H_{14}$ (F. 99,5°; beide Verbb. durch Pyrolyse von B_2H_6 dargestellt) mit Trimethyl- (I) u. Triphenylphosphin (II) auf ca. 200° entstehen Verbb. der angenäherten Zus. $BH \cdot (PR_3)_{0,2}$, die bei Raum-Temp. blaßgelb, spröde, luftbeständig u. in W. u. organ. Lsgm. unlösl. sind. Sie werden bei 150° thermoplast. u. geben H_2 ab; daneben entsteht als Zers.-Prod. bei erhöhten Temp. $H_3B \cdot PR_3$ (III). Bei 200° sind die aus B_5H_9 u. $B_{10}H_{14}$ mit I u. aus B_5H_9 mit II gebildeten Prodd. gelbe Fll., deren Viscositäten mit steigender Temp. zunehmen, bis sie bei 300° erstarren. Das Prod. aus $C_{10}H_{14}$ u. II wird auch bei 450° noch nicht thermoplast., u. es entsteht kein III. Der Rk.-Mechanismus wird erörtert. Die therm. u. hydrolyt. Beständigkeit (in W. u. 10%ig. wss. NaOH) der Rk.-Prodd. wurde untersucht; stärkeres Erhitzen bis zu 450° verursacht nur weitere H_2-Entw., aus $B_{10}H_8 \cdot 2\,P(CH_3)_3$ entsteht nach 3 Std. bei 450° ein Prod. der Zus. $B_{10}H_4 \cdot 2\,P(CH_3)_3$. P. Scharner 264◇

0605 **Beiträge zur Chemie des Bors. 15. Mitt. Dialkylaminophosphane. 3. Mitt. Zur Kenntnis von Dimethylaminophosphan-Boranen, $[(CH_3)_2N]_{3-n}P_nX \cdot BH_3$.** Heinrich Nöth und Hans-Joachim Vetter. (Chem. Ber. **96,** 1298—1307, 1963; München, Univ., Inst. für Anorgan. Chem.; dt.) — 14. bzw. 2. vgl. C. **1963,** 8466 bzw. 20334. — Vff. stellten $[(CH_3)_2N]_2PH \cdot BH_3$ (I), $[(CH_3)_2N]_2PCl \cdot BH_3$ (II), $[(CH_3)_2N]_2 \cdot P(C_4H_9) \cdot BH_3$ (III) u. $[(CH_3)_2N]P(C_4H_9)_2 \cdot BH_3$ (IV) her. Es gelang nicht, $[(CH_3)_2N]PH_2 \cdot BH_3$ zu isolieren. Das schon bekannte $[(CH_3)_2N]_3P \cdot BH_3$ (V) ist therm. sehr stabil; als Pyrolyse-Prodd. entstehen bei Temp. >250° H_2, $(CH_3)_2 \cdot NH$ (VI), $[(CH_3)_2N]_2BH$ (VII), $[(CH_3)_2N]_3B$, komplexes $[(CH_3)_2N]_xB_y$ u. rotes P. Die Zers. von I bei 65° ergibt H_2, VI, VII, $(CH_3)_2NH \cdot BH_3$ u. $[(CH_3)_2N]_5P_9$; bei Raum-Temp. in 10 Tagen zerfällt I zu 8% in ein braunes Pulver (B:P = 1:1,1). Die Pyrolyse von II bei 50—75° führt neben H_2, VII u. V zu 1 Mol $(CH_3)_2NH_2Cl$ pro Mol II. IV ist sehr stabil u. läßt sich erst bei 330—350° zu H_2, VII, Butan u. einem nichtflüchtigen rotbraunen Rückstand mit der empir. Zus. $(C_4H_9)_{21}P_{15} \cdot [N(CH_3)_2]_5B_{10}H$ zersetzen. Aus den Pyrolyse-Prodd. kann man keine Rückschlüsse auf die Struktur der Dimethylaminophosphanborane ziehen, da die B—P-Bindung leicht der Dimethylaminolyse unterliegt. Im Gegensatz zu BH_3 bildet BF_3 mit $[(CH_3)_2N]_3P$ kein Addukt, sondern reagiert unter Bldg. von $(CH_3)_2NPF_2$ u. $(CH_3)_2NBF_2$.

Versuche: *Bis-[dimethylamino]-phosphan-Boran* (I), $C_4H_{16}BN_2P$, F. 24—25°, Kp.$_{0,1}$ 46—47°; aus $[(CH_3)_2N]_2 \cdot PCl$ (VIII) u. $LiBH_4$ in Ae. unter N_2 bei —40°; 88,8%. — *Bis-[dimethylamino]-chlorphosphan-Boran* (II), $C_4H_{15}BClN_2P$, Kp.$_{0,4}$ 52°; aus VIII u. B_2H_6 in Ae. bei —10°; 67,4%. — *Bis-[dimethylamino]-butylphosphan-Boran* (III), $C_8H_{24}BN_2P$; F. —3°; Kp.$_{1,5}$ 99°; aus $[(CH_3)_2N]_2P(C_4H_9)$ u. B_2H_6 in Ae.; n_D^{21} 1,4741; $D._4^{21}$ 0,870; 78,1%. — *Dimethylaminodibutylphosphan-Boran* (IV), $C_{10}H_{27}BNP$; F. —25°; Kp.$_{1,5}$ 101°; aus $(CH_3)_2NP(C_4H_9)_2$ u. B_2H_6 in Ae.; n_D^{21} 1,4683; $D._4^{21}$ 0,835; 81,8%. — *Tributylphosphan-Boran*, $C_{12}H_{30}BP$; F. 4°; Kp.$_3$ 120,5°; aus $(C_4H_9)_3P$ u. B_2H_6 in Ae., n_D^{20} 1,4712; $D._4^{20}$ 0,815; 91,3%. — *Dimethylaminodifluorphosphan*, $C_2H_6F_2NP$; F. —88°; Kp.$_{704}$ 50°; a) aus überschüssigem $[(CH_3)_2N]_3P$ u. BF_3 in Xylol bei —20°, Erwärmen auf Raum-Temp. u. Herausdest.; 74,0%; b) aus $(CH_3)_2NPCl_2$ u. ZnF_2; 49,5%. — *Dimethylaminodifluorboran*, $C_2H_6BF_2N$; F. 180° (unter N_2); Kp.$_2$ 90°; aus der Xylol-Lsg., die bei der Darst. vorst. Verb. anfiel; 81,3%. G. Heller 264◇

0606 **Dialkylaminophosphane. 4. Mitt. Additionen und Substitutionen am Tris-[dimethylamino]-phosphan, $P(NMe_2)_3$.** Hans-Joachim Vetter und Heinrich Nöth. (Chem. Ber. **96,** 1308—15, 1963; dt.) — 3. vgl. vorst. Ref.; 5. vgl. C. **1964,** 16-0653. — Bei der Addition von O_2 (120°) an *Tris-[dimethylamino]-phosphan* (I) bildet sich $[(CH_3)_2N]_3PO$, bei der von S_8 $[(CH_3)_2N]_3PS$ u. bei der von Phenylazid $[(CH_3)_2 \cdot N]_3P{=}NC_6H_5$. Bei der Einw. von CS_2 auf I entsteht *Dimethylamino-bis-[dimethyldithiocarbaminato]-phosphan* (II) u. mit weiterem CS_2 *Tris-[dimethyldithiocarbaminato]-phosphan* (III). II ist mit dem Prod. der Rk. von 2 Mol Na-Dimethyldithiocarbaminat mit 1 Mol $(CH_3)_2NPCl_2$ identisch. Bei der Rk. von Eisessig mit I in PAe entsteht neben *Acetdimethylamid* als Rückstand H_3PO_3. Substitutions-Prodd. von I entstehen auch mit überschüssigem A., nämlich 3 Mol $(CH_3)_2NH$ u. 1 Mol $P(OC_2H_5)_3$, während II mit A. zu krist. $(CH_3)_2N(S)CSH \cdot (CH_3)_2NH$, $P(OC_2H_5)_3$ u. CS_2 äthanolysiert wird. Erwärmt man I mit 2 Molen Anilin, so erhält man *Dimethylamino-bis-[anilino]-phosphan*, das bei der Dest. im Vakuum zu *Phenylaminophenyliminophosphan*, u. $(CH_3)_2NH$ zerfällt. Die Darst. von Tris-[anilino]-phosphan gelang nicht.

Versuche: *Tris-[dimethylamino]-phosphanoxid*, $C_6H_{18} \cdot N_3OP$, Kp.$_{11}$ 105—107°; aus I u. O_2; ½ Std., 120°; n_D^{21} 1,4572; 18,6% (Ausbeute). — *Tris-[dimethylamino]-phosphansulfid*, $C_6H_{18}N_3PS$, Kp.$_{1,2}$ 63°, F. 29°; aus I u. S; Rauten; 86,9%. — *Tris-[dimethylamino]phosphanphenylimid*, $C_{12}H_{23}N_4P$, F. 11,5°, Kp.$_{0,4}$ 127°; aus I u. $C_6H_5N_3$, F. 120°; n_D^{20} 1,5573; $D._4^{22}$ 1,054; rotbraune Fl.; 91,7%. — *Dimethylamino-bis-[dimethyldithiocarbaminato]-phosphan* (II), $C_8H_{18}N_3PS_4$, F. 146° (Zers.); a) aus I in Ae. u. CS_2 (1:2), 40 Min. lang Rückfluß; 92,2%; b) aus Na-Dimethyldithiocarbaminat u. $(CH_3)_2NPCl_2$ in Bzl.;

gelbliche Kristalle; 92,5%. — *Tris-[dimethyldithiocarbamato]-phosphan* (III), $C_9H_{18}N_3PS_6$; F. 159—162° (Zers.); aus II u. überschüssigem CS_2, 1 Std. lang Rückfluß; gelbe Substanz; 96,2%. — $(CH_3)_2N(S)CSH\cdot(CH_3)_2NH$, $C_5H_{14}N_2S_2$; durch Äthanolyse von II; Kristalle; 91,7%. — *Acetdimethylamid*, C_4H_9NO, $Kp._{14}$ 64°; aus I u. Eisessig in PAe., ½ Std. lang Rückfluß; n_D^{19} 1,436; 93,7%. — *Dimethylamino-bis-[anilino]-phosphan*, $C_{14}H_{18}N_3P$; aus I u. $C_6H_5NH_2$, 3 Std. lang; 100%. — *Phenylaminophenyliminophosphan*, F. 248—250°; bei der Dest vorst. Substanz bei 2 Torr u. 100°; 27,4%. G. Heller 264◇

0607 **Reaktion von Harnstoff mit Natriumnitrat in wässerigen Lösungen.** W. A. Polossin und N. N. Tarassowa. (Nachr. landwirtsch. Timirjasew-Akad. [UdSSR] **1958,** Nr. 6, 183—90; russ., Auszug: engl.) — Es wird das tern. Syst. Harnstoff (I)–$NaNO_3$–W. nach dem visuell-polytherm. Verf. im Temp.-Bereich —19,55 bis +40° untersucht. Im bin. Syst. I–H_2O wurde neben dem Kryohydratpunkt —11,3° (bei 32,8% I) noch ein Modifikationsübergang $\beta \rightarrow \gamma$ bei +24,8° u. 54,6% I beobachtet, im Syst. $NaNO_3$–H_2O ein Kryohydratpunkt bei —17,5° u. 38,0% $NaNO_3$ ermittelt; Hydrat-Verbb. sowie Kurvenverläufe, die auf polymorphe $NaNO_3$-Formen weisen, erschienen im gegebenen Temp.-Bereich nicht. — Das Gesamt-Syst. wurde in 21 Schnitten untersucht, wobei in 46 Temp.-Punkten die Zus. der festen Phase bestimmt wurde. Das komplexe Syst. weist 6 Kristallisationsfelder auf: α-, β-, γ-I, Eis, $NaNO_3$ u. die Verb. $NaNO_3\cdot CO(NH_2)_2\cdot H_2O$ (II), F. +35°. Die Bldg. von II wurde durch Best. der spezif. Leitfähigkeit an 3 Schnitten nachgewiesen. Sie bildet im bin. Syst. II–H_2O einen Kryohydratpunkt bei —18,0° u. 44,6 Gew.-% II, dessen Temp. aus der Abkühlungskurve bestätigt wurde. Kristallopt. unterscheidet sich II scharf von I u. $NaNO_3$: feine 2achsige Nadeln, schräge Auslöschung bei 25°, Syngonie nicht höher als monoklin, N_m = 1,570, N_p < 1,42. Das tern. Syst. besitzt 2 Tripelpunkte bei —19,55 u. 18,75°, die den gemeinsamen Kristallisationen Eis–II–$NaNO_3$ u. Eis–II–I entsprechen; der 3. Punkt der gemeinsamen Kristallisation, I–II–$NaNO_3$, liegt oberhalb des untersuchten Temp.-Bereichs, so daß die Zus. der Phasen darin nicht zu ermitteln war, während für den 3fachen Punkt Eis–II–$NaNO_3$ die Zus. 7,5% I, 34,5% $NaNO_3$ u. 58,0% H_2O, für den Punkt Eis–II–I die Zus. 28,4 (%) I, 16,3 $NaNO_3$ u. 55,3 H_2O bestimmt wurden. A. v. Wilpert 274□

0608 **Darstellung von Alkylmagnesiumhalogeniden aus primären Alkylhalogeniden und Magnesium in Kohlenwasserstoffen.** L. I. Sacharkin, O. Ju. Ochlobysstin und B. N. Strunin. (Ber. Akad. Wiss. [UdSSR] **147,** 108—10, 1962; Akad. der Wiss. der UdSSR, Inst. für metallorgan. Verbb.; russ.) — C_1—C_{10}-*Alkyl*- u. *Phenylmagnesiumhalogenide* lassen sich durch Rk. der Alkyl- u. Phenylhalogenide mit Mg in Dodecan, Isooctan oder Tetralin darstellen. Die Ausbeuten betragen 70—95%, bei Methyl-MgJ u. Äthyl-MgBr 40—50%. Zwecks ausreichender Rk.-Geschw. muß bei den Alkylhalogeniden auf 80—100°, bei den Phenylhalogeniden auf 160—170° erhitzt werden. Helmut Schäfer 282△

0609 **Ein Zink-Komplex mit der Koordinationszahl 8.** D. P. Graddon und D. G. Weeden. (Proc. chem. Soc. [London] **1963,** 247; Sydney, Australia, Univ. of New South Wales, Dep. of Inorg. Chem.; engl.) — Bei der Umkristallisation von Bis-[dibenzoylmethanato]-zink(II) aus γ-Picolin erhielten Vff. ein Tetra-4-methylpyridinaddukt in Form von gelben Nadeln, $C_{54}H_{50}N_4O_4Zn$, F. 95° (Zers.). Die Koordinationszahl 6 wäre denkbar, wenn 2 der Liganden Zwischenräume im Gitter besetzen würden oder wenn der Chelatring offen wäre. Die Molgew.-Best. in Bzl. jedoch ergab 789 (theoret. 884), was beweist, daß nur geringe Dissoziation stattfindet; auch zeigt das IR-Spektrum starke Banden bei 1520 u. 1600 cm^{-1}, charakterist. für β-Diketonchelate. Vff. erhielten ebenfalls den entsprechenden Ni-Komplex. K. Ziegenhorn 288◇

0610 **Reaktionen der Cadmiumhalogenide mit Nicotinsäure.** M. K. Aljawija und K. N. Narmetow. (J. anorg. Chem. [UdSSR] **8,** 1176—79, 1963; Taschkent, Med. Inst.; russ.) — Vff. synthetisierten folgende Komplex-Verbb. der Nicotinsäure (I): $CdCl_2\cdot 2\,C_6H_5NO_2$, Zers. 350°, als weißer Nd. durch Zugabe einer wss. Lsg. von I zu einer gesätt. $CdCl_2$-Lsg. im Verhältnis 1:2; — $CdBr_2\cdot 2\,C_6H_5NO_2\cdot 2\,H_2O$, F. 298—299°, wie vorher; — $CdBr_2\cdot 2\,C_6H_5NO_2$, F. 290 bis 296°, durch Zugabe von I zu festem $CdBr_2$; — $CdJ_2\cdot 2\,C_6H_5NO_2$, F. 193—196°, wie vorher; — $CdJ\cdot 2\,C_6H_5NO_2$, Zers. 277°, aus den wss. Lsgg. beider Verbb. als weißer Nd.; — $CdJ_2\cdot 2\,C_6H_5NO_2\cdot 2\,H_2O$, F. 195—199°, durch Eindampfen der Mutterlösung. Verbb. mit anderem Verhältnis Cd-Halogenid/Nicotinsäure als 1:2 entstehen nicht. Best. der molaren Leitfähigkeit ergeben, daß die Verbb. prim. in 3 Ionen dissoziieren. G. Ewald 289◇

0611 **Komplexverbindungen der Cadmiumhalogenide mit $\alpha.\beta$-Dipyridyl und $\alpha.\beta$-Dipiperidyl.** M. K. Aljawija. (J. anorg. Chem. [UdSSR] **8,** 1180—86, 1963; russ.) — Vgl. vorst. Referat. — Vf. vergleicht die Eigg. folgender Komplex-Verbb. des $\alpha.\beta$-Dipyridyl (dp): $CdCl_2\cdot dp$; $CdBr_2\cdot dp$; $CdJ_2\cdot dp$; $CdJ_2\cdot 2\,dp$; $CdCl_2\cdot dp\cdot H_2Cl_2$; $CdBr_2\cdot dp\cdot H_2Br_2$ u. $CdJ_2\cdot dp\cdot H_2J_2$. Die FF. betragen: Zers. 273°; Zers. 245°; Zers. 173°; Zers. 165°; F. 233—235°; F. 205—207° u. F. 245—246°. Das Thermogramm von $CdCl_2\cdot dp$ weist 3 Effekte bei 275—290; 360—365 u. 395—400° auf; das Thermogramm von $CdCl_2\cdot dp\cdot H_2Cl_2$ einen Effekt bei 235—240°. Die Verbb. sind ohne Zers. in W. löslich. Die ersten 4 Verbb. dissoziieren in 3 Ionen, die letzten 3 in 6 Ionen (mol. Leitfähigkeit). Vf. vergleicht weiter die Eigg. folgender Komplex-Verbb. des $\alpha.\beta$-Dipiperidyl (dpp): $CdCl_2\cdot dpp$; $CdBr_2\cdot dpp$; $CdJ_2\cdot dpp$; $CdCl_2\cdot dpp\cdot H_2Cl_2$; $CdBr_2\cdot dpp\cdot H_2Br_2$ u. $CdJ_2\cdot dpp\cdot H_2J_2$. Die FF. betragen: 76—79°; 92—94; 88—90; 213—215; 206—208; 123—125°. Das Thermogramm der 1. Verb. weist außer dem F. noch 2 Effekte bei 115—120 u. 245—255° auf; das Thermogramm der 4. Verb. außer dem F. noch 2 Effekte bei 165—175 u. 320 bis 330°. Die ersten 3 Verbb. hydrolysieren, die Löslichkeiten der anderen 3 Verbb. nimmt in der angegebenen Reihenfolge ab. Die Verbb. dissoziieren in 4—5 Ionen. Ebenfalls untersucht wurden $CdCl_2\cdot 2$ An (F. 144—148°, Zers., in W. Hydrolyse) u. $CdCl_2\cdot An\cdot H_2Cl_2$ (F. 259—261°, An = Anabasin, $C_{10}H_{14}N_2$). Für die Verbb. $CdX_2\cdot$Alk (Alk = dp, dpp, An) u. $CdX_2\cdot 2$ Alk wird cycl. Struktur vermutet. G. Ewald 289◇

0612 **Neue Organocadmiumverbindungen der Klasse $Ar_2\cdot$Cd und ihre Dioxan-Anlagerungsverbindungen.** N. I. Schewerdina, I. Je. Palejewa, Je. D. Delinskaja und K. A. Kotscheschkow. (Ber. Akad. Wiss. UdSSR **143,** 1123—26, 1962; Karpow-Inst. für physikal. Chem.; russ.) — Verbb. der Zus. $CdAr_2$ (Ar = Phenyl, p-Tolyl, o-Tolyl, p-Chlorphenyl) wurden dargestellt u. ihre Komplexbildungsfähigkeit mit 1.4-Dioxan untersucht. Die drei ersten Verbb. bilden beim Lösen in Dioxan Komplexe mit je einem Mol. Dioxan, die letzte mit ½ Molekül. Die Cd-Aryle u. ihre Dioxananlagerungs-Verbb. sind an der Luft u. mit W. zersetzlich. Beim Erhitzen im Vakuum wird das Dioxan von den Komplexen wieder abgespalten.

Versuche: Alle Verss. erfolgen mit wasserfreien Lsgm. in Inertgasatmosphäre (N_2 oder Ar): *Cadmium-bis-[phenyl]* (I), $C_{12}H_{10}Cd$, F. 174° (Ae.), durch vorsichtige Zugabe von 42,5 g $CdBr_2$ zu aus 12 g Mg erhaltenem Phenyl-MgBr in 350 ml Ae., 1 std. Rühren des Gemisches, Zugabe von 110 ml Dioxan, Abkühlen auf Zimmer-Temp. u. teilweises Eindampfen des nach Abtrennen des auftretenden Nd. erhaltenen Filtrates; 12,8 g (Ausbeute). *Dioxanat*, $C_{16}H_{18}CdO_2$, F. 59—66°, spaltet im Vakuum (2—3 Torr) bei 80° in 2—3 Std. das Dioxan ab. — *Phenyl-CdJ*, C_6H_5CdJ, F. 150° (Zers.), durch 3 std. Rühren von 3 g I in 100 ml Ae. mit 4 g CdJ_2; 5,5 g. — *Cadmium-bis-[p-tolyl], 0,5 Dioxanat* (II), $C_{18}H_{22}CdO_2$, F. 54—56° (Dioxan), analog I; 21,5 g. — *Cadmium-bis-[p-tolyl]*, $C_{14}H_{14}Cd$, F. 200° (Zers.), durch Erhitzen von II im Vakuum auf 100°. — *Cadmium-bis-[o-tolyl]*, $C_{14}H_{14}Cd$, F. 115° (Dioxan), analog I; 24,5 g. *Dioxanat*, $C_{18}H_{22}CdO_2$, F. 93—95°, spaltet bei Zimmer-Temp. im N_2-Strom oder im Vakuum das Dioxan ab. — *Cadmium-bis-[p-chlorphenyl], Dioxanat* (III), $C_{14}H_{12}CdCl_2O$, F. 185° (Dioxan; Zers.), analog I; 21 g. — *Cadmium-bis-[p-chlorphenyl]*, $C_{12}H_8CdCl_2$, F. 100° (Zers.), durch Erhitzen von III im Vakuum auf 100°. B. Celms 289△

0613 **Untersuchung der Elementoxanbindung. Plumboxane.** Je. M. Panow, N. N. Semljanski und K. A. Kotscheschkow. (Ber. Akad. Wiss. UdSSR **143,** 603—05, 1962; russ.) — Vgl. vorst. Referat. — Bei Hydrolyse von $(C_6H_5)_2Pb(CH_3COO)_2$ (I) in Ggw. von Diazoalkanen erfolgt spontane Rk. unter Bldg. von Prodd. mit Plumboxanbindungen.

Versuche: a) 2,88 g I in 150 ml trockenem Aceton, 0,1 ml H_2O u. 0,5 g Diazomethan in 14 ml Ae. werden zur Rk. gebracht, die entstandenen Kristalle abgesaugt, Ausbeute 2,1 g (96%), F. 218—219° unter Zers., F. nach Umkristallisation aus $CHCl_3$ 221—222°; b) 1,44 g I werden in 75 ml trockenem Aceton mit 0,336 g Diazoäthan in Ae. zur Rk. gebracht, Ausbeute 1 g (77%), F. 219° unter Zers., F. nach Umkristallisation aus $CHCl_3$ u. Fällen mit Aceton: F. 221°. c) 3,58 g I werden in 175 ml Aceton mit 1,26 g Diazobutan in 20 ml Ae. versetzt, Ausbeute 2 g (62%), F. 217—218°. Lösen in $CHCl_3$ u. Fällen mit trockenem Ae.: F. 222°. Da zwischen allen erhaltenen Prodd. keine Schmelzpunktsdepressionen beobachtet werden, muß eine einheitliche Verb. vorliegen, die von Vff. als $[(CH_3COO)(C_6H_5)_2PbOPb(C_6H_5)_2(CH_3COO)]$ bestimmt wurde. Sie ist unlösl. in Aceton, A. u. PAe., wenig lösl. in Dichloräthan u. gut lösl. in $CHCl_3$. Analog entsteht *Tetraphenyldibleioxiddiisobutyrat* aus 3,1 g Diphenylbleidiisobutyrat (F. 204 bis 205°) in 40 ml Aceton bei der Rk. mit 0,252 g Diazomethan in 8 ml Ae., Kristalle werden abgesaugt u. mit Aceton gewaschen. Ausbeute 1,9 g (72%), F. 240°. Bei der Hydrolyse von 1 g I in 50 ml Aceton mit 8 ml W. wird $(C_6H_5)_2Pb(OH)(OOCCH_3)$ erhalten. Ausbeute 0,2 g (22%). F.: Zersetzung.

W.-D. Heußner 328□

0614 **Über ein komplexes Nioboxalat.** B. W. Ptitzyn und L. N. Scheronow. (Nachr. sibir. Abt. Akad. Wiss. UdSSR **1961**, Nr. 9, 44—46; Nowosibirsk, Sibir. Abt. der Akad. der Wiss. der UdSSR, Inst. für anorgan. Chem.; russ.) — Nach einer von Russ (1902) beschriebenen Meth. wird aus Nb_2O_5, K_2CO_3 u. $H_2C_2O_4$ $K_3[NbO(C_2O_4)_3] \cdot 2\,H_2O$ hergestellt u. analysiert. Nach Unters. der mol. elektr. Leitfähigkeit bei 25 ± 0,1° dissoziiert die Verb. in wss. Lsg. nach $K_3[NbO(C_2O_4)_3] \rightleftharpoons 3\,K^+ + [NbO(C_2O_4)_3]^{3-}$. Das Molgew. in wss. Lsg. nach der kryoskop. Meth. wird zu 128,0 bzw. 132,0 gegenüber dem berechneten von 490,3 bestimmt. Der pH-Wert, gemessen mit der Glaselektrode bei 25°, liegt im Bereich von 4,0 bei Konzz. des Komplexes von $1{,}0 \cdot 10^{-2}$m bis 4,4 in $1{,}0 \cdot 10^{-4}$m Lösung. Beim Erhitzen auf 145—150° zersetzt sich der Komplex unter CO_2-Abgabe. R. Teichmann 331◇

0615 **Reaktion von Niob- und Tantalpentachlorid mit Lithium- und Kupferchlorid.** D. Ja. Toptygin. (J. anorg. Chem. [UdSSR] **8**, 1187—89, 1963; Akad. der Wiss. der UdSSR, Inst. für allg. u. anorgan. Chem.; russ.) — Vf. untersuchte mit Hilfe der therm. u. tensimetr. Analyse die Syst. $NbCl_5$–LiCl u. $TaCl_5$–LiCl. Es bildet sich je Syst. eine inkongruent schmelzende Verb.: $Li[NbCl_6]$ (unter Druck), Zers.-Temp. 253° bzw. $Li[TaCl_6]$, Zers.-Temp. 337°. α-Li$[TaCl_6]$ geht bei 295° polymorph in β-Li$[TaCl_6]$ über. Vf. untersuchte die beiden Syst. $NbCl_5$–CuCl u. $TaCl_5$–CuCl im Intervall 0—60% CuCl. Beide Syst. bilden ein einfaches Eutektikum; die FF. der Eutektika liegen bei 202 u. 215°. G. Ewald 332◇

0616 **Protactinium.** D. Brown und A. G. Maddock. (Quart. Rev. [chem. Soc., London] **17**, 289—341, 1963; Harwell, A.E.R.E., Chem. Div.; Cambridge, Univ., Chem. Labor.; engl.) — Übersicht: Geschichte der Entdeckung u. Isolierung; Isotope; Isolierung u. Reinigung von ^{231}Pa u. ^{233}Pa durch Mitfällung, Extraktion, Ionenaustausch, Chromatographie; Chemie des Pa(V) in wss. Lsg.; elektrochem. Verh.; Kristallchemie des Pa(V); niedrigere Oxydationsstufen. — 303 Literaturangaben. A. Blaschette 333◇

0617 **^{234}Pa-Fällung mit Benzoylphenylhydroxylamin.** O. Cristallini und J. Flegenheimer. (Radiochim. Acta [Frankfurt/M.] **1**, 157—61, 1963; Buenos Aires, Comisión Nacional de Energía Atómica; engl.) — Die Meth. zur Abtrennung des ^{234}Pa(UX_2) von U u. UX_1 wird ausführlich beschrieben. Aus den Aktivitätsabfallkurven des mit Benzoylphenylhydroxylamin (I) gefällten ^{234}Pa ergibt sich eine Halbwertszeit von $T_{1/2} = 1{,}16$ min. Die Einfl. der Säure-Konz. u. des Th-Zusatzes als Rückhalteträger wurden ebenfalls untersucht. In 6n HCl erreicht der Pa/Th-Trennfaktor bei Trägerzusatz von Th einen Wert von $3 \cdot 10^4$. Ein Vgl. mit der Phosphatfällung des Pa, bei der Zr als nichtisotoper Träger zugesetzt wird, zeigt, daß der Trennfaktor bei der I-Meth. 30 mal größer ist. Wegen der Reinheit u. Größe der erreichbaren ^{234}Pa-Aktivitäten empfiehlt sich diese Meth. u. a. für die Best. der Auflösungszeiten von Meßanordnungen.

W. Wiechmann 333◇

0618 **Gewinnung von Isotopen des Chroms zur Kernuntersuchung.** W. N. Medjanik, A. P. Kljutscharew und A. D. Nikolaitschuk. (Versuchsgeräte u. Versuchstechn. [UdSSR] **7**, 128, 1962; Physik.-techn. Inst. der Akad. der Wiss. der UkrainSSR; russ.) — Durch elektrolyt. Nd. mit 12 bis 13 A/dm² Stromdichte mit Pt-Anoden u. Cu-Kathoden konnten die Isotope des Cr aus Bädern von Cr_2O_3 u. 0,1n H_2SO_4 mit 70—80% Ausbeute erhalten werden. CrO_3 ($H_2Cr_2O_7$ oder H_2CrO_4) wurde aus $BaCrO_4$ u. aus metall. Cr hergestellt. M. Wiedemann 335◇

0619 **Allgemeine Untersuchung der Natur der Wolframate, die bei hohen Temperaturen durch Reaktionen im festen Zustand gebildet werden.** 1. Mitt. **Reaktionsprodukte des Wolframtrioxids mit Natriumwolframat in verschiedenen Verhältnissen. Vergleich der entwässerten Produkte der hydratisierten Wolframate.** Thérèse Dupuis. (Mikrochim. ichnoanalyt. Acta [Wien] **1963**, 214—22; Paris, France, Labor. de Rech. microanal., E.N.S.C.P.; franz.) — Bei der therm. Zers. von $Na_{10}W_{12}O_{41}$ entsteht $Na_2W_4O_{13}$ u. $Na_2W_2O_7$ im Verhältnis 1:4. Letzteres ist nur im festen Zustand beständig u. zeigt ein charakterist. Spektrum. Man erhält es rein durch Einwirken von WO_3 auf Na_2WO_4. U. Wenzel 337◇

0620 **Allgemeine Untersuchung der Natur der Wolframate, die bei hohen Temperaturen durch Reaktionen im festen Zustand gebildet werden.** 2. Mitt. **Reaktion des Natriumperoxids, Na_2O_2, mit Wolframtrioxid.** Micheline Vitange. (Mikrochim. ichnoanalyt. Acta [Wien] **1963**, 223—31; franz.) — 1. vgl. vorst. Referat. — Es entstehen in Abhängigkeit von Temp. u. Mengenverhältnis von Na_2O_2 zu WO_3 Na_2WO_4, $Na_2W_2O_7$ u. $Na_2W_4O_{13}$. Die Rk. des im Na_2O_2 enthaltenen Na_2CO_3 mit WO_3 wurde untersucht. Bei Temp. < 330° läßt sich eine Peroxid-Verb. nachweisen. U. Wenzel 337◇

0621 **Die Darstellung von trägerfreiem ^{228}Ac($MsTh_2$) und ^{228}Ra($MsTh_1$) durch die Ionenaustauschermethode.** E. Brjucher. (Radiochemie [UdSSR] **5**, 142—43, 1963; russ.) — Aus einem gealterten $Th(NO_3)_4$-Präp. wurde Th durch Extraktion mit Tributylphosphat aus einer 8n HNO_3 u. 50 g Nitrat enthaltenden Lsg. abgetrennt. Die wss. Phase mit $MsTh_1$ wurde eingedampft, der trockene Rückstand wurde in 70 ml einer 0,5 m Ammoniumlactat-Lsg. gelöst u. auf einen Kationenaustauscher Dowex 50 in NH_4^+-Form aufgegeben. Die Seltenerdmetalle werden mit 0,7 m Ammoniumlactat eluiert, $MsTh_1$ mit 40 ml 3n HNO_3. Eine $MsTh_1$ enthaltene Lsg. wird mit 6n HCl bis pH 1 angesäuert u. auf eine Kationenaustauscherkolonne aufgegeben. ThB u. ThC werden mit 2n HCl, $MsTh_2$ anschließend mit 7n HCl eluiert. Halbwertszeit von $MsTh_2$ 6,2 Std.; radioakt. Verunreinigungen 0,2%; Ausbeute relativ zum Einsatz von Nitrat 70—80%. G. Ewald 338◇

0622 **Untersuchungen über die Darstellung von reinem Urantetrafluorid aus rohem Natriumdiuranat.** V. V. Dadape und N. S. Krishna Prasad. (Proc. second U. N. int. Conf. peaceful Uses atomic Energy, Geneva 1958 **4**, 125—32, 1958; Trombay, India, Atomic Energy Establ.; engl.) — Es werden zwei Meth. beschrieben: 1. Rohes $Na_2U_2O_7$ wird in HNO_3 (D. 1,42) gelöst, die $UO_2(NO_3)_2$-Lsg. mit NH_4F versetzt, wobei Th u. die Seltenerdmetalle ausgefällt, Fe(III) u. U(VI) als $(NH_4)_3FeF_6$ bzw. $(NH_4)_3UO_2F_5$ (I) komplex in Lsg. gehalten werden. Durch Zusatz von wss. NH_3-Lsg. u. H_2O_2 zur filtrierten Lsg. wird I in unlösl. $(NH_4)_3U_4O_{16}F_3 \cdot x\,H_2O$ (II) bzw. $3\,NH_4F \cdot 4\,UO_4 \cdot x\,H_2O$ umgewandelt, während Fe(III) in der Lsg. zurückbleibt. **II** wird gewaschen, getrocknet u. im CCl_2F_2-Strom bei Temp. > 450° zu UF_4 umgesetzt. **II** gehört zur Gruppe der Fluoroperoxouranate, deren Zus. früher (Bolton [1886]) als $Me_4U_4O_{15}F_6 \cdot x\,H_2O$ (Me = NH_4, K, ½ Ba) angegeben wurde. Das K-Salz besitzt im Gegensatz zu **II** tatsächlich die Zus. $K_4U_4O_{15}F_6 \cdot x\,H_2O$. — 2. Rohes $Na_2U_2O_7$ wird wie vorst. in **I** umgewandelt, die Lsg. photochem. (im Sonnenlicht) in Ggw. von A. zu unlösl. NH_4UF_5 red. u. dieses im Vakuum bei 350—400° zu UF_4 zersetzt. A. Blaschette 339◇

0623 **Darstellung von Uranperoxidhydraten.** Taichi Sato. (J. appl. Chem. **13**, 361—65, 1963; Tokyo, Honmachi, Shibuya-ku, Governm. Chem. Ind. Res. Inst.; engl.) — U-Peroxidhydrate $UO_4 \cdot x\,H_2O$ wurden unter verschiedenen Bedingungen mit 10% ig. H_2O_2 aus salpetersaurer $UO_2(NO_3)_2$-Lsg. gefällt, die Ndd. bei konst. Temp. zwischen 20 u. 90° gealtert, abzentrifugiert, gewaschen u. thermogravimetr., röntgenograph. u. IR-spektroskop. untersucht. Danach entsteht bei Fällungs-Temp. < 50° $UO_4 \cdot 4\,H_2O$ (**I**), bei Temp. > 70° $UO_4 \cdot 2\,H_2O$ (**II**), bei 60° ein Gemisch aus **I** u. **II**. Durch Trocknen von **I** bei 100° an der Luft oder bei 20° im Vakuum (24 Std.) erfolgt Umwandlung in **II**. Für **I** u. **II** werden röntgenograph. d-Werte für IR-Frequenzen angegeben. Aus den IR-Spektren folgt, daß die Bindung der Wasser-Moll. an UO_4 in **I** u. **II** verschieden ist. A. Blaschette 339◇

0624 **Isotopenaustausch-Untersuchungen über die Uran(VI)-oxidhydrate und Uranperoxid.** Frank D. Lonadier und James E. Boggs. (J. less-common Metals [Amsterdam] **5**, 112—16, 1963; Austin, Tex., Univ. of Texas, Dep. of Chem.; engl.) — Der O-Austausch zwischen $D_2{}^{18}O$ (1,640%

^{18}O) u. nachst. Verbb. wurde untersucht: $UO_4 \cdot 2\,H_2O$ (**I**), Darst. durch Fällung von $UO_2(NO_3)_2$-Lsg. mit 30% ig. H_2O_2 bei pH 2,5—3,5 u. Trocknen des Nd. bei 105°; α-$UO_3 \cdot 2\,H_2O$ (**II**), wahrscheinlich tetragonalflächenzentriert, durch Zers. von **I** bei 350° im O_2-Strom u. Hydratisierung des gebildeten „akt." UO_3 bei 20 u. 98% Luftfeuchtigkeit; β-$UO_3 \cdot 2\,H_2O$ (**III**), wahrscheinlich orthorhomb., durch 48std. Zers. von **I** bei 170°, 15 Min. langes Behandeln des gebildeten U_2O_7 mit sd. W. u. 3std. Trocknen bei 105°; α-$UO_3 \cdot H_2O$ (**IV**), orthorhomb., durch 6tägiges Erhitzen von **I** mit fl. W. auf 140° (Einschlußrohr) u. 2std. Trocknen bei 105°; β-$UO_3 \cdot H_2O$ (**V**), orthorhomb. mit etwas größerer Elementarzelle, aus **III** durch 5tägiges Erhitzen mit fl. W. auf 100° (oder durch 6std. Erhitzen auf 100° in 15 Torr Wasserdampf) u. Trocknen bei 105°; γ-$UO_3 \cdot H_2O$ (**VI**), hexagonal, durch Erhitzen von **I** mit fl. W. auf 165° u. Trocknen bei 105°. Bei den Austausch-Rkk. wurden weder Hydratisierungen oder Dehydratisierungen noch Kristallumwandlungen beobachtet. Nach den Rkk. wurde das D_2O elektrolysiert u. das O_2 massenspektrometr. untersucht. **I**, dessen Konstit. nach KMR-Spektren $UO_2(O_2) \cdot 2\,H_2O$ ist, tauscht maximal drei O- je U-Atom aus, wahrscheinlich über das Gleichgewicht **I** (fest) $\rightleftharpoons UO(OH)_2 \cdot (O_2) \cdot aq + H_2O$. Bei der Fällung von **I** entsteht prim. wohl auch $UO(OH)_2(O_2) \cdot H_2O$. **III** besitzt nach seinem KMR-Spektrum die Konstit. $U_2O_5(OH)_2 \cdot 3\,H_2O$; es tauscht über das Gleichgewicht $[O^*(O)_2UO^*U(O)_2O^*]^{2-} + 3\,H_2O^* \rightleftharpoons 2\,[O^*U(O)_2O^*]^{2-} + 2\,H^+ + 2\,H_2O^*$ maximal drei O-Atome je U-Atom aus. Bei **II** erfaßt der Austausch hingegen vier O-Atome, so daß es eine andere Konstit. besitzen muß, z. B. $UO(OH)_4$. **IV** u. **V** tauschen maximal zwei O-Atome aus u. sind daher als zwei verschiedene Kristallformen von $UO_2(OH)_2$ anzusehen. **VI** tauscht selbst bei 160° in 2 Wochen nur ein O-Atom aus u. muß daher als $UO_3 \cdot H_2O$ formuliert werden. A. Blaschette 339◇

0625 **Paramagnetische Produkte bei der Oxydation von Cyanocobaltat(II).** J. H. Bayston, F. D. Looney und M. E. Winfield. (Austral. J. Chem. **16**, 557—64, 1963; Melbourne, CSIRO, Chem. Res. Labor., Div. of Phys. Chem.; engl.) — Durch Aufnahme von ESR-Spektren bei tiefen Temp. an den reagierenden Lsgg. u. an teilweise gereinigten Prodd. wird gezeigt, daß bei der Rk. von $[Co(II)(CN)_5]^{3-}$ (**I**) mit O_2 in wss. Lsg. mehrere paramagnet. Komplexe entstehen. In der Lsg. ist nur $[(CN)_5Co(III){-}O{-}O{-}Co(IV)(CN)_5]^{5-}$ (**II**), das Endprod. der Oxydation, stabil. Es besitzt ein Spektrum aus 15 Linien, das dem des $[(NH_3)_5Co(III){-}O{-}O{-}Co(IV) \cdot (NH_3)_5]^{5+}$ ähnelt, jedoch schärfer u. in seiner Form vom pH-Wert unabhängig ist. In stark alkal. Lsg. liefert das erste durch ESR nachweisbare Oxydations-Prod. ein Signal aus 8 Linien, was für einen einkernigen Komplex, wahrscheinlich $[(CN)_5Co(III){-}O{-}O]^{3-}$ spricht. Es tritt als Zwischenprod. bei der Oxydation von $[(CN)_5Co(III){-}O{-}O{-}Co(III)(CN)_5]^{6-}$ (**III**) zu **II** auf u. vermag in 0,5m KOH relativ hohe Konzz. zu erreichen. Möglicherweise entsteht die gleiche einkernige Species auch intermediär bei der Oxydation von **I** zu **III**, doch konnte kein 8-Linien-Spektrum nachgewiesen werden, bevor **I** vollständig verbraucht war. Ein weiterer einkerniger Komplex mit einem 16-Linien-Signal tritt in geringen Mengen als Nebenprod. auf; in größerer Konz. entsteht er bei der Red. von **III** mit $NaBH_4$ in starker Lauge bei —20°. A. Blaschette 355◇

0626 **Thermische Untersuchungen an Oxiden und Nitraten von Nickel, Kobalt, Eisen und Kupfer.** W. M. Keely und Harry W. Maynor. (J. chem. Engng. Data **8**, 297—300, 1963; Louisville, Ky., Girdler Catalysts, Chemetron Corp.; engl.) — Von $Co(NO_3)_2 \cdot 6\,H_2O$, $Cu(NO_3)_2 \cdot 3\,H_2O$, $Fe(NO_3)_3 \cdot 9\,H_2O$ u. $Ni(NO_3)_2 \cdot 6\,H_2O$ wurden an der Luft von 20—1040° thermogravimetr. Analysen durchgeführt. Die Temp.-Änderung betrug 5—6° pro Minute. Die Meßwerte lassen erkennen, daß die Abbauzeit von großer Bedeutung für den Verlauf ist. Bei 210° bildet Ni ein bas. Nitrat mit 1,5 Mol W., während die übrigen Verbb. keine definierten Zwischenprodd. aufweisen. Dem Abbau des $Co(NO_3)_2 \cdot 6\,H_2O$ zu Co_3O_4 schließt sich bei 1000—1010° eine reversible Zers. in CoO u. O_2 an. DTA der Red. von NiO mit H_2 zeigte bei 250° einen reversiblen Übergang von einer leicht verzerrten, rhomboedr. Form des NaCl-Gitters zur Kochsalzstruktur. Die Red. verlief zwischen 250 u. 400° exotherm. Bei 360° wurde ein reversibler Übergang α-Ni $\rightleftharpoons$ β-Ni beobachtet. Oberhalb 400° konnten keine Wärmeeffekte mehr entdeckt werden. M. Olivier 358◇

0627 **Substitution von Liganden in Makrokomplexen. 1. Mitt. Kupfer(II)-hydroxide.** V. Frei. (Collect. czechoslov. chem. Commun. **27**, 172—78, 1962; Prag, Karlsuniv., Inst. für anorg. Chem.; dt.) — Es wurden Präpp. des Kupfer(II)-hydroxids mit einer dem Monohydrat, dem Semihydrat u. dem wasserfreien Hydroxid (**I**) entsprechenden Zus. hergestellt u. tensimetr., thermograph. sowie röntgenograph. untersucht. Durch Einw. von NaOH-Lsg. wird aus $Cu(NO_3)_2$-Lsg. Kupfer(II)-hydroxid erhalten, das nach Waschen mit A. u. Ae. die Zus. $Cu(OH)_2 \cdot 0{,}5\,H_2O$ besitzt. Präpp. dieser Zus. nehmen an der Luft W. an, u. es entstehen Präpp., deren Zus. sich der Formel $Cu(OH)_2 \cdot H_2O$ nähert. Über festem NaOH bildet sich wasserfreies **I**. Das auf diese Weise gewonnene **I** kann nach Berührung mit W. zum Semihydrat rehydratisiert werden; diesen Rehydratationsvorgang zeigen wahrscheinlich nur frische Präparate. V. Růžička/Prag 358

0628 **Substitution von Liganden in Makrokomplexen. 2. Mitt. Kupfer(II)-peroxide.** V. Frei. (Collect. czechoslov. chem. Commun. **27**, 179—86, 1962; dt.) — 1. vgl. vorst. Ref.; 3. vgl. C. **1964**, 4-0604. — Mit chem., thermogravimetr. u. röntgenograph. Meth. wurde die Einw. von H_2O_2 auf Kupfer(II)-hydroxid-Präpp. der Zus. $Cu(OH)_2 \cdot n\,H_2O$ ($n = 0$; 0,5; 2) untersucht. Bei der Bldg. von Kupfer(II)-peroxid aus dem Hydroxid durch Einw. von H_2O_2 tritt Substitution zweier OH^--Anionen durch das O_2^{2-}-Anion ein, wobei sich der Hydratationsgrad des Präp. nicht ändert. V. Růžička/Prag 358

0629 **Über die Existenz des Kupfer(III)-oxids. 4. Mitt.** Robert Delhez. (Bull. Soc. Roy. Sci. Liège **31**, 108—12, 1962; Liège, Univ., Serv. de Chim. gén.; franz.) — 3. vgl. C. **1963**, 20725. — Fehlingsche Lsg. gibt mit Oxydationsmitteln, wie Na_2O_2, H_2O_2, $K_2S_2O_8$, NaOCl nur Cu_2O, dagegen kein $Cu_2O_3 \cdot aq$. Das ist auch der Fall, wenn für Tartrat Äthandiol oder Propantriol als Komplexbildner angewandt werden. F. Haenschke 358◇

0630 **Thermische Zersetzung von Kupferselenat.** N. M. Sseliwanowa, A. I. Maier und K. K. Ssamplawskaja. (J. anorg. Chem. [UdSSR] **7**, 1074—83, 1962; russ.) — Die mit Hilfe von DTA u. Röntgenstrukturanalysen durchgeführten Unterss. an $CuSeO_4 \cdot 5\,H_2O$ (**I**) ergeben eine therm. Zers. nach der Rk.-Folge $CuSeO_4 \cdot 5\,H_2O \xrightarrow{70°} CuSeO_4 \cdot 3\,H_2O \xrightarrow{95°} CuSeO_4 \cdot H_2O \xrightarrow{235°} CuSeO_4 \xrightarrow{520°} CuO \cdot CuSeO_3$. Während dieser Zers.-Rkk. wird ein echter Schmelzvorgang nicht beobachtet. Bei Temp. $>665°$ wird CuO erhalten. Die von Vff. gegebene Interpretation der geringen therm. Beständigkeit von **I** im Vgl. zu $CuSO_4$ stützt sich auf die Größe des Anionenradius, der Bldg.-Wärmen sowie die Gitterenergien dieser Verbindungen. — Abschließend wird eine allg. Übersicht über die therm. Stabilität von Selenaten an Hand von 63 Literaturangaben gegeben. W.-D. Heußner 358◇

0631 **Thermische Zersetzung einiger Metallsulfite.** Mario Cola und Carla Castellani Bisi. (Gazz. chim. ital. **91**, 173—86, 1961; Pavia, Univ., Ist. di Chim. gen.; ital.) — Vff. untersuchten die therm. Zers. von Ag_2SO_3, Tl_2SO_3, $SrSO_3$, $BaSO_3$ u. $PbSO_3$ in N_2-Atmosphäre. Die Verss. mit Tl_2SO_3 wurden bei Temp. von 360—460° im N_2-Strom durchgeführt. Rk.-Prodd. waren SO_2, Tl_2O, Tl_2S u. Tl_2SO_4. Oberhalb 420° setzt die Dissoziations-Rk. (nach $Me_2SO_3 \rightarrow Me_2O + SO_2$) sehr langsam ein, so daß bei 460° nur 6,8% dissoziiert wird. Die Disproportionierung (nach $2\,Me_2SO_3 \rightleftharpoons Me_2S + Me_2SO_4 + O_2$ dagegen erreichte bei 460° einen Wert von 79,6%. Die Verss. an $SrSO_3$ wurden bei 400—800° durchgeführt. In diesem Fall waren bei 810° nur 0,7% dissoziiert, während bei der gleichen Temp. prakt. 100% disproportioniert sind. Die gleichen Beobachtungen wurden mit $BaSO_3$ in dem Temp.-Bereich von 400—820° gemacht. Bei $PbSO_3$ sind bei 460° 62,0% dissoziiert u. 31,4% disproportioniert. Wird jedoch die Zers. im Autoklaven durchgeführt, dann ist die Disproportionierung der vorherrschende Prozeß (bei 460° 94,6%). Ag_2SO_3 dissoziiert bereits bei etwas über 100° gemäß der Gleichung $Ag_2SO_3 = 2\,Ag + O + SO_2$, wonach das entwickelte O das Sulfit zu Sulfat oxydiert. Die Gesamt-Rk. ist $2\,Ag_2SO_3 = 2\,Ag + SO_2 + Ag_2SO_4$. C. Gottfried 359△

0632 **Reaktionen im System $2\,AgCl + Pb \rightarrow PbCl_2 + 2\,Ag$.** A. P. Palkin und Ju. P. Afinogenow. (J. anorg. Chem. [UdSSR] **8**, 379—83, 1963; Woronesh, Univ.; russ.) —

Durch thermograph. u. analyt.-chem. Meth. werden die Wechselwrkg. im Syst. 2 AgCl + Pb → $PbCl_2$ + 2 Ag untersucht. Die Rk. ist stark exotherm, das Gleichgewicht liegt mit 96—100% ganz auf der rechten Seite. Ein Zusatz von KCl bewirkt extreme Verschiebung nach rechts, d. h. irreversible Rk.; Umkehrbarkeit der Rk. kann nur bei sehr hohen Temp. festgestellt werden, im untersuchten Temp.-Bereich von 525° wird sie nicht beobachtet. Weiterhin wurde das Syst. AgCl–$PbCl_2$ untersucht, die Abkühlungskurven lassen die $\alpha \rightleftharpoons \beta$-Umwandlung der $PbCl_2$-Modifikationen erkennen. G. Engelhardt 359◇

0633 **Fällung von Silber- und Bleiwolframaten.** M. C. Mehra und K. Kant. (J. inorg. nuclear Chem. **25,** 896—99, 1963; Jodhpur, Univ., M.B.M. Engng. Coll., Dep. of Chem.; engl.) — Bei der Rk. von verd. Na_2WO_4-Lsg. mit $AgNO_3$-Lsg. fällt bei (pH) 9,94 *$Ag_2O \cdot WO_3$* u. bei 6,7 (verd. HNO_3) *$5\,Ag_2O \cdot 12\,WO_3$*, mit $Pb(NO_3)_2$ bei 9,94 *$PbO \cdot WO_3$* u. bei 7,50 *$3\,PbO \cdot 4\,WO_3$*; bei 5,50 wird Bleiparawolframat u. bei 2,60 Bleimetawolframat gebildet. Weiterhin bestehen Anzeichen für die Bldg. des Doppelsalzes *$PbO \cdot 4\,WO_3 \cdot Pb(NO_3)_2 \cdot 10\,H_2O$*. G. Heller 359◇

0634 **Komplexsalze des zweiwertigen Silbers: Chinaldinat des zweiwertigen Silbers.** Elena Bogdan und Diana Giurgiu. (An. ştiinţ. Univ. „Al. I. Cuza" Iaşi, Secţ. I [N. S.] **8,** 213—16, 1962; rum.)— Bei der Umsetzung von Ag^{2+} mit Chinaldinsäure (**I**; Chinolin-2-carbonsäure) reagieren 2 Mol **I** mit einem Ion Ag^{2+}. Das Komplexsalz hat die übliche Konstit. der **I**-Salze 2wertiger Metalle (geschlossener Fünfring). — Bei Zugabe von 2 ml heißer wss. 0,1n $AgNO_3$-Lsg. zu einem heißen Gemisch von 0,46 g **I** u. 1,14 g $(NH_4)_2S_2O_8$ entsteht *Ag(II)-Chinaldinat* (**II**) als voluminöser, schokoladebrauner, flockiger Nd., der agglomeriert. **II** wird sofort durch Vakuumfiltration abgetrennt, mit sd. W. u. wss. A. gewaschen, getrocknet u. gemahlen u. ist dann sehr stabil. Bei längerem Stehen in Lsg. oder Erhitzen in feuchtem Zustand entfärbt sich **II** u. geht in eine gelblichweiße Verb. über, vermutlich eine Verb. von Ag^+ mit 1 Mol **I**, die sich durch die von Licht begünstigte Red. von Ag^{2+} durch heißes W. bildet. **II** ist in heißen Säuren u. MeOH (Me = Alkalimetall, NH_4) lösl., unlösl. in A., Aceton, Bzl., PAe., Amylalkohol, Amylacetat, Dioxan u. Nitromethan. Die Zus. von **II** ist $Ag(C_{10}H_6NO_2)_2 \cdot 2\,H_2O$. Bei 2std. Erhitzen auf 90° werden die 2 Moll. W. abgegeben. Das wasserfreie **II** hat fast die gleiche Farbe. Heiße MeOH-Lsgg. reagieren mit **II** unter Bldg. von schwarzem Ag_2O. Die Konstit. des von Burada [1934] dargestellten Ag-Salzes von **I** wird erörtert. R. K. Müller 359◇

0635 **Abscheidung von Gold aus Ätzlösung.** W. P. Iwanow und I. M. Schesstakow. (J. angew. Chem. [UdSSR] **34,** 1154—55, 1961; russ.) — Aus Königswasserätz-Lsg. u. dem Spülwasser wurde gelöstes Au durch Versetzen mit konz. H_2SO_4, Eindampfen bis zur völligen Abtreibung der HNO_3- u. HCl-Dämpfe u. dem Erscheinen des SO_3-Nebels, Abkühlen u. Versetzen mit Hydrazinsulfat (4 g/100 ml Ätz-Lsg.), nochmaliges Erhitzen bis zur Bldg. von SO_3 u. Abkühlen auf Zimmer-Temp. niedergeschlagen. Der Au-Nd. wurde gewaschen u. geschmolzen. Reinheit 99%. H. Jäger 360◇

0636 **Zur Existenz von zwei Modifikationen des Rutheniumtetroxids.** A. B. Nikolski. (J. anorg. Chem. [UdSSR] **8,** 1289, 1963; Leningrad, Univ.; russ.) — Der F. von RuO_4 wurde nach 3 verschiedenen Verf. zu 25,4 ± 0,1° bestimmt. Eine zweite von Krauss beschriebene Modifikation von RuO_4 [1923] wurde nicht aufgefunden. G. Ewald 363◇

0637 **Koordinationsverbindungen von dreiwertigen Metallen mit unsymmetrischen zweizähnigen Liganden. 2. Mitt. Trifluoracetylacetonate.** Robert C. Fay und T. S. Piper. (J. Amer. chem. Soc. **85,** 500—04, 1963; Urbana, Ill., Univ. of Illinois, William Albert Noyes Labor.; engl.) — 1. vgl. C. **1963,** 13875. — Von den Verbb. *ML_3* [HL = 1.1.1-Trifluorpentandion-(2.4) (**I**); M = *Cr(III)*, *Co(III)*, *Rh(III)*, *Al(III)*, *Ga(III)*, *In(III)*, *Mn(III)*, *Fe(III)*] lassen sich diejenigen mit M = Cr, Co u. Rh durch Chromatographie an saurem Al_2O_3 in Bzl.–Hexan-Gemischen in die leichter lösl. cis- u. die schwerer lösl. trans-Isomeren trennen. Von den labileren Verbb. mit M = Al, Ga, In, Mn u. Fe lassen sich nur die trans-Isomeren als feste Substanzen isolieren. Die elektron. u. Schwingungsspektren der Isomeren sind nahezu ident.; die geometr. Konfigurationen der Isomeren wurden durch Röntgen-Unterss. u. durch die H- u. F–NMR-Spektren bewiesen. Die Gleichgewichts-Konst. für die Isomerisierung der Co-, Al- u. Ga-Verbb. in Chlf.-Lsgg. wurden mit Hilfe der F–NMR-Spektren für Al u. Ga bei −25,5, −12, 0, 3 u. 29,5° u. für Co bei 79,1°, 99,2 u. 115° bestimmt; daraus wurden für das cis–trans-Gleichgewicht in Chlf. bei 25° für ΔH, ΔF u. $-\Delta S$ (in dieser Reihenfolge) folgende Werte ermittelt: AlL_3: 0,24 ± 0,19 (kcal/Mol); 0,897 ± 0,016 (kcal/Mol); 2,2 ± 0,6 (Entropieeinheiten). — GaL_3: 0,47 ± 0,22; 0,930 ± 0,016; 1,5 ± 0,7. — CoL_3: 0,34 ± 0,71; 0,887 ± 0,046; 1,8 ± 2,4.

Versuche: *cis-* (F. 112—114°, Nadeln) u. *trans-Tris-[1.1.1-trifluor-2.4-pentandionato]-chrom(III)* (F. 154,5 bis 155°), aus **I** u. $CrCl_3 \cdot 6\,H_2O$ in W. (7std. Erhitzen, Rühren) u. nachfolgende Chromatographie an Al_2O_3; dunkelviolett; 44% (Ausbeute). — *cis-* (F. 129—129,5°, prismat. Kristalle) u. *trans-Tris-[1.1.1-trifluor-2.4-pentandionato]-kobalt(III)* (F. 158—158,5°), aus **I** in 40% ig. wss. A. u. $Na_3[Co(CO_3)_3] \cdot 3\,H_2O$ u. 6n HNO_3 (½std. Kochen); grün; 28%. — *cis-* (F. 148,5 bis 149°, winzige Nadeln) u. *trans-Tris-[1.1.1-trifluor-2.4-pentandionato]-rhodium(III)* (F. 189,5—190°), aus **I** u. einer Lsg. von $Rh(NO_3)_3$ (pH 4; 1¼std. Kochen); gelb; 50%. — *trans-Tris-[1.1.1-trifluor-2.4-pentandionato]-metall(III)*: (Metall-) *Aluminium(III)*, F. 121—122°, aus **I** u. Al-Isopropylat in Bzl. (2std. Stehen); kristallin; 91%. — *Gallium(III)*, F. 128,5 bis 129,5°, durch Lösen von Ga in Königswasser, Eindampfen, Lösen in W. u. Zugabe der wss. Lsg. von **I** u. konz. NH_4OH; 8%. — *Indium(III)*, F. 118—120°, durch Eindampfen von $InF_3 \cdot 9\,H_2O$ u. 6n HCl zum Chlorid, Lösen in W. u. Zugabe der wss. Lsg. von **I** u. konz. NH_4OH; elfenbeinfarben; 31%. — *Mangan(III)*, F. 113—114°, aus 0,32 g $KMnO_4$, 1,35 g $MnSO_4 \cdot H_2O$ u. 9,5 g **I** in W., Erhitzen u. Zugabe von 6n $NH_4 \cdot OH$; dunkelgraubraun; 0,8 g. Daneben Bis-[1.1.1-trifluor-2.4-acetylacetonato]-mangan(II), gelbe Kristalle. — *Eisen(III)*, F. 114°, durch Schütteln einer wss. Lsg. von $FeCl_3 \cdot 6\,H_2O$ u. Na-Acetat mit **I** in A.; rot, kristallin; 54%. P. Scharner 364◇

A₉. Mineralogische und geologische Chemie

0638 **Chemie und Petrologie der Venus. Vorläufige Ableitungen.** R. F. Mueller. (Science [Washington] **141,** 1046—47, 1963; Chicago, Ill., Univ. of Chicago, Dep. of Geophys. Sci.; engl.) — Neuere Temp.-Messungen der Venus lassen das Auftreten chem. Rkk. zwischen Atmosphäre u. Lithosphäre vermuten. Die möglichen Konsequenzen dieser Rkk. wurden untersucht. Die Ergebnisse zeigen, daß metall. *Fe*, freies *C* u. *Mg-Carbonate* auf der Venusoberfläche nicht auftreten, dagegen können *$CaCO_3$*, *Fe-Oxide* u. bestimmte H_2O-haltige Silicate vorhanden sein, andere H_2O-haltige Silicate wiederum nicht. Der Einfl. der physikal. u. chem. Bedingungen auf die Gesteinstypen u. auf die verschiedenen planetar. Prozesse wird diskutiert. Ernst Schulte 378◇

0639 **Zonenschmelzverfahren als Methode der Untersuchung einiger Radialprozesse in der Erde.** A. P. Winogradow. (Geochemie [UdSSR] **1962,** 269—70; Moskau, Vernadsky-Inst. für Geochem. u. analyt. Chem. der Akad. der Wiss. der UdSSR; russ., Auszug: engl.) — Das Zonenschmelz-Verf. wird als Modell-Vers. für radial verlaufende Prozesse der Erde verwendet. Unter Verw. der Substanz von Steinmeteoriten wird die Entstehung der Erdkrustensubstanz erklärt. Die rhythm. Streifung magmat. Gesteine konnte experimentell reproduziert werden. H. Noack 378△

0640 **Einige Gesetzmäßigkeiten bei der Verteilung von Chlor in Nephelin-Syeniten des Lowosero-Massivs.** Je. W. Kosstetzkaja. (Geochemie [UdSSR] **1961,** 891—900; Moskau, Vernadsky-Inst. für Geochem. u. analyt. Chem. der Akad. der Wiss. der UdSSR; russ., Auszug: engl.) — Die höchste Konz. an Mineralisatoren (Cl in Sodalith- u. P in Apatitgesteinen) wurde in Gesteinen mit sehr hohem SiO_2-Defizit u. hoher Alkalität festgestellt. Der durchschnittliche Cl-Geh. in meso- u. melanokraten Lujauriten beträgt 0,05% u. in Foyaiten 0,2%. Die Anreicherung von Cl in Foyaiten verglichen zu Lujauriten ist durch das Verhältnis petrogener Elemente bestimmt. Der höchste Cl-Geh. in den Gesteinen des differenzierten Komplexes wurde in Urtiten mit Titanaten gefunden; Sodalith u. Eudialyt sind ebenfalls Cl-Konzentratoren. Im Stadium der Zunahme der Acidität autometasomat. Lsgg. begünstigen saure Mineralisatoren die Kristallisation von Mineralien, in deren Kationenteil schwächere Basen vorhanden sind, wie Mg, Fe^{2+}, Ti^{4+} (Ramsayit, Amphibole, Aenigmatite). Die Cl-Anreicherung in Foyaiten im Vgl. zu den melanokraten Arten der Nephelinsyenite steht in Beziehung mit einer Anreicherung an Yttererden, Rb u. geringen Mengen Zr relativ zu Hf in diesen Gesteinen. H. Noack 378△

0641 **Verteilung von Cäsium in den Graniten der UdSSR.** A. A. Beuss und Je. A. Fabrikowa. (Geochemie [UdSSR] **1961**, 875—80; Moskau, Inst. für Miner., Geochem. u. Kristallchem. Seltener Elemente der Akad. der Wiss. der UdSSR; russ., Auszug: engl.) — Der Geh. an Cs von 124 Proben verschiedener Granittypen wurde flammenphotometr. bestimmt. In prähercyn. Graniten beträgt der Cs-Geh. 2,5 g/t, in hercyn. u. posthercyn. Graniten 9,5 g/t. Der höchste Geh. an Cs wurde in hercyn. u. posthercyn. Zweischichttonen u. muskovit. Graniten ermittelt (32 g/t). Unter Berücksichtigung des Alters u. der Zus. der Granitvaritäten ergibt sich der durchschnittliche Geh. zu 5,5 g/t. H. Noack 378△

0642 **Berechnung der Kristallisationskoeffizienten der seltenen Alkalimetalle für Kaliumminerale in Pegmatiten.** I. D. Rjabtschikow. (Geochemie [UdSSR] **1961**, 926—30; Moskau, Univ., Lehrstuhl für Geochem. der geol. Fak.; russ., Auszug: engl.) — In nordkarel. glimmerartigen Pegmatiten sinkt der Rb- u. Li-Geh. zu den äußeren Zonen zonarer Muskovitkristalle. Unter der Annahme, daß die Kristallisation aus einem für Li, K u. Rb abgeschlossenen Syst. erfolgte, wurde der Kristallisations-Koeff. von Rb zu $D \geqq 2$ bestimmt. D = (Rb-Konz. in Kristallen)·(K-Konz. in der Lsg.)/(Rb-Konz. in der Lsg.)·(K-Konz. in Kristallen). H. Noack 378△

0643 **Einige Angaben über den Quecksilbergehalt in den Böden des Nagol-Gebirgszuges.** A. G. Dwornikow und W. Ja. Petrow. (Geochemie [UdSSR] **1961**, 920—25; Simferopol, Inst. für Mineralvork. der Akad. der Wiss. der UkrainSSR; russ., Auszug: engl.) — Der Hg-Geh. in Böden der Essaulowsk–Pb–Zn-Lagerstätte (Nagol-Gebirgszug, Donbas) beträgt $3 \cdot 10^{-5}$ bis $9{,}5 \cdot 10^{-4}$%. Der Maximal-Geh. ist ca. 3000 mal höher als der mittlere Geh. in Tonböden u. 100 mal höher als der Grund-Geh. verschiedener Gebiete. In den Zonen erhöhten Hg-Geh. ist der Durchschnitts-Geh. $2{,}4 \cdot 10^{-4}$%. Die Breite der Vork. von Hg-Dispersionshöfen in Böden übersteigt mit 1700 m 3—7 mal die Breite einzelner Erzzonen. Diese Hg-Anreicherung in den Böden ist eine Folge der Zerstörung von Grundgesteinen, Erzen u. Mineralen der polymetall. Lagerstätte, in der Hg als isomorpher Ersatz in sulfid. Mineralen u. als mechan. Beimischung in Hg-Sulfiden auftritt. Die sek. Dispersionshöfe können als geochem. Indicatoren benutzt werden. H. Noack 378△

0644 **Über die geochemische Beziehung von Indium mit Silber in Zink–Silber–Blei-Lagerstätten.** Ss. T. Badalow. (Geochemie [UdSSR] **1961**, 907—10; Taschkent, Inst. für Geol. der Akad. der Wiss. der UsbekSSR; russ., Auszug: engl.) — Aus mineralog.-geochem. Unterss. der Pb–Zn-Lagerstätten Mittelasiens u. Literaturdaten folgt eine geochem. Beziehung zwischen In u. Ag. Charakterist. ist für Pb–Zn-Lagerstätten ein erhöhter Ag-Geh. gekoppelt mit der Anwesenheit von In. In kann als isomorpher Ersatz für Fe, Zn u. a. auftreten, sowie als $CuInS_2$ in Chalkopyrit, als $AgInS_2$ in Fahlerz u. Chalkopyrit, als α-In_2S_3 in Sphalerit u. β-In_2S_3 in Bleiglanz. H. Noack 378△

0645 **Uran in Mineralen der Intrusion des Ksyl-Ompul-Berges.** L. L. Leonowa und L. Ss. Pogiblowa. (Geochemie [UdSSR] **1961**, 901—06; Moskau, Vernadsky-Inst. für Geochem. u. analyt. Chem. der Akad. der Wiss. der UdSSR; russ., Auszug: engl.) — Die Unters. der U-Verteilung in gesteinsbildenden Mineralen ergab für Alaskitgranit 50 (%) des U-Geh. in gesteinsbildenden u. 50 in akzessor. Mineralen, für Syenite ca. 70 in gesteinsbildenden Mineralen. Die Verteilung in Granosyeniten liegt zwischen der des Syenits u. Granits. Die gleichen Minerale von Syeniten u. Graniten unterscheiden sich im U-Geh. u. sind innerhalb der Grenzen eines Gesteinstyps konstant. H. Noack 378△

0646 **Nomogramme zur Fehlerberechnung bei der Bestimmung des absoluten Alters unter Anwendung der Bleimethode.** I. W. Tschernyschew. (Geochemie [UdSSR] **1962**, 271—79; Moskau, Allunions-Forsch.-Inst. für mineral. Rohstoffe; russ., Auszug: engl.) H. Noack 378△

0647 **α-Bleialter einiger Uralminerale.** A. A. Krassnobajew. (Geochemie [UdSSR] **1961**, 931—36; Swerdlowsk, Inst. für Bergbau u. Geol., Abt. der Akad. der Wiss. der UdSSR, Ural; russ., Auszug: engl.) — Unter Anwendung der α-Pb-Meth. wurde das abs. Alter des Alkalimassivs der Vishnevye- u. Ilmenskye-Gebirge zu 282 u. $284 \cdot (10^6)$ Jahre, der Intrusionen von Kochkarsk u. Mursino-Alabasch sowie Karabutak zu 263, 273 u. $293 \cdot (10^6)$ Jahre bestimmt. Die geeignetsten Minerale für diese Alters-Best. sind *Monazite*, *Aeschynit* u. *Xenotim*. Die erhaltenen Werte stimmen mit denen der K–Ar-Meth. überein. H. Noack 378△

0648 **Die geologische Bedeutung von Verjüngungsprozessen alter Formationen im Südwesten des ukrainischen kristallinen Schildes.** L. W. Komlew, W. G. Ssawonenkow, Ss. I. Danilewitsch, K. Ss. Iwanowa, G. N. Kutschina und A. D. Michalewskaja. (Geochemie [UdSSR] **1962**, 195—206; Leningrad, Radium-Inst. Chlopin der Akad. der Wiss. der UdSSR; russ., Auszug: engl.) — Vgl. C. **1962**, 5599. — Während sich nach der Pb-Meth. für akzessor. *Monazite* von Pobuschje u. Podolien ein Alter von $(2000 \pm 100) \cdot 10^6$ Jahren ergibt, wurde für *Glimmer* verschiedener Gesteine dieses Komplexes das Alter zu $(1500—1750) \cdot 10^6$ Jahren bestimmt. Im Zusammenhang mit dieser Verjüngung steht die Bldg. des magmat. Granitkomplexes von Uman, für den nach der Ar- u. Sr-Meth. ein Alter von $(1500 \pm 50) \cdot 10^6$ Jahren bestimmt wurde. Eine geochronolog. Karte der Zentralukraine wird angegeben. H. Noack 378△

0649 **Über die Genesis des Lößes.** G. A. Mawljanow. (Usbek. geol. J. **1958**, Nr. 3, 5—16; Inst. für Geol. der Akad. der Wiss. der UsbekSSR; russ.) — Krit. Übersicht über verschiedene Hypothesen zur Genese des Lößes (alluvial, glazial, marin, diluvial u. a.) unter bes. Berücksichtigung von Zus., physikal.-mechan. Eigg. u. territorialer Verbreitung des Lößes u. lößähnlicher Gesteine Mittelasiens. H. Noack 378△

0650 **Arsenolamprit — die rhombische Modifikation des Arsens aus Černy Důl (Schwarzental) im Riesengebirge.** Zdeněk Johan. (Chem. d. Erde **20**, 71—80, 1959; Prag, Inst. für Erzforsch.; dt.) — Zusammen mit Arseniden des Kobalts, Eisens u. Kupfers, neben rhomb. Arsen, Silber u. Kupferglanz wurde Arsenolamprit (I) in carbonat., bis 20 cm mächtigen Gängen, die an diopsid. muskovitreiche Gesteine geknüpft sind, gefunden. I bildet dunkelblaugraue an Molybdänit erinnernde ca. 1 mm große, wenige Zehntelmillimeter dicke Blättchen, bzw. winzige, fächerförmig angeordnete Aggregate. Im Anschliff zeigt I eine grauweiße Farbe u. ist sehr schwach anisotrop. I enthält in geringen Mengen Ag u. Sb, als Spuren Be, Bi, Cr, Cu, Hg, Mn, Pb, Ti, Zn. Mit seinen physikal.-chem. Eigg. entspricht I auch strukturell-kristallograph. dem schwarzen Phosphor. Rhomb. mit a = 3,63, b = 4,45, c = 10,96 Å; Z = 8; $D_{\text{theoret.}}$ 5,577. K. Löffler 380◇

0651 **Anthonyit und Calumetit, zwei neue Mineralien des Michigan-Kupfer-Distrikts.** Sidney A. Williams. (Amer. Mineralogist **48**, 614—19, 1963; Houghton, Mich., Michigan Coll. of Min. and Technol., Dep. of Geol.; engl.) — Die beiden neuen Mineralien wurden bei der Centennial-Mine nahe Calumet, Mich., gefunden. Anthonyit ist monoklin, Raumgruppe 2/m mit a:b:c = 0,6898:1:0,4271, $\beta = 112^0 38'$. Gute Spaltbarkeit nach {1 0 0}. Brechungsindices: $\alpha = 1{,}526$; $\beta = 1{,}602$; $\gamma = 1{,}602$. 2 V = 3^0. Pleochroitisch. Härte = 2. Lösl. in verd., kalten Säuren. Chem. Analyse: Cu 41,5 (%); Cl 6,3; AgCl 0,24; OH + H_2O^+ 35,5; H_2O^+ 16,4. Wahrscheinliche Formel: $Cu(OH, Cl)_2 \cdot 3\,H_2O$ mit OH:Cl = 6,36:1. *Calumetit* ist opt. rhomb.; $\alpha = 1{,}666$; $\beta = 1{,}690$; $\gamma = 1{,}690$ u. 2 V = 2^0. Schwach pleochroitisch. Härte 2, spröde, gute {0 0 1}-Spaltbarkeit. Cu 44,1; Cl 5,3; AgCl 0,17; OH + H_2O^+ 33,5; H_2O^+ 16,9. Vermutliche Formel $Cu(OH, Cl)_2 \cdot 2\,H_2O$ mit OH:Cl = 8,28:1. Ernst Schulte 380◇

0652 **Weitere Daten über die chemische Zusammensetzung von Zhob-Valley-Chromiten.** S. A. Bilgrami. (Amer. Mineralogist **48**, 573—87, 1963; Hindubagh, Pakistan Chrome

Mines Ltd.; engl.) — Die Geologie, eingeschlossen die verbreiteten strukturellen Erscheinungsformen des magmat. Gesteinskomplexes von Zhob Valley, wird beschrieben. Die aus den Chromitablagerungen beobachteten Feldbeziehungen der Gesteinstypen u. -charakteristika weisen auf einen alpinen Typ des Komplexes hin. Sieben neue chem. Analysen der Chromite (inklusive Spurenelemente) sind angegeben. Der vermutliche Bldg.-Mechanismus der Chromitablagerungen wird diskutiert. Ernst Schulte 380◇

0653 **Die Natur von Chrysokoll von der Inspirations-Mine, Arizona.** Ming-Shan Sun. (Amer. Mineralogist **48,** 649—58, 1963; Socorro, N.Mex., New Mexico Inst. of Min. and Technol.; engl.) — Chrysokoll kommt in den Oxydationszonen des metallisierten, präkambr. Pinal-Schiefers u. im tert. Schultze-Granit in der Gegend der Inspirations Mine, Ariz., vor. Chrysokoll ist keine definierte chem. Verb., sondern ein Hydrogel, das hauptsächlich aus SiO_2, CuO u. H_2O mit kleineren Geh. an Al_2O_3, CaO u. MgO besteht. Die DTA-, Dehydratations-, IR- u. Röntgenergebnisse werden diskutiert. Ernst Schulte 380◇

0654 **Danburit im Zechstein des Südharzes.** H. Budzinski, R. Langbein und E. Stolle. (Chem. d. Erde **20,** 53—70, 2 Tafeln, 1959; Sondershausen; dt.) — Im Basalanhydrit der Staßfurtserie des Südharz-Zechsteinbeckens wurde in Kernen einer Bohrung im Süden des neuen Baufeldes der Grube Kleinbodungen bei Bleicherode u. einer Tiefbohrung bei Ascherode Danburit gefunden. Die Fundpunkte sind stets an die NaCl-reichen Anhydritgesteine des oberen Teiles des Basalanhydrites gebunden. Danburit tritt in Form kleiner, bis 1 cm großer weißer rundlicher Knöllchen, meist in tonig dolomit. Einlagerungen, nur gelegentlich in Steinsalzeinschlüssen auf. Die Art des Vork. spricht für eine prim. wss. Bldg. aus einer stark borhaltigen differenzierten Mutterlauge. K. Löffler 380◇

0655 **Fluoborit von Crestmore, Californien.** E. R. Segnit und C. J. Lancucki. (Amer. Mineralogist **48,** 678—83, 1963; Melbourne, Commonwealth Sci. and Ind. Res. Organiz., Div. of Building Res.; engl.) — In einer Probe von therm. metamorphosiertem Kalkstein ist Fluoborit in einer Menge von ca. 1% enthalten. Gitter-Konst.: a = 8,924 ± 0,001; c = 3,115 ± 0,003 Å. d-Werte. Opt. Eigg.: Einachsig negativ; ω = 1,570 ± 0,001; ε = 1,534 ± 0,001. Chem. Analyse: MgO 64,0 (%); B_2O_3 18,5; F 14,8; $H_2O_{ber.}$ 6,1; SiO_2 3,7. Ernst Schulte 380◇

0656 **Vorkommen von Fluorit und Baryt im Rio Vallone und im Süden von Porto Ceresio (Gruben Carlotta und Monte Grumello).** Dino di Colbertaldo und Giovanni Landi. (Rend. Ist. lombardo Sci. Lettere, A **96,** 11—45, 1962; Udine, RABAIL Soc. Mineraria del Predil, Ufficio Geol.; Milano, Univ., Ist. di Miner. Geochim. e Petrografia; Padova, Univ., Centr. Studi di Petrografia e Geol. del CNR; ital.) — Vff. untersuchten u. beschrieben 2 kleine, in asymm. Gangform auftretende Vork. von Fluorit u. Baryt. Die Geologie u. Tektonik des Gebietes wird ausführlich beschrieben. Außerdem wurden die folgenden Mineralien nachgewiesen: *Chalkopyrit, Bleiglanz + Polybasit, Pyrit* u. *Markasit.* C. Gottfried 380△

0657 **Galeit und verwandte Phasen im System Na_2SO_4–NaF–NaCl.** A. Pabst, D. L. Sawyer und George Switzer. (Amer. Mineralogist **48,** 485—510, 1963; Berkeley, Calif., Univ. of California, Dep. of Geol.; Boron, Calif., U. S. Borax Res. Corp.; Washington, D.C., U. S. Nat. Mus.; engl.) — Die Zus. von Galeit aus Bohrkernen von Searles Lake, Calif., kann durch die Formel $Na_2SO_4 \cdot Na(F, Cl)$, die auch für *Schairerit* gültig ist, beschrieben werden. Für Galeit sind zwei, für Schairerit eine Analyse angegeben. Das Verhältnis Cl/F beträgt wahrscheinlich für Galeit $^1/_4$ u. für Schairerit $^1/_6$. Beide Mineralien sind vom synthet. $Na_2SO_4 \cdot NaF$, das rhomboedr. oder pseudorhomboedr. Symmetrie mit a_h = 27,85, c_h = 24,50 Å, Z = 144 besitzt, verschieden. Galeit: a = 12,17; c = 13,94 Å; Z = 15. Schairerit: a = 12,17; c = 19,29 Å, Z = 21. Die indizierten d-Werte sind angegeben u. die Morphologie wird beschrieben. Beim Erhitzen auf 500° u. darüber zerfallen Galeit, Schairerit u. Sulfohalit zu $Na_2SO_4 \cdot NaF$, Na_2SO_4 u. NaCl. Ernst Schulte 380◇

0658 **Experimentelle Untersuchungen über die sedimentäre Bildung von Goethit und Haematit.** Werner Schellmann. (Chem. d. Erde **20,** 104—35, 1959; Hannover; dt.) — Alterungs-Verss. an Eisen(III)-hydroxidgel zu krist. Phasen ergaben, daß das anfangs röntgenamorphe Gel in wss. Lsg. je nach Art u. Menge der gelösten Ionen zu Goethit, Haematit oder zu einem Gemisch beider Minerale altert. Geothit entsteht bei Vorhandensein von überwiegend negativen Ionen wie z. B. OH^- bei pH 11 bzw. HCO_3^- oder SO_2^{2-} im neutralen Bereich. Die Häufigkeit von Goethit in der Natur wird auf das häufige Auftreten von HCO_3^- zurückgeführt. Haematit entsteht bei pH 4—5 in Ggw. von Mg^{2+} u. Ca^{2+}. Dieses entspricht der natürlichen sedimentären Haematit-Bldg. durch Wässer mit im Durchschnitt abweichender chem. Zusammensetzung. Gemische beider Minerale entstehen, wenn ein wechselnder Einfl. positiver u. negativer adsorbierender Ionen vorhanden ist. Durch Entwässerungs-Verss. konnte feinkörniger synthet. Goethit bei 180° in Haematit übergeführt werden. K. Löffler 380◇

0659 **Geologische Verwicklungen von Jarosit, Pseudomorphie nach Pyrit.** Wm. J. Furbish. (Amer. Mineralogist **48,** 703—06, 1963; Durham, N.C., Duke Univ.; engl.) — Jarosit, $KFe_3(SO_4)_2(OH)_6$, kommt in der Boy Scout Jones Molybdänit-Schürfung, Halifax Country, vor. Die Bldg. von Jarosit in der Oxydationszone einer Sulfidablagerung bei niederen pH-Werten ist als in situ-Ersatz von Pyrit möglich. Ernst Schulte 380◇

0660 **Paragenese von Klinohumit und assoziierten Mineralien vom Wolf Creek, Montana.** E. Wm. Heinrich. (Amer. Mineralogist **48,** 597—613, 1963; Ann Arbor, Mich., Univ. of Michigan; engl.) — Der ultramaf. Wolf Creek-Pluton in den südlichen Ruby Mountains dringt in metamorphe Gesteine von Prebeltian-Alter ein. Er besteht hauptsächlich aus grobkörnigem *Habsburgit,* der z. T. in *Serpentinit, Anthophyllit,* Aktinolith u. *Klinohumit* führende Gesteine umgewandelt worden ist. An den Kontakten unterlagen die Gesteine exomorphen Veränderungen, die verschiedene Rekristallisationen u. die Bldg. von metasomat. Aktinolith u. Anthophyllit einschließen. Die Folge der Ersatzmineralien enthält fortschreitende Verkettung der SiO_2-Tetraeder in der Serie Klinohumit, Aktinolith, *Chlorit,* Serpentin u. *Talk.* Ernst Schulte 380◇

0661 **Leonhardit und Laumontit im Diabas von Dillsburg, Pennsylvania.** Davis M. Lapham. (Amer. Mineralogist **48,** 683—89, 1963; Harrisburg, Pa., Pennsylvania Geol. Surv.; engl.) — Die Geologie von Leonhardit u. Laumontit im Diabas (Trias) von Dillsburg wird beschrieben. Leonhardit: Gitter-Konst.: a = 14,75 ± 0,05 (Å); b = 13,083 ± 0,02; c = 7,57 ± 0,05; Brechungsindices: α = 1,508—1,509 ± 0,003; γ = 1,518—1,519 ± 0,003. 2 V = 20—30°. Die Werte stimmen mit denen von Leonhardit aus Ungarn überein. Der Laumontit hat die Zus.: $(Ca_{3,82}Na_{0,27}K_{0,07})(Al_{7,65}Mg_{0,11} \cdot Fe^{3+}_{0,07})Si_{15,2}O_{48} \cdot 16,34\,H_2O$. Ernst Schulte 380◇

0662 **Mangan-Berzeliit von Franklin, New Jersey.** Clifford Frondel und Jun Ito. (Amer. Mineralogist **48,** 663—64, 1963; Cambridge, Mass., Harvard Univ.; engl.) — Mangan-Berzeliit wurde in einigen granulären Äderchen von Franklinit–Willemit-Erz gefunden. Die chem. Analyse entspricht der Formel $Mn_2(Ca, Na)_3(AsO_4)_3$ mit Na/Ca = 1/2,18. D = 4,21 ± 0,2 g/cm³. Gitter-Konst. a = 12,500 ± 0,005 (Å). Im UV keine Fluorescenz. Ernst Schulte 380◇

0663 **Eine colorimetrische Klassifizierung von pegmatitischem Muskovit Australiens.** J. Finch. (Amer. Mineralogist **48,** 525—54, 1963; Petone, New Zealand, Dominion Labor.; engl.) — Absorptionskurven der zwei Schwingungsrichtungen der Basisflächen von pegmatit. Muskovit, guter Qualität, von Harts Range, Zentral-Australien wurden bestimmt. Sie zeigen, daß die charakterist. Absorptionsmerkmale, Maxima u. bes. gute Beispiele von Pleochroismus, hauptsächlich in einem engen Bereich zwischen 420 u. 520 mμ auftreten. Die Unzulänglichkeit der Einteilung in „grüne" u. „rote" Muskovite wird aufgezeigt u. eine neue Klassifizierung abgeleitet. Opt. Präzisions-Best. zeigen Beziehungen zwischen 2 V, den Brechungsindices u. den unabhängigen Absorptionsmerkmalen auf. Die vorgeschlagene Klassifikation ist mehr von sehr kleinen strukturellen Veränderungen abhängig als von Änderungen in der chem. Zusammensetzung. Ernst Schulte 380◇

0664 **Besonderheiten der Morphologie von Pyritkristallen aus Lagerstätten der Autonomen Sozialistischen Sowjetrepublik Nachitschewan.** Tsch. D. Dshafarow. (Schr.

mineralog. Allunions-Ges. [UdSSR] [2] **90**, 451–58, 1961; Baku, Inst. für Geol. der Akad. der Wiss. der Aserbaidshan-SSR; russ.) — Die Erze der Lagerstätte stellen 2 Typen dar: Aderförmige *Molybdänite* mit Pyrit u. *Kupferkies* u. chloritisierte Erzzonen hydrothermal veränderter Gesteine. Die Pyrite der verschiedenen Erzzonen werden je nach dem Vorherrschen der Formen {1 0 0}, {1 1 1} oder {2 1 0} in 3 morpholog. Gruppen unterteilt. M. Hähnert 380◇

0665 **Abbau und Gewinnung von Quecksilber in der New Idria-Grube, San Benito Country, California** R. K. Linn und W. F. Dietrick. (U.S. Dep. Interior, Bur. Mines, Inform. Circ. **1961**, Nr. 8033, 1–35; engl.) — Abriß über Geologie, Erforschung, Abbau u. Verhüttung von Quecksilbererzen der New Idria-Grube. R. F. Haar 380◇

0666 **Kristalle von Rammelsbergit und Algodonit.** Sidney A. Williams. (Amer. Mineralogist **48**, 421–22, 1963; Houghton, Mich., Michigan Coll. of Min. and Technol., Dep. of Geol.; engl.) — Unter den verschiedenen Vork. von Cu- u. Ni-Arseniden im Michigan Kupferdistrikt war die Entdeckung von Rammelsbergit u. Algodonit recht ungewöhnlich. Die gefundenen Kristallformen werden beschrieben.
Ernst Schulte 380◇

0667 **Thermokristallisation von Richellit zu einer Lazulith-Struktur (Calcium-Lipscombit).** Duncan McConnell. (Amer. Mineralogist **48**, 300–07, 1963; Columbus, Ohio, Ohio State Univ.; engl.) — Richellit ist amorph; er gleicht in dieser Hinsicht anderen schlecht definierten natürlichen Phosphaten. Nach 30 Min. langem Erhitzen auf 500° kristallisiert Richellit zu einer tetragonalen Phase mit a = 5,18 (Å), c = 12,61. Die Elementarzelle enthält $(Ca_{1,3}Fe^{2+}_{0,7})$ $(Fe^{3+}_{3,3}Al_{0,7})\cdot(PO_4)_4(OH,F)_4$. d-Werte. Ernst Schulte 380◇

0668 **Über die Bildung von Rhodonit, Tephroit und Manganosit bei der Belastungsmetamorphose.** Fukutaro Hori. (Sci. Pap. Coll. gen. Educat., Univ. Tokyo **12**, 117–42, 1962; Univ. of Tokyo, Coll. of Gen. Educ., Inst. of Earth Sci.; engl.) — *Rhodochrosit* wandelt sich zu Manganosit + CO_2 um u. reagiert mit Quarz unter Bldg. von Rhodonit oder Tephroit + CO_2. Bei einem Gesteinsdruck von 1500 bar verläuft die Rhodonit- u. Tephroit-Bldg. bei 425°, die Dissoziation bei 625°, wenn der CO_2-Druck gleich hoch ist. Die Gleichgewichts-Temp. steigen um 20–30° pro 1000 bar. Gelangt Rhodochrosit in eine Tiefe von 5 km, so bilden sich Rhodonit u. Tephroit durch Belastungsmetamorphose, während bei größeren Tiefen als 10 km die Bldg. von Manganosit möglich aber selten ist.
J. Heinze 380◇

0669 **Wegscheiderit ($Na_2CO_3\cdot3\ NaHCO_3$), ein neues salines Mineral von der Green-River-Formation, Wyoming.** Joseph J. Fahey und K. P. Yorks. (Amer. Mineralogist **48**, 400–03, 1963; Washington, D.C., U.S. Geol. Surv.; Syracuse, N.Y., Allied Chem. Corp.; engl.) — Opt. Eigg.: α = 1,433; β = 1,519 ± 0,002; γ = 1,528; 2 V = 32,4°. Härte 2½–3. D_{25° = 2,341 g/cm³. Chem. Analyse in %: Na 30,60; CO_3 15,77; HCO_3 48,58; Cl 0,06; H_2O (–105°) 0,36; organ. Bestandteile 4,38. Ernst Schulte 380◇

0670 **Heterogenität akzessorischer Zirkone und die petrogenetische Deutung ihrer Uran/Blei-Zerfallsalter.** 1. Mitt. **Der Zirkon des Granodioritgneises von Aquacalda (Lukmanierpaß).** Marc Grünenfelder. (Schweiz. mineralog. petrogr. Mitt. **43**, 235–57, 1963; Zürich, ETH, Inst. für Kristallographie u. Petrographie; dt.) — Im Granodioritgneis von Aquacalda (SO Gotthard-Massiv) wurden zwei Zirkon-Sorten festgestellt: Opt. durchsichtige Zirkone mit ungestörtem Gitterbau u. geringem Geh. u. homogener Verteilung der Spurenelemente u. milchig-trübe Zirkone mit Domänenstruktur u. höherem Geh. u. inhomogener Verteilung der Fremdionen. Aus den OH-Spektren im 3-μ-Gebiet folgt, daß in den letzteren wesentlich höhere H_2O-Mengen eingeschlossen sind. Die trübe, U-reiche Zirkonsorte (1670 ppm U) besitzt ein hohes U/Pb-Verhältnis, das einem Zerfallsalter von $210\cdot10^6$ Jahren entspricht. Die erste Sorte (579 ppm U) zeigt ein Alter von $305\cdot10^6$ Jahren u. stimmt mit dem Zirkonalter hercyn. Granite [$(275-315)\cdot10^{-6}$ Jahre] im Gotthard-Massiv überein. Diese Altersdifferenzen werden an Hand der Unterschiede im Kristallbau u. der chem. Zus. diskutiert. Eine mögliche geolog. Interpretation wird vorgelegt.
J. Heinze 380◇

0671 **Die Kaliumfeldspate der Porphyre von Roffna.** Marcel Gysin. (Schweiz. mineralog. petrogr. Mitt. **43**, 385 bis 405, 1963; Genf; franz.) — Die Feldspate gehören zur Gruppe der triklinen Orthoklase. Die opt. Eigg. ähneln denen von Anorthoklas oder einem Feldspat zwischen Anorthoklas u. Mikroklin. Homogene Kristalle zeigen opt. Achsenwinkel zwischen –76 u. –86°, während fleckige Kristalle stärker variieren (–42 bis –84½°). J. Heinze 380◇

0672 **Natürliches α-Siliciumcarbid.** J. Bauer, J. Fiala und R. Hřichová. (Amer. Mineralogist **48**, 620–34, 1963; Prag, Inst. of Chem. Technol., Dep. of Miner.; engl.) — Das 2. natürliche Vork. von α-SiC wurde in Nordwestböhmen in einer nichtkimberlit. Breccie im Bereich kimberlit. Gesteine entdeckt. Alle gefundenen Kristalle entsprechen dem hexagonalen II(6H)-Strukturtyp, nur ein Kristall weist eine Kombination der Typen I(15R) u. II(6H) auf. Gitter-Konst.: a = 3,06 (Å), c = 15,18. D = 2,23–2,24 g/cm³. Brechungsindices: ω = 2,647; ε = 2,689. Der Lumineszenzcharakter stimmt nicht mit dem des 1. Vork. in Sibirien überein. Morpholog., chem. u. physikal. Eigg. sind mit denen von *Moissanit* u. synthet. SiC in sehr guter Übereinstimmung.
Ernst Schulte 380◇

0673 **Ein tetragonales Eisensulfid.** Olavi Kouvo, Yrjö Vuorelainen und J. V. P. Long. (Amer. Mineralogist **48**, 511–24, 1963; Outokumpu Co., Finland; Cambridge, England, Univ.; engl.) — Ein pleochroit., stark anisotropes Mineral, früher als *Valleriit* beschrieben, wurde röntgenograph., chem., röntgenfluorescenzanalyt. sowie mit Hilfe der Mikrosonde untersucht. Das in verschiedenen finn. Erzkörpern vorkommende Mineral ist nicht Valleriit, sondern ein Fe-Sulfid. Chem. Analyse: Fe 64–54 (%); S 35; Ni 0,2–8,3; Co 0,2 bis 10 entsprechend der Formel $M_{1,05}S$. Das Mineral ist tetragonal mit a = 3,676 ± 0,002 (Å), c = 5,032 ± 0,002. Raumgruppe P_4/nmm. d-Werte. Ernst Schulte 380◇

0674 **Bestimmung der Zusammensetzung der Endglieder der Granate aus ihren physikalischen Eigenschaften.** G. G. K. Sastri. (Rec. geol. Surv. India **87**, 757–80, 1962; engl.) — Aus 66 Granatanalysen werden die physikal. Eigg. u. die chem. Zus. der Endglieder der Granatgruppe errechnet. Es werden Diagramme angegeben, nach denen es möglich ist, die Zus. beliebiger Granate aus der D., dem Parameter der Elementarzelle u. der Lichtbrechung zu bestimmen. Die Syst. *Pyrop–Almandin–Spessartin* u. *Grossular–Andradit* werden in einer Tabelle angegeben. F. Ensslin 380◇

0675 **Über ein bleihaltiges Glied der Gruppe Pyrochlor–Mikrolith.** A. Safiannikoff und L. van Wambeke. (Bull. Soc. franç. Minéralog. Cristallogr. **84**, 382–84, 1961; Kamituga, Kivu, Congo, Cie. Minière des Grands Lacs; Ispra, Varese, Italien, Euratom.; franz.) — Ein Pb-haltiger Mikrolith kommt zusammen mit Cassiterit, Manganotantalit, mikrolith. Simpsonit in dem Alluvium von Kivu vor. Er ist gelb bis orangefarben u. bildet kristalline Massen, seltener Oktaeder mit der D. 6,5–7,2, der Härte 6 u. dem Reflexionsvermögen 18,2%. Zus. (in %): 53,84 Ta_2O_5, 11,85 Nb_2O_5, 0,23 TiO_2, 0,06 ZrO_2, 27,78 PbO, 0,85 Sb_2O_3, 0,04 Bi_2O_3, 0,67 Na_2O, 1,71 Cs_2O, 1,07 CaO, 0,22 BaO, 0,36 FeO, 0,02 MnO u. 1,29 H_2O^+. Das Mineral gehört zu der Gruppe Pyrochlor-Mikrolith mit a_0 = 10,56 ± 0,01 Å, Raumgruppe F d 3 m.
F. Ensslin 380◇

0676 **Mineralogie und Paragenese von Blei–Zink–Kupfer-Erzen aus dem Bathurst-Newcastle-Bezirk, New Brunswick.** Supriya Roy. (Canada, Dep. Mines techn. Surv., geol. Surv. Canada, Bull. **1961**, Nr. 72, 1–19, 11 Tafeln; engl.) — Die Unterss. über Geologie, Geochemie u. Entstehung der Ablagerungen des Bathurst-Newcastle-Bezirks ergaben, daß 2 Typen von Metallsulfid-Ablagerungen existieren, von denen der im Norden verbreitete Typ in von silur. Schiefern durchsetzten Adern u. in devon. Porphyrintrusionen u. der im Süden vorkommende Typ in Sulfidlinsen auftritt, die in Synklinalfaltungen vulkan. u. sedimentärer Gesteine eingeschlossen sind. Die Sulfidminerale beider Vork. sind ident., die paragenet. Folge beider Typen ist: *Pyrit, Arsenopyrit, Sphalerit, Pyrrhotin, Galenit, Tetraedrit* u. *Chalkopyrit.*
R. F. Haar 380◇

0677 **Minerogenetische Studie einer pegmatitisch-pneumatolytischen Paragenese von Krupka (Graupen) im Erzgebirge.** Lubor Žak. (Chem. d. Erde **20**, 81–103, 1959; Prag, Karls-Univ., Lehrstuhl für Miner., Geochem. u. Kristallographie; dt.) — Die Gesteinsabfolge in der 1,3 km NO von Krupka befindlichen Lagerstätte läßt sich in die des Pegmatites, des Granites u. der pneumatolyt.-hydrothermalen Abfolge einteilen. Letztere kommt im vergreisten Granit, im Pegmatit u. Gneis sowie in selbständigen Gängen in diesen Gesteinen vor. 37 verschiedene Minerale z. T. in verschiedenen Generationen, darunter *Monazit, Beryll, Wismut, Li-Glimmer* (?), *Pyrrhotin* (?) Bismuthinit, *Aikinit* (?), *Tennantit* u. Kettnerit wurden in der Lagerstätte festgestellt, die eine Scheitelzone einer Granitintrusion bildet. Die silicat. Schmelze ist in eine mächtige Gneisbreccie, vielleicht nicht tief unter die damalige Erdoberfläche eingedrungen. Der Intrusionskörper im Gneis hat ungefähr eine ellipt. Form u. verbreitert sich nach unten; Streichen annähernd parallel O-W des Erzgebirsabfalles. Der südliche Rand fällt nach N ein. Die Ausscheidung der Minerale befand sich unter starkem Einfl. einer anomal erhöhten Konz. von Mineralisatorelementen, hauptsächlich F u. H_2O, alkal. Elementen, bes. K, Na u. Li u. Si, Mo, Bi, Sn, W u. Be. K. Löffler 380◇

0678 **Über den Aufbau von Schriftgranit.** B. W. Tschessnokow. (Schr. mineralog. Allunions-Ges. [UdSSR] [2] **92**, 292—301, 1963; Swerdlowsk, Berginst., Lehrst. für Miner. u. Kristallograph.; russ.) — Schriftgranit bildete sich bei gleichzeitigem Wachstum von Quarz u. Feldspat in offenen Rissen u. Hohlräumen der Gesteine. Vf. stellte einen neuen Typ gesetzmäßiger Quarz–Feldspat-Verwachsung fest. Die (0 0 0 1)-Netzebene von Quarz ist mit einer Reihe von Feldspat-Netzebenen, wie ($\bar{2}$ 0 1), (0 2 1) u. (0 $\bar{2}$ 1), verwachsen. Die Hypothese der Schriftgranit-Bldg. durch Rekristallisation konnte durch die Analyse der Unterss. nicht bestätigt werden. H. Kelch 385◇

0679 **Einige Besonderheiten der Granite am Kontakt mit kristallinen Schiefern (Kaukasus, Nord-Ossetia).** W. W. Awdonin. (Schr. mineralog. Allunions-Ges. [UdSSR] [2] **92**, 476—79, 1963; russ.) — Auf Grund metasomat. Prozesse erfolgte eine gesetzmäßige Veränderung der Granit-Zus. am Kontakt mit krist. Schiefern. Diese kommt in einer Erhöhung der Quarz-, Kalifeldspat- u. Muskovit-Geh. zum Ausdruck. Hornblende u. Biotit verschwinden; an ihre Stelle treten Chlorit u. Muskovit; Plagioklas wird durch Kalifeldspat u. Quarz ersetzt. In Kontaktnähe erfolgte eine SiO_2-Zufuhr u. eine Na_2O- u. CaO-Wegfuhr sowie eine Abnahme des gesamten Fe-Gehaltes. H. Kelch 385◇

0680 **Pyroxensyenit vom Sivamalai-Hill, Distrikt Coimbatore, Madras.** M. C. James und M. S. Sadashivaiah. (J. Karnatak Univ., Sci. [Dharwar, India] **5**, 59—72, 1960; Dharwar, Karnatak Univ., Dep. of Geol.; engl.) — Pyroxensyenit u. seine Varietäten (bes. olivinhaltiger Pyroxensyenit u. Hornblendesyenit) wurden mineralog. u. chem. analysiert. Die Gesteine bildeten sich durch Differentiation aus einem alkalireichen maf. Restmagma. J. Heinze 385◇

0681 **Ein lamprophyrischer Pikrit-Ankaratrit bei Saint-Micaud (Saône-et-Loire).** Robert Brousse und Pierre Nativel. (C. R. hebd. Séances Acad. Sci. **257**, 479—81, 1963; Orsay, Fac. des Sci. de Paris, Labor. de Petrographie; franz.) — Das schwarze Gestein ist frei von Feldspaten. Der Mineralbestand besteht aus *Olivin, Titanaugit, Titanmagnetit, Biotit, Analcim, Hauyn* u. *Nephelin*. Der seltene lamprophyr. Pikrit-Ankaratrit hat die Zus. in %: 39,80 SiO_2, 8,45 Al_2O_3, 6,90 Fe_2O_3, 6,60 FeO, 0,15 MnO, 15,40 MgO, 11,35 CaO, 2,20 Na_2O, 1,25 K_2O, 2,00 TiO_2, 0,70 P_2O_5, 3,90 H_2O^+ u. 1,00 H_2O^-. F. Ensslin 385◇

0682 **Untersuchung über die Zeolithisierung vulkanischer Gläser durch hydrothermale Behandlung.** 1. Mitt. **Herschelit aus einem Glas, das durch Schmelzen eines hauptsächlich Sanidin enthaltenden Gesteins erhalten worden war.** Riccardo Sersale. (Rend. Acad. Sci. fisiche mat., Napoli [4] **26** (**98**), 15—21. 1959; Napoli, Univ., Ist. di Chim. ind.; ital.) — Sog. „Cinerazzo", das in der Ebene zwischen den 3 Vulkan-Syst. Vesuv—Roccamonfina u. Phlegräische Felder vorkommt u. fast ausschließlich aus feinkrist. Sanidin besteht, hat die chem. Zus.: SiO_2 60,61 (%); Al_2O_3 + TiO_2 + Mn_3O_4 20,10; Fe_2O_3 2,16; FeO 1,03; MgO 0,17; CaO 2,00; Na_2O 6,20; K_2O 7,35; H_2O^+ 0,76; in 1,5% ig. HCl u. 5% KOH unlösl. Rest 80,44. Das Material wurde mehrmals im Pt-Tiegel geschmolzen u. in W. abgeschreckt. Das resultierende Glas hatte die Zus. SiO_2 61,05; Al_2O_3 + TiO_2 + Mn_3O_4 19,99; Fe_2O_3 1,27; FeO 2,43; MgO 0,20; CaO 2,85; Na_2O 4,74; K_2O 7,12; unlösl. 61,50. Dieses Glas wurde in feingepulvertem Zustand 30—35 Std. in 1% ig. KOH-Lsg. bei 30 kg/cm² auf 235° erhitzt. Das Rk.-Prod. konnte mittels Pulver aufnahmen als Herschelit identifiziert werden. Das Basenaustauschvermögen gegenüber ~ 0,1 n NH_4Cl betrug 14,80 Milliäquivalente, während der entsprechende Wert des Ausgangsglases 0,39 betrug. Bei höheren Temp. u. Drücken bilden sich *Feldspate*, bei Erhöhung der KOH-Konz. *Orthoklas*. C. Gottfried 386△

0683 **Über die zeolithische Natur des sogenannten „Lionato"-Tuffs aus dem Vulkangebiet der Albanerberge.** Riccardo Sersale. (Rend. Acad. Sci. fisiche mat., Napoli [4] **26** (**98**), 110—16, 2 Tafeln, 1959; ital.) — Vgl. vorst. Referat. — Die mkr. Unters. von 2 Proben von „Lionato"-Tuff von Valmontono u. aus der Nähe von Divino Amore ergab, daß die Sprünge u. Löcher in den vulkan. Glaseinschlüssen mit einem zeolithähnlichen Mineral angefüllt sind. Die Vermutung, daß es sich auch bei der Zementgrundmasse um eine zeolithartige Substanz handelt, wurde durch die hohe Basenaustauschkapazität u. die thermogravimetr. Analyse der Wasserabgabe bestätigt. Die röntgenograph. Unters. ergab, daß es sich bei dem zeolithartigen Mineral um *Chabasit* handelt. C. Gottfried 386△

0684 **Ähnlichkeiten in der Zusammensetzung zwischen rheinländischem „Traß" und gelbem neapolitanischem Tuff.** Riccardo Sersale. (Rend. Acad. Sci. fisiche mat., Napoli [4] **26** (**98**), 117—25, 2 Tafeln, 1959; ital.) — Vgl. vorst. Referate. — Der Vgl. von gelbem neapolitan. Tuff (**I**) u. Tuff aus der Gegend von Andernach (**II**) ergibt sehr ähnliche chem. Zusammensetzung. Auch das Basenaustauschvermögen gegenüber NH_4^+ war mit 16,47 Milliäquivalenten bei **I** sehr ähnlich dem von 13,08 Milliäquivalenten bei **II**. Die Entwässerungskurven beider Substanzen ist nahezu identisch. Die röntgenograph. Unters. ergab, daß es sich bei der vorherrschenden Komponente der zementierenden Grundmasse dieser trachyt. Tuffe um *Herschelit* handelt. Beide Gesteine haben eine hohe Puozzolanaktivität u. sind, ähnlich wie die natürlichen Puozzolane nach Mischen mit Kalk oder Zement gute hydraul. Bindemittel. C. Gottfried 386△

0685 **Untersuchungen über die Zeolithisierung vulkanischer Gläser durch hydrothermale Behandlung.** 2. Mitt. **Zeolithisierung von künstlichen leucetophritischen Obsidianen.** Riccardo Sersale. (Rend. Acad. Sci. fisiche mat., Napoli [4] **26** (**98**), 153—65, 3 Tafeln, 1959; ital.) — 1. vgl. drittvorst. Referat. — Untersucht wurden Lava vom Vesuv u. ein Ganggestein, das den Leucit der Formation von Civita Castellana (Rom) begleitet. Chem. ist das zweite Gestein etwas saurer als das erste Gestein. Die künstlichen Obsidiane werden durch mehrmaliges Schmelzen u. Abschrecken in W. erhalten. Die Zus. der beiden Gläser ist nahezu gleich. Beide Gläser wurden hierauf in 1% ig. KOH 30 Std. bei Drücken bis 60 kg/cm² auf Temp. bis 280° erhitzt. Aus den Röntgenaufnahmen ergab sich, daß das Rk.-Prod. dieser hydrothermalen Behandlung *Herschelit* war. Das Basenaustauschvermögen u. die Entwässerungskurven beider Zeolithe sind angenähert gleich. Verwendet man bei den Verss. statt KOH-Lsg. reines W. oder eine verd. NaOH-Lsg., erhält man als Rk.-Prod. *Analcim*. Erhöhung des Drucks u. der Temp. führt in Ggw. von 1% KOH oder 1% NaOH ebenfalls zur Bldg. von Analcim. Bei noch weiterer Steigerung des Drucks u. der Temp. u. in Ggw. von 3—4% ig. KOH erhält man, wie die Röntgenaufnahmen zeigten, als Endprod. *Leucit* u. *Kaliophilit*. C. Gottfried 386△

0686 **Über die zeolithische Natur des „Lionato"-Tuffs.** 2. Mitt. **Untersuchungsergebnisse von anderen Vorkommen aus dem Vulkangebiet der Albanerberge.** Riccardo Sersale. (Rend. Acad. Sci. fisiche mat., Napoli [4] **26** (**98**), 206 bis 221, 4 Tafeln, 1959; ital.) — 1. vgl. drittvorst. Referat. — Bei 7 verschiedenen Proben wurde durch opt. u. röntgenograph. Unters. die zeolith. Natur der Tuffe bestätigt. Vorherrschende Zeolithmineralien sind *Chabasit* u. *Phillipsit*. Die DTA-Kurven zeigten nur einen endothermen Effekt, der der Entwässerung der Zeolithe zugeschrieben wird. Aus den DTA-Kurven ergab sich die Ggw. geringer Mengen von Tonmineralien u. Calcit. Von einigen der Proben wurden die Basenaustauschkapazitäten (Tabelle) gemessen. Die Entwässerungskurven (thermogravimetr. Analyse) waren ziemlich übereinstimmend. Die Art der Bldg. der Tuffe wird kurz besprochen. C. Gottfried 386△

0687 **Über die zeolithische Natur des römischen „Peperino“.** Riccardo Sersale. (Rend. Acad. Sci. fisiche mat., Napoli [4] **26 (98)**, 222–34, 3 Tafeln, 1959; ital.) — Vgl. vorst. Referate. — Vf. untersuchte die chem. u. mineralog. Zus. von 7 verschiedenen Proben von typ. „peperini“ aus dem Eruptivdistrikt von Rom. Die opt. u. chem. Unters., die DTA-Kurven sowie die thermogravimetr. Analysen ergaben, daß die zementierende Grundmasse dieser leneit. Tuffe aus Zeolithen besteht. Die Röntgenaufnahmen zeigten, daß das vorherrschende Zeolithmineral *Chabasit* ist. Auf den DTA-Kurven tritt neben dem breiten endothermen Effekt, der der Entwässerung der Zeolithe entspricht, ein weiterer endothermer Effekt bei ca. 900° auf, der geringen Mengen Calcit zugeschrieben wird. Das Basenaustauschvermögen einiger Proben wurde bestimmt. Die Entwässerungskurven aller Proben waren prakt. identisch. C. Gottfried 386△

0688 **Untersuchungen über die Zeolithisierung vulkanischer Gläser durch hydrothermale Behandlung.** 3. Mitt. **Analcimierung von künstlichem basaltischem Obsidian.** Riccardo Sersale. (Rend. Acad. Sci. fisiche mat., Napoli [4] **26 (98)**, 333–43, 2 Tafeln, 1959; ital.) — 2. vgl. drittvorst. Referat. — Der künstliche basalt. Obsidian wurde durch wiederholtes Schmelzen u. Abschrecken in W. aus basalt. Lava vom Ätna erhalten. Die hydrothermale Behandlung wurde in Ggw. von 1%ig. KOH bei Drücken bis 200 kg/cm² u. Temp. bis 375°, in Ggw. von 1%ig. u. 3%ig. NaOH bei den gleichen maximalen Drücken u. Temp. sowie in Ggw. von W. bei einem Druck von 60 kg/cm² u. einer Temp. von 280° durchgeführt. Einziges Rk.-Prod. bei allen Verss. war Analcim, der röntgenograph. identifiziert wurde. Bestimmt wurde das Basenaustauschvermögen sowie thermogravimetr. die Entwässerung des Zeoliths. C. Gottfried 386△

0689 **Untersuchungen über die Zeolithisierung vulkanischer Gläser durch hydrothermale Behandlung.** 4. Mitt. **Analcimierung von pyroklastischem alkalitrachytischem Material.** Riccardo Sersale. (Rend. Acad. Sci. fisiche mat., Napoli [4] **26 (98)**, 345–54, 1 Tafel, 1959; ital.) — 3. vgl. vorst. Referat. — Das Ausgangsglas für die hydrothermale Behandlung wurde durch mehrmaliges Schmelzen u. Abschrecken von Puozzolan u. Bimsstein aus dem Gebiet der phlegräischen Felder erhalten. Die hydrothermale Behandlung fand in Ggw. von 1%ig. u. 3%ig. NaOH bei Drücken bis ca. 200 kg/cm² u. Temp. bis ca. 375° statt. Einziges Rk.-Prod. war *Analcim*. Bestimmt wurde das Basenaustauschvermögen sowie thermogravimetr. die Entwässerung des Minerals. Die Identifizierung des Analcims geschah mittels Pulveraufnahmen. C. Gottfried 386△

0690 **Konstitution der grünen Tuffe aus dem Gebiet der phlegräischen Felder.** Riccardo Sersale. (Rend. Acad. Sci. fisiche mat., Napoli [4] **26 (98)**, 355–73, 3 Tafeln, 1959; ital.) — Vgl. vorst. Referate. — Die mkr. u. röntgenograph. Unters. von 2 grünen Tuffen von der Insel Ischia u. aus einem Bohrloch bei „Rione delle Mofete“ ergab, daß die zementierende Grundmasse aus *Analcim* besteht u. die grüne Farbe der Tuffe *Glaukonit* zuzuschreiben ist. Auf der thermogravimetr. erhaltenen Entwässerungskurve lassen sich 4 Stufen von Gewichtsverlusten feststellen: Zwischen 50–150° entweicht hygroskop. W., bei 150–450° erfolgt die Entwässerung des Analcims, zwischen 550 u. 700° der Zerfall des Glaukonitgitters. Bei 800° erfolgt der Gewichtsverlust durch die therm. Zers. von *Calcit*. Das Basenaustauschvermögen beider Proben ist nahezu identisch. Die hydrothermale Behandlung von Glas, das durch Schmelzen des Tuffs von Ischia u. anschließendes Abschrecken in W. erhalten worden war, in Ggw. von 1%ig. KOH in 120 kg/cm² u. 330° lieferte als Rk.-Prod. Analcim. Auch bei Ggw. von W. unter den gleichen Bedingungen wurde Analcim erhalten. C. Gottfried 386△

0691 **Untersuchungen über die Zeolithisierung vulkanischer Gläser durch hydrothermale Behandlung.** 5. Mitt. **Analcimierung eines durch Schmelzen eines Hauynophyrs von Melfi erhaltenen künstlichen Obsidians.** Riccardo Sersale. (Rend. Acad. fisiche mat., Napoli [4] **26 (98)**, 394 bis 404, 1959; ital.) — 4. vgl. zweitvorst. Referat. — Die chem. Zus. des Hauynophyrs, eines Lavagesteins vom Monte Vulture st: SiO_2 40,14 (%); Al_2O_3(+ TiO_2 + Mn_3O_4 + P_2O_5) 20,31; Fe_2O_3 5,43; FeO 2,87; MgO 3,25, CaO 13,60; Na_2O 6,02, K_2O 3,39; SO_3 1,44; Cl_2 0,24; CO_2 0,93; H_2O^+ 2,32. Die mineralog. Zus. besteht vorwiegend aus *Hauyn*, *Leucit* u. einem *Pyroxen*. Der durch wiederholtes Schmelzen u. Abschrecken erhaltene künstliche *Obsidian* wurde der hydrothermalen Behandlung in Ggw. von 1%ig. NaOH oder 1%ig. KOH bei Drücken bis 200 kg/cm² u. Temp. bis 375° unterworfen. Einziges Rk.-Prod. war *Analcim*. Bestimmt wurden das Basenaustauschvermögen sowie thermogravimetr. Entwässerungskurven. C. Gottfried 386△

0692 **Untersuchungen über die Zeolithisierung vulkanischer Gläser durch hydrothermale Behandlung.** 6. Mitt. **Zeolithisierung von Bimssteinen und „Puozzolanen“ vom Vesuv.** Riccardi Sersale. (Rend. Acad. Sci. fisiche mat., Napoli [4] **26 (98)**, 423–40, 2 Tafeln, 1959; ital.) — 5. vgl. vorst. Referat. — Untersucht wurden ein weißer Bimsstein aus der Gegend von Pompeji, der wahrscheinlich von der Vesuveruption 79 n. Chr. herrührt u. ein „Puozzolan“ vom Rande der Autostraße Neapel–Pompeji. Wird der weiße Bimsstein ohne weitere Vorbehandlung einer hydrothermalen Behandlung unterworfen, resultiert als Rk.-Prod. *Analcim*. Wird jedoch das aus diesem Bimsstein durch Schmelzen u. Abschrecken erhaltene Glas unter den gleichen Bedingungen hydrothermal behandelt, bildet sich *Herschelit*. Die hydrothermale Behandlung des „Puozzolans“ liefert als Rk.-Prod. Analcim. Die Entwässerungskurven sind graph. wiedergegeben; das Basenaustauschvermögen wurde bestimmt. C. Gottfried 386△

0693 **Ähnlichkeiten in der Zusammensetzung zwischen dem gelben neapolitanischen Tuff und dem gelben Tuff der Insel Gran Canaria.** Riccardo Sersale. (Rend. Acad. Sci. fisiche mat., Napoli [4] **26 (98)**, 441–51, 2 Tafeln, 1959; ital.) — Vgl. vorst. Referate. — Chem. u. mkr. Unters. der beiden obigen Tuffe ergab eine weitgehende Übereinstimmung. Röntgenograph. konnte in der zementierenden Grundmasse des span. Tuffs *Phillipsit* nachgewiesen werden. Nahezu übereinstimmend waren auch die Entwässerungs- u. DTA-Kurven sowie das Basenaustauschvermögen. Die hydrothermale Behandlung beider Tuffe in Ggw. von 1%ig. KOH, 120 kg/cm² u. 330° lieferte als Rk.-Prod. *Orthoklas*. Beide Tuffe haben gute hydraul. Eigenschaften. C. Gottfried 386△

0694 **Künstliche Kristallisation von vulkanischem Glas zu Carnegieit, Nephelin und Albit bei Atmosphärendruck.** Satoru Ueda und Toshio Sudo. (Amer. Mineralogist **48**, 324–39, 1963; Tokyo, Tokyo Univ. of Educat., Fac. of Sci., Geol. and Mineral. Inst.; engl.) — Glaspulver von glasigem natürlichem *Rhyolithtuff* wurde bei Atmosphärendruck mit NaOH, γ-Al_2O_3, BeO, MgO, ZnO, CdO, SrO, BaO, TiO_2 u. V_2O_5 auf Temp. zwischen 500 u. 800° 1 Std. erhitzt. Die Kristallisation des Glases war bei Zusatz von Metalloxiden besser als ohne Zusatz. Die Bldg. von Carnegieit wurde durch BeO, MgO, ZnO u. CdO begünstigt, die des Nephelin u. Albit durch Oxide, wie z. B. V_2O_5. Die a-Gitter-Konst. des Carnegieits wird bei einem definierten Geh. an Metalloxid mit steigender Temp. größer; sie wird kleiner bei Oxiden mit kleineren Metallionenradien bei konst. Temperatur. Der Temp.-Effekt wird durch Unordnungseffekte (Si-Al-Austausch bei höheren Temp.) erklärt. Der Einfl. von MeO ist noch unklar. Ernst Schulte 386◇

0695 **Vulkanismus der Kurilen.** 1. Mitt. **Äußere und innere Zone des Kurileninselbogens.** Je. M. Marchinin. (Nachr. Akad. Wiss. UdSSR, geol. Ser. **26**, Nr. 6, 45–58, 1961; Kljutschi, Kamtschatka, Vulkanolog. Stat. der Akad. der Wiss. der UdSSR; russ.) — Allg. Charakteristik der histor. Entw. u. des rezenten Vulkanismus der Kurilen. Die Laven zeigen von den Basalten bis zu Rhyolithen einen ausgeprägten erdalkal. Charakter u. bei geringer Alkalianwesenheit ein Vorherrschen von Na_2O gegenüber K_2O. Die intensive Solfatarentätigkeit, die Entstehung von Schwefellagerstätten u. das Auftreten von Alunitisierungszonen sind an die Tätigkeit der Vulkane Kolzew u. Kaldero in den letzten postcaldernen Perioden geknüpft. M. Hähnert 386□

0696 **Die organische Chemie eines Fossils.** 1. Mitt. **Die Struktur der Fringelit-Pigmente.** Max Blumer. (Geochim. cosmochim. Acta [London] **26**, 225–27, 1962; Woods Hole, Mass., Woods Hole Oceanograph. Inst.; engl.) — 2. vgl. C. **1964**, 16-0715. — In einer fossilen Seelilie konnten die folgenden Fringelitpigmente aufgefunden werden: 2.2'.4.4'.-5.5'.7.7'-Oktahydroxymesonaphthodianthron, 2.2'.4.4'.5.5'.7-Heptahydroxymesonaphthodianthron, 2.2'.4.4'.5.5'-Hexahydroxymesonaphthodianthron. Die Identifizierung erfolgte spektroskopisch. R. Ristow 390◇

0697 **Über die Tiefenverteilung des 3.4-Benzpyrens in einem Bohrkern aus der Bucht von Villefranche-sur-Mer.** Claude Lalou, Lucien Mallet und Marguerite Héros. (C. R. hebd. Séances Acad. Sci. **255,** 145—47, 1962; franz.) — 3.4-Benzpyren kommt in den marinen Sedimenten der Bucht von Villefranche bes. in den dunklen Partien reichlicher als in den hellen vor (150 μg gegen 40 μg/100 g Trockenmaterial). In einem Bohrkern wurde ein Maximum bei 8—13 cm mit 500 μg gefunden, das bei 28—33 cm noch 190 μg u. bei 53—58 cm 31 μg, bei 100 cm 2,6 u. bei 200 cm 1,6 μg beträgt. Die Sedimentation beträgt in der Bai 100 cm in 275 Jahren. Da das Benzpyren durch Verunreinigung des Meeres durch die Industrie in das W. gelangt, kann eine Erklärung für das Vork. in 130 Jahre alten Schichten nur durch bakterielle Wanderung erklärt werden. F. Ensslin 393◇

0698 **Fraktionierung der Schwefelisotopen im Schwarzen Meer und ihre Vorgeschichte.** A. P. Vinogradov. (J. Chim. physique Physico-Chim. biol. **60,** 307—17, 1963; Moscou, Univ.; franz.) — Von der bekannten Tatsache ausgehend, daß in dem W. u. den Schlammen des Schwarzen Meeres eine biolog. Red. der Sulfate stattfindet, untersuchte Vf. die Fraktionierung der Isotopen des S in diesem Prozeß. Zu diesem Zweck wurden an verschiedenen Stellen des Meeres aus verschiedenen Tiefen Wasser- u. Schlammproben entnommen u. die isotop. Zus. des S bestimmt. Der Wert des Verhältnisses $^{32}S/^{34}S$ wurde mit Hilfe der bekannten Formel $^{32}S/^{34}S_{(Probe)} = {}^{32}S/^{34}S_{(Standard)}$ $[1/(1 + \Delta\,^{34}S/100)]$ berechnet, wo $\Delta\,^{34}S$ der Unterschied in % ist. Bestimmt wurde die isotop. Zus. von im Meer gelösten S-Verbb., von Oberflächenschichten der Schlamme der sulfid. Zone, von Oberflächenschlammen der Sauerstoff enthaltenden Zonen u. von tieferen Schichten der Ablagerungen des Meeres. Die niedrigste Fraktionierung wurde in dem Teil des Meeres beobachtet, das Süßwasser mit gleichzeitiger Durchlüftung enthält. Aus den Messungen wird abgeschätzt, daß das Schwarze Meer noch vor ca. 8000 Jahren ein reines Süßwassermeer war. C. Gottfried 393△

0699 **Salzaufnahme in natürlichem Eis.** Alan W. Cobb. (Science [Washington] **141,** 733, 1963; Socorro, N.Mex., New Mexico Inst. of Mining and Technol.; engl.) — Best. von $Ca^{2+} + Mg^{2+}$, Na^+, K^+, HCO_3^-, Cl^- u. SO_4^{2-} in Eis zweier frisch zugefrorener Seen bei Socorro sind angegeben. In klarem Eis liegt die c-Achse horizontal, in milchig getrübtem Eis vertikal. Die Konzz. an Salz sind in den milchigen Eisproben größer. Ernst Schulte 393◇

0700 **Geochemisches Verhalten von ^{90}Sr. 1. Mitt. Gehalt an ^{90}Sr des Inlandwassers in Japan.** Takahisa Hanya und Tadashi Araki. (J. chem. Soc. Japan, pure Chem. Sect. [Nippon Kagaku Zasshi] **84,** 124—27, 1963; Tôkyô-Toritu-Daigaku, Rigakubu; jap., Auszug: engl. S. A10.) — ^{90}Sr im Inlandwasser im zentralen Teil Japans wird durch Ionenaustauscher getrennt u. radiochem. bestimmt: der Geh. beträgt 0,00 ($\mu\mu$c/Liter) im unterird. W., 0,02—0,22 im W. der Flüsse u. 0,09—0,63 im W. der Landseen. Der Geh. an ^{90}Sr zeigt keine Korrelation mit dem an Sr oder mit dem an Ca. Die Menge an ^{90}Sr, die 1959 u. 1960 durch die japan. Flüsse ins Meer gebracht wurde, entspricht 3—7% des in derselben Zeit in Japan niedergeschlagenen ^{90}Sr bzw. 0,5—1% des bis zum Juni 1960 angehäuften ^{90}Sr. E. Maekawa 393◇

B. Allgemeine und theoretische organische Chemie

0701 **Durch Neutronen ausgelöste Reaktionen in Jodbenzol.** J. E. C. Macrae und P. F. D. Shaw. (J. inorg. nuclear Chem. **24,** 1327—36, 1962; Oxford, Clarendon Labor.; engl.) — Mischungen von *Jodbenzol* (I) u. *Jodtoluol* mit J_2 werden mit Neutronen bestrahlt u. die Ausbeute an organ. gebundenem strahlungsakt. J (in o-, m- u. p-Dijodbenzol) bestimmt. Diese wird durch therm. bzw. radiolyt. Austausch kaum beeinflußt. Vff. nehmen auf Grund der Ergebnisse an, daß sich aus Phenylradikalen u. I Jodoniumradikale bilden. In Ggw. von Bzl. bilden sich aus Phenylradikalen u. Bzl. Diphenyl-Verbb., so daß die Ausbeute an organ. Jod-Verbb. zurückgeht. Daten von *Methyl-* u. *Äthyljodid* werden zum Vgl. herangezogen. B. Schmitt B 90◇

0702 **Der Neutroneneinfang-Effekt auf benzolische Lösungen von organischen Jodiden.** J. E. C. Macrae und P. F. D. Shaw. (J. inorg. nuclear Chem. **24,** 1337—50, 1962; Oxford, Clarendon Labor.; engl.) — Unterss. der Retention organ. Jodide in benzol. Lsg. nach Neutronenbestrahlung von *Methyl-*, *Äthyljodid* u. *Jodbenzol* in Bzl. in Abhängigkeit von der Konz. der vorst. Jodverbindungen. Best. der totalen Retention u. der Retention in der „heißen Zone".
B. Schmitt B 90◇

0703 **Umgebungseffekte im Absorptions- und Emissionsspektrum von Benzol im nahen Ultraviolett in einer kristallinen Matrix von Cyclohexan.** John D. Spangler und H. Sponer. (Spectrochim. Acta [London] **19,** 169—87, 1963; Durham, N.C., Duke Univ., Dep. of Phys.; engl.) — Das Emissions- u. Absorptionsspektrum von *Bzl.* im UV in einer kristallinen Matrix von Cyclohexan hängt von der Meth. der Einfrierung ab. Cyclohexan zeigt bei 186° K eine Phasenumwandlung von einer kub. zu einer monoklinen Struktur. Bei geringen C_6H_6-Konzz. ist beim schnellen Einfrieren Bzl. im kub. Gitter eingeschlossen, während es bei langsamem Einfrieren im monoklinen Gitter eingebaut wird. Bei höheren C_6H_6-Konzz. frieren reine C_6H_6-Kristalle aus, deren Absorption oder Emission dann im Spektrum überwiegt. Alle drei Spektren wurden einer Schwingungsanalyse unterzogen, deren Resultate mitgeteilt werden. Harro Zimmer B 118◇

0704 **Der äußere Schweratom-Spin-Orbital-Kopplungseffekt. 2. Mitt. Erläuterungen zum Einfluß des Eisen(III)-acetylacetonats auf das Spektrum von Polyacenen.** J. Nagchaudhuri, Lloyd Stoessell und S. P. McGlynn. (J. chem. Physics **38,** 2027—28, 1963; Baton Rouge, La., Louisiana State Univ., Coates Chem. Labor.; engl.) — 1. vgl. McGlynn u. Mitarbeiter, J. chem. Physics **37,** [1962], 1818; 3. vgl. C. **1963,** 14983. — Vff. beobachteten im UV-Spektrum von *Anthracen* (I) in verschiedenen fl. Medien das Auftreten einer neuen Bande, wenn der Lsg. *Fe(III)-Acetylacetonat* (**II**) zugesetzt wurde. In Lsgg. von *Naphthalin*, *Pyren* u. *Naphthacen* wurde ein entsprechender Effekt beobachtet. Die Lage der neuen Bande, die Energie des höchstgefüllten MO des Aromaten u. dessen Ionisationspotential sind tabellar. angegeben. Aus den Daten geht hervor, daß es sich um eine Ladungsübertragungsbande eines Komplexes aus Polyacen u. dem als Säure wirkenden **II** handelt, wodurch die Ansicht von Wright (J. physic. Chem. **65,** [1961], 381) bestätigt wird. Aus dem Vgl. des Spektrums von **I** in Ggw. von **II** mit dem von **I** in CH_3J u. C_2H_5J geht hervor, daß die im letzten Fall bes. ausgeprägte Struktur auf das T ← S-Absorptionsspektrum von **I** zurückzuführen ist. Auch **II** erhöht die Wahrscheinlichkeit des T ← S-Übergangs durch Vermischung von Singulett- u. Triplettzuständen des Aromaten mit einem oder mehreren Ladungsübertragungszuständen des Donator-Acceptor-Komplexes. Ch. Zechel B 118◇

0705 **Das Elektronenspektrum von FClCO.** I. Zanon, G. Giacometti und D. Picciol. (Spectrochim. Acta [London] **19,** 301—06, 1963; Padua, Univ. of Padua, Inst. of Phys. Chem.; engl.) — Vff. untersuchen mit geringen u. mittleren Dispersionen das Spektrum von FClCO in der Dampfphase im nahen UV. λ_{max} liegt bei 2030 Å mit einem molaren Extinktions-Koeff. von 35 Litern · cm^{-1} · Mol^{-1}. Die beobachtete Bande ist dem n → π*-Übergang zuzuordnen. Eine Schwingungsanalyse wird vorgenommen, deren Ergebnisse mitgeteilt werden. Der sehr diffuse Charakter der Schwingungsbanden deutet auf eine Prädissoziation hin.
Harro Zimmer B 118◇

0706 **Die Absorptionsspektren von Methylorange in konzentrierten Salzlösungen.** W. W. Paltschewski, M. Ss. Sacharewski und T. M. Kalwarskaja. (Nachr. Leningrader Univ. **17,** Nr. 16, Ser. Physik Chem. Nr. 3, 125—29, 1962; russ., Auszug: engl.) — Die Absorptionsspektren von *Methylorange* (I) bei 200—600 mμ in 0,1 n HCl u. 0,1 n NaOH in Ggw. von LiCl, NaCl, KCl u. $CaCl_2$ bis zu Ionenstärken (IS) von 15 wurden untersucht. In saurer Lsg. liegt λ_{max} auch bei IS bis 15 bei 508 mμ, u. der Extinktions-Koeff. (E) ändert sich mit IS nur wenig. In alkal. Lsg. verschiebt sich λ_{max} von

465 mμ bei IS 0,1—5 nach 357 mμ bei IS 10—15, während sich E von 2,56 auf 0,98 vermindert, so daß **I** für die colorimetr. pH-Best. konz. Salz-Lsgg. nicht geeignet ist.

Helmut Schäfer B 118△

0707 **Optische Spaltung mit einem optisch-aktiven Ionenaustauscherharz.** Sei Tsuboyama und Masaya Yanagita. (Sci. Pap. Inst. physic. chem. Res. [Tokyo] **53**, Nr. 1521, 245—49, 1959; engl.) — Das Anionenaustauscherharz (maximale Austauschkapazität 0,43 mVal/g), das aus einem chlormethylierten Styrol (2—4%)-Divinylbenzol-Copolymeren durch Rk. mit d-α-Phenyläthylamin erhalten wurde, wurde zur chromatograph. opt. Spaltung von dl- in reine d-Mandelsäure ($[\alpha]_D^{23}$ $+150^0$ [c = 0,25; W.]) verwendet. — *d-α-Phenyläthylamin*, $Kp._{40}$ 100—101°; $[\alpha]_D^{25}$ $+34{,}7^0$ (c = 1,61; A.), durch Spaltung der dl-Verb. ($Kp._{27}$ 84—85°) mit *l*-Abietinsäure (F. 165°; $[\alpha]_D^{23}$ -80^0 [c = 2,0; A.]) in die Antipoden u. Zers. des Salzes mit HCl; 71% Ausbeute.

A. Grohmann B 119◇

0708 **Schwingungsanalyse der n-Paraffine.** 1. Mitt. **Zuordnung der Infrarotbanden in den Spektren von C_3H_8 bis n-$C_{19}H_{40}$.** R. G. Snyder und J. H. Schachtschneider. (Spectrochim. Acta [London] **19**, 85—116, 1963; Emeryville, Calif., Shell Dev. Co.; engl.) — Bei —196° wurden die IR-Spektren der n-Paraffine C_3H_8 bis *n*-$C_{20}H_{42}$ aufgenommen. Die Schwingungen für die Moll. bis n-$C_{19}H_{40}$ wurden auf der Grundlage von Frequenz-Phasen-Kurven (dargestellt für die Moll. bis n-$C_{30}H_{62}$) u. Normalkoordinatenberechnungen vollständig zugeordnet.

W. Schramm B 120◇

0709 **Schwingungsanalyse der n-Paraffine.** 2. Mitt. **Normalkoordinatenberechnungen.** J. H. Schachtschneider und R. G. Snyder. (Spectrochim. Acta [London] **19**, 117—68, 1963; engl.) — 1. vgl. vorst. Referat. — Für n-Paraffine wurden für die IBM 7090 programmierte Normalkoordinatenberechnungen durchgeführt. Mit einem Valenzkraftfeld von 35 Parametern wurden gleichzeitig ca. 270 Grundschwingungen für C_2H_6 bis *n*-$C_{14}H_{30}$ u. *Polyäthylen* bei einer Abweichung von 0,25% vom beobachteten Wert berechnet. Berechnungen für C_2D_6, C_3H_8, *Isobutan* u. *Neopentan* zusammen mit den n-Paraffinen u. Polyäthylen nach einem Kraftfeld von 38 Parametern ergaben Abweichungen von 0,7%. Die Kraft-Konst. sind demnach nicht nur zwischen den geradkettigen, sondern auch zwischen den verzweigten Paraffinen übertragbar. Berechnungen nach einem Urey-Bradley-Kraftfeld führten erst bei Berücksichtigung der Wechselwrkg. nächster u. übernächster Nachbarn (31 Parameter) zu mit den beobachteten vergleichbaren Werten bei Abweichungen von 1,4%.

W. Schramm B 120◇

0710 **Infrarotspektren von an Metalloxiden auf Kieselsäure adsorbierten Kohlenwasserstoffen.** L. H. Little. (J. physic. Chem. **63**, 1616—22, 1959; Cambridge, Univ. of Cambridge, Dep. of Colloid Sci.; engl.) — Auf Grund der IR-Unterss. von *Äthylen* (**I**), das an Ni-, Cu- u. Pd-Oxid auf opt. durchlässigem, porösem Vycor-Glas als Träger adsorbiert ist, stellte Vf. eine Polymerisation von **I** auf der Oberfläche der Metalloxide fest. In der Gasphase über Ni-Oxid wurde trans-Buten-(2) gebildet, u. über Pd- u. Cu-Oxid blieb **I** unverändert. Die Zus. der Oberfläche zeigte bei Cu-Oxid nur CH_2-Gruppen, bei Pd-Oxid CH_2- u. CH_3-Gruppen u. bei Ni-Oxid außerdem noch ungesätt. Gruppen. Durch Vgl. des IR-Spektrums der Oberflächen-Mol.-Arten mit dem von KW-Stoffen als Fll. fand Vf. keine neue, durch Chemisorption bewirkte Bande; bei der Adsorption von *Acetylen* an Ni-, Cu-, Pd- u. Ag-Oxid auf SiO_2, von **I** an Ag-Oxid auf SiO_2 u. von *Äthan* an Ni-Oxid auf SiO_2 wurden nur physikal. adsorbierte Moll. festgestellt.

A. Grohmann 120◇

0711 **Das Infrarotspektrum von CH_3D.** Flemming Allan Andersen. (Kong. danske Vidensk. Selsk., mat.-fysiske Medd. **33**, Nr. 12, 1—35, 1963; engl.) — Das IR-Spektrum von CH_3D (aus CH_3J durch Rk. mit einer Mischung aus Zn-Staub, Acetanhydrid u. D_2O bei ca. 30°) wurde im Bereich 400—6000 cm^{-1} aufgenommen. Die Frequenzen der Bandenzentren wurden durch Rotationsanalyse der Grundschwingungsbanden abgeleitet. Die Ergebnisse stimmen mit Literaturangaben überein; ein etwas verbesserter Satz von Normalschwingungen wird angegeben. Für die Rotations-Konst. A'' (A_0) wurde mit $5{,}25_7 \pm 0{,}02$ cm^{-1} (berechnet aus der Analyse der drei senkrechten Banden) ein Wert erhalten, der gut mit dem von Bak u. Andersen (Dissoziation of Diatomic Molecules Considered as Diffusion in Phase Space [1961]) auf Grund von Raman-Unterss. angegebenen übereinstimmt. Für die 3 doppeltentarteten Grundschwingungen wurden die Coriolis-Kopplungs-Konst. abgeleitet. Für die beobachteten Kombinationsbanden erfolgt eine versuchsweise Zuordnung.

Ch. Zechel B 120◇

0712 **Intensitäten in Raman-Spektren.** 8. Mitt. **Intensitätsmessungen in $CHCl_3$ und $CDCl_3$.** D. A. Long, R. B. Gravenor und D. C. Milner. (Trans. Faraday Soc. **59**, 46—52, 1963; Swansea, Univ. Coll., Dep. of Chem.; engl.) — 7. vgl. C. **1960**, 765; 9. vgl. C. **1964**, 6/7-0208. — Vff. geben einen kurzen Überblick über die Meth. zur Messung der Raman-Schwingungsintensitäten in Fll. u. berichten über Intensitätsmessungen an $CHCl_3$ u. $CDCl_3$. Die gemessenen Intensitäten wurden an Hand der einfachen u. modifizierten Bindungspolarisierbarkeitstheorie (vgl. Long u. Mitarbeiter, C. **1956**, 3803) analysiert. Zusätzlich wurde gezeigt, wie man die G-Summenregel von Crawford jun. (vgl. C. **1954**, 2760) in Verbindung mit der von Long (vgl. C. **1956**, 3210) entwickelten einfachen Bindungspolarisierbarkeitstheorie verwenden kann, um die Ableitungen der Bindungspolarisierbarkeit ohne Unsicherheiten in Normalkoordinatentransformationen zu erhalten. Sind die Unsicherheiten entfernt, dann ist der Wert für $\bar{\alpha}'$ C—Cl (Ableitung der mittleren Bindungspolarisierbarkeit der C—Cl-Bindung) derselbe in CCl_4 u. $CHCl_3$, vorausgesetzt, daß man annimmt, daß $\bar{\alpha}'$ C—Cl für $CHCl_3$ u. $CDCl_3$ gleich ist.

C. Gottfried B 120△

0713 **Das Infrarot- und Raman-Spektrum von CF_3CH_2J, CF_3CH_2Br und CF_3CH_2F.** Walter F. Edgell, Thomas R. Riethof und Charlotte Ward. (J. molecular Spectroscopy **11**, 92—107, 1963; Lafayette, Ind., Purdue Univ., Dep. of Chem.; engl.) — Die IR- (2—24 mμ) u. Raman-Spektren von CF_3CH_2J (**I**, Kp. ca. 55°), CF_3CH_2Br (Kp. 26,4°) u. CF_3CH_2F (Kp. —24,7°) wurden im Gaszustand, von **I** auch als Fl., aufgenommen. Die Grundschwingungen wurden vollständig zugeordnet (Tabelle).

Ch. Zechel B 120◇

0714 **Wasserstoffbindung in gasförmigen Gemischen: Amin–Alkohol-Systeme.** D. J. Millen und J. Zabicky. (Nature [London] **196**, 889—90, 1962; London, Univ. Coll., William Ramsay and Ralph Forster Labor.; engl.) — Vgl. Arnold u. Mitarbeiter, C. **1961**, 17880. — Vff. berichten über eine Unters. der IR-Absorptionsspektren von Gemischen von *Methylalkohol* (**I**) mit *Methyl-* (**II**), *Dimethyl-* (**III**), *Trimethylamin* u. NH_3. In dem Gemisch von **I** u. **II** wurde das zentrale Maximum bei 3350 cm^{-1} als ν_3–OH-Schwingung angesehen. Diese Frequenz verschiebt sich nach 2500 cm^{-1}, wenn D-**I** verwendet wird. Eine bei ca. 3495 cm^{-1} auftretende Bande wurde der Summe der ν_3- u. ν_1-Bande, eine weitere, schwächere Absorption der Differenz der ν_3- u. ν_1-Bande zugeschrieben. Die Bezeichnung einer Frequenz von ca. 145 cm^{-1} als ν_1-Schwingung führte zu einer H-Valenzbindungskraft-Konst. in angenähert 0,25 mdyn/Å. Eine andere mögliche Erklärung für das Auftreten der Bande 3495 cm^{-1} wird diskutiert. Aus den Spektren der Gemische **I**—**III** wird geschlossen, daß in diesem Komplex die H-Bindung schwächer ist. Ähnlich wie dieses Spektrum waren die Spektren der beiden anderen Gemische.

C. Gottfried B 120△

0715 **Untersuchung der Infrarotspektren von α-substituierten Benzylaminen.** R. Leysen und J. van Rysselberge. (Spectrochim. Acta [London] **19**, 243—54, 1963; Bruxelles, Labofina S. A., Centre de Rech. du Groupe Pétrofina; engl.) — Im Bereich 650—4000 cm^{-1} wurden die IR-Spektren von *Benzylamin* u. folgenden α-X-substituierten Derivv. aufgenommen: X = *Methyl, Äthyl, Propyl, n-Butyl, n-Pentyl, n-Hexyl, n-Heptyl, n-Octyl, n-Nonyl, n-Undecyl, n-Heptadecyl, Isopropyl, Isobutyl, Isopentyl* sowie *α.α-Dimethyl*. Die meisten Banden wurden zugeordnet.

W. Schramm B 120◇

0716 **Die Infrarot- und Raman-Spektren von $ClC(CN)_3$ und dem $C(CN)_3^-$-Ion.** Foil A. Miller und William K. Baer. (Spectrochim. Acta [London] **19**, 73—84, 1963; Pittsburgh, Pa., Univ. of Pittsburgh, Mellon Inst. and Dep. of Chem.; engl.) — Im Bereich von 70—5000 cm^{-1} wurde das IR-Spektrum von $ClC(CN)_3$ (**I**) in fester Form u. das Raman-Spektrum in Lsg. (Lsgm. CH_2Cl_2) mit Polarisationen aufgenommen. Die Resultate werden mit einem C_{3v}-pyramidalen Modell von **I** erklärt. Folgende Grundschwingungen wurden

bestimmt: a_1: 2261, 857, 559, 502, 130; e: 2209 (?), 1076, 450, 204 u. 168 cm^{-1}. Das IR- bzw. Raman-Spektrum des $C(CN)_3^-$-Ions deutet auf eine eben-trigonale Struktur hin. Die Zuordnungen für die D_{3h}-Symmetrie sind: a_1': 2225, 657; a_2'': 567, 404; e': 2175, 1243, 608 u. 483 cm^{-1}. Die Grundschwingungen a_2' u. e'' sind nicht bekannt.
Harro Zimmer B 120◇

0717 **Energieübertragung in festen Naphthalin–Tetracen-Lösungen.** Clive W. Reed und F. R. Lipsett. (J. molecular Spectroscopy **11,** 139—61, 1963; Ottawa, Canada, Nat. Res. Council; engl.) — Bei Bestrahlung von *Naphthalin* (**I**)-*Tetracen* (*Naphthacen, 2.3-Benzanthracen,* **II**)-Mischkristallen mit UV-Licht im Absorptionsbereich von **I** wurde festgestellt, daß der Energietransport von **I** nach **II** fast ausschließlich durch Excitonendiffusion erfolgt. Die Ladungsübertragung nimmt mit der **II**-Konz. zu, erreicht jedoch einen konst. Wert schon deutlich unterhalb der Grenzen der festen Lösung. Die Spektren von **I** u. **I/II** lagen bei 296 u. 4,2° K unabhängig von der anregenden Wellenlänge im Bereich 2600—3200 Å, wodurch der hohe u. über diesen Temp.-Bereich unveränderte Wrkg.-Grad der inneren Umwandlung der Energie auf das Emissionsniveau erkennbar ist. Bei niederen Temp. tritt eine teilweise Löschung des Energietransports ein. Dieser Effekt kann nicht durch eine Änderung der mittleren Weglänge der Excitonen erklärt werden. Die Reinheit von **I** erwies sich jedoch als krit.; vorhandene Spuren von β-Methylnaphthalin werden durch krist. **I** ebenfalls angeregt u. fluorescieren im gleichen Bereich wie **I**. Ganz reines **I** zeigte keine Temp.-Abhängigkeit der Energieübertragung auf **II**. In weniger reinen Kristallen wurde die Löschung auf die Konkurrenz zwischen verschiedenen „trap"-Moll. zurückgeführt. Messungen der polarisierten Fluorescenz u. der therm. Löschung von direkt angeregtem **II** (in **I**) ermöglichten eine versuchsweise Erklärung für die Konstanz der Übertragungswirksamkeit bei hohen Konzentrationen.
Ch. Zechel B 125◇

0718 **Fluorescenz von Lösungs-Scintillatoren mit Naphthalin als Lösungsmittel.** Shigeo Kobayashi und Sohachiro Hayakawa. (Jap. J. appl. Physics **2,** 281—88, 1963; Ookayama, Meguro-ku, Tokyo, Tokyo Inst. of Technol., Res. Labor. of Nucl. Reactor; engl.) — Vff. beschreiben eine einfache App. zur Messung der Fluorescenz u. Scintillations-Eigg. von fl. Lsgg., die *Naphthalin* (F. 80°) als Lsgm. enthalten, wobei ^{60}Co als γ-Strahlenquelle benutzt wird. Die Änderung der Fluorescenzintensität, die durch Zusatz von *Anthracen, p-Terphenyl* u. *POPOP* bei 72 bzw. 94° verursacht werden, sind graph. dargestellt. Die Konz.-Abhängigkeit der Fluorescenzintensität in diesen Syst. gehorcht der von Furst u. Kallmann (vgl. C. **1953,** 4833 u. früher) angegebenen Formel in bezug auf die Energieübertragung in fl. Scintillatoren. Durch Messung der Fluorescenz bei Anregung durch verschiedene Strahlung (γ-Strahlung u. UV) kann zwischen der Löschung durch den gelösten Stoff u. der durch das Lsgm. unterschieden werden, wenn man CCl_4 zusetzt. Weiterhin wurden die Impulsverteilungskurven der vorst. Syst. bei jeweils optimalen Konzz. gemessen. Danach scheinen sich einige der untersuchten Syst. für eine prakt. Anwendung zu eignen.
Ch. Zechel B 125◇

0719 **Die Anwendung der Massenspektrometrie in der organischen Chemie, insbesondere zur Strukturaufklärung von Naturstoffen.** K. Biemann. (Angew. Chem. **74,** 102 bis 115, 1962; Cambridge, Mass., MIT, Dep. of Chem.; dt.) — Zusammenfassender Überblick. — 72 Literaturangaben.
C. Gottfried B 131△

0720 **Organische Ionen in der Gasphase. 11. Mitt. Phenylierte Cyclopropanionen beim Zerfall von 3-Phenylpentan.** Seymour Meyerson und Harold Hart. (J. Amer. chem. Soc. **85,** 2358—59, 1963; East Lansing, Mich., Michigan State Univ., Kedzie Chem. Labor.; Whiting, Ind., American Oil Co., Res. and Dev. Dep.; engl.) — 10. vgl. McCollum u. Mitarbeiter, J. Amer. chem. Soc. **85,** [1963]. 1739; 7. vgl. C. **1960,** 424. — Durch Unters. der Massenspektren von *3-Phenylpentan* (**I**) u. dessen $D_{(1)}$- u. $D_{(3)}$-Verb. wird der Rk.-Weg der Zers. von **I** bei Elektronenbeschuß ermittelt. Vor der ersten Spaltung des Mutterions tritt keine Umwandlung in diesem ein, da das im 1. Rk.-Schritt abgetrennte C_2H_5-Ion ausschließlich aus einer der ursprünglichen Äthylgruppen besteht. Im 2. Schritt können 2 Rkk. parallel verlaufen: eine β-Spaltung u. Wanderung des γ-H in das Phenylpropylion u. eine Umwandlung zu einem phenylierten Cyclopropanion, dem eine Verschiebung von zwei Elektronenpaaren zur Bldg. der beobachteten Prodd. folgt. Die letzte Rk. ist die energieärmere, u. nach ihr werden 90% der $C_7H_7^+$-Ionen beim Beschuß mit Elektronen von 70 eV gebildet.
W. Sobieski B 131◇

0721 **Die Massenspektren cyclischer Ketone.** J. H. Beynon, R. A. Saunders und A. E. Williams. (Appl. Spectroscopy **14,** 95—97, 1960; Manchester, Imp. Chem. Ind. Ltd., Dyestuffs Div.; engl.) — Es werden die hochaufgelösten Massenspektren von *Cyclopentanon, Cyclohexanon, Cycloheptanon, cis-* (**I**) u. *trans-β-Dekalon* (**II**) aufgenommen. Die genaue Masse jedes Ions wurde bestimmt, um seine empir. Formel festzustellen. Die Spektren zeigen Maxima entsprechend einer Abspaltung von C_2H_4, C_2H_5 u. C_2H_4O aus den Mol.-Ionen. In den einfachen Ring-Syst. überwiegen $(C_3H_3O)^+$-Ionen. Zwischen **I** u. **II** bestehen deutliche Unterschiede.
J. Richter B 131◇

0722 **Die Zersetzung von n-Butan in einer elektrischen Entladung.** Aron Kuppermann und Milton Burton. (Radiat. Res. **10,** 636—54, 1959; Notre Dame, Ind., Univ. of Notre Dame, Dep. of Chem.; engl.) — Der Einfl. der elektr. Entladung ($t < 100°$) auf *n-Butan* (**I**) u. auf seine Mischungen mit n-C_4D_{10}, D_2 u. Ar wurde im Bereich von 10—50 cm Hg gemessen. Die entstandenen Prodd., H_2, CH_4, C_2-, C_3-, C_4-Spaltstücke u. Bzl. (40—90% gasförmige Prodd.), wurden mit denen aus *Isobutan* u. aus **I** durch Elektronenbestrahlung (1,5 MeV) entstehenden verglichen. Der Zerfall von **I** bei der Entladung ist eine Rk. 1. Ordnung bzgl. **I** u. eine Rk. 0,5. bis 1. Ordnung bzgl. der Stromstärke, deren durchschnittliche Ausbeute (Umwandlung in chem. Energie) 50% betrug. Die Beteiligung von Ionen-Rkk. u. die Mol.-Abspaltung von CH_4 aus **I** sind unwesentlich. Vff. stellten einen Mechanismus auf, der einen Energieübergang von Elektronen der Entladung auf Radikale, wie Butyl, bei niedrigen Elektronenanregungsstufen dieser Radikale vorsieht. Wenn angeregtes Butyl zerfällt, sind die kleineren Spaltstücke, wie CH_3, „heiß".
A. Grohmann B 131◇

0723 **Dielektrisches Verhalten von γ-bestrahltem Triglycinsulfat.** Koichi Toyoda, Akira Kawabata und Tetsuro Tanaka. (Jap. J. appl. Physics **2,** 311, 1963; Kyoto, Kyoto Univ., Inst. for Chem. Res.; engl.) — Vff. untersuchten das dielektr. Verh. von mit ^{60}Co-γ-Strahlung bestrahltem *Triglycinsulfat.* Es zeigte sich, daß der Curie-Punkt zu niedrigerer Temp. verschoben wird u. daß das Maximum der DK mit steigender Dosis abnimmt. Als Folge der Bestrahlung nimmt der tg δ-Wert im ferroelektr. Bereich ab u. im paraelektr. Bereich zu. Der Mechanismus der Strahlungs-Wrkg. ist noch nicht bekannt.
Ch. Zechel B 132◇

0724 **Brechungs- und Polarisationseigenschaften binärer Lösungen der Nitrotoluolisomeren mit den Xylolisomeren, Chloroform und Cyclohexan.** W. K. Plucknett und T. R. Dowd. (J. chem. Engng. Data **8,** 207—10, 1963; Lexington, Ky., Univ. of Kentucky, Chem. Dep.; engl.) — Bei 25 u. 35° werden für die bin. Gemische aller 3 Nitrotoluolisomerer mit den 3 *Xylolisomeren* u. für die von *o-* (**I**) u. *m-Nitrotoluol* (**II**) mit *Chlf.* u. *Cyclohexan* sowie von **I** mit **II** im gesamten Konz.-Bereich (mit Ausnahme der Syst. von *p-Nitrotoluol* infolge dessen geringer Löslichkeit) die Werte für Zus. D., n_D, DK, Mol.-Refr. u. Mol.-Polarisation ermittelt.
W. Schramm B 132◇

0725 **Molekülpolarisierbarkeit. Molare Kerr-Konstanten und Dipolmomente von fünf Haloform-Molekülen in Benzollösung.** R. J. W. Le Fèvre und G. L. D. Ritchie. (J. chem. Soc. [London] **1963,** 4933—38; Sydney, N.S.W., Australia, Univ.; engl.) — Von *1.1.1-Trichlor-* [**I**; μ 1,70 D; $10^{12} \cdot {}_\infty({}_mK_2)$ —24,7], *1.1-Dichloräthan* (**II**; 1,96; —3,4), *Bromoform* (1,02; —33,8), *Jodoform* (0,86; —14,0), *Nitrochloroform* (**III**; 1,86; —23,9) u. *Benzotrifluorid* (2,56; + 215) werden die mol. Kerr-Konst. ${}_\infty({}_mK_2)$ u. Dipolmomente μ bei 25° in benzol. Lsg. bestimmt u. daraus die wichtigsten Halbachsen der C—Cl-, C—Br- u. C—J-Bindungen ermittelt (Tabellen). Die Abschätzungen ergeben, daß die C—Cl- u. C—Br-Werte zwischen denen von Methyl- u. tert.-Butylhalogeniden liegen, die C—J-Werte entsprechen etwa denen von Methyljodid. Die C—Cl-Werte von **I** sind nahe denen von **III**. Der ${}_\infty({}_mK_2)$-Wert von **II** kann berechnet werden, wenn das resultierende Moment im Winkel 23—29° von der Richtung der Mol.-Polarisierbarkeitshauptachse wirkt. — Vff. beschreiben eine App. zur photoelektr. Best. von Doppelbrechung. W. Sobieski B 132◇

0726 **Molekülpolarisierbarkeit. Spezifizierung der Halbachsen des Polarisierbarkeitsellipsoids der Phosphit-, Phosphat-, Thiophosphat- und Arsenitgruppe.** M. J. Aroney, R. J. W. Le Fèvre und J. Saxby. (J. chem. Soc. [London] **1963**, 4938—41; engl.) — Vgl. vorst. Ref.; vgl. C. **1963**, 14253. — Die mol. Kerr-Konst. $_\infty(_mK_2)$, Polarisationen u. Dipolmomente μ von *4-Methyl-1-phospha-2.6.7-trioxabicyclo-[2.2.2]-octan* [$10^{12}\cdot{}_\infty(_mK_2)$ 368; μ 4,15] u. seinem *1-Oxid* (1519; 7,10) u. *1-Sulfid* (2637; 6,77) sowie von *4-Methyl-1-arsa-2.6.7-trioxabicyclo-[2.2.2]-octan* (160; 2,36) werden bei 25° in Dioxan bestimmt u. auf Grund des Polarisierbarkeitsellipsoids die Haupthalbachsen der O_3X-Gruppe (alle Werte in 10^{-23} cm^3-Einheiten) für X = P, PO, PS u. As zu 0,410; 0,416; 0,869; 0,535; die Nebenhalbachsen zu 0,359; 0,284; 0,492; 0,421 ermittelt. Die „effektiven" longitudinalen Polarisierbarkeiten der O—P- u. O—As-Bindungen betragen 0,086 u. 0,066, die transversalen 0,145 u. 0,196. W. Sobieski B 132◇

0727 **Organische Halbleiter.** Norman J. Juster. (J. chem. Educat. **40**, 547—55, 1963; Los Angeles, Calif., Univ. of California; engl.) — Übersicht: Natur der organ. Halbleiter; Mol.-Kristalle; Leitungsmechanismen; Ladungsübertragungskomplexe; Polymere; feste freie Radikale; andere Halbleitertypen (Phthalocyanine u. a.). — 48 Literaturangaben. A. Blaschette B 135◇

0728 **Elektrische Leitfähigkeit von polykristallinem Acenaphthen und Acenaphthenchinon.** Marta Łuklińska und Kazimierz Gumiński. (Roczniki Chem. [Ann. Soc. chim. Polonorum] **37**, 899—903, 1963; Kraków, Jagiellonian Univ., Inst. of Theoret. Chem.; Pol. Acad. of Sci., Inst. of Phys. Chem.; engl.) — Vff. maßen bei Anodenspannungen bis 120 V u. bei Temp. zwischen 40 u. 90° die elektr. Leitfähigkeit von polykristallinem *Acenaphthen* (**I**) u. bei Temp. von 40—200° von polykristallinem *Acenaphthenchinon* (**II**). Danach nimmt die Leitfähigkeit der **I**-Proben entsprechend der Gleichung $\sigma = \sigma_0 \cdot e^{-E/2kT}$ mit steigender Temp. zu. Bei 50° wurde ein mittlerer Wert von $2\cdot10^{-13}\Omega^{-1}\cdot cm^{-1}$ gefunden. Ein Polarisationseffekt oder eine Hysteresis konnte nicht beobachtet werden. Für die Aktivierungsenergie der Leitfähigkeit werden 3,54—3,60 eV angegeben. Bei **II** ändert sich die Leitfähigkeit mit der Temp. entsprechend vorst. Exponentialgesetz (vgl. Pigon, C. **1957**, 2154), jedoch besteht die Kurve σ gegen 1/T aus zwei Geraden, die sich bei ca. 150° schneiden. Entsprechend werden bei 40—150° für die Aktivierungsenergie 1,0—1,3 eV, darüber 2,5 eV gefunden. Die Werte für die Aktivierungsenergie stimmen gut mit den aus Spektraldaten berechneten überein. Ch. Zechel B 135◇

0729 **Die kernmagnetischen Resonanzspektren von olefinischen Protonen und die Substituenteneffekte.** 1. Mitt. **Systeme von ω-substituierten trans-Styrolen und 1-substituierten trans-Propenen.** Hazime Kasiwagi und Jun Niwa. (Bull. chem. Soc. Japan **36**, 405—09, 1963; Mizuho-ku, Uagoya, Nagoya Univ., Dep. of Gen. Educat., Chem. Labor.; engl.) — Die hochaufgelösten NMR-Spektren von *Styrol, trans-ω-Chlor-* (cis-Verb., Kp. 199—199,5°), *-ω-Brom-, -ω-Nitrostyrol* (F. 59—60°), *-1-Phenylpropen* ($Kp._{14}$ 73 bis 75°), *-Zimtaldehyd, -Cinnamoylchlorid, -Zimtsäure, -nitril* (F. 10°) u. *-methylester, -Benzylidenaceton, -Styrylacetat* ($Kp._6$ 103—104°) u. *-Stilben* sowie von *Propen, trans-1-Chlor-, -1-Brom-* (Kp. 59—60°), *-1-Nitropropen* ($Kp._8$ 94—95°), *-Crotonaldehyd* (Kp. 106—107°), *-Crotonsäure, -nitril* (Kp. 118 bis 119°), *-methylester* (Kp. 119—120°) u. *-chlorid* (Kp. 124 bis 125°), *-Buten-(2)* u. *-Penten-(3)-on-(2)* werden gemessen. Die chem. Verschiebungen δ der $H_{(A)}$-Protonen in $C_6H_5CH_{(A)}=CH_{(B)}X$ u. $CH_3CH_{(A)}=CH_{(B)}X$ hängen in angenähert linearer Beziehung von den Hammettschen σ_p-Substituenten-Konst. ab, in besserer Beziehung jedoch von einer Kombination der induktiven u. Resonanzparameter, nämlich $0{,}40\,\sigma_I + 0{,}70\,\sigma_R$. Danach können die δ-Werte bei Berücksichtigung der diamagnet. Anisotropie u. weitreichender Abschirmeffekte der Substituenten berechnet werden. Zwischen den δ-Werten von Protonen in entsprechenden Stellungen (o- u. p-) in mehreren Syst. besteht eine gute Beziehung, was darauf hinweist, daß die Weiterleitung der Substituenteneffekte in diesen Syst. auf ähnliche Weise erfolgt. Die Natur der Substituenteneffekte auf die δ-Werte der $H_{(B)}$-Protonen ist jedoch komplex. G. Pötzscher B 137◇

0730 **Die kernmagnetischen Resonanzspektren von olefinischen Systemen und die Substituenteneffekte.** 2. Mitt. **Methylester von α- oder β-substituierten Zimtsäuren.** Hazime Kasiwagi, Naoya Nakagawa und Jun Niwa. (Bull. chem. Soc. Japan **36**, 410—13, 1963; engl.) — 1. vgl. vorst. Referat. — Die protonenmagnet. Resonanzspektren von *Zimtsäuremethylester* (F. 33°), *α-* (F. 33—34°) u. *β-Chlor-* [F. 22—24°, aus Phenylpropiolsäure (**I**) mit HCl], *α-* ($Kp._9$ 150 bis 152°) u. *β-Brom-* (F. 58°, aus **I** mit HBr), *α-* [F. 37—38°, aus Benzaldehyd (**II**) mit Methylmalonsäure u. Veresterung] u. *β-Methyl-* (F. 27°, $Kp._{4,5}$ 109°) u. *α-Cyan-trans-zimtsäuremethylester* [F. 90—90,5°, aus **II** mit Na-Cyanacetat über die Säure (F. 180,5°)] wurden untersucht u. die chem. Verschiebungen δ gemessen. Die Beziehung zwischen den δ-Werten u. den Substituenteneffekten ($0{,}40\,\sigma_I + 0{,}70\,\sigma_R$) für ω-substituierte Styrole (vgl. l. c.) ist auch für diese Ester gültig. G. Pötzscher B 137◇

0731 **Das NMR-Spektrum von Purin.** Sadao Matsuura und Toshio Goto. (Tetrahedron Letters [London] **1963**, Nr. 22, 1499—1500; Nagoya, Nagoya Univ., Fac. of Sci., Dep. of Gen. Educat.; engl.) — Von *Purin* (**I**), $D_{(8)}$-**I** (F. 212 bis 213°, aus 4.5-Diamino-2-chlorpyrimidin u. D_2 an Pd-Kohle u. Kondens. mit HCO_2H) u. $D_{(6)}$-**I** (F. 212—213°, analog aus 4.5-Diamino-6-chlorpyrimidin) werden die NMR-Spektren aufgenommen u. die chem. Verschiebungen ermittelt. Danach ist im Gegensatz zu Jardetzky u. Jardetzky (C. **1961**, 2568) das $H_{(6)}$-Proton nicht am stärksten, sondern am wenigsten abgeschirmt. G. Pötzscher B 137◇

0732 **Ionisation von Essig-, Propion-, n-Butter- und Benzoesäure in Wasser aus Leitfähigkeitsmessungen bis 225°.** A. J. Ellis. (J. chem. Soc. [London] **1963**, 2299 bis 2310; Lower Hutt, New Zealand, Dominion Labor; engl.) — Vf. bestimmte die Leitfähigkeit verd. wss. Lsgg. von *Essig-* (**I**), *Propion-, n-Butter-* u. *Benzoesäure* in einer speziellen Leitfähigkeitszelle bei Temp. bis 225°. Aus den Ergebnissen wurden die Säuredissoziations-Konst. (K_a) berechnet; sie sind graph. angegeben. Zwischen 25 u. 225° nehmen die K_a-Werte um etwa eine Zehnerpotenz ab; oberhalb 100° liegen die Werte im Diagramm $K_a/(1/DT)$ (D = Konst.) auf einer Geraden u. erlauben eine Extrapolation zu höheren Temperaturen. Die Abnahme der Ionisation oberhalb 100° gibt im wesentlichen die Änderung des elektr. Beitrages zu der Freien Energie der Ionisation wieder, der durch die rasche Abnahme der DK des W. verursacht wird. In weiteren Verss. wurde die Leitfähigkeit von wss. Lsg. von KCl, HCl u. der K-Salze vorst. organ. Säuren bestimmt; die Ergebnisse stimmen gut mit den Messungen von Noyes [1907] an KCl, HCl u. **I** überein; bei KCl u. HCl gehorchen die erhaltenen Daten bei 225° mit ±1% Abweichung der Gleichung von Onsager bei Konzz. bis ca. 0,005 m. Die Konst. α, β u. γ der Onsager-Gleichung sind für den untersuchten Temp.-Bereich angegeben. Ch. Zechel B 139◇

0733 **Über die Möglichkeit, die Dissoziationskonstante stickstoffhaltiger organischer Verbindungen durch katalytische Wellen polarographisch zu ermitteln.** E. Pungor und E. Rokosinyi-Hollós. (Acta chim. Acad. Sci. hung. **22**, 69—72, 1960; Budapest, L. Eötvös Univ., Inst. für Anorg. u. Analyt. Chem.; dt.) — Vff. fanden bei der Best. der pK-Werte von *Methylenblau* u. *Nicotinsäureamid* nach der von Knobloch (Collect. czechoslov. chem. Commun. **12**, [1947], 407) entwickelten Meth. aus der Höhe der polarograph. katalyt. Welle, daß sich die pK mit der der Lsg. zugefügten u. so auf der Elektrodenoberfläche bzw. in ihrer Nähe variierten Ionen-Konz. ändert. Der pK-Wert eines durch die Elektrodenoberfläche adsorbierten schwachen Elektrolyten hängt von der Qualität u. Quantität der in der Absorptionsschicht anwesenden Komponenten, von dem angelegten elektr. Potential u. von der Entw. einer elektr. Doppelschicht auf der Elektrode u. der Einw. der gelösten Komponenten auf diese ab. Aus den Unters.-Ergebnissen (Tabellen) folgt, daß die pK-Werte N-haltiger organ. Verbb. polarograph. im Sinne Knoblochs nicht exakt bestimmt werden können, da ihr Wert durch die in der Umgebung der Elektrodenoberfläche herrschenden Verhältnisse beeinflußt wird. G. Plötner B 139◇

0734 **Elektrochemische Fluorierung von 2.2.3.3-Tetrafluorpropanol-(1).** Shunji Nagase, Hajime Baba und Rimpei Kojima. (Bull. chem. Soc. Japan **36**, 29—31, 1963; Nagoya, Kita-ku, Gov. Ind. Res. Inst.; engl.) — Durch elektrochem. Fluorierung in HF wurde aus *2.2.3.3-Tetrafluorpropanol-(1)* (**I**) durch Hydrolyse des zunächst entstehenden Säurefluorides in guter Ausbeute (17,5—52,3%) *Perfluorpropionsäure* (**II**) neben wenig *Trifluoressigsäure* (**III**, 1,7—10,2%) erhalten. Die Stromausbeuten lagen zwischen 14,7 u. 45,5%. Die Ausbeuten (Stromausbeuten) nahmen zu, mit einem Anstieg der Stromdichte an der Anode u. mit der Temp. der Zelle. Andererseits verlief die Rk. bei niedrigeren Temp. milder, u. es entstand weniger **II**. Die Zus. des Rk.-Prod. ist sehr ähnlich der bei der Fluorierung von Propanol, Propylpropionat, Diäthylketon u. Dipropyläther (vgl. J. chem. Soc. Japan, ind. Chem. Sect. [Kôgyô Kagaku Zasshi] **65**, [1962], 1183 u. früher) erhaltenen. Bei der elektrochem. Fluorierung von *2.2.3.3-Tetrafluorpropionsäure* wurden nur Spuren von **II** u. **III** (im Verhältnis 68:32 bis 60:40) gefunden.
Ch. Zechel B 141◇

0735 **Polarographische Reduktion von Nitrobenzol und Nitrosobenzol in Dimethylformamid.** W. Kemula und R. Sioda. (Bull. Acad. polon. Sci., Sér. Sci. chim. **10**, 107 bis 111, 1962; Pol. Acad. of Sci., Inst. of Phys. Chem.; engl.) — Vff. untersuchten die polarograph. Red. von *Nitro-* (**I**) u. *Nitrosobenzol* (**II**) in 0,2 n $NaNO_3$ Lsg. in Dimethylformamid (DMF). Sowohl **I** als auch **II** gaben in dieser Lsg. 2 Red.-Stufen, die sich als proportional der Konz. der Verb. u. der $\sqrt{h_{korr.}}$ erwiesen. Die Höhe der 2. Red.-Stufe war der Konz. bei Konzz. bis zu $3{,}5 \cdot 10^{-4}$ m für **I** u. bis $1{,}5 \cdot 10^{-3}$ m für **II** proportional; bei höheren Konzz. wurde die 2. Stufe kontinuierlich geringer. *Phenylhydroxylamin*, das als Red.-Prod. von **I** u. **II** auftreten könnte, gibt in DMF keine Red.-Stufe. Daraus u. weil die Gesamthöhe der Red.-Stufen bei **I** doppelt so groß war wie die Gesamthöhe bei **II** bei gleicher Konz. schließen Vff., daß die Red. der aromat. NO_2-Gruppe in **I** eine 4-Elektronen- u. die der NO-Gruppe in **II** eine 2-Elektronen-Red. ist. Zur Unters. des Einfl. von Protonendonatoren wurde während der polarograph. Red. Benzoesäure (**III**) im Verhältnis 1—4 Mol auf 1 Mol **I** u. 0,5—2 Mol auf 1 Mol **II** zugesetzt. Dabei trat eine neue Red.-Stufe auf ($E_{1/2} = -0{,}49$V gegen die Standard-Kalomel-Elektrode). Die Summe der drei Stufen entspricht der der beiden Stufen ohne Zusatz. Die neue Stufe ist möglicherweise auf einen Komplex zwischen **II** u. **III** oder auf protoniertes **II** zurückzuführen. — Ähnliches polarograph. Verh. in bezug auf die NO_2-Gruppe wurde auch in 0,2 n LiCl-Lsg. in DMF beobachtet. Für **I** u. **II** wurden zusätzlich cycl. chronovoltamperometr. Kurven aufgenommen.
Ch. Zechel B 142◇

0736 **Polarographie einiger aromatischer Mononitroverbindungen.** W. M. Gorochowski und N. M. Ponomarewa. (J. allg. Chem. [UdSSR] **29(91)**, 3535—41, 1959; Kasan, Filiale des wiss. Allunions-kinophoto-Unters.-Inst.; russ.) — Die polarograph. Red. von *o-*, *p-Nitrobenzoe-*, *4-Nitrosalicyl-*, *5-Nitroanthranilsäure* u. *p-Nitranilin* in wss. A. bei pH 2—10 wurde untersucht. Die Abhängigkeit der Halbstufenpotentiale u. der Stufenhöhen der Red. der NO_2-Gruppe vom pH u. der Art der Substituenten ist tabellar. u. graph. angegeben. Aus den Ergebnissen wird abgeleitet, daß die Elektronegativität der NO_2-Gruppe in den Nitrosäuren in der Reihe o > m > p fällt.
G. Pötzscher B 142◇

0737 **Dampfdrücke von alkylaromatischen Kohlenwasserstoffen.** D. L. Bond und George Thodos. (J. chem. Engng. Data **5**, 289—92, 1960; Evanston, Ill., Northwestern Univ.; engl.) — Vff. berechneten aus verschiedenen Literaturangaben die Konst. der von Frost u. Kalkwarf entwickelten Dampfdruckgleichung für *Bzl.* u. nachst. alkylsubstituierte aromat. KW-Stoffe: *Toluol, o-, m-, p-Xylol*; Benzole: *Äthyl-, n-Propyl-, Isopropyl-, 1-Methyl-2-äthyl-, 1-Methyl-3-äthyl-, 1-Methyl-4-äthyl-, 1.2.3-, 1.2.4-, 1.3.5-Trimethyl-, n-Butyl-, Isobutyl-, sek.-Butyl-, tert.-Butyl-, 1.2-, 1.3-, 1.4-Diäthyl-, 1.2-Dimethyl-3-äthyl-, 1.2-Dimethyl-4-äthyl-, 1.3-Dimethyl-4-äthyl-* (**I**), *1.3-Dimethyl-5-äthyl-, 1.4-Dimethyl-2-äthyl-, 1.2.3.4-, 1.2.3.5-, 1.2.4.5-Tetramethyl-*; 1-Methyl-: *-2-, -3-, -4-propyl-, -2-, -3-, -4-isopropylbenzol, Naphthalin*; Naphthaline: *1-, 2-Methyl-, 1-* u. *2-Äthyl-*. Die Berechnung der Konst. B vorst. Gleichung aus Einzelwerten ΔB für Grundkörper, Substituent, Stellung usw. wird am Beispiel von **I** erläutert u. für die anderen Verbb. ebenfalls durchgeführt. Der Vgl. zwischen experimentellen u. auf der Grundlage der vorst. Gleichung berechneten Werten zeigt im allg. gute Übereinstimmung.
Ch. Zechel B 150◇

0738 **Thermodynamische Eigenschaften von Dichlortetrafluoräthan.** Joseph J. Martin. (J. chem. Engng. Data **5**, 334—36, 1960; Ann Arbor, Mich., Univ. of Michigan; engl.) — Der Dampfdruck (von 350,21—753,95° R), das Druck-Vol.-Temp.-Verh. des Gases (bei 536,88—864,10° R u. 14,78—1659,2 p.s.i.a.), die Dichte der gesätt. Fl. sowie IR- u. Raman-Daten werden, z. T. der Literatur entnommen, tabellar. für techn. *Dichlortetrafluoräthan* (95% $CClF_2-CClF_2$ u. 5% CCl_2F-CF_3) angegeben. Die krit. Temp. liegt bei 294,3° F = 753,95° R, der krit. Druck bei 473,187 p.s.i.a., die krit. Dichte beträgt 36,32 pounds/cubic foot.
Ch. Zechel B 150◇

0739 **Verhalten von fest-flüssig-Phasen binärer Lösungen bei erhöhten Drücken.** Jack Winnick und J. E. Powers. (A.I.Ch.E. Journal **7**, 303—07, 1961; Norman, Okla., Univ. of Oklahoma; engl.) — Die Bldg. einer festen Phase aus bin. Lsgg. wurde thermodynam. untersucht. Exakte thermodynam. Beziehungen sowie Näherungs-Lsgg., die den Idealfall einschließen, sind für das Gleichgewicht einer fl. mit einer festen Phase für verschiedene Zus. aufgestellt worden. Meßwerte des Syst. *Äthylenbromid–Äthylenchlorid* sowie *Bzl.–n-Heptan* werden mit den berechneten Werten verglichen u. die Abweichung diskutiert.
W. Pruss B 150◇

0740 **Wirkung polarer Komponenten auf die relative Flüchtigkeit des binären Systems n-Hexan–Benzol.** P. S. Prabhu und Matthew Van Winkle. (J. chem. Engng. Data **8**, 210—14, 1963; Austin, Tex., Univ. of Texas; engl.) — Dampf–Fl.-Gleichgewichte werden für die bin. Syst. *n-Hexan* (**I**)–*Propanol* (**II**), *Bzl.*–**II**, **I**–Bzl. u. das tern. Syst. **I**–**II**–Bzl. bei 760 mm Hg gemessen. Danach nimmt die relative Flüchtigkeit von **I** relativ zu Bzl. merklich mit der Zugabe von **II** zu.
W. Schramm B 150◇

0741 **Dampf–Flüssigkeits-Gleichgewichte bei einem Druck unter Atmosphärendruck. Das ternäre System Äthylalkohol/Benzol/n-Heptan.** Gary O. Oakeson und James H. Weber. (J. chem. Engng. Data **5**, 279—81, 1960; Lincoln, Nebr., Univ. of Nebraska, Dep. of Chem. Engng.; engl.) — Vff. bestimmten die Dampf–Fl.-Gleichgewichtsdaten für das tern. Syst. *A.* ($Kp._{760}$ 78,3°, $Kp._{180}$ 45,81; $D.^{25}$ 0,7843; n_D^{25} 1,3592)/*Bzl.* ($Kp._{760}$ 80,0°, $Kp._{180}$ 39,6°; $D.^{25}$ 0,8732; n_D^{25} 1,4977)/*n-Heptan* ($Kp._{760}$ 98,4°, $Kp._{180}$ 56,0°; $D.^{25}$ 0,6786; n_D^{25} 1,3851) bei 180 mm Hg. Das tern. Syst. zeigt starke Abweichungen vom idealen Verh. fl. Phasen. Ein tern. Azeotrop wurde bei dem angegebenen Druck mit einem Minimum-Kp. 32,38° u. einer Zus. (in Molenbrüchen) $x_{A.} = 0{,}331$; $x_{Bzl.} = 0{,}646$; $x_{n-C_7H_{16}}$ 0,023 beobachtet. Das Kp.-Diagramm, die Partialdrücke u. die Aktivitäts-Koeff. der Komponenten sind graph. wiedergegeben.
Ch. Zechel B 150◇

0742 **Dampf–Flüssigkeits-Gleichgewichte in binären und ternären Systemen. Cyclohexanol/Phenol, Cyclohexanon/Cyclohexanol und Cyclohexanol/Phenol/Cyclohexanon.** D. R. Cova. (J. chem. Engng. Data **5**, 282—84, 1960; St. Louis, Mo., Monsanto Chemical Co.; engl.) — Vf. bestimmte die Dampf–Fl.-Gleichgewichtsdaten für die bin. Syst. *Cyclohexanol* (**I**, Kp. 161,0°; n_D^{25} 1,4645)/*Phenol* (**II**, Kp. 181,9°), *Cyclohexanon* (**III**, Kp. 155,6°; n_D^{25} 1,4484)/**I** u. für das tern. Syst. **I**/**II**/**III** bei 90 bzw. 100 mm Hg. Das Syst. **I**/**II** hat bei 90 mm ein Azeotrop mit einer Gleichgewichts-Temp. von 120° (geschätzt) u. einem Molenbruch von 0,29 für **I**. Die Brechungsindices für verschiedene Mischungen von **I**, **II** u. **III** sowie die Aktivitäts-Koeff. für die einzelnen Komponenten in den 3 Syst. sind tabellar. angegeben.
Ch. Zechel B 150◇

0743 **Verteilung von Essig- und Propionsäure zwischen Furfurol und Wasser.** E. L. Heric und Ronald M. Rutledge. (J. chem. Engng. Data **5**, 272—74, 1960; Athens, Ga., Univ. of Georgia, Dep. of Chem.; engl.) — Die Verteilung von *Essig-* u. *Propionsäure* (n_D^{25} 1,3841) zwischen *Furfurol* (n_D^{25} 1,5235) u. *W.* wurde untersucht. Die Binodalkurven u. Verbindungslinien wurden bestimmt; die Daten sind für 25 u. 35° tabellar. angegeben.
Ch. Zechel B 150◇

0744 **Die latente Verdampfungswärme von n-Pentan.** William Kozicki und B. H. Sage. (J. chem. Engng. Data **5**, 331—33, 1960; Pasadena, Calif., California Inst.

of Technol., Chem. Engng. Labor.; engl.) — Vff. bestimmten die latente Verdampfungswärme von *n-Pentan* ($n_D^{77°F}$ 1,3549) von 100° F bis zur krit. Temp. (385,9° F). Die erhaltenen Werte werden mit Literaturangaben verglichen.
Ch. Zechel B 155◇

0745 **Reaktionswärmen organischer Verbindungen.** 2. Mitt. **Wärme der Addition von Chlorwasserstoff an Acetylen.** J. R. Lacher, N. B. Gottlieb und J. D. Park. (Trans. Faraday Soc. **58**, 2348—51, 1962; Boulder, Colo., Univ. of Colorado, Dep. of Chem.; engl.) — Vgl. C. **1950**, II, 28; C. **1957**, 635. — In Anlehnung an ein von Kelen (vgl. C. **1956**, 6203) beschriebenes konstruierten Vff. ein neues Calorimeter. Mit dem App. kann die Temp. für längere Zeit konst. innerhalb 0,001° pro Std. gehalten werden. Mit diesem neuen Calorimeter maßen Vff. bei 100° die Rk.-Wärme zwischen C_2H_2 u. HCl. Als Katalysator wurde $HgCl_2$ auf einer Tonplatte verwendet. Die Standard-Bldg.-Wärme für das entstehende *Vinylchlorid* wird zu + 8072 cal/Mol bei 25° mit Hilfe der Kirchhoffschen Gleichung berechnet.
C. Gottfried B 156△

0746 **Thermische Leitfähigkeit von leichten Kohlenwasserstoffen und Methan/Propan-Mischungen bei niederen Drücken.** Wiley J. S. Smith, Leo D. Durbin und Riki Kobayashi. (J. chem. Engng. Data **5**, 316—21, 1960; Houston, Tex., Rice Inst.; engl.) — Die therm. Leitfähigkeit von *Methan, Propan, n-Butan* u. *n-Pentan* sowie von 4 CH_4/C_3H_8-Gemischen wurde bei 50°, 75°, 100°, 125° u. 150° gemessen. Die Daten bestätigen verschiedene Annahmen für die Theorie der therm. Leitfähigkeit (vgl. z. B. Hirschfelder, C. **1957**, 10941).
Ch. Zechel B 158◇

0747 **Über die Traubesche Regel.** Hideo Kimizuka und Mitsuru Tanaka. (Mem. Fac. Sci., Kyushu Univ., Ser. C **4**, 119—22, 1961; Kyushu Univ., Dep. of Chem., Fac. of Sci.; engl.) — Vff. zeigen, daß die Freie Energie der Adsorption an Oberflächen von W. durch die Differenz der Oberflächenspannung von gelöstem Stoff u. Lsgm. bestimmt wird. Der Proportionalitätsfaktor der abgeleiteten Gleichung wird aus dem Mol.-Vol. einer CH_2-Gruppe u. der Loschmidtschen Zahl N berechnet. Es ergibt sich gute Übereinstimmung mit der Traubeschen Regel u. zwischen berechneten u. experimentellen, der Literatur entnommenen Werten für die Syst. *Fluorfettsäure/W., Fettsäure/W., Fettalkohol/W.* u. Fluor-Verb./organ. Lösungsmittel.
J. Simon B 166◇

0748 **Oberflächenspannung von Perfluormethylcyclohexan.** James B. Griffin und H. Lawrence Clever. (J. chem. Engng. Data **5**, 390, 1960; Atlanta, Ga., Emory Univ., Dep. of Chem.; engl.) — Vff. bestimmten die Oberflächenspannung γ von *Perfluormethylcyclohexan* (**I**, C_7F_{14}, $Kp._{755}$ 76,0—76,1°) zwischen 0 u. 50°. Die gefundenen Werte genügen mit $\pm 0{,}04$ dyn cm^{-1} mittlerer Abweichung der Gleichung $\gamma = 17{,}69 - 0{,}0973 \cdot t$ (t = Temp. in °C). Nachst. thermodynam. Daten für die Bldg. einer neuen Oberfläche sind für I angegeben: Freie Oberflächenenergie 14,70 erg · cm^{-2}; Entropie 0,0973 erg · $Grad^{-1} \cdot cm^{-2}$; latente Wärme 29,5 erg · cm^{-2}; Enthalpie 44,2 erg · cm^{-2}. Die entsprechenden Werte für *Methylcyclohexan* sind (in vorst. Folge): 22,62; 0,103; 31,2; 53,8. Die Eötvössche Konst. von I ist 2,75; als Atomparachor wurde mit 9,0 für C u. 0,8 für den Sechsring für F 23,2 gefunden.
Ch. Zechel B 166◇

0749 **Monomolekulare Filme von gewissen Anthracenderivaten.** F. H. C. Stewart. (Austral. J. Chem. **14**, 57—63, 1961; Melbourne, C.S.I.R.O., Chem. Res. Labor., Div. of Phys. Chem.; engl.) — Es wird die Fähigkeit einer Anzahl von mesosubstituierten Anthracen-Derivv. auf wss. Unterlage Filme zu bilden, durch Aufnahme von Oberflächenspannung-Flächendiagrammen bei 20° untersucht: *9-Hydroxymethyl-* (F. 156°), *9-γ-Hydroxypropyl-* (F. 97,5°), *9-ε-Hydroxyamyl-* (F. 93,5°), *9-n-Butyl-10-hydroxymethyl-* (F. 194°), *9-ε-Acetoxyamylanthracen* (F. 71°), *β-[9-n-Butylanthryl-(10)]-propionsäure* (F. 153°), *9-n-Butyl-10-γ-hydroxypropylanthracen* (F. 114,5°), *9-Dodecylanthracen-10-aldehyd* (F. 80°), *9-Dodecyl-10-hydroxymethylanthracen* (F. 144°), *β-[9-Dodecylanthryl-(10)]-propionsäure* (F. 112°) u. *9-Dodecyl-10-γ-hydroxypropylanthracen* (F. 94°). Stabile Filme bilden nur die Verbb. mit mindestens 13 aliphat. C-Atomen, woraus auf beträchtlich hydrophilen Charakter des Anthracenrings geschlossen wird. Die mol. Flächenbeanspruchungen liegen um 28 oder 36 oder 46 Å². Sie werden durch spezielle Lagerungen der Moll. auf der Oberfläche zu erklären versucht.
K. L. Wolf B 166◇

0750 **Thermodynamik von Interlamellarkomplexen.** 2. Mitt. **Sorption an Dimethyldioctadecylammoniumbentonit.** R. M. Barrer und K. E. Kelsey. (Trans. Faraday Soc. **57**, 625—40, 1961; London, Imp. Coll., Chem. Dep., Chem. Labor.; engl.) — 1. vgl. Trans. Faraday Soc. **57**, [1961], 452. — Die Adsorption von *n-Heptan* (**II**), *Bzl.*, *Toluol* (**III**), *Cyclohexan* (**IV**), *Isooctan* (**V**). *Isobutan* (**VI**), *n-Butan* (**VII**), *Dioxan* (**VIII**) u. *Pyridin* (**IX**) an Dimethyldioctadecylammoniumbentonit (I, Bentone 34) wurde bestimmt, die isostere Wärme u. Entropie berechnet, u. die Ausweitung des Gitters durch Röntgenbeugung ermittelt. Im Gegensatz zu Methylammonium- u. Tetramethylammoniumbentonit besitzt I keine interlamellare Porosität u. hat sehr geringe Adsorptionswärmen u. in den meisten Fällen eine positive Entropie. N_2 wird nur an sehr kleinen Bereichen der Kristallflächen adsorbiert. Die Adsorption von **VI** u. **VII** ist etwas größer. Die spezif. Kohäsionsenergie u. die Adsorption nimmt in der Reihenfolge **V** < **II** < **IV** < **III** < Bzl. < **VIII** < **IX** zu. Die positiven Sorptionsentropien können durch eine Modifizierung der Gittertheorie von Polymer-Monomeren-Gemischen gedeutet werden, bei der die begrenzten Schichtabstände u. die Fixierung der N-Atome in der Mitte der Kettenionen an Oberflächenplätzen der Al-Silicatschichten berücksichtigt werden.
W. Pruss B 176◇

0751 **Die Adsorption von Natriumdodecylsulfat an der Oberfläche von Octadecylamin.** Ryosuke Shimozawa, Ryohei Matuura und Hideo Kimizuka. (Mem. Fac. Sci., Kyushu Univ., Ser. C **4**, 153—57, 1961; Kyushu Univ., Dep. of Chem., Fac. of Sci.; engl.) — An festen Oberflächen aus *Octadecylamin* (**I**) wird die Adsorption von in W. gelöstem *^{35}S-Na-Dodecylsulfat* in Abhängigkeit von Konz. u. Zeit beobachtet. Entsprechend der vorgegebenen Konz. steigt auch die Anfangsadsorptions-Geschw. bis zu einem Maximalwert an, um dann von der krit. Micell-Konz. (CMC) an nahezu konst. zu bleiben. — Die Gleichgewichts-Adsorptionsisotherme zeigt in der Nähe der CMC ein Maximum u. fällt in Richtung höherer Konzz. wieder ab. Auf Grund von Desorptions-Verss. u. der pH-Abhängigkeit der Adsorption ist eine Wechselwrkg. zwischen einer positiv geladenen **I**-Oberfläche u. negativen Dodecyl-SO_4-Ionen anzunehmen.
J. Simon B 176◇

0752 **Chemie des Cyclobutans.** 1. Mitt. **Struktur und Spannungsenergie.** Armin Wilson und David Goldhamer. (J. chem. Educat. **40**, 504—11, 1963; Hillside, N.J., Bristol Myers Prod. Div.; engl.) — Zusammenfassender Überblick. — 52 Literaturangaben.
A. Blaschette B 182◇

0753 **Bestimmung der Lage von Doppelbindungen in Monoolefinen.** Ch. Bischoff. (Mber. dtsch. Akad. Wiss. Berlin **3**, 674—78, 1961; Dt. Akad. der Wiss., Forschungsgemeinschaft, Inst. für organ. Chem.; dt.) — Die Unters. von Prodd. der Fischer-Tropsch-Mitteldruck-Synth., n-C_{10}—C_{14}, Iso-C_{12}—C_{14}, ergab, daß die Meth. der Ozonisierung u. Epoxydierung zum Zwecke der Aufklärung der Lage von Doppelbindungen sich in Verbindung mit Papierchromatographie bei den nach genanntem Verf. an Fe-Kontakten erhaltenen Olefinen eignet. Als bevorzugte Lage der Doppelbindung in den untersuchten Verbb. ergab sich die 2.3-Stellung. Die Meth. wurde durch Modell-Verss. überprüft.
T. Oppermann B 182◇

0754 **Ordnung und Fließen von flüssigen Kristallen.** 1. Mitt. **Orientierung nematischer Mesophasen.** Roger S. Porter und Julian F. Johnson. (J. physic. Chem. **66**, 1826—29, 1962; Richmond, Calif., California Res. Corp.; engl.) — Vff. untersuchten von *p-Azoxyanisol* (**I**) u. *Anisaldazin* (**II**) die Mesophasen. Beide Verbb. zeigten zwischen definierten Temp.-Grenzen nemat. Mesophasen. Der Bereich für nemat. fl. Kristalle für **I** liegt zwischen 119 u. 132°, der isotrope Fl.-Bereich über 135°. Messungen der Viscosität bei verschiedenen Scher-Geschw. zeigten, daß zwischen 122 u. 140° die nemat. Aggregate maximale Orientierung über einen weiten Bereich von Scher-Geschw. besitzen. Scher-Geschw. über 500000 reziproke Sek. orientieren einzelne Moll. in der isotropen Fl. nicht. Die Viscositäten für den nemat. Zustand werden größer, wenn die Scher-Geschw. unter einen homogenen Wert von ca. 2000 s^{-1} gesenkt wird. Weder orientierte noch nichtorientierte nemat. Viscositäten bilden eine kontinuierliche Reihe mit den isotropen Viscositäten. Berechnet wurden die Fließaktivierungsenergien für **I** für das orientierte

u. nichtorientierte Fließen der nemat. fl. Kristalle u. das nichtorientierte Fließen der isotropen Flüssigkeiten. Für **II** (nemat. Bereich 169—182°) wurden die Mesophasenübergangsviscositäten graph. wiedergegeben. Auch bei **II** bilden weder orientierte noch nichtorientierte nemat. Phasen eine kontinuierliche Reihe mit den isotropen Viscositäten.
C. Gottfried B 186△

0755 **Röntgenographische Strukturuntersuchungen der flüssigen Ameisensäure.** Horst Geisenfelder und Herbert Zimmermann. (Ber. Bunsenges. physik. Chem. **67**, 480—86, 1963; München, TH, Phys.-Chem. Inst.; dt.) — Mit Hilfe monochromatisierter CuKα- u. MoKα-Strahlung untersuchten Vff. die Röntgenbeugung an fl. *Ameisensäure* (**I**). Die erhaltenen Aufnahmen wurden photometr. vermessen, was die experimentelle Streukurve lieferte. Mit Hilfe eines näher beschriebenen Verf. wurde die Elektronenverteilung in einen intra- u. einen intermol. Anteil aufgespalten. An der intermol. radialen Elektronendichteverteilung traten häufigste Atomabstände bei 2,7; 3,5 u. 4.8 Å auf. Es werden 2 Strukturvorschläge diskutiert: Dimere Moll. in Analogie zu den Dimeren in der Gasphase u. kettenförmige Assoziate in Analogie zu den Mol.-Ketten im Kristall. Wegen des genannten Abstands von 4,8 Å konnte der erste Strukturvorschlag ausgeschlossen werden. Danach besteht fl. **I** aus kettenförmigen Assoziaten, in denen benachbarte Moll. durch lineare H-Brükkenbindungen von 2,7 Å Länge verknüpft sind. Nicht auszuschließen wäre noch der Fall, daß sich mehrere Mol.-Ketten in der Fl. unter Beteiligung von Dispersionskräften aneinander lagern, wodurch eine Tertiärstruktur ausgebildet werden könnte. Die Dispersionskräfte zwischen den kleinen I-Moll. sind aber sicher wesentlich schwächer als die zwischenmol. Kräfte, die von der H-Brückenbindung verursacht werden. Es ist daher zu erwarten, daß die Nahordnung in der Fl. zum überwiegenden Teil durch die H-Brückenbindung bestimmt wird. C. Gottfried B 186△

0756 **Wachstum von Cyclohexan-Einkristallen.** G. M. Hood und J. N. Sherwood. (Brit. J. appl. Physics **14**, 215—17, 1963; Glasgow, Royal Coll. of Sci. and Technol., Chem. Dep.; engl.) — Beschreibung einer App. zum Züchten von Einkristallen von *Cyclohexan* (F. 6,55°) u. Best. des Einfl. von Reinheit des Materials, des Temp.-Gradienten in der App. u. der Wachstums-Geschw. auf die Bldg. der Einkristalle.
B. Schmitt B 190◇

0757 **Verdampfung von Naphthalinkristallen.** G. W. Sears. (J. chem. Physics **37**, 2155—56, 1962; Rochester, N.Y., General Dynamics/Electronics, Res. Div.; engl.) — Ca. 100 μ dicke *Naphthalin*-Kristalle wurden auf einem Pyrexglasplättchen aus Lsg. hergestellt. Auf diese Kristalle wurden ca. 10—20 μ von der Ecke entfernt ein feiner Luftstrahl geblasen. Es wurde beobachtet, daß sich die Oberfläche infolge Verdampfung aufrauhte. Eine zweite Gruppe von Kristallen wurden 30 Min. an der Luft auf 50° erwärmt. Auch in diesem Falle trat Aufrauhung der Oberfläche ein. Die mkr. Unters. zeigte, daß die Oberfläche mit Verdampfungsgrübchen bedeckt ist, die der Oberfläche das rauhe Aussehen verleihen. Die Grübchen hatten eine Flächendichte von ca. 10^5/cm². In einer gegebenen Fläche haben die Grübchen eine gemeinsame kristallograph. Richtung. Es wird als möglich angesehen, daß die gebildeten Grübchen mit Versetzungen in Zusammenhang stehen. C. Gottfried B 190△

0758 **Epitaktisches Wachstum von kondensierten aromatischen, polycyclischen Verbindungen.** E. Suito, N. Uyeda und M. Ashida. (Nature [London] **194**, 273—74, 1962; Kyoto, Univ., Inst. for Chem. Res.; engl.) — Vff. berichten über das epitakt. Aufwachsen von *Anthranthron*, *Pyranthron*, *Flavanthren*, *Indanthren*, *Violanthron*, *Isoviolanthron* u. *Pt-*, *Cu-*, *Ni-* u. *Zn-Phthalocyanin* (Pt-, Cu-, Ni- u. Zn-I) auf frische Spaltblättchen von *Muskovit*. Das Aufdampfen der Farbstoffe geschah in einem Vakuum von $7 \cdot 10^{-5}$ mm Hg; um ein epitakt. Aufwachsen zu erreichen, muß das Substrat auf eine Temp. erhitzt werden, die dicht unterhalb der Sublimations-Temp. der einzelnen Farbstoffe liegt. Die Filme ließen sich leicht in W. von dem Substrat lösen u. wurden elektronenmkr. u. mittels Elektronenbeugung untersucht. Bei dem Pt-I u. Cu-I bestanden die Filme aus einem Netzwerk langer u. schmaler Kristalle verschiedener Länge u. Breite. Diese Kristallstreifen schneiden sich unter einem Winkel von 120°. Die Faserperioden entlang des Meridians waren 3,77 bzw. 3,79 Å für Cu- u. Pt-I. Interferenzen auf dem Äquator entsprachen Netzebenenabständen von 12,99 u. 12,09 Å für die Cu-Verb. u. 13,13 u. 11,97 Å für die Pt-Verbindung. Hieraus folgt, daß in beiden Fällen die nichtstabile α-Phase der Farbstoffe vorlag. Alle anderen Farbstoffe mit Ausnahme des Zn-I, zeigten Orientierung in einer Richtung, das Zn-I Orientierung in 2 Richtungen.
C. Gottfried B 190△

0759 **Die Elektronenverteilung in 1.8-Bis-dehydro-[14]-annulen.** N. A. Bailey und R. Mason. (Proc. chem. Soc. [London] **1963,** 180; London, Imp. Coll., Dep. of Chem., Crystallogr. Labor.; engl.) — Vff. berichten kurz über eine Struktur-Best. des von Sondheimer u. Mitarbeitern (vgl. J. Amer. chem. Soc. **84,** [1962], 4595) identifizierten *1.8-Bis-dehydro-[14]-annulen.* Auf Grund der vollständig durchgeführten Strukturanalyse ergab sich, daß das Mol. eben ist u. die Symmetrie D_{2h} — m m m hat. Wiedergegeben sind die Elektronenverteilung in der Mol.-Ebene u. zeichner. die C—C-Abstände u. Valenzwinkel. Da alle H-Atome lokalisiert werden konnten, konnte der mittlere C—H-Abstand zu 1,08 ± 0,05 Å bestimmt werden. Die Trennung der inneren H-Atome, die koplanar mit dem C-Gitterwerk sind, beträgt nun 1,85 Å. Dieser Wert zu einem van der Waalsschen Radius für das H-Atom von nun 0,95 Å, gegenüber dem sonst angenommenen Wert von 1,25 Å. C. Gottfried B 195△

0760 **Die Struktur von 2.2'.2''-Triaminotriäthylamintrihydrochlorid.** Svend Erik Rasmussen und Rita Grønbaek. (Acta chem. scand. **17,** 832—42, 1963; Aarhus, Denmark, Univ. of Aarhus, Dep. of Inorg. Chem.; engl.) — Weißenberg-Aufnahmen von kub. krist. *2.2'.2''-Triaminotriäthylamintrihydrochlorid* lieferte a = 10,870 ± 0,001 Å; Raumgruppe ist $P\,2_1\,3$; D. 1,32; Z = 4. Die Struktur wurde mit Hilfe von Patterson-Funktionen bestimmt u. mit Differenz-Fourier-Analysen u. der Meth. der kleinsten Quadrate weiter verfeinert. In dem Gitter besetzen die N-Atome die Ecken einer 3seitigen Pyramide, wobei ein N—N-Abstand 4,20 Å u. die anderen Abstände 2,95 Å betragen. Das Schwerezentrum der Pyramide hat zu den 3 prim. Amin-N-Atomen einen Abstand von 2,4 Å u. zu dem tert. Amin-N-Atom einen Abstand 1,2 Å. Die N—C—C—N-Gruppen sind, ähnlich wie im Ni-Salz (vgl. Rasmussen, C. **1961,** 2901), planar; das freie Mol. hat eine C_3-Achse, während in dem Ni-Komplex die Konformation eines der Ringe verändert wird, wodurch die C_3-Symmetrie zerstört wird. Jedes prim. N-Atom hat 3 Cl'-Nachbarn in Abständen 3,14—3,22 u. 3,27 Å u. jedes Cl'-Ion 3 N-Atome als Nachbarn in den gleichen Abständen.
C. Gottfried B 195△

0761 **Kristall- und Molekularstruktur von 9.9-Dimethyl-9-azoniabicyclo-[6.1.0]-nonanjodid.** L. M. Trefonas und R. Majeste. (Tetrahedron [London] **19,** 929—35, 1963; New Orleans, La., Louisiana State Univ., Dep. of Chem.; engl.) — Aus A. wurde *9.9-Dimethyl-9-azoniabicyclo-[6.1.0]-nonanjodid* in Form flacher Platten senkrecht zu der [0 1 0]-Achse erhalten. Präzessionsaufnahmen ergaben rhomb. Symmetrie u. die Zellendimensionen a = 7,58 (Å); b = 9,02; c = 8,98; Raumgruppe ist $P\,m\,n\,2_1$; D. 1,53; Z = 2. Mit Hilfe von 3 Patterson-Projektionen wurde zunächst die Lage des J-Atoms festgelegt, die anderen Lagen, die der C-Atome u. des N-Atoms erfolgte durch Fourier-Diagramme u. Differenzsynthesen. Unterss. an Modellen ergaben, daß die Struktur regellos ist. Diese Regellosigkeit ist wahrscheinlich auf eine gleiche Verteilung von Paaren von Enantiomorphen um die statist. Spiegelebenen bei Z = ¼ u. ¾ zurückzuführen. Die Atomparameter sind tabellar. angegeben. Die Lagen der H-Atome konnten ebenfalls lokalisiert werden, ihre Parameter sind jedoch nicht angegeben. Der Aziridinring ist brückenmäßig in cis-Stellung an den Cyclooctanring gebunden, der Cyclooctanring selbst hat eine relativ schiefe Konformation. Der Abstand $C_{(1)}$—N beträgt 1,52 Å, die Abstände N zu $C_{(CH_3)}$ 1,50 bzw. 1,53 Å. Die Abstände $C_{(1)}$—$C_{(2)}$, $C_{(2)}$—$C_{(3)}$, $C_{(3)}$—$C_{(4)}$ u. $C_{(4)}$—$C_{(5)}$ betragen 1,49; 1,57; 1,58 u. 1,55 Å. Die kürzesten H—H-Abstände in dem 8gliedrigen Ring betragen 1,98; 2,05 bzw. 2,21 Å. C. Gottfried B 195△

0762 **Die Stereochemie des Arsens. 3. Mitt. o-Phenylendiarsenoxiddichlorid.** W. R. Cullen und J. Trotter. (Canad. J. Chem. **40,** 1113—17, 1962; Vancouver, B.C., Univ. of British Columbia, Dep. of Chem.; engl.) — 7. vgl. C. **1964,** 11-0772. — *1.3-Dichlor-1.3.2-benzdiarsoxol* [$C_6H_4As_2Cl_2O$, F. 146—149° (CS_2), durch Red. von o-Phenylendiarsonsäure mit SO_2 in konz. HCl] krist. monoklin in der Raumgruppe C 2/c mit 4 Moll. pro Elementarzelle. Es wurden folgende Gitter-Konst. bestimmt: a = 14,50 ± 0,05; b = 8,38 ± 0,02; c = 7,66 ± 0,02 Å; β = 105,8 ± 0,5°. Das Mol. ist weitgehend eben gebaut; nur die beiden Cl-Atome ragen auf der gleichen Seite aus der Ebene heraus. Die angegebenen Bindungslängen u. -winkel stimmen mit denen vergleichbarer As-Verbb. überein. Der ungewöhnlich große As—O—As-Winkel (151 ± 1°) ist auf die Fünfringanordnung zurückzuführen. Trotz der Ringspannung ist die Verb. auffallend stabil. Vff. nehmen an, daß die freien Elektronenpaare des O $p\pi$-Orbitale besetzen u. mit den unbesetzten 4d-Orbitalen des As sowie mit den π-Elektronen des Benzolrings $d\pi$-$p\pi$-Bindungen eingehen, die dem Syst. einen aromat. Charakter verleihen. Dem entspräche auch der verkürzte As—O-Abstand (1,69 ± 0,01 Å). M. Olivier B 195◇

0763 **Stereochemie des Arsens.** 4. Mitt. **Diphenylarsenchlorid.** J. Trotter. (Canad. J. Chem. **40,** 1590—93, 1962; engl.) — 3. vgl. vorst. Referat. — *Diphenylarsenchlorid,* $C_{12}H_{10}AsCl$, F. 38—40°, hat ein monoklines Kristallgitter mit 4 Moll. pro Elementarzelle u. den Gitter-Konst. a = 11,09 ± 0,04, b = 8,55 ± 0,03, c = 11,93 ± 0,04 Å; β = 95,0 ± 0,5°. Die Kristalle sind isomorph mit dem entsprechenden Bromid. Die gefundenen Atomabstände (As—Cl 2,26 ± 0,02; As—C 1,97 ± 0,04; C—C 1,39 ± 0,02 Å) u. Bindungswinkel (Cl—As—C 96 ± 1; C—As—C 105 ± 2; As—C—C 120 ± 2; C—C—C 120 ± 2°) entsprechen denen vergleichbarer As-Verbb. (Tabellen). M. Olivier B 195◇

0764 **Die Kristallstruktur von S-Methylisothioharnstoffsulfat** $[CH_3SC(NH_2)_2]_2^+SO_4^{2-}$. C. H. Stam. (Acta crystallogr. [Copenhagen] **15,** 317—22, 1962; Amsterdam, Univ., Labor. of Crystallography; engl.) — Schwenk- u. Weißenberg-Aufnahmen ergaben für *S-Methylisothioharnstoffsulfat* rhomb. Symmetrie u. die Zellendimensionen a = 8,38 ± 0,01 (Å); b = 11,32 ± 0,01; c = 12,60 ± 0,01; Raumgruppe ist Pcan; D. 1,54; Z = 4. Die Struktur wurde mit Hilfe von Patterson- u. Elektronendichteprojektionen bestimmt u. mit der Meth. der kleinsten Quadrate weiter verfeinert. Der Thioharnstoffteil des Mol. ist prakt. eben. Die beste Ebene durch diese Ebene entspricht der Gleichung 0,8435 x — 0,4151 y — 0,3409 z = 2,8361. Das $C_{(SCH_3)}$-Atom liegt ca. 0,56 Å außerhalb dieser Ebene, so daß die Bindung $C_{(SCH_3)}$—S mit dieser Ebene einen Winkel von 18° bildet. Die Entfernung $C_{(SCH_3)}$—S mit 1,79 Å entspricht einer Einfachbindung. Die 4 N—O—H-Bindungen bilden mit dem Thioharnstoffteil des Mol. Winkel von 6, 8,5, 0 u. 14°. Das SO_4-Ion bildet ein nahezu reguläres Tetraeder, wobei der mittlere S—O-Abstand 1,463 ± 0,004 Å beträgt. C. Gottfried B 195△

0765 **Modifikation der Bijvoet-Methode zur Bestimmung der Struktur nichtzentrosymmetrischer Kristalle.** Jelica Mišović. (Ber. chem. Ges. Belgrad **27,** 185—89, 1962; Bangalore, Indian Inst. of Sci., Dep. of Phys.; jugosl., Auszug: engl.) — Für isomorphe, nichtzentrosymm. Kristalle mit dem schweren Atom im Nullpunkt wird aus der Bijvoet-Meth. ein Vektordiagramm zur Best. der Phasenwinkel abgeleitet. Die an *2-Amino-4'-brom-* u. *2-Amino-4'-chlorbenzophenon* gemessenen Werte stimmen mit den nach dem Diagramm errechneten überein. W. Sobieski B 195◇

0766 **Bestimmung der Raumgruppe von Acenaphthenchinon.** Jelica Mišović und S. Ramasechan. (Ber. chem. Ges. Belgrad **27,** 177—78, 1962; Bangalore, Indian Inst. of Sci., Phys. Dep.; engl.) — Von *Acenaphthenchinon* wurden folgende kristallograph. Daten ermittelt: Raumgruppe $P\,2_1\,2_1\,2_1$, a = 7,66; b = 28,33; c = 7,69 Å; Z = 8. W. Sobieski B 195◇

0767 **Über die Struktur der Kristallform C der 11-Bromundecansäure.** Kåre Larsson. (Acta chem. scand. **16,** 1751—56, 1962; Göteborg, Univ., Inst. of Med. Biochem., Crystallograph. Group; engl.) — Dreh- u. Weißenberg-Aufnahmen der Kristallform C der *11-Bromundecansäure* ergaben monokline Symmetrie u. die Zellendimensionen a = 9,66 ± 0,06 (Å); b = 4,96 ± 0,03; c = 28,07 ± 0,15; β = 99° 54' ± 1°; Raumgruppe ist $P\,2_1/a$; D. 1,24; Z = 4. Die Struktur wurde mit Hilfe von Patterson-Projektionen, Elektronendichteberechnungen u. Differenz-Synth. bestimmt. Die gefundenen x- u. z-Parameter sind tabellar. angegeben. Die gefundene Struktur ist vollkommen isomorph mit der von Vand u. Mitarbeitern (vgl. C. **1955, 1011**) beschriebenen Struktur der C-Form der Laurinsäure (**I**). Die beiden Säuren kristallisieren also in isomorphen Formen, was besagt, daß sich das ω-Br-Atom sehr ähnlich wie eine CH_3-Gruppe verhält. Die Br-Kontaktebenen sind etwas enger als die entsprechenden CH_3-Ebenen in **I**. C. Gottfried B 195△

0768 **Die absolute Konfiguration von natürlich vorkommender Isocitronensäure.** A. L. Patterson, Carroll K. Johnson, Dick van der Helm und Jean A. Minkin. (J. Amer. chem. Soc. **84,** 309—10, 1962; Philadelphia, Pa., Inst. for Cancer Res.; engl.) — Kristalle des Rb- u. des K-Salzes von *d-Isocitronensäurelacton* aus Bryophyllum calycinum wurden einer Röntgenstrukturanalyse nach der Meth. von Bijvoet unterworfen. d-Isocitronensäure besitzt die abs. Konfiguration einer (1R.2S)-1-Hydroxypropan-1.2.3-tricarbonsäure. H. Pracejus B 195◇

0769 **Kristallographische Daten von Bis-[phenyläthinyl]-quecksilber, Kalium-2.4.6.2'.4'.6'-Hexanitrodiphenylamid und dl-α-Alaninhydrochlorid.** J. Trotter. (Canad. J. Chem. **40,** 1218—20, 1962; Vancouver, B.C., Univ. of British Columbia, Dep. of Chem.; engl.) — *Bis-[phenyläthinyl]-quecksilber,* F. 125°, krist. monoklin; a = 32,3 ± 0,1; b = 17,90 ± 0,05; c = 19,63 ± 0,5 Å; β = 110,8 ± 0,5°; 32 Moll. pro Elementarzelle, Raumgruppe $P\,2_1/c$. Eine genauere Strukturaufklärung ist wegen der großen Elementarzelle zu schwierig. — *K-2.4.6.2'.4'.6'-Hexanitrodiphenylamid:* monoklin, a = 12,20 ± 0,03; b = 13,01 ± 0,03; c = 10,97 ± 0,03 Å; β = 94,4 ± 0,2°; Z = 4, Raumgruppe $P\,2_1/n$. — *dl-α-Alaninhydrochlorid:* monoklin, a = 9,20 ± 0,02; b = 9,04 ± 0,02; c = 7,31 ± 0,02 Å; β = 95° 21' ± 5'; Z = 4, Raumgruppe $P\,2_1/c$. M. Olivier B 195◇

0770 **Struktur von Guaninhydrochloriddihydrat.** I. Iball und H. R. Wilson. (Nature [London] **198,** 1193—95, 1963; Dundee, Scotland, Univ. of St. Andrews, Queen's Coll.; engl.) — Vgl. Broomhead, C. **1956,** 9403. — Vff. berichten über die Struktur-Best. von *Guaninhydrochloriddihydrat.* Die Verb. krist. monoklin mit den Zellendimensionen a = 14,69 (Å); b = 13,40; c = 4,84; β = 93,8°; Raumgruppe ist $P\,2_1/a$. Die Struktur wurde mit Hilfe von Patterson-Synth. u. 3dimensionalen Differenz-Fourier-Projektionen bestimmt u. mit der Meth. der kleinsten Quadrate weiter verfeinert. Zeichner. sind die Bindungslängen, Valenzwinkel u. die Abweichungen der Atome von der mittleren Ebene der C-, N- u. O-Atome wiedergegeben. Weiter ist in einer Projektion auf (0 0 1) die Anordnung der intramol. H-Bindungen dargestellt. In dem Gitter sind je 2 Guanin-Moll. durch H-Bindungen unter Bldg. eines zentrosymm. Dimeren verknüpft u. sind weiter an 4 H_2O-Moll. u. 2 Cl-Atome unter Bldg. einer ebenen Einheit gebunden. Diese Einheiten bilden mit Hilfe von H-Bindungen Schichten in dem Gitter. C. Gottfried B 195△

0771 **Die Kristallstruktur von Cytosin-5-essigsäure.** Richard E. Marsh, Ronald Bierstedt und Edgar L. Eichhorn. (Acta crystallogr. [Copenhagen] **15,** 310—16, 1962; Pasadena, Calif., Inst. of Technol., Gates and Crellin Labor. of Chem.; engl.) — *Cytosin-5-essigsäure* krist. aus W. in rechteckigen, in der Richtung der b-Achse gestreckten Platten. Schwenk- u. Weißenberg-Aufnahmen ergaben für die monokline Zelle die Dimensionen a = 10,930 ± 0,006 (Å); b = 5,016 ± 0,008; c = 14,042 ± 0,005; β = 114,69 ± 0,03°; Raumgruppe ist C_{2h}^5 — $P\,2_1/c$; D. 1,611 ± 0,006; Z = 4. Die Struktur wurde mit Hilfe 3dimensionaler Patterson-Projektionen bestimmt u. mit 3dimensionalen Fourier-Meth. u. der Meth. der kleinsten Quadrate weiter verfeinert. Die Atomparameter wurden bestimmt. Bindungsabstände u. Valenzwinkel sind tabellar. wiedergegeben. Ein besonderes Kennzeichen der Struktur ist die teilweise Übertragung des OH-Protons der Carboxylgruppe der Essigsäureseitenkette auf das $N_{(3)}$-Atom des Pyridinrings. Diese Übertragung findet nur in einer Hälfte der Moll. im Kristall statt. Danach gehört das vorst. erwähnte Proton einem Paar von $N_{(3)}$-Atomen an, die durch ein Symmetriezentrum in Zusammenhang stehen; ein anderes Proton (an der einen Hälfte der COOH-Gruppen) gehört einem Paar von $O_{(COOH)}$-Atomen an, die ebenfalls durch ein Symmetriezentrum in Zusammenhang stehen. Die Hälfte der Moll. in dem Kristall sind daher Zwitterionen, die anderen sind nicht geladen. C. Gottfried B 195△

0772 **Stereochemie von Isophotosantonsäurelacton.** J. D. M. Asher und G. A. Sim. (Proc. chem. Soc. [London] **1962**, 111—12; Glasgow, Univ., Chem. Dep.; engl.) — Zur Festlegung der Stereochemie von Isophoto-α-santonsäurelacton (**I**, vgl. Barton u. Mitarbeiter, C. **1958, 3892**) bestimmten Vff. die Kristallstruktur von *Bromdihydroisophotosantonsäurelactonacetat* (*Lacton von 2,8-Dimethyl-2-acetoxy-5-[1-carboxyäthyl-(1)]-6-hydroxy-9-oxo-10-brombicyclo-[5.3.0]-decan*, **II**, $C_{17}H_{23}BrO_5$) mit Hilfe mehrerer Fourier-Synthesen. **II** krist. mit rhomb. Symmetrie u. hat die Zellendimensionen a = 11,05 (Å); b = 19,23; c = 7,93; Raumgruppe ist $P\,2_1\,2_1\,2_1$; Z = 4. Die erhaltene 14. 3dimensionale Elektronendichteprojektion über ein Mol. ist zeichner. wiedergegeben. Aus dieser nicht näher beschriebenen Struktur konnte die stereochem. Konfiguration von **I** u. auch die von α-Santonin festgelegt werden. C. Gottfried B 195△

0773 **Zur Kristallstruktur von N-Propyldihydronicotinsäureamid.** H. Koyama, J. M. M. Robinson und F. Laves. (Naturwissenschaften **50**, 40—41, 1963; Zürich, ETH, Inst. für Kristallogr. u. Petrogr.; dt.) — *N-Propyl-1.4-dihydronicotinsäureamid* ($C_9H_{14}N_2O$) krist. in monoklinen hellgelben Nädelchen u. hat die Zelldimensionen a = 11,00 (Å); b = 16,73; c = 5,08; β = 101° 51′; Raumgruppe ist C_{2h}^5 — $P\,2_1/a$; Z = 4. C. Gottfried B 195△

0774 **Keto-cis-trans-Enol-Gleichgewicht bei 3-Alkylacetylacetonen.** Ss. T. Ioffe, Je. M. Popow, K. W. Watzuro, Je. K. Tulikowa und M. I. Kabatschnik. (Ber. Akad. Wiss. UdSSR **144**, 802—05, 1962; Inst. für metallorgan. Verbb. der Akad. der Wiss. der UdSSR; russ.) — Es wurden die UV- u. IR-Absorptionsspektren von *3-Methyl-* (**I**), *3-Äthyl-* (**II**), *3-n-Propyl-* (**III**), *3-n-Butyl-* (**IV**), *3-Isobutyl-* (**V**), *3-Benzyl-* (**VI**), *3-Isopropyl-* (**VII**), *3-sek.-Butyl-* (**VIII**) u. *3-Cyclopentylpentandion-(2.4)* (**IX**) in 67%ig. Methanol, A., Dioxan, Ae. u. Hexan untersucht. **I—IX** zeigen die bei 1700—1725 cm^{-1} liegenden typ. Frequenzen der Ketonform. **IX** liegt nur in der Ketonform vor. **I—VI** zeigen die bei 1585 u. 1615 cm^{-1} liegende Frequenz der cis-fixierten Enolform. Bei **VII** u. **VIII** werden die für die trans-Enolform typ. Frequenzen bei 1580 u. 1680 cm^{-1} gefunden. Im UV-Spektrum haben **I—V** das Absorptionsmaximum der cis-Enolform bei 290 mμ, dessen Intensität in der vorst. Lsgm.-Reihe ansteigt; daneben ist die trans-Enolform bei 260 mμ angedeutet. **VII** u. **VIII** zeigen nur das Maximum der trans-Enolform bei 260 mμ, dessen Intensität vom Lsgm. unabhängig ist. Helmut Schäfer B 221△

0775 **Additionsverbindungen von wasserfreier Salpetersäure mit Äthern. 2. Mitt. Die Systeme HNO_3–$C_5H_{10}O$, HNO_3–$C_4H_{10}O_2$.** Antoni Swinarski, Ewa Kozłowska und Barbara Zdrojewska. (Roczniki Chem. [Ann. Soc. chim. Polonorum] **37**, 711—16, 1963; Toruń, N. Copernicus Univ., Inst. of Inorg. Chem.; engl.) — Vgl. Kozlowska, Studia Soc. sci. Torunensis, Sect. B **4**, [1963], 229; vgl. auch C. **1964**, 5-0533. — Auf Grund von Viscositäts- u. Dichtemessungen bei 10° sowie von Analysen der erhaltenen Kristalle versuchten Vff. die Zus. von Verbb., die in der festen u. der fl. Phase der Syst. *HNO_3/Tetrahydropyran* (**I**) u. *HNO_3/Tetrahydrofuran, HNO_3/Äthylenglykoldimethyläther* (**II**) u. *HNO_3/1.3.5-Trioxan* entstehen, zu bestimmen. Infolge der in den anderen Fällen eintretenden heftigen Rk. war jedoch eine Messung nur bei **I** u. **II** möglich. Hier wurde als krist. feste Phase die Verbb. HNO_3·**I** bzw. 2 HNO_3·**II** gefunden. Diese Verbb. sind vermutlich durch H-Brücken zwischen dem Äther-O-Atom u. dem Säure-H-Atom stabilisiert. Ch. Zechel B 223◇

0776 **Verbindungen von Trialkoxystibinen mit organischen Basen.** O. D. Dubrowina. (Hochschulnachr. [Iwanowo], Chem. u. chem. Technol. **5**, 756—58, 1962; Brjansk, Inst. für Transportmaschinenbau, Lehrstuhl für Chem.; russ.) — Durch Zugabe von Triäthyl- (**I**), Tri-n-butyl- (**II**) u. Triisoamylantimonit (**III**) zu Pyridin- (**IV**) u. Chinolinhydrochlorid (**V**) in Chlf. wurden folgende Komplexe erhalten: **I**·3 **IV**, $C_{21}H_{33}Cl_3N_3O_3Sb$, F. 187—189°. — **II**·2 **IV**, $C_{18}H_{39}Cl_2N_2O_3Sb$, F. 150—154°. — **III**·**IV**, $C_{20}H_{39}ClNO_3Sb$, F. 145—148°. — **I**·2 **V**, $C_{24}H_{31}Cl_2N_2O_3Sb$, F. >250°. — **II**·**V**, $C_{21}H_{35}ClNO_3Sb$, F. 187—189°. — **III**·**V**, $C_{24}H_{41}ClNO_3Sb$, F. 192—195°. Helmut Schäfer B 223△

0777 **Löslichkeit von Äthylen in Wasser.** Jerry E. Davis und John J. McKetta. (J. chem. Engng. Data **5**, 374—75, 1960; Austin, Texas, Univ. of Texas; engl.) — Die Löslichkeit von *Äthylen* in W. wurde im Bereich 100—250° F u. bei Drücken unter 500 p.s.i.a. untersucht. C_2H_4 besitzt bei Drücken von ca. 100 p.s.i.a. an aufwärts bei ca. 160° F ein Minimum der Löslichkeit, das mit steigendem Druck zunehmend ausgeprägter wird. Löslichkeitsangaben sind tabelliert; der Molenbruch ·10^4 für **I** beträgt bei 100° F u. 50 p.s.i.a. 0,64, bei 100° F u. 500 p.s.i.a. 18,7, bei 250° F u. gleichen Drücken 0,70 bzw. 14,7. Ch. Zechel B 224◇

0778 **Die Gleichgewichtsabsorption von Sauerstoff durch p-Xylol.** G. T. Fisher. (J. chem. Engng. Data **8**, 206, 1963; Nashville, Tenn., Vanderbilt Univ., Dep. of Chem. Engng.; engl.) — Die O_2-Absorption durch p-Xylol wurde bei 750 mm Hg u. Temp. zwischen 30 u. 80° gemessen u. die Ostwaldsche Konst. u. die des Henryschen Gesetzes bestimmt. Letztere ist nur wenig temperaturabhängig u. beträgt im Mittel 870 atm O_2/Molenbruch O_2. W. Schramm B 224◇

0779 **Berechnete Gleichgewichte der Methylbenzole und Benzol von 298 bis 1000° K.** Clark J. Egan. (J. chem. Engng. Data **5**, 298—99, 1960; Richmond, Calif., California Res. Corp.; engl.) — Vf. berechnet mit Hilfe von Literaturangaben die Isomerisierungs- u. Methylgruppen-Übertragungs-Gleichgewichte für *Bzl.* u. die 12 Methylbenzole (*Toluol, 1.2-, 1.3-, 1.4-Dimethyl-, 1.2.3-, 1.2.4-, 1.3.5-Trimethyl-, 1.2.3.4-, 1.2.3.5-, 1.2.4.5-Tetramethyl-, Pentamethyl-* u. *Hexamethylbenzol*) im idealen Gaszustand. Die Ergebnisse u. Auswertungen, z. B. der Einfl. der Temp. auf die maximale Konz. eines bestimmten Methylbenzols sind graph. dargestellt. Die statist. Verteilung wird annähernd bei zunehmenden Temp. erreicht. Ch. Zechel B 225◇

0780 **Gleichgewichte Diazoniumion ⇌ Diazotat.** J. S. Littler. (Trans. Faraday Soc. **59**, 2296—2304, 1963; Zurich, Switzerland, ETH, Inorg. Chem. Labor.; engl.) — Vgl. Schwarzenbach, C. **1963, 19945**. — In einer Strömungs-App. für hohe Durchfluß-Geschw. wurde durch potentiometr. Messung das Gleichgewicht Diazoniumion (DAI) ⇌ Diazotat (DAT) untersucht. Danach handelt es sich bei dem Gleichgewicht DAI ⇌ n-DAT um ein 2-Äquivalent-Gleichgewicht, das sich in einer Zeit einstellt, die im Vgl. mit der zur präparativen Diazotierung gebrauchten kurz ist. Gegenüber einer normalen Säure–Base-Rk. erfolgt die Gleichgewichtseinstellung jedoch langsam. Das Gleichgewicht kann von beiden Seiten erreicht werden. Die untersuchten iso-DAT verhielten sich dagegen wie einsäurige Basen, wenigstens bis pH 3, u. es wurde keine zeitliche Abhängigkeit des pH-Wertes beobachtet. Die Säurestärken der DAI u. der Isodiazoniumhydroxide sind tabelliert; der Einfl. von Substituenten wird erörtert. Bzgl. des Rk.-Mechanismus wird auf den u. a. von Zollinger (Diazo and Azo Chemistry, Interscience, [1961], u. früher) formulierten verwiesen. Die kinet. Daten stimmen mit der Annahme überein, daß das n-DAT der cis-, das iso-DAT der trans-Form entspricht. Die experimentellen Unterss. erstrecken sich auf die n-Diazotate von *Sulfanilsäure* (**I**) u. Isodiazotate von *Anilin, p-Anisidin, p-Toluidin, p-Chlor-* (**II**), *m-* (**III**) u. *p-Nitroanilin* (**IV**) u. auf die Diazoniumtetrafluorborate von **I**, **II**, **III** u. **IV** sowie das *Bisdiazoniumsulfat von p-Phenylendiamin*. Verss. mit *2.4-* u. *3.5-Dinitrobenzoldiazoniumsalzen* werden erwähnt. Die Verbb. wurden nach Literaturangaben hergestellt mit Ausnahme der p-CH_3, m-NO_2 u. p-OCH_3 substituierten Isodiazotate. Letzteres wurde durch Zugabe von 6,6 g Anisidin u. 6,25 g Amylnitrit zu einer konz. Lsg. von 1,25 g Na in CH_3OH, die bis kurz vor der Ausfällung des Methylats mit Ae. verd. war, u. 2 Tage Stehen bei Zimmer-Temp. krist. erhalten. Ch. Zechel B 225◇

0781 **Über den Mechanismus der Aminonitril-Umlagerung.** B. W. Ioffe und K. N. Selenin. (Ber. Akad. Wiss. UdSSR **144**, 1303—06, 1962; Leningrad, Univ.; russ.) — *β-Dialkylaminonitrile* entstehen bei der Rk. von Acrolein mit den Salzen asymm. Dialkylhydrazine u. anschließender alkal. Behandlung durch Zers. der intermediär entstandenen quatern. Pyrazoliniumbasen (vgl. C. **1964**, 4-0801). Dieser Rk.-Mechanismus wird durch die Synth. von *1-Methyl-* (**I**) u. *1.4-Dimethyl-Δ²-pyrazolin* (**II**) u. der Zers. ihrer Methojodide unter Bldg. von *β-Dimethylaminopropionitril* bzw. *-isobutyronitril* bestätigt.

Versuche: Δ^2-Pyrazoline, *1-Methyl-* (I), $C_4H_8N_2$, Kp. 109—109,4°, durch tropfenweise Zugabe von 112 g III in ½ Std. unter Kühlung zu 92 g Methylhydrazin (IV) u. 312 g $NaH_2PO_4 \cdot 2 H_2O$ in 600 ml W., ¼ Std. Rühren u. Eintragen von 200 g KOH; $D._4^{20}$ 0,9161; n_D^{20} 1,4548; 60% (Ausbeute). *Methojodid*, $C_5H_{11}JN_2$, F. 138—139° (Methanol), a) aus I u. Methyljodid in Bzl.; 100%; b) durch tropfenweise Zugabe von 0,12 Mol III unter Kühlen zu 0,1 Mol asymm. Dimethylhydrazinhydrojodid bei pH 4—5 u. 3 Tage Stehenlassen über P_2O_5; ca. 97%. — *1.4-Dimethyl-* (II), $C_5H_{10}N_2$, $Kp._{749}$ 120,5—121,5°, aus Methacrolein u. IV; $D._4^{20}$ 0,8802; n_D^{20} 1,4472; 49%. *Methojodid*, $C_6H_{13}JN_2$, F. 117—118° (Methanol); 90%. — *β-Dimethylaminopropionitril*, $Kp._{753}$ 165 bis 170°, durch Zugabe von 20 ml 50%ig. NaOH zu 10 g I-Methojodid in 10 ml W.; n_D^{20} 1,4235; 3 g. — *β-Dimethylaminoisobutyronitril*, $Kp._{10}$ 59—60°, a) durch Einw. von 37,5 g KOH auf 47,5 g II-Methojodid in 60 ml W.; $D._4^{20}$ 0,8507; n_D^{20} 1,4223; 53,5%; b) aus Methacrylonitril u. Dimethylamin; $D._4^{20}$ 0,8492. *Hydrochlorid*, F. 169°.

Helmut Schäfer B 225△

0782 **Über die Isomerisierung von 5-Allyl-5-[β-hydroxypropyl]-barbitursäure.** Bogusław Bobrański, Danuta Prelicz, Ludwik Syper und Ryszard Wojtowski. (Roczniki Chem. [Ann. Soc. chim. Polonorum] **37**, 795—803, 1963; Wrocław, School of Med., Dep. of Pharm. Chem.; Pol. Acad. of Sci., Hirszfeld Inst. of Immunology and Exper. Therapy, Dep. of Drug Synth.; engl.) — Vgl. Bull. Acad. polon. Sci., Sér. Sci. chim. **8**, [1960], 475. — *5-Allyl-5-[β-hydroxypropyl]-barbitursäure* (I), die durch selektive Hydratisierung von 5.5-Diallylbarbitursäure (vgl. C. **1958**, 5082) erhalten wird, isomerisiert sich beim Schmelzen oder beim Erhitzen der Lsg. in W., A., CH_3OH, Phenetol, Pyridin u. Lutidin in verschiedenen Ausbeuten zu α-Allophanoyl-α-allyl-γ-valerolacton (II). II wird beim Erhitzen mit einer Säure u. Zusatz von $NaNO_2$ unter Entw. von CO_2 u. N_2 zu α-Allyl-γ-valerolacton (III) zersetzt, das auch bei Hydrolyse von II in sd. 5%ig. HCl oder NaOH erhalten wird. Die Struktur des Isomerisierungs-Prod. II konnte u. a. durch Vgl. der IR-Spektren von I, II, III u. Bromdiäthylacetylharnstoff (IV) sowie von deuteriertem I, II u. IV gesichert werden. Die Isomerisierung in W. u. A. ist eine Gleichgewichts-Rk., bei der ca. 56% II u. 44% I entstehen. Die Zeit bis zur Einstellung des Gleichgewichts wird durch OH^--Ionen verkürzt, durch H^+ verlängert. Die Umlagerung verläuft jedoch schneller als die Hydrolyse. II ist im Gegensatz zu I wenig in W., gut jedoch in Chlf. löslich.

Versuche: *α-Allyl-α-allophanoyl-γ-valerolacton* (II), $C_{10}H_{14}N_2O_4$, F. 136°, a) aus 10 g I durch 30 Min. Erhitzen auf 170°; 5 g (Ausbeute); b) aus 20 g I durch Erhitzen mit 30 ml CH_3OH u. 1 ml konz. NH_4OH 30 Min. lang zum Rückfluß u. Aufarbeiten; 13,9 g; c) aus 10 g I analog Meth. b durch 15 Min. langes Erhitzen in Phenetol zum Sieden; 2,5 g; d) analog Meth. c in Pyridin bzw. 2.6-Lutidin; 2,4 bzw. 4,0 g. — *α-Allyl-γ-valerolacton* (III), $C_8H_{12}O_2$, $Kp._{10}$ 104—105°, aus 30 g frisch dest. Diallylessigsäure durch Eintropfen in 90 g 80%ig. H_2SO_4 bei 10°, 15 Min. langes Stehen bei 15—20° u. Eingießen in Eiswasser, fast Neutralisieren mit NH_4OH u. Wasserdampf-Dest.; 14 g. Ch. Zechel B 225◇

0783 **Auslösung einer Kettenreaktion in einem Behälter durch einen Silberkatalysator nach der Oxydation von Isopropylalkohol.** Moise Neiman und Eugéne Popov. (C. R. hebd. Séances Acad. Sci. **245**, 1234—36, 1957; franz.) — Untersucht wird mittels der kinet. Isotopen-Meth. die Rk., die im Raum unterhalb des Katalysators nach der Oxydation eines Gemisches aus *Isopropylalkohol*-Luft abläuft, dem $CH_3{}^{14}COCH_3$ zugesetzt ist u. das unter einer auf 510—540° erhitzten Ag-Platte vorbeigeleitet wird. Die Strömungs-Geschw. der auf 200—220° erwärmten Gasmischung beträgt $1\ m \cdot s^{-1}$. Die Aceton (I)-Konz. nimmt in Abhängigkeit von der Zeit ab, die I-Aktivität ändert sich stromabwärts vom Katalysator nicht. Die Aktivität des Alkohols nimmt mit der Kontaktzeit zu. Die Rk. im Rohr unterhalb des Katalysators bleibt aus, wenn dessen Temp. u. die des Rohres ca. 220° beträgt u. auch, wenn der Katalysator bei 510—540° einem Strahl des Gemisches Alkohol–I–N_2 ausgesetzt u. unterhalb des Katalysators H_2 u. O_2 zugesetzt wird. Es wird angenommen, daß es sich um eine Kettenrk. im Gasraum handelt, die durch langlebige Radikale oder instabile mol. Prodd., aus denen sich die Radikale nach der Zers. im Rohr bilden, ausgelöst wird. J. Richter B 225◇

0784 **Oxydation monocyclischer Cyclohexanole mit Chromsäure.** J. C. Richer, L. A. Pilato und E. L. Eliel. (Chem. and Ind. **1961**, 2007—08; Notre Dame, Ind., Univ. of Notre Dame, Dep. of Chem.; engl.) — Vff. untersuchen spektrophotometr. (350 mμ) die Geschw. der Chromsäureoxydation bei 25° in 75 Vol.-%ig. Essigsäure von folgenden Cyclohexanolen: *trans-4-tert.-Butyl-* (Relativ-Geschw. = 1), *unsubstituiert* (1,38), *cis-* (5,78) u. *trans-2-Methyl-* (1,44), *cis-* (1,18) u. *trans-3-Methyl-* (4,60), *cis-* (3,00) u. *trans-4-Methyl-* (1,05), *4.4-Dimethyl-* (1,74), *cis-* (1,87) u. *trans-3.3.5-Trimethyl-* (62,7), *cis-* (63,2) u. *trans-2-tert.-Butyl-* (13,4), *cis-* (1,24) u. *trans-3-tert.-Butyl-* (7,52), *cis-4-tert.-Butyl-* (3,23). Die Einfl. der verschiedenen Substituenten auf die Oxydations-Geschw. werden diskutiert. Die Ergebnisse stehen im Gegensatz zu der Annahme, daß eine Behinderung der Rotation in einem Chromsäureester-Intermediären für ein Anwachsen der Oxydations-Geschw. völlig verantwortlich ist (vgl. Kwart u. Francis, C. **1960**, 1795). Es geht daraus vielmehr hervor, daß eine ster. Spannung weitgehend eine Vergrößerung der Oxydations-Geschw. bewirkt, gleichgültig, ob die Rk. über einen intermediären Chromsäureester führt oder einen solchen nicht einschließt.

Hubertus Zimmer B 225◇

0785 **Über Orientierung und Reaktionsfähigkeit im Benzolring bei der Alkylierung von Dichlorbenzolen mit Propylen.** Ju. G. Mamedalijew und R. Ss. Alimardanow. (Ber. Akad. Wiss. UdSSR **144**, 363—66, 1962; Akad. der Wiss. der AserbaidshanSSR, Inst. für petrochem. Prozesse; russ.) — Die Rk.-Fähigkeit bei der Alkylierung mit Propylen in Ggw. von H_2SO_4 nimmt in der Reihe *p-* < *o-* < *m-Dichlorbenzol* zu. Bei der Alkylierung der Dichlorbenzole (Dichlorbenzol : Propylen : 92%ig. H_2SO_4 = 1 : 1 : 1,5 Mol; 60°, 2 Std.) entstehen in 21,8; 24,1 bzw. 32,0%ig. Ausbeute aus der p-Verb. *2.5-Dichlor-* (Kp. 220—223°; $D._4^{20}$ 1,1604; n_D^{20} 1,5345), aus der o-Verb. *3.4-Dichlor-* (Kp. 226—228°; $D._4^{20}$ 1,1656; n_D^{20} 1,5340) u. aus der m-Verb. *2.4-Dichlorisopropylbenzol* (Kp. 221—223°; $D._4^{20}$ 1,1724; n_D^{20} 1,5344), daneben *1.3-Dichlor-4.6-diisopropylbenzol* (Kp. 239—241°; $D._4^{20}$ 1,1245; n_D^{20} 1,5280). Die Struktur der Verbb. wurde durch IR-Analyse u. Oxydation mit $KMnO_4$ zu *2.5-Dichlor-* (F. 153—154°), 3.4-Dichlor- (F. 202—203°), 2.4-Dichlorbenzoesäure (F. 159—160°) u. 4.6-Dichlorisophthalsäure (F. 278 bis 279°) bewiesen. Helmut Schäfer B 225△

0786 **Über den Mechanismus der bimolekularen elektrophilen Substitution am gesättigten Kohlenstoffatom.** Nik. A. Nessmejanow und O. A. Reutow. (Ber. Akad. Wiss. UdSSR **144**, 126—28, 1962; Moskau, Univ.; russ.) — Bei der Rk. von *Phenyläthylquecksilber* ($C_8H_{10}Hg$, $Kp._5$ 105—108°) mit $^{203}HgBr_2$ u. $^{203}HgCl_2$ in abs. A. oder Methanol entstehen Äthyl-HgBr (F. 193—194°, A) u. Phenyl-HgBr (F. 272 bis 273°), bzw. Äthyl-HgCl (F. 193—194°) u. Phenyl-HgCl (F. 249°, abs. Methanol), wobei prakt. die gesamte Radioaktivität in den Phenylmercurihalogeniden enthalten ist. Die Annahme von Dessy u. Mitarbeitern (vgl. C. **1962**, 443), daß sich bei S_N2-Rkk. am gesätt. C-Atom kompliziertere Übergangskomplexe bilden, ist somit nicht zutreffend.

Helmut Schäfer B 225△

0787 **Vergleichende Untersuchung der Hydrolysegeschwindigkeiten cholinolytisch-aktiver Aminoalkylester und -thioester.** Ss. G. Kusnetzow und Je. W. Roginskaja. (J. allg. Chem. [UdSSR] **32 (94)**, 2026—29, 1962; Akad. der Med. Wiss. der UdSSR, Inst. für Toxikol.; russ.) — Es wurde die Hydrolyse-Geschw. untersucht von *α.α-Diphenylessigsäureäthylester*, *-β-dimethylamino-* (*Hydrochlorid* u. *Methojodid*), *-β-diäthylaminoäthylester* (*Hydrochlorid* u. *Methojodid*), *-β-di-n-propylamino-*, *-β-di-n-butylaminoäthylesterhydrochlorid*, *α.α-Diphenylpropionsäure-*, *α.α-Diphenyl-α-methoxyessigsäure-β-diäthylaminoäthylesterhydrochlorid*, *α-Phenyl-α-cyclohexylessigsäure-β-diäthylaminoäthylesterhydrochlorid*, *α.α-Diphenylglykolsäureäthylester*, *-β-dimethylamino-*, *-β-diäthylamino-*, *-β-di-n-propylaminoäthylesterhydrochlorid* (u. ihren *Methojodiden*). *-β-di-n-butylaminoäthylesterhydrochlorid*, *-γ-diäthylaminopropylester* (*Hydrochlorid* u. *Methojodid*), *-δ-diäthylaminobutylesterhydrochlorid*, *α-Phenyl-α-cyclohexylglykolsäure-β-diäthylaminoäthylesterhydrochlorid*, *α.α-Diphenylthioessigsäure-S-[β-dimethylaminoäthylesterhydrochlorid]*, *-S-[β-diäthylaminoäthyl-*

ester] (*Hydrochlorid* u. *Methojodid*) sowie *α.α-Diphenyl-α-hydroxythioessigsäure-S-[β-diäthylaminoäthylester]* (*Hydrochlorid* u. *Methojodid*). Die bei der Hydrolyse der 0,008 m Lsgg. bei 30° u. pH 11,5 sowie in 3,5 n HCl bestimmten Geschw.-Konst. werden tabellar. angegeben.
Helmut Schäfer B 225△

0788 **Physikalische Chemie der Grignard-Reaktionen.** Ernest I. Becker. (Trans. New York Acad. Sci. [2] **25,** 513—15, 1963; Brooklyn, N.Y., Polytechn. Inst. of Brooklyn, Dep. of Chem.; engl.) — Die Rk. von CH_3MgBr mit *Benzophenon* in Tetrahydrofuran (THF) ist homogen u. quant.; die Aktivierungsenergie u. -entropie betragen 11 kcal/Mol u. —25 cal/Grad·Mol. Die Rk. ist anfangs je 1. Ordnung bzgl. beider Reaktanten, jedoch nimmt die Geschw. in ihrem Verlauf schneller ab, als nach einer Rk. 2. Ordnung zu erwarten ist. Für die Grignard-Rk. zwischen $(C_2H_5)_2Mg$ u. *p-X-Benzonitrilen* [$X = H$ (I) k·10⁴ 3,38 Liter/Mol·s; CF_3 23,8; *Cl* 7,47; C_6H_5 3,65; CH_3 1,60; CH_3O 1,30] zu den entsprechenden Ketiminen (Lsgm. u. Temp. nicht angegeben) besteht eine sehr gute Hammettsche Beziehung mit $\varrho = 1,57$. Die Lsgm.-Abhängigkeit der Rk. von I mit $(C_2H_5)_2Mg$ ergibt sich aus folgenden k·10⁴-Werten (in Liter/Mol·s) bei 30°: Tetrahydrothiophen (THT) 240—500, 4-Methyl-1.3-dioxan 19,3, Methylal 18,7, Ae. 17,8, THF 3,65, Diglyme 0,483, THF + 2 Mol THT 3,80, THF + 2 Mol N-Methylmorpholin 3,46; THF + 2 Mol N-Methylpiperidin 3,27, THF + 2 Mol N-Methylpyrrol 2,07; die bas. Lsgm. behindern infolge Koordination an $(C_2H_5)_2Mg$ dessen Reaktivität. G. Pötzscher B 225◇

0789 **Reaktivität von C_2—C_6-n-Alkyljodiden mit Pyridin.** Ennio de Fabrizio, Sergio Fumasoni und Renato Turriziani. (Ricerca sci. **30,** 1688—95, 1960; ital.) — Vgl. C. **1963,** 16134. — Es wird die Kinetik der Quaternisierung von *Pyridin* mit einigen n-Alkyljodiden in 0,05 m Aceton-Lsg. bei 45° konduktometr. untersucht. Folgende Werte der Geschw.-Konst. k (Mol/Liter)⁻¹ s⁻¹ für die Bldg. der Alkylpyridiniumjodide sind angegeben: *Äthyl-* 1,6360 (10⁻⁴); *Propyl-* 0,8183; *Butyl-* 0,7736; *Amyl-* 0,7443; *Hexyl-* 0,7796. Für vorletzte Verb. wird die kleinste Reaktivität gefunden.
G. Platzer B 225□

0790 **Kinetik der Reaktion bestimmter Diisocyanate.** L. C. Case. (J. chem. Engng. Data **5,** 347—48, 1960; Lafayette, Ind., Purdue Univ., School of Chem. and Metallurg. Engng.; engl.) — Die Reaktivität einiger unsymm. Diisocyanate mit einem 10fachen Überschuß an Isoamylalkohol in Chlorbenzol als Lsgm. wurde IR-spektroskop. durch Verfolgung der Abnahme der NCO-Bande bei 4,5 μ gemessen. Die Zeit bis zu 10—20%ig. bzw. 70—80%ig. Umsatz ist tabellar. angegeben für nachst. Diisocyanate (in Klammern das aus vorst. Zeiten berechnete Verhältnis der Reaktivität der 1. u. der 2. NCO-Gruppe): *1-Phenoxyphenylen-(2.4)* (7 bis 9), *2.6-Dichlorphenylen-(1.4)* (24—31), *2-Nitrophenylen-(1.4)* (8), *1-tert.-Butylphenylen-(2.4)* (9) sowie für *β-[p-Isocyanatophenyl]-äthyl-* (4), *β-[p-Isocyanatophenyl]-butyl-* (7) u. *β-Methyl-β-[p-Isocyanatophenyl]-propylisocyanat* (150). Der Einfl. der Substituenten wird diskutiert. — Die Diisocyanate wurden aus den entsprechenden Diaminen durch Rk. mit $COCl_2$ erhalten. *1-Phenoxy-2.4-diaminobenzol,* aus 2.4-Dinitrochlorbenzol durch Kondens. mit K-Phenolat u. Red. der NO_2-Gruppen mit Fe/HCl. — *2.6-Dichlor-1.4-diaminobenzol,* aus 2.6-Dichlor-1.4-dinitrobenzol durch Red. mit NH_4Cl/Zn. — *1-tert.-Butyl-2.4-diaminobenzol,* aus tert.-Butylbenzol durch Nitrierung u. Red. der Nitro-Verb. mit Fe/HCl. — *1-Amino-2-[p-aminophenyl]-äthan,* aus β-Phenyläthylamin durch Rk. mit Acetanhydrid, Nitrierung des erhaltenen Amides, Hydrolyse u. Red. mit H_2/Raney-Ni. — *1-Amino-2-[p-aminophenyl]-butan,* aus p-Nitrobenzylchlorid durch Kondens. mit dem Na-Salz von 1-Nitropropan in abs. A. u. Red. der erhaltenen Dinitro-Verb. mit H_2/Raney-Ni. — *1-Amino-2-methyl-2-[p-aminophenyl]-propan,* wie vorst. Verb. aus 2-Nitropropan.
Ch. Zechel B 225◇

0791 **Thermische Zersetzung von n-Hexan bei hohen Drücken.** P. A. Longwell und B. H. Sage. (J. chem. Engng. Data **5,** 322—30, 1960; Pasadena, Calif., California Inst. of Technol., Chem. Engng. Labor.; engl.) — In der von Longwell beschriebenen App. (vgl. C. **1963,** 17617) wurde die therm. Zers. von *n-Hexan* (**I**) u. Gemischen von I mit H_2 oder N_2 bei hohen Drücken u. hohen Temp. untersucht. Die Zers. hat die scheinbare Rk.-Ordnung 1/2; die scheinbaren Aktivierungsenergien liegen bei 2,8—5,0 kcal·Mol⁻¹. Der Mechanismus schließt unzweifelhaft zu einem beträchtlichen Ausmaß freie Radikale mit ein, jedoch sind Mol.-Rkk. nicht ausgeschlossen. H_2 u. N_2 sind in keinem die Rk.-Geschw. bestimmenden Schritt beteiligt. Als Rk.-Prod. werden angegeben: Hexen, Penten, Pentadien, Butan, Buten, Butadien, Butadiin, Propan, Propen, Äthan, Äthen, Methan, Bzl., Toluol u. freies C. Ch. Zechel B 225◇

0792 **Stabilisierung von Isopropyläther.** A. C. Hamstead und L. S. van Delinder. (J. chem. Engng. Data **5,** 383—86, 1960; South Charleston, W.Va., Union Carbid Chemicals Co., Dev. Dep.; engl.) — Vff. diskutieren den Mechanismus der Autoxydation (Autox.) von Äthern, speziell von *Diisopropyläther* (**I,** Kp.$_{760}$ 68,8°, D.$_{20}^{20}$ 0,7250), an Hand von Literaturangaben. In eigenen Verss. beobachteten sie eine Beeinflussung der Autox. durch das Material des Aufbewahrungsgefäßes, wobei die Autox. in klaren Glasgefäßen am stärksten war. Als Inhibitor der Autox. bewährte sich bes. *N-Benzyl-p-aminophenol,* jedoch wurden mit *Diäthylentriamin, Triäthylentetramin* u. *Tetraäthylenpentamin* ebenfalls gute Ergebnisse erzielt. *Morpholin* u. *Äthylendiamin* sind weniger wirksam. Optimale Inhibitor-Konzz. sind angegeben. Weitere Verss. wurden mit nachst. Aminen unternommen: *Monoisopropanol-, Diäthanol-, Diisopropanol-, Triisopropanol-, Phenyläthanol-* u. *Diphenyl-.* Ch. Zechel B 225◇

0793 **Thermischer Zerfall und Oxydation von Dicyclohexylquecksilber in Benzol.** G. A. Rasuwajew, G. G. Petuchow, Ss. F. Shilzow und L. F. Kudrjawzew. (Ber. Akad. Wiss. UdSSR **114,** 810—12, 1962; Gorki, Univ., Chem. Forschungsinst.; russ.) — Bei der therm. Zers. von *Dicyclohexyl-Hg* (**I**) in Abwesenheit von O_2 (40—50 Std., 180°) werden (in Mol-% Ausbeute) 100 Hg, 120 Cyclohexan, 30 Cyclohexen, 10 Dicyclohexyl u. 20—25 Polymere der Zus. $(C_6H_9)_x$ erhalten. Die therm. Zers. von I in Bzl. als Lsgm. (200°, 50 Std.) liefert in etwa gleicher Ausbeute die gleichen Rk.-Prodd., daneben sehr wenig Phenylcyclohexan. Bei der oxydativen Zers. von **I** (0,015 Mol **I** in 0,12 Mol Bzl.; 60°, 70 Std.) werden 0,02 Mol O_2 aufgenommen u. als Rk.-Prodd. 100 Hg, 57,3 Cyclohexanol, 45,5 Cyclohexanon, 50 Cyclohexan, 20 Cyclohexen u. 5,4 Diphenyl erhalten. Die therm. u. oxydative Zers. von I erfolgt nach einem Radikalmechanismus, an dem sich Cyclohexyl- bzw. in Anwesenheit von O_2 Peroxyradikale beteiligen. Helmut Schäfer B 225△

0794 **Reaktionen von Benzoylalkansulfonylperoxiden mit organischen Lösungsmitteln.** G. A. Rasuwajew, W. R. Lichterow und W. Ss. Etliss. (J. allg. Chem. [UdSSR] **32** (**94**), 2033—39, 1962; russ.) — Es wurde die Kinetik der Zers. von *Methan-* (**I**), *Äthan-* (**II**), *n-Propan-* u. *Isopropansulfonylbenzoylperoxid* in Isopropanol, Bzl. u. CCl_4 bei 20—50° untersucht. Die Zers.-Geschw. wird durch eine kinet. Gleichung 1. Ordnung beschrieben u. hängt vom verwendeten Lsgm. ab. Die Aktivierungsenergie (kcal/Mol) betragen 27,1; 26,0; 27,1; 24,9 bei Zers. in Bzl., für **II** in Isopropanol 29,2, in CCl_4 25,4. Als Rk.-Prodd. entstehen bei der Zers. von **I** u. **II** nach einem Radikal-Mechanismus Methan- (**III**; Hydrazinsalz, F. 203—203,5°) bzw. Äthansulfonsäure (**IV**; Hydrazinsalz, F. 183,0—183,5°) sowie durch Isomerisierung von I bzw. **II** die gemischten *Anhydride* aus **III** bzw. **IV** u. Kohlensäuremonophenylester (*α-Naphthylurethan,* F. 133,0—133,5°). Bei der Zers. in Bzl. u. CCl_4 werden außerdem CO_2, bei der Zers. in Isopropanol Benzoesäure u. Aceton (2.4-Dinitrophenylhydrazon, F. 124°, aus A.) erhalten. — *Monophenylkohlensäuremethansulfonsäureanhydrid,* $C_8H_8O_5S$, Kp.$_4$ 143—144°. a) durch Zers. von I in Bzl.; D.$_4^{20}$ 1,3400; n_D^{20} 1,5106; b) durch tropfenweise Zugabe von 0,09 Mol Chlorkohlensäurephenylester bei 120—125° zu 0,1 Mol Ag-Methansulfonat in 20 ml o-Xylol u. 3 std. Erhitzen auf 140°.
Helmut Schäfer B 225△

0795 **Thermo- und Strahlungsoxydation von Benzol zu Phenol in wässerigen, Metallionen enthaltenden Lösungen bei erhöhten Temperaturen. 1. Mitt. Das thermische Verhalten von Eisensulfat und -chlorid in wässerigen Lösungen ohne Benzol.** Hiroshi Hotta und Nobutake Suzuki. (Bull. chem. Soc. Japan **36,** 717—21, 1963; Ibaraki, Takai, Japan Atomic Energy Res. Inst.; engl.) — Die Geschw. der Fe(II)-Oxydation in wss. Lsg. bei 30 at O_2 beträgt für $FeSO_4$

$6{,}10\cdot10^{-4}\,s^{-1}$ u. für $FeCl_2$ $2{,}78\cdot10^{-4}$ bei 150°. Die Bldg. des Fe(III)-Nd. erfolgt durch Hydrolyse von Fe(III)-Ionen auch in Fe(II)-Ionen-Lsg., die Aktivierungsenergie der Nd.-Bldg. beträgt 12,5 (kcal/Mol) zwischen 100 u. 200°. Das Präzipitat ist bei 100° amorph u. bei 200° α-Fe_2O_3.

G. Pötzscher B 226◇

0796 **Thermo- und Strahlungsoxydation von Benzol zu Phenol in wässerigen, Metallionen enthaltenden Lösungen bei erhöhten Temperaturen. 2. Mitt. Der Einfluß von Eisensulfat und -chlorid auf die Phenolausbeute.** Hiroshi Hotta, Akira Terakawa, Kazuo Shimada und Nobutake Suzuki. (Bull. chem. Soc. Japan **36**, 721—27, 1963; engl.) — 1. vgl. vorst. Referat. — In $Fe_2(SO_4)_3$-Lsg. kann Bzl. oberhalb 170° in guter Ausbeute zu Phenol (I) unter strahlungslosen Bedingungen oxydiert werden, bei Bestrahlung mit ^{60}Co-γ-Strahlen jedoch schon bei tieferen Temperaturen. In $FeSO_4$-Lsgg. ist die I-Ausbeute unabhängig von der Bestrahlung, jedoch etwas größer als in bestrahlten $Fe_2(SO_4)_3$-Lösungen. Diese höhere I-Ausbeute wird auf die Komplex-Bldg. zwischen Fe(II)-Ionen u. dem durch Rk. von Bzl. mit OH-Radikalen u. gelöstem O_2 gebildeten Hydroxycyclohexadienylperoxyradikalen zurückgeführt.

G. Pötzscher B 226◇

0797 **Der Mechanismus der Wirkung von AET.** 1. Mitt. **Die Strahlenchemie von 2-Mercaptoäthylguanidin und Bis-[2-guanidoäthyl]-disulfid in gepufferten wässerigen Lösungen.** Bernard Shapiro und E. Anne Dickens. (Radiat. Res. **13**, 857—70, 1960; Philadelphia, Pa., Albert Einstein Med. Center, Dep. of Radiology, Southern Div.; engl.) — Wss. gepufferte Lsg. von *1-[2-Mercaptoäthyl]-guanidin* (MEG) u. *Bis-[2-guanidinoäthyl]-disulfid* (GED) sowie deren ^{35}S-, ^{14}C- u. $^{14}C_{2(1.2)}$-Verbb. wurden mit ^{60}Co-γ-Strahlen (3 c) behandelt u. die Radiolyse-Prodd. chromatograph. u. elektrophoret. isoliert. Bei pH 6 entsteht mit G 14,3—18,2 GED aus MEG u. aus GED 2-Guanidinoäthansulfinsäure (mit G 0,29 bei pH 7,5 u. 1,0 bei pH 8,5) u. Taurocyanin (0,42 bei pH 7,5) sowie anorgan. Sulfat u. Guanidin (0,17 bei pH 7,5). Die Unterss. zeigen, daß MEG u. GED mit oxydierenden freien Radikalen reagieren können, die in den bestrahlten wss. Lsgg. entstehen (Radioaktivitätschromatogramme u. -elektrophoretogramme), die Strahlungsausbeuten werden berechnet.

Versuche: *^{35}S-(2-Aminoäthyl)-thiuroniumbromidhydrobromid* (^{35}S-AET), aus ^{35}S-Thioharnstoff u. 2-Bromäthylammoniumbromid in Isopropylalkohol durch Kochen unter Rückfluß; 0,05—0,10 mc/mg (spezif. Aktivität). — *^{14}C-AET*, analog vorst. Verb. aus ^{14}C-Thioharnstoff; 0,01—0,02. — *$^{14}C_{2(1.2)}$-AET*, aus Thioharnstoff u. $^{14}C_{2(1.2)}$-2-Bromäthylammoniumbromid; 0,003. — *2-Aminothiazolinhydrobromid*, F. 175—176°, aus AET-Lsg. mit m/15 Na-Phosphatpuffer bei pH 2—3 beim Stehen über Nacht. — *1-[2-Mercaptoäthyl]-guanidin* (MEG), analog vorst. Verb. bei pH 6—7. — *Bis-[2-guanidinoäthyl]-disulfid* (GED), F. 193—195°, analog vorst. Verb. bei pH 8—9 in einigen Tagen beim Stehen an der Luft. — *2-Guanidinoäthansulfinsäure*, durch Zusatz von 30%ig. H_2O_2 zu stark bas. Lsg. von GED. — *Taurocyamin*, F. 265°, aus Taurin u. Dicyandiamid nach Orem (vgl. U.S.-Patent 2 230 965 [1941].)

G. Pretzschner B 226◇

0798 **Polarographische Untersuchung der Photoisomerisation des o-Nitrobenzaldehyds.** Charu Bhusan Roy. (J. Indian chem. Soc. **38**, 955—58, 1961; Uttarpara, Hooghly, West Bengal, Raja Peary Mohan Coll.; engl.) — *o-Nitrobenzaldehyd* (I) läßt sich an der Hg-Tropfelektrode reduzieren. Es werden Strom–Spannungs-Kurven mit definiertem Diffusionsbereich erhalten. Der Diffusionsstrom verläuft proportional zur Konz. von I. Der Einfl. des Sonnenlichtes auf die U–V-Kurven von I (Abb.) ist auf eine Isomerisation zurückzuführen. Die Abnahme der Wellenhöhe bei Belichtung wurde näher untersucht u. zur Best. der spezif. Rk.-Konst. *k* der Photoisomerisation von I verwertet. k entspricht einer Rk. 1. Ordnung. Auf eine mögliche Anwendung der polarograph. Meth. (in Verbindung mit einer geeigneten elektr. reduzierbaren Substanz) zur Messung der gesamten Lichtmenge, die eine photochem. Rk. bewirkt, wird hingewiesen.

G. Plötner B 226◇

0799 **Photoreaktion von Quecksilber(II)-Benzoat und -α-Naphthoat.** N. A. Maier, W. I. Gesselberg und Ju. A. Oldekop. (J. allg. Chem. [UdSSR] 32 (**94**), 2030—33, 1962; Akad. der Wiss. der BjelorussSSR, Inst. für physikal.-organ. Chem.; russ.) — Bei der Bestrahlung von *Hg(II)-Benzoat* (I) in Aceton (0,02 Mol in 150 ml Aceton, 4 Std.) werden als Rk.-Prodd. 6,3% **I**, 67,6% Hg(I)-Benzoat (**II**), 11,2% Hg, 4,8% Phenyl–Hg(II)-Benzoat (**III**; → Phenyl-HgCl, F. 249 bis 250°, Aceton), 0,016 Mol Benzoesäure (**IV**; F. 120—122°, W.) u. 0,004 Mol CO_2, daneben Phenylbenzoat u. Acetonylaceton (2.4-Dinitrophenylhydrazon, F. 245—247°, Nitrobenzol) erhalten. Bei der Bestrahlung von I in Chlorbenzol werden in den Rk.-Prodd. 8,6% **I**, 0% **II**, 11,2% Hg, 11,0% **III**, 0,026 Mol **IV**, 0,003 Mol CO_2, daneben o-Chlorphenyl–Hg(II)-Salz (→ o-Chlorphenyl–HgCl, F. 141—145°) gefunden. Die Prodd. der Bestrahlung von I in Chlf. (20 Std.) enthalten 37,8% **I**, 25,4% $HgCl_2$, 4,9% **II**, 20,1% Hg_2Cl_2, 0,016 Mol **IV** u. 0,007 Mol CO_2, daneben Bzl.; Hg u. **III** werden nicht gefunden. Die bei der Bestrahlung von *Hg(II)-α-Naphthoat* (**V**) in Bzl. (Aceton; 0,0067 Mol **V** in 150 ml Lsgm., 4 Std.) entstehenden Rk.-Prodd. enthalten 41,5 (64,0)% **V**, 30,0 (2,5)% Hg(I)-α-Naphthoat, 0 (27,7)% Hg, 16,3 (0)% Phenyl-, 17,7 (0)% α-Naphthyl–Hg(II)-Salz (→ α-Naphthyl–HgCl, F. 183°), 0,0034 (0,0029) Mol α-Naphthoesäure u. 0,001 (0,0003) Mol CO_2. Ein Mechanismus der I-Zers. wird angegeben.

Helmut Schäfer B 226△

0800 **Wirkung ionisierender Strahlung auf wässerige Lösungen von Inosin und Adenosin.** G. Hems. (Radiat. Res. **13**, 777—87, 1960; London, Royal Cancer Hospital, Chester Beatty Res. Inst., Inst. of Cancer Res.; engl.) — Bei wss. Lsgg. von *Inosin*, *Adenosin*, *Guanosin* u. *Xanthosin* wird durch Bestrahlung mit Elektronen von 15 MeV in Abwesenheit von O_2 der Imidazolring unter Bldg. des entsprechenden Formamidopyrimidins geöffnet (UV-Absorptionsspektren). Bei Anwesenheit von O_2 während der Bestrahlung ist der G-Wert etwa dreimal größer, wobei kein im UV absorbierender Stoff entsteht, der auf Basenangriff hinweist.

G. Pretzschner B 226◇

0801 **Einfluß der Verteilung von Platin auf dem Träger bei der Hydrogenolyse von Cyclopentankohlenwasserstoffen.** François G. Gault. (C. R. hebd. Séances Acad. Sci. **245**, 1620—23, 1957; franz.) — Das Geschw.-Verhältnis zwischen der Spaltung einer tert.-sek.-Bindung (CH_2–CH) u. der einer di-sek.-Bindung (CH_2–CH_2) wird mit der Pt-Konz. auf dem Träger größer, das Verhältnis der Spaltungs-Geschw. zwischen gleichartigen Bindungen ist hingegen ziemlich konstant. Als Beispiele werden angeführt die Spaltung von *Methyl-* (315°, 30 atm H_2-Druck) u. *1.3-Dimethylcyclopentan* (330—335°, 30 atm) an Pt–Al_2O_3-Katalysatoren nach Ipatieff mit Pt-Konzz. zwischen 0,15 u. 20%.

J. Richter B 227◇

0802 **Aluminiumoxid als Katalysator und Träger.** 1. Mitt. **Die innere Acidität und die katalytische Aktivität von Aluminiumoxid.** Herman Pines und Werner O. Haag. (J. Amer. chem. Soc. **82**, 2471—83, 1960; Evanston, Ill., Northwestern Univ., Dep. of Chem., Ipatieff High Pressure and Catalytic Labor.; engl.) — Für die katalyt. Aktivität von Al-Oxid (I) spielt die Zahl der sauren Zentren u. deren Säurestärke eine wichtige Rolle. Die Dehydratisierung von *Butanol-(1)* zu Buten-(1) u. die Chemisorption von *Trimethylamin* sind in erster Linie nur von der Zahl der Zentren abhängig. Dagegen hängt der unter Färbung stattfindende, unter O_2-Ausschluß durchgeführte Hydridentzug aus den Leukobasen der Farbstoffe *Kristallviolett*, *Malachitgrün* u. *p.p'-Bis-[dimethylamino]-diphenylmethan* von der Lewis-Acidität (LA) der akt. Zentren ab; eine Anlagerung der sauren Zentren an den Aminostickstoff der Farbstoffe unter Resonanz- u. Farbverlust kann im Gegensatz zu HCl, konz. H_2SO_4 u. BF_3 aus ster. Gründen nicht stattfinden; die Bldg. eines roten Komplexes mit Phenolphthalein hängt auch von der LA der akt. Zentren ab. Die Brønsted-Acidität der an der Katalysator (KA)-Oberfläche vorhandenen OH-Gruppen ist auch bei stark Lewis-aciden KA-Proben schwach: Kochen in o-Xylol bewirkt keine Färbung des Indicators Neutralrot. Die Ausbeute bei der Gerüstisomerisierung von Olefinen hängt auch von der LA des verwendeten Al-Oxids ab: Zunächst lagert sich ein saures Zentrum unter Bldg. einer Carboniumzwischenstufe (CZ) an die Doppelbindung an, dann lagert sich CZ zum Carboniumion (CI) um u. Säureabspaltung führt zum isomeren Olefin. Es zeigt sich, daß um so stärker saure KA gebraucht werden, je weniger verzweigt

u. damit energet. schlechter CI verglichen mit CZ ist. So ist die Ausbeute an 1-Methylcyclopenten bei der Isomerisierung von *Cyclohexen* bei 350—410° nur bei stark sauren Al-Oxiden gut, da intermediär ein prim. CI gebildet werden muß; die Isomerisierung von *3.3-Dimethylbuten-(1)* (Kp.$_{75°}$ 41,0—41,4°; n_D^{20} 1,3759, aus 3.3-Dimethylbutanol durch Dehydrierung über Al_2O_3 bei 400°) bei 350—410° verläuft mit schwach sauren KA selektiv u. mit brauchbarer Ausbeute zu 2.3-Dimethylbuten-(1), da intermediär ein sek. CI in ein tert. übergeht. Mit stärker sauren KA geht die Selektivität verloren, u. es wird noch 2- u. 3-Methylpenten gebildet, so daß die Zus. der Isomerisierungs-Prodd. ein Maß der Acidität von **I** darstellt. Verwendet man bei der Dehydratisierung von *Butanol-(1)* stark saures **I**, so entsteht neben Buten-(1) noch Buten-(2). Optimale Acidität zeigte ein aus Al-Isopropylat oder Al-Nitrat u. NH_3 gewonnenes **I**, das bei 700° calciniert worden war; ein Erhitzen auf höhere Temp. verminderte sowohl die Zahl der akt. Zentren als auch deren Acidität; die mit Temp.-Veränderung sich ergebenden Kristallstrukturänderungen wurden durch Röntgenstrukturanalyse festgehalten. Eine Imprägnierung von reinem **I** mit NaOH oder mit NaCl führte zu einer partiellen Vergiftung der akt. Zentren, ohne die Säurestärke der verbleibenden Zentren merklich zu verkleinern; bei Behandlung mit NH_3 wurde dagegen nur die Zahl der stark sauren Zentren verringert. Steigender Alkali-Geh. führt zu einer Aktivitätsabnahme in einem zur Cyclohexenisomerisierung, die Butanoldehydratisierung u. die Aminchemisorption parallel verlaufendem Maß. Aus K- oder Na-Aluminat bereitete **I** enthalten Alkali in einem Maße, das von der Art der Ausfällung u. der Zahl der Waschoperationen abhängt; Proben mit 0,08—0,65% Na haben eine große Zahl schwach saurer Zentren u. sind daher ausgezeichnete Dehydratisierungs-KA; gleichzeitig wird wegen des Fehlens stark saurer Zentren Cyclohexen nicht isomerisiert. Die Unters. der KA-Gifte gestattet die Berechnung der oberen Grenze der Gesamtzahl an sauren, zur Butanoldehydratisierung geeigneten Zentren zu $10 \cdot 10^{13}$ (pro cm^2) u. die Zahl der stark sauren, zur Cyclohexenisomerisierung geeigneten Zentren zu $0,8 \cdot 10^{13}$; die Chemisorption von Trimethylamin bei 300° führte zu einem Wert von $2,5 \cdot 10^{13}$ (Tabellen, Umwandlungskurven). P. Paetzold B 227□

0803 **Aluminiumoxid als Katalysator und Träger.** 2. Mitt. **Die Hydroisomerisierung und Aromatisierung einiger Kohlenwasserstoffe in Gegenwart von Molybdänoxid-Aluminiumoxid-Katalysatoren. Der Einfluß des Aluminiumoxids.** Herman Pines und Gaston Benoy. (J. Amer. chem. Soc. **82,** 2483—87, 1960; engl.) — 1. vgl. vorst. Referat. — Die Hydroisomerisierung u. Aromatisierung einiger KW-Stoffe in Ggw. von Mo-Oxid/Al-Oxid-Katalysatoren unter H_2-Druck u. bei Temp. von 450—500° wurde in Abhängigkeit von der Acidität der Al-Oxidkomponente untersucht. *n-Octan* gibt eine Mischung isomerer Oktane u. — mit der Katalysator (KA)-Acidität steigend — 10—18% aromat. KW-Stoffe (Bzl., Toluol, Xylole, Äthylbenzol). Der durch Hydrogenolyse gebildete Anteil niederer KW-Stoffe war bei Verw. des sauersten KA (aus Aluminiumpropylat gewonnenes Al-Oxid) beträchtlich. Bei *Methylcyclopentan* steigt die Ausbeute an aromat. KW-Stoffen (Bzl., Toluol) u. isomerem Cyclohexan mit der KA-Acidität, während weniger saure KA die Bldg. niedrigerer KW-Stoffe erleichtern. Bei *Cyclohexan* steigt mit der KA-Acidität die Isomerisierung zu Methylcyclopentan u. die Hydrogenolyse, während der hohe Anteil an Aromatisierung zu Bzl. fällt. Bei *1.2-* (**I**) u. *1.4-Dimethylcyclohexan* steigt die Aromatisierung zu Xylolen u. Äthylbenzol mit der katalyt. Acidität, als Isomerisierungs-Prodd. entstehen jeweils die beiden isomeren Dimethylcyclohexane. Um zu entscheiden, ob bei der Isomerisierung u. Aromatisierung von **I** Methylgruppen wandern oder der Chemismus in einer Folge von Ringverkleinerung–Ringerweiterung besteht, wurde die Rk. mit $^{14}C_{(CH_3)}$-I durchgeführt. Die Aktivitätsverteilung im Rk.-Prod. zeigt, daß Methylwanderung hauptsächlich stattfand u. der zweite Rk.-Weg kaum beschritten wurde. *Äthylcyclohexan* liefert mit schwach saurem KA als Isomerisierungs-Prodd. Dimethylcyclohexan, n-Propylcyclopentan, 1-Methyl-3-äthylcyclopentan u. als Aromatisierungs-Prodd. Xylole.

Versuche: *$^{14}C_{(COOH)}$-o-Toluylsäure*, aus Tolyl-MgBr u. $^{14}CO_2$; 94% (Ausbeute). — *$^{14}C_{(CH_2OH)}$-o-Tolylcarbinol*, durch Red. vorst. Verb. in Ae. mit $LiAlH_4$; 90%. — *$^{14}C_{(CH_3)}$-o-Xylol*, durch Hydrogenolyse vorst. Verb. bei 225° u. 200 atm H_2-Druck an Cu-Chromit. — *$^{14}C_{(CH_3)}$-1.2-Dimethylcyclohexan*, durch katalyt. Hydrierung vorst. Verb. bei 150° u. 100 atm H_2-Druck an Ni-Kieselgur; 37% trans-, 63% cis-Isomere. P. Paetzold B 227□

0804 **Aluminiumoxid als Katalysator und Träger.** 3. Mitt. **Kinetik und Chemismus der Olefinisomerisierung.** Werner O. Haag und Herman Pines. (J. Amer. chem. Soc. **82,** 2488—94, 1960; engl.) — 2. vgl. vorst. Ref.; vgl. auch C. **1964,** 11-0805. — *3.3-Dimethylbuten-(1)* (**I**, Kp.$_{750}$ 41,0 bis 41,4°; n_D^{20} 1,3759) wurde mit verschiedenen Strömungs-Geschw. bei 350° über Al_2O_3 geleitet. Bei kurzer Kontaktzeit werden bes. 2.3-Dimethylbutene (**II**) neben wenig 2-Methylpentenen (**III**), letztere ungefähr in einer dem thermodynam. Gleichgewicht entsprechenden Zus., gebildet. 3-Methylpentene (**IV**) entstehen erst bei längerer Kontaktzeit, die zu einer Annäherung der Konzz. aller Prodd. an die Gleichgewichts-Konz. führt; n-Hexene entstehen nur in geringem Maße. Für die Geschw.-Konst. der Rkk. $\mathbf{I} \underset{k_{-1}}{\overset{k_1}{\rightleftarrows}} \mathbf{II} \underset{k_{-2}}{\overset{k_2}{\rightleftarrows}} \mathbf{III} \underset{k_{-3}}{\overset{k_3}{\rightleftarrows}} \mathbf{IV}$ berechnen sich aus dem experimentell bestimmten maximalen Molenbruch von **II** in bezug auf **I** u. den Gleichgewichts-Konzz. von **I** u. **II** die relativen Werte: $k_1 : k_{-1} : k_2 : k_{-2} = 100 : 4,3 : 10 : 2,8$. Es ergibt sich, daß die Bereitschaft zur Gerüstumlagerung von der Geschw. der Bldg. der Carboniumzwischenstufe u. der Stabilität der entsprechenden Olefine abhängt. Die relativen Geschw.-Konst. der Isomerisierung von Buten-(1), cis- u. trans-Buten-(2) über Al_2O_3 wurden aus dem Verhältnis der Rk.-Prodd. bei langer Kontaktzeit u. aus den Gleichgewichts-Konzz. berechnet. Die Werte hängen noch vom Verteilungsgrad des Katalysators ab. Die Rk. verläuft stereoselektiv u. das weniger stabile cis-Isomere wird schneller gebildet als das trans-Isomere. Mit Phosphorsäure als Katalysator erreicht man ähnliche Stereoselektivität. Die Diskussion des Chemismus der stereoselektiven Isomerisierung von Buten führt zu der Annahme, daß die relativen Olefin-Bldg.-Geschw. von der Basizität der Olefine gesteuert werden (Umwandlungs- u. Gleichgewichtskurven). P. Paetzold B 227□

0805 **Die Stereochemie der Raney-Ni-Desulfurierung.** 1. Mitt. **Die 1.3-disubstituierten Cyclohexan- und die Bicyclo-[2.2.1]-heptansysteme.** Eugene E. van Tamelen und Edwin A. Grant. (J. Amer. chem. Soc. **81,** 2160—66, 1959; Madison, Wis., Univ. of Wisconsin, Dep. of Chem.; engl.) — *3-Methyl-cis-3-* (cis-**I**) u. *-trans-3-mercaptocyclohexanol* (trans-**I**) werden dargestellt. Die Stereochemie beider Verbb. wird dadurch bewiesen, daß cis-**I** mit Benzaldehyd (**II**) ein cycl. Mercaptol liefert, trans-**I** dagegen nicht; ferner reagiert das trans-**I** entsprechende *3-Methyl-trans-3-benzylsulfonylcyclohexyltosylat* bei Einw. von Base unter intramol. Ringschluß zu einem bicycl. Sulfon, die cis-Verb. dagegen nicht. Die Raney-Ni-Entschwefelung von folgenden Verbb. in sd. A. wurde untersucht: ***cis-3-Benzylmercapto-3-methylcyclohexyl-β-naphthoat*** (cis-**III**) → 37% cis- (cis-**IV**, Kp.$_{26}$ 90 bis 91°; n_D^{25} 1,4556) u. 63% trans-3-Methylcyclohexanol (trans-**IV**, Kp.$_{13}$ 78—80°; n_D^{25} 1,4565) (72% Gesamtausbeute; 37% Inversion der Konfiguration). — ***trans*-III** → 56% cis- u. 44% trans-**IV** (87%; 44% Inversion). — ***cis-3-Benzylsulfonyl-3-methylcyclohexyl-β-naphthoat*** (cis-**V**) → 43% cis- u. 57% trans-**IV** (65%; 43% Inversion). — ***trans*-V** → 46% cis- u. 54% trans-**IV** (73%; 54% Inversion). *Phenylcamphyl-(4)-sulfid* u. *-sulfon* → Camphan (F. 155°, im Rohr; 53 bzw. 61%). Ein cis–trans-**IV**-Gemisch (67% cis, 33% trans) wird unter diesen Bedingungen zu einem Gemisch mit 90% cis-**IV** isomerisiert, während ein Gemisch der **IV**-β-Naphthoate (67% cis, 33% trans) zu einem **IV**-Gemisch der prakt. gleichen Zus. umgesetzt wird. Da die Zus. der **IV**-Gemische bei den Entschwefelungs-Rkk. nicht der Gleichgewichts-Zus. entspricht, sind diese Rkk. nicht thermodynam. kontrolliert.

Versuche (FF. korr.): *3-Benzylmercapto-3-methylcyclohexanon* (**VI**), $C_{14}H_{18}OS$, F. 31—33°, Kp.$_{0,14}$ 152°; n_D^{35} 1,5618 (nach 3 Monaten bei —20° im Dunkeln 1,5633), aus Benzylmercaptan in Bzl. in Ggw. von Triton-B-hydroxid durch Zutropfen von 3-Methylcyclohexen-(2)-on (**VII**); 58% (Ausbeute). *Semicarbazon*, $C_{15}H_{21}N_3OS$, F. 171—171,5° (wss. A.). — *3-Methyl-3-mercaptocyclohexanon* (**VIII**), $C_7H_{12}OS$, Kp.$_{21}$ 123—125°; n_D^{20} 1,5087, aus **VII** in Chlf. in Ggw. von $(C_2H_5)_3N$ durch Einleiten von H_2S (8—10 Std.); 95%. — *cis-* u. *trans-3-Benzylmercapto-3-methylcyclohexanol* (Gemisch), $C_{14}H_{20}OS$, Kp.$_{0,1}$ 160—164°; n_D^{30} 1,5654, aus **VI** durch Red.

mit $LiAlH_4$ in Ae.; 77%. *cis-Verb.*, F. 42—44°, $Kp._{0,07}$ 153 bis 155°; n_D^{30} 1,5660, aus reinem cis-I in $NaOC_2H_5$–A. mit Benzylchlorid unter N_2 bei 5°; 92%; *β-Naphthoat* (cis-III), F. 84—84,5° (PAe.). *trans-Verb.*, $Kp._{0,05}$ 142—145°; n_D^{30} 1,5642, analog der cis-Verb.; 85%. *β-Naphthoat* (trans-III), $C_{25}H_{26}O_2S$, F. 96—97 u. 103° (Methanol). — *3-Methyl-cis-* u. *-trans-3-mercaptocyclohexanol* (Gemisch), $C_7H_{14}OS$, $Kp._{18}$ 129 bis 130°; n_D^{30} 1,5118, a) aus vorst. Gemisch mit Na in fl. NH_3; 41%; b) aus **VIII** durch Red. mit $LiAlH_4$ in Ae.; 68%. *cis-Verb.* (cis-I), $Kp._9$ 124—124,5°; n_D^{30} 1,5128, aus dem I-Gemisch in Bzl. durch Zugabe von **II** in Ggw. von p-Toluolsulfonsäure (→ nachst. Verb.), Ausschütteln der Benzol-Lsg. mit 30%ig. NaOH-Lsg. zur Abtrennung der trans-Verb. u. 10 Min. langes Erhitzen nachst. Verb. mit Phenylhydrazin·HCl in Dioxan–W.; 80% (bzgl. nachst. Verb.). *trans-Verb.* (trans-I), F. 41—43°, $Kp._7$ 115,5°; n_D^{30} 1,5108, aus den NaOH-Extrakten durch Ansäuern mit H_2SO_4; 42%. — *1-Methyl-4-oxa-3-phenyl-2-thiabicyclo-[3.3.1]-nonan*, $C_{14}H_{18}OS$, $Kp._{0,03}$ 130—131,5°; n_D^{30} 1,5684, aus der Benzol-Lsg. vorst. cis-Verb.; 29%. — *cis-3-Benzylsulfonyl-3-methylcyclohexanol*, $C_{14}H_{20}O_3S$, F. 135—135,5° (Chlf.–PAe.), aus der cis-Benzylmercapto-Verb. mit Perbenzoesäure in Bzl.; 77%. *Hydrogenphthalat*, $C_{22}H_{24}O_6S$, F. 187—188° (Chlf.–PAe.). *Phenylurethan*, $C_{21}H_{25}NO_4S$, F. 205—205,5° (Chlf.–PAe.). *p-Toluolsulfonat*, $C_{21}H_{26}O_5S_2$, F. 175—175,5° (Zers.); 62%. *β-Naphthoat* (cis-V), F. 144,5° (Aceton–W., Umwandlungspunkt bei 90—95°). — *trans-3-Benzylsulfonyl-3-methylcyclohexanol*, $C_{14}H_{20}O_3S$, F. 98 bis 100° (Bzl.–PAe.), analog der cis-Verb.; 70%. *p-Toluolsulfonat*, $C_{21}H_{26}O_5S_2$, F. 146—147° (Zers.; Bzl.–PAe.); 76%. *β-Naphthoat* (trans-V), $C_{25}H_{26}O_4S$, F. 136—136,5° (Bzl.–PAe.). — *1-Methyl-6-phenyl-7-thiabicyclo-[3.2.1]-octan-7.7-dioxid*, $C_{14}H_{18}O_2S$, F. 90—91° (wss. Methanol), durch 3std. Kochen von vorst. Tosylat mit $NaOCH_3$ in Methanol; 15%. — *4-Phenylmercaptocamphan*, $C_{16}H_{22}S$, $Kp._{0,1}$ 119—121°, aus 4-Chlorcamphan über die Li-Verb. in Cyclohexan durch Zugabe zu Diphenyldisulfid u. 2—3std. Kochen; 62%. — *4-Benzolsulfonylcamphan*, $C_{16}H_{22}O_2S$, F. 144—144,5° (Bzl.–PAe.), aus vorst. Verb. mit Perbenzoesäure; 52%.

G. Pötzscher B 227◇

0806 **Katalytische Aktivität von Kupfercyaniden auf die Oxydation von Dihydroxyphenolen und Harnsäure.** Saburo Isaka. (J. College Arts Sci., Chiba Univ., nat. Sci. Ser. **3**, 49—54, 1959; Biol. Inst.; engl.) — Ein Beschleunigungseffekt durch Cu-Cyanid [CuCN u. $Cu(CN)_2$] wurde bei der Autoxydation von *3.4-Dihydroxyphenylalanin* (*DOPA*) u. *Brenzcatechin* bei pH 7,8 u. bei *Harnsäure* (**I**) bei pH 11,6 festgestellt. Die Beschleunigung ist am größten beim Verhältnis Cu : CN = 1 : 2 u. nimmt bei größerem CN-Anteil wieder ab, woraus Vff. auf die Bldg. eines tetravalenten Cu-Komplexes mit dem oxydierbaren Substrat u. $Cu(CN)_2$ schließen. Der Komplex $Cu(CN)_2$–Xanthopterin, dessen Bldg. wie die von Cu(CN) u. Cu–Xanthopterin spektrophotometr. nachgewiesen wurde, hat die größere katalyt. Wirkung. Die Autoxydation von **I** führt zu Allantoin u. CO_2.

A. Grohmann B 227◇

0807 **Mechanismus der Cumaronbildung aus Phenol und Äthanol an Oxidkatalysatoren.** Alfons Krause. (Roczniki Chem. [Ann. Soc. chim. Polonorum] **37**, 827—30, 1963; Poznań, Univ., Inst. für Anorg. Chem.; dt.) — Vf. diskutiert den Mechanismus der von Sila u. Lesiak (vgl. Roczniki Chem. [Ann. Soc. chim. Polonorum] **35**, [1961], 1519) angegebenen Darst. von *Cumaron* (**I**) aus phenolhaltigen A.-Lsgg. unter Verw. von Al_2O_3- u. Fe_2O_3-Katalysatoren auf der Grundlage seiner „Radikal"-Theorie (vgl. Krause, C. **1962**, 7788). Danach entsteht zunächst durch Dehydratisierung an Al_2O_3 bei 300—380° Phenyläthyläther, daraus durch Dehydrierung bei ca. 500—700° Phenylvinyläther, der nach Ringschluß zu Dihydrobenzofuran u. dessen Dehydrierung **I** liefert.

Ch. Zechel B 227◇

C. Präparative organische Chemie, Naturstoffe

0808 **Eine Halbmikromethode für die quantitative Umwandlung von Zn-^{14}C-Lactat in Na-^{14}C-Lactat.** Leonard A. Walker. (Microchem. J. [New York] **6**, 106—07, 1962; Seattle, Wash., Mason Clinic; engl.) — Man löst Zn-^{14}C-Lactat in 0,5 ml W. + 0,1 ml 1n HCl u. gibt die erhaltene Lsg. auf eine Dowex 50-WX 8-Ionenaustauschersäule (100—200 mesh) in der Säureform, wäscht 2mal mit je 0,5 ml W. nach u. neutralisiert die erhaltene *^{14}C-Milchsäure* mit ca. 0,3 ml 0,1n NaOH.

A. M. Fretzdorff 480□

0809 **Organische Deuteriumverbindungen.** 24. Mitt. **Synthese von 1-[D_3-Methyl]-, 2-[D_3-Methyl]- und 1.2-Bis-[D_3-methyl]-naphthalin.** Pierre Dizabo und Léonard C. Leitch. (Bull. Soc. chim. France **1962**, 571—73; Ottawa, Canada, Cons. nat. de rech., Div. de chim. pure; franz.) — 23. vgl. Canad. J. Chem. **39**, [1961], 363; 21. vgl. C. **1962**, 13356. — Durch Rk. von *Butyl-Li* u. CD_3Br mit 1-Brom- (**I**) u. 2-Bromnaphthalin (**II**) werden *1-[D_3-Methyl]-* (**III**) u. *2-[D_3-Methyl]-naphthalin* (**IV**) erhalten. **IV** läßt sich zu *1-Brom-2-[D_3-methyl]-naphthalin* bromieren, das Vff. mit CD_3Br u. C_4H_9Li in *1.2-Bis-[D_3-methyl]-naphthalin* (**V**) umwandeln. Als Nebenprod. von **III**, **IV** u. **V** werden geringe Mengen *Dibutylketon* (**VI**) isoliert, das man zum Vgl. auf unabhängigen Wegen synthetisiert.

Versuche: *Butyl-Li*, durch Zutropfen der äther. Lsg. von C_4H_9Br zu überschüssigem Li u. Ae. bei —15 bis 0° unter Rühren im N_2-Strom u. 2std. Rühren nach beendeter Rk. unterhalb 0°; 90% (Ausbeute). — *Dibutylketon* (**VI**), F. —6°, Kp. 185—187°, a) durch Lösen von 42 g vorst. Verb. in Ae., Einleiten von CO_2 bei —50° u. Hydrolyse; 3,4 g; b) durch 18std. Erhitzen von 15 g Valeriansäure mit 15 g Fe auf 187° unter Abdestillieren des Rk.-Prod., Ae.-Extraktion u. Aufarbeitung der mit Alkali gewaschenen Ae.-Lsg.; n_D^{20} 1,4180; 8 g. *Semicarbazon*, F. 90°. — Naphthaline: *1-[D_3-Methyl]-* (**III**), durch Zugabe von C_4H_9Li zu **I** in Ae. unter N_2, Zugabe von CD_3Br bei —78°, 2—3std. Rühren bei —5° unter N_2, Abkühlen auf —50°, 1½std. Einleiten von CO_2, Zugabe von W. bei Raum-Temp., Abdestillieren des Ae., Wasserdampf-Dest., Extraktion des Destillats mit Pentan u. gaschromatograph. Reinigung des Pentanrückstandes; n_D^{20} 1,6145; 80%; daneben *Naphthalin*; 5%, u. **VI**; 7,0%. — *2-[D_3-Methyl]-* (**IV**), F. 34—34,5°, analog **III** aus **II**, C_4H_9Li u. CD_3Br in Ae.; $n_D^{35,5}$ 1,6030; 80%; daneben **VI**; 7,5%. — *1-Brom-2-[D_3-methyl]-*, durch Einrühren von 13 g Br_2 in CS_2 in die Lsg. von 11,4 g **IV** in CS_2 bei —5° innerhalb ¾ Std., 1½ std. Rühren bei —5°, ½ std. Rühren nach Zugabe von 10%ig. NaOH u. Aufarbeitung der organ. Phase; 15 g, daneben geringe Mengen unverändertes **IV**. — *1.2-Bis-[D_3-methyl]-* (**V**), analog **III** aus vorst. Verb., C_4H_9Li u. CD_3Br in Ae.; n_D^{20} 1,6110; 66%; daneben **VI**; 6%. L. Hoppe 480◇

0810 **Untersuchung der Polymerisation einiger tertiärer Olefine in Gegenwart eines Kationenaustauschers als Katalysator.** W. I. Issaguljanz und A. Dessukki. (Ber. Akad. Wiss. ArmenSSR **34**, 197—200, 1962; Moskau, Gubkina-Erdölinst.; russ.) — Isobutylen polymerisiert am Kationenaustauscher KU-2 (H-Form) bei 130—140°/18—20 at Anfangsdruck in schneller Rk. unter Bldg. etwa gleicher Mengen *Di-* u. *Triisobutylen*-Fraktionen. Erstere besteht zu 44% aus *2.4.4-Trimethylpenten-(1)* [Kp. 101,55°], 23% *2.4.4-Trimethylpenten-(2)* [Kp. 103,9°] u. 30% *3.3.4-Trimethylpenten-(1)* [Kp. 105,0°]. Die Polymerisation von α-Methylstyrol an KU-2 bei 140°/6,5 at/1¾ Std. liefert in 72%ig. Ausbeute *1.3-Dimethyl-1.3-diphenylcyclobutan*, $C_{18}H_{20}$, $Kp._{25}$ 166—167°, F. 51 bis 52° (Methanol).

Helmut Schäfer 520△

0811 **Über Alken-(1)-ine-(4).** Peter Kurtz. (Liebigs Ann. Chem. **658**, 6—20, 1962; Leverkusen, Farbenfabrik Bayer Akt.-Ges., Wiss. Hauptlabor.; dt.) — Chloride der Allylreihe, 1-Chloralkene-(2), werden im wss. Medium bei pH 4—9 in Ggw. von Cu(I)-Salzen als Katalysator mit Alkinen-(1) umgesetzt, wobei in guten Ausbeuten *Alken-(1)-ine-(4)* (allylsubstituierte Acetylene) erhalten werden. Eine App. mit diskontinuierlicher u. eine mit kontinuierlicher Arbeitsweise wird beschrieben. Als Katalysator dient eine Lsg. aus NaCl/CuCl. IR-Spektren vgl. Original.

Versuche: *5-Phenylpenten-(1)-in-(4)*, $C_{11}H_{10}$, $Kp._{11}$ 88 bis 89°, durch 7—8std. Rk. von 49 g Phenylacetylen mit Allylchlorid in A. in Ggw. von CuCl/NaCl bei 70—80°; $D._4^{20}$ 0,9375; n_D^{20} 1,5598; 20,1 g (Ausbeute). — *5-Phenylpenten-(1)-on-(5)*, $Kp._{11}$ 112—114°, durch 1std. Kochen vorst. Verb. mit 2n H_2SO_4 u. Methanol in Ggw. von $HgSO_4$; 90%.

Semicarbazon, F. 157—158°. *Oxim*, F. 51—52° (verd. Methanol). — *2-Methyl-5-phenylpenten-(1)-in-(4)*, $C_{12}H_{12}$, Kp.$_{14}$ 115 bis 120°, durch Umsetzen von Phenylacetylen u. Methallylchlorid in konz. HCl/Bzl. in Ggw. von CuCl/NaCl bei 60° u. pH 8—8,5 (Zugabe von NaOH); n_D^{20} 1,5522; 20%. — *Penten-(1)-in-(4)* (**I**), Kp. 40—45°, durch Umsetzen von Allylchlorid mit Acetylen in beschriebener Apparatur. — *2-Methylpenten-(1)-in-(4)* (**II**), Kp. 67—68°, analog vorst. Verb. aus Methallylchlorid; n_D^{20} 1,4198; daneben *2.7-Dimethyloctadien-(1.7)-in-(4)*, $C_{10}H_{14}$, Kp.$_{19}$ 73—74°; n_D^{20} 1,4663. — *Octadien-(1.7)-in-(4)*, C_8H_{10}, Kp.$_{17}$ 38—39°, aus dem Rückstand von **I**; n_D^{20} 1,4594; D_4^{20} 0,8017. — *4.4-Dimethoxy-octadien-(1.7)*, $C_{10}H_{18}O_2$, Kp.$_{17}$ 77—85°, durch Zugabe von methanol. Trichloressigsäure-Lsg. zu einem Gemisch von BF_3-Ätherat u. HgO in Methanol bei 30°, 2std. Stehen, Kühlen auf 6° u. Neutralisieren mit Na-Methylat-Lsg.; n_D^{20} 1,4408; daneben *4.4.7-Trimethoxyocten-(1)* (?), $C_{11}H_{22}O_3$, Kp.$_{17}$ 98—101°; n_D^{20} 1,4339. — *4.4-Dimethoxyoctan* (**III**), Kp.$_{17}$ 75—80°, durch Hydrieren von 4,5 g vorst. Verb. in Methanol an Pt/BaSO$_4$; 3,4 g. — *Octanon-(4)*, Kp.$_{18}$ 63—65°, durch Hydrolyse von 3,1 g **III** mit verd. HCl; n_D^{20} 1,4138; 1,8 g. *Semicarbazon*, F. 96—96,5° (PAe.). *2.4-Dinitrophenylhydrazon*, F. 36—37° (PAe.). — *Hexen-(1)-in-(4)-ol-(6)*, C_6H_8O, Kp.$_{10}$ 72,6—73,7°, durch 9½ std. katalyt. Umsetzung von 96%ig. Propargylalkohol mit Allylchlorid bei 80°; D_4^{20} 0,9395; n_D^{20} 1,4782; 74,8%. *Phenylurethan*, $C_{13}H_{13}NO_2$, F. 60—61° (A.). — *Hexanol-(1)*, Kp.$_{13}$ 60—66°, a) durch Hydrieren von 10 g vorst. Verb. in abs. Ae. an Pt/Kohle; n_D^{20} 1,4220; 2 g; b) durch Hydrieren vorst. Verb. in Tetrahydrofuran an Raney-Ni bei 100 at; n_D^{20} 1,4191; 82%. *Phenylurethan*, F. 42—44°. *3.5-Dinitrobenzoesäureester*, F. 58 bis 58,5°. — *2-Methylhexen-(1)-in-(4)-ol-(6)*, $C_7H_{10}O$, Kp.$_{10}$ 83 bis 84°, aus Methallylchlorid u. Propargylalkohol bei 80°; D_4^{20} 0,92012; n_D^{20} 1,4771; 74%. *Phenylurethan*, $C_{14}H_{15}NO_2$, F. 74—75° (A.). — *2-Methylhexanol-(6)*, Kp.$_{14}$ 74—78°, durch Hydrieren vorst. Verb. in Tetrahydrofuran an Raney-Ni bei 20—50°/50 at; n_D^{20} 1,4268; 85%. *Phenylurethan*, F. 80,5 bis 81,5° (Ligroin). — *3-Methylhexen-(1)-in-(4)-ol-(6)* (**VII**), $C_7H_{10}O$, Kp.$_{17}$ 86,8—87,2°, a) durch 54std. Rk. von Crotonoylchlorid mit Propargylalkohol; D_4^{20} 0,90912; n_D^{20} 1,4692; b) analog a) mit 1-Methylallylchlorid; c) analog a) mit einem Gemisch aus Crotonoylchlorid u. 1-Methylallylchlorid [*Phenylurethan*, $C_{14}H_{15}NO_2$, F. 63,5—64° (verd. Methanol). *3.5-Dinitrobenzoesäureester*, $C_{14}H_{12}N_2O_6$, F. 49—49,5° (Ligroin)]; daneben *Hepten-(2)-in-(5)-ol-(7)* (**IV**), $C_7H_{10}O$, Kp.$_{15}$ 93,5 bis 93,8°, nach a) bis c); D_4^{20} 0,92532; n_D^{20} 1,4798 [*Phenylurethan*, $C_{14}H_{15}NO_2$, F. 68—69° (verd. Methanol). *3.5-Dinitrobenzoesäureester*, $C_{14}H_{12}N_2O_6$, F. 65—66° (A.)]. — *3-Methylhexanol-(6)*, Kp.$_{14}$ 75—76°, durch Hydrieren von **VII** in Tetrahydrofuran an Raney-Ni bei 50°/150 at; n_D^{20} 1,4250; 84%. *α-Naphthylurethan*, F. 51—52° (PAe.). — *4-Methylcapronsäure*, Kp.$_{13}$ 122—130°, durch Oxydation vorst. Verb. mit KMnO$_4$; n_D^{20} 1,4232; 68%. *Amid*, F. 98—98,5°, aus der Säure über das Säurechlorid. *Anilid*, F. 74—75,5° (Ligroin). — *Heptanol-(1)*, Kp.$_{14}$ 80—82°, durch Hydrieren von **IV** in Tetrahydrofuran an Raney-Ni bei 50—55°/50 at; n_D^{20} 1,4241; 86%. *Phenylurethan*, F. 58—58,5° (Ligroin). *α-Naphthylurethan*, $C_{18}H_{23}NO_2$, F. 60—61° (Ligroin). — *Decen-(5)-diin-(2.8)-diol-(1.10)*, $C_{10}H_{12}O_2$, F. 94—95° (A. bzw. Bzl./A.), durch katalyt. Umsetzung von Propargylalkohol mit 1.4-Dichlorbuten-(2) bei 80—85° u. pH 8—9. — *Decandiol-(1.10)*, F. 72—73° (wss. A.), Kp.$_{0,01}$ 140—142°, durch Hydrieren vorst. Verb. in Tetrahydrofuran an Raney-Ni bei 50 bis 80°/100 at. — *Hepten-(1)-in-(4)-ol-(6)*, $C_7H_{10}O$, Kp.$_{15}$ 73°, durch katalyt. Umsetzung von Allylchlorid mit Butin-(1)-ol-(3) bei 60° u. pH 7,5—8,5°; n_D^{20} 1,4688; 85%. — *6-Methylhepten-(1)-in-(4)-ol-(6)* (**V**), $C_8H_{12}O$, Kp.$_{13}$ 68—69,5°, aus 3-Methylbutin-(1)-ol-(3) u. Allylchlorid bei 58—60° u. pH 5 bis 5,5; n_D^{20} 1,4592; 59%. — *2.6-Dimethylhepten-(1)-in-(4)-ol-(6)* (**VI**), $C_9H_{14}O$, Kp.$_{14}$ 80,2—81°, aus Methallylchlorid analog **V**; n_D^{20} 1,4610; 67%. — *2.6-Dimethyloctadien-(1.6)-in-(4)-ol-(8)*, $C_{10}H_{14}O$, Kp.$_{0,006}$ 62—65°, durch katalyt. Umsetzen von 3-Methylpenten-(3)-in-(1)-ol-(5) u. Methallylchlorid bei pH 8—8,5; n_D^{20} 1,5035; 50%. — Gemisch aus *cis-Penten-(2)-in-(4)*, *trans-Penten-(2)-in-(4)* u. *Pentatrien-(1.3.4)*, Kp. 44—47°, durch Spaltung von 31 g **V** nach Colonge u. Falcotet (C. **1958**, 9476); n_D^{20} 1,4388; 7 g. — Gemisch aus *2-Methylpenten-(1)-in-(4)*, *2-Methylpenten-(2)-in-(4)* u. *2-Methylpentatrien-(1.3.4)*, C_6H_8, Kp. 71—78°, durch Spaltung von **VI**. W. Hampel 550△

0812 **Einige chemische Umwandlungen von γ-Chloräthern.** Schamchal Mamedow und B. F. Pischnamassade. (Ber. Akad. Wiss. AserbaidshanSSR **18**, 31—35, 1962; Inst. für petrochem. Prozesse; russ.) — Durch Einw. von NH_3 auf Methyl- [Kp. 132—134°; D_4^{20} 0,9504; n_D^{20} 1,4224], Äthyl- [Kp. 161—163°; D_4^{20} 0,9328; n_D^{20} 1,4200] u. n-Butyl-[3-chlorpentyl-(1)]-äther [Kp.$_8$ 79—80°; D_4^{20} 0,9020; n_D^{20} 1,4270] [15 g der Verbb. in 10 ml mit NH_3 gesätt. Methanol 8—9 Std. auf 160—165° erhitzen] werden *Methyl-* [Kp.$_{66}$ 71 bis 75°; D_4^{20} 0,9021; n_D^{20} 1,4207; 53,8% (Ausbeute)], *Äthyl-* [Kp.$_{46}$ 78—83°; D_4^{20} 0,8698; n_D^{20} 1,4190; 58,3%] bzw. *n-Butyl-[3-methoxypentyl-(1)]-äther* [Kp.$_{66}$ 113—117°; D_4^{20} 0,8091; n_D^{20} 1,4224; 63,8%] u. daneben *Methyl-* [Kp. 104 bis 108°; D_4^{20} 0,7888; n_D^{20} 1,4023; 25,6]%, *Äthyl-* [Kp. 123 bis 127°; D_4^{20} 0,7961; n_D^{20} 1,4093; 31,7%] bzw. *n-Butyl-[penten-(2)-yl-(1)]-äther* [Kp. 170—174°; D_4^{20} 0,8069; n_D^{20} 1,4198; 25,4%] erhalten. Die Bromierung der beiden letzten Verbb. lieferte *Äthyl-* [Kp. 120°; D_4^{20} 1,4982; n_D^{20} 1,4819; 75,0%] bzw. *n-Butyl-[2.3-dibrompentyl-(1)]-äther* [Kp.$_{10}$ 127 bis 128°; D_4^{20} 1,4413; n_D^{20} 1,4910; 67%]. Helmut Schäfer 560△

0813 **Untersuchung von O.O-Dialkyl-O-[cyanphenyl]-phosphaten und -thiophosphaten als Insekticide.** Saburo Tamura, Makoto Takai, Satoshi Miyamoto, Seiroku Sakai, Masayoshi Goda und Yusuke Sumiki. (Agric. biol. Chem. [Tokyo] **25**, 773—77, 1961; Tokyo, Univ., Dep. of Agric. Chem.; Yashima Chem. Ind. Co. Ltd.; engl.) — Eine Reihe von *Di-O-alkyl-O-[cyanphenyl]-phosphaten* u. *-thiophosphaten* sowie von *O-Alkyl-O-[cyanphenyl]-phenylthiophosphonaten* wird dargestellt u. als Insekticide getestet. *Di-O-methyl-O-[4-chlor-2-cyanphenyl]-thiophosphat* besitzt eine hohe selektive Toxizität gegenüber der Hausfliege, während *Di-O-methyl-O-* u. *Di-O-äthyl-O-[4-cyanphenyl]-thiophosphat* sowie *Di-O-äthyl-O-[2-chlor-4-cyanphenyl]-thiophosphat* sehr wirksam gegenüber der amerikan. Küchenschabe sind. Die Dimethylester dieser Reihe zeigen eine geringere Giftigkeit für Säugetiere.

Versuche: Di-O-äthyl-O-arylthiophosphate: *-2-chlor-4-cyanphenyl-*, $C_{11}H_{13}ClNO_3PS$, F. 56°, Kp.$_{0,2}$ 132 bis 134° (Bzl./PAe.), durch 6std. Kochen von Di-O-äthylchlorthiophosphat mit 2-Chlor-4-cyanphenol u. Soda in Methyläthylketon; 79% (Ausbeute). — *-2-cyanphenyl-*, $C_{11}H_{14}NO_3PS$, Kp.$_{0,4}$ 134—136°; n_D^{16} 1,5250. — *-3-cyanphenyl-*, $C_{11}H_{14}NO_3PS$, Kp.$_{0,5}$ 131—133°; n_D^{16} 1,5280. — *-4-chlor-2-cyanphenyl-*, $C_{11}H_{13}ClNO_3PS$, Kp.$_{0,2}$ 132—135°; n_D^{16} 1,5361. — *-4-chlor-3-cyanphenyl-*, $C_{11}H_{13}ClNO_3PS$, Kp.$_{0,4}$ 139—142°; n_D^{16} 1,5357. — *-2-brom-4-cyanphenyl-*, $C_{11}H_{13}BrNO_3PS$, F. 91—93°. — *-4-brom-2-cyanphenyl-*, $C_{11}H_{13}BrNO_3PS$, ohne Zers. schwer zu dest.; n_D^{16} 1,6661. — *Di-O-äthyl-O-[2-chlor-4-cyanphenyl]-phosphat*, $C_{11}H_{13}ClNO_4P$, Kp.$_{0,6}$ 143—146°; n_D^{16} 1,5122. — *Di-O-äthyl-O-[4-chlor-2-cyanphenyl]-phosphat*, $C_{11}H_{13}ClNO_4P$, Kp.$_{0,5}$ 138—140°; n_D^{16} 1,51515. — Di-O-methyl-O-arylthiophosphate: *-4-cyanphenyl-*, $C_9H_{10}NO_3PS$; n_D^{16} 1,5460. — *-2-chlor-4-cyanphenyl-*, $C_9H_9ClNO_3PS$, F. 60—62°. — *-4-chlor-2-cyanphenyl-*, $C_9H_9ClNO_3PS$, F. 44—46°. — *-2-brom-4-cyanphenyl-*, C_9H_9·$BrNO_3PS$, F. 86—88°. — *-4-brom-2-cyanphenyl-*, C_9H_9Br·NO_3PS, F. 48—50°. — *O-Äthyl-O-[4-cyanphenyl]-phenylthiophosphonat*, $C_{15}H_{14}NO_2PS$, F. 99°. — *O-Äthyl-O-[2-chlor-4-cyanphenyl]-phenylthiophosphonat*, $C_{15}H_{13}ClNO_2PS$, F. 47 bis 48°. — *O-Äthyl-O-[4-chlor-2-cyanphenyl]-phenylthiophosphonat*, $C_{15}H_{13}ClNO_2PS$; n_D^{16} 1,5850. Klaus Lange 590△

0814 **Die reduktive Thiolierung von fluorierten Carbonylverbindungen.** John F. Harris jun. und William A. Sheppard. (J. org. Chemistry **26**, 354—58, 1961; Wilmington, Del., E. I. du Pont de Nemours & Co., Central Res. Dep., Exp. Stat.; engl.) — Die reduktive Thiolierung hochfluorierter Säuren, Säurechloride, Aldehyde u. Ketone führt zur Synth. von *α-Hydrofluoralkanthiolen*, deren physikal. Eigg. u. einige ihrer Rkk. beschrieben werden. Kernmagnet. Resonanzspektren sind angegeben.

Versuche: *1.1.5-Trihydrooktafluorpentanthiol-(1)* (**I**), $C_5H_4F_8S$, Kp. 127°, a) durch Zugabe von fl. H_2S zu ω-Monohydrooktafluorpentanal (**V**) bei —76°, 5std. Erwärmen auf 200°, Kühlen u. Abtrennen von S u. W.; n_D^{25} 1,3438—3442; 45,3% (Ausbeute); daneben *Bis-[1.1.5-trihydrooktafluorpentyl]-disulfid* (**II**) [$C_{10}H_6F_{16}S_2$, Kp.$_{0,5}$ 84°, Kp.$_{16}$ 114—136°; n_D^{25} 1,3688; 20,8%; entsteht auch durch Oxydation von **I** mit Cl_2 in CCl_4 bei —20 bis —15°; 64%] u. *Bis-[1.1.5-trihydro-*

oktafluorpentyl]-trisulfid, $C_{10}H_6F_{16}S_3$, Kp.₂ 144°; n_D^{25} 1,3972; b) aus ω-Monohydrooktafluorpentansäurechlorid analog **III**; 21%; daneben 9% **II** u. 12% *ω-Monohydrooktafluorpentansäure*; c) durch 6std. Erwärmen von **V** auf 190° analog **III**; 62%. — *4-Monohydrotetradekafluorheptanthiol-(4)* (**III**), $C_7H_2F_{14}S$, Kp. 122—124°, durch Zugabe von fl. H_2S zu Perfluorheptanon-(4) bei —76°, 5std. Erwärmen auf 190°/3000 at u. Kühlen auf 25°; n_D^{25} 1,3082; 51%. — *1.1-Dihydroheptafluorbutandiol-(1)* (**IV**), $C_4H_3F_7S$, Kp. 75—76°, a) durch 2—6std. Erhitzen von Perfluorbuttersäure mit H_2S auf 160—200° analog **III**; n_D^{25} 1,3217; 28%; b) analog a) aus Perfluorbuttersäurechlorid bei 150°; 39%; c) analog b) bei 200°; 23%; d) durch 6std. Erwärmen von Perfluorbutanal (**VI**) u. H_2S auf 200°/2000 at; 21%; e) aus **VI** durch 5std. Erwärmen auf 200° analog **I** nach a); 50%. — *2.2.3.3.4.4-Hexafluorpentandithiol-(1.5)*, $C_5H_6F_6S_2$, $Kp._{25}$ 92—93,5°, durch 6std. Erwärmen von Perfluorpentandisäuredichlorid auf 250° analog **III**; n_D^{25} 1,4215; 18%. — *2.2.2-Trifluoräthanthiol*, $C_2H_3F_3S$, Kp. 36,5°, durch 5std. Erwärmen von Trifluoracetaldehydhydrat analog **I** nach a); n_D^{25} 1,3413; 51%. — *1.1-Dihydropentafluorpropanthiol*, $C_3H_3F_5S$, Kp. 45—47°, analog vorst. Verb. aus Perfluorpropanal; n_D^{25} 1,3285; 54%; daneben 2% *Bis-[1.1-dihydropentafluorpropyl]-disulfid*. — *1.3-Dichlor-1.1.3.3-tetrafluorpropanthiol-(2)*, $C_3H_2Cl_2F_4S$, Kp. 115°, durch 3std. Erwärmen von 1.3-Dichlor-1.1.3.3-tetrafluorpropandiol-(2.2) mit H_2S auf 130°/2000 at; n_D^{25} 1,4018; 61%. — *3-Monohydroperfluorpentanthiol-(3)*, $C_5H_2F_{10}S$, Kp. 86,5—87°, durch 5std. Erwärmen von Perfluorpentanon-(3) mit H_2S auf 200°/2000 at; n_D^{25} 1,3101; 25%. — *1.3.7-Trihydrododekafluorheptanthiol-(3)*, $C_7H_4F_{12}S$, $Kp._{25}$ 76—77°, durch 5std. Erwärmen von 1.7-Dihydrododekafluorheptanon-(3) mit H_2S auf 200°/2000 at; n_D^{25} 1,3428; 42%. — *[4-Monohydrotetradekafluorheptyl-(4)]-2.4-dinitrophenyldisulfid*, $C_{13}H_4F_{14}N_2O_4S_2$, F. 99—100°, durch ¼std. Stehen von 1 g **III** mit 2.4-Dinitrobenzolsulfenylchlorid in Ae.; aus Bzl./Pentan gelbe Platten; 1,2 g. — *1'.1'-Dihydroheptafluorbutyl-2.4-dinitrophenylsulfid*, $C_{10}H_5F_7N_2O_4S$, F. 77—77,5° (Cyclohexan), durch Rk. des Na-Salzes von 1,1 g **IV** mit 2.4-Dinitrochlorbenzol nach Bost u. Mitarbeitern [1932], aus A. Blättchen; 1,9 g. — *1.1.5-Trihydrooktafluorpentan-1-sulfenylchlorid*, $C_5H_3ClF_8S$, $Kp._6$ 44°, durch Chlorieren von **I** in CCl_4; n_D^{25} 1,3700; 78%. — *1.1.5-Trihydrooktafluorpentan-1-sulfonsäure*, $C_5H_4F_8O_3S$, $Kp._1$ 136—139°, durch Chlorieren von **I** in Eisessig/W.; 57%. — *3'.3'-Dihydropentafluor-n-propyl-2.4-dinitrophenyldisulfid*, $C_9H_5F_5N_2O_4S_2$, F. 65—66° (Cyclohexan). — *1'.1'.5'-Trihydrooktafluorpentyl-2.4-dinitrophenyldisulfid*, $C_{11}H_6F_8N_2O_4S_2$, F. 55,5—56,5° (CCl_4). — *[3-Monohydroperfluorpentyl-(3)]-2.4-dinitrophenyldisulfid*, $C_{11}H_4F_{10}N_2O_4S_2$, F. 72—73° (PAe.).

W. Hampel 600□

0815 **Über die Bildung von Bis-[formamidin]-sulfiden und Isoharnstoffen.** H. Beyer und R. Giebelmann. (J. prakt. Chem. [4] **20**, 263—74, 1963; Greifswald, Ernst-Moritz-Arndt-Univ., Inst. für organ. Chem.; dt.) — Thioharnstoff (**I**) reagiert in abs. A. mit Diäthylcyanamid (**II**) u. HCl zu *C.C'-Thio-bis-[formamidin]-dihydrochlorid* (**III**) u. *N.N-Diäthylthioharnstoff* (**IV**). Analog reagiert **I** mit Diallyl- (**V**) bzw. Di-n-butylcyanamid (**VI**). Dagegen reagiert unter diesen Bedingungen **IV** nicht mit Cyanamid (**VII**). Rk. von Dialkylcyanamiden mit einer Reihe von N-Monosubstitutions-Prodd. von **I** gibt die entsprechenden *C.C'-Thio-bis-[N-alkylformamidin]-dihydrochloride* u. *N.N-Dialkylthioharnstoffe*. Rk. von N.N'-Diphenylthioharnstoff (**VIII**) u. **II** gibt *C.C'-Thio-bis-[N.N'-diphenylformamidin]-hydrochlorid* u. **IV**. Aromat. Monosubstitutions-Prodd. von **VII** reagieren nur mit **I**. N-Phenylthioharnstoff (**IX**) reagiert nicht mit **VII**. Bei allen Rkk. wurden *symm. C.C'-Thio-bis-[formamidine]* erhalten. Diese lassen sich auch durch Addition gleichartig substituierter **I**-Derivv. u. **VII** darstellen. *C.C'-Thio-bis-[N-phenylformamidin]-hydrochlorid* wird ausschließlich auf diesem Wege erhalten. **II** u. **IV** geben erst nach mehrwöchigem Stehen in äthanol. HCl *C.C'-Thio-[N.N'-diäthylformamidin]-hydrochlorid*, während die entsprechenden Di-n-butyl- bzw. Diallyl-Verbb. nicht reagieren. Stehen von Acylcyanamiden u. **I** in alkohol. Lsg. in Ggw. von HCl führt über das entsprechende *Isoharnstoffchlorid* u. dessen Pinner-Spaltung zum entsprechenden *N-Acylharnstoff* u. *Alkylchlorid*. Die Spaltung erfolgt durch Einw. von überschüssigem HCl oder beim Erwärmen. Bei Verw. von höheren Alkoholen konnten einige *O-Alkyl-N-benzoylisoharnstoffchloride* isoliert werden. In Dimethylformamid (DMF) als Lsgm. reagieren **I** u. N-Äthylthioharnstoff (**X**) mit Benzoylcyanamid (**XI**) zu **III** bzw. *C.C'-Thio-bis-[N-äthylformamidin]-dihydrochlorid*.

Versuche: C.C'-Thio-bis-[N-alkylformamidin]-dihydrochloride, a) durch Stehen von Dialkylcyanamid mit 2 Val N-Alkyl(Aryl)-thioharnstoff in 5,6%ig. abs. äthanol. HCl, Lösen in Methanol u. Fällen mit Essigester; b) analog a) aus **I** u. 1 Val des entsprechend substituierten **VII** (Rk.-Dauer bis zu einigen Wochen): *Unsubstituiert* (**III**), $C_2H_6N_4S \cdot 2\,HCl$, F. 180° (Zers.), a) aus **I** u. **II**; Blättchen; 79% (Ausbeute); daneben 31% *N.N-Diäthylthioharnstoff* (**IV**, F. 101—102°); b) aus **I** u. **V**; 85%; daneben 38% *N.N-Diallylthioharnstoff* ($C_7H_{12}N_2S$, F. 84—85°, aus W. Blättchen); c) aus **I** u. **VI**; 85%; daneben 38% *N.N-Di-n-butylthioharnstoff* ($C_9H_{20}N_2S$, F. 58—59°, aus wss. A. Blättchen); d) aus **I** u. Phenylcyanamid; 47%; e) aus **I** u. p-Tolylcyanamid (**XII**); 52%; f) aus **I** u. o-Chlorphenylcyanamid; 79%; g) aus **I** u. **XI** in DMF; 74%. — *-methyl-*, $C_4H_{10}N_4S \cdot 2\,HCl$, F. 161° (Zers.), aus N-Methylthioharnstoff a) mit **II**; Stäbchen; 90%; b) mit **V**; 90%; c) mit **VI**; 95%; d) mit Methylcyanamid; 94%. — *-äthyl-*, $C_6H_{14}N_4S \cdot 2\,HCl$, F. 163° (Zers.), aus **X** a) mit **II**; Stäbchen; 57%; b) mit **V**; 60%; c) mit **VI**; 69%; d) mit Äthylcyanamid; 82%; e) durch Einleiten von HCl in **X** u. **XI** in DMF u. Stehen über Nacht; 71%. — *-allyl-*, $C_8H_{14}N_4S \cdot 2\,HCl$, F. 136—137° (Zers.), aus N-Allylthioharnstoff u. **V**; Stäbchen; 55%. — *-n-propyl-*, $C_8H_{18}N_4S \cdot 2\,HCl$, F. 156—157° (Zers.), aus N-n-Propylthioharnstoff u. **V**; Stäbchen; 51%. — *-n-butyl-*, $C_{10}H_{22}N_4S \cdot 2\,HCl$, F. 147° (Zers.), aus N-n-Butylthioharnstoff u. **VI**; Blättchen; 60%. — *-isobutyl-*, $C_{10}H_{22}N_4S \cdot 2\,HCl$, F. 160—162° (Zers.), aus N-Isobutylthioharnstoff a) mit **V**; Blättchen; 90%; b) mit **VI**; 90%. — *-benzyl-*, $C_{16}H_{18}N_4S \cdot 2\,HCl$, F. 179—181° (Zers.), aus N-Benzylthioharnstoff a) mit **V**; Blättchen; 51%; b) mit **VI**; 54%; c) mit Benzylcyanamid; 81%. — *-[2-phenyläthyl]-*, $C_{18}H_{22}N_4S \cdot 2\,HCl$, F. 162—163° (Zers.), aus N-[2-Phenyläthyl]-thioharnstoff a) mit **VI**; Stäbchen; 83%; b) mit **V**; 80%. — C.C'-Thio-bis-[N.N'-dialkyl(aryl)-formamidin]-hydrochloride: *-diphenyl-*, $C_{26}H_{22}N_4S \cdot HCl$, F. 248—251° (Zers.), durch mehrtägiges Stehen von **VIII** u. **II** in 5,6%ig. alkohol. HCl; aus Methanol–Essigester Stäbchen; 22%. — *-diäthyl-*, $C_{10}H_{22}N_4S \cdot HCl$, F. 139—141° (Zers.), durch 4- bis 5wöchiges Stehen von **IV** u. **II** in 5,5%ig. alkohol. HCl; aus Methanol–Essigester Stäbchen; 45%. — *C.C'-Thio-bis-[N-phenylformamidin]-hydrochlorid*, $C_{14}H_{14}N_4S \cdot HCl$, F. 147° (Zers.), durch 1std. Stehen von **IX** u. **VII** in 5,5%ig. alkohol. HCl; aus A. Stäbchen; 72%. — O-Alkyl-N-benzoylisoharnstoffe: *-n-Propyl-*, $C_{11}H_{14}N_2O_2$, F. 45°, durch Einleiten von HCl in **XI** in n-Propanol über das *Hydrochlorid* [F. 92° (Ae.); 62%], Schütteln der wss. Lsg. des Hydrochlorids mit Na_2CO_3-Lsg. u. Extrahieren mit Ae.; Stäbchen. *Pikrat*, $C_{11}H_{14}N_2O_2 \cdot C_6H_3N_3O_7$, F. 140°. — *-n-Butyl-* (**XIV**), $C_{12}H_{16}N_2O_2$, durch Stehen von **XI** in 20%ig. butanol. HCl bei Raum-Temp. über das *Hydrochlorid* [F. 80° (Zers.; Ae.); 86%]; Blättchen. *Pikrat*, $C_{12}H_{16}N_2O_2 \cdot C_6H_3N_3O_7$, F. 130—131°, gelbe Blättchen. Kochen von **XIV** in Eisessig → 48% *Essigsäure-n-butylester* (Kp. 125—126°). — *-Isobutyl-* (**XIII**), $C_{12}H_{16}N_2O_2$, F. 54°, analog vorvorst. Verb. mit Isobutanol über das *Hydrochlorid* [F. 104° (Zers.); 55%]; Blättchen. *Pikrat*, $C_{12}H_{16}N_2O_2 \cdot C_6H_3N_3O_7$, F. 136°; gelbe Stäbchen. Erhitzen von **XIII** in Dioxan–HBr → *Isobutylbromid* (*S-Isobutylisothiuroniumpikrat*, F. 167°); daneben 91% *N-Benzoylharnstoff*. — Analog: *-n-Amyl-*, $C_{13}H_{18}N_2O_2$, F. 54°, mit n-Amylalkohol über das *Hydrochlorid* [F. 75° (Zers.); 83%]; Blättchen. *Pikrat*, $C_{13}H_{18}N_2O_2 \cdot C_6H_3N_3O_7$, F. 131°, gelbe Stäbchen. — *-Isoamyl-*, mit Isoamylalkohol über das *Hydrochlorid* [F. 64° (Zers.); 81%]; Öl. *Pikrat*, $C_{13}H_{18}N_2O_2 \cdot C_6H_3N_3O_7$, F. 133°, gelbe Stäbchen. — Harnstoffe: *N-Benzoyl-*, F. 215°, durch Stehen von **XI** in abs. alkohol. HCl über Nacht; aus Methanol Blättchen; 80%. — *N-p-Tolyl-*, F. 232°, durch Einleiten von HCl in **XII** u. n-Propanol u. Stehen über Nacht; 78%; daneben 51% n-Propylchlorid (Kp. 46°). H. Gleinig 600◇

0816 **Darstellung von Acetalen mit Hilfe von Kationenaustauschern.** Pierre Mastagli und Paulette Lambert. (C. R. hebd. Séances Acad. Sci. **244**, 359—60, 1957; franz.) — Die Darst. von Acetalen aus Vinyläthyläther u. verschiedenen Alkoholen mit dem Kationenaustauscher IR-120 als Katalysator wird beschrieben.

Versuche: Acetaldehydacetale, durch 3—4std. Erhitzen von 1 Mol Vinyläthyläther mit IR-120 auf 60°, Zugabe von 1 Mol Alkohol, Filtrieren u. fraktionierte Dest.:

-dibutylacetal, Kp. 184—186°, aus 75 g Butylalkohol; n_D^{18} 1,410; 22 g (Ausbeute). — *-diheptylacetal*, $Kp._{15}$ 152—154°, aus 110 g Heptylalkohol; n_D^{18} 1,432; 70 g. — *-dilaurylacetal*, $Kp._{15}$ 228°, aus 62 g Laurylalkohol in Bzl.; n_D^{18} 1,442; 27 g.
Gottfried Schreiber 670△

0817 **Geruch und Konstitution.** 20. Mitt. **Synthese von cis- und trans-Hexen-(3)-al.** M. Winter und F. Gautschi. (Helv. chim. Acta **45**, 2567—75, 1962; Genf, Firmenich & Cie., Labor. de Rech.; franz.) — 19. vgl. C. **1962**, 15191. — Vff. synthetisieren ausgehend von dem aus Butin-(1) (**III**) u. Allylbromid (**IV**) zugänglichen *Hepten-(1)-in-(4)* (**II**) *cis-Hexen-(3)-al* (cis-**I**) u. *trans-Hexen-(3)-al* (trans-**I**). **II** wird dazu in *1.2-Dihydroxyheptin-(4)* (**V**) übergeführt, das bei der partiellen Red. an Lindlar-Katalysator in Isopropanol *cis-1.2-Dihydroxyhepten-(4)* (**VIII**) liefert, dessen Oxydation mit $NaJO_4$ cis-**I** ergibt. Das aus **III** u. 1.4-Dichlorbuten-(2) (**VI**) erhältliche *Dodecen-(6)-diin-(3.9)* kann durch Umwandlung in *6.7-Dihydroxydodecadiin-(3.9)*, partielle Red. zu *cis.cis-6.7-Dihydroxydodecadien-(3.9)* (**VII**) u. dessen Oxydation mit $NaJO_4$ ebenfalls in cis-**I** übergeführt werden. Zur Darst. von *trans*-**I** wird **V** mit Na in fl. NH_3 zu *trans-1.2-Dihydroxyhepten-(4)* red. u. dieses mit $NaJO_4$ oxydiert. Für die synthetisierten Verbb. sind die IR-Banden, für cis-**I** u. trans-**I** auch die UV-Maxima aufgeführt. Die IR-Spektren von cis-**I** u. trans-**I** sind graph. wiedergegeben. Derivv. von cis- bzw. trans-**I** isomerisieren sich gelegentlich zu entsprechenden Derivv. des Hexen-(2)-als.

Versuche: *Hepten-(1)-in-(4)* (**II**), C_7H_{10}, $Kp._{730}$ 106 bis 108°, durch Zugabe von 1600 g C_2H_5Br zu 320 g Mg in Ae., 24std. Aufbewahren, Einleiten von 650 g **III** bei 0°, 4std. Rühren, Zugabe von 25 g $CuCl_2$, Zugabe von 1600 g **IV** in Ae. innerhalb von 3—4 Std. bei 35—40°, 2std. Kochen, Zers. des Rk.-Prod. nach Abdekantieren des Ae. mit Eis u. verd. Essigsäure, Ae.-Extraktion u. fraktionierte Dest. des Ae.-Rückstandes; $D._4^{23}$ 0,7664; n_D^{22} 1,4358; 688 g (Ausbeute). — *1.2-Dihydroxyheptin-(4)* (**V**), $C_7H_{12}O_2$, $Kp._{0,001}$ 80—82°, durch Einrühren von 84%ig. H_2O_2 u. 98%ig. HCOOH in **II** u. HCOOH bei 40°, Zers. von überschüssigem H_2O_2 mit $NaHSO_3$, Abdestillieren von HCOOH im Vakuum, Zugabe von 10%ig. Na_2CO_3-Lsg., 4std. Erhitzen auf dem Wasserbad unter Rühren u. Extraktion mit Ae./Pentan (9:1); $D._4^{22}$ 1,021; $n_D^{21,5}$ 1,4750; 32,5%. — *cis-1.2-Dihydroxyhepten-(4)* (**VIII**), $C_7H_{14}O_2$, $Kp._{0,001}$ 66—67°, durch katalyt. Hydrierung von 49,5 g **V** in Isopropanol an Lindlar-Katalysator bis zur Aufnahme der berechneten Menge H_2; $D.^{1,5}$ 0,9729; n_D^{22} 1,4668; 48,5 g. — *Dodecen-(6)-diin-(3.9)*, $C_{12}H_{16}$, $Kp._{10}$ 110 bis 112°, analog **II** aus Mg, 297 g **III** u. 275 g **VI**; $D._4^{22}$ 0,8531; $n_D^{21,2}$ 1,4819; 70 g; daneben unverändertes **VI**; 70 g, u. *1-Chlorocten-(2)-in-(5)*; 90 g. — *6.7-Dihydroxydodecadiin-(3.9)*, $C_{12}H_{18}O_2$, F. 107—107,5° (Bzl./Hexan), aus vorst. Verb. analog **V**; 47%. — *cis.cis-6.7-Dihydroxydodecadien-(3.9)* (**VII**), $C_{12}H_{22}O_2$, F. 45—45,5° (wss. A.), aus vorst. Verb. analog **VIII**. — *cis-Hexen-(3)-al* (cis-**I**), $C_6H_{10}O$, $Kp._{23}$ 40°, a) durch 20 Min. lange Einw. von 1 Mol $NaJO_4$ auf 1 Mol **VIII** in W. unterhalb 20°, Ae.-Extraktion u. Dest. des Ae.-Rückstandes im N_2-Strom; $D._4^{22}$ 0,8533; $n_D^{21,8}$ 1,4300; 67%; b) analog a) aus 13 g **VII** u. $NaJO_4$ in wss. Dioxan; 7,8 g. *2.4-Dinitrophenylhydrazon*, $C_{12}H_{14}N_4O_4$, F. 99,5—101° (Hexan), aus cis-**I** u. 2.4-Dinitrophenylhydrazin in Ggw. von Essigsäurebei 0—6° u. Verdünnen mit W. nach 2 Stunden. *Semicarbazon*, $C_7H_{13}N_3O$, F. 128—130° (wss. CH_3OH; Bzl./Hexan), aus cis-**I** bei 0—5° in der üblichen Weise; in sd. Methanol entsteht *trans-Hexen-(2)-alsemicarbazon*, F. 175—176°. — *trans-1.2-Dihydroxyhepten-(4)*, $C_7H_{14}O_2$, $Kp._{0,01}$ 60—64°, durch Zugabe von **V** in Ae. zu der Lsg. von Na in fl. NH_3, Eintragen von NH_4Cl nach beendeter Rk., Zugabe von Ae. u. W., Abdunsten des NH_3, Extraktion mit Ae./Pentan (9:1) u. Dest. des Rückstandes der organ. Phase; $D._4^{22}$ 0,9668; $n_D^{22,5}$ 1,4633; 90%. — *trans-Hexen-(3)-al* (trans-**I**), $C_6H_{10}O$, $Kp._{28}$ 42—43°, durch Oxydation vorst. Verb. mit $NaJO_4$ analog cis-**I** nach a); $D._4^{22}$ 0,8455; $n_D^{21,5}$ 1,4275; 67%. *2.4-Dinitrophenylhydrazon*, $C_{12}H_{14}N_4O_4$, F. 99—101°. *Semicarbazon*, $C_7H_{13}N_3O$, F. 133 bis 134°.
L. Hoppe 670◇

0818 **Anlagerung von Nitroalkanen an β.β-Dimethyldivinylketon.** Ss. Ss. Nowikow, I. Ss. Korssakowa und N. N. Bulatowa. (Hochschulnachr., Chem. u. chem. Technol. [UdSSR] **3**, Nr. 1, 132—34, 1960; Moskau, Physikal. Inst. für Ingenieure; russ.) — Es wird die Rk. von Nitroalkanen mit β.β-Dimethyldivinylketon (**I**) beschrieben.

Versuche: *β.β-Dimethyldivinylketon* (**I**), $Kp._{17}$ 54—55°, aus β'-Methoxy-β.β-dimethyldivinylketon nach Nasarow [1940]. — *7.7.7-Trinitro-2-methylhepten-(2)-on-(4)*, F. 65 bis 66° (verd. A.), durch tropfenweise Zugabe von 13 g Trinitromethan in 30 ml abs. A. zu 4,0 g **I** in 20 ml A. u. 1std. Rühren; 84% (Ausbeute). — *7.7-Dinitro-2-methylhepten-(2)-on-(4)*, $Kp._{2,5}$ 138—139°, aus 5,5 g **I** u. 7,9 g Dinitromethan in 20 ml trocknem Methanol (20 Std. bei 30—35°); n_D^{20} 1,4909; 62%. — *7.7-Dinitro-2-methylocten-(2)-on-(4)*, $Kp._2$ 135—136°, aus **I** u. 1.1-Dinitroäthan in Ggw. von wenig Diäthylamin; n_D^{20} 1,4864; 65%. — *7-Nitro-2-methylocten-(2)-on-(4)* (**II**), $Kp._3$ 114—115°, aus **I** u. Nitroäthan in Ggw. von Diäthylamin (8 Std. bei 80—85°); n_D^{20} 1,4764; 40%. — *7-Nitro-2-methylhepten-(2)-on-(4)*, $Kp._{2,5}$ 111—112°, aus **I** u. Nitromethan in Ggw. von Diäthylamin (18 Std. bei Zimmer-Temp.); n_D^{20} 1,4821; 31%. Daneben *7-Nitro-2.12-dimethyltridecadien-(2.11)-dion-(4.10)*, $Kp._3$ 198—199°; n_D^{20} 1,5040; 10%. — *2-Nitro-7-methylocten-(6)-on-(5)-säureäthylester*, $Kp._2$ 145—146°, aus **I** u. Nitroessigester in Ggw. von Diäthylamin (2 Std. rühren); n_D^{20} 1,4731; 73%. — *2.2-Dinitro-7-methylocten-(6)-on-(5)-säureäthylester*, $Kp._4$ 156—158°, aus **I** u. Dinitroessigester bei <30—32°, dann 15 Min. bei 80—85°; n_D^{20} 1,4821; 41%. — *7-Nitro-2-methyloctanon-(4)*, $Kp._2$ 102—103°, durch Red. von **II** an PtO_2; n_D^{20} 1,4436; 85%. Ch. Heese 710◇

0819 **Organische Fluorverbindungen.** 8. Mitt. **N-substituierte Fluoracetamide als Insekticide und Rhodenticide.** Ernst D. Bergmann, P. Moses und M. Neeman. (J. Sci. Food Agric. **8**, 400—04, 1957; Jerusalem, Hebrew Univ., Dep. of Organ. Chem.; Israel Res. Council, Labor. of Appl. Organ. Chem.; engl.) — 7. vgl. C. **1957**, 407. — *N-Mono-* (**A**) u. *N.N-disubstituierte Fluoracetamide* (**B**) werden dargestellt u. auf ihre larviciden, kontaktinsekticiden u. rhodenticiden Eigg. untersucht. Alle untersuchten **A** sind tox. gegenüber Larven von *Musca vicina* Macq. bei Konzz. von 100 ppm, die **B** besitzen nur geringe oder keine Aktivität. **A** mit relativ kleinen Arylresten (Phenyl, p-Tolyl, p-Fluorphenyl u. p-Chlorphenyl) zeigen Kontakttoxizität an ausgewachsenen Exemplaren eines gegen DDT hoch resistenten Stammes von *Musca vicina* Macq. Alle **A** u. **B** sind gegen Labor.-Ratten tox. wirksam, die DL_{50}-Werte sind am geringsten bei **A** mit geringen Arylsubstituenten (4—8 mg/kg). Ein möglicher Wrkg.-Mechanismus der tox. Verbb. wird diskutiert.

Versuche: N-Mono- (**A**) bzw. N.N-disubstituierte Fluoracetamide (**B**), durch Zutropfen von 0,055 Mol Fluoracetylchlorid/Chlf. zur Lsg. von 0,05 Mol Amin in 0,1 Mol Pyridin bei 0°, 1—2std. Stehen bei Raum-Temp. u. Dest. des Chlf.; die **A** werden dann durch Eintragen in W. u. 12std. Stehen in der Kälte isoliert: *N-Isobutyl-*, F. 35—36° (Methanol/W.); 75% (Ausbeute). — *N-Cyclohexyl-*, F. 93—94° (Methanol/W.); 38%. — *N-Phenyl-*, F. 71—72° (Methanol/W.); 78%. — *N-[p-Tolyl]-*, F. 124—126° (Methanol/W.); 95%. — *N-[p-Methoxyphenyl]-*, F. 97—99° (Eisessig); 83%. — *N-[p-Fluorphenyl]-*, F. 114—115° (Methanol/W.); 60%. — *N-[p-Chlorphenyl]-*, F. 126—127° (Methanol/W.); 60%. — *N-[p-Bromphenyl]-*, F. 132° (Methanol/W.); 80%. — *N-[p-Diphenylyl]-*, F. 174—175° (Bzl./Ligroin); 95%. — *N-[α-Naphthyl]-*, F. 129—130° (Methanol/W.); 97%. — *N-[β-Naphthyl]-*, F. 105° (Methanol/W.); 97%. — *N-[α-Pyridyl]-*, F. 60—62° (Methanol/W.); 52%. — *N.N-Dipropyl-*, $Kp._{0,025}$ 57°; n_D^{22} 1,4397; $D._4^{22}$ 1,1019; 75%. — *N.N-Dibutyl-*, $Kp._{0,045}$ 78°; n_D^{22} 1,4423; $D._4^{22}$ 0,998; 34%. — *N.N-Diisopentyl-*, $Kp._{0,03}$ 100°; n_D^{22} 1,4433; $D._4^{22}$ 0,887; 60%. — *N-Fluoracetylpiperidin*, $Kp._{0,025}$ 78°; n_D^{22} 1,4740; $D._4^{22}$ 1,169; 20%. — *N-Fluoracetylmorpholin*, $Kp._{0,015}$ 75°; n_D^{22} 1,4768; $D._4^{22}$ 1,296; 13%.
H.-J. Weigmann 810△

0820 **Alkennitrile.** 2. Mitt. **Hydrolyse und Spaltung von cyanäthylierten Alkennitrilen.** Jean Pierre Fleury, André Lantz und Jean Lichtenberger. (Bull. Soc. chim. France **1963**, 565—70; Mulhouse, École Supér. de Chim., Labor. de Chim. Organ. Gén.; Soc. d'Électro-Chim., d'Électro-Métallurg. et des Aciéries Électr. d'Ugine; franz.) — 1. vgl. C. **1963**, 21140. — Vff. untersuchen das Verh. einer Anzahl von bereits früher synthetisierten (vgl. l. c.) cyanäthylierten Nitrilen mit Äthylenbindung bei der alkal. u. sauren Hydrolyse. 4-[Propen-(1)-yl]-4-cyanpimelinsäuredinitril (**I**) u. 4-[Buten-(1)-yl]-4-cyanpimelinsäuredinitril (**II**) liefern beim Kochen mit Alkali *4-[trans-Propen-(1)-yl]-4-carboxypimelinsäure* (**VIII**) bzw. *4-[trans-Buten-(1)-yl]-4-carboxypimelinsäure* (**IX**). 4-[2-Methylpropen-(1)-yl]- (**III**), 4-Isopropenyl- (**IV**) u. 4-[1-Methylpropen-(1)-yl]-4-cyanpimelinsäuredinitril (**V**) gehen beim Erhitzen mit Alkali auf 150° unter Druck in *4-[2-Methylpropen-(1)-yl]-* (**X**) bzw. *4-Isopropenyl-* bzw. *4-[1-Methylpropen-(1)-yl]-4-carboxypimelinsäure* (**XVII**) über. Die vorst. 4-Alkenyl-4-carboxypimelinsäuren lassen sich durch katalyt. Hydrierung in die entsprechenden *4-Alkyl-4-carboxypimelinsäuren* umwandeln. 1.3.6.8-Tetracyan-3.6-bis-[2-cyanäthyl]-octen-(4) (**VI**) bildet sowohl bei der alkal. als auch bei der sauren Hydrolyse *4.7-Dicarboxy-4.7-bis-[2-carboxyäthyl]-decen-(5)-disäure-(1.10)*. 2-Isopropylidenglutarsäuredinitril (**VII**) ergibt bei der alkal. Hydrolyse *2-Isopropylidenglutarsäure* (**XVI**), die, wie aus den Ergebnissen der Ozonolyse folgt, durch wenig *Isopropenylglutarsäure* verunreinigt ist. Durch Erhitzen von **I**, **II** u. **III** mit konz. HCl entstehen *2.2-Bis-[2-carboxyäthyl]-pentanolid-(1.4)* (**XI**), *2.2-Bis-[2-carboxyäthyl]-hexanolid-(1.4)* (**XII**) u. *4-Methyl-2.2-bis-[2-carboxyäthyl]-pentanolid-(1.4)* (**XIII**), die auch durch Kochen von **VIII**, **IX** u. **X** mit konz. HCl gewonnen werden können. Die Struktur von **XI**, **XII** u. **XIII** wird außer auf chem. Wege durch Auswertung ihrer IR-Spektren gesichert. Einw. von konz. HCl auf **IV** führt zur Spaltung des Mol., als Rk.-Prodd. werden *Aceton* (**XV**) u. *4-Carboxypimelinsäure* (**XIV**) isoliert. Durch Kochen mit konz. HCl erhält man aus **V** *Methyläthylketon*, **XIV** u. ein in seiner Struktur noch nicht aufgeklärtes Öl. Bei dem Vers., **V** über das entsprechende *Imidoesterhydrochlorid* in **XVII** überzuführen, wird eine N-haltige *Verb. vom F. 127 bis 135°* erhalten.

Versuche: 4-Carboxypimelinsäuren: *4-trans-[Propen-(1)-yl]-* (**VIII**), F. 163—164° (W.), durch 48std. Kochen u. Rühren von **I** mit 15%ig. NaOH im Überschuß, Gießen auf Eis, Ansäuern mit HCl, Ae.-Extraktion u. Einengen des Ae.; 46% (Ausbeute). — *4-Propyl-*, F. 162—163° (W.), durch Hydrierung von **VIII** an PtO_2 in Essigsäure u. Einengen der filtrierten Lsg.; 87%. — *4-[trans-Buten-(1)-yl]-* (**IX**), F. 144—145° (W.), analog **VIII** aus **II**; 64%. — *4-Butyl-*, F. 123° (W.), durch Hydrierung von **IX** an PtO_2; 80%. — *4-[2-Methylpropen-(1)-yl]-* (**X**), F. 121—122° (W.), durch 48std. Erhitzen von **III** im Autoklaven auf 150° u. Aufarbeitung analog **VIII**; 57%. — *4-[2-Methylpropyl]-*, F. 130 bis 132° (W.), durch Hydrierung von **X** an PtO_2; 80%. — *4-Isopropenyl-*, F. 159—160° (W.), analog **X** aus **IV**; 92%. — *4-[1-Methylpropen-(1)-yl]-*, F. 172—173°, analog **X** aus 22 g **V**; 24 g. — *4-[1-Methylpropyl]-*, F. 164—165° (W.), durch Hydrierung vorst. Verb. an PtO_2; 75%. — *4.7-Dicarboxy-4.7-bis-[2-carboxyäthyl]-decen-(5)-disäure-(1.10)*, $C_{18}H_{24}O_{12}$, F. 242—244° (W.), a) durch 24std. Kochen von **VI** mit NaOH, 48std. Erhitzen der Lsg. im Autoklaven auf 150°, Neutralisation mit HCl u. Absaugen; 82%; b) durch Zusetzen von **VI** zu 85%ig. H_2SO_4 bei 80°, 6std. Erwärmen auf dem Wasserbad, Verdünnen mit W., 15std. Erwärmen auf dem Wasserbad u. Absaugen; 76%. *Hexamethylester*, $C_{24}H_{36}O_{12}$, F. 64—65° (CCl_4), durch 24std. Aufbewahren von 7 g Säure mit äther. CH_2N_2-Lsg.; 6 g. — *2-Isopropylidenglutarsäure* (**XVI**), $C_8H_{12}O_4$, F. 163,5° (Nitromethan), durch 12std. Kochen von 7 g **VII** in wss. NaOH, Ansäuern mit H_2SO_4 u. Absaugen; 4 g (liefert bei der Ozonolyse **XV**); daneben durch Einengen des Filtrats ein Gemisch aus **XVI** u. *Isopropenylglutarsäure*; 3 g; liefert bei der Ozonolyse **XV** u. CH_2O. — *2.2-Bis-[2-carboxyäthyl]-pentanolid-(1.4)* (**XI**), F. 118—119° (W.), a) durch 14std. Kochen von **I** mit konz. HCl u. Ae.-Extraktion der mit W. versetzten Lsg.; 54%; b) analog a) aus 5 g **VIII**; 4 g (liefert beim Erhitzen mit J_2 u. Alkali *Jodoform*). — *2.2-Bis-[2-carboxyäthyl]-hexanolid-(1.4)* (**XII**), F. 109—110° (W.), a) analog **XI** nach a) aus **II**; 78%; b) analog **XI** nach b) aus 5 g **IX**; 4 g. — *4-Methyl-2.2-bis-[2-carboxyäthyl]-pentanolid-(1.4)* (**XIII**), F. 110 bis 110,5° (CCl_4/Essigsäure), a) analog **XI** nach a) aus **III**; 63%; b) analog **XI** nach b) aus 5 g **X**; 4 g. *Dimethylester*, Kp.$_{0,1}$ 166°, aus 5 g **XIII** u. CH_2N_2 in Ae.; D_4^{20} 1,1443; n_D^{18} 1,4666; 3,5 g. **XI**, **XII** u. **XIII** lassen sich mit $NH_2OH\cdot HCl$ u. Alkali in entsprechende *Hydroxamsäuren* umwandeln, die mit $FeCl_3$ Violettfärbung liefern. — *Aceton* (**XV**), durch 2std. Kochen von **IV** mit konz. HCl u. Abdestillieren der flüchtigen Rk.-Prodd. in Phenylhydrazin u. verd. H_2SO_4; daneben *4-Carboxypimelinsäure* (**XIV**), F. 114° (Nitromethan), durch Verdünnen der salzsauren Lsg. mit W. u. Ae.-Extraktion. — *Methyläthylketon*, analog **XV** aus 16 g **V**; daneben 10 g **XIV** u. 4 g Öl. — *Verb. vom F. 127—135°* (Nitromethan), durch Einleiten von HCl-Gas in die Lsg. von 9 g **V** in A./Ae., 24std. Aufbewahren bei —15°, Abfiltrieren des ausgeschiedenen *Imidoesterhydrochlorids*, 24std. Kochen mit W. u. NaOH, Neutralisation mit HCl u. Ausäthern; 7 g. — *2-[1-Methylpropyl]-2-[2-carboxyäthyl]-glutarsäureimid (?)*, F. 148—158° (W.), durch Hydrierung von 4,5 g 4-Carbamoyl-4-[1-methylpropen-(1)-yl]-pimelinsäure in Essigsäure, Einengen im Vakuum u. 8std. Kochen des Rückstandes mit konz. HCl; 3 g.

H. Gleinig 820◇

0821 **Modellversuche zur Autoxydation von natürlichen ungesättigten Fetten und Ölen. Autoxydation kurzkettiger ungesättigter Verbindungen.** H. E. Seyfarth und M. Schulz. (Mber. dtsch. Akad. Wiss. Berlin **3**, 649—57, 1961; Jena, Friedrich-Schiller-Univ., Inst. für techn. Chem.; Dt. Akad. der Wiss., Inst. für organ. Chem.; dt.) — Die Autoxydation von Vinylessigsäuremethylester bei 65° führt, wie die von Crotonsäuremethylester, hauptsächlich zu *γ-Hydroperoxycrotonsäuremethylester* (**I**), wie durch partielle Hydrierung des Hauptprod. an Lindlar-Katalysator zu *γ-Hydroxycrotonsäuremethylester* (**II**) gezeigt wird. Neben **I** wurden papierchromatograph. Spuren von 2 Nebenprodd. nachgewiesen, bei denen es sich vielleicht um α-Hydroperoxyvinylessigsäure u. ein durch Dimerisierung eines Hydroperoxids unter Bldg. von H_2O_2 entstehendes Peroxid handelt. Weiter wird die Bldg. von Fumaraldehydsäuremethylester (**III**) neben **I** erwähnt. Heptadien-(3.6)-säuremethylester gab bei der Autoxydation neben H_2O_2 5 im Papierchromatogramm sichtbar gemachte, bisher nicht näher untersuchte Verbindungen. Die Autoxydation von **II** bzw. α-Hydroxyvinylessigsäuremethylester (**IV**) bzw. Divinylcarbinol führt zu H_2O_2 u. **III** bzw. H_2O_2 u. einem vermutlich aus intermediär auftretendem Vinylglyoxylsäuremethylester entstehenden Polymeren bzw. H_2O_2 u. einem Prod., das bei der Hydrierung *Diäthylketon* gibt. Die Autoxydation von α- (**V**) bzw. β-Angelicalacton (**VI**) ergibt jeweils das gleiche Hydroperoxid, wahrscheinlich 2-Hydroperoxy-2-methyl-5-oxo-2.5-dihydrofuran. Die Geschw. der Autoxydation von **II**, **IV**, **V** u. **VI** werden in einem Diagramm verglichen. Am schnellsten reagiert **V**, gefolgt von **IV**, **II** u. **VI**.

T. Oppermann 850◇

0822 **Carbamoylmethylester ungesättigter Säuren.** Howard C. Haas und Norman W. Schuler. (J. Polymer Sci. **37**, 317—19, 1959; Cambridge, Mass., Polaroid Corp., Chem. Res. Labor.; engl.) — Durch Rk. von Acryl- (**IV**), Methacryl-, α-Chloracryl- u. Crotonsäurechlorid mit in Acetonitril suspendierten Glykolsäureamid (**V**) entstehen *Acrylsäure-* (**I**), *Methacrylsäure-* (**II**), *α-Chloracrylsäure-* (**III**) u. *Crotonsäurecarbamoylester*. **I**, **II** u. **III** können bei 70° in Lsg. durch z. B. Azo-bis-isobutyronitril polymerisiert werden. Die Eigg. der erhaltenen Polymeren (**A**) liegen zwischen denjenigen von Polyacrylsäureestern u. Polyacrylamiden. Die **A** lösen sich in polaren organ. Lsgm. u. in Gemischen dieser mit W., wobei die Löslichkeit von **I** über **II** nach **III** abnimmt. **I** u. **II** lösen sich in 2%ig. NaOH erst in der Wärme, während sich **III** schon in der Kälte löst. Die IR-Banden der synthetisierten Verbb. sind angegeben.

Versuche: *Acrylsäurecarbamoylmethylester* (**I**), Kp.$_{0,5}$ 125°, F. 33—35° (Chlf.), durch Eintropfen der berechneten Menge **IV** in die Suspension von **V** u. Cu-Pulver in Acetonitril, 1½std. Rühren bei 35—40°, Eindampfen im Vakuum, fraktionierte Dest. des Rückstands über eine mit Cu-Ringen gefüllte Kolonne u. Aufbewahren des Rk.-Prod. bei —45°. An Stelle von Cu kann auch Chinon-Hydrochinon verwendet werden. — *Methacrylsäurecarbamoylmethylester* (**II**), F. 101 bis 102°, analog **I**. — *α-Chloracrylsäurecarbamoylmethylester* (**III**), F. 103—105°. — *Crotonsäurecarbamoylmethylester*, F. 98—99°.

E. Koßmehl 880◇

0823 **Darstellung von aliphatischen Isocyaniden.** J. Casanova jun., R. E. Schuster und N. D. Werner. (J. chem. Soc. [London] **1963**, 4280—81; Los Angeles, Calif., State Coll., Dep. of Chem.; engl.) — Durch Dehydratisierung von N-Alkylformamiden mit Tosylchlorid (**I**) u. Chinolin (**II**) entstehen *Isonitrile*, die sofort im Vakuum in eine gekühlte Vorlage dest. werden. Die Meth. ist schonend u. allg. anwendbar. Die Prodd. haben eine Reinheit von 98—99%.

Versuche: *sek.-Butylformamid* (**III**), Kp.$_{0,5}$ 60—61°, durch Rk. von Ameisensäureäthylester u. sek.-Butylamin in Ggw. von p-Toluolsulfonsäure; 96% (Ausbeute). — *Cyclobutylformamid* (**IV**), C_5H_9NO, Kp.$_{0,8}$ 72,8—75°, nach Ritter u. Kalish (J. Amer. chem. Soc. **70**, [1948], 4048); 93%. — Isocyanide: *Methyl-*, durch Zutropfen von 15 g N-Methylformamid zu 72,5 g **I** u. 129 g **II** bei 70°/60 Torr u. Sammeln des Rk.-Prod. in einer mit fl. N_2 gekühlten Vorlage; 5,2 g. — Analog: *Äthyl-*, aus N-Äthylformamid. — *sek. Butyl-*, C_5H_9N, aus **III**; 35%. — *Cyclobutyl-*, C_5H_7N, aus **IV** bei 50°/5—10 Torr; 24%. C. Burkhardt 890◇

0824 **Synthese von Estern acylierter Aminosäuren mit Glykolsäure.** M. M. Botwinik, W. I. Osstosslawskaja und L. L. Iwanow. (J. allg. Chem. [UdSSR] **31** (**93**), 42—45, 1961; Moskau, Univ.; russ.) — Es wurden *Benzoyl-DL-phenylalanin-*, *-DL-leucin-*, *-DL-valin-* u. *-DL-alaninglykolsäureester* sowie *Carbobenzoxy(Cbo)-DL-phenylalanin-*, *Cbo-DL-leucin*, *Cbo-DL-phenylalanin-*, *Cbo-D-phenylalaninglykolsäureester* u. *Cbo-O-benzoyl-L-tyrosinglykolsäureester* dargestellt.

Versuche: *Benzoyl-DL-leucinglykolsäureester*, $C_{15}H_{19}\cdot NO_5$, F. 137—138° (W.-A.), durch 4std. Kochen von 2-Phenyl-4-isobutyloxazolon-(5) (aus 8,3 g Benzoyl-DL-leucin) mit 3,4 g Glykolsäure (**I**) in Ae. u. 12std. Stehen; 77% (Ausbeute). — *Benzoyl-DL-valinglykolsäureester*, $C_{14}H_{17}NO_5$, F. 130,5—131,5° (W.-A.), aus 2,21 g Benzoyl-DL-valin u. 1 g **I**; 70%. — Analog: *Benzoyl-DL-alaninglykolsäureester*, $C_{12}H_{13}NO_5$, F. 113,5 bis 114,5° (W.-A.), aus 1 g Benzoyl-DL-alanin u. 0,57 g **I**; 70%. — *Benzoyl-DL-phenylalaninglykolsäureester*, F. 80—82° (W.-A.); 83%. — *Cbo-DL-phenylalaninglykolsäureester*, $C_{19}H_{19}NO_6$, durch Zugabe von 1,4 ml Chlorkohlensäureester in 2 ml abs. Chlf. bei —8° zu 4,4 g Cbo-DL-phenylalanin, 2,2 ml abs. Triäthylamin u. 30 ml abs. Chlf., 8 Min. langes Rühren, Zugabe von 1,35 g **I** u. 2,64 ml Triäthylamin in 30 ml Chlf. u. 12std. Stehen bei 25°; Öl; 85%. — Analog: *Cbo-D-phenylalaninglykolsäureester*, $C_{19}H_{19}NO_6$; Öl; 77%. — *Cbo-L-phenylalaninglykolsäureester*, $C_{19}H_{19}NO_6$; 77%. — *Cbo-DL-leucinglykolsäureester, Halbhydrat*, $C_{16}H_{21}NO_6\cdot 0,5\,H_2O$; Öl; 83%. — *Cbo-O-benzoyl-L-tyrosinglykolsäureester, Dihydrat*, $C_{26}H_{25}NO_7\cdot 2\,H_2O$; hygroskop. Pulver; 89,3%. Helmut Schäfer 950△

0825 **Organoborverbindungen.** 98. Mitt. **Mechanismus der Bildung von B-Trialkylborazolen aus Bortrialkylen und Ammoniak.** B. M. Michailow und Ju. N. Bubnow. (J. allg. Chem. [UdSSR] **32** (**94**), 1969—74, 1962; russ.) — 97. vgl. C. **1964**, 15-0821. — Bei der Pyrolyse von Dialkylaminoboranen, R_2BNH_2, entstehen unter Entw. von H_2 u. Olefinen *B-Trialkylborazole* neben *Trialkylboranen*. Der Rk.-Mechanismus wird diskutiert.

Versuche (alle Verss. unter N_2): *Di-n-butylaminoboran* (**II**), Kp.$_8$ 56—58°, man leitet 50 Min. lang NH_3 bei 150 bis 180° durch 11,7 g Tri-n-butylboran (**I**); n_D^{20} 1,4278; 5,1 g (Ausbeute). Daneben 0,0407 Mol Butylen u. 0,0407 Mol H_2. — *Di-n-butyl-[methylamino]-boran*, $C_9H_{22}BN$, Kp.$_8$ 64—65°, durch Einleiten von trockenem Methylamin in 39 g Di-n-butylthioborinsäurebutylester; $D._4^{20}$ 0,7706; n_D^{20} 1,4293; 93,6%. Daneben *Methylammoniummercaptid* u. 19 ml *n-Butylmercaptan*. — *B-Tri-n-butylborazol*, Kp.$_2$ 105—106°, durch 13std. Kochen von 21,5 g **II**; n_D^{20} 1,4534; 5,65 g. Daneben 4,55 g **I** (Kp.$_7$ 105 bis 106°; n_D^{20} 1,4534), 0,6 g *NH_3*, 0,028 Mol *Butylen* u. 0,035 Mol *H_2*. — *B-Triisoamylborazol*, Kp.$_{2,5}$ 146—148°, durch 6std. Erhitzen von 17,45 g Diisoamylaminoboran auf 210 bis 235°; n_D^{20} 1,4548; 6,92 g. Daneben 2,2 g *Triisoamylboran* (Kp.$_{8,5}$ 113—120°; n_D^{20} 1,4331), 4,88 g *Isoamylen*, 0,272 g *NH_3* u. 0,07 Mol *H_2*. Renate Richter 980◇

0826 **Organoborverbindungen.** 99. Mitt. **Reaktion von Tetraalkyldiboranen mit Borsäureestern.** B. M. Michailow und L. Ss. Wassiljew. (Nachr. Akad. Wiss. UdSSR, Abt. chem. Wiss. **1962**, 827—33; Akad. der Wiss. der UdSSR, Zelinsky-Inst. für Organ. Chem.; russ.) — 98. vgl. vorst. Referat. — Bei der Rk. von Tetraalkyldiboran mit Trialkylboraten entstehen neben *Alkylboron-* u. *Dialkylborinsäureestern* je nach Rk.-Bedingungen auch *Diboran* oder *symm.-Dialkyldiborane*. Der Rk.-Verlauf wird diskutiert.

Versuche (alle Verss. unter N_2): *Tri-n-heptylborat* (**I**), Kp.$_{2,5}$ 156°, aus Borsäure u. n-Heptanol durch azeotropen Wasserentzug mit Bzl.; $D._4^{20}$ 0,8540; n_D^{20} 1,4317. — *n-Propylboronsäuredi-n-heptylester*, Kp.$_{3,5}$ 120—123°, a) 7,1 g Tetra-n-propyldiboran (**II**) u. 25,8 g **I** werden 2½ Std. lang auf dem sd. Wasserbad erhitzt, wobei 0,0003 Mol Diboran entwickelt werden; n_D^{20} 1,4292; 80% (Ausbeute); daneben 1,4 g *Di-n-propylborinsäure-n-heptylester* (Kp.$_{4,5}$ 92—97°; n_D^{20} 1,4250; 1,5 g) u. *1.2-Di-n-propyldiboran*; b) analog in 5 Tagen bei Zimmer-Temp.; 60%. — *n-Propylboronsäuredi-n-butylester*, Kp.$_{1,5}$ 50—55°, Kp.$_3$ 65—70°, a) durch 2½std. Erhitzen von 5,7 g **II** mit 13,4 g Tri-n-butylborat (**III**) auf dem sd. Wasserbad u. Versetzen mit 3,5 ml abs. Methanol (Entw. von 0,0014 Mol Diboran); n_D^{20} 1,4112; 89%; daneben 0,8 g nachst. Verb.; b) aus 9,5 g **II** u. 23 g **III** in 2 Std. bei 170° (0,0082 Mol Diboran); n_D^{20} 1,4120; 74,5%. — *n-Propylboronsäuredimethylester*, $C_5H_{13}BO_2$, Kp.$_{95}$ 50—54°; $D._4^{20}$ 0,8328; n_D^{20} 1,3847, a) man kocht 10,5 g **II** u. 11 g Trimethylborat (**IV**) 2 Std. lang (0,0102 Mol Diboran) u. gibt zum abgekühlten Rk.-Gemisch 2,5 ml Anilin; 67%; daneben 3,3 g *Di-n-propylanilinoboran*, Kp.$_2$ 76—82°; n_D^{20} 1,5055; b) man erhitzt 11,9 g **II** u. 17 g **IV** 1 Std. lang auf 78—97° u. 1½ Std. lang auf 99° (0,01933 Mol Diboran) u. versetzt nach dem Abkühlen mit 0,5 ml Methanol; 77,5%; daneben 1,9 g *Di-n-propylborinsäuremethylester* (Kp.$_{92}$ 70—73°; n_D^{20} 1,4005) u. 1,2 g **IV**. — *n-Butylboronsäuredimethylester*, Kp.$_{43}$ 51—54°, 10,7 g Tetra-n-butyldiboran u. 8,9 g **IV** werden in 2½ Std. von 70 auf 112° erhitzt (0,00348 Mol Diboran) u. nach dem Abkühlen mit 5,8 ml Anilin versetzt, wobei *n-$C_4H_9BH_2\cdot H_2NC_6H_5$* ausfällt, das beim Erhitzen H_2 u. Diboran entwickelt; n_D^{20} 1,3950; 73%; daneben 2,9 g *Di-n-butylanilinoboran* (Kp.$_4$ 111—114°; n_D^{20} 1,4960), 2,8 g *n-Butyldianilinoboran* (Kp.$_{0,8}$ 128—132°; n_D^{20} 1,5720) u. wenig *Di-n-butylborinsäuremethylester*. Renate Richter 980◇

0827 **Organoborverbindungen.** 100. Mitt. **Reaktionen von Thioborsäureestern und Estern von thioborогganischen Säuren mit Carbonylverbindungen.** B. M. Michailow und N. Ss. Fedotow. (Nachr. Akad. Wiss. UdSSR, Abt. chem. Wiss. **1962**, 999—1001; russ.) — 99. vgl. vorst. Referat. — Trithioborate, Aryldithioboron- u. Diarylthioborinsäureester reagieren mit Aldehyden oder Ketonen unter Bldg. von *Thioacetalen* bzw. *Thioketalen* u. der entsprechenden Borsäureanhydriden.

Versuche: *Acetondi-n-butylthioketal*, Kp.$_1$ 72—75°, Kp.$_4$ 110—111°, a) man gibt zur Lsg. von 13 g n-Butyltrithioborat in 50 ml abs. Bzl. 4,1 g abs. Aceton (**I**), kocht 3 Std. lang auf dem Wasserbad u. filtriert B_2O_3 (1,6 g) ab; n_D^{20} 1,4850; 90,6% (Ausbeute); b) man gibt zur Lsg. von 16 g Phenyldithioboronsäuredi-n-butylester in 40 ml Isopentan 3,5 g **I**, läßt über Nacht stehen u. filtriert *Phenylboronsäureanhydrid* (**II**; F. 215—216°; 6,2 g) ab; n_D^{20} 1,4854; 86%; c) aus 19,6 g Di-α-naphthylthioborinsäure-n-butylester in 15 ml Bzl. u. 3,2 g **I** in exothermer Rk.; n_D^{20} 1,4860; 85,2%; daneben 11,8 g *Di-α-naphthylborinsäureanhydrid* (F. 203—205°), 1,7 g *α-Naphthylboronsäureanhydrid* (F. 188—190°) u. 0,3 g *Naphthalin*; d) aus 15 g Diphenylthioborinsäure-n-butylester in 35 ml Isopentan u. 33,3 g **I** u. Stehen über Nacht; 66,5%; daneben 6,7 g *Diphenylborinsäureanhydrid* (F. 130—132°), 2 g **II** (F. 210 bis 212°) u. 1 g *Benzol*. — *Acetophenondiäthylthioketal*, Kp.$_{0,25}$ 100 bis 105°, analog a) aus 15,4 g Äthyltrithioborat (**III**) u. 14,3 g Acetophenon; n_D^{20} 1,5687; 82,1%; daneben 2,8 g *B_2O_3*. — *Benzaldehyddiäthylthioacetal*, Kp.$_{1,5}$ 106—108°, aus 8,3 g **III** in 50 ml abs. Bzl. u. 6,8 g Benzaldehyd in exothermer Rk.; n_D^{20} 1,5727; 91,1%; daneben 1,52 g B_2O_3. Renate Richter 980◇

0828 **Direkte Synthese von Alkylhalogenphosphinen.** Ludwig Maier. (Angew. Chem. **71**, 574—75, 1959; Zürich, Monsanto Res. SA.; dt.) — Durch Überleiten von Alkylhalogeniddampf über ein Gemisch aus 80% rotem P u. 20% Cu-Pulver bei erhöhter Temp. entstehen neben etwas *Phosphortrihalogenid Mono-* u. *Dialkylhalogenphosphine*. Methylchlorid liefert bei 360° 5% *Dimethylchlorphosphin* (Kp. 73°) u. 95% *Methyldichlorphosphin* (Kp. 78°) u. wenig *PCl_3*. Analog reagiert Methylbromid bei 350° zu 1% *Dimethylbromphosphin*, 97% *Methyldibromphosphin* (**I**; Kp. 139—141°) u. wenig *PBr_3*, Methyljodid bei 280° zu 65% *Methyldijodphosphin* (Kp.$_5$ 73 bis 75°), Äthylchlorid bei 440° u. Äthylbromid bei 350° zu 5% *Diäthylbromphosphin*. 93% *Äthyldibromphosphin* (Kp. 161°) u. 2% *PBr_3*. **I** reagiert mit Ni bei —70° zu *Ni-Tetrakis-[methyldibromphosphin]* (Zers. bei 110°, aus äther. Lsg. gelborangefarbene Nadeln). Analog entstehen *Co-* u. *Fe-Komplexe*. Methyldibromarsin liefert mit Ni *Ni-Tetrakis-[methyldibromarsin]* (F. 169°, beigefarbenes Pulver). Aus **I** u. S entsteht bei wenig erhöhter Temp. quant. *Methyldibromphosphinsulfid* (F. 31—32°, Kp. 203—204°), aus **I** u. Se *Methyldibromphosphinselenid* (Kp. 179—184°). Mit sek. Aminen liefert **I** in äther. Lsg. bei Raum-Temp. *Methyl-bis-[dialkylamino]-phosphine* {*Methyl-bis-[dimethylamino]-phosphin*, Kp. 137—141°}. Analog reagieren Mercaptane u. Alkohole. Aus **I** u. AgOCN erhält man *Methyldicyanatophosphin* (Kp.$_6$ 33—36°), mit Grignard-Verbb. entstehen tert. Phosphine (*Methyldiphenylphosphin*, Kp.$_{10}$ 145—146°). $LiAlH_4$ red. die Alkylhalogenphosphine in guten Ausbeuten zu den entsprechenden Phosphinen. H.-J. Jahns 980△

0829 **Beiträge zur Chemie der Thiophosphate.** 14. Mitt. **Thiophosphatacidiumsalze aus Trialkylphosphiten.** Günter Hilgetag und Herbert Teichmann. (Chem. Ber. **96,** 1465 bis 1469, 1963; Berlin-Adlershof, Dt. Akad. der Wiss., Inst. für Organ. Chem.; dt.) — 13. vgl. Chem. Ber. **96,** [1963], 1454; 11. vgl. C. **1963,** 7321. — Durch Rk. von Trialkylphosphiten mit Alkansulfenylchloriden in Ggw. von $SbCl_5$ werden die entsprechenden *Tetraalkylphosphatacidiniumhexachloroantimonate* (**T**) erhalten. Damit konnte erstmals die zuerst von Morrison (vgl. C. **1955,** 3838) für die Thiolphosphat-Synth. aus Sulfenylchloriden ausgesprochene Annahme einer Quasiphosphoniumzwischenstufe bewiesen werden. Die Ausdehnung der Rk. auf andere Lewis-Säuren, wie $FeCl_3$, $AlCl_3$, $SnCl_4$ oder $TiCl_4$, gelingt nicht. Der Salzcharakter der **T** wird durch Leitfähigkeitsmessungen in Nitromethan bewiesen. Die **T** lösen die kation. Polymerisation von Tetrahydrofuran aus.

Versuche: Tetraalkylthiophosphatacidiniumhexachloroantimonate: *Tetramethyl-*, $C_4H_{12}Cl_6O_3PSSb$, F. 126—128° (Zers.; CH_2Cl_2/Ae.), durch sukzessives Zutropfen von je 0,06 Mol $SbCl_5$ u. Trimethylphosphit (**I**) zu 0,06 Mol Methansulfenylchlorid (**II**) in CH_2Cl_2 bei —78° (Meth. **A**), mehrstd. Stehen im Kältebad u. Filtrieren; 16,5 g (Ausbeute); weitere 6,5 g durch Versetzen des Filtrats mit CCl_4. — *Tri-O-methyl-S-äthyl-*, $C_5H_{14}Cl_6O_3PSSb$, F. 125—126° (Zers.), nach **A** aus je 0,068 Mol Äthansulfenylchlorid (**III**) u. **I**, 2std. Stehen bei Raum-Temp. u. Kühlen auf —78°; 4,8 g; durch Fällen des Filtrats mit Ae. weitere 14,7 g vom F. 119—120°. — *Tetraäthyl-*, $C_8H_{20}Cl_6O_3PSSb$, F. 109—113°, nach **A** aus je 0,062 Mol **III** u. Triäthylphosphit (**IV**), mehrstd. Stehen bei Raum-Temp., Fällen mit Ae. u. Kühlen; krist. Pulver; 63,3%. — *Tri-O-äthyl-S-methyl-*, $C_{17}H_{18}Cl_6O_3PSSb$, F. 120—122° (Zers.), nach **A** aus je 0,045 Mol **II** u. **IV**, mehrstd. Kühlen u. Fällen mit Ae.; 66,7%. L. Lamza 980△

0830 **Synthese von Estern aus 1-Alkoxy-2-[dichlorphosphonyl]-3-chlorbutadienen-(1.3).** M. F. Schosstakowski und I. I. Gusseinow. (Ber. Akad. Wiss. AserbaidshanSSR **18,** 17—21, 1962; Akad. der Wiss. der UdSSR, Zelinsky-Inst. für organ. Chem.; russ.) — Durch Rk. von [1-Alkoxy-3-chlorbutadien-(1.3)-yl-(2)]-phosphonsäure (**I**)-dichloriden mit aliphat. Alkoholen wurden **I**-*Dialkylester* dargestellt.

Versuche: *[1-Methoxy-3-chlorbutadien-(1.3)-yl-(2)]-phosphonsäure* (**I**), *Dichlorid* (**II**), $Kp._{0,002}$ 48—48,5°; n_D^{20} 1,5826. *Diäthylester*, $C_9H_{16}ClO_4P$ $Kp._{0,01}$ 98—99°, durch Zugabe von 14 g **I** zu 5,1 g abs. A. in 50 ml Bzl. u. 8,7 g Pyridin bei $<5°$ u. 2std. Erhitzen auf 50—55°; $D._4^{20}$ 1,2011; n_D^{20} 1,5171; 70% (Ausbeute). Analog: *Di-n-propylester*, $C_{11}H_{20}ClO_4P$, $Kp._{0,01}$ 103 bis 104°; $D._4^{20}$ 1,1712; n_D^{20} 1,5168; 65%. *Di-n-butylester*, $C_{13}H_{24}ClO_4P$ $Kp._{0,01}$ 108—109°; $D._4^{20}$ 1,1478; n_D^{20} 1,5162; 67%. — *[1-Äthoxy-3-chlorbutadien-(1.3)-yl-(2)]-phosphonsäure, Dichlorid*, $Kp._{0,012}$ 59,5—60,5°; n_D^{20} 1,5730. *Diäthylester*, $C_{10}H_{18}ClO_4P$, $Kp._{0,005}$ 83—84°; $D._4^{20}$ 1,1601; n_D^{20} 1,5060; 63%. *Di-n-propylester*, $C_{12}H_{22}ClO_4P$, $Kp._{0,006}$ 90—91°; $D._4^{20}$ 1,1328; n_D^{20} 1,5040; 70%. *Di-n-butylester*, $C_{14}H_{26}ClO_4P$, $Kp._{0,006}$ 99 bis 100°; $D._4^{20}$ 1,1011; n_D^{20} 1,5027; 62%. — *[1-n-Propoxy-3-chlorbutadien-(1.3)-yl-(2)]-phosphonsäure, Dichlorid*, $Kp._{0,012}$ 69 bis 69,5°; n_D^{20} 1,5635. *Di-n-propylester*, $C_{13}H_{24}ClO_4P$, $Kp._{0,007}$ 93 bis 94°; $D._4^{20}$ 1,1101; n_D^{20} 1,4982; 60%. *Di-n-butylester*, $C_{15}H_{28}ClO_4P$, $Kp._{0,009}$ 99—100°; $D._4^{20}$ 1,0852; n_D^{20} 1,4969; 64%. — *[1-n-Butoxy-3-chlorbutadien-(1.3)-yl-(2)]-phosphonsäure, Dichlorid*, $Kp._{0,02}$ 82—82,5°; n_D^{20} 1,5620. *Di-n-propylester*, $C_{14}H_{26}ClO_4P$, $Kp._{0,002}$ 10—101°; $D._4^{20}$ 1,0780; n_D^{20} 1,4950; 66%. *Di-n-butylester*, $C_{16}H_{30}ClO_4P$, $Kp._{0,003}$ 105—106°; $D._4^{20}$ 1,0670; n_D^{20} 1,4930; 61%. Helmut Schäfer 980△

0831 **Darstellung von m-Dichlorbenzol und 2.4-Dinitrochlorbenzol.** Ju. G. Jerykalow und A. A. Sprysskow. (Hochschulnachr. [Iwanowo], Chem. u. chem. Technol. **5,** 763 bis 765, 1962; Iwanowo, chem.-technol. Inst., Lehrstuhl für organ. Chem.; russ.) — Aus dem durch Isomerisierung von Dichlorbenzolen in Ggw. von $AlCl_3$ u. $MgSO_4$ erhaltenem Gemisch aus 57,7% m- (**I**), 30,2% p- (**II**) u. 12,1% o-Dichlorbenzol läßt sich durch Ausfrieren der methanol. Lsg. bei —55° **II**, danach bei —70° ca. 85%ig. **I** abtrennen. Die **I**-Ausbeute beträgt ca. 29%, bezogen auf das Isomerengemisch. Aus **I** wird durch unvollständige Nitrierung mit Nitriergemisch oder HNO_3 bei 25° in 45%ig. Ausbeute 93%ig. *2.4-Dichlornitrobenzol* (Ep. 24—24,2°) erhalten. Helmut Schäfer 1010△

0832 **Alkylierung aromatischer Kohlenwasserstoffe mit Allylbromid in Gegenwart von Schwefelsäure.** Ju. G. Mamedalijew, R. A. Babachanow und M. N. Magerramow. (Ber. Akad. Wiss. AserbaidshanSSR **18,** Nr. **2,** 25—30, 1962; Inst. für petrochem. Prozesse; russ.) — Die Alkylierung von Bzl., Toluol, Äthylbenzol u. Cumol mit Allylbromid [4:1 Mol, 50°, 2 Std.] in Ggw. von konz. H_2SO_4 liefert bei einem Umwandlungsgrad der Ausgangs-Verbb. von 55—65% in 60 bis 70%ig. Ausbeute *[1-Brompropyl-(2)]-benzol* ($Kp._8$ 76—78°; $D._4^{20}$ 1,3091; n_D^{20} 1,5480), *x-[1-Brompropyl-(2)]-toluol* ($Kp._4$ 85—90°; $D._4^{20}$ 1,2644; n_D^{20} 1,5450), *x-[1-Brompropyl-(2)]-äthylbenzol* ($Kp._3$ 90—95°; $D._4^{20}$ 1,2311; n_D^{20} 1,5395) u. *x-[1-Brompropyl-(2)]-cumol* ($Kp._3$ 98—103°; $D._4^{20}$ 1,1962; n_D^{20} 1,5245). Die IR-Analyse der Gemische zeigt, daß sie hauptsächlich die p- u. daneben die m-Isomeren enthalten. Die Ausbeute an Alkylierungs-Prodd. nimmt bei Verminderung der Rk.-Temp. auf 30 oder 0° stark ab. Helmut Schäfer 1010△

0833 **Alkylierung von Phenoläthern mit Methacrylchlorid in Gegenwart von Schwefelsäure.** Ju. G. Mamedalijew, M. A. Schachgeldijew und R. A. Babachanow. (Ber. Akad. Wiss. AserbaidshanSSR **18,** Nr. **6,** 9—11, 1962; Inst. für petrochem. Prozesse; russ.) — Durch Alkylierung der entsprechenden Phenoläther mit Methacrylsäurechlorid in Ggw. von 92%ig. H_2SO_4 (1:0,25:0,25 Mol; 10°, 4 Std.) wurden folgende insekticid u. baktericid wirkende [2-Chlormethylpropyl-(2)]-benzole dargestellt: *p-Methoxy-*, $Kp._4$ 105 bis 109°; $D._4^{20}$ 1,0909; n_D^{20} 1,5305; 82,6% (Ausbeute). — *p-Äthoxy-*, $Kp._4$ 113—117°, F. 53—54°; 74,9%. — *p-Isopropoxy-*, $Kp._4$ 120—124°; $D._4^{20}$ 1,0397; n_D^{20} 1,5160; 52,4%. — *p-n-Butoxy-*, $Kp._4$ 126—130°; $D._4^{20}$ 1,0232; n_D^{20} 1,5150; 53,9%. — *p-Phenoxy-*, $Kp._4$ 166—170°; $D._4^{20}$ 1,1215; n_D^{20} 1,5730; 37,0%. Helmut Schäfer 1060△

0834 **Synthesen von Polyhydroxybenzolderivaten aus Furfurol.** Masuo Murakami und Jong-Chen Chen. (Bull. chem. Soc. Japan **36,** 263—67, 1963; Osaka, Univ., Inst. of sci. and ind. Res.; engl.) — Vff. synthetisierten aus 2.5-Diäthoxy-2-carbäthoxy-2.5-dihydrofuran (**I**) durch Kondens. mit Essigsäureäthylester (**X**) *[2.5-Diäthoxy-2.5-dihydrofuroyl]-essigsäureäthylester* (**II**) u. daraus mit Bromaceton (**XI**) *α-[2.5-Diäthoxy-2.5-dihydrofuroyl]-γ-oxovaleriansäureäthylester* (**III**). Saure Hydrolyse von **II** bzw. **III** lieferte *2.3.6-Trihydroxybenzoesäureäthylester* bzw. *2.3.6-Trihydroxyphenylaceton.* **I** wurde an Raney-Ni zu *2.5-Diäthoxy-2-carbäthoxytetrahydrofuran* (**IV**) hydriert, dessen Kondens. mit **X** *[2.5-Diäthoxytetrahydrofuroyl]-essigsäureäthylester* (**V**) ergab. **V** wurde mit NaH u. Alkylhalogeniden zu *α-[2.5-Diäthoxytetrahydrofuroyl]-carbonsäureestern* umgesetzt, die von Säuren zu *1-Alkylbrenzcatechinen* hydrolysiert wurden. **IV** reagierte nicht mit Palmitinsäureäthylester in Ggw. von Na, NaH, Na-Alkylat oder Triphenylmethyl-Na in Ae., Bzl. oder Di-n-butyläther, auch nicht bei längerer Rk.-Dauer. Die dargestellten *3-Alkenylbrenzcatechine* verursachen Blasen-Bldg. auf der Haut wie Urushiol.

Versuche: *2-Furoesäureäthylester*, $C_7H_8O_3$, $Kp._{115}$ 129 bis 130°, 96,5% (Ausbeute). — *2.5-Diäthoxy-2-carbäthoxy-2.5-dihydrofuran* (**I**), $C_{11}H_{18}O_5$, $Kp._{11}$ 115—136°, durch Elektrolyse vorst. Verb. in Methanol in Ggw. von konz. H_2SO_4 nach Clauson-Kaas u. Nedenskov (C. **1956,** 12244); n_D^{15} 1,4420; 61,5%. — *2.5-Dioxopenten-(3)-säureäthylester-bis-[2.4-dinitrophenylhydrazon]*, $C_{19}H_{16}N_8O_{18}$, Zers. bei 248° (Nitrobenzol), rot, aus **I** u. 2.4-Dinitrophenylhydrazin; 100%. — *[2.5-Diäthoxy-2.5-dihydrofuroyl]-essigsäureäthylester* (**II**), $C_{13}H_{20}O_6$, $Kp._5$ 130—140°, durch Zutropfen von **X** zu **I** in Bzl. bei 100°, Zugabe von Na-Pulver, Zutropfen von A. nach dem Ende der Rk., 10std. Erhitzen auf 100° unter Rühren, Ansäuern mit Essigsäure bei 0°, Zusatz zu W. u. Aufarbeiten der Benzolschicht; n_D^{15} 1,4420; 40%. — *2.3.6-Trihydroxybenzoesäureäthylester*, $C_9H_{10}O_5$, F. 154—158° (30%ig. A.), a) aus **II** durch 5std. Schütteln mit 0,1n HCl bei Raum-Temp. u. 2wöchiges Stehen; 56,1%; b) analog a) durch 1std. Kochen; 21,2%. — *α-[2.5-Diäthoxy-2.5-dihydrofuroyl]-γ-oxovaleriansäureäthylester* (**III**), $C_{16}H_{24}O_7$, $Kp._{1,8}$ 118—120°, durch Zutropfen von **II** zu NaH in Bzl. bei Raum-Temp., unter Rühren, 1std. Kochen, Zusatz von **XI**, 10std. Kochen, Zusatz von Eiswasser, Ansäuern mit Eisessig u. Aufarbeiten der Benzolschicht n_D^{17} 1,4763; 45%. — *2.3.6-Trihydroxyphenylaceton*, $C_9H_{10}O_4$, F. 140—142° (W.), analog vorvorst. Verb. nach b) aus **III**; 58%. — *2.5-Diäthoxy-2-carbäthoxytetrahydrofuran* (**IV**), $Kp._{11}$ 109—120°, durch Hydrierung von **I** an Raney-Ni W-6 bei Raum-Temp. u. 50 atm; n_D^{15} 1,4378; 100%. — *2.5-Dioxo-*

pentansäureäthylester-bis-[2.4-dinitrophenylhydrazon], $C_{19}H_{18}\cdot N_8O_{10}$, F. 194—196° (Nitromethan); aus **IV**; 100%. — *α-[2.5-Diäthoxytetrahydrofuroyl]-essigsäureäthylester* (**V**), $C_{13}H_{22}O_6$, Kp.$_{3,5}$ 115—124°, analog **II** aus **IV** u. **X**; n_D^{17} 1,4612; 52,3%. *α-Methyl-Deriv.* (**VII**), $C_{14}H_{24}O_6$, Kp.$_3$ 119—124°, a) analog **II** aus **IV** u. n_D^{17} 1,4930; 13%; b) analog **III** aus **V** u. CH_3J durch 1½ std. Kochen in Ae.; 67,5%. *α-Pentadecyl-Deriv.* (**VIII**), $C_{28}H_{52}O_6$, F. 46—47°, Kp.$_{0,1}$ 133—135°, aus **V** u. Pentadecylbromid analog **III** durch 5 std. Kochen in Di-n-butyläther; 25,87%. *α-Allyl-Deriv.* (**IX**), $C_{16}H_{26}O_6$, Kp.$_{3,5}$ 125—134°, analog **III** aus **V** u. Allylbromid in 7 Std.; n_D^{20} 1,4640; 45%. — *2.3-Dihydroxybenzoesäure* (**VI**), $C_7H_6O_4$, aus **V** durch 11 std. Kochen mit 0,1n HCl in Dioxan, Eindampfen u. Sublimation bei 120—130°/6 Torr. — 2.3-Dihydroxybenzole: *1-Methyl-*, $C_7H_8O_2$, F. 46,5—47° (Bzl.), aus **VII** analog **VI** in 3½ Std.; 13%. — *1-Pentadecyl-* (*Hydrourushiol*), $C_{21}H_{36}O_2$, F. 57—68,5° (Ae.), aus **VIII** durch 10 std. Kochen mit 0,1n HCl/Dioxan, Eindampfen, Lösen in A., Fällen mit Pb-Acetattrihydrat in A. (*Pb-Salz*), Zers. mit H_2S in A. u. Eindampfen; 34,7%. — *1-Allyl-*, $C_9H_{10}O_2$, Kp.$_{15}$ 144—145°, analog **VI** aus **IX** in 9 Std.; 32%. — *1-[Heptadecen-(8)-yl]-*, $C_{23}H_{38}O_2$, F. 33—36°, Kp.$_{0,8}$ 215—220°, durch Zutropfen von **V** zu NaH in Di-n-butyläther bei Raum-Temp., Zusatz von 1-Bromheptadecen-(8), 10 std. Erhitzen, Ansäuern mit Essigsäure, Eindampfen, 1 std. Kochen mit 0,1n HCl u. Dioxan u. Aufarbeiten wie bei vorvorst. Verb.; 52,4%. H.-J. Kötzsch 1060◇

0835 **Einwirkung von 1-Mercaptododecan auf p-Benzochinon und Gewinnung von substituierten Chinonen und Hydrochinonen.** René Lombard und Wilfred Bolchert. (C. R. hebd. Séances Acad. Sci. **257**, 1313—14, 1963; Strasbourg, Fac. des Sci., Inst. de Chim.; franz.) — Durch Rk. von 1 Mol 1-Mercaptododecan (**I**) mit 2 Mol p-Benzochinon (**II**) in W. entsteht innerhalb 1—2 Std. ein Nd. von *2-Dodecylmercapto-p-benzochinon* [**III**; $C_{18}H_{28}O_2S$, F. 106—107° (A.; gelbe Kristalle); 90% (Ausbeute)]. 2tägiges Aufbewahren von je 1 Mol **I** u. **II** in A., Aufkochen des ausgeschiedenen Nd. in Dioxan u. Stehenlassen zur Kristallisation führen zu *2.5-Bis-[dodecylmercapto]-p-benzochinon* [**IV**; $C_{30}H_{52}O_2S_2$, F. 159 bis 160° (Dioxan; orangefarbene Kristalle); 35%]. Daneben wird aus dem Filtrat von **IV** nach Zugabe von W. *2.6-Bis-[dodecylmercapto]-p-benzochinon* [**V**; $C_{30}H_{52}O_2S_2$, F. 94—95° (Essigsäure; rote Kristalle); 30%] isoliert. Durch Kochen von **III** mit Zn in Essigsäure, Filtrieren der heißen Lsg. u. Verdünnen mit W. gewinnt man *2-Dodecylmercapto-1.4-dihydroxybenzol* (F. 77—78°; 95%; *Diacetyl-Deriv.*, F. 72—73°). Auf dem gleichen Wege entstehen aus **IV** *2.5-Bis-[dodecylmercapto]-1.4-dihydroxybenzol* (F. 77—78°; *Diacetyl-Deriv.*, F. 90—95°) u. aus **V** *2.6-Bis-[dodecylmercapto]-1.4-dihydroxybenzol* (F. 55°; *Diacetyl-Deriv.*, F. 69—71°). Für **III**, **IV** u. **V** sind die Werte der UV- u. IR-Spektren angegeben. L. Hoppe 1090◇

0836 **Verbesserung der Butamidsynthese.** I. M. Charag, M. D. Jawlinski und B. M. Ssawin. (Med. Ind. UdSSR **16**, Nr. 2, 39—43, 1962; Ukrain. Forschungsinst. für exp. Endokrinol.; russ.) — Durch Rk. von p-Toluolsulfamid (**I**) mit Harnstoff (**II**) wurde *p-Toluolsulfonylharnstoff* (**III**) dargestellt, in *N-Carbomethoxy-p-toluolsulfamid* (**IV**) u. dieses in *N-[p-Toluolsulfonyl]-N'-n-butylharnstoff* (*Butamid*) übergeführt. Die Hydrolyse von **III** u. **IV** wurde untersucht.

Versuche: *p-Toluolsulfonylharnstoff* (**III**), F. 187 bis 189°, durch 2 std. Rühren von 14 kg **I**, 5,2 kg **II** u. 3,5 kg NaOH, 3 std. Erhitzen auf 130—135°, Lösen in 80 Litern W. u. Ausfällen mit HCl; 90% (Ausbeute). — *N-Carbomethoxy-p-toluolsulfamid* (**IV**), durch Zugabe von 2,16 Liter konz. H_2SO_4 zu 15,8 kg vorst. Verb. in 47 kg Methanol in 20 Std. in der Siedehitze, Eindampfen, Zugabe von 50 Liter W. u. 5 kg Na_2CO_3 u. Ausfällen mit HCl; 80%. — *N-[p-Toluolsulfonyl]-N'-n-butylharnstoff*, F. 127—128,5°, durch 3 std. Kochen von 13,5 kg **IV** mit 4,72 kg n-Butylamin in 40 Liter Toluol, Extraktion mit 6%ig. NaOH u. Ausfällen mit HCl; 86%. Helmut Schäfer 1090△

0837 **Wasserfreie Chlorierung einiger Mercaptosäuren und analoger Disulfide.** Irwin B. Douglas und Basil S. Farah. (J. org. Chemistry **26**, 351—54, 1961; Orono, Maine, Univ. of Maine, Dep. of Chem.; engl.) — o-Mercaptobenzoesäure (**I**), m.m'-Dithiodibenzoesäure (**II**), β-Mercaptopropionsäure (**III**) u. γ.γ'-Dithiodibuttersäure (**IV**) reagieren mit wasserfreiem Chlor unter Bldg. von *Chlorsulfinylacylchloriden*, deren Bldg.-Mechanismus diskutiert wird.

Versuche: *o-Chlorsulfinylbenzoylchlorid* (**V**), F. 62 bis 65°, a) durch Chlorieren von **I** in CH_2Cl_2 nach Price u. Smiles [1928] u. Eindampfen im Vakuum; 65—75% (Ausbeute); b) durch Chlorieren von **VI** in CH_2Cl_2 in Ggw. von wenig Essigsäure. — *o-Sulfinobenzoesäure*, F. 125—126° (Methanol), durch Zers. von **V** mit kaltem Wasser. — *3-Oxo-2-benzolsulfonyl-2.3-dihydro-1.2-benzisothiazol-S-oxid*, F. 181—182° (verd. Methanol), durch Erhitzen von **V** mit Benzolsulfonsäureamid in Pyridin u. Gießen in n-HCl. — *3-Oxo-2-benzolsulfonyl-2.3-dihydro-1.2-benzisothiazol-S.S-dioxid*, F. 202°, durch Oxydation vorst. Verbindung. — *o.o'-Dithiodibenzoesäure*, F. 289—290°, durch Einw. von Methylmercaptan auf **V** in CH_2Cl_2; 90%. *Dichlorid* (**VI**), $C_{14}H_8Cl_2O_2S_2$, F. 155—156° (Bzl./PAe.), durch Kochen mit $SOCl_2$; 80%. — *m-Chlorsulfinylbenzoylchlorid* (**VII**), durch Chlorieren von 3,06 g **II**; hellgelbes Öl; 4,8 g. — *m-Sulfinobenzoesäure*, F. 197—198°, durch Zers. von **VII** mit kaltem W.; 83%. — *m-Benzylsulfonylbenzoesäure*, $C_{14}H_{12}O_4S$, F. 211 bis 212° (A.), durch 3 std. Kochen von 1,8 g vorst. Verb. mit Benzylchlorid in 5%ig. $NaHCO_3$-Lsg.; 2,1 g. — *m-Anilinosulfinylbenzanilid*, $C_{19}H_{16}N_2O_2S$, F. 157—158° (verd. Methanol), durch Zugabe von Anilin in Ae. zu **VII** in CH_2Cl_2 bei —20°; 80%. — *β-Chlorsulfinylpropionylchlorid* (**VIII**), durch Chlorieren von 10,6 g **III** in CH_2Cl_2 bei —10°; 16 g. — *β-Anilinosulfinylpropionanilid*, $C_{15}H_{16}N_2O_2S$, F. 137—138° (verd. Methanol), durch Zugabe von Anilin zu **VIII** in CH_2Cl_2 bei —20°. — *β-Benzylsulfonylpropionsäure*, F. 177—178°, durch Kochen von **VIII** u. Benzylchlorid in 5%ig. $NaHCO_3$-Lsg. u. Ansäuern. — *γ-Chlorsulfinylbutyrylchlorid* (**IX**), durch Chlorieren von 1,19 g **IV**; 1,8 g. — *γ-Benzylsulfonylbuttersäure*, F. 150—151°, durch 2—3 std. Kochen von **IX** mit Benzylchlorid in $NaHCO_3$-Lsg. u. Ansäuern. — *γ-Anilinosulfinylbutyranilid*, $C_{16}H_{18}N_2O_2S$, F. 132—133° (verd. Methanol), durch Zugabe von Anilin zu **IX** in Ae. bei —20°. W. Hampel 1090□

0838 **Darstellung von Aminoverbindungen durch Reaktion aromatischer Halogenverbindungen mit Harnstoff in der Schmelze.** W. A. Lawrischtschew, Wal. L. Plakidin und A. Je. Kretow. (Hochschulnachr. [Iwanowo], Chem. u. chem. Technol. **3**, Nr. 1, 127—29, 1960; Dnepropetrowsk, Chem.-Technol. Dscherschinski-Inst., Lehrstuhl für org. Chem.; russ.) — In aromat. Halogen-Verbb., die in o- oder p-Stellung zum Halogenatom eine Nitro-, Alkylsulfonyl-, Arylsulfonyl- oder Aminosulfonylgruppe enthalten, läßt sich das Halogenatom durch Zusammenschmelzen mit Harnstoff leicht durch die Aminogruppe ersetzen.

Versuche: Allg. Meth.: Man erhitzt 0,01 Mol Halogen-Verb. u. 2,4 g Harnstoff ½ Std. auf 200° u. gießt die Schmelze in 20—25 ml W.: *4-Amino-3-nitrophenylmethylsulfon*, $C_7H_8\cdot N_2O_4S$, F. 199—200° (A.); gelbe Plättchen; 85% (Ausbeute). — *4-Amino-3-nitrobenzol-N-methylsulfamid*, $C_7H_9N_3O_4S$, F. 158 bis 159° (50%ig. Methanol); gelbe Plättchen; 83%. — *4-Amino-3-nitrodiphenylsulfon*, $C_{12}H_{10}N_2O_4S$, F. 171—172° (50%ig. A.); gelbe Nadeln; 87%. — *4-Amino-3-nitrophenylbenzylsulfon*, $C_{13}H_{12}N_2O_4S$, F. 185—186° (Methanol), gelbe Nadeln; 79%. — *4-Amino-3-nitrobenzolsulfamid*, $C_6H_7N_3O_4S$, F. 209—209,5° (W.); gelbe Plättchen; 76%. — *2-Amino-5-nitrobenzol-N-methylsulfamid*, $C_7H_9N_3O_4S$, F. 184—185° (A.); gelbe Plättchen; 69%. Ch. Heese 1090◇

0839 **Oxydation aromatischer Äther mit Bleitetraacetat.** J. Jadot und M. Neuray. (Bull. Soc. roy. Sci. Liège **29**, 138—55, 1960; Liège, Univ., Labor. de Chim. Organ.; franz.) — Anisol (**I**) reagiert mit Pb-Tetraacetat (PbAc) in Essigsäure bei 80° unter Entw. von CO_2 u. CH_4 u. Bldg. von *Anisaldehyd* (**IV**), *4-Acetoxyanisol* (**V**) u. *4-Methoxybenzylacetat* (**VI**); daneben werden geringe Mengen *4.4'-Dimethoxybiphenyl* u. *4.4'-Dimethoxybenzophenon* isoliert. **V** u. **VI** lassen sich durch Alkali zu *4-Hydroxyanisol* bzw. *4-Methoxybenzylalkohol* hydrolysieren. **IV** entsteht vermutlich durch therm. Zers. des intermediären *4-Methoxybenzylidendiacetats* (**VII**). Wird die Umsetzung von **I** mit PbAc in Essigsäure bei 120° durchgeführt, so bildet sich als einziges Rk.-Prod. **VII** bzw. **IV**. m-Dimethoxybenzol (**II**) liefert mit PbAc in Essigsäure bei 80° über das nicht isolierte *2.4-Dimethoxybenzylidendiacetat* als Hauptprod. *2.4-Dimethoxybenzaldehyd* (**VIII**), der zu *2.4-Dimethoxybenzoesäure* oxydiert wird. Neben **VIII** isolieren Vff. geringe Mengen *2.2'.4.4'-Tetramethoxybiphenyl* u. *2.2'.4.4'-Tetramethoxybenzophenon*. Einw. von PbAc auf p-Dimethoxybenzol (**III**) in Essigsäure bei 80° ergibt durch Hydrolyse des intermediären *2.5-Dimethoxy-*

benzylidendiacetats 2.5-Dimethoxybenzaldehyd. Daneben wird *2.5-Dimethoxybenzoesäure* aufgefunden. Die Vers.-Ergebnisse werden diskutiert u. Mechanismen für die über freie Radikale verlaufenden Rkk. von PbAc mit **I**, **II** u. **III** in Essigsäure vorgeschlagen.

Versuche: *Anisaldehyd* (**IV**), *2.4-Dinitrophenylhydrazon*, F. 249,5°, a) durch Erwärmen von **I** mit PbAc im Überschuß in Essigsäure auf 94—95° bis zur Beendigung der Gas-Entw. (ca. 15—16 Std.), Zugabe eines großen Vol. Ae., Abgießen der Ae.-Lsg. vom Gemisch unlösl. Pb-Salze, aus dem sich *Acetessigsäure* (**X**) isolieren läßt, Abdestillieren von Ae. u. Essigsäure, Aufnehmen des Rückstands in Ae., fraktionierte Dest. des Ae.-Rückstands (**A**), Abtrennen von geringen Mengen *Diacetoxymethan* (**IX**; $C_5H_8O_4$, Kp. 162 bis 165°; 0,5 g), Lösen der Fraktion Kp. 222° in A., Behandeln mit 2.4-Dinitrophenylhydrazin, Absaugen des aus der äthanol. Lsg. (**B**) ausgeschiedenen Nd., chromatograph. Adsorption an Al_2O_3, Elution von wenig *o-Methoxybenzaldehyd-2.4-dinitrophenylhydrazon* (F. 251°) mit 2% Essigester enthaltendem Bzl. u. weitere Elution mit dem gleichen Lsgm.-Gemisch; 25% (Ausbeute); daneben *4-Acetoxyanisol* (**V**), durch Verdünnen von **B** mit W., Ae.-Extraktion u. Eindampfen der Ae.-Lsg.; 11%; daneben wenig *Bis-[4-methoxybenzyl]-oxid* (F. 42°); daneben *4-Methoxybenzylacetat* (**VI**), Kp.$_{20}$ 148°, durch Abtrennen der Fraktion vom Kp. 258—260° aus **A** u. erneute Dest.; 42%; daneben *4.4'-Dimethoxydiphenyl*, F. 175°, durch Lösen des nicht destillierbaren Rückstands von **A** in PAe., Chromatographie an Al_2O_3 u. Elution mit dem gleichen Lsgm.-Gemisch; 74%; daneben *4.4'-Dimethoxybenzophenon*, F. 146°, durch Elution mit Bzl.; 4%; b) durch Hydrolyse von **VII** mit 15%ig. Na_2CO_3. — *4-Methoxybenzylidendiacetat* (**VII**), F. 65° (Chlf.), Kp.$_{15}$ 160—165°, analog **IV** nach a) aus **I** u. PbAc in Essigsäure, jedoch bei 120° u. Aufarbeitung analog **IV** nach a); 87,5%; daneben wenig **IX**, **X** u. **XI**. — *Anissäure* (**XI**), F. 183°, durch Oxydation von **IV** mit $KMnO_4$. — *4-Hydroxyanisol*, F. 55°, durch Behandeln von **V** mit warmer 10%ig. NaOH u. Ansäuern. *Benzoat*, F. 87°. — *4-Methoxybenzylalkohol*, durch alkal. Hydrolyse von **VI**. *Phenylcarbamoyl-Deriv.*, F. 91,5°. — *Formaldehyd*, durch Hydrolyse von **IX** mit 50%ig. $NaHCO_3$-Lsg. bei 40—50°. *2.4-Dinitrophenylhydrazon*, F. 163°. — *2.4-Dimethoxybenzaldehyd* (**VIII**), $C_9H_{10}O_3$, F. 71° (PAe.; Nadeln), Kp.$_{14}$ 160—164°, analog **IV** nach a) aus **II**; 17% [*2.4-Dinitrophenylhydrazon*, F. 257° (Essigester)]; daneben nicht umgesetztes **II**; 59%; daneben *2.2'.4.4'-Tetramethoxybiphenyl*, F. 138—139° (PAe.), durch Lösen der bei Kp.$_1$ 230 bis 235° destillierenden Fraktion in PAe. als an Al_2O_3 nicht adsorbierter Anteil; 12%; daneben *2.2'.4.4'-Tetramethoxybenzophenon*, F. 133° (PAe.), neben vorst. Verb. als an Al_2O_3 adsorbierter Anteil durch Elution mit Bzl.; 40%. *2.4-Dinitrophenylhydrazon*, F. 148°. — *2.4-Dimethoxybenzoesäure*, F. 109,5°, durch Oxydation von **VIII** mit $KMnO_4$. — *2.5-Dimethoxybenzylidendiacetat*, Kp.$_{0,5}$ 145—155°, analog **IV** nach a) aus **III**; 68%; daneben als niedrigsd. Fraktion **IX**; daneben ein nicht destillierbarer Rückstand (**C**); 23%. — *2.5-Dimethoxybenzaldehyd*, F. 51°, Kp.$_{14}$ 150—152°, durch Kochen vorst. Verb. mit $NaHCO_3$-Lösung. *2.4-Dinitrophenylhydrazon*, F. 268° (Essigester). — *2.5-Dimethoxybenzoesäure*, F. 76°, a) durch Oxydation vorst. Verb. mit $KMnO_4$; b) durch Kochen von **C** mit 15%ig. Na_2CO_3 u. Ansäuern der mit Ae. gewaschenen alkal. Lösung. H. Gleinig 1100□

0840 **Synthese fluorierter Ketone mit Hilfe von lithiumorganischen Verbindungen und N.N-Dialkylamiden fluorierter Säuren.** N. A. Saitzewa, Je. M. Panow und K. A. Kotscheschkow. (Nachr. Akad. Wiss. UdSSR, Abt. chem. Wiss. **1961**, 831—35, Mai; Karpow-Inst. für physikal. Chem.; russ.) — Durch Rk. von N.N-Diäthyldifluoracetamid (**I**) u. N.N-Diäthyltrifluoracetamid (**II**) mit Li-organ. Verbb. bei ca. —75° werden *fluorierte Ketone* erhalten.

Versuche: *N.N-Diäthyltrifluoracetamid* (**II**), Kp.$_{43}$ 74 bis 75°, durch Zugabe einer mit Trockeneis gekühlten abs.-äther. Lsg. von Trifluoracetylchlorid zu Diäthylamin in abs. Ae. bei 0°; 47,4% (Ausbeute). — *ω.ω-Difluoracetophenon*, Kp.$_{10-12}$ 63—65°, Kp.$_{25}$ 82,5—85°, a) durch Zutropfen von **I** in abs. Ae. zu einem Gemisch von Phenyl-Li u. abs. Ae. bei $<-65°$, 2std. Rühren bei —75° u. Gießen auf Eis u. HCl; n_D^{20} 1,4900; 83%; b) analog a) aus **I** u. Phenyl-Li in abs. Toluol; 67%; c) analog aus **I** u. Phenyl-Na in abs. Toluol; Zers. mit abs. A.; 29%. — *α-[Difluoracetyl]-thiophen*, $C_6H_4F_2OS$, Kp.$_{11}$ 77—80°, Kp.$_{13}$ 80°; a) durch Zugabe einer äther. Lsg. von **I** zu einer Suspension von Thienyl-Li (aus Butyl-Li u. Thiophen in Ae.) bei $<-65°$, 1std. Rühren u. Gießen in Eis u. HCl; b) analog a) aus Li, Butylchlorid, Thiophen u. **I** ohne Isolierung der Zwischenprodd.; 75%. — *ω.ω.ω-Trifluoracetophenon*, Kp.$_{37}$ 66—68°, a) durch Rk. von **II** mit Phenyl-Li in Ae.; n_D^{20} 1,4578; 74%; b) analog aus **II** u. Phenyl-Li in abs. Toluol; 54,5%. — *α-[ω.ω.ω-Trifluoracetyl]-thiophen*, $C_6H_3F_3OS$, Kp.$_{23-24}$ 67°, durch Zugabe von **II** in Ae. zu Thienyl-Li (aus Butyl-Li u. Thiophen in Ae.), 1std. Rühren u. Stehen über Nacht bei —80°; 39%. — *ω-Fluor-ω-chloracetophenon*, C_8H_6ClFO, Kp.$_{11}$ 91°, durch Zugabe von N.N-Diäthylfluorchloracetamid in Ae. zu Phenyl-Li in Ae., 2std. Rühren bei —70° u. Gießen in HCl; 53%. — *Difluormethylbutylketon*, $C_6H_{10}F_2O$, Kp. 111—112°, durch Zutropfen von **I** in Ae. zu Butyl-Li (aus Butylchlorid u. Li) u. Gießen in HCl; 32,6%. E. Höft 1160◇

0841 **Reduktionen mit Triphenylzinnhydrid.** Donald H. Lorenz und Ernest I. Becker. (J. org. Chemistry **28**, 1707—08, 1963; Brooklyn, N.Y., Polytechnic Inst. of Brooklyn, chem. Labor.; engl.) — Phenyl- (**I**) oder α-Naphthylisocyanat (**II**) liefert bei der Rk. mit 2 Mol Triphenylzinnhydrid (**III**) *Phenyl-* bzw. *α-Naphthylformamid* u. *Hexaphenyldizinn* (**IV**), während Phenylisothiocyanat unter denselben Bedingungen **IV**, *Bis-[triphenylzinn]-sulfid* [F. 143,5—145,0° (Bzl./Heptan)] u. wahrscheinlich *Anilin*, *N-Methylanilin* u. *Phenylisocyanid* gibt. Als mögliches Intermediär-Prod. wurde Benzalanilin (**V**) mit **III** umgesetzt, wobei neben **IV** in 35%ig. Ausbeute *N-Phenylbenzylamin* isoliert wurde.

Versuche: *α-Naphthylformamid*, F. 137,8—138,5° (Bzl./Heptan), durch 1std. Erhitzen von **II** mit 2 Mol **III** auf 80° u. Extraktion mit Chlf. neben *Hexaphenyldizinn* (**IV**; F. 230—231°); 41%. — *Phenylformamid*, F. 45,4—47,0° (Ae./Pentan), durch 4std. Erhitzen von **I** mit **III** auf 100° neben **IV**; 55%. — *N-Phenylbenzylamin*, F. 34,5—36,5° (A./W.), durch 22std. Erhitzen von **V** mit **III** auf 124°; 35%. *N-Phenylcarbamoyl-Deriv.*, F. 104,6—105,6° (A./W.). Klaus Lange 1210△

0842 **Die Alkylidenierung von aktivierten Methylengruppen durch Imine.** 1. Mitt. **Die Alkylidenierung des Malonsäuredinitrils.** Georges Charles. (Bull. Soc. chim. France **1963**, 1559—65; Poitiers, Fac. des Sci., Serv. de Chim. Organ., Labor. A; franz.) — Rk. von Ketiminen u. Aldiminen mit $CH_2(CN)_2$ (**I**) gab substituierte *Alkylidenmalonsäuredinitrile*. Die freien Ketimine, bes. die Diarylketimine, verhielten sich gegenüber **I** reaktionsfähiger als die entsprechenden Ketone.

Versuche (FF.* korr.): Malonsäuredinitrile: *p-Methoxybenzyliden-*, F.* 115°, gelbe Kristalle (A.), aus p-Methoxybenzyliden-N-n-butylamin u. **I** in CH_3COOH [kurzes Erhitzen; 96,3% (Ausbeute)] oder ohne Lsgm. unter N_2 (Erhitzen auf 90—100°; 11%). — *Benzyliden-*, F.* 84,5° (wss. A.), aus Hydrobenzamid u. **I** (Erhitzen unter N_2); 82,5%. — *Furfuryliden-*, F.* 72° (rot; wss. A.), analog aus Hydrofurfuramid; 95,5%. — *Benzhydryliden-*, $C_{16}H_{10}N_2$, F.* 141° (A.), aus Diphenylketimin u. **I** ohne Lsgm. in der Kälte (ca. 100%) oder in CH_3COOH (96,7%) oder aus Benzophenonanil u. sd. **I** oder aus 2-Benzhydrylidenaminoäthanol u. **I** in sd. abs. A. (15 Min.; 72,5%). — *Fluorenyliden-*, $C_{16}H_8N_2$, F. 237,5°, rot, aus 9-Iminofluoren u. **I** in abs. A.; 100%. — *4-Methylbenzhydryliden-*, $C_{17}H_{12}N_2$, F. 108,5°, gelblich (95%ig. A.), aus Phenyl-p-tolylketimin u. **I** in abs. A.; ca. 100%. — *4.4'-Dimethylbenzhydryliden-*, $C_{18}H_{14}N_2$, Doppel-F. 131 u. 140,5°, gelbe Kristalle (95%ig. A.), aus Bis-[p-tolyl]-ketimin u. **I** in abs. A.; ca. 100%. — *4.4'-Bis-[dimethylamino]-benzhydryliden-*, $C_{20}H_{20}N_4$, F. 245,5°; orangerot, aus Auramin u. **I** in abs. A. (Erhitzen); ca. 100%. — *α.γ-Diphenylcinnamyliden-*, $C_{24}H_{16}N_2$, F.* 148,5°, gelbe Kristalle (A.), aus 1.1.3-Triphenyl-3-iminopropen u. **I** in sd. abs. A.; ca. 100%. — *m-Chlorbenzhydryliden-*, $C_{16}H_9ClN_2$, F.* 119,5° (abs. A.), aus Phenyl-m-chlorphenylketimin u. **I** in CH_3COOH (Erhitzen); 90%. — *α-Äthylbenzyliden-*, $C_{12}H_{10}N_2$, F.* 68° (wss. A.), durch Behandeln von Äthylphenylketiminacetat mit NH_3 in abs. Ae., dann Entfernen der Lsgm. u. Zugabe von **I** (65,2%) oder aus N-n-Butyläthylphenylketimin u. **I** in sd. A. (15 Min.; 45%). — *4.4'-Dimethoxybenzhydryliden-*, $C_{18}H_{14}N_2O_2$, F. 153,5°, gelb (95%ig. A.), aus N-[4.4'-Dimethoxybenzhydryliden]-benzylamin u. **I** in abs. A. (Erhitzen);

ca. 100%. — *α-tert.-Butylbenzyliden-*, $C_{14}H_{14}N_2$, F.* 115,5° (95%ig. A.), aus N-n-Butylphenyl-tert.-butylketimin u. **I** in sd. abs. A. (einige Min.); 52,8%. J. Rothe 1220◇

0843 **Die Alkylidenierung von aktivierten Methylengruppen durch Imine.** 2. Mitt. **Die Alkylidenierung der Cyanessigsäure.** Georges Charles. (Bull. Soc. chim. France **1963**, 1566—72; franz.) — 1. vgl. vorst. Referat. — Rk. von Aldiminen u. Ketiminen mit $CNCH_2COOH$ (**I**) führte u. a. zu *Arylmethylidencyanessigsäuren* u. *Arylmethylidenacetonitrilen,* die nicht direkt aus **I** u. α-Arylketonen erhältlich sind.

Versuche: Cyanessigsäuren: *Benzyliden-* (**II**), F. 180°, aus $C_6H_5CH{=}N\text{-}n\text{-}C_4H_9$ u. **I** in sd. abs. A. (5 Min.), Zugabe von Ae., Lösen des erhaltenen *n-Butylammoniumsalzes* [F. 115—116°, Nadeln (A./Ae.); 90,2% (Ausbeute)] in W. u. Fällen mit HCl. *Monoäthanolammoniumsalz,* F. 151 bis 152°, aus $C_6H_5CH{=}NCH_2CH_2OH$ u. **I** (100%) oder aus **II** u. $HOCH_2CH_2NH_2$. *Aniliniumsalz,* F. 135—136°, aus $C_6H_5CH{=}NC_6H_5$ u. **I** oder aus **II** u. Anilin. Ansäuern der wss. Lsg. gab 61,8% **II**. *Ammoniumsalz,* F. 203°, aus Hydrobenzamid u. **I**; 92,5%. Daraus mit Säure 94% **II**. — *Furfuryliden-* (**III**), F. 222°, aus 2-Furfurylidenaminoäthanol u. **I** über das *Monoäthanolammoniumsalz* (F. 134,5°; fast 100%) oder aus Furfurylidenanilin u. **I** über das rohe *Aniliniumsalz* (9,7%). *Ammoniumsalz,* F. 184°, aus Hydrofurfuramid u. **I**, daneben **III**; gab mit HCl freies **III** (88,5%). — *o-Chlorbenzyliden-,* F. 205—207°, aus o-Chlorbenzyliden-n-butylamin u. **I** über das *n-Butylammoniumsalz* (F. 129°; 81,4%); 88,2%. *Ammoniumsalz.* — *p-Chlorbenzyliden-,* F. 200°, aus p-Chlorbenzyliden-n-butylamin u. **I** über das *n-Butylammoniumsalz* (F. 165°; 83,8%); 90,5%. *Ammoniumsalz,* aus p-Chlorhydrobenzamid u. **I**; 73,6%. — *Piperonyliden-,* F. 241—242°, aus dem Hydramid des Piperonals u. **I** über das *Ammoniumsalz* (F. 176,5°; 95,3%). — *Benzhydryliden-,* $C_{16}H_{11}NO_2$, F. 212° (wss. A.), aus $(C_6H_5)_2C{=}NH$ u. **I** in sd. abs. A. (30 Min.; auch in Ae. oder A./Ae.) über das *Ammoniumsalz* (F. 175°; 81,3%); 85,5%; oder aus 2-Benzhydrylidenaminoäthanol u. **I** (24 Std.) über das *Monoäthanolammoniumsalz* [F. 156° (A./Ae.); 62,4%]. — *Fluorenyliden-,* $C_{16}H_9NO_2$, F. 214° (Zers.), orange (Ae./PAe.), aus 9-Iminofluoren u. **I** über das *Ammoniumsalz* [F. 175—180° (Zers.), gelb; 74,7%]; 78,2%. — *α-Äthylbenzyliden-,* $C_{12}H_{11}NO_2$, 2 Isomere, F. 91 u. 129—130°, aus Phenyläthylketimin u. **I** (56%) oder aus N-Methylphenyläthylketimin u. **I** über das *N-Methylammoniumsalz* (hygroskop. 20,2%). — *α.γ-Diphenylcinnamyliden-,* $C_{24}H_{17}NO_2$, F. 186°, aus Phenyl-[β-phenylstyryl]-ketimin u. **I** in sd. abs. A. (12 Std.); 16,3%. Daneben 6,5% eines *Isomeren,* F. 173°. — *4.4'-Dimethoxybenzhydryliden-,* $C_{18}H_{15}NO_4$, F. 169°, gelb (wss. A.), aus N-[4.4'-Dimethoxybenzhydryliden]-benzylamin u. **I** in sd. abs. A. (18 Std.). — *β-Phenylcinnamonitril,* $C_{15}H_{11}N$, F. 46,5—47° (wss. A.), aus $(C_6H_5)_2C{=}NH$ u. **I** unter N_2 (2½ Std. bei 180°). — *β-Äthylcinnamonitril,* $C_{11}H_{11}N$, Kp.$_{14}$ 140—142°, aus N-Methylphenyläthylketimin u. **I** in sd. A. (8 Std.), dann Entfernen des Lsgm., Zugabe von Cu-Pulver u. Erhitzen unter N_2; 43,7%. — Rk. von Benzophenonanil mit **I** (24std. Erhitzen) gab *Cyanacetanilid,* F. 199°. J. Rothe 1220◇

0844 **Die Alkylidenierung von aktivierten Methylengruppen durch Imine.** 3. Mitt. **Die Alkylidenierung des Cyanacetamids und der Nitroalkane.** Georges Charles. (Bull. Soc. chim. France **1963**, 1573—76; franz.) — 2. vgl. vorst. Referat. — Rk. von Diarylketiminen mit $CNCH_2 \cdot CONH_2$ (**I**) bzw. mit Nitroalkanen führte zu den entsprechenden *Diarylmethyliden-Derivv.*, die aus den Diarylketonen direkt nicht erhältlich sind.

Versuche (FF.* korr.): *Benzhydrylidencyanacetamid,* $C_{16}H_{12}N_2O$, F. 236,5° (Chlf.), aus $(C_6H_5)_2C{=}NH$ (**II**) u. **I** unter N_2 (ca. ½ Std. bei 110°); ca. 100% (Ausbeute). — *Fluorenylidencyanacetamid,* $C_{16}H_{10}N_2O$, F.* 228°, gelb (Chlf.), aus 9-Iminofluoren (**III**) u. **I** (1 Std. bei 100—150°); 85,4%. — *4.4'-Dimethylbenzhydrylidencyanacetamid,* $C_{18}H_{16}N_2O$, F.* 199° (A.), aus Bis-[p-tolyl]-ketimin (**IV**) u. **I** (45 Min. bei 120 bis 170°); 65,8%. — *2.2-Diphenyl-1-nitroäthylen,* $C_{14}H_{11}NO_2$, F.* 88°, gelbe Kristalle (A.), aus **II** u. CH_3NO_2 (3std. Kochen); 54%. Daneben eine *Verb. vom F.* 179,5°*, gelb. — *Fluorenylidennitromethan,* $C_{14}H_9NO_2$, F.* 134°, orangegelbe Kristalle (A.), aus **III** u. sd. CH_3NO_2 (1 Std.; 64,1%) oder aus **III** u. CH_3NO_2 bei Raum-Temp. in CH_3COOH (31,4%). — *2.2-Bis-[p-tolyl]-1-nitroäthylen,* $C_{16}H_{15}NO_2$, F.* 115°, goldgelbe Kristalle (A.), aus **IV** u. sd. CH_3NO_2 unter N_2. — *1-Fluorenyliden-1-nitroäthan,* $C_{15}H_{11}NO_2$, F.* 224°, gelbe Kristalle, aus **III** u. $C_2H_5NO_2$ in CH_3COOH (1 Monat lang Stehen); 37,7%; 20std. Kochen gab nur Harze. — Mit Nitropropan in $CH_3 \cdot COOH$ gab **III** nach 37std. Kochen eine *Verb. vom F.* 196,5°*, bei Raum-Temp. (einige Tage) dagegen eine *Verb. vom F.* 125°*; aus Nitropropan u. **II** entstanden nur Harze. — Mit folgenden Verbb. konnten bei Verss. einer Rk. mit **II** oder **IV** keine definierten Prodd. erhalten werden: $C_6H_5CH_2CN$, p-Nitrobenzylcyanid, $C_6H_5COCH_2CONH_2$, $CH_2(COOC_2H_5)_2$, $C_6H_5CH_2COOC_2H_5$, $(CH_2CN)_2$, $C_6H_5COCH_2COCH_3$, $C_6H_5CO \cdot CH_2NO_2$; aus p-Nitrophenylessigsäure u. $CH_2(COOH)_2$ wurden mit **II** nur die entsprechenden Salze erhalten. J. Rothe 1220◇

0845 **Die Alkylidenierung von aktivierten Methylengruppen durch Imine.** 4. Mitt. **Reaktionsmechanismus. Neuer Aspekt der Knoevenagel-Cope-Reaktion.** George Charles. (Bull. Soc. chim. France **1963**, 1576—83; franz.) — 3. vgl. vorst. Referat. — Vf. nimmt für die Rk. von Iminen mit Verbb. mit akt. CH_2-Gruppe einen Zweistufenmechanismus mit zwei Vierzentren-Übergangszuständen an; da die Umsetzung ohne Lsgm. oder in der schwachen Säure $CH_3 \cdot COOH$ erfolgt, hält er das Auftreten nicht assoziierter geladener Teilchen, bes. das von Carbanionen, für unwahrscheinlich. Die Annahme, daß bei der Rk. von Diarylketonen mit Cyanessigsäureäthylester (**I**) nach der Arbeitsweise von Cope [1937] als Zwischenprod. ein Ketimin auftritt, wird diskutiert.

Versuche: *Benzhydrylidencyanessigsäureäthylester,* $C_{18}H_{15}NO_2$, F. 98° (abs. A.), aus $(C_6H_5)_2C{=}NH$ (**II**) u. **I** ohne Lsgm. bei ca. 70—120° unter N_2 [100% (Ausbeute)] oder in CH_3COOH über Nacht bei Raum-Temp. (85%) oder aus **II**·HCl u. **I** in Piperidin/abs. A. (1std. Kochen) oder aus **II**·HCl u. **I** in A. in Ggw. von KOH oder aus **II**-Sulfat u. **I** in alkohol. NH_3 (einige Std. lang Kochen) oder aus 2-Benzhydrylidenaminoäthanol u. **I** in sd. Bzl./CH_3COOH (3 Std.; 21,6%; daneben 64% *Benzophenon*). — *Fluorenylidencyanessigsäureäthylester,* $C_{18}H_{13}NO_2$, F. 69°, gelbe Kristalle (A.), aus 9-Iminofluoren u. **I** in sd. Bzl./CH_3COOH; 99%. — *2-Cyan-3.5.5-triphenylpentadien-(2.4)-säureäthylester,* $C_{26}H_{21}NO_2$, F. 131—134°, gelbe Kristalle (Bzl./PAe.), aus Phenyl-[β-phenylstyryl]-ketimin u. **I** (Erhitzen unter N_2); 35%. — Rk. von Fluorenon mit CH_3COONH_4 in sd. Bzl./CH_3COOH (22 Std.; Wasserabscheider) gab ca. 50% *9-Iminofluoren,* F. 123°. *Hydrochlorid,* orangefarben. — Rk. von Benzophenon mit $C_6H_5CH_2NH_2$ in sd. Bzl./CH_3COOH (6 Std.; Wasserabscheider) gab *Benzhydrylidenbenzylamin* [$C_{20}H_{17}N$, F. 55—60° (A.)] u. *Benzhydrylidenbenzyhydrylamin* [$C_{26}H_{21}N$, F. 154° (A.)]. — *Benzhydrylidenmalonsäuredinitril,* F. 140°, aus Benzophenon u. $CH_2(CN)_2$ in sd. Bzl./CH_3COOH in Ggw. von $(C_2H_5)_3N$ (3½ Std.). J. Rothe 1220◇

0846 **Untersuchung der δ-Ketonitrile. Übergang in δ-Ketosäuren und δ-Lactone.** Alain Vigier und Jacques Dreux. (Bull. Soc. chim. France **1963**, 1817—21; Lyon, Fac. des Sci., Inst. de Chim.; franz.) — Die Behandlung der früher (vgl. Bull. Soc. chim. France **1963**, 677) beschriebenen δ-Ketonitrile $C_6H_5-CH(CN)-CHR-CHR'-COR''$ mit HBr/CH_3COOH führt nicht zu einer Cyclodehydratisierung, sondern liefert in guten Ausbeuten die zugehörigen *δ-Ketosäuren,* deren Hydrierung an Raney-Ni unter normalem Druck die entsprechenden *δ-Lactone* gibt. Da sich *3.4-Dimethyl-5-oxo-2-phenylhexansäure* (**I**) beim Vers. der Dest. zersetzt, wurde sie durch NaOCl-Oxydation zu *2.3-Dimethyl-4-phenylglutarsäure* identifiziert. 2-Acetyl-4-cyan-4-phenylbuttersäureäthylester (**II**) erleidet bei der Hydrolyse Ketonspaltung. Soweit die δ-Ketonitrile in diastereomeren Formen isoliert worden waren (l. c.), führten diese zu denselben δ-Ketosäuren. Die Red. von 5-Oxo-2.4.5-triphenylpentansäure (**III**) lieferte an Stelle des Lactons die entsprechende *δ-Hydroxysäure.*

Versuche: *δ-Ketosäuren,* durch 4std. Kochen der δ-Ketonitrile mit Bradsher-Reagens (700 ml CH_3COOH, 166 ml konst. sd. HBr, 44 ml W.; davon 100 ml pro 10 γ δ-Ketonitril), Verdünnen mit NaCl-Lsg., Ae.-Extraktion, Behandlung des Ae.-Rückstands mit 20%ig. NaOH, Extraktion der unlösl. Prodd. mit Ae., Ansäuern der wss.-alkal. Schicht mit 20%ig. HCl, Ae.-Extraktion, Eindampfen der Ae.-Lsg. u. Kristallisation aus PAe.-Bzl. (1:1): *3.4-Dimethyl-5-oxo-2-phenylhexansäure* (**I**), $C_{14}H_{18}O_3$, aus 2.3-Dimethyl-4-oxo-1-phenylpentancarbonitril; zersetzt sich beim Vers.

der Dest.; 80% (Ausbeute, roh). *Semicarbazon* (SC), $C_{15}H_{21}\cdot N_3O_3$, F. 214° (A.). — *2.3-Dimethyl-4-phenylglutarsäure, Hydrat*, $C_{13}H_{16}O_4\cdot H_2O$, F. 176° (PAe.–Bzl. 1:1), aus 9 g **I** durch NaOCl-Oxydation; 1,5 g. — *5-Oxo-2.4-diphenylhexansäure*, $C_{18}H_{18}O_3$, F. 111° (PAe.–Bzl. 8:2), aus 4-Oxo-1.3-diphenylpentancarbonitril; 87%. *SC*, $C_{19}H_{21}N_3O_3$, F. 176° (A.). — *4-Methyl-5-oxo-2.5-diphenylpentansäure*, $C_{18}H_{18}O_3$, F. 89° (PAe.–Bzl.) 6,5:3,5), aus 3-Methyl-4-oxo-1.4-diphenylbutancarbonitril; 93%. *SC*, $C_{19}H_{21}N_3O_3$, F. 183° (A.). — *3-Methyl-5-oxo-2.4-diphenylhexansäure*, $C_{19}H_{20}O_3$, F. 135°, aus 2-Methyl-4-oxo-1.3-diphenylpentancarbonitril vom F. 103 bzw. 70—73°; 46 bzw. 41%. *SC*, $C_{20}H_{23}N_3O_3$, F. 213° (A.). — *3.4-Dimethyl-5-oxo-2.5-diphenylpentansäure, Hydrat*, $C_{19}H_{20}O_3\cdot H_2O$, F. 159—160° (PAe.–Bzl. 6,5:3,5), aus 2.3-Dimethyl-4-oxo-1.4-diphenylbutancarbonitril; 60%. — *5-Oxo-2.4.5-triphenylpentansäure* (**III**), $C_{23}H_{20}O_3$, F. 154°, aus 4-Oxo-1.3.4-triphenylbutancarbonitril; 82%. *2.4-Dinitrophenylhydrazon*, $C_{29}H_{24}N_4O_6$, F. 154° (A.). — *3-Methyl-5-oxo-2.4.5-triphenylpentansäure*, $C_{24}H_{22}O_3$, F. 223° (A.), aus 2-Methyl-4-oxo-1.3.4-triphenylbutancarbonitril vom F. 125 bzw. 141°; 23 bzw. 21%. *S-Benzylisothiuroniumsalz*, $C_{32}H_{32}N_2O_3S$, F. 156° (A.). — *5-Oxo-2-phenylhexansäure*, $C_{12}H_{14}O_3$, F. 70°, a) aus 3-Acetyl-1-phenylpropancarbonitril; 72%; b) aus **II**; 87%. *SC*, $C_{13}H_{17}N_3O_3$, F. 160—161° (50%ig. A.). — *3-Methyl-5-oxo-2-phenylhexansäure*, $C_{13}H_{16}O_3$, F. 117—118° (PAe.-Bzl. 8:2), aus 2-Acetyl-4-cyan-3-methyl-4-phenylbuttersäureäthylester; 75%. *SC*, $C_{14}H_{19}N_3O_3$, F. 190—191° (A.). — Tetrahydropyrone-(2), durch Lösen der δ-Ketosäuren in wss. A., Neutralisation mit konz. NaOH, Hydrierung an Raney-Ni unter Normaldruck bei Raum-Temp. oder 50 bis 60°, Filtration, Abdestillieren des A., Ansäuern mit konz. HCl, 1/4 std. Kochen u. Ae.-Extraktion: *4.5.6-Trimethyl-3-phenyl-*, $C_{14}H_{18}O_2$, F. 100° (PAe.), aus **I**; 45%. — *6-Methyl-3.5-diphenyl-*, $C_{18}H_{18}O_2$, F. 110° (A.); 54%. — *5-Methyl-3.6-diphenyl-*, F. 178—179° (A.); 62%. — *4.6-Dimethyl-3.5-diphenyl-*, $C_{19}H_{20}O_2$, F. 127° (PAe.–Bzl. 3:1); 56%. — *4.5-Dimethyl-3.6-diphenyl-*, F. 167—173° (A.); 87%. — *6-Methyl-3-phenyl-*, $C_{12}H_{14}O_2$, F. 63° (A.); 48%. — *4.6-Dimethyl-3-phenyl-*, $C_{13}H_{16}O_2$, F. 78° (PAe.–Bzl. 8:2); 52%. — *5-Hydroxy-2.4.5-triphenylpentansäure*, $C_{23}H_{22}O_3$, F. 155° (PAe. Bzl. 1:1), aus **III**; 54%. J. Spaeth 1270◇

0847 **Über die Umsetzung von p-Hydroxy- und p-Alkoxyphenylhydrazin mit Isothiocyansäure und Senfölen.** Th. Pyl, K. H. Scheel und H. Beyer. (J. prakt. Chem. [4] **20**, 255—62, 1963; Greifswald, Ernst-Moritz-Arndt-Univ., Inst. für Organ. Chem.; dt.) — p-Methoxy- (**II**) u. p-Äthoxyphenylhydrazinhydrochlorid (**III**) liefern beim Erhitzen mit KNCS entsprechende *1-[p-Alkoxyphenyl]-thiosemicarbazide* (**A**). Eine analoge Rk. mit p-Hydroxyphenylhydrazinhydrochlorid (**I**) gelingt nicht. Dehydrierung der **A** mit p-Benzochinon (**IV**) liefert entsprechende *Phenylazothioformamide*, die durch Rk. mit Semicarbazidhydrochlorid wieder **A** geben. **I**, **II** u. **III** geben mit Methyl- (**XII**) bzw. Äthylsenföl (**XIII**) *2-[p-Hydroxyphenyl]-* (**B**), *2-[p-Methoxyphenyl]-* (**C**) u. *2-[p-Äthoxyphenyl]-4-methyl-* bzw. *-4-äthylthiosemicarbazid*. Diese Semicarbazid-Derivv. bilden *Benzaldehydhydrazone* u. werden mit **IV** nicht dehydriert. **C** werden durch Erhitzen auf Temp. dicht oberhalb ihres F. in die entsprechenden *1.4-Isomeren* umgelagert, die keine Hydrazone mehr bilden. *1-[p-Methoxyphenyl]-4-methylthiosemicarbazid* (**IX**) gibt mit **IV** *p-Methoxyphenylazo-N-methylthioformamid*. **B** schmelzen unter Zersetzung. Durch längeres Erhitzen in Lsg. ließen sich **B** nicht umlagern. Rk. von Phenylsenföl (**XIV**) mit **I**, **II** u. **III** führt direkt zu den entsprechenden *1.4-substituierten Thiosemicarbaziden*. 1-[p-Methoxyphenyl]- (**X**) u. 1-[p-Äthoxyphenyl]-4-phenylthiosemicarbazid (**XI**) werden durch **IV** zum entsprechenden *Phenylazothioformanilid* dehydriert. Dagegen gibt 1-[p-Hydroxyphenyl]-4-phenylthiosemicarbazid mit **IV** unter S-Abspaltung eine weinrote, krist. Substanz, deren Struktur nicht aufgeklärt werden konnte. Durch Rk. von Allylsenföl (**XV**) mit **I**, **II** u. **III** werden die entsprechenden Derivv. von *Hydrazin-N.N'-bis-thiocarbonsäureallylamid* erhalten. Monoadditions-Prodd. wurden nicht gefaßt.

Versuche: Thiosemicarbazide: *1-[p-Methoxyphenyl]-* (**V**), $C_8H_{11}N_3OS$, F. 205° (Zers.), durch 10std. Kochen von **II** mit KNCS in abs. A.; aus A. Nadeln; 42% (Ausbeute). — *1-[p-Äthoxyphenyl]-* (**VI**), $C_9H_{13}N_3OS$, F. 180° (Zers.), analog mit **III**; aus A. Prismen; 40%. — *2-[p-Hydroxyphenyl]-4-methyl-*, $C_8H_{11}N_3OS$, Zers. bei 170—172°, durch 1std. Erhitzen von **I** u. **XII** in Pyridin–A. auf dem Wasserbad u. Fällen mit W.; aus A. Prismen; 68%. *Benzal-Verb.*, $C_{15}H_{15}\cdot N_3OS$, F. 219—220° (Zers.), durch 2std. Erhitzen mit Benzaldehyd auf 100°; aus A. Prismen; 73%. — Analog: *2-[p-Methoxyphenyl]-4-methyl-* (**VII**), $C_9H_{13}N_3OS$, F. 155—157°, mit **II**; aus A. Plättchen; 71%. *Benzal-Verb.*, $C_{16}H_{17}N_3OS$, F. 187°, aus A. Prismen; 77%. — *2-[p-Äthoxyphenyl]-4-methyl-*, $C_{10}H_{15}N_3OS$, F. 153°, mit **III**; aus A. Prismen; 71%. — *2-[p-Hydroxyphenyl]-4-äthyl-*, $C_9H_{13}N_3OS$, Zers. bei 169 bis 170°, aus **I** u. **XIII**; aus A. Prismen; 74%. *Benzal-Verb.*, $C_{16}H_{17}N_3OS$, Zers. bei 209—210°, aus A. Prismen; 93%. — *2-[p-Methoxyphenyl]-4-äthyl-* (**VIII**), $C_{10}H_{15}N_3OS$, Sintern bei 110°, mit **II**; aus A. Stäbchen; 87%. *Benzal-Verb.*, $C_{17}H_{19}\cdot N_3OS$, F. 134°, aus A. hexagonale Tafeln; 71%. — *2-[p-Äthoxyphenyl]-4-äthyl-*, $C_{11}H_{17}N_3OS$, F. 158°, mit **III**; aus A. Prismen; 82%. — *1-[p-Methoxyphenyl]-4-methyl-* (**IX**), $C_9H_{13}\cdot N_3OS$, Zers. bei 182°, durch ½ std. Erhitzen von **VII** auf 160°, Zusetzen von A. u. Filtrieren; aus A. Stäbchen; 62%. — *1-[p-Methoxyphenyl]-4-äthyl-*, $C_{10}H_{15}N_3OS$, F. 139—140°, analog vorst. Verb. aus **VIII** bei 145°; aus A. Nadeln; 52%. — *1-[p-Hydroxyphenyl]-4-phenyl-*, $C_{13}H_{13}N_3OS$, Zers. bei 178° (oxydative Zers. an der Luft unter Rotviolettfärbung), durch 1std. Kochen von **I** u. **XIV** in Pyridin–A. u. Fällen mit W.; aus A. Nadeln; 82%. — Analog: *1-[p-Methoxyphenyl]-4-phenyl-* (**X**), $C_{14}H_{15}N_3OS$, Zers. bei 160°, mit **II**; aus A. Nadeln; 70%. — *1-[p-Äthoxyphenyl]-4-phenyl-* (**XI**), $C_{15}H_{17}\cdot N_3OS$, Zers. bei 155—156°, mit **III**; aus A. Nadeln; 63%. — Thioformamide: *p-Methoxyphenylazo-*, $C_8H_9N_3OS$, F. 101 bis 102° (Zers.), durch Zusetzen von **IV** zu **V** in sd. Methanol, kurzes Kochen u. Zusetzen von W.; aus A. dunkelrote Prismen; 65%. — Analog: *p-Äthoxyphenylazo-*, $C_9H_{11}N_3OS$, Zers. bei 113—114°, aus **VI**; aus A. dunkelrote Blättchen; 95%. — *p-Methoxyphenylazo-N-methyl-*, $C_9H_{11}N_3OS$, F. 80 bis 81°, aus **IX**; aus Methanol-W. rote Plättchen; 96%. — *p-Methoxyphenylazo-N-phenyl-*, $C_{14}H_{13}N_3OS$, Zers. bei 97 bis 99°, aus **X**; aus Methanol stahlblauglänzende rotbraune Prismen; 74%. — *p-Äthoxyphenylazo-N-phenyl-*, $C_{15}H_{15}N_3OS$, Zers. bei 91—92°, aus **XI**; aus Methanol metall. glänzende braunrote Prismen; 90%. — Hydrazin-N.N'-bis-thiocarbonsäureallylamide: *N-[p-Methoxyphenyl]-*, $C_{15}H_{20}N_4OS_2$, F. 115—116°, durch 1std. Kochen von **II** u. **XV** in Pyridin–A. u. Fällen mit W.; aus A. Nadeln; 37%. — Analog: *N-[p-Äthoxyphenyl]-*, $C_{16}H_{22}N_4OS_2$, F. 135—136°, aus **III**; aus A. Nadeln; 42%. — *N-[p-Hydroxyphenyl]-*, $C_{14}H_{18}N_4OS_2$, Zers. bei 162°, aus **I**; aus A. Nadeln; 39%. H. Gleinig 1285◇

0848 **Alkylierung von Methylanilin mit quartären Ammoniumsalzen.** A. T. Babajan, M. G. Indshikjan, Sh. G. Gegeljan und A. A. Grigorjan. (Ber. Akad. Wiss. ArmenSSR **35**, 67—70, 1962; Inst. für organ. Chem. der Akad. der Wiss. der ArmenSSR; russ.) — Bei der Alkylierung von Methylanilin (**I**) mit Dimethyl-[buten-(2)-yl-(1)]-[5-methoxypenten-(2)-yl-(1)]-ammoniumchlorid entstehen 33,8 (% Ausbeute) *N-Methyl-N-[buten-(2)-yl-(1)]-anilin* [*Pikrat*, F. 80°], 39,1 *N-Methyl-N-[5-methoxypenten-(2)-yl-(1)]-anilin* [Kp.$_{13}$ 159—160°; D_4^{20} 0,9797; n_D^{20} 1,5340], 39 *Dimethyl-[5-methoxypenten-(2)-yl-(1)]-amin* [*Pikrat*, F. 72—73°] u. 35 *Dimethyl-[buten-(2)-yl-(1)]-amin* [*Methojodid*, F. 151°]. — Bei der Rk. von Dimethyl-[3-methylbuten-(2)-yl-(1)]-[5-methoxy-3-methylpenten-(2)-yl-(1)]-ammoniumchlorid mit **I** werden 39,6 *N-Methyl-N-[3-methylbuten-(2)-yl-(1)]-anilin* [*Pikrat*, F. 101°], 33,6 *N-Methyl-N-[5-methoxy-3-methypenten-(2)-yl-(1)]-anilin* [**I**; Kp.$_{10}$ 160—161°; D_4^{20} 0,9820; n_D^{20} 1,5396], 50 *Dimethyl-[5-methoxy-3-methylpenten-(2)-yl-(1)]-amin* [*Pikrat*, F. 88 bis 89°] u. 35 *Dimethyl-[3-methylbuten-(2)-yl-(1)]-amin* [**II**; *Pikrat*, F. 102—103°] erhalten. — Die Rk. von Dimethyl-[3-chlorbuten-(2)-yl-(1)]-[5-methoxy-3-chlorpenten-(2)-yl-(1)]-ammoniumchlorid mit **I** liefert 31,9 *N-Methyl-N-[3-chlorbuten-(2)-yl-(1)]-anilin* [**III**; *Pikrat*, F. 98—99°], 30,9 *N-Methyl-N-[5-methoxy-3-chlorpenten-(2)-yl-(1)]-anilin* [*Pikrolonat*, F. 105 bis 106°], 34,7 *Dimethyl-[5-methoxy-3-chlorpenten-(2)-yl-(1)]-amin* [*Pikrat*, F. 94—95°] u. 37,5 *Dimethyl-[3-chlorbuten-(2)-yl-(1)]-amin* [**IV**; *Pikrat*, F. 120°]. — Die Alkylierung von **I** mit Dimethyl-[3-methylbuten-(2)-yl-(1)]-[4-(p-methoxyphenyl)-3-methylbuten-(2)-yl-(1)]-ammoniumchlorid liefert 32,5 **I**, 50,0 *N-Methyl-N-[4-(p-methoxyphenyl)-3-methylbuten-(2)-yl-(1)]-anilin* [Kp.$_4$ 206—208°; D_4^{20} 1,0513; n_D^{20} 1,5889; *Pikrat*, F. 106—107°], 44 *Dimethyl-[4-(p-methoxyphenyl)-3-methylbuten-(2)-yl-(1)]-amin* [*Pikrat*, F. 99°] u. 45,1 **II**. — Dimethyl-[3-chlorbuten-(2)-yl-(1)]-[4-phenyl-3-chlorbuten-(2)-yl-(1)]-ammoniumchlorid reagiert mit **I** unter Bldg. von 40 **III**, 54

N-Methyl-N-[4-phenyl-3-chlorbuten-(2)-yl-(1)]-anilin [Kp.$_3$ 170 bis 175°; D.$_4^{20}$ 1,1266; n_D^{20} 1,5973; *Pikrat*, F. 135°], 28 *Dimethyl-[4-phenyl-3-chlorbuten-(2)-yl-(1)]-amin* [*Pikrat*, F. 125°] u. 44 **IV**. Helmut Schäfer 1310△

0849 **Reaktion von Alkylhalogeniden mit Dimethylanilin.** A. T. Babajan, G. T. Martirossjan und D. W. Grigorjan. (Ber. Akad. Wiss. ArmenSSR **35,** 129—34, 1962; Inst. für organ. Chem. der Akad. der Wiss. der ArmenSSR; russ.) — Bei der therm. Zers. von Phenyldimethyl-[3-methylbuten-(2)-yl-(1)]-ammoniumchlorid [½—2½ Std., 50—150°] entstehen *Isopren,γ.γ-Dimethylallylchlorid, 2-Methyl-2.4-dichlorbuten-(3), Methylchlorid, 2.4-Dichlorbuten-(2)* (**I**), *Dimethylanilin* (**II**), *N-Methyl-N-[3-methylbuten-(2)-yl-(1)]-anilin, Dimethyl-[3-chlorbuten-(2)-yl-(1)]-amin, N-Methyl-N-[3-chlorbuten-(2)-yl-(1)]-anilin* (**III**) u. *N.N-Bis-[3-chlorbuten-(2)-yl-(1)]-anilin* (**IV**). Ausbeute u. relatives Verhältnis der Rk.-Prodd. sind von den Rk.-Bedingungen abhängig. Beim Erhitzen von **II** mit **I** [2—12 Std., 120—190°; 1:3 bis 3:1 Mol] werden **III** u. **IV** gebildet. — Durch Erhitzen von **II** mit 1-Chlorbuten-(2), Allylbromid, Benzylchlorid, 5-Methoxy-1.3-dichlorpenten-(2) sowie n-Butylbromid [2—10 Std., 100—190°; 2:1 Mol] werden in 70-, 80, 72-, 67- bzw. 86%ig. Ausbeute *N-[Buten-(2)-yl-(1)]-, N-Allyl-, N-Benzyl-, N-[5-Methoxy-3-chlorpenten-(2)-yl-(1)]-* bzw. *N-n-Butyl-N-methylanilin* erhalten. Helmut Schäfer 1310△

0850 **Synthese einiger 1.3-Bis-[dialkylaminoalkoxymethyl]-4-alkoxybenzole.** A. L. Mndshojan, A. A. Arojan und N. Ch. Chatschatrjan. (Nachr. Akad. Wiss. ArmenSSR, chem. Wiss. **12,** 133—38, 1959; Inst. für org. Feinchemie der Akad. der Wiss. der ArmenSSR; russ., Auszug: armen.) — Für biolog. Unterss., bes. im Hinblick auf eine mögliche Curare-ähnliche Wrkg., werden durch Rk. von 1.3-Bis-[chlormethyl]-4-alkoxybenzolen mit den Na-Salzen von Aminoalkoholen *1.3-Bis-[aminoalkoxymethyl]-4-alkoxybenzole* dargestellt. Die Salze dieser Verbb. sind meist stark hygroskopisch.

Versuche: 1.3-Bis-[β-dimethylaminoäthoxymethyl]-benzole: *4-Methoxy-*, $C_{17}H_{30}N_2O_3$, Kp.$_{2,5}$ 180 bis 183°, a) durch Eintragen von 0,2-g-Atom Na in 0,35 Mol β-Dimethylaminoäthanol, Erhitzen bis zur Auflösung des Na, Zugabe von 0,075 Mol 2.4-Bis-[chlormethyl]-anisol bei 70—80°, 3—4std. Erhitzen auf dem Wasserbad, Zugabe von Bzl., Ansäuern unter Kühlung u. Alkalisieren der wss. Phase; b) analog in Toluol; D.$_4^{20}$ 1,0156; n_D^{20} 1,5130; 56,3% (Ausbeute). — *4-Äthoxy-*, Kp.$_{2,5}$ 185—188°; D.$_4^{20}$ 1,0090; n_D^{20} 1,5073; 57,2%. — *4-Propoxy-*, Kp.$_{2,5}$ 190—193°; D.$_4^{20}$ 0,9962; n_D^{20} 1,5060; 56,8%. — *4-Isopropoxy-*, Kp.$_{2,5}$ 180 bis 183°; D.$_4^{20}$ 0,9913; n_D^{20} 1,5028; 59,3%. — *4-Butoxy-*, Kp.$_3$ 208—211°; D.$_4^{20}$ 1,0038; n_D^{20} 1,5073; 58,4%. — *4-Isobutoxy-*, Kp.$_2$ 185—187°; D.$_4^{20}$ 0,9798; n_D^{20} 1,5005; 58,6%. — 1.3-Bis-[β-diäthylaminoäthoxymethyl]-benzole: *4-Methoxy-*, Kp.$_3$ 215—220°; D.$_4^{20}$ 0,9988; n_D^{20} 1,5018; 59,5%. — *4-Äthoxy-*, Kp.$_3$ 220—223°; D.$_4^{20}$ 0,9875; n_D^{20} 1,4999; 60,2%. — *4-Propoxy-*, Kp.$_3$ 223—227°; D.$_4^{20}$ 0,9742; n_D^{20} 1,4958; 61,3%. — *4-Isopropoxy-*, Kp.$_{2,5}$ 220—222°; D.$_4^{20}$ 0,9775; n_D^{20} 1,4958; 60,4%. — *4-Butoxy-*, Kp.$_{2,5}$ 233—237°; D.$_4^{20}$ 0,9801; n_D^{20} 1,5000; 62,5%. — *4-Isobutoxy-*, Kp.$_{2,5}$ 227 bis 230°; D.$_4^{20}$ 0,9695; n_D^{20} 1,4945; 60,3%. — 1.3-Bis-[ω-dimethylaminoneopentyloxymethyl]-benzole: *4-Methoxy-*, $C_{23}H_{42}N_2O_3$, Kp.$_4$ 221—225°; D.$_4^{20}$ 0,9638; n_D^{20} 1,4895; 56,7%. — *4-Äthoxy-*, Kp.$_{1,5}$ 205—208°; D.$_4^{20}$ 0,9625; n_D^{20} 1,4720; 58,3%. — *4-Propoxy-*, Kp.$_{1,5}$ 210—213°; D.$_4^{20}$ 0,9661; n_D^{20} 1,4865; 57,9%. — *4-Isopropoxy-*, Kp.$_{1,5}$ 208—212°; D.$_4^{20}$ 0,9735; n_D^{20} 1,4930; 59,5%. — *4-Butoxy-*, Kp.$_{1,5}$ 215 bis 218°; D.$_4^{20}$ 0,9687; n_D^{20} 1,4947; 57,3%. — *4-Isobutoxy-*, Kp.$_{1,5}$ 212—214°; D.$_4^{20}$ 0,9636; n_D^{20} 1,4938; 56,5%. — 1.3-Bis-[ω-diäthylaminoneopentyloxymethyl]-benzole: *4-Methoxy-*, Kp.$_1$ 192—195°; 60,3%. — *4-Äthoxy-*, Kp.$_1$ 200 203°, D.$_4^{20}$ 0,9647; n_D^{20} 1,4915; 61,2%. — *4-Propoxy-*, Kp.$_{1,5}$ 207—211°; D.$_4^{20}$ 0,9554; n_D^{20} 1,4900; 60,7%. — *4-Isopropoxy-*, Kp.$_2$ 210—214°; D.$_4^{20}$ 0,9677; n_D^{20} 1,4932; 61,5%. — *4-Butoxy-*, Kp.$_1$ 209—213°; D.$_4^{20}$ 0,9462; n_D^{20} 1,4885; 59,5%. — *4-Isobutoxy-*, Kp.$_1$ 206—210°; D.$_4^{20}$ 0,9470; n_D^{20} 1,4875; 60,8%. G. Froelich 1320◇

0851 **Chinazoline und 1.4-Benzodiazepine.** 5. Mitt. **o-Aminobenzophenone.** L. H. Sternbach, R. Ian Fryer, W. Metlesics, G. Sach und A. Stempel. (J. org. Chemistry **27,** 3781—88, 1962; Nutley, N.J., Hoffmann-La Roche, Inc., Res. Labor.; engl.) — 4. vgl. C. **1963,** 3609. — Vff. synthetisierten *2-Aminobenzophenone* (**A**) durch Kondens. eines p-substituierten Anilins mit einem Benzoylchlorid in Ggw. von $ZnCl_2$ u. Hydrolyse, nach Lothrop u. Goodwin (J. Amer. chem. Soc. **65,** [1943], 363), durch Kondens. einer Anthranil- oder N-Acetylanthranilsäure mit Acetanhydrid (**I**) zu *2-Methyl-4-oxo-4H-3.1-benzoxazinen*, deren Umsetzung mit ArylMgBr zu *2-Acetamidobenzophenonen* (daneben wurden in einigen Fällen *Triarylcarbinole* isoliert) u. deren Entacetylierung. *2-Amino-2'-fluorbenzophenon* wurde aus o-Fluorphenylessigsäure (**II**)-Chlorid durch Umsetzung zu *2-[2-Fluorphenyl]-acetophenon* (**III**), dessen Rk. nach Fischer zu *2-Phenyl-3-[2-fluorphenyl]-indol*, dessen Spaltung mit O_3 u. Hydrolyse des Prod. dargestellt; alkal. $KMnO_4$-Lsg., CrO_3 u. Trifluorperessigsäure statt O_3 waren ungeeignet. *2-Amino-5-brom-4-methoxybenzophenon* wurde durch Bromieren des aus N-Acetyl-m-anisidin (**IV**) u. C_6H_5COCl nach Friedel-Crafts neben *4-Acetamido-2-methoxy-* u. *-2-hydroxybenzophenon* erhältlichen *2-Acetamido-4-methoxybenzophenon* u. Hydrolyse synthetisiert. Von einigen der dargestellten **A** wurden *N-Alkyl-Derivv.* durch Alkylierung der *N-Na-N-Tosyl-Derivv.* u. anschließende Verseifung dargestellt. Verss., 2-Methylamino-5-chlorbenzophenon durch Rk. von 2-Amino-5-chlorbenzophenon (**V**) mit CH_2O/HCOOH darzustellen, gaben nur das *N.N-Dimethyl-Deriv.* oder schwer zu trennende Gemische.

Versuche (mit Brust u. Landgraf, FF. korr.): 2-Aminobenzophenone (**A**), a) durch portionsweise Zugabe von 2¼ Val des Benzoylchlorids zum Anilin bei 120°, Zusatz von $ZnCl_2$ bei 180—200°, Erhitzen auf 200—205° bis zum Ende der HCl-Entw., mehrmaliges Auskochen mit 3nHCl, 40 min. langes Kochen in 75%ig. H_2SO_4, Gießen in Eis-W. u. CH_2Cl_2-Extraktion [N-Tosyl-Derivv., durch Kochen der **A** mit p-Toluolsulfonylchlorid in Pyridin; N-Tosyl-N-methyl-Derivv., durch ½std. Rühren der Tosyl-Derivv. mit CH_3ONa/CH_3OH in Toluol, Zugabe von Dimethylsulfat (**VII**), 2std. Rühren u. Aufarbeiten; N-Methyl-Derivv., durch Zugabe der N-Tosyl-N-methyl-Derivv. zu 70%ig. H_2SO_4 bei 105°, Rühren bei 145° bis zur Lsg. u. Gießen auf Eis]: *5-Chlor-2'-fluor-*, $C_{13}H_9$·ClFNO, F. 94—95°; gelbe Nadeln aus Methanol; 77% (Ausbeute). *N-Tosyl-Deriv.*, $C_{20}H_{15}ClFNO_3S$, F. 119—120°, gelbe Prismen aus Methanol; 92%. *N-Tosyl-N-methyl-Deriv.*, $C_{21}H_{17}ClFNO_3S$, F. 149—150°, Nadeln aus Ae.; 85%. *N-Methyl-Deriv.* (**VI**), $C_{14}H_{11}ClFNO$, F. 118—119°, gelbe Prismen aus Methanol; 92%. — *5-Chlor-3'-fluor-*, F. 90—91°; gelbe Nadeln aus Methanol; 60%. *N-Tosyl-Deriv.*, F. 132—133°; Nadeln aus Methanol; 86%. — *5-Chlor-4'-fluor-*, F. 108—109°, (Hydrolyse durch 16std. Kochen mit Eisessig/konz. HCl u. Einengen); gelbe Nadeln aus Hexan; 65%. *N-Tosyl-Deriv.*, F. 126—128°; Prismen aus A.; 94%. — *5-Brom-2'-fluor-*, $C_{13}H_9BrFNO$, F. 101—102° (Hydrolyse durch 24std. Kochen mit 60%ig. H_2SO_4); gelbe Nadeln aus Methanol; 64%. *N-Tosyl-Deriv.*, $C_{20}H_{15}BrFNO_3S$, F. 114—115°; Prismen aus Methanol; 81%. *N-Tosyl-N-methyl-Deriv.*, $C_{21}H_{17}BrFNO_3S$, F. 154—155°; Nadeln aus A.; 86%. *N-Methyl-Deriv.*, $C_{14}H_{11}$·BrNO, F. 112—113°; gelbe Nadeln aus Ae.; 50%. — *5-Chlor-2'-methyl-*, $C_{14}H_{12}ClNO$, F. 50—55° (Kondens. bei 230°, Hydrolyse durch 17std. Kochen mit 48%ig. HBr/Eisessig u. Dest. bei 0,2 mm Hg); gelbe Kristalle aus Heptan; 60%. — *5-Chlor-3'-methyl-* (mit Takahashi), F. 90—91° (Kondens. bei 220—230°, Hydrolyse durch 16std. Kochen mit Eisessig/konz. HCl, Chromatographie); gelbe Prismen aus Ae./PAe.; 40%. — *5-Phenyl-*, $C_{19}H_{15}NO$, F. 112—113° (Kondens. bei 220—230°, Hydrolyse durch 16std. Kochen in Eisessig/konz. HCl, Chromatographie); gelbe Nadeln aus A./PAe.; 24%. — b) Durch Zutropfen des entsprechenden Grignard-Reagens in Ae. zum 2-Methyl-4H-3.1-benzoxazinon-(4) in abs. Bzl./Ae. (2:1) bei 0—5°, 1std. Rühren im Eisbad u. 2std. bei Raum-Temp., Zers. mit 2n HCl < 5° (→ N-Acetyl-Derivv.) u. Hydrolyse mit 6n HCl/A.: *3-Chlor-*, *N-Acetyl-Deriv.*, $C_{15}H_{12}ClNO_2$, F. 129—131° (CH_2Cl_2/Hexan); 25%. — *5-Hydroxy-*, $C_{13}H_{11}NO_2$, F. 127—128°, aus dem Methyläther durch 8std. Kochen mit 48%ig. HBr; rötlichgelbe Kristalle aus Bzl./Hexan; 85%. *Methyläther*, $C_{14}H_{13}NO_2$, F. 51—52° (PAe.); 16%; *N-Acetyl-Deriv.*, $C_{16}H_{15}NO_3$, F. 131—132°; Platten aus Bzl./Hexan; 51%; daneben *2-Acetylamino-5-methoxytriphenylmethanol*, F. 161—162°, aus Bzl./Hexan Stäbe oder Platten. — *5-Chlor-2'-methoxy-*, $C_{14}H_{12}ClNO_2$, F. 81—83°, gelbe Prismen aus Ae./Hexan; 20%. *N-Acetyl-Deriv.*, $C_{16}H_{14}ClNO_3$, F. 124—126° (Hexan); 22%; daneben *2-Acetylaminophenyl-bis-[2-methoxyphenyl]-methanol*, F. 183 bis 186°, aus Bzl./Hexan Stäbe oder Platten. — *5-Chlor-4'-*

methoxy-, N-Acetyl-Deriv., $C_{16}H_{14}ClNO_3$, F. 148—149° (wss. A.); 17%. — *6-Chlor-*, $C_{13}H_{10}ClNO$, F. 101—102° (Hexan); 25%. — *4-Chlor-*, F. 84—85°, gelbe Nadeln aus Hexan; 40%. — *4-Methoxy-, N-Acetyl-Deriv.*, $C_{16}H_{15}NO_3$, F. 118—119,5°, aus **IV** u. C_6H_5COCl in CS_2 durch Eintragen von $AlCl_3$ bei 20—25°, 1 std. Rühren bei 25°, 1 std. Kochen, Zers. mit Eis/verd. HCl, Benzolextraktion, Waschen mit verd. HCl, W. u. verd. NaOH, Eindampfen im Vakuum [→ *4-Acetamido-2-methoxybenzophenon*, $C_{16}H_{15}NO_3$, F. 142—143° (Bzl./Hexan); 46,5%] u. Aufarbeiten der Mutterlauge; Platten aus verd. A.; 6,4%; daneben *4-Acetamido-2-hydroxybenzophenon*, $C_{15}H_{13}NO_3$, F. 153—154° (Bzl./Hexan); 9% (Kochen mit 48%ig. HBr gibt *4-Amino-2-hydroxybenzophenon*, F. 127—128°). — *4-Methoxy-5-brom-*, $C_{14}H_{12}BrNO_2$, F. 151—152°, aus vorst. Verb. in Eisessig durch Zutropfen von Br_2/Eisessig bei 50—55°, 1 std. Rk. bei 50—55°, Eindampfen im Vakuum [→ *N-Acetyl-Deriv.*, $C_{16}H_{14}BrNO_3$, F. 144—145° (verd. A.); 85%], 3 std. Kochen in wss. alkohol. (1:1) 3n HCl, Eindampfen im Vakuum u. Benzolextraktion aus NH_4OH; aus Bzl./Hexan gelb; 83%. — *2'-Fluor-*, $C_{13}H_{10}FNO$, F. 126—128°, durch Rk. von 63,6 g o-Fluorphenylessigsäure (**II**) u. $SOCl_2$, Dest., Zutropfen des *Chlorids* von **II** in Bzl. zu $AlCl_3$ bei 10—20°, 1 std. Kochen, Gießen auf Eis/konz. HCl, Extraktion mit Ae./Bzl., Eindampfen im Vakuum (→ *2-[2-Fluorphenyl]-acetophenon* (**III**), $C_{14}H_{11}FO$, F. 75—75,5°; Platten aus Ae.-PAe.; 89 g), 4 std. Erhitzen mit Phenylhydrazin auf dem Dampfbad, 45 std. Kochen des rohen *Phenylhydrazons* von **III** in konz. HCl/Methanol (2:3), Abdampfen des Methanols im Vakuum, Lösen des Nd. in CH_2Cl_2, Einengen im Vakuum (→ *2-Phenyl-3-[2-fluorphenyl]-indol*, $C_{20}H_{14}FN$, F. 132—132,5°, Nadeln aus Ligroin; 75%). Ozonisierung von 1 g in Eisessig, Zusatz von W., Eindampfen im Vakuum bei 85°, CH_2Cl_2-Extraktion aus W., Eindampfen (→ *N-Benzoyl-Deriv.*, $C_{20}H_{14}FNO_2$, F. 113 bis 114°, Nadeln aus Hexan; 86,5%), 16 std. Kochen in wss. H_2SO_4/Eisessig, Zusatz von W., CH_2Cl_2-Extraktion, Waschen mit gesätt. NaCl-Lsg. u. Eindampfen; gelbe Prismen aus A. oder Hexan; 98%. *N-Tosyl-Deriv.*, $C_{20}H_{16}FNO_3S$, F. 129 bis 130°, Nadeln aus A.; 87%. — *5-Chlor-* (**V**), *N-Tosyl-Deriv.*, $C_{20}H_{16}ClNO_3S$, F. 120—121°; Nadeln aus A.; 85%; *N-Na-Salz*, $C_{20}H_{15}ClNNaO_3S$, F. 298—299°, aus dem Tosyl-Deriv. in sd. Bzl. durch Zugabe von 40%ig. NaOH, 1 std. Rühren u. Kochen u. Abfiltrieren bei 25°; gelbe Nadeln aus Dimethylformamid/Chlf.; 85%. *N-Methyl-N-tosyl-Deriv.*, $C_{21}H_{18}ClNO_3S$, F. 151—152°, aus dem Tosyl-Deriv. in Toluol durch 1½ std. Kochen mit $NaOCH_3$ in Methanol unter Rühren, Einengen, Zusatz von **VII**, 1 std. Kochen u. Rühren, 1 std. Kochen mit 3n NaOH u. Aufarbeiten der Toluolphase; Nadeln aus A.; 86%. *N-Äthyl-N-tosyl-Deriv.*, Öl, analog mit Diäthylsulfat. *N-Allyl-N-tosyl-Deriv.*, Öl, aus dem Na-Salz in abs. CH_3CN durch 1½ std. Kochen mit Allylbromid. *N-Benzyl-N-tosyl-Deriv.*, $C_{27}H_{22}ClNO_3S$, F. 116—118°, analog mit Benzylchlorid in Ggw. von NaJ u. Ae.-Extraktion; Prismen aus Ae./Hexan; 96%. *N-Methyl-Deriv.*, $C_{14}H_{12}ClNO$, F. 94—95°, gelbe Platten aus A./PAe.; 95%. *N-Äthyl-Deriv.*, $C_{15}H_{14}ClNO$, F. 56—57°, in Eisessig u. 70%ig. H_2SO_4 analog **VI**; gelbe Prismen aus Methanol; 45%. *N-Allyl-Deriv.*, $C_{16}H_{14}ClNO$, F. 76—77°, analog; gelbe Nadeln aus Methanol; 67%. *N-Benzyl-Deriv.*, $C_{20}H_{16}ClNO$, F. 86—87°, analog **I**; gelbe Prismen aus A.; 33%. *N.N-Dimethyl-Deriv.*, $C_{15}H_{14}ClNO$, F. 91—92°, aus **V** in HCOOH durch 14 std. Kochen mit wss. 40%ig. CH_2O-Lsg., Zusatz von W. u. Ae.-Extraktion; gelbe Prismen aus A.; 59%. — *5.2'-Dichlor-, N-Tosyl-Deriv.*, $C_{20}H_{15}Cl_2NO_3S$, F. 136—138° (A.); 79%. *N-Methyl-N-tosyl-Deriv.*, $C_{21}H_{17}\cdot Cl_2NO_3S$, F. 145—153° (Methanol), aus dem Tosyl-Deriv. durch Auflösen in methanol. 1n $NaOCH_3$-Lsg., Eindampfen im Vakuum, Zusatz von überschüss. CH_3J zur Lsg. in Dimethylformamid, 1 std. Stehen, Eindampfen im Vakuum u. Gießen in W.; 78%. *N-Methyl-Deriv.*, $C_{14}H_{11}Cl_2NO$, F. 88 bis 90° (Ae./Hexan), durch 20 std. Kochen des N-Methyl-N-tosyl-Deriv. in wss. H_2SO_4/CH_3COOH/W., Gießen auf Eis u. Ae.-Extraktion; 85%. — *5-Brom-, N-Tosyl-Deriv.*, $C_{20}H_{16}\cdot BrNO_3S$, F. 117—118°; Nadeln aus Ae./PAe.; 87%. *N-Methyl-N-tosyl-Deriv.*, Öl. *N-Methyl-Deriv.*, $C_{14}H_{12}BrNO$, F. 97 bis 98°; gelbe Nadeln aus PAe.; 52%. — *2-Acetylamino-5-chlorphenyl-bis-[3-methoxyphenyl]-methanol*, F. 191—193°. — *5-Chlor-2-methyl-4H-3.1-benzoxazinon-(4)*, $C_9H_6ClNO_2$, F. 143,4 bis 146° (Bzl./Hexan), aus 2-Carboxy-3-chloracetanilid durch 1 std. Kochen mit **I** u. Eindampfen im Vakuum; 77%. — *8-Chlor-2-methyl-4H-3.1-benzoxazinon-(4)*, F. 131—132° (Bzl./Hexan), aus *2-Carboxy-6-chloracetanilid* [mit Dolan, $C_9H_8\cdot ClNO_3$, F. 206—208° (CH_3CN), durch $KMnO_4$-Oxydation von 2-Methyl-6-chloracetanilid]; 85%. H.-J. Kötzsch 1340◇

0852 **Synthese von m-[Bis-(2-chloräthyl)-amino]-O-methyl-DL-tyrosin.** Ju. Degutiss und I. Straukass. (J. allg. Chem. [UdSSR] **32** **(94)**, 1255—59, 1962; russ.) — Es werden 2 Wege zur Einführung der cytotox. wirksamen *Bis-[2-chloräthyl]-amino*-Gruppe in das Mol. des *O-Methyl-DL-tyrosins* beschrieben.

Versuche: *Acetamido-[3-nitro-4-methoxybenzyl]-malonsäurediäthylester* (**I**), $C_{17}H_{22}N_2O_8$, F. 163—164,5° (A.), aus Acetamidomalonsäureäthylester u. 3-Nitro-4-methoxybenzylchlorid in Ggw. von Na-Äthylat (8 Std. Kochen); 84% (Ausbeute). — *Acetamido-[3-amino-4-methoxybenzyl]-malonsäurediäthylester*, $C_{17}H_{24}N_2O_6$, F. 191,5—193° (A.), durch Red. von **I** in Essigester/A. an 5%ig. Pd/$CaCO_3$; 96%. — *Acetamido-{3-[bis-(2-hydroxyäthyl)-amino]-4-methoxybenzyl}-malonsäurediäthylester*, $C_{21}H_{32}N_2O_8$, F. 87—89° (Bzl.), aus vorst. Verb. in 50%ig. Eisessig u. Äthylenoxid bei Zimmer-Temp. in 24 Std.; 82%. — *Acetamido-{3-[bis-(2-chloräthyl)-amino]-4-methoxybenzyl}-malonsäurediäthylesterhydrochlorid* (**II**), $C_{21}H_{31}Cl_3N_2O_6$, F. 126—135° (Zers.), aus vorst. Verb. mit $SOCl_2$ in Chlf. (2 Std. Kochen) 65%. — *β-[3-Nitro-4-methoxyphenyl]-DL-α-alanin*, $C_{10}H_{12}N_2O_5$, F. 205—214° (Zers.; W.), aus nachst. Hydrochlorid in W. durch Neutralisieren mit Na-Acetat. *Hydrochlorid*, F. 200—204° (Zers.), durch 5—6 std. Kochen von **I** mit konz. HCl u. Stehenlassen bei 0°; 89%. — *β-[3-Nitro-4-methoxyphenyl]-N-phthaloyl-DL-α-alanin*, $C_{18}H_{14}N_2O_7$, F. 201 bis 204° (Dichloräthan), durch 1½ std. Kochen vorst. Verb. mit Phthalsäureanhydrid + Pyridin, Einengen im Vakuum, 5 Min. langes Kochen mit Acetanhydrid u. Verdünnen mit W.; ca. 100%. *Methylester*, $C_{19}H_{16}N_2O_7$, F. 110—112° (A.), durch 1½ std. Kochen vorst. Verb. mit HCl-gesätt. Methanol; 84%. — *β-[3-Amino-4-methoxyphenyl]-N-phthaloyl-DL-α-alaninmethylester*, $C_{19}H_{18}N_2O_5$, F. 85—89° (A.), durch Red. vorst. Verb. in Essigester/A. an Pt; 98%. — *β-{3-[Bis-(2-hydroxyäthyl)-amino]-4-methoxyphenyl}-N-phthaloyl-DL-α-alaninmethylester*, aus vorst. Verb. in 50%ig. Essigsäure u. Äthylenoxid in 24 Std. bei Zimmer-Temp.; ca. 100%. —*β-{3-[Bis-(2-chloräthyl)-amino]-4-methoxyphenyl}-N-phthaloyl-DL-α-alaninmethylester*, $C_{23}H_{24}Cl_2N_2O_5$, F. 117—119° (Methanol), durch 3 std. Erhitzen vorst. Verb. mit $POCl_3$ in Chlf. auf 65°; 50%. — *m-[Bis-(2-chloräthyl)-amino]-O-methyl-DL-tyrosindihydrochlorid*, $C_{14}H_{22}Cl_4N_2O_3$, Zers. bei 110°, a) durch 1 std. Kochen von 1 g vorst. Verb. mit 8n HCl; 0,85 g; b) durch 6 std. Kochen von **II** mit 20%ig. HCl.

Hartmut Schultze 1350◇

0853 **Reaktionen von Phosphorverbindungen. 3. Mitt. Synthese von Phosphindihalogenmethylenen über Dihalogencarbene. Eine neue Synthese von 1.1-Dihalogenolefinen.** A. J. Speziale und K. W. Ratts. (J. Amer. chem. Soc. **84**, 854—59, 1962; St. Louis, Mo., Monsanto Chem. Co., Agricult. Chem. Div., Res. Dep.; engl.) — 2. vgl. C. **1963**, 8899. — Eine neue Meth. zur Darst. nicht bekannter *Trialkyl-* u. *Triarylphosphindihalogenmethylene* durch Rk. von Dihalogencarbenen mit tert.-Phosphinen wird beschrieben. Bei der Rk. dieser Verbb. mit Ketonen oder Aldehyden entstehen *1.1-Dihalogenolefine*. Der Rk.-Mechanismus wird diskutiert. IR-Spektren vgl. Original.

Versuche: *K-tert.-Butylat*, durch Lösen von K in tert.-Butanol, Dest., Zugabe von Heptan u. Eindampfen im Vakuum bei 100°. — *1.1-Dichlor-2.2-diphenyläthylen*, F. 80 bis 81° (wss. A.), a) durch Zugabe von Chlf./Heptan zu Triphenylphosphin (**I**) in Heptan in Ggw. von K-tert.-Butylat bei 0°, Einengen im Vakuum bei 15—20°, ½ std. Erwärmen mit Benzophenon in Heptan auf 40—50°, Erwärmen auf 70°, 2 tägiges Stehen bei Raum-Temp., Extrahieren mit Heptan u. Eindampfen; 59% (Ausbeute); daneben aus den Rückständen 77% **III**; b) analog a) durch Umsetzen in tert.-Butanol; 2%. — *Triphenylphosphinoxid* (**III**), a) durch Zugabe von W. zu einer Lsg. von Triphenylphosphindichlormethylen in Heptan; b) durch Zugabe von Dibromdifluormethan zu **I** in Heptan bei 0—5°, ½ std. Zugabe von Butyl-Li bei 10°, Zugabe von Benzaldehyd u. 3 std. Stehen bei Raum-Temp.; daneben **I**; c) durch 1 std. Erwärmen von Dichlormethyltriphenylphosphoniumbromid (**II**) mit W. auf 100°, Eindampfen im Vakuum, 1½ std. Erwärmen mit 10%ig. NaOH auf 100° u. Stehen über Nacht; d) durch ¼ std. Zugabe von Phenyl-Li zu **II** in Heptan bei 0—5°, Versetzen mit Benzophenon bei 40—50° u. Stehen bei Raum-Temp.; daneben **I**; e) durch Zugabe von Dibrommethyltriphenylphosphoniumbromid zu

K-tert.-Butylat in Heptan u. Umsetzen mit Benzophenon. — *Tributylphosphinoxid*, durch Zugabe von Chlordifluormethan bei 0° zu Tributylphosphin in Pentan in Ggw. von K-tert.-Butylat bei 0°, ½ std. Stehen, Zugabe von Benzophenon u. 13 std. Stehen bei Raumtemperatur. — **II**, durch 4 std. Kochen von 26,2 g **I** in Bromdichlormethan u. Einengen; 10,9 g. — *Dichlormethyltriphenylphosphoniumtetraphenylboranat*, $C_{43}H_{36}\cdot BCl_2P$, analog **II** durch Umsetzen mit wss. Na-Tetraphenylboranatlösung. — Äthylene: *1.1-Dichlor-2.2-hexamethylen-*, Kp.$_8$ 70°; n_D^{21} 1,5096; 33%. — *1.1-Dichlor-2-undecyl-*, Kp.$_{2,5}$ 128°; n_D^{23} 1,4633; 29%. — *1.1-Dichlor-2-styryl-*, F. 40—41°; 77%. — *1.1-Dichlor-2-phenyl-*, Kp.$_9$ 93°; n_D^{23} 1,5874; 48%. — *1.1-Dichlor-2-p-nitrophenyl-*, F. 93—94°; 83%. — *1.1-Dichlor-2-[p-dimethylaminophenyl]-*, F. 71—72°; 81%. — *1.1-Dichlor-2-[2.6-dichlorphenyl]-*, Kp.$_5$ 110—112°; n_D^{23} 1,5853; 46%. — *1.1-Dichlor-2-[3.4-dichlorphenyl]-*, Kp.$_{1,1}$ 116°; n_D^{23} 1,6202; 43%. — *1.1-Dibrom-2.2-diphenyl-*, F. 84—85°; 9%. — *1.1-Dibrom-2-phenyl-*, Kp.$_{3,5}$ 108°; n_D^{23} 1,6336; 42%. — *1-Chlor-1-fluor-2.2-diphenyl-*, F. 42 bis 42,5°; 40%. — *β.β-Dichlor-p-nitrostyrol*, durch ½ std. Zugabe von Triphenylphosphindichlormethylen in Bzl. zu einem Gemisch aus p-Nitrobenzaldehyd u. p-Dimethylaminobenzaldehyd in Bzl. bei 10°, 16 std. Stehen bei Raum-Temp., Zugabe von $NaHSO_3$-Lsg. u. ¼ std. Erwärmen auf 100°.

W. Hampel 1380△

0854 **α-[Arylsulfenyloxy]-alkanphosphonsäuredialkylester, eine neue Verbindungsklasse.** Miltiadis I. Iliopulos. (Z. Naturforsch. **18b**, 767, 1963; Stuttgart, TH, Inst. für Organ. Chem. u. Organ.-Chem. Technol.; dt.) — Rk. von 2.4-Dinitro- bzw. 2-Nitrophenylsulfenylchlorid mit α-Hydroxymethyl- bzw. α-Hydroxybenzylphosphonsäurediäthylester in Ggw. von Pyridin u. wasserfreien polaren Lsgm. gab folgende Phosphonsäurediäthylester: *α-[2.4-Dinitrophenylsulfenyloxy]-benzyl-*, F. 121,5—122,5°. — *α-[2.4-Dinitrophenylsulfenyloxy]-methyl-*, F. 50—51°. — *α-[2-Nitrophenylsulfenyloxy]-benzyl-*, F. 104—105°; Ausbeute 60—85%. Als Nebenprodd. wurde die entsprechenden *Disulfide* erhalten.

J. Rothe 1380◇

0855 **N-Arylthiocarbamid-N′-phosphorsäureester.** Je. Ss. Lewtschenko und I. E. Scheinkman. (J. allg. Chem. [UdSSR] **29** (**91**), 1249—54, April 1959; Inst. für organ. Chem. der Akad. der Wiss. der UkrainSSR; russ.) — Durch Rk. von Isothiocyanatophosphorsäure- u. Isothiocyanatothiophosphorsäureestern mit aromat. Aminen wird eine Reihe von *N-Phosphoryl-N′-arylthioharnstoffen* dargestellt. Bei Verw. von aromat. o-Mercaptoaminen erfolgt entweder spontan oder durch nachfolgendes Erhitzen Ringschluß zu den entsprechenden *Benzthiazolyl-(2)-amidophosphorsäureestern*. *N-Diäthylphosphoryl-N′-[p-chlorphenyl]-thioharnstoff* erwies sich als ein besseres Kontaktinsekticid als DDT.

Versuche: N-Diäthylphosphoryl-N′-arylthioharnstoffe: *o-Tolyl-*, $C_{12}H_{19}N_2O_3PS$, F. 132—133° (A.), durch mehrstd. Stehen der Lsg. von 0,01 Mol Isothiocyanatophosphorsäurediäthylester (**I**) mit der tropfenweise zugegebenen Lsg. von o-Toluidin in Ae.; 64,7% (Ausbeute). — *p-Tolyl-*, $C_{12}H_{19}N_2O_3PS$, F. 117—118° (A.), analog aus **I** u. p-Toluidin; 53,6%. — *o-Methoxyphenyl-*, $C_{12}H_{19}N_2O_4PS$, F. 129—130° (A.); 83,2%. — *p-Methoxyphenyl-*, $C_{12}H_{19}N_2O_4PS$, F. 112—113° (A.); 55,4%. — *o-Chlorphenyl-*, $C_{11}H_{16}ClN_2O_3PS$, F. 126 bis 127° (A.); 47%. — *m-Chlorphenyl-*, $C_{11}H_{16}ClN_2O_3PS$, F. 109 bis 110° (A.); 42%. — *p-Chlorphenyl-*, $C_{11}H_{16}ClN_2O_3PS$, F. 121 bis 122° (A.); 74,3%. — *p-Fluorphenyl-*, $C_{11}H_{16}FN_2O_3PS$, F. 133—134°; 48,6%. — *p-Äthoxyphenyl-*, $C_{13}H_{21}N_2O_4PS$, F. 130 bis 131° (A.); 57,3%. — *m-Hydroxyphenyl-*, $C_{11}H_{17}N_2O_4PS$, F. 118—120° (Bzl.); 41,8%. — *p-Aminosulfonylphenyl-*, $C_{11}H_{18}N_3O_5PS_2$, F. 131—132° (A.); 45%. — *o-Mercaptophenyl-* (**II**), $C_{11}H_{17}N_2O_3PS_2$, F. 108—110° (Zers.; Bzl.); 99%. — *3-Hydroxy-4-carboxyphenyl-, 4-Na-Salz*, $C_{12}H_{16}N_2NaO_6PS$, F. 130—131° (Zers.; Methanol–Ae.); 70,3%. — *N-Diäthylphosphoryl-N′-anilinothioharnstoff*, $C_{11}H_{18}N_3O_3PS$, F. 124 bis 125°; Prismen aus A.; 25,6%. — *N-Diphenylphosphoryl-N′-[o-mercaptophenyl]-thioharnstoff* (**III**), $C_{19}H_{17}N_2O_3PS_2$, F. 113—115° (Zers.; Bzl.); 90,4%. — *N-Di-O-phenylthiophosphoryl-N′-[o-mercaptophenyl]-thioharnstoff* (**IV**), $C_{19}H_{17}N_2O_2\cdot PS_3$, F. 110—111° (Zers.); Nadeln aus A.; 77%. — Benzthiazolyl-(2)-amidophosphorsäureester: *-phosphorsäurediphenylester* (**V**), $C_{19}H_{15}N_2O_3PS$, F. 153—154°, durch Erhitzen von **III** auf 120—125°; Nadeln aus A.; 90%. — *-phosphorsäurediäthylester, Pikrat*, $C_{17}H_{18}N_5O_{10}PS$, F. 158 bis 161°, durch Erhitzen von **II** auf 110—115°, Lösen in Methanol u. Zugabe von Pikrinsäure in Methanol; Nadeln aus Methanol; 87%. — *-thiophosphorsäuredi-O-phenylester*, $C_{19}H_{15}\cdot N_2O_2PS_2$, F. 154—155°, durch Erhitzen von **IV** auf 120°; Blättchen aus A.; 94,5%. — *-phosphorsäurediisobutylester*, $C_{15}H_{23}N_2O_3PS$, F. 119—120°, aus Isothiocyanatophosphorsäurediisobutylester u. o-Aminothiophenol in Ae. in 2 Tagen; Prismen aus PAc.; 73%. — *N-[3-Methylbenzthiazolinyliden-(2)]-amidothiophosphorsäuredi-O-phenylester*, $C_{20}H_{17}N_2O_2PS_2$, F. 147—149°, analog aus Isothiocyanatothiophosphorsäuredi-O-phenylester u. o-[N-Methylamino]-thiophenol; Prismen aus A.; 58%. — *N-Diäthylphosphoryl-N′-[pyridyl-(2)]-thioharnstoff*, $C_{10}H_{16}N_3O_3PS$, F. 133—134° (A.), aus **I** u. α-Aminopyridin in Ae.; 90%. — *N-[3-Methylbenzthiazolinyliden-(2)]-N′-diäthylphosphorylthioharnstoff*, $C_{13}H_{18}N_3O_3PS_2$, F. 152 bis 153° (A.), analog aus **I** u. 3-Methyl-2-iminobenzthiazol; 76,5%. — *2-Aminobenzthiazol, Rhodanid*, $C_8H_7N_3S_2$, F. 136 bis 137° (W.), a) aus 0,005 Mol Isothiocyanatophosphorsäurediphenylester in A. durch Zutropfen von 0,01 Mol 2-Aminobenzthiazol u. Lösen des erhaltenen Nd. in W.; 0,7 g; daneben aus dem in W. unlösl. Rückstand **V** [F. 153—154° (A.); 70,6%]; b) aus 0,02 Mol 2-Aminobenzthiazol u. 0,01 Mol **I** in Ae.; 98,0%.

B. Celms 1380△

0856 **Reaktion von Kresolen mit Allylbromid.** Ju. G. Mamedalijew, M. A. Schachgeldijew und R. A. Babachanow. (Ber. Akad. Wiss. AserbaidshanSSR **18**, 15—16, 1962; russ.) — Kresole reagieren mit Allylbromid auch ohne Katalysator unter Bldg. von *Allylkresolen* [6—14% Ausbeute nach 8—24 Std., 25—50°]. Die Allylgruppe tritt in o- u. p-Stellung zur OH-Gruppe ein. Als Nebenprodd. entstehen *2.3-Dihydrobenzofurane* u. *Kresylallyläther*. Der Mechanismus wird diskutiert.

Helmut Schäfer 1460△

0857 **Über Reaktionen der Halogenderivate von Äthyl- und Acetylferrocen.** A. N. Nessmejanow, W. A. Ssasonowa und W. N. Drosd. (Ber. Akad. Wiss. UdSSR **137**, 102—05, 1961; Moskau, Lomonossow-Univ.; russ.) — Durch Rk. von Bromferrocen mit Acetanhydrid in Ggw. von H_3PO_4 wird *1′-Brom-1-acetylferrocen* (**I**) erhalten, das bei der Hydrolyse *1′-Hydroxy-1-acetylferrocen* liefert. **I** kann durch Clemmensen-Red. in *1-Brom-1-äthylferrocen* (**II**) übergeführt werden. Das Br-Atom in **II** kann durch Rk. mit den entsprechenden Cu-Salzen durch die Acetoxy-, Phthalimido- u. Cyangruppen ersetzt werden.

Versuche: Ferrocene: *1′-Brom-1-acetyl-* (**I**), $C_{12}H_{11}\cdot BrFeO$, F. 61,5—63° (Hexan), durch Acetylierung von Bromferrocen mit Acetanhydrid in Ggw. von H_3PO_4, Gießen in Soda-Lsg., Extraktion mit Ae. u. Chromatographie an Al_2O_3; 54% (Ausbeute). *Oxim*, $C_{12}H_{12}BrFeNO$, F. 109,5—111,5°. — *1′-Hydroxy-1-acetyl-*, $C_{12}H_{12}FeO_2$, F. 115,5—118,5°, durch Hydrolyse von **I** mit 10%ig. KOH, Durchleiten von CO_2 u. Extraktion mit Ae. unter N_2; 26%. — *1′-Benzoyloxy-1-acetyl-*, $C_{19}H_{16}FeO_3$, F. 84—85°, durch Benzoylierung vorst. Verb. nach Schotten-Baumann; 77%. — *1′-Brom-1-äthyl-* (**II**), $C_{12}H_{13}BrFe$, Kp.$_{1,2}$ 110—112°, durch Clemmensen-Red. von **I**, Chromatographie an Al_2O_3 u. Eluieren mit n-Hexan; n_D^{20} 1,6238; D_4^{20} 1,5584; 77%. — *1′-Benzoyloxy-1-äthyl-*, $C_{19}H_{18}FeO_2$, F. 42,5—44,5°, durch 15 Min. langes Erhitzen von 1,3 g **II** in A. mit einer Lsg. von Cu-Acetat auf 100°, Gießen in W., Extraktion mit Ae., Dest. im Vakuum, Verseifen des erhaltenen *1′-Acetoxy-1-äthylferrocen*, Hydrolyse des letzteren zu *1′-Hydroxy-1-äthylferrocen* u. Benzoylierung; 77%. — *1′-Phthalimido-1-äthyl-*, $C_{20}H_{17}FeNO_2$, F. 81,5 bis 82,5°, durch 1½ std. Erhitzen von **II** mit Phthalimid-Cu unter N_2 auf 135—140° u. Extraktion mit Ae.; 72%. — *1′-Acetylamino-1-äthyl-*, $C_{14}H_{17}FeNO$, F. 69,5—70,5°, durch ½ std. Erhitzen vorst. Verb. mit Hydrazinhydrat unter N_2, Extraktion mit Ae., Waschen mit W. u. KOH, Ausziehen mit HCl u. Zugabe von NaOH über das *1′-Amino-1-äthylferrocen* u. anschließende Acetylierung; 85%. — *1′-Cyan-1-äthyl-*, $C_{13}H_{13}FeN$, F. 28—29°, durch 50 Min. langes Erhitzen von **II** mit $Cu(CN)_2$ auf 135—140°, Chromatographie an Al_2O_3 u. Eluieren mit Bzl.; 80%. — *1′-Carboxy-1-äthyl-*, F. 74,5—76,5°, durch Verseifen vorst. Verb. mit alkohol. KOH.

H. Dalmer 1800△

0858 **Sulfonierung von Acyl- und Carbomethoxyderivaten des Ferrocens.** Nik. A. Nessmejanow und B. N. Strunin. (Ber. Akad. Wiss. UdSSR **137**, 106—08, 1961; Moskau, Lomonossow-Univ.; russ.) — Durch Zugabe von SO_3 in Dichloräthan (**I**) zu 1.1′-Dicarbomethoxyferrocen in **I** bei

0^0 in 30 Min., 1½ std. Rühren bei 20^0, Verdünnen mit W., Zugabe von $BaCl_2$ u. Filtrieren wird *1.1'-Dicarbomethoxy-ferrocensulfonsäure* erhalten; gelb; 60% (Ausbeute). *Chlorid*, $C_{14}H_{13}ClFeO_6S$, F. 96—97°, durch Rk. vorst. Verb. in **I** mit PCl_3, nach 30 Min. portionsweises Zugeben von PCl_5 u. 1std. Erwärmen auf 50—60°; 50%. — *Ferrocen-1.1'-disulfonsäure-dichlorid*, $C_{10}H_8Cl_2FeO_4S_2$, durch Sulfonierung von 1.1'-Diacetylferrocen mit SO_3 in **I** u. anschließende Chlorierung mit PCl_5; 25%. — *1.1'-Bis-[hexahydrobenzoyl]-ferrocen*, $C_{24}H_{30}\cdot FeO_2$, F. 135—135,5°, durch Friedel-Crafts-Rk.; 30%. — *1-Acetylferrocen-1'-sulfonsäure, Fe-Salz, Pentahydrat*, $C_{24}H_{22}\cdot Fe_3O_8S_2\cdot 5\,H_2O$, durch Zugabe von Dioxansulfotrioxid in **I** zu Acetylferrocen in **I** bei 0°, 5std. Stehen bei 20° u. Verdünnen mit W.; goldgelb; 2,3 g. — *1-Acetylferrocen-1'-sulfonsäuremethylester*, $C_{13}H_{14}FeO_4S$, F. 79,5—81°, durch Rk. der Säure mit CH_2N_2. Daneben *Ferrocen-1.1'-disulfonsäure* (durch Rk. bei 60—80°). — 1.1'-Dibenzoylferrocen u. 1.1'-Bis-[hexahydrobenzoyl]-ferrocen werden durch SO_3 in **I** nicht sulfoniert.

H. Dalmer 1800△

0859 **Synthese und Hydrierung der 3.4.5-Trimethylcyclohexene.** Bahram H. Mahmoud und Kenneth W. Greenlee. (J. org. Chemistry **27**, 2369—72, 1962; Columbus, Ohio, Univ., Dep. of Chem.; engl.) — Durch eindeutige Synth. der 4 isomeren *3.4.5-Trimethylcyclohexene* (**A**), die Best. ihrer gaschromatograph. Retentionszeiten u. die gaschromatograph. Unters. des durch Diels-Alder-Rk. von trans-Pentadien-(1.3) (trans-**I**) u. Crotonaldehyd (**II**) u. Red. des Prod. nach Wolff-Kishner erhaltenen Gemisches wird gezeigt, daß bei dieser Rk.-Folge (vgl. Bussert u. Mitarbeiter, C. **1957**, 4665) nicht nur 2, sondern alle 4 Isomeren entstehen. Das Adduktionsgemisch selbst enthält 6 gaschromatograph. nachweisbare Komponenten, doch wird vermutet, daß alle 8 möglichen Isomeren vorhanden sind. Die Hydrierung des **A** führt zu den entsprechenden 3 isomeren *1.2.3-Trimethylcyclohexanen.*

Versuche: *trans-Pentadien-(1.3)-Crotonaldehyd-Addukt*, $Kp._{30}$ 90—93°, durch 1std. Erhitzen eines 2:1-Gemisches von trans- u. cis-**I** mit frisch dest. **II** auf 250 ± 25°; n_D^{20} 1,4675—1,4700; 56% (Ausbeute). — *3.4.5-Trimethylcyclohexen-Isomerengemisch*, Kp. 144—148°, durch Red. vorst. Gemisches nach Huang-Minlon; 72—75%. — *1.2.3-Trimethylcyclohexan-Isomerengemisch*, durch Hydrierung vorst. Gemisches in A. an 5%ig. Pd/Kohle (bei 40—50° u. 50 lbs./sq.in.). — *cis-1.cis-2-Bis-[hydroxymethyl]-cis-3-methylcyclohexen-(4)*, $C_9H_{16}O_2$, F. 51,5—52° (Ae.), durch Red. von cis-3-Methyl-Δ^4-cyclohexen-cis-1.cis-2-dicarbonsäureanhydrid [F. 63—64° (Ae.); 97%] mit $LiAlH_4$ in abs. Ae.; 70%. *Di-p-toluolsulfonat*, $C_{23}H_{28}O_6S_2$, F. 62,5—63° (Methanol); 90,5%. — *3.cis-4.cis-5-Trimethylcyclohexen* (**III**), C_9H_{16}, Kp. 149,41 bis 149,42°, durch langsame Zugebe vorst. Ditosylats in abs. Tetrahydrofuran (THF) in eine 1 Std. gekochte Lsg. von $LiAlH_4$ u. LiH in THF unter N_2, 10std. Kochen, Abziehen des Lsgm. unter red. Druck, Lösen des Rückstands in Ae., Zugabe von W. u. 10%ig. HCl, Waschen der organ. Phase mit 5% $NaHCO_3$-Lsg. u. Aufarbeiten; n_D^{20} 1,4524; 46%. — *1.cis-2.cis-3-Trimethylcyclohexan* (**V**), C_9H_{18}, $Kp._{760}$ 151,83 bis 151,84°, F. —85,02°, durch Hydrieren von **III** in abs. A. an PtO_2 bei 50 lb./sq.in.; $D._4^{20}$ 0,8027, n_D^{20} 1,4403; 83%. — *cis-3-Methyl-Δ^4-cyclohexen-trans-1.trans-2-dicarbonsäure* (**IV**), *Dimethylester*, $Kp._4$ 132—138°, durch 4std. Erhitzen von 332 g des all-cis-Addukts von trans-**I** u. Maleinsäureanhydrid mit Diäthylanilin auf 175° (→ **IV**-*Anhydrid*, $Kp._4$ 125—139°; 289 g), 25 Min. langes Kochen mit W., Kühlen auf 0° [→ **IV**, F. 160—162° (W.); 212 g] u. 3std. Kochen mit Methanol, das 3% HCl enthält; 200 g. — *3.trans-4.trans-5-Trimethylcyclohexen* (**VI**), C_9H_{16}, Kp. 144,44—144,45°, durch Red. vorst. Verb. mit $LiAlH_4$ (→ *trans-1.trans-2-Bis-[hydroxymethyl]-cis-3-methylcyclohexen-(4)*, Rk. zum *Ditosylat* [$C_{23}H_{28}O_6S_2$, F. 91—93°; 98%] u. Hydrieren mit $LiAlH_4$/LiH in THF analog **III**; $D._4^{20}$,08129; n_D^{20} 1,4481; 20%. — *Gemisch aus cis-3-Methyl-Δ^4-cyclohexen-cis-1-trans-2-* u. *trans-1-cis-2-dicarbonsäurechlorid*, $C_9H_{10}Cl_2O_2$, $Kp._3$ 89—93°, durch langsames Eintropfen von Fumarylchlorid in sd. **I**-Gemisch, 1std. Rühren u. Fraktionieren; n_D^{20} 1,5035—1,5039; 90%. — *Gemisch aus cis-3-Methyl-Δ^4-cyclohexen-cis-1-trans-2-* u. *-trans-1-cis-2-dicarbinol*, durch Red. vorst. Gemisches mit $LiAlH_4$ in abs. Ae.; 80%. — *3-trans-4-cis-5-Trimethylcyclohexen*, C_9H_{16}, Kp. 144,36°, durch Tosylieren vorst. Gemisches, Hydrogenolyse des *Ditosylatgemisches* (87%) analog **III** u. fraktionierte Dest.; n_D^{20} 1,4472; daneben *3-cis-4-trans-5-Trimethylcyclohexen*, Kp. 148,30°; n_D^{20} 1,4508; zusammen 60% (konfigurative Zuordnung auf Grund der Kpp. u. durch das Ergebnis der Hydrierung). — *1.trans-2.cis-3-Trimethylcyclohexan*, $Kp._{760}$ 145,60°, F. —66,94°, durch Hydrieren von 25 g vorvorst. Verb. an PtO_2 bei 50 lb./sq.in.; $D._4^{20}$ 0,7870; n_D^{20} 1,4333; 15 g. — *1.cis-2-trans-3-Trimethylcyclohexan*, $Kp._{760}$ 151,17°, F. —85,76°, a) analog vorst. aus 25 g vorvorst. Verb.; $D._4^{20}$ 0,8031, n_D^{20} 1,4399; 15 g; b) analog **V** aus **VI**.

E. Kossmehl 1810◇

0860 **Chemie des Vinylacetylens.** 16. Mitt. **Kondensation von Δ^1-Äthinylcyclohexen mit Aldehyden und Ketonen in Gegenwart von pulverförmigem Ätzkali ohne Lösungsmittel und Mechanismus dieser Reaktion.** Ss. A. Wartanjan, G. A. Tschuchadshjan und W. N. Shamagorzjan. (Nachr. Akad. Wiss. ArmenSSR, chem. Wiss. **12**, 107—16, 1959; Inst. für org. Chem. der Akad. der Wiss. der ArmenSSR; russ., Auszug: armen.) — 15. vgl. C. **1964**, 10-0797. — Es wird gezeigt, daß Vinylacetylen (**I**), Δ^1-Äthinylcyclohexen (**II**), Acetylenalkohole u. Phenylacetylen (**III**) mit Aldehyden u. Ketonen in Ggw. von pulverförmigem KOH auch ohne Lsgm. zu den entsprechenden Alkoholen reagieren. **III** reagiert mit Methyläthylketon auch in Ggw. von NaOH an Stelle vob KOH. Der Rk.-Mechanismus wird diskutiert.

Versuche: 1-[Cyclohexen-(1)-yl-(1)]-acetylene: *2-[2-Hydroxypropyl-(2)]-* (**IV**), $C_{11}H_{16}O$, $Kp._5$ 102°, durch Zugabe von 4 g **II** zu 8 g pulverförmigem KOH unter Kühlung, 20—30 Min. langes Rühren bei Zimmer-Temp., Zugabe von 3 g Aceton in 1—2 Std. bei 0°, Stehenlassen über Nacht u. Zers. mit W. unter Kühlung; $D._4^{20}$ 0,9570; n_D^{20} 1,5090; 80% (Ausbeute). — *2-[2-Hydroxybutyl-(2)]-*, $C_{12}H_{18}O$, $Kp._{8,5}$ 120,5—121,5°, analog aus **II** u. Methyläthylketon; $D._4^{20}$ 0,9436; n_D^{20} 1,500; 94%. — *2-[2-Hydroxyhexyl-(2)]-*, $Kp._{1,5}$ 117—118°; $D._4^{20}$ 0,772; n_D^{20} 1,5010; 95%. — *2-[4-Hydroxy-2.2-dimethyltetrahydropyranyl-(4)]-*, $C_{15}H_{22}O_2$, $Kp._3$ 155—157°, analog mit 2.2-Dimethyltetrahydropyron-(4); 40%. — *Dimethyl-β-cyclohexyläthylcarbinol*, $Kp._8$ 96—98°, durch Hydrierung von 4,2 g **IV** in 10 ml abs. A. an Pt; n_D^{20} 1,4665; 1,6 g. — Analog: *Methyläthyl-β-cyclohexyläthylcarbinol*, $Kp._{10}$ 105 bis 107°; n_D^{20} 1,4660. — Vinylacetylenylcarbinole: *Methyläthyl-*, $Kp._{17,5}$ 77—78°, durch Zugabe von 16 g **I** zu 15 g KOH in 45 Min. bei —15°, 15—20 Min. langes Rühren bei —10 bis —5°, Zugabe von 18 g Methyläthylketon bei < —3°, 2std. Stehen bei < 10° u. Hydrolyse unter Kühlung; $n_D^{16,5}$ 1,48; 86%. — *Pentamethylen-*, Kp. 89—90°, analog mit Cyclohexanon; n_D^{20} 1,5160; 92%. — *Methylphenyl-*, $Kp._5$ 112—113°, F. 42°, analog mit Acetophenon; n_D^{20} 1,5580; 81%. — *4-Vinylacetylenyl-4-hydroxy-2.2-dimethyltetrahydropyran*, $Kp._{5-6}$ 115 bis 118°, analog vorst. Verbb. aus **I** u. 2.2-Dimethyltetrahydropyron-(4); n_D^{20} 1,5050; 43%. — *5-Hydroxyhexen-(1)-in-(3)*, $Kp._{11}$ 87—89°, aus **I** u. Acetaldehyd; n_D^{20} 1,490; 24,4%. — *5-Hydroxyocten-(1)-in-(3)*, $Kp._{10}$ 75°, aus **I** u. Butyraldehyd; n_D^{20} 1,4800; 44,2%. — *5-Hydroxy-6-methylhepten-(1)-in-(3)*, $Kp._8$ 70°, aus **I** u. Isobutyraldehyd; n_D^{20} 1,4800; 67%. — *5-Hydroxy-7-methylocten-(1)-in-(3)*, $Kp._3$ 77°, aus **I** u. Isovaleraldehyd; $D._4^{20}$ 0,8759; n_D^{20} 1,4770; 56%. — *Phenylacetylenylmethyläthylcarbinol*, $Kp._{22}$ 146—147°, aus **III** u. Methyläthylketon; 97%. — *1-[3-Hydroxy-3-methylbutin-(1)-yl-(1)]-cyclohexanol-(1)*, F. 98° (Bzn.-PAe.), man gibt zu 8 g KOH bei 0° 10 g 2-Methylbutin-(3)-ol-(2) (**V**), rührt 45 Min. bei 0°, gibt 12 g Cyclohexanon zu, rührt bis zum Erstarren der Lsg., zersetzt mit W. u. extrahiert mit Ae.; 8,6 g. — *2.5-Dimethylhexin-(3)-diol-(2.5)*, F. 93—94°, analog vorst. Verb. aus 10 g **V** u. 7 g Aceton; 3,9 g. — *3-Hydroxy-3-methyl-1-[1.2.5-trimethyl-4-hydroxypiperidyl-(4)]-butin-(1)*, $Kp._2$ 150—151°, aus 6,5 g **V** u. 10 g 1.2.5-Trimethylpiperidon-(4); 7,8 g (vgl. Nasarow u. Iwanowa, C. **1957**, 2471).

G. Froelich 1870◇

0861 **Chemie des Vinylacetylens.** 17. Mitt. **Synthese und Umwandlungen substituierter Divinylketone.** Ss. A. Wartanjan und G. A. Tschuchadshjan. (Nachr. Akad. Wiss. ArmenSSR, chem. Wiss. **12**, 179—86, 1959.) — 16. vgl. vorst. Referat. — Dimethyl-[Δ^1-cyclohexenyläthinyl]-carbinol (**I**) wird beim Erwärmen mit abs. Methanol auf 45° in Ggw. von $HgSO_4$ zu *Δ^1-Cyclohexenyl-[2-methylpropen-(1)-yl-(1)]-keton* (**II**) isomerisiert. **II** entsteht auch beim Erwärmen von **I** in wss. Methanol in Ggw. von $HgSO_4$ + H_2SO_4. Analog werden aus anderen Δ^1-Cyclohexenyläthinylcarbinolen einige *Δ^1-Cyclohexenylvinylketone* dargestellt u. zu den entsprechenden *Δ^1-Cyclohexenyläthylketonen* hydriert. Beim Erhitzen mit prim. Aminen gehen die Δ^1-Cyclohexenylvinylketone in *Derivv. des 4-Oxodekahydrochinolins* über: Aus **II** wird so durch Rk. mit Methylamin *1.2.2-Trimethyl-4-oxodekahydrochinolin* erhalten. **I** u. Methyläthyl-[Δ^1-cyclohexenyläthinyl]-carbinol (**III**) werden unter der Einw. von H_3PO_4 zu *3-Oxo-1.1-dimethyl-* bzw. *-1-methyl-1-äthyl-4.5.6.7-tetrahydroindan* cyclisiert. Die gleichen Indan-Derivv. werden auch aus **II** bzw. dem entsprechenden Keton beim Behandeln mit H_3PO_4 erhalten. Beim Erhitzen von **II** mit 5%ig. H_2SO_4 + $HgSO_4$ entsteht *2.2-Dimethyloktahydrochromon-(4)*.

Versuche: *Methylphenyl-[Δ^1-cyclohexenyläthinyl]-carbinol*, $C_{16}H_{18}O$, Kp.$_1$ 150—150,5°, durch Zugabe von 0,3 Mol 1-Äthinylcyclohexen-(1) in 100 ml Ae. zu Äthyl-MgBr (0,3 g Äthylbromid) in Ae., Stehenlassen über Nacht, Zugabe von 0,3 Mol Acetophenon in 100 ml Ae., Stehenlassen über Nacht u. Zers. mit 7%ig. HCl; 80% (Ausbeute). — *Methyl-β-butoxyäthyl-[Δ^1-cyclohexenyläthinyl]-carbinol* (**IV**), $C_{16}H_{26}O_2$, Kp.$_1$ 135 bis 136° (Zers.), analog vorst. Verb.; D.$_4^{20}$ 0,976; n_D^{20} 1,4930. — *Methylphenyl-{β-[cyclohexen-(1)-yl]-vinyl}-carbinol*, $C_{16}H_{20}O$, Kp.$_1$ 126—127°, durch partielle Hydrierung von 3 g vorvorst. Verb. an Pt; D.$_4^{20}$ 0,996; n_D^{20} 1,4340; 2 g. — *Δ^1-Cyclohexenyl-[2-methylpropen-(1)-yl-(1)]-keton* (**II**), $C_{11}H_{16}O$, Kp.$_3$ 91 bis 93°, a) durch 2std. Erhitzen von 5 g **I** mit 15 g 90%ig. Methanol, 1 g $HgSO_4$ (portionsweise Zugabe) u. 0,2 g H_2SO_4 auf 45°; D.$_4^{20}$ 0,9695; n_D^{20} 1,5130; b) analog in abs. Methanol in Ggw. von $HgSO_4$ (2½ Std. bei 45—50°). *2.4-Dinitrophenylhydrazon*, F. 128° (A.). — *Δ^1-Cyclohexenyl-[2.2-dimethyltetrahydropyranyliden-(4)-methyl]-keton* (**V**), Kp.$_2$ 128—130°, analog vorst. Verb. aus Δ^1-Cyclohexenyl-[2.2-dimethyltetrahydropyranol-(4)-yl-(4)]-acetylen nach a) (1½ Std., 30—35°); D.$_4^{20}$ 1,015; n_D^{20} 1,5128. — *Δ^1-Cyclohexenyl-[2-methylbuten-(1)-yl-(1)]-keton* (**VI**), Kp.$_9$ 119—120°, aus **III** nach b) (5 Std., 40—45°); D.$_4^{20}$ 0,952; n_D^{20} 1,4983. *2.4-Dinitrophenylhydrazon*, F. 124° (A.). — *Δ^1-Cyclohexenyl-[4-butoxy-2-methylbuten-(1)-yl-(1)]-keton*, Kp.$_1$ 135—136°, aus **IV** nach a) (2 Std., 35—38°); D.$_4^{20}$ 0,984; n_D^{20} 1,4968. — *Δ^1-Cyclohexenylisobutylketon*, Kp.$_8$ 96—98°, durch Hydrierung von **II** in A. an Pt; n_D^{20} 1,4545. *Semicarbazon*, F. 171,5—172°. — *Δ^1-Cyclohexenyl-β-methylbutylketon*, Kp.$_9$ 103—105°, durch Hydrierung von **VI**; n_D^{20} 1,4570. *Semicarbazon*, F. 156°. — *3-Oxo-1-methyl-1-äthyl-4.5.6.7-tetrahydroindan*, $C_{12}H_{18}O$, Kp.$_{0,5}$ 86°, durch 1std. Rühren von 5 g **III** mit 5 ml H_3PO_4 (D. 1,75) bei Zimmer-Temp., 5std. Rühren bei 60—65°, Neutralisieren mit K_2CO_3 u. Ausäthern; D.$_4^{20}$ 0,9540; n_D^{20} 1,4960; 3,7 g; b) durch ½std. Rühren von 6 g **VI** mit 6 ml H_3PO_4 bei 30° u. 5std. Rühren bei 60°; 4,1 g. *Semicarbazon*, $C_{13}H_{21}N_3O$, F. 189—190° (abs. A.). — *3-Oxo-1.1-dimethyl-4.5.6.7-tetrahydroindan*, $C_{11}H_{16}O$, Kp.$_4$ 102°, a) durch 1std. Rühren von 5 g **I** mit 5 ml H_3PO_4, 3std. Rühren bei 50° u. 1std. bei 60—65°; D.$_4^{20}$ 0,9968; n_D^{20} 1,5020; 4 g; b) aus **II** mit H_3PO_4. — *1.2.2-Trimethyl-4-oxodekahydrochinolin*, $C_{12}H_{21}NO$, Kp.$_2$ 93—94°, durch 3std. Erhitzen von 5 g **II** mit 16 ml 30% wss. Methylamin u. 10 ml Methanol auf 60—65° im Rohr, Einengen im Vakuum, Ansäuern, Ausäthern, Alkalisieren der wss. Schicht mit K_2CO_3 u. Extraktion mit Ae.; D.$_4^{20}$ 1,0158; n_D^{20} 1,4958; 3,6 g. *Pikrat*, $C_{18}H_{24}N_4O_8$, F. 195—196° (A.). — *1.2-Dimethyl-2-äthyl-4-oxodekahydrochinolin*, $C_{13}H_{23}NO$, Kp.$_9$ 128—130°, analog vorst. Verb. aus **VI**; D.$_4^{20}$ 0,9950; n_D^{20} 1,4990. *Pikrat*, $C_{19}H_{25}N_4O_8$, F. 174—175° (Aceton–Methanol). — *2'.2'-Dimethyltetrahydropyranspiro-[4'.2]-1-methyl-4-oxodekahydrochinolin*, $C_{16}H_{27}NO_2$, Kp.$_4$ 125—126°, durch 3std. Erhitzen von 3 g **V** mit 10 ml 30%ig. Methylamin u. 8 ml Methanol auf 60—65°; n_D^{20} 1,5020; 0,6 g; *Pikrat*, $C_{22}H_{30}N_4O_9$, F. 194° (A.–Aceton). Daneben 1,8 g *Δ^1-Cyclohexenyl-[4-methylamino-2.2-dimethyltetrahydropyranyl-(4)-methyl]-keton*, $C_{16}H_{27}NO_2$, Kp.$_{4,5}$ 150 bis 151°; n_D^{20} 1,5177 [*Pikrat*, $C_{22}H_{30}N_4O_9$, F. 161° (A.)]; geht beim Erhitzen in vorst. Verb. über. — *2.2-Dimethyloktahydrochromon-(4)*, $C_{11}H_{18}O_2$, Kp.$_{8,5}$ 102—103°, durch 18std. Erhitzen von 7,5 g **II** mit 30 ml 5%ig. H_2SO_4 u. 16 g Aceton unter portionsweiser Zugabe von 4 g $HgSO_4$ auf 60—65°, 6std. Erhitzen auf dem sd. Wasserbad, Neutralisieren mit K_2CO_3 u. Extraktion mit Ae.; D.$_4^{25}$ 0,9887; n_D^{25} 1,4812; 1,3 g. *Semicarbazon*, F. 211°. G. Froelich 1870◇

0862 **Phenylmercaptocyclopropane aus Phenylmercaptocarben und Olefinen.** Ulrich Schöllkopf und Gerhard J. Lehmann. (Tetrahedron Letters [London] **1962**, Nr. 4, 165—68; Heidelberg, Univ., Organ.-Chem. Inst.; dt.) — Bei der Rk. von Chlormethylphenylsulfid (**I**) in Ggw. von Isobuten mit Butyl-Li (**II**) [bzw. mit K-tert.-Butanolat (**IV**) bei —15°] entsteht über ein intermediär sich bildendes *Phenylmercaptocarben* (**III**) $\bar{C}H-S-C_6H_5$ in 60%ig. (bzw. 90%ig.) Ausbeute *1.1-Dimethyl-2-phenylmercaptocyclopropan*, dessen Struktur durch Entschwefelung mittels Raney-Ni u. durch das NMR-Spektrum bewiesen wird. Rk. von **I** mit **II** bzw. **IV** in Ggw. von Cyclohexen ergibt ein Gemisch der beiden cis–trans-isomeren *7-Phenylmercaptonorcarane*, welche sich chromatograph. an Al_2O_3 trennen lassen. Mit Ketendiäthylacetal reagiert **III** in 80%ig. Ausbeute zu *1-Phenylmercapto-2.2-diäthoxycyclopropan*, welches der Raney-Ni-Entschwefelung widersteht, dessen Struktur jedoch aus dem NMR-Spektrum folgt. Mit trans-Stilben liefert **III** nur *trans-1.3-Diphenyl-2-phenylmercaptocyclopropan* (**V**). Offenbar addiert sich **III** hier stereospezif. an die Doppelbindung im Sinne einer cis-Addition. **V** läßt sich leicht zum *Sulfon* oxydieren. J. Sickfeld 1890◇

0863 **Cyclopropanonhydrat.** Rudolf Grewe und Alfred Struve. (Chem. Ber. **96**, 2819—21, 1963; Kiel, Univ., Inst. für Organ. Chemie; dt.) — *Cyclopropanonhydrat* wird nach einem neuen Prinzip auf dem Wege über das Keten-[o-xylylenacetal] synthetisiert.

Versuche: *Bromacetaldehyd-[o-xylylenacetal]*, $C_{10}H_{11}BrO_2$, F. 98°, Nadeln (Cyclohexan), aus Phthalalkohol u. Bromacetaldehyddiäthylacetal in Ggw. von p-Toluolsulfonsäure (45 Min. Erhitzen im Ölbad, zuletzt im Vakuum); 80% (Ausbeute). — *Keten-[o-xylylenacetal]*, $C_{10}H_{10}O_2$, F. 44°, Kp.$_{0,01}$ ca. 110° (Bad-Temp.), durch Zugeben vorst. Verb. in Bzl. zu einer Lsg. von K in tert.-Butanol bei 70—80° u. 5std. Erhitzen auf 70—80°; 93%. — *Cyclopropanon-[o-xylylenacetal]*, $C_{11}H_{12}O_2$, F. 78° (Cyclohexan), Kp.$_{0,01}$ ca. 90° (Bad-Temp.), aus vorst. Verb. mit CH_2J_2 in Ggw. von aktiviertem Zn u. J_2 in sd. Ae. (10 Std.; 70%) oder mit CH_2N_2/ZnJ_2 (60%). — *Cyclopropanonhydrat*, $C_3H_6O_2$, F. 78°, sublimiert bei 40°/0,01 mm, aus vorst. Verb. u. H_2 an Pd in Ae.; 65%. J. Rothe 1960◇

0864 **Die Reaktion von cis-2-[α-Carboxyäthyl]-cyclopentanollacton.** Tsuguo Tanaka. (Bull. chem. Soc. Japan **35**, 1890—94, 1962; Saga City, Saga Univ., Fac. of Liberal Arts; engl.) — Durch Erhitzen von cis-2-[α-Carboxyäthyl]-cyclopentanollacton (**I**) mit KCN auf 250—260° erhält man *cis-3-[α-Carboxyäthyl]-cyclopentanollacton* (**II**) u. *2-[α-Carboxyäthyl]-cyclopentylcyanid* (**III**). Nach Hydrolyse des Lactonringes von **II** mit verd. NaOH werden durch Oxydation mit $KMnO_4$ *α-Methyl-β-carboxyadipinsäure* u. eine weiter nicht identifizierte *Tricarbonsäure vom F. 140°* gewonnen. Durch Kondens. von β-Bromglutarsäurediäthylester (**V**) mit Methylmalonsäurediäthylester (**VI**) oder Malonsäurediäthylester (**VII**) entstehen *Glutaconsäurediäthylester* u. *2.3-Bis-[carboxymethyl]-adipinsäuretetraäthylester* (**VIII**). **III** wird mit konz. HCl zu *2-[α-Carboxyäthyl]-cyclopentancarbonsäure* hydrolysiert, mit Oxalylchlorid erhält man das unbeständige *α-[2-Cyancyclopentyl]-propionsäurechlorid*. $LiAlH_4$ red. **I** zu *cis-2-[α-Hydroxymethyläthyl]-cyclopentanol*, dagegen liefert das mit Methylanilino-Mg-Halogenid hergestellte *Methylanilid* (**IV**) des *cis-2-[α-Carboxyäthyl]-cyclopentanols cis-2-[α-Formyläthyl]-cyclopentanol*, das mit Äthylenglykol ein cycl., dimeres Acetal bildet. — Betrachtungen über ster. Verhältnisse u. IR-Spektren vgl. Original.

Versuche: *cis-3-[α-Carboxyäthyl]-cyclopentanollacton* (**II**), $C_8H_{12}O_2$, Kp.$_{3,5}$ 85—86°, durch 24std. Erhitzen von **I** mit KCN auf 250—260° im Einschlußrohr; 27,1% (Ausbeute); daneben 22,9% *2-[α-Carboxyäthyl]-cyclopentylcyanid* (**III**), $C_9H_{13}NO_2$, Kp$_{0,6}$ 126—127°. — *α-Methyl-β-carboxyadipinsäure*, $C_8H_{12}O_6$, F. 180° (Äthylacetat), durch ½std. Zugabe von wss. $KMnO_4$-Lsg. zu **II** in verd. NaOH unter Eiskühlung, mehrstd. Stehen, Filtrieren, Extrahieren des Nd. mit verd. NaOH, Eindampfen u. Ansäuern; daneben 300 mg der *Tricarbonsäure $C_8H_{12}O_6$*, F. 140° (Äthylacetat). — *2-[α-Carboxyäthyl]-cyclopentancarbonsäure*, $C_9H_{14}O_4$, F. 130° (Essigester), durch 8std. Kochen von 1 g **III** mit konz. HCl; 150 mg. — *α-[2-Cyancyclopentyl]-propionsäurechlorid*, $C_9H_{12}ClNO$, Kp.$_{0,6}$ 96,5 bis 99,5°, durch 2std. Kochen von 3 g **III** mit Oxalylchlorid in Bzl.; 2,1 g. — *Glutaconsäurediäthylester*, $C_9H_{14}O_4$, Kp.$_{2,5}$ 83 bis 85°, a) durch Zugabe von 8 g **V** zu Na-Methylmalonsäurediäthylester in A., 1std. Rühren, 1std. Kochen, Abdestillieren des A., Gießen auf Eis/W. u. Dest.; daneben 2,4 g **VIII** u. 3,6 g **VI** (*Diamid*, F. 206°); b) durch Zugabe von 7 g **V** zu Na-Malonsäurediäthylester in der Kälte, 2½std. Rühren,

2std. Kochen u. Gießen auf Eis/W.; 2,3 g; daneben 1 g **VIII** u. 4 g **VII** (*Diamid*, F. 168°). — *2.3-Bis-[carboxymethyl]-adipinsäure*, $C_{10}H_{14}O_8$, F. 206° (Aceton), durch 10std. Kochen von 2 g **VIII** mit konz. HCl; 200 mg. — *β-Bromglutarsäure-diäthylester* (**V**), $C_9H_{15}BrO_4$, Kp.$_{2,5}$ 114—115°, durch 5std. Kochen von 7,2 g β-Bromglutarsäure in alkohol. konz. H_2SO_4; 7,3 g. — *cis-2-[α-Hydroxymethyläthyl]-cyclopentanol*, Kp.$_3$ 132 bis 135°, durch Zugabe von $LiAlH_4$ zu 21 g **I** in Tetrahydrofuran (THF) bei —15° bis 13,5°, ½std. Rühren, Erwärmen auf 7° u. Gießen in eiskalte verd. HCl; 6 g. — *cis-2-[α-Carboxyäthyl]-cyclopentanol, Methylanilid* (**IV**), $C_{15}H_{21}NO_2$, F. 130°, a) durch Zugabe von 12 g **I** in Ae. zu Methylanilino-MgBr in Ae. unter Eiskühlung, 1½std. Kochen unter Rühren u. Zugabe von verd. HCl; aus Essigester Platten; 1,1 g; b) analog a) aus 6 g **I** u. Methylanilino-MgJ; 2,8 g. — *cis-2-[α-Formyläthyl]-cyclopentanol*, $C_8H_{14}O_2$, Kp.$_5$ 89—90°, durch Zugabe von $LiAlH_4$ zu 11,5g **IV** in THF unter Eis/NaCl-Kühlung, 7½std. Rühren im Eisbad u. Versetzen mit verd. HCl; 3,5 g. — *Äthylenglykol-bis-[1-oxa-3-methyl-4.5-trimethylencyclopentyl-(2)]-äther*, $C_{18}H_{30}O_4$, Kp.$_3$ 76—78°, durch 3std. Erhitzen von 4 g vorst. Verb. in Bzl. u. Äthylenglykol in Ggw. von p-Toluolsulfonsäure u. Entfernen des entstandenen W. durch Dest. mit Bzl.; 3,1 g. H.-J. Haase 2050◇

0865 **Eine Untersuchung zum Thorpe-Ingold-Effekt: Die Reaktion von Kaliumhydroxid mit dem Lacton von α-Brom-α'-hydroxycyclohexan-1.1-diessigsäureäthylester.** H. O. Larson und Gaylien S. K. Sung. (Austral. J. Chem. **15**, 261—64, 1962; Honolulu, Univ. of Hawaii, Dep. of Chem.; engl.) — Bei dem Vers., Cyclohexanspirocyclopropanol-2.3-dicarbonsäure nach Beesley u. Mitarbeitern [1915] durch Einw. von KOH auf α-Brom-α'-hydroxycyclohexan-1.1-diessigsäureäthylesterlacton (I) darzustellen, wurden mit 15%ig. KOH nur *α.α'-Dihydroxycyclohexan-1.1-diessigsäure* (**II**), mit konz. KOH nur *Cyclohexylidenessigsäure* erhalten. Die Struktur von **II** wird durch das IR- u. das NMR-Spektrum gestützt.

Versuche: *trans-Spiro-[2.5]-octan-1.2-dicarbonsäure*, $C_{10}H_{14}O_4$, F. 238—239° (wss. A.), durch Rk. von 50 g Cyclohexan-1.1-diessigsäure mit PBr_5 u. Br_2 bis zum Ende der HBr-Entw., Gießen in kalten, abs. A., Verdünnen mit kaltem W., Ausäthern, Extrahieren mit $NaHCO_3$-Lsg., Ansäuern u. Behandeln dieser sauren Fraktion (22 g) mit heißer konz. KOH nach Beesley (l. c.); 2,3 g (Ausbeute). — *α-Brom-α'-hydroxycyclohexan-1.1-diessigsäureäthylesterlacton* (**I**), $C_{12}H_{17}BrO_4$, F. 93,5—94,5° (Bzl.), a) durch Einw. von Pyridin auf 57 g der neben vorst. Verb. erhaltenen neutralen Fraktion (74 g) nach Beesley (l. c.); 11,1 g; b) neben vorst. Verb. aus der neutralen Fraktion durch direkte Isolierung. — *α.α'-Dihydroxycyclohexan-1.1-diessigsäure*, $C_{10}H_{16}O_6$, F. 215 bis 217° (wss. A.), durch 20 Min. langes Erhitzen von **I** mit 15%ig. KOH auf 95—105° u. Ansäuern; 13%. — *Cyclohexylidenessigsäure*, $C_8H_{12}O_2$, F. 90—91° (wss. A.), durch 4 Min. langes Erhitzen von **I** mit 64%ig. KOH auf 140—150°, Kühlen u. Ansäuern; 16%. E. Kossmehl 2050◇

0866 **1-Phenyl-3-[p-chlorphenyl]-propanol-(2) und seine Derivate.** Edward J. Horning und Kenneth L. Marsi. (Trans. Kansas Acad. Sci. **65**, 44—46, 1962; Hays, Fort Hays Kansas State Coll., Dep. of Chem.; engl.) — Die Darst. von *1-Phenyl-3-[p-chlorphenyl]-propanol-(2)* aus p-Chlorphenylacetonitril wird beschrieben.

Versuche: *α-[p-Chlorphenyl]-γ-phenylacetoacetonitril*, F. 128,5—129,5°, durch Kondens. von p-Chlorphenylacetonitril mit Phenylessigsäureäthylester nach Coan u. Becker (C. **1954**, 11180) in Ggw. von Na-Äthylat; 58% (Ausbeute). — *1-Phenyl-3-[p-chlorphenyl]-propanon-(2)*, F. 40—42° (PAe.), durch Kochen vorst. Verb. mit 60%ig. H_2SO_4 unter Entw. von CO_2, Verdünnen mit W. u. Extrahieren mit Ae.; 81,2%. *2.4-Dinitrophenylhydrazon*, F. 118,5—120,5°. — *1-Phenyl-3-[p-chlorphenyl]-propanol-(2)*, $C_{15}H_{15}ClO$, Kp.$_{1,5}$ 178—181°, durch Zugabe vorst. Verb. in Methanol zu KBH_4 in wss. Methanol, 4std. Kochen, Zugabe von 2 n NaOH, 2std. Kochen u. 19std. Extrahieren mit Ae.; Öl; 62%. *3.5-Dinitrobenzoyl-Deriv.*, $C_{22}H_{17}ClN_2O_6$, F. 165,5—166,5° (Äthylacetat). *Phenylurethan*, $C_{22}H_{20}ClNO_2$, F. 69—70,5° (Ae.), durch 5 Min. langes Erwärmen mit Phenylisocyanat auf 100° u. Stehen über Nacht. W. Hampel 2270△

0867 **Zur Konstitution der Kosine.** 9. Mitt. **über Filixkörper und Analoga. Synthese des α-Kosins und der weiteren 5.5'-Methylen-bis-[3-methylphlorisobutyrophenonmonomethyläther].** Winfried A. Orth und Wolfgang Riedl. (Liebigs Ann. Chem. **663**, 83—95, 1963; München, TH, Chem. Inst. Weihenstephan; dt.) — 8. vgl. C. **1963**, 21193. — Durch Rk. von 2.6-Dihydroxy-4-methoxy-3-methylbenzoesäuremethylester (I) mit Isobuttersäureanhydrid (**III**) in Ggw. von BF_3 entsteht *2.6-Dihydroxy-4-methoxy-3-methyl-5-isobutyrylbenzoesäuremethylester* (**IV**), aus dem durch Hydrolyse u. anschließende Decarboxylierung *3-Methylphlorisobutyrophenon-2-methyläther* (**II**) erhalten wird. Die Kondens. von **II** mit HCHO liefert *α-Kosin*. Die Darst. weiterer *5.5'-Methylen-bis-[3-methylphlorisobutyrophenonmonomethyläther]* erfolgte nach Standardmethoden. Keine der erhaltenen Verbb. war mit *β*-Kosin (**V**) identisch. Für **V** u. *Protokosin* werden neue Konstit.-Möglichkeiten vorgeschlagen. Die UV-Spektren werden diskutiert.

Versuche: *3-Methylphlorisobutyrophenon* (**VI**), F. 161 bis 162°, durch Hoesch-Synth. aus 2-Methylphloroglucin u. Isobutyronitril (**X**). *Tribenzoat*, $C_{32}H_{26}O_7$, durch Rk. von **VI** mit Benzoylchlorid/Pyridin; aus Cyclohexan farbloses Harz. — *2.6-Dihydroxy-4-methoxy-3-methyl-5-isobutyrylbenzoesäuremethylester* (**IV**), $C_{14}H_{18}O_6$, F. 88—90°, Kp.$_{0,001}$ 130—135°; durch Lösen von 7,62 mMol **I** in 63,24 mMol **III** u. 9,5 g Isobuttersäure, Sättigen mit BF_3, 5tägiges Stehen bei Raum-Temp., Gießen in gesätt. Na-Acetat-Lsg., ½std. Kochen, Extraktion mit Ae., Ausschütteln mit $NaHCO_3$-Lsg., Ansäuern u. Extraktion; aus Hexan Nadeln; 87% (roh). — 3-Methylphlorisobutyrophenonalkyläther: *-6-methyl-*, $C_{12}H_{16}O_4$, F. 148—149°, durch Zugabe von 0,9 Mol **X** zu 0,3 Mol 2.6-Dihydroxy-4-methoxytoluol u. 0,36 Mol $ZnCl_2$ in Ae., Sättigen mit HCl-Gas unter Kühlung, 3tägiges Stehen bei Raum-Temp. u. 1std. Kochen des Nd. mit 3 Liter W.; aus Bzl. gelbliche Blättchen; sublimiert bei 135—140°/0,2 Torr; 63% (roh). *Bis-[3.5-dinitrobenzoat]*, $C_{26}H_{20}N_4O_{14}$, F. 180 bis 181°, aus Bzl./Hexan gelbliche Nadelbüschel. — *-4-methyl-*, $C_{12}H_{16}O_4$, F. 141—142°, durch 2std. Zugabe von 0,15 Mol CH_2N_2 in Ae. zu 0,1 Mol **VI** in Ae., 4tägiges Stehen bei Raum-Temp., Einengen, Extraktion von 45% **VI** mit Soda-Lsg. u. Extraktion mit NaOH; gelbliche Nadeln; 24%. — *-4.6-dimethyl-*, F. 103—104°, Kp.$_{0,1}$ 140°, neben vorst. Verb. aus der verbliebenen Ae.-Lsg.; aus 50%ig. A. gelbliche Nadeln; 13% (roh). — *-4.6-dibenzyl-*, $C_{25}H_{26}O_4$, Kp.$_{0,2}$ 150° bis 160°, aus **III** nach der Meth. von Robertson u. Backhouse [1939]; 13% (roh); liefert bei der katalyt. Debenzylierung 47% **VI**. — *-4-benzyl-*, $C_{18}H_{20}O_4$, Kp.$_{0,3}$ 150°, F. 135°, durch Versetzen von 25 mMol **VI** in Ae. mit äther. Phenyldiazomethan-Lsg. (aus 50 mMol N-Nitroso-N-benzylurethan), 2std. Stehen bei Raum-Temp., ½std. Kochen, Wiederholung der Operation, Extraktion von 66% **VI** mit Soda-Lsg. u. Extraktion mit NaOH; aus Bzl./Pentan gelbliche Nadeln; 15%. — *-2-methyl-* (**II**), $C_{12}H_{16}O_4$, F. 79—80°, Kp.$_{0,001}$ 90—100°, durch ½std. Kochen von 1 mMol **IV** mit 9 mMol 12%ig. KOH unter N_2, Extraktion mit Ae., Eindampfen, Auskochen mit Hexan, Absaugen des erhaltenen *2-Methylphloroglucin-1-methyläthers* (F. 114—115°; 69%) u. Dest. der Hexanmutterlaugen; aus W. gelbliche Prismen; 13%; b) durch ½std. Kochen von 8 mMol **IV** mit 20 mMol KOH in 20 ml W. unter N_2, Ansäuern, Extraktion mit Ae., Ausschütteln mit $NaHCO_3$-Lsg. u. Eindampfen; 63% (roh); daneben durch Ansäuern des $NaHCO_3$-Extraktes *2.6-Dihydroxy-4-methoxy-3-methyl-5-isobutyrylbenzoesäure* [**VII**; F. 103—105°, Kp.$_{0,5}$ 130°, aus Methanol/W. (1:4) oder Bzl./Hexan Nadeln; 32%]; c) durch 2std. Kochen von 1 mMol **VII** mit 30 mMol gesätt. $KHCO_3$-Lsg.; 63% neben 24% **VII**; d) durch 1std. Kochen von **VII** mit 2 n Soda-Lsg.; 80% neben 8% **VII**; e) analog d) in 1½ Std.; 86%; f) durch ½std. Kochen von 8 mMol **IV** mit 20 mMol KOH unter N_2, Zugabe von 2 n Soda-Lsg. u. 1½std. Kochen; 88%. *Bis-[p-nitrobenzoat]*, $C_{26}H_{22}N_2O_{10}$, F. 122°, aus Methylcellosolve/W. (3,5:1) gelbliche Nadeln. — 5.5'-Methylen-bis-[3-methylphlorisobutyrophenon]-dialkyläther: *2.2'-dimethyl-* (**VIII**; *α-Kosin*), F. 160—160,5°, durch Zugabe von 0,75 mMol wss. HCHO zu 1,5 mMol **II** in 1,5 mMol 1%ig. KOH unter N_2, ¾std. Stehen bei 0°, Ansäuern mit HCl u. Extraktion mit Ae.; aus A. gelbliche Nadeln; 36%. *Tetraacetat*, F. 124°, aus Bzl./Hexan Nadeln. — *-4.4'-dimethyl-*, F. 192—193°, aus Methanol gelbliche Nadeln; 49%. *Tetraacetat*, F. 141°, aus Bzl./Hexan Prismen. — *-6.6'-dimethyl-* (**IX**), F. 205—207°, aus Methanol Prismen; 33%. *Tetraacetat*, F. 172—174°, aus Methanol Prismen. — *-2.4'-dimethyl-*, F. 170—171°, aus 95%ig. Essigsäure gelbliche Nadeln; 7,3%; daneben 1,8% **VIII**. — *-2.6'-dimethyl-*, F. 164,5°, aus Methanol gelbliche Nadeln; 14%; daneben 8,9% **VIII**. — *-4.6'-dimethyl-*, F. 183°, aus Methanol gelbliche Prismen; 15%; daneben 7,4% **IX**. L. Lamza 2380△

0868 **Oxydative Cyclisierung von Diphenylcarbonsäure-(2).** G. W. Kenner, M. A. Murray und C. M. B. Tylor. (Tetrahedron **1**, 259—68, 1957; Cambridge, Univ. Chem. Labor.; engl.) — Diphenylcarbonsäure-(2) (**I**) wird durch Oxydation mit H_2O_2 (in W., Carbonsäuren; in tert. Butanol keine Rk.) oder CrO_3, durch Zers. des Diacylperoxids oder durch Elektrolyse des Na-Salzes in *2'-Hydroxydiphenylcarbonsäurelacton* übergeführt. Der Einfl. von 3'-ständigen Substituenten (CH_3O-, CH_3CONH-, CN-, NO_2-) auf diese Rkk. wird untersucht. Die Bldg. der Lactone erfolgt vermutlich bei der Oxydation mit CrO_3 bzw. H_2O_2 über einen prim. Angriff auf die Carboxylgruppe durch nachfolgende kationoide Substitution des benachbarten Benzolringes; bei der elektrolyt. Oxydation u. der Zers. der Peroxide werden radikal. Zwischenstufen des Typs $R \cdot C_6H_4 \cdot C_6H_4 \cdot COO \cdot$ angenommen.

Versuche: Diphenylcarbonsäuren-(2) (**S**): *3'-Nitro-, Methylester*, $C_{14}H_{11}NO_4$, F. 94—95° (Methanol), durch Diazotieren von m-Nitranilin in HCl, Zugabe von Benzoesäuremethylester, dann von wss. Na-Acetat bei 0°, mehrstd. Rühren (3 Std. bei 0°, 45 Std. bei Raum-Temp.), Eindampfen im Vakuum u. Chromatographieren in abs. Bzl. an Al_2O_3; 15% (Ausbeute); daneben 13% *3'-Nitrodiphenylcarbonsäure-(4)-methylester* [F. 147—148° (Methanol). *Säure*, $C_{13}H_9NO_4$, F. 311—313° (Zers., A. bzw. Essigsäure); gibt durch Red. mit Fe_2SO_4/NH_4OH in der Hitze *3'-Aminodiphenylcarbonsäure-(4)*, deren *Hydrochlorid* (Nadeln) durch 40 Min. langes Kochen mit $KMnO_4/Na_2CO_3$/W. u. Verestern in *Terephthalsäuredimethylester* (F. 138—140°) u. durch Diazotieren u. mehrstd. Red. mit H_3PO_2 *Diphenylcarbonsäure-(4)* (F. 224 bis 226°) ergibt]. *Säure* (**I**), $C_{13}H_9NO_4$, F. 155—157° (wss. Essigsäure). — *3'-Amino-*, F. 174—176° (A.), durch Hydrieren von **I** in A. an Adams-Pt bei Normalbedingungen. *N-Acetyl-Deriv.*, $C_{15}H_{13}NO_3$, F. 185—187° (W.). — *Unsubstituiert* (**II**), F. 109—111°, durch Diazotieren vorst. Verb. u. 20std. Red. mit H_3PO_2 bei 5°; ergibt mit konz. H_2SO_4 *Fluorenon*. — *3'-Cyan-*, $C_{14}H_9NO_2$, F. 156—157° (W.), analog **II** durch Sandmeyer-Rk. des Diazoniumsalzes mit $Cu(CN)_2$. — *3'-Methoxy-*, $C_{14}H_{12}O_3$, F. 88—90° (W.), analog **II** jedoch durch $^1/_4$std. Stehen des Diazoniumsalzes bei 60° u. Rk. mit Dimethylsulfat bei Raumtemperatur. — *Bis-[diphenyl-(2)-carbonyl]-peroxid*, $C_{26}H_{18}O_4$, F. 107—108° (Detonation), durch 1std. Erwärmen von **II** mit $SOCl_2$, Eindampfen, Zugabe von wss. Na_2O_2 zur Cyclohexan-Lsg. bei 0°, ½std. Rühren u. mehrstd. Stehen; aus Aceton/W. Platten. — *Bis-[3'-nitro-diphenylyl-(2)-carbonyl]-peroxid*, $C_{26}H_{16}N_2O_8$, F. 123° (Detonation), analog vorst. Verb.; aus wss. Aceton Nadeln. — *Bis-[3'-cyandiphenylyl-(2)-carbonyl]-peroxid*, F. 126° (Detonation), analog vorst. Verb., jedoch mit Toluol. — 2'-Hydroxydiphenylcarbonsäure-(2)-lactone, a) durch 5std. Erwärmen der **S** in Essigsäure auf 90° u. Zugabe von 30%ig. H_2O_2 bei Beginn jeder Std. (Meth. **A**); b) durch Zugabe von wss. CrO_3 zur Lsg. der **S** in Essigsäure u. ½std. Erwärmen auf 100° (Meth. **B**); c) durch 1std. Elektrolyse wss. Lsgg. von **S** + Na_2CO_3 bei 18°, 35 V/0,6 A unter kontinuierlicher Benzolextraktion an Pt-Elektroden (Meth. **C**); d) durch 1std. Kochen der Bis-[diphenylyl-(2)-carbonyl]-peroxide in CCl_4 (Meth. **D**): *Unsubstituiert* (**III**), F. 86—88°, a) nach **A**; 16%; b) nach **A** aus Diphensäure; 3%; c) nach **A** aus Phenanthrenchinon; 1% neben 77% *Diphensäure*; d) durch mehrstd. Rk. von **II** mit 86%ig. H_2O_2 in Trifluoressigsäure bei Raum-Temp.; 63%; e) durch 2std. Erwärmen von **II** mit 30%ig. H_2O_2 in Trichloressigsäure auf 95°; 33%; f) analog e), jedoch in W.; 5%; g) nach **B**; 20%, bei $^3/_4$std. Rk. 50%; h) nach **C**; 19%; nach **D** aus 0,45 g Peroxid; 0,11 g. — *3'-Methoxy-*, a) nach **A**; 30%; b) nach **B**; 15% c) nach **C**; 21%. — *3'-Acetamido-*, a) nach **A**; 20%; b) nach **B**; 1%. — *3'-Cyan-*, a) nach **A**; 7%; b) nach **B**; 8%; c) nach **C**; 15%; d) nach **D** aus 0,5 g Peroxid; 0,1 g. — *3'-Nitro-*, a) nach **A**; 2%; b) nach **B**; 4%; c) nach **C**; 2%; d) nach **D** aus 0,29 g Peroxid in Essigsäure 0,07 g, aus 0,5 g in CCl_4 0,15 g. — *5'-Phenylazo-*, $C_{19}H_{12}N_2O_2$, F. 174—175°, durch Zugabe von Phenyldiazoniumchlorid (**IV** aus 2,3 g Anilin)/verd. HCl zur wss. Lsg. von 4,5 g **III** u. NaOH bei 0°; aus A. orangefarbene Nadeln; 6 g. — *3'.5'-Bis-[acetamido]-*, $C_{17}H_{14}N_2O_4$, F. 350—353° (Essigsäure), durch Kuppeln von **III** mit der dreifachen Menge **IV** (s. vorst. Verb.) zu *2'-Hydroxy-3'.5'-bis-[phenylazo]-diphenylcarbonsäure-(2)-lacton*, Red. dieser nicht krist. Verb. zu einer *Amino-Verb. vom F. 235—240°* u. Rk. mit heißem Acetanhydrid/Essigsäure. — *5'-Amino-*, $C_{13}H_9NO_2$, F. 188—189° (A.), durch Zugabe von $Na_2S_2O_4$ zur sd. wss. Lsg. von vorvorst. Verb. u. NaOH bis zur Entfärbung, Kühlen, Waschen mit Ae., Erhitzen, Ansäuern mit H_2SO_4 u. Gießen in wss. Na_2CO_3. *N-Acetyl-Deriv.*, $C_{15}H_{11}NO_3$, F. 231—232° (wss. Essigsäure), a) durch Acetylieren der Amino-Verb.; b) durch Red. von 2'-Hydroxy-5'-nitrodiphenylcarbonsäure-(2)-lacton mit HCl/Sn u. Acetylieren. — *5'-Cyan-*, $C_{14}H_7NO_2$, F. 203—204°, nach **D**. — *5'-Methoxy-*, $C_{14}H_{10}O_3$, F. 121—123° (PAe.), durch mehrstd. Kochen der Lsg. diazotierter vorvorst. Verb. u. Rk. mit Diazomethan/Chloroform. — *5'-Nitro-*, $C_{13}H_7NO_4$, F. 259—261° (Essigsäure), durch kurzes Erwärmen von **III** mit HNO_3. H.-J. Weigmann 2450△

0869 **Über die Kondensation von 2.5-Dimethyl-2.5-dichlorhexan mit Benzol.** K. M. Schadmanow. (Usbek. chem. J. **6**, 49—51, 1962; Taschkent, pädag. Belinsky-Abend-inst.; russ.) — Die Kondens. von 2.5-Dimethyl-2.5-dichlorhexan (**I**) mit Bzl. liefert je nach den Rk.-Bedingungen überwiegend *1.1.4.4-Tetramethyltetralin* oder *1.1.4.4.5.5.8.8-Oktamethyloktahydroanthracen*.

Versuche: *2.5-Dimethyl-2.5-dichlorhexan* (**I**), F. 63 bis 64°, durch 4—6std. Einleiten von HCl in die Lsg. von 2.5-Dimethylhexandiol-(2.5) in konz. HCl; fast 100% (Ausbeute). — *1.1.4.4-Tetramethyltetralin*, Kp.$_9$ 98—100°, durch 24std. Erhitzen von **I** mit Bzl. in Ggw. von $AlCl_3$ (1 : 46 : 0,1 Mol) auf 76—80°; D_4^{20} 0,9328; n_D^{20} 1,5218; 85,3%. HNO_3-Oxydation → *Phthalsäure*, F. 200—203°. — *1.1.4.4.5.5.8.8-Oktamethyloktahydroanthracen*, F. 218—220°, durch 72std. Stehen von **I** mit Bzl. in Ggw. von $AlCl_3$ (1 : 46 : 1 Mol) bei 20°; Nädelchen; 78,1%. HNO_3-Oxydation → *Pyromellitsäure*, F. 273—275°. Helmut Schäfer 2800△

0870 **Alkylierung von Anthracen mit Alkoholen in Gegenwart von Zinkchlorid.** K. I. Porschakowa und A. B. Kutschkarew. (Usbek. chem. J. **6**, Nr. 2, 51—56, 1962; Taschkent, polytechn. Inst.; russ.) — Die Alkylierung von Anthracen (**I**) mit Isobutanol (**II**) u. Isoamylalkohol (**III**) in Ggw. von $ZnCl_2$ liefert *α-Butyl-* (**IV**), *2.6-Dibutyl-*, *x.x.x-Tributyl-* u. wenig *9.10-Dibutyl-* bzw. *2.6-Diamylanthracen*. Die Struktur der Alkylgruppen wurde nicht bestimmt. Durch Oxydation der Alkylanthracene mit CrO_3 u. HNO_3 werden die entsprechenden *Alkylanthrachinone* bzw. *Anthrachinoncarbonsäuren* erhalten.

Versuche: Anthracene: durch portionsweise Zugabe von 0,1 **I** u. 1,0 **II** bzw. **III** zu 0,5 $ZnCl_2$ unter Einleiten von HCl, 3½—4std. Erhitzen auf 155—160°, 12std. Stehen u. Fraktionierung durch Dest. u. Kristallisation: *α-Butyl-* (**IV**), $C_{18}H_{18}$, F. 133—134°; Nädelchen. *Pikrat*, F. 178—180° (Bzl.); rotbraune Nädelchen. — *2.6-Dibutyl-*, $C_{22}H_{26}$, F. 252 bis 253° (A.-PAe.); Schuppen. *Pikrat*, F. 182—183° (PAe., Bzl.); rotbtaune Nädelchen. — *x.x.x-Tributyl-*, $C_{26}H_{34}$, F. 153—155° (PAe., A.); Nädelchen. *Pikrat*, F. 176—179° (Bzl.); dunkelrote Nädelchen. — *2.6-Diamyl-*, F. 248—249° (PAe., A.); Schuppen. — Anthrachinone-(9.10): *α-Butyl-*, $C_{18}H_{16}O_2$, F. 91—92° (Eisessig), durch Oxydation von **IV** mit CrO_3 in Essigsäure; hellgelbe Nädelchen. — *1-Carboxy-*, F. 294—295°, durch 11 std. Erhitzen von 0,6 g vorst. Verb. mit 20 ml HNO_3 (D. 1,1) im Rohr auf 220—225°. — Analog: *2.6-Dibutyl-*, $C_{22}H_{24}O_2$, F. 159—160° (Eisessig); hellgelbe Nädelchen. — *2.6-Dicarboxy-*, F. 460° (Zers.). — *x.x.x-Tributyl-*, F. 144—145°; dunkelgelbe Nädelchen. — *2.6-Diamyl-*, F. 171—172° (Eisessig); hellgelbe Nädelchen. Helmut Schäfer 2800△

0871 **Kondensation von Hexachlorcyclopentadien mit Diallylphthalat.** Ju. G. Mamedalijew, Mageram Mamedow und I. M. Achmedow. (Ber. Akad. Wiss. AserbaidshanSSR **18**, 29—32, 1962; russ.) — Die Dien-Synth. von Diallylphthalat (**I**) mit Hexachlorcyclopentadien (**II**) oder die Rk. von Phthalsäureanhydrid (**III**) mit 1-Hydroxymethyl-2.5-endomethylen-3.4.5.6.7.7-hexachlorcyclohexen-(3) (**IV**) liefert *Bis-[2.5-endomethylen-2.3.4.5.7.7-hexachlorcyclohexen-(3)-yl-(1)-methyl]-phthalat*.

Versuche: *Diallylphthalat* (**I**), Kp.$_4$ 174—176°, durch Rk. von **III** mit Allylalkohol in Ggw. von p-Toluolsulfonsäure (**V**), D_4^{20} 1,1202; n_D^{20} 1,5203. — *Bis-[2.5-endomethylen-*

2.3.4.5.7.7-hexachlorcyclohexen-(3)-yl-(1)-methyl]-phthalat, $C_{24}H_{14}Cl_{12}O_4$, F. 118—118,5° (W.-Methanol), a) durch 6std. Erhitzen von 12,3 g **I** mit 27,3 g **II** auf 150°; 62,4% (Ausbeute); b) durch Rk. von 10 g **IV** mit 1,5 g **III** in Ggw. von **V**. Liefert beim Erhitzen mit KOH in Äthylenglykol auf dem sd. Wasserbad *Phthalsäure*, F. 205° (Zers.).

Helmut Schäfer 2950△

0872 **Über thermische Umlagerungen am Bicyclo-[1.2.2]-hepten-System.** Kurt Alder und Hans-Joachim Ache. (Chem. Ber. **95**, 511—12, 1962; Köln, Univ., Chem. Inst.; dt.) — Die therm. Behandlung substituierter Bicyclo-[1.2.2]-heptene (**B**) führt ähnlich wie die der Maleinsäureanhydrid-Addukte substituierter Cyclopentadiene von *1-Alkyl-* zum *2-Alkylbicyclo-[1.2.2]-hepten* u. umgekehrt. Daneben entstehen *Bicyclo-[1.2.2]-heptane* (**C**) mit einer semicycl. Doppel bindung. Die therm. Umlagerungen wurden am Beispiel des Santens auf disubstituierte **B** ausgedehnt, wobei *endo-2-Methyl-3-methylenbicyclo-[1.2.2]-heptan* entstand. Die therm. Umlagerung der **B** stellt eine einfache Meth. zur Darst. schwer zugänglicher **C** vom Norcamphen-Typ dar.

Versuche: Bicyclo-[1.2.2]-heptene-(2): *2-Methyl-*, durch 3—21std. Erhitzen der 1-Methylverb. im Rohr auf 285° unter N_2; 65—0% (Ausbeute). Daneben *2-Methylenbicyclo-[1.2.2]-heptan* (**I**; 10 bis ca. 100%). — *1-Methyl-*, aus vorst. Verb. analog; 30—0%; daneben **I** (5—100%). — *2-Äthyl-*, aus der 1-Äthylverb. analog in 3—12 Std. bei 205 bis 285°; 40—50%. Daneben *2-Äthylidenbicyclo-[1.2.2]-heptan* (**II**; in 3—21 Std.; 20—100%). — *1-Äthyl-*, aus vorst. Verb. in 3—12 Std. bei 250—280°; 40—20%; daneben in 3—21 Std. **II** (20—100%).

D. Kirstein 2950◇

0873 **Über die Darstellung von Santen und anderen substituierten Bicyclo-[1.2.2]-heptenen.** Kurt Alder und Hans-Joachim Ache. (Chem. Ber. **95**, 503—10, 1962; Köln, Univ., Chem. Inst.; dt.) — Vgl. C. **1961**, 10154. — Vff. stellten aus Cyclopentadienyl-Na u. Alkylhalogeniden in fl. NH_3 eine Reihe substituierter *Cyclopentadiene* dar, deren Addition an Äthylen (**I**) erst oberhalb 100° eintritt. Die optimalen Bedingungen der Addition wurden bei 250° u. 150—200 at **I** ermittelt. Die 1- u. 2-Alkylcyclopentadiene reagierten mit **I** zu einem Gemisch der entsprechenden *1-Alkyl-* (**B**) u. *2-Alkylbicyclo-[1.2.2]-heptene-(2)* (**C**) sowie *2-Alkylidenbicyclo-[1.2.2]-heptane* (**D**). Die Konstit. der **D** ergab sich durch den O_3-Abbau zu *Norcampher* u. dem entsprechenden *Aldehyd* bzw. *Keton*. Die **B** lieferten mit $KMnO_4$ *1-Methyl-* bzw. *1-Äthylcyclopentandicarbonsäure-(1.3)*. Die hydrierten Prodd. erwiesen sich als ident. mit den durch Hydrierung von Norcamphen u. 2-Äthylidenbicyclo-[1.2.2]-heptan erhaltenen *2-Methyl-* u. *2-Äthylbicyclo-[1.2.2]-heptanen*. Die Anlagerung von Dimethylcyclopentadien an **I** verläuft analog unter Bldg. eines aus 50% *Santen* bestehenden Isomerengemisches, das nach den IR-Spektren noch aus *Methylnorcamphen* (**II**), *1.3-Dimethyl-* u. *1.2-Dimethylbicyclo-[1.2.2]-hepten-(2)* bestand. Die Konstit. von **II** als *endo-2-Methyl-3-methylenbicyclo-[1.2.2]-hepten* wurde durch den O_3-Abbau zu *endo-3-Methylennorcampher* u. Hydrierung zu *endo-cis-Dihydrosanten* festgelegt.

Versuche: Cyclopentadiene: *Methyl-*, Kp. 64°, durch Zugabe von Cyclopentadien zur Lsg. von Na in fl. NH_3 bei —78°, dann Zusatz von Methylbromid u. 2std. Rühren; 85% (Ausbeute). — Analog: *Äthyl-*, $Kp._{80}$ 45°; 80%. — *Isopropyl-*, $Kp._{50}$ 41°; 80%. — *tert.-Butyl-*, $Kp._{12}$ 33°; 50%. — *Spiro-[2.4]-heptadien-(1.3)*, $Kp._{100}$ 57°; 75%. — *Dimethyl-*, Kp. 110°, analog vorst. Monoalkylcyclopentadienen durch Wiederholung der Na- u. Methylbromidzugabe zur Rk.-Lsg. u. erneutes 2std. Rühren; 90%. — *Diäthyl-*, $Kp._{12}$ 45°; 85%. — *Diisopropyl-*, $Kp._{12}$ 68°; 85%. — *1-Methylspiro-[4.2]-heptadien-(1.3)* $Kp._{30}$ 50°; 70%. — Durch Rk. vorst. Cyclopentadiene mit Maleinsäureanhydrid in Ae. wurden folgende Bicyclo-[1.2.2]-hepten-(2)-dicarbonsäure-(5.6)-anhydride erhalten: *1-Methyl-*, F. 132°; 50%; daneben *2-Methyl-*, F. 150°; 50%. — *1-Äthyl-*, F. 136°; 50%; daneben *2-Äthyl-*, F. 156°; 50%. — *1-Isopropyl-*, F. 136°; 50%; daneben *2-Isopropyl-*, F. 148°; 50%. — *1-tert.-Butyl-*, F. 165°; 50%; daneben *2-tert.-Butyl-*, F. 170°; 50%. — *1.3-Dimethyl-*, F. 132°; 30%; daneben *2.3-Dimethyl-*, F. 157°; 40%. — *1.3-Diisopropyl-, endo-Form*, F. 158°; daneben *exo-Form*, F. 167°; 60% (Gesamtausbeute). — *2.3-Diisopropyl-*, F. 162°; 5%. — *1.4-Diisopropyl-*, F. 169°; 5%. — Bicyclo-[1.2.2]-heptene-(2): *1-Methyl-*, C_8H_{12}, Kp. 105°, aus Methylcyclopentadien u. **I** im Autoklaven bei 200 at in 2 Std. bei 250° u. Dest. des erhaltenen Isomerengemisches (85%); n_D^{20} 1,4520; liefert durch Hydrierung an Pd-Kohle in Essigester *1-Methylbicyclo-[1.2.2]-heptan* (C_8H_{14}, Kp. 116°, n_D^{20} 1,4467; 90%); liefert durch mehrstd. Rühren mit wss. alkal. $KMnO_4$ in Aceton *1-Methylcyclopentandicarbonsäure-(1.3)* [$C_8H_{12}O_4$, F. 99° (Ligroin); 70%]. *Phenylazidaddukt*, $C_{14}H_{17}N_3$, F. 103° (Cyclohexan), durch Rk. mit Phenylazid; 80%. — *2-Methyl-*, C_8H_{12}, Kp. 117°, neben vorst. Verb.; n_D^{20} 1,4632; liefert durch Hydrierung an Pd-Kohle in Essigester *2-Methylbicyclo-[1.2.2]-heptan* (**V**, C_8H_{14}, Kp. 127°, n_D^{20} 1,4540). *Phenylazidaddukt*, $C_{14}H_{17}N_3$, F. 96° (Cyclohexan); 80%. — *Norcamphen*, C_8H_{12}, Kp. 123°, n_D^{20} 1,4735; liefert durch Ozonolyse bei —78° u. anschließende hydrierende Spaltung *Norcampher* (*Semicarbazon*, $C_8H_{13}N_3O$, F. 190°; 70%); liefert durch Hydrierung **V**. — *1-Äthyl-*, C_9H_{14}, $Kp._{50}$ 57°, analog; n_D^{20} 1,4587; liefert durch Hydrierung *1-Äthylbicyclo-[1.2.2]-heptan* (C_9H_{16}, $Kp._{50}$ 62°, n_D^{20} 1,4534); liefert durch $KMnO_4$-Oxydation *1-Äthylcyclopentandicarbonsäure-(1.3)* [$C_9H_{14}O_4$, F. 82° (Ligroin)]. *Phenylazidaddukt*, $C_{15}H_{19}N_3$, F. 62° (Cyclohexan); 80%. — *2-Äthyl-*, C_9H_{14}, $Kp._{50}$ 63°, neben vorst. Verb.; n_D^{20} 1,4661; liefert durch Hydrierung *2-Äthylbicyclo-[1.2.2]-heptan* [**III**, C_9H_{16}, $Kp._{50}$ 67°, n_D^{20} 1,4555]. *Phenylazidaddukt*, $C_{15}H_{19}N_3$, F. 68° (Cyclohexan). Daneben *2-Äthylidenbicyclo-[1.2.2]-heptan* [C_9H_{14}, $Kp._{50}$ 72°, n_D^{20} 1,4801; liefert durch Hydrierung **III**; liefert durch Ozonolyse u. nachfolgende hydrierende Spaltung *Norcampher*]. — *Gemisch von 1- u. 2-Isopropyl-*, $C_{10}H_{16}$, $Kp._{30}$ 64°, aus Isopropylcyclopentadien u. **I** analog; 80%; liefert durch Hydrierung das *Gemisch von 1- u. 2-Isopropylbicyclo-[1.2.2]-heptan* ($C_{10}H_{18}$, $Kp._{30}$ 71°). Daneben *2-Isopropylidenbicyclo-[1.2.2]-heptan*, $Kp._{30}$ 78°; n_D^{20} 1,4854; liefert durch Hydrierung *2-Isopropylbicyclo-[1.2.2]-heptan* ($C_{10}H_{18}$, $Kp._{30}$ 71°); liefert durch $KMnO_4$-Oxydation *Aceton* u. *Norcampher*. — *endo-2-Methyl-3-methylenbicyclo-[1.2.2]-heptan* (**II**), Kp. 138°, aus Dimethylcyclopentadien u. **I** analog u. Dest. des erhaltenen *Isomerengemisches* (Kp. 115—140°; 85%); liefert durch Hydrierung analog *endo-cis-Dihydrosanten* (**IV**, $Kp._{50}$ 70°, F. 29°); liefert durch Ozonolyse u. hydrierende Aufarbeitung *Formaldehyd* u. *endo-Apocamphenilon* [70%; *Semicarbazon*, $C_9H_{15}N_3O$, F. 192° (Methanol-W.)]. Daneben *Santen*, C_9H_{14}, Kp. 140°; n_D^{20} 1,4672; 50%; liefert durch Hydrierung **IV**; liefert durch Ozonisierung u. hydrierende Zers. *1.3-Diacetylcyclopentan* [*Bis-semicarbazon*, $C_{11}H_{20}N_6O_2$, F. 214° (Methanol)]; *Phenylazidaddukt*, $C_{15}H_{19}N_3$, F. 89° (Cyclohexan).

D. Kirstein 2950◇

0874 **Bicyclo-[4.2.0]-octen-(7).** S. F. Chappell III und R. F. Clark. (Chem. and Ind. **1962**, 1198; Lake Charles, La., Cities Service Res. and Development Comp.; engl.) — Durch 190std. UV-Bestrahlung von Cyclooctadien-(1.3) wird in 9%ig. Ausbeute *Bicyclo-[4.2.0]-octen-(7)* (Kp. 134 bis 135°; n_D^{20} 1,4810) erhalten, dessen Konstit. durch Auswertung der IR- u. KMR-Spektraldaten sowie massenspektrometr. gesichert wurde.

H. Dalmer 2950△

0875 **Untersuchungen über die Kondensation von Cyclohexanon mit Acetaldehyd.** 2. Mitt. N. Bărbulescu. (An. Univ. „C. I. Parhon" Bucureşti, Ser. Ştiinţ. Naturii **6**, Nr. 13, 101—12, 1957; Bucureşti, Univ. „C. I. Parhon", Fac. de chim., Labor. de Chim. Organ.; Saratov, Univ. „N. S. Cernîsevski", Catédra de Chim. Organ.; rum.) — Die Darst. von *2-Methyl-3.4-tetramethylen-4-hydroxybicyclo-[3.3.1]-nonanon-(9)* (**I**) u. *1.1-Bis-[2-oxocyclohexyl]-äthan* (**II**) wird beschrieben. **I** u. **II** werden therm. zersetzt. Die Hydrierung des **II**-Dioxims an Raney-Ni liefert *9-Methyl-1.2.3.4.5.6.7.8-oktahydroacridin*. Die Rk.-Mechanismen werden diskutiert.

Versuche: *2-Methyl-3.4-tetramethylen-4-hydroxybicyclo-[3.3.1]-nonanon-(9)* (**I**), F. 159° (A.), a) durch 3½std. Einleiten von Acetaldehyd in die NaOH enthaltende äthanol. Lsg. von Cyclohexanon bei 80—90°, ½std. Erhitzen u. 18std. Stehen; 35% (Ausbeute); b) durch Michael-Rk. nach ½std. Kochen von 30 g **III** (s. unten) mit Cyclohexanon in äthanol. NaOH; 15 g. — *1.1-Bis-[2-oxocyclohexyl]-äthan* (**II**), $Kp._{1,5}$ 167 bis 168°, durch Dest. von 280 g **I** in Ggw. von Spuren NaOH; n_D^{20} 1,5065; 260 g. *Dioxim*, F. 164° (A.). — *2-Methyl-3.4-tetramethylenbicyclo-[3.3.1]-nonen-(4)-on-(9)*, $Kp._{0,8}$ 135—136°, durch therm. Zers. von **I** oberhalb 280°; n_D^{20} 1,5250. — *2-Äthylidencyclohexanon* (**III**), $Kp._{12}$ 85—86°, durch Erhitzen von **II** bis 295°, n_D^{20} 1,4915; daneben *Cyclohexanon*. — *Adipinsäure*, durch Ozonisation von **III**; daneben *Acetaldehyd*. — *9-Methyl-1.2.3.4.5.6.7.8-oktahydroacridin*, $C_{14}H_{19}N$, F. 40°, $Kp._3$ 164

bis 166°, durch Hydrierung des **II**-Dioxims an Raney-Ni bei 100 at u. 130°; $D._4^{20}$|1,0652, n_D^{20} 1,5627. *Hydrochlorid*, $C_{14}H_{19}N \cdot HCl$, F. 212—214° (A.). *Pikrat*, $C_{14}H_{19}N \cdot C_6H_3N_3O_7$, F. 154 bis 156° (Zers.). *Hexachloroplatinat*, $(C_{14}H_{19}N)_2H_2PtCl_6$, F. 219—220° (Zers.). *Hexacyanoferrat*-**II**, $C_{14}H_{19}N \cdot H_4[Fe(CN)_6]$. *Hexacyanoferrat*- **III**, $(C_{14}H_{19}N)_2 \cdot H_3[Fe(CN)_6]$, F. 150° (Zers.). — 1. vgl. C. **1958**, 5660.
Gottfried Schreiber 2950△

0876 **Darstellung einiger neuer methylsubstituierter Adamantanderivate mit Hilfe der Carbonsäuresynthese.** Herbert Koch und Josef Franken. (Chem. Ber. **96**, 213—19, 1963; Mülheim/Ruhr, MPI für Kohleforschung; dt.) — *1.3.5.7-Tetramethyladamantan* (**I**; Zählung vgl. C. **1963**, 8920) wird aus 1-Methyladamantan durch nacheinander erfolgenden Ersatz der drei an tert. C-Atomen sitzenden H-Atome gewonnen. Die Rk.-Folge umfaßt die mehrfach wiederholte Carboxylierung mit Hilfe der Hydridübertragung u. die jeweilige Überführung der Carboxyl- über die Hydroxylmethyl- in die Methylgruppe. IR-Spektren vgl. Original.

Versuche: *9-Chlor-4.5.8.9-tetrahydrodicyclopentadien*, $Kp._{10}$ 96—102°, durch Umsetzen von Dicyclopentadien mit HCl zu 9-Chlordihydrodicyclopentadien u. Hydrieren am Co/Th-Kontakt bei 100°/120—150 at; n_D^{20} 1,5111. — *4.5.8.9-Tetrahydrodicyclopentadien-9-carbonsäure*, $Kp._4$ 148—150°, durch Umsetzen vorst. Verb. mit Mg u. Durchleiten von CO_2 bei —70°; n_D^{20} 1,5094; 82% (Ausbeute). — *9-Hydroxymethyl-4.5.8.9-tetrahydrodicyclopentadien*, $Kp._{2,5}$ 108—112°, durch Red. des Methylesters vorst. Säure mit $LiAlH_4$ in Äther. — *9-Chlormethyl-4.5.8.9-tetrahydrodicyclopentadien*, $Kp._{11}$ 108 bis 120°, durch 7std. langsames Erwärmen vorst. Verb. mit $SOCl_2$ in Ggw. von Dimethylanilin in Chlf., Zugabe zu 20%ig. HCl u. Extrahieren mit Ae.; 83%. — *9-Methyl-4.5.8.9-tetrahydrodicyclopentadien*, $Kp._{20}$ 87—89,5°, aus vorst. Verb. über die Grignard-Verb.; n_D^{20} 1,4862—1,4882. — Adamantane: *1-Methyl-*, Kp. 194,5—195°, a) durch Isomerisierung von 9-Methyltricyclo-[5.2.1.0$^{2.6}$]-decan mit $AlCl_3$ in Ggw. von HCl bei Raum-Temp. in Anlehnung an die Meth. von Schleyer u. Nicholas (Tetrahedron Letters [London] **1961**, Nr. 9, 305); b) durch Einleiten von HCl u. H_2 in die Vorlauffraktion eines hydrierten techn. Methylcyclopentadiendimeren in Ggw. von $AlCl_3$ bei 50 at, 5std. Schütteln bei Raum-Temp., Zugabe von Pentan; daneben *Dimethyl-4.5.8.9-tetrahydrodicyclopentadien*. — *1.3-Dimethyl-* (**IV**), Kp. 201,5°, a) aus Dimethyldicyclopentadien analog vorst. Verb.; n_D^{20} 1,4783; 70%; b) neben vorst. Verbindung. — *1-Carboxy-3-methyl-*, F. 96—98° (Pentan), durch 3std. Zugabe von 99%ig. HCOOH in tert.-Butanol bei 17—19° zu vorvorst. Verb. in 99%ig. H_2SO_4 in Ggw. von n-Hexan, Zersetzen mit Eis u. Isolieren über das K-Salz; 72%. *Amid*, F. 103—104°; daneben *Trimethylessigsäure*. — *1-Hydroxymethyl-3-methyl-*, F. 36—42°, $Kp._{13}$ 130—131°, durch 15std. Kochen vorst. Verb. mit $LiAlH_4$ in Ae. u. Zersetzen mit Methanol u. 20%ig. H_2SO_4; 89,5%. *p-Tosylat*, F. 45°. — *3.5-Dimethyl-1-carboxy-*, F 106,5—108° (verd. Methanol), durch 3std. Zugabe von 99%ig. HCOOH in tert.-Butanol zu **IV** in 96%ig. H_2SO_4 in Ggw. von n-Hexan bei 15—19°; 49,8%. *Amid*, F. 119—120° (n-Hexan). — *3.5-Dimethyl-1-hydroxymethyl-*, F. 55—56°, $Kp._3$ 111—115°, durch 20std. Red. vorst. Verb. mit $LiAlH_4$ in abs. Ae.; 92,5%. *p-Toluolsulfonat*, F. 56,5° (A.), durch 45std. Stehen mit p-Toluolsulfochlorid in Pyridin bei 0°; 94%. — *1.3.5-Trimethyl-* (**III**), $Kp._{19}$ 88—89,5°, durch 70std. Kochen vorst. Deriv. mit $LiAlH_4$ in abs. Ae.; n_D^{20} 1,4751; 82%. — *1-Carboxy-3.5.7-trimethyl-*, F. 140,5—141° (Methanol), a) durch 4½std. Umsetzen von **III** mit HCOOH in tert.-Butanol/96%ig. H_2SO_4 bei 15—19°; 38,5%; b) durch 3std. Zugabe von 99%ig. HCOOH in n-Hexan u. **II** zu 98%ig. H_2SO_4 bei 17—21°, 1std. Stehen u. Zersetzen mit Eis; 30%. *Amid*, F. 105—106° (Hexan). — *1-Hydroxymethyl-3.5.7-trimethyl-*, F. 104—105° (Hexan), durch 17std. Kochen vorst. Verb. mit $LiAlH_4$ in abs. Ae.; 98,5%. *p-Tosylat*, F. 97° (Hexan); 99%. — *1.3.5.7-Tetramethyl-*, F. 67° (Methanol), durch Red. vorst. Deriv. mit $LiAlH_4$; 52,5%. — *1-Brom-3.5.7-trimethyl-* (**II**), F. 101—102° (Methanol), durch 20std. Erwärmen von **III** mit Br_2 auf 63°; 98%.
W. Hampel 2950△

0877 **Kondensation von Cyclohexanon mit Acetaldehyd.** 4. Mitt. M. N. Tilicenco und N. Bărbulescu. (An. Univ. „C. I. Parhon" Bucureşti, Ser. Ştiinţ. Naturii **8**, Nr. 22, 97—108, 1959; Saratow, Tschernyschewski-Univ.; Bucureşti, Univ. C. I. Parhon, Fac. de chim., Cat. de chim. org.; rum.) — 3. vgl. C. **1960**, 11642. — Bei der Kondens. von Cyclohexanon (**I**) mit Acetaldehyd (**III**) wird als Zwischenprod. *2-Äthylidencyclohexanon* (**II**) erhalten, das in alkal. Medium in ein Dimeres, *2-[α-(2-Äthyliden-1-oxo-cyclohexyl-(6))-äthyl]-cyclohexanon* (**IV**), übergeht. **IV** liefert bei der Ozonolyse *α-[1-(2-Oxocyclohexyl)-äthyl]-adipinsäure* u. **III**. Bei der Hydrierung von **IV** an Pd entstand *2-[α-(2-Äthyl-1-oxocyclohexyl-(6))-äthyl]-cyclohexanon* (**V**). Die Kondens. von **II** mit α-Äthylcyclohexanon unter den Bedingungen der Michael-Addition lieferte neben **V** *2-Äthyl-2-[α-(1-oxocyclohexyl-(2))-äthyl]-cyclohexanon*, das durch innere Kondens. in *7(9)-Äthyl-8-methyltricyclo-[7.3.1.0$^{2.7}$]-tridecanon-(13)-ol-(2)* übergeht. Analog entstand aus **II** mit Cyclopentanon *7-Methyltricyclo-[6.3.1.0$^{2.6}$]-dodecanon-(12)-ol-(2)*.

Versuche: *2-Äthylidencyclohexanon* (**II**), $Kp._{10}$ 77 bis 79°, aus **I** u. **III**; n_D^{24} 1,4913. — *2-[α-(2-Äthyliden-1-oxocyclohexyl-(6))-äthyl]-cyclohexanon* (**IV**), $C_{16}H_{24}O_2$, $Kp._1$ 185 bis 186°, aus 186 g **II** in 1,5n alkohol. NaOH; n_D^{20} 1,5245, $D._4^{20}$ 1,0671; 77 g (Ausbeute); liefert durch Ozonolyse *α-[1-(2-Oxocyclohexyl)-äthyl]-adipinsäure* (*Ag-Salz*, $C_{14}H_{20}Ag_2O_5$) u. **III**. *Monoxim*, $C_{16}H_{25}NO_2$, F. 45—60°. *Monosemicarbazon*, $C_{17}H_{27} \cdot N_3O_2$. — *2-[α-(2-Äthyl-1-oxocyclohexyl-(6))-äthyl]-cyclohexanon* (**V**), $Kp._{0,5}$ 166—167°, aus 60 g **IV** durch Hydrierung an Pd in A. in 8 Std.; n_D^{20} 1,5010, $D._4^{20}$ 1,0237; 54 g. *Monosemicarbazon*, $C_{17}H_{29}N_3O_2$, F. 61—66°. — *α-Äthylcyclohexanon*, $Kp._{10}$ 64—65°, $Kp._{760}$ 182—184°, durch Hydrierung von **II** an Pd in A.; n_D^{20} 1,4520. — *7(9)-Äthyl-8-methyltricyclo-[7.3.1.0$^{2.7}$]-tridecanon-(13)-ol-(2)*, $C_{16}H_{26}O_2$, F. 155—156°, aus vorst. Verb. u. **II** in alkohol. 1n NaOH bei Raum-Temp.; 11%. — *7-Methyltricyclo-[6.3.1.0$^{2.6}$]-dodecanon-(12)-ol-(2)*, $C_{13}H_{20}O_2$, F. 145—146° (Bzl.), aus 20 g **II** u. Cyclopentanon in alkohol. 1n NaOH bei 15°; 2,7 g. R. K. Müller 2950◇

0878 **Heteroalicyclische Analoga von 2- und 3-Aminoalkanthiolen.** James R. Piper und Thomas P. Johnston. (J. org. Chemistry **28**, 981—85, 1963; Birmingham, Ala., Southern Res. Inst., Kettering Meyer Labor.; engl.) — Aus Alkanolen des Typs RCH_2OH bzw. RCH_2CH_2OH mit R = Pyrrolidyl-(2)-, Piperidyl-(2)-, Thiomorpholyl-(2)- u. Piperazyl-(2) werden über die entsprechenden *Chloride* bzw. *Bromide* mit $Na_2S_2O_3$ die S-substituierten *Thioschwefelsäuren* hergestellt, aus diesen durch Rk. mit NaHS *Piperidyl-(2)-äthyl-*, *Thiomorpholyl-(2)-methyl-* u. *Piperazyl-(2)-methylmercaptan* erhalten. Bei der Rk. von *2-[Chlormethyl]-pyrrolidin* mit Na-Dimethyldithiocarbamat (DDC) entstehen *Pyrrolidyl-(2)-methyl-N.N-dimethyldithiocarbamat* u. *Hexahydropyrrolo-[1.2:c]-thiazolthion-(3)*. Das entsprechende *Oktahydropyrido-[1.2:c]-[1.3]-thiazinthion-(1)* ist aus *Piperidyl-(2)-äthylchloridhydrochlorid* mit CS_2 in Dimethylformamid (DMF) in Ggw. von K_2CO_3 synthetisierbar.

Versuche: *2-[Chlormethyl]-pyrrolidinhydrochlorid* (**I**), $C_5H_{11}Cl_2N$, F. 141—142° (A.), aus Pyrrolidyl-(2)-methanol (**IV**) in Chlf. durch Sättigen mit HCl u. ½std. Zutropfen von $SOCl_2$ bei 0—3° unter Rühren, 1std. Erwärmenlassen u. 2std. Kochen; 72% (Ausbeute). — *S-[Pyrrolidyl-(2)-methyl]-thioschwefelsäure*, $C_5H_{11}NO_3S_2$, F. 188—192° (Zers.; DMF–Ae.), aus **I** durch 1std. Kochen in wss. $Na_2S_2O_3$-Lsg.; 38%. — *Pyrrolidyl-(2)-methyl-N.N-dimethyldithiocarbamathydrochlorid*, $C_8H_{17}ClN_2S_2$, F. 172° [Acetonitril (AN)], durch ¼std. Zusetzen von **I** zu einer gerührten Lsg. von DDC in DMF bei 0—2°, 15 Min. weiteres Rühren unter Kühlung u. 1std. bei Raum-Temp., Eingießen in W., Filtrieren, Abdampfen der wss. Lsg., Aufnehmen in heißem AN, Einengen u. Fällen mit Ae.; 15%. — *Hexahydropyrrolo-[1.2:c]-thiazolthion-(3)*, $C_6H_9 \cdot NS_2$, F. 132—133° (A.), a) neben vorst. Verb. als in W. unlösl. Prod.; 0,33 g; b) aus **I**, CS_2 u. K_2CO_3 in DMF durch 2½std. Rühren bei Zimmer-Temp. u. Eingießen in W.; 88%. — *2-[Brommethyl]-piperidinhydrobromid*, $C_6H_{13}Br_2N$, F. 192 bis 193° (Zers.; AN), aus Piperidyl-(2)-methanol u. 48%ig. HBr durch 24std. Kochen u. Eingießen des Dest.-Rückstandes in Aceton–Ae.; 58%. — *S-[Piperidyl-(2)-methyl]-thioschwefelsäure*, $C_6H_{13}NO_3S_2$, F. 205—210° (Zers.; Methanol–Ae.), aus vorst. Verb. u. $Na_2S_2O_3$, in W. durch 1std. Erhitzen auf 90—95°, Abdampfen, Trocknen über P_2O_5 u. 12std. Extraktion mit AN; 53%. — *2-[2-Bromäthyl]-piperidinhydrobromid* (**II**), $C_7H_{15}Br_2N$, F. 166—167° (A.), aus Piperidyl-(2)-äthanol (**V**) in Chlf. durch Sättigen mit HCl u. Zusetzen von PBr_3 in Chlf. während 40 Min. bei 0—3°, weiteres 1std. Rühren, 1std. Stehen bei Zimmer-Temp. u. 1std. Kochen; 64%. — *Piperidyl-(2)-äthylmercaptan*, $C_7H_{15}NS$, F. 40—41°, $Kp._1$ 60°, aus **II** durch 1std. Zusetzen zu einer mit H_2S gesätt. Lsg. von 2 Val Na in Methanol, bei 0°, weiteres 1std. Rühren, Stehen über Nacht, Einengen, Ausziehen des Rückstandes mit AN bei 50° u. Dest.; 74%. — *S-{2-[Piperidyl-(2)]-äthyl}-thioacetathydrobromid*, $C_9H_{18}BrNOS$, F. 144° (AN), aus **II** durch portionsweises Zugeben zu einer auf 0° abgekühlten Lsg. von $KHCO_3$ u. Thioessigsäure in DMF, 15 Min. Rühren, Abdest. des Lsgm. bei 0,5 Torr, Aufnehmen in sd. AN, Filtrieren u. Einengen; 80%. — *2-[Piperidyl-(2)]-äthylthiocyanathydrobromid*, $C_8H_{15}BrN_2S$, F. 177 bis 178° (AN), aus **II** u. KSCN durch 30 Min. langes Kochen in W.; 81%. — *S-{2-[Piperidyl-(2)]-äthyl}-thioschwefelsäure*, $C_7H_{15}\cdot NO_3S_2$, F. 195—200° (Zers.; AN), aus 2-[2-Chloräthyl]-piperidinhydrochlorid (**III**) u. $Na_2S_2O_3$ in W.; 65%. — *2-[Piperidyl-(2)]-äthyldisulfiddihydrochlorid*, $C_{14}H_{30}Cl_2N_2S_2$, F. 201 bis 202° (Zers.; AN), aus **III** u. $Na_2S_2O_3$ durch 1std. Kochen in W. u. ½std. Zusetzen von J_2, Abkühlen im Eisbad, Alkalisieren, Extrahieren mit Bzl., Einengen u. Behandeln mit methanol. HCl; 79%. — *S-{2-[Piperidyl-(2)]-äthyl}-pseudothioharnstoffdihydrobromid*, $C_8H_{19}Br_2N_3S$, F. 202—204° (Zers.; A.), a) aus **V** u. Thioharnstoff durch 72std. Kochen in 48%ig. HBr; 53%; b) durch Zusetzen von **II** zu einer warmen alkohol. Lsg. von Thioharnstoff u. 1std. Kochen; 75%. — *2-[Piperidyl-(2)]-äthyl-N.N-dimethyldithiocarbamat*, *Hydrobromid*, $C_{10}H_{21}Br\cdot N_2S_2$, F. 177—178° (AN), aus **II** u. DDC in DMF; 81%. *Hydrochlorid*, $C_{10}H_{21}ClN_2S_2$, F. 177—178°, aus **III** u. DDC. — *Oktahydropyrido-[1.2:c]-[1.3]-thiazinthion-(1)*, $C_8H_{13}NS_2$, F. 81 bis 82° (A.), aus **III**, CS_2 u. K_2CO_3 in DMF; 91%. — *Thiomorpholyl-(3)-methanol*, $C_5H_{11}NOS$, F. 90—91° (Essigester, Bzl.), aus Thiomorpholin-3-carbonsäureäthylester durch $LiAlH_4$-Red. u. Sublimation bei 77°/Torr; 55%. *Hydrobromid*, $C_5H_{12}BrNOS$, F. 148° (A.–Ae.). — *3-[Brommethyl]-thiomorpholinhydrobromid*, $C_5H_{11}Br_2NS$, F. 156—157° (A.), aus vorst. Verb. u. PBr_3 durch 3std. Rühren in o-Dichlorbenzol bei Raum-Temp., 20 Min. langes Erhitzen auf 150° u. 30 Min. langes Rühren bei 145—150°; 87%. — *Thiomorpholyl-(3)-methylmercaptan*, $Kp._{0,3-0,4}$ 72—80°, aus vorst. Verb. u. NaHS in Methanol; 70%. *Hydrobromid*, (**VI**), $C_5H_{12}BrNS_2$, F. 120—122°. — *S-[Thiomorpholyl-(3)-methyl]-thioschwefelsäure*, $C_5H_{11}NO_3S_3$, F. 230—235° (Zers.), aus **VI** u. $Na_2S_2O_3$ durch 1std. Erhitzen in W. auf 90—95°; 52%. — *N.N'-Äthylen-bis-[p-toluolsulfonamid]*, F. 162—163°, durch Rk. von Äthylendiamin u. p-Toluolsulfochlorid in DMF unterhalb 40° u. Eingießen in W.; 86%. — *1.4-Bis-[p-toluolsulfonyl]-piperazyl-(2)-methanol*, $C_{19}H_{24}N_2O_5S_2$, F. 177° (A.), aus vorst. Verb. u. KOH durch Zusetzen zu einer gerührten Lsg. von Na in abs. A., 30 Min. langes Rühren, Zusetzen von 2.3-Dibrompropanol-(1), 18std. Kochen u. Eingießen in W.; 51%. — *2-[Brommethyl]-1.4-bis-[p-toluolsulfonyl]-piperazin*, $C_{19}H_{23}Br\cdot N_2O_4S_2$, F. 205—206° (2-Methoxyäthanol), durch 4std. Kochen vorst. Verb., 1.2-Dibromäthan u. $SOBr_2$ in CCl_4, Abkühlen u. Wasserzusatz; 45%. — *2-[Brommethyl]-piperazindihydrobromid* (**VII**), $C_5H_{13}Br_3N_2$, F. ca. 230° (Zers.), aus vorst. Verb., 88%ig. Phenol u. 48%ig. HBr durch 3std. Kochen unter Rühren, Abdest. des HBr u. Versetzen mit Aceton; 93%. — *Piperazyl-(2)-methylmercaptandihydrobromid*, $C_5H_{14}\cdot Br_2N_2S$, F. 220° (Zers.; W.–Aceton), aus vorst. Verb. u. NaHS durch 18std. Stehen bei Raum-Temp., 1std. Kochen unter N_2, Dest. der *freien Base* (75%) bei 140—160°/ca. 14 Torr u. Rk. mit HBr in Methanol; 47%. — *S-[Piperazyl-(2)-methyl]-thioschwefelsäurehydrobromid*, $C_5H_{13}BrN_2O_3S_2$, F. ca. 255° (Zers.; W.–A.), aus **VII** u. je 1 Val Na-Acetat u. $Na_2S_2O_3$ in W. durch 2std. Erhitzen auf 90—95°, 3tägiges Stehen bei Raum-Temp. u. Fällen mit A. bei 0°; 32%.

Rudolf Albrecht. **3000**◇

0879 **Die Struktur von Dendrolasin.** A. Quilico, F. Piozzi und M. Pavan. (Tetrahedron **1**, 177—85, 1957; Milano, Centro di Chim. Ind. del C.N.R., Ist. di Chim. Generale del Politecnico; engl.) — Vgl. C. **1957**, 975. — *Dendrolasin* [**I**; aus *Lasius* (*Dendrolasius*) *fuliginosus* Latr.] erhält auf Grund seiner chem. Eigg. u. der IR- u. UV-Absorption die Struktur von *β-[4.8-Dimethylnonadien-(3.7)-yl]-furan*. Durch katalyt. Hydrierung werden, abhängig von den Rk.-Bedingungen, *Tetrahydrodendrolasin* (*β-[4.8-Dimethylnonyl]-furan*) mit Furanstruktur bzw. *Oktahydrodendrolasin* mit Tetrahydrofuranstruktur erhalten. Die Oxydation von **I** mit $KMnO_4$ ergibt *Aceton* u. *Bernsteinsäure*, während durch Ozonolyse neben diesen Verbb. *Lävulinaldehyd* entsteht.

Versuche: *Dendrolasin* (**I**), $C_{15}H_{22}O$, $Kp._{16}$ 148—150°, durch Dampf-Dest. des durch PAe.-Extraktion des Insekts erhaltenen braunen Öls (60—70 ml aus 8—10 kg), Ausäthern u. Dest.; n_D^{20} 1,4860; $D._4^{23}$ 0,9108; Farb-Rkk.: in Eisessig-Lsg. mit konz. H_2SO_4 → orangerot; in Acetanhydrid → violett → schwarz; Fichtenspan-Rk. → blaugrün; in HCl/A. mit Vanillin (**II**) rot, in der Hitze → olivbraun, ähnliche Rk. auch mit Ehrlichs Reagens; 75%. — *Perhydrodendrolasin*, $C_{15}H_{30}O$, $Kp._{46}$ 186—187°, a) durch Hydrieren von **I** in Eisessig an PtO_2 bei Normaldruck u. Raum-Temp.; n_D^{20} 1,4490; schwache Rosafärbung mit **II** in HCl/A. in der Hitze; b) durch 3—4std. Hydrieren von **I** in A. an Raney-Ni W 5 bei Raum-Temp.; c) analog b) an 10%ig. Pd-Kohle. — *Tetrahydrodendrolasin*, $C_{15}H_{26}O$, $Kp._5$ 160°, a) durch mehrstd. Stehen von 10%ig. Pd-Kohle mit 5%ig. $Pd/BaSO_4$ in A., Zugabe von **I**/A. u. Schütteln bei Raum-Temp.; Fichtenspan-Rk. u. Rk. mit **II** vgl. **I**; + konz. H_2SO_4 → rotbraune Färbung; n_D^{20} 1,4585; b) durch Hydrieren von **I** in A. an Pt-Katalysator nach Willstätter. — *Aceton-[p-nitrophenylhydrazon]*, F. 149,5°, durch 2std. Zugabe 2%ig. wss. $KMnO_4$-Lsg. zu **I** in W. (Wasserbad), Dest. u. Eintragen der ersten 5 ml Destillat in p-Nitrophenylhydrazin/Essigsäure; aus Hexan gelbe Nadeln; daneben *Oxalsäure* u. *Bernsteinsäure* [F. 187° (W.)]. — „*Cyclodiacetonperoxid*", F. 127—131°, durch 10std. Einleiten von O_2/O_3 in die Äthylacetat-Lsg. von 0,5 g **I**, mehrstd. Stehen, Eindampfen im Vakuum bei Raum-Temp., 2std. Kochen mit W. u. Dest.; quadrat. Tafeln; daneben durch Rk. mit sd. methanol. 2.4-Dinitrophenylhydrazin *Lävulinaldehyd-bis-[2.4-dinitrophenylhydrazon]* ($C_{17}H_{16}N_8O_8$, F. 235°; aus Nitrobenzol orangefarbene Kristalle) u. 0,2 g *Bernsteinsäure*.

H.-J. Weigmann **3061**△

0880 **Synthese von Tetrahydro- und Perhydrodendrolasin.** A. Quilico, P. Grünanger und F. Piozzi. (Tetrahedron **1**, 186—94, 1957; engl.) — Vgl. vorst. Referat. — Die in vorst. Arbeit für Dendrolasin vorgeschlagene Struktur wird durch Synth. seiner *Tetra-* u. *Perhydro-Derivv.* gesichert. *Tetrahydrodendrolasin* (*β-[4.8-Dimethylnonyl]-furan*) wird durch Kondens. von *β-Furoylchlorid* (**I**) mit Tetrahydrogeranyl-Cd u. nachfolgende Wolff-Kishner-Red. des entstandenen Ketons erhalten. *Perhydrodendrolasin* (*β-[4.8-Dimethylnonyl]-tetrahydrofuran*) wird a) durch Stobbe-Kondens. von *4.8-Dimethylnonanal* mit Bernsteinsäurediäthylester, nachfolgende Red. zu *2-[4.8-Dimethylnonyl]-butandiol-(1.4)* u. Dehydrieren; b) durch katalyt. Hydrieren des synthet. Tetrahydro-Deriv. dargestellt. IR-Spektren vgl. Original.

Versuche: *Tetrahydrogeraniol*, $Kp._{17}$ 114—115°, durch Hydrieren von Geraniol (Kp. 225—230°) in A. an Raney-Ni W 5 bei 120°/50—80 at; 80% (Ausbeute). — *Tetrahydrogeranylbromid*, $Kp._1$ 75—76°, durch 6std. Kochen vorst. Verb. mit HBr (D. 1,48) u. ½std. Erhitzen mit überschüssigem 4-Nitrobenzoylchlorid u. Pyridin; n_D^{20} 1,4537; 75%. — *β-Furoylchlorid* (**I**), F. 27°, $Kp._{55}$ 78—80°, durch Kochen von β-Furoesäure mit $SOCl_2$ in Benzol. — *4.8-Dimethylnonanal*, $Kp._{0,8}$ 75—76°, durch 1½std. Zutropfen der Ae.-Lsg. vorvorst. Verb. zu Mg in abs. Ae. unter N_2, 1std. Kochen, Zutropfen von Orthoameisensäuretriäthylester, 4std. Kochen, Zers. mit Eis/verd. HCl, 1std. Kochen des *Diäthylacetals* mit verd. H_2SO_4 u. Reinigen über die *Bisulfit-Verb.*; n_D^{20} 1,4301; 17,5%. — *[4.8-Dimethylnonyliden]-bernsteinsäurediäthylester*, $C_{19}H_{34}O_4$, $Kp._{2,5}$ 171—173°, durch Zugabe des Gemisches von vorst. Verb. u. Bernsteinsäurediäthylester zu sd. K-tert.-Butylat/tert. Butanol-Lsg. unter N_2, 24std. Kochen, Einengen im Vakuum, vorsichtiges Ansäuern mit verd. HCl u. Dampf-Dest.; n_D^{20} 1,4536; 24%. — *[4.8-Dimethylnonyl]-bernsteinsäurediäthylester*, $C_{19}H_{36}O_4$, $Kp._4$ 175—176°, durch 3—4std. Hydrieren vorst. Verb. in A. an Pd-Kohle bei 20°/3 at; n_D^{20} 1,4404; 80%. — *2-[4.8-Dimethylnonyl]-butandiol-(1.4)*, $Kp._{0,12}$ 159—160°, durch 6std. Kochen vorst. Verb. in abs. Ae. mit $LiAlH_4$ u. Zers. mit wss. Ae. u. W.; n_D^{20} 1,4588; 80%. — *β-[4.8-Dimethylnonyl]-tetrahydrofuran* (*Perhydrodendrolasin*), $C_{15}H_{30}O$, $Kp._{15}$ 156°, a) durch Erhitzen von 8,9 g vorst. Verb. mit 60%ig. H_2SO_4 bei 200 mg Hg, Dest. von 10 ml u. Versetzen mit W.; n_D^{20} 1,4488; 6 g; b) durch Hydrieren von Tetrahydrodendrolasin in 95%ig. A. an Raney-Ni W 5 bei 20° u. Normaldruck. — *β-[4.8-Dimethylnonoyl]-furan*, $C_{15}H_{24}O_2$, $Kp._{0,05}$ 115—116°, durch Zugabe von wasserfreiem $CdCl_2$ zu Tetrahydrogeranyl-MgBr/abs. Ae. während 5—10 Min. in der Kälte, 20 Min. langes Kochen bis zur negativen Gilman-Rk., rasche Dest. des Ae., Zugabe von abs. Bzl., Dest., weitere Zugabe von Bzl., dann von **I**/Bzl. bei Raum-Temp., 1std. Kochen, Kühlen, Zers. mit Eis/verd. H_2SO_4 u. Reinigen über das Phenylsemicarbazon; n_D^{20} 1,4747; 76,5% (Rohprod.); daneben *β-Furoesäuretetrahydrogeranylester* u. *Crocetan* (*2.6.11.12-Tetramethylhexadecan*). *Phenylsemicarbazon*, $C_{22}H_{31}N_3O_2$, F. 125°, durch 24std. Rk. von 4,3 g Rohprod. (Kp.$_{2,4}$ 140°) mit Phenylsemicarbazidhydrochlorid/$NaHCO_3$ in Methanol; aus Methanol Nadeln; 2,8 g. *2.4-Dinitrophenylhydrazon*, $C_{21}H_{28}N_4O_5$, F. 98—99°; aus Eisessig orangerote Nadeln. — *β-[4.8-Dimethylnonyl]-furan* (*Tetrahydrodendrolasin*), $C_{15}H_{26}O$, Kp.$_{0,6}$ 90—91°, durch 1std. Kochen von 15 g vorst. Verb. mit NaOH/N_2H_4·H_2O in Propylenglykol unter N_2 (146°), Dest. bis Kp. 180° des Destillats, 2std. Kochen u. Gießen in verd. H_2SO_4; n_D^{20} 1,4571; mit Vanillin in A./HCl rote Färbung, in der Hitze → braun; blaugrüne Fichtenspan-Rk.; 8 g (Rohprod.).

H.-J. Weigmann 3061△

0881 **Untersuchungen über die Synthese von Dihydrokainsäure und verwandte Verbindungen.** 1. Mitt. **Darstellung und Dieckmann-Reaktion von 2-[Äthoxycarbonylmethylaminomethyl]-isovaleriansäureäthylester.** Michiharu Miyazaki, Chōtaro Mizuno und Suminori Umio. (J. pharmac. Soc. Japan [Yakugakuzasshi] **77**, 415—18; 1957; Osaka, Fujisawa Pharmac. Ind., Ltd., Res. Labor.; jap., Auszug: engl.) — *2-[Äthoxycarbonylmethylaminomethyl]-isovaleriansäureäthylester* (**I**) wird aus Isovaleriansäureäthylester, 2-Bromisovaleriansäureäthylester oder 2-Cyanoisovaleriansäureäthylester dargestellt. Dieckmann-Rk. von **I** bewirkt Cyclisierung u. Oxydation zu *3-Hydroxy-4-isopropylpyrrol-2-carbonsäureäthylester* (**II**). Dieckmann-Rk. von 2-[Äthoxycarbonylmethylaminomethylen]-isovaleriansäureäthylester liefert unter denselben Bedingungen **II** in besserer Ausbeute.

Versuche: *2-Formylisovaleriansäureäthylesterdiäthylacetal*, Kp.$_{2,5}$ 80—82°, durch 5std. Kochen von 255 g α-Bromisovaleriansäureäthylester mit Zn u. wenig J_2 u. Orthoameisensäureäthylester, Gießen in Ae. u. Eis u. Ansäuern mit Essigsäure; 146 g (Ausbeute). — *2-Formylisovaleriansäureäthylester*, Kp.$_9$ 68—70°, durch 3std. Kochen vorst. Verb. mit 15%ig. H_2SO_4 u. 95%ig. A., Gießen in Eiswasser u. Extraktion mit Äther. *Semicarbazon*, $C_9H_{17}N_3O_3$, F. 108°. — *2-[Äthoxycarbonylmethylaminomethylen]-isovaleriansäureäthylester* (**III**), C_{12}·$H_{21}NO_4$, Kp.$_3$ 132—134°, durch 2std. Kochen von 23,2 g vorst. Verb. mit Aminoessigsäureäthylesterhydrochlorid u. Na-Acetat in A., Dest. im Vakuum, Zugabe von W. u. Extraktion mit Ae.; 25,5 g. — *2-[Aminomethyl]-isovaleriansäureäthylester* (**IV**), Kp.$_{11}$ 85—86°, durch Hydrierung von 13 g 2-Cyanisovaleriansäureäthylester in Essigsäure u. wenig konz. H_2SO_4 an PtO_2 bei 40 at, Dest. im Vakuum u. Zugabe von W., Ae. u. K_2CO_3; 7,8 g. — *2-[Äthoxycarbonylmethylaminomethyl]-isovaleriansäureäthylester*, Kp.$_{2,5}$ 120—123°, a) durch 8std. Hydrieren von 30 g **III** in Essigsäure an PtO_2 bei Raum-Temp., Dest. im Vakuum, Zugabe von W., Ae. u. 10%ig. NaOH u. Extraktion mit Ae.; 20 g; b) durch 3std. Kochen von 2,5 g **IV** mit Chloressigsäureäthylester u. K_2CO_3 in A., Einengen im Vakuum u. Zugabe von Ae., 1,8 g; c) durch Rk. von 3 g **IV** mit Bromessigsäureäthylester u. K_2CO_3 in W. bei 0°, Stehen bei Raum-Temp., Erhitzen auf 50—70°, Aussalzen der Lsg. von pH 8 mit NaCl u. Extraktion mit Ae.; 2,7 g. *Oxalat*, $C_{14}H_{25}NO_8$, F. 196° (Zers.); Nadeln. — *3-Hydroxy-4-isopropylpyrrol-2-carbonsäureäthylester*, Kp.$_2$ 122—125°, a) durch Kochen von 16 g vorst. Verb. mit NaOH in Bzl. unter N_2, Zugabe von W. u. Essigsäure u. Extraktion mit Ae.; 2,5 g; b) durch Kochen von 30 g **III** mit NaOH in Bzl. unter N_2 analog a); 6 g. *3-O-[p-Nitrobenzoyl]-Deriv.*, $C_{17}H_{18}N_2O_6$, F. 148 bis 150°

Gottfried Schreiber 3061△

0882 **Untersuchungen über die Synthese von Dihydrokainsäure und verwandte Verbindungen.** 2. Mitt. **Reaktionen von 3-Hydroxy-4-isopropylpyrrol-2-carbonsäureäthylester.** Suminori Umio und Chōtaro Mizuno. (J. pharmac. Soc. Japan [Yakugakuzasshi] **77**, 418—20, 1957; jap., Auszug: engl.) — 1. vgl. vorst. Referat. — 3-Hydroxy-4-isopropylpyrrol-2-carbonsäureäthylester (**I**) reagiert nicht mit Carbonylreagentien. Bei Rk. mit N_2H_4·H_2O bildet sich das Hydrazid, die Hydroxylgruppe bleibt unverändert. **I** geht keine Cope-Rk. ein. Es zeigt sich, daß die Ausbildung eines β-Ketoesters in **I** infolge des Einfl. des Pyrrolringes sehr gering ist. O-Tosylierung, O-Acetylierung u. O-Äthoxycarbonylierung von **I** liefern die entsprechenden Verbb., die alle negative $FeCl_3$-Rk. geben. Benzylierung von **I** liefert ein *Gemisch aus O-Benzyl- u. C-Benzylverbindung.*

Versuche: *3-Hydroxy-4-isopropylpyrrol-2-carbonsäure-[2-isopropylidenhydrazid]*, $C_{11}H_{17}N_3O_2$, F. 196°, durch 8std. Erhitzen von **I** mit N_2H_4·H_2O auf 100—110°, Einengen im Vakuum, Extraktion mit Ae. u. Erhitzen mit Aceton; aus verd. A. Nadeln. — *3-Tosyloxy-4-isopropylpyrrol-2-carbonsäureäthylester*, $C_{17}H_{21}NO_5S$, F. 135°, durch Rk. von **I** mit Tosylchlorid in Pyridin u. Aceton bei 0°, 12std. Stehen, Einengen im Vakuum, Zugabe von W. u. Ae. u. Ansäuern mit 10%ig. HCl; aus 50%ig. A. Prismen. — *3-Acetoxy-4-isopropylpyrrolcarbonsäureäthylester*, $C_{12}H_{17}NO_4$, F. 65°, durch Rk. von 31 g **I** mit Acetylchlorid in Pyridin bei 0°, 12std. Stehen, Zugabe von Eiswasser, Ansäuern mit 10%ig. HCl u. Extraktion mit Ae.; 34 g (Ausbeute). — *3-Äthoxycarbonyloxy-4-isopropylpyrrol-2-carbonsäureäthylester*, $C_{13}H_{19}NO_5$, Kp.$_3$ 162 bis 165°, durch 6std. Kochen von 4 g **I** mit NaH u. Chlorameisensäureäthylester in Bzl. bei 110°, Zugabe von W. u. Extraktion mit Ae.; 2,9 g. — *2-Benzyl-3-oxo-4-isopropylpyrrolin-2-carbonsäureäthylester*, $C_{17}H_{21}NO_3$, F. 108°, Kp.$_{0,04}$ 130—140°, durch Rk. von 4,7 g **I** mit $NaOC_2H_5$, 10std. Kochen mit Benzylchlorid, Zugabe von W. u. Extraktion mit Ae.; aus A./PAe. Nadeln, 1,3 g; daneben aus der Mutterlauge 1,7 g *3-Benzyloxy-4-isopropylpyrrol-2-carbonsäureäthylester*, $C_{17}H_{21}NO_3$, F. 70 bis 71° (PAe.), Kp.$_2$ 160—170°. Gottfried Schreiber 3061△

0883 **Untersuchungen über die Synthese von Dihydrokainsäure und verwandte Verbindungen.** 3. Mitt. **Reduktion von 3-Hydroxy-4-isopropyl-2-pyrrolcarbonsäureäthylester.** Suminori Umio und Chōtaro Mizuno. (J. pharmac. Soc. Japan [Yakugakuzasshi] **77**, 421—24, 1957; jap., Auszug: engl.) — 2. vgl. vorst. Referat. — O-substituierte Hydroxypyrrol-Verbb. werden in O-substituierte *N-Äthoxycarbonylhydroxypyrrole* umgewandelt u. katalyt. an Raney-Ni oder PtO_2 bei normalem oder hohem Druck im Ring hydriert; die O-substituierte Hydroxylgruppe wird abgespalten, wobei *1-Äthoxycarbonyl-4-isopropylpyrrolidin-2-carbonsäureäthylester* (**III**) erhalten wird. Die Hydrolyse dieser Verb. liefert *4-Isopropylpyrrolidin-2-carbonsäure* (**I**), die sich mit Ninhydrin gelb färbt. **I** wird auch aus 4-Isopropylpyrrol-2-carbonsäuremethylester dargestellt.

Versuche: *1-Äthoxycarbonyl-3-acetoxy-4-isopropylpyrrol-2-carbonsäureäthylester* (**II**), $C_{15}H_{21}NO_6$, Kp.$_2$ 168—172°, durch Kochen von 13 g 3-Acetoxy-4-isopropylpyrrol-2-carbonsäureäthylester in Bzl. mit K unter N_2, 2½std. Kochen mit Chlorameisensäureäthylester u. Zugabe von PAe.; n_D^8 1,4935; 13 g (Ausbeute). — *1-Äthoxycarbonyl-3-äthoxycarbonyloxy-4-isopropylpyrrol-2-carbonsäureäthylester*, $C_{16}H_{23}NO_7$, Kp.$_{0,3}$ 154—158°, aus 29 g 3-Äthoxycarbonyloxy-4-isopropylpyrrol-2-carbonsäureäthylester analog **II**; 1,9 g. — *1-Äthoxycarbonyl-3-benzyloxy-4-isopropylpyrrol-2-carbonsäureäthylester*, $C_{20}H_{25}$·NO_5, Kp.$_{0,3}$ 165—167°, aus 1,7 g 3-Benzyloxy-4-isopropylpyrrol-2-carbonsäureäthylester analog **II**; 1,5 g. — *1.2-Bis-[äthoxycarbonyl]-4-isopropylpyrrolidin* (**III**), $C_{13}H_{23}NO_4$, Kp.$_{1,5}$ 120 bis 121°, a) durch 5½std. Hydrierung von 23,5 g **II** in Dioxan an Raney-Ni bei 150—170° u. 150 at; 6 g; b) durch Hydrierung von 1,8 g **II** in A. an PtO_2; 0,3 g; c) durch Hydrierung von 0,8 g vorst. Verb. in A. u. wenig konz. HCl an PtO_2; n_D^{10} 1,46520; 0,25 g; daneben nach a) u. c) *3-Hydroxy-4-isopropylpyrrol-2-carbonsäureäthylester* u. nach a) *3-Acetoxy-4-isopropylpyrrol-2-carbonsäureäthylester*. — *4-Isopropylpyrrolidin-2-carbonsäure* (**I**), $C_8H_{15}NO_2$, F. 253° (Zers.), a) durch 2std. Kochen von 1 g **III** mit 48%ig. HBr in Essigsäure, Dest. des Lsgm. im Vakuum, Zugabe von W. u. HBr-Abspaltung in Amberlite IR-4 B; aus W. Prismen; 0,45 g; b) aus 1 g **IV** analog a); 0,5 g. *Äthylester*, Kp.$_8$ 95° (*1-[p-Nitrobenzoyl]-Deriv.*, $C_{17}H_{22}N_2O_5$, F. 102°, Nadeln). — *1-Äthoxycarbonyl-4-isopropylpyrrol-2-carbonsäuremethylester*, $C_{12}H_{17}NO_4$, Kp.$_3$ 127 bis 128°, durch Rk. von 3,5 g 4-Isopropylpyrrol-2-carbonsäuremethylester mit K in Bzl. unter N_2 u. Zugabe von Chlorameisensäureäthylester; 3,5 g. — *1-Äthoxycarbonyl-4-isopropylpyrrolidin-2-carbonsäuremethylester* (**IV**), $C_{12}H_{21}NO_4$, Kp.$_3$ 124—125°, durch Hydrierung von 3,2 g vorst. Verb. in A. u. wenig konz. HCl an PtO_2 bei Raum-Temp.; 2,9 g.

Gottfried Schreiber 3061△

0884 **Untersuchungen über die Synthese von Dihydrokainsäure und verwandte Verbindungen.** 4. Mitt. **Darstellung von 2-Carboxypyrrol-3-propionsäurederivaten.** Chōtaro Mizuno. (J. pharmac. Soc. Japan [Yakugakuzasshi] **77**, 425—27, 1957; jap., Auszug: engl.) — 3. vgl. vorst. Referat. — *β-[2-Carboxy-4-isopropylpyrryl-(3)]-acrylsäure* (**I**) wird aus 1-Amino-3-methylbutanon-(2) u. 4-[Carbäthoxycarbonyl]-crotonsäureäthylester dargestellt. Katalyt. Hydrierung von I an PtO_2 bei Raum-Temp. liefert *β-[2-Carboxy-4-isopropylpyrryl-(3)]-propionsäure.* Eine andere Meth. zur Äthoxycarbonylierung von 3-Acetyl-4-isopropylpyrrol-2-carbonsäuremethylester u. von 1-Äthoxycarbonyl-3-acetyl-4-isopropylpyrrol-2-carbonsäuremethylester gelingt nicht.

Versuche: *β-[2-Carboxy-4-methyl-5-isobutylpyrryl-(3)]-acrylsäureäthylester*, $C_{15}H_{21}NO_4$, F. 192° (Zers.), durch 1std. Rühren von 1,7 g 3-Amino-5-methylhexanon-(2)-hydrochlorid mit dem Na-Salz (II) von ω-Oxalylcrotonsäureäthylester u. verd. NaOH bei 50—60° u. pH 6, Ansäuern mit 10% ig. HCl u. Extraktion mit Ae.; aus A. Nadeln; 0,3 g. — *β-[2-Carboxy-4-isopropylpyrryl-(3)]-acrylsäure* (I), $C_{11}H_{13}NO_4$, F. 200° (Zers.), durch 35 Min. langes Rühren von 100g 1-Amino-3-methylbutanon-(2)-hydrobromid mit II u. verd. NaOH bei 80°, Zugabe von HCl bis pH 4, Extraktion mit Ae., Aufnehmen mit 5% ig. NaOH, 12std. Stehen u. Zugabe von 10% ig. HCl bis pH 4; aus 50% ig. A. Prismen; 9,1 g. — *β-[2-Carboxy-4-isopropylpyrryl-(3)]-propionsäure*, $C_{11}H_{15}NO_4$, F. 162° (Zers.), durch 8std. Hydrierung von 13 g vorst. Verb. in A. u. wenig konz. HCl an PtO_2 bei Raum-Temp.; aus 50% ig. A. Prismen; 12 g. — *3-Acetyl-4-isopropylpyrrol-2-carbonsäuremethylester*, $C_{11}H_{15}NO_3$, F. 47°, Kp.$_2$ 147°, a) aus der entsprechenden Säure mit CH_2N_2 in Ae. bei 0°; b) durch 1½std. Erhitzen von 3,2 g nachst. Verb. mit Kohlensäurediäthylester u. KH unter N_2 bei 60°, 2std. Erhitzen auf 90°, Zugabe von A., Ae. u. W. u. Ansäuern mit HCl bei 0°; 1,8 g. *Semicarbazon*, F. 218° (Zers.). — *1-Äthoxycarbonyl-3-acetyl-4-isopropylpyrrol-2-carbonsäuremethylester*, $C_{14}H_{19}NO_5$, Kp.$_2$ 144—146°, durch Kochen von 3,1 g vorst. Verb. mit K in Bzl. unter N_2, Zugabe von Chlorameisensäureäthylester, 2std. Kochen u. Zugabe von PAe.; 3,3 g. Gottfried Schreiber 3061△

0885 **Untersuchungen über die Synthese von Dihydrokainsäure und verwandte Verbindungen.** 5. Mitt. **Darstellung von β-[2-Carboxy-4-isopropylpyrrolidyl-(3)]-propionsäure.** Chōtaro Mizuno. (J. pharmac. Soc. Japan [Yakugakuzasshi] **77**, 428—30, 1957; jap., Auszug: engl.) — 4. vgl. vorst. Referat. — β-[2-Methoxycarbonyl-4-isopropylpyrryl-(3)]-propionsäuremethylester wird in sein K-Salz umgewandelt, das mit Chlorameisensäureäthylester *β-[1-Äthoxycarbonyl-2-methoxycarbonyl-4-isopropylpyrryl-(3)]-propionsäuremethylester* bildet, aus dem nach katalyt. Hydrierung an PtO_2 u. Hydrolyse *β-[2-Carboxy-4-isopropylpyrrolidyl-(3)]-propionsäure* entsteht, die der Homodihydrokainsäure entspricht.

Versuche: *β-[2-Methoxycarbonyl-4-isopropylpyrryl-(3)]-propionsäuremethylester*, $C_{13}H_{19}NO_4$, Kp.$_{0,5}$ 150—152°, aus 5 g β-[2-Carboxy-4-isopropylpyrryl-(3)]-propionsäure u. CH_2N_2 in Ae.; 5 g (Ausbeute). — *β-[1-Äthoxycarbonyl-2-methoxycarbonyl-4-isopropylpyrryl-(3)]-propionsäuremethylester*, $C_{16}H_{23}NO_6$, Kp.$_{0,77}$ 162—164°, durch Kochen von 5,5 g vorst. Verb. mit K in Bzl. unter N_2, Zugabe von Chlorameisensäureäthylester bei 0°, 2std. Kochen u. Zugabe von PAe.; 5 g. — *β-[1-Äthoxycarbonyl-2-methoxycarbonyl-4-isopropylpyrrolidyl-(3)]-propionsäuremethylester*, $C_{16}H_{27}NO_6$, Kp.$_{0,2}$ 158—160°, durch Hydrierung von 5 g vorst. Verb. in A. u. wenig konz. HCl an PtO_2; 4,5 g. — *β-[2-Carboxy-4-isopropylpyrrolidyl-(3)]-propionsäure*, $C_{11}H_{19}NO_4$, F. 250° (Zers.), durch 2std. Kochen von 1,4 g vorst. Verb. mit 48% ig. HBr u. Essigsäure, Dest. im Vakuum, Zugabe von W. u. Ag_2CO_3, Einleiten von H_2S, Einengen u. Extraktion mit Aceton; aus 70% ig. A. Nadeln; 0,4 g. *Dimethylester*, $C_{13}H_{23}NO_4$, Kp.$_2$ 134°. Gottfried Schreiber 3061△

0886 **Untersuchungen über die Synthese von Dihydrokainsäure und verwandte Verbindungen.** 6. Mitt. **Darstellung von Dihydrokainsäure und Dihydrokainsäuremethylester.** Chōtaro Mizuno. (J. pharmac. Soc. Japan [Yakugakuzasshi] **77**, 430—33, 1957; jap., Auszug: engl.) — 5. vgl. vorst. Referat. — β-[1-Äthoxycarbonyl-2-methoxycarbonyl-4-isopropylpyrrolidyl-(3)]-propionsäuremethylester wird zu *2-Äthoxycarbonyl-4-isopropyl-2-azabicyclo-[3.3.0]-octanon-(8)* (I) durch Dieckmann-Cyclisierung umgewandelt. Rk. dieser Verb. mit Butylnitrit, Beckmann-Umlagerung u. Hydrolyse liefert *Dihydrokainsäure*, die über ihren Methylester gereinigt wird.

Versuche: *2-Äthoxycarbonyl-4-isopropyl-7-methoxycarbonyl-2-azabicyclo-[3.3.0]-octanon-(8)*, $C_{15}H_{23}NO_5$, Kp.$_{0,3}$ 174 bis 175°, durch Kochen von 42,6 g β-[1-Äthoxycarbonyl-2-methoxycarbonyl-4-isopropylpyrrolidyl-(3)]-propionsäuremethylester mit NaH in Bzl. u. wenig Methanol unter N_2, Zugabe von Eiswasser, Ansäuern mit verd. HCl u. Extraktion mit Ae.; 19 g (Ausbeute). — *2-Äthoxycarbonyl-4-isopropyl-2-azabicyclo-[3.3.0]-octanon-(8)* (I), $C_{13}H_{21}NO_3$, Kp.$_{0,5}$ 137°, durch Kochen von 19 g vorst. Verb. mit konz. HCl/W./A. (1:1:1,5), Zugabe von W. u. Extraktion mit Ae.; 9,5 g. — *β-[2-Methoxycarbonyl-4-isopropylpyrryl-(3)]-propionsäure*, $C_{12}H_{17}NO_4$, F. 103°, durch Rk. von 1,5 g β-[2-Methoxycarbonyl-4-isopropylpyrryl-(3)]-propionsäuremethylester mit NaH in Bzl., Zugabe von Eiswasser, Ansäuern mit verd. HCl u. Extraktion mit Ae.; 0,5 g. — *2-Äthoxycarbonyl-4-isopropyl-7-hydroxyimino-2-azabicyclo-[3.3.0]-octanon-(8)*, $C_{13}H_{20}N_2O_4$, F. 180—190° (Zers.), durch 2std. Rühren von 4,8 g I mit Butylnitrit in A., Ae. u. wenig konz. HCl bei 0°, 2tägiges Stehen, Extraktion mit 2,5% ig. NaOH, Ansäuern mit Essigsäure u. Lösen des Nd. in Essigsäureäthylester; braun; 3,5 g. — *1-Äthoxycarbonyl-2-carboxy-3-cyanmethyl-4-isopropylpyrrolidin*, durch ½std. Rühren von 3,5 g vorst. Verb. in 10% ig. NaOH mit p-Tosylchlorid bei 60°, Ansäuern mit 10% ig. HCl, Extraktion des Nd. mit Essigsäureäthylester, Schütteln mit wss. $NaHCO_3$-Lsg., Ansäuern u. Extraktion mit Essigsäureäthylester; Sirup; 23 g. — *[β-[2-Carboxy-4-isopropylpyrrolidyl-(3)]-essigsäure* (*Dihydrokainsäure*), F. ca. 230° (Zers.), durch 6std. Kochen von 2,3 g vorst. Verb. mit 48% ig. HBr in Essigsäure, Dest. des Lsgm. im Vakuum u. Reinigung der wss. Lsg. an Amberlite IRC-50; hygroskop.; 0,9 g. *Methylester*, $C_{12}H_{21}NO_4$, Kp.$_2$ 123°. Gottfried Schreiber 3061△

0887 **Untersuchungen über die Synthese von Dihydrokainsäure und verwandte Verbindungen.** 7. Mitt. **Darstellung von Dihydrokainsäure.** 2. Mitt. Chōtaro Mizuno. (J. pharmac. Soc. Japan [Yakugakuzasshi] **77**, 442 bis 443, 1957; jap., Auszug: engl.) — 6. vgl. vorst. Referat. — Aus dem gelblichen krist. Pulver, das bei der Hydrolyse von 3,3 g 1-Äthoxycarbonyl-2-carboxy-3-cyanmethyl-4-isopropylpyrrolidin durch 6std. Kochen mit 48 % ig. HBr in Essigsäure, Zugabe von Ag_2CO_3 u. nach Reinigen an Amberlite IRC-50 erhalten wird, wird 1 g *Dihydrokainsäure* [$C_{10}H_{17}NO_4$, F. 253° (Zers., W.)] isoliert. Gottfried Schreiber 3061△

0888 **Über die Synthese von α-Pyrrolidon.** F. P. Ssidelkowskaja, W. I. Seifman und M. G. Selenskaja. (Med. Ind. UdSSR **16**, Nr. 11, 26—30, 1962; Akad. der Wiss. der UdSSR, Zelinski-Inst. für organ. Chem.; Allunions Ordshonikidse-Forschungsinst.; russ.) — *Pyrrolidon-(2)* [Kp.$_{19-22}$ 134 bis 136°; n_D^{20} 1,4682] wird in maximaler Ausbeute von 85,6% durch 3std. Erhitzen von 750 g γ-Butyrolacton mit 400 ml fl. NH_3 im Autoklaven auf 210—220° erhalten. Einfl. von Temp., Rk.-Dauer u. NH_3-Überschuß auf die Ausbeute wurden untersucht. Helmut Schäfer 3081△

0889 **Reaktionen des Indols.** 3. Mitt. **β-[Indolyl-(3)]-propionsäure. Einige Reaktionen des Indols mit Salzen der Acryl- und Methacrylsäure.** Herbert E. Johnson und Donald G. Crosby. (J. org. Chemistry **28**, 2030—32, 1963; S. Charleston, W.Va., Union Carbide Chem. Co., Res. and Dev. Dep.; engl.) — 2. vgl. C. **1964**, 11-0893; 1. vgl. C. **1960**, 13678. — Die Rk. von Indol (I) mit K-Acrylat bei 225—300° in Ggw. von KOH liefert *β-[Indolyl-(3)]-propionsäure* (**II**). Der Rk.-Verlauf wird von der Rk.-Zeit nicht, von der Rk.-Temp. jedoch erheblich beeinflußt. So werden bei 225° Gemische von **II** u. *β-[Indolyl-(1)]-propionsäure* (**VII**) ca. 1:1 erhalten, während bei 300° z. T. Abbau von I auftritt. Durch Rk. von I, Na-Acrylat u. NaOH (1:0,9:1,35) bei 260° wird **II** in guter Ausbeute erhalten. Das Rk.-Prod. enthält jedoch ca. 5% saure Verunreinigungen, die durch wiederholte Veresterung u. Fraktionierung nicht vollständig entfernt werden konnten. **VII** war im Destillat nicht nachzuweisen. **I**, Acrylsäure (**VIII**) u. $(C_2H_5)_3N$ (1:1:1,5) geben bei 260° *N.N-Diäthylpropionamid*, *3-Äthylindol* (**III**), *1.2.3.4-Tetrahydrocarbazol* (**IV**), *N.N-Diäthyl-β-[indolyl-(1)]-* (**V**) u. *-β-[indolyl-(3)]-propionamid* (**VI**) sowie nichtflüchtige, schwer zu behandelnde Rückstände. Alkal. Hydrolyse von **V** bzw. von **VI** gelingt nicht. Durch analoge Rk. von **I**, Methacrylsäure (**XI**) u. $(C_2H_5)_3N$ wird u. a. *1-Methyl-IV* erhalten, was die Ggw. von Acrylaten als Voraussetzung für das Entstehen dieses Verb.-Typs beweist. Die Anwesenheit größerer Mengen von W. führt zu **VII** u. *Bis-[indolyl-(3)]-methan.* Mit Methacrylaten gibt **I** bei 300° das entsprechende **II**-Deriv., dessen Struktur durch unabhängige Synth. gesichert wird, *3-n-Propylindol* u. *o-Toluidin* (**X**). Mit Salzen der Crotonsäure (**IX**) wird bei

280° **III** erhalten, β-[Indolyl-(3)]-buttersäure wird nicht isoliert; diese Rk. gibt bei 250° jedoch *β-[Indolyl-(3)]-buttersäure*. 2-Methyl- bzw. 2.5-Dimethylindol liefern analoge Derivv.; dagegen gelingt die Rk. mit 1.2-Dimethylindol nicht. **IX**, Itacon-, Malein- u. Fumarsäure reagieren unter den gegebenen Rk.-Bedingungen nicht mit $C_{(3)}$ von **I**.

Versuche: *β-[Indolyl-(3)]-propionsäure* (**II**), F. 134 bis 136° (W.), durch 20std. Erhitzen von **I**, **VIII** u. 85%ig. KOH im Autoklaven auf 275°, Zusetzen von W. bei 100°, Ausäthern, Ansäuern der wss. Schicht, Verestern mit A., fraktionierte Dest. u. Verseifen; 61% (Ausbeute). — *α-Methyl-β-[indolyl-(3)]-propionsäure*, $C_{12}H_{13}NO_2$, F. 127—129°, analog mit **XI** a) in 19 Std. bei 280°; aus W. Nadeln; 60%; b) mit 234 g **I** bei 300°; 61%; daneben 6 g **X** (Kp.$_3$ 61°, n_D^{30} 1,5675) u. 10 g *3-n-Propylindol* (F. 26—27°, Kp.$_{1,25}$ 116°, n_D^{30} 1,5762); c) durch 5std. Kochen von **I**, **XI**, $(CH_3CO)_2O$ u. CH_3CO_2Na in CH_3CO_2H, Einengen im Vakuum, Zusetzen von wss. NaOH, Waschen mit Ae. u. Ansäuern mit konz. HCl; 31%. *Äthylester*, $C_{14}H_{17}NO_2$, Kp.$_{0,75}$ 165°, n_D^{30} 1,5504; 80%. — *β-[Indolyl-(1)]-buttersäure, Äthylester*, $C_{14}H_{17}NO_2$, Kp.$_4$ 167°, analog **II** durch 21std. Erhitzen von 234 g **I**, **IX** u. NaOH auf 250°, Verestern mit A. u. fraktionierte Dest.; n_D^{30} 1,5452; 35 g. — *N.N-Diäthylpropionamid*, Kp.$_{1,85}$ 46°, durch 21std. Erhitzen von **I**, **VIII** u. $(C_2H_5)_3N$ auf 260°, Zusetzen von W., Ausäthern u. fraktionierte Dest.; 7%; daneben 15% *3-Äthylindol* (**III**; F. 36—37°, Kp.$_{0,75}$ 104°), 5% *1.2.3.4-Tetrahydrocarbazol* [**IV**; $C_{12}H_{13}N$, F. 117—118° (Hexan)], 9% **V** u. 8% **VI**. — Analog: *1-Methyl-1.2.3.4-tetrahydrocarbazol*, $C_{13}H_{15}N$, Kp.$_{0,5}$ 128—131°, mit **XI**; n_D^{30} 1,6007; 5%; daneben 66% **III**. — *1-Methylcarbazol*, F. 120—121°, durch Dehydrieren von 1,02 g vorst. Verb. in Ggw. von 5%ig. Pd/Kohle bei 300°; aus Hexan Tafeln; 0,72 g. — *β-[Indolyl-(1)]-propionsäure* (**VII**), *N.N-Diäthylamid* (**V**), $C_{15}H_{20}N_2O$, F. 42—44° (Hexan), nach Shaw u. Wooley (J. biol. Chemistry **203**, [1953], 979) durch ½std. Stehen von **VII** mit PCl_5 in abs. Ae. bei 0°, dann ½ Std. bei 25°, Gießen auf $(C_2H_5)_3N$-Eis u. Einengen durch Einleiten von N_2; 90%. *Äthylester*, $C_{13}H_{15}NO_2$, Kp.$_{0,75}$ 132—134°, n_D^{30} 1,5565; 88%. — *N.N-Diäthyl-β-[indolyl-(3)]-propionamid* (**VI**), $C_{15}H_{20}N_2O$, F. 115—117° (Essigester), analog **V**.

H. Gleinig 3081◇

0890 **1-Benzylgraminderivate mit Serotonin-antagonistischer Wirkung.** G. Ehrhart und I. Hennig. (Arch. Pharmaz. Ber. dtsch. pharmaz. Ges. **294/66**, 550—55, 1961; Farbwerke Hoechst Akt.-Ges., Pharm.-Wiss. Labor.; dt.) — Durch Mannich-Rk. mit entsprechenden Indolen werden vornehmlich in 2- u. 5-Stellung substituierte *Gramine* synthetisiert, deren Serotonin-antagonist. Wrkg. die des 1-Benzyl-2-methyl-5-methoxytryptamins („BAS"; im Orig. irrtümlich ...-2-methyl-5-hydroxy...) meist übertreffen.

Versuche: 1-Benzylindole, durch Benzylierung entsprechender Indole nach Plieninger (C. **1950/54**, 7373 S) in fl. NH_3: *2-Methyl-* (**II**), F. 59—60°. — *5-Benzyloxy-* (**VII**), F. 108—109°. — *6-Methoxy-* (**IV**), F. 70—71°. — *5-Methoxy-* (**III**), F. 79—80°. — *5.6-Dimethoxy-* (**V**), F. 95—96°. — *5-Chlor-* (**VIII**), F. 65—66°. — *5-Brom-* (**IX**), F. 88—89°. — *5-Fluor-* (**X**), F. 61—62°. — *2-Methyl-5-methoxy-* (**VI**), $C_{17}H_{17}NO$, F. 115° (A./Essigester), aus 20 g 1-Benzyl-2-methyl-3-carbäthoxy-5-hydroxyindol durch 4std. Erhitzen mit 2n NaOH u. A., Abkühlen, Zugabe von konz. HCl u. A. u. 1—2std. Erhitzen, Abdestillieren des A., Ausäthern u. Methylieren des Ae.-Rückstandes; 13 g. — 1-Benzyl-3-dimethylaminomethylindole: *unsubstituiert, Hydrochlorid*, $C_{18}H_{20}N_2 \cdot HCl$, F. 208° (A.), aus 1-Benzylindol (**I**), wss. Dimethylamin u. Formalin in Eisessig durch 3std. Rk. bei Zimmer-Temp., Stehen über Nacht, Absaugen, Versetzen der wss. Lsg. mit 2n NaOH, Ausäthern u. Zugabe von 2n HCl zur Ae.-Lsg.; 69,5% (Ausbeute). — *2-Methyl-, Hydrochlorid*, $C_{19}H_{22}N_2 \cdot HCl$, F. 172° (A.), aus **II** analog vorst. Verb.; 46%; daneben *Bis-methylen-Verb.* (F. 143—144°; 30%). — *5-Methoxy-, Hydrochlorid*, $C_{19}H_{22}N_2O \cdot HCl$, F. 185° (A.), analog aus **III**; 71%. — *6-Methoxy-, Maleinat*, $C_{19}H_{22}N_2O \cdot C_4H_4O_4$, F. 141° (A.), analog aus **IV**, aber Rk. der Base mit alkohol. Maleinsäure-Lsg.; 55%. — *5.6-Dimethoxy-, Hydrochlorid*, $C_{20}H_{24}N_2O_2 \cdot HCl$, F. 192° (A.), analog aus **V**; 60%. — *2-Methyl-5-methoxy-*, F. 85° (A.); 36,5%. *Hydrochlorid*, $C_{20}H_{24}N_2O \cdot HCl$, F. 185° (A.), analog aus **VI**. — *5-Benzyloxy-, Hydrochlorid*, $C_{25}H_{26}N_2O \cdot HCl$, F. 162° (A./Ae.), analog aus **VII** durch ½std. Erwärmen; 59%. — *5-Hydroxy-*, $C_{18}H_{20}N_2O$, F. 145—146°, aus vorst. Verb. durch Hydrogenolyse in Ggw. von Raney-Ni; 72%. — *5-Chlor-, Hydrochlorid*, $C_{18}H_{19}ClN_2 \cdot HCl$, F. 215° (A.), analog aus **VIII**; 52,5%. — *5-Brom-, Hydrochlorid*, $C_{18}H_{19}BrN_2 \cdot HCl$, F. 223° (A.), analog aus **IX**; 60%. — *5-Fluor-, Hydrochlorid*, $C_{18}H_{19}FN_2 \cdot HCl$, F. 202° (A.), analog aus **X**; 72,5%. — *1-Benzyl-3-piperidinomethylindol, Hydrochlorid*, $C_{21}H_{24}N_2 \cdot HCl$, F. 186—187° (A.), aus **I** in Eisessig mit Piperidin u. Formalin analog vorst. Verbb.; 64%. — *1-Benzyl-2-methyl-3-diäthylaminomethylindol, Hydrochlorid*, $C_{21}H_{26}N_2 \cdot HCl$, F. 158°, analog. — *1-Benzyl-2-methyl-3-piperidinomethylindol, Hydrochlorid*, $C_{22}H_{26}N_2 \cdot HCl$, F. 188° (A.).

K.-D. Albrecht 3081◇

0891 **Heterocyclische Untersuchungen.** 9. Mitt. **Einige Umwandlungen des 1.2-Diazabicyclo-[3.2.0]-heptan-Systems.** James A. Moore, Frank J. Marascia, Robert W. Medeiros und Edmond Wyss. (J. Amer. chem. Soc. **84**, 3022—23, 1962; Newark, Del., Univ., Dep. of Chem.; engl.) — 8. vgl. C. **1963**, 907. — Die Rk. von 5-Methyl-4-phenyl-1.2-diazabicyclo-[3.2.0]-hepten-(2)-on-(6) mit C_6H_5COCl in Pyridin lieferte *2-Benzoyl-5-methyl-4-phenyl-1.2-diazabicyclo-[3.2.0]-hepten-(3)-on-(6)* (**I**), F. 126—127° (Zers.). **I** ist besser erhältlich aus 5-Methyl-4-phenyl-1.2-diazacycloheptadien-(2.4)-on-(6) (**II**) mit C_6H_5COCl in Pyridin oder $(CH_3)_2NC_6H_5$. Aus **II** u. CH_3COCl entstand *2-Acetyl-5-methyl-4-phenyl-1.2-diazabicyclo-[3.2.0]-hepten-(3)-on-(6)*. **I** ist auch gegenüber mild wirkenden Reagentien sehr reaktiv. Mit warmem Eisessig bildet sich **II** zurück. In wss.-methanol. HCl erfolgt Umlagerung ohne Hydrolyse zu *1-Benzamido-3-hydroxy-4-methyl-5-phenylpyridiniumchlorid* [90% (Ausbeute)]. — Kurzes Kochen von **I** in CH_3OH in Ggw. von Benzoe- oder p-Toluolsulfonsäure gab eine *Verb.* mit der Zus. eines Hemiketals, die ähnlich wie **I** in **II** bzw. vorst. Verb. umgewandelt werden konnte; nach ihrem UV-Spektrum (λ_{max} 261 mμ in A.) u. anderen Eigg. ist sie jedoch nicht das durch einfache C=O-Addition von **I** abgeleitete bicycl. Hemiketal; Carbonyl-Derivv., z. B. ein Semicarbazon, konnten aus **I** nicht erhalten werden. — Kochen von **I** in CH_3OH in Ggw. von C_6H_5COOH u. C_6H_5COONa gab *1-Benzoyl-3-methyl-4-phenyl-Δ³-pyrrolon-(2)* (40%), das durch milde alkal. Hydrolyse zu *3-Methyl-4-phenyl-Δ³-pyrrolon-(2)* charakterisiert wurde. — Aus **I** u. CH_3OH in Ggw. katalyt. Mengen NH_3 oder Bicarbonat entstand dagegen hauptsächlich *6-Benzamido-3-hydroxy-4-methyl-5-phenylpyridin* (70%). — **I** u. CH_3OH ohne Zusätze lieferten ein Gemisch beider vorst. *Benzoylverbindungen*. — Erhitzen von **I** in Bzl. oder Toluol führte zu einem anderen sehr reakt. *Isomeren* noch unbekannter Struktur. — In kalter methanol. KOH entstanden aus **I** *1-Amino-2-phenylbuten-(1)-on-(3)* (F. 98°; 35%; charakterisiert durch Überführung in *3-Methyl-4-phenylpyrazol* u. durch Synth. aus 1-Phenyl-1-äthoxymethylenaceton), eine nicht identifizierte *Verb.* $C_{17}H_{17}NO_2$ (6%) u. *3-Hydroxy-4-methyl-5-phenylpyridon-(2)* [5%; auch erhalten durch Elbs-Oxydation von 3-Hydroxy-4-methyl-5-phenylpyridin neben *3-Hydroxy-4-methyl-5-phenylpyridon-(6)*]. Die Mechanismen einiger der vorst. Rkk. werden diskutiert.

J. Rothe 3122◇

0892 **1.5-Disubstituierte 2.4-Dithiobiurete und ihre Oxydation zu 3.5-disubstituierten Diimino-1.2.4-dithiazolidinen.** S. N. Dixit. (J. Indian chem. Soc. **39**, 407—10, 1962; Banaras, Hindu Univ., Organ. Chem. Res. Sect.; engl.) — Die Darst. von *3.5-Diimino-1.2.4-dithiazolidinen* durch Oxydation von 2.4-Dithiobiureten mit Br_2 oder J_2 wird beschrieben.

Versuche: 2-S-Benzyliso-4-thiobiurete, durch 1—1½std. Kochen von N-substituierten Thiocarbamiden mit Benzylchlorid in A., Eindampfen, Neutralisieren mit $NaHCO_3$, Extrahieren mit Ae. oder Bzl., ¼—½std. Erhitzen mit Aryl- oder Alkylisothiocyanaten auf 100° u. Eindampfen: *1.5-Diphenyl-*, F. 97—98° (A.), aus S-Benzyl-N-phenylisothioharnstoff u. Phenylisothiocyanat. — *1.5-Di-o-tolyl-*, $C_{23}H_{23}N_3S_2$, F. 128°. — *1.5-Di-p-tolyl-*, $C_{23}H_{23}N_3S_2$, F. 126 bis 127°. — *1.5-Diphenyläthyl-*, $C_{25}H_{27}N_3S_2$, F. 101—102°. — *1-p-Tolyl-5-phenyl-*, $C_{22}H_{21}N_3S_2$, F. 79—81°, aus S-Benzyl-N-p-tolylisothioharnstoff u. Phenylisothiocyanat. — *1-Phenyl-5-methyl-*, $C_{16}H_{17}N_3S_2$, F. 104°, aus S-Benzyl-N-phenylisothioharnstoff u. Methylisothiocyanat. — *1-p-Tolyl-5-methyl-*, $C_{17}H_{19}N_3S_2$, F. 116°. — *1-Methyl-5-phenyl-*, $C_{16}H_{17}N_3S_2$, F. 133°, aus S-Benzyl-N-methylisothioharnstoff u. Phenylisothiocyanat. — *1-Methyl-5-p-tolyl-*, $C_{17}H_{19}N_3S_2$, F. 112°. — *1.5-Dimethyl-*, $C_{11}H_{15}N_3S_2$, F. 81°. — *1-Methyl-5-äthyl-*, $C_{12}H_{17}N_3S_2$, F. 72—73°. — 2.4-Dithiobiurete, durch 1—3std.

Einleiten von H_2S in eine äthanol. NH_3-Lsg. oder 5—10% ig. äthanol. Na_2S-Lsg. der vorst. 2-S-Benzyliso-4-thiobiurete, Filtrieren u. Ansäuern oder Verdünnen mit W.: *1.5-Diphenyl-*, $C_{14}H_{13}N_3S_2$, F. 144—145° (A.). — *1.5-Di-o-tolyl-*, $C_{16}H_{17}N_3S_2$, F. 113—114° (A.). — *1.5-Di-p-tolyl-*, $C_{16}H_{17}N_3S_2$, F. 142° (A.). — *1.5-Diphenyläthyl-*, $C_{18}H_{21}N_3S_2$, F. 134° (A.). — *1-p-Tolyl-5-phenyl-*, $C_{15}H_{15}N_3S_2$, F. 124° (A.). — *1-Phenyl-5-methyl-*, $C_9H_{11}N_3S_2$, F. 135° (A.). — *1-p-Tolyl-5-methyl-*, $C_{10}H_{13}N_3S_2$, F. 164° (A.). — *1.5-Dimethyl-*, $C_4H_9N_3S_2$, F. 148° (A.). — 1.2.4-Dithiazolidine, durch Zugabe von Br_2 im geringen Überschuß zu vorst. Verbb. in A. u. Zers. der Hydrobromide mit NH_4OH oder Alkali: *3.5-Bis-[phenylimino]-*, $C_{14}H_{11}N_3S_2$, F. 179—180° (A.). *Hydrobromid*, F. 198°. — *3.5-Bis-[o-tolylimino]-*, $C_{16}H_{15}N_3S_2$, F. 166° (A.). *Hydrobromid*, F. 248° (A.). — *3.5-Bis-[p-tolylimino]-*, $C_{16}H_{15}N_3S_2$, F. 188° (A.). *Hydrobromid*, F. 218° (A.). — *3.5-Bis-[phenyläthylimino]-*, $C_{18}H_{19}N_3S_2$, F. 186° (A.). *Hydrobromid*, F. 218° (A.). — *3-Phenylimino-5-[p-tolylimino]-*, $C_{15}H_{13}N_3S_2$, F. 198° (A.). *Hydrobromid*, F. 228° (A.). — *3-Methylimino-5-phenylimino-*, $C_9H_9N_3S_2$, F. 136° (A.). *Hydrobromid*, F. 198° (A.). — *3-Methylimino-5-[p-tolylimino]-*, $C_{10}H_{11}N_3S_2$, F. 158° (A.). *Hydrobromid*, F. 231° (A.). — *3.5-Bis-[methylimino]-*, $C_4H_7N_3S_2$, F. 168° (A.). *Hydrobromid*, F. 281° (A.).

W. Hampel 3173△

0893 **Untersuchungen über Mekonsäurederivate.** 2. Mitt. **Mercuriverbindungen von Mekonsäure und Komensäure.** Hiroyuki Fukushima und Wakei Mori. (J. pharmac. Soc. Japan [Yakugakuzasshi] **77**, 380—82, 1957; Tokushima, Univ., Pharmac. Fac.; jap., Auszug: engl.) — Der Nd. von Mekonsäure mit Hg^{2+} wird untersucht. Er besteht aus einer wenig stabilen Hydroxymercurimekonsäure (I), die sich nach Lösen in 2% ig. Na_2CO_3 u. Wiederausfällen mit Essigsäure in eine *Verb.* $C_6H_2HgO_5$ umwandelt. Behandlung dieser Verb. mit 0,2 n HCl bei Raum-Temp. führt zu *6-Chlormercurikomensäure* (**II**). Die Stellung der Chlormercurigruppe wird durch Überführen vorst. Verb. mit Br_2 in *6-Bromkomensäure* u. dann in *Komensäureäthylester* bewiesen. Beim Kochen von **I** mit W. soll ein anderes Hydroxymercurimekonsäureanhydrid entstehen, das mit $FeCl_3$ in 0,2 n HCl positive Rk. gibt u. mit n-NaOH unter Abscheidung von HgO eine andere *Chlormercurikomensäure* bildet.

Versuche: *Hydroxymercurimekonsäure* (**I**), $C_7H_4HgO_8$, durch Rk. einer 2,5% ig. wss. Lsg. von 2,54 g Mekonsäure mit $HgCl_2$ in 0,2 n HNO_3; 1,4 g (Ausbeute). — *Verb.* $C_6H_2HgO_5$, durch Rk. vorst. Verb. mit 2% ig. Na_2CO_3-Lsg., Zugabe von Essigsäure u. 12 std. Stehen. *Isomere Verb.* $C_6H_2HgO_5$, durch 2 std. Kochen von **I** in Wasser. — *6-Chlormercurikomensäure* (**II**), durch 12 std. Stehen vorst. Verb. mit 0,2 n HCl u. Umkristallisieren aus 0,1 n HCl. — *6-Bromkomensäure*, F. 190° (Zers.; W.), durch Rk. von 1 g **II** mit Br_2 in W.; 0,38 g. — *Komensäureäthylester*, F. 126°, durch 8 std. Kochen von **II** mit NaJ in A., Filtrieren, Lösen in W., Ansäuern mit HCl u. Kochen mit 5% ig. HCl/Äthanol. — *O.O'-Mercuridikomensäure*, durch Zugabe von $Hg(NO_3)_2$ in 6% ig. HNO_3 zu Mekonsäure in Wasser. — *Mekonsäuredimethylestermonomethyläther*, $C_{10}H_{10}O_7$, F. 140—141°, durch Rk. von Mekonsäure in Aceton mit CH_2N_2 in Ae.; aus W. Nadeln. — *Komensäuremethylestermethyläther*, F. 197°, aus vorst. Verb.; Nadeln.

Gottfried Schreiber 3211△

0894 **Untersuchungen über Mekonsäurederivate.** 3. Mitt. **Titrationskurven und Umesterung von Mekonsäurederivaten.** Hiroyuki Fukushima. (J. pharmac. Soc. Japan [Yakugakuzasshi] **77**, 383—86, 1957; jap., Auszug: engl.) — 2. vgl. vorst. Referat. — Die Titrationskurven von Mekonsäure-Derivv. mit 0,1 n NaOH werden mit denen von Benzolring-Verbb. desselben Typs verglichen. Es zeigt sich, daß die als Mekonsäuremonomethylester (F. 164°) beschriebene Verb. Mekonsäuredimethylester ist. Pyromekonsäure zeigt einen stärkeren Sprung in seiner Kurve als Phenol, während bei Komensäure zwei Sprünge klar zu unterscheiden sind. Der zweite Sprung ist derselbe wie bei Pyromekonsäure; der dritte, der der Hydroxylgruppe in der Mekonsäure entspricht, ist undeutlich. Bei 6-Hydroxykomensäure ist nur der zweite Sprung klar, erster u. dritter sind undeutlich. 6-Hydroxykomensäureäthylester wird als monobas. Säure titriert. Diese Ester lösen sich in n-NaOH u. bilden die entsprechenden Säuren nur nach Ansäuern. Erwärmen der Äthyl- oder Methylester mit dem entsprechenden Alkohol u. mit HCl als Katalysator führt zu reversibler Umesterung. Die Komensäure-u. O-Methylkomensäureester geben dieselbe Rk. nur mit $KHCO_3$ als Katalysator.

Versuche: *Mekonsäuredimethylester*, F. 163—164° (Methanol), durch Kochen von Mekonsäure mit Methanol u. HCl-Gas. — *O-Methylkomensäureäthylester*, F. 154—155°, durch* Kochen von Komensäureäthylester mit K_2CO_3 u. Dimethylsulfat in Aceton; aus A. Nadeln. — *Komensäuremethylestermethyläther* (**I**, *O-Methylkomensäuremethylester*), F. 197°, aus Komensäuremethylester oder O-Methylkomensäure analog vorst. Verbindung. — *Protocatechusäure*, F. 199—200°. *Äthylester*, F. 134°. — *O-Methylkomensäure*, F. 260—262° (Zers.), durch 12 std. Stehen von **I** mit 0,5 n NaOH u. Ansäuern mit HCl; aus W. Säulen. — *Komensäuremethylester*, $C_7H_6O_5$, F. 182° (Methanol), durch 4 std. Kochen von Komensäureäthylester mit $KHCO_3$ in Methanol. — *O-Acetylkomensäuremethylester*, $C_9H_8O_6$, F. 116—117°, aus vorst. Verb. u. Acetylchlorid. *Äthylester*, F. 104°; Platten. — *6-Hydroxykomensäuremethylester.*

Gottfried Schreiber 3211△

0895 **Lineare Benzochromanone und Benzochromone.** 2. Mitt. **Synthese von 6.7-Cyclohexenochromanon, 6.7-Benzochromanon, 6.7-Cyclohexenochromon und 6.7-Benzochromon.** K. H. Bell und H. Duewell. (Austral. J. Chem. **16**, 690—94, 1963; Tighe's Hill, N.S.W., Univ., Newcastle Univ. Coll., Dep. of Chem.; engl.) — 1. vgl. C. **1963**, 20789. — Saure Hydrolyse des aus Acrylnitril (**IX**) u. 5.6.7.8-Tetrahydronaphthol-(2) (**I**) erhaltenen *3-[5.6.7.8-Tetrahydronaphthyl-(2)-oxy]-propionitrils* liefert die entsprechende *Säure* (**II**), deren Darst. aus **I** u. 3-Brompropionsäure nicht gelingt. **II** wird mit Polyphosphorsäure (PPS) zu *6.7-Cyclohexenochromanon* (**III**) cyclisiert. Katalyt. Dehydrierung von **III** führt zu *6.7-Benzochromanon* (**IV**) u. *6.7-Benzochroman.* Durch Rk. von **III** mit S wird nur **IV** in geringer Ausbeute erhalten. Cyclisieren des durch Kondens. von Ameisensäureäthylester (**X**) mit 5.6.7.8-Tetrahydro-2-hydroxy-3-acetonaphthon (**V**) in Ggw. von Na erhaltenen *5.6.7.8-Tetrahydro-2-hydroxynaphthoyl-(3)-acetaldehyds* (**VI**) mit alkohol. H_2SO_4 gibt *6.7-Cyclohexenochromon* (**VII**). Analog wird 2-Hydroxy-3-acetonaphthon zum entsprechenden *Ketoaldehyd* umgesetzt u. zu *6.7-Benzochromon* (**VIII**) cyclisiert. Die Strukturen von **III** bzw. **IV** werden durch katalyt. Hydrierung von **VII** zu **III** bzw. von **VIII** zu **IV** gesichert.

Versuche (FF. korr.): *5.6.7.8-Tetrahydronaphthol-(2)* (**I**), F. 59—60°, Kp.$_3$ 133—134°, durch Hydrieren von Naphthol-(2) in A. in Ggw. von Eisessig über Raney-Ni bei 150—160°/120 at nach Stork [1947], Eindampfen, Lösen in Ae., Extrahieren mit 2% ig. NaOH, Ansäuern u. Ausäthern; aus PAe. Platten; 49% (Ausbeute). *Acetat* (**XI**), Kp.$_3$ 137—138°, durch 20 Min. langes Schütteln von **I** mit Eis u. Acetanhydrid in 2% ig. NaOH u. Extrahieren mit CCl_4; 78%. — *3-[5.6.7.8-Tetrahydronaphthyl-(2)-oxy]-propionsäure* (**II**), $C_{13}H_{16}O_3$, F. 157,5—158°, durch 24 std. Kochen des Nitrils mit konz. HCl u. Kühlen; aus PAe. Nadeln; 83%. *Nitril*, $C_{13}H_{15}NO$, F. 45°, durch 24 std. Kochen von **I** mit **IX** in Ggw. von Triton B, Kühlen, Gießen in 2% ig. NaOH, Ausäthern u. Dest. bei 173—175°/2 Torr; aus PAe. Nadeln; 60%. — *6.7-Cyclohexenochromanon* (**III**), $C_{13}H_{14}O_2$, Kp.$_2$ 155—156°, a) durch 1 std. Erhitzen von **II** mit PPS auf 100—105°, Gießen in Eiswasser, Lösen in Bzl. u. Fraktionieren; blaßgelb; 67%; b) durch Hydrieren von **VII** in Eisessig über Adams-Katalysator bei Raumtemperatur. *2.4-Dinitrophenylhydrazon* (DNP), $C_{19}H_{18}N_4O_5$, F. 269—270° (Zers.; Chlf.-Methanol); rot. *Oxim*, $C_{13}H_{15}NO_2$, F. 122,5—123°, aus PAe. Nadeln. — *6.7-Benzochromanon* (**IV**), $C_{13}H_{10}O_2$, F. 131 bis 132°, a) durch 1 std. Erhitzen von 2 g **III** in Ggw. von 30% ig. Pd/Kohle unter CO_2 auf 230—240°, Ausäthern u. Chromatographie an Al_2O_3; aus wss. Methanol blaßgelbe Nadeln; 0,25 g; daneben 0,8 g *6.7-Benzochroman* ($C_{13}H_{12}O$, F. 110—111°, aus Methanol Nadeln); b) durch Erhitzen von **III** mit S unter CO_2 auf 250° bis zum Ende der H_2S-Entw. u. Aufarbeiten nach a); 24%; c) durch Hydrierung von **VIII** in Eisessig über Adams-Katalysator bei Raumtemperatur. *DNP*, $C_{19}H_{14}N_4O_5$, F. 252—254° (Zers.; Chlf.-Methanol); rot. — *5.6.7.8-Tetrahydro-2-hydroxy-3-acetonaphthon* (**V**), F. 71—72°, aus **XI** nach O'Farrel u. Mitarbeitern (C. **1957**, 2159); aus Methanol blaßgelbe Nadeln; 48%. — *5.6.7.8-Tetrahydro-2-hydroxynaphthoyl-(3)-acetaldehyd* (**VI**), $C_{13}H_{14}O_3$, F. 130—131°, durch 24 std. Stehen von **V**, **X** u. Na in abs. Ae. bei Raum-

Temp., Zers. mit Eiswasser, Waschen der wss. Lsg. mit Ae. u. Ansäuern mit verd. H_2SO_4; aus Bzl. Platten; 72%. — *6.7-Cyclohexenochromon* (**VII**), $C_{13}H_{12}O_2$, F. 123°, durch 1std. Kochen von **VI** in alkohol. konz. H_2SO_4 u. Gießen in Eiswasser; aus wss. A. Nadeln; 87%. *Oxim*, $C_{13}H_{13}NO_2$, F. 166—167°, aus Bzl. Nadeln. — *2-Hydroxy-3-acetonaphthon*, F. 112—113°, durch Dehydrieren von **V** nach O'Farrel u. Mitarbeitern (l. c.); aus PAe. gelbe Platten; 46%. — *2-Hydroxynaphthoyl-(3)-acetaldehyd*, $C_{13}H_{10}O_3$, F. 238—240° (Zers.), aus vorst. Verb. analog **VI**; aus Bzl. blaßgelbe Nadeln; 70%. — *6.7-Benzochromon* (**VIII**), $C_{13}H_8O_2$, F. 137—138°, aus vorst. Verb. analog **VII**; aus wss. A. blaßgelbe Nadeln; 84%. *Oxim*, $C_{13}H_9NO_2$, F. 189—191° (Zers.), aus wss. A. blaßgelbe Nadeln. H. Gleinig 3211◇

0896 **Grignard-Reaktionen mit quaternären Salzen von Aminoxiden: Eine neue Darstellung von Pyridinhomologen.** Otakar Cervinka. (Chem. and Ind. **1960**, 1482; Prague, Inst. of Chem. Technol., Dep. of Organ. Chem.; engl.) — Bei der Rk. von N-Alkoxypyridinium- oder -picoliniumsalzen mit Alkylmagnesiumhalogeniden (**A**) entstehen unter Eintritt des Grignard-Alkyls in die α-Stellung des Pyridinkerns die entsprechenden *homologen Basen*: *α-Picolin*, *Pikrat*, F. 76—76,5°. — *α.γ-Lutidin*, F. 103—104°. *Pikrat*, F. 99°. — *α.β-Lutidin*, F. 101—102°. *Pikrat*, F. 110,5 bis 111°. Die Rk. wird von einer Zers. der Ausgangs-Verb. begleitet, wobei zuerst ein Mol. **A** die N-Alkoxygruppe als Aldehyd abspaltet u. dieser mit weiterem **A** zu *Dialkylcarbinol* reagiert. Bei Erhöhung der Acidität der dem O benachbarten CH_2-Gruppe der Alkoxygruppe durch Substituenten wird diese Rk. vorherrschend. Klaus Lange 3231△

0897 **Tertiäre Benzyl-[pyridyl-(3)]-carbinole und Benzyl-[piperidyl-(3)]-carbinole.** Marcel Pesson und Michel Antoine. (C. R. hebd. Séances Acad. Sci. **256**, 193—95, 1963; Neuilly-sur-Seine, Labor.; franz.) — Benzyl-[pyridyl-(3)]-keton liefert mit CH_3MgJ in Ae. oder Tetrahydrofuran (THF) *Methylbenzyl-[pyridyl-(3)]-carbinol* (**I**; F. 75°, Kp.$_{0,5}$ 149—154°), mit C_6H_5MgBr in THF *Phenylbenzyl-[pyridyl-(3)]-carbinol* (F. 158°) u. mit C_2H_5MgBr in Ae. *Äthylbenzyl-[pyridyl-(3)]-carbinol* (Kp.$_{0,35}$ 149—151°; *saures Oxalat*, $C_{15}H_{17}NO \cdot C_2H_2O_4$, F. 159°), während mit C_2H_5MgBr in THF oder mit $C_6H_{11}MgBr$ in Ae. an Stelle der tert. Carbinole *Benzyl-[pyridyl-(3)]-carbinol* [**II**; $C_{13}H_{13}NO$, F. 105° (Heptan), Kp.$_{0,3}$ 175—180°; 41,5 bzw. 27,9% (Ausbeute)] erhalten wird. **II** kann auch aus Pyridinaldehyd-(3) u. $C_6H_5CH_2MgCl$ synthetisiert werden; 19,8%. Die katalyt. Hydrierung des aus **I** u. Dimethylsulfat (**IV**) in A. erhaltenen *quart. Salzes* in A. an Raney-Ni bei 50° u. 40 at liefert neben anderen bas. Prodd. *N-Methylbenzyl-[piperidyl-(3)]-methylcarbinol* (Kp.$_{0,7}$ 132—134°; 35,6%; *Hydrochlorid*, $C_{15}H_{23}NO \cdot HCl$, F. 184—185°). — *N-Methyl-4-chlorbenzyl-[piperidyl-(3)]-methylcarbinol* [$C_{15}H_{22}ClNO$, F. 128°; 83,1%; *Hydrochlorid*, F. 210° (Zers.)] entsteht durch Umwandlung von 4-Chlorbenzylchlorid in die Grignard-Verb., deren Rk. mit [Pyridyl-(3)]-methylketon zu *4-Chlorbenzyl-[pyridyl-(3)]-methylcarbinol* (**III**; $C_{14}H_{14}ClNO$, Kp.$_1$ 182—190°, F. 90°; 76%), Überführung von **III** mit **IV** in das *quart. Salz* u. Hydrierung des letzteren in A. an Raney-Ni bei 50° u. 50 at. Gisela Schreiber 3231◇

0898 **Neue Derivate des Isonicotinoylhydrazids.** 14. Mitt. Constantin H. Budeanu. (An. ştiinţ. Univ. „Al. I. Cuza" Iaşi, Sect. I [N. S.] **5**, Nr. 1, 149—60, 1959; Univ. „Al. I. Cuza", Catedra chim. organ.; rum.) — 13. vgl. C. **1963**, 17696. — In Fortsetzung der Unterss. über den Zusammenhang zwischen chem. Struktur u. Antituberkulose-Wrkg. von *Isonicotinoylhydrazonen* werden 7 neue Hydrazone durch Kondens. von Isonicotinoylhydrazin mit substituierten aromat. Aldehyden synthetisiert.

Versuche: *3-Methoxy-4-hydroxy-5-chlorbenzaldehyd*, F. 163° (A.), durch Rk. von Cl_2 mit 15,2 g Vanillin in 70 cm³ Eisessig; 14,8 g (Ausbeute). *Isonicotinoylhydrazon*, $C_{14}H_{12}ClN_3O_3$, F. 274—275° (A.). — *3-Methoxy-4-hydroxy-5-brombenzaldehyd*, F. 164°. *Isonicotinoylhydrazon*, $C_{14}H_{12}BrN_3O_3$, F. 261—262° (A.). — *3-Methoxy-4-hydroxy-5-jodbenzaldehyd*, F. 179—180°. *Isonicotinoylhydrazon*, $C_{14}H_{12}JN_3O_3$, F. 235 bis 236° (A.). — *2-Hydroxy-3-carboxybenzaldehyd*, F. 178,5 bis 179°. *Isonicotinoylhydrazon*, $C_{14}H_{11}N_3O_4$, F. 278 (A.). — *4-Hydroxy-3-carboxybenzaldehyd*, F. 248—249°. *Isonicotinoylhydrazon*, $C_{14}H_{11}N_3O_4$, F. 274° (A.), gelbe Kristalle. — *6-Hydroxy-3.4-dimethylbenzaldehyd*, F. 69—70°. *Isonicotinoylhydrazon*, $C_{15}H_{15}N_3O_2$, F. 218° (A.). — *4-Hydroxy-2.5-dimethylbenzaldehyd*, F. 133°. *Isonicotinoylhydrazon*, $C_{15}H_{15}N_3O_2$, F. 258° (A.). J. Lehmberg 3231◇

0899 **Azoverbindungen. 19. Mitt. über die Darstellung und Zersetzung von Azoverbindungen. Oxydation von 1.1-disubstituierten Hydrazinen. Die Synthese und Oxydation von cis- und trans-1-Amino-2.6-diphenylpiperidin. Ein neuer stereospezifischer Ringschluß.** C. G. Overberger, Joseph G. Lombardino und Richard G. Hiskey. (J. Amer. chem. Soc. **79**, 6430—35, 1957; Brooklyn, N.Y., Polytechn. Inst., Dep. of Chem.; engl.) — 18. vgl. C. **1957**, 3815. — Synth., Identifizierung u. Oxydation der cis- (**VI**) u. trans-Isomeren (**VIII**) des 1-Amino-2.6-diphenylpiperidins wird beschrieben. Die Oxydation der 1.1-disubstituierten Hydrazine mit HgO liefert *1.2-Diphenylcyclopentan* (**I**) u. N_2. Das trans-Hydrazin bildet hauptsächlich trans-**I**, das cis-Hydrazin nur cis-**I**. Neben beiden entsteht wenig *1.5-Diphenylpenten-(1)* (**IX**). Der stereospezif. Ringschluß geht unter Beibehaltung der Konfiguration des Benzyl-C-Atoms vonstatten. Die geringe Inversion bei der Oxydation des trans-Hydrazins wird durch die leichte Isomerisierung dieses Hydrazins zum entsprechenden cis-Isomeren vor oder während der Oxydation erklärt. IR- u. UV-Spektren vgl. Original.

Versuche: *2-Phenylpyridin*, Kp.$_{15}$ 146°, aus 3,75 Mol Pyridin u. 2,5 Mol LiC_6H_5 modifiziert nach Evans u. Allen (vgl. Org. Syntheses, Collect. Vol. **2**, [1943], 517); hellgelb; $n_D^{24.5}$ 1,6170; 61%. *Pikrat*, F. 174—175° (Zers.; A.). — *2.6-Diphenylpyridin*, F. 80—81° (A.), Kp.$_{2,5}$ 190°, durch ½std. Rühren von Li u. Brombenzol in Ae. unter N_2 bei Raum-Temp., Zugabe vorst. Verb. in Xylol bei 0°, ½std. Kochen, Zugabe von Xylol, 12std. Kochen bei 125°, Zugabe von W. u. ½std. Kochen; 31%. *Pikrat*, F. 169—170,5° (Zers.; Ae.). — *cis-2.6-Diphenylpiperidin* (**II**), $C_{17}H_{19}N$, F. 73,3—74,3°, durch 3std. Kochen vorst. Verb. mit Na in A. unter N_2, Zugabe von W. unter gleichzeitiger Dest. des A., Dest. bei 90°, Extraktion mit CH_2Cl_2, Dest. u. Lösen in wss. A.; Nadeln; 39%. *Pikrat*, $C_{23}H_{22}N_4O_7$, F. 211,5—212° (Zers.; Ae.). *Hydrochlorid*, F. 315,5—317° (Ae.). — *trans-2.6-Diphenylpiperidin* (**III**), $C_{17}H_{19}N$, Kp.$_1$ 154°, neben **II** durch Rk. von rohem **III** mit Dibenzoyl-d-weinsäuremonohydrat (F. 87,5—89°) in A., Dest., Lösen in Chlf., Stehen bei ca. —80°, Umkristallisieren des erhaltenen *Salzes* (F. 156,5—157°) aus A./W. (1:1), Zugabe von 5%ig. $NaHCO_3$ u. Extraktion mit Ae.; Öl; n_D^{25} 1,5830, $D._4^{25}$ 1,0576; $[\alpha]_D^{26}$ +80,7° (c = 5,1; A.); 54%. *Pikrat*, $C_{23}H_{22}N_4O_7$, F. 180—182° (Zers.; Ae.). *Hydrochlorid*, F. 305° (Zers.; Ae.). — *cis-1-Nitroso-2.6-diphenylpiperidin* (**IV**), $C_{17}H_{18}N_2O$, F. 66,5—67,5°, aus **II**-Hydrochlorid modifiziert nach Hatt (vgl. Org. Syntheses, Collect. Vol **2**, [1943], 211]; 89%. *trans-Isomeres* (**V**), $C_{17}H_{18}N_2O$, F. 87—88° (A.), analog aus **III**-Hydrochlorid; 63,5%. — *cis-1-Amino-2.6-diphenylpiperidin* (**VI**), $C_{17}H_{20}N_2$, F. 133—134°, a) durch Red. von **IV** mit $LiAlH_4$ modifiziert nach Schueler u. Hanna (vgl. J. Amer. chem. Soc. **74**, [1952], 3693 u. C. **1950/54**, 829 S); 88%; b) durch 24std. Kochen von **VIII** mit $LiAlH_4$ in Ae., Hydrolyse mit A./W. u. Dest. des Ae.; aus A. Platten; 15%. *Benzal-Deriv.* (**VII**), $C_{24}H_{24}N_2$, F. 119,5—120,6° (A.), durch 5 Min. langes Erhitzen von **VI** mit Benzaldehyd in A. auf dem Dampfbad, Zugabe von Acetanhydrid, ¼std. Kochen, Zugabe von W. u. Extraktion mit Äther. *trans-Isomeres* (**VIII**), $C_{17}H_{20}N_2$, F. 80—81° (Hexan), durch 12std. Kochen von **V** mit $LiAlH_4$ in Ae., Zugabe von A. u. W. u. fraktionierte Kristallisation; 32% [*Benzal-Deriv.*, $C_{24}H_{24}N_2$, F. 147—148° (Hexan), aus **VIII** analog **VII**]; daneben 18% **VI**. — *1.5-Diphenylpenten-(1)* (**IX**), Kp.$_1$ 146°, nach Overberger u. Monagle (vgl. C. **1957**, 3816); $n_D^{24,5}$ 1,5828. *2.4-Dinitrobenzolsulfenylchlorid-Addukt*, $C_{23}H_{21}ClN_2O_4S$, F. 113,5—115° (Hexan/Bzl.); gelb; 46%. — *cis-1.2-Diphenylcyclopentan* (cis-**I**), F. 45,8—47°, a) durch 1½std. Rühren von **VI** mit gelbem HgO in A. oder mit $KMnO_4$ in Aceton unter N_2 bei 58°, Filtrieren durch Super-Cel u. Einengen im Vakuum; Nadeln; 64,5%; daneben **IX**; b) nach Japp u. Lander [1897]. *trans-Isomeres* (trans-**I**), $C_{17}H_{18}$, F. 65,8—66° (A./W.), aus **VIII** analog dem cis-Isomeren; 59%; daneben **IX**. Gottfried Schreiber 3231△

0900 **Oxydationsprodukte von substituierten 1-[N-Alkyl-piperidyl-(4')]-pyrazolonen-(5). Untersuchungen über synthetische Arzneimittel.** 7. Mitt. E. Jucker und A. Lindenmann. (Helv. chim. Acta **44**, 1249—57, 1961; Basel, Sandoz Akt.-Ges., Pharmazeut.-chem. Labor.; dt.) — 6. vgl. C. **1963**, 16947. — Die Oxydation von 3.4-disubstituierten 1-[N-Methylpiperidyl-(4')]-pyrazolon-(5)-Derivv. mit Luft-O_2 u. H_2O_2 wird untersucht. Als Oxydations-Prodd. konnten die entsprechenden *4-Hydroxy-Derivv.* gefaßt werden, deren Struktur durch Synth., Dünnschichtchromatographie u. Diskussion der IR-Spektren bewiesen wird. Bei der O_2-Oxydation handelt es sich um eine Radikalreaktion.

Versuche: *α-Acetoxy-α-benzylbenzoylessigsäureäthylester* (I), $C_{20}H_{20}O_5$, F. 97—99°, Kp.$_{0,08}$ 171—177° (Diisopropyläther), a) durch 67std. Rk. von α-Benzylbenzoylessigsäureäthylester mit Pb-Tetraacetat in Eisessig bei 40°; b) aus nachst. Verb. u. Benzylbromid in Ggw. von K-tert.-Butylat. — *α-Acetoxybenzoylessigsäureäthylester*, $C_{13}H_{14}O_5$, Kp.$_{0,08}$ 138—147°, durch 20std. Rk. von Benzoylessigsäureäthylester u. Pb-Tetraacetat in Bzl. bei Raumtemperatur. — *1-[N-Methylpiperidyl-(4')]-3-phenyl-4-hydroxy-4-benzylpyrazolon-(5)*, $C_{22}H_{25}N_3O_2$, F. 210—212° (A.–PAe.), a) durch Rk. von I mit [N-Methylpiperidyl-(4')]-hydrazin (III) bei 100—130°; b) durch 70tägiges Stehen von 1-[N-Methylpiperidyl-(4')]-3-phenyl-4-benzylpyrazolon-(5) (II) in 75%ig. A. an der Luft; c) durch Oxydation von **II** in 1,5%ig. NaOH mit 40%ig. H_2O_2 bei 0—5°. — *α-Acetoxy-α-äthylbenzoylessigsäureäthylester*, $C_{15}H_{18}O_5$, F. 62—63° (Hexan), Kp.$_{0,08}$ 132—140°, durch 65std. Rk. von α-Äthylbenzoylessigsäureäthylester mit Pb-Tetraacetat in Eisessig bei 40°. — *1-[N-Methylpiperidyl-(4')]-3-phenyl-4-hydroxy-4-äthylpyrazolon-(5)*, $C_{17}H_{23}N_3O_2$, F. 119 bis 120°, durch mehrstd. Erwärmen des Äthanolsolvats im Hochvakuum auf 55—70°. *Äthanolsolvat*, $C_{17}H_{23}N_3O_2 \cdot C_2H_5OH$, F. 87—89° (A.), a) durch Rk. vorst. Verb. mit **III** bei 100 bis 130°; daneben *1-Acetyl-2-[N-methylpiperidyl-(4)]-hydrazin*; b) durch Oxydation von 1-[N-Methylpiperidyl-(4')]-3-phenyl-4-äthylpyrazolon-(5) mit 40%ig. H_2O_2.

W. Mucke 3231△

0901 **Beitrag zur Chemie des Dekahydrochinaldins.** Gerhard Buchmann und Rudi Schmuck. (Z. Chem. **2**, 11—15, 1962; Leuna-Merseburg, TH für Chemie, Inst. für Organ. Chem.; dt.) — *Dekahydrochinaldin* (I, Kp. 206°; n_D^{20} 1,4855. *Pikrat*, F. 170°; citronengelbe Nadeln) entsteht durch katalyt. Hydrierung von Chinaldin nach Sabatier u. Murat bei 180° an Ni im Autoklaven. Bei der Addition von ungesätt. Thio-Verbb. an **I** reagiert **I** wie ein aliphat. sek. Amin. Die Umsetzung mit Phenylsenföl ergibt *Dekahydrochinaldin-1-thiocarbonsäureanilid*. Das entsprechende *1-Thiocarbonsäureamid* entsteht aus **I** u. HCSN nach Werner [1914], indem das I-Thiocyanat umgelagert wird. Die bei der Anlagerung von CS_2 an **I** entstehende unbeständige *Dekahydrochinaldin-1-dithiocarbonsäure* (**III**) konnte in Ggw. von überschüssigem **I** als I-Salz von **III** isoliert werden. In entsprechender Weise wie bei den Mercaptanen wurde unter milden Bedingungen, z. B. in Ggw. von J_2, die Dithioätherbrücke zwischen zwei **III**-Moll. gebildet. Es entsteht das beständige *Bis-[dekahydrochinaldyl-(1)-thiocarbonyl]-disulfid*, als Nebenprod. I-*Hydrojodid*. Bei der Rk. von **I** mit Arylsulfochloriden, Acetanhydrid u. Benzoylchlorid entstehen *1-Arylsulfonyldekahydrochinaldine*, die sich wie *N.N-disubstituierte Sulfonamide* verhalten bzw. *1-Acylderivate*. Es gelang ferner, den Chlorkohlensäuremethylester mit **I** zu *Dekahydrochinaldin-1-carbonsäuremethylester* umzusetzen. Bei der Umsetzung von **I** mit Alkylhalogeniden entsteht eine Reihe von 1-Alkyldekahydrochinaldinen: *1-Methyl-*, Kp. 216 bis 218°; n_D^{20} 1,4860; 44,8% (Ausbeute). — *1-Äthyl-*, Kp. 237 bis 240°; n_D^{20} 1,4880; 62,1%. — *1-Propyl-*, Kp.$_2$ 87—90°; n_D^{20} 1,4852; 58,3%. — *1-Butyl-*, Kp.$_2$ 109—111°; n_D^{20} 1,4857; 57,3%. — *1-Benzyl-*, Kp.$_3$ 170°; n_D^{20} 1,5410; 53,4%. Bei der Rk. von I-Hydrochlorid mit 4-Methoxydesoxybenzoin u. 30%ig. CH_2O-Lsg. entsteht nach Mannich **I** u. *1-Methyldekahydrochinaldin* [*Reineckat*, F. 163—164° (Zers.)] neben *4-Methoxy-α-methylendesoxybenzoin* (**II**). Da **II** aus 4-Methoxydesoxybenzoin u. CH_2O in Eisessig in Ggw. von Piperidin leicht entsteht, erscheint die Bldg. von **I** u. **II** bei vorst. Rk. durch Zerfall des intermediär gebildeten labilen 3-Dekahydrochinaldino-2-phenyl-1-[p-methoxyphenyl]-propanons-(1) zu erfolgen. Bei der Einw. von Perhydrol auf **I** u. seine N-Alkyl-Derivv. entstehen Dekahydrochinaldin-N-oxidmonohydrate: *Unsubstituiert*, F. 258—259°; Nadeln; 61,2%. — *1-Methyl-*, F. 263°; Nadeln; 42,5%. — *1-Äthyl-*, F. 265°; Nadeln; 30,2%. — *1-Propyl-*, F. 266°; Nadeln; 28,3%. — *1-Butyl-*, F. 266°; Nadeln; 4,1%. — *1-Benzyl-*, F. 146° (Zers.); Nadeln; 3,6%. — Gleich den aliphat. Aminoxiden reagieren die I-N-Oxide in zwei tautomeren Formen, wovon 1-Hydroxydekahydrochinaldin mit Alkylhalogeniden quatern. Derivv. bildet. Unterss. über die Bindungsfestigkeit am Ringstickstoff werden beschrieben. W. Hampel 3231△

0902 **Azidochinolin- und Azidopyridinderivate.** 4. Mitt. **Reaktionen der Azidogruppe in quartären Salzen von 4-Azidochinolin, 4-Azidopyridin und ihren N-Oxiden.** Shozo Kamiya. (Chem. pharmac. Bull. [Tokyo] **10**, 669—75, 1962; Tokyo, Nat. Inst. of Hygienic Sci.; engl.) — 3. vgl. J. pharmac. Soc. Japan [Yakugakuzasshi] **81**, [1961], 1743. — 4-Azidochinolin (**I**) gibt mit CH_3J oder Dimethylsulfat (**VI**) *1-Methyl-4-azidochinoliniummethylsulfat* (**II**) bzw. *-jodid*, während 4-Azidochinolin-N-oxid (**III**) mit CH_3J kein Salz bildet, mit **VI** dagegen *1-Methoxy-4-azidochinoliniummethylsulfat* (**IV**). 4-Azidopyridin u. sein N-Oxid geben ebenfalls das *Metho-* bzw. *1-Methoxymethylsulfat* (**V**). **IV** u. **V** werden durch Alkali zu den entsprechenden *Chinolonen-(4)* bzw. *Pyridonen-(4)* zersetzt. Mit Alkalialkoholaten gibt **IV** *4-Alkoxychinoline*. **III** liefert dagegen unter gleichen Bedingungen *4-Alkoxychinolin-N-oxide*, während aus **IV** bzw. **V** *4-Alkoxychinoline* bzw. *-pyridine* erhalten werden. Mit Malonsäurediäthylester oder Acetessigester geben **II** bzw. **IV** in Ggw. von Alkoholat keine Triazol-Derivv., sondern *1-Methyl-* bzw. *1-Methoxy-4-aminochinoliniumsalze*, die auch durch Hydrierung von **II** bzw. **IV** oder therm. Zers. in Toluol erhalten werden.

Versuche: 4-Azidochinoliniummethylsulfate: *1-Methyl-* (**II**), $C_{11}H_{12}N_4O_4S$, F. 150—152° (Zers.), durch Zugabe von **VI** zu **I** in Bzl.; aus Aceton schwachbraune Blättchen; 100% (Ausbeute). *Pikrat*, $C_{16}H_{11}N_7O_7$, F. 165—167° (Zers.), gelbe Nadeln. *Jodid*, F. 127° (Zers.), rotbraune Nadeln. — *1-Methoxy-* (**IV**), $C_{11}H_{12}N_4O_5S$, F. 159—160°, durch 3tägiges Stehen eines Gemisches aus **III** in Chlf. mit **VI** bei Raum-Temp.; aus Aceton hellgelbe Nadeln. *Pikrat*, $C_{16}H_{11}N_7O_8$, F. 151° (Zers.), goldgelbe Nadeln. — *1-Äthoxy-*, analog **IV**. *Pikrat*, $C_{17}H_{13}N_7O_8$, F. 150—151° (Zers.), gelbe Nadeln. — *1-Methoxy-4-azidopyridiniummethylsulfat* (**V**), durch 3tägiges Stehen von 4-Azidopyridin-N-oxid mit **VI** in Chlf.; ölig. *Reineckat*, $C_{10}H_{13}CrN_{10}OS_4$, F. 164—167° (Zers.), aus Aceton rötlich purpurfarbene Blättchen. *Hexachloroplatinat*, $2\,C_6H_7N_4O \cdot H_2PtCl_6$, F. 188—189°, orangerote Prismen. — 1H-Chinolone-(4): *1-Methyl-*, $C_{10}H_9NO$, F. 152 bis 153°, durch 5std. Stehen von 0,5 g **II** in verd. wss. NaOH, ½ std. Erwärmen auf dem Wasserbad u. Extraktion mit Chlf.; aus Bzl. bräunliche Nadeln; 0,33 g, wss. Lsg. färbt sich mit 10%ig. wss. $FeCl_3$ blutrot. *Pikrat*, $C_{16}H_{12}N_4O_8$, F. 226°, gelbe Blättchen. — *1-Methoxy-*, durch 2tägiges Stehen von **IV** analog vorst. Verbindung. *Pikrat*, $C_{16}H_{12}N_4O_9$, F. 193 bis 194°, orangefarbene Nadeln. — *1-Methoxy-1H-pyridon-(4)*, aus **V** analog vorst. Verb. nach 3tägigem Stehen. *Pikrat*, $C_{12}H_{10}N_4O_9$, F. 198—200°, gelbe Nadeln; 8%. — 4-Alkoxychinoline: *4-Methoxy-* (**VII**), durch mehrstd. Stehen von 0,31 g **IV** in Na/Methanol bei Raum-Temp., Abdampfen des Lsgm. u. Extraktion mit Bzl.; 0,14 g. *Pikrat*, $C_{16}H_{12}N_4O_8$, F. 198—199°, aus A. orangefarbene Blätter. *Hexachloroplatinat*, F. 228—229° (Zers.), schwachgelbe Nadeln. — *4-Äthoxy-*, analog **VII** mit Na/A.; 92%. *Pikrat*, $C_{17}H_{14}N_4O_8$, F. 206—207°, gelbe Nadeln. *Hexachloroplatinat*, F. 216° (Zers.). — *4-[β-Dimethylaminoäthoxy]-*, analog **VII** in β-Dimethylaminoäthanol, ölig. *Pikrat*, $C_{25}H_{22}N_8O_{15}$, F. 207—208°, aus Methanol bräunliche Nadeln. — *4-Phenoxy-*, analog **VII** in Phenol, Lösen in 5%ig. NaOH u. Extraktion mit Bzl.; ölig. *Pikrat*, $C_{21}H_{14}N_4O_8$, F. 176—177°, gelbe Nadeln; daneben durch Extraktion der wss. Phase mit Chlf. *1-Methoxychinolon-(4)* [*Pikrat*, F. 193°]. — 4-Alkoxypyridine: *4-Methoxy-*, durch 3std. Erwärmen von **V** in Na/Methanol. *$HgCl_2$-Salz*, F. 190°. *Pikrat*, $C_{12}H_{10}N_4O_8$, F. 176°, gelbe Nadeln; 83%. — *4-Äthoxy-*, durch 5std. Erwärmen von **V** in Na/A., Abdampfen des Lsgm., Extraktion des Rückstands mit Chlf. u. Chromatographie an Al_2O_3. *Pikrat*, $C_{13}H_{12}N_4O_8$, F. 126—127°, gelbe Blätter. — *4-Benzyloxy-*, 3 Std. bei 150—160°. *Pikrat*, $C_{18}H_{14}N_4O_8$, F. 147—149°, gelbe Nadeln. — *4-Phenoxy-*, *Pikrat*, $C_{17}H_{12}N_4O_8$, F. 152—157°, gelbe Nadeln; 13%. — *4-Amino-1-methylchinoliniummethylsulfat*, $C_{11}H_{14}N_2O_4S$, F. 148 bis 150°, a) durch mehrstd. Stehen von **II** in Na/A. mit Acetessigsäureäthylester bei Raum-Temp., aus Ae./A. Nadeln; 100%; b) durch Hydrieren von **II** an Pd/Kohle; 55%. *Pikrat*, F. 214—215°, gelbe Nadeln. — *4-Amino-1-methoxychinoliniummethylsulfat*, F. ca. 90°, a) aus **IV** analog vorst.

Verb.; b) durch Hydrierung von **IV**; c) durch 5std. Kochen von **IV** in Toluol; 69%. *Pikrat*, $C_{16}H_{13}N_5O_8$, F. 200—201°; 88%. P.-G. Dietrich 3231△

0903 **Einige Derivate von 1.2.3.4-Tetrahydrophenanthren.** N. P. Buu-Hoï und G. Saint-Ruf. (J. org. Chemistry **26**, 2996—97, 1961; Paris, Univ., Radium Inst.; engl.) — Durch Rk. des neben einem Diacetyl-Deriv. aus 1.2.3.4-Tetrahydrophenanthren (**I**) erhältlichen *9-Acetyl-Deriv.* (**II**) mit *Isatin* (**III**) wird *2-[1.2.3.4-Tetrahydrophenanthryl-(9)]-cinchoninsäure* dargestellt, die durch Decarboxylieren u. Dehydrieren des Prod. in *2-[Phenanthryl-(9)]-chinolin* übergeführt wird. Die Rk. von **I** mit Bernsteinsäureanhydrid u. Cyclisieren des Prod. nach Red. geben *1-Keto-1.2.3.4.9.10.11.12-oktahydrotriphenylen* (**IV**), das zu *1.2.3.4.9.10.11.12-Oktahydrotriphenylen* red. wird (vgl. Bachmann u. Struve [1939] u. Rapson, J. chem. Soc. [London] **1941**, 15). Das Phenylhydrazon von **IV** wird durch Indol-Rk. in *1'.2'.3'.4'.9'.10'-Hexahydrotriphenyleno-[11'.12':3.2]-indol* übergeführt.

Versuche: *9-Acetyl-1.2.3.4-tetrahydrophenanthren* (**II**), F. 58°, $Kp._{15}$ 235—237° (PAe.), durch portionsweise Zugabe von $AlCl_3$ zu 20 g **I** (F. 38°; nach Haworth [1932] unter Anwendung der Huang-Minlon-Meth.) u. CH_3COCl in abs. CS_2 bei 0°, 12std. Stehen bei Raum-Temp., ½std. Kochen, Kühlen, Zers. mit Eis u. HCl u. Aufarbeiten mit Chlf.; n_D^{25} 1,6523; daneben *7.9-Diacetyl-1.2.3.4-tetrahydrophenanthren* (?), $C_{18}H_{18}O_2$, F. 154°, $Kp._{15}$ 280—181°, aus A. Prismen; 2 g (Ausbeute). — *γ-[1.2.3.4-Tetrahydrophenanthryl-(9)]-buttersäure*, F. 134°, durch 6std. Kochen von 12 g *β*-[1.2.3.4-Tetrahydrophenanthroyl]-propionsäure (nach Bachmann u. Struve, l. c.) u. 95%ig. Hydrazinhydrat in Diäthylenglykol mit KOH unter Abscheidung von W., Kühlen, Verdünnen mit W. u. Ansäuern mit HCl; aus CH_3OH Nadeln; 9 g. — *1.2.3.4.9.10.11.12-Oktahydrotriphenylen*, $C_{18}H_{20}$, F. 144°, analog vorst. Verb. aus 1,5 g **IV**; aus PAe. Nadeln; 1 g. *Pikrat*, $C_{24}H_{23}N_3O_7$, F. 193° (Zers. >190°). — *Triphenylen*, durch Dehydrieren vorst. Verb. mit Se bei 320—350°. — *2-[1.2.3.4-Tetrahydrophenanthryl-(9)]-cinchoninsäure*, $C_{24}H_{19}NO_2$, F. 284°, durch 20std. Kochen von 7 g **II**, **III** u. KOH in A., Eindampfen, Lösen in W., Waschen mit Ae. u. Ansäuern mit CH_3COOH; aus A. gelbliche Prismen; 10 g. — *2-[1.2.3.4-Tetrahydrophenanthryl-(9)]-chinolin*, $C_{23}H_{19}N$, F. 113°, durch Erhitzen vorst. Verb. >284° u. Fraktionieren im Vakuum; aus A. Prismen; 80%. — *2-[Phenanthryl-(9)]-chinolin*, $C_{23}H_{15}N$, F. 130°, durch Erhitzen vorst. Verb. mit 5%ig. Pd/Kohle u. Dest. im Vakuum; aus A. Nadeln; 75%. *Pikrat*, $C_{29}H_{18}N_4O_7$, F. 229°, aus A. gelbe Prismen. — *1'.2'.3'.4'.9'.10'-Hexahydrotriphenyleno-[11'.12':3.2]-indol*, $C_{24}H_{21}N$, F. 175°, durch einige Min. langes Kochen von 5 g **IV** u. Phenylhydrazin auf 120°, einige Sek. langes Kochen mit HCl/CH_3COOH, Kühlen u. Verdünnen mit W.; aus Cyclohexan rahmfarbene Prismen; 5 g. H. Pagel 3231◇

0904 **Chinoliziniumsalze.** 1. Mitt. **Synthese von 2-Hydroxy-3-brom-1.2.3.4-tetrahydrochinoliziniumbromid.** K. W. Wischmann, Albert V. Logan und David M. Stuart. (J. org. Chemistry **26**, 2794—96, 1961; Corvallis, Oreg., State Coll., Dep. of Chem.; engl.) — Durch Rk. von Picolyl-Li (**I**) mit Acrolein (**II**) wird *1-[Pyridyl-(2)]-buten-(3)-ol-(2)* (**III**) erhalten, das in Ggw. von Säure stabil ist u. nicht der Allylumlagerung unterliegt, u. das mit Br_2 in *2-Hydroxy-3-brom-1.2.3.4-tetrahydrochinoliziniumbromid* (**IV**) übergeht. — Die Konstit. von **III** wird durch Hydrieren zu *1-[Pyridyl-(2)]-butanol-(2)*, Ozonolyse u. IR-Spektrum bewiesen. Dehydrieren von **IV** führt zu *3-Brom-3.4-dihydrochinoliziniumbromid*, das in festem Zustand purpurfarben ist; die Lsg. in alkal. Medium ist farblos u. wird nach Ansäuern wieder purpurfarben. **IV** wirkt hypotensiv.

Versuche: *1-[Pyridyl-(2)]-buten-(3)-ol-(2)* (**III**), C_9H_{11}·NO, F. 36° (PAe.), $Kp._1$ 76—80°, durch Rk. von **I** u. **II** analog der Darst. von 1-[Pyridyl-(2)]-propanol-(2) nach Walter (Org. Syntheses **23**, [1949], 83; Hydrolyse mit W. statt HCl); 27% (Ausbeute). *N-Phenylurethan*, $C_{16}H_{16}N_2O_2$, F. 104—105° (CCl_4), hellgelbbraun. *Hydrobromid*, $C_9H_{12}BrNO$, F. 97°, Nadeln aus Aceton; 29%. — *1-[Pyridyl-(2)]-butanol-(2)*, $Kp._{18}$ 125 bis 130°, durch Hydrieren von **III** in abs. A. bei 35 lbs./sq.in. in Ggw. von PtO_2. *N-Phenylurethan*, $C_{16}H_{18}N_2O_2$, F. 235°, Pulver aus Aceton. — *1-[Pyridyl-(2)]-buten-(3)-on-(2)*, C_9H_9·NO, Kp. 190—200°, durch Oppenauer-Oxydation von **III** in Aceton. *2.4-Dinitrophenylhydrazon*, F. 87—89°. — *2-Hydroxy-3-brom-1.2.3.4-tetrahydrochinoliziniumbromid* (**IV**), C_9·$H_{11}Br_2NO$, F. 178—179° (CH_3OH), durch Zutropfen von Br_2 in CCl_4 zu **III** in CCl_4; 70%. — *3-Brom-3.4-dihydrochinoliziniumbromid*, $C_9H_9Br_2N$, F. 169—171° (Essigester/A.), analog der Darst. von 3.4-Dihydrochinoliziniumbromid nach Boekelheide u. Gall (C. **1955**, 9336) aus **IV** u. Acetanhydrid in Ggw. von konz. H_2SO_4; purpurfarben. — *2-Hydroxy-3-brom-oktahydrochinolizin, Hydrobromid*, $C_9H_{17}Br_2NO$, F. 208° (teilweise Zers.), durch Hydrieren von **IV** in A. in Ggw. von Adams-Katalysator bei Raum-Temp. u. 1 atm.; Pulver. H. Pagel 3231◇

0905 **Eine neue Methode zur Darstellung von symm.-Methyloktahydroacridin und über zwei isomere Formen des 9-Methylperhydroacridins.** M. N. Tilitschenko, M. A. Abramowa und M. Je. Jegorowa. (Hochschulnachr. [Iwanowo], Chem. u. chem. Technol. **3**, Nr. 1, 130—31, 1960; Saratow, Tschernischewski-Univ.; russ.) — *9-Methylperhydroacridin* wurde durch Kristallisation seines Hydrochlorids aus Aceton + wenig A. in 2 isomere Formen getrennt, die wahrscheinlich jeweils eine der beiden theoret. möglichen trans- u. cis-Formen darstellen: *α-Form*, $C_{14}H_{25}N$, Kp. 148°; farbloses Öl; $D._4^{20}$ 0,9703; n_D^{20} 1,5100; *Pikrat*, $C_{20}H_{28}N_4O_7$, F. 189—191° (A.); *Hydrochlorid*, $C_{14}H_{26}ClN$, F. 250—253° (Zers.). — *β-Form*, F. 61—61,5° (A.), Nadeln; *Pikrat*, $C_{20}H_{28}N_4O_7$, F. 219—220°; *Hydrochlorid*, $C_{14}H_{26}ClN$, F. 296—298° (Zers.). — *9-Methyl-1.2.3.4.5.6.7.8-oktahydroacridin*, $Kp._4$ 160—161°, durch 40 Min. langes Erhitzen von 7,8 g 1-Methyl-2.4-trimethylen-5.6-tetramethylencyclohexanol-(5)-on-(3) mit 2,6 g Hydroxylaminhydrochlorid auf 140 bis 148°, Behandeln der erkalteten Schmelze mit Bzl., Extrahieren der Benzolschicht mit HCl u. Alkalisieren der sauren Extrakte; $D._4^{20}$ 1,0583; n_D^{20} 1,5628; 50% Ausbeute. *Pikrat*, F. 167—169° (Eisessig). *Chloroplatinat*, F. 202—204° (Zers.). *Hydrat*, Nadeln, die an der Luft in die Base übergehen u. unter W. bei 44—45° schmelzen. Ch. Heese 3231◇

0906 **Cyclische Phosphinmethylene.** 2. Mitt. G. Märkl. (Angew. Chem. **75**, 168, 1963; Würzburg, Univ., Chem. Inst.; dt.) — Durch Ätherspaltung von Diphenyl-o-[3-methoxypropyl]-phenylphosphin mit HBr/Eisessig wird in 74%ig. Ausbeute *1.1-Diphenyl-1-phosphoniatetralintetrafluoroborat* (F. 193—194°) u. durch innermol. C-Alkylierung des aus Diphenyl-[o-(2-bromäthyl)-phenyl]-benzylphosphoniumbromid (F. 225—227°) entstehenden *Phosphinmethylens 1.1.2-Triphenyl-1-phosphoniatetralintetrafluoroborat* (F. 248—250°; 68%) dargestellt. Die cycl. Quartärsalze lassen sich mit N-Bromsuccinimid in sd. Chlf. in *1.1-Diphenyl-4-brom-* (F. 192°; 91%) bzw. *1.1.2-Triphenyl-4-brom-1-phosphoniatetralintetrafluoroborat* (F. 195—197°; 86%) überführen, aus denen nach den üblichen Meth. mit $NaNH_2$/fl. NH_3, Toluol oder K-tert.-Butylat in Dimethylformamid unter gleichzeitiger Dehydrobromierung die gelben bzw. orangeroten Lsgg. der Phosphinmethylene *1.1-Diphenyl-* (**I**) bzw. *1.1.2-Triphenyl-1-phosphanaphthalin* (**II**) erhalten werden, die bei Einw. von HCl-Gas *1.1-Diphenyl-1.2-dihydro-1-phosphonianaphthalinchlorid* (**III**; *Tetraphenylboronat*, F. 220—221°) bzw. *1.1.2-Triphenyl-1.2-dihydro-1-phosphonianaphthalinchlorid* (**IV**; *Tetrafluoroborat*, F. 178 bis 180°) bilden. Die direkte Darst. von **III** u. **IV** aus den bromierten Quartärsalzen gelingt nicht, da diese bereits mit 2n NaOH unter Bldg. von **I** bzw. **II** reagieren, die sich aus W. als nichtkristallisierende Pulver abscheiden. Die cycl. Phosphinmethylene sind auffallend hydrolysebeständig; **I** geht erst bei Einw. von heißem W. in *Diphenyl-o-propenylphenylphosphinoxid* (F. 140—142°) über. Im Gegensatz zu **I** u. **II** reagiert 1.1-Diphenyl-3.4-dihydro-1-phosphanaphthalin mit Benzaldehyd glatt zu *Diphenyl-o-[4-phenylbuten-(3)-yl]-phenylphosphinoxid* (Öl). **I** u. **II** kuppeln glatt mit Diazoniumsalzen zu blauen *Mono-* u. *Bis-azoverbindungen*. L. Lamza 3241△

0907 **Nucleophile Substitution, Demethylierung und Methylierung in der heterocyclischen Reihe.** S. Kukolja, Z. Crnić und D. Kolbah. (Tetrahedron [London] **19**, 1153—57, 1963; Zagreb, „Pliva" Pharmaceut. and Chem. Works, Res. Dep.; engl.) — Bei der Kondens. von K-Sulfanilamid (**I**) mit 3-Methoxy-6-benzylsulfonylpyridazin (**II**) entstehen *N¹.N¹-Dimethylsulfanilamid, 6-Benzylsulfonylpyridazinon-(3)* (**III**) u. *3-Sulfanilamido-6-benzylsulfonylpyridazin* (**IV**). Die Struktur von **III** u. **IV** wurde durch unabhängige Synth. gesichert.

Versuche: Pyridazine: *3-Methoxy-6-benzylmercapto-*, $C_{12}H_{12}N_2OS$, F. 83—84° [Dimethylformamid (DMF)/W (1:1)], durch 4½ std. Kochen von Na-Benzylmercaptid (V) mit 3-Chlor-6-methoxypyridazin (Meth. **A**); 89% (Ausbeute). — *3-Methoxy-6-benzylsulfonyl-* (**II**), $C_{12}H_{12}N_2O_3S$, F. 146—147° (A.), durch mehrstd. Stehen vorst. Verb. mit Ameisensäure u. 30%ig. H_2O_2 in der Kälte (Meth. **B**); 41%. — *3-Amino-6-benzylmercapto-*, F. 99—101° (50%ig. A.), durch 7std. Kochen von **V** mit 3-Amino-6-chlorpyridazin in DMF u. mehrstd. Stehen; 71%. *Acetyl-Deriv.*, $C_{13}H_{13}N_3OS$, F. 190 bis 191°. — *3-[N⁴-Acetylsulfanilamido]-6-benzylmercapto-* (**VI**), $C_{19}H_{18}N_4O_3S_2$, F. 182—183° (A.), a) durch 2tägige Rk. vorst. Verb. mit N-Acetylsulfanylchlorid in Pyridin bei Raum-Temp. u. Einstellen auf pH 5 mit verd. HCl; 33%; b) durch ¾std. Kochen von 3-Sulfanilamido-6-benzylmercaptopyridazin mit Eisessig/Acetanhydrid u. mehrstd. Stehen bei Raum-Temp.; 10,6 g; daneben als Rückstand beim Behandeln des Rk.-Prod. mit 0,75n NaOH bei 50° 4,0 g *3-[N¹-Acetylsulfanilamido]-6-benzylmercaptopyridazin* [$C_{19}H_{18}N_4O_3S_2$, F. 203—204° (A.)]. — *3-[N⁴-Acetylsulfanilamido]-6-benzylsulfonyl-*, $C_{19}H_{18}N_4O_5S_2$, F. 229—231° (50%ig. A.), aus vorst. Verb. nach **B**; 66%. — *3-Sulfanilamido-6-benzylsulfonyl-* (**IV**), $C_{17}H_{16}N_4O_4S_2$, F. 216—217° (wss. A.), a) durch 5std. Erhitzen von **I** u. **II** in Dimethylsulfoxid (DMS) auf 140 bis 150° unter Dest. des DMS, Lösen in W., Einstellen auf pH 8 mit konz. HCl, Kühlen, Filtrieren, Ansäuern (pH 5) u. Filtrieren; 25%; b) durch 2std. Kochen vorst. Verb. mit 2,5n NaOH, Ansäuern (pH 5) u. Filtrieren (Meth. **C**); 29%. — *3-Sulfanilamido-6-benzylmercapto-*, $C_{17}H_{16}N_4O_2S_2$, F. 191 bis 193° (A.), a) aus **VI** nach **C**; 97%; b) aus 3-Sulfanilamido-6-chlorpyridazin nach **A**; 57%. — *3-Hydroxy-6-benzylsulfonyl-* (**III**), $C_{11}H_{10}N_2O_3S$, F. 210—211° (W.), a) durch 20std. Kochen von 2,0 g **II** mit konz. HCl; 1,8 g; b) aus 10 g nachst. Verb. nach **B**; 7,9 g. — *3-Hydroxy-6-benzylmercapto-*, $C_{11}H_{10}N_2OS$, F. 159—161° (verd. A.), aus 39 g 3-Hydroxy-6-chlorpyridazin nach **A**; 33,2 g. Klaus Lange 3272△

0908 **Untersuchungen über Pyrimidin: Reaktion von Aminen und von Hydrazin mit 2-Methylmercapto-4-methylpyrimidin-5-carbonsäureäthylester.** Yuoh-Fong Chi und Yuan-Liu Wu. (Acta chim. sinica **23**, 145—52, 1957; Scientia sinica **6**, 853—62, 1957; Acad. Medica Sinica, Dep. of Therapeutics; Acad. Sinica, Inst. of Chem.; chin., Auszug: engl.) — *2-Methylmercapto-4-methylpyrimidin-5-carbonsäureäthylester* (**I**) wird durch Kondens. von Äthoxymethylenacetessigsäureäthylester (**II**) mit S-Methylisothioharnstoffsulfat (**III**) dargestellt. Die Struktur von **I** wird durch Überführung in die entsprechende *Carbonsäure* gesichert, welche über das *Ag-Salz* mit Äthyljodid **I** rückbildet. Durch Rk. von **I** mit NH_3, Aminen u. N_2H_4 werden *2-Amino-*, *2-substituierte Amino-* u. *2-Hydrazinopyrimidin-Derivv.* erhalten (Meth. **A**).

Versuche: 2-substituierte 4-Methyl-5-äthoxycarbonylpyrimidine, nach Meth. **A**, wenn nicht anders angegeben: *2-Phenyl-* (**IV**), F. 95—96°, nach Mitter u. Bardhan [1923]; 73% (Ausbeute). — *2-Methylmercapto-* (**I**), $C_9H_{12}N_2O_2S$, F. 53—54°, durch 2std. Rk. von **II** in A. mit **III** in Ggw. von Na-Äthylat; 75%. — *2-Amino-*, $C_8H_{11}N_3O_2$, F. 220 bis 222°, aus 0,5 g **I**; 0,35 g. — *2-Hydrazino-*, $C_8H_{12}N_4O_2$, F. 173—174°; 82%. — *2-[β-Benzolsulfonylhydrazino]-*, $C_{14}H_{16}N_4O_4S$, F. 193—194°, aus 2 g vorst. Verb.; 1,5 g. — *2-[Butylamino]-*, $C_{12}H_{19}N_3O_2$, F. 71—73°; 62%. — *2-Methylamino-*, $C_9H_{13}N_3O_2$, F. 95—96°; 43%. — *2-Äthylamino-*, $C_{10}H_{15}N_3O_2$, F. 102—104°; 56%. — *2-Benzylamino-*, $C_{15}H_{17}N_3O_2$, F. 105—106°; 36%. — *2-Cyclohexylamino-*, $C_{14}H_{21}N_3O_2$, F. 111—112°; 40%. — *2-Methylmercapto-4-methyl-5-carboxypyrimidin*, $C_7H_8N_2O_2S$, F. 169—171°, durch 2std. Verseifen von 1,5 g **I**; 1 g. — *2-Phenyl-4-methyl-5-hydrazinocarbonylpyrimidin*, $C_{12}H_{12}N_4O$, F. 185—187°, aus **IV**; 74%. *N.β-Benzolsulfonyl-Deriv.*, $C_{18}H_{16}N_4O_3S$, F. 219—220°.
H.-J. Weigmann 3272△

0909 **Säureamid-Reaktionen.** 25. Mitt. **Über die Umsetzungen von 1.3-Dimethylbarbitursäure mit Carbonsäure- und Thiocarbonsäureamiden.** Hellmut Bredereck, Rudolf Gompper, Franz Effenberger, Karl Hugo Popp und Gerhard Simchen. (Chem. Ber. **94**, 1241—48, 1961; Stuttgart, TH, Inst. für organ. Chem. u. organ.-chem. Technol.; dt.) — 24. vgl. C. **1961**, 3630. — Erhitzen von 1.3-Dimethylbarbitursäure (**I**) mit Carbonsäureamiden u. Thiocarbonsäureamiden sowie mit deren N-monosubstituierten Derivv. führt zu entsprechenden *5-Aminomethylen-Derivv.*, deren Strukturen aus IR- u. UV-Spektren gefolgert werden. Das Prod. der Rk. von **I** u. Formanilid (**IX**) allerdings ist nach dem UV- u. dem IR-Spektrum wahrscheinlich *5-Phenyliminomethylbarbitursäure*. Die analoge Rk. mit N.N-disubstituierten Carbonsäure- u. Thiocarbonsäureamiden führt über die Stufe des Enamins unter Aminabspaltung u. Rk. mit weiterem **I** zum *Aminsalz des entsprechenden Methinoxonols* (**II**). Rk. von *1.3-Dimethyl-5-aminomethylen-* (**III**) bzw. *1.3-Dimethyl-5-[1-aminoäthyliden]-barbitursäure* (**VI**) mit Br_2 führt zu *1.3-Dimethyl-5.5-dibrombarbitursäure*. **III** gibt mit NaOH das *Na-Salz* (**V**) *von 1.3-Dimethyl-5-hydroxymethylenbarbitursäure*, das beim Ansäuern **II** liefert. **II** entsteht auch bei der Hydrolyse von 1.3-Dimethyl-5-[N-methylanilinomethylen]-barbitursäure (**VII**) mit sd. W. neben **I**. **V** läßt sich mit Semicarbazid (**X**) bzw. 2.4-Dinitrophenylhydrazin (**XI**) zu *5-Semicarbazidomethylen-* bzw. *5-[2.4-Dinitrophenylhydrazinomethylen]-1.3-dimethylbarbitursäure* umsetzen; die letzte Verb. entsteht auch bei der Rk. von **III** mit **XI**. Analog reagiert **III** mit Phenylhydrazin (**XII**) zu *5-Phenylhydrazinomethylen-1.3-dimethylbarbitursäure* u. mit N_2H_4 zu *5-Hydrazinomethylenbarbitursäure* (**XIII**), die mit C_6H_5CHO, CH_2O bzw. Acetessigsäureäthylester (**XIV**) die entsprechenden *Hydrazone* liefert. **XIII** u. die erwähnten Derivv. liegen möglicherweise in Form der Hydrazonomethyltautomeren vor. Die von Hager u. Kaiser (J. Amer. pharmac. Assoc. **44**, [1955], 193) aus 5-Brombarbitursäure u. $HCONH_2$ erhaltene Verb. ist nach dem UV-Spektrum 5-Aminomethylenbarbitursäure.

Versuche: 1.3-Dimethylbarbitursäuren: *5-Aminomethylen-* (**III**), $C_7H_9N_3O_3$, F. 232—233° (Butylacetat), a) aus **I** u. $HCONH_2$ durch 1std. Erhitzen auf 190—200°; 92% (Ausbeute); b) durch Zutropfen von $HCSNH_2$ in Ae./Methanol zu **I** in Methanol in Ggw. von Triäthylamin (**IV**) bei 35—40°, 1std. Rk., u. Abdestillieren des Lsgm.; 90%. *Acetyl-Deriv.*, $C_9H_{11}N_3O_4$, F. 148—149°, aus W. Nadeln; 50%. — *5-[Methylaminomethylen]-* (**VIII**), $C_8H_{11}N_3O_3$, F. 234° (W.), a) aus **I** u. N-Methylformamid durch 2std. Erhitzen auf 200—210°; 93%; b) aus **I** u. N-Methylthioformamid in A. in Ggw. von **IV** durch 4std. Kochen u. Abdestillieren des Lsgm.; 26%. — *5-[1-Aminoäthyliden]-* (**VI**), $C_8H_{11}N_3O_3$, F. 248—250° (W. oder A.), aus **I** u. Acetamid durch 1std. Rk. bei 200°, Zugabe von W. u. Stehen über Nacht; 55%. — *5-[1-Aminopropyliden]-*, $C_9H_{13}N_3O_3$, F. 199°, aus **I** u. Propionamid analog **VI**; 52%. — *5-[1-Aminobutyliden]-*, $C_{10}H_{15}N_3O_3$, F. 157—158° (W.), aus **I** u. n-Butyramid analog **VI** in 6 Std.; 60%. — *5-Anilinomethylen-* (**XV**), $C_{13}H_{13}N_3O_3$, F. 202—203° (A.), a) aus **I** u. **IX** in 2 Std. bei 180°; 76%; b) aus **I**, Thioformanilid u. **IV** in A. durch 3std. Kochen; 89%. — *5-Hydroxymethylen-*, *Na-Salz* (**V**), $C_7H_7N_2NaO_4$, schmilzt nicht bis 350° (Zers.), aus **III** mit 10%ig. NaOH; amorph; 90%. — *5-[N-Methylanilinomethylen]-* (**VII**), F. 198° (A.), durch Zutropfen von $POCl_3$ in abs. Bzl. zu N-Methylformanilid in abs. Bzl., ½std. Rk., Zugabe von **I**, 2std. Rk. bei 65—70°, Neutralisation mit **IV**, Absaugen des Nd.; 86%. — *5-Semicarbazidomethylen-*, $C_8H_{11}N_5O_4$, F. 243° [Dimethylformamid (DMF)], durch Ansäuern einer Lsg. von **V** in W. mit Essigsäure, Aufkochen u. Zugabe von **X**-Hydrochlorid/Na-Acetat-Lsg.; 60%. — *5-[2.4-Dinitrophenylhydrazinomethylen]-*, $C_{13}H_{12}N_6O_7$, F. 253°, a) aus **V** u. **XI** analog vorst. Verb.; aus A./Essigester orangegelbe Kristalle; b) aus **III** in A. analog a). — *5-Phenylhydrazinomethylen-*, $C_{13}H_{14}N_4O_3$, F. 192—193°, durch 2std. Kochen von **III** u. **XII** in A.; aus A. Nadeln; 62%. — *5-Hydrazinomethylen-* (**XIII**), $C_7H_{10}N_4O_3$, F. 241° (A.), aus **III** u. überschüssiger 25%ig. N_2H_4-Lsg. in sd. W.; 81%. — *5-Benzalhydrazinomethylen-*, $C_{14}H_{14}N_4O_3$, F. 219—221° (A.), aus **XIII** in A./W. durch Zutropfen von C_6H_5CHO in A. unter Kochen; 97%. — *5-[Methylenhydrazinomethylen]-*, $C_8H_{10}N_4O_3$, F. 192—193° (A.), analog vorst. Verb. mit CH_2O in A.; 66%. — *5-[Carbäthoxyisopropylidenhydrazinomethylen]-*, $C_{13}H_{18}N_4O_5$, F. 127—128° (A.), analog vorvorst. Verb. mit **XIV** durch 2std. Kochen in A.; 45%. — *5.5-Dibrom-*, F. 172—173°, a) aus **III** durch Kochen mit Br_2 in W.; 53%; b) analog a) aus **VI**; 51%. — „*Bis-[1.3-dimethylbarbitursäure-(5)] methinoxonol*" (*1.3-Dimethyl-5-[4-hydroxy-1.3-dimethyl-2.6-dioxo-1.2.3.6-tetrahydropyrimidinyl-(5)-methylen] 2.4.6-trioxohexahydropyrimidin*) (**II**), $C_{13}H_{14}N_4O_6$, F. 279—280°, a) durch 4std. Kochen von **I**, N.N-Dimethylthioformamid u. **IV** in Butanol, Abdestillieren des Lsgm. im Vakuum, Aufnehmen in A. u. Einleiten von HCl; 28%; b) aus **I**, N-Methylthioformanilid u. **IV** in A. durch 12std. Kochen u. Aufarbeiten wie bei a); 46%; c) aus **I**, N.N-Diphenylthioformamid u. **IV** in A. analog a); 90%; d) aus **V** durch Ansäuern mit Essigsäure u. kurzes Kochen; e) aus **VII** durch ½ std. Kochen in W., Abdestillieren des W. im Vakuum, Aufnehmen in A., Filtrieren (→ **I**, F. 123–124°; 50%) u. Sättigen mit HCl; 43%; f) durch Zufließen alkohol. **I**-Lsg. zu **VII** u. **IV** in A. bei Zimmer-Temp.; g) analog b) aus **VIII** oder **III** durch Erhitzen auf 80°. *Dimethylaminsalz*, $C_{13}H_{14}N_4O_6 \cdot C_2H_7N$, F. 164°, durch 5std. Erhitzen von **I** mit DMF u. Zugabe von Ae. nach Erkalten; 51%. — Die charakterist. IR- u. UV-Absorptionsbanden von **III**, **VIII** u. **XV** sind tabellar. aufgeführt. K.-D. Albrecht 3272◇

0910 **Untersuchungen über Trifluormethylderivate.** 1. Mitt. **Einführung der Trifluormethylgruppe in das Molekül von aktiven Antihistaminen.** S. Rossi und W. Butta. (Farmaco [Pavia], Ediz. sci. **16,** 326–34, 1961; Milano, Labor. farmac. maestretti, S.P.A.; ital.) — Die Synth. von 5 neuen Substanzen, die die Trimethylgruppe in einem Mol. enthalten, das wie bekannte Antihistamindrogen aufgebaut ist, wird beschrieben. Die neuen Verbb. sind weniger akt. als die Ausgangsverbindungen.

Versuche: *p-Trifluormethylbenzhydrol*, $C_{14}H_{11}F_3O$, F. 54–55°, Kp.$_{0,5}$ 130–134°, a) durch Zutropfen von Benzaldehyd in Ae. zu p-Trifluormethylphenyl-MgBr in Ae.; 58,5% (Ausbeute); b) durch Red. von p-Trifluormethylbenzophenon mit Al-Isopropylat in Isopropanol unter Abdestillieren des entstehenden Acetons; 80%. — *p-Trifluormethylbenzophenon*, $C_{14}H_9F_3O$, F. 113–115° (A.), durch 20std. Erhitzen von p-Trichlormethylbenzophenon mit wasserfreier HF in Ggw. von $SbCl_5$ in einem Autoklaven auf 70–75°, Eindampfen u. Extrahieren mit A.; 51%. — *p-Trifluormethylbenzhydrylchlorid*, $C_{14}H_{10}ClF_3$, Kp.$_1$ 118°, durch 25std. Erhitzen vorvorst. Verb. in Toluol mit $SOCl_2$; 80%. — *1-[p-Trifluormethylbenzhydryl]-piperazin*, $C_{18}H_{19}F_3N_2$, Kp.$_1$ 170°, durch 6std. Erhitzen vorst. Verb. mit abs. Piperazin auf 105–110° u. Extrahieren mit Ae.; 48%. — *1-[p-Trifluormethylbenzhydryl]-4-methylpiperazin*, $C_{19}H_{21}F_3N_2$, Kp.$_{0,5}$ 150°, a) durch 16std. Kochen von 2 g vorvorst. Verb. mit N-Methylpiperazin in abs. Bzl.; 1,15 g; b) durch Kochen vorst. Verb. in 10%ig. A. mit 40%ig. Formalin u. 85%ig. HCOOH bis zum Ende der Gas-Entw. (9 Std.). *Dihydrochlorid*, $C_{19}H_{21} \cdot F_3N_2 \cdot 2\,HCl$, F. 230–231°. — *1-[m-Methylbenzyl]-4-[p-trifluormethylbenzhydryl]-piperazin*, $C_{26}H_{27}F_3N_2$, Kp.$_1$ 220–225°, aus vorvorst. Verb. u. m-Methylbenzylbromid in Xylol durch 15std. Kochen. — *1-Dimethylamino-2-[p-trifluormethylbenzhydryloxy]-äthan*, $C_{18}H_{20}F_3NO$, F. 100–102°, Kp.$_{0,1}$ 200–201°, durch 7std. Erhitzen von p-Trifluormethylbenzhydrylchlorid mit β-Dimethylaminoäthanol in Ggw. von NaH in abs. Benzol. *Hydrobromid*, $C_{18}H_{20}F_3NO \cdot HBr$, F. 153–155° (A./Ae.). — *p-Trifluormethylbenzylalkohol*, $C_8H_7F_3O$, Kp.$_1$ 65°, durch 3½ std. Kochen von p-Trifluormethylphenyl-MgBr in abs. Ae. mit Trioxymethylen; n_D^{20} 1,4603. — *N-[p-Trifluormethylbenzyl]-anilin*, $C_{14}H_{12}F_3N$, Kp.$_2$ 140–142°, durch Zugabe von 4,35 g *p-Trifluormethylbenzylbromid* (aus vorst. Verb.) zu 6,85 g Anilin u. $NaHCO_3$ in W. bei 90–95° u. weiteres 2std. Erhitzen; 3,75. — *N.N-Dimethyl-N'-phenyl-N'-[p-trifluormethylbenzyl]-äthylendiamin*, $C_{18}H_{21}F_3N_2$, Kp.$_{0,7}$ 127–129°, durch 4std. Kochen von 2 g vorst. Verb. mit N.N-Dimethyl-β-chloräthylamin in abs. Pyridin; 1,7 g. *Dihydrochlorid*, $C_{18}H_{21}F_3N_2 \cdot 2\,HCl$, F. 205 bis 207° (A./Ae.). — *N.N-Dimethyl-N'-[pyridyl-(2)]-N'-[p-trifluormethylbenzyl]-äthylendiamin*, $C_{17}H_{20}F_3N_3$, Kp.$_{0,2}$ 135 bis 138°, durch Versetzen von NaH in abs. Toluol mit N.N-Dimethyl-N'-[pyridyl-(2)]-äthylendiamin, Zugabe von p-Trifluormethylbenzylbromid u. 4std. Kochen. *Tartrat*, $C_{17}H_{20} \cdot F_3N_3 \cdot C_4H_6O_6$, F. 81–82° (Zers.); aus A./Ae. hygroskop. Kristalle. P. Golinske 3272△

0911 **Chinazolone.** 1. Mitt. **Synthese von 3-[ω-Dialkylaminoalkyl]-chinazolonen-(4).** Yuoh-Fong Chi und Guo-Shung Shown. (Acta chim. sinica **23,** 112–16, 1957; Scientia sinica **6,** 847, 1957; Acad. Med. Sinica, Dep. of Therapeutics; chin., Auszug: engl.) — Anthranilsäure (**I**) bzw. 5-Chloranthranilsäure (**II**; F. 212–213°) werden mit *N-[ω-Dialkylaminoalkyl]-formamiden* unter Bldg. von *3-[ω-Dialkylaminoalkyl]-chinazolonen-(4)* kondensiert.

Versuche: *N-[2-Diäthylaminoäthyl]-formamid* (**III**), Kp.$_3$ 114–116° (vgl. J. pharmac. Soc. Japan [Yakugakuzasshi] **64,** [1944], 61); 90–93% (Ausbeute). — *N-[5-Diäthylaminopentyl-(2)]-formamid* (**IV**), $C_{10}H_{22}N_2O$, Kp.$_3$ 150–151°, vgl. vorst. Literaturangabe; 62%. — Chinazolone-(4), durch Kondens. von **I** bzw. **II** mit **III** bzw. **IV** bei 140–155°: *3-[2-Diäthylaminoäthyl]-*, $C_{14}H_{19}N_3O$, Kp.$_{0,17}$ 153–156°, aus **I** u. **III** durch 2std. Rk.; 82%. *Monohydrochlorid*, $C_{14}H_{20} \cdot ClN_3O$, F. 182–183. *Dihydrochlorid*, $C_{14}H_{21}Cl_2N_3O$, F. 210 bis 213° (Zers.). — *3-[2-Diäthylaminoäthyl]-6-chlor-*, $C_{14}H_{18} \cdot ClN_3O$, F. 69–70°, aus **II** u. **III**; 84,5%. *Dihydrochlorid*, $C_{14}H_{20}Cl_3N_3O$, F. 210–214° (Zers.). — *3-[5-Diäthylaminopentyl-(2)]-*, $C_{17}H_{25}N_3O$, Kp.$_{0,1}$ 158–160°, aus **I** u. **IV**; 31%. *Dipikrat*, $C_{29}H_{31}N_9O_{15}$, F. 169–170°. — *3-[5-Diäthylaminopentyl-(2)]-5-chlor-*, *Dipikrat*, $C_{29}H_{30}ClN_9O_{15}$, F. 156–157°, aus **II** u. **IV**. H.-J. Weigmann 3272△

0912 **Synthese von Adenin.** L. R. Dawidenkow. (Med. Ind. UdSSR **16,** Nr. 1, 25–28, 1962; Leningrad, Chem.-Pharmazeut. Inst.; russ.) — Die Synth. von *Adenin* wird beschrieben.

Versuche: *Malonsäurediamid*, aus Malonsäurediäthylester u. konz. NH_4OH; 85% (Ausbeute). — Pyrimidine: *4.6-Dihydroxy-*, durch Lösen von 9,2 g Na in 300 ml abs. A., Zugabe von 20,5 g vorst. Verb. u. 20 ml Formamid, 1½ std. Kochen u. 12std. Stehen; gelb; 50–55%. — *4.6-Dihydroxy-5-nitro-*, durch Eintragen von 30 g vorst. Verb. in 300 ml konz. H_2SO_4, ½ std. Rühren, Zugabe von 51 g $NaNO_3$ unter Eiskühlung in 1 Std. u. 1std. Rühren bei 20°; gelb; 70–80%. — *4.6-Diamino-5-nitro-*, durch Erhitzen von 27 g vorst. Verb., 90 ml $POCl_3$ u. 45 ml Dimethylanilin auf 125 bis 130°, Eindampfen, Gießen in 450 ml Eiswasser, Lösen des Nd. in 200 ml A. u. portionsweise Zugabe von 160 ml konz. NH_4OH unter Erhitzen; 70–80%. — *4.5.6-Triamino-*, *Sulfat*, durch Red. vorst. Verb. mit Fe; aus 10%ig. H_2SO_4 Nadeln; 70–75%. — *Adenin*, *Sulfat*, durch 20–25 Min. langes Erhitzen von 4,5 g vorst. Verb. mit 40 ml Formamid (Bad-Temp. 190–200°) u. Eindampfen, zuletzt bei 110 bis 115°/2–3 mm; 90–95%. *Hydrochlorid*; Nadeln. Helmut Schäfer 3272△

0913 **Polypurine.** 1. Mitt. **Einige symmetrische α.ω-Bis-[purinyl-(9)]-äthane und -hexane.** J. H. Lister. (J. chem. Soc. [London] **1960,** 3394–97; London, Chester Beatty Res. Inst., Inst. of Cancer Res., Royal Cancer Hosp.; engl.) — *6.6'-Disubstituierte α.ω-Bis-[purinyl-(9)]-* u. *α.ω-Bis [8-aza-purinyl-(9)]-äthane* u. *-hexane* werden dargestellt.

Versuche: Hexane: *1.6-Bis-[4-amino-5-nitro-pyrimidinyl-(6)-amino]-* (**I**), $C_{14}H_{20}N_{10}O_4$, F. 262–263° (Dimethylformamid), durch Zugabe von 7 g 4-Amino-6-chlor-5-nitropyrimidin in Dioxan zu 2,5 g Hexamethylendiamin (**VII**) u. 7 g Triäthylamin in Dioxan, ½ std. Rühren u. Zugabe von W.; 8,6 g (roh). — *1.6-Bis-[4.5-diaminopyrimidinyl-(6)-amino]-* (**II**), $C_{14}H_{24}N_{10}$, F. 234–236° (HCl/NaOH), durch Hydrierung von 13,6 g **I** in 2n HCl an 5%ig. Pd-Kohle; 10,5 g (roh). — *1.6-Bis-[5-amino-4-chlorpyrimidinyl-(6)-amino]-* (**V**), $C_{14}H_{20}Cl_2N_8$, F. 230–232° (verd. A.), durch 22std. Kochen von 6,6 g 5-Amino-4.6-dichlorpyrimidin mit 3,4 g **VII** in Dioxan/Triäthylamin; 3,5 g (roh). — *1.6-Bis-[4-dimethylamino-5-nitropyrimidinyl-(6)-amino]-*, *1/4n-Butanolat*, $C_{18}H_{28}N_{10}O_4 \cdot {}^1/_4\,C_4H_9OH$, F. 142–144° (n-Butanol). — *1.6-Bis-[5-aminopyrimidinyl-(6)-amino]-*, $C_{14}H_{22}N_8$, F. 226 bis 228° (A.), durch Hydrierung von 1,45 g **V** in A. an 5%ig. Pd-Kohle; 0,45 g. — 1.6-Bis-[purinyl-(9')]-hexane: *Unsubstituiert*, $C_{16}H_{18}N_8$, F. 144–146° (Aceton). — *6'.6''-Diamino-* (**III**), $C_{16}H_{20}N_{10}$, F. 254–255° (Zers.; Formamid), durch ½ std. Erhitzen von 3,5 g **II** mit Formamid u. HCl auf 175° u. Waschen des Nd. mit 2n NaOH; 3 g. — *6'.6''-Dichlor-* (**IV**), $C_{16}H_{16}Cl_2N_8$, F. 167–170° (verd. Methanol), durch 2std. Erhitzen von **V** mit Orthoameisensäuretriäthylester u. Acetanhydrid. — *6'.6''-Dimercapto-*, $C_{16}H_{18}N_8S_2$, F. 330–334° (Zers.), durch 1½ std. Kochen von 1 g **IV** mit 0,38 g Thioharnstoff in A., Lösen in NaOH u. Fällen mit Essigsäure; 0,78 g. — *6'.6''-Bis-[methylmercapto]-*, $C_{18}H_{22} \cdot N_8S_2$, F. 151–153° (Methanol), durch Rk. vorst. Verb. mit Dimethylsulfat/n-Alkali bei 10°. — *6'.6''-Bis-[furfurylamino]-*, $C_{26}H_{28}N_{10}O_2$, F. 163–165° (A.), durch 1std. Erhitzen von 0,5 g **IV** mit 0,6 Furfurylamin in W.; 0,5 g (roh). — *6'.6''-Dihydroxy-*, $C_{16}H_{18}N_8O_2$, F. 295° (Zers.; W.), a) durch Zutropfen von 2 g $NaNO_2$ in W. zu 0,5 g **III** in verd. H_2SO_4, 5 Min. langes Kochen u. Zugabe von NH_4OH bis pH 4; 0,35 g; b) durch 2std. Kochen von 0,25 g **IV** mit 0,2n HCl; 0,11 g (roh). — *6'.6''-Bis-[dimethylamino]-*, $C_{20}H_{28}N_{10}$, F. 226 bis 227° (A.). — 1.6-Bis-[8'-azapurinyl-(9')]-hexane: *6'.6''-Diamino-*, $C_{14}H_{18}N_{12}$, F. 318–320° (Zers.; verd. Essigsäure). — *6'.6''-Dihydroxy-*, $C_{14}H_{16}N_{10}O_2$, F. 256–258° (W.). — *6'.6''-Bis-[dimethylamino]-*, $C_{18}H_{26}N_{12}$, F. 183–184° (n-Butanol). — Äthane: *1.2-Bis-[4-amino-5-nitropyrimidinyl-*

(6)-amino]-, Dihydrat, $C_{10}H_{12}N_{10}O_4 \cdot 2\,H_2O$, F. >350° (2n HCl). — *1.2-Bis-[4-dimethylamino-5-nitropyrimidinyl-(6)-amino]-*, $C_{14}H_{20}N_{10}O_4$, F. 195—197° (n-Butanol). — *1.2-Bis-[4.2-diaminopyrimidinyl-(6)-amino]-, Tetrahydrochlorid,* $C_{10}H_{16}N_{10} \cdot 4\,HCl$, F. 290° (Zers.; 2n HCl). — *1.2-Bis-[4-dimethylamino-5-aminopyrimidinyl-(6)-amino]-* (**VI**), $C_{14}H_{24}N_{10}$, F. 205 bis 206° (W.). — 1.2-Bis-[purinyl-(9′)]-äthane: *6′.6″-Diamino-*, $C_{12}H_{12}N_{10}$, F. >350° (NH_4OH/HCl). — *6′.6″-Bis-[dimethylamino]-*, $C_{16}H_{20}N_{10}$, F. 226—227° (A.). — *6′.6″-Dihydroxy-, Monohydrat,* $C_{12}H_{10}N_8O_2 \cdot H_2O$, F. >350° (verd. Essigsäure). — 1.2-Bis-[8′-azapurinyl-(9′)]-äthane: *6′.6″-Bis-[dimethylamino]-*, $C_{14}H_{18}N_{12}$, F. 291—292°, durch Zutropfen von 0,1 g $NaNO_2$ in W. zu 0,25 g **VI** in verd. Essigsäure; aus n-Amylalkohol gelbe Nadeln; 0,22 g. — *6′.6″-Diamino-, 1/4-Hydrat,* $C_{10}H_{10}N_{12} \cdot {}^1/_4\,H_2O$, F. >350° (HCl/NaOH). — *6′.6″-Dihydroxy-*, $C_{10}H_8N_{10}O_2$, F. 343° (Zers.; wss. Formamid). L. Lamza 3272△

0914 **Untersuchungen über Synthesen von 1.4-Thiazinderivaten. 1. Mitt. Synthesen von Benzo-1.4-thiazinderivaten.** Kiichi Fujii. (J. pharmac. Soc. Japan [Yakugakuzasshi] **77**, 347—51, 1957; Osaka, Gohei Tanabe & Co. Ltd., Res. Labor.; jap., Auszug: engl.) — Die Darst. von *3-Phenylbenzo-1.4-thiazin* (**I**) durch Kondens. von o-Aminothiophenol u. ω-Bromacetophenon oder durch Red. von ω-[o-Nitrophenylmercapto]-acetophenon wird beschrieben. Es gelingt nicht, eine bas. Seitenkette am N-Atom einzuführen. *3-Phenyl-4-[ω-dialkylaminoalkyl]-benzo-1.4-thiazin* wird durch Kondens. von ω-Bromacetophenon mit o-[ω-Dialkylaminoalkylamino]-thiophenol, das durch Rk. von Benzthiazolinon mit Dialkylaminoalkylchlorid u. nachfolgende Hydrolyse mit KOH erhalten wird, dargestellt.

Versuche: *3-Phenyl-2H-benzo-1.4-thiazin* (**I**), $C_{14}H_{11}NS$, F. 47—48°, Kp.$_{2,5}$ 180—185°, durch 12std. Stehen von o-Aminothiophenol mit ω-Bromacetophenon in Ae., Filtrieren, Lösen in Ae. u. Zers. mit 4%ig. NaOH; 72% (Ausbeute). — *Bis-[3-phenylbenzo-1.4-thiazinyl-(2)]*, $C_{28}H_{20}N_2S_2$, F. 234—236°, durch Erhitzen von 1,5 g **I** mit Pikrinsäure in A., Umkristallisieren aus A. u. Zers.; aus Xylol Blätter; 1 g. — *3-Phenylbenzo-1.4-thiazin-4-oxid*, $C_{14}H_{11}NOS$, F. 148—149° (Zers.), durch Erhitzen von 10,9 g ω-[o-Nitrophenylmercapto]-acetophenon mit $SnCl_2$ in mit HCl gesätt. Essigsäure auf dem Wasserbad, Extraktion mit Ae. u. Zers. mit 4%ig. NaOH; aus A. gelbe Prismen; 0,5 g; daneben aus der Mutterlauge 6,1 g **I**. — *3-Phenyl-6-chlorbenzo-1.4-thiazin-4-oxid* (**II**), $C_{14}H_{10}ClNOS$, F. 177° (Zers.), durch 2std. Erhitzen von 15 g ω-[2-Nitro-4-chlorphenylmercapto]-acetophenon mit $SnCl_2$ analog vorst. Verb.; Blätter; 0,3 g; daneben aus der Mutterlauge 8 g *3-Phenyl-6-chlorbenzo-1.4-thiazin* (**III**), $C_{14}H_{10}ClNS$, F. 64°, Kp.$_{5,5}$ 231—234°; aus Methanol Platten. — *Bis-[3-phenyl-6-chlorbenzo-1.4-thiazinyl-(2)]*, $C_{28}H_{20}Cl_2N_2S_2$, F. 237 bis 238°, a) durch 3std. Kochen von **II** mit PCl_3 in Chlf., Zers. mit W. u. Extraktion mit Bzl.; b) durch Stehen von **III** oder Umkristallisieren seines Salzes aus Bzl./A.; aus Bzl. Blätter. — Benzothiazolinone-(2): *3-[β-Diäthylaminoäthyl]-* (**IV**), Kp.$_4$ 183—187°, durch 2std. Kochen von 24 g Benzothiazolinon-(2) mit $NaOC_2H_5$ u. 2-Chlortriäthylaminhydrochlorid in A.; 32 g. *Pikrat,* $C_{19}H_{21}N_5O_8S$, F. 185—187°. — *3-[β-Dimethylaminoäthyl]-*, Kp.$_1$ 158—164°, analog **IV**. *Pikrat,* $C_{17}H_{17}N_5O_8S$, F. 158—159°. — *3-[β-Dimethylaminoäthyl]-5-chlor-*, Kp.$_{2,5}$ 181—186°, analog **IV**. *Pikrat,* $C_{17}H_{16}ClN_5O_8S$, F. 188—189°. — *3-[β-Diäthylaminoäthyl]-5-chlor-* (**V**), $C_{13}H_{17}ClN_2OS$, F. 61—63°, Kp.$_4$ 194—202°, aus **VI** analog **IV**. — *3-[γ-Dimethylaminopropyl]-*, Kp.$_2$ 173—177°, analog **IV**. *Pikrat,* $C_{18}H_{19}N_5O_8S$, F. 194—196°. — *3-[γ-Dimethylaminopropyl]-5-chlor-*, Kp.$_{1,5}$ 175—179°, analog **IV**. *Pikrat,* $C_{18}H_{18}ClN_5O_8S$, F. 215° (Zers.). — *5-Chlor-* (**VI**), C_7H_4ClNOS, F. 233 bis 234°, durch Erhitzen von 15 g 2-Mercapto-5-chlorbenzothiazol mit NaOH u. $KMnO_4$ auf 80—90°, Ansäuern mit HCl u. Kochen; Nadeln; 10 g. — Thiophenole: *2-[β-Diäthylaminoäthylamino]-* (**VII**), $C_{12}H_{20}N_2S$, F. 102—103°, durch 40 Min. langes Kochen von 25 g **IV** u. KOH in A., Dest., Zugabe von W. u. Neutralisieren mit 10%ig. Essigsäure; 17,4 g. — *2-[β-Dimethylaminoäthylamino]-*, analog **VII**. *Pikrat,* $C_{16}H_{19}N_5O_7S$, F. 187—188°. — *2-[β-Dimethylaminoäthylamino]-4-chlor-*, $C_{10}H_{15}ClN_2S$, F. 132—133°, analog **VII**. — *2-[β-Diäthylaminoäthylamino]-4-chlor-*, $C_{12}H_{19}ClN_2S$, F. 142 bis 143°, durch 2std. Kochen von 12,2 g **V** analog **VII**. — *2-[γ-Dimethylaminopropylamino]-*, $C_{11}H_{18}N_2S$, F. 123—124°, analog **VII**. — *2-[γ-Dimethylaminopropylamino]-4-chlor-*, $C_{11}H_{17}ClN_2S$, F. 162—163°, analog **VII**. — 3-Phenyl-4H-benzo-1.4-thiazine: *4-[β-Diäthylaminoäthyl]-* (**VIII**), Kp.$_{3,5}$ 195—203°, durch 2std. Kochen von 2,24 g **VII** mit KOH u. ω-Bromacetophenon in A., Dest., Extraktion mit Ae., Lösen in Essigsäure, Zugabe von NaOH u. Extraktion mit Ae.; 1,7 g. *Pikrolonat,* $C_{30}H_{32}N_6O_5S$, F. 152—153°. — *4-[β-Dimethylaminoäthyl]-*, Kp.$_3$ 190—193°, analog **VIII**. *Pikrolonat,* $C_{28}H_{28}N_6O_5S$, F. 182—183°. — *4-[β-Dimethylaminoäthyl]-6-chlor-*, F. 69—70°, analog **VIII**. *Pikrat, Monohydrat,* $C_{24}H_{22}ClN_5O_7S \cdot H_2O$, F. 163—164°. — *4-[β-Diäthylaminoäthyl]-6-chlor-*, Kp.$_2$ 202—207°, analog **VIII**. *Pikrolonat,* $C_{30}H_{31}ClN_6O_5S$, F. 183—184°. — *4-[γ-Dimethylaminopropyl]-*, Kp.$_1$ 178—184°, analog **VIII**. *Pikrat,* $C_{25}H_{25}N_5O_7S$, F. 127 bis 128°. — *4-[γ-Dimethylaminopropyl]-6-chlor-*, analog **VIII**. *Pikrat,* $C_{25}H_{24}ClN_5O_7S$, F. 190—191°.

Gottfried Schreiber 3292△

0915 **Untersuchungen über Synthesen von 1.4-Thiazinderivaten. 2. Mitt. Synthesen von 1.2.3.4-Tetrahydrophenthiazinderivaten.** Kiichi Fujii. (J. pharmac. Soc. Japan [Yakugakuzasshi] **77**, 352—55, 1957; jap., Auszug: engl.) — 1. vgl. vorst. Referat. — *1.2.3.4-Tetrahydrophenthiazin* (**I**) wird durch Kondens. von o-Aminothiophenol mit 2-Chlorcyclohexanol oder durch Red. von o-Nitrophenyl-2-oxocyclohexylsulfid dargestellt. Einführung einer bas. Seitenkette in **I** gelingt nicht. *10-[ω-Dialkylaminoalkyl]-1.2.3.4-tetrahydrophenthiazin* wird durch Kondens. von 2-Chlorcyclohexanon mit o-[ω-Dialkylaminoalkyl]-aminothiophenol erhalten. Dehydrierung von 1.2.3.4-Tetrahydrophenthiazinen mit S oder Chloranil liefert die entsprechenden Phenthiazine in geringer Ausbeute u. unter Abspaltung einer evtl. vorhandenen bas. Seitenkette.

Versuche: *1.2.3.4-Tetrahydrophenthiazin* (**I**), $C_{12}H_{13}NS$, Kp.$_1$ 170—171°, durch mehrstd. Kochen von 5 g o-Aminothiophenol mit $NaOC_2H_5$ u. 2-Chlorcyclohexanol in A. u. Extraktion mit Ae.; 4,3 g (Ausbeute). — *8-Chlor-1.2.3.4-tetrahydrophenthiazin* (**II**), $C_{12}H_{12}ClNS$, F. 168°, Kp.$_3$ 198—203°, aus 5,1 g 2-Amino-4-chlorthiophenol u. 2-Chlorcyclohexanon analog **I**; 3,8 g. — *o-Nitrophenyl-2-oxocyclohexylsulfid*, $C_{12}H_{13}NO_3S$, F. 108—109° (A.), durch 2std. Kochen von 13,3 g o-Nitrobenzolsulfenylchlorid mit Cyclohexanon in Bzl.; 12,6 g. — *1.2.3.4-Tetrahydrophenthiazin-10-oxid*, $C_{12}H_{13}NOS$, F. 170—171° (Zers.), durch 3std. Kochen von 12,5 g vorst. Verb. mit $SnCl_2 \cdot 2\,H_2O$ in mit HCl gesätt. Essigsäure, Zers. mit verd. NaOH, Extraktion mit Ae. u. Stehen; Platten; 0,14 g; Daneben 3,1 g **I**. — *2-Nitro-4-chlorphenyl-2-oxocyclohexylsulfid*, $C_{12}H_{12}ClNO_3S$, F. 140—141° (Bzl.), durch 2std. Kochen von 22,4 g 2-Nitro-4-chlorbenzolsulfenylchlorid mit Cyclohexanon in Bzl.; 21,9 g. — *8-Chlor-1.2.3.4-tetrahydrophenthiazin-10-oxid*, $C_{12}H_{12}ClNOS$, F. 187—188° (Zers.), durch Red. von 12,5 g vorst. Verb. mit $SnCl_2$ in mit HCl gesätt. Essigsäure, Blätter; 0,3 g; Daneben aus der Mutterlauge 3,8 g **II**. — *Phenthiazin*, F. 181—183°, durch 5std. Kochen von 0,9 g **I** mit Chloranil in Xylol, Extraktion mit Bzl., Dest. u. Reinigen an Al_2O_3; 0,07 g. — *2-Chlorphenthiazin*, F. 192—193°, durch 5std. Erhitzen von 1 g **II** mit S in Pyridin auf 210°, Zugabe von Bzl., Extraktion mit 5%ig. HCl u. Reinigen der Benzolschicht an Al_2O_3; Blätter; 0,05 g. — *8-Chlor-10-methyl-1.2.3.4-tetrahydrophenthiazin*, $C_{13}H_{14}ClNS$, Kp.$_3$ 195 bis 198°, durch Rk. von 4,3 g 2-Methylamino-4-chlorthiophenol u. 2-Chlorcyclohexanon mit Na in A./Ae. bei 0°, ½std. Rühren bei Raum-Temp., Dest. u. Extraktion mit Ae.; 4,5 g. — *2-Chlor-10-methylphenthiazin*, F. 82—83°, durch 4std. Erhitzen von 0,5 g vorst. Verb. mit S in Pyridin auf 200—215°; 0,05 g. — 1.2.3.4-Tetrahydrophenthiazine: *10-[β-Diäthylaminoäthyl]-* (**III**), Kp.$_3$ 205—210°, durch 2std. Kochen von 4,5 g o-[β-Diäthylaminoäthylamino]-thiophenol mit 2-Chlorcyclohexanon u. KOH in A., Dest., Zugabe von NaOH, Extraktion mit Ae., Zugabe von verd. HCl, Zugabe von NaOH u. Extraktion mit Ae.; 5,4 g. *Pikrolonat,* $C_{28}H_{34}N_6O_5S$, F. 138—140°. — *8-Chlor-10-[β-diäthylaminoäthyl]-*, Kp.$_1$ 190—195°, durch Rk. von 2,6 g 2-[β-Diäthylaminoäthylamino]-4-chlorthiophenol mit 2-Chlorcyclohexanon u. KOH analog **III**. *Pikrolonat,* $C_{28}H_{33}ClN_6O_5S$, F. 161—162°. — *10-[β-Dimethylaminoäthyl]-*, Kp.$_3$ 177—181°, analog **III**. *Pikrolonat,* $C_{26}H_{30}N_6O_5S$, F. 208—210°. — *8-Chlor-10-[β-dimethylaminoäthyl]-*, Kp.$_1$ 187—196°, analog **III**. *Oxalat,* $C_{18}H_{23}ClN_2O_4S$, F. 122—123°. — *10-[γ-Dimethylaminopropyl]-*, Kp.$_2$ 178—184°, analog **III**. *Oxalat,* $C_{19}H_{26}N_2O_4S$, F. 142 bis 143°. — *8-Chlor-10-[γ-dimethylaminopropyl]-*, Kp.$_1$ 192 bis 195°, analog **III**. *Oxalat, Monohydrat,* $C_{19}H_{25}ClN_2O_4S \cdot H_2O$, F. 117—118°. Gottfried Schreiber 3292△

0916 **Untersuchungen über Synthesen von 1.4-Thiazinderivaten.** 3. Mitt. **Synthesen von 2.3-Dihydrobenzo-1.4-thiazinen.** Kiichi Fujii. (J. pharmac. Soc. Japan [Yakugakuzasshi] **77**, 355—58, 1957; jap., Auszug: engl.) — 2. vgl. vorst. Referat. — *o-[2-Hydroxyäthylmercapto]-anilin* (**I**) wird durch Rk. von o-Aminothiophenol mit Äthylenoxid oder Äthylenchlorhydrin dargestellt. Die dehydrierende Cyclisierung von **I** durch Erhitzen seines Hydrochlorids liefert *2.3-Dihydrobenzo-1.4-thiazin* (**III**), das mit ω-Dialkylaminoalkylchlorid zu *4-[ω-Dialkylaminoalkyl]-2.3-dihydrobenzo-1.4-thiazin* reagiert. Dieselben Verbb. können durch Cyclisierung von N-[ω-Dialkylaminoalkyl]-o-[2-hydroxyäthylmercapto]-anilin, das durch Rk. von o-[ω-Dialkylaminoalkylamino]-thiophenol mit Äthylenoxid oder Äthylenchlorhydrin erhalten wird, dargestellt werden.

Versuche: *2.3-Dihydrobenzo-1.4-thiazin* (**III**), Kp.$_6$ 134 bis 137°, a) durch 4std. Kochen von 4,8 g o-Aminothiophenol mit Äthylendichlorid u. KOH in A., Dest., Ansäuern mit 10%ig. HCl, Zugabe von Alkali u. Extraktion mit Ae.; 1 g (Ausbeute); b) durch 4std. Erhitzen von 2,1 g **I** mit konz. HCl auf 140—150° im Vakuum, Zugabe von NaOH u. Extraktion mit Ae.; 12,4 g; c) durch 1std. Kochen von 3-[β-Bromäthyl]-benzthiazolinon-(2) mit KOH u. Äthanol. *p-Nitrobenzoyl-Deriv.*, $C_{15}H_{12}N_2O_3S$, F. 185—186°; Prismen. *Pikrolonat*, $C_{18}H_{17}N_5O_5S$, F. 198°; Prismen. — *o-[β-Hydroxyäthylmercapto]-anilin* (**I**), Kp.$_8$ 181—187°, durch 1std. Kochen von 24,2 g o-Aminothiophenol mit Äthylenchlorhydrin u. KOH in A., Dest. u. Zugabe von Alkali; 17,5 g. *Pikrolonat*, $C_{18}H_{19}N_5O_6S$, F. 169,5—170,5°. — *N-Phenyl-N'-[o-(β-hydroxyäthylmercapto)-phenyl]-thioharnstoff*, $C_{15}H_{16}N_2OS_2$, F. 129°, durch Rk. vorst. Verb. mit Phenylisothiocyanat in Bzl.; aus A. Nadeln. — *o-[β-Hydroxyäthylmercapto]-N-[p-nitrobenzoyl]-anilin*, $C_{15}H_{14}N_2O_4S$, F. 125—126°, durch 3std. Kochen von **I** mit p-Nitrobenzoylchlorid in Bzl.; aus Bzl. Nadeln. — *2-[β-Hydroxyäthylmercapto]-5-chloranilin* (**II**), Kp.$_6$ 188—194°, durch Rk. von 4,7 g 2-Amino-4-chlorthiophenol mit Äthylenchlorhydrin; 3,7 g. — *N-Phenyl-N'-[2-(β-hydroxyäthylmercapto)-5-chlorphenyl]-thioharnstoff*, $C_{15}H_{15}ClN_2OS_2$, F. 143°. — *2-[β-Hydroxyäthylmercapto]-5-chlor-N-[4-nitrobenzoyl]-anilin*, $C_{15}H_{13}ClN_2O_4S$, F. 164—165°, durch 2std. Kochen von **II** mit p-Nitrobenzoylchlorid in Bzl.; Nadeln. — *6-Chlor-2.3-dihydrobenzo-1.4-thiazin*, C_8H_8ClNS, F. 110—111°, Kp.$_3$ 171—174°, durch Entwässern von 20,4 g **II** mit konz. HCl, 4std. Erhitzen auf 140—150°, Zugabe von NaOH u. Extraktion mit Bzl.; Nadeln; 11 g. — *3-[β-Bromäthyl]-benzothiazolinon-(2)*, $C_9H_8 \cdot BrNOS$, F. 60—62°, Kp.$_2$ 173—175°, durch 6std. Kochen von 7,5 g Benzothiazolinon-(2) mit Äthylendibromid u. KOH in A.; aus A. Nadeln; 8 g. — 2.3-Dihydrobenzo-1.4-thiazine: *4-[β-Diäthylaminoäthyl]-* (**IV**), Kp.$_3$ 173—177°, a) durch 4std. Erhitzen von 1,3 g **III** mit 2-Chlortriäthylamin u. $NaNH_2$ in Xylol auf 60—70°, Extraktion mit verd. Essigsäure u. Zugabe von Alkali; 1,1 g; b) durch Dehydratisieren von 1,3 g **V** mit 20%ig. HCl im Vakuum, 2std. Erhitzen auf 140—150° u. Zugabe von wss. Alkali; 0,75 g. *Pikrat*, $C_{20}H_{25} \cdot N_5O_7S$, F. 152—153°. — *4-[β-Dimethylaminoäthyl]-*, Kp.$_5$ 182 bis 189°, analog **IV** nach a). *Pikrat*, $C_{18}H_{21}N_5O_7S$, F. 170° (Zers.). — *4-[β-Dimethylaminoäthyl]-6-chlor-*, Kp.$_{1,5}$ 170°, analog **IV** nach a). *Pikrat*, $C_{18}H_{20}ClN_5O_7S$, F. 189° (Zers.). — *4-[β-Diäthylaminoäthyl]-6-chlor-*, Kp.$_1$ 165—170°, analog **IV** nach a). *Pikrat*, $C_{20}H_{24}ClN_5O_7S$, F. 156—157° (Zers.). — *4-[γ-Dimethylaminopropyl]-*, Kp.$_1$ 168—170°, analog **IV** nach a). *Pikrolonat*, $C_{23}H_{28}N_6O_5S$, F. 92—94°. — *4-[γ-Dimethylaminopropyl]-6-chlor-*, Kp.$_1$ 173—175°, analog **IV** nach a). *Pikrolonat*, $C_{23}H_{27}ClN_6O_5S$, F. 194—195°. — 2-[β-Hydroxyäthylmercapto]-aniline: *N-[2-Diäthylaminoäthyl]-* (**V**), Kp.$_5$ 198—205°, durch 1½ std. Kochen von 2,24 g o-[2-Diäthylaminoäthylamino]-thiophenol mit Äthylenchlorhydrin u. KOH in A.; 2,2 g. *Pikrat*, $C_{20}H_{23}N_5O_8S$, F. 118—120°. — *5-Chlor-N-[2-diäthylaminoäthyl]-*, Kp.$_3$ 198—205°, analog **V**. *Pikrolonat*, $C_{21}H_{31}ClN_6O_6S$, F. 55—57°. — *N-[3-Dimethylaminopropyl]-*, Kp.$_1$ 188—190°, analog **V**. *Pikrolonat*, $C_{23}H_{30}N_6O_6S$, F. 134—135°. — *5-Chlor-N-[3-dimethylaminopropyl]-*, Kp.$_2$ 195 bis 200°, analog **V**. *Pikrolonat*, $C_{23}H_{29}ClN_6O_6S$, F. 164—165,5°.

Gottfried Schreiber 3292△

0917 **Untersuchungen über Synthesen von 1.4-Thiazinderivaten.** 4. Mitt. **Synthesen von 1.4-Thiazinderivaten.** Kiichi Fujii. (J. pharmac. Soc. Japan [Yakugakuzasshi] **77**, 359—61, 1957; jap., Auszug: engl.) — 3. vgl. vorst. Referat. — Die Darst. von *1.4-Thiazin*, dem Grundskelett von Phenthiazin u. Benzo-1.4-thiazin, wird untersucht. *3.5-Diphenyl-1.4-thiazin* wird aus Diphenacylsulfid u. NH_3, *3,5-Diphenyl-1.4-thiazin-S.S-dioxid* (**I**) aus Diphenacylsulfon u. NH_3 oder Formamid dargestellt. Bei Red. entsteht das entsprechende *Thiomorpholin*.

Versuche: *3.5-Diphenyl-1.4-thiazin*, $C_{16}H_{13}NS$, F. 81 bis 83°, durch 3½std. Erhitzen von 2 g Diphenacylsulfid, NH_3 u. A. auf 80—90°; aus A. Nadeln; 0,55 g (Ausbeute). — *3.5-Diphenylthiomorpholin*, durch katalyt. Hydrierung vorst. Verb. an PtO_2 in A.; Sirup. *Pikrat*, $C_{22}H_{20}N_4O_7S$, F. 153 bis 154° (Zers.). — *3.5-Diphenyl-1.4-thiazin-S.S-dioxid* (**I**), $C_{16}H_{13}NO_2S$, F. 269—271°, a) durch 7std. Erhitzen von 10 g Diphenacylsulfon mit NH_3 in A.; 8 g; b) durch 5std. Erhitzen von 3 g Diphenacylsulfon mit Formamid auf 170 bis 190°, Zugabe von W. u. Extraktion von 0,9 g *N-Formyl-α-methylbenzylamin* (Kp.$_3$ 140—143°) mit Bzl.; aus Essigsäure Nadeln. — *3.5-Diphenylthiomorpholin-S.S-dioxid*, $C_{16}H_{17}NO_2S$, F. 196—198°, durch katalyt. Hydrierung von 2,3 g **I** an PtO_2 in Essigsäure; aus A. Nadeln; 0,5 g. *1-Acetyl-Deriv.*, $C_{18}H_{19}NO_3S$, F. 158—160°, durch 2std. Kochen mit Essigsäure u. Zers. mit W.; aus A. Prismen. — *Diphenacylsulfoxid*, $C_{16}H_{14}O_3S$, F. 113—115°, aus Diphenacylsulfid. — *Bis-[β-methylaminophenäthyl]-sulfon*, durch Erhitzen von Diphenacylsulfon mit Methylamin in A. auf 100°, Dest., 16std. Erhitzen mit $LiAlH_4$ in Dioxan auf 60—65°; Sirup. *Dipikrolonat*, $C_{38}H_{40}N_{10}O_{12}S$, F. 253—254° (Zers.).

Gottfried Schreiber 3292△

0918 **Schwefelhaltige Pyridinderivate.** 54. Mitt. **Smiles-Umlagerung bei Pyridinderivaten und die Synthese von Benzopyrido- und Dipyridothiazinderivaten.** 2. Mitt. Yoshifumi Maki. (J. pharmac. Soc. Japan [Yakugakuzasshi] **77**, 862—66, 1957; Kyoto, Univ., Med. Fac., Pharmac. Inst.; jap., Auszug: engl.) — 53. bzw. 1. vgl. C. **1963**, 21933. — Zum Vgl. mit 2-Arylmercapto-3-amino-6-chlorpyridin-Derivv. (**III**) wurden *2-Arylmercapto-3-amino-6-methoxy-[u. -äthoxy-]pyridin-* (**I**) u. *3-Amino-4-arylmercaptopyridin-Derivv.* (**II**) hergestellt. **I** u. **II** wurden der Smiles-Umlagerung (**A**) mit methanol. KOH unterworfen. Bei **I** u. **II** geht **A** schlecht. Leichter scheint dagegen nucleophile Substitution mit CH_3O^-, das sich aus der als Umlagerungskatalysator verwendeten methanol. KOH bildet, stattzufinden. Das zeigt den großen Einfl. des Cl in 6-Stellung der **III**, die wie **I** u. **II** freie Aminogruppen haben u. leicht der **A** unterliegen. Bei den Acetyl-Derivv. von **I** u. **II** findet jedoch **A** schon in der Kälte statt. Im Gegensatz zu den 2-Aminoarylmercaptobenzol-Derivv., die in der Kälte kaum der **A** unterworfen sind, zeigen Pyridin-Derivv. mit Aminogruppen in 3-Stellung u. Mercaptogruppen in 2- oder 4-Stellung im allg. **A**. Mit Hilfe von **A** wurden 2 *Benzopyridothiazin-Derivv.* hergestellt.

Versuche: *2-[5-Nitropyridyl-(2)-mercapto]-3-amino-6-methoxypyridin* (**IV**), $C_{11}H_{10}N_4O_3S$, F. 172—173°, aus 0,5 g 3-Amino-6-methoxypyridinthiol-(2), 0,2 g KOH u. 0,5 g 2-Chlor-5-nitropyridin (**VII**); 0,7 g (Ausbeute). — *2-[5-Nitropyridyl-(2)-mercapto]-3-acetylamino-6-methoxypyridin* (**V**), $C_{13}H_{12}N_4O_4S$, F. 199—200°. — *2-Methylmercapto-3-[5-nitropyridyl-(2)-amino]-6-methoxypyridin* (**VI**), $C_{12}H_{12}N_4O_3S$, F. 224°, a) aus **IV** mit methanol. KOH; b) aus 0,15 g **V** mit methanol. KOH; 0,1 g. — *2-Methoxy-5-nitropyridin*, F. 110°, a) neben **VI** aus **IV** u. methanol. KOH; b) aus **VII** u. $NaOCH_3$. — *2-Methylmercapto-3-amino-6-methoxypyridin*, $C_7H_{10}N_2OS$, F. 120°, neben **VI** aus **IV** u. methanol. KOH. — *2-[5-Nitropyridyl-(2)-mercapto]-3-amino-6-äthoxypyridin* (**VIII**), $C_{12}H_{12}N_4O_3S$, F. 167—168°, aus 0,5 g 3-Amino-6-äthoxypyridinthiol-(2) (**X**), 0,4 g **VII** u. methanol. KOH; 0,7 g. — *2-[5-Nitropyridyl-(2)-mercapto]-3-acetylamino-6-äthoxypyridin* (**IX**), $C_{14}H_{14}N_4O_4S$, F. 215—216°. — *2-Äthoxy-5-nitropyridin*, F. 96°, a) aus **VIII** mit äthanol. KOH; b) aus **VII** u. $NaOC_2H_5$. — *2-Methylmercapto-3-amino-6-äthoxypyridin*, F. 124°, aus **VIII** mit methanol. KOH. — *2-Methylmercapto-3-[5-nitropyridyl-(2)-amino]-6-äthoxypyridin*, $C_{13}H_{14}N_4O_3S$, F. 176 bis 177°, aus **IX** mit methanol. KOH. — *2-[2.4-Dinitrophenylmercapto]-3-amino-6-äthoxypyridin* (**XI**), $C_{13}H_{12}N_4O_5S$, F. 174 bis 176°, aus 0,5 g **X**, 0,6 g 1-Chlor-2.4-dinitrobenzol (**XVI**) u. methanol. KOH. — *2-[2.4-Dinitrophenylmercapto]-3-acetylamino-6-äthoxypyridin* (**XII**), $C_{15}H_{14}N_4O_6S$, F. 205—206°. — *2-Methylmercapto-3-[2.4-dinitrophenylamino]-6-äthoxypyridin*, $C_{14}H_{14}N_4O_5S$, F. 194°, a) aus **XI** mit methanol. KOH; b) analog a) aus **XII**; daneben *K-2.4-Dinitrophenolat*. — *2-Äthoxy-8-nitro-5H-benzo-[b]-pyrido-[3.2:e]-1.4-thiazin*, $C_{13}H_{11}N_3O_3S$, F. 192° (Zers.), aus **XI** bzw. **XII** mit KOH. — *3-Amino-*

4-[5-nitropyridyl-(2)-mercapto]-pyridin (**XIII**), $C_{10}H_8N_4O_2S$, F. 139—140°, aus 0,4 g 3-Aminopyridinthiol-(4) (**XV**), 0,5 g **VII** u. methanol. KOH; 0,2 g. — *3-Acetylamino-4-[5-nitropyridyl-(2)-mercapto]-pyridin* (**XIV**), $C_{12}H_{10}N_4O_3S$, F. 144—145°. — *1-Methyl-3-amino-4-methylmercaptopyridiniumjodid*, $C_7H_{11}JN_2S$, F. 239—240° (Zers.), a) aus **XIII** mit methanol. KOH u. CH_3J; b) analog a) aus **XVII** (s. unten). — *3-[5-Nitropyridyl-(2)-amino]-4-methylmercaptopyridin*, $C_{11}H_{10}N_4O_2S$, F. 214—215° (Zers.), aus **XIV** mit methanol. KOH. — *3-Amino-4-[2.4-dinitrophenylmercapto]-pyridin* (**XVII**), $C_{11}H_8N_4O_4S$, F. 182—183°, aus 0,5 g **XV**, 0,8 g **XVI** u. methanol. KOH. — *3-Acetylamino-4-[2.4-dinitrophenylmercapto]-pyridin* (**XVIII**), $C_{13}H_{10}N_4O_5S$, F. 170—171°. — *2.4-Dinitroanisol*, F. 88°, aus **XVII** mit methanol. KOH; daneben *K-2.4-Dinitrophenolat*. — *3-[2.4-Dinitrophenylamino]-4-methylmercaptopyridin*, $C_{12}H_{10}N_4O_4S$, F. 209—210°, aus **XVII** bzw. **XVIII** mit methanol. KOH. — *7-Nitro-10H-benzo-[b]-pyrido-[3.4:e]-1.4-thiazin*, $C_{11}H_7N_3O_2S$, F. 258 bis 260° (Zers.), aus 0,15 g **XVIII**, 0,05 g KOH; 0,08 g.

S. Hiller 3292△

0919 **Säureamid-Reaktionen.** 26. Mitt. **Über neue Synthesen von 1.3.5-Triazin und N-substituierten 1.3.5-Triazinen.** Hellmut Bredereck, Ottokar Smerz und Rudolf Gompper. (Chem. Ber. **94**, 1883—91, 1961; dt.) — 25. vgl. C. **1964**, **17**-0909. — Es werden Synth. von *1.3.5-Triazin* aus Tris-[formamido]-methan (**I**), von *Amino-1.3.5-triazinen* aus Guanidin (**X**)-Derivv. u. **I** u. von *2.4-Diamino-1.3.5-triazin* (**V**) aus Dicyandiamid (**III**) u. $HCONH_2$ (**II**) beschrieben. Die Darst. *N-substituierter Amino-1.3.5-triazine* gelingt durch Einw. von Aminen auf *2-Methylmercapto-4-amino-1.3.5-triazin* (**VI**), das aus **II** u. S-Methylisothioharnstoff (**IV**) im Mol-Verhältnis 10:1 erhältlich ist; bei einem Mol-Verhältnis 4:1 entstehen *2.4-Bis-[methylmercapto]-1.3.5-triazin* (**VIII**) u. daneben wenig **V** u. **VI**. Die Methylmercaptogruppen von **VIII** bzw. **VI** lassen sich leicht gegen bas. N-Verbb. austauschen. Das aus **I** u. Guanidiniumsulfat (**XII**) erhältliche *2-Amino-1.3.5-triazin* entsteht auch bei der Einw. von 20 Val **II** auf Guanidiniumcarbonat (**VII**); die Rk. von 3 Val **II** mit **VII** führt dagegen unter Dimerisierung von **X** zu **V**. 5std. Rk. von **II** mit **X** bei 120° führt ebenfalls zu **V**, während in 1 Std. bei 80—85° nur *Formylguanidin* (**XIII**) gebildet wird. Mit Benzamidinhydrochlorid (**IX**) reagiert **I** unter Bldg. von *2-Phenyl-* u. *2.4-Diphenyl-1.3.5-triazin*; mit Anilinoguanidiniumsulfat (**XIV**) gibt **I** nur *1-Phenyl-3-formamido-1.2.4-triazol*. Die Rk. von **I** zu den Triazinen verläuft vermutlich über **XIII**. Verss., das aus **VI** u. N_2H_4 über *2-Amino-4-hydrazino-1.3.5-triazin* (**XI**) u. dessen Rk. mit Acetessigester erhältliche *2-Amino-4-[2-carbäthoxyisopropylidenhydrazino]-1.3.5-triazin* zum Pyrazolon zu cyclisieren, gelangen nicht.

Versuche: 1.3.5-Triazine: *unsubstituiert*, F. 80 bis 81°, $Kp._{760}$ 112—115°, a) aus **I** u. **II** durch $^1/_2$std. Erhitzen auf 160° u. Abdestillieren des Rk.-Prod. bei 70 Torr; 36% (Ausbeute); b) analog a) aus **I** ohne **II**; 36%. — *2-Amino-*, F. 226° (W./A.), a) durch 3std. Kochen von **I** u. **XII** in Dimethylformamid (DMF); 83%; b) aus 180 g **II** durch Eintragen von 36 g **VII** bei 140—150°, 1std. Rk., Versetzen mit A. nach Erkalten u. Stehen über Nacht bei —5°; 19%. — *2-Methylamino-* (**XV**), F. 109—110° (Bzl.), aus **I** u. Methylguanidiniumsulfat in DMF durch 4std. Erhitzen auf 160°, Abdestillieren des Lsgm., Versetzen mit 0,05n KOH u. Ae.-Extraktion; 63%. — Analog: *2-Äthylamino-*, F. 64° (Bzl./PAe.), aus **I** u. Äthylguanidiniumsulfat in DMF; 41%. — *2-n-Propylamino-*, F. 51°, $Kp._{12}$ 137—138°, aus **I** u. Propylguanidiniumsulfat in DMF; 42%. — *2-Isopropylamino-*, *Hydrochlorid*, $C_6H_{10}N_4 \cdot HCl$, F. 235° (Zers.; Butylacetat), aus **I** u. Isopropylguanidiniumsulfat in DMF durch Abdestillieren des DMF nach der Rk., Versetzen mit W., Chlf.-Extraktion, Abdestillieren des Chlf., Aufnehmen in Ae. u. Fällen mit äthanol. HCl; 39%. *Pikrat*, $C_6H_{10}N_4 \cdot C_6H_3N_3O_7$, F. 170—172° (A.). — *2-Butylamino-*, F. 61—62° (Bzl.), analog vorst. Verb. (ohne Fällung mit HCl) aus **I** u. Butylguanidiniumsulfat in DMF; 58%. — *2-Anilino-*, F. 171°, aus **I** u. Phenylguanidiniumsulfat in DMF durch 4std. Erhitzen auf 170°, Kühlen, Gießen in W. u. Stehen über Nacht; 99%. — *2-Benzylamino-*, F. 105—106° (A.), aus **I** u. Benzylguanidiniumsulfat in DMF analog vorst. Verb.; 62%. — *2-p-Toluidino-*, $C_{10}H_{10}N_4$, F. 212—213° (Bzl.), aus p-Tolylguanidiniumsulfat u. **I** in DMF durch $3^1/_2$std. Erhitzen auf 160°; 60%. — *2-Dimethylamino-*, F. 80—86°, analog **XV** aus Dimethylguanidiniumsulfat u. **I** in DMF; hygroskop.; 64%. *Pikrat*, $C_5H_8N_4 \cdot C_6H_3N_3O_7$, F. 177—179° (A.). — *2-Piperidino-*, $C_8H_{12}N_4$, F. 43—44°, analog **XV** aus Piperidin-N-carbonsäureamidiniumsulfat u. **I** in DMF; aus verd. HCl/NH_4OH Schuppen; 75%. — *2.4-Diamino-* (**V**), F. 323° (W.), a) durch 3std. Erhitzen von 30 g **II** mit 36 g **VII** auf 140°; 44%; b) durch 5std. Rk. von **II** u. **X** bei 120°; 36%; c) aus **II** u. **III** in 5 Std. bei 165°; 73%; d) aus **VIII** durch 1std. Kochen in 30%ig. NH_4OH; 79%. *Pikrat*, F. 245—246°. — *2-Methylmercapto-4-amino-* (**VI**), $C_4H_6N_4S$, F. 238—240° (DMF, Dioxan oder W.), a) durch 1std. Erhitzen von 22,5 g **II** mit 13,9 g **IV**-Sulfat auf 130°, Aufschlämmen in W. nach Erkalten, Lösen mit konz. HCl u. Fällen mit konz. NH_4OH; 51%; b) durch $^1/_2$std. Erwärmen von **VIII** mit NH_4OH auf 30 bis 40°; 73%. — *2-Dimethylamino-4-amino-*, F. 190° (W.), durch ca. $^1/_2$std. Kochen von **VI** in 40%ig. Dimethylamin-Lsg.; 72%. — *2-Guanidino-4-amino-*, *Hydrochlorid*, Zers. >300°, durch 2std. Kochen von **X** in A. mit 3 g **VI** u. Zugabe äthanol. HCl; 3,4 g. *Pikrat*, $C_4H_7N_7 \cdot C_6H_3N_3O_7$, F. 253° (W.). — *2-Hydrazino-4-amino-* (**XI**), $C_3H_6N_6$, F. 235° (Zers.; DMF), durch Erhitzen von **VI** u. 84%ig. Hydrazinhydrat-Lsg. in W. auf 80° u. $^1/_2$std. Kochen; 95%. *Pikrat*, F. 208°. — *2.4-Bis-[methylmercapto]-* (**VIII**), $C_5H_7N_3S_2$, F. 44°, a) aus 55,6 g **IV**-Sulfat u. 116 g **I** durch 5std. Erhitzen auf 160° bei ca. 100 Torr u. Gießen des Destillats in W.; 9%; daneben **V** u. **VI**; b) aus 55,6 g **IV**-Sulfat u. 45 g **II** analog a); 8%. — *2.4-Dihydrazino-*, $C_3H_7N_7$, F. 223° (W.), aus **VIII** u. Hydrazinhydrat durch $^1/_2$std. Kochen in W.; 86%. — *2-Phenyl-*, F. 61—62° (Methanol), a) aus 15,6 g **IX** u. 29 g **I** durch 1std. Erhitzen auf 180°, Stehen über Nacht u. Wasserdampf-Dest. des Nd.; 16%; b) analog a) aus 15,6 g **IX** u. 58 g **I**; 61%. — *2.4-Diphenyl-*, F. 78° (A./W.), aus dem Rückstand der Wasserdampf-Dest. vorst. Verb. nach a) bzw. b); 75 bzw. 22%. — *1.4-Bis-[1.3.5-triazinylamino]-benzol*, $C_{12}H_{10}N_8$, Zers. >300° (DMF), durch 4std. Erhitzen von 1.4-Diguanidinobenzoldihydrochlorid u. **I** in DMF auf 160°; 75%. — *1-Phenyl-3-formylamino-1.2.4-triazol*, $C_9H_8N_4O$, F. 133 bis 134° (W.), durch 4std. Erhitzen von **XIV** (aus Phenylhydrazin u. **IV**-Sulfat) u. **I** in DMF auf 160° u. Gießen in W.; 90%. — *Formylguanidin* (**XIII**), F. 178° (DMF), aus alkohol. **X**-Lsg. (aus **VII** u. C_2H_5ONa in A.) u. **II** durch 1std. Rk. bei 80—85°; 55%. — *Aceton-[4-amino-1.3.5-triazinyl-(2)-hydrazon]*, $C_6H_{10}N_6$, F. 195—197° (A.), durch $^1/_4$std. Kochen von **XI** u. Aceton in A.; 76%. — *Acetessigester-[4-amino-s-triazinyl-(2)-hydrazon]*, $C_9H_{14}N_6O_2$, F. 151° (Zers.; Bzl.), aus **XI** u. Acetessigester in $^1/_2$ Std. bei 130°; 82%.

K.-D. Albrecht 3313◇

0920 **Unsymmetrisch substituierte Melamine.** J. Robert Campbell und Roger E. Hatton. (J. org. Chemistry **26**, 2786—89, 1961; St. Louis, Mo., Monsanto Chemical Co., Res. Dep., Organ. Chemicals Div.; engl.) — *Melamine* (**A**) mit ungleichen N-Substituenten werden durch stufenweise Rk. von Cyanurchlorid (**I**) mit verschiedenen Aminen dargestellt. So wird z. B. *2-Diäthylamino-4-dibenzylamino-6-diphenylamino-1.3.5-triazin* durch Rk. von **I** mit Diphenylamin (**II**) zu *Diphenylaminodichlor-1.3.5-triazin*, dessen Rk. mit Diäthylamin (**III**) zu *2-Diäthylamino-4-diphenylamino-6-chlor-1.3.5-triazin* u. Rk. dieser Verb. mit Dibenzylamin (**IV**) erhalten; dagegen gelang es nicht, 2-Diäthylamino-4-dibenzylamino-6-chlor-1.3.5-triazin mit **II** umzusetzen. Die meisten der so dargestellten **A** sind therm. stabile Öle oder glasartige Substanzen.

Versuche: 6-Chlor-1.3.5-triazine (**B**): *2-Diäthylamino-4-di-n-propylamino-*, $C_{13}H_{24}ClN_5$, $Kp._{0,6}$ 132—135°, durch Einfließenlassen einer Lsg. von **I** in heißem Aceton in Eiswasser, Zugabe von 1 Val **III** bei 0—5°, Zugabe von 1 Val NaOH in W. < 5°, 1std. Rühren bei ca. 0°, Zugeben von 1 Val Di-n-propylamin bei 0—5°, Zusatz von 1 Val NaOH unter Erwärmenlassen auf 45—50°, 5—6std. Erwärmen auf 45—50°, Kühlen auf Raum-Temp. u. Aufarbeiten des Nd.; Öl; 96,5% (Ausbeute). — *2-Di-n-propylamino-4-di-n-butylamino-*, $C_{17}H_{32}ClN_5$, $Kp._{1}$ 150—165°, analog vorst. Verb.; Öl; ca. 100%. — Melamine (**A**), durch Zugabe von 1 Val des entsprechenden Amins zum **B** in n-Butanol bei 55—60°, Erhitzen auf 90—95°, Zusatz von 1 Val NaOH, 3—4std. Erhitzen auf 90—95° u. Aufarbeiten der organ. Phase: *N^2-Butyl-N^4-hexyl-N^6-propyl-*, $C_{16}H_{32}N_6$, $Kp._{0,3}$ 175 bis 180°, Fl.; 93%. — *N^2-Butyl-N^4-octyl-N^6-propyl-*, $C_{18}H_{36}N_6$, $Kp._{0,5}$ 200—214°, Fl.; 88%. — *N^2-Butyl-N^4-cyclohexyl-N^6-hexyl-*, $C_{19}H_{36}N_6$, $Kp._{0,4}$ 205—215°, Fl.; 89,5%. — *N^2-Butyl-N^4-hexyl-N^6-phenyl-*, $C_{19}H_{30}N_6$, $Kp._{0,08}$ 225—230°, Glas; 88%.

— *N^2-Butyl-N^4-trimethylsilylmethyl-N^6-propyl-*, $C_{14}H_{30}N_6Si$, Kp.$_{0,25}$ 161—170°, Fl.; 76%. — *N^2-Benzyl-N^4-hexyl-N^6-phenyl-*, $C_{22}H_{28}N_6$, Kp.$_{0,4}$ 258—268°, Glas; 93%. — *N^2-Butyl-N^4-phenyl-N^6-p-tolyl-*, $C_{20}H_{24}N_6$, F. 72—74°, Kp.$_{0,25}$ 245 bis 255°; 80%. — *N^2-p-Bromphenyl-N^4-[2.4-dimethylphenyl]-N^6-m-tolyl-*, $C_{24}H_{23}BrN_6$, F. 153° (A.); 87%. — *N^2.N^2-Dibutyl-N^4-hexyl-N^6-phenyl-*, $C_{23}H_{38}N_6$, Kp.$_{0,25}$ 212—225°, Fl.; 92,5%. — *N^2.N^2-Dibenzyl-N^4-butyl-N^6-hexyl-*, $C_{27}H_{38}N_6$, Kp.$_{0,7}$ 250—256°, Fl.; 70%. — *N^2.N^2-Diäthyl-N^4.N^4.N^6-tributyl-*, $C_{19}H_{38}N_6$, Kp.$_{0,4}$ 165—170°, Fl., n_D^{25} 1,5086; 89,5%. — *N^2.N^2-Diäthyl-N^4.N^4-dimethyl-N^6.N^6-dipropyl-*, $C_{15}H_{30}N_6$, Kp.$_{0,8}$ 127—135°, Fl., n_D^{25} 1,5157; 87%. — *N^2.N^2-Diäthyl-N^4.N^4-dibutyl-N^6.N^6-dipropyl-*, $C_{21}H_{42}N_6$, Kp.$_{0,35}$ 147—160°, Fl., n_D^{25} 1,5010; 77%. — *N^2.N^2-Dibutyl-N^4.N^4-dihexyl-N^6.N^6-dipropyl-*, $C_{29}H_{58}N_6$, Kp.$_{0,7}$ 195—215°, Fl., n_D^{25} 1,4940; 99%. — *N^2.N^2-Diäthyl-N^4.N^4-dibenzyl-N^6.N^6-diphenyl-*, $C_{33}H_{34}N_6$, Kp.$_{0,5}$ 250—270°, durch Zugabe von 1 Val **II** zu 184 g **I** in Aceton/W. bei 0—5°, ½ std. Rühren, langsame Zugabe von Na_2CO_3, 2 std. Rühren bei Raum-Temp., Kühlen, Zusatz von Ae., Abfiltrieren [→ *Diphenylaminodichlor-1.3.5-triazin*, F. 191—192° (A.); 49% (nach Aufarbeiten der äther. Phase)], Lösen in n-Butanol, Zugabe von 1 Val **III** bei 0—5°, Zusatz von 1 Val NaOH, mehrstd. Erwärmen auf 45—50°, Zusatz von 1 Val **IV** u. dann von 1 Val NaOH, 10 std. Erhitzen auf 90—95°, Kühlen auf Raum-Temp., Waschen der organ. Phase mit W., Eindampfen u. Dest.; Glas, n_D^{25} 1,6188; 9%; daneben *N^2.N^2-Diphenyl-N^4.N^4.N^6.N^6-tetraäthyl-*, $C_{23}H_{30}N_6$, F. 90 bis 91° (CH_3OH), Kp.$_{0,5}$ 200—215°; 72,6 g. — Analog folgende 1.3.5-Triazine: *2-Anilino-4-hexylamino-6-morpholino-*, $C_{19}H_{28}N_6O$, Kp.$_{0,35}$ 235—240°, Fl.; 89%. — *2-Butylamino-4-morpholino-6-pyrrolidino-*, $C_{15}H_{26}N_6O$, Kp.$_{0,25}$ 182—190°, Fl.; 90%. — *2-Morpholino-4-piperidino-6-pyrrolidino-*, $C_{16}H_{26}N_6O$, F. 187—188° (PAe.); 82%. — *2-Butylamino-4-dibutylamino-6-piperidino-*, $C_{20}H_{38}N_6$, Kp.$_{0,04}$ 187—189°, Fl.; n_D^{25} 1,5246; 94%. H. Pagel 3313◇

0921 **Chinazoline und 1.4-Benzodiazepine. 6. Mitt. Halogen-, methyl- und methoxysubstituierte 1.3-Dihydro-5-phenyl-2H-1.4-benzodiazepinone-(2).** L. H. Sternbach, R. Ian Fryer, W. Metlesics, E. Reeder, G. Sach, G. Saucy und A. Stempel. (J. org. Chemistry **27**, 3788—96, 1962; engl.) — 5. vgl. C. **1964**, 17-0851. — Vff. synthetisierten *substituierte 2H-1.4-Benzodiazepinone-(2)* (**B**) aus 2-Aminobenzophenonen (**D**; vgl. 5. Mitt.) durch Rk. mit Halogenessigsäurehalogeniden zu *2-Halogenacetamidobenzophenonen* (**A**), deren Rk. mit fl. NH_3 zu *2-Aminoacetamidobenzophenonen* (**C**) u. deren Cyclisierung oder mit Glycinäthylesterhydrochlorid (**I**) in Pyridin. Die Rk. der **A** mit NH_3 in CH_3OH führte direkt zu **B**; daneben wurden in einigen Fällen **C** bzw. *3-Amino-4-phenyl-1H-chinolone-(2)* isoliert. Einige **C** cyclisieren sich beim Umkristallisieren z. T. zu den entsprechenden **B**. Die Rk. von Chlor-, Brom- oder Jodacetyl-2-methylamino-5-chlorbenzophenon mit NH_3 gab keine reinen Produkte. Andere Aminosäureestersalze statt **I** lieferten 3-substituierte **B** (**E**). 1-substituierte **B** wurden aus N-alkylierten **A** oder durch Alkylierung der *N-Na-Salze* von **B** erhalten. **B**, **C** u. **E** besitzen muskelrelaxierende, sedative u. antikonvulsive Eigenschaften.

Versuche (mit Brust u. Landgraf; FF. korr.): 2-Halogenacetamidobenzophenone (**A**; Prismen oder Nadeln), aus **D** in abs. Ae. durch Zugabe von 1,3 Val Halogenessigsäurehalogenid (beide Halogene gleich) u. Eis bei 10 bis 15°: *2-Bromacetamido-*, $C_{15}H_{12}BrNO_2$, F. 94—95° (Methanol); 86% (Ausbeute). — *2-Chloracetamido-5-chlor-* (**II**), $C_{15}H_{11}Cl_2NO_2$, F. 117—118° (Bzl./PAe.), in Dioxan statt Ae. < 10° unter ständiger Neutralisation mit 3n NaOH; 85%. — *2-Bromacetamido-5-chlor-*, $C_{15}H_{11}BrClNO_2$, F. 124—125° (Chlf./Hexan); 89%. — *N-Methyl-2-chloracetamido-5-chlor-*, $C_{16}H_{13}Cl_2NO_2$, F. 123—124° (Methanol); 95%. — *N-Methyl-2-bromacetamido-5-chlor-*, $C_{16}H_{13}BrClNO_2$, F. 95—96° (Ae.); 84%. — *N-Methyl-2-jodacetamido-5-chlor-*, $C_{16}H_{13}ClJNO_2$, F. 95° (Ae.), aus vorvorst. Verb. in Aceton durch 20 Min. langes Kochen mit NaJ; 85%. — *N-Benzyl-2-bromacetamido-5-chlor-*, $C_{22}H_{17}BrClNO_2$, F. 159—160° (Chlf./Hexan); 78%. — *N-Allyl-2-bromacetamido-5-chlor-*, $C_{18}H_{15}BrClNO_2$, F. 85 bis 86° (Hexan); 85%. — *2-Bromacetamido-6-chlor-* (**X**), $C_{15}H_{11}BrClNO_2$, F. 97—98°, analog **II** in Ae. statt Dioxan; 59%. — *2-Bromacetamido-3-chlor-* (**III**), $C_{15}H_{11}BrClNO_2$, F. 129—130° (Bzl./Hexan), durch 2 std. Kochen in Bzl.; 70%. — *2-Bromacetamido-5-fluor-*, $C_{15}H_{11}BrFNO_2$, F. 103—105° (Ae.); 93%. — *2-Bromacetamido-2'-fluor-*, F. 117—118° (Methanol); 74,5%. — *2-Bromacetamido-5-brom-*, $C_{15}H_{11}Br_2NO_2$, F. 117—118° (Methanol), analog **III**; 91%. — *2-Bromacetamido-3.5-dichlor-*, $C_{15}H_{10}BrCl_2NO_2$, F. 162—163° (Methanol); 66%. — *2-Bromacetamido-5.4'-dichlor-*, $C_{15}H_{10}BrCl_2NO_2$, F. 127 bis 128° (Bzl./Ae.); 68%. — *2-Chloracetamido-5-chlor-2'-fluor-*, $C_{15}H_{10}Cl_2FNO_2$, F. 141—142° (Ae.); 90%. — *2-Bromacetamido-5-chlor-2'-fluor-*, $C_{15}H_{10}BrClFNO_2$, F. 132—133° (Methanol); 97%. — *2-Chloracetamido-5.2'-dichlor-*, $C_{15}H_{10}Cl_3NO_2$, F. 157—159° (Methanol); 88%. — *2-Bromacetamido-5.2'-dichlor-*, $C_{15}H_{10}BrCl_2NO_2$, F. 133—135°; 90%. — *2-Bromacetamido-5-chlor-4'-fluor-*, $C_{15}H_{10}BrClFNO_2$, F. 97—98° (Ae.); 25,8%. — *2-Bromacetamido-5-brom-2'-fluor-*, $C_{15}H_{10}Br_2FNO_2$, F. 138—140° (Methanol); 80%. — *2-Bromacetamido-5-chlor-2'-methyl-*, $C_{16}H_{13}BrClNO_2$, F. 137—138° (Bzl.), in Ggw. von 1 Val Pyridin in 2 Std. bei Raum-Temp.; 83%. — *2-Bromacetamido-5-methyl-*, $C_{16}H_{14}BrNO_2$, F. 116—117° (Bzl./PAe.); 87%. — *2-Bromacetamido-4-methoxy-* (**IV**), $C_{16}H_{14}BrNO_3$, F. 107—108° (Bzl./Hexan), durch Hydrolyse von 2-Acetamido-4-methoxybenzophenon u. Rk. des Prod. nach der allg. Meth.; 69%. — *2-Bromacetamido-4-methoxy-5-brom-* (**XI**), $C_{16}H_{13}Br_2NO_3$, F. 144—145° (Bzl./Hexan); 75%. — *2-Bromacetamido-5-chlor-2'-methoxy-*, $C_{16}H_{13}BrClNO_3$, F. 129—130° (CH_3CN), analog **IV**; 53%. — *2-Bromacetamido-5-chlor-4'-methoxy-*, F. 116—118° (Bzl./Hexan), analog **IV**; 71%. — *2-Bromacetamido-5-chlor-3'-methoxy-*, F. 97—98° (Hexan), analog **IV**; 60%. — *2-[α-Brompropionylamido]-5-chlorbenzophenon*, $C_{16}H_{13}BrClNO_2$, F. 114—115° (Ae./PAe.), analog **II**: 30%. — 2-Aminoacetamidobenzophenone (**C**), aus **A** in fl. NH_3 durch 5 std. Kochen, Eindampfenlassen, Waschen mit W., Extrahieren aus CH_2Cl_2 mit einem Unterschuß 0,3n HCl, Alkalisieren mit verd. NH_4OH u. Ae.- oder CH_2Cl_2-Extraktion, Einengen im Vakuum u. Umkristallisieren ohne Erhitzen (Erhitzen führt zu Ringschluß): *5-Chlor-*, $C_{15}H_{13}ClN_2O_2$, F. 97—99° (Bzl./Hexan); 93%. *Hydrochlorid*, $C_{15}H_{14}Cl_2N_2O_2$, F. 192—193° (Zers.; Methanol/Ae.); 90,2%. — *6-Chlor-*, F. 73—75° (Bzl./Hexan), durch 18 std. Rk. von **X** in Ae. mit 13%ig. methanol. NH_3-Lsg., Eindampfen im Vakuum < 25° u. Verteilen zwischen W. u. Ae. oder CH_2Cl_2; 25%. — *5-Fluor-, Hydrochlorid*, $C_{15}H_{14}ClFN_2O_2$, F. 242—243° (Methanol/Ae.); 80%. — *5.4'-Dichlor-*, $C_{15}H_{12}Cl_2N_2O_2$, F. 139 bis 140° (CH_2Cl_2/PAe.); 79%. — *5.2'-Dichlor-* (**V**), $C_{15}H_{12}Cl_2N_2O_2$, F. 122—124° (Ae.), in CH_2Cl_2 mit fl. NH_3 durch 5 std. Kochen; 85%. — *5-Chlor-2'-fluor-*, $C_{15}H_{12}ClFN_2O_2$, F. 115—115,5° (Bzl./Hexan); 78%. — *5-Brom-2'-fluor-*, $C_{15}H_{12}BrFN_2O_2$, F. 110—111° (Bzl./Hexan); 87%. *Hydrochlorid*, $C_{15}H_{13}BrClFN_2O_2$, F. 184—185° (Methanol/Ae.); 95%. — *5-Chlor-2'-methyl-* (**XII**), $C_{16}H_{15}ClN_2O_2$, F. 121—123° (CH_2Cl_2/Hexan), analog **V**; 33%. — *4-Methoxy-5-brom-* (**XIII**), $C_{16}H_{15}BrN_2O_3$, F. 161—163° u. 248—251° (nach Wiedererstarren; Bzl.), durch 24 std. Rühren von **XI** in methanol. 20%ig. NH_3 bei Raum-Temp.; 30%. — 1.3-Dihydro-5-phenyl-2H-1.4-benzodiazepinone-(2) (**B**): *unsubstituiert* (**VI**), $C_{15}H_{12}N_2O$, F. 178—179° (A.), a) durch 15 std. Kochen des entsprechenden **D** mit 1,5 Val **I** in abs. Pyridin unter Dest. u. Auffüllen mit Pyridin, Eindampfen im Vakuum u. Ae.-Extraktion aus alkal.-wss.-Lsg.; 68%; b) durch 1½ std. Rk. des entsprechenden **A** in Ae. mit methanol. 5%ig. NH_3 u. Eindampfen im Vakuum < 25°; 85,5%. — *1-Methyl-* (**VII**), $C_{16}H_{14}N_2O$, F. 154 bis 156° (A.), durch Zugabe von 1n CH_3ONa-Lsg. in CH_3OH zu **VI** in CH_3OH, Eindampfen im Vakuum, Lösen in Dimethylformamid, Zugabe von CH_3J zur Lsg. u. 1½ std. Rühren, Eindampfen im Vakuum u. Ae.- oder CH_2Cl_2-Extraktion aus W.; 44%. — *7-Chlor-*, a) analog **VI** nach b) in 5 Tagen; 33%; b) analog **VI** nach a); 52%. — *7-Chlor-1-methyl-*, analog **V** aus dem entsprechenden **A**; 73% (das entsprechende **C** konnte nicht gefaßt werden). — *1-Benzyl-7-chlor-* (**IX**), analog **VI** nach b) mit 13%ig. methanol. NH_3 in 18 Std.; 60,2%. — *1-Allyl-7-chlor-*, $C_{18}H_{15}ClN_2O$, F. 105—106° (Hexan), analog **IX**; 57%. — *3-Methyl-7-chlor-*, $C_{16}H_{13}ClN_2O$, F. 220—221° (Bzl./PAe.), a) analog **IX** in 4 Tagen bei Raum-Temp.; 75%; b) analog **VI** nach a) aus dl-α-Alaninäthylesterhydrochlorid statt **I**; 24%. — Analog: *3-Isopropyl-7-chlor-*, $C_{18}H_{17}ClN_2O$, F. 226—227° (Ae./PAe.), aus dl-Valinäthylesterhydrochlorid durch 40 std. Kochen; 8,7%. — *3-Isobutyl-7-chlor-*, $C_{19}H_{19}ClN_2O$, F. 213—214° (Chlf./Hexan), aus L-Leucinäthylesterhydrochlorid (Reinigung über das Hydrochlorid); 15%. — *3-Methoxymethyl-7-chlor-*, $C_{17}H_{15}ClN_2O_2$, F. 166—167° (Ae.), aus O-Methylserinäthylesterhydrochlorid (aus dl-O-Methylserin in abs. A. mit HCl durch 1 std. Kochen) u. Chromatographie; 10%. — *3-[2-Methylmercaptoäthyl]-7-chlor-*, $C_{18}H_{17}$·ClN_2OS, F. 179—180° (A.), aus dl-Methioninmethylesterhydrochlorid (aus dl-Methionin in abs. Methanol mit HCl durch 1std. Kochen); 7%. — *3-Phenyl-7-chlor-*, $C_{21}H_{15}ClN_2O$, F. 269—270° (Dimethylformamid), aus dl-Phenylglycinäthylesterhydrochlorid; 52,3%. — *3-[p-Hydroxyphenylmethyl]-7-chlor-*, $C_{22}H_{17}ClN_2O_2$, F. 151—153° (Bzl.), aus L-Tyrosinäthylesterhydrochlorid durch 40std. Kochen (Reinigung über das Hydrochlorid); 42%. — *8-Chlor-*, $C_{15}H_{11}ClN_2O$, F. 214 bis 215° (Aceton), analog **VI** nach a); 30%. — *6-Chlor-*, F. 244—245° (Bzl./Hexan), analog **VI** nach a); 18%. — *9-Chlor-*, F. 175—176° (Aceton/Hexan), a) analog **IX**; 20%; b) analog **VI** nach a) mit 3 Val **I** in Ggw. von Piperidin; 25%. — *7-Fluor-* (**VIII**), $C_{15}H_{11}FN_2O$, F. 197—198° (Aceton/PAe.), aus dem entsprechenden **C** durch 1std. Kochen in Pyridin; 76%. — *1-Methyl-7-fluor-*, $C_{16}H_{13}FN_2O$, F. 109—110° (Ae.), analog **VII**; 60%. — *2'-Fluor-*, F. 180—181° (Aceton/Hexan), analog **VIII**; 77%. — *1-Methyl-2'-fluor-*, F. 113—114° (Ae.), aus vorst. Verb. in Dimethylformamid durch portionsweise Zugabe von NaH in Mineralöl in der Kälte, Zusatz von CH_3J, 20 Min. langes Rühren, Eindampfen im Vakuum u. CH_2Cl_2-Extraktion aus W.; 44%. — *7-Brom-*, $C_{15}H_{11}BrN_2O$, F. 220 bis 221° (Aceton), a) analog **VIII**; 76%; b) analog **VI** nach a); 15%. — *7.9-Dichlor-*, $C_{15}H_{10}Cl_2N_2O$, F. 207—208° (Aceton), a) analog **VI** nach a); 10%; b) analog **IX** in 24 Std.; 40%. — *7.4'-Dichlor-*, F. 247—248° (A.), a) analog **VI** nach a); 70%; b) analog **VIII** in 16 Std.; 51%. — *1-Methyl-7.4'-dichlor-*, $C_{16}H_{12}Cl_2N_2O$, F. 154—156° (Ae.), analog **VII**; 74%. — *1-Äthyl-7.4'-dichlor-*, $C_{17}H_{14}Cl_2N_2O$, F. 128,5—129,5° (A.); 74%. — *1-Allyl-7.4'-dichlor-*, $C_{18}H_{14}Cl_2N_2O$, F. 145—146° (CH_2Cl_2/PAe.); 85%. — *7.2'-Dichlor-*, $C_{15}H_{10}Cl_2N_2O$, F. 199—201° (A.), a) analog **VIII** in 16 Std.; 75%; b) aus 50 g 2-Chloracetamido-5.2'-dichlorbenzophenon in Dimethylformamid durch Zugabe von fl. NH_3 bei —30°, 5std. Stehen bei —33°, Verdampfenlassen des NH_3 über Nacht, Eindampfen im Vakuum u. 20std. Kochen mit Pyridin; 50%; c) analog **VI** nach a) aus 3 Val **I** in Ggw. von Piperidin; 15%. — *1-Methyl-7.2'-dichlor-*, $C_{16}H_{12}Cl_2N_2O$, F. 135—136° (A./PAe.), analog **VII**; 78%. — *1-Isopropyl-7.2'-dichlor-*, $C_{18}H_{16}Cl_2N_2O$, F. 148—150° (Ae.), analog **VII** aus Isopropyljodid in 2 Std. bei 50°; 17%. — *1-Allyl-7.2'-dichlor-*, $C_{18}H_{14}Cl_2N_2O$, F. 128—130° (A.), analog vorst. Verb. mit Allylbromid; 40%. — *7-Chlor-2'-fluor-*, $C_{15}H_{10}ClFN_2O$, F. 205—206° (Bzl./Hexan), a) analog **IX**; b) analog **VIII** in 16 Std.; 90%; c) analog **VI** nach a) aus 3 Val **I** in Ggw. von Piperidin; 47,6%. — *1-Methyl-7-chlor-2'-fluor-*, $C_{16}H_{12}ClFN_2O$, F. 69—74° (Methanol/W.), analog **VII**; 81%. — *7-Chlor-3'-fluor-*, F. 200—201° (Aceton), analog **VI** nach a) aus 3 Val **I** in Ggw. von Piperidin; 47%. — *7-Chlor-4'-fluor-*, F. 223—224° (Aceton/Hexan), analog **VIII**; 75%. — *7-Brom-2'-fluor-*, $C_{15}H_{10}BrFN_2O$, F. 186—187° (Aceton/PAe.), a) analog **VI** nach a) aus 3 Val **I** in Ggw. von Piperidin; 33%; b) durch Erhitzen des entsprechenden **C** auf 180°; 84%. — *1-Methyl-7-brom-2'-fluor-*, $C_{16}H_{12}BrFN_2O$, F. 132—133° (Ae.), analog **VII**; 3%. — *7-Brom-4'-methyl-*, $C_{16}H_{13}BrN_2O$, F. 239—240° (Aceton); 66%. — *7-Chlor-3'-methyl-*, $C_{16}H_{13}ClN_2O$, F. 198—199° (Bzl./PAe.); 48%. — *7-Chlor-2'-methyl-*, F. 180—181° (Ae.), a) analog **VIII** in Bzl./Pyridin in 75 Std. unter azeotroper Entwässerung; 88%; b) analog **VI** nach a) aus 3 Val **I** in Ggw. von Piperidin u. Ae.-Extraktion; 11%; c) neben **XII**. — *1.2'-Dimethyl-7-chlor-*, $C_{17}H_{15}ClN_2O$, F. 137—139° (Methanol), analog **VII**; 90%. — *7.8-Dimethyl-2'-chlor-*, F. 259—260° (CH_2Cl_2/PAe.), analog **VI** nach a) aus 2 Val **I** ohne Dest. durch 48std. Kochen; 10%. — *7-Methyl-*, $C_{16}H_{14}N_2O$, F. 208—209° (A./PAe.), a) analog **VI** nach a); 44%; b) analog **VIII**; 82%. — *7.9-Dimethyl-*, $C_{17}H_{16}$·N_2O, F. 210—211° (Aceton), analog **VI** nach a); 18%. — *7.8-Dimethyl-*, F. 255—256° (Methanol), analog **VI** nach a); 75%. — *7-Phenyl-*, $C_{21}H_{16}N_2O$, F. 234—235° (Bzl./PAe.), analog **VI** nach a) aus 5 Val **I** (Reinigung über das Hydrochlorid); 20%. — *8-Methoxy-*, $C_{16}H_{14}N_2O_2$, F. 186—188° (Aceton/Hexan), a) analog **VI** nach a); 20%; b) analog **IX**; 47%. — *7-Methoxy-*, F. 217—218° (Bzl.), analog **VI** nach a); 26%. — *8-Methoxy-7-brom-*, $C_{16}H_{13}BrN_2O_2$, F. 260—261° (Bzl./Hexan), a) neben **XIII**; 42%; b) aus dem entsprechenden **C** durch Erhitzen auf 180°; 60%. — *7-Chlor-2'-methoxy-*, $C_{16}H_{13}ClN_2O_2$, F. 206—207° (A./W.), analog **IX**; 45%. — *1-Methyl-7-chlor-2'-methoxy-*, $C_{17}H_{15}ClN_2O_2$, F. 161—162° (Bzl./Hexan), aus vorst. Verb. in Toluol durch Rk. mit $NaOCH_3$, Abdestillieren des Methanols, Zusatz von 1 Val Dimethylsulfat, 1std. Kochen, Aufarbeitung u. Chromatographie; 8%. — *7-Chlor-4'-methoxy-*, F. 212—214° (Bzl./Hexan), analog **IX**; 52%. — *7-Chlor-3'-methoxy-*, F. 219—220° (Aceton/Hexan), analog **IX**; 54%. — *7-Hydroxy-*, $C_{15}H_{12}N_2O_2$, F. 287—290° (CH_3CN), analog **VI** nach a); 65%. — *7-Chlor-2'-hydroxy-*, $C_{15}H_{11}ClN_2O_2$, F. 285—287° (CH_3CN), aus 2-Acetamido-5-chlor-2'-methoxybenzophenon durch 8std. Kochen mit 48%ig. HBr, Eindampfen im Vakuum, Zugeben von verd. NH_4OH, Extraktion mit Bzl. (→ *2-Amino-5-chlor-2'-hydroxybenzophenon*) u. Rk. über das **A** analog **IX**; 47%.

H.-J. Kötzsch 3370◇

0922 **Chinazoline und 1.4-Benzodiazepine. 7. Mitt. Trifluormethylsubstituierte Verbindungen.** G. Saucy und L. H. Sternbach. (Helv. chim. Acta **45**, 2226—41, 1962; dt.) — **6.** vgl. vorst. Referat. — Vff. synthetisierten *Trifluormethyl-2-aminobenzophenone* (**A**) durch Rk. von o-, m- bzw. p-Trifluormethylphenyl-MgBr (o-, m- bzw. p-**I**) mit 2-Methyl-4H-benz-[d]-1.3-oxazinon-(4) (**II**), von Phenyl-MgBr (**III**) mit *2-Methyl-7-trifluormethyl-4H-benz-[d]-1.3-oxazinon-(4)* (**IV**) u. durch Rk. der aus *2-Chlor-5-trifluormethylbenzonitril* (**IX**) u. **III** bzw. aus *2-Chlor-5-trifluormethylbenzoesäurechlorid* (**IXa**) u. o-**I** erhaltenen *2-Chlorbenzophenone* mit NH_3 oder Methylamin in Dioxan bei 140° im Autoklaven. Die **A** wurden durch Rk. mit Glycinäthylesterhydrochlorid (**V**) oder mit Bromacetylbromid (**VI**) über die *Bromacetyl-* u. *Aminoacetyl-Derivv.* zu *Trifluormethyl-5-phenyl-1.3-dihydro-2H-1.4-benzodiazepinonen-(2)* umgesetzt. *1.3-Dihydro-2-oxo-2H-5-phenyl-7-trifluormethyl-1.4-benzodiazepin-4-oxid* (**XVI**) wurde aus *2-Amino-5-trifluormethylbenzophenon-α-oxim* (**VIIb**) durch Rk. mit Chloracetylchlorid (**VIa**) zu *2-Chlormethyl-4-phenyl-6-trifluormethylchinazolin-3-oxid* (**VIII**) u. dessen Behandlung mit NaOH erhalten. Dagegen entstand bei Behandlung von **VIII** mit NH_3 bzw. CH_3NH_2 *2-Amino-5-phenyl-7-trifluormethyl-3H-1.4-benzodiazepin-4-oxid* bzw. dessen *N-Methyl*-Derivat. Das Na-Deriv. von **XVI** läßt sich mit Dimethylsulfat (**XVII**) zum *1-Methyl-Deriv.* methylieren.

Versuche (mit A. Houston; Aufarbeitungen allg durch Zugabe von Eis/W., Ae.-Extraktion, Waschen mit $NaHCO_3$-Lsg. u. W., Trocknen mit Na_2SO_4 u. Eindampfen bei 50°): 2-Aminobenzophenone (**A**), analog Lothrop u. Goodwin (1934): *2'-Trifluormethyl-*, $C_{14}H_{10}F_3NO$, F. 94—96°, aus o-**I** in Ae. durch 3std. Zutropfen zu **II** in CH_2Cl_2, 16std. Stehen, Gießen auf NH_4Cl/Eis, 1std. Kochen mit 3n NaOH/A. (1 : 1), Stehen über Nacht, Ae.-Extraktion u. Chromatographie an Al_2O_3; gelbe Prismen aus Ae./Hexan; 52%. *N-Aminoacetyl-Deriv.* (**X**), $C_{16}H_{13}F_3N_2O_2$, F. 141—142°, aus 5 g in abs. Ae. durch Zugabe von **VI**, ½std. Rühren bei 0° u. 2 Std. bei Raum-Temp., Zugabe von fl. NH_3, 3std. Rühren unter Rückfluß, Eindampfen u. Ae.-Extraktion; Platten aus Bzl.-Hexan; 4,94 g. — Analog: *3'-Trifluormethyl-* (**XI**), F. 99 bis 101°, aus m-**I**; gelbe Nadeln; 16%. — *4'-Trifluormethyl-* (**XII**), F. 99—100°, aus p-**I**; gelbe Nadeln; 14%. — *4-Trifluormethyl-* (**XIII**), F. 55—56°, aus 17,7 g **IV** in abs. Bzl. durch Zutropfen von **III** in Ae. unter Eiskühlung, 1std. Rühren bei Raum-Temp., Gießen auf NH_4Cl/Eis, Isolieren mit Bzl. (→ *Verb. vom F. 118—120°*; 22,5 g), 2std. Kochen mit 3n NaOH/Methanol (1 : 1), Chromatographie an Al_2O_3 u. Bzl.-Extraktion; gelbe Nadeln aus Hexan; 6,75 g. *N-Bromacetyl-Deriv.* (**XIIIa**), $C_{16}H_{11}BrF_3NO_2$, F. 81—82°, aus 6 g **XIII** in abs. Bzl. durch portionsweisen Zusatz von **VI** u. Eis bei 10 bis 15° u. ½std. Rühren; Nadeln aus PAe.; 7,5 g. — *5-Trifluormethyl-* (**VII**), F. 81—82°, aus 100 g **IX** in abs. Bzl. durch Zutropfen zu **III** in Ae., Einengen, 6std. Kochen, Gießen auf NH_4Cl/Eis, Stehen über Nacht, Bzl.-Extraktion, Einleiten von HCl in die eingeengte Lsg. bei 0° (→ *2-Chlor-5-trifluormethylbenzophenoniminhydrochlorid*, $C_{14}H_{10}Cl_2F_3N$, F. 250—262°; 184 g), 15std. Kochen mit Toluol/50%ig. H_2SO_4 [→ *2-Chlor-5-trifluormethylbenzophenon* (**VIIc**), $C_{14}H_8$·ClF_3O, F. 39—40°; Prismen aus Hexan; 77%], 10std. Erhitzen von 100 g in Dioxan/28—30%ig. NH_4OH in Ggw. von CuCl auf 140° im Autoklaven, Extraktion mit Bzl./Ae. (1 : 1), Fällen aus Hexan mit 50%ig. H_2SO_4 bei 0°, Zers. des Nd. mit 3n NaOH unter Eiskühlung u. Ae.-Extraktion; gelbe Prismen aus Hexan; 58%. *N-Methyl-Deriv.*, $C_{15}H_{12}F_3NO$, F. 74—75°, a) aus 50 g **VIIc** in Methanol durch Sättigen mit Methylamin bei Raum-Temp., Zusatz von CuCl, 10std. Erhitzen auf 140° im Autoklaven, Ae.-Extraktion [→ *Methylimin-Gemisch* (**B**), F. 79—90° (Hexan); 25,45 g] u. ¼std. Kochen unter Rühren mit Toluol/50%ig. H_2SO_4; gelbe Nadeln aus PAe.; 22,2 g; b) analog a) aus 1 g bzw. 0,5 g Methylimin A bzw. B; 0,884 g bzw. 0,36 g; *Methylimin, Isomeres A*, $C_{16}H_{15}F_3N_2$, F. 100 bis 101°, durch Chromatographie von **B** an neutralem Al_2O_3; Nadeln aus Ae./Hexan; daneben *Isomeres B*, F. 120—121°; Prismen aus Hexan. *N-Bromacetyl-Deriv.*, F. 103—104°, aus 26,5 g **VII** in abs. Ae. u. Pyridin durch Zusatz von **VI** in abs. Ae. bei 0°, ½ std. Rühren bei 0° u. 3std. Rühren bei Raum-Temp.; Nadeln aus Bzl./Hexan; 28,8 g. *N-Amino-acetyl-Deriv.* (**VIIa**), F. 97—98°, a) aus 5 g **VII** u. **VI** in abs. Ae. ohne Isolierung des Bromacetyl-Deriv. durch Zusatz von Ae., Zugabe zu fl. NH_3, 2½ std. Rühren u. Eindunsten über Nacht; Nadeln aus Bzl./Hexan; 4,9 g; b) aus 5 g Bromacetyl-Deriv. in abs. Ae. durch Zutropfen zu fl. NH_3, 5std. Kochen, Abdampfen des NH_3 u. 5tägiges Stehen; 4,07 g. *α-Oxim* (**VIIb**), $C_{14}H_{11}F_3N_2O$, F. 182—183°, aus 26,5 g **VII** in A. mit Pyridin/$NH_2OH \cdot HCl$ durch 25std. Kochen unter Rühren, Einengen im Vakuum, Ae.-Extraktion, Einengen u. Zugabe von Bzl.; Nadeln aus Ae./Bzl.; 62%; daneben *β-Oxim*, F. 117—118°; Platten aus Bzl./Hexan; ca. 3,8 g. — *2'.5-Bis-[trifluormethyl]-*, $C_{15}H_9F_6NO$, F. 76—78°, aus **IXa** in abs. Bzl. durch Zugabe zu o-**I** in Ae. bei 20° unter Rühren, Einengen bis Kp. 78°, 3std. Kochen, Gießen auf NH_4Cl/Eis, Ae.-Extraktion (→ *2-Chlor-2'.5-bis-[trifluormethyl]-benzophenon*, $C_{15}H_7ClF_6O$, F. 49—50°; Nadeln aus Hexan; 68%) u. Umsetzung wie bei der Darst. von **VII**; hellgelbe Prismen; 7,3%. *N-Aminoacetyl-Deriv.* (**XV**), $C_{17}H_{12}F_6N_2O_2$, F. 108—109°, analog **VIIa** nach a); blaßgelbe Prismen aus Bzl./Hexan; 54%. — *2-Nitro-4-trifluormethylbenzonitril*, $Kp._1$ 85—100° (mit Reeder), durch Eintragen von $NaNO_2$ in konz. H_2SO_4 bei 0—10° unter Rühren, Erwärmen auf 70°, Eintragen von 106 g 4-Amino-3-nitrobenzotrifluorid bei 30—35°, 1½ std. Rühren bei Raum-Temp., Gießen auf Eis, Stehen mit $ZnCl_2$-Lsg. bei 0° (→ *$ZnCl_2$-Doppelsalz der Diazonium-Verb.*; 343 g), Zugabe des Nd. zu NaCN u. CuCN in W. unter Rühren < 20°, Zugabe von $NaHCO_3$, 2std. Rühren bei Raum-Temp., ½ std. Rühren bei 70°, Zusatz von W. u. Ae., Ansäuern u. Ae.-Extraktion; 56%. — *2-Amino-4-trifluormethylbenzamid*, $C_8H_7F_3N_2O$, F. 151—152° (Ae./PAe.), aus 96 g vorst. Verb. in Methanol durch Hydrierung an Raney-Ni bei Normalbedingungen; 68,5 g. — *4-Trifluormethylanthranilsäure*, $C_8H_6F_3NO_2$, F. 173—175°, aus 19 g vorst. Verb. durch ½ std. Kochen mit 50%ig. H_2SO_4 u. Gießen auf Eis; Prismen aus A./W.; 16 g. — *2-Methyl-7-trifluormethyl-4H-benz-[d]-1.3-oxazinon-(4)* (**IV**; „*4-Trifluormethylacetanthranil*"), $C_{10}H_6F_3NO_2$, F. 71—72° (Bzl./Hexan u. Sublimation), aus vorst. Verb. durch 1std. Kochen mit Acetanhydrid u. Eindampfen; 70%. — *2-Chlor-5-trifluormethylbenzonitril* (**IX**), $C_8H_3ClF_3N$, F. 38,5—39,5°, aus 3-Amino-4-chlorbenzotrifluorid durch Zusatz zu $NaNO_2$ in konz. H_2SO_4 bei 10—20°, 1std. Rühren bei Raum-Temp., Gießen auf Eis/NaCl, Zugabe von $ZnCl_2$ (→ *$ZnCl_2$-Doppelsalz der Diazonium-Verb.*; 200 g), Stehen über Nacht bei 0°, Absaugen, Zugabe in W. zu NaCN, CuCN u. $NaHCO_3$ in W./PAe. bei ca. 40°, 2std. Rühren bei ca. 40° u. über Nacht bei Raum-Temp., Ae.-Extraktion u. Dampf-Dest.; Prismen aus Pentan; 41 bis 45%. — *2-Chlor-5-trifluormethylbenzoesäure*, $C_8H_4ClF_3O_2$, F. 91—94° (Hexan), aus 100 g **IX** durch 1std. Kochen mit NaOH; 87,5%. *Chlorid* (**IXa**), $Kp._1$ 59—61°, aus 100 g Säure durch 4std. Kochen in $SOCl_2$; 95,39 g. — 1.3-Dihydro-2H-1.4-benzodiazepinone-(2): *8-Trifluormethyl-5-phenyl-* (**XIV**), $C_{16}H_{11}F_3N_2O$, F. 185—186°, a) aus 2 g **XIII** u. 2 g **V** durch 1½ std. Kochen in Pyridin, Einengen, 2½ std. Kochen, Zusatz von Bzl., Waschen mit W., Trocknen u. Eindampfen; Nadeln aus Bzl./PAe.; 1 g; b) aus 7 g **XIIIa** mit fl. NH_3 durch 8std. Rühren unter Rückfluß, Eindampfen, Extrahieren mit CH_2Cl_2 aus W., Eindampfen u. 1std. Kochen in A.; 2,6 g. — *7-Trifluormethyl-5-phenyl-*, F. 204—205°, a) aus **VII** analog **XIV** nach a) u. Chromatographie an Al_2O_3; Prismen aus Bzl./Hexan; 25%; b) aus 1 g **VIIa** durch 2std. Kochen in Pyridin; 0,852 g. — *5-[2-Trifluormethylphenyl]-*, F. 187—188°, aus 3 g **X** durch Erhitzen auf 205°; Prismen aus Methanol/Ae. oder Ae./Hexan; 1,932 g. — *5-[3-Trifluormethylphenyl]-*, F. 204—205°, aus **XI** analog **XIV** nach a) u. Chromatographie; flache Nadeln aus Aceton/Bzl.; 37%. — *5-[4-Trifluormethylphenyl]-*, F. 219—220°, aus **XII** analog **XIV** nach a); Nadeln aus Ae./Hexan; 70%. — *5-[2-Trifluormethylphenyl]-7-trifluormethyl-*, $C_{17}H_{10}F_6N_2O$, F. 226—227°, aus **XV** durch ½ std. Schmelzen bei 210° u. Chromatographie; Platten aus Bzl./Hexan; 43%. — *2-Chlormethyl-4-phenyl-6-trifluormethylchinazolin-3-oxid* (**VIII**), $C_{16}H_{10}ClF_3N_2O$, F. 148—150°, aus **VIIb** in Eisessig durch Zusatz von **VIa** u. Erwärmen auf 70° in 30 Min., 2½ std. Halten bei 70° u. Eindampfen bei 70°; gelbe Nadeln aus Ae.; 72%. — *2-Oxo-5-phenyl-7-trifluormethyl-1.3-dihydro-2H-1.4-benzodiazepin-4-oxid* (**XVI**), $C_{16}H_{11}F_3N_2O_2$, F. 217—218°, aus **VIII** in A. durch 4std. Stehen mit 3n NaOH bei Raum-Temp., Ansäuern mit 3n HCl unter Kühlung auf pH 4 u. Ae.-Extraktion; Nadeln aus Bzl./Hexan; 84%. *1-Methyl-Deriv.*, $C_{17}H_{13}F_3N_2O_2$, F. 184—186°, aus **XVI** durch 5 Min. langes Kochen mit $NaOCH_3$ in abs. Bzl., Zusatz von **XVII** in Bzl., 1std. Kochen u. Aufarbeiten; Prismen aus Bzl./Hexan; 71%. — *2-Amino-5-phenyl-7-trifluormethyl-3H-1.4-benzodiazepin-4-oxid*, $C_{16}H_{12}F_3N_3O$, F. 240—242°, aus **VIII** mit NH_3-gesätt. Methanol durch 5tägiges Stehen bei 20°; Nadeln aus Methanol; 81,5%. — *2-Methylamino-5-phenyl-7-trifluormethyl-3H-1.4-benzodiazepin-4-oxid*, $C_{17}H_{14}F_3N_3O$, F. 264—265°, analog vorst. Verb. mit 40%ig. methanol. Methylamin-Lsg. statt NH_3 in 5 Std.; Prismen aus Ae./Hexan; 85%. H.-J. Kötzsch 3370◇

0923 **Chinazoline und 1.4-Benzodiazepine.** 8. Mitt. **Die Photoisomerisierung von 7-Chlor-2-methylamino-5-phenyl-3H-1.4-benzodiazepin-4-oxid.** L. H. Sternbach, B. A. Koechlin und E. Reeder. (J. org. Chemistry **27,** 4671—72, 1962; engl.) — 7. vgl. vorst. Referat. — *7-Chlor-2-methylamino-5-phenyl-3H-1.4-benzodiazepin-4-oxid* (**I**) wird photochem. zu *7-Chlor-4.5-epoxy-4.5-dihydro-2-methylamino-5-phenyl-3H-1.4-benzodiazepin* (**II**) isomerisiert. **II** geht mit verd. HCl oder bei höherer Temp. wieder in **I** über. Die Struktur von **II** wird durch den Vgl. seines UV-Spektrums mit den UV-Spektren von **I** u. dem 4.5-Dihydro-Deriv. von **I** gestützt (Abb.).

Versuche: *7-Chlor-4.5-epoxy-4.5-dihydro-2-methylamino-5-phenyl-3H-1.4-benzodiazepin* (**II**), $C_{16}H_{14}ClN_3O$, F. 167 bis 170° (im auf 160° vorgeheizten Bad; wiedererstarren u. Umwandlung zu **I**), aus 10 g **I** in Isopropanol durch 12tägiges Stehen im diffusen Tageslicht u. Eindampfen bei niedriger Temp. im Vakuum; Prismen aus Ae./PeA.; 65% (Ausbeute). — *7-Chlor-2-methylamino-5-phenyl-3H-1.4-benzodiazepin-4-oxid* (**I**), F. 236—236,5°, a) durch 26std. Stehen von **II** in überschüssiger 0,1n HCl bei Raum-Temp.; 99%; b) durch 4std. Kochen einer 1,5%ig. Lsg. von **II** in Isopropanol; 90%. H.-J. Kötzsch 3370◇

0924 **Chinazoline und 1.4-Benzodiazepine.** 9. Mitt. **2-Carbobenzoxyglycylamidobenzophenone und deren Umsetzung zu 1.4-Benzodiazepinonen.** Arthur Stempel und Frederick W. Landgraf. (J. org. Chemistry **27,** 4675—77, 1962; engl.) — 8. vgl. vorst. Referat. — Vff. synthetisierten *2-[N-Carbobenzoxyglycylamido]-benzophenone* (*[2-Benzoylphenylcarbamoylmethyl]-carbaminsäurebenzylester*) nach der Carbodiimid-Meth. aus N-Carbobenzoxy(N-Cbo)-glycin (**I**) u. 2-Aminobenzophenonen u. erhielten daraus durch Abspaltung der Cbo-Gruppe mit HBr/Eisessig *2-Glycylamidobenzophenone* (**A**), die sich, z. T. schon beim Umkristallisieren, zu *Benzodiazepinonen* cyclisierten. Die Cyclisierung kann durch Isolierung der **A** als *Salze* vermieden werden. Neben **A** wurde in einigen Fällen *2.4-Dicyclohexylallophanoylmethylcarbaminsäurebenzylester* isoliert. Die Rk. mit **I**-Anhydrid oder **I**-Chlorid statt **I** führt zu geringeren Ausbeuten. Die hydrogenolyt. Abspaltung der Cbo-Gruppe verlief unter gleichzeitiger Red. der Ketogruppe.

Versuche: 2-[N-Cbo-glycylamido]-benzophenone: *5-Chlor-* (**III**), $C_{23}H_{19}ClN_2O_4$, F. 116—117° (A.), a) aus 2,3 g 2-Amino-5-chlorbenzophenon (**II**) u. 2,1 g **I** in Tetrahydrofuran durch Zusatz von N.N'-Dicyclohexylcarbodiimid, 2std. Rühren, Filtrieren, ¼ std. Stehen mit Essigsäure, Filtrieren, Eindampfen im Vakuum, Lösen in Bzl., Waschen mit 1n HCl, W. u. $NaHCO_3$-Lsg., Trocknen, Einengen u. Fällen mit Hexan; 68%; b) aus 1,1 g **II** u. 2 g **I**-Anhydrid in abs. Pyridin durch 2std. Rühren bei Raum-Temp., Stehen über Nacht u. 1std. Erwärmen auf dem Dampfbad; 30%; c) aus 7,1 g **I**-Chlorid in abs. Pyridin durch Zusatz von 7 g **II**, 1std. Erwärmen auf dem Dampfbad u. Aufarbeiten mit CH_2Cl_2; 6%. — Analog: *Unsubstituiert*, $C_{23}H_{20}N_2O_4$, F. 116—117° (Bzl./Hexan); 70%. — *5-Trifluormethyl-*, $C_{24}H_{19}F_3N_2O_4$, F. 128—130° (Bzl./Hexan); 21%. — *2'.5-Dichlor-*, $C_{23}H_{18}Cl_2N_2O_4$, F. 148—149° (Bzl./Hexan); 61%. — *2'-Nitro-*, $C_{23}H_{19}N_3O_6$, F. 131—132° (Bzl./Hexan); 39%. — *5-Methoxy-*, $C_{24}H_{22}N_2O_5$, F. 130—132° (Äthylacetat/Hexan); 43%. — 2-Glycylamidobenzophenone: *5-Chlor-* (**IV**), F. 101—103° (Bzl./Hexan), aus 3,1 g **III** durch 35 Min. langes Rühren mit 20% HBr/Eisessig bei Raum-Temp., Dekantieren mit abs. Ae., Lsg. des Nd. in W., Waschen mit Ae., Alkalisieren mit NH_4OH

auf pH 11, CH_2Cl_2-Extraktion, Trocknen u. Eindampfen im Vakuum bei 20°; 61%. — Analog: *Unsubstituiert*, $C_{15}H_{14}N_2O_2$, F. 76—77° (Bzl./Hexan); 41%. — *5-Trifluormethyl-*. — *2'.5-Dichlor-*, F. 121—122° (Bzl./Hexan); 74%. — *2'-Nitro-, Hydrobromid*, $C_{15}H_{14}BrN_3O_4$, F. 201—203° (CH_3OH/Ae.); 78%. — *5-Methoxy-*. — 5-Phenyl-1.3-dihydro-2H-1.4-benzodiazepinone-(2): *7-Chlor-*, F. 214—215° (Bzl.), aus 3,1 g **III** analog **IV** durch Alkalisieren des Nd. unter Ae. bei Eiskühlung mit 10% ig. NaOH u. Ausäthern; 53%. — Analog: *7-Trifluormethyl-*, F. 197—201° (Hexan); 13%. — *7-Methoxy-*, F. 215—218° (Bzl./Hexan); 60%. H.-J. Kötzsch 3370◇

0925 **Synthese von Oktatensin (N-[β-Heptamethyleniminoäthyl]-guanidinsulfat).** I. Ch. Feldman und O. M. Lerner. (Med. Ind. UdSSR **16**, Nr. 1, 16—18, 1962; russ.) — Die Synth. des hypotensiv wirksamen *N-[β-Heptamethyleniminoäthyl]-guanidinsulfats* (*Oktatensin*) wird beschrieben.

Versuche: *N-Cyanmethylheptamethylenimin*, $Kp._{14}$ 115 bis 117°, durch Zugabe von 10,2 g Heptamethylenimin, dann 4,9 g NaCN in 15 ml W. bei 45° zu 15 g $HCHO \cdot NaHSO_3$ in 40 ml W. u. ½ std. Rühren bei 50—55°; n_D^{17} 1,4800; 12,2 g (Ausbeute). — *N-[β-Aminoäthyl]-heptamethylenimin*, $C_9H_{20}N_2$, $Kp._{13-14}$ 101—103°, durch Zugabe von 10,6 g vorst. Verb. in 50 ml abs. Ae. in 30—50 Min. zu 8,7 g $LiAlH_4$ in 250 ml Ae. u. 3½ std. Kochen; n_D^{16} 1,4865; 70%. — *N-[β-Heptamethyleniminoäthyl]-guanidinsulfat*, $C_{10}H_{22}N_4 \cdot 1/2\ H_2SO_4$, Zers. bei 275° (50% ig. A.), durch ½ std. Erhitzen von 7,6 g vorst. Verb. mit 6,8 g S-Methylisothiuroniumsulfat in 40 ml 50% ig. A. u. 1 std. Stehen; 90%. Helmut Schäfer 3380△

0926 **Kondensationsversuche mit 2.2.5.5-Tetramethyl-3.4-dithiahexandial-(1.6).** K. W. Merz und M. Specker. (Arch. Pharmaz. **296**, 427—38, 1963; Freiburg, Univ., Pharm. Inst.; dt.) — Bei der Darst. von *2.2.5.5-Tetramethyl-3.4-dithiahexandial-(1.6)* (**I**) aus Isobutyraldehyd (**V**) u. S_2Cl_2 werden als Nebenprod. geringe Mengen von *2.2.6.6-Tetramethyl-3.4.5-trithiaheptandial-(1.7)* isoliert. Umsetzung von **I** mit N_2H_4 führt zu einer Verb., in der vermutlich *3.3.8.8-Tetramethyl-1.2-dithia-5.6-diazacyclooctadien-(4.6)* vorliegt. Bei dem Rk.-Prod. aus **I** u. Äthylendiamin (**VI**) handelt es sich wahrscheinlich um *3.3.10.10-Tetramethyl-1.2-dithia-5.8-diazacyclodecadien-(4.8)*. Bei dem aus **I**, CH_3NH_2 u. Acetondicarbonsäurediäthylester (**II**) gewonnenen Öl soll es sich um *8-Oxo-2.2.5.5.10-pentamethyl-3.4-dithia-10-azabicyclo-[1.3.4]-decandicarbonsäure-(7.9)-diäthylester* (**III**) handeln. **III** scheint ein amorphes *Dimeres* zu bilden. Es gelingt nicht, Derivv. von **III** darzustellen, um dessen Struktur zu sichern. Oxydation oder Red. von **III** führt zu keinen definierten Produkten. Desulfurierung von **III** liefert nicht das erwartete *1-Methyl-2.6-diisopropyl-3.5-bis-[äthoxycarbonyl]-piperidon-(4)* (**IV**). **IV** wird zum Vgl. aus **V**, **II** u. CH_3NH_2 synthetisiert. **I** u. **II** reagieren analog wie mit CH_3NH_2 auch mit NH_4OH, $C_2H_5NH_2$ u. Benzylamin (**VII**) zu entsprechenden *8-Oxo-3.4-dithia-10-azabicyclo-[1.3.4]-decanderivaten*. Für **III** sind die IR-Banden angegeben.

Versuche: *2.2.5.5-Tetramethyl-3.4-dithiahexandial-(1.6)* (**I**), $C_8H_{14}O_2S_2$, $Kp._1$ 100—110°, durch Einrühren von 1 Mol S_2Cl_2 zu 2 Mol **V** in CCl_4 bei 40—50°, 2 std. Aufbewahren, 16 std. Durchleiten von CO_2 bei 30—40° u. fraktionierte Dest. unter N_2; 80% (Ausbeute); daneben *2.2.6.6-Tetramethyl-3.4.5-trithiaheptandial-(1.7)* [$C_8H_{14}O_2S_3$, F. 74—75° (A.), $Kp._{0,1}$ 110°, durch Aufarbeiten des Dest.-Rückstandes; *Dioxim*, $C_8H_{16}N_2O_2S_3$, F. 144—145° (70% ig. A.; Nadeln)]. *Dioxim*, $C_8H_{16}N_2O_2S_2$, F. 127° (A.; Nadeln). *Bis-semicarbazon*, $C_{10}H_{20}N_6O_2S_2$, F. 128° (Zers.; A.). *Bis-phenylhydrazon*, $C_{20}H_{26}N_4S_2$, F. 156,5—157° (Zers.; A.; Nadeln). *Bis-[2.4-dinitrophenylhydrazon]*, $C_{20}H_{22}N_8O_8S_2$, F. 217° (Zers.; Dimethylformamid; rotgelbes Pulver). — *3.3.8.8-Tetramethyl-1.2-dithia-5.6-diazacyclooctadien-(4.6)*, $C_8H_{14}N_2S_2$, F. 164—166° (Zers.; Chlf./A.), durch Einrühren von äthanol. **I** in $N_2H_4 \cdot H_2SO_4$ in sd. A., ½ std. Kochen, Einengen, Extraktion des abgesaugten, mit A. u. W. gewaschenen Nd. mit Chlf. u. Abdestillieren des Chlf.; 92%. — *3.3.10.10-Tetramethyl-1.2-dithia-5.8-diazacyclodecadien-(4.8)*, $C_{10}H_{18}N_2S_2$, F. 162—164° (Chlf.), durch Zutropfen von **VI**-Hydrat zu **I**, 1 std. Aufbewahren bei Raum-Temp., 12 std. Aufbewahren bei 0°, Verreiben des Nd. mit W., Absaugen, Lösen in Chlf. u. Einengen; 89%. — 8-Oxo-2.2.5.5-tetramethyl-3.4-dithia-10-azabicyclo-[1.3.4]-decandicarbonsäure-(7.9)-diäthylester: *unsubstituiert* (**VIII**), $C_{17}H_{27}NO_5S_2$, durch Zutropfen von 5% ig. NH_4OH zu äquimol. Mengen **I** u. **II** in abs. A. bei 0° unter Rühren, 24 std. Aufbewahren, Abdestillieren der niedrigsd. Anteile im Hochvakuum u. 5 Min. langes Erhitzen auf 115°; gelbes Öl; gibt mit $FeCl_3$ in A. violettrote Färbung; 60%. — *10-Methyl-* (**III**), $C_{18}H_{29}NO_5S_2$, a) durch Einrühren von 1 Mol 33% ig. CH_3NH_2 in das Gemisch aus je 1 Mol **I** u. **II** bei 0°, 2 std. Rühren bei Raum-Temp., 24 std. Aufbewahren bei 0°, Extraktion des ausgeschiedenen Öls mit Ae., Abdestillieren des Ae., Behandeln des zurückbleibenden Öls (**A**; 10,7 g) mit Wasserdampf zur Entfernung von wenig nichtumgesetztem **I** u. **II**, Aufnehmen des zurückbleibenden Öls in Ae., Abdestillieren des Ae. u. Trocknen des Rückstands; gelbes Öl; gibt mit $FeCl_3$-Lsg. violettrote Färbung; 35%; b) analog a), jedoch Schütteln von **A** mit Ae. u. $NaHSO_3$-Lsg., Zugabe von Ae. u. W., Abtrennen der Ae.-Lsg., Abdestillieren des Ae. u. Erhitzen des Ae.-Rückstands auf dem sd. Wasserbad bei 1 mm Druck; 65%; c) analog a), jedoch Lösen von **A** in Ae., Verreiben mit Al_2O_3, Aufbringen nach Verdunsten des Ae. auf eine Al_2O_3-Säule, Elution von **I** u. **II** mit Bzl. u. Elution mit Chlf.; 36,7%. **III**-*Dimeres*, $C_{36}H_{58}N_2O_{10}S_4$, F. 81° (Zers.; hellgelbes Pulver), durch Abdestillieren von nicht umgesetztem **I** u. **II** aus 17,5 g **A** bei 10^{-3} mm, 1½ std. Erhitzen auf 135°, Lösen des roten Öls in A., Einengen der über Kohle filtrierten Lsg. u. Umfällen des zurückbleibenden Öls aus Ae./PAe.; 2,7 g. — *10-Äthyl-*, $C_{19}H_{31}NO_5S_2$, analog **VIII** aus **I**, **II** u. $C_2H_5NH_2$; gelbes Öl; gibt mit $FeCl_3$-Lsg. violettrote Färbung; 35—37%. — *10-Benzyl-*, $C_{24}H_{33}NO_5S_2$, analog **VIII** aus **I**, **II** u. **VII**; gelbes Öl; 32%. — *1-Methyl-2.6-diisopropyl-3.5-bis-[äthoxycarbonyl]-piperidon-(4)* (**IV**), $C_{18}H_{31}NO_5$, F. 53,5—54° (Ae.; Rhomben), durch Einrühren von 1 Mol CH_3NH_2 zu dem Gemisch aus je 1 Mol **II** u. **V** bei 0°, 24 std. Stehenlassen bei 20°, Einengen unterhalb 80° im Vakuum, Lösen des Rückstands in Ae., Waschen mit wss. H_2SO_4 u. ca. 4 Wochen langes Aufbewahren; 46%. *Hydrochlorid*, $C_{18}H_{32}ClNO_5$, F. 140° (Zers.; Bzl.), durch Einleiten von HCl in die äther. Lsg. von **IV**.
H. Gleinig 3390◇

0927 **Synthese von Aminozuckern durch Reduktion von Hydrazinderivaten. 2-Amino-2-desoxy-L-lyxose (L-Lyxosamin)-hydrochlorid.** D. Horton, M. L. Wolfrom und A. Thompson. (J. org. Chemistry **26**, 5069—74, 27/12. 1961; Columbus, Ohio, Ohio State Univ., Dep. of Chem.; engl.) — Krist. *2-Amino-2-desoxy-L-lyxose, Hydrochlorid*, wird aus *Methyl-3.5-O-isopropyliden-2-O-p-tolylsulfonyl-α.β-L-xylofuranosid* durch Hydrazinolyse u. Red. u. Hydrolyse des *Hydrazin-Deriv.* synthetisiert. Der Mechanismus der Hydrazinolyse wird diskutiert.

Versuche: *Methyl-3.5-O-isopropyliden-α.β-L-xylofuranosid*, $C_9H_{16}O_5$, $Kp._{0,15}$ 85—120°, aus L-Xylose über *Methyl-α.β-L-xylofuranosid* nach Levene u. Mitarbeiter [1932] u. Umsetzung mit Aceton nach Percival u. Zobrist [1952]; $[\alpha]_D^{22}$ −5,3° (c = 0,848; Chlf.); 64% (Ausbeute). — *Methyl-3.5-O-isopropyliden-2-O-p-tolylsulfonyl-β-L-xylofuranosid* (**II**), $C_{16}H_{22}O_7S$, F. 81,5—83° (Hexan), durch Fraktionierung des vorst. Gemisches → A.) *Verb. vom* $Kp._{0,15}$ *86—88°*; $[\alpha]_D^{24}$ −34° (c = 1,073; Chlf.); 15%; (B) *Verb. vom* $Kp._{0,15}$ *120 bis 125°*; viscoser, hellgelber Sirup; $[\alpha]_D^{25}$ +25° (c = 2,05; Chlf.); 14%; (C) *Verb. vom* $Kp._{0,1}$ *210—220°*; $[\alpha]_D^{25}$ +3° (c = 0,655; Chlf.); 24 std. Rk. von Fraktion B mit p-Toluolsulfochlorid in abs. Pyridin bei 24° u. Extraktion mit 1.2-Dichloräthan; große Prismen aus wenig Methanol bei −10°; $[\alpha]_D^{25}$ +49° (c = 0,45; Chlf.); 34%. — *Methyl-3.5-O-isopropyliden-2-O-p-tolylsulfonyl-α-L-xylofuranosid* (**I**), $C_{16}H_{22}O_7S$, F. 73 bis 74° (PAe.), aus den Mutterlaugen von **II**; $[\alpha]_D^{23}$ −70 ± 2° (c = 1,414; Chlf.); 47%. — *Methyl-3.5-O-isopropyliden-2-O-[p-nitrophenylsulfonyl]-α-L-xylofuranosid*, $C_{15}H_{19}NO_9S$, F. 125 bis 126,5° (Hexan), durch 48 std. Rk. von Fraktion A (Verb. **II**) mit p-Nitrobenzolsulfochlorid in abs. Pyridin bei 0° u. 48 Std. bei Raum-Temp.; $[\alpha]_D^{28}$ −65° (c = 1,9; Chlf.); 48%. *β-Isomeres*, $C_{15}H_{19}NO_9S$, F. 81,5—84° (Methanol), analog aus Fraktion B; 42%. — *2-Amino-2-desoxy-α-L-lyxose, Hydrochlorid* (**III**), $C_5H_{11}NO_4 \cdot HCl$, F. 161—163° (Zers.; Methanol), durch 72 std. Kochen eines Gemisches von **I** u. **II** mit wasserfreiem N_2H_4 unter Durchleiten von N_2, Extraktion mit Ae., 2 std. Rk. des Ae.-Rückstands mit Raney-Ni in wss. Methanol bei Raum-Temp., 18 std. Hydrierung bei 2,8 at, 2 std. Kochen in n HCl u. Auftrennung an Amberlite IR-120 (H^+) mit W. u. dann mit n HCl; $[\alpha]_D^{25}$ −16° (2 Min.) → −8° (5 Min.) → +5° (1 Std.; Endwert; c = 1,21; W.); 41%. — *2-Amino-2-desoxy-α-DL-lyxose, Hydrochlorid*, F. 147—165°

(Zers.), durch Mischen gleicher Teile vorst. Verb. mit dem D-Isomeren in warmem A.; 86%. — *Methyl-2-desoxy-3.5-O-isopropyliden-2-salicylidenamino-α-L-lyxofuranosid*, $C_{16}H_{21}NO_5$, F. 113—114° (Ae./PAe. 30—60°), durch 74std. Kochen eines Gemisches von **I** u. **II** mit Hydrazin im N_2-Strom, Behandeln mit Raney-Ni u. Hydrieren wie **III** → Kristalle aus wss. Methanol; Gemisch aus **I** u. **II**; 41%; Einengen der Mutterlaugen → *Methyl-2-amino-2-desoxy-3.5-O-isopropyliden-L-lyxofuranosid* (54%), 10 Min. langes Erwärmen mit Salicylaldehyd in A.; feine Nadeln; $[\alpha]_D^{22}$ — 99 ± 1° (c = 0,41; Chlf.). *β-Isomeres*, $C_{16}H_{21}NO_5$, F. 110°, aus der Ae.-Lsg. des Isomeren durch fraktionierte Kristallisation; Prismen; $[\alpha]_D^{19}$ + 28° (c = 0,45; Chlf.). — *2-Acetamido-2-desoxy-L-lyxose*, durch Acetylierung von **III** nach Roseman u. Ludowieg (vgl. C. **1954**, 8812); Sirup; $[\alpha]_D^{18}$ — 31° (c = 4; W.); 100%. E. Schraven 3400□

0928 **Neue Anhydrophenylosazone.** H. El Khadem und M. M. Mohammed-Aly. (J. chem. Soc. [London] **1963**, 4929—32; Alexandria, Univ., Fac. of Sci.; engl.) — Durch Rk. von Phenylosazonen (**A**) mit Acetanhydrid (**I**) werden acetylierte *Anhydrophenylosazone* erhalten, z. B. aus D-Glucose- (**VII**) bzw. D-Galaktosephenylosazon (**VIII**) *D-Hexose-N-acetyldianhydrophenylosazon* (**II**), *Diacetat* (**III**; *5-[1.2-Diacetoxyäthyl]-3-formyl-1-phenylpyrazolacetylphenylhydrazon*), aus L-Sorbosephenylosazon (**X**) das entsprechende *L-Isomere* (**IX**). Für die Struktur von **III** sprechen die Hydrolyse mit alkohol. NH_3 zu **II**, Rk. von **II** mit Aceton (**IV**) zum *Isopropyliden-Deriv.* u. mit 1 Mol $NaJO_4$ zu *1-Phenyl-3-[N-acetylphenylhydrazonomethyl]-5-formylpyrazol* u. *CH_2O*, die Oxydation von **II** mit $KMnO_4$ zu *1-Phenylpyrazol-3.5-dicarbonsäure*, das IR-Spektrum von **II** u. die Pyrazol-Rk. von **II** u. **III** nach Knorr [1893]. Durch Einw. von p-Nitrophenylhydrazin (**XII**) auf **II** wird die Hydrazongruppe ausgetauscht. Acetylierung des erhaltenen *3-[p-Nitrophenylhydrazonomethyl]-5-[1.2-dihydroxyäthyl]-1-phenylpyrazols* (**V**) gibt **V**-*Diacetat*. Durch Rk. von **VII** u. **I** in Ggw. von Zn-Staub wird ein *Glucosetriacetylmonoanhydrophenylosazon* (**VI**) bisher unbekannter Konstit. erhalten. Durch Hydrolyse von **VI** nach Kunz u. Hudson [1926] werden 2 Acetylgruppen abgespalten. L-Rhamnose- (**XIII**) bzw. Fucosephenylosazon (**XIV**) geben mit **I** L- (**XV**) bzw. *D-Diacetyldianhydrophenylosazon*. Durch Hydrolyse mit äthanol. NH_3 wird aus diesen Verbb. die O-Acetylgruppe abgespalten; Rk. mit **XII** führt zum Austausch der Hydrazonogruppe. Aus D-Xylose- (**XVII**) u. L-Arabinosephenylosazon (**XVIII**) wird ein opt.-inakt. *Diacetyldianhydrophenylosazon* erhalten. Die Existenz von nur 2 isomeren Hexose- oder Methylpentosediacetyldianhydrophenylosazonen (D- u. L-Form), ermöglicht die Best. der Konfiguration der 5-Hydroxygruppe von Hexosen u. Methylpentosen.

Versuche: *Hexose-N-acetyldianhydrophenylosazondiacetat, D-Form* (**III**), $C_{24}H_{24}N_4O_5$, F. 131°, a) durch ½std. Kochen von **VII** u. **I**, Gießen auf Eis u. Stehen über Nacht; aus wss. A. Nadeln, $[\alpha]_D$ + 68° (c = 1; Chlf.); b) analog a) aus **VIII**; c) durch Stehen von **II** mit **I** u. Pyridin über Nacht. *L-Form* (**IX**), F. 131°, analog **III** nach a) aus **X**; $[\alpha]_D$ — 68° (c = 1; Chlf.). *DL-Form*, F. 131°, durch Zusetzen von warmem W. zu **III** oder **IX** in heißem A.; Nadeln; $[\alpha]_D$ 0°. — *Hexose-N-acetyldianhydrophenylosazon, D-Form* (**II**), $C_{20}H_{20}N_4O_3$, aus dem Hemihydrat im Vakuum; $[\alpha]_D$ + 13° (c = 1; A.); *Hemihydrat*, $C_{20}H_{20}N_4O_3 \cdot ½ H_2O$, F. 175°, durch Stehen von **III** in 20%ig. alkohol. NH_3 über Nacht bei Raum-Temp. u. Einengen; aus wss. A. Nadeln; *Isopropyliden-Deriv.*, $C_{23}H_{24}N_4O_3$, F. 162°, durch 24std. Schütteln von **II** in HCl/**IV** u. Ggw. von wasserfreiem Na_2SO_4, Filtrieren u. Neutralisieren mit Ag_2CO_3; aus wss. A. Nadeln. *L-Form* (**XI**), F. 175°, analog **II** aus **IX**; $[\alpha]_D$ —13° (c = 1; A.). *DL-Form*, F. 175°, durch Zusetzen von warmem W. zu **II** oder **XI** in heißem A., Nadeln; $[\alpha]_D$ 0°. — 1-Phenylpyrazole: *3.5-Dicarbonsäure*, $C_{11}H_8N_2O_4$, F. 270°, a) durch ½std. Kochen von **II** mit überschüssiger $KMnO_4$-Lsg., Filtrieren, Ansäuern, Ae.-Extraktion, Eindampfen u. Sublimieren bei 250°/0,1 Torr; b) analog a) aus 3-Methyl-1-phenylpyrazol-5-carbonsäure. — *3-[N-Acetylphenylhydrazonomethyl]-5-formyl-*, $C_{19}H_{16}N_4O_2$, F. 149—150°, durch 24std. Schütteln von 364 mg **II** in $NaJO_4$-Lsg.; aus verd. A. Nadeln; 0,3 g; daneben *CH_2O* (als *Dimedon-Derivv.* F. 187°). — *3-[p-Nitrophenylhydrazonomethyl]-5-[1.2-dihydroxyäthyl]-* (**V**), $C_{18}H_{17}N_5O_4$, F. 236°, durch 1std. Kochen von **II** u. **XII** in A. u. Ggw. von Essigsäure; aus A. orangefarbene Nadeln. *Diacetat*, $C_{22}H_{21}N_5O_6$, F. 165—166°, aus verd. A. gelbe Nadeln. — *3-[p-Nitrophenylhydrazonomethyl]-5-[1-hydroxyäthyl]-*, $C_{18}H_{17}N_5O_3$, F. 211°, durch Stehen von **XV** in 20%ig. alkohol. NH_3 über Nacht bei Raum-Temp., Einengen u. 1std. Kochen mit **XII** in Ggw. von Essigsäure; aus A. orangefarbene Nadeln. — *3-[p-Nitrophenylhydrazonomethyl]-5-hydroxymethyl-*, $C_{17}H_{15}N_5O_3$, F. 190°, durch 1std. Kochen von **XII** u. **XVI** in A. u. Ggw. von Essigsäure; orangefarbene Nadeln. *Acetat*, $C_{19}H_{17}N_5O_4$, F. 179°. — *D-Glucose-N-acetylmonoanhydrophenylosazondiacetat* (**VI**), $C_{24}H_{26}N_4O_6$, F. 172 bis 173°, aus **VII** mit Zn-Pulver in **I** durch ½std. Kochen; aus A. gelbe Nadeln. — *Methylpentosedianhydrophenylosazondiacetat, D-Form*, F. 175°, wie **III** aus **XIV**; $[\alpha]_D$ + 64° (c = 0,5; Chlf.). *L-Form* (**XV**), $C_{22}H_{22}N_4O_3$, F. 175°, wie **III** aus **XIII**; $[\alpha]_D$ — 64° (c = 0,5; Chlf.). — *Pentose-N-acetyldianhydrophenylosazonacetat*, $C_{21}H_{20}N_4O_3$, F. 196°, wie **III** aus **XVII** oder **XVIII**. — *Pentose-N-acetyldianhydrophenylosazon* (**XVI**), $C_{19}H_{18}N_4O_2$, F. 155°, aus vorst. Verb. durch Hydrolyse in 20%ig. äthanol. NH_3; Nadeln. Klaus Schoene 3400◇

0929 **Aminosaccharide. 1. Mitt. Synthesen von α- und β-Glykosiden aus 3.4.6-Tri-O-acetyl-2-desoxy-2-[2.4-dinitroanilino]-glucosylbromid.** P. F. Lloyd und G. P. Roberts. (J. chem. Soc. [London] **1963**, 2962—71, Mai; Bangor, Caernarvonshire, Univ. Coll. of North Wales, Dep. of Chem.; engl.) — Mehrere α- u. *β-Glykoside* werden aus 3.4.6-Tri-O-acetyl-2 desoxy-2-[2.4-dinitroanilino]-α-D-glucosylbromid (**I**) durch Rk. mit den entsprechenden Alkoholen synthetisiert. Daneben entstehen *3.4.6-Tri-O-acetyl-2-desoxy-2-[2.4-dinitroanilino]-β-D-glucose, 3.4.6-Tri-O-acetyl-2-desoxy-2-[2.4-dinitroanilino]-β-D-glucopyranosylpyridiniumbromid* u. *3.4.6-Tri-O-acetyl-1.2-didesoxy-1.2-[2.4-dinitrophenylepimino]-α-D-glucopyranose*. Der Einfl. verschiedener Lsgm. u. Katalysatoren auf die Glykosid-Bldg. wird untersucht.

Versuche: *Äthyl-2-carbobenzoxyamino-2-desoxy-α-D-glucopyranosid*, F. 132—133°, aus 2-Carbobenzoxyamino-2-desoxy-D-glucose nach Foster u. Mitarbeitern (C. **1959**, 13800); $[\alpha]_D^{19}$ + 100,6° (c = 0,4; A.). — *Äthyl-2-amino-2-desoxy-α-D-glucopyranosidhydrochlorid*, $C_8H_{18}ClNO_5$, F. 197 bis 198° (A./HCl), durch Hydrierung vorst. Verb. in A./HCl über 5%ig. Pd-Kohle; $[\alpha]_D^{19}$ + 129,2° (c = 0,4; W.); 25%. — *Äthyl-2-desoxy-2-[2.4-dinitroanilino]-α-D-glucopyranosid*, $C_{14}H_{19}N_3O_9$, F. 193—195° (A./PAe.), durch 24std. Schütteln vorst. Verb., 2.4-Dinitrofluorbenzol u. Na_2CO_3 in W./Aceton bei 20°; gelbes Prod.; $[\alpha]_D^{19}$ + 25,9° (c = 0,3; Aceton); 97%. — *Äthyl-3.4.6-tri-O-acetyl-2-desoxy-2-[2.4-dinitroanilino]-α-D-glucopyranosid* (**II**), $C_{20}H_{25}N_3O_{12}$, F. 220—221° (A.), a) durch Kondens. von **I** mit A. in Chlf. bzw. CH_3NO_2 in Ggw. von Hg-Acetat oder $MgBr_2$ bei 50°, Eindampfen, Lösen in Bzl. u. Trennung an Magnesol/Celite (5:1) mit Bzl./Aceton (50:1); daneben **III**, **IV** u. *1.3.4.6-Tetra-O-acetyl-2-desoxy-2-[2.4-dinitroanilino]-D-glucose*; b) durch Kondens. von **I** mit A. in Chlf. oder CH_3NO_2 in Ggw. von Ag_2CO_3 u. Reinigen wie unter a) beschrieben; daneben **III** u. **IV**; c) durch 26std. Rk. von **I**, A. u. Pyridin in Chlf. bei 50°; 78%; d) durch 24std. Rk. vorst. Verb. mit Acetanhydrid/Pyridin; gelbes Prod. aus A.; $[\alpha]_D^{19}$ + 14,8° (c = 0,4; Chlf.); 75%. — *Äthyl-3.4.6-tri-O-acetyl-2-amino-2-desoxy-β-D-glucopyranosidhydrobromid*, F. 250° (Zers.), aus 3.4.6-Tri-O-acetyl-2-amino-2-desoxy-α-D-glucopyranosylbromidhydrobromid nach Irvine u. Mitarbeitern [1913]; $[\alpha]_D^{19}$ + 12,5° (c = 0,7; Methanol). — *Äthyl-3.4.6-tri-O-acetyl-2-desoxy-2-[2.4-dinitroanilino]-β-D-glucopyranosid* (**III**), $C_{20}H_{25}N_3O_{12}$, F. 121—122° (A.), durch Versetzen vorst. Verb. u. Na_2CO_3 in W. mit 2.4-Dinitrofluorbenzol in Aceton u. 24std. Schütteln bei 20°; $[\alpha]_D^{19}$ + 3,5° (c = 0,4; Chlf.); 62%. — *3.4.6-Tri-O-acetyl-2-desoxy-2-[2.4-dinitroanilino]-α-D-glucose*, F. 154—156° (A.), a) durch 36std. Schütteln von **I** {F. 164°; $[\alpha]_D^{18}$ + 46,2° (c = 0,3; Chlf.)} u. Ag_2CO_3 in Aceton/W. bei 20°; 88%; b) durch 7tägige Rk. von **I** u. Pyridin in Aceton/W.; $[\alpha]_D^{18}$ — 6,8° (c = 0,5; Chlf.); 77%. — *3.4.6-Tri-O-acetyl-1.2-didesoxy-1.2-[2.4-dinitrophenylepimino]-α-D-glucopyranose, Diäthanolsolvat* (**IV**), $C_{22}H_{31}N_3O_{13}$, F. 175 bis 177° (A.), in einigen Fällen durch Kondens. von **I** mit A. in Ggw. von Pyridin bei 50°, Eindampfen, Lösen in wenig Bzl. u. Trennen an Magnesol/Celite (5:1) mit Bzl./Aceton (50:1); $[\alpha]_D^{18}$ + 1,4° (c = 0,4; Chlf.); daneben **II**, **III**, nachst. Verb. (2—10%) u. manchmal eine *Verb. vom F. 193°* (Zers.); gelbe Kristalle; $[\alpha]_D^{18}$ + 5,0° (c = 0,28; Chlf.). — *3.4.6-Tri-O-acetyl-2-desoxy-2-[2.4-dinitroanilino]-β-D-glucopyranosylpyridiniumbromid*, $C_{23}H_{25}BrN_4O_{11}$, F. 162,5° (Zers.), durch

24std. Rk. von **I** in Pyridin/A. bei 50°, Eindampfen u. Rühren mit viel Bzl.; gelbe Nadeln aus A./Bzl. oder n-Propanol/Dioxan; $[\alpha]_D^{18}$ −145,6° (c = 0,2; W.); 83%. — *Benzyl-3.4.6-tri-O-acetyl-2-desoxy-2-[2.4-dinitroanilino]-α-D-glucopyranosid*, F. 210—211°, analog **II** nach c); $[\alpha]_D^{19}$ +9,0° (c = 0,3; Chlf.); 71%. — *Methyl-3.4.6-tri-O-acetyl-2-desoxy-2-[2.4-dinitroanilino]-α-D-glucopyranosid*, F. 206—207,5°, analog **II** nach c); $[\alpha]_D^{18}$ +1,8° (c = 0,4; Chlf.); 62%. *β-Isomeres*, a) F. 70—75° (wss. Methanol); nach Lloyd u. Stacey (C. **1963**, 5472); $[\alpha]_D^{18}$ +14,4°, c = 0,4; Chlf.); 74%; b) F. 79 bis 81°; aus **I** in Ggw. von Ag_2CO_3; $[\alpha]_D^{18}$ +16,4° (c = 0,5; Chlf.); 18%. E. Schraven 3400◇

0930 **Zur O → N-Umglykosidierung acetylierter O-Glucoside von 3-Hydroxypyridazinen.** Günther Wagner und Dieter Heller. (Naturwissenschaften **50**, 497—98, 1963; Leipzig, Univ., Pharmazeut. Inst.; dt.) — Die Darst. von *3-[Tetra-O-acetylglucosyloxy]-pyridazinen* (**A**) gelingt nach dem Fischer-Helferich-Verf. durch Umsetuung der Ag-Salze von 3-Hydroxypyridazinen mit α-Acetobromglucose (**I**) in sd. Toluol, wenn am Pyridazinkern in 6-Stellung ein Substituent mit stärkerem +M-Effekt vorhanden ist, der das Ring-Syst. stabilisiert. Die **A** werden durch Erhitzen mit $HgBr_2$ in Toluol quant. zu den entsprechenden *2-[Tetra-O-acetylglucosyl]-pyridazonen-(3)* (**B**) umgelagert, die durch katalyt. Entacetylierung mit Na-Methylat die freien *Glucoside* geben. Die O → N-Umglucosidierung verläuft wahrscheinlich über das Acetylglucosylkation u. das 3-Hydroxypyridazinanion, wobei letzteres in der Form des tautomeren Pyridazon-(3)-anions mit einer negativen Ladung am N_2 rückreagieren kann. Die **B** lassen sich auch aus äquimol. Mengen Pyridazon-(3), KOH u. **I** in Aceton/W. bei Raum-Temp. darstellen.

Versuche: 3-[Tetra-O-acetyl-1-β-D-glucopyranosyloxy]-pyridazine: *6-Chlor-*, F. 165—175°; $[\alpha]_D^{10}$ +3,4° (c = 5,0; Chlf.). — *6-Brom-*, F. 170—178°; $[\alpha]_D^{10}$ +5,5° (c = 5,0; Chlf.). — *6-Methoxy-*, Sirup. — 2-[Tetra-O-acetyl-1-β-D-glucopyranosyl]-pyridazone-(3): *6-Chlor-*, F. 148—149°; $[\alpha]_D^{10}$ −48,1° (c = 5,0; Chlf.). — *6-Brom-*, F. 159—161°; $[\alpha]_D^{10}$ −54,5° (c = 5,0; Chlf.). — *6-Methoxy-*, F. 125—126°; $[\alpha]_D^{10}$ −39,4° (c = 5,0; Chlf.). — 2-[1-β-D-Glucopyranosyl]-pyridazone-(3): *6-Chlor-*, F. 230—232°; $[\alpha]_D^{10}$ −43,5° (c = 2,5; W.). — *6-Brom-*, F. 224—225°; $[\alpha]_D^{10}$ −38,4° (c = 2,5; W.). — *6-Methoxy-*, F. 228—230°; $[\alpha]_D^{10}$ −45,0° (c = 2,5; W.). Klaus Lange 3450△

0931 **N-Glykoside. Die Synthese von Piperazin-N.N'-diglykosiden (N.N'-Dialdosylpiperazine).** C. Panagopoulos, A. Kovatsis und C. Sekeris. (Arzneimittel-Forsch. **11**, 629—30, 1961; Athen, Biol. Labor.; engl.) — Bei der Rk. von Piperazin (**I**) mit Aldohexosen setzen sich beide NH-Gruppen bei pH 6,5—7 unter Bldg. des *N.N'-Diglykosids* um. Das Diglucosid erleidet in Ggw. von Malonsäurediäthylester Amadori-Umlagerung zum *1-Desoxy-1-amino-2-ketosederivat.*

Versuche: Piperazin-N.N'-diglykoside: *Diglucosid* (**II**), $C_{16}H_{30}N_2O_{10}$, F. 158—159°, aus D-Glucose u. **I** in sd. A. in Ggw. von NH_4Cl in ca. 10—15 Min.; Prismen aus A./W., $[\alpha]_D^{22}$ 0°; 76% (Ausbeute). — *Digalaktosid* (**III**), F. 107 bis 111° (Zers.), aus D-Galaktose, **I** u. NH_4Cl in sd. Methanol in 20 Min.; $[\alpha]_D^{22}$ +8° (c = 5) infolge partieller Hydrolyse durch W.; 61%. — *Dimannosid*, F. 120—124° (Zers.), analog **III** aus D-Mannose u. **I**; $[\alpha]_D^{22}$ +10° (c = 4; W.; nach 3 Min.), 0° (nach 2½ Std.); 71%. — *N.N'-Bis-[tetraacetylglucosyl]-piperazin*, $C_{32}H_{46}N_2O_{18}$, F. 209—210° (Chlf.-Ligroin), aus **II** durch 27std. Schütteln in Pyridin-Acetanhydrid bei Zimmer-Temp.; $[\alpha]_D^{22}$ −27° (c = 2; Chlf.); 26%. — *N.N'-Bis-[tetraacetylgalaktosyl]-piperazin*, F. 229—230° (Chlf.-Ligroin), aus **III** analog vorst. Verb.; $[\alpha]_D^{22}$ −24° (c = 2; Chlf.); 17%. — *N.N'-[Bis-[1-desoxy-D-fructoso]-piperazin*, $C_{16}H_{30}N_2O_{10}$, F. 146° aus **II** u. Malonester durch 2std. Kochen in A., Filtrieren u. 24std. Stehen des Filtrats nach Ae.-Zusatz; gelborangefarbene Kristalle aus Aceton–A.; $[\alpha]_D^{22}$ −88°. K. Maier 3450◇

0932 **Struktur des Amorphins, des Glykosids aus Pflanzen der Art Amorpha. Struktur des Kohlenstoffskeletts von Amorphigenin.** Je. Ss. Kondratenko und N. K. Abubakirow. (Usbek. chem. J. **6**, Nr. 4, 60—66, 1962; Inst. für Chem. der Pflanzenstoffe der Akad. der Wiss. der UsbekSSR; russ.) — Für das C-Skelett von *Amorphigenin* (**I**) wird die Struktur des *24-Norhydroxyrotenons* vorgeschlagen. Bei der $KMnO_4$-Oxydation von **I** wird *Formaldehyd* erhalten. Die Hydrierung von **I** an Ni liefert *Tetrahydroamorphigenin* (**II**), die Hydrierung an Pt *Desoxydihydroamorphigenin* (**III**). Durch Hydrierung von Dehydroamorphigenin (**IV**) an Ni oder Dehydrierung von **II** wird *Tetrahydrodehydroamorphigenin* erhalten. Die Dehydrierung von **III** liefert *Desoxydihydrodehydroamorphigenin* (**V**). Die Hydrierung von Amorphigeninsäure (**VI**) an Pt führt zu *Desoxydihydroamorphigeninsäure* (**VII**). Die IR-Spektren von **I**, **III**, **V** u. **VII** wurden aufgenommen u. mit den IR-Spektren von *DL-Nordihydrorotenon*, *DL-Nordihydrodehydrorotenon* u. *DL-Nordihydroderrsäure* verglichen.

Versuche: *Tetrahydroamorphigenin* (**II**), $C_{22}H_{24}O_7$, F. 197—198° (70%ig. Methanol), durch Hydrierung von 1 g **I** in 30 ml Methanol an 1,5 ml Raney-Ni in Ggw. von 0,1 g KOH; Nadeln; $[\alpha]_D^{20}$ +37,6 ± 1° (c = 0,88; Methanol). *Oxim*, $C_{22}H_{25}NO_7$, F. 227—229° (50%ig. Methanol). — *Tetrahydrodehydroamorphigenin*, $C_{22}H_{22}O_7$, F. 187—189° (70%ig. Methanol), a) durch Zugabe von 0,16 g Jod in 20 ml A. zu 0,20 g **II** u. 0,5 g Na-Acetat in 20 ml A. in ½ Std. u. 2std. Kochen; gelbe Nadeln; b) durch Hydrierung von **IV** an Raney-Ni. *Diacetat*, $C_{26}H_{26}O_9$, F. 151—153° (Methanol); gelbe Nadeln. — *Desoxydihydroamorphigenin* (**III**), $C_{22}H_{22}O_6$, F. 154—156° (Methanol), durch Hydrierung von 1 g **I** in 25 ml Eisessig an 0,05 g PtO_2; $[\alpha]_D^{20}$ −130 ± 2° (c = 1,9; Chlf.). *Oxim*, $C_{22}H_{23}NO_6$, F. 238—240° (Zers.); Nadeln. — *Desoxydihydrodehydroamorphigenin* (**V**), $C_{22}H_{20}O_6$, F. 220 bis 222° (Methanol), durch Dehydrierung von **III** mit Jod; gelbe Nadeln; $[\alpha]_D^{20}$ − 60 ± 5° (c = 1,2; Chlf.). — *Desoxydihydroamorphigeninsäure* (**VII**), $C_{22}H_{24}O_8$, F. 160—162° (A.), durch Hydrierung von 0,10 g **V** in Eisessig an Pt; Nädelchen; $[\alpha]_D^{20}$ −62 ± 5° (c = 0,4; Aceton); 0,06 g Ausbeute. Helmut Schäfer 3450△

0933 **Catalpa-Glykoside.** 1. Mitt. **Charakterisierung von Catalposid.** J. M. Bobbitt, H. Schmid und Teresita B. Africa. (J. org. Chemistry **26**, 3090—94, 1961; Storrs, Conn., Univ., Dep. of Chem.; Zürich, Univ., Organ. Chem. Inst.; engl.) — Vff. beschreiben die Isolierung von *Catalposid* (**I**) aus *Catalpa bignonioides* (**A**), die Analyse des Glykosids u. 12 krist. Derivate. Das Aglykon ist ein p-Hydroxybenzoesäureester mit einer isolierten Doppelbindung, der Zuckeranteil ist Glucose. **I** enthält 6 acylierbare OH-Gruppen. Die Empfindlichkeit gegenüber Emulsin spricht für β-Verknüpfung zwischen Glucose u. Aglykon.

Versuche: *Catalposid* (**I**), $C_{22}H_{26}O_{12}$, F. 215—216,5° (W.), aus 14,5 kg **A** durch Extraktion mit sd. A.; $[\alpha]_D^{21,5}$ −174° (W.); 97,6 g (Ausbeute). *Hexaacetat*, $C_{34}H_{38}O_{18}$, F. 141,5 bis 142,5° (Aceton/W.); $[\alpha]_D^{21,7}$ −106° (Chlf.). *Hexamesylat*, $C_{28}H_{38}O_{24}S_6$, F. 168—205° (Pyridin/Aceton/Methanol). *Hexabenzoat*, $C_{64}H_{50}O_{18}$, F. 174,5—175,5° (A.); $[\alpha]_D^{25}$ −75,3° (Chlf.). — *Dihydrocatalposid*, $C_{22}H_{28}O_{12}$, F. 212—214° (A./Bzl.), durch Hydrierung von **I** in A.; $[\alpha]_D^{22}$ −139° (Methanol); 85%. *Hexaacetat*, $C_{34}H_{40}O_{18}$, F. 149—150° (A.); $[\alpha]_D^{23,5}$ − 82,3° (Chlf.); 65%. *Hexamesylat*, $C_{28}H_{40}O_{24}S_6$, F. 147—148,5° (Pyridin/Aceton/Methanol); 55%. — *Catalposidmethyläther*, $C_{23}H_{28}O_{12}$, F. 214—216° (Methanol/W.), aus **I** u. Diazomethan bei −4° in 15 Std.; 93%. *Pentaacetat*, $C_{33}H_{38}O_{17}$, F. 148,5 bis 149° (A.); 65%. *Pentamesylat*, $C_{28}H_{38}O_{22}S_5$, F. 157—175° (Pyridin/Aceton/Methanol); 67%. — *Dihydrocatalposidmethyläther*, $C_{23}H_{30}O_{12}$, F. 194—195° (Methanol/Essigester); 74%. *Pentaacetat*, $C_{33}H_{40}O_{17}$, F. 163—164° (A.); 88%. *Pentamesylat*, $C_{28}H_{40}O_{22}S_5$, F. 150—156° (Pyridin/Aceton/Methanol); 69%. — *β-D-Glucosepentaacetat*, F. 129—131°, durch saure Hydrolyse von **I** mit 0,5n HCl u. anschließende Acetylierung; 10%. — *p-Hydroxybenzoesäure*, F. 212—214° (93%), durch Hydrolyse von **I** mit 0,05n NaOH. — *p-Methoxybenzoesäure*, F. 181—183° (A.), analog aus Dihydrocatalposidmethyläther; 96%. W. P. Trautwein 3450◇

0934 **Untersuchungen über die Bestandteile von Digitalis purpurea L.** 16. Mitt. **Über die Synthese von 16-Acetylstrospesid.** Kazuo Miyatake, Atsuji Okano, Kazuhiko Hoji, Tōsaku Miki und Akio Sakashita. (Chem. pharmac. Bull. [Tokyo] **8**, 945—48, 1960; Tokyo, Daiichi Seiyaku Co., Res. Labor.; engl.) — 15. vgl. J. pharmac. Soc. Japan [Yakugakuzasshi] **80**, [1960], 465. — Partielle Acetylierung von *Strospesid* (**I**) mit Acetanhydrid in Pyridin liefert *16-Acetylstrospesid* (**II**) neben einer Substanz A, die voneinander durch Säulenchromatographie getrennt werden. Substanz A erweist sich als Diacetyl-Deriv. von **I** u. kann durch partielle Desacetylierung in **II** übergeführt werden. **II** ist ident. mit *Neritalosid* (aus *Nerium oleander*).

Versuche: *16-Acetylstrospesid* (**II**), *Dioxansolvat*, $C_{32}H_{48}O_{10} \cdot C_4H_8O_2$, F. 135—143° (Nadeln aus Dioxan/Ae.), aus **I** mit Acetanhydrid/Pyridin u. Trennung von Substanz A auf Celite 535 mit W./Formamid als stationärer u. Chlf./Bzl. als mobiler Phase; $[\alpha]_D^{30}$ —11,3° (Methanol). — *Diacetylstrospesid, Sesquihydrat*, $C_{34}H_{50}O_{11} \cdot 1\frac{1}{2}\ H_2O$, FF. 146—150 u. 213—218° (Nadeln aus Aceton/A.), aus **I** durch Acetylierung u. Chromatographie; $[\alpha]_D^{30}$ —12,0° (Methanol). — Hydrolyse von **II** in Aceton mit konz. HCl bei 5° (16 Tage) ergab bei der Papierchromatographie *Oleandrigenin*, *Gitoxigenin*, **II** u. **I**. — Enzymat. Abbau von Substanz A mit Schneckenenzym bei 32° liefert **II**. W. P. Trautwein 3450◇

0935 **Synthese von Lemoran.** N. W. Ssokolowa und O. Ju. Magidsson. (Med. Ind. UdSSR **16**, Nr. 11, 12—18, 1962; Chem.-pharmazeut. Allunions-Ordshonikidse-Forschungsinst.; russ.) — Die Synth. von *3-Hydroxy-N-methylmorphinan* u. seines *D-Tartrats* (*Lemoran*) wird beschrieben.

Versuche: *Cyclohexen-(1)-ylacetonitril*, Kp.$_{11}$ 95—96°, durch tropfenweise Zugabe von 395 ml konz. H_2SO_4 zu 1455 ml einer 51,5% ig. Lsg. von Na-Cyanacetat in 1 Std. bei <30°, Abdampfen von 710—740 ml W. bei <50°, Zugabe von 686 g Cyclohexanon, 21 g NH_4-Acetat u. 500 ml Bzl., 7—8std. Kochen unter Abdestillieren von W. u. Erhitzen auf 175°/35—45 ml; 614—641 g (Ausbeute). — *β-[Cyclohexen-(1)-yl]-äthylamin* (**I**), Kp.$_{11-12}$ 74—77°, durch Hydrierung von 158,2 g vorst. Verb. in 500 ml 7% ig. alkohol. NH_3 an Raney-Ni bei 67—70°/60 at; 104,6—108,5 g. — *p-Methoxyphenylglycidsäuremethylester*, F. 57—60°, durch tropfenweise Zugabe von 163,2 g Anisaldehyd u. 220,5 g Chloressigsäureäthylester zu Na-Methylat (42 g Na, 600 ml abs. Methanol) in 1½ Std. bei —3° u. 6std. Rühren bei 0°; 224,9—234,3 g. — *1-[p-Methoxybenzyl]-10-hydroxydekahydroisochinolin*, F. 148—150°, durch 48std. Erhitzen von 45,5 g **I** mit 82,6 g vorst. Verb. in W. bei pH 3—4 auf 80—100°; 45,6—47,6%. — *3-Hydroxy-N-methylmorphinan*, F. 247 bis 251° (A.), durch 3std. Rühren von 100 g vorst. Verb. in 500 ml 84—85% ig. HCOOH mit 10% überschüssigem Formalin, 12std. Erhitzen auf 98°, Eindampfen im Vakuum u. 10std. Kochen des entstandenen *1-[p-Methoxybenzyl]-N-methyl-10-hydroxydekahydroisochinolin* in 1000 ml HBr (D. 1,48); 18—18,8 g. *D-Tartrat*, F. 113—115°, durch Kristallisation von 10 g der Base mit 5,8 g D-Weinsäure aus 150 ml W.; $[\alpha]_D^{20}$ —13,8 bis —14,4° (c = 3; W.); 6,9 g. Helmut Schäfer 3500△

0936 **Struktur eines Dehydrierungsproduktes von Tuberostemonin.** T. Shingu, Y. Tsuda, S. Uyeo, Y. Yamato und H. Harada. (Chem. and Ind. **1962**, 1191—92; Osaka, Univ., Fac. of Pharmacy; Kyoto, Univ., Fac. of Pharmacy; engl.) — Durch Dehydrierung von Tuberostemonin (**I**; $C_{22}H_{33}NO_4$) an 20% ig. Pd-Kohle unter N_2 bei 260° entsteht *Tuberostemonan* [**II**; *2-n-Butyl-8.10-diäthyl-4.5.6.7-tetrahydroazepino-[3.2.1:hi]-indol*, $C_{20}H_{29}N$, Kp.$_{0,1}$ 200—220°; 70% (Ausbeute)]. Die Oxydation von **II** mit Chromsäure/Pyridin oder $KMnO_4$ liefert eine orangerote *Verb.* $C_{16}H_{19}NO_2$, F. 108 bis 110°, die Ozonolyse *1-Valeryl-2.3.4.5-tetrahydro-6.8-diäthyl-9-formyl-1H-1-benzazepin* (**III**; $C_{20}H_{29}NO_2$, F. 76—78°) u. als Nebenprod. die entsprechende *9-Carbonsäure* (**IV**; $C_{20}H_{29}NO_3$, F. 158—159°), die auch aus **III** u. $KMnO_4$ erhalten wird. **IV** wird durch 6std. Erhitzen mit 35% ig. HCl/Essigsäure (3:2) auf 140° im Rohr in *6.8-Diäthyl-2.3.4.5-tetrahydro-1H-1-benzazepin* [**V**; $C_{14}H_{21}N$, Kp.$_{20}$ 155—160°. *Styphnat*, $(C_{14}H_{21}N)_2 \cdot C_6H_3N_3O_8$, F. 129—131°] übergeführt; als Nebenprod. entsteht *Valeriansäure*. Durch längeres Erhitzen von **V** mit 40% ig. Pd-Kohle in sd. Zimtsäureäthylester werden geringe Mengen *Chinolin* erhalten. Durch Rk. von 1.3-Diäthylbenzol mit Bernsteinsäureanhydrid in Ggw. von $AlCl_3$ entsteht *β-[2.4-Diäthylbenzoyl]-propionsäure* (F. 60—62°), welche durch Clemmensen-Red. in *γ-[2.4-Diäthylphenyl]-buttersäure* übergeführt wird, deren Cyclisation mit Polyphosphorsäure oder $POCl_3/SnCl_4$ *5.7-Diäthyltetralon-(1)* (**VI**) liefert. Aus **VI** entsteht durch Rk. mit NaN_3 in Trichloressigsäure *6.8-Diäthyl-2.3.4.5-tetrahydro-2-oxo-1H-1-benzazepin* (F. 101—102°), dessen Red. mit $LiAlH_4$ zu **V** führt. Die Ergebnisse bestätigen die Konstit.-Vorschläge von Götz u. Mitarbeitern (vgl. Tetrahedron Letters [London] **1961**, 707) für **I**. IR-, UV- u. KMR-Daten, s. Original. H. Dalmer 3500△

0937 **Stereochemie von Corynanthein, Dihydrocorynanthein und Corynantheidin.** Eugene E. van Tamelen, Paul E. Aldrich und Thomas J. Katz. (J. Amer. chem. Soc. **79**, 6426—30, 1957; Madison, Wis., Univ., Dep. of Chem.: engl.) — Aus der stereospezif. Synth. von dl-Corynanthean u. aus früher veröffentlichten Unters.-Ergebnissen werden die stereochem. Verhältnisse von Corynanthein, Dihydrocorynanthein u. Corynantheidin (ausgenommen C-Atom 3) abgeleitet. Die Art der Isomerie zwischen den Corynanthsäuren u. die Stereoselektivität der Decarboxylierung dieser Säuren werden diskutiert. — Vgl. C. **1959**, **3144**.

Versuche: *dl-trans-6-Äthylcyclohexen-(3)-yl-(1)-methylketon*, nach Bergmann u. Resnik (C. **1953**, 8061). — *dl-trans-4.5-Diäthylcyclohexen-(1)*, $C_{10}H_{18}$, Kp.$_{730}$ 171—173°, durch 5std. Kochen vorst. Verb. mit Triäthylenglykol, N_2H_4 u. Bzl. unter Wasserabscheidung, Abkühlen, Zugabe von KOH, Kochen unter Wasserabscheidung, Dest., 15std. Erhitzen auf 190—200°, Zugabe von W. zum Destillat u. Extraktion mit PAe.; n_D^{25} 1,4562; 69%. — *dl-3.4-Diäthyladipinsäure*, F. 131,8—133,8° (W.), durch 12std. Rühren vorst. Verb. mit $KMnO_4$ in W. bei Raum-Temp., Zugabe von $NaHSO_3$ u. 6n H_2SO_4 unter Kühlen u. Extraktion mit Ae.; 53%. — *dl-trans-3.4-Diäthylcyclopentanon*, Kp. 202 bis 208°, durch Kochen vorst. Verb. mit Acetanhydrid u. Pyrolyse nach Koelsch u. Stratton (vgl. J. Amer. chem. Soc. **66**, [1944], 1881). *Semicarbazon*, F. 208,5—209,5°. — *threo-5-Brom-3.4-diäthylvaleriansäureäthylester*, $C_{11}H_{21}BrO_2$, Kp.$_1$ 123—125°, durch 3tägiges Stehen vorst. Verb. mit Perbenzoesäure in Chlf. im Dunkeln bei Raum-Temp., Dest. im Vakuum, Lösen in Ae., Sättigen der äthanol Lsg. des erhaltenen *Lactons* mit HBr unter Kühlung, 18std. Stehen bei Raum-Temp., Sättigen mit HBr, mehrtägiges Schütteln, Einengen im Vakuum, Zugabe von Ae. u. W., Neutralisieren mit $NaHCO_3$ u. Extraktion mit Ae.; n_D^{25} 1,4649; 44%. — *dl-trans-N-{β-[Indolyl-(3)]-äthyl}-4.5-diäthylpiperidon-(2)*, $C_{19} \cdot H_{26}N_2O$, F. 124,5—125° (Essigsäureäthylester/PAe.), durch 42std. Kochen vorst. Verb. mit Tryptamin, K_2CO_3 u. KJ in Dioxan unter N_2, Dest. im Vakuum, Lösen in Ae. u. Chromatographieren an Florisil; 48%. — *dl-Dihydrocorynanthean*, $C_{19}H_{26}N_2$, F. 154—156° (Essigsäureäthylester/PAe.), durch mehrstd. Stehen nachst. Hydrochlorids mit gesätt. K_2CO_3-Lsg., wenig KOH u. Ae.; 64%. *Hydrochlorid*, F. 270° (Zers., A.), durch 3std. Kochen von 159 mg vorst. Verb. mit $POCl_3$ in Bzl. u. Hydrieren an PtO_2 in A.; 102 mg. Gottfried Schreiber 3500△

0938 **Alkaloide der chinesischen Droge Tzu-Tsao-Wu (Aconitum spp.).** 2. Mitt. **Isolierung eines neuen Alkaloids, Isoaconitin.** Jen-Hung Chu, Shan-Hai Hung und Yun-Lee Chou. (Acta chim. sinica **23**, 130—35, 1957; Shanghai, Acad. Sinica, Inst. of Materia Medica; chin., Auszug: engl.) — 1. vgl. C. **1956**, 12851. — Ein neues aus *Aconitum spp.* (**A**) isoliertes Alkaloid erhält den Namen *Isoaconitin* (**I**). **I** enthält eine C_2H_5N-, vier CH_3O- u. drei HO-Gruppen u. erhält die vorläufige Formel: $C_{19}H_{20}(N-C_2H_5) \cdot (OH)_3(OCH_3)_3(CH_3OC_6H_4 \cdot COO)(CH_3COO)$. Durch alkal. Hydrolyse wird aus **I** neben *Essigsäure* u. *Anissäure* ein *Aminoalkohol* $C_{24}H_{37}NO_7$ gebildet.

Versuche: *Isoaconitin* (**I**), $C_{34}H_{47}NO_{11}$, F. 144—146°, aus **A**; $[\alpha]_D^{20,5}$ +28° (c = 1; Chlf.); 2,7% (Ausbeute). *Nitrat*, $C_{34}H_{48}N_2O_{14}$, F. 196°; orthorhomb. Kristalle. *Hydrobromid*, $C_{34}H_{48}BrNO_{11}$, F. 181°; prismat. Nadeln; $[\alpha]_D^{21,5}$ —18° (c = 1; W.). *Hydrochlorid*, $C_{34}H_{48}ClNO_{11}$, F. 157—162°; $[\alpha]_D^{22,5}$ —12,5° (c = 0,8; W.). *Hydrojodid*, $C_{34}H_{48}JNO_{11}$, F. 220°; rhomb. Kristalle. *Perchlorat*, $C_{34}H_{48}ClNO_{15}$, F. 231°; rechtwinklige Platten. *Rhodanid*, $C_{35}H_{48}N_2O_{11}S$, F. 196—198°; Nadeln. *Methojodid*, $C_{35}H_{50}JNO_{11}$, F. 199°. *ξ-Triacetyl-Deriv.*, $C_{40}H_{53}NO_{14}$, F. 155—160°. — *Verb.* $C_{24}H_{37}NO_7$, F. 118—123°, durch alkal. Hydrolyse von **I**; daneben *Essigsäure* u. *Anissäure* ($C_8H_8O_3$, F. 183°). *Hydrobromid*, $C_{24}H_{38}BrNO_7$, FF. 198 bis 200 u. 244° (getrocknet). *ξ-Tetraacetyl-Deriv.*, $C_{32}H_{45}NO_{11}$. H.-J. Weigmann 3500△

0939 **Dehydrobrucinolon, Isobrucinolon und Isostrychninolon-I und -II.** J. T. Edward und R. Robinson. (Tetrahedron [London] **1**, 169—70, 1957; Oxford, Univ., Dyson Perrins Labor.; engl.) — Acetylierung von *Brucinolon C* (**I**) mit Acetanhydrid ergibt *Brucinolon-C-Acetat*, das durch Rk. mit dem Äquivalent Benzoylperoxid (**II**) in ein Acetat $C_{23}H_{22} \cdot N_2O_6$, auf Grund von Analyse u. Darst. *Dehydrobrucinolonacetat* (**III**), übergeht. Analog ergeben Brucinolon B u. **I** mit **II** *Dehydrobrucinolon* (**IV**). Die UV-Spektren von **III** u. **IV** sind identisch. NMR-Werte vgl. Original.

Versuche: *Brucinolon C* (I), F. 185—186°, durch 1½std. Erhitzen von 4 g Brucinolon B in Pyridin/2,5% ig. NaOH auf 100°; aus Methanol Nadeln; $[\alpha]_D^{18}$ —147° (c = 0,184; Essigsäure); 1,1 g (Ausbeute). — *Dehydrobrucinolon* (IV) *2½-Hydrat*, $C_{21}H_{20}N_2O_5 \cdot 2\frac{1}{2} H_2O$, F. 307—310° (Zers.), durch ½ std. Erhitzen von 0,4 g I mit II in Eisessig auf 100°; aus A. hellbraune Nadeln; $[\alpha]_D^{30}$ —388° (c = 0,34; Essigsäure); + HNO_2: gelbe Färbung; 0,1 g. *Acetyl-Deriv.* (III), $C_{23}H_{22}N_2O_6$, F. 304°, durch 1std. Erwärmen von 0,6 g Brucinolon-C-Acetat mit II in Acetanhydrid auf 100°; aus A. gelbe Nadeln; $[\alpha]_D^{20}$ — 429° (c = 0,892; Essigsäure); 0,4 g. H.-J. Weigmann 3500△

0940 **Lallemancin — ein neues Alkaloid aus Lallemantia peltata (L.) Fisch. et Mey.** T. F. Platonowa, P. Ss. Massagetow und A. D. Kusowkow. (Med. Ind. UdSSR **16**, Nr. 2, 14, 1962; Chem.-Pharmazeut. Allunions-Ordshonikidse-Forschungsinst.; russ.) — Durch Extraktion der oberird. Teile von *Lallemantia peltata* mit Dichloräthan wurde in 0,015% ig. Ausbeute ein „*Lallemancin*" genanntes Alkaloid erhalten, $C_{23}H_{29}N_3O_2$, F. 191—193° (Aceton). *N-Acetyl-Deriv.*, $C_{25}H_{31}N_3O_3$, F. 210—211°. *Perchlorat*, $C_{23}H_{29}N_3O_2 \cdot HClO_4$, F. 221—222° (A.-Ae.). Helmut Schäfer 3500△

0941 **Untersuchungen von Terpenen.** 8. Mitt. **Dehydrierung einiger Terpenoide mit Brom.** James Verghese. (J. Indian chem. Soc. **37**, 535—39, 1960; Vellore, N. Arcot., Christian Med. Coll., Chem. Dep.; engl.) — 7. vgl. C. **1962**, 18840. — Δ^3-Caren (I), α-Pinen (II), Terpinolen (III) u. Terpineol (IV) werden durch Bromierung u. anschließendes Kochen aromatisiert. Dabei liefert I ein *Gemisch aus p- u. m-Cymol*, II ein *Gemisch aus p- u. o-Cymol*. Der Rk.-Mechanismus wird diskutiert.

Versuche: *Δ^3-Caren* (I), Kp. 170—171°, aus Terpentinöl von *Pinus longifolia* (Roxb.); n_D^{20} 1,4728; D_4^{20} 0,8614. *Nitrosat*, F. 147° (Zers.), aus Chlf./Methanol Kristalle. — *Terpinolentetrabromid* (V), F. 116° (Chlf./Methanol), durch Zutropfen von Br_2 zu III in Amylalkohol/Ae. (1:2) u. Kühlen. — *Terephthalsäure* (VI), a) durch Zutropfen von 24,96 g Br_2 zu 21,25 g I unter Kühlen, 24std. Kochen, Wasserdampf-Dest., Schütteln des Destillats mit 80% ig. H_2SO_4, Dest., Oxydation von 480 mg des erhaltenen Öls [Kp. 170—180°; n_D^{20} 1,4886; D_{30}^{30} 0,8592; 5,6 g (Ausbeute)] mit $K_2Cr_2O_7$/H_2SO_4 u. Fraktionierung über die Ba-Salze; 270 mg; daneben 80 mg *Isophthalsäure* (*Dimethylester*, F. 65°); b) analog a) aus 21,25 g II u. Oxydation von 500 mg des erhaltenen Öls [Kp. 168—176°; n_D^{30} 1,4889; ca. 3,5 g]; 250 mg; daneben 80 mg *Phthalsäure* (*Phthalanil*, F. 270°). *Dimethylester*, F. 141°. *Nitro-Deriv.*, F. 269°. — *p-[α-Hydroxyisopropyl]-benzoesäure*, F. 156°, a) durch 1std. Kochen von 12 g V, Wasserdampf-Dest., Schütteln mit 80% ig. H_2SO_4 u. Oxydation mit $KMnO_4$; b) durch Zutropfen von 20,69 g Br_2 zu 20 g IV, 15std. Kochen mit alkohol. NaOH, Wasserdampf-Dest., Schütteln mit H_2SO_4 u. Oxydation des Öls (2,2 g) mit $KMnO_4$; durch Oxydation des Öls mit $K_2Cr_2O_7/H_2SO_4$ entsteht VI. L. Lamza 3600△

0942 **Die Bestandteile der Nadeln von Coniferen.** 2. Mitt. **Pinifolsäure, eine neue aus Pinus silvestris L. isolierte Diterpensäure.** Curt Enzell und Olof Theander. (Acta chem. scand. **16**, 607—14, 1962; Stockholm, Svenska Träforskningsinst.; Kungl. Tekniska Högskolan; Träkemiska Avdelningen, Organ.-kem. Inst.; engl.) — 1. vgl. C. **1959**, 10293. — Der aus *Pinus silvestris* L. isolierten *Pinifolsäure* (I) wird auf Grund ihrer Beziehung zu der durch Red. von Agathsäure (V; Agathendisäure) mit Na in Butanol erhältlichen *Dihydroagathsäure* (VI) u. auf Grund der Massenspektren des Dimethylesters (II) von I u. von VI die am $C_{(4)}$ *epimere Form* von VI zugeschrieben. Zur weiteren Bestätigung der Struktur wird der 18-Methylester (IV) von I mit Li in fl. NH_3 red. u. die erhaltene *18-Hydroxy-$\Delta^{8,20}$-labden-15-säure* bzw. deren Methylester (III) mit CrO_3 zu *18-Oxo-$\Delta^{8,20}$-labden-15-säuremethylester* oxydiert. Durch Huang-Minlon-Red. dieses Esters u. Ozonolyse wird eine Ketosäure erhalten, die mit 20-Nor-8-oxolabdan-15-säure ident. ist. IR- u. Massenspektren sowie R_F-Werte s. Original.

Versuche (FF. korr.; Kofler-Block): *Pinifolsäure* (I), $C_{20}H_{32}O_4$, F. 194—195°, durch ½ std. Kochen von *Pinus silvestris*-Nadeln in Aceton, Filtrieren, 24std. Extrahieren mit Aceton, Filtrieren, Einengen, Zugabe von W. u. Chlf., Extrahieren der Chlf.-Lsg. mit $NaHCO_3$, Ansäuern mit verd. H_2SO_4 u. Extrahieren mit Ae.; aus Aceton/Diisopropyläther Nadeln; $[\alpha]_D$ +26° (c = 1,5; A.); 0,27% (Ausbeute). *Dicyclohexylammoniumsalz*, $C_{32}H_{58}N_2O_4$, F. 164—171°. *Dimethylester* (II), $C_{22}H_{36}O_4$, a) durch Rk. von 200 mg I mit 15 ml 0,5 m äther. Lsg. von CH_2N_2 u. Filtrieren durch Al_2O_3; $[\alpha]_D$ +27° (c = 1; Chlf.); n_D^{25} 1,498; 210 mg; b) durch 2std. Kochen von 40 mg I, 3 ml Methanol u. wenig konz. H_2SO_4, Zugabe von W., Extrahieren mit Ae., Einengen u. Filtrieren durch Al_2O_3; 36 mg. *18-Monomethylester* (IV), durch ½ std. Rk. von 208 mg II, Methanol u. wss. KOH bei Raum-Temp., ¼std. Kochen, Zugabe von W. u. wss. NaOH, Extrahieren mit Ae., Ansäuern mit verd. H_2SO_4 u. Extrahieren mit Ae.; $[\alpha]_D$ +23° (c = 1; Chlf.); n_D^{25} 1,4986; 183 mg; daneben 17 mg II. — *Dihydropinifolsäure*, $C_{20}H_{34}O_4$, F. 218—219°, durch 1std. Hydrieren von 60 mg I in A. an 20 mg Adams Katalysator, Filtrieren u. Einengen; $[\alpha]_D$ +30° (c = 1,5; A.); 47 mg. — *Gemisch aus Essig- u. Propionsäure*, durch 2std. Erhitzen von I u. 10% ig. Pd/Kohle auf 290°, 10 Min. langes Destillieren u. Papierchromatographie. — *R(—)-3-Methylpentansäure*, analog vorst. Gemisch aus 500 mg I u. 500 mg 10% ig. Pd/Kohle u. 2std. Dest.; $[\alpha]_D$ +8° (c = 1,0; A.); daneben 76 mg *1.2.5-Trimethylnaphthalin*. — *Dihydroagathsäure* (VI), $C_{20}H_{32}O_4$, Glas, Erweichungspunkt 70—74°, durch Kochen von 1 g V in Butanol, rasche Zugabe von 3,7 g Na unter Rühren, ¾std. Kochen, Zugabe von W., Entfernen des Butanols im Vakuum, Zugabe von W., Extrahieren mit Ae., Ansäuern mit verd. H_2SO_4 u. Extrahieren mit Ae.; $[\alpha]_D$ +49° (c = 0,8; A.); 1 g (roh). *Monocyclohexylammoniumsalz*, $C_{26}H_{45}NO_4$, F. 158—188° (Aceton/Methanol), durch Rk. von 1 g VI in Ae. mit 2 ml Cyclohexylamin in Ae.; $[\alpha]_D$ +28° (c = 1,2; Methanol); 0,7 g. *Dimethylester*, $[\alpha]_D$ +58° (c = 0,8; Chlf.); n_D^{25} 1,4958. — *18-Hydroxy-$\Delta^{8,20}$-labden-15-säure*, $C_{20}H_{34}O_3$, a) durch Zutropfen von 180 mg IV in abs. A. zu 400 mg Na unter Rühren, 2std. Zutropfen von A., Zugabe von W., 1std. Kochen, Extrahieren mit Ae., Ansäuern mit verd. H_2SO_4, Extrahieren mit Ae. u. Chromatographie an Silicagel; $[\alpha]_D$ +33° (c = 0,8; Chlf.); n_D^{25} 1,508; 120 mg; daneben 40 mg I; b) durch 5 Min. lange Rk. von 630 mg IV in abs. Ae. mit fl. NH_3 u. Li bis zur Blaufärbung, 20 Min. langes Zutropfen von abs. A., erneute Zugabe von Li bis zur Blaufärbung, Verdunsten des NH_3, Zugabe von verd. H_2SO_4, Extrahieren mit Ae., Einengen, Chromatographie an Silicagel u. Eluieren mit Chlf./A. (20:1) 486 mg. *Methylester* (III), $[\alpha]_D$ +30° (c = 0,8; Chlf.); n_D^{25} 1,5070. — *18-Oxo-$\Delta^{8,20}$-labden-15-säuremethylester*, durch Zugabe von 110 mg III in Pyridin zu 110 mg CrO_3 in Pyridin, mehrstd. Stehen bei Raum-Temp., Zugabe von Methanol, 1std. Stehen, Zugabe von 1% ig. wss. NaOH, Extrahieren mit Ae., Waschen mit verd. HCl u. W., Einengen, Chromatographie an Al_2O_3 u. Eluieren mit PAe.; $[\alpha]_D$ +31° (c = 0,9; Chlf.); n_D^{25} 1,4988. — *$\Delta^{8,20}$-Labden-15-säure*, durch ½ std. Erhitzen von 55 mg vorst. Verb. mit 0,3 ml 95—97% ig. N_2H_4 u. Na-Diäthylenglykolat in Diäthylenglykol auf 160° unter N_2, 4std. Erhitzen auf 200—210°, Zugabe von W., 1std. Kochen, Gießen in W., Ansäuern mit verd. H_2SO_4 u. Extrahieren mit Ae.; $[\alpha]_D$ +24° (c = 1,0; Chlf.); 27 mg. *Cyclohexylammoniumsalz*, F. 136—145° (Essigsäureäthylester); $[\alpha]_D$ +13° (c = 0,8; Chlf.). — *20-Nor-8-oxolabdan-15-säure*, F. 107—108°, durch Rk. vorst. Säure mit CH_2N_2, Lösen von 25 mg des erhaltenen *Methylesters* in CH_2Cl_2, Sättigen mit O_3 bei —70°, Entfernen des O_3-Überschusses mit N_2, Eindampfen im Vakuum, Lösen in Essigsäure u. Essigsäureäthylester, Zugabe von wenig aktiviertem Zn-Staub, 1std. Rühren bei Raum-Temp., Zugabe von W., Extrahieren mit Ae., Einengen, Aufnehmen in Methanol, Zugabe von verd. NaOH, ¼std. Kochen, Zugabe von W., Extrahieren mit Ae., Ansäuern, Extrahieren mit Ae., Chromatographie an Silicagel u. Eluieren mit Chlf./A. (100:1); $[\alpha]_D$ —40° (c = 1; Chlf.); 11 mg. *Oxim*, F. 184—186°. R. Gnauck 3600△

0943 **Mit Steroidhormonen verwandte Verbindungen.** 1. Mitt. **Darstellung und Reaktionen einiger 11-Methylsteroide.** J. Elks. (J. chem. Soc. [London] **1960**, 3333—40, Greenford, Middlesex, Glaxo Labor. Ltd.; engl.) — 3. vgl. C. **1962**, 14873. — 11-Oxotigogenin (I), 3β-Hydroxy-Δ^{22}-5α-ergosten-11-on (II) u. 3β-Hydroxy-Δ^{16}-5α-pregnen-11.20-dion-20-äthylenketal (III) werden durch Rk. mit Methyl-Li (IV) in die entsprechenden *11β-Hydroxy-11α-methyl-Derivv.* übergeführt. Die Rk. gelingt nicht mit Cortison- u. 4.5α-Dihydrocortison-3.20-bis-äthylenketal, 3β.17α-Dihydroxy-5α-pregnan-11.20-dion-20-äthylenketal sowie 21-Acetoxy-$\Delta^{5.16}$-pregnadien-3.11.20-trion-3.20-bis-äthylenketal. Auch beim Vers., **I** analog mit Methyl-MgJ umzusetzen, trat keine Rk. ein, was auf ster. Hinderung zurückgeführt wird. 3β-Acetoxy-11α-methyl-5α.25D-spirostan-11β-ol (**V**) wird in Essigsäure (ES) durch $HClO_4$ unter Bldg. von *11-Methylentigogeninacetat* (**VI**) dehydratisiert, als Nebenprod. entsteht *3β-Acetoxy-11-methyl-$\Delta^{9,11}$-5α.25D-spirosten* (**VII**).

Versuche: *11α-Methyl-5α.25D-spirostan-3β.11β-diol* (**IV**), $C_{28}H_{46}O_4$, F. 218—221°, durch 5—10 Min. lange Zugabe von 0,01 Mol. **I** in abs. Dioxan zu äther. CH_3Li (aus 0,12 g-Atom Li u. 0,06 Mol CH_3J), Eindampfen bis zur Temp. von 63°, 5 std. Erhitzen auf 60—65°, mehrstd. Stehen u. Zugabe von W.; aus verd. A. Nadeln; 4,41 g (roh). *3-Acetat* (**V**), $C_{30}H_{48}O_5$, F. 197—200°, a) durch mehrstd. Rk. von 4,4 g rohem **IV** mit Acetanhydrid (ACA)/Pyridin (Py), Gießen auf Eis, Kristallisation aus Aceton u. 4 std. Erhitzen des *Acetonsolvats* ($C_{30}H_{48}O_5 \cdot C_3H_6O$; 83%) auf 130—140°/0,05 Torr; $[\alpha]_D$ —61° (c = 0,83; Chlf.); b) durch Zugabe von 0,05 Mol **I** in Bzl. zu 0,2 Mol CH_3Li in Ae., 5 std. Kochen, mehrstd. Stehen u. analoge Rk.-Folge; 76%; c) durch Zugabe von 0,002 Mol **I** in Tetrahydrofuran zu 0,01 Mol CH_3Li in Ae. u. analoge Acetylierung des rohen **IV** (0,09 g). — *3β-Acetoxy-11α-methyl-Δ^{22}-ergosten-11β-ol*, $C_{31}H_{52}O_3$, F. 195—201°, durch Zugabe von **II** in Bzl. zu CH_3Li in Ae., 5 std. Kochen, mehrstd. Stehen u. mehrstd. Rk. des rohen *Diols* mit ACA/Py; aus A. Prismen; $[\alpha]_D$ —15,1° (c = 1,1; Chlf.). — *3β-Hydroxy-Δ^{16}-5α-pregnen-11.20-dion-20-äthylenketal* (**III**), F. 154—155°, durch Zugabe von $SOCl_2$ zu 3β-Acetoxy-17α-hydroxy-5α-pregnan-11.20-dion-20-äthylenketal bei —20°, mehrstd. Stehen bei 0°, Gießen auf Eis/2n NaOH, Extraktion mit Ae., Eindampfen, 1 std. Kochen mit wss.-methanol. NaOH, Einengen, Zugabe von W., Kristallisation aus Aceton u. 6 std. Trocknen des Solvats bei 130°/0,05 Torr; $[\alpha]_D$ +50° (c = 0,87; Chlf.). — *3β-Acetoxy-11β-hydroxy-11α-methyl-Δ^{16}-5α-pregnen-20-on*, $C_{24}H_{36}O_4$, F. 197,5—201°, durch Zugabe von 0,001 Mol **III** in Bzl. zu 0,01 Mol CH_3Li in Ae., 5 std. Kochen, mehrstd. Stehen bei Raum-Temp., 1 std. Kochen des erhaltenen *Diols* (0,44 g) in Methanol mit verd. Essigsäure (ES; 1:1), Einengen im Vakuum, Extraktion mit Ae., Eindampfen u. mehrstd. Rk. mit ACA/Py; aus verd. Methanol Nadeln; $[\alpha]_D$ +38,6° (c = 1,04; Chlf.); 42%. — *3β.11β-Dihydroxy-11α-methyl-Δ^{16}-5α-pregnen-20-on-äthylenketal*, $C_{24}H_{38}O_4$, F. 186—187°, durch Zugabe von 0,001 Mol **III** in Bzl. zu 0,015 Mol CH_3Li in Ae. u. 6 std. Kochen; aus verd. Methanol (in Ggw. einer Spur NaOH) Nadeln; $[\alpha]_D$ +8° (c = 0,95; Chlf.); 69% (roh). — *3β-Acetoxy-11-methyl-$\Delta^{9,11}$-5α.25D-spirosten* (**VII**), $C_{30}H_{46}O_4$, F. 141—142°, durch Zugabe von $SOCl_2$ zu **V** in Py bei —20°, Erwärmenlassen auf 0°, 1¼ std. Stehen bei 0° u. Gießen in W.; aus Methanol Prismen u. Nadeln; $[\alpha]_D$ —11° (c = 0,93; Chlf.); $[\alpha]_D$ —6° (c = 0,92; ES); 74%. — *11-Methylentigogeninacetat* (**VI**), $C_{30}H_{46}O_4$, F. 180,5—183°, a) durch Zugabe von 60%ig. wss. $HClO_4$ in ES zu **V** in ES bei 100°, 3 Min. langes Erhitzen u. Gießen in W.; aus Methanol Nadeln; $[\alpha]_D$ —66° (c = 0,69; Chlf.); $[\alpha]_D$ —55° (c = 1,13; ES); 52%; daneben eine Fraktion aus **VI** u. **VII**; b) durch Zugabe von 60%ig. $HClO_4$ zu **V** in ES bei Raum-Temp., 29 std. Stehen, Gießen in W. u. Kristallisation aus verd. Methanol; 57%; weitere 12% durch Eindampfen der Mutterlauge u. 24 std. Rk. des Rückstandes in ES mit 60%ig. $HClO_4$; c) durch 7tägiges Schütteln von **VII** in Bzl. mit 98—100%ig. HCOOH, Zugabe von W., Extraktion mit Bzl. u. Kristallisation des erhaltenen **VI**/**VII**-Gemisches (25:75); d) durch 21½ std. Rk. von **VII** in ES mit 60%ig. $HClO_4$, Gießen in W. u. Kristallisation aus Methanol; 44%; e) durch 6 std. Einleiten von HCl in eine Lsg. von **VII** in Chlf., 16 std. Stehen, Eindampfen u. Rk. mit ACA/Py; liefert bei der Ozonolyse *Formaldehyd* (*Dimedon-Deriv.*, F. 189—190°; 46,8%). — *11-Oxotigogeninacetat*, F. 221 bis 223°, durch 4½tägige Rk. von 0,5 g **VI** mit OsO_4 in Dioxan, Fällen mit H_2S, Filtrieren, Einengen, Zugabe von W., Lösen des Nd. in Dioxan, Zugabe von wss. HJO_4, 48 std. Stehen, Zugabe von W., Extraktion mit Ae., Eindampfen, Chromatographie an Al_2O_3 u. Eluieren mit Hexan/Bzl. (1:1); aus verd. Methanol oder Hexan Nadeln; $[\alpha]_D$ —39,1° (c = 0,82; Chlf.); 16,5 mg. — *11β-Methyltigogeninacetat*, $C_{30}H_{48}O_4$, F. 193 bis 195°, a) durch Hydrierung von **VI** in Essigester an Adams-Katalysator; aus A. Nadeln; $[\alpha]_D$ —64° (c = 0,79; Chlf.); 72%; b) durch analoge Hydrierung von **VII** in Essigester/ES, Filtrieren, Eindampfen, Chromatographie an Al_2O_3 u. Eluieren mit Hexan/Bzl. (1:1) u. Bzl.; 43%. — *11β-Methyl-5α.25D-spirostan-3β.9α.11α-triol*, durch Rk. von **VII** mit OsO_4 in Dioxan u. 2 std. Kochen des rohen *3β-Acetats* mit wss.-alkohol. NaOH. L. Lamza 3650△

0944 **Die Struktur von B-Norandrostanderivaten.** J. Fajkoš, J. Joska, J. Krupička und F. Šorm. (Chem. and Ind. **1960**, 230—31; Prague, Czechoslovak. Acad. of Sci., Inst. of Chem., Dep. of Natur. Prod.; engl.) — Vgl. C. **1962**, 12666 u. Chem. and Ind. **1958**, 1665. — ($[\alpha] = [\alpha]_D^{20}$ in Chlf.) Die verschiedenen Rk.-Geschw. bei CrO_3-Oxydation von B-Norandrostan-Derivv. mit axialer bzw. äquatorialer Lage der 3-OH-Gruppe können zur Konfigurationsermittlung an C_3 u. C_5 herangezogen werden. Es wird gezeigt, daß das Haupt-Prod., das bei der katalyt. Hydrierung von Δ^5-B-Norandrosten-3β-ol-17-on entsteht, *5β-B-Norandrostan-3β-ol-17-on* (**I**) ist. Das Nebenprod., das durch Chromatographie der Mutterlaugen von **I** erhalten wird, ist *5α-B-Norandrostan-3β-ol-17-on* (**II**; F. 154—155°, [α] +46,5°. *Acetat*, F. 127—128°, [α] +43°). Diese Ergebnisse werden gestützt durch die Unters. der Rotationsdispersionen von *5β-B-Norandrostan-17β-ol-3-on* u. *5α-B-Norandrostan-17β-ol-3-on* (**III**; F. 173—174°, $[\alpha]_D$ +38°), die aus **I** bzw. **II** auf einem Weg, bei dem keine Konfigurationsänderung an C_5 auftritt, dargestellt werden. Red. von *3β-Formyloxy-5α-B-norandrostan-17-on* (F. 106—107°, [α] +36°) mit Tri-[tert.-butoxy]-aluminiumhydrid führt zu *3β-Formyloxy-5α-B-norandrostan-17β-ol* (F. 165°, [α] —37°. *Benzoat*, F. 130°, [α] +22,5°). Partielle Hydrolyse des Benzoats gibt *17β-Benzoyloxy-5α-B-norandrostan-3β-ol* (F. 189—190°, [α] +23,5°), das durch CrO_3 zu *17β-Benzoyloxy-5α-B-norandrostan-3-on* (F. 185—186°, [α] +80°) oxydiert wird. Durch Hydrolyse wird daraus schließlich **III** erhalten. *3β-Tosyloxy-5α-B-norandrostan-17-on* (F. 169 bis 170°, [α] +22,6°) geht bei der Rk. mit Na-Acetat in Eisessig in *3α-Acetoxy-5α-B-norandrostan-17-on* (F. 157°, [α] +53,5°) über, das zu *5α-B-Norandrostan-3α-ol-17-on* (F. 167°, [α] +36°) verseift werden kann. CrO_3-Oxydation von **II** liefert *5α-B-norandrostan-3.17-dion* (F. 141—142°, [α] +115°). 3α-Acetoxy-5β-B-norandrostan-17-on läßt sich zu *5β-B-Norandrostan-3α-ol-17-on* (F. 111°, [α] +78°) verseifen. G. Teege 3700◇

0945 **Angularalkylierung mittels Claisen-Umlagerung.** Albert W. Burgstahler und Ivan C. Nordin. (Trans. Kansas Acad. Sci. **65**, 39—43, 1962; Lawrence, Kans., Univ. of Kansas, Dep. of Chem.; engl.) — Bei der Anwendung der Claisen-Umlagerung auf den Vinyläther (**I**) von 17α-Methyl-17β-acetoxy-Δ^4-androsten-3β-ol entstehen *5β-Formylmethyl-17β-acetoxy-Δ^3-androstene*. Maxima der IR-Spektren vgl. Original.

Versuche (FF. korr.): *17α-Methyl-17β-acetoxy-Δ^4-androsten-3β-ol*, $C_{22}H_{34}O_3$, F. 149—151°, durch 1 std. Kochen von 17α-Methyltestosteron mit Acetanhydrid, Einengen im Vakuum, Kristallisation des *17α-Methyltestosteronacetats* [F. 175 bis 177° (Äthylacetat); 91%], Lösen in Ae. bei 0°, Zugabe von Li-Tri-tert.-butoxy-AlH in Ae./Diäthylenglykoldimethyläther bei —40 bis —50°, Stehen über Nacht bei 0° u. Zers.; $[\alpha]_D$ +24,5° (Chlf.); aus Bzl./PAe. Nadeln; 79% (Ausbeute). *3β-Vinyläther* (**I**), $C_{24}H_{36}O_3$, F. 97—98°, aus vorst. Verb. nach Watanabe u. Conlon (C. **1957**, 12132); $[\alpha]_D$ —4,95°; aus Äthylacetat Prismen; 76%. — *5β-Formylmethyl-17α-methyl-17β-acetoxy-Δ^3-androsten*, $C_{24}H_{36}O_3$, F. 112—116° (PAe.), durch 9 std. Erhitzen von **I** in Dekalin auf 180° unter N_2 im Rohr u. Eindampfen im Vakuum; $[\alpha]_D$ +71°; Nadeln; 65%. *Oxim*, $C_{24}H_{37}NO_3$, F. 159—162°; $[\alpha]_D$ +100°; aus Methanol Nadeln. *Semicarbazon*, $C_{25}H_{39}N_3O_3$, F. 262—269°; aus Dimethylformamid Platten. — *5β-Carboxymethyl-17α-methyl-17β-acetoxy-Δ^3-androsten*, $C_{24}H_{36}O_4$, F. 245—247°, durch Rühren von 0,84 g **I** mit Ag_2O in verd. A. bei 50—55° über Nacht, Verdünnen mit W., Ansäuern mit 6n HCl, Extrahieren mit Ae. u. Einengen im Vakuum; $[\alpha]_D$ +85° (Chlf.); aus Äthylacetat/PAe. Nadeln; 0,22 g. W. Hampel 3700△

0946 **syn-19-Oximino-5α-androstan-2β.3α.17β-triol-3.17-diacetat.** R. Kwok und M. E. Wolff. (Chem. and Ind. **1962**, 1194—95; San Francisco, Calif., Univ. of California, School of Pharmacy, Dep. of Pharmaceut. Chem.; engl.) — Durch Rk. von 2α-Brom-5α-androstan-3β.17β-diol-17-acetat mit KOH in Isopropanol (**II**) entsteht *2β.3β-Epoxy-5α-androstan-17β-ol* ($C_{19}H_{30}O_2$, F. 145—146°. *Acetat*, $C_{21}H_{32}O_3$, F. 169 bis 170°), dessen Spaltung mit Essigsäure *5α-Androstan-2β.3α.17β-triol-3.17-diacetat* (**I**; $C_{23}H_{36}O_5$, F. 177—179°) liefert.

Durch Rk. von **I** mit NOCl in Pyridin entsteht das instabile *2β-Nitrit*, das durch UV-Bestrahlung in Toluol in die dimere *Nitroso-Verb.* umgewandelt wird, die beim Erhitzen in **II** *syn-19-Oximino-5α-androstan-2β.3α.17β-triol-3.17-diacetat* (**III**; $C_{23}H_{35}NO_6$, F. 207—208°) liefert. Durch Acetylierung von **III** mit einem Gemisch aus Acetanhydrid, Essigsäure u. p-Toluolsulfonsäure wird *2β.3α.17β-Triacetoxy-19-acetoxyimino-5α-androstan* ($C_{27}H_{39}NO_8$, F. 127—128°) erhalten, das beim Schmelzen unter Abspaltung von Essigsäure in *2β.3α.17β-Triacetoxy-5α-androstan-19-säurenitril* ($C_{25}H_{35}NO_6$, F. 200—201°) übergeht. H. Dalmer 3700△

0947 **Steroide und verwandte Naturprodukte.** 17. Mitt. **Umwandlung von Lanosterin in 14α-Methylsteroide.** G. R. Pettit, P. Hofer, W. J. Bowyer, T. R. Kasturi, R. C. Bansal, R. E. Kadunce und B. Green. (Tetrahedron [London] **19**, 1143—52, 1963; Orono, Maine, Univ. of Maine, Dep. of Chem.; engl.) — 15. vgl. Experientia [Basel] **19**, [1963], 124; 4. vgl. C. **1962**, 12666. — Im Zusammenhang mit der Diskussion einer möglichen anomalen Steroidbiosynth., die über *14α-Methylsteroide* verlaufen soll, wird ein 13stufiger Abbau von Isocholesterin (**I**; rohes Lanosterin) zu *3-Oxo-17β-hydroxy-4.4.14α-trimethyl-5α-androstan* entwickelt.

Versuche: *3β-Acetoxy-7.11-dioxo-4.4.14α-trimethyl-5α-cholansäuremethylester* (**II**), F. 202—205° (Bzl./PAe.), durch 3std. Kochen von 1 kg **I** mit Acetanhydrid, Oxydation von 350 g des entstandenen *Isocholesterin-3β-acetats* [960 g (Ausbeute)] mit CrO_3 in CH_2Cl_2/Eisessig bei 45—50° in 2std. Rk., Zugaben von Methanol, Eindampfen im Vakuum, Gießen in W., Filtrieren, Aufnehmen in Ae., Schütteln mit 10n NaOH, Extrahieren der angesäuerten wss. Phase mit Ae., Eindampfen, Behandeln der entstandenen *3β-Acetoxy-7.11-dioxo-4.4.14α-trimethyl-5α-$\Delta^{8,9}$-cholensäure* (100—110 g) mit CH_2N_2 in CH_2Cl_2, Chromatographie in PAe./Bzl. (1:1) an Al_2O_3 u. Eluieren mit PAe./Bzl. (1:1) u. Bzl., ½std. Red. des entstandenen *Methylesters* (75—80 g) mit Zn-Staub in sd. Eisessig u. Gießen in W.; 40—45 g. *Freie Säure*, F. 222—228° (Methanol), durch 8std. Kochen von 1,0 g **II** mit trockenem LiJ in 2.4.6-Trimethylpyridin; 0,60 g. — *3β.24-Dihydroxy-7.11-dioxo-24.24-diphenyl-4.4.14α-trimethyl-5α-cholan*, $C_{39}H_{52}O_4$, F. 235—237°, durch ½ bis ¾std. Zugeben von **II** zu Phenyl-MgBr in Tetrahydrofuran (THF), 2std. Kochen u. Zers. mit NH_4Cl (Meth. **A**); aus Chlf./Methanol Nadeln; $[\alpha]_D^{20}$ +42,5° (c = 1,34; Chlf.); 37%. — *3β-Hydroxy-7.11-dioxo-24.24-diphenyl-4.4.14α-trimethyl-5α-Δ^{23}-cholen*, F. 272—274°, durch 1std. Kochen vorst. Verb. in methanol. HCl; aus Chlf./Methanol Blättchen; 80,5%. *Acetat*, F. 221,5—222,5° (Chlf./Methanol); $[\alpha]_D^{20}$ +67,6° (c = 2,41; Chlf.). — *3β-Hydroxy-24.24-diphenyl-4.4.14α-trimethyl-5α-Δ^{23}-cholen* (**III**), F. 245—247°, durch 2std. Kochen vorst. Verb. mit Diäthylenglykol u. wasserfreiem Hydrazin, Zugeben einer Lsg. von Na in Diäthylenglykol, 24std. Rühren bei 170—185°, Dest. der flüchtigen Anteile bis 215—220° u. 24std. Rk. bei 215—220° (Meth. **B**); aus Chlf./Aceton Nadeln; 91%. — *3β-Acetoxy-7.11-dioxo-4.4.14α-trimethyl-5α-cholansäuremethylester, 7-Äthylenthioketal* (**IV**), F. 205—207°, durch 2std. Rk. von 10 g **II** mit Dithioäthylenglykol u. BF_3-Ätherat; aus Chlf./Methanol Nadeln; 7,5 g. — *3β-Acetoxy-7.11-dioxo-24-hydroxy-24.24-diphenyl-4.4.14α-trimethyl-5α-cholan-7-äthylenthioketal*, $C_{43}H_{58}O_4S_2$, F. 279—281° (Bzl./PAe.), aus 1 g **IV** nach **A**, 11std. Stehen des Rohprod. mit Pyridin/Acetanhydrid bei Raum-Temp., Chromatographie an Al_2O_3 in PAe./Bzl. u. Eluieren mit Bzl. u. Bzl./Chlf. (24:1); $[\alpha]_D^{20}$ +34,8° (c = 0,258; Chlf.); 1,44 g (roh). — *3β-Acetoxy-7.11-dioxo-24.24-diphenyl-4.4.14α-trimethyl-5α-Δ^{23}-cholen-7-äthylenthioketal*, $C_{43}H_{56}O_3S_2$, F. 257—259°, durch 24std. Kochen von 0,19 g vorst. Verb. mit Acetanhydrid u. Chromatographie an Al_2O_3 in Bzl..; aus Bzl./Methanol Nadeln; $[\alpha]_D^{22}$ +38,5° (c = 0,80; Chlf.); 0,14 g. — *3β.24-Dihydroxy-24.24-diphenyl-4.4.14α-trimethyl-5α-cholan*, $C_{39}H_{56}O_2$, F. 235—237°, aus 4,5 g vorvorst. Verb. nach **B**, Chromatographie an Al_2O_3 in PAe./Bzl. (1:2) u. Eluieren mit Bzl./Chlf. (3:2); aus Chlf./Methanol Nadeln; $[\alpha]_D^{20}$ +24,8° (c = 2,41; Chlf.); 1,59 g. *3β-Acetat* (**V**), $C_{41}H_{58}O_3$, F. 234—236°, durch 24std. Rk. mit Acetanhydrid/Pyridin bei 40°; aus Chlf./Aceton Blättchen; $[\alpha]_D^{20}$ +25,6° (c = 1,30; Chlf.). — *3β-Acetoxy-24.24-diphenyl-4.4.14α-trimethyl-5α-Δ^{23}-cholen*, F. 247—248°, a) durch 4std. Rk. von 1,5 g **V** mit $SOCl_2$ in Pyridin in der Kälte, Zugeben von 2n H_2SO_4 u. Extrahieren mit Chlf.; aus Chlf./Aceton Nadeln; 1,14 g; b) durch 16std. Kochen von **III** mit Acetanhydrid; 87,5%; c) aus 5,5 g vorvorst. Ketals nach **B** u. 3std. Kochen mit Acetanhydrid; 3,0 g; d) durch 15std. Kochen von 1 g **IV** mit W-4 Raney-Ni in A., Umsetzen von 0,35 g des entstandenen *3β-Acetoxy-11-oxo-4.4.14α-trimethyl-5α-cholansäuremethylesters* (F. 176—177°; aus CH_2Cl_2 Nadeln; 0,6 g) mit Phenyl-MgBr in THF, 24std. Kochen mit Acetanhydrid, Red. von 0,10 g des entstandenen *3β-Acetoxy-11-oxo-24.24-diphenyl-4.4.14α-trimethyl-5α-Δ^{23}-cholens* [F. 191—192° (CH_2Cl_2/Methanol); 0,15 g] nach **B** u. Acetylieren; 0,03 g. — *3β-Acetoxy-24.24-diphenyl-4.4.14α-trimethyl-5α-$\Delta^{20,22,23}$-choladien*, F. 236—238°, durch 14 Min. langes Kochen von 94,8 g vorst. Verb. mit N-Bromsuccinimid in CCl_4 unter UV-Bestrahlung, Filtrieren, Verdünnen mit N.N-Dimethylanilin, Abdampfen des CCl_4, Aufnehmen in Chlf., Waschen mit 2n H_2SO_4, Chromatographie an Al_2O_3 in Bzl. u. Eluieren mit Bzl.; aus Chlf./Aceton Nadeln; 69,8 g. — *3β-Hydroxy-20-oxo-4.4.14α-trimethyl-5α-pregnan*, F. 259 bis 262°, aus vorst. Verb. durch CrO_3-Oxydation analog **II**, 1std. Kochen in methanol. KOH, Chromatographie an Al_2O_3 in Bzl./Chlf. u. Eluieren mit Chlf.; aus Chlf./Aceton Prismen; 42%. *Acetat*, F. 212—214° (Ae./Methanol), a) durch Rk. des freien Alkohols mit Acetanhydrid/Pyridin; b) durch Ozonisieren von 0,42 g vorst. Verb. in CH_2Cl_2 bei −25°, Erwärmen auf Raum-Temp., Verdünnen mit Eisessig, 1std. Rk. mit Zn-Staub, Chromatographie an Al_2O_3 in PAe./Bzl. (1:2) u. Eluieren mit Bzl.; 0,143 g. — *3β-Acetoxy-4.4.14α-trimethyl-5α-24-norcholansäure*, $C_{28}H_{46}O_4$, F. 258—259°, neben vorst. Verb. aus dem Sodaextrakt; aus Chlf./Methanol Nadeln; $[\alpha]_D^{20}$ +37,9° (c = 0,82; Chlf.); 6,5 g (roh). *Methylester*, $C_{29}H_{48}O_4$, F. 204 bis 206°, aus der Mutterlauge der freien Säure durch Rk. mit CH_2N_2, Chromatographie an Al_2O_3 in Bzl. u. Eluieren mit Bzl.; aus Chlf./Methanol Blättchen; $[\alpha]_D^{20}$ +35,8° (c = 2,65; Chlf.); 1,92 g. — 4.4.14α-Trimethyl-5α-androstane: *3β-Hydroxy-17β-acetoxy-*, $C_{24}H_{40}O_3$, F. 214—216°, durch Zugeben von Na_2HPO_4 u. Trifluorperessigsäure zu 4,3 g vorvorst. Verb. in Chlf., 3std. Kochen, Chromatographie an Al_2O_3 in Bzl. u. Eluieren mit Bzl./Chlf. (3:2) u. Chlf.; aus Aceton prismat. Nadeln; $[\alpha]_D^{20}$ +8,1° (c = 1,12; Chlf.); 2,1 g. — *3β.17β-Dihydroxy-*, $C_{22}H_{38}O_2$, F. 244—245°, neben vorst. Verb. durch Eluieren mit Chlf. u. Essigester; aus Chlf./Aceton Nadeln; $[\alpha]_D^{20}$ +41,5° (c = 0,179; Chlf.); 0,60 g. *Diacetat*, $C_{26}H_{42}O_4$, F. 208 bis 210°; aus Aceton Platten; $[\alpha]_D^{20}$ +36° (c = 0,73; Chlf.). — *3-Oxo-17β-acetoxy-*, $C_{24}H_{38}O_3$, F. 163—165° (Ae.), durch Rk. von 0,80 g vorvorst. Verb. in Aceton mit 8n CrO_3-Reagens bei 0°, Verdünnen mit wss. Na-Acetat nach 5 Min., Eindampfen im Vakuum, Extrahieren mit Chlf., Chromatographie an Al_2O_3 u. Eluieren mit Hexan/Bzl. (1:1) u. Bzl.; $[\alpha]_D^{20}$ −1,9° (c = 1,56; Chlf.); 0,37 g. — *3-Oxo-17β-hydroxy-*, $C_{22}H_{36}O_2$, F. 197 bis 199° (Sublimation ab 150°), durch 1std. Kochen von 0,43 g vorst. Verb. mit 5%ig. methanol. NaOH, Chromatographie an Al_2O_3 in Hexan/Bzl. (1:1) u. Eluieren mit Bzl./Chlf. (4:1) u. Chlf.; aus Ae. Prismen; $[\alpha]_D^{20}$ +11,1° (c = 0,749; Chlf.); 0,21 g. Klaus Lange 3700△

0948 **Cyclopentyläther östrogener Steroide.** A. Ercoli und R. Gardi. (Chem. and Ind. **1961**, 1037—38; Casatenovo, Vister Res. Labor.; engl.) — Durch Umsetzen der Na- oder K-Salze von Östron (**II**) mit Alkylhalogeniden werden die folgenden Östronalkyläther (**A**) dargestellt: *-n-propyl-*, F. 97—98°; $[\alpha]_D$ +150° (alle Drehwerte in Dioxan). — *-isopropyl-*, F. 153—154°; $[\alpha]_D$ +148°. — *-n-butyl-*, F. 106—107°; $[\alpha]_D$ +141°. — *-sek.-butyl-*, F. 105—106°; $[\alpha]_D$ +139°. — *-n-amyl-*, F. 87—88°; $[\alpha]_D$ +140°. — *-isoamyl-*, F. 99—101°; $[\alpha]_D$ +140°. — *-cyclopentyl-* (**I**), F. 149—150°; $[\alpha]_D$ +136°. — *-n-hexyl-*, F. 75—76°; $[\alpha]_D$ +130°. — *-2-methylpentyl-*, F. 74 bis 75,5°; $[\alpha]_D$ +140°. — *-cyclohexyl-*, F. 157—158,5°; $[\alpha]_D$ +131°. Außerdem werden die **A** mit geradkettigen C_7- bis C_{10}- sowie C_{12}-, C_{14}-, C_{16}- u. C_{18}-Alkylgruppen synthetisiert. Alle **A** zeigen eine geringere uterotrope Aktivität als **II** bei subkutaner Anwendung, während oral **I** die 15fache Aktivität von **II** besitzt. *17α-Methyl-* (F. 107—108°; $[\alpha]_D$ +45°) u. *17α-Äthinylöstradiol-3-cyclopentyläther* (F. 107—108°; $[\alpha]_D$ +5°), die durch Umsetzung von **I** mit Methyl-MgBr bzw. mit K-Acetylid darstellbar sind, gehören zu den stärksten oralen Östrogenen, die bisher beschrieben wurden. Durch Red. von **I** mit $NaBH_4$ entsteht *Östradiol-3-cyclopentyläther* (F. 112—115°; $[\alpha]_D$ +65°. *17-Propionat*, F. 101—102°; $[\alpha]_D$ +41°). *17-Epiöstriol-3-cyclopentyläther* wird durch Rk. von **I** mit Isopropenylacetat zu *17-Acetoxy-3-cyclopentyloxy-$\Delta^{1.3.5,10.16}$-östratetraen* (**III**; F. 128 bis 129°, $[\alpha]_D$ +87°), dessen Bromierung zu *16α-Bromöstroncyclopentyläther* (F. 154—155,5°; $[\alpha]_D$ +116°), anschließende Red. mit $LiBH_4$ zu den epimeren durch Chromatographie an Florosil trennbaren *16α-Bromöstradiol-3-cyclopentyläthern*

(F. 126—127°; $[\alpha]_D$ +68° u. F. 112—114°; $[\alpha]_D$ +60°), deren Zn/A.-Red. zu *3-Cyclopentyloxy-$\Delta^{1.3.5,10.16}$-östratetraen* (F. 109 bis 110°; $[\alpha]_D$ +96°) u. anschließende OsO_4-Oxydation dargestellt. *Östriol-3-cyclopentyläther* (F. 161—162°; $[\alpha]_D$ +46°) wird durch Persäureoxydation von **III** erhalten.
Klaus Lange 3750△

0949 **Steroiddimethylhydrazone.** Richard H. Wiley und Sae Hee Chang. (J. med. Chem. **6,** 610—11, 1963; Louisville, Ky., Univ., Coll. of Arts and Sci., Dep. of Chem.; engl.) — Rk. von Oxosteroiden mit $(CH_3)_2NNH_2$ in Ggw. von CH_3COOH bei Raumtemp. gab die folgenden Dimethylhydrazone: *Pregnenolon-*, $C_{23}H_{38}N_2O$, F. 166° (Zers.; wss. CH_3OH); 90% (Ausbeute). — *Progesteron-bis-*, $C_{25}H_{42}N_4$, F. 148° (Zers.; wss. A.); 93%. — *Testosteron-*, $C_{21}H_{34}N_2O$, F. 179° (Zers.; wss. CH_3OH); 93%. — *17α-Methyltestosteron-*, $C_{22}H_{36}N_2O$, F. 190° (Zers.; wss. CH_3OH); 96%. — *Äthisteron-*, $C_{23}H_{34}N_2O$, F. 206° (Zers.; wss. CH_3OH); 92%. — *cis-Testosteron-*, $C_{21}H_{34}N_2O$, F. 200° (Zers.; wss. A.), Darst. in CH_3OH; 92%. — *Östron-*, $C_{20}H_{28}N_2O$, F. 174° (Zers.; wss. A.); 60%. — *Cortison-bis-*, $C_{25}\cdot H_{40}N_4O_3$, F. 218° (Zers.; wss. CH_3OH); 96%. — *Dihydrotestosteron-*, $C_{21}H_{36}N_2O$, F. 180° (Zers.; wss. CH_3OH); 87%. — *19-Nortestosteron-*, $C_{20}H_{32}N_2O$, F. 171° (Zers.; wss. CH_3OH); 96%. — *Dehydrocholsäuremethylester-*, $C_{27}H_{46}N_2O_4$, F. 158° (Zers.; Cyclohexan); 73%. — Die anabol. Wrkg. dieser Verbb. wurde untersucht (keine Zahlenangaben). J. Rothe 3750◇

0950 **Mitteilung über Inhaltsstoffe von Aristolochia debilis Sieb. et Zucc.** Kwong-Fong Tseng und Yung-T'ang Ku. (Acta chim. sinica **23,** 156—57, 1957; Shanghai, Acad. Sinica. Inst. of Materia Medica; chin., Auszug: engl.) — Aus Ching-Mu-Hsiang, der Wurzel von *Aristolochia debilis* Sieb. et Zucc., wurden die Komponenten **I** ($C_{17}H_{11}NO_7$, F. 275°, gelbe Nadeln. *Methylester*, $C_{18}H_{13}NO_7$. *Decarboxylierungs-Prod.*, $C_{16}H_{11}NO_5$, F. 208°. *Hydrierungs-Prod.*, $C_{17}H_{11}\cdot NO_4$, F. 313°), **II** (F. 269°; gelbe Nadeln) u. *Allantoin* (F. 235°, Nadeln; identifiziert als Hg-Komplex) isoliert. **I** ist auf Grund seiner Derivv. u. der UV-Absorption wahrscheinlich ident. mit *Aristolochiasäure*. **II** wurde papierchromatograph. aufgetrennt wobei eine *Komponente vom F. >300°* isoliert wurde.
H.-J. Weigmann 3950△

D. Makromolekulare Chemie

0951 **Über die Bedeutung der Konjugation und Kettenanordnung für die Halbleitereigenschaften von Polymeren.** A. A. Dulow, A. A. Slinkin, B. I. Liogonki und A. M. Rubinstein (unter Mitarbeit von A. A. Berlin). (Ber. Akad. Wiss. UdSSR **143,** 1355—57, 1962; Zelinsky-Inst. für org. Chem. u. Inst. für chem. Physik der Akad. der Wiss. der UdSSR; russ.) — Die Halbleiter-Eigg. von Polymeren mit konjugierten Doppelbindungen hängen von den Eigg. der einzelnen Makromoll. (Versetzungsgrad der π-Elektronen u. Kettenstarrheit) u. von den allg. Eigg. des festen Zustandes (Kompaktheit der Packung der Makromoll., Charakter der Elektronen-Wechselwrkg. zwischen den Moll.) ab. Bei Polymeren vom Typ $Cl[C_6H_4(CH_2)_xC_6H_4]_m[-N{=}N-C_6H_4\cdot(CH_2)_xC_6H_4]_nCl$ (x = 0, 1, 2) nimmt der Halbleitercharakter bei der Einführung von CH_2-Gruppen zwischen den Ringen nicht ab, wie die Aktivierungsenergien der elektr. Leitfähigkeit (**EL**) zwischen 120 u. 250° zeigen, wenn auch der Konjugationsgrad entlang den Ketten kleiner wird. Die CH_2-Brücken erhöhen die Starrheit der Makromol.-Ketten, tragen zu dichterer Packung bei u. erleichtern dadurch die Elektronen-Wechselwrkg. zwischen den einzelnen Ketten. Mit der Länge der CH_2-Brücke nimmt der Kristallinitätsgrad zu, wie die irreversiblen Änderungen der **EL** zeigen. Die Kettenpackung ist am lockersten bei x = 0 (größte irreversible Änderung der **EL** beim Erhitzen). Bei allen untersuchten Polymeren tritt Relaxationspolarisation auf (Abnahme der **EL** beim Durchgang von Gleichstrom); sie wird auf Verschiebung geladener Segmente der Polymerenkette im elektrostat. Feld zurückgeführt.
R. K. Müller 4000◇

0952 **Extrapolierte mit der Ultrazentrifuge bestimmte Molekulargewichte von Polyelektrolyten.** Stig R. Erlander. (Makromolekulare Chem. **65,** 91—95, 1963; Peoria, Ill., U. S. Dep. of Agricult., Agricult. Res. Serv., Northern Utilizat. Res. and Dev. Div., Northern Regional Res. Labor.; engl.) — Auf theoret. Wege entwickelte Vf. eine Gleichung für das extrapolierte mit der Ultrazentrifuge bestimmte Molgew. M_{ext} eines Polyelektrolyten in einem polaren Lsgm. der Form $M_{ext} = M_P - Z_P M_B$, wobei M_P das wahre Molgew. des Polyelektrolyten, Z_P seine elektrostat. Ladung u. M_B das Molgew. eines niedermol. Elektrolyten bedeuten. Diese Beziehung gilt für einen Polyelektrolyten in Ab- oder Anwesenheit eines zugesetzten Salzes. C. Gottfried 4000△

0953 **Der Einfluß des Dipolmoments auf den zweiten Virialkoeffizienten in Polyelektrolyten.** Stig R. Erlander. (Makromolekulare Chem. **65,** 96—100, 1963; engl.) — Vgl. vorst. Referat. — Vf. untersuchte krit. die von ihm u. von mehreren anderen Autoren entwickelten Grundgleichungen für die Gleichgewichtsultrazentrifugierung von Polyelektrolyten. Es wurde gefunden, daß ein Dipolmoment der Polyelektrolyt-Moll. eine merkliche Verkleinerung der Konz.-Abhängigkeit bei Molgew.-Best. bewirken kann. Das Dipolmoment kann entweder permanent sein, wie z. B. bei Zwitterionen, es kann aber andererseits auch durch gegenseitige Induktion der Polyelektrolyt-Moll. verursacht sein.
C. Gottfried 4000△

0954 **Ein Gerät zur Messung der dynamischen und mechanischen Eigenschaften von Hochpolymeren bei niedrigen Frequenzen.** R. H. Shoulberg, F. H. Zimmerli und O. C. Kohler. (Trans. Soc. Rheol. **3,** 27—40, 1959; Philadelphia, Pa., Rohm and Haas Co.; engl.) — Die Messungen wurden im Frequenzbereich von 0,0004—1/s ausgeführt. Die gegenüber dem von Morrison u. Mitarbeitern (vgl. C. **1956,** 12984) beschriebenen Gerät vorgenommenen Änderungen bestehen in der Verw. von durch einen Hg-Lichtbogen erzeugten, reflektierten Lichtbündeln u. eines Netzteils zur unabhängigen Änderung der Eingangs- u. Ausgangsamplitude u. zur genauen Ermittlung der Amplitudenverhältnisse über den angegebenen Frequenzbereich u. den Temp.-Bereich von 25 bis 250°. Die Ergebnisse der Eichungen des Gerätes u. die an *Polyisobutylen* u. *Polyisopropylmethacrylat*-Proben ermittelten Daten sind in Diagrammen bzw. Tabellen zusammengestellt.
H. Schroeder 4000◇

0955 **Zur Interpretation der experimentellen Daten über die gleitende Reibung elastischer Makromoleküle in guten Lösungsmitteln.** Ss. I. Klenin und O. B. Ptitzyn. (Hochmolekulare Verbind. [UdSSR] **3,** 912—18, 1961; Akad. der Wiss. der UdSSR, Inst. für hochmol. Verbb.; russ., Auszug: engl.) — Die Interpretation der experimentellen Daten über die Diffusion u. Sedimentation von elast. Makromoll. in Lsg. auf der Basis der Theorie von Kirkwood u. Riseman [1948] führt zu anomal niedrigen Werten für den hydrodynam. Radius der monomeren Einheiten u. zu höheren Werten für die Dimension der Ketten, als sie aus der Lichtbrechung berechnet werden. Grund ist die Nichtberücksichtigung des Vol.-Effektes. Es wird eine neue Meth. vorgeschlagen, die die Vol.-Effekte berücksichtigt, u. mit der für den hydrodynam. Radius der monomeren Einheiten u. die Dimension der Ketten annehmbare Werte erhalten werden.
Helmut Schäfer 4000△

0956 **Einige Bemerkungen über die Beziehung zwischen der Diffusion, Sedimentation, dem osmotische Druck und der Lichtstreuung von makromolekularen Substanzen in Lösung.** I. Steinberg und E. Katchalski. (Bull. Res. Council Israel, Sect. A **11A,** 379—83, 1963; Rehovoth, Weizmann Inst. of Sci., Dep. of Biophys.; engl.) — Es werden theoret. Ableitungen für die Beziehungen zwischen den Diffusions- u. Sedimentations-Koeff. D u. S, dem osmot. Druck π u. der Trübung τ von elektr. geladenen sowie ungeladenen Makromoll. in Lsg. gegeben. Für ungeladene Makromoll. gelten die Gleichungen $[D/S](1-\bar{v}_P\varrho)[f_{P.S}/f_{P.D}] = \delta\pi/\delta c_P$ u. $[D/S](\partial\varrho/\partial c_P) = RT\cdot Hc_P/\tau$, wobei $\bar{v}_P$ = partielles spezif. Vol., ϱ = D. des Lsgm., c_P = Konz. des Polymeren u. $f_{P.D}$ u. $f_{P.S}$ = hydrodynam. Reibungs-Koeff. bei der Diffusion bzw. bei der Sedimentation bedeuten. Für Polyelektrolyte, welche in einem Medium diffundieren oder sedimentieren, das außerdem noch ein niedrigmol. Fremdsalz mit einem konst. chem. Potential μ_s enthält, gelten die Gleichungen $[D/S](\partial\varrho/\partial c_{Ps})_{\mu_s}\cdot f_{Ps.S}/f_{Ps.D} = (\partial\pi/\partial c_{Ps})_{\mu_s}$ u. $[D/S](\partial\varrho/\partial c_{Ps})_{\mu_s} f_{Ps.S}/f_{Ps.D} = RTHc_{Ps}/\tau$. Die in diesen Gleichungen erscheinenden hydrodynam. Reibungs-Koeff. bei der Diffusion u. der Sedimentation, $f_{Ps.D}$ u. $f_{Ps.S}$, lassen sich unter der Annahme berechnen, daß das Donnan-Gleichgewicht entlang der Diffusions- u. Sedimentationswege gegeben ist. J. Sickfeld 4000◇

0957 **Beziehungen zwischen dem Typus der Stereoregularität und der Konformation der Kette in taktischen Makromolekülen im kristallinen Zustand.** Paolo Corradini. (Mater. plast. Elastomeri **29,** 478—81, 1963; ital.) — Übersicht. — 10 Literaturangaben. J. Trupke 4000◇

0958 **Theorie verdünnter Lösungen von Hochpolymeren.** 2. Mitt. W. R. Krigbaum, D. K. Carpenter, M. Kaneko und A. Roig. (J. chem. Physics **33,** 921—27, 1960; Durham, N.C., Duke Univ., Dep. of Chem.; engl.) — 1. Vgl. C. **1958,** 12704. — Theoret. Untersuchung. C. Gottfried 4000△

0959 **Über den Mechanismus der Wirkung von komplexen Katalysatoren bei der Polymerisation.** B. A. Dolgoplossk und Je. I. Tinjakowa. (Ber. Akad. Wiss. UdSSR **146,** 856—59, 1962; Akad. der Wiss. der UdSSR, Inst. für chem. Phys.; russ.) — Erörterung der Wirkungsweise komplexer Katalysatoren des Al, Ti, Co, V, Mo vom Ziegler-Typ bei der Polymerisation. — 26 Literaturangaben. Helmut Schäfer 4000△

0960 **Eine Bestimmung der Molekulargewichtsverteilung von Hochdruckpolyäthylen.** C. Mussa I. V. (J. Polymer Sci. **28,** 587—610, 1958; Torino, Montecatini S. p. A.; Univ., Ist. Chim.; engl.) — Zur Kennzeichnung der Molgew.-Verteilung verschiedener *Hochdruckpolyäthylen*-Sorten (Schmelzindizes der 8 verwendeten Proben: 1700; 200; 7; 7; 2; 0,7; 0,24) wird ein neues graph. Verf. verwendet u. mit der Auswertung der Verteilungsformel von Beasley (vgl. C. **1956,** 140) verglichen. Das neue Verf. liefert Kurven, die nach geraden Linien streben u. deren Verlauf der doppeltlogarithm. Abhängigkeit der Intrinsicviscosität $[\eta]_m$ vom Molgew. bis auf eine additive Konst. für die jeweiligen Abscissen entspricht. Eine Deutung der Verteilungsparameter von Beasley (l. c.) ist möglich. Mit Hilfe dieser Parameter u. der Absolut-Best. des Zahlenmittels des Molgew. einer Sorte kann auf die Molgew. sämtlicher anderen geschlossen werden. H. Reuther 4010◇

0961 **Loslösung von Oberflächenschichten von Polyäthylenkristallen.** D. C. Bassett. (Philos. Mag. [8] **6,** 1053—56, 1961; Bristol, Univ., H. H. Wills Phys. Labor.; engl.) — Die vom Vf. (vgl. C. **1963,** 4001) aufgefundene Meth. zur Loslösung von Oberflächenschichten aus einem Vielschichtkristall sowie die Auswertung solcher Nachbildungen der losgelösten Oberfläche bei der Unters. kristalliner Polymerer werden eingehend beschrieben. R. Schäff 4010◇

0962 **Die Kinetik der Polymerisation von flüssigem Äthylen.** 1. Mitt. **Die Meßapparatur und die Bruttoreaktion.** Wolfgang Rabel und Kurt Ueberreiter. (Ber. Bunsenges. physik. Chem. **67,** 514—21, 1963; Berlin-Dahlem, Max-Planck-Ges., Fritz-Haber-Inst.; dt.) — In einer genau beschriebenen Druckzelle wird bes. gereinigtes verflüssigtes *Äthylen* mit Di-tert.-Butylperoxid als Initiator mit Licht der Wellenlänge $\lambda = 313$ mμ in Substanz polymerisiert. Diese Wellenlänge wird aus dem Spektrum einer Hg-Lampe durch eine Kombination von 2 Küvetten mit $NiSO_4/CoSO_4$-Lsg. bzw. Kaliumhydrogenphthalat-Lsg. mit dem Schott-Filter UG 5 herausgefiltert. Durch O_2 u. auch durch tert.-Butylhydroperoxid wird die Rk. inhibiert. Die Brutto-Geschw.-Konst. betragen für $-20{,}01^0$ $10{,}03 \cdot 10^5$, für $-10{,}03^0$ $11{,}32 \cdot 10^5$ u. für $-0{,}01^0$ $17{,}60 \cdot 10^5\,s^{-1}$. Der Intensitätsexponent ($n = 0{,}76$) spricht für einen in bezug auf das Polymerradikal monomol. Abbruch, vermutlich durch Initiatorradikale. Das gebildete Polymerisat ist nur wenig verzweigt u. hat einen entsprechend hohen Schmelzpunkt. Für die viscosimetr. bestimmten Polymerisationsgrade ergibt sich die Beziehung $1/P_\eta = 0{,}137 \cdot v_{Br} + 5{,}2 \cdot 10^{-3}$ (v_{Br} in %/h). Bei $-20{,}01^0$ ist $k_a/k^2_w = 1{,}32 \cdot 10^6$. Die Quantenausbeute der Brutto-Rk. wächst mit abnehmender absorbierter Lichtintensität von 32,9—68,9 Mole Äthylen je Mol Quanten. S. Neue 4010◇

0963 **Polymerisation von Äthylen mit Lösungen des metallorganischen komplexen Katalysators $Sn(C_6H_5)_4 + AlCl_3 + VCl_4$.** L. L. Stotzkaja, A. W. Toptschijew und B. A. Krenzel. (Ber. Akad. Wiss. UdSSR **146,** 372—75, 1962; Akad. der Wiss. der UdSSR, Inst. für petrochem. Synth.; russ.) — Bei der Polymerisation von *Äthylen,* das 0,05—0,1% O_2 enthält, in Cyclohexan in Ggw. von gelöstem $Sn(C_6H_5)_4$–$AlCl_3$–VCl_4 bei 65° wurde kristallines, linear gebautes *Polyäthylen* von hohem Molgew. erhalten. Es hat einen Bereich des hochelast. Zustandes u. eine hohe Fließtemperatur. Helmut Schäfer 4010△

0964 **Raman- und Infrarotspektren von 3-Methylbuten-(1).** Joseph S. Ziomek und John E. Forrette. (J. appl. Polymer Sci. **7,** 1307—15, 1963; Chicago, Ill., DePaul Univ., Chem. Dep.; Des Plaines, Ill., Borg-Warner Corp., Roy C. Ingersoll Res. Center; engl.) — Die Raman-Spektren (mit Depolarisationsmessungen) von *3-Methylbuten-(1)* (I) in CCl_4 u. Methanol u. die IR-Spektren von gasförmigem I im Bereich 700—9000 cm^{-1} u. von *Poly-3-methylbuten-(1)* (II, durch Polymerisation von I mit Ziegler-Katalysatoren) im Bereich 3000—9000 cm^{-1} wurden aufgenommen. Durch Vgl. mit den Spektren von Dimethyläther, Isobutyraldehyd, Isopropylacetylen, Isopropylchlorid, -bromid u. -jodid werden die Frequenzen von I zugeordnet. Aus den Depolarisationsgradmessungen folgt die Punktgruppe C_s für das I-Molekül. P. Kahlow 4010△

0965 **Poly-4-methylpenten: Röntgenographische Messung der kristallinen Dichte und Feststellung einer Strukturanomalie.** Morton Litt. (J. Polymer Sci., Part A **1,** 2219—24, 1963; Morristown, N.J., Allied Chem. Corp. Central Res. Labor.; engl.) — Die röntgenograph. Unters. von *Poly-4-methylpenten* (I, Verw. von orientierten Fasern) ergibt: Vorliegen einer tetragonalen Elementarzelle mit $a = b = 18{,}50 \pm 0{,}03$ Å u. $c = 13{,}76 \pm 0{,}07$, daraus krist. D. 0,832 (gegen 0,838 für abgeschrecktes I). I krist. in einer Helix, wobei aber die Seitengruppen (vermutlich wegen der gegenseitigen Beeinflussung benachbarter Gruppen) aus der Helixanordnung verschoben sind. Wegen des Auftretens eines 001-Reflexes kann I nicht in einer 7_2-Helix vorliegen, wie bisher angenommen wurde. O. Fuchs 4010◇

0966 **Polymerisation von 2-Äthylbutadien-(1.3).** I. A. Liwschitz und L. M. Korobowa. (Hochmolekulare Verbind. [UdSSR] **3,** 891—97, 1961; Forschungsinst. für synthet. Kautschuk; russ., Auszug: engl.) — Bei der Polymerisation von *2-Äthylbutadien-(1.3)* in Ggw. von Li oder Organo-Li-Verbb. werden *Polymere* erhalten, deren ungefüllte Vulkanisate sich durch hohe Festigkeit u. Elastizität auszeichnen. Bei der Polymerisation von 2-Alkylbutadienen-(1.3) in Ggw. von n-Butyl-Li nimmt die Menge der 3.4-Glieder mit Erhöhung der Polymerisations-Temp. von 0 auf 100° zu. Helmut Schäfer 4010△

0967 **Polyacetylene.** A. M. Sladkow und Ju. P. Kudrjawzew. (Fortschr. d. Chem. [UdSSR] **32,** 509—38, 1963; Inst. für elementorgan. Verbb. der Akad. der Wiss. der UdSSR; russ.) — Überblick über Darst. u. Eigg. von *Polyacetylenen* u. makrocycl. Verbb. mit konjugierten Acetylenbindungen. — 87 Literaturangaben. G. Froelich 4010◇

0968 **Die dynamische Gesamtviscosität und die Scherviscosität von Polyvinylchlorid.** Ryusuke Kono. (J. physic. Soc. Japan **16,** 1793—94, 1961; Yokosuka, Defence Acad., Dep. of Appl. Phys.; engl.) — In Fortsetzung einer früheren Unters. (vgl. C. **1964,** 4-0953) u. mit dem gleichen App. bestimmte Vf. die dynam. Gesamtviscosität u. die Scherviscosität von *Polyvinylchlorid* (I) bei den Frequenzen 1; 2,25 u. 5 MHz u. bei Temp., die die Übergangs-Temp. vom glasigen Zustand zum Fließzustand einschließen. Graph. wird der reelle Teil des Schubmoduls u. des Gesamtmoduls sowie der imaginäre Teil des Schub- u. Gesamtmoduls als Funktion der Temp. angegeben. Eine Diskussion der Meßergebnisse ergab, daß die scheinbare Aktivierungsenergie für Vol.-Verformungen nahezu gleich der für Scherverformungen ist, der Wert der Aktivierungsenergie beträgt 59 kcal/Mol. Weiter wurde geschlossen, daß die Temp.- u. Frequenzabhängigkeit, die Aktivierungsenergie u. die Relaxationszeiten für den Gesamtmodul ähnlich denen für den Schermodul sind. Der mol. Mechanismus in den Vol.- u. Scherverformungen sollte daher für I derselbe sein. C. Gottfried 4010△

0969 **Struktur von Polyvinylchlorid.** F. A. Bovey und G. V. D. Tiers. (Chem. and Ind. **1962,** 1826—27; St. Paul, Minn., Minnesota Mining & Mfg. Co., Centr. Res. Dep.; engl.) — Die Struktur (Grad der Verzweigung, stereochem. Eigg.) wurde am Beispiel eines *α-Deuterovinylchlorids* mit Hilfe des KMR-Spektrums in Abhängigkeit von Polymerisations-Temp. u. Lsgm. untersucht. A. Sitte 4010△

0970 **Eine thermodynamische Untersuchung von Viton-Elastomeren.** Ryong-Joon Roe und William R. Krigbaum. (J. Polymer Sci., Part A **1**, 2049—56, 1963; Durham, N.C., Duke Univ., Dep. of Chem.; engl.) — Ein Gemisch aus 100 Teilen *Viton A* (*Fluorpolymerisat* von Dupont), 5 MgO u. 1,5 Hexamethylendiamincarbamat wurde zuerst 30 Min. bei 150° in einer Presse u. dann 24 Std. bei 240° in einem Ofen erhitzt. Von dem so erhaltenen vernetzten Elastomeren (I) wurde zwischen t = 30 u. 60° die Spannung f für verschiedene Anfangsdehnungen α (α = 1,04—1,62) nach der früher (vgl. J. Polymer Sci. **61**, [1962], 167) beschriebenen Meth. gemessen; zur Ausschaltung des Relaxationseffektes wurde I je 40 Std. vor der Messung bei konst. α gehalten. Die Ergebnisse lassen sich bei konst. t durch die von Mooney [1940] aufgestellte Gleichung $f = 2C_1(\alpha - 1/\alpha^2) + 2C_2 \cdot (1 - 1/\alpha^3)$ darstellen mit $2C_1 = 3{,}324$ kg cm^{-2} u. $2C_2 = 2{,}865$ bei t = 45°. Das aus den Messungen berechnete Verhältnis f_e/f, wo $f_e = f - T(\partial f/\partial T)$ = Energiekomponente von f, ist negativ u. fällt mit steigendem α ab. Dieses Verh. läßt sich durch keine der bestehenden Theorien befriedigend erklären. O. Fuchs 4010◇

0971 **Hochaufgelöste kernmagnetische Resonanzspektren von in Wasser gequollenen, sulfonierten und vernetzten Polystyrolharzen.** D. Reichenberg und I. J. Lawrenson. (Trans. Faraday Soc. **59**, 141—46, 1963; Teddington, Middlesex, Nat. Chem. Labor.; engl.) — Von verschiedenen, in W. gequollenen Ionenaustauscherharzen, u. zwar von vernetzten, sulfonierten *Polystyrol*-Harzen in H- oder Na-Form, wurde die chem. Verschiebung (cV) des magnet. Resonanzsignals zwischen den Wasserprotonen u. den beweglichen Protonen des Harzes gemessen. Der Grad der Sulfonierung oder Vernetzung gibt keinen direkten Einfl. auf die cV. Es ergibt sich nur eine eindeutige Funktion, wenn die cV in Abhängigkeit von der Zahl der H_2O-Moll. pro Sulfogruppe im Harz dargestellt werden. Andererseits lassen sich die cV in der gleichen Weise wie für die wss. Lsg. einer Säure bzw. deren Na-Salzes interpretieren. Für die hier untersuchten Harze ergibt sich eine fast lineare Abhängigkeit der cV von der inneren Molalität der Protonen oder Sulfogruppen im Harz. P. Kahlow 4010△

0972 **Der „Nullpunkt" für das Q,e-Schema.** Charles C. Price. (J. Polymer Sci., Part B **1**, 433—34, 1963; Philadelphia, Pa., Univ. of Pennsylvania, Dep. of Chem.; engl.) — Die Diskussion der Bindungsmomente in mehreren Vinyl-Verbb. führt zu dem Ergebnis, daß der vom Vf. früher [1948] angenommene Wert e = —0,8 für *Styrol* im Q, e-Schema des Polymerisations-Verh. ziemlich richtig sein muß. O. Fuchs 4010◇

0973 **Bestimmung der Ausdehnung von linearen Makromolekülen in Lösung durch Lichtstreuung.** Yasuhiro Miyake. (J. physic. Soc. Japan **16**, 1703—08, 1961; Sapporo, Hokkaido Univ., Fac. of Sci., Dep. of Phys.; engl.) — Mit Hilfe der Lichtstreuungsfunktion $P(\Theta)$ von Peterlin (vgl. C. **1957, 1691**) u. Mizutani (vgl. C. **1957**, 6157) entwickelte Vf. eine einfache Meth. zur Best. des mittleren Quadrates des Fadenendenabstandes $\langle r^2\rangle$. Hierbei wird ebenfalls angenommen, daß $\langle r^2\rangle$ proportional N^γ ist (N = Polymerisationsgrad, γ ein Parameter). Für *Polystyrol*-Fraktionen in Toluol, Methyläthylketon bzw. Cyclohexan wurden folgende Werte für $\langle r^2\rangle$ erhalten: $(5{,}53)^2 \cdot 10^{-16} N^{1,15}$, $(42{,}51)^2 \cdot 10^{-16} N^{0,70}$ u. $(6{,}39)^2 \cdot 10^{-16} N^{1,11}$. Aus den Befunden folgert Vf., daß das „ausgeschlossene" Vol. von Kettenelementen u. die Wechselwrkg. zwischen Polymerisat u. Lsgm. wichtige Faktoren zur Best. der Ausdehnung von Makro-Moll. in guten sowie schlechten Lsgm. sind. Die Polydispersität des Syst. wird kurz erörtert. R. Schäff 4010◇

0974 **Moleküldimensionen und 2. Virialkoeffizient von Polystyrol in 8 Thetalösungsmitteln.** G. V. Schulz und H. Baumann. (Makromolekulare Chem. **60**, 120—28, 1963; Mainz, Univ., Inst. für phys. Chem.; dt.) — Am Beispiel von 8 Lsgm. (*Cyclohexan, Methylcyclohexan, Dekalin, Hexyl-m-Xylol, Cyclohexanol* (I), *n-Butylformiat, Malonsäurediäthylester, Oxalsäurediäthylester*) mit einem Θ-Punkt (Punkt, an dem der 2. osmot. Virial-Koeff. verschwindet) im zugänglichen Bereich (Θ-Temp. —9 bis +83°) wird für *Polystyrol* (Molgew. 170000) der Staudinger-Index $[\eta]$ ermittelt (Lichtstreuungs- u. Viscositätsmessungen im Bereich —10 bis +130°). Außer in I ist $[\eta]_\Theta$ u. damit der Trägheitsradius $\bar{r}_\Theta$ nur wenig von Temp. u. Lsgm. abhängig. Aus dem Gang des 2. Virial-Koeff. mit der Temp. kann die h(z)-Funktion berechnet werden (vgl. Ishihara u. Koyama, J. chem. Physics **25**, [1956], 712 u. Orofino u. Flory, C. **1958**, 1588). K. Gröbe 4010◇

0975 **Über den Proton- und Aproton-Mechanismus der durch eine Lösung von Kaliumamid in flüssigem Ammoniak initiierten Polymerisation.** A. I. Schatenstein, Je. A. Jakowlewa, Je. A. Kowrishnych, P. N. Manotschkina und N. A. Prawikowa. (Hochmolekulare Verbind. [UdSSR] **4**, 42—51, Jan. 1962; Physik.-chem. Karpow-Inst.; russ., Auszug: engl.) — Bei der Polymerisation von *Styrol* (I), *α-Methylstyrol* (II), *Isopren, 2.3-Dimethylbutadien-(1.3), Hexadien-(2.4)* u. *2.5-Dimethylhexadien-(2.4)* wird eine Lsg. von KNH_2 in fl. NH_3 als Initiator verwendet. Bei I fällt unter der Einw. von 0,02 n KNH_2-Lsg. u. festem KNH_2 bei 25° sofort quant. ein Polymeres aus, bei II erst nach einiger Zeit. Das Molgew. des Polymeren nimmt mit dem Verhältnis I:KNH_2 u. mit sinkender Temp. zu, es erreicht bei I:KNH_2= 80 u. —50° ca. 6000. Durch Verw. von deuteriertem NH_3 kann der Polymerisationsmechanismus verfolgt werden. Während I nach einem Aprotonmechanismus polymerisiert, sein Polymeres im Mittel 1,42% N enthält, spielen bei der Polymerisation von II die Prozesse beim Übergang eines Protons aus dem Monomeren die Hauptrolle, das Polymere enthält im Mittel 0,16% N. Die Dien-KW-Stoffe polymerisieren langsam. R. K. Müller 4010◇

0976 **Scheinbares und partielles spezifisches Volumen von Polystyrol und Polymethylmethacrylat in organischen Lösungsmitteln.** G. V. Schulz und M. Hoffmann. (Makromolekulare Chem. **23**, 220—32, 1957; Mainz, Univ., Inst. f. phys. Chem.; dt.) — Mit einer besonders beschriebenen Dichtewaage, die die Best. des scheinbaren spezif. Vol. (V_2*) in einer 1%ig. Lsg. auf 4 Dezimalen genau gestattet, wird in einer Vielzahl von Lsgm. V_2* von *Polystyrol* (I; Molgew. 600—240000) u. *Polymethylmethacrylat* (II; Molgew. 4300 bis 1000000; beide nach verschiedenen Meth. hergestellt) ermittelt. Für prakt. Verss. wie die Sedimentationsmessung kann V_2* als unabhängig von der Konz. angesehen werden u. mit dem partiellen Vol. gleichgesetzt werden. Unterhalb 10000 muß der Einfl. des Molgew. (Endgruppen-Wrkg.) berücksichtigt werden. Der scheinbare Ausdehnungs-Koeff. stimmt mit den aus der Schmelze des Polymeren durch Extrapolation auf die Meßtemp. gewonnenen überein. Gegenüber dem Schmelzzustand (I 0,926; II 0,819) ist V_2 in der Lsg. prakt. immer einer Kontraktion unterworfen (für I 0,7942 in Chlf. bis 0,8187 in o-Dichlorbenzol; für II 0,8990 in Aceton bis 0,9293 in Cyclohexanon). Der Unterschied von V_2* in den einzelnen Lsgm. beträgt maximal 3%. O. Kramm 4010◇

0977 **Copolymerisation von Styrol und 2-Methyl-5-vinylpyridin mit $Al(C_2H_5)_3/TiCl_4$-Katalysator.** Yutaka Sakurada. (Chem. High Polymers [Tokyo] **18**, 496—503, 1961; Sakazu, Kurashiki Okayama, Kurashiki Rayon Co., Res. Labor.; jap., Auszug: engl.) — Bei einem Mol-Verhältnis Al/Ti = 2,5:1 wurden mit $Al(C_2H_5)_3/TiCl_4$ bei 70° *Styrol* (I) u. *2-Methyl-5-vinylpyridin* (II) copolymerisiert. Zum Vgl. wurde die Polymerisation auch mit Azo-bis-isobuttersäurenitril (III) u. mit Na ausgelöst. Es wurden dabei folgende Copolymerisationsparameter gefunden: mit $Al(C_2H_5)_3/TiCl_4$ $r_1 = 0{,}5 \pm 0{,}1$, $r_2 = 2{,}9 \pm 0{,}3$; mit III $r_1 = 0{,}60 \pm 0{,}1$, $r_2 = 0{,}68 \pm 0{,}1$; mit Na $r_1 = 0{,}3 \pm 0{,}1$, $r_2 = 2{,}9 \pm 0{,}3$. Hieraus wird auf anion. Polymerisationsablauf geschlossen. Von den Polymeren wurden Löslichkeit in Butanon, IR-Absorption u. Röntgenbeugung gemessen. Die Ergebnisse lassen darauf schließen, daß 30—40 I-Einheiten in isotakt. Folge nötig sind, damit das *Copolymere* die charakterist. Eigg. von isotakt. *Polystyrol* aufweist. U. Müller 4010◇

0978 **Monodisperses Poly-α-methylstyrol.** Franz Wenger. (Makromolekulare Chem. **37**, 143—48, 1960; Pittsburgh, Pa., Mellon Inst.; engl.) — Durch Einw. von Na auf *α-Methylstyrol* in Tetrahydrofuran bei 20° wurden kurzkettige oligomere Dianionen hergestellt, mit denen zunächst Verunreinigungen desaktiviert u. dann bei —78° die Polymerisation ausgelöst wurde. Die Verw. eines kleinen Katalysatorüberschusses zur völligen Desaktivierung letzter Reste von Verunreinigungen zeigte nicht den gewünschten Erfolg. Das Molgew. des Polymeren wurde durch Lichtstreuung

u. osmot. Messung zu 1,82·10^5 bzw. 1,83·10^5 bestimmt; viscosimetr. ergab sich das Molgew. zu 1,74·10^5. Aus den Mittelwerten der Molgew. des fraktionierten Prod. errechnet sich $\overline{M}_w/\overline{M}_n$ = 1,03. U. Müller 4010◇

0979 **Polymerisation von Allylcyclohexan in Gegenwart des katalytischen Systems $TiCl_4$ + Al(iso-$C_4H_9)_3$.** A. W. Toptschijew, Je. L. Fantalowa und L. W. Ossipowa. (Ber. Akad. Wiss. UdSSR **147,** 857—59, 1962; Akad. der Wiss. der UdSSR, Inst. für petrochem. Synth.; russ.) — Bei der Polymerisation von Allylcyclohexan in n-Heptan in Ggw. von Al(iso-$C_4H_9)_3$-$TiCl_4$ bei 70° entsteht linear gebautes *Polyallylcyclohexan* (I) vom Molgew. 60000 mit Epp. von 202—237°. Maximale Ausbeuten von 70—74% werden in Ggw. von ca. 10 Mol-% des Katalysators bei einem Ti:Al-Verhältnis von 1:1 bei 20—25std. Polymerisationsdauer erzielt. Neben I werden fl. *Polymere* mit breitem Siedebereich erhalten. Helmut Schäfer 4010△

0980 **Mechanismus des thermischen Abbaus von Polyvinylalkohol.** Tadashi Yamaguchi und Masataka Amagasa. (Chem. High Polymers [Tokyo] **18,** 653—55, 1961; Sendai, Miyagi, Tohoku Univ., Fac. of Engng.; jap., Auszug: engl.) — Der Abbaumechanismus von *Polyvinylalkohol* (I) beim Erhitzen wird auf der Basis von Unterss. der Färbung u. analyt. nachgewiesener Spalt-Prodd. diskutiert. Beim Erhitzen von I werden *Monooxopolyvinylalkohole* (II) u. durch Dehydratation ungesätt. I oder II mit bis zu drei kumulierten Doppelbindungen gebildet. Weitere Dehydratation u. Kettenspaltung führt zu *Acetaldehyd, Crotonaldehyd,* CH_3—(CH=CH)$_n$—CHO (n = 2 oder 3), CH_3—CH=CH—CO—CH_3 — gleichzeitige Cyclisation zu *Benzaldehyd, Acetophenon, Phenol* u. *o-Methylphenol.* G. Vetter 4010◇

0981 **Produkte des thermischen Abbaus von Polyvinylalkohol.** Tadashi Yamaguchi und Masataka Amagasa. (Chem. High Polymers [Tokyo] **18,** 645—52, 1961; Sendai, Miyagi, Tohoku Univ., Fac. of Engng.; jap., Auszug: engl.) — Bei der Dest. wss. Lsgg. von *Polyvinylalkohol* (I) unter N_2 konnten mit 2.4-Dinitrophenylhydrazin in den Fraktionen bei 50° *Acetaldehyd,* bei 80—100° *Crotonaldehyd,* bei 140—160° *Benzaldehyd* u. im Rückstand *Acetophenon* nachgewiesen werden. Pulverisiertes I im Vakuum u. in Luft dest. lieferte die gleichen Abbau-Prodd. wie wss. Lsgg. u. Filme von I. In Ggw. von Luft tritt Verfärbung ein. IR-Spektren der Rückstände des therm. Abbaus (59—64%) zeigen, daß die Intensität der Absorption der Ketogruppe bei pulverisiertem I stark zu- u. die der Hydroxygruppe abnimmt, was bei Filmen von I nicht der Fall ist. G. Vetter 4010◇

0982 **Abbaureaktion von oxydiertem Polyvinylalkohol und Verhalten der Carbonylgruppen in der Hauptkette.** Makoto Shiraishi und Masakazu Matsumoto. (Chem. High Polymers [Tokyo] **16,** 344—48, 1959; Sakazu, Kurashiki Reyon K. K.; jap., Auszug: engl.) — Die früheren Ergebnisse (vgl. C. **1963,** 7777) über die alkal. Behandlung von *oxydiertem Polyvinylalkohol* (I) können mit der von Temp. u. pH abhängigen Keto–Enol-Tautomerie der gebildeten CO-Gruppen der Hauptkette erklärt werden, wobei unter Umständen, die die Enolisierung begünstigen, säureartiges Verh. auftritt. Wird I vor einer Alkalibehandlung in stark sauren Lsgg. (pH 1,2 bzw. 3,0) behandelt, so nehmen alle (bzw. 73%) CO-Gruppen Ketoform an u. beteiligen sich an der Abbaureaktion. L. Schuler 4010□

0983 **Polymerisation von Vinylacetat in Gegenwart von Polymeren.** 2. Mitt. **Polymerisation von Vinylacetat in Gegenwart von Vinylacetat–Vinylchlorid-Copolymerem.** Saburo Imoto und Tsugio Kominami. (Chem. High Polymers [Tokyo] **15,** 279—84, 1958; jap., Auszug: engl.) — Die Polymerisation von *Vinylacetat* (I) in Substanz u. in Lsg. (Bzl.) wird in Ggw. von **I**-*Vinylchlorid* **(II)**-*Copolymeren* **(A)** bei 60° untersucht. Der **II**-Anteil in **A** ist als Bereich der Kettenübertragungs-Rk. aktiver als die **I**-Komponente; die Verzweigung bildet sich an der Hauptkette des Polymeren aus. Die Kettenübertragungs-Konst. des **II**-Anteils ist 0,21, die des **I**-Anteils 3·10^{-4}. Die experimentellen Ergebnisse der Pfropfcopolymerisation werden diskutiert. M. Hagedorn 4010◇

0984 **Polymerisation von cyclischen Verbindungen.** 1. Mitt. **Reaktionsgeschwindigkeit von Epoxyharz EPON 828 mit Aminen.** Chūji Asō, Kōsuke Yamamoto und Saburō Akiyoshi. (Chem. High Polymers [Tokyo] **16,** 705—08, 1959; Kyushu, Univ., Dep. Synth. Chem.; jap., Auszug: engl.) — Vff. untersuchen die Rkk. des *Epoxyharzes EPON 828,* das vorwiegend aus $\overbrace{CH_2\cdot CH}^{O}CH_2—O—[C_6H_4—C(CH_3)_2C_6H_4—OCH_2CH(OH)CH_2—O—)_n—C_6H_4C(CH_3)_2C_6H_4—OCH_2\underbrace{CH\cdot CH_2}_{O}$ besteht, bei 60 bzw. 100° mit folgenden prim. u. sek. Aminen sowie Polyaminen: *β-Hydroxyäthyl-, β-Cyanäthyl-, Benzyl-, Cyclohexylamin, Anilin, p-Anisidin, p-Toluidin, p-Nitro-, N-Benzyl-, N-[β-Hydroxyäthyl]-, N.N-Dimethyl-, N.N-Dibenzylanilin, Diäthyl-, Diäthanol-, Bis-[β-cyanäthyl]-, Dibenzyl-, N-[β-cyanäthyl]-β-hydroxyäthylamin, Triäthyl-, Tris-[β-cyanäthyl]-, Tris-[β-hydroxyäthyl]-, N-[γ-Hydroxypropyl]-dimethyl-, N-[β-Cyanäthyl]-diäthyl-, N.N-Bis-[β-cyanäthyl]-äthyl-, N-Cyclohexyldimethyl-, Benzyldimethylamin, N-[β-Cyanäthyl]-* u. *N-Phenyldiäthanolamin, Äthylendiamin, N-[β-Aminoäthyl]-, N-[β-Cyanäthyl]-, N.N′-Bis-[β-cyanäthyl]-* u. *Tetramethyläthylendiamin* sowie *Pyridin.* Die Geschw. der Epoxidringöffnung wird durch IR-Analyse bestimmt. Die Geschw. der Additions-Rk. der Epoxidgruppe mit Anilin wird etwas durch die p-Substitution mit CH_3- oder OCH_3-Gruppen beschleunigt. Die durch tert. Amine katalysierte Polymerisation durch Öffnung des Epoxidrings gemäß $R\overbrace{CH\cdot CH_2}^{O} \rightarrow —CH_2\cdot CH(C_6H_5)—O—(CH_2CH(C_6H_5)—O)_n$ wird untersucht u. ergibt im Falle von Triäthylamin eine scheinbare Aktivierungsenergie von 12 kcal/Mol. L. Schuler 4010□

0985 **Ester und Äther von Polyaldehyden.** O. Vogl. (Chem. and Ind. **1961,** 748—49; Wilmington, Del., Du Pont Exper. Stat.. Polychem. Dep.; engl.) — Die OH-Endgruppen von polymerem *Acetyldehyd, Propionaldehyd, n-Butanal, Isobutanal, n-Pentanal* u. *Chloral* konnten mit Essigsäureanhydrid u. mit Propionsäureanhydrid in Ggw. von Pyridin verestert u. mit Orthoameisensäureester in Ggw. von BF_3 veräthert werden, wie IR-spektroskop. nachgewiesen wird. Die so abgewandelten *Polyaldehyde* sind stabiler als die ursprünglichen Polymeren. U. Müller 4010◇

0986 **Intramolekular-intermolekulare Polymerisation von Glutaraldehyd.** Chuji Aso und Yuzo Aito. (Bull. chem. Soc. Japan **35,** 1426, 1962; Fukuoka, Kyushu Univ., Fac. of Engng., Dep. of organ. Synthesis; engl.) — Aus *Glutaraldehyd* (I) in Toluol wird ohne Katalysator bei Raum-Temp. ein gelartiges Polymeres (II) erhalten. Vff. erhalten bei der Verw. von Triäthyl-Al/W. (1:1) oder anderen kation. Katalysatoren ein festes Polymeres, das aus einer in Bzl. lösl. Fraktion (L) u. einem unlösl. Rückstand (U) besteht. **II** u. L enthalten nach der IR-Analyse nur noch eine geringe Anzahl freier Aldehydgruppen. Wegen der Ähnlichkeit des IR-Spektrums von **II** u. L mit dem des 2-Äthoxytetrahydropyrans glauben Vff., daß die Polymerisation von **I** zu **II** u. L unter weitgehender Cyclisierung des Monomeren zu Tetrahydropyranringen abläuft, die in 2-Stellung mit Ätherbrücken verknüpft sind. U u. die mit anderen Katalysatoren erhaltenen festen Polymerisate haben ein von **II** u. L abweichendes IR-Spektrum. A. Gude 4010◇

0987 **Untersuchung in der Reihe der Chelatpolymeren.** 2. Mitt. **Einige physikalisch-chemische Eigenschaften von Chelatpolymeren aus 5.5′-Methylen-bis-salicylaldehyd.** W. W. Rode, L. I. Nekrassow, A. P. Terentjew und Je. G. Ruchadse. (Hochmolekulare Verbind. [UdSSR] **4,** 13—19, Jan. 1962; Moskau, Lomonossow-Univ.; russ., Auszug: engl.) — 1. vgl. Hochmolekulare Verbind. [UdSSR] **2,** [1960], 1557. — Die Röntgen-Unters. der mit *5.5′-Methylen-bis-salicylaldehyd* (I) erhaltenen Chelatpolymeren (ChP) nach Erhitzen auf Temp. bis 300° zeigt die beste Wärmebeständigkeit bei den ChP mit Ni u. Cd, weniger stabil sind die ChP mit Cu, Zn, Co u. Fe. In allen Fällen werden die aus **I** erhaltenen Poly-5.5′-methylen-bis-salicylalimine u. -alkylimine untersucht. Die Unters. der Reflexions- u. Luminescenzspektren der ChP ergibt die stärkste Luminescenz bei den Verbb. mit Zn, sie nimmt weiter ab in der Reihenfolge Cd > Ni > Co > Cu, keine Luminescenz zeigen die ChP mit Fe. Magnetchem. Unterss. zeigen, daß die ChP mit Zn u. Cd diamagnet. sind, von den ChP mit Ni sind das Imin u. das Hexamethylendiimin paramagnet., die übrigen diamagnetisch. R. K. Müller 4010◇

0988 **Untersuchungen in der Reihe der Chelatpolymeren.** 3. Mitt. **Über einige Polymere von 5.5′-Methylen-bis-salicylaldehyd mit Metallen.** A. P. Terentjew, W. W. Rode und Je. G. Ruchadse. (Hochmolekulare Verbind. [UdSSR] **4,** 91—94, 1962; russ., Auszug: engl.) — 2. vgl. vorst. Referat. — Chelatpolymere (ChP) von *5.5'-Methylen-bis-salicylaldehyd* (I) mit Metallen (Me), bei denen Me an je 2 O-Atome von I gebunden ist, werden durch Umsetzung äquimol. Mengen alkohol. I-Lsg. mit wss. Lsg. der Me-Acetate erhalten. Die Farbe der ChP ist bei Me = Cu hellgrün, Ni gelbgrün, Fe braun u. Co gelb. Die ChP mit Ni u. Co zeigen schwache gelbbraune bzw. dunkelbraune Luminescenz im UV-Gebiet, diejenigen mit Cu u. Fe keine Luminescenz. Die höchste Zers.-Temp. (304—324°) liegt beim Ni-ChP vor. Die magnet. Momente μ_B betragen bei den ChP mit Cu 1,72, Ni 2,80, Fe 4,79, Co 3,84, offenbar sind sie durch die Ggw. von Chelatknoten neben den tetraedr. Formen vermindert. Nach den Röntgenaufnahmen sind die ChP amorph. R. K. Müller 4010◇

0989 **Untersuchungen über Polyacrylonitril-Lösungen.** 1. Mitt. **Einige Probleme der Lichtstreuungsmessungen.** Yoshisato Fujisaki. (Chem. High Polymers [Tokyo] **18,** 581—88, 1961; Sameshima, Fuji, Shizuoka, Asahi Chem. Ind., Cashmilon Plant; jap., Auszug: engl.) — Zum Zwecke der Unters. der Lichtstreuung von *Polyacrylonitril* (PAN) in Dimethylformamid (DMF) werden Fluorescenz (Fz) u. Brechungsindex der Lsg. gemessen. Die Fz hängt von den Polymerisationsbedingungen u. dem Molgew. des Polymeren ab. Mit Redoxkatalysatoren hergestellte Polymere zeigen intensivere Fz als solche durch Perlpolymerisation in Ggw. von α.α'-Azo-bis-isobutyronitril in wss. Phase hergestellte. Fz (bezogen auf die Gew.-Einheit) ist intensiver bei niedrigem Molgew., obwohl die Zahl der Strukturelemente eines Polymeren, die fluorescieren, mit dem Molgew. des Polymeren zunimmt. Die Intensität der Fz einer Lsg. hängt von der Wellenlänge des eingestrahlten Lichtes ab, sie ist sehr hoch bei $\lambda = 365$ mμ u. beinahe Null bei $\lambda = 546$ mμ. Bei letzterer Wellenlänge kann man daher die Fz bei Lichtstreuungsmessungen vernachlässigen. Verff. zur Messung von $(\delta n/\delta c)$ sowie zur Herst. der Lsgg. werden untersucht. Der erhaltene Wert für $(\delta n/\delta c)$ für PAN in abs. DMF beträgt 0,0874 cm^3/g bei 20°. K. Gröbe 4010◇

0990 **Untersuchungen über die Lösungen von Acrylonitrilpolymeren.** 1. Mitt. **Viscosität verdünnter Polyacrylonitril-Lösungen.** Kazuo Miyamichi und Masamichi Katayama. (Chem. High Polymers [Tokyo] **17,** 672—75, 1960; Fukushima, Nitto Boseki Co, Res. Labor. of Chem. Fibers.; jap., Auszug: engl.) — Die Viscosität verd. *Polyacrylnitril* (I)-Lsgg. in Dimethylsulfoxid (II), Dimethylformamid (III) u. 60%ig. wss. $ZnCl_2$-Lsg. wird gemessen. Für die Konz.-Abhängikeit der Viscosität verd. II-Lsgg. wird eine Gleichung abgeleitet. Im Temp.-Bereich von 20—60° nimmt die Intrinsicviscosität der Lsgg. in der Reihenfolge $ZnCl_2$-Lsg. > II > III zu. Die Intrinsicviscositäten von I-Lsgg. in bin. Gemischen aus II u. Aceton, Acetonitril oder W. werden als Funktionen der Temp. u. Zus. der Gemische gemessen. W. Wesly 4010◇

0991 **Untersuchungen über die Lösungen von Acrylonitrilpolymeren.** 2. Mitt. **Löslichkeit von Polyacrylonitril und verwandten Polymeren.** Kazuo Miyamichi und Masamichi Katayama. (Chem. High Polymers [Tokyo] **17,** 675—78, 1960; jap., Auszug: engl.) — 1. vgl. vorst. Referat. — Dimethylsulfoxid ist ein besseres Lsgm. für Polymere, wie *Polyvinylalkohol* u. *Polyacrylonitril,* mit großer Kohäsionsenergiedichte als Dimethylformamid, wie die Löslichkeit der wärmebehandelten Filme, die Intrinsicviscosität u. das „Verdünnungsverhältnis" der Lsgg. zeigen. W. Wesly 4010◇

0992 **Kristallbildungen in starken Filmen von Polymethylmethacrylat.** O. N. Trapesnikowa und L. B. Schigajewa. (Nachr. Leningrader Univ. **17,** Nr. 22, Ser. Physik Chem., Nr. 4, 56—62, 1962; russ., Auszug: engl.) — In Filmen von syndyotakt. u. nach der üblichen Meth. erhaltenem *Polymethylmethacrylat* können sich Kristalle des syndyotakt. Polymeren bilden. Die Kristalle können verschiedene Form haben, ihre Symmetrie liegt jedoch immer nahe der hexagonalen. Die etwa gleiche Menge von Kristallen im syndyotakt. u. üblichen Polymeren spricht dafür, daß bei der üblichen Polymerisation Moll. mit regulärer Struktur entstehen, die hauptsächlich die Struktur des syndyotakt. Polymeren besitzen. Die Leichtigkeit, mit der sich die Kristalle bilden, beweist den hohen Ordnungsgrad der Moll in Lösungen. Helmut Schäfer 4010△

0993 **Über die molekulare Relaxation in Polymeren in Gebieten, die bedeutend oberhalb der Verglasungstemperatur liegen.** G. P. Michailow und A. M. Lobanow. (Festkörperphysik [UdSSR] **5,** 1917—23, 1963; Leningrad, Inst. für hochmol. Verbb. an der Akad. der Wiss. der UdSSR; russ.) — Es wird die mol. Relaxation von *Polymethylacrylat, Polydiansebacinat, Polyvinylacetat* u. *Polyvinylchlorid* bei Temp., die um 50—100° höher als die Verglasungs-Temp. liegen, untersucht. Auf Grund der Best. der Temp.-Abhängigkeit der Relaxationsfrequenz, des Parameters der Verteilung der Relaxationszeiten, der effektiven Dipolmomente, des Beitrages zur Dielektrizitäts-Konst. der dipol-radikal. u. dipol-elast. Polarisation sowie auf Grund des Einfl. der Plastifizierung wurde festgestellt, daß bei den angeführten Temp. in den Polymeren eine Dipolpolarisation, die dem Typ der dipolradikal. Polarisation angehören kann, stattfindet. C. Kozák 4010◇

0994 **Vinylpolymerisation.** 36. Mitt. **Copolymerisation von Acrylamid mit Acrylsäure.** Minoru Imoto, Takayuki Otsu und Taiichi Higuchi. (Chem. High Polymers [Tokyo] **16,** 324—29, 1959; Osaka, Univ., Fac. of Engng., Dep. of Appl. Chem.; jap., Auszug: engl.) — 31. vgl. C. **1960.** 10961; 42. vgl. C. **1960,** 10247. — Bei der Copolymerisation von *Acrylamid* (I) mit *Acrylsäure* (II) in W. bei 50 ± 1° mit $K_2S_2O_8$ als Initiator erreicht das I:II-Verhältnis im Copolymeren ein Maximum, wenn der Dissoziationsgrad von II ca. 0,5 ist. Das Reaktivitätsverhältnis der Monomeren (r_1 u. r_2) ändert sich mit dem pH von $r_1 = 0{,}48$ u. $r_2 = 1{,}37$ bei pH 2,5 nach $r_1 = 1{,}70$ u. $r_2 = 0{,}54$ bei pH 9,0. Die Polymerisations-Geschw. von I ist im Bereich von pH 2,3—8 etwa konst. u. sinkt bei pH > 9. L. Schuler 4010◇

0995 **Vinylpolymerisation.** 45. Mitt. **Polymerisation von Styrol in Gegenwart von N.N'-Dimethyl-N.N'-dinitrosoterephthaldiamid.** Minoru Imoto und Ko Higashimura. (Chem. High Polymers [Tokyo] **17,** 468—72, 1960; jap., Auszug: engl.) — 36. vgl. vorst. Referat. — Unterss. über die *Styrol*-Polymerisation in Ggw. von *N.N'-Dimethyl-N.N'-dinitrosoterephthaldiamid* (I) zeigen, daß I bei der in Ggw. von α.α'-Azodiisobutyronitril katalyt. beschleunigten Rk. verzögernd wirkt. Die Kettenübertragungs-Konst. von I werden aus dem Polymerisationsgrad zu 0,14 bei 40° u. 0,20 bei 60° ermittelt. Die therm. Polymerisation bei 80, 100, 110 u. 115° wird durch I anfangs gehemmt, später beschleunigt. W. Wesly 4010◇

0996 **Vinylpolymerisation.** 46. Mitt. **Radikalinduzierte Polymerisation von Methacrylonitril in Benzol.** Minoru Imoto und Minoru Matsuda. (Chem. High Polymers [Tokyo] **17,** 472—74, 1960; jap., Auszug: engl.) — 45. vgl. vorst. Ref.; 47. vgl. **1963,** 4729. — Unterss. über die durch Azodiisobutyronitril (II) induzierte Polymerisation von *Methacrylonitril* (I) in Bzl. bei 60° zeigen, daß *Polymethacrylonitril* in Bzl. unlösl. ist. Die Polymerisations-Geschw. entspricht der Gleichung $R_p = \text{const.}\cdot[II]^{0,75}\cdot[I]^{1,60}$. Ein Einfl. der Ggw. von Dimethylanilin bei der Polymerisation wird kaum festgestellt. W. Wesly 4010◇

0997 **Kernmagnetische Relaxation in Polyamiden.** D. W. McCall und E. W. Anderson. (Polymer [London] **4,** 93 bis 103, 1963; Murray Hill, N.J., Bell Telephone Labor.; engl.) — Von *Nylon 6.6* (I), *Nylon 6.10* (II) u. einem *Nylon-Terpolymeren* aus I, II u. *Nylon 6* wurden die Spin-Spin- (T_2) u. Spin-Gitter-Relaxationszeiten (T_1) der kernmagnet. Resonanz im Temp.-Bereich —200 bis +300° gemessen. Die T_1-Kurve zeigt zwei Minima bei 20° u. 150°, denen Knicke der T_2-Kurve entsprechen u. auf zwei verschiedene mol. Übergänge hinweisen. Dielektr. u. mechan. Verlustmessungen ergänzen diese Messungen übereinstimmend. Der Tieftemp.-Übergang wird als Reorientierung der Moll. in ihre Längsachse, der Hochtemp.-Übergang als Beginn von flüssigkeitsähnlichen Bewegungen in den nichtkristallinen Bereichen der Proben gedeutet. Zwischen 130° u. 190° kann das Protonenresonanzsignal in eine breite u. schmale Komponente zerlegt u. daraus der Betrag an „starren Anteilen" abgeleitet werden, der etwa mit dem Kristallinitätsgrad übereinstimmt. P. Kahlow 4010△

0998 **Durch Strahlung ausgelöste Pfropfpolymerisation von Styrol auf Nylon 6.** Ichiro Sakurada, Toshio Okada und Sadao Torikai. (Chem. High Polymers [Tokyo] **18,** 550—56, 1961; Osaka, Mii, Neyagawa, Jap. Assoc.

for Radiat. Res. on Polymers, Osaka Labor.; jap., Auszug: engl.) — Beim Aufpfropfen von *Styrol* (I) auf einen *Nylon-6*-Film durch Bestrahlung wurde der Einfl. von Luft, Strahlungsintensität, Lsgm. u. des Verhältnisses Lsgm./I untersucht. Der Einfl. von Luft ist gering. Die Menge aufgepfropften I ist bei einer Gesamtstrahlungsdosis von 10^5 r umgekehrt proportional der Quadratwurzel der Intensität zwischen 50 u. 2000 r/min. Als Lsgm. wurden verwendet: Methanol, Äthanol, n-Butanol, sek.-Butanol, tert.-Butanol, Isobutanol, Bzl., Aceton, CCl_4, Dimethylformamid u. m-Kresol. Durch Zusatz von 1% W. oder 3% Methanol zur Rk.-Mischung wurde eine merkliche Beschleunigung der Aufpfropfgeschw. erreicht; die Wrkg. höherer Alkohole ist geringer. Für I/Alkohol-Mischungen verläuft die Menge aufgepfropften I in Abhängigkeit vom Mischungsverhältnis durch drei Maxima. Auch einige Verss. zur Aufpfropfung von I in Ggw. von Divinylbenzol wurden ausgeführt. U. Müller 4010◇

0999 **Einfluß der Struktur auf die Eigenschaften von Anionenaustauscherharzen.** 3. Mitt. **Austauschkapazität und Neutralisationskurven.** Éric Sélégny. (Bull. Soc. chim. France **1959**, 1290—99; Bellevue, Seine-et-Oise, C.N.R.S., Labor. de Chim. Macromol.; franz.) — 2. vgl. C. **1963**, 13965. — Die Variierung mehrerer charakterist. Eigg. von Anionenaustauschern wurde verfolgt, indem nacheinander Monomere, lösl. lineare u. vernetzte Polymere eingesetzt wurden (vgl. l. c.). Die Unterss. umfaßten: 1. Austauschkapazität; 2. deren Änderung mit den Vers.-Bedingungen; 3. Rk.-Geschw. u. 4. Regenerationsbedingungen. Die Austauschkapazität entspricht bei den Linearpolymeren fast den theoret. vorhandenen bas. Gruppen, sie wird mit wachsender Vernetzung kleiner. Die auf den Makromoll. fixierte Chlorionenmenge in Ggw. einer stöchiometr. HCl-Menge variiert mit dem Typ des Austauschers u. hängt von der Basizität der Harze ab; aber auch von der durch den $OH^- \rightleftharpoons Cl^-$-Austausch hervorgerufenen Quellung. Dieser Quellungs-Einfl. ist um so größer, je weniger hydrophil die freie Form der bas. Polymeren ist u. je weniger die austauschenden Gruppen dissoziiert sind. Bei erhöhter Ionenstärke haben die Austauscherharze von leicht lösl. Monomeren (aminierte aliphat. Cellulose, Dowex-2; vgl. l. c.) eine ihren Monomeren sehr ähnliche Basizität, nicht so die Harze von schwer lösl. Monomeren (Polyaminophenole, Polyaminostyrole, aminierte aromat. Cellulose). H. Giehring 4010□

1000 **Einfluß der Struktur auf die Eigenschaften von Anionenaustauscherharzen.** 4. Mitt. **Vergleich der Neutralisation mit Salz-, Salpeter- und Schwefelsäure. Selektive Austauschkoeffizienten.** Éric Sélégny. (Bull. Soc. chim. France **1959**, 1300—05; franz.) — 3. vgl. vorst. Referat. — Die Neutralisationskurve eines Austauscherharzes ist das Abbild einer gleichzeitig verlaufenden Austausch- u. Neutralisationsreaktion. Es gelang Vf., durch potentiometr. Messungen quant. die jeweilige Affinität jedes Anions zu bestimmen, da diese bei der Austausch-Rk. eine Rolle spielt. Es wurde eine Meth. zur Bewertung der Selektivität entwickelt, die sich in „Austausch-Koef." u. „selektiven Austausch-Koeff." ausdrücken läßt (Ableitung!). Die Werte der Austausch-Koeff. bilden dabei ein Syst. proportionaler Zahlen, wobei der Koeff. des Cl^- bei allen Ionenstärken den Wert 1 erhält. Aus den vergleichenden Messungen ergibt sich, daß die Selektivität der Polymeren an die Löslichkeit der Salze gebunden ist, die die entsprechenden Monomeren bilden können. H. Giehring 4010□

1001 **Der Einfluß der Resonanz der Amidgruppe auf die Polymerisierbarkeit von Lactamderivaten.** 1. Mitt. **Das Infrarotspektrum von N-Methyllactamen.** Naoya Ogata. (Bull. chem. Soc. Japan **34**, 245—48, 1961; Minato-ku, Nagoya, Toyo Rayon Co. Ltd., Res. Dep.; engl.) — Im IR-Spektrum wurden für folgende Amide (in Chlf. gelöst) folgende Carbonylabsorptionen ermittelt: *N-Hexylacetamid* (I) 1653 cm^{-1}, *N.N-Dibutylacetamid* (II) 1650 cm^{-1}, *ε-Caprolactam* 1645 cm^{-1}, *N-Methyl-ε-caprolactam* (III) 1634 cm^{-1}, *α-Piperidon* 1664 cm^{-1}, *N-Methyl-α-piperidon* (IV) 1672 u. 1631 cm^{-1}, *α-Pyrrolidon* 1680 cm^{-1}, *N-Methyl-α-pyrrolidon* (V) 1681 cm^{-1}. Tabellen molarer Extinktions-Koeff. bei 20, 40 u. 60° u. verschiedenen Konzz. sowie Abb. der IR-Spektren von **I, II, III, IV** u. **V** sind angegeben. In der Amid-I-Region zeigen N.N-disubstituierte Amide eine scharfe Absorption bei 1626 cm^{-1}, N-monomethylsubstituierte Amide dagegen ein Dublett oder Triplett, was nicht mit der gegenseitigen Beeinflussung der Moll. oder mit dem Lsgm.-Effekt begründet werden kann. Die für N-methylsubstituierte Amide gefundene Frequenzverringerung wird der wachsenden Mitwirkung der Ionenstruktur an der Resonanz der Amidgruppe zugeschrieben u. ihre geringere Polymerisierbarkeit damit (geringer werdende Resonanz der Amidgruppe) erklärt. Die molaren Extinktions-Koeff. beim Absorptionsmaximum der N-Methyllactame sind temperaturabhängig. G. Vetter 4010◇

1002 **Der Einfluß der Resonanz der Amidgruppe auf die Polymerisierbarkeit von Lactamderivaten.** 2. Mitt. **Die Basizität der Amidgruppe von Lactamen.** Naoya Ogata. (Bull. chem. Soc. Japan **34**, 248—54, 1961; engl.) — 1. vgl. vorst. Referat. — Das IR-Spektrum sek. oder tert. kettenförmiger Amide nach der Additions-Rk. mit HCl ändert sich kaum, das der cycl. Amide zeigt eine neue Absorption in der Region 1560—1640 cm^{-1}. Gleichgewichts-Konst. K der HCl-Addition ist für cycl. Amide (cis-Form) 150—180 u. wächst mit der Ringgröße, für N-methylierte ist K = 30—40 u. für sek., kettenförmige (trans-Form) ist K = 60. — ΔH [kcal/Mol] der Additions-Rk. mit HCl beträgt für *α-Pyrrolidon* 7,6, *α-Piperidon* 6,6, *ε-Caprolactam* 3,2, *N-Methyl-α-piperidon* 2,3, *N-Methyl-ε-caprolactam* 5,1, *N.N-Dibutylacetamid* 4,1 u. *N-Hexylacetamid* 2,2; $-\Delta H$ ist für kettenförmige niedriger als für cycl., wird niedriger mit wachsender Ringgröße u. bei N-Methylierung. Aus K- u. $-\Delta H$-Werten geht hervor, daß die HCl-Addition mit zunehmender Ringgröße leichter wird. Die stärkere Basizität der cis-Amide wird der wachsenden Resonanz in der Amidgruppe u. die Stabilisierung des Lactamringes bei N-Methylierung der geringer werdenden Resonanz durch Hyperkonjugation der Methylgruppe zugeschrieben. G. Vetter 4010◇

1003 **Eine Untersuchung des oxydativen Abbaus von Furfurylalkohol-Polykondensaten durch Infrarotspektroskopie.** Robert T. Conley und Ignatius Metil. (J. appl. Polymer Sci. **7**, 1083—91, 1963; South Orange, N.J., Seton Hall Univ., Dep. of Chem.; Buffalo, N.Y., Canisius College; engl.) — Die oxydative Härtung u. der oxydative Abbau von unter N_2 gehärteten *Furfurylalkohol*-Polykondensaten wurde IR-spektroskop. untersucht (Spektren). Der oxydative Abbau verläuft in zwei Stufen: Zuerst werden durch die Oxydation der Methylenbrücken Ketogruppen gebildet (Banden bei 5,96 u. 6,21 μ). In der zweiten Stufe tritt an diesen Stellen durch Bldg. substituierter Furancarbonsäuren Kettenspaltung ein. Bei der oxydativen Härtung konkurriert die Oxydation von Methylolgruppen zu Carbonsäuregruppen (breite Bande bei 3—4 μ) mit der weiteren Polymerisation durch Methylol-Kondens. am α-H-Atom des benachbarten Furanringes. Andererseits können bereits gebildete Methylenbrücken durch Oxydation zu Ketogruppen wieder entfernt werden (Härtungsprozeß). P. Kahlow 4010△

1004 **Konzentrationsabhängigkeit der Sedimentationskonstanten von Polyvinylpyrrolidon.** W. Scholtan. (Makromolekulare Chem. **23**, 128—33, 1957; Elberfeld, Farbenfabriken Bayer, Physiol.-chem. Labor.; dt.) — Vf. untersucht die Sedimentation einer hochmol. *Polyvinylpyrrolidon* (I)-Fraktion ($k \cdot 10^3 = 106{,}8$ aus der 1%ig. Lsg.; Viscositätszahl $Z_{\eta_{25}} = 27{,}5 \cdot 10^{-2}$ Liter/g) in W. mit einer Ultrazentrifuge. Entgegen dem Verh. von homöopolaren Makromoll. erhält man für die Konz.-Abhängigkeit von S folgende empir. Gleichung: $s_c = s_0/1 + K \cdot c^{0,75}$. Durch Verw. einer 0,1 m Phosphatpuffer-Lsg. wird die Proportionalität zwischen s_c u. c hergestellt. Diese Abweichung wird mit der Polarität von **I** erklärt. Der Geltungsbereich der aufgestellten Formel, die einen Zusammenhang zwischen Z_η u. Molgew. schafft ($Z_\eta = 1{,}4 \cdot 10^{-5} M^{0,70}$ Liter/g), wird durch Unterss. an 2 Fraktionen auf den Molgew.-Bereich bis $3 \cdot 10^6$ erweitert. O. Kramm 4010◇

1005 **Polymerisation von Trioxan im festen Zustand durch die gleichzeitige Sublimation von Monomerem und Jod.** Hajime Miyama und Mikiharu Kamachi. (J. Polymer Sci., Part B **1**, 465—70, 1963; Tebiro, Kamakura, Japan, Toyo Rayon Co., Basic Res. Labor.; engl.) — Durch gleichzeitiges Sublimieren von sehr reinem *Trioxan* (I) u. J_2 in ein mit fl. N_2 gekühltes Gefäß im Hochvakuum wurde eine innige feste Mischung aus I u. J_2 hergestellt. Beim anschließenden Erwärmen (Verss. zwischen t = 0 u. 42°) erfolgt eine Polymerisation. Der erhaltene *Polyformaldehyd* (II) wurde durch Lösen des restlichen **I** u. J_2 in Bzl. abgetrennt. Die Inhärentviscosität η_{inh} von **II** wurde in p-Chlorphenol bei 60° für c = 0,1% gemessen. Unter 0° erfolgt keine Polymerisation; bei 15° beträgt die Ausbeute A nach 30 Min. nur 6% **II**. Mit wachsendem t steigt A stark an (z. B. 70% nach 30 Min. bei 42°); ferner nimmt A mit wachsendem J_2-Geh. zu. η_{inh} fällt mit zunehmendem t stark u. mit zunehmendem J_2-Geh. schwach ab. Die Polymerisations-Geschw. ist proportional $[J_2]^{0,25}[I]^2/[II]^2$. Die Aktivierungsenergie berechnet sich zu 29 kcal · Mol^{-1}. Werden **I** u. J_2 nacheinander in das Gefäß sublimiert, so erfolgt bei 34° keine Polymerisation. Die Polymerisation wird durch O_2 u. andere Radikalfänger inhibiert. Vff. nehmen an, daß die Polymerisation über Radikale verläuft. Das Vorliegen von Radikalen wurde durch Aufnahme des Elektronenspinresonanzspektrums wahrscheinlich gemacht. O. Fuchs 4010◇

1006 **Strahlungsinduzierte Polymerisation von Tetraoxan im festen Zustand.** K. Hayashi, H. Ochi, M. Nishii, Y. Miyake und S. Okamura. (J. Polymer Sci., Part B **1**, 427—32, 1963; Neyagawa, Osaka, Japan, Japanese Ass. for Radiation Res. on Polymers, Osaka Labor.; engl.) — Wird *Tetraoxan* (**I**; F. 112°) bei z. B. 80° mit γ-Strahlen bestrahlt (Verw. von ^{60}Co), so erfolgt eine Polymerisation. Restliches **I** wurde vom *Polytetraoxan* (**II**) durch Extraktion mit Aceton getrennt. Für eine Dosisleistung von $2{,}5 \cdot 10^4$ r/h betrug die **II**-Ausbeute nach 18 Std. 94%. Wird **I** dagegen oberhalb des F. oder in Lsg. bestrahlt, so findet keine Polymerisation statt. Bei Temp.-Erhöhung wird die Polymerisations-Geschw. stark beschleunigt. Im gleichen Temp.-Abstand vom F. polymerisiert **I** wesentlich rascher als Trioxan (**III**; Literaturdaten). Nach Abschalten der Strahlung findet bei **I** u. **III** eine Nachpolymerisation statt, deren Geschw. mit steigender Temp. stark zunimmt (gilt auch für eine Bestrahlung bei —78° u. anschließende Erwärmung). Nach massenspektrometr. Unterss. scheint ein Kationenmechanismus der Polymerisation vorzuliegen (Bldg. von positiven Ionen des Molgew. 31 u. 61 bei **I** u. **III**, evtl. der Art $HOCH_2^+$ u. $HOCH_2OCH_2^+$). **II** ist kristallin (Röntgenaufnahmen), die Kristallstruktur hängt von der Polymerisations-Temp. ab. O. Fuchs 4010◇

1007 **Anlagerung unvollständiger Ester von Phosphorsäuren an ungesättigte Polyester.** A. N. Pudowik, G. I. Jewstafjew und R. A. Tscherkassow. (Ber. Akad. Wiss. UdSSR **145**, 344—46, 1962; Kasan, Lenin-Univ.; russ.) — Durch Rk. von Maleinsäureanhydrid mit wenig überschüssigem Äthylenglykol [3std. Erhitzen in Ggw. von Hydrochinon auf 170—180° unter N_2, dann Erhitzen bei 10—30 mm u. Reinigen durch Umfällen aus Dioxan] wurde *Polyäthylenmaleinat* (I) vom Molgew. 700—4000 erhalten. Durch Erhitzen von **I** mit überschüssigem Diäthylphosphit (**II**) auf 70° in Ggw. von wenig Na-Methylat u. Umfällen aus Dioxan mit Ae. erfolgte quant. Anlagerung von **II** an die Doppelbindungen von I unter Bldg. von festem, hygroskop. *Polydiäthylphosphonyläthylensuccinat* $[HO\{COCH[P(O)(OC_2H_5)_2] \cdot CH_2COOCH_2CH_2O\}_nH]$. Bei Verw. von **II** im Unterschuß wurden Polymere mit geringerem P-Geh. als zähe Harze oder Öle erhalten. Analoge P- bzw. P- u. S-haltige Polyester wurden durch Anlagerung von Diäthylthiophosphit, Diäthylenglykol- u. 1.3-Butylenglykolphosphit an I, von Diäthyldithiophosphat (**III**) an **I**, Poly-β-thiodiglykol-, Poly-1.4-butylenglykol- (**IV**) u. Polydiäthylenglykolmaleinat (**V**) sowie durch stufenweise Anlagerung von **II**, dann **III** an **I**, **IV** u. **V** erhalten. Die Polymeren sind fest oder kautschukartig. Helmut Schäfer 4010△

1008 **Das viscoelastische Verhalten von kautschukartigen Hochpolymeren.** 5. Mitt. **Ableitung der Verteilung der Verzögerungszeiten auf Grund der empirischen linearen Beziehung zwischen log η und log M im Zusammenhang mit konstanter Deformationsspannung.** Géza Schay und Péter Szőr. (Acta chim. acad. Sci. hung. **8**, 115—32; Magyar tudományos Akad., kém. Tudományok Osztályának Közleményei [Ung. Akad. Wiss., Ber. Abt. chem. Wiss.] **6**, 289—301, 1955; ung.) — 4. vgl. C. **1958**, 743. — Mit den früher abgeleiteten Gleichungen konnten die Ergebnisse der Verss. zwischen 0—36° ziemlich gut beschrieben werden, bei 49,8° zeigten jedoch die Meßdaten eine stärkere Krümmung, als der berechneten Funktion entspricht. Es wurde daher auf Grund der neueren Verss. von Fox u. Flory (J. Amer. chem. Soc. **70**, [1948], 2384 u. C. **1952**, 1835) untersucht, wie sich das Verzögerungszeit-Spektrum ändert, was für eine Funktion sich zur Beschreibung der zeitlichen Änderung der Deformation unter steter Spannung ergibt u. ob diese Funktion den Meßergebnissen besser entspricht. Wird die Funktion der Verzögerungszeit zur Molgew.-Verteilung durch die Aktivierungsenergie–Molgew.-Beziehung bestimmt u. so das Verzögerungszeit-Spektrum ausgedrückt, so wird die Funktion der zeitlichen Deformation die Vers.-Kurve in dem Fall richtig anzeigen, wenn eine prakt. momentan eintretende elast. Deformation vorausgesetzt wird. Auf Grund des mit den aus Verss. erhaltenen Zeit–Deformations- u. abgeleiteten Beziehungen aufgestellten Molekularmechanismus ist das viscoelast. Verh. der Polymeren qual. erklärbar. J. Plank 4030

1009 **Untersuchung der Wirkung von Thioderivaten von Aminen und Phenolen während der thermomechanischen Behandlung und der Alterung von Vulkanisaten.** S. N. Tarassowa, I. I. Eitingon, L. G. Ssenatorskaja, T. W. Fedorowa, A. M. Snissarenko, G. I. Andronowa und B. A. Dogadkin. (Hochmolekulare Verbind. [UdSSR] **5**, 892—99, 1963; Forschungsinst. der Reifenindustrie; russ., Auszug: engl.) — Die Wrkg. verschiedener bekannter Alterungsschutzmittel mit phenol. bzw. Aminstruktur sowie der Thio-Derivv. (I) Phenthiazin (**II**), *2.3-Benzophenthiazin* (*Thioneozon D*) u. *9-Hydroxy-2.3-benzophenthiazin* (*Thiooxyneozon D*) auf thermooxydative Beanspruchungen wird untersucht. Eine App. zur Ermittlung der O_2-Aufnahme wird beschrieben. Die inhibierende Wrkg. der Verbb. wird in Vaseline in Ggw. von Cumolhydroperoxid sowie in *Äthylen-propylen-*, *Natur-*, *Butadienstyrol-* u. *Isoprenkautschuk* untersucht. Die Prüfungen werden bei ca. 130° bei Dosierungen bis zu 5 mMol der untersuchten Verbb. ausgeführt. Dabei ergibt sich eine starke Verminderung der O_2-Aufnahme bei Kautschuken, Rohmischungen u. Vulkanisaten sowie des Hydroperoxidzerfalls, eine Verzögerung der chem. Relaxations-Geschw. u. eine Erhöhung der Ermüdungsbeständigkeit der Vulkanisate durch **I**. Die Netzstruktur wird durch **I** besser gegenüber oxydativen u. therm. Beanspruchungen als durch die entsprechenden S-freien Verbb. geschützt. Das Optimum liegt für **II** u. *N-Phenyl-β-naphthylamin* (**III**; *Neozon D*) bei 2,5:2,5 mMol. Dabei beträgt die Konst. der Relaxations-Geschw. ca. $6 \cdot 10^{-3}\,min^{-1}$ (für **II** ca. $11 \cdot 10^{-3}$ u. für **III** ca. $13 \cdot 10^{-3}$). O. Kramm 4030◇

1010 **Bedeutung des Schwefels bei der Vulkanisation von Polychloroprenkautschuk.** N. D. Sacharow, N. A. Bogdanowitsch, S. D. Tjuremnowa und W. Ss. Glawina. (Hochmolekulare Verbind. [UdSSR] **5**, 910—13, 1963; Jaroslawl, Technol. Inst. u. Werk für techn. Gummi-Artikel; russ., Auszug: engl.) — Die Änderung des S-Geh. bei *Chloroprenkautschuk* (**I**; *Nairit*), der damit stabilisiert ist, wird im Verlauf der Vulkanisation untersucht. Dabei werden die freien, an **I** gebundenen u. aus Thiuram (**II**) stammenden Anteile unterschieden. Es werden mit MgO stabilisierte (Thermovulkanisation) sowie Mischungen mit Beschleunigern (1 Gew.-% S u. 0,5 bzw. 2 **II**) u. ZnO auf 151° erwärmt u. zur Vernetzung gebracht. Aus der Veränderung des S-Geh. während dieser Prozesse (bis 90 Min.) wird geschlossen, daß außer der Rk. zwischen dem Cl von **I** u. ZnO eine Umgruppierung von S-Brücken erfolgt. **II**, das stark mit polysulfid. S reagiert, beschleunigt diese Vorgänge. Danach werden im Laufe der Vulkanisation die gebundenen S-Anteile u. der Gleichgewichtsmodul mit zunehmender Vulkanisationszeit erhöht. O. Kramm 4030◇

1011 **Über die Bedeutung des Zinkoxids bei der Vulkanisation von Kautschuk durch Tetramethylthiuramdisulfid.** R. Sch. Frenkel und A. Ss. Kusminski. (Hochmolekulare Verbind. [UdSSR] **5**, 834—36, 1963; Wolga-Abt. des Forschungsinst. der Reifenind.; russ., Auszug: engl.) — Durch Vulkanisation von ungefüllten *Naturkautschuk*-Mischungen mit *Tetramethylthiuramdisulfid* (**I**) sowie durch Rk. von **I** mit CCl_4 (zur Unters. der Radikal-Bldg.), jeweils in Ggw. u. Abwesenheit von ZnO sowie durch Erhitzen von reinem **I** wird die Wrkg. von ZnO während der Vulkanisation untersucht. Alle Verss. werden bei 135° ausgeführt. Danach fördert ZnO bei **I** stark die Radikal-Bldg. u. damit auch die Vernetzungswirkung. — 90% von **I** zerfallen in Ggw. von ZnO zu Radikalen unter $ZnCl_2$-Bldg., während in Abwesenheit von ZnO keine Cl-haltige Verb. ermittelt wurde. An der Luft zerfällt reines **I** bei 135—140° vollständig, in N_2 bei 145° zu 25%. In Abwesenheit von ZnO zerfällt **I** unter Bldg. von H_2S u. Aminen. O. Kramm 4030◇

1012 **Eigenschaften der Vulkanisate verschiedener Polysiloxankautschuke.** M. M. Fomitschewa, W. N. Karzew und M. A. Smirnow. (Chem. prakt. Anwend. siliciumorg. Verbin., Konferenzber. [Leningrad] **1958,** Nr. 2, 77—82; russ.) — Bei der Unters. von gefüllten *Polydimethylsiloxan-Kautschuk*-Vulkanisaten wird festgestellt, daß die besten Eigg. bzgl. der Zerreißfestigkeit u. der relativen Dehnung bei Verw. von Kieselerde erzielt werden. Ein Zusatz von Kieselerde + Dibenzoylperoxid vor der Vulkanisation erhöht die Zerreißfestigkeit sehr stark, mindert jedoch die Hitzebeständigkeit der Vulkanisate. G. Froelich 4030◇

1013 **Beitrag zur rheologischen Polydispersitätsbestimmung mit Hilfe der PD-Kennkurven.** J. Schurz und H. Streitzig. (Mh. Chem. **89,** 229—33, 1958; Graz, Univ., Inst. für Phys. Chem.; dt.) — In Fortsetzung u. in Ergänzung von früheren Arbeiten (vgl. C. **1960,** 10251) zeigt Vf., daß man an Mischungen von 2 polymerhomologen Stoffen von sehr verschiedenem Molgew. Fließkurven mit 2 Wendepunkten erhält u. dementsprechend PD-Kennkurven mit 2 Maxima. Wiedergegeben sind die experimentell bestimmten PD-Kennkurven von Gemischen aus *Zellwolle* u. *Baumwolle* in Butylacetat sowie von 2 verschiedenen Zellstoffviscosen 2/8. C. Gottfried 4050△

1014 **Viscosität und Sedimentation in verdünnten Lösungen von celluloseähnlichen Makromolekülen.** J. J. Hermans. (J. Polymer Sci., Part C **1963,** Nr. 2, 117—28; Durham, N.C., Chemstrand Res. Center; engl.) — Übersicht über die bekannten Theorien u. deren Erprobung an Hand von einigen Vers.-Ergebnissen. — 34 Literaturangaben. H. Czech 4050◇

1015 **Bestätigung einer Hypothese von P. H. Hermans: Molekülkette der Cellulose II.** T. Petitpas, M. Oberlin und J. Mering. (J. Polymer Sci., Part C **1963,** Nr. 2, 423—27; Paris, Inst. Nat. de Rech. Chim. Appl.; franz.) — Die genaue photometr. Auswertung der Röntgendiagramme von *Cellulose I* (**I**) u. *Cellulose II* (**II**) ergibt, daß beim Übergang von **I** nach **II** die Gitterumwandlung nicht nur in einer einfachen Veränderung der Kettenpackung besteht, sondern daß die Mol.-Ketten auch eine Konformationsumlagerung erleiden. Vgl. auch C. **1960,** 157. O. Fuchs 4050◇

1016 **Untersuchung über die Veresterung von Hydroxyäthylcellulosen.** 1. Mitt. **Acetylierung.** Jean Quinchon. (Bull. Soc. chim. France **1960,** 2071—72; Vert-le-Petit, Seine-et-Oise, Centre d'Études du Bouchet; franz.) — Es wird nachgewiesen, daß bei Behandlung von *Hydroxyäthylcellulosen* (**A**; *Cellosize WP-40, Agecelle ES, HEC 120, HEC 148, HEC 147*) mit Essigsäure (**I**) bei Raum-Temp. u. ohne Katalysator keine Acetylierung stattfindet, sondern nur Einschluß von **I** in den Fasern, der eine Acetylierung vortäuscht. Das Ergebnis ähnelt dem von Montegudet, der nachweisen konnte, daß auch Äthylenimin nur rein physikal. von den **A**-Fasern zurückgehalten wird. F. Lang 4050◇

1017 **Untersuchung über die Veresterung von Hydroxyäthylcellulosen.** 2. Mitt. **Tosylierung.** Jean Quinchon. (Bull. Soc. chim. France **1960,** 2073—74; franz.) — 1. vgl. vorst. Referat. — In Nacharbeitung der Unterss. von Fournier (vgl. Ann. Chimie **7,** [1952], 75) werden *Hydroxyäthylcellulosen* (**A**; *Cellosize WP 40, Agecelle ES, HEC 154, HEC 158*) mit p-Toluolsulfochlorid in Pyridin behandelt (5—26 Std. bei 20°). Es wird bestätigt, daß nach diesem Verf. der Substitutionsgrad der **A** leicht ermittelt werden kann. Bei längerer Rk.-Dauer werden noch andere OH-Gruppen als die der Hydroxyäthylgruppen umgesetzt. F. Lang 4050◇

1018 **Thermodynamische Eigenschaften der Lösungen von Cellulosetriacetat.** W. R. Moore und R. Shuttleworth. (J. Polymer Sci., Part A **1,** 1985—93, 1963; Bradford, Yorkshire, England, Bradford Inst. of Technol., Dep. of Chem. Technol., Polymer Res. Labor.; engl.) — Nach der früher (vgl. C. **1963,** 20825) beschriebenen Meth. wurde von den Gemischen aus *Cellulosetriacetat* (**I**; M_n = 157000) u. *Chlf.* (**II**) zwischen 25 u. 40° u. aus **I** u. *Methylenchlorid* (**III**) zwischen 15 u. 30° die Abhängigkeit des Dampfdruckes von **II** bzw. **III** von der **I**-Konz. (Gew.-Bruch w = 0,10—0,50) gemessen; daraus wurden berechnet: Die Aktivität a, die freie Verdünnungsenergie ΔF, die Verdünnungswärme ΔH u. die Verdünnungsentropie ΔS (Einzelheiten zur Best. dieser Größen vgl. l. c.). Der exotherme Charakter beider Syst. steigt mit wachsendem w an; z. B. beträgt ΔH für w = 0,15 bzw. 0,50: 3,4 cal·Mol^{-1} u. —53,8 für **I** + **II** bei 30° u. —1,2 u. —39,7 für **I** + **III** bei 20°. Während $T\Delta S$ für **I** + **II** bei 30° von 7,1 für w = 0,15 auf 0,8 für w = 0,50 abfällt, steigt $T\Delta S$ für **I** + **III** bei 20° von 0,8 (w = 0,10) auf 5,8 (w = 0,50) an. Der aus a berechnete Parameter χ der Wechselwrkg. (vgl. l. c.) zwischen **I** u. **II** bzw. **III** steigt mit wachsendem Vol.-Bruch Φ von **I** an. Die Aufteilung von χ in den Energie- u. Entropieanteil (vgl. l. c.) ergibt, daß letzterer größer ist, als nach den Gittertheorien zu erwarten ist. Es wird vorgeschlagen, Φ nicht auf das trockene **I**, sondern auf das solvatisierte **I** zu beziehen, um bessere Übereinstimmung zwischen Vers. u. Theorie zu erhalten. O. Fuchs 4050◇

1019 **Tüpfelnachweis von Nitrocellulose.** Fritz Feigl. (Chemist-Analyst **52,** 47—48, 1963; Rio de Janeiro, Ministério das Minas e Energia, Labor. da Prod. Miner.; engl.) — *Nitrocellulose, Celluloid* u. *Collodion* sind noch in Mengen von 0,5 mg zu identifizieren, indem einerseits die beim Schmelzen mit Benzoin aus der Nitratgruppe freigesetzte Nitrose mit Hilfe der Griess-Rk. nachgewiesen wird. Die Kondens. von Thiobarbitursäure mit dem bei Erhitzen (130°) in 85%ig. H_3PO_3 entstandenen Hydroxymethylfurfural dient durch ihre Rotfärbung andererseits als Nachw. der Cellulosekomponente. F. M. Friedrich-Anderseck 4050◇

1020 **Stärkeuntersuchungen durch Röntgenstrahlbeugung.** 6. Mitt. **Kristalltypen von Amylodextrin und der Einfluß der Temperatur und Konzentration der Mutterlauge auf den Kristalltyp.** Susumu Hizukuri. (Agric. biol. Chem. [Tokyo] **25,** 45—49, 1961; Osaka, Osaka Univ., Inst. of Sci. and Ind. Res.; engl.) — 5. vgl. C. **1963,** 1897. — Ein lineares *Amylopektin* (**I**; mittlerer Polymerisationsgrad 12,6) wird bei verschiedener Temp. u. Konz. der Lsg. zum Kristallisieren gebracht u. das rekristallisierte **I** nach der Meth. der Röntgenbeugung untersucht. Es wird nachgewiesen, daß der entstehende Kristalltyp von den Kristallisationsbedingungen abhängig ist, hohe Temp. u. hohe Konz. begünstigen den A-Typ, niedrige Temp. u. Konz. den B-Typ. Die Temp. beeinflußt den Kristalltyp stärker als die Konz. der Mutterlaugen. F. Lang 4050◇

1021 **Untersuchung über die Hydrolyse eines reduzierten 4-O-Methylglucuronoxylans.** Samuel C. McKee und E. E. Dickey. (J. org. Chemistry **28,** 1561—63, 1963; Appleton, Wis., Inst. of Paper Chem.; engl.) — *O-[4-O-Methyl-α-D-glucopyranosyl]-⟨1 → 2⟩-O-β-D-xylopyranosyl-⟨1 → 4⟩-D-xylopyranose* (**I**), ein neues Trisaccharid, wird durch Red. eines *4-O-Methylglucuronoxylans* (**II**) aus *Ulmus americana* mit Diboran u. partielle Hydrolyse dargestellt. Eine Hypothese zur Bldg. von **I** wird angegeben. **II** besteht aus 1 → 4-verknüpften β-D-Xylose-Einheiten mit einer am $C_{(2)}$ der Xylose gebundenen 4-O-D-Glucopyranuronosidsäureeinheit als Seitenkette.

Versuche: *4-O-Methylglucuronoxylan* (**II**), durch 12std. Extrahieren von 1 kg Holzmehl aus *Ulmus americana* (ungetrocknet) mit 70%ig. A. bei 20°, Waschen mit W., 4std. Behandeln mit 0,1n NaOH bei 20°, Waschen mit W., Trockenpressen, 2std. Extrahieren mit 10%ig. NaOH bei 20° u. Gießen des Extraktes in 95%ig. A./Essigsäure (pH 6); 98 g (Ausbeute). *Acetyl-Verb.*, durch Acetylieren von **II** nach Carson u. Maclay [1948]; 37,4% Acetyl-Geh. für **II** vom Polymerisationsgrad DP 162; 90,3%. — *4-O-Methylglucoxylan* (**III**), durch 4std. Zutropfen von BF_3-Ätherat in Bis-[2-methoxyäthyl]-äther (BMA) zu vorst. Acetyl-Verb. u. $NaBH_4$ in BMA, 3std. Rühren, 12std. Stehen, Zugeben von Eiswasser, Neutralisieren mit 0,5n NaOH, Gießen in 95%ig A., Lösen des Nd. in 5%ig. KOH u. $^3/_4$std. Erhitzen auf 55°; 81,4%. — *O-[4-O-Methyl-α-D-glucopyranosyl]-⟨1 → 2⟩-[O-β-D-xylopyranosyl]-⟨1 → 4⟩-D-xylopyranose* (**I**), a) durch Kochen von 0,51 g O-[4-O-Methyl-α-D-glucopyranuronosyl]-⟨1 → 2⟩-O-[β-D-xylopyranosyl]-⟨4 → 1⟩-D-xylopyranose u. $NaOCOCH_3$ in Acetanhydrid, Gießen in Eiswasser, Extrahieren mit Chlf., Eindampfen (→ 0,85 g), Lösen in Tetrahydrofuran, 3,8std. Einleiten von Diboran mit N_2, Zugeben von Methanol, Eindampfen, Entacetylieren mit $Ba(OCH_3)_2$, Neutralisieren mit H_2SO_4, Eindampfen (→ 0,51 g) u. papierchromatograph. Trennung; 0,30 g; daneben *Xylobiose*,

Xylose u. *4-O-Methyl-D-glucose*; b) durch 8std. Rk. von **III** in 1n H_2SO_4 bei 70°, Neutralisieren mit $Ba(OH)_2$ bis pH 5,5, Trennen durch Gradientenelution an mit Stearinsäure behandeltem Darco G-60/Celite (1:1) mit W.-A., papierchromatograph. Reinigung u. Elektrophorese in 0,1m Boratpuffer; $[\alpha]_D^{25}$ +45,7° (c = 6,7; W.); daneben *Xylotriose* u. ein *Trisaccharid. Phenylosazon*, $C_{29}H_{40}N_4O_{12}$, F. 240 bis 241° (60%ig. A.), durch ½std. Rk. von 0,16 g **I** mit Phenylhydrazin u. Na-Acetat in W. bei 100°; 0,039 g.
E. Schraven 4050◇

1022 **Untersuchungen über die Hemicellulosen von Seekiefernholz aus dem Departement Landes** (*Pinus pinaster Soland. subsp. P. maritima Fieschi et Gaussen*). 1. Mitt. **Abtrennung, Identifizierung und Konstitutionsuntersuchung von Aldotriuronsäuren, Aldodiuronsäuren und Uronsäuren, die bei der partiellen sauren Hydrolyse des Holzes entstehen.** Adrien Jean Roudier und Lucien Eberhard. (Bull. Soc. chim. France **1960**, 2074—85; Paris, I.R.CH.A., Centre techn. de l'Ind. des Papiers, Cartons et Celluloses; franz.) — Vgl. auch C. **1960**, 4890. — Das Holz wird mit sd. verd. H_2SO_4 partiell hydrolysiert. Dabei werden nur die *Hemicellulosen* u. *Pektinstoffe* hydrolysiert, der *Celluloseanteil* bleibt unverändert zurück. Das Hydrolysat wird chromatograph. an einem Anionenaustauscher (Amberlite IR-4B), an Hydrocellulose bzw. mit Hilfe von Infusorienerde (Celite) in 14 Fraktionen zerlegt. Aus 11 der Fraktionen wurden identifiziert: 2 *Aldotriuronsäuren*, 6 *Aldobiuronsäuren* u. 3 *Aldouronsäuren*. Eine der Aldotriuronsäuren u. 5 der Aldobiuronsäuren (**I**—**VI**) wurden erstmalig in einem Holzhydrolysat gefunden. Eine Diskussion über die mutmaßliche Struktur der Ausgangssubstanzen schließt sich an.

Versuche: *4-O-Methyl-α-D-glucopyranuronosido-⟨1 → 2⟩-2-β-D-xylopyranosido-⟨1 → 4⟩-xylopyranose* (**I**), durch 6std. Extrahieren von 500 g des Holzes von *Pinus pinaster Soland. subsp. P. maritima* Fieschi et Gaussen mit einem A.-Bzl.-Gemisch (1:1), 15std. Kochen des Rückstandes mit n/2 H_2SO_4, Neutralisieren mit $BaCO_3$ u. chromatograph. Trennung der mit verd. H_2SO_4 aus dem Nd. erhaltenen Lsg.; $[\alpha]_D^{22}$ +49,3 (c = 1,38; W.); 0,044% (Ausbeute). — *α-D-Galaktopyranuronosido-⟨1 → 2⟩-L-rhamnopyranose* (**II**), analog; $[\alpha]_D^{20}$ +76° (c = 1,08; W.); 0,024%. *Ba-Salz*, $[\alpha]_D^{20}$ +62,2° (c = 1,57; W.). — *β-Glucopyranuronosido-⟨1 → 6⟩-D-galaktopyranosido-⟨1 → x⟩-galaktose*; ca. 0,01 g. — *4-O-Methyl-α-D-glucopyranuronosido-⟨1 → 2⟩-D-xylopyranose*; $[\alpha]_D^{20}$ +94,2° (c = 1,2; W.); 0,14%. — *β-D-Glucopyranuronosido-⟨1 → 6⟩-D-galaktopyranose* (**III**), *Monohydrat*; $[\alpha]_D^{20}$ —7,5° (c = 5,6; W.); 0,016%. — *α-D-Galaktopyranuronosido-⟨1 → 4⟩-D-xylopyranose* (**IV**); $[\alpha]_D^{20}$ +67° (c = 0,37; W.); 0,01%. — *α-D-Glucopyranuronosido-⟨1 → 2⟩-D-xylopyranose* (**V**); $[\alpha]_D^{20}$ +37° (c = 3,76; W.); 0,006%. — *4-O-Methyl-α-D-glucopyranuronosido-⟨1 → 2⟩-D-xylopyranose* (**VI**); $[\alpha]_D^{20}$ +37° (c = 1,5; W.); 0,024%. — *D-Galakturonsäure*. — *4-O-Methylglucuronsäure*. — *D-Glucuronsäure*. F. Lang 4050

1023 **Alkalischer Abbau von Pektin.** P. Garrick. (Chem. and Ind. **1958**, 1430—31; Hereford, H. P. Bulmers & Co. Ltd.; engl.) — Zu einer Veröffentlichung von Neukom u. Deuel (Chem. and Ind. **1958**, 683) stellt Vf. fest, daß der alkal. Abbau von *Pektin* (**I**) in der Literatur bereits mehrfach beschrieben ist. Desgleichen stimmt die behauptete Beständigkeit des *Na-Pektats* weder mit den Beobachtungen der Vff., noch mit der Literatur überein, wonach Alkali, das offenbar von dem Oxydations-Prod. von **I** gebunden wird, den weiteren Abbau bewirkt. Vf. kann bestätigen, daß die gelierende Wrkg. von **I** durch Methylierung mit Diazomethan stark abnimmt; deren Ursache scheint jedoch noch nicht genügend geklärt. In einem Nachwort erklären Neukom u. Deuel, daß sie auf die Literatur bereits in einer 1943 erschienenen Arbeit verwiesen haben, u. daß unter schärferen Bedingungen sehr wohl das Na-Pektat durch Alkali weiter abgebaut wird. W. Rittler 4050□

1024 **Spannungsdoppelbrechung von stäbchenförmigen Molekülen.** S. J. Gill und F. R. Dintzis. (J. physic. Chem. **66**, 2046—49, 1962; Boulder, Colo., Univ., Dep. of Chem.; engl.) — Vff. berechnen zuerst die Doppelbrechung, die in einem Syst. stäbchenförmiger Moll. unter der Einw. einer zweidimensionalen Verformung konst. Flächeninhaltes induziert wird. Es wurde ein Reihenausdruck für die Orientierung eines Syst. von Stäbchen entwickelt, die geeignete opt. u. geometr. Eigg. des verformten Syst. besitzen. Hierauf wurde an Hand von Annahmen von Peterlin u. Stuart [1939] ein Ausdruck für die Doppelbrechung dieses Syst. entwickelt. In Verbindung mit Messungen der Doppelbrechung von konz. Lsgg. von *Poly-γ-benzyl-L-glutamat* in 1.2-Dichloräthan wurde dieser Ausdruck zur Berechnung des opt. Faktors $g_1 - g_2$ verwendet. Es wurde hierbei ein mittlerer Faktor von $(5{,}4 \pm 1{,}0) \cdot 10^{-3}$ für diese Lsgg. erhalten. Dieser Wert wurde mit dem Wert von ca. $(4{,}0 \pm 0{,}1) \cdot 10^{-3}$ verglichen, den Doty (persönliche Mitt. an Vff.) aus Messungen der Strömungsdoppelbrechung an einer Probe mit dem Molgew. 195000 in Äthylendichlorid erhalten hatte. Der von Vff. gefundene höhere Wert ist vielleicht auf Interferenzen u. Unterschiede zurückzuführen, die in den konz. Lsgg. vorhanden sind. C. Gottfried 4070△

1025 **Der Einfluß elektromagnetischer Strahlen auf die Proteine.** 1. Mitt. **Enzymatische Hydrolyse von Serumalbumin nach γ-Bestrahlung in wässeriger Lösung.** C. Colson und E. Fredericq. (Bull. Soc. chim. belges **71**, 492 bis 502, 1962; Liège, Univ., Inst. de Chim.-Phys.; franz.) — Es wurden wss. Lsgg. von *Rinderserumalbumin* (1 g in 100 ml W.) bei 20° bis zu 25 Std. mit γ-Strahlen aus einer ^{60}Co-Quelle von 4800, 11000 u. 60000 rad/Std. bestrahlt. Deren Absorption wurde im Beckman-DU-Spektrophotometer zwischen 2400 u. 3200 Å bestimmt. Viscosität u. Sedimentationskonstanten (*SK*) wurden bei 25° im Ostwald-Viscosimeter (in Ggw. von 0,1m NaCl) bzw. in der Spinco-Ultrazentrifuge mit 60000 U/min ermittelt. Ferner wurde die Hydrolyse der bestrahlten wss. Lsgg. mit *Pepsin* (**I**), *Chymotrypsin* (**II**) u. *Trypsin* (**III**) durch Titration mit dem pH-stat-Radiometer SBR 2-C u. Fällung mit 10%ig. Trichloressigsäure verfolgt. Eine Zunahme der Absorption nach Bestrahlung mit 11000 rad/Std. erfolgte bis 17 Std. regelmäßig, darüber hinaus trat partielle Fällung ein. Die Absorptionssteigerung wird durch die Absorptionsbanden der aromat. Aminosäuren hervorgerufen. Bis 100000 rad ist eine mäßige, darüber eine starke Zunahme der Asymmetrie erkennbar, u. es tritt eine Fällung ein. Die *SK* werden kaum verändert. Die Geschw. der Hydrolyse durch **I** u. **II** nimmt proportional der Bestrahlungsdauer ab. Durch **III** werden bestrahlte Proben dagegen schneller hydrolysiert. Offenbar treten bes. an aromat. Ringen Veränderungen durch die Wrkg. der γ-Strahlenn ein. H. Liese 4070◇

1026 **Dimensionsänderungen in fibrillären Makromolekülen: Das System α-Keratin–Lithiumbromid.** L. Mandelkern, J. C. Halpin, A. F. Diorio u. A. S. Posner. (J. Amer. chem. Soc. **84**, 1383—91, 1962; Washington, D.C., Nat. Bur. of Standards, Polymer Structure Sect.; engl.) — Vff. untersuchten das strukturelle Verh. von *α-Keratinfibrillen* (**I**) aus *Lincoln-Wolle* u. Pferdehaar in wss. LiBr-Lsgg. verschiedener Konz. u. in Abhängigkeit von der Temperatur. Bei konst. LiBr-Geh. schrumpfen **I** mit steigender Temp. u. gehen nach Einbringen in W. in die ursprüngliche Form zurück. In den Röntgendiagrammen (Weitwinkelstreuung) ist damit eine charakterist., reversible Veränderung der Reflexe verbunden. Die Dimensionsveränderungen der **I** sind gleichsam mit einem Schmelzen u. Wiedererstarren vergleichbar. Vff. vermuten, daß LiBr komplex an die Peptidbindungen angelagert wird, wie aus dem Komplex-Bldg.-Verh. des LiBr gegenüber einfacher gebauten Verbb. geschlossen werden kann. Somit wird der Peptidbindung der partielle Doppelbindungscharakter genommen, die bevorzugte Transkonfiguration aufgehoben u. dadurch das ganze Peptidrückgrat beweglicher gemacht.
Winfried Krüger 4070◇

1027 **Myoglobin und die Struktur der Proteine.** J. C. Kendrew. (Angew. Chem. **75**, 595—603, 1963; Cambridge, England, Med. Res., Council, Labor, of Mol. Biol.; dt.) — Nobelvortrag. H. Czech 4070◇

1028 **Röntgenanalyse des Hämoglobins.** M. F. Perutz. (Angew. Chem. **75**, 589—95, 1963; Cambridge, England. Med. Res. Council, Labor. of Mol. Biol.; dt.) — Nobelvortrag.
H. Czech 4070◇

1029 **Die chemische Natur genetischen Materials.** F. U. Klaehn. (J. Polymer Sci., Part C **1963**, Nr. 2, 263—70; Syracuse, N.Y., State Univ., College of Forestry; engl.) — Übersicht. 5 Literaturangaben (vorwiegend Bibliographien).
H. Czech 4090◇

1030 **Frequenzverschiebungen im Infrarotspektrum von menschlicher Desoxyribonucleinsäure.** Giuseppe Zerbi, Paolo Bianchi und Elio E. Polli. (Makromolekulare Chem. **60**, 223—32, 1963; Milano, Politecn., Ist. di Chim. Ind.; Univ., Ist. di Semeiotica Med.; engl.) — Die IR-Spektren der *Desoxyribonucleinsäure* (I) aus Kalbsthymus, normalen u. leukäm. Human-Leukocythen (in H_2O u. D_2O) zeigen keine Unterschiede (Spektren). Durch Erhitzen (15 Min. bei 100°), saurer oder enzymat. (mit Desoxyribonuclease) Hydrolyse tritt eine Veränderung im Bereich 1550—1750 cm^{-1} ein. Für unbehandeltes I ist das Bandenpaar 1645 u. 1680 cm^{-1} (C=O-Valenzschwingung) charakterist., das auf einen regelmäßigen Aufbau der Doppelhelix von I mit regelmäßigen H-Brücken zwischen den Purin- u. Pyrimidinbasen hinweist. Nach der Behandlung verschieben sich die Banden nach 1660 u. 1690 cm^{-1}. Dies wird mit der Zerstörung der geordneten H-Brückenstruktur von I u. daraus resultierender Veränderung der elektron. Umgebung der C=O-Gruppen gedeutet u. als charakterist. für eine deformierte oder denaturierte I angesehen. P. Kahlow 4090◇

E. Biologische Chemie, Physiologie, Medizin

E₁. Allgemeine Biologie und Biochemie

1031 **Die Anwendung eines erprobten Apparates für quantitative cytochemische Modelluntersuchungen und für den experimentellen Test der Zweiwellenlängenmethode.** P. van Duijn, E. M. den Tonkelaar und M. J. Hardonk. (J. Histochem. Cytochem. **10**, 473—80, 1962; Leiden, Univ., Labor. for Path., Biochem. Section; engl.) — Der Membranhalter des beschriebenen u. abgebildeten App. ist so konstruiert, daß die Fläche des Filmes (dessen Extinktion zu messen ist) genau mit der Fläche übereinstimmt, die für die Gewichts-Best. u. für chem. Analyse vorgesehen ist; die Lichtstrahlen passieren in einheitlicher Weise die verschiedenen Teile des Gesichtsfeldes, so daß ein Test nach der Zweiwellenlängen-Meth. nach Patau u. Ornstein ermöglicht wird. Diese Meth. ergab korrekte Werte. Es wurden die Spektren der nach Feulgen gefärbten *Desoxyribonucleinsäure*-Cellulosefilme (I) bzw. die nach der Perjodsäure-Schiff-Meth. gefärbten I gemessen. Die Zahl der Chromophoren im Gesichtsfeld war gleich, obwohl ihre makroskop. Verteilung erheblich wechselte. L. Macher 4100◇

1032 **Mutagene Aktivität von 4-Hydroxyaminochinolin-1-oxid.** Tadashi Okabayashi. (Chem. pharmac. Bull. [Tokyo] **10**, 1127—28, 1962; Osaka, Fukushima-ku, Shionogi & Co. Ltd.; engl.) — Durch Inkubation von *Aspergillus niger*-Sporen in Ggw. von *4-Hydroxyaminochinolin-1-oxid* (I) entstehen Mutanten. Da die gleiche Wrkg. durch *4-Nitrochinolin-1-oxid* (II) erzielt, II aber bei der Inkubation zu I red. wird, muß I für die mutagene Wrkg. verantwortlich gemacht werden. Auf *Escherichia coli* hat II nur geringe Wrkg., sie verwandelt aber II auch nicht in I, sondern in 4-Aminochinolin-1-oxid. P. Gregorzewski 4130◇

1033 **Die lebende Zelle als metallbindendes Agens.** Halvor N. Christensen. (Federat. Proc. **20**, Nr. 3 [Part II Suppl. Nr. 10] 87—90, 1961; Ann Arbor, Mich., Univ. of Michigan, Dep. of Biol. Chem.; engl.) — Übersicht. Verss. mit Hefe, Gewebeschnitten, zellfreien Tumoren. — 10 Literaturangaben. K. Maier 4150◇

1034 **In Gewebekultur erzeugte biologische Kristalle und Partikel.** 1. Mitt. **Einführung.** George G. Rose. (Cancer Res. **23**, Nr. 2, [Part I] 279—84, 1963; Houston, Tex., Univ. of Texas, Dep. of Biol., Anderson Hosp. and Tumor Inst.; Dep. of Med., Dental Branch; Hermann Hosp.; engl.) — Bei der Kultur (37°) von Geweben (Niere, Gehirn, Beinknochen u. a.) von Hühnerembryonen wurden die Explantate von der Kultur-Fl. (Zusatz von Kalbserum u. Ultrafiltraten von Eiern) durch eine semipermeable Cellophanfolie getrennt, deren Poren einen Durchmesser von ca. 24 Å hatten u. lediglich einen Austausch von relativ kleinen Moll. erlaubten. Nach frühestens 8 Tagen bildeten sich in der Kultur Kristalle u. Teilchen von helicaler, röhren- oder nadelförmiger, hexagonaler oder rhomboidaler Form heraus. Die röhrchenförmigen u. helicalen Formen waren gerade u. langgestreckt u. besaßen eine maximale Länge von 300 μ. Die Helices waren rechtsdrehend u. zeigten Paarbildung. Verschiedene Formen zeigten Übergänge in eine andere Form. Nach Behandlung mit 2%ig. $KMnO_4$-Lsg. konnten von den Kristallen bzw. anderen Teilchen Pyronin- u. Hämatoxylin-Anfärbung erhalten u. *Protein* (I) u. *Ribonucleinsäure* durch Anfärbung nachgewiesen werden. Durch Behandlung mit 1n NaOH wurden die Partikel langsam zerstört, 1n HCl hatten dagegen keinen sichtbaren Effekt. Durch Methanol, Chlf. u. A. wurden die Partikel gelöst. Nach Behandlung mit *Ribonuclease* unterblieb die Pyroninfärbung. — Nach Vf. handelt es sich bei diesen Gebilden wahrscheinlich um I-Prodd., die je nach Form jedoch biochem. verschieden sind. Verss. an Kulturen von menschlichen Embryo- u. neoplast. Gewebe gaben Anzeichen für ähnliche Erscheinungen. W. Damerau 4150◇

1035 **Kristallisationserscheinungen im Stroma isolierter Spinatchloroplasten guter Erhaltung.** E. Perner. (Naturwissenschaften **50**, 134—35, 1963; Hannover-Kirchrode, Tierärztliche Hochschule, Bot. Inst.; dt.) — Werden Chloroplasten in hyperton. Mannit- bzw. Saccharose-Lsg. mit 0,01 m Pyrophosphatpuffer isoliert u. durch Räucherung mit OsO_4-Dämpfen fixiert, so sind bei der elektronenmkr. Analyse lokale Bereiche hoher Substanzdichte zu erkennen. Die erkennbaren Granula zeigen hier einen gitterartigen Ordnungszustand. Die Kristallkomplexe sind in den Chloroplasten intakter Gewebe bisher nicht beobachtet worden. Sie entstehen offenbar erst nach der Isolierung. W. Hiller 4150◇

1036 **Autolytische Enzyme als Fehlerquelle bei der Präparation und Untersuchung der Zellwände gramnegativer Bakterien.** W. Weidel, H. Frank und W. Leutgeb. (J. gen. Microbiol. **30**, 127—30, 1963; Tübingen, Max-Planck-Inst. für Biol., Abt. Weidel.; engl.) — Werden Zellwand-Präpp. aus *Salmonella gallinarum* durch Behandlung der Zellen mit Toluol hergestellt, dann werden autolyt. Enzyme wirksam, die einen Teil der *Mucopolysaccharide* (I) der Zellwand zerstören u. so zu Fehlinterpretationen Anlaß geben. Die Tätigkeit der autolyt. Enzyme wird ausgeschaltet, wenn die Zellzerstörung in Ggw. von Natriumdodecylsulfat ausgeführt wird. In der Zellwand von *S. gallinarum* konnte so eine geschlossene I-Schicht nachgewiesen werden, die auch bei anderen gramnegativen Bakterien vorhanden ist. M. Lorenz 4150◇

1037 **Über die Ribosomen aus Blättern von Allium porrum.** Ruth Ehring. (Z. Naturforsch. **17b**, 837—47, 1962; Köln, Univ., Botan. Inst.; dt.) — Aus verschiedenen pflanzlichen u. tier. Geweben isolierte Ribonucleoproteidpartikel (Ribosomen) unterscheiden sich hinsichtlich ihrer physikal. u. chem. Eigg. kaum von solchen aus *Allium porrum*. Dagegen ergibt der Vgl. der Aminosäure-Zus. im Strukturproteid der Ribosomen mit der der Chloroplasten eindeutige Unterschiede. Der Geh. an *Lysin* u. *Arginin* ist im Ribosomenproteid wesentlich höher. O. Selisko 4150

1038 **Eigenschaften von Mikrosomen und Ribosomen aus Thymus.** Eugene L. Hess und Saima E. Lagg. (Biochemistry [Washington] **2**, 726—32, 1963; Shrewsbury, Mass., Worcester Found. for Exp. Biol.; engl.) — In cytoplasmat. Extrakten des Thymus wurden Ribosomen (R) u. eine an Lipid reiche Fraktion M nachgewiesen, deren elektrophoret. u. Sedimentations-Verh. untersucht wurde. R haben eine Sedimentations-Konst. von 74 S, 60% Ribonucleinsäuren (RNS) u. 10% Lipid, M 1—4% RNS u. 35% Lipid. M u. R stehen im Gleichgewicht mit einem Rk.-Prod. M_iR_j, das bei genügender Größe durch Sedimentation abgetrennt werden kann. Der Komplex MR kann durch eine bimolekulare Rk. beschrieben werden. M. Wiedemann 4150◇

1039 **Prüfung verschiedener Fixierungs- und Färbungsverfahren für Mitochondrien in Pflanzenwurzelgeweben.** Charlotte J. Avers. (Stain Technol. **38**, 29—35, 1963; New Brunswick, N.J., Rutgers-State Univ., Douglass Coll., Dep. of Biol. Sci.; engl.) — Sehr geeignet für Pflanzenwurzeln war OsO_4-Behandlung nach Fixierung in Hermannscher Fl. u. Einbettung in Methacrylat. Dabei wurden die Mitochondrien geschwärzt u. eine Färbung nicht mehr notwendig. Eine weitere brauchbare Meth. war die Färbung der Mitochondrien mit dem Fe-Hämatoxylin-Verf. nach Regaud, nachdem die Wurzeln in Formalin-$HgCl_2$ oder in Hellyscher Fl. fixiert wurden. In beiden Fällen war Behandlung mit J u. KOH erforderlich. K. Zingraf 4150◇

1040 **Lyse von Mycoplasma, Bakterienprotoplasten, Speroplasten und L-Formen durch verschiedene Agentien.** S. Razin und M. Argaman. (J. gen. Microbiol. **30**, 155—72, 1963; Jerusalem, Hebrew Univ., Hadassah Med. School, Dep. of Clin. Microbiol.; engl.) — Das Ausmaß der Lyse von *Mycoplasma laidlawii, M. mycoides var. capri, M. hominis,* der L-Form von *Streptobacillus moniliformis,* der Sphäroplasten von *Escherichia coli* u. *Micrococcus lysodeikticus* u. der Protoplasten von *M. lysodeikticus* wurde unter folgenden Aspekten untersucht: osmot. Druck des Mediums, alternierendes Einfrieren u. Auftauen, Erhitzen, Behandlung mit oberflächenakt. Verbb. (Natriumdesoxycholsäure, Natriumtaurocholsäure, Natriumlaurylsulfat, Cetyltrimethylammoniumbromid), Alkoholen (A., n-Propanol, n-Butanol), NaOH, Digitonin, Saponin u. Enzymen (Lysozym, Lipase, Trypsin, Bromelin, Papain). M. Lorenz 4150◇

1041 **Polyvinylalkohol als Einbettungsmedium für die Histochemie von Lipiden und Enzymen.** Ned Feder. (J. Histochem. Cytochem. **10**, 341—47, 1962; Boston, Mass., Harvard Med. School, Labor. of Cell Neuropath.; engl.) — *Polyvinylalkohol* (I) als hochpolares, wasserlösl. Harz ist zwar spröde, kann aber nach Einweichen in ein Gemisch von 15 Teilen I in 15 Teilen Glycerin u. 70 Teilen W. plast. gestaltet werden. Die bei Raum-Temp. getrocknete Masse wird zu einem harten, schneidbaren Block. Schnitte von 1—100 μ wäscht man mit W., trocknet sie an Glasscheiben u. färbt sie. In dieser Form bieten sie gute Aufbewahrungsmöglichkeiten für Gewebe, Zellstrukturen, Lipide u. Enzyme. L. Macher 4150◇

1042 **Methacrylat als Einbettungsmedium für holzige Gewebe.** Graeme P. Berlyn. (Stain Technol. **38**, 23—28, 1963; New Haven, Conn., Yale Univ., School of Forestry; engl.) — *Methacrylat* kann in holzige Gewebe leicht infiltriert werden; anschließend wird dann mit einem Gemisch von *Butylmethacrylat* u. *Methylmethacrylat* unter Zusatz von *Luperco CDB* als Katalysator polymerisiert. K. Zingraf 4150◇

1043 **Eine spezifische Färbung für Eisen mit 4.7-Diphenyl-1.10-phenanthrolin.** Peter B. Hukill und Frederick A. Putt. (J. Histochem. Cytochem. **10**, 490—94, 1962; New Haven, Conn., Yale Univ. School of Med., Dep. of Pathol.; engl.) — Statt Turnbull- oder Berliner Blau wurde das Chelat mit 4.7-Diphenyl-1.10-phenanthrolin (I) für den histochem. Farbnachw. von *Fe* in Geweben eingesetzt. Das in 10%ig. Formalin fixierte Gewebe wird 2 Std. mit einer 0,1%ig. Lsg. von I in 3% Essigsäure gefärbt, gewaschen, mit Methylenblau 3 Min. gegengefärbt, worauf Fe rot, die Nuclei blau gefärbt erscheinen. L. Macher 4150◇

1044 **Die Fixierung von Glucose und 3-Methylglucose an Filterpapier und ihr Nachweis durch die Reaktion nach Okamoto, Kadota und Aoyama (1948).** Gerhard Müller. (Acta histochem. [Jena] **14**, 270—75, 1962; Mainz, Johannes-Gutenberg-Univ. Anatom. Inst.; dt.) — *Glucose-* (I) u. *3-Methylglucose* (II)-Lsgg. wechselnder Konzz. wurden auf Papier aufgetropft, bei verschiedenen Temp. in $Ba(OH)_2$ gesätt. Methanol fixiert, nach Waschen mit Methanol in einer 2%ig. Lsg. von $AgNO_3$ in A. entwickelt u. in saurem Fixierbad fixiert. Bei -30^0 kann I nach 24std. Fixierung noch in einer Konz. von 0,005% gut, II auch bei höheren Konzz. sehr schlecht nachgewiesen werden. G. Seltmann 4150◇

1045 **Betreffs der Spezifität der Dichromat-Hämatoxylin-, Dichromat-Sudanschwarz-B-Techniken für den histochemischen Nachweis von Phospholipiden.** C. Bourgeois und M. H. Hack. (Acta histochem. [Jena] **14**, 297—306, 1962; New Orleans, La., Tulane Univ., Dep. of Med. and Anatomy; engl.) — An Gewebeschnitten werden Grenzen u. Möglichkeiten der Dichromatfixierung von *Phospholipiden* unter Anwendung der Papierchromatographie untersucht. An Hand mehrerer Abb. u. Tabellen wird nachgewiesen, daß die kritiklose Anwendung der Elftman- u. der Baker-Technik zu Fehlern führen kann, da einmal nicht alle Phospholipide, zum anderen aber auch nichtlipoide Komponenten reagieren. G. Seltmann 4150◇

1046 **Verdünntes, ungebeiztes Hämatoxylin als Färbemittel für basisches Nuclearprotein.** Harold M. Fullmer und R. D. Lillie. (J. Histochem. Cytochem. **10**, 502—03, 1962; Bethesda, Md., Nat. Inst. of Health; New Orleans, La., State Univ., Med. School., Dep. of Pathol.; engl.) — Da sich verd., ungebeiztes *Hämatoxylin* (I) als höchst selektiv für die Färbung von Nucleoprotein erwies, wird für Gewebe (Mäusehoden, Speicheldrüsen, Magen, Eingeweide, Leber, Zunge, Pankreas usw.) das folgende Färbeverf. empfohlen: Die 24 Std. in Formalin fixierten, paraffinierten Gewebe werden mit A. 3 Min. entparaffiniert, mit Kollodium behandelt, mit n/1 HCl 4 Std. bei 60^0 hydrolysiert, mit dest. W. gewaschen u. mit 0,1%ig. I in 0,2n Trispuffer bei pH 8,1—9,2 1 Std. bei 37^0 gefärbt. Acetylierung, Desaminierung, 18std. Säurehydrolyse vereiteln diese Färbung. L. Macher 4150◇

1047 **Beitrag zur Histoenzymologie des Rhinarium von Ovis aries L.** Lucie Arvy. (C. R. hebd. Séances Acad. Sci. **252**, 177—78, 4/1. 1961; Jouy-en-Josas, Labor. de Physiol. du C.N.R.Z.; franz.) — Die Drüsen des Rhinarium scheiden beim einheim. Hammel basophile Sekrete aus; reich an *Dehydrogenase* u. *Leucyl-β-naphthylamidase* hydrolisieren sie *Glycerophosphat* u. *Adenosintriphosphat, α-Naphtholacetat* u. *Acetylcholin.* Subepitheliale Nervenendigungen hydrolysieren *Acetyl-* u. *Butyrylcholin.* Morpholog. u. durch ihre enzymat. Ausstattung sind die Drüsen des Rhinarium den Speicheldrüsen ähnlich. H. Aman 4150◇

1048 **Die Carboxylierung von Gewebeschnitten mit p-Hydrazinobenzoesäure und mit Bernsteinsäureanhydrid.** John M. Shackleford. (J. Histochem. Cytochem. **10**, 469—72, 1962; Birmingham, Ala., Univ. of Alabama, Med. Center, Dep. of Anat.; engl.) — Gesätt. *p-Hydrazinobenzoesäure* (I)-Lsg. in Pyridin kondensiert mit Perjodat oxydierte 1.2-Glykole auf die gleiche Weise wie Phenylhydrazin. Nach der Behandlung von Gewebeschnitten mit I ist die $C_{(1)}$-COOH-Gruppe für histochem. Unterss. verfügbar. Die Carboxylierung paraffinierter Gewebe kann auch durch *Bernsteinsäureanhydrid* erreicht werden. Die Wrkg. dieser beiden Carboxylierungsarten wurde auf Grund der Färbung mit der Perjodsäure-Schiff-Meth. bzw. mit Alcianblau oder Toluidinblau verglichen. Auch Farb-Rkk. von mit Sulfaten veresterten Gewebeschnitsen wurden herangezogen. Als dritte Meth. zur Carboxylierung erwies sich die Anwendung von *Phthalsäureanhydrid,* das sich zwar in Pyridin schwerer löst, dafür aber gute Farbeffekte mit den obigen Farbstoffen gibt. L. Macher 4150◇

1049 **Histochemische Methylierung mit Methanol und Thionylchlorid.** Günther Geyer. (Acta histochem. [Jena] **14**, 284—96, 1962; Jena, Friedrich-Schiller-Univ., Anatom. Inst., Histochem. Abt.; dt.) — Die zu untersuchenden Gewebe wurden bei 20^0 oder 56^0 mit einem Gemisch von 4 ml Thionylchlorid u. 100 ml abs. Methanol inkubiert u. danach gründlich mit W. gewaschen. Der Einfl. dieser Methylierung auf die Anfärbbarkeit einer Reihe von Organen mit verschiedenen Farbstoffen wird mitgeteilt u. es wird festgestellt, daß nach 1tägiger Inkubation bei 20^0 oder 2std. bei 56^0 bei allen Substraten vollständige Blockierung der methylierbaren Gruppen eingetreten ist, dagegen ist eine stärkere Bindung saurer Farbstoffe (Zunahme von freien NH_2- bzw. Bldg. von $N(CH_3)_2$-Gruppen) zu verzeichnen. G. Seltmann 4150◇

1050 **Ein Nucleotidtriplettcode für Aminosäuren.** Carl R. Woese. (Biochem. biophys. Res. Commun. **5**, 88—93, 2/6. 1961; Schenectady, New York, General Electric Res. Labor.; engl.) — Es wird die Existenz eines Nucleotidtriplettcodes nachgewiesen, der folgende Eigg. aufweist: Voraussage der Nucleotid-Zus. von 6 Ribonucleinsäureviren aus deren Aminosäure-Zus. (Tabakmosaik-, Tomaten-bushy stunt-, Southern bean-Mosaik, Turnip yellow-, Gurken-, Poliovirus); Übereinstimmung mit den Befunden bei der Aminosäuresubstitution; mindestens teilweise Übereinstimmung mit den Ergebnissen bei chem. hervorgerufenen Mutationen. Stereochem. verwandte Aminosäuren entsprechen eng verwandten Nucleotidtripletts. Es handelt sich z. T. um einen kommalosen Code mit der zusätzlichen stabilisierenden Einschränkung, daß eine Base A niemals in einer der Stellungen eines Tripletts erscheint. K. Maier 4150◇

1051 **Trennung von Ribonucleinsäuren und anorganischen Polyphosphaten. 1. Mitt. Trennungsversuche durch Elektrophorese und Chromatographie.** Jean-Pierre Ebel, Guy Dirheimer, Michel Yacoub und Simone Muller-Felter. (Bull. Soc. Chim. biol. **44**, 1167—73, 1962; Strasbourg, Fac. de Pharm., Labor. de Chim. Biol.; franz.) — Bei Verss. anorgan. Polyphosphate, wie Na-Pyrophosphat $Na_4P_2O_7 \cdot 10\,H_2O$, Na-Triphosphat $Na_5P_3O_{10} \cdot 10\,H_2O$ u. Na-Pentaphosphate, die aus einem Gemisch von langkettigen Polyphosphaten mit einer mittleren Kettenlänge von 5 Phosphatgruppen bestehen, Graham-Salz, Kurrolsalz u. hochmol. Heferibonucleinsäuren auf säuregewaschenem Schleicher & Schüll-Papier Nr. 2043 b papierelektrophoret. zu trennen, wurden nur bei pH 2,0; 4,0 u. 10,0 einwandfreie Ergebnisse erzielt. Die Mikroelektrophorese im fl. Medium in der Kern-App. verlief bei pH 7,23 in m/45 Phosphatpuffer bei 80 V u. 2,5 A nach 48std. Dialyse bei 4° ebenfalls erfolgreich. Bei der papierchromatograph. Trennung von Ribonucleinsäuren u. Polyphosphaten konnten durch Anwendung von 60 ml Isopropanol, 40 ml W. u. 5 g CCl_3COOH als Lsgm. bei Einhaltung bestimmter Konz.-Bedingungen gute Resultate erzielt werden. U. Drehmann 4150

1052 **Trennung von Ribonucleinsäuren und anorganischen Polyphosphaten.** 2. Mitt. **Darstellung einer Trennungsmethode durch differenzierte Adsorption an Kohle.** Simone Muller-Felter und Jean-Pierre Ebel. (Bull. Soc. Chim. biol. **44,** 1175—84, 1962; franz.) — 1. vgl. vorst. Referat. — Bei Verss. mit verschiedenen Sorten von Aktivkohle (*Activit* (*50XL, Norite, végétale Prolabo, Norite animale Prolabo, Norite SX 11*) in Säulen oder mit Kohlesuspension bei systemat. Unters. von Na-Polyphosphaten verschiedener Kettenlängen wurde eine starke Adsorption dieser Verbb. aus wss. Lsg. festgestellt. Elektrolyte (NaCl oder LiCl 0,25—0,50 m) verhindern diese Adsorption. Die Ribonucleinsäuren, die in wss. Lsg. nur teilweise adsorbiert werden, erfahren bei Zusatz der erwähnten gleichkonz. Elektrolyte vollständige Adsorption. Diese Ergebnisse ermöglichten ein Verf. auszuarbeiten, das die vollständige Trennung der Ribonucleinsäuren u. der anorgan. Polyphosphate erlaubt. U. Drehmann 4150

1053 **Die Biochemie des Nucleinsäureumsatzes der Spermien im Zusammenhang mit der Geschlechtsbildung bei den Säugetieren.** W. N. Schreder. (Nachr. Akad. Wiss. UdSSR, biol. Ser. **28,** 555—61, 1963; Ssewertzow-Inst. für Morphol. der Tiere der Akad. der Wiss. der UdSSR; russ., Auszug: engl.) — Bei Zusatz einer Lsg. enthaltend 20% Glucose, 0,75% Glykokoll u. 0,06 mg Nicotinsäure (tägliche Dosis), zur Nahrung von ♂-Kaninchen verändert sich das Verhältnis ♀/♂ in der Nachkommenschaft von 1 : 1 nach 1 : 3,36. Hierbei werden die Aktivitäten der *Phosphatase* (**I**) u. der *Ribonuclease* (**II**) im Sperma u. der Geh. an *Desoxyribonucleinsäure* (**III**) nicht verändert. Der Geh. des Spermas an *Ribonucleinsäure* (**IV**) nimmt zu. Bei täglichem Zusatz von 3% Glykokoll u. 200 mg Methylthiouracil zur Lsg. wird das Verhältnis ♀/♂ nach 1 : 0,36 verschoben. Die Aktivität der alkal. **I** wird stark, die der sauren **I** weniger erhöht. Die **II**-Aktivität wird statist. nicht signifikant verändert. **III** nimmt stark ab, **IV** stark zu. Die Aktivitätsänderungen der alkal. **I**, der Umsatz von **III** u. **IV** u. die Rolle des P-Stoffwechsels in den Spermien bei der Eiweiß-Synth. im Zusammenhang mit der Bldg. von Geschlechtsmerkmalen werden diskutiert. O. Lebtag 4150△

1054 **Synthese der Desoxyribonucleinsäure in der isolierten perfundierten Rattenleber.** 1. Mitt. **Der Einbau von ^{3}H-Thymidin in normale Leber und in Leber nach partieller Hepatektomie.** G. B. Gerber und J. Remy-Defraigne. (Z. Naturforsch. **18b,** 216—18, 1963; Mol, Euratom, Centre d'Étude de l'Énergie Nucléaire, Dep. Radiobiol.; dt.) — Hungernde ♂ Ratten werden zu 60% hepatektomiert u. nach verschiedenen Zeiten Pfortader, Gallengang u. Vena cava kanüliert, die Restleber isoliert u. mit sauerstoffreichem Perfusat durchströmt, das aus 40—50 ml heparinisiertem, frischem Rattenblut (durch Herzpunktion gewonnen, mit $^1/_3$ Vol. Ringer-Lsg. verd. unter Zusatz von 150 mg Glucose) bestand. Die Perfusion wurde unter einem Druck von 14 cm Wassersäule an der Pfortader 5—7 Std. lang durchgeführt. Der Durchfluß betrug 1—1,5 ml/Min. pro g Leber. Er ist zu Beginn der Perfusion bei normaler Leber u. nach Partialhepatektomie gleich. Nach 3—5 Std. fiel der Durchfluß in der regenerierenden Leber ab. Dem Perfusat wurde zu Beginn 50 μc *^{3}H-Thymidin* (**I**) u. nach 3 Std. erneut 50 μc **I** zugegeben. Die Leber wurde am Schluß von fremdem Gewebe gesäubert, gewogen, homogenisiert u. die Nucleinsäuren extrahiert. In der normalen Leber u. im intakten Tier wird nur wenig **I** in die *Desoxyribonucleinsäure* (DNS) eingebaut. 18 Std. nach Hepatektomie steigt während der Perfusion der Einbau rasch an u. erreicht ein Maximum 24—48 Std. nach Hepatektomie. Aus den Einbau-Geschw. kann man ersehen, daß in der regenerierenden Leber nicht nur eine Zunahme der DNS-Synth. selbst erfolgt, sondern daß auch die Vorgänge, die zur DNS-Synth. führen u. die sie induzieren, intakt bleiben. Die gesamte Radioaktivität im Perfusat fällt innerhalb 5 Std. nur sehr wenig ab. Dagegen fällt die nicht flüchtige Radioaktivität unter gleichzeitiger Bldg. von flüchtigen radioakt. Verbb. (T-markiertes W.) rasch ab. Man muß annehmen, daß bereits 60 Min. nach Gabe von ^{3}H-I nur noch wenig **I** zur DNS-Synth. zur Verfügung steht. Ein Teil der Radioaktivität in der nichtflüchtigen Fraktion des Perfusates liegt als *β-Aminoisobuttersäure* vor. Von der gesamten als ^{3}H-I zugegebenen Radioaktivität werden 0,7% in die normale Leber u. bis zu 13% in die regenerierende Leber eingebaut. L. Träger 4150◇

1055 **Der molekulare Zustand der Desoxyribonucleinsäure im Korpuskel des Bakteriophagen** s_d. T. I. Tichonenko, N. G. Pitschugina und Ja. Koudelka. (Biochemie [UdSSR **28,** 101—12, 1963; Moskau, Inst. für physikal.-chem. u. Strahlenbiol. der Akad. der Wiss. der UdSSR; Gamaleja-Inst.; Inst. für Epidemiol. u. Mikrobiol. der Akad. der med. Wiss. der UdSSR; russ., Auszug: engl.) — Chromatograph., viscosimetr. u. nach der Sedimentations-Meth. wurde der mol. Zustand der *Desoxyribonucleinsäure* (**I**) in den Korpuskeln der Phagen s_d u. T2 von *Escherichia coli* untersucht. Das aus der Grundviscosität u. dem abs. Geh. an Nucleinsäure in der Phagenkorpuskel ermittelte Molgew. betrug $90—100 \cdot 10^6$. Derselbe Wert für das Molgew. ergab sich durch den Vgl. der Koeff. der Fällbarkeit. Aus den Ergebnissen wird geschlossen, daß in den Korpuskeln von s_d u. T2 die **I** nur durch 1 Mol. vom Molgew. $90 \cdot 10^6$ vertreten ist. O. Lebtag 4150△

1056 **Methylierung und Abbau der Mikrosomen- und löslichen Ribonucleinsäure aus der Rattenleber durch Diazomethan.** E. Kriek und P. Emmelot. (Biochemistry [Washington] **2,** 733—40, 1963; Amsterdam, Netherlands Cancer Inst., Dep. of Biochem.; engl.) — Wss. Lsgg. von Mikrosomen wie lösl. Ribonucleinsäure (RNS) wurden mit Diazomethan in Ae. behandelt u. Änderungen im UV-Spektrum, des hyperchromen Verh. u. der Protamin-Titration verfolgt. Der Abbau der RNS erfolgte durch Methylierung des Guanins u. Veresterung der sek. Phosphatgruppen. Weitere Methylierungs-Prodd. wurden papierchromatograph. identifiziert. In einer Ae.-Suspension der RNS entstand kein 7-Methylguanin, dagegen 1-Methyluracil. In W. erfolgte durch Diazoäthan der Abbau viel langsamer als durch Diazomethan. M. Wiedemann 4150◇

1057 **Antagonismus zwischen 5-Azauracil und Pyrimidinvorstufen der Ribonucleinsäuren in Escherichia coli.** F. Šorm, J. Škoda und J. Kára. (Experientia [Basel] **16,** 304—05, 1961; Prague, Czechoslovak Acad. of Science, Inst. of Org. Chem. and Biochem.; engl.) — *5-Azauracil, 2.4-Dioxo-1.2.3.4-tetrahydro-1.3.5-triazin,* hemmt das Wachstum von *E. coli*-B-Kulturen. Die Hemmwrkg. wird von *Uracil, Cytosin* u. ihren Ribosiden *Uridin* u. *Cytidin* ganz, von *Desoxyuridin, Desoxycytidin* u. *Thymidin* teilweise aufgehoben. Orotsäure ist unwirksam. K. Maier 4150◇

1058 **Fremde Nucleinsäuren als Anreiz zur Bildung von Interferon.** A. Isaacs, R. A. Cox und Z. Rotem. (Lancet **2,** 113—16, 1963; London, Nat. Inst. for Med. Res.; engl.) — *Ribonucleinsäure* (**I**) aus Ribosomen von Hühnern, Mäusen u. Kaninchen löst in homologen Zellen keine Bldg. von *Interferon* (**II**) aus. Wenn die gleichen **I**-Präpp. mit HNO_2 behandelt wurden, so setzte **II**-Bldg. ein (wahrscheinlich infolge der Veränderung der Grundstruktur von **I**, so daß diese auf die homologen Zellen als Fremdstoff wirkte). K. Zingraf 4150◇

1059 **Die Wärmedenaturierung der Desoxyribonucleinsäure in Abhängigkeit vom pH-Wert.** B. I. Ssuchorukow, W. N. Lysszow und Ju. Sch. Moschkowski. (Biophysik [UdSSR] **7,** 551—53, 1962; Moskau, Inst. für chem. Physik der Akad. der Wiss. der UdSSR; russ.) — *Desoxyribonucleinsäure* (**I**) geht, in Abhängigkeit vom pH-Wert, innerhalb eines engen Temp.-Bereiches (als „Schmelzpunkt" F. bezeichnet) aus dem hochgeordneten spiralförmigen Zustand in einen knäuelartigen über (Denaturierung). Durch Messung der opt. Dichte von nativer **I** in 0,15n NaCl bei 260 mμ wurde die Abhängigkeit dieses F. vom pH-Wert bestimmt. Bei pH $< 2,8$ u. $> 11,8$ wird **I** bereits bei 20° denaturiert. Bei pH 2,8—4,5 erhöht sich der F. auf ca. 80°, durchläuft bis pH 9 ein flaches Maximum u. sinkt bei pH 9—12,8 wieder auf 20° ab. Helmut Schäfer 4150△

1060 **Nichtwässerige Lösungen der Desoxyribonucleinsäure: Denaturierung durch Harnstoff und seine Methylderivate.** Theodore T. Herskovits. (Biochemistry [Washington] **2,** 335—40, 1963; Chicago, Univ., Committee on Biophysics; engl.) — Die Denaturierung von Desoxyribonucleinsäure (DNS) aus Lachs in *Harnstoff* (I), *Dimethylharnstoff* u. *Tetramethylharnstoff* (**III**) wurde durch Messung der opt. Dichte u. der opt. Drehung verfolgt. Bei einer Salz-Konz. über 10^{-3}m konnte die DNS in gesätt. **I**-Lsg. bei 25° nicht denaturiert werden. Die Denaturierungsfähigkeit nahm mit der Alkylsubstitution zu. Hydrophobe Kräfte dürften daher bei der nativen DNS-Struktur eine wichtige Rolle spielen. Ferner wurde durch Dichtegradientzentrifugation die Trennung der beiden Stränge von $^{14}N^{15}N$-DNS aus *Escherichia coli* untersucht. In 10m **I** bei 25° wurde keine Denaturierung erzielt, wohl aber in 9m **II**. Ionisierende Kraft wie Kapazität für Wasserstoffbrücken des Lsgm. sind also entscheidend. M. Wiedemann 4150◇

1061 **Einige Bemerkungen zu den bei Nucleinsäurepräparaten beobachteten breiten Elektronenspinresonanzabsorptionen.** Irvin Isenberg. (Biochem. biophys. Res. Commun. **5,** 139—43, 2/6. 1961; Woods Hole, Mass., Marine Biol. Labor., Inst. für Muscle Res.; engl.) — Es wird darauf hingewiesen, daß das Vorliegen breiter Elektrospinresonanzabsorption bei Nucleinsäure-Präpp. in zahlreichen Fällen auf rein organ. Wechselwrkg. zurückzuführen ist, nicht auf Ggw. paramagnet. Kationen, u. daß ausreichend strenge Kriterien zur Beurteilung anzuwenden sind. K. Maier 4150◇

1062 **Analyse der Peptide der mäßig lysinreichen Histonfraktion F 2b, des Walker-Tumors und anderer Gewebe.** Lubomir S. Hnilica, Charles W. Taylor und Harris Busch. (Exp. Cell Res., Suppl. **1963,** 367—75; Houston, Tex., Baylor Univ., Coll. of Med., Dep. of Pharmacol.; engl.) — Vgl. C. **1964,** 08-1092. — Aus Walker-Tumor, Thymus u. Milz von Ratten u. aus Kalbsthymus wurde durch Chromatographie an Carboxymethylcellulose die F2b genannte an Lysin mäßig reiche Histonfraktion abgetrennt. Ihre Aminosäure-Zus. zeigte keine spezif. Differenzen bei den einzelnen Geweben, die N-endständige Gruppe war Prolin. Die trypt. Spaltung lieferte 25 Peptide. Ihre Verteilung sowie die von Arginin, Histidin u. Tyrosin war bei den 4 Fraktionen verschiedener Herkunft ebenfalls dieselbe. M. Wiedemann 4150◇

1063 **Mechanismus des ^{14}C-Tyrosineinbaues in die Proteine der großen Cytoplasmagranula.** L. Toljuschis. (Biochemie [UdSSR] **28,** 161—71, 1963; Kaunas, Med. Inst., Lehrstuhl für Biochemie; russ., Auszug: engl.) — Zwecks Beantwortung der Frage, ob die großen cytoplasmat. Granula der Rattenleber ohne Beteiligung anderer Komponenten der Zelle die Hauptstadien der Eiweiß-Synth. zu verwirklichen vermögen, wurde die Gesamtfraktion der cytoplasmat. Granula der Rattenleber untersucht u. festgestellt, daß in Ggw. von *Adenosintriphosphorsäure* (**I**) u. Mg^{2+} *Tyrosin* (**II**) aktiviert wird, wobei die **II**-Aktivierung an der Bldg. von Tyrosylhydroxamat gemessen wurde. Die **II**-Aktivität ist nicht auf die Beimengung von pH 5-Ferment zurückzuführen. Die großen Granula lagern das aktivierte **II** an die *Ribonucleinsäure* (**III**) an. Bei der Inkubation der großen cytoplasmat. Granula mit **I**, dem regenerierenden Syst. u. der durch ^{14}C-**II** markierten s-**III** wird **II** von s-**III** auf die Proteine der Granula übertragen. Durch Gefrieren u. Auftauen der großen Granula wird deren Aktivität völlig unterdrückt, während diese Behandlung die Mikrosomen nicht inaktiviert. Die großen cytoplasmat. Granula sind danach fähig, die Hauptstadien der Eiweiß-Synth. auszulösen. O. Lebtag 4150△

1064 **Teilnahme der niederpolymeren Ribonucleinsäure an der Synthese der Kernproteine.** W. A. Gwosdew und M. A. Ponomarewa-Stepnaja. (Biochemie [UdSSR] **28,** 152 bis 160, 1963; Moskau, Kurtschatow-Inst. für Atomenergie; russ., Auszug: engl.) — Bei der Inkubation der isolierten Zellkerne aus der Rattenleber mit *^{14}C-Aminoacyl-s-ribonucleinsäure* (**I**) gehen die Aminosäuren in die *Kernproteine* über. Die Rk. erfolgt im Kern selbst u. wird nicht durch Beimengungen von cytoplasmat. Strukturen im Kern-Präp. verursacht. Die an die *s-Ribonucleinsäure* (**II**) gebundenen-Aminosäuren werden sowohl in die Proteine des Kernsaftes wie in die Proteine der Chromosomen eingebaut. Eine Ausnahme bilden die Histone, welche bei der Inkubation der Zellkerne mit **I** keine Aminosäuren einbauen. Der Übertritt der Aminosäuren in die Kernproteine erfolgt von der cytoplasmat. **II** aus. Damit wird bestätigt, daß die **II** der Kerne u. des Cytoplasmas funktionell gleichwertig sind. O. Lebtag 1450△

1065 **Die Wirkungen von Protaminen und Histonen auf die Nucleinsäuren von Ascitestumorzellen.** F. F. Becker und H. Green. (Exp. Cell Res. **19,** 361—75, März 1960; New York City, New York Univ., Bellevue Med. Center, Dep. of Pathol.; engl.) — Krebs-Ascitestumorzellen nehmen aus dem Medium *Protamin* (**I**) u. *Histon* (**II**) rasch u. in großer Menge auf. Bei höheren **I**- u. **II**-Konzz. nehmen die Zellen mehr **I** auf, als der normale Ribonucleinsäure (**III**) + Desoxyribonucleinsäure (**IV**)-Geh. beträgt. **I** verbindet sich mit Zellkern-**IV** u. mit Cytoplasma-**III** unter Bldg. von Fällungskörpern im Cytoplasma. Bei Einw. von **I** oder **II** hört der Aminosäureeinbau in Zellprotein plötzlich auf, während die Zellatmung durch die gleichen **I**-Konzz. relativ wenig beeinflußt wird. Die Lebensfähigkeit der Zellen wird durch **I**-Einw. zerstört. K. Maier 4160□

1066 **Über die Fermentglieder, welche die Geschwindigkeit der Mikrosomenglykolyse der ascitischen Ehrlich-Krebszellen bestimmen.** K. N. Ssorokin. (Biochemie [UdSSR] **28,** 18—21, 1963; Leningrad, Akad. der med. Wiss. der UdSSR, Inst. für experim. Med., Abt. Biochemie; russ., Auszug: engl.) — In einer früheren Arbeit des Vf. (vgl. C. **1963,** 7021) war gezeigt worden, daß die Mikrosomen der ascit. Ehrlich-Krebszellen ein Glykolysevermögen aufweisen. Es wird nun festgestellt, daß die Geschw. dieser Glykolyse durch jene Rkk. begrenzt wird, die durch die *Hexokinase* (**I**) katalysiert werden. Durch Zusatz von **I** zum Substrat wird die Geschw. der Glykolyse um das 1,5fache erhöht. Die Vers.-Ergebnisse widerlegen die Literaturangaben, wonach die Glykolyse im Muskel durch die zentrale Oxydored. begrenzt sein soll. Enthält das Medium eine ausreichende Menge von Coenzymen, wie in der Geschwulstzelle in situ, so ist die Oxydored. in keinem Fall der begrenzende Faktor. O. Lebtag 4160△

1067 **Kapazität für die Synthese eines Pyrimidin biosynthetisierenden Enzyms in tierischen Zellen.** Herbert L. Ennis und Martin Lubin. (Biochim. biophysica Acta [Amsterdam] **68,** 78—83, 1963; Boston, Mass., Harvard Med. School, Dep. of Pharmacol.; engl.) — Der Geh. an *Asparaginsäure-transcarbamylase* (**I**), dem ersten Enzym der Pyrimidinbiosynth., wird in Sarkom-180 Zellen nach durch *6-Azauridin* (**II**) hervorgerufenem Pyrimidinmangel auf das 3—4 fache erhöht. Zugabe fertiger Pyrimidine u. gleichzeitige Zugabe von **II** u. Uridin zu wachsenden Kulturen zeigen keine Wrkg. auf die **I**-Menge. **I** zeigt ein Wrkg.-Maximum bei pH 6,5 u. 38°. G. Seltmann 4160◇

1068 **Aerobe und anaerobe Kohlenhydratverwertung in normalen und melanotischen Pigmentzellen von Fischen.** Douglas G. Humm und Jane H. Humm. (Ann. New York Acad. Sci. **100,** 857—65, 1963; Chapel Hill, N.C., Univ. of North Carolina, Dep. of Zool.; engl.) — Melanom-Pigmentzellen von Fischen zeigten unter aeroben u. anaeroben Bedingungen eine höhere Glykolyse als normale Pigmentzellen. Im Tumor ist die Aktivität der *Milchsäuredehydrogenase* gesteigert. Die Oxydations-Geschw. in Tumorzellen wird durch eine Stufe im Krebs-Cyclus zwischen Pyruvat u. Succinat u. nicht durch das Cytochrom-Syst. begrenzt. K. Zingraf 4150◇

1069 **Glykolyse durch subzelluläre Melanomfraktionen und die Wirkungen von Insulin, Endotoxin und Testosteron.** Karl Giger. (Ann. New York Acad. Sci. **100,** 866—75, 1963; Bethesda, Publ. Health Serv., Nat. Cancer Inst., Biochem. Labor.; engl.) — Die anaerobe Glykolyse durch die Partikelfraktion von Mäusemelanom S 91 wurde durch Zusatz von *Niacinamid* u./oder erhitzter überstehender Fl., durch *Insulin* u. durch *Endotoxin* von *Serratia marcescens* gesteigert u. durch *Testosteronpropionat* verringert. K. Zingraf 4160◇

1070 **Die biochemische und klinische Bedeutung der Melanogenurie.** Jiří Duchoň und Zdeněk Pechan. (Ann. New York Acad. Sci. **100,** 1048—68, Prague, Charles Univ., Med. Fac., Dep. of Biochem.; Brno, Cancer Res. Inst.; engl.) — Übersicht. — 88 Literaturangaben. K. Zingraf 4160◇

1071 **Chemische und histochemische Untersuchungen der Tyrosinaseaktivität bei Melanom und verwandten Schädigungen.** Jeffrey P. Chang, William O. Russell, John S. Stehlin jun. und J. Leslie Smith jun. (Ann. New York Acad. Sci. **100,** 951—64; Houston, Texas, Univ. of Texas, M. D. Anderson Hosp. and Tumor Inst., Dep. of Pathol. and Surg.; engl.) — Die *Tyrosinase* (**I**)-Aktivität in Melanomen, pigmentierten Naevi u. Basalzellcarcinomen wurde colorimetr. unter Verw. von *Dopa* (**II**) u. histochem. mit $^{14}C_{(2)}$-*Tyrosin* u. **II** als Substraten bestimmt. Diese Best. können als Hilfe bei der Diagnose dienen, die Diagnose kann aber nicht allein auf diese Weise gestellt werden, da pigmentierte u. unpigmentierte Melanome **I**-negativ, gutartige Schädigungen aber **I**-positiv sein können.
K. Zingraf 4160◇

1072 **Untersuchungen über die Genwirkung und die Aktivität von melanogenem Enzym bei Fischen mit Melanom.** Sylvia S. Greenberg und M. J. Kopac. (Ann. New York Acad. Sci. **100,** 887—923, 1963; New York, N.Y., New York Zool. Soc., Genet. Labor.; New York Univ., Dep. of Biol.; engl.) — ^{14}C-*Dihydroxyphenylalanin* (**I**) wird spezif. in Pigmentzellen eingebaut, die akt. *Melanin* (**II**) synthetisieren. In normalen Pigmentzellen findet kein **II**-Umsatz statt. Die Menge des aufgenommenen **I** hängt vom Differenzierungsstadium der Zelle ab. In nichtmelanot. Melanocyten von Albinotieren wurde *melanogenes Enzym* nachgewiesen. Das Albino-Gen scheint als Hemmstoff zu wirken.
K. Zingraf 4160◇

1073 **Anomale Fettresorption bei Tumorratten.** Israel Posner. (Proc. Soc. exp. Biol. Med. **98,** 477—79, 1958; Washington, D.C., Georgetown Univ. Hosp., Surg. Res. Metabol. Labor.; engl.) — Ratten (Sprague-Dawley), die an Walker-Carcinom 256 litten u. deren Tumoren 15—18% des Körper-Gew. ausmachten, wurde der Ductus thoracicus drainiert. Die Tiere erhielten 1% ig. NaCl-Lsg. als Trink-Fl., Futter wurde nicht gegeben. 24 Std. nach der Operation wurden 0,5 ml ^{131}J markiertes Triolein, in Olivenöl gelöst, in das Maul eingebracht u. mit 5 ml W. nachgespült. Die Lymphe wurde dann 6 Std. lang gesammelt. Bei den Tumortieren ist die Fettmenge, die aus der Ductus thoracicus-Lymphe wiedergewonnen werden kann, signifikant geringer als bei den Kontrollen. K. Böhm 4160◇

1074 **Experimentelle Untersuchung der Bildung von Osteosarkom durch Beryllium.** Sanya Okada. (J. Kyoto prefect. med. Univ. **58,** 765—800, 1955; Kyoto Pref. Med. Univ., Dep. of Pathol.; jap., Auszug: engl. S. IXV.) — Vf. erzeugt durch Injektion von *Be*-Verbb. (*BeO*, $Be_2P_2O_7$) u. Be-haltigen Verbb. (z. B. *BeO*, *ZnO*, *MnO*, SiO_2) in die Aurikularvene von Kaninchen experimentell Beryllosis u. *Osteosarkom* (O). Verteilung des Be im Körper u. seine Ausscheidung werden untersucht. Außer O werden in einigen Fällen gutartige Osteoma gefunden. Durch Be hervorgerufene O metastasieren leicht. Gottfried Schreiber 4160△

1075 **Vorstufen carcinogener Kohlenwasserstoffe im Tabakrauch.** E. Gil-Av und J. Shabtai. (Nature [London] **197,** 1065—66, 1963; Rehovoth, Weizman Inst. of Sci., Daniell Sieff Res. Inst.; engl.) — Nach Pyrolyse von *Isopren* (**I**) bei 400° u. 760 mm wurden *1-Methyl-5-isopropenylcyclohexan* (**II**) u. *1.4-Dimethyl-4-vinylcyclohexen* (**III**) erhalten. Bei 450—700° gingen **II** u. **III** in Aromaten über. Bei 600° wurden in der monocycl. Fraktion (93 Gew.-% der aromat. Fl.) 5% *Benzol*, 30% *Toluol*, 38% *Xylol* u. 21% C_9-*Alkylbenzole* (**IV**) gefunden. Der Teer (bei 600° 4,2% der eingesetzten **I**-Menge) enthielt 0,1% *3.4-Benzpyren* (**V**). Als bedeutend für die Bldg. von **V** u. anderer *polycycl. KW-Stoffe* (**VI**) aus Tabakkomponenten wird von Vff. daher folgender Weg angesehen: *Terpene* → **I** → *Dipenten* bzw. Isomere → **IV** oder **V** u. **VI**. Daneben können **V** u. **VI** auch durch Kondens.-Rkk. aus **IV** entstehen. W. Damerau 4160◇

1076 **Über die cancerogenen Eigenschaften des Auspuffrußes von Kraftwagen.** B. P. Gurinow, W. N. Tugarinowa, O. I. Wassiljewa, M. W. Nifontowa und L. M. Schabad. (Hyg. u. Sanitätswes. [UdSSR] **27,** Nr. 2, 19—24, Febr. 1962; Moskau, Ministerium für Gesundheitswesen, Wiss. Erisman-Forschungs-Inst. für Hygiene; russ., Auszug: engl.) — In biolog. Unterss. an braunen u. schwarzen Mäusen der Linie C_{57} u. CC_{57} zeigte lokale oder subkutane Anwendung (20% ig. Lsg. 2 Tropfen/1—1,15 cm Körperoberfläche, 3 mal wöchentlich bzw. 0,2 cm^3 25% ig. Emulsion 1 mal monatlich, 12 Monate) von Teer aus dem Auspuffruß von Verbrennungsmotoren, der 200 γ *3.4-Benzpyren* (**I**)/g enthielt, starke blastomogene Wrkg., während der Teer aus dem Ruß der Dieselmotoren, der nur 1 γ **I**/g enthielt, selten u. erst nach 14—19 Monaten, ebenso wie die Anwendung von *Bzl.* (9 Monate) oder *Pfirsichöl* (16 Monate) in der Kontrolle, zur Bldg. von Adenom oder Sarkom führte. I. v. Kloch-Kornitz 4160◇

1077 **Cancerogene Substanzen in Wasser und Boden.** 14. Mitt. **Weitere Untersuchungen über polycyclische, aromatische Kohlenwasserstoffe in Erdproben.** J. Borneff und H. Kunte. (Arch. Hyg. Bakteriol. **147,** 401—09, 1963; Mainz, Univ., Hyg. Inst.; dt.) — 13. vgl. C. **1963,** 20831. — Vff. finden in Erdproben aus Fichten-, Buchen- u. Mischwald vom Bodenseegebiet u. aus der Lüneburger Heide polycycl., aromat. KW-Stoffe. Außer nichtcancerogenen Verbb. wurden gefunden: *3.4-Benzpyren*, *3.4-* u. *10.11-Benzfluoranthen*, *1.2-Benzanthracen*, *Chrysen* u. *Indeno-[1.2.3-c.d]-pyren*. Die Erdproben enthalten ca. 0,3 mg/kg an polycycl. Aromaten, von denen etwa die Hälfte im Tier-Vers. cancerogen wirkt.
W. Hiller 4160◇

1078 **Tumorwirkung einiger chinoider Verbindungen im Backentaschentest.** Erwin Schwenk. (Arzneimittel-Forsch. **12,** 1143—49, 1962; Shrewbury, Mass., Worcester Found. for Exp. Biol.; engl.) — Durch eine Reihe von Verbb. mit *Chinon-*, *Methylenchinon-* u. *Iminochinon*-Struktur wurden Backentaschentumoren von Goldhamstern gehemmt, in wenigen Fällen jedoch auch stimuliert. Diese Hemmwrkg. wird vom Vf. auf die chinoide Struktur dieser Verbb. zurückgeführt, die zu Hydrochinonen red. werden u. nach Autoxydation H_2O_2 geben können. Untersucht wurden *Citrinin*, *1-Methylcitrinin*, *Fuscin* u. sein *Dihydro-Deriv.*, *Sclerotionin*, *Hämocorinaglycon*, *2.6-Bis-[tert.-butyl]-4-[äthyliden]-p-benzochinon*, *2-Methoxy-4-cyanmethylen-p-benzochinon*, *6-Hydroxyperinaphthenon-x-sulfonsäure*, *Celastrol*, *Pristimerin*, *Elatericin A* u. *B*, *Elaterin*, *2-Hydroxy-*$\Delta^{1.8,9.24}$*-lanostatrien-3-on*, *2-Hydroxy-*$\Delta^{8,9.24}$*-lanostadien-3-on*, *Actinomycin D*, *Cinnabarin* [*2-Amino-9-hydroxymethylphenoxazinon-(3)-carbonsäure*], *2-Aminophenoxazinon-(3)-dicarbonsäure-(1.9)* u. *2-Aminophenoxazinon-(3)*. *Triäthylenpyrophosphoramid* (*Tepa*), *Triäthylenmelamin* (*Tem*), *Azaserin* u. *2.5-Bis-[propoxy]-3.6-bis-[äthylenimino]-1.4-benzochinon* (Bayer E 39) wurden als Standardsubstanzen getestet. W. Damerau 4160◇

1079 **Die Wirkung ionisierender Strahlung auf die Tumorgenese durch 9.10-Dimethyl-1.2-benzanthracen.** Mary F. Argus, Judith F. Kane, M. Sakuntala und F. E. Ray. (Radiation Res. **16,** 37—43, 1962; Gainesville, Fla., Univ., Cancer Res. Labor., Dep. of Pharmaceut. Chem.; engl.) — ♀ weiße Mäuse wurden im Nacken u. in der Interscapularregion auf der rasierten Haut mit *9.10-Dimethyl-1.2-benzanthracen* (**I**) in Aceton-Lsg. behandelt. Ein Teil der Tiere wurde gleichzeitig mit 160 -kV-Röntgenstrahlen bei einer Dosisleistung von 560 r/min u. Gesamtdosen von 200, 400 oder 600 r, ein weiterer Teil mit ^{60}Co-γ-Strahlen mit 800, 1600 oder 3200 r bestrahlt. Die **I**-Dosis bewirkt unterhalb 0,12 mg keine, oberhalb dieser Dosis bis 1,60 mg (jeweils auf 1 cm^2 Hautoberfläche gegeben) zunehmende Carcinogenese. Die Bestrahlungen allein erzeugten keine Hauttumoren. Bei gleichzeitiger **I**-Behandlung u. Bestrahlung bewirkte letztere eine Minderung der carcinogenet. Wrkg. von **I**, solange diese unterhalb. 0,80 mg dosiert ist. Bei höherer Dosis wirkt die Bestrahlung nicht mehr antagonistisch. W. Reusse 4160◇

1080 **Carcinogenese und Krebsverhütung.** P. R. J. Burch. (Nature [London] **197,** 1145—51, 1963; Leeds, Univ. of Leeds, Dep. of Med. Phys., Med. Res. Council, Environmental Rad. Res. Unit, General Infirmary; engl.) — Nach Hypothese des Vf. sollten menschliche Leukämien durch Mutationen im Chromosomenpaar 21 entstehen, wobei die eine Mutationsstelle eine Regulatorfunktion, die andere eine strukturelle Funktion besitzt. Nach erfolgter Mutation dieser Gene erfolgt dann über die mutierten *messenger-Ribonucleinsäuren* die Synth. der ebenfalls veränderten Proteine u. *Lipoproteine* (**I**). Bei Immun-Rk. zwischen solchen autoantigenen **I** u. spezif. Antikörpern erfolgt dann die Umwandlung in die maligne Zelle. Durch Verhinderung dieser Rk. (Toleranzerzeugung) könnte daher die Tumorlatenzzeit ausgedehnt u. die Tumor-Entw. prakt. verhindert werden. W. Damerau 4160◇

1081 **Untersuchung der biologischen Aktivität des N-Dichloracetyl-DL-serins.** G. L. Shdanow, L. A. Schtschukina, I. B. Ssorokina, W. P. Malkowa, K. A. Ssedow, I. D. Rjabowa und Je. P. Ssemkin. (Ber. Akad. Wiss. UdSSR **143**, 1222—24, 1962; Inst. für Chem. der natürl. Verbb. der Akad. der Wiss. der UdSSR; russ.) — *N-Dichloracetyl-DL-serin* hatte in vitro (1 mg/cm³) keine hemmende Wrkg. auf das Wachstum von *Staphylococcus aureus 209* u. seinen Mutanten UF-3, *Bact. subtilis, Bact. mycoides, Sarcina lutea, Bact. coli, Bact. pyocyaneum, Candida albicans, Saccharomyces cereviseae, Torula utilis, Mycobact.* (Stamm Friedman) u. *Caryophanon latum* u. in Tier-Verss. (500—1500 mg/kg intraperitoneal 12—15 Tage) keine wachstumshemmende oder stimulierende Wrkg. auf transplantiertes Sarkom, Sarkom-37, Carcinom Ehrlich, Sarkom 45, M-1 u. Jensen. Bei Ratten (0,5—4 g/kg 1 mal 2 Std. vor der Operation) stimulierte **I**, je nach der Dosierung, nach der Hepatektomie die Regeneration des Lebergewebes um 28—64% (nach 48—96 Std.) I. v. Kloch-Kornitz 4160◇

1082 **Über den Wirkungsmechanismus von 6-Mercaptopurin.** G. N. Perschin und L. I. Schtscherbakowa. (Pharmakol. u. Toxikol. [UdSSR] **25**, 19—23, 1962; Moskau, Chem.-pharmazeut. Ordshonikidse-Inst.; russ., Auszug: engl.) — Durch *6-Mercaptopurin* (**I**) inhibierten Kulturen von *Escherichia coli* wurden abgestufte Mengen *4-Amino-5-imidazolcarboxamidhydrochlorid* (**II**) zugesetzt. Der nach 22 Std. gemessene Zuwachs ergab, daß **II** die durch **I** hervorgerufene Hemmung antagonist. beeinflußt. Da **II** gegenüber *p-Aminosalicylsäure* u. *p-Aminobenzolsulfonamid* nicht antimetabol. wirkt, schlagen Vff. vor, Vorstufen der Purinbasen als Krebschemotherapeutica einzusetzen. Angriffspunkt des **I** ist die Umwandlung von **II** in *Hypoxanthin.*
Eberhard Koch 4160◇

1083 **Untersuchungen über die Inhibition der zellulären Reproduktion durch Desoxyribonucleoside. 1. Mitt. Inhibition der Synthese von Desoxycytidin durch ein phosphoryliertes Derivat des Thymidins.** N. Ronald Morris und Glenn A. Fischer. (Biochim. biophysica Acta [Amsterdam] **68**, 84—92, 1963; New Haven, Conn., Yale Univ., School of Med., Dep. of Pharmacol.; engl.) — Die durch *Thymidin* (**I**) hervorgerufene Wachstumshemmung von Zellen (P 815 Y u. L 1578 Y) wird durch *2'-Desoxycytidin* spezif. aufgehoben. Wahrscheinlich hemmt **I** den Rk.-Schritt *Cytidylsäure* → *2'-Desoxycytidylsäure.* Zellen, denen Thymidinkinase fehlt, sind unempfindlich gegen **I**. Vff. vermuten, daß das phosphorylierte **I** die wirksamste Form ist.
G. Seltmann 4160◇

1084 **Untersuchungen über die Inhibition der cellulären Reproduktion durch Desoxyribonucleoside. 2. Mitt. Inhibition der Synthese von Desoxycytidin durch Thymidin, Desoxyadenosin und Desoxyguanosin.** N. Ronald Morris, Peter Reichard und Glenn A. Fischer. (Biochim. biophysica Acta [Amsterdam] **68**, 93—99, 1963; engl.) — 1. vgl. vorst. Referat. — Weder Cytidin noch ein anderes Purin- oder Pyrimidin-ribo- oder -desoxyribonucleosid kann wie Desoxycytidin die durch *Thymidin* (**I**) hervorgerufene Hemmung von Zellreproduktionen aufheben. Wie mittels Radioisotopen gezeigt wird, hemmt **I** die Synth. von säurelösl. *Desoxycytidinmonophosphat* (**II**) u. ein phosphoryliertes **I** die Überführung von Cytidinmonophosphat in **II**.
G. Seltmann 4160◇

1085 **Die „Induktion" von Dihydrofolsäurereduktase-Aktivität in Leukocyten und Erythrocyten von mit A-methopterin behandelten Patienten.** J. R. Bertino, D. M. Donohue, B. Simmons, B. W. Gabrio, R. Silber und F. M. Huennekens. (J. clin. Invest. **42**, 466—75, 1963; Seattle, Wash., Univ. of Washington, Dep. of Med.; King County Blood Bank; engl.) — In Erweiterung früherer Beobachtungen (Nature [London] **193**, [1962], 140) konnte auch bei nichtleukäm. Patienten durch Verabreichung von *A-methopterin* (**I**) das Auftreten von *Dihydrofolsäurereduktase* (**II**) in Leukocyten u. Erythrocyten erzielt werden. Die gleichzeitigen Beobachtungen über Erhöhung des **II**-Geh. in Leukocyten bei chron. myeloischer Leukämie weisen darauf hin, daß eine Aufnahme von **I** durch unreife Zellen bei der Hemmung der **II**-Aktivität beteiligt ist, wodurch es zur Verminderung der *Tetrahydrofolat*-Bldg. kommt; möglicherweise folgt dann die Verminderung der Synth. von einigen Metaboliten, welche normalerweise die **II**-Synth. hemmen, so daß letztlich (als Ausdruck der Resistenz) der **II**-Geh. ansteigen kann u. während der Lebensdauer der Zelle erhöht bleibt.
U. Tausendfreund 4160◇

1086 **Selektive Einschleusung von Evansblau in Tumorzellen durch Heparinoid.** Albert Landsberger. (Klin. Wschr. **41**, 565—66, 1963; Heidelberg, Univ., Anatom. Inst.; dt.) — In Erweiterung der Verss., bei denen Heparinoide im Tier-Vers. einen antiblast. Effekt bewiesen haben (Therapiewoche **12**, [1962], 436 u. Klin. Wschr. **40**, [1962], 542), wurde der Weg von *Heparinoid G 31150* (Geigy; **I**) durch gemeinsame intraperitoneale Injektion mit *Evansblau* (**II**) verfolgt. Nach intraperitonealer Injektion von 30 mg **II** in 1,5 ml W., zusammen mit 0,5 ml **I**, konnte bei Ratten, im Gegensatz zu Kontrollen ohne **I**-Beigabe, ein Eindringen von **II** in die Tumorzellen (nicht jedoch in normale Gewebezellen) beobachtet werden. Es wird vermutet, daß **I** die Membran der Tumorzellen derart verändert, daß schädliche Substanzen eindringen können. Damit würden auch Erfolge mit niedrig dosiertem *Trenimon* (**III**; keine Schädigung der Blut-Bldg.-Stätten) bei gleichzeitiger **I**-Anwendung am Benzpyrentumor erklärt werden können. — Kombination von **II** mit **III** führte nicht zum Eindringen von **II** in die Tumorzellen.
U. Tausendfreund 4160◇

1087 **Zunahme des chemotherapeutischen Koeffizienten von Mechloräthamin durch Einwirkung des Strahlenschutzmittels Natriumdiäthyldithiocarbamat.** Lorenzo Cima und Franco Pozza. (Chemotherapia [Basel] **6**, 97—111, **1963**; Padova, Univ., Ist. di Farmacol.; Centro di Studio per la Chemioterapia del C.N.R.; ital.) — In Unterss. über die Schutz-Wrkg. von Strahlenschutzmitteln gegen die tox. Wrkg. von *Mechloräthamin* (**I**; *2.2'-Dichlor-N-methyldiäthylamin*) bei Albinomäusen waren *Tetraäthylthiuramdisulfid*, die Na-Salze von *N.N-3-Oxapentamethylen-S-carboxymethyldithiocarbamat* u. *Thiocarbonyl-bis-thioglykolsäure, 2-Guanidinthiazolidonhydrochlorid* u. *Diäthylaminhydrochlorid* dem *Natriumdiäthyldithiocarbamat* (**II**) aus der Gruppe der Chelatbildner unterlegen. Die Wrkg. von **II** war in sauren Lsgg. stärker. Die carcinostat. Wrkg. von **I** wurde durch **II** nicht verändert, wenn dieses einer Maus mit Ehrlich-Ascitestumor vor **I** intraperitoneal injiziert wurde. — **II** wirkt den tox. Wrkg. des **I** so entgegen, daß der therapeut. Index um das 3fache ansteigt. K. Zingraf 4160◇

1088 **Chemotherapie sekundärer Leukopenien durch cytostatische und physikalische Behandlung.** V. Perrone, D. Zarrilli, A. Faiella und G. Pagnotta. (Chemotherapia [Basel] **6**, 112—16, 1963; Napoli, Ist. per lo Studio e la Cura dei Tumori, Fond. Pascale, Div. Med.; ital.) — *Albema* (ein Kombinationspräp.) verhinderte bei gleichzeitiger Anwendung von Röntgenstrahlen oder cytostat. wirksamen Substanzen das Auftreten von Leukopenien bei den Patienten. Wenn die Kombination erst nach der cytostat. oder Bestrahlungstherapie zur Anwendung gelangte, war sie bei ca. 50% der Patienten wirksam. K. Zingraf 4160◇

1089 **Die Modifizierung der Strahlenwirkung auf die Reproduktionsfähigkeit von Tumorzellen in vivo durch Pharmaceutica.** Roger J. Berry und J. Robert Andrews. (Radiation Res. **16**, 82—88, 1962; Bethesda, Md., Nat. Inst. of Health, Public Health Serv., Nat. Cancer Inst.; engl.) — Vgl. C. **1963**, 11333. — Mäuse mit lymphat. Leukämie in Form eines Ascites erhielten wiederholt intraperitoneale Injektionen mit *5-Joddesoxyuridin* (**I**) oder *5-Bromdesoxyuridin* (**II**). Ein Teil der Tiere wurde dann mit 1000 bis 3000 rad einer 3-MeV-Röntgenstrahlung bestrahlt. Überträgt man anschließend Ascites-Fl. auf andere Tiere der gleichen Zucht u. bestimmt die Anzahl Leukämiezellen, die nötig sind, um bei 50% der Empfängertiere Leukämie zu induzieren, dann zeigt sich, daß die Reproduktionsfähigkeit der Tumorzellen durch **I** allein nicht, durch **II** in nur geringem Maß gemindert wird. Die Strahlen-Wrkg. auf die Reproduktionsfähigkeit dagegen wird durch beide Stoffe erhöht.
W. Reusse 4160◇

1090 **Wirkung von Röntgenstrahlung auf die Desoxyribonucleinsäuresynthese und Mitose im Cervix-Krebs.** Ruth M. Graham. (Exp. Cell. Res., Suppl. **1963**, 559—62; Buffalo, N.Y., Roswell Park Memorial Coll.; engl.) — Die Wrkg. von Strahlentherapie auf die Cervixcarcinome werden diskutiert u. an Bildern erläutert. Der große Einfl. der cellulären Umgebung des Tumors wird hervorgehoben.
M. Wiedemann 4160◇

E$_2$. Enzymologie, Gärung

1091 **Vorherrschen und Bedeutung der Produkthemmung von Enzymen.** Earl Frieden und Charles Walter. (Nature [London] **198**, 834–37, 1963; Talahassee, Fla., Florida State Univ., Dep. of Chem. and Inst. of Mol. Biophys.; engl.) — Übersicht. Biolog. Bedeutung der Prod.-Hemmung, kinet. Konsequenzen derselben, Beispiele, Prod.-Hemmung der *Nicotinamidadenindinucleotidase*. — 23 Literaturangaben. K. Maier 4200◇

1092 **Die Rolle der Metallbindung bei Enzymreaktionen.** Bo G. Malmström. (Federat. Proc. **20**, Nr. 3 [Part II, Suppl. Nr. 10] 60–69, 1961; Uppsala, Univ., Inst. of Biochem.; engl.) — Übersicht. Komplextypen, die Stabilität von Metall–Enzym-Komplexen bestimmenden Faktoren, Enzyme mit Metallen in mehreren Wertigkeitsstufen. — 63 Literaturangaben, Diskussion. K. Maier 4210◇

1093 **Das „aktive katalytische Zentrum", ein Weg zur Aufklärung durch Metallenzyme.** Bert L. Vallee. (Federat. Proc. **20**, Nr. 3 [Part II, Suppl. Nr. 10] 71–80, 1961; Boston, Mass., Harvard Med. School, Dep. of Med., Biophysics Res. Labor., u. Peter Bent Brigham Hosp.; engl.) — Übersicht. In Hefe-*Alkoholdehydrogenase* ist *Zn* als Dimercaptid zwischen 2 aneinandergrenzenden Untereinheiten des Mol. gebunden u. erhält die Mol.-Konfiguration, die für die Bindung von Nicotinamidadenindinucleotid entscheidend ist, durch eine 3-Punktverknüpfung aufrecht. Der erhebliche Cotton-Effekt bestätigt die Existenz eines proteinorientierten, stereospezif. Zn-Phenanthrolinchromophors an einem akt. Zn-Bindungsort des Enzyms. Die Identifizierung eines Zn-Mercaptids als Komponente des akt. Zentrums von Rinderpankreas-*Carboxypeptidase A* zeigt, daß andere Zn-Enzyme einen analogen Aufbau der „akt. Zentren" haben. — 60 Literaturangaben. K. Maier 4210◇

1094 **Metallenzym bei der Untersuchung aktiver Enzymzentren.** Esmond E. Snell. (Federat. Proc. **20**, Nr. 3 [Part II, Suppl. 10] 81–86, 1961; Berkeley, Calif., Univ. of California, Dep. of Biochem.; engl.) — Vf. weist auf einige für die Unters. der akt. Enzymzentren wesentliche Punkte hin. 1. Brauchbarkeit von Modal-Syst. unter Beteiligung von Metallionen zur Klärung des Aufbaus der akt. Enzymzentren u. Erkennung möglicher Funktionen von Teilen der Proteinkette, die nicht unmittelbar dem „akt. Zentrum" angehören. 2. Veränderlichkeit des Metallionbedarfs individueller Enzymfunktionen in vivo. 3. Entsprechende Variabilität u. Breite des Metallionbedarfs lebender Organismen. — 22 Literaturangaben, Diskussion. K. Maier 4210◇

1095 **Mangan gegen Magnesium: Frage der Ähnlichkeit in vitro und Verschiedenheit in vivo.** George C. Cotzias. (Federat. Proc. **20**, Nr. 3 [Part II, Suppl. Nr. 10] 98–103, 1961; Upton, L.I., N.Y., Brookhaven Nat. Labor.; engl.) — Übersicht. Beschränkte Spezifität von in vitro-Syst., Hinweise für die genaue Unterscheidung zwischen *Mg* u. *Mn* im Säugerkörper, Deutung des unterschiedlichen Verh. von Mg u. Mn in vitro u. in vivo. Neben den im einzelnen normalen Bindungsstellen lokalisierten Mn kommt ein erheblicher Anteil von Plasma-Mn im 3wertigen Zustand vor, während Mg 2wertig ist. Die notwendigen Redox-Syst., die durch Bindung von Mn^{3+} zur Stabilisierung durch Komplex-Bldg. mit β_1-Globulin führen, erlauben eine ausreichende Deutung der in vivo-Spezifität. — 39 Literaturangaben. K. Maier 4210◇

1096 **Die Beziehung zwischen der Konzentration des Hämolysats, in dem gewaschene rote Zellen gelöst sind, und der Katalaseaktivität und über den Verdünnungseffekt bei der katalytischen Zersetzung von Wasserstoffperoxid.** Hiroshi Funaki. (J. Kyoto prefect. med. Univ. **58**, 891–94, 1955; Kyoto Pref. Med. Univ., Dep. of Biophysico-chem.; jap., Auszug: engl. S. IXXIV.) — Die Geschw.-Konst. k_1 der Rk. zwischen Hämolysat, in dem gewaschene rote Zellen gelöst sind, u. H_2O_2 ist nicht proportional der Konz. des Hämolysats C. Bei 0,0016, 0,016 u. 0,16 m/Liter Phosphatpuffer werden in dem Rk.-Syst. folgende Werte erhalten: $k_1 = C^{1,21}$, $k_1 = C^{1,17}$ u. $k_1 = C^{1,18}$. Der Verdünnungseffekt bei der katalyt. Zers. von H_2O_2 soll von Veränderungen der Oberflächenstruktur des Enzyms abhängen. Die empir. Formel von Seki-Ishikawa wird theoret. abgeleitet; ihre Anwendbarkeit u. Bedeutung werden angegeben. Gottfried Schreiber 4210△

1097 **Über das Anfangsstadium der katalytischen Zersetzung von Wasserstoffperoxid.** Hiroshi Funaki. (J. Kyoto prefect. med. Univ. **58**, 895–98, 1955; Kyoto Pref. Med. Univ., Dep. of Biophysico-Chem.; engl.) — Vgl. vorst. Referat. — Die Anfangsstufe der katalyt. Zers. von H_2O_2 durch *Blutkatalase*, Pt-Sol oder Pd-Sol läßt sich ebenfalls (vgl. Jap. J. Physiol. **5**, [1955], 183) durch die Gleichung $dx/dt = k_1 \cdot a \cdot e^{-k_1 t} - B \cdot e^{-kt}$ beschreiben. Gottfried Schreiber 4210△

1098 **Gekoppelte Flavoenzyme bei der mitochondrialen Oxydation von N-Methylgruppen.** Wilhelm R. Frisell, John R. Cronin und Cosmo G. Mackenzie. (J. biol. Chemistry **237**, 2975–80, 1962; Denver, Colo., Univ. of Colorado, School of Med., Dep. of Biochem.; engl.) — An der mitochondrialen Oxydation von N-Methylgruppen sind gekoppelte Flavoenzymkatalysen beteiligt: $-NCH_3$ → Dehydrogenase → *Elektrotransferflavoprotein* (*ETF*, **I**) → *Cytochrom b* → O_2. **I**, das Elektronen von Flavoenzymen, *Sarkosindehydrogenase* (**II**) u. *Dimethylglycinodehydrogenase* (**III**), aufnimmt, wurde durch $(NH_4)_2SO_4$-Fraktionierung, Chromatographie an $Ca_3(PO_4)_2$-Gel, Carboxymethylcellulose u. Diäthylaminoäthylcellulose 50fach gereinigt. Mit **II** oder **III** gekoppeltes **I** katalysiert die Elektronenübertragung auf lösl. *Cytochrom c* oder 2.6-Dichlorphenolindophenol u. ist weder durch Diphosphopyridinnucleotid$_{red.}$-Cytochrom c-Reduktase noch Diaphorase ersetzbar. Zusatz von FAD aktiviert gereinigtes **I**. Alles Flavin des **I**-Präp. ist als FAD isolierbar. K. Maier 4210◇

1099 **Reinigung und Eigenschaften eines Flavoproteins mit katalysierender Wirkung auf die Oxydation von reduziertem Ribosylnicotinamid.** Shutsung Liao, John T. Dulaney und H. G. Williams-Ashman. (J. biol. Chemistry **237**, 2981–87, 1962; Chicago, Ill., Univ. of Chicago, Ben May Labor. for Cancer Res. and Dep. of Biochem.; engl.) — Aus Rindernieren wurde durch $(NH_4)_2SO_4$-Fraktionierung, Hitzebehandlung, Chromatographie an Carboxymethylcellulose, A.-Fraktionierung, Chromatographie an DEAE-Cellulose, $Ca_3(PO_4)_2$-Gel-Behandlung u. $(NH_4)_2SO_4$-Fällung ein *Flavoprotein* 1500fach (Ausbeute 18%) angereichert, das die Oxydation *red. Ribosylnicotinamids* (**I**) durch *Vitamin* K_3 (*Menadion*, **II**) u. einige verwandte Chinone, wie *Phthiocol*, *Naphthochinon*-(*1.4*), *Vitamin* $K_{2(5)}$, katalysiert. Das *Enzym* (**III**) katalysiert ferner die Oxydation einiger N^1-*Alkyl*-Derivv. des Dihydronicotinamids, z. B. des N^1-*Methyl*-, N^1-[*n-Propyl*]- u. N^1-[*Benzyl*]-*Deriv.*, nicht aber die der red. Formen von Di- u. Triphosphopyridinnucleotid sowie von *Nicotinamidmononucleotid*. **III** ist offensichtlich mit keinem bekannten Flavoprotein ident. u. enthält als einziges gebundenes Flavin *Flavinadenindinucleotid* (**IV**). Die prosthet. Gruppe ist durch Säurebehandlung in $(NH_4)_2SO_4$ entfernbar, gespaltenes **III** durch **IV** oder höhere Konz. von Flavinmononucleotid reaktivierbar. Extrem kleine Konzz. (0,01 μm) einiger polycycl. aromat. KW-Stoffe, wie *7-Methylbenz-*[*a*]*-anthracen*, *12-Methylbenz-*[*a*]*-anthracen*, *7.12-Dimethylbenz-*[*a*]*-anthracen*, *Benz-*[*a*]*-anthracen*, hemmen die **III**-katalysierte Oxydation von Dihydropyridin-Verbb. durch **II**. Das *Jodid* von N^1-[*n-Propyl*]-*nicotinamid* (**V**), F. 180–182°, wurde nach Karrer u. Mitarbeitern [1936, 1937, 1947] hergestellt, red. **V**, F. 93–93°, gelbe Nadeln, aus dem Jodid mit $Na_2S_2O_4$ sowie durch Red. von **V** mit $NaBH_4$. Die $Na_2S_2O_4$-Red. gab ausschließlich das 1.4-Dihydropyridin-Deriv., die $NaHB_4$-Red. ein Gemisch der 1.4- u. 1.6-Dihydroverbindung. K. Maier 4210◇

1100 **Der elektronenmikroskopische Nachweis von Dehydrogenasen im Herzmuskel verschiedener Versuchstiere.** W. Schulze und G. Butschak. (Acta histochem. [Jena] **14**, 260–69, 1962; Berlin, Dt. Akad. der Wiss., Inst. für Med. u. Biol., Arbeitsstelle für Kreislaufforsch., Inst. für Experimentelle Krebsforschung; dt.) — Mit *Nitro BT* (*2.2'-Bis-*[*p-nitrophenyl*]*-5.5'-diphenyl-3.3'-*[*3.3'-dimethoxy-p.p'-biphenylen*]*-ditetrazoliumdichlorid*) lassen sich in 1%ig. OsO_4-Lsg. fixieren u. in Polymethacrylat eingebetteten Gewebedünnschnitten *Bernsteinsäure-* (**I**) u. *Äpfelsäuredehydrogenase* (**II**) elektronen- u. lichtmkr. nachweisen. Als günstigste Region für die Anfertigung der Schnitte wird eine Tiefe von 20–30 μ angegeben, diese Tiefe wird nach 20 Min. langer Inkubation erreicht. **I** u. **II** sind hauptsächlich an die Membran-Syst. der Mitochondrien gebunden, **II** kommt auch an den Zellmembranen vor. G. Seltmann 4210◇

1101 **Cytochemischer Nachweis von Bernsteinsäuredehydrogenase in Mäuseleukocyten.** John H. Morrison und Suzanne Kronheim. (J. Histochem. Cytochem. **10**, 402—11, 1962; Cleveland, Ohio, Univ., Dep. of Biol.; engl.) — Abdrücke der Mäusemilz wurden in Aceton oder *Formol-Calcium* (**I**) fixiert u. zwecks Nachw. der *Bernsteinsäuredehydrogenase* (**II**) in einem Gemisch von Succinat, *Nitrotetrazoliumblau* (**III**), Amytal, Phosphatpuffer (pH 7,4) bebrütet. Unter Anwendung des **III** als Elektronenacceptor für die intercelluläre Lokalisation der **II** in Säugetierblutzellen konnte **II** nur in mit **I** fixierten Zellen nachgewiesen werden, wobei **II** im Hämocytoblast, Lymphocyten, Myelocyten u. Megakaryocyten in Mitochondrien eingeschlossen vorkam. Die Red. von **III** wurde durch Ggw. von 6mm Malonsäure gehemmt. Die Cytogenese von Granulocyten geht mit einem progressiven Aktivitätsverlust der Oxydationsenzyme einher. L. Macher 4210◇

1102 **Tetranitroblau-Tetrazolium und die Elektronenhistochemie der Bernsteinsäuredehydrogenase.** Albert W. Sedar, Charles G. Rosa und Kwan-Chung Tsou. (J. Histochem. Cytochem. **10**, 506—08, 1962; Montreal, Univ., Inst. of Exp. Med. and Surg.; engl.) — Beim elektronenmkr. Nachw. der *Bernsteinsäuredehydrogenase* (**I**) in Gewebeschnitten des Ratten-Myokard hat sich red. *TNBT* (*2.2'.5.5'-Tetrakis-[p-nitrophenyl]-3.3'-[3.3'-dimethoxy-4.4'-biphenylen]-ditetrazoliumchlorid*) bewährt. Wegen seiner Unlöslichkeit in den konventionellen Reagentien der Elektronenmikroskopie wird TNBT in *Methylacrylat* oder *Epon-812* gelöst, mit dem Gewebe bebrütet u. dasselbe mittels gepufferten OsO_4 geschwärzt: Die Mitochondrien des Herzmuskels zeigen hieraus Formazan-Bldg. von weniger als 50 Å. TNBT erweist sich als geeigneter Markierer für die intramembrane Lokalisation von **I**. L. Macher 4210◇

1103 **Die enzymatische Aktivität von Mäusehoden.** A. W. Blackshaw. (Austral. J. biol. Sci. **16**, 482—89, 1963; Brisbane, Univ. of Queensland, Dep. of Physiol.; engl.) — Vf. weist in Mäusehoden *Bernsteinsäuredehydrogenase* (**I**), *Milchsäuredehydrogenase* (**II**) u. *Glucose-6-phosphatdehydrogenase* (**III**) nach. Die K_m-Werte betragen für **I** $4{,}14 \cdot 10^{-4}$m u. für **II** $7{,}45 \cdot 10^{-4}$m, die pH-Optima liegen bei 8,0 u. 7,9. PO_4^{3-} stimuliert **I**, nicht jedoch **II**, u. hemmt in geringem Maße **III**. **II** zeigt die größere Aktivität im Vgl. zu **I** u. **III** bei gleicher Substratkonzentration. W. Hiller 4210◇

1104 **Gewinnung von Dehydrogenasen der L-Äpfelsäure und der reduzierten Form des Diphosphopyridinnucleotids aus den cytoplasmatischen Membranen von Micrococcus lysodeikticus.** N. Ss. Gelman, I. G. Shukowa und A. I. Oparin. (Biochemie [UdSSR] **28**, 122—27, 1963; Moskau, Bach Inst. für Biochem. der Akad. der Wiss. der UdSSR; russ., Auszug: engl.) — Nach einem eingehend beschriebenen Verf. wird aus der cytoplasmat. Membran von *Micrococcus lysodeikticus* ein Ferment-Präp. gewonnen, das *L-Äpfelsäuredehydrogenase* (**I**), *Diphosphopyridinnucleotid (H-Form)-Dehydrogenase* (**II**), Carotinoide u. eine unbekannte Substanz mit Fluorescenz, wie Flavinnucleotid, enthält. Die prosthet. Gruppe von **II** ist ein Flavinadenindinucleotid. Über die Natur der prosthet. Gruppe von **I** läßt sich noch nichts bestimmtes sagen. **I** wird durch $2 \cdot 10^{-3}$m Chinin zu 87%, durch $4 \cdot 10^{-3}$m Luminal fast nicht inaktiviert. O. Lebtag 4210△

1105 **Wirkungen einiger Hypnotica auf den Sauerstoffverbrauch und die oxydative Phosphorylierung im Rattenhirn.** V. G. Erwin und Harold C. Heim. (J. pharmac. Sci. **52**, 747—51, 1963; Boulder, Colo., Univ. of Colorado, School of Pharm.; engl.) — *Pentobarbital* (**I**) u. *Glutethimid*, nicht jedoch *Ethinamat* oder *Methyprylon*, hemmten den O_2-Verbrauch von Rattenhirnhomogenaten in Ggw. von Glucose, Pyruvat, Malat oder Glutamat u. die Oxydation von red. Diphosphopyridinnucleotid. Keines der Mittel beeinflußte die Aktivität der Äpfelsäuredehydrogenase. Nur **I** verringerte den P/O-Quotienten von Mitochondrien-Präpp. von 2,5—2,7 auf 0,7. K. Zingraf 4210◇

1106 **Chemische Natur der katalytischen Zentren von Glycerinaldehyd-3-phosphatdehydrogenase.** Ieuan Harris, Blanche B. Meriwether und Jane Harting Park. (Nature [London] **198**, 154—57, 1963; Cambridge, Med. Res. Council Labor. of Molekular Biol.; Nashville, Tenn., Vanderbilt Univ., Dep. of Physiol.; engl.) — Die 3 reaktionsfähigen Zentren von *Glycerinaldehyd-3-phosphatdehydrogenase* (**I**) wurden durch Rk. mit $^{14}C_{(1)}$-Jodessigsäure (**II**) u. p-Nitrophenyl-$^{14}C_{(1)}$-acetat (**III**) „markiert", wobei der Aktivitätsverlust dem ^{14}C-Einbau parallel ging. Trypsinspaltung von Carboxymethyl-**I** gab eine ^{14}C-haltige Peptidfraktion, die nach Oxydation mit Perameisensäure u. Papierionophorese eine radioakt. Hauptkomponente *TS 2* der Zus. Ileu·Val·Ser·
Asp·Ala·Ser·C*ys·Thr·Thr·Asp·$CySO_3H$·Leu·Ala·Pro·Leu·
NH_2 (an Asp) NH_2 (an Asp)
Ala·Lys lieferte (C*ys—$^{14}C_{(1)}$-Carboxymethylcysteinsulfon; Best. durch partielle Hydrolyse mit Subtilisin zu 13 Peptidfragmenten). Pepsinspaltung gab u. a. Ser·^{14}Carboxymethylcys·Thr·Thr·$AspNH_2$, aus dem nach Hydrolyse mit Leucinaminopeptidase $^{14}C_{(1)}$-S-Carboxymethylcystein als radioakt. Komponente erhalten wurde. Pepsinspaltung von $^{14}C_{(1)}$-Acetyl-**I** lieferte bei Sephadexchromatographie ein Hauptpeptid *P 4*, das auf Grund von Perameisensäureoxydation–Säurehydrolyse u. Trypsinspaltung die Zus. Lys·Ileu·Val·Ser·
Asp·Ala·Ser·Cys·(Thr, Thr, Asp) hat. Die Rk.-Zentren von
NH_2 $COCH_3$ NH_2
I (aus Kaninchenmuskel) sind nach diesen Befunden die SH-Gruppen dreier gleicher mit **II** u. **III** reagierender **I**-Cysteinreste; die unmittelbare Umgebung der katalyt. „SH-Zentren" hat infolge von OH- u. Amidgruppen hydrophilen Charakter, der die Bldg. zusätzlicher H-Brücken mit Aldehydsubstraten begünstigt. Ein weiterer Cysteinrest des nativen Enzyms reagiert nicht mit **II**. Kaninchenmuskel-**I** enthält mindestens 3 ident. Polypeptidketten (Molgew. ca. 40000), frisch hergestelltes möglicherweise 4. K. Maier 4210◇

1107 **Einige Anwendungen und Grenzen der Enzym-, Reduktions- (Somogyi) und Anthronmethode zur Zuckerbestimmung.** Frank W. Fales, Jane A. Russell und John N. Fain. (Clin. Chem. **7**, 289—303, 1961; Atlanta, Ga., Emory Univ., Dep. of Biochem.; engl.) — Die colorimetr. *Glucoseoxydase-* u. Somogyi-Nelson-Red.-Zucker-Meth. ergeben gleiche Werte für *Blutglucose*, wenn man für sie sorgfältig hergestellte $Zn(OH)_2$-Filtrate vom Blut hungernder Individuen benutzt. Die Werte der Anthronmeth. liegen nur wenig höher als die mit der enzymat. u. der Red.-Zucker-Meth. erhaltenen. Die Anwendung der Enzym-Meth., zusammen mit der Red.-Zucker- oder der Kohlenhydrat-Meth., gestattet die gleichzeitige, genaue Best. anderer dem Blut zugefügten Kohlenhydrate, wobei nur Mikromengen Blut zur Analyse erforderlich sind. Mögliche Anwendungen umfassen die Toleranz-Best. für *Galaktose* u. *Fructose*, den Inulin-Clearance-Test u. die Best. des Wasser-Vol. verschiedener Kohlenhydrate. Um zuverlässige Glucose-Best. mit der Enzym-Meth. zu erhalten, dürfen Glutathion, Cystein u. Amylasesubstrate, z. B. Glykogen, nicht zugegen sein. Die Anthron-Rk. mit Glucose wird durch Cl^-, Br^- u. J^- gehemmt. Um die Beeinflussung der Glucose-Best. durch Chlorid auszuschalten, müssen die Proben vor der Best. in geeigneter Weise verd. werden. F. Zeidler 4210◇

1108 **Genregulation der Dopaoxydase-Aktivität bei Drosophila.** Herman W. Lewis und Helen S. Lewis. (Ann. New York Acad. Sci. **100**, 827—39, 1963; Rochester, Mich., Michigan State Univ. Oakland; engl.) — Das *Tyrosinase* (**I**)-Mol., das aus Rohextrakten von *Drosophila melanogaster* in einer Zymogen-Form, dem sog. *Proenzym* (**II**) extrahiert wird, bildet mit einem anderen Protein, dem sog. *Aktivator* (**III**), einen Komplex. In Lipidfraktionen von Extrakten wurde ein zweiter **III** gefunden, der im Enzym-Syst. der Larve eine größere Rolle spielt als in dem des voll entwickelten Tieres. Der **II**-**III**-Komplex wird durch einen temperaturabhängigen Inaktivator zerstört. Es wurden anorgan. Hemmstoffe der **I**-Aktivierung u. der *Dopaoxydase*-Aktivität (**IV**-A) sowie ein nicht dialysierbarer Hemmstoff von **IV**-A gefunden. Es wurde ein Genort auf Chromosom II lokalisiert, von dem angenommen wird, daß er die prim. Struktur des **I**-Mol. kontrolliert. Die Aktivität wird durch Faktoren beeinflußt, die in den Chromosomen II u. III lokalisiert sind. K. Zingraf 4210◇

1109 **Über den Weg der Reaktion zwischen Brenzcatechin und Tyrosinase.** Charles R. Dawson und William B. Tarpley. (Ann. New York Acad. Sci. **100**, 937—50, 1963; New York, N.Y., Columbia Univ., Dep. of Chem.; engl.) — Die durch *Tyrosinase* katalysierte aerobe Oxydation von *Brenzcatechin* (**I**) führt zu einem dunklen, unlösl. Huminsäure- oder Melanin-ähnlichen Pigment. Eines der ersten Zwischenprodd. der Oxydation ist *o-Benzochinon* (**II**) aus dem sich dann Trihydroxybenzol u. Hydroxychinon bilden. Die Stabilität von **II** in wss. Syst. wird durch pH, **I**-Konz., Puffertyp u. -Konz. beeinflußt. K. Zingraf 4210◇

1110 **Tyrosinase als Modell für die Genkontrolle der Proteinsynthese.** Allen S. Fox, Jean B. Burnett und Morton S. Fuchs. (Ann. New York Acad. Sci. **100**, 840—56, 1963; East Lansing, Mich., Michigan State Univ., Dep. of Biochem.; engl.) — Der Genort, der für die Festlegung der prim. Struktur von *Tyrosinase* bei Neurospora verantwortlich ist, konnte noch nicht identifiziert werden. Es wurden Veränderungen der tert. Struktur beobachtet, die nicht eine Folge von Interstitialunterschieden der prim. Struktur sind. Die prim. Struktur eines Proteins scheint seine tert. Struktur u. seine spezif. Aktivität nicht vollständig festzulegen. K. Zingraf 4210◇

1111 **Der Einfluß von Methylenblau auf die Aktivität der Monoaminoxydase in Leber und Gehirn von Ratten nach verschiedener Applikation.** A. Jakubovič und J. Nečina. (Arzneimittel-Forsch. **13**, 134—36, 1963; Prag, Forsch.-Inst. für Naturheilmittel; dt.) — Ratten erhalten *Methylenblau* (**I**) peroral, intraperitoneal, i.v. u./oder subcutan verabreicht. Danach werden die Tiere nach verschiedenen Zeiträumen getötet u. die *Monoaminoxydase* (**II**) in Hirn u. Leber bestimmt. **I** bewirkt nach Gaben von 20 mg/kg nach 1½ Std. eine Hemmung der **II**-Aktivität. Perorale **I**-Verabreichung zeigt bevorzugte **II**-Hemmung in der Leber, bei i.v. u. intraperitonealen Gaben ist es gerade umgekehrt. **II** wird durch *Iproniazid* unabhängig von vorher verabreichten **I**-Gaben gehemmt. W. Hiller 4210◇

1112 **Spektrophotometrischer Nachweis einiger Wechselwirkungen zwischen Anion und Nicotinamidadenindinucleotid (einschließlich Orthophosphate).** Frieda Ungar und Spyridon G. A. Alivisatos. (Biochem. biophysica Acta [Amsterdam] **46**, 406—08, 1961; Chicago, Ill., Chicago Med. School, Mount Sinai Med. Res. Found., Dep. of Biochem. Res., and Hosp.; engl.) — Die Spektren von *Diphosphopyridinnucleotid* (DPN) in Phosphatpuffer u. in W. wurden gemessen. Die Differenzkurve zeigt zunehmende Intensität der Absorption mit pH-Anstieg von 4 auf 8,5. Das Beer-Gesetz war innerhalb eines großen Bereiches der Komponenten erfüllt. Es besteht zwischen gewissen Anionen u. DPN^+ anscheinend eine Wechselwrkg. (Bldg. von Ladungstransferkomplexen, Trennung intramol. assoziierter Gruppen), da sich auch Sulfat- u. Arseniationen ähnlich wie Phosphationen verhielten, während Acetat- u. Chloridionen ohne Wrkg. waren. K. Maier 4210◇

1113 **Fraktionierung und Eigenschaften von Guanylsäurepolymeren, synthetisiert mittels Ribonuclease T_1.** Hiroshi Hayashi und Fujio Egami. (J. Biochemistry [Tokyo] **53**, 176—80, 1963; Tokyo, Univ., Fac. of Sci., Dep. of Biophysics and Biochem.; engl.) — Mittels *Ribonuclease T_1* konnte bei 4° cycl. *Guanosin-2′.3′-phosphat* zu *Polymeren* mit 2—12 Guanylsäureresten umgesetzt werden. Bei dem Polymeren sank die Hypochromizität mit der Anzahl der Nucleotide bis zu 4—5. Die Wellenlänge des Maximums verschiebt sich bei den Polymeren um 2—3 mμ nach der langwelligen Seite. Das Polymere wurde bei 20° von Ribonuclease T_1 vollständig zu Monomeren abgebaut, chem. synthetisierte *Polyguanylsäure* dagegen nicht. M. Wiedemann 4210◇

1114 **Wirkungen von Ribonuclease auf Wurzelspitzenzellen vor und nach Fixierung.** Max Alfert und Nirmal K. Das. (Acta histochem. [Jena] **14**, 321—26, 1962; Berkeley, Calif., Univ. of California, Dep. of Zool.; engl.) — Vff. untersuchen an Wurzelspitzen in vivo, wodurch der auf ein Verschwinden der *Ribonucleinsäure* (RNS) hindeutende Verlust an Basophilie nach Ribonuclease (**I**)-Behandlung u. milde Fixierung erzeugt wird. Es bestehen dafür 2 Möglichkeiten: 1. Bldg. eines RNS-**I**-Komplexes, der zur Maskierung der RNS führt; 2. Abbau der RNS durch bei der Fixierung nicht zerstörte **I**. G. Seltmann 4210◇

1115 **Die Aktivität der Nicotinamidadenindinucleotidnucleosidase in verschiedenen Gebieten des Gehirns.** H. Coper. (Naunyn-Schmiedebergs Arch. exp. Pathol. Pharmakol. **245**, 48—49, 1963; Berlin-Dahlem; dt.) — Die Aktivität der *Nicotinamidadenindinucleotidnucleosidase*, welche die Hydrolyse von *Nicotinamidadenindinucleotid* (**I**) u. von **I**-*Phosphat* katalysiert, ist vor allem in den Mikrosomen lokalisiert u. in der Hirnrinde, im Kleinhirn u. in der Hypophyse der Ratte wesentlich geringer als in jedem anderen Gehirnbereich. Hohe Aktivität zeigen Hypothalamus, Lamina quadrigemina posterior u. Medulla oblongata. K. Zingraf 4210◇

1116 **Die Aktivität von Myosin-5′-nucleotidase in Abhängigkeit vom pH.** Darcy Gilmour. (Nature [London] **186**, 295—98, 23/4. 1960; Hanover, N.H., Dartmouth Med. School, Dep. of Biochem.; engl.) — Auf Grund der pH-, Temp.- u. Ionenstärkeabhängigkeit der Aktivität von *Myosin A*

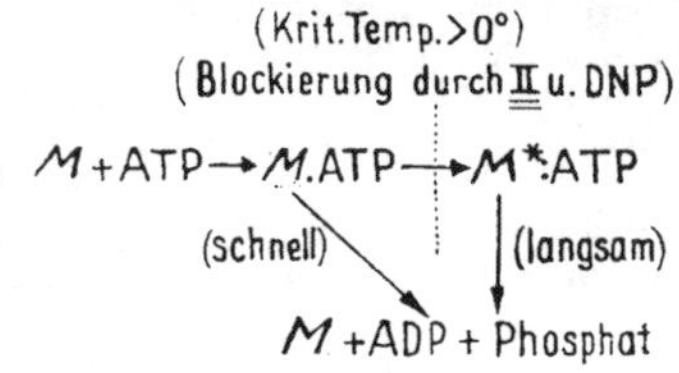

(**I**; Kaninchenmuskel) u. *p-Chlormercuribenzoat* (**II**)-behandeltem **I** gegenüber Nucleotidsubstraten (Adenosin-, Inosintriphosphat) kann die enzymat. **I**-Wrkg. auf Adenosintriphosphat durch vorst. Schema wiedergegeben werden (M unverändertes **I**, M* **I** mit veränderter Konfiguration, M*: ATP Enzym-Substrat-Komplex mit Bindung am Phosphatende u. durch die 6-Aminogruppe). K. Maier 4210◇

1117 **Röntgenstrahleneffekte auf die Enzymaktivität der Kern-Nicotinamidadenindinucleotidpyrophosphorylase.** S. J. Adelstein und S. L. Biggs. (Radiation Res. **16**, 422 bis 431, 1962; Boston, Mass., Harvard Med. School, Dep. of Anat. and Radiol.; engl.) — ♂ Albino-Ratten wurden mit 250 kV Röntgenstrahlen bei Filterung mit 0,5 mm Cu + 1,0 mm Al u. einer Dosisleistung von 30 rad/min bestrahlt. Den getöteten Tieren wurden Thymus u. Leber entnommen u. zu Kernsuspensionen für die Best. der Enzymaktivität der *Nicotinamidadenindinucleotidpyrophosphorylase* (**I**), des Stickstoff-Geh. u. der Desoxyribonucleinsäure aufbereitet. Ferner wurden entsprechende Präpp. von unbestrahlten Tieren nachträglich bestrahlt. Unters. der Enzymaktivität ergab, daß diese durch die Bestrahlung der Tiere mit 900 rad nicht beeinträchtigt wird. Kurzfristig tritt eine Erhöhung ein. Der gleiche Befund wird nach Bestrahlung isolierter Thymuskerne mit 120000 rad beobachtet. Für das reine Enzym **I** wird eine D_{37} von 80000 rad gefunden. W. Reusse 4210◇

1118 **Histochemie und Elektronenmikroskopie mitochondrialer Adenosintriphosphatase.** Sydney S. Lazarus und Herbert Barden. (J. Histochem. Cytochem. **10**, 285—93, 1962; Brooklyn, N.Y., Res. Inst. of Jew. Chron. Dis. Hosp.; engl.) — Für den histochem. Nachw. mitochondrialer *Adenosintriphosphatase* (**I**) ergab die Fixierung kryostat. Schnitte in kaltem, mit gesätt. $CaCO_3$ (pH 6,9) versetztem 0,05 m $MnCl_2$ in 3% Formol beste Ergebnisse. Auf diese Weise konnte **I** sowohl in Ca- als auch in Pb-haltigen Bebrütungsmedien nachgewiesen werden. Die Aktivität von **I** wurde ultramkr. bestimmt u. in der interkristallinen Matrix vorgefunden. Die histochem. nachgewiesene **I** zeigte Inhibitoren u. Aktivatoren gegenüber das gleiche Verh. wie eine aus beschädigten Mitochondrien durch Ultrazentrifugieren gewonnene **I**. L. Macher 4210◇

1119 **Rhodopsin, ein Enzym.** D. G. McConnell und D. G. Scarpelli. (Science [Washington] **139**, 848, 1963; Columbus, Ohio, State Univ., Inst. for Res. in Vision; engl.) — Digitoninextrakte von Frosch-*Rhodopsin* (**I**) zeigen Adenosintriphosphataseaktivität, die im Licht doppelt so stark wie im Dunkeln ist u. durch Hydroxylamin eliminiert wird. Beim Durchgang von Licht durch Farbfilter, bes. durch Filter mit maximaler Absorption von **I** (502 mμ), wird die Aktivität stark gesteigert. Durch Impfung von Lsgg. von Frosch- oder Rinderopsin mit Lsgg. von trans-Retinen, das teilweise durch Bestrahlen mit Licht in die cis-Form umgewandelt worden ist, steigt die Aktivität von **I** in dem Maße, wie es sein Absorptionsmaximum erreicht. W. Wesly 4210◇

1120 **Quantitative Histochemie des Nephrons.** 7. Mitt. **Verschiedene Phosphatasen in der gesunden menschlichen Niere.** S. L. Bonting, Alta D. Tsoodle, Hendrina de Bruin und B. R. Mayron. (Arch. Biochem. Biophysics **91**,

130—37, 1960; Chicago, Ill., Univ. of Illinois, Coll. of Med. Dep. of Biol. Chem.; Presbyterian-St. Luke's Hosp., Dep. of Med.; engl.) — 3. vgl. C. **1962,** 15265. — Verteilung u. hinsichtlich Substrat, pH, Inhibitoren u. Aktivatoren optimale Best.-Meth. von 4 in der Niere vorkommenden Phosphomonoesterasen, *alkal. Phosphatase, saure Phosphatase* (**I**), *Glucose-6-phosphatase* (**II**) u. *Adenosintriphosphatase*, werden angegeben. **II** hat in allen Teilen des Nephrons die niedrigsten Werte, der Glomerulus die höchsten **I**-Werte.
K. Maier 4210◇

1121 **Die Wirkung einiger Antimitotica (Colchicin, Urethan und Trypaflavin) auf die Aktivität der alkalischen und sauren Gewebephosphatase.** Gy. Kemény, T. Feszt, M. Gündisch und Cs. Hadnagy. (Arch. int. Pharmacodynam. Thérap. **141,** 176—80, 1963; Mures, Marosvásárhely, Histol. u. II. Med. Univ.-Klinik; dt.) — *Colchicin, Urethan* u. *Trypaflavin* verringerten in einzelnen Organen von tumorfreien Ratten u. Meerschweinchen teils die *saure* u. teils die *alkal. Phosphatase.* K. Zingraf 4210◇

1122 **Die Wirkung von Röntgenbestrahlung auf die Muskelphosphorylase.** Atsushi Kudo. (Seikagaku [Biochemie, Tokyo] **35,** 75—80, 1963; Tokyo, Nippon Med. School, Dep. of Orthopaedic Surg.; jap.) M. Arnold 4210◇

1123 **Der Einfluß einer Ganzkörper-Röntgenbestrahlung auf die Aktivität einiger Säurehydrolasen in Homogenaten und subzellulären Fraktionen von Rattenmilz.** Jay S. Roth, Josef Bukovsky und Herbert J. Eichel. (Radiation Res. **16,** 27—36, 1962; Storrs, Conn., Univ. of Connecticut, Inst. of Cell. Biol.; Philadelphia, Pa., Hahnemann Med. Coll., Dep. of Biol. Chem.; engl.) — ♂ Wistar-Ratten erhielten Ganzkörperröntgenbestrahlungen mit 700 r einer 200 kV-Anlage (Filter 0,5 mm Cu + 1 mm Al, Dosisleistung 60, 4 r/min, FHA 50 cm). 16—24 Std. nach der Bestrahlung wurde den getöteten Tieren die Milz entnommen, homogenisiert u. zentrifugiert, um verschiedene fl. Fraktionen zu erhalten u. zu trennen. Nach bekannten Verf. wurden dann folgende Enzyme daraus extrahiert: *β-Glucuronidase* (**I**), *saure Phosphatase* (**II**) u. *Phosphoproteinphosphatase* (**III**). Best. der Enzymaktivitäten ergab, daß die Verteilung von **I** u. **II** auf die verschiedenen subzellulären Fraktionen durch die Bestrahlung wenig verändert wird. Bei **III** tritt keine Änderung ein. Die spezif. Aktivitäten von **I** u. **II** nahmen nach der Bestrahlung zu, nach 64 Std. ist die Aktivität um ca. 100% erhöht. W. Reusse 4210◇

1124 **Zeitabhängige Aktivierung von Phosphoglucomutase durch Magnesium und Imidazol.** John P. Robinson und Victor A. Najjar. (Federat. Proc. **20,** Nr. 3 [Part II Suppl. 10] 90—97, 1961; Nashville, Tenn., Vanderbilt Univ., School of Med., Dep. of Microbiol.; engl.) — Übersicht. — 14 Literaturangaben. Diskussion. K. Maier 4210◇

1125 **Die Bestimmung glykolytischer Enzyme.** Enrique Concustell Bas. (Medicamenta [Madrid] **26** (**13**), Nr. 214, 263—64, 1961; Barcelona, Univ., Fac. de Farm., Cát. de Bioquím.; span.) — Übersicht über die Best. von *Phosphoglucomutase* u. *Phosphohexoseisomerase.* — 17 Literaturangaben. K. Zingraf 4210◇

1126 **Aktivität der Saccharase und Wachstumsintensität bei Pflanzen.** Ed. Hofmann, A. Wünsch und I. Galler. (Naturwissenschaften **50,** 133, 1963; Freising-Weihenstephan, Techn. Hochschule München, Inst. für Agriculturchem; dt.) — In reifen Samen von Getreide findet sich *Saccharase* (**I**) nur in geringen Mengen oder fehlt ganz. Bei Keimungsbeginn steigt die **I**-Aktivität rasch an. Die höchste Aktivität wird zur Zeit des intensivsten Wachstums erreicht. Bis zur Reife sinkt dann die **I**-Aktivität wieder auf ein Minimum. Bei Kartoffeln findet sich die stärkste **I**-Aktivität im Nabelteil der Knolle. In gut ausgereiften Knollen ist die **I**-Aktivität gering, gegen Ende der Lagerzeit erfolgt wieder eine Zunahme.
W. Hiller 4210◇

1127 **Methode für den histochemischen Nachweis von Disaccharidaseaktivitäten: Ihre Anwendung für Invertase und Trehalase in einigen tierischen Geweben.** Arne Dahlqvist und Arne Brun. (J. Histochem. Cytochem. **10,** 294—302, 1962; Lund, Univ., Dep. of Physiol. Chem. and Dep. of Path.; engl.) — Gefrorene Schnitte werden in einem Substrat bebrütet, das ein Redox-Syst. von Glucoseoxydase, Phenazinmethosulfat u. Tetrazoliumsalz enthält. In Ggw. von *Disaccharidase*-Aktivität wird das Substrat hydrolysiert, Glucose wird frei u. es bildet sich ein Formazan-Nd. von tiefblauer Farbe. In sämtlichen Epithelzellen der Schleimhäute des Jejunum u. Duodenum wurden *Invertase* (**I**) u. *Trehalose* (**II**) gefunden. Magen u. Niere weisen nur schwache **I**-Aktivitäten auf, der Darm enthält weder **I**- noch **II**-Aktivität.
L. Macher 4210◇

1128 **Disaccharidasen des menschlichen Darms und erbliche Disaccharidintoleranz. Die Hydrolyse von Saccharose, Isomaltose, Palatinose (Isomaltulose) und einem 1.6-α-Oligosaccharid (Isomaltooligosaccharid)-Präparat.** Arne Dahlqvist, Salvatore Auricchio, Giorgio Semenza und Andreas Prader. (J. clin. Invest. **42,** 556—62, 1963; Lund, Univ., Dep. of Physiol. Chem.; Zürich, Univ., Univ. Children's Hosp. and Biochem. Inst.; engl.) — In Erweiterung von Verss. über die Spezifität der Disaccharidasen des menschlichen Darms wurde die Beziehung zwischen *Isomaltase-* (**I**) u. *Invertase* (*Saccharase*; **II**)-Aktivitäten in der menschlichen Darmschleimhaut u. die Bedeutung dieser Enzyme für die Hydrolyse von *Palatinose* (*Isomaltulose*; **III**) u. *1.6-α-Oligosaccharid*-Präpp. [**IV**; *Isomaltose* (**V**), *Isomaltotriose* u. *Isomaltooligosaccharide* enthaltend] in Verss. mit Hitzeinaktivierung u. Gemischtsubstratinkubationen untersucht. Dabei erwiesen sich die Aktivitäten von **I** u. **II** als unabhängig voneinander. **I** ist für die Hydrolyse von **III** u. **IV** verantwortlich, so daß damit die Verw. von **IV** zur klin. Erkennung von **I**-Mangel gerechtfertigt erscheint. Klin. Beobachtungen lassen den Schluß zu, daß hereditäre Intoleranz für *Saccharose* u. **V** oft, wenn nicht immer, aufeinander folgen; bei diesen Patienten fehlen unter Umständen 2 Fermente. U. Tausendfreund 4210◇

1129 **Die Transgalaktosylaseaktivität von Streptococcus lactis.** Ss. I. Nowikowa. (Biochemie [UdSSR] **28,** 13—17, 1963; Kiew, Sabolotny-Inst. für Mikrobiol. der Akad. der Wiss. der UkrainSSR; russ., Auszug: engl.) — Bei der Einw. der Fermentextrakte von *Streptococcus lactis* C_{60} auf *Lactose* (**I**) treten freie Galaktose (**II**), Glucose (**III**) u. 3 Oligosaccharide auf. Die Oligosaccharide haben eine geringere chromatograph. Beweglichkeit als **I** u. bestehen aus **II**- u. **III**-Resten, wobei der **II**-Geh. größer ist als der von **III**. Sie treten später auf als **II** u. **III**. Ihre Entstehung beruht auf der Transgalaktosylierung unter Übertragung der **II** auf den Acceptor. Bei der Säurehydrolyse zerfallen 2 der Oligosaccharide nur in **II** u. **III**; im 3. Oligosaccharid findet sich daneben eine unbekannte Substanz.
O. Lebtag 4210△

1130 **Bildung von Sedoheptulose-7-phosphat in den Geweben bei verschiedener Versorgung des Organismus mit Thiamin.** Ju. M. Osstrowski. (Biochemie [UdSSR] **28,** 22—30, 1963; Grodno, Med. Inst., Lehrstuhl für Biochemie; russ., Auszug: engl.) — Die an 75 Tauben u. 9 Ratten durchgeführte Unters. der Aktivität der *Transketolase* (**I**) bei normaler, mangelnder oder überschüssiger Versorgung mit *Thiamin* (**II**), gemessen an der Bldg. von *Sedoheptulose-7-phosphat* (**III**) aus *Ribo-5-phosphat* (**IV**), ergab, daß die **III**-Bldg. aus **IV** in den Homogenaten von Gehirn, Skelett- bzw. Herzmuskel u. Plasma u. in den Hämolysaten bei mangelnder **II**-Versorgung geringer, bei überschüssiger **II**-Versorgung stärker ist als in der Norm. In der Leber tritt eine Aktivierung der **I** nur bei überschüssiger **II**-Versorgung ein. Der Geh. an Thiamindiphosphat ist hierbei in der Leber 2mal höher als in der Norm. Die Ergebnisse geben Hinweise auf die mögliche Lenkung des Pentosephosphatcyclus.
O. Lebtag 4210△

1131 **Der Abbau von Pektinketten über Säurehydrolyse.** Itaru Hirota. (J. agric. chem. Soc. Japan [Nippon Nôgei-Kagaku Kaishi] **36,** 778—80, 1962; Shizucka Ind. Res. Inst.; jap.) J. Lehmberg 4210◇

1132 **Eine vereinfachte und verbesserte Methode zur Gewinnung von Acetylcholinesterase aus dem elektrischen Organ des Zitteraales.** Alberto Barbosa Hargreaves, Amaryllis G. Wanderley, Fernando Hargreaves und Heloisa S. Gonçalves. (Biochim. biophysica Acta [Amsterdam] **67,** 641—46, 1963; Rio de Janeiro, Univ. do Brasil, Inst. de Biofisica; engl.) — Eine einfache u. rasche Reinigung von *Acetylcholinesterase* (Acetylcholinacetylhydrolase; *3.1.1.7*) aus dem elektr. Organ von *Electrophorus electricus* (L) durch Modifizierung einer bereits beschriebenen Meth. von Hargreaves u. Mitarbeiter (Bioelectrogenesis,

Elsevier, Amsterdam [1961], 397) wurde darauf aufgebaut, daß das Enzym bei pH 5,1 gefällt, an Tricalciumphosphatgel absorbiert, mit 25%ig. gesätt. Mg-Sulfat-Lsg. eluiert, mit 65%ig. gesätt. Mg-Sulfat-Lsg. gefällt u. 2mal an Diäthylaminoäthylcellulose chromatographiert wurde. Die Meth. liefert reproduzierbare Resultate (Zahlentabelle für Gesamtprotein-Geh., Aktivität, spezif. Aktivität, Konz.-Grad u. Ausbeute während der Reinigung im Original). Das ziemlich homogene Prod. zeigt in der Ultrazentrifuge ein einziges, wenn auch nicht ganz symmetr. Maximum für die Sedimentations-Konst. von 4 S ($s^0_{20,w} = 4 \cdot 10^{-13}$).
G. Vogel 4210◇

1133 **Die Wirkung von Kaliumionen auf die Acetylcholinbildung in Gehirnschnitten.** Sumitsugu Yoshie. (J. Kyoto prefect. med. Univ. **58**, 709—14, 1955; Kyoto, Pref. Med. Univ., Dep. of Pharmacol.; jap., Auszug: engl. S. 1x.) — Der Effekt von K^+ auf die *Acetylcholin* (**I**)-Bldg. in Mäusegehirnschnitten, die in Phosphat-Ringer- oder Bicarbonat-Ringer-Lsg., die Eserin u. Glucose oder Pyruvat enthalten, aerob inkubiert werden, wird bestätigt. Bei Erhöhung der K^+-Konz. im Medium entsteht mehr „freies“ **I** im Medium, gefolgt von einer leichten Verringerung des „komplexen“ **I** in den Gehirnschnitten. Das Gesamt-**I** wächst, Atmung u. aerobe Glykolyse werden beschleunigt. Der Effekt ist am stärksten bei einer K^+-Konz. von 0,032m u. tritt im Bicarbonatmedium stärker auf als im Phosphatmedium. Höhere K^+-Konz. hemmt die **I**-Bldg. in Gehirnschnitten. Die **I**-Bldg. in K-freiem Medium wird beschleunigt, wenn die Menge an „komplexem“ **I** wächst.
Gottfried Schreiber 4210△

1134 **Wirkungen von Stoffwechselprodukten auf die Acetylcholinbildung in Gehirnschnitten.** Sumitsugu Yoshie. (J. Kyoto prefect. med. Univ. **58**, 715—19, 1955; Kyoto, Pref. Med. Univ., Dep. of Pharmacol.; jap., Auszug: engl. S. 1x.) — Vgl. vorst. Referat. — O_2 u. adäquate Substrate sind für die Bldg. von *Acetylcholin* (**I**) in Gehirnschnitten notwendig. Die **I**-Bldg. wird durch Zugabe von *Glucose*, *Pyruvat* u. *Lactat*, die die O_2-Aufnahme der Gehirnschnitte vergrößern, erhöht. Damit ist eine Steigerung der Bldg. von „komplexem“ **I** verbunden. Die **I**-Bldg. wird durch Zugabe von *α-Ketoglutarat*, *Glutamat* u. *Acetat* nur wenig beschleunigt. Zugabe von *Succinat* steigert die O_2-Aufnahme der Schnitte beträchtlich, während die **I**-Bldg. gehemmt wird.
Gottfried Schreiber 4210△

1135 **Zum Problem der Beeinflussung der Serumcholinesterase von Mäusen durch einmalige Verabreichung von Tetrachlormethan.** O. Linèt, M. Háva und J. Mikulášková. (Arzneimittel-Forsch. **13**, 136—39, 1963; Prag, Forsch.-Inst. für Naturarzneimittel; dt.) — Die Aktivität der *Serumcholinesterase* (**I**) ist bei ♂ niedriger als bei ♀, bei kastrierten ♂ höher als bei normalen. Bei ♀ ist es umgekehrt. Durch Anwendung verschiedener CCl_4-Dosen wird nur die Zeit geändert, in der Erhöhung oder Senkung der **I**-Aktivität eintritt. Bei ♂ steigt nach CCl_4-Zufuhr die Aktivität in den ersten 6 Std. stark an. Gehen den 11. Tag tritt wieder Normalisierung ein. Bei ♀ ist der **I**-Spiegel nur in der 1. Std. erhöht, nach der 6. Std. setzt eine Abnahme ein, auch hier treten am 11. Tag wieder normale Werte auf. Kastrierte ♂ zeigen die gleiche Rk. wie normale ♀ mit Ausnahme der ersten Stunden.
W. Hiller 4210◇

1136 **Gehalt von Geweben an Cholinesterase bei Vergiftung mit Sarin.** J. F. Scaife und J. Shuster. (Canad. J. Biochem. Physiol. **38**, 1087—93, 1960; Canada, Def. Res. Kingston Labor.; engl.) — In Gehirn u. Muskeln von Tieren, welche mit *Sarin* (**II**), einem Inhibitor der *Cholinesterase* (**I**), behandelt waren, kann **I** mittels einer neuen Meth. bestimmt werden, bei der nicht in Rk. getretenes **II** durch 4malige Extraktion mit Chlf. entfernt wird. Der Einfl. von **II** auf **I** nimmt in folgender Reihenfolge ab: Gehirn, Zwerchfell, Musculus gastrocnemius (M.g.) bei Ratten u. Meerschweinchen. — Durch **II** konnte eine spast. Lähmung herbeigeführt werden, ohne daß eine merkliche Hemmung der **I** im M.g. erfolgt. — Im Gehirn von Ratten u. Meerschweinchen erfährt **I** nach subletalen Dosen von **II** eine merkliche natürliche Reaktivierung; diese trat in vitro nicht auf.
A. Hesse 4210◇

1137 **Vor der Fixierung angewandter „Spreading Faktor“ als Hilfe für die Lokalisation der Cholinesterase.** Terry Williams. (J. Histochem. Cytochem. **10**, 435—40, 1962; Manchester, Univ., Anat. Dep.; engl.) — Techn. Schwierigkeiten der Lokalisation von *Cholinesterase* (**I**) nach der Meth. von Koelle u. Friedenwald, modifiziert nach Coupland u. Holmes, ergaben sich durch gefleckte, für photograph. Wiedergabe mangelhafte Färbungen, die durch ungleichmäßiges Fixieren oder durch ungleiches Durchdringen des Fixatives verursacht wurden. Zur Abhilfe wurden die Gewebe in isoton. Salz-Lsg. mit *Hyaluronidase* (**II**) des Hodens infiltriert u. dann fixiert, wodurch die unerwünschte Diffusion der **I** nicht zustande kam. Wenn auch nicht alle Gewebe fleckenfrei gefärbt werden konnten, half **II** als *„spreading factor“* in vielen Fällen. **II** bewirkte auch eine beschleunigte Fixierung durch Formolsalz.
L. Macher 4210◇

1138 **Induktion bei „nichtrepressiblen“ Stämmen durch einen Enzymrepressor.** Henry J. Vogel, Alberta M. Albrecht und Carlo Cocito. (Biochem. biophys. Res. Commun. **5**, 115—19, 2/6. 1961; New Brunswick, N.J., Rutgers State Univ., Inst. of Microbiol.; engl.) — Zur Unters. der Wrkg. von *Arginin* (**I**) auf die Bldg. von *Acetylornithinase* (**II**) u. *Acetylornithin-δ-transaminase* (**III**) wurde *Escherichia coli B* mit u. ohne L-**I**-Zusatz aerob gezüchtet. Enzyme u. Gesamtproteine entstanden in annähernd konst. Verhältnis. **I**-Zusatz aktivierte die **II**-Bldg., aber prakt. nicht die von **III**. Gleiche Verss. mit der Mutante *B4S-7*, die relativ hohe spezif. Aktivität von *Ornithintranscarbamylase* u. *Argininosuccinatspaltendem Enzym* aufweist, ergaben, daß dieser Stamm **II** u. **III** mit verschiedenen Geschw. synthetisierte, **III** ca. 4fach rascher als der Ausgangsstamm B. Da die Geschw. der **III**-Bldg. nicht wesentlich auf **I**-Zusatz anspricht, wird angenommen, daß diese Eig. der Mutante nicht mit einer vermehrten **I**-Synth. zusammenhängt. Demgemäß ist die endogene **I**-Versorgung bei Stamm B für die Verfügbarkeit von **I** als Baustein der **II**-Synth. wahrscheinlich nicht begrenzend. **I** (oder eine abgewandelte Form) wirkt offensichtlich bei Stamm B als **II**-Inducer. Diese unterschiedliche Induzierbarkeit von **II** u. **III** sprechen für eine individuelle **I**-Empfindlichkeit des entsprechenden Synth.-Systems.
K. Maier 4210◇

1139 **Hemmung der Glutamatdecarboxylase durch Salicylat-ähnliche Verbindungen.** M. J. H. Smith, B. J. Gould und A. K. Huggins. (Biochem. Pharmacol. **12**, 917—18, 1963; London, King's Coll., Hosp. Med. School, Empire Rheumatism Council Res. Unit; engl.) — Es wird die hemmende Wrkg. von Analogen der Salicylsäure auf die *Glutaminsäuredecarboxylase* (**I**) u. die *Glutaminsäure–Brenztraubensäure-Transaminase* (**II**) untersucht. — Benzoesäuren: *Unsubstituiert* 14; — (prozentige Hemmung gegenüber **I** bzw. **II**); *3-Hydroxy-*, 11; —; *4-Hydroxy-*, 20; —; *Hexahydro-*, 40; —. Salicylsäuren: *Unsubstituiert*, 22; 26; *3-Hydroxy-*, 11; 43; *4-Hydroxy-*, 16; 32; *5-Hydroxy-*, 7; 35; *6-Hydroxy-*, 42; 57; *3-Methyl-*, 40; —; *3-Cyclohexyl-*, 98; —; *5-Nitro-*, 61; —. Der Enzym–Hemmstoff-Komplex wird durch Dialyse nicht aufgebrochen. Durch Vorinkubation mit Pyridoxalphosphat, dem Coenzym von **I** u. **II**, wird die Hemmung vermindert.
W. Hiller 4210◇

1140 **Histochemischer Nachweis einer der γ-Glutamyltranspeptidase ähnlichen Aktivität.** G. G. Glenner, J. E. Folk und P. J. McMillan. (J. Histochem. Cytochem. **10**, 481—89, 1962; Bethesda, Md., Nat. Inst. of Health; engl.) — Vgl. C. **1962**, 8293. — Unter Anwendung des chromogenen N-[γ-L-Glutamyl]-β-naphthylamids als histochem. Substrat konnte in Nieren- u. Pankreasgeweben von Meerschweinchen bio- u. histochem. eine hydrolyt. u. eine transpeptidat. Aktivität eines der γ-Glutamyltranspeptidase (**I**) ähnlichen Enzyms nachgewiesen werden. Histochem. wirkte *L-Serin* bei einem Boratpuffer von pH 8,7 hemmend, biochem. dagegen Bromsulfalein u. ein γ-Glutamylpeptid. Da diese für **I** kennzeichnend sind, kann das geprüfte Enzym mit **I** als ident. erachtet werden.
L. Macher 4210◇

1141 **Erhaltung der Lokalisation der Peptidaseaktivität unter Anwendung von β-Naphthylamidsubstraten.** George G. Glenner. (J. Histochem. Cytochem. **10**, 257—58, 1962; Bethesda, Md., Nat. Inst. of Health, Sect. of Histochem., Labor. of Exp. Pathol.; engl.) — Zwecks längerer Bewahrung der Lokalisation der *Peptidase*-Aktivitäten in Gewebeschnitten verwendet man verschiedene β-Naphthylamidsubstrate u. waschechtes Garnet GBC als Diazoniumkomponente. Die Lokalisation der Aktivität von *Aminopeptidasen* konnte durch *DL-Alanyl-* u. *L-Leucyl-β-naphthylamid*, die Aktivität eines *trypsinähnlichen Enzyms* durch *Benzoyl-*

DL-arginin-β-naphthylamid u. die Aktivität eines *γ-Glutamyltranspeptidase-ähnlichen Enzyms* mit *γ-L-Glutamyl-β-naphthylamid* bewirkt werden. Zwecks Nachbehandlung wird das Gewebe nachtsüber in Aceton bei — 70° belassen, dann 1 Std. bei 4° in 2 : 1 Aceton-Chlf. bzw. 2 : 1 Chlf.-Aceton. Man behandelt es noch mit 0,6% Celloidin, dann mit trockner Luft u. bebrütet in der Substratlösung. L. Macher 4210◇

1142 **Neue Beobachtungen hinsichtlich Abweichungen bei der histochemischen Lokalisierung der Leucinaminopeptidase.** Marvin M. Nachlas, Melvin M. Friedman und Arnold M. Seligman. (J. Histochem. Cytochem. **10,** 315—23, 1962; Baltimore, Md., Univ., School of Med., Dep. of Surg., Sinai Hosp.; engl.) — Während bei der eigenen Meth. (Nachlas, Crawford, Seligman) die *Leucinaminopeptidase* (I) in der Nierenrinde der Ratte nur in der inneren corticalen Region in reichlichem Anteil lokalisiert wurde, färbte sich nach der Meth. von Burstone u. Folk der ganze Cortex. Da der innere Cortex der Rattenniere an I doppelt bis 3fach aktiver ist als der äußere, dürfte die unterschiedliche Färbung darauf zurückführbar sein, daß das bei der eigenen Meth. verwendete Tetrazoliumsalz (waschechtes Blau B) mehr inhibitor. wirkt als waschechtes Garnet GBC oder Corinth V; Blau B kuppelt schneller als die anderen Diazoniumsalze. L. Macher 4210◇

1143 **Sauerstoffeinflüsse auf die Inaktivierung von Enzymen durch ionisierende Strahlen.** 1. Mitt. **Verdünnte Lösungen von Trypsin und Desoxyribonuclease.** A. B. Robins und J. A. V. Butler. (Radiation Res. **16,** 7—17, 1962; London, Roy. Cancer Hosp., Chester Beatty Res. Inst., Inst. of Cancer Res.; engl.) — *Trypsin* (I) u. *Desoxyribonuclease* (II) wurden in Lsg. mit 220 oder 140-kV-Röntgenstrahlen bei einer Dosisleistung von 970 rad/min bestrahlt, u. zwar entweder in Luft oder nach vorheriger Entlüftung der Lösung. Die Aktivität der beiden Enzyme nach der Bestrahlung wurde bei I nach Kunitz, bei II durch Ermittlung der Viscositätsänderung einer Standard-Nucleinsäure-Lsg. bestimmt. Es ergab sich: Zwischen pH 1 u. 6 in Chlorid- u. Sulfat-Lsg. erhöht die Ggw. von O_2 die D_{37} (Dosis, die die Enzymaktivität auf 37% red.). In Nitrat-Lsg. ist der O_2-Effekt weniger ausgeprägt, oberhalb pH 6 tritt er ganz zurück. W. Reusse 4210◇

1144 **Die Messung der elektrischen Leitfähigkeit zum Nachweis von Fermentreaktionen.** 2. Mitt. **Leitfähigkeitsmessungen beim enzymatischen Eiweißabbau.** U. Freimuth, K.-H. Seidel und W. Krüger. (Nahrung **6,** 531—36, 1962; Dresden, TU, Inst. für Lebensmittel- u. Gärungschem.; dt.) — 1. vgl. C. **1959,** 9941. — Mit der in der 1. Mitt. beschriebenen Meßmeth. zeigen Vff. die Möglichkeit, den pept. Abbau von *Rinderserumalbumin* u. den trypt. Abbau von *Ovalbumin* durch Leitfähigkeitsmessungen kontinuierlich zu verfolgen. W. Krüger 4210◇

1145 **Einige Charakteristica eines proteolytischen Enzyms von Pseudomonas fluorescens.** W. C. Hurley, F. A. Gardner und Carl Vanderzant. (J. Food Sci. **28,** 47—53, 1963; College Station, Tex., Texas Agric. Exp. Stat., Dep. of Poultry Sci.; Dep. of Dairy Sci.; engl.) — *Pseudomonas fluorescens,* bes. Stamm 17, erzeugte in Nährlsgg. ein hitzelabiles, gegen Frisch- u. Trockeneiweiß-Präpp. sowie Hämoglobin akt., proteolyt. Enzym-Syst., dessen Aktivität in der Kultur-Fl. beim Erreichen des optimalen Wachstums lebensfähiger Zellen u. bzgl. der Temp. bei 25° am höchsten ist. Eine gewisse Reinigung wurde durch Fraktionieren mit $(NH_4)_2SO_4$ u. Cellulosesäulenchromatographie erreicht u. die Aktivität durch Fe^{2+} stark erhöht. — Aktivitätskurven u. -tabellen für die drei Substrate mit Einfl. des Alters, des pH, der Temp., Konz. u. Menge des Substrats. Absorptionsmaxima u. Aktivierungsmittel im Original. G. Vogel 4210◇

1146 **Enzymatischer Abbau verschiedener Angiotensin-II-Derivate durch Serum, Plasma oder Nierenhomogenate.** D. Regoli, B. Riniker und H. Brunner. (Biochem. Pharmacol. **12,** 637—46, 1963; Basel, Pharm. Div., Res. Labor. of Ciba Ltd.; engl.) — Sechs isomere *Angiotensine* wurden mit Rattenserum, menschlichem Plasma oder Rattennierenhomogenaten bebrütet u. die Inaktivierungs-Geschw. der Isomeren ermittelt. Verbb. mit einer α-L-Asp-Konfiguration wurden durch Serum oder Plasma schneller inaktiviert als α-D-, β-L-, β-D- oder Desaminoangiotensin II. Die Bebrütung mit Nierenhomogenaten ergab geringere Differenzen. Chromatograph. ergab sich, daß durch die Bebrütung der α-L-Verb. nicht nur Peptidfragmente als Folge des Abbaus mit *Aminopeptidase* (I) auftraten, sondern auch im Mol. enthaltene Aminosäuren in geringeren Mengen. Die α-D-, β-L-, β-D- u. Desamino-Verbb. waren gegen I geschützt, wogegen ihr Endopeptidaseabbau auf die gleiche Weise erfolgte wie bei den α-L-Verbb.; hierbei traten auch die isomeren Tetrapeptide Asp-Arg-Val-Tyr auf. Während bei Rattenserum 90% des Abbaus durch I erfolgte u. nur 10% durch Endopeptidase war die Abbaurate durch Nierenhomogenate u. menschliches Plasma ca. 60 : 40. L. Macher 4210◇

1147 **Der enzymatische Abbau von Hämproteinen zu Gallenfarbstoffen.** 3. Mitt. **Die Verteilung der Enzymaktivität in tierischen Geweben.** Hiroshi Nakajima, Tsutomu Takemura, Osamu Nakajima und Kenji Yamaoka. (Proc. Japan Acad. **37,** 497—500, 1961; Fukuoka, Kyushu Univ., Fac. of Med.; 1. Dep. of Internal Med.; engl.) — 1. u. 2. vgl. Proc. Japan Acad. **34,** 712 (1958) u. **35,** (1959) 144.— Die Best. der Verteilung der für die oxydative Ringspaltung der Hämhälfte des Hämoglobins verantwortlichen Enzymaktivität ergab einen hohen Geh. in Leber u. Niere (Meerschweinchen, Rind, Katze, Hund), dagegen einen sehr niedrigen im reticuloendothelialen Syst. (Milz, Knochenmark). Die Ringöffnung dürfte hiernach in Leber u. Niere erfolgen. K. Maier 4210◇

1148 **Der enzymatische Abbau von Hämproteinen zu Gallenfarbstoffen.** 4. Mitt. **Intracelluläre Verteilung der Enzymaktivität.** Hiroshi Nakajima, Tsutomu Takemura, Osamu Nakajima und Kenji Yomaoka. (Proc. Japan Acad. **37,** 501—04, 1961; engl.) — 3. vgl. vorst. Referat. — Das Enzym, das den Abbau von Pyridin-Hämichromogen zur 656 mμ-Substanz, einer direkten Biliverdinvorstufe, katalysiert, findet sich in der 105000 *g*-Leberüberstandfraktion. Zusatz von Partikelfraktionen steigerte die Aktivität der letzteren nicht. K. Maier 4210◇

1149 **Der enzymatische Abbau von Hämproteinen zu Gallenfarbstoffen.** 7. Mitt. **Stabilität des Enzymproteins.** Hiroshi Nakajima und Kenji Yamaoka. (Proc. Japan Acad. **37,** 640—42, 1961; engl.) — 4. vgl. vorst. Referat. — Das Protein des *Enzyms* (I), das Pyridin-Hämichromogen zu einer direkten Vorstufe (656 mμ-Substanz) des Biliverdins abbaut, war in rohen wie partiell gereinigtem Zustand (Meerschweinchenleberhomogenat, 105000 *g*-Überstand, Fällung bei 0,4—0,6 Sättigung) in O_2-Ggw. extrem instabil, unter N_2 dagegen haltbar. Rohes wie teilweise gereinigtes I war bei pH 7,4 am beständigsten. Glutathion, Ascorbinsäure, Mercaptoäthanol u. EDTA verhinderten die I-Inaktivierung nicht. K. Maier 4210◇

1150 **Untersuchungen über die Proteinsynthese in Seidenraupenspinndrüsen.** 4. Mitt. **Der Einbau von ^{14}C-Glycin in das Zellprotein durch die hinteren Spinndrüsen.** Yoshiaki Miura, Hirowo Ito, Kenhiko Momose, Kiyoshi Sunaga und Keiko Ikeda. (J. Biochemistry [Tokyo] **52,** 333—42, 1962; Chiba, Univ., School of Med., Dep. of Physiol. Chem.; engl.) — 3. vgl. C. **1963,** 2121. — Es wurde die Fraktionierung der Cytoplasmapartikel der hinteren Spinndrüsen von *Bombyx mori* durch Zentrifugieren mit einem Dichtegradienten, die Aufnahme von *$^{14}C_{(1)}$-Glycin* in jeder der beiden Fraktionen untersucht u. morpholog. Beobachtungen gemacht. Durch vorst. Zentrifugen-Meth. konnten die großen Partikel in Mitochondrien bzw. Aminosäure aufnehmende Partikel zerlegt werden. Letztere waren reich an Lipid, aber arm an Ribonucleinsäure. Nach elektronenmkr. Unters. bestehen diese Partikel hauptsächlich aus glattoberflächigem endoplasm. Netzwerk. Es ist möglich, daß sie kornförmige Ausscheidungen aus Fibroin darstellen. Vermutlich ist die Energieversorgung in den hinteren Spinndrüsen durch oxydative Phosphorylierung von prim. Bedeutung für die Fibroinsynthese. Ferner wird vermutet, daß die Zellkerne der hinteren Spinndrüsen eine wichtige Rolle bei der Fibroin-Synth. u. -sekretion spielen. Dem steht aber nach der elektronenmkr. Unters. entgegen, daß die Zelltrümmerfraktion die ganze cytoplasm. Komponente enthält, so daß weitere Unterss. nötig sind. G. Vogel 4210◇

1151 **Untersuchungen über die Proteinsynthese in Seidendrüsen.** 1. Mitt. **Übertragung von Radioaktivität aus prämarkiertem Zellmaterial auf Partikelfraktionen der zell-**

freien Fraktion der hinteren Seidendrüse. Yoshiaki Miura, Hirowo Ito, Shigeo Tanaka, Kenhiko Momose, Kiyoshi Sunaga und Akiko Moriyama. (J. Biochemistry [Tokyo] **50**, 458—66, 1961; Chiba, Chiba Univ., School of Med., Dep. of Physiol. Chem.; engl.) — Nach 15 Min. in vivo- oder in vitro-Markierung von Seidenspinndrüsen (*B. mori* L.) mit $^{14}C_{(2)}$-Glycin war das durch Abzentrifugieren (700 g) des Homogenisats der hinteren Seidendrüsen erhaltene Zellmaterial stark radioaktiv. Unter geeigneten Bedingungen wurde die Aktivität enzymat. bes. auf Partikelprotein, dagegen nur wenig auf die Lipid- u. Überstandsfraktion übertragen. Die Übertragungs-Rk. benötigte anscheinend kein Aminosäureaktivierungsenzym (8500 *g*-Überstand bei pH 4,9), wohl aber Aminosäuregemisch, Guanosintriphosphat, Adenosintriphosphat (ATP) u. ATP-erzeugende Systeme. K. Maier 4210◇

1152 **Histologischer Nachweis von Cysteindesulfurase.** A. Jarrett. (J. Histochem. Cytochem. **10**, 400—01, 1962; London, Univ., Coll. Hosp. Med. School; engl.) — Die in menschlicher u. tier. Haut sowie in Mäuseleber vorkommende *Cysteindesulfurase* (**I**) red. *Cystein* (**II**) zu *Brenztraubensäure*, wobei das auftretende H_2S *Tetrazoliumblau* (**III**) zum roten Monofarmazan u. weiter zum blauen Diformazan reduziert. Die in die Lsg. von **II**, **III**, Phosphatpuffer (pH 7,6) u. Pyridoxin-5-phosphat als Aktivator eingebetteten Hautsektionen zeigten nach 18—24 Std. langer Bebrütung bei 37° mkr. in den granulären Zonen der Epidermis Rotfärbung als Zeichen einer hohen **I**-Aktivität. L. Macher 4210◇

1153 **Die in vitro-Umwandlung von Linolsäure in γ-Linolensäure durch Rattenleberenzyme.** D. H. Nugteren. (Biochim. biophysica Acta [Amsterdam] **60**, 656—57, 1962; Vlaardingen, Unilever Res. Labor.; engl.) — Die Bldg. der Arachidonsäure aus Linolsäure verläuft wahrscheinlich über folgende Stufen: *Linolsäure* ($\Delta^{9.12}$-Octadecadiensäure) → *γ-Linolensäure* ($\Delta^{6.9.12}$-Octadecatriensäure) → Homo-γ-linolensäure ($^{8.11.14}$-Eikosatriensäure) → Arachidonsäure ($\Delta^{5.8.11.14}$-Eikosatetraensäure). Die erste Stufe der Rk. wurde untersucht. — Nachdem $^{14}C_{(1)}$-Linolsäure mit einem aus Rattenlebermikrosomen + Überstand bestehenden Enzym-Syst. bebrütet worden ist, kann im verseiften Ansatz gaschromatograph. ^{14}C-Linolensäure nachgewiesen werden, die nach O_3-Behandlung Adipinsäure gibt. Hierbei sind folgende Cofaktoren unbedingt erforderlich: Mg^{2+}, Adenosintriphosphat, Coenzym A, Nicotinamidadenindinucleotid oder dessen Phosphat u. O_2. — Enzym-Präpp. von Ratten mit Mangel an essentiellen Fettsäuren sind wirkungsvoller als von normal ernährten Tieren. W. Rehner 4210◇

1154 **Untersuchung der Beziehungen zwischen den Coenzymvitaminen und den entsprechenden Fermenten in Abhängigkeit vom Alter der Tiere und unter der Einwirkung einiger dem Organismus eigenen Stoffe.** S. Oeriu. (Biochemie [UdSSR] **28**, 3—8, 1963; Bukarest, Akad. der Wiss., Abt. für Chemotherapie; russ., Auszug: engl.) — In Verss. an 1400 Ratten verschiedenen Alters (2—2½ Monate bzw. 2 bis 2½ Jahre; a bzw. b) zeigt sich bei b im Vgl. zu a in den Coenzymen des Blutes bzw. des Blutserums ein geringerer Geh. an *Vitamin PP* (**I**), *Vitamin* B_1 (**II**) u. *Vitamin* B_6 (**III**) bzw. *Vitamin* B_2 (**IV**) u. *Pantothensäure* (**V**). Durch Zusatz von Cystein (**VI**) u. Folsäure (**VII**) wird bei b der **I**-Geh. bis zum Wert bei a erhöht. Durch **VI** allein wird bei b der **II**-Geh. normalisiert. Bei Zusatz von **VI** + Vitamin B_{12} wird bei b der **IV**-Geh. fast normalisiert. Der **III**-Geh. wird durch **VI** + **III** auf den a-Wert erhöht, der **V**-Geh. durch Zusatz von **VI** + **VII**. Die Aktivitäten von *Diphosphopyridinnucleotid, Cocarboxylase, Flavinadenindinucleotid, Flavinmononucleotid* u. *Transacetylase* im Nierengewebe sind bei b geringer als bei a; die Aktivitäten von *Glutamat–Oxalessigsäure-Transaminase* u. *Glutamat–Brenztraubensäure-Transaminase* sind bei b höher. Die Aktivitätsänderungen der Fermente unter dem Einfl. von **VI** allein oder in Kombination mit **III**, **VII** u. Vitamin B_{12} werden ausführlich erörtert. O. Lebtag 4510△

1155 **Über die thiaminzerstörenden Faktoren der Tuberkulose- u. Dysenteriebakterien.** D. Ss. Saprudskaja. (J. Mikrobiol., Epidemiol., Immunobiol. [UdSSR] **32**, Nr. 2, 44—48, Febr. 1961; Rostow/Don, Forsch.-Inst. für Geburtsh. u. Pädiatrie; russ., Auszug: engl.) — Extrakte zerstörter Tuberkulose-Ruhrstäbchen hatten die Fähigkeit, *Thiamin* (**I**) zu zerstören. Die Aktivität der Extrakte war um so höher, je älter die Kultur war. Die Aktivität (in γ **I** je 1 g Trockenextrakt) betrug: 98 bei 1 Monat alter Tuberkulosekultur (Bovinus-Typ), 57 beim humanen Typ, 37 bei 2 Tage alter Dysenteriekultur. F. du Mans 4210◇

1156 **Über die Thiaminase aus einem hefeähnlichen Eumyces-Stamm.** Kazuo Kuratani. (J. Kyoto prefect. med. Univ. **58**, 727—29, 1955; Kyoto Pref. Med, Univ., Dep. of Biochem.; jap., Auszug: engl. S.lxi.) — Folgende Eigg. des *Thiamin* (**I**) *zersetzenden Enzyms* (**II**) aus dem hefeähnlichen Eumyces-Stamm C_4 werden angegeben: **II** ist keine **I**-*Phosphorylase*, sondern eine echte *Thiaminase*. **II** ist ein Endoenzym, das in Bakterienzellen enthalten ist u. am stärksten nach 48std. Kultur wirkt. Der optimale pH ist 7, die optimale Temp. 40°. *Anilin* (**V**) zeigt auch in 10^{-3}m Konz. keine Wirkung. An **II**-Zers.-Prodd. werden *Pyrimidylmethanol* (**III**) u. *Thiazol* (**IV**) papierchromatograph. nachgewiesen. **II** synthetisiert aus **III** u. **V** *Pyrimidinanilid* u. aus **III** u. **IV** entsteht **I**. Die Unters.-Ergebnisse stimmen nur teilweise mit den Eigg. der Thiaminase II aus *Bacillus aneurinolyticus* Kimura et Aoyama überein. Gottfried Schreiber 4210△

1157 **Arylsulfatase und Hydrolyse einiger Steroidsulfate im sich entwickelnden Organismus und in der Placenta.** Martti O. Pulkkinen. (Acta physiol scand., Suppl. 180, **52**, 1—92, 1961; Turku, Univ. of Turku, Dep. of Physiol.; engl.) — *Arylsulfatase* (**I**) wurde mittels einer Abwandlung der *p-Nitrophenylsulfat* (**II**)-Meth. bestimmt u. die Spaltung der *Steroidsulfate* (**III**) nach Roy durch spektrophotometr. Messung der nichtgespaltenen **III** als Methylenblausalz (Extraktion mit Chlf.) verfolgt. Das pH-Optimum von Human-, Rattenleber- u. Rattenniere-**I** war 7,3, 7,0 u. 5,8. Die optimale Substrat-Konz. für **I** von menschlichem Foetus (26 Organe u. Sekrete) war 0,008 m **II**. Unter diesen Bedingungen fand in vitro in Ratten- oder Foetusgeweben kein *p-Nitrophenol* (**IV**)-Stoffwechsel statt. **I** erwies sich bei — 15° einen Monat lang als gut haltbar, während bei 4° die Aktivität relativ abnahm u. nach 24 Std. bei 20° nur noch einen Bruchteil betrug. Als **III** dienten *Dehydroepiandrosteron-, Östron-* u. *Androsteronsulfat*. Das pH-Optimum von Humanplacenta- u. Rattenleber war in Trispuffer bei 0,2 mm Substrat-Konz. ca. 7,8. λ_{max} des mit Chlf. extrahierten **III**-Methylenblaukomplexes lag bei 663 mμ (A.). Die Hydrolyse war bei 3—6 Std. Inkubation zur Rk.-Zeit relativ linear, der maximale Hydrolysegrad 50%. Die Größe der menschlichen Föten betrug 0,5—33 cm; **I**-Werte (E_w = μg freigesetztes **IV**/100 mg Frisch-Gew./Std., E_N μg freigesetztes **IV**/μg N/Std.): Leber, E_w, (1260 ± 70, E_N, 770 ± 50, Ileum, 675 ± 50, 410 ± 36; Jejunum, Duodenum, Colon, Pankreas, 186 ± 17, 134 ± 12,1; Niere, 124 ± 8,8, 118 ± 8,1; Lunge, 40,3 ± 3,6, 47 ± 3,7; Hirn, 13,5 ± 1,24, 17,7 ± 1,48. Die **I**-Werte für Herz, Schilddrüse, Milz u. Skelettmuskel lagen bei der unteren Erfassungsgrenze der Meth.; in Knochenmark u. Knochen war keine **I** nachweisbar. Während der Foetus-Entw. nahm die **I**-Aktivität von Niere u. Lunge signifikant zu. Die **I**-Aktivität von 55 fötalen Placenten war in den Proben von der Fötalseite 191 ± 11,2 E_w u. 183 ± 14,1 E_N, von solchen der mütterlichen Seite 171 ± 12,1 u. 156 ± 15,6. In 29 Placenten von Spontanentbindungen betrugen die entsprechenden Werte: 218 ± 17 u. 86,6 ± 6,90 sowie 241 ± 15,1 u. 104 ± 5,2. Bei der Ratte tritt **I**-Aktivität während der intrauterinen Entw. in Leber u. Niere zuletzt auf. Der Magen–Darm-Kanal des Rattenfoetus enthält sehr wenig **I** (6,3 ± 0,31 E_w u. 4,6 ± 0,25 E_N). Post partum nimmt die Aktivität zu (Leber-**I** bei Geburt: 26,1 ± 1,75 E_w, 11,9 ± 0,87 E_N, beim erwachsenen Tier: 109 ± 4,4/38,3 ± 1,83; Nieren-**I**: 32,5 ± 2,2 E_w, 17,7 ± 1,93 E_N) 81,0 ± 2,56/28,8 ± 1,41). Eindeutige geschlechtsbedingte Unterschiede bestanden nicht. In 8 untersuchten Geweben aus Humanföten in der Leber des Rattenfoetus oder der neugeborenen Ratte wurde keine *Steroidsulfatase* (**V**) (*Androsteronsulfat* als Substrat) beobachtet. Die Leber einer 1 Monat alten Ratte besaß fast die Aktivität wie die eines ausgewachsenen Tieres. Rattenfoetusleber hydrolysierte, im Gegensatz zu Humanfoetusleber, kein *Östronsulfat* (**VI**). Neugeborene Ratten besitzen dagegen **V**-Aktivität. Humanplacenta enthält in jedem Stadium **V** u. spaltet **VI** leicht. — 118 Literaturangaben. K. Maier 4210◇

1158 **Quantitative Histochemie der Niere.** 2. Mitt. **Enzymatische Aktivitäten in den Glomeruli und in den proximalen Tubuli bei Aminonucleosidnephrose der Ratte.** John M. Kissane und Eugene Hoff. (J. Histochem. Cytochem. **10**, 259—68, 1962; St. Louis, Mo., Univ., School of Med., Dep. of Path.; engl.) — 1. vgl. C. **1962**, 17083. — Durch tägliche

Dosen von 1,5 mg *Aminonucleosid* (I) wurde in Ratten künstlich die I-Nephrose entwickelt. Durch die quant. Best. der enzymat. Aktivitäten in den Glomeruli (Glo.) u. in zwei Segmenten der proximalen Tubuli wurde das Fortschreiten dieser Krankheit verfolgt. Die frühesten Veränderungen stellten sich in den Glo. ein, wobei ein Ansteigen der *Glucose-6-phosphat-* u. der *6-Phosphogluconsäuredehydrogenase* festgestellt wurde. Der Abfall der tubulären *alkal. Phosphatase* trat später ein als ein Zeichen einer tubulären Verstopfung. Aktivitätsabfälle der tubulären *Malonsäure-*, *Isocitrat-* u. *Glutaminsäuredehydrogenase* u. der *Glycylphenylalanindipeptidase* hingen mit der Proteinurie per se zusammen. *Milchsäuredehydrogenase* u. *Glutaminsäure–Oxalacetat-Transaminase* zeigten in den Tubuli keine Veränderungen. Abfall *saurer Phosphatase* wies auf eine celluläre Degeneration hin. L. Macher 4210◇

1159 **Enzymatische Detoxifikation chlorierter Phenole.** H. Lyr. (Phytopathol Z. **47**, 73—83, 1963; Eberswalde, Humboldt-Univ. zu Berlin, Inst. für Forstbotanik; dt.) — Vf. kultiviert 12 Pilzarten in 3% ig. Malz-Lsg. u. setzt nach 4 bis 21 Tagen $4 \cdot 10^{-4}$ in *Na-Pentachlorphenolat* (I) zu. Die holzzerstörenden Pilze, die *Laccase* in das Kulturmedium abgeben, können die Toxizität von I überwinden. Bei Inkubation von Laccase u. *Tyrosinase* mit **I**, *2.3.4.6-Tetrachlorphenol*, *2.4-Dichlorphenol* u. *2.4.5-Trichlorphenol* wird Cl abgespalten, u. die Chlorphenole werden entgiftet. Die Cl-Freisetzung sinkt mit zunehmender Chlorierung der Phenole. W. Hiller 4210◇

1160 **Histochemischer Nachweis der von reduziertem Pyridinnucleotid abhängigen Systeme, die polycyclische Kohlenwasserstoffe abbauen.** Lee W. Wattenberg und J. Lionel Leong. (J. Histochem. Cytochem. **10**, 412—20, 1962; Minneapolis, Minn., Univ. of Minneapolis, Med. School, Dep. of Pathol.; engl.) — Die vom *red. Pyridinnucleotid abhängigen Enzym-Syst.* bauten *3.4-Benzpyren*, *Perylen*, *9.10-Dimethyl-1.2-benzanthracen* u. *1.2-Benzanthracen* ab. Auf Grund der Abnahme der Fluorescenz dieser KW-Stoffe konnte die *Enzymaktivität* (**I**) beurteilt werden. Positive Rkk. gaben Leberzellen von Ratten, Mäusen, Hamstern, Eseln u. Menschen. Zentral gelegene Zellen der Leberläppchen sind enzymat. wirksamer als periphere. In Leber, Niere, Schilddrüse, Hoden u. Lungen von mit *Methylcholanthren* injizierten Ratten war die **I** höher als in den Kontrolltieren. In der Nebenniere stieg die **I** nicht so hoch. L. Macher 4210◇

1161 **Trichothecinase.** I. Horváth und J. M. Varga. (Acta microbiol. Acad. Sci. hung. **9**, 117—21, 1962; Budapest, Ungarn, Research Inst. for Pharmaceutical Industry, Dep. of Microbiology; engl.) — Die pilzwirksamen Antibiotica *Trichothecin* (I) u. *Crotocin* (II) werden durch *Penicillium chrysogenum* (III) enzymat. unter Aufspaltung der Esterbindung inaktiviert. I u. II haben induzierende Wrkg. auf **III**. Der Vorgang ist der Wrkg. von *Penicillinase* auf *Penicillin* sehr ähnlich. Ekkehard Schmid 4210◇

1162 **Beitrag zur pharmazeutisch-chemischen Analyse der Enzyme Hyaluronidase, Trypsin, Streptokinase–Streptodornase (Varidase).** P. A. M. Fuentealba, C. A. Danhier und A. J. Brieva. (Rev. Real. Acad. Ci. exactas, fisic. natur. Madrid **56**, 167—81, 1962; span.) — Prüfung der verschiedenen Nachw.-Meth. von *Hyaluronidase* (**I**), *Trypsin* (**II**) u. *Varidase* (**III**) u. Beschreibung einer gravimetr. Meth. zur Best. von **I** u. **II** in Form von Phosphorwolframaten. Die colorimetr. Best. mit der Ninhydrinprobe u. der Probe von Sakaguchi war negativ. K. Zingraf 4210◇

1163 **Die Wirkung der Stoffwechselinhibitoren auf isolierte Kaninchendärme.** Sumitsugu Yoshie. (J. Kyoto prefect. med. Univ. **58**, 720—26, 1955; Kyoto Pref. Med. Univ., Dep. of Pharmacol.; jap., Auszug: engl S. lxi.) — Der Einfl. von *Na-Fluoracetat* (**I**) u. *$NH_2OH \cdot HCl$* (**II**) auf die Verw. von *Glucose* (**III**), *Pyruvat* (**IV**) oder *Acetat* (**V**) als Quelle der spontanen Kontraktionsenergie von isolierten Kaninchendärmen wird nach der Rona-Neukirch-Technik u. nach einer anderen Meth. untersucht. **I** blockiert die Aufnahme von **IV** oder **V** u. hemmt in geringem Maße die Verwertung von **III**. **II** hemmt die Kontraktionsaktivität von isolierten Kaninchendärmen in **V** enthaltendem Medium stark. Auch in **IV**- u. **III**-Medien tritt beträchtliche Hemmung auf. Gottfried Schreiber 4210△

1164 **Bakterielle Enzyme.** Julio Rodriguez Villanueva. (Medicamenta [Madrid] **26** (**13**), Nr. 214, 254—55, 1961; Madrid, S.C.I.C., Inst. de Microbiol. „Jaime Ferrán", Secc. de Bioquím. de Microorganismos; span.) — Kurze Übersicht über extra- u. intracelluläre *Enzyme* von Bakterien. K. Zingraf 4210◇

E$_3$. Mikrobiologie, Bakteriologie, Immunologie

1165 **Reinigung von Toxoplasma durch Ultraschall und tryptische Verdauung.** Yukinori Tsunematsu. (Amer. J. trop. Med. Hyg. **9**, 556—61, 1960; Los Angeles, Calif., Estelle Doheny Eye Found. & Univ. of California, School Med., Dep. Infect. Diseases; engl.) — *Toxoplasma gondii* (T.g.) aus dem Peritonealexsudat infizierter Mäuse kann durch Ultrabeschallung (15—30 Sek.) mit nachfolgender Verdauung mit *Trypsin* (1:250—1:2000) von der Verunreinigung durch Leukocyten, Erythrocyten u. Zellresten befreit werden. Isotone Puffer-Lsgg. sind erforderlich. Derart gereinigtes T. g. ist antigen, infektiös, zur Hämagglutinations- u. Komplementbindungs-Rk. ohne antikomplementäre Eigg. geeignet. Ekkehard Schmid 4300◇

1166 **Nährstoffbedarf und Stoffwechsel von Mycoplasma laidlawii.** S. Razin und Alice Cohen. (J. gen. Microbiol. **30**, 141—54, 1963; Jerusalem, Hebrew Univ.–Hadassah Med. School, Dep. of Clin. Microbiol.; engl.) — Auf Grund von Verss. wird für *Mycoplasma laidlawii* eine Nähr-Lsg. für ein optimales Wachstum zusammengestellt. Die Nähr-Lsg. enthält: NaCl, $(NH_4)_2SO_4$, Trispuffer, KCl, $MgSO_4 \cdot 7\,H_2O$, Na_2HPO_4, Nicotinsäure, Riboflavin, Folsäure Pyridoxin, Pyridoxal, Thiamin, Adenosin, Guanosin, Cytidin, L-Cystin, DL-Isoleucin, L-Glutamin, L-Asparagin, Glycin, DL-Alanin, DL-Phenylalanin, L-Tyrosin, L-Histidin, DL-Leucin, L-Arginin DL-Methionen, DL-Threonin, Glucose (I), Rinderserumalbuminfraktion V u. Penicillin G. In der Nähr-Lsg. kann **I** durch Maltose, nicht aber durch Galaktose, Fructose, Mannose, Lactose oder Rohrzucker ersetzt werden. 22 Aminosäuren wurden weder oxydiert, noch abgebaut. Eine Transaminase konnte in zellfreien Extrakten nicht nachgewiesen werden. Cholesterin wird zum Wachstum nicht benötigt. M. Lorenz 4310◇

1167 **Untersuchungen zum Stoffwechsel der Oxalsäure bei Bacterium oxalophilum.** 1. Mitt.: **Isolierung, Beschreibung und Nährstoffbedarf.** Toshi Kaneda. (J. gen. appl. Microbiol. [Tokyo] **9**, 223—32, 1963; Meguro, Tokyo, Tokyo Inst. of Technolog., Labor. of Biophys. and Biochem.; engl.) — Aus Gartenerde wurde *Bacterium oxalophilum* isoliert. Die Bakterien bilden ein gelbes Pigment, das unlösl. in W., lösl. in A., Ae., Bzn. u. Chlf. ist. *Oxalsäure* (**I**) ist die einzige organ. Verb., in deren Ggw. in einem anorgan. Medium optimales Wachstum beobachtet wird. **I** kann in der Nähr-Lsg. auch unter Erreichung eines geringeren Wachstums durch *Glyoxylsäure*, *Brenztraubensäure* (**IV**), *α-Ketoglutarsäure*, *Äpfelsäure* (**III**) u. *Pepton* ersetzt werden. Kein Wachstum wird durch verschiedene organ. Säuren, Alkohole, Kohlenhydrate u. Aminosäuren erreicht. Das Wachstum in Ggw. von **I** wird durch m/30 Ameisensäure (**II**), Essigsäure, Propionsäure u. m/20 Glucose, Fructose, Rohrzucker gehemmt oder unterbunden, unter den Metallen hemmen $AgNO_3$ u. $HgCl_2$ am stärksten. Der Umfang der Oxydation einer Anzahl von organ. Säuren (**I**, **II**, **III**, **IV**, Bernsteinsäure, Fumarsäure, Citronensäure) wird untersucht; die Oxydation ist pH-abhängig. Werden Zellen nicht auf **I**, sondern auf einer anderen organ. Säure inkubiert, dann wird die Bldg. des **I** oxydierenden Syst. nicht induziert. M. Lorenz 4310◇

1168 **Unterschiedliche Effekte von Aminosäuremangel auf die Cytochemie von Bakterien.** Gerrit Toennies, Gerald D. Shockman und Joseph J. Kolb. (Biochemistry [Washington] **2**, 294—96, 1963; Philadelphia, Pa., Inst. for Cancer Res.; Temple Univ., School of Med., Dep. of Microbiol.; engl.) — Der unterschiedliche Einfl. des Mangels an verschiedenen Aminosäuren wird an *Streptococcus faecalis* untersucht. *Valin*-Mangel äußert sich in der völligen oder fast völligen Einstellung der Nucleinsäure-Bldg., während die Bldg. von Substanzen der Zellwand u. der Membran etwas verlangsamt weitergehen. Bei *Threonin*-Mangel werden erhebliche Mengen an Ribo- u. Desoxyribonucleinsäure u. mehr Zellwandsubstanz als bei Valinmangel gebildet, dafür aber weniger Membransubstanz. M. Wiedemann 4310◇

1169 **Biochemische Untersuchungen an synchronisierten Kulturen von Schizosaccharomyces pombe.** Nobundo Sando. (J. gen. appl. Microbiol. [Tokyo] **9**, 233—41, 1963;

Tokyo, Univ. of Tokyo, Faculty of Science, Botanical Inst.; engl.) — Durch Einsaat einer großen Zellmenge (1,1 · 10^9 Zellen/ml) läßt sich die Zellteilung von *Schizosaccharomyces pombe* für die Dauer einer Std. synchronisieren. Im Verlauf der Synchronisation wird *Glucose* rasch u. *Stickstoff* (von $[NH_4]_2SO_4$ u. Vitaminen) langsam aus der Nähr-Lsg. aufgenommen, die Zellmenge bleibt nahezu konstant. Im Zustand der Synchronisation bleibt die Zellmenge konst., der Protein-, Ribo- u. Desoxyribonucleinsäure (RNS u. DNS)-Geh. der Zellen steigt an. In der sich an die Synchronisation anschließenden Teilungsphase nimmt die Zellmenge zu, während der Geh. der Zellen an Protein, DNS u. RNS abnimmt. M. Lorenz 4310◇

1170 **Die Aufnahme von Kupfer durch Pilzzellen.** E. Somers. (Ann. appl. Biol. **51,** 425—37, 1963; Bristol, Univ., Long Ashton Res. Stat.; engl.) — ^{64}*Cu* wird von *Neurospora crassa* nach 2 Std. bei 4° in einer Menge von 1100 μg u. bei 35° in einer Menge von 3000 μg/g Sporen (Trocken-Gew.) aufgenommen. Nach 2 Std. wird nur noch wenig Cu aufgenommen. Sporen, die für 200 Min. in einer Lsg. von 19 mg/ml waren, keimen zu 30—60% noch aus. Bei Zugabe von KCl, $CaCl_2$ u. $MgSO_4$ zur Lsg. wird die Cu-Aufnahme verringert. Werden die Sporen mit KCN, Na-Arsenit u. Jodacetat präinkubiert, so verringert sich die Cu-Aufnahme auf 69—80%. NaN_3, 2.4-Dinitrophenol u. p-Chlormercuribenzoat hemmen die Cu-Aufnahme in geringerem Maße. Die anfängliche Aufnahme ist wahrscheinlich eine Ionenaustausch-Rk., danach erfolgt eine Permeation. Die Verteilung des aufgenommenen Cu in den Sporen variiert mit der Pilzspecies. W. Hiller 4310◇

1171 **Isolierung von Proteinen vom Histontyp aus Chlorella ellipsoidea.** Yutaka Kobayashi, Koichi Iwai und Toshio Ando. (Seikagaku [Biochemie, Tokyo] **35,** 81—87, 1963; Tokyo, Univ. of Tokyo, Fac. of Sci., Dep. of Biophys. and Biochem.; jap.) M. Arnold 4315◇

1172 **Azurin, ein in Bordetella gefundenes Kupferprotein.** I. W. Sutherland und J. F. Wilkinson. (J. gen. Microbiol. **30,** 105—12, 1963; Univ. of Edinburgh, Dep. of Bacteriol; engl.) — Aus mehreren Stämmen von *Bordetella pertussis, B. parapertussis* u. *B. bronchiseptica* konnte ein blaues Protein (*Azurin,* **I**) isoliert werden. Das gereinigte Prod. war lösl. in dest. W., unlösl. in Chlf., Ae. u. A., das Molgew. beträgt 14600. Die oxydierte Form hat Absorptionsmaxima bei 279 mμ u. 625 mμ. **I** wird durch Luft oder Sauerstoff rasch oxydiert, in der oxydierten Form tritt zwischen pH 2,5 u. 10,0 kein Farbwechsel ein. **I** wird durch Erhitzen zerstört, dabei verschwindet die Farbe, u. es entsteht ein weißer Nd. von denaturiertem Protein. **I** wird durch Ascorbinsäure, Cystein, Natriumthioglykolat oder Natriumdithionit red., das Redoxpotential beträgt bei 20° +395 mV. **I** enthält 14,9—15,0% Gesamtstickstoff, papierchromatograph. konnten in einem Säurehydrolysat Cystin, Glycin, Asparaginsäure, Serin, Glutaminsäure, Lysin, Arginin, Threonin, Alanin, Tyrosin, Phenylalanin, Isoleucin u. Leucin nachgewiesen werden. **I** enthält 0,45% Cu, durch Dialyse gegen Äthylendiamintetraessigsäure wird der Cu-Geh. auf 0,21% erniedrigt, durch Dialyse gegen Cyanid wird Cu vollständig entfernt. In *Alcaligenes faecalis, A. denutrificans* u. *Pseudomonas fluorescens* konnte **I** ebenfalls nachgewiesen werden. M. Lorenz 4315◇

1173 **Vorkommen von Psilocin in Psilocybe baeocystis.** R. G. Benedict, L. R. Brady und V. E. Tyler jun. (J. pharmac. Sci. **51,** 393—94, 1962; Seattle, Wash., Univ. of Washington, Coll. of Pharm.; engl.) — Papierchromatograph. wird in methanol. Extrakt von Fruchtkörpern des Pilzes *Psilocybe baeocystis Psilocin* u. *Tryptophan* nachgewiesen. Psilocybin wird nicht aufgefunden. P. Gregorzewski 4315◇

1174 **Veränderungen der hauptsächlichen chemischen Verbindungen von Trichophyton mentagrophytes während der Inkubation bei erhöhtem CO_2-Partialdruck.** B. Chin und S. G. Knight. (J. gen. Microbiol. **30,** 113—20, 1963; Madison, Wis., Univ. of Wisconsin, Dep. of Bacteriology; engl.) — An Mutanten von *Trichophyton mentagrophytes* werden die Veränderungen im Kohlenhydrat-, Protein-, Ribonucleinsäure- u. Desoxyribonucleinsäure-Geh. in Abhängigkeit von der Erhöhung des CO_2-Geh. der Inkubationsluft untersucht. M. Lorenz 4320◇

1175 **Stimulierung des Glucosestoffwechsels bei Trichophyton mentagrophytes während der Inkubation unter steigendem CO_2-Partialdruck.** B. Chin und S. G. Knight. (J. gen. Microbiol. **30,** 121—26, 1963; Madison, Wis., Univ. of Wisconsin, Dep. of Bacteriology; engl.) — Vgl. vorst. Referat. — Es werden die Veränderungen der *Hexokinase* (**I**)-, *Phosphoglucumutase* (**II**)-, *Uridinphosphatglucosepyrophosphorylase* (**III**)-, *Glucose-6-phosphatdehydrogenase* (**IV**)-, *6-Phosphogluconsäuredehydrogenase* (**V**)- u. *Glucosephosphatisomerase* (**VI**)-Aktivität bei vier Mutanten von *Trichophyton mentagrophytes* in Abhängigkeit von der Erhöhung des CO_2-Geh. der Inkubationsluft untersucht. Im allg. werden die **IV**- u. **VI**-Aktivität stärker als die **III**-Aktivität u. die **I**-, **II**- u. **V**-Aktivität schwächer als die **III**-Aktivität stimuliert. M. Lorenz 4320◇

1176 **Sauerstoffabsorption bei Luftblasenbelüftung.** Shuichi Aiba, Masayuki Hara und Jun-Ichiroh Someya. (J. gen. appl. Microbiol. [Tokyo] **9,** 163—77, 1963; Tokyo, Univ. of Tokyo, Inst. of Applied Microbiol.; engl.) — 2. vgl. C. **1963,** 14881. — An Hand der Gluconsäuregärung durch *Pseudomonas ovalis* IAM-1235 wird die O_2-Aufnahme bei Luftblasenbelüftung ermittelt. Der O_2-Transfer-Koeff. des Fl.-Films, der die Luftblase u. die Zelle umgibt, wird bestimmt. M. Lorenz 4320◇

1177 **Die Glucosedissimilation von Streptomyces rimosus.** I. Horváth und A. Szentirmai. (Acta microbiol. Acad. Sci. hung. **9,** 105—16, Budapest, Res. Inst. for Pharmac. Ind., Dep. of Microbiol.; engl.) — Die Aktivitäten mehrerer Enzyme (*D-Glucose-6-phosphatdehydrogenase, 6-Phosphogluconatdehydrogenase, Phosphohexoisomerase, Phosphohexokinase, Aldolase, Isomerase, D-Glyceraldehyd-3-phosphatdehydrogenase, red. Diphosphopyridinnucleotidoxidase, Phosphoglyceromutase, Enolase, Brenztraubensäuretransphosphorylase*) auf den Glucoseabbau in zellfreien Extrakten von *S. rimosus* ergaben einen Zusammenhang zwischen Abnahme der Antibioticaproduktion u. Verringerung des *Hexosemonophosphatnebenstoffwechselweges,* während die Embden-Meyerhoff-Umsetzung zunimmt. Ekkehard Schmid 4320◇

1178 **Die Schritte der Argininbiosynthese durch Chlamydomonas reinhardii.** G. A. Hudock. (Biochem. biophysic. Res. Commun. **9,** 551—55, 1962; Cambridge, Mass., Harvard-Univ., Biol. Labor.; engl.) — Zellfreie Extrakte von *C. reinhardii* acetylieren $^{14}C_{(1)}$-Glutaminsäure zu *N-Acetylglutaminsäure* (**I**). Obwohl ähnliche Resultate auch mit *E. coli,* nicht aber mit *N. crassa* erhalten wurden, kann noch nicht definitiv geschlossen werden, daß **I** ein Schritt der Argininbiosynth. ist. Ekkehard Schmid 4320◇

1179 **Der Stoffwechsel von Streptomyces griseus.** 9. Mitt. **Über Aminosäureoxydation durch das intakte Mycel.** 1. Mitt. **Einige Gesichtspunkte der Aminosäureoxydation unter verschiedenen Bedingungen.** Yukio Inoue. (J. Antibiotics [Tokyo], Ser. A **14,** 221—30, 1961; Tokyo, Kaken Chem. Comp., Ltd.; engl.) — 8. vgl. J. Antibiotics [Tokyo], Ser. A **13,** [1960] 248. — *DL-Alanin* wird in Ggw. von *Diphosphopyridinnucleotid,* nicht aber in Ggw. von *Flavinadenindinucleotid* durch die aus *Streptomyces griseus* erhaltene Rohenzym-Lsg. oxydiert. Vf. untersuchte den Einfl. verschiedener Kulturbedingungen auf die Aminosäureoxydation durch das intakte Mycel von Str. griseus u. arbeitete die Grundtechnik für die manometr. Verss. aus. Ch. Zepf 4320◇

1180 **Der Stoffwechsel von Streptomyces griseus.** 9. Mitt. **Über Aminosäureoxydation durch das intakte Mycel.** 2. Mitt. **Die Oxydation von Monocarbonsäuren durch das intakte Mycel.** Yukio Inoue. (J. Antibiotics [Tokyo], Ser. A **14,** 231—37, 1961; Tokyo, Kaken Chem. Comp., Ltd.; engl.) — 1. vgl. vorst. Referat. — Durch das intakte Mycel von *Streptomyces griseus* werden eine Reihe von Monoaminomonocarbonsäuren mit Ausnahme von *DL-Tryptophan* oxydiert. *Methylenblau, Thionin* u. *2.6-Dichlorphenolindophenol* fungieren nicht als Oxydantien, eher als Inhibitoren. *L-Alanin* (**I**), *DL-Alanin, L-Isoleucin* u. *L-Leucin* werden gut, *L-Prolin* wird weniger gut oxydiert. Durch Zusatz von *D-Alanin* wird die Oxydation von **I** gehemmt. Oxydation von *L-Isoleucin* u. **I** wird gehemmt durch *Caprylalkohol, Streptomycin, Blasticidin S, Phenole, Cyanide, Dipyridyl.* Der letzte Schritt bei der Alaninoxydation durch das intakte Mycel von Str. griseus wird diskutiert. Ch. Zepf 4320◇

1181 **Untersuchungen über Aminosäuregärung.** 8. Mitt. **Über den Mechanismus der Umwandlung von L-Glutaminsäurefermentation in Bernsteinsäurefermentation.** 1. Mitt. Kunio Oishi, Ko Aida und Toshinobu Asai. (J. gen.

appl. Microbiology **7,** 213—26, 1961; Tokyo, Univ. Tokyo, Inst. of Appl. Microbiol.; engl.) — 5. vgl. C. **1960, 15093.** — Ein *L-Glutaminsäure* (I)-bildendes Bacterium, *Brevibacterium divaricatum* n. sp. S-1627, speichert in Maiskleiebrühe (C.s.l.)-reicher (>1,5%) oder ungenügend belüfteter Kultur eine große Menge von *Bernsteinsäure* **(II)**. Die C.s.l.-Wrkg. beruht auf dessen *Biotin*-Gehalt. Die optimalen Bedingungen für **II**-Anreicherung sind auch für die von *Milchsäure* **(III)** günstig, für die von **I** aber ungeeignet. Bei Züchtung in C.s.l.-Mangelmedium oxydieren die ruhenden Zellen *Essigsäure* u. **III** sowie *Glucose* **(IV)** sehr rasch, *C_4-Dicarbonsäuren* **(V)** des Tricarbonsäurecyclus, wie *Äpfelsäure* **(VI)**, *Fumarsäure* **(VII)** u. **II** langsam, während in C.s.l.-reicher Kultur gewachsene Zellen eine erhöhte **V**-Oxydation zeigen. Ruhende Zellen bilden unter aeroben Bedingungen aus verschiedenen organ. Säuren u. **IV** *α-Ketoglutarsäure*, bei unzureichender **II**. Unter beiden Bedingungen entstehen aus **VI** u. **VII II**. Tracer-Verss. mit ruhenden oder wachsenden Zellen zeigen, daß ca. 1 Mol CO_2 in 1 Mol **II** eingebaut wird. Die **II**-Bldg. durch das Bacterium erfolgt anscheinend durch **VII**-Red., quant. bei unvollständiger, vorwiegend bei vollständiger Belüftung. K. Maier 4320◇

1182 **Ramulosinfermentation.** C. W. Hesseltine, C. R. Benjamin, Barbara Bradle und W. F. Hendershot. (Amer. J. Bot. **50,** 209—13, 1963; Peoria, Ill.; Northern Regional Res. Labor.; engl.) — Vff. finden im Kulturmedium von *Pestalotia ramulosa* v. Beyma NRRL 2826 *Ramulosin* **(I)**, $C_{10}H_{14}O_3$. Von den geprüften Medien wurde die höchste **I**-Ausbeute bei nachstehendem erhalten: 4% Malzextrakt, 4% Glucose u. 0,1% Pepton. Vff. erhalten Ausbeuten von 6,2 g **I** per Liter Medium (58% des Gesamttrockengew. der Kultur). Die **I**-Produktion setzt erst nach der Mycel-Bldg. ein. W. Hiller 4320◇

1183 **Synthese von Thiamin durch Darmbakterien in Ratten.** Kazuo Kuratani und Kenzo Nagayama. (J. Kyoto prefect. med. Univ. **58,** 730—34, Kyoto Pref. Med. Univ., Dep. of Biochem.; jap., Auszug: engl.) — Die Synth. von *Thiamin* **(I)** durch Darmbakterien in Ratten steigt bei Gaben cellulosereicher Nahrung (bes. Gemüse) u. nimmt bei fettreichem Futter ab. **I**-reiches, bes. tier. Futter vermindert im allg. die **I**-Synthese. Gottfried Schreiber 4320△

1184 **Die Lebensfähigkeit von Luftbakterien beeinflussende Faktoren.** 7. Mitt. **Die Beziehung zwischen der Struktur chemischer Zusätze und ihrer Wirkung auf Zellen in der Luft.** S. J. Webb. (Canad. J. Biochem. Physiol. **41,** 867—73, 1963; Saskatoon, Univ. of Saskatchewan, Dep. of Bacteriol.; engl.) — 3. vgl. C. **1960,** 13408. — Die Wrkg. von *Resorcin, 2-Aminoresorcin, 4.6-Dihydroxypyrimidin, 2.4-Diamino-6-hydroxypyrimidin, 2.6-Dihydroxy-4-aminopyrimidin* u. *2.4-Dihydroxy-6-aminopyrimidin* auf das Überleben von *Serratia marcescens* im Aerosol wurde untersucht. Die OH-Gruppe ist weitgehend für Schutz-Wrkg. oder tox. Wrkg. einer Verb. verantwortlich, ihre Wrkg. kann durch eine NH_2-Gruppe oder durch das Ring-Syst., an das sie gebunden ist, verändert werden; weiterhin ist die relative Luftfeuchtigkeit von Bedeutung. K. Zingraf 4325◇

1185 **Der Einfluß von halogenierten Pyrimidinen auf die Strahlenempfindlichkeit von E. coli.** Henry S. Kaplan, Kendric C. Smith und Patricia A. Tomlin. (Radiat. Res. **16,** 98—113, 1962; Palo Alto, Calif., Stanford Univ. School of Med., Dep. of Radiol.; engl.) — In Sulfanilamid suspendierte verschiedene *E. coli*-Stämme, u. a. ein Thyminarmer Stamm, wurden mit 250 kV Röntgenstrahlen bei Filterung mit 0,25 mm Cu + 1,0 mm Al u. 360—390 r/min Dosisleistung bestrahlt. Die bestrahlten Kulturen wurden auf Agar gesetzt u. die relative Strahlensensibilität der bestrahlten gegen Kontrollkulturen als das Verhältnis der Neigungen der Dosis/log Überlebensrate-Kurven ermittelt. Es zeigte sich, daß der Einbau von *5-Bromuracil* **(I)** an Stelle von *Thymin* **(II)** in die *E. coli*-Desoxyribonucleinsäure (DNS) während der logarithm. Wachstumsphase eine zunehmende Strahlensensibilität bewirkt. Diese beginnt 4 Std. nach dem Beginn des Einbaus, sie erreicht ihr Maximum, wenn 40—50% des **II** durch **I** ersetzt sind. Obwohl danach weiter **I** eingebaut wird, ändert sich die Strahlenempfindlichkeit nicht mehr. Dies wird durch ^{82}Br-markiertes **I** nachgewiesen. W. Reusse 4330◇

1186 **Vergleichende Untersuchungen von Alkylboronsäuren und Borsäure.** Stephen M. Sleight und Muriel C. Vincent. (J. pharmac. Sci. **51,** 290—91, März 1962; Fargo, North Dakota State Univ., Coll. of Pharm.; engl.) — Vff. vergleichen die bakteriostat. Eigg. von *Nonyl-* u. *Dodecylboronsäure* mit der von *Borsäure*. Im Agarplattentest erweisen sich die organ. Bor-Verbb. gegenüber verschiedenen Keimen als wirksamer als $B(OH)_3$. Verss. an Kaninchen zeigen, daß sie zur äußerlichen Behandlung als Ersatz für Borsäure verwendet werden können, da keine tox. Wrkg. festgestellt werden. P. Gregorzewski 4330◇

1187 **Die Wirkung von Benzoe- und Salicylsäure auf den Stoffwechsel von Mikroorganismen.** Ingmar Bosund. (Advances Food Res. **11,** 331—53, 1962; Bjuv, Sweden, Findus Res. Labor.; engl.) — Übersicht über die allg. Aspekte, den Einfl. von pH auf den wachstumshemmenden Effekt, die relative Wirksamkeit verschiedener *Benzoesäuren* u. *Salicylsäure*, die Hemmung verschiedener Prozesse in intakten Zellen, die Wrkg. auf die oxydative Phosphorylierung in isolierten Mitochondrien u. die Hemmung zellfreier Enzyme. — 46 Literaturangaben. R. Grundmann 4330◇

1188 **Über die L-transformierende Wirkung einiger Antibiotica unter Versuchsbedingungen in vivo.** G. Ja. Kagan und W. Ss. Lewaschew. (Antibiotika [UdSSR] **6,** 383—85, 1961; Akad. der Med. Wiss. der UdSSR, Gamaleja-Inst. für Epidemiolog. u. Mikrobiolog., Abt. für allg. med. Mikrobiolog.; russ., Auszug: engl.) — Die L-transformierende Wrkg. des *Penicillins* (**I**; 100—4000 E./kg intraperitoneal) auf S. typhosa stand in vivo (Mäuse, 500 Millionen Mikroben pro cm³, 0,25 cm³ intraperitoneal) in direkter Relation zur Konz. des **I**. Hohe Dosen führten zur Bldg. kleiner runder Formen, die schnell zerfielen u. nach 3—5 Std. fagocytiert wurden. *Chlortetracyclin* (0,05—0,2 mg/kg) hatte unter den gleichen Vers.-Bedingungen keine L-transformierende Wirkung. I. v. Kloch-Kornitz 4340◇

1189 **Zur Methodik der Bestimmung des Streptomycingehaltes in der Luft von Fabrikationsräumen.** W. W. Pausstowskaja, W. G. Zapko und N. A. Krassnoschtschekow. (Hyg. u. Sanitätswes. [UdSSR] **27,** Nr. 11, 44—46, 1962; Kiew, Med. Inst., Lehrstuhl für Arbeitshyg.; russ.) — Zur Best. des Geh. an *Streptomycin* **(I)** in der Luft von Fabrikräumen wird die biolog. Meth. nach Furer, Jabobson u. Bujanowski (1956) mit Hilfe von *Bact. mycoides* Nr. 537 nach Aspiration in Phosphatpuffer u. Filtration angewandt, die den Nachw. von Konzz. von 0,1 mg/m³ gestattet. Es lassen sich 0,1 mg **I**/m³ nachweisen. I. v. Kloch-Kornitz 4340◇

1190 **Ergebnisse der Untersuchung der Aktivität von Dihydrostreptomycin-p-aminosalicylat in Versuchen in vivo und in vitro.** W. K. Wassiljew und A. A. Pankowa. (Antibiotika [UdSSR] **6,** 390—92, 1961; Minist. für Gesundheitswes. der RSFSR, Tuberkulose-Inst., Abt. für experim. Pathol. u. Therapie; russ.) — Das Wachstum von Tuberkulosekulturen der streptomycinempfindlichen Stämme 2144 u. BCG wurde in vitro durch *Dihydrostreptomycin-p-aminosalicylat* **(I)** in Konzz. von 1 bzw. 0,01 (E./cm³), *Dehydrostreptomycinsulfat* in Konzz. von 1000 bzw. 0,1 gehemmt. Die p-Aminosalicylsäure hatte in Konz. von 0,1 hemmende Wrkg. auf 2144 u. Bov-8. In vivo bei Mäusen zeigte **I** (2000 E. täglich) die gleiche spezif. Aktivität gegen Stamm 2144 u. Bov-8 wie **II**. I. v. Kloch-Kornitz 4340◇

1191 **Die Bildung von echinomycinähnlichen Stoffen durch verschiedene Actinomycesarten.** L. P. Iwanitzkaja, Je. B. Krugljak, T. Ss. Maximowa und T. P. Preobrashenskaja. (Antibiotika [UdSSR] **6,** 393—97, 1961; Akad. der med. Wiss. der UdSSR, Inst. zur Erforschung neuer Antibiotica; russ., Auszug: engl.) — Die Produzenten von *Echinomycin* **(I)** u. dem **I** verwandten *Antibioticum 6270* **(II)** wurden nach ihren kultural-morpholog. Eigg. in 3 Arten geteilt: *Act. echinatus* (Stamm 8331 produziert **I**), *Act. flavochromogenes* (6002 produziert **I**, 6270 **II**) u. *Act. griseolus* (3595 u. 5487 produzieren **II**, 3950 u. 8246 **I** u. **II**). I. v. Kloch-Kornitz 4340◇

1192 **Bestimmung der Zahl der freien Aminogruppen und des Molekulargewichtes von Monomycin.** M. G. Brashnikowa und L. I. Murawjewa. (Antibiotika [UdSSR] **6,** 397—401, 1961; Akad. der Med. Wiss. der UdSSR, Inst. zur Erforschung neuer Antibiotika; russ., Auszug: engl.) —

Die Elektrophorese der mit *Dinitrofluorbenzol* hergestellten Derivv. zeigte, daß *Monomycin* (**I**) 5 freie Aminogruppen enthält gegenüber 4 bei Kanamycin u. 6 bei Neomycin. Das Molgew. des **I** betrug in spektrophotometr. Unterss. im Mittel 714. I. v. Kloch-Kornitz 4340◇

1193 **Aminosäuretransport in Hefe und Wirkungen von Nystatin.** E. Stachiewicz und J. H. Quastel. (Canad. J. Biochem. Physiol. **41**, 397—407, 1963; Montreal, McGill-Montreal General Hosp. Res. Inst.; engl.) — In Konzz., welche den O_2-Verbrauch von Hefezellen noch nicht beeinflußten, hemmte *Nystatin* (**I**) bereits die Anreicherung von *Glycin* (**II**), *Leucin, Arginin* (**III**) u. *Alanin* in den Zellen. In Konzz. unter 0,8 μg/ml hemmte **I** die Aufnahme von **II** oder **III** durch die Zellen, in höheren Konzz. bewirkte es ein stärkeres Ausströmen von **II** u. **III** aus den Zellen. *Ölsäure, Linolsäure, Stearinsäure, Palmitinsäure* u. Ca^{2+} schützten die Zellen gegen die Wrkg. von **I**. Die Schutz-Wrkg. der Fettsäuren wurde durch Citrat oder Versen aufgehoben. K. Zingraf 4340◇

1194 **Antibiotische Empfindlichkeit von Bakterienwurzelknöllchen.** P. H. Graham. (Austral J. biol. Sci. **16**, 557—59, 1963; Nedlands, W. A.; Univ. of Western Australia, Inst. of Agricult.; engl.) — Vf. testet verschiedene Species von *Rhizobium* auf ihre Empfindlichkeit gegen *Streptomycin* (**I**), *Aureomycin* (**II**), *Chloramphenicol* (**III**), *Neomycin* (**IV**), *Terramycin* (**V**), *Bacitracin* (**VI**), *Ledermycin* (**VII**), *Erythromycin* (**VIII**) u. *Na-Benzylpenicillin* (*Penicillin G*; **IX**). **II, V** u. **VII** zeigten die stärkste Hemmung. **I, IV** u. **IX** wirken teilweise hemmend. **VI, VIII** u. **III** zeigen keine Hemmung. Stämme von langsam wachsenden *Rhizobium*-Arten sind weniger gegen Antibiotica empfindlich als Arten vom Klee-Erbsen-Typ. Bemerkenswert ist die Empfindlichkeit von Stämmen von *Beijerinckia indica* gegen **VIII**. W. Hiller 4340◇

1195 **Nährboden für die quantitative Bestimmung der schwefelwasserstoffbildenden saprophytischen Bakterien.** F. P. Rjabow. (Laboratoriumswesen [UdSSR] **8**, Nr. 1, 50—51, 1962; Dnepropetrowsk, Univ., Wiss. Forschungs-Inst. für Hydrobiolog.; russ.) — Für die quant. Best. von H_2S-bildenden Saprophyten wurde ein Nährboden aus trockenem *Fleisch–Pepton*-Agar, 1,5 g *Citrat* u. 1,0 g *Na-Hyposulfit* angewandt, auf dem 55% der Unterss. 1,5—2,5mal mehr Kolonien zeigten als auf gewöhnlichem Agar. I. v. Kloch-Kornitz 4350◇

1196 **Vergleichende Untersuchungen über chemische und Antigenstruktur zweier, in glatten und rauhen Formen vorkommender Shigella flexneri-Stämme.** 1. Mitt. **Chemische Untersuchungen.** J. Pogonowska-Goldhar. (Bull. Acad. polon. Sci., Sér. Sci. biol. **8**, 9—13, 1960; Warsaw, School of Med., Dep. of Microbiol.; engl.) — Die Unters. über die Zus. der *Endotoxine* der *Shigella flexneri 1b(VZ)*- u. *Shigella flexneri Y*-Stämme in ihren glatten u. rauhen Formen zeigt, daß auch letzte einen *Protein–Lipid–Polysaccharid*-Komplex von allerdings etwas anderer Struktur bilden können. Die Unterschiede bestehen in Veränderungen der Protein/Polysaccharid/Lipid-Quotienten u. sind im Charakter des Lipopolysacchariddekompositionsprozesses zu finden. U. Tausendfreund 4350◇

1197 **Vergleichende Untersuchungen über chemische und Antigenstruktur zweier, in glatten und rauhen Formen vorkommender Shigella flexneri-Stämme.** 2. Mitt. **Serologische und chromatographische Untersuchungen.** J. Pogonowska-Goldhar. (Bull. Acad. polon. Sci., Sér. Sci. biol. **8**, 15—18, 1960; engl.) — 1. vgl. vorst. Refeart. — Bei serolog. Unterss. mit den verschiedenen Fraktionen von glatten u. rauhen Formen der *Shigella flexneri 1b(VZ)*- u. *-Y*-Stämme erwiesen sich die *Lipopolysaccharid*- u. *Polysaccharid*-Fraktionen als besonders akt.; es kam auch zu Kreuzreaktionen. Chromatographie der Zucker ergab einen braunen Fleck mit R_F 0,08, orangefarbenen Fleck mit R_F 0,12, *Glucosamin, Xylose, Ribose, Rhamnose*, rosa Fleck mit R_F 0,46, gelben Fleck mit R_F 0,51. Die Proteine zeigten folgende Aminosäuren: *Cystin, Lysin, Histidin, Arginin, Glycin* (*Serin*), *Asparaginsäure, Threonin, Glutaminsäure, Prolin, Cystein, Tyrosin, Methionin* (*Valin*), *Phenylalanin, Leucin*. Die Lipide wiesen Flecken auf, die *Stearinsäure, Palmitinsäure, Ölsäure* u. *Linolensäure* entsprechen. U. Tausendfreund 4350◇

1198 **Über die Wirkungen von Shigellatoxin auf die Darmbewegung.** Nobuzō Asano. (Fukuoka Acta med. [Fukuoka-Igaku-Zassi] **47**, 725—28, 1956; Kyushu Univ., Fac. of Med., First Dep. of Internal Med.; jap., Auszug: engl.) — Vf. untersucht bei Kaninchen die Wrkg. von Shigella–Toxin (**I**) auf die Darmbewegung, die nach verschiedenen Meth. gemessen wird. **I** zeigt keine bemerkenswerte periphere Wrkg. auf den Dünndarm. Intravenöse Gaben von **I** zeigen keine eindeutige Wrkg. auf den Dünndarm. **I** wirkt auf den Dickdarm nur bei $^1/_3$ der untersuchten Fälle stark, während bei den restlichen der **I**-Effekt gering ist. Gottfried Schreiber 4370△

1199 **Gewinnung eines hochaktiven Grigorjew-Shiga-Toxins und seine Untersuchung nach der elektrophoretischen Methode.** Je. A. Jeltschinowa. (J. Mikrobiol., Epidemiol, Immunobiol. [UdSSR] **32**, Nr. 2, 16—20, 1961; Tarassewitsch für Kontrolle der med.-biol. Präpp.; russ., Auszug: engl.) — Kulturen auf Cellophan auf Agar lieferten reinere u. aktivere Toxine als aus der Bouillonkultur gewonnene. Die Diffusionspräzipitation in Gel war bei beiden Gruppen der Toxine identisch. Die Fällung des Grigorjew-Shiga-Toxins mit 1 n HCl im I.P. u. seine 5—10fache Konzentrierung steigerten die Toxizität für weiße Mäuse nicht. In einer Reihe von Fällen trat sogar eine Abschwächung der Wrkg. ein. Das Papierpherogramm der hochakt. Toxine zeigte 3—4 Fraktionen. Alle Fraktionen wiesen antigene Eigg. auf. F. du Mans 4370◇

1200 **Helminthosporal, das Toxin aus Helminthosporium sativum.** 1. Mitt. **Isolierung und Charakterisierung.** P. de Mayo, E. Y. Spencer und Robert W. White. (Canad. J. Chem. **39**, 1608—12, Aug. 1961; London, Ontario, Univ. of Western Ontario, Pesticide Res. Inst. Canada, Dep. of Agricult., Dep. of Chem.; engl.) — Kulturfiltrate von *Helminthosporium sativum* wurden bei pH 2 mit Aktivkohle behandelt u. das Adsorbat nach Waschen mit A. mittels Chlf. eluiert. Das dabei erhaltene *Helminthosporal* (**I**) wurde als Dioxim charakterisiert u. enthält ein α,β-ungesätt. Carbonylsystem. Bei der Red. mit $LiAlH_4$ ergibt **I** ein Glykol, das als Bis-3.5-dinitrobenzoat charakterisiert wurde. **I** enthält eine Aldehydgruppe, die sich mit Ag_2O zur entsprechenden Säuregruppe oxydieren läßt. Die dabei erhaltene Aldehydsäure wurde als Säureoxim charakterisiert u. ergab bei der Red. mit $NaBH_4$ ein Lacton, aus dem durch Behandlung mit OsO_4 ein Diol entstand.

Versuche: *Helminthosporal* (**I**), $C_{15}H_{22}O_2$, F. 56 bis 59°; $[\alpha]_D$ —49°, aus Kulturfiltraten von *Helminthosporium sativum*. *Dioxim*, $C_{15}H_{24}N_2O_2$, F. 177—182°, aus **I** durch Behandeln mit $NH_2OH \cdot$Hydrochlorid in Pyridin bei Raumtemperatur. Red. mit $LiAlH_4$: Behandeln von 50 mg **I** mit 50 mg $LiAlH_4$ in 150 ml Äther. Das dabei erhaltene Glykol (40 mg) wird in 1 ml Pyridin mit 230 mg 3.5-Dinitrobenzoylchlorid behandelt u. an Al_2O_3 chromatographiert. Ergibt 69 mg Bis-[3.5-dinitrobenzoat] (**II**), $C_{29}H_{30}N_4O_{12}$, F. 151 bis 152,5°. Oxydation von 39 mg **II** mit 38,5 mg OsO_4 in 3 ml Dioxan u. Zers. mit H_2S ergibt *Tetraoldiester* $C_{29}H_{32}N_4O_{14}$. Oxydation mit Ag_2O: Behandeln von 200 mg **I** mit 320 mg $AgNO_3$ in wss. A. unter Zusatz von 113 mg NaOH. Zugabe von verd. H_2SO_4, Extraktion mit Ae., Chromatographie an Silicagel ergibt *Säure* (**III**), $C_{15}H_{22}O_3$, F. 127—128°. *Oxim*, $C_{15}H_{23}NO_3$, F. 142—143°. Red. mit $NaBH_4$: Behandeln von 695 mg **III** mit 1 g $NaBH_4$ in wss. A., Zusatz von verd. H_2SO_4, Extraktion mit Ae. ergibt *Lacton* (**IV**), $C_{15}H_{22}O_2$, F. 133,5—135°. Rk. mit OsO_4: Behandeln von 230 mg **IV** mit 383 mg OsO_4 in Ae./Pyridin, Chromatographie an Silicagel ergibt *Lactondiol*, $C_{12}H_{24}O_4$, F. 159—164°. R. Strufe 4370△

1201 **Botulinustoxin: Einfluß auf das menschliche Zentralnervensystem.** H. Richard Tyler. (Science [Washington] **139**, 847—48, 1963; Boston, Mass., Peter Bent Brigham Hosp.; engl.) — Die elektr. Stimulierung der multiplen, peripheren Nerven löste „H"-Reflexe bei einem an Botulismus erkrankten Mann aus. Die Reflexe sind äußerst suggestiv für das Erschlaffen oder Versagen der inhibitor. Kontrolle eines spinalen Mono- oder Poly-Synapse-Reflexbogens. Diese „zentrale" Wrkg. von Botulinustoxin entspricht der für Tetanustoxin angenommenen Wirkung. W. Wesly 1370◇

1202 **Lysogenie bei enteropathogenen Escherichia coli.** 1. Mitt. **Allgemeine Charakteristica der Bakteriophagen,**

die von den Serotypen O 26:B_6 und O 111:B_4 isoliert wurden. W. Robert Bailey und John P. Glynn. (Cand. J. Microbiol. **7**, 901—05, 1961; Newark, Del., Univ., Dep. of Biol. Sciences; engl.) — 20 Stämme von *Escherichia coli* O 26:B_6 u. O 111:B_4 wurden auf Lysogenie getestet. 30% der ersten Gruppe waren lysogen, von der letzten unter gleichen Bedingungen keine. K. Sattler 4374◇

1203 **Wirkungen von Mitomycin und α-Strahlen auf die Kapazität von Escherichia coli B für T 3-Phagen.** F. Herčík. (Folia biol. [Praha] **9**, 42—50, 1963; Brno, Czechoslovak Akad. of Sci., Inst. of Biophys.; engl.) — Verss. mit *Mitomycin C* (I) u. α-Bestrahlung von *Escherichia coli B*-Zellen lassen den vorläufigen Schluß zu, daß die durch Bestrahlung oder **I** hervorgerufenen Veränderungen im *Desoxyribonucleinsäure*-Mol. in den Bakterien bzgl. der phagenbildenden Kapazität der Bakterien qual. unterschiedlicher Natur sind. U. Tausendfreund 4374◇

1204 **Antiviruswirkung von Zinkkomplexen auf japanischem B-Encephalitis Virus.** Sumiyuki Akihama und Shigeshi Toyoshima. (Chem. pharmac. Bull. [Tokyo] **10**, 1254—57, 1962; Tokio, Keio-Gijuku Univ., Pharmac. Inst.; engl.) — Es werden Zinkkomplexe von *Glycin*, *DL-Alanin*, *L-Cystein*, *DL-Phenylalanin*, *L-Leucin*, *DL-Lysin*, *L-Tyrosin*, *DL-Methionin*, *DL-Asparagin*, *DL-Asparaginsäure*, *2-Picolinsäure*, *8-Hydroxychinolin*, *Guanidin*, *Diäthyldithiocarbaminsäure*, *Diphenylthiocarbazon*, *3.4-Dimercaptotoluol*, *1.10-Phenanthrolin*, *1.10-Phenanthrolin-3.4-dimercaptotoluol* u. *Corticotropin*, u. *Protamin-Zn-Insulin* hergestellt u. deren Wirksamkeit in vivo gegenüber dem Nakayama-Stamm des japan. B-Encephalitis-Virus geprüft. Die Zn-Komplexe von *Asparagin* u. 1.10-Phenanthrolin-3.4-dimercaptotoluol sind etwas wirksam.

Versuche: Allg. Herst.-Verf.: a) Eine wss. Lsg. des Komplexbildners wird mit äquivalenten Mengen ZnO oder $Zn(OH)_2$ 2 Std. auf 40—50° erwärmt u. anschließend mit A. stehengelassen; b) äquivalente Mengen Komplexbildner u. $ZnCl_2$ werden in verd. HCl gelöst, u. mit verd. NH_4OH neutralisiert; c) zu wss. Lsg. der Hydrochloride der Komplexbildner wird $ZnCl_2$ zugesetzt u. am Dampfbad eingedampft; d) A.-Lsg. der Komplexbildner wird mit $ZnCl_2$ versetzt. — *DL-Alanin-Zn*, $(C_3H_6NO_2)_2Zn$, F. 335—336°, Ausbeute 78%, Verf. a); *L-Leucin-Zn*, $(C_6H_{12}NO_2)_2Zn$, F. 324—325°, Ausbeute 55%, Verf. a); *DL-Methionin-Zn*, $(C_5H_{10}NO_2S)_2Zn$, F. >360°, Ausbeute 75%, Verf. a); *L-Cystein-Zn*, $C_3H_5NO_2SZn$, F. >360°, Ausbeute 84%, Verf. b); *DL-Lysin-Zn*, $(C_6H_{13}N_2O_2)_2Zn \cdot 6\,H_2O$, F. 227—228°, Ausbeute 47%, Verf. a); *DL-Phenylalanin-Zn*, $(C_9H_{10}NO_2)_2Zn$, F. 291—292°, Ausbeute 55%, Verf. b); *DL-Asparagin-Zn*, $(C_4H_7N_2O_3)_2Zn$, F. >360°, Ausbeute 63%, Verf. a); *DL-Asparaginsäure-Zn*, $C_4H_5NO_4Zn \cdot H_2O$, F. >360°, Ausbeute 69%, Verf. a); *L-Tyrosin-Zn*, $(C_9H_{10}NO_3)_2Zn \cdot 4\,H_2O$, F. 279°, Ausbeute 43%, Verf. a); *2-Picolinsäure-Zn*, $(C_6H_4NO_2)_2Zn \cdot 3\,H_2O$, F. 102—103°, Ausbeute 82%, Verf. a); *Guanidin-Zn*, $(CH_5N_3)_2ZnCl_2 \cdot 4\,H_2O$, F. 176—177°, Ausbeute 86%, Verf. c); *1.10-Phenanthrolin-Zn*, $C_{12}H_8N_2 \cdot ZnCl_2$, F. >360°, Ausbeute 84%, Verf. d). R. Schirner 4374△

1205 **Der Einfluß von Carbonylverbindungen auf Poliovirus.** Gerald E. Underwood und Sheldon D. Weed. (Virology **13**, 138—39, 1961; Kalamazoo, Mich., Upjohn Comp.; engl.) — Die Wrkg. von *β-Äthoxy-α-ketobutyraldehydhydrat*, *Formaldehyd* (I) (u. beim abgeschwächten Poliostamm auch *Glyoxal*) auf verschiedene Virusstämme (Polio, embryoadaptierte Vaccine-Stämme, „Newcastle disease"-Virus) wurde untersucht. Bei Polio wirkte nur **I** inaktivierend, die Dicarbonyle nicht, bei den anderen Viren wirkten sämtliche Verbb. inaktivierend. M. Wiedemann 4374◇

1206 **Untersuchung über Masern.** Yoshiteru Ogawa. (J. Kyoto prefect. med. Univ. **58**, 805—30, Kyoto Pref. Med. Univ., Dep. of Microbiol.; jap., Auszug: engl.) — Übersicht histopatholog. Unterss. verschiedener Tierorgane, die mit Masernvirus inokuliert wurden, werden durchgeführt. Die Immunisierung u. die Neutralisations-Rk. des *Globulins* aus menschlichem Plasma auf das Tier, das mit Masernviren geimpft wurde, werden untersucht. Eine histopatholog. vergleichende Unters. von mit Masernviren u. mit Japanese B Encephalitisvirus geimpften Tieren wird durchgeführt. — 138 Literaturangaben. Gottfried Schreiber 4374△

1207 **Erzeugung eines Virus-Interferenzfaktors aus Chlorioallantoismembrankulturen, Hühnerembryonen und Hühnern, die mit dem avirulenten Stamm des Ranikhet-Krankheitsvirus infiziert waren.** O. P. Babbar, B. L. Chowdhury und S. K. Khan. (Indian J. exp. Biol. **1**, 42—43, 1963; Lucknow, Central Drug Res. Inst.; engl.) — In den Chorioallantoismembran-Kulturen sowie in Hühnerembryonen u. in Hühnern, die mit dem UV-bestrahlten, avirulenten Stamm der Ranikhet-Krankheit infiziert wurden, wird ein *Faktor* erzeugt, der mit der Vermehrung dieses u. des Vaccinevirus interferiert. Er ist gegen Ribonuclease unempfindlich u. mit Aceton präzipitierbar. M. Wiedemann 4374◇

1208 **Antiviraler Effekt von Diketonen und substituierten Amiden der 2-Thiazolin-4-carbonsäure auf das Virus der Ranikhet-Krankheit in Kulturen der Chorioallantoismembran und des Hühnerembryos.** O. P. Babbar und B. I. Chowdhury. (Indian J. exp. Biol. **1**, 59—61, 1963; Lucknow, Central Drug Res. Inst.; engl.) — Vgl. auch vorst. Referat. — Die Diketone *1.5-Dianisoylbutan*, *1.8-Dianisoyloctan*, *1.7-Dianisoylpepton*, *1.7-Diresorcyloylpentan*, *1.4-Dibenzoylbutan* u. *1.4-Dibenzoyloctan* u. folgende substituierte Amide der 2-[2-Hydroxyphenyl]-Δ^2-thiazolin-4-carbonsäure *-4-heptylamid*, *-hydrazid*, *-[2-phenyl]-äthylamid*, *-4-p-toluidid*, *-4-äthylamid*, *-4-p-chloranilid* wurden in Chorioallantoismembran-Kulturen auf ihre Wrkg. gegen das Virus der Ranikhet-Krankheit geprüft. Bei gleichzeitiger Gabe mit dem Virus wirkt *2-[2'-Hydroxyphenyl]-Δ^2-thiazolin-4-carbonsäure* vollkommen hemmend, trotzdem sie in vitro auf das Virus keine Wrkg. hat. M. Wiedemann 4374◇

1209 **Thermische Stabilität und Infektiosität gegen Mäuse von Vaccinevirus (Bangalore-Stamm) und die Wirkung einer verzögerten Gabe von 8-Hydroxy-4-chinazolon auf die Pockenbildung im Hühnerembryo.** B. M. Gupta, Uma Agarwal und S. K. Khan. (Indian J. exp. Biol. **1**, 61—62, 1963; Lucknow, Central Drug Res. Inst.; engl.) — Vgl. C. **1963**, 17745. — Der Vaccinestamm verliert beim Erhitzen auf 60° über 80 Min. die Fähigkeit, Pocken zu bilden u. schon bei etwas tieferer Temp. die letale Wrkg. im Huhn. Bei neugeborenen Mäusen bewirkt er eine Encephalitis u. nach 3 Tagen den Tod. *8-Hydroxychinazolon-(4)* in Mengen von 10 mg/Embryo hemmt die Pocken-Bldg., jedoch nur, falls es gleichzeitig mit oder vor der Infektion verabreicht wird, eine Std. danach ist es wirkungslos. M. Wiedemann 4374◇

1210 **Reinigung und einige Eigenschaften des Centrosema-Mosaikvirus.** N. C. Crowley und R. I. B. Francki. (Austral. J. biol. Sci. **16**, 468—72, 1963; Univ. of Adelaide, Waite Agricult. Res. Inst., Dep. of Plant Pathol.; engl.) — Vff. beschreiben eine Meth. zur Reinigung von *Centrosema*-Mosaikvirus aus Blättern von *Crotolaria anagyroides*. Die erhaltenen Partikel sind Stäbchen u. zeigen einen Durchmesser von 12 mμ. Die durchschnittliche Länge beträgt 600 mμ. W. Hiller 4374◇

1211 **Beziehung der Polyphenoloxydase zur Instabilität in vitro bei den Viren, die Pflaumenzwergwuchs und bei Sauerkirschen nekrotische Ringflecken erzeugen.** Raymond E. Hampton und Robert W. Fulton. (Virology **13**, 44—52, 1961; engl.) — Die Viren, die Zwergwuchs bei Pflaumen u. nekrot. Ringflecken bei Sauerkirschen verursachen, werden in Gewebeextrakten sehr rasch inaktiviert. Dies wird auf oxydierte Polyphenole zurückgeführt, die mittels *Polyphenoloxydase* (I) entstanden sind. Durch Natriumäthyldithiocarbamat, einen **I**-Inhibitor, wird die Inaktivierung gehemmt. o-Benzochinon wirkt inaktivierend. Die **I**-Aktivität war in infiziertem Pflanzengewebe höher als in gesundem. Durch Besprühen der Pflanzen mit 4-Chlorresorcin (**I**-Inhibitor) wurde die Virusausbeute erhöht. M. Wiedemann 4374◇

E_4. Pflanzenchemie, Pflanzenphysiologie, Pflanzenpathologie

1212 **Elektrophorese pflanzlicher Proteine in Polyacrylamidgel.** D. J. Fox, D. A. Thurman und D. Boulter. (Biochem. J. **87**, Nr. 2, Proc. biochem. Soc. 29P—30P, 1963; Liverpool, Univ., Hartley Botan.; Labor.; engl.) — Das Polymerisieren des Gels in Ggw. pflanzlicher Extrakte bereitete Schwierigkeiten. Deshalb wurde die Meth. nach Ornstein u. Davis abgeändert, indem man die Proben in 25%ig. Saccharose-Lsg. auf die Säule gab. Vermischung mit der Puffer-Lsg. wird vermieden, vorausgesetzt, daß der

Strom in einer Säule 4 mA nicht überschreitet. Man benötigt höchstens 200 μg Protein für eine Kolonne. Um geringe Bestandteile nachzuweisen, entfernt man die Hauptbestandteile. An Erbsensamen konnten mindestens 16 Komponenten gegenüber 5 bei der Stärkegelelektrophorese nachgewiesen werden. K. Heyns 4400◇

1213 **Veränderungen der Kohlenhydrat- und Aminosäurezusammensetzung der Koleoptilen der Gerste unter den Bedingungen einer hohen Temperatur.** P. Ss. Belikow und M. I. Dmitrijewa. (Nachr. landwirtsch.-Timirjasew-Akad. [UdSSR] **1962**, Nr. 6, 49—60; russ., Auszug: engl.) — Werden 4 Tage alte Gerstenpflanzen 4 Std. einer Temp. von 44° ausgesetzt, so nehmen in den Koleoptilen *Saccharose* (I) u. *Aminosäuren* (II) zu. Neben der Zunahme der Gesamt-**II** beobachtet man auch eine Zunahme einzelner **II** u. der Amide. Die Zunahme des Glutamins (III) verläuft parallel zur Zunahme der Gesamt-**II**. Die Anreicherung von **I** u. **III** unter der Einw. der erhöhten Temp. ist ein Prozeß zur Erhöhung der Wärmeresistenz der Pflanze. O. Lebtag 4404△

1214 **Der Einfluß ionisierter Luft auf das Anfangswachstum von Sämlingen des Schwarzen Senfs.** Robertson Pratt. (J. pharmac. Sci. **51**, 184—85, 1962; San Francisco, Univ. of California, School of Pharm.; engl.) — Sowohl durch negativ als auch durch positiv ionisierte Luft wird zwar nicht die Keimung von *Brassica niger* L., aber das Wurzel- u. Schößlingswachstum der Sämlinge beeinträchtigt. P. Gregorzewski 4404◇

1215 **Über die durch γ-Bestrahlung des Weizenkorns verursachte Veränderung des Gliadins.** M. Ss. Resnitschenko, Je. Je. Rydalewski und E. Ss. Gankina. (Biochemie [UdSSR] **28**, 52—56, 1963; Moskau, Therapeut. Inst. der Akad. der med. Wiss. der UdSSR; russ., Auszug: engl.) — Im *Gliadin* (I) des Weizenkorns werden als N-endständig folgende Aminosäuren festgestellt: *Asparaginsäure* (II), *Glutaminsäure* (III), *Serin* (IV), *Threonin*, *Lysin*, *Phenylalanin*, *Leucin*. Nach Bestrahlung des Weizenkorns mit 10000000 oder 20000000 r sinkt der **III**-Geh. in **I** im Vgl. zur unbestrahlten Probe im Mittel um 50%. Der **II**-Geh. in **I** geht nach der Bestrahlung auf ca. $^1/_3$ zurück, der Geh. an **IV** auf $^1/_3$ bis $^1/_4$. Durch Bestrahlung des Weizenkorns mit erhöhtem Wasser-Geh. wird das Molgew. von **I** im Vgl. zum bestrahlten trockenen Korn gesenkt. O. Lebtag 4404△

1216 **Chemische Untersuchung von Withania somnifera Dunal.** N. S. Narasimhan. (J. sci. ind. Res. [New Delhi] Sect. B **21 B**, 506—07, 1962; Poona, Univ. of Poona, Dep. of Chem.; engl.) — Aus dem alkohol. Extrakt der Wurzeln werden *Saccharose*, eine *saure Komponente*, F. 200—283° (Eisessig), *Methylester*, F. 100—101°, ein *Neutralstoff*, F. 294 bis 296° (Chlf.) u. *β-Sitosterin*, F. 138° (Methanol) isoliert. P. Gregorzewski 4420◇

1217 **Über die Bildung von Kallose bei einer Hemmung des Transportes in den Siebröhren durch Cyanid.** Wolfram Ullrich. (Planta **59**, 387—90, 1963; Bonn, Univ., Bot. Inst.; Würzburg, Univ., Bot. Inst.; dt.) — Eine Behandlung des Zentralleitbündels von *Pelargonium zonale* mit $2 \cdot 10^{-3}$ m *KCN* hat eine Stimulierung der *Kallose*-Bldg. zur Folge, die in erster Linie in jüngeren Geweben stattfindet. Eine Rückbildung nach der Erholungszeit erfolgt nicht. Vf. nimmt nicht an, daß die Ursache der Transporthemmung durch KCN die Kallose-Bldg. ist, da diese auch mit dem Alter ohne Vergiftung zunimmt. W. Hiller 4420◇

1218 **Über das Vorkommen von Xylit im Speisepilz Champignon (Psalliota campestris).** H. Kratzl, H. Silbernagel und K. H. Bässler. (Naturwissenschaften **50**, 154, 1963; Wien, Organ.-Chem. Inst. der Univ.; Wien, Österreich, Holzforsch.-Inst.; Mainz, Physiolog.-Chem. Inst.; dt.) — Vff. finden im Champignon neben großen Mengen *D-Mannit* auch *Xylit* (I). **I** wurde mit der spezif. auf **I** eingestellten *Nicotinamidadenindinucleotidphosphat*-**I**-*Dehydrogenase* aus Meerschweinchenleber quant. bestimmt. **I** ist im Champignon in einer Konz. von 100 mg pro kg Trockensubstanz vorhanden. W. Hiller 4420◇

1219 **Die Nichtgalakturonbestandteile des Citrus-Unshu-Pektins.** Itaru Hirota. (J. agric. chem. Soc. Japan [Nippon Nôgei-Kagaku Kaishi] **36**, 774—77, 1962; Shizuoka Ind. Res. Inst.; jap.) J. Lehmberg 4420◇

1220 **Die Flavonole von Impatiens balsamina L.** Sarah Clevenger. (Arch. Biochem. Biophysics **76**, 131—38, 1958; Bloomington, Ind., Dep. of Botany, Indiana Univ.) — In den Blüten von *Impatiens balsamina* L. kommen *Kämpferol* (I), *Quercetin* (II) u. *Myricetin* (III) vor. **I** findet sich in Blumen- u. Kelchblättern aller Genotypen, **II** kommt nur in Kelchblättern vor. **III** ist mit dem Gen L korreliert u. findet sich in Blumen- u. Kelchblättern. In den Blüten wurde ein Naphthochinon nachgewiesen, wahrscheinlich handelt es sich um *Lawson* (*2-Hydroxy-1.4-naphthochinon*). **II**, *Cyanidin*, *Leukocyanidin* u. geringe Mengen **I** finden sich auch in den wild wachsenden Species *I. capensis* u. *I. pallida*. K. Böhm 4420◇

1221 **Chemische Untersuchung der Stammrinde von Leuconotis eugenifolia DC.** B. Das und R. Mukherjee. (J. sci. ind. Res. [New Delhi], Sect. B **21 B**, 506, 1962; Calcutta, Univ. Coll of Sci. and Technol., Dep. of Chem.; engl.) — Aus dem PAe.-Extrakt der Rinde werden nach chromatograph. Reinigung *β-Amyrin*, $C_{30}H_{50}O$, F. 198—199° (Chlf.–Methanol; Nadeln), *Acetat*, $C_{32}H_{52}O_2$, F. 236—237°, *Benzoat*, $C_{37}H_{54}O_2$, F. 230—231°, isoliert. Im A.-Extrakt ließ sich wenig einer nicht identifizierten Base nachweisen. P. Gregorzewski 4420◇

1222 **Mimosaceen-Aminosäuren.** 6. Mitt. **Dichrostachinsäure, eine neue schwefelhaltige Aminosäure aus den Samen von Dichrostachys glomerata (Forsk.) Hutch. und Dalz. (Mimosaceae).** Rolf Gmelin. (Hoppe-Seyler's Z. Physiol. Chem. **327**, 186—94, 1962; Helsinki, Labor. der Stiftung für Chem. Forsch., Biochem. Inst.; dt.) — 5. vgl. C. **1961**, 11001; 7. vgl. C. **1962**, 17809. — Aus dem Endosperm der Mimosaceenart *Dichrostachys glomerata* (Forsk.) Hutch. u. Dalz. wurde durch Ionenaustauschchromatographie an Amberlite IR-120 *Dichrostachinsäure* (I, *S-[β-Hydroxy-β-carboxyäthansulfonylmethyl]-L-cystein*) isoliert. **I** wurde durch das IR-Spektrum (5,89 μ Carboxyl-, 7,68, 8,83 u. 8,9 μ Sulfonbanden), das Kernresonanzspektrum u. sein papierchromatograph. Verh. charakterisiert. Durch enzymat. Abbau mit C–S-Lyase aus *Albizza lophantha* Benth. u. chem. Abbau-Rkk. wurde die Struktur von **I** ermittelt. **I** ließ sich papierchromatograph. auch in den Samen von *Neptunia oleraceae* Lour. nachweisen.

Versuche: *Dichrostachinsäure* (I), $C_7H_{13}NO_7S_2$, F. 201°, $[\alpha]_D^{24}$ +6,7° (c = 2,23; 1n HCl); $[\alpha]_D^{24}$ +9,2° (c = 2,18; 1n NaOH): 38 g feingemahlenes Endosperm der Samen von *Dichrostachys glomerata* werden 3mal mit je 500 ml W. ausgekocht u. die filtrierten Auszüge über eine Säule von 300 ml Amberlite IR-120 (H^+-Form) gegeben. Der Durchlauf wird verworfen, die Säule mit 500 ml W. gewaschen u. anschließend mit 2n NH_4OH eluiert. Die aminosäurehaltigen Fraktionen werden im Vakuum stark eingeengt, mit HCOOH angesäuert u. mit A. versetzt. Feine Nadeln (aus W.); 0,99 g (Ausbeute). — (+)-*2-Hydroxy-3-methylsulfonpropionsäure*, $C_4H_8O_5S$, F. 127—130°, $[\alpha]_D^{22}$ +10,1° (c = 1,29; W.), entstand bei der hydrogenolyt. Spaltung von 200 mg **I** mit 500 mg Raney-Ni W 4, wobei schwache Gas-Entw. auftrat (85% CO_2, 15% CH_4), u. wurde über Amberlite IR-120 isoliert, Kristalle; 55 mg. — *α-Alanin*, $C_3H_7NO_2$, F. 297° (Zers.), fiel bei vorst. beschriebener Spaltung an u. wurde wie vorst. isoliert; 68 mg. — *D-2-Amino-3-methylsulfonpropionsäure* (II), $C_4H_9NO_4S$, F. 185—187° (Zers.), $[\alpha]_D^{23}$ +6,5° (c = 1,73; W.), $[\alpha]_D^{24}$ −16,4° (c = 3,34; 1n HCl), $[\alpha]_D^{24}$ +5,7° (c = 3,71; 1n NaOH), aus 465 mg S-Methyl-D-cystein [$[\alpha]_D^{26}$ +28,1° (c = 2; W.)], durch Oxydation mit 920 mg 25%ig. H_2O_2-Lsg. in Ggw. eines Kristalls Ammoniummolybdat in wss. Lsg. während mehrerer Stunden. Nach Abkühlung stark süß schmeckende Kristalle; 161 mg; nach A.-Zugabe weitere 250 mg aus der Mutterlauge. — *L-2-Amino-3-methylsulfonpropionsäure* (III), F. 185—187° (Zers.), $[\alpha]_D^{23}$ −7,5° (c = 2,0; W.), $[\alpha]_D^{24}$ +14,3° (c = 4,95; 1n HCl), $[\alpha]_D^{24}$ −7,1° (c = 3,19; 1n NaOH), analog vorst. Verb. aus S-Methyl-L-cystein. — (+)-*2-Hydroxy-3-methylsulfonpropionsäure*, $C_4H_8O_5S$, F. 128 bis 130°, $[\alpha]_D^{22}$ +12° (c = 1,1; W.), aus 167 mg **II**, 75 mg $NaNO_2$ in 10 ml W. in Ggw. von 2 g Amberlite IR-120 (H^+-Form) während 2 Stunden. Nach 12 Std. wurde vom Harz abfiltriert u. das Filtrat im Vakuum eingeengt. Sirup, der beim Anreiben krist.; 115 mg. Umkristallisation aus Äthylacetat/PAe. oder Dioxan/PAe. verläuft verlustreich, Nadeln; 42 mg. — (—)-*2-Hydroxy-3-methylsulfonpropionsäure*, F. 128—130°, $[\alpha]_D^{23}$ −10° (c = 1,0; W.) aus **III** wie vorst. beschrieben. Winfried Krüger 4420◇

1223 **Pilzinhaltsstoffe.** 11. Mitt. **Eine schwefelhaltige Diaminodicarbonsäure im Hexenei von Phallus impudicus L.**

P. H. List und C. Reinhard. (Arch. Pharmaz. **295/67,** 564–71, Aug. 1962; Münster u. Würzburg, Univ., Inst. für Pharm. u. Lebensmittelchem.; dt.) — 10. vgl. C. **1961,** 13226. — Als Inhaltsstoffe der Hexeneier der Stinkmorchel werden folgende Verbb. festgestellt: *Ergosterin*, $C_{28}H_{44}O$, F. 164–165°, *Methylamin, Dimethylamin, Äthylamin, Isoamylamin, β-Phenyläthylamin, Adenin, Guanin, Ergothionein, Arginin, Histidin, Urocaninsäure, Imidazolylessigsäure, Histamin, Herzynin, Tyrosin, Lysin, Tyramin, Cholin, Colamin, Putrescin, Asparaginsäure, Glutaminsäure, Glykokoll, Threonin, Alanin, Leucin–Isoleucin* u. eine S-haltige Säure, bei der es sich um *Cystathionin* oder *β-Methyllanthionin* handelt.
P. Gregorzewski 4420◇

1224 **Untersuchung über die chemische Zusammensetzung der Getreidelipide.** 2. Mitt. **Eigenschaften der Lipidfraktionen beim Spelzhafer.** Jan Pokorný, Gustav Janíček, Ladislav Žák und Jana Kubátová. (Sborník československ. Akad. zemědělských Věd, rostlinná Výroba **7 (34),** 299–310, 1961; Praha, Vysoká Škola Chemicko-technologická, Fak. Potravinářské Technol, Katedra Chem. Zkoušeni Potravin; tschech.) — 1. vgl. C. **1961,** 6192. — — Aus verschiedenen Sorten des Spelzhafers wurden Lipide mit PAe., Methanol u. Chlf. extrahiert u. Säuregrad, VZ., Ester-, Jod- u. Rhodanzahlen in den Extrakten bestimmt. Für die einzelnen Sorten wurde ein Unterschied in der Zus. der gesätt. Fettsäuren u. der Ölsäure festgestellt. Der *Linolsäure*-Geh. beträgt im Spelzhafer 1,6% u. wird als wertvolle Quelle der essentiellen Fettsäuren angesehen.
S. Paprotny 4420◇

1225 **Neue Klasse der natürlichen Glykoside.** Ju. A. Shdanow. (Fortschr. gegenwärt. Biol. [UdSSR] **55,** 182–90, 1963; russ.) — Übersicht an Hand der Literatur. — 33 Literaturangaben. O. Lebtag 4420△

1226 **Über Solanum dulcamara L.** 7. Mitt. **Abbau von Spirosolanolglykosiden in reifenden Früchten.** Henrich Sander. (Planta med. **11,** 23–36, 1963; Marburg/Lahn, Univ., Botan. Inst., Abt. für Pharmakogn.; dt.) — 6. vgl. C. **1963,** 17040. — *Spirosolanole* (**II**) sind im Gegensatz zu den *Spirostanolen*, oder Steroidsaponinen im engeren Sinne, N-haltige Verbindungen. Die Beeren des Bittersüß (*Solanum dulcamara* L.) enthalten relativ viel Spirostanolglykoside, so daß ihr Abbau bei der Fruchtreife studiert werden konnte. Aus unreifen Früchten verschiedener Herkünfte wurde *Soladulcidin*-Tetraosid (**I**) in der Größenordnung von 25–40% der bas. Gesamtglykoside isoliert, wobei die geringeren Werte bei jungen, die höheren bei grün- bis gelb-reifen Früchten gefunden wurden. Neben **I**/*Tigogenin* enthalten die Früchte *Solasodin*. Die gleiche Verb. kommt auch in den Früchten der Sippen vor, die *Tomatidenol*/*Yamogenin* als Hauptaglykone enthalten. Unmittelbar vor dem Rotwerden der Frucht werden die **II** prakt. vollständig in ihr abgebaut. Eine Abwanderung in den Sproß kann ausgeschlossen werden. Gleichzeitig nimmt der Tigogenin- bzw. Yamogenin-Geh. nur etwas ab. Bei isoliert nachreifenden Früchten nimmt er zu.
H. Gerlach 4420◇

1227 **Isolierung und Versuche zur Konstitutionsaufklärung von drei Bitterstoffglykosiden aus Leonurus cardiaca.** 2. Mitt. Otto-Erich Schultz und Hans-Jürgen Haack. (Arzneimittel-Forsch., Beih. **11,** 975–78, 1961; Kiel, Univ., Pharmaz. Inst.; dt.) — Ausführliche Beschreibung der Methodik der C. **1963,** 5524 referierten 1. Mitteilung.
W. Holland 4420◇

1228 **Isolierung von 4α-Methyl-5α-$\Delta^{7,24,28}$-stigmastadien-3β-ol aus Solanum tuberosum sowie über die Identität dieser Verbindung mit α_1-Sitosterin. Sterine und Triterpenoide.** 3. Mitt. K. Schreiber und G. Osske. (Experientia [Basel] **19,** 69–70, 1963; Gatersleben, Dtsch. Akad. der Wiss. zu Berlin, Inst. für Kulturpflanzen-Forsch.; dt.) — Vgl. C. **1963,** 4764. — Die „Sterinfraktion" von Kartoffelblättern enthält in kleiner Menge *4α-Methyl-5α-$\Delta^{7,24,28}$-stigmastadien-3β-ol*, welches wahrscheinlich mit α_1-Sitosterin ident. ist u. sich von Citrostadienol nur durch die Konfiguration der $\Delta^{24,28}$-Doppelbindung unterscheidet.
K. Zingraf 4420◇

1229 **Über das Vorkommen von Norstictsäure in Buellia sororioides Erichsen.** Siegfried Huneck und Manfred Siegel. (Naturwissenschaften **50,** 154, 1963; Tharandt, Techn. Univ. Dresden, Inst. für Pflanzenchem. u. Holzforsch.; dt.) — Vff. isolieren aus der Flechte *Buellia sororioides* durch erschöpfende Extraktion mit Aceton u. Einengen des Extrakts *Norstictsäure* (**I**), F. 280–284°, *Dianil-Deriv.*, F. 266–267°, *Pentaacetat*, F. 209–211°. **I** gibt mit wss. Lsg. von KOH u. K_2CO_3 den **I**–Kalium-Komplex, der in roten Nädelchen kristallisiert. W. Hiller 4420◇

1230 **Das Auftreten eines purpurnen Gallenfarbstoffes in phycoerythrinreichen Zellen der blaugrünen Alge Tolypothrix tenuis.** Yoshihiko Fujita und Akihiko Hattori. (J. gen. appl. Microbiol. [Tokyo] **9,** 253–56, 1963; Tokyo, Univ. of Tokyo, Inst. of Appl. Microbiol.; engl.) — Die Isolierung, Anreicherung u. Reinigung eines purpurnen Farbstoffs aus phycoerythrinreichen Zellen von Tolypothrix tenuis wird beschrieben. Auf Grund seiner chem. u. physikal. Eigg. wird vermutet, daß zwischen dem Purpurpigment u. Phycoerythrobilin einige Beziehungen bestehen.
M. Lorenz 4420◇

1231 **Die Chemie des Securinins, ein Alkaloid der Wurzel von Securinega suffruticosa (Pall.) Rehd.** R. Mukherjee, B. Das, V. P. Arya und A. Chatterjee. (Naturwissenschaften **50,** 155, 1963; Calcutta, Univ. Coll. of Sci., Dep. of Pure Chem.; engl.) — Vff. isolieren aus den Wurzeln von *Securinega suffruticosa Securinin* (**I**), $C_{13}H_{15}NO_2$, F. 128°, $[\alpha]_D^{30}$ −1160° (CH_3Cl). **I** bildet leicht ein *Monomethojodid*, $C_{13}H_{15}NO_2 \cdot CH_3J$, F. 235–236° (Zers.). Auf Grund der Spektren ist **I** frei von folgenden Gruppen: —NH, —OH, —NCH_3, —CH_2CH_3, —CH_3 u. —OCH_3. Bei Red. mit $NaBH_4$ wird ein *Dihydro-Deriv.*, $C_{13}H_{17}NO_2$, F. 91°, gebildet, das unter 0,01 mm bei 108–110° sublimiert. Katalyt. Hydrierung von Dihydro-**I** ergibt *Hexahydrosecurinin*, $C_{13}H_{21}NO_2$, F. 235°, $[\alpha]_D^{30}$ ±0°, es sublimiert unter 0,01 mm bei 145–150°.
W. Hiller 4420◇

1232 **Ein thermostabiler hämolytischer Faktor in Sojabohnen.** Yehudith Birk, A. Bondi, B. Gestetner und I. Ishaaya. (Nature [London] **197,** 1089–90, 1963; Rehovot, Hebrew Univ., Fac. of Agricult.; engl.) — Vff. untersuchen die hämolyt. Wrkg. von Sojabohnenextrakten. Die Isolierung der Sojabohnensaponinextrakte wird angegeben. Im Vers. sind *Sojabohnensaponinextrakt* (**I**), *Sojabohnensaponinextrakt* von bei 15 lbs. für 20 Min. *autoklaviertem Sojamehl* (**II**) u. *autoklaviertes* **I** (**III**). Der N-Geh. aller 3 Fraktionen beträgt 0,18%. Die hämolyt. Aktivität von **I**, **II** u. **III** wird nach der Meth. von Kofler bestimmt. **II** zeigt stärkere hämolyt. Aktivität als **I**. Die Aktivität von **III** ist nur halb so groß wie die von **II**. Auf die Hemmung der Aktivität des proteolyt. Enzyms im Mitteldarm der Larve von *Tribolium castaneum* wirken **I**, **II** u. **III** nicht unterschiedlich. *α-Chymotrypsin* wird von **II** etwas weniger stark gehemmt als von **I** u. **II**. Die Hitzebehandlung hat keinen Einfl. auf das chromatograph. Verhalten. **I**, **II** u. **III** zeigen bei Papierchromatographie 4 Flecke, von denen 3 hämolyt. Aktivität zeigen.
W. Hiller 4420◇

1233 **Der Ferntransport organischer Stoffe in den Pflanzen.** H. Ziegler. (Naturwissenschaften **50,** 177–86, 1963; Darmstadt, TH, Bot. Inst.; dt.) — Vortrag. Übersicht. — Pflanzliche Ferntransport-Syst. (Gas, W., organ. Material), Struktur des Phloems, Geschw. des Phloemtransports, Mechanismus des Transports, transportierte Stoffe, Stoffeintritt u. -austritt, Transport in den Markstrahlen. — 49 Literaturangaben. W. Hiller 4450◇

1234 **Veränderungen der Kohlenhydrate, Proteine und nichtproteinartigen stickstoffhaltigen Verbindungen von sich entwickelnden Weizenkörnern.** A. C. Jennings und R. K. Morton. (Austral. J. biol. Sci. **16,** 318–31, 1963; Univ. of Adelaide, Waite Agricult. Res. Inst., Dep. of Agricult. Chem.; engl.) — Vff. untersuchen die Veränderungen in Testa, Pericarp, Embryo u. Endosperm. Im Verlauf der Entw. von der Blüte zum reifen Korn nimmt die Konz. von nichtproteinartigen N-Verbb., *Saccharose, reduzierenden Zuckern* u. *α-Ketosäuren* ab, der Gesamt-Geh. bleibt jedoch nahezu konstant. Im Gegensatz dazu nimmt der Gesamt-Geh. u. die Konz. an *Stärke, Pentosanen* u. *Proteinen* zu. Zwischen dem 12. u. 19. Tag nach der Blüte tritt eine starke Veränderung in der Aminosäuren-Zus. des Endospermproteins auf, danach bleibt die Zus. ziemlich konstant. Das Verhältnis Protein zu Gesamt-*Ribonucleinsäure* steigt stark an während der Entw. des Endosperms in bezug auf Essigsäure–lösl. Proteine u. ändert sich wenig in bezug auf Pyrophosphat–lösl. Proteine. W. Hiller 4450◇

1235 **Veränderungen der Nucleinsäuren und anderer Phosphor enthaltender Verbindungen von sich entwickelnden Weizenkörnern.** A. C. Jennings und R. K. Morton. (Austral. J. biol. Sci. **16**, 332—41, 1963; Univ. of Adelaide, Waite Agricult. Res. Inst., Dep. of Agricult. Chem.; engl.) — Vgl. vorst. Referat. — Der Embryo hat einen hohen P-Gehalt. Im Endosperm erfolgt um den 26. Tag nach der Blüte eine größere Veränderung der verschiedenen P-Verbindungen. Der anorgan. P nimmt von diesem Zeitpunkt an bis zur Reife ab. Der größte Teil der säurestabilen organ. P-Verbb. finden sich als *Phytinsäure*. In der Testa u. im Pericarp setzen diese Veränderungen schon am 12. Tage nach der Blüte ein. Im Endosperm tritt vom 10. bis zum 20. Tag eine starke Zunahme der *Ribonucleinsäure* ein (auf das Korn bezogen eine 4fache Steigerung). Die Zunahme der *Desoxyribonucleinsäure* ist weniger markant. Die Zunahme der Ribonucleinsäure fällt mit der Periode der stärksten Zellteilung zusammen. Der Geh. an Lipiden u. Phospholipiden steigt zwischen dem 8. u. 26. Tag im Endosperm an, was eine Zunahme der intracellulären Membranen anzeigt. W. Hiller 4450◇

1236 **Untersuchungen der Proteine von sich entwickelndem Weizenendosperm: Fraktionierung durch Ionenaustauschchromatographie.** Janet S. D. Graham, R. K. Morton und D. H. Simmonds. (Austral. J. biol. Sci. **16**, 350—56, 1963; Univ. of Adelaide, Waite Agricult. Res. Inst., Dep. of Agricult. Chem.; engl.) — Vgl. vorst. Referate. — Während der Entw. steigt im Endosperm der *N*-Geh.; der Anstieg ist am größten bei den in Essigsäure lösl. Proteinen u. weniger stark in den Na-Pyrophosphat- u. NaOH-Extrakten. Vff. fraktionieren die Proteine an DEAE-Cellulose u. Carboxymethylcellulose. Die Stärke der Fraktionen nimmt während der Entw. zu. Sortenbedingte Unterschiede wurden nicht gefunden. W. Hiller 4450◇

1237 **Untersuchungen der Proteine von sich entwickelndem Weizenendosperm: Trennung durch Stärkegelelektrophorese und Einbau von ^{35}S-Sulfat.** Janet S. D. Graham und R. K. Morton. (Austral. J. biol. Sci. **16**, 357—65, 1963; Univ. of Adelaide, Waite Agricult. Res. Inst., Dep. of Agricult. Chem.; engl.) — Vgl. vorst. Referate. — Stärkegelelektrophorese zeigt, daß die Proteinkomponenten vom 18. Tag nach der Blüte bis zur Reife anwesend sind. Bei der Best. am 13. Tag nach der Blüte fehlen die langsam wandernden Komponenten bei den in Na-Pyrophosphat lösl. Proteinen u. bei den in Essigsäure lösl. Proteinen sind die schneller laufenden Komponenten stärker vertreten. 20 Tage nach der Blüte abgeschnittene Weizenähren nehmen sehr rasch $^{35}SO_4{}^{2-}$ u. ^{14}*C-Glycin* auf u. bauen die Radioaktivität in Proteine ein. W. Hiller 4450◇

1238 **Cytologische Untersuchungen der Proteinkörper des sich entwickelnden Weizenendosperms.** A. C. Jennings, R. K. Morton und B. A. Palk. (Austral. J. biol. Sci. **16**, 366—74, 1963; Univ. of Adelaide, Waite Agricult. Res. Inst., Dep. of Agricult. Chem.; engl.) — Vgl. vorst. Referate. — Die Stärke-Bldg. findet hauptsächlich in der frühen Periode nach der Blüte statt. Vff. finden bei cytolog. Unterss. (Fixierung u. Anfärbung von dünnen Endospermschnitten mit OsO_4 oder mit $KMnO_4$ oder mit Formaldehyd u. nachfolgend mit $KMnO_4$) neben Stärkekörnern viele dichte kugelartige Körper, die aller Wahrscheinlichkeit nach Proteinkörper sind u. Speicherprotein darstellen. W. Hiller 4450◇

1239 **Isolierung und Charakterisierung der Proteinkörper von sich entwickelndem Weizenendosperm.** Janet S. D. Graham, R. K. Morton und J. K. Raison. (Austral. J. biol. Sci. **16**, 375—83, 1963; Univ. of Adelaide, Waite Agricult. Res. Inst., Dep. of Agricult. Chem.; engl.) — Vgl. vorst. Referate. — Vff. isolieren u. reinigen teilweise die im vorst. Ref. erwähnten Proteinkörper durch Zentrifugieren. Bei Stärkegelelektrophorese zeigen die Körper hauptsächlich langsam wandernde Proteinfraktionen. Die Proteinkörper zeigen Durchmesser von 0,25—1,2 μ u. enthalten 12,6% N u. ca. 72% Protein. Einbau-Verss. mit $^{35}SO_4{}^{2-}$ u. ^{14}*C-Glycin* zeigen, daß diese Proteinkörper die Orte der Akkumulation des Speicherproteins im Weizenendosperm sind. W. Hiller 4450◇

1240 **Aminosäuren und Proteinsynthese in sich entwickelndem Weizenendopserm.** A. C. Jennings und R. K. Morton. (Austral. J. biol. Sci. **16**, 384—94, 1963; Univ. of Adelaide, Waite Agricult. Res. Inst., Dep. of Agricult. Chem.; engl.) — Vgl. vorst. Referate. — Vff. bestimmen durch Austauschchromatographie die *Aminosäuren*-Zus. von Proteinfraktionen am 14., 18., 32. u. 46. Tag nach der Blüte. Bestimmt wird die Konz. von 18 Aminosäuren. Die Aminosäure-Zus. des gesamten Endosperms ändert sich während der gesamten Entwicklung. Von den freien Aminosäuren nehmen *Asparaginsäure* u. *Arginin* während der Entw. zu. Im Gegensatz zu den Pyrophosphat- u. NaOH-Fraktionen zeigt die Essigsäurefraktion eine ziemlich konst. Zus. während der Entwicklung. W. Hiller 4450◇

1241 **Das Chlorophyllid als Zwischenprodukt bei der Umwandlung des Protochlorophyllids in Chlorophyll.** L. I. Wlassenok und A. A. Schlyk. (Biochemie [UdSSR] **28**, 57—69, 1963; Minsk, Labor. für Biophysik u. Isotopen der Akad. der Wiss. der WeißrussSSR; russ., Auszug: engl.) — In Verss. mit 8—9 Tage alten Gerstenpflanzen, die bei 18°, der Belichtung mit 2000 lux u. der täglichen Belichtungsdauer von 10—12 Std. gezüchtet wurden, wird gezeigt, daß durch Belichtung der zuvor im Dunkeln gehaltenen Blätter (20 bis 22°) bei —2° der Geh. an *Protochlorophyllid* (**I**) nach 3½ Min. auf ca. ½ gesenkt, der Geh. an *Chlorophyllid* (**II**) um 100% erhöht wird. Bei den Pflanzen, die vor der Verdunkelung $^{14}CO_2$ assimilierten, steigt hierbei die Radioaktivität des **II** an. Hierbei ist die Aktivität bei **II** nur halb so groß wie bei **I**. Bei Chlorophyll a u. b (**IIIa** bzw. **IIIb**) ist sie um 1—2 Größenordnungen geringer. Dies entspricht der Reihenfolge der Synth. von **I**, **II**, **IIIa** u. **IIIb**. Werden die Blätter nach der obigen Belichtung in einen dunklen Raum mit Temp. über 0° gebracht, so nimmt **II** rasch ab; **I** wird angereichert. Die Dunkelumwandlung des **II** erfolgt unter Beibehaltung der Aktivität von **II** u. Erhöhung der Aktivität von **III**. Bei Dauerbelichtung der zuvor verdunkelten Blätter unterhalb 0° bleibt **I** teilweise erhalten. Bei Verdunkelung bleibt in ähnlicher Weise **II** teilweise erhalten. **I** u. **II** liegen offenbar in 2 Formen vor, die sich am Stoffwechsel verschieden stark beteiligen. O. Lebtag 4460△

1242 **Durch Lösungsmittel induzierte Veränderungen in der Absorption von isolierten Chloroplastenfragmenten.** Jacques Aghion, Evelyne Porcile und James A. Lippincott. (Nature [London] **197**, 1110—12, 1963; Gif-sur-Yvette, Seine-et-Oise, Centre Nat. de la Rech. Sci., Labor. du Phytotron; Evanston, Ill., Northwestern Univ., Dep. of Biol. Sci.; engl.) — Wird zu einer Chloroplastensuspension von *Nicotiana tabacum* redest. Methanol gegeben in einer Konz. von 65% (V/V), so sinkt die Hauptabsorptionsbande des Chlorophylls im Rot innerhalb 1 Std. auf 15—20% des ursprünglichen Wertes. Nachdem im Rot 30% der Absorption verloren gegangen sind, erscheint bei 740 nm ein neues Absorptionsmaximum. Diese Veränderungen treten nicht ein bei Konzz. über 80% u. unter 60%. Ähnliche Ergebnisse werden jedoch erhalten mit A. bei einer Konz. von 52%. Die Rk. verläuft optimal bei einem pH von 8,5. Vff. nehmen an, daß die Bldg. des Absorptionsmaximums bei 740 nm geschieht, ohne daß das Chlorophyll völlig aus seiner natürlichen Umwelt extrahiert wird. $CuCl_2$ hemmt die bei 65% Methanol eintretende Rk.; die gebleichte Form des Chlorophylls scheint eine Übergangsform zu sein zu dem Status, der bei 740 nm ein Absorptionsmaximum zeigt. Das Bleichen wird vermutlich durch Enzyme verursacht. W. Hiller 4460◇

1243 **Die mineralische Ernährung.** Walter Stiles. (Sci. Progr. **49**, 724—37, 1961; Birmingham, Univ.; engl.) — Übersicht über neue Ergebnisse der anorgan. pflanzlichen Ernährung. — 21 Literaturangaben. K. Maier 4470◇

1244 **Untersuchungen über die wasserlöslichen Hemmstoffe aus dem Schnittholz der Weinrebe (Vitis vinifera L.).** 1. Mitt. **Zur Wirkung der Hemmstoffe auf die Keimung und Entwicklung von Rebsämlingen.** E. Sievers. (Naturwissenschaften **50**, 134, 1963; Geisenheim/Rheingau, Hess. Lehr- u. Forsch.-Anst. für Wein-, Obst- u. Gartenbau, Inst. für Weinbau; dt.) — Werden Reben in Sand oder Sand-Torf-Gemisch ausgesät, so tritt eine verringerte Keimung ein, wenn dem Substrat Holzspäne von Schnittholz aus Weinbergen zugesetzt wird. Auch das Sämlings-Gew. ist bei Schnittholzzusatz erheblich verringert. W. Hiller 4485◇

1245 **Kininaktivität aus Pflanzenextrakten.** 1. Mitt. **Biologische Prüfung und Quellen der Aktivität.** W. Bottomley, N. P. Kefford, J. A. Zwar und the Late P. L. Goldacre. (Austral. J. biol. Sci. **16**, 395—406, 1963; Canberra, C.S.I.R.O., Div. of Plant Ind.; engl.) — Vff. untersuchen auf die Zellteilung akt. wirkende Substanzen mit Hilfe von Stengelstücken von Tabak. Die Stücke werden asept. kultiviert in einem Mineralsalze, Saccharose u. Vitamine enthaltendem Medium. Zugabe von *Auxin* (I) bewirkt Vergrößerung der Zellen, *Kinin* (II) allein hat keine Wirkung. I + II stimulieren die Zellteilung. Wird das Gewebe mit I versetzt, so tritt Stimulierung der Zellteilung ein, wenn Gewebe kleiner Früchte (zu verschiedenen Zeiten nach der Bestäubung gesammelt) von Apfel, Quitte, Birne u. Pflaume zugesetzt werden, woraus auf II-akt. Substanzen in diesen Geweben geschlossen wird. Weiterhin sind teilweise akt. wss. Extrakte von Tomatenfrüchten u. -ovarien; auch akt. sind Gewebe von *Pinus radiata, Eucalyptus regnans* u. *Nicotiana tabacum*. Zugabe von Polyolen, Caseinhydrolysat, Harnstoff u. Sorbit zum Grundmedium des Stengelgewebes beeinflußt den Test auf II-akt. Verbb. nicht. W. Hiller 4485◇

1246 **Kininaktivität aus Pflanzenextrakten.** 2. Mitt. **Teilreinigung und Fraktionierung von Kininen in Apfelextrakt.** J. A. Zwar, W. Bottomley und N. P. Kefford. (Austral. J. biol. Sci. **16**, 407—15, 1963; engl.) — 1. vgl. vorst. Referat. — Vff. isolieren aus kleinen Früchten von *Pyrus malus* eine *Kinin*-akt. Substanz (vgl. vorst. Ref.) u. prüfen ihre Aktivität nach dem im vorst. Ref. angegebenen Biotest. Die Teilreinigung erfolgt in folgenden Stufen: A.-Extraktion, Adsorption an Dowex-50, Elution mit 2n NH_4OH, Entfernen des NH_3, Adsorption an Kohle, Elution mit Pyridin–A.–NH_4OH, Passage durch Polyamidharz, Papierchromatographie. Hierbei werden 4 Maxima erhalten. Die eine Kinin-akt. Verb. ist in Konzz. von 3,5 mg/Liter wirksam, die andere in Konzz. von 18 mg/Liter. Durch die angeführte Meth. gelingt eine 900fache Konzentration. W. Hiller 4485◇

1247 **Eine Gibberellin-ähnliche Substanz in Bambusschossen.** Jiro Kato. (Naturwissenschaften **50**, 226, 1963; Osaka, Univ. of Osaka, Dep. of Biol.; engl.) — Vf. extrahiert junge Bambusschosse (*Sinocolamus oldhamii*) mit Aceton/W. (80/20) für 72 Std. bei 1⁰. Der Extrakt wird anschließend 2mal mit Äthylacetat extrahiert, gewaschen, eingedampft u. getrocknet. In Tween 20 gelöster Extrakt wird Zwergmutanten von Mais gegeben (entsprechend 2 g Frisch-Gew. an Bambusschossen). Bei 3 von 4 geprüften Mutanten wird das Wachstum auf 133—154% erhöht. Die *gibberellinähnliche Substanz* (I) in Bambusschossen ist in einer Konz. vorhanden, die der Wirksamkeit von 50 µg *Gibberellsäure* pro kg Bambusschosse entspricht. I zeigt in n-Butanol/1,5n NH_4OH (3/1) einen R_F-Wert von 0,1. I ist nicht ident. mit dem *Lupinusfaktor* (vgl. Phinney, West, Ritzel u. Neely, Proc. Nat. Acad. Sci. U.S.A. **43**, [1957], 398). I ist mit keinem der bisher bekannten Gibberelline identisch. W. Hiller 4485◇

1248 **Durch Phenylborsäure induzierte „Lanzettblättrigkeit" bei Solanum lycopersicum.** Barbara Haccius und Manfred Garrecht. (Naturwissenschaften **50**, 133—34, 1963; Mainz, Univ., Bot. Inst.; dt.) — Werden Tomatensamen 12 Std. in 250 ppm *Phenylborsäure* (I) eingequollen, so erscheinen an Stelle der normalen 3teiligen ersten Laubblätter stark abweichende langgestreckte lanzettförmige Blätter. Auch durch Auftropfen von I auf die Sproßspitze kann bei älteren Pflanzen an beliebig höher insertierten Blättern Lanzettförmigkeit erreicht werden. W. Hiller 4485◇

1249 **Scopoletinanreicherung in den durch Peronospora tabacina Adam befallenen Geweben von Nicotiana tabacum L.** H. H. Mayr, A. Diskus und W. Beck. (Phytopathol. Z. **47**, 95—97, 1963; Linz/Donau, Österreich. Stickstoffwerke; dt.) — Durch *Peronospora tabacina* (Blauschimmel) befallene Tabakpflanzen zeigen in den befallenen Geweben höhere Geh. an *Scopoletin* (I), was die stärkere Fluorescenz der infizierten Stellen verursacht. Bormangel u. hohe Indolylessigsäuredosen verursachen gleichfalls ein Ansteigen des I-Gehaltes. W. Hiller 4490◇

1250 **Entkoppelung der Atmung und Phosphorylierung in den nekrotisierten Geweben der Kartoffelknolle.** B. A. Rubin und O. L. Oseretzkowskaja. (Biochemie [UdSSR] **28**, 80—88, 1963; Moskau, Bach-Inst. für Biochem. der Akad. der Wiss. der UdSSR; russ., Auszug: engl.) — Durch $1 \cdot 10^5$m u. $4 \cdot 10^5$m Lsg. von *2.4-Dinitrophenol* (I) wird die Atmung des gesunden Gewebes der gegenüber Phytophthora infestans resistenten (a) u. empfindlichen (b) Kartoffelknolle um 5—10% intensiviert. Durch $1 \cdot 10^{-5}$m I-Lsg. wird die Atmung des nekrotisierten Gewebes von a gehemmt, die von b stimuliert. Bei Anwendung von $4 \cdot 10^{-5}$m I beträgt die Atmungshemmung bei a 50%, bei b ca. 20%. Im nekrotisierten Gewebe findet eine aerobe Gärung statt. Im infizierten Gewebe von a finden sich große Mengen an anorgan. Phosphat. Aus den Vers.-Ergebnissen schließen Vff., daß im nekrotisierten Gewebe von a Atmung u. Phosphorylierung entkoppelt sind, wahrscheinlich bedingt durch die Ggw. von Phenolverbindungen. O. Lebtag 4490△

1251 **Die chemische Zusammensetzung der Rinde der Wirtspflanzen von Lackinsekten.** W. P. Bogdanowa. (Nachr. Akad. Wiss. UdSSR, biol. Ser. **28**, 605—12, 1963; Botan. Komarow-Garten der Akad. der Wiss. der UdSSR; russ., Auszug: engl.) — Die Unters. der chem. Zus. der Rinde u. des Rindensaftes von *Ficus carica* L., *Paliurus spina-Christi* Mfll., *Tilia caucasica* Rupr. u. *Diospyros lotus* L. (Wirtspflanzen der Schildlaus) ergab, daß im Saft die Kohlenhydrate überwiegen, die Proteine noch stark vertreten sind u. die giftigen Stoffe fehlen. Der Rinden-Geh. an Aminosäuren nimmt im Herbst im Vgl. zu Frühjahr u. Sommer ab. Der von der Schildlaus ausgeschiedene Lack besteht zu 75—78% aus Lactonen der Trihydroxypalmitinsäure, zu 2—3% aus Aleuritinsäure u. zu 2—3% aus Proteinen. O. Lebtag 4490△

E₅. Tierchemie, Tierphysiologie, Tierpathologie

1252 **Die im tierischen Organismus vorliegende Bindungsart des Broms.** I. N. Werchowskaja und L. M. Zofina. (Bull. exp. Biol. Med. [UdSSR] **53 (27)**, Nr. 8, 49—52, 1962; Moskau, Inst. für biol. Phys. der Akad. der Wiss. der UdSSR; russ., Auszug: engl.) — Der Geh. an ^{82}Br wurde in Blut, Schilddrüse, Großhirnhemisphären, Hypophyse, Nerven, Magenschleimhaut u. Leber von Ratten, Meerschweinchen, Kaninchen u. Hunden 15—20 Std. nach subkutaner Zufuhr von $Na^{82}Br$ (20—30 mc) biochem. u. physikal.-chem. bestimmt. ^{82}Br trat in allen Organen in Ionenform u. nur in der Schilddrüse zu 1,5—23,6% an Eiweiß gebunden auf. I. v. Kloch-Kornitz 4510◇

1253 **Histochemische Untersuchungen von Weichtierchitin.** N. W. Runham. (J. Histochem. Cytochem. **10**, 504, 1962; Bangor, Univ. Coll., Dep. of Zool.; engl.) — Die von chitinhaltigen Radula der *Patella vulgata* mit Alcianblau u. Hale gegebenen Farb-Rkk. werden durch Methylierung u. Acetylierung blockiert. Dies dürfte auf die Abwesenheit saurer Mucopolysaccharide hinweisen. Da an Proteine gebundene Carboxylgruppen die obigen Farb-Rkk. geben, ist anzunehmen, daß im Radulum die Farb-Rkk. durch COOH-Gruppen der Seitenketten verursacht werden. Die durch Methylierung bewirkte Steigerung der Bromphenolblaufärbung wird auf Grund der Hydroxynaphthaldehyd-Rk. durch Proteinaminogruppen verursacht. Die histochem. Rkk. der Radula sind also durch die Ggw. einer größeren Anzahl endständiger N-Acetylglucosamingruppen u. durch an Seitenketten-COOH-Gruppen reiche Proteinkomponenten bewirkt. L. Macher 4520◇

1254 **Ein manometrisches Verfahren zur Bestimmung von Hexuronsäuren.** Shizuko Takahashi und Yoshiharu Saito. (Biochem. Z. **334**, 58—64, 1961; Tokyo, Yakuri-Kenkyukai-Forsch.-Inst. für Iatrochemie, Tokyo, Aliyose Hosp., Nat. Sanator.; dt.) — Der App. besteht aus dem Manometer nach van Slyke-Neil u. dem Zers.-Gefäß nach Kretchmar-Kyker. Zur Zers. der *Hexuronsäuren* ($C_6H_{10} \cdot O_7 \rightarrow C_5H_4O_2 + 3\,H_2O + CO_2$) diente 25%ig. Schwefelsäure. Kontrollanalysen wurden durchgeführt an Glucuronsäure u. 5 Derivv.; nach 5—7std. Erhitzen (100⁰) war vollständige Gas-Entw. erreicht. Bei tier. Uroniden war längeres Erhitzen (ca. 8 Std.) erforderlich. Folgende Werte wurden für den *Glucuronsäure*-Geh. gefunden: In *Chondroitinschwefelsäure* (Na-Salz) von Walfischknorpel 37,9—40,3%; in Chondroitinschwefelsäure (Na-Salz) von Haifischknorpel 32,1—38,1%; in *Heparin* (Na-Salz) 30,6—34,7%. H. J. Hoenders 4520◇

1255 **Vergleichende Untersuchungen über Aminopolysaccharidsulfate des Knorpels.** 1. Mitt. **Polysaccharide von Hai, Rochen, Katzenhai u. Finnwal.** A. G. Lloyd, K. S.

Dodgson und R. G. Price. (Biochem. biophysica Acta [Amsterdam] **69,** 496—504, 1963; Cardiff, Univ. of Wales, Dep. of Biochem.; engl.) — Im Knorpel von erwachsenen Blauhaien, Rochen u. Katzenhaien konnten Substanzen nachgewiesen werden, welche *Chondroitinsulfat* (**I**) u. *Keratosulfat* (**II**) entsprechen, jedes der Aminopolysaccharide ist jedoch durch Ggw. von Fraktionen mit weit differierendem Sulfat-Geh. gekennzeichnet. Im Gegensatz dazu bildet I-A den Hauptbestandteil des Polysaccharidgemisches vom Finnwal, während I-C u. **II** in nur geringen Mengen vorliegen.
U. Tausendfreund 4520◇

1256 **Nachweis individueller saurer Mucopolysaccharide in menschlichen Aorten, Coronararterien und Gehirnarterien.** 1. Mitt. **Die Methoden.** Frederick T. Zugibe. (J. Histochem. Cytochem. **10,** 441—47, 1962; Chicago, Ill., Univ., Dep. of Anat.; engl.) — Der histochem. Nachw. der verschiedenen *sauren Mucopolysaccharide* (**I**) hängt ab von der Behandlung mit einem Extrakt von an Chondroitinsulfat A adaptiertem *Flavobacterium heparinum* oder mit einem Extrakt von an Heparitinsulfat adaptiertem Flavobacterium und von der Kombination dieser beiden Extrakte mit Hodenhyaluronidase u. Streptokokkenhyaluronidase. Durch diese Behandlung u. durch die nachfolgende Färbung mit Alcianblau konnten die **I** durch Vgl. gefärbter mit ungefärbten Gewebeschnitten der Arterien identifiziert werden. L. Macher 4520◇

1257 **Nachweis individueller saurer Mucopolysaccharide in menschlichen Aorten, Coronararterien und in Gehirnarterien.** 2. Mitt. **Identifizierung und Kennzeichnung je nach Alter.** Frederick T. Zugibe. (J. Histochem. Cytochem. **10,** 448—61, 1962; engl.) — 1. vgl. vorst. Referat. — Bei der Prüfung von 130 Arterien, die ein Alter vom Foetus bis zu 70 Jahren aufwiesen, war *Hyaluronsäure* (**I**) in den Intima von Aorten vom Foetus bis zum 6. Jahr vorhanden; **I** war in variabler Menge in den Intima von Coronararterien ungeachtet des Alters u. in einem Intima eines Erwachsenen. **I** ist in einer mit dem Alter abfallenden Menge in den Media der Aorten zugegen u. in variabler Menge in der Media der Coronararterien, ungeachtet des Alters. In der internen, elast. Membran aller Arterien u. in allen Schichten der Basilararterien kommt **I** nicht vor. Hauptkomponente der sauren Mucopolysaccharide bildet bis ins jugendliche Alter *Chondroitinsulfat A* (**II**) u./oder *C*, das in den Intima mit faserigen Elementen vergesellschaftet ist, wobei je nach Alter **II**-B zunimmt, **II**-A u./oder C schwindet. **II**-B assoziiert sich mit Kollagen, um die Arterienwände zu verstärken. *Heparitinsulfat* ist ohne Rücksicht auf das Alter in allen Intima der Arterien vorhanden. L. Macher 4520◇

1258 **Untersuchungen über die Wirkung der Kollagenase auf die kollagenen Fasern der Gefäßwand.** M. Németh-Csóka und Erszébet Simor. (Acta morphol. Acad. Sci. hung. **11,** 21—30, 1961; Pécs, Med. Univ., Inst. für Patholog. Anatomie; dt.) — Der enzymat. Auflösungsprozeß der kollagenen Fasern der menschlichen Aorta von Individuen verschiedenen Alters wurde mit polarisationsopt. Meth. verfolgt. Durch kollagenspezif. Rkk. (Phenol-Rk., anisotrope Rivonalfärbung) konnte nachgewiesen werden, daß durch die Enzym-Wrkg. prim. die Eiweißstruktur der Faser, dann die mucoide Struktur der kollagenen Faser aufgelöst wird. Im jüngeren Alter löst sich die kollagene Faser in Kollagenase rascher auf.
O. Jansen 4520◇

1259 **Histochemische und polarisationsmikroskopische Untersuchungen über die submikroskopischen Strukturbedingungen der Anilinreaktion der kollagenen Fasern.** K. Viszlóy und M. Németh-Csóka. (Acta morphol. Acad. Sci. hung. **11,** 31—39, 1961; Pécs, Med. Univ., Inst. für Patholog. Anatomie; dt.) — Mit histochem. Blockierungs-Rkk. wurde untersucht, welche reaktiven Seitengruppen des submkr. Strukturgefüges des Kollagens bei der orientierten Assoziationsfähigkeit des Kollagens für *Anilin* entscheidend sind u. gefunden, daß Acetylierung oder Benzoylierung diese Rk. verstärkt; dabei ist die Blockierung der Hydroxylgruppe für die Verstärkung wichtig. Die isolierte Acetylierung der Aminogruppen ist wirkungslos. O. Jansen 4520◇

1260 **Die Struktur von α-Keratin.** G. Swanbeck. (Exp. Cell Res. **23,** 420—22, 1961; Stanford, Calif., Stanford Univ., W. W. Hansen Labor. of Phys., Biophys. Labor.; engl.) — Auf Grund des Beugungsdiagramms von Stachelschweinborstenspitzen wird ein Modell für die Strukturanordnung der Proteinketten in *α-Keratin* diskutiert. Das Modell unterstellt, daß die Ketten *α*-Helixkonfiguration besitzen u. in 5 konzentr. Schichten angeordnet sind. In den einzelnen Lagen winden sich die Ketten um die Achse des Tonofadens, wobei eine Windung auf 198 Å entfällt. Die Kettenzahl in den verschiedenen Schichten ist 3, 7, 10, 16 u. 19. Diese Anordnung ergibt für den Faden einen mit den elektronenmkr. Daten in Einklang stehenden Durchmesser. K. Maier 4520◇

1261 **Eine weitere Untersuchung über die Extraktion von reduzierten Proteinen aus Wolle.** B. S. Harrap und J. M. Gillespie. (Austral. J. biol. Sci. **16,** 542—56, 1963; Parkville, Vic., Wool Res. Labor., C.S.I.R.O., Div. of Protein Chem.; engl.) — Vff. wenden 2 verschiedene Meth. an zur Extraktion von Proteinen. Bei der ersten Meth. ist das Ziel, so viel wie möglich Protein in Lsg. zu bringen. Hierzu wird mit 0,2m *K-Thioglykolat* bei pH 10,5 in Ggw. von 6m Harnstoff extrahiert. Bei diesen Bedingungen werden 80—85% der Wolle bei Raum-Temp. gelöst. Bei der zweiten Meth. werden sehr milde Bedingungen angewandt; es gehen hier 60% der Wolle in Lösung. Bei dieser Meth. wird das stark S-haltige Protein zuerst mit 0,8m K-Thioglykolat bei pH 10,5 u. 0° extrahiert; anschließend wird das wenig S-enthaltende Protein aus dem Rest durch Plasmolyse freigesetzt, indem er in W. bei 0° getaucht wird. Bei letzter Meth. steigt die Temp. nicht über 0° u. der pH nicht über 10,5. W. Hiller 4520◇

1262 **Chemische und enzymatische Untersuchungen über Protamine.** 5. Mitt. **Strukturuntersuchung der durch Trypsinabbau aus Clupein erhaltenen Peptide.** Makoto Yamasaki. (Sci. Pap. Coll. gen. Educat., Univ. Tokyo **12,** 21—55, 1962; Chem. Inst.; engl.) — 4. vgl. C. **1963,** 18513. — Die schwerlösl. *Clupein*-Fraktion (55% des Gesamtclupeins) wird 22 Std. mit Trypsin hydrolysiert. Die Spaltstücke werden an Amberlite IRC-50 getrennt u. die erhaltenen 16 Fraktionen (Maxima) nach üblichen sequenzanalyt. Meth. untersucht. Arg·Arg bildet die Hauptmenge (ca. 33%), Ala·Arg (8,5%) u. Arg (21%). Weiter ist die Struktur von 4 Dipeptiden, 12 Tri-, 4 Tetra- u. 2 Hexapeptiden, die alle C-endständig Arg enthalten u. zusammen über 90% des Hydrolysats ausmachen, aufgeklärt. Nach 88 Min. trypt. Spaltung fanden sich dieselben Bruchstücke, zusätzlich nur ein Hexapeptid Ala·Ser·Arg·Pro·Val·Arg (die Arg·Pro-Bindung wird nur sehr langsam von Trypsin gespalten). Ein Clupein-Mol. aus 19 Arg- u. 9 neutralen Aminosäure (AS)-Resten (M) bestehend, enthält 4 Arg·Arg·Arg-Sequenzen, 1 M·M·Arg·Pro·M, N-endständig M·Arg·Arg oder Pro·Arg·Arg, 1 M·M, außerdem 4 Arg, 1 M u. 1 Pro; zwei Drittel der neutralen Aminosäuren liegen als Folge —M·M— vor (Symbole nach Brand u. Edsall [1947] u. Sanger [1949 u. 1952]).
Werner Wunderlich 4520◇

1263 **Isolierung des wichtigsten Gangliosids der menschlichen Milz.** Lars Svennerholm. (Acta chem. scand. **17,** 860—62, 1963; Gothenburg, Univ. of Gothenburg, Dep. Med. Biochem.; engl.) — Die Gewinnung des reinen *Gangliosids* erfolgt durch Dünnschichtchromatographie der Sphingolipoide u. Kristallisation aus Methanol. Die analyt. Daten sowie die Ergebnisse der Perjodatoxydation u. der Behandlung mit Sialidase führten zu folgendem Strukturvorschlag: N-Acetylneuraminsäure-⟨2 → 3⟩-galaktosyl-β-⟨1 → 4⟩-glucosylacyl-(hauptsächlich nervonyl-) sphingosin. K. Heyns 4520◇

1264 **Die metabolische Aufteilung, die Speicherung und das Sichtbarwerden von Carotinoidpigmenten bei Flamingos.** D. L. Fox. (Comparat. Biochem. Physiol. **6,** 1—40, 1962; Univ. of California, Scripps Inst. of Oceanography, Dep. of Marine Biol.; engl.) — Flamingos, *Phoenicopterus ruber* u. *Ph. chilensis*, verlieren in Gefangenschaft allmählich die Pigmentierung der nichtgefiederten Haut u. der Federn mit der Mauser, wenn die Nahrung nicht genügend *Carotinoide* (**I**) enthält. Die chem. Analyse der gefärbten Federn, der Beinhaut, des Eigelbs, des Blutplasmas u. zahlreicher innerer Organe zeigte reichlich Vorräte an **I**, hauptsächlich *Canthaxanthin* u. wechselnde Mengen *Astaxanthin* (**II**) sowie zahlreiche, nicht näher definierte oxydierte Derivate. **II** wurde nur in ausgewachsenen Federn, in dem Blut aus Schäften junger Federn sowie in der Beinhaut gefunden. In den Faeces gestorbener Flamingos befanden sich keine **I**. Gesamt-**I** wurden in folgender Konz. in mg% gefunden: Beinhaut 270, Federn 32, Blutplasma 5, Eigelb 4. Neugeborene weiße oder graue Tiere besitzen keine I. Nach 8 Tagen, beim Verlassen des Nestes, bildet sich an den dem Sonnenlicht ausgesetzten Hautbezirken Melanin, danach entstehen I in der Haut u. in den Federn allmählich. P. Lange 4520◇

1265 **Die Wirkung von Temperatur und Druck auf die Fettsäuren von einigen ektothermen Meerestieren.** Roger W. Lewis. (Comparat. Biochem. Physiol. **6,** 75—89, 1962; La Jolla, Calif., Univ. of Southern California, Biol. Dep.; engl.) — Bei ektothermen Meerestieren ist die *Fettsäure*-Zus. im Plasma stark temperatur- u. druckabhängig. Bei einer W.-Temp. von 15—20° überwiegen langkettige u. gesätt. Fettsäuren, während bei niedrigeren Temp. in arkt. Gewässern *Stearin*- u. *Palmitinsäure* vermindert sind u. *Palmitölsäure* vermehrt zu finden ist. Tiefseetiere haben einen erhöhten Geh. an *Oleinsäure*. Die Variation der Fettsäure-Zers. hängt nach Meinung des Vf. mit der Erhaltung der lebensnotwendigen Viscosität des Plasmas zusammen. P. Lange 4550◇

1266 **Untersuchungen über die chemische Grundlage des Antigencharakters von Proteinen. 5. Mitt. Synthese, Charakterisierung und immunogene Wirkung einiger verzweigtkettiger und linearer Tyrosin enthaltender Polypeptide.** M. Sela, Sara Fuchs und Ruth Arnon. (Biochem. J. **85,** 223—35, 1962; Rehovoth, Israel, Weizmann Inst. of Sci., Dep. of Biophys.; engl.) — 3. vgl. C. **1961,** 13609. — Die vorliegende Arbeit dient zur Klärung, in welcher Weise die in früheren Unterss. gefundenene kräftige u. spezif. Antigen-Wrkg. synthet. linearer u. verzweigtkettiger („multichain") Peptide aus α-Aminosäuren von Größe u. Form des Mol. u. der Anordnung der Aminosäuren in demselben abhängen. Nur solche Peptide erweisen sich (Verss. an Kaninchen) als Antigene, die *Tyrosin* enthalten; das Fehlen von Glutaminsäure stört nicht. Der immunogene Effekt tritt nur auf, wenn das Tyrosin nicht innen im Mol., sondern außen, also dem Antikörper während dessen Biosynth. zugänglich, angeordnet ist. Bei genügend weitem Kettenabstand ist Endständigkeit des Tyrosins in der Kette offenbar nicht erforderlich. Die Gesamtgestalt des Mol. scheint auf die Aktivität wenig Einfl. zu haben. — Die Molgew. von 9 der 15 als wirksam gefundenen Verbb. betragen 4000—70000. — Das mol. Verhältnis Antikörper/Antigen sinkt mit dem Molgew., da Antigene von geringerem Molgew. mit weniger Antikörper-Moll. kombinieren; die synthet. Polypeptide verhalten sich dabei wie die zum Vgl. untersuchte Rinderribonuclease u. Pferdeserumalbumin. J. Trupke 4551◇

1267 **Paraffin-Einbettungstechnik für Immunofluorescenz anwendende Untersuchungen.** Guy Sainte Marie. (J. Histochem. Cytochem. **10,** 250—56, 1962; Boston, Mass., Harvard Med. School, Dep. of Bact. and Immunol.; engl.) — Dünne, mit *Ochsenserumalbumin* (I) injizierte, Gewebeblöcke von Kaninchen werden in 95%ig. A. fixiert, dehydratisiert, auf 4° gekühlt, in Paraffin eingebettet u. hieraus Mikrotomschnitte angefertigt. Auf diese Weise lassen sich Antigene oder Antikörper histolog. präziser lokalisieren als in gefrorenen Geweben; die Empfindlichkeit des Nachw. wird auch erhöht. I kann gemäß dieser Fixierungstechnik auch nach längerem Aufbewahren nachgewiesen werden, nicht aber in Gefrierschnitten. Diese Meth. läßt sich auch auf andere Antigene (Ochsen-γ-Globulin, Pferdeferritin, Influenza-A-Virus, Diphtherie, Tetanustoxoide) anwenden, nicht aber für Hühnerovalbumin. Jedes neue Antigen oder jeder neue Antikörper sollte nach dieser Meth. geprüft werden, bevor er zur Verw. kommt. L. Macher 4551◇

1268 **Rolle optischer Isomere bei der Bestimmung der Antigenwirkung synthetischer Polypeptide.** Thomas J. Gill III, Hannah J. Gould und Paul Doty. (Nature [London] **197,** 746—47, 23/2. 1963; Boston, Mass., Harvard Med. School, Dep. of Pathol.; Cambridge, Mass., Harvard Univ., Dep. of Chem.; engl.) — In Unterss. an 2 synthet. Polypeptiden ($Glu_{58}Lys_{42}$ u. D-$Glu_{57}\cdot D$-Lys_{43}) wird (an Kaninchen) gezeigt, daß die L-Aminosäurenkonfiguration zur Ausübung einer Antigen-Wrkg. bei einem Polypeptid wesentlich ist. Die Immun-Rk. kommt gegenüber „Proteinen", die aus D-Aminosäuren zusammengesetzt sind, also spiegelbildlich den normal antigen wirkenden Proteinen entsprechen, nicht zustande. Das D-Polypeptid präcipitiert nicht mit Antiseren gegenüber dem L-Polypeptid, es wird also die geometr. Konstruktion einer Region der Peptidkette u. nicht nur die Anordnung der Aminosäurenreste berücksichtigt. U. Tausendfreund 4551◇

1269 **Über eine intermolekulare Lücke im Kollagen bei experimentellem Lathyrismus.** Jerome Gross. (Biochim. biophysica Acta [Amsterdam] **74,** 314—16, 1963; Boston, Mass., Harvard Med. School, Massachusetts Gen. Hosp., Dep. of Med.; engl.) — Vgl. C. **1964,** 6/7-1451. — Es wird angenommen, daß in lathyrit. Gewebe, das in kalten neutralen u. sauren Puffern gelöst werden kann, ein vermehrtes Aufbrechen der Fibrillen stattgefunden hat. Zusätzlich zu dem Verlust der intramol. Quervernetzung wurden intermol. Bindungen zerstört oder anders gesehen, wurde die Bldg. solcher Bindungen blockiert. Der Mechanismus kann eine geringe Änderung der Kollagenstruktur oder die Zwischenwrkg. einer anderen, stark gebundenen Substanz beinhalten. K. Dorfner 4552◇

1270 **Veränderungen der UV-Absorption bei der Hitzedenaturierung des β-Lactoglobulins.** Ulrich Freimuth und Winfried Krüger. (Milchwissenschaft **16,** 646—50, Dez. 1961; Dresden, TH, Inst. für Lebensmittel- u. Gärungschem.; dt.) — Nach dem Erhitzen von krist. *β-Lactoglobulin* in m/15 Phosphatpuffer nach Sørensen bei verschiedenen pH-Werten auf 40, 60 u. 80° zeigen die Absorptionsspektren im Bereich von 240—310 mμ in Form der Differenzspektren bereits unterhalb des Koagulationspunktes deutliche, aber reversible Veränderungen. In der Nähe des I.P. (pH 5,2) setzt bei 60° eine irreversible Schädigung des Protein-Mol. ein. Es werden starke spektrale Veränderungen, die auf Neubildungen von H-Brücken zurückgeführt werden, beobachtet. Opt. Dispersionsmessungen zeigen bei höheren pH-Werten anfänglich Dissoziation, worauf bei Temp.-Erhöhung Aggregation erfolgt. In der Nähe des I.P. tritt dagegen sofort Teilchenvergrößerung ein. P. Gregorzewski 4555◇

1271 **Speichelsekretion beim Kaninchen nach postganglionärer parasympathischer Denervation.** P. Ohlin. (Experientia [Basel] **19,** 156, 1963; Lund, Univ., Inst. of Physiol.; engl.) — Auch bei Kaninchen konnte nach postganglionärer parasympath. Nervendurchschneidung eine sog. Degenerationssekretion an Parotis- u. Submaxillaris (Submandibularis)-Drüse (1—3 Tage nach der Durchschneidung auftretend) nachgewiesen werden. Die Sekretion konnte jeweils durch *Eserin* gesteigert u. durch *α.α-Diphenyl-γ-piperidinobutylamid* (*Hoechst 9980*) ausgelöscht werden, so daß die Sekretion offenbar durch *Acetylcholin* (von den degenerierenden Nervenenden) hervorgerufen wird. U. Tausendfreund 4555◇

1272 **Eine Untersuchung über mögliche Vorläufer des urinären Pregnantriols.** K. Fotherby und D. N. Love. (J. Endocrinology **21,** 129—35, 1960; Univ. of Edinburgh, Clin. Endocrinol. Res. Unit, Med. Res. Council; engl.) — Die Umwandlung von 3 möglichen Vorläufern des *Pregnantriols* (I), nämlich *11-Desoxycortison* (II), *3β.17α-Dihydroxypregn-5-en-20-on* (III) u. *17α-Hydroxyprogesteron* (IV) in I wird quant. untersucht. Intravenös injiziertes I läßt sich mit 66% Ausbeute aus dem Urin zurückgewinnen. Die 3 möglichen injizierten Vorstufen haben sich nur zu 0,8 bzw. 35% in I verwandelt. Es wird bewiesen, daß das nach Injektion von III ausgeschiedene I ein *5β-Pregnan-3α.17α.20α-triol* ist, Injizierung von III erhöht nicht die Ausscheidung von *Dehydroepiandrosteron*. F. Zeidler 4559◇

1273 **2-Methoxyöstron als ein Östrogenmetabolit beim Menschen.** R. Hobkirk und Mona Nilsen. (J. clin. Endocrinol. Metabolism **23,** 274—78, 1963; Montreal, Quebec, Montreal Gen. Hosp., Univ. Med. Clin.; engl.) — *2-Methoxyöstron* (I) wird in den letzten 20—30 Wochen einer Gravidität in individuell unterschiedlichen u. von der Gesamt-*Östrogen*-Ausscheidung unabhängigen Mengen (z. B. bei 4 Personen zwischen 25 μg u. 1 mg/24 Std.) mit dem Harn ausgeschieden. Das Verh. von I ist möglicherweise durch unterschiedlich starke Desmethylierung bedingt. U. Tausendfreund 4559◇

1274 **Ring-D-α-Ketole als Östrogenstoffwechselprodukte beim nichtschwangeren Menschen.** R. Hobkirk. (J. clin. Endocrinol. Metabolism **23,** 279—85, 1963; Montreal, Quebec, Montreal Gen. Hosp., Univ. Med. Clin.; engl.) — Vgl. vorst. Referat. — Bei (9) normalen Männern zwischen 17 u. 50 Jahren konnten folgende Ausscheidungswerte mit dem Harn festgestellt werden: *Östriol* (I) 3,9—13,5 (Mittel 8,3 μg/24 Std.), *Ring-D-α-Ketole* [II; zu etwa gleichen Teilen aus *16α-Hydroxyöstron* (III) u. *16-Ketoöstradiol-17β* (IV) u. möglicherweise etwas *16β-Hydroxyöstron* bestehend] 2,3—10,1 (Mittel 5,6),

Östron (**V**) 1,5—8,3 (Mittel 5,0). Die Ausscheidungswerte bei (12) Frauen nach der Menopause im Alter von 47 bis 72 Jahren betrugen: **I** 1,5—14,9 (Mittel 8,3), **II** 1,3—4,2 (Mittel 5,6), **V** 0,4—4,9 (Mittel 2,2). Die Analyse von ^{14}C-**II** aus dem Harn von 3 Personen nach $^{14}C_{(16)}$-**V**-Verabreichung weist darauf hin, daß die **III**- u. **IV**-Fraktionen von **V** herstammen. Ein Beweis für eine Umwandlung von **IV** in **III** in vivo konnte nicht erbracht werden.
U. Tausendfreund 4559◇

1275 **Biologische Bestimmung von Östradiol-17-cyclopentylpropionat.** W. F. Beyer, D. H. Emmons und M. L. Pabst. (J. pharmac. Sci. **51**, 563—66, 1962; Kalamazoo, Mich., Upjohn Co.; engl.) — Zur Aktivitäts-Best. des langwirkenden Östrogens, *Östradiol-17-cyclopentylpropionat*, wird unreifen Mäusen eine einmalige subkutane Injektion verabreicht u. nach 72 Std. das Uterus-Gew. gemessen.
P. Gregorzewski 4559◇

1276 **Eine Methode zur Bestimmung von Östriol, Östron und Östradiol-17β im Blut der Schwangeren und des Foetus.** Eveline J. Roy und J. B. Brown. (J. Endocrinology **21**, 9—23, 1960; Edinburgh, Univ. of Edinburgh, Clin. Endocrinol. Res. Unit, Med. Res. Council; engl.) — Die Best. der 3 oben genannten Hormone umfaßt Säurehydrolyse des gesamten Blutes, Extraktion der Phenolfraktion, Methylierung, Chromatographie an Tonerde u. colorimetr. Messung unter Anwendung einer Mikroabänderung der Kober-Reaktion. Kober-chromogene Verunreinigungen in den letzten Extrakten stammen vom Verf., nicht aus dem Blut, sie werden durch die spektrometr. Korrektur von Allen eliminiert.
F. Zeidler 4559◇

1277 **Der Einfluß einer früh nach der Geburt durchgeführten Steroidbehandlung auf die Ovarfunktion von Ratten vor der Pubertät.** Allen W. Schuetz und Roland K. Meyer. (Proc. Soc. exp. Biol. Med. **112**, 875—80, 1963; Madison, Wis., Univ. of Wisconsin, Dep. of Zool.; engl.) — Vff. untersuchten, ob *Androgene* u. *Östrogene* bei Ratten postnatal Abnormalitäten in der Gonadenreaktivität nach der Behandlung mit dem Serum trächtiger Stuten u. bei Parabiose verursachten. Dazu wurden ♀ Ratten 5 Tage nach der Geburt subkutan 10, 100 bzw. 1000 μg *Testosteronpropionat* (**I**) injiziert. Diese Dosen verhinderten die Luteinisierung der Ovarien nach 10 Tagen Parabiose mit kastrierten ♂ Ratten. Die Injektion von 10 oder 100 μg **I** am 5., 7. bzw. 9. Lebenstag zeigte dieselbe Wrkg., während Tiere, denen dieselbe Menge am 13. Tag injiziert wurde, luteinisierte Ovarien hatten. Tiere, denen am 13. Tag 1 mg **I** injiziert wurde, bildeten keine Corpora lutea, wenn sie am 26. Tag in Parabiose gesetzt wurden. Tiere mit der gleichen Behandlung am 36. Tag aber bildeten Corpora lutea. Tiere, die früh nach der Geburt mit Hormon behandelt wurden u. denen am 30. Tag Serum trächtiger Stuten injiziert worden war, ovulierten nicht. Tiere, die mit 10 μg **I** am 5. Tag behandelt wurden u. denen 16 I.E. Serum trächtiger Stuten am 30. Tag injiziert wurden, zeigten am 34. Tag u. am 58. Tag keine Corpora lutea.
K. Dorfner 4559◇

1278 **Die Stellung der $C_{(17)}$-OH-Gruppe im Östradiol in Beziehung zu seiner Wirksamkeit gegen Arteriosklerose.** M. R. Malinow, A. L. Gimeno, Amanda A. Pellegrino-Iraldi, Martha A. Fernandez-Gimeno, G. E. Bur, J. L. Lacuara und J. A. Moguilevsky. (J. Endocrinology **21**, 1—7, 1960; Buenos Aires, Inst. of Physiol. and Inst. of Histol.; engl.) — Vgl. C. **1960**, 12740. — Schnitte von 17α- u. 17β-Östradiol werden Küken, die mit Cholesterin ernährt sind, implantiert. Das 17α-Isomere verursacht eine Erhöhung des Körper-Gew., die mit einer Hodenatrophie verbunden ist u. eine Zunahme der alkal. Phosphataseaktivität in der Aorta u. Plasma erzeugt. Das β-Isomere verstärkt neben den erwähnten Einfl. eine Hypercholesterinämie u. verhindert Coronararteriosklerose. Es wird angenommen, daß die letztgenannte Wrkg. mit der β-Stellung der OH-Gruppe am $C_{(17)}$ im Sterinkern zusammenhängt.
F. Zeidler 4559◇

1279 **Der Einfluß eines anabol wirksamen Steroids (1-Methyl-17β-hydroxy-5α-androst-1-en-3-on) auf Veränderungen des Elektrocardiogramms bei experimenteller Hyperthyreose.** H. L. Krüskemper und P. Reichertz. (Z. ges. exp. Med. **137**, 85—93, 1963; Bonn, Medizin. Univ.-Poliklinik; dt.) — Im EKG von ♂ nichtnarkotisierten Ratten bewirkt *l-Trijodthyronin* (**I**) eine Rechtsdrehung der Herzachse, eine beträchtliche Zunahme der Herzfrequenz bei geringer Steigerung der Atemfrequenz u. eine deutliche Störung der Erregungsrückbildung. *1-Methyl-17β-hydroxy-5α-androst-1-en-3-on-17β-acetat* allein hat keine Wrkg. auf das EKG, verringert aber die durch **I** bewirkte Störung der Erregungsrückbildung, während die Frequenzsteigerung u. das Verh. der Herzachse nach **I** unbeeinflußt blieb.
K. Zingraf 4559◇

1280 **Zur Wirkungsweise des 1-Methyl-Δ^1-androsten-17β-ol-3-on-17β-acetats (Primobolan).** F. Heim, C.-J. Estler, D. Paulus, W. Schwarzlose und K. Tillig. (Z. ges. exp. Med. **137**, 61—67, 1963; Erlangen-Nürnberg, Univ., Pharmakolog. Inst.; dt.) — Bei ♀ Albinomäusen, die 6 mal in 7 tägigen Abständen 0,35 mg *1-Methyl-Δ^1-androsten-17-ol-3-on-17-acetat* (*Primobolan*) erhielten, war während der Vers.-Dauer der O_2-Verbrauch bei gleichem Futterverbrauch wie bei den Kontrollen verringert, das Körperwachstum wurde beschleunigt u. das Gew. der Niere (vorübergehend auch der Leber) nahm rascher zu als das Körpergewicht. Nach 2 Wochen bestand erhöhte Konz. von *Eiweiß* (**I**) in Muskulatur u. Nieren u. verringerter Geh. von *Glykogen* (**II**) in Muskulatur, Leber u. Niere. In den darauffolgenden Wochen nahmen die **I**-Konzz. zu u. die **II**-Konzz. zeigten eine Abnahme. Die Adenosintriphosphat-Konz. in Muskeln u. Nieren blieb unverändert. Bei älteren ♂ Tieren war der **II**-Geh. der Muskulatur u. der Leber in den ersten 4 Wochen erhöht. Das **II** der Niere blieb in den ersten 4 Wochen unverändert u. zeigte nach 6 Wochen eine Abnahme.
K. Zingraf 4559◇

1281 **Immunologische Untersuchungen mit einem Human-Choriongonadotropin-Handelspräparat.** Shinichi Hamashige und Edward R. Arquilla. (J. clin. Invest. **42**, 546—55, 1963; Los Angeles, Calif., Univ. of California, School of Med., Dep. of Pathol.; engl.) — Die zum Zwecke des *Human-Choriongonadotropin* (**I**)-Nachw. mit Hilfe immunolog. Meth. erforderlichen Antikörper lassen sich bei Kaninchen u. Meerschweinchen regelmäßig hervorrufen. Die **I**-Antigeninjektionen in die Ratten- u. Meerschweinchenpfoten (mit Auffrischungsinjektionen nach 3 Wochen) wurden mit den **I**-Chargen *PR 360* u. *90125* der Vitamerican Corp. durchgeführt. Die entstandenen Antikörper können durch Hämagglutination u. durch Neutralisierung der biolog. Aktivität von **I** an Frosch u. Ratte nachgewiesen werden. Zum Nachw. von **I** diente ein Hämagglutinationshemmungsverfahren. In den genannten **I**-Präpp. lassen sich elektrophoret. u. immunolog. Verunreinigungen erkennen. Verss. zum **I**-Nachw. im normalen ♂ Harn zeigen Adsorption anderer antigener Komponenten, so daß Kaninchen-**I**-Antiseren keine Spezifität gegenüber **I** besitzen.
U. Tausendfreund 4560◇

1282 **Analyse der direkten Wirkung von Neurohypophysenhormonen auf die Nebenniere.** B. Bohus und E. Endróczi. (Acta physiol. Acad. Sci. hung. **20**, 285—92, 1961; Pécs, Med. Univ., Inst. of Physiol.; engl.) — 3—5 Einheiten synthet. *Oxytocin* (**I**)/g Gewebe oder kleinere Mengen von Neurohypophysenhormon-Präpp. (*Glanduitrin*, *Piton*) steigerten die Corticoiderzeugung der Nebenniere in vitro. *Pitressin* war stärker wirksam als **I**. Die Best. des Corticotropinfreisetzungsfaktors wird durch die **I**- oder Vasopressinaktivität in Neurohypophyse oder Hypothalamus nicht beeinflußt.
K. Zingraf 4560◇

1283 **Dosis-Wirkungs-Beziehung einiger synthetischer Oxytocinanaloge und die Wirkungsweise von Oxytocin auf den isolierten Uterus.** J. Rudinger und I. Krejčí. (Experientia [Basel] **18**, 585—88, 1962; Prague, Czechoslovak Acad. of Sci., Inst. of Organ. Chem. and Biochem.; Res. Inst. for Natural Drugs; engl.) — Eine auf der Receptorentheorie gegründete Analyse der Dosis-Wrkg.-Beziehung bei Analogen von *Oxytocin* (**I**) zeigt, daß die verringerte spezif. Aktivität von an der Isoleucinseitenkette modifizierten **I**-Analogen nur auf verringerter Affinität für die Receptoren beruht (Verss. mit *Alloisoleucin$_3$*-**I**, *Valin$_3$*-**I**, *Leucin$_3$*-**I**, *Norleucin$_3$*-**I** u. *Norvalin$_3$*-**I**). Wird an der Tyrosinseitenkette modifiziert (*Phenylalanin$_2$*-**I**, *Leucin$_2$*-**I**), so ist dagegen zusätzlich eine verringerte maximale Aktivität bei Absättigung der Receptoren (intrinsic activity) zu beobachten. *2-O-Methyltyrosin*-**I** wirkt als kompetitiver **I**-Antagonist.
U. Tausendfreund 4560◇

1284 **Vorläufige Beobachtungen über die Ausschüttung von Oxytocin und Vasopressin beim Menschen.** R. R.

Chaudhury und G. F. Joplin. (J. Endocrinology **21**, 125—28, 1960; Oxford, Univ. of Oxford, Dep. of Pharmacol.; London, Hammersmith Hosp., Postgraduate Med. School, Dep. of Med.; engl.) — Nach Dürsten u. i.v. Verabfolgung von *Nicotin* finden sich im peripheren venösen Blut *Oxytocin* (**I**) u. *Vasopressin* (**II**). Diese Mengen genügen, um mittelschwere Schädigungen des Hypothalamus zu untersuchen. Die Blutspiegel von **I** liegen höher als die von **II**. F. Zeidler 4560◇

1285 **Steigerung der Glucoseoxydation ohne Glykogenablagerung durch Oxytocin und Vasopressin.** James A. Pittman jun. und B. R. Boshell. (Biochim. biophysica Acta [Amsterdam] **74**, 151—53, 1963; Birmingham, Ala., Birmingham Vet. Admin. Hosp., Radioisotope Serv.; Med. Serv.; Univ. of Alabama, Med. Center, Dep. of Med.; engl.) — *Oxytocin* (I) u. *Vasopressin* (**II**) steigerten die Oxydation von $^{14}C_{(1)}$-D-Glucose zu $^{14}CO_2$ durch Nebenhodenfettgewebe von Ratten in vitro, ohne die Ablagerung von *Glykogen* (**III**) zu erhöhen. Mit zunehmender Konz. von **I** oder **II** nahm sogar die Ablagerung von **III** ab. **I** u. **II** besitzen einen anderen Wrkg.-Mechanismus als Insulin. K. Zingraf 4560◇

1286 **Wirkung des Wachstumshormons auf das Skelett. Enzymatische Untersuchung.** Luigi Tessari und Alberto Zaffaroni. (Rass. Clin., Terap. Sci. affini **60**, 222—33, 1961; Milano, Univ., Clin. Ortop., Ist. Ortop. „G. Pini"; ital.) — Im Wachstumsknorpel u. in der Metaphyse von Ratten nimmt die *Bernsteinsäuredehydrogenase*-Aktivität nach Hypophysektomie zu; diese Wrkg. wird durch *Wachstumshormon* (I) weitgehend aufgehoben. Dagegen ist die *Brenztraubensäure-Oxalessigsäure-Transaminase*-Aktivität bei hypophysektomierten Tieren verringert; darauf hat **I** keinen Einfluß. Die Glucosaminaufnahme durch den Knorpel bleibt nach Hypophysektomie allein oder mit Anwendung von **I** unverändert. K. Zingraf 4560◇

1287 **Hypoglykämie: ein kräftiges Stimulans der Sekretion von Wachstumshormonen.** Jesse Roth, Seymour M. Glick, Rosalyn S. Yalow und Solomon A. Berson. (Science [Washington] **140**, 987—88, 1963; Bronx, N.Y., Veteran's Admin. Hosp., Radioisotope Serv.; engl.) — Bei gesunden Menschen bewirkt Hypoglykämie einen plötzlichen u. dauernden Anstieg der Menge Wachstumshormone im Plasma, unabhängig von der Ggw. von Insulin, Glukagon oder Epinephrin. Längeres Fasten steigert auch die Menge der Wachstumshormone im Plasma. W. Wesly 4560◇

1288 **Bestimmung des Melanophoren-stimulierenden Hormons im Harn als Index der Hypophysenfunktion.** Bruno Dahlberg. (Ann. New York Acad. Sci. **100**, 631—39, 1963; Malmö, Univ. of Lund, Woman's Clin.; engl.) — Beschreibung einer biolog. Best.-Meth. für *Melanophoren stimulierende Hormone* (**I**) im Harn an hypophysektomierten Fröschen. Am Anfang u. Ende des Menstruationscyclus (u. mitunter auch zum Zeitpunkt der Ovulation) war die Ausscheidung von **I** im Harn bei Frauen erhöht. K. Zingraf 4560◇

1289 **Melanophoren-stimulierendes Hormon: eine klinische und Laboratoriumsuntersuchung.** B. W. McGuinnes. (Ann. New York Acad. Sci. **100**, 640—57, 1963; Slough, Buckinghamshire, Nicholas Res. Inst.; engl.) — Beschreibung von Verff. mit A. u. Aceton zur Extraktion u. eines biolog. Verf. am Frosch zur Best. von *Melanophoren stimulierendem Hormon* (**I**). Die Konz. von **I** im Blut junger erwachsener Normalpersonen betrug 0,7—3,4 Einheiten/ml. Die Erzeugung von **I** hört mit der Zerstörung der Hypophyse auf, die Haut ist dann blasser. Zerstörung der Nebennieren bewirkt eine Steigerung der **I**-Sekretion durch die Hypophyse u. eine Zunahme der Hautpigmentierung. Hohe **I**-Sekretion wurde bei Diabetes mellitus, prim. Thyreotoxikose u. Cushing-Syndrom beobachtet. Meist ist bei gesteigerter Sekretion von adrenocorticotropem Hormon auch die Konz. von **I** im Blut erhöht. K. Zingraf 4560◇

1290 **Artunterschiede und strukturelle Erfordernisse für die Melanophoren-stimulierende Aktivität von Melanophoren-stimulierenden Hormonen.** Teh H. Lee, Aaron B. Lerner und Vina Buettner-Janusch. (Ann. New York Acad. Sci. **100**, 658—68, 1963; New Haven, Conn., Yale Univ., School of Med., Dep. of Med., Sect. of Dermatol.; engl.) — Übersicht. — *α-Melanophoren stimulierendes Hormon* (**I**) zeigt keine Artunterschiede, *β*-**I** ist von Art zu Art verschieden (Zahl u. Reihenfolge der Aminosäurenreste). L-Konfiguration ist keine notwendige Voraussetzung für biolog. Aktivität. — 31 Literaturangaben. K. Zingraf 4560◇

1291 **Melanophoren-stimulierende Hormone bei Wirbeltieren.** A. C. J. Burgers. (Ann. New York Acad. Sci. **100**, 669—77, 1963; Berkeley, Calif., Univ. of California, Hormone Res. Labor.; Utrecht, Univ., Zool. Labor., Dep. of Endocrinol.; engl.) — In Einzelhypophysen von Pferden u. Rehen wurden mit Zonenelektrophorese auf Stärke u. biolog. Best. an der Eidechse *Anolis carolinensis* mehrere *Melanophoren stimulierende Hormone* (**I**) nachgewiesen. Mehrere **I** besitzen auch *Gadus morhua*, *Rana catesbiana* u. *Anolis carolinensis*. K. Zingraf 4560◇

1292 **Die Wirkungen der Temperatur auf die Reaktion auf Melanocyten-stimulierendes Hormon.** Griff T. Ross und William D. Odell. (Ann. New York Acad. Sci. **100**, 696 bis 707, 1963; Bethesda, Md., Publ. Health Serv., Nat. Cancer Inst.; engl.) — Die Rk. von hypophysektomierten Fröschen auf eine Einzelinjektion von gereinigtem *Melanocyten stimulierendem Hormon* wird deutlich durch die Temp. beeinflußt. Die Verteilung der Pigmentgranula, die Rückkehr des Melanocytenindex vom Maximalwert zum Ausgangswert u. die Dauer der Rk. sind der Temp. umgekehrt proportional. Bei intakten Tieren bewirkte Austrocknung bei 25° einen Melanocytenindex von 1—1,5 in 30—60 Min. bei Licht oder Dunkelheit. In der Feuchtigkeit erfolgt die Rk. auf Licht oder Dunkelheit bei 15—25° langsamer. Niedrigere Temp. hemmen die Rk. auf Austrocknung oder konst. Licht. K. Zingraf 4560◇

1293 **Reaktionen gezüchteter Melanophoren auf synthetisches α-Melanocyten-stimulierendes Hormon, Melatonin und Epinephrin.** Ronald R. Novales. (Ann. New York Acad. Sci. **100**, 1035—47, 1963; Evanston, Ill., Northwestern Univ., Dep. of Biol. Sci.; engl.) — Synthet. *α*-Melanocyten stimulierendes Hormon (**I**) dehnt gezüchtete Melanophoren von embryonalem Ambystoma aus u. diese Wrkg. wird durch Epinephrin umgekehrt u. tritt in Na-freiem Medium nicht auf. Melantonin bewirkt eine Kontraktion der Melanophoren; diese Wrkg. wird durch **I** umgekehrt. Nach hohen Dosen von Serotonin tritt eine Ausdehnung, nach niedrigen eine Kontraktion der Melanophoren ein. K. Zingraf 4560◇

1294 **Bestimmung der Wirksamkeit des thyreotropen Hormons mittels radioaktiven Jods (^{131}J).** A. Eckertová und Z. Franc. (Českoslov. Fysiol. **10**, 48—50, 1961; Praha, Výzk. úst. pro farm. a biochem.; tschech.) — Die Best. der Aktivität des *thyreotropen Hormons* (**I**) nach den internationalen Normen an hypophysektomierten (♂) Ratten wird untersucht. Die Tiere erhalten **I**-Präpp. subkutan 5 Tage nach der Hypophysektomie u. 1 Tag nach Zufuhr von Na^{131}J ohne Träger im Vgl. mit einem Standard. Den 24 Std. nach der ^{131}J-Zufuhr getöteten Tieren wird die Schilddrüse entnommen, ihre Größe u. Aktivität ermittelt (in Cellophanfolien). Bei den untersuchten Ratten ergibt sich ein Mehr von 0,013 I.E. **I** je Tier gegenüber den Kontrollen. R. K. Müller 4560◇

1295 **Isolierung eines Hypothalamuspeptids mit TRF (Thyreotropin releasing factor)-Aktivität in vitro.** V. Schreiber, M. Rybák, A. Eckertová, V. Jirgl, J. Kočí, Z. Franc und V. Kmentová. (Experientia [Basel] **18**, 338—40, 1962; Prague, Charles Univ., Fac. of Gen. Med., 3. Med. Clin., Labor. for Endocrinol. and Metabol.; Inst. of Haematol. and Blood Tranfusion; Res. Inst. for Pharm. and Biochem.; engl.) — Nach Gelfiltration der (elektrophoret. isolierten) Fraktion des Hypothalamusextrakts, welche in vitro die sauren Phosphatasen der Adenohypophyse u. die Sekretion von *Thyreotropin* (**I**) aktiviert, kann in vitro die **I**-Sekretion aus der Rattenhypophyse erhöht werden; in der gereinigten Fraktion dürfte demnach das *Hypothalamuspeptid mit TRF* (Thyreotropin releasing factor)-*Aktivität* vorliegen. Die gereinigte Fraktion ist in nativem Zustand ninhydrinnegativ. Durch saure Hydrolyse werden *Lysin*, *Serin*, *Glycin*, *Alanin*, *Asparagin*, *Glutaminsäure*, *Valin*, *Isoleucin*, *Leucin* freigesetzt. U. Tausendfreund 4560◇

1296 **Biologische Wertbestimmung von thyreotropem Hormon im Blut durch ^{131}J-Autographie in der embryonalen Hühnerschilddrüse.** B. Mess und J. Hámori. (Acta physiol. Acad. Sci. hung. **20**, 299—313, 1961; Pécs, Med.

Univ., Dep. of Anat.; engl.) — Beschreibung einer Meth. zur biolog. Wert-Best. von *thyreotropem Hormon* durch ^{131}J-Autographie an der embryonalen Hühnerschilddrüse. Empfindlichkeit 0,5—3,0 m Einheiten der U.S.P., sie reicht aus zur quant. Best. in 1 ml menschlichem oder 0,3 ml Rattenserum. K. Zingraf 4560◇

1297 **In vitro-Prüfung eines Tagesrhythmus adrenocorticotroper Aktivität der Hypophyse bei der C-Maus.** F. Ungar und F. Halberg. (Experientia [Basel] **19**, 158—60, 1963; Minneapolis, Minn., Univ. of Minnesota, Med. School, Dep. of Physiol. Chem. and Pathol.; engl.) — Durch Entnahme der Hypophysen zu bestimmten Tageszeiten (Einfrieren) u. in vitro-Testung an Nebennierengewebe konnte bei C-Mäusen ein Tagesrhythmus der *adrenocorticotropen* (*ACTH*)-Aktivität in den Hypophysen dieser Tiere nachgewiesen werden. Der am Morgen ansteigenden ACTH-Funktion der Hypophyse folgt ein Anstieg des Serum-*Corticosteron* (I)-Geh., welcher um 16 Uhr sein Maximum erreicht u. zwischen 0 u. 8 Uhr ein Minimum durchschreitet. Gegensätzlich zum I-Geh. im Serum verhält sich die ACTH-Rk.-Fähigkeit der Nebenniere in vitro. Derartige in vitro-Unterss. eignen sich zu detaillierten Unterss. der period. Beziehungen von Hypophysen- u. Nebennierenfaktoren. U. Tausendfreund 4560◇

1298 **Gehaltsänderungen einiger Elektrolyte im Blut von Kranken mit Bronchialasthma unter dem Einfluß einer Behandlung mit adrenocorticotropem Hormon.** N. Ja. Dawidowitsch. (Therap. Arch. [UdSSR] **33**, Nr. 3, 32—37, 1961; Leningrad, 1. Medizin. Pawlow-Inst.; russ.) — Bei Kranken mit Bronchialasthma wirkte *adrenocorticotropes Hormon* (*ACTH*) normalisierend auf den Geh. an Chloriden u. K im Blutserum. Der Grad der Schwankungen dieser Elektrolyte hing von ihrem Ausgangspegel im Blut ab. Ausgeprägte Störungen des Elektrolytstoffwechsels bei der Behandlung mit ACTH bei einer Dosierung von täglich 40—120 E. u. einer Gesamtbehandlung von 13—52 Tagen (Gesamtmenge 500—2800 E, im Durchschnitt 1325) wurden nicht beobachtet. Das gilt auch für Ca. F. du Mans 4560◇

1299 **Die Wirkung von 17-Äthyl-19-nortestosteron auf die Sekretion von Cortisol.** A. F. Muller, M. Vallotton und E. L. Manning. (Helv. med. Acta **27**, 678—82, 1960; Genève, Clin. univ. de Thérapeut., Labor. central de l'Hôp. cantonal; franz.) — Eine klin. gesunde Vers.-Person erhielt täglich 100 mg *17-Äthyl-19-nortestosteron* (*Nilevar*). Während die Kreatininausscheidung im Urin konst. blieb;, sinkt die Ausscheidung von *17-Hydroxysteroiden* von 9,1 auf 4 mg/24 Std. u. die von *17-Ketosteroiden* von 5,1 auf 1,1 mg/24 Stunden. Der Nebennierenausstoß an Hydrocortison betrug 24 Std. vor der Nilevargabe 23 mg, 24 Std. danach 7,4 mg. Mögliche Ursachen für diese Befunde werden diskutiert. W. Rehner 4561◇

1300 **Aldactone mit und ohne Hydrocortison: Wirkungen auf Kohlenhydratstoffwechsel, gelöste Substanzen und Lipide des Serums und Harnsteroide.** T. S. Danowski, James V. Bonessi, Arthur C. Heineman jun. und Campbell Moses. (Metabolism, clin. and exp. **12**, 90—95, 1963; Pittsburgh, Pa., Univ. of Pittsburgh, School of Med., Sect. of Endocrinol. and Metabol. and Addison H. Gibson Labor.; Med. Center; Shadyside Hosp.; engl.) — *Spironolacton* (*Aldactone*, Searle & Co.; I) veränderte bei 2 Diabetikern nach 1wöchiger Verabreichung von 900 mg/Tag die Rk. von *Blutzucker* u. *anorgan. Serumphosphat* gegenüber peroraler *Glucose*-Belastung oder gegenüber i.v. *Insulin* nicht. Ebenso wurden Blutzucker- u. Phosphatveränderungen auf pharmakolog. Dosen von *Hydrocortison* (II; 300 mg/Tag für 5—6 Tage) bei Gesunden durch I nicht beeinflußt. I löschte teilweise den Anstieg von Serum-CO_2 u. -*Na*, die Verminderung von Serum-*K* u. Serum-*Ca* u. die Verminderung des Blut-*Eiweißes* u. Blut-*Albumins* nach hohen II-Dosen aus; diese Wrkg. beruht vermutlich auf Verminderung der Harn- u. sonstigen Verluste an K u. durch Verhütung der NaCl- u. Wasserretention. Die Gesamt-α- u. -*β-Lipoproteintriglyceride*, die unter II nur gering zurückgehen, zeigten unter Kombination von I mit II eine deutliche Verminderung. Unverändert durch I blieben die Harnausscheidungsmuster von *17-Ketosteroiden*, Porter-Silber-*Chromogenen* u. *11-Desoxysteroiden* während einer II-Behandlung. U. Tausendfreund 4561◇

1301 **Die Wirkung von Aldosteron, Cortisol und Corticosteron auf den Natrium- und Kaliumgehalt der Parotisdrüse des Schafes.** J. R. Blair-West, J. P. Coghlan, D. A. Denton, J. R. Goding und R. D. Wright. (J. clin. Invest. **42**, **484—96**, 1963; Parkville, Australia, Univ. of Melbourne, Dep. of Physiol.; engl.) — Um die Größe des Beitrags von *Cortisol* (I), *Corticosteron* (II) u. *Aldosteron* (III) zum Abfall des *Na/K*-Quotienten im Parotisspeichel des Schafes unter verschiedenen physiolog. Bedingungen beurteilen zu können, wurden die Wrkg. von I—III auf den Na- u. K-Geh. des Speichels bei normalen u. adrenalektomierten Schafen untersucht. Unter Gleichgewichtsbedingungen reagiert der Na/K-Quotient (Verminderung der Na-Konz., Anstieg der K-Konz.) auf physiolog. III-Mengen, nicht jedoch auf I oder II. Es existiert eine Schwellen-Konz. für die Hervorrufung der Wrkg. u. eine maximale Rk.; bei Na-Mangel ist die Parotisdrüse gegenüber III empfindlicher; die III-Sekretions-Geschw. beeinflußt den Quotienten (bei Na-Mangel kommt es schon auf 1—2 μg III/Std. zu einer Rk.). Unter Vorbehalt kann aus dem Verh. des Quotienten die III-Sekretion bestimmt werden. U. Tausendfreund 4561◇

1302 **Aldosteron bei cerebraler Salzverarmung.** John H. K. Vogel. (Circulation [New York] **27**, 44—50, 1963; Nashville, Tenn., Vanderbilt Univ., School of Med., Dep. of Med.; engl.) — Die Stoffwechselbilanz-Unterss. bei 1 Patienten mit cerebraler Salzverarmung u. Hyponatriämie wiesen auf normalen *Aldosteron*-Mechanismus bei ungenügender Sekretion von *antidiuret. Hormon.* U. Tausendfreund 4561◇

1303 **Medizinische Behandlung der Ascites bei Lebercirrhose.** 2. Mitt. **Antagonisten des Aldosterons.** Alfonso Rivera, Francisco Velasco, Maria Antonieta Suárez und Federico Dies. (Clin. Pharmacol. Therapeutics **4**, 154—61, 1963; Mexico, D.F., Hosp. de Enfermedades de la Nutrición; engl.) — 1. vgl. Clin. Pharmacol. Therapeutics **4**, [1963], 28. — *Aldosteron* (I) fördert die Na-Retention bei Lebercirrhose. *Spironolacton* (II) wirkt I entgegen; es steigert das Harn-Vol., die Ausscheidung von Na^+ u. Cl^-, weniger die des K^+, bes. zusammen mit Diuretica. Ungünstiger während langen Zeitraums wirkt II, das in geringerer Menge durch Beigabe von *Polysorbat* positiv wirkt. H. Jacobi 4561◇

1304 **Die negative Wirkung von Cortison bei metastatischer Augentuberkulose.** N. I. Grischko. (Nachr. Ophthalmol. [UdSSR] **73**, Nr. 6, 10—13, 1960; Tscherkassy, Bezirkskrankenhaus; russ.) — *Cortison* (I; lokal 2 Tropfen 3mal täglich u. 0,2 cm^3 subconjunctival jeden 5. Tag) in Kombination mit *PAS*, *Phthivazid*, *Streptomycin* u. $CaCl_2$ hatte bei 28 Kranken mit tuberkulös-allerg. Erkrankungen des Auges positive unspezif. Heilwrkg., ohne das Auftreten von Recidiven zu mindern. Bei 10 Kranken mit metastat. Augentuberkulose führte I zur zeitweiligen Besserung (7 Kranke) oder zur Verschärfung u. Disseminatio. I. v. Kloch-Kornitz 4561◇

1305 **Über die Wirkung von Dexamethason beim Tourniquet-Schock.** Ö. Sátori und G. Szabó. (Z. ges. exp. Med. **137**, 47—51, 1963; Budapest, Zentralinst. für Traumatolog.; dt.) — *Dexamethason* besaß eine deutliche Schutz-Wrkg. beim ischäm. Schock des Hundes. Die Hämokonz. war bei den behandelten Tieren genau so stark ausgeprägt wie bei den Kontrollen, aber bei den behandelten überlebenden Tieren (67% gegenüber 0% der Kontrollen) sank der Blutdruck nie unter 85 mm Hg ab. K. Zingraf 4561◇

1306 **Fluorescenz von Brenzcatechinaminen und von mit Formaldehyd kondensierten, verwandten Verbindungen.** B. Falck, N.-Å. Hillarp, G. Thieme und A. Torp. (J. Histochem. Cytochem. **10**, 348—54, 1962; Göteborg, Univ., Dep. of Pharm.; Lund, Univ., Dep. of Histol.; engl.) — Wenn in einem getrockneten Proteinfilm eingeschlossene Derivv. des Phenylalanins u. Phenyläthylamins HCHO-Dämpfen ausgesetzt werden, geben eine intensive grüne bis gelbe Fluorescenz nur jene prim. Amine, die an der Stelle 3 u. 4 OH-Gruppen aufweisen, also *3.4-Dihydroxyphenylalanin*, *Dopamin*, *Noradrenalin*. Die 3-OH-Gruppe dürfte wesentlich für die Rk. sein. Die sek. Brenzcatechinamine (Adrenalin, Epinin) geben eine schwächere, sich langsamer entwickelnde Fluorescenz. In erster Stufe kondensieren die Amine mit HCHO zu Derivv. des *1.2.3.4-Tetrahydroisochinolins*, wenn Säure als Katalysator dient. Die zweite Rk.-Stufe ist dann eine Bindung an Protein, eine Oxydation unter Bldg. von Doppelbindungen im heterocycl. Ring oder aber es sind beide Reaktionen. L. Macher 4561◇

1307 **Lokalisierung tritiierten Norepinephrins im Mäusegehirn.** T. Samorajski und B. H. Marks. (J. Histochem. Cytochem. **10**, 392—99, 1962; Cleveland, Ohio, Psych. Inst., Labor. of Neurochem.; Hosp.; Columbus, Ohio, Ohio State Univ., Coll. of Med., Dep. of Physiol. Chem. and Pharmacol.; engl.) — Es konnte ein 5—60 Sek. nach der Injektion erfolgendes rapides Eindringen von ^{3}H-markiertem *Norepinephrin* (I) in die mittleren Zonen des Hypothalamus nachgewiesen werden. Es handelt sich hierbei um eine durch Stressaktivierung erfolgende Freisetzung von Adrenocorticotropin. Autoradiogramme veranschaulichen die Lokalisation von I in Hypophyse, Hypothalamus, Zirbeldrüse, Plexus u. Blutgefäßen. L. Macher 4561◇

1308 **Biosynthese von Norepinephrin in isoliertem Hundeherz.** Charles A. Chidsey, Gerard A. Kaiser und Eugene Braunwald. (Science [Washington] **139**, 828—29, 1963; Bethesda, Md., Nat. Heart Inst., Cardiol. Branch; engl.) — ^{14}*C-Dopamin* (I) wird in das ein isoliertes Hundeherz-Präp. perfundierende Blut injiziert. Das nach 1 Std. aus dem Herzen erhaltene *Norepinephrin* (II) ist radioaktiv. Von dem anwesenden II waren 1,4—10,8% aus I entstanden. Die Bldg. von II aus I ist in den Ventrikeln stärker als in den Atrien. W. Wesly 4561◇

1309 **Ausscheidung von Adrenalin und adrenalinähnlichen Stoffen bei Conorarinsuffizienz.** D. E. Kagan und G. A. Kwitko. (Therap. Arch. [UdSSR] **33**, Nr. 4, 71—74, 1961; Charkow, Ukrain. Zentrales Forschungsinst. für Begutachtung der Arbeitsfähigkeit u. für Invalidenarbeit; russ., Auszug: engl.) — Bei 105 Patienten mit Coronarinsuffizienz mit atherosklerot. Myocardsklerose u. Dystrophie des Myocards lag in der anfallfreien Periode in den meisten Fällen die Ausscheidung von *Adrenalin* (I) u. I-ähnlichen Substanzen mit dem Urin innerhalb der Norm. Während des Anfalls stieg diese bei 83% der Fälle. Die Best. der I-Ausscheidung mit dem Urin kann der Objektivierung des stenocard. Syndroms bei Coronarinsuffizienz dienen. F. du Mans 4561◇

1310 **Wirkungsmechanismus von Acetylcholin und Adrenalin auf den Herzmuskel und den Darm. Experimentelle Untersuchung.** F. Brue, F. Leterrier und H. Laborit. (Agressologie [Paris] **4**, 129—39, 1963; Paris, Hôp. Boucicaut, Labor. d'Eutonol., Centre d'Ét. exp. et clin. de Physiol-Biol., Pharmacol. et Eutonol.; franz.) — Am Darm beeinflußt K die Wrkg. von *Acetylcholin* (I) nur wenig, dagegen wird die Wrkg. von Na durch Vorbehandlung mit I umgekehrt. Am isolierten Vorhof zeigt I in Na-freier Lsg. nur wenig Wrkg., dagegen wird die Hemmwrkg. durch Zusatz von Na wiederhergestellt. Insulin u. Glucose zeigen am Darm nach Vorbehandlung mit I keine Wrkg. mehr. SH-Gruppen sind für die Wrkg. von I erforderlich. Cystein u. Aminoäthylisothiouronium heben die Wrkg. von I auf. Die Wrkg. von *Adrenalin* (II) am isolierten Darm wird durch K nicht beeinflußt. Am Darm des reserpinbehandelten Tieres, dessen Carotissinus novocainisiert wurde, zeigt I eine tonuserhöhende, II eine tonussenkende Wirkung. Am isolierten Vorhof beschleunigt II in K-freiem Medium die Frequenz. K. Zingraf 4561◇

1311 **Vergleich zwischen jahreszeitlicher und thermischer Akklimatisierung bei weißen Ratten. 5. Mitt. Die Reaktion von Stoffwechsel und Herzgefäßen auf Noradrenalin.** O. Heroux. (Canad. J. Biochem. Physiol. **39**, 1829—36, 1961; Ottawa, Ontario, Nat. Res. Council, Div. of Appl. Biol.; engl.) — Vgl. auch C. **1962**, 906, 2793. — Bei konst. Temp. kälteakklimatisierte weiße Ratten sind gegen *Noradrenalin* (I) empfindlicher als wärmeakklimatisierte Kontrollen. Die Rk. auf I steht zur Akklimatisierungs-Temp. in linearer Beziehung. Messung von O_2-Verbrauch, Blutdruck u. Herzfrequenz bei akklimatisierten Tieren (Sommer- u. Winterbedingungen) nach i.m. Injektion von I ergab bei „Winterratten" eine viel größere I-Empfindlichkeit von Stoffwechsel u. Herzgefäßen als bei „Sommertieren". Die Kälteresistenz weißer Ratten wird durch die durch I hervorgerufene Wärmeerzeugung ohne Kältezittern gesteigert. K. Maier 4561◇

1312 **Beziehung zwischen dem Harnvolumen und der Ausscheidung von Adrenalin und Noradrenalin im Harn bei einer Gruppe von Psychotikern.** J. Dawson und A. Bone. (Brit. J. Psychiatry **109**, 629—30, 1963; engl.) — Bei 3 Normalpersonen, 30 Personen mit Hypertension u. 5 von 8 Patienten mit Psychosen bestand eine Korrelation zwischen der *Noradrenalin*-Ausscheidung im Harn u. dem Harn-Vol., bei 5 von 8 Psychotikern auch zwischen der Ausscheidung von *Adrenalin* u. dem Harnvolumen. K. Zingraf 4561◇

1313 **Ausschüttung von Brenzcatechinaminen aus dem Nebennierenmark nach Muscaron, Acetylcholin und Histamin.** H.-P. Rohr. (Helv. physiol. pharmacol. Acta **19**, 183—95, 1961; Zürich, Univ., Pharmakolog. Inst.; dt.) — *Muscaronchlorid* (I) bewirkte bei Ratten bei i.v. oder intraperitonealer Injektion eine Ausschüttung von *Brenzcatechin* (II) aus dem Nebennierenmark. Dosen von $5 \cdot 10^{-7}$ g I ließen histochem. einen Schwund von *Adrenalin* (III) erkennen, während die Konz. von *Noradrenalin* (IV) unverändert blieb. Dosen von $5 \cdot 10^{-5}$ g I führten zu einem Schwund der gesamten Chromaffinität des Nebennierenmarks (NNM). Bei gleichzeitiger intraperitonealer Gabe von *Atropin* ($5 \cdot 10^{-6}$ g) u. I ($5 \cdot 10^{-5}$ g) ließ sich histochem. nur eine Verarmung an III nachweisen. *Histamin* ($5 \cdot 10^{-4}$ intraperitoneal) führte zu einer Freisetzung von III u. IV aus dem NNM. *Acetylcholin* (V) bewirkte in einer Dosis von $5 \cdot 10^{-3}$ intraperitoneal keine Freisetzung von II aus dem NNM. V ($5 \cdot 10^{-3}$ g) u. *Prostigmin* ($5 \cdot 10^{-5}$ g) führten zu einem völligen Schwund der Chromaffinität des NNM. Der Mechanismus der Freisetzung der II wird diskutiert. G. Kimmerle 4561△

1314 **Über den Nachweis der 3-Methoxy-4-hydroxymandelsäure im Harn.** E. Schmid und N. Henning. (Klin. Wschr. **41**, 566—67, 1963; Erlangen-Nürnberg, Univ., Medizin. Klinik; dt.) — Ausgehend von Verss., nach denen sich Metabolite des *Brenzcatechinamin-* u. *Serotonin*-Stoffwechsels mit Hilfe der eindimensionalen Dünnschichtchromatographie trennen lassen, wurde eine semiquant. u. eine quant. Best.-Meth. für *3-Methoxy-4-hydroxymandelsäure* (I) u. andere Metabolite im Harn, die auf der Dünnschichtchromatographie der Essigesterextrakte beruht, ausgearbeitet. Der mittlere Best.-Fehler betrug in 80 Verss. bei der semiquant. Meth. $\pm 20\%$ u. bei der quant. Meth. $\pm 5\%$; zugesetzte I (2 bis 20 μg/ml) wurde zu 60—86% (Durchschnitt 73%) wiedergewonnen. U. Tausendfreund 4561◇

1315 **Verschiedene Wirkungen von Analogen des Thyroxins auf das Herz und das Cholesterin im Serum der Ratte.** G. S. Boyd und M. F. Oliver. (J. Endocrinology **21**, 25—32, 1960; Edinburgh, Univ. of Edinburgh, Dep. of Biochem.; Royal Infirmary, Dep. of Cardiol.; engl.) — 12 jodierte Thyroxine werden auf ihre thyroide Wirksamkeit bei der Ratte untersucht. Jede dieser Verbb. zeigt Antikropfwirksamkeit, erhöht den O_2-Verbrauch, den Herzschlag u. das Herz-Gew. u. setzt den Cholesterinspiegel im Serum u. der Leber herab. Unter genau festgelegten Vers.-Bedingungen kann für diese analogen Verbb. ein Serumcholesterin/Herzschlag-Verhältnis berechnet werden. Zwar sind die Kurven für die Dosis-Wirksamkeit verschiedener Analogen selten parallel, es ist aber sicher, daß unter gewissen Vers.-Bedingungen einige Jodthyronine eine verhältnismäßig stärkere Herabsetzung des Cholesterinspiegels bewirken u. den Herzschlag weniger stimulieren als andere. Folgende Verbb. wurden getestet: *3.5.3'.5'-Tetrajod-L-thyronin*, *3.5.3'.5'-Tetrajod-D-thyronin* (I), *3.5.3'.5'-Tetrajodthyroessigsäure*, *3.5.3'.5'-Tetrajodthyroameisensäure* (II), *3.5.3'-Trijod-L-thyronin*, *3.5.3'-Trijod-D-thyronin* (III), *3.5.3'-Trijodthyroessigsäure*, *3.5.3'-Trijodthyroameisensäure*, *3.5-Dijod-L-thyronin* (IV), *3.5-Dijod-D-thyronin*, *3.5-Dijodthyroessigsäure*, *3.5-Dijodthyroameisensäure*. Zu den wirksamsten Verbb. gehören: I, II, III u. IV. F. Zeidler 4562◇

1316 **Der Einfluß von Thyroxinanalogen auf die Lipoide im Serum des Menschen.** G. S. Boyd und M. F. Oliver. (J. Endocrinology **21**, 33—43, 1960; Edinburgh, Univ. of Edinburgh, Dep. of Biochem.; Royal Infirmary, Dep. of Cardiol.; engl.) — Vgl. vorst. Referat. — Die Thyroxinanalogen: *D-Thyroxin*, *3.5.3'.5'-Tetrajodthyroameisensäure*, *3.5.3'.5'-Tetrajodthyronamin*, *3.5.3'-Trijod-L-thyronin*, *3.5.3'-Trijod-D-thyronin*, *3.5.3'-Trijodthyroessigsäure*, *3.5-Dijod-L-thyronin*, *3.5-Dijod-D-thyronin* u. *3.5-Dijodthyroessigsäure* werden an 26 hyperthyroide Patienten u. an 132 Patienten mit euthyroider Hypercholesterinämie mit Coronarherzerkrankungen verabfolgt. Bei den Kranken beider Gruppen setzen die Verbb. das *Serumcholesterin* (I) herab, ohne den Grundumsatz zu erhöhen, bei einigen euthyroiden Kranken mit Erkrankung der Herzkranzgefäße verursachen einige Verbb. Angina, ohne daß der Grundumsatz sich erhöht.

Während der Verabreichung mehrerer Verbb. kann der I-Spiegel bis zu 3 Monaten niedrig gehalten werden, doch die hierfür benötigte Dosierung liegt so nahe an der, die Angina hervorruft, daß die meisten Verbb. nicht für allg. Anwendung bei Patienten mit Hypercholesterinämie u. Coronarerkrankung zu empfehlen sind. D-Thyroxin könnte eine Ausnahme bilden u. muß klin. weiter erprobt werden.
F. Zeidler 4562◇

1317 **Einfluß des Thyreoidins auf die Entwicklung der Hypercholesterinämie von hungernden Kaninchen.** T. A. Michailowa. (Bull. exp. Biol. Med. [UdSSR] **53** (**27**), Nr. 8, 47—49, 1962; Leningrad, Medizin. Sanitär-Hygieneinst., Lehrstuhl für Biochem.; russ., Auszug: engl.) — Zufuhr von *Thyreoidin* (**I**; 0,25 g/kg per os) hemmte bei Kaninchen die Entw. der Hypercholesterinämie nach totalem Hunger (5. Tag von 88,2—105,2 auf 17,5—24,3 mg%) durch Erhöhung des Geh. an *Cholesterin* (**II**) in der Leber (im Mittel von 344 auf 449 mg%) u. Verminderung der Synth. des **II**. Unabhängig von der Injektion des **I** wurde im *Ae.-Methanol*-Extrakt der Leber von hungernden Tieren *Oxycholesterin* nachgewiesen.
I. v. Kloch-Kornitz 4562◇

1318 **Über Veränderungen des Kaliumumsatzes von Meerschweinchenvorhöfen bei akuter Trijodthyroninwirkung.** H. Reuter und W. Klaus. (Naunyn-Schmiedeberg's Arch. exp. Pathol. Pharmakol. **245**, 74—75, 1963; Mainz; dt.) — In Ggw. von 10^{-6} g *Trijodthyronin* (**I**)/ml trat innerhalb von 2 Std. eine Zunahme des Ein- u. Ausströmens von K^+ in isolierten Meerschweinchenvorhöfen ein, während die intracellulären K- u. Na-Konzz. unverändert blieben. Durch 10^{-5} g I/ml wurde der K-Umsatz gehemmt u. die intracelluläre K-Konz. nahm signifikant zu. K. Zingraf 4562◇

1319 **Der Einfluß von Ernährung, von 3.5-Dijod-D-thyronin und 3.5-Dijod-4-[4′-hydroxyphenoxy]-phenylessigsäure auf die Bildung und die Rückbildung arteriosklerotischer Schädigungen bei der Ratte.** W. F. J. Cuthbertson, P. V. Elcoate, D. M. Ireland, D. C. B. Mills und Patricia Shearley. (J. Endocrinology **21**, 69—82, 1960; Greenford, Middlesex, Glaxo Labor. Ltd.; engl.) — Arteriosklerot. Schädigungen können bei Albinoratten erzeugt oder zurückgebildet werden durch eine Behandlung, die den *Serumcholesterin* (**I**)-Geh. erhöht oder erniedrigt. Diätet. hervorgerufene 1 Monat alte Schädigungen können durch veränderte Diät oder Verabfolgung von *3.5-Dijod-D-thyronin* (DT_2) rückgebildet werden. 6 Monate alte Schädigungen lassen sich, wenn auch langsamer, durch beide Meth. beheben. Werden Ratten mit diätet. erzeugten Schädigungen wieder normal ernährt, so fällt zwar der Serum-**I**-Geh. auf normale Höhe, sie zeigen trotzdem noch bedeutende arteriosklerot. Schäden. Wird der Normaldiät DT_2 zugesetzt, so wird die Geschw. der Rückbildung der Schädigungen nicht erhöht. Die Beifütterung verschiedener Mengen von *3.5-Dijod-4-[4′-hydroxyphenoxy]-phenylessigsäure* oder DT_2 an Ratten, die 9 Monate mit einer Diät, die **I** u. Cholin enthält, ernährt wurden, ergibt eine Herabsetzung des **I**-Geh. etwa proportional zur Menge der verabfolgten Verb., bei älteren Tieren erniedrigt sich auch der **I**-Geh. der Leber. Beide Verbb. erhöhen die Wachstums-Geschw. im Vgl. mit der von Kontrolltieren, sie verringern bei jeder Dosierung das Gew. der Leber u. erhöhen das des Pankreas bei erhöhter Dosierung. F. Zeidler 4562◇

1320 **Wirkungen von Methimazol auf die Schilddrüse und das Lebendgewicht von Vieh.** Wise Burroughs, Arthur Raun und Edmund Cheng. (Science [Washington] **128**, 147, 1958; Ames, Iowa, Iowa Agric. Exp. Stat.) — 30 junge Ochsen erhielten ein Futter, bestehend aus Mais, Heu u. Eiweißbeilage, die Stilböstrol enthielt. Dazu bekamen die verschiedenen Gruppen dieser Tiere noch *Methimazol* (*1-Methyl-2-mercaptoimidazol, Tapazole*, **I**). Die Dosierung von **I** betrug 200, 400, 600 u. 800 mg/Tier/Tag. Mit ansteigender **I**-Menge nahmen die Schilddrüsen-Gew. zu u. lagen bei 800 mg **I**/Tag/Tier rund 4 mal über dem Kontrollwert. Auch die Lebendgew. stiegen unter der **I**-Verfütterung an. Sie nahmen im Durchschnitt um 11%, maximal um 22% zu. **I** verursacht keine Appetitsstörungen, im Gegensatz zu Thiouracil, das den Appetit hemmt u. dadurch die Zuwachsrate bei allen Tieren verringerte. K. Böhm 4562◇

1321 **Die Wirkung von Nebenschilddrüsenhormonverabreichung auf die Knochenzusammensetzung bei Meerschweinchen.** Alfred Jay Bollet, John R. Handy und William Parson. (Proc. Soc. exp. Biol. Med. **112**, 868—71, 1963; Charlottesville, Va., Univ. of Virginia, School of Med., Dep. of Internal Med. and Preventive Med.; engl.) — Meerschweinchen erhalten täglich 1 Einheit *Nebenschilddrüsenhormon* intraperitoneal pro 5 g Körper-Gew. (U. S. Pharmacopoe) für 3 Tage. 24 Std. nach der letzten Injektion zeigen die behandelten Tiere einen signifikant erniedrigten *Ca*-Geh. des Oberschenkelknochens. Der Geh. an Hydroxyprolin, Hexosamin, Desoxyribonucleinsäure u. Polysaccharid wird durch die Hormongaben nicht verändert. W. Hiller 4563◇

1322 **„Edetic acid"-Test der Nebenschilddrüseninsuffizienz.** K. H. Jones und Paul Fourman. (Lancet **2**, 119—21, 1963; Cardiff, Royal Infirmary, Med. Unit; engl.) — Nach Infusion von 70 mg *Trinatriumäthylendiamintetraessigsäure*/kg in 2 Std. kehrte die Ca-Konz. des Plasmas bei Personen mit normaler Nebenschilddrüsenfunktion, nicht jedoch bei Patienten mit Nebenschilddrüseninsuffizienz, innerhalb von 24 Std. auf einen Wert von mehr als 8,5 mg% zurück.
K. Zingraf 4563◇

1323 **Identifizierung einiger Zucker im Harn von Normalpersonen mit der Papierchromatographie.** A. Pittera, B. Cassia und S. Ferlito. (Arch. Stud. Fisiopatol. Clin. Ricambio **27**, 85—96, 1963; Catania, Univ., Ist. di Patol. Med. e Metodol. Clin.; ital.) — Im Harn von Normalpersonen wurden *Glucose, Arabinose, Lactose, Saccharose, Xylose, Mannose, Galaktose* u. *Sorbose* durch Papierchromatographie nachgewiesen. Zuckerhaltiger Harn ist bei Normalpersonen häufiger als man bisher angenommen hatte.
K. Zingraf 4564◇

1324 **Chromatographische Trennung einiger Zucker im Harn von Diabetikern.** A. Pittera, B. Cassia und S. Ferlito. (Arch. Stud. Fisiopatol. Clin. Ricambio **27**, 97—109, 1963; Catania, Univ., Ist. di Patol. Med. e Metodol Clin.; ital.) — Vgl. vorst. Referat. — Im Harn von Diabetikern wurden neben Glucose ähnlich wie im Harn von Normalpersonen (in abnehmender Häufigkeit) *Arabinose, Lactose, Xylose* u. *Maltose* nachgewiesen. Saccharose, Mannose u. Sorbose kamen im Harn von Diabetikern nicht vor.
K. Zingraf 4564◇

1325 **Eine physiologische Funktion von Chrom(III) bei der Glucoseverwertung (Glucosetoleranzfaktor).** Klaus Schwarz und Walter Mertz. (Federat. Proc. **20**, Nr. 3 [Part II, Suppl. 10] 111—18, 1961; Bethesda, Md., Nat. Inst. of Arthritis and Metabolic Diseases; engl.) — Vgl. C. **1961**, 11775. — Cr^{3+} spielt eine Rolle bei der normalen Glucoseverwertung. Cr ist für die Ratte ein essentielles Bioelement. Der „*Glucosetoleranzfaktor*" (*GTF*) wurde als Cr^{3+}*-Ion* erkannt u. wirkt entweder direkt in Verbindung mit *Insulin* (**I**) oder in der Nähe von dessen Wirkart. Alle bisher untersuchten **I**-Präpp. enthielten kleine Cr-Mengen. — Diskussion.
K. Maier 4564◇

1326 **Untersuchungen über den Mechanismus der durch Äthanol hervorgerufenen Hypoglykämie.** James B. Field, Hibbard E. Williams und Glenn E. Mortimore. (J. clin. Invest. **42**, 497—506, 1963; Bethesda, Md., Nat. Inst. of Arthritis and Metabol. Diseases, Clin. Endocrinol. Branch; engl.) — Als Beitrag zur Unters. der durch *A.* bewirkten Hypoglykämie werden folgende Befunde mitgeteilt: beim Menschen kann Hypoglykämie durch 35—50 ml 95%ig. A. (auf 10% mit W. verd.) nach 2tägigem Fasten ausgelöst werden; das Fehlen einer Blutzucker-Rk. auf *Glukagon* (**I**) deutet auf Fehlen von Leber-*Glykogen* (**II**) während A.-Hypoglykämie; nach 12std. Fasten wirkt A. nicht hypoglykäm. u. stört die **I**-Wrkg. nicht; A.-Hypoglykämie ist von einem Anstieg des Plasma-Geh. an *freien Fettsäuren* begleitet (demnach keine Vermittlung durch Insulin); i.v. *Fructose* wird bei A.-Hypoglykämie normal zu *Glucose* (**III**) konvertiert, jedoch ist die Umwandlung in **II** gestört; an der Ratten- u. Kaninchenleber ist unter A.-Einfl. verminderte **II**-Synth. nachweisbar; außer mit der **II**-Synth. interferiert A. auch mit der **III**- u. *Harnstoff*-Bldg. in der isolierten Rattenleber, nicht jedoch mit der *Aminosäure*-Mobilisierung (Blockierung der oxydativen Desaminierung der Aminosäuren). Ursache der Hypoglykämie ist prim. Hemmung der Gluconeogenese u. **II**-Verarmung der Leber. U. Tausendfreund 4564◇

1327 **Die Aktivität der Fructose-1.6-diphosphat-1-phosphatase in der Leber alloxandiabetischer Ratten.** P. Ritter, E. Jenny, A. Hicklin und F. Leuthardt. (Helv. physiol.

pharmacol. Acta **19**, 234—40, 1961; Zürich, Univ., Biochem. Inst.; dt.) — Die *Fructose-1.6-diphosphat-1-phosphatase* (**I**)-Aktivität wurde in der Leber normaler u. alloxandiabet. Ratten bestimmt. Die Werte sind bei diabet. Ratten deutlich erhöht. Normale Tiere: spezif. Aktivität 0,215, Aktivität pro g Leber 5,24, pro Leber 53,1, pro 100 g Tier 23,9; diabet. Tiere: 0,347, 10,4, 112,7, 59,9. Durch Injektion von Insulin ist bei den diabet. Tieren eine Normalisierung der **I**-Aktivität zu erreichen. G. Kimmerle 4564△

1328 **Freisetzung von nichtveresterten Fettsäuren durch Diabetikerserum.** Lillian Recant, Haluk Alp, Mary B. Koch und Joanne Eggeman. (Lancet **1963** (**II**), 614—16; St. Louis, Mo., Washington Univ., School of Med., Dep. of Med.; Dep. of Prevent. Med.; engl.) — Im Serum von Diabetikern kommt eine *Substanz* vor, die nichtveresterte Fettsäure freisetzt; sie wurde in Ggw. von Insulin u. hohen Glucose-Konzz. beobachtet. K. Zingraf 4564◇

1329 **Die Wirkung einer Vorbehandlung von Pankreasschnitten mit N-Äthylmaleimid auf die Insulinsekretion in vitro.** J. L. R-Candela, D. Martin Hernandez und T. Castilla-Cortazar. (Proc. Soc. exp. Biol. Med. **112**, 898, 1963; Madrid, C.S.I.C., Inst. G. Maranon; engl.) — Vorinkubation von Pankreasschnitten von Enten mit *N-Äthylmaleimid* (**I**) führt zu einer verminderten *Insulin*-Sekretion, wenn *Glucose* (**II**) oder Adenosintriphosphat als Stimulans verwendet wird. **I** hemmt nicht das Eindringen von **II** in die Pankreaszellen. Schnitte von Kaninchenpankreas zeigen die gleiche Reaktion. Inkubation mit **II** oder Adenosintriphosphat stimuliert die Insulinsekretion in Abwesenheit von **I**. W. Hiller 4564◇

1330 **Einflüsse von N-Äthylmaleimid und Insulin auf das adipose Gewebe.** F. Thomas Ott und Lillian Recant. (Proc. Soc. exp. Biol. Med. **112**, 880—83, 1963; St. Louis, Mo., Washington Univ., School of Med., Nutrit. Res. Labor., Dep. of Preventive Med. and Med.; engl.) — Die Frage, ob *N-Äthylmaleimid* (**I**) als sulfhydrylgruppenblockierendes Mittel die Wrkg. von *Insulin* (**II**) verhindern kann, ist nach den mit ^{14}C-Glucose durchgeführten Verss. an Ratten positiv zu beantworten. Da durch **I** der stimulierende Effekt von **II** ausgeschaltet, der endogene Stoffwechsel aber nicht verhindert werden kann, muß es sich dabei eher um eine Oberflächen-Wrkg. handeln als um einen intracellulären Effekt. Das würde eine Wechselwrkg. zwischen **II** u. den SH—S—S-Gruppen an der Oberfläche der Zellen bedeuten. Es ist aber kein Hinweis gegeben, daß durch **I** die Bindung von **II** an das Gewebe geschwächt wird, wie auch keine Konkurrenz-Wrkg. gegenüber SH- oder S—S-Gruppen festgestellt werden kann. K. Dorfner 4564◇

1331 **Einbau der markierten Aminosäuren in Insulin und seine Polypeptidkette B.** B. Ss. Ssucharewa. (Biochemie [UdSSR] **28**, 45—51, 1963; Moskau, Therapeut. Inst. der Akad. der Med. Wiss. der UdSSR; russ., Auszug: engl.) — Bei der Inkubation von *Insulin* (**I**) mit *^{14}C-Glycin* (**II**), *^{14}C-Tyrosin* (**III**), *^{14}C-Leucin* (**IV**), *^{14}C-Phenylalanin* (**V**), *^{14}C-Alanin* (**VI**) oder *^{14}C-Methionin* (**VII**) erfolgt deren Einbau in **I** nicht vorwiegend am C- oder N-Ende. Die Radioaktivität der N-endständigen Aminosäurereste beträgt höchstens 7%, die der C-endständigen Reste 13% der Gesamtradioaktivität des **I**. Bei der Inkubation von desamidiertem **I** oder desamidiertem *Albumin* (**VIII**) mit **II** oder **V** ist der Einbau von **II** u. **V** der gleiche wie im ursprünglichen **I** oder **VIII**. Der **II**- u. **V**-Einbau in acetyliertes bzw. methyliertes **I** unterscheidet sich nicht vom Einbau in das Ausgangs-**I**. Der Einbau in acetyliertes **VIII** ist um 24—29% geringer als in das Ausgangs-**VIII**. Die eingebauten **II**, **III**, **IV**, **V**, **VI** u. **VII** werden gleichmäßig auf die A- u. B-Ketten verteilt. Die isolierte Polypeptidkette B kann **V**, **VI** u. **VII** einbauen. Aus der Radioaktivität der endständigen Aminosäurereste bei der Inkubation der B-Kette mit **V** folgt, daß am Carboxylende 4,2%, am Aminoende 4,7% des **V** angelagert werden. O. Lebtag 4564△

1332 **Antigene im Insulin als Determinanten der spezifischen Eigenschaften von Schweine-Insulin beim Menschen.** Solomon A. Berson und Rosalyn S. Yalow. (Science [Washington] **139**, 844—45, 1963; Bronx, N.Y., Veterans Admin. Hosp.; engl.) — Schweine-*Insulin* (**I**), das sich von Menschen-**I** durch die *Aminosäure* (**II**) am endständigen C der B-Kette unterscheidet, ist ein Antigen für den Menschen. Selbst nach Beseitigung der letzten **II** oder der 8 letzten **II** vom endständigen C der B-Kette reagiert das Rest-**I** mit menschlichen Antikörpern gegen Schweine-**I**. Somit befindet sich die Antigendeterminante von Schweine-**I** in dem Mol.-Teil, wo die **I**-Folge die gleiche wie im entsprechenden Teil von Menschen-**I** ist. W. Wesly 4564◇

1333 **Vergleichende Untersuchung über den Nüchternblutzucker von jungen und alten Personen ohne Diabetes.** E. Ferrero, S. Marigo und G. Marioni. (Arch. Stud. Fisiopatol. Clin. Ricambio **27**, 115—23, 1963; Pavia, Univ., Ist. di Clin. Med. Gen. e Terap. Med.; ital.) — Vgl. nachst. Referat. — Bei Personen von mehr als 60 Jahren lag der *Nüchternblutzucker* etwas höher als in den Gruppen der 16—40jährigen (77,4 ± 14,2 bzw. 66,3 ± 6,0 mg%). K. Zingraf 4564◇

1334 **Blutzuckerveränderungen nach intravenöser Verabreichung von Tolbutamid bei Normalpersonen und Diabetikern.** S. Marigo, G. Marioni und E. Ferrero. (Arch. Stud. Fisiopatol. Clin. Ricambio **27**, 125—34, 1963; Pavia, Univ., Ist. di Clin. Med. Gen. e Terap. Med.; ital.) — Vgl. vorst. Referat. — Die i.v. Verabreichung von 1 g *Tolbutamid* bewirkte in den ersten 40 Min. ein signifikant stärkeres Absinken des *Blutzuckers* bei Normalpersonen als bei Diabetikern (z. B. nach 30 Min. um 39,0 ± 7,7 bzw. 11,9 ± 3,8%). Bei Normalpersonen war das Minimum bereits nach 30 Min. erreicht, während die Werte bei Diabetikern noch nach 1 Std. im Absinken begriffen waren. K. Zingraf 4564◇

1335 **Umwandlung von $^{14}C_{(2)}$- oder $^{14}C_{(3)}$-DL-Lactat oder von $^{14}C_{(2)}$-Pyruvat in Blutzucker beim Menschen. Wirkungen von Diabetes, Insulin, Tolbutamid und Glucosebelastung.** Roger C. de Meutter und Walton W. Shreeve. (J. clin. Invest. **42**, 525—33, 1963; Upton, N.Y., Brookhaven Nat. Labor., Med. Res. Center; engl.) — Zur Vertiefung der Kenntnisse über die Überproduktion von *Glucose* (**I**) durch die Leber des Diabetikers u. über die Wrkg. von *Insulin* (**II**) darauf wird folgendes mitgeteilt: Nach i.v. Injektion von *$^{14}C_{(2)}$-*, *$^{14}C_{(3)}$-DL-Lactat* oder *$^{14}C_{(2)}$-Pyruvat* verhält sich das innerhalb der nächsten 2 Std. in Blut-**I** auftauchende ^{14}C direkt proportional zur Schwere des diabet. Zustandes (10—15% bei Nichtdiabetikern, bis zu 30% bei Diabetikern); **II** vermindert bei vorheriger i.v. Injektion das Auftreten von ^{14}C in Blut-**I** bei Diabetikern; *Tolbutamid* (**III**) hat die gleiche Wrkg. wie **II**; 25 g **I** wirken wie **II** u. **III** bei Nichtdiabetikern; **I** verstärkt die **III**-Wrkg. bei Diabetikern; **II** u. **I**-Belastung, nicht jedoch **III**, fördern (bei Verss. mit Glukagonverabreichung) offensichtlich die Leber-*Glykogen*-Bildung. U. Tausendfreund 4564◇

1336 **Wirkung von diabetogenen Hormonen auf den Blutzucker und das Pankreas bei mit Sulfonylharnstoff behandelten Tieren.** Sydney S. Lazarus und Bruno W. Volk. (Endocrinology **66**, 702—11, 1960; Brooklyn, N.Y., Isaac Albert Res. Inst., Jewish Chronic Diseases Hosp.; Bronx, N.Y., Albert Einstein Coll. of Med., Dep. of Pathol.; engl.) — An pankreasektomierten Hunden u. mit Cortison (4 mg/kg) vorbehandelten Kaninchen wird die diabetogene Wrkg. des Wachstumshormons bei vorheriger oder nachfolgender Gabe von *Tolbutamid* oder *Metahexamid* (0,5 g bzw. 125 mg/kg) untersucht. Der Grad des Diabetes wird durch die Verabfolgung der Sulfonylharnstoffe nicht signifikant beeinflußt, auch die Zerstörung der β-Zellen des Insel-App. erfolgt mit oder ohne Sulfonylharnstoffe im gleichen Ausmaß. W. Rehner 4564◇

1337 **Wirkung einiger Sulfonylharnstoffderivate bei der experimentellen Ulcusbildung bei der Ratte.** J. D. McColl, C. F. Lee und A. Hajdu. (Arch. int. Pharmacodynam. Thérap. **141**, 181—89, 1963; Montreal, Frank W. Horner Ltd., Res. Labor.; engl.) — *Carbutamid*, *Tolbutamid* u. *Chlorpropamid* verringerten bei der Shay-Ratte das Vol. des Magens, die Sekretion freier Magensäure u. die Häufigkeit der Ulcusbildung. Alle Thiadiazole besaßen eine solche Wrkg., dagegen war die der Thiazole u. Triazol deutlich schwächer. Es bestand keine Korrelation zwischen der Hemmwrkg. an der Shay-Ratte u. der blutzuckersenkenden Wirkung. K. Zingraf 4564◇

1338 **Daten zur Pharmakologie von p-Chlorbenzolsulfocyclohexylcarbamid.** L. Tardosch und I. Erdei. (Pharmakol. u. Toxikol. [UdSSR] **25**, 93—98, 1962; Budapest, Pharmazeut. Fabrik „Chinoin", Pharmakolog. Labor.; russ.) —

Der blutzuckersenkende Effekt des Sulfocarbamid-Mol. wird erhöht, wenn man H durch Halogene ersetzt. Als bes. wirksam erwies sich die Substitution durch Cl neben Cyclohexyl. Das *p-Chlorbenzolsulfocyclohexylcarbamid* (I) wirkt in Dosen von 30—50 mg/kg peroral bis zu 9 Std. hypoglykämisch. Die DL_{50} der Maus liegt bei 1525 mg/kg. I ist wirksamer als Nadisan u. Chlorpropamid. I wird für die klin. Erprobung empfohlen. Eberhard Koch 4564◇

1339 **Untersuchung der Wirkungsweise der Biguanide.** D. Pometta und H. C. Plattner. (Helv. med. Acta **30,** 72—89, 1963; Genève, Clin. univ. de Méd. int.; franz.) — Übersicht. — 106 Literaturangaben. K. Zingraf 4564◇

1340 **Wirkung von Momordica charantia auf den Blutzuckergehalt von Kaninchen.** P. R. Pabrai und K. B. Sehra. (Indian J. Pharmacy **24,** 209—13, 1962; Poona-1, Armed Forces Med. Coll.; engl.) — Vff. geben normalen (a) u. mit *Alloxan* (100 mg/kg i.v.)-behandelten Kaninchen (b) nach einer 24- bzw. 48std. Hungerperiode *Karelasaft* (**Ia,** aus Früchten von *Momordica charantia,* 5—10 ml/kg) oder *Karela-Extrakt* (**Ib,** ½ Tablette/kg) u. zum Vgl. *Tolbutamid* (**II,** 50—500 mg/kg) u. bestimmen den Blutzucker-Geh. bis zu 24 Std. nach **I-** u. **II**-Zufuhr. **Ia, Ib** u. **II** verursachen bei a u. b eine deutliche Hypoglykämie, die nach **II**-Gaben (bei a) keinen Sättigungswert erreicht. Tägliche **Ia**-Applikation in höheren Dosen führt bei b innerhalb von 10—27 Tagen zum Tod der Tiere. Die Blutzuckerwerte steigen in den ersten 4 Tagen bei Fortsetzung der Behandlung stark an, um dann allmählich unter den Anfangswert abzusinken. Aus den Ergebnissen geht hervor, daß eine Einzeldosis **Ia** bei a u. b nur geringe hypoglykäm. Wrkg. ausübt, während wiederholte **Ia**-Gaben bei b einen tox. Effekt besitzen. Die Fähigkeit für die Glucoseverwertung bleibt bei b auch nach 15tägiger Behandlung mit **Ia** gering. P. Fahrnlaender 4564◇

1341 **Einfluß von Glukagon auf die Entwicklung des Watteabszesses und der Selyeschen Granulomtasche. Seine Wirkung auf die Besiedelung von implantierten Ivalonschwämmen bei der Ratte.** P. Lefebvre und Ch. M. Lapiere. (Arch. int. Pharmacodynam. Thérap. **141,** 145—52, 1963; Liège, Univ., Inst. de Méd., Dép. de Clin. et de Pathol. Méd.; franz.) — Trotz seiner deutlichen antiödematösen Wrkg. beeinflußte *Glukagon* bei der Ratte die Entw. von komplexen Entzündungs-Rkk. (Cotton pellet-Test, Granulomtasche nach Selye) u. das Wachstum von Bindegewebe auf implantiertem Ivalonschwamm nicht. Allerdings verminderte es innerhalb von 72 Std. nach Implantation den Hexosamin-Geh. in der neutral-lösl. Fraktion dieses Bindegewebes. K. Zingraf 4564◇

1342 **Veränderungen im Elektrocorticogramm eines Kaninchens bei lokaler Anwendung von Acetylcholin.** N. Fujita, S. Ito, S. Yoshie und T. Sasaki. (J. Kyoto prefect. med. Univ. **58,** 705—08, 1955; Kyoto Pref. Med. Univ., Dep. of Pharmacol.; jap., Auszug: engl.) — Die Veränderungen des Elektrocorticogramms (E.) eines mit *Na-Thiopental* anästhesierten Kaninchens werden nach lokaler Anwendung von 1% *Eserin, 1% Prostigmin,* 0,1% *Strychnin,* 0,1—2% *Acetylcholin* (**I**) u. 0,25% *Atropin* untersucht. Der Einfl. von **I** auf das E. bei gleichzeitiger Gabe einiger der anderen lokal angewendeten Verbb. wird beschrieben. Gottfried Schreiber 4569△

1343 **Der 5-Hydroxytryptamingehalt des Gehirns und einiger anderer Organe des Igels (Erinaceus europaeus) bei Wachsein und Winterschlaf.** V. J. Uuspää. (Experientia [Basel] **19,** 156—58, 1963; Helsinki, Univ., Dep. of Pharmacol.; engl.) — Beim Igel kann während der kalten Jahreszeit ein Anstieg des *5-Hydroxytryptamin* (**I**)-Geh. im Gehirn, bes. zur Zeit des Winterschlafs beobachtet werden, wie er bei anderen Säugetieren physiolog. selten vorkommt. Im Sommer dagegen ist der **I**-Geh. des Gehirns niedrig u. entspricht etwa dem bei der Ratte (biolog. Nachw.-Meth.). Die höchsten **I**-Konzz. finden sich in Mesencephalon, Diencephalon, Medulla u. Pons; der höchste Konz.-Anstieg in der kalten Jahreszeit kommt in den Großhirnhemisphären zustande. Bei Messungen an anderen Organen findet sich ein hoher **I**-Geh. bes. im Magenfundus. Unmittelbare Ursache des **I**-Anstiegs ist in Enzymveränderungen zu suchen, die zur relativen Steigerung der Synth. gegenüber der Zerstörung von **I** führen. Die physiolog. Bedeutung der Veränderung ist schwierig zu interpretieren. — Es wird auf das gegensätzliche Verh. von **I** u. *Noradrenalin* im Hirn des Winterschläfers hingewiesen, das auf Zugehörigkeit der beiden Substanzen zu verschiedenen Syst. des Gehirns schließen läßt. U. Tausendfreund 4569◇

1344 **Beitrag zum Studium des Wirkungsmechanismus von 5-Hydroxytryptamin.** F. Cugurra und S. Parodi. (Arch. int. Pharmacodynam. Thérap. **142,** 52—66, 1963; Genova, Univ., Ist. di Farmacol.; ital.) — Am Beginn der durch *5-Hydroxytryptamin* (**I**) in Magenfundusstreifen der Ratte ausgelösten Kontraktion scheint eine bimol. Rk. zwischen **I** u. dem Receptor zu stehen. K. Zingraf 4569◇

1345 **Eine Methode zum Vergleich der zentralen Wirkungen von Pharmacis mit der des 5-Hydroxytryptamins.** S. J. Corne, R. W. Pickering und B. T. Warner. (Brit. J. Pharmacol. Chemotherapy **20,** 106—20, 1963; engl.) — *5-Hydroxytryptophan* (100 mg/kg) führt bei Mäusen zum Auftreten eines spontanen, irregulären Kopfzuckens. Diese Rk. wird auf das durch Decarboxylierung entstandene *5-Hydroxytryptamin* zurückgeführt. *Phenytoin* u. Monoaminoxydase-Inhibitoren verstärken das Kopfzucken der Mäuse, *Decarboxylase*-Inhibitoren, *Serotonin*-Inhibitoren, einige *Antihistaminica, Tranquillizer, Morphin-Derivv.* u. *Sympathicomimetica* wirken als Antagonisten. W. Forth 4569◇

1346 **Bradykinin.** John C. Mitchell. (Arch. Dermatology **88,** 48—54, 1963; Vancouver, Shaugnessy Hosp. and Vancouver General Hosp., Dep. of Med. [Dermatol.]; engl.) — Übersicht. — 43 Literaturangaben. K. Zingraf 4569◇

1347 **Vorkommen bradykininartiger Substanzen in der Amphibienhaut.** V. Erspamer, G. Bertaccini und J. M. Cei. (Experientia [Basel] **18,** 563—64, 1962; Parma, Univ., Ist. di Farmacol.; Mendoza, Univ. Nac. de Cuyo, Inst. de Biol.; engl.) — Hautextrakte von Amphibien der *Rana-* u. *Phyllomedusa*-Species enthalten *Bradikinin* (**I**)*-artige Polypeptide.* In Extrakten von *Phyllomedusa sauvagi* konnten z. B. 3 Polypeptide identifiziert werden, von denen eines **I** weitgehend ähnelte, das 2. langdauernde hypotensive Wrkg. (bei Hund u. Kaninchen) entfaltet u. das 3. bes. am Meerschweinchendarm wirksam war. U. Tausendfreund 4569◇

1348 **Hämoglobine.** 10. Mitt. **Die Analyse der α- und β-Ketten des adulten normalen Humanhämoglobins aus seinen tryptischen Spaltprodukten.** Gerhard Braunitzer, Victor Rudloff und Norbert Hilschmann. (Hoppe-Seyler's Z. physiol. Chem. **331,** 1—32, München, Max-Planck-Inst. Biochem.; dt.) — 9. vgl. C. **1963, 14013.** — Durch wechselseitige Spaltung trypt. Peptide mit Pepsin u. umgekehrt konnte mittels Säulenchromatographie u. elektrophoret.-chromatograph. Analysen-Verf. die Aminosäurensequenz der α- u. β-Kette des Humanhämoglobins (HB-A) vom N-terminalen bis zum C-terminalen Ende widerspruchslos aufgeklärt werden. Die schon früher erhobenen Befunde der Vff. werden damit bestätigt. Danach hat die α-Kette 141, die β-Kette 146 Aminosäuren. Das Molgew. errechnet sich daraus für das Hb-Mol. zu 64450. K. Ruckpaul 4572◇

1349 **Beobachtungen der Aminosäurenzusammensetzung von Humanhämoglobinen.** William H. Stein. (Nat. Acad. Sci. — Nat. Res. Council, Publ. Nr. **557,** 220—26, 1958; engl.) — Das Säurehydrolysat einer elektrophoret. gereinigten *Hämoglobin A* (**I**)-Probe (normaler erwachsener Weißer) erwies sich bei der Aminosäure-Trennung an Säulen sulfonierten Polystyrolharzes als völlig frei von *Isoleucin* (**II**), der *Cystein*-Geh. war sehr niedrig. Elektrophoret. gereinigte Proben von **I** (normaler Neger u. Thalassämie-Fall), *Hämoglobin C* u. *E* waren ebenfalls sämtlich **II**-frei. In *Fötalhämoglobin C* ließ sich dagegen **II** einwandfrei nachweisen. Elektrophoret. gereinigte Hämoglobine enthalten auf Grund amperometr. Titration in 8m Harnstoff nur 4—5 SH-Gruppen/Mol. K. Maier 4572◇

1350 **Die strukturelle Grundlage von Unterschieden im elektrophoretischen Verhalten menschlicher Hämoglobine.** I. Herbert Scheinberg. (Nat. Acad. Sci. — Nat. Res. Council, Publ. Nr. **557,** 227—32, 1958; engl.) — Die unterschiedliche elektrophoret. Beweglichkeit von Human-*Hämoglobinen,* wie *Sichelzellenhämoglobin S, Hämoglobin C, Hämoglobin A,* beruht auf Ladungsunterschieden, die nicht durch verschiedenen Histidin-, Lysin- oder Arginin-Geh., sondern durch den Geh. an freien COOH-Gruppen bedingt sind. Die Ladungsunterschiede verschwinden bei einem pH, wo nur die COOH-Gruppen der Eiweißaminosäurereste ungeladen sind. K. Maier 4572◇

1351 **Genetische Aspekte anomaler Hämoglobine.** 4. Mitt. James V. Neel. (Nat. Acad. Sci. — Nat. Res. Council, Publ. Nr. **557,** 253—75, 1958; engl.) — Übersicht. Genetik von *Hämoglobin S* (**I**) u. *C* (**II**), genet. Beziehung von **I** u. **II**, Vererbung von *Hämoglobin D, E, G, I* u. *J*, Genetik der Thalassämie, Beziehung der für D, E, G, I u. J verantwortlichen Gene untereinander u. zu den für **I** u. **II**; biochem. Genetik u. anomale Hämoglobine, Populationsgenetik anomaler Hämoglobine. — 82 Literaturangaben. K. Maier 4572◇

1352 **Stärkeelektrophorese von Hämoglobin. Ergebnisse bei Thalassämiesyndromen.** Park S. Gerald. (Nat. Acad. Sci. — Nat. Res. Council, Publ. Nr. **557,** 212—19, 1958; engl.) — Mittels Stärkegelelektrophorese konnten 3 Formen erblicher Mikrocytose unterschieden werden, a) bei Thalassämie major-Familien (Mittelmeergebiet) mit vermehrtem *Hämoglobin* A_2 (**I**)-Geh., b) ohne vermehrten **I**-Geh. (in einer Familie mit Hämoglobin H beobachtet); c) mit S-ähnlichem Hämoglobin. K. Maier 4572◇

1353 **Über eine vereinfachte Bestimmungsmethode der Degenerierungsgeschwindigkeit von Hämoglobin durch Alkali.** M. Takagi, K. Teramoto und H. Ueda. (J. Kyoto prefect. med. Univ. **58,** 683—88, 1955; Kyoto Prefect. Med. Univ., Dep. of Forensic Med.; jap., Auszug: engl.) — Die Einw. von *NaOH* u. *KOH* auf Blut unterschiedlicher Herkunft wird untersucht. Tier. Blut ist im allg. gegenüber Alkali beständig, wenn auch zwischen den Blutsorten verschiedener Tierarten gewisse Unterschiede bestehen. Auch von menschlichem Blut wird der Degenerierungsgrad durch Vgl. mit einer Standardcolorimeter-Fl. aus Karamel gemessen. Gottfried Schreiber 4573△

1354 **Ein Beitrag zur Analyse der passiven Permeabilität der Erythrocytenmembran für Alkaliionen.** K. Pfleger, W. Forth und W. Rummel. (Naunyn-Schmiedebergs Arch. exp. Pathol. Pharmakol. **245,** 64, 1963; Homburg/Saar; dt.) — Die passive Permeabilität der Membran von Strophanthinvergifteten *Kaninchenerythrocyten* für $^{22}Na^+$, $^{42}K^+$, $^{86}Rb^+$ u. $^{137}Cs^+$ nahm mit zunehmendem Kristallradius ab; es bestand keine Beziehung zwischen dem Radius des hydratisierten Ions u. der Permeabilität. K. Zingraf 4573◇

1355 **Hämatopoese und Nucleinsäurestoffwechsel.** 1. Mitt. **Einbau von Radiophosphor in Nucleinsäuren des hämatopoetischen Gewebes des Meerschweinchens mit Vitamin B_{12}-, Pteroylglutaminsäure- und Vitamin C-Mangel.** Shigeru Shirakawa. (Jap. Arch. intern. Med. **10,** 8—22, 1963; Kyoto Univ., Fac. of Med., Dep. of Int. Med., First Div.; engl.) — Nach Verfütterung einer Mangelkost (*Vitamin* B_{12}- u. *Folsäure*-Mangel, allein oder in Kombination miteinander u. mit *Vitamin C*-Mangel) ist bei Meerschweinchen der Einbau von ^{32}P in die *Ribonucleinsäure* des Knochenmarksgewebes u. in die *Desoxyribonucleinsäure* von Knochenmark u. Milz gegenüber der Norm vermindert. Die Megaloblasten-Bldg. steht beim Mangel-Meerschweinchen offenbar in engem Zusammenhang mit der Störung des Nucleinsäurestoffwechsels. U. Tausendfreund 4573◇

1356 **Hämatopoese und Nucleinsäurestoffwechsel.** 2. Mitt. **Einbau von Radiophosphor in Nucleinsäuren des hämatopoetischen Gewebes bei mit ^{60}Co-γ-Strahlen behandelten Meerschweinchen.** Shigeru Shirakawa. (Jap. Arch. intern. Med. **10,** 23—35, 1963; engl.) — 1. vgl. vorst. Referat. — 3 Std. nach einer ^{60}*Co-γ*-Bestrahlung (120—1200 r) von Meerschweinchen ist der Einbau von ^{32}P in die *Desoxyribonucleinsäure* (DNS) des Knochenmarks, der Milz u. von Lymphknoten in Abhängigkeit von der Bestrahlungsdosis vermindert. 1 Woche nach **240** r findet sich im Knochenmark noch immer ein verringerter ^{32}P-Einbau in DNS, während der Einbau in *Ribonucleinsäure* (RNS) bereits wieder fast normal verläuft; nach 2 Wochen ist der Einbau in DNS u. RNS normal; nach 3 Wochen übersteigt der Einbau in DNS die Norm. Es wird angenommen, daß die Beobachtungen über den veränderten ^{32}P-Einbau auf einer Verschiebung der Zellpopulation (bes. der Blasten) in den betreffenden Geweben beruht. U. Tausendfreund 4573◇

1357 **Wirkung von Antiplättchen-Antikörpern auf die in vitro-Aufnahme von 5-Hydroxytryptamin durch Blutplättchen.** J. M. Bridges, M. Baldini, C. Fichera und W. Dameshek. (Nature [London] **197,** 364—66, 1963; Boston, Mass., Pratt Clin.-New England Center Hosp., Blood Res. Labor.; Tufts Univ., School of Med., Dep. of Med.; engl.) — Durch *Hetero-* u. *Iso-Antikörper* wird die Aufnahme von *5-Hydroxytryptamin* durch normale menschliche Thrombocyten herabgesetzt; eine sichtbare Plättchenagglutinierung braucht dabei nicht einzutreten, so daß die Verminderung der Aufnahme nicht als Folge der Plättchenverklumpung gelten kann, sondern der Ausdruck einer spezif. Stoffwechselschädigung ist, die durch das Antiserum direkt auf die Plättchen ausgeübt wird. Diese Meth. kann als hochempfindlich für den Nachw. von Iso-Antikörpern gelten. Antiplättchen-*Auto-Antikörper* hemmen die Aufnahme nicht, ihre Wrkg. dürfte deshalb über andere Mechanismen verlaufen. U. Tausendfreund 4573◇

1358 **Untersuchungen an Fetuin, einem Glykoproteid des fötalen Serums.** 2. Mitt. **Natur der Kohlenhydrateinheiten.** Robert G. Spiro. (J. biol. Chemistry **237,** 382—88, 1962; Boston, Mass., Harvard Med. School, Dep. of Med.; Massachusetts General Hospital; engl.) — 1. vgl. C. **1961,** 11786. — Der proteolyt. Abbau von *Fetuin* (**I**) gelingt mit Pepsin, Chymotrypsin, Trypsin, *Papain* (**II**) u. *Protease aus Bacillus subtilis* (*Nagarse*, **III**). Die mit **II** u. **III** erhaltenen Prodd. enthalten in der nicht dialysierbaren Fraktion neben dem gesamten Kohlenhydratanteil den geringsten Peptidanteil. Diese beiden Fraktionen wurden an Diäthylaminoäthylcellulose in zwei Reihen ähnlicher Glykopeptide (**IV**) getrennt, die *Galaktose, Mannose*, Glucosamin, Galaktosamin u. Sialsäure im gleichen molaren Verhältnis enthalten wie **I**. Das durchschnittliche Molgew. der **IV** ist 4400. Daraus ergibt sich die Anwesenheit von drei Heteropolysaccharideinheiten in **I** mit einem Molgew. von 3500. Die häufigsten Aminosäuren in den **IV** sind Asparaginsäure, Alanin, Serin u. Prolin. Die Endgruppen-Best. ergab freie Amino- u. freie Carboxygruppen, weswegen die Kohlenhydratkomponente mit einer verfügbaren funktionellen Gruppe des Proteins verbunden sein muß. Ch. Jürgens 4574◇

1359 **Mucoproteingehalt im Blut.** 1. Mitt. **Bestimmungstechnik und Normalwerte.** J. Gras und J. Capdevila. (Rev. españ. Fisiol. **17,** 73—79, 1961; Barcelona, Hosp. Municipal de Infecc., Dep. de Invest. Secc. Immunoquim.; span.) — Beschreibung einer Modifikation der Meth. von Winzler (1948) wobei zur Best. der ausgefällten Mucoproteine Folin-Cu-Reagens nach Lowry et al. (1951) benutzt wird. Mittelwert von 36 Fällen 52,84 ± 16,87 mg% (Männer 58,63, Frauen 46,38 mg%). K. Zingraf 4574◇

1360 **Synthese von Serumprotein durch Rattenföten.** P. C. Kelleher, C. D. Kenyon und C. A. Villee. (Science [Washington] **139,** 839—40, 1963; Boston, Mass., Harvard Med. School. Dep. of Biol. chem.; engl.) — Die intraperitoneale Injektion von ^{14}*C-Aminosäuren* (**I**) in Rattenföten in utero führt zu einer stärkeren Markierung der fötalen *Serumproteine* (**II**) als wenn die **I** dem Muttertier injiziert werden. Partielle Hepatektomie des Muttertiers bewirkt nur geringfügige Änderungen der **II**-Synthese. Im Rattenfötus wird in den 3 letzten Tagen des Tragens ein Teil des **II** gebildet. W. Wesly 4574◇

1361 **Die freien Fettsäuren, gebunden im menschlichen Serumalbumin.** Abraham Saifer und Lawrence Goldman. (J. Lipid Res. **2,** 268—70, 1961; Brooklyn, N.Y., Dep. of Phys. Chem., Isaac Albert Res. Inst. of the Jewish Chronic Disease Hospital; engl.) — Die Fettsäure-Zus. des menschlichen Serumalbumins wurde mittels Gas-Fl.-Chromatographie bestimmt. 43 Maxima wurden beobachtet; 26 von ihnen wurden mittels verschiedener Meth. identifiziert. 8 der identifizierten Maxima machen ca. 90% der gesamten *freien Fettsäuren* (**I**) aus u. 65% der Gesamtmenge sind ungesätt. Säuren. Die Zus. der **I** des Albumins ist im wesentlichen die gleiche, wie die für das Plasma gefundenen. Quant. Unterschiede wurden in dem Prozent-Geh. der C_{18}-Säuren im menschlichen Albumin gegenüber dem Plasma beobachtet. O. Jansen 4574◇

1362 **Trennung der Lipoproteine des Hundeserums durch Ultrazentrifugierung, Dextransulfatfällung und Papierelektrophorese.** Toshio Sakagami und D. B. Zilversmit. (J. Lipid Res. **2,** 271—77, 1961; Memphis, Tenn., Univ., Div. of Physiol.; engl.) — Die Trennung der Hundeserum-*Lipoproteine* durch Ultrazentrifugierung bei einer

Dichte von 1,063 wird durch das Fehlen einer Fraktion hoher Dichte behindert. Diese Erscheinung wirkt auf die quant. Gewinnung von reinem *Lipoprotein* geringer Dichte störend. Durch Papierelektrophorese wird ein lipidhaltiges Protein mit der Beweglichkeit eines *β-Globulins* in den niedrigsten Schichten des Zentrifugenröhrchens, nachgewiesen. Vgl. der präparativen Ultrazentrifugentechnik mit der Dextransulfatfällung des *β-Lipoproteins* zeigt, daß letzteres für die quant. Trennung des *β-Lipoproteins* geeignet ist.
O. Jansen 4574◇

1363 **Verteilung von Haptoglobin bei Thailändern.** R. Quentin Blackwell und Chamras Thephusdin. (Nature [London] **197**, 503, 1963; Taipei, US-Naval Med. Res. Unit No. 2, Dep. of Biochem.; Bangkok, Royal Thai Army Inst. of Pathol., Dep. of Biochem.; engl.) — Bei unvermischten Thailändern (682 Vers.-Personen) konnte folgende prozentuale Verteilung der *Haptoglobin*-Typen gefunden werden: Typ 0—0 2,3%, 1—1 5,7%, 2—1 37,1%, 2—2 54,8%; die Genfrequenz für Hp^1 betrug 0,24, die für Hp^2 0,73. Diese Werte werden denen aus früheren Arbeiten über Chinesen aus Taiwan, Chinesen aus Malaya, Einwohnern aus Malaya, Japanern, Indern gegenübergestellt.
U. Tausendfreund 4574◇

1364 **Eiweißfraktionen des Blutserums bei akutem Herzinfarkt auf Thrombosegrundlage.** N. I. Ssemenowitsch. (Therap. Arch. [UdSSR] **33**, Nr. 9, 39—42, 1961; Moskau, Med. Pirogow-Inst.; russ., Auszug: engl.) — 89 bzw. 62 Fälle von Myocardinfarkt u. chron. Coronarinsuffizienz wurden papierelektrophoret. untersucht. Die *Eiweiß*-Fraktionen des Blutserums sind bei akutem Myocardinfarkt am 2.—3. Krankheitstag verschoben. Später sind die Veränderungen stärker u. halten 2—3 Monate an. Am ausgeprägtesten sind die Schwankungen der α_2- u. *γ-Globuline*. Es besteht eine direkte Beziehung zwischen der Schwere des klin. Bildes u. dem Grad der Verschiebungen im Pherogramm. Fibrinogen u. Aminosäuren nehmen manchmal bereits in der ersten Std. der Erkrankung zu.
F. du Mans 4574◇

1365 **C-reaktives Eiweiß und Fibrinogen des Blutes bei Kranken mit Herzinfarkt.** G. A. Rajewskaja. (Sowjet-Med. **25**, Nr. 4, 16—22, 1961; Moskau, 2. Med. Inst., Hosp.-Therap. Klinik; russ., Auszug: engl.) — Bei Unterss. an 52 Kranken mit Myocard-Infarkt, 3 Kranken mit Herdnekrosen u. 44 Fällen von Stenocardie war das *C-reaktive Eiweiß* (**I**) in allen Infarktfällen u. in keinem Stenocardiefall nachweisbar. Je schwerer die Myocardschädigung war, desto länger blieb **I** nachweisbar; bei den 3 Kranken mit Herdnekrosen war die Rk. nur 12—15 Tage lang schwach positiv, bei den schweren Infarktfällen fast stets noch länger als 30 Tage. Der *Fibrinogen*-Geh. des Blutes war meist bei den schwerer Erkrankten am deutlichsten erhöht (1,4—1,9% bei 15 von 21 Kranken, 1,4—1,7% bei 5 von 37 leichteren Fällen; 0,4—1,3% bei 6 schwer Erkrankten, bei 32 leichter Erkrankten.
K. Rintelen 4574◇

1366 **Die Rolle der Leber und Niere bei der Entwicklung der durch Heparin bewirkten Lipämie-Clearenceaktivität.** P. Constantinides, Y. So und F. R. C. Johnstone. (Proc. Soc. exp. Biol. Med. **100**, 262—64, 1959; Vancouver, Canada, Univ. of B.C., Dep. of Anatomy and Surgery.) — Bei Wistar-Ratten wurde die Lipämie-Clearenceaktivität (LKA) nach 0,5m *Heparin* (**I**)/kg i.v. bestimmt. Nach Hepatektomie, CCl_4-Cirrhose u. Nephrektomie war die LKA mit lipäm. Plasma in vitro signifikant größer als bei den mit **I** injizierten Kontrolltieren. Die Befunde weisen indirekt darauf hin, daß in Leber u. Niere ein den Klärungsfaktor inaktivierendes Syst. vorhanden sein muß.
K. Böhm 4574◇

1367 **Eine toxische Wirkung von Handelsheparin bei der Katze.** Eric A. Schenk und Evan L. Frederickson. (Arch. int. Pharmacodynam. Thérap. **141**, 130—34, 1963; Seattle, Wash., Univ. of Washington School of Med., Dep. of Pharmacol. and Anesthesiol.; engl.) — *Heparin* (**I**) des Handels, welches *Phenol* (**II**) als Konservierungsmittel enthielt, bewirkte im EKG u. EEG von Katzen Veränderungen, wie sie weder nach „reinem" gepulvertem **I** noch nach **II** allein beobachtet wurden; sie stehen auch nicht im Zusammenhang mit dem vorübergehenden Absinken des Blutdrucks nach **I**.
K. Zingraf 4574◇

1368 **Über das Vorkommen von Phosphor in Fibrinogen.** B. Blombäck, M. Blombäck und J. Searle. (Biochim. biophysica Acta [Amsterdam] **74**, 148—51, 1963; Melbourne, St. Vincent's School of Med. Res.; engl.) — Der Gesamt-P-Geh. von menschlichem *Fibrinogen* (**I**) beträgt 9,4 μg/100 mg, der von Rinder-**I** 14,5 μg/100 mg. Er war bei Patienten mit Mangel an Gerinnungsfaktor **VIII** oder **IX** verringert. Bei der Gerinnung werden 60—70% festgehalten, 25—40% finden sich in der überstehenden Flüssigkeit. P des menschlichen Fibrinopeptids stammt direkt aus **I**. Bei pH 5,6 wird die gebundene Phosphorsäure von menschlichem oder Rinder-**I** durch alkal. Phosphatase aus dem Kälberdarm vollständig abgespaltet. P-freies **I** zeigte in der Ultrazentrifuge die gleiche Sedimentations-Geschw. u. gerann mit Rinderthrombin in gleicher Weise wie P-haltiges.
K. Zingraf 4574◇

1369 **Untersuchung der fibrinolytischen Aktivität und des Fibrinogens des Blutes bei Atherosklerose der Herzkranzarterien, Herzinfarkt und während der Anfälle von Stenocardie.** T. L. Koshewnikowa. (Therap. Arch. [UdSSR] **33**, Nr. 3, 97—101, 1961; Akad. der med. Wiss. der UdSSR, Therap. Inst.; russ., Auszug: engl.) — Bei 72 Kranken (Atherosklerose der Kranzgefäße, zum Teil außerdem Myocardinfarkt) wurde das *Fibrinogen* (**I**) elektrophoret. bestimmt. Es konnte eine Tendenz zur Herabsetzung der fibrinolyt. Aktivität (FA) u. zum Anstieg des **I**-Geh. im Blut bei Coronaratherosklerose festgestellt werden. Während der stenocard. Anfälle war bei den meisten Fällen die FA des Blutes niedriger als während der anfallfreien Zeit. Der **I**-Geh. im Blut nahm bei einem Teil der Kranken während des Anfalls ab. Am niedrigsten war die FA bei gleichzeitigem deutlichem Anstieg des **I**-Geh. beim Myocardinfarkt. Auf die diagnost. Bedeutung dieser Unterss. wird hingewiesen.
F. du Mans 4574◇

1370 **Elastase und Thrombogenese.** D. A. Hall und Jean E. Wilkinson. (Nature [London] **197**, 454—55, 1963; Leeds, Univ., Dep. of Med.; engl.) — Es wird eine Arbeitshypothese aufgestellt, nach der *Elastase* nach Adsorption an die lipopolysaccharidreichen Regionen der Aortenelastica (im Anschluß an Endothelschädigung) dem Plasma ein proteolyt. Syst. zu Verfügung stellt, welches lokalisierte Gerinnung erzeugen u. somit die Hervorrufung einer Thromben-Bldg. in dieser Region bewirken kann.
U. Tausendfreund 4574◇

1371 **Weitere Angaben zum Mechanismus der Blutgerinnung mit besonderer Berücksichtigung der Oxydoreduktionsprozesse.** L. Á. Pálos. (Folia haematol. [Leipzig] **80**, 225—29, 1963; Budapest, Univ., II. Med. Klin.; dt.) — Die Red. von *Methylenblau* (**I**) durch Erwärmung in Plasma oder Serum ist in Ggw. von *Prothrombin* u. *antihämophilem Globulin* (Pálos, Thromb. Diath. Haem. **4**, [1960], 276) verzögert. Faktor V u. VII beschleunigen dagegen diese Rk., indem sie H^+ auf **I** übertragen oder aus eigenen SH-Gruppen abgeben. Vf. wertet diesen Befund als weiteren Beweis für seine Theorie einer funktionellen Einheit zwischen Redox-Prozessen im Plasma, Kreislauf u. Blutgerinnung.
H. Landmann 4574◇

1372 **Untersuchungen über den Eisenstoffwechsel.** 1. Mitt. **Die experimentelle Auslösung eines Eisenmangels bei der wachsenden Ratte.** M. G. McGall, G. E. Newman, J. R. P. O'Brien, L. S. Valberg und L. J. Witts. (Brit. J. Nutrit. **16**, 297—304, 1962; Oxford, Radcliffe Infirmary, Nuffield Dep. of Clin. Biochem. and Nuffield Dep. of Clin. Med.; engl.) — Nach Verabreichung einer bas., *Fe*-armen, halbsynthet. Kost (1—3 mg Fe/kg) erkrankten Albinoratten an einer Anaemie (a) mit einer stark verringerten Hämoglobin-Konz. (b); die Gewichtszunahme (c) wird herabgesetzt. Durch Umsetzen der Mangeltiere auf eine Fe-haltige Kost (bis 240 mg Fe/kg wird die a zurückgebildet, b u. c steigen an.
H. Ackermann 4575◇

1373 **Untersuchungen über den Eisenstoffwechsel.** 2. Mitt. **Die Wirkung des experimentellen Eisenmangels bei der Ratte.** M. G. McCall, G. E. Newman, J. R. P. O'Brien und L. J. Witts. (Brit. J. Nutrit. **16**, 305—23, 1962; engl.) — Es wurde der Einfl. eines *Fe*-Mangels auf junge, wachsende Ratten untersucht u. in Beziehung zu Fe-reich ernährten Tieren gesetzt. Bestimmt wurden: Gewichts-Entw., *Hämoglobin* (**I**)-Konz., Hämatocritwert, mittlere korpuskuläre **I**-Konz., mittleres korpuskuläres Vol., Erythrocyten- u. Rektikulocytenzahl, Farbindex, Plasma-Fe-Konz. (a), Verhältnis a/Skelett-Fe-Konz., Cytochrom-c-Geh. in Leber u. Niere sowie Verteilung des Fe zwischen roten Blutkörperchen u. Gesamtkörper. — 1. vgl. vorst. Referat.
H. Ackermann 4575◇

1374 **Untersuchungen über den Eisenstoffwechsel.** 3. Mitt. **Kobalt aus Erythrocytenbildung bei der wachsenden Ratte.** M. G. McCall, G. E. Newman, J. R. P. O'Brien und L. J. Witts. (Brit. J. Nutrit. **16,** 325—32, 1962; engl.) — Junge Ratten erhielten eine halbsynthet. Kost mit unterschiedlichem *Fe-* u. *Co*-Zugaben. Co (3—10 mg/kg Futter) ruft eine Erythraemie (a) hervor. Hämatolog. Unterss. zeigten bei der Co-a nur eine Erhöhung der Hämoglobin-Konz. an; gleichzeitig steigt bei diesen Tieren das Verhältnis Erythrocyten-Fe/Gesamtkörper-Fe. — 2. vgl. vorst. Referat.
H. Ackermann 4575◇

1375 **Erweiterung des Caecum bei der Eisenmangelratte.** M. G. McGall, G. E. Newman und L. S. Valberg. (Brit. J. Nutrit. **16,** 333—38, 1962; Oxford, The Radcliffe Infirmary, Nuffield Dep. of Clin. Med. and Nuffield Dep. of Clin. Biochem.; engl.) — Bei Fütterung einer Fe-armen Diät an Ratten wird eine Vergrößerung des Caecum (Vol. u. körpergewichtsanteilig) beobachtet, wie sie auch bei Verfütterung von Lactose, Agar, roher Kartoffelstärke u. Arabinose festgestellt wurde. Durch Zugabe von Fe zum Futter gehen Vol. u. Caecumgewicht zurück, die Werte liegen jedoch noch über denen der Normalwerte. Bei parenteraler Verabreichung von Fe werden Gewichts-Entw. u. Hämoglobin-Konz. weitgehend normalisiert, während das Vol. des Caecum dem der Fe-Mangeltiere entspricht.
H. Ackermann 4575◇

1376 **Die Beziehung der Molekülgröße von Dextran auf seine Einflüsse auf die rheologischen Eigenschaften des Blutes.** Magnus I. Gregersen, Branko Peric, Shunichi Usami und Shu Chien. (Proc. Soc. exp. Biol. Med. **112,** 883—87, 1963; New York City, Columbia Univ., Dep. of Physiol., Coll. of Physicians and Surgeons; engl.) — Es wird die Möglichkeit überprüft, inwieweit *niedermol. Dextran* die Viscosität des Blutes erniedrigt, wenn die Konz. der roten Blutkörperchen nicht geändert wird. Dextrane mit mittlerem Molgew. 15000, 45000, 75000 u. 250000 zeigten sowohl bei Blut als bei gewaschenen u. in Ringer-Locker-Lsg. suspendierten roten Blutkörperchen eine Steigerung der Viscosität.
K. Dorfner 4576◇

1377 **5-Methoxytryptamin im Harn bei Patienten mit rheumatischem Fieber.** Charles H. Haddox jun. und Milton S. Saslaw. (J. clin. Invest. **42,** 435—41, 1963; Miami, Fla., Nat. Children's Cardiac Hosp.; engl.) — Da bisher noch kein spezif. diagnost. Test für akute Polyarthritis existiert, könnte der jetzt geführte Nachw. von *5-Methoxytryptamin* (**I**) im Harn bei 48 Rheumatikern möglicherweise zur Unterstützung einer entsprechenden Diagnose herangezogen werden. Die Ausscheidung von **I** kann durch *Tryptophan* (**II**)-Belastung vervierfacht werden. **I** wurde nur bei 1 von 33 Nichtrheumatikern im Harn nachgewiesen. Die Ausscheidungen von **II**, *Kynurensäure, Xanthurensäure, Kynurenin, N^1-Methylnicotinamid* (**III**), *Nicotinsäure, 6-Pyridon*-**III** u. *5-Hydroxyindolylessigsäure* waren bei rheumat. Kindern normal, die Ausscheidung von *Indoxylsulfat* war verringert.
U. Tausendfreund 4577◇

1378 **Veränderung der Ionenzusammensetzung der Hämolymphe einer Schabe, Periplaneta americana, unter dem Einfluß des Nahrungs- und Wasserentzugs.** Yves Pichon und Jacques Boistel. (C. R. Séances Soc. Biol. Filiales **157,** 272—75, 1963; Rennes, Univ., Fac. de Sci., Labor. de Physiol. Animale; franz.) — Bei fastenden Schaben, die freien Zugang zu W. haben, ist der Geh. von K^+, Na^+ u. Ca^{2+} in der Hämolymphe verringert. Bei Entzug von Nahrung u. W. bleibt das Vol. u. die Ionen-Zus. der Hämolymphe in den ersten 5 Tagen konst., nach 10 Tagen ist der Geh. von K^+ u. Ca^{2+} erhöht, der von Na^+ dagegen um 17% verringert, u. nach 30 Tagen sind alle Elektrolyte verringert, am stärksten Na^+.
K. Zingraf 4578◇

1379 **Nachweis einer Elektrolytkorrelation in der Hämolymphe der Schnecke.** J. Ripplinger und M. Joly. (C. R. Séances Soc. Biol. Filiales **157,** 303—06, 1963; Besançon, Univ., Fac. des Sci., Labor. de Zool.; franz.) — Wenn normale Schnecken im Herbst oder Winter in W. oder verschiedene Lsgg. von *NaCl, KCl* oder $CaCl_2$ eingetaucht werden, so ist in jedem Falle eine Korrelation zwischen den K^+-, Na^+- u. Ca^{2+}-Werten in der Hämolymphe zu beobachten.
K. Zingraf 4578◇

1380 **Die Glykogenfraktionen in Leber, Muskeln und Dottersack des Hühnerembryos.** S. P. Sheludkowa. (Biochemie [UdSSR] **28,** 31—35, 1963; Leningrad, Ssetschenow-Inst. für Evol.-Physiol.; russ., Auszug: engl.) — Die Unterss. über den Geh. an *Glykogen* (**I**) u. *Glucose* (**II**) in Leber, Muskel u. Dottersack von Hühnerembryonen (7. Tag der Inkubation bis zum Schlüpfen) ergaben, daß vom 7.—12. Tag der Inkubation in der Leber die schwer extrahierbare Fraktion von **I** (**Ia**) überwiegt. Der Geh. an leicht extrahierbarer **I**-Fraktion (**Ib**) erreicht bis zum 12. Tag höchstens 0,4%, nimmt dann sehr stark zu, erreicht gegen Ende der Inkubation ein Maximum u. nimmt kurz vor dem Schlüpfen erneut ab. Der Geh. an **Ia** nimmt zu diesem Zeitpunkt wieder zu. Im Muskel ist zu jedem Zeitpunkt der Geh. an **Ia** vorherrschend, im Dottersack dagegen **Ib**. In allen untersuchten Geweben besteht zwischen dem Geh. an **II** u. an **Ia** eine Parallele.
O. Lebtag 4583△

1381 **Untersuchung über die Biochemie der Insekten.** 7. Mitt. **Spurenelemente bei der Metamorphose von Aglaope infausta.** M. D. Stamm-Menéndez, P. González und M. Dean. (Rev. españ. Fisiol. **17,** 45—50, 1961; Madrid, Inst. Españ. de Fisiol. y Bioquím., Dep. de Bioquim.; span.) — In allen Entw.-Stadien von *Aglaope infausta* (Puppe, Larve u. vollentwickeltes Insekt) sind die wichtigsten Spurenelemente *Ca, Mg, K,* u. *Si*; es folgen *Al* u. *Ba, Fe* u. *Cu*. Larven u. Kokon enthalten kein *Zn, Ni, Sn* u. *Mn*.
K. Zingraf 4583◇

1382 **Untersuchungen über die Biochemie von Insekten.** 8. Mitt. **Chinonderivate der Cuticula der Puppen von Calliphora erythrocephala.** M. Sapag-Hagar, M. P. González-González und M. D. Stamm-Menéndez. (Rev. españ. Fisiol. **17,** 89—94, 1961; Madrid, Univ., Fac. de Farm., Labor. de Bioquím.; span.) — 7. vgl. vorst. Referat. — Die Cuticula der Puppe von *Calliphora erythrocephala* enthält *4-Methylbrenzcatechin, p-Chinon, 3.4-Dihydroxybenzoesäure* u. ein weiteres nichtidentifiziertes Chinon-Deriv. (wahrscheinlich Phenylbrenztraubensäure oder ihr 3.4-Dihydroxyderivat).
K. Zingraf 4583◇

1383 **Spektrographische Bestimmng von Kalium, Strontium und Calcium in verschiedenen Gliedern der biologischen Kette.** I. K. Dibobess, W. M. Lebedew und Je. I. Tschuikin. (Hyg. u. Sanitätswes. [UdSSR] **27,** Nr. 11, 42—44, 1962; Minist. für Gesundheitswes. der RSFSR, Inst. für Strahlenschutz; russ.) — Der Geh. an *K, Sr* u. *Ca* u. der Sr/Ca-Koeff. wurden spektrograph. in Boden, Weizen, Hafer, Wiesengras, Kartoffeln, Gurken, roten Beten, Mohrrüben, Zwiebeln, Milch, Eiern, Brot, Rationen der menschlichen Nahrung, menschlichen Knochen u. Knochen von Neugeborenen bestimmt. Als Hauptquelle für die Versorgung des menschlichen Organismus mit Sr erwies sich der Boden, aus dem Sr durch die Pflanzen aufgenommen wird.
I. v. Kloch-Kornitz 4583◇

1384 **Auslösung und Verhinderung von Kaliummangel durch verschiedene Ionen.** Hans Selye und Eors Bajusz. (Proc. Soc. exp. Biol. Med. **98,** 580—83, 1958; Montreal, Canada, Univ., Inst. de Méd. et de Chirurgie exp.) — Verabfolgt man an Ratten (Sprague-Dawley) eine *Kalium*-arme Diät, die fast nur noch Erhaltungswerte an *Mg* enthält, so entwickeln sich Herzmuskelnekrosen, die durch KCl oder $MgCl_2$-Gaben verhindert werden können. Na_2HPO_4 (nicht aber äquimol. Mengen von NaCl) bewirkt bei dieser Diät schwere Herzmuskelnekrosen, Nephrocalcinose u. Muskelkrämpfe, während unter ähnlichen Umständen ohne K-arme Diät selbst tödliche Dosen von Na_2HPO_4 keine Herzmuskelnekrosen oder Muskelkrämpfe auslösen. Das teilweise sehr schwere K- u./oder Mg-Mangelsyndrom, das durch die Na_2HPO_4-Ergänzungsgaben hervorgerufen wird, kann durch KCl oder $MgCl_2$ verhindert werden. Diese Befunde unterstreichen die Bedeutung von PO_4- u. Mg-Ionen für die Entw. des Syndroms, das gewöhnlich dem K-Mangel zugeschrieben wird.
K. Böhm 4585◇

1385 **Der Stoffwechsel von Stickstoff, Calcium und Phosphor bei unterernährten Kindern.** 8. Mitt. **Der Stoffwechsel von Stickstoff, Calcium und Phosphor, der Verdauungskoeffizient und biologische Wert der Proteine und Nettoproteinausnutzung aus reinen indischen Kostformen, basierend auf Reis, Mais oder einer Mischung aus Reis und Mais.** P. K. Tasker, T. R. Doraiswamy, M. Narayanarao, M. Swaminathan, A. Sreenivasan und V. Subrahmanyan. (Brit. J. Nutrit. **16,** 361—68, 1962; Mysore, Indian, Centr.

Food Technol. Res. Inst.; engl.) — 7. vgl. C. **1962**, 13110. — Der Austausch von 25 bzw. 50% Reis durch Mais führt zu einer geringen Erhöhung der N-Aufnahme. Der scheinbare u. wahre Verdauungs-Koeff., der biolog. Wert des Proteins sowie die N-Retention, Nettoproteinausnutzung u. Nettokalorienprozente des Proteins fallen entsprechend der Maiszugabe ab. Bei annähernd gleicher Ca-Aufnahme wird die Ca-Retention trotz positiver Bilanz herabgesetzt, während P-Aufnahme u. P-Retention ansteigen.
H. Ackermann 4585◇

1386 **Proteinbedarf von Ferkeln bei fettarmem Futter.** M. J. Manners und M. R. McCrea. (Brit. J. Nutrit. **16**, 475—82, 1962; Bristol, Univ., School of Vet. Sci., Dep. of Animal Husbandry; engl.) — Der Bedarf an Rohprotein für Ferkel für die ersten vier Lebenswochen bei Verabreichung einer fettarmen Kost liegt nach den Unters.-Befunden bei 25—35%. Zwischen diesen Proteinwerten sind keine signifikanten Unterschiede in der Futterausnutzung u. der täglichen Gew.-Zunahme festzustellen. Die Serumprotein-Konz. zeigt einen gewissen Anstieg mit dem Protein-Geh. der Kost. Auf die beträchtlich schwankende Wasseraufnahme hat der Protein-Geh. keinen Einfluß. H. Ackermann 4585◇

1387 **Auswirkungen langfristig fettreicher Ernährung auf das Plasmacholesterin.** H. Canzler und H. Glatzel. (Klin. Wschr. **41**, 566, 1963; Dortmund, Max-Planck-Inst. für Ernährungsphysiol., Klin.-physiol. Abt.; dt.) — Um die Frage beantworten zu können, ob Nahrungsfette mit hohem Geh. an *gesätt. Fettsäuren* (**I**) bei gewohnheitsmäßiger Zufuhr zur bleibenden Erhöhung des Plasma-*Cholesterins* (**II**) führen u. dadurch die Entw. atherosklerot. Prozesse fördern, wurden 4 gesunde Männer zwischen 22 u. 34 Jahren bis zu 112 Tagen extrem fettreich (Butter) ernährt. Es zeigte sich, daß Steigerung der Fettzufuhr auf fast das Doppelte der Norm (bis zu 64% der Gesamtkalorien in Form von Fett gegenüber normal 31—39%) keineswegs regelmäßig zur bleibenden Erhöhung des Plasma-**II** führt, obwohl gleichzeitig mit gesamter Fettzufuhr der *Polyensäure*-Anteil der Fettsäuren zugunsten der **I** abgenommen hat u. dadurch ein 2., **II**-erhöhender Faktor wirksam war. Die These der bleibenden u. regelmäßigen Erhöhung von Plasma-**II** durch fettreiche u. polyensäurearme Kost u. dadurch stärkere Atherosklerosegefährdung ist in dieser allg. Form nicht mehr haltbar.
U. Tausendfreund 4585◇

1388 **Die Rolle der Ölsäure beim Stoffwechsel der essentiellen Fettsäuren.** G. A. Dhopeshwarkar und James F. Mead. (J. Amer. Oil Chemists' Soc. **38**, 297—301, 1961; Los Angeles, Calif., Univ. of California, School of Med., Dep. of Physiol. Chem.; engl.) — Fütterungs-Verss. bei Ferkeln mit verschieden zusammengesetzter fetthaltiger [a: 7,3% Getreidesamenöl; b: 7,3% Cocosnußöl (CÖ); c: 3,65% CÖ u. 3.65% Ölsäure; d: 3,65% CÖ u. 3,65% Elaidinsäure; e: 3,65% Ölsäure; f: 3,65% Elaidinsäure] u. fettfreier (g) Nahrung zeigen bei c, e u. f Mangelerscheinungen an den essentiellen Fettsäuren (nach 4—8 Wochen); Symptome: Geringes Wachstum, Haarausfall, hohe Sterblichkeitsrate. Diese Symptome treten bei a, b, d u. g bzw. bei einer Gabe von 100 mg Methyllinolat/Tag nicht auf. Vff. erklären dies damit, daß *Ölsäure* in hoher Konz. neben wenig Linolsäure als Inhibitor bei der Wrkg. verschiedener Enzyme fungiert (z. B. die Linolatumwandlung) u. ihr trans-Isomeres. *Elaidinsäure*, dagegen bei der Enzym-Wrkg. inert ist. Es werden die Analysenergebnisse der Blutserum-, Leber- u. Fettgewebelipoide für a bis g einschließlich der Aufnahmewerte von $^{14}C_{(1)}$-Acetat mitgeteilt. N. Trzebowski 4585

1389 **Der Einfluß von Kobaltchlorid auf die Aortenatheromatose und die Plasmalipide bei Cholesterin-gefütterten Küken.** David M. Tennent, Charles W. Mushett, Gunther W. Kuron, Walther H. Ott und Henry Siegel. (Proc. Soc. exp. Biol. Med. **98**, 474—77, 1958; Rahway, N.J., Merck Inst. for Therap. Res.; New York City, N.Y., Pathol. Dep., Albert Einstein Coll. of Med.; engl.) — Erhalten mit *Cholesterin* (**I**) gefütterte Küken 0,5% $CoCl_2 \cdot 6\,H_2O$ zum Futter, so ist die Atheromatose an der Aorta u. der Blut-**I**-Geh. bei ihnen geringer als bei den Kontrollen. Die *P-Lipid*-Konzz. werden nicht beeinflußt. Während der Fütterung verlieren die Tiere auch an Gewicht. Nach $CoCl_2$ sind die Gew. von Hypophyse, Testes u. die Erythrocytenwerte geringer als bei den Kontrolltieren. 0,05% $CoCl_2$, 8 Wochen lang gegeben, schädigt die α-Zellen des Pankreas nicht. Erhielten Meerschweinchen 3 mal täglich i.v. 30 mg $CoCl_2$/kg, so findet man Schädigungen an den α-Zellen. Nach 1 μc ^{131}J i.v. ist das Schilddrüsen-Gew. geringer, die Schilddrüsenaktivität etwas höher als bei den Kontrollen. Subkutane Injektionen von 0,005 γ bis 25 mg 1 Woche lang gegeben, erhöhen das Plasma-**I** u. die Schwere der Aortenschäden.
K. Böhm 4585◇

1390 **Ergebnisse der Bestimmung des Gehaltes an Vitamin B_1, B_2, Niacin, L-Ascorbinsäure und β-Carotin in einigen Sorten von Kartoffeln und Möhren.** Elżbieta Czarnowska, Stefan Ksieżny und Barbara Dietl. (Roczniki państwowego Zakładu Hig. **12**, 259—65, 1961; Warszawa, Zakł. Hig. Żywienia PZH; pol.) — Die an Proben von 5 Kartoffel- u. 6 Möhrensorten bestimmten Geh. an *Thiamin, Riboflavin, Niacin, L-Ascorbinsäure* u. *β-Carotin* werden tabellar. mitgeteilt. R. K. Müller 4587◇

1391 **Der Pantothensäuregehalt des menschlichen Blutes.** Kôzô Ishiguro, Satoru Kobayashi und Shoji Kaneta. (Tôhoku J. exp. Med. **74**, 65—68, 1961; Sendau, Tohoku Univ., Fac. of Med., Dep. of Hyg.; engl.) — Vff. untersuchen 78 Personen im Alter von 30—69 Jahren auf ihren *Pantothensäure* (**I**)-Geh. im Blut. Der **I**-Geh. beträgt bei den ♂ 69,8—147,6 γ-% u. bei den ♀ 74,0—123,1 γ-%, er nimmt mit zunehmendem Alter ab. Die Abnahme ist bei Frauen ausgeprägter als bei Männern. W. Hiller 4587◇

1392 **Die immunologische Identifizierung und quantitative Bestimmung des menschlichen Intrinsic faktors in Magensekretionen.** Graham H. Jeffries und Marvin H. Sleisenger. (J. clin. Invest. **42**, 442—49, 1963; New York, N.Y., New York Hosp., Cornell Med. Center, Dep. of Med.; engl.) — Es wird gezeigt, daß das Vorhandensein von *Intrinsic faktor* (**I**) beim Menschen nicht nur durch in vivo-*Vitamin B_{12}* (**II**)-Resorptionsteste nachgewiesen werden kann, sondern auch mit Hilfe der spezif. Rk. von **I** mit *Anti-human-I-γ-Globulin* in vitro. Auf diesen Befund läßt sich eine Meth. zur Best. der spezif. **I**-Bindung an **II** aufbauen.
U. Tausendfreund 4587◇

1393 **Austausch zwischen freiem und magensaftgebundenem Cyanocobalamin.** Robert M. Donaldson jun. und Jay H. Katz. (J. clin. Invest. **42**, 534—45, 1963; Boston, Mass., Boston, Veter. Admin. Hosp., Med. and Radioisotope Serv.; Boston Univ., School of Med., Dep. of Med.; engl.) — Zur Klärung der Frage eines Austausches zwischen *freiem* u. *magensaftgebundenem Vitamin B_{12}* (**I**) wurden Unterss. über Bindung u. Resorption von ^{60}Co-**I** u. ^{57}Co-**I** (Radio-**I**) durchgeführt. Dabei konnte ein Austausch zwischen freiem u. magensaftgebundenem Radio-**I** in vitro anläßlich der Best. einer Bindung mit Hilfe von Dialyse, Elektrophorese oder Dextrangelfiltration nachgewiesen werden. Bei 37° betrug der Austausch zwischen freiem **I** u. gebundenem Radio-**I** ca. 40% innerhalb 2 Stunden. Resorptionsprüfungen bei perniciöser Anämie u. bei gastrektomierten Ratten weisen darauf hin, daß der *Intrinsic faktor* bei den Austauschvorgängen beteiligt ist. Die Ergebnisse bestätigen frühere Beobachtungen, nach denen magensaftgebundenes **I** bei Ggw. von freiem **I** bevorzugt resorbiert wird. — Bzgl. des „*releasing factor*" ist ein Unterschied zwischen Austausch u. echter Freisetzung zu machen.
U. Tausendfreund 4587◇

1394 **Über den Einfluß von Vitamin B_{12} auf die bedingtreflektorische Tätigkeit von Hunden.** A. T. Pschonik und A. A. Gribanow. (Pawlow-J. höhere Nerventätigkeit [UdSSR] **11**, 1026—31, 1961; Krassnojarsk, Med. Inst.; russ., Auszug: engl.) — Bei subkutaner bzw. i.v. Zufuhr von 30—500 γ *Vitamin B_{12}* (**I**) beobachtet man bei gesunden Hunden eine merkliche Störung der reflektor. Tätigkeit: Verminderung der Stärke der vasomotor. bedingten Reflexe bis zum vollständigen Schwund, Anstieg der unbedingten Reflexe u. Verstärkung der nachfolgenden Hemmung. Diese Veränderungen sprechen für die Vertiefung der Hemmung in der Hirnrinde u. für die Verstärkung des Reizes in den subcorticalen vasomotor. Zentren. Bei Einführung von hohen **I**-Dosen haben die Veränderungen der reflektor. Tätigkeit einen Phasencharakter. F. du Mans. 4587◇

1395 **Untersuchung über wissenschaftliches Kochen zur Stabilität von Vitamin C. 2. Mitt. Test auf Vitamin C in Kartoffeln und Diketogulonsäurebestimmung.** Kiyo Mori-

moto. (Jap. J. Nutrit. **20,** 57—65, 1962; Nat. Inst. of Nutrit. Improvment Dep.; jap.; Auszug: engl.) — In gekochten oder in Öl gebratenen Kartoffeln werden beträchtliche Mengen *Dehydroascorbinsäure* gefunden. Es wird angenommen, daß dies eine Folge der *Diketogulonsäure*-Bldg. während des Kochens ist. — 1. vgl. C. **1963,** 20875.
P. Gregorzewski 4587◇

1396 **Die Bedeutung der Vitamine bei Ermüdungszuständen.** Siegmund Sommer. (Arzneimittel-Forsch. **11,** 1000—04, 1961; Darmstadt, E. Merck A.-G.; dt.) — Quant. Unterss. der jahreszeitlichen Schwankungen des Vitamin-C-Blutspiegels sprechen für einen ursächlichen Zusammenhang zwischen einer Vitaminminderversorgung u. leichter Ermüdbarkeit. Tier-Verss. u. Unterss. an Menschen zeigen die günstige Beeinflussung muskulärer u. zentralnervöser Leistungen durch gewisse Vitamine. Da der Vitaminbedarf in Abhängigkeit von der Beanspruchung sehr stark schwankt, kann bei einem beim ruhenden Menschen noch ausreichenden Vitaminspiegel unter Belastungen eine Hypovitaminose entstehen. K. Maier 4587◇

1397 **Röntgenapparatur für Rattenkniegelenke zur biologischen Vitamin-D-Bestimmung.** F. K. Hiller (mit technischer Assistenz von H. Falkenberg). (Arch. Hyg. Bakteriol. **145,** 215—18, 1961; Frankfurt/M., Forsch.- u. Untersuchungsinst. für Milchvitaminierung; dt.) — Beschreibung einer App., die 120—150 Röntgenaufnahmen von Rattenkniegelenken pro Std. ermöglicht. Als Röntgeneinrichtung wurde ein handelsüblicher Typ der Siemens-Reiniger-Werke, Frankfurt/M., verwendet. H. J. Hoenders 4587◇

1398 **Lipidausscheidung.** 1. Mitt. **Sterine und Sterinester.** F. Aylward und Pamela A. Wills. (Brit. J. Nutrit. **16,** 339—43, 1962; London, Borough Polytechnic, Dep. of Chem. and Food Techn.; engl.) — In den Faeces von 5 Personen (2 Gesunde, 2 Patienten mit Thyrotoxicosis u. 1 mit Myasthenia gravis) wurde über eine Periode von 6—9 Tagen die tägliche Ausscheidung *freier* u. *veresterter Sterine* bestimmt. Die Gesamtausscheidung schwankte zwischen 388 u. 758 mg, der Anteil der Ester betrug 1,7—14,8%. Gesicherte Beziehungen zwischen den verschiedenen Personen konnten auf Grund der großen Schwankungsbreite der Werte nicht aufgestellt werden. H. Ackermann 4594◇

1399 **Lipidausscheidung.** 2. Mitt. **Fraktionierung von menschlichen Fäkallipiden.** F. Aylward und P. D. S. Wood. (Brit. J. Nutrit. **16,** 345—60, 1962; London. engl.) — 1. vgl. vorst. Referat. — Extraktion u. Fraktionierung der Fäkallipide zeigten folgende Verbb. an: *Ca-* u. *Mg-Seifen, Fettsäuren, Sterine* u. *Sterinester, lanykettige Wachse* u. *Alkohole, KW-Stoffe, Gallensäuren, Mono-, Di-* u. *Triglyceride* sowie einige *Pigmente.* Die Fraktionierung erfolgte auf Grund der unterschiedlichen Löslichkeit der einzelnen Verbb. in A., PAe. u. Ae. vor u. nach Säurehydrolyse, sowie durch Kieselsäure- u. Ionenaustauscherchromatographie. Es wird der mögliche Ursprung dieser Verbb. diskutiert.
H. Ackermann 4594◇

1400 **Bestimmung der Gallensäuren in der Galle durch Chromatographie mit Polarisationsgradienten.** J. C. Hauton, C. Greusard, M. J. Perrot und H. Sarles. (Bull. Soc. Chim. biol. **44,** 1153—59, 1962; Marseille, Hôp. St. Marguerite; franz.) — Vff. beschreiben eine neue Routine-Meth. zur Best. von *Cholsäure* u. *Dihydroxycholansäuren* der Galle in einem einzigen chromatograph. Arbeitsgang, bei dem Kieselgur als Absorptionsmaterial u. als Lsgm. CH_3OH/W. 150:150 oder 180:120 u. in fester Phase $CHCl_3$/Octanol 15:15 oder 40:40 verwendet werden. U. Drehmann 4594

1401 **Calciumstoffwechsel.** Robert D. Ray, Jack Stevens, Irving Lyon und Esther D. Mensen. (Federat. Proc. **20,** Nr. 3 [Part II Suppl. 10] 119—23, 1961; Chicago, Ill., Presbyterian-St. Luke's Hospital, Dep. of Orthopedic Surg.; Univ. of Illinois, Res. and Educat. Hospitals; engl.) — Übersicht. — 18 Literaturangaben. Diskussion.
K. Maier 4596◇

1402 **Mangan kontra Magnesium: Frage der Ähnlichkeit in vitro und des Unterschieds in vivo.** I. Herbert Scheinberg. (Federat. Proc. **20,** Nr. 3 [Part II Suppl. 10] 103, 1961; New York City, N.Y., Albert Einstein Coll. of Med., Dep. of Med.; Bronx Municipal Hospital Center; engl.) — Der Säugerorganismus unterscheidet scharf zwischen *Mg* u. *Mn.* Die tägliche Nahrung enthält <1% des Körper-Geh. an Mg u. 50% des Mn-Geh., so daß eine chron. Mg-Vergiftung im Gegensatz zur Mn-Vergiftung unbekannt ist. Das seltene Vork. chron. Mn-Vergiftung trotz der großen Aufnahme bezogen auf den Körper-Geh., deutet auf einen spezif. Mechanismus der Mn-Retention hin. K. Maier. 4596◇

1403 **Fructoseintoleranz und das Verhalten der unveresterten Fettsäuren bei Fructosebelastung.** Vorl. Mitteilung. D. Knorr und E. Wittermann. (Klin. Wschr. **41,** 565, 1963; München, Univ., Kinderklinik; dt.) — Bei einem 4jährigen Kind mit typ. *Fructose* (**I**)-Intoleranz kam es (neben bekannten Befunden) bei peroraler Belastung mit 10 g **I** zu einer exzessiven Fettmobilisierung zur Deckung des Energiebedarfs, die sich in einem steilen Anstieg des Serum-Geh. an *unveresterten Fettsäuren* dokumentierte (Blockierung des **I**-Abbaus durch 1-Phosphofructaldolasemangel bei gleichzeitiger Blockierung des Glucosestoffwechsels, wahrscheinlich durch kompetitive Hemmung der 1.6-Diphosphofructaldolase). Damit wird erneut gezeigt, daß der Organismus bei Ausfall der Kohlenhydratversorgung seinen Energiebedarf in kurzer Zeit aus dem Depotfett zu decken vermag.
U. Tausendfreund 4596◇

1404 **Tyrosinstoffwechsel bei Insekten.** P. C. J. Brunet. (Ann. New York Acad. Sci. **100,** 1020—34, 1963; Oxford, Oxford Univ., Dep. of Zool.; engl.) — Übersicht. — 101 Literaturangaben. K. Zingraf 4596◇

1405 **Metallbindung durch Pyridoxalderivate und mögliche Beziehungen zum Tryptophanstoffwechsel.** David E. Metzler. (Federat. Proc. **20,** Nr. 3 [Part II Suppl. Nr. 10], 234—42, 1961; Ames, Iowa, Iowa State Univ., Dep. of Biochem. and Biophysics; engl.) — Übersicht. — 28 Literaturangaben. Diskussion. K. Maier 4596◇

1406 **Phenylalanin, o-Hydroxyphenylessigsäure, Phenylbrenztraubensäure; Diagnose der Phenylketonurie. Ein Bericht über Untersuchungen an 77 geistig zurückgebliebenen Schülern.** Angela R. Veal. (Amer. J. med. Technol. **27,** 191—95, Juli/Aug. 1961; Ft. Worth, Tex., School of Med., Technol. Terrell's Labor.; engl.) — Bei geistig zurückgebliebenen Schülern besteht oft eine erbliche Phenylketonurie. Bei dieser ist der Stoffwechsel von *Phenylalanin* (**I**) gestört, u. es werden im Urin *Phenylbrenztraubensäure* u. *o-Hydroxyphenylessigsäure* sowie unverändertes **I** ausgeschieden. Es werden papierchromatograph. Meth. zum Nachw. dieser Stoffe im Urin angegeben.
G. Kimmerle 4596△

1407 **Stoffwechsel der Lithocholsäure bei Gallenfistelpatienten.** James B. Carey jun. und Gale Williams. (J. clin. Invest. **42,** 450—55, 1963; Minneapolis, Minn., Univ. of Minnesota, Med. School and Hosp., Dep. of Med.; engl.) — Um zu prüfen, ob die menschliche Leber das *Lithocholsäure* (**I**; *3α-Hydroxycholansäure*)-Mol. in andere Verbb. umwandeln kann, wurde ^{14}C-**I** i.v. bei 2 Patienten mit externen Gallenfisteln verabreicht. Da jedoch über 90% der mit der Galle ausgeschiedenen Radioaktivität als konjugierte **I** wiedergewonnen wurde (3—4% als freies **I,** 2—3% in Form anderer Gallensäuren), wird **I** offenbar, im Gegensatz zur Umwandlung in *β-Muricholsäure* (*3α.6β.7β-Trihydroxycholansäure*) in der Rattenleber, in der menschlichen Leber nicht oder kaum transformiert. Normalerweise finden sich **I** u. *Desoxycholsäure* nicht in der Fistelgalle, so daß diese beiden als sek. Gallensäuren (Bldg. aus *Chenodesoxycholsäure* u. *Cholsäure* über 7α-Dehydroxylierung im Colon) angesehen werden müssen. U. Tausendfreund 4596◇

1408 **Wirkung einiger Übergangselemente auf die Cholesterinbiosynthese.** George L. Curran und Daniel L. Azarnoff. (Federat. Proc. **20,** Nr. 3 [Part II Suppl. Nr. 10], 109—11, 1961; St. Louis, Mo., St. Louis Univ., School of Med., Dep. of Internal Med.; engl.) — Übersicht über Wrkg. von *Mn, V, Cr* u. *Fe* auf biolog. Einbau von ^{14}*C-Acetat* in *Cholesterin* (**I**) u. Fettsäuren. *V* beeinflußt die Umwandlung von Squalen in **I** nicht, vermindert aber die Biosynth. aus Acetat oder Mevalonsäure. — 9 Literaturangaben.
K. Maier 4596◇

1409 **Kälteentkoppelung der Oxydation und Phosphorylierung in den Muskeln weißer Mäuse.** W. P. Skulatschew, Ss. P. Masslow, W. G. Ssiwkowa, L. P. Kalinitschenko und G. M. Masslowa. (Biochemie [UdSSR] **28,** 70—79, 1963; Moskau, Lomonossow-Univ., Lehrstuhl für Biochemie der Tiere; russ., Auszug: engl.) — 2std. Aufenthalt der weißen Maus im Raum von —15° führt zur Entkoppelung von Oxydation u. Phosphorylierung in den Mitochondrien des Skelettmuskels, ausgedrückt in der Abnahme von *P/O*. Der Geh. an *energiereichen Phosphaten* ist im Muskel nach einmaliger Hypothermie deutlich erhöht, nach wiederholter Hypothermie vermindert. Der Geh. an *anorgan. Phosphat* ist im letzten Fall erhöht. Der Geh. an *Kreatinphosphat* u. *Adenosintriphosphat* ist nach einmaliger Hypothermie erhöht, der Geh. an *Kreatin* u. *Adenosindi-* bzw. *-triphosphat* vermindert. Die Anwendung von Entkoppelungsfaktoren (Ca^{2+}, Oleinsäure, Vorinkubation der Mitochondrien) bei der Messung der Oxydation u. Phosphorylierung in vitro erleichtert die Feststellung der Entkoppelung. Durch Serumalbumin werden die durch die Hypothermie verursachten Veränderungen des P/O-Koeff. aufgehoben. Auf Grund der Vers.-Ergebnisse wird der Mechanismus der durch die Hypothermie ausgelösten Stoffwechselprozesse diskutiert. O. Lebtag 4597△

1410 **Fermentative Spaltung des Diphosphopyridinnucleotids in den Homogenaten der Herz- und Skelettmuskeln.** Ss. Je. Ssewerin, L. A. Zeitlin und T. N. Drushinina. (Biochemie [UdSSR] **28**, 145—51, 1963; Moskau, Inst. für Pharmakol. u. Chemotherapie der Akad. der med. Wiss. der UdSSR; russ., Auszug: engl.) — Die Unterss. über die enzymat. Spaltung der *Diphosphopyridinnucleotide* (**I**) in den 5%ig. Homogenaten des Herz- bzw. Skelettmuskels ergaben, daß neben der vorherrschenden **I**-Spaltung durch die *Nucleosidasen* (**II**) eine **I**-Spaltung durch *Nichtnucleosidasen* (**III**) erfolgt. Die Gesamtaktivität der **II** + **III** ist im Herzmuskel 4—6mal höher als im Skelettmuskel. Das pH-Optimum der **II**-Wrkg. liegt bei 6,0—7,0, das von **III** bei 7,5. Ob die **III**-Wrkg. auf der getrennten Wrkg. von Pyrophosphatase u. Pyrophosphorylase oder ihrer gleichzeitigen Wrkg. beruht, bleibt ungeklärt. O. Lebtag 4597△

1411 **Freie Ribonucleotide und Aktivität einiger Fermente des Pentosephosphatcyclus im Herzmuskel bei experimentellem Herzinfarkt.** A. I. Kolotilowa, B. F. Korowkin, Ss. N. Lyslowa, W. K. Wagner, E. T. Wassilenko und N. K. Dsutzow. (Biochemie [UdSSR] **28**, 113—21, 1963; Leningrad, Shdanow-Univ., Lehrstuhl für Biochemie; Bezirks-Militärhospital; russ.; Auszug: engl.) — Bei experimentellem Herzinfarkt des Hundes, hervorgerufen durch Abbinden der Coronararterie, ist der Geh. an freien *Adenylnucleotiden* in der Nekrosezone u. in der benachbarten Zone 2—9mal geringer als im nichtbeschädigten Bereich. Auch der Geh. an *Guanylnucleotiden* ist stark herabgesetzt. Das Verhältnis *Adenosintriphosphat* (**I**)/*Adenosindiphosphat* (**II**) u. **I**/*Adenosinmonophosphat* (**III**) ist auch im unbeschädigten Bereich herabgesetzt. In der Nekrosezone ist der Geh. an **I** u. **II** stark vermindert. Im nichtbeschädigten Herzmuskel ist der Geh. an **I** u. **III** in den ersten 4 Tagen nach der Operation stark erhöht. Die Geschw. des Zerfalls von *Ribose-5-phosphat* (**IV**) ist in den ersten 1—4 Tagen nach dem Abbinden der Gefäße 1½—2mal größer als in der Kontrolle. Die Geschw. der Anreicherung von *Sedoheptulose-7-phosphat* (**V**) ist auf das 3—4fache erhöht. 13 Tage nach der Operation werden die Aktivitäten der die **IV**-Umwandlung u. die **V**-Anreicherung bewirkenden Fermente normalisiert. O. Lebtag 4597△

1412 **Numerisches Verhältnis der verschiedenen Fraktionen der kontraktilen Proteine des quergestreiften Herz- und glatten Muskels.** T. P. Sserebrenikowa. (Biochemie [UdSSR] **28**, 36—44, 1963; Leningrad, Ssetschenow-Inst. für Evol.-Physiol. der Akad. der Wiss. der UdSSR; russ., Auszug: engl.) — Durch Aussalzen der Magen-, Herz- u. Beinmuskeln des Hundes u. des Schweines mit $(NH_4)_2SO_4$ u. Na_2SO_4 wird gezeigt, daß für die vollständige Entfernung der Globularproteine eine 3malige Extraktion erforderlich ist. Der Geh. an *Actin* (**I**) + *Actomyosin* (**II**) + *Myosin* (**III**) beträgt im Extrakt des quergestreiften Muskels 71,8%, im glatten Muskel 55,9%, im Herzmuskel 60%. Im Extrakt des quergestreiften u. des Herzmuskels beträgt der **II**-Anteil am Gesamteiweiß 40—50%, der **III**-Anteil 23—28%. Freies **I** ist nicht feststellbar. Im glatten Muskel beträgt der **I**-Anteil nach vollständiger Entfernung der Globularproteine 7,2%, der **II**-Anteil 23%, der **III**-Anteil 34,5%. Beim Aussalzen mit Na_2SO_4 (Sättigung 20—33%) u. Anwendung der Weberschen Lsg. (pH 9) bestehen die kontraktilen Proteine des mit Sand zerriebenen quergestreiften Muskels zu mehr als 80% aus **II**. Bei Anwendung der Edsall-Weber-Lsg. (pH 8) werden große Mengen an **I** u. **III** festgestellt. O. Lebtag. 4597△

1413 **Elastizität der Faser–Muskel-Proteine.** C. A. J. Hoeve und Y. A. Willis. (Biochemistry [Washington] **2**, 279—82, 1963; Pittsburgh, Pa., Mellon Inst.; engl.). — Kaninchenmuskeln wurden mit Glycerin–W.-Gemisch extrahiert u. so der Aktivierungsmechaninsmus zerstört. Sie wurden mit p-Benzochinon kreuzvernetzt. Es wurde eine thermoelast. Analyse durchgeführt. Nach maximaler Kontraktion in KJ-Lsgg. auf ca. 60% der Ruhelänge waren die Proben gummiartig u. befanden sich im amorphen Zustand. Bei einer partiellen Kontraktion waren sie jedoch teils krist., teils amorph. Vff. interpretieren den Kontraktionsmechanismus als Phasenübergang vom orientierten krist. Protein zum willkürlich geknäuelten amorphen. M. Wiedemann 4597◇

1414 **Beweis eines Phasenübergangs bei der Muskelkontraktion.** C.A. J. Hoeve, Y. A. Willis und D. J. Martin. (Biochemistry [Washington] **2**, 282—86, 1963; Pittsburgh, Pa., Mellon Inst.; engl.) — An Muskelfasern (vgl. vorst. Ref.) wurde die Länge in Lsgg. von Adenosintriphosphat, in wss. Glycerin u. Äthylenglykol in Abhängigkeit vom Geh. an W. u. der Temp. untersucht u. hieraus auf einen Phasenübergang geschlossen. Die verschiedenen für die Kontraktion vorgeschlagenen Mechanismen werden diskutiert, am wahrscheinlichsten erscheint der nach Flory, ein Übergang vom orientierten krist. zum willkürlich angeordneten amorphen Protein. M. Wiedemann 4597◇

1415 **Vergleichende Histochemie der Muskel-Plasmalogene.** Victor J. Ferrans, M. H. Hack und Eugene H. Borowitz. (J. Histochem. Cytochem. **10**, 462—68, 1962; New Orleans, La., Tulane Univ., Dep. of Med. and Anat.; engl.) — Auf Grund der Plasmal-Rk. konnte hinsichtlich der Verteilung der *Plasmalogene* (**I**) im Muskel ermittelt werden, daß **I** im Sarkoplasma, in perinuclearen u. interfibrillaren Sarkomen u. im Herzmuskel einiger Säugetiere vorkommt. Diese Beobachtungen werden ergänzt durch Papierchromatographie der aus Muskelgeweben u. aus Muskelzellfraktionen extrahierten Lipide. Sämtliche Muskeln enthalten *Cholin*-**I** u. *Äthanolamin*-**I**, wobei Herzmuskeln einen höheren Geh. an Cholin-**I** aufweisen als Skelettmuskeln, die mehr Äthanolamin-**I** enthalten. Freie Fettaldehyde kommen in Muskelgeweben nicht vor. L. Macher 4597◇

1416 **Chemische und histochemische Untersuchung von Glykogen in der Leber und im Gaumen der Ratte unter nachfolgender Behandlung mit verschiedenen Fixativen und Äthylendiamintetraessigsäure.** J. R. Trott, S. L. Gorenstein und M. D. Peikoff. (J. Histochem. Cytochem. **10**, 245—49, 1962; Winnipeg, Univ. of Manitoba, Dep. of Oral Biol., Fac. of Dent.; engl.) — Während in der Leber histochem. keine Verluste an *Glykogen* (**I**) feststellbar waren, betrugen diese nach der Fixierung in Essigsäure–A.–Formalin (**II**) 5,2—13,8%. Mit **II** fixierte Leber zeigte bei nachfolgender Behandlung mit *Äthylendiamintetraessigsäure* (**III**) einen 20,7—33,7%ig. Abfall an **I**. Mit 1% *Perjodsäure* (**IV**) fixierte Leberschnitte wiesen höhere **I**-Anteile auf als in mit **II** fixierten Geweben. Wurden solcherart fixierte Gewebe noch mit **III** behandelt, dann war histochem. nur wenig **I** feststellbar. Im Gaumen war nach Fixierung mit **II** kein **I** nachweisbar, obwohl nach dem Fixieren mit **IV** in den Zellagen des Epithels **I** in größeren Mengen sichtbar war. Weder **II** noch **IV** sind zufriedenstellende Fixative, wenn das Gewebe nicht vorher entkalkt wird u. wenn nur geringe Mengen **I** anwesend sind. L. Macher 4597◇

1417 **Ein kombinierter intravenöser Hippursäure–Bromsulphalein–Fructose-Test.** Makoto Okumura. (Fukuoka Acta med. [Fukuoka-Igaku-Zasshi] **47**, 674—86, 1956; Kyushu Univ., Fac. of Med., Second Dep. of Internal Med.; jap., Auszug: engl.) — Die Ergebnisse des kombinierten i.v. Hippursäure–Bromsulphalein–Fructose-Tests werden mit denen der einzelnen Leberfunktionsteste verglichen. Die klin. Anwendbarkeit dieser Meth. wird untersucht. Diese Meth. ermöglicht die Best. des Grades von Leberparenchymschäden. Die Arbeitsmeth. sind angegeben. Gottfried Schreiber 4597△

1418 **Austausch von Wasser und Ionen durch Nierenschnitte, durch eine Ausgleichsmethode bestimmt.** J. R. Robinson. (J. Physiology **158**, 449—60, 1961; Dunedin, Neuseeland, Univ. of Otago, Med. School, Dep. of Physiol.; engl.) — Nierenrindenschnitte von erwachsenen Ratten nehmen aus Salzmedien bei 0° Na u. Cl in ungefähr gleichen Mengen auf. Diese Beträge sind ca. 2mal soviel wie an K. Das W., das aus dem Medium aufgenommen wird, erscheint in den geschwollenen Schnitten u. nur zu einem kleinen Teil in den Rückständen der Tubuli. Die Fl., die während des Schwellprozesses in die Gewebe eindringt, ist weniger konz., als sie im Medium im Hinblick auf den Elektrolyt-Geh. vorliegt. G. Kimmerle 4597△

1419 **Elektrolytstörungen als Nebenwirkungen einer Durchströmung mit Glucose von langer Dauer.** W. Malaisse, J. R. M. Franckson und V. Conard. (Arch. int. Physiol. Biochim. **71**, 64—72, 1963; Bruxelles, Univ. libre, Labor. de Méd. Exp.; engl.) — Bei Hunden, welche 4—7 Std. mit hyperton. Glucose-Lsg. durchströmt wurden, wurde die Wasserdiurese durch Glucosurie aufrechterhalten, auch wenn die Entwässerung fortgeschritten war. Dagegen sank die Ausscheidung von Na^+ u. K^+ nach 2—3 Std. rasch ab. Der Geh. von K^+ u. Na^+ im Blut war in der Anfangsphase niedrig. Der K^+-Geh. nahm immer weiter ab, während der Na^+-Geh. später anstieg u. infolge der allg. Entwässerung den Ausgangswert manchmal überstieg. K. Zingraf 4597◇

1420 **Myoglobinausscheidung der Niere in Abhängigkeit von Diurese und pH des Urins untersucht in Langzeitversuchen.** Alois Blömer (unter Mitarbeit von Rolf Hetzel). (Z. ges. exp. Med. **137**, 17—26, 1963; Heidelberg, Univ., Physiolog. Inst.; dt.) — In Verss. von 7 Tagen Dauer traten bei Katzen nach Injektion von *Myoglobin* (I) in höheren Mengen, als sie bei Starkstromunfall frei werden (25—50 mg), keine Rest-N-Erhöhungen oder histolog. Schädigungen der Niere auf. Die Bldg. von I-Zylindern hängt von der Diurese bzw. dem spezif. Gew. des Harns u. nicht vom pH ab. K. Zingraf 4597◇

1421 **Beobachtungen über die adrenergische Innervation der Haut.** B. Falck und H. Rorsman. (Experientia [Basel] **19**, 205—06, 1963; Lund, Univ., Dep. of Histol. and Dep. of Dermatol.; engl.) — Vff. weisen adrenerg. Nerven in der Haut nach mit einem spezif. histochem. Verf. für bestimmte Monoamine. Die Haut wird schnell in Propan mit fl. N_2 gefroren. Nach der Gefriertrocknung wird die Haut mit Formaldehydgas behandelt. Während dieser Behandlung kondensieren bestimmte Brenzcatechinamine mit Formaldehyd, wobei intensiv fluorescierende Prodd. entstehen. W. Hiller 4597◇

1422 **Beziehungen zwischen cholinergischem Receptor und Acetylcholinesterase der Endplatte, untersucht während der Degeneration und Regeneration des Mäusezwerchfells.** Irene Rohr-Hadorn. (Helv. physiol. pharmacol. Acta **19**, 119—34, 1961; Zürich, Univ., Pharmakolog. Inst.; dt.) — Autoradiograph. wurden in der degenerierenden wie auch in der regenerierenden Endplatte (einseitige Phrenektomie bzw. Kälteschädigung des Nervus phrenicus) des Zwerchfells von Mäusen, denen zu verschiedenen Zeiten nach der Schädigung *Radiocurarin* (I) i.v. injiziert wurde, eine vermehrte I-Fixation festgestellt. Die densimetr. Best. der *Acetylcholinesterase* (II) war durch die vermehrte Diffusion von II aus der geschädigten Endplatte hinaus in die umgebende Muskulatur sehr erschwert. II ist wahrscheinlich vom 2.—7. Tag nach der Schädigung leicht erhöht u. nimmt mit fortschreitender Atrophie von Muskel u. Endplatte ab. G. Kimmerle 4598△

1423 **Chemische Übertragung im Zentralnervensystem.** J. H. Gaddum. (Nature [London] **197**, 741—43, 1963; Babraham, Cambridge, Agric. Res. Council, Inst. of Animal Physiol.; engl.) — Übersicht über die chem. Transmissionsvorgänge im Zentralnerven-Syst. unter Berücksichtigung der bisher erhobenen Befunde über die Wrkg. von *Acetylcholin, Adrenalin, Noradrenalin, 5-Hydroxytryptamin, Dopamin, γ-Aminobuttersäure, Glutaminsäure* u. *Substanz P.* — 41 Literaturangaben. U. Tausendfreund 4598◇

1424 **Die Aktivität der Bernsteinsäuredehydrogenase im Reizleitungssystem.** Kazuma Miyaji und Yoshihisa Saeki. (Fukuoka Acta med. [Fukuoka-Igaku-Zassi] **47**, 729—30, 1956; Kyushu-Univ., Fac. of Med., Third Dep. of Internal Med.; jap., Auszug: engl.) — Die Aktivität von *Bernsteinsäuredehydrogenase* (I) in gewöhnlichen u. speziellen Muskelfasern [Reizleistungs-Syst. (RLS)] wird histochem. unter Verw. von Neotetrazolium im Ochsenherz untersucht. Die Enzymaktivität der I ist in gewöhnlichen Muskelfasern extrem stark, in den Muskelfasern des RLS ziemlich schwach. Vff. nehmen an, daß der antiarrhythm. Effekt des Na-Succinats nicht auf seiner Wrkg. gegenüber I, sondern auf seiner das RLS anregenden Wrkg. beruht. Gottfried Schreiber 4598△

1425 **Verteilung der Nucleinsäuren im Zentralnervensystem einiger Wirbeltiere.** H. Rein, S. Edel-Harth und P. Mandel. (C. R. Séances Soc. Biol. Filiales **157**, 384—86, 1963; Strasbourg, Univ., Fac. de Méd., Inst. de Chim. Biol.; franz.) — Der Geh. von Nucleinsäuren im Nerven-Syst. von Wirbeltieren ist in der gleichen Tierklasse jeweils sehr ähnlich, dagegen bestehen zwischen den Klassen große Unterschiede (bis zum doppelten Wert bei den *Ribonucleinsäuren* u. bis zum 5,5fachen bei den *Desoxyribonucleinsäuren*). K. Zingraf 4598◇

1426 **Der Eiweißstoffwechsel im Gehirn.** J. Folbergrová. (Českoslov. Fysiol. **10**, 13—33, 1961; Praha, ČSAV, Fysiol. ústav; tschech.) — Übersicht: Freie Aminosäuren u. Eiweißstoffe des Gehirngewebes, dynam. Zustand der Eiweißstoffe des Gehirns; Beziehung zwischen der funktionellen Aktivität u. dem Eiweißstoffwechsel des Gehirns. — 196 Literaturangaben. R. K. Müller 4598◇

1427 **Wachstumskontrolle des Sympathicussystems durch einen spezifischen Proteinfaktor.** Rita Levi-Montalcini und Pietro U. Angeletti. (Quart. Rev. Biol. **36**, 99—108, Juni 1961; St. Louis, Miss., Washington Univ.; engl.) — Wachstum, Differenzierung u. Erhaltung der Sympathicusnervenzellen hängen von einem spezif. *Proteinfaktor* (I) ab. Aus erwachsenen Säugern (Maus, Ratte, Katze, Kuh) isolierte Sympathicusganglien bewirken bei Kükensympathicusganglien in vitro einen Nervenwachstumseffekt. Die gleiche Wrkg. zeigt ein Rohextrakt dieser Ganglien. Die biolog. Aktivität von I wird nach Fällung mit spezif. Antikörpern völlig gehemmt u. ist durch Alkalibehandlung des Antigen–Antikörper-Komplexes wieder regenerierbar. Mindestens einer der antigenen Bereiche von I scheint mit dem biolog.-akt. Zentrum ident. zu sein. I wurde in Sympathicusnervenzellen verschiedener Säuger (Maus, Ratte, Katze, Kuh, Mensch) aufgefunden u. ist demnach nicht artspezifisch. Verss. mit fluorescierenden Antikörpern zeigten, daß in den Sympathicusnervenzellen das gleiche spezif. Protein vorhanden ist. K. Maier 4598◇

1428 **Wirkung der Extrakte von Schizophrenen auf die experimentell ausgelöste Hirnrindenreaktion der Ratte.** G. A. German und D. Kemali. (Nature [London] **198**, 791—92, 1963; Aberdeen, Univ., Dep. of Physiol.; engl.) — Harn von medikamentös unbehandelten Schizophrenen enthält einen Faktor, der demjenigen des Serums Schizophrener entspricht u. ebenso wie der Faktor des Serums die Amplitude der durch elektr. somat. Reizung hervorgerufenen Hirnrinden-Rk. bei der Ratte erhöht. U. Tausendfreund 4598◇

1429 **Reversible Bildung freier Radikale in den Melamingranula des Auges durch sichtbares Licht.** Freeman W. Cope, Raymond J. Sever und B. David Polis. (Arch. Biochem. Biophysics **100**, 171—77, 1963; Johnsville, Pa., U. S. Naval Air Dev. Center, Aviation Med. Acceleration Labor., Biochem. Dep.; engl.) — In KCl-Phosphatpuffer suspendierte Melamingranula des Säugerauges bilden, wie Elektronenspinresonanzmessungen zeigten, bei Bestrahlung unter annähernd physiolog. Bedingungen mit sichtbarem Licht freie Radikale. Die Bldg. im Licht u. das Verschwinden im Dunkeln erfolgt in einem Zeitraum von Sekunden. Die Gleichgewichts-Konz. freier Radikale im Licht oder Dunkeln hängt von der Konz. von W., H^+ u. gelöstem O_2 der umgebenden Lsg. ab. Die anatom. Nachbarschaft zwischen Melamingranula u. Stäbchen u. Zäpfchen sowie ihre Rk. auf Licht-Einw. sprechen für eine wesentliche Rolle der ersten beim Sehvorgang. K. Maier 4598◇

E_6. Pharmakologie, Therapie, Toxikologie, Hygiene

1430 **Entgiftungsvorgänge beim Menschen.** R. T. Williams. (Clin. Pharmacol. Therapeutics **4**, 234—54, 1963; London, Univ. of London, St. Mary's Hosp., Med. School, Dep. of Biochem.; engl.) — Übersicht. — 84 Literaturangaben. H. Jacobi 4600◇

1431 **Bekannte und mutmaßliche Rolle der Metallkoordination bei Pharmacawirkungen.** Maynard B. Chenoweth. (Federat. Proc. **20**, Nr. 3 [Part II Suppl. Nr. 10] 125—29, 1961; Midland, Mich., Dow Chem. Co., Biochem. Res. Labor.; engl.) — Übersicht. Ein Arzneimittel kann an sich ein metallbindendes Agens sein oder in ein solches umgewandelt werden. Eine große Zahl pharmakolog. Wrkg. verlaufen offensichtlich unter Beteiligung von Metallbindungen. — 41 Literaturangaben. K. Maier 4600◇

1432 **Pharmakologische Betrachtungen über den Nachweis teratogener Effekte von Medikamenten.** Anonym. (Arzneimittel-Forsch. **13**, 160, 1963; dt.) — Bericht über die Sitzung der Société française de thérapeutique et de pharmacodynamie vom 21/11. 1962, auf der Vorschläge zur Durchführung von Tier-Verss. gemacht werden, um die teratogene Wrkg. von Arzneimitteln zu erkennen. W. Hiller 4600◇

1433 **Vergleich der Wirkungen von Ganzkörper-Röntgenbestrahlung und Fasten auf die Plasmalipoide der Maus.** Carl S. Rehnborg, James K. Ashikawa und Alexander V. Nichols. (Radiat. Res. **16**, 860—66, 1962; Berkeley, Calif., Univ., Lawrence Radiat. Labor., Donner Labor. of Med. Phys.; engl.) — ♂ weiße Mäuse wurden mit 250-kV-Röntgenstrahlen bei Filterung mit 0,5 mm Cu + 1,0 mm Al, einer Dosisleistung von 20 r/min u. einer Gesamtdosis von 2000 r bestrahlt. Durch Herzpunktion wurden Blutproben entnommen, zentrifugiert, das Plasma in Lipoproteinfraktionen zerlegt, u. zwar eine mit geringer Dichte (< 1,063 g/ml) u. eine mit höherer Dichte (1,063—1,218). Die Fettsäuren wurden chromatograph. bestimmt. Für die Fraktionen mit D. < 1,063 wurde ein deutlicher Abfall in der Plasma-Konz. gefunden. In Verbindung damit treten Störungen in der Verteilung der Fettsäuren im Gesamtplasma ein. Bei unbestrahlten Vgl.-Tieren, die 24 Std. ohne Nahrung gehalten wurden, trat ebenfalls Verringerung der Konz. der leichteren Fraktion u. der *Plasmaglyceride* ein, während die Fraktionen mit D. > 1,036 u. die *Phospholipoide* zunahmen. W. Reusse 4601◇

1434 **Elektrophoretische und immunochemische Analyse des Blutserums von Mäusen, die letal röntgenbestrahlt wurden.** K. P. Kaschkin, P. N. Grabar und J. Courcon. (Biochemie [UdSSR] **28**, 89—100, 1963; Paris, Pasteur-Inst., Abt. für Chem. der Mikroben; russ., Auszug: engl.) — Durch Röntgenbestrahlung von Mäusen mit 1000 rad wird der Geh. der Serumproteine um 14—15% vermindert, vorwiegend bedingt durch die Abnahme von *p*-, β_3- u. *γ-Globulin* (I). Nach 6 Tagen nehmen α_2- u. β_2-I so stark zu, daß nach 8 Tagen ihr Geh. 1,5—2 mal höher ist als in der Kontrolle. Zum selben Zeitpunkt nehmen γ-I u. *Albumine* ab. Die Zunahme von α_2-I nach der Bestrahlung hängt mit dem Auftreten neuer Antigene in dieser Zone zusammen, die Zunahme von β_2-I mit der Zunahme der Fraktion α_2-I bei gleichzeitiger Abnahme der übrigen Komponenten von β_2-I u. Verschiebung eines Teils von β_3-I (I-Fraktion). Diese beweglichere Komponente von β_3-I tritt nur im Blutserum der bestrahlten Tiere auf. O. Lebtag 4601△

1435 **Die Strahlenempfindlichkeit von Escherichia coli und Streptococcus faecalis unter dem Einfluß von Vitamin K$_5$ und seinen Analogen.** G. J. Silverman, A. M. El-Tabey Shehata und S. A. Goldblith. (Radiation Res. **16**, 432—40, 1962; Cambridge, Mass., MIT, Dep. of Nutrit., Food Sci. and Techn.; engl.) — Es wurde die strahlensensibilisierende Wrkg. folgender, in der chem. Struktur dem Vitamin K$_5$ (2-Methyl-4-amino-1-naphthohydrochlorid) ähnlichen Stoffe bei *E. coli* u. *Streptococcus faecalis* untersucht: *4-Amino-1-naphtholhydrochlorid* (I), *1-Amino-2-naphtholhydrochlorid* (II), *5-Amino-1-naphtholhydrochlorid* (III), Tetra-Na-Salz des *2-Methyl-1.4-naphthohydrochinondiphosphorsäureesters* (Synkavit, IV) u. *2-Methyl-1.4-naphthochinon-Na-bisulfit* (V). Die Stoffe I bis V wurden mit Zellsuspensionen gemischt u. γ-bestrahlt. I u. II bewirken in einem höheren Ausmaß als Vitamin K$_5$ erhöhte Strahlenempfindlichkeit bei *E. coli*, u. zwar in Abwesenheit von O_2. Bei *S. faecalis* tritt die gleiche Wrkg., wenn auch in geringerem Maße, in Ggw. von O_2 ein. III u. V sind bei *S. faecalis* wirksam in Ggw. von N_2. Die Methylgruppe im Vitamin K$_5$ wird für die gegenüber I u. II geringere Sensibilisierungs-Wrkg. verantwortlich gemacht. Die gefundenen Effekte werden diskutiert. W. Reusse 4601◇

1436 **Einfluß von γ-Bestrahlung und Nahrungsaufnahme.** 1. Mitt. Akitsugu Kenmoku und Hiroyuki Iwao. (Jap. J. Nutrit. **20**, 70—76, 1962; Nat. Inst. of Nutrit., Div. of Food Processing; jap., Auszug: engl.) — Es wird der Einfl. von γ-Bestrahlung (600 r) auf die N-Ausscheidung von Ratten untersucht, die täglich 10 Tage lang 15 g Futter mit 8 bzw. 25% Casein erhalten. Durch die Ganzkörperbestrahlung wird die Gesamt-N-Ausscheidung verstärkt. Bei der 8%-Gruppe sind der Harnstoff-N u. der Allantoin-N ebenfalls stark erhöht, bei der 25%-Gruppe sind die Erhöhungen gering oder nicht signifikant. P. Gregorzewski 4601◇

1437 **Die Verteilung von Chrom-51 bei Mäusen nach intraperitonealer Injektion.** P. V. Vittorio, E. W. Wight und B. E. Sinnott. (Canad. J. Biochem. Physiol. **40**, 1677—83, 1962; Kingston, Canada, Defence Res. Board, Radiobiol. Labor.; engl.) — Nach intraperitonealer Injektion von 25 μc ^{51}Cr ist in Leber, Magen, Darm, Nebenhodenfett, Thymus, Lunge, Milz, Niere u. Hoden der Maus ^{51}Cr zu finden; dabei werden in weniger als 1 Std. maximale Werte erreicht, danach allmählicher Abfall, wobei sich das Verteilungsverhältnis nicht ändert. Die größte Menge ^{51}Cr wird in der Leber angetroffen (wichtige Rolle bei Lagerung, Aktivierung u. Freisetzung von Cr). Der relativ hohe Cr-Geh. im Nebenhodenfett weist auf die Bedeutung bei der Fettsäuresynthese hin. Mit steigendem Alter geht der Einbau von Cr in die Organe zurück, die Verteilung bleibt aber die gleiche. Die rasche Cr-Aufnahme u. weitläufige Verteilung deutet auf eine wichtige biochem. u. physiolog. Rolle von Cr im Stoffwechsel. U. Tausendfreund 4601◇

1438 **Verteilung der Transurane in Säugetieren.** Patricia W. Durbin. (Health Physics **8**, 665—71, 1962; Berkeley, Calif., Univ. of California, Lawrence Radiat. Labor.; engl.) — Das biolog. Verh. der Isotope der leichten u. schweren seltenen Erden wird zu ihren chem. Eigg. in Beziehung gesetzt u. miteinander verglichen. Die Ablagerung von hochakt. *Lanthaniden* u. *Actiniden* in Leber u. Skelett korreliert dabei mit dem Ionenradius. Die Verteilung repräsentativer Vertreter im Knochen belegen 14 autoradiograph. Abbildungen. H. Hüller 4601◇

1439 **Einige Gesichtspunkte des Vergleichs von Plutonium- und Americiumstoffwechsel in Ratten.** D. M. Taylor. (Health Physics **8**, 673—77, 1962; London, Royal Cancer Hosp., Dep. of Phys., Inst. of Cancer Res.; engl.) — Oral oder i.v. wurden 0,1—0,3 μc ^{239}Pu oder ^{241}Am in verschiedenen chem. Formen appliziert. Die Verteilung war bevorzugt im Skelett etwa gleich, in der Leber war die ^{241}Am-Konz. jedoch 5—10 mal größer als die des ^{239}Pu. Der ^{241}Am-Plasmaspiegel sinkt schneller ab, die Einlagerung im Knochen erfolgt entsprechend. H. Hüller 4601◇

1440 **Der Übergang einiger Transurane in die Milch.** R. O. McClellan, H. W. Casey und L. K. Bustad. (Health Physics **8**, 689—94, 1962; Washington, D.C., Gen. Electr. Co.; Richland, Biol. Labor., Hanford Labor.; engl.) — An Schafen wurde vom 2.—4. Monat der Lactationsperiode der Übergang von ^{45}Ca, ^{233}U, ^{237}Np, ^{239}Pu, ^{241}Am u. ^{244}Cm vom Plasma in die Milch untersucht. Intravenös wurden 1000 μc ^{45}Ca bzw. 150 μc der anderen Elemente verabfolgt. Die Clearancewerte waren für U am höchsten u. fielen über Cm, Am, Ca, Pu u. Np ab. 7 Std. nach der Injektion zeigten die Radionuclide außer Np einen gleichsinnigen Verlauf der Plasmaspiegelkurven. Der Milch/Plasma-Quotient lag für U, Np u. Pu bei 0,02—0,15, für Cm u. Am bei 2—5 u. für Ca bei 10—40. H. Hüller 4601◇

1441 **Mobilisierung radioaktiver Metalle.** A. Catsch. (Federat. Proc. **20**, Nr. 3 [Part II Suppl. Nr. 10] 206—19, 1961; Karlsruhe, Kernforschungszentrum, Inst. für Radiobiolog.; engl.) — Übersicht. — 81 Literaturangaben. K. Maier 4601◇

1442 **Die Wirkung von S-2-Aminoäthylisothiuroniumbromidhydrobromid auf das periphere Blutbild von Kaninchen nach γ-Bestrahlung.** Norma V. Colclough und Calvin Hanna. (Arch. int. Pharmacodynam. Thérap. **143**, 8—16, 1963; Burlington, Vt., Univ. of Vermont, Coll. Med., Dep. of Pharmacol.; engl.) — *S.2-Aminoäthylisothiuroniumbromidhydrobromid* (*AET*) besitzt in einer Gesamtdosis von 200 mg/kg eine radioprotektive Wirkung. Die Normalisierung des peripheren Blutbildes nach Bestrahlung mit 600 bzw. 800 r erfolgte früher u. schneller. AET bewirkte keine Erhöhung der Überlebensrate bestrahlter Kaninchen. Organ- u. Gesamtkörper-Gew. wurden nicht signifikant beeinflußt. H. Hüller 4601◇

1443 **Autoradiographische Untersuchungen mit einem Strahlenschutzstoff.** Günther Pließ und Herbert Franke. (Sonderbände zur Strahlentherapie **52**, 295—301, 1963; Hamburg-Eppendorf, Univ., Patholog. Inst. u. Radiolog. Klinik u. Strahleninst.; dt.) — An Jungratten wurde die Verteilung von markiertem *β-Aminoäthylisothiuroniumbromid* untersucht. Einzeitbestrahlung des Kopfes mit 100, 500 oder 1000 r ändert das Verteilungsmuster nur in der Niere u. der Inzisorbasis. Die lokale Schutz-Wrkg. eines Strahlenschutzstoffs hängt jedoch weniger von der Verteilung als von der spezif.-biolog. Interferenz zwischen Gewebe u. Schutzstoff ab. H. Hüller 4601◇

1444 **Schutz gegen die toxischen Wirkungen von Röntgenstrahlen und Stickstofflost bei E. coli 0111 durch Strahlenschutzstoffe.** F. Hernádi, T. Vályi-Nagy, Zs. Nagy und A. Jeney. (Radiation Res. **16**, 464—70, 1962; Debrecen, Ungarn, Med. Univ., Pharmacol. Inst.; engl.) — Vgl. C. **1962**, 18543. — *E. coli 0111*-Kulturen wurden entweder röntgenbestrahlt (180 kV) oder mit Stickstofflost behandelt, in beiden Fällen jeweils mit der DL_{50} oder DL_{100}, u. die Wrkg. von verschiedenen Stoffen auf die Überlebensrate ermittelt. In beiden Fällen erwiesen sich als unwirksam Adrenalin, Noradrenalin, Histamin, Chlorpromazin, $NaNO_2$, Methylenblau u. Methionin. Ausschließlich gegen Stickstofflost unwirksam ist *Malonsäuredinitril.* Etwa gleiche Wirksamkeit gegenüber beiden tox. Agentien zeigen *Cystein, Cysteamin, Homocysteinthiolacton* u. *Serotonin,* stärker wirksam gegen Lost ist *Dimercaptopropanol,* gegen Röntgenstrahlung *Glutathion.* W. Reusse 4601◇

1445 **Der Einfluß von vor oder nach einer Röntgenbestrahlung verabfolgtem Zymosan auf die reticuloendotheliale Funktion.** W. R. Wooles, E. E. Elko und N. R. Di Luzio. (Radiation Res. **16**, 546—54, 1962; Memphis, Tenn., Univ., Med. Units, Dep. of Physiol.; engl.) — Mit 240-kV-Röntgenstrahlen in einer Dosis von 1000 r bestrahlte ♂ Mäuse erhielten vor oder nach der Bestrahlung 3 tägliche i.v. Gaben von 4,0 mg *trypsinisiertem Zymosan*/100 g. Obwohl dieses das reticuloendotheliale Syst. stimuliert, bleibt es ohne Einfl. auf die Überlebenszeit der Tiere. W. Reusse 4601◇

1446 **Versuch des Strahlenschutzes bei Mäusen durch 2 Anilinderivate.** M. L. Beaumariage, S. Liébecq-Hutter und S. A. Freire. (Arch. int. Physiol. Biochim. **69**, 107—09 1961; Liège, Univ., Labor. de Pathol. et Thérapeut. générales; franz.) — Mit tödlichen Dosen Röntgenstrahlen behandelte Mäuse (100 r/min) erhalten durch vorherige Injektion von 50 mg *p-Chloräthylanilin*/kg einen Strahlenschutz, der um so wirksamer ist, je größer die Zeitspanne (20 Min.) zwischen Injektion u. Bestrahlung ist, so daß 75% der Vers.-Tiere überleben. Die Injektion von 72,5 mg *Diäthylaminoäthyl-p-chloranilin* (**I**)/kg bewirkt nur bei 33% der Mäuse einen Schutz; 145 mg I/kg retten nur 17% der Tiere. W. Wesly 4601◇

1447 **Histochemische Prüfung des Quecksilbervorkommens in der Intestinalwand bei Sublimatvergiftung.** Gerhard E. Voigt. (Acta histochem. [Jena] **14**, 315—20, 1962; Lund, Sweden, Univ., Dep. of Forensic Med.; engl.) — Intramuskulär injiziertes $HgCl_2$ konnte schon nach wenigen Min. in der Darmwand von Ratten u. Hamstern mit der modifizierten „Sulfid-Silber-Meth". nachgewiesen werden. Vf. vermutet, daß es direkt mit dem Blutstrom dorthin transportiert wurde. G. Seltmann 4606◇

1448 **Vergleich der Toxizität von Borsäure und einiger Arylborsäuren bei Ratte und Maus.** Fernand Caujolle, Yvette Gout-Tarbouriech und Robert Gout. (C. R. hebd. Séances Acad. Sci. **248**, 751—53, 1959; Toulouse, Labor. de Pharmacodynam. de la Fac. de Méd. et de Pharmacie.) — An 1000 Mäusen u. 700 Ratten wurden die Toxizität von *Borsäure* (**I**), *Phenylborsäure* (**II**), *o-Tolylborsäure* (**III**), *p-Tolylborsäure* (**IV**), *o-Anisylborsäure* (**V**) u. *p-Anisylborsäure* (**VI**) untersucht. Die Verbb. wurden intraperitoneal in einer Einzeldosis (pH 8,0) verabreicht. **I** ist wenig tox., **III** ist am wirksamsten. Die DL_{50} bei Mäusen beträgt für **I** 2,21, **II** 0,542, **III** 0,371, **IV** 0,512, **V** 0,575, **VI** 0,750 g/kg. Bei Ratten beträgt die DL_{50} für **I** 1,42, **II** 0,246, **III** 0,072, **IV** 0,281, **V** 0,361 u. **VI** 0,557 g/kg. Mäuse sind demnach weniger empfindlich gegen die Verb. als Ratten. K. Böhm 4607◇

1449 **Wirkungen von Äthylalkohol auf das Herzminutenvolumen und seine Verteilung bei der Ratte.** Leo A. Sapirstein, E. J. Reininger, A. Bredemeyer und E. Sapirstein. (Proc. Soc. exp. Biol. Med. **98**, 608, 1958; Columbus, Ohio, Ohio State Univ., Dep. of Physiol.) — ♀ Ratten (Sprague-Dawley) erhielten nach 18 Std. Fasten 5 ml 20%ig. *Alkohol* (**I**) intraperitoneal injiziert. 5—10 Min. später wurden 0,4 ml ^{86}*RbCl* oder *Jodantipyrin* (^{131}J) i.v. gegeben. **I** beeinflußt das Herz-Min.-Vol. nicht. Die Best. der Durchblutung der Organe ergab, daß die Haut als Ganzes, der A. hepatica-Zufluß, der portale Fluß ohne die Milz u. die bronchiale Durchblutung durch **I** nicht beeinflußt werden. Die Coronardurchblutung stieg um 31% an, die Nierendurchblutung wurde um 32% verringert. Die Gehirndurchblutung ist bei den mit **I** behandelten Tieren um 90% größer als bei den mit Pentobarbital anästhesierten Tieren. K. Böhm 4607◇

1450 **Die Reaktion von Nereis virens auf Alkohole.** James Case. (Comparat. Biochem. Physiol. **6**, 47—56, 1962; Iowa City, Iowa, Univ., Dep. of Zool.; Woods Hole, Marine Biol. Labor.; engl.) — *Nereis virens* reagiert, in Glasröhrchen aufbewahrt, quant. auf chem. Reize. Es wird eine positive Rk. der Annahme in Form einer Vorwärtsbewegung verschiedenen Grades von einer negativen Rk. in Form einer Rückwärtsbewegung verschiedenen Grades unterschieden. Diese Reiz-Rkk. sind konzentrationsabhängig. Von folgenden Verbb. wurden die mittleren Konzz. für die verschiedenen Verhaltensweisen bestimmt: *A., Methanol, Propanol-(2), Butanol-(3), Butanol-(1), Propanol-(1), Butanol-(2), Isoamylalkohol* u. *n-Hexylalkohol.* P. Lange 4607◇

1451 **Veränderung des Blutzuckers unter dem Einfluß der Cyanide und des Alkohols bei ihrer getrennten und kombinierten Einwirkung.** Ss. N. Ssinitzyn. (Pharmakol. u. Toxikol. [UdSSR] **25**, 113—14, 1962; Moskau, Erissman-Inst. für Gesundheitsschutz u. Hyg., Labor. für Toxikolog. u. Pathophysiolog.; russ.) — 10 Min. nach Injektion von 3 mg KCN/kg stieg die Zucker-Konz. im Blut von weißen Ratten von 122 auf 225 mg% an; der Vorgang war reversibel. Unter chron. Vers.-Bedingungen trat anfangs Hyper-, dann Hypoglykämie auf. Bei peroraler Anwendung von A. (Dosis: 0,0075 ml/g) bestand Tendenz zur Verminderung, von A. vor KCN-Gaben Tendenz zur Erhöhung des Blutzuckerspiegels. A. nach KCN erhöhte den Zuckerwert, steigerte aber auch die Toxizität. Eberhard Koch 4607◇

1452 **Veränderungen im Kaninchenkörpergewicht und histologische Veränderungen in Kaninchenorganen nach Natriumsuccinatgaben.** Kazuma Miyaji, Yoshihisa Saeki und Eiko Matsuoka. (Fukuoka Acta med. [Fukuoka-Igaku-Zassi] **47**, 635—37, 1956; Kyushu Univ., Fac. of Med., Third Dep. of Internal Med.; jap., Auszug: engl.) — 53malige Injektion von *Na-Succinat* in die Ohrvene von ca. 2 kg schweren Kaninchen in einer täglichen Dosis von 2 cm³ einer 10%ig. Lsg. bewirkt keine patholog. Veränderungen in den Organen. Gottfried Schreiber 4607△

1453 **Einige Wirkungsarten der γ-Aminobuttersäure auf den Umsatz der Kohlenhydrate.** B. A. Kasarjan. (Nachr. Akad. Wiss. ArmenSSR, biol. Wiss. **15**, Nr. 11, 11—18, 1962; Biochem. Inst. der Akad. der Wiss. der ArmenSSR; russ., Auszug: armen.) — Im Ratten-Vers. verursacht die intraperitoneale Zufuhr von *γ-Aminobuttersäure* (**I**) statt der zu erwartenden Abnahme eine Zunahme des *Glucose* (**II**)-Geh. im Blut. Bei i.v. Zufuhr der gleichen **I**-Dosen (0,0125—1,0 mg) wird der **II**-Geh. des Blutes prakt. nicht verändert. Die **II**-Zunahme im Blut nach **I** beruht auf der verstärkten Zers. des *Glykogens* (**III**) in der Leber. Der **III**-Geh. wird nach der intraperitonealen **I**-Zufuhr auf ca. $^1/_{26}$ des Kontrollwerts gesenkt. Im Muskelgewebe ist die **III**-Abnahme geringer. Bei Ratten unter Nembutalnarkose bewirkt **I** keine Erhöhung des Blut-Geh. an **II**. Die Wrkg. der **I** erfolgt demnach über das Zentralnervensystem. Vermutlich spielt hierbei das neurohumorale Syst. die entscheidende Rolle. O. Lebtag 4607△

1454 **Über den Einfluß der Glutaminsäure auf den Stoffwechsel, speziell des Zentralnervensystems.** Else Gründig, F. Salvenmoser und R. Bretschneider. (Z. ges. exp. Med. **137**, 94—107, 1963; Wien, Univ., Medizin.-chem. Inst.; Univ.-Kinderklinik; dt.) — Nach i.v. Injektion von $^{14}C_{(1)}$-*Glutaminsäure* (**I**) ist maximale Radioaktivität im Hirn bei Meerschweinchen nach 2 Std., im Cerebrospinalliquor bei cerebral geschädigten Kindern u. bei intakten u. geschädigten Schweinen nach 7 Std. nachweisbar. **I** bewirkte eine Mobilisierung des Leberglykogens, einen Anstieg des *Glucose-* u. *α-Ketoglutarsäure* (**II**)-Geh. im Blut u. wahrscheinlich eine Zunahme von **I** im Hirn. Die Zunahme des **II**-Angebots an das Zentralnerven-Syst. scheint für die Wrkg. von **I** verantwortlich zu sein. K. Zingraf 4607◇

1455 **Die methämoglobinerzeugende Wirkung von p-Aminopropiophenon beim Menschen. Mit einer experimentellen Ergänzung am Hund.** G. Paulet, X. Aubertin, L. Laurens und J. Bourrelier. (Arch. int. Pharmacodynam. Thérap. **142,** 35—51, 1963; Rennes, Univ., Fac. de Méd., Labor. de Physiol.; Ugine, Soc. d'Electrochim., d'Electrometallurg. et des Acieries Electr.; franz.) — Nach oraler Zufuhr von 80 bzw. 100 mg *p-Aminopropiophenon* werden beim Menschen durchschnittlich 13,1 ± 9% bzw. 22 ± 14% *Methämoglobin* (**I**) gebildet, u. die **I**-Konz. bleibt für mehr als 4 Std. höher als 5%. K. Zingraf 4607◇

1456 **Vergleichende toxikologische Charakteristik der ω-Chlorcarbonsäuren bei peroraler Zuführung in den Organismus von Warmblütern.** L. W. Kudrin. (Hyg. u. Sanitätswes. [UdSSR] **27,** Nr. 10, 12—16, 1962; Moskau, 1. Med. Ssetschenow-Inst., Lehrstuhl für Kommunalhyg.; russ., Auszug: engl.) — In Verss. mit Mäusen u. Ratten zeigten *ω-Chlorcarbonsäuren* nach peroraler Zufuhr geringe Toxizität. Die DL_{50} für *ω-Chlorönanth-* (**I**), *ω-Chlorpelargon-* (**II**) bzw. *ω-Chlorundecansäure* (**III**) betrug im Mittel 1800, 3000 bzw. 5000 mg/kg. Nach chron. Anwendung von 200 mg **I**/kg (2½ Monate) trat Verringerung der Aktivität der *Cholinesterase* (**IV**) im Blut, nach 300 mg **II** oder **III**/kg Leukocytose u. nach ⅓ der DL_{50} ebenfalls Verringerung der Aktivität der **IV** auf. I. v. Kloch-Kornitz 4607◇

1457 **Experimenteller Beitrag zum Studium der toxischorganschädigenden Wirkungen von Calciumversenat und D-Penicillamin.** A. Agnoletto, M. Carnelutti, M. Conti und V. Foa. (Med. del Lavoro **54,** 214—26, 1963; Milano, Univ., Clin. de Lavoro „L. Devoto"; Centro Studi e Ric. sulle Mal. Prof. sotto il Patronato dell' I.N.A. I.L.; ital.) — 250 mg *Calciumdinatriumäthylendiamintetraacetat* (**I**; *Versenat*)/kg, täglich intraperitoneal verabreicht, bewirkten bei Ratten eine ausgeprägte vacuoläre Degeneration der proximalen Tubuli u. eine osmot. Nephrose; nach Dosen von 70 bzw. 150 mg **I**/kg wurde lediglich albuminöse oder vacuoläre Degeneration beobachtet. Daneben bestand bei hoher Dosierung eine Verringerung des Ca-Geh. im Blut u. eine überhöhte Rk. auf Strophanthin im EKG. *D-Penicillamin* bewirkte nur in der höchsten Dosierung trübe Schwellung u. leichte Vacuolisierung der Tubulizellen, einen fast vollständigen Glykogenschwund in der Leber u. eine Perjodsäure-Schiff-positive Rk. des Cytoplasmas der Kupffer-Zellen. K. Zingraf 4607◇

1458 **Acrylnitril. Toxizität — Mechanismus — therapeutische Wirkung.** G. Paulet und J. Desnos. (Arch. int. Pharmacodynam. Thérap. **131,** 54—83, 1961; Rennes, Fac. mixte de Méd. et de Pharm., Labor. de Physiol.; franz.) — Die akute Toxizität von *Acrylnitril* (**I**) ist geringer als die von HCN u. Acetoncyanhydrin. **I** kann durch Inhalation, durch den Magendarmtrakt u. durch die Haut aufgenommen werden. Der Mechanismus der tox. Wrkg. von **I** ist noch unbekannt, zeigt aber keine Cyanidsymptomatologie. Zur Behandlung der **I**-Vergiftung wird die Verabreichung von Na-Hyposulfit, Gardenal u. zentralen Stimulantien empfohlen. G. Kimmerle 4607△

1459 **Einfluß des Isoverins auf die bedingtreflektorische Tätigkeit der weißen Ratten.** W. W. Newslitschuk. (Pharmakol. u. Toxikol. [UdSSR] **25,** 16—19, 1962; Lwow, Med. Inst., Lehrstuhl für Pharmakologie; russ., Auszug: engl.) — Erwachsene ♂ Ratten unterschiedlichen Typs der Nerventätigkeit wurden mit wechselnden Mengen *Isoverin* (*N-Isoamylcadaverindihydrochlorid*) intraperitoneal behandelt. *Isoverin* hemmte die bedingtreflektor. Tätigkeit; die Wrkg. erhöhte sich mit steigender Dosierung. Eberhard Koch 4607◇

1460 **Glykogenolytische Wirkung von 2-Mercaptoäthylamin auf den Epiphysenknorpel.** M. J. Karnovsky. (Brit. J. exp. Pathol. **42,** 207—11, 1961; Boston, Mass., Dep. of Pathol., Harvard Med. School; engl.) — *2-Mercaptoäthylamin* (**I**) hat glykogenolyt. Wrkg. in den Zellen des Epiphysenknorpels. Die Abnahme des Glykogen-Geh. der Zellen kann, bevor offene histopatholog. Merkmale von Osteolathyrismus entwickelt sind, nachgewiesen werden. **I**, *Methylenaminoacetonitril* u. *Aminoacetonitril* haben ähnliche glykogenolyt. Wrkg. in dem Epiphysenknorpel. O. Jansen 4607◇

1461 **Stereotaxische Untersuchung der unter Hydrochinon ausgelösten Potentiale.** G. Bertharion und H. Laborit. (Agressologie [Paris] **4,** 157—61, 1963; Toulon, Hôp. Maritime Sainte-Anne; franz.) — *Hydrochinon* (**I**) wirkt auf die Rinde des Großhirns über die assoziative Bahn, für welche das Mittelzentrum des Thalamus als Relais wirkt; daneben scheint **I** hemmend auf die reticuläre Substanz des Mittelhirns zu wirken. K. Zingraf 4607◇

1462 **Stoffwechsel von Arzneimitteln.** 26. Mitt. **Stoffwechsel von p-Hydroxybenzoesäure und ihren Derivaten beim Kaninchen.** Hisao Tsukamoto und Seisuke Terada. (Chem. pharmac. Bull. [Tokyo] **10,** 86—90, 1962; Kyushu Univ., Fac. of Med., Inst. of Pharmaceut. Sci. and Hyg. Res. Labor. of Nagasaki Prefect.; engl.) — 23. vgl. C. **1962,** 15313; 25. vgl. Chem. pharmac. Bull. [Tokyo] **9,** [1961], 584. — Vff. geben Kaninchen *Na-Methyl-p-hydroxybenzoat* (0,8 g/kg per os) u. isolieren aus dem 24-Std.-Harn durch Behandlung mit Pb-Acetat *p-Hydroxybenzoesäure* (**I**) u. aus der nach Eindampfen des Filtrates erhaltenen gummiähnlichen Masse durch Extraktion mit Ae. *p-Hydroxyhippursäure* (**II**, $C_9H_9NO_4$, F. 236—238°, Nadeln) u. *p-Hydroxybenzoesäureätherglucuronid* (*p-Carboxyphenyl-β-D-glucopyranosiduronsäure,* **III**, $C_{13}H_{14}O_9$, F. 193—195° [Zers.], $[\alpha]_D^{14}$ −92,3° [c = 0,92, Chlf.], Nadeln), das auch durch alkal. Hydrolyse (2% ig. NaOH, 70°, 2 Std.) von *Methyl-[p-methoxycarbonylphenyl]-2.3.4-tri-O-acetyl-β-D-glucopyranosiduronat* (**IV**, F. 157—158°) bzw. durch Methylierung (CH_2N_2 in Ae.) u. Acetylierung (Pyridin/Acetanhydrid) von **III** erhalten wird. Auf papierchromatograph. Wege (Lsgm. Butanol/Essigsäure/W. 4:1:5) lassen sich **I**, **II** u. **III** als Hauptprodd. des Stoffwechsels neben *p-Hydroxybenzoesäureesterglucuronid* (*p-Hydroxybenzoylglucuronid*) u. *Carboxyphenylsulfat* nachweisen. P. Fahrnlaender 4607◇

1463 **Stoffwechsel von Arzneimitteln.** 27. Mitt. **Stoffwechsel von p-Hydroxybenzoesäure und ihren Derivaten beim Kaninchen.** Hisao Tsukamoto und Seisuke Terada. (Chem. pharmac. Bull. [Tokyo] **10,** 91—95, 1962; engl.) — 26. vgl. vorst. Referat. — Vff. geben Kaninchen *p-Hydroxybenzoesäure* (**I**, 0,8 g/kg per os) u. isolieren aus der durch Behandlung des 24-Std.-Harns mit Pb-Acetat u. Extraktion mit Ae. erhaltenen gummiartigen Masse *p-Hydroxyhippursäure* (**II**, F. 236—238°, Nadeln) u. **I**-*Ätherglucuronid* (**III**, F. 193—195° [Zers.], Nadeln). Die von **II** u. **III** befreite wss. Lsg. liefert nach Versetzen mit Lauge, Klärung des Filtrats mit Aktivkohle u. Eindampfen zur Trockne eine gummiähnliche Substanz (a), die durch Methylierung (CH_2N_2 in Ae.) u. anschließende Acetylierung (Pyridin/Acetanhydrid) in das p-Methoxy-Deriv. des **I**-*Esterglucuronids* (*Methyl-[p-methoxybenzoyl-2.3.4-tri-O-acetyl-β-D-glucopyranosid]-uronat,* **IV**, $C_{21}H_{24}O_{12}$, F. 155—157° $[\alpha]_D^{13}$ −18,8° [c = 5, Chlf.]) übergeführt wird. Durch Behandlung von a mit Acetanhydrid u. 47% ig. BF_3-Lsg. in Ae. u. anschließende Methylierung wird das Acetoxy-Deriv. (*p-Acetoxybenzoyl-2.3.4-tri-O-acetyl-β-D-glucopyranosiduronat,* **V**, $C_{22}H_{24}O_{13}$, F. 182—184°, $[\alpha]_D^{13}$ −16,0° [c = 3, Chlf.]) erhalten. **IV** entsteht auch durch Einw. von *Methyl-[2.3.4-tri-O-acetyl-α-D-glucopyranosyl-1-bromid]-uronat* u. anschließende Methylierung des gebildeten *Methyl-[p-hydroxybenzoyl-2.3.4-tri-O-acetyl-β-D-glucopyranosid]-uronats* (**VI**); **V** läßt sich aus **VI** durch Acetylierung gewinnen. Die vorst. Stoffwechsel-Prodd. werden auch auf papierchromatograph. Wege nachgewiesen. Die Ergebnisse zeigen, daß nach Fütterung mit **I** neben unverändertem **I** als Hauptprodd. **II**, **III** u. **I**-Esterglucuronid sowie *p-Carboxyphenylsulfat* im Harn erscheinen. P. Fahrnlaender 4607◇

1464 **Einfluß von 5-Bromsalicylhydroxamsäure auf den Serumcholesterinspiegel.** A. Czyzyk und T. Urbański. (Nature [London] **197,** 381—82, 1963; Warsaw, Med. Acad., Int. Clin. III; Polish Acad. of Sci., Inst. of Org. Synth.; engl.) — Durch 4 g *Bromsalicylhydroxamsäure* (**I**)/Tag konnte bei Patienten mit erhöhtem Serum-*Cholesterin* (**II**)-Spiegel (über 200 mg %) eine durchschnittliche Verminderung der **II**-Werte um 20 (8—31) % erzielt werden. Bei Gesunden kann **I** auch eine Erhöhung des **II**-Spiegels bewirken. **I** vermindert auch den *Blutzucker*-Geh. u. führt möglicherweise zu einer Steigerung des *Amino-N*-Geh. des Blutes. I hat sedative Nebenwirkungen. Der I-Metabolit *5-Bromsalicylamid* beeinflußt den II-Spiegel nicht. U. Tausendfreund 4607◇

1465 **Beziehungen zwischen Zinkgehalt und selektiver Cytotoxizität von Diphenylthiocarbazon.** Frederick S. Philips. (Federat. Proc. **20,** Nr. 3 [Part II Suppl. 10] 129—31, 1961; New York City, Sloan-Kettering Inst. for Cancer Res. and Cornell Univ., Graduate School of Med. Sci., Sloan-Kettering Div.; engl.) — Übersicht. — 22 Literaturangaben. K. Maier 4607◇

1466 **Aufbau von Chelatbildnern für selektive biologische Aktivität.** Adrien Albert. (Federat. Proc. **20,** Nr. 3 [Part II Suppl. Nr. 10] 137—47, 1961; Canberra, Australian Nat. Univ., Inst. of Advanced Studies, Dep. of Med. Chem.; engl.) — Übersicht. — Biolog. Selektivität, Selektivität durch Verteilung u. biochem. Unterschiede, chem. Selektivität, biolog. Wirkungsweisen, Voraussetzungen für den Aufbau neuer Chelatbildner, einige aussichtsreiche medizin. Anwendungen. — 58 Literaturangaben. K. Maier 4607◇

1467 **Entwicklung von Chelatbildnern mit selektiver biologischer Aktivität.** William O. Foye. (Federat. Proc. **20,** Nr. 3 [Part II Suppl. 10] 147—49, 1961; Boston, Mass., Massachusetts Coll. of Pharmacy; engl.) — Diskussion verschiedener Faktoren, die für die zweckmäßige Entw. von Chelatbildnern zur Erzielung spezif. Wrkg. von Wichtigkeit sind. Hypoglykäm. Verbb., z. B. *β-Phenäthylbiguanid,* können als 1:1-Komplexbildner mit Cu^{2+}-Ion wirken. Tri- u. Tetrasubstitution von $N_{(1)}$ u. $N_{(5)}$ der Biguanid-Konstit. verhindern die Chelatbindung von Cu^{2+} u. heben die hypoklykäm. Aktivität auf. — 18 Literaturangaben. K. Maier 4607◇

1468 **Entwicklung von Chelaten für therapeutische Zwecke.** Martin Rubin. (Federat. Proc. **20,** Nr. 3 [Part II Suppl. 10] 149—57, 1961; Washington, D.C., Georgetown Univ. Med. School, Dep. of Biochem.; engl.) — Übersicht. — 54 Literaturangaben. K. Maier 4607◇

1469 **Beobachtungen über die chronische Aufnahme eines Chelatbildners durch Ratten und Hunde.** Bernard L. Oser. (Federat. Proc. **20,** Nr. 3 [Part II Suppl. 10] 158, 1961; Maspeth, New York City, Food and Drug Res. Labor., Inc., engl.) — Akute u. chron. Fütterungs-Verss. mit *Äthylendiamintetraessigsäure* (EDTA; 1—2 Jahre) bei Ratten (Eltern u. 3 Folgegenerationen) u. Hunden, wobei Wachstum, Nahrungsverwertung, Vermehrung, Lactation, physiolog. Verh., Hämatologie untersucht u. auf histopatholog. Veränderungen geprüft wurden, ergeben, daß EDTA in den in der Lebensmittelindustrie verwendeten Konzz. unbedenklich ist. K. Maier 4607◇

1470 **Biochemische und pharmakologische Eigenschaften des metallbindenden Agens Penicillamin.** H. Vasken Aposhian. (Federat. Proc. **20,** Nr. 3 [Part II Suppl. Nr. 10] 185—90, 1961; Nashville, Tenn., Vanderbilt Univ., School of Med., Dep. of Pharmacol.; engl.) — Übersicht. — 19 Literaturangaben. — Diskussion. K. Maier 4607◇

1471 **Einige Wirkungen chelatbildender Agentien auf den menschlichen Tryptophanstoffwechsel.** J. M. Price. (Federat. Proc. **20,** Nr. 3 [Part II Suppl. Nr. 10] 223—26, 1961; Madison, Wis., Univ. of Wisconsin, Med. School, Dep. of Surgery; engl.) — Zahlreiche Patienten mit Skleroderm oder Porphyrie zeigten einen *Trytophan* (I)-Stoffwechsel wie bei funktionellem *Pyridoxin* (II)-Mangel. Bei II-Zufuhr trat eine gewisse biochem. Verbesserung des I-Stoffwechsels ein, jedoch zeigte i.v. Injektion von *Na_2-Äthylendiamintetraacetat* (III) eine größere II-Aktivität als II selbst. Es wird angenommen, daß der II-ähnliche Effekt von III auf den I-Stoffwechsel der Patienten das Ergebnis einer teilweisen Korrektur eines bestehenden gestörten Gleichgewichtes mehrwertiger Kationen war. K. Maier 4607◇

1472 **Anorganische Spurenstoffe, Chelatbildner und Porphyrie.** Henry A. Peters. (Federat. Proc. **20,** Nr. 3 [Part II Suppl. Nr. 10] 227—34, 1961; Madison, Wis., Univ. of Wisconsin Med. School; engl.) — Übersicht der Symptome bei Patienten mit akuter u. chron. Porphyrie. Die Erhöhung des Harn-*Zn* bei akuter Porphyrie in Verbindung mit der des Harn-Cu, bes. bei Patienten mit gemischter u. chron. Porphyrie, deutet auf die Möglichkeit der Auslösung einer Hemmung von Metallenzym-Syst. durch Zn-, Cu- u. andere Kationen hin. Möglicherweise sind Erschöpfung gewisser natürlicher Chelatbildner des Organismus u. anschließende Verarmung an *Koproporphyrin* (III) als Chelatbildner im Zentral- u. peripheren Nerven-Syst. für die beobachteten Störungen verantwortlich. Zufuhr künstlicher Chelatbildner, wie *Äthylendiamintetraessigsäure* (EDTA) oder *2.3-Dithiopropanol,* kann zur Ergänzung der erschöpften Chelatbildnerreserven des Organismus u. damit zur Normalisierung des Stoffwechsels beitragen. *Glycin* u. EDTA zeigten während der Erholungsphase chron. Störungen günstige Wirkung. — 42 Literaturangaben. K. Maier 4607◇

1473 **Mecarbam, ein neues phosphororganisches Mehrzweckinsekticid.** M. Pianka. (Chem. and Ind. **1961,** 324, Wheathampstead, St. Albans, Herts., Murphy Chem. Co. Ltd.; engl.) — *Mecarbam* (*Dithiophosphorsäure-O.O-diäthyl-S-[N-äthoxycarbonyl-N-methylaminocarbonylmethyl]-ester*) wurde dargestellt durch Kondens. des Carbamats mit der entsprechenden Organophosphorverbindung, $Kp._{0,02}$ 144°, n_D^{20} 1,5138. Die Prüfung erfolgte im Labor u. im Freiland gegenüber verschiedenen Schädlingen, z. B. *Aphis fabae* Scop. (völlige Abtötung bei 10 ppm Kontaktaktivität), *Drosophila melanogaster* (2—4 ppm). Die Anticholinesteraseaktivität geht schnell zurück, bei Ratten wurde sie mit Pyridin-2-aldoxim-N-methojodid vollkommen aufgehoben, sie kumuliert sich nicht. Die orale DL_{50} beträgt für Mäuse 106 (mg/kg Körper-Gew.), Ratten 31—35, Meerschweinchen 65, Kaninchen 60. Fritz Müller/Ludwigshafen 4607◇

1474 **Zur Pharmakologie des Quercetins.** Ja. I. Chadshai und W. F. Korolew. (Pharmakol. u. Toxikol. [UdSSR] **25,** 71—77, 1962; Charkow, Chem.-Pharm. Inst., Labor. für Pharmakol.; russ.) — *Quercetin* bewirkt an Ratten u. Meerschweinchen (50 mg/kg) eine Verringerung der Durchlässigkeit der Hautcapillaren, eine reversible Blutdrucksenkung u. eine kurze, aber deutliche Spasmolyse der glatten Muskulatur. Eberhard Koch 4608◇

1475 **Die Rolle der cholinreaktiven Systeme des Zwischenhirns im Mechanismus der Aktivierung des Elektroencephalogramms durch Nicotin.** R. Ju. Iljutschenok und R. U. Osstrowskaja. (Bull. exp. Biol. Med. [UdSSR] **53 (27),** Nr. 7, 43—48, 1962; Akad. der Wiss. der UdSSR, Sibir. Abt., Inst. für experimentelle Biolog. u. Med. Labor. für experimentelle Pharmakolog.; russ., Auszug: engl.) — In chron. u. akuten Verss. mit Katzen u. Kaninchen führte Injektion von *Nicotin* (I; 0,3—0,5 bzw. 0,3—5 mg/kg i.v.) zur Aktivierung des Elektroencephalogramms (EEG), die auch nach einer Durchtrennung des Hirns, bei der die Verb. mit dem höhergelegenen Bereich durch die Retikulärformation (RF) erhalten blieb, auftrat. Injektion von 0,1 mg *Hexametron*/kg beseitigte die elektrocardiograph. Veränderungen u. hatte ebenso wie *Aminazin* (3—5 mg/kg) auf die I-Aktivierung des EEG keinen Einfluß. Injektionen von *Benactizin* (*Amizil*), *Benzazin, Metamizil, Atropin, Propazin, Trasentin* oder *Chlorpromazin* (0,5—10 mg/kg) zeigten, daß die biochem. Strukturen, die durch I in der RF erregt werden, N-cholinreakt. sind. I. v. Kloch-Kornitz 4608◇

1476 **Erleichterung des Erlernens aufeinander folgender Unterscheidungen durch Strychninsulfat.** Lewis Petrinovich. (Psychopharmacologia [Berlin] **4,** 103—13, 1963; Berkeley, Univ. of California; engl.) — Das Erlernen mehrerer unmittelbar aufeinander folgender visueller Unterscheidungen durch Ratten wurde durch intraperitoneale Injektion von 1,0 mg *Strychninsulfat*/kg beschleunigt. K. Zingraf 4608◇

1477 **Vorkommen eines eledoisinartigen Polypeptids (Physalaemin) in Hautextrakten von Physalaemus fuscumaculatus.** V. Erspamer, G. Bertaccini und J. M. Cei. (Experientia [Basel] **18,** 562—63, 1962; Parma, Univ., Ist. di Farmacol.; Mendoza, Univ. Nac. de Cuyo, Inst. de Biol.; engl.) — Extrakte getrockneter u. frischer Haut von *Physalaemus fuscumaculatus* enthalten ein Polypeptid (*Physalaemin,* I) mit hypotensiver Wrkg. (bei Hund u. Kaninchen) u. stimulierender Wrkg. auf glatte Darmmuskulatur. I unterscheidet sich von allen anderen bisher bekannten Polypeptiden, einschließlich *Eledoisin,* welchem I in der pharmakolog. Wrkg. noch am ähnlichsten ist. U. Tausendfreund 4609

1478 **Substanz P, ein hochaktives, natürlich vorkommendes Polypeptid.** W. Haefely und A. Hürlimann. (Ex-

perientia [Basel] **18**, 297—303, 1962; Basel, F. Hoffmann-La Roche & Cie, Akt.-Ges.; engl.) — Übersicht über die bisherigen Kenntnisse über *Substanz P*, deren Isolierung sowie einige biolog. Eigenschaften. — 90 Literaturangaben.
U. Tausendfreund 4609◇

1479 **Wirkung von Äthyldiäthylaminoäthylisopropyldithiocarbamathydrochlorid auf den durch Plasmodium Berghei hervorgerufenen Paludismus bei der Maus.** André Quevauviller und Robert Damiens. (Ann. pharmac. franç. **20**, 501—04, Juni 1962; franz.) — Vff. geben mit *Plasmodium Berghei*-infizierten Mäusen *Äthyldiäthylaminoäthylisopropyldithiocarbamathydrochlorid* (**I**, F. 59°, 0,05 g/kg pro Tag; 2 u. 5 Tage nach der Inoculation, Vers.-Dauer 8—9 Tage) u. bestimmen die Anzahl der Parasiten im Blut der Tiere. Es zeigt sich, daß **I** im Vgl. mit den Kontrolltieren nur eine geringere Wirksamkeit besitzt. Mit **I** behandelte Tiere weisen ein besseres Allgemeinbefinden, keine Hämaturie oder Nekrose u. eine weniger stark ausgeprägte Anämie auf. Im Vgl. mit *Chinin* ist **I** wesentlich schwächer wirksam.
P. Fahrnlaender 4610◇

1480 **Chemotherapeutische Aktivität einiger Sulfapyridin-1-oxide.** John V. Scudi und Osvalds J. Plekss. (Proc. Soc. exp. Biol. Med. **97**, 639—41, 1958; Belleville, N.J., Res. Dep., Wallace and Tierman, Inc.) — Untersucht wurden *Sulfapyridin-1-oxid, 3'-Methyl-, 4'Methyl-, 5'-Methyl-, 6'-Methyl* (**I**)-, *6'-Äthyl-, 4'.6'-Dimethylsulfapyridin-1-oxid, Sulfadimethoxytriazin, Sulfamethylthiazol, Sulfaisoxazol* u. *Sulfamethoxypyridazin* auf ihre chemotherapeut. Wrkgg. gegen *E. coli*-Infektion an Mäusen. Von den Verbb. wurden 0,5 ml einer 10%ig. Suspension in Akaziengummi mit der Magensonde verabreicht. **I** ist sehr gut wirksam. Änderung in der Stellung der Methylgruppe u. Verlängerung der Kettenlänge von Methyl- zum Äthyl verringert die chemotherapeut. Wirksamkeit. An Ratten (Sprague-Dawley) wurden die Na-Salze verschiedener acetylierter Verbb. i.v. gegeben u. das Auftreten von Urolithiasis verfolgt. *Acetylsulfisoxazol, Acetylsulfapyridin-1-oxid* u. *Acetylsulfamethylthiadiazol* fallen nicht aus u. führen nicht zur Stein-Bldg., während nach *Sulfapyridin* u. *Sulfadiazin* Stein-Bldg. auftritt. Einfl. auf die Blutzuckerwerte bei der Ratte haben die Sulfapyridin-1-oxide nicht. K. Böhm 4610◇

1481 **Experimentelle Ergebnisse zur Wirkung der Antibiotica auf einige Erscheinungen der akuten Strahlenpathologie.** Je. G. Dolgow. (Antibiotika [UdSSR] **6**, 402—06, 1961; Semipalatinsk, Med. Inst., Lehrstuhl für Röntgenolog. u. med. Radiolog.; russ., Auszug: engl.) — *Streptomycin* oder *Penicillin* (5000 E./0,5 cm³ 0,5%ig. *Novocain*-Lsg. i.m. täglich) normalisierten bei Ratten die nach γ-Bestrahlung (400—800 r) durch Denaturierung der Zelleiweiße erhöhte Permeabilität der Gewebe (Niere, Dünndarm, Milz, Lunge, Leber) für Neutralrot u Chrysoidin (0,01%ig).
I. v. Kloch-Kornitz 4611◇

1482 **Analysen der zentralen Wirkungen von L-4-Aminoisoxazolidon-(3).** P. Monaco und G. la Grutta. (Arch. int. Pharmacodynam. Thérap. **131**, 32—38, 1/4. 1961; Palermo, Univ., Inst. de Pharmacol., Inst. de Physiol. humaine; franz.) — Bei Freiwilligen bewirkte die orale Gabe von 2—3 mg *L-4-Aminoisoxazolidon-(3)* (**I**, *Cycloserin*)/kg nach 4 bis 5 Std. eine allg. Zerstreutheit, Verminderung der Teilnahme an der Umwelt u. eine Schläfrigkeit. Das EEG zeigte eine Verminderung der Frequenz des α-Rhythmus, Auftreten von langsamen Wellen (2—4 c/s), mit großen Amplituden (Frontalhirn). **I** scheint seine zentrale Wrkg. hauptsächlich im Hirnstamm zu haben. G. Kimmerle 4611△

1483 **Die Empfindlichkeit der australischen Leptospiren-Serotypen gegen Arzneimittel.** P. B. Spradbrow. (Brit. J. Pharmacol. Chemotherapy **20**, 230—36, 1963; Australia, Univ. of Queensland, Dep. of Preventive Med., School of Vet. Science; engl.) — Die Empfindlichkeit der Serotypen L. icterohaemorrhagiae, L. canicola, L. zanoni, L. robinsoni, L. australis, L. esposito, L. pomona, L. grippotyphosa, L. medanensis, L. krematos, L. mini, L. hyos gegen Penicillin G-Natrium, Streptomycinsulfat, Chloramphenicol, Oxytetracyclin · HCl, Chlortetracyclin · HCl, Novobiocin-Natrium, Erythromycin-Stearat, Nitrofurantin, Chlorhexidin · 2 HCl u. Sulfamethoxypyridazin wurde in vitro untersucht. Die Ergebnisse stimmen zum Teil nicht mit denen der Chemotherapie bei experimentellen Infektionen überein.
W. Rehner 4611◇

1484 **Chemotherapie der experimentellen Leptospireninfektion bei der Maus.** P. B. Spradbrow. (Brit. J. Pharmacol. Chemotherapy **20**, 237—44, 1963; Australia, Univ. of Queensland, Dep. of Prev. Med., School of Vet. Science; engl.) — Vgl. vorst. Referat. — Die Wrkg. verschiedener Antibiotica gegen experimentelle Infektionen mit *L. zanoni* wurde an der weißen Maus untersucht. Zur Behandlung der akuten Krankheit vor dem Auftreten der Gelbsucht sind Streptomycin, Chlortetracyclin, Tetracyclin, Erythromycin u. Oxytetracyclin geeignet. Exitus u. chron. Niereninfektion werden bei der Mehrzahl der Tiere verhindert. Bei eingetretener chron. Niereninfektion ist *Streptomycin* das wirksamste Heilmittel, weitere Vers. mit diesem Antibioticum zur Behandlung der menschlichen Leptospirose erschienen erfolgversprechend. W. Rehner 4611◇

1485 **Klinisch-immunologische Kennwerte bei der Behandlung von akuter Dysenterie mit Biomycin, Pentoxyl und Vaccine.** Ss. T. Nadshimitdinow. (J. Mikrobiol., Epidemiol, Immunobiol [UdSSR] **32**, Nr. 2, 21—25, 1961; Moskau, 1. Med. Ssetschenow-Inst. u. 1. Städt. Infektionskrankenhaus; russ., Auszug: engl.) — Bei akuter Ruhr zeigte sich die Behandlung mit *Biomycin* (**I**), kombiniert mit *Pentoxyl* (**II**) u. Ruhrvaccine bedeutend wirksamer als die Behandlung mit **I** allein. Der Schwund der klin. Symptome war dabei erheblich beschleunigt. Die Normalisierung der Schleimhaut des Dickdarms war beschleunigt, die Bldg. der antiendotox. Immunität, die phagocytäre Leukocytentätigkeit verstärkt. Der Titer der Agglutinine lag höher. Die Kombination von **I** mit **II** allein förderte zwar die Rekonvalescenz, aber nicht die Bldg. der Antikörper.
F. du Mans 4611◇

1486 **Untersuchungen über den Einfluß von Hyaluronidase auf Serumproteine, Serumlipoide und histologischen Ablauf bei der experimentellen Nephritis-Nephrose des Kaninchens.** J. Gayer, H. Amon, I. Moder und M. Eggstein. (Z. ges. exp. Med. **137**, 108—22, 1963; Tübingen, Med. Univ.-Klin.; Marburg, Univ., Anat. Inst.; dt.) — Bei Kaninchen mit experimenteller Nephritis–Nephrose nach Masugi u. bei gesunden Tieren bewirkte *Hyaluronidase* eine Abnahme der Albuminfraktion u. eine Zunahme der α_2-, β- u. γ-Globuline im Vgl. mit unbehandelten nephrit. Tieren. Gabe von NaCl-Lsg. veränderte die Serumeiweißkörper bei gesunden Tieren nicht. Die behandelten Tiere wiesen einen höheren Geh. an Fettsäureestern u. Cholesterin auf als unbehandelte. K. Zingraf 4614◇

1487 **Resorption von Aspirinanhydrid im Verdauungstrakt.** Gerhard Levy und Bernice A. Gagliardi. (J. pharmac. Sci. **52**, 730—32, 1963; Buffalo, State Univ. of New York, School of Pharm., Biopharmaceutics Labor.; engl.) — Die Resorption von *Aspirinanhydrid* (**I**) erfolgt im Verdauungstrakt des Menschen langsam u. unvollständig. **I** ist für die Salicylsäuretherapie weniger geeignet als Aspirin selbst.
K. Zingraf 4615◇

1488 **Phenylalanintoleranz bei endogener Depression.** R. T. C. Pratt, Dawn Gardiner, G. Curzon, M. F. Piercy und J. N. Cumings. (Brit. J. Psychiatry **109**, 624—28, 1963; London, Nat. Hosp., Inst. of Neurol., Dep. of Chem. Pathol.; engl.) — Mit einem *Phenylalanin*-Toleranztest war keine Unterscheidung zwischen Normalpersonen u. Patienten mit endogener Depression möglich. K. Zingraf 4620◇

1489 **Die Wirkung von Tyramin auf den isolierten Vorhof des Hundes.** W. J. Hall. (Brit. J. Pharmacol. Chemotherapy **20**, 245—53, 1963; Cork, Eire, Univ. Coll., Dep. of Physiol.; engl.) — *Tyramin* hat eine positive ionotrope u. chronotrope Wrkg. auf den isolierten Vorhof. Diese Wrkg. wird reversibel durch Cocain u. irreversibel durch Phenoxybenzamin gehemmt. Die Blockade der β-Receptoren des Vorhofs durch Dichlorisoprenalin wird durch Noradrenalin u. große Tyramindosen überkompensiert. In weiteren Vers. wurde gefunden, daß Tyramin eine gefäßakt. Substanz freisetzt, die wahrscheinlich aus *Brenzcatechinaminen* besteht (Histamin oder 5-Hydroxytryptamin konnten ausgeschlossen werden). W. Rehner 4620◇

1490 **Die Bedeutung der Monoaminoxydasehemmung als antidepressives Prinzip.** 2. Mitt. H. M. van Praag und

B. Leijnse. Psychopharmacologia [Berlin] **4,** 91—102, **1963**; Dijkzigt, Rotterdam, Krankenhaus; dt.) — 1. vgl. Psychopharmacologia [Berlin] **4,** [1963], 1. — *Iproniazid* (100 mg täglich) u. *Isocarboxyzid* (40 mg täglich) verringerten bei 18 Patienten die Erzeugung von *5-Hydroxyindolylessigsäure* (**I**) nach oraler Verabreichung von *Serotonin* (**II**). Es bestand keine Korrelation zur Entw. von psych. Veränderungen, u. die Wrkg. war wahrscheinlich nicht durch eine Blockierung der *Monoaminoxydase* bedingt. Elektroschock hatte keinen Einfl. auf den Stoffwechsel von exogenem **II**. Bei 6 von 7 agitiert depressiven Patienten war die Erzeugung von **I** nach Belastung mit **I** oder **II** anomal niedrig, sie nahm bei Rückgang der Agitiertheit zu. K. Zingraf 4620◇

1491 **Verhütung von ventrikulärer Tachycardie und Kammerflimmern durch intravenöses Isoproterenol und Epinephrin.** Arthur J. Linenthal und Paul M. Zoll. (Circulation [New York] **27,** 5—11, 1963; Boston, Mass., Beth Israel Hosp., Med. Res. Dep.; Harvard Med. School, Dep. of Med.; engl.) — Durch i.v. Injektion verd. Lsgg. von *Isoproterenol* u. *Adrenalin* konnte in 9 Fällen mit Adams-Stokesschen Anfällen (infolge ventrikulärer Tachycardie u. Kammerflimmern) eine Beschleunigung der eigentlichen Kammertätigkeit u. Unterdrückung ektop. Aktivität mit Kontrolle der Anfälle erreicht werden, so daß diese Meth. für sofortige, kurzfristige Verhütung von Anfällen geeignet ist. U. Tausendfreund 4620◇

1492 **Vergleich der cardiotoxischen Wirkungen von gewissen sympathomimetischen Aminen.** Clifford I. Chappel, George Rona, Tibor Balazs und Roger Gaudry. (Canad. J. Biochem. Physiol. **37,** 35—42, 1959; Montreal, Canada, Res. Labor., Ayerst, McKenna & Harrison Ltd.) — Wistar-Ratten erhielten subkutan an 2 aufeinanderfolgenden Tagen verschieden große Dosen (DL_{50} oder einen Teil von dieser) von *Isoproterenol* (**I**), *l-Adrenalin* (**II**), *Noradrenalin* (**III**) u. *Ephedrin* (**IV**). Nach 48 Std. wurden die Tiere getötet u. die Myocardschädigungen makroskop. u. histolog. untersucht. **I** verursacht schwere Myocardinfarkt-ähnliche Nekrosen. Die Schädigungen nach **I** waren schwerer als die nach **II**, **III** oder **IV**. Man vermutet, daß diese Schädigungen durch die Substanzen mit ihren das Herz stimulierenden Eigg. zusammenhängen. K. Böhm 4620◇

1493 **Amitryptilin und Nortryptilin als Antagonisten der zentralen und peripheren cholinergischen Aktivierung.** R. C. Rathbun und I. H. Slater. (Psychopharmacologia [Berlin] **4,** 114—25, 1963; Indianapolis, Ind., Eli Lilly and Co.; engl.) — *Amitryptilin* (**I**) bewirkte in kleineren Dosen als *Nortryptilin* (**II**) eine Unterdrückung der Salivation des Hundes, dagegen war es am Ileum des Meerschweinchens etwa doppelt so wirksam wie **II**. **I** u. **II** verringerten bei Mäusen Tremor u. Salivation infolge von Tremorin u. erhöhten die Schwellendosis von Arecolin, die eine Desynchronisation der niederfrequenten Hochspannungsaktivität mit Spindeln im EEG von Katzen mit geschädigter Überleitung zwischen Brücke u. Mesencephalon bewirkt; sie riefen jedoch keine Dissoziation des Verh. im EEG wie Atropin hervor. K. Zingraf 4620◇

1494 **Zur Pharmakologie des 3-Benzoyloxychinuclidins.** M. D. Maschkowski und K. A. Saitzewa. (Pharmakol. u. Toxikol. [UdSSR] **25,** 32—37, 1962; Moskau, Chem.-Pharmazeut. Ordshonikidse-Inst., Labor. für Pharmakologie; russ., Auszug: engl.) — Vgl. C. **1962, 3539.** — *3-Benzoyloxychinuclidinhydrochlorid* (*Oxylidin*, F. 233—235°, weiße krist. Substanz, leicht lösl. in W.) bewirkt an der narkotisierten Katze eine erhebliche Blutdrucksenkung. *Oxylidin* wirkt nur schwach gefäßerweiternd, es hat mäßige adrenolyt., spasmolyt., ganglioplege. u. sedative Wirkungen. Im Gegensatz zum Cholinomimeticum *3-Acetoxychinuclidin* (*Aceclidin*) verhält sich *Oxylidin* demnach vorwiegend cholinolytisch. Eberhard Koch 4620◇

1495 **Iproniazid und Hypersekretion des Magens nach Reserpin.** I. Leusen, H. Thoenen und E. Lacroix. (Arch. int. Pharmacodynam. Thérap. **141,** 190—98, 1963; Gand, Univ., Labor. de Physiol. normale et pathol.; franz.) — Beim Hund mit Dauermagensonde nach Pavlov u. beim Meerschweinchen mit abgebundenem Pylorus beeinflußte eine Vorbehandlung mit *Iproniazid* 6—8 oder 15 Std. vor Injektion von *Reserpin* (**I**) die stimulierende Wrkg. von **I** auf die Menge u. Acidität der Magensekretion nicht. K. Zingraf 4620◇

1496 **Versuch einer Erklärung des Wirkungsmechanismus einiger Phenothiazine ausgehend von ihrer spezifischen Wirkung auf bestimmte organische Strukturen und von der Auffassung einer Orientierung der Stoffwechselbahnen.** H. Laborit, F. Leterrier und F. Brue. (Agressologie [Paris] **4,** Nr. 2, 99—112, 1963; Paris, Hôp. Boucicaut, Labor. d'Eutonol.; franz.) — Die Wrkg. von Adrenalin, Acetylcholin, 5-Hydroxytryptamin u. vieler Arzneimittel, darunter auch der Phenothiazine, auf bestimmte Organe hängt auch von der Stoffwechselstruktur der Zellen dieser Organe ab, je nachdem, ob in ihnen die Embden-Meyerhof-Krebs-Stoffwechselbahn oder die Pentosebahn stärkeren Anteil hat. Aus der Hemmung oder Aktivierung des Phosphorylase-Syst. oder von Enzymen einer der genannten Bahnen in vitro kann die Wrkg. am Ganztier vorhergesagt werden. K. Zingraf 4620◇

1497 **Wirkung von Phenothiazinderivaten und von Haloperidol auf den audiogenen Krampfanfall der Maus.** G. Raynaud und G. Valette. (Arch. int. Pharmacodynam. Thérap. **142,** 425—39, 1963; Paris, Univ., Fac. de Farm., Labor. de Pharmacodyn.; franz.) — 5 mg *Levomepromazin*/kg, 8—10 mg *Chlorpromazin* oder *Methopromazin*/kg u. 40—80 mg *Aminopromazin*/kg oder *Alimemazin*/kg hemmten audiogene Krampfanfälle bei Mäusen deutlich, 2,5 mg *Haloperidol*/kg oder 10 mg *Thioproperazin* oder *Prochlorperazin*/kg verstärkten sie. K. Zingraf 4620◇

1498 **Pharmakologische Untersuchungen von Chlorpromazinoxid.** Ryonosuke Kido, Ken'ichi Yamamoto und Toru Sawada. (Annu. Rep. Shionogi Res. Labor. [Japan] 387—97, 1957; Shionogi Res. Labor., Div. of Pharmacol.; jap., Auszug: engl.) — Untersucht wurden die pharmakolog. Wrkg. von *Chlorpromazin-S-oxid* (**I**), *Chlorpromazin-S.N-dioxid* (**II**) u. *Chlorpromazin-S.S-dioxid* (**III**) u. mit denen von *Chlorpromazin* (**IV**) verglichen. Die DL_{50} beträgt bei i.v. Injektion an Mäusen für **II** 0,2271, für **I** 0,0989, für **IV** 0,0620 u. für **III** 0,0344 mg/g. Die Blutdruck-senkende Wrkg. nimmt in der Reihenfolge **IV, III, I, II** ab (Kaninchen u. Hunde). **II** hatte selbst in Dosen von 1 mg/kg keine Wirkung. Temperatursenkend wirkten **IV, III** u. **II**; **I** wirkt temperatursteigernd beim Kaninchen. An Hunden u. Mäusen konnte prakt. kein Synergismus zu Thiopental-Na beobachtet werden. Die Kreislauf-Wrkg. von Adrenalin werden beim Kaninchen von **IV, I, III** u. **II** gehemmt, die Wrkg. der Oxide beträgt aber nur 1/10—1/50 von der des **IV**. Antihistamin- u. Antiacetylcholin-Wrkgg. zeigen sich in der Reihenfolge **IV, III, I** u. **II**. Die gleiche Reihenfolge gilt auch für den Histamin-Schock-Hemmeffekt, während beim Acetylcholinschock **I** vor **IV, III** u. **II** kommt. Die Hemmwrkg. gegen den anaphylakt. Schock u. den Entblutungsschock zeigt die Reihenfolge **IV, I, III** u. **II**. K. Böhm 4620◇

1499 **Vergleich von Acetophenazine mit Perphenazine: Nachweis unterschiedlicher Wirkungen, durch vergleichende Schätzung von diagnostischen Modellen.** J. E. Overall, L. E. Hollister, G. Honigfeld, I. H. Kimbell jun., F. Meyer, J. L. Bennett und E. Caffey jun. (Clin. Pharmacol. Therapeutics [London] **4,** 200—08, 1963; Bombay, Jamjetsee Jeejibhoy Group of Hosp., London School of Hyg. and Trop. Med. and Univ. Coll. Hosp. Med. School; engl.) — *Perphenazine* (**I**) wurden mit *Acetophenazine* (**II**) verglichen. Zwei Zahlenwerte wurden verwendet: Multidimensionale psychiatr. Skala der Variabilität u. die einer kurzen Messung. Die Patienten wurden in Paranoide u. Kernschizoide mittels der Kuz-Skala-Meth. eingeteilt. **II** zeigte sich wirksam bei Paranoiden. **I** löste eher extrapyramidale Störungen aus. H. Jacobi 4620◇

1500 **Spasmolytische Wirkungen von 10-[2-(1-Methylpyrrolidino)-propionyl]-phenthiazinbromid (S. D. 104.19) an den Beckenorganen.** Jacques-R. Boissier und Claude Dumont. (Arch. int. Pharmacodynam. Thérap. **141,** 7—21, 1963; Paris, Univ., Fac. de Méd., Inst. de Pharmacol.; franz.) — 10-[2-(1-Methylpyrrolidino)-propionyl]-phenthiazinbromid (*S. D. 104.19, Diaspasmyl*) beseitigte in vitro u. in vivo Spasmen des Ureters, der Blase, des Uterus, der Vagina u. der Samenblase infolge von Acetylcholin, $BaCl_2$, Serotonin, Histamin u. Adrenalin. Sein Wrkg.-Mechanismus ist in erster Linie anticholinerg. u. synaptolyt., außerdem besitzt es eine geringe Antihistamin- u. Papaverinwirkung. K. Zingraf 4620◇

1501 **Die Ausscheidung des Thioridazins im Harn.** Hans K. Neve. (Acta pharmakol. toxicol. [København] **17,** 404—09, 1960; Roskilde, St. Mental Hosp.; engl.) — Die Harne von 48 Patienten, die mit *Thioridazin* (*Melleril,* **I**) behandelt wurden, wurden mit Ae. extrahiert. Durchschnittlich wurden 10,4% des verabreichten **I** im Urin wiedergefunden. O. Jansen 4620◇

1502 **Zum Mechanismus der Wirkung von Aminazin auf die alimentären motorischen bedingten Reflexe von Fischen, Tauben und Kaninchen.** W. I. Iwanowa. (Pawlow-J. höhere Nerventätigkeit [UdSSR] **11,** 1120—26, 1961; Moskau, Lomonossow-Univ., Lehrst. für Physiol. der höh. Nervenaktivität; russ., Auszug: engl.) — Vgl. C. **1963,** 10564. — *Aminazin* (**I**) ruft bei Fischen, Tauben u. Kaninchen Hemmung der bedingt reflektor. Tätigkeit u. Herabsetzung der motor. Aktivität hervor. Die **I**-Wrkg. hängt von der Dosis, von den individuellen Eigenheiten der Tiere, ihrem funktionellen Zustand u. von ihrer Zugehörigkeit zu einem bestimmten phylogenet. Pegel ab. Im Falle der bedingten Futtersuchreflexe auf einzelne Reize wirkt **I** auf alle ausgearbeiteten Rkk. in gleichem Grade. Bei motor. Kettenreflexen schließt **I** nacheinander einzelne Komponenten des motor. Komplexes aus. Die alimentäre Reizbarkeit der Vers.-Tiere unter Einfl. von **I** wird nicht gestört. Bei Kaninchen wird dabei eine Verstärkung der Futteraktivität beobachtet. F. du Mans 4620◇

1503 **Die Wirkung von Chlorpromazin (Aminazin) bei experimentellen Vergiftungen durch Nitrobenzol.** Ssulamit Pallade, I. Goldstein, C. Popovici und Marija Pafnote. (Pharmakol. u. Toxicol. [UdSSR] **25,** 104—08, 1962; Bukarest, Inst. für Gesundheitsschutz u. Hygiene; russ.) — *Chlorpromazin* potenziert in Verss. an weißen Ratten die tox. Wrkg. von *Nitrobenzol* durch verstärkte Bldg. von Methämoglobin u. Sulfhämoglobin sowie durch seine adrenolyt. Wrkg. u. verringert den O_2-Verbrauch. Eberhard Koch 4620◇

1504 **Die Wirkung des Largactils auf die Gewebeatmung und auf einige enzymatische Prozesse des intermediären Kohlenhydratstoffwechsels.** Cs. Hadnagy, A. Eperjessy, A. Kiss, J. Csegedy, Z. Dézsi, A. Hantz und P. Erdei. (Arch. int. Pharmacodynam. Thérap. **117,** 395—403, 1958; Tirgu-Mures Marosvásárhely, Biochem. Inst. der Pharmakol. Fak. u. der II. Med. Univ. Klin.) — Bei der Best. des O_2-Verbrauchs von Rattenleberschnitten in Phosphatpuffer haben 0,15 mg *Largactil* (**I**)/Atmungsgefäß keinen Einfl., 0,3—1,5 mg **I** setzen den O_2-Verbrauch jedoch herab. Best. des O_2-Verbrauchs an Ratten in vivo zeigten, daß 10—30 mg **I**/kg den O_2-Verbrauch um 10—25% senken. Der Atemindex nach Lebergewebe wird durch 0,1—1 mg über 1 gehoben. Nach oralen Glucosegaben (1 g/kg) wirken beim Menschen 50 mg **I** diabetogen u. setzen die Zuckertoleranz herab. Bei Ratten wird durch 2,5—12 mg **I**/kg i.m. die Glucoseresorption aus dem Darm nicht herabgesetzt. Die Glucosefermentation durch Hefezellen wird von 1—5 mg **I**/Gefäß vollkommen gehemmt. K. Böhm 4620◇

1505 **Klinische Prüfung von Amitriptylin bei Patienten mit Depression.** M. W. Browne, L. C. Kreeger und N. G. Kazamias. (Brit. J. Psychiatry **109,** 692—94, 1963; Coulsdon, Surrey, Netherne Hosp.; engl.) — 70 Patienten mit endogenem u. reakt. Depressionen erhielten im Doppelblindvers. *Amitryptilin* (*5-[8-Dimethylaminopropyliden]-10.11-dihydro-5H-dibenz-(a.d)-azepin,* einem Strukturverwandten von *Imipramine*). Eine statist. signifikante Besserung wurde nur bei reakt. Depressionen beobachtet. K. Zingraf 4620◇

1506 **Potenzierung durch Phenamin und Vorbeugung durch Aminazin bei der Reserpinintoxikation von Ratten.** I. W. Markowa. (Bull. exp. Biol. Med. [UdSSR] **53** (27), Nr. 7, 49—51, 1962; Leningrad, Med.-Pädiatr. Inst., Lehrstuhl für Pharmakolog.; russ., Auszug: engl.) — Die akute *Reserpin* (**I**)-Intoxikation bei Ratten wurde durch *Phenamin* (**II**) gesteigert u. durch *Aminazin* (**III**) verringert, während *Sympatholytin* keinen Einfl. hatte (4; 2—30; 20 bzw. 10 bis 20 mg/kg in wss. Lsg. intraperitoneal). Der Tod nach Zufuhr von **I** u. **II** wird als Folge der endogenen *Serotonin* (**IV**)-Intoxikation angesehen u. die Wrkg. des **III** mit dem Antagonismus zwischen **III** u. **IV** erklärt. I. v. Kloch-Kornitz 4620◇

1507 **Das Reserpin (Serpasil) in der Klinik für innere Krankheiten.** P. I. Mischtschenko. (Sowjet-Med. **25,** Nr. 4, 119—28, 1961; Moskau, 2. Med. Inst., Lehrst. für Propädeutik der inneren Krankheiten; russ., Auszug: engl.) — Übersicht über klin. u. poliklin. Erfahrungen mit *Reserpin* (*Serpasil*): Wrkg. auf den Blutdruck in verschiedenen Stadien der Hochdruckkrankheit, auf das subjektive Befinden des Kranken, auf die spätere Entw. bei maligner Hypertonie, über Dosierung u. über Verw. einiger gereinigter Alkaloid-Präpp. (*Raupin, Serpin*) bei unbefriedigender Wrkg. des Reserpins u. über Kombination mit Ganglienblockern. — 30 sowjet. u. 26 nichtsowjet. Literaturangaben. K. Rintelen 4620◇

1508 **Über die Toxizität des Reserpins.** L. W. Pessachowitsch. (Sowjet-Med. [UdSSR] **25,** Nr. 4, 133—36, 1961; Gesundheitsmin. der TadshikSSR, Büro für gerichtsmed. Gutachten; russ., Auszug: engl.) — Bericht über 6 Vergiftungsfälle mit *Reserpin* (**I**) aus der Literatur u. 2 eigene Fälle, die sich im Dez. 1959 in Stalinabad ereigneten: ein Mädchen von 6 Jahren 7 Mon. nahm 15 Tabletten **I** (3,75 mg) ihre Schwester (2 Jahre 6 Monate) 5 Tabletten (1,25 mg). Bei der älteren Schwester verlief die Vergiftung zunächst schwer; nach 2 Tagen besserte sich der Zustand. Auf ein Rezept sollten nicht mehr als 20 Tabletten verschrieben werden. K. Rintelen 4620◇

1509 **Modifikationen der Genitalfunktion und der endokrinen Organe weiblicher Ratten unter dem Einfluß von Reserpin.** M. Grönroos, U. K. Rinne und K. Soiva. (Ann. Med. exp. Biol. fenn. **39,** 368—73, 1961; Turku, Univ., Dep. of Anatomy and of Obstetric and Gynaecology; engl.) — 12 fertile Ratten mit regelrechtem Cyclus erhielten 20 μg (= 0,115 mg/kg) *Reserpin* subkutan täglich 30 Tage lang. Bei 11 Tieren wurde der Cyclus gestört, typ. waren verlängerte Diöstrus-Perioden. Das Durchschnittsgewicht der Hypophysen u. Ovarien war geringer als bei den Kontrollen u. die Ovarien enthielten weniger Corpora lutea u. Primärfollikel. K. Böhm 4620◇

1510 **Prüfung von Oxypertine, einem psychotropen Arzneimittel mit einem Indolring bei chronisch Schizophrenen.** J. Durell und W. Pollin. (Brit. J. Psychiatry **109,** 687—91, 1963; Bethesda, Md., Nat. Inst. of Mental Health, Labor. of Clin. Sci.; engl.) — *2-[5.6-Dimethoxy-2-methylindolyl-(3)]-äthyl-4-phenylpiperazin* (*Oxypertine*) wurde bei 12 Patienten mit chron. Schizophrenie 4 Monate lang angewandt. Erfolg: Deutliche Besserung bei 5 Patienten, geringe Besserung bei 2 Patienten, fragliche oder keine Wrkg. bei 5 Patienten. K. Zingraf 4620◇

1511 **Guanethidin, ein postganglionärer sympathischer Hemmstoff.** E. Muscholl. (Dtsch. med. Wschr. **88,** 485—90, 1963; Mainz, Univ., Pharmakol. Inst.; dt.) — Übersicht; Pharmakologie, klin. Resultate der Therapie, Nebenwirkungen. — 56 Literaturangaben. P. Gregorzewski 4620◇

1512 **Beweis für einen kompetitiven Antagonismus von Guanethidine und Dexamphetamine.** M. D. Day und M. J. Rand. (Brit. J. Pharmacol. Chemotherapy **20,** 17—28, 1963; London, Univ. of London, School of Pharmakol., Dep. of Pharmakol.; engl.) — Ist durch *Guanethidine* (**I**) die Rk. der Katzennickhaut auf sympath. Nervenreiz, die des sympath. innervierten Kaninchenileum sowie des isolierten N. hypogastricus-Vas deferens-Präp. des Meerschweinchens blockiert, so stellt *Dexamphetamine* (**II**) die Reaktionsfähigkeit wieder her. **II** beeinflußt die durch **I** bewirkte Noradrenalinausschüttung in Herz u. Milz des Kaninchens. Wahrscheinlich wirken beide Verb. auf den Noradrenalinvorrat der sympath. Nervenendigungen. W. Biehler 4620◇

1513 **Zur Coffein- und Theophyllinwirkung am ermüdeten Rattenzwerchfellpräparat.** H. Walther. (Arch. int. Pharmacodynam. Thérap. **138,** 597—612, 1962; Dresden, Med. Akad. „Carl Gustav Carus", Pharmakol. Inst.) — Bei durch kurzfristige u. hochfrequente Reizung (8 Hz) am Rattenzwerchfell erzielter Ermüdung wirken *Coffein* (11,6 u. 24,5 mg%) u. *Theophyllin* (16,7 u. 35 mg%) stärker als normal, was auf eine verbesserte Endplattenfunktion zurückzuführen ist. Ohne Einfl. ist günstigere O_2- u. Nährstoffversorgung, ebenso kommt der Verstärkungseffekt von erhöhtem K^+-Geh. beim ermüdeten Muskel nicht zur Auswirkung. Beim menschlichen Organismus dürfte die bessere körperliche Leistungssteigerung durch Methylxanthine nicht nur auf gesteigerter Empfindlichkeit der Endplatte, sondern vor allem auf zentralem Angriffspunkt beruhen. U. Tausendfreund 4622◇

1514 **Untersuchungen der sekretorischen Reizwirkung von N.N'-Dibutyläthylendiamin-N.N'-dicarbonsäuredimorpholid auf das Nebennierenmark von mit Barbiturat narkotisierten Hunden.** F. P. Luduena und J. P. Long. (Arch. int. Pharmacodynam. Thérap. **131,** 178—86, 1/4. 1961. Rensselaer, N.Y., Sterling-Winthrop Res. Inst.; engl.) — Die i.v. Injektion von *N.N'-Dibutyläthylendiamin-N.N'-dicarbonsäuredimorpholid* (**I**, *1064 Th.*) in Dosen von 0,5 bis 4,0 mg/kg bewirkte bei mit Barbituraten narkotisierten Hunden eine Erhöhung des Atmungsbetrages u. der -amplitude u. eine rasche vorübergehende Erhöhung des Blutdruckes. Dieser pressor. Effekt wurde von Hexamethoniumbromid nicht, aber durch Piperoxan unterdrückt. **I** übt eine direkte sekretor. Reizung auf das Nebennierenmark aus. Dieser Effekt wird durch $CaCl_2$-Dosen nicht gehemmt, die einen ähnlichen Effekt von KCl am Nebennierenmark vollständig blockieren. G. Kimmerle 4622△

1515 **Änderungen der höheren Nerventätigkeit von Hunden unter dem Einfluß von Piridrol.** T. M. Kutscherenko. (Pawlow-J. höhere Nerventätigkeit [UdSSR] **11,** 1052—58, 1961; Akad. der Wiss. der UdSSR, Physiol. Pawlow-Inst.; russ., Auszug: engl.) — In kleinen Dosen subkutan (0,005, 0,01, 0,002, 0,005 mg/kg bzw. per os (0,05 u. 0,1 mg/kg) eingeführt, ruft *Piridrol* (**I**), α-[Piperidyl-(2)-benzhydrolhydrochlorid], eine Verstärkung der positiven bedingten Reflexe hervor. Das weist auf die Verstärkung des Reizprozesses hin. In großen Dosen (0,25—1 mg/kg) setzt **I** die Höhe der bedingten u. unbedingten Reflexe herab. Der Reflex auf den hemmenden Reiz wird in Verss. mit **I** nicht gestört. In Verss. mit Proben auf die Art der inneren Hemmung wird der Prozeß der inneren Hemmung bei kleinen **I**-Dosen verstärkt, bei hohen Dosen abgeschwächt. Die unbedingte Sekretion wird nur unter dem Einfl. großer **I**-Dosen herabgesetzt. F. du Mans 4622◇

1516 **Behandlung von depressiven Zuständen mit Imizin (Tofranil).** W. Je. Galenko und R. A. Nadsharow. (Korssakow-J. Neuropathol. Psychiatr. **61,** 183—85, 1961; Moskau, Akad. der med. Wiss. der UdSSR, Inst. für Psychiatrie; russ., Auszug: franz.) — Bei der Therapie des depressiven Syndroms der manialkal.-depressiven Psychose (a), Involutions-Depression, Schizophrenie, hypochondr. Depression mit Gefäßgenese, reakt. Depression oder period. Psychose führte *Imizin* (75—200 mg täglich i.m. oder per os, 24 Tage bis 6 Monate, maximale Dosis bis 400 mg täglich) bei 10 von 38 Kranken (bes. bei a) zur Beseitigung, bei je 9 zur Besserung oder zeitweiligen Besserung, bei 6 bzw. 4 Kranken zu keiner Veränderung bzw. Verschärfung des Depressionszustandes. Es traten z. T. geringe Neben-Rkk. auf. I. v. Kloch-Kornitz 4622◇

517 **Antihypnotische Wirkung von Bemegrid.** Jean Cheymol und Jacques Duteil. (Ann. pharmac. franç. **16,** 721—26, 1958; Paris, Labor. de Pharmacol. de la Fac. de Méd.) — An weißen Mäusen u. an Kaninchen wurden die Wrkg. von *Bemegrid* (*4-Äthyl-4-methyl-2.6-dioxopiperidin*; **I**) gegen den Narkoseschlaf nach *Chloralhydrat* (**II**), *Urethan* (**III**), *Mebubarbital* (**IV**), *Hexobarbital* (**V**) u. *Hydroxydion* (**VI**) untersucht. Bei der Maus bewirkten 14 mg **I**/kg gegen 350 mg **II**/kg bzw. 12 mg **I**/kg gegen 70 mg **IV**/kg u. 12 mg **I**/kg gegen 120 mg **V**/kg eine Verkürzung der Schlafzeit. Beim Kaninchen konnte **I** den Schlaf nach 200 u. 250 mg **II**/kg i.v. nicht durchbrechen. Gegen 1 g **III**/kg u. 40 mg **IV**/kg war **I** aber wirksam u. verkürzte die Schlafzeit. Die Wrkg. von **I** gegen das Steroidhypnoanästheticum **VI** war bei der Maus u. beim Kaninchen wenig ausgeprägt u. teilweise sogar zweifelhaft. K. Böhm 4622◇

1518 **Wirkung von einigen Antihistaminica bei experimentellen Herzarrhythmien.** V. N. Sharma und K. P. Singh. (Arch. int. Pharmacodynam. Thérap. **131,** 24—31, 1/4. 1961; Jaipur, S.M.S. Med. Coll., Dep. of Pharmacol. and exp. Therapeutics; engl.) — Bei experimentellen Herzarrhythmien bei Hunden waren *Ambrocryl, Thenfadil, Thephorin* u. *1-[p-Chlorphenyl]-2-phenyl-4-pyrrolidinobuten-(2)* (Diphosphat) antiarrhythm. wirksamer als *Chinidin.* G. Kimmerle 4625△

1519 **Einfluß der Analgetica auf den Hemmungsprozeß im Zentralnervensystem.** A. W. Waldman. (Pharmakol. u. Toxikol. [UdSSR] **24,** 643—54, 1961; Leningrad, I. Med. Pawlow-Inst.; russ., Auszug: engl.) — Allg. an Hand der Literatur unter bes. Berücksichtigung der Arbeiten des Vf. u. seiner Mitarbeiter. F. du Mans 4627◇

1520 **Einfluß des Morphins auf die interstitiellen Neuronen des Rückenmarkes.** W. P. Lebedew. (Pharmakol. u. Toxikol. [UdSSR] **24,** 654—59, 1961; Leningrad, 1. Med. Pawlow-Inst.; russ., Auszug: engl.) — Bei decerebrierten Katzen änderten 20 mg/kg nicht die Amplitude der polysynapt. Entladung der Vorderwurzel u. des Hinterwurzelreflexes bei der Reizung der hinteren Wurzel. Die bioelektr. Aktivität einzelner in dem medialen Teil der gelatinösen Substanz des Rückenmarks gelegenen Neuronen wurde gehemmt. **I** blockierte die Fähigkeit einiger sich spontan entladender Neuronen, auf die afferenten Reize zu antworten. Es konnten dabei sowohl die Aktivierung wie die Hemmung beseitigt werden. F. du Mans 4627◇

1521 **Das schmerzstillende Mittel Lemoran.** G. Ss. Arutjunjan. (Med. Ind. [UdSSR] **15,** Nr. 5, 38—40, 1961; Allunions Chem.-Pharm. Ordshonikidse-Inst.; russ.) — Nach der schmerzstillenden Wrkg. ist das *Lemoran* (**I**; *l-3-Hydroxy-N-methylmorphinan, Dromoran*) im Ratten-Vers. dem Morphin 3—4 mal überlegen. Diese Wrkg. wird nach subkutaner Zufuhr von 3—5 mg/kg beobachtet; sie hält 4—5 Std. an. In der Klinik sind 2—30 Tage lang tägliche Zufuhren von je 1 ml der 0,2%ig. **I**-Lsg. 1—2 mal täglich bei Syndrom sehr wirksam. Die schmerzstillende Wrkg. tritt nach 10—20 Min. ein u. hält 4—8 Std. an, häufig begleitet von einem Schlafeffekt. Puls, Atmung u. Blutdruck werden durch **I** nicht wesentlich beeinflußt. O. Lebtag 4627△

1522 **Bestimmung des Wertes von Morphium und Noracymethadol bei postpartum-Patienten.** Charles M. Gruber jun. und Arthur Baptisti jun. (Clin. Pharmacol. Therapeutics **4,** 172—81, 1963; Indianapolis, Ind., Marion County Gen. Hosp.; Indiana Univ. Med. School; engl.) — *Morphium* (**I**) u. *Noracymethadol* (**II**; *dl-3-Acetoxy-4.4-diphenyl-6-methylamidoheptan*) wurde bei Patienten im Zustand des Postpartum verabreicht. Die Schmerzänderung war direkt proportional, die Schmerzlinderung umgekehrt proportional dem Anfangsschmerz. **II** ist per os **3,25** mal wirksamer als **I**. — Nausea, Taumel, Schläfrigkeit u. auch Juckreiz können sich nach Gabe von **I** u. **II** per os einstellen, wobei das Analgeticum **II** weniger günstige Nachwrkg. als **I** zeigt. H. Jacobi 4627◇

1523 **Der Einfluß von zentral-lähmenden Mitteln auf das Krampfverhalten von Mäusen.** Graham Chen, B. Bohner und A. C. Bratton jun. (Arch. int. Pharmacodynam. Thérap. **142,** 30—34, 1963; Ann Arbor, Mich., Parke Davis and Co., Res. Div.; engl.) — Elektr. Schläge in den Pfoten lösen bei Mäusen Krampfepisoden aus. Die mittleren Wirkdosen von *Meprobamat, Phenobarbital, Pentobarbital, Carbromal, Chloralhydrat* u. *Trichloramat,* die zur Unterdrükkung dieser Episoden erforderlich waren, entsprachen etwa den mittleren sedativen Dosen dieser Verbindungen. Geprüft wurden auch *Chlorpromazinhydrochlorid, Reserpin* u. *Natriumphenylhydantoin.* K. Zingraf 4627◇

1524 **Einfluß der Lokalanästhetica Mesocain und Xylocain auf die Oxydationsprozesse im Hirngewebe der Ratte.** M. I. Kushman. (Pharmakol. u. Toxikol. [UdSSR] **25,** 98 bis 103, 1962; Orenburg, Med. Inst., Lehrstuhl für Biochem.; russ.) — *Mesocain* u. *Xylocain* hemmen die Tätigkeit der Flavoproteine u. beschleunigen wenig die Glykolyse. Außerdem entkoppeln sie die oxydative Phosphorylierung. Die atmungshemmenden u. die Analgesie-Wrkg. sind einander proportional. Eberhard Koch 4627◇

1525 **Ähnlichkeiten und Unterschiede zwischen Meprobamat und Barbituraten.** F. M. Berger. (Clin. Pharmacol. Therapeutics **4,** 209—33, 1963; Cranbury, N.J., Div. of Carter Prod., Inc.; engl.) — *Secobarbital* u. *Pentobarbital* wirken als Hypnotica u. lösen motor. wie intellektuelle Störungen aus. *Meprobamat* dämpft bes. das Angstgefühl u. ist in der Dosierung weniger gefährlich. H. Jacobi 4627◇

1526 **Wirkung von γ-Aminobuttersäure und Natrium-γ-hydroxybutyrat auf den monosynaptischen Reflex.**

J. Drouet und H. Laborit. (Agressologie [Paris] **4**, 153—56, **1963**; Toulon, Hôp. Maritime Sainte-Anna; franz.) — Bei lokaler medullärer Anwendung bewirkte *γ-Aminobuttersäure* zunächst eine Hemmung, dann eine Förderung u. schließlich wieder eine Dauerhemmung des monosynapt. Reflexes. Nach *Natrium-γ-hydroxybutyrat* tritt eine deutliche Hemmung der monosynapt. Reflexe auf, wohl durch Wrkg. auf die Interneuronen von Renshaw u. auf die Synapse Faser Ia-Motoneurone α. K. Zingraf 4627◇

1527 **Ein neues Produkt in der Anästhesiologie: Natrium-4-hydroxybutyrat. Klinische Prüfung in 100 Fällen.** Ricardo Samayoa de León und Carlos A. de León Régil. (Agressologie [Paris] **4**, 175—93, **1963**; Univ. de San Carlos de Guatemala, Fac. de Ci. Méd., Cat. Anestesiol., Dep. de Cir.; span.) — *Natrium-4-hydroxybutyrat* (I) wurde an 100 Patienten allein oder in Kombination mit Analgeticis, N_2O, Neuroplegicis u. Muskelrelaxantien als Narkosemittel verwandt. Es konnte Trachealintubation mit I allein durchgeführt werden, ohne daß Atemstillstand oder Anoxie eintrat. I wird als Mittel der Wahl beim Kaiserschnitt angesehen. Die mittlere Wrkg.-Dauer beträgt 4 Std., beim Erwachen sind die Patienten nicht mehr schläfrig. K. Zingraf 4627◇

1528 **Wirkungen einiger flüssiger, flüchtiger Allgemeinanästhetica auf die isolierte, perfundierte Meerschweinchenlunge.** A. Bianchi und F. Matturro. (Arch. int. Pharmacodynam. Thérap. **131**, 242—44, 1/4. 1961; Neapel, Univ., Pharmakol. Inst.; franz.) — An der isolierten, perfundierten Meerschweinchenlunge bewirken die Inhalationsnarkotica *Fluothane* (I), *Chlf.*, *Trichloräthylen* (II) u. *Ae.* eine Pneumokonstriktion. Diese tritt bei I in einer Konz. von 0,31% u. bei Chlf. bei 0,94% auf. Dieses sind Konzz., die $^1/_5$—$^1/_6$ der narkot. Konz. beim Menschen darstellen. Für II u. Ae. sind diese Konzz. 4,1% bzw. 15,1% u. sie entsprechen für II der Hälfte der narkot. Konz. u. für Ae. der doppelten Konz. beim Menschen. Durch die Injektion von 25 mcg Adrenalin in die Lungenarterie werden die pneumokonstriktor. Effekte dieser 4 Narkotica unterdrückt. G. Kimmerle 4627△

1529 **Fluorierte Kohlenwasserstoffe als Mittel für die Inhalationsnarkose.** R. A. Altschuler. (Med. Ind. UdSSR **15**, Nr. 5, 37—38, 1961; Allunions Chem.-Pharm. Ordshonikidse-Inst.; russ.) — Im Tier-Vers. zeigt das *Ftorotan* (I; 1.1.1-Trifluor-2-brom-2-chloräthan) im Vgl. zu Ae. eine 3fache narkot. Wirkung. Nach den pharmakolog. u. chem. Eigg. steht I dem Halothane sehr nahe. I wird für die klin. Erprobung empfohlen. O. Lebtag 4627△

1530 **Die Wirkung von G 29 505 auf die Atmung des Kaninchens.** A. R. Hunter. (Brit. J. Anaesthesia **35**, 58—63, 1963; Manchester, Univ., Dep. of Pharmacol.; engl.) — Das i.v. Kurznarkoticum *2-Methoxy-4-allylphenoxyessigsäure-N.N-diäthylamid* (*G 29505*; I) führt nach anfänglicher Erregung zu einer Depression der Atmung des Kaninchens. Kurz nach *Morphin* (II) gegeben verstärkt I die Atemdepression von II; 30 Min. nach II verabreicht dagegen bessert es die eingeschränkte Atmung. Ein Effekt des Lsgm. wird ausgeschlossen. Peter Lange 4627◇

1531 **Über den Einfluß der schwefelhaltigen Verbindungen und des Harnstoffs auf die Dauer des medikamentösen Schlafes.** M. W. Korablew. (Pharmakol. u. Toxikol. [UdSSR] **25**, 47—54, 1962; Woronesh, Med. Inst., Lehrstuhl für Pharmakol.; russ., Auszug: engl.) — Vgl. C. **1959**, 15767. — Folgende Verbb. wirkten an Ratten u. Mäusen narkoseverlängernd: *Tetraäthylthiuramdisulfid*, *Tetramethylthiuramdisulfid*, *Bis-[äthyl]-xanthogen*, *Diäthyldithiocarbamat*, *Dimethyldithiocarbamat* u. *Thioharnstoff*. *Harnstoff* war im Vgl. zu *Aminazin* gegenüber *Hexenal*, *Thiopental*, *Medinal*, *Nembutal*, *Chloralhydrat* u. *Urethan*, unwirksam. Die narkosepotenzierenden Eigg. beruhen auf der Ggw. der C=S-Gruppierung. Eberhard Koch 4627◇

1532 **Über die Wirkungen von Lobektomie und der Frontalinfiltration von Procain auf das Magengeschwür der Ratte infolge von Einschnürung.** M. Simler und J. Schwartz. (C. R. Séances Soc. Biol. Filiales **157**, 387—97, 1963; Strasbourg, Univ., Clin. Méd., Inst. de Pharmacol.; franz.) — Bei Nembutal-narkotisierten Ratten wird die Häufigkeit von Magengeschwüren bei 24—48 std. Einschnürung durch Frontalinfiltrationen von *Procain*, nicht jedoch durch beiderseitige frontale Lobektomie verringert. K. Zingraf 4627◇

1533 **Die lokalanästhetische Aktivität von Bretylium in Beziehung zu ihrer Wirkung der Hemmung von sympathetischen Reaktionen.** Helen Boyd, V. Chang und M. J. Rand. (Arch. int. Pharmacodynam. Thérap. **131**, 10—23, 1961; Syndney, Univ., Dep. of Pharmacol.; engl.) — Die Wrkg. von *Bretylium* (I) bei der Hemmung des isolierten Vas deferens des Meerschweinchens gegenüber einer N. hypogastricus-Reizung wurde mit der von *Procain* (II) verglichen. Bei II bestand kein Unterschied in der Dosis bei der Blockierung, wenn II zu den Nervenendigungen oder am Nervenstrang appliziert wurde. Dagegen war die I-Dosis, die den Nervenstrang blockierte, 200 mal höher als die an den Nervenendigungen wirksame. I hatte an der Meerschweinchenhaut eine lokalanästhet. Wrkg., die langsamer einsetzte u. länger anhielt als die von II. I steigerte im Gegensatz zu II die Refraktionszeit des isolierten Katzenherzvorhofes nicht. Die beschleunigende Wrkg. von Nicotin am Katzenvorhof wurde durch I gehemmt, nicht aber durch II. Bei einer mit Reserpin behandelten Katze erhöhte I die Schlagfrequenz des isolierten Vorhofes nicht. G. Kimmerle 4627△

1534 **Über den Stoffwechsel des Lidocains.** 1. Mitt. **Die Eigenschaften des Enzymsystems, welches für den oxydativen Stoffwechsel des Lidocains verantwortlich ist.** Gunnar Hollunger. (Acta pharmacol. toxicol. [København] **17**, 356—64, 1960; Lund, Univ., Dep. of Pharmacol.; engl.) — *Lidocain* (*Xylocain*) wird in der Kaninchenleber durch ein in den Lebermikrosomen lokalisiertes Enzym-Syst. oxydativ metabolisiert. Die Anwesenheit von O_2 u. *Triphosphopyridinnucleotid* ist für die Oxydation notwendig. Falls *Isocitrat* das für die Oxydation unentbehrliche Red.-Syst. darstellt, können frischpräparierte Mikrosomen den *Lidocain*-Stoffwechsel im gleichen Verhältnis, mit oder ohne Zugabe der lösl. Fraktion, besorgen. O. Jansen 4627◇

1535 **Über den Stoffwechsel des Lidocains.** 2. Mitt. **Die Bioumwandlung des Lidocains.** Gunnar Hollunger. (Acta pharmacol. toxicol. [København] **17**, 365—73, 1960; engl.) — Der Metabolismus des *Lidocains* (I) im Lebergewebe der Ratte u. des Kaninchens wurde untersucht. Aerobisch wurde fast 1 Mol *Acetaldehyd* per Mol des verbrauchten I gebildet. Übereinstimmend mit diesen Unterss. wurde *Äthylglycinxylidid* (II) im Medium gefunden. II wird im gleichen Verhältnis in An- u. Abwesenheit von O_2 verbraucht, aber der anaerobe I-Verbrauch ist in seinem Umfang unbedeutend. Ein Anteil des *Xylidin*-Äquivalents des verbrauchten II wird anaerob. gebildet. Der Verbrauch des zugesetzten *Glycinxylidids* war ausnehmend gering u. es konnte fast kein *Glycinxylidid* als Metabolit von I gefunden werden. O. Jansen 4627◇

1536 **Über die chemischen Veränderungen des Valamins im menschlichen Stoffwechsel.** R. Preuß. (Pharmaz. Ztg. verein. Apotheker-Ztg. **108**, 960—65, 1963; Freiburg i. Br., Univ., Pharmazeut. Inst.; dt.) — Zusammenfassende Übersicht über den Stoffwechsel des Sedativums bzw. Hypnoticums *Valamin* [*1-Äthinylcyclohexylcarbamat-*(*1*); I], von dem beim Menschen im Urin 15 Metaboliten papierchromatograph., säulenchromatograph., durch Gegenstromverteilung, Elementaranalyse, IR- u. Protonenresonanzspektren als Oxydations-Prodd. des I identifiziert wurden. — 18 Literaturangaben. K. Grade 4627◇

1537 **Antiarrhythmische Eigenschaften von einigen Lokalanästhetica.** K. P. Singh und V. N. Sharma. (Arch. int. Pharmacodynam. Thérap. **131**, 1—9, 1/4. 1961; Jaipur, S.M.S., Med. Coll., Dep. of Pharmac. and exp. Therapeutics; engl.) — Bei experimentellen Vorhofarrhythmien (durch Acetylcholin, Aconitin oder mechan. Verletzung des Herzohres) u. Ventrikelarrhythmien (PAe. intratracheal, akuter Myocardinfarkt) bei Hunden zeigten die Lokalanästhetica *N.N-Bis-[o-methoxyphenyl]-tert.-butylaminmethochloridäthanolat* (*U-7236*), *3-[Dimethylamino]-2-[p-propoxyphenoxy]-propiophenonhydrochlorid* (*U-0910*), *β-Diäthylaminoäthyl-2.4.5-trimethylbenzoathydrochlorid* (*McN-A-286-11*), *Larocain* (I) u. *3-[2-Methylpiperidino]-propylbenzoathydrochlorid* antiarrhythm. Effekte. Bei den Vorhofarrhythmien waren alle Verbb. gut wirksam; beim Vorhofflimmern hatten I u. McN-A-286-11 keinen Erfolg. Alle 5 Verbb. hatten auf das durch PAe. bedingte Kammerflimmern keinen Effekt. Beim akuten Myocardinfarkt hatte die Behandlung mit I u. U-7236 Erfolg. G. Kimmerle 4627△

1538 **Synthetische Ataraktica.** 2. Mitt. **1-[Aminoalkyl]-und 1-[Aminoalkyliden]-2.3;6.7-dibenzosuberane.** V. Hněvsová-Seidlová und M. Protiva. (Českoslov. Farmac. **10,** 459—63, 1961; Praha, Vyskumny Ustav pro Farmac. a Biochem.; tschech.) — 1. vgl. C. **1962,** 10082. — Neue atarakt. Verbb. wurden hergestellt u. ihre Wirksamkeit geprüft.

Versuche: *2.3;6.7-Dibenzosuberol*, $C_{15}H_{14}O$, F. 93° aus 2.3;6.7-Dibenzosuberan durch Hydrieren bei 737,6 mm Hg Druck in A. am Adamson-Katalysator. Aus Ae. Nadeln. — *1-[3-Dimethylaminopropyl]-2.3;6.7-dibenzosuberol*, $C_{20}H_{25}$·NO, F. 116—117°, aus 2.3;6.7-Dibenzosuberan u. 3-Dimethylaminopropylmagnesiumchlorid in abs. Ae. bei 45° durch Kochen; 91% (Ausbeute). — *1-[3-Dimethylaminopropyl]-2.3;6.7-dibenzosuberan, Hydrochlorid*, $C_{20}H_{26}ClN$, F. 187 bis 189°, aus I durch Hydrieren; 46,7%. — *1-[3-Dimethylaminopropyliden]-2.3;6.7-dibenzosuberanhydrochlorid* (**I**), $C_{20}H_{24}ClN$, F. 196—197,5°, aus Carbinolhydrochlorid u. Acetylchlorid in Chlf. durch 5std. Kochen; 86%. Pikrat, $C_{26}H_{26}N_4O_7$, F. 144,5 bis 146°. — *1-[3-Dimethylaminopropyl]-2.3;6.7-dibenzosuberan*, F. 170°, $C_{20}H_{25}N$, aus I durch Red. mit HJ in Calciumphosphat, Neutralisation, Extraktion mit Bzn., 83%. Pikrat, $C_{26}H_{28}N_4O_7$, F. 161—169°, mit Pikrinsäure in A. u. Ae. — *1-[2-Dimethylaminoäthyl]-2.3;6.7-dibenzosuberanhydrochlorid*, $C_{19}H_{24}ClN$, F. 202—205°, aus 2.3;6.7-Dibenzosuberan, Li u. Brombenzol in Ae. bei 30° durch Kochen u. Zusatz von 2-Dimethylaminoäthylchlorid, Extraktion mit Äther. *2-[1-Piperidinoäthyl]-2.3;6.7-dibenzosuberanhydrochlorid*, $C_{22}H_{26}ClN$, F. 241—242°, aus Li, Brombenzol, 2.3;6.7-Dibenzosuberan u. 2-Piperidinoäthylchlorid. *1-[2-Morpholinoäthyl]-2.3;6,7-dibenzosuberanhydrochlorid*, $C_{21}H_{26}ClNO$, F. 237—242°, aus 2.3;6.7-Dibenzosuberan, Phenyllithium u. 2-Morpholinoäthylchlorid. *2.3;6.7-Dibenzosuberan-1-carbonsäure*, $C_{16}H_{14}O_2$, F. 210—213°, aus 2.3;6.7-Dibenzosuberan durch Carbonierung mit Phenyllithium. S. Paprotny 4627◇

1539 **Synthese und pharmakologische Eigenschaften von 1-Phenyl-2-(4'-hydroxy-3'-carboxymethyl)-phenyl-4-n-butyl-3.5-diketopyrazolidin und 1-p-Nitrophenyl-4-n-butyl-3.5-diketopyrazolidin.** G. Bergesi, E. Santi Soncin und F. Stucchi. (Rass. Clin. Terap. Sci. affini **60,** 177—87, 1961; Roma, Ist. Farmacol. Serono, Labor. di Ric.; ital.) — Die Darst. u. pharmakolog. Prüfung von *1-Phenyl-2-[4'-hydroxy-3'-carboxymethyl]-phenyl-4-n-butyl-3.5-diketopyrazolidin* (**I**), das ähnliche, aber schwächere analget. Wrkg. als *Phenylbutazon* besitzt, u. von *1-p-Nitrophenyl-4-n-butyl-3.5-diketopyrazolidin* (**II**), dessen Wrkg. nur schwach ist, wird beschrieben.

Versuche: *4-Acetoxy-3-carboxymethylazobenzol* (**III**), F. 108—109°, aus 4-Hydroxy-3-carboxymethylazobenzol u. Essigsäureanhydrid, gelbe Täfelchen (aus Methanol [**IV**]). — *4-Acetoxy-3-carboxymethylhydrazobenzol* (**V**), F. 118—120°, aus **III** abs. A. u. Eisessig, krist. (aus **IV**); *4'-O-Acetyl-I*, F. 87 bis 89°, aus **V** Butylmalonsäurechlorid, Pyridin u. Ae., Krist. (aus **IV**); **I**, F. 121—123°, aus **I** u. KOH, krist. (aus **IV**). K. Zingraf 4627◇

1540 **Pharmakodynamische Wirkungen von Carquejol.** Fernand Caujolie und Denise Meynier. (C. R. hebd. Séances Acad. Sci. **249,** 585—87, 1959; Toulouse, Labor. de Pharmacie de la Fac. de Méd. et de Pharmacie) — An weißen Mäusen wurde die Toxizität von *Carquejol* (*$\Delta^{1,7,5,8}$-o-Mentatrienol-(3)*; **I**) bestimmt. Die DL_{50} beträgt bei intraperitonealer Injektion 0,46 g/kg, bei oraler (Schlundsonde) Verabreichung 1,80 g/kg. In nichttox. Dosen wirkt **I** analget. u. senkt die Temperatur. In Kombination mit Kodein potenziert es erheblich die analget. Effekte beim Kneifvers. am Schwanz u. bei Verbrennung der Pfoten durch progressive Hitze. Schwache, nicht narkot. wirkende Dosen von Paraldehyd wirken zusammen mit **I** stark narkotisch. Auch die Wrkg. von 0,05 g Hexobarbital/kg, das in dieser Dosis vollkommen inakt. ist, wird durch 0,25 g I/kg intraperitoneal so potenziert, daß eine Narkose von 55 Min. im Mittel eintritt. K. Böhm 4627◇

1541 **Pharmakologische Prüfung des Nicotinsäureesters von Kodein.** Raymond Cahen, André Boucherle, Jacqueline Nadaud, Jacques Chariot, Simone Taurand und Nicole Clerembeaux. (Arch. int. Pharmacodynam. Thérap. **143,** 466—78, 1963; Maisons-Alfort, Centre de Rech. Laon; Grenoble, Ecole Nat. de Méd. et de Pharm.; franz.) — *Nicotinsäurekodeinester* (**I**; DL_{50} Maus intraperitoneal 48 mg/kg, oral 280 mg/kg; Ratte intraperitoneal 37 mg/kg, oral 840 mg/kg) zeigt beim Hund u. bei der Katze eine blutdrucksenkende Wrkg. ohne die Herztätigkeit zu hemmen; es tritt rasch Tachyphylaxie ein. Am narkotisierten Tier verringert **I** Atemfrequenz u. -amplitude u. erhöht den Darmtonus. 5 mg I/kg i.v. zeigen bei der narkotisierten Katze u. beim nichtnarkotisierten Hund eine hustenstillende Wirkung. K. Zingraf 4627◇

1542 **Wirkungen der Narkomanie beim intravenös gespritzten Heroin auf die Grundzüge der physischen Leistung des Menschen.** H. F. Fraser, B. E. Jones, D. E. Rosenberg und A. K. Thompson. (Clin. Pharmacol. Therapeutics **4,** 188—96, 1963; Lexington, Ky., Nat. Inst. of Mental Health, Addiction Res. Centre, Publ. Health Serv. Hosp.; engl.) — Nach 60 Tagen der Anwendung von *Heroin* (**I**), i.v., wurden 30 Tage Placebos verabreicht u. dabei die phys. Wrkg. untersucht. **I** zeigte zuerst Zunahme, später Minderung der phys. Aktivität. Die Messungen erstreckten sich auf Liegen, Schlaf, Umwelts-Rk. u. mit dem Pedometer. H. Jacobi 4627◇

1543 **Wirkung von γ-Amino-β-hydroxybuttersäure bei Epilepsie unter besonderer Berücksichtigung der elektroencephalographischen Befunde nach intravenöser Injektion.** Keiichi Sato. (Jap. Arch. intern. Med. **10,** 47—54, 1963; Iwate Pref. Nanko Hosp.; Hirosaki Univ., School of Med., Dep. of Neuropsychiat.; jap., Auszug: engl.) — In 18 von 33 mit *γ-Amino-β-hydroxybuttersäure* (**I**) in Kombination mit anderen Routinemitteln bei Epilepsie behandelten Fällen konnten klin. Besserungen konstatiert werden. 3 von 6 nur mit **I** behandelte Fälle wiesen ebenfalls Besserungen auf. Elektroencephalograph. zeigten sich bei Fällen mit Spitzenentladungen Besserungen auf **I**, während langsame Schwankungen nicht beeinflußt wurden; in 1 Fall Verschlechterungstendenz. U. Tausendfreund 4628◇

1544 **Arzneimittelexantheme von Antikrampfmitteln.** Norman Goldstein, Morris Leider und Rudolf L. Baer. (Arch. Dermatology **87,** 612—17, 1963; New York, N.Y., New York Univ., Schools of Med., Dep. of Dermatol.; Bellevue Hosp., Serv. of Dermatol. and Syphilol.; engl.) — Bericht über 2 Fälle von Haut- u. system. Rkk. auf Arzneimittel des Hydantointyps [*Diphenylhydantoin* (*Dilantin*) sowie die strukturelle Ähnlichkeiten aufweisenden *Phensuximid* (*Milontin*), *Methsuximid* (*Celontin*), *Primidon* (*Mysoline*), *Methobarbital* (*Mebaral*)] u. auf *Phenobarbital* (*Luminal*; **I**). Die Erscheinungen waren teilweise charakterist. für eine fixierte Arzneimitteleruption u. teilweise für ein subakutes Lupus erythematodes-artiges Syndrom. Zwischen einigen der Hydantointypsubstanzen u. **I** war Kreuzempfindlichkeit nachweisbar. U. Tausendfreund 4628◇

1545 **Die Pharmakologie von Duolitpolyelektrolyt 402. Ein wasserlösliches lineares Polymer.** Eugene W. Greenblatt und Richard K. Thoms. (Arch. int. Pharmacodynam. Thérap. **117,** 364—73, 1958; Storrs, Conn., Univ., Dep. of Pharmacol., School of Pharmacy.) — *Duolitpolyelektrolyt 402* (**I**) ist ein lineares Polymer aus Polyvinyl-Gruppen, das quartäre Ammoniumanteile enthält. Die DL_{50} bei i.v. Injektion beträgt bei Mäusen 22,5 mg/kg. Die 10fache DL_{50} hatte bei Ratten, oral, subkutan, intraperitoneal oder i.m. gegeben, keinerlei Wrkg., **I** wirkt nur, wenn es i.v. verabreicht wird. Es wird auch von der Cornea u. Conjunctiva beim Kaninchen nicht aufgenommen. Am isolierten Kaninchen-Intestinum steigern $2{,}5 \cdot 10^{-5}$ g I/ml Bad-Fl. den Tonus u. die Kontraktion, Atropin blockiert diesen Effekt. Isolierte Arterienstücke sprechen erst auf $3{,}3 \cdot 10^{-4}$ g/ml mit Kontraktion an, eine sympathomimet. Aktivität fehlt demnach. Bei der anästhesierten Katze haben 0,5—2,0 mg I/kg keine ganglionären, peripher hemmenden oder stimulierenden Effekte. Der Blutdruck bei anästhesierten Hunden fällt nach 2 mg I/kg um 90%, bilaterale Vagotomie hat darauf keinen Einfl., **I** wirkt nur gering auf die Atmung. Am isolierten Kaninchenherzen bewirken 1 γ **I** im Perfusat Verringerung der Amplitude u. Kontraktion. K. Böhm 4628◇

1546 **Aceclidin — ein neues Präparat für die Behandlung der postoperativen Atonie des Darmes und der Harnblase.** K. A. Saitzewa und M. D. Maschkowski. (Med. Ind. UdSSR **15,** Nr. 5, 42—44, 1961; Allunions Chem.-Pharm. Ordshonikidse-Inst.; russ.) — Im Tier-Vers. verursacht die

Zufuhr von *Aceclidin* (**I**; *3-Acetoxychinuclidin*) eine Verstärkung der Darmperistaltik, Tonuserhöhung der Harnblase u. der Gebärmutter, Senkung des Blutdrucks, Verlangsamung der Herztätigkeit, Verstärkung der Speichelabsonderung u. Bronchienverengung. Durch Atropin werden die Wrkg. des **I** aufgehoben. Die DL_{50} beträgt im Mäuse-Vers. 36 mg/kg gegenüber 0,013 mg/kg bei Proserin. **I** ist auch weniger tox. als Carbocholin. Nach der pupillenerweiternden Wrkg. übertrifft **I** das Pilocarpin. **I** ist ein hochwirksames Mittel gegen postoperative Atonie des Magen–Darm-Traktes u. der Harnblase. Die 0,2%ig. **I**-Lsg. wird subkutan in Abständen von 20—30 Min. 2—3mal zu je 1—2 ml zugeführt.

O. Lebtag 4628△

1547 **Einfluß des Atropins auf die Geschwindigkeit der Resorption von anorganischem Phosphat ($Na_2H^{32}PO_4$) aus dem Verdauungstrakt und auf die Geschwindigkeit seiner Verwertung aus dem Blut in der Norm und bei Pathologie der Leber.** K. Ss. Samytschkina. (Bull. exp. Biol. Med. [UdSSR] **53** (27), Nr. 8, 44—46, 1962; Moskau, Inst. für Physiolog. u. Pathophysiolog. der Akad. der Med. Wiss. der UdSSR, Labor. für Physiolog. u. Patholog. der Verdauung; russ., Auszug: engl.) — *Atropin* (0,05 mg/kg subkutan, unmittelbar nach peroraler Zufuhr von $Na_2H^{32}PO_4$ oder 60 Min. nach subkutaner Zufuhr von ^{32}P) verringerte bei gesunden Hunden, bes. aber bei Hunden mit Lebererkrankungen, die Resorption des ^{32}P aus dem Magen–Darm-Trakt u. die Verwertung im Organismus.

I. v. Kloch-Kornitz 4608◇

1548 **Zur Pharmakologie des Antiepilepticums 5-Carbamyl-5H-dibenzo-[b; f]-azepin.** W. Theobald und H. A. Kunz. (Arzneimittel-Forsch. **13**, 122—25, 1963; Basel, J. R. Geigy Akt.-Ges.; dt.) — *5-Carbamyl-5H-dibenzo-[b;f]-azepin* (**I**; *G32883*), F. 190—193°, besitzt starke antikonvulsive Eigg. u. modifiziert die somat. Reflexe in einer Art, die der zentralen Wrkg. der Skelettmuskelrelaxantien ähnlich ist. **I** besitzt leichte sedative u. Tranquillizer-Wirkung. Die orale DL_{50} beträgt bei der Maus 3750 mg/kg u. bei der Ratte 4025 mg/kg. W. Hiller 4628◇

1549 **Das neue atropinähnliche Präparat Metacin.** Ss. Ss. Liberman. (Med. Ind. UdSSR **15**, Nr. 5, 40—42, 1961; Allunions Chem.-Pharm. Ordshonikidse-Inst.; russ.) —Nach der pharmakolog. Wrkg. steht das *Metacin* (**I**; *Benzilsäuredimethylaminoäthylestermethojodid*) dem Atropin nahe. Die DL_{50} beträgt im Mäuse-Vers. 294 mg/kg subkutan. Bei i.v. Zufuhr sind 20 mg **I**/kg für das Kaninchen verträglich. **I** ist bes. wirksam bei Magen- u. Zwölffingerdarmgeschwüren sowie bei Cholecystitis. O. Lebtag 4628△

1550 **Vorläufige Sichtung einiger angeblich abtreibend wirkender, einheimischer Pflanzen.** K. S. Jamwal und K. K. Anand. (Indian J. Pharmacy **24**, 218—20, 1962; Jammu, Reg. Res. Labor., Dep. of Pharm.; engl.) — Vff. prüfen alkohol. Extrakte verschiedener, angeblich abtreibend wirksamer Pflanzenarten am Meerschweinchenuterus in vitro u. in vivo durch Registrierung des Tonus, der Amplitude u. Frequenz induzierter Kontraktionen. Es zeigt sich, daß *Anagallis arvensis* die stärkste stimulierende Wrkg. auf den Uterus ausübt. Auch Extrakte aus Wurzeln von *Momordica charantia*, aus dem Mark von *Randia dumetorum* u. den Samen von *Sapindus trifoliatus* zeigen starke Wirksamkeit. *Cuscuta reflexa*, *Cucumis trigonus* u. *Plumeria acutifolia* weisen nur in hohen Dosen stimulierende Effekte auf. Die übrigen tabellar. zusammengestellten, als abtreibend angesehenen 16 Pflanzenarten sind dagegen unwirksam.

P. Fahrnlaender 4628◇

1551 **Therapeutische Möglichkeiten eines neuen coronarerweiternden Mittels, N-Methyl-N-cinnamyl-2-phenylpropylamin.** Livio Meciani und Aldo Brina. (Clin. therapeut. [Roma] **26**, 213—25, 1963; Milano, Univ., Clin. del Lavoro; ital.) — *N-Methyl-N-cinnamyl-2-phenylpropylamin* wurde bei 51 Patienten mit Stenocardie im Blindvers. angewandt. Im EKG ergaben sich 53% im Master-Test 56% Besserung; Angina pectoris-Anfälle wurden bei 69% der Patienten gebessert. Durch Kombination mit Antikoagulantien bzw. blutdrucksenkenden Mitteln konnte die Besserungsquote auf 88% erhöht werden. K. Zingraf 4630◇

1552 **Behandlung der Hypertoniekrankheit mit Tropaphen.** Z. A. Lewina und A. I. Romanowskaja. (Sowjet-Med. **25**, Nr. 4, 67—70, 1961; Odessa, Med. Inst., Lehrst. für Propädeutik der inneren Krankheiten; russ., Auszug: engl.) — Die Wrkg. von *Tropaphen*, *α-Phenylpropionsäuretropinester* (weißes, wasserlösl., krist. Pulver, F. 160—162°) wurde an 109 Kranken geprüft. Die Dosierung betrug 0,5—1,5 ml einer 1%ig. Lsg., 1—3mal täglich subkutan. Die subjektiven Störungen verschwanden bei 55, wurden gebessert bei 51 u. blieben unverändert bei 3 Kranken. Der systol. Druck in der Schulterarterie sank bei 27 Patienten um 40—75 mm Hg, bei 11 um 20—39, bei 1 um 11—19, bei 2 nicht, der diatol. Druck bei 31 um 20—59, bei 7 um 11—19, bei 3 nicht. Der systol. Druck in der Schläfenarterie sank bei 2 Patienten um 50—59 mm Hg, bei 18 um 20—39, bei 18 um 11—19, bei 3 nicht. Bei mehr als der Hälfte der Kranken war die Wrkg. demnach zufriedenstellend (Senkung des arteriellen Drucks, Besserung des subjektiven Befindens, Aufhören von Hochdruckkrisen). Unverträglichkeit wurde nur bei einem Kranken festgestellt, unbeträchtliche Nebenwrkg. bei 3 Patienten.

K. Rintelen 4630◇

1553 **Untersuchungen einer Serie von Benzofuranen. 1. Mitt. Benzofurane mit coronarerweiternder Aktivität.** G. Deltour, F. Binon, F. Henaux und R. Charlier. (Arch. int. Pharmacodynam. Thérap. **131**, 84—106, 1/4. 1961; Brüssel, Labor. Labaz; franz.) — Folgende Benzofuran-Derivv. u. ähnliche Verbb. wurden in vitro am durch Histamin kontrahierten, isolierten Meerschweinchenileum auf spasmolyt. Wirksamkeit u. am isolierten Kaninchenherzen auf Verstärkung des Coronarkreislaufs untersucht. (coronardilatator. Aktivität): Benzofurane: *2-[4′-Hydroxybenzoyl]-*, (5), *2-[4′-Hydroxybenzoyl]-3-äthyl-*, (3); 3-[4′-Hydroxybenzoyl]-benzofurane: *2-Äthyl-*, (40), *2-n-Propyl-*, (60), *2-n-Butyl-*, (7), *2-Isoamyl-*, (80), *2-n-Heptyl-*, (Konstriktion = K), *2-[4′-Hydroxyphenyl]-*, (10), *2-Benzyl-*, (K), *2-[γ-Phenylpropyl]-*, (40); Benzofurane: *2-[4′-Hydroxy-3′-fluorbenzoyl]-*, (3), *2-[4′-Hydroxy-3′-chlorbenzoyl]-*, (4), *2-[4′-Hydroxy-3′.5′-dibrombenzoyl]-3-äthyl-*, (55), *2-[4′-Hydroxy-3′.5′-dijodbenzoyl]-*, (20), *2-[4′-Hydroxy-3′.5′-dijodbenzoyl]-3-äthyl-*, (80); 2-Äthylbenzofurane: *3-[4′-Hydroxy-3′.5′-dichlorbenzoyl]-*, (25), *3-[4′-Hydroxy-3′-brombenzoyl]-*, (50), *3-[4′-Hydroxy-3′.5′-dibrombenzoyl]-*, (60), *3-[4′-Hydroxy-3′.5′-dijodbenzoyl]-*, (100), *3-[4′-Hydroxy-3′-jod-5′-brombenzoyl]-*, (100), *2-Isoamyl-3-[4′-hydroxy-3′-jodbenzoyl]-*, (50); Benzofurane: *2-[2′-Hydroxybenzoyl]-*, (3), *2-[2′-Hydroxy-5′-methylbenzoyl]-*, (1), *2-[2′-Hydroxy-6′-methyl-5′-isopropylbenzoyl]-*, (0), *2-[4′-Hydroxy-3′-isopropyl-6′-methylbenzoyl]-*, (50), *2-[4′-Hydroxy-3′-isopropyl-6′-methylbenzoyl]-3-äthyl-*, (50); 2-Äthylbenzofurane: *3-[4′-Hydroxy-3′-isopropyl-6′-methylbenzoyl]-*, (0), *3-[4′-Carboxymethoxybenzoyl]-*, (4), *3-[4′-Carboxymethoxy-3′.5′-dijodbenzoyl]-*, (50), *3-[4′-Aminobenzoyl]-*, (5), *3-[4′-Carboxymethylaminobenzoyl]-*, (0), *3-[4′-Methylsulfonamidobenzoyl]-*, (K); Benzofurane: *2-Benzyl-3-[4′-methoxybenzoyl]-*, (—), *2-n-Propyl-3-[4′-methoxybenzoyl]-*, (—), *2-Äthyl-3-phenylcarbinyl-*, (30), *2-Äthyl-3-[4′-hydroxy-3′.5′-dijodphenylcarbinyl]-*, (35), *2-Äthyl-3-[4′-hydroxyphenylacetyl]-*, (50), *2-[5′-Isopropyl-2′-methylbenzyl]-*, (25), *2-[4′-Hydroxy-5-isopropyl-2′-methylphenyl]-*, (2), *2-[4′-Hydroxyphenyl]-*, (5), *2-[4′-Hydroxyphenyl]-3-propionyl-*, (13), *2-Äthyl-3-carboxypropionyl-*, (0,4), *2-Äthyl-3-anilinomethyl-*, (5), *2-[2′-Hydroxycinnamoyl]-*, (2,5), *2-[4′-Hydroxynaphthoyl]-*, (4), *2-[2′-Aminothiazolyl-(4)-*, (1), *2-(4′-Hydroxybenzoyl]-4.6-dimethoxy-*, (K), *2-[4′-Hydroxybenzoyl]-6-methoxy-*, (1), *2-[2′-Hydroxybenzoyl]-6-methoxy-*, (5), *2-[4′-Hydroxynaphthoyl]-6-methoxy-*, (1), *2-Methyl-3-[4′-hydroxybenzoyl]-5-methoxy-*, (0,2), *2-Methyl-3-[4′-methoxybenzoyl]-5-methoxy-*, (—), *2-Äthyl-3-benzoyl-7-methoxy-*, (10), *2-Butylaminomethyl-7-methoxy-*, (10), *2-[4′-Hydroxybenzoyl]-6-hydroxy-*, (0), *2-[4′-Hydroxybenzoyl]-4.6-dihydroxy-*, (K), *2-Benzoyl-6-hydroxy-*, (2), *3-Phenyl-6-hydroxy-*, (2), *2-[4′-Hydroxyphenyl]-5-äthyl-*, (K), *2-[4′-Hydroxybenzoyl]-3.4-dimethyl-7-isopropyl-*, (33), *2.5-Diäthyl-3-[4′-hydroxybenzoyl]-*, (6,5), *2-Äthyl-3-[4′-hydroxybenzoyl]-5-chlor-*, (40), *2-Äthyl-3-[4′-hydroxybenzoyl]-6-acetyl-*, (4); Cumarane: *2-Äthyl-3-[4′-hydroxybenzoyl* (33), *2-Butylaminomethyl-*, (K), *2-Äthyl-5-[4′-hydroxybenzoyl]-*, (33); Isocumarine: *3-[4′-Hydroxyphenyl]-*, (2), *3-[2.4-Dihydroxyphenyl]-*, (—), *3-[4′-Hydroxy-2′-methylphenyl]-*, (1); Indole: *3-[4′-Hydroxybenzoyl]-*, (4), *2-Äthyl-3-[4′-hydroxybenzoyl]-*, (8), *2-n-Butyl-3-[4′-hydroxybenzoyl]-*, (14), *3-[4′-Hydroxy-3′.5′-dibrombenzoyl]-*, (3), *2-Isobutyl-3-[4′-hydroxy-3′.5′-dibrombenzoyl]-*, (10), *2-Äthyl-3-[4′-hydroxy-3′.5′-dijodbenzoyl]-*, (—), *2-Propyl-3-[4′-hydroxybenzoyl]-*, (16); Naphthaline: *2-Methyl-1-[4′-hydroxybenzoyl]-*, (10), *2-Methyl-1-[4′-hydroxy-3′.5′-dijodbenzoyl]-*, (20), *2-Äthyl-*

1-[4'-hydroxybenzoyl]-, (8), *2-Äthyl-1-[4'-methoxybenzoyl]-*, (0) *5-[4'-Hydroxybenzoyl]-dihydroacenaphthen*, (20).
G. Kimmerle 4630△

1554 **Die coronare vasodilatatorische Aktivität von 3-Methylflavon-8-carbonsäure-β-morpholinoäthylester im Vergleich mit der von anderen coronaren Vasodilatatoren.** Ivo Setnikar, Walter Murmann und Maria Teresa Ravasi. (Arch. int. Pharmacodynam. Thérap. **131,** 187–208, 1/4. 1961; Mailand, Recordati Labor. farmacol., Res. Dep.; engl.) — Am isolierten Kaninchenherzen wurden die vasodilator. Eigg. von *3-Methylflavon-8-carbonsäure-β-morpholinoäthylester* (**I**, *Rec 7-0037*), *2.6-Bis-[diäthanolamino]-4.8-dipiperidinopyrimido-[5.4:d]-pyrimidin* (*RA 8*), *Flavon-7-äthoxyacetat* (*Rec 1-0185*), *2-Äthyl-3-[3'.5'-dijod-4'-hydroxybenzoyl] cumaron* (*L. 2329*), *Papaverin* (**II**), *Aminophyllin*, *Nitroglycerin* (**III**) u. *Pentaerythrittetranitrat* (**IV**) untersucht. Auf der Basis von coronarer, vasodilatator. u. spamolyt. Aktivität u. von hypotensiver Wrkg. können diese Verbb. in Gruppen eingeteilt werden: Solche mit deutlicher hypotensiver Wrkg. (RA 8, **II**, **III**, **IV**) u. solche mit mehr spezif. Coronardilatation (Rec 1-0185, L. 2329, **I**). **I** wird zur klin. Behandlung der Coronarinsuffizienz empfohlen. G. Kimmerle 4630△

1555 **Wirkung von Guanethidin auf glatte Muskeln.** J. Garrett und C. Sousa. (Arzneimittel-Forsch. **13,** 125 bis 136, 1963; Univ. of Porto, Med. Fac., Dep. of Pharmacol.; engl.) — *Guanethidin* {*1-[2-(Oktahydro-1-azocinyl)-äthyl]-guanidinsulfat*; **I**} bewirkt eine sympath. Erregung bei nicht mit *Reserpin* vorbehandelten Tieren. *Cocain* u. *Phentolamin* antagonisieren diese Wirkung. Nach einer anfänglichen, kurz dauernden Blutdrucksenkung erfolgt durch **I** eine Blutdrucksteigerung, die nicht durch Atropin verändert wird. **I** verstärkt die Wrkg. von *Adrenalin* u. *Noradrenalin* u. schwächt die von *Tyramin* ab. **I**-Dosen bis zu 7,5 mg/kg ändern die blutdrucksteigernde Wrkg. von Dimethylphenylpiperazinium nicht, höhere Dosen setzen sie herab. **I** wirkt an der glatten Muskulatur spasmolyt. u. hebt die Kontraktion von verschiedenen spasmogenen Verbb. auf. W. Hiller 4630◇

1556 **Einfluß des Camphers auf den coronaren Blutkreislauf und einige Kennzahlen des Kohlenhydrat- und oxydativen Umsatzes des Myocards.** A. Ss. Ssaratikow, T. F. Marina und G. Je. Barkowskaja. (Pharmakol. u. Toxikol. [UdSSR] **25,** 77–81, 1962; Tomsk, Med. Inst., Lehrstuhl für Pharmakol.; russ., Auszug: engl.) — Durch Aktivierung des oxydativen Myocardstoffwechsels u. Vasodilatation vermag *Campher* (Dosis 50 mg/kg) die akute Hypoxie des Myocards u. die Coronar-Kreislaufschwäche zu überwinden. Die Wrkg. ist nur an der narkotisierten Katze mit experimenteller Coronarinsuffizienz, nicht am intakten Tier festzustellen. Eberhard Koch 4630◇

1557 **Die Beeinflussung der Chinidin-Albumin-Wechselwirkung durch Ionen.** Hadley L. Conn jun. und Robert J. Luchi. (J. Pharmacol. exp. Therapeut. **133,** 76–83, 1961; Philadelphia, Pa., Univ. of Pennsylvania, School of Med., Dep. of Med.; engl.) — Konzz. von H^+-, Ca^{2+}- u. Cl^--Ionen außerhalb des physiolog. Bereichs verminderten die *Chinidin* (**I**)–*Albumin* (**II**)-Bindung in wss. Lsg. erheblich. Konzz., die im lebenden Organismus erreichbar sind, hatten geringe Wirkung. Physiolog. oder höhere Konzz. von Na^+ u. K^+ beeinflußten die Wechselwrkg. zwischen **I** u. **II** nicht. Die Beziehung zwischen pH u. gebundener **I**-Menge stützen die Annahme, daß eine Imidazolgruppe des Histidins im **II**-Mol. an der **I**-Bindung teilnimmt. Die Hemmung der Bindung durch Cl^- spiegelt möglicherweise die Beteiligung eines 2. Bindungsorts (Tyrosin-, Serinrest) wieder. Nach diesen Befunden könnten die **I**-Bindung im Serum u. damit **I**-Wrkg. u. -Toxizität durch Ionen beeinflußt werden.
K. Maier 4630◇

1558 **Die Aktivitätsänderung von Isolanid unter dem Einfluß von Magen- und Darmsaft.** W. I. Kriwzowa. (Pharmakol. u. Toxikol. [UdSSR] **25,** 67–68, 1962; Omsk, Med. Inst., Lehrstuhl für Pharmakol.; russ.) — Die biolog. Wirksamkeit von *Isolanid* (**I**) sinkt auf die Hälfte, wenn es mit saurem Magensaft, u. um 27%, wenn es mit Dünndarmsaft behandelt wird. Diese Minderung der Aktivität soll durch die HCl des Magens bzw. durch andere Bestandteile im Magen- u. Darmsaft verursacht werden, jedoch nicht durch Fermente. Bei peroraler Zufuhr wird **I** demnach noch vor der Resorption im Verdauungstrakt weitgehend inaktiviert.
Eberhard Koch 4630◇

1559 **Die Strophanthinwirkung am Darmmuskel und ihre Beziehung zum Kationengehalt des Mediums.** H. J. Schatzmann und H. Ackermann. (Helv. physiol. pharmacol. Acta **19,** 196–213, 1961; Bern, Univ., Pharmakol. Inst.; dt.) — Es wurde die Wrkg. von *g-Strophanthin* (**I**, *Ouabain*) auf den Tonus u. die elektr. Aktivität eines isolierten Darmmuskels (Taenia coli des Meerschweinchens) u. deren Abhängigkeit von der Ca-, K- u. Na-Konz. der Bad-Lsg. untersucht. Der normale Tonus des Muskels steigt mit zunehmender Ca-Konz. im Bereich von 0–0,5 mm u. mit steigender K-Konz. von 0–5,0 mm. **I** verändert in der Konz. 10^{-7} bis 10^{-6} g/ml den Tonus 2phas.: zuerst Anstieg (Phase 1) u. nach längerer Einw. Abfall (Phase 2). Der Grund ist eine 2phas. Änderung der Erregbarkeit. In Phase 1 wird die **I**-Wrkg. auf den Tonus durch Ca u. K verstärkt. Die Phase 2 ist unabhängig von der Ca-Konz. u. wird durch hohe K-Konzz. verhindert. In Ggw. von **I** gewinnt Na eine negative Wrkg. auf die Kontraktilität u. eine positive Wrkg. auf die Erregbarkeit. Am Tonus resultiert eine negative Wrkg., da die Hemmung der Kontraktilität überwiegt. Die Na-Wrkg. ist der des Ca entgegengesetzt. G. Kimmerle 4630△

1560 **Die Hemmung des acetylcholininduzierten Atrioventricularblocks durch Kalium.** Charles Fisch, Harvey Feigenbaum und John A. Bowers. (J. clin. Invest. **42,** 563–69, 1963; Indianapolis, Ind., Marion County Hosp., Krannert Heart Res. Inst.; Indiana Univ., School of Med., Dep. of Med. and Heart Res. Center; engl.) — Da i.v. *K*-Zufuhr nur in bestimmten Fällen von *Digitalis* (**I**)-behandeltem Vorhofflimmern zu einer Verbesserung der atrioventriculären Überleitung (in anderen Fällen jedoch zu einer Verstärkung des atrioventriculären Blocks) führt, wurde die Hypothese geprüft, nach der K durch Hemmung der *Acetylcholin* (**II**)-Wrkg. auf die atrioventriculäre Überleitung wirkt. So konnte durch Steigerung des Plasma-K von durchschnittlich 3,4 (2,7–4,2) mVal/Liter auf 6,1 (5,0–7,2) mVal/Liter der **II**-induzierte Atrioventricularblock (bei Hunden) gehemmt u. die Veränderung an P-Schwankung u. T_a-Segment verhütet werden. In den Fällen, in denen K eine Verbesserung der Überleitung unter **I**-Behandlung bewirkt, hat **I** demnach den atrioventriculären Block nicht direkt, sondern über Vagus-Wrkg. hervorgerufen. U. Tausendfreund 4630◇

1561 **Über den Mechanismus der Stoffwechselwirkung bestimmter herztonisierender Glucoside.** H. Laborit, F. Leterrier und F. Brue. (Agressologie [Paris] **4,** 141–52, 1963; Paris, Hôp. Boucicaut, Labor. d'Entonol.; franz.) — Am isolierten Kaninchenileum steigerten *Digitalin* (**I**) u. *Ouabain* (**II**) den Tonus. Sie wirken synergist. mit Acetylcholin u. Cu-Salzen u. antagonist. gegen Adrenalin, Ca u. Mg. Atropin, Glucose bewirkten eine Tonussenkung, die durch **I** aufgehoben wird. Die Hemmung durch Monojodacetat wird durch **I** nicht beeinflußt, Brenztraubensäure, die den Tonus erhöht, wirkt nach **I** tonussenkend. Die Frequenz des isolierten Vorhofs wird durch **I** verlangsamt, durch **II** manchmal beschleunigt. Die Kontraktionsamplitude bleibt unbeeinflußt. Die im glucosefreien Medium verringerte Amplitude wird durch Lactat wiederhergestellt u. durch **I** weiter gesteigert. An der isolierten Aorta zeigen **I** u. **II** keine Wirkung.
K. Zingraf 4630◇

1562 **Wirkung des Corchorosids bei experimenteller Myocarditis.** R. I. Kitajewa. (Pharmakol. u. Toxikol. [UdSSR] **25,** 62–66, 1962; Woronesh, Med. Inst., Lehrstuhl für Pharmakol.; russ.) — *Corchorosid* (**I**) normalisiert in der Dosis 0,2 KE/kg den *Glykogen* (**II**)Spiegel im Herzmuskel kranker Kaninchen, während es den Phosphatstoffwechsel selbst in tox. Dosen nicht beeinflußt. **I** ist als mittleres Cardiotonicum mit kreislauffördernder Wrkg. anzusprechen u. beeinflußt die Myocarditis im Tier-Vers. günstig. Tox. **I**-Dosen erhöhen beim Kranken den **II**-Gehalt. 0,5 KE/kg wirken auf die meisten kranken Tiere toxisch.
Eberhard Koch 4630◇

1563 **Betrachtungen zu einem neuen Präparat mit hypocholesterinämischer Wirkung. Triparanol.** M. Nespoli. (Farmaco [Pavia], Edit. prat. **17,** 77–83, 1962; Pavia, Univ., Ist. di Clin. Med. e Terap. Med.; ital.) — Übersicht; chem. u. pharmakolog. Eigg., Kontraindikationen u. Schwierigkeiten. — 37 Literaturangaben.
P. Gregorzewski 4630◇

1564 **Wirkung eines synthetischen anticholesterinämischen Mittels, der Diphenylyl-(4)-äthylessigsäure, bei Adipositas.** Giuseppe Annoni. (Clin. therapeut. [Roma] 26, 207—12, 1963; Magenta, Osped. Civ., Sez. di Med.; ital.) — Bei 20 Patienten mit Adipositas bewirkten 0,3 g *Diphenylyl-(4)-äthylessigsäure* täglich, 60—75 Tage lang, eine deutliche Gew.-Abnahme. Es bestand keine Beziehung zwischen dieser u. der Verringerung des *Cholesterin*-Geh. im Blut.
K. Zingraf 4630◇

1565 **Pharmakologische Eigenschaften von Diazoxid, einem Benzothiadiazin-Derivat mit blutdrucksenkender und ohne diuretische Wirkung.** G. M. Carminati. (Arch. int. Pharmacodynam. Thérap. **143**, 446—65, 1963; Milano, Soc. Ital. Prod. Schering, Labor. Farmacol.; ital.) — Bei Ratten, Kaninchen u. Katzen bewirkte die i.v. Injektion von 0,5—10 mg *7-Chlor-3-methyl-1.2.4-benzothiadiazin-1.1-dioxid*/kg eine unmittelbare u. anhaltende Blutdrucksenkung, ohne die Herzfunktion oder die Atmung zu beeinflussen. Bei Ratten wurde eine antidiuret. Wrkg. beobachtet, die bei gleichzeitiger Verabreichung von Trichlorthiazid nicht auftrat.
K. Zingraf 4630◇

1566 **Hypotensive Wirkung einiger Antihypertensiva.** Raymond F. Grenfell, Arthur H. Briggs und William C. Holland. (Clin. Pharmacol. Therapeutics **4**, 162—71, 1963; Univ. of Mississippi, School of Med., Dep. of Med. and Pharmacol.; engl.) — *Chlorthiazid* (I) senkt den systol. wie diastol. Blutdruck. I, mit *Reserpin* kombiniert, wirkt etwas günstiger. Hydrierte Ergotalkaloide zeigen einen ähnlichen Effekt. *Guanethidin* ist ohne signifikante Wirkung. *α-Methyldopa* senkt bes. den systol. Blutdruck. H. Jacobi 4630◇

1567 **Über den Mechanismus des antihypertensiven Effektes von Hydrochlorothiazide.** P. Preziosi, A. F. de Schaepdryver, E. Marmo und E. Miele. (Arch. int. Pharmacodynam. Thérap. **131**, 209—29, 1961; Gent, Univ., Heymans Inst. of Pharmacol.; Neapel, Univ., Dep. of Pharmacol.; engl.) — Bei Hunden u. Mäusen hatte *Hydrochlorothiazide* (I) keinen Einfl. auf die Carotissinus-Baro- u. -Chemoreceptoren oder an den vasomotor. Zentren. Geringe I-Dosen (1—3 mg/kg) hemmten die vasopressor. Rk. bei Reizung der adrenerg. vasomotor. Fasern, ohne aber den Effekt der *Brenzcatechinamine* (II) u. von synthet. Hypertensin zu beeinflussen. Höhere I-Gaben zeigten adrenolyt., sympatholyt. u. direkte myolyt. Eigenschaften. Die Verabreichung von I bewirkte eine Abnahme des II-Geh. (bes. *Noradrenalin*) in verschiedenen Geweben. G. Kimmerle 4630△

1568 **Klinische Anwendung der diuretischen Mittel Chlorthiazid und Hypothiazid.** W. I. Massljuk und I. W. Chanmamedowa. (Therap. Arch. [UdSSR] **33**, Nr. 4, 80—86, 1961; Moskau, I. med. Leninorden-Ssetschenow-Inst.; russ., Auszug: engl.) — *Chlorthiazid* (I) u. *Hypothiazid* (II) erwiesen sich im Vers. an 65 Kranken mit rheumat. Herzfehlern als gute Diuretica. Sie wirken bei Einnahme per os u. sind nicht toxisch. Ihre Wrkg. ist wie die der Hg-Präpp., sie stören jedoch nicht das Elektrolytgleichgewicht: Na^+ u. Cl^- werden in äquivalentem Verhältnis ausgeschieden. Außerdem wirken I u. II blutdruckherabsetzend. Die beste diuret. Wrkg. erhält man bei I mit einer Dosierung von 1,5 g/Tag, bei II mit 100 mg. Man verabreicht I u. II 3 bis 5 Tage lang mit einer anschließenden Pause von 5—7 Tagen. I u. II sind indiziert bei Kreislaufstörungen 2. u. 3. Grades u. bei Hypertonie. Die Ausscheidung von NaCl u. KCl mit dem Urin wird gefördert. F. du Mans 4634◇

1569 **Einfluß des Acetazolamids auf den Ophthalmotonus bei einigen pharmakologischen Einwirkungen auf das Nervensystem.** Je. Ss. Libman. (Nachr. Ophthalmol. [UdSSR] **74**, Nr. 1, 14—21, Jan./Febr. 1961; Moskau, Klin. Augenkrankenhaus; russ., Auszug: engl.) — *Acetazolamid* (I; 5 mg/kg, 0,5%ig. Lsg. i.v.) verstärkte die hypotensive (>2mal) u. prolongierende (2,3-, 3,5- bzw. 2,8mal) Wrkg. auf den Augeninnendruck von *Hexonium, Aminazin, NaBr* (0,2, 2,5 bzw. 50 mg/kg 0,1-, 2,5- bzw. 10%ig. Lsg. i.v. simultan) u. von *Novocain* (10—15 Min. nach retrobulbärer Injektion von 1 cm³ 2%ig. Lsg.). Der Einfl. des I auf die *Coffein*-Wrkg. war gering. I. v. Kloch-Kornitz 4634◇

1570 **Der Einfluß von 1-Oxo-3-[3'-sulfamoyl-4'-chlorphenyl]-3-hydroxyisoindolin auf die Elektrolytausscheidung im Harn im Vergleich mit einigen anderen Diureticis.** H. Frank und H. Dentler. (Arzneimittel-Forsch. **13**, 398 bis 400, 1963; Erlangen, Univ., Med. Klin.; dt.) — Vff. untersuchen die Wrkg. von *1-Oxo-3-[3'-sulfamoyl-4'-chlorphenyl]-3-hydroxyisoindolin* (I; *Hygrolon*; J. R. Geigy Akt.-Ges., Basel) auf die Elektrolytausscheidung im Harn u. vergleichen sie mit der von Hydrochlorothiazid, Benzhydroflumethiazide u. Cyclophenthiazid. I zeigt in mittleren Dosen die stärkste Wrkg. auf die Na-Ausscheidung. Bei Gaben von 50 mg I nahmen trotz gesteigerter Na-Ausscheidung die Harnmengen nicht zu. In der diuret. u. saluret. Wrkg. entsprechen 75 mg Hydrochlorothiazid 100 mg I. I bewirkt eine Abnahme der 24-Std.-Ausscheidung an titrierbarer Säure u. einen pH-Anstieg im Gegensatz zu den anderen geprüften Diureticis.
W. Hiller 4634◇

1571 **Verträglichkeit und Ausscheidung von Anetholtrithion.** R. Gmelin und F. Lagler. (Arzneimittel-Forsch. **13**, 130—33, 1963; Stolberg, Rheinland, Chemie Grunenthal; dt.) — *Anetholtrithion* [I; *3-p-Methoxyphenyl-4.5-dithiacyclopenten-(2)-thion-(1)*] wird bei Ratten u. Kaninchen zum *O-Sulfat* des *p-Hydroxyphenyltrithions* (II) u. bei Menschen, Ratten u. Kaninchen zum *O-β-Glucuronid* des *p-Hydroxyphenyltrithions* (III) abgebaut. Der Abbau von I erfolgt durch oxydative Desmethylierung durch Lebermikrosomen zum *3-p-Hydroxyphenyl-4.5-dithiacyclopenten-(2)-thion-(1)* (IV) u. weiter durch Sulfattransferase zu II oder durch Glucuronsäuretransferase zu III. Beim Menschen werden ca. 1,5—3% des gegebenen I als IV u. ca. 12% als III im Urin wiedergefunden. III u. IV verursachen die Gelbfärbung des Urins. In oralen Dosen von 10 u. 100 mg/kg (entspricht der 10- u. 100fachen maximalen Tagesdosis beim Menschen) werden bei Ratten keine krankhaften Veränderungen (Allgemeinverh., Blutbild, Harnstatus, Verh. im Schwimmtest, Gew.-Zunahme, Letalität) beobachtet bei einer Belastungsdauer von 26 Wochen. W. Hiller 4640◇

1572 **Untersuchungen über die klinische Verwendung von 4-Amino-5-imidazolylcarbonsäureamid (AICA). 1. Mitt. Histologische Befunde an der experimentell geschädigten Leber nach der Verabreichung von AICA.** Akima Miyoshi, Yoshiaki Okuda, Takeo Miyake, Yuzo Kanematsu, Shigetoshi Okawa und Tetsuo Inoue. (Jap. Arch. intern. Med. **10**, 36—46. 1963; Kyoto Univ., Fac. of Med., Dep. of Int. Med., First Div.; jap., Auszug: engl.) — Durch Vorbehandlung mit *4-Amino-5-imidazolylcarbonsäureamid* (I; 5 mg über die Dauer von 5 Tagen) kann bei Schädigung der Rattenleber mittels Einzeldosen von 20 mg *Thioacetamid* (II)/100 g, 0,1 ml CCl_4/100 g oder 75 mg *DL-Äthionin*/100 g ebenso wie durch 2mal wöchentliche I- oder I-Orotat-Behandlung bei chron. Leberschädigung mittels 0,05 mm CCl_4, 20 mg II oder 5 mg *Orotsäure* (III) 2mal/Woche eine Besserung der Zentralnekrose u. Fettinfiltration sowie der Bernsteinsäuredehydrogenaseaktivität erzielt werden. Bes. gute Erfolge sind bei der durch III ausgelösten Fettleber möglich. U. Tausendfreund 4640◇

1573 **Experimentelle Untersuchungen zur Wirkung von Glycyrrhiza glabra.** I. M. Shihata und M. I. Elghamry. (Planta med. **11**, 37—43, 1963; Cairo, Univ., Dep. of Pharmacol., Dep. of Physiol., Fac. of Med. Vet.; engl.) — Die Wurzeldroge von *Glycyrrhiza glabra* wird pharmazeut. als Hilfsmittel bei der Pillenbereitung, als Expectorans u. zur Behandlung von Magenerkrankungen verwendet. Der Effekt wird spasmolyt. wirksamen Stoffen zugeschrieben. Zur Prüfung der Wrkg. auf andere Organe u. auftretender Nebenwrkg. wurde ein Extrakt Hunden verabreicht. Neben einer leichten, nur zeitweiligen hypotensiven Wrkg. blieb die Atmungsfrequenz bis zu 800 mg/Tier unbeeinflußt. Es trat eine Hemmung der Darmbewegung ein u. eine Entspannung der Uterusmuskulatur bei tragenden u. nichttragenden Hündinnen. Ein anthelmint. Einfl. auf Band- u. Spulwürmer in vitro konnte nur bei ersten beobachtet werden.
P. Bulin 4640◇

1574 **Einfluß einiger pharmakologischer Stoffe auf das elektrische Potential des Magens bei Ulcuskranken.** Ja. W. Borin und R. P. Makoss. (Therap. Arch. [UdSSR] **33**, Nr. 3, 46—54, 1961; Stanislaw, Med. Inst., Therap. Klin.; russ., Auszug: engl.) — Es wurde die Wrkg. von *Atropin* (I), *Papaverin, Platiphyllin, Vitamin B_1* (II) u. *Insulin* (III) auf das bioelektr. Potential (BP) des Magens bei Kranken mit Magen- bzw. Zwölffingerdarmgeschwür untersucht. Die Ein-

führung der Präpp., vor allem von **I**, wurde prakt. bei allen Kranken von einem Abfall des BP begleitet. Häufigkeit u. Amplitude der spontanen Schwankungen waren vermindert. Subcutane Einführung von **III** war von einem Abfall des BP u. einer Verminderung der Amplitude der Schwankungen begleitet. Die i.v. Einführung von **II** führte meistens zu einem erheblichen Anstieg des BP u. einer kurzen Verminderung der Amplitude des Elektrogastrogramms.
F. du Mans 4645◇

1575 **Kupfer-DL-methionin, ein neues Anthelminticum gegen den Lungenwurm des Schweines. Die Wirkung von Kupfer-DL-methionin auf den Lungenwurm.** Hikaru Ozawa, Chuichi Ishizeki und Munetoshi Niimura. (Chem. pharmac. Bull. [Tokyo] **10**, 975—78, 1962; Tokyo, Nihon Univ., Inst. of Pharm.; Sendai, Tohoku Univ., School of Med., Dep. of Chem. Pharmacol.; engl.) — Durch *Cu-DL-Methionin* (**I**) wird der Lungenwurm des Schweins *Metastrongylus apri* in vitro getötet. Die **I**-Aufnahme erfolgt durch den Verdauungstrakt des Tieres, die tox. Wrkg. beruht auf einer Hemmung der *Bernsteinsäuredehydrogenase.*
P. Gregorzewski 4649◇

1576 **Untersuchung juckreizverhütender Stoffe bei Normalpersonen.** G. V. Joglekar, J. H. Balwani und G. S. Mutalik. (Clin. Pharmacol. Therapeutics **4**, 197—99, 1963; Poona, Bijramjee Jeejeebhoy Med. Coll., Dep. of Pharmacol. and Med.; Sassoon Hosp.; engl.) — Vff. prüften die juckreizlindernde Wrkg. von *Trimeprazin* (**I**) u. *Ergotamintartrat* (**II**). Der Juckreiz wurde durch *Mucuna prurien*-Salbe hervorgerufen. **I** ist wirksam im Gegensatz zu **II**, das bes. Müdigkeit hervorruft. Auch Placebo (*$NaHCO_3$*) ist erfolgreich.
H. Jacobi 4661◇

1577 **Eine Nebenwirkungsgefahr bei Plastikfilmtherapie.** C. F. H. Vickers und William C. Fritsch. (Arch. Dermatology **87**, 633—36, 1963; Cleveland, Ohio, Western Res. Univ., Med. School, Sect. of Dermatol.; engl.) — Die Steigerung perkutaner Resorption durch die intakte Haut mittels Anwendung von Plastikmembranen (vgl. McKenzie, Arch. Dermatology **86**, [1962], 611) kann auch zur Herbeiführung tox. Nebenwrkg. führen. So kam es bei 6 Fällen, bei denen *Naphazolin* (*Privine*; *2-[Naphthyl-(1)-methyl]-imidazolin*) unter *Saran* (Dow Chem. Co.)-Verschluß als Plastikfilm auf die intakte Haut aufgebracht worden war, zu derartigen tox. Auswrkg., die den Wrkg. entsprachen, wie sie von system. Anwendung des Mittels zu erwarten gewesen wären. Vermutlich war jeweils ca. 1% des auf die Haut gebrachten Medikaments (ca. 70—350 μg) resorbiert worden.
U. Tausendfreund 4661◇

1578 **Die Verwendung von Chelatbildnern bei der Behandlung der Metallvergiftung (unter besonderer Berücksichtigung von Blei).** Harry Foreman. (Federat. Proc. **20**, Nr. 3 [Part II, Suppl. 10] 191—96, 1961; Los Alamos, N.Mex., Univ. of California, Los Alamos Scient. Labor.; engl.) — Übersicht. Chelatbildner nehmen bei der Behandlung der Pb-, As-, Cr-, Mn-, Th-, U- u. Ni-Vergiftung einen festen Platz ein. Der Wert hinsichtlich Beschleunigung der Cu-Ausscheidung bei Wilsonscher Krankheit ist fraglich. Bei der Be-, Fe-, Ca- u. Tl-Vergiftung kommt zur Zeit Chelatbildnern kein therapeut. Wert zu. Sie sind bei der Cd-Vergiftung erheblich kontraindiziert. — 80 Literaturangaben,
K. Maier 4675◇

1579 **Der Wert von Calciumdinatriumäthylendiamintetraacetat und British-Antilewisit in der Therapie der Bleivergiftung.** Robert A. Kehoe. (Federat. Proc. **20**, Nr. 3 [Part II, Suppl. 10] 196—99, 1961; Cincinnati, Ohio, Univ. of Cincinnati, Coll. of Med.; engl.) — Übersicht. — 5 Literaturangaben. K. Maier 4675◇

1580 **Klinische Erfahrungen bei der Verwendung von Calciumdinatriumäthylendiamintetraacetat in der Therapie der Bleivergiftung.** Harriet L. Hardy. (Federat. Proc. **20**, Nr. 3 [Part II, Suppl. 10] 199—202, 1961; Boston, Mass., Massachusetts General Hosp.; engl.) — Bei *Pb*-Vergiftung bewirkte *$CaNa_2$-Äthylendiamintetraacetat* (**I**)-Behandlung schnelle Normalisierung der hämatolog. Störungen u. des Coproporphyrinspiegels sowie Besserung der Neuropathie. Schädliche **I**-Wrkg. auf die Niere wurden nicht beobachtet. Die Ca-, Phosphat-, N-, K-, Na-, Chorid-Mg-Bilanz war nicht verändert. K. Maier 4675◇

1581 **Verhalten der δ-Aminolävulinsäure im Serum von Bleivergifteten.** Giulio Saita und Luciano Moreo. (Med. del Lavoro **54**, 183—90, 1963; Milano, Univ., Clin. del Lavoro „Luigi Devoto“, Centro Studi e Ric. per le Mal. Prof. sotto il Patronato dell’I.N.A.I.L.; ital.) — Die Konz. von *δ-Aminolävulinsäure* (**I**) ist im Serum von Personen mit akuter u. chron. *Pb*-Vergiftung erhöht u. kann als **Maß** für die Schwere der Vergiftung dienen. Bei frischer Vergiftung nimmt die **I**-Konz. bei Behandlung mit *Calciumdinatriumäthylendiamintetraacetat* vor allem in den beiden ersten Tagen der Behandlung deutlich ab, bei älteren Fällen dagegen weniger.
K. Zingraf 4675◇

1582 **Bemegride — ein Antagonist der Barbiturate.** K. A. Saitzewa. (Med.-Ind. UdSSR **15**, Nr. 5, 47—48, 1961; Allunions Chem.-Pharm. Ordshonikidse-Inst.; russ.) — Bericht über die sowjet. u. nichtsowjet. Erfahrungen bei der Anwendung von *Bemegride* (*4-Methyl-4-äthyl-2.6-dioxopiperidin*) gegen Vergiftungen durch Barbiturate. — 9 Literaturangaben. O. Lebtag 4675△

1583 **Levallorphan — ein Antagonist von Morphin und seinen synthetischen Ersatzmitteln.** A. I. Poleshajewa. (Med.-Ind. UdSSR **15**, Nr. 5, 45—47, 1961; Allunions Chem.-Pharm. Ordshonikidse-Inst.; russ.) — Bei vorheriger Zufuhr von *Levallorphan* (**I**; *l-3-Hydroxy-N-allylmorphinan*) wird im Katzen-Vers. die Wrkg. von *Morphin, Promedol, Isopromedol* u. *Palfium* auf die Atmung abgeschwächt. Auch in Verss. an narkotisierten Kaninchen zeigt sich diese Wrkg. von **I**. Werden Promedol u. Isopromedol gleichzeitig mit **I** zugeführt, so erfolgt keine Veränderung der Atmung. Im Mäuse-Vers. wird deren Wrkg. durch 3 mg **I**/kg vollständig aufgehoben. Die DL_{50} von **I** beträgt im Mäuse-Vers. bei subkutaner Zufuhr 295, bei i. v. Zufuhr 58 mg/kg. O. Lebtag 4675△

1584 **Nichttödliche akute Parathion-Vergiftung.** Alessandro Pesce. (Rass. Clin., Terap. Sci. affini **60**, 169—76, 1961; Roma, Pio Ist. d. S. Spirito ed Osped. Riun., Osped. S. Eugenio., Rep. di Chir. Plast. e Centro Ustionati; ital.) — Beschreibung eines Falles akuter *Parathion*-Vergiftung, der durch Behandlung mit *Atropin* (11 mg am ersten Tag, dann täglich 2 mg i. m.) gerettet werden konnte.
K. Zingraf 4675◇

1585 **Selbstmord durch Einnahme von Chinin, Promethazin und Aspirin.** F. Sabon, A. Viala, H. Grignon und P. Aranzana. (Ann. pharmac. franç. **19**, 419—27, Juni 1961; Algier, Fac. Méd. et Pharm., Labor. de Pharmacie chim. et Toxicol., Labor. de Police scientifique; franz.) — Unterss. des Glasinhaltes u. verschiedener Organteile u. Körper-Fll. eines Leichnams ließen erkennen, daß die Todesursache einer verstorben gefundenen Person auf die gemeinsame Aufnahme von *Chininsulfat, Promethazinhydrochlorid* u. *Aspirin* in selbstmörder. Absicht zurückzuführen war.
G. Kimmerle 4675△

1586 **Verunreinigung der Luft durch toxische Stoffe bei der Herstellung von Schwefelsäure.** A. Ss. Archipow und A. N. Boitzow. (Hyg. u. Sanitätswes. [UdSSR] **27**, Nr. 9, 12—17, 1962; Inst. für Arbeitshygiene u. Berufskrankh. der Akad. der med. Wiss. der UdSSR; russ.) — Allg. Ausführungen über die gegenwätig zu hohe Verunreinigung der Luft von Arbeitsräumen der H_2SO_4-Industrie durch SO_2, SO_3 sowie Kies- u. Abbrändestäuben. S. Baryschnikow 4680△

1587 **Histochemische Untersuchungen über die Zelltoxizität von Tridymit in vitro.** F. Rilke und R. W. I. Kessel. (Med. del Lavoro **54**, 161—65, 1963; Milano, Univ., Clin. del Lavoro „Luigi Devoto“; engl.) — Makrophagen aus der Bauchhöhle von Meerschweinchen, die mit *krist. Tridymit* oder mit amorpher Kieselsäure behandelt wurden, unterschieden sich histochem. nicht wesentlich von den Kontrollen. Nachgewiesen wurden: Bernsteinsäuredehydrogenase, alkal. u. saure Phosphatase, unspezif. Esterase, Diphosphopyridinnucleotiddiaphorase, Leucinaminopeptidase, Lipase (**I**) u. *β*-Glucuronidase. Sie befanden sich mit Ausnahme von **I** alle in den Zellkörpern. K. Zingraf 4681◇

1588 **Ergebnis der Untersuchung über die Bleimenge im Blut von Arbeitern aus Blei verarbeitenden Betrieben.** T. Suzutani, M. Takagi, Y. Kimura und S. Kimura. (J. Kyoto prefect. med. Univ. **58**, 689—91, 1955; Kyoto Prefect. Med. Univ., Dep. of Forensic Med.; jap., Auszug: engl. S. 1 VII.) Unterss. an 63 Arbeitern aus *Pb* verarbeitenden Betrieben zeigen, daß die im Blut gefundene Pb-Menge nicht immer proportional der Länge der Beschäftigungsdauer der Arbeiter ist. Es ist deshalb für die rechtzeitige Diagnose einer

Pb-Vergiftung notwendig, öfter Pb-Best. im Blut durchzuführen. Gottfried Schreiber 4681△

1589 **Ausgedehnte Lähmungen der oberen Gliedmaßen nach kurzer Bleieinwirkung.** Carlo Sbertoli. (Med. del Lavoro **54**, 201—07, 1963; Milano, Univ., Clin. del Lavoro „Luigi Devoto", Centro di Studi e Ric. sulle Mal. Prof. sotto il Patronato dell'I.N.A.I.L.; ital.) — Bei einem in einer Akkumulatorenfabrik beschäftigten Arbeiter traten nach einer *Pb*-Einw. von 1 Monat Dauer Darmkolik u. Neuritis der Oberextremitäten, gefolgt von symmetr. Lähmungen an Ober- u. Unterarmen, tox. Nephrose u. Subikterus auf. K. Zingraf 4681◇

1590 **Benzolhämopathie. Drei Fälle von chronischer Benzolvergiftung, darunter 2 Todesfälle (akute Leukämie, akute Panmyelophthisis).** Rolando Gallinelli und Agostino Traldi. (Med. del Lavoro **54**, 169—82, 1963; Modena, Univ., Ist. di Patol. Spec. Med. e Metodol. Clin.; Catt. di Med. del Lavoro; engl.) — Bericht über 3 Fälle von chron. Benzolvergiftung, bei denen nach 3-, 12- bzw. 16jähriger Einw. von *Bzl.* bei der Berufsausübung eine Knochenmarksaplasie auftrat, die sich zur akuten Leukämie entwickelte. In 2 Fällen spielte Schwangerschaft eine Rolle als disponierender u. verschlimmernder Faktor. K. Zingraf 4681◇

F. Pharmazeutische Chemie, Desinfektion

1591 **Methoden und Verantwortung der Arzneimittelforschung und ihre Grenzen.** Gerhard Domagk. (Pharmaz. Ztg. verein. Apotheker-Ztg. **40**, 1360—65, 1963; dt.) — Vortrag. H. Franzen 4750◇

1592 **Sechster Jahresbericht der Deutschen Arzneibuch-Kommission in Berlin.** H. Seel. (Pharmazie **11**, 791—96, Dez. 1956; Berlin, Dtsch. Akad. der Wiss.; dt.) — Inhaltlich ident. mit der C. **1958**, 200 referierten Arbeit. W. Barz 4750◇

1593 **Reaktionsfähigkeit fester Pharmazeutica.** Sv. Aa. Schou. (Pharmac. Acta Helvetiae **38**, 741—45, 1963; København, Danmarks farmaceutiske Højskole; engl.) — Durch Best. des Cu-Geh. in selbst hergestellten Granulatum simplex Ph. Dan., Ascorbinsäuretablettengranulat Ph. Dan. u. Nicotinsäuretablettengranulat Ph. Dan. wurde festgestellt, daß die gefundenen Werte die geschätzten z. T. erheblich übertrafen. Diese Cu-Verunreinigungen, die aus dem Rohmaterial u. aus den verwendeten Sieben stammen können, werden als wichtige Katalysatoren für die Autoxydation in festen Arzneimitteln gewertet. U. Drehmann 4766◇

1594 **Der Zeitbedarf zur vollständigen Deformation von Suppositorien und die Fähigkeit zur Abgabe der Heilmittel als Kriterien zur Beurteilung gegenwärtiger Grundmassen.** 1. Mitt. **Faktoren, die die Geschwindigkeit der Deformation der Suppositorien beeinflussen.** Leszek Krówczyński. (Acta polon. pharmac. **19**, 1—21, 1962; Warszawa, Inst. Farmac., Zakł. Farmac. stosow.; pol.) — Die mittlere relative Abweichung bei der Best. der Deformationszeit von Suppositorien (vgl. C. **1961**, 5531) beträgt ± 10%. Die Best.-Meth. ist zur Unters. von Suppositorien auf der Basis Pflanzenfett, Polyäthylenglykol u. Gelatine gut geeignet. Die Deformationszeit von Suppositorien auf Fettbasis soll bei 37° 15 Min. nicht übersteigen. F. Urban 4766◇

1595 **Vergleich der Resorptionsgeschwindigkeit des Natriumsalzes der N-Methyl-5-cyclohexenyl-5-methylbarbitursäure (Natrium–Narcosan) und seiner Wirkungsdauer nach Applizierung in verschiedenen Suppositorienmassen.** Władysław Wiśniewski und Hanna Piasecka. (Acta polon. pharmac. **19**, 527—30, 1962; Warszawa, Akad. Med., Zakł. Farmac. stosow.; Zakł. Farmakol. eksperym.; pol.) — Im Tier-Vers. wurde festgestellt, daß Narcosan-Na (I) am schnellsten aus Kakaobutter resorbiert wird. Dafür ist die Narkosezeit kurz. Umgekehrt verhält sich I in der Grundmasse Supane S 36 (synthet. Triglycerid). Die vorteilhafteste Grundmasse für I-Suppositorien ist Massuppol (Pflanzenfettgemisch), das bei einer mittellangen Resorptionszeit eine lange Narkosedauer liefert. F. Urban 4766◇

1596 **Die Arzneipflanzen und unverarbeiteten Drogen von Burma.** 1. Mitt. **Sammlung von Untersuchungsmaterial einheimischen Ursprungs während der Jahre 1957—1961.** Arnold Nordal. (Medd. norsk farmac. Selsk. **25**, 127—54, 1963; Oslo, Univ., Inst. of Pharm., Sect. of Pharmacogn; engl.) H. Franzen 4782◇

1597 **Die Morphologie und Histologie der Samen von Datura cornigera Hook.** M. Wellendorf. (J. Pharmacy Pharmacol. **14**, 157—60, 1962; Copenhagen, Royal Danish School of Pharm., Dep. of Pharmacogn.; engl.) F. v. Gizycki 4782◇

1598 **Versuche zur Akklimatisierung und zum Anbau von Scopolia lurida Dun. an der Danziger Bucht während der Zeit von 1957—1960.** Tadeusz Sulma, Helena Tumiłowicz und Jan Sajkowicz. (Acta polon. pharmac. **19**, 507—22, 1962; Gdańsk, Akad. Med., Kat. Botan. farmac.; pol.) Der Anbau von *Scopolia lurida* gelang in den Jahren 1957—1960 wegen der milden Witterung im Winter u. der genügenden Feuchtigkeit u. Sonneneinstrahlung in diesen Jahren. Der Alkaloid-Geh. der Pflanze wird durch mineral. Düngung u. vegetative Vermehrung erhöht. F. Urban 4782◇

1599 **Untersuchung des Ölgehaltes während der jährlichen Vegetation in den verschiedenen Organen von Ruta graveolens L. subsp. hortensis (Miller) Gams.** Czesław Bańkowski und Tadeusz Kowal. (Acta polon. pharmac. **19**, 497—505, 1962; Wrocław, Akad. Med., Kat. Botan. farmac.; pol.) — Der Öl-Geh. im Kraut von *Ruta graveolens L.* ist vom Oktober bis April hoch u. konstant. Ab Mai fällt er stark ab u. nimmt ab Juli wieder zu. Der Öl-Geh. im frischen Kraut beträgt 0,08—0,22 ($D._{15}^{15}$ 0,8605, n_D^{20} 1,442), in den Früchten 0,52 ml/100 g ($D._{15}^{15}$ 0,8341, n_D^{20} 1,435). Das Öl aus dem Kraut u. aus den Früchten hat verschiedenen Geruch. Die verschiedenen Angaben in der Literatur sind dadurch zu erklären, daß das Öl gemeinsam aus dem Kraut u. den Früchten isoliert wird. F. Urban 4782◇

1600 **Polyphenolverbindungen in polnischen Arten von Solidago L.** Bogusław Borkowski und Lutosława Skrzypczakowa. (Acta polon. pharmac. **19**, 491—95, 1962; Poznań, Akad. Med., Zakł. Farmakogn.; pol.) — Im Extrakt des Krautes der Arten *Solidago*: *S. virgaurea* (S.v.), *S. canadensis* (S.c.), *S. serotina Ait.* (S.s.) u. *S. graminifolia* (L.) Ell. (S.g.) wurden chromatograph. *Rutin*, *Quercitrin* u. ein *Glucosid* (F. 186—188°) gefunden. Daneben enthalten alle Chlorogen- u. Kaffeesäure. Astragalin tritt in S.c. u. S g., Quercetin in S.v. u. S.c. u. Isoquercitrin in S.s. u. S.c. auf. F. Urban 4782◇

1601 **Über das Oleandrigenin-tridigitoxosid (16-Acetylgitoxin).** G. Baumgarten. (Arch. Pharmaz. Ber. dtsch. pharmaz. Ges. **295/67**, 305—10, 1962; Wernigerode, VEB Ysat, Forschungsabt.; dt.) — Vf. macht die Identität einer von ihm in geringer Menge aus dem Glykosidgemisch von *Digitalis purpurea* (I) isolierten Substanz mit dem durch saure oder schwach alkal. Spaltung von „Polyacetylgitoxin" dargestellten *16-Acetylgitoxin* (*Oleandrigenintridigitoxosid*) wahrscheinlich, das somit erstmalig in I nachgewiesen wurde. F. v. Gizycki 4782◇

1602 **Untersuchungen über die hypoglykämisch wirkenden Copalchi-Drogen, insbesondere über die Rubiacee Coutarea latiflora D.C.** Monique Bastien. (Trav. Lab. Matière méd. Pharmac. galénique Fac. Pharmac. Paris **46**, 3—157, 1961, herausgeg. 1962; Paris, Fac. de Pharm., Labor. de Mat. méd. et de Pharm. galén.; franz.) — Ausführliche Arbeit über die verschiedenen sog. *Copalchi*-Rinden liefernden Pflanzen, bes. *Coutarea latiflora D. C.*, *Croton niveus Jaq.* u. *Exostemma caribaeum* in histor., botan., phytochem. u. pharmakolog. Hinsicht. — 77 Literaturangaben. F. v. Gizycki 4782◇

1603 **Verbena officinalis: Vorkommen von Adenosin und β-Carotin.** 4. Mitt. **über die Inhaltsstoffe der Verbenaceen.** E. Winde, I. Echaust und R. Hänsel. (Arch. Pharmaz. Ber. dtsch. pharmaz. Ges. **294/66**, 220—29, 1961; Berlin, Freie Univ., Inst. für Pharmakogn.; dt.) — 3. vgl. C. **1961**, 14012. — Vff. fanden bei dem Vers. das von Kuwajima [1939] als Glykosid aus *Verbena off.* beschriebene, von

anderen Autoren in Zweifel gezogene, *Verbenin* (I) papierchromatograph. nachzuweisen, daß I eine Kristallmodifikation des *Verbenalins* ist. Dagegen konnte aus der Droge *Adenosin* sowie *β-Carotin* isoliert werden.
F. v. Gizycki 4782◇

1604 **Heilwirkung von Tamus communis auf die Alopecie.** P. Fracasso. (Boll. chim. farmac. **102,** 125—28, 1963; Udine, Farm. di S. Quirino; ital.) — Die Wurzel von *Tamus communis* dient als Rubefaciens u. besitzt eine Heil-Wrkg. bei Alopecie. Die wirksame Substanz konnte aus dem schleimigen Saft der Wurzel weder extrahiert, noch abdest. werden.
K. Zingraf 4782◇

1605 **Dimethylsulfoxid, ein aquomimetisches Lösungsmittel.** L. Marson. (Boll. chim. farmac. **102,** 109—24, 1963; New York, N.Y., J. Schmid, Inc., Labor. Ric.; ital.) — Als aquomimet. Lsgm. werden Substanzen bezeichnet, die imstande sind, zahlreiche Hydrokolloide, bes. natürliche Kohlenhydrate, lösl. zu machen, so daß leicht Organosole u. Organogele entstehen, die den entsprechenden Hydrosolen u. Hydrogelen ähnlich sind; ein solches Lsgm. ist Dimethylsulfoxid (I). Nach der Löslichkeit u. dem Dispersionsvermögen in I werden die Koll. neu klassifiziert u. das Verh. der organ. Gele mit den entsprechenden wss. Syst. verglichen. In der Chemie u. der Pharmazie dient I in erster Linie zur Darst. von lösl. Agglomeraten. K. Zingraf 4786◇

1606 **Die Farbstoffe in pharmazeutischen Präparaten.** E. Verderio. (Boll. chim. farmac. **102,** 67—84, 1963; Milano, Curt Georgi-Indust. Milanese Essenze; ital.) — Übersicht über die in der italen. Pharmakopoe aufgeführten u. gesetzlich für pharmazeut. Präpp. zugelassenen Farbstoffe, ihre Vor- u. Nachteile, ihre Anwendung u. ihren Nachweis.
K. Zingraf 4786◇

1607 **Beiträge zur Herstellung und Prüfung von Mersalyl-Theophyllininjektionslösung.** W. Fürst. (Pharmaz. Zentralhalle Deutschland **102,** 496—500, 1963; Jena, Friedrich-Schiller-Univ., Inst. für Pharm. u. Lebensmittelchem.; dt.) — Das Auftreten von ionogen gebundenem Hg in *Mersalyl* (I)-*Theophyllin* (II)-Lsgg. kann durch Reinigung von I (Verw. der freien *Salicyl-[3-hydroxymercuri-2-methoxypropyl]-amid-O-essigsäure* an Stelle des Na-Salzes, — Umfällen der Säure u. Behandlung der frischgefällten Substanz mit heißem W.) verhütet werden. Das ionigen gebundene Hg wird spektrophotometr. bei 400 nm bestimmt (Verw. der Rk. mit Na_2S). Außerdem wurde bewiesen, daß eine Bindung zwischen I u. II über das Hg in den Injektions-Lsgg. besteht. K. Zingraf 4790◇

1608 **Über die Kenntnisse der Pyrogene.** H. von Gimborn. (Pharmazie **18,** Nr. 9, Beil.: Pharmaz. Prax. 203—05, 1963; Schwerin, Apotheke des Bezirkskrankenhauses; dt.) — Übersicht über die Bedeutung des Pyrogenproblems bei der Herst. von Injektions- u. Infusions-Lsgg. u. über Meth. der Pyrogenentfernung. — 7 Literaturangaben.
H. Preisler 4790◇

1609 **Vorläufige Bewertung der Eignung einiger Kunststoffe als Verpackungsmaterial für Injektions- und Infusionsflüssigkeiten.** Stanisław Homrowski und Józef Kubica. (Acta polon. pharmac. **19,** 537—44, 1962; Warszawa, Wojsk. Inst. Hig. i Epidemolog.; pol.) — Polyäthylen u. Polycarbonat sind als Verpackungsmaterial für Injektions- u. Infusions-Fll. geeignet, da sie die organolept. Eigg. der Fll. beim Erhitzen u. Lagern nicht verändern. Für Bakterien sind sie undurchlässig. Polyvinylchlorid ist ungeeignet, da es den pH-Wert der Fll. erniedrigt. F. Urban 4790◇

1610 **Untersuchungen über die oxydierende Wirkung von Luft, die in einer einfachen Apparatur zur Belüftung wasserfreier Fettgrundmassen durchgeführt wurden.** Zygmunt Gołucki, Melania Aniołowska. (Acta polon. pharmac. **19,** 23—30, 1962; Warszawa, Inst. Farmac., Zakł. Farmac. stosow.; pol.) — Salben- u. Suppositoriengrundmassen auf Fettbasis wurden bei 98° in einer einfachen App. belüftet. Das beschleunigte Altern von Fett kann so innerhalb von 14 Std. ausreichend genau durchgeführt werden. Bestimmt werden dabei die SZ. u. Peroxidzahl. Bes. empfindlich gegen Luft-O_2 ist gehärtetes Rapsöl. — 33 Literaturangaben.
F. Urban 4792◇

1611 **Neue Arzneimittel.** Anonym. (Modern Drugs **1962,** 1969—82; engl.) — *Brondecon* (Warner-Chilcott, USA): Tabletten u. Elixier mit Oxtriphyllin, Guajacolglycerinäther. Bronchodilator. — *Hydromox* (Lederle, USA): Tabletten mit 7-Chlor-2-äthyl-1.2.3.4-tetrahydro-4-oxo-6-sulfamylchinazolin (Quinethazon). Diureticum. — *Malumel* (Rowell, USA): Tabletten mit 200 (mg) Al-Proteinat, 200 Mg-Glycinat. Antacidum. — *Phenergan VC* (Plain bzw. Wyeth, USA): Lsg. von Promethazinhydrochlorid, Phenylephrinhydrochlorid, Extr. Ipecacuanhae fld., K-Sulfoguajacolat, Chlf., Citronensäure, Na-Citrat, mit u. ohne Codeinphosphat. Antitussicum. — *Plexoderm* (Crookes-Barnes, USA): Salbe mit 6 (%) Allantoin, 1 Salicylsäure, Dermaticum. — *Quibron* (Johnson, USA): Kapseln mit 150 (mg) Theophyllin, 90 Guajacolglycerinäther. Bronchodilator. — *Renelate* (Testagar, USA): Tabletten mit Methenaminmandelat. Urologicum. — *Rhinex Ty-Med* (Lemmon, USA): Tabletten mit 300 (mg) Acetylsalicylsäure, 300 Salicylamid, 60 Phenylpropanolaminhydrochlorid, 4 Chlorpheniraminmaleat, Al-Hydroxid, Mg-Hydroxid. Gegen Erkältungskrankheiten. — *Robitussets* (Robins, USA): Tabletten mit 25 (mg) Guajacolglycerinäther, 3 Benzocain, 1 Tyrothricin. Antitussicum. — *Trancogesic* (Winthrop, USA): Tabletten mit 100 (mg) Chlormezanon, 300 Acetylsalicylsäure. Analgeticum. — *Vasocidin* (Smith, Miller & Patch, USA): Lsg. von 0,25 (%) Prednisolon-21-phosphat-Na, 10 Sulfacetamid-Na, 0,125 Phenylephrinhydrochlorid, 0,02 Methylparaben, 0,005 Propylparaben, Na-Thiosulfat, Polysorbat 80, Polyoxyäthylen-Polyoxypropylen-Verbb. (SMP-68). Ophthalmicum. K. Gerecke 4800◇

1612 **Neue Arzneimittel.** Anonym. (Arzneimittel-Forsch. **11,** vorletzte Seite, Jan. 1961; dt.) — *Gilurytmal* (Giulini, BRD): Ampullen, Dragees u. Rektalkapseln mit Ajmalin, Cardiacum. — *Lanimerck* (Merck, BRD): Ampullen mit 0,4 (mg) Desacetyllanatosid C; Suppositorien mit 1 Lanatosid C. Cardiacum. — *Millicorten-Vioform* (Ciba, BRD): Salbe mit 0,02 (%) Dexamethason, 2 Jodchloroxychinolin. Dermaticum. — *Omnisedan* (Taeschner, BRD): Kapseln mit 100 (mg) 3-Methylpentin-(1)-ol-(3), 100 Bromisoval, 75 Meprobamat. Sedativum. — *Proponal* (Merck, BRD): Suppositorien mit 300 (mg) Meprobamat, 200 Cyclobarbital-Ca. Hypnoticum. — *Doriden forte* (Merck, BRD): Tabletten mit 400 mg Glutethimid. Hypnoticum. — *Geneton* (Wülfing, BRD): Dragees mit 200 (mg) Meprobamat, 2,5 Yohimbasäuremethylester, 0,1 Scopolaminhydrobromid, 20 Coffein, Sedativum. — *Ismelin* (Ciba, BRD): Tabletten mit 10 mg Guanethidin. Antihypertonicum. K. Gerecke 4800◇

1613 **Neue Arzneimittel.** Anonym. (Arzneimittel-Forsch. **11,** letzte Seite, Febr. 1961; dt.) — *Trifluorperazin* (Bayer, BRD): Ampullen u. Tabletten mit N-[γ-(4′-Methylpiperazino)-propyl]-3-trifluormethylphenothiazin. Neurolepticum. — *Urbason solubile* (Hoechst, BRD): 6-Methylprednisolonhemisuccinat-Na. Antiphlogisticum. — *Yomesan* (Bayer, BRD): Tabletten mit N-[2′-Chlor-4′-nitrophenyl]-5-chlorsalicylamid. Taeniafugum. K. Gerecke 4800◇

1614 **Neue Arzneimittel.** Anonym. (Subsidia med. [Wien] **13,** 47—49, 1961; dt.) — *Elipten* (Ciba, Schweiz): Aminoglutethimid. Antiepilepticum. — *PA-248* (Pfizer, USA): α-Phenoxypropylpenicillin. Antibioticum. — *Primobolan* (Schering, Berlin-West): 1-Methyl-Δ^1-androsten-17β-ol-3-on-17β-acetat; *Primobolan-Depot*: 1-Methyl-Δ^1-androsten-17β-ol-3-on-17β-önanthat. Anabolicum. K. Gerecke 4800◇

1615 **Gewinnung von L-Cystein durch Reduktion von L-Cystin.** Stanisław Rolski und Róża Dobrzańska. (Acta polon. pharmac. **19,** 523—26, 1962; Warszawa, Akad. Med., Zakł. Chem. farmac.; pol.) — Durch Red. von L-Cystin in 11—15%ig. HCl bei 53—58° (4—5 Std.) mit Sn-Granalien wird sehr reines L-Cystein [F. 235—236°, $[\alpha]_D^{20}$ +7,0 bis +7,5° (1n HCl) u. —6,7 bis —7,5° (W.)] mit 70% Ausbeute erhalten. Um die Oxydation des Prod. nach beendeter Rk. zu verhindern, werden 0,5% Na-Formaldehydsulfoxylat zugegeben. — 30 Literaturangaben.
F. Urban 4806◇

1616 **Steroidhormone.** 3. Mitt. **Die weiblichen Geschlechtshormone.** S. Oldham. (Chem. Products Aerosol News **26,** Nr. 6, 36—39, 1963; engl.) — 1. vgl. C. **1963,** 22418. — Übersicht. K. Hinterauer 4808◇

1617 **Synthese von Tetracyclinanalogen.** G. C. Barrett. (J. pharmac. Sci. **52,** 309—30, 1963; Exeter, Devonshire, Univ., Dep. of Chem.; engl.) — Übersicht (über die Synth. u. mikrobiolog. Aktivität von >215 *Tetracyclin*-Analogen. — 164 Literaturangaben. K.-W. Glombitza 4810◇

1618 **Die Bedeutung der Konfektionierung für die Haltbarmachung feuchtigkeitsempfindlicher Antibiotica.** G. Gioia und G. Weitnauer. (Farmaco [Pavia], Ediz. prat. **18**, 369—83, 1963; Terre Annunciata, Napoli, Antibiotici Lepetit SpA, Labor. di Ricerche chim.; ital.) — Es wird ein Stopfen aus synthet. Gummi entwickelt, der Flaschen so dicht abschließt, daß darin aufbewahrtes *Penicillin G-Na* während 40 Tagen bei 60° u. 100% relativer Luftfeuchtigkeit nur 2,8 bis 4,5% Wrkg.-Verlust erleidet. K. W. Glombitza 4810◇

1619 **Isotonische Lösungen. 12. Mitt. Permeabilität der Erythrocyten gegenüber verschiedenen wasserlöslichen organischen Jodverbindungen.** Lorne A. Schnell und William J. Husa. (J. pharmac. Sci. **51**, 904—05, 1962; Gainesville, Fla., Univ. of Florida, Coll. of Pharm.; engl.) — 11. vgl J. pharmac. Sci. **49**, [1960], 709. — Untersucht wurden verschiedene wasserlösl. organ. J-Verbb., die als Kontrastmittel in der röntgenograph. Diagnostik verwendet werden. Keine der geprüften J-Verbb. rief eine Hämolyse hervor, diese trat nur in hypoton. Lsgg. ein. Die J-Verbb. vermögen die Erythrocytenmembran offensichtlich nicht zu durchdringen. H. P. Fiedler 4824◇

1620 **Sterilisationstechnik.** H. von Gimborn. (Pharmazie **18**, Nr. 9, Beil.: Pharmaz. Prax. 197—203, 1963; Schwerin, Apotheke des Bezirkskrankenhauses; dt.) — Übersicht. — Vf. geht bes. auf Sterilisations-Meth. für Glas, Filtermaterial, W., Substanzen, Injektions- u. Infusions-Lsgg. u. auf Raumluftentkeimung u. Filterreinigung ein. — 9 Literaturangaben. H. Preisler 4830◇

1621 **Identifikation sämtlicher in der DDR zugelassener Dragees und Kapseln an Hand äußerer Merkmale.** R. K. Müller. (Pharmazie **18**, Nr. 10, Beil.: Pharmaz. Prax. 215—19, 1963; Leipzig, Univ., Inst. für gerichtl. Med. u. Kriminalistik; dt.) — Auf Grund der in vielen Fällen notwendigen schnellen Identifizierung (I.) von Dragees stellt Vf. ein Syst. auf, wodurch diese I. ermöglicht wird. Eine Art Trennungsgang in Form von Tabellen gründet sich auf Drageeform, Durchmesser, Gew., Farbe u. Besonderes. L. Harnisch 4880◇

1622 **Eine mikrokristalloskopische Methode zur Erkennung von Arzneimitteln.** K. Nikolics. (Pharmaz. Zentralhalle Deutschland **102**, 432—41, 1963; Sopron, Ungarn; dt.) — Es wird eine einfache mikroanalyt. Best. zur Identifizierung organ. Arzneistoffe, nach der die Verbb. auf Grund ihrer Kristallform nach Verdunstung der organ. Lsgm. nachweisbar sind, ausführlich beschrieben. J. Seidemann 4880◇

1623 **Mikrobestimmung von Kupfer in pharmazeutischen Rohstoffen und Präparaten.** Aleksandra Smoczkiewiczowa und Teresa Smoczkiewicz-Szczepańska. (Acta polon. pharmac. **19**, 59—64, 1962; Poznań, Akad. Med., Zakł. Chem. nieorgan. i analit.; pol.) — Die verbrannte Probe wird mit HCl gelöst u. die Lsg. auf Whatman-Papier Nr. 1 mit NH_4OH chromatographiert. Die Stelle mit der Lsgm.-Front wird herausgeschnitten u. mit 2n H_2SO_4 extrahiert. Der Extrakt wird mit einer Dithiozon-Lsg. in Chlf. mehrmals ausgeschüttelt (pH 1,5) u. die Cu-Dithizonat-Lsg. in Chlf. colorimetriert. Die Erfassungsgrenze ist 1 μg Cu, die Best. wird aber erst bei 4 μg (bis 25) genau. Gefunden wurden in *Radix Belladonnae* im Mittel 0,48, in *Cortex Frangulae* 0,49, in *Folia Hyoscyomi* 2,27, in *Fructus Colae* 2,98 u. in *Semen Strychni* 0,09 mg Cu/100 g. Der Cu-Geh. in den galen. Präpp. geht dem Cu-Geh. in den Rohstoffen parallel. F. Urban 4880◇

1624 **Mikrobestimmung von Kupfer in Mineralwassern.** Aleksandra Smoczkiewiczowa und Teresa Smoczkiewicz-Szczepańska. (Acta polon. pharmac. **19**, 65—68, 1962; pol.) — Die Wasserprobe (100—500 ml) wird nach Meth. A eingedampft u. der Rückstand in Königswasser gelöst, nach Meth. B wird Cu^{2+} aus der Probe direkt mit einer Dithizon-Lsg. in Chlf. extrahiert. Der Extrakt wird eingedampft u. der Rückstand in Königswasser gelöst. Darauf wird die Lsg. der Chloride nach Meth. A u. B papierchromatograph. (vgl. vorst. Ref.) verarbeitet. Das extrahierte Cu-Dithizonat wird in Chlf. colorimetriert. In Brunnenwasser wurden 5—8, in poln. Heilquellen 19—44 μg Cu/Liter gefunden. Die Streuung der Ergebnisse ist bei beiden Meth. relativ groß, doch ist B einfacher auszuführen. F. Urban 4880◇

1625 **Quantitative Bestimmung der Jodide in Jod-Jodid-Lösungen mit Ionenaustauschharzen.** G. Franchi und L. Gorgeri. (Boll. chim. Farmac. **102**, 393—96, 1963; Siena, Univ., Ist. di Chim. Farm.; ital.) — Durch Verw. eines Ionenaustauschharzes (z. B. IMAC A. 17), das von der OH^--Form in die J^--Form umgewandelt wurde, ist es möglich, freies J aus J–J^--Lsgg. zu entfernen. J^- kann dann volumetr. nach der Meth. von Volhard bestimmt werden. K. Zingraf 4880◇

1626 **Hinweis zur Stickstoffbestimmung nach dem Kjeldahl-Verfahren.** W. Kühnert und H. J. Bauer. (Pharmaz. Zentralhalle Deutschland **102**, 431, 1963; Stendal, Bezirks-hygiene-Inst.; dt.) — Es wird auf die material- u. zeitsparende Verw. von Borsäure-Lsg. zum Auffangen des NH_3-Destillats bei der N-Best. nach Kjeldahl u. die direkte Titration desselben mit volumetr. Säure u. auf Best.-Fehler bei Gebrauch von ammoniakhaltigem W. hingewiesen. — 9 Literaturangaben. J. Seidemann 4880◇

1627 **Qualitativer papierchromatographischer Nachweis von N-Acetyl-p-aminophenol neben anderen Analgetica.** H.-J. Seidlein und A. Poggendorf. (Pharmazie **18**, Nr. 9, Beil.: Pharmaz. Prax. 192—97, 1963; Greifswald; dt.) — *N-Acetyl-p-aminophenol* (Paracetamol) wird von *Aminosalicylsäure*, *Phenacetin* u. *Salicylamid* durch papierchromatograph. Trennung u. a. mit n-Butanol:10%ig. NH_3 (2:1) auf unbehandeltem FN 1-Papier sowie mit Bzl.:Eisessig:W. (4:4:2) auf mit Na_2CO_3 bzw. $NaHCO_3$ gepuffertem Papier nach aufsteigender Technik getrennt. Kammersättigung erfolgt mit 100 ml wss. Phase u. 10 ml organ. Phase. Zur Sichtbarmachung der Flecken dient u. a. 15%ig. $FeCl_3$-Lsg: 1%ig. $K_3[Fe(CN)_6]$-Lsg. (1:1). G. Zessin 4880◇

1628 **Physikalische und physikochemische Kennzeichnung einiger wichtiger Sulfonamid-Abkömmlinge.** Agoston Dávid, János Hernádi, Gábor Horváth und A. Illényi. (Gyógyszerészet [Pharmazie] **7**, 137—42, 1963; Budapest, Chinoin Akt.-Ges.; ung.) — Vff.. bestimmten Dichte, Kp., pK, DK u. Maxima im UV-Spektrum von 13 Sulfonamidabkömmlingen, wodurch auf Substanz-Eigg. (Polarität) geschlossen werden kann u. mit Hilfe der Kristallphotographie Identifizierungen möglich sind. G. Ligeti 4880△

1629 **Über die Colorimetrie einiger Aldehyde und Ketone mittelst Oxalyldihydrazid.** Jaroslav Bartos und Jean-François Burtin. (Ann. pharmac. franç. **19**, 769—70, 1961; Paris, Roussel-Uclaf, Centre de Recherches; franz.) — Die von *Oxalyldihydrazid* in Ggw. von Aldehyden u. Ketonen mit Cu^{2+} entwickelte blaue oder violette Färbung gestattet eine qunant. Best. der CO-Gruppen, wobei die pH-Abhängigkeit der Rk. auch die selektive CO-Gruppen-Best. in Gemischen ermöglicht. Die Technik des Verf. u. seine Anwendung auf die Best. des Formaldehyds bei der Oxydation von *Dexamethason* werden beschrieben. F. v. Gizycki 4880◇

1630 **Titration von Pikrolonaten einiger Amine in nichtwässerigen Medien.** Henryk Ellert, Tadeusz Jasiński und Irena Pawełczak. (Acta polon. pharmac. **19**, 69—74, 1962; Gdańsk, Akad. Med., Kat. Chem. Leków; pol.) — *Pikrolonate* (**I**) von *Aminen* werden in Eisessig (**II**), Acetanhydrid, Dioxan oder in einem Gemisch von **II** u. Dioxan gelöst u. mit 0,1 n $HClO_4$ in **II** titriert. Als Indivator dient eine 0,5%ig. Lsg. von Methylviolett in Essigsäure. Der Farbumschlag geht von Violett (Rot) nach Grün. Titriert wurden die **I** von Anilin, Äthylanilin, Dimethylanilin, p-Chloranilin, o-Toluidin, p-Toluidin, o-Anisidin, p-Anisidin, o-Phenetidin, Antipyrin, Sulfathiazol, Chinosol, Chinin, Morphin, Codein, Ephedrin, Pilocarpin, Atropin, Papaverin, Strychnin mit einem Fehler von maximal $\pm 0,7$%. Bei **I** schwächerer Basen ist der Farbumschlag undeutlich. F. Urban 4880◇

1631 **Spektrophotometrische Bestimmung von Sulfamethoxypyridazin und dem Diäthanolaminsalz von Tripirafen im Gemisch.** G. Guadagnini. (Boll. chim. Farmac. **102**, 397—401, 1963; Milano, Ist. De Angeli, Labor. Anal.; ital.) — In Gemische kann *Sulfamethoxypyridazin* durch Best. der Absorption bei 350 mμ u. das *Diäthanolaminsalz* von *Tripirafen* durch Messung der Differenz der Extinktion bei 250 u. 283 mμ unter Verw. von Methanol als Lsgm. bestimmt werden. K. Zingraf 4880◇

1632 **Photometrische Titration von Derivaten der Barbitursäure in nichtwässerigem Medium.** Henryk Ellert, Tadeusz Jasiński und Krystyna Węcławska.

(Acta polon. pharmac. **19**, 75—78, 1962; Gdańsk, Akad. Med., Kat. Chem. Leków; pol.) — Die Substanz wird in Pyridin oder in Pyridin + Methanol (5:1) gelöst u. die Lsg. mit 0,1 n Na-Methylat-Lsg. in Methanol + Bzl. titriert. In beiden Lsgg. ist der Indicator (Thymolblau) enthalten, um eine angenähert konst. Indicator-Konz. während der Titration zu haben. Die Lichtabsorption der titrierten Lsg. wird gemessen. Die Meth. ist zur Best. von Luminal, Dial, Phanodorm (I), Prominal (II), Narcosan u. Noctal geeignet. Die Genauigkeit wird bei der Best. von I u. II durch das zum Schluß ausfallende Na-Salz beeinträchtigt. Bei Veronal fällt schon am Anfang der Titration das Na-Salz aus, so daß die Best. nicht möglich ist. F. Urban 4880◇

1633 **Angaben zur Reinheitsprüfung von Coffein, Theophyllin und Theobromin. 3. Mitt. Papierelektrophoretische Prüfungen.** Mihály Takács, Barnabás Szabó, György Szász, László Khin und Mária Szász-Zacskó. (Gyógyszerészet [Pharmazie] **7**, 144—46, 1963; Budapest, Med. Univ., Pharmaz. Chem. Inst.; ung.) — 2. vgl. Acta pharmac. hung. **30**, [1960], 207. — Zum Nachw. von Nebenalkaloiden schüttelten Vff. *Theophyllin* u. *Theobromin* mit Bzl. aus u. trugen diese Lsg. zur Papierelektrophorese auf. Bei *Coffein* wird die Chlf.-Lsg. mit W. ausgeschüttelt u. wie oben verarbeitet. Der Nachw. von 0,1% Nebenalkaloiden ist so möglich. Puffer: Ammoniak–Essigsäure, pH 10,6; Papier Schleicher u. Schüll 2043b; mittlere Stromstärke 1,2 mA; Spannungsdifferenz 11 V/cm; Temp. 20—24°; Zeitdauer: 1 Stunde. G. Ligeti 4880△

1634 **Eine schnelle Methode der chromatographischen Analyse von Brucin-Strychnin-Gemischen.** Andrzej Waksmundzki, Danuta Ratajewicz und Edward Soczewiński. (Acta polon. pharmac. **19**, 55—57, 1962; Lublin, Akad. Med., Kat. Chem. nieorg.; pol.) — Whatman-Papier Nr. 41 wird mit einer Puffer-Lsg. pH 7,75 (0,2 n KH_2PO_4 + 0,2 n NaOH) imprägniert u. dann soweit getrocknet, daß der feuchte Streifen das 1,6fache Gew. des trockenen hat. Nach Auftragen der Probe in Chlf. wird der Streifen bis auf das 1,5fache Gew. getrocknet. Als Lsgm. wird Xylol verwendet. Die Flecken werden durch Behandlung mit HCl-Gas u. Besprühen mit Dragendorff-Reagens sichtbar gemacht: *Brucin*, R_F 0,38, *Strychnin*, R_F 0,78. Die Meth. gestattet auch eine angenäherte quant. Best. (±10%). F. Urban 4880◇

1635 **Coulometrische Mikrobestimmung von Reserpin in Substanz und in Tabletten.** Zofia E. Kalinowska und Jadwiga Bartnik-Kurzawińska. (Acta polon. pharmac. **19**, 45—53, 1962; Łódź, Akad. Med., Zakł. Chem. farmac.; pol.) — *Reserpin* (I) wird in 3%ig. HCl coulometr. chloriert. 1 Mol I verbraucht dabei 4 Cl_2. 1 mA Sek. entsprechen 0,0007885 mg I. Aus Tabletten wird I mit Chlf. extrahiert. Der Fehler der Best. beträgt bei 0,3 mg I ± 0,5%, wenn I extrahiert werden muß, ±1,6%. — 48 Literaturangaben. F. Urban 4880◇

1636 **Der Gehalt an Adstringentien in Rohstoffen und Tannintinkturen.** Rafał Adamski und Fritz Gstirner. (Acta polon. pharmac. **19**, 531—36, 1962; Bonn, Univ., Pharmazeut. Inst.; pol.) — Die Best. von Tanninen wurde nach der Cu-Acetat- u. nach der Milcheiweiß-Meth. durchgeführt. Während Milcheiweiß nur adstringierende Tannine agglutiniert, fällt Cu-Acetat auch andere Polyphenole. Die Unterss. wurden an *Rhiz. Tormentillae, Rhiz. Bistortae* u. an *Gallae* sowie an ihren Tinkturen durchgeführt. F. Urban 4880◇

1637 **Neue Erkenntnisse über chromatographische und elektrophoretische Trennungen von Aminosäuren und Peptiden.** G. Biserte und M. Dautrevaux. (Produits Problèmes pharmac. **18**, 373—85, 1963; Lille, Fac. mixte de Méd. et Pharm.; franz.) — Allg. Übersicht über moderne u. klass. Verfahren. — 76 Literaturangaben. H. Guischard 4880◇

1638 **Anwendung der Dünnschichtchromatographie auf die Analyse einiger gebräuchlicher Penicilline. 4. Mitt. Quantitative Analyse.** P. A. Nussbaumer. (Pharmac. Acta Helvetiae **38**, 758—66, 1963; Genève, Univ., Labor. de Pharm. galén.; franz.) — 3. vgl. C. **1964**, 6/7-1597. — Bei der Anwendung der Dünnschichtchromatographie zur Best. von *Penicillin V* (I) in Tabletten konnte I mit ±3% Fehler bestimmt werden. Nach Abkratzen der I entsprechenden Ionen von der Trägerschicht wurde I spektrophotometriert. Bei anderen Best.-Meth. in Ggw. von Na-Stearat, Polyäthylenglykol u. Phenoxyessigsäure auftretende Schwierigkeiten wurden bei der Dünnschichtchromatographie nicht beobachtet. U. Drehmann 4880◇

1639 **Spektrophotometrische Bestimmung von 2.6-Dimethoxyphenylpenicillin-Natrium-Monohydrat (Methicillin).** W. J. Weaver und R. F. Reschke. (J. pharmac. Sci. **52**, 362—64, 1963; Syracuse, N.Y., Bristol Myers Co., Bristol Labor.; engl.) — 10 ml einer Mischung aus 2 ml einer Lsg. mit 0,5 mg *Methicillin* (I)/ml u. 98 ml eines Acetatpuffers von pH 3,8 mit 0,5 μg Cu/ml werden 30 Min. auf 70° erhitzt u. nach dem Abkühlen die Extinktion bei 330 mμ gegen eine ebenso mit W. behandelte I-Lsg. gemessen. Der Geh. wird aus einer Standardkurve berechnet; relative Standardabweichung der Absorption 1,8%. *Methylphenylisoxazolyl-, D(—)-α-Aminobenzyl-, Phenoxyäthyl-* u. *Phenoxymethylpenicillin* zeigen bei 330 mμ ebenfalls eine nennenswerte u. *6-Aminopenicillansäure* unter diesen Bedingungen keine Absorption. K.-W. Glombitza 4880◇

1640 Imperial Chemical Industries Ltd. (Erfinder: George William Driver), London, England, **Neue Thiolester** der allg. Formel (I) erhält man bei der Rk. einer Verb. der allg. Formel (II) mit Äthanthiol in Ggw. eines inerten Lsgm. oder Verdünnungsmittels u. vorteilhaft unter Zugabe eines Säurebinders, wie Pyridin (R = H oder die Gruppe $COSC_2H_5$, A = ganz oder teilweise gesätt., ggf. auch einen Benzolring darstellend, R″ = H oder die Gruppe COX u. X = Halogen). 5 (Teile) cis-Cyclohexan-1.3-dicarbonsäuredichlorid in 10 Bzl. werden langsam mit einer Lsg. von Äthanthiol in 10 Pyridin versetzt, wobei während des Zusatzes die Temp. bei 15° gehalten wird. Man erhitzt dann 15 Min. auf 100°, kühlt u. verd. mit W., trennt die Schichten, extrahiert die wss. Schicht 3mal mit Chlf., vereinigt die Bzl.- u. die Extrakt-Lsgg., wäscht dieselben mit verd. HCl u. dann mit W., trocknet u. dest. → *cis-Diäthyldithiolcyclohexan-1.3-dicarboxylat*, $Kp._{13}$ 190°.

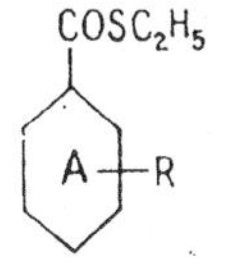

I

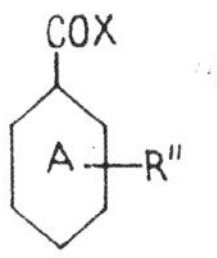

II

— Auf analoge Weise werden hergestellt: *trans-Diäthyldithiolcyclohexan-1.4-dicarboxylat*, F. aus A. 98°; *cis-Diäthyldithiolcyclohexan-1.4-*, $Kp._{14}$ 195—196°, aus Methanol, F. 54°; *trans-Diäthyldithiolcyclohexan-1.3-*, $Kp._{20}$ 196—198°; *Äthylcyclohexanthiol-*, $Kp._{18}$ 110°; *Äthyl-1.2.3.4-tetrahydronaphthalin-1-thiol-*, $Kp._{17}$ 182—184°; *Äthyl-1.2.3.4-tetrahydronaphthalin-2-thiol-*, $Kp._{0,6}$ 124—126°, *Diäthyldithiolcyclohexen-1.3-*, $Kp._{20}$ 165—175°, u. *cis-Diäthyldithiol-Δ⁴-cyclohexen-1.2-dicarboxylat*. — Heilmittel für *Tuberkulose, Johnesche Krankheit* u. *Lepra* u. wird mit Salbengrundlagen parenteral angewendet. — Vgl. Aust. P. 221 082; C. **1961**, 18042. (**E. P. 819 315** vom 15/6. 1956, ausg. 2/9. 1959.) G. König 4807

1641 Farbwerke Hoechst Akt.-Ges. vormals Meister Lucius & Brüning, Frankfurt/M. (Erfinder: Ernst Lindner, Frankfurt/M., und Heinrich Ott, Eppstein), **Herstellung von basisch substituierten Propanolen und Alkenylaminen** der allg. Formel I, worin

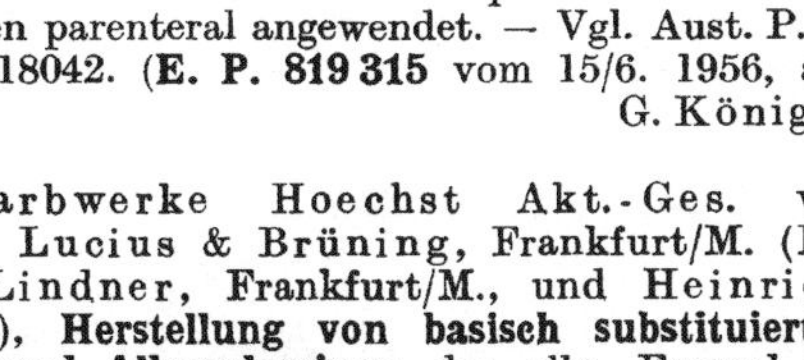

I

R = H oder eine niedere Alkoxygruppe, R_1 einen ggf. durch eine niedere Alkoxygruppe substituierten Phenylrest u. R_2 = H, CH_3 oder Benzyl bedeutet, u. der entsprechenden

Dehydratisierungs-Prodd. sowie deren Salzen. Die Verbb. können in üblicher Weise aus β-[1-Phenylpropyl-(2)-amino]-propionsäureestern oder β-[1-Phenylpropyl-(2)-amino]-äthylarylketonen durch Umsetzung mit metallorgan. Verbb. oder aus bas. substituierten Phenylpropanolen durch Red. in Ggw. von Phenylaceton oder durch Umsetzung mit 1-Phenyl-2-halogenpropanen oder aus β-Hydroxy-β-phenylcarbonsäure-N-[1-phenylpropyl-(2)]-amiden durch Red. zu den entsprechenden Aminen hergestellt werden. — Folgende 3-Phenylpropanhydrochloride werden aufgeführt: *2-[1'.1'-Diphenyl-1'-hydroxypropyl-(3')-amino]-*, F. 213—214°; *2-[1'-m-Methoxyphenyl-1'-phenyl-1'-hydroxypropyl-(3')-amino]-*, F. 175 bis 176°; *2-[3'-Phenyl-3'-hydroxypentyl-(5')-amino]-*, F. 161 bis 163°; *2-[1'.1'-Diphenyl-1'-hydroxypropyl-(3')-amino]-*, F. 213 bis 214°; *2-[1'-m-Methoxyphenyl-1'-phenyl-1'-hydroxypropyl-(3')-amino]-*, F. 175—176°; *2-[3'-Phenyl-3'-hydroxypentyl-(5')-amino]-*, F. 161—163°; *2-[1'.1'-Diphenyl-1'-hydroxypropyl-(3')-amino]-*, F. 211—212°; *2-[1.'1'-Diphenylpropyl-(1')-en-(3')-amino]-*, F. 202—203°. — *Herz- u. Kreislaufmittel.* **(D. A. S. 1 144 735** Kl. 12q vom 28/12. 1959, ausg. 7/3. 1963.)
R. Bauereis 4807

1642 Gohei Tanabe & Co. Ltd., Osaka (Erfinder: Kyoji Hayano, Osaka-fu, Sataro Imado, Osaka, Takuro Ito, Osaka-fu, Hiroshi Yoshikawa, Hyogo-ken, und Shigeyuki Takeyama, Tokio), Japan, **Alumino-4-aminosalicylsaures Calcium** der wahrscheinlichen Zus. I (n = Zahl im Wert von 3—5) schwer wasserlösl., angenehm schmeckendes *Tuberkulosemittel* mit Depot-Wrkg., erhält man durch Rk. von Alumino-4-aminosalicylsäure (II) bzw. deren NH_4- oder Alkalisalz mit $Ca(OH)_2$ oder einem

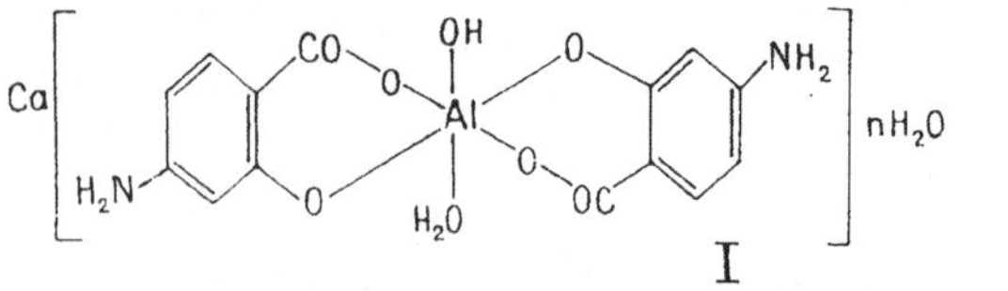

I

wasserlösl. Ca-Salz. II erhält man durch Rk. von 4-Aminosalicylsäure mit $AlCl_3$ oder einem anderen Al-Salz in Ggw. von $NaHCO_3$ nach $2\,H_2N{-}C_6H_3(OH)COONa + AlCl_3 + 2\,NaHCO_3 \rightarrow H_2[(C_7H_5O_3N)_2Al(OH)H_2O]nH_2O + 3\,NaCl + 2\,CO_2 + 2\,H_2O$, wobei n = 2 oder 3 ist. — Man versetzt z. B. eine Lsg. (pH 7,8—8) von 42 (Teilen) II (als Trihydrat) in 185 W., die 8 NaOH enthalten, mit einer Lsg. von 15 $CaCl_2 \cdot 2\,H_2O$ in 15 W., rührt 2 Std. bei 40°, kühlt u. kann insgesamt 50 I isolieren. **(Schwz. P. 342 581** vom 6/6. 1956, ausg. 15/1. 1960. Jap. Prior. 25/6. u. 14/7. 1955.) A. Mohr 4807

1643 Wellcome Foundation Ltd. (Erfinder: Frederick Charles Copp), London, England, **Herstellung wurmabtreibender quaternärer Ammoniumverbindungen** der allg. Formel I, worin R_1 = H, Cl, Br Methyl oder NO_2,

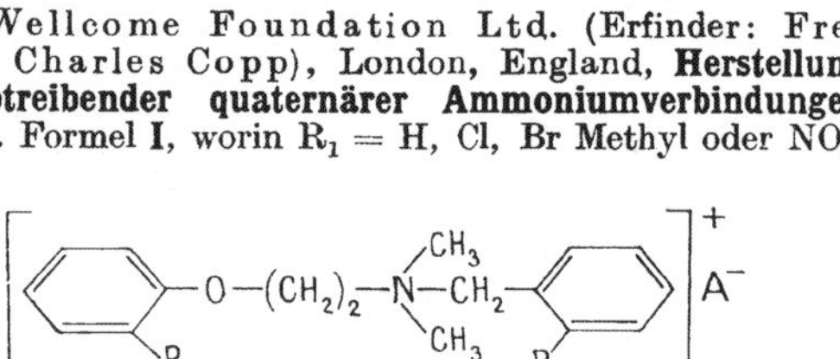

I

R_2 = H, Cl, Br, F oder Methyl u. A^- = Anionäquivalent einer organ. Säure, dad. gek., daß ein wasserlösl. Salz des Kations mit einem wasserlösl. Fluoborat oder Perchlorat umgesetzt wird. — Beispiele: *N-Benzyl-N.N-dimethyl-N-[2-phenoxyäthyl]-ammoniumfluoborat*, F. 109—110°, u. *-perchlorat*, F. 123—124,5°. **(D. A. S. 1 139 508** Kl. 12q vom 12/2. 1960, ausg. 15/11. 1962. E. Prior. 13/2. 1959. **Zusatz zu D. A. S. 1 110 654; C. 1962, 5401.**) R. Bauereis 4807

1644 Arthur Ernest Wilder Smith, Genf, Schweiz, **Substituierte Anilide** der allg. Formel I (einer oder mehrerer der Reste X = Alkyl, sonst = H) bzw. deren nichttox. Salze erhält man durch Rk. von Morpholin (II) mit einer Verb. der allg. Formel $X_5C_6{-}NH{-}CO{-}CH{=}CH{-}CH_3$, bes. bei erhöhter Temperatur. — 20 g Crotonsäure-(2.6-dimethyl)-anilid u. 100 ml II werden 8 Std. zum Rückfluß erhitzt u. nach dem Aufarbeiten 40 g *β-Morpholinobuttersäure-(2.6-Dimethyl)-anilid*, F. 176—178° (A.), erhalten. — Analog erhält man die *β-Morpholinobuttersäureanilide*, die im Phenylrest substituiert sind: *2-Methyl*, F. 98—99°, *3-Methyl*, F. 185

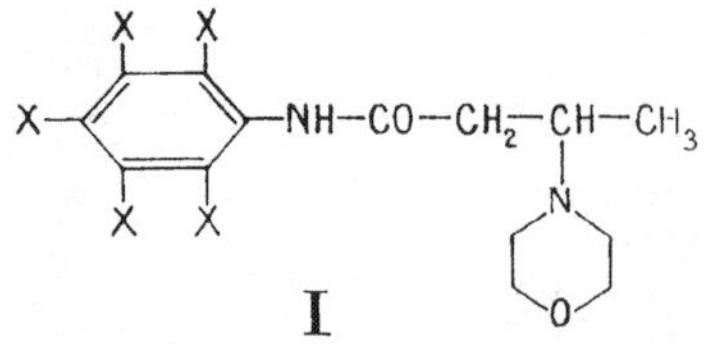

I

bis 187°, *4-Methyl*, F. 110—112°, *2.4-Dimethyl*, F. 109 bis 111°, *2.3-Dimethyl-*, F. 206—208°. — *Localanaesthetica.* **(E. P. 856 710** vom 28/3. 1958, ausg. 21/12. 1960.)
A. Jahn 4807

1645 Merck & Co., Inc., Rahway, N.J., V.St.A., **Herstellung von Sulfamylanthranilsäuren** durch Oxydation eines 2-Methylanilins der allg. Formel I ($-COR^3$ = C_1—C_{12}-Alkanoyl- oder Benzylrest, R^1 u. R^2 = H oder niedermol. Alkylrest, R^1 außerdem = Alkoxy-, Nitro- oder Aminogruppe) u. entweder Hydrolysieren des erhaltenen 2-Carboxyanilin-Deriv. (II) oder Umsetzen zu einem Säurechlorid, das amidiert oder verestert wird. Das II kann auch hydrolysiert, mit einem Halogenalkylcarbonat umgesetzt u. amidiert oder verestert

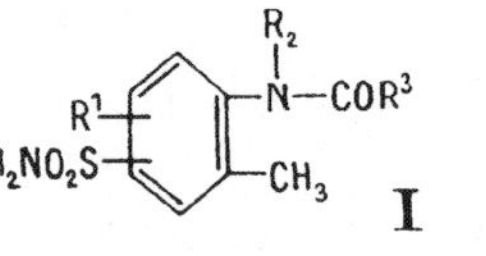

I

werden. — 31,5 (g) 5-Chlor-2-methyl-4-sulfamylacetanilid (F. 262—263°), 37,2 $MgSO_4$, 52,8 $KMnO_4$ u. 2800 W. werden 5 Std. gekocht, mit 51 Na_2CO_3 portionsweise versetzt u. über Tierkohle gefiltert. Das Filtrat wird in Eis gekühlt, mit HCl angesäuert u. der Nd. abgetrennt → *2-Carboxy-5-chlor-4-sulfamylacetanilid*, F. 269—270° (Zers.), das mit alkohol. HCl gekocht u. mit W. verd. einen Nd. von *2-Carboxy-5-chlor-4-sulfamylanilin*, F. 267° (Zers.), gibt. — Analog: *2-Carboxy-5-methoxy-*, *2-Carboxy-5-nitro-*, *N-Äthylcarbamyl-5-methoxy-4-sulfamyl-N-methylacetanilid* u. *2-Carboxy-5-chlor-4-sulfamyl-N-butyrylanilin.* — *Pharmazeutica.* **(Ind. P. 66 291** vom 31/12. 1958, ausg. 4/10. 1961. Can. Prior. 3/2. 1958.)
C. Lüttgen 4807

1646 Charles E. Frosst & Co., Montreal (Erfinder: Burton Kendall Wasson, Valois, und John Mulvin Parker, Montreal), Canada, **Herstellung von substituierten 3-Methylcarbaminotetrahydrofuranen** der allg. Formel I, in der R einen Alkylrest mit 1—6 C-Atomen, einen Alkinylrest mit 2—6 C-Atomen oder den Phenylrest, R_1 u. R_2 niedere Alkylreste mit 1—6 C-Atomen oder R_2 = H u. X u. Y = H, gerade oder verzweigte Alkyl- oder Alkylenreste mit 1—6 C-Atomen bedeutet, durch Red. von entsprechend substituierten Malonsäurediäthylestern zu den Diolen, Cyclisierung des Diols mit Mineralsäuren zum entsprechenden 3-Methylol-tetrahydrofuran u. Umsetzung mit Phosgen u. Ammoniak oder Ammoniumhydroxid oder Aminen. Folgende I werden beschrieben: -3-allyl-5.5-dimethyl- F. 56—58°; -3.5.5-trimethyl-, $Kp._{0,09}$ 115°; -3-propyl-5.5-dimethyl-, $Kp._{0,07-0,12}$ 105—140°; -3-propargyl-5.5-dimethyl-, $Kp._{0,2-0,4}$ 96—122°; -3-äthyl-5.5-dimethyl-, F. 53,5—55°; -3-phenyl-5.5-dimethyl-, F. 81—84°; 3-Methyl-N-isopropylcarbamino-3-allyl-5.5-dimethyltetrahydrofuran, $Kp._{0,03}$ 88—100°; 3-Methyl-N.N-diäthylcarbamino-3-allyl-5.5-dimethyltetrahydrofuran, $Kp._{0,01-0,02}$ 80 bis 90°. — *Psychopharmaka.* **(D. A. S. 1 145 631** Kl. 12q vom 14/10. 1959, ausg. 21/3. 1963. E. Prior. 14/10. 1958.)
R. Bauereis 4807

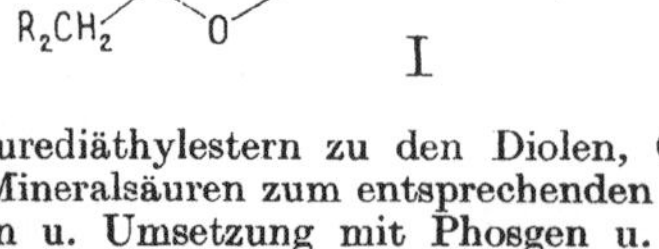

I

1647 Farbwerke Hoechst Akt.-Ges. vormals Meister Lucius & Brüning (Erfinder: Gerhard Korger), Frankfurt/M., **Herstellung von 3-Oxospiro-(cycloalkan-1'.2-cumaranen)** der allg. Formel **I**, in der R_1 eine niedrigmol. Alkoxygruppe, X u. X^2, die gleich oder verschieden sein können, ein Halogen- oder Wasserstoffatom, R ein H-Atom oder einen Alkylrest u. n 0 oder 1 bedeutet,

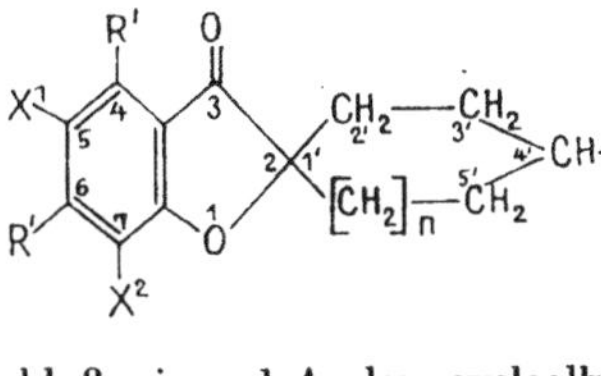

I

durch Ringschluß einer 1-Aryloxycycloalkan-1-carbonsäure oder deren Säurechlorid oder -bromid bei mäßig erhöhter Temp. in Ggw. eines inerten organ. Lsgm. mit Borfluorid oder einer Borfluoridkomplexverbindung. — Beispiele: *4.6-Dimethoxy-3-oxo-spiro-(cyclohexan-1'-carbonsäure-2-cumaran)*, F. 145—147°; u. folgende Cyclohexan-1'.2-cumarane: *4.6-Diäthoxy-3-oxo-spiro-*, F. 129—131°; 7-Chlor-4.6-dimethoxy-3-oxo-spiro-, F. 191—192°; *4.6-Diäthoxy-3-oxo-spiro-*, F. 128,5 bis 130,5°; *4.6-Dimethoxy-3-oxo-spiro-(cyclopentan-1'.2-cumaran)*, F. 94—95°; *4.6-Dimethoxy-4'-methyl-3-oxo-spiro-*, F. 125 bis 126°. — *Zwischenprodd. für Arzneimittel, Antimykotica.* (**D. A. S. 1 144 289** Kl. 12q vom 6/9. 1960, ausg. 28/2. 1963.) R. Bauereis 4807

1648 Farbwerke Hoechst Akt.-Ges. vormals Meister Lucius & Brüning (Erfinder: Gerhard Korger), Frankfurt/M., **Herstellung von 3-Oxo-4'-hydroxyspiro-(cyclohexan-1'.2-cumaranen)** der allg. Formel **I**, worin R einen Alkylrest mit 1—5 C-Atomen u. X = H oder Halogen bedeutet durch reduktive Abspaltung eines Benzylrestes aus 1-Aryloxy-4-benzyloxycyclohexan-1-carbonsäure u. Ringschluß der so erhaltenen Verb. bei mäßig erhöhter Temp. in Ggw. eines inerten Lsgm. mit Hilfe von Borfluorid oder einer Borfluoridkomplexverbindung. — Beispiel: 3,9 g 1-

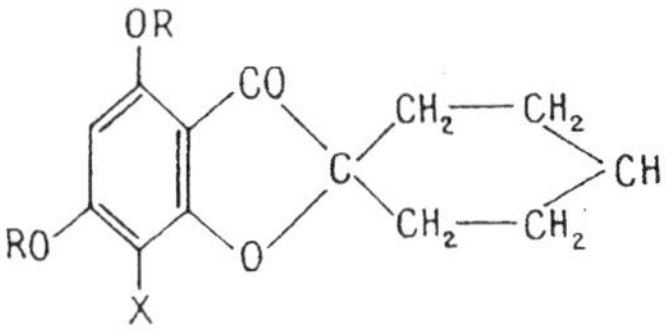

I

(3'.5'-Dimethoxyphenoxy)-4-benzyloxycyclohexan-1-carbonsäure werden in 70 ml Methanol in Ggw. von Pd hydriert. Das Filtrat wird im Vakuum eingeengt u. der Rückstand aus CCl_4 umkrist.: *1-(3'.5'-Dimethoxyphenoxy)-4-hydroxycyclohexan-1-carbonsäure*, F. 169—170°. 0,8 g dieser Säure werden mit 10 ml Borfluoridätherat 35 Min. auf dem Dampfbad erhitzt. Nach Zugabe von Eis wird mit konz. NaOH ein pH von 10 eingestellt u. der Nd. 2 mal mit 2n-Soda-Lsg. verrieben u. getrocknet. *4'-Hydroxy-4.6-dimethoxy-3-oxo-spiro-(cyclohexan-1'2-cumaran)*, F. 195—196°. Weitere Beispiele: *1-(3'.5'-Diäthoxyphenoxy)-4-hydroxycyclohexan-1-carbonsäure*, F. 152—153° → *4'-Hydroxy-4.6-diäthoxy-3-oxo-spiro-(cyclohexan-1'.2-cumaran)*, F. 161—163°; *1-(6'-Chlor-3'.5'-dimethoxyphenoxy)-4-hydroxycyclohexan-1-carbonsäure*, F. 199 bis 200° → *4'-Hydroxy-7-chlor-4.6-dimethoxy-3-oxo-spiro-(cyclohexan-1'.2-cumaran)*, F. 203—204°. — *Zwischenprodd. für Arzneimittel.* (**D. A. S. 1 150 094** Kl. 12q vom 28/10. 1960, ausg. 12/6. 1963.) R. Bauereis 4807

1649 Ciba Ltd., Basel, Schweiz, **Herstellung von 1-Aminoalkylazabenzimidazolen** der allg. Formel **I** (A = Alkylenrest mit 1—5 C-Atomen, R = Aminogruppe, R_1 = H, OH, SH, Alkyl-, Alkoxy-, Alkylmercaptogruppe oder Halogen, X = Bestandteil eines ggf. substituierten Pyridinrings), dad. gek., daß man ein Aminopyridin, das in o-Stellung zur Aminogruppe eine Amino-C_1—C_5-alkylgruppe aufweist, oder ein entsprechendes N-substituiertes Deriv. davon zum Ringschluß bringt oder ein Azabenzimidazol mit einem reaktionsfähigen Ester eines Alkohols der allg. Formel HOAR' (R' = Aminogruppe) umsetzt. 2-(β-Diäthylaminoäthylamino)-3-amino-5-nitropyridin (**III**) wird in HCOOH (**II**) gelöst, 1 Std. unter Rückfluß gekocht, der Überschuß an **II** im Vakuum entfernt, der Rückstand in W. gelöst u. nach Zugabe von NH_4OH die abgeschiedene Base abfiltriert. *1-(β-Diäthylaminoäthyl)-5-nitro-7-A* (A = Azabenzimidazol), F. 66—67°, dessen *Hydrochlorid* (**IV**), F. 206—208°. Analog: *1-(β-Dimethylaminoäthyl)-5-nitro-7-A*, F. des **IV** 258°. **III** u. Harnstoff 4½ Std. auf 170—180° erhitzt geben *1-(β-Diäthylaminoäthyl)-2-hydroxy-5-nitro-7-A*, F. des **IV** 240°. Aus 3-Amino-

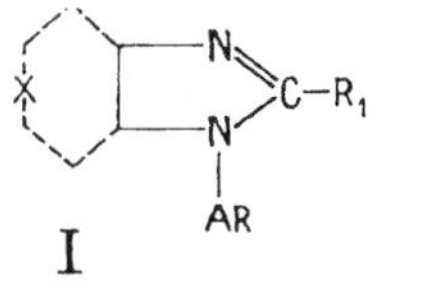

I

4-(β-diäthylaminoäthylamino)-pyridin (**V**) in Eisessig durch 16std. Kochen *1-(β-Diäthylaminoäthyl)-2-methyl-5-A*, $Kp._{0,04}$ 170—172°. Analog mit HCOOH → *1-(β-Diäthylaminoäthyl)-5-A*, $Kp._{0,03}$ 130°. CS_2 u. **V** in abs. A. 16 Std. gekocht → 1-(β-Diäthylaminoäthyl)-2-mercapto-5-A, F. 175—176°, F. des **IV** 248—250° (Zers.). — *Pharmazeutica* mit *stimulierender* Wrkg. auf das Zentralnervensystem. (**Ind. P. 67 240** vom 1/4. 1959, ausg. 4/12. 1961.) C. Lüttgen 4807

1650 American Cyanamid Co., New York, N.Y., V.St.A., **Herstellung von Aryloxymethyloxazolidinonen** der allg. Formel **I** (R_1 u. R_2 = H oder Alkylrest, R_2 außerdem Aralkylrest) durch Rk. einer Arylverb. der allg. Formel Aryl—O—M (M = Metall) mit einem entsprechend substituierten Oxazolidinon, das einen BCH_2-Substituenten (B = Halogen oder Arylsulfonyloxyrest) aufweist, bes. in einem inerten Lsgm. u. unter anhydr. Bedingungen. — Zu einer

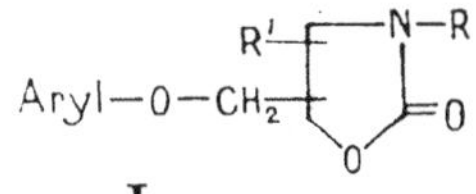

I

Lsg. von 6,9 (g) Guajacol in abs. A. werden 1,28 Na u. nach dessen Lsg. 7,5 5-Chlormethyl-2-oxazolidinon gegeben, worauf auf dem Dampfbad erhitzt wird. Nach beendeter Rk. wird das ausgefallene NaCl abfiltriert, das Filtrat mit 6 n HCl leicht sauer gestellt, das erneut ausgefallene NaCl abfiltriert u. das Filtrat eingedampft → 4 *5-(o-Methoxyphenoxymethyl)-2-oxazolidinon*, F. 139—141°. — Analog folgende *Oxazolidinone*: *5-(o-Chlorphenoxymethyl)-*; *5-(o-Tolyloxymethyl)-*, F. 120—122°; *5-(Phenoxymethyl)-*, F. 120—121°; *5-(m-Methoxymethyl)-*, F. 121—123°; *5-(o-Äthoxyphenoxymethyl)-*, F. 103 bis 105°; *5-(p-Bromphenoxymethyl)-*, F. 151—152,5°; *5-(p-Isopropylphenoxymethyl)-*, F. 120—122°; *5-(o-Methoxyphenoxymethyl)-3-methyl-*, F. 72,5—75°, *-3-äthyl-*, $Kp._{0,1}$ 175 bis 178°, *-3-benzyl-*, F. 57—58°; *4-Methyl-4-phenoxymethyl-*, F. 112,5—114°; *4-Methyl-4-(o-tolyloxymethyl)-*, F. 99—101°; *4-(o-Chlorphenoxymethyl)-4-methyl-*, F. 135—137°; *4-(o-Methoxyphenoxymethyl)-4-methyl-*, F. 88—90°; *4-Äthyl-* u. *4-(p-Tolylsulfonyloxymethyl)-*. — *Pharmazeutica* mit beruhigender Wrkg. (Tranquillizer). (**Ind. P. 69 956** vom 7/12. 1959.) C. Lüttgen 4807

1651 Soc. des Usines Chimiques Rhône-Poulenc, Paris, Frankreich, **Herstellung von Phenothiazinderivaten.** Phenothiazin-Derivv. der allg. Formel **I** erhält man durch Kondens. eines Piperidin-Deriv. der allg. Formel **II** mit einem Phenothiazin-Deriv. der Formel **I**, in welchem jedoch das N-Atom durch eine Gruppe A—Z substituiert ist. Hierbei

I

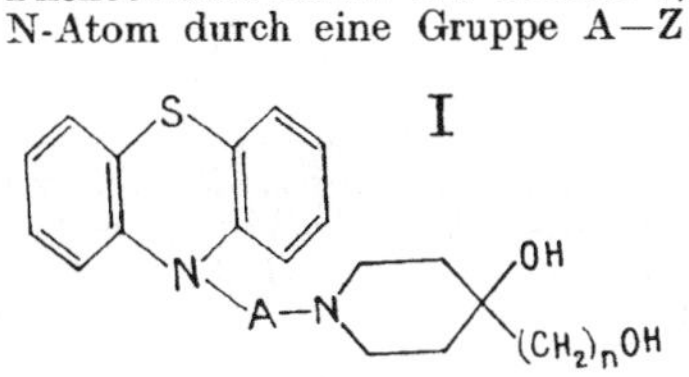

II

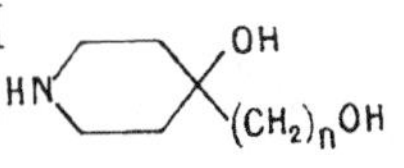

ist X ein H- oder Halogenatom, ein Alkyl-, Alkyloxy-, Alkyloxycarbonyl-, Alkansulfonyl-, Dimethylsulfamyl-, Trifluormethyl- oder CN-Rest. A ist eine gesätt. gerade oder verzweigte KW-Stoffkette mit 2—4 C-Atomen, wobei sich zwischen den beiden N-Atomen von **I** mindestens 2 C-Atome befinden müssen, n = 1 oder 2 oder 3. Die Kondens.-Prodd.

werden ggf. in quant. Ammonium-Verbb. umgewandelt. Verw. zur Herst. von *pharmazeut.* Präparaten. (**Port. P. 38 140** vom 2/3. 1961, Auszug veröff. 27/5. 1961. F. Prior. 19/3. 1960 u. 14/1. 1961.) A. Kalix 4807

1652 Hellmut Bredereck, Stuttgart (Erfinder: Hellmut Bredereck, Franz Effenberger und W. Resemann, Stuttgart), **3-Hydroxypyrazolo-[3.4:d]-pyrimidine** der allg. Formeln **I** oder **II** (R = Alkyl, Aryl) erhält man

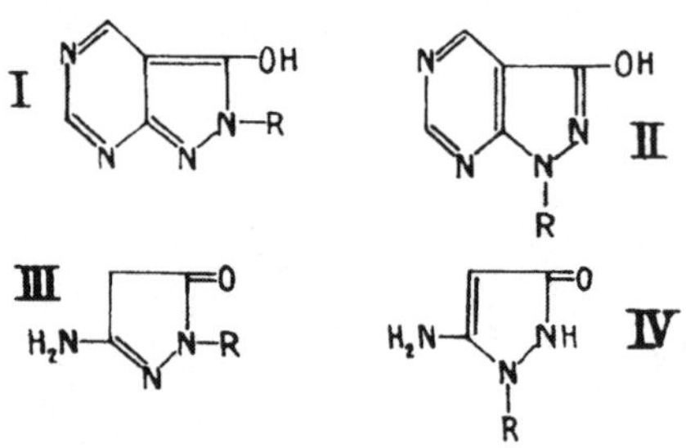

durch Rk. eines Aminopyrazolons-(5) der Formeln **III** oder **IV** mit Formamid oder mit Formamidin bei erhöhter Temp. oder mit Tris-(formylamino)-methan (**V**) in Ggw. einer Säure. — 54 (g) 1-Phenyl-3-aminopyrazolon-(5), 75 **V** u. 2 p-Toluolsulfonsäure werden in 200 ml Dimethylformamid 3 Std. auf 160° erhitzt, das Rk.-Gemisch 45 Std. stehengelassen u. in 70—80% ig. Ausbeute *2-Phenyl-3-hydroxypyrazolo-*[*3.4:d*]-*pyrimidin*, orangerote Kristalle, F. (Zers.) 300°, erhalten. Ferner *1-Methyl-3-hydroxypyrazolo-*[*3.4:d*]*-pyrimidin*, F. 276° u. die entsprechende *1-Äthyl*-Verb., F. 270'. — *Arzneimittel.* (**D. A. S. 1 149 012** Kl. 12p vom 25/5. 1961, ausg. 22/5. 1963.) A. Jahn 4807

1653 Ciba Akt.-Ges., Basel, Schweiz (Erfinder: George de Stevens, New Providence, und Lincoln Harvey Werner, Summit, N.J., V.St.A.), **3.4-Dihydro-1.2.4-benzothiadiazin-1.1-dioxide** der allg. Formel **I** er-

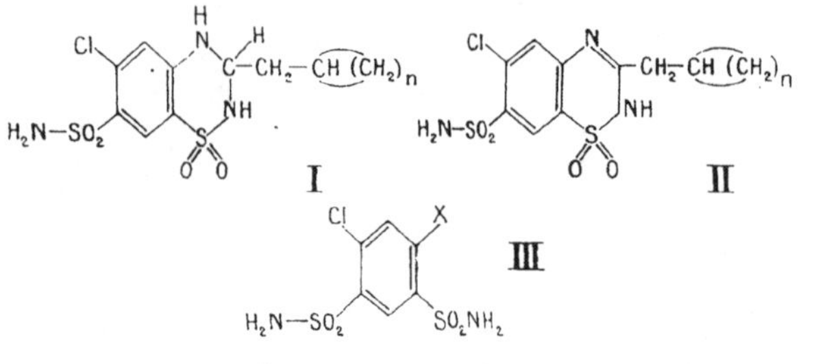

hält man 1. durch elektrolyt. Red. oder Red. mit einem Dimetallhydrid oder mit H_2O in Ggw. eines Hydrierungskatalysators in Ggw. einer heterocycl. Base aus Verbb. der allg. Formel **II**, 2. durch Rk. von 2.4-Disulfamyl-5-chloranilin (Formel **III**; X = NH_2) ggf. in Ggw. einer Säure oder Base mit einem Aldehyd der allg. Formel $(CH_2)_n$—CH—CH_2—CHO (**IV**; n = 4 oder 5) oder 3. durch Rk. von 2.4-Disulfamyl-5-chlornitrobenzol (Formel **III**; X = NO_2) ggf. in Ggw. einer Säure oder Base mit **IV** oder dessen Acetal u. anschließende Red. der NO_2-Gruppe unter gleichzeitigem Ringschluß. — 1 g Cyclopentylacetaldehyd, 2,6 g **III**; X = NH_2, 1 ml einer konz. Lsg. von HCl in Äthylacetat u. 15 ml Diäthylenglykoldimethyläther werden 2½—3 Std. gekocht, über Nacht stehengelassen u. nach dem Aufarbeiten 2,8 g *3-Cyclopentylmethyl-6-chlor-7-sulfamyl-3.4-dihydro-1.2.4-benzothiadiazin-1.1-dioxid*, F. 225° (wss. A.), erhalten. Analog: *3-Cyclohexylmethyl-6-chlor-7-sulfamyl-3.4-dihydro-1.2.4-benzothiadiazin-1.1-dioxid*, F. 224—226° (A.-W.). — *Stoffe mit diuret. u. natriuret. Wirkung.* (**D. A. S. 1 133 388** Kl. 12p vom 4/2. 1960, ausg. 19/7. 1962. A. Prior. 4/2. 1959.) A. Jahn 4807

1654 Ciba Akt.-Ges., Basel, Schweiz (Erfinder: George de Stevens, New Providence, und Lincoln Harvey Werner, Summit, N.J., V.St.A.), **2-Alkenyl-7-sulfamyl-3.4-dihydro-1.2.4-benzothiadiazin-1.1-dioxide** der allg. Formel **I** (R_1 = Alkenylrest; R_2 = H, Alkyl, Halogenalkyl; R_3 = Halogen, CF_3) erhält man 1. durch Rk. einer Verb. der Formel **I** (R_1 = H) oder dessen Alkalisalz mit einem reaktionsfähigen Ester eines Alkohols der allg. Formel R_1—OH oder 2. durch Rk. von Verbb. der allg. Formel **II** mit einem Aldehyd der allg. Formel R_2—CHO, einem Polymeren oder Acetal dieses Aldehyds oder mit

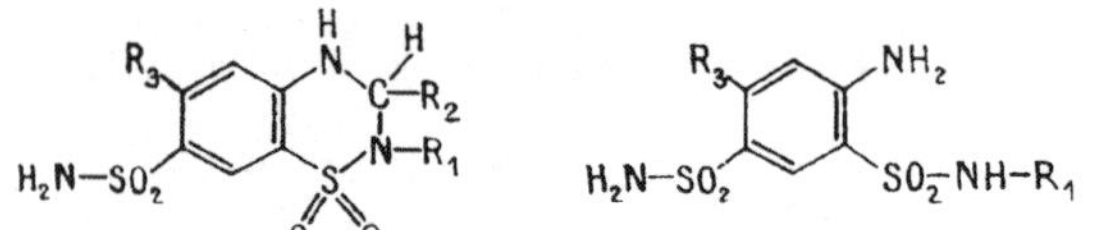

I II

$(CH_2)_6N_4$. — *7-Sulfamyl-3.4-dihydro-1.2.4-benzothiadiazin-1.1-dioxide*: *2-Allyl-6-chlor-*, F. 188—193° (wss. Methanol); *2-Allyl-3-dichlormethyl-6-chlor-*, F. 210—212° (A.); *2-Allyl-6-trifluormethyl-*, F. 172—175°. — Stoffe mit *diuret.* oder *natriuret.* Wirkung. (**D. A. S. 1 147 233** Kl. 12p vom 4/10. 1960, ausg. 18/4. 1963. A. Prior. 8/10. u. 16/10. 1959.) A. Jahn 4807

1655 F. Hoffmann-La Roche & Co. Akt.-Ges., Basel, Schweiz (Erfinder: Earl Reeder, Nutley, Leo Henryk Sternbach, Upper Montclair, Norbert Steigh, Nutley, Oscar Keller, Clifton, und Arthur Stempel, Teaneck, N.J., V.St.A.), **2-Oxo-1.2-dihydro-1.4-benzodiazepine** der allg. Formel **I** erhält man durch Rk. eines Benzophenon-Deriv. der allg. Formel **II**, ggf. in einem inerten Lsgm. mit NH_3 u. Cyclisierung durch Erhitzen, ggf. in einem Lsgm. des entstandenen Amino-Deriv. u. ggf. nachfolgende Nitrierung, Hydrierung mit H_2 in Ggw. von Raney-Ni u. Acylierung der entstandenen Aminogruppen (R = H, Alkyl, Alkenyl, Hydroxyalkyl, Aralkyl; R_1 = H, Alkyl, Aryl, R_2 = H, Halogen, Alkyl, OH, Alkoxy, CF_3; X = Halogen, wobei der Ring A durch 1 CF_3-Gruppe monosubstituiert oder durch Halogen, Alkyl, Alkoxy, Alkylmercapto, Hydroxyalkylmercapto, Alkylsulfinyl, Alkylsulfonyl, OH, NO_2, NH_2, Acylaminogruppe mono- oder disubstituiert sein kann). —

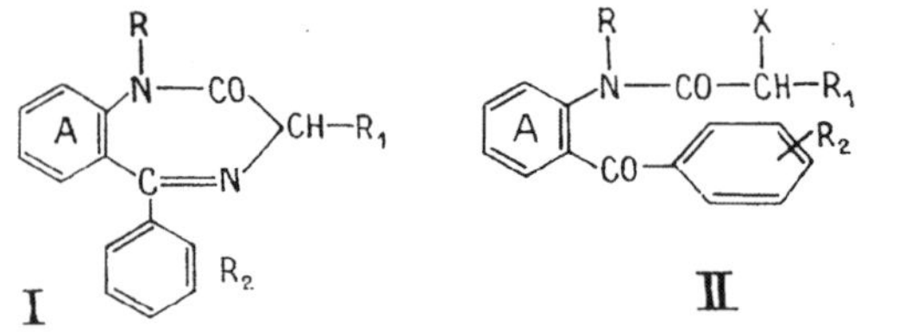

I II

5 g 2-Chloracetamido-5-chlorbenzophenon in 200 ml methanol. NH_3 werden bei Raum-Temp. bis zur Auflösung gerührt, die Lsg. dann 5 Tage bei Raum-Temp. stehengelassen, danach im Vakuum zur Trockne eingedampft u. durch Extraktion *7-Chlor-5-phenyl-2-oxo-1.2-dihydro-1.4-benzodiazepin*, F. 214 bis 215°, erhalten. Ferner wurden erhalten: *2-Oxo-1.2-dihydro-1.4-benzodiazepine*: *9-Nitro-7-chlor-5-phenyl-*, leichtgelbliche Plättchen, F. 234—235° (CH_2Cl_2); *7-Chlor-3-methyl-5-phenyl-*, F. 220—221° (Bzl.–PAe.); *8-Nitro-5-phenyl-*, farblose Prismen, F. (Zers.) 252°; 7-Nitro-5-phenyl-3-methyl-, F. 219—221°; *1-Allyl-7-chlor-5-phenyl-*, farblose Prismenbündel, F. 105—106° (Hexan); *7-Chlor-1-methyl-*, farblose Plättchen, F. 125—126° (Ae.); *1-Benzyl-7-chlor-5-phenyl-*, F. 173—174°; *5-Phenyl-7-trifluormethyl-*, farblose Prismen, F. 205—206°; *5-(2'-Trifluormethylphenyl)-*, farblose Prismen, F. 187—188° (Ae.–Hexan); *7-Nitro-5-(2'-trifluormethylphenyl)-*, mikrokristalline, leichtgelblich gefärbte hexagonale Prismen, F. 233—234° (Aceton–Methanol); *2.5-Bis-(trifluormethyl)-5-phenyl-*, farblose Plättchen, F. 226—227° (Bzl.–Hexan); *6-Chlor-5-phenyl-*, F. 244—245° (Äthylacetat); *9-Chlor-5-methyl-*, F. 174—175,5° (Bzl.–Hexan); *7-Chlor-5-(2'-chlorphenyl)-*, F. 190—191,5° (Methanol); *8-Methoxy-5-phenyl-*, F. 190 bis 191,5° (Aceton–Hexan); *7-Brom-8-methoxy-5-phenyl-*, F. 260,5 bis 261,5° (Bzl.–Hexan); *7-Chlor-5-(2-methoxyphenyl)-*, F. 205,5—206,5° (Bzl.–Hexan); *7-Chlor-5-(2'-hydroxyphenyl)-*, F. 286—288° (Acetonitril); *7-Chlor-5-(3'-methoxyphenyl)-*, F. 219—221° (Aceton–Hexan); *7-Chlor-5-(4'-methoxyphenyl)-*, F. 212—214° (Aceton–Hexan); *9-Nitro-5-phenyl-*, schwachgelbe Nadeln, F. 144—145° (A.); *7-Chlor-5-(2'-fluorphenyl)-*, weiße Nadeln, F. 205—206° (Aceton–Hexan); *7-Brom-5-(2'-fluorphenyl)*, weiße Prismen, F. 186—187° (Aceton); *7-Methyl-5-phenyl-*, farblose Prismen, F. 209—210°; *7.9-Dimethyl-5-phenyl-*, F. 210—211°; *7.9-Dichlor-5-phenyl-*, F. 207

bis 208°; *7-Chlor-5-(4'-chlorphenyl)-*, F. 247—248°; *7-Brom-5-(p-tolyl)-*, F. 239—240°; *7.8-Dimethyl-5-phenyl-*, farblose Prismen, F. 255—256°; *7-Brom-5-phenyl*, farblose Prismen, F. 220—221°; *7-Methylmercapto-5-phenyl-*, gelbe Nadeln, F. 216—218°; *7-Äthylmercapto-5-phenyl, HCl*, gelbe Nadeln, F. 273°; *7-Butylmercapto-5-phenyl-, HCl*, gelbe Nadeln, F. 247—249°; *7-Hydroxyäthylmercapto-5-phenyl-*, gelbe Prismen, F. (Zers.) 252—253°; *7-Methylsulfonyl-5-phenyl-*, gelbe Nadeln, F. 256—258°; *7-Chlor-9-methylmercapto-5-phenyl-*, gelbe Nadeln, F. 189—191°; *1-Methyl-7-nitro-5-phenyl-*, Nadeln, F. 156—157°; *5-(p-chlorphenyl)-*, weiße Plättchen, F. 262—263°; *7-Methylsulfinyl-5-phenyl-*, gelbe Nadeln, F. (Zers.) 254°; *8-Chlor-5-phenyl-*, graue hexagonale Prismen, F. 214—215°; *8-Trifluormethyl-5-phenyl-*, farblose Nadeln, F. 184—186°; *5-(4'-Trifluormethylphenyl)-*, farblose Nadeln, F. 219—220°; *5-(3'-Trifluormethylphenyl)-*, flache farblose Nadeln, F. 204—205°; *1-Methyl-7-chlor-5-(2'-chlorphenyl)-*, F. 135—138°; *7-Chlor-5-(o-tolyl)-*, F. 180—181°; *1-Methyl-7-chlor-5-(o-tolyl)-*, F. 137—139°; *1-Methyl-5-phenyl-*, weiße Prismen, F. 153,5—155,5°; *7.8-Dimethyl-5-(2'-chlorphenyl)-*, farblose Prismen, F. 259—260°; *7-Chlor-1-hydroxymethyl-5-phenyl-*, farblose Prismen, F. 201—202°; *7-Chlor-1-äthyl-5-phenyl-*, farblose Prismen, F. 127—128°; *7-Methoxy-5-phenyl-*, F. 217—218°; *7-Hydroxy-5-phenyl-*, F. 282—284°; *7-Chlor-5-(2'-methoxyphenyl)-*, F. 161—162°; *7-Chlor-3.5-diphenyl-*, farblose Prismen, F. 269—270°; *7-Chlor-5-(3'-fluorphenyl)-*, weiße Prismen, F. 200—201°; *7-Chlor-1-methyl-5-(2'-fluorphenyl)-*, nichtkristallisierbares Öl; *7-Brom-1-methyl-5-(2'-fluorphenyl)-*, farblose Nadeln, F. 132—132,5°; *7.9-Dinitro-5-phenyl-*, gelbe Nadeln (wss. A.); *7-Amino-5-phenyl-*, farblose Prismen, F. 236—239° (Acetonitril-A.); *7-Acetamido-5-phenyl-*, weiße Nadeln, F. 278—279°. — *Sedative, muskelerschlaffende oder anticonvulsive Mittel.* (**D. A. S. 1 136 709** Kl. 12p vom 7/12. 1960, ausg. 20/9. 1962. A. Prior. 10/12. 1959, 26/4. u. 27/6. 1960.) A. Jahn 4807

1656 F. Hoffmann-La Roche & Co. Akt.-Ges., Basel, Schweiz (Erfinder: Earl Reeder, Nutley, Leo Henryk Sternbach, Upper Montclair, Oscar Keller, Clifton, Norbert Steiger, Nutley, N.J., V.St.A., und Gabriel Saucy, Riehen, Schweiz), **2-Amino-5-phenyl-3H-1.4-benzodiazepine oder deren 4-Oxide** der allg. Formel I erhält man durch Rk. von Verbb. der allg. Formel I mit R_4 = H mit einem Halogenid oder Anhydrid einer gesätt. aliphat. Carbonsäure, ggf. in Ggw. einer tert. Base u. ggf. anschließende Nitrierung des Rk.-Prod. (R_1 u. R_2 = H

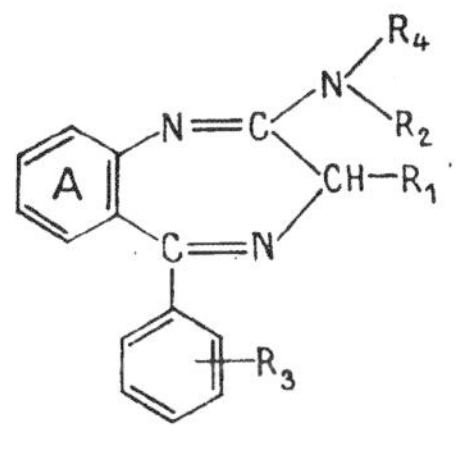

I

oder Alkyl; R_3 = H, Halogenalkyl, Alkoxy, CF_3; R_4 = gesätt. aliphat. Acylrest; Ring A kann durch CF_3 monosubstituiert oder durch Halogen, Alkyl, Alkoxy, Alkylmercapto, Alkylsulfinyl, Alkylsulfonyl, Acylamino mono- oder disubstituiert sein). — Es wurden erhalten: *5-Phenyl-3H-1.4-benzodiazepin-4-oxide*: *7-Chlor-2-(N-methylacetamido)-*, farblose Prismen, F. 186—187° (Ae.–PAe.); *7-Chlor-2-(N-methylpropionamido)-*, farblose Prismen, F. 213—214° (CH_2Cl_2–Aceton); *7-Chlor-2-(N-methylbutyramido)-*, farblose Prismen, F. 169—170° (Ae.); *7-Chlor-2-acetamido-*, feine weiße Nadeln, F. 243—244°; *7.8-Dimethyl-2-(N-methylacetamido)-*, farblose Prismen, F. 193—194° (Aceton–Ae.); *7-Brom-2-acetamido-*, farblose Nadeln, F. 248—249° (Dioxan); *7-Methyl-2-(N-methylacetamido)-*, farblose Prismen, F. 205—206° (Aceton); *5-(4'-Methoxyphenyl)-2-(N-methylacetamido)-*, farblose Prismen, F. 181—182° (Aceton); *7-Chlor-2-(N-methylacetamido)-5-(4'-chlorphenyl)-*, farblose Plättchen, F. 191—192° (Aceton); *7-Brom-2-(N-methylacetamido)-5-(p-tolyl)-*, farblose Nadeln, F. 209—210° (Aceton-PAe.). Ferner *7-Chlor-2-(N-methylacetamido)-*, Kristalle, F. 162° (Ae.–PAe.). — *Sedative, muskelrelaxierende u. anticonvulsive Mittel.* (**D. A. S. 1 146 496** Kl. 12p vom 7/12. 1960, ausg. 4/4. 1963. A. Prior. 10/12. 1959, 15/1. u. 26/4. 1960.) A. Jahn 4807

1657 F. Hoffmann-La Roche & Co. Akt.-Ges., Basel, Schweiz (Erfinder: Earl Reeder, Nutley, Leo Henryk Sternbach, Upper Montclair, Oscar Keller, Clifton, Norbert Steiger, Nutley, N.J., V.St.A., und Gabriel Saucy, Riehen, Schweiz), **2-Amino-5-phenyl-3H-1.4-benzoadiazepinderivate** der allg. Formel I erhält man, indem man eine Verb. der allg. Formel **II** 1. mit einem P-Halogenid, oder 2. mit durch Raney-Ni aktivierten H_2 oder 3. mit einem Alkalialuminiumhydrid oder Alkaliborhydrid red. u. das erhaltene 2-Amino-4-hydroxy-5-phenyl-4.5-dihydro-3H-1.4-benzodiazepin mit einem wasserabspaltenden Mittel, bes. $SOCl_2$, behandelt sowie ggf. das Rk.-Prod. nitriert u./oder in ein Salz überführt (R_1 u. R_2 = H, Alkyl; R_3 = H, Halogen, Alkyl, CF_3; Ring A kann durch eine CF_3-

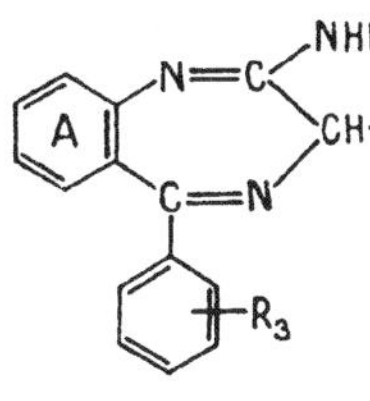

I

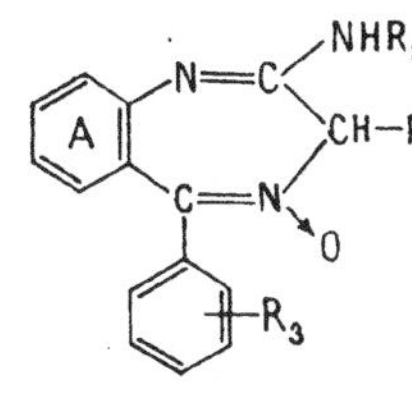

II

Gruppe monosubstituiert oder durch Halogen, Alkyl oder NO_2 mono- oder disubstituiert sein, wobei die Alkylreste $\leq$ 3 C-Atome haben). — Es wurden erhalten: *5-Phenyl-3H-1.4-benzodiazepine*: *7-Chlor-2-methylamino-*, gelbe rhomb. Platten, F. 240—241° (Aceton), *Hydrochlorid*, F. 260—261° (Ae.–PAe.); *7-Brom-2-äthylamino-*, gelbe Prismen, F. 224° (Methanol–Aceton); *7-Methyl-2-methylamino-*, farblose rhomb. Platten, F. 219° (CH_2Cl_2–Ae.); *7-Chlor-2-amino-*, farblose Prismen, F. 234—235° (Methanol); *7-Chlor-2-methylamino-5-(4'-chlorphenyl)-*, Kristalle, F. 241—242° ($CHCl_3$–PAe.); *7-Brom-2-methylamino-5-(p-tolyl)-*, Kristalle, F. 258—259° ($CHCl_3$). — *Sedative, muskelrelaxierende u. anticonvulsive Mittel.* (**D. A. S. 1 148 555** Kl. 12p vom 7/12. 1960, ausg. 16/5. 1963. A. Prior. 10/12. 1959, 15/1. u. 26/4. 1960.) A. Jahn 4807

1658 Campbell Pharmaceuticals, Inc., übert. von: Robert A. Lehman, New York, N.Y., V.St.A., **Herstellung von klaren, stabilen wässerigen Lösungen von Vitamin A und D**, dad. gek., daß man die lipoidlösl. Vitamine, z. B. Vitamin-A-palmitat, mit 15 Teilen Polyäthylenglykol-400-monococonat-laurat oder -oleat u. 2,11 Polyäthylenglykol-400-dicoconat löst u. die Lsg. mit W. verdünnt. Als Hilfsmittel kann auch Laurylalkohol, Sorbitanmonooleat oder Propylenglykolmonolaurat eingesetzt werden. (**A. P. 3 036 957** vom 5/11. 1957, ausg. 29/5. 1962.) W. Heyer 4809

1659 F. Hoffmann-La Roche & Co. Akt.-Ges., Basel, Schweiz (Erfinder: Konrad Bernhauer, Gerlingen bei Stuttgart, Wilhelm Friedrich, Hamburg, und Paul Zeller, Allschwil, Schweiz), **Vitamine der B_{12}-Gruppe und deren Analoge** erhält man durch Kondens. einer das Kation des Cobyrinsäure-abcdeg-hexamids enthaltenden Verb. (**II**) mit einem Amin der allg. Formel **I** in Ggw. eines Lsgm. (R_1 = H, Alkyl, Aryl, Aralkyl, Carbalkoxyrest; R_2 u. R_3 = H, Alkyl; R_4 = H, Alkyl, Aryl, Carbalkoxy;

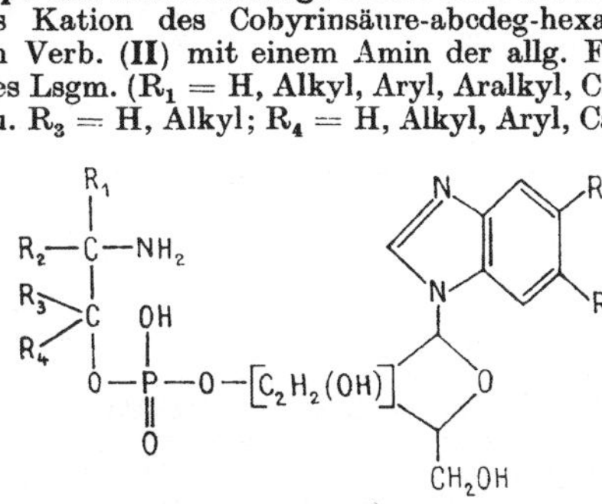

I

R_5 u. R_6 = H, Halogen, Alkyl, Alkoxy, OH, SH, Alkylmercapto). — **II** werden bevorzugt vor der Rk. mit **I** in reaktionsfähige Derivv., bes. Ester, Cyanmethylester, Thiophenylester, p-Nitrophenylester, Anhydride, bes. gemischte Anhydride mit Chlorkohlensäureester übergeführt. Als Katalysatoren für die Kondens. können saure oder bas. Katalysatoren verwendet werden, Alkoholate, Mineralsäuren, p-Toluolsulfonsäure. Ggf. werden wasserbindende Stoffe (Essigsäureanhydrid, Na_2SO_4, $CaCl_2$) verwendet. (**D. A. S. 1 147 952** Kl. 12p vom 8/11. 1960, ausg. 2/5. 1963. Schwz. Prior. 16/12. 1959.) A. Jahn 4809

1660 Chas. Pfizer & Co., Inc., Brooklyn, N.Y., übert. von: Hans-Jurgen E. Hess, Groton, Sanford K. Figdor, George M. K. Hughes, Gales Ferry, und Walter T. Moreland, New London, Conn., V.St.A., **21-Methylverbindungen der Pregnanreihe.** Man setzt z. B. 5α-Brom-6β-fluor-21-methylpregnan-3β.17α-diol-20-on mit Br_2 in Chlf.-CH_2Cl_2 um → *5α.21-Dibrom-6β-fluor-21-methylpregnan-3β.17α-diol-20-on*, welches sich durch CrO_3-Oxydation überführen läßt → *5α.21-Dibrom-6β-fluor-21-methylpregnan-17α-ol-3.20-dion*. — Die Herst. des entsprechenden 21-Acetats sowie die der 11β-Hydroxy-Verb. wird, jedoch ebenfalls ohne Angabe physikal. Daten, beschrieben. — *Heilmittel* sowie Zwischenprodd. zu deren Herstellung. (**A. P. 3 042 691** vom 11/5. 1960, ausg. 3/7. 1962.) U. Sievers 4809

1661 Chas. Pfizer & Co., Inc., New York, N.Y., übert. von: Hans-Jürgen E. Hess, Groton, George M. K. Hughes, Gales Ferry, und Gerald D. Laubach, Niantic, Conn., V.St.A., **21-Methylsteroide.** Man setzt z. B. 21-Dimethylaminomethyl-Δ^5-pregnen-3β.17α-diol-20-on-methobromid mit wss. $NaHCO_3$ um → *21-Methylen-Δ^5-pregnen-3β.17α-diol-20-on*, welches sich in A. mit H_2/Pd-Kohle katalyt. hydrieren läßt → *21-Methyl-Δ^5-pregnen-3β.17α-diol-20-on* (I); daraus durch Rk. mit HF–N-Brom-acetamid in Methylenchlorid-Tetrahydrofuran bei —50° → *5α-Brom-6β-fluor-21-methylpregnan-3β.17α-diol-20-on*, welches sich durch CrO_3-Oxydation überführen läßt → *5α-Brom-6β-fluor-21-methylpregnan-17α-ol-3.20-dion*; daraus durch Dehydrobromierung mit Na-Acetat → *6β-Fluor-21-methyl-Δ^5-pregnen-17α-ol-3.20-dion*. — Analog: I + CrO_3 u. nachfolgende Isomerisierung mit verd. H_2SO_4 → *21-Methyl-Δ^4-pregnen-17α-ol-3.20-dion*, welches sich auf mikrobiolog. Wege in die *11α-* bzw. *11β-Hydroxyanalogen* überführen läßt. Diese wiederum werden nach üblichen Meth. über die 9.11-Dehydro-Verbb. in die entsprechenden *9α-Halo-Derivv.* bzw. durch 21-Acetoxylierung über die 21-Jodide in die *21-Acetate* umgewandelt. Physikal. Daten werden nicht angegeben. — *Heilmittel* sowie Zwischenprodd. zu deren Herstellung. (**A. P. 3 047 594** vom 11/5. 1960, ausg. 31/7. 1962.) U. Sievers 4809

1662 Chas. Pfizer & Co., Inc., Brooklyn, übert. von: Gilbert M. Shull, Huntington Station, N.Y., V.St.A., **19-Hydroxylierte Δ^4-Pregnenverbindungen.** Man hydroxyliert z. B. Δ^4-Pregnen-11β.17α.21-triol-3.20-dion unter üblichen aeroben Bedingungen mit dem Matsumoto-Stamm von *Hypochnus sasakii* → *Δ^4-Pregnen-11β.17α.19.21-tetrol-3.20-dion* welches sich als 19.21-Diacetat über das 11-Mesylat dehydratisieren u. durch Anlagerung von HOBr u. HBr-Abspaltung überführen läßt → *9β.11β-Oxido-Δ^4-pregnen-17α.19.21-triol-3.20-dion-19.21-diacetat*. — *Zwischenprodd.* zur Herst. von *Heilmitteln*. (**A. P. 3 040 038** vom 10/10. 1958, ausg. 19/6. 1962.) U. Sievers 4809

1663 American Cyanamid Co., New York, übert. von: Chester E. Holmlund, Pearl River, Louis I. Feldman, Spring Valley, Henry M. Kissman, Nanuet, N.Y., und Martin J. Weiss, Oradell, N.J., V.St.A., **2α-Fluorverbindungen der Pregnanreihe.** Man setzt z. B. 17α.20;20.21-Bis-methylendioxy-Δ^4-pregnen-3.11-dion mit Methyloxalat in Bzl. u. in Ggw. von Na-Methylat (I) um → *3-Hydroxy-2-methoxalyl-17α.20;20.21-bis-methylendioxy-$\Delta^{2.4}$-pregnadien-11-on*, F. 208—212°, welches sich durch Rk. mit $FClO_3$ in Methanol u. in Ggw. von I überführen läßt → *2α-Fluor-17α.20;20.21-bis-methylendioxy-Δ^4-pregnen-3.11-dion*; daraus durch saure Spaltung der Schutzgruppe mit 60%ig. wss. Ameisensäure → *2α-Fluorcortison*. Durch 1-Dehydrierung mit einer Kultur von *Nocardia corallina* erhält man hieraus → *2-Fluorprednison* F. 232—236°. — Falls 16.17-Dihydroxysteroide als Ausgangs-Prodd. eingesetzt werden, setzt man z. B. 11β.21-Dihydroxy-9α-fluor-16α.17α-isopropylidendioxyprogesteron (II) mit Dihydropyran in Ggw. von HCl um → II-*21-Tetrahydropyranyläther*, F. 200—205° welcher sich wie vorst. durch Rk. mit Äthyloxalat in die *2-Äthoxalyl-Verb.* u. durch anschließende Rk. mit $FClO_3$ überführen läßt → *2α.9α-Difluor-11β-hydroxy-16α.17α-isopropylidendioxy-21-(tetrahydropyran-2-yl-oxy)-progesteron* F. 210—212°, aus welchem durch Ätherspaltung mit methanol. HCl das *2α.9α-Difluor-11β.21-dihydroxy-16α.17α-isopropylidendioxy-Δ^4-pregnen-3.20-dion* bzw. durch anschließende Dehydrierung mit *Nocardia corallina* das entsprechende *1-Dehydro-Deriv.* erhalten wird. — *Heilmittel* sowie Zwischenprodd. zu deren Herstellung. (**A. P. 3 047 569** vom 31/1. 1961, ausg. 31/7. 1962.) U. Sievers 4809

1664 Olin Mathieson Chemical Corp., New York, N.Y., übert. von: Josef Fried, Princeton, N.J., V.St.A., und Josef E. Herz, Lomas, Mexico, **9α-Halogen-21-fluorsteroide der Pregnanreihe.** Man setzt z. B. 9α-Fluorhydrocortison-21-mesylat in Dimethylformamid mit KF um → *9α.21-Difluor-Δ^4-pregnen-11β.17α-diol-3.20-dion*, F. 259 bis 261°; $[\alpha]_D^{23}$ 147°, neben einem Prod. vom F. 272—274°; $[\alpha]_D^{23}$ 162°. — Die Herst. des entsprechenden *11-Ketoanalogen*, der *9α-Brom-* bzw. *-Jod-21-fluor-Verb.* sowie die des *9α.21-Difluor-2-methyl-11-keto-17α-hydroxyprogesterons* wird, jedoch ohne Angabe physikal. Kennzahlen, beschrieben. — *Heilmittel* sowie Zwischenprodd. zu deren Herstellung. (**A. P. 3 042 690** vom 26/5. 1960, ausg. 3/7. 1962.) U. Sievers 4809

1665 Olin Mathieson Chemical Corp., New York, N.Y., übert. von: Josef Fried, Princeton, N.J., V.St.A., und Gordon H. Thomas, Birmingham, England, **16-Äther von 16-17-Dihydroxysteroiden der Pregnanreihe** erhält man durch Rk. eines entsprechenden 16.17-Cycloborats mit einem Diazoalkan. — Man setzt z. B. *9α-Fluor-Δ^4*-pregnen-11β.16.17α.21-tetrol-3.20-dion-16.17-cycloborat in Methanol mit äther. Diazomethan um → *9α-Fluor-16α-methoxy-Δ^4-pregnen-11β.17α.21-triol-3.20-dion*, F. 248—252°; $[\alpha]_D^{23}$ 102°. — Analog: *9α-Fluor-16α-methoxy-$\Delta^{1.4}$-pregnadien-11β.17α.21-triol-3.20-dion*, F. 258—261°; $[\alpha]_D^{23}$ 62°. — *Heilmittel*. (**A. P. 3 043 855** vom 1/8. 1955, ausg. 10/7. 1962.) U. Sievers 4809

1666 Olin Mathieson Chemical Corp., New York, N.Y., übert. von: Josef Fried, Princeton, N.J., V.St.A., **Acetale und Ketale von 16.17-Dihydroxysteroiden der Pregnanreihe** erhält man durch Rk. der entsprechenden freien 16α.17α-Dihydroxy-Verb. mit einem Aldehyd mit wenigstens 2 C-Atomen oder einem Keton. — Man setzt z. B. Triamcinolon mit Aceton in Ggw. von $HClO_4$ (72%ig) bei Raum-Temp. um → *16α.17α-Isopropylidentriamcinolon* (I), F. 288—290°; $[\alpha]_D^{23}$ 109°. — Analog: (Triamcinolon = **T**): *16α.17α-[2'-Butyliden]*-**T**, F. 255—260°; $[\alpha]_D^{23}$ 92°; *-(4'-Methyl-2'-pentyliden)*-**T**, F. 246—250°; $[\alpha]_D^{23}$ 81,5°; *-Cyclohexyliden*-**T**, F. 278—281°; $[\alpha]_D^{23}$ 90°; *-[3'-Pentyliden]*-**T**, F. 265—286°; $[\alpha]_D^{23}$ 91°; *-Acetophenon-Deriv. des* **T**, F. 281 bis 283° (Zers.); $[\alpha]_D^{23}$ 23°. — *Äthyllävulinat-Deriv. des* **T**, F. 196 bis 198; $[\alpha]_D^{23}$ 75°. — *Lävulinsäure-Deriv. des* **T**, F. 240 bis 242° (Zers.); $[\alpha]_D^{23}$ 51°. — **I**-*21-acetat*, F. 266°; $[\alpha]_D^{23}$ 92°. — *16α.17α-Chloral-Deriv. des* **T**-*21-monoacetats*, F. 281—284°; $[\alpha]_D^{23}$ 36°. — **I**-*21-hemisuccinat*, F. 231—233°; $[\alpha]_D^{23}$ 93°. — **I**-*21-mesylat*, F. 248—250° (Zers.) oder 286—287° (Zers.; polymorphe Formen); $[\alpha]_D^{23}$ 92°. — *Bis-*(**I**)*-21.21'-sulfit*, F. 285—286° (Zers.); $[\alpha]_D^{23}$ 114°. — *Bis-*(**I**)*-21.21'-carbonat*, F. > 340°. — *16α.17α-Isopropyliden-9α-fluor-Δ^4-pregnen-11β.16α.17α.21-tetrol-3.20-dion* (**II**), F. 270—273°; $[\alpha]^{23}$ 137°. — *16α.17α-Isopropyliden-12α-fluor-Δ^4-pregnen-11β.16α.17α-triol-3.20-dion*, F. 228—230°; $[\alpha]_D^{23}$ 138°. — *16α.17α-Isopropylidendioxy-9α-fluor-11β.16α.17α-trihydroxyprogesteron*, F. 253—255°; $[\alpha]_D^{23}$ 150°. — **II**-*21-mesylat*, F. 225—227° (Zers.); $[\alpha]_D^{23}$ 112°. — *21-Jod-9α-fluor-$\Delta^{1.4}$-pregnadien-11β.16α.17α-triol-3.20-dion-16α.17α-acetonid*, F. 173—175° (Zers.); $[\alpha]_D^{23}$ 130°. — *16α.17α-Isopropyliden-9α.21-difluor-$\Delta^{1.4}$-pregnadien-11β.16α.17α-triol-3.20-dion*, F. ca. 310°. — *21-Chlor-9α-fluor-$\Delta^{1.4}$-pregnadien-11β.16α.17α-triol-3.20-dion-16.17-acetonid*, F. ca. 310°. — *Heilmittel* mit gegenüber dem Grundkörper gesteigerter Wirksamkeit. (**A. P. 3 048 581** vom 25/4. 1960, ausg. 7/8. 1962.) U. Sievers 4809

1667 Olin Mathieson Chemical Corp., New York, N.Y., übert. von: Josef Fried, Princeton, N.J., V.St.A., **12α-Halogen-16α-hydroxysteroide der Pregnanreihe.** Man hydroxyliert z. B. unter üblichen aeroben Bedingungen 12α-Fluorhydrocortison mit einer Kultur von *Streptomyces roseochromogenus* → *12α-Fluor-16α-hydroxyhydrocortison*. — Analog: *12α-Fluor-11β.16α.17α-trihydroxyprogesteron* (I), F. 218 bis 219°; $[\alpha]_D^{23}$ 164°, welches sich durch Rk. mit Al-tert.-Butylat in abs. Toluol überführen läßt → *12α-Fluor-$\Delta^{4.16}$-pregnadien-11β-ol-3.20-dion*, F. 215—217°; $[\alpha]_D^{23}$ 209°; daraus durch Hydroxylierung mit OsO_4 in Pyridin–Bzl. → I. — Analog: *12α-Brom-11β.16α-dihydroxyprogesteron,* F. 211 bis 212°; $[\alpha]_D^{26}$ 101°. — *Zwischenprodd.* zur Herst. von *Heilmitteln.* (**A. P. 3 047 595** vom 14/4. 1958, ausg. 31/7. 1962.) U. Sievers 4809

1668 Olin Mathieson Chemical Corp., New York, N.Y., übert. von: Josef Fried, New Brunswick, N.J., V.St.A., **14-Dehydroallopregnan-3.20-dion** (I), F. 187 bis 192°, und **14-Dehydropregnan-3.20-dion (II)**, F. 158 bis 160°; $[\alpha]_D^{23}$ 73°, erhält man durch Rk. von 15β-Hydroxyprogesteron (III) mit Mesylchlorid in Ggw. von Pyridin → III-*Mesylat,* F. 114—116° (Zers.); $[\alpha]_D^{23}$ 81°, anschließende Rk. mit Na-Acetat–Eisessig → *14-Dehydroprogesteron,* F. 141 bis 143°; $[\alpha]_D^{23}$ 132°, katalyt. Hydrierung mit H_2/Pd–$BaSO_4$ in Äthylacetat u. fraktionierte Kristallisation des Hydrierungsproduktes. — Alternativ kann man auch 15α-Hydroxyprogesteron als Ausgangs-Verb. einsetzen u. über dessen *Mesylat,* F. 155—156°; $[\alpha]_D^{23}$ 158°, arbeiten. — *Heilmittel* sowie Zwischenprodd. zu deren Herstellung. (**A. P. 3 038 910** vom 27/5. 1955, ausg. 12/6. 1962.) U. Sievers 4809

1669 Knud Abildgaard und Løvens Kemiske Fabrik ved A. Kongsted, Ballerup (Erfinder: Poul Borrevang, Vanlose, Kopenhagen), Dänemark, **Herstellung von Androstanderivaten** der allg. Formel I [R_1 = H, niedrige gesätt. oder ungesätt. aliphat. Gruppe mit höchstens 3 C-Atomen; R_2 = β-OH, oder eine Gruppe, die zur β-OH Gruppe umwandelbar ist, oder eine β-ständige Gruppe der allg. Formel O—CH(R_7)R_6 (II), wobei R_6 = ggf. durch Halogen oder aromat. Gruppen (auch Phenoxy) substituier-

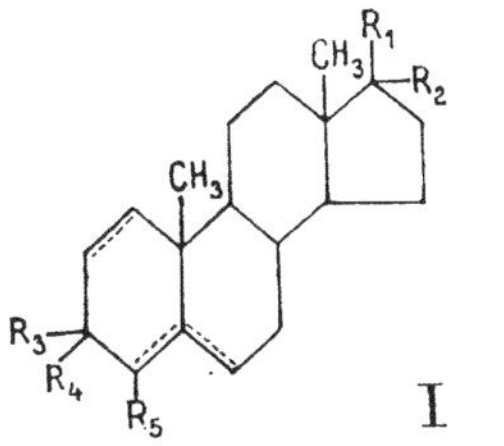

I

ter aliphat. Rest; R_7 = OH oder Estergruppe; R_3 + R_4 = O oder R_3 = H u. R_4 = α- oder β-OH; wenn R_2 nicht = H, ist R_4 = H; R_5 = H, Halogen, OH; I trägt zwischen C_1 u. C_2 oder C_4 u. C_5 oder C_5 u. C_6 eine Doppelbindung; im ersten Fall kann eine weitere Doppelbindung zwischen C_4 u. C_5 oder C_5 u. C_6 vorhanden sein] durch Rk. einer entsprechenden Steroid-Verb. der Androstanreihe mit einem reaktionsfähigen Aldehyd. (**Ung. P. 150 165** vom 21/6. 1961, ausg. 20/8. 1962. E. Prior. 23/6. 1960.) F. Landsberger 4809

1670 Merck & Co., Inc., Rahway, übert. von: John Fried, Plainfield, und Thomas S. Bry, Roselle, N.J., V.St.A., **17α-Trifluorpropinylverbindungen der Androstanreihe.** Man setzt z. B. 3-Methoxy-$\Delta^{2.5,10}$-androstadien-17-on mit Trifluorpropin, welches vorher mit Äthylmagnesiumbromid behandelt worden ist um → *17α-Trifluorpropionyl-3-methoxy-$\Delta^{2.5,10}$-androstadien-17β-ol* (I), welches sich durch Ätherspaltung mit p-Toluolsulfonsäure überführen läßt → *17α-Trifluorpropionyl-17β-hydroxy-19-nor-Δ^4-androsten-3-on,* F. 128 bis 132°; $[\alpha]_D^{26}$ —21°. — I läßt sich dagegen mit Eisessig in Dioxan-A. spalten → *17α-Trifluorpropionyl-17β-hydroxy-19-nor-$\Delta^{5,10}$-androsten-3-on,* F. 137—140°; $[\alpha]_D^{27}$ 10,1°. — *Heilmittel.* (**A. P. 3 046 273** vom 18/1. 1961, ausg. 24/7. 1962.) U. Sievers 4809

1671 Olin Mathieson Chemical Corp., New York, N.Y., übert. von: Frank L. Weisenborn, Middlebush, N.J., V.St.A., **A-Norprogesteron** (I), F. 150—151°; $[\alpha]_D$ 71°, erhält man durch katalyt. Hydrierung von Pregnenolon mit H_2/PtO in Ggw. von Äthylacetat u. 72%ig. $HClO_4$ → *Allopregnan-3β.20β-diol,* welches sich durch CrO_3-Oxydation in Ggw. von H_2SO_4 überführen läßt → *Allopregnan-3.20-dion,* F. 200—202°; daraus durch Rk. mit CrO_3–Eisessig bei 60° → *2.3-Secoallopregnan-20-on-2.3-dicarbonsäure,* F. 207—209°, welche sich mit $NaBH_4$ in Ggw. von NaOH red. läßt → *2.3-Secoallopregnan-20β-ol-2.3-dicarbonsäure,* F. 258—260°; $[\alpha]_D$ 4°; daraus durch Rk. mit Acetanhydrid u. therm. Decarboxylierung bei 200—210° → *A-Norallopregnan-2-on-20β-ol,* F. 234 bis 235°; $[\alpha]_D$ 139°, welches sich durch Rk. mit Isopropenylacetat in Ggw. von p-Toluolsulfonsäure überführen läßt → *A-Norallo-Δ^1-pregnen-3.20β-diol-3.20-diacetat,* F. 157—158,5°; $[\alpha]_D$ 71°; daraus durch Rk. mit N-Bromacetamid in Ggw. von $HClO_4$ → *A-Norallopregnan-1-brom-2-on-20β-ol-20-acetat,* F. 174—176°; $[\alpha]_D$ 25°. Hieraus erhält man durch Rk. mit äthanol.-wss. NaOH unter N_2 → *A-Nor-Δ^3-pregnen-2-on-20β-ol,* F. 213—214°; $[\alpha]_D$ —22°, welches sich mit CrO_3 in Aceton oxydieren läßt → I. — *Heilmittel.* (**A. P. 3 040 091** vom 15/3. 1961, ausg. 19/6. 1962.) U. Sievers 4809

1672 Knud Abildgaard und Løvens Kemiske Fabrik ved A. Kongsted, Ballerup (Erfinder: Poul Borrevang, Vanlose, Kopenhagen), Dänemark, **Herstellung von 19-nor-Testosteronhemiacetalen** der allg. Formel I (R_1 = ggf. durch Halogen, eine aromat., auch Phen-

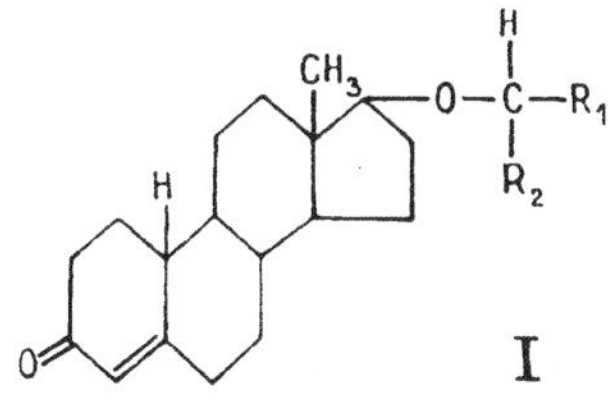

I

oxygruppe, oder heterocycl. Gruppe substituierte aliphat. Gruppe; R_2 = OH, auch verestert) durch Rk. von 19-Nortestosteron mit einem entsprechend substituierten aliphat. Aldehyd (in Form des Hydrats) u. ggf. Acylierung des Hemiacetals. (**Ung. P. 150 116** vom 10/7. 1961, ausg. 20/7. 1962. E. Prior. 13/7. 1960.) F. Landsberger 4809

1673 Willard I. Johnson, Montreal, Quebec, Canada, **Steroid-Präparate,** wie *Hydrocortison, Cortison, Prednisolon, Prednison, 6α-Methylprednisolon* oder *Dexamethason* können gegen eine Inaktivierung in vivo durch Glucuronylation geschützt werden, wenn man das Steroid mit *N-Acetyl-p-aminophenol* im Verhältnis. 1:10 bis 1:1000 versetzt. (**A. P. 3 053 737** vom 9/11. 1959, ausg. 11/9. 1962. Can. Prior. 4/9. 1957.) W. Heyer 4809

1674 Beecham Research Laboratories Ltd., Brentford, England, **6.6′-[Diglycyl]-bis-aminopenicillansäure (I)** u. ihre Salze werden erhalten durch Rk. von 6-Aminopenicillansäure oder eines ihrer Neutralsalze mit einem acylierend wirkenden Deriv. der Diglykolsäure. — I-*Dikaliumsalz,* F. 83—85°, Zers. 140—142°. — *Antibioticum.* (**E. P. 885 424** vom 25/5. 1960, ausg. 28/12. 1961. A. Prior. 29/6. 1959.) F. Hirsch 4811

1675 American Cyanamid Co., New York, N.Y., V.St.A., übert. von: Masao Arishima, Nakano-ku, und Yasaharu Sekizawa, Shibuya-ku, Tokio, Japan, **Erzeugung von Tetracylin** durch aerobe Gärung von Streptomycesarten, die in Ggw. von Chloriden auch Chlortetracyclin erzeugen, z. B. *St. aureofaciens,* dad. gek., daß man der wss. Gär-Fl. als Inhibitor gegen Chlortetracyclin-Bldg. 5—500 ppm einer Verb. (heterocycl 5- oder 6-Ringe) der allg. Formel: —C—N—C(=X)—Y zusetzt (X = S, SH, SR, NH_2, NHR oder NRR, wobei R = Metall, Alkyl, Benzyl, Phenyl oder einen substituierten Phenylrest bedeutet; Y = S, O oder N). Genannt sind bes. 2-Mercaptobenzothiazol, 2-Thiouracil, 2-Benzoxazolthiol, 2.2-Dithio-bis-(benzothiazol) u. 2-Benzothiazyl-N.N-diäthylthiocarbamylsulfid. — Mengenbeispiele. (**A. P. 3 019 173** vom 4/6. 1956, ausg. 30/1. 1962.) G. Vogel 4811

1676 Chinoin Gyógyszer és Vegyészeti Termékek Gyára R. T., Budapest, Ungarn, **Herstellung von threo-β-[p-Nitrophenyl]-serin.** Zu D. A. S. 1 086 242; C. **1961**, 5187 ist nachzutragen: Man erhält Ausbeuten von 80—90%, wenn die Kondens. in Ggw. von K_2CO_3 bei ca. 20° unter Verw. des Na-Salzes des Glycins durchgeführt wird. (**Ind. P. 69 403** vom 20/10. 1959, ausg. 30/1. 1962.) C. Lüttgen 4811

1677 University of Massachusetts, übert. von: Ray M. Dutcher, Belchertown, Ralston B. Read jun., Sunderland, und Warren Litsky, Amherst, Mass., V.St.A., **Herstellung von Virus-Vaccinen** dadurch, daß man eine Viruskultur der Kurzzeit-Hochtemp.-Behandlung unterwirft. Die Erhitzungsdauer soll ca. 0,033 Sek. betragen.

In einer Vers.-Reihe wird die Temp. ermittelt, welche ausreicht, um die Infektiosität zu beseitigen, ohne daß die Antigenität verloren geht. Bei New-Castle-Virus beträgt sie 175° F, bei Influenza-A-Stamm PRS 162° F. (**A. P. 3 060 094** vom 7/4. 1959, ausg. 23/10. 1962.) K. Koebke 4813

1678 J. R. Geigy Akt.-Ges., Basel, Schweiz, **Herstellung von Emulsionen von anaesthetischen Mitteln.** 2—10 (Teile) einer Verb. der allg. Formel I werden in einem Gemisch emulgiert, das 1—5 eines Inosit–Phosphatid-Deriv. enthält, das arm an Öl u. frei von Histamin ist, ferner 1—5 partielle Glycerinester von Fettsäuren u./oder Polyoxyäthylen-

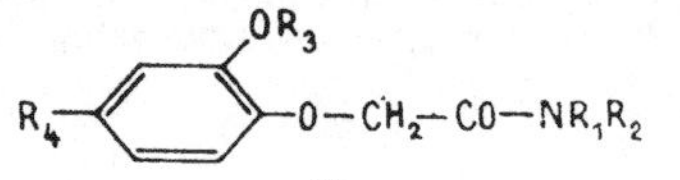

I

Derivv. davon, u. W. zur Ergänzung auf 100 Teile. Hierbei sind R_1, R_2 u. R_3 niedrigmol. Alkylreste u. R_4 ein niedrigmol. Alkyl-, Alkenyl-, α-Hydroxyalkyl- oder α-Oxoalkylrest. Bevorzugt verwendet wird *[2'-Methoxy-4'-allylphenoxy]-essigsäurediäthylamid.* Zur Einstellung des isoton. Wertes von menschlichem Blut wird bei parenteral anzuwendenden Präpp. Glucose zugesetzt. (**Port. P. 38 010** vom 26/1. 1961. Auszug veröff. 29/3. 1961. Schwz. Prior. 27/1. 1960.) A. Kalix 4815

1679 Merck & Co., Inc., Rahway, N.J., V.St.A., **Liposäureamid** (I), aus A. F. 124—126°, IR-Absorption bei 3, 3,18, 6,01 u. 6,12 μ, erhält man durch Rk. von Alkali-, bes. Na-Lipoat mit Oxalylchlorid in Bzl., bes. bei 0°, u. Rk.

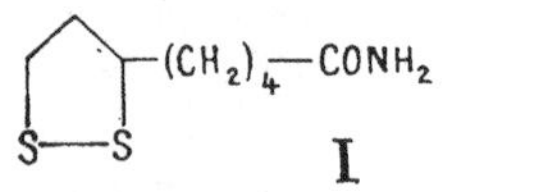

I

des entstandenen α-Lipoylchlorids mit NH_3 in wasserfreiem Dioxan. — *Heilmittel* u. *Wuchsmittel* für *Geflügel.* (**E. P. 796 563** vom 26/6. 1956, ausg. 11/6. 1958. A. Prior. 8/7. 1955.) G. Krauß 4815

1680 Merck & Co., Inc., Rahway, übert. von: Arthur F. Wagner, Princeton, N.J., V.St.A., **6.6'-Dithio-bis-[8-thioloctansäure] (I) und 8.8-Dithio-bis-[6-thioloctansäure]** (II) erhält man z. B. nach folgendem Rk.-Schema: $HOCH_2CH_2CH(SH)(CH_2)_4COOR$ → $(HOCH_2CH_2CH(S—)·(CH_2)_4(COOR)_2$ → $(R'NHC(=NH)—S—CH_2CH_2CH(S—)·(CH_2)_4COOH)_2·2\,HX$ → $(Z—SCH_2CH_2CH(S—)(CH_2)_4COOZ)_2$ → $(HSCH_2CH_2CH(CH_2)_4COOH$
$S—S—CH(CH_2CH_2SH)(CH_2)_4COOH$ (I) (R u. R' = H, Alkyl, Alkenyl, Aryl, Aralkyl, bes. mit 1 bis 8 C-Atomen; X = Anion einer starken Säure; Z = Alkali- oder Erdalkalimetall). — Aus 6-Thiol-8-hydroxyoctansäure durch Oxydation mit 10% J_2 in KJ → 6.6'-Dithio-bis-(8-hydroxyoctansäure). 6-Hydroxy-8-thioloctansäure → 8.8'-Dithio-bis-(6-hydroxyoctansäure). (—)-6.6'-Dithio-bis-(6-hydroxyoctansäure); $[\alpha]_D^{23}$ — 54° (c = 2; Methanol); (+)-Deriv., $[\alpha]_D^{23}$ + 52° (c = 2; Methanol). — Äthyl-6-thiol-8-hydroxyoctanoat → Diäthyl-DL-6.6'-dithio-bis-(8-hydroxyoctanoat); (+)- u. (—)-Derivat. — Dipropyl-, Dibutyl-, Diphenyl-, Dibenzyl-, Diphenyläthyl-DL-6.6'-dithio-bis-(8-hydroxyoctanoat). Daraus mit Thioharnstoff u. 40%ig. wss. HBr → 6.6'-Dithio-bis-{8-(2-[2-thiopseudoureido])-octansäure}-dihydrobromid; daraus mit 0,5n NaOH → **I.** 8.8-Dithio-bis-{6-(2-[2-thiopseudoureido])-octansäure}-dihydrobromid → **II.** Durch Erhitzen mit 40%ig. wss. Br entsteht je nach dem angewendeten Ausgangsstoff *DL-*, F. 60—61°, (+)-, F. 45,5 bis 47,5°; $[\alpha]_D^{23}$ + 90° (c = 0,95; Bzl.), u. (—)-*α-Liposäure,* F. 45—47,5°; $[\alpha]_D^{23}$ — 113° (c = 1,88; Methanol). — Die Verbb. *wirken* wie *α-Liposäure.* (**A. P. 2 772 300** vom 22/7. 1954, ausg. 27/11. 1956.) G. Krauß 4815

1681 Merck & Co., Inc., Rahway, übert. von: Edward Walton, Scotch Plains, N.J., V.St.A., **Dithioalkansäuren und deren Salze** erhält man nach dem folgenden Rk.-schema: $ROOC(CH_2)_4CH=CHCOOH$ + Thiocarbonsäure → $ROOC(CH_2)_4CH(SR')CH_2COOH$ + PCl_3, $POCl_3$, PCl_5 oder $SOCl_2$ → $ROOC(CH_2)_4CH(SR')CH_2COX$ + YBH_4 → $ROOC·(CH_2)_4CH(SR')CH_2CH_2OH$ (II) → $ROOC(CH_2)_4CH(SY)CH_2·CH_2OH$ → $ROOC(CH_2)_4CH(SH)CH_2CH_2OH$ (**III**) → $YOOC·(CH_2)_4CH(SY)CH_2CH_2OH$ → $HOOC(CH_2)_4CH(SH)CH_2CH_2·OH$ (**IV**). — Aus **II**, **III** oder **IV** + Thioharnstoff → $HOOC·(CH_2)_4CH(SH)CH_2CH_2SC(=NH)—NHR·HX$ → $HOOC·(CH_2)_4CH(SH)CH_2CH_2SC(=NH)NHR$ → $YOOC(CH_2)_4CH·(SY)CH_2CH_2SY$ → $HOOC(CH_2)_4CH(SH)CH_2CH_2SH$ (**I**) (R = Alkyl, Alkenyl, Aryl, Aralkyl, mit bes. 1—8 C-Atomen; bei **II**, **III** oder **IV** auch H; R' = Alkylacyl, Alkenylacyl, Arylacyl, Aralkacyl, bes. mit 1—8 C-Atomen; Y = Alkali- oder Erdalkali; X = Anion). — Aus 7-Carbäthoxy-2-heptensäure (hergestellt nach J. org. Chemistry **12**, [1947] 160) u. Thioessigsäure → 3-Acetylthio-7-carbäthoxyheptansäure, $C_{12}H_{20}O_5S$. — 7-Carbophenoxy-2-heptensäure + Thiobuttersäure → 3-Butyrylthio-7-carbophenoxyheptansäure. 3-Propionylthio-7-carbomethoxy-, 3-Benzoylthio-7-carbopropoxy-, 3-Phenylacetylthio-7-carboäthoxyäthansäure. Daraus mit $SOCl_2$ → (+)-3-Acetylthio-7-carbäthoxyheptanoylchlorid; $[\alpha]_D^{23}$ + 49°; (—)-Verb.; $[\alpha]_D^{23}$ — 36° (c = 1,4; Bzl.). 3-Butyrylthio-7-carbophenoxy-, 3-Propionylthio-7-carbomethoxy-, 3-Benzoylthio-7-carbophenoxy-, 3-Phenylacetylthio-7-carbäthoxyheptanoylchlorid; daraus mit $NaBH_4$ in Dioxan → *Äthyl-6-acetylthio-8-hydroxyoctanoat,* $Kp._{0,1}$ 115—125°; *Äthyl-6-butyrylthio-, Methyl-6-propionylthio-, Phenyl-6-benzoylthio-, Äthyl-6-phenylacetylthio-8-hydroxyoctanoat;* daraus mit NaOH in A. → *Äthyl-6-thiol-8-hydroxyoctanoat; Methyl-, Propyl-, Benzyl-, Phenyl-6-thiol-8-hydroxyoctanoat,* daraus mit 30%ig. wss. NaOH → **IV**, $C_8H_{16}O_3S$; n_D^{25} 1,499; *Di-Na-Salz;* daraus mit Thioharnstoff in Ggw. von 40%ig. HBr → 6-Thiol-8-(2-[2-thiopseudoureido])-octansäure → *Tri-Na-Salz* → *6.8-Dithioloctansäure* (I); *Tri-Na-Salz;* daraus durch Oxydation mit J_2–KJ → (—)- oder (+)-*α-Liposäure.* Aus den opt. Isomeren erhält man die entsprechenden (+)- oder (—)-Verbindungen. — *Zwischenprodukte.* (**A. PP. 2 792 414** vom 22/7. 1954, ausg. 14/5. 1957 u. **2 842 574** vom 25/4. 1956, ausg. 8/7. 1958.) G. Krauß 4815

1682 Merck & Co., Inc., Rahway, übert. von: Frederick W. Holly, Cranford, Arthur F. Wagner, Princeton, Edward Walton und Carl H. Hoffman, Scotch Plains, N.J., V.St.A., **6.8-Mercapto-5-oxocaprylsäuren** der allg. Formel I (R u. R' = Alkyl, Alkenyl, Alkinyl, Aryl, Aralkyl, die gleich oder verschieden sein können). α.γ-Mercaptobutyrylchlorid (**II**) wird mit einem Alkali- oder Erdalkalisalz eines Malonsäurediesters (**III**) umgesetzt, die entstandene 4.6-Mercapto-2-carboxy-3-oxocapronsäure (**IV**) wird dann in 4.6-Mercapto-3-oxocapronsäure (**V**) u. deren Ester übergeführt, die dann mit Acrylsäureamid, -nitril, -ester oder -salz (**VI**) die 6.8-Mercapto-4-carboxy-5-oxocaprylsäure (**VII**) gibt, aus der durch Verseifung u. Decarboxylierung **I** erhalten wird, nach dem Rk.-Schema: $R'—S—CH_2CH_2CH(SR)COX$ (**II**) + $ROOCCH(Y)COOR$ (**III**) → $R'SCH_2CH_2CH(SR)COCH(COOR)_2$ (**IV**) → $R'SCH_2CH_2·CH(SR)COCH_2—COOR$ oder $—COOH$ (**V**) + $CH_2=CHR''$ (**VI**) → $R'SCH_2CH_2CH(SR)COCH(COOR)CH_2CH_2R''$ (**VII**) → $R'SCH_2CH_2CH(SR)CO(CH_2)_3COOH$ (**I**) (R'' = CN, Carbamyl, COOR; X = Halogen; Y = Alkali-, Erdalkalimetall, Alkoxy-Mg). — Aus Mg-Äthylat in wasserfreiem Ae. u. Äthyl-tert.-butylmalonat → Äthyl-tert.-butyläthoxy-Mg-Malonat, daraus mit α.γ-Bis-(methylmercapto)-butyrylchlorid (hergestellt aus Na-α.γ-Bis-[methylmercapto]-butyrat u. Oxalylchlorid oder aus α.γ-Bis-[methylmercapto]-buttersäure u. $SOCl_2$) in Ae. → tert.-Butyl-4.6-bis-(methylmercapto)-2-carbäthoxy-3-oxocaproat. α.γ-Bis-(tert.-butylmercapto)-butyrylchlorid → tert.-Butyl-4.6-bis-(tert.-butylmercapto)-2-carbäthoxy-3-oxocaproat. α.γ-Bis-(allylmercapto)-butyrylchlorid→ tert.-Butyl-4.6-bis-(allylmercapto)-2-carbäthoxy-3-oxocaproat-caproat. Daraus in Bzl. mit wasserfreier p-Toluolsulfonsäure tert. Butyl-4.6-bis-(benzylmercapto)-2-carbmethoxy-3-oxo-unter Rückfluß → Äthyl-α.γ-bis-(methylmercapto)-3-oxocaproat, $Kp._{0,5}$ 110—114°; $n_D^{25,5}$ 1,5088; λ_{max} 2940 u. 2460 Å. Äthyl-4.6-(tert.-butylmercapto)-3-oxocaproat. Äthyl-4.6-bis-(allylmercapto)-3-oxocaproat. Tert.-butyl-4.6-bis-(benzylmercapto)-3-oxocaproat. Daraus in 30%ig. methanol Trimethylbenzylammoniumhydroxid ,,(Triton B,,) u. Acrylsäuremethylester bei 35—50° → *Methyl-6.8-bis-(methylmercapto)-4-carbäthoxy-5-oxocaprylat;* auch erhältlich mit Methyl-β-chlorpropionat in Ggw. von Na-Methylat, $Kp._{50}$ 140—160°. *Methyl-6.8-bis-(tert.-butylmercapto)-4-carbäthoxy-5-oxocaprylat. Methyl-6.8-bis-(allylmercapto)-4-carbäthoxy-5-oxocaprylat. Methyl-6.8-bis-(benzylmercapto)-4-carbo-tert.-butoxy-5-oxocaprylat.* Daraus in Eisessig mit konz. HCl bei normaler Temp. →

6.8-Bis-(methylmercapto)-5-oxocaprylsäure, UV-Absorption 2390 u. 2970 Å. *6.8-Bis-(tert.-butylmercapto)-*, *6.8-Bis-(allylmercapto)-*, *6.8-Bis-(benzylmercapto)-5-oxocaprylsäure.* Ferner sind herstellbar: *Äthyl-6.8-bis-(äthylmercapto)-4-carbomethoxy-*; *Äthyl-6.8-bis-(äthylmercapto)-4-carbäthoxy-*; *Methyl-6.8-bis-(methylmercapto)-4-carbomethoxy-*; *Phenyl-6.8-bis-(phenylmercapto)-4-carbäthoxy-*; *Benzyl-6.8-bis-(propylmercapto)-4-carbophenoxy-*; *Äthyl-6.8-bis-(2-methyl-1-äthyl-2-butenmercapto)-4-carbomethoxy-*; *Propyl-6.8-bis-(3-methyl-2-äthyl-2-pentenmercapto)-4-carbopropoxy-*; *Äthyl-6.8-bis-(propinylmercapto)-4-carbäthoxy-*; *Methyl-6-äthylmercapto-8-propylmercapto-4-carbomethoxy-5-oxocaprylat.* — *6.8-Bis-(äthylmercapto)-*; *6.8-Bis-(propylmercapto)-*; *6.8-Bis-(butylmercapto)-*; *6.8-Bis-(phenylmercapto)-*; *6.8-Bis-(2-methyl-1-äthyl-2-butenmercapto)-*; *6.8-Bis-(3-methyl-2-äthyl-2-pentenmercapto)-*; *6.8-Bis-(propargylmercapto)-*; *6-Äthylmercapto-8-propylmercapto-5-oxocaprylsäure.* — *Zwischenprodd.* zur Herst. von *α-Liposäure.* (**A. P. 2 809 978** vom 4/12. 1953, ausg. 15/10. 1957.) G. Krauß 4815

1683 Diamond Alkali Co., Cleveland, übert. von: Frank B. Slezak, Painesville, Ohio, V.St.A., **Herstellung von 1.3-Dihalogenuracilen** 22,8 (g) Hydrouracil werden in 400 W. gelöst u. 30 Cl_2 in die Lsg. geleitet, wobei der pH-Wert der Lsg. mit 6n NaOH auf 1—3 gehalten wird → *1.3-Dichlorhydrouracil.* — Analog *1.3-Dichlor-6-methyl-*, F. 87—87,5°, *1.3-Dibrom-*, F. 268—270°, u. *1.3-Dibrom-6-methylhydrouracil*, F. 130—131°. — *Bakterizide*, *Fungicide* u. *Nematocide.* (**A. P. 3 002 975** vom 25/8. 1958, ausg. 3/10. 1961.) C. Lüttgen 4833

1684 **Chemische Werke Witten G.m.b.H.**, Deutschland, *Herstellung von fettigen Salbengrundlagen.* (**F. P. 1 288 718** vom 18/1. 1960, ausg. 10/8. 1962. D. Prior. 21/3. 1959. — C. **1961**, 3083 [D. A. S. 1 090 824].)

1685 **Olivier Paul Gaudin**, Neuilly-sur-Seine, Frankreich, *Herstellung von basischen Äthern.* (**Oe. P. 219 576** vom 4/8. 1960, ausg. 12/2. 1962. E. Prior. 6/8. 1959. — C. **1963**, 16669 [E. P. 861 900].)

1686 **Peter Schlösser**, Letmathe, *Herstellung von Natriumacetylsalicylat beziehungsweise Doppelsalzen des Natriumacetylsalicylats mit Natriumbicarbonat.* (**Oe. P. 219 591** vom 14/11. 1960, ausg. 12/2. 1962. — C. **1961**, 12560 [D. A. S. 1 100 134].)

1687 **Sterling Drug, Inc.**, V. St. A. (Erfinder: **Alexander Robert Surrey**), *N-Aralkyl-N-alkoxyalkylhalogenalkanamide.* (**F. P. 75 211** vom 2/7. 1958, ausg. 8/9. 1961. A. Prior. 3/7. 1957. Zusatz zu F. P. 1 124 041; C. 1961, 9526. — C. **1963**, 5119 [Niederl. P. 100 762].)

1688 **Shionogi & Co. Ltd.**, Japan, *Sulfonamide.* (**F. P. 1 252 016** vom 3/9. 1957, ausg. 3/5. 1961. Jap. Prior. 4/9. 1956. — C. **1960**, 2278 [D. A. S. 1 059 459].)

1689 **Cilag-Chemie Akt.-Ges.** (Erfinder: **Hans Müller**), Schaffhausen, Schweiz, *Sulfanilamide.* (**Schwz. P. 370 086** vom 10/3. 1958, ausg. 15/8. 1963. — C. **1962**, 15697 [F. P. 1 218 805].)

1690 **Carter Products, Inc.**, New York, übert. von: **Frank M. Berger**, Princeton, und **Bernard J. Ludwig**, North Brunswick, N.J., V.St.A., *Niedrigmolekulare 2-Alkyl-2-[1-äthylpropyl]-propandiol-(1.3)-dicarbamate.* (**A. P. 3 059 022** vom 16/3. 1959, ausg. 16/10. 1962. — C. **1963**, 17788 [E. P. 873 243].)

1691 **Merck & Co., Inc.** (Erfinder: **Frederick Charles Novello**), V.St.A., *Herstellung von Anilinderivaten.* (**F. P. 1 261 176** vom 9/1. 1959, ausg. 8/9. 1961. A. Prior. 22/1. 1958. — C. **1963**, 12903 [Oe. P. 211 296].)

1692 **Sandoz Akt.-Ges.**, Basel (Erfinder: **Ernst Jucker**, Ettingen, **Anton Ebnöther**, Reinach, **Adolf I. Lindenmann**, Basel, und **Roy Steiner**, Pfeffingen), Schweiz, *Organische Hydrazinderivate.* (**Schwz. PP. 370 796, 370 797, 370 798, 370 799** u. **370 800** vom 8/8. 1958, ausg. 13/9. 1963. — C. **1962**, 17852 [Oe. P. 211 292].)

1693 **Gebrüder Giulini G.m.b.H.**, Ludwigshafen/Rh., *Herstellung von [2-Äthyl-3.3-diphenylpropanol-(3)]- und [2-Äthyl-3.3-diphenylpropen-(2)-yl]-aminen.* (**Oe. P. 219 025** vom 7/9. 1960, ausg. 10/1. 1962. D. Prior. 8/9. 1959. — C. **1963**, 5119 [D. A. S. 1 126 376].)

1694 **Badische Anilin- & Soda-Fabrik Akt.-Ges.**, Deutschland, *Hexamethylentetraminderivate.* (**F. P. 1 251 212** vom 30/8. 1955, ausg. 14/4. 1961. D. Prior. 2/9. 1954. — C. **1958**, 3111 [D. B. P. 964 052].)

1695 **F. Hoffmann-La Roche & Cie. Soc. An.**, Schweiz, *Dibenzocycloheptaene.* (**F. P. 1 252 623** vom 26/3. 1959, ausg. 8/5. 1961. Schwz. Prior. 3/4. 1958. — C. **1962**, 11290 [D. A. S. 1 109 166].)

1696 **Schering Akt.-Ges.**, Berlin, *Herstellung von 3-substituierten 1-Benzylindanen.* (**Oe. P. 219 036** vom 17/10. 1960, ausg. 10/1. 1962. D. Prior. 12/11. 1959. — C. **1962**, 12391 [D. A. S. 1 098 510].)

1697 **A. H. Robins Co., Inc.**, V. St. A. (Erinder: **Carl Walton Lunsford**), *3-Arylpyrrolidinole-(3).* (**F. P. 1 252 028** vom 26/9. 1958, ausg. 3/5. 1961. A. Prior. 26/9. 1957. — C. **1962**, 13493 [A. P. 2 878 264].)

1698 **U. S. Vitamin Corp.**, V. St. A. (Erfinder: **Seymour Lester Shapiro, Louis Freedmann** und **Ira Marvin Rose**), *Oxazolidione.* (**F. P. 1 252 021** vom 5/12. 1957, ausg. 3/5. 1961. A. Prior. 5/12. 1956 u. 6/11. 1957. — C. **1963**, 14783 [A. P. 2 866 734 u. E. P. 829 048].)

1699 **Deutsche Gold- und Silber-Scheideanstalt vormals Roessler**, Deutschland, *Basisch substituierte Thiophenylpyridylaminoderivate.* (**F. P. 75 209** vom 14/6. 1958, ausg. 8/9. 1961. D. Prior. 15/6. 1957. Zusatz zu F. P. 1 165 489; C. 1960, 5913. — C. **1961**, 9522 [D. A. S. 1 055 538].)

1700 **Merck & Co., Inc.**, V.St.A. (Erfinder: **John Weijlard** und **Karl Pfister**), *Herstellung von 4-Phenylisonipecotinsäureestern.* (**F. P. 1 266 458** vom 26/6. 1956, ausg. 10/11. 1961. A. Prior. 29/6. u. 16/8. 1955. — C. **1962**, 7257 [E. P. 815 926].)

1701 **Farbenfabriken Bayer Akt.-Ges.**, Leverkusen (Erfinder: **Kurt Westphal, Gerhard Domagk** und **Robert Bierling**, Wuppertal), *Basisch substituierte Thioäther von Pyrimidinen.* (**Oe. P. 219 599** vom 11/12. 1959, ausg. 12/2. 1962. D. Prior. 31/12. 1958. — C. **1963**, 9044 [D. A. S. 1 123 328].)

1702 **Schering Akt.-Ges.**, Berlin, *Herstellung von 2-[p-Aminobenzolsulfonamido]-5-alkoxypyrimidinen.* (**Oe. P. 219 598** vom 9/5. 1960, ausg. 12/2. 1962. D. Prior. 8/7. 1959. — C. **1961**, 18419 [D. A. S. 1 101 428].)

1703 **Aktiebolaget Pharmacia**, Schweden (Erfinder: **Arne Elof Brändström**), *Barbitursäurederivate.* (**F. P. 1 251 214** vom 14/2. 1956, ausg. 14/4. 1961. Schwed. Prior. 15/2. 1955. — C. **1960**, 4285 [E. P. 807 824].)

1704 **Farbenfabriken Bayer Akt.-Ges.**, Deutschland (Erfinder: **Ulrich Hörlein, Klaus Heinz Risse** und **Wolfgang Wirth**), *N-substituierte acylierte Phenothiazine.* (**F. P. 75 163** vom 31/10. 1956, ausg. 8/9. 1961. D. Prior. 15/9. 1956. Zusatz zu F. P. 1 223 229; C. 1962, 8723. — C. **1961**, 942 [Belg. P. 552 256].)

1705 **Aktiebolaget Astra Apotekarnes Kemiska Fabriker**, Schweden, *10-[α-Dimethylaminopropionyl]-phenothiazinmethoester.* (**F. P. 1 252 011** vom 25/6. 1957, ausg. 3/5. 1961. Schwed. Prior. 26/6. 1956. — C. **1960**, 14450 [D. A. S. 1 081 015].)

1706 **Merck & Co., Inc.**, V.St.A. (Erfinder: **Frederick C. Novello**), *Benzothiadiazin-1.1-dioxide.* (**F. P. 1 251 218** vom 29/4. 1957, ausg. 14/4. 1961. A. Prior. 2/5. 1956. — C. **1960**, 15495 [A. P. 2 809 194].)

1707 **Farmaceutici Italia Soc. An.**, Italien (Erfinder: **Antonello Gallo**), *Lactosephosphate.* (**F. P. 1 252 605** vom 1/2. 1956, ausg. 8/5. 1961. It. Prior. 3/2. 1955. — C. **1958**, 3 113 [D. A. S. 1 011 870].)

1708 **Sandoz Soc. An.**, Schweiz (Erfinder: **Albert Hofmann** und **Franz Troxler**), *Lysergsäurederivate.* (**F. P. 75 244** vom 5/3. 1959, ausg. 8/9. 1961. Schwz. Prior. 7/3. 1958. Zusatz zu F. P. 1 175 276; C. 1962, 12191. — C. **1962**, 1716 [Oe. P. 206 590].)

1709 **Chemische Werke Albert**, Deutschland, *Herstellung von O.N-Diacylcorinanthinen.* (**F. P. 1 244 565** vom 3/11. 1959, ausg. 23/1. 1961. D. Prior. 5/11. 1958. — C. **1961**, 8397 [D. A. S. 1 088 970].)

1710 **S. B. Penick & Co.**, V. St.A. (Erfinder: **Eric Smith** und **Norman Hosansky**), *Rauwolfia-Alkaloide.* (**F. P. 1 250 403** vom 4/7. 1955, ausg. 31/1. 1961. A. Prior. 17/1. 1955. — C. **1960**, 8959 [E. P. 791 241].)

1711 **National Research Development Corp.**, London, England, *Herstellung von Carotenoiden.* (**Ind. P. 69 566** vom 3/11. 1959, ausg. 12/7. 1961. — C. **1962**, 15698 [F. P. 1 224 393].)

1712 **F. Hoffmann-La Roche & Co. Akt.-Ges.** (Erfinder: **Elizabeth Becher, Konrad Bernhauer** und **Georg Wilharm**), *Herstellung von B_{12}-Vitaminen.* (**Aust. P. 237 502** vom 4/12. 1959, ausg. 8/3. 1962. Schwz. Prior. 24/12. 1958. — C. **1963**, 4450 [D. P. [DDR] 23 473].)

1713 **Merck & Co., Inc.**, Rahway, N.J., V.St.A., *Herstellung von Steroiden.* (**E. P. 908 698** vom 12/11. 1958, ausg. 24/10. 1962. A. Prior. 27/11. 1957. — C. **1963**, 226 [A. P. 2 941 996].)

1714 **Lepetit S. p. A.**, Mailand, Italien, *Herstellung von Steroiden.* (**E. P. 913 353** vom 23/4. 1959, ausg. 19/12. 1962. A. Prior. 26/5. 1958. — C. **1962**, 16773 [D. A. S. 1 103 331].)

1715 **Scherico Ltd.**, Luzern, Schweiz, *Herstellung von Steroiden.* (**E. P. 915 635** vom 17/3. 1959, ausg. 16/1. 1963. A. Prior. 1/4. u. 29/10. 1958. — C. **1961**, 15126 [D. A. S. 1 097 440].)

1716 **Soc. Italiana Prodotti Schering**, Mailand, Italien (Erfinder: **Paolo Galimberti, Vittorina Gerosa** und **Max Marcello Melandri**), *Herstellung von östrogenen Verbindungen.* (**E. P. 913 059** vom 24/3. 1959, ausg. 19/12. 1962. — C. **1961**, 18423 [D. A. S. 1 103 332].)

1717 **Farmaceutici Italia Soc. An.** (Erfinder: **Bruno Camerino, Bianca Patelli** und **Giovanni Sala**), Mailand, Italien, *Herstellung von neuen Steroidverbindungen.* (**Oe. P. 226 383** vom 5/6. 1959, ausg. 11/3. 1963. E. Prior. 6/6. 1958 u. 6/5. 1959. — C. **1962**, 10197 [E. P. 848 288].)

1718 **Olin Mathieson Chemical Corp.**, New York, N.Y., V.St.A., *Steroidsynthese.* (**Ind. P. 68 453** vom 21/7. 1959, ausg. 27/1. 1961. — C. **1962**, 3907 [A. P. 2 941 997].)

1719 **British Drug Houses Ltd.** (Erfinder: **David Neville Kirk** und **Vladimir Petrow**), *4-Methyl-3-oxo-Δ^4-steroide.* (**Aust. P. 239 562** vom 17/11. 1959, ausg. 9/8. 1962. E. Prior. 19/11. 1958. — C. **1963**, 9047 [D. A. S. 1 124 489].)

1720 **British Drug Houses Ltd.** (Erfinder: **David Neville Kirk, Vladimir Petrow** und **David Morton Williamson**), *6-Methyl-3-oxo-$\Delta^{4,6}$-steroide.* (**Aust. P. 239 554** vom 27/10. 1959, ausg. 9/8. 1962. E. Prior. 4/11. 1958. — C. **1962**, 13498 [E. P. 870 286].)

1721 **Roussel-Uclaf**, Paris (Erfinder: **Gérard Nominé**, Noisy-le-Sec), Frankreich, *Herstellung eines Pregnandions.* (**Schwz. P. 369 757** vom 6/1. 1960, ausg. 31/7. 1963. F. Prior. 23/1. 1959. — C. **1962**, 16774 [F. P. 1 234 733].)

1722 **Upjohn Co.** (Erfinder: **George Basil Spero** und **John LeRoy Thompson**), *6α-Methyl-17.21-epoxyverbindungen der Pregnanreihe.* (**Aust. P. 239 510** vom 16/7. 1959, ausg. 2/8. 1962. A. Prior. 21/8. 1958. — **C. 1962,** 18207 [D. A. S. 1 118 780].)

1723 **Merck & Co., Inc.,** Rahway, N.J., V.St.A., *Herstellung von 16-Alkyl-3α.17α-dihydroxy-11.20-pregnandionen.* (**Oe. P. 224 822** vom 17/4. 1959, ausg. 10/12. 1962. A. Prior. 25/4. 1958. — **C. 1963,** 1367 [A. P. 2 951 057].)

1724 **Farmaceutici Italia Soc. An.** (Erfinder: **Bruno Camerino, Bianca Patelli** und **Domenico Cattapan**), Mailand, Italien, *Herstellung von $\Delta^{1,4}$-Pregnadien-17α.21-diol-3.20-dion.* (**Oe. P. 224 821** vom 20/3. 1959, ausg. 10/12. 1962. E. Prior. 21/3. 1958. — **C. 1962,** 226 [D. A. S. 1 100 628].)

1725 **Syntex Soc. An.** (Erfinder: **Howard J. Ringold, Albert Bowers** und **George Rosenkranz**), Mexico, Mexico, *Herstellung von 19-Norandrostan-3β.17β-diolen.* (**Schwz. P. 369 448** vom 11/4. 1958, ausg. 15/7. 1963. Mexican. Prior. 11/4. 1957. — **C. 1961,** 14389 [D. A. S. 1 084 261].)

1726 **Schering Akt.-Ges.,** Deutschland, *Herstellung und Verwendung von 1-Methyl-Δ^1-androsten-17β-ol-3-on.* (**F. P. [Méd.] 959** vom 28/2. 1961, ausg. 17/12. 1962. D. Prior. 5/12. 1959, 20/1. u. 26/3. 1960. — **C. 1962,** 14248 [D. A. S. 1 117 113].)

1727 **Roussel-Uclaf,** Paris (Erfinder: **Gaston Amiard,** Noisy-le-Sec, und **René Heymes,** Romainville), Frankreich, *Herstellung von 18-Norcortison bzw. 21-Estern desselben.* (**D. A. S. 1 155 445** Kl. 12o vom 23/12. 1960, ausg. 10/10. 1963. F. Prior. 24/12. 1959. — **C. 1963,** 7862 [A. P. 3 005 816] u. **C. 1963,** 18567 [A. P. 3 018 293].)

1728 **American Cyanamid Co.** (Erfinder: **Pentti Kasper Siiteri** und **Richard Douglas Mills**), *Reinigen von Streptokinase.* (**Aust. P. 235 813** vom 6/1. 1959, ausg. 9/11. 1961. A. Prior. 29/1. 1958. — **C. 1964,** 6/7-1631 [E. P. 894 151].)

1729 **Upjohn Co.** (Erfinder: **Robert Frederick Carper, David Henry Gregg** und **Carl John Lintner**), *Arzneimittel.* (**Aust. P. 239 552** vom 16/10. 1959, ausg. 9/8. 1962. A. Prior. 16/12. 1958. — **C. 1963,** 9420 [A. P. 2 994 639].)

1730 **Merck & Co., Inc.** (Erfinder: **Frank James Wolf**), V.St.A., *Herstellung von Antibiotica.* (**F. P. 1 261 872** vom 13/9. 1957, ausg. 15/9. 1961. A. Prior. 17/9. 1956. — **C. 1960,** 17213 [Belg. P. 560 691].)

1731 **Egyesült Gyógyszer és Tápszergyár,** Ungarn, *Herstellung von Chloramphenicol.* (**F. P. 1 250 411** vom 11/7. 1957, ausg. 31/3. 1961. Ung. Prior. 31/8. 1956. — **C. 1963,** 6336 [E. P. 861 022].)

1732 **Egyesült Gyógyszer és Tápszergyár,** Budapest (Erfinder: **László Lévai, Katalin Ritvay-Emandity, Andor Hajós, Gabor Fodor,** Budapest, und **Oszkár Fuchs,** Dunakeszi), Ungarn, *Umwandlung des erythro-1-[p-Nitrophenyl]-2-aminopropandiols-1.3 in die threo-Modifikation.* (**Oe. P. 219 032** vom 26/1. 1959, ausg. 10/1. 1962. Ung. Prior. 24/10. 1958. — **C. 1962,** 18269 [E. P. 854 200].)

1733 **Ciba Corp.,** Del., V.St.A., übert. von: **Ernst Gäumann,** Zürich, und **Walter Voser,** Binningen, Schweiz, *Herstellung und Gewinnung des Antibioticums Danubomycin.* (**A. P. 3 092 550** vom 1/10. 1958, ausg. 4/6. 1963. Schwz. Prior. 29/10. 1957. — **C. 1960,** 15497 [D. A. S. 1 070 781].)

1734 **Farbwerke Hoechst Akt.-Ges. vormals Meister Lucius & Brüning,** Frankfurt/M., *Blutplasmaersatzmittel aus abgebauten Eiweißstoffen.* (**E. P. 886 553** vom 22/1. 1959, ausg. 10/1. 1962. D. Prior. 22/1. u. 7/6. 1958. — **C. 1962,** 14251 [D. A. S. 1 118 792] u. **C. 1962,** 16776 [Oe. P. 214 071].)

1735 **VEB Serum-Werk Bernburg** (Erfinder: **Ulrich Behrens** und **Manfred Ringpfeil**), Deutschland, *Synthese von Polysacchariden.* (**F. P. 1 261 871** vom 6/9. 1957, ausg. 15/9. 1961. — **C. 1961,** 13285 [D. P. [DDR] 19 254].)

1736 **E. I. du Pont de Nemours & Co.,** V. St.A. (Erfinder: **Edwin L. Gustus**), *Herstellung von Kunstharzadsorbaten.* (**F. P. 1 288 702** vom 28/8. 1953, ausg. 10/8. 1962. A. Prior. 29/8. 1952. — **C. 1956,** 13786 [E. P. 744 096].)

1737 **Lepetit S.p.A.,** übert. von: **Emilio Testa,** Mailand, Italien, *Herstellung von 1.3-Oxazin-2.4-dionen.* (**A. P. 3 063 997** vom 16/10. 1958, ausg. 13/11. 1962. E. Prior. 23/7. 1957. — **C. 1961,** 1661 [D. A. S. 1 074 585].)

1738 **Wellcome Foundation Ltd.,** England, *Überziehen von Tabletten für Wiederkäuer.* (**F. P. 1 289 423** vom 15/1. 1960, ausg. 20/8. 1962. E. Prior. 16/1. 1959. — **C. 1963,** 8656 [D. A. S. 1 117 825].)

1739 **Farbenfabriken Bayer Akt.-Ges.,** Leverkusen (Erfinder: **Reimer Strufe, Ernst Schraufstätter** und **Rudolf Gönnert,** Wuppertal), *Alkanolaminsalze von Halogennitrosalicylaniliden.* (**Oe. P. 219 589** vom 25/8. 1960, ausg. 12/2. 1962. D. Prior. 27/8. 1959. — **C. 1963,** 6337 [D. A. S. 1 126 374].)

1740 **Wellcome Foundation Ltd.,** London, England, *Herstellung quartärer Ammoniumsalze.* (**Oe. P. 204 025** vom 21/1. 1958, ausg. 25/6. 1959. E. Prior. 24/1. 1957. — **C. 1962,** 5401 [D. A. S. 1 110 654].)

1741 **Yardney International Corp.,** New York, N.Y., V.St.A., *Herstellung von desinfizierend wirkenden metallorganischen Verbindungen.* (**E. P. 909 303** vom 2/3. 1959, ausg. 31/10. 1962. A. Prior. 6/3. u. 16/4. 1958. — **C. 1963,** 8267 [Oe. P. 218 677].)

1742 **Rohm & Haas Co.,** V.St.A. (Erfinder: **Joseph Castelli Lociero, Chien Pen Lo** und **Andrew Bonnar Law**), *Herstellung von Bakterieiden.* (**F. P. 1 250 075** vom 23/1. 1960, ausg. 24/3. 1961. A. Prior. 23/1. 1959. — **C. 1963,** 4456 [A. P. 2 951 787].)

1743 **Rohm & Haas Co.,** V.St.A. (Erfinder: **Chien Pen Lo, Joseph Castelli Lociero** und **Andrew Bonnar Law**), *Baktericide.* (**F. P. 1 250 076** vom 23/1. 1960, ausg. 24/3. 1961. A. Prior. 23/1. 1959. — **C. 1963,** 4456 [A. P. 2 951 788].)

G. Analyse, Laboratorium

1744 **Ein graduierter Verdampfungskolben.** Hertha H. Taussky. (Analyt. Biochem. [New York] **6,** 283—84, 1963; New York, N.Y., Inst. of Mucle Diseases; engl.) — Wenn ein Konzentrat auf ein kleines Vol. eingedampft werden muß, dann muß öfters in ein kleineres Gefäß umgegossen werden. Vf. schmilzt auf der Seitenwand eines Erlenmeyer-Kolbens, auf der Höhe des Bodens, in horizontaler Lage ein graduiertes Zentrifugengläschen an. Gegen Ende des Abdampfens wird der Kolben geneigt, so daß sich die Lsg. im Zentrifugenglas sammelt. Mit Lsgm. kann nun auf die Marke eingestellt werden. K. Stammbach 5010

1745 **Differential-Pirani-Manometer zur Messung des dynamischen Druckes eines verdünnten Gases.** Z. N. Sarafa und S. L. Soo. (Rev. sci. Instruments **33,** 1077—78, 1962; Urbana, Ill., Univ.; engl.) — Beschrieben wird ein Pirani-Manometer zur Messung der Differenz zwischen dynam. u. stat. Druck verd. Gase ($\pm$ 0,01 μ Hg bei 1 μ Hg). K. Jaeger 5016◇

1746 **Massenspektroskopische Ermittlung der Empfindlichkeiten von Ionisationsmanometern.** Harlan U. Anderson. (Rev. sci. Instruments **34,** 703—04, 1963; Berkeley, Calif., Univ. of California, Lawrence Radiat. Labor.; engl.) — Es wird gezeigt, wie ein für N_2 oder Luft geeichtes Ionisationsmanometer für andere Gase umgeeicht werden kann. Dies geschieht durch Druckmessung mit einem dem Geh. nach bekannten Gemisch aus N_2 u. dem anderen Gas. Die Druckmessung im Vgl. zu der in reinem N_2 wird in Beziehung gesetzt zur massenspektrometr. Best. des Gasgemisches. Die Empfindlichkeit eines Ionisationsmanometers wird danach für *Ar* mit 1,89, *CO* mit 0,90, O_2 mit 0,90 u. *NO* mit 1,16 ermittelt, wenn die N_2-Empfindlichkeit als 1 angesetzt wird. W. Reusse 5016◇

1747 **Thermoelement als Vakuummeßgerät.** Ralph S. Carson und Charles D. Hendricks jun. (Rev. sci. Instruments **33,** 1293, 1962; Urbana, Ill., Univ.; engl.) — Das von Vff. beschriebene Vakuummeßgerät ist für die Best. von Gasdrücken zwischen 1 u. 10^{-3} Torr geeignet. Die durch die heiße Verbindung des Thermoelements entwickelte EMK hängt nicht nur vom Heizstrom, sondern auch von der Wärmeleitfähigkeit des Gases ab, die ihrerseits wieder eine Funktion des Druckes ist. In der Praxis wird zuerst der Druck durch Messen der EMK des Thermoelements bestimmt u. hierauf auf eine Kalibrierungskurve für das Meßgerät bezogen. C. Gottfried 5016△

1748 **Quarzthermometer.** I. Gorini und S. Sartori. (Rev. sci. Instruments **33,** 883—84, 1962; Torino, Ist. Elettrotecn. Naz. u. Ist. Termometrico Italiano; engl.) — Vff. beschreiben ein Thermometer, das die Temp. über Frequenzmessungen zu ermitteln gestattet. Bei einer Genauigkeit der Frequenzmessung von 1 Hz konnten Temp.-Differenzen von 0,01° erfaßt werden. R. John-Bilal 5016◇

1749 **Ein Gerät zur fortlaufenden Registrierung von Temperaturdifferenzen.** Hans Peter Ammende. (Z. Biol. **111,** 128—38, 1959; München, Univ., Physiol. Inst.; dt.) — Zwecks Verw. in Strömungstiercalorimetern werden zwei durch Serien- u. Parallelwiderstände linearisierte Thermistoren in eine Wheatstonesche Brücke geschaltet. Diese wird mit sinusförmigem Wechselstrom (4 kHz) gespeist. Als Nullinstrument dient ein 3stufiger Wechselstromverstärker. Das Serienverhältnis der Brücke ist so bemessen, daß bei der hohen Eingangsimpedanz der ersten Verstärkerstufe die an dem Übertrager abgegriffene Spannung der Temp.-Differenz proportional ist. Die Anzeige des Ausgangsstroms erfolgt durch einen Elektrizitätszähler. Verss. mit strömendem W. zwischen 0 u. 20° u. dem Thermistor Typ B 8 3200 P/1 K (Valvo) ergaben, daß die gesamte Joulesche Wärme schon bei geringer Strömungs-Geschw. abgeführt wird, wenn der Speisestrom unter 0,1 mA liegt. R. Junge 5016◇

1750 **Ein einfaches Rührgerät für mehrere geschlossene Behälter.** James B. Beal jun. und Albert W. Jache. (J. chem. Educat. **37,** 615, 1960; Texas, A. & M. Coll., Coll. Stat.; engl.) — App.-Beschreibung. G. Peters 5036◇

1751 **Kolonnenkristallisieren — eine Laboratoriumsmethode zur Feinfraktionierung von kristallisierenden Sub-**

stanzen. H. Schildknecht, Sigrid Rössler und K. Maas. (Glas- u. Instrumenten-Techn., Fachz. Lab. **7,** 281—89, 1963; Erlangen; dt.) — Es werden Kolonnen für die kontinuierliche u. nichtkontinuierliche Umkristallisation organ. Verbb. aus ihrer Schmelze („Kolonnenkristallisation") beschrieben. Die Arbeitsweise der nichtkontinuierlich arbeitenden Kolonnen wird am Beispiel der Reinigung von Myristinsäure, Benzophenon, β-Naphthol, Phenol, Dibenzyl, Fluoren, Azobenzol, deren F.-Diagramme bei totalem Rücklauf angegeben werden, erläutert. Beim kontinuierlichen Kolonnenkristallisieren dient techn. Stearylalkohol als Testsubstanz. I. Köditz 5038

1752 **Ein Kegel–Platten-Viscosimeter für Arbeitstemperaturen bis zu 200° C.** R. McKennell und K. Watkin. (Rheol. Acta [Ergänzungsh. z. Kolloid-Z] **1,** Nr. 4/6, 545—48, 1961; Moston, Manchester, Ferrani Ltd.; engl.) — App.-Beschreibung. W. Fester 5040◇

1753 **Beitrag zur Viscositätsmessung mit dem Höppler-Viscosimeter.** Petr Žaloudík. (Chem. Průmysl **12 (37),** 81—83, 1962; Brno, Vyzkumny ústav makromol. chem.; tschech.) — Mit einem modifizierten Höppler-Viscosimeter läßt sich die Viscosität von Gasen bei atmosphär. Druck zwischen —60 u. +100° mit einer Genauigkeit von ±3% messen. Die Viscositäten von Vinylchlorid u. Dichlordifluormethan werden zwischen —10 u. +90° gemessen. Die Sutherland-Konst. dieser Verbb. werden berechnet. I. Köditz 5040△

1754 **Die Viscosität der Luft und Argon bei Temperaturen von 0 bis —183° C und Drücken von 1—150 at.** G. P. Filippowa und I. P. Ischkin. (Sauerstoff [UdSSR] **12,** Nr. 2, 38, 1959; russ.) — Eine beschriebene Capillar-App. gestattet eine Viscositäts-Best. von Gasen bei 0 bis —196° u. einem Druck von 150 atm. E. Steinberg 5040

1755 **Gerät zur Bestimmung der Oberflächenspannung von Flüssigkeiten.** A. A. Filatow. (Laboratoriumswesen [UdSSR] **9,** Nr. 4, 53, 1963; russ.) — Die App. ist eine Variation des Rehbinderschen Geräts. E. Steinberg 5048◇

1756 **Ein spezielles Rechengerät für den Chemiker.** H. Gysel. (Mikrochim. ichnoanalyt. Acta [Wien] **1963,** 769—81, Basel, CIBA Akt.-Ges., Analyt. Abt.; dt.) — Vf. beschreibt ein Rechengerät (Chemocalculator) zur Berechnung von Molgew. u. %-Geh. an Elementen u. Atomgruppen aus der Kenntnis der chem. Summenformel bzw. umgekehrt zur Ermittlung der Summenformel (Atomverhältnisse) aus den Resultaten der Elementaranalyse. Folgende Elemente mit ihren maximalen Multiplen können eingestellt werden: C_{41}, H_{120}, O_{11}, N_{12}, F_9, Cl_5, Br_3, J_3, S_5 u. P_5. Verbb. mit einem Molgew. bis 500 können berechnet werden. Die Genauigkeit beträgt bei der Ermittlung des Molgew. ca. ± 0,2—0,3 Einheiten u. bei den %-Werten ± 0,05% bei Geh. bis 10% u. ± 0,1% bei Geh. über 10%. J. Peters 5050◇

1757 **Verbesserung einer magnetischen Mikrowaage.** P. K. Henry und G. D. Hoyt. (Rev. sci. Instruments **34,** 446, 1963; Laramie, Wyo., Univ. of Wyoming; engl.) — Die von Lewis, Calvin u. Kasha (J. chem. Physics **17,** [1949], 804) beschriebene Waage zur Messung magnet. Susceptibilitäten wurde so verändert, daß die zu messende Probe in W. eintaucht. Dadurch konnte die Empfindlichkeit verzehnfacht werden, da infolge des Auftriebs das effektive Gew. verringert wurde. Fr. Voigt 5052◇

1758 **Selbstkompensierende magnetische Waage mit automatischem Temperaturprogramm.** M. Wuttig und G. Wagner. (Z. Instrumentenkunde **71,** 229—32, 1963; Berlin, Physik.-Techn. Bundesanst. u. Elektron. Regler- u. Meßgerätebau; dt.) — Beschreibung einer magnet. Waage zur automat. Messung der temperaturabhängigen Susceptibilität mit einem Meßfehler von $<$0,5%. Die Temp.-Änderung wird nach einem vorgegebenen Temp.-Programm im Bereich von 0,1—10°/min für das Wägegut gesteuert. Gegenüber Handsteuerung zeigt die automat. erhaltene Kurve geringere Streuung der Meßpunkte. R. Kaiser 5052

1759 **Ein kontinuierliches monochromatisches Interferenzfilter.** R. K. Harrison und G. Day. (Mineralog. Mag. J. mineralog. Soc. **33,** 517—19, 1963; Geol. Surv. of Great Britain; engl.) — Die Konstruktion einer einfachen Form eines verstellbaren monochromat. Interferenzfilters für Durch- u. Auflichtmikroskopie ist dargestellt u. beschrieben. Ernst Schulte 5056◇

1760 **Eine praktische Modifikation für den Dichtegradienten-Elektrophoreseapparat.** H. W. Douglas und D. Boulter. (Sci. Tools [Stockholm] **10,** 11, 1963; Liverpool, Univ., Dep. of Chem. and Bot.; engl.) — Um die bei Urease-Best. mit diesem App. infolge eines „Springbrunnen"-Effekts bei Einführung der Proteinprobe aufgetretenen Schwierigkeiten auszuschalten, überdachten Vff. die Öffnung der Capillare mit einem durch Schlingen aus Pt-Draht in ca. 1 mm Abstand vom Capillarenende gehaltenen Glasscheibchen. J. Trupke 5062◇

1761 **Eine Schnellmethode der Scheibenelektrophorese.** J. Broome. (Nature [London] **199,** 179—80, 1963; Newmarket, Suffolk, Animal Health Trust, Equine Res. Stat.; engl.) — Vf. wendet die „running gel"-Meth. von Ornstein u. Davis an, überschichtet aber anstatt mit Acrylamidgel mit einem Sephadex–Sucrose-Gemisch in Trischloridpuffer. Die Laufzeit wird dadurch von ca. 2 Std. auf 70 Min. verkürzt u. die Unters. von Pferdehämolysaten, die bei Acrylamiden die Polymerisation u. damit die Hämoglobintrennung verhindern, wird ermöglicht. Die Abb. eines Elektropherogramms der Plasmaproteine aus Pferdevollblut zeigt Auftrennung in Albumin, α_1-, α_2-, β_1-, β_2- u. γ-Globuline sowie Fibrinogen (das die β-Lipoproteinbande verdeckt). Im Elektropherogramm von Pferdehämolysat wird die dafür typ. Hämoglobindoppelbande sichtbar. J. Trupke 5062◇

1762 **„Molekularsieb"-Elektrophorese in quervernetzten Polyacrylamidgelen.** Stellan Hjertén. (J. Chromatogr. [Amsterdam] **11,** 66—70, 1963; Uppsala, Univ., Inst. für Biochem.; engl.) — In Gelen aus Acrylamid- u. N.N'-Methylen-bis-acrylamid-Mischpolymerisaten hängt die Wanderungs-Geschw. von Proteinen nicht nur von ihrer elektr. Ladung, sondern — in Zusammenhang mit der Porengröße des Gels — auch von ihrem Molgew. ab. Molgew.-Unterschiede können also zur Trennung herangezogen werden. Die Meth. kann für analyt. u. präparative Zwecke, ähnlich wie die „Mol.-Sieb"-Chromatographie, verwendet werden. — Das Verhältnis der Wanderungs-Geschw. von *R-Phycocyanin* (**I**) u. menschlichem *Carboxyhämoglobin* (**II**) zu derjenigen von *R-Phycoerythrin* (**III**) bzw. dessen langsamer wandernden Komponente, wurde in mit frisch polymerisierten Gelen verschiedener Konz. gefüllten Säulen bestimmt. Bei pH 5,4, wo **I** u. **III** etwa gleiches Molgew. haben (270000 bzw. 290000), war die Konz., d. h. die Porengröße, des Gels ohne Einfl. auf die Relation, während bei pH 7,4, wo **I** in Halb-Moll. gespalten ist, diese mit steigenden Gel-Konzz. relativ viel rascher wandern als **III**. Noch schneller wandert **II** infolge seines geringen Molgew. (68000). Monomere u. Dimere des *Rinderserumalbumins* konnten an dem Gel ebenfalls getrennt werden (Laufdauer 50 Std.). J. Trupke 5062◇

1763 **Vorrichtung zur Sicherstellung eines konstanten pH während der Kolonnenelektrophorese.** Lise Auger und Geneviève Boussier. (Bull. Soc. Chim. biol. **40,** 1379—81, 1958; Paris, Fac. de Méd., Labor. de Biochim.; franz.) — Beschreibung einer App., die mit Hilfe einer Mariotteschen Flasche den kontinuierlichen Wechsel der Puffer-Lsgg. ermöglicht u. die Änderung des pH infolge Elektrolyse vermeiden hilft. K. F. Müller 5062◇

1764 **Trichrome, ein neues Färbemittel für die Elektrophorese.** J. Fischl und J. Gabor. (Clin. chim. Acta [Amsterdam] **8,** 330—31, 1963; Zerifin, Israel, Governm. Hosp., Biochem. Dep. „Asaf Harofe"; engl.) — Als Färbemittel für die Papierelektrophorese wird ein Gemisch gleicher Vol. der nachst. Lsgg. empfohlen: 0,2 (%) Hellgrün in 0,5%ig. Sulfosalicylsäure, 0,2 Ponceaurot in 5%ig. Trichloressigsäure (**II**) u. 0,1 Amidoschwarz in 5%ig. **I.** Man taucht den Papierstreifen 15 Min. lang in das Gemisch, wäscht ihn mit 2%ig. Essigsäure (**II**) u. Aceton, eluiert nach Rappaport u. Mitarbeitern (C. **1959,** 5906) ohne Zusatz von **II**-Formaldehyd-Gemisch u. bestimmt die opt. Dichte des Eluats bei 530 nm. W. Wesly 5062◇

1765 **Elektrophoretisches Densitometer.** Anonym. (Lab. Pract. **10,** 287—88, 1961; engl.) — App., die reproduzierbar Papierelektrophärogramme mit eng liegenden Banden, nicht

aber Cellophanstreifen auszuwerten vermag. Die Länge der Streifen kann bis zu 38 cm betragen.
F. M. Friedrich-Anderseck 5062◇

1766 **Grundlagen der Gaschromatographie. Die Trennung.** G. W. A. Rijnders. (Chem. Weekbl. **59,** 413—20, 1963; Amsterdam, Koninklijke/Shell Labor.; niederl.) — Übersicht über die Grundlagen der Trennung eines Gemisches in einer gaschromatograph. Säule mit besonderer Berücksichtigung der zum Eluieren der Bestandteile erforderlichen Zeit u. der Breite der Banden. W. Wesly 5062◇

1767 **Der Nachweis in der Gaschromatographie.** A. Dijkstra. (Chem. Weekbl. **59,** 429—37, 1963; Geleen, Staatsmijnen in Limburg, Centr. Labor.; niederl.) — Übersicht über Funktion u. Eigg. des Detektors in der Gaschromatographie, die meist angewandten Nachw.-Syst. u. Vgl. verschiedener Faktoren auf Grund ihrer Eigenschaften. — 51 Literaturangaben. W. Wesly 5062◇

1768 **Nachweis von Metallchelaten in der Gaschromatographie durch Elektroneneinfang.** William D. Ross. (Analytic. Chem. **35,** 1596—98, 1963; Dayton, Ohio, Dayton Labor., Monsanto Corp.; engl.) — Tris-[acetylacetonato]-chrom(III) (**I**), -aluminium (**II**), Tris-[trifluoracetylacetonato]-chrom(III) (**III**), -aluminium (**IV**), Tris-[hexafluoracetylacetonato]-chrom(III) (**V**) u. -aluminium (**VI**) können mit dem Elektroneneinfangdetektor nachgewiesen werden. Der Dioden-Ionisationsdetektor eines Barber-Colman-Gaschromatographen wird für den Elektroneneinfang bei tiefen Potentialen ($<$200 V) beschrieben.

Versuche: 10—15 mg Substanz wurden in 5 ml Bzl. (die Hexafluor-Derivv. in Toluol) gelöst u. 3mal mit Bzl. im Verhältnis 1:25 verdünnt. 0,2—10 μl dieser Lsg. wurden an einer Kolonne von 2 ft. Länge (für Hexafluor-Derivv. 11 ft.) u. einer stat. Phase von 20% Dow Corning Siliconöl 710 R auf Gas Chrom Z chromatographiert. Als Trägergas wurde Ar oder N_2 verwendet. Eingangsdruck, Strömungs-Geschw., Detektorspannung u. Kolonnen-Temp. mußten zur Erzeugung optimaler Empfindlichkeiten den einzelnen Prodd. angepaßt werden. Bei den optimalen Bedingungen betragen die minimal bestimmbaren Mengen von **I** bzw. **II** $8{,}8\cdot10^{-8}$ bzw. $5{,}1\cdot10^{-5}$, für **III** u. **IV** $9{,}0\cdot10^{-11}$ bzw. $2{,}7\cdot10^{-9}$, u. für **V** u. **VI** $3{,}3\cdot10^{-11}$ bzw. $4{,}8\cdot10^{-10}$ g. Fluorhaltige Prodd. haben eine größere Elektronenaffinität (EA) als nichtfluorierte. N_2 erhöht die Empfindlichkeit gegenüber Ar, ebenso zeigen die Cr(III)-Chelate größere EA als die Al(III)-Chelate. Ein Gemisch der hexafluorierten Al- u. Cr-Derivv. konnte erfolgreich chromatographiert werden. K. Stammbach 5062◇

1769 **Absorptiometrie und Fluorometrie.** K. Weber. (Kem. u Ind. [Zagreb] **10,** Nr. 4, Fotokem. Ind. F46—F51, 1961; Zagreb, Med. fak., Zavod za sudsku med. i kriminalistiku; kroat.) — Beschreibung der Grundlagen u. Apparaturen. R. K. Müller 5063◇

1770 **Neues Doppelstrahlfluorimeter.** Milton Laikin. (Rev. sci. Instruments **34,** 773—77, 1963; Fullerton, Calif., Beckman Instr., Inc.; engl.) — Beschreibung u. Arbeitsweise eines sehr empfindlichen Fluorescenzmeßgeräts.
B. Krebs 5063◇

1771 **Kalibrierung von Spektrofluorimetern für die Messung genauer Emissionsspektren.** W. H. Melhuish. (J. opt. Soc. America **52,** 1256—58, 1962; Los Angeles, Calif., Univ., Dep. of Chem.; engl.) — Vf. beschreibt die Verw. eines *Rhodamin B*-Quantenzählers u. einer Thermosäule zur Kalibrierung eines Gittermonochromators u. eines Photomultipliers zur Messung genauer Emissionsspektren zwischen 240 u. 600 nm. Die Kalibrierung wurde in einem begrenzten Wellenlängenbereich mit einer Standard-W-Lampe geprüft.
C. Gottfried 5063△

1772 **Die Bestimmung von Fluorescenzspektren mit einer Zusatzeinrichtung des Spektrophotometers Beckman DU.** Giorgio Nebbia. (Boll. sci. Fac. Chim. ind. Bologna **18,** 35—46, 1960; Bari, Univ., Ist. di Merceol.; ital.) — Ein Zusatzgerät zum Spektrophotometer Beckman DU u. seine prakt. Verw. zur Messung von Fluorescenzspektren u. zur Erreichung von reproduzierbaren Werten wird beschrieben. Die Spektren von Anthracen u. Benzpyren in verschiedenen Lsgm. (Hexan, Bzl., Dioxan, Aceton u. A.) wurden gemessen. Die Daten stimmen mit denen der Literatur überein. — 38 Literaturangaben. G. Platzer 5063◇

1773 **Digital-Registrierung für die Spektralanalyse.** Frederick S. Brackett. (J. opt. Soc. America **50,** 1193—1200, 1960; Bethesda, Md., U.S. Dep. of Health, Educ. and Welfare, Public Health Serv., Nat. Inst. of Health, Nat. Inst. of Arthritis and Metabol. Dis.; engl.) — Beschreibung eines Digital-Syst., bei dem Magnetstreifen in dem für die Computer-Ablesung erforderlichen Format verwendet werden.
W. Betcke 5063◇

1774 **Ein rotierendes variables Dreistufen-Sektorenfilter.** R. M. Kennedy and A. Paolini jun. (Appl. Spectroscopy **17,** 54—55, 1963; Camden, Campbell Soup Co., N.J.; engl.) — Vff. beschreiben den Aufbau einer einfachen Filter-Vorr. mit drei Durchlässigkeitsstufen (zwei davon variabel zwischen 0 u. 50%) zur Einschaltung in den Strahlengang spektrograph. Geräte. W. Herfurt 5063◇

1775 **Dielektrische Strahlungsteiler zwischen Glasmedien.** L. A. Catalan. (J. sci. Instruments **40,** 34—35, 1963; Santiago de Chile, Univ. de Chile, Inst. de Fis. y Matemat.; engl.) — Es wird die Möglichkeit untersucht, unter Verw. von dünnen dielektr. Filmüberzügen zwischen Glasmedien eine 50/50 Strahlungsteilung durchzuführen.
H. Schroth 5063◇

1776 **Der Raman-Effekt.** Juana Bellanato. (Ion [Madrid] **23,** 265—77, 1963; Madrid, Inst. de Optica „Daza de Valdés"; span.) — Übersicht über theoret. u. apparative Grundlagen, Messung u. analyt. Anwendung des Raman-Effektes. — 24 Literaturhinweise. P. Kurzmann 5063◇

1777 **Methode eines „zugesetzten Standards" bei der quantitativen Raman-Spektroskopie.** Halina Baranska. (Chem. analit. [Warszawa] **8,** 3—12, 1963; Warszawa, Inst. of General Chem., Dep. of Techn. Phys.; pol.) — Experimentelle Ergebnisse werden mit theoret. Aussagen verglichen. Der optimale Anwendungsbereich der Meth. wird ermittelt u. als prakt. Anwendung die Best. von Bzl. im Cyclohexan bzw. Methanol durchgeführt. H. Kuchenbecker 5063◇

1778 **Doppelstrahl-Infrarotgitterspektrometer.** J. L. Hales. (J. sci. Instruments **36,** 264—66, 1959; Teddington, Middlesex, Nat. Chem. Labor., Dep. of Sci. and Ind. Res.; engl.) — Vf. beschreibt ein Doppelstrahl-IR-Spektrometer in kompakter Anordnung mit 2 Gittern (2400 Linien/in.) für den Wellenlängenbereich von 2—17 μ mit einer Verhältnisregistriereinrichtung. A. Kumm 5063◇

1779 **Ein Infrarot-Spektrometer für den Bereich 1250 bis 100 cm^{-1}.** P. J. Hendra, R. D. G. Lane und B. Smethurst. (J. sci. Instruments **40,** 457—60, 1963; London, Royal Holloway Coll., Dep. of Chem.; engl.) — Vff. beschreiben ein Einstrahl-IR-Vakuumspektrometer mit seiner opt. Anordnung mit Beugungsgitter u. dem mechan. System. Das Gerät mißt über einen Absorptionsbereich von 1250—100 cm^{-1} mit einer maximalen Auflösung von 0,5 cm^{-1}. A. Kumm 5063◇

1780 **Ein Infrarotspektrometer für lange Wellen.** A. G. Shukow. (Optik u. Spektroskopie [UdSSR] **14,** 422—24, 1963; russ.) — Kurze Beschreibung eines IR-Spektrometers für den Bereich 140—1600 μm. Lichtquelle: Hg-Quarzlampe. Monochromator: Satz Echelettegitter. Empfänger: Bolometer. Auflösung bei 270 μ 0,45 cm^{-1}.
K.-D. Schubert 5063◇

1781 **Eine mechanische Hilfsregistriervorrichtung für ein Infrarotspektrometer.** P. Ridgway Watt. (Chem. and Ind. **1959,** 44—45, 1959; Tadworth, Surrey, Vitamins Ltd., Walton Oaks Exp. Station; engl.) — Beschreibung der Registriervorrichtung. Das mit der Vorr. aufgenommene Spektrum von *Polystyrol* ist wiedergegeben.
C. Gottfried 5063△

1782 **Brechungsindices von infrarotoptischen Materialien und Farbkorrektur von Infrarotlinsen.** Max Herzberger und Calvin D. Salzberg. (J. opt. Soc. America **52,** 420 bis 427, 1962; Rochester, N.Y., Easturan Kodak Co., Res. Labor. & Apparatus and Opt. Div.; engl.) — Vff. modifizieren eine Interpolationsformel zur Best. der Glasdispersion u. wenden sie auf IR-Materialien an. Die Brechungszahlen von 14 für prakt. Refraktions-Syst. geeignete opt. Materialien werden nach der modifizierten Formel berechnet u. mit einem Wellenlängeninkrement von 0,5 μ für den gebräuchlichen Durchlässigkeitsbereich jedes Materials tabelliert. Die Anwendung der Dispersionsformel wird an 2 dreilinsigen Superachromaten, die für den Bereich von 2,0—2,5 μ korrigiert waren, diskutiert. A. Kumm 5063◇

1783 **Infrarot-Differentialmethode unter Verwendung von Membranfiltern.** Howard J. Sloane. (Analytic. Chem. **35,** 1556—58, 1963; Fullerton, Calif., Beckman Instruments, Inc.; engl.) — Vf. untersucht die IR-Spektren von 7 verschiedenen Filtermaterialien, wovon nur Cellulosenitratacetat für Kompensationsmessungen sehr geringer Substanzmengen geeignet ist. Spektren von 3 μl Di-n-octylphthalat als KBr-Pressling u. als kompensierter Membranfilter Millipore Typ TH 0,025 mm werden verglichen. Die Anwendungsmöglichkeiten der Meth. werden diskutiert. A. Kumm 5063◇

1784 **Eine neue Methode zur Herstellung von Filmen auf Küvettenfenstern für die Infrarotspektroskopie.** Huo-Ping Pan und G. J. Edwards. (Appl. Spectroscopy **17,** 74—75, 1963; Gainesville, Fla., Univ. of Florida, Agric. Exper. Stat.; engl.) — Die Lsg. der Probesubstanz in einem leichtflüchtigen Lsgm. wird in eine Capillarküvette gesaugt u. auf dem Küvettenfenster unter sofortiger Verdunstung des Lsgm. durch Verw. eines Föns abgestreift. K.-D. Schubert 5063◇

1785 **Bereitung von KBr-Preßlingen von instabilen Substanzen.** W. H. Price und R. H. Maurer. (Appl. Spectroscopy **17,** 106—07, 1963; Detroit, Mich., Climax Molybdenum Co. of Michigan; engl.) — Vff. verwenden einen Trockenkasten mit trockner, inerter Atmosphäre, um Luftfeuchtigkeit u. O_2 von empfindlichen Substanzen fernzuhalten. A. Kumm 5063◇

1786 **Analytische Anwendungen der Infrarotspektroskopie.** D. M. W. Anderson. (Analyt. Chem., Proc. int. Sympos., Birmingham Univ. [U.K.] **1962,** 339—44, 1963; Edinburgh, Univ., Dep. of Chem.; engl.) — Übersicht. — 93 Literaturangaben. B. Krebs 5063◇

1787 **Verarbeitung von Daten der Infrarotspektroskopie.** Naomi E. Schlichter und Ellen Wallace. (Appl. Spectroscopy **17,** 98—101, 1963; Wilmington, Del., du Pont de Nemours and Co., Central Res. Dep., Exp. Stat.; engl.) — Vff. entwickeln ein Lochkarten-Syst., bei dem jede Karte eine bestimmte Eig. darstellt u. jede Verb. einen Platz in dem Kartes. Gitter der Karte hat. Für eine vollständige Kartei benötigt man 250 Karten, die Informationen von 10000 Verbb. enthalten. Man sucht mit der Meth. der opt. Koinzidenz. Die Vorteile des Syst. sind Einfachheit, schnelles Heraussuchen, leichte Ergänzung von Eigg. u. relativ billiges Zubehör. A. Kumm 5063◇

1788 **Konstruktion einer Infrarot-Eichskala für das Perkin-Elmer-Spektrophotometer Modell 13-U.** J. I. Peterson, R. H. Johns und C. Clancy. (Appl. Spectroscopy **17,** 75—76, 1963; Falls Church, Va., Res. Div.; Melpar. Inc.; engl.) — Für ein älteres Perkin-Elmer-Modell, das keine Wellenlängen- oder -zahlaufzeichnung hat, wird eine Zuordnung von diesen Einheiten mit den Trommeleinheiten des Schreibers in Form einer transparenten Plasticfolie vorgenommen. K.-D. Schubert 5063◇

1789 **Neue Oxydations-Reduktions-Titrationen.** J. Zyka und A. Berka. (Analyt. Chem. Proc. int. Sympos., Birmingham Univ. [U.K.] **1962,** 375—81, 1963; Prague, Charles Univ., Dep. of Analyt. Chem.; engl.) — Bericht über die Verw. von Hydrochinon, Hydraziniumsulfat u. Bleitetraacetat als Reagentien für Redoxtitrationen. — 80 Literaturangaben. Diskussion. Gerhard Schulze 5066◇

1790 **Äquivalenzpunkte und Wendepunkte der Titrationskurven von Säuren und Basen.** R. H. Stokes. (Austral J. Chem. **16,** 759—73, 1963; Armidale, N.S.W., Univ., of New England, Dep. of Phys. and Inorg. Chem.; engl.) — Für die Beziehung zwischen pH-Wert u. stöchiometr. Neutralisationsgrad bei der Titration einbasiger u. zweibasiger schwacher Säuren sowie einsäuriger u. zweisäuriger schwacher Basen mit starken Basen bzw. Säuren werden allg. Gleichungen abgeleitet, für die die Zahl u. Lage der Wendepunkte angegeben werden. Die Beziehung zwischen diesen Wendepunkten u. den Äquivalenzpunkten sowie die Meth. zur Best. von Ionisations-Konst. aus den Wendepunkten werden erörtert. Gerhard Schulze 5066◇

1791 **Die Endpunktsbestimmung bei Säure-Base-Titrationen durch tensametrische Peaks.** W. I. Bodju, I. W. Koslowa, Ju. D. Ssisster und Ju. Ss. Ljalikow. (J. analyt. Chem. [UdSSR] **18,** 659—61, 1963; Kishinew, Chem. Inst., Akad. Wiss. MoldauSSR; russ., Auszug: engl.) — Wird dem Potential einer Hg-Tropfelektrode eine Wechselspannung kleiner Amplitude überlagert, treten in Ggw. oberflächenakt. Substanzen scharfe Maxima der Stromkurve auf. Die Höhe dieser Peaks ist, wie sich bei Unterss. an Methylorange u. Thymolblau zeigte, pH-abhängig u. kann, bes. bei Titrationen in gefärbten Lsgg., zur Endpunkts-Best. dienen. W. Herfurt 5066◇

1792 **Vektor-Polarograph.** Ss. B. Zfassman. (Betriebs-Lab. [UdSSR] **26,** 888—90, 1960; Zentral-Lab. für Automatik; russ.) — Die Empfindlichkeit von Wechselstrompolarographen wird beeinträchtigt durch den störenden Kapazitätsstrom. Im Gegensatz zu dem von Barker [1952] konstruierten Polarographen, der mit rechteckförmiger Wechselspannung arbeitet, die so gewählt wird, daß gegen Ende jeder Halbperiode der Kapazitätsstrom prakt. auf Null absinkt, während der noch verbleibende Faradaysche Stromanteil strörungsfrei gemessen werden kann, wird bei dem einfacheren Vektorpolarographen neben der polarisierenden Gleichspannung eine sinusförmige Wechselspannung mit konst. u. genügend klein einstellbarer Amplitude (4—40 mV) u. konst. Frequenz an die Zelle gelegt. Zur Isolierung des Faradayschen Stromanteils vom Kapazitätsstrom nutzt Vf. die Tatsache aus, daß der Vektor des Kapazitätsstroms gegenüber der Speisespannung um $\pi/2$ verschoben ist, während der Vektor des Faradayschen Stromes mit ihr phasengleich ist. Mit dem Vektorpolarographen werden die Vektoren der Faradayschen Stromanteile in Abhängigkeit von der polarisierenden Gleichspannung registriert. Zur Illustration von Empfindlichkeit u. Trennvermögen werden Polarogramme von 0,05 mg Cd/Liter u. 0,5 mg Cd/Liter neben 400 mg Cu/Liter angegeben. M. Ressel 5066◇

1793 **Über die Entwicklung eines Tintenschreiberpolarographen mit lichtelektrischem Verstärker.** Paul Michelson. (Chem. Techn. **9,** 715—18, 1957; Ilmenau; dt.) — Inhaltlich ident. mit der C. **1962,** 2839 referierten Arbeit. E. Moisar 5066□

1794 **Die Verwendung von Pyridin-2-azo-p-dimethylanilin als Indicator in Eisessig.** Marguerite Miriam Caso und Michael Cefola. (Analytica chim. Acta [Amsterdam] **29,** 127—33, 1963; New York, N.Y., Coll. of Mount St. Vincent, Dep. of Chem., Fordham Univ., Dep. of Chem.; engl.) — *Pyridin-2-azo-p-dimethylanilin* (**I**), 1% in abs. Methanol, eignet sich bes. gut als Indicator bei Titrationen in wasserfreiem Lösungsmittel. Es wird die Titration von Anilin, Butylamin, p-Phenylendiamin u. Äthylendiamin in Eisessig beschrieben. Man erhält mit **I** bessere Ergebnisse als bei Anwendung von Kristallviolett als Indicator. **I** eignet sich auch für die Titration von Na_2CO_3 u. Na-Acetat. A.-M. Fretzdorff 5068◇

1795 **Einige theoretische und praktische Probleme bei der Verwendung organischer Reagentien in der chemischen Analyse. 2. Mitt. Der Einfluß der Wasserstoffbrückenund Donator-n-Bindung auf die Stabilität von Chelaten der Übergangsmetalle mit Dioximen.** K. Burger und I. Ruff. (Talanta [London] **10,** 329—38, 1963; Budapest, L. Eötvös Univ., Inst. for Inorg. and Analyt. Chem.; engl.) — 1. vgl. C. **1962,** 12778. — Folgende Stabilitäts- u. Hydrolyse-Konst. einiger Chelate der Übergangsmetalle mit Dimethylglyoxim (**I**) u. Diphenylglyoxim (**II**) wurden bestimmt: für **I**: Mn^{2+} (log k_1 =) 8,6; (log k_2 =) 8,6; (log $k_{1\,Hydr.}$ =) 4,8; (log $k_{2\,Hydr.}$ =) 3,9; Fe^{2+} 10,8; 9,2; 4,4; 4,1; Co^{2+} 10,8; 10,2; 5,6; 4,8; Ni^{2+} 11,5; 11,0; —; —; Cu^{2+} 11,0; 12,5; —; —; Zn^{2+} 8,1; 9,3; 6,2; 5,1; für **II**: Mn^{2+} 7,9; 7,4; 3,9; —; Fe^{2+} 11,5; 9,7; 4,6; 5,2; Co^{2+} 11,9; 9,3; 5,8; 3,8; Cu^{2+} 11,0; 11,9; —; —; Zn^{2+} 7,4; 8,1; 5,3; 3,6. Die Ionen Mn^{2+}, Fe^{2+}, Co^{2+}, Ni^{2+} u. Cu^{2+} sind paramagnet., ebenso die entsprechenden MeD^+-Ionen (D = Dioxim) u. die MeD_2-Verbb. von Mn^{2+} u. Cu^{2+} sowie schwach die des Co^{2+}. Diamagnet. ist Zn^{2+}, ZnD^+ sowie die MeD_2-Verbb. von Fe^{2+}, Ni^{2+} u. Zn^{2+}. R. Krämer 5072◇

1796 **Metallchelate in der analytischen Chemie. Ein Bericht vom 16. jährlichen analytischen Symposium.** Quintus Fernando, Henry Freiser und Edward N. Wise. (Analytic. Chem. **35**, 1994–98, 1963; Tulson, Ariz., Univ. of Arizona, Dep. of Chem.; engl.) — Übersicht über die anläßlich des 16. Sommer-Symposiums an der Univ. von Arizona (19.–21/6. 1963) vorgetragenen Erörterungen über die Bedeutung der Chelatbildner in der analyt. Chemie.
Gerhard Schulze 5072◇

1797 **Die Infrarotspektren von Chelattverbindungen. 1. Mitt. Untersuchung einiger Metallchelatverbindungen von 8-Hydroxychinolin im Bereich 625–5000 cm⁻¹.** R. J. Magee und Louis Gordon. (Talanta [London] **10**, 851–59, 1963; Cleveland, Ohio, Case Inst. of Technol., Dep. of Chem., Ohio; engl.) — Vff. untersuchen die IR-Sepktren von Oxin u. seinen Chelatkomplexen mit Cu, Zn, Mn, Mg u. Ca im Bereich von 2–16 μ. Die Absorptionsbanden wurden nach Möglichkeit zugeordnet u. Beziehungen zwischen ihrer Lage u. dem Stabilitäts-Konst. angegeben. Die Struktur der Chelat-Verbb. wird diskutiert. Die Abhängigkeit der Bandenintensität von der Konz. gibt die Möglichkeit, die Meth. analyt. auszuwerten. Eine Best.-Meth. von Cu u. Zn als Oxinate wird angegeben.
A. Kumm 5072◇

1798 **Die Infrarotspektren von Chelatverbindungen.** 2. Mitt. **Untersuchung einiger Chelatverbindungen zweiwertiger Metalle von 8-Hydroxychinolin im Bereich 625–250 cm⁻¹.** R. J. Magee und Louis Gordon. (Talanta [London] **10**, 961–66, 1963; engl.) — 1. vgl. vorst. Referat. — Vff. untersuchen die IR-Spektren der Oxinate von Cu, Zn, Mn, Mg u. Ca im Bereich von 625–250 cm^{-1}. Lage u. Intensität der Absorptionsbanden ist verschieden. Die Möglichkeit einer analyt. Anwendung der Meth. wird diskutiert. A. Kumm 5072◇

1799 **Die Infrarotspektren von Chelatverbindungen. 3. Mitt. Untersuchung von Chelatverbindungen dreiwertiger Metalle von 8-Hydroxychinolin im Bereich von 5000 bis 250 cm⁻¹.** R. J. Magee und Louis Gordon. (Talanta [London] **10**, 967–70, 1963; engl.) — 1. u. 2. vgl. vorst. Referate. — Vff. untersuchen die IR-Spektren von 8-Hydroxychinolin u. die der Chelat-Verbb. von Al, Ga u. In im Bereich von 5000–250 cm^{-1}. Die Spektren sind ähnlich aber zwischen Al u. den beiden anderen Metallen treten Unterschiede im Bereich 625–250 cm^{-1} auf. Die Spektren werden diskutiert u. Strukturvorschläge für die Oxinate gemacht.
A. Kumm 5072◇

1800 **Spektrographischer Nachweis von Siliciumtetrafluorid in der Luft.** K. M. Burrows und J. F. Horwood. (Spectrochim. Acta [London] **19**, 1–16, 1963; Melbourne, Formerly of Defence Standards Labor.; engl.) — Zum indirekten Nachw. von F_2 u. fluorierten Verbb. werden diese in SiF_4 übergeführt u. das Si spektrograph. bei Si 2516,1 Å u. 2881,6 Å bestimmt. Verschiedene Metalle wurden als Elektrodenmaterial geprüft, wobei sich Ag als am geeignetsten erwies. Die Erfassungsgrenze von F liegt bei 0,1 ppm.
Harro Zimmer 5088◇

1801 **Spektrographischer Nachweis von Fluor in der Luft.** K. M. Burrows und J. F. Horwood. (Spectrochim. Acta [London] 19, 17–23, 1963; engl.) — Vgl. vorst. Referat. — Zum indirekten Nachw. von F_2 u. fluorierten Verbb. in der Luft werden mit $Ca(NO_3)_2$ oder $Sr(NO_3)_2$ in der C_2H_2/O_2-Flamme CaF- bzw. SrF-Moll. gebildet, die spektrograph. erfaßt werden. Bei einer Strömungs-Geschw. von 100 Liter/min u. 5 Min. Registrierzeit für die Spektren können 50 μg F/Liter Luft, vorliegend als CCl_2F_2, nachgewiesen werden, wobei das Intensität/Untergrund-Verhältnis bei SrF ca. 0,3 beträgt.
Harro Zimmer 5088◇

1802 **Vereinfachtes Verfahren zur Herstellung einer Barytlösung.** Ja. A. Apel und L. S. Apel. (Laboratoriumswesen [UdSSR] **7**, Nr. 4, 29–30, 1961; Tschita, Forsch.-Inst. für Epidemiol., Mikrobiol. u. Hyg.; Sanit.-Epidemiol. Station des Tschitaer Kreises; russ.) — Vereinfachte Meth. zur Herst. einer Baryt-Lsg. mit nur einmaligem statt dem üblichen zweimaligen Absetzen u. unter Luftabschluß.
E. Steinberg 5094□

a) Analyse der Elemente und anorganischer Verbindungen

1803 **Quantitativer Bereich der Neßler-Reaktion mit Ammoniak.** Reid H. Leonard. (Clin. Chem. [New York] **9**, 417–22, 1963; Pensacola, Fla.; engl.) — Zur spektralphotometr. Best. von NH_3 mit Neßlers Reagens wird der Einfl. der KJ- u. Hg-Konzz. auf die Genauigkeit untersucht. Die Mindest-Hg-Konz. liegt bei ca. 86% der stöchiometr. notwendigen Menge. Maximale Farbstärke wird bei 2,5 Mol KJ pro Mol HgJ_2 erreicht. Für 0,1–16 μg N/ml werden die optimalen Arbeitsbedingungen (Meßwellenlänge, Mindest-Hg-Konz.) mitgeteilt. J. Peters G 243◇

1804 **Spektrochemische Bestimmung von Chlor in Eisensolen.** M. Ghiglione, B. Vasquez und A. Goldwasser. (Acta ci. venezolana **14**, 16–18, 1963; Univ. Central de Venezuela, Fac. de Ci., Esc. de Quím.; span.) — Vff. beschreiben die spektrochem. Best. von > 25 ppm Cl^- in koll. Fe-Lsgg. durch Fällung als AgCl mit bekannter Ag-Menge u. Best. des Ag-Überschusses. Cu dient als innerer Standard, In als Puffer. Die Auswertung erfolgt mit Hilfe der Linien Ag I 3280,68 u. Cu I 3273,96. Br^- u. J^- stören. Der geschätzte wahrscheinlichste Fehler beträgt ± 2,3 Rel.-%.
P. Kurzmann G 247◇

1805 **Bestimmung von Jodid nach der „Simultankomparationsmethode" auf Grund seiner katalytischen Wirkung auf die Reaktion Ce(IV)–As(III).** J. Bognár und Sz. Sárosi. (Acta chim. Acad. Sci. hung. **37**, 381–92, 1963; Miskolc, Techn. Univ. for Heavy Ind., Dep. of Chem.; engl.) — Das Verf. zur Best. von J^- in Konzz. von 0,1 bis 1,2 μg/5 ml beruht darauf, daß J^- die Rk. von Ce^{4+} mit As^{3+} katalyt. beschleunigt, wobei die Rk.-Zeit der J^--Menge umgekehrt proportional ist u. am Farbumschlag von Ferroin von Blau nach Rot erkannt werden kann. Die Probe-Lsg. u. eine Reihe von Vgl.-Lsgg. von bekanntem J^--Geh. versetzt man mit 1 ml 0,1n As_2O_3-Lsg. u. 1 ml 2n H_2SO_4 u. gibt dann aus der von Bognár entwickelten Startpipette gleichzeitig je 1 ml 0,05n Ce^{4+}-Lsg. dazu. Der Farb-Vgl. kann mit einem Pulfrich-Photometer durchgeführt werden. Der relative Fehler liegt unter 5%. Der Einfl. von Fremdionen wurde quant. untersucht. 1000 μg/5 ml Cu, Cd, Co, Ni, Al, Fe^{3+}, Zn, Ca, Mg, Pb stören nicht. Dagegen beschleunigen Br^- u. Mn^{2+} sowie höhere Konzz. von H_2SO_4 die Reaktion.
I. Balke G 249◇

1806 **Beitrag zur Untersuchung des elementaren Schwefels.** Kurt Schirrmeister. (Z. analyt. Chem. **196**, 328–31, 1963; Farbenfabriken Bayer Akt.-Ges., Anorg.-analyt. Labor.; dt.) — Zur Beurteilung der Eignung von elementarem S für die Technik wird der Bitumen-Geh. nach dem Lösen des S in Na_2SO_3-Lsg. durch Extraktion des Rückstandes mit Ae., der Wassergeh. durch Titration mit Karl-Fischer-Lsg. nach der Dead stop-Meth. u. der Asche-Geh. (Glührückstand bei 800°) bestimmt. Der S-Geh. wird indirekt aus der Differenz der Summe der Beimengungen von 100 ermittelt. J. Peters G 253◇

1807 **Eine neue gravimetrische Methode zur Bestimmung von Selen.** Raluca Ripan, N. Pascu und G. Marcu. (Studii Cercetări Chim. [Cluj] **11**, 277–79, 1960; Cluj, Acad. R.P.R., Inst. de chim.; rum.) — Schnellmeth. zur quant. Best. von Se durch Rk. von $NaSeO_3$ mit 0,1%ig.Lsg. von Thiosemicarbazid in 9n HCl bei 40–45°. Genauigkeit der Meth. ± 0,42%. Empfindlichkeit des Reagenz 7 γ/ml Lösung.
J. Lehmberg G 254◇

1808 **Eine verbesserte Gasabsorptions-Vorrichtung zur konduktometrischen Mikrobestimmung von Kohlendioxid.** I. Holm-Jensen. (Analytica chim. Acta [Amsterdam] **29**, 365–68, 1963; Aarhus, Denmark, Univ., Pharmacolog. Inst.; engl.) — Verbesserungen an einem CO_2-Absorptionsgerät (C. **1960**, 16870), die darin bestehen, daß Form u. Größe der nicht mehr mit Pt-Schwarz bedeckten Elektroden geändert, das Absorptionsrohr u. Caplliarrohr verkürzt werden.
W. Luchsinger G 260◇

1809 **Kieselsäurebestimmung mittels einfacher Titration.** Heinz König. (Z. analyt. Chem. **196**, 401–06, 1963; Linz, Österreich. Stickstoffwerke Akt.-Ges.; dt.) — Die CO_2-freie Probemenge soll 100–150 ml betragen, der Kieselsäure-Geh. soll zwischen 0,05 g u. 0,25 g liegen, der pH-Wert wird auf 8,5 eingestellt u. die Probe mit genau 50 ml 0,5n HCl sowie mit 20 ml 6n KF-Lsg. versetzt. Nach einer Wartezeit von 5 Min. wird mit 0,5n NaOH-Lsg. auf pH 8,5 zurücktitriert, wobei die erste Rosafärbung von Phenolphthalein als Endpunkt gilt. Die Meth. eignet sich zur SiO_2-Best. in Kieselsolen u. Alkalisilicatlösungen. R. John-Bilal G 261◇

1810 **Tüpfelnachweise von Phosphat und Bromat durch Redoxreaktionen mit Molybdatophosphorsäure.** F. Feigl und M. M. Pollak. (Mikrochim. ichnoanalyt. Acta [Wien] **1963**, 696—701; Rio de Janeiro, Ministerio das Minase Energia, Labor. da Prod. Mineral; Wien, TH, Inst. für Analyt. Chem. u. Mikrochem.; dt.) — Der Nachw. von PO_4^{3-} erfolgt über das erst nach Zusatz von PO_4^{3-} zu einer stabilen schwefelsauren Lsg. von Alkalimolybdat u. J^- entstehende Molybdänblau. Die Erfassungsgrenze des Nachw. in Form einer Tüpfel-Rk. beträgt 0,27 μg PO_4^{3-}. AsO_4^{3-} reagiert unter den Vers.-Bedingungen nicht. Zum Nachw. von PO_4^{3-} neben einem $>$ 10fachen Überschuß an AsO_4^{3-} ist eine vorherige Red. von As(V) zu As(III) erforderlich, da sonst eine störende J_2-Abscheidung auftritt. Beim Erwärmen von BrO_3^- mit Molybdatophosphorsäure u. Sulfosalicylsäure entsteht ebenfalls Molybdänblau, das zum Nachw. von BrO_3^- in Mengen bis zu 0,8 μg in Form einer Tüpfel-Rk. dienen kann.
J. Peters G 264◇

1811 **Die chromatographische Analyse von Phosphaten. 2. Mitt. Die Dünnschichtchromatographie der kondensierten Phosphate.** T. Rössel. (Z. analyt. Chem. **197**, 333—47, 1963; Budenheim b. Mainz, Chem. Fabrik R. A. Oetker; dt.) — 1. vgl. C. **1964**, 8-1664. — Durch Dünnschichtchromatographie unter Verw. von Cellulosepulver (Schl. u. Sch. 140 dg u. 142 dg.) als Sorptionsmittel u. Mais- bzw. Instantstärke als Haftzusatz, sowie ähnlicher Laufmittel wie für die Papierchromatographie (Bestandteile neben W.: Methanol, Dioxan oder Isopropanol, Trichloressigsäure, Essigsäure u. Ammoniak in den sauren Laufmitteln, Isobutanol, A. u. Ammoniak im alkal. Laufmittel, lassen sich die kondensierten Phosphate bei einer Laufzeit von 60 Min. bis zum Octaphosphat trennen. Die zweidimensionale Technik (1. Laufmittel sauer, 2. alkal.) ermöglicht den eindeutigen Nachw. der Metaphosphate (Trimeta-bis-Heptametaphosphat) neben den linear kondensierten Phosphaten. — Ausführliche Arbeitsvorschriften. W. Feldmann G 264◇

1812 **Papierchromatographische Schnellanalyse von Phosphatgemischen.** R. J. Fuchs und F. W. Czech. (Analytic. Chem. **35**, 769—70, 1963; Carteret, N.J., FMC Corp., Res. and Dev. Dep.; engl.) — Durch 1—2 Std. lange aufsteigende Entw. bei 10—15° lassen sich nicht nur Ortho- u. Pyro-, sondern auch Tripoly- u. Trimetaphosphat voneinander u. von höher kondensierten Phosphaten trennen. Das nur einen Tag haltbare Laufmittel besteht aus 325 ml Aceton u. 175 ml W., die 25 g Trichloressigsäure u. 1,75 ml konz. NH_3 enthalten.
F.-M. Friedrich-Anderseck G 264◇

1813 **Bestimmung von Natriumhyperoxid in Natriumperoxid.** A. Meffert und H. Meier-Ewert. (Z. analyt. Chem. **198**, 325—28, 1963; Degussa, Werk Rheinefelden/Baden, Labor.; dt.) — NaO_2 kann in Na_2O_2 durch Behandeln der Probe mit wasserhaltigem A. (10 g W./100 ml) bestimmt werden. Es hydrolysiert dabei nach $2\,NaO_2 + 2\,H_2O \rightarrow 2NaOH + H_2O_2 + O_2$, während das Peroxid nach $Na_2O_2 + 2\,H_2O \rightleftharpoons 2\,NaOH + H_2O_2$ reagiert. Aus dem frei werdenden O_2 wird der NaO_2-Geh. der Probe berechnet. Auf diese Weise kann aus dem gelben techn. Na_2O_2 auch reinweißes, NaO_2-freies Peroxid hergestellt werden, da dieses sich in dem Rk.-Gemisch kaum löst. A. Blaschette G 274◇

1814 **Bestimmung von metallischem Natrium in Natriummonoxid.** A. Meffert und H. Meier-Ewert. (Z. analyt. Chem. **198**, 407—10, 1963; dt.) — Vgl. vorst. Referat. — Der Geh. an metall. Na in techn. Na_2O kann durch Behandeln der Probe mit 90%ig. A. gasvolumetr. bestimmt werden ($\rightarrow H_2$). Na_2O gibt dabei keine Gasentwicklung. Im Na_2O vorhandenes Na_2O_2 stört bei der Best. nicht, da mit 90%ig. A. nur NaO_2 unter Gas-Entw. ($\rightarrow O_2$) reagiert. Der NaO_2-Geh. im Na_2O kann aber, wenn überhaupt vorhanden, als vernachlässigbar klein angenommen werden.
A. Blaschette G 274◇

1815 **Tüpfelnachweis für Beryllium auf Grund der Farbreaktion mit Eriochromcyanin R.** Patricia R. Mohilner. (Analytic. Chem. **35**, 1103—04, 1963; Baton Rouge, La., Louisiana State Univ., Coates Chem. Labor.; engl.) — Versetzt man auf der Tüpfelplatte einen Tropfen der Probe-Lsg. mit einem Tropfen Maskierungs-Lsg. [aus gleichen Voll. einer 20%ig. NaK-Tartrat-Lsg. u. einer gesätt. EDTA-Lsg. in verd. NH_3-Lsg. (1:5)] u. einem Tropfen frisch bereiteter 0,1%ig. Eriochromcyanin R-Lsg. in 4m NH_3, die 4m an NH_4Cl ist u. deren pH-Wert auf 9,6 eingestellt wurde, so erhält man in Ggw. kleiner Be^{2+}-Mengen eine orangefarbene, in Ggw. großer Be^{2+}-Mengen eine violette Färbung, während in Abwesenheit von Be^{2+} die Farbe gelb oder gelbbraun ist. Die Durchführung einer gleichzeitig angesetzten Blindprobe empfiehlt sich. Die Nachw.-Grenze liegt bei 0,1 μg Be. Gegenüber 1 μg Be stören Li^+, Na^+, K^+, NH_4^+, Rb^+, Cs^+, Mg^{2+}, Ca^{2+}, Sr^{2+}, Ba^{2+}, Ti(IV), Zr(IV), VO_3^-, MoO_4^{2-}, WO_4^{2-}, Mn^{2+}, ReO_4^-, Ru^{3+}, Ir(IV), Ag^+, Au(III), Zn^{2+}, Cd^{2+}, BO_2^-, Tl^+, CO_3^{2-}, Sn^{4+}, Pb^{2+}, NO_3^-, PO_4^{3-}, Bi^{3+}, $S_2O_3^{2-}$, SO_4^{2-}, SO_3^{2-}, SeO_4^{2-}, TeO_3^{2-}, TeO_4^{2-}, Cl^-, ClO_3^-, Br^-, BrO_3^-, J^-, JO_3^-, Ce^{3+} u. Ce^{4+} in Mengen von 500 μg sowie VO_2^{2+}, MnO_4^-, Fe^{3+}, Co^{2+}, Ni^{2+}, Pd^{2+}, Cu^{2+}, Hg^+, Al^{3+}, Ge(IV), As^{3+}, S^{2-}, F^-, Th(IV) u. UO_2^{2+} in Mengen von 50 μg nicht, während 50 μg Cr^{3+}, CrO_4^{2-}, Rh^{3+} u. Sb^{3+} etwas stören.
Gerhard Schulze G 281◇

1816 **Quantitative Bestimmung der Summe der Seltenerdmetalle, Ruthenium, Palladium und Platin in metallischem Beryllium nach der Aktivierungsmethode.** W. N. Samjatnina und L. A. Tschikischewa. (Radiochemie [UdSSR] **5**, 294—98, 1963; russ.) Angewendet wurde eine relative Best.-Meth.: Zugabe eines entsprechenden Trägers u. radiochem. Abtrennung. Die Best. erfolgte nach den durch Neutronenbestrahlung aktivierten β-Strahlern ^{165}Dy, ^{105}Ru, ^{109}Pd u. ^{197}Pt. Für die Best. von Dy wurde eine Einwaage verwendet, für die Best. der 3 anderen Elemente eine weitere Probe. Im letzten Falle wurde Be zusammen mit je 20 mg der 3 Metalle in HCl unter Zugabe von H_2O_2 gelöst. Ru wurde als RuO_2 abdestilliert u. als $Ru(OH)_4$ gefällt, getrocknet u. gemessen. Pd u. Pt wurden als Sulfide gefällt u. in 3n HCl gelöst. Pd wurde mit einer alkohol. Dimethylglyoxim-Lsg. gefällt, der Nd. wurde mit HNO_3/HCl zersetzt, Pd wurde mit Tributylphosphat (TBP) extrahiert, mit konz. HNO_3 reextrahiert, mit Dimethylglyoxim gefällt u. gemessen. Pt wurde nach Zugabe von Bzl. durch mehrfache Extraktion/Reextraktion mit TBP bzw. W. gereinigt u. als Sulfid gefällt u. gemessen. In der 2. Probe wurde nach der Lösung von Be Dy als Oxalat gefällt. Dy wurde aus 16n HNO_3 mit 80% TBP/CCl_4 extrahiert, mit W. reextrahiert, als Hydroxid mit Ammoniak umgefällt u. wieder extrahiert, reextrahiert u. gefällt. Dy-Hydroxid wurde gemessen. ^{165}Dy enthält ^{153}Eu, dessen Aktivität subtrahiert werden muß. G. Ewald G 281◇

1817 **Komplexometrische Titration der Summe von Calcium und Magnesium mit Aluminon als Metallindicator.** Phatik Chandra Kundu. (Z. analyt. Chem. **196**, 246—48, 1963; Calcutta, India, Presidency Coll., Chem. Labor.; engl.) — Ca u. Mg werden allein oder als Summe mit EDTA-Lsg. titriert, wobei Aluminon zusammen mit Methylenblau als Indicator dient. Der pH-Bereich soll 8,5—9,9 betragen (NH_4Cl/NH_4OH-Puffer). Die Farbe der Lsg. schlägt bei der Titration von Rotviolett nach Grün um. Der Farbumschlag ist in einer sd. Lsg. schärfer. Alle Schwermetalle einschließlich der Seltenerdmetalle sowie CO_3^{2-}, SO_4^{2-}, Oxalat, PO_4^{3-}, AsO_4^{3-}, Molybdat, Wolframat, Borat u. F^- stören. Die Meth. eignet sich auch zur Gesamthärte-Best. in Wasserproben.
I. Neumann G 283◇

1818 **Bestimmung von Strontium in Kohlenasche durch Atomarabsorptionsspektroskopie.** C. B. Belcher und K. A. Brooks. (Analytica chim. Acta [Amsterdam] **29**, 202—05, 1963; Shortland, N.S.W., Broken Hill Proprietary Co. Ltd., Central Res. Labor.; engl.) — Vff. beschreiben eine Meth. zur Best. von 0,01—0,40% Sr in Kohlenasche ohne vorherige Abtrennung der Beimengungen (Al_2O_3, Fe_2O_3, P_2O_5, Na_2O, K_2O u. CaO). Nach dem Lösen der Probe werden 2000 ppm La zur Beseitigung von Störungen zugesetzt. Im Vgl. mit der Flammenphotometrie werden übereinstimmende Werte erhalten. R. John-Bilal G 284◇

1819 **Extraktion von Komplexen des Strontiums mit Thenoyltrifluoroaceton mit organischen Lösungsmitteln.** Z. Kolařík und H. Pánková. (Collect. czechoslov. chem. Commun. **27**, 166—71, 1962. Řež bei Prag, Tschech. Akad. Wiss., Inst. für Kernforsch.; dt.) — Bolomey u. Mitarbeiter (C. **1952, 342**) haben die Extraktion der Sr-Komplexe mit Thenoyltrifluoroaceton (I) mit Hilfe von Bzl. beschrieben, u. nach Kiba u. Mitarbeiter (C. **1960, 14939**) kann das Verteilungsverhältnis bei einer solchen Extraktion durch Verw. von Methylisobutylketon (II) wesentlich erhöht werden. Es wurde die Extraktion von Sr-**I**-Komplexen (**III**) mit organ. Lsgm. in Abhängigkeit vom pH der wss. Phase, von der **I**-Anfangs-Konz. in der organ. Phase u. von der Polarität des verwendeten organ. Lsgm. untersucht. Die Gleichgewichts-Konst. der Haupt-Rkk., die die Verteilung von **III** zwischen W. u. **I**-Lsg. in **II** bestimmen, wurden bei der Ionenstärke 1,0 der wss. Phase ($NaNO_3$) ermittelt: K, —logK: $[HR]/[R^-][H^\cdot]$, —6,5; $[Na^\cdot][R^-]/[NaR]_0$, 0,8; $[Sr^{2+}][R^-]/[SrR^+]$, 1,3; $[Sr^{2+}]\cdot[R^-]^2/[SrR_2]$, 3,1; $[Sr^{2+}][R^-]^2[HR]/[SrR_2HR]$, 7,2; $[HR]/[HR]_0$, 1,9; $[SrR_2]/[SrR_2]_0$, 2,1; $[SrR_2(HR)]/[SrR_2(HR)_0$, 2,6, wobei sich Index o auf die organ. Phase bezieht. Die Unters. der Verteilung von **III** zwischen W. u. **I** in verschiedenen organ. Lsgm. bei pH 10—12 der wss. Phase, Ionenstärke 1,0 der wss. Phase ($NaNO_3$), **I**-Anfangs-Konz. 0,2 in der organ. Phase hat folgende Resultate ergeben (Lsgm., DK, Verteilungsquotient von **II**): Hexan, 1,87, 0,014; Bzl., 2,08, 4,5; Chlf., 5,05, 21,5; Äthylacetat, 6,40, 113; Anilin, 7,25, 200; **II**, 13,1, 138; Benzylalkohol, 13,0, 58; Amylalkohol, 15,1, 55; Cyclohexan, 18,2, 42; Nitrobenzol, 36,1, 60. Es werden Optimalbedingungen für die Extraktion u. Reextraktion von **III** angegeben. L. Matoušek/Prag G 284

1820 **Eine Methode der Amalgampolarographie mit Akkumulation an der stationären Quecksilberelektrode. Polarographisches Verhalten von Gallium.** M. Ss. Sacharow. (J. analyt. Chem. [UdSSR] **18,** 450—53, 1963; Tomsk, Polytechn. Inst.; russ., Auszug: engl.) — Vf. erhielt anod. Ga-Maxima bei Verw. von $5\cdot10^{-3}$m Salicylsäure-, 0,1n Na-Salicylat- u. 0,1n KCl + 0,1n Na-Salicylat-Lsgg. als Leitelektrolyte. Im Konz.-Bereich von $1\cdot10^{-7}$—$10\cdot10^{-7}$m Ga wurde die Abhängigkeit der Höhe des Ga-Maximums vom pH-Wert, dem Akkumulationspotential u. der Ga-Konz. untersucht. Der störende Einfl. von In^{3+}, Cu^{2+}, Pb^{2+}, Sn^{4+}, Bi^{3+} u. Cd^{2+} wurde untersucht. P. Kurzmann G 295◇

1821 **Eine kontinuierliche elektrophoretische Trennung des radioaktiven Gemisches ^{115}Cd-^{114}In.** Z. Konrad-Jakovac und Z. Pučar. (Croat. chem. Acta **33,** 33—34, 1961; Zagreb, Inst. Ruder Bošković; engl.) — Mit Hilfe der kontinuierlichen Elektrophorese konnten in 24 Std. mit einer 0,1n Lsg. von KJ in 0,01n HBr als Leitelektrolyt Gemische von 108 mg ^{115}Cd u. 172 mg ^{114}In bzw. 4000 mg ^{115}Cd u. 396 mg ^{114}In vollständig getrennt werden. R. Krämer G 296◇

1822 **Spektrophotometrische Bestimmung von Scandium mit Arsenazo.** Hiroshi Onishi und Charles V. Banks. (Analytica chim. Acta [Amst rdam] **29,** 240—48, 1963; Ames, Iowa, Iowa State Univ., Inst. for Atomic Res. and Dep. of Chem.; engl.) — Sc bildet mit Arsenazo einen Komplex (λ_{max} = 570 nm), der zur photometr. Best. im Bereich von 10—50 μg Sc dienen kann. Das Maximum der Farbausbildung wird bei pH 6,1—6,3 erreicht. Die Extinktion ist 3 Std. lang konstant. Neben kleinen Mengen Th kann Sc bestimmt werden, indem man die Extinktion in 0,05m HCl (Th-Komplex) u. bei pH 6,1 (Th- u. Sc-Komplex) ermittelt. Bei Vorliegen größerer Th-Mengen wird die Abtrennung des Sc durch Anionenaustausch empfohlen. Durch Extraktion mit einer Lsg. von Thenoyltrifluoraceton in Xylol läßt sich Sc von den Seltenerdmetallen, Ca, Zr, Mg, F^- u. PO_4^{3-} abtrennen. Mit 8-Hydroxychinolin/Chlf. werden Cu, Al u. Fe(III) entfernt. R. John-Bilal G 299◇

1823 **Trennung der Seltenerdmetalle durch Säulenchromatographie mit Cellulosepulver, das mit Di-(2-äthylhexyl)-orthophosphorsäure behandelt wurde.** 1. Mitt. E. Cerrai, C. Testa und C. Triulzi. (Energia nucleare **9,** 193—99, 1962; Mailand, Labor. CISE; engl.) — Als stationäre Phase dient Cellulosepulver, das mit 1m HCl u. Di-(2-äthylhexyl)-orthophosphorsäure in Cyclohexan präpariert wurde. Gemische der zu trennenden Seltenerdmetalle wurden zusammen mit radioakt. Isotopen aufgegeben, so daß der Trenneffekt durch Aktivitätsmessung der einzelnen Fraktionen verfolgt werden konnte. Die Meth. erlaubt auch eine Trennung der Seltenerdmetalle von Alkali- u. Erdalkalimetallen. Der Trennfaktor für zwei benachbarte Lanthaniden beträgt 2,5. Das Cellulosebett kann unter geringem Verlust an Austauschkapazität regeneriert werden. Als Beispiele wird über die Trennungen Eu–Y–Yb, Sr–Ce–Eu–Y–Yb, Cs–Sr–Ce–Tb–Yb berichtet. R. John-Bilal G 303◇

1824 **Zur Bestimmung einiger Seltenerdmetalle durch radiometrische Titration mit Kupferron.** B. M. Marjanow und W. W. Sserebrennikow. (Radiochemie [UdSSR] **5,** 347—50, 1963; russ.) — Kupferron (**I**) bildet mit den Seltenerdmetallen der Cer-Gruppe die Verb. $Me(Cup)_3$ u. mit den Elementen der Yttriumgruppe Verbb. des Typs $Me(Cup)_3\cdot NH_4\cdot Cup$. Analysiert wurden Lsgg. von Cer(III)-, Neodym- u. Lutetiumnitrat; als Indicatoren dienten ^{144}Ce, ^{147}Pm (bei der Titration von Nd) bzw. ^{177}Lu. Zu einzelnen Zentrifugengläsern mit der analysierenden Lsg. wurden verschiedene Mengen **I** zugegeben, das Kupferronat gefällt, der Äquivalenzpunkt nach Titrationskurven Menge **I**/Aktivität der Lsg. bestimmt. Der Fehler beträgt im Falle von Nd u. Lu bei einem Me-Geh. von 0,016—0,35 mg/ml < 5%, im Falle von Ce bei einem Me-Geh. von 0,045—0,25 mg/ml < 4%. Die Restlöslichkeit von Neodymcupferronat beträgt ca. $2\cdot10^{-5}$ Mol/Liter u. von Lu-Cupferronat ca. $3\cdot10^{-5}$ Mol/Liter. G. Ewald G 303◇

1825 **Komplexometrische Bestimmung der Seltenerdmetalle in Gegenwart von Dialkylphosphorsäuren.** S. A. Scheka und E. I. Ssinjawskaja. (J. analyt. Chem. [UdSSR] **18,** 460—62, 1963; Kiew, Akad. der Wiss. der UkrainSSR, Inst. für allg. u. anorg. Chem.; russ., Auszug: engl.) — La u. die Seltenerdmetalle können in ihren Verbb. mit Dialkylorthophosphorsäuren mit EDTA gegen Xylenolorange titriert werden. P. Kurzmann G 303◇

1826 **Indirekte Bestimmung von Thorium mit Äthylendiamintetraessigsäure.** D. R. Rogers und W. B. Brown. (Analytic. Chem. **35,** 1261—63, 1963; Miamisburg, Ohio, Monsanto Res. Corp., Mound Labor.; engl.) — Eine Lsg., die 1—50 mg Thorium enthält, wird mit Hilfe von Na-Acetat auf pH 3,0 ± 0,2 gebracht u. bei Zimmer-Temp. mit EDTA gegen Xylenolorange als Indicator titriert. Nach Erhitzen zum Sieden wird eine auf pH 2,8 gepufferte NH_4F-Lsg. zugegeben u. die sd. Lsg. mit einer eingestellten Cu-Lsg. gegen 1-(2-Pyridylazo)-2-naphthol (PAN) titriert. Die Standardabweichung beträgt ± 0,18, der mittlere Fehler ± 0,1 mg. Pu u. Zr stören. I. Neumann G 324◇

1827 **Chromatographische Abtrennung des in konzentrierten Zinksulfatlösungen enthaltenen Bleis.** M. Leclercq und G. Duyckaerts. (Analytica chim. Acta [Amsterdam] **29,** 139—44, 1963; Liège, Belgique, Univ., Labor. de Chim. analyt.; franz.) — Die spektrograph. Best. von Pb in konz. $ZnSO_4$-Lsgg. gelingt nur nach Abtrennung des Pb von Zn^{2+} u. SO_4^{2-}. In einem 1. Verf. wird SO_4^{2-} durch einen Kationenaustauscher entfernt, Pb u. Zn werden gemeinsam eluiert u. anschließend an einem Anionenaustauscher durch selektive Elution (8n HCl) getrennt. Das 2. Verf. trennt in 2 Stufen an einer Kationenaustauschersäule, zunächst Elution von SO_4^{2-} mit W., dann Elution des Pb mit 1n HCl, darauf Zn mit 8n HCl. Der Blindwert von 10 ml Elektrolyt-Lsg. beträgt 1,5 μg Pb. A.-M. Fretzdorff G 328◇

1828 **Eine allgemeine spektrochemische Methode zur Bestimmung von Bleispuren in Eisen- und Nickellegierungen.** C. M. Davis und R. F. Anderson. (Appl. Spectroscopy **17,** 122—23, 1963; Bayonne, N.J., Internat. Nickel Co., Inc., Res. Labor.; engl.) — Spurenbeträge Pb wurden zur Ausschaltung von Matrix-Einfl. u. zur Anreicherung durch Mitfällung an $SrSO_4$ aus Legg. abgetrennt. Die Best. erfolgte nach Zusatz von $Bi_2(SO_4)_3$ als innerer Standard bei Anregung im Gleichstrombogen. Varianz des Verf. 14,0% (4 ppm) u. 13,1% (40 ppm). W. Herfurt G 328◇

1829 **Photometrische Bestimmung von Bleispuren in Nickel–Chrom-Legierungen nach Anreicherung durch Fällungsaustausch.** Waltraud Stolper. (Neue Hütte **8,** 424—27, 1963; Freiberg/Sachsen; dt.) — Zur Best. von 0,0005 bis 0,01% Pb in Ni–Cr-Legg. wird Pb^{2+} in der 0,1n HNO_3 enthaltenden Lsg. der Probe auf einem CdS-Fällungsaustauscher (auf Bimsstein niedergeschlagen) als PbS angereichert, wobei Ni, Cr, Al, Fe, Ti, Co, Zr, Zn u. Mn abgetrennt werden. In der Lsg. von CdS + PbS in konz. HNO_3 bestimmt man Pb^{2+} photometr. mit Dithizon nach dem von Meyer u. Koch (C. **1961,** 12201) angegebenen Verfahren. W. Wesly G 328◇

1830 **Photometrische Bestimmung von Niob(V) mit 4-(2-Pyridylazo)-resorcin als Reagens.** R. Belcher, T. V. Ramakrishna und T. S. West. (Talanta [London] **10,** 1013—22, 1963; Birmingham, Univ., Chem. Dep.; engl.) — Nb bildet mit dem Reagens einen purpurfarbigen 1:1-Komplex (λ_{max} = 550 nm, ε = 38700). Die Best. erfolgt ohne vorangehende Extraktion in acetat- u. tartrathaltiger Lsg. bei pH 5,8 in Konzz. bis herab zu 0,1 ppm Nb. Die bes. hohe Selektivität für Nb wird durch Zusatz von EDTA erreicht. Die Farbe tritt innerhalb 45 Min. auf u. ist mehrere Tage lang stabil. U(VI), V(V) u. PO_4^{3-} stören, können aber maskiert werden. Die Stabilität des Komplexes ist besser als die des Nb–SCN-Komplexes. R. John-Bilal G 331◇

1831 **Die Trennung von Niob und Tantal mit Hilfe der multiplikativen Verteilung.** Paul Münchow. (Materialprüfung **2**, 171—77, 1960; Berlin BAM; dt.) — Die Trennung beruht auf dem unterschiedlichen Verteilungs-Verh. von Nb u. Ta im Syst. 1,0n HCl–1,1n H_2F_2/Methylisobutylketon. Die Verteilung hängt von der abs. Konz. u. von dem Konz.-Verhältnis beider Elemente ab, sie wurde mit radioakt. Indicatoren untersucht. Da einfaches Schütteln für eine analyt. Trennung nicht ausreicht, wurde die multiplikative Verteilung angewendet u. eine App. aus Polyäthylen entwickelt. Theoret. Berechnungen u. gravimetr. Nachprüfungen ergaben die Brauchbarkeit des Verfahrens. F. Vier G 332◇

1832 **Beseitigung von Störungen bei der photometrischen Bestimmung des Wismuts mit Thorin.** Horacio A. Mottola. (Analytica chim. Acta [Amsterdam] **29**, 261—66, 1963; Buenos Aires Univ., Dep. de Quim. Inorg., Analit. y Quim. Fis.; engl.) — Zur Abtrennung des Bi von störenden Substanzen wird zunächst eine Dest. in Ggw. oxydierender Säuren vorgenommen, wodurch flüchtige Stoffe, wie Os, Ru, Re, Se, Ge, As, Sb, Sn u. Hg, entfernt werden. Anschließend gibt man die salzsaure Lsg. über einen Anionenaustauscher (Dowex 21K, 50—100 mesh), wobei Bi zusammen mit den Chlorokomplexen der Edelmetalle zurückgehalten u. auf diese Weise von Y, Sc, den Seltenerdmetallen, Ti, Zr, Hf, Th, V, U, Fe, Ga, In, Pb, Cu, Co u. Al getrennt wird. Nach Elution des Bi mit 1m H_2SO_4, Eindampfen, Neutralisation u. Pufferung wird Bi mit einer 0,01%ig. Lsg. von Dithizon in Chlf. extrahiert. Nach Rückextraktion mit 2m HCl erfolgt die Bi-Best. photometr. mit Thorin. R. John-Bilal G 334◇

1833 **Bestimmung von Uran(VI) durch Extraktion mit Tri-n-octylphosphinoxid und coulometrische Titration.** W. D. Shults und Louise B. Dunlap. (Analytica chim. Acta [Amsterdam] **29**, 254—60, 1963; Oak Ridge, Tenn., Oak Ridge Nat. Labor., Analyt. Chem. Div.; engl.) — Die Abtrennung des U(VI) erfolgt durch Extraktion mit Tri-n-octylphosphinoxid (**I**) in Cyclohexan. Die beste Wrkg. erzielt man bei der Extraktion aus 1m HNO_3 mit 0,1m **I**-Lösung. Die Extraktionsdauer soll 3—5 Min. betragen. Zur Rückextraktion des U verwendet man eine 3,5m $(NH_4)_2SO_4$-Lösung. Nach Zugabe von konz. H_2SO_4 wird das U(VI) bei —0,325 V (gegen Standardkalomelelektrode) coulometr. zu U(IV) reduziert.
R. John-Bilal G 339◇

1834 **Spektrophotometrische Bestimmung von Uran(VI) mit 5-Hydroxyflavon und 5-Hydroxy-7-methoxyflavon.** Brahm Dev und B. D. Jain. (Z. analyt. Chem. **196**, 178—82, 1963; Delhi, Univ. of Delhi, Dep. of Chem.; engl.) — 5-Hydroxyflavon (**I**) u. 5-Hydroxy-7-methoxyflavon (**II**) eignen sich zur spektrophotometr. Best. von U. Sie bilden beide mit U gelborangefarbige Komplexe, die in 50%ig. A. lösl. u. sehr stabil sind. Die Extinktion des Komplexes mit **I** wird bei 435 nm gemessen, das Beersche Gesetz gilt im Konz.-Bereich von 1,19—23,80 ppm U. Die Intensität der Farbe ändert sich zwischen pH 6 u. pH 8,5 nicht. Für den **II**-Komplex ist das Beersche Gesetz bei 405 nm von 2,38—47,60 ppm U erfüllt. Die Extinktion ist zwischen pH 5,5 u. pH 9,5 konstant. Das Verhältnis U : Reagens beträgt für den **I**-Komplex 1 : 1, für den **II**-Komplex 1 : 2. Die log K-Werte wurden bei 30° zu 9,22 (**I**) bzw. 9,70 (**II**) gefunden. I. Neumann G 339◇

1835 **Elektrochemische Analyse auf dem Gebiet der Atomenergie.** G. W. C. Milner. (Analyt. Chem., Proc. int. Sympos., Birmingham Univ. [U. K.] **1962**, 255—62, 1963; Harwell, Berks., A.E.R.E., Actinide Anal. Group; engl.) — Es wird zusammenfassend über die elektrochem. Meth. zur Best. von U, Np u. Pu berichtet, wobei bes. Kriterium für die anzuwendende Methodik die Tatsache ist, daß die Elemente in verschiedenen Oxydationsstufen auftreten können. — 17 Literaturangaben. W. Reusse G 343◇

1836 **Vergleichende Untersuchung von Reagentien zur photometrischen Bestimmung von Plutonium.** A. A. Nemodruk, P. N. Palei und N. Je. Kotschetkowa. (Radiochemie [UdSSR] **5**, 335—42, 1963; russ.) — Vff. untersuchten die Rkk. von *Thoron I*, $H_2O_3AsC_6H_4N{=}NC_{10}H_4(SO_3Na)_2\cdot OH$ (**I**), *Thoron II*, $[(SO_3Na)_2OHC_{10}H_4N{=}NC_6H_4H_2O_3As]_2$ (**II**), *Arsenazo I*, $(NaO_3S)_2(OH)_2C_{10}H_3N{=}NC_6H_4AsO_3H_2$, *Arsenazo II*, $[(NaO_3S)_2(OH)_2C_{10}H_2N{=}NC_6H_4AsO_3H_2]_2$, *Arsenazo III*, $H_2O_3AsC_6H_4N{=}NC_{10}H_2(OH)_2(SO_3H)_2N{=}NC_6H_4As\cdot O_3H_2$ (**III**), *Chlorphosphonazo I*, $(SO_3H)_2(OH)_2C_{10}H_3N{=}NC_6\cdot H_3Cl(PO_3H_2)$ u. *Chlorphosphonazo III* $(PO_3H_2)ClC_6H_3N{=}N\cdot C_{10}H_2(OH)_2(SO_3H)_2N{=}N{-}C_6H_3Cl(PO_3H_2)$ (**IV**) mit Pu(IV) auf ihre Eignung für die photometr. Best. von Pu(IV). Die molaren Absorptions-Koeff. betragen entsprechend 16900, 18250, 23400, 24800, 136000, 25500 u. 138000. Die Extinktionsmaxima liegen in der Reihenfolge der Reagentien bei pH 0—3,0; 0—2,5; 2,0—4,0; 2,0—4,0; in 4—8n HNO_3 oder 4—10n HCl; bei pH 1,0—4,0 u. in 3—5n HNO_3 bzw. HCl. Im Falle von **I** u. **II** bildet sich eine instabile Komplexverbindung. **III** u. **IV** besitzen die höchste Empfindlichkeit. Im maximalen Absorptionsbereich stört die minimale Eigenabsorption dieser Reagenzien nicht. Bei diesen 2 Verbb. haben komplexbildende Anionen einen geringen Einfl. auf die Beständigkeit der gebildeten Komplexverbindungen. In beiden Fällen stört die Ggw. von U(VI). G. Ewald G 343◇

1837 **Polarographie von zweiwertigem Mangan in Natriumformiatlösung.** G. S. Deshmukh, A. L. J. Rao und S. V. Ss. S. Murty. (Z. analyt. Chem. **196**, 183—86, 1963; Varanasi, Banaras Hindu Univ., Div. of Analyt. Chem.; engl.) — Mikromengen Mn können polarograph. in einer 1m Natriumformiat-Lsg. bestimmt werden. Bei pH-Werten zwischen 7,5 u. 8,2 erhält man brauchbare Polarogramme, bei pH $< 7,5$ wird das Gebiet des Diffusionsstromes immer steiler. Acetat, Oxalat, NO_3^-, Citrat, F^- u. SO_4^{2-} haben keinen Einfl. auf die Art des Polarogrammes u. verändern das Halbstufenpotential nicht. I. Neumann G 350◇

1838 **Auf den Schwärzungsunterschieden der Manganlinien beruhende neue quantitative Auswertungsmethode zur Bestimmung des Mangangehaltes der Aluminiumlegierungen.** 1. Mitt. L. Péter. (Talanta [London] **10**, 513—20, 1963; Miskolc, Ungarn, Univ. für Schwerindustrie, Lehrstuhl für Chemie; dt. — C. **1964**, 5-1726.)
H. Kuchenbecker G 350◇

1839 **Bestimmung von Eisen und Kalk in Bohrkernen lothringischer Eisenerze mittels von einer radioaktiven Quelle erzeugten Röntgenfluorescenz.** G. Seibel und J. Y. Le Traon. (Int. J. appl. Radiat. Isotopes **14**, 259—71, 1963; Saint Germain en Laye, S.-et-O., Inst. de Rech. de la Sidérurgie; franz.) — Das Verf. beruht auf der nichtdispergierenden Spektrometrie von Röntgenfluorescenzstrahlen, die in den Proben durch Bremsstrahlung einer in Ti absorbierten ^3H-Quelle erzeugt werden. Die Röntgenfluorescenzstrahlung wird mit einem angeschmolzenen Proportionalitätszähler ermittelt. Die Genauigkeit der Best. in Bohrkernen beträgt ca. 3%. W. Wesly G 354◇

1840 **Eine Schnellmethode zur Bestimmung von Eisenoxid in Pyritabbränden.** Ss. T. Baljuk. (Feuerfeste Mater. [UdSSR] **25**, 576—77, 1960; Ukrain. Forsch.-Inst. für feuerfeste Stoffe; russ.) — Die zu analysierende Probe wird bei Temp. nicht über 150° getrocknet (8—10 Min.), fein gepulvert u. ihr eine genaue Einwaage (0,2 g) entnommen. Die Einwaage wird mit 0,3 g Sintergemisch (30 g wasserfreies Na_2CO_3, 20 g geglühtes MgO u. 10 g $NaNO_3$) sorgfältig vermischt u. bei 900 bis 950° im Porzellantiegel im elektr. Muffelofen 6—7 Min. lang geglüht. Der Tiegel wird nach Abkühlen auf 50—60° im Becherglas mit 30 ml verd. HCl (D = 1,19) bis zur Lösung des Sinter-Prod. zum Sieden erhitzt, mit 25% NH_3-Lsg. bis zum Ausfallen von Eisenhydroxid neutralisiert u. mit HCl der Nd. wieder aufgelöst (schwache Blaufärbung von Kongopapier), 10 Tropfen 25%-Sulfosalicylsäure zugegeben u. unter starkem Rühren mit 0,1m Komplexon III (Trilon B) bis zum Umschlag von Rotviolett nach Gelb titriert. H. Jäger G 354□

1841 **Eine neue Methode zur Abtrennung und gravimetrischen Bestimmung von Kobalt in Gegenwart von Chrom.** T. I. Pirtea und V. Constantinescu. (An. Univ. „C. I. Parhon", Ser. Ştiinţ. naturii, Chim. **9**, 113—16, 1960; Fac. de Chim., Labor. de chim. analit.; rum.) — Aus einer Co^{2+} u. Cr^{3+} enthaltenden Lsg. wird Cr^{3+} nach Oxydation mit essigsaurer $NaNO_2$-Lsg. in Form von $BaCrO_4$ abgetrennt (Ba^{2}-Überschuß stört nicht) u. Co^{2+} als $[Co\cdot(NH_3)_6]$ $[Co(NO_2)_6]$ gefällt, der Nd. mit abs. A. u. abs. Ae.

gewaschen, im Vakuum getrocknet u. gewogen. Ca^{2+}, Sr^{2+}, Ba^{2+}, Mg^{2+}, Cu^{2+}, Hg^{2+}, Pb^{2+}, Cd^{2+}, Mn^{2+}, Zn^{2+} u. Ni^{2+} stören nicht. Die Meth. ist in 30—40 Min. ausführbar.
R. K. Müller G 355◇

1842 **Bemerkung zur photometrischen Bestimmung von Kobalt als Thiocyanatkomplex.** M. R. Verma und P. K. Gupta. (Z. analyt. Chem. **196**, 187—90, 1963; New Delhi, Nat. Phys. Labor.; engl.) — Vff. untersuchen den Einfl. verschiedener wasserlösl. organ. Fll., wie Aceton, 2-, 3- u. 4-Picolin, Triäthanolamin, 2-Picolinacetaldehyd, Äthylenglykol u. Äthylenglycerin, auf die Farbe des Kobaltthiocyanatokomplexes zur photometr. Best. des Co. Die Messung wird im UV- u. im sichtbaren Bereich durchgeführt. Im Syst. Kobaltthiocyanat–Aceton–W. ist die Extinktion bei pH 4—7 im UV u. bei pH 4—8 im Sichtbaren am größten. Die Extinktion im Syst. Kobaltthiocyanat–2-Picolin–W. hat bei pH 9 ihr Maximum; eine geringe Änderung des pH-Wertes hat einen großen Einfl. auf die Extinktion im UV. I. Neumann G 355◇

1843 **Nachweis von Kobalt und Nickel nebeneinander unter Verwendung von 2.4-Pentandiondioxim.** A. H. I. Ben-Bassat und I. Binenboym. (Chemist-Analyst **52**, 103, 1963; Jerusalem, Israel, Hebrew Univ., Dep. of Inorg. and Analyt. Chem.; engl.) — Co u. Ni können qual. nebeneinander mit 2.4-Pentandiondioxim nachgewiesen werden. Der gebildete Ni-Komplex geht mit gelber Farbe bei pH 7—8 in Chlf. über, während der Co(III)-Komplex unter diesen Bedingungen nicht extrahiert wird u. bei pH 11 der Lsg. eine rotbraune Farbe gibt. Die Ausgangs-Konzz. müssen mindestens 0,6 mg Ni oder 0,06 mg Co/ml betragen. Fe(III), Cu(II) u. Cr(III) können den Co-Nachw. stören.
G. Günzler G 356◇

1844 **Bestimmung von Kobalt und Nickel in Wolfram mit Hilfe einer kombinierten Ionenaustausch-Röntgenspektrographie-Methode.** E. F. Spano, T. E. Green und W. J. Campbell. (U. S. Dep. Interior, Bur. Mines, Rep. Invest. **1963**, Nr. 6308, 1—20; College Park, Md., Bur. Mines, College Park Metallurgy Res. Center; engl.) — Die Meth. dient zur Best. von Co- u. Ni-Spuren in hochreinem W u. WO_3. 0,2—0,5 μg (entsprechend 0,04—0,1 ppm in einer 5 g-Probe) können nachgewiesen werden. Die Genauigkeit für die Best. von 5—20 μg liegt bei $\pm$ 10%, eine Best. dauert ca. 16 Stunden. F. Rosendahl G 356△

1845 **Die Trennung des Kupfers von Cadmium durch Fällung mit Schwefelwasserstoff.** Max Ziegler und Klaus Suffenplan. (Z. analyt. Chem. **197**, 401—03, 1963; Göttingen, Univ., Anorg.-Chem. Inst.; dt.) — Vff. untersuchen die Fällungsgrenzen für Cu neben Cd u. finden die krit. Acidität für die Fällung von CdS bei 18° bei ca. 1,4n HCl, während Cu aus 3—4n HCl-Lsgg. leicht quant. fällbar ist. Unter Umrühren wird bei Zimmer-Temp. 15—25 Min. lang ein mäßig langsamer H_2S-Strom durch die Probe-Lsg. (3,5n an HCl) geleitet. Der CuS-Nd. wird anschließend mit H_2S-gesätt. 3,5n HCl gewaschen. Das in der Lsg. befindliche Cd kann als $CdNH_4PO_4$ gefällt u. als Pyrophosphat gewogen werden. Nach diesem Verf. lassen sich Cu u. Cd innerhalb der Verhältnisse Cu : Cd = 100 : 1 bis 1 : 100 mit mittleren Fehlern für die Cu- u. Cd-Best. von 0,3% voneinander trennen, ohne daß beachtenswerte Mitfällung von CdS erfolgt. R. John-Bilal G 358◇

1846 **Die Genauigkeit der Bestimmung von Kupfer, Arsen und Antimon aus der Photopeak-Abfallkurve des γ-Spektrums.** Wanda Zmijewska. (Nukleonika [Warszawa] **7**, 101—07, 1962; Warsaw, Polish Acad. of Sci., Inst. of Nuclear Res.; engl.) — Für die gleichzeitige Best. von *Cu*, *As* u. *Sb* in einer Probe wird diese in einem Reaktor mit Neutronen aktiviert u. die entstehenden Isotopen ^{63}Cu, ^{75}As u. ^{121}Sb werden auf Grund ihrer unterschiedlichen Halbwertszeiten (12,8 Std.; 26,8 Std. bzw. 2,8 Tage) bestimmt. Diese Meth. erlaubt den Nachw. von Spurenelementen auch dann, wenn deren γ-Spektren nicht diskriminierbar sind, während ihre Halbwertszeiten um mindestens 50% differieren. Die erzielbare Meßgenauigkeit hängt von der Bestrahlungsdauer im Neutronenfluß ab. Bei Cu werden 10, bei Sb 11, bei As 7,4% im günstigsten Fall erzielt. W. Reusse G 358◇

1847 **Anwendung von Mercaptopropionsäurederivaten in der analytischen Chemie. 1. Mitt. Extraktionsphotometrische Bestimmung von Palladium mit 1-Mercaptopropionsäure-p-anisidid und -p-toluidid.** A. I. Bussew und A. Naku. (J. analyt. Chem. [UdSSR] **18**, 500—06, 1963; Moskau, Lomonossow Univ.; russ., Auszug: engl.) — Pd reagiert mit dem p-Anisidid bzw. p-Toluidid der 1-Mercaptopropionsäure unter Bldg. der Verbb. $Pd(C_{10}H_{12}ONS)_2$ bzw. $Pd(C_{10}H_{12} \cdot O_2NS)_2$. Es wurde eine extraktionsphotometr. Meth. zur Best. von Pd neben Rh, Ru, Os, Ir, Pt, Co, Ni, Mo(VI), Fe(III), Zn, Bi u. Pb ausgearbeitet. P. Kurzmann G 365◇

1848 **Die extraktiv-photometrische Bestimmung von Palladium als Tetraäthylenglykoldimethyläthertetrajodopalladat(II).** Max Ziegler und Günter Pape. (Z. analyt. Chem. **197**, 354—60, 1963; Göttingen, Univ., Anorg.-Chem. Inst.; dt.) — Die Probe-Lsg. soll 3%ig an HCl sein u. ein Vol. von 150 ml nicht überschreiten. Nach Zusatz von 1 bis 1,5 g festem KJ u. 0,3 ml Tetraäthylenglykoldimethyläther extrahiert man 3 mal mit je 7 ml CH_2Cl_2. Die nichtwss. Phase wird nach Auffüllen auf 25 ml bei 340 nm in Quarzküvetten gegen eine Blindausschüttelung photometriert. Die Extraktion erlaubt die Best. von 1,5 μg Pd/150 ml Probe-Lsg. neben großen Überschüssen an Rh (Pd : Rh = 1 : 50), Ni, Co, Mn(II) u. Zn (1 : 10^4). Die Ggw. von Cu^{2+}, Au^{3+} u. Fe^{3+} stört durch Jodabscheidung, Pt durch Komplexbildung.
R. John-Bilal G 365◇

b) Analyse organischer Verbindungen

1849 **Gesichtspunkte der organischen Analyse.** 7. Mitt. **Staubfreies Eindampfen kleiner Volumina von Lösungen zur Kristallisation.** G. W. Perold. (Mikrochim. Acta [Wien] **1959**, 251—53; Pretoria, South Africa, Sci. and Res. Dep., Sect. for Coal and Tar Chem., S. A. Iron and Steel Ind. Corp., Ltd.; engl.) — 6. vgl. C. **1962**, 8008. — Die beschriebene App. (Skizze) gestattet das Eindampfen ohne „Kriechen" der Lösung. E. Rotter 5350◇

1850 **Zur Automatisierung der individuellen Verbrennung nach Pregl.** Gerald Kainz und Heinz Horwatitsch. (Mikrochim. ichnoanalyt. Acta [Wien] **1963**, 720—25; Wien, Univ., Analyt. Inst.; dt.) — Vff. beschreiben eine verbesserte Ausführung des Gebergerätes für die automatisierte Vergasung nach Pregl u. ermitteln die Faktoren, von denen die Anzeige des Strömungsmessers abhängt. J. Peters 5352◇

1851 **Über das Retentionsverhalten von Bleidioxid bei der C—H-Analyse.** Gerald Kainz und Josef Mayer. (Mikrochim. ichnoanalyt. Acta [Wien] **1963**, 601—14; Wien, Univ., Analyt. Inst.; dt.) — Mit Hilfe der Gaschromatographie wurde nachgewiesen, daß W. u. CO_2 nicht irreversibel an PbO_2 gebunden, sondern nur sorbiert werden, u. zwar W. wesentlich stärker als CO_2. Das Ausmaß der Sorption hängt von der Herst. des PbO_2 ab. Auf nassem Wege hergestellte Präpp. sorbieren meist relativ stark gegenüber auf trockenem Wege (Oxydation in der Chloratschmelze) gewonnenen. Der Sorptionseffekt wird auf isolierte OH-Gruppen u. auf Anionenfehlstellen im Gitter zurückgeführt. Die isolierten OH-Gruppen entstehen bei der Herst. auf nassem Wege u. verhalten sich wie Kationenaustauscher. Beim Erhitzen werden sie allmählich unter Bldg. von W. u. einer äquivalenten Menge O_2 zersetzt. Die nur CO_2 sorbierenden Anionenfehlstellen entstehen durch O-Abspaltung aus PbO_2, bes. beim Erhitzen von OH-haltigen Präpp. unter 344° sowie bei Einw. reduzierender Stoffe auf PbO_2.
J. Peters 5352◇

1852 **Aktivierung und Desaktivierung von gefälltem Mangandioxid und Bleidioxid. (Zur Außenabsorption der Stickoxide bei der C—H-Bestimmung.)** Gerald Kainz und Josef Mayer. (Mikrochim. ichnoanalyt. Acta [Wien] **1963**, 628—35; dt.) — Vgl. vorst. Referat. — Die Aktivität von MnO_2- u. PbO_2-Präpp. hängt nicht nur von der Herst., sondern auch von der Trocknung der Präpp. ab. Bei der bisher üblichen Trockung bei 120—150° erfolgt eine Desaktivierung, u. zwar in dem Maße, wie das sorbierte W. entfernt wird. Völlig entwässertes MnO_2 besitzt nur eine sehr geringe Kapazität gegenüber NO_2, auch wenn es von der Herst. her eine sehr große Oberfläche besitzt. Die Desaktivierung während der Analysen ist auf die allmähliche Austrocknung der Präpp. durch das trockene Spülgas zurückzuführen. Durch Befeuchten von MnO_2 läßt sich vorübergehend eine Aktivierung erreichen; das aufgebrachte W. wird jedoch mit der Zeit wieder an das trockene Spülgas abgegeben. Auf trockenem Wege gewonnene Präpp. halten im Gegensatz zu auf nassem Wege hergestellten Präpp. das aufgebrachte W. gar nicht zurück. J. Peters 5352◇

1853 **Bemerkungen zur organischen Mikroanalyse. 24. Mitt. Untersuchungen über die Methoden der direkten quantitativen Analyse von Sauerstoff. Eine Untersuchung der Unterzaucher Methode.** Shusaku Sakamoto, Keiichi Tanikawa, Kaneko Sakurai und Keizo Watanabe. (J. pharmac. Soc. Japan [Yakugakuzasshi] **80,** 111—12, 1960; Tokyo, Univ., Fac. of Pharmaceut. Sci. ITSUU Labor.; jap., Auszug: engl.) — 9. vgl. C. **1962,** 18217. — Zur Best. von O in organ. Verbb. empfehlen Vff. die Meth. von Unterzaucher, mit der man gute Ergebnisse erzielt, wenn N mit Pyrogallol u. red. Cu gereinigt u. die Temp. des Kohle-Kontakt-Ofens auf 1120° gehalten wird.
A.-M. Fretzdorff 5352◇

1854 **Bemerkungen zur organischen Mikroanalyse. 25. Mitt. Untersuchungen über die Methoden der direkten quantitativen Analyse von Sauerstoff.** Shusaku Sakamoto, Keiichi Tanikawa, Kaneko Sakurai und Keizo Watanabe. (J. pharmac. Soc. Japan [Yakugakuzasshi] **80,** 113—16, 1960; jap., Auszug: engl.) — 24. vgl. vorst. Referat. — Verwendet man bei der O-Best. nach Unterzaucher einen Pt-Kohle-Kontakt, kann die Temp. des Kontaktofens auf 950° herabgesetzt u. die App. vereinfacht werden.
A.-M. Fretzdorff 5352◇

1855 **Untersuchungen über organische Mikroanalyse. 21. Mitt. Eine verbesserte Methode zur Bestimmung von Alkoxygruppen mit Hilfe von porösen Silbergranalien und eines Absorptionstrichters.** Keiichiro Hozumi. (J. pharmac. Soc. Japan [Yakugakuzasshi] **79,** 237—41, 1959; Kyoto, Univ. of Kyoto, Med. Fac., Pharmaceut. Inst.; jap., Auszug: engl.) — 20. vgl. C. **1961,** 14040; 22. vgl. C. **1964,** 9-1641. — Eine neue Meth. zur Alkoxyl-Best. mit HJ, beruhend auf der Dest. von Alkyljodid über Ag-Granalien bei 400—500° u. Rk. des bei der Zers. gebildeten J_2 an Ag wird beschrieben. Das aus Quarz bestehende Absorptionsrohr mit seiner 2 g schweren Ag-Füllung kann 100—150mal benutzt werden. Eine Best. dauert 40—60 Minuten. W. Hampel 5364△

1856 **Analyse von organischen Reaktionsprodukten durch eine kombinierte Infrarot-Gaschromatographie-Methode.** Jeanette G. Grasselli und Marcia K. Snavely. (Appl. Spectroscopy **16,** 190—94, 1962; Cleveland, Ohio, Standard Oil Co., Res. Dep.; engl.) — Vff. beschreiben eine einfache Meth., um einzelne Fraktionen $< 0{,}4\ \mu l$ in Kühlfallen auszufrieren u. qual. IR-spektrometr. ohne Verw. eines Strahlenkondensors auszuwerten. Fuselöl, techn. Alkylat, Rk.-Prod. von Propionsäuremethylester u. Formaldehyd, von Acrolein (I) u. Trioxan u. von α-Diisobutylen werden qual. analysiert. Die Meth. ist genau genug, um auch quant. Analysen zu erlauben (Anwendung auf verd. wss. Lsg. von Aceton u. **I**). A. Kumm 5364◇

1857 **Unterscheidung der n-Alkanal-2.4-dinitrophenylhydrazone durch Infrarotspektroskopie.** Harry G. Lento und James A. Ford. (Analytic. Chem. **35,** 1418—20, 1963; Camden, N.J., Campbell Soup Co.; engl.) — Vf. beschreibt eine Meth. zur Unterscheidung von Gliedern einer homologen Reihe von aliphat. Aldehyden mit Hilfe der IR-Spektren ihrer 2.4-Dinitrophenylhydrazone. Die Kettenlänge der Carbonyl-Verb. wird nach einer linearen Beziehung zwischen der Zahl der vorhandenen CH_2-Gruppen u. dem Absorptionsverhältnis der CH_2- u. NH-Banden berechnet, in dem man eine Eichkurve aus einer Reihe von bekannten n-Alkanal-Derivv. benutzt. Die Meth. ist zur Unterscheidung der n-Alkanale C_3—C_{14} anwendbar. Die Ergebnisse sind von der Konz. der Probe im KBr-Preßling unabhängig.
A. Kumm G 670◇

1858 **Fluorimetrische Bestimmung von Formaldehyd.** Sidney Belman. (Analytica chim. Acta [Amsterdam] **29,** 120—26, 1963; New York, N.Y., Univ. Med. Center, Inst. of Ind. Med.; engl.) — Vf. beschreibt eine sehr empfindliche fluorimetr. Best.-Meth. von HCHO (I), die auf der Hantzsch-Rk. von **I** mit NH_3 u. Acetylaceton beruht. Es bildet sich *3.5-Diacetyl-1.4-dihydrolutidin* (**II**). Man führt die Rk. in 2 m Ammoniumacetat + 0,02 m Acetylaceton bei pH 6 aus, läßt 10 Min. lang bei 58° oder 60 Min. lang bei 37° stehen u. mißt die Fluorescenz. Für kleine **I**-Mengen 0,05 μg/ml ist die niedrigere Temp. günstiger. Für Mengen von 0,005 μg/ml bis 0,4 μg/ml verläuft die Fluorescenz linear u. weicht bei Geh. von 0,4 μg/ml bis 1 μg/ml gering von der Linearität ab. Mengen $> 1\ \mu$g/ml können colorimetr. bestimmt werden. Die Fluorescenzintensität ist nach 3 Std. unverändert u. ist nach 16 Std. um 5% abgesunken. **II** zeigt ein Absorptionsmaximum bei 412 nm u. Fluorescenzanregungs- u. -emissionsmaxima von 410 nm bzw. 510 nm. Die Best.-Meth. erfaßt noch 0,01 μg **I** u. kann auch auf die Best. anderer Aldehyde, von Aminen u. β-Diketonen angewandt werden. Vf. benutzt die Meth., um die **I**-Rk. mit Purin- u. Pyrimidinaminogruppen von Nucleinsäuren zu untersuchen.
A.-M. Fretzdorff G 670◇

1859 **Gaschromatographische Analyse von Gemischen aus Acetaldehyd, Aceton, Vinylacetat, Essigsäure, Paraldehyd, Essigsäureanhydrid und Äthylidendiacetat.** Bengt Smith und Josef Dahlén. (Acta chem. scand. **17,** 801 bis 804, 1963; Göteborg, Chalmers Tekn. Högskola, Inst. för Organ. Kem.; engl.) — Die genannten Verbb. werden an zwei hintereinandergeschalteten, je 2 m langen u. 4 mm starken mit Tetraamylsilan u. Dimethyldioctylsilan imprägnierten Celite-545-Säulen mit He als Trägergas bei einer Strömungs-Geschw. von 40 ml/min getrennt. Die quant. Best. erfolgt gegen Methylacetat u. Toluol als innere Standards.
W. Kupfer G 810◇

1860 **Bestimmung der Beimischung von Acetonitril in Trimethylchlorsilan.** Ss. W. Sjawzillo, B. M. Lusskina und L. N. Karabaschkina. (Plast. Massen [UdSSR] **1962,** Nr. 2, 24; russ.) — Die Oxydation von Acetonitril (**I**) in Trimethylchlorsilan mit H_2SO_4 in Ggw. von $CuSO_4$ nach Kjeldahl verläuft nur vollständig, wenn man CrO_3 zufügt. 0,5—1 g Substanz (Geh. 0,2—1% **I**) (Eiskühlung) werden in eine Glasampulle gesaugt u. genau gewogen. Die Ampulle wird im Kjeldahl-Kolben vorsichtig zerstört, nachdem vorher 0,2 g $CuSO_4$ u. 6—7 ml konz. H_2SO_4 zugegeben wurden. Glasstab mit 3—4 ml H_2SO_4 abspülen u. 3—4 Tropfen Chromsäure (70 g CrO_3/100 ml H_2O) zufügen u. 10—20 Min. lang erhitzen. Nach Abkühlen 25—30 ml dest. H_2O u. Überschuß von 40%ig. KOH zugeben, NH_3 in saure Vorlage dest. u. mit 0,01 n Alkali-Lsg. gegen Methylrot zurücktitrieren. Bei Anwendung von 0,1 n Lsgg. können Geh. bis zu 10% **I** bestimmt werden. Analysendauer 1 Stunde.
Hubert Hoffmann G 810□

1861 **Wasserfreie spektrophotometrische Bestimmung von Citronensäure.** T. K. Choy, J. J. Quattrone jun. und Milton Elefant. (Analytica chim. Acta [Amsterdam] **29,** 114—19, 1963; Harrison, N.J., Nopco Chem. Comp., Fine Chem. Div.; engl.) — Die spektrophotometr. Best. von Citronensäure (**I**) beruht auf der Farb-Rk. nach Furth-Herrmann mit Pyridin-Acetanhydrid-Lösung. Man läßt die in Pyridin gelöste Probe (1 ml) mit 3 ml Pyridin + 2 ml wasserfreiem Acetanhydrid 20 Min. lang bei Zimmer-Temp. stehen u. mißt die Extinktion bei 389 oder 406 nm. Milchsäure u. andere Carboxylsäuren stören nicht. Man kann mit dieser Meth. noch ca. 2 μg **I** bestimmen.
A.-M. Fretzdorff G 850◇

1862 **Studien über die Naphthoresorcin-Reaktion von Tollens. 1. Mitt. Grundsätzliches zur Ausführung und Beurteilung der Reaktion.** Waldemar Wagner. (Analytica chim. Acta [Amsterdam] **29,** 182—89, 1963; Erlangen-Nürnberg, Univ., Physiolog.-Chem. Inst.; dt.) — 2. vgl. C. **1964,** 10-1835. — Bei der Naphthoresorcin (**I**)-Rk. zum Nachw. u. zur Best. von Uronsäuren (**II**) nach Tollens erhält man zu niedrige Ergebnisse bei unvollständiger Hydrolyse, bei Decarboxylierung von **II** oder infolge von Neben-Rkk. von **I**. Zu hohe Werte erhält man in Ggw. störender Carbonylcarbonsäuren, in Ggw. anderer Kohlenhydrate u. infolge der ungenügenden Haltbarkeit von **I** u. einer damit verbundenen störenden Farbstoffbildung. Vf. empfiehlt eine Lsg. von **I** in Eisessig u. zeigt, daß der durch Alterung des Reagenzes entstandene Farbstoff nicht ident. ist mit dem aus **I** u. **II** gebildeten Farbstoff. A.-M. Fretzdorff G 860◇

1863 **Chromatographie von Lipoidbasen auf kieselsäureimprägniertem Papier.** B. Palameta und M. Proštenik. (Croat. chem. Acta **33,** 133—35, 1961; Zagreb, Inst. Ruder Bošković, Dep. of Biochem.; engl.) — Die Wanderungs-Geschw. von α-Aminoalkoholen, α-Aminoketonen u. α-Diaminen der C_{18}- u. C_{20}-Reihe nimmt in Diisobutylketon-Essigsäure-W. (40:25:5) bei 15—20std. Entw. mit steigender Anzahl von OH-Gruppen im Mol. ab. Das Verh. der Monohydroxy-Verbb. beider Reihen ist sehr ähnlich. Folgende R_F-Werte werden ermittelt: 2-Amino-1-hydroxyoctadecan 0,34, 2-Amino-3-hydroxyoctadecan 0,32, 2-Amino-

1.3-dihydroxyoctadecan 0,29, 2-Amino-1.3-dihydroxy-4-octadecen 0,29, 2-Amino-3-octadecanon·HBr 0,38; 2.3-Diaminooctadecan 0,25, 2-Amino-1-hydroxyeicosan 0,35, 4-Amino-5-hydroxyeicosan 0,42, 3-Amino-4-hydroxy-2-methylnonadecan 0,42, 2-Amino-1.3.4-trihydroxyeicosan 0,23, 4-Amino-5-eicosanon·HBr 0,49, 3-Amino-2-methyl-4-nonadecanon·HBr 0,49, 4.5-Diaminoeicosan 0,29, 3.4-Diamino-2-methylnonadecan 0,29, 2-Amino-1.4-anhydro-1.3.4-trihydroxyeicosan 0,35. F. M. Friedrich-Anderseck G 900◇

1864 **Dünnschichtchromatographie von Aminosäuren.** Lorenzo Codern, José Gadea, Enrique Gal und Miguel Montagut. (Afinidad **20** **(42)**, 159—61, 1963; span.) — Vff. beschreiben die Dünnschichtchromatographie von Glykokoll, Alanin, β-Alanin, Valin, α-Aminobuttersäure, Norvalin, Leucin, Isoleucin, Norleucin, Tyrosin, Serin, Cystein, Threonin, Tryptophan, Prolin, Asparaginsäure, Asparagin, Glutaminsäure, Arginin, Histidin u. Lysin. Die Laufmittel u. R_F-Werte werden tabellar. angegeben. P. Kurzmann G 950◇

1865 **Massenspektrometrische und gaschromatographische Sequenzanalyse von Peptiden.** F. Weygand, W. König und H. H. Fessel. (Angew. Chem. **75**, 724, 1963; München, TH, Org.-Chem. Inst.; dt.) — Durch Kombination von Gaschromatographie u. Massenspektrometrie lassen sich die N–TFA-Peptidester niederer Oligopeptide trennen u. identifizieren, so daß eine eindeutige Sequenzanalyse dieser Verbb. möglich ist. Die partielle Hydrolyse längerkettiger Oligopeptide liefert nach Veresterung mit Methanol/HCl u. N-Trifluoracetylierung N–TFA-Ester der entsprechenden Aminosäuren sowie der Di-, Tri- u. Tetrapeptide, so daß eine Trennung u. Identifizierung ebenfalls möglich ist. W. Berndt G 950◇

1866 **Papierchromatographie und Papierelektrophorese von Trimethylphosphinoxid, Methylphosphon-, Methylphosphin- und Dimethylphosphinsäure.** M. Halmann und L. Kugel. (Bull. Res. Council Israel, Ser. A. **10**, 124—26, 1961; Rehovoth, Weizmann Inst. of Sci., Isotope Dep.; engl.) — Durch absteigende Entw. mit n-Propanol-konz. NH_3-Lsg.-W. (6:3:1) werden auf mit 2%ig. Versene-Lsg. gewaschenem Papier (Whatman Nr. 1) folgende R_F-Werte ermittelt: Trimethylphosphinoxid (**I**) 0,76, H_3PO_2 (**II**) 0,64, Dimethylphosphinsäure (**III**) 0,62, Methylphosphinsäure (**IV**) 0,56, H_3PO_3 (**V**) 0,29, Methylphosphonsäure (**VI**) 0,29, HPO_4^{2-} (**VII**) 0,17, $P_2O_7^{4-}$ (**VIII**) 0,09, $H_4P_2O_6$ (**IX**) 0,08. **IV** wird zur Best. neben **III** mit Br_2 zu **VI** oxydiert. Bei Elektrophorese (750 V, 3 mA) nimmt die Wanderungs-Geschw. in der Reihe **I**, **III**, **IV**, **VI**, **VII**, **II**, **V**, **VIII**, **IX** zu. Während **I** nur mit Hilfe der Aktivierungsanalyse nachweisbar ist, können alle übrigen Verbb. mit NH_4-Molybdat angefärbt werden. F. M. Friedrich-Anderseck G 980◇

1867 **Bestimmung von C_{10}-Alkylbenzolen.** S. H. Hastings und D. E. Nicholson. (Analytic. Chem. **32**, 1052, 1960; Baytown, Tex., Humble Oil and Refining Co.; engl.) — Vgl. C. **1963**, 20929. — Die isomeren Alkylbenzole *1.3-Dimethyl-5-äthyl-*, *1.4-Diäthyl-* u. *1-Methyl-2-n-propylbenzol* sowie *1-* u. *2-Methylindan* können IR-spektrometr. nebeneinander von 0—100% mit einer Genauigkeit von $\pm$0,5% bzw. $\pm$0,9% bestimmt werden. Angegeben werden die Spaltbreiten, die Analysenwellenlängen sowie die relativen Absorptionen der Komponenten bei den verschiedenen Frequenzen. U. Uhlich G 1010◇

1868 **Die Bestimmung phenolischer Substanzen durch Ultraviolett-Differenz-Spektroskopie.** Arthur S. Wexler. (Analytic. Chem. **35**, 1936—43, 1963; Cambridge, Mass., W. R. Grace and Co., Dewey and Almy Chem. Div.; engl.) — Es wird eine selektive Best. von Phenolen in Ggw. nichtionisierender, nichtphenol. Stoffe durch UV-Differenzspektroskopie beschrieben. Basis dieser Best. ist die Farbvertiefung des langwelligen Maximums bei Phenolen in alkal. Lsg. infolge Phenolat-Bldg., u. das Differenzspektrum, das sich durch Subtraktion der Extinktion neutraler Phenol-Lsgg. von der Extinktion der alkal. Lsg. ergibt. Das Differenzspektrum der alkal. Form einer phenol. Substanz in W. oder Alkohol wird in einem selbstregistrierenden UV-Spektrometer, z. B. Beckman DK-2, gegen die gleiche Konz. dieser Substanz in neutraler oder schwach saurer Lsg. aufgezeichnet. Das sich ergebende Differenzspektrum ist eine charakterist. Anzeige für die Konz. u. chem. Identität der phenol. Substanz. Störungen werden auf die geringe Anzahl von Verbb. red., die mit Änderung der Basizität ihre Spektren merklich verändern. Die Differenzspektren sind auch von Wert bei der Strukturanalyse von Phenolen u. ihrer Polymeren. Extinktionskurven der UV-Spektren bzw. UV-Differenzspektren von *Phenol*, *p-Methoxyphenol*, *4.4'-Methylen-bis-(2.6-di-tert.-butylphenol)*, *4.4'-Thio-bis-(6-tert.-butyl-m-kresol)*, *Hydrochinon*, *Hydrochinonbenzyläther*, *2.6-Dimethylphenol*, *2.6-Dimethoxyphenol*, *2.6-Di-tert.-butylphenol*, *2.6-Dimethylol-4-methylphenol*, *2.6-Di-tert.-butyl-1-dimethylamino-p-kresol*, *Benzolsulfonat* (Ultrawet K), *2.2'-Methylen-bis-(4-methyl-6-tert.-butylphenol)*, *Harzseife*, *Isooktylphenylpolyäthoxyäthanol* (Triton X-100). W. Morneweg G 1060◇

1869 **Trennung von Propioguajacon von seinen niederen Homologen und einigen Phenolen des Catechin-Typs unter Verwendung von Oxoanionen als Chelatbildner und als Puffer-Agentien.** Jaakko Halmekoski. (Suomen Kemistilehti **33**, 74—76, 1960; Helsinki, Univ., Dep. of Chem.; engl.) — Die papierchromatograph. Trennung von Propioguajacon, Acetoguajacon, Protocatechualdehyd, Acetopyrocatechin u. Vanillin ist möglich, wenn das Papier mit einem geeigneten Chelatbildner imprägniert wird. Bei Verw. von Na_2WO_4 oder Borax (5%ig. Lsgg.) zum Imprägnieren u. n-Butanol (wassergesätt.) als Laufmittel gelingt eine vollständige Trennung der 5 Substanzen, während mit Na_2MoO_4 oder $NaVO_3$ u. Essigsäure, Propionsäure oder Amylalkohol enthaltenden Laufmitteln partielle Trennungen erzielt werden können. Die R_F-Werte für 4 Laufmittel-Syst. sind tabellar. aufgeführt. Mit Hilfe derselben Chelatbildner lassen sich in gepufferter Lsg. pH 7 auch weitgehende elektrophoret. Trennungen innerhalb dieser Gruppe durchführen. W. Betcke G 1060◇

1870 **Bestimmung von Aziridinyl-Verbindungen.** R. C. Schlitt. (Analytic. Chem. **35**, 1063—64, 1963; Sacramento, Calif., Aerojet-General Corp., Chem. and Materials Labor., Meth. Dev. Sect.; engl.) — Zur Best. von in Methanol (**I**) lösl. Aziridinyl-Verbb., wie Tris-[1-(2-methyl)-aziridinyl]- u. Phenyl-bis-[1-(2-methyl)-aziridinyl]-phosphinoxid, *Trimesoyl-1-(2-äthyl)-aziridin* u. *Tris-[2-methylaziridinyl]-triazin*, wird eine Probe zur Öffnung des Aziridinylrings mit einer Lsg. von KSCN u. von p-Toluolsulfonsäure in **I** gelöst u. der Überschuß der Säure mit KOH in **I** zurücktitriert. Der Indicator, Bromthymolblau, Mischindicator oder Phenolrot, wurde für jede Verb. durch eine potentiometr. Best. ausgewählt. J. Weiner G 3030◇

1871 **Natriumchlorit als Oxydationsmittel in der quantitativen analytischen Chemie. 2. Mitt. Bestimmung von Isonicotinsäurehydrazid.** P. Spacu und H. Dumitrescu. (An. Univ. „C. I. Parhon", Ser. Ştiinţ. naturii, Chim. **9**, 79—83, 1960; rum.) — 1. vgl. C. **1964**, 16-1757. — Die Hydrazidgruppe von Isonicotinsäurehydrazid (**I**) wird durch $NaClO_2$ (unter Zwischenbldg. von Cl_2 u. HClO) zu N_2 oxydiert. Eine 5—50 mg **I** enthaltende Probe wird in möglichst wenig W. gelöst, die Lsg. in einem Kolben mit 5 ml 8 n HCl u. aus der Bürette mit einem Überschuß (10—20 ml) 0,1 n $NaClO_2$-Lsg. versetzt, schwach erwärmt u. in einem Gefäß mit kaltem W. abgekühlt. Bei beginnendem Gelbwerden gibt man 0,5—1 g KJ zu u. titriert das J_2 mit 0,1 n $Na_2S_2O_3$-Lösung. R. K. Müller G 3231◇

1872 **Bestimmung geringer Mengen Δ^3-Caren in α-Pinen.** Erkki Pulkkinen, Eero Siltanen und Veikko Pirilä. (Acta chem. scand. **12**, 1144—45, 1958; Helsinki, Univ., Inst. of Chem., Inst. of Occupational Health.; engl.) — Für Reinheits-Unterss. verschiedener Terpene werden die IR-Spektren herangezogen. Die Reinigung der Terpene erfolgt entweder durch fraktionierte Dest. oder durch Verschiebungschromatographie. Letztere Meth. liefert bessere Ergebnisse in kürzerer Zeit. Als Adsorber werden Silicagel u. Al_2O_3 verwendet. Zur Best. des Δ^3-Caren neben α-Pinen dient das Absorptionsmaximum bei 714 cm^{-1}.

Versuche: 20 ml d-α-Pinen, $[\alpha]_D$ +38,42°, werden mit A. an Al_2O_3 chromatographiert. 70% des Ausgangs-Prod. sind frei von Verunreinigungen. — Reinigung des Δ^3-Caren: Δ^3-Caren wird an der Podbielniak-Skärblom-Linder-Säule fraktioniert (170—171°), chromatographiert mit A. an Silicagel. Das Endprod. hat 95%ig. Reinheit. — Best. geringer Mengen Δ^3-Caren in α-Pinen: 20 ml einer Mischung, die 0,1% Δ^3-Caren in α-Pinen enthält, wird mit A. an Silicagel chromatographiert. Nach 18,2 ml werden 0,4 ml gesondert aufgefangen u. bei 714 cm^{-1} gemessen. Über 18% der Gesamtmenge an Δ^3-Caren werden in dieser Fraktion gefunden. D. Dargel G 3600△

1873 **Zweikomponentenphasen bei der gaschromatographischen Trennung von Steroiden.** E. O. A. Haahti, W. J. A. Vandenheuvel und E. C. Horning. (Analyt. Biochem. [New York] **2**, 344—52, 1961; Bethesda, Md., Med. Heart Inst., Labor. of Chem. of Nat. Prod.; engl.) — Die Möglichkeit der Verw. der Zweikomponentenphasen u. der segmentierten Packung der Säulen von unterschiedlichem Selektivitätsgrad zur gaschromatograph. Trennung der Steroide wird untersucht. Als Träger wird Gas-Chrom P, 100—140 mesh, verwendet, als fl. Phasen Siliconpolymer SE-30, Äthylenglykolisophthalat, Fluoralkylsiliconpolymer u. Neopentylglykolsuccinat. Die Säulen-Temp. betrug 210°, die Durchfluß-Geschw. 50—52 ml/min. Bei monofunktionellen Steroiden bot die Verw. der Zweikomponentenphasen keinen besonderen Vorteil, wohl aber für polyfunktionelle Verbindungen. A. Gabert G 3700◇

1874 **Analyse fettlöslicher Vitamine.** 6. Mitt. **Spektrophotometrische Bestimmung von α-Tocopherol.** F. J. Mulder und K. J. Keuning. (Recueil Trav. chim. Pays-Bas **80**, 1029—39, 1961; Weesp, Philips-Duphar Res. Labor.; engl.) — 4. vgl. C. **1962**, **14936**. — Die von Mulder (C. **1955**, 10883) angegebene „Benzolwasch-Meth." zur Isolierung des Unverseifbaren bei der Best. fettlösl. Vitamine wurde auf nur *α-Tocopherylester* enthaltende *Vitamin-E*-Präpp. übertragen. Die Isolierung erfolgt einmal (nach Verseifung) oder zweimal (vor u. nach Verseifung). In der Lsg. wird *α-Tocopherol* spektrophotometr. bestimmt. Durch Vermeiden quant. Extraktionen u. Überführungen wird der Kontakt mit Luft auf ein Minimum herabgesetzt. Als Antioxydans dient Ascorbinsäure. K. Maier G 3800◇

d) Medizinische und toxikologische Analyse

1875 **Zur Methodik der elektrometrischen Redoxpotentialbestimmung in biologischem Material.** F.-K. Grütte. (Ernährungsforschung **8**, 290—302, 1963; Potsdam-Rehbrücke, Inst. für Ernährung; dt.) — Es wird über Erfahrungen bei der Best. des Redoxpotentials unter Verw. eines Meßsyst. aus einer Pt- u. einer Kalomelelektrode sowie einem pH-Meßverstärker in Bakterienkulturen (B), Faeces (F) u. dem Muskel (M)- bzw. Rückengewebe (R) von Ratten u. Fischen berichtet. Unter aeroben Bedingungen stellt sich das Elektrodenpotential bei B augenblicklich ein, wenn die Pt-Elektroden vor der Messung einige Sek. bis fast zur Rotglut erhitzt wurden. Bei F sind anaerobe Bedingungen notwendig, die Einstellung des Endpotentials erfolgt nach 20—60 Minuten. Eine näher beschriebene Pt-Kalomel-Stabelektrode wird mit Vorteil bei F, M u. R angewandt. Eine beschleunigte Einstellung des Potentials wurde erzielt, wenn die Elektrode vor dem Einstich in das Gewebe zur Messung des stark negativen Elektrodenpotentials eines entsprechenden Redoxfarbstoffs oder einer Colikultur verwendet worden war. M. Ulmann 5725◇

1876 **Dünnschicht-Gelfiltration.** Bengt G. Johansson und Lars Rymo. (Acta chem. scand. **16**, 2067—68, 1962; Göteborg, Univ., Dep. of Med. Biochem.; engl.) — Die Dünnschicht-Meth. wurde auf die Gelfiltration mit Sephadex G-25 (fein), Sephadex G-75 (fein) u. Sephadex G-75 (<400 mesh) angewendet. Untersucht wurden folgende Substanzen: Asparaginsäure, Glycylglycin, Glycin, Phenylalanin, Tyrosin, Tryptophan, Gemische von Coeruleoplasmin mit DNP-Asparaginsäure, von DNP-Phenylalanin mit DNP-Tryptophan, von Rinderserumalbumin mit β-Lactoglobulin u. α-Lactoalbumin sowie eine Probe gereinigtes „Bence-Jones-Protein" aus patholog. Urin u. ein Hydrolysat von normalem menschlichem γ-Globulin. R. Krämer 5725◇

1877 **Chromatographie von Eiweißgemischen.** R. J. Planta. (Chem. Weekbl. **59**, 357—60, 1963; Groningen, Ryksuniv., Biochem. Labor.; niederl.) — Übersicht über die Chromatographie von Eiweiß-Verbb. mit Ionenaustauschern u. über die Gelfiltration. — 19 Literaturangaben. W. Wesly 5725◇

1878 **Zur Bestimmung von Proteinen des Blutplasmas nach der papierelektrophoretischen Methode.** L. N. Birnbauer. (Laboratoriumswesen [UdSSR] **9**, Nr. 6, 3—6, 1963; Moskau, Zentr. Forsch.-Inst. für Ärztefortbldg., Lehrstd. für Tuberkulose; russ.) — Die papierelektrophoret. Meth. ermöglicht die quant. Best. von Albuminen u. α_1-, α_2-, β-, γ- u. φ-Globulinfraktionen (I) im Blutplasma. Es wird gezeigt, daß I ein Gemisch von Proteinen darstellt. — 20 Literaturangaben. S. Baryschnikow 5727△

1879 **Modifizierung der colorimetrischen Bestimmungsmethode der Acetylcholinesterase-Aktivität in Blut.** M. M. Eidelman. (Laboratoriumswesen [UdSSR] **9**, Nr. 10, 29—34, 1963; russ.) — Eine modifizierte photoelektrocolorimetr., auf der Bldg. von Acethydroxamsäure (I) bei der Rk. von Acetylcholin mit Hydroxylamin u. der Farbrk. von I mit $FeCl_3$ beruhende Best.-Meth. der Acetylcholinesterase-Aktivität im Blut nach Hestrin (J. biol. Chemistry **180**, [1949], 249). S. Baryschnikow 5727△

1880 **Eine Methode zur Bestimmung der Ammoniumionen im Blut.** A. Manenti und P. P. Rigamonti. (Boll. Soc. ital. Biol. sperim. **38**, 591—94, 1962; Parma, Univ., Ist. di Clin. Chirurg. Gener. e Terap.; ital.) — Die Meth. beruht auf der Freisetzung des NH_4^+ des Blutes in einer Lsg. vom pH 11 bis 11,5; aus der rotierenden Lsg. diffundiert NH_4^+ in die auf dem Glasstab des Verschlusses des Diffusionskolbens haftende H_2SO_4, worauf nach erfolgter Rk. zwischen gebildeter $(NH_4)_2SO_4$ u. Nessler-Reagens am Photometer abgelesen wird. F. Kren 5727◇

1881 **Colorimetrische Bestimmungsmethoden von Nitraten und Nitriten in Blut.** N. W. Grocholskaja. (Laboratoriumswesen [UdSSR] **9**, Nr. 10, 37—40, 1963; russ.) — Die Best. von (NO_3^- + NO_2^-) beruht auf der Bldg. blau gefärbter Verbb. bei der Rk. mit Diphenylamin. Die Empfindlichkeit der Rk. beträgt 1,5 mg% NO_3^- bzw. NO_2^-. Zur Ermittlung von NO_2^- wird die Farb-Rk. von NO_2^- mit Sulfanilsäure u. α-Naphthylamin angewandt. Die Empfindlichkeit der Meth. beträgt 0,5 mg% NO_2^-. S. Baryschnikow 5727△

1882 **Untersuchung der Genauigkeit der Methode von Camponovo zur Bestimmung von Kalium im Serum.** Maria Ester Cobe de Celis, Manuel Dorado und Alejandro Martin. (Rev. Asoc. bioquím. argent. **26**, 120—23, 1961; Córdoba, Univ. Nac., Inst. de Ci. Quím., Cát. de Quím. Biol. 2da Parte; span.) — Die Meth. besitzt einen negativen systemat. Fehler von ca. 16,7%. K. Zingraf 5728◇

1883 **Die Kupfer-Bestimmung im Blutserum mit Oxalyldihydrazid.** Bosiljka Daković und Ivan Berkeš. (Acta pharmac. jugosl. **12**, 59—66, 1962; Beograd, Farmac. fak., Biochim. inst.; serbokroat.) — Die photometr. Cu-Best. mit Oxalyldihydrazid (I) nach Gran (C. **1959**, **16433**) ist wegen ihrer hohen Empfindlichkeit anderen Meth. überlegen. Für die mol. Extinktion des Farbkomplexes wurden niedrigere Werte gefunden, als von Gran angegeben. Zur Best. von Cu im Blut genügt 1 ml Serum, das mit 0,7 ml 0,1%ig. I-Lsg. in 2n HCl u. 0,3 ml W. versetzt wird; nach 10 Min. werden die Proteine mit 1 ml 20%ig. Trichloressigsäure gefällt; zu 2 ml des Zentrifugats gibt man 0,15 g Citronensäure, 0,5 ml 25%ig. NH_3-Lsg. u. 0,5 ml 40%ig. wss. Acetaldehydlösung. Die Intensität der rotvioletten Färbung wird nach 30 Min. bei 542 nm gemessen, wozu ein einfaches Colorimeter genügt. Auf größte Sorgfalt bei der Herst. der Reagentien u. bei der Reinigung der Gefäße wird bes. hingewiesen. S. Beckmann 5728◇

1884 **Die Bestimmung von Natrium in Körperflüssigkeiten durch die Glaselektrode.** Edward W. Moore und Donald W. Wilson. (J. clin. Invest. **42**, 293—304, 1963; Boston, Mass., Dep. of Public Health, Lemuel Shattuck Hosp., Med. Serv.; Harvard Med. School, Dep. of Med.; engl.) — Da bisher zur Best. des Na-Geh. in biolog. Fl. nur die Konz.-Angaben herangezogen werden konnten, wird eine direkte Best. der Aktivität von Na^+ mit Hilfe selektiver Na_2O–Al_2O_3–SiO_2-Glas-Elektroden empfohlen. Es handelt sich dabei um eine rasche Meth., die hochgradig reproduzierbar ist u. keine Verdünnung oder Veränderungen des zu untersuchenden Materials erfordert. Die Na^+-Aktivität stimmt innerhalb einer Fehlerbreite von 2% mit den durch Flammenphotometrie ermittelten Na-Konzz. im Harn, Serum, Cerebrospinal-Fl. u. Vollblut überein. Protein, Erythrocyten, Harnstoff u. Harnsäure stören nicht. U. Tausendfreund 5732◇

1885 **Zur Bestimmung gebundener 17-Hydroxycorticosteroide im Harn nach der Reaktion mit Phenylhydrazin.** I. Ss. Balachowski und I. G. Dlusskaja. (Laboratoriumswesen [UdSSR] **9**, Nr. 10, 17—23, 1963; russ.) — Durch 20std. Stehenlassen bei 37° von 4 ml Harn (pH 6,5—7,0) dem je 4 ml Acetatpuffer-Lsg. (pH 4,5) u. Rindleber-Glucuronidase-Präp. (500 IE/ml) zugefügt wurden, werden die in Verb. mit Glucuronsäure vorhandenen 17-Hydroxycorticosteroide des Harns hydrolyt. zersetzt u. unter Umrühren des Gemisches mit 50 ml Chlf. bzw. Dichlormethan extrahiert. Die organ. Phase (**A**) wird aufeinanderfolgend mit je 4 ml 0,1n NaOH-Lsg. u. W. gewaschen u. mit Na_2CO_3 bzw. Na_2SO_4 getrocknet. Je 20 ml **A** werden mit 2 ml „H_2SO_4-A.-Reagens" (I; 160 ml W., 316 ml 97%ig. H_2SO_4 u. 250 ml A.) bzw. mit 2 ml 21,5 mg /50 ml Phenylhydraziniumchlorid enthaltendem **I** ausgeschüttelt, die erhaltenen wss. Phasen 30 Min. lang bei 60° stehengelassen, abgekühlt u. bei 410 nm vergleichend spektrophotometriert. S. Baryschnikow 5732△

1886 **Modifizierung der Bestimmungsmethode von 3-Methoxy-4-hydroxymandelsäure im Harn.** W. W. Menschikow und T. D. Bolschakowa. (Cardiologie [UdSSR] **3**, Nr. 5, 91—92, 1963; Moskau, Med. Ssetschenow-Inst.; russ.) — Nach Extraktion der Phenolsäuren (**I**) aus 1 ml Harn mit Äthylacetat (**II**) wird aus der Esterphase **II** abgedampft, **I** in 0,2 ml A. gelöst u. die Lsg. quant. auf das Anodenende eines mit Acetatpuffer-Lsg. angefeuchteten Papierbandes (4·43 cm) aufgetragen. Nach der Elektrophorese (18 Std. bei 1 mA u. 380—420 V) wird das Elektropherogramm 30 Min. lang bei 80° fixiert, mit „Diazoreagens" entwickelt u. getrocknet. Der der Vanilinylmandelsäure (**III**) entsprechende (violett gefärbte) Streifen wird isoliert u. mit Methanol/2%ig. Na_2CO_3-Lsg. (2 : 1) eluiert. Die spektrophotometr. Unters. des Eluats erfolgt bei 520 m. Die mittlere Fehlergrenze der **III**-Best. beträgt 11,92%. S. Baryschnikow 5732△

1887 **Zum Nachweis des Codeins und seiner Metaboliten im Harn.** H.-F. Kuhn und H. Friebel. (Arch. Pharmaz. **296/68**, 232—35, 1963; Bonn, Univ., Pharmakolog. Inst.; dt.) — Zur Best. von Codein (**I**) wird die Absorption des in Bzl. lösl. Salzes mit Bromkresolgrün (**II**) bei 615 nm benutzt. Im Konz.-Bereich von 5—30 μg/ml ist die Extinktion der Konz. streng proportional, der maximale Fehler liegt bei ± 5%. Morphin (**III**) u. Normorphin (**IV**) reagieren nicht mit **II**, das Salz mit Norcodein (**V**) hat nur $^1/_8$ der Intensität des Salzes aus **I** u. **II**. Zur Trennung läßt man die Isolate auf Papier, das mit Citronensäure/$NaHPO_4$-Puffer (pH 6,0) getränkt ist, senkrecht zur Faserrichtung mit wss. Butanol laufen. Als Sprühreagentien dienen Dragendorf-Reagens, Ninhydrin oder Diazoreagens (Echtblau B). Die R_F-Werte betragen für **I** 0,6, für **III** 0,4, für **V** 0,35 u. für **IV** 0,2. W. Kupfer 5732◇

1888 **Gaschromatographie von Barbituraten. 2. Mitt. Anwendung zur Untersuchung ihres Stoffwechsels und der Exkretion bei Menschen.** A. Baerheim Svendsen und E. Brochmann-Hanssen. (J. pharmac. Sci. **51**, 494—95, 1962; San Francisco, Calif., Univ. of California, School of Pharm., Med. Center; engl.) — 1. vgl. C. **1962**, 10928. — Nach Verabreichung verschiedener Barbiturate an erwachsene Personen wird deren Urin bis zu 40 Std. danach gesammelt u. die Stoffwechsel-Prodd. werden gaschromatograph. bestimmt. *Barbital* (**I**) wird unverändert ausgeschieden, *Metharbital* (**II**) liefert neben unverändertem **II** auch **I**, *Phenobarbital* (**III**) wird unverändert u. in Form von *p-Hydroxyphenobarbital* ausgeschieden. *Mephobarbital* erscheint unverändert u. als **III** u. **IV** u. *Aprobarbital* wird unverändert ausgeschieden. P. Gregorzewski 5732◇

1889 **Die Spezifität und klinische Anwendbarkeit spektrophotometrischen Barbituratbestimmung nach der Broughton.** Ingeborg Mathauser. (Wiener klin. Wschr. **69**, 913—15, 1957; Graz, Univ., Pharmakol. Inst.; dt.) — Zur Best. wird Blut mehrfach mit Chlf. ausgeschüttelt, der Extrakt 15 Min. lang bei 100° hydrolysiert, mit 0,45 n NaOH-Lsg. oder 0,2 m Na-Boratpuffer auf pH 13,4 bzw. auf pH 10,0 eingestellt u. die Extinktion bei 228 u. 270 nm gemessen. Diäthyl- u. Phenyläthylbarbitursäure werden bei Zugabe zu Blut zu 95—97% wiedergefunden. Eine quant. Best. von 5.5-substituierten Barbituraten ist mit dieser Meth. möglich, nicht dagegen von N-substituierten Barbituraten, Thiobarbituraten u. anderen N-haltigen Verbindungen.
Klaus Becker 5762◇

H. Angewandte Chemie

H_1. Allgemeine chemische Technologie

1890 **Prozeßsteuerungen am Beispiel einer Trevira-Anlage.** Th. Kosbahn. (Chemie-Ing.-Techn. **35**, 193—201, 1963; Frankfurt a. M.-Höchst, Farbwerke Hoechst Akt.-Ges.; dt.) — Während bei kontinuierlich ablaufenden Prozessen die normale Regelungstechnik zur Automatisierung verwendet werden kann, versagt sie bei Chargenprozessen. Mit Hilfe der Steuerungstechnik läßt sich diese Lücke schließen u. die erforderlichen Sollwerte können automat. eingestellt werden. Die Prozeßsteuerung beruht auf einem Programmfahrplan für den Start u. das Ende der einzelnen Takte, auf einem Logikplan u. einem elektr. Schaltplan zur Verwirklichung dieser Forderungen. Am Beispiel einer Trevira-Anlage wird die Automatisierung des Chargenprozesses der Umkristallisation u. der Polykondens. mit Hilfe einer Prozeßsteuerung eingehend beschrieben. A. Knickenberg 5800◇

1891 **Temperaturänderungen in beheizten wärmespeichernden Rohren.** M. Schunck. (Chemie-Ing.-Techn. 35, 158—62, 1963; Ludwigshafen/Rh., Bad. Anilin- u. Soda-Fabrik; dt.) — Beschreibung eines Näherungs-Verf. zur Erfassung des Einfl. der Wärmespeicherung in den Wänden beheizter Rohre bei Änderung der Beheizungsintensität, des Durchflusses oder der Eintritts-Temp. des durchfließenden Stoffes. Vgl. zwischen Rechenbeispielen u. durchgeführten Messungen an dünnwandigen u. dickwandigen Rohren. Die umfangreiche Auswertung des Verf. ist nur mit Rechenmaschinen durchzuführen. A. Knickenberg 5814◇

1892 **Theorie des Wärmeübergangs bei erzwungener Konvektion in aus feinen Fasern bestehenden Betten.** 1. Mitt. P. Nordon und G. B. McMahon. (Int. J. Heat Mass Transfer **6**, 455—65, 1963; Ryde, Sydney, C.S.I.R.O. Wool Res. Labor., Div. of Textile Phys.; engl.) — Die Theorie des Wärmeüberganges (WÜ) bei erzwungener Konvektion an Festbetten aus gekörntem Material wurde mit Hilfe von Schüttungen aus feinen Fasern experimentell untersucht. Die gegenwärtige Theorie erweist sich als nicht anwendbar, da sie keine genaue Berechnung des WÜ-Koeff. gestattet u. die exakten Beziehungen zwischen den experimentellen Variablen nicht wiedergibt. Vf. führen dieses auf die nicht vermeidbare Unvollkommenheit der Strömung in der Schüttung zurück.
G. Gattow 5816◇

1893 **Theorie des Wärmeüberganges bei erzwungener Konvektion in aus feinen Fasern bestehenden Betten.** 2. Mitt. P. Nordon und G. B. McMahon. (Int. J. Heat Mass Transfer **6**, 467—74, 1963; engl.) — 1. vgl. vorst. Referat. — Unterss. über den Einfl. von Unvollkommenheiten der Strömung auf den Wärmeübergangs-Koeff. (WK) in aus Textilfasern bestehenden Betten. Der Wärmeübergang in den verschiedenen Fasern verläuft so schnell, daß der WK nur sek. die große Anzahl der verschiedenen Faktoren der Betten beeinflußt. G. Gattow 5816◇

1894 **Wärmeübergang in Ringspalten bei erzwungener Konvektion und örtlichem Sieden.** H. Brauer. (Atomkernenergie **8**, 1—9, 54—61, 1963; Duisburg, Mannesmann-Forsch.-Inst.; dt.) — In einem Ringkanal (Mantelrohr 19,4 mm∅, Kernrohre zwischen 4 u. 16 mm ∅) von 350 mm Länge wurde der Wärmeübergang von elektr. beheizten Messingrohren mit Temp. zwischen 40 u. 220° auf strömendes W. unter 3,2 at Druck mit einer Eintritts-Temp. von 13° gemessen. Bei 135° Wand-Temp. des Rohres setzt Blasenverdampfung ein. Bei weiterer Temp.-Erhöhung bildet sich ein zusammenhängender Dampffilm, der zum Durchbrennen des Kernrohres führt. Die Nußelt-Zahl ist dabei ca. 200 mal größer als beim Wärmeübergang ohne Verdampfung. Heizflächenbelastung in Abhängigkeit von der Temp.-Differenz u. der Zusammenhang von Nußelt-Zahl u. Reynolds-Zahl bei verschiedenen Rohrdurchmessern werden im Diagramm dargestellt. Für die Berechnung der Druckverluste lassen sich bei Blasenverdampfung die Widerstandsgesetze der Einphasenströmung verwenden. W. Knoch 5816◇

1895 **Wärmeübertragung bei Tropfenkondensation.** W. Kast. (Chemie-Ing.-Techn. **35**, 163—68, 1963; Aachen,

Forsch.-Inst. der Forsch.-Ges. Verfahrenstechnik e. V.; dt.) — Voraussetzung für das Auftreten der Tropfen-Kondens. ist eine Nichtbenetzung oder unvollständige Benetzung der Kondens.-Fläche durch das Kondensat. Vf. untersucht eine Reihe von wasserabweisenden organ. Verbb. (z. B. $C_{17}H_{33}$·COOH, $C_{17}H_{35}$COOH u. a.), welche auf eine Cu-Oberfläche aufgebracht werden müssen, um das Auftreten der Tropfen-Kondens. zu ermöglichen. Die Abhängigkeit der Wärmeübergangszahl von der Temp.-Differenz, der Kühlwandhöhe, der Rauhigkeit u. der Benetzung wird theoret. u. experimentell beschrieben. Für die Wärmeübertragung bei der Tropfen-Kondens. ist die Druckabhängigkeit der Wärmeübergangszahl charakteristisch. Bei kleinen Temp.-Differenzen steigt die Wärmeübergangszahl an, bei mittleren Differenzen bleibt sie konst., bei hohen Differenzen ist ein starker Abfall zu verzeichnen. A. Knickenberg 5816◇

1896 **Wärmeübergang in einem Kanal mit einer nichterhitzten Strecke.** V. M. Kapinos und N. I. Nikitenko. (Int. J. Heat Mass. Transfer **6**, 271—76, 1963; Charkow, UkrainS.S.R., Polytechn. Inst.; engl.) — Vff. bestimmten den Wärmeübergang (WÜ) mit Hilfe von zwei, in einem Kanal von rechteckigem Querschnitt eingebauten α-Calorimetern. Die experimentellen Werte zeigen, daß unter den gegebenen Vers.-Bedingungen eine hydrodynam. Anlaufstrecke keinen Einfl. auf den WÜ hat. G. Gattow 5816◇

1897 **Analyse des Wärmeübergangs an Wärmeaustauscherplatten.** Syed Abdullah Hassan, Carl W. Hall und G. M. Trout. (Pakistan J. sci. ind. Res. **5**, 219—21, 1962; East Lancing Mich., Michigan State Univ., Dep. of Agric. & Food Sci.; engl.) — Vff. messen ui berechnen die Veränderungen der Temp. u. des Gesamtwärmeübergangs-Koeff. (WÜK) einer einzelnen Platte eines Hocherhitzungs-Kurzzeiterhitzers für die Pasteurisierung von Milch. Die Temp. ist auf der Platte prakt. konstant. Der örtliche Gesamt-WÜK schwankt zwischen 300 u. 800 BTU/Std. u. sq. feet. Der WÜK ist für die Platte konstant. I. Köditz 5816△

1898 **Untersuchungen über die Tropfenbildung am Austritt von Düsen.** P. Sadasiva Rao und Ramalingam Kaparthi. (Indian J. Technol. **1**, 189—92, 1963; Hyderabad, Osmania Univ., Dep. of Chem. Technol.; engl.) — Nach Ablösung eines Tropfens von der Austrittsöffnung einer Düse bildet sich bekanntlich ein weiterer kleinerer Tropfen, das sog. Plateau-Kügelchen. Durch Unters. von 10 Fll. mit stark unterschiedlichen physikal. Eigg. u. 10 Düsen mit verschiedenem Durchmesser (Dm) wurde nachgewiesen, daß der Dm des Kügelchens von Tropfen-Dm, der Oberflächenspannung u. der Dichtedifferenz zwischen Fl. u. die Düse umgebendes Medium abhängt, u. es wurde folgende Beziehung zur Berechnung des Kügelchen-Dm bei gegebenem Tropfen-Dm gefunden. $D(\Delta\varrho/\sigma)^{0,418} = 0{,}06725 \exp. 4{,}6\,d$ (D = Tropfen-Dm, $\Delta\varrho$ = Dichtedifferenz, σ = Oberflächenspannung, d = Dm des Plateau-Kügelches). I. Vieweg 5820◇

1899 **Brechen von großen Festkörpern: Ein rationaler Index und seine Nutzanwendung.** I. Evans. (Trans. Instn. chem. Engr. **40**, 309—14, 1962; engl.) — Die Unterss. über Bruch u. seine Verhinderung führen über experimentelle Daten, die gewöhnlich in Größenanalysen des Materials vor u. nach einem Prozeß bestehen, zu einem charakterist. Index (I). I sollte möglichst von der Größenverteilung u. der Materialzuführung, die zwischen einzelnen Verss. verändert werden kann, unabhängig sein. Die meisten Bruch-I sind ihrer Natur nach halbempir. u. versagen bei ungleichmäßiger Materialzuführung. Nach neueren Unterss. des British Coal Utilization Res. Assoc. ist eine Meth. erarbeitet worden, die einen numer. Wert für den Bruch von Materialien mit konst. Festigkeit gibt, unabhängig von der bewegten Menge. Weitere Fortführung der Unterss. beim Mining Res. Establ. berücksichtigen den Zusammenhang zwischen Stückgröße u. Festigkeit, der ein Charakteristikum zerbrechlicher Materialien ist. Es werden Vorschläge zur Anwendung dieser Kennzahl gemacht, um Mittel u. Wege zu untersuchen, das Zerbrechen von Materialien zu verhindern. F. Zeidler 5820◇

1900 **Agglomerieren von Festkörpern durch Verdichtung.** David Train und C. J. Lewis. (Trans. Instn. chem. Engr. **40**, 235—40, 1962; London, School of Pharmacy; engl.) — Die Faktoren, die die Ausnutzung u. Übertragung von Kräften innerhalb einer zu verdichtenden pulverförmigen Masse beeinflussen, werden erwogen, der Bindungsmechanismus wird im Licht der einschlägigen Theorien erörtert. Die Vorzüge u. Grenzen für die Verdichtung von Pulver unter einem Prägestock, zwischen Walzen oder unter Anwendung von isostat. Druck bzw. Druckstoß-Verf. werden krit. betrachtet. F. Zeidler 5822◇

1901 **Die Verdichtung von Pulvern.** H. R. Gregory. (Trans. Instn. chem. Engr. **40**, 241—51, 1962; Chettenham, Nat. Coalboard, Coal Res. Establ.; engl.) — Die Grundregeln der Verdichtung (V.) werden überprüft sowie der Vorteil erörtert, den das Anlegen von Scherkräften unter Belastung bringt. Es zeigt sich, daß die Dehnung eines aus halbplast. Material hergestellten Festkörpers um das 3—10fache erhöht werden kann, wenn starke Scherkräfte auf die unter Druck stehende Masse ausgeübt werden. Einige Theorien werden diskutiert, die dieses Verh. bei der V. erklären, ferner wird die plast. Verformung von an sich sprödem Material nach diesem Verf. bewiesen. Der Einfl. der von einem Pulver eingeschlossenen Luft auf die V. wird erörtert u. die Entw. einer Maschine gestreift, um Pulver mit hoher Schleifwrkg. bei hoher Temp. ohne Bindemittel zu verdichten. F. Zeidler 5822◇

1902 **Eine Untersuchung über das Mischen von Pulvern in Zentrifugalmischern.** H. Rumpf und W. Mueller. (Trans. Instn. chem. Engr. **40**, 272—80, 1962; Karlsruhe, TH, Inst. für Verf.-Technik; engl.) — Übersicht über die Verff. zum Mischen von Pulvern. Der Mechanismus des Zentrifugenmischens kann durch ein Modell erläutert werden, bei dem die Verteilung von Material nach dem Schleudern gemessen wird. Die Wurfbahn läßt sich annähernd berechnen; ein Näherungswert, um die Bewegung der Teilchen in Berührung mit der Trommel u. im freien Fall zu beschreiben, wird aufgestellt. Die Bewegung der Teilchen in Verss. mit verschiedenen Mischelementen wird photograph. festgehalten, die Verteilung der abgesetzten Partikel auf der Oberfläche des Gemisches quant. gemessen. Die tatsächliche Mischdauer wird festgestellt u. mit einem hypothet. Modell verglichen. Vergleichende Verss. geben Aufschluß über den Einfl. der Gestalt u. Umdrehungs-Geschw. der Mischelemente auf Mischdauer, Kraftverbrauch u. Energiebedarf. F. Zeidler 5822◇

1903 **Emulsionen und Emulgatoren.** Th. Hölken. (Fibre e Colori **13**, 151—56, 1963; ital. — C. **1963**, 3727.) R. Grundmann 5824◇

1904 **Ein polarimetrisches Verfahren zur Bestimmung der gewichtsmäßigen Quellung von Ionenaustauscherharzen.** R. Arnold, Shirley C. Macintosh und A. M. Stephen. (Chem. and Ind. **1961**, 2051—52, Cape Town, Univ., Chem. Dep.; engl.) — Zur Best. des von 1 g trockenem Ionenaustauscherharz absorbierten Lsgm.-Gewichts wird Methyl-α-d-glucopyranosid, $[\alpha]_D^{25}$ in W., Monoäthanolamin (I) u. Gemischen von W. u. I = +158,7° als 1%ig. Lsg. in dem zu untersuchenden Lsgm. auf die Harzprobe gegeben. Nach der polarimetr. Unters. der Lsg.-Phase wird deren Zus. durch Karl-Fischer-Titration u. Titration des I mit Säure ermittelt. Aus den Ergebnissen u. dem Gewicht des angewandten W., I u. Harzes u. der aus dem polarimetr. Messungen gefundenen Quellung wird die Verteilung von I u. W. zwischen Harz u. den äußerten Phasen berechnet. Statt I kann auch Raffinosehydrat verwendet werden. W. Wesly 5826◇

1905 **Wartung und Instandhaltung von Filtergeweben, speziell Filterschläuchen.** L. Bergmann. (Wasser, Luft Betrieb **7**, 634—37, 1963; Einbeck; dt.) — Übersicht. F. Rosendahl 5830△

1906 **Ein mathematisches Strömungsmodell für den Rührreaktor.** J. G. van de Vusse. (Chemie-Ing.-Techn. **35**, 215—18, 1963; Amsterdam, Koninklijke/Shell Labor., Shell Internat. Res. Maatschappij N.V.; dt.) — Vf. entwickelt ein mathemat. Modell für einen Rührreaktor, wobei angenommen wird, daß die Pumpwrkg. des Rührers ine Umlaufströmung hervorruft u. daß die umlaufende Fl. eine isotrope homogene Turbulenz aufweist. Nach dem Modell u. nach Verss. werden berechnet die Mischkurven u. Verweilzeitkurven bei diskontinuierlichen u. kontinuierlichen Vorgängen, die Umsätze für Rkk. I. Ordnung sowie der Einfl. verschiedener Rührervariablen. A. Knickenberg 5840◇

1907 **Stoffübergang zwischen den Phasen.** Thomas K. Sherwood. (Nat. Acad. Sci. — Nat. Res. Council, Publ. Nr. **942**, 211—20, 1963; Mass., Inst. of Techn., Dep. of Chem. Eng.; engl.) — Nach einer allg. Darst. der Grundlagen von Trennungsprozessen mehrerer gelöster Stoffe diskutiert Vf. die theoret. Grundlagen für die Best. der Geschw. des Stoffübergangs zwischen den Phasen, der für die Wirtschaftlichkeit eines Trennungsprozesses äußerst entscheidend ist. Er behandelt dann den Diffusionswiderstand beim Stoffübergang von einer Fl. in eine andere durch eine Membran unter bes. Berücksichtigung der z. B. bei Koll. auftretenden Diffusions-„schwellen" u. weist auf die Notwendigkeit der Entw. adäquater Theorien der Diffusion von mehreren Ionen in einer Lsg. u. der theoret. Klärung des Auftretens solcher Diffusionsschwellen hin. I. Köditz 5860

1908 **Eine halbrationale Korrelation zum Wärmeumlauf beim Blasensieden.** J. H. Lienhard. (Int. J. Heat Mass Transfer **6,** 215—19, 1963; Pullman, Wash., State Univ., Dep. of Mechan. Engng.; engl.) — Das Tien-Modell für den Wärmeübergang beim Blasensieden wird vom Vf. an Hand der Mitt. von Benjamin u. Westwater (1961) für W., Aceton, n-Hexan, CCl_4 u. CS_2 erneut bestimmt. Mit der gegebenen halbrationalen Aussage wird eine bessere Korrelation aller verfügbaren Daten ermöglicht.
W.-D. Heußner 5864◇

1909 **Vakuum-Rektifikator neuartiger Arbeitsweise.** V. Stevanović. (Chemie-Ing.-Techn. **35,** 154, 1963; Zürich, Luwa Akt.-Ges.; dt.) — Der Rektifikator besteht aus einer vertikalen, von außen beheizten Säule, in der sich ein gekühlter, koaxial angeordneter Rotor befindet. Die schwerer flüchtige Komponente kondensiert an der gekühlten Oberfläche des Rotors, die leichterflüchtige verdampft an der beheizten Innenfläche der Säule. Der günstigste Anwendungsbereich liegt zwischen 1 u. 20 Torr. In der Praxis hat sich der Rektifikator bei der Reingewinnung von Caprolactam bewährt. Nähere Angaben über die Bauart u. die Arbeitsweise werden nicht gemacht. A. Knickenberg 5864◇

1910 **Reinigung von organischen Verbindungen durch kontinuierliches Zonengefrieren.** C. M. Doede. (Ind. Chemist **38,** 462—66, 1962; Walliford, Conn., Quantum, Inc.; engl.) — Übersicht über Theorie (Ausscheidung des reinen Stoffes beim Erstarren der verunreinigten Fl.), Geräte, Ausführung u. Vorteile des Verf. des kontinuierlichen Zonengefrierens zur Reinigung von organ. Verbb. bei Temp. von ca. -50 bis $+50^0$. W. Wesly 5868◇

1911 **Trocknen durch selektive Absorption von Infrarotstrahlen.** Bunji Arima. (Bull. Nagoya Inst. Technol. **14,** 13—16, 1962; jap., Auszug: engl.) — Die Wrkg. der Strahlentrocknung wird ermittelt, indem der Durchgang von IR-Energie mit Wellenlängen von 1,19, 1,45 u. 1,6 μ durch Textilschichten gemessen wird. Die Variablen Strahlungsenergie, Wellenlänge, Probendicke, opt. Eigg., krit. Feuchtigkeits-Geh., Wasserdurchlässigkeit u. Verbrauch des Trokkengutes an elektr. Energie werden erörtert.
W. Wesly 5874◇

1912 **Kolben- oder Kreiselpumpen für Gießeinheiten.** H. Engler. (Batterien [Utrecht] **17,** 524—26, 1963; Weidenau/Sieg, W. Dietermann. Spezialpumpenbau; dt. u. engl.) — Die Konstruktion einer das zu fördernde Metall dosierenden Kreiselpumpe zum Gebrauch in Gießmaschinen für die Akkumulatorenindustrie wird beschrieben. Die Verkrätzung des geförderten (geschmolzenen) Pb wird durch die dosierende Konstruktion stark herabgesetzt, u. zwar wird der Hauptnachteil der Kolbenpumpe, die Verzunderung der Ventilsitze, Kolben- u. Zylinderteile vermieden.
C. Drotschmann 5880◇

1913 **Untersuchung zur Berechnung des Betriebsverhaltens von Treibstrahlförderern.** H. Blenke, K. Bohner und E. Vollmerhaus. (Chemie-Ing.-Techn. **35,** 201—08, 1963; Ludwigshafen/Rh., Techn. Prüf- u. Vers.-Betriebe der Bad. Anilin u. Soda-Fabrik Akt.-Ges.; dt.) — Der Impulsüberschuß eines Treibstrahles kann bei Treibstrahlfördererd für Fl. oder Gase direkt auf das zu fördernde Medium übertragen werden. In umfangreichen Verss. bei Benutzung von W. als Treib- u. Fördermittel haben Vff. die Mengen- u. Druckverhältnisse von Treibstrahlförderern ermittelt. Die Treibmengen wurden zwischen 0 u. 40000 kp/h, die Fördermengen zwischen 0 u. 80000 kp/h u. das Verhältnis von Fördermenge zur Treibmenge zwischen 0 u. 60 verändert. An Rechenbeispielen werden die optimalen Auslegungsbedingungen u. das Betriebs-Verh. von Treibstrahlförderern erläutert. A. Knickenberg 5880◇

1914 **Bestimmung der Größe von Ventilen für Entspannungsflüssigkeiten.** A. J. Hanssen. (Instruments Control Syst. **35,** 109—110, 1962; Conoflow Corp.; engl.) — Es werden Gleichungen u. daraus entwickelte Kurven angegeben, die es ermöglichen, das komplizierte Problem der Größen-Best. von Ventilen für Entspannungs-Fll. für jede Temp. schnell u. einfach zu lösen. I. Köditz 5882△

1915 **Der Einfluß der Trägheit der Instrumente auf die Messung der turbulenten Strömung von Wasserdampf.** R. J. Taylor. (Austral. J. appl. Sci. **14,** 27—37, 1963; Aspendale, Victoria, C.S.I.R.O., Div. of Meteor. Phys.; engl.) — Es werden Beziehungen für die therm. Zeit-Konst. des Feucht- u. Trockenthermometers eines aus Widerstandsthermometern aufgebauten Psychrometers in Abhängigkeit von der Reynolds-Zahl des vertikal turbulent anströmenden wasserdampfhaltigen Gases abgeleitet, u. es wird nachgewiesen, daß bei ungleichen Zeit-Konst. Schwankungen des Wasserdampf-Geh. nur mit großen Phasenschwankungen wiedergegeben werden. Obwohl der Effekt zahlenmäßig klein ist, empfielt es sich, vor allem bei höheren Schwankungsfrequenzen, Instrumente mit gleicher Zeit-Konst. zu verwenden. Inge Vieweg 5886◇

1916 **Elektrische Verfahren zur Messung von Wärme- und Stoffaustausch.** P. Grassmann. (Chemie-Ing.-Techn. **35,** 155—57, 1963; Zürich, ETH; dt.) — Für die Messung kleiner Wärmemengen sind die mit Fremdenergie arbeitenden Verf. vorzuziehen, wobei dieses Prinzip sich auch auf den Stoffaustausch anwenden läßt. Beschreibung der Vers.-Anordnung zur Messung der lokalen Stoffaustausch-Koeff. mit Hilfe eines Leitelektrolyten. Vf. gibt eine neue Meth. an zur Best. der Leitfähigkeit von Fll. u. Gasen durch die Strom- u. Spannungsmessung zweier Heizdrähte.
A. Knickenberg 5888◇

1917 **Die Herstellung von hochreinem Ta und dessen Legierungen zur Kapselung von flüssigem Plutonium im Reaktor LAMPRE I.** Richard M. Bidwell, William E. Ferguson, Calvin C. Burwell, R. Philip Hammond, Keith V. Davidson, Walter R. Wykoff und Robert W. Anderson. (Nuclear Sci. Engng. **14,** 109—22, 1962; Los Alamos, N.Mex., Los Alamos Sci. Labor.; engl.) — Durch Bogenschmelzen im Vakuum wurde der Geh. an Verunreinigungen auf 100 ppm gebracht. Durch nachfolgendes Schmelzen im Elektronenstrahl erhält man spektroskop. reines Ta mit Verunreinigungen im Zwischengitter von ca. 20 ppm. Die Korrosionsbeständigkeit von 80 verschiedenen Ta-Legg. mit 17 verschiedenen Elementen wurde untersucht. W u. Y erhöhen die Beständigkeit. Y-Spuren erhöhen den Rekristallisationspunkt um 400^0. Wegen der geringeren Korngrenzflächen ist gewalztes Ta bedeutend widerstandsfähiger gegen Korrosion durch fl. Pu. Das eindringende Pu bewirkt Rekristallisation des Ta. Das Material für die erste Brennstoffbeschickung des LAMPRE I bestand aus hochreinem Ta mit 0,1% W, nach der Herst. bei 1050^0 geglüht.
W. Knoch 5894◇

1918 **Einfluß des Kühlsystems auf die Grenzleistung von Druckflüssigkeitsreaktoren.** A. Mareske. (Atomkernenergie **8,** 213—23, 1963; Berlin; dt.) — Behandelt werden: Definition der Grenzleistung als elektr. Nettoleistung, Auslegung der sicherheitsbedingten Grenzleistung kleiner Schiffsantriebsreaktoren, bedingt durch die Auslegungen der Brennelemente u. des Kühl-Syst., Berechnungen u. übersichtliche graph. Darstellungen.
A. Koss-Rosenqvist 5894◇

1919 **Beeinflussung des Kühlungswirkungsgrades gasgekühlter Kernreaktoren durch Temperaturabhängigkeit der Gaseigenschaften, Abbrand und Regelung.** H. Benzler. (Atomkernenergie **7,** 345—49, 1962; Rom; dt.) — Behandelt werden: Wärmetechn. Auslegung der Kühlkanäle für temperaturabhängige Kühlgasstoffwerte allg. u. in dimensionsloser Darst., Verweis auf die sehr ähnlichen Berechnungs-Meth. für konventionelle Wärmeüberträger (Aufwärmungs-Verh., Erwärmungs-Wrkg.-Grad), Darst. der mittleren Wärmeübergangszahl für z. B. Brennelemente des Stabbündeltypus, Hinweis auf den Einfl. des Brennstoffabbrandes, Berechnung des Einfl. der Regelstabstellung auf den Kühlungs-Wrkg.-Grad. A. Koss-Rosenqvist 5894◇

1920 **Wirtschaftlichkeitsbetrachtungen bei der Auslegung von Dampferzeugern für gasgekühlte Reaktoren.** W. E. Bausa und M. Pfeifer. (Atomkernenergie **7,** 350—58, 1962; Oberhausen/Rhld., Deutsche Babcock & Wilcox Dampfkesselwerke Akt.-Ges., Atomenergieabt.; dt.) — Hinweis auf die Möglichkeit, Kernkraftwerke im Vgl. zu konventionellen Kraftwerken wirtschaftlich auslegen zu können, wenn man die installierte Leistung zur Jahresbelastung optimal bestimmt. Senkung der derzeitigen Kosten durch z. B. wirtschaftliche Dimensionierung des Dampferzeugers. Vgl. von Ein- u. Zweidruckprozessen, wobei der Eindruckprozeß vorteilhafter erscheint. Er kann durch Verw. der günstigsten Rohrart u. Anordnung, durch einen günstigen Dampferzeugerdurchmesser u. durch Benutzung der günstigsten Grädigkeit optimalisiert werden. Bei evtl. Verw. von Überhitzern sollen diese in 2 Teilen, vor u. hinter dem Verdampfer, angeordnet werden. Rechner. Lösung: Bosnjakovic-Methode. A. Koss-Rosenqvist 5894◇

1921 **Bestimmung der Verweilzeit von Partikeln in mehrstufigen Wirbelschicht-Systemen.** K. McG. Bowling und A. Watts. (Austral. J. appl. Sci. **14**, 57—68, 1963; Chatswood, N.S.W., C.S.I.R.O., Div. of Coal Res.; engl.) — Die Verweilzeit von Einzelteilchen in einer mehrstufigen Wirbelschichtanlage wurde für Syst. mit Gleich- u. Gegenstrom mit einer neuartigen Impuls-Signal-Meth. untersucht. Es ergab sich, daß die Verweilzeiten bei mehrstufigen Betten wesentlich einheitlicher sind als bei einer einstufigen Anlage, u. daß das experimentell ermittelte Verweilzeitspektrum dem Idealfall vollständiger Mischung nahekommt. in einer 4stufigen Wirbelschichtanlage ist der Anteil von Teilchen mit sehr kurzer Verweilzeit sehr gering u. nähert sich dem theoret. zu erwartenden Wert. Inge Vieweg 5904◇

1922 **Materialhandhabung.** John R. Arwood. (Ind. Engng. Chem. **53**, 159—60, 1961; New York, N.Y., Continental Grain Co.; engl.) — Jahresübersicht über die Grundoperation „Materialhandhabung", in der der Kostenanteil für Materialhandhabung an den Gesamtkosten eines Prod., die Handhabung von Waggonladungen u. Massengütern sowie Fragen der Verpackung behandelt werden. Inge Vieweg 5906◇

1923 United States of America, Secretary of the Army, übert. von: Virgil O. Hatch, Aberdeen, Md., V.St.A., **Abdichtungsmasse,** die bes. zum Dichten von Löchern in Kühl-Syst. von Maschinen dient. Die Masse besteht aus einer Mischung von 3 (Gew.-%) Ricinusöl, 75—90 vermahlenen Nußschalen (einer Teilchengröße im Bereich der 20—80-Maschen-Siebe) u. Restmenge Polyvinylalkohol. (**A. P. 3 034 998** vom 2/9. 1960, ausg. 15/5. 1962.) P. Krug 5811

1924 Unilever N. V., Rotterdam (Erfinder: Hendrik Jan Duin und Jacob Arie Schaap, Vlaardingen), Niederlande, **Herstellung von in der Wärme stabilen Öl-in-Wasser-Emulsionen** durch Einrühren des erwärmten Öls, z. B. Sojaöl, in eine wss. Lsg. eines Emulgiermittels mit stark hydrophilen Eigenschaften. Als Emulgatoren werden nach Niederl. P. 102 037 partielle H_3PO_4-Ester höherer Fettalkohole, z. B. das Na-Salz von Monostearylphosphorsäure oder Monooleylphosphorsäure, u. nach Niederl. P. 102 038 nichtionogene capillarakt. Verbb. der allg. Formel RXY, z. B. Polyglykolstearyläther, empfohlen (R = KW-Stoff-Rest mit mindestens 8 C-Atomen in einer unverzweigten Kette; X = —O— oder —CO—O—; Y = nichtsubstituierter Polyoxyalkylenrest, bes. mit mindestens 20 Oxyäthylengruppen). — Vgl. Ind. P. 53 888; C. **1961,** 9929. (**Niederl. PP. 102 037** u. **102 038** vom 26/2. 1955, ausg. 15/8. 1962. Beide E. Prior. 26/2. 1954.) F. Böhm 5825

1925 VEB Elektrochemie Hirschfelde, Deutschland, **Porige Absorptionsmasse** aus einem Granulat von Schaumbeton, Kieselgur, MgO u. dgl. mit einer Korngröße von 1—6 mm u. einem spezif. Gew. von 0,3—2,5 t/m³. (**F. P. 1 280 210** vom 20/1. 1961, ausg. 7/5. 1962.) Hans Hoffmann 5849

1926 Houillères du Bassin du Nord et du Pas-de-Calais (Erfinder: Pierre Danelon, Jules-François und Constantin Georgiadis), Frankreich, **Herstellung von aktiver Kohle aus Steinkohle,** welche auch quellend u. schmelzend sein kann. Die Ausgangskohle wird in Ggw. eines O_2-haltigen Gases 2—5 Std. durch Erhitzen auf 150—350° voraktiviert, wobei O_2 fixiert wird u. die Kohle ihre schm. u. quellenden Eigg. verliert. Danach wird die voraktivierte Kohle durch Erhitzen auf 600—1000° in Ggw. eines aktivierenden Gases, z. B. von mit einem inerten Gas verd. Wasserdampf, zu Ende aktiviert, wobei unter Poren-Bldg. eine große Oberfläche geschaffen wird. — Diagramme. (**F. P. 1 283 357** vom 24/12. 1960, ausg. 20/6. 1962.) M. F. Müller 5849

1927 United States Atomic Energy Commission, V.St.A. (Erfinder: Joseph James Hauth), **Herstellung eines keramischen Verbrennungselementes für Kernreaktoren.** Ein durch Sintern bereits verdichtetes u. hierauf gemahlenes Spaltmaterial, wie UO_2, ThO_2 u. dgl., wird in eine Zr-Hülse eingeschlossen u. durch Vibration unter Ausnutzung der Eigenschwingung der Hülse weiter verdichtet. (**F. P. 1 280 532** vom 24/2. 1961, ausg. 9/5. 1962. A. Prior. 7/3. 1960.) Hans Hoffmann 5895

1928 Continental Oil Co. (Erfinder: Preston Lenell Gant, D'Arcy Adriance Spock und John Dean Sudbury), **Verfestigen von radioaktiven Flüssigkeiten** zwecks Beseitigung in fester Form durch Zusatz von Tonmineralien, wie Montmorillonit, Bentonit u. dgl., in Mengen von 1—60, bes. 25—45 (Gew.-%), bezogen auf das gesamte Gemisch, von CaO in Mengen von 2—30, bes. 3—15, bezogen auf das Gew. der zu beseitigenden Fl., u. von Alkalien in solchen Mengen, daß das Gemisch einen pH-Wert von 10—13, bes. 10,5—12, erhält. Das erhaltene Gemisch wird auf 65 bis 500° F erhitzt. (**Aust. P. 237 098** vom 30/11. 1959, ausg. 8/2. 1962. A. Prior. 31/12. 1958.) K. Demmler 5895

1929 Purex Corp. Ltd., übert. von: Frank G. Morris, Spokane, Wash., V.St.A., **Verfahren zum Entfernen von radioaktiven Verunreinigungen** von Oberflächen, dad. gek., daß man diese mit einer wss. Lsg. behandelt, die Alkali-u./oder NH_4-Polyphosphate, einen in saurer Lsg. (pH-Wert 3—7) beständigen ionogenen oder anionakt. Waschrohstoff u. Glykolsäure (I) oder Milchsäure, z. B. ein Gemisch aus 70,2 (%) Na-Hexametaphosphat, 2,3 Alkylarylpolyätheralkohol (Triton X-100), 5,3 Alkylarylsulfonat (Naccanol) u. 22,3 I enthält. (**A. P. 3 033 794** vom 23/7. 1956, ausg. 8/5. 1962.) C. Lüttgen 5895

1930 Purex Corp., Ltd., übert. von: Elmer L. Brevik, Los Angeles, Calif., V.St.A., **Mittel zur Entfernung von radioaktivem Schmutz,** bestehend aus 10—90 (%) Sulfaminsäure (I) u./oder deren wasserlösl. Salzen, 90—10 eines wasserlösl. Fluorids u. ggf. einem Chlorid, z. B. 30 NH_4-sulfamat, 20 **I**, 40 NaCl u. 10 $NH_4 \cdot HF_2$. (**A. P. 3 033 795** vom 10/6. 1957, ausg. 8/5. 1962.) C. Lüttgen 5895

1931 Elektrophysikalische Anstalt Bernhard Berghaus, Vaduz, Liechtenstein (Erfinder: Bernhard Berghaus, Zürich, Schweiz), **Durchführung von chemischen oder metallurgischen Prozessen unter dem Einfluß elektrischer Gas- oder Glimmentladungen** in einem Rk.-Raum zwischen gas- oder dampfförmigen u./oder feindispersen, fl. u./oder festen Rk.-Partnern, die als Strahl in den Rk.-Raum eingeleitet werden, dad. gek., daß außer den Rk.-Partnern wenigstens zeitweise mindestens ein Hilfsstoff (I) in den Rk.-Raum eingeleitet wird, durch den die gewünschte Rk. erleichtert wird. I kann z. B. Luft oder feindispers verteiltes Hg sein. (**Schwz. P. 366 270** vom 16/5. 1958, ausg. 15/2. 1963.) F. Laaß 5905

1932 **Union Carbide Corp.**, V.St.A. (Erfinder: **Richard M. Barrer** und **Frederick W. Bultitude**), *Herstellung von Natrium-Zeolith A.* (**F. P. 1 257 034** vom 22/1. 1960, ausg. 10/7. 1961. A. Prior. 26/1. 1959. — C. **1963,** 3731 [E. P. 870 440].)

1933 **Kali-Chemie Akt.-Ges.**, Hannover, *Herstellung hochtemperaturbeständiger geformter Platin -oder Palladiumkatalysatoren.* (**E. P. 918 064** vom 13/10. 1961, ausg. 13/2. 1963. D. Prior. 15/10. 1960. — C. **1963,** 21307 [D. A. S. 1 142 342].)

H_2 Betriebsschutz, Feuerschutz

1934 **Die Wirksamkeit von Membranfiltern.** W. J. Megaw und R. D. Wiffen. (Air Water Pollut. **7**, 501—09, 1963; Harwell, A.E.R.E., Health Phys. Med. Div.; engl.) — Ein spezielles Membranfilter „AA Millipore" wird auf seine Wirksamkeit mittels Aerosolen von $KMnO_4$ u. W untersucht. K. Dorfner 5930◇

1935 **Beitrag zur Frage der Grubengasentwicklung in den Strebbauen flachgelagerter Flöze.** Vavro. (Bergbautechnik **12**, 35—42, 1962; Ostrava; dt.) — Überblick über Grubengase, Ausgasung in den Strebbauen, Einfl. der Abbauführung u. des Versatzes sowie Grundsätze für die planmäßige Entgasung. R. Grundmann 5936◇

1936 **Untersuchung der Luftverunreinigung durch Analyse der in Luftfilteranlagen abgeschiedenen Teilchen. 2. Mitt. Bestimmung von polycyclischen aromatischen Kohlenwasserstoffen in den Gesamt-Feststoffen der Luft.** A. J. Lindsey und J. R. Stanbury. (Air Water Pollut. **6**, 387—90, 1962; London, Sir John Cass Coll., Dep. of Chem.; engl.) — 1. vgl. C. **1964**, 2-1762. — In 2wöchentlichen Abständen ausgeführte Unterss. der von einer Luftfilteranlage in 1 Jahr gesammelten, festen Verunreinigungen der Luft, ergaben (bezogen auf die Gesamt-Feststoffmenge) im Mittel 0,012% polycycl. aromat. KW-Stoffe Pyren, Fluoranthen, 1.2- u. 3.4-Benzopyren (**I**), Perylen, 1.2-Benzoperylen, Anthanthren; der **I**-Geh. betrug 0,0014%. Die Gesamtmenge lösl. organ. Substanz betrug bis 4,5%. W. Wesly 5942◇

1937 **Untersuchung der Luftverunreinigung durch Analyse der in Luftfilterungsanlagen abgeschiedenen Teilchen. 3. Mitt. Bestimmung von unlöslichen Stoffen und von Eisen in der Asche der Gesamtfeststoffe der Luft.** I. E. Burrows und A. J. Lindsey. (Air Water Pollut. **6**, 439—41, 1962; engl.) — 2. vgl. vorst. Referat. — Zur Best. der unlösl. Stoffe wird die Asche der Luftfeststoffe am Rückflußkühler mit HCl + HNO_3 gekocht, die Lsg. nahezu zur Trockne verdampft, mit W. verd., zentrifugiert, der Rückstand bei 140° getrocknet u. gewogen. Zur Best. von Fe^{3+} wird $Fe(OH)_3$ mit NH_4OH in Ggw. von NH_4Cl aus den vereinigten, wss. Lsgg. gefällt, mit $NH_4Cl + NH_4OH$ gewaschen, durch Zentrifugieren getrennt, in HCl gelöst, die Lsg. mit KSCN-Lsg. versetzt u. die opt. Dichte bei 480 mμ ermittelt. W. Wesly 5942◇

1938 **Untersuchung über die Luftverunreinigung durch Analyse der in Luftfilteranlagen abgeschiedenen Teilchen. 4. Mitt. Bestimmung von Germanium in den Gesamtfeststoffen der Luft.** A. J. Lindsey und J. R. Stanbury. (Air Water Pollut. **7**, 1—3, 1963; engl.) — 3. vgl. vorst. Referat. — Zur Best. von Ge im Flugstaub wird die Probe durch Schmelzen mit Na_2CO_3 aufgeschlossen u. Ge nach dem von Cluley (C. **1956**, 3665) angegebenen Verf. ermittelt (Best. der Extinktion nach Zusatz von 2.3.7-Trihydroxy-9-phenyl-6-fluoron-Reagens). W. Wesly 5942◇

H_3. Elektrotechnik

1939 **Die Ausnutzung der Sonnenenergie.** Heinz Baumann. (Chemiker-Ztg./Chem. Apparatur **87**, 267—70, 1963; Frankenthal; dt.) — Kurzer Überblick über die verschiedenen Verss. zur rationellen Gewinnung u. Verwertung der Sonnenenergie, Gewinnung von Elektrizität durch Licht-Einw. (photoelektr. Umwandlung), Elektrizität aus Wärme (Thermoelektrizität), elektrochem. Umwandlung, chem. Umwandlung durch Einw. von Licht u. Wärme (photochem. Verf.). H. Lütgert 5950◇

1940 **Neuer Vakuumtrichter entzieht der Vinylisolierung vor dem Spritzen Wasser und Luft.** Neil T. Flathers, Robert E. Johnson, Vernon R. Pallas und W. Mayo Smith. (Wire and Wire Products **35**, 738, 777—78, 1960; Wilton, Conn., Escambia Chem. Corp.; engl.) — Beschreibung einer einfachen Meth. zur Verbesserung der elektr. u. physikal. Eigg. gespritzter PVC-Isolierungen durch Beseitigung der Porosität. L. Kempf 5956◇

1941 **Eigenschaften und Verwendung von sinterkeramischen Dauermagneten aus Bariumferrit.** I. Ju. Gerschow. (Pulvermetallurgie [UdSSR] **3**, Nr. 3, 71—80, 1963; Forsch. Inst. für Autoteile; russ., Auszug: engl.) — Überblick. — 7 Literaturangaben. H. Hochstein 5958◇

1942 **Eine Reihe von Ringgettern aus verdampfendem Barium.** P. Della Porta. (Le Vide **17**, 484—91, 1962; Milan, S.A.E.S. Getters; engl.) — Vf. gibt einen Überblick über die Bedingungen für die Anwendung von Gettermetallen in der Produktion von Elektronenröhren u. die Leistungsfähigkeit dieser Getter, bes. von denen, die einen Ba-Film durch Verdampfung ergeben. Es werden Getter mit Ringform u. wesentlich größerer Leistung (Sorbierung der Restgase bei der Produktion u. der beim Betrieb entstehenden Gase), verdampfbare plattenförmige Getter, die nur geringe Energiemengen für die Verdampfung benötigen, u. hochgerichtete Getter für Fernsehröhren beschrieben. I. Köditz 5974△

1943 **Sedimentationsuntersuchungen an Fernsehweißlichtmischungen (ZnS/Ag + ZnCdS/Ag).** J. Boese. (Tag.-Ber. physik. Ges. DDR, Greifswald **1959**, Physik Chem. Kristallphosphore **1**, 295—308, herausgeg. 1960; Berlin, Werk für Fernmeldewes.; dt.) — Zusammenstellung von Vers.-Ergebnissen bei der techn. Herst. von Bildröhren. H. Roschkowski 5974◇

1944 **Messungen der Strahlenresistenz von Transistoren.** K. Zander. (Nukleonik [Berlin] **3**, 292—95, 1961; Berlin, Hahn-Meitner-Inst. für Kernforsch., Sektor Kernchem.; dt.) — Die Veränderungen stat. u. dynam. Kenngrößen von *Ge*- u. *Si*-Transistoren während der Bestrahlung wurden gemessen. *Si*-Transistoren zeigten eine geringe, legierte Ge-HF-Transistoren eine bessere, Mesa-Ge-Transistoren eine gute Resistenz. O. Jansen 5976◇

1945 Alexandr Tkác, Vojtech Schulz, Vojtech Kellö und Viliam Pallo, Bratislava, Tschechoslowakei, **Kontinuierliche Herstellung einer Imprägniermasse für Kabel** bis zu einer Spannung von 110 kV auf Basis von raffiniertem Mineralöl (**I**) u. in Form eines Films von im Vakuum dest. Kolophonium (**II**), dad. gek., daß **I**, welches durch Vakuum-Dest. bei 180° u. 0,5 mm Hg von den leichteren Fraktionen befreit ist, auf die Oberfläche eines Abdampfers geführt wird, auf dem Harzsäuren als mittlere Fraktion abdampfen, worauf diese kontinuierlich u. direkt in kältere Filme oder Tröpfchen von **I** kondensiert wird, wobei Vereinigung von **I** mit **II** erzielt wird. — Vorrichtung. (**D. A. S. 1 143 598** Kl. 22h vom 15/12. 1958, ausg. 14/2. 1963.) M. Böttcher 5957

1946 C. K. Williams & Co., Easton, Pa., V.St.A. (Erfinder: Joseph W. Ayers und Robert A. Stephens), **Herstellung von ferromagnetischen Eisenoxiden für Magnetogrammträger** durch Red. von krist. Fe_2O_3-Teilchen, die zum größten Teil eine maximale Dimension von weniger als 2 μ aufweisen, wobei das Verhältnis von Länge zu Breite zwischen 5:1 u. 10:1 u. das Verhältnis von Breite zu Dicke wenigstens 3:1 betragen, zu Fe_3O_4 u. anschließende Oxydation zu γ-Fe_2O_3 (**E. P. 903 789** vom 1/1. 1960, ausg. 22/8. 1962.) K. Demmler 5959

1947 Badische Anilin- & Soda-Fabrik Akt.-Ges., Ludwigshafen/Rh., **Herstellung von nadelförmigem γ-Fe_2O_3 für Magnetogrammträger.** Man fällt aus einer Fe(III)-Salz-Lsg. bei 10—50° mit überschüssiger Alkali-Lsg. $Fe(OH)_3$, bringt das abgetrennte $Fe(OH)_3$ 10—40 Std. mit einer weiteren 3—20%ig. Alkali-Lsg. bei 20—90° in Kontakt, erhitzt auf $>90°$, ggf. unter Druck, red. das filtrierte, gewaschene u. getrocknete Prod. mit H_2 oder CO u. oxydiert das erhaltene Fe_3O_4 mit oxydierenden Gasen bei Temp. bis 400° zu γ-Fe_2O_3. (**E. P. 906 798** vom 18/8. 1960, ausg. 26/9. 1962. D. Prior. 21/8. 1959.) K. Demmler 5959

1948 Gustavo Pizzirani, Stradella, Pavia, Italien, **Elektrolyt für Bleiakkumulatoren.** An Stelle oder als Zusatz zum normalen H_2SO_4-Elektrolyt verwendet man ein Gemisch der Zus.: 85—12 (%) $KAl(SO_4)_2 \cdot 12\,H_2O$, 48 bis 3 $MgSO_4$, 10—0 $CuSO_4$, 27—0 $BaSO_4$, 17—0 H_3BO_3, 9 bis 0 $Mg_3H_2(SiO_3)_4$, 12—0 $HgSO_4$, 13—0 $Al_2H_2(SiO_4)_2 \cdot H_2O$ u. ggf. W. u. H_2SO_4. Die Feststoffe können mit üblichen Hilfsmitteln zu Tabletten gepreßt werden. Man verwendet 0,037—5 g für jede Amperestunde. Größere Lebensdauer, erhöhte Wirksamkeit u. Ausnutzung der Kapazität. (**It. P. 559 098** vom 17/9. 1956.) K. Koebke 5971

1949 Yardney International Corp., übert. von: Meyer Mendelsohn und Milton Comanor, New York, N.Y., V.St.A., **Elektrolyt für Silber–Zink-Akkumulatoren.** Um die Bldg. von Zinkaten in der als Elektrolyt dienenden KOH-Lsg. zu unterdrücken, enthält der Elektrolyt Alkalialuminate, -molybdate, -wolframate, -arsenate, -vanadate, -stannate oder -plumbate in Mengen von 10—100% der Sättigung. (**A. P. 2 994 625** vom 24/4. 1958, ausg. 1/8. 1961. **E. P. 910 372** vom 24/4. 1959, ausg. 14/11. 1962. A. Prior. 24/4. 1958.) F. Laaß 5971

1950 Electric Storage Battery Co., Philadelphia, Pa., V.St.A., **Blei-Akkumulator** mit Elektroden, deren Gitter aus Pb-Sb-Legg. bestehen. Um das Absetzen von aus dem positiven Gitter stammenden Sb auf der negativen Elektrode u. damit die Selbstentladung des Akkumulators zu verringern, werden dem Elektrolyten 1—10 (g/Liter) eines aromat. Aldehyds oder dessen Oxydations- oder Red.-Prodd., z. B. Anisaldehyd, Anisalkohol oder Anissäure, u. 1—10 $CdSO_4$ zugegeben. (**E. P. 879 970** vom 27/7. 1959, ausg. 11/10. 1961. A. Prior. 27/10. 1958.) F. Laaß 5971

1951 Hubert Stephan Usel, Sistrans, Österreich, **Gasdicht verschlossener Blei-Akkumulator** mit einer die entstehenden Gase absorbierenden, im Elektrolyten unlösl. Substanz, z. B. fein verteiltes SiO_2, in Mengen, die dem Elektrolyten pastenförmige Konsistenz geben, u. mit Redox-Syst. bildenden Stoffen (I), die in die akt. Massen eingebracht oder im Elektrolyten suspendiert werden. I müssen so beschaffen sein, daß sie in keinem Stadium des Redoxprozesses die Potentialverhältnisse im Akkumulator wesentlich ändern. Bevorzugt genannte I sind: Ti_2O_3/TiO_2; Heteropolysäure aus gleichen Teilen H_3VO_4 u. H_5JO_6; Ni(OH)S oder CO(OH)S. (**A. P. 3 000 996** vom 27/6. 1957, ausg. 19/9. 1961. Oe. Prior. 2/7. 1956.) F. Laaß 5971

1952 Boliden Batteri A/B, Stockholm, Schweden, **Trocken geladene negative Platten für Blei-Akkumulatoren** weisen eine akt. Masse auf, deren einzelne Partikeln mit einem Schutzmittel beschichtet sind, dessen Konz. an der Oberseite der Platte größer, z. B. 2—4 mal, als im mittleren Teil ist. Die Herst. erfolgt in 2 Stufen: Das W. wird aus den feuchten Platten in einem Benzol- oder CCl_4-Bad innerhalb 2 bis 5 Min. herausgekocht, u. die Platten werden dann ca. 2 bis 7 Min. in eine Imprägnier-Lsg., die z. B. Paraffinwachs oder -öl, Ricinusöl oder Kunstharze enthält, getaucht u. können dann im heißen Luftstrom getrocknet werden. — Abbildungen. (**E. P. 875 974** vom 11/3. 1960, ausg. 30/8. 1961. Schwed. Prior. 14/1. 1960.) F. Laaß 5971

1953 Electric Storage Battery Co., Philadelphia, Pa., V.St.A., **Kippsicherer Akkumulator mit Stopfen,** der gasdurchlässig ist, aber ein Auslaufen des Elektrolyten verhindert. Der Stopfen weist einen Mantel aus mikroporösem Kunststoff, z. B. aus Polyäthylen, -propylen, -styrol oder -vinylalkohol, mit einer Porenweite von ca. 2 μ auf. Die Wände der Poren sind mit einem Siliconharz überzogen, um den natürlichen hydrophoben Charakter der Kunststoffe zu erhöhen. (**E. P. 877 220** vom 5/5. 1959, ausg. 13/9. 1961. A. Prior. 30/7. 1958.) F. Laaß 5971

1954 W. R. Grace & Co., Cambridge, Mass., V.St.A., **Separator für Akkumulatoren,** der aus Fasern besteht, die mit Hilfe von warmhärtbaren Kunststoffen säurefest gemacht wurden. Auf die Seite des Separators, welche der positiven Elektrode anliegt, wird eine wss., 20—35%ig. Lsg. von Na- oder K-Silicat aufgesprüht u. der Separator getrocknet. Es wird so ein oxydationsbeständiger Separator erhalten, der gleichzeitig von dem Elektrolyten leicht benetzt wird. (**E. P. 876 389** vom 21/8. 1959, ausg. 30/8. 1961. A. Prior. 29/8. 1958.) F. Laaß 5971

1955 Texas Instruments, Inc., Dallas, Tex., V.St.A., **Galvanisches Element** mit einer Ag-Folie als Anode u. einer darauf aufgebrachten Ag-Halogenschicht als festen Elektrolyten. Um bei der Verarbeitung ein gutes Haften zu sichern, wird auf die Folie zunächst eine Schicht feines u. dann grobes Ag-Halogenpulver aufgebracht, die Pulver werden geschmolzen u. dann das Ganze mehrmals gewalzt, um auch Porenfreiheit herzustellen. Beim letzten Walzvorgang muß die Temp. zwischen 525 u. 575° F gehalten werden, wenn AgBr verwendet wird, bei Verw. von AgCl zwischen Raum-Temp. u. 425° F u. von AgJ zwischen Raum-Temp. u. 300° F. Die Ag-Folie kann auf einen Träger aus rostfreiem Stahl aufgebracht sein. — Abbildungen. (**E. P. 877 163** vom 10/3. 1959, ausg. 13/9. 1961. A. Prior. 10/3. 1958.) F. Laaß 5971

1956 Eastman Kodak Co., Rochester, N.Y., V.St.A. (Erfinder: Vivian Milton Bryant jun.), **Galvanisches Primärelement für tiefe Temperaturen.** Die negative Elektrode enthält Pb u. die positive PbO_2, welches auf Bleche aus rostfreiem Stahl oder aus Al elektrolyt. niedergeschlagen wird. Zwischen den Elektroden befindet sich saugfähiges Papier, das mit einem Salz imprägniert ist, welches NH_3-Dampf absorbiert u. dabei eine fl. Lsg. bildet. Geeignete Salze sind: $Pb(SCN)_2$; $Pb(ClO_4)_2$; $Pb(BF_4)_2$; KSCN; $Mg(SCN)_2$; $Pb(NO_3)_2$ oder $Pb(C_2H_3O_2)_2$. Der Elektrolyt kann geringe Mengen von Alkali- oder Erdalkalisalzen enthalten, z. B. NH_4SCN oder NH_4NO_3. Zum Aktivieren läßt man NH_3-Dampf in das Element einströmen. Es soll bei Temp. zwischen —70 u. +160° F betriebssicher sein. (**E. P. 899 538** vom 29/7. 1959, ausg. 27/6. 1962. A. Prior. 30/7. 1958. **A. P. 3 009 007** vom 30/7. 1958, ausg. 14/11. 1961.) F. Laaß 5971

1957 Union Carbide Corp., New York, N.Y., V.St.A., **Duplex-Elektrode für galvanische Primär-Batterie** für hohe Stromabgabe u. kurzer Lebensdauer. Als Träger dient eine dünne, mit Ag überzogene Stahlfolie, auf die auf beide Seiten Gitter aus expandiertem Metall, z. B. aus Ag platiertem Cu, aufgeschweißt sind. In das eine Gitter werden Zn-, Cd-, Mg- oder Al-Pulver u. in das andere Ag_2O, HgO, V_2O_5 oder MnO_2 eingepreßt. — Zeichnungen. (**E. P. 875 977** vom 23/5. 1960, ausg. 30/8. 1961. A. Prior. 16/6. 1959.) F. Laaß 5971

1958 N. V. Philips' Gloeilampenfabrieken, Eindhoven, Niederlande, **Herstellung von Glühlampen,** dad. gek., daß der Glaskolben in die metall. Gewindekappe mit einem heißhärtbaren Phenol–CH_2O-Harz eingekittet ist, das als Füller $MgCO_3$ oder einen dieses enthaltenden Stoff, bes. Dolomit, enthält. (**Ind. P. 68 209** vom 29/6. 1959, ausg. 10/8. 1961.) C. Lüttgen 5973

1959 A. A. Maklakow, A. I. Melnikow, A. W. Morosow und Je. P. Osstaptschenko, **Herstellung von Barium–Calcium-Wolframat.** Da das Glühen von Ba- u. Ca-Carbonat mit Wolframsäureanhydrid zu granulierten u. unreinen Prodd. führt, wird das Endprod. aus wss. Lsg. ausgefällt u. 2 Std. bei 1350—1400° geglüht. — Lsg. I: 327 (g) $Ba(NO_3)_2$ u. 59 $Ca(NO_3)_2$ in 3000 ml dest. W.; Lsg. II: 135 $(NH_4)_2W_5O_{17}\cdot 2{,}5\,H_2O$ in 2000 ml dest. W.; Lsg. III: 228 $(NH_4)_2CO_3\cdot H_2O$ in 750 ml dest. Wasser. Lsgg. I u. II werden auf 80—90°, Lsg. III wird nur auf 20—30° vorgewärmt. Dann gießt man die Lsgg. II u. III gleichzeitig in Lsg. I. Die vollständige Ausfällung wird bei pH 6,5—7,5 erreicht. Die chem. Analyse entspricht der Formel $Ba_{2,5}Ca_{0,5}\cdot WO_6$. — *Kathodenüberzüge* mit besten Emissionseigenschaften. (**UdSSR. P. 131 346** vom 2/10. 1959.) I. Lasch 5975

1960 North American Philips Co., Inc., New York, N.Y., V.St.A., übert. von: Michael Avinor, Haifa, Israel, **Rotluminescenzierendes Material** für Kathodenstrahlenröhren mit einer Halbwertszeit der Luminescenz $< 2\cdot 10^{-6}$ Sek., bestehend aus einem mit Sb(III) aktivierten Gemisch aus CdS, CaS u./oder SeS, wobei das Verhältnis der Cd-Atome zur Summe der Ca- u. Sr-Atome zwischen $5\cdot 10^{-3}$ u. 10^{-1} u. das Verhältnis der Sb-Atome zur Summe der Ca-, Sr- u. Cd-Atome zwischen 10^{-5} u. 10^{-2} liegt. (**A. P. 3 053 772** vom 24/2. 1961, ausg. 11/9. 1962. Niederl. Prior. 2/3. 1960.) K. Demmler 5975

1961 E. I. du Pont de Nemours & Co., Wilmington, Del., übert. von: Robert Ellis Wayrynen, Little Silver, N.J., V.St.A., **Verbesserung der Farb- und Leuchteigenschaften von mit Silber, Kupfer oder Mangan aktivierten und in Gegenwart von Alkali- oder Erdalkalihalogeniden calcinierten Zinksulfidleuchtstoffen** durch Auswaschen der Halogenide mit W. u. erneutes Calcinieren der gewaschenen Leuchtstoffteilchen bei 500—1300, bes. 500 bis 1000°, auf die Dauer von 2—1200, bes. 2—60 Minuten. (**A. P. 3 052 638** vom 18/12. 1958, ausg. 4/9. 1962.) K. Demmler 5975

1962 Westinghouse Electric Corp., Pittsburgh, Pa., übert. von: Frank V. Vodoklys, Wayne, N.J., V.St.A., **Nachbehandlung von Halogenphosphatleuchtstoffen** durch Zerkleinern auf eine vorbestimmte Größe, z. B. auf eine Teilchengröße von $< 20\,\mu$, Waschen mit einer wss., sauren oder bas. Lsg., Bilden einer fl. Aufschlämmung u. Erhitzen der Feinteilchen-Aufschlämmung auf eine Temp., die $>$ der Kp. der fl. Komponente der Aufschlämmung, aber $<$ die Glüh-Temp. des Leuchtstoffs ist, u. Abtrennen des getrockneten u. für die Verw. in Fluorescenzlampen verbesserten Leuchtstoffs. — Verf.-Schemata. (**A. P. 3 023 339** vom 29/10. 1959, ausg. 27/2. 1962.) K. Demmler 5975

1963 Philco Corp., Philadelphia, übert. von: Louis J. Angelucci jun., Norristown, Pa., V.St.A., **Herstellung eines mehrfarbigen Kathodenstrahlleuchtschirms.** Auf eine Unterlage wird eine lichtempfindliche Schicht aufgebracht, diese durch ein Raster usw. belichtet, mit einer Leuchtstoffschicht überzogen, u. die unbelichteten Bildteile werden mit den dazugehörigen Leuchtstoffteilen ausgewaschen. Dann wird eine zweite lichtempfindliche Schicht aufgebracht, wie oben belichtet u. mit einer zweiten Leucht-

stoffschicht überzogen. Vor dem Aufbringen der zweiten lichtempfindlichen Schicht wird eine schwache K-Silicat- oder Li-Hydroxid-Lsg. aufgebracht, die das Haften der zweiten lichtempfindlichen Schicht an den belichteten Bildteilen der ersten Leuchtstoffschicht verhindert. (**A. P. 3 054 672** vom 14/1. 1957, ausg. 18/9. 1962.)
R. Hartinger 5975

1964 Fabbrica Apparecchiature per Communicatioi Elettriche-Standard S. p. A., Mailand, Italien, **Herstellung von Kondensatoren.** Ein dünner Film aus einem polymeren Kunststoff (Dielektrikum) wird von der einen Seite aus einer Strahlenquelle (radioakt. Isotop, Röntgenstrahler, Teilchenbeschleuniger) bestrahlt, auf derselben Seite mit einer Metallschicht bedampft u. danach die Bestrahlung u. Bedampfung auf der anderen Seite vorgenommen. — Vorr., Zeichnung. (**It. P. 561 072** vom 25/10. 1956.) K. Koebke 5983

1965 Bell Telephone Mfg. Co. Soc. An., Antwerpen, Belgien, **Elektrolytischer Kondensator** mit festem Dielektrikum u. einer Halbleiterschicht aus MnO_2. Zur Verbesserung der Leitfähigkeit letzterer setzt man ihr 0,3 bis 1,5 Gew.-% Tl_2O_3 zu. (**Niederl. P. 103 114** vom 4/8, 1958, ausg. 15/11. 1962.) F. Böhm 5983

1966 Építéstudományi Intézet (Erfinder: László Bánhidi, István Géczy, Gyula Sallai und János Szépvölgyi), Budapest, Ungarn, **Herstellung von elektrisch betriebenen infrarotglühenden keramischen Körpern,** die als *Heizkörper* ausgebildet sind u. neben Graphit u. SiC ein oder mehrere B-Verbb. (Halbleiter) u. zweckmäßig Metallpulver oder Metallpulvergemische als Leiter enthalten. Aus SiC, Si-Borid-Fritte, Graphit u. einem feuerfesten Material wird eine Schamotte gebrannt, gepulvert, mit Metallpulver vermengt u., mit aschefreiem Bindemittel gemischt, werden Formkörper gebildet, die dann ausgeglüht werden. (**Ung. P. 150 770** vom 19/7. 1962, ausg. 20/5. 1963.)
F. Landsberger 5991

1967 Aktiebolaget Kanthal (Erfinder: Nils Gustav Schrewelius), Hallstahammar, Schweden, **Herstellung von dichten Körpern aus Si-Carbid.** Aus hexagonalem u. hexaedr. SiC, Graphit, amorpher Kohle oder C enthaltenden verbrennbaren Substanzen werden poröse Formkörper hergestellt u. mit überschüssiger pulveriger Leg. aus Si, Mo, W, Cr, Ta, Fe, Co, Ni, B, Hf, Zr oder Mischungen dieser Metalle überzogen u. in einem Ofen bei unterhalb des Zers.-Punktes des SiC liegenden Temp. so lange erhitzt, bis die Überzugs-Leg. in geschmolzenem Zustand in die Poren der Formkörper eindringt. Der Überschuß der überziehenden Leg. wird entfernt. Die SiC-Körnchen werden mit einem wasserlösl. Cellulose-Deriv. zu einer plast. Masse verknetet, extrudiert u. zu 15—70% Poren enthaltenden Formkörpern (Stäben) getrocknet, der mittlere Teil mit fl., verkohlbarer Substanz imprägniert, bis zur Verkohlung erhitzt u. dann mit der vorher beschriebenen Leg.-Mischung überzogen. — Die Prodd. sind feuerfeste *Heizelemente.* (**Ung. P. 150 817** vom 24/2. 1962, ausg. 20/6. 1963.) F. Landsberger 5991

1968 **Varta Pertrix-Union G.m.b.H.,** Ellwangen (Erfinder: Ernst Voss, Frankfurt/M.), *Galvanische Zelle.* (**Schwz. P. 369 800** vom 9/10. 1957, ausg. 31/7. 1963. D Prior. 15/11. 1956. — C. **1959,** 250 [D. A. S. 1 029 061].)

1969 **Evans Products Co.,** Plymouth, Mich. (Erfinder: **Piotr Zenczak,** Will Fallow), V.St.A., *Herstellen von Scheidern für Akkumulatoren.* (**D. A. S. 1 155 830** Kl. 21b vom 19/12. 1956, ausg. 17/10. 1963. A. Prior. 27/12. 1955. — C. **1960,** 11066 [A. P. 2 882 331].)

1970 **A/B Tudor,** Stockholm, übert. von: **Erik Gustav Sundberg,** Nol, Schweden, *Separator für Akkumulatoren.* (**A. P. 3 055 966** vom 17/12. 1959, ausg. 25/9. 1962. Schwed. Prior. 20/12. 1958. — C. **1964,** 4-1918 [D. A. S. 1 144 357].)

1971 **Comp. Générale de Télégraphie sans Fil, Soc. An.,** Paris, Frankreich, *Herstellung des Elektronen-emittierenden Teiles einer Kathode.* (**Niederl. P. 104 043** vom 17/6. 1955, ausg. 15/3. 1963. Zusatz zu Niederl. P. 102 344; C. 1963, 18213. — C. **1959,** 6916 [E. P. 782 139].)

H_4. Wasser, Abwasser

1972 **Jahresbericht 1960 des USPHS über die Wasserversorgung in Gemeiden mit 25000 und mehr Einwohnern.** Kenneth H. Jenkins und Henry W. Owen. (J. Amer. Water Works Assoc. **55,** 35—41, 1963; Washington, D.C., Div. of Water Supply u. Pollution Control, USPHS; engl.) — Erläuterungen zu dem vom USPHS (öffentlicher Gesundheitsdienst der USA) herausgegebenen Jahresbericht.
B. Franz 6010◇

1973 **Die Anforderungen an das Wasser und seine Verwendung in der Erdzindustrie von Arizona.** M. M. Gilkey und Robert T. Beckman. (US Dep. Interior, Bur. Mines, Inform. Circ. **8162,** 1—97, 1963; Denver, Colo., Bur. Mines, Mineral Resources; engl.) — Übersicht.
F. Rosendahl 6014△

1974 **Entfernung von Nitraten aus Wasser mittels Ionenaustauscher.** Roger Rohmer und Odette Lemaire. (Eau **47,** 229—30, 1960; Birmandreis, Algerien, Groupement de Rech. pour les Appl. de la Chim. des Eaux; franz.) — Hohe Nitrat-Geh. im Trinkwasser verursachen Gesundheitsschäden. Durch Anwendung eines stark bas. Ionenaustauschers (OH-Form) werden die Nitrate gebunden, Ca u. Mg fallen als Hydroxide aus. Ein W. mit 97 (mg/Liter) Ca, 116 Mg, 310 NO_3 hatte nach Behandlung noch 6 Ca, 6 Mg, 2 NO_3. Sein pH-Wert von 10 wurde mittels CO_2 auf 7,5 gebracht. — Die Regeneration des Austauschers erfolgt mit 6%ig. Sodalösung. R. Hegenbarth 6020◇

1975 **Die Wirksamkeit der Ozonisierung des Wassers des Kanals Norddonez-Donbass zu Trinkwasserzwecken.** B. L. Wachler. (Hyg. u. Sanitätswes. [UdSSR] **28,** Nr. 3, 8—14, 1963; russ., Auszug: engl.) — Die *Ozonisierung* des W. bewirkt eine Verringerung der Wasserfärbung, eine Desodorisation u. eine Desinfektion. Die Entfärbung geht in den ersten Std. sehr schnell vor sich, da die Substanzen, die die Färbung hervorrufen, oxydiert werden. Natürliche Gerüche eines Kanals werden mit weniger als 1 (mg/Liter) O_3 entfernt, Phenolgerüche werden mit 1,5 O_3 vollkommen beseitigt; sehr stark verschmutztes W. wird mit 2 O_3 zu 99—99,9% desinfiziert. Die Sterilisierung wird durch Licht-Einw. vor der Ozonisierung verstärkt. Das O_3-Verf. ist 5—19mal billiger als andere Methoden. S. Aslanjan 6026◇

1976 **Die Wirksamkeit der Sterilisation von Wasser mit γ-Strahlen.** G. I. Ssidorenko. (Hyg. u. Sanitätswes. [UdSSR] **28,** Nr. 3, 14—16, 1963; 2. Moskauer med. Pirogow-Inst., Lehrstuhl für allg. Hygiene; russ., Auszug: engl.) — Die allg. bakterielle Infizierung des W. wird bei einer Dosis von 10000 r γ-Strahlen um 14,8—17,6% erniedrigt; bei 25000 r werden 34,6—60% zerstört, bei 50000 r bleiben nur 2—4% u. bei 250000—300000 r nur 1% der Mikroorganismen im Wasser. Eine volle Sterilisation wird mit einer γ-Strahlung von 1200000—1500000 r erreicht. Der größte Teil der Mikroorganismen in natürlichen Quellen wird bereits bei 50000 r abgetötet. Eine Dosis über 1000000 r bewirkt eine geringe Steigerung des NH_3-, Nitrit- u. Nitratgehaltes. Die Oxydationsfähigkeit wird erniedrigt. S. Aslanjan 6028◇

1977 **Beitrag zur Bekämpfung der Wasserverunreinigung.** Anonym. (Chem. Weekbl. **59,** 634—35, 1963; niederl.) — Nach kurzem Hinweis auf die Verunreinigung der Flußläufe durch Verw. von Detergentien wird das neue synthet. Waschmittel *Dobane JN* erwähnt, das durch Cracken unverzweigter Paraffine gewonnen wird u. leicht biolog. abzubauen ist.
F. Rosendahl 6036△

1978 **Reinhalteordnungen mit Blick auf die Abwässer der Hütten.** S. Pfeiff. (Gesundheits-Ing. **84,** 269—75, 1963; Völklingen/Saar; dt.) — Allg. Betrachtungen über die Reinigung der Abwässer von Schlacken, Ölen, Teeren, organ. Farbstoffen u. dgl. im Hinblick auf eine kommende Reinhalteordnung. F. Rosendahl 6036△

1979 **Abwasserfragen und Gewässerschutz in Finnland.** R. Ryhänen. (Wasser u. Boden **13,** 50—52, 1961; Helsinki; dt.) — Vom Standpunkt des Gewässerschutzes betrachtet, stellt die Ablauge der Sulfitcellulose-Industrie das schwierigste Problem dar; lokale Störungen verursachen noch Abwässer aus Molkerei-, Zucker- u. Stärkeindustrien. Die natürlichen Verhältnisse der Gewässer im Hinblick auf ihre Eignung als Vorfluter werden beschrieben. Der Bau zentraler Reinigungsanlagen für häusliche Abwässer wird jetzt verstärkt auch für Landgemeinden, die für ein Kanalisationsnetz ausreichend dicht besiedelt sind, durchgeführt. Zur Beseitigung der Sulfitablaugen sind in den 20 Fabriken Verdampfungs- u. Verbrennungsanlagen geplant, bisher sind 7 derartige Anlagen fertiggestellt. In einigen Fabriken wird der Zucker-Geh. durch alkohol. Vergärung der Laugen herabgesetzt.
B. Franz 6036◇

1980 **Abwasserbehandlung in kleineren und mittleren Gemeinden.** Karl Mai. (Gas- u. Wasserfach, Ausg.

Wasser—Abwasser **104**, 793—95, 1963; Bietigheim/Enz; dt.) — Allg. Betrachtungen über die Notwendigkeit der Abwasserbehandlung. F. Rosendahl 6036△

1981 **Zur Auswertung und Deutung von Salzungsversuchen.** Konrad Eissele. (Gas- u. Wasserfach, Ausg. Wasser — Abwasser **104**, 1158—60, 1963; Freiburg/Br.; dt.) — Salzungs-Verss. dienen dazu, Versickerungen von Wasserläufen festzustellen, was beim Versickernlassen von Abwasser bes. wichtig ist, um festzustellen, welche Quellen sicher oder möglicherweise getroffen werden. Ein Salzungs-Vers. im Buntsandstein führte zur Klärung der Auswertungsmöglichkeiten dieser Versuche. F. Rosendahl 6036△

1982 **Bekämpfung der Ölverschmutzung der Meere.** G. Hélie. (Techn. du Pétrole **18**, Nr. 212, 29—30, 1963; franz.) — Verhütung des Ausbreitens von Öl, auch von brennendem, bei auslaufenden Tankern durch Einkreisen des Öls mit aufblasbaren Schläuchen. F. Rosendahl 6038△

1983 **Die Einflüsse häuslicher und industrieller Abfälle auf die Ökologie von Stromschnellen in Midland Flüssen.** H. A. Hawkes. (Air Water Pollut. **7**, 565—86, 1963; Birmingham, Tame and Rea Distr. Drain. Board; engl.) — Ergebnisse von Beobachtungen über die Vegetation u. die Fauna von Stromschnellen u. deren Abhängigkeit von den in den Flüssen mitgeführten Bestandteilen im Gebiet des Flusses Tame u. seiner Nebenflüsse werden gegeben. K. Dorfner 6038◇

1984 **Bakterielle Oxydation von Pyriteinschlüssen in Kohle.** Melvin P. Silverman, Martin H. Rogoff und Irving Wender. (Appl. Microbiol. **9**, 491—96, 1961; Pittsburgh, Pa., Bur. of Mines, Pittsburgh Res. Center; engl.) — *Ferrobacillus ferrooxidans* beschleunigt nach Warburg-Verss. die Oxydation von Pyriteinschlüssen in Kohle, nicht aber von kristallinem Pyrit. *Thiobacillus thiooxidans* ist unwirksam. Die Bedeutung dieser Vorgänge für die Flußverunreinigung durch die sauren Abwässer von Kohlebergwerken wird betont. Ekkehard Schmid 6038◇

1985 **Rationalisierung und Automation des Klärprozesses.** U. Tschörtner (Wasser, Luft Betrieb **7**, 644—45, 1963; Mainz; dt.) — Verw. von Kunststoffen u. eines Mikrofilters bei der Klärung von Industrieabwässern. F. Rosendahl 6040△

1986 **Über einige Einflüsse auf die Klärwirkung von Absetzbecken.** Franz Pöpel und Jürgen Weidner. (Gas- u. Wasserfach, Ausg. Wasser — Abwasser **104**, 796—803, 1963; Stuttgart; dt.) — Nach einer kurzen Typisierung der Absetzbecken u. Kennzeichnung des Anwendungsgebietes der verschiedenen Beckentypen für die Klärung von Abwasser wird näher auf die Ausbildung von Abwasserverteilern u. die Bauelemente von Klärbecken, wie Zulauf, Einlauf, Absetzraum u. dgl. eingegangen. Bes. wird der Stuttgarter Einlauf erwähnt, bei dem das Cliffordsche Prinzip der Reflexion verwirklicht wurde. F. Rosendahl 6040△

1987 **Eine experimentelle Untersuchung über Sand–Anthracit-Filter.** 1. Mitt. Seitarō Sakai. (Bull. Nagoya Inst. Technol. **14**, 138—42, 1962; jap., Auszug: engl.) — Sand–Anthrazit (I)-Doppelschichtfilter zur Wasserklärung haben eine mehr als doppelt so lange Laufzeit wie Sandfilter bei gleichen Betriebsbedingungen. Die optimale Korngröße für I beträgt 0,7—2,0, für Sand $>$0,4 mm ∅. W. Wesly 6040◇

1988 **Reinigung von Abwässern von Quecksilber.** A. L. Goldinow, B. P. Swerew, Ss. B. Israilewa, W. I. Luchowitzki und A. A. Schabalin. (Chem. Ind. [UdSSR] **1962**, 610—11; russ.) — In Verss. mit radioakt. *Hg* wird gezeigt, daß Hg aus Abwässern mit 2—70 mg Hg/Liter durch Zusatz von NaHS in Ggw. von $ZnCl_2$ oder $FeSO_4$ (zur Verhinderung der Bldg. des lösl. Komplexes $Na_2[HgS_2]$ quant. als *HgS* gefällt werden kann. Die Instabilitäts-Konst. von $Na_2[HgS_2]$ (30) ergibt $[S^{2-}] = 75 \cdot 10^{-8}$ g-Ion/Liter. Abwässer mit 15—25 mg Hg/Liter werden mit NaHS- u. $ZnCl_2$ (bzw. $FeSO_4$)-Lsg. derart gemischt, daß die S^{2-}-Konz. 10—15, die Zn^{2+}- bzw. Fe^{2+}-Konz. 5 mg/Liter beträgt. Der Nd. wird durch Filtrieren abgetrennt u. verworfen. Der pH-Wert der Abwässer beträgt 9,4—10,8. Nach der Behandlung verbleiben in den Abwässern noch 0,003—0,01 mg Hg/Liter. R. K. Müller 6042◇

1989 **Untersuchungen über die Senkung des biochemischen Sauerstoffbedarfs in städtischen Abwässern mittels Chlorieren.** Wiera Dozańska. (Gaz, Woda Techn. sanit. **35**, 402—06, Nov. 1961; Warszawa, Państwowy Zakład Higieny; pol.) — Abwässer wurden mit äquivalenten Chlormengen, entsprechend einem Cl_2-Bedarf von 100, 75, 50 u. 25%, versetzt. Die Senkung des BSB wird durch die Hemmung der biochem. Prozesse bei der Bldg. von Cl_2-Verbb. mit bakteriostat. Wrkg. erreicht. Das Chlorieren der Abwässer senkt nur in geringerem Maße den abs. BSB-Wert. S. Paprotny 6042◇

1990 **Erfahrungen mit Belebungs- und Oxydationsgräben in Niedersachsen.** Karl Viehl, Klaus Mudrack und Horst Neumann. (Gesundheits-Ing. **84**, 260—68, 1963; Hildesheim, Niedersächs. Wasser-Unters.-Amt; dt.) — Auf Grund der Erfahrungen, die an 12 Belebungsgräben in 2jähriger Arbeit gewonnen wurden, wird festgestellt, daß diese Anlagen für die Reinigung des Abwassers ländlicher Gemeinden bes. geeignet sind. F. Rosendahl 6044△

1991 **Völlige Belebtschlamm-Durchmischung.** Ross E. McKinney. (Water Sewage Works **107**, Reference Nr. R273—R275, 1960; Cambridge, Mass., Massachusetts Inst. of Technol.; engl.) — Vgl. C. **1963**, 22461. — Die Meth. des vollständigen Mischens, bei der hinzukommende Abwässer mit dem Gesamtinhalt des Belüftungstanks vermischt werden, ermöglicht die Erzeugung eines Abflusses mit 15 mg/Liter BSB aus Abwässern, die bis zu 10000 mg/Liter BSB enthalten. Die Meth. eignet sich vor allem für kleinere Aufbereitungsanlagen. I. Köditz 6044

1992 **Biologischer Abbau anionaktiver synthetischer Tenside.** W. Vauck und B. Junghans. (Dtsch. Textiltechn. **13**, 485—88, 1963; Dresden; dt.) — Mit der Methylenblau-Meth. wird der Geh. anionakt. Tenside der Oberelbe bestimmt u. die Abhängigkeit vom Tensidtyp geprüft. Die Vers.-Durchführung wird ausführlich beschrieben. I. Beßer 6044◇

1993 **Fortschritte bei Grundwasseruntersuchungen mit „Electric-Analog"-Modellen.** Russell H. Brown. (J. Amer. Water Works Assoc. **54**, 943—56, 1962; Washington, D.C., USGS, Res. Sect., Ground Water Branch; engl.) — Der ein- sowie zweidimensionale Grundwasserfluß wird mathemat. analysiert. Über das verwendete Modell u. über damit angestellte Unterss. des Grundwasserflusses in verschiedenen Gegenden der USA wird berichtet. B. Franz 6054◇

1994 **Komplexometrische Bestimmung des Gesamtkohlensäuregehaltes in einem Mineralwasser.** Paolo Berbenni. (Boll. Lab. chim. provinc. **11**, 249—56, 1960; Pavia, Univ., Inst. of Idrologia Medica; ital.) — Die Meth. zur Best. des gesamten CO_2-Geh. in einem Mineralwasser besteht in der Fällung von CO_2 mit $Ca(OH)_2$ u. Best. des Ca-Überschusses. Die Best. von Ca erfolgt schnell u. genau durch EDTA. R. Grundmann 6058◇

1995 **Die Bestimmung von Bleispuren in Trinkwasser.** C. H. Manley. (Analyst **87**, 762, 1962; Westbury-on-Trym, Bristol; engl.) — Anwendung der Sulfid-Meth. zur Pb-Best. in W., das organ. Substanzen u. Fe enthält. Gerhard Schulze 6060□

1996 **Hochmolekulare Substanzen im Leitungswasser.** Edwin F. Barth und Nicholas H. Acheson. (J. Amer. Water Works Assoc. **54**, 959—64, 1962; Cincinnati, Ohio, R. A. Taft San. Engng. Center; Cambridge, Mass., Harvard Univ.; engl.) — Für die Erfassung hydrophiler hochmol. Substanzen ist eine besondere Meth. der Vakuumeinengung großer Wassermengen mit anschließender Dialyse u. Fällung der Substanzen mittels organ. Lsgm. entwickelt worden; die Meth. wird beschrieben. Folgende Stoffgruppen wurden aus Leitungswasser isoliert: 1. nicht dialysierbare; 2. durch organ. Lsgm. fällbare; 3. Stoffe, bei denen der Anthrontest höhere Werte liefert als der Nachw. für reduzierende Zucker; 4. durch Säure in monomere Komponenten hydrolysierbare; 5. Stoffe, die in Vers.-Tieren Antikörper-Bldg. induzieren. Die Herkunft der Substanzen ist unbekannt. B. Franz 6060◇

1997 **Abänderungsvorschlag zur Standardmethode für die flammenphotometrische Bestimmung von Natrium und Kalium.** Anonym. (J. Amer. Water Works Assoc. **54**, 965—70, 1962; engl.) — Prinzip, App. u. Durchführung der Meth. sowie Störquellen bei der Best. u. deren Beseitigung werden beschrieben. Bei Konzz. der Test-Lsgg. von 3 bis

20 mg Na/Liter u. 3—4 mg K/Liter betrug der Meßfehler ca. ± 15%; der qual. Nachw. kann für Na bis herab auf 0,01 mg/Liter u. für K bis herab auf 0,1 mg/Liter geführt werden. B. Franz 6060◇

1998 **Bestimmung von Silicium im Meerwasser mit der photometrischen Methode.** Stanisław Ostrowski und Anna Czerwińska. (Zeszyty naukowe Politechn. Gdańskiej, Chem. **3**, 103—10, 1959; Gdańsk, Politechn., Kat. Analizy techn. i Towarozn.; Sopot, PAN, Zakł. Geofiz.; pol. — Reproduzierbare Ergebnisse bei der Best. von SiO_2 im Meerwasser (Ostsee) bei Anwendung der Molybdänblau-Meth. werden erzielt, wenn 50 ml des W. mit H_2SO_4 (1:1) u. 2 ml 5%ig. $(NH_4)_2MoO_4$-Lsg. versetzt werden. Nach 5 Min. werden nochmals 5 ml H_2SO_4 u. 0,2 ml gesätt. NH_4-Oxalat-Lsg. zugegeben, um störendes PO_4^{3-} zu eliminieren. Nach 1 Min. wird mit 0,2 ml $SnCl_2$-Lsg. (1 g $SnCl_2$ + 20 ml konz. HCl mit W. auf 100 ml aufgefüllt) red. u. nach weiteren 15 Min. wird die Extinktion mit einem Pulfrich-Photometer (Filter S-72) gemessen. Der Salz-Geh. des Meerwassers hat keinen Einfl. auf das Ergebnis. F. Urban 6060◇

1999 **Schnellmethode zur Bestimmung des Kieselsäuregehaltes in natürlichen und industriellen Wässern.** Halina Bahr, Henryk Bahr, Lech Kentzer und Tadeusz Pompowski. (Zeszyty naukowe Politechn. Gdańskiej, Chem. **3**, 111—20, 1959; Gdańsk, Politechn., Kat. Analizy techn. i Towarozn.; pol.) — Bei der Best. von SiO_2 im W. nach der Molybdänblau-Meth. ist bes. auf die Acidität der Lsg. u. die Zeit, die zur Bldg. von Silicomolybdänsäure notwendig ist, zu achten. 50 ml der Probe werden gegen Phenolphthalein neutralisiert u. dann mit 1—2 Tropfen H_2SO_4 (1:1) u. 2 ml 5%ig. $(NH_4)_2MoO_4$-Lsg. versetzt. Nach 5 Min. werden weitere 5 ml H_2SO_4 (1:1) u. 1 ml 1%ig. $SnCl_2$-Lsg. zugegeben. Die Färbung wird mit dem Pulfrich-Photometer (Filter S-72) gemessen. In Ggw. von PO_4^{3-} sind vor der Red. mit $SnCl_2$ 5 ml gesätt. NH_4-Oxalat-Lsg. zuzusetzen. Die Meth. ist nicht zur Best. von koll. SiO_2 geeignet. F. Urban 6060◇

2000 **Probleme der Überwachung des Meerwassers auf radioaktive Beimengungen.** H. Kautsky. (Kerntechn., Isotopentechn. u. -chem. **5**, 110—13, 1963; Hamburg, Dt. Hydrograph. Inst.; dt.) — Übersicht über die bis 1961 erschienenen Arbeiten auf dem Gebiet der Radioaktivitätsüberwachung im Meerwasser u. Beschreibung von Verss. des Vf. zur Messung von ^{90}Sr u. ^{137}Cs im Nordseewasser, im Elbemündungsgebiet u. im Elbwasser bei Glückstadt. Hierbei wurde Sr als Carbonat gefällt u. über die HNO_3-Trennung von Ca befreit. ^{90}Sr wurde nach 14 Tagen durch Abtrennen u. Messen des gebildeten ^{90}Y bestimmt. Die ^{137}Cs-β-Strahlung wurde nach Carbonat- u. K-Kobaltat-Fällung u. Überführung in das Jodbismutat gemessen. Kontinuierliche γ-Messungen des Oberflächenwassers wurden mit Scintillationssonden auf Schiffen durchgeführt. Zur Messung der Brutto-α- u. -β-Aktivitäten von Mitfällungen u. Grundproben wurde ein Methan-Großflächendurchflußzähler in Antikoinzidenzschaltung verwendet. U. Drehmann 6060◇

2001 **Das Transportproblem bei der Überwachung des Meerwassers auf radioaktive Beimengungen.** J. Joseph. (Kerntechn., Isotopentechn. u. -chem. **5**, 108—10, 1963; Hamburg, Deutsches Hydrograph. Inst.; dt.) — Bei Verss. zur Auffindung extrapolationsfähiger Gesetzmäßigkeiten für die Vorhersage physikal.-chem. u. dynam. Prozesse im Meer wurde unter Berücksichtigung der biolog. Vermischung u. des Transportes von Bodenmaterial, die zusammen mit vielen ähnlichen Vorgängen die Verbreiterung des Quellmaterials verursachen, eine Formel aufgestellt, nach der die Diffusionsvorgänge auf Grund der Diffusions-Geschw., der Zeit u. der eingebrachten Masse der diffundierenden Substanz verhältnismäßig einfach bestimmt werden können. U. Drehmann 6060◇

2002 **Uran im Grubenwasser der Ningyô-Tôgé- und Tôgô-Uran-Mine.** 2. Mitt. **Uran in Fällungen von Entwässerungsgräben.** Kei Kajitani. (Rep. Government ind. Res. Inst., Nagoya **11**, 699—702, 1962; jap., Auszug: engl.) — 1. vgl. C. **1963**, 22656. — Unterss. über den U- u. Fe-Geh. des Schlammes aus Entwässerungsgräben von 2 U-Minen zeigen, daß das U:Fe-Verhältnis in n-H_2SO_4-Extrakten des Schlammes vom pH-Wert u. U-Geh. des W. an der Entnahmestelle abhängt. Bei pH > 6 wird der größte Teil des U im W. von den Fe-Ndd. im Schlamm adsorbiert. Bei niedrigem pH-Wert wird wenig U, bei extrem hohem U-Geh. wird eine beträchtliche U-Menge adsorbiert. W. Wesly 6060◇

2003 **Der Einfluß von Milieuänderungen auf den Coli-Titer, im besonderen von Natriumthiosulfat auf das Überleben von Colibakterien in Seewasserproben.** Ralph E. Noble. (J. Amer. Water Works Assoc. **55**, 115—24, 1963; Chicago, Ill., Bur. of Water; engl.) — Durch längeres Stehenlassen von Proben ändert sich der Coli-Titer. Meth. zur Best. des ursprünglichen wahrscheinlichsten Titers (MPN) werden beschrieben. Durch Eingabe von Na-Thiosulfat in die Probeflaschen vor der Probenahme kann ein Abfallen des Titers red. werden. Unterschiede im Coli-Titer zwischen der Probenahme u. dem Animpfen sind im Sommer am größten. B. Franz 6064◇

2004 **Bestimmung der Gesamtbakterienzahl im Wasser auf Membran-Ultrafiltern unter Anwendung von Triphenyltetrazol.** Ju. T. Loschakow. (Hyg. u. Sanitätswes. [UdSSR] **27**, Nr. 11, 48—49, 1962; Charkow, Med. Inst., Lehrstuhl Kommunal-Hygiene; russ.) — Die Gesamtbakterienzahl im W. wurde auf Membranultrafiltern mit Hilfe von *2.3.5-Triphenyltetrazoliumchlorid*-Färbung (optimale Konz. 1%) bestimmt. I. v. Kloch-Kornitz 6064◇

2005 **Die höchstzulässige Konzentration des Natriumsalzes von p-Chlorbenzolsulfonsäure in Abwässern.** Ss. Ja. Naistein, F. G. Djatlowitzkaja, E. W. Lissowskaja und R. M. Ssurkina. (Hyg. u. Sanitätswes. [UdSSR] **27**, Nr. 9, 8—12, 1962; Ukrain. Forsch.-Inst. für Kommunalhygiene; russ., Auszug: engl.) — Konzz. von 5,0 bzw. ≧ 140,0 mg/Liter *Na-p-Chlorbenzolsulfonat* (**I**) beeinträchtigen den Geschmack bzw. den Geruch des Wassers. Die maximal zulässige Konz. von **I** in den Gewässern kann demzufolge 5 mg pro Liter betragen. Zur quant. Best. des **I** wird das W. durch H-Kationit (**II**; Espatit, KU-2) geleitet u. das entstandene H^+ (quant. Austausch von Na^+ des **I** gegen das H^+ des **II**) gegen Methylorange mit 0,05 n Alkali-Lsg. titriert. S. Baryschnikow 6068△

H_5. Anorganische Industrie

2006 **Elektrothermische Industrie in Indien.** D. S. Naidu. (J. Proc. Instn. Chemists [India] **35**, 158—70, 1963; Birlapur, West Bengal, Calcium Carbide Factory; engl.) — Der Vf. untersucht die Prozesse zur Herst. von Elektrostahl, Ferrosilicium, SiC, CaC_2, $CaCN_2$, Wolframcarbid, Ferrowolfram, CaSi, Ca_3P_2 u. P. D. Zobel 6070◇

2007 **Untersuchung der Reaktion zwischen nitrosen Gasen und Ammoniumnitratlösungen unter industriellen Bedingungen.** Stanisław Kocierz und Jerzy Matysiak. (Przemysł chem. **41**, 565—69, 1962; Kędzierzyn, Zakłady Azotowe; pol.) — Labor.-Verss. zeigten, daß während der Absorption von nitrosen Gasen in HNO_3 anwesendes NH_4NO_3 zersetzt wird. Die Zers. wird (im industriellen Maßstab) auch dann beobachtet, wenn im Absorptions-Syst. der HNO_3-Anlage Übersättigung durch NH_4NO_3-haltiges Kondensat eintritt. D. Zobel H 243◇

2008 **Untersuchung der Kristallisation von Natriumsulfathydrat im umlaufgekühlten Kristallisator.** Koichi Tawara und Kazuo Sato. (Rep. Government chem. ind. Res. Inst., Tokyo **58**, 268—80, 1963; jap., Auszug: engl.) — Vff. untersuchten die Abscheidung von SO_4^{2-} aus gereinigtem u. konz. Seewasser; es wurde das Kristallwachstum von $Na_2 \cdot SO_4 \cdot 10\,H_2O$ in Ggw. von Keimen in einem Tank untersucht, dessen Inhalt ständig intensiv gerührt u. dessen Außenmantel wassergekühlt wurde. Es erwies sich, daß die Wachstumsrate des $Na_2SO_4 \cdot 10\,H_2O$ dem Quadrat der Übersättigung proportional ist. Es wird eine Tabelle angegeben, aus der die Beziehungen zwischen Verweilzeit u. gewünschter Kristallgröße entnommen werden können. D. Zobel H 253◇

2009 **Reinigung von Trichlorsilan und Siliciumtetrachlorid und Herstellung von synthetischem Quarzglas.** Karol Akerman, Marek Brafman, Olga Kruszewska und Wanda Żmijewska. (Przemysł chem. **41**, 574—77, 1962; Instytut Badań Jądrowych PAN; pol.) — Die Wirksamkeit verschiedener Reinigungs-Meth. für Trichlorsilan (**I**) u. $SiCl_4$ (**II**) wurde mit Hilfe radioakt. Tracer, Messung der β-Absorption, der β-Zerfälle in aktiviertem Material oder durch γ-Spektrometrie bestimmt. Es werden das günstigste Reinigungsschema für diese Verbb. u. eine Meth. zur Herst. von synthet. Quarzglas (durch Vakuumverschmelzen der hydrolysierten **I** u. **II**) angegeben. D. Zobel H 261◇

2010 **Möglichkeit der Intensivierung der Herstellung von Natriumpyrophosphat.** Zdeněk Uhlíř und Olga Drápalová. (Sborník vědeckých Prací, Vysoká Škola chem.-technol. Pardubice **1961, II,** 115—29,; Pardubice, Vysoká Škola chem.-technol., Kat. anorgan. technol.; tschech.) — Vff. untersuchten Möglichkeiten zur katalyt. Beschleunigung der Bldg. von $Na_4P_2O_7$ (**I**) am Beispiel des Zusatzes von $NH_4 \cdot NO_3$ (**II**) zur Na_2HPO_4-Ausgangslösung. Der Zusatz von 1 Gew.-% **II** (berechnet auf wasserfreies Na_2HPO_4) führt bei einer Rk.-Temp. von 300 $\pm$ 10° zu einer Verkürzung der Rk.-Zeit um mehr als 50%. Die Verunreinigung des Prod. mit unzersetztem **II** ist gering. D. Zobel H 264◇

2011 **Bildung von Hydrogranat im Schlamm von Tonerde-Werken.** O. I. Arakeljan, A. A. Tschisstjakowa, Ju. I. Pawlow und L. M. Podsorowa. (Nichteisenmetalle [UdSSR] **35,** Nr. 8, 54—58, 1962; russ.) — Thermograph., röntgenograph. u. mkr. werden die Phasen der Ndd. im Schlamm von Tonerdewerken untersucht. Dabei wird festgestellt, daß sich bei der Entsilicierung von *Al*-Lsgg. u. Zusatz von Kalk als Grundsubstanz Na-Hydroalumosilicat bildet. Daneben treten durch Ersatz von Na_2O durch CaO die Syst. $3\,CaO \cdot Al_2O_3 \cdot 6\,H_2O$–$3\,CaO \cdot Al_2O_3 \cdot 3\,SiO_2$ u. $3\,CaO \cdot Al_2O_3 \cdot 6\,H_2O$–$3\,CaO \cdot Fe_2O_3 \cdot 6\,H_2O$ desselben Gittertyps (kub., hexaoktaedr.) mit den Abmessungen 12,56 u. 12,74 Å bzw. 12,14 u. 12,84 Å auf. Sie gleichen den Mineralien der Hydrogranatgruppe Plazolith u. Hibschit, was durch die Übereinstimmung der Vers.-Ergebnisse mit synthetisierten Verbb. bestätigt wurde. J. Lehmberg H 294△

2012 **Die wahrscheinliche Natur des hydrophoben Oleat-Filmes auf Quarzoberflächen.** B. K. Banerji. (Indian J. Technol. **1,** 56—57, 1963; New Delhi, Planning Commission; engl.) — Bei der Quarzflotation können nur kation. Sammler eine hydrophobe Oberfläche auf den Teilchen erzeugen. In alkal. Lsgg. bewirken Ba-Ionen eine Verbesserung der Flotierbarkeit; der maximale Effekt liegt bei pH 10 u. einem Mol-Verhältnis Ba:Oleat = 1:1. Die Aktivierung des Quarzes wird mit der Bldg. von Ba(Ol)(OH) erklärt (Ol = Oleatradikal). D. Zobel 6148◇

2013 **Gewinnung von Berylliumoxid aus rumänischen Erzen.** A. Lupu und M. Dinescu. (Rev. Chim. [Bucureşti] **8,** 11—14, 1957; rum.) — Als Beispiel für die BeO-Gewinnung wird die Verarbeitung eines Erzes mit 10,5(%) BeO, 65,5 SiO_2, 18,2 Al_2O_2, 1,13 Fe_2O_3, 12 MgO, 0,98 CaO, neben Na_2O u. K_2O untersucht. Nach dem angegebenen Verf. (Schema) werden bis zu 90% des BeO mit einer Reinheit von 99,4 bis 99,5% erhalten. Von der Verf.-Dauer von $10^1/_2$ Std. entfällt der größte Teil auf das Erhitzen u. Verdampfen der Lsgg., während für die Filtration nur ca. 10—15 Min. erforderlich sind. R. K. Müller 6148◇

2014 United States Atomic Energy Commission, übert. von: Leon E. Morse, Oak Ridge, Tenn., V.St.A., **Katalytische Vereinigung von Wasserstoff und Sauerstoff zu Wasser.** Bei der *Kernspaltung* fallen H_2 u. O_2 sowie größere Mengen ThO_2 u. kleinere Mengen UO_3 enthaltende wss. Schlämme an, in denen H_2 u. O_2 zu H_2O dadurch vereinigt werden, daß man dem Schlamm MoO_3, so daß er an MoO_3 0,01—0,2 m ist, zusetzt u. ihn dann bei höheren Temp., bes. 150—300°, einem überatmosphär. Druck, z. B. 500 bzw. 1000 lbs./sq.in., aussetzt. (**A. P. 3 048 474** vom 7/12. 1961, ausg. 7/8. 1962.) K. Wolk H 238

2015 Fritz Klein, Rehovot, und Kedma Bar-Eli, Tel-Aviv, Israel, **Anreicherung von Deuterium** mittels eines bi-therm. Isotopenaustausches in einem Syst., welches aus einem prim. oder sek. aliphat. Amin, H_2 u. einem substituierten Alkalimetallamid besteht. Als Amine werden CH_3NH_2, $(CH_3)_2NH$, $C_2H_5NH_2$, $(C_2H_5)_2NH$ genannt, als Katalysatoren CH_3CONHK, $CH_3CONHNa$, $C_2H_5CONHLi$. (**Israel. A. S. 15 941** vom 25/8. 1961, ausg. 23/5. 1963.) Y. Hess H 238

2016 Sulzer Frères Soc. An., Winterthur, Schweiz, **Herstellung von deuteriumangereichertem Wasserstoff beziehungsweise schwerem Wasser.** NH_3 wird durch Austausch mit H_2 (Heiß–Kalt-Verf.) an Deuterium angereichert, das angereicherte NH_3 gespalten, aus dem Gasgemisch durch Tiefkühlung N_2 auskondensiert u. vom Restgas abgetrennt, worauf das Restgas verflüssigt u. unter Erhalt einer an D_2 angereicherten Fraktion einer Rektifikation unterzogen wird, worauf die an D_2 angereicherte Fraktion zu einem an D_2O angereicherten W. verbrannt wird, das ebenfalls rektifiziert wird. Das an D_2O verarmte Boden-Prod. der Wasserrektifikationskolonne wird elektrolysiert u. der H_2 zum Austausch mit NH_3 gebracht. — Verfahrenschema. (**E. P. 903 367** vom 9/3. 1960, ausg. 15/8. 1962. Schwz. Prior. 13/3. 1959.) K. Wolk H 238

2017 Ruhrchemie Akt.-Ges., Oberhausen, **Gewinnung von an schwerem Wasser angereichertem Wasser.** Das bei der Totalvergasung von Kohlen mit Dampf u. O_2 oder Luft anfallende W., das gegenüber dem W. des Dampfes an D_2O reicher ist, wird durch bekannte Anreicherungs-Verf., bes. durch Elektrolyse, weiter an D_2O angereichert. (**E. P. 903 257** vom 27/11. 1958, ausg. 15/8. 1962. D. Prior. 14/12. 1957.) K. Wolk H 238

2018 Ruhrchemie Akt.-Ges., Oberhausen, übert. von: Wolf Vielstich, Duisburg, Walter Rottig und Herbert Spengler, Oberhausen, **Gewinnung von schwerem Wasser.** Das bei der katalyt. (Fe-, Ni-, Co-Katalysatoren) Hydrierung von Kohlenoxiden (die Hydrierung wird als Fest-, Wirbel- oder Flüssigkeits-Rk. durchgeführt) anfallende, an D_2O angereicherte Reaktionswasser wird nach an sich bekannten Methoden auf D_2O aufgearbeitet. (**A. P. 3 019 088** vom 10/11. 1958, ausg. 30/1. 1962. **E. P. 901 713** vom 12/11. 1958, ausg. 25/7. 1962. Beide D. Prior. 12/11. 1957.) K. Wolk H 240

2019 Lynn H. Dawsey, Tifton, Ga., V.St.A., **Herstellung von Wasserstoffperoxid nach dem Anthrachinonverfahren.** Man verwendet eine Arbeits-Lsg., die aus fl. Amylanthrachinon u. aus einem der bekannten u. bisher üblichen organ. Lsgm. besteht, wobei die Konz. des Amylanthrachinons zwischen 0,9 u. 2 Mol pro Liter Lsgm. liegt. (**A. P. 3 041 143** vom 18/6. 1959, ausg. 26/6. 1962.) K. Demmler H 241

2020 Laporte Chemicals Ltd., Luton, England (Erfinder: William Raymond Holmes und Charles William Lefenore), **Herstellung von Wasserstoffperoxid nach dem Anthrachinonverfahren.** Zwecks Herabsetzung des Geh. an nichtflüchtigen C-Verbb. in der Arbeits-Fl. wird letztere nach der Extraktion des gebildeten H_2O_2 u. vor erneuter Oxydation mit W., z. B. mit dem 11fachen Vol. der Arbeits-Fl., gewaschen, wobei das Waschwasser verworfen wird. (**E. P. 910 481** vom 10/1. 1958, ausg. 14/11. 1962.) K. Demmler H 241

2021 FMC Corp., übert. von: Leonard R. Darbee, Trenton, Donald F. Kreuz, Princeton Junction, N.J., und Theodore M. Jenney, Kenmore, N.Y., V.St.A., **Katalysator für die Hydrierstufe bei der Herstellung von Wasserstoffperoxid nach dem Anthrachinonverfahren,** bestehend aus auf zerkleinertem Dolomit niedergeschlagenem Edelmetall, bes. Pd, z. B. in Mengen von 0,2—0,5% des auf 8—20 mesh zerkleinerten Dolomits. (**A. P. 3 062 622** vom 27/6. 1960, ausg. 6/11. 1962.) K. Demmler H 241

2022 Pittsburgh Plate Glass Co., übert. von: John W. Moore, Corpus Christi, Tex., V.St.A., **Regenerieren von zur Herstellung von Wasserstoffperoxid nach dem Anthrachinonverfahren dienenden Arbeitslösungen** durch Erhitzen der Lsgg. auf wenigstens 50, bes. 115—200° unter Zusatz von 20—40 Gew.-% porösem, amorphem, hydratisiertem Na-Al-Silicat der Formel $Na_2O \cdot yAl_2O_3 \cdot zSiO_2$ (y = 0,5—3,0, z = 0,5—10). (**A. P. 3 055 838** vom 6/12. 1957, ausg. 25/9. 1962.) K. Demmler H 241

2023 C.-A. R. Davegardh, Sundbyberg, und L. E. Lilja, Hägersten, Schweden, **Konzentrieren von Wasserstoffperoxid** durch kontinuierliche Vakuumdestillation. Die Dest. wird unter Zusatz von 1—10, bes. 4—6 Gew.-% H_2SO_4 durchgeführt. (**Schwed. P. 174 918** vom 1/9. 1952, ausg. 11/4. 1961.) K. H. Kähler H 241

2024 Chemical Construction Corp., New York, N.Y., V.St.A., **Stabilisieren von wässerigen Lösungen von Wasserstoffperoxid** durch Zusatz von 0,01—0,1 Gew.-% Ascorbinsäure, bes. D-Araboascorbinsäure. (**E. P. 909 945** vom 15/2. 1961, ausg. 7/11. 1962. A. Prior. 29/2. 1960. **A. P. 3 037 847** vom 29/2. 1960, ausg. 5/6. 1962.) K. Demmler H 241

2025 Laporte Chemicals Ltd., Luton, England (Erfinder: Reginald Henry Banfield), **Stabilisieren von wässerigen Lösungen von Perverbindungen,** bes. von H_2O_2 Peressigsäure, Peroxomonoschwefelsäure, durch Zusatz von 10 bis 500 ppm eines wasserlösl. Salzes des Tripyridyls, bes. des Tripyridylsulfats. (**E. P. 909 895** vom 4/3. 1959, ausg. 7/11. 1962. **A. P. 3 043 658** vom 6/7. 1960, ausg. 10/7. 1962.) K. Demmler H 241

2026 Elliott Co., Jeanette, übert. von: James R. Shields, Penn Township, Pa., V.St.A., **Herstellung von Säure.** Bei der Herst. von Säure (als Beispiel ist die Überführung von NH_3 in *HNO_3* angegeben) durch Oxydation der Ausgangssubstanz u. Absorption des gebildeten Oxides in H_2O wird die zum Antrieb des Luftverdichters eingesetzte Dampfturbine durch bei der Wärmerückgewinnung aus den heißen Verbrennungsgasen erhaltenen Dampf betrieben. — Schema. (**A. P. 2 942 953** vom 14/10. 1955, ausg. 28/6. 1960.) E. Miessgang H 243

2027 W. W. Je. Gorfunkel, Je. A. Kasakowa und M. K. Tschernjawskaja, **Reinigen von Abgasen der HNO_3-Herstellung** von 0,3 auf 0,05% Stickoxide. Die durch Kühlen auf 0° auf einen Feuchtigkeits-Geh. von 10 bis 15% gebrachten Gase werden in eine Adsotrptionskolonne mit perforierten Böden mit Silicagel (I) im Fließbett geführt; I wird durch Ausblasen mit Luft bei 180° regeneriert. Die Desorptionsgase mit 25% NO_2 u. 100 g/m³ W. werden nach Staubabscheidung zu verd. HNO_3 unter Druck kondensiert. — Verf.-Schema. (**UdSSR. P. 129 193** vom 23/5. 1959.) L. Großner H 243

2028 James Wilkinson and Son Ltd., Sheffield, England (Erfinder: Rowland Yeardley Eagers), **Herstellung von Kaliumhydrogenfluorid** durch Rk. von H_2SiF_6 mit KF in wss. Lsg. im Mol-Verhältnis 1:4 bei $\geqq 70°$, wobei das KF durch Rk. von H_2SiF_6 u. KOH im Mol-Verhältnis 1:4 hergestellt wird u. SiF_4 als Rohstoff für H_2SiF_6 dient. (**E. P. 910 207** vom 6/7. 1960, ausg. 14/11. 1962.) K. Demmler H 246

2029 Joseph Jacob Aman, Jerusalem, Israel, **Thermische Zersetzung von Magnesium-, Calcium- und Eisenchloriden zwecks Herstellung von Chlorwasserstoffsäure und den entsprechenden Metalloxiden.** Man zerstäubt eine Lsg., eine Aufschlämmung oder eine Schmelze des Chlorides in einem heißen Gasstrom in Ggw. von überhitztem Dampf u. gewinnt aus den Abgasen eine z. B. 10—15%ig. Salzsäure. Bei der Zers. einer $MgCl_2$-Schmelze beträgt die Temp. des Gasstroms ca. 900°. — Zeichung. (**Schwz. P. 357 059** vom 13/9. 1956, ausg. 15/11. 1961.) K. Demmler H 247

2030 International Salt Co., Scranton, Pa., übert. von: Dale W. Kaufmann, Buffalo, N.Y., V.St.A., **Verminderung des Zusammenbackens von kristallinem Natriumchlorid** erfolgt dadurch, daß NaCl mit weniger als ca. 0,05% eines wasserlösl. komplexen *Eisencyanids*, z. B. Alkali- oder Erdalkali-Fe(II)- bzw. -Fe(III)-Cyanid, bes. dem Na-Salz, vermischt wird. (**A. P. 3 036 884** vom 10/12. 1956, ausg. 29/5. 1962.) K. Wolk H 247

2031 Imperial Chemical Industries Ltd., London, England (Erfinder: John Hardie Collins und George Ernest Edwards), **Diaphragmenloses elektrolytisches bipolares Zellensystem,** bes. für die Herst. von *Alkalichlorat* aus Alkalichlorid, wobei die Anode einer Zelle aus Ti mit einer Schicht von Pt u. die gegenüberliegende Kathode aus Ti mit einer Schicht von Pt, Fe oder Stahl bestehen. (**E. P. 905 749** vom 22/6. 1960, ausg. 12/9. 1962. **Zusatz zu E. P. 845 043; C. 1962, 17 165.**) K. Demmler H 247

2032 Olin Mathieson Chemical Corp., übert. von: Theodore H. Dexter, Niagara Falls, N.Y., V.St.A., **Herstellung von Natriumperchlorat.** Man bringt ein wss. Gemisch zur Rk., das aus (Mol) $NaClO_3$, 0,8—1,5 PbO_2 0,8—2 H_2SO_4 u. 2—5 $HClO_4$ als Rk.-Initiator u. aus W. besteht, wobei die Menge des W. 57—77%, bezogen auf das Gew. der beiden Säuren, beträgt. (**A. P. 3 038 782** vom 21/12. 1953, ausg. 12/6. 1962.) K. Demmler H 247

2033 Phillips Petroleum Co., übert. von: Franklin I. Barker, Bartlesville, Okla., V.St.A., **Gewinnung von Schwefel** aus H_2S-haltigen Gasen. Als Ausgangsgase stehen ein Gas mit niedrigem H_2S-Geh. u. 10—70% KW-Stoffen (I) u. ein Gas mit hohem H_2S-Geh. u. <10% KW-Stoffen (II) zur Verfügung. I wird zunächst an H_2S angereichert (Äthanolamin), wobei der Anteil an KW-Stoffen auf <5% gebracht wird, dieses Gas zu SO_2 verbrannt u. anschließend mit II so gemischt, daß ein Mol-Verhältnis von $H_2S:SO_2 = 2:1$ erhalten wird. Dieses Gasgemisch wird bei 350—700° F über Bauxit als Katalysator zu Elementar-S umgesetzt u. dieser gewonnen. — Schema. (**A. P. 2 958 586** vom 6/5. 1952, ausg. 1/11. 1960.) E. Miessgang H 253

2034 Ernesto Contini, Caltanisetta, Italien, **Ausschmelzen von Schwefel** aus schwefelhaltigen Mineralien. Das Ausgangsmineral wird zerkleinert u. mit von unten nach oben zunehmender Feinheit in einen Ofen eingebracht, durch welchen von oben nach unten heißes Gas gesaugt wird. S u. Schlacke werden fl. unten abgezogen. — Vorr., Zeichnungen. (**It. P. 560 574** vom 20/10. 1956.) K. Koebke H 253

2035 Paolo Mezzadri, Ponte Taro-Fontevivo, Parma, Italien, **Abtrennung von Schwefel aus rohen Mineralien,** dad., daß die S-haltigen Ausgangs-Prodd. in wss. Medium mit einer Mineralsäure (HCl, HNO_3) behandelt u. filtriert werden. (**It. P. 555 439** vom 7/9. 1955.) K. Koebke H 253

2036 R. S. Erenburg, N. I. Swinzowa, N. Ss. Uljanow und R. A. Malinski, **Entschäumen von Schwefelkonzentraten** durch Zusatz von 0,15—0,2 kg/t einer 1—2%ig. koll. Stärkelösung. (**UdSSR. P. 134 218** vom 16/2. 1960.) L. Großner H 253

2037 A/B Svenska Maskinverken, Söderfälge, und Reymersholms Gamla Industri A/B, Hälsingborg, Schweden, **Kontaktverfahren zur Herstellung von Schwefeltrioxid.** Der Konverter zur Herst. von SO_3 aus SO_2 u. Luft enthält übereinander angeordnete Katalysatorschichten, wobei jeweils zwischen 2 Schichten ein Wärmeaustauscher zum Abführen der Rk.-Wärme angeordnet ist. Um die erforderliche Temp. in den Katalysatorbetten aufrechtzuerhalten, wird die durch jeden Wärmeaustauscher geführte Gasmenge durch Ausgleichs-Ventile entsprechend bemessen. — Vorrichtung. (**E. P. 841 636** vom 22/5. 1957, ausg. 20/7. 1960. Schwed. Prior. 26/5. 1956.) E. Miessgang H 253

2038 National Distillers and Chemical Corp., New York, übert. von: Arnold Belchetz, Carchmont, N.Y., V.St.A., **Aufarbeiten von Abfallschwefelsäure zur Entfernung des Gehaltes an Kohlenstoff.** Die 80—90%ig. H_2SO_4 mit einem Geh. von 3—10 Gew.-% gelöstem N_2O_3 wird bei 100—300° F mit Luft u. SO_2 behandelt, wobei der C-Anteil in der Säure zu CO_2 oxydiert wird. Gleichzeitig wird das gelöste SO_2 oxydiert. Die dabei gebildete H_2SO_4 hält die Konz. der Säure, die N_2O_3 gelöst enthält, auf 80 bis 90%. Anschließend wird die Säure denitriert. — Schema. (**A. P. 2 955 920** vom 14/10. 1955, ausg. 11/10. 1960.) E. Miessgang H 253

2039 Nehézvegyipari Kutató Intézet, Veszprém Erfinder: Miklós Ács, Pál Takács, János Sipos, Veszprém, Zoltán Szücs, Káptalanfüred, und György Korányi, Budapest), **Herstellung von Ammoniumsulfat** aus SO_2 u. O_2 enthaltenden industriellen Abgasen, die nach dem Vermischen mit gasförmigem NH_3 in einem Reaktor zwischen Taupunkt u. 250° bei 7—15 kV/cm u. 4—10 Sek. Aufenthaltsdauer stabilisierten stillen elektr. Entladungen ausgesetzt werden. Das gebildete I wird entweder durch Elektrophorese oder andere bekannte Verff. als Pulver abgeschieden. Die Wärme der entweichenden S-freien Gase wird zum Vorwärmen ausgenutzt. (**Ung. P. 150 852** vom 12/6. 1962, ausg. 20/6. 1963.) F. Landsberger H 253

2040 United States Borax & Chemical Corp., Los Angeles, Calif., V.St.A. (Erfinder: Anthony Arthur Robinson Wood und Eric Campbell Shears), **Borcarbid** wird dadurch hergestellt, daß ein aus C u. B_2O_3 bzw. einer beim Erhitzen B_2O_3 bildenden B-Verb. sowie Verbb. von Alkalimetallen, Al, Mg, Sr, Mn, Cr, La, Si, Fe oder Ba bestehendes Gemisch auf 1400—1600° erhitzt wird. Die als Katalysatoren dienenden Zusätze der Verbb. der Alkalimetalle usw. sollen 1—10% des Gemisches ausmachen. Al, Mg, Mn, Cr, La, Si oder Fe werden als Oxide angewandt, die übrigen Verbb. sind Carbonate. (**E. P. 898 403** vom 14/5. 1959, ausg. 6/6. 1962.) K. Wolk H 258

2041 Laporte Chemicals Ltd. (Erfinder: John Smith), **Herstellung von Natriumperborat.** In einer vertikalen Kolonne wird mittels einer Pumpe im aufsteigenden Fl.-Strom, der eine Suspension von $NaBO_3$ enthält, erzeugt, indem der Kolonne von unten wss. H_2O_2 u. wss. $NaBO_2$ zugeführt werden in solchen Mengen, daß eine Übersättigung der aufsteigenden Rk.-Lsg. von $NaBO_3$ erreicht wird, wobei die Übersättigung durch Kühlen der Kolonne gefördert wird. (**E. P. 911 664** vom 30/4. 1958, ausg. 28/11. 1962.)
K. Demmler H 258

2042 Shell Oil Co., übert. von: Edward A. Youngman, Lafayette, Calif., V.St.A., **Herstellung von Natriumperborattrihydrat.** Durch Rk. einer lösl. Mg-Verb. mit einem lösl. Silicat während 1—2 Std. stellt man unter Bldg. eines gelatinösen Mg-Silicats eine wss. Lsg. von $NaBO_2$ her, die man nach Abtrennen des Mg-Silicats mit wss. H_2O_2 bei 122 ± 10^0 F versetzt, u. krist. $NaBO_3 \cdot 3\,H_2O$ bei 40 bis 60⁰ aus. (**A. P. 3 041 137** vom 21/9. 1956, ausg. 26/6. 1962.)
K. Demmler H 258

2043 Callery Chemical Co., Pittsburgh, übert. von: Paul R. Wunz jun., Gibsonia, Pa., V.St.A., **Herstellung von halogenierten Dekaboranen** durch Rk. von $B_{10}H_{14}$ mit $CHCl_3$, $CHBr_3$ oder CHJ_3 in Ggw. eines Friedel-Crafts-Katalysators, wie $AlBr_3$, $FeCl_3$, $ZnCl_2$ oder $SnCl_4$, bes. $AlCl_3$. Bei ca. 25⁰ werden hauptsächlich Prodd. der Formel $B_{10}H_{13}Hal$, bei ca. 60⁰ solche der Formel $B_{10}H_{12}Hal_2$ erhalten. (**A. P. 3 046 086** vom 19/2. 1959, ausg. 24/7. 1962.)
H. Roos H 258

2044 United States Borax & Chemical Corp., Los Angeles, Calif., übert. von: William David English, Garden Grove, Calif., V.St.A., **Borsäuretriamide** der allg. Formel $(R'R''N)_3B$ werden hergestellt durch Rk. von tert. Aminen der allg. Formel $R'R''NR$ (R, R', R'' = ggf. phenylsubstituiertes Alkyl mit 1—6 C-Atomen, Phenyl, Naphthyl, Biphenyl, alkylsubstituiertes Phenyl mit 1—6 C-Atomen in den Alkylresten) mit BCl_3 oder BBr_3 bei Temp. von 0 bis —80⁰ u. anschließendes Erhitzen unter Rückfluß. — Zu 72 (g) $(C_2H_5)_3N$ gibt man bei —80⁰ 25 BBr_3, erwärmt auf Raum-Temp., kocht 24 Std. lang unter Rückfluß u. dest. → *Borsäure-tris-diäthylamid*, $C_{12}H_{30}BN_3$. — Analog: $C_6H_5 \cdot N(CH_3)_2$ u. BBr_3 → *Borsäuretri-(N-methylanilid)*, $C_{21}H_{24} \cdot BN_3$. — $C_6H_5CH_2N(C_2H_5)_2$ u. BCl_3 → *Borsäure-tris-(N-äthyl-N-benzylamid)*, $C_{27}H_{36}BN_3$. — $(C_6H_5)_3N$ u. BCl_3 → *Borsäure-tris-diphenylamid*, $C_{36}H_{30}BN_3$. (**A. P. 3 052 718** vom 5/12. 1960, ausg. 4/9. 1962.)
A. Debo H 258

2045 United States Borax & Chemical Corp., Los Angeles, übert. von: George W. Willcockson und Joseph K. Sandie, Anaheim, Calif., V.St.A., **Vinylborverbindungen** mit endständiger Methylengruppe werden hergestellt durch Rk. eines Komplexsalzes der allg. Formel $CH_2{:}C(R)B(OR')_3M$ (R = H, KW-Stoff-Rest mit 1—5 C-Atomen, Phenyl; R' = Alkyl mit 1—4 C-Atomen; M = -MgCl, -MgBr, Li, Na, K) mit wasserfreien Säuren oder Verbb. mit akt. Cl oder durch Hydrolyse der Komplexsalze. — $CH_2{:}CH \cdot MgCl$ u. $B(OCH_3)_3$ in Tetrahydrofuran → $[CH_2{=}CHB(OCH)_3)] \cdot MgCl$ (**I**). **I**, W. u. 5%ig. HCl → *Äthylenboronsäure*, Blättchen (aus Bzl.). — $(CH_3)_2CHLi$ u. $B[OCH(CH_3)_2]_3$ → $[CH_2{:}C(CH_3)B(OC_3H_7)_3]Li$, hieraus mit kaltem W. → *Isopropylenboronsäure*. — **I** u. Benzoylchlorid → *Isopropylenboronsäuredimethylester*, Kp. 74—78⁰; diesen erhält man auch aus **I** u. BCl_3 oder HCl. — Verw. zur *Behandlung* von *Papier* u. *Glasfasern*, *Zwischenprodd.* für Polymere. (**A. P. 3 045 039** vom 14/9. 1959, ausg. 17/7. 1962.)
A. Debo H 258

2046 Associated Electrical Industries Ltd., John Michael Davidson und Cecilie Mary French, London, England, **Polyphenylborinsäure (I)** wird hergestellt durch Rk. von $(C_6H_5)_2BCl$ mit $AlCl_3$ u. anschließende Hydrolyse. — 8 (g) $(C_6H_5)_2BCl$ u. 5,5 $AlCl_3$ erhitzt man langsam auf

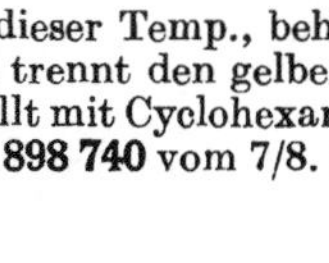

I

180⁰, hält 1 Std. bei dieser Temp., behandelt mit 100 ml W., extrahiert mit Ae. u. trennt den gelben Farbstoff ab. Diesen löst man in Aceton, fällt mit Cyclohexan aus → 1 **I**, IR-Banden bei 2,9 u. 7,5 μ. (**E. P. 898 740** vom 7/8. 1959, ausg. 14/6. 1962.)
A. Debo H 258

2047 Cabot Corp., Boston, Mass., übert. von: Joe Y. Rogers jun. und John M. Brown, Pampa, Tex., V.St.A., **Herstellung von Ruß** durch unvollständige Verbrennung von Naturgas u. einem normalerweise fl. KW-Stoff mit Luft, wobei die Luft vor der Mischung mit den anderen Komponenten durch Filtern von Feststoffen befreit wird. (**A. P. 3 039 853** vom 18/3. 1960, ausg. 19/6. 1962.)
K. Demmler H 260

2048 Columbian Carbon Co., New York, N.Y., V.St.A., **Herstellung von Ruß** durch therm Zers. von aromat. KW-Stoffen mit 65—100% aromat. Bestandteilen u. einem Molgew. von 100—400, indem man in die Verbrennungskammer zwecks Regulierung der charakterist. Struktur des zu gewinnenden Rußes kleine Mengen von Alkali-Verbb. in Hydroxid- oder Salzform, z. B. 0,0001—0,05 lbs. NaOH pro US-Gallone KW-Stoff, einführt. (**E. P. 911 330** vom 7/6. 1960, ausg. 21/11. 1962. A. Prior. 7/8. 1959 u. 9/5. 1960.)
K. Demmler H 260

2049 Consolidation Coal Co., Pittsburgh, Pa., V.St.A. (Erfinder: Martin Brandt Neuworth), **Gewinnung von für die Herstellung von Ruß dienenden Kohlenwasserstoffen.** Man unterwirft Kohle der Pyrolyse bei $< 1400^0$ F u. trennt aus den fl. Prodd. die im wesentlichen paraffin. KW-Stoffe mit 5—9 C-Atome enthaltenden, einen Anfangs-Kp. zwischen 300 u. 425⁰ aufweisenden Fraktionen ab. (**E. P. 909 675** vom 14/1. 1960, ausg. 31/10. 1962.)
K. Demmler H 260

2050 Texaco, Inc., übert. von: Bruce H. Sage, Altadena, Calif., V.St.A., **Herstellung von Calciumcarbd** erfolgt dadurch, daß ein Kalk-Koks-Gemisch mit O_2 in eine durch Verbrennen eines Teils des zugeführten Kokses mit O_2 auf 3000—5000⁰ F gehaltene Rk.-Zone eines solchen Ofens eingeblasen wird, dessen Wände im Bereich der Carbid-Bldg.-Zone aus einem gasdurchlässigen Material bestehen, dessen Temp. durch der äußeren Oberfläche der Ofenwand zugeführten kalten CO unter Bldg. einer der Innenwand anliegenden Gasschicht auf $< 1500^0$ F gehalten wird. Das die Rk.-Zone verlassende CaC_2–CO-Gemisch wird durch eine sich an die Rk.-Zone unmittelbar anschließende Kühlzone, in die durch in der Kühlzone umgebende Wand befindliche Durchbrechungen von der Abtrennung des gebildeten Carbids herrührendes gekühltes CO eingeleitet wird, gekühlt. — Zeichnungen. (**A. P. 3 044 858** vom 16/12. 1957, ausg. 17/7. 1962.)
K. Wolk H 260

2051 FMC Corp., New York, N.Y., V.St.A., **Kristallisation von Natriumbicarbonat bzw. Natriumsesquicarbonat** erfolgt aus solchen wss. Lsgg., die 5—800 ppm, bes. 40 bis 400 ppm, eines anion. oberflächenakt. Mittels enthält, wobei das Mittel ein Alkylbenzol oder Alkylbenzolsulfonat mit mehr als 4 Alkyl-C-Atomen, ein substituiertes Taurat der Formel $RR'N \cdot CH_2 \cdot CH_2 \cdot SO_3M$ (R = KW-Stoffrest; R' = Fettsäurerest mit wenigstens 8 C-Atomen oder Sulfat eines prim. Alkohols mit wenigstens 8 C-Atomen) sein kann. Durch die Ggw. der oberflächenakt. Mittel ergeben sich bes. Kristallformen, die ein besseres Abfiltrieren u. Auswaschen ermöglichen. — 16 Mikrophotos. (**E. P. 912 893** vom 13/7. 1960, ausg. 12/12. 1962.)
K. Wolk H 260

2052 Pittsburgh Plate Glass Co., Pittsburgh, Pa., V.St.A., **Reinigung von Natriumcarbonat.** Man erhitzt eine Suspension des Na_2CO_3 in W. bis über die Temp., bei der das Monohydrat in wasserfreies Na_2CO_3 übergeht, kühlt wieder unter diese Temp. ab u. trennt die gebildeten Monohydratkristalle ab. (**Niederl. P. 102 451** vom 23/11. 1957, ausg. 17/9. 1962. A. Prior. 7/12. 1956.)
F. Böhm H 260

2053 Badische Anilin- & Soda-Fabrik Akt.-Ges., Deutschland (Erfinder: Ernst Brodkorb und Hans Cordes), **Herstellung von Cyclopentadienyl-Metallcarbonylen** durch 14—24std. Erhitzen von Cyclopentadienyl-Derivv., bes. des Methyl-Deriv. (**I**), Dicyclopentadien (**II**) u. Inden (**III**), mit wasserfreien Metallsalzen, bes. V-, Cr-, Mn- u. Fe-Halogeniden, in inerten Lsgm., bes. Tetrahydrofuran (**IV**), in Ggw. einer organ. Base, bes. Pyridin (**V**), u. eines metall. Red.-Mittels, z. B. Mg, Al, Fe oder Zn, im Autoklaven bei 180—200⁰ u. einem CO-Druck von 200—300 at. — *$(C_5H_5) \cdot Mn(CO)_3$*, F. 76—77⁰ (80%ig. wss. CH_3OH u. Sublimation im Vakuum) durch 24std. Erhitzen von 70 (g) **II**, 60 $MnCl_2$ u. 30 Mg-Spänen in 500 ml **IV** u. 50 ml **V** auf 200⁰ im Auto-

klaven bei einem CO-Druck von 300 at u. anschließende Wasserdampf-Dest.; orangefarbene Kristalle; 44% (Ausbeute). — Analog: $(CH_3-C_5H_4)Mn(CO)_3$, aus **I**; 16%. — *Indenyl*-$Mn(CO)_3$, aus **III**. — $(C_5H_5)V(CO)_4$, aus **II** u. VCl_4 durch Benzolextraktion des Rk.-Gemisches u. ggf. anschließende Al_2O_3-Chromatographie bzw. Sublimation des Rohprod. im Vakuum; gelborangefarbene Kristalle. — Analog: $[(C_5H_5)Cr(CO)_3]_2$, F. 165° (Zers.), aus **II** u. $CrCl_3$; grünblaue Kristalle. — $[(C_5H_5)Fe(CO)_2]_2$, F. 194° (Zers.), durch nur 14std. Erhitzen des **II**, $FeCl_2$ u. Fe enthaltenden Rk.-Gemisches u. Sublimation des Rohprod. bei 10^{-3} bis 10^{-5} mm. — *Antiklopfmittel* u. *Katalysatoren*. (**F. P. 1 229 599** vom 15/7. 1959, ausg. 8/9. 1960. D. Prior. 22/7. 1958.)
G. Dehmel H 270

2054 Universal Oil Products Co., Des Plaines, Ill., V.St.A., **Regenerieren verbrauchter Alkalilösungen,** die zum Entsäuern organ. Verbb., z. B. KW-Stoffen, verwendet wurden, durch Oxydation, dad. gek., daß diese in Ggw. von Phthalocyaninsulfonat, z. B. Co-Phthalocyanindisulfonat, als Katalysator durchgeführt wird. (**Ind. P. 65 373** vom 26/9. 1958, ausg. 21/3. 1960.) C. Lüttgen H 272

2055 Subox Akt.-Ges., Elektrochemische Fabrik, Metall- und Hüttenprodukte (Erfinder: Oscar Brandenberger), Zürich, Schweiz, **Gewinnung von hinsichtlich Reinheit und Schüttgewicht verschiedenen Zinkoxidpulvern, besonders aus stark verunreinigten Zn-Abfällen.** Die durch Verbrennen von Zn bzw. Zn-Abfällen erhaltenen ZnO-Dämpfe werden durch verschieden weit vom Eingang der Abscheidungs-Vorr. befindliche Filtersäcke geleitet u. ZnO-Pulver mit Schüttgew. von 100 bis 600 g/Liter — je nach dem Reinheitsgrad — erhalten. (**Schwz. P. 366 034** vom 14/2. 1958, ausg. 31/1. 1963.)
K. Demmler H 288

2056 Kaiser Aluminum & Chemical Corp., Oakland, übert. von: Donald C. Gernes, Los Gatos, Calif., V.St.A., **Herstellung von Kryolith** durch Fällen eines fluorarmen Kryolith-Prod. aus einer $NaAlO_2$ u. NaF enthaltenden Lsg. durch Einleiten von CO_2, indem man das erhaltene Fällungs-Prod. mit einer NaF-Lsg. umsetzt, deren NaF-Konz. ca. 5 g/Liter beträgt u. bis zur Sättigung ansteigen kann, wobei die Rk.-Temp. 70—95° u. die Rk.-Dauer ½—1½ Std. betragen. Es wird z. B. aus einem 91%ig. Prod. ein 95,5%ig. Kryolith erhalten. (**A. P. 3 061 411** vom 1/2. 1960, ausg. 30/10. 1962.) K. Demmler H 294

2057 R. B. Golubzowa, **Elektrolyt für anodische Abscheidung intermetallischer Titanverbindungen,** bes. Ti_5Si_3, aus 3 g Ascorbin- oder Sulfosalicylsäure u. 15 ml konz. H_2SO_4 in 1 Liter CH_3OH. Verwendet werden Legg. mit 0,5—7,5% Si; Stromdichte 0,05 A/dm². — Tabelle. (**UdSSR. P. 133 237** vom 24/2. 1960.) L. Großner H 321

2058 Minerals & Chemicals Philipp Corp., Menlo Park, N.J., V.St.A. (Erfinder: Ernest Wilfrid Greene, James Benjamin Duke und Joseph Lester Hunter), **Schaumflotation von schlammhaltigen Mineralien, wie Rohkaolin.** Das Ausgangsmaterial wird in eine wss. Trübe übergeführt, in der mindestens eine Komponente der Masse selektiv geölt wird u. in der noch feinverteiltes Hilfsmaterial, wie *Calcit*, *Baryt*, *Cyanit*, *Sand* oder *Flußspat*, enthalten ist. Die Trübe wird hierauf flotiert. Das Hilfsmineral ist feiner als 200 Maschen. — Beispielsweise werden zu einer Trübe 5,0 (pounds) $(NH_4)_2SO_4$, 5,0 NH_4OH, 5,0 neutrales *Ca-Petronat* u. 2,5 *Reagens 801* zugesetzt. Hierbei besteht das Petronat aus 41,0% komplexen Calciumsulfonat, 58,5 Mineralöl u. 0,5 Wasser. Das *Reagens 801* ist ein wasserlösl. Petroleumsulfonat. (**E. P. 901 515** vom 23/1. 1961, ausg. 18/7. 1962.)
W. Hauswald 6148

2059 **Bergwerksverband G.m.b.H.**, Essen (Erfinder: **Georg Huck** und **Paul Opgenhoff**), *Gewinnung von Ammoniak aus Flüssigkeiten*. (**E. P. 916 945** vom 7/6. 1960, ausg. 30/1. 1963. — C. **1962,** 10599 [D. A. S. 118 765].)

2060 **Farbenfabriken Bayer Akt.-Ges.**, Leverkusen, übert. von: **Erich Rahlfs**, Leverkusen, und **Günter Henrich**, Opladen, *Entfernen von Aceton aus acetonhaltigen wässerigen Hydrazinlösungen*. (**A. P. 3 028 219** vom 28/7. 1958, ausg. 3/4. 1962. D. Prior. 1/8. 1957. — C. **1959,** 13911 [D. A. S. 1 049 833].)

2061 **Walter M. Weil**, Shaker Heights, Ohio, V.St.A., *Abscheidung von Bor aus Salzschmelzen*. (**E. P. 886 466** vom 3/3. 1960, ausg. 10/1. 1962. A. Prior. 16/3. 1959. — C. **1962,** 13531 [D. A. S. 1 120 436].)

2062 **Studiengesellschaft Kohle m.b.H.** (Erfinder: **Roland Köster**), Mühlheim/Ruhr, *Herstellung von Alkali- und Erdalkaliborhydriden*. (**Schwz. P. 367 479** vom 1/4. 1958, ausg. 11/4. 1963. D. Prior. 30/4. 1957. — C. **1960,** 4962 [D. A. S. 1 034 596].)

2063 **Kali-Chemie Akt.-Ges.**, Hannover, *Herstellung von Boranen, gegebenenfalls mit organisshen Substituenten*. (**E. P. 907 462** vom 26/8. 1960, ausg. 3/10. 1962. D. Prior. 2/9. 1958. — C. **1961,** 9937 [D. A. S. 1 095 797].)

2064 **Siemens-Schuckertwerke Akt.-Ges.**, Berlin und Erlangen, übert. von **Heinrich Gutsche**, Erlangen, *Herstellung von Reinstsilicium*. (**A. P. 3 042 494** vom 23/5. 1958, ausg. 3/7. 1962. D. Prior. 29/5. 1957. — C. **1961,** 18830 [D. A. S. 1 105 396].)

2065 **Siemens-Schuckertwerke Akt.-Ges.**, Berlin und Erlangen, *Herstellung von Reinstsilicium für Halbeiter*. (**E. P. 904 239** vom 9/12. 1959, ausg. 22/8. 1962. D. Prior. 9/12. 1958. — C. **1962,** 12415 [Oe. P. 212 882].)

2066 **Western Electric Co., Inc.** (Erfinder: **Henry Charles Theuerer**), New York, N.Y., V.St.A., *Reinigung von Silicium* (**Schwz. P. 363 971** vom 20/7. 1956, ausg. 15/10 1962. A. Prior. 22/7. 1955. — C. **1958,** 8733 [D. A. S. 1 023 023].)

2067 **Standard Telephones and Cables Pty. Ltd.**, London, England. *Reinigung von Gasen bei der Herstellung von Silicium*. (**Aust. P. 235 746** vom 22/4. 1959, ausg. 2/11. 1961. E. Prior. 16/5. 1958. — C. **1963,** 12178 [E. P. 885 119].)

2068 **Pittsburgh Plate Glass Co.**, Pittsburgh, Pa. (Erfinder: **Fred S. Thornhill**, Akron, Ohio), V.St.A., *Herstellung von feinteiliger Kieselsäure*. (**Schwz. P. 365 369** vom 3/7. 1958, ausg. 29/12. 1962. A. Prior. 3/9. 1957. Zusatz zu Schwz. P. 354 061; C. 1962, 6994. — C. **1961,** 973 [D. A. S. 1 083 241].)

2069 **Siemens-Schuckertwerke Akt.-Ges.**, Berlin und Erlangen, *Trennung eines aus halogenierten Silanen, Chlorwasserstoff und Wasserstoff bestehenden Gasgemisches*. (**Oe. P. 220 595** vom 2/9. 1960, ausg. 10/4. 1962. D. Prior. 28/9. 1959. — C. **1963,** 7903 [D. A. S. 1 129 937].)

2070 **Montecatini Soc. Gen. per l'Industria Mineraria e Chimica**, Mailand, Italien, *Herstellung von reinem Natriumhypophosphit*. (**Niederl. P. 102 461** vom 16/1. 1958, ausg. 17/9. 1962. It. Prior. 18/1. 1957. — C. **1961,** 4487 [Belg. P. 564 049].)

2071 **Union Chimique Belge Soc. An.**, Brüssel, Belgien, *Herstellung farbloser anhydrischer Alkalipolyphosphate*. (**Niederl. P. 103 096** vom 17/3. 1958, ausg. 15/11. 1962. Belg. Prior. 19/3. 1957. — C. **1960, 3344** [D. A. S. 1 065 388].)

2072 **Soc. d'Études et d'Applications des Minerais de Thies**, Paris, Frankreich, *Reinigen von Phosphaten*. (**D. A. S. 1 143 496** Kl. 12i vom 12/6. 1959, ausg. 14/2. 1963. F. Prior. 13/6. 1958. — C. **1962,** 13532 [F. P. 1 200 419].)

2073 **Comp. de Saint-Gobain** (Erfinder: **M. Jean-Marie Lerolle**), Paris, Frankreich, *Herstellung von festem Aluminiumsulfat*. (**D. A. S. 1 149 340** Kl. 12m vom 9/11. 1959, ausg. 30/5. 1963. F. Prior. 3/1. 1959. — C. **1963,** 2969 [F. P. 1 220 251].)

2074 **Willy Glaser**, Düren, *Herstellung von Aluminium-, Eisen-, Kupfer- und/oder Zinksulfat enthaltenden Aufschlußprodukten*. (**D. A. S. 1 155 101** Kl. 12n vom 28/2. 1956, ausg. 3/10. 1963. E. Prior. 24/9. 1955. — C. **1960,** 15871 [Belg. P. 551 151].)

2075 **British Titan Products Co. Ltd.**, Billingham, Durham, England, (Erfinder: **Kenneth Arkless** und **Edward Whayman**), *Herabsetzung der sauren Eigenschaften von Titandioxid*. (**E. P. 926 221** vom 3/9. 1959, ausg. 15/5. 1963. — C. **1962,** 16094 [D. A. S. 1 121 249].)

2076 **Deutsche Advance Produktion G.m.b.H.**, Lautern/Odenw. (Erfinder: **Ingenuin Hechenbleikner** und **Kenneth Richard Molt**, Cincinnati, Ohio, V.St.A.), *Organozinnverbindungen*. (**D. A. S. 1 152 413** Kl. 12o vom 13/2. 1961, ausg. 8/8. 1963. A. Prior. 23/2. 1960. — C. **1964, 4-2004** [E. P. 908 331].)

2077 **United States Atomic Energy Commission**, Washington, D.C., übert. von: **James E. Magner**, Antioch, **Ray S. Long**, **David A. Ellis** und **Robert R. Grinstead**, Concord, Calif., V.St.A., *Herstellung von hochreinem* UF_4. (**Can. P. 634 230** vom 18/6. 1958, ausg. 9/1. 1962. A. Prior. 31/7. 1957. — C. **1961,** 2749 [D. A. S. 1 084 255].)

2078 **United Ringdom Atomic Energy Authority** (Erfinder: **Thomas Victor Healy**), London, England, *Herstellung von nitrationenfreien Metallsalzlösungen*. (**Schwz. P. 367 480** vom 11/1. 1958, ausg. 11/4. 1963. E. Prior. 15/1. 1957. — C. **1960,** 5285 [E. P. 814 568].)

H_6. Silicatchemie, Baustoffe

2079 **Die wissenschaftliche Erkenntnis des glasigen Zustandes und die Entwicklung der Glasindustrie.** I. Peychès. (Verres et Réfractaires **17,** 75—87, 1963; Co. de St.-Gobain, Serv. de Rech.; franz.) — Vgl. C. **1964,** 4-2019. — Literaturübersicht, 16 Literaturhinweise. J. Heinze 6168◇

2080 **Kontrolle der Konzentration suspendierter Stoffe in gelöste Substanzen enthaltenden Aufschlämmungen mit Hilfe der Dichtemessung.** D. C. Cornish. (Brit. J. Cornish. (Brit. J. appl. Physics **13,** 134—35, 1962; Chislehurst, Kent, Brit. Sci. Instrument Res. Assoc., Dep. of Chem.; engl.) — Die Konz. des Glaspoliermittels in den zur Unters. des Glaspolierens verwendeten Aufschlämmungen wird von folgenden Faktoren beeinflußt: Wasserverlust als Folge der Verdampfung, die allmähliche Lsg. u. Ansammlung von Salzen u. die experimentelle Eintragung unterschiedlicher Mengen von Elektrolyten. Es ist einfacher, das Gew. des suspendierten Poliermittels (CeO_2) pro 100 g W. konst. zu halten, als die Konz. der Lsg. entsprechend durch Wasserzufuhr zu regulieren. Die Dichte der Aufschlämmung läßt sich nach dem von Cornish u. Nickolds (J. sci. Instruments **39,** [1962], 36) beschriebenen Verf. schnell u. einfach bestimmen. Es wird eine Näherungsgleichung entwickelt, die es ermöglicht, die Konz. von CeO_2 aus Dichtemessungen unabhängig von der Menge der gelösten Stoffe zu ermitteln. I. Köditz 6188△

2081 **Mitteilungen über die Herstellung von wärmeabsorbierendem Glas aus Phosphatglas.** Akira Naruse und Shoji Nakai. (Bull. Nagoya Inst. Technol. **13,** 327—31, 1961; jap., Auszug: engl.) — Fe enthaltende, wärmeabsorbierende Phosphatgläser werden aus Gemischen von fl. H_3PO_4, Amblygonit, $AlPO_4$, B-Phosphat (oder MgO oder ZnO), $FePO_4$ u. Si hergestellt. Die Schmelzdauer wird durch Erhitzen des sirupösen Ansatzes u. Rühren des geschmolzenen Glases verkürzt. Eine befriedigende Absorption der Wärmestrahlen ergibt sich bei Zusatz von 3—4% FeO zu Gläsern des Syst. P_2O_5–Al_2O_3–B_2O_3–Li_2O oder P_2O_5–Al_2O_3–MgO–Li_2O. W. Wesly 6200◇

2082 **Lichtstreuende Gläser.** Karel Voborník. (Sklář a Keramik **12,** 343—46, 1962; Hradec Králové, Stát. výzk. ústav sklářský; tschech.) — Übersicht über lichtstreuende Gläser (homogene u. nichthomogene) u. ihre physikal. u. chem. Eigg. sowie das Lichtstreuungsvermögen. — 20 Literaturangaben. J. Tůmová 6200◇

2083 **Über ein Vorkommen von syngenetisch-sedimentärem Fluorit im Plattendolomit des Geraer Beckens.** Peter Krüger. (Bergakademie [Freiberg] **14,** 742—50, 1962; Freiberg, Bergakad., Inst. für Mineralog. u. Lagerstättenlehre; dt.) — In den hangenden Partien des Plattendolomits kommen nördlich von Gera graue bis schwarze, linsen- u. schichtförmige Einschaltungen von syngenet.-sedimentärem Fluorit vor. Die Partien enthalten bis zu 97% CaF_2. Die bei der Herst. von Sinterdolomit aus Caaschwitzer Plattendolomit auftretenden unerwünschten Schmelzerscheinungen sind auf die Verw. solcher fluorithaltigen Materialien zurückzuführen. Die Verw. des Vork. als F-Rohstoff wird gegenwärtig untersucht. J. Heinze 6208◇

2084 **Die Kristallchemie und keramischen Eigenschaften von Aluminiumsilicaten mit Kationen von geringem Durchmesser.** N. A. Toropow. (J. chem. Allunions-Mendelejew-Ges. [UdSSR] **8,** 122—27, 1963; russ.) — Als Bestandteile hochtemperaturbeständiger glaskeram. Werkstoffe („Sitalle") sind Li- u. Mg-Alumosilicate wichtig, da sie sich durch bes. niedrige therm. Ausdehnungs-Koeff. auszeichnen. Es werden krist. Phasen mit quarzähnlicher Struktur in den Syst. Li_2O–Al_2O_3–SiO_2 u. MgO–Al_2O_3–SiO_2, bes. *β-Eukryptit, β-Spodumen* u. *Cordierit*, behandelt. Ihre Kristallstruktur u. ihr Gitteraufbau werden an Hand von Röntgenogrammen u. Gitterkenndaten erläutert u. verglichen. Die strukturelle Ähnlichkeit der genannten Verbb. mit den Modifikationen des Quarzes wird dargelegt. Albert Krause 6208◇

2085 **Einfluß der mineralischen Zusammensetzung des Porzellans auf die mechanische Festigkeit und Widerstandsleistung gegen Temperaturschwankungen.** János Grofscik. (Építőanyag [Baumaterial] **15,** 291—300, 1963; Budapest, Zentralforschungsinst. für Baumaterial; ung.) — Ausgehend von der klass. Porzellanmasse wurden Massen-Zus. u. Kornaufbau geändert. Sowohl der Mullit- als auch der Quarz-Geh. u. die Korngröße des Quarzes spielen eine wichtige Rolle. Ansteigen des Quarz- u. Mullit-Geh. erhöht, Ansteigen des Glas-Geh. erniedrigt die Festigkeit; Quarz wirkt nur bei der optimalen Kornfeinheit 20—60 nm festigkeitserhöhend. Parallel mit der mechan. Festigkeit nimmt auch die Widerstandsleistung gegen Temp.-Schwankungen zu. I. Náray-Szabó 6214△

2086 **Angaben über feuerfeste, keramische Stoffe.** Jack E. Hauck. (Materials Design Engng. **58,** 85—96, 1963; engl.) W. Wesly 6218◇

2087 **Erzeugung von blechbekleideten feuerfesten Werkstoffen in Nova Huta.** Wladyslaw Bieda. (Kohászati Lapok [Ung. Z. Hüttenwes.] **96,** 461—65, 1963; Huta Lenina, Polen; ung.) — Es wird die Erzeugung von nichtgebrannten, chem. gebundenen u. blechbekleideten feuerfesten Stoffen beschrieben. L. Zombory 6218△

2088 **Fortschritte in der Sanitärkeramikproduktion.** Rudolf Bárta. (Sklář a Keramik **12,** 350—52, 1962; tschech.) — Vgl. der Normen für die Sanitärkeramik in der Tschechoslowakei, UdSSR, Großbritannien u. USA unter Berücksichtigung der neuesten Fortschritte. Bes. betont werden die strengeren Anforderungen an die Reinheit der Rohstoffe für den Guß, Anwendung von Zr-Glasuren u. Beschleunigung des Brennens. J. Tůmová 6220◇

2089 **Keramische Baustoffe für Keramikröhren.** J. Kotowski. (Vakuum-Techn. **10,** 7—15, 1961; Stuttgart-Zuffenhausen, Standard Elektrik Lorenz; dt.) — Der Ersatz von Rundfunkröhren aus Glas durch keram. Werkstoffe war erst durch die einwandfreie hochvakuumdichte Hartlötung nach Vatter möglich. Die bes. Vorteile der keram. Werkstoffe sind vor allem durch gute Maßhaltigkeit, geringe Wärmespannungen u. hohe Erweichungs-Temp. gegeben. Als Werkstoffe kommen in der Hauptsache Al_2O_3-haltige Keramiken in Frage, aber auch Zr- u. Be-Keramiken werden gern verwendet. N. Peters 6220◇

2090 **Automatisches Verpressen pulverförmiger Massen.** Anonym. (Angew. Mess- u. Regeltechn. (Ergänzungsh. z. Sprechsaal) **3,** a151—a153, 1963; dt.) — Es werden die Anwendungsgebiete des Preßautomaten beschrieben. Die Fertigung einfacher u. schwieriger Formteile aus Steatit ist möglich, weiterhin können mit bes. Vorteilen gefertigt werden: Ferritmagnete, Mantel- u. Topfkerne, Füllkörper, Isolierteile u. andere. N. Peters 6220◇

2091 **Einige Eigenschaften der Keramik des Systems ZnO–TiO_2.** B. A. Loschkarew und O. A. Judin. (Glas u. Keram. [UdSSR] **19,** Nr. 10, 21—24, 1962; Uraler polytechn. Kirow-Inst.; russ.) — Aus *ZnO* (Zinkit)- u. *TiO_2* (Rutil)-Gemischen bildet sich, unabhängig vom Mischungsverhältnis der Komponenten u. bei einer Temp. $> 740^0$, eine neue krist. Phase: Zinkorthotitanat-2 $ZnO \cdot TiO_2$ (Eigg.: kub. Zelle, Spinellstruktur, $N = 2{,}14$, $R \cong 15\%$, $d = 5 \cdot 10$). Die geglühten Gemische mit einem Überschuß einer der beiden Komponenten enthalten außerdem noch Rutil bzw. Zinkit. Die Bldg. einer festen Lsg. $Zn_2TiO_4 \cdot TiO_2$ konnte röntgenograph. nicht bestätigt werden. R. Thätner 6220◇

2092 **Metallbinder für Zirkoniumdiborid: Eisen, Kobalt und Nickel.** M. E. Tyrrell und C. W. Houck. (U.S. Dep. Interior, Bur. Mines, Rep. Invest. **1963,** 1—17; Norris, Tenn., Bur. of Standards, Metallurgy Res. Labor.; engl.) — Gemische von ZrB_2, Fe, Co u. Ni werden zu Preßlingen hoher Dichte gesintert u. diese auf ihre Eigg. untersucht. Alle ZrB_2-Gemische liefern spröde Cermets; ihre Härte ist befriedigend. Die Fe- u. Co enthaltenden Cermets zeigen eine geringe Oxydationsfestigkeit. Co gibt die am wenigsten spröden, Ni die härtesten u. oxydationsfestesten Cermets. Fe neigt zur Bldg. kreidiger Preßlinge mit geringer mechan. Stoßfestigkeit. W. Wesly 6220◇

2093 **Die Wärmeverluste des Drehofenmantels in der Zementindustrie als Funktion der Zeit.** F. Matouschek. (Zement-Kalk-Gips **16 (52),** 98—100, 1963; Roche, Schweiz; dt.) — Die Wärmeverluste des Ofenmantels in der Sinterzone durch Strahlung u. Konvektion ändern sich mit der Zeit, worauf das entsprechende Futtermaterial erheblichen Einfl. ausübt. Als Beispiele wurden Zunahmen von 24 u. 39% errechnet. Die abgeführte Wärme der Sinterzone gehorcht in der Regel Exponentialgesetzen der Form: $Q = c \cdot a^t$ oder $Q = c + t^n$ kcal/h (Q = Wärmemenge, c = Konst., t = Betriebsdauer in Tagen, n = Zeitexponent). Numer. Daten behandelter Fälle werden angegeben. H. Schumann 6222◇

2094 **Die Wirksamkeit von CO_2 bei der Rohschlamm-Verflüssigung.** K. B. Diehl. (Zement-Kalk-Gips **16(52),** 101—03, 1963; Glendale, Calif.; dt.) — Die Verw. der CO_2-haltigen Abgase der Öfen einer Zementfabrik für die Mahlung des Rohschlamms gestattet eine Herabsetzung des Wasser-Geh. von 42 auf 39,5%. Der Schlamm behält seine Viscosität noch nach 90 Stunden. Der pH-Wert sinkt von 9,5 auf 6,9 ab. Durch Zusatz einer Mindestmenge von 0,5% Na-Tripolyphosphat kann dieser Effekt noch verstärkt werden. Die Mühlenleistung steigt hierbei von 20,5 auf 23 t/h, die Klinkerproduktion um 4% an. Der Rückstand auf einem Sieb von 6400 Maschen/cm² geht von 13,1 auf 12,8% zurück. H. Schumann 6222◇

2095 **Zur Qualitätsbeurteilung von Hochofenschlacken und Puzzolanen.** W. Wittekindt. (Zement-Kalk-Gips **16 (52),** 314—20, 1963; Wiesbaden; dt.) — Den aufgeführten Tabellen ist zu entnehmen, daß die Prüfung der Qualität von bas. granulierten Hochofenschlacken für die Herst. von Eisenportland- u. Hochofenzement mit Kalkhydrat gleichmäßigere Werte ergibt als über die hydraul. Kennzahl. Als

Prüfverf. wird die DIN 1060 (Kalknorm) für Gemische aus 85% einheitlich gemahlener Hochofenschlacke u. 15% Kalkhydrat mit 95% $Ca(OH)_2$ empfohlen. Eine Beurteilung nach 24 Std. ist bei Anwendung feuchter Wärme möglich.
H. Schumann 6222◇

2096 **Über die Kalk-Bindung durch Hochofenschlacke bei der hydraulischen Erhärtung von Schlackenzementen.** C. H. Schmitt. (Zement-Kalk-Gips **16 (52)**, 321—24, 1963; Wiesbaden; dt.) — Hochofenschlacken (HOS) binden bei „alkal. Anregung" Kalkhydrat. Ein Hochofenzement HOZ 50 bindet nach 90 Tagen Wasserlagerung 10% CaO, auf glühverlustfreiem HOS-Anteil berechnet. Der Kalkhydrat-Geh. vom HOZ 75 sinkt in der gleichen Zeit bis auf 2,7% CaO ab, bezogen auf glühverlustfreiem Zement. Die Kalkbindung der Schlacken nach 1 u. 28 Tagen Wassereinlagerung steht im linearen Zusammenhang mit den 28-Tage-Druckfestigkeiten der Schlacken mit 70 Teilen Portlandzement u. 15 Teilen $Ca(OH)_2$. H. Schumann 6222◇

2097 **Über die Dilatanz der Zementpasten.** W. B. Tschernogorenko und I. G. Grankowski. (Kolloid-J. [UdSSR] **24**, 337—39, 1962; Kiew, Forschungsinst. für Baumaterialien u. Bauten; russ., Auszug: engl.) — Die rheolog. Unters. der rasch abbindenden (Beginn des Abbindens 45 Min., Ende 150 Min.) Pasten von *Portlandzement* ergab, daß nach Erreichung der stat. Fließgrenze die sehr hohe Viscosität η sehr rasch abnimmt; es findet ein plast. Fließen bei prakt. unversehrter Struktur statt. Mit fortschreitender Zerstörung der Struktur nimmt η ab. Bei Schubspannungen oberhalb der dynam. Fließgrenze wird der minimale η-Wert erreicht. Bei weiterer Zunahme der Schubspannung wird kein Fließen mehr beobachtet. Der η-Wert nimmt steil zu (Dilatanz). Die Entmischung u. die Verstopfungen der Leitungen beim Weiterpumpen von Zementpasten u. Zementmörteln hängen mit der Dilatanz sowohl der Zementpaste als auch des Sandes zusammen. O. Lebtag 6222△

2098 **Die Synthese von C_2S-Modifikationen und der Einfluß der Verunreinigungen auf die Festigkeit von Zement.** Kazutaka Suzuki, Yoshio Sugimaru und Hirotsugu Ito. (Bull. Nagoya Inst. Technol. **13**, 318—26, 1961; jap., Auszug: engl.) — Hochtemp.-Modifikationen von C_2S (I) ergeben sich durch Abschrecken bei Temp. $> \alpha$–α'-Umwandlungs-Temp. bei Anwendung von verunreinigten Ansätzen. Von den Verunreinigungen wirken Cr, V u. P stabilisierend auf α- u. β-I; B stabilisiert α'- u. β'-I. Al u. Fe können β-I bei Wasserabschreckung stabilisieren, vermögen aber keine α- oder α'-Kristalle zu erzeugen. Ti u. Mn üben keine Wrkg. aus. Durch starke Stabilisierungsmittel (Sr, Cr, V, P, B u. Ba) hergestelltes β-I erzeugt bei der Härtung eine geringe Härte, höhere Werte zeigen die Proben mit schwachen Stabilisierungsmitteln (Al u. Fe). Die Kompressionsfähigkeit von I u. Zementklinkern, die mit Al, Fe, Sr u. Ba stabilisiert sind, ist höher als die der mit Cr, V, P u. B stabilisierten Proben.
W. Wesly 6222◇

2099 **Die Herstellung von Zement bei der komplexen Verarbeitung von Nephelinen.** Ss. M. Rojak. (J. chem. Allunions Mendelejew-Ges. [UdSSR] **8**, 189—91, 1963 russ.) — Nach dem Auslaugen von Tonerde aus dem Nephelin wird der erhaltene Schlamm mit Kalk, Bauxit u. Kiesabbrand naß vermahlen, so daß sich ein Rohschlamm mit ca. 31% W. u. einem Siebrückstand von ca. 6—7% auf einem 0,08-mm-Sieb ergibt. Der Sättigungs-Koeff. dieses Rohschlamms an Kalk ist 1,07; der Silicatmodul beträgt ca. 2,2, der Tonerdemodul ca. 1,25. Gebrannt wird in 127 m langen Drehrohröfen mit einem Durchsatz von 28—29 t/h (40% mehr als bei üblichen Zementfabriken, da der Rohschlamm aus Nephelin mehr Dicalciumsilicat, weniger $CaCO_3$ u. weniger W. enthält, wodurch auch der Energieverbrauch 20% niedriger ist). Ca. 50% des im Rohschlamm enthaltenen Alkalis verflüchtigen sich beim Brennen. Zus. des Klinkers: 21,83 (%) SiO_2, 4,97 Al_2O_3, 4,33 Fe_2O_3, 64,95 CaO, 1,62 MgO, ca. 1 R_2O. Je t Tonerde werden mehr als 8 t Portlandzement hergestellt. Chem. Vorgänge beim Brennen des Klinkers werden erörtert.
Albert Krause 6222◇

2100 **Theoretische Grundlagen zur Gewinnung neuer wasserundurchlässiger treibender Gemische auf der Grundlage von Portlandzement.** O. P. Mtschedlow-Petrossjan und L. G. Filatow. (Ber. Akad. Wiss. UdSSR **143**, 380—83, 11/3. 1962; russ.) — Übersicht über den Einfl. von komplexen Zusätzen an $CaCl_2$ u. $Al_2(SO_4)_3$ auf Erhärtungs-Geschw., Festigkeits-Eigg. u. Wasserundurchlässigkeit des gehärteten *Zements* bei Drücken von 1—16 atm.
W.-D. Heußner 6222□

2101 **AM-9 als chemischer Zementguß.** Leonard E. Mark. (Pennsylvania State Univ., Mineral Ind. Exp. Stat., Bull. **1960**, Nr. 72, 107—09; Scranton, Pa., Sprague and Henwood, Inc.; engl.) — Beschreibung der Eigg. u. Verw. von *M-9*, einem wasserlösl. Gemisch von Acrylamid u. N.N'-Methylen-bis-acrylamid, das zu Gelen polymerisiert werden kann, zum Ausstreichen von Fugen (von Bohrlöchern).
W. Wesly 6222◇

2102 **Kanadische Erfahrungen mit polymerisiertem AM-9.** J. W. McBean und L. J. Cunningham. (Pennsylvania State Univ., Mineral Ind. Exp. Stat., Bull. **1960**, Nr. 72, 111—13; Kirkland Lake, Ontario, Health and Sherwood Drilling Ltd.; engl.) — Vgl. vorst. Referat. — Erfahrungen über die Verw. von polymerisiertem *AM-9* zur Stabilisierung von Bohrlochwandungen. W. Wesly 6222◇

2103 **Eine rheologische Theorie der Festigkeit und ihre Anwendung auf Betonbauten.** 1. Mitt. **Grundlagen der Theorie.** C. Eimer. (Bull. Acad. polon. Sci., Sér. techn. **11**, 135—40, 1963; Polish Acad. of Sci., Inst. of Fundamental Techn. Problems, Dep. of Mech. of Continuous Media; engl.) — Ableitung von Gleichungen über die Spannungen in Betonbauten. W. Wesly 6224◇

2104 **Eine rheologische Theorie der Festigkeit und ihre Anwendung auf Betonbauten.** 2. Mitt. **Lösungen für eine konstante Spannungsgeschwindigkeit und eine konstante Last.** C. Eimer. (Bull. Acad. polon. Sci., Sér. Sci. techn. **11**, 141—48, 1963; engl.) — 1. vgl. vorst. Referat. — Ableitung von Gleichungen. W. Wesly 6224◇

2105 **Untersuchungen zur Wiederaufbereitung von Beton.** M. J. Hawkins. (J. Amer. Concrete Inst., Proc. **59**, 63—72, 1962; engl.) — Beschreibung eines Vers.-Programms, das den Einfl. auf Druckfestigkeit u. Dauerhaftigkeit des Betons zu bestimmen versuchte, wenn bei langen Transportwegen oder Verzögerungen zum Ausgleich der eingetretenen Versteifung nachträglich W. zugegeben wird. G. Bauer 6224□

2106 **Diskussion über einen Bericht von J. M. Hawkins: Untersuchungen zur Wiederaufbereitung von Beton.** Robert F. Adams, Paul R. Stodola und Donald R. Mitchell. (J. Amer. Concrete Inst., Proc. **59**, 1249—62, 1962; engl.) — Vgl. vorst. Referat. — Vff. nehmen Stellung zu den das Wiederaufmischen von Zementbrei durch Zusatz von W. u. blasenbildende Mittel betreffenden Versuchen.
G. Frikell 6224◇

2107 **Über die elektrischen Eigenschaften von Beton und ihre Nutzanwendung.** P. Nikkanen. (Valtion tekn. Tutkimuslaitos, Sarja III [State Inst. techn. Res., Ser. III] **1962**, Nr. 60, 10—75; finn., Auszug: engl.) — W.-Zement-Mischungen (I) u. feuchter Beton (II) verhalten sich hinsichtlich der elektr. Leitfähigkeit (EL) wie Elektrolyte. Bei 20° liegt der spezif. Widerstand von I bei ca. 100, von feuchtem II bei einigen 100 $\Omega\cdot$cm. Die EL wird hauptsächlich von der Temp. u. dem W.-Zement-Verhältnis beeinflußt. Der Temp.-Koeff. der EL von I beträgt bei 20° 0,03/Grad. Der Widerstand von I u. feuchtem II steigt beim Gefrieren steil an; bei erhärtetem II ist der Einfl. der Temp. auf den Widerstand viel geringer. Die EL von I u. II nimmt nach dem Abbinden mit der Zeit ab; Ggw. von W. ist von starkem Einfluß. Die Nutzbarmachung der elektr. Eigg. von I u. II für prakt. Zwecke (Ermittlung der Abbindezeit, Best. des Wasser-Geh. von I u. II usw.) wird diskutiert. — 41 Literaturangaben.
S. Beckmann 6224◇

2108 **Die Prüfung ungarischer Flugaschen, Kalkgebundene Flugaschenkörper.** M. Korach, M. Déri, G. Sasvári, I. Präger, I. Szebényi, L. Ackermann und L. Jécsai. (Periodica polytechn. [Budapest], chem. Ingenieurwes. **5**, 341—56; **6**, 21—34, 1962; Budapest, TU, Lehrstuhl für chem. Technolog.; dt.) — Die Unterss. erstrecken sich auf die Ermittlung physikal., koll., chem. u. mineralog. Eigg., die bei den einzelnen Sorten sehr unterschiedlich sind.
G. Frikell 6226◇

2109 **Die Wirkung des Gipses auf die Festigkeit der Kalksanderzeugnisse.** N. Djarbarov und W. Slatanov. Kalk-Gips **16 (52)**, 104—07, 1963; Sofia, Bulgarien; dt.) —

Die Festigkeit von Kalksandsteinerzeugnissen, die im Autoklaven mit Sattdampf unter Druck bei erhöhter Temp. hergestellt werden, läßt sich durch Zugabe von Gips als Halb- oder Dihydrat bis auf über 240% steigern. Zu beachten ist, daß der kieselsäurehaltige Zuschlagsstoff zum Kalk geringe Mengen an Fe- u. Al-Verb. enthält, da die erhöhte Festigkeit auf eine noch unbekannte Verb. obiger Elemente zurückzuführen ist. Bei Verw. von reinem SiO_2 scheiden sich bei geringen Festigkeiten auf der Oberfläche der Proben Gipskristalle aus. NaCl- oder $CaCl_2$-Zusätze bringen keine Vorteile. H. Schumann 6226◇

2110 **Zum Verhalten von Gips–Kalk-Mörteln.** K. Volkart. (Zement-Kalk-Gips **16** (**52**), 303—13, 1963; Darmstadt; dt.) — Zwischen Feuchte-Geh. u. Erhärtungsverlauf von Mörteln verschiedener Mischungsverhältnisse ist eindeutig ein Zusammenhang nachweisbar, der bei größeren Gips-Geh. verstärkt hervortritt. Gips–Kalk–Sand-Mörtel erhärten auch bei zwischenzeitlicher Einw. von Feuchtigkeit ordnungsgemäß, sobald die Feuchtigkeits-Einw. nicht mehr gegeben ist. Eine im Anschluß an eine Luftlagerung eingeschalteten Lagerung im Feuchtekasten bewirkt entsprechend des Mischungsverhältnisses einen Abfall der Oberflächenhärte, wobei eine Mischung von gleichen Raumteilen Stuckgips u. Kalk weniger feuchtigkeitsempfindlich ist. Die Oberflächenhärte nimmt mit steigendem Bindemittel- u. Gips-Geh. zu. H. Schumann 6226◇

2111 **Über das Calcinieren von Gips.** Manabu Takatsu. (Bull. Nagoya Inst. Technol. **14**, 347—52, 1962; jap., Auszug: engl.) — Die theoret. Grundlagen der Calcinierung von Gips u. ihre prakt. Ausführung werden erörtert (Zers.-Geschw. u. Verf. zur Unters. der Calcinierung, Best. der Zers.-Zeit u. des Einfl. des Vers.-Maßstabes, Beziehung zwischen den Calcinierbedingungen u. den physikal. Eigg. des Calcinierprod., Beobachtungen beim kontinuierlichen Calcinieren). W. Wesly 6226◇

2112 **Oberflächenbehandlung von gegossenem Gips zur Verbesserung der Widerstandsfähigkeit gegen Wasser.** E. Hoffmann und A. Saracz. (Zement-Kalk-Gips **16** (**52**), 93—97, 1963; Melbourne, Australien, Div. of Building Res., Commonwealth Sci. and Ind. Res. Organ.; dt.) — Die Widerstandsfähigkeit von Gipsgegenständen läßt sich durch Bldg. eines unlösl. Salzes auf ihrer Oberfläche erhöhen. $Ca(OH)_2$ eignet sich als Füllmaterial u. H_3PO_4 als Anstrichmittel. Zwischen Füll- u. Anstrichmittel besteht eine Abhängigkeit, die durch Schichtdicke u. Wasserlöslichkeit der durch überschüssige H_3PO_4 entstehenden sauren Salze gegeben ist. Weniger gute Füllmaterialien sind MgO, ZnO u. $CaCO_3$. Im Gegensatz zu CO_2 eignet sich auch eine alkohol.-wss. 10%ig. Ammoniumsalz-Lsg. einer Fettsäure als Anstrich- bzw. Härtungsmittel. H. Schumann 6226◇

2113 **Erzeugung von Chirurgie-Hartgipsen aus polnischen Rohstoffen.** H. Chwialkowski. (Zement-Kalk-Gips **16** (**52**), 135—39, 1963; Lodz, Polen; dt.) — Eine Vgl.-Unters. von Ca-Sulfatdihydraten 5 verschiedener poln. Gipssteingruben nach der trocknen Brenn- u. der drucklosen Naßmeth. hat ergeben, daß sich alle gewonnenen Branntgipse bzgl. ihrer Festigkeit für die Chirurgie eignen. Die unter Verw. von $CaCl_2$-Solen der Sodaproduktion hergestellten Gipse nach der Naßmeth. haben in der Regel eine um 100% höhere Festigkeit als normale Branntgipse. Die Möglichkeit des Anlegens leichterer u. dünnerer Gipsverbände in der Chirurgie ist somit gegeben. H. Schumann 6226◇

2114 **Veränderung der spezifischen Oberfläche der festen Phase während der Erhärtung der mineralischen Bindemittel.** G. Ss. Chodakow, L. I. Edelman und G. G. Kornijenko. (Kolloid-J. [UdSSR] **24**, 332—36, Mai/Juni 1962; Moskau, Allunions Forschungsinst. für neue Baumaterialien; russ., Auszug: engl.) — Die spezif. Oberfläche s von Kalksandstein (**I**) u. Zementstein (**II**) ist vom Vermahlungsgrad der Ausgangsstoffe abhängig. Bei feinem **I** oder **II** geht der s-Wert durch ein Maximum, dessen Lage von der Art der Erhärtung abhängig ist. Mit 25—30 m^2/g wird der s-Wert 5—10mal größer als beim Ausgangsmaterial. Die Zunahme von s hängt bei **I** mit der Bldg. von Ca-Hydrosilicaten (**III**), bei **II** mit der Hydratation des Klinkermaterials zusammen. Die **III**-Fäden erreichen eine mittlere Stärke von 0,01—0,03 μ. Die s-Maxima von **I** entsprechen der prakt. vollständigen Bindung des Ca an **III**. O. Lebtag 6226△

2115 **Keramische Fliesen in der Industrie.** A. Foulon. (Seifen-Öle-Fette-Wachse **89**, **413**, 1963; Sprechsaal Keram., Glas, Email **95**, **483—84**, 1962; dt.) — Übersicht. W. Wesly 6228◇

2116 **Die Verwendung der Abfallauge von Sulfitzellstoff als Wandverkleidung und Werkstoff zur Straßenpflasterung.** Ryōichi Ashihara, Hiroshi Sasaki und Tadaaki Bitō. (Bull. Nagoya Inst. Technol. **13**, 265—68, 1961; jap., Auszug: engl.) — Abfallauge von Sulfitzellstoff wird durch Erhitzen mit konz. HCl als Katalysator polymerisiert, wobei ein anhaftendes Prod. entsteht, das beim Aufbringen auf Straßen Staubfreiheit gewährt. Durch vorherige Ausscheidung von Ca-Ligninsulfonat mit $Ca(OH)_2$ wird die Wasserfestigkeit gesteigert, aber die Backfähigkeit vermindert. Formalin (**I**) fördert beim Erhitzen mit HCl die Polymerisation u. die Wasserfestigkeit der Produkte. Mit **I** u. HCl erhitzte Abfalllauge kann als Wandverkleidung u. Pflasterwerkstoff verwendet werden. W. Wesly 6228◇

2117 **Korngrößenprüfung und Aufbereitung von Schleifmittelkörnungen im keramischen Betrieb.** Siegfried Buchner. (Keram. Z. **15**, 486—88, 1963; Marktredwitz; dt.) — Keram. Betriebe sind vor allem an der Gleichmäßigkeit der Schleifmittelkörnungen interessiert; es wird das Siebverf. beschrieben, wie es heute noch vielfach in solchen Betrieben bei der Aufbereitung von Schleifmittelkörnungen Anwendung findet. Weiterhin werden verschiedene Aufbereitungs-Verff. angegeben, die für die Wiedergewinnung von Schleifmittelrohstoffen aus dem Abfall in Frage kommen. N. Peters 6238◇

2118 **Herstellung keramischer und kunstharzgebundener Schleifscheiben.** Alfred Schneider. (Adhäsion **5**, 87—97, 133—40, 255—59, 309—12, 1961; Winterthur; dt.) — Der Aufbau der Schleifscheiben u. die Art der Schleifmittel werden behandelt, die aus drei Grundelementen bestehen: 1. Das Schleifmittel in Form von Körnern; 2. die Bindung, die diese Körner zusammenhält; 3. das Gefüge, das durch das Verhältnis von Schleifkorn, Bindung u. Porenzahl gek. ist. Auf Aufbereitung u. Kontrolle der Rohstoffe wird ausführlich eingegangen. N. Peters 6238◇

2119 **Feinstschleifen von keramischen Stoffen für Maschinenteile.** Koichi Funabashi, Kunio Yamada und Seisuke Sakai. (Bull. Nagoya Inst. Technol. **14**, 216—19, 1962; Suga Machinery Work Ltd.; jap., Auszug: engl.) — Durch Feinstschleifen von keram. Stoffen für Maschinenteile kann eine glatte Oberfläche erzielt werden, so daß die Rauheit nur noch $H_{max} < 0{,}5\ \mu$ beträgt. Die optimalen Arbeitsbedingungen sind: Druck des Bearbeitungsgesteins 2,0 kg/cm^2, Bearbeitungsdauer 3 Min. bei einer Bearbeitungsfläche von 75×25 mm. W. Wesly 6238◇

2120 **Messung und Überwachung von Teilchengrößen.** U. N. Bhrany und J. H. Brown. (Trans. Soc. Mining Engr. AIME **223**, 248—54, 1962; Monroeville, Pa., U.S. Steel Corp., Appl. Res. Labor.; engl.) — An fein gemahlenem Quarz mit verschiedenen Verff. ausgeführte Best. der Teilchengrößeverteilung zeigen, daß man je nach dem angewandten Verf. verschiedene Werte erhält. Um die gewonnenen Werte in Wechselbeziehung zueinander zu bringen, werden Umwandlungsfaktoren angegeben; dadurch können die nach den verschiedenen Verff. erhaltenen Teilchengrößen durch Maschensiebgrößen ausgedrückt werden. W. Wesly 6240◇

2121 **Elektronenmikroskopische Untersuchung von Fluorid- und Phosphatopalgläsern.** N. M. Waissfeld und E. M. Rabinowitsch. (J. angew. Chem. [UdSSR] **35**, 2393—98, 1962; russ.) — Die Art der Trübung in *Fluoridopalgläsern* hängt von der Menge des Trübungsmittels (TM) ab. Mit Vergrößerung der TM-Menge beobachtet man einen Übergang von gut ausgeprägten Kristallen zu tröpfchenförmigen Gebilden, welcher durch die begrenzte Löslichkeit der Fluoride in den Silicatgläsern hervorgerufen wird. Bei Erhöhung des Geh. an Alkalioxiden in den Gläsern erhöht sich die Löslichkeit der Fluoride. Die Trübung in den *Phosphatopalgläsern* hat Tröpfchenform auch bei geringem TM-Gehalt. Die Hauptursache der Trübung dieser Gläser ist also die Bldg. tröpfchenförmiger Teilchen, die der Kristallisation vorausgehen. Mit Erhöhung des Geh. an TM beobachtet man sowohl in Phosphat- als auch in Fluoridopalgläsern eine gesetzmäßige Vergrößerung der Ausmaße der Teilchen u. eine Verringerung ihrer Zahl in der Vol.-Einheit. R. Kapler 6242△

2122 **Die Beziehung zwischen der Festigkeit und der inneren Struktur von Gläsern.** Muneo Watanabe. (J. ceram. Assoc., Japan [Yogyo Kyokai Shi] **68**, 273—82, 1960; Tokyo, Electr. Communicat. Labor.; jap., Auszug: engl.) — Unterss. über die Beziehung zwischen Festigkeit u. innerer Struktur von Gläsern zeigen, daß im Nichtermüdungsfalle die Festigkeit (in fl. N_2) nicht geschliffenen Glases durch den Griffithschen Riß bestimmt wird. Die Festigkeit geschliffener Gläser jeder Zus. hängt von der Größe des Risses an der Spitze der glasigen Mikrophase ab. Bei ermüdetem Glas (Festigkeit in W.) lassen sich die Ermüdungskurven von Proben jeder Zus. durch die red. Festigkeit als Funktion der Beanspruchungsdauer (BD) u. eine allg. Ermüdungskurve wiedergeben. Vf. entwickelt eine Theorie über den Ermüdungsmechanismus, wonach sich die Ermüdung als Folge der physikal.-chem. Rk. zwischen der Mikrophase u. W. am Ende der geschliffenen Risse ergibt. Die Zahl der durch eine solche Rk. gebildeten Risse ist eine Funktion der BD. Für die allg. Ermüdungskurven wird eine theoret. Gleichung abgeleitet. W. Wesly 6242◇

2123 **Einfluß der Teilchengröße von Rohstoffen in der Porzellanherstellung.** 4. Mitt. **Reaktion zwischen Feldspat verschiedener Korngröße und Kaolin.** Ryuzo Naito, Ryuichi Yamamoto, Yukio Nishimura und Syozi Kato. (Rep. Government ind. Res. Inst. [Nagoya] **10**, 741—48, 1961; jap., Auszug: engl.) — 3. vgl. Nishimura, C. **1963**, 22465. — Probekörper aus 60% geschlämmtem Kaolin u. 40% Feldspat mit Korngrößen von 1—3, 6—10 u. 15—40 μm wurden im Hochtemp.-Druckgerät bei 1250 u. 1300° der Feuer- u. Druckbeständigkeitsprüfung unterworfen u. danach wurde die Mikrostruktur röntgenspektrometr. u. mkr. untersucht. Während sich bei 1250° noch Viscositätsunterschiede in den 3 Kornklassen des Feldspats ergaben (3,5, 2,6 u. $2{,}6\cdot10^8$ P), war die Viscosität bei 1300° nahezu die gleiche ($2{,}3\cdot10^8$ P). Trotzdem zeigten die Proben mit gröberem Feldspatkorn eine weniger gleichmäßige Mullitverteilung. R. Kaiser 6246◇

2124 **Einfluß der Teilchengröße von Rohstoffen in der Porzellanherstellung.** 5. Mitt. **Einfluß der Zerstäubung von Feldspat und Quarz auf die Packungsart in Porzellanscherben.** Syozi Kato, Ryuzo Naito, Ruyichi Yamamoto und Yukio Nishimura. (Rep. Government ind. Res. Inst., Nagoya **11**, 596—602, 1962; jap., Auszug: engl.) — 4. vgl. vorst. Referat. — Unterss. über die Packungsart in Feldspat (I) u. Quarz (II) verschiedener Teilchengröße (Mahldauer 12—100 Std.) u. die von Porzellanscherben, die diese Komponenten enthalten, zeigen (Best. des Leerraums nach Pressen mit 100 kg/cm² Druck), daß 48 Std. gemahlener **I** u. **II** in einem Einkomponenten-Syst. einen maximalen Leerraum aufweisen. Im Zweikomponenten-Syst. von **I** u. **II** u. im Dreikomponenten-Syst. von **I**, **II** u. Kaolin vergrößert sich der Leerraum linear mit fallender Teilchengrößeverteilung von **I**. Die Teilchengröße von **II** hat keinen signifikanten Einfl. auf den Leerraum. W. Wesly 6246◇

2125 **Einfluß der Teilchengröße von Rohstoffen in der Porzellanherstellung.** 6. Mitt. **Einwirkung der Zerkleinerung von Feldspat und Quarz auf das Verhalten von Porzellanscherben beim Brennen.** Yukio Nishimura, Ryuzo Naito, Ryuichi Yamamoto und Syozi Kato. (Rep. Government ind. Res. Inst., Nagoya **11**, 713—25, 1962; jap., Auszug: engl.) — 5. vgl. vorst. Referat. — Unterss. über den Einfl. der Zerkleinerung von Quarz (**I**) u. Feldspat (**II**) auf die Eigg. von Porzellanscherben zeigen, daß die Wärmeausdehnung nicht gebrannter Scherben bis 900° durch Teilchenpackung u. -größe von **I** beeinflußt wird. Die Wasserabsorption wird durch die Teilchenpackung bei 1000° beeinflußt, bei >1200° nimmt sie mit abnehmender Teilchengröße ab. Das Schrumpfen beim Brennen wird bei 1100° nicht durch die Teilchengröße beeinflußt; es nimmt bei 1200° mit abnehmender Teilchengröße zu. **II** enthaltende Scherben zeigen bei 1350° Blasen-Bldg. u. Aufblähung. W. Wesly 6246◇

2126 **Untersuchungen zur Reduzierung des Anflugs und des Gehaltes an löslichem Salz in Tonen der Wealden-Serien.** E. T. Laird. (Ziegelindustrie **1963**, 559—62; Sussex & Dorking United Co. Ltd.; dt.) — Es wird über die Wrkg. verschiedener Salze, wie Na_2CO_3, $CaCO_3$, NaCl u. $BaCO_3$, bzgl. der Reduzierung des Anflugs — der ersten Stufe von Ausblühungen — berichtet. Es wird darauf hingewiesen, daß die Art des verwendeten Tons, die Herst.-Meth. u. die Brennbedingungen hierbei von starkem Einfl. sind. N. Peters 6248◇

2127 **Der Einfluß der Anfangsverteilung von plastischen Tonkörpern auf die Eigenschaften von trockenen und gebrannten Proben.** Zbigniew Święcki. (Chem. stosowana **7**, 91—103, 1963; Wroclaw, Politechn. Kat. Technol.; pol.) — Unterss. über die Eigg. von Tonscherben (Teilchendurchmesser $\leqq 2$ mm), die durch Trocknen u. Brennen bei 1350° nach Strangpressung auf normale Art u. durch Bleche mit 26, 30 bzw. 144 Löchern gewonnen worden waren, zeigen, daß die Adern Kristalle enthalten, die in der Strangpreßrichtung orientiert sind. Die Wechselbeziehungs-Koeff. zwischen Biegefestigkeit u. linearer Schrumpfung werden berechnet. Die Biegefestigkeit steigt mit dem Verteilungsgrad. Die durch Strangpressen durch Bleche mit 30 u. 144 Löchern gewonnenen Proben haben erhöhte mechan. Festigkeit u. verminderte lineare Schrumpfung. W. Wesly 6248◇

2128 **Die Emissionseigenschaften von Feuerfestmaterialien.** P. Robijn und P. Angenot. (Verres et Réfractaires **17**, 3—10, 1963; Glaverbel-Boussois-Delog, Centre d'Études des Matér. Réfractaires; franz.) — Die spektralen Emissionsfaktoren von Feuerfestmaterialien können sämtliche Werte zwischen 0 u. 1 annehmen. Die Werte werden durch die Art der Ofenatmosphäre (reduzierend bzw. oxydierend), den Geh. u. die Zus. an flüchtigen Bestandteilen beeinflußt, kaum dagegen durch den Zustand der Feuerfestoberflächen oder Änderungen der Temperatur. J. Heinze 6248◇

2129 **Angenäherte Äquivalenz zwischen den Druckfestigkeitswerten der Portlandzementmörtel nach den verschiedenen Normen.** J. Calleja. (Rev. Ci. apl. **15**, 298 bis 310, 1961; Madrid, Inst. Tecn. de la Construcción y del Cemento, del Patronato Juan de la Cierva de Investigación Tecn., Dep. de Física y Química; span.) — Bei der Verschiedenheit der Gütebedingungen in den einzelnen Portlandzement produzierenden Ländern ist die Formel von Abrams $\lg R = \lg A - (a/c)_v \cdot \lg B$ diejenige, welche die Festigkeit eines Betons zu dem W.: Zement-Verhältnis am treffendsten zum Ausdruck bringt; A ist ein von der Prüfform des Musters abhängiger Koeff., B ein empir. Faktor der Zementqualität. R. Kaiser 6252◇

2130 **Zur Charakterisierung von Hochofenschlacken mittels Differentialthermoanalyse.** W. Schrämli. (Zement-Kalk-Gips **16** (**52**), 140—47, 1963; Holderbank, Schweiz, Techn. Stelle Holderbank, Chem. Abt.; dt.) — Die auf zufälliger Beobachtung beruhende vermutete Abhängigkeit der Intensität der bei der DTA von Hochofenschlacke auftretenden exothermen Rkk. vom hydraul. Erhärtungsvermögen derartiger Schlacken hat sich nicht bestätigt. Auch die Best. des hydraul. Potentials, des SiO_2: CaO-Verhältnisses u. die Beurteilung der Fluorescenzfarbe reichen nicht für einwandfreie Aussagen aus. H. Schumann 6252◇

2131 **Untersuchung der Sulfatwiderstandsfähigkeit von Portlandzement durch Differentialthermoanalyse.** Sch. M. Rachimbajew und I. Ss. Kanzepolski. (Usbek. chem. J. **6**, Nr. 2, 73—76, 1962; Inst. für Chem. der Akad. der Wiss. der UsbekSSR; russ.) — Die Phasenänderungen von normal u. im Autoklaven gehärtetem *Portlandzement* beim Kontakt mit aggressiven Sulfat-Lsgg. wurde durch DTA untersucht. In den Autoklavenzementproben erfolgt keine Kristallisation von Gips beim Kontakt mit Na_2SO_4-Lösung. Durch die Thermoanalyse werden die Unters.-Ergebnisse der Sulfatkorrosion nach chem.-analyt. Meth. bestätigt. Helmut Schäfer 6252△

2132 **Neue komplexometrische Methoden für die Bestimmung von Sulfat im Portlandzement.** J. Calleja und J. M. Fernández Paris. (Rev. Ci. apl. **16**, 312—17, 1962; Madrid, Inst. „Eduardo Torroja" de la Construcción y del Cemento, del Patronato Juan de Cierva de Investigación Tecn., Dep. de Física y Química e de la Sección de Análisis y Ensayos; span.) — Die komplexometr. SO_4^{2-}-Best. gehen vom $PbSO_4$ aus, dessen Pb-Valenzen in geeigneten Puffer-Lsgg. mit ÄDTA ein Chelat bilden. Dieses wird bekanntermaßen durch Zurücktitrieren mit einer Me^{2+}-Lsg. u. Eriochromschwarz T als Indicator bestimmt u. auf SO_3 umgerechnet. Wegen des schwierig erkennbaren Farbumschlags werden neben dieser Meth. zwei andere: a) mit Dithizon als Indicator u. Rücktitration mit 0,01 m Zn-Lsg.

b) mit $K_2Cr_2O_7$ als Indicator u. Rücktitration mit 0,01m Pb-Lsg. näher beschrieben. Vgl.-Verss. an 10 verschiedenen Zementen, durch 3 Bearbeiter nach diesen Meth. ausgeführt, zeigen trotz der Korrekturen wegen der Löslichkeit des $PbSO_4$ gute Übereinstimmung untereinander u. gegen die klass. Fällmeth. mit $BaCl_2$, die Abweichungen liegen innerhalb der Grenzen der ASTM-Vorschriften für Zement. R. Kaiser 6252◇

2133 **Eine Untersuchung über die Kohäsion von Beton in frühestem Stadium.** Isamu Tanahashi und Kyūbei Kizawa. (Bull. Nagoya Inst. Technol. **14,** 149—59, 1962; jap., Auszug: engl.) — Unterss. über die Kohäsion von frischem Beton an Proben gleichen Alters führen zu vielen Werkstoffen mit geringer Bindungsfestigkeit u. zeigen, daß die bisher angewandte Behandlung der zu verbindenden Oberfläche falsch in der Konzeption ist. Es ist unrichtig, den Mechanismus der Kohäsion von Beton nach der Rauheit u. Grobkörnigkeit der Oberfläche zu beurteilen, der Mechanismus wird vielmehr von der Oberflächenstruktur kleinerer Teile bestimmt. W. Wesly 6252◇

2134 **Messung der Verformbarkeit von Beton.** U. T. Meyer. (J. Amer. Concrete Inst., Proc. **59,** 1071—79, 1962; Detroit, Mich., Amer. Concrete Inst., Redford Station; engl.) — Die Verformbarkeit von Beton wird gemessen, indem die Probe auf einem vibrierenden Tisch zusammengepreßt, die Zusammenpressung registriert u. die entstandene Kurve planimetriert wird. W. Wesly 6252◇

2135 **Ein einfaches Verfahren zur Messung der Wasserdampfdurchlässigkeit von Mörtel und Beton.** H.-J. Wierig. (Zement-Kalk-Gips **16** (52), 125—30, 1963; Beckum; dt.) — Die Messungen erfolgen mit Hilfe einer einfachen Vers.-Einrichtung, die aus mit konz. H_2SO_4 gefüllten Gläsern besteht. Die plattenartigen Prüfkörper dienen, in Verbindung mit Dichtungsmitteln, als Verschluß. Da der Wasserdampf von H_2SO_4 sofort absorbiert wird, entsteht ein Wasserdampfteildruckgefälle. Die Wasserdampfleitzahl fällt mit höherem Probenalter ab u. steigt mit Vergrößerung des W./Zement-Faktors an, wobei Wasserdampfleitzahl u. Diffusionswiderstandsfaktoren berechnet werden. Nachteilig wirken sich für die Messung die dünnen Probeplatten infolge der Carbonisierung u. die sehr großen Wasserdampfteildruckdifferenzen aus. H. Schumann 6252◇

2136 **Einfluß der physikalischen Eigenschaften von Zuschlagstoffen auf die Frostresistenz von Beton.** George Verbeck und Robert Landgren. (Proc. Amer. Soc. Testing Mater. **60,** 1063—79, 1960; Skokie, Ill., Appl. Res. Sect., Res. and Dev. Labor., Portland Cement Assn.; engl.) — Die krit. Sättigung der Zuschlagstoffe mit W. ist für die Frostbeständigkeit von Beton entscheidend. Hierbei ist neben der Durchlässigkeit die Zeit bis zur Sättigung zu berücksichtigen. Der Einfl. von Porosität, Korngröße, Korngrößenverteilung, elast. Anpassung u. Geh. an lösl. Material im Zuschlagstoff auf den Gefrierpunkt wurde im Labor.-Maßstab untersucht u. berechnet. H. Schumann 6252◇

2137 **Experimentelle Untersuchung über die Grundeigenschaften von vorgespanntem Beton für Entwurf und Ausführung.** Hikoiti Kawatsu, Teizi Kawamura und Noboru Akai. (Bull. Nagoya Inst. Technol. **13,** 113—23, 1961; jap., Auszug: engl.) — Unterss. über die Eigg. von Beton ohne Belastung u. bei plast. Fließbeanspruchung zeigen, daß die Schrumpfspannung jüngerer Proben relativ größer als die älterer Proben ist. Die gemessenen Differenzen zwischen Belastungsverminderung oder Vorspannungskraft u. den berechneten Werten sind relativ klein. Die wirksame Entvorspannungskraft beträgt ca. 70%. W. Wesly 6252◇

2138 **Oberflächen-Temperaturmessungen mit befilzten Asbesthüllen.** Melvin S. Abrams. (J. PCA Res. Development Lab. **4,** Nr. 1, 22—30, 1962; Portland Cement Assoc.; engl.) — Die amerikan. Standard-Asbesthülle für Thermoelemente u. eine solche ausländ. Herkunft werden miteinander verglichen sowie Feuerteste mit Betonplattenproben durchgeführt. Auf Stahl-, Holz- u. Betonoberflächen ergaben die beiden Vgl.-Typen gute Übereinstimmung. G. Kröner 6252◇

2139 **Eine Experimentaluntersuchung über das Trocknen von Mörtel bei hoher Temperatur.** Hikoiti Kawatsu, Teizi Kawamura und Noboru Akai. (Bull. Nagoya Inst. Technol. **13,** 101—04, 1961; jap., Auszug: engl.) — Zur Ermittlung der geeignetsten Temp. bei der Dampftrocknung von vorgegossenen Beton-Prodd. wird das Koch-Verf. nach Hochtemp.-Trocknung angewandt. Das Koch-Verf. hat einen sehr geringen Einfl. auf die Festigkeit von Betonträgern. W. Wesly 6254◇

2140 **Die Bestimmung der Hydratation im Wasserdampfstrom (angewandt auf einige Sinterdolomitprobleme).** E. Schlegel und W. Schulle. (Neue Hütte **8,** 500—03, 1963; Freiberg/Sa., Bergakad.; dt.) — Durch Hydratation im Wasserdampfstrom gewonnene Hydratationskurven zeigen, daß in den untersuchten Sinterdolomiten im Feinkorn keine Komponente angereichert ist, die die Hydratation fördert. Dagegen übt die Schmelzhaut eine Schutz-Wrkg. aus u. hemmt die Hydratation. SiO_2-Zusätze erhöhen die Hydratationsneigung, Fe_2O_3- u. Al_2O_3-Zusätze setzen sie herab. F. Vier 6256◇

2141 Mole Norton S. p. a., Corsico, Mailand, Italien, **Keramische Masse** auf Basis von Al_2O_3, die bei Temp. um 1400° gebrannt werden kann, enthaltend 80—97(%) reines Al_2O_3, während der Rest eine Mischung ist aus 53,5 SiO_2, 27 CaO, 13,5 Al_2O_3 u. 6 MgO. Die Anteile der einzelnen Gemischbestandteile können um 5 von den angegebenen Werten abweichen. (**It. P. 545 212** vom 28/11. 1955.) K. Koebke 6221

2142 James D. Hedges, Havanna, übert. von: Rudolfo Rodriguez Balaguer, Union de Reyes, Cuba, **Herstellung von Formkörpern aus Kohle** mit bes. guten Werten bzgl. Dichte, elektr. Leitfähigkeit, Permeabilität u. mechan. Festigkeit. Ein Gemisch aus einem schmelzbaren, bei Zers. festen Kohlenstoff bildenden u. z. T. flüchtigen Prod., wie Kohleteerpech, u. einem nur sehr wenig flüchtige Bestandteile enthaltendem Material, wie Graphit, wird unter hohem Druck, nicht unter 1000 lbs./sq.in., geformt u. bei gleichem Druck mittels durchgeleitetem elektr. Strom bis zur Verkokung der schmelzbaren Anteile erhitzt. — Zum Beispiel ergab ein Gemisch aus 80(%) Graphit u. 20 bituminöser Kohle nach Formung unter 3300 lbs./sq.in. u. einer Behandlung mit einem elektr. Strom von 1—2 V u. 560 bzw. 1040 A eine Druckfestigkeit von 9480 u. eine Biegefestigkeit von 7600 lbs./sq.in. (**A. P. 3 001 237** vom 31/12. 1956, ausg. 26/9. 1960.) G. Frikell 6221

2143 United States Atomic Energy Commission, übert. von: Walter V. Goeddel, San Diego, und Massoud T. Simnad, La Jolla, Calif., V.St.A., **Metallgebundene Kohlekörper** hoher mechan. Festigkeit u. geringer Durchlässigkeit, bes. als Bauelement von Kernreaktoren, werden hergestellt aus einem Pulvergemisch von Kohle u. 1—10 (Gew.-%) Zr, Nb, Mo, Ti, Ni, Cr u./oder Si oder bei erhöhter Temp. zersetzlicher Verbb. dieser Elemente durch Erhitzen auf 1500—1800° unter gleichzeitigem Druck > ca. 3000 lbs./sq.in., wobei das als Bindemittel wirkende Metall durch Diffusion gleichmäßig verteilt wird. — Zum Beispiel wird ein Gemisch aus Graphit mit 4 Gew.-% Zr-Hydrid in feiner Pulverung 30 Min. bei ca. 4000 lbs/sq.in. auf 1000° erhitzt. (**A. P. 3 001 238** vom 31/12. 1958, ausg. 26/9. 1961.) G. Frikell 6221

2144 Ford Motor Co. Ltd., London, England, **Metallgebundene Graphitkörper.** Graphitpulver wird mit 10 bis 70% (bezogen auf das Vol. des Graphits) eines Pulvers einer Leg., die aus Fe, Co, Ni u./oder Cu u. Mg, Ca, Ba, Sr u./oder Be besteht, gemischt, gepreßt u. auf eine Temp. über dem F. der Leg. zur Sinterung erhitzt. (**E. P. 834 946** vom 19/9. 1957, ausg. 11/5. 1960. A. Prior. 20/9. 1956.) G. Frikell 6221

2145 Carborundum Co., Niagara Falls, übert. von: Carl F. Cline, Grand Island, N.Y., V.St.A., **Carbidgebundene Graphitkörper,** die bei 1000—1500° gegen Oxydation u. Erosion über längere Zeit beständig sind u. ausgezeichnete Festigkeit aufweisen, werden hergestellt durch Verformen von Graphitpulver verschiedener Korngröße zusammen mit einem flüchtigen oder verkohlenden Bindemittel, z. B. Kunstharz. Beim Erhitzen des Formkörpers in neutraler oder reduzierender Atmosphäre in Ggw. von Si oder Zr dringt dieses in die Poren ein unter Bldg. des betreffenden Carbids. (**A. P. 3 007 805** vom 22/8. 1957, ausg. 7/11. 1961.) G. Frikell 6221

2146 „Larderello" S. p. A. per lo sfruttamento delle forze endogene, Rom, Italien, **Herstellung von Borcarbid-Formstücken.** B_4C wird in Formen aus Graphit bei ca. 2000° u. 300—500 kg/cm², bes. bei 2200° u. 400 kg/cm² gepreßt. (**It. P. 551 348** vom 28/3. 1956.) K. Koebke 6221

2147 Union Carbide Corp., übert. von: Victor Mansdorf, jun., Fostoria, Ohio, V.St.A., **Titandiborid-Formkörper** mit positivem Temp.-Festigkeit-Koeff., der eine gleichmäßige Festigkeit durch den ganzen Körper ohne Bldg. brüchiger, durch extremes Kristallwachstum bedingten Stellen aufweist. Zur Herst. wird ein Gemisch aus TiB_2, Korngröße ca. 7 μ, einem flüchtigen Bindemittel u. 3 bis 10 Gew.-% eines Nitrids von Zr, B, Ti, Hf, V, Nb, Cr, Ta, Mo u. W kalt unter einem Druck von 10—20 t/sq.in. verformt u. anschließend auf 2000—2300° erhitzt unter Aufrechterhaltung eines Druckes von 1 t/sq.in. (**A. P. 3 003 885** vom 1/2. 1960, ausg. 10/10. 1961.) G. Frikell 6221

2148 Metallgesellschaft Akt.-Ges., Deutschland (Erfinder: Günter Friese), **Herstellung von Zement.** Dem Zementrohmaterial werden vorgebrannte Abfälle von bituminösem Schiefer zugesetzt, welcher in einem Wirbelbett unter begrenzter O_2-Zufuhr so weit erhitzt ist, daß nur eine partielle Verbrennung der flüchtigen Bestandteile des Bitumens stattgefunden hat. (**F. P. 1 279 863** vom 10/2. 1961, ausg. 4/5. 1962. D. Prior. 10/3. 1960.) Hans Hoffmann 6223

2149 B. N. Winogradow, **Herstellung von Zellbeton auf Basis von Magnesiumbindungsmitteln.** Die Meth. beruht auf der Bldg. krist. Hydrotalkits bei der Bearbeitung von Mg-haltigen Tonerdegemischen mit warmem W. in Ggw. CO_2: $18\,MgO + 3\,Al_2O_3 + 3\,H_2O + 3\,CO_2 \rightarrow 3\,[5\,Mg(OH)_2 \cdot 2\,Al(OH)_3 \cdot MgCO_3 \cdot 4\,H_2O]$. Als saurer Bestandteil des Gemisches kann man Bauxit oder alaunerdehaltige Industrieabfälle benutzen. Die Komponenten des Gemisches werden so verkleinert, daß der Rest auf dem Sieb mit 4900 Öffnungen/cm² nicht mehr als 3—5% beträgt, mit warmem W. vermischt, ein Gas- oder Schaumbildner wird zugefügt. Die geformten Teile werden mit gesätt. Wasserdampf u. CO_2 bei 90—95° aufgearbeitet. (**UdSSR. P. 150 398** vom 6/12. 1961.) M. Stepanowa 6225

2150 Stavsborgs A/B, Stockholm, Schweden (Erfinder: G. A. Persson), **Herstellung eines für Leichtbeton geeigneten Aluminiumpulvers.** Das Trockenvermahlen des Al-Pulvers wird in Ggw. eines Schmiermittels, z. B. einem Polyglykol, Polyamin, Polyäthylenoxydiimine sowie einer schwachsauren organ. Verb., z. B. Phenol, Kresol, Bernstein-, Milch- oder Phthalsäure, vorgenommen. Das in dieser Weise behandelte Al-Pulver ist mit W. leichtbenetzbar. (**Schwed. P. 173 062** vom 22/2. 1956, ausg. 18/10. 1960.) K. H. Kähler 6225

2151 B. F. J. Bengtsson und L. T. Ulfstedt, Södertälje, Schweden, **Herstellung von dampfgehärtetem Leichtbeton.** Der Leichtbetonmasse werden ca. 8% MgO, berechnet auf die Zementmenge, vor dem Gießen zugesetzt, wodurch das Zusammenziehen während der Dampfhärtung ausgeglichen wird. (**Schwed. P. 174 216** vom 17/7. 1953, ausg. 7/2. 1961.) K. H. Kähler 6225

2152 Super Concrete Emulsions Ltd. und Eugene R. Jolly, Montehello, Calif., V.St.A., **Wasserdichter Beton und Mörtel,** dessen übrige Eigg., wie Festigkeit u. Verarbeitbarkeit nicht verschlechtert sind, wird hergestellt durch Zusatz einer Öl-in-W.-Emulsion aus Mineralöl mit 1—14 Vol.-% einer gesätt. wss. Lsg. eines als Abbindebeschleuniger bekannten Erdalkalisalzes, wie $CaCl_2$, u. 10 bis 30% vom Öl-Gew. eines in Öl lösl. Alkylarylpolyäthoxyalkohols. Das Prod. wird in solcher Menge angewendet, daß das darin enthaltene Öl 0,25—5% vom Gew. des Zementes beträgt. (**A. P. 3 008 843** vom 6/10. 1958, ausg. 14/11. 1961.) G. Frikell 6225

2153 Mo och Domsjö A/B, Stockholm, Schweden (Erfinder: E. I. Jullander und R. E. Morén), **Herstellung von Betonmasse.** Der für die Herst. des Betons benötigte Sand wird mit einem Film von wasserlösl. Celluloseestern oder -äthern überzogen. Man vermischt Sand mit einer 20%ig. Methylcellulosepaste u. knetet unter gleichzeitigem Erwärmen ca. 1½ Stunden. Auf 800 g Sand kommen 200 g Methylcellulose zur Anwendung. (**Schwed. P. 173 344** vom 27/10. 1953, ausg. 15/11. 1960.) K. H. Kähler 6225

2154 General Mills, Inc., V.St.A. (Erfinder: Don E. Floyd), **Harzüberzüge für Zementbeton.** Als Überzugsmasse wird ein Epoxyharz (I) im Gemisch mit inerten, pulverförmigen Füllstoffen, Härtungs- (II) u. Verdünnungsmitteln (III) verwendet. Als I kommt bes. ein Polyglycidester eines Polyphenols u. eines halohydrinpolyfunktionellen Mittels in Frage, während als II Aminomonoamide, Aminopolyamide, Aminoindazoline oder Polyamidpolyimidazoline verwendet werden. III sind z. B. Steinkohlenteeröl oder dgl. bituminöse Materialien. (**F. P. 1 281 616** vom 8/2. 1961, ausg. 25/5. 1962. A. Prior. 19/2. 1960.) Hans Hoffmann 6225

2155 W. J. Newell und James E. Madden, Fort Worth, Tex., V.St.A., **Gipsmörtel.** Zur Verbesserung der Kohäsion, die das Aufbringen dickerer Schichten ermöglicht, Erhöhung der Festigkeit des abgebundenen Gipses u. zur Verhinderung der Bldg. von Rissen dient ein Zusatz von 0,25—10, bes. 0,25—2 Gew.-% koll. SiO_2, das durch Hydrolyse einer im Gaszustand befindlichen Si-Verb., wie $SiCl_4$, hergestellt wurde. (**A. P. 3 042 537** vom 23/6. 1961, ausg. 3/7. 1962.) G. Frikell 6227

2156 Imperial Chemical Industries Ltd., London, übert. von: Kenneth Gerrard Cunningham, Saltcoats, und Andrew Jamieson Baillie, Beith, Ayrshire, Schottland, England, **Putzmasse,** aus $CaSO_4\,{}^1/_2\,H_2O$ u. $Ca(OH)_2$, die aus dem trockenen Gemisch u. W. durch einfaches Anrühren hergestellt wird u. sofort verwendbar ist u. keine Schwindrisse bildet. Dem Gemisch aus den beiden Hauptbestandteilen, die im Verhältnis von 1:4 bis 4:1 vorliegen können, wird neben einem bekannten Abbindeverzögerer für den Gips 0,2—1% seines Trocken-Gew. an Celluloseäther, wie Methyl-, Hydroxyäthyl- u. Methylhydroxyäthylcellulose, der in 2%ig. wss. Lsg. bei 15° eine Viscosität nicht <500 cP ergibt u. der in einer Korngröße feiner als ein 100-Maschen-Sieb vorliegt, zugesetzt. (**A. P. 3 057 742** vom 11/9. 1959, ausg. 9/10. 1962.) G. Frikell 6227

2157 Rofusa N. V., Willemstad, Curaçao, Niederländische Antillen, übert. von: Hinrich Reimers, Neustadt/Weinstraße, **Bindemittel aus synthetischem Anhydrid.** Zur Erzielung einer beträchtlich verkürzten Abbindezeit von als Nebenprod. bei der Herst. von HF anfallendem $CaSO_4$ dient ein Zusatz von 0,3—3% vom Trocken-Gew. des Anhydrids an K_2S in Form von Schwefelleber. (**A. P. 3 061 450** vom 26/9. 1958, ausg. 30/10. 1962.) G. Frikell 6227

2158 American Nuclear Shield Corp., Reno, übert. von: Owen W. Atkin, Henderson, Nev., V.St.A., **Baustoffgemisch.** Die Zug- u. Druckfestigkeit wird um ein vielfaches verbessert, wenn Bindemittel, wie Portlandzement, Ton oder Gips, neben den üblichen Füllstoffen, wie Sand, einen Zuschlag von 45 Vol.-% gekörntem $BaSO_4$, berechnet auf den gesamten Feststoff-Geh., erhalten. (**A. P. 3 006 777** vom 22/8. 1960, ausg. 31/10. 1961.) G. Frikell 6229

2159 Rudolf Stöcker, Essen, Ruhr, **Bauelemente,** die bis 1200° beständig sind, werden hergestellt aus 150 (Gew.-Teilen) Portlandzement u. 615 geschäumter oder dichter Hochofenschlacke, von der 200 eine Korngröße zwischen 0 u. 4 mm, 300 eine solche von 3—12 mm aufweisen u. 15 fein gemahlen sind. (**A. P. 3 002 843** vom 1/10. 1957, ausg. 3/10. 1961.) G. Frikell 6229

H₇. Agrikulturchemie, Schädlingsbekämpfung

2160 **Die Böden Argentiniens.** Juan Papadakis. (Soil Sci. **95**, 356—66, 1963; Buenos Aires, Inst. de Suelos y Agrotecnia; engl.) — Zusammenfassender Überblick über die Entstehung, die Verteilung u. die Eigg. der wichtigsten Bodenarten Argentiniens. — 26 Literaturangaben. M. Winiker 6304◇

2161 **Charakterisierung von Tonen aus südindischen Böden.** 1. Mitt. **Chemische Methoden.** T. S. Manickam und D. John Durairaj. (Madras agric. J. **50**, 326—31, 1963; Coimbatore, Agric. Coll. and Res. Inst.; engl.) — Vff. untersuchten mittels chem. Meth. die Ton-Zus. der 0—9 in.-Schicht von je 2 Schwarzerden, Roterden, Lateritböden u. Alluvialböden. Es zeigte sich, daß in den Tonen der Schwarzerden bzw. der Lateritböden *Montmorillonit* (I) bzw. *Kaolinit* (II) vorherrschte. In der einen Roterde dominierte ebenfalls II, während der Ton der anderen ebenso wie die Tone der Alluvialböden aus einem Gemisch von II, I u. *Illit* bestand. M. Winiker 6304◇

2162 **(Der Gehalt an) Kalium der wichtigsten Bodenarten von Jugoslawien.** S. Nikolić, Dj. Jelenić und M. Pantović. (Kalium Sympos. [Bern] **1962**, 401—09, Belgrad, Univ.; franz.) — Vff. stellten fest, daß 30% der jugoslaw. Böden arm an pflanzenverfügbarem K sind.
M. Winiker 6304◇

2163 **Die Ermittlung der Vorräte an (pflanzen) verfügbarem Kalium in Böden.** J. Hagin und S. Feigenbaum. (Kalium Sympos. [Bern] **1962**, 219—27; Rehovot, Israel, Nat. and Univ. Inst. of Agric.; engl.) — Vff. untersuchten typ. Böden Israels auf ihren Geh. an *pflanzenverfügbarem K.* Bes. der Boden von Nir David (Beth Shean-Tal) wies einen beträchtlichen Vorrat an leicht austauschbarem K (20 mVal/100 g Boden) auf. M. Winiker 6304◇

2164 **Durchlässigkeit verschiedener Bodentypen für Kalium und Magnesium.** Erik Poulsen und Sven Dalbro. (Tidsskr. Planteavl **66,** 50—74, 1962; dän.) — Unter Feldbedingungen u. in Bodensäulen wird die Durchlässigkeit von 3 Sand- u. 3 Lehmböden für *K* u. *Mg* untersucht. Sandböden sind für K u. Mg gleich durchlässig, aber weniger als Lehmböden. Die Verminderung der Durchlässigkeit für Mg entspricht einer Zunahme der Austauschkapazität (AK). Für K zeigen Lehmböden große Unterschiede der Durchlässigkeit trotz gleicher AK, vermutlich infolge verschiedener Natur der Tonmineralien (Montmorillonit, Illit), die sich in verschiedenen Bindungsenergien für K u. Mg auswirkt.
R. K. Müller 6304

2165 **Über die biogene Akkumulierung der chemischen Elemente in Böden.** A. L. Kowalewski. (Nachr. sibir. Abt. Akad. Wiss. UdSSR **1962,** Nr. 9, 112—15; Nowosibirsk, SNIIGGIMSS; russ.) — Die biogene Akkumulierung ist bes. für Elemente charakterist., die von den Pflanzen aus der Luft aufgenommen werden (*H, C, N*). Sowohl bei Makroals auch bei Spurenelementen, die von den Gewächsen aus dem Boden aufgenommen werden, ist die biogene Akkumulierung nicht typisch. Harri Findeisen 6304◇

2166 **Die Ionensieb-Erscheinung in Böden.** M. Tschapek. (Z. Pflanzenernähr., Düng., Bodenkunde **102,** 193—203, 1963; Buenos Aires, Inst. de Suelos y Agrotecnia; engl.) — Vf. behandelt die selektive Permeabilität von mit W. gesätt. bzw. von nicht mit W. gesätt. Böden. — 71 Literaturangaben.
M. Winiker 6304

2167 **Die Chemie der Humussubstanzen des Bodens.** P. Dubach und N. C. Mehta. (Commonwealth Bur. Soils Fertilizers **26,** 293—300, 1963; engl.) — Zusammenfassender Überblick. — 107 Literaturangaben. M. Winiker 6304◇

2168 **Über den Einfluß der Bodenerosion auf die Ertragsfähigkeit von Parabraunerden aus Löß.** Bernhard Große. (Z. Pflanzenernähr., Düng., Bodenkunde **102,** 212—18, 1963; Hannover, Niedersächs. Landesamt für Bodenforschung; dt.) — Vf. demonstriert an Hand von 2 Bodenprofilen einer Parabraunerde aus Weichsellöß (Würm) mit mäßig tonigem B_t-Horizont, daß die Erosion in bestimmten Fällen einen günstigen Einfl. auf einige Boden-Eigg. auszuüben vermag. Der höhere Ton-Geh. im anstehenden B_t-Horizont einer stark erodierten Parabraunerde bedingt vor allem eine Verbesserung der Sorptionsverhältnisse, des Wasserhaltevermögens u. der Stabilität des Gefüges. Dieser günstige Einfl. stellt selbstverständlich nur ein Zwischenstadium dar u. macht Maßnahmen zur Verhütung der Erosion keinesfalls entbehrlich. M. Winiker 6304◇

2169 **Phosphatdüngung von Kulturpflanzen.** 1. Mitt. **Reis und Weizen.** U. S. Sree Ramulu. (Madras agric. J. **50,** 303—11, 1963; Coimbatore, Agric. Coll. and Res. Inst.; engl.) — Zusammenfassender Überblick über bes. in Indien bei der Phosphatdüngung zu Reis u. Weizen gemachte Erfahrungen. — 78 Literaturangaben. M. Winiker 6304◇

2170 **Calciummetaphosphat als Düngemittel.** Franciszek Majewski und Zofia Janiszewska. (Roczniki Nauk rolniczych, Ser. A **84,** 237—61, 1961; pol.) — Labor.- u. Gefäß-Verss. ergaben, daß auf sauren oder nahezu neutralen Böden die Dünge-Wrkg. von *Calciummetaphosphat* der von *Superphosphat* gleichkommt. Vers.-Pflanzen waren: Bohnen u. Schwarzer Senf. M. Winiker 6304◇

2171 **Vergleichende Verwertung neuerer komplexer Düngemittel und der ihnen äquivalenten einfachen Düngemittel.** A. W. Peterburgski. (Bodenkunde [UdSSR] **1961,** Nr. 9, 35—47, Moskau, Landwirtsch. Timirjasew-Akad.; russ., Auszug: engl.) — Mit schwefelsaurem *Nitrophoska* wurden bei Kartoffeln höhere Erträge u. höhere Stärke-Geh. erzielt als mit äquivalenten Mengen einfacher Dünger. Die Kartoffelpflanzen nahmen N, P, K aus Nitrophoska intensiver auf als aus einfachen Düngern. Unter den verschiedenen Nitrophoska-Arten hatte die beste Wrkg. italien. Nitrophoska, welches die größten Mengen von wasserlösl. Phosphaten enthält. Abgeschrecktes Nitrophoska erhöhte den N-Geh. in den Kartoffelknollen beträchtlich. Auf saurem lehmigem Podsolboden war Nitrophoska Nr. 43 am wirksamsten. Bei der Ausbringung der untersuchten Nitrophoska-Arten durch Düngemaschinen erhöhte sich die Wrkg. (im Vgl. zur Ausbringung von Hand) merklich.
M. Gordienko 6304◇

2172 **Untersuchungen über die Beeinflussung des Wachstums von Hirse durch verschieden hohe Gaben von Stickstoff und Phosphat und durch unterschiedliche Reihenabstände.** D. K. Garg und K. Kayande. (Madras agric. J. **50,** 312—20, 1963; Jobner, Rajasthan, Rajasthan Agric. Univ., Coll. of Agric.; engl.) — Ein Freiland-Vers. mit Hirse auf einem schwarzen Baumwollboden mit verschiedenen Gaben von *N* (0, 10 u. 20 lb. N/acre) u. *Phosphat* (0 u. 15 lb. P_2O_5/acre) sowie unterschiedlichen Reihenabständen (12, 18 u. 24 in.) ergab: Mit steigender N-Gabe nahm die Anzahl der Blätter u. der Umfang der Pflanzen zu. Ebenso wurde der Umfang der Pflanzen durch einen größeren Reihenabstand erhöht. Phosphat hatte keinen gesicherten Einfl. auf das Wachstum der Hirse. M. Winiker 6304◇

2173 **Untersuchungen über den Wert von Knochenmehl und Fischmehl als Phosphatdünger.** M. O. Ghani, K. A. Hasan und M. A. Mannan. (Pakistan J. biol. agric. Sci. **4,** 44—52, 1961; Srimangal, Sylhet, East Pakistan, Pakistan Tea Res. Stat.; engl.) — Vff. untersuchten die Auswrkg. der Teilchengröße u. einer Dampfbehandlung sowie einer gleichzeitigen Verabfolgung von *Kalk* oder *S* auf die Pflanzenverfügbarkeit des in *Knochenmehl* (a) bzw. *Fischmehl* (b) enthaltenen *P* in Inkubations-Verss. mit einem sauren, P-armen, sandig-tonigen Lehmboden. Das Ausmaß u. die Geschw. der Pflanzenverfügbarkeit des P von a waren bei einer Teilchengröße des letzteren von $<0{,}5$ mm am größten u. wurden noch gesteigert, wenn a dampfbehandelt wurde. Eine gleichzeitige Verabfolgung von Kalk war weniger wirksam als die Dampfbehandlung. Die positiven Auswrkg. der Dampfbehandlung bzw. der gleichzeitigen Kalkgabe auf die P-Verfügbarkeit waren nicht additiv. Im Gegensatz zum P des a wurde der P des b im Boden zu einem erheblichen Teil in irreversibler Form fixiert. Die Pflanzenverfügbarkeit des P von b wurde durch eine Dampfbehandlung des letzteren im negativen Sinne beeinflußt. Gleichzeitige Kalkung hatte keinen merklichen Einfl. auf den Düngewert von b. Die beste Dünge-Wrkg. hatte b mit einer Teilchengröße von >1 mm. Durch gleichzeitige Verabfolgung vonS wurde sowohl bei a als auch bei b die Pflanzenverfügbarkeit des P erhöht. M. Winiker 6304◇

2174 **Die Mineraldüngung der Baumwolle.** Basil G. Christidis. (Kalium Sympos. [Bern] **1962,** 437—62; Sindos, Cotton Res. Inst.; engl.) — Vortrag. — 85 Literaturangaben.
M. Winiker 6304◇

2175 **Stickstoffblattdüngungen zu auf Dünen wachsendem Agropyrum junceum.** D. Lachover, D. Tsouriel und A. Beresky. (Agronom. tropicale **18,** 185—91, 1963; Rehovot, Israel, Nat. and Univ. Inst. of Agric.; franz.) — Bei Verss. in der Bucht von Haifa waren Blattdüngungen mit einem *NP*-Mischdünger bzw. NH_4NO_3 bzw. *Harnstoff* zu auf Dünen wachsendem Agropyrum junceum hinsichtlich Förderung des Wachstums, des Protein-Geh. u. des Ertrags der Pflanzen wirksamer als Bodendüngungen mit $(NH_4)_2SO_4$.
M. Winiker 6304◇

2176 **Die Düngung im Obst- und Weinbau.** L. Audidier. (Kalium Sympos. [Bern] **1962,** 415—35, 591—92; franz.) — Vortrag, in dem Empfehlungen zur Düngung von Obst- u. Weinkulturen im Mittelmeerraum gegeben werden — 48 Literaturangaben. Diskussion. M. Winiker 6304◇

2177 **Versuche mit Stickstoffdüngung bei Obstbäumen unter verschiedenen Boden- und Kulturverhältnissen.**

H. M. Jepsen, E. Poulsen und K. Sandvad. (Tidsskr. Planteavl **66**, 29—49, 1962; dän.) — Als Hauptfaktor der Wirksamkeit von *N*-Düngung von Obstbäumen wird die Unterkultur erkannt. Der höchste Ertrag bei Apfelbäumen unter N-Düngung u. die beste Blattqualität u. -farbe werden erzielt, wenn mit $Ca(NO_3)_2$ (300—1200 kg/ha) gedüngt wird u. der die Bäume umgebende Boden mit Rasen oder Unkraut bedeckt ist. Die Bodenbedeckung macht eine hohe N-Dosis (1200 kg/ha) notwendig. R. K. Müller 6304◇

2178 **Weitere Ergebnisse aus Düngungsversuchen mit Apfelbäumen in Gefäßen.** C. Pfaff. (Gartenbauwissenschaft **28** (**10**), 245—50, 1963; Limburgerhof, Landw. Versuchsstat. der Bad. Anilin- & Soda-Fabrik AG.; dt.) — In mehrjährigen Gefäß-Verss. wurde festgestellt, daß der Zeitpunkt der *N*-Düngung einen deutlichen Einfl. auf den Ertrag von Apfelbäumen ausübt. Weiter wurde beobachtet, daß *Mg*- u. bes. *P*-Mangelbäume stark zur Alternanz neigen. M. Winiker 6304◇

2179 **Die Düngung der Olivenbäume.** E. Buchmann. (Kalium Sympos. [Bern] **1962**, 497—588, 592; Enfida, Tunisie; franz.) — Vortrag. — 40 Literaturangaben. Diskussion. M. Winiker 6304◇

2180 **Über die Wirksamkeit kleiner Gaben organischer Stoffe, die in Form organisch-mineralischer Gemische in Mittelasien zu Mais gegeben wurden.** B. A. Upolownikow. (Agrobiologie [UdSSR] **1962**, 240—45; Taschkent, Forschungsinst. für Selektion u. Saatzucht der Baumwolle; russ.) — In Varianten mit Gaben von *organ.-mineral. Düngung* entwickelten sich Maispflanzen schon von Beginn ihrer Vegetation rascher u. besser als bei Gaben von mineral. Düngung allein. Analysen vom Zellsaft der Pflanzen zeigten jedoch, daß zu Beginn der Entw. in beiden Varianten keine Unterschiede in bezug auf den Geh. an N, P, K, Mg festzustellen waren. Die Schlußfolgerungen gehen dahin, daß die Wachstumsförderung der Pflanzen in der 1. Variante durch Wachstumsstimulatoren vom Typ der Auxine hervorgerufen worden war. Dies wurde in Vegetations-Verss. mit Maissaaten gezeigt, die mit Extrakten aus Torf bzw. verrottetem Stallmist u. mit solchen aus deren Asche behandelt worden waren. Torfextrakte förderten die Keimung, die Entw. u. das Wachstum der Pflanzen, während Extrakte von veraschtem Torf nur das Gew. der Pflanzenmasse erhöhten. Das gleiche gilt für Extrakte von Stallmist u. veraschtem Stallmist. M. Gordienko 6304◇

2181 **Vegetations- und Feldversuche zur N-Wirkung von ammonisierter Braunkohle.** H. Kick, E. Große-Brauckmann und K. Würtele. (Z. Pflanzenernähr., Düng., Bodenkunde **102**, 218—27, 1963; Bonn, Univ., Agrikulturchem. Inst. der Univ.; dt.) — Bei allen Verss. wirkte *ammonisierte Braunkohle* hinsichtlich der Erträge (Getreide, Zuckerrüben) schlechter als die Vergleichsdünger *Harnstoff* u. NH_4NO_3. M. Winiker 6304◇

2182 **Die Wirksamkeit von Torf-Mineralien-Ammoniak-Düngemitteln verschiedener Konzentration.** W. A. Alexejew. (Torf-Ind. [UdSSR] **40**, Nr. 3, 26—28, 1963; Nordwestl. Forschungs-Inst. für Landwirtschaft; russ.) — Diese Düngemittel enthalten pro t Torf (mit 50—56% Wasser-Geh.) bis zu 75 kg Ammoniak-W., 75 kg P-Dünger u. 30 kg KCl. NH_3 steigert die biolog. Aktivität des Torfes. Durch Bodenanreicherung mit Torfkomposten vergrößert sich quant. der Bestand an nützlichen Mikroorganismen u. der Geh. an Nährstoffen, die leicht zugänglich für die Pflanzen sind. Infolge höherer Konzz. der mineral. Komponenten kann das Ausbringen solcher Torfkomposte auf 8—10 t/ha herabgesetzt werden, wobei die Ernte einer Verw. von 40 t Mist/ha entspricht. Harri Findeisen 6304◇

2183 **Das Problem der N-K-Wechselwirkung und die Gegebenheiten des Mittelmeerraums.** G. Drouineau. (Kalium Sympos. [Bern] **1962**, 299—304; Antibes, Stat. d'Agron. et de Physiol. Végétale; franz.) — Vf. demonstriert an einigen Beispielen, daß unter den Gegebenheiten des Mittelmeerraums der N-K-Wechselwrkg. bei der Düngung von Kulturpflanzen bes. Beachtung geschenkt werden muß. M. Winiker 6304◇

2184 **Kaliummangel als Folge gesteigerter Stickstoffdüngung bei bewässerten Weiden.** Amos Dovrat. (Kalium Sympos. [Bern] **1962**, 375—85; Rehovot. Israel, Nat. and Univ., Inst. of Agric.; — engl.) M. Winiker 6304◇

2185 **Kaliummangel bei Olivenbäumen in Griechenland.** S. D. Démétriadès und N. A. Gavalas. (Kalium Sympos. [Bern] **1962**, 395—400; Kiphissia-Athen, Inst. Phytopathol. Benaki; franz.) — Vortrag. — 10 Literaturangaben. M. Winiker 6304◇

2186 **Die Auswirkung eines langfristigen Kaliumdüngungsversuchs auf Ertrag und Qualität bei Kartoffeln als Drittfrucht in einer Fruchtfolge.** D. Lachover und I. Arnon. (Kalium Sympos. [Bern] **1962**, 305—24; Rehovot, Israel, Nat. and Univ., Inst. of Agric.; engl.) — In Kasten-Verss. wurde die Auswrkg. einer langfristigen *K*-Düngung bei einer Mais-Wicken-Kartoffeln-Fruchtfolge auf 4 repräsentativen Böden Israels (Sandboden, lehmiger Ton, lehmiger Löß, kalkhaltiger Ton) untersucht. Auf die beiden ersten Glieder der Fruchtfolge wirkte sich die K-Düngung nicht aus, während bei den Kartoffeln Ertrag, Stärke-Geh. u. Qualität verbessert wurden (allerdings nur auf dem Sandboden u. dem lehmigen Ton). M. Winiker 6304◇

2187 **Bildung von Kohlenhydratreserven in Alfalfasämlingen unter wechselnder Beschattung und Kaliumdüngung.** Arthur G. Matches, G. O. Mott und R. J. Bula. (Agronomy J. **55**, 185—88, 1963; Lafayette, Ind., Purdue Univ., Dep. of Agronomy; engl.) — In Wurzeln verschiedener Alfalfasorten wurde 6 Wochen nach der Aussaat Kohlenhydratspeicherung nachgewiesen. Weder Wachstum unter Beschattung noch 3malige *K*-Düngung veränderte die Konz. der *gesamten verfügbaren Kohlenhydrate*. Mit fortschreitendem Wurzelwachstum stieg der Gesamt-Kohlenhydrat-Geh. bei stärkerer Belichtung u. höheren *K*-Gaben. H. Goebel 6304◇

2188 **Kalium-Magnesium-Antagonismus in Böden und Ernteprodukten.** E. Welte und W. Werner. (J. Sci. Food Agric. **14**, 180—86, 1963; Hannover-Kirchrode, Landw. Vers.-Stat. Büntehof; engl.) — Vortrag. An Kartoffeln, Sonnenblumen, Raps u. Knaulgras durchgeführte Unterss. über den K-Mg-Antagonismus zeigen, daß derselbe nur bei Böden mit abs. Mg-Mangel von prakt. Bedeutung ist. Solche Böden sollten eine ausreichende Mg-Düngung erhalten. W. Wesly 6304◇

2189 **Die Verbesserung der Salz- und Natriumböden.** Alvin D. Ayers. (Kalium Sympos. [Bern] **1962**, 259—70; engl.) — Vortrag. — 38 Literaturangaben. M. Winiker 6304◇

2190 **Eine Beziehung zwischen Ertragshöhe von Sojabohnen und Molybdänverabreichung und Molybdängehalt der gebildeten Samen.** T. L. Lavy und S. A. Barber. (Agnonomy J. **55**, 154—55, 1963; Lafayette, Ind., Purdue Univ., Agr. Exp. Stat.; engl.) — Saatgutbehandlung mit *Na-Molybdat* bewirkte auf Chalmers-Odell-Böden eine Erhöhung des Ertrags. Die *Mo*-Wrkg. ist abhängig vom Boden-pH. Der *Mo*-Geh. der Samen ist ein Indikator für den verwertbaren *Mo*-Geh. des Bodens. H. Goebel 6304◇

2191 **Orientierende Untersuchung über die Auswirkung einer zusätzlichen Blattdüngung mit Spurenelementlösungen auf den Ertrag, den Stärkegehalt und die Qualität von Kartoffeln der Varietät „DAR".** Stanisław Trzecki und Maria Strasburger. (Roczniki Nauk rolniczych, Ser. A **84**, 295—316, 1961; pol.) — Zusätzliche Blattdüngungen mit *B*, *Cu* u. *Mn* zu Kartoffeln der Varietät „DAR" auf einem mineral. Boden sowie auf Hoch- u. Niedertorfböden hatten je nach Konz. keinen oder einen negativen Effekt auf Ertrag u. Stärkegehalt. Hieraus wird geschlossen, daß die betreffenden Böden hinreichend mit diesen Spurenelementen versorgt sind. Die Auswrkg. auf die Qualität der Kartoffeln (roh u. gekocht) waren unterschiedlich. M. Winiker 6304◇

2192 **Düngung und Bewässerung.** I. Arnon. (Kalium Sympos. [Bern] **1962**, 271—98; Rehovot, Israel, Nat. and Univ., Inst. of Agric.; engl.) — Vortrag, in dem über einige Aspekte der in den letzten Jahren in Israel entwickelten Düngung unter Bewässerung berichtet wird. — 52 Literaturangaben. M. Winiker 6304◇

2193 **Untersuchungen über den Gehalt der Niederschläge an Pflanzennährstoffen.** J. Jensen. (Tidsskr. Planteavl **65**, 894—906, 1962; dän.) — An 15 Plätzen in Dänemark in 2—5 Jahren bei einer durchschnittlichen Jahresmenge von 607 mm gesammelte Ndd. enthielten im Durchschnitt 12,9 (kg/ha) S, 16,1 Na, 26,0 Cl, 2,3 NO_3-N, 4,6 NH_3-N, 3,1 K, 3,0 Mg u. 6,5 Ca, ferner (nach weniger umfangreichen Unterss.) 0,03 B. Die Schwankungen sind geograph. am größten bei S, Cl u. Ca, jährlich bei S, monatlich bei S, Na, Cl, NH_3-N u. K. R. K. Müller 6304◇

2194 **Die Auswirkungen natürlicher und künstlicher Düngung auf die Mycoflora eines schweren Bodens bei einem Fruchtfolgeversuch in Israel.** A. Z. Joffe. (Soil Sci. **95**, 353—55, 1963; Jerusalem, Hebrew Univ.; engl.)
M. Winiker 6306◇

2195 **Die Wirksamkeit von Knöllchenbakterien.** G. Bjälfve. (Plant and Soil [The Hague] **18**, 70—76, 1963; Uppsala, Sweden, Inst. of Microbiol., Leguminous; Plant Labor.; engl.) — Aus in natürlicher Umgebung gewachsenen Phaseolus multiflorus wurden unwirksame *Knöllchenbakterien* isoliert, die in Symbiose mit Trifolium repens wirksame u. mit Phaseolus, Pisum u. Vicia faba unwirksame Knöllchen bildeten. Ein wirksamer Kleestamm von Trifolium pratense ergab unwirksame Knöllchen mit Medicago sativa u. Vicia faba. Ein wirksamer Luzernestamm lieferte mit Erbsen unwirksame Knöllchen. Mit einem wirksamen Lupinenstamm entstanden an Luzerne nur wenige kleine, unwirksame Knöllchen. Nach Reisolierung u. Test an der Originalwirtspflanze entstand in jedem Fall wieder die ursprüngliche Knöllchenform.
H. Goebel 6306◇

2196 **Die Bedeutung der Bakterien und Pilze bei der Humusbildung.** F. Ju. Gelzer. (Nachr. Landwirtsch.-Wiss. [UdSSR] **7**, Nr. 5, 134—41; 1962; Moskau, Abt. des Inst. für landw. Mikrobiologie; russ., Auszug: engl.) — Vf. weist auf die Tatsache hin, daß *Humusstoffe* in den in der letzten Zeit hergestellten Autolyse-Prodd. einiger Mikroorganismenarten sehr nahe stehen. Es wurden zwei Verff. zur raschen Herst. von Humusstoffen mit Hilfe von *Aspergillus niger* ausgearbeitet. Bei der Einw. von Toluol auf das Pilzmycel bzw. beim Erhitzen auf 60°, wodurch die Entw. der Bakterien ausgeschaltet wird, bildete sich sogar im Laufe von 20 Jahren kein Humus. Die wichtigsten humusbildenden Bakterien im Boden gehören zu den sporenfreien Formen, die sich auf dem Pilzmycel bzw. im Bereich von Wurzeln der Gräser entwickeln.
M. Gordienko 6306◇

2197 **Über die Möglichkeit der Verwendung von 2.4.5-Trichlorphenol für die Synthese von Schädlingsbekämpfungsmitteln.** Jacek Arct, Zygmunt Eckstein, Irena Gwiazdecka und Hanna Krzywicka. (Przemysł chem. **41**, 582—86, 1962; Warszawa, II. Politechn., Katedra Technol., Organ. i Państwowy Zakład Higieny; pol.) — Gestützt auf Literaturangaben u. eigene Verss. diskutiert Vf. die Möglichkeit der Herst. von Insektenvertilgungsmitteln auf der Basis von *2.4.5-Trichlorphenol* (**I**). Mannich-Basen aus **I**, Benz-1.3-oxazinen u. 2.2'-Dihydroxydiphenylmethan-Derivv., die zum größten Teil geruchlos sind, besitzen vielversprechende bactericide Eigenschaften.
I. Köditz 6312△

2198 **Bekämpfung der nekrotischen virösen Vergilbung von Salat durch Vernichtung der gemeinen Saudistel (Sonchus oleraceus).** L. L. Stubbs, J. A. D. Guy und K. J. Stubbs. (Austral. J. exp. Agric. animal Husbandry **3**, 215—18, 1963; Melbourne, Victoria, Horticult. Div., Dep. of Agricult.; engl.) — Durch Bekämpfung von Saudisteln in der Nähe von Salatfeldern mit *Diquat* wurde die nekrot. viröse Vergilbung der Salatpflanzen fast völlig unterdrückt. Dieses Ergebnis spricht für die Ansicht, daß die Saudistel die wichtigste, wenn nicht sogar einzige, Infektionsquelle für Salat ist.
M. Winiker 6312◇

2199 **Einfluß von Nicotinsäure auf das Wachstum und die Entwicklung von Sommerweizen.** Je. D. Bogdanowa. (Nachr. Akad. Wiss. KasachSSR, Ser. Biol. Bodenkunde **1962**, Nr. 3, 74—80; russ., Auszug: kasach.) — *Nicotinsäure* (**I**) fördert die Keimung bzw. die Keimungsenergie des Saatgutes, erhöht die Menge von Keim- u. mesokotylen Wurzeln, stimuliert deren Wachstum. Am stärksten wirkt sie auf die Keimung bei schwächerer Konzentration. Saatgut mit verminderter Keimungsenergie reagiert auf die Nicotinsäure bes. stark. Beim Weizen wurde durch die Behandlung eine Intensivierung der Bestockung, eine Erhöhung der Blüten- u. Kornmenge in den Ähren bewirkt. Die besten Resultate ergaben Lsgg. mit 0,01—0,005% **I**. Auf die Behandlung reagierten am stärksten die Sorten „Lutescens 35" u. „Erythrospermum 82/2".
M. Gordienko 6312◇

2200 **Ersatz für Bordeauxbrühe.** I. D. Tschikwiladse. (Pflanzenschutz [UdSSR] **7**, Nr. 6, 37, 1962; Telawi, Versuchsstation des Inst. für Obst-, Weinbau u. Weinbereitung; russ.) — Auf Grund von Unterss. werden als Ersatzmittel für Bordeauxbrühe bei der Bekämpfung von falschem Mehltau der Weinrebe 0,75%ig. *Captan* bzw. 1%ig. *$CuSO_4$* empfohlen. *Zn-Salicylanilid*, 1%ig. $CuSO_4$, 40%ig. Suspension von *Cu_2O*, *Dinitrorhodanbenzol* auf *koll. S* erwiesen sich als wenig wirksam. Alle untersuchten Präpp. bewirkten keinen Blattbrand u. keine Verzögerung des Wachstums der Weinrebe.
M. Gordienko 6312◇

2201 **Beobachtungen über den Befall des Winterweizens mit Septoria nodorum Berk. nach Anwendung von Kalkstickstoff und Fungiciden.** L. Kiewnick und B. Rademacher. (Z. Pflanzenkrankh. (Pflanzenpathol.) Pflanzenschutz **70**, 273—79, 1963; Stuttgart-Hohenheim, Landw. Hochschule, Inst. für Pflanzenschutz; dt.) — In 11 Feld-Verss. zu Winterweizen untersuchten Vff. neben dem Einfl. von *Kalkstickstoff* (**I**), *Cyanamid* (**II**) u. verschiedenen Fungiciden [*Orthocid 83* (**III**), *Fuklasin* (**IV**), *Dithane M* (**V**), *Cupravit* (**VI**), *B 500* (*Chinolin-Deriv.*), *Pomarsol*, *Hostaquick* (*Hg*-Mittel), *Collavin* (*Cu-Oxydul*), *Raphatox* (*DNC*), *Brassicol super*, *Brestan*, *Thiobar* (*Netz-S*), *Vitigran* (*Cu-Hydroxid*), *Quexi* (**VII**, *Hg*-Mittel), *Delan*] auf das Ausmaß der Halmbruchkrankheit (Erreger: Cercosporella herpotrichoides Fron.) auch die Auswrkg. dieser Substanzen auf den Befall durch Septoria nodorum Berk., den Erreger der Braunfleckigkeit des Weizens. **I** u. **II** sowie **V**, **III**, **VII** u. auch **IV**, **V** u. **VI** vermochten den Befall der Ähren durch S. nodorum erheblich zu vermindern. Diese Wirksamkeit der genannten Mittel gegen S. nodorum ist jedoch nur als zu begrüßende Nebenwrkg. bei deren Einsatz zur Bekämpfung der Halmbruchkrankheit anzusehen. Eine Anwendung derselben nur zum Zwecke der Bekämpfung von S. nodorum dürfte aus biolog. u. wirtschaftlichen Gründen nicht gerechtfertigt sein.
M. Winiker 6312◇

2202 **Ein Präparat zur Behandlung von Samen der Sonnenblume.** A. M. Piterskaja. (Pflanzenschutz [UdSSR] **7**, Nr. 2, 27, 1962; russ.) — Die Bekämpfung der Drahtwürmer an Sonnenblumensamen erfolgte mit nachst. Insekticiden: 12%ig. *HCH*-Präp. (**I**; 15 kg/dz) u. kombiniertes Präp. *TMTD* + *γ-HCH*, 1:1 (**II**; 200—300 g/dz). Bei einem Befall von 5,7 Drahtwürmern/m² konnte bei Verw. von **II** eine Letalität von 98% u. bei **I** von 92% festgestellt werden. Die Anzahl der durch Würmer geschädigten Pflanzen betrug bei Verw. von **II** 1,3% W., bei Verw. von **I** 8,5% (bei unbehandelten Samen 32%). **II** verursacht also den geringsten Pflanzenausfall, beeinflußt die Wurzel-Bldg. günstig u. kann bes. gut bei der Mechanisierung des Säens verwendet werden.
S. Paprotny 6312◇

2203 **Wechselwirkung von Bodenabdeckung mit Folien, Pesticiden und Pilzen bei der Bekämpfung von freilebenden Nematoden.** P. M. Miller und Paul E. Waggoner. (Plant and Soil [The Hague] **18**, 45—52, 1963; New Haven, Conn., Connecticut Agric. Exp. Stat.; engl.) — Verschiedene Bodenabdeckungsmaterialien — Heu, schwarze oder durchsichtige *Polyäthylen* (**I**)-Folie, bewirken unterschiedliche Boden-Temp. u. beeinflussen so die Bodenmikroflora verschieden. Rhizoctonia solani Kuehn tritt bei kühlen bis mäßigen Temp. unter Heu oder schwarzer **I**-Folie in höherem Maße auf als in warmen Böden unter durchsichtiger **I**-Folie. Die Vermehrung von Pratylenchus penetrans Cobb wird unter schwarzer **I**-Folie red.; Abdeckung mit letzterer begünstigt die biolog. Kontrolle von P. penetrans. Durch Anwendung von *Pentachlornitrobenzol* (**II**) u. *Dibromchlormethan* wurde diese biolog. Kontrolle mehrere Monate gestört. **II** hemmt Organismen, die P. penetrans abtöten, u. wirkt gleichzeitig auf R. solani hemmend.
H. Goebel 6312◇

2204 **Boden-Begasungsmittel.** G. A. Kirjuchin. (Pflanzenschutz [UdSSR] **8**, Nr. 7, 23—25, 1963; russ.) — Stärkste Wrkg. gegen Phylloxera der Rebe zeigten *Hexachlorbutadien* (**I**) u. die *Polychlorbutane GChB-2* u. *GChB-80*. **I** ist allerdings in hoher Dosierung stark phytocid. Die anderen Präpp. sind weniger giftig für die Pflanzen u. werden in gleicher Dosierung wie **I** benutzt (am günstigsten erwies sich 10 + 10 + 10 g/m² in Intervallen von 10—12 Monaten). Die Mittel werden im Frühjahr bei gleichzeitiger Kultivierung 15—20 cm tief eingebracht. Für 1 ha Rebenpflanzung werden 36—50 Liter benötigt. Andere Präpp., wie *Nemagon*, *Dichlordibrompropan*, *Hexachlorcyclopentadien*, *Hexachlorpropylen*, *Mylone*, *Vapam* u. *Allylalkohol* sind in ihrer Wrkg. gegen Phylloxera nicht ausreichend.
H. Findeisen 6312◇

2205 **Gewächshausversuche mit Nematociden zur Bekämpfung des Nematodenbefalls der Tomate (Lycopersicon esculentum var. Rutgers) in Puerto Rico.** Alejandro Ayala. (J. Agric. Univ. Puerto Rico **46,** 319—27, 1962; Rio Piedras, Puerto Rico, Univ., Agric. Exp. Stat.; engl.) — Mit Meloidogyne incognita (**a**) u. Rotylenchulus reniformis (**b**) künstlich infizierte Böden wurden in Gewächshaus-Verss. vor dem Setzen von Tomatenpflanzen mit den Begasungsmitteln (20 gal./acre) DD (**I**), EDB (**II**), DCB-60 (**III**), Dorlone (**IV**), Telone (**V**), Fumazone (**VI**), Nemagon (**VII**) u. Vapam (**VIII**) behandelt. **I, II, IV** u. **VII** ermöglichten eine wirksame Bekämpfung von **a** u. **b**, jedoch erwiesen sich **II** u. **VII** als phytotoxisch. Keinen Einfl. auf den Schädlingsbefall hatte **III**, bei dessen Einsatz aber 40% der Pflanzen bereits vor der Blüte abstarben. Auch **VIII** ließ keine nematocide Wrkg. erkennen. **V** u. **VI** vernichteten **a** nur in geringem Maße, **b** hingegen vollständig. In jeder Hinsicht zur Bekämpfung von **a** u. **b** am besten geeignet war **IV**. W. Kreipe 6312◇

2206 **Hochkonzentriertes, aktiviertes Kreolin.** N. W. Zitzin, Je. Ss. Tscherkasski und W. F. Kowtunenko. (Ber. Akad. Wiss. UdSSR **145,** 147—50, 1962; Bot. Garten der Akad. der Wiss. der UdSSR; russ.) — Durch Auflösen von angereichertem Hexachlorcyclohexan (**I**) oder Abfällen der Lindan-Herst. in Steinkohlen-, Torf- u. a. Ölen u. 40—45 Min. langes Mischen mit dem Emulgator bei 50—60° wird akt. *Kreolin* (**II**) erhalten, dessen Zus. bei langer Aufbewahrung sich höchstens um 0,1—0,2% verändert. Die Extraktion des γ-**I** aus techn. **I** durch die mittlere Steinkohlenölfraktion beträgt im Mittel 96,9%. Das optimale Verhältnis Öl/techn. **I** beträgt 3:2. Der bei der Herst. von akt. **II** anfallende Schlamm enthält α-, β- u. δ-**I**, die ,im Gegensatz zu den Literaturangaben, für Insekten u. Erreger von Pilzkrankheiten tox. sind u. zur Herst. von Pesticiden verwendet werden können. Es gibt demzufolge keine „nichttox." **I**-Isomeren. O. Lebtag 6312△

2207 **Die Ergebnisse der Versuche zur Bekämpfung von Schadinsekten an Tomaten, die in den Jahren 1958 bis 1959 in Kampanien durchgeführt worden sind.** G. Russo und E. Tremola. (Ann. Fac. Sci. agrar. Univ. Studi Napoli Portici [3] **26,** 61—83, 1960/61; ital.) — Zur Bekämpfung von Heliothis armigera, Plusia chalcytes, Caradrina exigua, Agrotis segetis, Rhyacia saucia u. Nezara viridula erwiesen sich *DDT* (**I**), *Aldrin, Lindan, Chlordan, Dieldrin,* **I** + *Parathion* u. *Rogor* als geeignet. M. Winiker 6312◇

2208 **Erfahrungen bei der Bekämpfung der Gammaeule (Phytometra gamma L.) im Jahre 1962.** Gerd Crüger. (Z. Pflanzenkrankh. (Pflanzenpathol.) Pflanzenschutz **70,** 532—38, 1963; Fischenich bei Köln, Biol. Bundesanst. für Land- u. Forstwirtschaft, Inst. für Gemüsekrankheiten u. Unkrautforschung; dt.) — Normaldosierungen von *Lindan* + *DDT-, Gusathion-, Endrin* (**I**)-, *Phosdrin* (**II**)-, *Trichlorphon-* u. *Sevin*-Präpp. befriedigten bei Verss. zur Bekämpfung der Gammaeule nicht. Namentlich bei älteren Raupen war eine Verdoppelung der üblichen Konzz. oder eine noch höhere Dosierung erforderlich. Relativ am wirksamsten waren **I**- u. **II**-Mittel. M. Winiker 6312◇

2209 **Sevin als wirksamer Ersatz für DDT.** M. A. Gontarenko. (Pflanzenschutz [UdSSR] **7,** Nr. 7, 32, Juli 1962; Moldau-Filiale WIZR; russ.) — Beim Spritzen der Stämme der Apfelbäume mit einer 0,4—0,5%ig. Suspension von *Sevin* (**I**) bzw. mit einer 0,2%ig. Suspension von *DDT* (**II**) bzw. mit einer 0,3%ig. von *Calciumarsenat* (**III**)-Suspension gegen den Apfelwickler erzielte man die besten Resultate mit **I**. Auf den mit **II** behandelten Stämmen war die Befallstärke der Äpfel durch den Schädling um das 2,0- bis 2,2fache, auf denen mit **III** behandelten um das 4,6- bis 5fache stärker. **I** war auch gegen den Apfelwicklerfalter wirksam, der schon einen Tag nach dem Kontakt vollständig abgestorben war. Weiter wirkte **I** gut gegen den Falter des Pflaumen- u. Birnenwicklers. M. Gordienko 6312◇

2210 **Fortschritte in der Bekämpfung der Rübenmotte (Phthorimaea ocellatella Boyd).** Vorläufige Mitt. F. J. Löcher. (Z. Pflanzenkrankh. (Pflanzenpathol.) Pflanzenschutz **70,** 284—87, 1963; Worms, Arbeitsgemeinschaft für Pflanzenschutz u. Bodenkultur im Zuckerrübenbau; dt.) — Bei Freiland-Verss. zur Bekämpfung des Zucker- u. Futterrübenschädlings Phthorimaea ocellatella Boyd wurden mit *Phosdrin* sehr gute Erfolge erzielt. *Multanin* befriedigte nicht. Die Wrkg. von *Dicarbam* (*Sevin*) u. *Dimecron* (*Phosphamidon*) war völlig unzureichend. M. Winiker 6312◇

2211 **Versuche mit Zectran in Israel zur Bekämpfung von Baumwollschädlingen.** Shoshana Yathom. (Int. Pest Control **5,** Nr. 5, 19—20, 1963; Rehovot, Israel, Nat. and Univ. Inst. of Israel; engl.) — In Freiland-Verss. zur Bekämpfung von Baumwollschädlingen (Heliothis armigera Hbn., Earias insulana Boisd., Prodenia litura F.) erwies sich *Zectran* als mindestens ebenso wirksam wie *Dipterex* (**I**) oder **I** + *Cottonion* (*Guthion*). M. Winiker 6312◇

2212 **Behandlung von Weiden mit granuliertem Phorate zur Bekämpfung von Sminthurus viridis und Halotydeus destructor.** M. M. H. Wallace. (Austral. J. exp. Agric. animal Husbandry **3,** 219—24, 1963; engl.) M. Winiker 6312◇

2213 **Chemische Bestimmung der Rückstände von Parathion, Malathion und Diazinon auf Blumenkohl, Kohlrabi, Bohnen und Gurken.** H. Stobwasser. (Z. Pflanzenkrankh. (Pflanzenpathol.) Pflanzenschutz **70,** 279—83, 1963; Stuttgart-Hohenheim, Landw. Hochschule, Inst. für Pflanzenschutz; dt.) — Vf. führte Rückstands-Unterss. bei Blumenkohl, Kohlrabi, Stangenbohnen u. Gurken durch, die mit *Parathion* (**I**)-, *Malathion-* u. *Diazinon*-Mitteln in praxisüblicher u. 3facher Konz. besprüht worden waren. Schon die Anfangswerte kurz nach der Behandlung lagen, außer im Falle einer **I**-Anwendung zu Blumenkohl, selbst bei 3facher Konz. unter den amerikan. Toleranzwerten. Nach wenigen Tagen waren die Rückstände in allen Fällen bis auf ca. 0,1 ppm u. darunter abgesunken. M. Winiker 6312◇

2214 **Chlorophos.** D. W. Rudnew und B. A. Areschnikow. (Pflanzenschutz [UdSSR] **8,** Nr. 7, 37—38, 1963; russ.) — *Chlorophos* (*Dipterex, Tugon, Dilon*) enthält 50 bis 65% Wirkstoff, ist von honigähnlicher Konsistenz, gut lösl. in W., hat scharfen, unangenehmen Geruch, ist nicht entflammbar u. 3—6mal weniger giftig für Menschen als *DDT*. Für Insekten ist es dagegen stark toxisch. Gewöhnlich wird es in wss. Lsg. **1:10** angewendet u. im Sprüh-Verf. ausgebracht; es ist auch für die Bestäubung vom Flugzeug aus geeignet (40 bis 50 Liter/ha). Die Dosierungen des Präp. sind unterschiedlich u. abhängig von der Art der Insekten. Chlorophos eignet sich auch zur Bekämpfung von Schädlingen an Zierpflanzen. Der größte Vorteil besteht darin, daß es bei den Insekten keine Resistenz entwickelt. H. Findeisen 6312◇

2215 **Chloriertes Terpentin zur Insektenbekämpfung.** N. N. Jegorow, M. W. Liwadin und Ss. Ss. Tjumikow. (Pflanzenschutz [UdSSR] **7,** Nr. 2, 27, 1962; Woronesh, Forsttechn. Inst.; russ.) — Das durch Trocken-Dest. des Teeres gewonnene *Terpentin* wird bei Licht chloriert (35% Cl). Anfangs gebundenes Cl wird allmählich an der Luft u. im Boden frei. Mit dem konz. Präp. konnte eine 100%ig. Vernichtung der Eier des Seidenspinners erreicht werden. In Labor.- u. Freiland-Verss. bewährte sich chloriertes Terpentin zur Bekämpfung von Mai- u. Junikäfern. S. Paprotny 6312◇

2216 **Radioisotope bei Spurenelement-Untersuchungen in Böden und Pflanzen.** K. L. Babcock. (Int. J. appl. Radiat. Isotopes **13,** 353—58, 1962; Berkeley, Calif., Univ. of California, Dep. of Soils and Plant Nutrition; engl.) — Vortrag. — 28 Literaturangaben. R. Grundmann 6324◇

2217 **Blatt- und Bodenanalyse zur Ermittlung des Kaliumbedarfs von Citrusbäumen.** A. Bar-Akiva, A. Porath und S. Feigenbaum. (Kalium Sympos. [Bern] **1962,** 357—67; Rehovot, Israel, Nat. and Univ. Inst. of Agric.; Beit Dagan, Israel; engl.) — Bericht über in Israel gemachte Erfahrungen. M. Winiker 6324◇

2218 **Quantitative Natriumbestimmung in Böden und Bodenlösungen mit Hilfe der Glaselektrode.** D. Ss. Orlow und N. N. Zikurina. (Nachr. Moskauer Univ., Ser. VI, **17,** Nr. 2, 57—62; 1962; Lehrstuhl für Bodenkunde; russ.) — In wss. Auszügen versalzter Wiesen-Grauerde wurde *Na* mit Hilfe der *Zn-Uranyl-Meth.* (**a**), der *flammenphotometr. Meth.* (**b**) u. der *Glaselektroden-Meth.* (**c**) bestimmt. **c** ergibt Resultate, deren Fehler über 10% betragen kann. Die Differenzen zwischen den Analysenergebnissen von **a** u. **b** beliefen sich auf ±18,3—8,6%, zwischen **a** u. **b** auf ±18,6—10%. Zur Erhöhung der Genauigkeit der Ergebnisse von **c** wird ein Meßschema mit einem Spiegelgalvanometer u. Kondensatoren angewendet. Die Ausführung von **c** wird beschrieben. M. Gordienko 6324◇

2219 **Polarographische Analyse einiger Entblätterungsmittel.** E. A. Weksler und I. P. Zukerwanik. (Usbek.

chem. J. **6**, Nr. 4, 55—59, 1962; Akad. Wiss. UsbekSSR, Inst. für Chem. der pflanzlichen Stoffe; russ.) — Bericht über Erfahrungen bei der polarograph. Unters. (Polarograph *UFAN*) von Entblätterungsmitteln. H. Findeisen 6328◇

2220 N. N. Melnikow, Ss. Ss. Kuklenko, L. I. Korolew, T. A. Ssergejewa und L. D. Stonow, **Entblätterung von Baumwollstauden** mittels einer Emulsion von *Dibutyldisulfid* (**I**); ein Konzentrat enthält z. B. 60 (%) **I**, 20 Dieselöl u. 20 Emulgator OP-7. (**UdSSR. P. 134 083** vom 8/4. 1960.) L. Großner 6313

2221 E. I. du Pont de Nemours & Co., übert. von: Harold E. Cupery und Norman E. Searle, Wilmington, Del., V.St.A., **Entblätterung von Baumwollpflanzen mit Bis-Xanthaten.** Während der Reifezeit der Baumwollkapseln werden die Baumwollpflanzen mit 0,1—15% ig. Lsgg., Emulsionen, wss. Dispersionen besprüht oder Stäubemitteln bestäubt, die als Wirkstoff ein organ. Bis-xanthat der Formel $R{-}O{-}\overset{\overset{S}{\|}}{C}{-}S{-}A{-}S{-}\overset{\overset{S}{\|}}{C}{-}O{-}R'$ enthalten, in der A ein zweiwertiger KW-Stoffrest mit bis zu 12 C-Atomen ist u. mit dem S-Atom jedes Xanthatrestes durch ein aliphat. C-Atom verbunden ist, u. R u. R′ niedere Alkyl- oder Alkenylreste bedeuten. Bes. geeignete Verbb. sind: *Methylen-bis-methyl-, Methylen-bis-äthyl-, Methylen-bis-isopropyl-, Methylen-bis-n-propyl-, Methylen-bis-allyl-, Methylen-bis-n-butyl-, p-Xylylen-bis-n-propyl-, Hexamethylen-bis-n-propyl-, 1.4-But-2-enylen-bis-äthylxanthat* u. dergleichen. Den Lsgg. werden Netz-, Emulgier-, Dispergier-, oberflächenakt. Mittel, Herbicide, Fungicide u. Insekticide zugesetzt. Die Herst. der Wirkstoffe erfolgt z. B. durch Rk. von Methylenbromid mit K-Äthylxanthat in Aceton. Es wird eine 80—100% ig. Entblätterung der Baumwollpflanzen, eine Erleichterung der Ernte der Kapseln von Hand oder mit Maschinen u. eine Vernichtung von Schädlingen, bes. Aphiden, erreicht. (**A. P. 3 011 887** vom 26/6. 1958, ausg. 5/12. 1961.) H. Karst 6313

2222 N. V. Philips' Gloeilampenfabrieken, Eindhoven (Erfinder: Harmannus Koopman und Jasper Daams van Houtenlaan, Weesp), Niederlande, **Mittel zum Beeinflussen des Pflanzenwuches, insbesondere zur Entblätterung von Kulturpflanzen,** gek. durch einen Geh. an einer Verb. der allg. Formel: $R_1{-}Y{-}\underset{\underset{R_2}{|}}{CH}{-}X$ oder an einem Salz derselben, in der Y O oder S, R_1 einen aliphat. KW-Stoffrest mit 5—12 C-Atomen, dessen Kette durch O unterbrochen sein kann, u. worin mindestens ein H-Atom durch ein Halogen-Atom ersetzt sein kann, oder einen alicycl. KW-Stoffrest mit 6 C-Atomen bedeutet, R_2 H oder eine Methylgruppe bedeutet u. X die Gruppe —COOH, —COOR, wobei R ein Alkylrest mit 1—8 C-Atomen ist, $-C(O)NH_2$, wobei eines oder beide H-Atome durch Alkylreste mit 1 bis 6 C-Atomen ersetzt sein kann (können) oder —CN bedeutet. R_1 kann einen aliphat. KW-Stoffrest mit 6—10 C-Atomen u. Y ein O-Atom darstellen. Als wirksame Bestandteile können in den Mitteln aliphat. Äther der Hydroxyessigsäure, Octyloxyessigsäure, aliphat. Äther der α-Hydroxypropionsäure oder α-Octyloxypropionsäure enthalten sein. Weitere geeignete Wirkstoffe sind: *n-Hexyl-, 1-Methylheptyl-, n-Decyl-, n-Dodecyl-, n-Butoxyäthyl-* u. *Cyclohexyloxyessigsäure, 1-Methylheptylmercaptoessigsäure, 1-Methylheptyloxyessigsäureäthylester* oder *-1-methylheptylester, N.N-Diäthyl-1-methylheptyloxyacetamid* u. *1-Methylheptyloxyacetonitril.* Verwendete Mengen der Wirkstoffe ca. 3—30 kg/ha in 1—3% ig. Lsgg., bes. zur Erzielung von Blattverbrennungen bei Pflanzkartoffeln, um zu verhüten, daß eine etwaige Infektion des Laubes durch *Phytophthora* auf die Knollen übergeht. (**D. A. S. 1 139 690** Kl. 451 vom 13/5. 1959, ausg. 15/11. 1962. **Aust. P. 236 288** vom 13/5. 1959, ausg. 30/11. 1961. Beide Niederl. Prior. 16/5. 1958.) H. Karst 6113

2223 Durward O. Guth, Elmwood Park, Ill., V.St.A., **Erhöhung des Gehaltes an Pfefferminzöl in geernteten Pfefferminzpflanzen.** Auf das Blattwerk von Pfefferminzkulturen werden je 4050 m^2 25 Gallonen W. aufgesprüht, die ca. 0,45 kg des K-Salzes der *2.3.6-Trichlorbenzoesäure*, der *2.3.6-Tribrombenzoesäure*, der *2.3.5.6-Tetrachlorbenzoesäure*, der *2.3.5.6-Tetrabrombenzoesäure* oder ihrer Gemische enthalten. Der Lsg. können noch Chelate, z. B. 0,135 kg Äthylendiamintetraessigsäure, zugesetzt werden. Das pH des K-Salzes soll ca. 8,0 betragen. Die Wirkstoffe können auch in den mit Pfefferminzpflanzen bestandenen Boden eingearbeitet oder in die Wurzelzone der Pflanzen verabreicht werden. Die Kalisalze werden durch Rk. der freien Säure mit K_2CO_3 oder K-Acetat hergestellt. Die Ernte an Pfefferminzöl wird verdoppelt. (**A. P. 3 008 818** vom 20/6. 1957, ausg. 14/11. 1961.) H. Karst 6113

2224 Merck & Co., Inc., Rahway (Erfinder: Edward A. Kaczka, Union, und Eugene L. Dulaney, Metuchen), N. J., V.St.A., **N-Acylhydroxylaminderivate der Essigsäure** der Formel $R'N(OH)CH_2COOH$ (R′ = Acylrest), deren *Salze* u. *Ester* sind gute *Unkrautvertilgungsmittel* u. werden durch Rk. von Hydroxylaminoessigsäure (**I**) mit einem entsprechenden Acylierungsmittel hergestellt. — So werden 355 mg **I** zu 5 ml 98% ig. HCOOH u. 1 ml Essigsäureanhydrid gegeben, die Mischung wird gerührt, bis auf 55° erhitzt u. im Vakuum bei 25° zur Trockne eingedampft. Der Rückstand wird in 2 ml W. aufgenommen u. mit verd. NaOH auf pH 7—8 gebracht. Dann wird eingeengt u. mit A. ausgefällt: *Na-N-Formylhydroxylaminoacetat*, F. 205—210° (Zers.). Die *Säure* (**II**) wird durch Rk. von **I** mit 98% ig. HCOOH erhalten, F. 108—110° (kub.), F. 119—120° (Nadeln). *Methyl-N-formylhydroxylaminoacetat*, F. 71—72°. — *N-Acetylhydroxylaminoessigsäure*. — *N-Dichloracetylhydroxylaminoessigsäure*, F. 155 bis 156° (Zers.). (**Israel. A. S. 16 883** vom 1/3. 1962, ausg. 22/8. 1963.) Y. Hess 6313

2225 Shell Research Ltd., London, England (Erfinder: John Yates), **Herstellung von 2-Amino-6-chlorbenzonitril** (F. 136—137°, Bzl.) erfolgt durch Zugabe von 36,5 (Gew.-Teile) 6-Chlor-2-nitrobenzonitril (**I**) zur Lsg. von 156 hydratisiertem $SnCl_2$ in 130 Vol. konz. HCl innerhalb 30 Min. bei 20—30°, 1 std. Nachrühren bei Raum-Temp., nach 5 Std. Abfiltrieren, Waschen mit konz. HCl u. W. u. Trocknen an der Luft. Ausbeute: 22. — Die Red. von **I** kann auch katalyt. mit H_2 oder elektrolyt. in Ggw. eines Gemisches aus H_2SO_4 mit 10—15% A. bei 70—75° erfolgen. — *Herbicid* u. Zwischenprod. zur Herst. von solchen. (**E. P. 901 977** vom 1/1. 1960, ausg. 25/7. 1962.) O. Müller-Meiningen 6313

2226 Farbenfabriken Bayer Akt.-Ges., Leverkusen, **Halogenformamidine** der allg. Formel Ar—N=C(X)—N·(R)—R′ (Ar = Aryl, das im Kern auch substituiert sein kann; X = Cl, Br; R u. R′, die gleich oder verschieden sein können, = H, Alkyl u. die beide mit dem N einen 5- oder 6gliedrigen Ring bilden u. diese noch weitere Heteroatome enthalten können) entstehen durch Rk. von Arylisocyaniddihalogeniden der allg. Formel $Ar{-}N{=}C(X)_2$ mit bes. 2. Mol NH_3 oder prim. oder sek. aliphat. Aminen der allg. Formel R—NH—R′ in Ggw. eines organ. Lsgm. (1 Mol Amin dient als säurebindendes Mittel) oder mit stöchiometr. Mengen des Amins in Ggw. von W. u. einer anorgan. Base oder eines tert. Amins als säurebindendes Mittel. — Aus 34,8 g Phenylisocyaniddichlorid in 150 ml Bzl. u. 18 g Dimethylamin unter Kühlung mit Eiswasser bei höchstens 20° → $C_6H_5N{=}C(Cl)N(CH_3)_2$, $Kp._{12}$ 131—138°; gelbes Öl. — $C_6H_5N{=}C(Br)N(C_2H_5)_2$. — p-Chlorphenylisocyaniddichlorid → *p-Chlorphenyliminochlorkohlensäuredimethylamid*, $Kp._{10}$ 157—160°. — $p\text{-}CH_3C_6H_4N{=}C(Cl)N(C_3H_7)_2$. — $p\text{-}, m\text{-}Cl_2C_6H_3N{=}C(Cl)N(CH_3)_2$. — $m\text{-}CH_3\text{-}p\text{-}ClC_6H_3N{=}C(Cl)N(CH_3)_2$. — Morpholin → *p-Chlorphenyliminochlorkohlensäuremorpholid*, $Kp._{15}$ 210—212°; F. 85°. — $m\text{-}COOCH_3{-}p\text{-}ClC_6H_3N{=}C(Br){-}M$ (M = morpholid). — $p\text{-}CH_3C_6H_4N = C(Cl)$-M. — $p\text{-}NO_2C_6H_4N = C(Cl)$-M. — Pyrrolidin → *p-Chlorphenyliminochlorkohlensäurepyrrolidid*, $Kp._{15}$ 202—207°. — *α-Naphthyl-N=C(Cl)-pyrrolidid*. — $p\text{-}ClC_6H_4N{=}C(Cl)$*-piperidid*. — Weitere Ausgangsstoffe sind: p-Fluorphenyl- u. p-Methoxyphenylisocyaniddichlorid. — *Zwischenprodd., Unkrautbekämpfungsmittel.* (**E. P. 888 646** vom 13/5. 1960, ausg. 31/1. 1962. D. Prior. 16/5. 1959.) G. Krauß 6313

2227 United States Borax & Chemical Corp., Los Angeles, übert. von: Allen L. McCloskey, Orange, Calif., V.St.A., **Benzolboronsäure und -ester** werden hergestellt durch Hydrolyse oder Alkoholyse von B-Triphenylborazol (**I**) oder N-Trimethyl-**I**, bes. in Ggw. einer Säure. — Man rührt 309 (g) **I** u. 108 W. bis die NH_3-Entw. beendet ist → 338 *Benzolboronsäure* (**II**). Diese erhält man in Ggw. von HCl mit 92,5% (Ausbeute) u. aus N-Trimethyl-I mit 96,1%. — Analog: 309 **I**, 564 Phenol u. HCl → 680 **II**-*diphenylester*, 94,3%; 351 N-Trimethyl-I, 276 A. u. HCl → 516 **II**-*diäthylester*, 96,6%. 351 N-Trimethyl-**II**, 444 Butanol u. HCl → 676 **II**-*dibutylester*, 96,3%. — *Herbicide*. (**A. P. 3 062 859** vom 7/3. 1960, ausg. 6/11. 1962.) A. Debo 6313

2228 Upjohn Co., übert. von: Douglas A. Lyttle und Harold G. Petering, Kalamazoo, Mich., V.St.A., **2-Amino-4-[bis-(2'-halogenäthyl)-amino]-pyrimidine.** 2-Amino-4-[bis-(2-hydroxyäthyl)-amino]-pyrimidin, F. 143 bis 145°, hergestellt durch 3½ std. Kochen von 2-Amino-4-chlorpyrimidin u. Diäthanolamin in abs. A., wird mit Dimethylformamid gemischt u. mit $SOCl_2$ in kleinen Portionen versetzt, wobei die Temp. 30° nicht übersteigen darf. Nach ¼ Std. wird Bzl. zugegeben, das auskrist. Rk.-Prod. abgetrennt u. aus einem Gemisch von 250 (ml) abs. A. u. 10 95%ig. A. umkrist. → *2-Amino-4-[bis-(2'-chloräthyl)-amino]-pyrimidinhydrochlorid*, F. 211—213,5°. Analog das entsprechende *Hydrobromid*. — Die Verbb. sind wirksam gegen verschiedene *Hefen u. Pilze*, wie Torula albida, Kloeckera brevis, Microsporum canis, Trichophyton interdigitalis, als *Unkrautvernichtungsmittel* verwendbar u. bewirken *Mutationen* bei Antibiotica bildenden Mikroorganismen. (**A. P. 2 983 727** vom 17/12. 1957, ausg. 9/5. 1961.) C. Lüttgen 6313

2229 Kinjiro Tamari, Kodo, Niigata, und Hokko Chemical Industry Co. Ltd., Tokio, Japan, **Piricularinenthaltende Mittel.** Das Blattwerk der zu behandelnden Pflanzen, bes. *Reispflanzen*, wird mit Lsgg., Emulsionen oder Dispersionen besprüht oder mit Stäubemitteln bestäubt, die 0,1—2 ppm Piricularin u. wenigstens ein Salz des Cu oder Fe enthalten. Die Menge des Metallsalzes soll 1—50 Mol.-Äquivalente, bezogen auf Piricularin, betragen. Geeignete Salze des Cu u. Fe sind die Sulfate, Carbonate, Chloride, Nitrate, Phosphate u. Acetate. Das krist. Piricularin, $C_{21}H_{18}N_2O_3$, Molgew. 346, F. 73,5°, wird aus Kultur-Fll. von *Piricularia oryzae Cavara* gewonnen. Den Mitteln können Netz-, Emulgier-, Dispergier-, oberflächenakt. Mittel, bes. Hexahydroxyäthylennonylphenoläther, Fungicide u. Insekticide zugesetzt werden. Es wird eine *Beschleunigung des Pflanzenwachstums* u. *Bekämpfung von Pflanzenkrankheiten*, die durch schädliche Fungi hervorgerufen werden, bes. „Rice Blast", erreicht. Tabellen mit Vers.-Ergebnissen. (**E. P. 887 347** vom 14/9. 1959, ausg. 17/1. 1962. Jap. Prior. 20/9. 1958.) H. Karst 6313

2230 Rohm & Haas Co., Philadelphia, Pa., V.St.A., **Fungicides Pflanzenschutzmittel,** bestehend aus Zn-, Mn-, Fe- oder Cu-Salzen der Äthylen-bis-dithiocarbaminsäure (I) oder aus Gemischen von wasserfreien Di-Na-, Di-K-, Ca- oder Mg-Salzen der **I** u. einem wasserlösl. Zn-, Fe-, Cu- oder Mn-Salz. (**Ind. P. 75 131** vom 31/1. 1961.) C. Lüttgen 6313

2231 Bönnelyche & Thuröe Aktiebolag, Malmö, Schweden, **Herstellung von löslichen Kupfer- oder Zinkverbindungen des 8-Hydroxychinolins.** Es wird zunächst eine Emulsion, bestehend aus einer wss. Lsg. von Hydroxychinolin, einer organ. Säure mit 8—18 C-Atomen u. NaOH hergestellt u. ein mit W. nicht mischbares Lsgm., z. B. Schwerbenzin, zugesetzt. Diese Mischung wird emulgiert, auf einen pH-Wert von 8—9 eingestellt u. unter Umrühren eine wss. Lsg. von Cu- oder Zn-Sulfat zugesetzt. Nach beendeter Rk. scheidet sich die Emulsion in zwei Phasen ab, von der die ölige Phase, die die lösl. Metallverb. des 8-Hydroxychinolins enthält, abgetrennt wird. — Verw. als *Pflanzenschutzmittel*. (**Dän. P. 90 149** vom 13/12. 1957, ausg. 13/3. 1961. Schwed. Prior. 20/12. 1956.) K. H. Kähler 6313

2232 Phillips Petroleum Co., Del., übert. von: Tyson H. Mailen und Clyde W. Mertz, Bartlesville, Okla., V.St.A., **Insekticid und Fungicid,** bestehend aus Cuproalkylmercaptid der allg. Formel RSCu; R ist ein Alkylrest mit 1—8 C-Atomen, z. B. *Cupromethylmercaptid, Cuprotert.-butylmercaptid, Cuprotert.-octylmercaptid*. (**A. P. 3 008 870** vom 26/3. 1959, ausg. 14/11. 1961.) R. Bauereis 6313

2233 Rhône-Poulenc Soc. An., Paris (Erfinder: Michel Lafont und Michel Thiers, Lyon), Frankreich, **Organoquecksilberverbindungen der allg. Formel I** 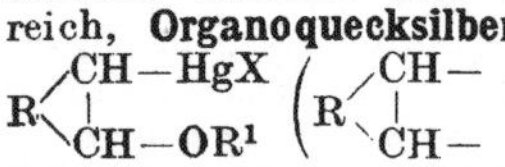 = Ring mit 12 C-Atomen, der in 5,6- oder 9,10- oder gleichzeitig in 5,6- u. 9,10-Stellung eine Doppelbindung, eine Epoxidfunktion oder zwei vicinale Alkoholfunktionen aufweisen kann; X = Halogen, bes. Cl, Br; R^1 = Alkyl mit 1—5 C-Atomen) werden hergestellt durch Rk. von Hg-Salzen, bes. $(CH_3COO)_2Hg$, mit einer Verb. der allg. Formel II 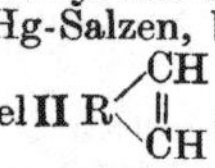 in einem aliphat. Alkohol u. anschließende Behandlung mit Alkalihalogenid. — Zu 63,2 (g) trans.trans–cis-Cyclododecatrien (**III**) in 500 ml CH_3OH gibt man 122 $(CH_3COO)_2Hg$ in 1700 ml CH_3OH, läßt 24 Std. stehen u. filtriert. Man engt das Filtrat auf ¼ des Vol. ein, gibt innerhalb 30 Min. eine Lsg. von 32 NaCl in 20 ml W. zu, läßt 24 Std. stehen u. filtriert → 117 *cis–trans-1-Chlormercuri-2-methoxycyclododecadien-(5.9)*, F. 97,5° (aus CH_3OH). — Analog: 16,2 trans·trans·trans-Cyclododecatrien u. 31,8 $(CH_3COO)_2Hg$ → 27,8 *trans–trans-1-Chlormercuri-2-methoxycyclododecadien-(5.9)*, F. 108° (aus CH_3OH). — 64,8 **III** u. 127,2 $(CH_3 \cdot COO)_2Hg$ → 149 *cis–trans-1-Brommercuri-2-methoxycyclododecadien-(5.9)*, F. 93° (aus A.). — 32,4 **III** u. 63,6 $(CH \cdot COO)_2Hg$ in A. → 26 *cis–trans-1-Chlormercuri-2-äthoxycyclododecadien-(5.9)*, F. 73° (aus Bzl.). — 16,6 Cyclododecen u. 31,8 $(CH_3COO)_2Hg$ in CH_3OH → 29 *1-Chlormercuri-2-methoxycyclododecan*, F. 86° (aus CH_3OH). — 17,8 cis–trans-1.2-Epoxycyclododecadien-(5.9) u. 31,8 $(CH_3COO)_2Hg$ → 21 *1.2-Epoxy-5- (oder 6)-chlormercuri-6-(oder 5)-methoxycyclododecen-(9)*, F. 200° (aus Bzl./A.). — 19,5 Cyclododecadien-(5.9)-diol-(1.2), F. 158° u. 31,8 $(CH_3COO)_2Hg$ → 40 *5-(oder 6)-Chlormercuri-6-(oder 5)-methoxycyclododecen-(9)-diol-(1.2)*, F. 187° (aus Bzl./CH_3OH). — *Fungicide*. (**D. A. S. 1 154 107** Kl. 12o vom 20/2. 1962, ausg. 12/9. 1963. F. Prior. 23/2. 1961.) A. Debo 6313

2234 Farbwerke Hoechst Akt.-Ges., vormals Meister Lucius & Brüning, Frankfurt/M. (Erfinder: Otto Scherer, Bad Soden, und Günther Schneider, Buchschlag), **Mittel zur Bekämpfung von Insekten und Spinnentieren,** dad. gek., daß es Derivv. des Monofluoracetamids (I) der Formel $F—CH_2—CO—NH—CH(OH)—CCl_2—R$, in der R für Cl oder einen Alkylrest mit 1—4 C-Atomen steht, der chloriert sein kann, in Mischung mit festen oder fl. Trägerstoffen, Netz- u. Haftmitteln enthält. Die Wirkstoffe werden durch Rk. von chlorierten Aldehyden mit I hergestellt, worauf man ggf. mit Chlorierungsmitteln, bes. Säurechloriden behandelt. — *Chloral*-**I**, F. 101—102°; *Propylchloral*-**I**, F. 133—134°; *Butylchloral*-**I**, F. 132—133°. (**D. A. S. 1 153 204** Kl. 45l vom 4/5. 1960, ausg. 22/8. 1963.) K. Koebke 6313

2235 George Andrew Olah und Alexes Alexander Oswald, Sarnia, Ontario, Canada, **Amidodifluorarsenite** der allg. Formel $R—AsF_2$ (R = Dialkylamino, Cyclohexylamino, Piperidino; Alkyl enthält 1—5 C-Atome) erhält man durch Rk. von 1 (Mol) AsF_3 mit bes. 2 Dialkylamin, Cyclohexylamin oder Piperidin in Ggw. eines Lsgm. (Bzl., Toluol) bei —80 bis +30° unter HF-Abspaltung. — Aus 0,2 Dimethylamin in 50 ml Toluol u. 0,1 AsF_3 in 150 ml Toluol bei 0—10°, dann bei Raum-Temp. → *N.N-Dimethylamidodifluorarsenit*, $Kp._{40}$ 43—44°; n_D^{20} 1,4461. — Diäthylamin → *N.N-Diäthylamidodifluorarsenit*, $Kp._{20}$ 39—40°; n_D^{20} 1,4857. — Piperidin → *N.N-Pentamethylenamidodifluorarsenit*, $Kp._{10}$ 44—45°; n_D^{20} 1,4920. — Cyclohexylamin → *N-Cyclohexylamidodifluorarsenit*, F. 65—66°. — *N.N-Diamyl-, N-Äthyl-N-methyl-, N.N-Diisopropyl-, N.N-Dibutylamidodifluorarsenit*. — Die Verbb. hydrolysieren in Ggw. von Wasser. — Verw. als *Fungicide, Baktericide* u. *Insekticide*. (**A. P. 3 024 238** vom 13/7. 1959, ausg. 6/3. 1962.) G. Krauß 6313

2236 Badische Anilin- & Soda-Fabrik Akt.-Ges., Ludwigshafen/Rh. (Erfinder: Günther Weiß und Gerhard Schulze, Ludwigshafen/Rh.), **N-disubstituierte Amidosulfinylchloride** der allg. Formel $R_2(R_1){:}N—S\cdot(=O)—Cl$ (R_1 u. R_2 = gleiche oder verschiedene Alkyl-, Cycloalkyl- oder Aralkylreste, ggf. zusammen Teile eines heterocycl. Ringes) erhält man durch Rk. von $SOCl_2$ mit einem sek. Amin der allg. Formel $R_2(R_1){:}NH$ in der Weise, daß man das sek. Amin u. $SOCl_2$ im Mol-Verhältnis 1 : 1 in Ggw. eines gegen $SOCl_2$ inerten Lsgm. kondensiert, das entstehende HCl durch eine äquivalente Menge desselben Amins bindet u. das Verf. bei —35 bis +35° ausführt. — Man leitet z. B. in ein auf 0° gekühltes Gemisch aus 119 (Teilen) $SOCl_2$ u. 400 Methylenchlorid 90 Dimethylamin bei 0° ein, saugt vom Nd. (84 Dimethylaminhydrochlorid) ab, dest. aus dem Filtrat das Lsgm. u. dann aus dem Rückstand bei vermindertem Druck 119 reines *Dimethylamidosulfinylchlorid*, Kp.$_{0,3 Torr}$ 43—45°, 93% (Ausbeute), auf $SOCl_2$ bezogen. Analog erhält man *N-Methyl-N-cyclohexylamidosulfinylchlorid*, gelbliches Öl, 92%, stürm. Zers. beim Erhitzen auf ca. 100° bzw. aus einer Lsg. von $SOCl_2$ in Acetonitril u. Piperidin → *Piperidin-N-sulfinylchlorid*, bräunlich, F. 43° (aus Acetonitril), hygroskop. 92%; analog *Morpholin-N-sulfinylchlorid*, F. 39°, 86%, sämtliche Prodd. in erhöhter Ausbeute. — Herst. von *Schädlingsbekämpfungsmitteln*. (**D. A. S. 1 150 994** Kl. 12q vom 8/3. 1960, ausg. 4/7. 1963.) G. Vogel 6313

2237 American Cyanamid Co., New York, N.Y., (Erfinder: Glentworth Lamb, Stamford, Alfred Finlay Marks, Norwalk, und Ilse Beatrice Frederick, Glenbrook, Conn.), V.St.A., **Fungicide Mittel** zur Anwendung auf lebenden Pflanzen, enthaltend als Wirkstoff ein *Alkylguanidinsalz* der Formel $(H_2N{\cdot}C(NH){\cdot}NHR)_nX$, in der R ein Alkylrest mit 10—16 C-Atomen, n eine ganze Zahl von 1—3 u. X den Rest einer mehrbas. Säure darstellt, bes. das *saure Phthalat* oder das *Borat* des *Dodecylguanidins*. (**Schwz. P. 367 657** vom 13/5. 1958, ausg. 11/4. 1963.) K. Koebke 6313

2238 United States Rubber Co., New York, N.Y., (Erfinder: John Alan Riddell und Bogislav von Schmeling, New Haven, Conn.), V.St.A., **Fungicide und algicide Mittel**, gek. durch den Geh. an einem N-arylsubstituierten Itaconsäureimid (I) als Wirkstoff. Die Wirkstoffe werden in der Weise hergestellt, das man das entsprechende prim. aromat. Monoamin bzw. Phenylendiamin mit Itaconsäureanhydrid umsetzt, um zu den entsprechenden N-Arylitaconamidsäuren bzw. N.N′-Phenylen-bis-itaconamidsäuren zu gelangen, die dann mit Essigsäureanhydrid u. Na-Acetat umgesetzt werden. — *N-Phenyl*-**I**, F. 120—122°, *N-(4-Chlorphenyl)*-**I**, F. 133—135°; *N-(2.6-Dimethylphenyl)*-**I**, F. 129—131°; *N-(4-Methoxyphenyl)*-**I**, F. 113—114°; *N-(3-Nitrophenyl)*-**I**, F. 160°; *N-(2-Nitro-4-tolyl)*-**I**, F. 111—112°, *N.N′-(1.3-Phenylen)-bis*-**I**, F. 210°. (**D. A. S. 1 153 205** Kl. 45l vom 30/1. 1962, ausg. 22/8. 1963.) K. Koebke 6313

2239 Universal Oil Products Co., Des Plaines, übert. von: John P. Luvisi, Park Ridge, Ill., V.St.A., **Herstellung von polyhalogensubstituierten Benzolen** durch Rk. von halogensubstituierten Butadienen oder Cyclopentadienen [bes. Hexachlorbutadien-(1.3), Hexachlor-, -brom- oder -fluorcyclopentadien] mit einem polyhalogensubstituierten Acetaldehyd (Trichlor-, Tribrom- oder Trifluoracetaldehyd) bei 270—325°, bes. 300°, u. 2—100 at, bes. 30—87 at. Beispiele für die Herst. von C_6Cl_6, F. 222°, u. C_6Br_6, F. 316°. — *Fungicide, Insekticide*. (**A. P. 2 929 851** vom 26/6. 1958, ausg. 22/3. 1960.) W. Gräger 6313

2240 California Research Corp., San Francisco, übert. von: Gustave K. Kohn, Berkeley, Calif., V.St.A., **Pflanzenschutzmittel** mit fungicider u. bactericider Wrkg., enthaltend als Wirkstoff *1-Chlor-2.4.6-trinitrobenzol* (I), F. 79—82°. Die Mittel besitzen geringe Phytotoxizität u. können auf dem Boden u. auf den Blättern oder auf Saatgut zur Anwendung kommen. I wird hergestellt durch Einw. von POCl auf Pyridinpikrat. (**A. P. 3 062 706** vom 17/10. 1956, ausg. 6/11. 1962.) K. Koebke 6313

2241 M. F. Subow und M. A. Morosowa, **Kombiniertes Fungicid-Acaricid** aus 20 (%) *Dinitrorhodanbenzol*, 70 *koll. S* u. 10 *Alkalisulfit*. (**UdSSR. P. 129 428** vom 22/9. 1959.) L. Großner 6313

2242 Diamond Alkali Co., Cleveland, Ohio, V.St.A., (Erfinder: Irving Rosen), **Rhodanalkylsubstituierte Benzolderivate** werden hergestellt durch Rk. eines Metall- oder Ammoniumrhodanids mit dem entsprechenden Halogenalkylbenzol. — 28,4 (g) NaSCN in 175 ml Methyläthylketon u. 31 2-Chlor-p-xylylendichlorid kocht man 3½ Std. unter Rückfluß, gießt in 1 Liter W. u. filtriert → 30 *2-Chlor-p-xylylendirhodanid*, $C_{10}H_7ClN_2S_2$, F. 108—109° (aus Isopropanol). — Analog: *Tetramethyl-3.6-di-(rhodanmethyl)-benzol*, $C_{14}H_{16}N_2S_2$, F. 199—201° (aus Xylol); *Tetrachlor-1.4-di-(rhodanmethyl)-benzol*, $C_{10}H_4Cl_4N_2S_2$, F. 264—267°; *2.5-Dichlor-p-xylylendirhodanid*, $C_{10}H_6Cl_2N_2S_2$, F. 202—203° (aus Toluol); *4-Chlor-m-xylylendirhodanid*, $C_{10}H_7ClN_2S_2$, F. 72 bis 74° (aus A.); *2-Chlorbenzylrhodanid*, C_8H_6ClNS, Kp.$_{0,6}$ 109 bis 110°; *2.6-Dichlorbenzylrhodanid*, $C_8H_5Cl_2NS$, Kp.$_{0,5}$ 120°; *2.4-Dichlorbenzylrhodanid*, $C_8H_5Cl_2NS$, F. 56—57° (aus A./W.). — Unter Verw. der Rhodanide von Li, Na, K, Ca u. NH_4 werden folgende *Xylylendirhodanide* erhalten: *2-Brom-p-*; *2-Jod-p-*; *2.5-Dibrom-p-*; *2.3.5-Trichlor-p-*; *4-Brom-m-*; *4-Jod-m-*; *4.6-Dichlor-m-*; *2.4.6-Trichlor-m-*; *2-Chlor-m-*; *4-Chlor-o-*; *3.4.6-Trichlor-o-*; sowie: *4-Chlor-2.5-di-(rhodanmethyl)-toluol*; *3.6-Dichlor-2.5-di-(rhodanäthyl)-p-xylol*; *3.6-Dibrom-2.5-di-(rhodanäthyl)-p-xylol*; *3.6-Dichlor-2.5-di-(rhodanmethyl)-toluol*; *2-Chlor-1.4-di-(2′-rhodanäthyl)-benzol*; *5-Chlor-1.3-di-(1′-rhodanpropyl)-benzol*; *1.4-Dichlor-2-(1′-rhodanäthyl)-5-rhodanmethylbenzol*; *4-Chlor-5-(1′-rhodanäthyl)-2-rhodanmethyltoluol* — *Pesticide*, Zubereitungen u. Wrkg. gegen *Epilachua varivestis*, *Blatella germanica*, *Alternaria oleracea*, *Monilinia fructicola*, *Panagrellus redivivus*, *Meloidogyne*, *Alternaria solani* u. *Phytophthora infestans* sind angegeben. (**E. P. 907 807** vom 26/11. 1959, ausg. 10/10. 1962. A. Prior. 28/11. 1958.) A. Debo 6313

2243 Dow Chemical Co. (Erfinder: Dale Norman Robertson), Midland, Mich., V.St.A., **Herstellung von α-Arylnitroäthylen** der Formel $R-CH{=}C(Ar)-NO_2$ (R = aromat. Rest. von Benzol, Naphthalin, Thiophen oder Furan, Ar = ggf. durch Halogen, Alkyl-, Alkoxy- oder Nitrogruppen substituierter Phenylrest) durch Rk. einer Schiffschen Base $R-CH{=}NR^1$ (R^1 = C_{3-6}-Alkyl) — hergestellt durch Kondens. eines cycl. Aldehyds RCHO mit einem prim. Amin R^1NH_2 — mit einem Arylnitromethan $ArCH_2NO_2$ in Ggw. einer mindestens äquimol. Menge einer aliphat. C_{1-6}, bes. C_{1-4}-Säure, bes. Essigsäure, die im wesentlichen wasserfrei ist, bei 20—150°, bes. 20—40° während mindestens 5 Min., zweckmäßig in Ggw. eines mit W. nicht mischbaren Lsgm. (Bzl., Toluol, Cyclohexan, Octan, Xylol). Man erhält so: *N-Benzyliden-n-butylamin*, n_D^{25} 1,5236, → *α-Nitrostilben*, F. 73,5—74° (A.); *2-(β-Nitrostyryl)-thiophen*, F. 126,5—127° (A.); *N-(2-Furfuryliden)-n-butylamin*, Kp.$_{10}$ 80—87°, → *2-(β-Nitrostyryl)-furan*, F. 87,5—88°; *2-(2-Chlor-β-nitrostyryl)-furan*, F. 103—104°; *α.4′-Dinitrostilben*, F. 159,3—159,8° (A.); *α.3′-Isomer*, F. 112,8—113,8° (A./Dioxan); *2-Methoxy-α′-nitrostilben*, F. 117—118° (A.). — Verw. zur *Schädlingsbekämpfung*. (**E. P. 860 324** vom 16/2. 1959, ausg. 1/2. 1961.) W. Gräger 6313

2244 Badische Anilin- & Soda-Fabrik Akt.-Ges., Ludwigshafen/Rh. (Erfinder: Harry Distler, Gerhard Leibner, Klaus Jürgen Fust, Ernst-Heinrich Pommer, Ludwigshafen/Rh., und Herbert Stummeyer, Mannheim), **Fungicide Mittel**, gek. durch einen Geh. an Verbb. der Formel $R_1R_2NCH_2CH_2SO_2OR$, in der R_1 gleich oder verschieden von R_2 ist u. R_1 u. R_2 je eine ggf. durch eine OH- oder SO_2-Phenyl-Gruppe substituierte Alkylgruppe oder eine Cycloalkylgruppe u. R einen ggf. durch Alkyoder Cl-Gruppen substituierten Arylrest oder einen Tetrahydronaphthylrest bedeuten. Man erhält die Wirkstoffe durch Addition von NH_3 bzw. Aminen an α.β-ungesätt. Sulfonsäureester. — *1-N-Di-(β-hydroxyäthyl)-aminoäthan-2-sulfonsäure*-(**I**)-*2′.4′-Dichlorphenylester*, F. 68°; **I**-*2′.4′.6′-Trichlorphenylester*, F. 112—113°; *1-N-Dimethylaminoäthan-2-sulfonsäure* (**II**) *2′.4′.5′-Trichlorphenylester*, F. 72°; **II**-*2′.3′.4′.5′.6′-Pentachlorphenylester*, F. 134—138°. (**D. A. S. 1 151 149** Kl. 45 l vom 20/5. 1961, ausg. 4/7. 1963.) K. Koebke 6313

2245 Farbenfabriken Bayer Akt.-Ges., Leverkusen (Erfinder: Bernhard Homeyer, Opladen, Engelbert Kühle, Köln, und Hugo Malz, Leverkusen), **Nematodenbekämpfungsmittel**, enthaltend als Wirkstoff Isocyaniddihalogenide der allg. Formel $Ar-N{=}C(X)_2$, in welcher Ar einen ggf. durch Cl, auch zusammen mit CH_3, oder Br, NO_2 oder den Rest N=CXX substituierten aromat. Rest darstellt u. XCl oder Br bedeutet. (**D. A. S. 1 147 797** Kl. 451 vom 30/5. 1961, ausg. 25/4. 1963.) K. Koebke 6313

2246 Nederlandse Organisatie voor Toegepast-Natuurwetenschappelijk Onderzoek ten Behoeve van Nijverheid, Handel en Verkeer, Den Haag (Erfinder: Jan van Leeuwen, Schiedam), Niederlande, **Herstellung von 2.3-Dihalogenpropenen-(1)**, dad. gek., daß man Propadien mit einem Halogen (Cl_2 oder Br_2) in der Gasphase bei erhöhter Temp. zur Rk. bringt, zweckmäßig in Ggw. eines inerten Verdünnungsgases (N_2). Bei Verw. von Cl_2 bei 360—600° während 0,5—2,0 Sek. → *2.3-Dichlorpropan-(1)* u. bei Verw. von Br_2 bei 200—550° während 0,1 bis

10 Sek. → *2.3-Dibrompropen-(1).* — *Schädlingsbekämpfungsmittel,* bes. gegen *Nematoden.* — 2 Tabellen. (**D. A. S. 1 142 357** Kl. 12o vom 16/8. 1961, ausg. 17/1. 1963. E. Prior. 23/8. 1960 u. 9/1. 1961. **E. P. 908 219** vom 23/8. 1960, ausg. 17/10. 1962.) W. Gräger 6313

2247 Hooker Chemical Corp., übert. von: Edward D. Weil, Niagara Falls, N.Y., V.St.A., **2.2.3.4.5.5-Hexachlor-3-cyclopentenon und 2.3.4.4.5.5-Hexachlor-2-cyclopentenon,** F. 92° bzw. 28°, erhält man in Ausbeuten bis zu 35 bzw. 25% durch Einleiten von O_2 in Hexachlorcyclopentadien, Oktachlorcyclopenten oder deren Mischungen, ggf. in Verdünnung mit anderen inerten Gasen (N_2) bei 40 bis 300°, bes. 100—200°, bei normalen oder erhöhten Drücken bis zu 200 lbs./sq.in., ggf. in Ggw. von Katalysatoren, wie UV-Licht, Cl_2, Aktivkohle, Peroxide u. partiell oxydiertes Ausgangsmaterial, u. Dest. der rohen Oxydationsmischung, z. B. bei $Kp._{15}$ 111—120°. — *Insekticide* u. *Fungicide.* (**A. P. 2 996 548** vom 3/3. 1958, ausg. 15/8. 1961.) R. Hauß 6313

2248 Harold Newby, London, England, **Halogene enthaltende polycyclische Epoxide** erhält man bei der Rk. eines ungesätt. 1.2-Epoxids mit einem konjugierten cycl. Dien bei 50—250° u. normalem bis ca. 100 at reichendem Druck oder mehr, ggf. in Ggw. von Lsgm., wie aromat. oder alkylierte aromat. Verbindungen. — Cyclopentadien u. Butadienmonoxid werden unter einem N_2-Druck von 50 at $4\frac{1}{2}$ Std. auf 150 bis 190° erhitzt. Man fraktioniert das Rk.-Prod., wobei als 1. Fraktion beim $Kp._{10}$ 69—70° *5-[Epoxyäthyl]-bicyclo-[2.2.1]-2-hepten,* $C_9H_{12}O$, als 2. Fraktion beim $Kp._3$ 117—121°, $C_{14}H_{18}O$, u. als 3. Fraktion bei $Kp._3$ 165—180°, $C_{19}H_{24}O$, F. ca. 105°, erhalten werden. Werden 10 g der 1. Fraktion mit 20 g Hexachlorcyclopentadien u. Toluol bei 124° unter Rückfluß 14 Std. erhitzt, erhält man das Addukt *2-(Epoxiäthyl)-5.6.7.8.9.9-hexachlor-1.2.3.4.4a.5.8.8a-oktahydro-1.4.5.8-dimethanonaphthalin,* $C_{14}H_{12}Cl_6O$, Kp. 403—406°. — Analog können hergestellt werden: „*-5.6.7.8.9.9-hexachlor-1.2.3.4.4a.-5.8.8a-oktahydro-1.4.5.8-dimethanonaphthalin*"; *2-(1.2-Epoxipropyl)-*, *2-(1.2-Epoxibutyl)-*, *2-(1.2-Epoxipropyl)-3-methyl-*, *2-(1.2-Epoxi-2-methylpropyl)-*, *2-(1.2-Epoxicyclohexyl)-* u. *1.2-Epoxi-5.6.7.8.9.9-hexachlor-1.2.3.4.4a.5.8.8a.9.9a.10.10a-dodekahydro-5.8.9.10-dimethananthracen.* — *Insekticide, Miticide.* (**E. P. 860 334** vom 4/5. 1959, ausg. 1/2. 1961.) G. König 6313

2249 Farbwerke Hoechst Akt.-Ges., vormals Meister Lucius & Brüning (Erfinder: Heinz Frensch, Wilhelm Staudermann und Walter Finkenbrink), **Mittel gegen Ektoparasiten und tierische, in Lagerhäusern vorkommende Schädlinge,** enthaltend 5-Brom- oder 5-Jod-methylhexachlorbicyclo-[2.2.1]-hepten-(2). (**Aust. P. 236 566** vom 11/3. 1959, ausg. 21/12. 1961.) C. Lüttgen 6313

2250 Montecatini Soc. Gen. per l'Industria Mineraria e Chimica, übert. von: Giuseppe Losco und Cesare Augusto Peri, Mailand, Italien, **Schädlingsbekämpfungsmittel,** enthaltend als Wirkstoff einen Phosphorsäureester der allg. Formel $(RO)_2P(X)-S-CH(R')-COO-C(CH_3)(R'')-C{\equiv}CH$, worin R = Äthyl, R' = H oder Phenyl, R'' = CH_3 oder C_2H_5 u. X = O oder S bedeutet, bes. den *O.O-Diäthyldithiophosphorylessigsäureester des 3-Methylbutin-(1)-ol-(3),* $Kp._{0,4}$ 129—134°, oder des *3-Methylpentin-(1)-ol-(3),* $Kp._{0,1}$ 132—134°. (**A. P. 3 024 162** vom 4/10. 1960, ausg. 6/3. 1962. It. Prior. 7/10. 1959.) W. Heyer 6313

2251 Badische Anilin- & Soda-Fabrik Akt.-Ges., Ludwigshafen/Rh. (Erfinder: Heinz Pohlemann, Limburgerhof, Heiner Dickhäuser, Ludwigshafen/Rh., und Richard Schring, Ingelheim), **O.O-Dialkyldithiophosphorylessigsäureester** der allg. Formel $[R^1O(R^2O)P(S)-SCH_2COO]_2R_3$ (R^1, R^2 = Alkyl; R^3 = gerader oder verzweigter Alkylenrest) werden hergestellt durch Rk. von O.O-Dialkyldithiophosphorylessigsäuren mit den entsprechenden Diolen. — Zu 870 (Teilen) 36,3%ig. $(CH_3O)_2P(S)SH$ in Toluol gibt man 400 20%ig. wss. NaOH u. erwärmt die wss. Lsg. mit 225 $ClCH_2COOH$ in 250 Bzl., rührt 2 Std. bei 50° nach, gibt nach Erkalten 250 Bzl. zu, trennt die organ. Phase ab u. wäscht sie mit Wasser. Dann kocht man unter Wasserabscheidung mit 500 Bzl., 68 Äthylenglykol u. 5 konz. H_2SO_4. Man kühlt, wäscht mit wss. $NaHCO_3$ u. dest. → 392 $[(CH_3O)_2\cdot P(S)SCH_2COO]_2CH_2CH_2$, Öl, n_D^{20} 1,5390. — *Zwischenprodd.* für *Pflanzenschutzmittel.* (**D. A. S. 1 154 095** Kl. 12o vom 23/12. 1961, ausg. 12/9. 1963.) A. Debo 6313

2252 **Amchem Products, Inc.,** Ambler (Erfinder: **Robert Henderson Beatty,** Philadelphia), Pa., V.St.A., *Umwandlung zweijährig fruchttragender Obstbäume, insbesondere Apfelbäume, in einjährig fruchttragende.* (**D. A. S. 1 146 693** Kl. 451 von 4/8. 1959, ausg. 4/4. 1963. A. Prior. 15/9. 1958. — C. **1963,** 22879 [A. P. 2 978 838].)

2253 **Stauffer Chemical Co.,** V.St.A., *Herstellung von Herbiciden.* (**F. P. 74 319** vom 23/10. 1958, ausg. 8/3. 1961. Zusatz zu F. P. 1 171 404; C. **1962,** 9870. — C. **1961,** 2419 [D. A. S. 1 082 452].)

2254 **Badische Anilin- & Soda-Fabrik Akt-Ges.,** Ludwigshafen/Rh. (Erfinder: **Adolf Fischer,** Mutterstadt, **Karl-Heinz Koenig, Horst Pommer,** Ludwigshafen/Rh., und **Herbert Stummeyer,** Mannheim), *Herbicide Mittel.* (**E. P. 912 408** vom 19/4. 1961, ausg. 5/12. 1962. D. Prior. 22/4. 1960. — C. **1962,** 15741 [D. A. S. 1 114 058].)

2255 **Amchem Products, Inc.,** Ambler, Pa., V.St.A., *Herstellung von 3-Amino-2.5-dichlorbenzoesäure.* (**Ind. P. 69 609** vom 6/11. 1959, ausg. 18/7. 1962. Can. Prior. 18/8. 1959. — C. **1963,** 6762 [E. P. 871 232].)

2256 **N. V. Philip's Gloeilampenfabrieken,** Eindhoven, Niederlande, *Herstellung von Aminotriazolderivaten.* (**F. P. 1 205 582** vom 25/4. 1958, ausg. 3/2. 1960. **Belg. P. 567 166** vom 26/4. 1958, ausg. 12/8. 1960. Beide Niederl. Prior. 27/4. 1957 u. 15/2. 1958. — C. **1963,** 5187 [Aust. P. 230 960].)

2257 **Montecatini Soc. Gen. per l'Industria Mineraria e Chimica,** Mailand, Italien, *Herstellung von O.O-Dimethyldithiophosphorylessigsäure-N-äthylamid.* (**Ind. P. 67 471** vom 25/4. 1959, ausg. 14/11. 1961. — C. **1963,** 11018 [Ung. P. 149 446].)

2258 **California Spray-Chemical Corp.** (Erfinder: **Joseph Nils Ospenson** und **Gustave Runy Kohn**), *Dimethyl-1.2-dibrom-2.2-dichloräthylphosphate.* (**Aust. P. 238 577** vom 18/12. 1959, ausg. 31/5. 1962. — C. **1962,** 2881 [F. P. 1 215 219].)

2259 **Farbenfabriken Bayer Akt.-Ges.,** Leverkusen, übert. von: **Ernst Schegk** und **Gerhard Schrader,** Wuppertal, *Ester von Thiosäuren des Phosphors.* (**A. P. 3 056 825** vom 3/2. 1959, ausg. 2/10. 1962. D. Prior. 12/2. 1958. — C. **1961,** 5228 [D. A. S. 1 089 376].)

2260 **Sandoz Akt.-Ges.** (Erfinder: **Jean Pierre Leber** und **Karl Lutz**), Basel, Schweiz, *Thiophosphorsäureester.* (**Schwz. P. 368 793** vom 4/6. 1958, ausg. 15/6. 1963. — C. **1963,** 7502 [D. A. S. 1 116 217].)

2261 **Farbenfabriken Bayer Akt.-Ges.,** Leverkusen, *Dithiophosphonsäureester.* (**E. P. 912 747** vom 5/9. 1960, ausg. 12/12. 1962. D. Prior. 15/9. 1959. — C. **1961,** 16252 [D. A. S. 1 101 417].)

H_8. Metallurgie, Korrosion

2262 **Der französische Bauxit.** V. Vidal. (Rev. Ind. minérale **45,** 165—90, **1963**; Saint-Étienne, Éc. Nat. Sup. des Mines; franz.) — Eine Lagerstättenbilanz über Vorräte, Erz-Konz. u. Förderung der Bauxiterzgruben Südfrankreichs. Nach den im Anhang wiedergegebenen Produktionsmengen der Länder der Welt steht Frankreich mit etwas mehr als 2 Millionen t/Jahr an 5. Stelle. R. Kaiser 6354◇

2263 **Technologie und wirtschaftliche Fragen, betreffend die Hilfsquellen für Metalle der Seltenen Erden und Thorium in Colorado, New Mexico und Wyoming.** Francis J. Kelly. (U.S. Dep. Interior, Bur. Mines, Inform. Circ. **1962,** Nr. 8124, 1—38; Denver, Colo., Bur. of Mines, Div. of Mineral Resources, Region III; engl.) — Der eingeführte *Monazit* mit seinem verhältnismäßig hohen Geh. an *Th* u. *Seltenen Erden* (*SE*) beherrscht den Markt. Will man für die in der Überschrift genannten Vorkk., die genauer umrissen werden, Absatz finden, so erfordert dies technolog. Vorteile bei der Herst. u. eine größere Nachfrage nach SE-Metallen u. Th. Vor Beginn einer Förderung müßten zuverlässige Unterlagen für Förderung u. Weiterverarbeitung der Erze sowie für den Absatz der gewonnenen Metalle festliegen. Im laufenden Jahrzehnt wird keine Inangriffnahme des Vork. erwartet. — 42 Literaturangaben. F. Hochstetter 6354◇

2264 **Die graphische Darstellung der Anreicherung eines Erzes durch die Schwerkraft.** Pierre Blazy und Amaury De Maistre. (C. R. hebd. Séances Acad. Sci. **256,** 3286—89, 1963; Nancy, Fac. de Sci., Labor. de l'Éc. Nat. Sup. de Géol. appl. et de Prospect. minière; franz.) — Die angeführte Meth. erlaubt die Best. der Gleichgewichts- u. chem. Charakteristika bei der Anreicherung durch einfaches Ablesen. Die Ergebnisse werden mit Unterss. bei der Trennung von Baryt in der Humphrey-Spirale verglichen. J. Heinze 6360◇

2265 **Entstauben und Klassieren von Mineralen im Feinkornbereich mit Separatoren des Corona-Typs.** I. N. Plaksin und N. F. Olofinsky. (Bull. Instn. Mining Metallurgy Nr. **658,** Trans. **70,** 742—44, 1961; engl.) — Diskussion zu der C. **1961,** 13698 referierten Arbeit. — Ein Druckfehler bei der mathemat. Darlegung wird berichtigt. J. Heinze 6360◇

2266 **Reaktion von Beryll mit Natriumfluoronitrat und deren Anwendung auf die Extraktion.** K. R. Hyde, P. L. Robinson, M. J. Waterman und J. M. Waters. (Bull. Instn. Mining Metallurgy Nr. **563,** Trans. **70,** 397—406; Diskussion **656,** Trans. **70,** 605—13, 1960; Harwell, U.K. Atomic Energy Authority Res. Establ.; engl.) — Die Rk. von Beryll mit Na-Fluorosilicat (I) u. die bei der Zers. auftretenden Verbb. *NaF* u. *SiF₄* wurden untersucht. I ist in der Hauptsache für die Freisetzung von wasserlösl. Be-Verbb. verantwortlich u. reagiert mit der Oberfläche des Berylls sehr schnell. •Die unmittelbar auftretenden Prodd. sind ein lösl. *Na-Fluoroberyllat-Glas, Kryolith* u. *α-Cristobalit*. Längeres Erhitzen ist erforderlich, um die Zers. des Restes der Berylllteilchen sicherzustellen. Der Anstieg im NaF-Geh. führt zum Auftreten von *Albit*. Noch längeres Erhitzen bringt eine Rk. zwischen Kryolith u. α-Christobalit u. bildet eine zweite Quelle für die Herst. von Albit. Es zeigte sich, daß Albit während seiner Bldg. Be-Ionen einlagert u. daß dies der Grund ist für die Abnahme an wasserlösl. Be-Salz mit zunehmender Erhitzungsdauer. Das Rk.-Schema ist in Gleichungen dargestellt. O. Miessgang 6360◇

2267 **Entwicklungstendenzen bei der Herstellung basischer feuerfester Erzeugnisse in Ungarn.** Hans Sövegjártó. (Neue Hütte **8**, 677—79, 1963; Budapest; dt.) — Überblick. M. Gehlen-Keller 6370◇

2268 **Einige Probleme der Verwendung von feuerfesten Materialien für Induktionsschmelzöfen in Gießereien.** Břetislav Sochor und Karel Hrubý. (Slévárenství **10**, 443—46, 1962; Brno, Stát. výzk. ústav materiálu a technologie, slévárenský výzk.; tschech.) — Zusammenfassung der hauptsächlichen Probleme (Wärmeabfall, plötzliche Temp.-Änderungen, Einfl. des fl. Metalls u. mechan. Eigg.) mit Beschreibung der Eigg. von Ausmauerungen auf der Grundlage von Quarzit, Al_2O_3, MgO, Aluminosilicaten u. Oxiden seltener Metalle. Vff. befürworten eine engere Zusammenarbeit des Metallurgen mit dem Keramiker. — 19 Literaturangaben. J. Tůmová 6370◇

2269 **Gewölbehaltbarkeiten von ölbeheizten 200-t-Siemens-Martin-Öfen bei Betrieb mit Erdgas-Hochdruck-Zerstäubung.** Albert Harnisch, Hans-Josef Döllekes und Friedhelm Hillebrand. (Stahl und Eisen **83**, 789—804, 1963; Georgsmarienhütte; dt. u. engl.) — Die Verbesserung der Gewölbehaltbarkeit von 200-t-SM-Kippöfen wird durch die Steingüte, die Einführung einer Erdgas-Hochdruckzerstäubung von Öl zur Beheizung u. die Verbesserung der Gewölbebauweise erzielt. — Diskussion. H. Hochstein 6370◇

2270 **Untersuchung in einem Sonnenofen bei hoher Temperatur** 3. Mitt. **Vakuumschmelzen von Metalloxiden.** Tetsuo Noguchi, Masao Mizuno, Noboru Nakayama und Hiroshi Hayashi. (Rep. Government ind. Res. Inst. Nagoya **10**, 571—79, 1961; jap., Auszug: engl.) — 2. vgl. Rep. Government ind. Res. Inst. Nagoya **8**, [1959], 467. — Ein zum Untersuchen von Oxiden bei hoher Temp. im Vakuum dienender Sonnenofen wird beschrieben u. zum Schmelzen von Al_2O_3, *CaO*, *MgO* u. ZrO_2 (in Luft oder im Vakuum) angewandt. Beim Schmelzen von Al_2O_3 im Vakuum werden Verunreinigungen, wie MgO, Na_2O u. K_2O, eliminiert. W. Wesly 6370◇

2271 **Über die Problematik des Windströmens in Kupolöfen.** Ivan Pavlík und Jan Sláma. (Slévárenství **10**, 432—37, 1962; Brno, Stát. výzk. ústav materiálu a technologie, slévárenský výzkum; tschech.) — Unterss. des Windstroms in einem Modellkupolofen zeigen, daß der Druckverlust der Strömungs-Geschw., der Stückgröße des Kokses u. der Kokshöhe proportional ist, wobei die Druckverluste gleichmäßig in der Säule verteilt sind. Die Strömungs-Geschw. im Querschnitt wird durch die zufällige Kokslage bestimmt, aber nicht von der Düsenanzahl oder deren Durchmesser beeinflußt. Durch äußeren Eingriff kann demnach der Charakter der Strömungsverteilung im Schacht nicht korr. werden. J. Tůmová 6370◇

2272 **Der Einfluß der Basizität auf die Kinetik der Reduktion von mit Zuschlägen versetztem Agglomerat durch Wasserstoff.** P. N. Osstrik und Ss. T. Rosstowzew. (Hochschulnachr. [Moskau], Eisenmetallurgie **5**, Nr. 1, 5—13, 1962; Dnepropetrowsk, Metallurg. Inst.; russ.) — Unterss. der Rk.-Kinetik für die H_2-Red. von verschiedenen Agglomerattypen bei 600—800° lassen charakterist. Einfl. zwischen Basizität des Agglomerats (CaO/SiO_2-Verhältnisse = 0,7 bis 2,0), Red.-Grad u. Red.-Temp. erkennen. Bei Temp. um 600° ändert sich die Red.-Geschw. mit wachsender Basizität nur wenig, während bei höheren Temp. eine verstärkte Basizität den Red.-Grad allg. verbessert. W.-D. Heußner 6380◇

2273 **Physikochemische Untersuchungen von indischen Bentoniten.** W. Patterson, D. Boenisch und S. S. Khanna. (Mitt. Giesserei-Inst. rhein-westfäl. Techn. Hochschule Aachen **13**, Nr. 15, 1—9, 1961; engl.) — Unters. des Einfl. verschiedener Faktoren auf das Verh. von mit ind. Bentoniten gebundenen Formsanden. Die Naßfestigkeiten sind niedriger als die von mit europäischen Bentoniten erzielten Werte bei gleichen Geh. an *Montmorillonit*. Eine größere Neigung zur Schülpen-Bldg. wurde bei Verw. von ind. Bentoniten festgestellt. Die Werte der Methylenblauprobe waren niedriger als auf Grund der Röntgenprüfung zu erwarten war. Deshalb ist es nicht möglich, die Eignung des Bentonits für Gießereizwecke an Hand des Montmorillonit-Geh. zu beurteilen. Bis jetzt gibt es noch kein Verf., die Eigg. von ind. Bentoniten zu verbessern. Zur Erzielung guter Werte wird angeregt, etwas mehr Lehm zuzusetzen, bis zur Grenze der Verarbeitbarkeit. K. Hillinger 6382◇

2274 **Messen und Regelung der Feuchtigkeit in Gießereiformsandmischungen.** František Ecler. (Slévárenstvi **10**, 430—32, 1962; Brno, Závody V. I. Lenina-Výzk. slévåren. strojů; tschech.) — Erläuterung der Problematik der Feuchtigkeitsmessung von Formmischungen mit einer Übersicht der Meth. u. Einrichtungen (Messung der DK u. des Verlustwinkels im elektr. oder magnet. Feld hoher Frequenz — 100 kHz bis 20 MHz — oder der Leistungsabsorption im Feld sehr hoher Frequenz von $\lambda \cong 3$ cm). J. Tůmová 6382◇

2275 **Gebräuchliche Ölsande in der Gießerei.** W. B. Parkes. (B. C. I. R. A. Journal 10, 692—724, 1962; engl.) — Unters. des Einfl. der Zus. von Ölsanden für die Herst. von Kernen auf deren Eigg. u. die sich hieraus ergebenden Folgerungen für die Praxis. K. Hillinger 6382◇

2276 **Formgebung durch Gießen.** W. Patterson. (Jb. schiffbautechn. Ges. **53**, 323—37, 1959, Sep.; Aachen, TH; dt.) — Gießen, das älteste Formgebungs-Verf., ist auf Grund seiner Freizügigkeit in der Gestaltgebung, wie an Hand zahlreicher Abb. gezeigt wird, zur Herst. der verschiedenartigsten Werkstücke geeignet, die in der modernen Technik, bes. im Schiffbau, verwendet werden. Vgl. mit anderen Formgebungs-Verff., wie Schweißen, wird angestellt. Auf die erforderliche Zusammenarbeit zwischen Gießer u. Konstrukteur wird hingewiesen. — Diskussion. K. Hillinger 6382◇

2277 **Bewertung von Stählen vom Standpunkt der Gießereieigenschaften.** Alois Šustek u. Stanislav Šimoník. (Slévárensví **10**, 455—58, 1962; Brno, Stát. výzk. ústav materiálu a technologie, slevárenský výzk.; tschech.) — Überblick über die Kriterien für die Bewertung von Metallen vom Standpunkt der Gießerei; zu diesen zählen das Auslaufen des Metalls, die lineare u. kub. Schwindung, die Bldg. von Rissen u. von Kaltguß. Auf Grund der angeführten Labor.-Prüfungen kann zur Verringerung von Fehlgüssen die Form u. das Metall aufeinander abgestimmt werden. J. Tůmová 6382◇

2278 **Beseitigung der Sandkrustenbildung bei Stahlgußstücken.** František Havlíček, Jiří Saip und Josef Gajdušek. (Slévárenství **10**, 459—62, 1962; Ostrava-Vítkovice, Vítkovické železárny K. Gottwalda; tschech.) — Vff. teilen die angebackenen Sandkrusten je nach der Stärke in drei Klassen. Zur Verhütung der Sandkrusten-Bldg. wird die Anwendung von *Chrommagnesit*-Gemischen für die Formen-Herst. oder wenigstens Belegen von hoch warmbeanspruchten Teilen oder Kernen sowie das Kühlen der Kerne durch Durchblasen oder Absaugen von Luft empfohlen. Der Vorteil der Sandkrustenverhütungs-Meth. wird an Beispielen erläutert. J. Tůmová 6382◇

2279 **Die Löslichkeit von Wasserstoff in den flüssigen reinen Metallen Co, Cr, Cu und Ni.** M. Weinstein und J. F. Elliott. (Trans. metallurg. Soc. AIME **227**, 285—86, 1963; Cambridge, Mass., Massachusetts Inst. of Technol.; engl.) — Die H-Löslichkeit bei 1 atm Druck in den reinen schmelzfl. Metallen beträgt für Cr (1903 ± 10°) [in ppm] 64, für Co (1600°) 21,7, für Cu (1083°) 4,88, für Fe (1600°) 24,72 u. für Ni (1600°) 40,7. H. Hochstein 6388◇

2280 **Methoden und Ergebnisse der Texturforschung.** G. Wassermann. (Metall **17**, 394—99, 1963; Clausthal-Zellerfeld; dt.) — Am Beispiel von *Fe–Ni-* u. *Fe–Si*-Legg. werden die Best. von Texturen, ihre Entstehung u. die theoret. Zusammenhänge erläutert. F. Vier 6388◇

2281 **Angenäherte Berechnung der Änderung der Stickstoff-Löslichkeit in geschmolzenen Eisen-Legierungen in Abhängigkeit von der Temperatur.** E. C. Nelson. (Trans. metallurg. Soc. AIME **227,** 189—91, 1963; Tonawanda, N.Y., Union Carbide Corp.; engl.) — Die Löslichkeit von N in Fe-Legg. in Abhängigkeit von der Temp. u. dem Leg.-Geh. kann annähernd aus den Einfl. der individuellen Leg.-Elemente auf den Aktivitäts-Koeff. von N in Fe bei 1600° berechnet werden. Zus., in denen Leg.-Zusätze die N-Löslichkeit viel über derjenigen in reinem Fe erhöhen, zeigen mit zunehmender Temp. eine abnehmende Löslichkeit. Die Abnahme ist um so stärker ausgeprägt, je größer die N-Löslichkeit bei 1600° ist. Legg., in denen die N-Löslichkeit geringer als die von reinem Fe ist, zeigen eine steigende Löslichkeit mit zunehmender Temperatur. H. Hochstein 6390◇

2282 **Betriebserfahrungen mit Schmelzen von Gußeisen im basischen Kupolofen.** Vladimír Skopal. (Slévárenství **10,** 330—41, 1962; Olomouc, n.p. Sigma, Železárny P. Bezruče; tschech.) — Während des zweijährigen Betriebes des bas. Kupolofens (∅ 900 mm) wurden sehr gute Erfahrungen gemacht. Bes. der *S*-Geh. kann unter 0,1% gehalten werden, u. bei den 200 kg schweren Pumpenkammern wird eine durchschnittliche Festigkeit von 26—29 kg/mm² erzielt. — Die Stärke der Ausmauerung beträgt 30 cm, u. die Magnesitziegel werden mit $MgCl_2$ + MgO gekittet u. nach 12—15 Schmelzen ausgebessert. J. Tůmová 6402◇

2283 **Der Einfluß von Gasen auf die Struktur von Gußeisen.** I. W. Kusmin, W. P. Tschernobrowkin und A. A. Ananjin. (Hochschulnachr. [Moskau], Eisenmetallurgie **6,** 161—67, 1963; Uraler Abt. der Akad. der Wiss. der UdSSR; russ.) — Ein Schmelzen von Gußeisen unter Vakuum bewirkt eine Entgasung u. Entschwefelung des Gußeisens, wobei seine Struktur aus der perlit. in die ferrit. übergeht, der Graphit aber punktförmig bleibt. Die chem. Zus. bleibt hinsichtlich der Geh. an *C, Si, Mn* u. *P* prakt. unverändert. Die entgasende Wrkg. des Vakuums tritt mit Bezug auf die verschiedenen, im Gußeisen enthaltenen Gase ungleichmäßig auf; am vollständigsten wird *H* entfernt, dagegen ändert sich der Geh. an *O* u. *N* nur unbedeutend. Der Einfl. von *Luft*, N_2, H_2, O_2 oder NH_3 auf ein zuvor im Vakuum behandeltes Gußeisen führt zu keiner Änderung seiner chem. Zus., verändert jedoch stark die Graphitform u. die Struktur des Gußeisens. Die Hauptmasse wird perlit., u. Graphit vergröbert sich. Es wird angenommen, daß die Bldg. der perlit. Struktur im vakuumbehandelten Gußeisen in Ggw. eines der vorgenannten Gase durch die Druckerhöhung, dagegen die Abmessungen u. Form des Graphits durch die Natur des Gases bedingt sind. Am aktivsten sättigt sich Gußeisen an H_2 u. in geringerem Maße an O_2 u. N_2. N_2 vergröbert den Graphit, jedoch bleibt die für Graphit von vakuumbehandeltem Gußeisen charakterist. inselförmige Anordnung erhalten. H_2 behindert die Graphitisierung. Die Abnahme der Graphitmenge im Grauguß wird von einer bedeutenden Vergröberung seiner Ausscheidung begleitet. Der Einfl. von NH_3 ist ähnlich dem von H_2. O_2 bewirkt Graphit-Bldg. in groblamellarer Form, aber in einem geringeren Maße als H_2. H. Hochstein 6402◇

2284 **Der Zusammenhang zwischen dem Wasserstoffgehalt im Gichtgas eines unter Zusatz von Koksgas betriebenen Kupolofens und im erschmolzenen Gußeisen.** I. N. Dengin, A. W. Kaschirski und B. A. Nosskow. (Hochschulnachr. [Moskau], Eisenmetallurgie **6,** 168—71, 1963; Charkow, Polytechn. Inst.; russ.) — Durch Betriebs-Verss. wird nachgewiesen, daß der *H*-Geh. im Gußeisen in Abhängigkeit vom Gesamt-Geh. an $H_2 + CH_4$ im Gichtgas des Kupolofens zunimmt. Da der H-Geh. in einem hochwertigen Gußeisen 4 cm³/100 g nicht übersteigen darf, aber ein merklicher Einfl. von ihm auf die Viscosität sich bereits bei über 3 cm³/100 g zu zeigen beginnt, ist ein Gesamt-Geh. von $H_2 + CH_4$ im Gichtgas bis 4% nicht gefährlich. Eine solche Gichtgas-Zus. wird bei der Verbrennung von Naturgas bei einem Gas/Luft-Verhältnis von 1:9,5 erhalten. Bei normaler Schmelzführung ist dies jedoch unmöglich. H. Hochstein 6402◇

2285 **Die Eigenschaften von Eisenguß und ihr Einfluß auf die Bearbeitbarkeit.** G. Coppa-Zuccari. (Métallurgie Construct. mécan. **94,** 779—85, 1962; franz.) — Überblick über die Eigg. von Grauguß, Tempereisen u. Gußeisen mit Kugelgraphit u. deren Zus. auf die Bearbeitbarkeit des Gußeisens. H. Hochstein 6402◇

2286 **Entwicklung von Gußeisen mit niedrigem Kohlenstoffgehalt.** Zdeněk Hostinský. (Slévárenství **10,** 449 bis 453, 1962; Stát. výzk. ústav materiálu a technologie, slévárenský výzk.; tschech.) — Bei Labor.-Unterss. der Herst.-Verff. von Gußeisen mit 1,5—2,1 (%) *C* u. 1,8—3 *Si* unter Impfung in der Pfanne mit Mengen von 0,005—0,2 *B* (als Ferrobor), *Te* (Pulver), *Bi, Al, Ce* u. *Se* zeigt die besten Festigkeitswerte der mit 0,02 B + 0,01 Bi geimpfte Guß (bis 52,7 kg/mm²; Dehnung 8,2%) mit einem C + Si-Geh. von 4,55%. Vorteilhaft ist die Warmbehandlung 740°/11 Std., nach der die Festigkeitswerte bis über 60 kg/mm² ansteigen. Allg. zeigen die Festigkeitswerte im Gaszustand große Streuungen (zwischen 17,4 u. 53,1 kg/mm²); die Te-Impfung (0,005%) wirkt ungünstig. J. Tůmová 6404◇

2287 **Eine neue Type von austenitischem Gußeisen, Ni-Resist, für Verwendungen bei niedrigen Temperaturen.** Anonym. (Rev. du Nickel **29,** 27—35, 1963; franz.) — Beschrieben werden die Eigg. des austenit. Gußeisens der Type *Ni-Resist* mit 2,22—2,67 (%) C, 1,9—2,6 Si, 3,7—4,4 Mn, 21—24 Ni, 0,2 maximal Cr, 0,10 maximal P. Diese Legg. haben, wenn der Graphit als Kugelgraphit vorliegt, ausgezeichnete Zähigkeit u. Duktilität bis —253°, die sie für ihre industrielle Verw. bei niedrigen Temp. als geeignet erscheinen lassen. F. Vier 6404◇

2288 **Hartgußwalzen.** L. Hütter. (Nickel-Ber. **21,** 315 bis 320, 1963; Deuz, Kr. Siegen; dt.) — Überblick. Einfl. der Leg.-Elemente, Schalenhartguß, Eigg. u. Verwendung. — 14 Literaturangaben. M. Gehlen-Keller 6404◇

2289 **Sauerstoff-Stahlerzeugung in Port Kembla.** W. J. Scott und J. McAllister. (Australas. Inst. Mining Metallurgy, Proc. **1962,** Nr. 202, 23—46; engl.) — Überblick. H. Hochstein 6408◇

2290 **Einfluß von Aluminium auf die Strukturstabilität von Kohlenstoffstahl (ČSN 42 2643) bei der Temperatur von 400°.** Karel Stránsky. (Slévárenství **10,** 463 bis 466, 1962; Brno, Šmeralovy závody; tschech.) — Mechan. u. metallograph. Unterss. der Strukturbeständigkeit des C-Stahls mit 0,22—0,26% C beim Glühen bei 400° bis zu 5000 Std. ergaben keinen ungünstigen Einfl. eines säurelösl. Al-Geh. bis zu 0,091% auf die Graphitisierung u. Fließeigenschaften. Bei höherem säurelösl. Al-Geh. geht die Kerbschlagzähigkeit infolge der AlN-Abscheidungen an den Korngrenzen wenig zurück. Die Verw. dieses Stahls mit dem kornverfeinernden Zusatz über 0,014% säurelösl. Al (Al-Desoxydation) für bei Temp. bis zu 400° arbeitende Armaturen kann demnach empfohlen werden. J. Tůmová 6408◇

2291 **Einfluß von Schwefelwasserstoff und der Polarisation auf die Plastizität von Stahl.** G. W. Karpenko und W. T. Stepurenko. (J. angew. Chem. [UdSSR] **34,** 1057 bis 1060, 1961; russ.) — Die Plastizität von Stahl nimmt in H_2S-haltigem W. durch Aufnahme von H in das Metall ab u. kann durch Erhitzen regeneriert werden. Kathod. Polarisation verstärkt die Abnahme der Plastiztät, anod. Polarisation wirkt ihr entgegen. K. Jaeger 6408◇

2292 **Der Einfluß einer Elektroschlackenerhitzung und der Zuspeisung auf die Verteilung von Stickstoff, Sauerstoff und nichtmetallischen Einschlüssen im Stahlguß.** W. I. Jawoisski, Sch. Sch. Bekturssunow und D. A. Dudko. (Hochschulnachr. [Moskau], Eisenmetallurgie **6,** Nr. 7, 47—51, 1963; Moskau, Inst. für Stahl u. Legg.; russ.) — Bei einer Elektroschlackenerwärmung u. einer Zuspeisung von *Stahlblöcken* wird der Geh. an nichtmetall. Einschlüssen verringert, bes. im Blockkopf. Trotz der aktivierten Bewegung des Stahls in den mit Elektroschlackenerhitzung oder Zuspeisung erstarrenden Blöcken beeinflußt die hohe Schlackenadsorptionsfähigkeit des Elektroschlackenbades nicht den Geh. an Einschlüssen im unteren Blockteil. H. Hochstein 6408◇

2293 **Halbberuhigte Stähle.** D. A. Smoljarenko und Je. A. Terentjew. (Metallkunde therm. Metallbearb. [UdSSR] **1963,** Nr. 7, 20—23; Zentr. Forsch.-Inst. für das Eisenhüttenwes.; russ.) — Überblick über Zus. u. Eigg. der zur Zeit in der SU häufig verwendeten halbberuhigten Stähle. H. Hochstein 6408◇

2294 **Beurteilung der Schweißbarkeit an Hand der Brucharbeit.** L. Gillemot. (Schweisstechnik [Berlin] **13,** 305—11, 1963; Budapest; dt.) — Zur Beurteiluug der Schweißbarkeit eines Stahles wird die Veränderung der Brucharbeit in Abhängigkeit vom Formfaktor für verschiedene Wärmebehandlungen u. bei verschiedenen Temp. bestimmt. — 18 Literaturangaben. W. Wesly 6408◇

2295 **Beiträge zur Eisenhüttenchemie. Chemische Untersuchung von Stählen.** 1. Teil. Karl-Heinz Günther. (Stahl u. Eisen **83,** 1513—18, 1963; dt.) — Übersicht über Arbeiten von 1958—1962 zur quant. Best. der im Stahl vorkommenden Begleit- u. Leg.-Elemente unter besonderer Berücksichtigung der Verff. zur Erfassung niedriger Geh. u. neuerer analyt. Verfahren. — 168 Literaturangaben.
M. Gehlen-Keller 6410◇

2296 **Untersuchung über austenitische, manganreiche Stähle.** 4. Mitt. **Einwirkung der Kaltbearbeitung auf die Carbidausscheidung in Hadfield-Stahl.** Yūnoshin Imai und Toshio Saitō. (Tetsu to Hagané [J. Iron Steel Inst. Japan] **47,** 1682—88, 1961; jap., Auszug: engl.) — 3. vgl. C. **1962,** 10620. — Durch Kaltbearbeitung wird die isotherm. Carbidaussscheidung bei allen Ausscheidungs-Temp. von Hadfield-Stählen mit 13(%) Mn u. 1,2, 0,9 bzw. 0,65 C rasch in Gang gebracht, u. das bei 500° erfolgende Wachstum wird beschrieben. Bei stark bearbeiteten Stählen beginnt die Carbidausscheidung bei tieferen Temp. als bei schwach oder nicht bearbeiteten Proben, nicht aber bei Temp. von $< 350°$.
W. Wesly 6410◇

2297 **Plastische Verformungsarten im Fe–Ni–C-Martensit.** R. H. Richman. (Trans. metallurg. Soc. AIME **227,** 159—66, 1963; Dearborn, Mich., Ford Motor Co.; engl.) — Grobkörniger, bei Temp. unter 0° gebildeter Martensit von Legg. mit 10,4 bis 31,6(%) Ni, 0,001—1,42 C, Rest Fe wurde unter Druck bei Raum-Temp. verformt u. die plast. Verformungsarten werden in Abhängigkeit vom C-Geh. ermittelt. Bei sehr niedrigen C-Geh. tritt Verformung durch wellenartiges Gleiten auf, beginnend bei ca. 0,05 C zeugt mechan. Zwillings-Bldg. für einen steigenden Anteil des plast. Fließens. Oberhalb von 0,4 C erfolgt die Verformung nur noch durch mechan. Zwillingsbildung. Die Habitusebenen der wirksamen Zwillingsarten wurden zu {1 1 2}, {0 1 3}, {0 8 9} u. {0,1,13} (die beiden letzten nicht ganz sicher) in abnehmender Erscheinungshäufigkeit bestimmt. — 15 Literaturangaben.
H. Hochstein 6410◇

2298 **Ausbildung der Ofenwanne zum Schmelzen von 45%igem Ferrosilicium.** I. T. Sherdew, N. M. Dechanow, W. F. Wolkow, L. I. Kusnetzow, W. N. Dawatz und I. I. Poljakow. (Hochschulnachr. [Moskau], Eisenmetallurgie **5,** Nr. 3, 77—87, 1962; Dnepropetrowsk, Hüttenwerk u. Saporoshe, Ferroleg.-Werk; russ.) — Es wird die Ggw. von Gasräumen festgestellt, welche den Stirnteil einer jeden Elektrode des zum Erschmelzen von 45%ig. *Ferrosilicium* dienenden *Dreiphasenofens* umgeben. Es werden horizontale u. vertikale Schnitte durch diese Gasräume gelegt, dabei ergibt sich, daß ihre Abmessungen etwas geringer sind als die in einem Lichtbogenofen, in dem 75%ig. Ferrosilicium erschmolzen wird. Eine wesentliche Abnahme der Einsatzleitfähigkeit wird in den oberen Ofenteilen im Zusammenhang mit dem Zusatz von Graphitisierungsabfällen zur Gattierung festgestellt, deren Gründe erörtert werden. Empfohlen wird ein Beschickungsschema für geschlossene Ferrosiliciumöfen, wobei um jede Elektrode ein ringförmiger Trichter vorgesehen wird. H. Hochstein 6418◇

2299 **Verteilungen des gelösten Stoffes in gerichtet erstarrten Stangen aus verdünnten Sn–Ag-Legierungen.** F. Weinberg. (Trans. metallurg. Soc. AIME **227,** 231—38, 1963; Ottawa, Can., Dep. of Mines and Technical Surveys; engl.) — Die Verteilung des gelösten Stoffes während der allmählichen Erstarrung von verd. Sn-Ag-Legg. wurde sowohl im Feststoff als auch in der Schmelze in Abhängigkeit von der Wachstums-Geschw., dem Stangendurchmesser, dem Temp.-Gefälle u. der Konz. des gelösten Stoffes mittels einer radioakt. Tracer-Meth. bestimmt. Die Ergebnisse zeigen, daß eine partielle Vermischung in den Fll. während der Erstarrung bei den meisten Unters.-Bedingungen auftritt, wobei eine vollständige Vermischung für größere Stangendurchmesser (> 2 mm) u. langsame Wachstums-Geschw. fast erzielt wird. Die gemessenen Verteilungen des gelösten Stoffes wurden auf die verschiedenen Verteilungsfunktionen zurückbezogen, wobei der durch Diffusion geregelte Transport des gelösten Elementes im geschmolzenem Zustand, die Diffusions-Konst. u. der Verteilungs-Koeff. als Veränderliche für den Transport u. die Segregationsparameter erörtert wurden. Die Werte dieser Parameter wurden für die gegebenen Wachstumsbedingungen untersucht u. Beobachtungen angestellt, um zu bestimmen, ob die in der Schmelze stattfindende Vermischung primär von Vol.-Änderungen beim Erstarren oder von Unterschieden in der Dichte zwischen dem gelösten Element u. dem Lsgm. herrührt. Der erstgenannte Einfl. wurde unter Verw. einer Sn–Bi-Leg. u. der letztgenannte Einfl. unter Verw. von vertikal erstarrenden *Sn–In-* u. *Sn–Ag-*Legg. untersucht. Es zeigte sich, daß das Vermischen in der Schmelze primär weder den Vol.-Veränderungen noch den Dichteunterschieden zugeschrieben werden konnten. — 12 Literaturangaben. H. Hochstein 6428◇

2300 **Untersuchung der Struktur und der Eigenschaften einer Kupfer–Mangan–Aluminium-Legierung.** Paul Vasselin, Paul Ramé und Pierre-Julien Le Thomas. (Fonderie **1963,** 24—33; Forges et Chantiers de la Méditerranée, Centre techn. des Ind. de la Fonderie; franz.) — Untersucht wurden die physikal. u. chem. Eigg. einer Cu-Leg. mit 8,5—9,5(%) Mn u. 8—9 Al sowie kleinen Zusätzen von *Fe* u. *Ni.* Wegen ihrer hohen Beständigkeit gegen Korrosion u. Kavitation neben guten mechan. u. physikal. Eigg. ist sie besonders zur Herst. von Schiffsschrauben geeignet. Die Struktur zeigt die α-Phase + Eutektoid. Beim Abschrecken von steigenden Temp. vermindert sich die α-Phase zugunsten der in der Wärme stabilen β-Phase. Die Umwandlung beginnt bei 600°. F. Vier 6432◇

2301 **Das Erscheinen und Trennen von Verunreinigungsphasen in rektistallisiertem Chrom.** R. E. Hook, H. J. Garett und A. M. Adair. (Trans. metallurg. Soc. AIME **227,** 145—50, 1963; Wright-Patterson Air Force Base, Ohio, U. S. Air Force; engl.) — Röntgenbeugungs- u. metallograph. Meth. werden zur Prüfung der im gesenkgeschmiedeten u. rekrist., sehr reinen, aus Cr-Jodidkristallen hergestellten Cr entstehenden Verunreinigungsphasen angewandt. Es zeigt sich, daß *Cr-Oxide* bei der Rekristallisations-Temp. gebildet wurden. Mkr. beobachtbare Sekundärphasenteilchen aus Cr_2O_3 bildeten sich ab 1300° interkritallin, ab 1500° Cr_3O_4 u. bei 1600° u. darüber wurde Cr_3O_4 zusammen mit wandernden Korngrenzen gebildet. Die geometr., durch Teilchen dieser Hochtemp.-Oxide innerhalb der Körner gebildeten Spuren lassen die Entw. der Korngrenzenwanderung erkennen. Röntgenograph. wird die Ggw. einer *Hochtemp.-Form* von Cr_2O_3 nachgewiesen. Andere Verunreinigungsphasen liegen neben dem Cr-Oxiden außerdem noch vor.
H. Hochstein 6440◇

2302 **Die Auflösungsgeschwindigkeit von einigen Übergangselementen in flüssigem Aluminium.** J. B. Darbyjun. D. B. Jugle und O. J. Kleppa. (Trans. metallurg. Soc. AIME **227,** 179—85, 1963; Troy, N.Y., Rensselaer Polytechn. Inst.; Chicago, Ill., Univ. of Illinois; engl.) — Die Kinetik der Auflösung von *Ti, V, Cr, Fe. Co* u. *Ni* in fl. Al wird unter gleichen dynam. Bedingungen untersucht. Es wurde dabei gefunden, daß die Temp.-Abhängigkeit der Lsg.-Geschw. einer Arrhenius-artigen Geschw.-Gleichung gehorchte, u. daß bei einer gegebenen Temp. die Lsg.-Geschw. der verschiedenen gelösten Stoffe quant. mit der Gleichgewichtslöslichkeit dieses Stoffes in fl. Al in Beziehung steht. Diese Ergebnisse stimmen mit einem Mechanismus überein, wo der die Geschw. regelnde Schritt die Diffusion der gelösten Atome durch eine fl. Grenzschicht ist.
H. Hochstein 6446◇

2303 **Einige Entgasungsversuche mit Guß–Aluminium-Schmelzen.** Hans Reininger. (Giessereipraxis **1960,** 188 bis 192; dt.) — Die unter Labor.-Bedingungen erzielten Entgasungserfolge können nicht ohne weiteres auch im prakt. Betrieb erreicht werden (bedeutend höhere Einsatzgewichte). Temp.-Einfl., Art des Entgasungsmittels, Einfl. der Entgasungsmittelmenge u. Maßnahmen nach der Entgasung sind die wesentlichsten, für eine wirksame Entgasung verantwortlichsten Faktoren. Überblick über die in inzwischen abgelaufenen Patenten beschriebenen Entgasungs-Verff. u. Entgasungsmittel. K. Hillinger 6446◇

2304 **Grundlagen der Technolgie des Druckgusses von Aluminiumlegierungen.** Jindřich Valecký. (Slévárenství **10,** 466—69, 1962; Mladá Boleslav, Automobilové závody; tschech.) — Erfahrungen bei der Erzeugung von Al-Gußstücken für die Automobilindustrie. Von ausschlaggebender Bedeutung für den Guß entsprechender Festigkeit (28 kg/mm²) ist die Verw. einer Gußmaschine geeigneter Größe u. ein genügender Druck (800 kg) sowie ein ein Entgasungs-Syst. enthaltendes Formensystem. Vorteilhaft ist der Zusatz von 50—60% Rückmaterial u. wichtig die Raffination mit Salzen u. Cl_2. J. Tůmová 6446◇

2305 **Die Eigenschaften von technischem Titan und von Legierungen vom Typus OT4, die beim Elektroschlackenschmelzen erhalten werden.** Ss. M. Gurewitsch, W. P. Didkowski, Ju. K. Nowikow, B. K. Filorikjan, G. F. Sassetzki, W. F. Krawtschenko und A. A. Nowikowa. (Automat. Schweissen [UdSSR] 16, Nr. 4, 27—33, 1963; Moskau; russ.) — Untersucht werden Struktur u. mechan. Eigg. von Blöcken aus techn. Ti *WT1* u. aus niedriglegierten Ti-Legg. (*OT4*), die nach der Elektroschlacken-Meth. hergestellt waren. Eine einmalige Elektroschlackenerschmelzung von Preßelektroden ermöglicht die Herst. von metall. Werkstoffen mit hohen mechan. Eigg. aus Ti-Schwamm unter Verw. des Flußmittels *AN-T2*, die nicht geringer sind als die Eigg. von im Vakuumlichtbogenofen erschmolzenen entsprechenden Werkstoffen. H. Hochstein 6448◇

2306 **Zugeigenschaften von binären Titan-Zirkonium- und Titan-Hafnium-Legierungen.** A. G. Imgram, D. N. Williams und H. R. Ogden. (J. less-common Metals [Amsterdam] **4**, 217—25, 1962; Columbus, Ohio, Battelle Mem. Inst.; engl.) — Die Wrkg. des Leg.-Geh. u. der Wärmebehandlung auf die Zug-Eigg. von Ti-Zr- u. Ti-Hf-Legg. wurde untersucht. Sie war in beiden Syst. fast gleich. Mit zunehmenden Zusätzen bis zu 40% Zr oder Hf stieg die Festigkeit u. nahm die Duktilität ab. Die β-abgeschreckten Proben hatten erheblich höhere Festigkeiten als die β-ofengekühlten, was bei letzteren auf die Keim-Bldg. u. das Wachstum einer verhältnismäßig niedriglegierten, weichen α-Phase zurückgeführt wird. F. Vier 6448◇

2307 **Reckaltern in Nioblegierungen.** W. F. Sheely. (J. less-common Metals [Amsterdam] **4**, 291—300, 1962; Niagara Falls, N.Y., Union Carbid Corp.; engl.) — Untersucht wurde die Wrkg. von Zusätzen von *Ti, Zr* u. *V* auf das Reckaltern von Nb während der Zugproben. Alle Zusätze verschieben das Reckaltern zu höheren Temp., als sie bei unlegiertem Nb beobachtet wurden. Es wird angenommen, daß das auf einer Bindung zwischen den Atomen von Nb u. des Zusatzes im Mischkristall zurückzuführen ist. F. Vier 6448◇

2308 **Einfluß von O_2 und H_2 auf die mechanischen Eigenschaften von Tantal und Niob bei tiefen Temperaturen.** A. G. Imgram, E. S. Bartlett und H. R. Ogden. (Trans. metallurg. Soc. AIME **227**, 131—36, 1963; Columbus, Ohio, Battelle Mem. Inst.; engl.) — Gekerbte u. ungekerbte Zugproben von verformten u. rekrist. mit O_2 u. H_2 behandeltem Ta u. Nb wurden in dem Temp.-Bereich geprüft, in dem der Übergang vom duktilen zum spröden Zustand abläuft. Ein steigender O-Geh. von Ta u. Nb erhöhte ihre Festigkeit u. ihre Duktilität-Übergangs-Temp., verursachten aber keine deutliche Verschlechterung der Kerbeigg. im Vgl. zu einem handelsüblich reinen Material. Die nachteiligen O_2-Einfl. waren für rekrist. Strukturen ausgeprägter als bei Knetlegierungen. Die Einfl. von H_2 sind infolge Reckalterung oder der langsamen Dehngeschw. infolge der H-Versprödung bei —105° F komplizierter. Jedoch hat im allg. H nur einen geringeren Einfl. auf die Festigkeit, erhöhte aber merklich die tatsächliche Übergangs-Temp. u. verursachte eine Verschlechterung der Kerbeigenschaften. H. Hochstein 6448◇

2309 **Einige Beobachtungen über die Einflüsse von hydrostatischen Drücken bis zu 20000 at auf die Struktur von vielkristallinem Wismut.** T. E. Davidson und C. G. Homan. (Trans. metallurg. Soc. AIME **227**, 167—76, 1963; Watervliet, N.Y., Arsenal; engl.) — Metallograph. hergestellte vielkristalline Bi-Proben wurden Drücken bis zu 20000 atm in einem kolbenartigen Gas–Fl.-Syst. unterworfen. Die beobachteten Gefügeveränderungen bestanden aus einer längs der Korngrenzen lokalisierten Verformung, was auf eine Korngrenzenwanderungserscheinung sowie auf Quergleiten zurückgeführt wird. Eine nachfolgende Verformung verläuft allmählich mit steigendem Druck u. ist wesentlich in ihrer Art von der Verformungscharakteristik des einachsigen Druckes verschieden. H. Hochstein 6448◇

2310 **Praktische Untersuchung des Sinterns in Gegenwart einer flüssigen Phase.** C. Broquet. (Rev. du Nickel **29**, 36—45, 1963; franz.) — Auf Grund der Vers.-Ergebnisse beim Sintern von *Cu*- u. *Ni*-Pulver, das in Ggw. einer fl. Phase verläuft, schließt Vf., daß das Sintern in 3 Teilabschnitten vor sich geht, bes. bei mehrphasigen Legg., weniger deutlich bei einphasigen. Zuerst tritt eine Verdichtung infolge Auffüllens der Poren auf, dann eine Verdichtungsanomalie infolge einer fortlaufenden Verformung des prim. Skeletts u. schließlich eine starke Verdichtung auf Grund der Konstit. eines sek. Skeletts. F. Vier 6474◇

2311 **Aktivierte Sinterung von magnetisch weichem Eisen.** O. A. Katruss. (Pulvermetallurgie [UdSSR] **3**, Nr. 2 38 bis 42, 1963; Inst. für Metallkeramik u. Sonderlegg. der Akad. der Wiss. der UkrainSSR; russ., Auszug: engl.) — Durch Zusätze von *P* u. *Sb* zu Fe-Pulver wird eine beschleunigte Sinterung von Proben aus Fe-Pulvern mit magnet. weichen Eigg. erreicht. H. Hochstein 6474◇

2312 **Einige Gewinnungsmethoden von metallkeramischen Eisen–Mangan-Kompositionen.** I. N. Franzewitsch und Je. B. Boiko. (Pulvermetallurgie [UdSSR] **3**, Nr. 2, 96—103, 1963; Inst. für Metallkeramik u. Sonderlegg. der Akad. der Wiss. der UkrainSSR; russ., Auszug: engl.) — Untersucht werden einige Meth. der Herst. poröser C-freier *Fe–Mn*-Legierungen. Die durch Sintern von Pulvergemischen aus Fe u. Mn erhaltenen Legg. sind mit Oxiden angereichert, die prakt. beim Sintern auch in einer Atmosphäre aus getrocknetem H_2 nicht reduzierbar sind. Es wird gezeigt, daß die Meth. der Thermodiffusionssättigung die Herst. poröser Fe–Mn-Legg. ermöglicht, die frei von Oxiden sind. Ermittelt wird die Abhängigkeit des Sättigungsgrades des porösen Fe-Preßlings u. des Fe-Pulvers an Mn von der Sintertemp., der Porosität, der Haltezeit u. der Pulverschichtdicke. H. Hochstein 6474◇

2313 **Der Einfluß eines Niobzusatzes auf die magnetischen Eigenschaften von gesintertem Alnico.** Masataka Sugiyama und Kunio Shida. (Trans. Japan Inst. Metals **3**, 76 bis 78, 1962; Tokyo, Mitsubishi Metal Mining Comp. Ltd., Univ. of Tokyo, Fac. of Techn.; engl.) — An *Alnico*-Dauermagnet-Legg. vom Typ *Alnico 500* (8,3[%] Al; 15 Ni; 24 Co; 3 Cu, Rest Fe), die im reinen H_2 2 Std. bei 1350° gesintert wurden, wird der Einfl. von Nb-Zusätzen bis zu 4% in Form von Pulvern einer Nb–Fe-Leg. mit einem Nb-Geh. von 70% untersucht. Kleine Nb-Geh. zwischen 0,35 u. 0,70% Nb vergrößern Schwindung, Sinterdichte u. Bruchfestigkeit einerseits u. Koerzitivkraft u. Remanenz andererseits. Sie aktivieren damit die Sinterung. Größere Nb-Geh. vergrößern nur die Koerzitivkraft. Die anderen magnet. u. die mechan. Eigg. werden schlechter, wozu bei den mechan. Eigg. auch das starke Kornwachstum beiträgt. Auch die Schwindung beim Sintern wird bei größeren Nb-Geh. deutlich kleiner. H. Fahlenbrach 6474◇

2314 **Herstellung von Baustählen nach der Methode der Pulvermetallurgie und Untersuchung ihrer Eigenschaften.** B. A. Borok, A. A. Kokorew, W. G. Teplenko, K. M. Chasankina und Ss. I. Galperina. (Pulvermetallurgie [UdSSR] 3, Nr. 4, 89—96, 1963; Forsch.-Inst. für das Eisenhüttenwes. u. Forsch.-Inst. der Auto-Industrie; russ., Auszug: engl.) — Die Verw. von niedriglegierten Stahlpulvern vom Typ *40 Ch* u. *30 ChGT* ermöglicht im Vgl. mit C-haltigem Fe die Herst. von Gegenständen mit um das doppelte erhöhter Festigkeit unter Beibehaltung ihrer plast. Eigenschaften. Im Gegensatz zu verformten Gußstählen ist für solche Sinterlegg. eine Erhöhung des *C*-Geh. bis auf 0,8% zweckmäßig. Die Ausgangspulver für die Herst. gesinterter Baustähle erhält man am besten nach der CaH_2-Methode. H. Hochstein 6474◇

2315 **Untersuchung des Einflusses disperser Einschlüsse von Aluminiumoxid auf einige Eigenschaften von gesintertem Nickel.** W. P. Jeljutin, W. N. Anziferow, Je. I. Mosshuchin und A. K. Natansson. (Pulvermetallurgie [UdSSR] **3**, Nr. 4, 33—39, 1963; Moskau, Inst. für Stahl u. Legg.; russ., Auszug: engl.) — Die Abhängigkeit der spezif. Dichte von Proben der Komposition *Ni–*Al_2O_3, die in H_2 bei Temp. über 1475° K gesintert sind, vom Al_2O_3-Geh. haben ein Maximum, das 5% Al_2O_3 bei langsamer Erhitzung u. 15% Al_2O_3 bei schneller Erhitzung entspricht. Dieser Höchstwert wird dadurch erklärt, daß einerseits Al_2O_3 unter Erleichterung der Entfernung der im Laufe des Red.-Prozesses von im Pulver verbliebenen Oxiden gebildeten Wasserdämpfe die Schrumpfung fördert u. andererseits bei einem großen Al_2O_3-Geh. die Schrumpfung infolge der Kontaktzerstörung der Ni-Teilchen verringert wird. Die experimentelle Abhängigkeit der Schrumpfung vom Al_2O_3-Geh. für Proben, die in H_2 bei über 1475° K gesintert sind, liegt wesentlich höher als die nach der Gleichung von Piness berechnete Kurve, was ebenfalls durch die erleichterte Entfernung der bei der Red. der verbliebenen Ni-Oxide gebildeten Wasserdämpfe erklärt wird. Die Al_2O_3-Einschlüsse hindern das Kornwachstum des Ni während der Sinterung bei Sintertemp. bis 1475° K (bei einem Al_2O_3-Geh. von 5 u. von 10% in der Komposition) u. bis 1525° K (bei Al_2O_3-Geh. von 15 u. 20%). Eine Erhöhung des Al_2O_3-Geh. wird von einer Abnahme der Abmessungen der während der Sinterung erlangten Submikrokörner begleitet. Für die in H_2 gesinterten Proben ist die Ggw. von Mikroverzerrungen des Ni-Gitters charakteristisch. Diese sind um so größer, je größer die Dichte der zu sinternden Proben ist. Die Entstehung der Mikroverzerrungen wird durch Ausscheidung von H aus Ni bei der Abkühlung nach der Sinterung in Verbindung mit einer Abnahme seiner Löslichkeit in ihm erklärt. H. Hochstein 6474◇

2316 **Bestimmung des Homogenisationsgrades beim Sintern durch Messung der Mikrohärte.** Ss. Ju. Schariwker. (Pulvermetallurgie [UdSSR] **3**, Nr. 2, 22—25, 1963; Kiew, Technolog., Projekt.-konstrukt. Inst.; russ., Auszug: engl.) — Die Feststellung der Mikrohärte erlaubt eine mengenmäßige Best. der Homogenisierung bei der Sinterung von *Ni-Ferrochrom*-Pulvern. Der Wert der Härte von solchen Sinterwerkstoffen kann für Berechnungen verwendet werden. Die Anwendung der Ergebnisse zur Erklärung der Oxydierbarkeit solcher Sinterkompositionen stimmt mit der Praxis überein. H. Hochstein 6474◇

2317 **Einfluß des Sauerstoff-Druckes auf die Oxydation von Wolfram-Pulver.** Shigetoshi Takayanagi. (Trans. Japan Inst. Metals **3**, 100—05, 1962; Takatsuki, Osaka, Matsushita Electron. Corp.; engl.) — Die Oxydation von W-Pulver wird bei Temp. unter 400° u. bei Drücken zwischen 10 u. 400 mm Hg untersucht. Die scheinbare Oxydations-Geschw. nahm dabei mit zunehmendem O_2-Druck (p_{O_2}) zu. Eine Anwendung des früher von Vf. (C. **1962**, 13928) beschriebenen Modells der doppelten Oxidschichten auf die jetzigen Meßwerte führt zu folgenden Ergebnissen: 1. Für das Wachstum der dünnen Schwellenschicht nimmt die parabol. Geschw.-Konst. k_p mit dem O_2-Druck zu; die Aktivierungsenergie beträgt 29,4 kcal/Mol. 2. Für das Wachstum der äußeren porösen Schicht nimmt die lineare Geschw.-Konst. k_e mit $\log p_{O_2}$ zu; die Aktivierungsenergie ist 18,9 kcal/Mol. Eine Erörterung über die Bldg. dieser Schichten führt zu Ergebnissen, die mit der Theorie gut beschrieben werden. H. Fahlenbrach 6474◇

2318 **Zur Theorie der Benetzbarkeit zwischen Metall-Verbindungen und flüssigen Metallen.** M. H. Tikkanen. (Jernkontorets Ann. **147**, 37—51, 1963; Helsinki TH, Metallurg. Labor.; dt.) — Bei Syst. aus bei Sintertemp. geschmolzenen Metallen u. aus festen Metalloxiden wird ein Zusammenhang zwischen der Benetzbarkeit des Oxids mit der fl. Phase u. den elektr. u. den Punktdefektzuständen des heterogenen Syst. aufgestellt. Diese Zusammenhänge werden am Syst. *Co-CoO-MgO* erläutert. Ferner wird die Anwendbarkeit der Theorie auf die Grundlagenprobleme beim gesinterten Hartmetall diskutiert. H. Fahlenbrach 6476◇

2319 **Derzeitige Ansichten über die Struktur und die Eigenschaften der Hartmetalle.** J. Gurland. (Jernkontorets Ann. **147**, 4—21, 1963; Providence, Rhode Island, USA, Brown Univ., Div. of Engng.; engl.) — Über die augenblicklichen Unters.-Probleme auf dem Gebiete der Konstit., des Sintermechanismus u. der Mikrostruktur bei Hartmetallen u. über die Beziehungen dieser Probleme zu den mechan. Eigg. wird am Beispiel von *WC-Co* berichtet. — 22 Literaturangaben. H. Fahlenbrach 6476◇

2320 **Das Sintern von Nitriden der Übergangsmetalle.** G. W. Ssamssonow und T. Ss. Werchogljadowa. (Pulvermetallurgie [UdSSR] **3**, Nr. 2, 8—13, 1963; Inst. für Metallkeramik u. Sonderlegg. der Akad. der Wiss. der Ukrain-SSR; russ., Auszug: engl.) — Die Sinterbedingungen von Nitriden von schwerschm. Übergangsmetallen durch Erhitzen von Preßlingen im Vakuum, Warmpressen u. Rk.-Sinterung, die aus einer Nitrierung der Preßlinge besteht, werden untersucht. Hierbei werden die günstigsten Sintermöglichkeiten ermittelt u. die Vorzüge der Meth. der Rk.-Sinterungen erörtert, durch die Erzeugnisse aus Nitriden erhalten werden, die frei von Fremdbeimengungen sind. Es wird ferner gezeigt, daß der Sinterprozeß der Nitride unmittelbar mit der Verteilung der Elektronendichte in den Gittern der Nitridphasen zusammenhängt, die ihrerseits durch den Grad des unvervollkommenen Aufbaus der d-Elektronenhüllen der entsprechenden Übergangsmetalle u. durch den N-Geh. in den Nitridphasen bestimmt wird. H. Hochstein 6476◇

2321 **Eine Studie über innere Spannungen in Hartlegierungen.** R. Bernard (unter Mitarbeit von R. Rivière). (Jernkontorets Ann. **147**, 22—36, 1963; Lyon, Frankreich, Inst. Nation. des Sci. Appl., ; dt.) — Auf der Grundlage bekannter Werte der Ausdehnungs-Koeff. für *WC* u. *Co* werden die inneren Spannungen in der WC-Phase unter den Modellvorstellungen berechnet, daß in dem einen Fall die WC-Phase von Co umgeben ist u. im anderen Fall WC den Co„See“ bei Sintertemp. umschließt. Die Rechnung wird durch Röntgenspannungsmessungen an Proben verschiedener Korngröße u. mit verschiedenem Co-Geh. bestätigt. Außerdem kann die Theorie auch den Einfl. der Lsg. der Co-Phase im WC u. den der Glühung beschreiben. H. Fahlenbrach 6476◇

2322 **Zur Berechnung der thermischen Spannungen in WC in der Oberfläche von WC-Co-Legierungen.** S. Amberg. (Jernkontorets Ann. **147**, 218—20, 1963; Stockholm, Sandvikens Jernwerks AB Coromantfabriken; dt.) — Vgl. vorst. Referat. — Mit dem Bernardschen Modell werden unter verschiedenen Grenzbedingungen die Abkühlspannungen in Sinterhartmetallen berechnet. Dabei zeigt sich, daß in der Carbidphase nur Druckspannungen auftreten können. Diese Spannungen sollen nahezu linear mit dem Co-Geh. zunehmen. H. Fahlenbrach 6476◇

2323 **Der Einfluß der Herstellungsbedingungen auf die Festigkeit der Hartlegierungen WC-Co und die Abhängigkeit der Festigkeit dieser Legierungen von der Struktur und Zusammensetzung.** W. A. Iwenssen. (Pulvermetallurgie [UdSSR] **3**, Nr. 3, 37—51, 1963; Allunions Forsch.-Inst. für Hartmetalle; russ., Auszug: engl.) — Überblick über Unterss. des Einfl. der technolog. Herst.-Bedingungen des W-Ausgangspulvers sowie der Schleif- u. Sinterbedingungen auf die Festigkeit einer Hartleg. während einer Biegebeanspruchung. Die Unterschiede in der Festigkeit von solchen Legg. mit unterschiedlicher Carbidkorngröße rühren prim. von den verschiedenen Herst.-Bedingungen u. nicht von der Korngröße her. Bei Anwendung verschiedener Meth. zur Regelung der Carbidkorngröße werden stark unterschiedliche Änderungen in der Festigkeit beobachtet. Ein Einfl. der Korngröße wird nicht festgestellt, wenn er durch den größeren Einfl. von technolog. Faktoren unterdrückt wird. Bei Ausschluß des Einfl. der Veränderung der Sintertemp. (u. anderer variabler techn. Faktoren) wird festgestellt, daß die Festigkeit des Hartmetalls kontinuierlich bis zu 50% mit dem Co-Geh. zunimmt. Die Abhängigkeit der Festigkeit von der Korngröße bei Anwendung verschiedener Meth. zur Regelung der Carbiddispersität u. vom Co-Geh. unterscheiden sich wesentlich von den durch Gurland beschriebenen Regelmäßigkeiten. Die Unters.-Ergebnisse können auf der Grundlage der Skelettstruktur der Carbid- u. Co-Phasen erklärt werden. H. Hochstein 6476◇

2324 **Fließen und Bruch von sehr reinen Einkristallen aus Tantal-Wolfram-Legierung im zäh-spröden Übergangsgebiet.** D. P. Ferriss, R. M. Rose und J. Wulff. (Trans. metallurg. Soc. AIME **224**, 584—88, 1962; Cambridge, Mass. MIT; Wilmington, E. I. du Pont de Nemours & Co.; engl.) — Einkristalle von Ta, W u. bin. Ta-W-Legg., wie sie aus Elektronenstrahlzonenschmelzungen erhalten waren, wurden auf Zug zwischen 77 u. 373° K geprüft. Die Versprödungs-Übergangs-Temp. nahm scharf mit der Konz. des gelösten Stoffes sowohl für die W-reichen als auch Ta-reichen Legg. zu; offenbar liegt die höchste Übergangs-Temp. nahe bei der 50% Konzentration. Zwillings-Bldg. wurde als Folge von Spalt-Riß-Fortpflanzung festgestellt. Spaltung trat auf den {1 0 0}-Ebenen auf. Der Sprödigkeitsanfall wurde nicht von irgendeiner Änderung in der Verformungsart, der Streckgrenzenerscheinung oder dem großen Anstieg in der Streckspannung mit abnehmender Temp. begleitet. Die Spaltung wurde an jeder Probenoberfläche oder an allen Unterkorngrenzen eingeleitet. Es wurde fest-

gestellt, daß die Korngrenzen von vielkristallinen Werkstoffen wahrscheinlich auch als Keim-Bldg.-Orte für den Bruch besser u. für die Sprödigkeit bei hohen Temp. u. geringeren Konzz. des gelösten Stoffes mehr verantwortlich sind als diejenigen der entsprechenden Einkristalle.
H. Hochstein 6480◇

2325 **Beziehung zwischen Maßstab und Streuung der statischen und der Dauerfestigkeits-Kennwerte. Sonderfall des Gußeisens.** S. V. Serensen und O. J. Kramarenko. (Mém. sci. Rev. Métallurgie **59**, 818—28, 1962; franz.) — Mit 23 Schrifttumshinweisen. H. Hochstein 6480◇

2326 **Die Eigenschaften der verformten Stähle 12ChMF und 12Ch2MFSR.** Je. I. Krutassowa. (Metallkunde therm. Metallbearb. [UdSSR] **1963**, 24—27; russ.) — Von den 7, 15 oder 25% kaltverformten legierten Kesselbaustählen *12ChMF* u. *12Ch2MFSR* werden nach verschiedenen Wärmebehandlungen die in Abhängigkeit von der Struktur erreichbaren Zugfestigkeitswerte, die Härte u. das Kriechverh. mitgeteilt. So zeigt sich, daß bei *12ChMF* die Rekristallisation bei 650, 625 bzw. 550° beginnt, während die Rekristallisations-Temp. von entsprechend kaltverformtem *12Ch2MFSR* jeweils um 50° höher liegt. H. Hochstein 6480◇

2327 **Der Einfluß der Verformungsgeschwindigkeit auf das Fließen von unlegiertem Stahl im plastischen Bereich.** K. J. Marsh und J. D. Campbell. (J. Mechan. Physics Solids **11**, 49—63, 1963; Oxford, Univ.; engl.) — Eine hydraul. Schnellbelastungsprüfmaschine wird beschrieben, die nach einem Umbau Prüfungen bei annähernd konst. Verformungs-Geschw. durchzuführen erlaubt. An unlegierten Stahlproben mit vier unterschiedlichen mittleren Ferritkorngrößen werden Prüfungen mit konst. Spannung durchgeführt. Einige der Ergebnisse werden mit denen verglichen, die bei Prüfungen mit konst. Verformungs-Geschw. an Stahlproben von gleicher Korngröße erzielt worden waren. Die Ergebnisse können durch eine die Spannnng, Verformung u. Verformungs-Geschw. berücksichtigende „Zustandsgleichung" ausgedrückt werden. Für eine Korngröße wird diese Gleichung durch eine in isometr. Projektion gezeigte Oberfläche veranschaulicht. — 12 Literautrangaben. H. Hochstein 6480◇

2328 **Prüfung von Blechen vor ihrer Weiterverarbeitung.** Lawrence L. Jaffe. (Int. Enamelist **10**, Nr. 4, 23, 25, 1960; General Motors Corp., Frigidaire Div.; engl.) — Vf. teilt Werkserfahrungen mit, bes. hinsichtlich der Prüfung auf Verformbarkeit. Die grundsätzlichen Vorteile der Zerreißprüfung gegenüber einer direkten Prüfung im Ziehwerkzeug werden herausgestellt. H. Ziegler 6480◇

2329 **Nachweis der Lüdersschen Linien auf phosphatierten Blechen mittels des Erichsen-Versuchs.** P. Széki. (Acta techn. Acad. Sci. hung. **44**, 447—50, 1963; Budapest, General Design Inst. for the Engn. Ind.; engl.) — Beschreibung eines neuen Verf. zur Unters. der Neigung von Blechen aus niedriggekohltem *Stahl* zu Bldg. von Lüdersschen Linien.
M. Gehlen-Keller 6480◇

2330 **Eine einfache Anordnung zur metallographischen Gefügeentwicklung durch Ionenätzen oder Bedampfen.** Dieter Effenberger u. Ullrich Heisig. (Neue Hütte **8**, 673—77, 1963; Dresden; dt.) M. Gehlen-Keller 6482◇

2331 **Einige Ansichten über die mikroskopische Schlackenbestimmung.** Sten Bergh und Olle Lindberg. (Jernkontorets Ann. **146**, 862—68, 1962; Meddelande från Jernkont. tekn. Forskn.-Verks.; schwed.) — Die mkr. Best. der Menge u. Größe von Schlackeneinschlüssen im Stahl wird erörtert. Die Berechnung der wahren Verteilung der Teilchengrößen aus der in einem Schliff beobachteten Verteilung wird angegeben. Für das Vol., auf das sich die mkr. Zählung bezieht, wird eine Gleichung abgeleitet. Die Best. des Verhältnisses zwischen Teilchenzahl u. Oberflächeneinheit für verschiedene Teilchengrößen wird erläutert, wobei angenommen wird, daß die Teilchenzahl in den verschiedenen Gruppen annähernd gleich groß ist. W. Wesly 6482◇

2332 **Einige Beobachtungen der Mikrostruktur bei Wärmewechselbeanspruchung von Zirkonium.** R. H. Johnson und R. W. K. Honeycombe. (J. less-common Metals [Amsterdam] **4**, 226—34, 1962; Berkeley, Berkeley Nuclear Labor.; Sheffield, Univ.; engl.) — Die Änderungen der Mikrostruktur von Zr bei wiederholtem Wärmewechsel wurden mkr. beobachtet. Bei Wärmewechsel zwischen 15 u. 800° wurden Gleiten, Zwillings-Bldg., Korngrenzenwanderung u. Knick-Bldg. an einem Korngrenzentripelpunkt festgestellt. Die Bedeutung dieser Beobachtungen für die Anisotropie der Wärmeausdehnung wird diskutiert. F. Vier 6482◇

2333 **Herstellung von Drähten zur Prüfung durch die Durchstrahlungs-Elektronen-Mikroskopie.** Eugene S. Meieran und David A. Thomas. (Trans. metallurg. Soc. AIME **227**, 284—85, 1963; Cambridge, Mass., Massachusetts Inst. of Technol.; engl.) H. Hochstein 6482◇

2334 **Untersuchungen der Sprödbruchneigung mit röntgendiffraktometrischen Verfahren.** I. S. Szántó. (Freiberger Forschungsh., Reihe B Heft 50, 52—64, 1960; Budapest; dt.) M. Gehlen-Keller 6484◇

2335 **Gründe der Bildung von eingewalztem Zunder beim Walzprozeß.** W. I. Kusmin. (Hochschulnachr. [Moskau], Eisenmetallurgie **6**, 96—99, 1963; Metallurg. Shdanow-Inst.; russ.) — Untersucht werden die Ursachen der Bldg. von eingewalztem Zunder beim Walzen von Blechen aus niedriglegiertem Baustahl, der 0,3—0,5(%) *Cu*, 1,0—1,3 *Ni* u. 0,3—0,5 *Cr* enthält. Hierbei zeigt sich, daß dieser Oberflächenfehler solcher Bleche keine Folge des mechan. Eindrückens des Zunders durch die Walzen ist, sondern daß er sich infolge Ausfüllung der Oberflächenrisse durch Prodd. einer Gaskorrosion bildet. Diese Oberflächenrisse entstehen beim Warmwalzen unter dem Einfl. der Streckspannungen an den Stellen, wo bei einer langandauernden Erwärmung infolge einer Diffusion aus dem Zunder in den Stahl der Geh. an *Cu* u. *Ni* wesentlich erhöht worden ist u. der Stahl rotbrüchig wird. H. Hochstein 6490◇

2336 **Die Verwendung von Wolframcarbid für Ziehsteine in der Drahtindustrie.** Fritz Tübben. (Draht-Welt **49**, 49—53, 1963; Düsseldorf; dt.) — Übersicht über Herst., Eigg. u. Verw. von WC-Ziehsteinen in der Drahtindustrie.
W. Wesly 6490◇

2337 **Molybdändisulfid im Drahtzug.** Rasmus Froeschmann. (Draht-Welt **49**, 44—49, 1963; München-Germering; dt.) — Übersicht über Eigg. u. Verw. von MoS_2 als Schmiermittel beim Drahtziehen. W. Wesly 6490◇

2338 **Der Einfluß der bei Einzel- und Mehrfachziehmaschinen entstehenden Temperaturen auf die mechanischen Eigenschaften der gezogenen Drähte.** Clemens Eisenhuth. (Stahl u. Eisen **83**, 1459—66, 1963; Köln-Mülheim; dt.) M. Gehlen-Keller 6490◇

2339 **Einfluß der zweiten Phase auf das „Work Softening„-Phänomen von Aluminiumlegierungen.** Shiro Terai und Yoshio Baba. (Trans. Japan Inst. Metals **3**, 237—43, 1962; Sumitomo Light Metal Ind. Ltd.; engl.) — Zug-Verss. wurden an *Al-Fe-*, *Al-Si-*, *Al-Mn-* u. *Al-Li*-Legg. durchgeführt, um die Wrkg. der 2. Phase der metall. Verbb. auf das „Work Softening"-Phänomen zu untersuchen. War die metall. Verb. durch Abschrecken nach dem Lsg.-Glühen in Lsg. erhalten, so daß die Probe als übersätt. Mischkristall oder Eutektikum vorlag, so war ein work softening in den aus den Proben hergestellten Blechen nicht zu beobachten. Die Enthärtung trat aber auf, wenn die Proben vor der Herst. der Bleche einer Wärmezwischenbehandlung unterzogen waren, so daß sich die metall. Verbb. ausschieden u. wenn nach der Wärmebehandlung leicht bei der Temp. der Enthärtungsstufe gewalzt wurde. Je feiner die Ausscheidung war, um so deutlicher wurde das work softening beobachtet, ohne daß ein Zusammenhang zwischen künstlichem u. natürlichem Auslagern bestand. F. Vier 6490◇

2340 **Kaltbindung zwischen halbkugeligen Kupfer-Oberflächen.** M. G. Nicholas. (Trans. metallurg. Soc. AIME **227**, 250—56, 1963; Harwell, Berks., England, Atomic Energy Res. Establ.; engl.) — Maßnahmen zur Durchführung von haltbaren Bindungen beim Aufeinanderpressen von zwei Halbkugeln aus Cu. H. Hochstein 6490◇

2341 **Festigkeitsverhalten von Metallklebverbindungen.** Friedrich Eichhorn und Wolfgang Braig. (Materialprüfung **2**, 79—87, 1960; Stuttgart, Staatl. Mat.-Prüf.-Anstalt; dt.) — Berechnungen u. Unterss. ergaben eine gute Tragfähigkeit überlappter Metallklebverbindungen, wenn die Fügeteile sich nur wenig verformen. Im Bindemittel sollen bei zügiger Beanspruchung die plast. Verformung

u. bei Schwellbeanspruchung die elast. Verformung bis zum Erreichen der Schwellscherfestigkeit möglichst groß sein. W. Wesly 6490◇

2342 **Salzbäder.** D. Brossard. (Métallurgie Construct. mécan. **94**, 789–96, **1962**; franz.) — Überblick über die Zus. von neutralen Salzbädern u. deren Verw. bei der Härtung von Schnelldrehstahl u. zur isotherm. Wärmebehandlung bei der Zwischenstufenvergütung von Stählen, ferner über Zuss. von Aufkohlungs-, Cyanier-, Nitrier- u. Aufschwefelungs- (*Sulfinuz*-Behandlung)-Salzbädern. H. Hochstein 6492◇

2343 **Über die zur Bestimmung des Wärmebehandlungszustandes der Stähle dienenden spektralanalytischen Verfahren.** L. Paksy. (Acta chim. Acad. Sci. hung. **29**, 11–20, 1961; Diosgyör, Ungarn, Lenin metallurg. Werke; dt.) — Die theoret. Grundlagen des Abfunkeffektes werden erörtert u. eine Meth. zur spektrochem. Best. des Wärmebehandlungszustandes von Stählen besprochen. Diese Meth. wird unter festgelegten Verf.-Bedingungen zwecks Best. der charakterist. Werte der entsprechenden Abfunkkurven, u. zwar von S_0, S_{max} u. tg α sowie von ΔS u. vom sog. $\Delta S'$-Wert durchgeführt. Die Ergebnisse stimmen mit jenen der metallograph. Prüfungen gut überein. Die Vor- u. Nachteile der entwickelten Meth. werden besprochen. H. Hochstein 6492◇

2344 **Verteilung der Elemente im Tropfen an der Elektrode beim Lichtbogenschweißen.** A. A. Jerochin und N. P. Ilin. (Nachr. Akad. Wiss. UdSSR, Abt. techn. Wiss., Metallurgie Brennstoffe **1962**, 81–83, Jan./Febr.; Moskau; russ.) — Für eine Berechnung der Massen- u. Wärmeübertragung im Tropfen von hochlegierten *Schweißelektroden* untersuchen Vff. die Verteilung der Elektrodenmetalle (Fe, Ni, Cr, Mn) u. der Temp. im Tropfen u. im Elektrodendraht. Durch Best. der Oxydationskinetik von *Mn* u. *Si* läßt sich zeigen, daß für diese Elemente die Diffusions-Geschw.-Konst. 0,3 cm/s beträgt u. damit doppelt so groß wie in Induktionsschmelzen ist. W.-D. Heußner 6506◇

2345 **Die Verwendung von Torf an Stelle von Stärke und Dextrin bei der Elektrodenherstellung.** W. W. Blagoweschtschenskaja. (Schweisstechn. Fertig. [UdSSR] **1963**, Nr. 7, 27–28; Leningrad, Shdanow-Werk; russ.) — Die technolog. Eigg. der Schweißelektroden *OMM-5* verbessern sich durch einen Torfzusatz im Elektrodenmantel (Gewinnung einer glatteren Naht u. eines gleichmäßigeren Lichtbogens). Das Suspendieren von Torf im Wasserglas geschieht in einem drehbaren Autoklaven. Nadja Winkler 6506△

2346 **Metallurgische Schweißbarkeit von modifizierten 12%igen Cr-Stählen.** Vaclav Pilous. (Schweisstechnik [Berlin] **13**, 312–17, 1963; Plzen, Leninwerke; dt.) — Die Arbeitsbedingungen zum Schweißen von Stählen mit 0,10 bis 0,20(%) C, 0,60–1,00 Mn, 0,30–0,60 Si, 0,023–0,04 P, 0,022–0,04 S, 11,25–12,5 Cr, 0,50–1,27 Ni, 0,50–2,50 W, 0,10–0,25 V mit Elektroden ähnlicher Zus., bes. Elektroden *E 58*, werden beschrieben, unter besonderer Berücksichtigung der Wärmebehandlung vor u. nach dem Schweißen. — 14 Literaturangaben. W. Wesly 6506◇

2347 **Das Schweißen von gegossenem Armco-Eisen.** I. G. Gorin. (Automat. Schweissen [UdSSR] **16**, Nr. 4, 19–23, 1963; russ.) — Das Schweißen von gegossenem *Armco-Eisen* kann sowohl zur Gußfehlerausbesserung als auch bei der Herst. von durch Schweißen herstellbaren Erzeugnissen aus *Armco-Eisen* angewandt werden. Zur Erhaltung der magnet. u. mechan. Eigg. sowie zur Verbesserung der Mikrostruktur ist eine Glühung nach dem Schweißen erforderlich. Der Elektrodenmantel muß unter Berücksichtigung einer Erhöhung der Dichte der Schweißnaht gewählt werden. Zur Gußfehlerausbesserung wird die Verw. einer Graphitelektrode mit einem Zusatz in Art von Stäben aus Armco-Eisen empfohlen. H. Hochstein 6506◇

2348 **Das Schweißen von korrosionsbeständigen Metallen und Legierungen im chemischen Maschinenbau.** W. A. Toropow. (Automat. Schweissen [UdSSR] **16**, Nr. 4, 12–18, 1963; Wiss. Unters.-Inst. für den chem. Maschinenbau; russ.) — Überblick über den heutigen Stand u. über die Zukunftsaussichten der Entw. des Schweißens von korrosionsbeständigen Stählen, Legg. u. reinen Metallen im chem. Maschinenbau. H. Hochstein 6506◇

2349 **Reparaturschweißen von Gußeisen.** G. M. Blanc, E. Hindson und H. E. Z. Gordon. (Welding Metal Fabricat. **29**, 104–10, 1961; Zürich, Fontargen A.-G.; Northampton, Welding Improvements Ltd.; engl.) — Alle Arten von Grauguß u. die meisten Sorten von Sondergußeisen sind normalerweise schweißbar. Die durch die heterogene Struktur des Materials verursachten Schwierigkeiten können durch Anwendung einer Schweißtechnik mit niedrigem Wärmeaufwand behoben werden. Die Bldg. von harten u. spröden Zonen kann hierdurch vermieden werden u. die Gefahren zur Erzeugung von Spannungen, Rissen u. Brüchen können auf ein Mindestmaß herabgesetzt werden. Im Gegensatz zu der üblichen Vorwärmung des gesamten Gußstückes kann die autogene Schweißung auf die Reparatur kleiner Gußstücke beschränkt werden, während massive schwere Teile am leichtesten durch den elektr. Lichtbogen geschweißt werden. Elektroden mit einem *Ni*- oder *Ni-Fe*-Kern werden hierfür weitgehend verwendet. H. Hochstein 6506◇

2350 **Die Verbindung von S.A.P.** R. Akeret. (J. nuclear Mater. [Amsterdam] **8**, 126–37, 1963; Neuhausen am Rheinfall, Schweiz, Aluminium-Industrie A.-G.; engl.) — Die besondere, auf dem Sinterwege entstandene Struktur von S.A.P. bewirkt, daß die herkömmlichen Schmelzschweiß-Verff. für diesen Werkstoff im Prinzip nicht anwendbar sind. Zur Verbindung im festen Zustande wurden Verff. wie das Abbrennschweißen u. das Warmpreßschweißen für S.A.P. mit Erfolg angewandt. Darüber hinaus führt unter geeigneten Voraussetzungen (zeitlich u. räumlich begrenztes Aufschmelzen des Werkstoffes) auch das Schmelzschweiß-Verf. für viele prakt. Zwecke zu annehmbaren Verbindungen von S.A.P.-Teilen. H. Fahlenbrach 6506◇

2351 **Zur Frage der Ausbildung von Rissen beim Schweißen von Wismut enthaltendem Kupfer.** Ju. M. Korenjuk. (Automat. Schweissen [UdSSR] **16**, Nr. 4, 24–26, 1963; Paton-Inst. für Elektroschweißung der Akad. der Wiss. der UkrSSR; russ.) — Bestimmt wird die Bldg.-Temp. von Rissen beim Schweißen von *Bi*-haltigem *Cu*. Diese Temp. (750–670°) entspricht dem Beginn des Temp.-Bereiches der Metallversprödung. H. Hochstein 6506◇

2352 **Beizen im Kreislauf.** Eberhard Keetman und Peter Niedner. (Draht-Welt **48**, 174–81, 1962; Bendorf/Rh., Dr. Otto, Säurebau- u. Keramikwerke; dt.) — Beim Beizen im Kreislauf wird Fe-Salz gewonnen, die darin enthaltene Säure frei gemacht u. dem Beizbetrieb wieder zugeführt; das als Nebenprod. anfallende *Fe-Oxid* wird für Sonderzwecke verwendet oder dem Hochofen zugeführt. Eine Kühlkristallisationsanlage für $FeSO_4 \cdot 7\,H_2O$ u. die Vollaufbereitung von verbrauchter H_2SO_4-Beize nach dem Röst-Katalyse-Verf. (Entwässerung von $FeSO_4 \cdot H_2O$, Rösten bei 500–800°, Oxydation von SO_2 zu SO_3 in Ggw. des entstandenen Fe_2O_3 als Katalysator) werden beschrieben. W. Wesly 6512◇

2353 **Beizen im Kreislauf.** Eberhard Keetman und Peter Niedner. (Draht-Welt **48**, 307–12, 1962.) — Vgl. vorst. Referat. — Übersicht über die Grundlagen der Aufbereitung von *HCl*-Beizen nach dem Otto-Weingärtner-Verf. zur Vollaufbereitung durch Kühlkristallisation von $FeCl_2 \cdot 4\,H_2O$ u. stufenförmiger Abbau u. Beschreibung einer halbtechn. Vers.-Anlage (Entwässerung gemäß den Gleichungen: $FeCl_2 \cdot 4\,H_2O \rightarrow FeCl_2 \cdot 2\,H_2O + 2\,H_2O$ bei $> 100°$, $FeCl_2 \cdot 2\,H_2O \rightarrow FeCl_2 + 2\,H_2O$ bei 250° u. Rösten bei 250–400°: $2\,FeCl_2 + \frac{1}{2}\,O_2 + H_2O = Fe_2O_3 + 4\,HCl$). Die Wirtschaftlichkeit der Verff. wird untersucht. W. Wesly 6512◇

2354 **Bewertung von galvanisch abgeschiedenen Überzügen.** Lester F. Spencer. (Metal-Finishing **59**, Nr. 2, 38–44, 51–52, 1961; engl.) — Überblick über Meßmethoden. — 77 Literaturangaben. F. Vier 6516□

2355 **Wirkung von Metalloberflächenschutzbehandlungen auf die Dauerfestigkeit hochfester und ultrahochfester Stähle.** P. R. Wedden. (Trans. Inst. Metal Finishing **38**, 175–85, 1961; Hayes, Middlesex, Westland, Aircraft Ltd.; engl.) — Die Verss. wurden mit 8 verschiedenen Stählen mit einer Zugfestigkeit von 80–125 t/in² durchgeführt. Es zeigte sich, daß nach der galvan. Herst. von *Cd*-Überzügen deren Dauerfestigkeit erheblich herabgesetzt war. Aus den Verss. läßt sich schließen, daß bei der galvan. Behandlung u. ggt. bei der Vorbehandlung H eingeschlossen wird u. in den Stahl diffundiert u. so seine Dauerfestigkeit herabgesetzt wird. Beim Aufbringen von Cd durch Kalthämmern u. beim Aufspritzen von *Al* konnte eine Verringerung der Dauerfestigkeit der untersuchten Stähle nicht festgestellt werden. F. Vier 6516◇

2356 **Neues über die Vernickelung. Titan-Körbe und „Rohnickel"-Anoden.** Peter Berger. (Galvanotechnik **54**, 188—216, 1963; England; dt.) — Krit. Überblick u. Erfahrungsbericht. F. Vier 6520◇

2357 **Zur Frage der Glanzzusätze in Glanzvernicklungsbädern.** J. Klimsza. (Korose Ochrana Mater. **1962**, 101—04; Praha, n. p. Spolana, Technickoporadenská služba; tschech.) — Die Zusammenstellung der Ergebnisse der Glanzvernicklung in 10 tschechoslowak. Betrieben (Autozubehör) zeigt, daß der Zusatz von *p-Toluolsulfoamid* bessere Ergebnisse gibt als andere org. Zusätze (Saccharin, Cumarin u. a.). Der durchschnittliche Verbrauch an p-Toluolsulfoamid u. Ausgleichsubstanz L beträgt je 0,02 g/1000 ml Lsg.; Bedingung guter Resultate ist strenge Einhaltung der technolog. Bedingungen (Bad-Zus., Reinigung, Regeneration, Temp., Stromdichte). p-Toluolsulfoamid wird deshalb in weiteren Betrieben eingeführt werden. J. Tůmová 6520◇

2358 **Oxydationsuntersuchungen an plattiertem Molybdän mit absichtlich angebrachten Fehlern.** Earl F. Adkins und Robert I. Jaffee. (J. less-common Metals [Amsterdam] **4**, 266—74, 1962; Livermoore, Calif., Lawrence Radiation Labor.; Columbus, Ohio, Battelle Mem. Inst.; engl.) — Mit *Nichrome* plattierte Bleche aus Mo mit Loch- u. Kerbfehlern wurden bis zu $102^1/_2$ Std. auf 1100 u. 1200° an Luft erhitzt. Nach einer Anfangsoxydation des Mo in ca. 125 Min. reagierte die Plattierschicht mit dem gebildeten MoO_3 unter Bldg. einer schützenden $(Cr-Ni)MoO_4$-Haut, die weitere Oxydation an der Grenzschicht *Nichrome*/Mo verhinderte. Die krit. Grenze für die selbstheilende Wrkg. liegt bei Löchern mit Ø $>$0,063 inch. Mit aluminiertem *Ti* u. der Leg. *L-605* plattiertes Mo oxydierte nach 250 Min. bei 1200° stärker als das mit Nb plattierte. F. Vier 6530◇

2359 **Stellung eines mit der Verwendung von Sonderstählen verknüpften Problems.** J. M. Defranoux. (Corrosion et Anticorrosion **11**, 98—103, 1963; Ugine, Soc. d'Électro-chim., d'Électro-métallurg. et des Aciéries électr.; franz.) — Vor der Konstruktion eine Stahlgerätes müssen seine Betriebsbedingungen u. Funktion ermittelt u. Labor.-Verss. ausgeführt werden, die der Erforschung u. der Dokumentation der betrieblichen Korrosions-Einfl. dienen. W. Wesly 6538◇

2360 **Über die Korrosion von Eisen durch Uranhexafluorid.** J. Dixmier, L. M. Vincentund R. Hasson. (Corrosion et Anticorrosion **11**, 86—97, 1963; Commissariat à l'Énergie Atom., Serv. de Séparation des Isotopes de l'Uranium; franz.) — Unterss. über das Verh. von Stahl *C 10c*, *Armco*-u. *Elektrolyt-Fe* gegen UF_6-Dampf zeigen, daß bei 80—100° Korrosions-Prodd. mit ≧90% intermediären U-Fluoriden entstehen: $3\,UF_6 + Fe \rightarrow 3\,UF_5 + FeF_3$. Bis ca. 250° steht UF_5 im Gleichgewicht mit UF_6. Die bei 250° gebildete Schicht hat eine äußere, 25 μ starke, schwarze, aus U_2F_9 bestehende Schicht. Darunter befindet sich eine grüne, 20 μ starke FeF_3-Schicht, unter der, auf dem Metall aufliegend, eine F, Fe u. U enthaltende, nichtidentifizierte Schicht liegt. Bei 350—400° findet man nur FeF_3 auf dem Metall. Bei 60—100° zeigen sich keine geschichteten Ablagerungen; wahrscheinlich bilden sich instabile UF_5–FeF_3-Komplexverbindungen. Die Ergebnisse werden erörtert. W. Wesly 6538◇

2361 **Temporärer Schutz mit Inhibitordispersion in Protein.** Oldřich Hladík und Věra Čapková. (Korose Ochrana Mater. **1962**, 114—17; Praha, VZÚ; tschech.) — Für kurzfristigen Korrosionsschutz von Stahlerzeugnissen (Verhütung der Zwischenoperationskorrosion) eignen sich Inhibitor-Lsgg. von $NaNO_2$; *Na-* oder NH_4*-Benzoat*; *Dicyclohexylaminnitrit*; *Harnstoff* oder anderer *Amine*, die gleichzeitig als Stabilisatoren wirken. Die Lsgg. enthalten weiter *Leim* als Bindemittel u. *Sapon P* als Benetzungsmittel. Zus.: 40 (Teile) Dicyclohexylaminnitrit, 7 $NaNO_2$, 45 Leim, 3 Stabilisator u. 5 Benetzungsmittel; oder 30 $NaNO_2$, 15 NH_4-Benzoat, 40 Leim, 10 Stabilisator u. 5 Benetzungsmittel. pH der Lsg. um 9 wird mit NH_4OH oder Triäthanolamin eingestellt; die Erzeugnisse werden bespritzt, lackiert oder eingetaucht. Die Lsgg. verhüten die Korrosion in feuchter Luft länger als 30 Tage, bei Behältern mit Treibstoffen bis über ein Jahr. J. Tůmová 6538◇

2362 **Wirkung einiger verdünnter Salzlösungen auf Monelmetall.** Charles F. Poe und L. M. Dye. (Univ. Colorado Stud., Ser. Chem. Pharmacy **1959**, Nr. 2, 61—64; Coll. of Pharm.; engl.) — Monelmetall wird durch 8 Wochen lange Einw. von 0,1n u. 0,01n Lsgg. von Na_2CO_3, $NaHCO_3$, $NaOH$, Na_2SO_4 u. der entsprechenden K-Verbb. von 25° nicht angegriffen. Die 0,1n Lsgg. wurden täglich 30 Min. lang (mit den Proben) am Rückflußkühler gekocht. *NaCl*, *KCl*, $CaCl_2$ u. $MgCl_2$ bewirken eine sehr geringfügige Korrosion. W. Wesly 6338◇

2363 **Wirkung von verdünnten Salzlösungen einiger anorganischer Verbindungen auf Aluminium.** L. M. Dye und Charles F. Poe. (Univ. Colorado Stud., Ser. Chem. Pharmacy **1959**, Nr. 2, 65—70; engl.) — Vgl. vorst. Referat. — In 0,1n u. 0,01n Lsgg. von *NaOH* u. *KOH* von 25° löst sich Al-Blech mit 99,26 bzw. 99,975% Reinheit sehr rasch; in 14 Tagen sind die Lsgg. verbraucht. In 10 Wochen lösen Na_2CO_3 u. K_2CO_3 ca. 6 g Al; $NaHCO_3$ u. $KHCO_3$ reagieren langsamer; jedoch beschleunigt ein tägliches, 30 Min. langes Kochen der Lsgg. am Rückflußkühler die Korrosion. Lsgg. von *NaCl*, Na_2SO_4, *KCl*, K_2SO_4, $CaCl_2$ u. $MgCl_2$ haben auf Al eine sehr geringfügige Einwirkung. W. Wesly 6538◇

2364 **Bei tiefer Temperatur auftretende Korrosionen und Ablagerungen an Dampfkesseln. Eine Literatur-Übersicht.** Peter D. Moskovits. (Ind. Engng. Chem. **51**, 1305—12, 1959; Linden, N.J., Esso Res. and Engng. Co.; engl.) — Übersicht über feuerseitige, durch H_2SO_4 bewirkte Korrosionen u. Ablagerungen an Vorwärmern mit *S* enthaltenden Brennstoffen beheizter Dampfkessel bei Unterschreitung des Taupunktes u. Verhütungsmaßnahmen (Zusatz von Absorptions-, Oxydationsinhibierungs- oder Neutralisationsmitteln). — 103 Literaturangaben. W. Wesly 6538◇

2365 **Platin für Anoden. Anwendung zum Kathodenschutz.** 1. Mitt. G. W. Walkiden. (Corrosion Technol. [London] **9**, 14—16, Jan. 1962; London, Internat. Nickel Co. [Mond] Ltd.; engl.) — Übersicht über die Anwendung von Pt mit inerten, metall. u. passivierten Metallträgerstoffen. — 18 Literaturangaben. W. Wesly 6538◇

2366 **Einfache Methode zur Messung der Mikrokorrosion.** R. Hasson und L.-M. Vincent. (Métaux **38**, 45—57, 1963; Gif-sur-Yvette, C.E.N. de Saclay; franz.) — Die in ihrer Durchführung näher beschriebene Meth. besteht im Prinzip in einer Beseitigung der Korrosionserscheinungen durch eine vorsichtige Polierung. Die Dauer dieser Polierung erlaubt Rückschlüsse auf die Dicke des abgenommenen Metalls. — 20 Literaturangaben. H. Hochstein 6540◇

2367 **Messung von Oberflächenfeuchtigkeit und Schwefeldioxidaktivität an Korrosionsstellen.** P. J. Sereda. (ASTM Bull. **1960**, Nr. 246, 47—48. Nat. Res. Council, Canada, Div. of Building Res.; engl.) — Mit einem näher beschriebenen Gerät werden Oberflächenfeuchtigkeit von *Stahl*-Proben u. der SO_2-Geh. der Atmosphäre (nach dem PbO_2-Verf.) bestimmt. Die Korrosions-Geschw. der Proben wird durch ihre Temp. während der Feuchtigkeitsperiode u. den SO_2-Geh. der Luft beeinflußt. W. Wesly 6540◇

2368 **Über die Erosionsbeständigkeit von Hartlegierungen.** W. W. Grigorjewa. (Pulvermetallurgie [UdSSR] **3**, Nr. 3, 63—70, 1963; Inst. für Metallkeramik u. Sonderlegg. der Akad. der Wiss. der UkrainSSR; russ., Auszug: engl.) — Hartmetalle werden auf Erosion u. Abreibeverschleiß zur Erzielung der höchsten Beständigkeit bei Raum-Temp. u. bei hohen Temp. untersucht. Hierbei wird festgestellt, daß die Beständigkeit dieser Werkstoffe um ein Mehrfaches höher ist als die von gewöhnlichen unlegierten u. von legierten Stählen. H. Hochstein 6546◇

2369 **Die Bedeutung der Oxydation in dem milden Verschleiß von Stahl.** T. F. J. Quinn. (Brit. J. appl. Physics **13**, 33—37, Jan. 1962; London, Brunel Coll. of Technol.; engl.) — Eine sorgfältige Abschätzung der bei verschiedenen Verschleiß-Verss. mit Stahl angewendeten Bedingungen mit solchen, die bei typ. Oxydations-Verss. verwendet wurden, führt zu der Hypothese, daß der Verschleiß von relativ glatten, ungeschmierten Stahloberflächen prinzipiell die Heißstellenoxydation („hot spot" temperature oxidation) mit umfaßt, soweit sie aus den Archards-Kurven für Einzelkontakt-Verschleißbedingungen vorausgesetzt werden kann. H. Hochstein 6546□

2370 Fémipari Kutató Intézet (Erfinder: Lajos Molnár, János Zámbó, Zoltán Osvald und Károly Solymár), Budapest, Ungarn, **Aufbereitung von eisen-**

haltigen, für die Tonindustrie geeigneten Erzen durch 1—1½ std. Mischen mit konz. *NH_4Cl-Lsg.* oder NH_4Cl-Dämpfen bei 300—600° unter Umrühren. Das entstehende *$FeCl_3$* oder die Eisenammoniumchloridkomplex-Verb. wird abdest. oder mit W. ausgelaugt. Die gleichfalls entweichenden *NH_3*- u. NH_4Cl-Dämpfe werden in W. absorbiert. Nach Entfernen des abgeschiedenen $Fe(OH)_3$ wird NH_4Cl durch Abkühlen aus der wss. Lsg. zurückgewonnen. Das in der ammoniakal. Lsg. sich abscheidende Fe(II)- u. Fe(III)-Hydroxid wird zum Konzentrat verarbeitet. Das eisenfreie Erz wird alkal. vom Silicat befreit u. nach dem Bayer-Verf. aufgeschlossen. (**Ung. P. 150 471** vom 3/4. 1962, ausg. 27/12. 1962.) F. Landsberger 6361

2371 United Kingdom Atomic Energy Authority, London, England (Erfinder: Jack Williams, Charles Brian Davis und Michael Colin Regan), **Sinterherstellung dichter Uran-Kohlenstoff-Legierungen,** die ggf. noch *Pu* enthalten können, dad. gek., daß ein kalt verpreßtes Gemisch aus den einzelnen Komponenten in Pulverform schnell in einen Ofen gebracht wird, der sich auf 1000 bis 1125° (Sinter-Temp.) befindet, wodurch sich das Gemisch schnell aufheizt, z. B. mit einer Geschw. von 100°/min bis 500°/min, u. wobei durch die Rk.-Wärme, die durch die exotherme Rk. des U mit dem C entsteht, die Temp. über den F. des U ansteigt, z. B. auf 1200—1450°. Es wird so ein Sintern mit fl. Phase erreicht u. damit eine höhere Dichte. Das Gemisch kann noch bis zu 15% einer intermetall. Verb. aus *Fe* u. *U* enthalten. (**E. P. 914 153** vom 8/9. 1959, ausg. 28/12. 1962.) C. F. Gross 6475

2372 United Kingdom Atomic Energy Authority, London, England (Erfinder: Jack Williams und Michael Colin Regan), **Herstellung dichter Uran-Kohlenstoff-Legierungen auf dem Sinterwege,** die ggf. noch *Pu* enthalten können, dad. gek., daß ein kalt verpreßtes Gemisch aus U-, C-, ggf. Pu-Pulver u. einer *intermetall. Verb.* aus Fe u. U in Pulverform, z. B. *U_6Fe* oder *UFe_2*, wobei der Fe-Geh. des Gemisches 1—10 (%) beträgt, bei 800° u. höher gesintert werden. Als intermetall. Verb. wird *UFe_2* bevorzugt. Dem Fe-Geh. von 1—10 entspricht dabei ein Geh. an UFe_2 von 3,1—31. Das Aufheizen auf Sinter-Temp. erfolgt möglichst schnell, wobei als bevorzugte Sinter-Temp. ca. 1100° gewählt wird. Durch die Rk.-Wärme, die bei der exothermen Rk. des U mit dem C entsteht, steigt dabei die Temp. auf 1200—1450°. Das Gemisch besteht bes. aus U u. C im stöchiometr. Verhältnis. (**E. P. 914 154** vom 8/9. 1959, ausg. 28/12. 1962.) C. F. Gross 6475

2373 General Electric Co., New York, N.Y., übert. von: Paul R. Mobley und William R. Blackham, Cincinnati, Ohio, V.St.A., **Nickellot für Hochtemperaturlötungen mit einer Arbeitstemperatur unter etwa 2000° F** besteht aus ca. 10—20 (%) *Cr*, ca. 5—15 *Pd*, ca. 10—40 *Mn*, ca. 1—5 *Si*, Rest Ni. Die Arbeitstemp. liegt im Vakuum bei ca. 1950° F u. beim Löten unter H_2 bei 2000° F. Unterhalb ca. 1800° F hat das Lot eine ausgezeichnete Oxydationsbeständigkeit. Es benetzt vor allem die sog. *Superlegg.* auf *Ni*-Basis gut u. bewirkt keine Erosion oder interkristalline Auflösung. (**A. P. 3 053 652** vom 11/3. 1960, ausg. 11/9. 1962.) C. F. Gross 6505

2374 Nalco Chemical Co., übert. von: John W. Ryznar, La Grange, Ill., V.St.A., **Beseitigung kohlenstoffhaltiger Ablagerungen auf Metalloberflächen,** z. B. eines Ölfilms. Auf die Oberfläche wird ein Überzug aus im wesentlichen Al_2O_3-freiem, mindestens 3% SiO_2 enthaltendem, koll. *Silicasol* aufgebracht, aufgetrocknet u. dann wieder mittels einer polaren Wasch-Fl. (*dest. W.*) abgewaschen. (**A. P. 3 037 886** vom 11/4. 1957, ausg. 5/6. 1962.) H. Baur 6509

2375 Nalco Chemical Co., übert. von: Joan T. Crowther, Chicago, Ill., V.St.A., **Reinigen metallischer Oberflächen** von C-haltigen u. anderen Verschmutzungen (Ölfilmen, Lackresten u. a.) durch Spülen mit einer wss. Lsg., die 0,5—10,0 (Gew.-%) einer wasserlösl. Mischung enthält, die im wesentlichen aus 98—99,2 *$Na_4P_2O_7$* u. 0,8—2,0 eines Rk.-Prod. aus *Dodecylalkohol* mit 8—10 Mol *Äthylenoxid* besteht. (**A. P. 2 986 526** vom 16/5. 1957, ausg. 30/5. 1961.) H. Baur 6513

2376 Wacker-Chemie G. m. b. H., München, **Reinigen von starrem Material** mittels organ. Lsgm., bes. *Chlor-KW-Stoffen.* In einem geschlossenen Behälter wird das Lsgm. fl. u. dampfförmig mittels derselben Düsen unter hohem Druck auf das Reinigungsgut gespritzt. — Abbildung. (**E. P. 900 802** vom 18/9. 1959, ausg. 11/7. 1962. D. Prior. 25/9. 1958.) H. Baur 6513

2377 Purex Corp. Ltd., übert. von: Benjamin Arden, Los Angeles, und Francis E. Clark, San Gabriel, Calif., V.St.A., **Entrosten und Entzundern eiserner Werkstücke** mittels einer heißen (200—275° F), wss., alkal. (pH >13) Lsg., die ca. 4—40 (Gew.-%) Alkalihydroxid, ca. 1—5 eines Fe-Komplex-bindenden Alkalisalzes einer aliphat. Oxysäure (*Milchsäure, Citronensäure, Weinsäure, Gluconsäure, Glycerinsäure, Äpfelsäure, Glykolsäure, Saccharinsäure*), ca. 1—8 Trialkanolamin (*Triäthanolamin*), bei welchem jede C-Kette 2—3 C-Atome enthält, u. mindestens ca. 25 W. enthält. — Beispiel: ½—4 lbs. einer Mischung aus 68,7 *NaOH*, 17,6 Triäthanolamin, 1,7 *Na-Glykolat* u. 12,0 *Na-Gluconat* werden in 1 gal. *W.* gelöst. (**A. P. 2 992 997** vom 25/5. 1955, ausg. 18/7. 1961.) H. Baur 6513

2378 Purex Corp. Ltd., übert. von: Benjamin Arden, Los Angeles, Calif., V.St.A., **Reinigungslösung für metallische Oberflächen von Motorteilen zur Beseitigung abgelagerter Verbrennungsprodukte** besteht aus ca. 4—40 (Gew.-Teilen) Alkalihydroxid, aus ca. 1—45 eines Metallkomplex-bindenden Mittels, u. zwar eines Alkalisalzes einer aliphat. Oxysäure (Milchsäure, Citronensäure, Weinsäure, Gluconsäure, Glycerinsäure, Äpfelsäure, Glykolsäure oder Saccharinsäure) oder eines wasserlösl. Alkalisalzes einer Fettsäure mit weniger als 4 C-Atomen, aus ca. 1—30 einer Mischung aus einem Polyalkanolmonoamin mit 1 bis ca. 4 C-Atomen in jeder Alkanolkette u. einem Kp. über ca. 400° F u. einem alkalilösl. u. alkalistabilen Polyalkanolpolyamin mit 1 bis ca. 3 C-Atomen in jeder Alkanolkette u. einem Kp. über ca. 400° F in einem Verhältnis zwischen 22 : 1 u. 9 : 5, u. aus bis zu 80 Wasser. Als Polyalkanolmonoamine kommen *Diäthanolamin, N-Methyldiäthanolamin, Diisopropanolamin,* oder *Glykol-* bzw. *Polyglykol-Derivv.* des Triäthanolamins in Betracht, als Polyalkanolpolyamine *N.N.N'.N'-Tetrakis-(2-hydroxyäthyl)-äthylendiamin, N.N'-Dihydroxyäthyläthylendiamin, Tetraäthanolpropylendiamin* oder *Hexaäthanoltriäthylentetramin.* (**A. P. 2 992 995** vom 25/5. 1955, ausg. 18/7. 1961.) H. Baur 6513

2380 Pure Oil Co., Chicago, übert. von: Glenn A. Marsh und Edward Schaschl, Crystal Lake, Ill., V.St.A., **Kathodischer Schutz von Bohrrohren** bei der Erdölgewinnung durch gegenüber dem Metall der Rohre anod. niedrigschm. Legg. (*Bi-Cd, Cd-Pb, Cd-Sn, Pb-Li, Li-Mg, Li-Hg, Bi-Na, Zn-Sn*). Über dem Grund der Bohrung angeordnet, wird das kleinstückige Material elektr. geschmolzen, durch Gasdruck in zuvor in entsprechender Höhe im Bohrrohr hergestellte Löcher gepreßt u. bildet daselbst Opferanoden. (**A. P. 3 029 195** vom 29/5. 1959, ausg. 10/4. 1962.) H. Baur 6539

2381 **Texas Instruments, Inc.,** Dallas, Tex., V.St.A., *Bindung von Metallen in der festen Phase.* (**E. P. 878 283** vom 20/6. 1958, ausg. 27/9. 1961. — C. **1963,** 2609 [A. P. 2 947 078].)

2382 **N. V. Philips' Gloeilampenfabrieken** (Erfinder: **Hans Georg Gerlach**), Eindhoven, Niederlande, *Herstellung einer Verbindung zwischen einer aus einem hochschmelzenden Metall bestehenden Folie und einem Gegenstand aus einem hochschmelzenden Metall mit Hilfe eines pulverförmigen, ein Monocarbid dieses Metalls enthaltenden Lötmaterials.* (**D. A. S. 1 153 226** Kl. 49h vom 18/10. 1958, ausg. 22/8. 1963. Niederl. Prior. 23/10. 1957. — C. **1961,** 8465 [Oe. P. 207 194].)

2383 **Imperial Chemical Industries Ltd.,** London, übert. von: **Richard Elliott Shaw,** Windsor, England, *Bäder zur Behandlung von Metalloberflächen.* (**A. P. 2 987 426** vom 27/1. 1958, ausg. 6/6. 1961. E. Prior. 30/1. 1957. — C. **1961,** 5241 [F. P. 1 183 345].)

2384 **Amchem Products, Inc.,** Ambler (Erfinder: **Nelson James Newhard,** Oreland, **David Yeats Dollman,** Mounted Route, und **Lester Steinbrecher,** Philadelphia), Pa., V.St.A., *Herstellung chemischer Umwandlungsüberzüge auf Aluminiumoberflächen.* (**D. A. S. 1 150 256** Kl. 48d vom 18/11. 1960, ausg. 12/6. 1963. A. Prior. 19/11. 1959. — C. **1963,** 13357 [A. P. 2 988 465].)

2385 **Amchem Products, Inc.,** Ambler, Pa., V.St.A. (Erfinder: **Nelson James Newhard, David Yeats Dollman** und **Lester Steinbrecher**), *Herstellung chemischer Umwandlungsüberzüge auf Aluminiumoberflächen.* (**F. P. 1 271 888** vom 20/10. 1960, ausg. 22/1. 1962. **E. P. 893 771** vom 17/10. 1960, ausg. 11/4. 1962. Beide A. Prior. 19/11. 1959. — C. **1963,** 13357 [A. P. 2 988 465].)

2386 **Robert Bosch G.m.b.H.,** übert. von: **Gustav Gärtner,** Stuttgart, und **Gerda Mutschler,** Eningen unter Achalm, *Herstellung von Metallüberzügen* (**A. P. 3 015 014** vom 25/8. 1959, ausg. 26/12. 1961. D. Prior. 25/5. 1957. — C. **1961,** 9586 [D. A. S. 1 089 288].)

2387 **Pilkington Brothers Ltd.,** Liverpool, England, *Verkupfern.* (**E. P. 880 414** vom 20/11. 1958, ausg. 18/10. 1961. — C. **1962,** 4712 [F. P. 1 240 498].)

2388 **Metal & Thermit Corp.**, Rahway, N.J., und **Frank Passal** (Erfinder: **Frank Passal**), Detroit, Mich., V.St.A., *Galvanisches Abscheiden von Kupfer und Kupferlegierungen.* (**D. A. S. 1 143 075** Kl. 48a vom 18/6. 1958, ausg. 31/1. 1963. A. Prior. 19/6. 1957. — C. **1962**, 645 [F. P. 1 210 750].)

2389 **Union Carbide Corp.**, New York, N.Y., V.St.A. (Erfinder: **Elmer Robert Breining, Wilbur M. Bolten** und **Fritz O. Deutscher**), *Herstellung von Aluminiumüberzügen.* (**E. P. 879 847** vom 16/3. 1960, ausg. 11/10. 1961. — C. **1962**, 12087 [A. P. 2 929 739].)

2390 **Union Carbide Corp.**, New York, N.Y., V.St.A. (Erfinder: **Jack J. Buloth**), *Herstellung von Aluminiumüberzügen.* (**E. P. 882 214** vom 16/6. 1958, ausg. 15/11. 1961. — C. **1962**, 10266 [A. P. 2 921 868].)

2391 **General Motors Corp.**, Detroit, Mich., übert. von: **Dean K. Hanink**, Indianapolis, Ind., **Albert A. Shoundy jun.**, Royal Oak, **Robert F. Thomson**, Grosse Pointe Woods, und **August G. Meth**, Flint, Mich., V.St.A., *Herstellung von Aluminiumüberzügen auf Eisengegenständen, z. B. Auslaßventilen.* (**A. P. 3 033 705** vom 13/8. 1956, ausg. 8/5. 1962. — C. **1961**, 10357 [E. P. 812 659].)

2392 **National Cash Register Co.**, übert. von: **Ignatius Tsu** und **Jerome S. Sallo**, Dayton, Ohio, V.St.A., *Galvanisches Abscheiden von ferromagnetischen Überzügen.* (**A. P. 3 031 386** vom 2/4. 1959, ausg. 24/4. 1962. — C. **1962**, 4712 [F. P. 1 241 315].)

2393 **National Cash Register Co.**, Dayton, übert. von: **Jerome S. Sallo, Robert D. Fisher, Ignatius Tsu**, Dayton, Ohio, und **Harsukh J. Modi**, West Lafayette, Ind., V.St.A., *Galvanisches Abscheiden von ferromagnetischen Überzügen.* (**A. P. 3 031 486** vom 14/11. 1958, ausg. 1/5. 1962. — C. **1962**, 4712 [F. P. 1 241 315].)

2394 **Kemiska Aktiebolaget Candor**, Fittja, Schweden, *Galvanisches Nickelbad.* (**E. P. 900 554** vom 23/12. 1959, ausg. 11/7. 1962. Schwed. Prior. 23/12. 1958. — C. **1962**, 6576 [F. P. 1 243 233].)

2395 **Gustav Knippero**, Mülheim-Saarn/Ruhr, *Elektrolytische Entzinnung von Weißblechabfällen.* (**E. P. 905 241** vom 12/5. **1960**, ausg. 5/9. 1962. D. Prior. 23/5. 1959. — C. **1963**, 4877 [Oe. P. 217 820].)

2396 **Chrysler Corp.**, Detroit, Mich., V.St.A. (Erfinder: **Alvin Russell Balden**), *Verzinnen.* (**E. P. 902 785** vom 21/4. 1960, ausg. 9/8. 1962. — C. **1962**, 11725 [A. P. 2 947 639].)

2397 **Sel-Rex Corp.**, Nutley (Erfinder: **Robert Duva**, Paramus, und **Edwin Cornell Rinker**, Morristown), N.J., V.St.A., *Bad zum glavanischen Abscheiden dicker, spannungsfreier Platinüberzüge.* (**D. A. S. 1 144 074** Kl. 48a vom 6/8. 1959, ausg. 21/2. 1963. A. Prior. 6/8. 1958. — C. **1962**, 5088 [E. P. 853 939].)

2398 **Parker Rust Proof Co.**, Detroit, Mich., V.St.A., übert. von: **Herbert Arthur Henry Jenkins** und **Dennis Brian Freeman**, Brentford, England, *Herstellung von Überzügen auf Titan und seinen Legierungen.* (**A. P. 3 041 215** vom 7/2. 1956, ausg. 26/6. 1962. E. Prior. 7/2. 1955. — C. **1962**, 8054 [E. P. 823 928].)

2399 **Pechiney Comp. de Produits Chimiques et Électrométallurgiques**, Paris, übert. von: **Marcel Riou**, Neuilly, und **Henri Richaud**, Chambery, Frankreich, *Schutz von Metallen.* (**A. P. 3 012 917** vom 21/3. 1958, ausg. 12/12. 1961. F. Prior. 26/3. 1957. — C. **1961**, 5244 [F. P. 1 174 045].)

2400 **Pechiney Comp. de Produits Chimiques et Électrométallurgiques**, Paris, Frankreich, *Schutz von Metallen.* (**Belg. P. 566 079** vom 26/3. 1958, ausg. 29/7. 1960. F. Prior. 26/3., 12/4., 24/5. u. 9/7. 1957. — C. **1961**, 5244 [F. PP. 1 174 045, 1 178 313 u. 1 178 314] u. C. **1963**, 13747 [F. PP. 1 246 106 u. 74 033].)

2401 **North American Philips Co., Inc.**, New York, N.Y., V.St.A., übert. von: **Jan Leendert Meise** und **Petrus Baeyens**, Eindhoven, Niederlande, *Herstellung von chromhaltigen Schutzschichten.* (**A. P. 3 014 817** vom 3/2. 1960, ausg. 26/12. 1961. Niederl. Prior. 4/2. 1959. — C. **1963**, 10665 [F. P. 1 253 993].)

2402 **North American Philips Co., Inc.**, New York, N.Y., V.St.A., übert. von: **Jan Anthony Lely** und **Julius Goeman Bos**, Eindhoven, Niederlande, *Herstellung von Metalloxidüberzügen.* (**A. P. 3 014 815** vom 16/10. 1958, ausg. 26/12. 1961. Niederl. Prior. 4/11. 1957. — C. **1962**, 3257 [F. P. 1 207 231].)

H₉. Organische Industrie

2403 **Verwendung eines Analogrechners in der angewandten chemischen Kinetik. Anwendung zur Untersuchung der thermischen Zersetzung von 1.2-Dichloräthan.** L. Badguerahanian, A. Bellier und A. Crico. (Génie chim. **88**, 115—21, 1962; franz.) — Beschreibung der chem. Anlage, der Vers.-Ergebnisse, der Funktionsgleichungen u. deren Lösung durch einen Analogrechner.
W. Holland H 510◇

2404 **Darstellung und physikalische Eigenschaften der 2.5-Dimethylparaffine mit 10—16 C-Atomen.** Helmut Pichler, Albert Herlan und Fritz Obenaus. (Brennstoff-Chem. **43**, 199—209, 1962; Karlsruhe; TH, Carl-Engler- u. Hans-Bunte-Inst. für Mineralöl- u. Kohleforsch.; dt.) — Folgende *2.5-Dimethylalkane* werden durch Synth. nach Petrow u. Mitarbeitern [1941] durch Anlagerung der Grignard-Verb. von Isoamylbromid an die entsprechenden Methyl-n-alkylketone, Zers. der Addukte mit W., Dehydratisieren der tert. Alkohole mit β-Naphthalinsulfonsäure bei 130—140°, Hydrieren der Olefine an Raney-Ni bei 200° u. 150 at u. Feinfraktionierung (ca. 50 theoret. Böden) der Isoparaffine dargestellt: *2.5-Dimethyloctan*, n_D^{20} 1,4107, n_D^{25} 1,4086; $D.^{20}$ 0,7276, $D.^{25}$ 0,7238; F. —84,5°, $Kp._{760}$ 157,1°. — *2.5-Dimethylnonan*, n_D^{20} 1,4162, n_D^{25} 1,4141; $D.^{20}$ 0,7377, $D.^{25}$ 0,7340; F. —74,5°; $Kp._{760}$ 178,2°. — *2.5-Dimethyldecan*, n_D^{20} 1,4207, n_D^{25} 1,4187; $D.^{20}$ 0,7464, $D.^{25}$ 0,7429; F. —60,4°; $Kp._{760}$ 198,1°. — *2.5-Dimethylundecan*, n_D^{20} 1,4248, n_D^{25} 1,4228, $D.^{20}$ 0,7542, $D.^{25}$ 0,7508, F. —47,2°, $Kp._{760}$ 216,5°. — *2.5-Dimethyldodecan*, n_D^{25} 1,4282, n_D^{25} 1,4262, $D.^{20}$ 0,7607, $D.^{25}$ 0,7574; F. —38,6°, $Kp._{760}$ 233,6°. — *2.5-Dimethyltridecan*, n_D^{20} 1,4311, n_D^{25} 1,4292, $D.^{20}$ 0,7663, $D.^{20}$ 0,7630, F. —27,2°, $Kp._{760}$ 250,4°. — *2.5-Dimethyltetradecan*, n_D^{20} 1,4337, n_D^{20} 1,4318, $D.^{20}$ 0,7712, $D.^{25}$ 0,7679, F. — 22,3°, $Kp._{760}$ 265,5°. — Ferner werden Massenspektren (Atlas-CH_3-Massenspektrometer) u. IR-Spektren (2—15 μ Perkin-Elmer-Spektrometer) aufgenommen u. diskutiert. W. Lauk H 510

2405 **Die Steigerung des Bedarfs an Propylen als Folge neuer Produkte und technischer Fortschritte.** P. W. Sherwood. (Chim. et Ind. **85**, 401—08, 576—87, 1961; franz.) — Allg. Übersicht über techn. Synth. mit Propylen zur Gewinnung von Aceton, Glycerin, Propylenoxid, Oxoderivv., Nonen, Dodecen u. Polypropylen. Wirtschaftliche Gesichtspunkte der angeführten Verff. werden erwähnt.
K. Dorfner H 520◇

2406 **Trennung des Divinyls aus der Butan-Butylen-Fraktion nach der Methode der Extraktionsrektifikation.** G. G. Dewjatych, A. D. Sorin, W. Ja. Dudorow, A. Je. Jeshelewa und S. Ss. Smoljan. (J. angew. Chem. [UdSSR] **35**, 1597—1601, 1962; russ.) — Vff. stellen fest, daß Äthylcellosolve mit einem Zusatz von 20% W. ein gutes Lsgm. zur Abtrennung von *Divinyl* (**I**) durch Extraktionsrektifikation aus einer C_4-Fraktion ist. Im Gegensatz zu der gegenwärtig verwendeten wss. Lsg. von Furfurol polymerisiert das neue Lsgm. nicht im Dest.-Kolben der Kolonne, besitzt einen niedrigeren Kp. u. **I** ist darin besser löslich. Es wird gezeigt, daß das Emulgierungs-Verf. beim Abtrennen von **I** aus der C_4-Fraktion wirksamer ist. Es werden Schemata der verwendeten Kolonnen gebracht. A. Nagatkina H 520△

2407 **Die Hydratation von Acetylen in der Dampfphase.** A. J. Szonyi und W. F. Graydon. (Canad. J. chem. Engng. **40**, 183—87, 1962; Toronto, Ont., Univ. of Toronto, Dep. of Chem. Engng. and Appl. Chem.; engl.) — Die Kinetik der Hydratation von C_2H_2 in der Dampfphase über einem mit Zn-Phosphat/H_3PO_4 aktivierten Kohle-Katalysator im Festbettreaktor bei 350°, der bei niedrigen Umwandlungs-Geschw. arbeitet, wird untersucht. Die Umwandlungs-Geschw. ergibt sich als Funktion der C_2H_2-Konz., der W.-Konz. u. der Temp. u. kann durch die empir. Gleichung $R = K_A \cdot C_A \cdot C_W / K_B \cdot C_W + C_A$ beschrieben werden, worin R = Mole hydratisiertes C_2H_2/g Katalysator·s, K_A u. K_B = empir. Rk.-Konst., C_A = C_2H_2-Konz. in Mol/Liter, C_W = W.-Konz. in Mol/Liter. Die Werte für die Konst. werden empir. durch Vgl. dieser Gleichung mit den Vers.-Ergebnissen erhalten. Als Rk.-Prodd. treten CH_3CHO, Crotonaldehyd u. CH_3COOH auf. Die in einem Reaktor mit hoher Umwandlungs-Geschw. erhaltenen Daten passen sich der integrierten Form obiger Gleichung an.
S. Grempe H 530◇

2408 **Die Synthese der Methylchlorsilane im Fließbett.** R. J. H. Voorhoeve und J. C. Vlugter. (Chem. Weekbl. **59**, 617—21, 1963; niederl.) — Die Synth. von $(CH_3)_2SiCl_2$ (**I**) aus CH_3Cl u. Si im Fließbett wird beschrieben. Dabei wird ein Prod. mit 85—90% **I** erhalten. Si wird dabei zu 60—70% umgesetzt. Der Umsatz kann auf 90% gesteigert werden, wenn H_2S-Gas als Promotor verwendet wird.
F. Rosendahl H 980△

2409 **Untersuchungen über die Darstellung von Terephthalsäure.** 6. Mitt. **Lösungsmitteleffekt von o-Dichlorbenzol auf die Sauerstoffoxydation von p-Toluylsäure.** Nobuto Ohta. (Rep. Government chem. ind. Res. Inst., Tokyo **56**, 221—24, 1961; jap., Auszug: engl. S. 27) — 5. vgl. C. **1963**, 9662. — o-Dichlorbenzol (**I**) zeigt eine bes. Lsgm.-Wrkg. bei der O_2-Oxydation von p-Toluylsäure (**II**). In **I** wird **II** in Ggw. von Co-Salzen leicht zu *Terephthalsäure* (**III**) oxydiert. **III** entsteht jedoch nicht, wenn Co durch Mn, Cr, Ni oder Cu ersetzt wird. Trichlorbenzol begünstigt die Rk. ebenfalls, jedoch schwächer als **I**. H. Krause H 1220△

2410 **Eine verbesserte Methode zur Gewinnung und Reinigung von Stilben.** I. I. Finkelstein und R. M. Gelstein. (J. angew. Chem. [UdSSR] **35**, 2111—12, 1962; Charkow, Werk für chem. Reaktive; russ.) — *Stilben* (**I**), das für die Herst. von Monokristallen für Scintillationszähler verwendet wird, wurde durch therm. Zers. von Benzalazin (II) erhalten. Die Qualität von C_6H_5CHO, von dem man ausgeht, hat keinen Einfl. auf die Qualität von I. Bei der Unters. des Einfl. verschiedener Faktoren, die beim Zers.-Prozeß wirken können, auf die Ausbeute u. Qualität von I wurde festgestellt, daß sich Beimengungen, die die Luminescenz von I verhindern, bei der Dest. in der Fraktion mit Kp. 370—400° anhäufen. Durch Kristallisation von ungereinigtem I aus Dichloräthan in Ggw. von Aktivkohle werden die Lichtausbeute erhöht u. Verunreinigungen entfernt, die auf der Luminescenzkurve bei $\lambda = 420$ mμ ein zweites Maximum ergeben. Die Verringerung der Kohlenmenge auf $< 5\%$ des Gew. von I erniedrigt die Wrkg. der Reinigung. Beim Erwärmen von ungereinigtem I mit der gleichen Menge CH_3COOH im Laufe 1 Std. auf 100° erhält man I, das den techn. Anforderungen entspricht. Diese Meth. ist jedoch unrentabel, weil CH_3COOH verloren geht u. ca. 15% der Ausgangsmenge von I in der Mutterlauge verbleiben. B. Fabritschni H 2210△

2411 **Über einige Faktoren, die auf den Pyrenabscheidungsprozeß einwirken.** Urszula Śnieżek-Mikołajska. (Koks-Smoła-Gaz **6**, 95—100, 1961; Politechn. Śląska, Katedra Chem. Technol. Węgla; pol.) — Verss. zeigen, daß hochsd. Verunreinigungen die Anreicherung von Pyren (I) hemmen. Während des Kristallisierens werden Änderungen der I-Ausbeute sowie des I-Geh. im Nd. in Abhängigkeit von der angewandten Lsgm.-Menge festgestellt.
R. Grundmann H 2950◇

2412 **Die Gewinnung von Furfurol und anderen chemischen Produkten aus pflanzlichen Abfällen.** W. G. Panassjuk und W. P. Repka. (Hydrolysen- u. Holzchem. Ind. [UdSSR] **13**, Nr. 8, 6—7, 1960; Dnepropetrowsk, Landwirtschaftl. Inst.; russ.) — Beschreibung einer halbtechn. Anlage zur kontinuierlichen Herst. von *Furfurol, Essigsäure, Aktivkohle, Phenolen* u. a. aus landwirtschaftlichen Abfällen, bes. aus Maiskolben u. Sonnenblumenschalen. Die Ausbeute an Furfurol aus Maiskolben betrug 12%, aus Sonnenblumenschalen 8%. T. Lukanoff H 3061□

2413 **Alkylphenole und Alkylarylphenole als Inhibitoren der Autoxydation von α-Pinen.** Je. N. Nowikowa und M. P. Petunina. (Ber. Akad. Wiss. BelorussSSR **6**, 39—41, Jan 1962; Inst. für allg. u. anorg. Chem. der Akad. der Wiss. der BelorussSSR; russ.) — Die Oxydation von *α-Pinen* (über Na dest., Kp. 155°, D_4^{20} 0,8576, n_D^{20} 1,4656) wird im Dunkeln an der Luft bei 18—20° u. in einer Halbvakuumanlage bei 80° mit u. ohne Inhibitorzusatz untersucht. Die Inhibitor-Wrkg. wird auf Grund der Menge der gebildeten Peroxide bestimmt. Bei 80° wird die Induktionsperiode u. die Geschw. der Absorption von O_2 bestimmt. Die Inhibitor-Wrkg. der Alkyl- u. Alkylarylphenole (Zusatzmenge 0,0002—0,034%) nimmt ab in der Reihenfolge: a) Phenylisopropylbrenzcatechin, 4-Phenyläthylbrenzcatechin, Nonyl-p-kresol, Octyl-p-kresol, Nonylphenol, Octylphenol; b) 2.2'-Methylen-bis-[4-methyl-6-tert.-butylphenol], 2.6-Di-tert.-butyl-4-methylphenol, Tri-tert.-butylphenol, p-tert.-Butylphenol.
R. K. Müller H 3600◇

2414 Nalco Chemical Co., übert. von: Carl E. Johnson, Glen Ellyn, Ill., V.St.A., **Herstellung wasserlöslicher Al_2O_3-Komplexverbindungen** erfolgt durch Versetzen von 7—35, bes. 20—35% einer organ. Polyhydroxyverb. (I), enthaltend wss. Na-Aluminat-Lsg. ($Na_2O \cdot Al_2O_3$) mit so viel einer aliphat. Carbonsäure C_1—C_6, z. B. HCOOH, CH_3COOH oder Milchsäure, daß das pH der Lsg. 10 nicht übersteigt (bes. pH 4,5—9,5) u. anschließendes Erwärmen der Lsg. bis zum völligen Klarwerden auf 100—200°, bes. 180—200°. — Als I dienen bes. Wein-, Glucon-, Gallussäure oder ihre Salze, Invertzucker, Glucose, Sorbit, abgebaute Stärke, α-Glucoheptonat. — Die Prodd. dienen zur Herst. von *Salben, Antiperspirantien, Katalysatoren, Farbbeizen, blutstillenden Mitteln* u. zum *Imprägnieren von* Textilien. (**A. P. 3 014 055** vom 15/12. 1958, ausg. 19/12. 1961.)
O. Müller-Meiningen 6551

2415 Universal Oil Products Co., Des Plaines, übert. von: Joseph A. Chenicek, Long Grove, Ill., V.St.A., **Mono- oder Dialkylphosphate von N.N'-Dialkyl-p-phenylendiaminen (I)** werden hergestellt durch Rk. von Phosphorsäuremono- u. dialkylestern (II) mit I. — Als II sind angegeben: Gemische von Phosphorsäuremono- u. -diisoamylester, -mono- u. -diisooctylester; als I: N.N'-Di-sek.-butyl-, N.N'-Di-sek.-octyl- u. N.N'-Di-3-(5-methylheptyl)- sowie N.N'-Di-2-octyl-p-phenylendiamin. — *Stabilisatoren für KW-Stoffe*, zahlreiche Wirkungsangaben. (**A. P. 3 031 487** vom 28/2. 1961, ausg. 24/4. 1962.) A. Debo H 500

2416 Pittsburgh Plate Glass Co., Pittsburgh, Pa., V.St.A. (Erfinder: Charles Lloyd Cormany, William Richard Dial und Blaine Otis Pray), **Stabilisierung von Methylchloroform (1.1.1-Trichloräthan)** gegen Zers. u. Verringerung seiner korrosiven Einw., bes. auf Metalle, erfolgt durch Zusatz von bis zu 10, bes. von 0,05—5 Gew.-% einer Verb., die ein Keton, Ketol, Dialkylsulfoxid, Nitril, Imin, Oxazirin, Thiazirin, Oxaphosphirin, Thiaphosphirin, Trialkylsilyläther, Dialkylsulfid, Dialkylsulfit, Tetraalkylblei, Zinnalkyl, Nitroalkan, Morpholin, Hydrazin, Hydroxylamin, Dioxolan, N-Alkylhydroxyamin oder ein Gemisch einer der obigen Verbb. mit einwertigen aliphat. Alkoholen oder Epoxy-Verbb., wie Äthylen-, 1.2-Propylen-, 1.2-Butylen-, Styrol-, Cyclohexenoxid, Glycid (I) u. Epichlorhydrin, sein kann. Die Beispiele beschreiben den Zusatz von Acetol, β-Methylaminopropionitril, Malonitril, Thiodipropionitril, Dimethylaminoacetonitril, Dimethylaminopropionitril, Dimethylsulfoxid + I, Acetol + I, Morpholin + I, N-Methyläthanolamin (II), II + I, Hydrazin, Dioxolan (III), III + Butylenoxid, III + A., III + Isopropanol, Aceton, Nitromethan (IV), IV + Butylenoxid, IV + A., IV + Isopropanol, A., Acetonitril (V), V + Butylenoxid, Acrylnitril, N-Methylmorpholin (VI), VI + I u. Morpholin. (**E. P. 912 118** vom 2/2. 1959, ausg. 5/12. 1962. A. Prior. 3/2. 1958.) J. Mühleisen H 510

2417 Purdue Research Foundation, Lafayette, übert. von: Nathan Kornblum, West Lafayette, Ind., V.St.A., **Nitroalkane.** In Dimethylformamid (I) wird ein Alkalimetallnitrit mit einem Ester aus einem Cycloalkanol, prim. oder sek. Alkanol, Benzylalkohol, 3-Phenyl-n-propanol oder Phenyläthanol u. HBr, HJ, Toluolsulfonsäure oder Methylsulfonsäure umgesetzt. Ein Zusatz von Brenzcatechin oder Harnstoff unterdrückt Nebenreaktionen. — 54 (Teile) Bromheptan, 36 $NaNO_2$ u. 572 I werden 6 Std. gerührt, worauf das Gemisch in Eiswasser gegossen, mit PAe. extrahiert, über $MgSO_4$ getrocknet u. rektifiziert wird. In 25% ig. Ausbeute erhält man *1-Heptylnitrit*, $Kp._9$ 42°, n_D^{20} 1,4061 u. in 60% ig. Ausbeute *1-Nitroheptan*, $Kp._3$ 68°, n_D^{20} 1,4284. — Weitere Beispiele betreffen die Herst. von: *1-* u. *2-Nitrooctan, Nitrocyclopentan, 3-Phenyl-1-nitropropan, Phenylnitromethan, 1-Nitrobutan, 1-Nitrodecan, α-Phenylnitroäthan 1-Nitrooctadecan, 2-Nitrotridecan* u. *Nitrocyclopentadecan*, — *Zwischenprodukte.* (**A. P. 3 038 015** vom 11/2. 1958, ausg. 5/6. 1962.)
J. Mühleisen H 510

2418 Sinclair Research, Inc., New York, N.Y., übert. von: William D. Hoffman, Park Forest, Ill., V.St.A., **Olefine** mit 4—10 C-Atomen und *endständiger Doppelbindung* erhält man durch Rk. von 1 (Mol) Al-Trialkyl, mit 2—8 C-Atomen im Alkyl, mit 6—30 Äthylen in Ggw. von ca. 0,001, bes. 0,01—0,1 feinverteiltem Ni u. 0,5—2, bes. 0,8 bis 1,25 Diphenyläther bei 100—200, bes. 110—135° u. 50 bis 5000, bes. 400—2000 lbs./sq.inch. — Aus 0,25 Triäthyl-Al in Ggw. von 0,00025 Ni-Acetonylacetonat u. 0,37 Diphenyläther u. 500 lbs./sq.in. Äthylen bei 128° → *Olefine* mit 4—6 C-Atomen. — *Zwischenprodd.* zur *Herst.* von *Polymeren, Mischpolymeren, endständigen Epoxiden, Fettsäuren* u. *Reinigungsmitteln.* (**A. P. 3 035 105** vom 12/2. 1960, ausg. 15/5. 1962.)
G. Krauß H 520

2419 Esso Research and Engineering Co., übert. von: Theodore J. Peters, Somerville, und Albert Gathman, Neptune, N.J., V.St.A., **Isoalken- und schwefelfreie n-Alkene** mit 4—6 C-Atomen erhält man durch Behandeln von gasförmigen oder fl., diese enthaltenden KW-Stoffmischungen mit 60—70% ig. H_2SO_4 im Verhältnis 5 : 1 bei 50—120, bes. 70—100° F u. 15—125, bes. 100 bis 110 lbs./sq.inch. Die n-Alkene werden anschließend dest. u. dann mit 70—80% ig. H_2SO_4 im Verhältnis 1—10 : 1 bei 80—135, bes. 105—115° u. 85—95 lbs./sq.in. extrahiert. Der Extrakt wird dann mit W. oder Dampf bei 200—300° u. bis zu 100 lbs./sq.in. hydrolysiert, wodurch *sek. Alkohole* erhalten werden. Der ersten Extraktion der KW-Stoffmischung kann eine Behandlung mit wss. Alkalien zur Entfernung der S-Verbb. vorausgehen. — Gereinigt wird z. B. eine Mischung aus 40 bis 60 (%) Butan, 7—10 Isobutylen, 20—42 n-Butylenen, geringen

Mengen von KW-Stoffen mit 3—5 C-Atomen u. 100 bis 200 Teilen S-Verunreinigungen je Million Teile Mischung mit wss. NaOH von 12—17° Bé, dann mit 1 Teil 65—66% ig. H_2SO_4 je 5—20 Teile KW-Stoffmischung bei 90° u. 105 lbs./sq. inch. Die erhaltenen n-Butylene sind frei von Isobutylen u. enthalten höchstens 20 Teile S je Million Teile KW-Stoff; daraus erhält man mit 76—77% ig. H_2SO_4 bei 110° u. 90 lbs./sq.in. u. Hydrolyse des Extraktes mit Dampf bei 255° u. 90 lbs./sq.in. *sek.-Butanol.* — Vgl. F. P. 1 210 114; C. **1962,** 17559. (**A. P. 2 918 499** vom 11/9. 1957, ausg. 22/12. 1959.) G. Krauß H 520

2420 Dow Chemical Co., übert. von: Douglas A. Rausch, Midland, Mich., V.St.A., **Herstellung von 2.3.3.3-Tetrafluorpropen** durch Rk. von HF mit einem Halogen-KW-Stoff der Formel $CX_3CF_2CH_3$ (X = Br, Cl oder F), wie 1-Brom-1.1-dichlor-, 1.1-Dibrom-1-chlor-, 1.1.1-Tribrom- oder bes. 1.1.1-Trichlor-2.2-difluorpropan, während einer Kontaktzeit von 1—20, bes. 2—10 Sek. bei 150—600°, bes. 225—600° oder 400°, unter Verw. eines Mol-Verhältnisses HF zu KW-Stoff von 2:1—40:1, bes. 10:1—20:1 oder 36:2, u. in Ggw. von bas. Chromfluorid als Katalysator, der nach Verbrauch durch Erhitzen auf 500° in Ggw. von O_2 regeneriert werden kann. (**A. P. 2 996 555** vom 25/6. 1959, ausg. 15/8. 1961.) W. Gräger H 520

2421 Polymer Corp. Ltd., übert. von: Charles Milne Finigan, Sarnia, Ontario, Kanada, **Gewinnung von Diolefinen mit konjugierten Doppelbindungen** u. 4 C-Atomen aus diese u. bes. Acetylene enthaltenen Mischungen erfolgt durch deren Behandlung mit wss. ammoniakal. Cu(I)-Salz-Lsgg. (Sulfat, Phosphat, Acetat, Lactat, Tartrat, Borat, Carbonat, Chlorid, Fluorid, Glykolat, Thioglykolat, Benzoat, Salicylat), wodurch die Diolefine u. Acetylene absorbiert werden. Aus dieser Lsg. werden dann in einem Abstreifer die Diolefine u. etwas Acetylene entfernt, wobei die letzten gleichzeitig polymerisieren. Die die Polymeren enthaltende Lsg. wird dann mit einem fl. KW-Stoff, der wenigstens 60 Mol-% eines Diolefins mit 4 C-Atomen, bes. 1.3-Butadien, enthält, im Verhältnis 10—1:1, bes. 7—3:1 bei >25, bes. 30—50°, extrahiert. Die Cu(I)-Salz-Lsg. kann dann in den Kreislauf zurückgeführt werden. — 1.3-Butadien wird z. B. aus einer dieses enthaltenden Mischung aus Propylen, 1-n-Buten, cis- u. trans-2-Buten, Allenen, Pentanen, Methyl-, Vinyl-, Äthyl- u. Dimethylacetylenen, die durch Dehydrieren von n-Butylenen gewonnen wurde, mit ammoniakal. Cu(I)-Acetat-Lsg., die bes. 2—5 Mol Cu(I) u. 10 Mol NH_3 enthält, abgetrennt. — Fließbilder, Zeichnungen. (**A. P. 2 960 549** vom 6/4. 1959, ausg. 15/11. 1960. **E. P. 893 595** vom 4/3. 1960, ausg. 11/4. 1962. Beide Can. Prior. 21/3. 1959.) G. Krauß H 520

2422 Heyden Newport Chemical Corp., New York, N.Y., übert. von: Joseph H. Stump jun., Pensacola, Fla., und Oliver G. Wilson, Fort Worth, Tex., V.St.A., **Oxydation von Alloocimen** zu einem monomeren Alloocimenperoxid durch Behandlung von Alloocimen bei 5 bis 105° mit Luft, Entfernung der sauren Rk.-Prodd. u. therm. Depolymerisation (70—180°) des polymeren Peroxids zum monomeren 2.7-Peroxy-2.6-dimethyloctadien-(3.5), $Kp._{11}$ 103 bis 107°, n_D^{20} 1,4645, $D._4^{15}$ 0,953. — *Polymerisationskatalysator, Ausgangsmaterial für Rosenparfüme.* (**A. P. 3 038 906** vom 29/2. 1960, ausg. 12/6. 1962.) R. Bauereis H 520

2423 Badische Anilin- & Soda-Fabrik Akt.-Ges. (Erfinder: Kurt Schneider und Heinrich Pasedach), Ludwigshafen/Rh., **Herstellung von mehrwertigen Acetylenalkoholen,** die eine Acetylenbindung in α,β-Stellung zu einer tert. Carbinolgruppe enthalten, dad. gek., daß man ein

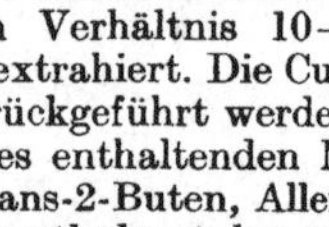

I

Dioxolanon der allg. Formel **I**, in der R_1 u. R_2 aliphat., cycloaliphat., araliphat., aromat. oder heterocycl. Reste oder gemeinsame Glieder eines cycloaliphat. Ringes u. R_3 H oder einen aliphat., cycloaliphat., araliphat. oder aromat. Rest bedeuten, in Ggw. einer starken Base oder einer mit W. eine starke Base ergebenden Verb. (Oxide, Hydroxide oder Alkoholate von Metallen der I. u. II. Hauptgruppe des Period. Syst., Grignard-Verbb., Alkali- oder Erdalkalihydride oder -amide, Phenyl- oder Butyl-Li, stark bas. Ionenaustauscher) mit einer Acetylen-Verb. der allg. Formel CH≡C—R_4, in der R_4 H oder einen ggf. über O oder S gebundenen aliphat., cycloaliphat., araliphat. oder aromat. Rest bezeichnet [C_2H_2, Methyl-, Phenyl-, Vinyl- oder Isopropylacetylen, Äthinyläthyläther, Äthinylphenylthioäther, Propargylalkohol, Butin-(3)-ol-(2), 2-Methylbutin-(3)-ol-(2), 3-Methylpentin-(4)-ol-(3) oder 1-Äthinylcyclohexanol-(1)], umsetzt. Als Ausgangs-Prod. ist z. B. 4-Methylen-5.5-dimethyldioxolanon-(2) verwendbar oder auch solche, in denen die Methylengruppe in der 4-Stellung durch Äthyliden, Benzyliden, Hexahydrobenzyliden oder β-Phenyläthyliden u./oder die Methylgruppen in der 5-Stellung durch gleichartige oder verschiedene Gruppen ersetzt sind, wie Äthyl, Allyl, n-Octyl, Phenyl, β-Naphthyl, p-Chlorphenyl, Cyclohexyl, Benzyl, ß-Phenyläthyl, Tetra-, Penta-, Hepta- oder Undecamethylen. Die Rk. wird zweckmäßig in einem inerten Lsgm. (Tetrahydrofuran, Tetrahydropyran, Ae., Diäthylenglykolmonoalkyläther, Dimethylsulfoxid, Acetaldehyddiäthylacetal, n-Heptan, Cyclohexan, Bzl. oder Toluol) bei 0—100°, bes. 10—50°, unter erhöhtem Druck, ggf. in Ggw. von Inertgas (N_2, Ar_2), durchgeführt. Man erhält so: *2.3-Dimethylpentin-(4)-diol-(2.3)*, $Kp._{15}$ 89—91°, n_D^{20} 1,4630; *2-Phenyl-3-methylpentin-(4)-diol-(2.3)*, $Kp._{0,05}$ 89—91°, F. 58 bis 59,5°; *2-Methyl-1.1-pentamethylenbutin-(3)-diol-(1.2)*, $Kp._{1,0}$ 88—91°, F. 66—67°; *2.5.6-Trimethylheptin-(3)-triol-(2.5.6)*, F. 81—82°; *2.3-Dimethylhexin-(4)-triol-(2.3.6)*, $Kp._{0,2}$ 133 bis 135°, n_D^{20} 1,4990; *2-Methyl-1.1-pentamethylenpentin-(3)-triol-(1.2.5)*, $Kp._{0,2}$ 158—162°. Geeignet als *Sedativa, Hypnotica, Herbicide* u. als Zwischenprodd. zur Herst. weiterer pharmakolog. Verbindungen. (**D. A. S. 1 135 894** Kl. 12o vom 17/8. 1961, ausg. 6/9. 1962.) W. Gräger H 550

2424 Pennsalt Chemicals Corp., Philadelphia, übert. von: Thomas E. Deger, Ambler, Bernard Buchholz, Flourtown, und Roland H. Goshorn, Fort Washington, Pa., V.St.A., **Mercaptane** werden hergestellt durch Rk. einer Hydroxy-Verb. oder eines nicht cycl. Äthers mit H_2S bei 100—500° in Ggw. eines Dehydratationskatalysators auf Al_2O_3-Basis u. eines Promotors aus einer Wolframatophosphorsäure u./oder Wolframatokieselsäure u. deren Alkali- oder Erdalkalisalzen. — Beispiele für die Herst. folgender *Mercaptane* sind aufgeführt: *Methyl-, Äthyl-, n-Propyl-, n-Butyl-, n-Octyl-, n-Dodecyl-* u. *Thiophenol.* — Vgl.-Verss. sind angegeben. (**A. P. 3 035 097** vom 24/6. 1960, ausg. 15/5. 1962. **E. P. 913 585** vom 19/5. 1961, ausg. 19/12. 1962. A. Prior. 24/6. 1960.) A. Debo H 600

2425 Pennsalt Chemicals Corp., Philadelphia, übert. von: Roland H. Goshorn, Fort Washington, Bernard Buchholz, Flourtown, und Thomas E. Deger, Ambler, Pa., V.St.A., **Alkylmercaptane und Dialkylsulfide** werden hergestellt durch Rk. von Olefinen mit H_2S in Ggw. eines Dehydratationskatalysators (Al_2O_3/SiO_2) u. 0,1—10% eines Beschleunigers aus Heteropolysäuren, deren Alkali- oder Erdalkalisalzen bei 250—400° u. Drucken über 100 lbs./sq.inch. Neben Phosphatowolframsäure u. Silicowolframsäure können folgende Heteropolysäuren bzw. Komplexverbb. verwendet werden: $H_2[J_2O_4(MoO_4)] \cdot H_2O$; $3\,SeO_2 \cdot 10\,MoO_3 \cdot 38\,H_2O$; $H_9[Al(MoO_4)_6] \cdot 7\,H_2O$; $TiO_2 \cdot 12\,MoO_3 \cdot 22\,H_2O$; $GeO_2 \cdot 12\,MoO_3 \cdot 32\,H_2O$; $V_2O_5 \cdot 8\,MoO_3 \cdot 5\,H_2O$; $H_8[H_2(MoS_4)_4(VS_3)_2] \cdot 10\,H_2O$; $H_{10}[Ni(MoO_4)_6] \cdot 5\,H_2O$; $H_{10}[Cu(MoO_4)_6] \cdot 5\,H_2O$; $H_9[Fe(MoO_4)_6] \cdot 7\,H_2O$; $H_6[Rh(MoO_4)_6] \cdot 7\,H_2O$; $PtO_2 \cdot 10\,MoO_3 \cdot x\,H_2O$; $2\,CrO_3 \cdot J_2O_5 \cdot 5\,H_2O$; $H_7[P(V_2O_6)_6] \cdot 21\,H_2O$; $H_4[SiMo_{12}O_{40}] \cdot xH_2O$; $P_2O_5 \cdot 24\,MoO_3 \cdot 63\,H_2O$; $SiO_2 \cdot 12\,MoO_3 \cdot 32\,H_2O$; $B_2O_3 \cdot 24\,WO_3 \cdot 65\,H_2O$; $H_{10}[Al(MoO_4)_6] \cdot 10\,H_2O$ u. $J_2O_7 \cdot 12\,WO_3 \cdot 11\,H_2O$ bzw. deren partielle Ammoniumsalze. — Beispiele für Äthylen, Buten-(1) u. Propylentetramere sind angegeben. (**A. P. 3 036 133** vom 25/7. 1960, ausg. 22/5. 1962.) A. Debo H 600

2426 Ethyl Corp., New York, N.Y., übert. von: David O. de Pree und William R. Eller, Baton Rouge, La., V.St.A., **Thioglykolsäure und deren Salze** erhält man durch Rk. eines Metall-α-metallacetats der allg. Formel $M_x(CH_2 \cdot COO)_yM'_z$ (M u. M' = gleiches oder verschiedenes Alkali- oder Erdalkalimetall; x, y u. z = Wertigkeit von M u. M') mit S in Ggw. eines diesen lösenden Lsgm. (Octane, Nonane, Octadecane, Dekalin, Toluol, Xylol, Tetralin, Mineralöl, Gasolin, Äthylamyl-, Diamyl-, Äthylbenzyläther, Diäthyl- u. Dibutyldiäthylenglykoläther, Tripropyl-, Triamyl-, Tricyclohexylamin, Diäthylanilin) bei 100—250, bes. 110—175°. —

Aus 210,2 (Teilen) wasserfreiem Na-Acetat u. 100 $NaNH_2$ bei 220—240° → Na-α-Na-Acetat; aus 60,3 davon in 215 Toluol u. 32 S in 215 Toluol unter Rückfluß → *Na-Thioglykolat*, daraus mit $SOCl_2$ u. Zusatz von p-Toluidin in 20 Bzl. → *p-Toluidin-Deriv.*, F. 120—123°. Aus Na-Salz mit HCl → *freie Säure*; *Ca-Salz*. Weitere Ausgangsstoffe sind: K-α-Na-, K-α-Li-, K-α-K-, Ba-α-Li-, Na-α-Ca- u. Ce-α-Ba-Acetat. — Verw. als *Dauerwellenmittel* u. *Stabilisierungsmittel* für *Polymere*. (**A. P. 2 945 880** vom 23/12. 1957, ausg. 19/7. 1960.) G. Krauß H 600

2427 E. I. du Pont de Nemours & Co., Wilmington, übert. von: Edward G. Howard jun., Hockessin, Del., V.St.A., **Thioketene** der Formel RHC=C=S erhält man durch Pyrolyse von Thioäthern der Formel RC≡C—S—C(R')$_3$ (R = H, Alkyl mit bis zu 18 C-Atomen, Aryl mit bis zu 10 C-Atomen, Aralkyl mit bis zu 7 C-Atomen oder Cycloalkyl mit bis zu 8 C-Atomen, R^1 = Alkyl) bei 400—600°, bes. 500°, u. einem Druck von <0,5 at, bes. 0,2—0,005 at. Man erhält so aus tert.-Butyläthinylthioäther → Thioketen; Propinyläthylthioäther → *Methylthioketen*; ferner *2-Hexyl-*, *Octadecyl-*, *Dodecyl-*, *Naphthyl-*, *Tolyl-*, *Cyclohexyl-* u. *Benzylthioketen*. Zwischenprodd. zur Herst. von Thioestern, Thioamiden usw., die Thioketene bilden leicht *Polymerisate*, die für *Schutzüberzüge* verwendbar sind. Mit Phenyl-, Tolyl-, Xylyl-, o-Äthylphenyl- oder Naphthylmercaptan bilden Polymere der Thioketene beständige Fette, die als *Schmiermittel* u. als *Korrosionsschutzmittel* für Metalle verwendet werden können. (**A. P. 3 035 030** vom 10/6. 1960, ausg. 15/5. 1962.) W. Gräger H 710

2428 United States Atomic Energy Commission, Washington, D.C., V.St.A., **Fluorierte halogenierte Diketone.** Zu F. P. 1 209 566; C. **1962**, 7655 ist die Herst. der Fluorhalogenketone nachzutragen, die nach den folgenden Gleichungen erfolgt: $R_1—CO_2—C_2H_5 + NaOCH_3 \rightarrow R_1C\cdot(OC_2H_5)(OCH_3)ONa$ (I). I + R—C(:O)—CH_3 → R—C(:O)—CH=C(ONa)—R_1 (II) + C_2H_5OH + CH_3OH. II + HCl → R—C(:O)—CH_2—C(:O)—R_1 + NaCl (R = chlorierter u./oder bromierter Alkyl-, Cycloalkyl- oder Arylrest; R_1 = polyfluorierter Alkyl- oder Cycloalkylrest). (**E. P. 895 676** vom 31/7. 1958, ausg. 2/5. 1962. A. Prior. 21/8. 1957.) A. Jahn H 720

2429 Imperial Chemical Industries Ltd., London, England (Erfinder: Hugh Leithead Roberts), **Herstellung von Carbonsäurefluoriden** erfolgt durch Rk. der Carbonsäuren mit SOF_2 bei 50—200° u. 5—40 at nach: R—COOH + SOF_2 → R—COF + SO_2 + HF. — Beispiele zur Herst. von *Acetylfluorid* (Kp. 21°) u. *Benzoylfluorid*, Kp. 156°. (**E. P. 908 177** vom 15/3. 1960, ausg. 17/10. 1962.) O. Müller-Meiningen H 810

2430 Distillers Co. Ltd., Edinburgh, Schottland (Erfinder: Bernhard Hammond Markham Thompson), **Herstellung von tertiärem Butylacetat** erfolgt durch Rk. von Isobutylen mit CH_3COOH bei 0—100° in Ggw. eines bes. mit H_2SO_4 oder HCl aktivierten, z. B. Montmorillonit oder Kaolin enthaltenden Silicats. (**E. P. 905 854** vom 14/5. 1960, ausg. 12/9. 1962.) O. Müller-Meiningen H 810

2431 Imperial Chemical Industries Ltd., London, England (Erfinder: Cedric William Nelson Holmes), **Herstellung von Pivalinsäure** (F. 33°) erfolgt durch Rk. von >0,5 (Mol), bes. 4—8, H_2SO_4 (85—100% ig, bes. 90—97% ig.) mit 1 Isobutylformiat (I) bei 10—120°, bes. 30—70 bzw. 50—60°. — Rk.-Dauer bei 50—70° 3 Std., bei 25—30° 12 bis 18 Std., wobei man I der vorgelegten H_2SO_4 langsam zugibt. — *Zwischenprodukt*. (**E. P. 906 109** vom 26/7. 1960, ausg. 19/9. 1962.) O. Müller-Meiningen H 810

2432 Shawinigan Chemicals Ltd., Montreal, Canada, **Stabilisierung von Peressig- und Perpropionsäure**, die durch Luftoxydation der entsprechenden Aldehyde in Ggw. eines organ. Lsgm., wie CH_3COOCH_3, $CH_3COOC_2H_5$ oder $(CH_3)_2CO$, u. eines Co- oder Cu-Katalysators hergestellt wurden, erfolgt durch Zusatz von bis zu 1000, bes. 250—750 (Teilen) Picolinsäure, Chinaldinsäure, deren lösl. Salzen oder 8-Hydroxychinolin je 10^6 Lösung. (**E. PP. 906 970** vom 9/1. 1961, ausg. 26/9. 1962. A. Prior. 18/1. 1960 u. **906 971** vom 14/10. 1960, ausg. 26/9. 1962. A. Prior. 19/10. 1959.) O. Müller-Meiningen H 810

2433 Sartomer Resins, Inc., Philadelphia, übert. von: John A. Cornell, Berwyn, und Daniel J. Gowman, Strafford, Pa., V.St.A., **Trockenes Alkalimethacrylat** erhält man durch Verseifen von Methacrylsäuremethylester unter Ausschluß von W. mit festem LiOH, NaOH oder KOH bei 55—80, bes. 60—65°, ggf. unter Zusatz von 5—25, bes. 10—25 (%) des entsprechenden Alkalimethacrylats als Katalysator unter Rühren, wobei gleichzeitig das abgespaltene Methanol entfernt wird. Der Alkalihydroxid-Geh. des Salzes soll <4% betragen. — Zu einer Mischung aus 100 (Teilen) Methacrylsäuremethylester u. 25 Na-Methacrylat gibt man bei 65—70° 200 wasserfreie NaOH-Schuppen u. noch 400 Ester; nach 75 Min. beträgt die Alkalität <4%; durch weiteren Zusatz von Ester wird diese auf 0,08% herabgesetzt. Das entstandene *Na-Methacrylat* enthält <0,03% W., u. die Alkalität beträgt <0,05%. *K-* u. *Li-Salz*. Der Ausgangsester soll höchstens 20 Polymerisationsverzögerer je Million Teile Ester enthalten. (**A. P. 3 021 364** vom 12/1. 1960, ausg. 13/2. 1962.) G. Krauß H 810

2434 Schering Akt.-Ges., Berlin, **Herstellung von α.α-dialkylverzweigten Carbonsäuren** (I) aus an der Doppelbindung verzweigten Olefinen (II), CO u. W. erfolgt unter kontinuierlicher Zugabe des Gemisches der Rk.-Teilnehmer zu einem in seiner Zus. konst. bleibenden Gemisch (III) aus BF_3, H_2SO_4 u. W., während man das zur I-Bldg. verbrauchte W. laufend ersetzt, bei 20—50° u. 50—200 at. III hat bes. die Zus. 40—45 (Gew.-%) BF_3, 23—27 H_2SO_4 u. 30—35 H_2O. — II werden bes. zur Verhinderung ihrer Isomerisierung mit einem inerten Lsgm., z. B. Heptan, verdünnt. — Beispiele: Isobutylen → 76,4% *Trimethylessigsäure*, F. 34°; Kp. 163 bis 164°; SZ. 549. — 2-Methylpenten-1 → 80% *α.α-Dimethylvaleriansäure*, Kp.$_{20}$ 100°; n_D^{20} 1,4210; SZ. 430. (**E. P. 908 947** vom 4/7. 1960, ausg. 17/10. 1962.) O. Müller-Meiningen H 810

2435 Chemstrand Corp., Decatur, Ill., V.St.A., **Gewinnung von Adipinsäure** (I) aus Cyclohexanol u. Cyclohexanon enthaltenden Gemischen der O_2-Oxydation von Cyclohexan erfolgt, indem man dem Gemisch durch Mehrstufen-Gegenstromextraktion mit W. in der 1. Stufe bei 120—165°, in folgenden Stufen bei tieferer, aber >40° liegender Temp. I entzieht, wobei im Gemisch vorliegende I-Ester gleichzeitig hydrolysiert werden, worauf man den I-haltigen wss. Extrakt von der organ. Phase trennt, seinen Wasser-Geh. durch Erhitzen auf <95°/10 bis 400 mm Hg auf <5 Gew.-% herabsetzt, anschließend dem Konzentrat nach Zusatz von CH_3NO_2, $C_2H_5NO_2$, Chlf. oder CCl_4 durch azeotrope Dest. weiteres W. bis auf einen Geh. <3% bei <100°/100—760 mm Hg entzieht u. durch Abkühlen des Rückstands auf 25—40° I isoliert. — Zeichnung. (**E. P. 901 879** vom 24/8. 1960, ausg. 25/7. 1962. A. Prior. 8/9. 1959.) O. Müller-Meiningen H 820

2436 Bowmans Chemicals Ltd., Widnes, England (Erfinder: Michael Henry Miller Arnold und Clifford George Childs), **Herstellung von reiner Milchsäure (I) oder ihren Alkylestern** erfolgt durch Abdest. des Lsgm. aus einer Lsg. von roher I, z. B. in Isopropyläther, worauf die fl. bzw. geschmolzene I direkt mit einem Alkanol, z. B. A., verestert, der Ester durch Dest. gereinigt u. ggf. zu I hydrolysiert wird. (**E. P. 907 322** vom 10/7. 1958, ausg. 3/10. 1962.) O. Müller-Meiningen H 850

2437 Bowmanns Chemicals -Ltd., Widnes, England (Erfinder: Clifford George Childs), **Reinigung von Milchsäure(I)-Lösungen** aus Fermentations-Verf. von Ca-Ionen (II) u. Aminosäuren (III) erfolgt durch Überleiten der bes. vorher durch Behandlung mit A-Kohle entfärbten Lsg. über einen zu 3—6% vernetzten sulfonierten Polystyrolharz-Ionenaustauscher, wobei II durch H-, Na- oder K-Ionen ersetzt u. III weitgehend zurückgehalten werden, worauf man SO_4''-Ionen aus der Lsg. durch Zugabe von $Ca(OH)_2$ oder Ca-Lactat als $CaSO_4$ entfernt. Eine weitere Reinigung kann durch Extraktion mit Ae. oder Isopropyläther erfolgen. (**E. P. 907 321** vom 10/7. 1958, ausg. 3/10. 1962.) O. Müller-Meiningen H 850

2438 National Lead Co., New York, N.Y., übert. von: Charles A. Rusell, Fair Haven, N.J., V.St.A., **Herstellung von Titanlactaten**, in deren stabilen wss. Lsgg. der pH-Wert durch Zusatz eines Erdalkalioxids, -hydroxids, carbonats, Alkyl- oder Alkylolamins bzw. von NH_3 auf 1—9 eingestellt werden kann, erfolgt durch Rk. eines Erdalkalilactats mit Titanylsulfat (H_2SO_4:TiO_2 = 1,1—1,3:1) in wss. Medium bei 25—55° zu einem Gemisch aus Ti-Lactat (Milchsäure: Ti = 1—2:1) u. Erdalkalisulfat, dem man die letzten SO_4''-Reste durch Zusatz einer der oben genannten bas. Edalkali-Verbb. entzieht; man filtriert von den unlösl. Sulfaten ab. Die Lsgg. dienen zur Herst. von *Beizen* in der Farben-, in der Textil- u. Lederindustrie, als *Vernetzer* für Cellulose-Derivv., Polyvinylalkohol u. dergleichen. (**A. P. 2 926 183** vom 24/5. 1957, ausg. 23/2. 1960.) O. Müller-Meiningen H 850

2439 Miles Laboratories, Inc., Elkhart, Ind., V.St.A., **Reinigung von wässerigen Citronensäure(I)-Lösungen,** die durch Fermentations-Verf. erhalten wurden, erfolgt durch z. B. 1std. Erhitzen auf 80° nach Zusatz von 5—10% (bezogen auf I) H_2O_2 (als 30%ig. H_2O_2) u. anschließender Behandlung mit ca. 1% (bezogen auf I) A-Kohle u. dann mit einem Kationen- u. einem Anionenaustauscherharz. (**E. P. 905 817** vom 26/1. 1961, ausg. 12/9. 1962. A. Prior. 1/2. 1960.) O. Müller-Meiningen H 850

2440 Carbogen Corp., übert. von: Edward S. Roberts, New York, N.Y., V.St.A., **Herstellung von Alkalicarbamaten** durch Rk. eines Alkalichlorids mit CO_2 u. fl. NH_3 bei hohem, das NH_3 fl. haltendem Druck, dad. gek., daß man der Rk.-Mischung Toluol, Dichlorbenzol oder Cyclohexan zusetzt, die nach der Rk. gebildete untere, das Lsgm. u. das Carbamat enthaltende Schicht von der oberen Schicht (NH_4Cl in NH_3-Lsg.) trennt u. das feste Carbamat gewinnt. — Man erwärmt z. B. eine Mischung aus 100 (g) NaCl, 75 CO_2, 435 fl. NH_3 u. 400 Toluol im Reaktor auf 20°, setzt den Reaktor mit N_2 unter einen Druck von 30 at, trennt die beiden Schichten unter Druck voneinander, leitet die NH_2·COONa-Suspension in Toluol durch eine Zentrifuge → 135 *NH_2COONa* u. verdampft aus der oberen Schicht das NH_3, wobei 89 NH_4Cl zurückbleiben, die etwas NH_2COONa enthalten. Analog erhält man aus 127 KCl → 159 *NH_2COOK*. — Kreislaufschema. (**A. P. 2 932 664** vom 13/11. 1956, ausg. 12/4. 1960.) G. Vogel H 880

2441 FMC Corp., New York, N.Y., V.St.A., **Herstellung von Nitrosodimethylamin** erfolgt nach der Gleichung $4\,NO + O_2 + 4\,(CH_3)_2NH$ (I) → $4\,(CH_3)_2N{-}NO + 2\,H_2O$ in Ggw. einer Säure, wie HCl, bei 7 (Kp. von I) bis 200, bes. 60—175°, u. 10—50 lbs./sq.in., wobei man das NO-O_2-Gemisch durch Oxydation von NH_3 mit einem Luftüberschuß nach $4\,NH_3 + 6\,O_2 \rightarrow 4\,NO + O_2 + 6\,H_2O$ erhalten kann, das man vor dem Mischen mit I auf 80—200° abkühlt, pH des Rk.-Gemisches 1— < 7, bes. 2—5. — Zeichnung. (**E. P. 906 217** vom 23/1. 1961, ausg. 19/9. 1962. A. Prior. 8/2. 1960.) O. Müller-Meiningen H 910

2442 Spencer Chemical Co., Kansas City, Miss., übert. von: Thomas R. Hopkins, Johnson County, Myron David Osborn, Oberland Park, und William C. Francis, Mission, Kans., V.St.A., **Herstellung von Lactamen** aus alicycl. Oximen durch die Beckmannsche Umlagerung, gek. durch die Verw. von Harnstoffbisulfat als Katalysator. (**A. P. 3 016 374** vom 3/10. 1958, ausg. 9/1. 1962.) C. Lüttgen H 950

2443 Esso Research and Engineering Co., Elizabeth, N.J., V.St.A., **Herstellung eines Kohlenwasserstoffumwandlungskatalysators.** Ein Metall der Gruppe IA des Period. Syst. wird mit mindestens einem Oxid eines Metalls der Gruppe II gemischt u. das Gemisch calciniert. — Beispiele u. a. für Herst. von n-Propylbenzol mittels eines 55 Gew.-% Na_2O oder MgO enthaltenden Katalysators. (**E. P. 902 043** vom 21/4. 1960, ausg. 25/7. 1962. A. Prior. 22/5. 1959.) E. Kahles H 1010

2444 Monsanto Chemicals Ltd., London, England (Erfinder: Thomas Knott Pallister), **Reinigen von Kohlenwasserstoffen,** die eine anorgan. Fl. enthalten. Die KW-Stoffe werden mit einer wss. Lsg. einer wasserlösl. anorgan. Verb., die mit der Verunreinigung eine Komplex-Verb. bildet, gewaschen. — Beispiele für Reinigung von Dodecyl-, Octyl-, Äthylbenzol, Nonylphenol mit $AlCl_3$, $FeCl_3$, $ZnCl_2$. (**E. P. 892 193** vom 12/8. 1959, ausg. 21/3. 1962.) E. Kahles H 1010

2445 Wasag-Chemie Akt.-Ges. (Erfinder: Johannes Dahmlos), Essen, **Fluorieren von Benzotrichlorid** (I) u. seinen Alkyl- u. Chlorsubstitutions-Prodd. durch Rk. mit Na-, K- oder Ba-Fluorsilicat bei > 200°. Entweder man leitet verdampftes I (Kp. 221°) bei ca. 300—320° über das Fluorsilicat (II) oder man erhitzt I mit darin fein verteiltem II, zusammen mit geringen Mengen Fe-Pulver, $FeCl_3$ oder $AlCl_3$ als Katalysator auf 130—140°, zweckmäßig unter erhöhtem Druck. Man erhält so *$C_6H_5CF_3$*, *$C_6H_5CF_2Cl$* u. *$C_6H_5 \cdot CFCl_2$*. Das bei der Rk. entstehende SiF_4 kann wieder in II übergeführt u. als solches wiederverwendet werden. — Vorrichtung. (**E. P. 876 510** vom 21/10. 1959, ausg. 6/9. 1961.) W. Gräger H 1010

2446 Kermit M. Bleese, Seatle, Wash., V.St.A., **Isolierung von Kresolaten aus Teerölen.** Man behandelt eine Leichtölfraktion von Teerölen mit wss. Alkalihydroxid-Lsg., trennt das neutrale Öl ab u. erhitzt die wss. Fraktion allmählich auf 120—160° unter atmosphär. Druck, wobei ungesätt. u. andere KW-Stoffe verdampfen. (**A. P. 3 036 135** vom 20/3. 1957, ausg. 22/5. 1962.) L. Stadelmann H 1060

2447 Heyden Newport Chemical Corp., New York, N.Y., übert. von: Eugene P. Di Bella, Garfield, N.J., V.St..A, **2.3.6-Trichlorbenzoesäure** erhält man durch Oxydation von 2.3.6-Trichlortoluol mit einer Mischung aus konz. HNO_3 u. konz. H_3PO_4, wobei das Mol-Verhältnis von H_3PO_4 zu HNO_3 0,8—3,0:1 ist, bei 150—230° unter atmosphär. Druck, vorzugsweise unter Bestrahlung mit dem Licht einer Hg-Dampflampe. (**A. P. 3 037 054** vom 17/9. 1958, ausg. 29/5. 1962.) L. Stadelmann H 1210

2448 Robert F. Ruthruff, Homewood, Ill., V.St.A., **Carboxylierung von Benzoesäure.** Man erhitzt die Mischung aus einem Alkalimetallbenzoat u. einem Alkalialkylcarbonat, z. B. Na-Äthylcarbonat, auf 200—350° u. isoliert die entstandene *Benzoldicarbonsäure.* (**A. P. 3 038 006** vom 1/4. 1959, ausg. 5/6. 1962.) L. Stadelmann H 1220

2449 Richfield Oil Corp., Los Angeles, übert. von: Paul R. Hines, Anaheim, und Richard P. Taylor, Corona del Mar, Calif., V.St.A., **Trennung von Iso- und Terephthalsäure** aus wss. Lösung. Man erhitzt die Mischung der isomeren Säuren in W. auf 100—170°, bes. 140—160°, trennt die unlösl. Terephthalsäure ab, entfernt 50% des W. aus dem Filtrat u. erhitzt dieses auf 150—250°, wobei unter diesen Bedingungen Isophthalsäure im wesentlichen unlösl. ist u. durch Filtration entfernt wird. Man erhält so die Isomeren in reiner Form. (**A. P. 3 036 123** vom 24/12. 1957, ausg. 22/5. 1962.) L. Stadelmann H 1220

2450 Union Carbide Corp., New York, N.Y., übert. von: Samuel W. Tinsley und John T. Fitzpatrick, Charleston, W. Va., V.St.A., **Herstellung von aromatischen Aminoalkoholen** der allg. Formel I, worin R eine Alkylen-

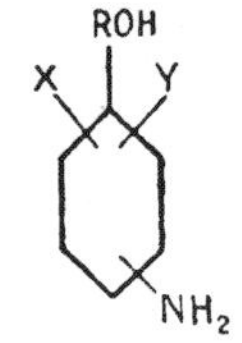

I

oder Oxyalkylengruppe mit 2—6 C-Atomen, X = H, Halogen, eine niedere Alkyl- oder eine Alkoxygruppe mit 1 bis 4 C-Atomen u. Y = H, Halogen, eine Alkyl- oder Alkoxygruppe mit 1—4 C-Atomen oder die Aminogruppe bedeutet, können hergestellt werden durch Nitrierung entsprechender Phenylalkylalkohole oder Phenoxyalkylalkohole u. Hydrierung der Nitronitratester. — *Farbstoff-Zwischenprodd., Vernetzungsmittel* u. *Härter für Kunstharze.* (**A. P. 3 037 057** vom 23/1. 1959, ausg. 29/5. 1962.) R. Bauereis H 1320

2451 E. I. du Pont de Nemours & Co., übert. von: William S. Struwe, Chatham, N.J., und Albert D. Reidinger, Wilmington, Del., V.St.A., **2.5-Diarylaminoterephthalsäuren** oder ihre Salze werden erhalten durch gleichzeitige Verseifung u. Oxydation von 2.5-Diarylamino-3.6-dihydroterephthalsäuredialkylestern mit niedermol. Alkylresten unter Erhitzen in einer wss. Alkalihydroxid-Lsg. in Ggw. eines schwachen Oxydationsmittels (Luft oder Na-m-Nitrobenzolsulfonat) u. Ansäuern des Rk.-Gemisches. (**A. P. 3 031 501** vom 16/6. 1958, ausg. 24/4. 1962.) O. Müller-Meiningen H 1350

2452 Monsanto Chemical Co., St. Louis, Mo., übert. von: Gail H. Birum, Dayton, Ohio, V.St.A., **Phosphorverbindungen** der allg. Formel $[R{-}(X)_n][R'{-}(X)_n]P\cdot(:O,S){-}O{-}CH(Z){-}P(:O)(Y)(Y')$ erhält man durch Rk. von Estern der allg. Formel $[R{-}(X)_n{-}][R'{-}(X)_n{-}]P{-}O{-}CH(Z){-}P(:O)(Y)(Y')$ mit einem Oxydationsmittel (O_2, Peroxycarbonsäuren, aliphat. oder aromat. Hydroperoxide, H_2O_2,

O_3, N-Oxide, wie N_2O_4, $KMnO_4$, CrO_3) oder mit S (R u. R' = Arylreste mit 6—12 C-Atomen, ggf. substituiert durch Halogen; X = O, S; n = 0 oder 1; Z = H, KW-Stoffreste mit 1—11 C-Atomen, frei von aliphat. ungesätt. Bindungen, ggf. substituiert durch Alkoxy- oder Aryloxyreste; Y u. Y' = KW-Stoff-, Halogen-KW-Stoff-, KW-Stoffoxy-, Halogen-KW-Stoffoxyrest mit 1—12 C-Atomen, frei von aliphat. ungesätt. Bindungen). — 31,3 g 1-(Diäthoxyphosphinyl)-propyldiphenylphosphit werden in 30 ml CH_2Cl_2 gelöst u. bei —20° ein O_2–O_3-Gemisch mit 33 mg O_3 im Liter eingeleitet (30 Min.). Nach dem Aufarbeiten erhält man 31,4 g *[1-(Diäthoxyphosphinyl)-propyl]-diphenylphosphat*, $(C_6H_5O)_2P(:O)—O—CH\cdot(C_2H_5)P(:O)(OC_2H_5)_2$, gelbe, viscose Flüssigkeit. Analog erhält man: *O-{1-[(Phenyl)-äthoxyphosphinyl]-2-äthylhexyl}-O.O-diphenylthiophosphat*; *Diphenylthionophosphinsäure-O-[1-(diäthoxyphosphinyl)-propyl]-ester*; *O-{1-[Bis-(2-chlorpropoxy)-phosphinyl]-propyl}-O.O-diphenylthiophosphat*; *O-[1-(Diäthoxyphosphinyl)-propyl]-S.S-bis-(p-chlorphenyl)-trithiophosphat*; *O-[α-(Diäthoxyphosphinyl)-p-methoxybenzyl]-O.O-diphenylthiophosphat*, gelbe, sehr viscose Fl.; *O-[1-(Dihexyloxyphosphinyl)-propyl]-O.O-diphenylthiophosphat*. — *Weichmacher, Dielektrika, Biocide, Reiniger für Treibstoffe, Flammschutzmittel, Stabilisierungsmittel, Zusätze für Schmieröl*. (**A. P. 3 020 306** vom 22/9. 1959, ausg. 6/2. 1962.) A. Jahn H 1380

2453 Dow Chemical Co., Midland, Mich., V.St.A., übert. von: George A. Olah und Stephen J. Kuhn, Sarnia, Ontario, Canada, **Herstellung von α-Halogenäthylvinylbenzolen (I)** durch Rk. des fl. Isomerengemisches von m- u. p-Divinylbenzol, ggf. in Ggw. eines Lsgm. (Toluol, Xylol, PAe., Äthyl- oder Diäthylbenzol), mit HCl oder HBr bei —20 bis —80°. Bei der tiefen Temp. entsteht kein oder nur sehr wenig Di-(α-halogenäthyl)-benzol, das nur schwer von den I getrennt werden kann [*α-Chloräthylvinylbenzol*, $Kp._{14}$ 101—103°, u. Di-(α-chloräthyl)-benzol, $Kp._{14}$ 103—105°]. Verw. als Zwischenprodukte. — 2 Tabellen. (**A. P. 3 024 291** vom 24/8. 1960, ausg. 6/3. 1962.) W. Gräger H 1410

2454 Union Carbide Corp., New York, N.Y., übert. von: Edward M. La Combe, Charleston, und Byron Stewart, South Charleston, W. Va., V.St.A., **Cycloalkenylsulfone** der allg. Formeln **I** u. **II** erhält man bei der

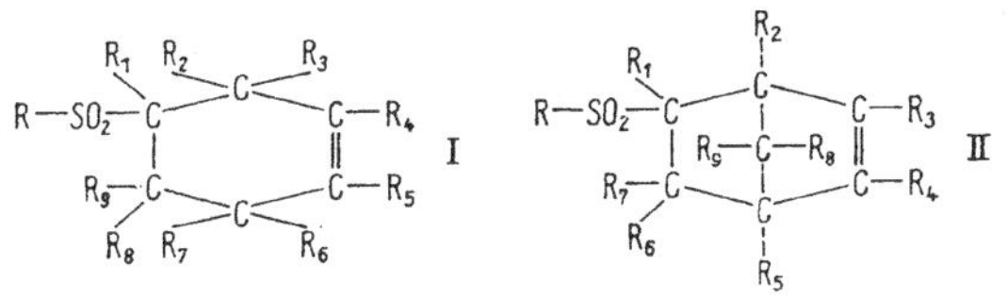

I II

Rk. eines konjugierten Alkadiens mit Divinylsulfon in Ggw. eines Polymerisationsinhibitors bei 25—160°, ggf. in Ggw. eines Lsgm. u. bei verschiedenen Drucken. In den Formeln bedeuten R = Alkenyl-, Cycloalkenyl- u. Bicycloalkenyl-Gruppen, die H, Halogene oder niedrigmol. Alkyl- oder niedrigmol. Alkenylgruppen enthalten können; R_1—R_9 = H, Alkyl-, halogenierte niedrigmol. Alkenylgruppen mit bis zu 12 C-Atomen. — 2 (Mol) Divinylsulfon, 8 Butadien, 3 g β-Naphthylphenylamin u. 3 g SO_2Cl_2 werden bei —50° gemischt u. anschließend in einer Bombe auf 144° erhitzt, wobei der Druck auf 400 lbs./sq.in. steigt. Man erhitzt unter Rühren 6½ Std., wobei der Druck bei gleicher Temp. auf 125 lbs./sq.in. sinkt. Man erhält nach 2maliger Rekristallisation aus CH_3OH *Bis-(3-cyclohexenyl)-sulfon*, F. 139—140°, ($C_{12}H_{18}O_2S$). — Auf analoge Weise erhält man folgende „-*sulfone*" (**II**): *Bis-(methyl-3-cyclohexenyl)*-**II**, ($C_{14}H_{22}O_2S$), $Kp._{0,9}$ 170—180°, n_D^{30} 1,5294; *Bis-(bicyclo-[2.2.1]-5-hepten-2-yl)*-**II**, ($C_{14}H_{18}O_2S$), F. 89—92° (Diisopropyläther); *Bis-(1.4.5.6.7.7-hexachlorbicyclo-[2.2.1]-5-hepten-2-yl)*-**II**, ($C_{14}H_6Cl_{12}O_2S$), F. 212° (CH_3OH); *Bicyclo-[2.2.1]-5-hepten-2-yl-vinyl*-**II**, ($C_9H_{12}O_2S$), $Kp._2$ 131—135°, n_D^{30} 1,5249; *Bis-[3-u./oder -4-(4-methyl-3-pentenyl)-3-cylohexenyl]*-**II**, ($C_{24}H_{38}\cdot O_2S$), gelblicher, viscoser Stoff. Ohne Angabe von Konst. können folgende „-*3-cyclohexenyl-sulfone*" hergestellt werden: Allyl-; 3-Butenyl-; 4-Pentenyl-; 7-Octenyl-; 9-Decenyl-; 17-Octadecenyl-; 6-Heptenyl-; 9-Decenyloctyl-; Vinyl-5-methyl-; Allyl-6-propyl-; 3-Butenyl-3-hexyl-; Vinyl-5-chlor-; Vinyl-5-brom-; Allyl-6-chlor-; Allyl-6-brom-; 3-Butenyl-5.6-dichlor-; 3-Butenyl-5.6-dibrom-. — Genannt sind noch folgende „-*bicyclo-[2.2.1]-5-hepten-2-ylsulfone*": Vinyl-; 3-Butenyl-; 4-Pentenyl-; 7-Octenyl-; 17-Octadecenyl-; Allyl-3-hexyl-; Allyl-3-propyl-; Vinyl-1-chlor-; Vinyl-1-brom-; Allyl-4-brom-; Allyl-4-chlor-; 5-Hexenyl-1.4.5.6.7.7-hexachlor-; 3-Butenyl-4-(4-methyl-3-pentenyl)-; Allyl-3-vinyl-; 3-Butenyl-3-allyl-; 5-Hexenyl-4-(3-hexenyl)-; Bis-(3-methyl-; Bis-(3-äthyl-; Bis-(3-propyl-; Bis-(3-butyl-; Bis-(3-amyl-; Bis-(6-methyl-; Bis-(6-hexyl-; Bis-(3.6-dimethyl-; Bis-(6-methyl-3-äthyl-; Bis-(6-methyl-3-propyl-; Bis-(6-methyl-3-butyl-; Bis-(5-methyl-; Bis-(4-methyl-; Bis-5-(äthyl-; Bis-(4.5-dimethyl-; Bis-(3.5-dimethyl-; Bis-(3.4-dimethyl-; Bis-(3.5-diäthyl-; Bis-(3.4-diäthyl-; Bis-(3.4.5-trimethyl-; Bis-(4.5-dimethyl-3-äthyl-; Bis-(4.5-dimethyl-3-amyl-; ferner folgende *3-Cyclohexenylbicyclo-[2.2.1]-5-hepten-2-ylsulfone*": 3-Methyl-; 3-Äthyl-; 3-Propyl-; 3-Butyl-; 6-Methyl-; 3.6-Dimethyl-; 6-Methyl-3-äthyl-; 6-Methyl-3-butyl-; 5-Methyl-; 4-Methyl-; 5-Äthyl-; 4-Äthyl-; 4.5-Dimethyl-; 3.5-Dimethyl-; schließlich sind nachst. „-*[2.2.1]-5-hepten-2-ylsulfone*" aufzuführen: 4.5-Dimethyl-3-propyl-3-cyclohexenyl-1-chlorbicyclo-; 4.5-Dimethyl-3-amyl-3-cyclohexenyl-1-brombicyclo-; 3.5-Dimethyl-3-cyclohexenyl-4-chlorbicyclo-; 3.4-Dimethyl-3-cyclohexenyl-4-brombicyclo-; 3.5-Diäthyl-3-cyclohexenyl-1.4.5.6.7.7-hexachlorbicyclo-; 3-(4-Methyl-3-pentenyl)-3-cyclohexenylbicyclo-; 4-Vinyl-3-cyclohexenylbicyclo- u. 3-Cyclohexenyl-6-(3-butenyl)-bicyclo-; Bis-[3-(4-methyl-3-pentenyl)-3-cyclohexenyl]-sulfon; Bis-[4-(4-methyl-3-pentenyl)-3-cyclohexenyl]-sulfon; Bis-[4-vinyl-3-cyclohexenyl]-sulfon; Bis-[4-(3-hexenyl)-3-cyclohexenyl]-sulfon. — *Plastifikatoren für Vinylhalogenidharze*, Zwischenprodd. für chem. u. biolog. Präparate. (**A. P. 3 030 424** vom 31/3. 1960, ausg. 17/4. 1962.) G. König H 1890

2455 Standard Oil Co., Chicago, Ill., übert. von: Paul D. May, Galveston, und Robert J. Lee, La Marque, Tex., V.St.A., **x-Mercapto-2.3.3a.4.7.7a(3a.4.5.6.7.7a)-hexahydro-4.7-methaninden** der allg. Formeln I oder II erhält man

I II

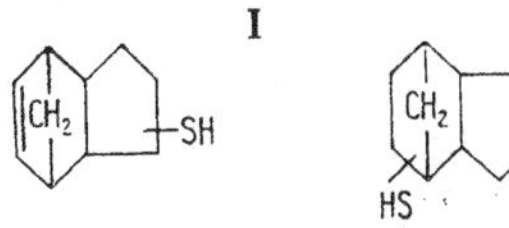

bei der Rk. von Dicyclopentadien mit H_2S in Ggw. von W., einem Peroxid, z. B. Di-tert.-butylperoxid, u. einem Metall, wie Fe, Co u. Ni, vorteilhaft als Pulver, bei 200—500° F u. 200—500 lbs./sq.inch. $Kp._3$ ca. 85°, $D._4^{25}$ 1,085, n_D^{25} 1,5505. *Modifikatoren* bei Polymerisationen von Olefinen zu synthet. Kautschuk, Antioxydantien für Homo- oder Copolymere von 1-Alkenen u. Dienen. Chlorierte Verbb. wirken als *Herbicide* u. *Insekticide*. (**A. P. 3 025 327** vom 30/3. 1959, ausg. 13/3. 1962.) G. König H 1890

2456 Institut Français du Pétrole, des Carburants et Lubrifiants, Preau, Reseil Malmaison, Seine-et-Oise (Erfinder: Nicolas Tcherkezoff, Paris, und Leon Boisselet, La-Clele-St. Cloud, Seine-et-Oise), Frankreich, **Thiophosphorsäureester** der allg. Formel $[(RY)_2P(S)\cdot SC_nH_{2n}]_2O$ (R = Alkyl, Cycloalkyl mit ≥ 6 C-Atomen; Y = O, S; n ≥ 1) werden hergestellt durch Rk. eines ω.ω'-Dihalogendialkyläthers mit einem Alkalisalz von $(RY)_2P(S)SH$ in einem organ. Lsgm. bei 50—100°. — 89 (g) P_2S_5 gibt man innerhalb 2 Std. bei 80° zu 218 2-Äthylhexanol, hält 4 Std. auf 90—95°, filtriert, kühlt u. neutralisiert mit 33,6 NaOH in 350 ml 95%ig. A., dann filtriert man das Salz ab, löst es in 350 ml abs. A., gibt 57 β.β'-Dichlordiäthyläther bei 50° zu u. kocht unter Rückfluß → *2.2'-Di-(bis-2-äthylhexoxydithiophosphoryl)-diäthyläther*, $C_{36}H_{76}O_5P_2S_4$, 82% (Ausbeute). — Analog erhält man: *2.2'-Di-(dilauryloxydithiophosphoryl)-diäthyläther*; 65%. — *2.2'-Di-(lauryloxy-cyclohexylmercaptotrithiophosphoryl)-diäthyläther*; 48%. — *Zusätze* für *Schmiermittel, hydraul. Fll.* u. *Öle* zur Metallbearbeitung. (**E. P. 902 750** vom 23/1. 1959, ausg. 9/8. 1962. F. Prior. 24/1. 1958.) A. Debo H 2180

2457 Hooker Chemical Corp., Niagara Falls, N.Y., V.St.A., **Herstellung bzw. Reinigung von Diphenylolalkanen** mit einem F. von mindestens 50° erfolgt durch Rk. eines Phenols mit einem Aldehyd, z. B. CH_2O, oder Keton, z. B. Aceton oder Cyclohexanon, in Ggw. von HCl-Gas bei nicht > 80° bis die Keto-Verb. verbraucht ist, Abdestillieren von überschüssigem Phenol, W. u. HCl u. Extrahieren des Rückstandes mit einem KW-Stoff, wie Heptan, Bzl., Toluol, Xylol, Cumol oder einem Cl–KW-Stoff, wie CH_2Cl_2, Äthylendichlo-

rid, C_6H_5Cl, o-Dichlorbenzol. — Beispiele zur Herst. bzw. Reinigung von *Dihydroxydiphenylmethan*, *2.2-(4.4'-Dihydroxydiphenyl)-propan* („Bis-phenol A") u. *1.1-Bis-(4'-hydroxyphenyl)-cyclohexan* („Bis-phenol C"). (**E. P. 891 800** vom 4/8. 1959, ausg. 21/3. 1962. A. Prior. 5/2. 1959.)
O. Müller-Meiningen H 2260

2458 Rohm & Haas Co., Philadelphia, übert. von: Elinor M. Hankins, Philadelphia, und William D. Emmons, Huntingdon Valley, Pa., V.St.A., **N-Acryloxyalkyloxazolidine und N-Acryloxyalkyltetrahydro-1.3-oxazine** der allg. Formel **I** sowie deren *Polymere* erhält man durch Umestern eines Acrylsäureesters der allg. Formel $CH_2 = C(COOR)-(CH_2)_{n-1}-H$ mit **II** unter alkal. Bedingungen bei ca. 100—130° (n = 1 oder 2; m = 2 oder 3; R' = H, C_6H_5, $C_6H_5CH_2$, Alkylrest mit 1—12 C-Atomen, R_2 = Alkylrest mit 1—4 C-Atomen, oder H, R' u. R_2 zusammen = Tetramethylen- oder Pentamethylenrest; R = Ester bildender

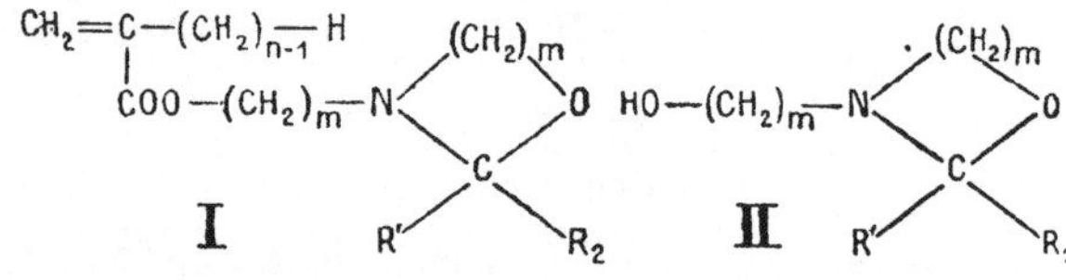

Rest). Die **I** können polymerisiert u. copolymerisiert werden. — 2 (Mol) N-(Hydroxyäthyl)-oxazolidin, 4 Methacrylsäuremethylester (**III**) u. 0,1 p-Hydroxydiphenylamin werden unter Zugabe von 2 ml 25%ig. $NaOCH_3$-Lsg. (**IV**) u. Rühren auf 98° erhitzt, während 15 Min. die Temp. auf 106° erhöht, bei 66° Kopf-Temp. eine Mischung aus Methanol u. **III** abdest. u. in 10-Min.-Abständen insgesamt 8 ml **IV** in Anteilen von 0,5 ml zugegeben. Die Rk.-Mischung wird 70 Min. lang weitererhitzt bis kein Destillat mehr übergeht u. aus dem Rückstand in 58,5%ig. Ausbeute *Oxazolidinyläthylmethacrylat*, $Kp._{0,5}$ 83 bis 87°, n_D^{25} 1,4684 erhalten. — Analog erhält man *Oxazolidinyläthylacrylat*, $Kp._{0,2}$ 70—73°. — *Phenyloxazolidinyläthylmethacrylat*. — *3-(β-Methacryloxyäthyl)-2.2-pentamethylenoxazolidin*, $Kp._{0,5}$ 115—120°. — *Ölzusätze* mit Dispergier-Eigg., *Überzugsmassen*, *Imprägniermittel* u. *Klebstoffe* (Polymere). (**A. P. 3 037 006** vom 5/7. 1960, ausg. 29/5. 1962.)
A. Jahn H 3000

2459 Swift & Co., Chicago, Ill., V.St.A., **Epoxymonoglyceride** erhält man durch Rk. von 1 (Mol) eines Epoxytriglycerids, dessen Acylgruppen jeweils 4—24 C u. 1—4 Epoxygruppen enthalten, z. B. eines epoxydierten Leinsaatöls mit einem Epoxy-O-Geh. von 8,5 Gew.-% mit Glycerin (0,5 bis 4 Teile je 1 Fett) in Ggw. von mindestens 2 einer tert. aromat. N-Base, z. B. Pyridin, u. von ca. 0,3 bis ca. 4% CH_3ONa, bei 30—130°. — Die Prodd. sind *oberflächenakt.*, dienen zum *Überziehen* von Metall u. Glas u. als *Zwischen-Prodd.* zur Herst. von Polyestern. (**E. P. 908 500** vom 18/11. 1960, ausg. 17/10. 1962. A. Prior. 5/7. 1960.) O. Müller-Meiningen H 3030

2460 Merck & Co. (Erfinder: J. D. Garber, R. Ellery Jones und R. A. Gasser), Rahway, N.J., V.St.A., **Furfurolderivate** der allg. Formeln **I** u. **II** (R_1 u. R_2 = H, Alkyl-, Aryl-, Aralkyl-, alicycl. Gruppen, deren O-, Halogen-

I. II

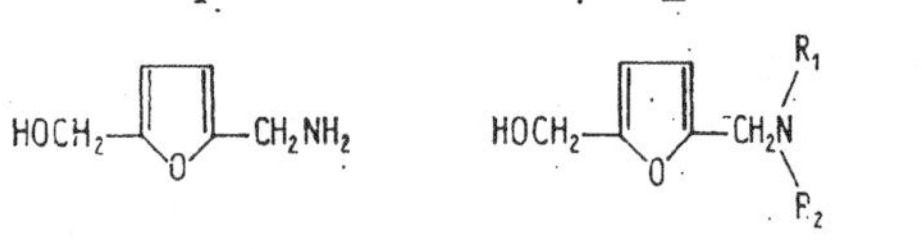

Nitro- oder Sulfonsäure-Derivv.) erhält man bei der Rk. von 5-Hydroxymethylfurfurol mit NH_3 oder Aminen in Ggw. eines Katalysators bei höheren Temp. u. unter H_2-Druck. 0,395 (Mol) 5-Hydroxymethylfurfurol, gelöst in 135 cm³ Methanol, werden mit 0,9 fl. NH_3 in Ggw. von Raney-Ni unter H_2-Druck bei 150° 10 Std. lang behandelt. Man kühlt, filtriert vom Katalysator, entfernt die flüchtigen Stoffe am Wasserbad. Der Rückstand wird einer fraktionierten Dest. unterworfen, u. man erhält *5-Aminomethyltetrahydrofurfurylalkohol*, $Kp._{0,08}$ 76,6 bis 81,8°, $n_D^{25,5}$ 1,4870 ($C_6H_{13}NO_2$). — Mit Äthylamin erhält man *N-Äthyl-5-aminomethyltetrahydrofurfurylalkohol*, $Kp._{0,22}$ 72 bis 75°, n_D^{25} 1,4709, ($C_8H_{17}NO_2$). — Diäthylamin u. 5-Hydroxymethylfurfurol → *N-Diäthyl-5-aminomethyltetrahydrofurfurylalkohol*, farblose Fl., n_D^{28} 1,4650 ($C_{10}H_{21}NO_2$); mit Äthanolamin erhält man *N-Hydroxyäthyl-5-aminomethyltetrahydrofurfurylalkohol*, $Kp._{0,2-0,03}$ 135—143°, n_D^{24} 1,4930, ($C_8H_{17}NO_3$). Die reduzierende Aminierung des Octyloxymethylfurfurols ergibt *Octyloxymethyltetrahydrofurfurylamin*, n_D^{25} 1,4539, F. des *Hydrochlorids*, 76—77,5°. — Zwischen-Prodd., Lsgm. für trockene Farbanstriche sowie für organ. Stoffe. (**Belg. P. 561 750** vom 19/10. 1957, ausg. 20/5. 1960. A. Prior. 5/11. 1956.) G. König H 3061

2461 General Aniline & Film Corp., New York, N.Y., übert. von: Charles P. Albus, Cleveland, Ohio, und George G. Stoner, Suffern, N.Y., V.St.A., **Stabilisieren von 1-Vinyl-2-pyrrolidon** gegen eine Autopolymerisation, dad. gek., daß man dem Prod. als Inhibitor 0,001—5% (bezogen auf die monomere Vinyl-Verb.) von einem Alkalihydroxid, -alkoxid, -sulfid oder -carbonat zusetzt. (**A. P. 3 028 396** vom 2/3. 1960, ausg. 3/4. 1962.) W. Heyer H 3081

2462 Houdry Process Corp., Wilmington, Del., übert. von: George R. Bond jun., Paulsboro, N.J., V.St.A., **Isolierung von Indol** mit einer Reinheit über 99,5% aus Gemischen mit Polyindol, Äthylanilin, Teer usw., dad. gek., daß man das Rohprod. mit 10—1000 Gew.-Teilen einer 2—15%ig. wss. NH_3-Lsg. bei 140—150° F behandelt, die indolhaltige NH_3-Lsg. abtrennt u. bei 30—50° F zur Kristallisation bringt. (**A. P. 2 982 771** vom 8/8. 1957, ausg. 2/5. 1961.)
W. Heyer H 3081

2463 Rütgerswerke Akt.-Ges., Frankfurt/M., übert. von: Jan Thesing, Günther Mohr, Darmstadt, und Günther Semler, Heppenheim a. d. Bergstraße, **Herstellung von in 5- und 7-Stellung durch ein Halogenatom oder eine NO_2-Gruppe substituierten Indolen**, dad. gek., daß man z. B. 50 (g) Indol in 70 Ae. mit 150 $NaHSO_3$-Lsg. in 50 W. u. 300 A. schüttelt, das entstehende Na-Salz der Indolin-2-sulfonsäure N-acyliert, z. B. mit $NaHSO_3$ u. CH_3COOH-Anhydrid, das Rk.-Prod., z. B. das Na-Salz der N-Acetylindolin-2-sulfonsäure in W. unter Kühlen bei 0—5° bromiert, das Rk.-Prod. mit W. versetzt u. alkal. macht → *5-Bromindol*, F. 90—91°. — Analog folgende *Indole*: *5-Jod-*, F. 99—100°, *5-Nitro-*, F. 140—141°, u. *7-Nitro-*, F. 94—97°. — Zwischenprodukte. (**A. P. 3 037 992** vom 18/7. 1960, ausg. 5/6. 1962. D. Prior. 1/8. 1959.) W. Heyer H 3081

2464 Roussel-Uclaf (Erfinder: André Allais), Paris, Frankreich, **Herstellung von 1-Amino-2-[6'-methoxyindolyl-(3')]-propan** der Formel **I**, dad. gek., daß man ein z. B. durch Rk. von Äthyljodid, Mg u. 6-Methoxyindol in Anisol erhaltenes 6-Methoxyindolylmagnesiumhalogenid in bekannter Weise mit α-Brompropionitril umsetzt, das nach

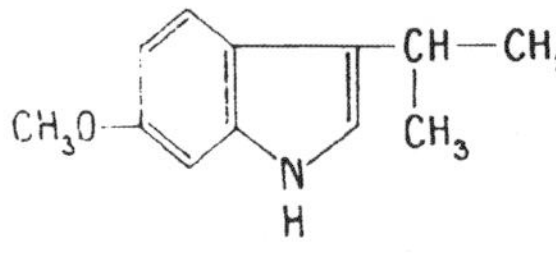

I

Zugabe von 10%ig. CH_3COOH aus der Rk.-Lsg. mit z. B. Methylenchlorid extrahierte 2-[6'-Methoxyindolyl-(3')]-propionitril in Ggw. eines Ni-Katalysators, bes. Raney-Ni, in ammoniakal.-alkohol. Lsg. hydriert, das entstandene *1-Amino-2-[6'-methoxyindolyl-(3')]-propan* mit Pikrinsäure umsetzt, das *Pikrat* (F. 242°, Zers.), mit einem Alkalihydroxid, bes. LiOH, zersetzt u. die freie Base mit einem organ. Lsgm., z. B. Methylenchlorid, extrahiert. — *Zwischen-Prod.* zur Herst. von Reserpinverbindungen. (**D. A. S. 1 144 278** Kl. 12p vom 5/8. 1958, ausg. 28/2. 1963. F. Prior. 30/9. 1957.)
W. Heyer H 3081

2465 Dow Chemical Co., übert. von: Peter S. Petrie, Midland, Mich., V.St.A., **Dioxolane** der allg. Formel **I** erhält man bei der katalyt. Hydrierung von Phenoxyalkanolen der Formel: $R-C_6H_4-OCH_2CHOH-(CH_2)_n-H$, in Ggw. eines Hydrierungskatalysators mit großer Oberfläche, z. B. Pt oder Pd auf Kohle, bei 50—200° u. einem H-Druck entsprechend der Aktivität des Katalysators bis 500 lbs./sq. in. u. ggf. in Ggw. inerter Lösungsmittel. Es ist vorteilhaft, die frisch hergestellten Katalysatoren zu modifizieren bzw. partiell zu vergiften, was durch die Behandlung mit CH_3CO_2H, H_2O_2 oder

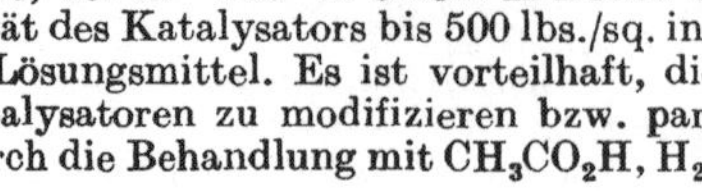

I

durch S- oder Cl-Verbb. geschehen kann. — In der Formel bedeuten R einen Alkylrest mit 1—18 C-Atomen, x eine ganze Zahl von 0 bis 3 u. n eine ganze Zahl von 0 bis 2. — $C_6H_5O \cdot CH_2CH(OH)CH_3 \xrightarrow{Pd+C}$ *2-Methyl-1.4-dioxaspiro-*[*4.5*]*-decan.* Es werden ferner auf analoge Weise hergestellt: 1.4-Dioxaspiro-[4.5]-decan u. 2-Methyl-6-sek.-butyl-1.4-dioxaspiro-[4.5]-decan. Man kann auch Ni- u. Cu-Chromit-Katalysatoren anwenden. (**A. P. 2 861 080** vom 3/7. 1957, ausg. 18/11. 1958.)
G. König H 3102

2466 Farbenfabriken Bayer Akt.-Ges., Leverkusen (Erfinder: Rolf Putter, Düsseldorf, Gerhard Wolfram, Opladen, und Hans-Gerhard Hanke, Leverkusen), **Herstellung von Arylaminopyrazolen** der allg. Formel I (Ar = aromat. Kern, R_1 = ggf. substituierter

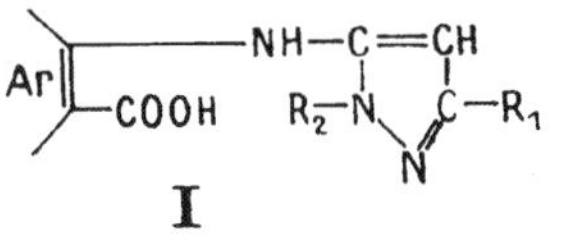

I

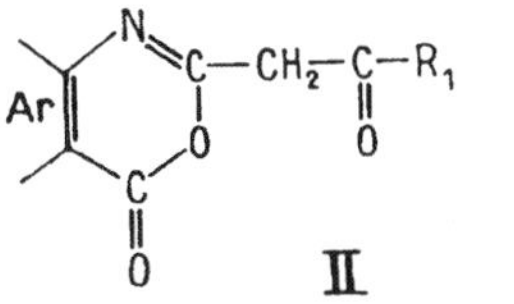

II

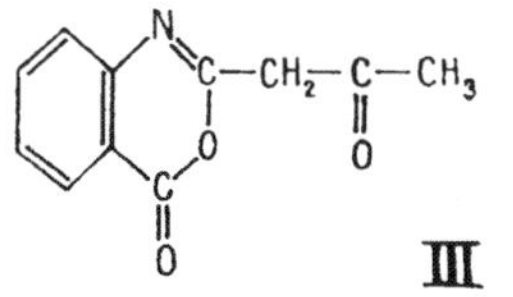

III

aliphat. oder aromat. Rest) durch Rk. von Oxazinonen der allg. Formel **II** (Ar u. R_1 wie oben) mit Hydrazinen der allg. Formel $R_2NH—NH_2$ (R_2 = ggf. substituierter aliphat., cycloaliphat., aromat.-aliphat., aromat. oder heterocycl. Rest). — Aus Acetonylbenzoxazinon der Formel **III** u. Phenylhydrazinhydrochlorid (**IV**) wird ein Arylaminopyrazol mit F. 213° erhalten. — Aus Acetonylnaphthoxazinon u. **IV** → Prod. mit F. 258—259°; Prod. aus β-Cyanäthylhydrazin u. **III** → F. 199 bis 200°; aus Phenylhydrazinsulfonsäure-(4) u. **III** → ohne F.-Angabe; aus Methylhydrazinsulfat u. **III** → F. 212—213°; aus 2-Hydrazinobenzthiazol u. **III** → F. 272—273°; aus 2.4-Dinitrophenylhydrazin u. **III** → F. 178—179°. (**D. A. S. 1 143 515** Kl. 12p vom 14/4. 1960, ausg. 14/2. 1963.)
H. Roos H 3122

2467 Nordmark-Werke G. m. b. H., Hamburg (Erfinder: Werner Loop und Viktor Wolf, Hamburg), **2-Amino-4-methyloxazole** der allg. Formel I erhält man

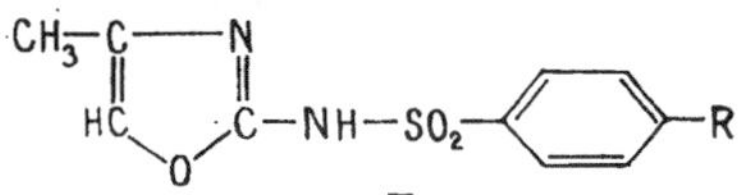

I

durch Rk. eines Cyanamid-Deriv. der allg. Formel (p)$R—C_6H_4 \cdot —SO_2—NH—CN$ oder dessen Alkali- oder Erdalkalisalzes mit Propan-1-ol-2-on im sauren Medium (R = H, NH_2 oder ein in die NH_2-Gruppe überführbarer Rest). Es wurde erhalten *2-(p-Aminobenzolsulfonylamino)-4-methyloxazol,* farblose Kristalle, F. 191—194° (W.-A.). — *Zwischenprodukte.* (**D. A. S. 1 146 058** Kl. 12p vom 26/7. 1960, ausg. 28/3. 1963.)
A. Jahn H 3132

2468 Badische Anilin- und Soda-Fabrik Akt.-Ges., Ludwigshafen/Rh., übert. von: Wolfgang Arend und Hans-Georg Trieschmann, Ludwigshafen/Rh., **N-Vinyloxazolidon** erhält man durch HCl-Abspaltung aus N-β-Chloräthyloxazolidon mit $NaOCH_3$ bei ca. 15—150°, bes. ca. 15—80°, bes. 20—60°, wobei bessere Ausbeuten erhalten werden, als bei der HCl-Abspaltung in einer Rk.-Stufe ebenfalls mit $NaOCH_3$ aus β-Chloräthylcarbaminsäure-β-chloräthylester. — *Zwischenprod. für Polymere u. Copolymere.* (**A. P. 2 966 496** vom 4/1. 1956, ausg. 27/12. 1960. D. Prior. 8/1. 1955.)
A. Jahn H 3132

2469 Miles Laboratories, Inc., übert. von: Mitchell F. Zienty, Elkhart, Ind., V.St.A., **Reinigung der Nicotinsäure,** die durch Oxydation von z. B. 2-Methyl-5-äthylpyridin, Nicotin, β-Picolin, Chinolin oder Isochinolin erhalten wurde, dad. gek., daß man die rohe Säure auf 236—250° erhitzt, das Prod. so lange in der Schmelze hält, bis das gelblich gefärbte Prod. farblos ist u. anschließend die Schmelze aus W. unter Zusatz von Entfärbungskohle zur Kristallisation bringt. (**A. P. 3 037 987** vom 4/8. 1958, ausg. 5/6. 1962.)
W. Heyer H 3231

2470 Union Carbide Corp., New York, N.Y., übert. von Werner C. von Dohlen, Charleston, und William F. Tully, South Charleston, W.Va., V.St.A., **Isolierung von β-, γ-Picolin und 2.6-Lutidin** aus Gemischen, dad. gek., daß man ein Gemisch solcher Verbb. mit einem KW-Stoff, wie Pentan oder Hexan, verd., die Lsg. mit einem Borsäureester der allg. Formel **I**, worin R = H oder eine niedere Alkylgruppe mit

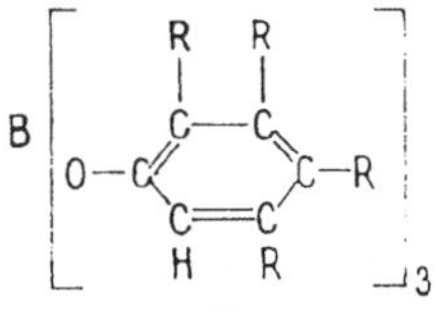

I

1—6 C-Atomen darstellt, versetzt, den sich bildenden Nd. abtrennt, aus dem Nd. durch Dest. das *γ-Picolin* isoliert, die Mutterlauge mit weiterem Borsäureester versetzt, den Nd. abtrennt u. daraus durch Dest. das *β-Picolin* isoliert u. aus der Mutterlauge durch Dest. das 2.6-Lutidin gewinnt. Von den Borsäureestern werden bes. Triphenylborat, Tri-(o-kresyl)-borat, Tri-(o-isopropylphenyl)-borat, Tri-(m-kresyl)-borat u. Tri-(2.4-dimethylphenyl)-borat eingesetzt. (**A. P. 2 924 602** vom 17/11. 1958, ausg. 9/2. 1960.)
W. Heyer H 3231

2471 Masakata Tokime und Michiomi Kimura, Tokio, Japan, **Herstellung von Cyanursäurechlorid** durch katalyt. Polymerisation von Chlorcyan in der Gasphase, dad. gek., daß man als Katalysator eine handelsübliche A-Kohle verwendet, die zuvor unter Kochen ca. 100 Std. mit 20%ig. HCl behandelt u. anschließend so lange mit W. ausgewaschen wurde (ca. 72 Std.), daß der wässerige Extrakt der veraschten A-Kohle ein pH <7,6 besitzt. (**A. P. 3 018 288** vom 20/2. 1959, ausg. 23/1. 1962. Jap. Prior. 9/1. 1959.)
W. Heyer H 3313

2472 Spencer Chemical Co., Kansas City, Miss., übert. von: Thomas R. Hopkins, Johnson County, und William C. Francis, Mission, Kans. V.St.A., **Abtrennen von Caprolactam** aus dem bei der Beckmannschen Umlagerung von Cyclohexanonoxim in Ggw. von Katalysatoren (**I**), bes. H_2SO_4 u. Polyphosphorsäure, anfallenden Rk.-Gemisch, dad. gek., daß man dem Gemisch Harnstoff (**II**) zusetzt u. es fraktioniert dest. oder das Lactam extrahiert. Die aus dem **I** u. **II** entstehenden Rk.-Prodd. sind wertvolle Zwischenprodukte. So läßt sich z. B. die aus **II** u. H_2SO_4 entstehende Verb. durch Behandeln mit SO_3 in Sulfaminsäure überführen. (**A. P. 3 016 287** vom 23/9. 1958, ausg. 9/1. 1962.)
C. Lüttgen H 3370

2473 Spencer Chemical Co., Kansas City, Miss., übert. von: Thomas R. Hopkins, Johnson County, und James W. Steele, Overland Park, Kans., V.St.A., **Gewinnung von Caprolactam** aus dem fl. Rk.-Gemisch (**I**), das bei der Beckmannschen Umlagerung von Cyclohexanonoxim durch Polyphosphorsäure erhalten wird, dad. gek., daß man ohne vorherige Neutralisation des **I** das Lactam mit einem Lsgm., das zwischen 100 u. 175° siedet, bes. Xylol, n-Decan oder Tetrachloräthan, extrahiert. — Verf.-Schema u. Diagramm. (**A. P. 3 016 375** vom 6/5. 1959, ausg. 9/1. 1962.)
C. Lüttgen H 3370

2474 Spencer Chemical Co., Kansas City, übert. von: William C. Francis, Overland Park, Kans., V.St.A., **Gewinnung von ε-Caprolactam** aus den durch die Beckmannsche Umlagerung von Cyclohexanonoxim in Ggw. von Polyphosphorsäure, $(NH_4)HSO_4$ oder Harnstoffbisulfat erhaltenen Rk.-Gemischen, dad. gek., daß man aus diesen ohne vorherige Neutralisation des Katalysators das ε-Capro-

lactam unter red. Druck bei $< 175^0$ abdestilliert. (**A. P. 3 016 376** vom 13/7. 1959, ausg. 9/1. 1962.)
C. Lüttgen H 3370

2475 Spencer Chemical Co., Kansas City, Mo., übert. von: William C. Francis, Overland Park, Kans., V.St.A., **Herstellung von α-Amino-ε-caprolactam** durch Rk. von α-Chlor- oder α-Brom-ε-caprolactam mit NH_3 in der fl. Phase, dad. gek., daß die Rk. in Ggw. eines NH_4-Ionen unter Bldg. von in NH_3 unlösl. NH_4-Verbb. bindenden Mittels, bes. K_2CO_3, CaO oder ein K-Salz eines schwachsauren Kationenaustauscherharzes vom Carbonsäuretyp, durchgeführt wird, um die Bldg. von Piperidin-2-carbonsäureamid zu unterbinden. (**A. P. 3 019 218** vom 24/11. 1959, ausg. 30/1. 1962.)
C. Lüttgen H 3370

2476 Spencer Chemical Co., übert. von: Joseph H. Scherrer, Kansas City, Kans., V.St.A., **Herstellung von DL-α-Amino-ε-caprolactam** aus dem D- oder L-Isomeren, dad. gek., daß man diese in einem inerten Lsgm. in Ggw. von Aktivkohle (**I**) auf 70—175° erhitzt. 4 g D-Isomeres werden in Ggw. von **I** in Xylol gekocht. Ausbeute 3,7 g DL-α-Amino-ε-caprolactam, F. 74—76°, α_D^{26} 0,0°. — Zwischenprod. zur Herst. von opt.-akt. Lysin. (**A. P. 3 024 231** vom 11/2. 1959, ausg. 6/3. 1962. C. Lüttgen H 3370

2477 Union Carbide Corp., übert. von: Howard R. Guest, Charleston, und Ben W. Kiff, Ona, W.Va., V.St.A., **Herstellung von ε-Caprolacton** (**I**) oder seinen Alkyl (C_1—C_{30})-Substitutions-Prodd. erfolgt durch Rk. von Cyclohexanon (**II**) oder seinen Alkyl-Derivv. mit O_2 oder Luft bei 20—80° u. in Ggw. eines Aldehyds u. bes. eines Mn- oder Co-Salzes (0,1—20 Teile Mn bzw. 0,1—50 Teile Co je 10^3 Teile Rk.-Teilnehmer). Der Aldehyd geht hierbei in die entsprechende Säure über. — Durch 500 (g) **II** mit einem Geh. an 0,076 Co-Naphthenat (**III**) wird O_2 geleitet u. gleichzeitig ein Gemisch aus 500 C_2H_5CHO, 1000 $CH_3COOC_2H_5$ (**IV**) u. 0,228 **III** zugegeben u. 6 Std. lang bei 35—40° gehalten. Nach Abdest. von **IV** u. C_2H_5COOH im Vakuum (nicht $> 54^0$) u. dann von **II** (25°/4 mm) werden 173 (74%) 99% reines **I**, Kp.$_3$ 75°, daneben 19 *Adipinsäure* u. 50 harzartiges Poly-I erhalten. — Weitere Beispiele unter Verw. folgender Aldehyde: Acet-, Butyr-, 2-Äthylbutyr-, Valer-, Hexaldehyd u. folgender Katalysatoren: V-Acetat, Ru-Oxid–Al_2O_3, Pd-Oxid–A-Kohle, Zr-Tetraacetylacetonat, Al-Acetat, Sb_2O_3, Be-Nitrat. (**A. P. 3 025 306** vom 31/5. 1960, ausg. 13/3. 1962.)
O. Müller-Meiningen H 3370

2478 Union Carbide Corp., New York, N.Y., übert. von: Leonard Pierce, jun., St. Albans, und Phil H. Miller, Charleston, W.Va., V.St.A., **Siliciumhaltige Flüssigkeiten,** die aus Polyalkoxysiloxanen bestehen, werden hergestellt durch gleichzeitige Rk. von $SiCl_4$, W. u. einem einwertigen prim. oder sek. Alkohol mit 4—20 C-Atomen bei —25 bis 100°, bes. 50—80°. Es werden hierbei angewendet 3,5—15 Mol Alkohol u. 0,35—1,66 Mol W. pro Mol $SiCl_4$. Anschließend wird das Rk.-Prod. destilliert. — 175 (g) Tetra-(2-äthylbutyl)-orthokieselsäureester, 530 $SiCl_4$ u. 1272 2-Äthylbutanol, das 1,5% W. enthält, werden miteinander innerhalb 2 Std. umgesetzt, wobei ersterer als Vorlage dient u. letztere unter Rühren eingetropft werden. Die Temp. beträgt durchschnittlich 35°. Nach Beendigung der Rk. wird N_2 eingeleitet u. 3 Std. auf 125° erhitzt. Man erhält 1551 Rk.-Prod., das nach Neutralisation im Vakuum dest. wird. (**A. P. 3 027 394** vom 2/12. 1959, ausg. 27/3. 1962.)
A. Dandl H 4010

2479 Maximilian Knedel, München, **Fraktionierung von Proteinlösungen,** z. B. Auftrennen des Blutplasmas u. Isolierung des β- u. γ-Globulins, dad. gek., daß man z. B. 10 ml Serum mit 28 ml N.N'-Di-(2-methyl-4-aminochinolyl-6)-ureidodichlormethylat, unter Schütteln versetzt die Lsg. 10 Min. bei 3000 Umdrehungen zentrifugiert u. die fl. Phase nach Abtrennen des Nd. der Elektrophorese unterwirft. Die β-γ-Globulinfraktion ist frei von Albumin, α_1- u. α_2-Globulin. Als Fällungsmittel kann außer der genannten Chinolinverb. auch das N.N'-Di-(2-methyl-4-aminochinolyl-6)-ureidodihydrochlorid, N.N'-Di-(2-methyl-4-aminochinolyl-6)-aminoessigsäureamiddihydrochlorid, N-(2-Aminochinolyl-6)-N'-chinolylureidodihydrochlorid oder N.N'-Di-(2-methyl-4-aminochinolyl-6)-triaminotriazinsulfat eingesetzt werden, die Chinolin-Lsg. wird dabei zweckmäßig auf ein pH von 1,9—5,7 eingestellt. (**E. P. 887 395** vom 26/10. 1959, ausg. 17/1. 1962.)
W. Heyer H 4070

2480 **Efim Biller,** Berlin, *Herstellung von Carbonsäureestern.* (**Oe. P. 219 059** vom 2/1. 1958, ausg. 10/1. 1962. D. Prior. 3/1. 1957. — C. **1963,** 680 [E. P. 872 876].)

2481 **Richard Klar,** Frankfurt/M., *Oxydation von Kohlenwasserstoffen.* (**Oe. P. 215 971** vom 14/7. 1959, ausg. 10/7. 1961. — C. **1960,** 7679 [D. A. S. 1 069 150].)

2482 **A. Boake, Roberts & Co. Ltd.** (Erfinder: **Derick Fysh**), *Antimon enthaltende Carbonsäureester.* (**Aust. P. 239 524** vom 30/4. 1959, ausg. 9/8. 1962. E. Prior. 8/5. 1958. — C. **1963,** 2616 [F. P. 1 223 831].)

2483 **Farbwerke Hoechst Akt.-Ges. vormals Meister Lucius & Brüning,** übert. von: **Rudolf Wimmer, Rudolf Wirtz, Willi Portz,** Frankfurt/M., **Werner Fischer,** Bad Soden/Taunus, und **Hartmut Schilken,** Frankfurt/M., *Abschrecken von heißen Crackgasen.* (**A. P. 3 015 619** vom 24/2. 1959, ausg. 2/1. 1962. D. Prior. 26/2. 1958. — C. **1960,** 10058 [D. A. S. 1 069 142].)

2484 **Knapsack-Griesheim Akt.-Ges.,** Deutschland, *Herstellung von 1.2-Dichlor-1-nitroäthylen und einem dimeren Monochlornitroäthylen.* (**F. P. 1 244 813** vom 9/1. 1960, ausg. 25/1. 1961. D. Prior. 16/1. 1959. — C. **1961,** 18126 [D. A. S. 1 103 917].)

2485 **Badische Anilin- & Soda-Fabrik Akt.-Ges.** (Erfinder: **Friedrich Schierwater, Walter Teltschik** und **Heinz Wurtz**), Ludwigshafen, *Herstellung von Acetylen.* (**Oe. P. 220 132** vom 30/12. 1960, ausg. 12/3. 1962. D. Prior. 21/1. 1960. — C. **1963,** 2616 [D. A. S. 1 108 203].)

2486 **Esso Research and Engineering Co.** (Erfinder: **Joseph Kern Mertzweiller** und **Rhea N. Watts**), *Herstellung von primären Alkoholen.* (**Aust. P. 239 587** vom 23/2. 1960, ausg. 9/8. 1962. A. Prior. 16/4. 1959. — C. **1962,** 10636 [D. A. S. 1 114 469].)

2487 **Montecatini Soc. Gen. per l'Industria Mineraria e Chimica** (Erfinder: **Lodovico Avogadro di Cerrione** und **Carlo Ferraris**), Mailand, Italien, *Herstellung von Trimethylborat.* (**Oe. P. 219 617** vom 2/9. 1960, ausg. 12/2. 1962. **F. P. 1 266 326** vom 31/8. 1960, ausg. 8/11. 1961. Beide It. Prior. 3/9. 1959. — C. **1963,** 5223 [D. A. S. 1 126 365].)

2488 **Badische Anilin- & Soda-Fabrik Akt.-Ges.,** Deutschland (Erfinder: **Harry Distler** und **Karlhugo Kuespert**), *Herstellung wasserlöslicher Salze von α,β-ungesättigten Sulfonsäuren.* (**F. P. 1 244 718** vom 7/1. 1960, ausg. 25/1. 1961. D. Prior. 7/1. 1959. — C. **1961,** 5250 [D. A. S. 1 090 656].)

2489 **Farbwerke Hoechst Akt.-Ges. vormals Meister Lucius & Brüning,** Frankfurt/M., *Herstellung von Aldehyden und Ketonen.* (**Oe. P. 214 908** vom 19/3. 1960, ausg. 10/5. 1961. D. Prior. 21/3. 1959. Zusatz zu Oe. P. 209 887; C. **1963,** 7165. — C. **1963,** 14853 [D. A. S. 1 136 685].)

2490 **Celanese Corp. of America,** New York, N.Y., V.St.A., *Wässerige Formaldehydlösungen.* (**Oe. P. 220 137** vom 24/6. 1959, ausg. 12/3. 1962. A. Prior. 24/6. 1958 u. 18/5. 1959. — C. **1962,** 15403 [F. P. 1 228 672].)

2491 **Robert Sancier Aries,** V.St.A., *Wasserfreier monomerer Formaldehyd aus Methanol.* (**F. P. 1 244 771** vom 8/1. 1960, ausg. 25/1. 1961. A. Prior. 12/1. 1959. — C. **1962,** 18633 [A. P. 2 953 602].)

2492 **Shell Internationale Research Mij. N. V.,** Niederlande (Erfinder: **Ellis R. White**), V.St.A., *Herstellung von Propionaldehyden mit einer Äthergruppe in β-Stellung.* (**F. P. 1 244 591** vom 26/11. 1959. ausg. 23/1. 1661. A. Prior. 2/12. 1958. — C. **1963,** 14854 [D. A. S. 1 135 882].)

2493 **Knapsack-Griesheim Akt.-Ges.** (Erfinder: **Kurt Sennewald, Klaus Born, Heinz Erpenback** und **Günther Dobek**), *α,β-Ungesättigte Carbonsäurenitrile.* (**Aust. P. 239 523** vom 18/3. 1959, ausg. 9/8. 1962. D. Prior. 25/3. u. 25/4. 1958. — C. **1963,** 11818 [E. P. 880 952].)

2494 **E. I. du Pont de Nemours & Co.** (Erfinder: **Vincent Willard Kremer** und **Jack Rowbottom**), V.St.A., *Acrylsäurenitril aus Acetylen und Blausäure.* (**F. P. 1 245 066** vom 10/11. 1959, ausg. 27/1. 1961. A. Prior. 12/11. 1958. — C. **1963,** 5230 [D. A. S. 1 126 377].)

2495 **Richard Klar,** *Oxydation von organischen Stoffen.* (**Aust. P. 239 541** vom 11/9. 1959, ausg. 9/8. 1962. — C. **1962,** 16490 [F. P. 1 226 476].)

2496 **Stamicarbon N. V.** (Erfinder: **Mathien Bongard**), *Herstellung von Harnstoff.* (**Aust. P. 237 535** vom 30/7. 1959, ausg. 8/3. 1962. Niederl. Prior. 8/8. 1958. — C. **1962,** 5096 [E. P. 853 220].)

2497 **Armour Pharmaceutical Co.,** Del., übert. von: **Emil Kaiser** und **Ellen P. Gunther,** Chicago, Ill., V.St.A., *Herstellung von Aminosäureestern und Peptiden aus Proteinen.* (**A. P. 3 053 825** vom 13/12. 1956, ausg. 11/9. 1962. — C. **1960,** 3697 [D. A. S. 1 055 002].)

2498 **Tanabe Seiyaku Co. Ltd.,** Osaka, übert. von: **Kiichi Fujii,** Kyoto, **Mutsuo Oda,** Suita, **Jun-Ichiro Arita,** Moriguchi, **Kango Sakai** und **Mikio Takeda,** Osaka, Japan, *Trennung von Threonin und Allothreonin aus deren Gemisch.* (**A. P. 3 068 281** vom 20/5. 1959, ausg. 11/12. 1962. Jap. Prior. 1/10. 1958. — C. **1963,** 11820 [D. A. S. 1 125 442].)

2499 **Ajinomoto Co., Inc.,** Tokyo, übert. von: **Takashi Miyamae,** Fujisawa-shi, und **Masao Shimokoshi,** Tokyo, Japan, *Reinigen von Threonin.* (**A. P. 3 059 026** vom 25/9. 1959, ausg. 16/10. 1962. Jap. Prior. 9/10. 1958. — C. **1962,** 13946 [E. P. 863 248].)

2500 **Roussel-Uclaf,** Paris (Erfinder: **Gaston Amiard,** Noisy-le-Sec, und **René Heymes,** Romainville), Frankreich, *Herstellung von L(+)-Isoglutamin.* (**Schwz. P. 368 501** vom 27/5. 1958, ausg. 31/5. 1963. F. Prior. 19/6. 1957. — C. **1961,** 2788 [D. A. S. 1 066 202].)

2501 **Union Carbide Corp.,** New York, übert. von: **Enrico J. Pepe,** Kenmore, N.Y., V.St.A., *Siliciumorganische Verbindungen.* (**Can. P. 635 740** vom 15/7. 1960, ausg. 30/1. 1962. A. Prior. 3/8. 1959. — C. **1964,** 5-2269 [A. P. 2 985 680].)

2502 **Friedrich Detmar Cramer,** Darmstadt, *Neue N-substituierte Carbamylphosphate.* (**E. P. 910 893** vom 19/4. 1960, ausg. 21/11. 1962. D. Prior. 21/4. 1959. — C. **1963,** 22904 [D. A. S. 1 137 429].)

2503 **Esso Research and Engineering Co.** (Erfinder: **William R. Edwards** und **Harry G. Boynton**), *Alkylierung von Benzolkohlenwasserstoffen.* (**F. P. 1 244 607** vom 2/12. 1959, ausg. 25/1. 1961. A. Prior. 3/12. 1958. — C. **1962,** 9954 [A. P. 2 976 335].)

2504 **Monsanto Canada Ltd.,** Canada (Erfinder: **Ted Henry Waid** und **Denis Coleman**), *Herstellung von 2.4-Bis-[chlormethyl]-toluol.* (**F. P. 1 244 713** vom 6/1. 1960, ausg. 25/1. 1961. Can. Prior. 9/1. 1959. — C. **1962,** 4344 [E. P. 855 487].)

2505 **Phenolchemie G.m.b.H.,** Gladbeck, Westf., *Gewinnung von reinem Phenol.* (**Oe. P. 219 029** vom 7/6. 1960, ausg. 10/1. 1962. D. Prior. 15/7. 1959. — C. **1962,** 3985 [D. A. S. 1 105 878].)

2506 **Chemstrand Corp.** (Erfinder: **Eugene Lee Ringwald**), V.St.A., *Reinigung von Phthalsäuren.* (**F. P. 1 244 576** vom 16/11. 1959, ausg. 23/1. 1961. A. Prior. 18/11. 1958. — C. **1962,** 11371 [D. A. S. 1 117 100].)

2507 **Badische Anilin- & Soda-Fabrik Akt.-Ges.**, Deutschland (Erfinder: **Harry James Aroyan, Richare Sinn, Karl Scherf** und **Ludwig Vogel**), *Reinigung von Dimethylterephthalat.* (**F. P. 1 245 493** vom 25/1. 1960, ausg. 1/2. 1961. D. Prior. 24/1. 1959. — C. **1961**, 17009 [D. A. S. 1 098 503].)

2508 **American Cyanamid Co.** (Erfinder: **Allen Garrison Potter jun.** und **Robert George Weyker**), V.St.A., *Diphenylamin aus Anilin.* (**F. P. 1 244 479** vom 24/9. 1959, ausg. 23/1. 1961. A. Prior. 6/10. 1958. — C. **1962**, 4346 [D. A. S. 1 101 433].)

2509 **Farbenfabriken Bayer Akt.-Ges.** (Erfinder: **Werner Müller** und **Alfred Brack**), Deutschland, *Herstellung von Diphenylaminen.* (**F. P. 1 266 267** vom 29/8. 1960, ausg. 8/11. 1961. D. Prior. 18/9. 1959. — C. **1962**, 7329 [D. A. S. 1 112 990].)

2510 **American Cyanamid Co.**, New York, N.Y. (Erfinder: **Arthur Kentaro Hoffmann**, Springdale, Conn., und **Audrey Tesch Henderson**, Stamford, Conn.), V.St.A., *Herstellung tertiärer Phosphinoxide.* (**D. A. SS. 1 153 364** Kl. 12o vom 4/8. 1960, ausg. 28/8. 1963 u. **1 154 469** Kl. 12o vom 4/8. 1959, ausg. 19/9. 1963. Beide A. Prior. 4/8. 1959. — C. **1964**, 2-2182 [A. P. 3 032 589].)

2511 **Farbwerke Hoechst Akt.-Ges. vormals Meister Lucius & Brüning**, Frankfurt/M., übert. von: **Eugen Reindl** und **Klaus Boidol**, Burgkirchen/Alz, *Tetraarylzinn.* (**A. P. 3 067 225** vom 14/1. 1958, ausg. 4/12. 1962. D. Prior. 18/1. 1957. — C. **1958**, 13359 [D. A. S. 1 027 669].)

2512 **Badische Anilin- & Soda-Fabrik Akt.-Ges.** (Erfinder: **Walter Stilz** und **Horst Pommer**), Ludwigshafen/Rh., *Verbindungen der 1.4-Divinylbenzolreihe.* (**Oe. P. 219 594** vom 27/4. 1960, ausg. 12/2. 1962. D. Prior. 15/5. 1959 u. 15/3. 1960. — C. **1962**, 5479 u. 15407 [D. A. S. 1 108 219 u. 1 122 065].)

2513 **Esso Research and Engineering Co.** (Erfinder: **Arthur Benjamin Hill** und **Donald Wilbur Wood**), *Di-(methylcyclopentadien).* (**Aust. P. 239 506** vom 8/5. 1959, ausg. 2/8. 1962. A. Prior. 28/7. 1958. — C. **1962**, 19137 [F. P. 1 227 087].)

2514 **Stamicarbon N. V.**, Niederlande, *Herstellung von Cyclohexanon und Cyclohexanol.* (**F. P. 1 245 495** vom 25/1. 1960, ausg. 1/2. 1961. Niederl. Prior. 26/1. 1959. — C. **1963**, 8737 [D. A. S. 1 111 623].)

2515 **Badische Anilin- & Soda-Fabrik Akt.-Ges.** (Erfinder: **Walter Stilz, Horst Pommer** und **Karl-Heinz Koenig**), Ludwigshafen/Rh., *Herstellung von Verbindungen der 1.4-Bis-styrylbenzol-Reihe.* (**Oe. P. 219 035** vom 19/7. 1960, ausg. 10/1. 1962. D. Prior. 12/8. 1959. — C. **1962**, 6969 [D. A. S. 1 112 072].)

2516 **Rütgerswerke Akt.-Ges.** (Erfinder: **Karl Friedrich Lang**, Frankfurt/M., **Max Froitzheim**, Castrop-Rauxel, **Walter Metzger** und **Heinz Schünemann**, Letmathe), *Herstellung von 1.3.5-Triphenylbenzol.* (**Schwz. P. 369 118** vom 30/10. 1958, ausg. 29/6. 1963. D. Prior. 9/11. u. 24/12. 1957. — C. **1961**, 303 [E. PP. 832 176 u. 832 675].)

2517 **Badische Anilin- & Soda-Fabrik Akt.-Ges.** (Erfinder: **Walter Stilz, Fritz Stolp** und **Horst Pommer**), Ludwigshafen/Rh., *Herstellung von Verbindungen der 1.4-Bis-[p-carboxystyryl]-benzol-Reihe.* (**Oe. P. 219 034** vom 15/7. 1960, ausg. 10/1. 1962. D. Prior. 29/7. 1959. — C. **1963**, 4147 [D. A. S. 1 129 947].)

2518 **Shell Internationale Research Mij. N. V.**, Niederlande (Erfinder: **Ronald Kent June** und **John Clifford Rapean**), V.St.A., *Herstellung von Glycidylestern.* (**F. P. 1 244 675** vom 28/12. 1959, ausg. 25/1. 1961. A. Prior. 29/12. 1958. — C. **1963**, 2621 [E. P. 876 125].)

2519 **Distillers Co. Ltd.** (Erfinder: **Archibald Robert Graham, Dennis James George Long** und **Denis Cheselden Quin**), *Benzofurane.* (**Aust. P. 237 497** vom 30/10. 1959, ausg. 8/3. 1962. E. Prior. 20/11. 1958. — C. **1964**, 8-2295 [E. P. 858 470].)

2520 **J. R. Geigy Akt.-Ges.**, Basel, Schweiz, *Herstellung von Dioxopyrazolidinen.* (**E. P. 908 633** vom 9/2. 1959, ausg. 24/10. 1962. D. Pior. 11/2. 1958. — C. **1963**, 22908 [D. A. S. 1 098 517].)

2521 **J. R. Geigy Akt.-Ges.**, Basel (Erfinder: **Alfred Straub**, Binningen), Schweiz, *Herstellung von 3-Alkyl-5-aminopyrazolen.* (**Schwz. P. 366 547** vom 4/9. 1958, ausg. 28/2. 1963. **E. P. 903 639** vom 3/9. 1959, ausg. 15/8. 1962. Schwz. Prior. 4/9. 1958. — C. **1963**, 21352 [D. A. S. 1 133 384 u. A. P. 2 987 523].)

2522 **Farbenfabriken Bayer Akt.-Ges.**, Deutschland (Erfinder: **Ernst Kracht, Fritz Eichler** und **Josef Farana**), *Herstellung von Dibenzthiazolyldisulfid.* (**F. P. 1 244 475** vom 24/9. 1959, ausg. 23/1. 1961. D. Prior. 24/9. 1958. — C. **1962**, 2546 [D. A. S. 1 108 692].)

2523 **Spofa, Spojené Farmaceutické Zavody, Národní Podnik** (Erfinder: **Zelimir Procházka**), Tschechoslowakei, *Herstellung von Cumarinderivaten.* (**F. P. 1 261 853** vom 23/7. 1954, arg. 15/9. 1961. Tschech. Prior. 23/7. 1953. — C. **1960**, 16596 [Niederl. P. 93 599].)

2524 **Sandoz Akt.-Ges.**, Basel, Schweiz, *Pyridobenzthiazin-Derivate.* (**Oe. P. 219 600** vom 23/9. 1960, ausg. 12/2. 1962. Schwz. Prior. 25/9. 1959 u. 4/1. 1960. — C. **1962**, 19016 [D. A. S. 1 119 283].)

2525 **Monsanto Chemical Co.**, St. Louis, Mo., V.St.A., *Herstellung von Cyanurchlorid.* (**E. P. 904 891** vom 19/6. 1959, ausg. 5/9. 1962. A. Prior. 19/6. 1958. — C. **1964**, 5-2286 [Aust. P. 234 563].)

2526 **Stamicarbon N. V.** (Erfinder: **Johannes Hubertus Ottenheym** und **Johan Pierre Henri von den Hoff**), *Herstellung von α-Nitrolactamen.* (**Aust. P. 236 960** vom 16/9. 1959, ausg. 1/2. 1962. Niederl. Prior. 30/9. 1958. — C. **1964**, 8-2312 [E. P. 867 269].)

H_{10}. Färberei, Organische Farbstoffe

2527 **Farbstoffe und Hilfsmittel.** Anonym. (SVF Fachorg. Textilveredl. **16**, 427—28, 1961; Imp. Chem. Ind. Dyestuffs Div.; dt.) — *Procionrotbraun H 4 R* zeichnet sich durch gute Lichtechtheit, sehr gute Echtheit gegenüber Hypochlorit-Bleichbehandlung sowie gegen Naßbehandlung ganz allg. aus; es zieht sehr gut auf u. bildet sowohl in der Färberei als auch im Druck eine Basis für die Herst. einer großen Reihe von Brauntönen. — J. R. Geigy AG, Basel: *Reacton-Farbstoffe im Klotz-Kaltlager-Verf.*; auf der Musterkarte 1085 werden ausführliche Erläuterungen zu dem Verf. gegeben. — *Reacton-Farbstoffe im Auszieh-Färbe-Verf.*; die Musterkarte 1328 enthält für das Auszieh-Verf. geeignete Farbstoffe sowie die wichtigsten Eigg. u. Echtheiten auf Baumwolle u. Viscosezellwolle. I. Beßer 7018◇

2528 **Betrachtungen über den universellen Einsatz von Kontinue-Färbeanlagen bei allen vorkommenden Farbstoffklassen in der Baumwoll-, Zellwoll- und Mischgewebe-Stückfärberei.** W. Härtig. (Textil-Praxis **18**, 778—80, 1963; dt.) — Auf Voraussetzungen zum Einsatz von Kontinue-Färbeanlagen wird hingewiesen u. der Färbeprozeß skizziert. M.-L. Kehren 7020◇

2529 **Neue Erkenntnisse über die Applikation der Cibacron-Farbstoffe in der Färberei.** M. Haelters. (SVF Fachorg. Textilveredl. **18**, 287—300, 1963; Basel, CIBA AG.; dt.) — Die Löslichkeit, Substantivität, Diffusion, Rk.-Geschw., Empfindlichkeit gegen Red., Stabilität der Farbstoff-Cellulose-Bindung, die Auswaschbarkeit u. die verlangten Applikations-Eigg. der Cibacron-Farbstoffe werden einer Betrachtung unterzogen. Verschiedene Applikations-Verff. werden unter dem Gesichtspunkt der neuesten prakt. Erfahrungen erläutert. I. Beßer 7020◇

2530 **Färben von Polypropylen-Fasern.** Nobuhiko Kuroki. (Chem. and chem. Ind. [Kagaku to Kogyo] **15**, **604**—**09**, 1962; Ôsaka, Huritu-Daigaku, Kôgakubu; jap.) — Übersicht. — 21 Literaturangaben. E. Maekawa 7020◇

2531 **Untersuchung über das Färben von Polypropylenfasern.** 1. Mitt. **Färben mit Azofarbstoffen, die Phenol- und Naphtholderivate als Kupplungskomponenten enthalten.** Kazuhiro Teramura, Saburo Hirose und Ryukichi Tanaka. (J. Soc. Textile Cellulose Ind. Japan [Sen-i Gakkaishi] **18**, **436**—**39**, 1962; Sakyo-Ku, Kyoto City, Japan, Kyoto Technical Univ.; jap., Auszug: engl.) — Zum Färben von Polypropylenfasern (**A**) werden einheitliche Farbstoffe benötigt, die eine hohe Affinität zu **A** besitzen. Geeignete Farbstoffe sind solche mit hydrophoben Resten, z. B. 2-[4'-Chlorbenzolazo]-4-tert.-butylphenol u. 2-[4'-Chlorbenzolazo]-4-[1'.1'.3'.3'-tetramethylbutyl]-phenol. Sie färben **A** bei hoher Temp. u. in Ggw. von Carriern in gelben Tönen von guten Echtheitseigenschaften. Azofarbstoffe, die β-Naphthol, β-Hydroxynaphthoesäure oder β-Hydroxynaphthoesäurearylamide als Kupplungskomponenten enthalten, geben auf **A** Färbungen mit schlechten Echtheiten. R. Bamberger 7020◇

2532 **Probleme der Nylonteppichfärberei in den USA.** W. Grether. (SVF Fachorg. Textilveredl. **18**, **361**—**68**, 1963; Fair Lawn, N.J., CIBA Chem. and Dye Comp.; dt.) — Die in den USA verwendeten Filamentgarne für Nylon-Tufted-Teppiche werden aufgezählt. Die mechan. u. färber. Aspekte bei dem Färben von Nylonteppichpartien werden erläutert. Die Herst. von Zweifarbeneffekten in Nylonteppichen wird ausführlich beschrieben. I. Beßer 7020◇

2533 **Das Bedrucken von Naturseide mit Cibacron-Farbstoffen.** F. Talamona. (SVF Fachorg. Textilveredl. **18**, 358—60, 1953; CIBA, AG; dt.) — Die Theorie der Faser-Farbstoff-Bindung, bes. Reaktivfarbstoff-Naturseide, wird kurz erläutert. Die applikationstechn. Anwendung der Cibacron-Farbstoffe (**A**) auf Naturseide wird ausführlich besprochen. Die für den Druck auf Naturseide bes. geeigneten **A** u. ihre Echtheiten werden tabellar. zusammengestellt. I. Beßer 7022◇

2534 **Aktuelle Methoden zur Bestimmung der Lichtechtheit von Farbstoffen.** E. Antoniades. (Chim. Chron. [Athen] **22**, **251**—**57**, 1957; griech.) — Eine krit. Prüfung der beiden Verff. zur Best. der Lichtechtheit von Farbstoffen zeigt, daß die internationale Meth. (Einw. des Tageslichtes) befriedigende Werte liefert u. den Vorzug vor der Prüfung mit dem Fadeometer („enclosed carbon arc test“) verdient, weil das letztgenannte Verf. oft unrichtige Werte ergibt. W. Wesly 7028◇

2535 **Farbstoffe.** C. V. Stead. (Rep. Progr. appl. Chem. **45**, **160**—**76**, 1960; Imp. Chem. Ind. Ltd., Dyestuffs Div.; engl.) — Fortschrittsbericht 1959 über Azofarbstoffe (Reaktiv-, metallhaltige u. metallfreie Farbstoffe für Wolle, Nylon u. Cellulose, Dispersions-, bas., Entw.- u. Pigmentfarbstoffe), Anthrachinonfarbstoffe (saure Farbstoffe, Küpen-, Dispersions- u. Pigmentfarbstoffe), Phthalocyanin-, Indigo-, Triphenylmethan-, Nitro-, Styryl- u. heterocycl. Farbstoffe. — 207 Literaturhinweise. R. Bamberger 7048◇

2536 **Farbstoffzwischenprodukte und optische Aufheller.** A. K. Sarkar und D. A. W. Adams. (Rep. Progr. appl. Chem. **45**, **142**—**59**, 1960; Castleford, Yorks., Hickson & Welch Ltd.; engl.) — Fortschrittsbericht 1959 über Benzol-, Naph thalin-, Acenaphthen-, Anthrachinon-, polycycl. u. heterocycl. Verbb. sowie opt. Aufheller u. UV-Absorber. — 157 Literaturhinweise. R. Bamberger 7048◇

2537 **Untersuchungen über Rapidogenfarbstoffe.** 3. Mitt. **Diazoaminoverbindungen mit Prolin, 5-Sulfoanthranilsäure und Phenylglycin als Stabilisatoren.** Ryu Asaoka und Tatsuo Sekiguchi. (Rep. Government chem. ind. Res. Inst., Tokyo **57**, 37—44, 1962; jap., Auszug: engl. S. 4.) — 2. vgl. C. **1963**, 8347. — Es werden 18 Diazoamino-Verbb. (**I**) unter Verw. von 3-Chloranilin (Fast Orange R Base) (**II**), 4-Nitro-o-toluidin (Fast Scarlet G Base) (**III**), 2.5-Dichloranilin (Fast Scarlet GG Base) (**IV**), 4-Nitro-o-anisidin (Fast Scarlet R Base) (**V**), 4-Chlor-o-anisidin (Fast Red R Base) (**VI**) u. 5-Chlor-o-toluidin (Fast Red TR Base) (**VII**) als Diazokomponenten u. Prolin, 5-Sulfoanthranilsäure (**VIII**) u. Phenylglycin als Stabilisatoren hergestellt. **I** aus **III** u. **VI** werden in guten Ausbeuten erhalten. **VIII** gibt **I** mit hoher Löslichkeit. Die Stabilität von **I** hängt mehr von der Art der Diazokomponente als von der Art des Stabilisators ab. Sie nimmt — bezogen auf die Diazokomponente — wie folgt ab: **III, IV** > **II, V** > **VII, VI.** R. Bamberger 7052◇

2538 Celanese Corp. of America, New York, N.Y., übert. von: Anthony Bernard Conciatori, Chatham, N.J., V.St.A., **Verhinderung von Gas-Fading bei gefärbtem Textilmaterial aus Celluloseestern,** bes. Celluloseacetat mit höchstens 0,29 OH-Gruppen je Anhydroglucoseeinheit. Das zu färbende Material enthält 1—10% einer Verb. mit aliphat., nicht konjugierten, ungesätt. Bindungen zwischen C-Atomen. Diese Verb. kann an das Cellulose-Mol. gebunden sein, z. B. als Celluloseacetatcrotonat, sie wird jedoch vorzugsweise der Spinn-Lsg. zugesetzt. In diesem Fall verwendet man z. B. *Diallylphthalat* oder einen *Acrylsäureester*. (**A. P. 3 021 188** vom 24/1. 1958, ausg. 13/2. 1962.) F. Böhm 7029

2539 Badische Anilin- & Soda-Fabrik Akt.-Ges., Ludwigshafen/Rh. (Erfinder: Werner Deuschel, Freiburg, Schweiz, Wolfgang Vilsmeier, Ludwigshafen/Rh., und Günther Riedel, Mannheim), **Fluorubin** (6.13-Dihydro-5.6.7.12.13.14-hexazapentacen-1), der allg. Zus. **I** oder dessen Substitutions-Prodd., die in 1- bis 4-Stellung u. 8- bis 11-Stellung Substituenten, wie Halogene, niedrigmol. Alkyl- oder Alkoxylgruppen, tragen oder denen weitere aromat. Ringe anelliert sein können, erhält man in vorteilhafter Weise in reiner Form, wenn man 2.3-Diaminochinoxalin (**II**), dessen im Benzolkern substituierte oder anellierte Ringe tragende Derivv. oder ein an einer Aminogruppe durch einen 2-Aminochinoxalinyl-(3)-rest substituiertes **II** — ggf.

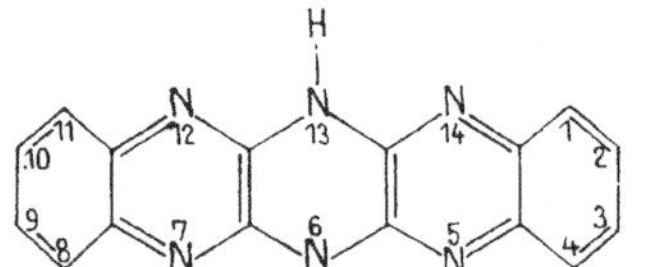

I

in der 0,5- bis 20fachen Menge eines bei der Rk.-Temp. fl. über ca. 100° sd. organ. Verdünnungsmittels, z. B. Dialkylamide u./oder N-Alkyllactame, hochsd. Äther, Silicon- oder Paraffinöle, u. ggf. unter Zusatz von sauren Katalysatoren, z. B. p-Toluolsulfonsäure, HCl oder NH_4Cl — auf 100 bis ca. 400° erhitzt. Man kann auch durch Erhitzen von **II** u./oder dessen im Benzolkern substituierten Prodd. auf 100—140° zunächst 1 Mol NH_3 zu einem an einer Aminogruppe durch einen 2-Aminochinoxalinyl-(3)-rest substituierten **II**, dem 3.3'-Diamino-2.2'-bis-chinoxaloimid **IIa** bzw. dessen Kernsubstitutions-Prodd., abspalten u. dann durch weiteres Erhitzen auf ca. 140—400° die Abspaltung eines weiteren Mols NH_3 u. Cyclisierung bewirken. — *Pigmentfarbstoffe*: 100 (Gew.-Teile) **II** (erhältlich durch 4std. Erhitzen von 2.3-Dichlorchinoxalin u. wasserfreien Ammoniak im Rührautoklav bei 90° u. 65 atü) werden mit 500 N-Methylpyrrolidin **IIb** unter Rühren u. Überleiten von N_2 65 Std. auf 205° erhitzt. Man erhält in 75%ig. Ausbeute das *Fluorubin* (**III**), F. > 360°, das aus H_2SO_4 ungelöst ein grünstichiggelbes Pigment ergibt. Weiter erhält man in ähnlicher Weise: 2.9-, 2.10-Dimethyl-**III** oder ein Gemisch beider Isomeren (aus 6-Methyl-**II**), rotstichiges Gelbpigment; *1.8-* oder *1.11-Dimethyl-***III** oder Gemisch beider Isomeren (aus 5-Methyl-**II**), rotstichiges Gelbpigment; *2.9-* oder *2.10-Dichlor-***III** oder Gemisch beider Isomeren, stark grünstichiges Gelbpigment. Durch Erhitzen von **II** in **IIb** in Ggw. von p-Toluolsulfonsäure (**IV**) 20 Std. auf 140° oder von **II** u. 2-Amino-3-chlorchinoxalin (hellgelbe Kristalle, F. 144—146°) mit Na_2CO_3 in Dimethylformamid 2 Std. auf Siedetemp. wird **IIa** (gelbe Kristalle Zers. ab 360°) erhalten, das durch 10std. Erhitzen in **IIb** in Ggw. von **IV** bei Siedetemp. **III** ergibt. Weiter können erhalten werden: *2-Methoxy-***III** [über das 6- (bzw. 7-Methoxy) **IIa**], braune Kristalle, F. > 360°, rotstichiggelbes Pigment; *2-Methyl-9(10)-chlor-***III** [über das 6(7)-Chlor-6'-methyl-**IIa**, hellbraune Kristalle, Zers. ab ca. 380°], braune Kristalle, F. > 360°, rotstichiggelbes Pigment. Ferner können erhalten werden: 2.3-9.10-Dibenzo-**III** oder 1.2-8.9(10.11)-Dibenzo-**III** (aus 2.3-Diamino-6.7- bzw. -5.6-benzochinoxalin) oranges bzw. gelbstichigoranges Pigment, F. > 360°, da diese Farbstoffe leicht sulfonierbar sind, erfolgt die Überführung in die Pigmetform nicht in H_2SO_4, sondern in Dichloressigsäure. (**D. A. S. 1 149 477** Kl. 22e vom 29/12. 1960, ausg. 30/5. 1963.) O. Roick 7085

2540 **Montecatini Soc. Gen. per l'Industria Mineraria e Chimica** (Erfinder: **Avito Monaci, Vittoria Cappuccio** und **Alberto Bonvicini**), *Polypropylenartikel.* (**Aust. P. 239 526** vom 29/5. 1959, ausg. 9/8. 1962. — C. **1960**, 5981 [Oe. P. 201 862].)

2541 **Kurashiki Rayon Co. Ltd.**, Okayoma, Japan, und **Air Reduction Co., Inc.**, New York, N.Y., V.St.A., übert. von: **Kenichi Tanabe**, Kurashiki City, und **Kanji Matsubayashi**, Mizue, Japan, *Verbessern der Färbbarkeit von Polyvinylalkohol.* (**A. P. 3 053 605** vom 20/5. 1959, ausg. 11/9. 1962. Jap. Prior. 26/5. 1958. — C. **1963**, 1857 [Jap. A. S. 10 889/1960].)

2542 **Ciba Ltd.** (Erfinder: **Hans Altermatt**), *Färben spinnbarer organischer Stoffe.* (**Aust. P. 237 530** vom 11/6. 1959, ausg. 8/3. 1962. Schwz. Prior. 11/6. 1958. — C. **1963**, 11042 [F. P. 1 226 831].)

2543 **Ciba Ltd.** (Erfinder: **Richard Casty**), *Färben von stickstoffhaltigen Fasern.* (**Aust. P. 239 583** vom 5/2. 1960, ausg. 9/8. 1962. Schwz. Prior. 19/2. u. 31/7. 1959. — C. **1963**, 11450 [E. P. 879 642].)

2544 **Union Carbide Corp.**, New York, N.Y. (Erfinder: **Domenick Donald Gagliardi**, East Greenwich, R. I.), V.St.A., *Verbesserung der Echtheit von Färbungen auf Textilien.* (**Schwz. P. 369 107** vom 1/10. 1959, ausg. 29/6. 1963. A. Prior. 26/6. 1958. — C. **1963**, 11446 [E. P. 882 068].)

2545 **Ciba Soc. An.**, Schweiz, *Färben und Bedrucken von Cellulosetextilien.* (**F. P. 1 277 907** vom 24/1. 1961, ausg. 4/4. 1962. Schwz. Prior. 2/2. 1960 u. 16/1. 1961. — C. **1963**, 18640 [Port. P. 38 039].)

2546 **Farbwerke Hoechst Akt.-Ges. vormals Meister Lucius & Brüning**, Frankfurt/M.-Höchst, *Farbstoffabgebende Walzen zum Bedrucken von Textilmaterial.* (**Oe. P. 223 630** vom 22/3. 1960, ausg. 10/10. 1962. **F. P. 1 256 192** vom 24/3. 1960, ausg. 21/6. 1961. Beide D. Prior. 24/3. 1959. — C. **1963**, 18641 [Niederl. P. 99 512].)

2547 **Imperial Chemical Industries Ltd.**, London (Erfinder: **Alan Metcalf Wooler**, Manchester), England, *Färben, Klotzen oder Bedrucken von Cellulosetextilien mit wasserlöslichen Reaktivfarbstoffen.* (**Schwz. P. 369 738** vom 3/8. 1960, ausg. 31/7. 1963. E. Prior. 4/8. 1959 u. 4/7. 1960. — C. **1963**, 13370 [E. P. 879 980].)

2548 **Ciba Akt.-Ges.**, Basel (Erfinder: **Arthur Bühler**, Rheinfelden, und **Richard Casty**, Kaiseraugst), Schweiz, *Färben und Bedrucken von stickstoffhaltigen Fasern mit 1:2-Metallkomplexverbindungen von Azofarbstoffen.* (**Schwz. P. 369 110** vom 10/4. 1959, ausg. 29/6. 1963. — C. **1963**, 11825 [E. P. 893 466].)

2549 **Ilford Ltd.** (Erfinder: **John David Kendall, George Frank Duffin** und **Jacques Voitz**), *Diazacarbocyaninbasen.* (**Aust. P. 235 853** vom 23/6. 1959, ausg. 9/11. 1961. E. Prior. 25/6. 1958. — C. **1963**, 22916 [Ind. P. 68 155].)

2550 **Badische Anilin- & Soda-Fabrik Akt.-Ges.**, Ludwigshafen/Rh., übert. von: **Siegfried Huenig**, Marburg/Lahn, *Farbstoffe.* (**A. P. 3 043 828** vom 1/7. 1955, ausg. 10/7. 1962. D. Prior. 5/7. 1954. — C. **1959**, 10069 [D. B. P. 963 176].)

2551 **J. R. Geigy Akt.-Ges.**, Basel (Erfinder: **Jacques Voltz**, Basel, und **Werner Bossard**, Riehen), Schweiz, *Farbsalze.* (**Schwz. P. 366 612** vom 4/6. 1958, ausg. 28/2. 1963. — C. **1963**, 7957 [D. A. S. 1 109 808].)

2552 **Ciba Ltd.**, Basel, übert. von: **Henri Riat**, Arlesheim, **René de Montmollin** und **Karl Seitz**, Neuallschwil, Schweiz, *Azofarbstoffe.* (**A. P. 3 040 024** vom 3/3. 1958, ausg. 19/6. 1962. Schwz. Prior. 7/3. 1957. — C. **1963**, 3014 [Schwz. P. 352 757].)

2553 **Ciba Akt.-Ges.**, Basel (Erfinder: **Henri Riat**, Arlesheim. **René de Montmollin**, Riehen, und **Eugen Koller**, Binningen), Schweiz, *Azofarbstoffe.* (**Schwz. P. 367 257** vom 22/8. 1957, ausg. 29/3. 1963. **E. P. 887 723** vom 7/8. 1958, ausg. 24/1. 1962. Schwz. Prior. 22/8. 1957. — C. **1963**, 2636 [D. A. S. 1 111 754].)

2554 **Ciba Akt.-Ges.**, Basel (Erfinder: **Karl Seitz**, Neuallschwil, und **Henry Riat**, Arlesheim), Schweiz, *Azofarbstoffe.* (**Schwz. P. 367 580** vom 27/9. 1957, ausg. 11/4. 1963. — C. **1963**, 21357 [A. P. 2 963 472].)

2555 **Imperial Chemical Industries Ltd.**, London (Erfinder: **Ronald Baker**, Manchester), England, *Azofarbstoffe.* (**Schwz. PP. 367 910** u. **367 913** vom 30/1. 1958, ausg. 30/4. 1963. Beide E. Prior. 30/1. u. 13/12. 1957. — C. **1961**, 4527 [D. A. S. 1 075 245].)

2556 **J. R. Geigy Akt.-Ges.**, Basel, Schweiz (Erfinder: **Paul Dussy**, St. Louis, Frankreich, **Jürg Ammann**, Basel, und **Werner Bossard**, Riehen, Schweiz), *Azofarbstoffe.* (**Schwz. PP. 366 611** vom 23/5. 1958, ausg. 28/2. 1963 u. **369 227** vom 23/5. 1958, ausg. 29/6. 1963. **E. P. 903 631** vom 22/5. 1959, ausg. 15/8. 1962. Schwz. Prior. 23/5. 1958. — C. **1962**, 11016 [D. A. S. 1 112 229].)

2557 **Sandoz Akt.-Ges.**, Basel (Erfinder: **Jacob Benz**, Oberwil, und **Hans Ischer**, Basel), Schweiz, *Azofarbstoffe.* (**Schwz. P. 369 232** vom 6/11. 1958, ausg. 29/6. 1963. — C. **1962**, 2180 [D. P. [DDR] 20 788].)

2558 **Farbenfabriken Bayer Akt.-Ges.**, Leverkusen (Erfinder: **Heinz Haubrich** und **Gerd Müller**, Köln), *Wasserunlösliche Monoazofarbstoffe.* (**Schwz. P. 369 230** vom 25/2. 1959, ausg. 29/6. 1963. D. Prior. 5/4. 1958. — C. **1963**, 16366 [F. P. 1 219 730].)

2559 **J. R. Geigy Akt.-Ges.** (Erfinder: **Werner Kuster**), Basel, Schweiz, *Acetonlösliche Azofarbstoffe.* (**Schwz. P. 367 912** vom 21/3. 1958, ausg. 30/4. 1963. — C. **1963**, 7957 [D. A. S. 1 118 380].)

2560 **J. R. Geigy Akt.-Ges.** (Erfinder: **Werner Kuster**), Basel, Schweiz, *Acetonlösliche Azofarbstoffe.* (**Schwz. P. 368 560** vom 12/6. 1958, ausg. 31/5. 1963. **E. P. 902 017** vom 11/6. 1959, ausg. 25/7. 1962. Schwz. Prior. 12/6. 1958. — C. **1962**, 14689 [D. A. S. 1 110 786].)

2561 **J. R. Geigy Akt.-Ges.**, Basel (Erfinder: **Otto Schmid**, Muttenz, und **Meinrad Hürbin**, Basel), Schweiz, *Monoazofarbstoffe.* (**Schwz. P. 365 811** vom 2/6. 1958, ausg. 15/1. 1963. — C. **1962**, 14332 [D. A. S. 1 110 785].)

2562 **Imperial Chemical Industries Ltd.** (Erfinder: **John Reginald Atkinson, Peter William Barker, Gerald Booth** und **Eric Leslie Johnson**), *Herstellung wasserunlöslicher Monoazofarbstoffe.* (**Aust. P. 237 538** vom 4/8. 1959, ausg. 8/3. 1962. E. Prior. 4/9. 1958. — C. **1963**, 18644 [E. P. 868 468].)

2563 **Imperial Chemical Industries Ltd.**, London (Erfinder: **William Elliot Stephen** und **Colin George Tilley**, Manchester), England, *Monoazofarbstoffe.* (**Schwz. P. 367 581** vom 24/1. 1958, ausg. 11/4. 1963. E. Prior. 25/1. 1957. — C. **1963**, 18273 [F. P. 1 197 935].)

2564 **Ciba Akt.-Ges.**, Basel (Erfinder: **Rudolf Mory**, Dornach), Schweiz, *Carbonsäureamidhaltige Azofarbstoffe.* (**Schwz. P. 367 583** vom 5/3. 1958, ausg. 11/4. 1963.— C. **1962**, 15044 [D. A. S. 1 115 864].)

2565 **Badische Anilin- & Soda-Fabrik Akt.-Ges.**, Ludwigshafen/Rh. (Erfinder: **Hans Ruprecht Hensel**, Heidelberg, **Bernd Eistert**, Saarbrücken, **Hans Baumann** und **Johannes Deimert**, Ludwigshafen/Rh.), *Metallkomplexfarbstoffe.* (**Schwz. P. 369 837** vom 11/4. 1958, ausg. 31/7. 1963. D. Prior. 30/4. 1957. — C. **1960**, 16944 [D. A. S. 1 047 964].)

2566 **Ciba Akt.-Ges.**, Basel (Erfinder: **Henri Riat**, Arlesheim, und **Karl Seitz**, Neuallschwil), Schweiz, *Metallkomplexverbindungen von Monoazofarbstoffen.* (**Schwz. PP. 365 164** vom 11/10. 1957, ausg. 15/12. 1962 u. **369 234** vom 11/10. 1957, ausg. 29/6. 1963. — C. **1963**, 5259 [D. A. S. 1 102 935].)

2567 **Ciba Akt.-Ges.**, Basel (Erfinder: **Hans Wilhelm Liechti**, Oberwil, und **Rudolf Rüegg**, Basel), Schweiz, *Metallkomplexverbindungen von Azofarbstoffen.* (**Schwz. P. 367 584** vom 4/7. 1958, ausg. 11/4. 1963. **A. P. 3 057 845** vom 29/6. 1959, ausg. 9/10. 1962. Schwz. Prior. 4/7. 1958. — C. **1963**, 5259 [D. A. S. 1 104 090].)

2568 **Farbwerke Hoechst Akt.-Ges. vormals Meister Lucius & Brüning**, Frankfurt/M. (Erfinder: **Ulrich Dreyer** und **Werner Kirst**, Offenbach/M.), *Metallhaltige Azofarbstoffe.* (**Oe. P. 223 722** vom 16/7. 1959, ausg. 10/10. 1962. **E. P. 924 319** vom 20/7. 1959, ausg. 24/4. 1963. Beide D. Prior. 18/7. 1958 u. 15/5. 1959. **A. P. 3 058 974** vom 13/7. 1959, ausg. 16/10. 1962. D. Prior. 18/7. 1958. — C. **1962**, 10288 [F. P. 1 230 829].)

2569 **Farbenfabriken Bayer Akt.-Ges.**, Leverkusen (Erfinder: **Horst Nickel**, Köln, und **Fritz Suckfüll**, Leverkusen), *Kupferhaltige Azofarbstoffe.* (**Schwz. P. 366 110** vom 28/6. 1957, ausg. 31/1. 1963. D. Prior. 16/8. 1956. — C. **1963**, 18271 [F. P. 1 182 452].)

2570 **Sandoz Akt.-Ges.**, Basel (Erfinder: **Jakob Benz**, Oberwil, und **August Schweizer**, Muttenz), Schweiz, *Pyrimidinfarbstoffe.* (**Schwz. P. 369 532** vom 29/11. 1957, ausg. 15/7. 1963. **E. P. 904 581** vom 27/11. 1958, ausg. 29/8. 1962. Schwz. Prior. 29/11. 1957. — C. **1962**, 12111 [Oe. P. 214 545].)

2571 **J. R. Geigy Akt.-Ges.** (Erfinder: **Paul Dussy, Jürg Ammann** und **Werner Bossard**), *Reaktive Azofarbstoffe.* (**Aust. P. 239 525** vom 22/5. 1959, ausg. 9/8. 1962. Schwz. Prior. 23/5. 1958. — C. **1962**, 11016 [D. A. S. 1 112 229].)

2572 **Farbwerke Hoechst Akt.-Ges. vormals Meister Lucius & Brüning**, Frankfurt/M., übert. von: **Herbert Kracker, Fritz Bauer** und **Werner Kirst**, Offenbach/M., *Wasserunlösliche Azofarbstoffe.* (**A. P. 3 037 974** vom 17/2. 1959, ausg. 5/6. 1962. D. Prior. 21/2. 1958. — C. **1963**, 12608 [D. A. S. 1 125 099].)

2573 **Farbenfabriken Bayer Akt.-Ges.**, Leverkusen, übert. von: **Fritz Suckfüll**, Leverkusen, und **Horst Nickel**, Köln, *Metallhaltige Azofarbstoffe.* (**A. P. 3 046 271** vom 13/2. 1959, ausg. 24/7. 1962. D. Prior. 23/7. 1957. — C. **1962**, 6594 [D. A. S. 1 061 462].)

2574 **Ciba Akt.-Ges.**, Basel (Erfinder: **Raymond Gunst**, Binningen), Schweiz, *Disazofarbstoffe.* (**Schwz. P. 367 585** vom 24/3. 1958, ausg. 11/4. 1963. **E. P. 900 391** vom 24/3. 1959, ausg. 4/7. 1962. **A. P. 3 050 515** vom 16/3. 1959, ausg. 21/8. 1962. Beide Schwz. Prior. 24/3. 1958. — C. **1962**, 10288 [D. A. S. 1 110 788].)

2575 **Imperial Chemical Industries Ltd.**, London, übert. von: **Herbert Francis Andrew**, Manchester, England, *Disazofarbstoffe.* (**A. P. 3 038 893** vom 16/11. 1959, ausg. 12/6. 1962. E. Prior. 28/11. 1958. — C. **1963**, 19430 [F. P. 1 241 604].)

2576 **Ciba Akt.-Ges.** (Erfinder: **Fritz Oesterlein**), Basel, Schweiz, *Metallkomplexverbindungen von Disazofarbstoffen.* (**Schwz. P. 368 563** vom 11/10. 1957, ausg. 31/5. 1963. — C. **1962**, 14333 [D. A. S. 1 112 230].)

2577 **Ciba Akt.-Ges.**, Basel (Erfinder: **Hans Wilhelm Liechti**, Oberwil), Schweiz, *Wasserunlösliche Disazofarbstoffe.* (**Schwz. P. 366 112** vom 12/2. 1958, ausg. 31/1. 1963. — C. **1962**, 660 [D. A. S. 1 099 668].)

2578 **Ciba Akt.-Ges.**, Basel (Erfinder: **Hans Wilhelm Liechti**, Oberwil), Schweiz, *Wasserunlösliche Disazofarbstoffe.* (**Schwz. P. 369 236** vom 6/6. 1958, ausg. 29/6. 1963. — C. **1962**, 10652 [D. A. S. 1 110 789].)

2579 **Farbenfabriken Bayer Akt.-Ges.**, Leverkusen (Erfinder: **Heinz Haubrich, Reinhold Hörnle**, Köln, und **Hans Raab**, Leverkusen), *Wasserunlösliche Disazofarbstoffe.* (**Schwz. P. 365 813** vom 19/5. 1958, ausg. 15/1. 1963. D. Prior. 7/6. 1957. — C. **1961**, 16665 [D. A. S. 1 058 175].)

2580 **Farbwerke Hoechst Akt.-Ges. vormals Meister Lucius & Brüning**, Frankfurt/M. (Erfinder: **Reinhard Mohr**, Offenbach/M.), *Wasserunlösliche Disazofarbstoffe.* (**Schwz. P. 366 111** vom 25/9. 1958, ausg. 31/1. 1963. **E. P. 897 738** vom 29/9. 1958, ausg. 30/5. 1962. Beide D. Prior. 27/9. 1957. — C. **1961**, 16665 [D. A. S. 1 086 370].)

2581 **Imperial Chemical Industries Ltd.**, London, übert. von: **Herbert Francis Andrew, William Elliot Stephen** und **Colin George Tilley**, Manchester, England, *Kupferbare Disazofarbstoffe.* (**A. P. 3 057 844** vom 11/8. 1958, ausg. 9/10. 1962. E. Prior. 16/8. 1957. — C. **1962**, 7337 [D. A. S. 1 102 319].)

2582 **Farbenfabriken Bayer Akt.-Ges.**, Leverkusen, übert. von: **Karl Heinz Freytag** und **Klaus Böckmann**, Köln, *Trisazofarbstoffe.* (**A. P. 3 037 013** vom 14/12. 1959, ausg. 29/5. 1962. D. Prior. 16/12. 1958. — C. **1962**, 13216 [D. A. S. 1 098 649].)

2583 **Farbenfabriken Bayer Akt.-Ges.**, Leverkusen, *Dis- und Trisazofarbstoffe und deren Kupferkomplexverbindungen.* (**E. P. 907 384** vom 15/12. 1958, ausg. 3/10. 1962. D. Prior. 12/2. 1958. — C. **1963**, 15620 [D. A. S. 1 085 988].)

2584 **Farbwerke Hoechst Akt. Ges. vormals Meister Lucius & Brüning**, Frankfurt/M. (Erfinder: **Helmut Gies**, Hofheim), *Grüne Polyazofarbstoffe.* (**Schwz. P. 366 913** vom 20/12. 1957, ausg. 15/3. 1963. D. Prior. 21/12. 1956. — C. **1961**, 16665 [D. A. S. 1 044 318].)

2585 **Farbenfabriken Bayer Akt.-Ges.**, Leverkusen (Erfinder: **Horst Nickel**, Köln, und **Fritz Suckfüll**, Leverkusen), *Kupferhaltige Polyazofarbstoffe.* (**Schwz. P. 369 237** vom 28/6. 1957, ausg. 29/6. 1963. D. Prior. 16/8. 1956. — C. **1960**, 16945 [D. A. S. 1 058 174].)

2586 **Imperial Chemical Industries Ltd.**, London, übert. von: **Robert Norman Heslop** und **Charles Hugh Reece**, Manchester, England, *Anthrachinonfarbstoffe.* (**A. P. 3 065 191** vom 18/7. 1958, ausg. 20/11. 1962. E. Prior. 22/7. 1957. — C. **1961**, 8482 [E. P. 832 400].)

2587 **Imperial Chemical Industries Ltd.** (Erfinder: **Frank Lodge**), *Anthrachinonfarbstoffe.* (**Aust. P. 237 533** vom 7/7. 1959, ausg. 8/3. 1962. E. Prior. 25/7. 1958. — C. **1961**, 18139 [E. P. 852 604].)

2588 **Farbwerke Hoechst Akt.-Ges. vormals Meister Lucius & Brüning** (Erfinder: **Kurt Schimmelschmidt** und **Henning Lübbers**), Frankfurt/M., *Kondensationsprodukte der Anthrachinonreihe.* (**Schwz. P. 369 466** vom 1/8. 1958, ausg. 15/7. 1963. D. Prior. 3/8. 1957. — C. **1960**, 1338 [D. A. S. 1 061 330].)

2589 **Farbwerke Hoechst Akt.-Ges. vormals Meister Lucius & Brüning**, Frankfurt/M., *Lineare Chinacridonfarbstoffe.* (**Oe. P. 225 316** vom 22/1. 1960, ausg. 10/1. 1963. D. Prior. 24/1. 1959. — C. **1963**, 3404 [F. P. 1 253 985].)

2590 **Sandoz Akt.-Ges.**, übert. von: **Klaus Ehrhardt** und **Fritz Kehrer**, Basel, Schweiz, *Monoazofarbstofflacke.* (**A. P. 3 036 059** vom 9/5. 1958, ausg. 22/5. 1962. Schwz. Prior. 16/5. 1957. — C. **1962**, 14689 [F. P. 1 203 865].)

H_{IIa}. Farben, Anstriche, Lacke, Naturharze

2591 **Die morphologischen Eigenschaften von Pigment-Glimmer.** Sidney Werthan. (Off. Digest Federat. Soc. Paint Technol. **35**, 793—99, 1963; New York, N.Y., Wet Ground Mica Assoc.; engl.) — Vf. vergleicht naßgemahlenen *Glimmer* (**I**) mit trockengemahlenem u. einem, der in W. hergestellt wurde, bzgl. Durchmesser, Dicke u. Form der Teilchen. Dabei wurde die Teilchengröße durch opt. u. elektronenmkr. Aufnahmen bestimmt. Die Teilchendicke ergab sich nach der Schatten-Meth. mit aufgedampftem Chrom oder Platin. Nur naßgemahlener **I** erwies sich frei von koll. Teilchen. Die durch **I**-Zusätze verzögerte Filmzerstörung bei der Bewitterung wird zu den Beobachtungsergebnissen in Relation gesetzt. R. Zeisberger 7092◇

2592 **Probleme bei Einsatz organischer Pigmente in Einbrennlacken.** G. G. Kositzke. (Peintures, Pigments, Vernis **39**, 282—94, 1963; Frankfurt/M.-Höchst, Farbwerke Hoechst; franz.) — Inhaltlich ident. mit der C. **1961**, 17761 u. C. **1963**, 7520 referierten Arbeit. H.-G. Moslé 7092◇

2593 **Petrochemische Grundstoffe für die Lackindustrie.** 3. Mitt. P. Sherwood. (Ind. Vernice **17**, 135—38, 1963; ital.) — 1. vgl. C. **1963**, 15991. — Angaben über Herst. der Grundstoffe Phenol, Formaldehyd u. Acetaldehyd. B. Scheifele 7096◇

2594 **Neuere Entwicklungen bei Holzanstrichen.** P. W. Sherwood. (Riv. ital. Sostanze grasse **40**, 183—84, 1963; White Plains [USA]; ital.) — Behandelt werden neuere Anstriche für Hölzer auf Basis von Celluloseacetobutyrat, ungesätt. Polyesterharzen sowie Polyurethan- u. Epoxyharzen. B. Scheifele 7106◇

2595 **Schwierigkeiten beim Lackieren und Anstreichen von Holz.** H. Rabaté. (Trav. de Peinture **18**, 291—94, 1963; franz.) — Nach Besprechen der auf der anatom. u. chem. Heterogenität oder auf Strukturanomalien des Holzes u. Veränderungen im Holz beruhenden Erschwerungen wird die Holzfeuchtigkeit als Gefahrenquelle erörtert. Auch wird zu Garantiefragen für Holzanstriche u. -lackierungen im Vgl. zu denen für Antikorrosionsanstrichen auf Eisen Stellung genommen. M. Hagedorn 7106◇

2596 **Die Verwendung synthetischer Harze für die Oberflächenbehandlung in der Haushaltsgeräteindustrie.** E. I. Perlesz. (Austral. Plastics Rubber J. **16**, 17, 19, 20, 1961; General Motors-Holden's Ltd.; engl.) — Inhaltlich ident. mit der C. **1963**, 1448 referierten Arbeit. L. Kempf 7106◇

2597 **Anwendung der Wheatstoneschen Brücke bei der Prüfung der Leitfähigkeit von metallischen, besonders zinkreichen Pigmentfarben.** S. Mil. (Paint Technol. **27**, Nr. 10, 12 bis 20, 1963; engl.) — Die Leitfähigkeit zinkreicher Pigmentfarben interessiert besonders wegen der speziellen Wrkg. dieser Farben beim Altern. Die Best. des elektr. Widerstandes im trockenen Film mit Hilfe einer Wheatstoneschen Brücke in dem mittels eines Quecksilberkontaktes durch den Farbfilm geschlosenen Stromkreis wird diskutiert. Die Meth. wurde bei einem handelsüblichen Prod. mit einem Geh. von 91,6% Zinkstaub im trockenen Film prakt. angewendet. Die Ergebnisse zeigen, daß die untersuchten Filme dem Pouilletschen Gesetz entsprechen unter der Bedingung, daß man einen mittleren Widerstand annimmt, der nicht für den Leiter charakterist. zu sein braucht. Diese Größe, welche mit der Zeit variiert, hängt ab von der Filmdicke u. vom Verteilungsgrad des Pigmentes im Film. Als Binder wurde bei der untersuchten Farbe Polystyrol, als Lsgm. Xylol verwendet, die Prüfung wurde in einer kontrollierten Raumatmosphäre bei 20° u. 50% Luftfeuchtigkeit vorgenommen. G. Clauß 7152◇

2598 **Laboratoriumsprüfung von zinkhaltigen Überzügen.** V. L. Flack. (Mater. Protect. **2**, Nr. 3, 36—44, 1963; St. Louis, Miss., Carboline Comp.; engl.) — Vf. untersucht die Korrosionsbeständigkeit von Zn-haltigen Überzügen von Stahl in Abhängigkeit von folgenden organ. u. anorgan. Bindemitteln: Leinöl, chloriertem Kautschuk, Epoxidester. Epoxide mit Aminen vulkanisiert, Urethan, Na-Silicat (selbsthärtend), Na-Silicat mit Härte-Lsg. auf der Grundlage von anorgan. Lsgm., heiß getauchtes u. erhitztes Na-Silicat. Die Korrosionsbeständigkeit wird in stehendem u. belüftetem Frisch- u. Meerwasser, Salznebel, bei 100% Feuchtigkeit u. 95° F u. gegenüber plötzlicher Erwärmung geprüft. Die anorgan. Bindemittel erwiesen sich den organ. als überlegen; ihre Schutz-Wrkg. kam der von heiß getauchten Bindemitteln auf galvanisierten Filmen am nächsten. I. Köditz 7158

2599 **Bestimmung der Glasübergangstemperatur von Anstrichfilmen mit dem Pendelverfahren.** Kōzō Satō und Yukohiko Inoue. (Chem. High Polymer [Tokyo] **15**, 421—24, 1958; Tokyo, Japan Automobile Co. Ltd., Kunitachi Chem. Fact.; jap., Auszug: engl.) — Die Best. der Glasübergangs-Temp. von Anstrichfilmen mit dem Pendelhärteprüfer ergibt höhere Werte als die nach dem Torsions-Oszillations-Verf. am isolierten Film ermittelten. Die Differenz vermindert sich mit der Verringerung des Durchmessers des Kugelkerbgerätes u. dem Anstieg der Filmdicke. W. Wesly 7158◇

2600 Chemische Werke Hüls Akt.-Ges. (Erfinder: Hermann Röhl, Erhard Lange und Werner Eversmann), Marl, **Polymere Organotitanverbindungen** werden hergestellt durch Rk. von Pentamethylcyclopentadienyltitantrihalogeniden mit einer wss. alkal. Lsg. in Ggw. organ. Lsgm., ggf. in Ggw. von Emulgatoren. — 100 (g) $(C_{10}H_{15})\cdot TiCl_3$ in 500 Aceton tropft man zu 500 dest. W., das 10% NH_3 enthält → $[(C_{10}H_{15})TiO(OH)]_4$, gelber Feststoff, 97% (Ausbeute). — Analog aus 120 $(C_{10}H_{15})TiCl_3$ in Tetrahydrofuran → $[(C_{10}H_{15})TiO(OH)]_6$ (I), gelber Feststoff, 95,2%. — Zu 2000 15%ig. H_2SO_4 u. 40 Tetrahydrofuran gibt man bei 60° 580 $(C_{10}H_{15})TiCl_3$, das 10% höhere KW-Stoffe enthält. Nach 20 Min. läßt man absetzen u. leitet in die wss. Schicht NH_3 ein, bis bei pH 6,5—7 Farbumschlag nach Hellgelb eintritt. Die ausgeschiedenen gelben Flocken filtriert man ab → I, 82,3%. — Verw. zum *Modifizieren* von *Farb-* u. *Lackrohstoffen.* (**D. A. S. 1 153 366** Kl. 12o vom 4/11. 1961, ausg. 29/8. 1963.) A. Debo 7097

2601 Pittsburgh Plate Glass Co., Allegheny County, übert. von: Donald P. Hart, Allison Park, und Joseph E. Plasynski, Arnold, Pa., V.St.A., **Grundierung für Vinylharzdeckschichten.** Man verwendet die Lsgg. einer Bindemittelmischung aus a) einem Epoxidharz (hergestellt durch Rk. eines Polyphenols mit Epichlorhydrin), b) einem wärmehärtenden Phenolformaldehydharz u. c) einem Mischpolymerisat aus 50—99 Gew.-% Methylmethacrylat u. einem Ester einer Carbonsäure mit einem Alkohol als Comonomeren, wobei eine der Esterkomponenten eine $=C=CH_2$-Gruppe aufweist, z. B. Vinylbutyrat. (**A. P. 3 011 909** vom 16/1. 1957, ausg. 5/12. 1961.) P. Krug 7107

2602 Berger, Jensen & Nicholson Ltd., London, England, **Ofentrocknende Überzugsmittel** enthalten wss. Lsgg. oder Emulsionen von Maleinatölen mit Zusätzen von Di- oder Polyaminen. — Beispiel: 632 g Leinöl-Maleinatöl (mit 30% Maleinsäureanhydrid) wird gemischt mit Co-Naphthenat als Trockner u. bei 60° in einer Mischung von 340 g wss. Ammoniaks (15,3%ig) u. 60 g Diäthylentriamin gelöst. Die *Lacklösung* wird auf Metall aufgetragen u. bei 150° während 35 Min. eingebrannt. (**E. P. 907 782** vom 10/3. 1959, ausg. 10/10. 1962. D. Prior. 11/3. 1958.) M. Böttcher 7107

2603 North American Aviation, Inc., übert. von: Edward C. Metzler jun., Woodland Hills, und Hampton M. Clany, Inglewood, Calif., V.St.A., **Flexible thermoplastische Haftschichten** mit guten Benetzungs-Eigg. bestehen aus einer Kombination von 5—35 (Gew.-Teilen) Perfluorolefinpolymeren (I) mit 100 eines Copolymerisates aus teilweise (II) u. vollständig (III) halogenierten Olefinen. Beispiele für I sind Polytetrafluoräthylen, für II Vinyl-, Vinylidenchlorid oder Difluoräthylen, für III Trichlorfluoräthylen. Das gegen starke Beanspruchung widerstandsfähige Material haftet auf allen Metallen, wenn es heiß (über 150°) aufgetragen wird, u. behält seine Geschmeidigkeit bis —200° bei. (**A. P. 3 030 260** vom 15/12. 1958, ausg. 17/4. 1962.) H. Kastner 7107

2604 Alexander S. Masley, Albuquerque, N.Mex., V.St.A., **Künstleraquarellfarben** gewinnt man aus einem innigen trockenen Gemisch aus Färbepigment, Verschnittpigmenten (Blancfix, Kreide oder Ton), einem pulverförmigen Pflanzengummi (Traganth oder Akaziengummi) u. mit Alkaliborat vorbehandeltem Stärkepulver durch Verkneten mit einer wss. verd. Lsg. eines Alkaliborates, bes. Borax, das als Dispergiermittel für das Bindemittel u. als pH-Puffer wirkt. Durch Ausformen bei hohem Druck erhält man Tabletten, die sich leicht mit W. anrühren lassen. (**A. P. 3 039 886** vom 22/7. 1960, ausg. 19/6. 1962.) H. Kastner 7107

2605 Toscony, Inc., New York, N.Y., übert. von: Rudolph A. Jerothe, Wayne, N.J., V.St.A., **Oberflächenfärbung von PVC-Folien** durch Auftragen eines beliebig gefärbten PVC-Plastisols auf eine Seite des farblosen Films mittels eines Walzen-Syst. im Durchlauf-Verf. u. anschließendes Ausgelieren des Plastisols beim Passieren einer auf 325° F geheizten Walze, wobei guthaftende, 0,075 mm dicke Beläge entstehen, die durch weitere Walzen noch poliert werden können. — Zeichnungen. (**A. P. 3 036 927** vom 30/11. 1959, ausg. 29/5. 1962.) H. Kastner 7107

2606 Signal Oil & Gas Co., übert. von: Charles K. Hancock, College Station, Tex., V.St.A., **Straßenmarkierungsmasse,** enthaltend als Hauptbestandteile S, Polyäthylentetrasulfid sowie Kolophonium. Man erhitzt den S [60—98% (bezogen auf Gesamtmischung)] u. das Polyäthylentetrasulfid (1—25%) auf Temp. $<160°$ u. fügt der Mischung 1—15 Kolophonium zu. Zur Verhinderung von Verfärbungen vermeidet man ein zu langes Erhitzen. Durch Zugabe von Pigmenten kann man die gelbe Eigenfarbe der Masse umtönen. Es lassen sich aber auch Glaskügelchen oder andere lichtreflektierende Materialien zusetzen. (**A. P. 3 020 252** vom 1/12. 1954, ausg. 6/2. 1962.) P. Krug 7107

2607 Robert F. Herrling, Lake Forest, Ill., V.St.A., **Schutz von Klebeflächen gegen Wasserdampf.** Man bringt auf die durch W. an sich aktivierbaren Klebeflächen eine Schutzschicht auf, die aus einem Gemisch von 70—80 (Gew.-%)

Zn-Stearat, 10—15 Zn-Palmitat u. 10—15 Talcum besteht. (**A. P. 3 033 692** vom 8/10. 1959, ausg. 8/5. 1962.) P. Krug 7107

2608 American Cyanamid Co., New York, N.Y., übert. von: John H. Rassweiler, Greenwich, und David R. Sexsmith, Stamford, Conn., V.St.A., **Herstellung von polymeren Sulfoniumsalzen.** Man polymerisiert eine vinylaromat. Verb., die durch eine Alkylhalogengruppe kernsubstituiert ist, z. B. Chlormethylstyrol, mit einer Acrylamid-Verb., z. B. Acrylamid, Methacrylamid oder tert.-Butylacrylamid, u. ggf. mit einem weiteren monoolefin. ungesätt. Monomeren unter üblichen Bedingungen u. setzt das erhaltene Mischpolymerisat bei ca. 40—80° mit einem Alkyl-, Aryl-, Aralkyl- oder Alkarylsulfid, z. B. Dimethylsulfid, zum Sulfoniumsalz um. — Wasserlösl. Prodd. für *Metall- u. Papierüberzüge.* (**A. P. 3 060 156** vom 1/12. 1959, ausg. 23/10. 1962.) L. Stadelmann 7107

2609 Spencer Kellogg and Sons, Inc., Buffalo, übert. von: Herbert M. Schroeder, Williamsville, Joseph A. Pawlak, Buffalo, und Donald J. Wagthomas, Lancaster, N.Y., V.St.A., **Thixotrope Anstrichmittel** erhält man durch Zusatz eines Rk.-Prod., das aus einem aliphat. Diamin, z. B. Äthylendiamin, beim Erhitzen auf 160° mit dem Ester einer Fettsäure eines trocknenden Öles, z. B. dem Ester aus Leinölfettsäuren u. Pentaerythrit erhalten wurde, zu trocknenden, halbtrocknenden Ölen, deren Standölen usw. (**A. P. 2 996 464** vom 20/1. 1958, ausg. 15/8. 1961.) M. Böttcher 7107

2610 Dresser Industries, Inc., Dallas, Tex., übert. von: George D. Kish, Derrick City, Pa., V.St.A., **Behandlung von Metallrohren und -kupplungen** mit bituminösen Anstrichstoffen. Man behandelt die Rohre usw. zuerst mit Anstrichen auf Basis von Kohlenteerpech u. Epoxyharz in Ggw. eines Härters für dieses Harz, erhitzt u. taucht, bevor die Härtung vollendet ist, die Rohre in ein Schmelzbad von Kohlenteerlackfarbe bzw. mit Anstrichstoffen. (**A. P. 3 024 130** vom 4/3. 1959, ausg. 6/3. 1962.) M. Böttcher 7107

2611 Minnesota Mining & Mfg. Co., St. Paul, Minn., übert. von: Elizabeth S. Lo, Fords, N.J., V.St.A., **Fluorhaltige elastomere Mischpolymerisate** erhält man aus 10—70 (Mol.-%) 1.1.2- oder 1.1.3-Trifluorbutadien u. 90—30 eines fluorierten Äthylens, wie 1.1-Dichlor-2.2-difluor-, 1-Chlor-1-fluor-, Perfluor-, 2-Chlor-1.1-difluor- oder Trifluoräthylen in Ggw. freie Radikale bildender Katalysatoren, z. B. Trichloracetylperoxid, Benzoylperoxid usw., u. bei —20 bis +120°, bes. 25—50°. — *1.1.2-Trifluorbutadien,* Kp. 4,8—8,0°, erhält man aus Dibromfluormethan u. 1-Fluorpropen u. anschließendes Dehydrobromieren. Entsprechend *1.1.3-Trifluorbutadien,* Kp. 17,5—19,4°, aus 2-Fluorpropen u. Dibromdifluormethan, wobei das Dehydrobromieren mit Tri-n-butylamin bei ca. 150° erfolgt. — 1-Fluorpropen erhält man wie folgt: $CHCl{=}CHCH_3 + 2\,Br \rightarrow CHClBrCHBrCH_3 + HF/HgO \rightarrow CHClFCHBrCH_3 + Zn \rightarrow CHF{=}CHCH_3$; 2-Fluorpropen: $CH_2ClCHClCH_3 + KOH \rightarrow CH_2{=}CClCH_3 + CHCl{=}CHCH_3$. $CH_2ClCCH_3 + HF \rightarrow CH_3CFClCH_3 + KOH$ (95% in A.) $\rightarrow CH_2{=}CFHC_3$. — Die Endprodd. eigenen sich wegen ihrer physikal. u. chem. Widerstandsfähigkeit, z. B. gegen Öle u. Kraftstoffe, bes. zur Herst. von *Schutzüberzügen.* (**A. P. 2 986 556** vom 27/9. 1956, ausg. 30/5. 1961.) H. Schindler 7107

2612 Harshaw Chemical Co., Cleveland, übert. von: Gilbert G. Unkefer, Russell, James G. Barrick, Cleveland, und William H. Meekjun., Akron, Ohio, V.St.A., **Wasserdispergierte Trockenstoffe** für wss. Dispersionen von Filmbildnern, wie Styrol–Butadien-Copolymeren, Polystyrol, PVC, Acrylat- oder Alkydharzen, bestehen aus Metallsalzen von Carbonsäuren mit 6—12 C-Atomen, wie Naphthen- oder Ölfettsäuren. Sie leiten sich von Pb, Co, Mn, Zr, Zn, Ca, Cu, Cd, Ba, Li, Ce oder Fe ab, sind in Öl lösl., in W. unlösl. u. besitzen eine Teilchengröße von 1—2 μ. Für *Überzugsmittel auf Holz, Fasern* usw. (**A. P. 3 046 153** vom 11/9. 1958, ausg. 24/7. 1962.) H. Kastner 7107

2613 Dow Chemical Co., übert. von: William R. R. Park und Richard L. Hill, Midland, Mich., V.St.A., **Das Anlaufen von Polystyrol verhindernde Überzugsmassen,** enthaltend in inniger Mischung 50—90 (Gew.-%) eines nichtionogenen oberflächenakt. Stoffes (**I**) sowie 50—10 eines Alkalialkylsulfats mit 8—18 C-Atomen. Bei **I** handelt es sich um Alkylphenylpolyäthylenglykoläther mit 8—9 C-Atomen im Alkylrest u. 3—11 C_2H_4O-Einheiten im Molekül. Man kann die Mischung der oberflächenakt. Stoffe als solche oder in Lsg. bzw. Dispersion in fl. Trägern, wie niederen aliphat. Alkoholen oder W. verwenden. (**A. P. 3 022 178** vom 11/1. 1960, ausg. 20/2. 1962.) P. Krug 7107

2614 Aktiebolaget Penstone, Sollentuna, Schweden, **Überzugs- oder Formmassen** erhält man durch Rk. von Tallöl mit einer zweibas. Säure, bes. Maleinsäure(-anhydrid) u. einem Glykol, bes. Dipropylenglykol, bei 180—220° u. Zugabe eines Inhibitors, bes. Hydrochinon. Dieses Vorprod. kann gelagert werden. Vor der Anwendung setzt man Styrol u. einen Beschleuniger, bes. Co-Naphthenat oder -Octanoat, u. ein Peroxid in Lsg. zu. (**E. P. 906 232** vom 28/3. 1961, ausg. 19/9. 1962. Schwed. Prior. 8/4. 1960.) L. Stadelmann 7107

2615 Devoe & Raynolds Co., Inc., New York, N.Y., übert. von: Darell D. Hicks, Louisville, Ky., V.St. A., **Überzugsmasse für die Innenauskleidung metallischer Behälter,** bestehend aus einem hitzehärtbaren fl. Butadien-1.3-Polymerisat oder -Mischpolymerisat vom Molgew. 1000 bis 10000 sowie einem Al-Chelat (**I**) in einer Menge von 1—10 Gew.-%. Bei **I** handelt es sich um Derivv. von $Al(OH)_3$, bei dem die OH-Gruppen durch Alkoxy- oder Acylreste ersetzt sind; geeignet z. B. Al-Diisopropylmonoäthylacetoacetat, Octylenglykol- oder Triäthanolamin-Aluminat. (**A. P. 3 025 258** vom 28/5. 1958, ausg. 13/3. 1962.) P. Krug 7107

2616 Westinghouse Electric Corp., East Pittsburgh, übert. von: Irving N. Elbling, Pittsburgh, Pa., V.St.A., **Pulverförmige Überzugsmischungen zum Wirbelsintern** bestehen aus a) 40—500 μ großen Teilchen einer innigen Mischung von reaktionsfähigen Epoxyharzen (z. B. auf Basis von Bisphenol A u. Epichlorhydrin) mit geeigneten Härtern u. ggf. Pigmenten u. Füllstoffen, u. b) 0,01—20 μ großen Teilchen von Oxiden der Metalle Na, Al, Ca, Mg, Fe, Ti, Sb oder Zn. Durch Wirbelsinterauftrag entstehen allseitig gut deckende *Überzüge für Korrosionsschutz u. Elektroisolation.* (**A. P. 3 039 987** vom 28/5. 1959, ausg. 19/6. 1962.) H. Kastner 7107

2617 Hercules Powder Co., Wilmington, Del., übert. von: John E. Reese und Ardelia C. Reese, St. Simons Island, Ga., V.St.A., **Gewinnung von Kolophonium und anderen Harzstoffen** aus Kiefernholz unter Verw. von Nitroäthan, 2-Nitropropan, 1-Nitropropan bei 80—175° unter Druck. (**A. P. 2 996 495** vom 12/3. 1958, ausg. 15/8. 1961.) M. Böttcher 7141

2618 **Ciba Akt.-Ges.,** Basel (Erfinder: **Otto Ernst,** Pfeffingen, **Alberto Deflorin,** Basel, und **Arthur Maeder,** Therwil), Schweiz, *Herstellung von linearen Additionspolymeren aus N-Mono-[α-trichlor-β-hydroxyäthyl]-amiden.* (**F. P. 1 250 779** vom 21/1. 1960, ausg. 7/4. 1961. **D. P. [DDR] 25 746** Kl. 39c vom 21/1. 1960, ausg. 26/7. 1963 [Ausschließungspatent]. Beide Schwz. Prior. 23/1. 1959. — C. **1963,** 16001 [Oe. P. 218 247].)

H_{11b}. Plaste (Kunstharze, Plastische Massen)

2619 **Betriebserfahrungen beim Extrudieren thermoplastischer Plattenware.** H. Reinicke. (Kunststoffe **52,** 282—83, 1962; Marl, Kr. Recklingshausen, Chem. Werke Hüls Akt.-Ges., Anwendungstechn. Abt.; dt.) R. Helbig 7170◇

2620 **Sonderwerkstoffe auf dem Extrusionsgebiet. Celluloseacetat, -acetobutyrat, Polyamid, Polyurethan, Polycarbonat und Styrol–Acrylnitril-Butadien.** Hans-Werner Depcik. (Kunststoffe **52,** 284—88, 1962; Dormagen, Farbenfabriken Bayer Akt.-Ges., Werk Dormagen, Anwendungstechn. Abt. Kunststoffe; dt.) R. Helbig 7170◇

2621 **Kunststoffe in der Linsenfertigung.** M. Černý. (Jemná Mechan. Optika **7,** 317—22, 1962; Praha, ČSAV, Ústav teoret. základů chem. techn.; tschech.) — Die Anwendungsmöglichkeiten von Kunststoffen als opt. Material an Stelle von anorgan. Glas werden besprochen. Beispiele der Anwendung von Kunststoffen bei Linsenanfertigungen für verschiedene Zwecke werden auf deren Vor- u. Nachteile sowie die physikal. u. mechan. Eigg. der einzelnen Materialarten untersucht. Die Verarbeitungs-Meth. von Kunststoffen u. deren Verwendbarkeit für die Linsenfertigung werden beschrieben. R. Grundmann 7170◇

2622 **Die umgebungsgebundene Spannungsrißbildung an Polyäthylen.** 1. Mitt. **Untersuchung des Prüfverfahrens.** K. Hosoda. (J. Soc. Rubber Ind., Japan [Nippon Gomu Kyokai Shi] **35,** 105—09, 1962; Furukawa Electric Co., Ltd., Central Res. Labor.; jap., Auszug: engl.) — Der Bell-Test zur Prüfung der Spannungsrißbeständigkeit von Polyäthylen wird untersucht u. festgestellt, daß p-Nonylphenylpolyoxyäthylenäther das Reagens ist, das die stärkste Riß-Bldg. hervorruft. Die Einfl. der Probenvorbereitung (Walzen, Pressen, Härten) u. der Prüfbedingungen (wss. Lsg. des Reagens, Temp.) werden untersucht. A. Gude 7172◇

2623 **Die umgebungsgebundene Spannungsrißbildung an Polyäthylen.** 2. Mitt. **Die Spannungsrißbildung in Abhängigkeit von anderen Eigenschaften.** K. Hosoda. (J. Soc. Rubber Ind., Japan [Nippon Gomu Kyokai Shi] **35,** 110—15, 1962; jap., Auszug: engl.) — 1. vgl. vorst. Referat. — Mit abnehmender Dichte u. abnehmendem Schmelzindex nimmt die Spannungsrißbeständigkeit zu. Auch mit größerem Benetzungswinkel zu W., höherer Zerreißfestigkeit u. Zerreißdehnung u. mit steigendem Geh. an CH_3-Gruppen nimmt die Spannungsrißbeständigkeit zu. A. Gude 7172◇

2624 **Die umgebungsgebundene Spannungsrißbildung an Polyäthylen.** 3. Mitt. **Die Wirkung von Mischungszusätzen.** K. Hosoda. (J. Soc. Rubber Ind., Japan [Nippon Gomu Kyokai Shi] **35,** 115—24, 1962; jap., Auszug: engl.) — 2. vgl. vorst. Referat. — Der Einfl. von Zusätzen von Fll., oberflächenakt. Agentien, Hochpolymeren u. Vernetzungsmitteln zu Polyäthylen auf die Spannungsriß-Bldg. wird untersucht. Es wird festgestellt, daß Metallseifen u. organ. Sn-Oxide, die 2-KW-Stoffketten mit 12—18 C-Atomen pro polare Gruppe besitzen, die Spannungsrißbeständigkeit stark erhöhen. A. Gude 7172◇

2625 **Verwendung von epoxydiertem Sojaöl als Weichmacher für Polyvinylchlorid.** Danuta Kalińska. (Polimery-Tworzywa wielkocząsteczkowe **7,** 245—48, 1962; Inst. Tworzyw sztuczn.; pol.) — *Plastol 10* (epoxydiertes Sojaöl) wird zusammen mit *Bis-(2-äthylhexyl)-phthalat* oder *Dibutylphthalat* zum Weichmachen von PVC verwendet. Es verbessert die Stabilität gegen Licht u. Wärme u. vermindert die Extrahierbarkeit mit Fetten u. Ölen. F. Urban 7172◇

2626 **Rheologische Eigenschaften harter Vinyl-Platten.** Y. Fujisaki und M. Nagasaki. (J. Soc. Rubber Ind., Japan **35,** 279—83, 1962; Dainippon Celluloid Co. Ltd.; jap., Auszug: engl.) — Die Fließeigg. von Hart-PVC (**A**) bei Verarbeitungs-Temp. werden untersucht. Durch die Anwendung der Poiseville-Gleichung erhaltene η_0-Werte ergeben im log $\eta_0 = f(1/T)$-Diagramm eine Gerade, aus der die Änderung der freien Energie durch den Übergang zum Fließen berechnet wird. Die Ergebnisse zeigen, daß zur Verarbeitung von **A** höhere Temp. u. Drücke als bei den meisten anderen Plastomeren verwendet werden müssen. A. Gude 7172◇

2627 **Betrachtungen über das Polieren harter Vinyl-Platten.** Y. Fujisaki, S. Yabumoto und T. Konishi. (J. Soc. Rubber Ind. Japan **35,** 17—21, 1962; Higashiku, Osaka, Dainippon Co. Ltd.; Celluloid Teppocho, Sakai, Dainippon Celluloid Co. Ltd., Res. Labor.; jap., Auszug: engl.) — Aus Plastometermessungen u. Messungen an einer Test-Schleifapp. wird eine Gleichung für den Schleifvorgang harter Vinylplatten entwickelt. A. Gude 7172◇

2628 **Nicht-Newtonsches Fließen konzentrierter Polymethylmethacrylat-Lösungen.** H. Asai. (J. Soc. Rubber Ind. Japan [Nippon Gomu Kyokai Shi] **35,** 174—77, 1962; Japanese Geon Co., Central Labor.; jap., Auszug: engl.) — Konz. Lsgg. von Polymethylmethacrylat verschiedener Molgew. in Cyclohexanon zeigen keinen Newtonschen Fluß. Die Abhängigkeit der Viscosität u. der auf die Scherkraft 0 extrapolierten Viscosität von der Scherkraft, dem Molgew. u. der Konz. ähnelt der von Polyvinylchlorid. Beim Auftragen des log der Viscosität bei der Scherkraft 0 gegen den log der Konz. werden 2 Gerade erhalten, die sich bei der krit. Konz. (kK) schneiden. Die Steigung der Geraden unterhalb von kK ist 3,2, oberhalb von kK ist sie 5. A. Gude 7172◇

2629 **Ein Einfluß des Weichmachers auf die Übergangstemperatur 2. Ordnung von durch einen Tieftemperatur-Initiator polymerisiertem Methylmethacrylat.** Vratislav Velich. (Sborník vědeckých Prací. Vysoká Škola chem.-technol. Pardubice **1959,** 203—08; Kat. fyz. Chem.; tschech.) — Die Übergangs-Temp. 2. Ordnung von Polymethylmethacrylat wird als Funktion der angewandten Menge Phthalsäuredibutylester untersucht. Die Proben werden durch Blockpolymerisation von Methylmethacrylat mit Toluol-p-sulfinsäure als Initiator bei 30° gewonnen. W. Wesly 7172

2630 **Chemismus der Kondensation verätherter Harnstoff–Formaldehyd-Harze.** 3. Mitt. **Die Wasserstoffbindung in hochbutylierten Harnstoff–Formaldehyd-Harzen.** Zygmunt Wirpsza. (Polimery — Tworzywa wielkocząsteczkowe **6,** 319—22, 1961; Inst.Tworzyw Sztucznych, Zakład Tworzyw Kondens.; pol.) — 2. vgl. C. **1963,** 22921. — IR-Spektren von mit Butanol verätherten Harnstoff (**I**)–Formaldehyd (**II**)-Harzen in CCl_4 bzw. Chlf. werden bei verschiedener Verdünnung aufgenommen. Die Absorptionsbanden der H-Bindung treten im Bereich 3400—3000 (cm^{-1}) auf. Freie Methylolgruppen (3670—3580) sind in den verätherten Harzen nicht enthalten. Erst bei starker Verdünnung erscheint die Bande der freien Iminogruppe (3450). Durch Lösen des Harzes in einem protoneninakt. Lsgm. werden intermol. H-Brücken gesprengt; die intramol. werden erst bei starker Verdünnung getrennt. Die Bande 3080 wird der Schwingung der mit einer doppelten H-Brücke gebundenen Iminogruppe zugeschrieben. Im einzelnen gehört die Absorption bei 3420—3390 der Bindung NH···O=C, bei 3400—3360 der Bindung NH···OC_2 u. bei 3335 der Bindung NH···N$<$ an. Die Absorption der Carbonylgruppe bei 1660—1670 ist vom Verhältnis **I/II** prakt. unabhängig. F. Urban 7180◇

2631 **Apparat zur Messung der Gasdurchlässigkeit von Filmen und Platten.** H. J. Huldy. (Plastica [Delft] **15,** 146—52, 210—21, 1962; Delft, Centraal. Labor. T.N.O.; niederl.) — Das Gerät besteht aus einer Hochvakuumkammer, die mit 6 Filmhaltern verbunden ist. Der Druck des diffundierenden Gases wird mittels McLeod-Manometern gemessen. Der Durchlässigkeitsbereich der Filme kann zwischen $2 \cdot 10^{-13}$ u. $5 \cdot 10^{-7}$ cm^3/cm^2 Filmfläche·s·cm Hg liegen. Die Meßdauer bei Filmen sehr geringer Durchlässigkeit (z. B. Al-kaschierte Folie) beträgt ca. 6 Std., bei durchlässigen Filmen (z. B. Polyäthylen) ca. 15 Minuten. B. Scheifele 7210◇

2632 **Elektrothermische Analyse von hitzehärtbaren Polymeren.** Robert W. Warfield. (SPE Journal **17,** 364—67, 1961; U. S. Naval Ordnance Labor., Non-Metall. Mater. Div.; engl.) — Die elektrotherm. Unters., d. h. die Unters. des therm. Abbaus von Polymeren mit Hilfe der Messung des elektr. Widerstandes, ermöglicht die Best. des Beginns, der Geschw. u. des Umfangs des Abbaus von hitzehärtbaren Polymeren. Die Hitzebeständigkeit u. der Abbau von epoxydiertem Novolak D.E.N.438, fluoriertem KW-Stoff-Polymerem Stycast TPM-4 u. dem Siliconelastomer RTV-60 werden nach einem früher beschriebenen Verf. (C. **1959,** 15516) gemessen. Die Best. lassen sich schnell u. ohne großen apparativen Aufwand durchführen u. werden als Standard-Prüfmeth. für die Best. der Hitzebeständigkeit empfohlen. I. Köditz 7210

2633 **Die Bestimmung von Plastizierbarkeit und Stabilität von Polyvinylchlorid im Plastographen.** 1. Mitt. **Plastizierbarkeit und Stabilität von Stabilisatoren.** K. Kinoshita, Y. Yamakoshi und I. Sugaya. (J. Soc. Rubber Ind., Japan [Nippon Gomu Kyokai Shi] **35,** 346—51, 1962; Nissan Chem. Ind. Ltd.; jap., Auszug: engl.) — Die Plastifizierbarkeit u. der therm. Abbauprozeß von Weichpolyvinylchlorid-Stabilisator-Syst. wird an Hand der Kraft/Zeit-Kurve im Brabender-Plastographen gemessen. Dieses Verf. wird zur Stabilitätsmessung von PVC vorgeschlagen, nachdem die erhaltenen Werte mit den nach der konventionellen stat. Meth. erhaltenen verglichen wurden u. die physikal. Aussage der therm. Abbaukurve geklärt wurde. A. Gude 7210◇

2634 Ohio State University Research Foundation, Columbus, Ohio, übert. von: George M. Omietanski, Tonawanda, N.Y., V.St.A., **Bortrialkanolamin-Derivate** der allg. Formel I ($n = 2$ oder 3; $A = Cl^-$ oder SO_4^{2-}; $p =$ Wertigkeit von A) werden durch Rk. von Chloramin mit einem

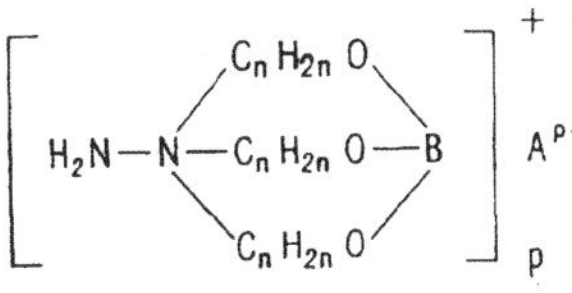

I

entsprechenden Trialkanolaminborat erhalten. — Aus Chloramin u. Triäthanolaminborat in Chlf. → $[H_2N\cdot N(C_2H_4O)_3B]Cl$. — Vernetzer zur Herst. von elektrostat. nicht aufladbaren Polymerisaten. (**A. P. 2 988 567** vom 24/6. 1958, ausg. 13/6. 1961.) H. Roos 7171

2635 Shell Oil Co., New York, N.Y., V.St.A., übert. von: Gottfried E. Rumscheidt, Amsterdam, Niederlande, **Stabilisator für Polymerisate von Äthylen und Propylen, die durch Niederdruckpolymerisation erzeugt wurden,** besteht aus einer Verb. der Formel $(RS_2O_3)_nX$, die dem Polymerisat in einer Menge von weniger als 1 Gew.-% zugesetzt wird. In der Formel bedeutet X ein Alkalimetall, ein Erdalkalimetall, Zn, Cd oder die organ. Gruppe R'. R u. R' bedeuten Alkyl-, Cycloalkyl- oder Arylgruppen, die durch Alkyl-, OH- oder Halogen substituiert sein können. n ist eine ganze Zahl u. entspricht der Wertigkeit von X. Die Gesamtverb. soll mindestens 6 C-Atome enthalten u. R u. R' sollen je 3—20 C-Atome enthalten. Eine solche Verb. ist z. B. Na-Cetylthiosulfat. — Diagramm. (**A. P. 3 036 034** vom 29/1. 1960, ausg. 22/5. 1962. Niederl. Prior. 29/4. 1959.) F. Markhoff 7173

2636 Esso Research and Engineering Co., Elizabeth, N.J., übert. von: Robert H. Perry jun., Baytown, Tex., V.St.A., **Polymerisation olefinisch ungesättigter Verbindungen.** Als Katalysator verwendet man das gemischte peroxid. Prod., das beim Durchleiten einer Mischung von O_3 u. O_2 durch eine Lsg. von Norbornylen in einem C_1—C_4-Alkohol erhalten wird, u. das im wesentlichen aus ω-(3-Formylcyclopentyl)-ω-methoxymethylhydroperoxid besteht. — Beispiele: Polymerisation von *Methylacrylat* u. *Styrol*. (**A. P. 3 037 009** vom 13/5. 1957, ausg. 29/5. 1962.) L. Stadelmann 7173

2637 Phillips Petroleum Co., Del., übert. von: Kenneth A. Harper, Bartlesville, Okla., V.St.A., **Polymerisation gasförmiger Olefine zu Kohlenwasserstoffen** mit einem Kp.-Bereich von Motorkraftstoffen erfolgt in Ggw. von auf z. B. SiO_2 niedergeschlagenen H_3PO_4-Katalysatoren auf kontinuierlichem Wege in einer Rk.-Zonen u. Trennvorr. enthaltenden u. näher beschriebenen Apparatur. Hierbei wird mindestens ein Teil der Rk.-Prodd. zum Wärmeaustausch den Olefinen entgegengeführt, so daß diese bis auf ca. 250° F erwärmt werden. In der Rk.-Zone werden 280—430° F aufrechterhalten. Durch die Temp.-Regelung wird die Bldg. von H_3PO_4-Estern, die im Rk.-Raum korrodierend wirken, vermieden. — Zeichnung. (**A. P. 3 037 063** vom 11/6. 1958, ausg. 29/5. 1962.) H. Schindler 7173

2638 Esso Research and Engineering Co., Elizabeth, N.J., übert. von: Irving Leibson und Henry G. Schutze, Baytown, Tex., V.St.A., **Reinigung von α-Olefinpolymerisaten,** die in Ggw. von anion. Katalysatoren in stark riechenden KW-Stoffen oder halogenierten KW-Stoffen als Lsgm. hergestellt wurden. Man vermischt das isolierte u. getrocknete Polymerisat mit einer fl., O enthaltenden organ. Verb., die geruchsfrei ist u. mit dem bei der Polymerisation verwendeten Lsgm. ein bei 90—150° sd. azeotropes Gemisch bildet, z. B. W., Äthylenglykol, Butanol, Ameisensäure, Essigsäure oder Mischungen davon, u. treibt die Polymerisatmischung bei einer Temp. über dem Kp. des azeotropen Gemisches durch eine Strangpresse. Man erhält so geruchsfreie Polymerisate. (**A. P. 3 037 011** vom 17/12. 1958, ausg. 29/5. 1962.) L. Stadelmann 7173

2639 Dow Chemical Co., übert. von: Norman R. Ruffing, James L. Amos und Vincent D. Puzar, Midland, Mich., V.St.A., **Entfernen von phenolischen Polymerisationsinhibitoren aus Alkenylmonomeren,** wie Styrol, α-Methylstyrol, Vinyltoluol, Divinylbenzol, Chlorstyrol, Vinyl- oder Vinylidenchlorid, Äthylacrylat, Methylmethacrylat oder Acrylnitril, die neben den Inhibitoren (Phenol, 2-Nitro-, 4.6-Dinitro-2-methyl-, 2.6-Diisopropyl-, 2.6-Dimethyl-, 2.6-Dimethoxy-, 2.6-Dichlor-4-nitro- oder 2.4.6-Trichlorphenol, p-tert.-Butylcatechol oder Hydrochinon) ca. 100—700 ppm W. durch Behandeln mit einem stark bas. quatern. Ammoniumaustauschharz, welches an den aromat. Kern Gruppen der Formel $—CH_2—N(R_1)(R_2)(R_3)—OH$ (R_1, R_2 u. R_3 = niedrigmol. Alkyl-, Hydroxy- oder Halogenalkylreste außer Fluoralkyl) gebunden enthält, bes. mit einem Mischpolymerisat aus einer größeren Menge Styrol, einer geringeren Menge Äthylvinylbenzol u. 0,5—12 Gew.-% Divinylbenzol, welches den quatern. Ammoniumrest, bes. Trimethyl- oder Trimethyläthanolammoniumrest, enthält. Das Anionenaustauscherharz enthält zweckmäßig 40—60 Gew.-%, bes. 45—55 Gew.-%, W. u. wird bei 0—100° angewandt. Nach der Behandlung enthalten die Alkylenmonomere < 1 ppm Inhibitoren. (**A. P. 3 017 426** vom 3/3. 1958, ausg. 16/1. 1962.) W. Gräger 7173

2640 Sun Oil Co., Philadelphia, Pa. (Erfinder: Paul Ellsworth Oberdorfer, Claymont, Del.), V.St.A., **Stabilisierte Formmassen auf Polyolefinbasis** bestehen aus einem festen Homo- oder Mischpolymerisat eines α-Olefins u., ggf. im Gemisch mit für Olefine gebräuchlichen Stabilisatoren, 0,02—3 Gew.-% an Sorbid oder dessen Derivv. der allg. Formel I (X u. $Y = —NR_9R_{10}$, $—OR_9$, $—SR_9$ oder $—COOR_9$;

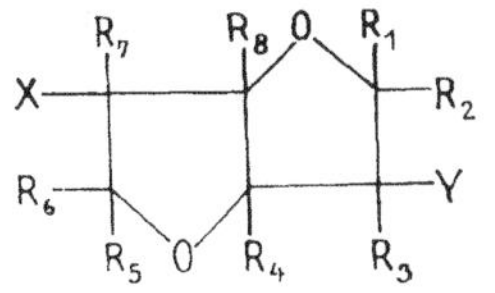

I

$R_1—R_{10}$ = H-Atome oder KW-Stoffreste mit 1—20 C-Atomen, wobei mindestens einer der KW-Stoffreste $R_1—R_8$ an ein tert. C-Atom gebunden ist), z. B. Diaminosorbid, Sorbiddimethyläther, Sorbiddiacetat. (**D. A. S. 1 137 207** Kl. 39b vom 24/6. 1960, ausg. 27/9. 1962.) F. Markhoff 7173

2641 Farbwerke Hoechst Akt.-Ges. vormals Meister Lucius & Brüning, Frankfurt/M. (Erfinder: Heinrich Peters, Wiesbaden, Dietrich Schleede, Frankfurt/M., Josef Karl Kaupp und Helmut Kochinke, Gersthofen), **Flammfestmachen von polymeren Monoolefinen oder Styrolen** durch Mischungen von halogenhaltigen organ. Verbb. u. Sb_2O_3, dad. gek., daß eine Mischung aus 8—40 (Gew.-%), bezogen auf die Gesamtmischung, einer Bis-[pentachlorphenoxy]-Verb. der allg. Formel I (X = Äthylen- oder Äthylenätherrest) u. 2—50 von mindestens einer

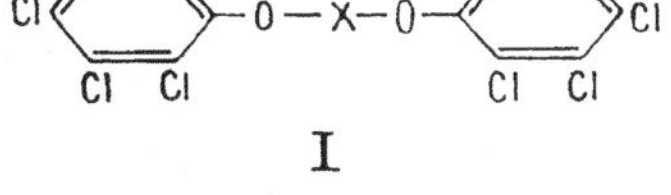

I

O- oder S-Verb. eines Elements der V. Hauptgruppe des Period. Syst. mit einem Atomgew. von > 74 verwendet wird. (**D. A. S. 1 139 636** Kl. 39b vom 24/5. 1960, ausg. 15/11. 1962.) F. Markhoff 7173

2642 Esso Research and Engineering Co., Del., übert. von: Albert M. Gessler, Cranford, und William H. Haslett jun., Roselle, N.J., V.St.A., **Herstellen einer vulkanisierten Polymerisatmischung.** Man mischt 50 bis 95 (Teilen) eines kristallinen Polypropylens, 50—5 eines vulkanisierbaren kautschukartigen Polymerisats, wie eines chlorierten Mischpolymerisats aus einem größeren Anteil Isobutylen u. einem kleineren Anteil Isopren, u. 0,1—10 eines

Härters, wie S, Metalloxide, Metallpulver, Amine, Chinondioxim u. seine Derivv., p-Dinitrosobenzol oder Harze, wie Dimethylolphenolharze. Das Gemisch wird unter Druck ca. 5—20 Min. auf 225—350° F erhitzt. Das Prod. besitzt bes. gute Dehnungseigenschaften. (**A. P. 3 037 954** vom 15/12. 1958, ausg. 5/6. 1962.) F. Markhoff 7173

2643 Peninsular Chem. Research, Inc., Gainesville, Fla., V.St.A., **Lineare Homopolymerisate von symmetrischen 1.6-Diolefinen** erhält man durch Polymerisation der Monomeren, z. B. Dialkylketon, Bis-(2-chlorallyl)-keton, Diallyldimethylsilan, Bis-(2-chlorallyl)-methylphosphin, Dimethallylmethan oder 1.6-Heptadien, in Ggw. von freie Radikale bildenden Katalysatoren oder „Ziegler"-Katalysatoren. Die Monomeren polymerisieren unter Bldg. 6-gliedriger Ringe, die durch Methylengruppen miteinander verbunden sind. — *Filme* u. *Fasern*. (**E. P. 912 401** vom 10/3. 1959, ausg. 5/12. 1962. A. Prior. 10/3. 1958.) L. Stadelmann 7173

2644 Standard Oil Co., Chicago, Ill., übert. von: Warren W. Twaddle, Hammond, Ralph W. Myerholtz jun., Highland, und Donald E. Burney, Griffith, Ind., V.St.A., **Herstellung von Polystyrol** erfolgt in leichtem aromat. KW-Stoff-Lsgm. in Ggw. von Na bei 40—120°. Zuvor wird das gelöste Monomere über ein Al_2O_3-Bett geleitet zum Entfernen von oxydierten Verbb. u. Feuchtigkeit, wobei Al_2O_3 bei ca. 480° calciniert wurde. Nach der Polymerisation wird SiO_2-Gel, Diatomeen oder „Celite" zugesetzt, um gefärbte Bestandteile, Polymergel u. Na zu entfernen. Dann wird die von den Feststoffen befreite Lsg. mit CO_2 behandelt, wodurch Reste von Na u. Farbstoffen entfernt werden. Hierbei werden Temp. von 30—100°, z. B. ca. 50°, während ca. 1½—3 Std. angewendet. — Beispiel, Beschreibung u. Abb. eines kontinuierlichen Arbeitsganges. (**A. P. 2 980 661** vom 3/4. 1957, ausg. 18/4. 1961.) H. Schindler 7173

2645 Dow Chemical Co., Midland, Mich., V.St.A., **Polymerisate bestimmter Teilchengröße** durch Suspensionspolymerisation von alkenylaromat. Verbindungen. 99,5 bis 99,99 Gew.-% monomeres Ar—CH=CH_2 (Ar = aromat. KW-Stoff- oder Halogen-KW-Stoffrest) u. 0,5—0,01 Gew.-% Divinyl-KW-Stoff werden in wss. Medium, das ggf. 2—25%, bezogen auf Monomeres, eines Nichtlsgm. für das Polymere (gesätt. aliphat. KW-Stoff mit 5—8 C-Atomen) enthält, mit 0,023—0,4 Gew.-%, bezogen auf W., eines Alkalisalzes eines wasserlösl. sulfonierten Polyvinyltoluols, mit 0,85 bis 1 Sulfongruppe pro Vinyltoluol im Polymeren, polymerisiert, bis 8—60 Gew.-% des Monomeren polymerisiert sind. Bevor Agglomeration stattfindet, werden 0,005—0,5 Gew.-%, bezogen auf W., eines anion. oder nichtion. oberflächenakt. Mittels, wie Dihexylester der Sulfobernsteinsäure, Fettalkoholsulfat, wasserlösl. Alkylphenoxypolyoxyäthylenäthanol, zugegeben, u. dann wird auspolymerisiert. (**E. P. 855 522** vom 24/7. 1959, ausg. 7/12. 1960. A. Prior. 19/9. 1958.) S. Purucker 7173

2646 Koppers Co., Inc., übert. von: Kenneth W. Doak, Pittsburgh, Pa., V.St.A., **Herstellung von Mischpolymeren** durch wss. Suspensionspolymerisation eines Gemisches von 95—70 (Teilen) Styrol (**I**) u. 5 bis 30 α-Methylstyrol (**II**). Man gibt zu dem Monomerengemisch 0,1—0,2 Gew.-Teile eines sich bei 100—125° zersetzenden organ. Peroxids u. polymerisiert durch Erhitzen auf 100—125°, bis eine mindestens 90%ig. Polymerisation stattgefunden hat, wobei man ein Mischpolymerisat mit einer Intrinsicviscosität von 0,5—1,0 erhält. Die Polymerisationszeit wird so wesentlich verkürzt. — Ein Gemisch von 90 (Teilen) **I**, 10 **II**, 0,12 tert.-Butylperbenzoat, 112 entionisiertem W., 1,91 Calciumphosphat u. 0,0064 handelsüblichem Alkylarylsulfonat wird 1½ Std. auf 100°, 7 Std. auf 110° u. ½ Std. auf 140° erhitzt, worauf das Gemisch bei einem Druck von 40 lbs./sq.in. durch Dampf-Dest. von Monomeren befreit wird. Nach Versetzen mit 37%ig. HCl, Zentrifugieren, Waschen mit W. u. Trocknen erhält man ein Prod. mit einer Vicat-Erweichungs-Temp. von 104°. — Zeichnung. (**A. P. 3 036 053** vom 25/2. 1958, ausg. 22/5. 1962.) J. Mühleisen 7173

2647 Koppers Co., Inc., übert. von: Hans M. Schappert, Bethel Park, Pa., V.St.A., **Polymerisation von Äthylen** unter hohem Druck in Ggw. eines freie Radikale bildenden Katalysators, bes. von O_2. Aus dem Reaktor werden Polyäthylen (**I**) u. nicht polymerisiertes, keinen Katalysator mehr enthaltendes Äthylen (**II**) period. abgeführt, voneinander getrennt u. letzteres, zusammen mit frischem, Katalysator enthaltendem **II** in den Reaktor eingespeist. Verfährt man in dieser Weise, so wird der Reaktor period. mit **II** von schwankendem Katalysator-Geh. beschickt u. dadurch **I** von ungleichem Molgew. erhalten. Um diesen Nachteil zu vermeiden, teilt man das dem Reaktor zuströmende **II**-Gemisch in zwei oder mehr Ströme u. führt diese vor dem Eintritt in den Reaktor wieder zusammen, nachdem man die Ströme mittels verschieden langer Wege so gegeneinander verschoben hat, daß bei dem Zusammenführen der Ströme stets ein **II**-Gemisch von im wesentlichen gleichem Katalysator-Geh. gewonnen wird. (**A. P. 3 023 202** vom 22/1. 1960, ausg. 27/2. 1962.) K. Sarre 7173

2648 Karl Ziegler (Erfinder: Karl Ziegler und Heinz Breil), Mülheim/Ruhr, **Herstellung von hochmolekularem Polyäthylen** in Ggw. von Verbb. von Metallen der Gruppe 4 bis 6A des Period. Syst., Th oder U zusammen mit Alkalimetall- (mit Ausnahme von Li) oder Al-Aryl-, -Aralkyl-, -Alkylaryl-Verbb. [mit Ausnahme von $(C_6H_5)_3Al$], z. B. durch Polymerisation in Ggw. einer Mischung aus C_6H_5Na u. $TiCl_4$ als Katalysator. — Vgl. Oe. P. 203 206; C. **1960**, 5015. (**Jap. A. S. 8740/1961** vom 27/12. 1955, ausg. 26/6. 1961. D. Prior. 27/12. 1954.) M. Pankow 7173

2649 E. I. du Pont de Nemours & Co., Wilmington, Del., übert. von: Leon E. Wolinski, Buffalo, N.Y., V.St.A., **Herstellen warmabdichtbarer, bedruckbarer Polyäthylen-Gegenstände.** Polyäthylenharz mit einem Molgew. von 15000—3000000 wird mit 0,1—10 Gew.-% mindestens eines monoäthylen. ungesätt. aliphat. KW-Stoffs von mindestens 8 C-Atomen gemischt. Der KW-Stoff soll eine Erweichungs-Temp. $<100°$, einen Kp. $>325°$ u. eine Schmelzviscosität aufweisen, die unter der des Polyäthylenharzes bei einer Temp. $>110°$ liegt. Geeignet ist z. B. 11-Tricosen. Das Gemisch wird dann bei über 150° zu einem Film geformt, wobei die Oberfläche des Films mit O_3 behandelt wird, wodurch der Film bedruckbar wird. Anschließend wird der Film abgekühlt u. getrocknet. — Verf.-Schema. (**A. P. 3 042 971** vom 27/5. 1959, ausg. 10/7. 1962.) F. Markhoff 7173

2650 Hercules Powder Co., übert. von: Walter S. Ropp, Wilmington, Del., V.St.A., **Verformen von vernetztem Polyäthylen.** Vernetztes Polyäthylen, das 10 bis 30 (Gew.-%) Ruß u. 0,1—20 eines Peroxids der Formel $(R_1)(R_2)(R_3)C—O—O—C(R_4)(R_5)(R_6)$ enthält, wobei R_1 eine Arylgruppe, R_2—R_5 H oder Alkylgruppen mit weniger als 4 C-Atomen u. R_6 H, Arylgruppen oder Alkylgruppen mit weniger als 4 C-Atomen bedeuten, wird auf 250—600° F erhitzt, bis es als glatter Stab verpreßbar wird bei einer Temp., die niedriger liegt als 50° F über der untersten Temp., bei welcher die ungehärtete Zus. als glatter Stab verpreßbar ist. (**A. P. 3 036 981** vom 31/12. 1957, ausg. 29/5. 1962.) F. Markhoff 7173

2651 Montecatini Soc. Gen. per l'Industria Mineraria e Chimica, Mailand, Italien, **Vulkanisieren von amorphen gesättigten Mischpolymerisaten von Äthylen mit α-Olefinen.** Dem Polymerisat wird ein Füllmittel, wie MgO, ferner S u. ein Peroxid der Formel $(R_1)(R_2)(R_3)C—O—O—C(R_4)(R_5)(R_6)$ zugesetzt. In dieser sind R_1—R_6 Alkylgruppen, die ganz oder teilweise durch H ersetzt werden können. Das Gemisch wird in einer Presse bei 110—220° vulkanisiert. Zum Beispiel wird tert.-Butylperoxid verwendet. Bei Verw. dieser Peroxide ist der Zusatz von bas. Substanzen unnötig. (**E. P. 898 264** vom 25/7. 1960, ausg. 6/6. 1962. It. Prior. 30/7. 1959.) F. Markhoff 7173

2652 Ohio Oil Co., Findlay, Ohio, übert. von: Charles J. Norton, Denver, Colo., V.St.A., **Nachbehandeln der Oberfläche von Gegenständen aus plastischen Fluorkohlenwasserstoffmassen.** Die Gegenstände, z. B. aus Polytetrafluoräthylen, werden in ein KW-Stoff-Lsgm. getaucht, das 5—50 (Gew.-%) aromat. Anteile enthält u. dem 0,5—50 eines Friedel-Crafts-Katalysators, wie $AlCl_3$, zugesetzt sind. Die an sich undurchlässige Oberfläche wird in der Weise umgewandelt, daß sie selbstschmierend wirkt, sehr dauerhaft u. auch färbbar ist. (**A. P. 3 028 263** vom 14/4. 1960, ausg. 3/4. 1962.) F. Markhoff 7173

2653 E. I. du Pont de Nemours & Co., übert. von: Barnard Mitchel Marks, Wilmington, Del., und George Henry Whipple, Orange, Tex., V.St.A., **Konzentrieren von wässerigen, kolloidalen Dispersionen von**

Polytetrafluoräthylen. Der Dispersion, die 30—50 (Gew.-%) Festteilchen u. 0,2—0,4 (bezogen auf die Festteilchen) eines Ammoniumpolyfluorcarboxylats mit 7—10 C-Atomen enthält, werden 0,1—1 (bezogen auf die Dispersion) NaOH, NH_4OH oder $(NH_4)_2CO_3$ u. 6—12 eines nichtionisierten oberflächenakt. Mittels zugesetzt. Das zuletzt genannte Mittel kann sein: $R-C_6H_4-(OCH_2CH_2)_rOH$ oder $C_nH_{2n+1}(OCH_2CH_2)_mOH$. R ist eine einwertige KW-Stoffgruppe mit 8—10 C-Atomen, r ist eine positive Zahl, die um 1 oder 2 größer ist als die Zahl der C-Atome in R, n = 12—18. m ist eine Zahl mit dem Wert 5 n/6 — 6 bis 2 n/3 + 1. Das Gemisch wird auf 50—80° erhitzt, bis das oberflächenakt. Mittel beginnt unlösl. zu werden, was sich durch Wolkigwerden der Lsg. anzeigt. Es bildet sich eine obere klare Schicht u. eine untere Schicht mit den festen Polymerisatteilchen. Man dekantiert die obere Schicht u. kühlt auf Zimmer-Temp. ab. Die untere Schicht enthält die koll. Dispersion des Polytetraäthylens in einer Konz. von 55—75% u. ist frei von koagulierten Teilchen. (**A. P. 3 037 953** vom 26/4. 1961, ausg. 5/6. 1962.) F. Markhoff 7173

2654 Argus Chemical Corp., übert. von: William E. Leistner und Olga H. Knoepke, Brooklyn, N.Y., V.St.A., **Verhindern der Geruchsbildung bei der Stabilisierung von Polyvinylchloridharzen mit Sn-Mercaptoverbindungen.** Dem Harz werden z. B. Dibutyl-Sn-bis-octylthioglykolat, ferner $K_2S_2O_8$ oder $BO_2Na \cdot H_2O_2$ oder 0,05—0,25 Dicumylperoxid oder Benzoylperoxid zugesetzt. (**A. P. 3 037 961** vom 11/8. 1959, ausg. 5/6. 1962.) F. Markhoff 7173

2655 Chemische Werke Hüls Akt.-Ges., Marl, und Harold Newby, London, England, **Herstellen wasserabstoßender Polyvinylchloridschaumstoffe.** Einer Polyvinylchloridpaste werden Weichmacher, ein Schaumbildner u. eine kleine Menge eines Siliconöls, wie Methylpolysiloxan (0,01 bis 0,5%), zugesetzt. Gießt man das Gemisch z. B. auf eine Glasplatte u. erhitzt ca. 7 Min. auf 170—180°, so erhält man einen Schaumstoff mit wasserabstoßenden Eigenschaften. (**E. P. 914 141** vom 2/2. 1960, ausg. 28/12. 1962.) F. Markhoff 7173

2656 Bataafse Petroleum Mij. N. V., Den Haag, Niederlande, **Entfernen von Monomeren aus Polyvinylchlorid** oder Mischpolymerisaten mit wenigstens 80 Gew.-% Vinylchlorid. Das wss. Latex wird mit einem mit W. nicht mischbaren gesätt. aliphat. KW-Stoff mit Kp. 50—200° (75—100°) bei 60—90° extrahiert. Hierbei kann gleichzeitig mit HNO_3 oder HCl koaguliert u. dann unter Dampf zentrifugiert werden. — Beispiele mit Bzn. (Kp. 80—95°) als Extraktionsmittel. Tabelle, Kurve. (**E. P. 848 057** vom 28/5. 1959, ausg. 14/9. 1960. Niederl. Prior. 30/5. 1958.) H. Schindler 7173

2657 Rohm & Haas Co., übert. von: John J. Nedwick, Philadelphia, und John Robert Snyder, Malvern, Pa., V.St.A., **Herstellung von Vinyläthern** durch Rk. von C_2H_2 u. einem Alkohol in Ggw. eines lösl., stark bas. Vinylierungskatalysators (Alkalimetall, -hydroxid, -cyanid, -sulfid oder -alkoholat). Man drückt C_2H_2, ggf. mit N_2 oder CH_3 verd., mit 10—30 at in ein Gemisch eines von sauren Gruppen freien Alkohols, eines inerten organ. Lsgm. (Dimethyl- oder Diäthylformal oder -acetal, Dioxan, Dioxolan, 2-Methyldioxolan, Mono- oder Dimethyl- oder -äthyläther des Äthylenglykols, Di-, Tri- oder Tetraäthylenglykol, Tetrahydrofuran, Ae., Thioäther, N-Methyl- oder N-Äthylpyrrolidon) u. des bas. Katalysators, bis bei 0° 18—20 (Vol.) C_2H_2 oder mindestens 14 bei 10° in 1 Lsgm. gelöst sind, wobei das Mengenverhältnis von Lsgm. zu Alkohol ca. 1 : 10 bis 1 : 1 betragen kann. Die wasserfreie Lsg. wird auf 160—250°, bes. 180—210°, unter einem so hohen Druck (1000—5000 lbs./sq.in.) erhitzt, daß C_2H_2 in dem Lsgm. gelöst bleibt. Man erhält so folgende *Vinyläther*: *β-Aminoäthyl-*, $Kp._{120}$ 66—67°, *Äthylenglykolmono-*, $Kp._{30}$ 60°; *N-Methylaminoäthyl-*, $Kp._{120}$ 67—68°; *Dimethylaminoäthyl-*, $Kp._{120}$ 70°; n_D^{25} 1,4213; *Äthyl-*, Kp. 35,5°; *Butyl-*, Kp. 90 bis 95°; *n-Octyl-*, $Kp._{2-3}$ 44—49°; *β-Hydroxyäthyl-*, $Kp._{30}$ 46 bis 48°; *Benzyl-*, $Kp._{25}$ 103—104°; *Allyl-*, Kp. 67,5°; n_D^{20} 1,4116; *tert.-Butyl-*, Kp. 78—79°; *Cyclohexyl-*, $Kp._{80}$ 82—83°; *Aminoäthyl-*, $Kp._{9}$ 84—86°; *3-Aminopropyl-*, $Kp._{123}$ 83°. Zahlreiche Alkohole sind genannt, die als Ausgangs-Prodd. verwendet werden können. Verw. der Vinyläther zur Herst. von *Homo-* u. *Mischpolymeren.* — Vgl. auch Niederl. P. 98 635; C. **1963,** 681. (**A. P. 2 969 395** vom 27/1. 1959, ausg. 24/1. 1961.) W. Gräger 7173

2658 Revertex Ltd., London, England (Erfinder: Clemens Bondy), **Polymerisation von Vinylestern** in Ggw. von 0,1—10 Mol wenigstens eines Zn-, Cd- oder Pb-Salzes der Croton- oder Acrylsäure oder eines Alkyl-, Aralkyl- oder Cycloalkylhalbesters der Malein-, Fumar- oder Itaconsäure pro 100 Mol Vinylester, bes. in wss. Medium. Außerdem kann die Polymerisation in Ggw. weiterer Comonomerer, wie Ester der Acryl-, Malein-, Fumar- oder Itaconsäure oder Alkylvinylketone, erfolgen. (**E. P. 849 861** vom 9/7. 1958, ausg. 28/9. 1960.) M. Schaber 7173

2659 Polaroid Corp., Cambridge, übert. von: Howard C. Haas, Arlington, Mass., V.St.A., **Wasserunlösliche Homopolymerisate von Vinylencarbonat und Mischpolymerisate aus Vinylencarbonat und Vinylacetat** erhält man durch vollständige Hydrolyse der Polymerisate, die in bekannter Weise durchgeführt wird. — Verw. zur *Herst. von Filmen u. Fasern.* (**A. P. 3 037 965** vom 14/4. 1958, ausg. 5/6. 1962.) L. Stadelmann 7173

2660 National Lead Co., New York, übert. von: Dominic Simone, Bronx, N.Y., und Daniel F. Herman, Orange, N.J., V.St.A., **Emulsionspolymerisation von Vinylmonomeren.** Man polymerisiert Acrylsäure, deren Alkylester, Styrol oder Acrylnitril in einem fl. Medium, z. B. W., Bzl., Toluol oder Xylol, das 1. eine Verb. der allg. Formel $R_nMR'_m$, worin R ein Cyclopentadienyl-, Methylcyclopentadienyl- oder Indenylrest, M Ti oder Zr u. R' ein Alkoxy-, Cycloalkoxy-, Acyloxy- oder Halogenrest ist, u. 2. Aceton, Diphenylketon, Methyläthylketon, Acetylaceton, Cyclohexanon oder Formaldehyd enthält. — Beispiel: 100 (Teile) Methylmethacrylat werden in 250 W., das 1 Bis-cyclopentadienyltitandichlorid, 5 Na-Laurylsulfat u. 1,3 Formaldehyd enthält, bei 70° polymerisiert. Hohe Polymerisatausbeute. (**A. P. 3 037 004** vom 7/10. 1958, ausg. 29/5. 1962.) L. Stadelmann 7173

2661 Asahi Kasei Kogyo Kabushiki Kaisha, Osaka, Japan, **Acrylnitrilhomo- oder -mischpolymerisate.** Acrylnitril (**I**) oder ein Gemisch, das mindestens 85 (Gew.-%) **I** u. bis zu 15 einer monoolefin., polymerisierbaren Verb. (**II**) enthält, wird in wss. Medium bei einem pH-Wert von 1,5—4,0 in Ggw. eines Katalysatorgemisches polymerisiert, das a) ein Salz der Hydroxynitritomono- oder -disulfonsäure u. b) SO_2, ein Sulfit, Bisulfit, Metabisulfit oder Hydrosulfit enthält. **II** sind z. B. Acrylsäure, Methacrylsäure, Acrylamid, Methacrylamid, ein Acrylat oder Methacrylat. Die Verb. a) wird bes. in einer Menge von 0,1—0,5 Gew.-% u. die Verb. b) in einer Menge von 1—10 Gew.-%, berechnet auf das Monomere, verwendet, u. die Polymerisation erfolgt bes. bei 40—75°. — Ein Gemisch von 1300 (Teilen) entionisiertem W., 100 **I**, 1,5 hydroxynitrilomonosulfonsaurem K, 3,8 $NaHSO_3$ u. 0,3 H_2SO_4 wird 4 Std. bei 60° polymerisiert. Bei der Aufarbeitung erhält man ein weißes Polymerisat mit einer red. Viscosität von 1,40 (bestimmt als 0,2%ig. Lsg. in Dimethylformamid bei 35°). — Fasern mit überlegener Weiße u. therm. Stabilität. (**E. P. 912 689** vom 21/3. 1961, ausg. 12/12. 1962. Jap. Prior. 7/6. 1960.) J. Mühleisen 7173

2662 W. R. Grace & Co., New York, N.Y., übert. von: Palmer B. Stickney, Columbus, Ohio, Wendell Overhults, Silver Spring, und Frank X. Werber, Kensington, Md., V.St.A., **Katalysatorsystem zur Polymerisation von Methacrylsäureestern** (**I**), bestehend aus einem Al-Trialkyl, bes. $Al(C_2H_5)_3$, Tri-n-butylamin u. einem wasserfreien Halogenid von Sm oder Yb, bes. $SmCl_3$ oder $YbCl_3$. Das Mengenverhältnis der Komponenten soll 1 : 0,15 bis 6 : 0,3—2 betragen. Das Verf. wird bei 15—90° in inertem Lsgm., z. B. Heptan, durchgeführt u. gibt in kurzer Zeit nach den Beispielen acetonunlösl. kristallines Polymethylmethacrylat mit F. 146—160° u. Polyäthylendimethacrylat mit F. ca. 240°. Die Endprodd. sind zur Herst. von Formkörpern im Spritzguß-Verf. geeignet. (**A. P. 3 030 349** vom 6/5. 1960, ausg. 17/4. 1962.) H. Schindler 7173

2663 Fulmer Research Institute Ltd., Stoke Poges, Buckinghamshire, England (Erfinder: Peter John Charles Kent und Ronald Harvey Lewin), **Verbinden von Acrylpolymeren und halogenhaltigen Polymeren einer niedrigeren Erweichungstemperatur** durch ein „Lötverfahren". Man verwendet Polymethylacrylat u. einen Stab von halogenhaltigen Polymeren, wie Polyvinylchlorid, als Lötstab u. verlötet in üblicher Weise. (**E. P. 912 829** vom 6/9. 1960, ausg. 12/12. 1962.) G. Czerwony 7173

2664 Stella Soc. An., Vernier-Genf, übert. von: Pierre Castan und Claude Gandillon, Genf, Schweiz, **Herstellung von synthetischen Harzen durch Kondensation und Veresterung.** Man läßt einwertiges Phenol mit CH_2O in alkal. Lsg. reagieren, kondensiert das niedrigmol. Kondens.-Prod. mit Epichlorhydrin oder $\alpha.\alpha$-Dichlorhydrin auch in alkal. Lsg., verestert das erhaltene Harz mit einer hochmol. gesätt. oder ungesätt. Fettsäure u. entwässert durch Erhitzen in Ggw. eines sauren Katalysators. Bei Verw. von ungesätt. hochmol. Fettsäuren erhält man Harze, die nach Zusatz von Trockenstoffen u. Lsgm. lufttrocknende Lacke ergeben, von gesätt. Fettsäuren solche, die im Gemisch mit hitzehärtbaren Harzen einbrennbare Lacke liefern. (**A. P. 3 028 348** vom 1/6. 1959, ausg. 3/4. 1962. Schwz. Prior. 2/6. 1958.) K. Sarre 7177

2665 Union Carbide Corp., übert. von: Edward J. Mills jun. und William J. Tapp, Charleston, W.Va., V.St.A., **Polyoxyalkylene** werden gegen Oxydation stabilisiert, indem man dem geschmolzenen Polyoxyalkylen (Polyäthylen-, Polypropylenglykol), Di- oder Triphosphate des Na, Li, K; oder deren Carbonate oder Acetate in einer Menge zusetzt, daß ein pH von ca. 7 erreicht wird. (**A. P. 3 030 425** vom 20/5. 1958, ausg. 17/4. 1962.) F. Koch 7177

2666 Dow Chemical Co., Midland, Mich., übert. von: Wilbur Lee Bressler, Lake Jackson, und Wayne E. Presley, Freeport, Tex., V.St.A., **Härter in Epoxyharz-Formmassen** sind die Rk.-Prodd. von Diglycidyläthern von Glykolen (0,17—0,83 Mol) mit mehrwertigen Aminen (1 Mol). (**A. P. 3 029 286** vom 14/1. 1959, ausg. 10/4. 1962.) F. Koch 7177

2667 United States of America, Secretary of Agriculture, übert. von: Daniel Swern, Philadelphia, Pa., V.St.A., **Herstellung von Vinyl-9.10-epoxystearat** durch Epoxydienen von Vinyloleat mit äquimol. Mengen einer organ. Persäure oder deren Bldg.-Komponenten, bes. Peressigsäure, bei normaler Temp. in einem inerten Lsgm. (CCl_4, Bzl., Dioxan, Essigester oder Aceton), bes. jedoch in einer niedrigmol., gesätt., aliphat. Monocarbonsäure (CH_3COOH), innerhalb einiger Std. mit darauffolgendem Entfernen der Lsgm. unter Vakuum; rein aus Aceton bei —30°; n_D^{30} 1,453. Geeignet zur Herst. von *Polymerisaten*, die ggf. als nichtflüchtige *Weichmacher* verwendbar sind. (**A. P. 3 020 292** vom 13/7. 1954, ausg. 6/2. 1962.) W. Gräger 7177

2668 General Aniline & Film Corp., New York, N.Y., übert. von: Carl Mayn Smith, St. Paul, Minn., und David E. Graham, Westfield, N.Y., V.St.A., **Epoxyharz-Formmasse** enthält als Härter das Kondens.-Prod. aus 1 Mol Dialkylketon u. 1 Mol m-Phenylendiamin, das in Ggw. einer geringen Menge einer starken Säure hergestellt worden ist. (**A. P. 3 032 526** vom 7/7. 1958, ausg. 1/5. 1962.) F. Koch 7177

2669 Johnson & Johnson, New Brunswick, übert. von: Clifford J. Warnsdorfer jun., South River, N.J., V.St.A., **Epoxyharz-Formmassen,** die ein Amin als Härter enthalten, umfassen zusätzlich einen Indicatorfarbstoff, der den Durchmischungsgrad anzeigt. (**A. P. 3 030 329** vom 30/6. 1958, ausg. 17/4. 1962.) F. Koch 7177

2670 Minnesota Mining & Mfg. Co., übert. von: Joseph N. Schurb, St. Paul, Minn., V.St.A., In einer bei normaler Temp. stabilen **Epoxy-Formmasse** ist als Härter eine Mischung aus Dicyandiamid oder einem mehrwertigen Hydrazid u. einer Verb. der allg. Formel I enthalten,

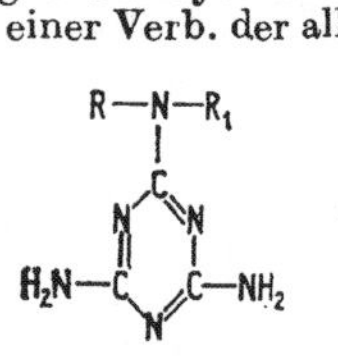
I

worin R = Aryl-, Alkyl-, Alkenylgruppe u. R_1 = R oder H-Atom. (**A. P. 3 030 247** vom 28/7. 1955, ausg. 17/4. 1962.) F. Koch 7177

2671 North American Aviation, Inc., übert. von: Irving Katz, Long Beach, Giles A. Plew, Rivera, und Jardine C. Wilson, Compton, Calif., V.St.A., **Epoxyharz-Formmassen** enthalten als Katalysator eine Kombination aus einem ggf. substituierten Säureamid u. einem Cyanoguanidin der Formel NC—NH—C(NH)—N(R_1)(R_2), worin R_1 u. R_2 für H-Atome oder KW-Stoffgruppen mit bis 5 C-Atomen stehen. (**A. P. 3 028 342** vom 2/4. 1956, ausg. 3/4. 1962.) F. Koch 7177

2672 A. E. Staley Mfg. Co., übert. von: James A. Bralley und Hans Wolff, Decatur, Ill., V.St.A., **Epoxyharz-Formmasse,** die eine Borsäure als Härter enthält, enthält einen Polyepoxidester mit mindestens 2 Epoxidgruppen. — Beispiel: Epoxydiertes Sojabohnenöl. (**A. P. 3 030 392** vom 24/6. 1958, ausg. 17/4. 1962.) F. Koch 7177

2673 Union Carbide Corp., New York, N.Y., V.St.A., **Epoxyharz-Formmasse** enthält einen latenten Härter. Dieser besteht aus einem auf einem Molekularsieb (Zeolith) niedergeschlagenen Härter (Triäthanolamin), der mit einem bei höherer Temp. schm. Polymeren (Polyäthylen) überzogen worden ist. — Vgl. auch E. P. 846 380; C. **1961,** 13740. (**E. P. 914 003** vom 24/11. 1958, ausg. 18/12. 1962. A. Prior. 25/11. 1957.) F. Koch 7177

2674 American Cyanamid Co., New York, N.Y., übert. von: William Dean Holland, Metuchen, N.J., V.St.A., **Polyester** werden mit oberhalb 250° sd. Monomeren (Diallylphthalat) mit Hilfe einer Wärmeübertragungs-Fl. im Vakuum (90 mm Hg) bei 50—100° gemischt. — Schemazeichnung. (**A. P. 3 036 031** vom 23/10. 1959, ausg. 22/5. 1962.) F. Koch 7177

2675 American Cyanamid Co., New York, N.Y., übert. von: William Charles Mallison, Westport, Conn., V.St.A., **Herstellung eines Polyesters** erfolgt in mehreren Stufen. Ein mehrwertiger Alkohol u. eine mehrbas. Carbonsäure werden in Ggw. einer organ. Fl. erhitzt u. dadurch das entstehende W. aus dem Kreislauf ausgebracht. In einem zweiten Rk.-Gefäß wird die organ. Fl. vom W. getrennt u. in den eigentlichen Rk.-Behälter zurückgeführt. — Schemazeichnung. (**A. P. 3 039 980** vom 17/7. 1959, ausg. 19/6. 1962.) F. Koch 7177

2676 Eastman Kodak Co., Rochester, N.Y., übert. von: Charles J. Kibler, Alan Bell und James G. Smith, Kingsport, Tenn., V.St.A., **Lineare Polyester** werden hergestellt aus cis- oder trans-1.4-Cyclohexandimethanol u. üblichen Carbonsäuren sowie Monohydroxymonocarbonsäuren bzw. Monoaminomonocarbonsäuren. (**A. PP. 3 033 822** u. **3 033 826** vom 29/6. 1959, ausg. 8/5. 1962.) F. Koch 7177

2677 General Electric Co., übert. von: Simon W. Kantor, Schenectady, und Fred F. Holub, Scotia, N.Y., V.St.A., **Lineare Polyester** mit p-Phenylenisophthal- bzw. Terephthalsäure (**II**)-Einheiten, mit einer

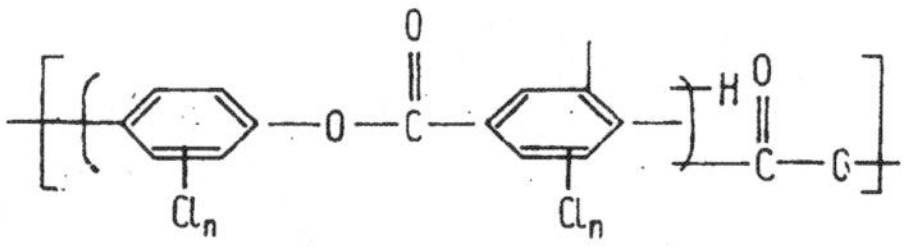
I

Intrinsicviscosität von wenigstens 0,5, enthalten wenigstens 60 Mol-% (bezogen auf **I** + **II**) Einheiten der Formel **I**, wobei n = 0, 1, 2. (**A. P. 3 036 990** vom 1/6. 1960, ausg. 29/5. 1962.) F. Koch 7177

2678 E. I. du Pont de Nemours & Co., Wilmington, Del., übert. von: Robert Fry Engle jun., Media, Pa., und Herbert Ackland Pohl, Wilmington, Del., V.St.A., **Farblose Polyester des Glykols mit Terephthalsäure** entstehen wie üblich in Ggw. von Metallkatalysatoren u. von H_3PO_4, oder deren Alkyl-, Hydroxyalkyl-, Aryl-Substitutions-Prodd., bei vermindertem Druck. (**A. P. 3 028 366** vom 26/6. 1956, ausg. 3/4. 1962.) F. Koch 7177

2679 E. I. du Pont de Nemours & Co., Wilmington, Del., übert. von: Robert J. Collins, Kinston, N.C., V.St.A., **Oberflächenbehandlung von Polyäthylenterephthalat,** z. B. Geweben, um diese besser anfärbbar zu machen, erfolgt in 2 Stufen. Zuerst wird bei 190° mit Ozon (2%) behandelt u. dann für 2 Std. bei Raum-Temp. in eine wss. Lsg., die 50% CH_3OH u. 0,1% eines Hydrazins (z. B. 2.4-Dinitrophenylhydrazin) enthält, eingehängt. (**A. P. 3 029 121** vom 8/4. 1959, ausg. 10/4. 1962.) F. Koch 7177

2680 General Electric Co., übert. von: Simon W. Kantor, Schenectady, und Fred F. Holub, Scotia,

N.Y., V.St.A., **Lineare Polyester** mit einer Intrinsicviscosität von mindestens 0,5 bestehen aus p-Phenylenisophthalsäureeinheiten (I) u. Einheiten der p.p'-Bis-phenylenisophthalsäure (II), mit der Maßgabe, daß 40 Mol-% **I**, bezogen auf **I** + **II**, anwesend sind. (**A. P. 3 036 991** vom 1/6. 1960, ausg. 29/5. 1962.) F. Koch 7177

2681 Olin Mathieson Chemical Corp., New Haven, übert. von: Herman A. Bruson, North Haven, Conn., und Charles D. Mason, Morristown, N.J., V.St.A., **Lineare Polyester** mit einer Intrinsicviscosität über 0,40 entstehen durch Erhitzen über 175—280° u. in Ggw. eines Katalysators aus Äthylenglykol, einer Mischung aus 50 bis 95 (Gew.-%) eines niederen Alkyldiesters der Terephthalsäure u. 5—50% eines niederen Alkylesters der Chlorterephthalsäure mit 2 an den Kern gebundenen Cl-Atomen. (**A. P. 3 037 964** vom 21/5. 1958, ausg. 5/6. 1962.) F. Koch 7177

2682 General Electric Co., übert. von: Fred F. Holub, Scotia, und Simon W. Kantor, Schenectady, N.Y., V.St.A., **Lösliche lineare Polyester** mit einer Intrinsicviscosität von mindestens 0,5 werden aus 4 Struktureinheiten aufgebaut: p-Phenylen- (I), o-, m- oder o.o'-Bis-phenylen- (II), Isophthalsäure- (**III**) u. Terephthalsäureeinheiten (**IV**). Die folgenden Verhältnisse werden beansprucht: Die Anzahl von I = 25—45%, bezogen auf das gesamte Polymere; **II** = 5 bis 25%; **III** = 20—45%; **IV** = 5—30%. Weiterhin ist **I** + **II** = (**III** + **IV**) mal 1—1,05; **I** + **IV** < 0,7 mal (**I** + **II** + **III** + **IV**). (**A. P. 3 036 992** vom 1/6. 1960, ausg. 29/5. 1962.) F. Koch 7177

2683 Standard Oil Co., Chicago, übert. von: Ronald L. Broadhead, Park Forest, und Ellis K. Fields, Chicago, Ill., V.St.A., **Wasserlösliche Polyester** entstehen aus Diäthylenglykol u. einer Pyridindicarbonsäure (2.5-Pyridindicarbonsäure) bei 100—240° unter inertem Gas. Das entstehende Prod. wird bei 15—80° in wss. HCl gelöst. (**A. P. 3 035 025** vom 24/4. 1959, ausg. 15/5. 1962.) F. Koch 7177

2684 Standard Oil Co., Chicago, Ill., übert. von: James R. Stephens, Gary, Ind., V.St.A., **Wasserlöslicher üblicher Polyester** wird durch Zusatz eines in W. lösl. Metallsalzes (der Metalle Ca, Na, Ba, Pb, Cu, Co, Mg) in ein in W. unlösl. Metallsalz übergeführt. (**A. P. 3 035 026** vom 31/8. 1959, ausg. 15/5. 1962.) F. Koch 7177

2685 Chemstrand Corp., übert. von: William A. H. Huffman, Decatur, Ala., V.St.A., **Aromatische Sulfogruppen enthaltende Polyester** werden aus üblichen Verbb. sowie 0,01—5 Mol-% einer Verb. der allg. Formel I aufgebaut.

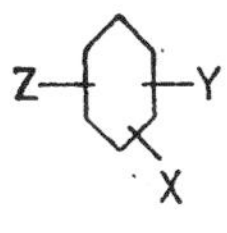

I

X = $-SO_3OH$-, $-SO_2NH_2$- oder $-SO_2-OM$-Gruppen (M = Alkalimetall); Y u. Z = Carboxyl-, Hydroxyl- oder ggf. Äthergruppen enthaltende Alkyloxygruppen. (**A. P. 3 033 824** vom 4/11. 1957, ausg. 8/5. 1962.) F. Koch 7177

2686 Union Carbide Corp., übert. von: Talmage D. Foster jun., Tornado, W.Va., V.St.A., **Polyester,** die aus Spiro-Verbb., z. B. Spirometadioxanen, aufgebaut sind, werden modifiziert mit Formaldehyd, der bei der Herst. des Esters mit eingebaut wird. (**A. P. 3 020 263** vom 31/10. 1958, ausg. 6/2. 1962.) F. Koch 7177

2687 Diamond Alkali Co., Cleveland, Ohio, übert. von: Irving M. Abrams, Redwood City, Leo L. Benezra, Alto, Mountain View, und Robert D. Goold, East Palo Alto, Calif., V.St.A. In einer **Polyester-Masse,** die noch kein Peroxid enthält, wirkt das Sulfoniumsalz einer Säure der Ionisations-Konst. $> 1 \cdot 10^{-5}$ als Inhibitor. Nach Zusatz von Peroxiden härtet die nun vorliegende Formmasse bei 60° aus. (**A. P. 3 028 361** vom 24/9. 1958, ausg. 3/4. 1962.) F. Koch 7177

2688 Burns & Russell Co. of Baltimore City, Baltimore, übert. von: John L. McClinton, Glen Burnie, Md., V.St.A., **Formteil, der aus einer sandhaltigen Polyesterformmasse entstanden ist,** wird mit einem ungefüllten Epoxyharz überzogen. (**A. P. 3 030 234** vom 2/4. 1958, ausg. 17/4. 1962.) F. Koch 7177

2689 Diamond Alkali Co., Cleveland, Ohio, übert. von: Edward Chetakian, Anaheim, Calif., V.St.A., **Polyesterpreßmasse.** Ein üblicher Polyester (ungesätt.) wird mit Peroxiden versetzt u. ggf. mit einem Farbstoff gefärbt, abgekühlt u. unter Zusatz von Trockeneis (CO_2) zermahlen. Das feine Pulver wird in einem Mischer intensiv mit kurzen Glasfasern vermischt. Das entstehende teigige Prod. kann zwischen Folien (Cellophan, Polyvinylacetat) gelagert u. bei 250° F in 5 Min. zu harten Formteilen ausgehärtet werden. (**A. P. 3 027 338** vom 7/1. 1959, ausg. 27/3. 1962.) F. Koch 7177

2690 United States Rubber Co., New York, N.Y., V.St.A. (Erfinder: Mitchell Borr und Kenneth Erskine MacPhee, Guelph, Ontario, Canada), **Schwer brennbare Formteile aus Polyester-Formmassen.** Die Polyester sind aufgebaut mit einem Dialkohol der allg. Formel **I.**

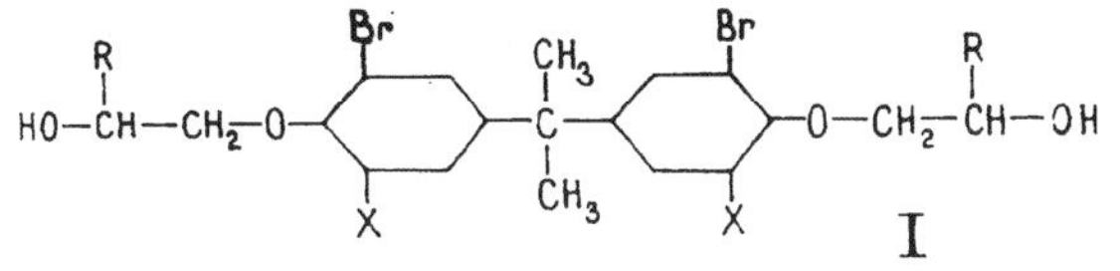

I

R = H-Atom oder niedrige Alkylgruppe; X = H- oder Br-Atom. (**D. A. S. 1 149 899** Kl. 39b vom 12/7. 1961, ausg. 6/6. 1963. A. Prior. 21/9. 1960.) F. Koch 7177

2691 American Cyanamid Co., New York, N.Y., übert. von: William Charles Mallison, Westport, Conn., V.St.A., **Mischen eines heißen Polyesters** bei 180 bis 210° *mit einem anpolymerisierbaren Monomeren* erfolgt unter Vakuum (1—120 mm Hg), wobei das Monomere verdampft u. durch die notwendige Verdampfungswärme die dem Harz schädliche Wärme abführt. In einem getrennten Behälter wird das Monomere dann kondensiert u. dem Rk.-Gefäß wieder zugeführt. (**A. P. 3 036 030** vom 17/7. 1959, ausg. 22/5. 1962.) F. Koch 7177

2692 E. I. du Pont de Nemours & Co., übert. von: August H. Frazer, Wilmington, Del., V.St..A., **Mischpolyester** besteht aus zwei verschiedenen Polyestern, die über $-O-\overset{O}{\overset{\|}{C}}$-Gruppen miteinander verbunden sind. Der eine hat einen F. <50° u. ein Molgew. von 600—5000. Der andere hat einen F. >200° u. enthält aromat. Ringe aus einem aromat. Alkohol. (**A. P. 3 037 960** vom 9/1. 1958, ausg. 5/6. 1962.) F. Koch 7177

2693 Dow Chemical Co., Midland, übert. von: Joseph H. Howe, Freeland, Mich., V.St.A., **Polycarbonate** enthalten Einheiten ggf. mit H-, Cl-, Ba-, J-Atomen oder Alkyl- oder NO_2-Gruppen substituierter Phenolphthaleine; Phenolsulfonphthaleine oder Fluoresceine oder auch Einheiten des

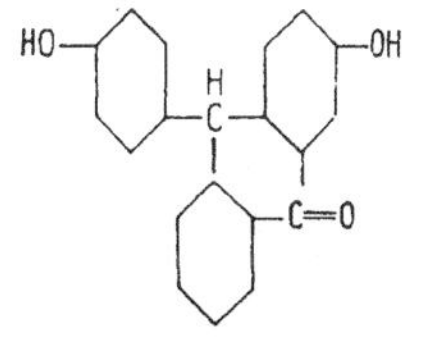

I

Phthalidiens der Formel **I.** (**A. PP. 3 036 036, 3 036 037, 3 036 038** u. **3 036 039** vom 31/5. 1960, ausg. 22/5. 1962.) F. Koch 7177

2694 Dow Chemical Co., übert. von: Lieng-Huang Lee und Henno Keshkula, Midland, Mich., V.St.A., **Polycarbonate** enthalten Einheiten eines Alkohols der Formel: $H(CF_2-CF_2)_nCH_2OH$, n = 1—8. (**A. P. 3 036 040** vom 31/5. 1960, ausg. 22/5. 1962.) F. Koch 7177

2695 Inventa Akt.-Ges. für Forschung und Patentverwertung, Zürich, übert. von: Wolfgang Griehl und Hans Lückert, Chur, Schweiz, **Polycarbonate** entstehen auf üblichem Wege aus 2 wertigen Alkoholen, $COCl_2$ u. Vanillinsäure, p-Hydroxybenzoe-, 4-Oxy-3-chlorbenzoe-, 4-Oxy-3-methylbenzoe- oder 4-Oxy-3.5-dimethylbenzoesäure. (**A. P. 3 036 989** vom 6/3. 1959, ausg. 29/5. 1962. Schwz. Prior. 8/3. 1958.) F. Koch 7177

2696 Union Carbide Corp., übert. von: John S. Fry, Hillsborough Township, Somerset County, N.J., V.St.A., **Polycarbonate** werden hergestellt aus Diphenolen u. $COCl_2$ in Ggw. der wss. Lsg. eines Alkalihydroxids oder eines in W. lösl. Salzes eines Alkalimetalls mit einer starken Säure, in einem inerten organ. Lösungsmittel. (**A. P. 3 035 020** vom 6/4. 1959, ausg. 15/5. 1962.) F. Koch 7177

2697 Allied Chemical Corp., New York, N.Y., V.St.A., **Hitzehärtbare Aminoplaste** mit glänzender, fleckenbeständiger Oberfläche erhält man durch Teilhärtung von Harnstoff- oder Melamin–CH_2O-Harzen in der Form, Aufstreuen von granuliertem schmelzbarem, hitzehärtbarem Melamin- oder Benzoguanamin–CH_2O-Harz mit einer (hier definierten) Fließzeit von 1—15 Sek. u. Aushärten, indem das aufgestreute Granulat gleichmäßig über die ganze Oberfläche fließt u. schließlich zu einer einheitlichen Masse härtet. Anstatt CH_2O können auch andere Aldehyde zur Herst. der Aminoplaste verwendet worden sein. — Gggf. Füllstoffe, auch Farbstoffe u. saure Katalysatoren können zugegeben sein. (**E. P. 913 445** vom 18/5. 1961, ausg. 19/12. 1962. A. Prior. 20/5. 1960.) E. Dörfel 7181

2698 E. I. du Pont de Nemours & Co., Wilmington, Del., V.St.A. (Erfinder: Victor Ralph Ben), **Polyamidfäden oder -filme** erhält man nach Schmelzspinn- oder Schmelzextrusions-Verf. aus Polyamiden, die durch Schmelz-

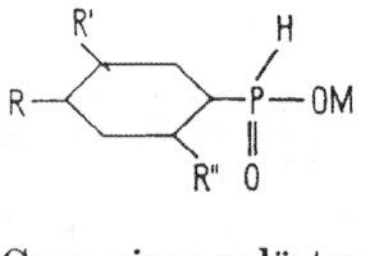
I

polymerisation in Ggw. eines gelösten Phenylphosphinats der allg. Formel **I**, worin R, R′ u. R″ = H oder Methyl, M = Alkalimetall, hergestellt worden sind, in Ggw. von Cu-Verbb. u. Halogeniden. (**E. P. 902 905** vom 28/8. 1959, ausg. 9/8. 1962.) E. Dörfel 7181

2699 E. I. du Pont de Nemours & Co., Wilmington, Del., V.St.A. (Erfinder: Victor Ralph Ben), **Polyamidfolien oder -fäden** erhält man entsprechend E. P. 902 905 (s. vorst. Ref.). Statt der Phenylphosphinate sind gelöste Phosphinate der allg. Formel RPH(:O)OX, worin R = ggf. substituierter Alkyl-, Aryl- oder Aralkylrest, X = R oder Metall oder alkylsubstituiertes NH_4-Ion, X u. R können zusammen einen Alkylenring bilden, zum Stabilisieren der Polyamide verwendet werden. (**E. P. 902 907** vom 28/8. 1959, ausg. 9/8. 1962.) E. Dörfel 7181

2700 Union Carbide Corp., New York, N.Y., übert. von: Sui-Wu Chow, Bridgewater Township, und John M. Whelan jun., New Providence, N.J., V.St.A., **Polyimide** werden durch Rk. eines Esters der Formel I (R u.

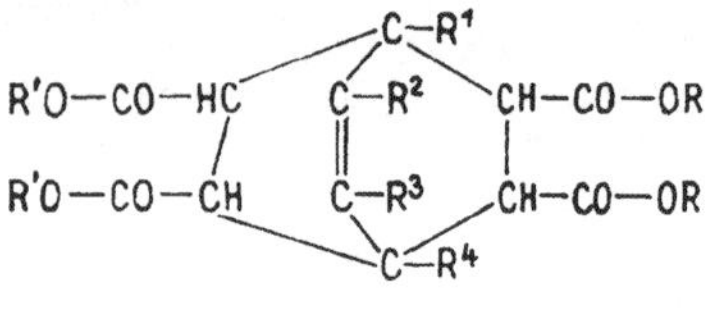

R′ = Halogen einerseits u. Alkyl mit bis zu 12 C-Atomen andererseits; R^1, R^2, R^3, R^4 = H, Alkyl, Aryl, Aralkyl, Halogen) mit einem prim. Diamin der Formel $H_2N—R^5—NH_2$ (R^5 = gesätt. 2wertige KW-Stoffgruppe) bei über 80° hergestellt. — 6,426 (Teile) 7.8-Diphenyl-δ-7-bicyclo-(2.2.2)-octen-2.3.5.6-tetracarboxyldianhydrid, das in 90% ig. Ausbeute aus 2.4-Dimethyl-3.4-diphenylcyclopentadienon hergestellt wurde, wurden mit 50 Methanol zum Methylester umgesetzt, dieser dann mit 2,345 Nonamethylendiamin gemischt, der überschüssige Alkohol auf dem Wasserbad abgetrieben u. der Rückstand 2 Std. auf 160°, dann 1 Std. auf 200° u. eine weitere Std. in sd. α-Chlornaphthalin erhitzt. — Geeignet zur *Herst. von Isoliermaterial u. Firnissen.* (**A. P. 3 037 966** vom 1/4. 1960, ausg. 5/6. 1962.) A. Dandl 7181

2701 E. I. du Pont de Nemours & Co., übert. von: Clifford Lee Dickinson jun., Wilmington, und William Joseph Middleton, Claymont, Del., V.St.A., **5-Amino-3.4-dicyanopyrazole** der allg. Formel I bzw. II [R = H; niederes Alkyl oder Alkanoyl, Aryl-KW-Stoff mit

I

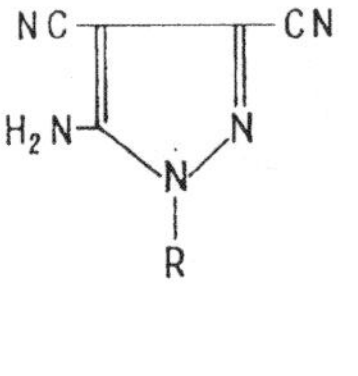

II

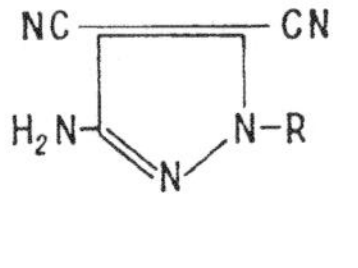

nicht >10 C-Atomen, Carbamyl, N(niederes Alkyl)-Carbamyl, N-Arylcarbamyl, wobei die Arylgruppe nicht >10 C-Atome hat, N.N-Dialkylcarbamyl, wobei der Alkylrest nicht >18 C-Atome hat, Aroyl-KW-Stoff mit nicht >11 C-Atomen, niederes Alkoxyphenyl, niederes Alkoxycarbonyl; Arylsulfonyl-KW-Stoff mit nicht >10 C-Atomen, Sulfamyl, N.N-Di(niederes Alkyl)-sulfamyl, Allophenyl, Guanyl, Thiocarbamyl, N-Carb(niederes)-alkoxymethylcarbamyl, monosubstituierte Derivv. des Aryl-KW-Stoffs, des Aroyl-KW-Stoffs u. des Arylsulfonyl-KW-Stoffs, wobei die Substituenten sein können: NO_2- oder Cl-] werden durch Rk. von Tetracyanoäthylen mit einer Hydrazin-Verb. der Formel $RNHNH_2$ in fl. Phase erhalten. — Aus Semicarbazidhydrochlorid, Tetracyanoäthylen u. Na-Acetat in W. → [*5-Amino* = **A**]-*1-carbamyl*-[*3.4-dicyano* = **B**]-*pyrazol* (**III**), F. 262°; — aus Benzhydrazid u. Tetracyanoäthylen in W. → **A**-*1-benzoyl*-**B**-*pyrazol*, F. >200° (nicht scharf); — aus p-Tolylsulfonylhydrazid u. Tetracyanoäthylen in A. → **A**-**B**-*1-p-tolylsulfonylpyrazol*, F. 211—213°; — analog werden folgende Pyrazole erhalten: *1-Acetyl*-**A**-**B**-, F. 195—198° (Zers.); — **A**-**B**-*1-phenyl*-, F. 193°; **A**-**B**-*1-p-nitrophenyl*-, F. 252—253°; **A**-**B**-*1-methyl*- oder *3-Amino-4.5-dicyano-1-methyl*-, F. 131,5—133°; *1-Allophenyl*-**A**-**B**-, F. >300°; **A**-**B**-*1-guanyl*-, F. 179°; aus **III** in Essigsäureanhydrid u. Pyridin durch Erhitzen → *5-Acetamido*-**B**-, F. 269—271° (Zers.); — durch Erhitzen von **III** in W. → **A**-**B**- (**IV**), F. 250° (Zers.); — durch Erhitzen von **III** u. p-Dimethylaminobenzaldehyd in Dimethylformamid → *5-(p-Dimethylaminobenzol)-amino-1-carbamyl*-**B**-, F. 120—125°; — aus **IV** u. Phenylisocyanat in Tetrahydrofuran → **A**-**B**-*1-phenylcarbamyl*-, F. 223—224°; — aus **IV**, Dimethylcarbamylchlorid u. Triäthylamin in Tetrahydrofuran → **A**-**B**-*1-(N.N-dimethylcarbamyl)*-, F. 227—228°; — analog: **A**-**B**-*1-(N.N-diäthylcarbamyl)*-, F. 170—173°; — **A**-**B**-*1-carbäthoxy*-, F. 207—208°; **A**-**B**-*N-äthyl-1-pyrazolcarboxamid*, F. 234—235°; **A**-**B**-*1-(N.N-dimethylsulfamyl)*-, F. 163—167°; **A**-**B**-*1-sulfamyl*- oder *3-Amino-4.5-dicyano-1-sulfamyl*-, F. 187—193°; *3-Amino-4.5-dicyano-1-phenylcarbamyl*-, F. >300°; **A**-**B**-*1-(N-carbäthoxycarbamyl)*-, F. 199,6—200,6°. — Geeignet zur Herst. von Polymerisaten, bes. Polyamiden. (**A. P. 2 998 419** vom 30/10. 1959, ausg. 29/8. 1961.) H. Roos 7181

2702 Franklin I. L. Lawrence und Richard G. Crumley, Bradford, Pa., V.St.A., **Umsetzungsprodukte aus Mono- oder Polyisocyanaten mit oxydierten, beziehungsweise geschwefelten Petroleumkohlenwasserstoffen** erhält man aus Petroleum-KW-Stoffen vom Molgew. >500 bei 400° F, die mit O_2 oder S_2 kondensiert wurden zu säurefreien Prodd., u. durch anschließende Rk. mit Isocyanaten zu Prodd. hoher Klebkraft mit einer Viscosität von ca. 250 SUS bei 210° F, die ggf. noch mit Epoxidharzen umgesetzt werden. — Beispiel: A) 75000 g Paraffin-Dest.-Rückstand, Kp. ca. 850° F, Molgew. ca. 750, Viscosität 22 SUS/210° F, Flammpunkt ca. 600° F, A.P.I.-Dichte 24,8, werden mit auf 190° F erhitztem Propan vermischt u. dann auf 65° F abgekühlt. In einem Vakuumgefäß wird so viel Propan verdampft, daß die Temp. des Gemisches auf 20—50° F sinkt, wobei Petrolatum ausgefällt, anschließend filtriert u. mit Propan weitergereinigt wird. 9000 g des viscosen Materials u. 1000 g „Bright Stock" (**I**) werden in einen belüftbaren App. gebracht u. auf 500° F erhitzt; Luft wird durchgeleitet (60 Fuß^3/Gallone/Std.), bis die Temp. steigt. Das Belüften wird 6 Std. bei 500° F fortgesetzt. — **I** ist rohes Paraffinöl, Kp. ca. 850° F, Viscosität 150 SUS/210° F. — B) Oder es wird 1% S_2 in obigen Ansatz eingebracht, bis die Temp. steigt; die S_2-Zugabe wird bei ca. 500° F fortgesetzt, bis ca. 22% S_2 eingebracht sind (saure, korrodierende S-Prodd. werden mit Luft entfernt). Auf 100 Teile A werden bei 330° F 0,25 Toluylendiisocyanat unter gutem Rühren (½ Std. lang) zugefügt. — Klebmittel für Glas, viscositätsregulierendes Mittel für Schmieröle. (**A. P. 3 038 873** vom 16/4. 1957, ausg. 12/6. 1962.) E. Dörfel 7181

2703 Harburger Fettchemie Brinkmann & Mergell G. m. b. H. (Erfinder: Josef Baltes und Friedrich Weghorst), Hamburg, **Polyurethanschaumstoffe** erhält man durch Rk. von Polyestern (**I**), Polyisocyanaten, Netzmitteln, W. oder anderen Treibmitteln, tert. Aminen u. ggf. Füllstoffen (Kreide, $BaSO_4$, Kieselgur, Ruß, Farbstoffe oder Pigmente). Als **I** werden verwendet: Polykondensate (Molgew. 750—6000, OHZ. 25—150, SZ. <4) aus Glykolen u. einem Gemisch aus Mono- u. Polycarbonsäuren mit 14—88 C-Atomen der Zus.: Monocarbonsäuren mit 14—20 C-Atomen bis 50 (Gew.-Teilen), Dicarbonsäuren mit **36—44** C-Atomen

10–70, Tricarbonsäuren mit 54–60 C-Atomen 10–70, Tetracarbonsäuren u. höhere mit mehr als 60 C-Atomen bis 30. (**D. A. S. 1 149 163** Kl. 39b vom 25/1. 1962, ausg. 22/5. 1963.) E. Dörfel 7181

2704 Thiokol Chemical Corp., Bristol, Pa., übert. von: William E. Leuchten, Hamilton Square, und Albert Franklin Vondy, Berdentown, N.Y., V.St.A., **Polythiomercaptan** mit einem Molgew. von 500–25000 wird mit Sb_2O_3 zu elast. Formteilen ausgehärtet. (**A. P. 3 036 049** vom 28/1. 1959, ausg. 22/5. 1962.) F. Koch 7185

2705 Union Carbide Corp., New York, übert. von: David W. Riley, Kenmore, N.Y., V.St.A., **Kondensationskatalysator für Organosiloxane** der Formel HO–(–SiR_2O)$_n$R' (R = ggf. substituierte einwertige KW-Stoffgruppe; R' = H oder Alkyl; n $\geqq$ 1) ist Sulfaminsäure oder deren Salze mit tert. Aminen. – 10 (g) eines OH-Gruppen enthaltenden Dimethylsiloxanes (bei dem n einen durchschnittlichen Wert von 20 hat) werden mit 0,5 Sulfaminsäure 24 Std. auf 150° erhitzt. Der Gewichtsverlust hierbei beträgt 5%. (**A. P. 3 036 035** vom 8/12. 1959, ausg. 22/5. 1962.) A. Dandl 7189

2706 Union Carbide Corp., New York, übert. von: Edward L. Morehouse, Snyder, N.Y., V.St.A., **Am Stickstoff substituierte Aminoalkylsiloxane** der Formel $(HOZ)_{2-a}N(R)_aC_nH_{2n}(R'_b)SiO_{3-b/2}$ (R' = einwertiger, ggf. cycl. oder ungesätt. KW-Stoffrest; –OZ– = zweiwertige aus einem Monoepoxid durch Öffnung des Sauerstoffringes entstandene Gruppe; OH ist über 2 C-Atome an N gebunden; a = 0–1; n = 3–15; b = 0–2; R = H, einwertige KW-Stoffgruppe oder $-C_nH_{2n}(R'_b)SiO_{3-b/2}$) die auch mit Organosiloxanen der Formel $R''_cSiO_{4-c/2}$ mischpolymerisiert sein können (R'' = einwertige KW-Stoffgruppe; c = 1–3) werden durch Rk. eines Organosiloxans mit Einheiten der Formel $RNHC_nH_{2n}(R'_b)SiO_{3-b/2}$ mit einem Monoepoxid hergestellt. Sie sind brauchbar als *Ausflockungsmittel*. – 200 g Methylsiloxanöl mit 24% δ-Aminobutylmethylsiloxy-Einheiten des Molgew. 1000, gelöst in 75 cm³ abs. A. werden innerhalb einer Std. mit 38,7 g Äthylenoxid versetzt. Durch äußere Kühlung wird die Temp. auf 20–40° gehalten. Man erhält ein Siloxan der Formel $(HOCH_2CH_2)_2N(CH_2)_4Si(CH_3)O$. (**A. P. 3 032 577** vom 20/2. 1961, ausg. 1/5. 1962.) A. Dandl 7189

2707 Union Carbide Corp., New York, N.Y., V.St.A. (Erfinder: Anton Stanley Pater), **Mischpolymere Organopolysiloxane** der allg. Formel I werden durch

I

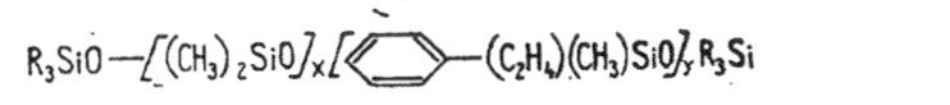

Mischhydrolyse u. Mischkondens. sowie anschließende Äquilibrierung einer Mischung aus Dimethyldichlorsilan (Phenyläthylmethyldichlorsilan u. einem Trihydrocarbylchlorsilan hergestellt, wobei das Dimethyl- u. das Phenyläthylmethyldichlorsilan im molaren Verhältnis 3 : 1 bis 1 : 1 zur Anwendung kommen. Verw. als *Schmiermittel*. – In eine durch äußerliche Kühlung bei 32–40° gehaltene Mischung von 216 (g) W. u. 216 cm³ Ae. wird im Laufe von 2 Std. unter Rühren eine Mischung aus 106 β-Phenyläthylmethyldichlor-, 187 Dimethyldichlor- u. 7 Trimethylmonochlorsilan eingetropft, dann 250 W zugegeben. Man erhitzt nach Zugabe von 4 $NaHCO_3$ u. streift den Isopropylalkohol bei 130° ab. Die Kondens. wird mittels 0,2 KOH während 20 Min. bei 150–160° vorgenommen, die Äquilibrierung mittels 2 cm³ konz. H_2SO_4 während einer Std. bei Raum-Temperatur. Man erhält ein Prod. mit der Viscosität 1440. – *Schmiermittrl*. (**E. P. 881 778** vom 11/6. 1959, ausg. 8/11. 1961. A. Prior. 30/6. 1958.) A. Dandl 7189

2708 **Esso Research and Engineering Co.**, übert. von: **Herbert F. Strohmayer**, Roselle, **Leon Sherwood Minckler jun.**, Metuchen, **Joseph P. Simko jun.**, Highland Park, und **Eugene L. Stogryn**, Fords, N.J., V.St.A., *Aktivierte Friedel-Crafts-Katalysatoren*. (**A. P. 3 066 123** vom 10/9. 1958, ausg. 27/11. 1962. — C. **1963,** 5657 [E. P. 867 636].)

2709 **Badische Anilin- & Soda-Fabrik Akt-Ges.**, übert. von: **Ernst-Günther Kastning** und **Klaus Bronstert**, Ludwigshafen/Rh., *Herstellung von Pfropfpolymerisaten*. (**A. P. 3 070 574** vom 13/4. 1959, ausg. 25/12. 1962. D. Prior. 16/4. 1958. — C. **1960,** 14883 [D. A. S. 1 065 611].)

2710 **Hercules Powder Co., Inc.**, Wilmington, Del., V.St.A., übert. von: **Werner Grundmann**, Hofheim, **Herbert Bestian**, **Heinz-Joachim Bahr** und **Siegfried Sommer**, Frankfurt/M., *Entfernung von Katalysatoren aus Polymerisaten*. (**A. P. 3 066 130** vom 26/9. 1956, ausg. 27/11. 1962. D. Prior. 8/10. 1955. — C. **1960,** 1345 [D. A. S. 1 028 339].)

2711 **Imperial Chemical Industries Ltd.**, London, übert. von: **Robert Gilmour Jamieson Telfer**, Norton-on-Tees, England, *Entfernung von Katalysatoren aus Polymerisaten*. (**A. P. 3 066 124** vom 31/3. 1958, ausg. 27/11. 1962. E. Prior. 18/4. 1957. — C. **1963,** 3792 [E. P. 840 497].)

2712 **Montecatini Soc. Gen. per l'Industria Mineraria e Chimica** (Erfinder: **Carlo Longiave, Gian Francesco** und **Renato Castelli**), *Polymerisation von Diolefinen*. (**Aust. P. 237 531** vom 16/6. 1959, ausg. 8/3. 1962. It. Prior. 18/6. 1958. — C. **1962,** 19028 [F. P. 1 227 130].)

2713 **B. X. Plastics Ltd.**, Essex, übert. von: **Robert Roy Smith**, East Bergholt, **Dennis Charles Macmillan Mann**, Mistley, und **Gordon Robertson Logie**, Brantham, England, *Polymerisation äthylenisch ungesättigter Verbindungen*. (**A. P. 3 066 115** vom 28/11. 1958, ausg. 27/11. 1962. E. Prior. 4/12. 1957. — C. **1963,** 2653 [E. P. 864 675].)

2714 **Western Electric Co., Inc.**, New York, N.Y. (Erfinder: **Ernest David Hoffmann**, Baltimore, Md.), V.St.A., *Pigmentierte Kunststoffkörner*. (**Schwz. P. 368 622** vom 21/1. 1958, ausg. 31/5. 1963. A. Prior. 30/1. 1957. — C. **1963,** 3799 [A. P. 2 958 669].)

2715 **United States Rubber Co.**, V.St.A. (Erfinder: **Isadore Nicholson** und **Louis Harold Howland**), *Katalysator für die Emulsionspolymerisation*. (**F. P. 1 213 902** vom 3/11. 1958, ausg. 5/4. 1960. A. Prior. 18/11. 1957. — C. **1961,** 13735 [D. A. S. 1 085 674].)

2716 **Bergwerksgesellschaft Hibernia Akt.-Ges.**, Herne, *Polymerisieren von Olefinen*. (**Oe. P. 221 802** vom 23/9. 1959, ausg. 25/6. 1962. **E. P. 860 454** vom 29/9. 1959, ausg. 8/2. 1961. Beide D. Prior. 29/9. 1958. — C. **1963,** 17516 [F. P. 1 236 797].)

2717 **United States Rubber Co.**, V.St.A. (Erfinder: **Harry Sherrill Witt**), *Herstellung plastischer kautschukartiger Massen*. (**F. P. 1 204 714** vom 17/6. 1958, ausg. 27/1. 1960. A. Prior. 2/8. 1957. — C. **1963,** 5283 [A. P. 2 927 095].)

2718 **Comp. Générale des Établissements Michelin Raison Sociale: Robert Puiseux & Cie.**, Clermont-Ferrand (Erfinder: **Gabriel Xavier Roger Boussu**, Chamaliéres, **Louis Pierre François André Neuville** und **Pierre Marie René Laurent Peignier**, Clermont-Ferrand), Frankreich, *Polymerisation ungesättigter Kohlenwasserstoffverbindungen*. (**D. P. [DDR] 25 593** Kl. 39c von 25/9. 1959, ausg. 8/7. 1963 [Ausschließungspatent]. F. Prior. 7/10. 1958. — C. **1963,** 3033 [Oe. P. 220 362].)

2719 **Montecatini Soc. Gen. per l'Industria Mineraria e Chimica**, Mailand, Italien, und **Karl Ziegler**, Mülheim/Ruhr (Erfinder: **Rino Mostardini, Luciano Luciani** und **Battista Sandri**, Mailand, Italien), *Polymerisieren von α-Olefinen*. (**Oe. P. 223 373** vom 23/2. 1959, ausg. 10/9. 1962. It. Prior. 24/2. 1958. — C. **1962,** 18654 [F. P. 1 217 381].)

2720 **Montecatini Soc. Gen. per l'Industria Mineraria e Chimica**, Mailand, Italien, und **Karl Ziegler**, Mülheim/Ruhr (Erfinder: **Giuseppe Guzzetta, Franco Sabbioni Giovanni** und **Battista Gechele**, Mailand, Italien), *Herabsetzung des Molekulargewichtes von Polystyrol*. (**Oe. P. 223 374** vom 28/1. 1958, ausg. 10/9. 1962. It. Prior. 29/1. 1957. — C. **1962,** 18296 [D. A. S. 1 081 671].)

2721 **Imperial Chemical Industries Ltd.** (Erfinder: **Andrzej Pajaczkowski**), *Polymerisieren von Äthylen*. (**Aust. P. 237 066** vom 13/5. 1959, ausg. 8/2. 1962. E. Prior. 14/5. 1958. — C. **1963,** 3784 [E. P. 845 683].)

2722 **Montecatini Soc. Gen. per l'Industria Mineraria e Chimica**, (Erfinder: **Luigi Corbelli**), Mailand, Italien, *Vulkanisieren von Polyäthylen mittels Peroxiden*. (**F. P. 1 272 659** vom 3/10. 1960, ausg. 2/2. 1962. **Oe. P. 223 816** vom 5/10. 1960, ausg. 10/10. 1962. Beide It. Prior. 6/10. 1959. — C. **1963,** 7536 [Ung. P. 149 760].)

2723 **E. I. du Pont de Nemours & Co.**, Wilmington, Del., V.St.A., *Verbesserung der Wärmestabilität von Perfluorkohlenstoffpolymeren*. (**Oe. P. 220 815** vom 10/9. 1957, ausg. 25/4. 1962. A. Prior. 29/3. 1957. — C. **1962,** 1046 [A. P. 2 946 763].)

2724 **Solvic Soc. An.** (Erfinder: **Robert de Coene**), *Polyvinylchlorid*. (**Aust. P. 239 509** vom 7/7. 1959, ausg. 2/8. 1962. Belg. Prior. 22/7. 1958. — C. **1963,** 12624 [F. P. 1 213 983].)

2725 **Solvic Soc. An.** (Erfinder: **Robert de Coene** und **Alexis Mathieu**), *Polymerisation von Vinylchlorid*. (**Aust. P. 237 534** vom 22/7. 1959, ausg. 8/3. 1962. Belg. Prior. 2/8. 1958. — C. **1962,** 16862 [Oe. P. 214 641].)

2726 **United States Rubber Co.**, V.St.A. (Erfinder: **Verne Gerald Simpson**), *Bestrahlen von Polyvinylchlorid zwecks Vulkanisation*. (**F. P. 1 217 374** vom 12/2. 1959, ausg. 3/5. 1960. A. Prior. 17/3. 1958. — C. **1962,** 12480 [D. A. S. 1 093 552].)

2727 **Imperial Chemical Industries Ltd.**, London, übert. von: **Anthony Arthur Briarly Browne** und **John Mather**, Harrogate, England, *Linearer Polyester*. (**A. P. 3 036 044** vom 27/10. 1959, ausg. 22/5. 1962. E. Prior. 5/11. 1958. — C. **1963,** 7552 [E. P. 869 964].)

2728 **General Mills, Inc.** (Erfinder: **Don Edgar Floyd** und **Dwight Ellsworth Peerman**), *Epoxyharze*. (**Aust. P. 239 566** vom 26/11. 1959, ausg. 9/8. 1962. A. Prior. 12/12. 1958. — C. **1962,** 17231 [D. A. S. 1 125 170].)

2729 **Imperial Chemical Industries Ltd.** (Erfinder: **Henry Brunner** und **Michael John Waghorn**), *Härter für Epoxyharze*. (**Aust. P. 237 537** vom 4/8. 1959, ausg. 8/3. 1962. E. Prior. 5/8. 1958. — C. **1963,** 18657 [E. P. 884 580].)

2730 **Imperial Chemical Industries Ltd.**, London, England, *Herstellung von Polyestern* (**Jap. A. S. 10 847/1961** vom 7/10. 1959, ausg. 17/7. 1961. E. Prior. 8/10. 1958 u. 26/1. 1959. — C. **1963,** 18656 [E. P. 879 265].)

2731 **United States Rubber Co.**, V.St.A. (Erfinder: **John Francis Petras**), *Herstellung von Polyesterharzen*. (**F. P. 1 207 232** vom 4/11. 1958, ausg. 15/2. 1960. A. Prior. 29/11. 1957. — C. **1962,** 15789 [E. P. 836 530].)

2732 **Inventa Akt.-Ges. für Forschung und Patentverwertung**, Zürich, übert. von: **Wolfgang Griehl**, Chur, Schweiz, *Herstellung hochmolekularer Polyamide*. (**A. P. 3 037 003** vom 18/11. 1959, ausg. 29/5. 1962. Schwz. Prior. 20/11. 1958. — C. **1963,** 711 [Oe. P. 217 710].)

2733 **E. I. du Pont de Nemours & Co.** (Erfinder: **Victor Ralph Ben**), *Stabilisierte Polyamide*. (**Aust. P. 239 538** vom 26/8. 1959, ausg. 9/8. 1962. A. Prior. 2/10. 1958. — C. **1963,** 7554 [A. P. 2 981 715].)

2734 **Badische Anilin- & Soda-Fabrik Akt.-Ges.**, Ludwigshafen/Rh., übert. von: **Friedrich Becke**, Heidelberg, und **Kurt Wick**, Ludwigshafen/Rh., *Herstellung verschäumbarer Polyamide*. (**A. P. 3 041 294** vom 6/7. 1960, ausg. 26/6. 1962. D. Prior. 10/7. 1959. — C. **1962,** 16867 [D. A. S. 1 116 399].)

2735 **Badische Anilin- & Soda-Fabrik Akt.-Ges.**, Ludwigshafen/Rh., übert. von: **Friedrich Becke**, Heidelberg, und **Kurt Wick**, Ludwigshafen/Rh., *Herstellung verschäumter Polyamide*. (**A. P. 3 065 189** vom 12/9. 1958, ausg. 20/11. 1962. D. Prior. 19/9. 1957. — C. **1963,** 6806 [F. P. 1 210 250].)

2736 **Farbenfabriken Bayer Akt.-Ges.**, Leverkusen, übert. von: **Rudolf Merten, Hanswilli von Brachel, Hans Holtschmidt**, Köln, und **Günther Hauptmann**, Leverkusen, *Herstellung von Polyurethanschaumstoffen.* (**A. P. 3 070 556** vom 10/11. 1959, ausg. 25/12. 1962. D. Prior. 12/11. 1958. — C. **1962,** 4365 [D. A. S. 1 110 857].)

2737 **Imperial Chemical Industries Ltd.**, London (Erfinder: **Frederick Keith Duxbury**, Manchester), England, *Herstellung von Polyamiden.* (**Jap. A. S. 10 642/1961** vom 26/3. 1960, ausg. 15/7. 1961. E. Prior. 26/3. u. 23/12. 1959. — C. **1963,** 18286 [E. P. 888 150].)

2738 **General Mills, Inc.**, Minneapolis (Erfinder: **Don Edgar Floyd**, Robbinsdale, und **Dwight Ellsworth Peerman**, Minneapolis), Minn., V.St.A., *Epoxy-Polyamidesterpräparat.* (**F. P. 1 242 642** vom 9/12. 1959, ausg. 6/1. 1961. **Jap. A. S. 14 637/1961** vom 10/12. 1959, ausg. 29/8. 1961. Beide A. Prior. 12/12. 1958. — C. **1962,** 17231 [D. A. S. 1 125 170].)

2739 **Union Carbide Corp.**, New York, N.Y., V.St.A. (Erfinder: **Frank Fekete**), *Herstellung von Siliconelastomeren.* (**E. P. 911 640** vom 8/4. 1959, ausg. 28/11. 1962. A. Prior. 14/4. 1958. — C. **1963,** 11056 [D. A. S. 1 132 718].)

2740 **Union Carbide Corp.**, New York (Erfinder: **Ronald M. Pike** und **Donald L. Bayley**), N.Y., V.St.A., *Herstellung endständig blockierter Polysiloxane.* (**Jap. A. S. 8598/1961** vom 10/10. 1957, ausg. 24/6. 1961. A. Prior. 12/10. 1956. — C. **1963,** 17895 [F. P. 1 184 097].)

2741 **Dow Corning Corp.**, übert. von: **Leslie J. Tyler**, Midland, Mich., V.St.A., *Hydrophobe Kieselsäurepulver.* (**A. P. 3 015 645** vom 6/10. 1954, ausg. 2/1. 1962. — C. **1959,** 322 [E. P. 783 868].)

2742 **United States Rubber Co.**, V.St.A. (Erfinder: **Porfirio Edward Roggi** und **Raymond Albert Chartier**), *Plastische Schaummassen.* (**F. P. 1 206 125** vom 9/5. 1958, ausg. 8/2. 1960. A. Prior. 6/6. 1957. — C. **1963,** 12636 [A. P. 2 964 799].)

2743 **United States Rubber Co.**, V.St.A. (Erfinder: **William Cummings**), *Schichtkörper aus ungesättigten Polyesterharzen.* (**F. P. 1 212 832** vom 4/9. 1958, ausg. 25/3. 1960. A. Prior. 15/10. 1957. — C. **1961,** 4540 [D. A. S. 1 083 543].)

H_{12}. Kautschuk

2744 **Die Reibung von Gummi an Glasplatten.** H. Sakai. (J. Soc. Rubber Ind., Japan [Nippon Gomu Kyokai Shi] **35,** 177—84, 1962; Japan Dunlop Rubber Co.; jap., Auszug: engl.) — Zur Messung der wahren Kontaktfläche einer Gummiprobe auf einer Glasplatte wird ein total reflektierendes Prisma verwendet, dessen Totalreflexion an den Kontaktflächen Glas/Gummi gelöscht wird. Durch Photoelemente wird die Löschung der Totalreflexion als Maß für die wahre Kontaktfläche gemessen. Die Abhängigkeit der wahren Kontaktfläche von der Andruckkraft in Ruhe, die der wahren Kontaktfläche von Andruckkraft u. Reibung bei einer Bewegung von Gummi u. Glas gegeneinander wird angegeben. Aus dieser Gleichung läßt sich die für das Syst. Gummi/Metall gültige Gleichung ableiten. A. Gude 7222◇

2745 **Die Aufpfropfung von Methylmethacrylat auf natürlichen Kautschuk.** Andrzej Orszagh, Robert Gaczyński und Barbara Antczak. (Polimery — Tworzywa wielkocząsteczkowe **7,** 129—31, 1962; Warszawa, Uniw., Inst. Przemysłu Gumowego; pol.) — Meth. für die Darst. von Pfropfpolymeren aus Methylmethacrylat u. natürlichem Kautschuk sowie für die Trennung der erhaltenen Pfropfpolymeren von den Homopolymeren u. die physikal. u. technolog. Eigg. der erhaltenen reinen Pfropfcopolymere werden beschrieben. I. Köditz 7222

2746 **Verbesserte Ozonfestigkeit von Nitrilkautschuk.** W. J. Abrams. (Rubber Age [New York] **91,** 255—62, 1962; Sarnia, Canada, Polymer Corp. Ltd.; engl.) — Durch Einmischen von Polyvinylchlorid (**I**) in Nitrilkautschuk (**II**)-Mischungen wird deren O_3-Festigkeit beträchtlich erhöht. Die Eig.-Änderungen von **II**-Vulkanisaten in denen $\leqq$ 50% des Elastomeranteils durch **I** ersetzt wurde, werden untersucht. So nimmt die Mooney-Plastizität der Mischung mit steigendem **I**-Anteil von 40 (ohne **I**) auf 110 (50% **I**) ML 4 bei 100° zu. Die Mundstückquellung bei der Extrusion sinkt mit steigendem **I**-Geh. auf die Hälfte. Mit steigendem **I**-Geh. steigt der Modul bei 100% Dehnung auf das 3fache, die Bruchdehnung sinkt von 500 auf 400%, die Zugfestigkeit steigt schwach an u. durchläuft bei ca. 35% **I** ein flaches Maximum. Die bleibende Druckverformung (100°) steigt auf etwa das Doppelte an, die Kälteschlagfestigkeit steigt von — 25 auf + 5°. Die O_3-Festigkeit des Vulkanisats wird durch 30% **I** so gesteigert, daß bei 40% Dehnung die Riß-Bldg. statt nach $<$ 24 Std. erst nach 500 Std. einsetzt. Die Öl- u. Treibstoff-Festigkeit steigt mit zunehmendem **I**-Gehalt. Zur Verarbeitung mit **I** eignet sich am besten **II** mit ca. 34% $CH_2=CHCN$. Die O_3-Festigkeit wird am günstigsten durch hochmol. **I** vom Suspensions- oder Emulsions-Plastisoltyp beeinflußt, das bei Temp. um 180° eingemischt werden soll. Solche Mischungen lassen sich aber schwieriger verarbeiten. Durch Einmischen von Emulsions-**I** auf der kalten Walze, wie einen Füllstoff, wird nur mit diesem **I**-Typ ausreichende aber schlechtere O_3-Festigkeit bei guter Verarbeitbarkeit erhalten. Die Eig.-Änderungen durch akt. u. inakt. Füllstoffe in solchen Mischungen entsprechen den in der Gummiverarbeitung bekannten Effekten. Als **I**-Stabilisatoren eignen sich Pb-Salze nur, wenn eine Verfärbung durch S nicht zu befürchten ist. Für nicht verfärbende Mischungen sollen Sn-Stabilisatoren am günstigsten aber auch am teuersten sein. Als Weichmacher eignen sich alle PVC-Weichmacher. Phenol. Antioxydantien werden für diese Mischungen empfohlen, da Amine den therm. Abbau von **I** beschleunigen. Durch eine geeignete Kombination von Antioxydans u. Furfurolharz läßt sich die zur Verbesserung der O_3-Festigkeit benötigte **I**-Menge stark herabsetzen. Alle für **II**-Mischungen geeigneten Vulkanisations-Syst. sind geeignet; die Vulkanisation wird aber durch **I** verzögert. A. Gude 7224◇

2747 **Neue Verfahren zur Herstellung von Urethanelastomeren.** K. A. Pigott, J. W. Britain, William Archer, B. F. Frye, R. J. Côte und J. H. Saunders. (Ind. Engng. Chem. Product Res. Dev. **1,** 28—31, 1962; New Martinsville, W.Va., Mobay Chem. Co.; engl.) — Aus Polyestern, Diphenylmethandiisocyanat u. einem Diol wird ein neues Polyurethan (Texin) dargestellt, das durch Strangpressen (bei 300—350°), Spritzguß (bei 350—400°), Umschmelzen, Blasverformung u. Druckverformung verarbeitet werden kann. Die mechan. Eigg. werden besprochen. Die Kosten des Verf. lassen die Polyurethane mit anderen Kunststoffen konkurrieren. K. Gröbe 7224

2748 **Herstellung von Urethan und Urethan–Harnstoff-Elastomeren in einem Arbeitsgang.** S. L. Axelrood, C. W. Hamilton und K. C. Frisch. (Ind. Engng. Chem., int. Edit. **53,** 889—94, 1961; Wyandotte, Mich., Wyandotte Chem. Corp.; engl.) — Durch Zusammenbringen von mehrwertigen Alkohol-Verbb., Diaminen, Diisocyanaten u. Katalysatoren unter bestimmten Bedingungen können Urethan- u. Urethan–Harnstoff-Elastomere durch Spritzgußtechnik (one-shot casting technique) in einem Arbeitsvorgang als formstabile Polymere mit guten mechan. Eigg. gefertigt werden. Als Katalysatoren werden Sn-Octanoat, verschiedene Metallnaphthenate u. 2.2.2-Diazobicyclooctan (DABCO) eingesetzt. Der Einfl. der Elastomer-Bldg.-Komponenten u. der einzelnen Katalysatoren auf die mechan. Eigg. wie Rückprallelastizität, Härte, Zerreißfestigkeit u. bleibende Verformung des fertigen Polymeren werden ermittelt. Bei Nichtanwendung von Katalysatoren entsteht ein schleimiges Pulver u. kein festes Produkt. H. Strauch 7224◇

2749 **Spritzformung von Siliconkautschuk.** R. P. De Sieno und R. C. Fuhrman. (Rubber Age [New York] **91,** 84—86, 1962; Waterford, N.Y., Gen. Electr. Co., Silicone Prod. Dep.; Cleveland, Ohio, Levis Welding and Engng. Co.; engl.) — Der Spritzguß von Siliconkautschukformteilen erfolgt bei ca. 85 at u. einer Zylinder-Temp. von ca. 90°. Im Zylinder muß eine mechan. Plastifizierung des Materials erfolgen. Der Anguß erfolgt durch eine sehr enge Angußöffnung in Formen von 200—300°. Die Entformzeit beträgt 90 Sekunden. Als Katalysator werden 0,5 Gew.-Teile eines Peroxids mit hoher Zers.-Temp. (Dicumylperoxid; Di-tert.-butylperoxid; 2.5-Bis-[tert.-butylperoxid]-2.5-dimethylhexan /100 Gew.-Teile Elastomer verwendet. Die im Spritzguß hergestellten Formteile haben gegenüber den im Preßverf. hergestellten Teilen eine bessere Zug- u. Einreißfestigkeit, eine höhere Shore A-Härte, einen geringeren Compression set, gleiche Ölresistenz gegen ASTM-Öl Nr. 1 u. 3, gleiche mechan. Eigg. nach der Wärmealterung, aber eine etwas höhere Schrumpfung. Die Vorteile von Siliconkautschuk-Spritzguß sind geringere Entformzeiten, Fortfall einer Vorbehandlung der Mischung (z. B. der Walze) u. geringerer Katalysatorverbrauch. A. Gude 7224◇

2750 **Die Reaktion von Benzoylperoxid an der Oberfläche von Rußen in Aceton und Alkoholen.** K. Ohkita, H. Kasahara, M. Iida, Y. Watanabe und S. Suzuki. (J. Soc. Rubber Ind., Japan [Nippon Gomo Kyokai Shi] **35,** 22—28, 1962; Niigata Univ., Fac. of Engng.; Niigata, Asahi Carbon Mfg. Co. Ltd.; jap., Auszug: engl.) — Die Rk. von Dibenzoylperoxid (**I**) an Ruß (**A**) in Aceton bei 30—50° führt zu Benzoesäure (**II**), u. zwar bei geringen **I**-Konz. quantitativ. Bei Verw. von gleichem **A** ist die Umwandlungs-Geschw. von **I** in **II** proportional der **A**-Oberfläche u. läßt sich durch eine Gleichung vom Langmuir-Typ beschreiben. Die Aktivierungsenergie beträgt 9—10 kcal. Die Rk.-Geschw. beim Übergang von **I** in **II** bei gegebener BET-Oberfläche liegt bei Ofen-**A**-Typen höher als bei Kanal-**A**-Typen. Die gleiche Rk. führt in prim. u. sek. Alkoholen teilweise zu den den Alkoholen entsprechenden Aldehyden oder Ketonen. A. Gude 7226◇

2751 **Die Wirkung von Alterungsschutzmitteln für Gummi bei dynamischer Kompression.** 1. Mitt. M. Tanaka, T. Sawata und I. Koshiishi. (J. Soc. Rubber Ind., Japan [Nippon Gomu Kyogai Shi] **35**, 82—93, 1962; jap., Auszug: engl.) — Verschiedene Alterungsschutzmittel in Gummi werden im Hinblick auf Temp.-Entw., Quellung, mkr. Struktur des Vulkanisats nach Druckwechselbeanspruchung u. Alterung bei < 300% Dehnung untersucht. Dabei zeigt sich die Überlegenheit von Alterungsschutzmitteln des p-Phenylendiamin-Typs, deren gute Verträglichkeit mit Kautschuk sich günstig auf die Wärme-Entw. bei Druckwechselbeanspruchung auswirkt. Diese Eig. wird mit verantwortlich gemacht für die Verzögerung des Kautschuk-Abbaus durch Oxydation. A. Gude 7226◇

2752 **Antiozonanten in mit Öl gestrecktem Kautschuk.** Th. Kempermann und R. Clamroth. (Kautschuk u. Gummi **15**, WT 135—140, 142, 1962; Leverkusen, Bayer Akt.-Ges., Anwendungstechn. Abt.; dt.) — Die Schutzwrkg. von Antiozonanten verschiedener Typen auf die Riß-Bldg. an ölverstreckten Styrol–Butadienkautschuk (SBR)-Vulkanisaten wird verglichen. Zm Vgl. werden die Schutz-Wrkg. in nicht ölverstrecktem SBR u. Naturkautschuk (Nk)-Vulkanisaten bestimmt. Die Verss. werden an U-förmigen Prüflingen, deren Oberfläche ca. 10, 20 u. 35% Dehnung hat u. O_3-Konzz. von 12—400 ppm vorgenommen. Die Wirksamkeit der Alterungsschutzmittel für hohe O_3-Konzz. u. mittlere Spannung der Oberfläche sinkt etwa in der Reihenfolge N.N'-Di-sek.-butyl-p-phenylendiamin; N.N'-Bis-[3-methylheptyl]-p-phenylendiamin; N-Phenyl-N'-isopropyl-p-phenylendiamin; N.N'-Dimethyl-N.N'-di-sek.-butyl-p-phenylendiamin; N.N'-Bis-[octyl-(2)]-p-phenylendiamin; Ni-Isopropylxanthogenat; N-Phenyl-N'-isopropyl-p-phenylendiamin/Phenyl-α-naphthylamin 60:40%); Ditolyl-p-phenylendiamin; Aldol-α-naphthylamin-Kondens.-Prod.; 6-Äthoxy-2.2.4-trimethyl-1.2-dihydrochinon; 4.4'-Diisooctyldiphenylamin; 2.6-Di-tert.-butyl-p-kresol; Phenyl-β-naphthylamin; Diphenyl-p-phenylendiamin/Phenyl-α-naphthylamin (35:65%); polymeres 2.2.4-Trimethyl-1.2-dihydrochinolin; Zn-Mercaptobenzimidazol; Kondens.-Prod. aus Diphenylamin–Aceton; aralkyliertes Diphenylamin; Phenyl-α-naphthylamin; Gemisch aralkylierter Phenole; N.N'-Diphenyläthylendiamin; Ni-Dibutyldithiocarbamat; 2.2'-Dihydroxy-5.5'-dimethyl-6.6'-di-tert.-butyldiphenylmethan. Die Reihenfolge der Schutz-Wrkg. ist ähnlich bei geringen O_3-Konzz. oder natürlicher Bewitterung u. bei Nk. u. normalem SBR. Es wird darauf hingewiesen, daß sich die Reihenfolge bei dynam. Beanspruchung der Proben ändern könnte. Zur Bewertung von O_3-Schutzmitteln erweist sich die Auswertung nach der initialen Riß-Bldg.-Geschw. u. der Induktionsperiode vorteilhaft. A. Gude 7226◇

2753 **Synthese neuer Vulkanisationsbeschleuniger.** 1. Mitt. **Die Synthese heterocyclischer Verbindungen und ihre Prüfung im Mooney-Gerät.** H. Fukuda, J. Tsurugi, M. Kiumi, T. Kashimura und H. Ryu. (J. Soc. Rubber Ind., Japan [Nippon Gomu Kyokai Shi] **35**, 166—170, 1962; Univ. of Osaka Prefecture; Ouchi-Shinko Chem. Ind. Co.; Ltd.; jap., Auszug: engl.) — *Perhydro-4.6-dimethyl-1-phenyl-2-thiono-1.3.5-triazin* (**I**, F. 148—149°), *Perhydro-1-phenyl-2-oxo-5-thiono-1.3.4-triazol* (F. 189—190°), *Bis-[1-phenyl-5-oxo-4.5-dihydro-1.3.4-triazolyl-(2)]-disulfid* [F. 265° (Zers.)]. *Perhydro-1-phenyl-2.5-dithiono-1.3.4-triazol* (F. 193—196°), *Perhydro-1-[β-naphthyl]-2-oxo-5-thiono-1.3.4-triazol* (F. 194 bis 197°), *2-Phenyl-5-mercapto-1.3.4-oxadiazol* (F. 215°), *Bis-[5-phenyl-1.3.4-thiadiazolyl-(2)]-disulfid* (**II**, F. 147°), *2-Phenyl-5-mercapto-1.3.4-thiadiazol* (F. 205°) u. *2-Amino-5-mercapto-1.3.4-thiadiazol* (F. 220—223°) werden dargestellt u. auf ihre Eignung zur Verw. als Vulkanisationsbeschleuniger geprüft. Im Mooney-Scorch-Test zeigen **I** u. **II** eine mit handelsüblichen Beschleunigern vergleichbare Wirkung. A. Gude 7228◇

2754 **Synthese neuer Vulkanisationsbeschleuniger.** 2. Mitt. **Synthese von 1.3.4-Thiadiazoderivaten und Thiosulfonaten und ihre Prüfung im Mooney-Gerät.** H. Fukuda, J. Tsurugi, M. Kiumi, T. Kashimura und H. Ryu. (J. Soc. Rubber Ind., Japan [Nippon Gomu Kyokai Shi] **35**, 171—73, 1962; jap., Auszug: engl.) — 1. vgl. vorst. Referat. — Folgende 5-Phenyl-1.3.4-thiadiazole: *2-Diäthylaminothioformylmercapto-* (F. 93,8—95°), *2-Cyclohexylaminomercapto-* (F. 110°), *2-Morpholinomethylmercapto-* (F. 115°) sowie *2-[Benzothiazolyl-(2)-sulfinylmercapto]-benzothiazol* (F. 147°), *N-[Benzothiazolyl-(2)-sulfinylmercaptthioformyl]-morpholin* (F. 176—178°), *S-[5-Phenyl-1.3.4-thiadiazolyl-(2)]-S'-[benzothiazolyl-(2)]-disulfid* (F. 164—165°) werden dargestellt. Im Mooney-Scorch Test entsprechen die Beschleuniger-Wrkg. der hergestellten Verbb. denen der handelsüblichen Beschleuniger. A. Gude 7228◇

2755 **Untersuchungen über organische Gummichemikalien.** 1. Mitt. **Die Wirkung von Benzmercaptoimid beim Vulkanisieren von Naturkautschuk.** R. Yamamoto, J. Furukawa, S. Yamashita und M. Nitta. (J. Soc. Rubber Ind., Japan [Nippon Gomu Kyokai Shi] **35**, 12—17, 1962; Kyoto, Univ., Dep. of Synth. Chem., jap., Auszug: engl.) — Benzmercaptoimid (**I**)-Zusätze zu Naturkautschuk-Mischungen wirken in Ggw. von Bis-[benzothiazyl-(2)]-disulfid (**II**) u. Tetramethylthiuramdisulfid (**III**) als Vulkanisationsbeschleuniger, aber nicht als Peptisiermittel oder Antioxydans. Als Beschleunigermechanismus wird eine Bindung der HS-Gruppe von **I** an N von **II** oder **III** sowie eine Bindung der NH-Gruppe von **I** an S der Disulfid-Gruppe von **II** oder **III** angenommen, die dabei radikal. gespalten wird. A. Gude 7228◇

2756 **Die Mischungsherstellung mit ölverstrecktem Polyisopren.** V. R. Bruns. (Rubber Age [New York] **91**, 75—79, 1962; Torrance, Calif., Shell Chem. Co., Synth. Rubber Div., Techn. Serv. Labor.; engl.) — Die Eigg. von mit Shell Polyisoren Typ 500 (**I**) hergestellten Vulkanisaten werden untersucht u. mit gleichaufgebauten Vulkanisaten auf Naturkautschuk (**II**)- u. Styrol-Butadien-Kautschuk (**III**; SBR 1500)-Grundlage verglichen. **I** ist ein lineares, gelfreies cis-Polyisopren mit 25% eines naphthen. Öls verstreckt u. mit einem nicht verfärbenden Antioxydans versehen. Gegenüber den mit **II** hergestellten Mischungen haben Mischungen mit 100 (Teilen) **I** u. 50 HAF-Russ eine geringere Zugfestigkeit u. einen geringeren Modul bei 300% Dehnung (Modul 300), eine schlechtere Weiterreißfestigkeit in der Kälte, eine gleichwertige in der Wärme, eine gleich hohe Yerzley-Elastizität u. eine geringere Wärme-Entw. nach Goodrich. Den mit **III** hergestellten Mischungen sind **I**-Mischungen in der Zugfestigkeit u. im Modul 300 unterlegen, in den anderen Eigg. überlegen. Schnell vulkanisierende Mischungen mit **I** u. SBR/Styrolharz-Masterbatch SP 103 u. hellen Füllstoffen, wie Mg-Silicat (Mistron Vapor), Na–Al-Silicat (Zeolex 23), Kieselsäure (Hi-Sil 233) u. Weichkaolin, werden untersucht u. Festigkeit, Shore A-Härte, Elastizität u. Abrieb in Abhängigkeit von der Füllstoffmenge verglichen. Mischungen mit **I** sollen eine ausgezeichnete Formerfüllung haben u. sich bes. für anvulkanisierbare Sohlenmischungen eignen. Die günstigsten Mischbedingungen im Innenmischer u. auf der Walze werden angegeben. A. Gude 7230◇

2757 **Herstellung von Metall für die Gummi–Metall-Bindung.** R. L. Fiske. (Rubber Age [New York] **91**, 80—83, 1962; New York, N.Y., Oakite Prod. Onc., Rubber Ind. Div.; engl.) — Zur Erzielung einer möglichst hochwertigen Bindung von Gummi an Metalloberflächen wird vorgeschlagen, das Metall nach folgendem Verf. zu reinigen. 1. Die Teile werden in einem Trommelwäscher mit einer 2,5 Vol-% Oakite 86 enthaltenden Lsg., deren pH mit Oakite 30 auf 4,0 gebracht ist, bei 60° 3,5 Min. lang behandelt; 2. 2 Min. lang mit kaltem W. gespült, 3. mit Oakite FH (737 g/1363 Liter) 2 Min. lang bei 82° behandelt; 4. 3,5 Min. lang bei 116° mit Heißluft getrocknet. Durch diese Behandlung soll die Metalloberfläche von allen Verunreinigungen (Rost, Staub, Fett, Öl usw.) befreit sein u. einen Phosphatüberzug erhalten, der Lokalelement-Bldg. verhindert. A. Gude 7230◇

2758 **Eigenschaften einiger vulkanisierbarer Verschnitte von Kautschuken mit thermoplastischen Kunststoffen.** Charles L. Bryant. (Kautschuk u. Gummi **15**, WT 29—36, 1962; Welwyn, Garden City Imp. Chem. Ind. Ltd., Plastics Div.; dt.) — Über die Verbesserung der Eigg. von natürlichen u. synthet. Elastomeren, die durch deren Verschneiden mit Plastomeren erreichbar sind, wird berichtet. So zeigen Verschnitte von Naturkautschuk (Nk) bzw. Styrol-Butadienkautschuk (SBR) nach Zusatz steigender Mengen von Styrol

(I)–Butadien-Harzen mit hohem I-Geh. eine Zunahme der Zerreißfestigkeit für SBR u. eine Abnahme für Nk; Härte u. Zugspannung bei konst. Dehnung nehmen zu. Die Änderungen der Eigg. sind vorteilhafter als bei Einsatz von SBR allein mit entsprechendem I-Geh.; die Verarbeitbarkeit der Verschnitte ist besser, als wenn reines I-Harz zum Verschneiden benutzt wird. Verschnitte von Polyäthylen (Pä) mit Nk, SBR u. Butylkautschuk (BlK) zeigen eine Zunahme der Zugspannung bei 300% Dehnung u. der Zerreißfestigkeit. Diese Eigg. werden bei gleichbleibender Dichte von Pä bevorzugt durch Sorten mit geringem Schmelzindex (MI) erreicht. Pä mit höherer Dichte zeigt ähnliche Eigg. wie Pä mit geringer Dichte u. geringem MI; die Einarbeit von Pä höherer Dicht ist allerdings bedeutend schwieriger. Bei Blk ist durch Pä-Zusatz eine starke Verringerung der Zugabe an akt. Ruß u. damit eine Verbesserung der elektr. Eigg. möglich. Während Zerreißfestigkeit, Spannungswert, Härte u. Elastizität solcher Verschnitte zunehmen, nehmen Weiterreißfestigkeit u. Abriebfestigkeit (auch für Nk/Pä u. SBR/Pä) ab. Während hochmol. Pä die genannten Verbesserungen der Eigg. bewirkt, bewirkt niedermol. Pä eine Verbesserung der Verarbeitbarkeit (z. B. der Spritzgeschw.). Dafür eignet sich Pä mit einem MI von 2000—200000. Die Verarbeitbarkeit ist besser, als mit der gleichen Menge Paraffin, ohne daß die mechan. Werte der Vulkanisate so stark abfallen, wie bei dessen Verwendung. Verschnitte von Polyvinylchlorid (PVC) mit Butadien-Acrylonitrilkautschuk (BAK) verbessern dessen O_3-Beständigkeit, Ölresistenz, Zerreißfestigkeit, Weiterreißfestigkeit u. Flammwidrigkeit. Die Tieftemp.-Flexibilität u. die Bruchdehnung werden verschlechtert. Die günstigsten Verbesserungen der Eigg. werden mit PVC-Emulsionspolymerisaten erreicht, die bei $\geqq 150^0$ eingemischt werden. Die gleiche Wrkg. kann durch Verw. von handelsüblichen heiß gemischten Masterbatches erreicht werden, die BAK bei 90^0 zugesetzt werden können. Solche Mischungen lassen sich durch Zusatz von $\leqq 30\%$ SBR noch verbilligen. Ähnlich gute Mischungen werden bei Zusatz von PVC mit dem Weichmacher gemeinsam bei Mischtemp. von ca. 90^0 erhalten. Bei tieferen Mischtemp. wird eine ausreichende O_3-Beständigkeit nur erreicht, wenn die Vulkanisations-Temp. $> 150^0$ beträgt. Solchen Mischungen darf kein SBR zugesetzt werden; dabei soll die S- u. Beschleuniger-Dosierung nicht auf den BAK-Anteil allein, sondern auf den BAK-PVC-Anteil berechnet werden. A. Gude 7230◇

2759 **Verbessertes Leistungs-Verhalten von Reifen mit synthetischem Kautschuk.** J. A. Loulan und R. J. Brown (Kautschuk u. Gummi **15,** WT 41—45, 47, 1962; Acron, Ohio, Goodyear Tire u. Rubber Co.; dt.) — Bisherige Unters. an cis-1.4-Polybutadien (**A**, Budene) zeigen, daß es in Reifenlaufflächen-Mischungen im Verschnitt mit Styrol–Butadien-Kautschuk (SBR) die Rückprallelastizität steigert u. Abrieb u. Wärme-Entw. in der Lauffläche gegenüber Mischungen aus reinem SBR deutlich senkt. Verschnitte von Naturkautschuk (Nk)/**A** zeigen nur hinsichtlich des Abriebs eine eindeutige Verbesserung gegenüber Mischungen aus reinem Nk. Hinsichtlich der Verarbeitbarkeit solcher Mischungen ergeben sich noch große Schwierigkeiten, die auf einer mangelhaften Konfektionsklebrigkeit beruhen. Die Lagerhaltung wird durch den kalten Fluß des Materials sehr erschwert. Mit *cis-1.4-Polyisopren* (**B**, Natsyn) existiert ein Synth.-Kautschuk, der in Verarbeitbarkeit u. mechan. Werten der mit ihm hergestellten Mischungen solchen mit Nk. prakt. gleichwertig ist. Es scheint als ob **B** u. Nk in einer beliebigen Mischung austauschbar seien. Das Niveau der mechan. Eigg. der mit **B** hergestellten Mischungen liegt noch etwas unter den mit Nk hergestellten; dafür soll die Qualität von **B** weit gleichmäßiger sein als die von NK. A. Gude 7230◇

2760 **Die Identifizierung von Gummi durch Gas-Chromatographie.** T. Baba und S. Tokumaru. (J. Soc. Rubber Ind. Japan [Nippon Gomu Kyokai Shi] **35,** 162—66, 1962; Rubber Goods Inspection Assoc., Hyogo Branch; jap., Auszug: engl.) — Durch trockene Dest. von Rohkautschuk, Vulkanisaten u. Gemischen, Lösen des Destillats in geeigneten Lsgm. u. Gaschromatographie dieser Lsgg. gelingt die Identifizierung der verwendeten Kautschuksorten aus der Menge der Hauptfraktion des Pyrolysats. A. Gude 7248◇

2761 **Die Identifizierung von organischen Gummichemikalien durch Papierelektrophorese.** 1. Mitt. **Identifizierung von Antioxydantien.** M. Sawada, I. Yamaji und T. Yamashina. (J. Soc. Rubber Ind., Japan [Nippon Gomu Kyokai Shi] **35,** 284—90, 1962; Tokyo, Governm. Chem. Ind., Res. Inst.; jap., Auszug: engl.) — Durch Kuppeln der Antioxydantien (**A**) vom Amintyp in CH_3COOH u. der vom Phenoltyp in alkohol. NaOH mit Diazobenzolsulfonsäure werden Azofarbstoffe erhalten, die durch Papierelektrophorese getrennt u. identifiziert werden können. Die Elektrophorese der Farbstoffe aus **A** vom Amintyp erfolgt in Eisessig/Isopropanol/W. u. der aus **A** vom Phenoltyp in wss., bzw. äthanol. oder methanol. Borax-Lösung. A. Gude 7248◇

2762 **Die Identifizierung von organischen Gummichemikalien durch Papierelektrophorese.** 2. Mitt. **Identifizierung von Antioxydantien in Vulkanisaten.** M. Sawada, I. Yamaji und T. Yamashina. (J. Soc. Rubber Ind., Japan [Nippon Gomu Kyokai Shi] **35,** 291—95, 1962; jap., Auszug: engl.) — 1. vgl. vorst. Referat. — Der Acetonextrakt eines fein zerteilten Vulkanisats wird eingedampft u. der Rückstand in Ggw. von Antioxydantien (**A**) des Amintyps in CH_3COOH oder in Ggw. von **A** des Phenoltyps in alkohol. NaOH gelöst. **A** werden mit Diazobenzolsulfonsäure gekuppelt u. der Elektrophorese unterworfen (vgl. vorst. Ref.). **A** vom Amintyp sind auch noch identifizierbar, wenn verschiedene im Vulkanisat vorhanden sind. Störungen werden nur in Ggw. von Aldehyd–Amin-Beschleunigern beobachtet. Bei phenol. **A** ist es bisweilen nicht möglich, mehrere gleichzeitig zu identifizieren. A. Gude 7248◇

2763 **Schnellere physikalische Prüfmethoden.** T. M. Vial und C. F. Blaich. (Rubber Age [New York] **91,** 264—68, 1962; Bound Brook, N.J., Am. Cyanamid Co., Rubber Chem.; engl.) — Zur schnelleren Beurteilung der mechan. Eigg. von Urethangummi werden herkömmliche bzw. leicht abgewandelte Prüfmeth. auf ihre Aussagekraft untersucht. So wird das Prüfring-Verf. zur Messung der Zugfestigkeit/Dehnung als das beste befunden. Zur Messung der Hysterese im Zug-Vers. wird ein Verf. mit dem T-50-Probestück (ASTM D-599) angegeben. An einer Einzelprobe werden die bleibende Druckverformung u. die Druck-Relaxation bestimmt. Zur Best. der Weiterreißfestigkeit als Maß für die Vernetzungsdichte eignet sich ein trapezförmiges Probenstück (nach ASTM D-751) modifiziert) besser als das C-förmige nach ASTM D-624 u. das geschlitzte rechteckige Probenstück. A. Gude 7248◇

2764 **Polarographische Untersuchungen an mit Dibenzothiazyldisulfid beschleunigten Vulkanisaten und deren Regeneraten als analytischer Beitrag zur Klärung des Vulkanisations-Verlaufes.** Friedrich Mocker und Irmgard Old. (Kautschuk u. Gummi **15,** WT 143, WT 145—46, 1962; Höchst/Odenwald, Veith-Gummiwerke Akt.-Ges.; dt.) — An einer ZnO-freien First Latex Crepe-Mischung, die mit S/Dibenzothiazyldisulfid (**I**) vulkanisiert wird, wird der Rk.-Mechanismus des Beschleunigers untersucht. Die Rk. von **I** zu 2-Mercaptobenzothiazol (**II**) wird durch Extraktion von **II** mit CH_3OH bei 20^0 (**I** ist unter diesen Bedingungen unlösl.) u. anschließende polarograph. Best. von **II** im Extrakt festgestellt (vgl. C. **1960,** 671). Unter diesen Bedingungen wird festgestellt, daß die Umwandlung von **I** in **II** sowohl von der Vulkanisationszeit (20—90 Min. bei 140^0) als auch von der Vulkanisations-Temp. (20 Min. lang bei $140—160^0$) abhängt. Der Umsatz erreicht Grenzwerte bei 55—65% **I** bei der Vulkanisationszeit bzw. -Temp. bei denen das, durch den Modul bei 300% Dehnung bzw. durch den reziproken Quellungsfaktor angezeigt, Vulkanisationsoptimum liegt. Durch Regenerierung eines so hergestellten Vulkanisats bei 200^0 in der Retorte wird der nach der Vulkanisation verbliebene **I**-Anteil nicht zerstört. Durch Hinzufügen von S zum Regenerat u. erneute Vulkanisation wird der verbliebene **I**-Geh. weiter verringert. Das erhaltene Vulkanisat entspricht in seinen Eigg. nicht einem reinen S-Vulkanisat, sondern einem durch S/**I**-Kombination vulkanisierten. Der Umsatz von **I** zu **II** ist außerdem S-abhängig. So wird bei einem Zusatz von 3,2 (Gew.-Teilen) S/100 Elastomere in ca. 49% ig. Umsatz von **I** zu **II** festgestellt. Bei einer Verdoppelung des S-Anteils steigt der **I**-Umsatz unter sonst gleichen Bedingungen auf ca. 64% an. A. Gude 7248◇

2765 **Autoradiographische Untersuchungen zur Weichmacherwanderung in Gummi.** G. Hartmann und G. Schlesier. (Isotopentechnik **1,** 229—31, 1961; Leipzig, Inst. für angew. Radioaktivität; dt.) — Die Diffusion ^{14}C-markierter Weichmacher in Gummi wird autoradiograph. untersucht u. die Best. der Verteilung von verwendetem ^{14}C-Phthalsäure-di-n-octylester beschrieben; der errechnete Diffusions-Koeff. der Gummiproben wird zu ihrer Shore-Härte in Beziehung gesetzt. N. Peters 7248◇

2766 **Die Diffusion von Schwefel S 35 in Kautschuk. Einfluß der Ruß-Konzentration auf die Diffusion. Schwefelwanderung aus Breaker-Lagen von Riesenluftreifen.** H. Auler und S. Boström. (Kautschuk u. Gummi **15**, WT 37—41, 1962; Aachen, Englebert & Co. G. m. b. H.; dt.) — Die Diffusion von ^{35}S aus einer S-haltigen Kautschuk-Mischung in schwefelfreie Mischungen mit unterschiedlichem Ruß (**A**)-Geh. (10, 20, 30 u. 40% **A**) bei verschiedenen Temp. (40, 80 u. 120°) wird untersucht. Dazu werden je eine Scheibe der ^{35}S-haltigen Mischung u. der **A**-Mischung in einer zylindr. Stahlkammer unter konst. Preßdruck in einen Thermostaten getaucht. Nach dem Vers. werden aus dem Probestück Mikrotomschnitte angefertigt, die in O_2 verbrannt werden. Entstehendes $^{35}SO_3$ wird in Na_2O_2-Lsg. absorbiert, mit einem solchen Überschuß an SO_4^{2-} versetzt, daß immer eine konst. Menge $BaSO_4$ entsteht, u. deren ^{35}S-Aktivität auf einer Filterplatte konst. Fläche ausgemessen. Der ^{35}S-Geh. wird über den Diffusionsweg im Probestab aufgetragen. Für den Sonderfall der 1-dimensionalen Diffusion werden aus dem 2. Fickschen Gesetz die Diffusions-Koeff. errechnet. Wie in der Theorie gefordert, ergeben die log der S-Konzz. gegen das Quadrat des Diffusionsweges aufgetragen Gerade, deren Steigung mit steigender Temp. sinkt. Die aus der Steigung der Geraden berechneten Diffusions-Koeff. zeigen eine exponentielle Abhängigkeit von der abs. Temp. u. eine linerare vom **A**-Gehalt. Die Aktivierungsenergie nimmt mit steigendem **A**-Geh. ab, die Aktivierungs-Konst. der Arrheniusschen Gleichung zu. DerVers. wird sinngemäß an einem Riesenluftreifen durchgeführt, dessen Breaker-Gewebe mit der ^{35}S-haltigen Mischung gummiert war. Die S-Einwanderung in die Karkassen-Mischung (18% **A**) u. in die Laufflächen-Mischung (27,5% Ruß) wird nach vorst. Verf. während der Vulkanisation gemessen. Danach erfolgt eine stärkere Einwanderung von ^{35}S in der Karkasse als in die Laufflächen. Die aus dem 1. Vers. berechneten Diffusions-Koeff. stimmen gut mit den aus den Ergebnissen des 2. Vers. berechneten überein, woraus gefolgert wird, daß der Vulkanisationsvorgang nur einen geringen Einfl. auf die S-Diffusion hat. A. Gude 7248◇

2767 **Anwendung der Elektronenmikroskopie zur Bewertung der Verteilung von Ruß in Kautschukgemischen.** K. A. Petschkowskaja, I. P. Pawlowa, O. A. Ssinjajewa und M. I. Daschewski. (Betriebs-Lab. [UdSSR] **29**, 968—70, 1963; Forsch.-Inst. der Reifenind.; russ.) — Die mittels Abdruck-Verf. (zweistufige Abdrücke: erste Stufe Kollodium, zweite Stufe C oder Quarz) u. ultradünnen Mikrotomschnitten durchgeführten Unterss. zeigen, daß eine Verfeinerung des Rußes u. eine Erhöhung seiner Oberflächenaktivität zu einer Vergrößerung der mittleren Abmessungen der Rußaggregate bei Verw. als Füllstoff in Gummi führt, d. h zu einer Verschlechterung des Kontaktes zwischen Füllstoff u. Kautschuk. F. Lenz 7248◇

2768 **Optimale Methode zur Messung des Abriebwiderstandes auf der Abriebmaschine von Du Pont.** Balint Kiss. (Rev. gén. Caoutchouc **39**, 74—82, 1962; Etabliss. Hutchinson; franz.) — Während die Messung des Abriebs von Vulkanisaten auf der Du Pont-Abriebmaschine normalerweise Meßwerte mit großer Streuung ergibt, die sich zur Betriebskontrolle nicht eignen, lassen sich durch kontrollierte Herst. der Proben, Verw. geeigneter Scheiben, einem 1 Min. dauernden Vorabrieb zur Entfernung der etwas festeren Oberfläche des Prüflings u. durch eine graph. Auswertung der Meßwerte mit wenigen Proben genaue Werte erzielen, die in einer für die Betriebsüberwachung geeigneten Zeit erhalten werden. A. Gude 7248◇

2769 **Reifenabnutzung bei kontrolliertem Sturz.** K. A. Grosch und A. Schallamach. (Rubber Chem. Technol. **35**, 1342—59, 1962; Welwyn Garden City, Herts., England, Natural Rubber Producers, Res. Assoc.; engl.) — Die experimentell ermittelten Reifenabnutzung bei kontrolliertem Sturz entspricht den theoret. vorausgesagten Werten, wenn der Einfl. der Temp. u. der Abriebbilder auf den Abriebwiderstand des Materials berücksichtigt wird. Die Temp. der Reifenoberfläche u. die Intensität der Abriebbilder nehmen mit wachsendem Sturzwinkel zu. I. Köditz 7248△

2770 Copolymer Rubber & Chemical Corp., übert. von: John F. Brewer, Baton Rouge, La., V.St.A., **Einstellen des pH-Wertes von alkalischem Latex aus synthetischem Kautschuk,** bes. aus Copolymerisaten des Butadiens u. Styrols, auf einen tieferen Wert. Man leitet ein saures Gas, wie CO_2 u./oder SO_2 mit solcher Geschw. in den Latex, daß keine nachteilige Vorkoagulation eintritt. — Zum Beispiel läßt man den Latex durch einen Behälter mit Rührwerk strömen, in den das Gas mit einer Geschw. von 3—10 Fuß/Sek. eingeleitet u. gemäß dem pH-Wert im ablaufenden Latex bemessen wird. (**A. P. 3 032 524** vom 29/8. 1957, ausg. 1/5. 1962.) K. Sarre 7225

2771 Esso Research and Engineering Co., übert. von: Delmer L. Cottle, Highland Park, Leon S. Minckler jun. und Morton Fefer, Metuchen, N.J., V.St.A., **Vulkanisierbare Butylkautschukderivate** erhält man durch Rk. von gelösten halogenierten Butylkautschuk mit einem Thioharnstoff bei 20—180°. Die erhaltenen Vulkanisate haben nach der Hitzebehandlung verbesserte Dehnungsmoduli u. Zugfestigkeiten. (**A. P. 3 037 968** vom 21/4. 1959, ausg. 5/6. 1962.) L. Stadelmann 7225

2772 Bridgestone Tire Kabushiki Kaisha, Tokio, Japan, **cis-1.4-Polybutadien** erhält man durch Polymerisation von Butadien in Ggw. von metall. Ni, bes. Raney-Ni, NiO, Ni_3O_4 oder Ni_2O_3, die vorzugsweise auf einem Träger, wie Diatomeen-Erde, aufgebracht sind. Bevorzugt setzt man dem Katalysator noch einen Beschleuniger zu, nämlich H_2, metallorgan. Verbb., Metallhydride, dispergierte Metalle der I.—III. Gruppe, Metallhalogenide, Halogenide von B oder Si oder deren aryl- u. alkylsubstituierte Derivate. (**E. P. 913 520** vom 1/1. 1960, ausg. 19/12. 1962. Jap. Prior. 26/1., 9/3., 6/8. u. 30/9. 1959.) L. Stadelmann 7225

2773 Phillips Petroleum Co., Bartlesville, Okla., V.St.A., **Herstellung von cis-1.4-Polybutadien.** Man polymerisiert Butadien bei —100 bis +250° in einem inerten organ. Verdünnungsmittel in Ggw. eines Katalysator-Syst., das besteht aus a) einer Verb. der allg. Formel R_nM, worin R für einen Alkyl-, Cycloalkyl-, Aryl-, Aralkyl- oder Alkarylrest u. M für Al, Ga, Zn, oder Tl steht, b) einem Ti-Halogenid der Formel TiX_4, worin X für J, Cl oder Br steht, u. c) einem Metallhalogenid der Formel MX_m, worin M für Be, Zn, Cd, Al, Ga, In, Tl, Si, Ge, Sn, Pb, P, Sb, As oder Bi u. X für J, Cl oder Br steht. Nur eines der Metallhalogenide aus b) u. c) soll ein Jodid sein. (**E. P. 910 216** vom 26/6. 1961, ausg. **14/11.** 1962. A. Prior. 8/8. 1960.) L. Stadelmann 7225

2774 Polymer Corp. Ltd., Sarnia, Ontario, Canada, **Herstellung von cis-1.4-Polybutadien.** Zur Polymerisation von Butadien bei —25 bis +100° in einem inerten fl. KW-Stoff verwendet man ein Katalysator-Syst., das erhalten wurde durch Mischen einer Komponente der allg. Formel $MeCl_n\cdot(OR)_{4-n}$ mit mindestens einer Komponente, die 1. eine Verb. der allg. Formel AlR′R″J oder 1. eine Mischung einer aluminiumorgan. Verb. der allg. Formel AlR′R″R‴ mit elementarem Jod oder einer Verb. der allg. Formel XJ ist, wobei X für H, Cl, Br, Me für ein Metall der Gruppe IV b des Period. Syst. steht, R u. R′ KW-Stoffreste mit 1—12 C-Atomen sind, R″ für H oder einen KW-Stoffrest mit 1—12 C-Atomen oder einen Hydroxy-KW-Stoffrest, R‴ für H oder einen KW-Stoffrest mit 1—12 C-Atomen steht u. n den Wert 1, 2 oder 3 hat. Das Mol-Verhältnis von Al zu Me liegt zwischen 1 u. 10, u. die Menge an Verb. der Formel XJ liegt zwischen 0,5 u. 1,5 Mol pro Mol Al-organ. Verbindung. (**E. P. 910 129** vom 13/6. 1961, ausg. 7/11. 1962. Can. Prior. 28/6. 1960.) L. Stadelmann 7225

2775 Phillips Petroleum Co., übert. von: Charles E. Wheelock und Peter J. Canterino, Bartlesville, Okla., V.St.A., **Flüssiges epoxydiertes Polybutadien.** Eine Lsg. von fl. Polybutadien in einem inerten Lsgm., wird mit einer organ. Persäure umgesetzt, die in situ dadurch erzeugt wurde, daß man der Polymerisat-Lsg. bei ≦ 80° eine organ. Säure mit 2—8 C-Atomen in solcher Menge zusetzt, daß 0,2—2 Äquivalente je olefin. Bindung des Polymerisats vorhanden sind, ferner H_2O_2 u. als sauren Katalysator H_2SO_4, H_3PO_4, CCl_3COOH oder einen sulfonsauren Ionenaustauscher. Die Phasen werden getrennt u. nach Abtrennung des Lsgm. aus der organ. Phase ein epoxydiertes Polymerisat mit 0,08 bis 0,7 Epoxy-O-Atomen je Doppelbindung erhalten. (**A. P. 3 022 322** vom 28/9. 1956, ausg. 20/2. 1962.) W. Overbeck 7225

2776 Phillips Petroleum Co., Bartlesville, Okla., V.St.A., **Aufarbeitung von Lösungen kautschukartiger Diolefinpolymerisate.** Man dest. die KW-Stoff-Lsg. in der ersten Kolonne unter Zusatz von W., entfernt eine Mischung aus Lsgm. u. W. als Kopfstrom, entnimmt am Boden die Mischung aus Polymerisatkrümeln, Lsgm. u. W., führt diese Mischung in die zweite Dest.-Kolonne, leitet den heißen Dampfstrom vom Kopf der 2. Kolonne in die 1. Kolonne u. entnimmt vom Boden der 2. Kolonne die wss. Aufschlämmung der Polymerisatkrümel. (**E. P. 912 739** vom 30/3. 1961. ausg. 12/12. 1962. A. Prior. 31/3. 1960.) L. Stadelmann 7225

2777 United States Rubber Co., New York, N.Y., übert. von: Eugene J. Bethe, Mishawaka, und Thomas I. Haggerty, South Bend, Ind., V.St.A., **Feuerbeständiger Polychloroprenschaum.** Man imprägniert den Schaumkautschuk mit einem wss. Gemisch aus (A) einem Harnstoff–CH_2O-Harz, in dem 1—2,5 Mol CH_2O auf 1 Mol Harnstoff kommen, (B) 10—40 (Gew.-Teile) Dihydroxybenzol auf 100 des Harzes, (C) $\leqq$15 überschüssigem CH_2O auf 100 Harz u. (D) 10—35 Diammoniumphosphat, Monoammoniumphosphat, Phosphorsäure, $(NH_4)_2SO_4$ oder NH_4Cl auf 100 Harz, wobei 4—50 Gesamtfeststoffe auf 100 Schaumkautschuk kommen. (**A. P. 3 033 804** vom 14/3. 1960, ausg. 8/5. 1962. **E. P. 909 368** vom 27/1. 1961, ausg. 31/10. 1962. A. Prior. 14/3. 1960.) W. Overbeck 7225

2778 Firestone Tire & Rubber Co., Akron, übert. von: Robert A. Hayes, Cuyahoga Falls, Ohio, V.St.A., **Herstellung von Elastomeren durch Härten eines Mischpolymerisats aus 80 bis 98(%) Alkylacrylat und 20 bis 2 eines Äthylen-, Propylen- oder Butylenglykolmonoesters der Acryl- oder Methacrylsäure.** Das Mischpolymerisat wird trocken gemischt mit einem Polyanhydrid einer Polycarbonsäure mit mindestens 2 cycl. Anhydridgruppen pro Molekül. Die Anzahl dieser Gruppen soll nicht größer sein als die Anzahl der OH-Gruppen im Mischpolymerisat. Dann wird erhitzt, wobei die Härtung durch Reagieren der verschiedenen Anhydridgruppen mit verschiedenen Mol. des Mischpolymerisats erfolgt. Als Anhydrid wird z. B. verwendet: Pyromellitsäuredianhydrid oder 1.2.3.4-Butantetracarbonsäuredianhydrid. (**A. P. 3 038 886** vom 22/8. 1957, ausg. 12/6. 1962.) F. Markhoff 7225

2779 United States Rubber Co., New York, N.Y., V.St.A., **Erhöhen des cut-growth-Widerstandes von vulkanisiertem Polyvinylpyridin-Kautschuk.** Das Polymerisat wird vor dem Vulkanisieren innig mit einem Metallhalogenid, wie $MgCl_2$, $CaCl_2$, $ZnCl_2$ oder $ZnBr_2$, im Verhältnis 100:1 bis 100:8 sowie mit einem Vulkanisiermittel gemischt, das aus einem Mischpolymerisat eines konjugierten Diens, wie Butadien, u. eines Monovinylpyridins, wie 2-Methyl-5-vinylpyridin, oder aus einem Terpolymeren eines konjugierten Diens, eines Monovinylpyridins u. einer polymerisierbaren Verb., wie Styrol, bestehen kann. (**E. P. 898 239** vom 27/1. 1961, ausg. 6/6. 1962. A. Prior. 29/4. 1960.) F. Markhoff 7225

2780 Wacker-Chemie G. m. b. H., München, übert. von: Siegfried Nitzsche und Manfred Wick, Burghausen, **Vulkanisierbare Siliconelastomere** (Siliconkautschuk) erhält man durch Kalthärtung eines Gemisches von 1. 100 (Teilen) Polysiloxan der allg. Formel $R'R_2SiO\cdot[R_2SiO]_x-SiR_2R'$, R = ggf. halogensubstituierter, einwertiger KW-Stoffrest (R' = OH oder H oder Alkoxyrest, x = 50—10000) u. 2. 0,5—2 eines Aminosilicons, bestehend aus Gruppen von Aminosilanen der allg. Formel: $R''_nSi\cdot(NY_2)_{4-n}$, worin R'' = Alkylrest, Arylrest oder Aralkylrest, n = 0—1, u. 3. Aminosilazanen der allg. Formel $(Y_2N)_aR''_bSiNH[R''_b(Y_2N)_cSiNH]_mSiR''_b(NY_2)_a$. R'' u. Y haben obige Bedeutung, a = 2—3, b = 0—1, c = 1—2, m = wenigstens 1. (**A. P. 3 032 528** vom 5/2. 1960, ausg. 1/5. 1962. D. Prior. 20/2. 1959.) E. Dörfel 7225

2781 Dow Corning Corp., übert. von: John C. Saylor, Midland, Mich., V.St.A., **Hochtemperaturstrahlungsbeständiger Siliconkautschuk** wird erhalten durch Copolymerisation von 3—35 (Mol%) Diphenylsiloxaneinheiten, 65—37 Phenylmethylsiloxaneinheiten u. höchstens 1 Einheit von Methylphenylvinyl-, Dimethylvinyl-, Diphenylvinyl- oder Methylvinylsiloxaneinheiten mit organ. Peroxyden in Ggw. von Füllstoffen. Die Massen sind gegen Strahlung von γ-Strahlung, X-Strahlen, beschleunigten Elektronen, Neutronen oder β-Teilchen bis zu Temp. von 200° beständig. (**A. P. 3 032 531** vom 1/6. 1959, ausg. 1/5. 1962.) E. Dörfel 7225

2782 Phillips Petroleum Co., übert. von: Charles E. Wheelock, Bartlesville, Okla., V.St.A., **Gegossene Schichtkörper.** Als Gußmasse dient eine vor der *Vulkanisation* fl. Mischung aus 1. 95—60 (Gew.-%) eines OH-gruppenfreien fl. konjugierten Dienpolymerisats mit $\leqq$6 C-Atomen im Dien u. einem Molgew. 200—5000, von der Viscosität 100—6000 Saybolt-Furol-Sec. bei 100° F (= ca. 38°) u. 2. 5—40 eines OH-gruppenhaltigen fl. Polymerisats, das durch Hydroxylierung eines Polymerisats wie 1. erhalten wurde u. 1—20 O enthält, davon $\geqq$30% als OH. Eine andere Gußmasse besteht aus 1. 90—60 (Gew.-Teilen) eines OH-gruppenfreien fl. konjugierten Dienpolymerisats mit $\leqq$6 C-Atomen im Dien u. 2. einer monomeren Verb. der Formeln **I, II** oder **III**, in denen ein R Vinyl oder α-Methylvinyl ist

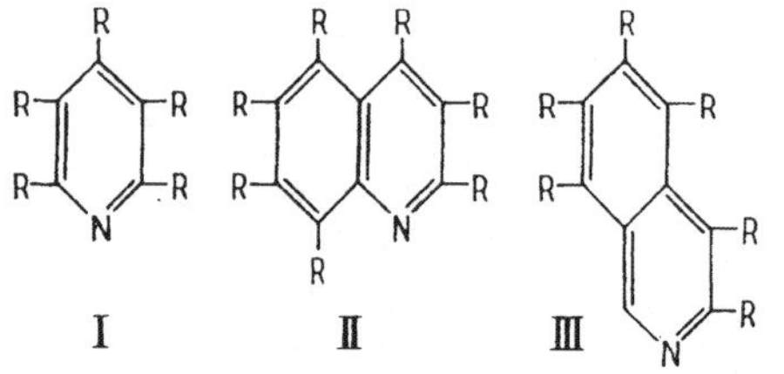

I II III

u. die übrigen R = H oder Alkyl. In der ersten Mischung kann 2. ganz oder z. T. durch 2-Methyl-5-vinylpyridin ersetzt sein. (**A. P. 3 023 197** vom 18/2. 1957, ausg. 27/2. 1962.) W. Overbeck 7225

2783 Phillips Petroleum Co., übert. von: Gerard Kraus und Joseph Dugone, Bartlesville, Okla., V.St.A., **Kautschuk-Ruß-Mischungen.** Eine 5—25%ig. Aufschlämmung von Ruß in einem einwertigen Alkohol mit 1—3 C-Atomen bei einem W.-Geh. von $\leqq$10% u. bes. mit einem Zusatz geringer Mengen Alkalihydroxid wird zur Koagulation von Kautschukmilch verwendet. (**A. P. 3 023 188** vom 13/11. 1956, ausg. 27/2. 1962.) W. Overbeck 7227

2784 Phillips Petroleum Co., übert. von: Robert S. Hammer und James H. Carroll, Borger, Tex., V.St.A., **Kunstkautschuk-Ruß-Mischungen.** Eine wss. Polymerisatdispersion, die aus 5—25 (Teilen) 2-Methyl-5-vinylpyridin u. 75—95 Butadien bei $\geqq$80%ig. Umsatz in Ggw. von 6—10 Fettsäureseife erhalten wurde, u. deren Polymerisat einen Nooney-Wert von 15—25 hat, wird mit so viel einer Rußaufschlämmung vermischt, daß das Gemisch 15—25 (Teile) Ruß auf 100 Kautschuk enthält. Bei einem pH 2,5—3,1 wird durch Zusatz von Salz-Lsg. u. H_2SO_4 zu Krümeln koaguliert, die 10—60 Min. bei 40—200° F (= ca. 5—95°) u. bei einem pH 10,5—12 mit Alkalihydroxid behandelt werden, worauf diese Behandlung wiederholt u. dann mit W. gewaschen u. auf einen Wasser-Geh. von 1,5(%) bei einem Asche-Geh. <1,5, einem Säure-Geh. <1 u. einem Seifen-Geh. <0,5 getrocknet wird. — 3 Zeichnungen. (**A. P. 3 035 006** vom 22/11. 1954, ausg. 15/5. 1962.) W. Overbeck 7227

2785 Phillips Petroleum Co., Bartlesville, Okla., V.St.A., **Kunstkautschuk-Ruß-Mischungen.** Ruß wird mit W. gemischt, das $\geqq$5 (Teile) Harzseife u. $\geqq$0,2, bes. $\geqq$0,3, Alkali- oder NH_4-Hydroxid auf 100 Ruß enthält. Ggf. wird ein Schaumverhütungsmittel zugesetzt, das zu 55—72 (Gew.-%) zumindest einen höheren aliphat. Alkohol mit 14—25 C-Atomen enthält, bei Raum-Temp. fest ist u. <100° schmilzt, das ferner zu 3—25 zumindest eine höhere aliphat. Säure mit 14—25 C-Atomen enthält, ebenfalls bei Raum-Temp. fest ist u. <100° schmilzt, u. außerdem zu 5—42 eine Alkali- oder Aminseife einer höheren Fettsäure mit 14—25 C-Atomen enthält. Diese Rußaufschlämmung wird mit der wss. Dispersion eines Synth.-Kautschuks vermischt u. mit einem Säure–Leim-Gemisch koaguliert. — 2 Diagramme. — Vgl. A. P. 2 965 510; C. **1963**, 699. (**E. P. 885 968** vom 8/5. 1959, ausg. 3/1. 1962. A. Prior. 2/6. u. 6/6. 1958.) W. Overbeck 7227

2786 United States of America, Secretary of the Army, übert. von: Robert F. Shaw, Davenport, Iowa, V.St.A., **Ozonschutzmittel für Kautschuk,** bestehend aus einem Zusatz von 1—3 (%) eines mikrokristallinen Paraffins u. 6,8 einer Verb. der allg. Formel R—NH—A—NH—R, in der R eine Alkylgruppe mit $\geq$4 C-Atomen ist u. A ein Arylenrest mit 1—3 Benzolkernen, z. B. N.N'-Di-sek.-butylbenzidin oder N.N'-Di-sek.-butyl-p-phenylendiamin. Ferner können zugesetzt sein: Phenyl-β-naphthylamin u. 2.2.4-Trimethyl-1.2-dihydrochinolin. (**A. P. 3 032 520** vom 25/11. 1953, ausg. 1/5. 1962.) W. Overbeck 7227

2787 Esso Research and Engineering Co., Elizabeth, N.J., V.St.A. (Erfinder: Roy Charles Bleay Tomlinson und Eric Bannister), **Klebemittel zum Verbinden von Kautschuk verschiedener Typen.** Der Klebstoff besteht aus mindestens 50 (Gew.-%) u. nicht mehr als 80 halogeniertem Butylkautschuk im Gemisch mit Natur- oder Synth.-Kautschuk, zwei Rußarten verschiedener Teilchengröße u. üblichen Füllstoffen, Beschleunigern u. Härtern. — Beispiel. (**E. P. 910 454** vom 7/10. 1960, ausg. 14/11. 1962.) G. Czerwony 7227

2788 American Cyanamid Co., New York, N.Y., übert. von: James O. Blose, Bound Brook, N.J., V.St.A., **Granulierter Vulkanisationsbeschleuniger.** Eine wss.-alkal. Dispersion von a) Benzthiazoldisulfid in feinteiliger Form u. b) ca. 5—15 Gew.-% (auf a) Aminothiophenol wird nach einem bisherigen Verf. bei $>85^0$ gerührt; dann wird der pH-Wert auf 5—5,5 eingestellt, worauf so lange weitergerührt wird, bis die dispergierten Stoffe agglomeriert sind. Hierbei muß das Rühren so stark sein, daß sich keine Teilchen von >5-Maschengröße bilden. Dieses Verf. wird dadurch verbessert, daß mit geringerer Heftigkeit u. weniger Kraftaufwand gerührt, aber vor der Einstellung des pH-Wertes ein nichtion. oberflächenakt. Stoff zugesetzt wird. Es können ferner 3—10% S zugesetzt werden. (**A. P. 3 033 876** vom 24/9. 1958, ausg. 8/5. 1962.) W. Overbeck 7229

2789 Union Carbide Corp., übert. von: Francis M. O'Connor, Kenmore, und Tudor L. Thomas, Snyder, N.Y., V.St.A., **Vulkanisationsbeschleuniger für Kautschuk, insbesondere Butylkautschuk,** besteht aus HCl, HBr, HJ u. halogensubstituierten organ. Säuren, die in den Poren von kristallinen zeolith. Molekularsieben absorbiert sind, wenn als Vulkanisationsmittel ein Phenolharz verwendet wird. (**A. P. 3 036 986** vom 14/4. 1959, ausg. 29/5. 1962.) F. Markhoff 7229

2790 Esso Research and Engineering Co., Del., übert. von: George A. Ziarnik, Elizabeth, N.J., V.St.A., **Vulkanisationsmittel** für kautschukartige halogenierte Mischolymerisate aus 85—99,5 (Gew.-%) C_4—C_7-Isoolefinen u. 15—0,5 C_4—C_{14}-Multiolefinen besteht aus einem Gemisch von Dimethylolphenol u. Metallthiocarbamat, das frei von elementarem S u. ZnO ist, z. B. aus 2.6-Dimethylol-4-octylphenol u. Te-Diäthyldithiocarbamat. (**A. P. 3 036 027** vom 27/2. 1959, ausg. 22/5. 1962.) F. Markhoff 7229

2791 Pittsburgh Plate Glass Co., übert. von: Ralph F. Wolf, Akron, Ohio, V.St.A., **Vulkanisierverfahren.** Ein Butadien/Styrol- oder ein Butadien/Acrylsäurenitrilcopolymerisat, das zu 25—95 Gew.-% aus einem Carboxylgruppen enthaltenden Polymerisat besteht, wird mit 20—90 (auf Polymerisat) eines feinteiligen gefällten hydratisierten SiO_2 einer Teilchengröße $<0,1\,\mu$ vermischt u. nach Zusatz der üblichen Vulkanisiermittel u. schließlich von ZnO verarbeitet. (**A. P. 3 038 872** vom 29/11. 1957, ausg. 12/6. 1962.) W. Overbeck 7229

2792 Union Carbide Corp., New York, übert. von: Francis M. O'Connor, Kenmore, N.Y., V.St.A., **Vulkanisierverfahren.** In eine vulkanisierbare, nicht mit S modifizierte Polychloroprenmischung wird ein adsorptionsfähiges aktiviertes kristallin. zeolith Molekularsieb eingemischt, das in seinen Poren einen Vulkanisationsbeschleuniger enthält, der beim Erhitzen zur Vulkanisation freigesetzt wird, z. B. Brenzcatechin, Salicylsäure, Tolylen-2.4-diisocyanat oder p-Chinondioxim. (**A. P. 3 036 983** vom 15/4. 1958, ausg. 29/5. 1962. **E. P. 909 267** vom 14/4. 1959, ausg. 31/10. 1962. A. Prior. 15/4. 1958.) W. Overbeck 7229

2793 Union Carbide Corp., New York, übert. von: Francis M. O'Connor, Kenmore, und Tudor L. Thomas, Snyder, N.Y., V.St.A., **Vulkanisierverfahren.** In eine Polychloroprenmischung wird ein aktiviertes kristallin. zeolith. Molekularsieb eingemischt, das einen Vulkanisationsbeschleuniger der allg. Formel G—C(=S)—N(R)(R_1) enthält, in dem R u. R_1 = H, Alkyl, Aryl, Cycloalkyl, Aralkyl, Alkaryl oder Alkenyl sind u. G = H, R-Gruppen oder (R)(R_1)N-Gruppen bedeutet; das Mol. soll jedoch <25 C-Atome enthalten. Bei Vulkanisations-Temp. wird der Beschleuniger freigesetzt. — Beispiele hierfür: Diäthylthioharnstoff, Cyclohexylthioamid, Trimethylthioharnstoff. (**A. P. 3 036 984** vom 2/5. 1958, ausg. 29/5. 1962. **E. P. 909 268** vom 1/5. 1959, ausg. 31/10. 1962. A. Prior. 2/5. 1958.) W. Overbeck 7229

2794 Rohm & Haas Co., Philadelphia, übert. von: Frank J. Glavis, Elkins Park, Pa., V.St.A., **Verdickte wässerige Dispersionen,** bestehend aus 10—60 (%) Natur- oder Synth.-Kautschuk oder Olefinpolymerisat u. 0.1—2 (auf Kautschuk) des wasserlösl. Salzes eines Copolymerisats aus 35—56 Methacrylsäure u. 65—44 eines Acrylsäureesters mit einem gesätt. Alkohol mit 1—8 C-Atomen, wobei $\geq$90 der Esterkomponente aus einem gesätt. Alkohol mit 1—3 C-Atomen besteht. Der Kautschuk hat ein Molgew. $\geq$100000. (**A. P. 3 035 004** vom 25/3. 1955, ausg. 15/5. 1962.) W. Overbeck 7231

2795 United States Rubber Co., New York, N.Y., übert. von: Harvey J. Batts, Indianapolis, Ind., V.St.A., **Weiße Reifen-Seitenwände** werden hergestellt aus 100 (Gew.-Teilen Butylkautschuk u. 5—10 eines Esters von Äthylen-, Propylen- oder Tetramethylenglykol oder deren Polymerisaten mit einem Molgew. $\leq$6000 mit einer Monocarbonsäure mit 10—20 C-Atomen sowie einem Weißpigment u. Vulkanisiermitteln. Die vorgeformte Seitenwand wird mit dem Reifenkörper vereinigt u. zusammenvulkanisiert. (**A. P. 3 032 519** vom 24/6. 1958, ausg. 1/5. 1962.) W. Overbeck 7231

2796 Phillips Petroleum Co., übert. von: Charles E. Wheelock, Bartlesville, Okla., V.St.A., **Schwundstellenfreie Formartikel** werden im Gießverf. aus fl. Dien-Polymerisaten oder -Copolymerisaten dadurch erhalten, daß man diese Polymerisate vorher bei entsprechend niederer Temp. oder erhöhtem Druck mit fl. Paraffinen oder Monoolefinen mit 1—5 C-Atomen zu $\leq$75 Vol.-% extrahiert, das Extraktionsmittel entfernt, das extrahierte Polymerisat in Formen gießt u. *vulkanisiert.* — 2 Zeichnungen. (**A. P. 3 018 277** vom 31/1. 1955, ausg. 23/1. 1962.) W. Overbeck 7231

2797 **Shell Internationale Research Mij. N. V.** (Erfinder: **Charles Richard Greene**), *Polyisopren.* (**Aust. P. 239 531** vom 6/7. 1959, ausg. 9/8. 1962. A. Prior. 7/7. 1958. — C. **1962,** 4011 [E. P. 852 627].)

2798 **Farbenfabriken Bayer Akt.-Ges.,** Leverkusen, übert. von: **Hanswilli von Brachel, Heinz Esser, Hans Holtschmidt,** Köln, und **Gustav Sime,** Bergisch-Neukirchen, *Koagulierverfahren.* (**A. P. 3 070 584** vom 26/8. 1958, ausg. 25/12. 1962. D. Prior. 30/8. 1957. — C. **1960,** 5021 [D. A. S. 1 069 378].)

2799 **Esso Research and Engineering Co.,** Elizabeth, N.J., V.St.A., *Vulcanisieren von chloriertem Butylkautschuk.* (**Niederl. P. 104 398** vom 7/2. 1957, ausg. 16/4. 1963. A. Prior. 7/2. 1956. — C. **1962,** 17953 [F. P. 1 172 154].)

2800 **Montecatini Soc. Gen. per l'Industria Mineraria e Chimica** (Erfinder: **Giovanni Pedretti** und **Luigi Corbelli**), Mailand, Italien, *Herstellung geformter Artikel aus Elastomeren.* (**Oe. P. 223 811** vom 15/7. 1960, ausg. 10/10. 1962. It. Prior. 17/7. 1959. — C. **1962** 16871 [Ung. P. 149 621].)

2801 **United States Rubber Co.,** V.St.A. (Erfinder: **Joseph Francis O'Mahoney** jun.), *Befestigen von Butylkautschuk auf Metallen.* (**F. P. 1 203 640** vom 21/3. 1958, ausg. 20/1. 1960. A. Prior. 27/5. 1957. — C. **1962,** 14350 [A. P. 2 960 426].)

H_{16}. Nahrungs-, Genuß- und Futtermittel

2802 **Netzmittel für die Nahrungsmittelindustrie.** 1. Mitt. **Einteilung und Struktur.** Francis Aylward. (Rev. Fermentat. Ind. aliment. **11,** 75—83, 1956; London, Borough Polytechn., Dép. de Chim. et de Technol. Aliment.; franz.) — Übersicht. — 11 Literaturangaben. W. Wesly 7630◇

2803 **Netzmittel für die Nahrungsmittelindustrie.** 2. Mitt. **Physikalisch-chemische Grundlagen.** Francis Aylward. (Rev. Fermentat. Ind. aliment. **12,** 199—204, 1957; franz.) — 1. vgl. vorst. Referat. — Übersicht. — 8 Literaturangaben. W. Wesly 7630◇

2804 **Netzmittel für die Nahrungsmittelindustrie.** 3. Mitt. **Anwendungen.** Francis Aylward. (Rev. Fermentat. Ind.

aliment. **13,** 29—35, 1958; franz.) — 2. vgl. vorst. Referat. — Übersicht. — 24 Literaturangaben. W. Wesly 7630◇

2805 **Anwendung verschiedener Strahlenenergien für die Lebensmittelkonservierung.** S. Visco. (Acta chim. Acad. Sci. hung. **23,** 445—67, 1960; Rom, Inst. Nat. de la Nutrit.; franz.) — Vf. untersucht die Veränderungen, die bei Bestrahlung von Lebensmitteln mit ionisierenden Strahlen entstehen, u. stellt fest, daß bei den Eiweißstoffen des Getreides u. der Hülsenfrüchte keine negativen, bei Milch jedoch negative Veränderungen nachweisbar sind. Es werden weiterhin die Faktoren zusammengefaßt, die unerwünschte Rkk. bei der Bestrahlung vermindern (Verabfolgung von Adrenalin bei Fleisch, Vakuum-Dest. von Milch während der Bestrahlung), u. auf die günstigen Ergebnisse bei der Insektenvertilgung u. Keimhemmung von Kartoffeln u. Getreide hingewiesen. A. Täufel 7634◇

2806 **Kunststoff-Filme zur Verpackung von Lebensmitteln.** 1. Mitt. **Polyäthylen.** J. G. Kennedy. (Food Manufact. **37,** 174—78, 1962; engl.) — Übersicht über Eigg. u. Verw. von *Polyäthylen* zum Verpacken von Lebensmitteln. R. Grundmann 7640◇

2807 **Kunststoff-Filme zur Verpackung von Lebensmitteln.** 2. Mitt. **Polypropylen.** J. G. Kennedy. (Food Manufact. **37,** 264—65, 292, 1962; engl.) — 1. vgl. vorst. Referat. — Übersicht über Eigg. u. Verw. von *Polypropylen* zum Verpacken von Lebensmitteln. W. Wesly 7640◇

2808 **Kunststoff-Filme zum Verpacken von Lebensmitteln.** 3. Mitt. **Polystyrol** J. G. Kennedy. (Food Manufact. **37,** 458—61, 1962; engl.) — 2. vgl. vorst. Referat. — Übersicht über Eigg. u. Verw. von *Polystyrol* zum Verpacken von Lebensmitteln. W. Wesly 7640◇

2809 **Über die Beeinflussung des Gasbildungsvermögens von Escherichia coli durch Kulturfiltrate des Lactobacillus Helveticus.** Karl Heinz Meewes und Slavoljub Milošević. (Milchwissenschaft **17,** 678—79, 1962; dt.) — Das Gasbildungsvermögen von *Escherichia coli,* die in trypsinverdauter Milch u. Galle–Gentianaviolett–Pepton–Lactose–W. gezüchtet wurde, wird durch lebende *Lactobacillus helveticus*-Stämme sowie durch ihre keimfreien Kulturfiltrate deutlich herabgesetzt. In steriler Magermilch als Nähr-Lsg. zeigte sich kein Effekt. Winfried Krüger 7650◇

2810 **Methionin und Cystin in Grundnahrungsmitteln von Puerto Rico.** Conrado F. Asenjo und Evangelina Recio. (J. Agric. Univ. Puerto Rico **46,** 350—59, 1962; San Juan, Univ. of Puerto Rico, School of Med., Dep. of Biochem. and Nutrit.; engl.) — Unterss. über den Geh. von 71 verschiedenen, in Puerto Rico üblichen Speisen an *Methionin* u. *Cystin* zeigen, daß diese Speisen 36—90% der empfohlenen Tagesration dieser Verbb. liefern können. W. Wesly 7658◇

2811 **Einfluß der Kälte auf den Nährwert, auf die Verdaulichkeit und auf die organoleptischen Eigenschaften von Ölen, Fetten und von Lipidfraktionen der Lebensmittel.** J. Moreno-Calvo. (Acta chim. Acad. Sci. hung. **23,** 369—91, 1960; Madrid, Univ., Fac. de Pharm., Chaire de Biochim.; franz.) — Durch eine Kältebehandlung wird die Geschw. der qualitätsvermindernden Rkk. (Bldg. von Hydroperoxiden, Absorption von Luft–O_2) zwar gehemmt, aber nicht völlig zum Stillstand gebracht. Vf. faßt die daraus erforderlichen zusätzlichen Maßnahmen (Verw. von Antioxydantien, Schutzgasen, Umwandlung des Chlorophylls usw.) zusammen. — 98 Literaturhinweise. A. Täufel 7658◇

2812 **Serien-Begasung von verarbeiteten und verpackten Lebensmitteln mit aus Begasungskammern stammendem, luftgewaschenem Rest-Methylbromid.** M. Muthu, K. S. Srinivasan und S. K. Majumder. (Food Technol. **15,** 295—98, 1961; Mysore, India, Central Food Technol. Res. Inst.; engl.) — Bei der zur Bekämpfung von Insekten bei Lebensmitteln durchgeführten Begasung mit *Methylbromid* in Vakuumkammern konnte der Gasinhalt einer Kammer zur serienmäßig fortgesetzten Begasung von weiteren Kammern (bis zur 3., manchmal 6. Kammer) verwendet werden, wenn der Gasinhalt der 1. Kammer mit Luft in die folgende Kammer gespült wurde. K. Schleich 7658◇

2813 **Übersicht über die Anwendung von Radioisotopen in Australien zu Untersuchungen über die Herkunft der Stärke in Getreidekörnern und die Eiweißqualität und deren Bedeutung für die Fruchtzüchtung.** L. H. May. (Int. J. appl. Radiat. Isotopes **13,** 479—82, 1962; Adelaide, Australien, Waite Agric. Res. Inst.; engl.) — Übersicht. W. Wesly 7664◇

2814 **Untersuchungen über das Trocknungsverhalten von Weizen.** Niklas Dietrich. (Chemie-Ing.-Techn. **30,** 511—13, 1958; München, TH, Inst. für Landmaschinen; dt.) — Ein Vgl. des Trocknungsablaufes von künstlich befeuchtetem, voll ausgereiftem Weizen u. naturfeuchtem zeigt, daß die die Trocknung beeinflussenden Diffusionswiderstände des Korns bei naturfeuchtem Getreide größer sind. Diese Abweichungen sind um so größer, je niedriger die Trockenluft-Temp. sind. H. Haevecker 7664◇

2815 **Über das Altbackenwerden von Brot und Gebäck.** 3. Mitt. **Weizengebäck mit Kartoffelzusätzen.** G. Hampel. (Brot u. Gebäck **17,** 153—59, 1963; Detmold, Bundesforsch.-Anstalt für Getreideverarbeitung; dt.) — 2. vgl. C. **1962,** 10305. — Vgl. der abs. Viscosität von Stärkegelen bei verschiedenen Konzz. mit derjenigen von Getreidestärken. Sowohl bei Kartoffelgelen als auch bei Kartoffelbreien konnte bereits bei einer Zusatzhöhe von 10% zum Weizenmehl ein wesentlicher Aufschub der Retrogradation der Stärke in Weizengebäcken festgestellt werden. H. Haevecker 7674◇

2816 **Die Wirkung des Gefrierens und der Gefrierlagerung auf die Frische und Festigkeit von Hefegebäck.** K. Kulp und W. G. Bechtel. (Food Technol. **15,** 273—75, 1961; Chicago, Ill., American Inst. of Baking; engl.) — Durch Gefrieren u. Auftauen wird die Frische von Hefegebäck („Danish Pastry") nicht merklich beeinträchtigt. Wenn das Gebäck bei Temp. über 0° F lagerte, wurde es schnell hart u. mürbe. Bei 0° F behielt es seine Frische mindestens 8 Wochen lang, sofern es durch zweckmäßige Verpackung vor Feuchtigkeitsverlust bewahrt wurde. K. Schleich 7674◇

2817 **Vitamin-Stabilität in angereicherten Kartoffelflocken.** James Cording jun., Roderick K. Eskew, G. J. Salinard und John F. Sullivan. (Food Technol. **15,** 279—82, 1961; Philadelphia, Pa., Eastern Reg. Res. Labor.; engl.) — Nach dem Trocknen (auf 5% W.) enthielten die Kartoffelflocken (**a**) noch 71—73% der Summe von natürlichem u. von zugesetztem *Vitamin C* (**I**). Beim Aufbewahren der mit Antioxydantien versetzten **a** während 28 Wochen bei 75° F wurden in N_2-Packung 100%, in Luftpackung 70—76% **I** wiedergefunden. Zugesetztes *Vitamin B_1* ging verloren, weil den **a** bei der Herst. SO_2 beigegeben worden war. Zugesetzte *Vitamine A, B_2* u. *Niacin* hielten sich gut, erwiesen sich aber geschmacklich als nachteilig. K. Schleich 7678◇

2818 **Bestimmung der Farbe von Süßkartoffel-Püree mit dem Farbendifferenz-Apparat von Hunter.** Maurice W. Hoover und D. D. Mason. (Food Technol. **15,** 299—302, 1961; Raleigh, N.C., North Carolina State Coll.; engl.) — Durch Mischung der Pürees verschiedener süßer Kartoffelsorten wurden 24 Muster von Rot-, Orange- u. Gelbfärbung hergestellt. Die Messung der Farbe mit dem Farbendifferenz-App. von Hunter zeigte weitgehende Übereinstimmung mit dem nach O'Connor bestimmten Geh. an *Carotin.* Die subjektive Beurteilung der Farbe ergab jedoch andere Werte, weil das Nachdunkeln der Muster teilweise die Farbe maskierte. K. Schleich 7678◇

2819 **Enzym-Inaktivierung und Farbe von verarbeiteten Erbsen.** H. W. Adams und E. S. Yawger. (Food Technol. **15,** 314—17, 1961; San Jose, Calif., Food Machinery and Chem. Corp.; engl.) — Unblanchierte Erbsen wurden nach dem Hochtemp.-Kurzzeit-Verf. während 1—18 Min. bei 110—137,8° behandelt, dann während 4 Wochen Lagerung auf *Peroxydase*-Aktivität u. Farbe untersucht. Für die Stabilisierung der Farbe u. die Sterilität wurde als Optimum 9,6 Min. bei 122° gefunden. Doch müssen weitere Unterss. den Einfl. des O_2 auf die Farbe klarstellen. K. Schleich 7684◇

2820 **Übersicht über Untersuchungen über die Verwendung strahlungsinduzierter Mutationen bei der Fruchtzüchtung mit besonderer Berücksichtigung von japanischem Reis.** T. Matsuo. (Int. J. appl. Radiat. Isotopes **13,** 477—78, 1962; Tokyo, Univ. of Tokyo, Fac. of Agric.; engl.) — Übersicht über die Fruchtzüchtung, bes. von Reis, durch Bestrahlung mit Röntgen-, γ- oder β-Strahlen, die aus dem Inneren der Pflanzen nach Düngung mit ^{32}P enthaltendem Na-Phosphat emittiert werden, u. die optimalen Strahlendosen für Samen oder Pflanzen. W. Wesly 7686◇

2821 **Fortschrittsbericht 1961 über die Untersuchungen der Anwendung der Röntgenbestrahlung zur Steigerung der Erträge von Reis.** H. W. Li, C. H. Hu, W. T. Chang und T. S. Weng. (Int. J. appl. Radiat. Isotopes **13,** 455—65, 1962; Tainan, Taiwan, Acad. Sinica, Inst. of Botany; engl.) — Übersicht über die Entw. neuer (frühreifend u. krankheitsfest) Reisvarietäten durch Anwendung von Röntgenbestrahlung. — 8 Literaturangaben. W. Wesly 7686◇

2822 **Betrachtungen über Konservierung von Früchten und Gemüsen mittels Kühl- und Vorkühlverfahren.** A. Monzini. (Acta chim. Acad. Sci. hung. **23,** 435—38, 1960; Milan, Centre Expérimental du Froid; franz.) — Allg. Ausführungen. A. Täufel 7688◇

2823 **Untersuchungen über die Verbesserung der Haltbarkeit von gebackenen, gesalzenen Bananen-Chips.** N. L. Jain, K. G. Nair, G. S. Siddappa und Girdhari Lal. (Food Sci. [Mysore, India] **11,** 335—38, 1962; Mysore, Central Food Technol. Res. Inst.; engl.) — Bananenchips werden durch Eintauchen von in Scheiben geschnittenen Bananen in eine Lsg. von 5 (%) *NaCl* u. je 0,5 *Citronensäure* (**I**) u. *K-Metabisulfit* u. anschließendes Backen in Fett hergestellt. Das Fertigprod. kann nochmals gesalzen u. mit 0,01 (%) *Butylhydroxyanisol*, 0,02 *Butylhydroxytoluol* u. 0,004 **I** versetzt werden. Bei Lagerung der Chips unter Lichtausschluß tritt innerhalb von 28 Wochen selbst bei einer Lager-Temp. von 37° kein Verderb ein. Abpacken u. Lagerung unter N_2 ersetzt den Zusatz von Antioxydantien. E. Lück 7688◇

2824 **Herstellung von Rosinen mit hohem Wassergehalt.** M. W. Miller und C. D. Fisher. (Food Technol. **15,** 276—79, 1961; Davis, Calif., Univ. of California, Dep. of Food Sci. and Technol.; engl.) — Vgl. C. **1962,** 11405. — Um bes. für Bäckereizwecke geeignete Rosinen herzustellen, wurde der normale Wasser-Geh. von 14—16% auf ca. 22% erhöht, entweder durch kurzes Eintauchen in W. oder Sirup-Lsg. von 100° oder durch 20—30tägige Lagerung bei 20—30° in Luft mit 75—100% relativer Feuchtigkeit. Nur beim zuletzt genannten Verf. blieb der „blumige" Geschmack erhalten. K. Schleich 7688◇

2825 **Die Beständigkeit von Vitamin C in handelsüblichem Fruchtbrei.** A. E. Bender. (J. Sci. Food Agric. **9,** 754—60, 1958; London, Bovril Ltd., Res. Dep.; engl.) — Unterss. über den Geh. von *Vitamin C* (**I**) in Orangenbrei beim handelsüblichen Lagern ergaben, daß nach 6 Monaten der ursprüngliche Geh. von 32 mg/100 ml noch vorhanden ist. Nach 12 Monaten sind noch 60, nach 18 Monaten 50—60, nach 2 Jahren noch ca. 40% vorhanden. In Flaschen gelagerter Orangenbrei weist bei 0° u. Raum-Temp. keinen Unterschied in der Geschw. der **I**-Zers. auf; am raschesten erfolgt die **I**-Zers. bei 37°. Licht hat keinen Einfl. auf die Stabilität von natürlichem u. zugesetztem **I**. An der Luft stehende, teilweise mit Orangenbrei gefüllte Flaschen ergeben einen raschen Verlust an **I**. W. Wesly 7688◇

2826 **Die Beziehung zwischen Farbmessungen an konservierten Purpurpflaumen und der Beurteilung durch die Verbraucher.** Oliver J. Worthington. (Food Technol **15,** 283 bis 285, 1961; Oregon Agric. Exp. Stat., Dep. of Food and Dairy Technol.; engl.) — Von 11 Pflaumenkonserven wurde die Farbe des Sirups mit dem Lumetron-Colorimeter, dem Hunter-Farbmesser u. dem Photovolt-Reflexionsmeßgerät bestimmt. Keines von diesen 3 Instrumenten ergab Werte, die der durch die Verbraucher bevorzugten Farbe entsprochen hätten. K. Schleich 7688◇

2827 **Untersuchungen über die Züchtung von Pleurotus sp. auf Reisstroh.** Zakia Bano und H. C. Srivastava. (Food Sci. [Mysore, India] **11,** 363—65, 1962; Mysore, Central Food Technol. Res. Inst.; engl.) — Der Speisepilz *Pleurotus* läßt sich gut auf vermoderndem Reisstroh züchten. Zusätze von NH_4^+-Salzen u. *Harnstoff* verbessern den Ertrag, ebenso eine häufige Befeuchtung des Strohes. E. Lück 7690◇

2828 **Behandlung von geschältem, in Würfel geschnittenem Kürbis mit Dehydracetsäure.** F. J. Francis und M. A. Jimenez. (Food Technol. **15,** 322—27, 1961; Amherst, Mass., Univ. of Massachusetts; engl.) — Unter vielen untersuchten antimikrobiellen Mitteln wurde *Dehydracetsäure* (**I**) als relativ optimal zur Konservierung von in Würfel geschnittenen Kürbisstücken (**a**) gefunden. Die **a** wurden während 1 Min. in eine 0,2%ig. Lsg. des Na-Salzes von **I** eingetaucht, dann partiell getrocknet, verpackt u. bis zu 26 Tagen im Dunkeln bei 72—75° F gelagert. Die Haltbarkeit hing weitgehend von der Sorte u. der ursprünglichen Qualität ab. Der Geschmack der behandelten **a** war gering unterschiedlich gegenüber dem frischer **a**. K. Schleich 7690◇

2829 **Untersuchungen über englische (persische) Walnüsse (Juglans regia).** 2. Mitt. **Kernentwässerung mit dem Riementrogtrockner.** Louis B. Rockland, E. Lowe, D. M. Swarthout und R. A. Johnson. (Food Technol. **14,** 615—18, 1960; Pasadena, Calif., USDA, Agric. Res. Serv., Fruit and Vegetable Chem. Labor.; engl.) — 1. vgl. C. **1957,** 4268. — Walnußkerne werden bei Lufteingangs-Temp. von 160—255° F in 65 Min. u. in einem 2stufigen Gerät bei 180 u. 210° F in 50 Min. von 15—20 auf 3,5 ± 0,3% Feuchtigkeit getrocknet. Dabei tritt kein nachteiliger Geruch auf; bei Trocknung auf ≦3,5% Feuchtigkeit entsteht ein leichter Röstgeruch, bes. bei Eingangs-Temp. der Luft von 255° F, obwohl die Feuchtigkeit >5% beträgt. Bei Trocken-Temp. von 210° u. Kern-Temp. bis 145° F tritt nach kurzen Trockenzeiten, die das Gerät benötigt, keine Schädigung der Kernqualität auf. W. Wesly 7692◇

2830 **Untersuchungen über englische (persische) Walnüsse (Juglans regia).** 3. Mitt. **Stabilisierung der Kerne.** Louis B. Rockland, D. M. Swarthout und R. A. Johnson. (Food Technol. **15,** 112—16, 1961; Pasadena, Calif., Fruit and Vegetable Chem. Labor. and Diamond Walnut Growers, Inc.; engl.) — 2. vgl. vorst. Referat. — Geschälte, unbehandelte Walnüsse (**a**) wurden nach 10 Monaten Lagerung ungenießbar. Mit 2 verschiedenen Mischungen von Antioxydantien behandelte **a**, die 3,1% W. enthielten, waren noch nach 18 Monaten genießbar, wie übereinstimmend durch organolept. Prüfung u. Best. der Peroxide, der O_2-Absorption u. der freien Fettsäuren bestätigt wurde. K. Schleich 7692□

2831 **Untersuchungen über englische (persische) Walnüsse (Juglans regia).** 4. Mitt. **Bandtrocknung von ungeschälten Walnüssen.** E. Lowe, Louis B. Rockland und Kazuo Yanase. (Food. Technol. **15,** 116—17, 1961; Albany, Calif., Western Utilization Res. and Dev. Div., Agric. Res. Serv., US Dep. of Agric.; engl.) — 3. vgl. vorst. Referat. — Die Trocknung von Walnüssen (**a**), bis die Kerne den für die Lagerung optimalen Geh. von 3,5 ± 0,3% W. erreichen, wird vorteilhaft mit den ungeschälten **a** durchgeführt. Bei einer Temp. von 200° F dauerte sie 17 Minuten. K. Schleich 7692□

2832 **Über Nußmus.** K. Braunsdorf. (Nahrung **7,** 256 bis 260, 1963; Magdeburg, Bezirks-Hyg.-Inst.; dt.) — Unterss. an Nußmus zeigen für Kaschumus einen niedrigeren Fett-Geh. u. höheren Kohlenhydrat-Geh. als bei Haselnußmus. Bei einer Lagerung beider Prodd. für 3 Monate bei Zimmer-Temp. u. im Kühlschrank ließ sich keine geschmackliche Abwertung feststellen. Für die Qualität längere Zeit gelagerter Prodd. dürfte die Güte des Ausgangsmaterials bedeutsam sein. G. Heder 7692◇

2833 **Eine neue Oxydations-Reaktion beim Verderben von Orangensaft.** Felix Kiefer. (Food Technol. **15,** 302—05, 1961; Gainesville, Fla., Univ. of Florida; engl.) — Der industriell hergestellte Orangensaft von 42° Brix ist trübe; er hellt sich mit der Zeit auf, wobei sich aber zugleich der Geschmack verschlechtert. Es wurde beobachtet, daß die Aufhellung durch *KCN* verhindert, durch *Ascorbinsäure* (**I**) aber beschleunigt wird. Daraus wird geschlossen, daß die Aufhellung nicht allein durch hydrolyt. Wrkg. von Pektinenzymen, sondern auch durch eine von Oxydationsenzymen in Verbindung mit **I** hervorgerufene Oxydation verursacht wird. K. Schleich 7706◇

2834 **Die Wiedergewinnung von Anthranilsäuremethylester in Concord-Weinbeeren-Essenz.** Norman F. Roger. (Food Technol. **15,** 309—14, 1961; Philadelphia, Pa., Eastern Reg. Res. Labor.; engl.) — Der Saft von Concord-Weinbeeren (**a**) enthält 2—3 ppm *Anthranilsäuremethylester* (**I**) u. ungefähr 50 ppm flüchtige Ester (**II**). Bei der zur Herst. von Essenzen dienenden Dest. geht nur ein kleiner Teil des bei 266° sd. **I** in das Destillat. Eine geschmacklich gute Essenz konnte dadurch gewonnen werden, daß bei einer einen hohen

Geh. an **II** u. A. ergebenden Dest. unterhalb des oberen Endes der Dest.-Säule ein an **I** reicher Seitenstrom eingeschaltet wurde u. daß diese beiden Teile gemischt wurden. Dabei wurden 70—75% des in den **a** enthaltenen **I**, des charakterist. Geschmacksträgers, wiedergewonnen.
K. Schleich 7714◇

2835 **Die Einwirkung der Sterilisierung von kondensierter Milch auf die Aufhellung von Kaffee.** M. Timmermans. (Nederl. Melk- en Zuiveltijdschr. **17**, 193—97, 1963; Leeuwarden, Coop. Condensfabr. „Friesland"; engl.) — Unsterilisierte Kondensmilch verleiht Kaffee ein gräuliche, sterilisierte eine schöne, goldgelbe Färbung. Der Unterschied beruht auf der Verminderung des opt. Reflexionsvermögens durch die Sterilisierung. Das Aufhellungsvermögen sterilisierter Kondensmilch ist zwar geringer als das unsterilisierter Proben; jedoch bevorzugt der Verbraucher sterilisierte Milch wegen der ansprechenderen Färbung, die sie dem Kaffee verleiht. Fe-Spuren beeinflussen die Färbung des Kaffees in einer ganz anderen Art als die Sterilisierung der Milch.
W. Wesly 7720◇

2836 **Untersuchungen über das Aufbrühen von Tee.** C. P. Natarajan, S. Ramamani, D. E. Leelavathi, R. Shakunthala, D. S. Bhatia und V. Subrahmanyan. (Food Sci. [Mysore, India] **11**, 321—32, 1962; Mysore, Central Food Technol. Res. Inst.; engl.) — Der Extraktionsgrad verschiedener Tee-Inhaltsstoffe ist abhängig von der Teesorte u. der Zerkleinerungsform. Bei normalem Aufbrühen tritt innerhalb der ersten 3—4 Min. die stärkste Extraktion ein. Bei Tanninen, Coffein, Zucker, Mineral- u. Farbstoffen bewirkt eine Erhöhung der Temp. des Extraktionswassers eine verstärkte Extraktion, hauptsächlich in den ersten 2 Min. des Aufbrühens. Vorfeuchten u. Vorwärmen des Tees hatten wenig Einfl. auf den Extraktionsgrad. Die besten Aufgüsse wurden erhalten, wenn die Teeblätter zu maximal 25% ausgelaugt wurden, die Temp. des W. wenigstens 85° betrug u. die Teeblätter 4—8 Min. mit dem Extraktionswasser in Kontakt waren.
E. Lück 7724◇

2837 **Beitrag zur Kenntnis der Wechselwirkungen zwischen Proteinen und Polyphenolen der Kakaobohnen während der Fermentation.** B. Biehl. (Z. Lebensmittel-Unters. u. -Forsch. **119**, 105—18, 1963; Hamburg, Forsch.-Inst. für Kakaowirtschaft; dt.) — Unterss. über die Wechselwrkg. zwischen *Proteinen* (**I**) u. *Polyphenolen* (**II**) frischer u. fermentierter Kakaobohnen werden mitgeteilt. Nach Vorextraktion der lösl. **II** mit Aceton–W.-Gemischen blieben in frischen Cotyledonen nur 13—15% des ursprünglichen **I** unlösl., 7—8% nach einer anaeroben u. 35—40% nach einer aeroben Wasserbehandlung, in Abhängigkeit von der Menge an lösl. **II**.
K. Kappeller 7726◇

2838 **Zartheit von Geflügelfleisch. 1. Mitt. Wirkung von Anästhesie, Kochen und Bestrahlung.** W. J. Stadelman und R. G. Wise. (Food Technol. **15**, 292—94, 1961; Purdue Univ., Purdue Agric. Exp. Stat.; engl.) — Verschiedenartig durchgeführte Erwärmung des Hühnerfleisches vor dem Gefrieren sowie γ-Bestrahlung hatten fast keine Wrkg. auf die mit der Scherpresse gemessene Zartheit des Fleisches. Die Verw. von *Nembutal* als Anästhesierungsmittel vor dem Schlachten der Hühner machte das Fleisch zäh.
K. Schleich 7750◇

2839 **Untersuchungen über Fleischeigenschaften an wachsenden Mastrindern deutscher Zweinutzungsrassen.** J. H. Weniger, D. Steinhauf und G. Pahl. (Fleischwirtschaft **14**, 1143—48, 1962; Göttingen, Univ., Inst. für Tierzucht u. Haustiergenetik; dt.) — Die Saftigkeit von Rindfleisch ist in erster Linie durch das Wasserbindungsvermögen bestimmt, das mit zunehmendem Alter der Tiere bei gleichzeitiger Erhöhung der Tockensubstanz im Muskel abnimmt. Zu seiner Best. eignet sich am besten eine Preßmethode. Weitere diesbzgl. Zusammenhänge mit dem Fett-Geh. werden diskutiert. Die Farbe des Fleisches korreliert mit seinem Geh. an *Fe*, der bei Kalbfleisch geringer als bei ausgewachsenen Rindern ist.
G. Heder 7750◇

2840 **Zur Fischkühlung in Eis und Seewasser.** J. Herrmann und A. Wolschon. (Nahrung **7**, 300—15, 1963; Berlin, Humboldt-Univ., Landwirtschaftl.-gärtner. Fak., Inst. für Technol. u. Vorratspflege; dt.) — Während bei Luft-Temp. von 0—4° die Lagerung von Fischen in Seewasser (**a**) oder in Eis keine wesentlichen Unterschiede zeigt, bringt bei Luft-Temp. von 10° die Lagerung in **a** bessere Ergebnisse. Bei kurzfristiger **a**-Lagerung ist eine Haltbarkeitsverlängerung der Fische um ca. 30% zu erreichen, wobei die bei diesem Verf. beobachtete schnellere Abkühlung eine Verlängerung der Totenstarre u. damit der Haltbarkeit bewirkt. Als weitere Vorteile der **a**-Lagerung sind Ausschluß von Oxydation, bessere Dosierungsmöglichkeit baktericider Stoffe, keine Beschädigung der Fische durch Druck u. lang anhaltende Elastizität des Fischfleisches hervorzuheben. Auf Besonderheiten der Erneuerung von **a** zur Verhinderung einer Anhäufung von Keimen u. Zers.-Prodd. wird hingewiesen.
G. Heder 7752◇

2841 **Ein neues elektronisches Schnellverfahren zur Ermittlung der Frische von Seefischen.** Chr. Hennings. (Z. Lebensmittel-Unters. u. -Forsch. **119**, 461—77, 1963; Hamburg, Bundesforsch.-Anst. für Fischerei, Inst. für Fischverarbeitung; dt.) — Zur Messung des Frischezustands von Seefischen wird ein Verf. beschrieben, bei dem das Verhältnis zweier bei zwei Wechselströmen verschiedener Frequenz am Meßobjekt auftretender Widerstände als Maß für die Frische ausgewertet wird. Ein Gerät, das den Frischezustand sofort abzulesen gestattet, ist beschrieben. Als Maß für den Frischegrad wird vorgeschlagen, den Zeitraum in „Eislagertagen" anzugeben, den die Fische zum Zeitpunkt der Messung bis zur Erreichung der Genußuntauglichkeit noch vor sich haben. Die an 5 Seefischarten vom Fang bis zur Genußtauglichkeitsgrenze ermittelten Werte, die zur Eichung des Gerätes in Frischgraden verwendet wurden, werden mitgeteilt u. im Zusammenhang mit dem Geschehen im Fischgewebe besprochen sowie die sich daraus ergebenden Fehlmessungsmöglichkeiten angezeigt.
G. Heder 7752◇

2842 **Veränderungen der Milch durch die Pasteurisierung.** A. Fricker. (Dtsch. Molkerei-Ztg. **84**, 851—55, 1963; dt.) — Vf. gibt eine Übersicht über die gebräuchlichen Pasteurisierungs-Verff., über die bakteriolog. Bedeutung u. die chem. Auswirkung der Pasteurisierung. Trotz geringer chem. Veränderungen ist die völlige Erhaltung des ernährungsphysiolog. Wertes der Milch nach Pasteurisierung gewährleistet, wie auch der Nährwert der Milch durch Uperisation, die kurz erörtert wird, nicht beeinträchtigt ist.
G. Heder 7756◇

2843 **Lichtschutz für Milch und Milcherzeugnisse.** Karl Koenen. (Dtsch. Molkerei-Ztg. **83**, 1819—20, 1962; Krefeld; dt.) — Da Milch u. manche Milcherzeugnisse durch Licht mit $\lambda < 500$ nm vielfältige nachteilige Veränderungen erfahren, empfiehlt Vf. zur Verpackung gelb bis braun gefärbte Glasflaschen oder entsprechend gefärbte Einwegpackungen. Eingefärbte Plastikkannen bieten keinen ausreichenden Schutz. Der Farbton ist jedoch so zu wählen, daß noch keine stärkere Absorption der Wärmestrahlung erfolgt.
Winfried Krüger 7756◇

2844 **Zusammensetzung von friesischen Molken.** Ch. C. J. Olling. (Nederl. Melk- en Zuiveltijdschr. **17**, 176—84, 1963; Leeuwarden, Coop. Condensfabr. „Friesland"; engl.) — Unterss. über die Zus. von Molken aus Friesland ergeben, daß die Schwankungen einiger Bestandteile mit denen der Milch im Verlaufe eines Jahres übereinstimmen. Molken von Cheddar-Käse enthalten mehr Ca^{2+}, PO_4^{3-} u. Asche u. haben einen niedrigeren pH-Wert als die von Gouda-Käse. Die Molken enthalten an Eiweiß gebundenes PO_4^{3-} in Konzz. von 0,005—0,008 g/100 ml.
W. Wesly 7756◇

2845 **Über die bakteriostatische Wirkung von Milch- und Citronensäure auf nitratspaltende Bakterien in Säuglingsmilchzubereitungen im Hinblick auf eine Prophylaxe der Methämoglobinämie.** Claus Simon, Hans Kay und Günter Mrowetz. (Milchwissenschaft **17**, 661—68, 1962; Kiel, Univ., Kinderklin.; Bundesforsch.-Anst. für Milchwirtsch., Chem. Inst.; dt.) — Wird zur Bereitung von Säuglingsnahrung aus Trockenmilch-Präpp. NO_3'-haltiges W. verwendet, so können eine Reihe von in den Präpp. enthaltenen Bakterienarten NO_3^- zu NO_2^- reduzieren u. dadurch eine Methämoglobinämie auslösen. In ausgedehnten bakteriolog. Verss. weisen Vff. nach, daß Zusätze von 0,3—0,5% *Milch-* u. *Citronensäure* (die schon im Trocken-Präp. vorhanden sein können) die bakterielle NO_2^--Bldg. hemmen u. somit einen Sicherheitsfaktor gegen die Methämoglobinämie darstellen.
Winfried Krüger 7756◇

2846 **Die experimentelle alimentäre Lebernekrose als empfindlicher Indicator bei thermischer Belastung der Milch. Über die Magermilchtrocknung.** H. Fink. (Nahrung **7**, 277—99, 1963; Köln, Univ., Inst. für Gärungswiss. u. Enzymchemie; dt.) — In Fütterungs-Verss. an entwöhnten Albinoratten mit einer für das Wachstum suffizienten Diät, die 10% Magermilchpulver enthielt, gingen bis zu 100% der Tiere zwischen dem 30. u. 60. Vers.-Tag an alimentärer Lebernekrose ein, wohingegen die Tiere den 120 Tage währenden Aufzucht-Vers. bei Verabfolgung frischer Magermilch überlebten. Allg. erweist sich Walzenpulver in stärkerem Maße nekroseauslösend als Sprühpulver. Die Vers.-Ergebnisse lassen als Ursache für die Befunde die Trocknungsart der Milch erkennen. Die Verhinderung dieses Effektes durch lebernekroseverhindernde Zusätze von *Thioaminosäuren, Vitamin E* u. von *Natriumselenit* sowie durch Austausch von 15% des Milcheiweißes durch Cerealieneiweiß wird diskutiert.
G. Heder 7756◇

2847 **Einfluß der Verpackung auf die Qualität der Butter.** E. Meinl. (Molkerei- u. Käserei-Ztg. **13**, 200—01, 1962; Weihenstephan; dt.) — Als Verpackungsmaterial für Butter eignet sich am besten pergamentkaschierte Al-Folie oder kunststoffbeschichtetes Papier. Einfaches Pergamentpapier ist nur bei kurzfristiger Lagerung verwendbar, da es weder wasser-, gas- noch aromadicht ist.
Winfried Krüger 7758◇

2848 **Die Gewinnung von Eiweißkonzentraten zu Futterzwecken, Antibiotica und Vitaminen aus den Abgängen der Alkoholindustrie.** Ja. P. Skripnik, I. M. Lerner, A. W. Konkin und G. A. Baramidse. (Spirituosen-Ind. [UdSSR] **27**, Nr. 4, 21—25, 1961; russ.) — Melasse dient vorwiegend zur Gewinnung von *Futterhefe* (I). 1 kg I enthält 380—400 g Futtereiweiß. Melasse wird bei 36—38° mit *Candida tropicalis* angesetzt. Zur Erhöhung der Ausbeute gibt man $(NH_4)_2SO_4$ oder $(NH_4)_2CO_3$ hinzu. Das pH wird mit Hilfe von H_2SO_4 geregelt. Aus 1 t Rübenmelasse erhält man 11 kg, bei Zusatz von 10 kg Sirup/t Melasse 20 kg **I**. Aus 1 t Getreide–Kartoffel-Melasse erhält man 24 kg **I**. Zur Gewinnung von Futterbiomycin, zusammen mit Vitamin B_{12}, werden *Actinomyces aureofaciens* auf einen vorher sterilisierten (120°) Nährboden mit 15—20(%) Melasse, 0,5 Kreide, 0,5 NH_4NO_3, 1 g/t Benzylrhodanid, 1 g/t Co-Chlorid aufgezogen.
I. Weber 7786◇

2849 **Untersuchungen über die Verwertung von Calcium- und Phosphorsalzen aus Fischgrätenmehl einiger Frischfische und Fischkonserven bei der Verfütterung.** B. Doboszýnska, Z. Ganowiak und J. Wierzchowski. (Nahrung **7**, 335—40, 1963; Gdansk, Lehrstuhl für Lebensmittelchem. der Med. Akad.; dt.) — Ratten, die mit einem Zusatz von 5% eines Knochenmehls von frischen u. konservierten Fischen zu einer Grunddiät gefüttert werden, zeigen eine gute Ca- u. P-Aufnahme u. Verwertung dieser Mineralien aus den genannten Zusätzen. Daneben zeigten die verfütterten Fischgrätenmehle eine gute antirachit. Wrkg. auf junge Ratten.
G. Heder 7786◇

2850 **Cystingehalt von Eiweiß, Nahrungsmitteln und Futtermitteln. Vergleich der Chromatographie an einem sulfonierten Polystyrolharz mit mikrobiologischen Bestimmungsverfahren.** Robert John Evans, Selma L. Bandemer und Doris H. Bauer. (J. agric. Food Chem. **8**, 383—86, 1960; East Lansing, Mich., Michigan State Univ., Dep. of Agric. Chem.; engl.) — Die Best. des *Cystin* (I)-Geh. zahlreicher Nahrungs- u. Futtermittel auf chromatograph. Wege u. nach 3 biolog. Verff. ergibt, daß das chromatograph. Verf. zu reproduzierbaren Werten führt. Die Werte liegen allg. niedriger als die kaum reproduzierbaren Werte von zwei biolog. Verff. (30 Min. lange Hydrolyse). Die mit dem biolog. Verf. mit 6std. Zers. erhaltenen Werte sind meist niedriger als die chromatograph. Werte. Chromatograph. zeigte ein Sojabohneneiweiß-Präp. viel mehr **I** als mikrobiologisch.
W. Wesly 7788◇

2851 **Die Mikrochemie beim Studium von Nahrung und Ernährung.** G. Gorbach. (Nahrung **7**, 261—75, 1963; Graz, TH, Inst. für biochem. Technol., Lebensmittelchem. u. Mikrochem.; dt.) — In einer Übersicht werden die wichtigsten Geräte u. Hilfsmittel für das mikrochem. Arbeiten sowie die Vorteile mikrochem. Meth. in der Lebensmittelchemie besprochen. — 59 Literaturangaben. G. Heder 7788◇

2852 **Nicht-Protein-Stickstoff in Weizenmehl.** Pamela M. Bell. (J. Sci. Food. Agric. **14**, 133—37, 1963; North Ryde, New South Wales, Wheat Res. Unit. C.S.I.R.O.; engl.) — Bei der Unters. der Nicht-Protein-N (NPN)-Fraktion aus wss. Extrakt von Weizenmehl mittels Dialyse, Hitzekoagulation oder durch Fällung mit *Trichloressigsäure* (I) ergibt die Dialyse eine geringere, jedoch besser reproduzierbare Fraktion, die reicher an Amin-N als die mit den anderen Meth. gewonnenen Fraktionen ist. Die von der Meth. abhängigen Unterschiede der Fraktionen an NPN stehen mit einem Polysaccharid–Protein-Komplex, der ca. 30% von nicht in der Hitze koagulierbarem N enthält, nicht dialysierbar ist, aber mit **I** nach Inkubation mit Polysaccharase fällbar ist, in Zusammenhang. In der diffundierbaren NPN-Fraktion werden zahlreiche freie Aminosäuren nachgewiesen, die auch nach Säurehydrolyse aus Peptiden in Freiheit gesetzt werden. Die Bldg. von NPN bei der Aufbewahrung wss. u. verd. Säureextrakte von Mehl wird durch mehleigene Enzyme u. durch mikrobiolog. Befall gefördert, sie ist durch Kochen u. durch ausgewählte antimikrobielle Agentien teilweise zu unterbinden. G. Heder 7798◇

2853 **Refraktometrische Untersuchungen von Tomatenprodukten.** Charles D. Buss. (Food Technol. **15**, 327—28, 1961; Stockton, Calif., Flotill Products, Inc.; engl.) — Bei der zur refraktometr. Unters. von Tomaten-Prodd. nötigen Filtration sind 2 Fehlerquellen zu beachten, nämlich Wasserverdampfung u. Adsorption von gelösten Stoffen durch das Filtrierpapier. Beide Fehler werden vermieden bei Filtration durch ein zweckmäßig geschnittenes u. zusammengenähtes Nylongewebe in einem mit einer Petri-Schale zugedeckten, rohrlosen Trichter, dessen unteres Ende 13 mm über dem in einem Erlenmeyer-Kolben befindlichen W. steht. Nach Verschwinden der anfänglichen Trübung im Filtrat wird ein Tropfen für die Messung verwendet, nach 2 Min. zur Kontrolle ein weiterer Tropfen usw., bis der Wert konst. bleibt.
K. Schleich 7810◇

2854 **Zur eindimensionalen aufsteigenden Papierchromatographie von Paprikainhaltsstoffen.** Roque A. Sacchetta. (Rev. Asoc. bioquím. argent. **25**, 187—94, 1960; span.) — Beschreibung einer papierchromatograph. Meth. zur Beurteilung der Farb-Eigg. von *Paprika* sowie zum Nachw. von Verunreinigungen bzw. von Beimischungen von Paprika zu Safran. K. Zingraf 7826◇

2855 **Die Wirkung der Verarbeitungsweise und der Sorte auf den Niacin- und Ätherextrakt-Gehalt von rohem und geröstetem Kaffee.** Ricardo Bressani, Donald Fiester, Delia A. Navarrete und Nevin S. Scrimshaw. (Food Technol. **15**, 306—08, 1961; Guatemala C.A., Inst. of Nutrit. of Central America and Panama [INCAP]; engl.) — Rohe Kaffeebohnen verschiedener Sorten enthalten 7,66 bis 11,10% Ätherextrakt (I) u. 1,05—1,81% *Niacin* (**II**). Alkal. Behandlung beim Waschen der Bohnen erniedrigt den Geh. an **II**. Rösten während 8 Min. bei 180° erhöht **I** durch Umwandlung von organ. in ätherlösl. Substanzen u. auch **II** durch Zers. von *Trigonellin*. K. Schleich 7828◇

2856 **Die chemische Zusammensetzung von Handelsproben von schwarzem Tee.** T. N. Ramakrishnan, S. N. Raghavendra Rao, E. Sankaran Nambudiri, S. Ramamani, C. P. Natarajan und D. S. Bhatia. (Food Sci. [Mysore, India] **11**, 333—34, 1962; Mysore, Central Food Technol. Res. Inst.; engl.) — 986 Handelsproben von schwarzem Tee wurden auf ihre Zus. untersucht u. folgende Maximal-, Durchschnitts- u. Minimal-Geh. gefunden: Gesamtasche 12,05, 6,07, 4,23 (%); wasserlösl. Asche 79,38, 58,68, 22,85; säureunlösl. Asche 5,78, 0,42, 0,01; Aschenalkalität, berechnet als K_2O, 2,23, 1,70, 1,05; Extrakt-Geh. 47,50, 40,30, 32,12; Rohfaser 20,72, 11,78, 7,40; *Coffein* 5,10, 3,51, 2,12 u. *Tannine* 21,04, 12,92, 7,75. E. Lück 7830◇

2857 **Bestimmung von Nitrit und Nitrat in Fleischprodukten.** M. J. Follett und P. W. Ratcliff. (J. Sci. Food Agric. **14**, 138—44, 1963; engl.) — Durch Umsatz von NO_2^- mit *Sulfanilsäure* u. *α-Naphthol* zu *Orange I*-Farbstoff, der photometr. auswertbar ist, gelingt die NO_2^--Best. in Pökelfleisch. Gleichzeitig anwesendes NO_3^- stört die Rk. nicht. Zu seiner Best. dient eine Red. desselben mit Cd zu NO_2^-, das in der beschriebenen Weise bestimmbar ist.
G. Heder 7850◇

2858 **Die Trennung von Kuhmilch-Molkenproteinen mit der präparativen kontinuierlichen Papierelektrophorese.** Helmut Hilpert und Dorothea Enkelmann. (Milchwissenschaft **18,** 109—12, 1963; Wangen im Allgäu, Staatl. Milchwirtschaftl. Lehr- u. Forsch.-Anst.; dt.) — Bei der mittels kontinuierlicher Papierelektrophorese durchgeführten Auftrennung der Kuhmilchmolkenproteine werden 5 verschiedene Banden erhalten, die im einzelnen folgenden Proteinen zuzuordnen sind: *Immunglobuline, α-Lactalbumin, β-Lactalbumin B, β-Lactalbumin A* u. *Blutserumalbumin.* Die gewonnenen Proteinfraktionen wurden durch einfache Papierelektrophorese bzgl. ihrer Einheitlichkeit überprüft. Das Verf. u. sein Wert für die Isolierung reiner Milchproteine — bes. durch Kombination mit Chromatographie an Ionenaustauschercellulose — werden diskutiert. G. Heder 7856◇

2859 **Ein Schnellverfahren zur Bestimmung von Eisen in Milch und Milchprodukten.** P. Boersma. (Nederl. Melk- en Zuiveltijdschr. **17,** 288—94, 1963; Leeuwarden, Coop. Condensfabr. „Friesland"; engl.) — Zur Best. von Fe in Milch u. Milch-Prodd. wird die Probe mit HCl + CCl_3COOH auf dem sd. Wasserbad geklärt, das Filtrat mit 1% ig. $KMnO_4$-Lsg. versetzt, bis die Rosafärbung nicht mehr sofort verschwindet, Fe^{3+} mit $NH_2OH \cdot HCl$ zu Fe^{2+} red. u. dieses mit *o-Phenanthrolin* colorimetr. bei 515 nm nach 2 Std. langem Stehen ermittelt. Die Empfindlichkeit des Verf. beträgt ca. 0,1 mg Fe/100 ml Milch. W. Wesly 7856◇

2860 **Ein Schnellverfahren zur Bestimmung von Kupfer in Milch und Milchpulver.** Ch. C. J. Olling. (Nederl. Melken Zuiveltijdschr. **17,** 295—305, 1963; Leeuwarden, Coop. Condensfabr. „Friesland"; engl.) — Zur Best. von Cu in Milch u. Milchpulver(-Lsg.) wird die Probe unter Erwärmen mit CCl_3COOH geklärt, wobei das an Eiweiß gebundene Cu frei gemacht wird, das Filtrat bei pH 8,5—9 mit *Na-Diäthyldithiocarbamat* versetzt, die gebildete gelbe Komplex-Verb. mit Isoamylalkohol extrahiert u. bei 435 nm colorimetr. ermittelt. W. Wesly 7856◇

2861 **Untersuchungen über den Nitratreduktionstest.** Klaus Börger. (Milchwissenschaft **17,** 668—72, 1962; Kiel, Bundes-Vers.- u. Forsch.-Anst. für Milchwirtschaft; dt.) — Bei der hygien. Beurteilung von Milch bietet der NO_3^--Red.-Test keinerlei Vorteile gegenüber der *Methylenblau-* oder *Resazurin-Reduktase*-Probe, bes. erlaubt er keine genaueren Rückschlüsse auf den Coli- bzw. Schmutzbakterien-Geh. als die anderen gebräuchlichen Verfahren. Winfried Krüger 7856◇

2862 **Zur Methodik der Keimzahlbestimmung in Milch mit Chinablau-Lactose-Agar.** Ernst Brandl und Evelyne Sobeck-Skal. (Milchwiss. Ber. [Wien] **13,** 1—20, 1963; Wien, Inst. für Milchwirtschaft u. Mikrobiol. der Hochschule für Bodenkultur; dt.) — Bei der Keimzahl-Best. mit Hilfe des Platten-Verf. auf Lactose-Agar mit Zusatz von *Chinablau* (**I**) bzw. *Anilinblau* (**II**) in Rohmilch, hocherhitzter u. kurzzeiterhitzter Milch treten im End-pH-Bereich zwischen 6,6 u. 7,4 signifikante Keimzahldifferenzen auf. Demgegenüber war der Einfl. des Farbstoffzusatzes bis zu 375 mg **I** bzw. 800 mg **II** pro Liter Nährboden nicht signifikant. G. Heder 7856◇

2863 **Studien zum Redox-Potential in Butter.** 1. Mitt. **Zur Methodik der Redox-Messung in Butter.** Silvia Sattler-Dornbacher. (Milchwiss. Ber. [Wien] **13,** 21—52, 1963; Wien, Hochschule für Bodenkultur, Inst. für Milchwirtschaft u. Mikrobiol.; dt.) — Zur Best. des Redoxpotentials in Butter sind colorimetr. u. titrimetr. Meth. ungeeignet. Demgegenüber erweist sich eine vom Vf. näher beschriebene elektrometr. Redox-Potential-Best. als brauchbar. G. Heder 7858◇

2864 **Studien zum Redox-Potential in Butter.** 2. Mitt. **Versuche zur Haltbarkeitsvoraussage von Lagerbutter mittels Redox-Potentialmessung.** Silvia Sattler-Dornbacher. (Milchwiss. Ber. [Wien] **13,** 53—74, 1963; Wien, Hochschule für Bodenkultur, Inst. für Milchwirtschaft u. Mikrobiol.; dt.) — 1. vgl. vorst. Referat. — Das anaerobe Redoxpotential, das für vorliegende Unterss. die am besten verwertbaren Ergebnisse liefert, erfährt bei Lagerung der Butter einen Anstieg, der mit Erhöhung der Temp. größer wird. Der Potentialerhöhung folgt eine Geschmacksverschlechterung der Butter, jedoch läßt diese von Probe zu Probe verschiedene Beziehung keine Festlegung von Grenzwerten zu. Es bestehen ferner keine klaren Beziehungen zwischen dem Redoxpotential u. bestimmten Geschmacksfehlern. Gewisse Voraussagen bzgl. der Lagerfähigkeit sind auf der Basis des zu Beginn der Lagerung gemessenen anaeroben Redoxpotentials bei Süßrahmbutter möglich. G. Heder 7858◇

2865 Commercial Solvents Corp., New York, N.Y., V.St.A. (Erfinder: Marvin Charles Bachman), **Konservierung von Grünfutter durch Silierung.** Frischgeschnittenes, zu Teilchen von 1,5—2,5 cm Länge zerkleinertes Grünfutter, bes. Alfalfa, Gras, Grünmais, Leguminosen, grünes Getreide u. dgl., wird vor oder während des Einfüllens in Silos mit 1—50, bes. 25 g/907 kg Grünfutter, eines *Bacitracinsalzes des* Fe^{2+}, Fe^{3+}, *Mn, Mg, Cu* oder *Co* innig vermischt. Der Zusatz des Bacitracinsalzes kann in Form von Pulvern, wss. Lsgg. oder Suspensionen erfolgen. Dem Silagefutter können noch Kohlenhydrate, bes. Melasse oder Maismehl, in Mengen von ca. 36—90 kg/907 kg Grünfutter zur Erleichterung der Milchsäure-Essigsäure-Gärung zugefügt werden. Die Herst. des Fe-Bacitracinsalzes erfolgt z. B. durch Zusatz einer $FeCl_2$-Lsg. zu der Bacitracin-Fermentations-Fl., Einstellung des pH der Fl. auf 7,0 mit NaOH, Rühren der Masse unter Einleiten von Luft, Abtrennen, Trocknen u. Mahlen des Niederschlags. Die Zerstörung der Vitamine, Enzyme u. Proteine wird vermieden u. ein leicht verdauliches, buttersäurefreies Silagefutter gewonnen. (**E. P. 912 454** vom 10/4. 1961, ausg. 5/12. 1962.) H. Karst 7783

2866 Aktieselskabet Grindstedvaerket, Aarhus, Dänemark, **Fettemulsion für Futterzwecke.** Es werden 36 (kg) Schweinefett, 4 Glycerinmonostearat u. 400 g Seife geschmolzen u. mit 60 kg W. bei 70° homogenisiert. Dieser Emulsion können noch Vitamine, Konservierungsmittel u. Antioxydationsmittel zugesetzt werden. Die Größe der Fettkügelchen in der Emulsion soll 3 μ betragen. (**Dän. P. 90 829** vom 22/4. 1955, ausg. 24/7. 1961.) K. H. Kähler 7787

2867 Chas. Pfizer & Co., Inc., Brooklyn, N.Y., V.St.A., **Wachstumsfördernde Futtermittel,** gek. durch einen Geh. an einem Sapogenin, bes. Smilagenin, u. einer östrogenen Verb., bes. Diäthylstilböstrol. (**Ind. P. 67 634** vom 21/5. 1959, ausg. 22/12. 1961.) C. Lüttgen 7787

2868 Rhône-Poulenc Soc. An., Paris (Erfinder: Charles Roméo Marcel Schuppon, Nanterre), Frankreich, **Herstellung von Spiramycinsalzen,** indem man durch Fermentation gewonnenes Spiramycin I, II, III oder deren Gemische mit 2.2′-Dihydroxydinaphthyl-(1.1′)-methan-3.3′-dicarbonsäure (Embonsäure) reagieren läßt. — *Futtermittelzusatz.* (**Ung. P. 150 860** vom 15/3. 1962, ausg. 20/6. 1963. F. Prior. 16/3. 1961.) F. Landsberger 7787

H_{17}. Fette, Seifen, Wasch- und Reinigungsmittel usw.

2869 **Die Arbeiten des „Reichsinstituts für Volksgesundheit" auf dem Gebiete der Öle und Fette.** J. A. van der Linde. (Chem. Weekbl. **59,** 582—84, 1963; niederl.) — Übersicht mit Diskussion. F. Rosendahl 7870△

2870 **Die Durchführung chemisch-technischer Bearbeitung eßbarer Öle und Fette im Laboratorium.** F. D. Tollenaar. (Chem. Weekbl. **59,** 525—30, 1963; Centraal Inst. voor Voedingsonderzoek T.N.O.; niederl.) — Übersicht über verschiedene App., mit denen im Labor. Mengen von 1—50 kg an Ölen oder Fetten auf neue chem.-techn. Behandlungs-Meth. untersucht werden können (Bleichen, Desodorierung, Hydrierung). F. Rosendahl 7870△

2871 **Bakteriologische Hygiene bei der Herstellung und Veredlung von Fetten.** Coignerai-Devillers. (Rev. franç. Corps gras **9,** 400—14, 1962; Cobac, Labor. de Bactériol, Aliment., franz.) H. Franzen 7870◇

2872 **Der Gehalt an Linolsäure und Tocopherolen in Ölen verschiedener Sorten von Sonnenblumen.** N. F. Dubljanskaja. (Nachr. Landwirtsch.-Wiss. [UdSSR] **5,** Nr. 6, 123—26, 1960; Forsch.-Inst. f. Öl- u. äther. Ölkulturen; russ.) — Die Unterss. über Geh. u. Zus. des Öls zur Verbesserung von Pflanzenfetten werden an den in den Jahren 1938—1952 in der UdSSR angebauten verschiedenen Sonnenblumensorten vorgenommen. Sie ergeben, daß mit der Erhöhung des Öl-Geh.

der Samen der mittlere Geh. an *Linolsäure* bedeutend ansteigt (um 12%). Ferner wird der Geh. an *Tocopherol* in Sonnenblumensamen untersucht u. ein Maximum mit 55,8% festgestellt. Er sinkt je nach Lagerungsbedingungen u. -zeit mehr oder weniger schnell. J. Lehmberg 7894△

2873 **Kristallisation von Fettsäuren.** Hermann Schlenk. (J. Amer. Oil Chemists' Soc. **38**, 728—36, 1961; Austin, Minn., Univ. of Minnesota, The Hormel Inst.; engl.) — Übersicht über die zur Reindarst. von Fettsäuren angewendeten Kristallisation-Meth. (einfache Kristallisation, „thermal gradient"-Kristallisation, Kristallisation als Harnstoffkomplex oder andere Komplexe). — 69 Literaturangaben. N. Trzebowski 7908◇

2874 **Untersuchung der Strömungsverhältnisse bei der kontinuierlichen Seifenherstellung.** Béla Balla, János Csetényi und Károly Nagy. (Élelmezési Ipar [Lebensmittel-Ind.] **17**, 297—301, 1963; Isotopen-Inst., Landes Atomenergie Komission; ung.) — Die Prüfung wurde nach der Radioindicator-Meth. durchgeführt. Zur Lauge wurde ^{24}Na enthaltende Soda-Lsg. gegeben u. der Weg der Fl. verfolgt. Aus den Maxima der Diagramme konnte auf die Zeitdauer der Durchströmung u. aus dem Verlauf der Kurven auf die Verteilung der Fl.-Ströme sowie auf die im Reaktor herrschenden Mischungsverhältnisse geschlossen werden. Die Prüfung ergab, daß in der Einrichtung keine toten Räume vorhanden sind, die Fl. strömt im ganzen Querschnitt gleichmäßig nach oben, es gibt also in der Strömung keine bevorzugten Wege. K. Gärtner 7910△

2875 **Synthese, oberflächenaktive und Wascheigenschaften der Natriumsalze von α.α-Dimethylalkansäuren.** K. W. Pusitzki, A. Ju. Rabinowitsch und Ja. T. Eidus. (J. angew. Chem. [UdSSR] **35**, 2740—45, 1962; Akad. der Wiss. der UdSSR, Zelinsky-Inst. für organ. Chem.; Moskau, Filiale des Allunions-Forsch.-Inst. für Fette; russ.) — Durch Carboxymethylierung von C_6—C_{17}-Olefin–Paraffin-Gemischen (Lösen in H_2SO_4, Einleiten von CO bei 35—40°/30—60 at u. anschließendes Behandeln mit Methanol) wurden in 60 bis 70%ig. Ausbeute C_8—C_{18}-*α.α-Dimethylcarbonsäuremethylester* dargestellt u. zu freien Säuren verseift. Die Na-Salze der C_8—C_{11}-Säuren sind nicht oberflächenaktiv. Die Oberflächenaktivität erhöht sich mit steigendem Molgew. der Säuren u. ist bes. bei den Na-Salzen der C_{14}—C_{18}-Säuren ausgeprägt. Befriedigende Wascheigg. haben die Na-Salze der C_{15}—C_{18}-Säuren, gute Schaum-Bldg. zeigen die wss. Lsgg. der Na-Salze der C_{17}—C_{18}-Säuren. — α.α-Dimethylalkansäuremethylester: *Capronsäure*, $Kp._9$ 106,5—107,5°; $D._4^{20}$ 0,9179; n_D^{20} 1,4289; 46,1% (Ausbeute, bezogen auf das erhaltene Estergemisch). — *Önanthsäure*, $Kp._9$ 123,5°; $D._4^{20}$ 0,9221; n_D^{20} 1,4360; 30,4%. — *Caprylsäure*, $Kp._{10}$ 139—140°; $D._4^{20}$ 0,9182; n_D^{20} 1,4401; 19,2%. — *Pelargonsäure*, $Kp._{12}$ 152 bis 154°; $D._4^{20}$ 0,9109; n_D^{20} 1,4422; 15,4%. — *Caprinsäure*, $Kp._{12}$ 162—170°; $D._4^{20}$ 0,9037; n_D^{20} 1,4443; 9,5%. — *Undecansäure*, $Kp._{12}$ 177—185°; $D._4^{20}$ 0,8999; n_D^{20} 1,4460; 18,7%. — *Laurinsäure* $Kp._{14}$ 185—190°; $D._4^{20}$ 0,8962; n_D^{20} 1,4488; 8,0%. — *Tridecansäure*, $Kp._{14}$ 190—195°; $D._4^{20}$ 0,8951; n_D^{20} 1,4491; 6,8%. — *Myristinsäure*, $Kp._{15}$ 195—200°; $D._4^{20}$ 0,8983; n_D^{20} 1,4482; 17,6%. — *Pentadecansäure*, $Kp._{15}$ 200—215°; $D._4^{20}$ 0,8962; n_D^{20} 1,4500; 30,1%. — *Palmitinsäure*, $Kp._{15}$ 212—245°; D_4^{20} 0,8926; n_D^{20} 1,4512; 23,2%. Helmut Schäfer 7912△

2876 **Grundlagen des Waschvorganges.** A. Löhr. (Berufsdermatosen **11**, 213—31, 1963; Düsseldorf, Henkel & Cie., G.m.b.H.; dt.) — Theoret. Erläuterungen zum Waschvorgang u. Überblick über die oberflächenakt. Stoffe. K. Hinterauer 7912◇

2877 **Dispersitätsgrad und Waschwirkung.** M. Rösch. (Fette, Seifen, Anstrichmittel, **65**, 755—59, 1963; Chem. Fabrik Stockhausen & Cie, Textilchem. Labor.; dt.) — Untersucht wurde der Zusammenhang zwischen Dispersitätsgrad der Waschlsg. u. Waschwrkg. bei der Wollwäsche mit nichtionogenen u. anion-akt. Tensiden in alkal., neutraler, saurer u. salzhaltiger Lsg. (Labor.-Breitwaschmaschine, weiches W., Flotte 1:20, 20 Min. bei 45°, 1 g wirksame Substanz/1,3 g Soda/1,3 ml Essigsäure bzw. 10 g Na_2SO_4) sowie mit chem. reinen Seifen in alkal. u. neutraler (seifenalkal.) Lsg. (3 g wirksame Substanz/Liter) unter Verw. einer Öl- bzw. einer Öl–Pigment-Anschmutzung. Bei Verw. synthet. Waschmittel wurde in alkal. Lsg. mit grobdispersen Waschmittel-Lsgg. das beste Ergebnis erzielt; bei neutraler Wäsche schwankt das optimale Waschergebnis zwischen grob- u. feindisperser Lsg.; die feindisperse Lsg. weist in saurer u. salzhaltiger Waschlsg. die beste Waschwrkg. auf. Bei Verw. von Seife in alkal. u. neutraler (seifenalkal.) Lsg. erwies sich die grobdisperse Lsg. als wollwaschaktiver. I. Ohme 7912◇

2878 **Einfluß von Pyrophosphat und Tripolyphosphat auf Metallkomplexfärbungen.** E. F. Wagner. (Fette, Seifen, Anstrichmittel, **65**, 759—62, 1963; Krefeld, Wäschereiforschung; dt.) — Untersucht wird der Einfl. von Pyro- u. Tripolyphosphat in Waschmitteln auf Basis Tetrapropylenbenzolsulfonat auf die Naßechtheit handelsüblicher Komplexfärbungen (Direktbraun, auf der Faser gekupfert, auf Baumwolle; 1:1 Metallkomplexfarbstoff (gelb), auf Wolle; 2:1 Metallkomplexfarbstoff (violett, auf Wolle) bei verschiedenen Phosphat-Konzz., Temp. (40, 60, 90°) u. pH-Werten. Die Phosphate als Metallkomplexbildner beeinflussen den Farbton u. setzen die Naßechtheit herab. Pyrophosphat zeigt stärkere Wrkg. als Tripolyphosphat. Die Naßechtheit nimmt mit steigender Pyrophosphat-Konz., Temp. u. Alkalität ab. I. Ohme 7912◇

2879 **Grenzschichtadsorption und Schaumstabilität.** P. Joos. (Ind. chim. belge **28**, 755—56, 1963; Gent, Rijksuniv., Labor. Fys. Biochem.; niederl.) — *Na-Laurat* (**I**) u. *Na-Laurylsulfat* (**II**) werden untersucht bzgl. der Beziehung zwischen Oberflächenspannung u. Schaumstabilität. Aus Oberflächenspannungs-Konz.-Kurven wird die krit. Micellen-Konz. abgeleitet. Bei **II** tritt ein Minimum bei 2,5 dyn/cm auf, bei **I** nicht. Aus den Werten wird die Oberflächenadsorption berechnet. Als Voraussetzung für gute Schaumstabilität muß gelten: niedrige Oberflächenspannung, hohe Oberflächenadsorption u. ein hohes Zeta-Potential. W. A. Schäfer 7912◇

2880 **Grundlagen der Metallreinigung.** Harold C. Wilson. (Int. Enamelist **12**, Nr. 1, 15—16, 1962; Cleveland, Ohio, Vitreous Steel Products Co.; engl.) — Die Bindung zwischen Oberfläche u. Schmutz wird bei glatten Oberflächen leichter aufgehoben. W. ist das wichtigste Schmutzlösungsmittel. Verminderung der Wasserhärte vergrößert seine Reinigungskraft. Vor der Reinigung müssen die Oberflächen des Metalls u. des Schmutzes benetzt werden, dazu wird die Oberflächenspannung des W. durch Detergentien herabgesetzt. Die Reinigung wird durch Wärme u. Rühren (Ultraschall) beschleunigt. Die gelösten Öle u. Fette werden im verseiften oder emulgierten Zustand entfernt. Wilhelm Lange 7916◇

2881 **Kritische Untersuchungen über die Verseifungszahl des Cocosnußöls.** D. M. Birosel und A. L. Gonzales. (Philippine J. Sci. **90**, 465—77, 1961; Manila, National Inst. of Sci. and Technol.; engl.) — Nach Unterss. des Vf. ist im Cocosnußöl je nach Herst. (trocken oder naß) u. der dabei verwendeten Temp. eine Substanz enthalten, die die VZ. des Öles markant beeinflußt. D. Groß/Halle 7932◇

2882 **Anomales Verhalten der Jungfernolivenöle Typ Verdoni bei der spektrophotometrischen Ultraviolettanalyse.** Biagio Giancaspro und Irene Florio. (Riv. ital. Sostanze grasse **40**, 121—29, 1963; Benevento, Labor. Chim. Provinciale; ital.) — Bei der serienmäßigen UV-spektrophotometr. Unters. einer großen Reihe von Verdoni–Jungfern-Olivenölen wurden Öle gefunden, die, obwohl nicht verfälscht, im Vgl. zu den übrigen Ölen sehr niedrige R-Werte u. ΔK-Werte ($\leq$0,01) zeigten. H. P. Fiedler 7932◇

2883 **Die gaschromatographische Bestimmung von Sterinen und ihre Anwendung beim Nachweis von tierischen Ölen und Fetten in pflanzlichen Ölen und Fetten.** J. H. Recourt. (Chem. Weekbl. **59**, 610—11, 1963; Vlaardingen, Unilever Res. Labor.; niederl.) — Kurzer Hinweis auf die Verw. der Gaschromatographie beim Nachw. von *Cholesterin* in Ölen u. Fetten. F. Rosendahl 7932△

2884 **Die α-Glyceryläther des Lebertrans.** A. Emmerie und C. Engel. (Fette, Seifen, Anstrichmittel **64**, 813—16, 1962; Utrecht, Univ. Labor. f. Mikrobiol. u. Zentralinst. für Ernährungsforsch. T.N.O.; dt.) — *Kabeljaulebertran* (**I**) wurde mit alkohol. KOH verseift, die Lsg. dann mit HCl angesäuert mit PAe. vermischt, mit W. gewaschen, über eine Silicagelkolonne filtriert u. mit PAe. nachgewaschen. Das adsorbierte

Unverseifbare (U) wurde mit A. eluiert u. nochmals verseift. Das nunmehr anfallende U enthält Vitamin A u. D, Sterine, Glycerylläther u. Alkohole. Es wurde über Al_2O_3 chromatographiert u. mit PAe., Bzl., Ae. u. Ae.–A. eluiert. Von den anfallenden Fraktionen bewirkten zwei Wachstumshemmung auf *Mycobacterium tuberculosis*. Die beiden vereinigten Fraktionen bildeten ein hellgelbes Öl (1 g/kg I), das nahezu frei von Sterinen, Vitamin A u. D ist u. Verbb. mit einer oder 2 OH-Gruppen enthält. Die akt. Fraktion wurde über die Ester der o-Phthalsäure gereinigt u. der Perjodsäureoxydation unterworfen, wobei festgestellt wurde, daß der akt. Bestandteil des I aus α-Glycerylläthern besteht. Durch IR- u. UV-Spektroskopie u. Hydrierung über Pt-Oxid bzw. Papierchromatographie der mit Perjodsäure erhaltenen Oxydations-Prodd. können mit Sicherheit 3 ungesätt. α-Glycerylläther isoliert werden. Nur einer konnte als *Selachylalkohol* identifiziert werden; die Anwesenheit von *Chimylalkohol* ist wahrscheinlich. H. P. Fiedler 7932◇

2885 **Über die Farbbestimmung von Ölen.** G. Bigoni. (Riv. ital. Sostanze grasse **40,** 116—20, 1963; Genova, Soc. Gaslini; ital.) — Es wird eine trichromat. Meth. zur Best. der Farbe von Ölen u. Fetten beschrieben. H. P. Fiedler 7932◇

2886 **Studium der Ultraviolettspektren der auf höhere Temperatur erhitzten Öle.** B. A. J. Sedláček. (Nahrung **7,** 367—73, 1963; Prag, Inst. f. Ernährungsforschung; dt.) — Es wird der Einfl. verschiedener Lsgm. auf den Charakter der UV-Spektren zwischen 210 u. 320 nm unterschiedlich stark erhitzter Öle untersucht. Als Lsgm. wurden geprüft: Hexan p. a., Hexan opt. rein (I), Chlf. (II), Tetrachlorkohlenstoff, Bzl., Toluol. Im Vgl. zu I erwies sich II am geeignetsten. Zur Unters. von Veränderungen der Öle durch Erhitzen werden die Erkenntnisse der UV-Spektroskopie mit denjenigen anderer Meth. verglichen. Hierbei erwies sich die UV-Spektroskopie als sehr geeignet. W. Fester 7932◇

2887 **Neue analytische Methode zur Bestimmung grenzflächenaktiver Substanzen.** W. Zwierzykowski. (Abh. dtsch. Akad. Wiss. Berlin, Kl. Chem., Geol. Biol. **1963,** Nr. 2, 151—56; Gdańsk-Wrzeszcz, Politechn., Kat. Technol. Tluszczow; dt.) — Das von Marron u. Schifferli beschriebene Verf. der Best. von Alkylarylsulfonaten unter Verw. von p-Toluidinchlorhydrat (I) wird so modifiziert, daß das Minimum der Leitfähigkeitsmessungen des Syst. I–Netzmittel der Menge an Netzmitel entspricht. W. Wesly 7942◇

2888 Carlos Verrando Bruera, Lima, Peru, **Extraktion von Ölen und Fetten** aus tier. u. pflanzlichen Rohstoffen (I). Die I werden in zerkleinertem Zusand in einem geschlossenen Behälter durch Vakuum von Luft u. Feuchtigkeit befreit, worauf ein Lsgm. in Dampfform in den Behälter geleitet u. erhitzt wird. Das erhaltene Gemisch wird nach Abtrennen der Lsgm.-Dämpfe, in Rückstände u. Micella zerlegt. — Verf.-Schema. (**E. P. 911 628** vom 8/1. 1959, ausg. 28/11. 1962.) C. Lüttgen 7873

2889 Monsanto Chemical Co., St. Louis, Mo., übert. von: Jay C. Harris, Thomas C. Tesdahl und Richard M. Anderson, Dayton, Ohio, V.St.A., **Das Stauben von pulverförmigen Wasch- und Bleichmitteln** wird durch den Zusatz von 0,05—10% von Methyl-, Äthyl-, Phenyl- u./oder Äthylphenylsiliconen, bes. solchen, die eine Viscosität von 0,2—1500 cSt bei 100° F aufweisen, verhindert. (**A. P. 2 988 510** vom 1/6. 1956, ausg. 13/6. 1961.) C. Lüttgen 7913

2890 Procter & Gamble Ltd., Newcastle-upon-Tyne, England (Erfinder: Eugene Royce Wilson), **Waschmittelgranulat,** bestehend aus Waschrohstoffen u. Partikeln aus Di- u./oder Trichlorcyanursäure oder deren Salzen, die mit einem inerten Stoff umhüllt sind, der während der Waschverf. bei 40—80° in Lsg. geht oder schmilzt, bes. Paraffin, Fettsäure oder Dimethylhydantoin-CH_2O-Harz. Das Mittel wirkt gleichzeitig waschend u. entflockend. (**E. P. 911 410** vom 18/8. 1958, ausg. 18/11. 1962.) C. Lüttgen 7913

2891 FMC Corp., übert. von: Leon E. Cohen, Roselle, N.J., V.St.A., **Stark schäumendes Waschmittel in Pastenform,** bestehend aus 18—26 (%) $K_4P_2O_7$, 19—47 Na-Laurylsulfat, 0,1—1,7 Na-Silicat, als SiO_2 berechnet, 35 bis 55 W. u. ca. 3 Carboxymethylcellulose. (**A. P. 3 039 971** vom 2/6. 1958, ausg. 19/6. 1962.) C. Lüttgen 7913

2892 Heinz Grunwald, London, England, **Polituren auf Wachsbasis.** Durch Zusatz von 0,25 Gew.-% Polystyrol zu wachshaltigen Polituren der bekannten Pasten- u. Emulsionstypen während oder nach deren Herst. werden die Glanzhaltung u. Versiegelungs-Eigg. auf Oberflächen, wie *Leder, Fußböden, Karosserien, Außen- u. Innenanstrichen,* verbessert, ohne daß die weiche u. geschmeidige Beschaffenheit, die für die Auftragung wichtig ist, verändert wird. (**E. P. 904 045** vom 21/7. 1960, ausg. 22/8. 1962.) H. Kastner 7927

H_{18a}. Holz, Cellulose, Zellstoff, Papier, Papierdruck, Celluloid, Linoleum

2893 **Coniferen auf minderwertigen Böden.** Francesco Saja. (Cellulosa e Carta **14,** Nr. 2, 3—9, 1963; ital.) — Für minderwertige Böden in Norditalien wird vorgeschlagen, zur Behebung der Holzknappheit die Pinusarten: *P. pinaster, P. radiata, P. patula, P. taeola* bzw. *P. caribaea* anzupflanzen, die in 15—25 Jahren brauchbare Erträge liefern. Hinweise für das Kultivieren werden gegeben. W. Anika 7952◇

2894 **Vergleichende Untersuchungen über die Einwirkung von verschiedenen holzzerstörenden Pilzen auf einige physikalische Eigenschaften und die Festigkeit des Pappelholzes (Populus marilandica Bosc.).** Werner Gillwald und Jerzy Michalak. (Wiss. Z. Humboldt-Univ. Berlin, math.-naturwiss. R. **12,** 265—73, 1963; Berlin, Humboldt-Univ., Inst. für phys. Holztechnol.; dt.) — Die Einw. von *Poria vaporaria, Lenzites abietina* u. *Chaetomium globosum* auf die physikal. Eigg. u. die Festigkeit des Pappelholzes wird untersucht. Weitere Verss. beinhalten den Vgl. des Holzabbaus durch verschiedene Pilze in relativ kurzen Zeitintervallen, die Feststellung von Weisergrößen für den Pilzbefall, die Ermittlung der Zusammenhänge zwischen verschiedenen Eigg. an pilzbefallenem Holz u. die Ermittlung der Verhältnisse von Holzabbau u. Pilzeinwirkungszeit. F. Zeidler 7952◇

2895 **Untersuchungen über physikalische und Festigkeits-Eigenschaften von Pappelsperrholz unter besonderer Berücksichtigung seiner Widerstandsfähigkeit gegen holzzerstörende Pilze.** Jerzy Michalak. (Wiss. Z. Humboldt-Univ. Berlin, math.-naturwiss. R. **12,** 275—99, 1963; Berlin, Humboldt-Univ., Inst. für phys. Holztechnol.; dt.) — Die physikal., Festigkeits- u. Elastizitäts-Eigg. von Pappelsperrholz (I) werden ermittelt. Hierbei wird deren Abhängigkeit von Bindemittel, Lastrichtung u. Faserlauf der Deckfurniere an Sperrholz verschiedener Stärke festgestellt u. der Begriff der „technolog. Anisotropie" eingeführt. Weitere Verss. beinhalten den Verlauf des Abbauprozesses von I unter Einw. verschiedener holzzerstörender Pilze (*Poria vaporia, Lenzites abietina, Chaetomium globosum*) unter Berücksichtigung ihrer Entw.-Dynamik. F. Zeidler 7952◇

2896 **Der Einfluß von Rohmaterial und Aufschlußverfahren auf die chemische Zusammensetzung und die physikalischen Eigenschaften von Papierzellstoffen.** Göran Annergren, Sven Rydholm und Steinar Vardheim. (Svensk Papperstidn. **66,** 196—210, 1963; Säffle, Billeruds AB, Res. Labor.; engl.) — Vergleichbare Daten bzgl. des Einfl. des Delignifierungsgrades, der Aufschlußmittel u. des Holzrohstoffs auf Zus. u. Eigg. von Papierzellstoff werden vorgelegt. Die Hydrophobie von Lignin wirkt der Faser–Faser-Bindung entgegen, deshalb verbessert die Delignifizierung (D) die Papierfestigkeit u. verringert die Opazität in der Reihenfolge von der mechan. über die halbchem. zur chem. Stufe, in der maximale Festigkeit erreicht ist. Dieses Maximum beruht auf einem sek. Effekt, dem Kohlenhydratangriff bei fortgesetzter D. Die Art der Aufschlußmittel beeinflußt das restliche Lignin, bes. aber die Eigg. der Kohlenhydrate. Sie wirkt auf die Selektivität der D, der Kohlenhydratauslösung u. des -abbaus ein. Die Papier-Eigg. werden durch die Quantität stärker als durch die chem. Art der Hemicellulosen bestimmt. Wahrscheinlich ist der Ordnungszustand der Mikrofibrillen von Bedeutung. Die niedrigere Ausbeute bei Sulfatzellstoffen wird hauptsächlich durch das Herauslösen der schlechter orientierten Cellulose hervorgerufen. Beim Holzrohstoff spielen Länge u. Wanddicke der Fasern eine größere Rolle als die chem. Zusammensetzung. Der wichtigste Unterschied zwischen Zellstoffen aus leichten u. schweren Holzarten, bei gleicher mechan. Behandlung, ist der Grad der Faser–Faser-Bindung, der bei schweren Hölzern niedriger ist. F. Zeidler 7956◇

2897 **Strohzellstoff — ein Spezialzellstoff.** Rudolf Wettstein. (Wbl. Papierfabrikat. **90,** 433—40, 1962; dt.) — Nach einer Einführung in die heutigen Probleme der Strohernte u. -bergung werden die morpholog., chem. u. papiertechnolog. Eigg. der gebräuchlichen Strohsorten u. des Strohzellstoffs (I) dargestellt. Es werden die Auswirkung des I-Zusatzes erklärt u. anschließend die erreichbaren Qualitätsverbesserungen für die verschiedenen Papiersorten getrennt aufgeführt. Es wird hervorgehoben, daß getrennte Aufbereitung der Halbstoffe die Voraussetzung für einen optimalen Effekt der I-Beimischung ist. Aus der vorhandenen Literatur über die papiertechnolog. Eignung von I werden einige besonders interessante Arbeiten hervorgehoben. F. Zeidler 7956◇

2898 **Retention von Polysacchariden in Kraftzellstoff.** 1. Mitt. **Der Einfluß einer Behandlung von Pinus radiata-Holz mit Borhydrid auf seine Beständigkeit gegen Alkali.** Alexander Meller. (Tappi **46,** 317—19, 1963; Melbourne, Austral. Paper Manuf. Ltd., Res. Labor.; engl.) — Werden Holzschnitzel oder -mehl von *Pinus radiata* mit einer wss. Lsg. von $NaBH_4$ (I) durchtränkt, erhöht sich ihre Widerstandsfähigkeit gegen 1%ig. sd. NaOH. $Na_2B_4O_7$-Lsg. bewirkt diese Resistenz nicht. Die Widerstandsfähigkeit gegen verd. Alkali läßt sich durch Druckimprägnieren des Holzes mit I-Lsgg. noch erhöhen. Die Behandlung mit I verändert das Ausmaß der Herauslösung von Lignin oder Pentosan durch sd. Alkali unwesentlich, erhöht aber die der Hexosane bedeutend. Wird vorhydrolysiertes Holz der I-Behandlung unterworfen, so wird mit heißem Alkali weniger Pentosan herausgelöst. Die erhöhte Alkaliresistenz wird evtl. durch eine Red. einer endständigen reduzierenden Glucose oder Mannose im Hexosanpolysaccharid bewirkt. Mögliche Gründe, warum die Xylanpolysaccharide durch I-Behandlung keine Alkaliresistenz erreichen, werden erörtert. F. Zeidler 7956◇

2899 **Altern und Verfärben gebleichter Zellstoffe.** 2. Mitt. **Einfluß von Luft und Feuchtigkeit.** Theodor N. Kleinert und L. M. Marraccini. (Svensk Papperstidn. **66,** 189—95, 1963; Montreal, Pulp and Paper Res. Inst. of Canada; engl.) — Beim Altern gebleichter Zellstoffe (Z) in Ggw. hoher Feuchtigkeit bildet sich mehr Peroxid (P), als bei niederer Feuchtigkeit, der Geh. an P nimmt mit der Alterungszeit geradlinig zu. Es bilden sich dabei gelbgefärbte wasserlösl. Anteile; die unlösl. Faserbestandteile zeigen geringe Änderungen. Die Feuchtigkeit fördert neben der P-Bldg. auch die Vergilbung in Ggw. von Luft. Durch Hydrolyse entstehende Aldehydgruppen stehen in Zusammenhang mit der P-Bildung. Das trifft auch für solche Aldehydgruppen zu, die einer Red. mit $NaBH_4$ unterworfen waren. Die P-Bldg. u. Vergilbung mit oder ohne Luft kann auf 2 Mechanismen zurückgeführt werden: In Ggw. von Luft scheinen sich zunächst Persäuregruppen zu bilden, ohne Luft Perhemiacetalgruppen, wobei in jedem Fall ungesätt. chromophore Gruppen entstehen. Es wird angenommen, daß sie beim Altern in Luft Endiolcharakter haben, während sie beim Altern ohne Luft verschiedene Typen darstellen. F. Zeidler 7956◇

2900 **Die Beurteilung von Zellstoff mit dem Valley- und Kollergang-Mahlgeräten.** O. H. Newmarch, F. P. Griffin und J. H. Fisher. (Pulp Paper Mag. Canada **64,** Nr. 7, techn. Sect. T-325—T-329, 1963; MacMillan, Bloedel and Powell River Ltd., Harmac Res. Labor.; engl.) — An gebleichten u. ungebleichten Kraftzellstoffen aus Nadel- u. Laubholz wird die Wrkg. von Valley (I)- u. Kollergang (II)-Mahlgeräten vergleichsweise untersucht, um zu prüfen, welches am meisten der fabrikator. Raffinierung von Kraftzellstoffen entspricht. II ergibt mehr Faserschnitte u. Zellstoffe von geringerer Festigkeit (A) als I, gleichgültig, ob man die maximale A, die A bei gleichem „freeness"-Wert oder bei gleicher Bogendichte vergleicht. Ein Vgl. der A mit dem Ausmaß der Faserschnitte bei gleicher Bogendichte zeigt, daß der II am meisten der fabrikator. Raffinierung des Zellstoffs ähnelt. Zellstoff sollte mit 2 sehr verschiedenen Mahlgeräten beurteilt werden, mit einem, dessen Wrkg. sich dem erreichbaren A-Höchstwert nähert, einem zweiten, das die A entwickelt, die bei der Fabrikation auch erreicht werden kann. Nebenbei sollten auch die grundlegenden Faser- u. andere Eigg. bestimmt werden. F. Zeidler 7956◇

2901 **Elektronenoptische Aufnahmen der Oberflächen von Halbzellstoffen aus Nadelholz.** Georg Jayme und Dietrich Fengel. (Papier **16,** 125—30, 1962; Darmstadt, TH, Inst. für Cellulosechem. mit Holzforsch.-Stelle; dt.) — Aufdampfabdrücke ungebleichter Nadelholzhalbzellstoffe (I) zeigen im Gegensatz zu denen von Zellstoffen elektronenopt. mehr oder weniger weitgehend durch Lignin u. Hemicellulosen „verschmierte" Faseroberflächen. Durch Quellung der Zellwände beim Aufschluß sowie durch den dabei auftretenden Substanzverlust entstehen auf den Fasern bei der Trocknung Schrumpfungsfalten. Da das Holzgewebe nach dem Anlösen der inkrustierenden Substanzen mechan. zerfasert wird, können dabei Fibrillenstränge, Lamellen u. sogar ganze Wandschichten von den Zellen abgerissen werden. Es wird nachgewiesen, daß die abgelösten Lamellen z. T. auf den ehemaligen Nachbarzellen haften oder frei als „Feinstoff" im feuchten I vorliegen u. dann beim Trocknen die Verhaftung der Zellen im Blatt unterstützen. Nach der Bleiche von I tritt die Textur der einzelnen Zellwandschichten deutlich hervor, da die Mikrofibrillen nun sichtbar geworden sind. F. Zeidler 7956◇

2902 **Das Verhalten der Hemicellulosen während des Holzaufschlusses.** V. Jacopian. (Zellstoff u. Papier **12,** 259—66, 1963; Berlin, Teltow-Seehof, DAW, Inst. für Faserforsch.; dt.) — Die Unterss. zeigen, daß während des alkal. Aufschlusses von Laubhölzern (I) ein Teil des gelösten Xylans (II) wieder an Cellulose adsorbiert wird; bei vorhydrolysiertem Holz findet dieser Vorgang nicht statt. II ist gegen eine anschließende Kaltveredlung resistent. Alkal. vorbehandelte I neigen zur Bldg. resistenter, schwer hydrolysierbarer Pentosane. Bei einem Vorhydrolyse (III)-Sulfataufschluß hängt die Erzielung pentosanarmer Zellstoffe (IV) von dem III-Grad ab; eine milde III mit nachfolgendem stark alkal. Aufschluß führt nicht zu pentosanarmen IV. Der Mechanismus der Herst. von Hochausbeute-IV beruht darauf, daß während des Anfangsstadiums unter den milden Bedingungen der Kochung Hemicellulosen z. T. gegen den anschließenden hydrolyt. Abbau resistent geworden sind. Die Unterss. über eine sog. Schutz-Wrkg. von Hemicellulosen auf Cellulose beim alkal. Aufschluß zeigen, daß die etwas erhöhte Ausbeute durch einen geringeren Cellulose-Geh. u. einen höheren Holzgummi- bzw. Pentosan-Geh. kompensiert wird. Die Schutz-Wrkg.-Theorie wird abgelehnt. F. Zeidler 7958◇

2903 **Vergleichende Sulfataufschlüsse von Hackschnitzeln von Sägewerken und von Zellstoffabriken.** H. Worster und B. K. Sugiyama. (Pulp Paper Mag. Canada **64,** Nr. 7, techn. Sect. T-313—T-317, 1963; Prince Rupert, B.C., Columbia Cellulose Co., Res. and Dev. Div.; engl.) — Das Verh. von Holzschnitzeln (I) aus Sägewerken u. Hackschnitzeln (II) einer Zellstoffabrik beim Sulfataufschluß wird vergleichsweise an folgenden Nadelholzarten untersucht: Douglastanne, Engelmannfichte, Lärche, Rotzeder u. Weißkiefer. Bei gleicher Holzart enthalten I mehr W. u. ihre Dichte ist etwas niedriger als die von II. I erreichen den gleichen Delignifizierungsgrad schneller u. liefern Zellstoff (III) mit längeren Fasern, mahlen sich langsamer u. zeigen besseren Reißwiderstand als II. Dieser Unterschied in der Qualität von III erklärt sich aus den verschiedenen Faserabmessungen von Splint- u. Kernholz. III aus I lassen sich auf gleiche oder höhere Weiße bleichen als die entsprechenden III aus II. Die beiden Rohmaterialien unterscheiden sich in der III-Ausbeute. F. Zeidler 7960◇

2904 **Sulfitkochung von rindengeschädigtem Holz.** 1. Mitt. H. P. Dahm. (Norsk Skogind. **15,** 421—25, 1961; Papirind. Forskningsinst.; norw.) — Proben von auf 4 verschiedene Weisen entrindetem, durch Flößen mit Rinde tanningeschädigtem Fichtenholz werden nach 3 Meth. mit saurem Ca-Bisulfit (I), mit Mg-Bisulfit (II) bei pH 4,1 u. 2stufig mit Na_2SO_3 in 1. u. mit Ca-Bisulfit in 2. Stufe (III) aufgeschlossen. An Hand der Zellstoffausbeute u. der Cl-Zahl-Best. nach PFI erweist sich Meth. I als günstigste. Die Ausbeute nach Meth. III liegt je nach Tanninschädigung um 2—4,4% höher als bei Meth. II bei einer Cl-Zahl $<3,5$. E. Borchers 7962◇

2905 **Die Zweistufenkochung von Pappelholz.** Rudolf Bořišek. (Zellstoff u. Papier **12,** 267—71, 1963; Bratislava, Forsch. Inst. für Papier u. Zellstoff; dt.) — Im Vgl. mit einem sauren Ca-Bisulfitaufschluß (I) zeigt eine Zweistufenkochung (II) von Pappelholz verbesserte Delignifizierungsselektivität (III) u. -homogenität. Der Zerfaserungspunkt des nach II erhaltenen Zellstoffs liegt bei 60—61%, bei I bei 53%. Die III ist von der Pappelsorte abhängig. Der Mechanismus der Delignifizierung bei II zeigt langsamer verlaufende Hydrolyse von Hemicellulosen, was sich in höherer Ausbeute, besserer Zerfaserbarkeit u. besserem Mahl-Verh. zeigt. Die mechan. Eigg. der durch **II** hergestellten Stoffe sind besser als die der beim **I**-Verf. erhaltenen, jedoch erreichen sie nicht die Festigkeiten der im halbsauren u. Monosulfit-Verf. hergestellten Zellstoffe. Ein Vgl. ist deshalb nicht genau, da die beiden zuletzt genannten Verff. Ausbeuten von ca. 70%, **II** nur eine von ca. 60% ergeben. F. Zeidler 7962◇

2906 **Verminderung des biochemischen Sauerstoffbedarfs von Sulfitablaugen durch thermische und chemische Behandlung.** R. J. Martyn. (Pulp Paper Mag. Canada **64,** Nr. 7, techn. Sect. T-318—T-322, 1963; engl. — Vgl. C. **1963,** 19447.) F. Zeidler 7962◇

2907 **Reaktionen von Lignin mit methanolischer Salzsäure. Diskussion einiger Strukturfragen.** Joseph Marton und Erich Adler. (Tappi **46,** 92—98, 1963; Göteborg, Chalmers Univ. of Technol.; Charleston, S.C., West Virginia Pulp and Paper, Charleston Res. Labor.; engl.) — Bei der Behandlung von Lignin (**I**) mit methanol. HCl bei Zimmer-Temp. werden neue CH_3O-Gruppen eingeführt. Modell-Unterss. zeigen, daß Benzylalkohol- u. -äthergruppen, Coniferylalkoholreste, Ketolbausteine u. COOH-Gruppen bei der Methylierungs-Rk. der **I**-Präpp. beteiligt sind. Die Methylierung von Fichtenholzmehl-**I** (Björkman-**I**) wird in Zusammenhang mit kürzlich erhaltenen Resultaten bzgl. der Anteile dieser Bausteine diskutiert; auch Kraftstoff-**I** enthält methylierbare Gruppen. Die Ergebnisse dieser Unterss. zeigen, daß die Rk.-Fähigkeit von Kraft-**I** hauptsächlich auf der Veresterung seiner COOH-Gruppen u. nur in geringem Maß auf der Verätherung (Umätherung) von Benzylalkohol (Benzyläther)- oder Ketogruppen beruht. Beim Vgl. der Methylierbarkeit verschiedener Kraft-**I**-Abkömmlinge können die potentiell reaktionsfähigen Strukturelemente voneinander unterschieden u. ihr Betrag in Kraft-**I** geschätzt werden. Red. mit $LiAlH_4$ nach vorhergehender Behandlung von Kraft-**I** mit CH_2N_2 überführt die COOH-Gruppen in Carbinolgruppen, die bei der Umsetzung des Lignins mit methanol. HCl nicht reagieren. Aus den Modell-Verss. ist zu schließen, daß die COOH-Gruppen der untersuchten Kiefernkraftstoff-**I**-Fraktionen eher aliphat. als aromat. Natur sind. F. Zeidler 7966◇

2908 **Die Gewinnung mehrwertiger Alkohole aus Holz-Polysacchariden.** V. I. Scharkow. (Chemie-Ing.-Techn. **35,** 494—97, 1963; Leningrad, Inst. für Holzhydrolyse u. Sulfitablaugenverwertung; dt.) — Pflanzliche Polysaccharide (**I**), bes. Cellulose u. Hemicellulosen, lassen sich durch Hydrolyse (**II**) u. anschließende Hydrierung (**III**) z. T. mit hoher Ausbeute in mehrwertige Alkohole (Hexite, Pentite, Glycerin, Äthylenglykol, Propylenglykol) überführen. In der UdSSR entwickelte Verff. werden beschrieben. Von bes. Interesse ist die gleichzeitige **II** u. **III** pflanzlicher **I** über Edelmetallkatalysatoren; die Ausbeuten sind nahezu quantitativ. F. Zeidler 7968◇

2909 **Super-Holzschliff: Seine Herstellung aus Holzschnitzeln und Verwendung als einziger Rohstoff für Zeitungsdruck.** M. T. Neill und L. R. Beath. (Pulp Paper Mag. Canada **64,** Nr. 7, techn. Sect. T-299—T-312, 1963; Kenogami, Quebec, Canada, Price Broth. and Co. Ltd.; engl.) — Mit einem Bauer-Raffineur von 800 hp. wird die Herst. von Holzschliff (**A**) aus Holzschnitzeln in kleinen Partien begonnen. Darauf folgt die Entw. eines Verf. zur Herst. von langfaserigem **A**, der gute Berstfestigkeit u. eine doppelt so hohe Reißfestigkeit wie normaler **A** besitzt. Schließlich wird Super-**A** im Fabrikationsausmaß in einer Anlage mit 7 Raffineuren von 800 hp. hergestellt. Unter einziger Verw. dieses **A** werden auf einer Standard-Zeitungsdruck-Papiermaschine 20 Verss. durchgeführt. **A** läuft auf der Maschine gut, das Papier gibt etwas bessere Druckwiedergabe, zeigt stark verringertes Durchscheinen u. liefert eine ebenso hohe Druckproduktion wie gewöhnliches Zeitungsdruckpapier. F. Zeidler 7974◇

2910 **Untersuchungen über die Papierherstellung aus synthetischen Fasern. 1. Mitt. Papierherstellung aus Vinylon- und Kanekaron-Fasern (Polyvinylalkohol- und modifizierte Polyacrylnitril-Faser).** Seishi Machida, Sadanori Nishikiori und Tadashi Ueno. (J. Soc. Textile Cellulose Ind., Japan [Sen-i Gakkaishi] **19,** 209—13, 1963; Kyoto, Japan, Kyoto Univ. of Ind. Arts and Text. Fibers, Kita-ku, Chem. Labor. of Text. Fibers; jap., Auszug: engl.) — Bei Zusatz von 10% Polyvinylalkohol als Bindemittel kann aus den genannten Fasern durch Handschöpfen ein gutes u. festes Papier hergestellt werden. Die Papierfestigkeit steigt mit der Faserlänge; optimal ist eine Länge von 20 mm u. eine Stärke von 1 den. Ein Zusatz von Sulfitzellstoff verringert die Festigkeit. G.-D. Gollnisch 7974◇

2911 **Untersuchungen über die Papierherstellung aus synthetischen Fasern.** 2. Mitt. **Papierherstellung aus Viscosefasern.** Seishi Machida, Sadanori Nishikiori und Tadashi Ueno. (J. Soc. Textile Cellulose Ind., Japan [Sen-i Gakkaishi] **19,** 213—16, 1963; jap., Auszug: engl. S. 209.) — 1. vgl. vorst. Referat. — Unter Mitverwendung von Polyvinylalkohol u. Sulfitzellstoff kann aus Viscosefasern ein gutes Papier handgeschöpft werden. Mit der Faserlänge steigt die Papierfestigkeit. Am besten geeignet sind 10 mm lange u. 1 den dicke Fasern. G.-D. Gollnisch 7974◇

2912 **Wasserfester Casein-Pigment-Strich.** Werner Schwehn. (Wbl. Papierfabrikat. **91,** 248—50, 1963; dt.) — Die Wasserfestigkeit von Casein-Pigment-Strichen läßt sich durch Einw. von CH_2O (**I**) auf Casein (**II**) verbessern. **I** wird in Ggw. von NH_3, mit der **II**-Lsg., die noch Calgon u. die Pigmente enthält, nach angegebener Vorschrift gemischt. Ein mit dieser Streichfarbe gestrichener Chromokarton hat einen hohen Weißegrad F. Zeidler 7980◇

2913 **Faktoren, die die Widerstandsfähigkeit von Papier beeinflussen.** J. W. Swanson und E. J. Jones. (Cellulosa e Carta **14,** Nr. 2, 19—24, 1963; ital.) — Um Anregungen für die Unters. einiger Hauptfaktoren, die für die Widerstandsfähigkeit des Papiers ausschlaggebend sind, zu geben, wird das Problem der Papierfestigkeit u. -elastizität (PE) in Abhängigkeit von der Aufbereitung besprochen. Es wird darauf hingewiesen, welche Bedeutung die Dimension der Faser (F), ihre innere Festigkeit, Oberflächenstruktur, Gestalt, Flexibilität sowie die intermol. u. Oberflächenbindungskräfte von F zu F auf die PE besitzen, wobei Wesen, Art u. Beeinflussung mitgeteilt werden. Beschreibung von Best.-Meth. für eine vergleichende Begutachtung von Papierstoff bzgl. der mechan. Widerstandsfähigkeit u. Betrachtungen über die Bedeutung, die den Oberflächenspannungen des Papiers u. den inneren Spannungen (F gegen F) bei der Ausbildung von Bindungen beim Entwässern des Stoffes zukommt u. welche Einfl. sie auf die PE besitzen. W. Anika 7984◇

2914 **Konsistenzregler — Beurteilung und Prüfverfahren.** William W. Hall. (Pulp Paper Mag. Canada **64,** Nr. 7, techn. Sect. T-323—T-324, T-329; 1963; Chandler, Quebec, Canada, Gaspesia Pulp and Paper Co. Ltd.; engl.) — Vgl. C. **1963,** 15935 F. Zeidler 8002◇

2915 Monsanto Chemicals (Australia) Ltd. (Erfinder: Edgar Brent Greenhill und Cesare Volpato), **Imprägnieren von Holz** mit Pentachlorphenol (**I**). Man verwendet eine unter Erwärmen hergestellte, ca. 50%ig. Dispersion von **I** in Petroleum oder Teeröl, die bei Gebrauch leicht auf den üblichen Geh. von 5% **I** verd. werden kann. (**Aust. P. 236 758** vom 9/2. 1958, ausg. 18/1. 1962.) C. Lüttgen 7953

2916 Rayonier, Inc., Shelton, Wash., übert. von: Reid Logan Mitchell, Morristown, N.J., V.St.A., **Herstellung von faserigen Celluloseprodukten mit licht- und hitzestabilem Weißegrad,** dad. gek., daß man die Cellulose (bei 5—50°) mit einer höchstens 4%ig. wss. NaOH-Lsg. behandelt, so daß die oberflächlichen Aldehyd- u. Carbonylgruppen aktiviert werden, die OH-Gruppen aber im wesentlichen unverändert bleiben, die Fasern dann (bei 20—90°) mit 0,1—5, bes. 1%, Äthylenoxid behandelt, so daß letzteres mit den Aldehyd- u. Carbonylgruppen reagiert u. in 18%ig. bzw 5%ig. wss. NaOH nahezu unlösl. Prodd. entstehen. — Herst. von *Photorohpapieren, Filmen* u. *Fäden* aus regenerierter Cellulose. — Weißegradtabelle für 1—18%ig. NaOH für hitzegealterte Cellulose im Vgl. zum Rohstoff. (**A. P. 3 032 549** vom 26/10. 1959, ausg. 1/5. 1962.) G. Vogel 7971

2917 Belügyminisztérium, Budapest, Ungarn (Erfinder: István Szigeti), **Herstellung von gegen starke Laugen und basische Elektrolyte widerstandsfähigen Papieren** durch Vermahlen von 20—50% hochreiner mercerisierter Abfallcellulose mit 50—70% mercerisierter, oxydativ abgebauter α-Cellulose u./oder nicht mattierter Viscose u. Kunstfaserabfälle enthaltenden Stoffen. Das Mahlgut

wird zu Folien gezogen u. das Papier chem. Nachbehandlung mit wss. Lsg. von K-Zinkat–Aluminat u. dgl. unterworfen. (**Ung. P. 150 821** vom 26/6. 1962, ausg. 20/6. 1963.)
F. Landsberger 7975

2918 Riverside Paper Corp., Appleton, übert. von: Eugene F. Davis, Appleton, und Robert H. Lace, Combined Locks, Wis., V.St.A., **Aufarbeiten von mit Wachs, plastischen Massen oder deren Gemischen gestrichenen Altpapieren,** dad. gek., daß man das Altpapier mehrmals mit der ca. 3fachen Gew.-Menge eines organ. Lsgm. bei Temp. < Kp. unter heftigem Rühren bis zum Lösen der Streichmasse extrahiert, die Lsg. jeweils abzieht, aus dem gereinigten Papierstoff das restliche Lsgm. abdest. u. Papierstoff, Lsgm. u. Streichmittel (durch Dest. der Extraktions-Lsgg.) gewinnt. — Man führt z. B. 2500 (lbs.) Schnitzel u. Abfälle von Milch- u. Lebensmittelkartons, die ca. 166 Paraffin- oder mikrokrist. Wachs, Polyvinylacetat oder Polyvinylchlorid usw. enthalten, in einen dampfgeheizten Kessel mit Rührwerk ein, läßt 11000 HClC=CCl_2 zufließen, erhitzt auf ca. 120° F, rührt ca. 11 Min. lang heftig, zieht das Lsgm. zur Dest.-Kolonne ab, wiederholt die Extraktion dreimal mit je 14000 HClC=CCl_2, treibt das restliche Lsgm. aus dem Stoff mit überhitztem Dampf bei 161° F (= ca. Kp. des Lsgm.) während 45 Min. ab u. wiegt den Stoff. Verlust < 2,5 Fasern. Der Stoff ist ohne Bleiche, Aufschlagen u. Waschen zur Herst. hochwertiger Papiere u. Pappen geeignet. — Zeichnung mit Rk.-Schema. (**A. P. 3 058 871** vom 28/10. 1959, ausg. 16/10. 1962.)

2919 Sun Oil Co., Philadelphia, Pa., übert. von: William J. Stout, Wilmington, Del., Seymour W. Ferris, Chester, und John D. Tench, Prospect Park, Pa., V.St.A., **Wachsmischung zum Überziehen und Verbinden von faserigem Cellulosematerial, zum Beispiel Papier,** bestehend aus: 50—98 (Gew.-%) eines mikrokristallinen Erdöl-KW-Stoffwachses (I) mit einem Adhäsionswert von 30—120 u. 50—2 eines Erdöl-KW-Stoffparaffinwachses (II) (F. 118 bis 130° F, n_D bei 212° F von 1,4250 bis 1,4300, Penetration bei 77° F 25—50, Viscosität (SUS) bei 210° F von 40—44, Fraktionsschnitt 5—95 Vol.-% bei 400—600° F u. 2 mm Hg). — Beispiel: 75 **I**, 25 **II**, F. 148° F, Penetration bei 110° F beträgt 105, Viscosität bei 210° F ist 61,6, Adhäsion in G/2 in. beträgt 57. (**A. P. 3 044 917** vom 19/1. 1960, ausg. 17/7. 1962.)
G. Czerwony 7983

2920 Aktiebolaget Statens Skogsindustrier, Schweden (Erfinder: Karl Nils Björn Strandberg), **Wässerige Lösung zum feuerfesten Imprägnieren von zellstoffhaltigem Material** mit einem Carbamid u. einem mineral. Phosphat, die mit der Cellulose Ester bilden, dad. gek., daß man noch so viel H_3PO_4 zusetzt, daß die Konz. der gelösten Verbb. mindestens 65% u. das molare Verhältnis Carbamid : Gesamtphosphat ca. 4:1 bis 10:1 beträgt. — Man imprägniert z. B. mit einer Lsg., die 11,6 (Gew.-%) $NH_4H_2PO_4$, 46,4 Carbamid, 7,9 H_3PO_4 u. 34,1 W. enthält, einen Karton durch Aufbringen der Lsg. unter Druck auf eine Oberfläche u. erhitzt das Prod. 2 Std. lang auf 115°. Herst. von *Hartkartons.* — Tabellen für absorbierte Mengen. (**F. P. 1 304 492** vom 25/10. 1961, ausg. 25/1. 1963. Schwed. Prior. 27/10. 1960.)
G. Vogel 7987

2921 Eastman Kodak Co., übert. von: William O. O'Neill, Rochester, N.Y., V.St.A., **Druckfarbe,** bes. für photograph. Schutzpapier, enthält 3—5 (%) Styrol–Maleinsäureanhydrid-Copolymerisat, 30—60 A., 40—60 W., 0,74 teilweise desulfoniertes Na-Lignosulfat als Dispergiermittel, 0,05 NaOH, 1,15 NH_4OH u. 5—15 Ruß. (**A. P. 3 053 779** vom 17/8. 1959, ausg. 11/9. 1962.) C. Kittler 7991

2922 Columbia Ribbon & Carbon Mfg. Co., Inc., Glen Cove, übert. von: Douglas A. Newman, Glen Cove, und Allan T. Schlotzhauer, Locust Valley, N.Y., V.St.A., **Durch Druck übertragbare Farbschichten.** Als Unterlage dient ein biegsamer Plastikfilm. Auf diesem liegt eine klebrige Zwischenschicht, z. B. aus Vinylchlorid–Vinylacetat-Copolymerisat, darüber die Farbschicht, die aus einer porös auftrocknenden Kunstharz-Lsg. in einem flüchtigen Lsgm. für das Kunstharz, z. B. Polyvinylacetatchlorid, u. einem nichtflüchtigen, das Kunstharz nichtlösenden Lsgm. für den Farbstoff erzeugt wird. (**A. P. 3 037 879** vom 24/9. 1959, ausg. 5/6. 1962.) C. Kittler 7991

2923 Unilever Ltd. (Erfinder: Werner Rudolf Ludwig Schoppmeyer und Horst Schmidt), **Herstellung von Verpackungsmaterial,** bes. für Fette u. dergleichen. Man bringt auf die eine Seite eines Papiergewebes eine Lage erweichten synthet. Harzes, z. B. Polyäthylen, auf, wobei das Papiergewebe ein Gew. von nicht mehr als 30 g/m² haben soll, u. verleiht anschließend dem mit dem Harz bedeckten Gewebe pergamentartige Eigg., z. B. durch Leiten durch ein H_2SO_4-Bad. (**Aust. P. 237 366** vom 24/6. 1960, ausg. 22/2. 1962. D. Prior. 26/6. 1959.) K. Demmler 7987

H_{18b}. Textilfasern

2924 **Ermüdung in Textilfasern.** 2. Mitt. **Die Ermüdung durch cyclische Spannungen; Wirkungen der Frequenz, des Stoßes und anderer Einflüsse.** W. James Lyons. (Textile Res. J. **32,** 553—60, 1962; Princeton, N.J., Text. Res. Inst.; engl.) — 1. vgl. C. **1964,** 1-2902. — Die Ermüdungsbeständigkeit L einer Acrylfaserprobe gehorcht der Gleichung $L = a \cdot \nu^{-n}$ (ν = Frequenz, a eine Stoßfunktion, n = 0,72, a wird kleiner mit wachsender Schlagarbeit). Die Ergebnisse werden im Zusammenhang mit mol. Ermüdungsprozessen diskutiert u. krit. Schwellenwerte für den Ermüdungsprozeß vorausgesetzt. Diese Unterss. werden dann auf Viscose- (**A**) u. Nylonfasern (**B**) ausgedehnt. Mkr. Unterss. der Bruchenden von **A** zeigen eine transversale Zerstörung u. keine Fibrillierung. Röntgendiagramme von **B** weisen eine axiale Verlängerung der Kristallite nach der Beanspruchung aus.
H. Schmiedeknecht 8040◇

2925 **Ermüdung in Textilfasern.** 3. Mitt. **Ermüdung durch biaxiale Rotation.** W. James Lyons. (Textile Res. J. **32,** 750—61, 1962; engl.) — 2. vgl. vorst. Referat. — Beschreibung eines Prüfgerätes für die Torsionsbeanspruchung lokalisierbarer Abschnitte von Fasern. Geprüft werden monofile u. polyfile Fasern aus Nylon 6 u. 66. Gewöhnlich tritt mit wachsender Rotations-Geschw. eine erhöhte Bruchhäufigkeit auf. Zwischen den beiden Fasermaterialien sind Unterschiede im Bruchvorgang festzustellen, die an Hand von Mikrophotographien erläutert werden. H. Schmiedeknecht 8040◇

2926 **Optische Aufheller bei der Wash and Wear-Ausrüstung von Baumwolle.** Robert M. Reinhardt, Terrence W. Fenner, J. David Reid, Margaret S. Furry und Mary Walsh. (Amer. Dyestuff Reporter **50,** P 771—78, 1961; New Orleans, La., U. S. Dep. of Agric., Agric. Res. Serv., Southern Utilization Res. and Dev. Div., Southern Regional Res. Labor.; Beltsville, Md., U. S. Dep. of Agric. Res. Serv., Clothing & Housing Res. Div.; engl.) — Das opt. Aufhellen von Baumwollgewebe wird mit Aufhellern verschiedener chem. Konstit. vor, während oder nach der Behandlung mit vernetzenden Reagentien durchgeführt. Der Effekt ist bei der nachträglichen Behandlung am besten, während die gleichzeitige Behandlung am wirtschaftlichsten ist. Aufhell- u. Knitterfreieffekt beeinflussen sich nicht gegenseitig.
G.-D. Gollnisch 8044◇

2927 **Die Haftung von Polyvinylchlorid auf synthetischen Geweben.** F. Blaich jun. und A. J. Sampson. (Rev. Plásticos **11,** 87—90, 95, 1960; Dow Chem. Co., Plastics Techn. Serv.; span.) — Die Haftung von Plastisolen oder Filmen aus Polyvinylacetat, Polyvinylchlorid u. Maleinsäureanhydrid auf synthet. Geweben kann durch die Verw. von Dianisidindiisocyanat als Vernetzer bei einer Dosierung von 1 Teil auf 100 Teile Polymerisat bewirkt werden.
H. Reimer 8070◇

2928 **Über die Fadenbildung von Supercordfäden und den Wirkungsmechanismus von Viscosemodifikatoren.** 15. Mitt. **Über die Fadenbildung von Viscosecapillarfäden.** Anneliese Gröbe, Hermann Klare, Reinhard Maron, Hartmut Jost und Gerhard Casperson. (Faserforsch. u. Textiltechn. **15,** 1—9, 1962; Teltow-Seehof, DAW zu Berlin, Inst. für Faserstoff-Forsch.; dt.) — 13. vgl. C. **1962,** 3310. — Aus experimentellen Verss. beim Viscosespinnprozeß, bes. beim Supercordspinnprozeß, werden die Neutralisierung des Alkalis der Viscose, die Abspaltung von CS_2 aus Cellulosexanthogenat u. die in der Faser befindliche Zn-Menge bestimmt. Quellungsmessungen der Capillarfäden, mit u. ohne Modifier gesponnen, erfolgen am Neutralpunkt. Auf Grund der experimentellen Ergebnisse kann die Bldg. von Zn-Cellulosexanthogenat bei diesen Spinnprozessen nur in der Kutikula erfolgen. Aus elek-

tronenmkr. Unterss. der Kutikula wird ein Überblick über den Einfl. der Modifikatoren auf die Fibrillenbündel gewonnen.
I. Beßer 8074□

2929 **Isocyanate bei der Verbindung von Gummi mit synthetischen Fasern.** Richard M. Lasure. (Rubber Age [New York] **91,** 271—74, 1962; North Haven, Conn., Carvin Co.; engl.) — Die Wrkg. von Polymethylenpolyphenylisocyanat (I; PAPI) u. Dianisidindiisocyanat (II; DADI) auf die Haftfestigkeit von Gummierungen auf synthet. Fasern wird untersucht. Die Gewebe werden entweder mit einer 2—5% ig. Lsg. von I oder II in $CH_3COC_2H_5$/Toluol (1:1) getränkt oder mit einer Haftschicht aus einer I oder II enthaltenden Kautschuk-Lsg. auf Chloropren-, Nitrilkautschuk-, Hypalon- oder Butylbasis je nach dem Verw.-Zweck, versehen. Die Haftung von Neopren auf Nylon wird durch eine Haftschicht auf Neoprenbasis mit 5 (Gew.-Teilen) I u. 10 SFR-Ruß/100 Elastomeres auf das ca. 4fache erhöht. Durch Füllstoffe (Suprex clay) wird die Wrkg. der Haftschicht verringert. Die Bindung zwischen Nitrilkautschuk u. Nylon wird durch eine Haftschicht auf Nitrilkautschukbasis, die außer I oder II noch Phenolharz (Durex Resin 11078) enthält, beträchtlich erhöht. Ähnlich gute Haftfestigkeiten werden für die Syst. Polysulfidkautschuk/Dacron, Hypalon/Nylon, Butylkautschuk/Nylon angegeben, wenn Haftschichten verwendet werden, deren Rezeptur mitgeteilt wird. A. Gude 8080◇

2930 **Thermodynamik des Dehnens von Nylonfasern.** Malcolm L. Williams. (Trans. Soc. Rheol. **4,** 297—313; 1960; Decatur, Ala., Chemstrand Corp., Res. Center.; engl.) — Unterss. über das Spannungs/Temp.-Verh. nicht verstreckter Nylonfasern beim Dehnen um 2—50% bei 160° zeigen, daß ein großer Teil der Gesamtdehnung als dauernde Orientierung zurückbleibt; dieser Teil wird durch Beseitigung der Spannung zurückgewonnen u. dient zur Best. der bei der thermodynam. Analyse angewandten Spannung. Die thermodynam. Einfl. der Vol.-Änderungen bei der Verformung werden eliminiert, ähnlich wie für Kautschuk bei Umwandlung von Spannungen bei konst. Länge in Spannungen bei konst. Dehnung. Daraus ergibt sich, daß die Spannung hauptsächlich durch einen Entropieterm bei $>80°$ verursacht wird. Danach verhält sich Nylon, mindestens thermodynam., wie Kautschuk. Die erhaltenen Spannungs/Dehnungs-Kurven lassen sich angenähert durch eine, auf der Theorie der kautschukartigen Elastizität beruhenden Gleichung wiedergeben. W. Wesly 8080

2931 **Auswertung textiler Meßwertkollektive.** 3. Mitt. A. Sippel und E. Heim. (Chemiefasern **13,** 275—80, 283 bis 284, 1963; dt.) — Bei der zerstörenden Werkstoffprüfung gehorcht die Kinetik des Zerstörungsvorganges der Beziehung $N = N_0 \cdot \exp \cdot [-(dt)/b]$, wenn N_0 die Anzahl der zu Beginn des Vers. vorhandenen u. N die Anzahl der nach der Zeit t noch unzerstörten Prüflinge bedeutet; b ist die Steigung der bei Auftragung von $\ln[\ln(N_0/N)]$ über ln t erhältlichen Geraden u. die Geschw.-Konst. des Zerstörungsvorganges für b = 1. Durch Anwendung dieser Beziehung auf textile Meßwertkollektive kann gezeigt werden, daß für die Abhängigkeit der Reißdauer von der Belastung sowie für die Knickbruch- u. Knickscheuerbeständigkeit eines Fasermaterials allein bei Kenntnis der zu verschiedenen Belastungen G gehörigen α-Werte eine für ein Material charakterist. Konst. q angegeben werden kann, die den objektiven Vgl. verschiedener Materialien mit verschiedenen Eigg. möglich macht. Eine weitere charakterist. Größe a gibt ein Maß für die in einem Material vorhandene Anzahl der Fehlerstellen an. I. Beßer 8096◇

2932 **Laboratoriumsuntersuchungsmethoden für Faserschmälzen.** H. T. Buckley. (Amer. Dyestuff Reporter **50,** P 779—83, 1961; Cincinnati, Ohio, Emery Ind., Inc.; engl.) — Einfache Meth. zur Prüfung der Löslichkeit, Stabilität, Viscosität, Rost- u. Lagerbeständigkeit, Feuchtigkeitsretention, des Durchdringungsvermögens, der Auswaschbarkeit, Vergilbungs- u. Hitzebeständigkeit u. der chem. Zus. von Schmälzölen werden beschrieben.
G.-D. Gollnisch 8098◇

2933 **Bestimmung und Verhalten von Berol Spin 62 im Spinnbad der Rayon Nelson.** E. Toole. (Chim. Chron. [Athen] **22,** 55—62, 1957; Kunstseide A.G., E.T.M.A., Labor.; griech.) — Best.-Meth. für *Berol Spin 62* (B. S. 62) werden besprochen. Es wird festgestellt, daß Pikrinsäure mit B.S. 62 ein schwerlösl. Pikrat liefert, ohne mit den anderen Spinnbadbestandteilen zu reagieren. Es wird sichtbar als feine Trübung der Fl. u. ist geeignet zur nephelometr. Best. von B.S. 62, unter der Voraussetzung der Festlegung der günstigsten Fällungsbedingungen. Das Verh. von B.S. 62 im Spinnbad der Rayon Nelson wird eingehend untersucht. Es zeigt sich, daß B.S. 62 in wenig Fällen günstig, in vielen Fällen indifferent u. in wenigen Fällen ungünstig wirkt, so daß seine Ggw. im Spinnbad der Rayon Nelson nicht unbedingt erforderlich erscheint. I. Beßer 8098◇

2934 Rohm & Haas Co., Philadelphia, übert. von: Albert C. Nuessle, Hatboro, und Edwin H. Kroeker, Ivyland, Pa., V.St.A., **Lösungsmittelbeständige, wasserabweisende Überzüge auf Leder, Textilien, Papier oder dergleichen,** z. B. Regenschirmseiden, Sitzbezügen, Ober- u. Täschnerledern. Man appliziert ein in Lsgm. gelöstes Polymerisat des Monomerengemisches aus 1—10 (%) Glycidylmethacrylat (I) u. 70—99 Acrylsäureestern von gesätt. C_1- bis C_{18}-Alkoholen, wobei nach dem Trocknen ein Schlußstrich gegeben wird, der dem Ansatz wie vorstehend entspricht u. zusätzlich Celluloseacetatpropionat oder -acetatbutyrat enthält. — Der Grundüberzug enthält in CH_3OH u. Äthylacetat gelöstes Polymerisat aus 48 (Teile) I, 1152 Äthylacrylat u. 12 Benzoylperoxid. Beim Deckstrich werden 60 (Teile) des obigen Ansatzes vermischt mit 13,6 Celluloseacetatbutyrat, 18,4 CH_3OH u. 2 Äthylacetat u. der Gesamtansatz versetzt mit 1% n-Butylphosphorsäure. Der Ansatz wird auf Nylontaft aufgerakelt, bei 240° F getrocknet u. 5 Min. auf 300° F erwärmt. (**A. P. 3 025 181** vom 4/9. 1959, ausg. 13/3. 1962.)
H. Möllering 8033

2935 Dow Chemical Co., übert. von: Arthur S. Teot, Midland, Mich., V.St.A., **Netzmittel für Mercerisierlaugen** ist ein Gemisch aus einem *alkylierten Diphenyloxidsulfonat* (mit 1,8—3,3 SO_3H-Gruppen je Mol. u. ca. 1—1,3 Alkylsubstituenten mit 8—18 C-Atomen) u. einem in W. lösl. Alkanol (mit 4—12 C-Atomen, von denen 6 cycl. gebunden sein können). — Zu 100 cm^3 einer wss. 20% ig. NaOH-Lsg. gibt man 0,18 (g) *2-Methyl-2.4-pentandiol,* 0,1 n *Nonylalkohol* u. 0,3 *Na-Nonyldiphenyloxiddisulfonat.* (**A. P. 3 027 223** vom 11/12. 1957, ausg. 27/3. 1962.) H. Möllering 8033

2936 Rohm & Haas Co., übert. von: Peter L. de Benneville, Philadelphia, Pa., und Richard O. Steele, Moorestown, N.J., V.St.A., **Krumpf- und knitterfreie Cellulosetextilien** erhält man durch Imprägnierung des Gutes mit einer wss. (1—30% ig.) Lsg. von *2.6-Dioxaspiro-(3-3')-heptan* (I) u. einem Katalysator sowie anschließende Wärmevergütung bei 121—204°. — Baumwollgewebe wird mit einer wss. 20% ig. I-Lsg. mit einem Geh. von 1% Zn-Perchlorat imprägniert u. 15 Min. bei 150° nachbehandelt. — Auch eine Imprägnier-Lsg. mit einem Geh. von 5 (%) I, 5 Dimethylol-N.N'-äthylenharnstoff u. 1 Zn-Fluorborat ist geeignet. (**A. P. 3 024 080** vom 14/10. 1957, ausg. 6/3. 1962.)
H. Möllering 8033

2937 Union Carbide Corp., N.Y., übert. von: Arnold M. Sookne, Silver Spring, Md., John D. Galligan, Washington, D.C., Howard R. Guest, Charleston, und Joe T. Adams, St. Albans, Va., V.St.A., **Krumpf- und knitterfreie Cellulosetextilien.** Man imprägniert das Gut mit der wss. Lsg. von 1.1.3-Tris-(2.3-epoxyalkoxy)-butan, ggf. unter Zusatz eines Katalysators, trocknet u. erhitzt. — Eine wss. Imprägnier-Lsg. enthält 15 (%) 1.1.3-Tris-(2.3-epoxypropoxy)-butan u. 0,5 Zn-Fluorborat. Flottenaufnahme z. B. 90%, Trocknung bei 40° u. Härten für 3 Min. bei 120°. (**A. P. 3 024 135** vom 27/12. 1960, ausg. 6/3. 1962.)
H. Möllering 8033

2938 Dan River Mills, Inc., übert. von: Ernest Linwood Wright III, William Berkley Smith jun. und Rosser Lee Wayland jun., Danville, Va., V.St.A., **Waschfeste Hydrophobierung von Baumwollgewebe.** Man behandelt das Gut mit der wss. Emulsion eines linearen fl. Methylwasserstoffpolysiloxans, in welchem die Kette mit Trimethylsiloxygruppen gestoppt ist, u. eines Katalysators, wobei vor, während oder nach dieser Behandlung eine Fixierung des Hydrophobiermittels durch Beladung des Gutes mit mindestens 0,05% durch Säure gelöstes entacetyliertes Chitin (Kylan 100 LV) erfolgt. — 4 (Teile) Kylan 100 LV werden mit 4 Essigsäure in 92 W. zu einer viscosen Lsg. gemischt, die mit W. verdünnbar ist. Baumwollgewebe wird bei 55% Flottenaufnahme mit einer 4% ig. Kylan-Lsg. imprägniert, getrocknet u. mit einer Siloxanemulsion nachbehandelt. (**A. P. 3 038 821** vom 28/8. 1958, ausg. 12/6. 1962.) H. Möllering 8037

2939 E. I. du Pont de Nemours & Co., Wilmington, Del., übert. von: William Kenneth Wilkinson, Waynesboro, Va., V.St.A., **Flammfeste Acrylnitril enthaltende Textilfasern.** Eine halogenfreie Fasermasse aus Mischpolymeren mit einem Geh. von 85—95 (%) Acrylnitril u. 15—1 anderer polymerisierbarer Substanz mit einem Erweichungspunkt $< 180^0$ wird bei lockerem Füll-Gew. (scheinbare Dichte $> 0{,}2$) bei einer Temp.-Erhöhung von ca. 3^0/Min. auf 260—500° so lange erhitzt, bis die Fasermasse flammfest geworden ist. — Aus Dimethylformamid-Lsg. gesponnene Fasern aus einem 94:6-Gemisch von **I** u. Methylmethacrylat mit Erweichungspunkt 249° wird als 5 cm dickes Vlies (scheinbare Dichte 0,013) im Ofen von 220—275° über 60 Min. erhitzt. Die Fasern sind einheitlich schwarz u. nicht verklebt. — Verw. für *Flammschutzkleidung.* (**A. P. 3 027 222** vom 3/9. 1957, ausg. 27/3. 1962.) H. Möllering 8037

2940 Victor Chemical Works, Chicago, übert. von: Roger C. Steinhauer, Park Forest, Ill., V.St.A., **Flammfeste Phosphor-Stickstoff-Verbindungen** erhält man durch Rk. von Äthylendiamin (**I**) mit dem Rk.-Prod. von P_2O_5 oder $POCl_3$ mit NH_3, das ein Atomverhältnis von N:P = 1—3:1 hat. — 100 g eines Rk.-Prod. aus NH_3 u. P_2O_5 mit 73,55% P_2O_5, 6,58% Kern- oder Amid-N u. 13,22 freier oder NH_4-Stickstoff werden mit 200 g **I** 2½—3 Std. lang auf 115—120° erhitzt u. auf Raum-Temp. gekühlt. Man erhält ein glasähnliches Material mit einem Geh. an 50,2% P_2O_5, 22,9% Total-N, darunter 4,2% NH_4-Stickstoff. — *Permanente Flammschutzmittel für Cellulosefasern.* (**A. P. 3 029 283** vom 20/10. 1958, ausg. 10/8. 1962.) A. Jahn 8037

2941 E. I. du Pont de Nemours & Co., Wilmington, Del., übert. von: Alfred Bruce Malmquist, Stoney Point, und Raymond James Mayfield jun., Newburgh, N.Y., V.St.A., **Bedruckbarer überzogener Stoff, insbesondere Buchbezugsstoff mit Gewebesubstrat** enthält auf einer Seite einen Überzug auf der Grundlage von Gemischen von synthet. Polymeren, nämlich 1. ca. 25—75 (Gew.-%) von Polyvinylchlorid oder dessen Mischpolymeren, 2. ca. 25—75 eines Acrylmischpolymeren aus 94—99 Methyl-, Äthyl-, Propyl- u. Butylester der Acryl- u. Methacrylsäure u. 1—6 Acryl-, Methacryl- oder Itaconsäure, 3. 0—35 eines Mischpolymeren von Butadien u. Acrylnitril sowie einen Zusatz feinverteilter, inerter Stoffe u. Pigmente. (**A. P. 2 989 423** vom 12/3. 1959, ausg. 20/6. 1961. **E. P. 891 560** vom 4/2. 1960, ausg. 14/3. 1962. A. Prior. 12/3. 1959.) M. Böttcher 8037

2942 United States of America, Secretary of Agriculture, übert. von: Leon H. Chance und Wilson A. Reeves, New Orleans, La., V.St.A., **Verrottungs-, krumpf- und knitterfeste Cellulosetextilien.** Man belädt das Gut aus wss. Lsg. mit mindestens 2% einer *Carbonyl-bis-aziridin*-Verb. der allg. Formel **I** (R = H, Methyl- oder

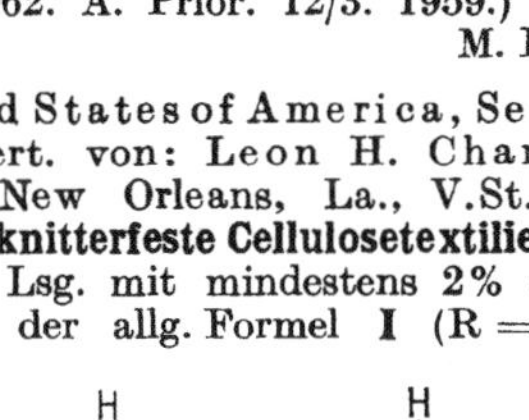 I

Äthylrest), worauf getrocknet u. 10—2 Min. auf 100—170° erhitzt wird. — 37,5 (Teile) **I** (R = H) u. 2,5 Isooctylphenylpolyglykoläther werden in 210 W. verteilt, auf pH 9,5 eingestellt u. zur Imprägnierung von *Baumwolle* verwendet. (**A. P. 3 038 776** vom 17/5. 1960, ausg. 12/6. 1962.) H. Möllering 8045

2943 Courtaulds North America, Inc., Del., übert. von: George C. Daul, Harold F. Wise und John Wharton, Mobile, Ala., V.St.A., **Vernetzen von Regeneratcellulosetextilien** erfolgt im spinnfeuchten Gelzustand der Fasern. — Spinnfeuchte Zellwolle im Gelzustand mit 100% W. wird mit einer wss. Lsg. mit einem Geh. von 12(%) Kaurit G (50%ig. Lsg. eines 2:1-Kondensates aus Glutaraldehyd u. Harnstoff), 1,2 $MgCl_2 \cdot 6\,H_2O$ u. 0,4 Polyglykolstearat 2 mal besprüht u. dazwischen abgequetscht. Dann wird die Fasermasse geöffnet, bei 93° getrocknet u. 7 Min. auf 154° erhitzt. Die Fasern kleben nicht aneinander u. sind weniger hydrophil. Geeignete Vernetzungsmittel sind Aldehyde, wie *Acrolein, Glycidylaldehyde* u. *Divinylsulfone, Dihalogenhydrine, Di-* u. *Triaziridinylphosphinoxide* oder *-sulfide* oder sog. „*Reactantharze*". (**A. P. 3 038 777** vom 10/6. 1959, ausg. 12/6. 1962.) H. Möllering 8075

2944 British Celanese Ltd., übert. von: Angus Smith Bell, Leonard Krause und George Hammerschmidt, London, England, **Fasermatten für Kleidungsinlaid, Isolierzwecke, Verpackung, Tampons oder dergleichen.** Vliese aus Celluloseacetatfasern werden aus wss. Dispersion mit 7,5—14% Polyvinylacetat (**I**) besprüht, unterhalb der Verdickungs-Temp. von **I** ohne Zusammendrücken des Vlieses getrocknet u. ggf. dubliert oder im rechten Winkel gefaltet. Man erhält extrem leichte Vliesstoffe, z. B. einer scheinbaren Dichte von 0,25—1 lb. je Kubikfuß. **I** kann mit 15—25% Dibutylphthalatzusatz plastifiziert sein. — Abb; Vorrichtung. (**A. P. 3 025 187** vom 21/2. 1957, ausg. 13/3. 1962. E. Prior. 22/2. 1956.) H. Möllering 8077

2945 E. I. du Pont de Nemours & Co., übert. von: Hans Schott, Wilmington, Del., V.St.A., **Herstellen von Gegenständen aus wasserunlöslichen Polymerisaten.** Einer Dispersion von 15—85 (Gew.-%) Polytetrafluoräthylen (**I**) mit einem Molgew. von mindestens 5000 in W., das 2—10 eines gelierbaren Polymerisats, wie Polyvinylalkohol, Mischpolymerisat aus Vinylalkohol u. -acetat, enthält, werden 0,05—5 eines wasserlösl. Borats, wie $X_2B_4O_7$, X_3BO_3, XBO_2, XBO_3, X_2HBO_3 u. XH_2BO_3, zugesetzt, um die Lsg. zu gelieren. X kann sein Na, K, Li. Die Teilchengröße des **I** soll nicht größer als 15 μ sein. Das Gel wird dann zu einem *Faden* verpreßt. (**A. P. 3 038 870** vom 27/12. 1956, ausg. 12/6. 1962.) F. Markhoff 8081

2946 Dow Chemical Co., Midland, übert. von: Frederick M. Arnesen, Bay City, und Lamar C. Cloninger, Midland, Mich., V.St.A., **Herstellung von leicht anzufärbenden Fäden aus Polyacrylnitril** durch Pfropfpolymerisation eines N-Vinyl-2-oxazolidinons der Formel **I**,

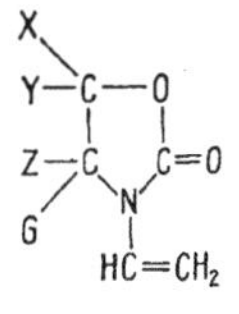 I

worin X, Y, Z oder G unabhängig voneinander = H, C_{1-4}-Alkyl oder C_{6-10}-Aryl sein können, bei 0—200° in Ggw. von radikalbildenden Katalysatoren oder energiereichen Strahlen. Die Fäden sollen zuvor in wss. $ZnCl_2$-Lsg. angequollen sein. — Beispiele mit N-Vinyl-5-methyl- u. N-Vinyl-2-oxazolidinon. (**A. P. 3 035 010** vom 29/1. 1958, ausg. 15/5. 1962.) H. Schindler 8081

2947 Dow Chemical Co., Midland, Mich., übert. von: Ardy Armen, Denbigh, Va., Stanley A. Murdock, Concord, Calif., und Giles R. Cokelet, Williamsburg, Va., V.St.A., **Fasernbildende Pfropfmischpolymerisate** erhält man unter Erwärmung in Ggw. eines Azokatalysators

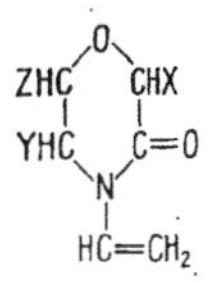 I

aus Vinylcyanid u. einem in $ZnCl_2$-Lsg. gelösten Polymeren eines N-Vinyl-3-morpholinons der Formel **I**, worin X, Y u. Z unabhängig voneinander H, Alkyl oder Halogenalkyl sein können, u. anschließendes Verspinnen des Prod. zusammen mit einem in $ZnCl_2$-Lsg. gelösten Polyacrylnitril. — Mengenbeispiele. Die Prodd. sind leicht wasch- u. lichtecht anfärbbar. (**A. P. 3 029 213** vom 3/3. 1960, ausg. 10/4. 1962.) H. Schindler 8081

2948 Dow Chemical Co., Midland, Mich., übert. von: Stanley A. Murdock, Concord, Calif., Clyde W. Davis, Williamsburg, Va., und Forrest A. Ehlers, Walnut Creek, Calif., V.St.A., **Herstellung von Pfropf(Misch)-polymerisaten** durch Polymerisation von Aminoäthylacrylaten der allg. Formel $(R)_2N-C_2H_4-OCO-CG=CH_2$, worin R = H, CH_3 oder C_2H_5 u. G = H oder CH_3, mit Alkenylgruppen enthaltenden Sulfonsäuren der Formeln **I–V**, in denen X = H, Alkalimetall oder C_{1-4}-Alkyl, Y = H, Cl oder Br, Z = H oder CH_3, R = CH_3 oder C_2H_5, m = 0–2, n = 1–2, p = 0–1 u. r = 1–4 ist, u. ferner mit einem Polyvinyllactam, bes. Poly-N-vinyl-2-pyrrolidon (**VI**). Nach den Beispielen werden folgende Komponenten eingesetzt:

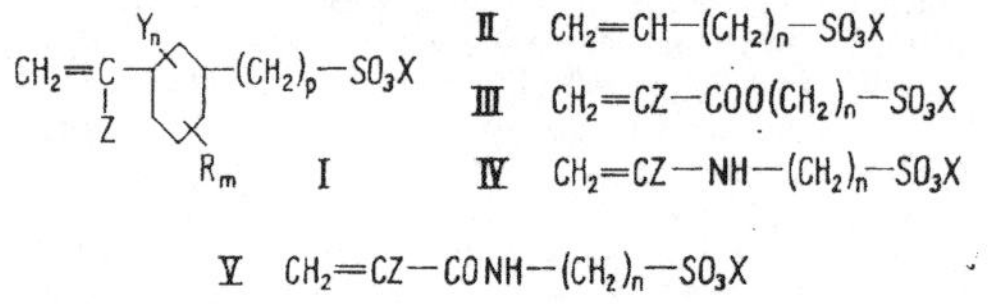

Äthylensulfonsäure, 2-Aminoäthylmethacrylat (**VII**) u. **VI**; Na-Styrolsulfonat (**VIII**), **VII** u. **VI**; **VIII**, Dimethyl aminoäthylacrylat u. **VI**; Na-2-Sulfäthylacrylat, 2-Aminoäthylacrylat u. **VI**; **VIII**, Diäthylaminoäthylmethacrylat u. **VI**; **VII**, N-Acryloyltaurin u. **VI**. Die Polymerisation wird im üblichen Emulsions- oder Suspensions-Verf. u. in Ggw. von $(NH_4)_2S_2O_8$ bei Temp. bis zu 50° durchgeführt. Mit Dispersionen der Endprodd. werden Polyacrylnitrilfäden in Form des Aquagels getränkt u. getrocknet. Die Fäden werden farbaffin, antistat., licht- u. wärmebeständig sowie hydrophob. — Mengenbeispiele. Tabellen. Zeichnung. (**A. P. 3 035 009** vom 25/11. 1957, ausg. 15/5. 1962.)
H. Schindler 8081

2949 Distillers Co. Ltd., Edinburgh, Schottland (Erfinder: Denis Cheselden Quin), **Herstellung von Cyanbenzylaminen** (I) erfolgt durch Red. von Phthalo-, Isophthalo- u./oder Terephthalonitril mit H_2 in Ggw. eines Pd- oder Pt-Trägerkatalysators (Träger: Kohle oder Al_2O_3) bei 0–150°, bes. 40–60°, bei 1 at oder 90–100° bei 100 at. Die Katalysator-Konz. beträgt bes. 0,005–5 Gew.-% Metall berechnet auf Dinitril. Die Rk. erfolgt in Ggw. eines Lsgm., bes. eines aromat. KW-Stoffes (**II**), wie Toluol, der mit einem polaren Lsgm., wie A., verd. sein kann. Auch kann NH_3 [bis zu 20 (Gew.-Teile) je 1 Dinitril] allein oder im Gemisch mit **II** als Lsgm. verwendet werden. — Beispiele: Terephthalonitril → 97% 4-I, F. 19°; $Kp._2$ 126°, n_D^{20} 1,567. — *Hydrat*, F. 45–48°. — *Perchlorat*, F. 206–209°. — Als Nebenprod. kann hierbei *Bis-4*-I vom F. 104° erhalten werden. — *Perchlorat*, F. 268–270° (Zers.). — Isophthalonitril → *3*-I, $Kp._1$ 115°; n_D^{20} 1,1563. — *Hydrat*, F. 25°. — *Zwischenprodd.* zur Herst. von *Polyamidfasern*. (**E. P. 814 631** vom 10/1. 1957, ausg. 10/6. 1959.) O. Müller-Meiningen 8081

2950 Farbenfabriken Bayer Akt.-Ges., Leverkusen, **Hochelastische Fasern nach dem Isocyanat-Polyadditionsverfahren** erhält man aus Isocyanat-modifizierten Polyhydroxyl-Verbb. [Polyester(amide), Polyäther, Polyesterurethane (Dimethylacylamide, Dimethylsulfoxid oder veresterte oder verätherte Polyglykole) oder Polythioäther] mit Molgew. 200 bis 3000 u. Alkoholen u./oder Aminen mit mindestens 2 akt. H-Atomen in geringeren Mengen als zur Rk. mit den freien NCO-Gruppen erforderlich, durch Erhitzen in inerten Lsgm. (Ketone, Butylacetat, Äther, Dioxan, Dichlorbenzol oder Tetrahydrofuran sowie Gemische) in Ggw. von Katalysatoren (tert. Amine, Alkoholate, Phenolate, Schwermetallsalze, Komplexe), bis alle freien NCO-Gruppen verschwunden sind, u. Verspinnen, ggf. nach weiterer Verdünnung durch Lösungsmittel. (**E. P. 904 459** vom 14/4. 1960, ausg. 29/8. 1962. D. Prior. 17/4. 1959.) E. Dörfel 8081

2951 Owens-Corning Fiberglas Corp., Del., übert. von: Alfred Marzocchi, Manville, R.I., und Gerald E. Rammel, North Attleboro, Mass., V.St.A., **Herstellung ungezwirnter Garne aus Stapelglasfasern.** Die zu einem Garn zu vereinigenden Stapelglasfasern werden mit der wss. Emulsion eines polymerisierbaren Öls behandelt, worauf das Bindemittel durch längeres Erhitzen auf 150 bis 250° F gehärtet wird. Als Bindemittel kommt bes. Leinöl in Frage. — Vorr., Zeichnung. (**A. P. 3 033 719** vom 6/2. 1958, ausg. 8/5. 1962.) Hans Hoffmann 8083

2952 Pittsburgh Plate Glass Co., Allegheny County, übert. von: George E. Eilermann, Perrysville, Pa., V.St.A., **Behandeln von Glasfasern.** Glasfasern, welche zum Verstrecken von Harzen oder plast. Massen benutzt werden, lassen sich wasserabweisend u. harzverträglich machen durch Überziehen mit einer wss. Lsg., welche 1–5 Gew.-% einer organ. Verb. von der Zus. I enthält, worin R_1 einen Alkenylrest, z. B. einen Vinyl- oder Allylrest, u. R_2, R_3 u. R_4

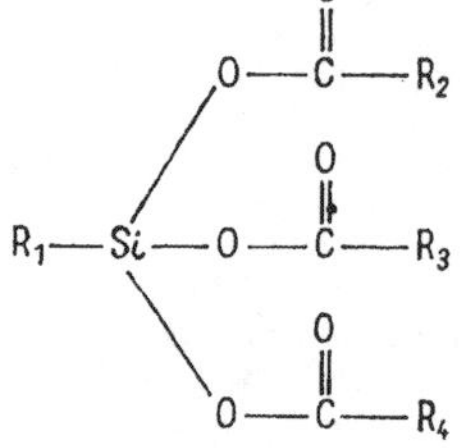
I

Alkylreste mit 1–5 C-Atomen im Radikal darstellen. In Frage kommen Verbb., wie Vinyltriacetoxysilan, Vinyldiacetoxymonopropionoxysilan, Vinylmonoacetoxydipropionoxysilan, Allyltriacetoxysilan. (**A. P. 3 019 122** vom 15/12. 1958, ausg. 30/1. 1962.) Hans Hoffmann 8083

2953 Dominick Nardelli, Castro Valley, übert. von: Paul Benjamin Archibald, Livermore, Calif., V.St.A., **Reinigen und Überziehen von Glasgarnen oder -geweben.** Um auf Glasfasergeweben einen festhaftenden verfestigenden Überzug aufbringen zu können, müssen diese zunächst von der anhaftenden, als Gleitmittel benutzten Stärke befreit werden. Zu diesem Zweck werden die zu Ballen aufgewickelten Gewebe in einer elektr. beheizten Kammer 24–72 Std. auf 500–600° F erhitzt, um nach dem Abbrennen des Stärkeüberzuges dann bei ca. 350° F mit den Dämpfen eines flüchtigen Silans, wie *Triäthoxysilan*, zwecks Verfestigung der einzelnen Glasfäden gegeneinander behandelt zu werden. — Eine zur Durchführung des Verf. geeignete Vorr. wird beschrieben. Abbildung. (**A. P. 3 032 434** vom 23/9. 1957, ausg. 1/5. 1962.) Hans Hoffmann 8083

2954 Owens-Corning Fiberglas Corp., übert. von: Harry B. Whitehurst und William H. Otto, Newark, Ohio, V.St.A., **Metallisieren von Glasfasern.** Nach dem Zieh-Verf. hergestellte Glasfäden werden fortlaufend durch die Schmelze eines Metalls, wie Sn, Bi, Cd, Pb, Zn, In, Sb, Mg, Al oder Legg. hiervon, gezogen u. anschließend auf elektrolyt. Wege mit einem höher schm. Metall, wie Cu, Fe, Messing, Cd, In oder Ni, umkleidet. — Vorr.; Abbildungen. — Vgl. A. P. 2 848 390; C. **1959,** 17374. (**A. P. 3 019 515** vom 10/11. 1953, ausg. 6/2. 1962.)
Hans Hoffmann 8083

2955 **Imperial Chemical Industries Ltd.**, London (Erfinder: **Francis Irving, Charles Hugh Reece** und **Robert Hugh Wilson,** Manchester). England, *Herstellung polycyclischer organischer Verbindungen.* (**Schwz. P. 367 179** vom 4/12. 1957, ausg. 29/3. 1963. E. Prior. 5/12. 1956 u. 22/11. 1957. — C. **1961,** 17437 [F. P. 1 199 252].)

2956 **Farbwerke Hoechst Akt.-Ges., vormals Meister Lucius & Brüning,** übert. von: **Wilhelm Waibel,** Frankfurt/M., *Textilbleichverfahren.* (**A. P. 3 065 040** vom 19/9. 1958, ausg. 20/11. 1962. D. Prior. 24/9. 1957. — C. **1962,** 1843 [Niederl. P. 96 757].)

2957 **Hickson & Welch Ltd.,** Castleford, übert. von: **Dennis Arthur William Adams,** Leeds, und **Asim Kumar Sarkar,** Adel, England. *Stilbyltriazole als hydrophile optische Aufheller.* (**A. P. 3 048 584** vom 15/4. 1960, ausg. 7/8. 1962. E. Prior. 18/9. 1956. — C. **1962,** 16182 [Oe. P. 209 302].)

2958 **Chemstrand Corp.** (Erfinder: **John Peter Knudsen**), *Verspinnen von chlorhaltigen Polymerisaten.* (**Aust. P. 237 540** vom 12/8. 1959, ausg. 8/3. 1962. A. Prior. 18/8. 1958. — C. **1963,** 4927 [A. P. 3 010 859].)

2959 **Montecatini Soc. Gen. per l'Industria Mineraria e Chimica** (Erfinder: **Piero Giustiniani, Giulio Natta, Giorgio Mazzanti** und **Giovanni Crespi**), Mailand, Italien, *Polymermischung mit verbesserter Farbaffinität.* (**Oe. P. 223 813** vom 2/8. 1960, ausg. 10/10. 1962. It. Prior. 3/8. 1959. — C. **1962,** 19061 [Ung. P. 149 500].)

2960 **Chemstrand Corp.** (Erfinder: **Hobson Dewey De Witt**), *Thermoplastische stickstoffhaltige Polymerisate.* (**Aust. P. 237 543** vom 8/9. 1959, ausg. 8/3. 1962. A. Prior. 10/9. 1958. — C. **1962,** 17977 [F. P. 1 236 214].)

2961 **E. I. du Pont de Nemours & Co.,** übert. von: **Lawrence F. Beste** und **Curtis Wayne Stephens,** Wilmington, Del., V.St.A., *Amidgruppen aufweisende Linearpolymerlösungen in Lösungsmitteln und anorganischen Salzen.* (**A. P. 3 068 188** vom 27/3. 1957, ausg. 11/12. 1962. — C. **1962,** 13630 D. A. S. 1 107 399].)

H_{19}. Brennstoffe, Erdöl, Mineralöle

2962 **Gewinnung von Mineralbrennstoffen und Wasserkraft in den Vereinigten Staaten seit 1800.** R. M. Gooding. (U.S. Dep. Interior, Bur. Mines, Inform. Circ. **8155**, 1–33, 1963; Washington, D.C., Bur. of Mines; engl.) — Übersicht.
F. Rosendahl 8120△

2963 **Untersuchung des Sorptionsvermögens von Kohle in Zusammenhang mit ihrem Metamorphismus.** Janusz Gilewicz. (Poznańskie Towarzystwo Przyjaciół Nauk, Wydział mat.-przyrodniczy, Prace Komisji mat.-przyrodniczej **10, 65—74,** 1962; Poznań, Uniw. im. A. Mickiewicza, Kat. Technol. Chem.; pol.) — An Kohlearten von verschiedenem Inkohlungsgrad (IG) werden das Sorptionsvermögen (%) u. die Sorptions-Geschw. (log der % Sorption) für CH_3OH, Bzl. u. Pyridin in Abhängigkeit von der Zeit untersucht. Die erreichten Höchstwerte nehmen im allg. mit zunehmendem IG ab, nur Bzl. wird von Braunkohle u. Langflammkohle stärker sorbiert als von Torf. Die Sorptions-Meth. kann zur theoret. Erklärung einiger technolog. Eigg. fester Brennstoffe verwendet werden. R. K. Müller 8124◇

2964 **Über die Löslichkeit von Braunkohle und Huminsäuren in einigen organischen Lösungsmitteln.** Janusz Gilewicz. (Poznańskie Towarzystwo Przyjaciół Nauk, Wydział mat.-przyrodniczy, Prace Komisji mat.-przyrodniczej **10, 75—87,** 1962; Poznań, Uniw. im. A. Mickiewicza, Kat. Technol. Chem.; pol.) — Bei Raum-Temp. u. beim Kp. des Lsgm. wird die Löslichkeit von Braunkohle (**A**) u. Huminsäuren (**B**) in verschiedenen Lsgm. untersucht. Die gute Löslichkeit von **A** in aromat. Aminen u. einigen heterocycl. Basen (untersucht mit Pyridin) wird bestätigt. Die **A**-Bitumina sind weniger lösl. als Roh-**A**. Beim Kp. ist die Löslichkeit stets stark erhöht. In Teerölen (Mittel- u. Anthracenöl) ist **A** gut lösl., **B** jedoch wenig. Die Viscosität der Lsgg. entspricht der des Lsgm., nur bei den Lsgg. in Teerölen ist sie höher. R. K. Müller 8124◇

2965 **Untersuchungen über den oxydativen Abbau von Kohlen.** 9. Mitt. **Katalytische Hydrierung von Huminsäure in Gegenwart von Raney-Nickel und Reduktion von Huminsäure mit einer Lösung von Natrium in flüssigem Ammoniak.** Shigeru Kajiyama, Chikao Yokokawa und Yoshinobu Takegami. (J. Fuel Soc. Japan **40,** 761—66, 1961; Kyoto Univ., Fac. of Engng.; jap., Auszug: engl.) — 8. vgl. C. **1963,** 1914. — Die aus Onoura-Steinkohle durch Kochen mit 1n HNO_3 gewonnene Huminsäure (**A**) wird unter H_2-Überdruck in Ggw. von Raney-Ni hydriert. Aus den Ergebnissen der chem. Analyse u. des IR-Spektrums ist zu ersehen, daß die funktionellen Gruppen von **A** bei $< 170^0$ hydriert werden, während die chem. Veränderung bei $> 250^0$ ähnlich wie bei einem künstlichen Inkohlungsvorgang vor sich geht. Die bei der Red. von **A** mit einer Lsg. von Na in NH_3 erzielten Ergebnisse führen zu dem Schluß, daß Onoura-**A** 0,9 Atome Äther–O, bezogen auf das Molgew. 604, enthält. H. Schöberl 8126◇

2966 **Untersuchungen über den oxydativen Abbau von Kohlen.** 10. Mitt. **Die chemische Struktur von Kohle.** Chikao Yokokawa, Shigeru Kajiyama und Yoshinobu Takegami. (J. Fuel Soc. Japan **42,** 176—81, 1963; jap., Auszug: engl.) — 9. vgl. vorst. Referat. — Das Molgew. von Huminsäure, die durch Hydrogenolyse von bituminöser Onoura-Kohle erhalten wird, wird kryoskop. durch Messen der wss. Lsg. des K-Salzes bestimmt. Danach wird diesem Kohlenanteil ein Molgew. von 350 u. die Summenformel $C_{24,9}H_{22,4}O_{1,2}N_{0,4}S_{0,1}$ zugeteilt. Ein Strukturmodell der Kohle wird vorgeschlagen u., in Übereinstimmung mit älteren Arbeiten der Vff., die Änderung der Struktur durch Altern diskutiert. F. Rosendahl 8126△

2967 **Zur Thermodynamik des Aufkohlens und Entkohlens.** S. Traustel. (Gaswärme **11,** 65—67, 1962; Clausthal, Bergakad., Inst. für Steine u. Erden, Abt. für Wärmewirtsch. u. Ofenbau; dt.) — Die Neigung von Verbrennungsgasen zum Aufkohlen oder Entkohlen fester Körper wird mit Hilfe des Boudouardschen Gleichgewichts für Luftzahlen von 0,5—1 rechner. verfolgt. R. Grundmann 8128◇

2968 **Entfernen von Kohlenwasserstoffen und Kohlenmonoxid aus Automobil-Auspuffgasen unter Verwendung eines angeregten Uran-Katalysators.** D. Bienstock, R. C. Kurtzrock, E. R. Bauer jun. und J. H. Field. (U. S. Dep. Interior, Bur. Mines, Rep. Invest. **1963,** Nr. **6323,** 1—18; Pittsburgh, Pa., Bur. of Mines, Pittsburgh Coal Res. Center; engl.) — Zur Entfernung von KW-Stoffen u. CO aus Automobilabgasen, die bei Verw. von gebleitem u. nichtgebleitem Bzn. entstehen, wird ein Katalysator aus Tonerdekugeln mit 4,2(%) U_3O_8, 1,7 Cr_2O_3 u. 1,7 CuO eingesetzt. Die Gasproben werden bei Leerlauf u. bei einer Fahr-Geschw. von 50 km/Std. entnommen. Den Abgasen wird so viel Luft zugesetzt, daß noch 2—4% O_2 im Abgas vorhanden ist. Bei Leerlauf hat das Rohgas einen Geh. von 7000 ppm C u. 4% CO; die KW-Stoffe werden zu 98% u. CO zu 100% umgesetzt. Bei einer Fahr-Geschw. von 50 km/Std. sind im Rohgas 1700 ppm C-Atome u. 0,3% CO vorhanden. Von diesen werden nur die KW-Stoffe zu 75% umgesetzt. Bei Verw. von gebleitem Bzn. werden 25% weniger an KW-Stoffen u. CO bei Leerlauf umgesetzt; ebenso nach einer Fahrt von 1300 miles. Das im Abgas vorhandene radioakt. Material wird vernachlässigt. F. Rosendahl 8128△

2969 **Besondere Herstellung von Kokskohlen.** J. Bandopadhyaya, N. N. Das Gupta und A. Lahiri. (Gas Wld. **158,** 209—14, 1963; Jealgora, Dhanbad, India, Central Fuel Res. Inst.; engl.) — Für die Erzeugung eines guten Hüttenkokses ist es erforderlich, daß die nichtschm. Anteile der Kohle während der Verkokung mit den plast. Anteilen der Kohle vermischt werden. Dies wird am besten durch Vermahlen, selektives Absieben u. nochmaliges Vermahlen, Absieben u. Vermischen von Kohlen erreicht. Die petrograph. Anteile der Kohle müssen bes. berücksichtigt werden, weil sonst Schwierigkeiten bei der Gewinnung von gleichmäßigem Koks auftreten. Unter Berücksichtung aller dieser Gesichtspunkte ist es möglich, aus einer nicht geeigneten Kohle einen guten Hüttenkoks zu erhalten. Vorteilhaft ist das Zumischen von Öl zu Kohle. F. Rosendahl 8144△

2970 **Aktivierung verschiedener Kokse mit Kohlendioxid, Kohlenmonoxid und mit Stickstoff.** Roman Andrzejewski. (Koks-Smoła-Gaz **6,** 77—87, 1961; Kraków, Akad. Górniczo-Hutnicza; pol.) — Verss. an Hüttenkoks u. Gaskoks ergeben, daß CO_2 am stärksten aktivierend, N_2 überhaupt nicht aktivierend wirkt. Die scheinbar aktivierende Wrkg. von N_2 beim Strömen durch eine Koksschicht beruht darauf, daß N_2 die Abgabe der restlichen im Koks vorhandenen flüchtigen Teile weitgehend erleichtert. Auf Grund der erhaltenen Ergebnisse ist es möglich, auf das Verh. von Koks beim Vergasen u. Verbrennen Schlüsse zu ziehen. Der Aktivierungsgrad wird durch Messen der inneren Oberfläche von Koks ermittelt. Die Oberfläche wird nach der BET-Meth. mit N_2 als Adsorbat bestimmt. R. Grundmann 8144◇

2971 **Über die Reaktivität vorgraphitisierter Kohlen. Reaktionsfähigkeit von Petrolkoksen und Gilsonit-Koks gegenüber Kohlendioxid.** Éric Barrillon und Henri Guérin. (C. R. hebd. Séances Acad. Sci. **255,** 119—21, 1962; Paris, Centre d'Orsay, Fac. des Sci., Labor. de Chim. M.P.C.; franz.) — Vgl. C. **1962,** 11053. — Die Oxydation verschiedener Kokssorten mit CO_2 u. die gleichzeitige Änderung der Oberfläche werden untersucht. Die Vergasungs-Geschw. (VG) sinkt nach leichtem Ansteigen zu Beginn parallel mit der B.E.T.-Oberfläche ab; die VG von Gilsonit-Koks nimmt bis zu 70% Abbrand zu, da seine Mikroporosität die reagierende Oberfläche ansteigen läßt. Die mittlere Aktivierungsenergie von 3 Petrolkoksen zwischen 10 u. 50% Abbrand wird zu 49, 44 u. 42,5 kcal/Mol errechnet. Längeres Wiedererhitzen eines Kokses auf Temp. unterhalb der Herst.-Temp. verändert seine Eigg. weitgehend. R. Hegenbarth 8144◇

2972 **Die Zusammensetzung von Kokereigas in Abhängigkeit von der Garungszeit.** Helmut Pichler und Albert Herlan. (Gas- u. Wasserfach, Ausg. Gas **104,** 1127—35, 1963; Karlsruhe, TH, Inst. für Gastechn., Feuerungstechn. u. Wasserchem.; dt.) — In einer Gaskokerei werden im Laufe von 2 Garungsperioden verschiedene Proben am Steigrohr einer Kammer entnommen u. gaschromatograph. sowie massenspektrometr. untersucht. Der H_2-Geh. nimmt anfangs verhältnismäßig stark, dann längere Zeit wenig zu, um gegen Ende der Garungszeit wieder stark anzusteigen. Die Bldg. von CH_4 verläuft umgekehrt; nur am Anfang ist sie ziemlich stark, um am Ende auf 2,1 Vol.-% abzufallen. CO_2 fällt laufend ab, während N_2 u. CO erst gegen Ende deutlich werden. COS u. CS_2 zeigen in der Mitte der Garungszeit ein Maximum. C_2H_6 u. C_2H_4 nehmen nach den ersten Std. unterschiedlich ab; der C_2H_4-Geh. beträgt am Ende nur noch 0,024 Vol.-%. Das Verhältnis $C_2H_4:C_2H_6$ liegt anfangs bei 1, am Ende bei 3. C_2H_2 zeigt nach $^1/_3$ der Garungszeit ein Maximum mit 0,065 Vol.-% C_3-KW-Stoffe nehmen während der ganzen Zeit gleichmäßig ab, während C_4- u. C_5-KW-Stoffe ein unterschiedliches Verh. zeigen. Die Aromaten verhalten sich verschieden; während bei Bzl. nach ca. 14 Std. ein Maximum auftritt, liegt dieses für Toluol in den ersten Std.; es bleibt längere Zeit konst., um dann stetig abzunehmen. Die C_8-Aromaten (Xylole u. Äthylbenzol) zeigen in der 3. Std. ein Maximum u. nehmen dann stetig ab. Thiophen geht mit CS_2 parallel u. zeigt mit diesem zusammen ein Maximum. F. Rosendahl 8156△

2973 **Über synthetische Dreistoff-Tauschgase für technische Typenbrenngase — ein Beitrag zur Systematik der technischen Brenngase.** F. Schuster. (Gaswärme **11**, 121—30, 1962; Essen, Gaswärme-Inst.; dt.) — Wie weit zwischen Dreistoff-Tauschgasen aus H_2, Propan u. N_2 u. 15 Typenbrenngasen Austauschbarkeit nach Weaver besteht, die es ermöglichen würde, an Stelle beliebiger techn. Brenngase Prüfgase verschiedener volumetr. Zus., aber aus den gleichen 3 Einzelgasen zur Unters. von Gasbrennern, Gasgeräten u. Gasfeuerstätten, bes. auf Prüfständen, heranzuziehen, wird untersucht. R. Grundmann 8156◇

2974 **Die Entgiftung des Leuchtgases.** H. Heiner. (Chem. Rdsch. [Solothurn] **16**, 727—28, 1963; Krefeld; dt.) — Allg. Betrachtungen über die Möglichkeiten zur Konvertierung von CO zu CO_2 u. die wirtschaftlichen Auswirkungen. F. Rosendahl 8156◇

2975 **Methoden der Flammengeschwindigkeitsmessung.** P. Maier. (Gaswärme **11**, 170—76, 1962; Karlsruhe, TH, Inst. für Gastechn., Feuerungstechn. u. Wasserchem.; dt.) — Nach Erläuterung des Begriffes der Flammen-Geschw. (Zündgeschw.) werden die Meth. zu ihrer Best. in systemat. Ordnung besprochen. R. Grundmann 8156◇

2976 **Über Struktur und Wirkungsweise des MgO/NiO-Katalysators bei der Methankonversion.** Alfons Krause. (Roczniki Chem. [Ann. Soc. chim. Polonorum] **33**, 837—39, 1949; Poznań, Uniw. im. A. Mieckiewicza, Zakład Chem. Nieorg.; pol.) — Die Wirkungsweise des MgO/NiO-Katalysators bei der CH_4-Konversion wird auf Grund seiner Struktur erklärt. Als Zwischenprod. wird dabei eine radikalartige Mg–Ni-Verb. angenommen, die durch OH u. H abgesätt. werden kann u. die eine Rk.-Kette einleiten kann. Bei der Rk.-Temp. (750°) wird der Katalysator durch allmähliches Sintern desaktiviert. Trägersubstanzen, z. B. Kaolin u. Zement, die prim. zu einer Fehlordnung des Katalysators beitragen, verschlechtern durch Bldg. von inakt. Silicaten im Laufe der Zeit seine Wirkung. Bei der Konversion sich bildendes CO führt infolge Carbonyl-Bldg. zu einer teilweisen Blockierung des Katalysators, der sich dann immer noch für Dehydrierungszwecke eignet. K. Pluta 8162◇

2977 **Untersuchungen über die Möglichkeit der Anwendung von Holzölen zur Naphthalinentfernung aus Gasleitungen.** Stanisław Kulisz, Zdzislaw Czechowski und Zbigniew Kurczewski. (Koks-Smoła-Gaz **6**, 100—02, 1961; Gryfino, Fabr. Rozkładowej Dest. Drewna; Poznań, Wyższa Szkoła Rolnicza; Zakłady Gázownictwa Okręgu Wałbrzyskiego; pol.) — Öle, die bei der Pyrolyse aus Laubholz gewonnen werden, werden auf ihre Brauchbarkeit zur Entfernung von Naphthalin (**I**) aus Gasleitungen untersucht. Die Abhängigkeit der **I**-Löslichkeit von der Temp. der angewandten Öle wird geprüft. R. Grundmann 8166◇

2978 **Schwefel- und Cyanverbindungen aus Kokereigas.** Halina Gwiner. (Koks-Smoła-Gaz **6**, 108—13, 1961; Inst. Chem. Przeróbki Węgla; pol.) — Die S-Verbb. in Steinkohlen, die Umwandlungen der S-Verbb. während des Verkokungsprozesses sowie die Verteilung von S in Kokereigas, Ammoniakwasser u. Teer werden untersucht. Weiter wird die H_2S-Abtrennung aus Kokereigas u. die Verarbeitung von H_2S zu H_2SO_4 u. S untersucht. Die Herst. von Cyaniden u. Rhodaniden aus im Kokereigas vorkommendem HCN wird besprochen. R. Grundmann 8172◇

2979 **Weitere Entwicklung beim Stretford-Verfahren.** T. Nicklin und B. H. Holland. (Gas Wld. Gas Coke **158**, 273—78, 1963; North Western Gas Board; engl.) — Beim Stretford-Verf. werden Anthrachinondisulfonsäuren (**A**) zum Abtrennen von H_2S aus Gasen eingesetzt. An Hand eines Schemas wird der Gang des Verf. beschrieben; die wissenschaftlichen Grundlagen werden erörtert. Die in Betrieb genommenen Anlagen arbeiten zufriedenstellend. Trotz der verwendeten alkal. **A**-Lsg. wird nur wenig CO_2 aus dem Gas ausgewaschen, so daß das Verf. sogar zur H_2S-Reinigung von CO_2 eingesetzt werden kann. Als Nebenprod. bei der Gasreinigung wird stets S gewonnen. F. Rosendahl 8172△

2980 **Nickel- und Kobaltkatalysatoren in der Petroleumindustrie.** P. D. Wilmot. (Nickel [Milano] **1962**, Nr. 98, 1—15; ital. — C. **1959**, 14600.) R. Grundmann 8186◇

2981 **Über einige Gesetzmäßigkeiten der Gruppenzusammensetzung von Destillationsrückständen polnischer Roherdöle.** Włodzimierz Kisielow und Anna Marzec. (Zeszyty naukowe Politechn. Śląskiej, Chem. **1961**, Nr. 5, 3—15; Katedra Technol. Nafty i Paliw Płymynch; pol. — C. **1963**, 21396.) K. Pluta 8188◇

2982 **Statische Elektrizität bei Erdölprodukten.** A. Klinkenberg. (Ingenieur ['s Gravenhage] **75**, M51—M55, 1963; 'sGravenshage, Bataafse Internat. Petrol. Mij. N.V.; niederl.) — Übersicht unter besonderer Berücksichtigung antistat. Additive. — 16 Literaturangaben. F. Rosendahl 8188△

2983 **Untersuchungen über die Erhöhung der Ölausbeute beim Wasserfluten durch Einpressen von Leichtbenzin.** R. Wiesenthal. (Erdöl-Z. Bohr- u. Fördertechn. [Wien] **78**, 191—206, 1962; Claustahl, Bergakad., Fak. für Bergbau u. Hüttenwes.; dt.) — In Vers.-Reihen an Kernen aus unverfestigtem Sand werden Öle (**A**) von 1,28—324 cP bei 30° mit einer Flut-Geschw. von 6,27 $cm^3/h \cdot cm^2$ Kernquerschnitt verdrängt. Bei hochviscosen **A** läßt sich durch Einpressen von Leichtbenzin (**B**) nach vorheriger Wasserflutung u. nochmaliges Fluten ein beträchtlicher Mehrgewinn an **A** erreichen. Niedrigviscose Öle können durch **B** lediglich verdrängt werden; eine Rückgewinnung von **B** ist jedoch nicht möglich. K. Strenge 8190◇

2984 **Über die Anwendung von Wärme zur besseren Ausbeutung von Erdöllagerstätten unter besonderer Berücksichtigung des In situ-Verbrennungsprozesses.** W. Schulz. (Erdöl-Z., Bohr- u. Fördertechn. [Wien] **78**, 17—44, 1962; dt.) — Das In situ-Verbrennungs-Verf. zur Steigerung der Ausbeute von Erdöllagerstätten wird laboratoriumsmäßig untersucht. Die erreichten Ölausbeuten liegen, bezogen auf den Zustand zu Beginn der Kaltluftinjektion vor der Zündung, bei ca. 80%. R. Grundmann 8190◇

2985 **Hydrocracken.** P. W. Sherwood. (Riv. Combustibili **16**, 243—47, 1962; ital.) — Beschreibung der Produktionsbedingungen u. des Verlaufs folgender Prozesse: Isocracken (California Res. Corp.), Unicracken (Union Oil Co. of Calif.), Lomax (Universal Oil Prod.) u. H-Oil (Hydrocarbon Res., Inc.) J. Lehmberg 8196

2986 **Die Desorption von Butan, Benzol und Benzin aus Adsorbentien.** Al. M. Kulijew und A. Agakischijew. (Erdöl-Wirtsch. Aserbaidshan **42**, Nr. 2, 38—40, 1963; russ.) — Völlige Desorption von *Butan*, *Bzl.* u. *Bzn.* aus Silicagel *KSM* ohne Anwendung eines Spülgases findet bis 400° statt. Die Desorption aus Aktivkohle *AR-3*, *SKLT-D* u. *SLKTM-D* beträgt bei 400° ohne Anwendung eines Spülgases im Mittel für Butan 100%, für Bzl. 80% u. für Bzn. 78%. Die Zunahme der Desorption von Bzn. aus Aktivkohle verläuft mit steigender Temp. fast linear u. beträgt im Mittel 20% auf eine Temp.-Erhöhung von 100°. Die Anwendung eines Spülgases (N_2) gestattet die völlige Desorption von Bzn. aus Silicagel bei 200° u. aus Aktivkohle bei 400°. Ohne Anwendung eines Spülgases sinkt die Kapazität der Adsorptionsanlagen bis auf 80% der möglichen Leistung wegen des Aktivitätsverlustes des Adsorbenten. O. Hedicke 8200◇

2987 **Konzentrations- und Temperaturgradienten längs eines mit 2 Litern Eisenkatalysator beschickten Fischer-Tropsch-Reaktors.** Michio Kuraishi, Hideo Ichinokawa, Kiyoshi Ogawa, Minoru Kurita, Tadashi Hosoya, Hisao Iami und Hiroshi Uchida. (Rep. Government chem. ind. Res. Inst., Tokyo **56**, 293—305, 1961; jap., Auszug: engl. S. 33—34.) — Aus den Konz.-Gradienten wird der CO-Verbrauch nach $2\,H_2 + CO \rightarrow -CH_2-$ (**I**) u. $CO + H_2O \rightarrow CO_2 + H_2$ (**II**) bestimmt u. über der Katalysatorbetthöhe aufgetragen. Aus der Steigung der Geraden wird die Rk.-Geschw. von **I** berechnet. Sie stimmt mit berechneten

Werten überein, die die Rk. an der Katalysatoroberfläche als den die Geschw. bestimmenden Schritt voraussetzen. Für die Verteilung der Rk.-Wärme im Katalysator wird eine Gleichung angegeben. K. Strenge 8200◇

2988 **Einige Aspekte der Benzolgewinnung.** D. Bradley. (Gas [Roma] **11**, 166—69, 1961; Coking Section [Supplement] **153**, 12—14, 1961; Newton, Chambers and Co., Ltd.; engl.) R. K. Müller 8202◇

2989 **Oxydationserscheinungen von Schmierölen und Methoden zu deren Verhinderung.** Andrzej Kowalówka. (Nafta [Katowice] **17**, 343—47, 1961; Kraków, Centralne Labor. Technol. Nafty; pol.) — Die Oxydationsvorgänge u. die Vorgänge nach der Einführung von Hemmstoffen in Ölen werden erläutert. Die Synth. von *2.6-Di-tert.-butyl-4-methylphenol* aus p-Kresol u. Isobutylen (aus tert.-Butylalkohol) wird beschrieben. K. Pluta 8220◇

2990 **Die Additive für Schmieröle.** J. L. Martinez Cordon. (Combustibles [Zaregoza] **22**, 67—97, 1962; Empresa Nac. Calvo Sotelo, Centro de Invest; span.) — Übersicht. — 67 Literaturhinweise. Joachim Günther/Jena 8220◇

2991 **Untersuchungsverfahren für feste Brennstoffe unter besonderer Berücksichtigung der Braunkohle.** Anonym. (Freiberger Forsch.-H., Reihe A Heft **219**, 3—116, 1962; dt.) — Diese als Richtlinie für alle einschlägigen Labor. gedachte Arbeit behandelt neben der Besprechung der Meth. der Probennahme u. -vorbereitung die Best. folgender Werte: Wassergeh., Asche, flüchtige Bestandteile u. Tiegelkoksausbeute, Carbonat-CO_2, C, H, S, N, Verbrennungswärme, Heizwert, Entgasungs-Prodd., Cl, Alkali in Salzkohlen, P u. Ascheschmelzverhalten. Für alle Unters.-Verff. werden detaillierte Vorschriften mit zahlreichen Abb. angegeben. K. Strenge 8244◇

2992 **Wassergehaltsbestimmung von Braunkohle.** Wolfgang Lindrum. (Arch. techn. Messen ind. Meßtechn. **1962**, 49—52, Hannover; dt.) — Die Best. des Wassergeh. von grubenfeuchter Braunkohle (**A**) basiert auf dem Scheinleitvermögen der Kohle, das sich bei Messungen mit blanken Elektroden mit einer Wechselspannung von 50 Hz ergibt. Kapazitätsmessungen, wie sie zur Wasserbest. in vorgetrockneter **A** verwendet werden, scheiden aus, da die relative DK mit steigendem Wassergeh. der Kohle ein Maximum durchläuft u. somit keine eindeutige Aussage zuläßt. Als Meßspannung kommt nur Wechselspannung in Frage, da bei Gleichspannung Polarisationserscheinungen auftreten u. die Meßelektroden im Laufe der Zeit zerstört werden. Meßelektrode, Meßvorr. u. Meßverstärker werden eingehend beschrieben. Die Genauigkeit der registrierten Feuchtigkeit beträgt $\pm$ 0,5%. R. Bätz 8244

2993 **Fortschritte in der Kohlen-Spektrometrie: Massenspektrometrie.** A. G. Sharkey jun., J. L. Shultz und R. A. Friedel. (U.S. Dep. Interior, Bur. Mines, Rep. Invest. **6318**, 1—32, 1963; Pittsburgh, Pa., Bur. of Mines, Pittsburgh Coal Res Center; engl.) — Bei der Massenspektrometrie von Kohlen, deren Pyrolyse-Prodd. u. Extrakte zeigt sich, daß die durch Pyrolyse von Kohlen bei $< 300^0$ im Vakuum erhaltenen Aromaten höchstwahrscheinlich keine Zers.-Prodd. darstellen. Aus Kohle–Pyridin-Extrakten werden 13 verschiedene Komponenten mit Molgew. 78—400 gewonnen. In einem CH_3OH/Bzl.-Extrakt, der bei Raum-Temp. erhalten wird, u. im Kondensat einer Vakuumpyrolyse bei 450° werden ähnliche Verbb. aufgefunden. Die Prodd. stellen jeweils kondensierte Aromaten mit mindestens 5 Bzl.-Ringen dar. Die Spektrometrie wird auch zur Unters. von Kohlenasche herangezogen. Es werden bis zu 42 Elemente nachgewiesen. F. Rosendahl 8246△

2994 **Halbquantitative Analyse der in Kohlen eingeschlossenen Gase.** Koji Ōuchi. (J. Fuel Soc. Japan **40**, 767—76, 1961; Resources Res. Inst.; jap., Auszug: engl.) — Die Gase werden im Vakuum bei 150° gesammelt u. gaschromatograph. analysiert. In der Reihe der gesätt. KW-Stoffe liegt das Maximum der Gasmenge bei C_4—C_6, ein Mininum bei bei C_3. CH_4 ist meist abwesend. Oberhalb C_6 nimmt die KW-Stoffmenge schnell ab. K. Strenge 8246◇

2995 **Feuchtigkeitsmessung in einem wandernden Kohlematerial.** W. R. Ladner und A. E. Stacey. (Brit. J. appl. Physics **13**, 136, 1962; Leatherhead, Surrey, Brit. Coal Utilisat. Res. Assoc.; engl.) — Mit Hilfe eines magnet. Kernresonanzspektrometers wird der Feuchtigkeits-Geh. eines kontinuierlichen Kohlestromes mit einer Genauigkeit von $\pm$ 1% bei einer Gesamtfeuchtigkeit von 0—14% gemessen. R. Bätz 8246◇

2996 **Bestimmung des Einflusses von mechanischem Druck auf die Kohlendioxidsorption von Steinkohlen.** Wojciech Olpiński. (Przegląd Górniczy **17** (**48**), 96—102, 1961; pol.) — Im Gegensatz zur Theorie von Kegel [1954] u. in Übereinstimmung mit den Beobachtungen von Chodot [1949] wird durch mechan. ausgeübten Druck auf die Kohle die Sorption von CO_2 u. CH_4 nicht erhöht, sondern herabgesetzt. Die zur Unters. angewandte App. u. die erhaltenen Ergebnisse werden beschrieben. K. Pluta 8246◇

2997 **Vergleich zweier Methoden zur Messung der Verkokungswärme.** C. Meltzheim, J. Lahouste und A. F. Boyer. (Chim. et Ind. **87**, 603—11, 1962; Marienau [Moselle] u. Verneuil-en-Halatte Oise Labor. du Centre d'Études et de Rech.; franz.) — Die Verkokungswärme (VW) verschiedener Steinkohlen wird sowohl in einer Jenkner Labor.-Retorte, deren Materialbilanz der Praxis angeglichen war, als auch mittels eines 400 kg fassenden Vers.-Ofens durch möglichst genaue Material- u. Energiebilanzen ermittelt. Es ergeben sich in guter Übereinstimmung allg. exotherme VW (ΔH ca. —50 bis —180 kcal/kg). Die Meßfehler sind mit ca. 40 kcal/kg relativ groß. — Die größte VW wird bei einem Anthracit mit 93% C-Geh. festgestellt, was noch der Nachprüfung u. Erklärung bedarf. R. Hegenbarth 8246◇

2998 **Strukturgruppenanalyse hydrierter Kohlenteeröl-Fraktionen.** R. Vaidyeswaran, G. S. Rao, M. G. Krishna und S. Husain Zaheer. (J. sci. ind. Res. [New Delhi], Sect. B **20**, 361—62, 1961; Hyderabad, Regional Res. Labor.; Teeröl (225—290°) u. die daraus gewonnenen Neutralöle werden unter verschiedenen Bedingungen hydriert u. die Strukturänderungen nach der n-d-Meth. (n_D^{20}-Dichte-Molgew.-Meth.) bestimmt. Die Ergebnisse werden tabellar. angeführt. K. Strenge 8248◇

2999 **Entwicklung von Analysenmethoden in der Gasindustrie.** Maurice Duchemin. (J. Ind. Gaz **87**, 504—09, 1963; Gaz de France; franz.) — Allg. Ausführungen über neue Meth. zur Best. der Gasbestandteile, der Gasverunreinigungen u. über Registrierinstrumente. F. Rosendahl 8250△

3000 **Über die Ermittlung der Zusammensetzung, des Heizwerts und der Dichte von kaltcarburierten Spaltvergasungsgasen mit einem Brennverhalten von klassischem Stadt- oder Ferngas.** F. Schuster. (Gaswärme **11**, 183—84, 1962; Essen, Gaswärme-Inst.; dt.) — Für die Ermittlung der Zus. eines kaltcarburierten Spaltvergasungsgases mit dem Brennverf. von klass. Stadt- u. Ferngas werden die auf gleicher Wobbe-Zahl beruhenden Berechnungsformeln abgeleitet. Zur Durchführung des Berechnungsganges wird ein Formblatt aufgestellt, in das ein Zahlenbeispiel als Muster eingetragen ist. R. Grundmann 8250◇

3001 **Kohlenwasserstoff-Fluorescenz und Migration von Erdöl.** Robert E. Riecker. (Bull. Amer. Assoc. Petroleum Geologists **46**, 60—75, 1962; Bedford, Mass., CRZGW, Air Force Cambridge Res. Labor.; engl.) — Im UV-Licht fluorescieren alle Rohöle (**A**) mit verschiedener Intensität u. Farbe. Bei der Analyse von Fluorescenzspektren (Meth. ist angegeben) von 105 Rohölproben aus California, Colorado, Wyoming u. Alberta, Canada sowie von 10 organ. Extrakten werden 6 Fluorescenzmaxima bei 4440, 4520, 4720, 4830, 5780 u. 6300 Å festgestellt. Chem. u. geolog. Daten aller Proben werden angegeben. Die Fluorescenz von **A** ist bes. auf Polyaromaten u. heterocycl. Verbb. zurückzuführen. Die Farbe der Fluorescenz wird vorrangig durch Gemische schwerer KW-Stoffe bestimmt, deren Zus. während der Migration verändert wird. Je länger der Perkolationsweg u. je aktiver die unterwegs durchwanderten Schichten sind, um so vollständiger ist die selektive Entfernung fluorescierender Verbb. aus **A**, wodurch die Fluorescenz nach kürzeren Wellenlängen verschoben wird. Die Fluorescenzfarbe wird durch Umgebungsbedingungen am Entstehungsort oder der Lagerstätte wenig beeinflußt. Die Fluorescenzanalyse kann zur Best. der Richtung der Rohölmigration, zum Nachw. von Quellgesteinen, zur Hilfe bei der Lsg. von Migrationsproblemen in kompli-

zierten geolog. Strukturen u. zur Best. der Reife natürlicher KW-Stoffe in Ölfeldwässern verwendet werden.
S. Grempe 8252◇

3002 **Verteilung von Kohlenwasserstoffen in Erdöl.** E. G. Baker. (Bull. Amer. Assoc. Petroleum Geologists **46**, 76—84, 1962; Linden, N.J., Esso Res. and Engng. Co.; engl.) — Bei der Unters. der Häufigkeitsverteilung der Konzz. bestimmter KW-Stoffe in Rohölen (**A**) wird festgestellt, daß die meisten KW-Stoffe im Bzn.-Siedebereich entweder eine monomodale oder bimodale Verteilung haben. In W. lösl. KW-Stoffe (bis C_5) sind normal verteilt. Die Entstehung der normalen u. lognormalen Verteilung wird unter der Annahme erklärt, daß **A** aus KW-Stoffen bestehen, die sich aus Wässern abgeschieden haben, die natürliche Lsg.-Vermittler enthalten. Die Verteilung der KW-Stoffe scheint Unterschiede in Art u. Größe der Micellen widerzuspiegeln, in denen sich KW-Stoffe selektiv lösen. Die spätere Ausscheidung der gelösten KW-Stoffe aus den wss. Lsgg. führt zur Bldg. von Öltröpfchen. Dieser geochem. Vorgang der Öl-Bldg. erklärt die Proportionen der in einem bestimmten Rohöl vorhandenen KW-Stoff-Homologen u. -Isomeren, ferner die statist. Natur der Änderung ihrer abs. Beträge zwischen verschiedenen **A**. Die Analyse der Häufigkeitsverteilung gestattet, die Zus. von „typ." **A** zu definieren u. mit dem Standard-**A** API Research Project 6 zu vergleichen. S. Grempe 8252◇

3003 **Die Ultrazentrifugierung und die Viscosität von Rohölen.** P. B. Lorenz, R. J. Bolen, H. N. Dunning und I. A. Eldib. (J. Colloid Sci. **16**, 493—96, 1961; Bartlesville, Okla., U.S. Dep. of the Interior, Bureau of Mines, Petroleum Res. Center; engl.) — Die Viscositäten verschiedener, durch Zentrifugieren erhaltener Fraktionen werden bei 38, 54 u. 82° bestimmt u. mit den Asphalten (**A**)-Geh. verglichen. Gleichartige Verss. wurden mit Lsgg. von **A** in PAe., Gasöl, Bzl. u. Dekalin durchgeführt. Die Ergebnisse zeigen, daß **A** im Rohöl stark, in den untersuchten Lsgm. kaum solvatisiert sind. Durch Verdünnen des Rohöls werden **A** desolvatisiert.
K. Strenge 8252◇

3004 **Bestimmung von Schwefel in Schweröl.** Masuo Mori, Yutaka Ishihara und Kazuo Goto. (Rep. Government ind. Res. Inst., Nagoya **10**, 406—08, 1961; jap., Auszug: engl.) — Nach Entfernen von NaCl u. a. störenden Verbb. mittels Ionenaustauscher wird der SO_4^{2-}-Geh. durch Titrieren mit Äthylendiamintetraessigsäure ermittelt. K. Strenge 8256◇

3005 **Das rheologische Verhalten von Mischungen aus Mineralpulvern und Asphaltbitumen.** Alfredo Pinilla. (Rev. Soc. quím. México **5**, 61—69, 1961; Buenos Aires, Argentinia, Labor. de Ensayos de Materiales e Investigac. Tecnol.; span.) — Mischungen von Asphaltbitumen mit Kalk-, Quarz-, Portlandzement- u. Wasserkalkpulvern werden auf Fließgeschw., Viscosität u. Epp. untersucht.
Joachim Günther/Jena 8266

3006 American Cyanamid Co., New York, N.Y., übert. von: Richard L. Newman, Flemington, N.J., V.St.A., **Färben von Kohle.** Die Kohle wird der Einw. einer wss. Dispersion eines Pigmentes u. eines wasserlösl. Ferrocyanids unterworfen, wobei mehr als 40 Teile je Million Kohle angewandt werden. Die Dispersion kann eine Öl-in-Wasser-Emulsion sein. Das Pigment ist z. B. *Ultramarin*, *Al-Pulver*, *Bleichromat*. (**A. P. 3 019 121** vom 4/8. 1958, ausg. 30/1. 1962.) W. Hauswald 8185

3007 Dow Chemical Co., Midland, Mich., übert. von: Keith R. McKennon, Concord, Calif., V.St.A., **Sekundärgewinnung von Erdöl.** Als Flutungs-Fl. wird eine wss. Lsg. eines wasserlösl. organ. Polymers verwendet. Dieses Polymere besitzt ein hochmolekulares Gewicht vorzugsweise von 1000000 u. mehr ist ein hydrolysiertes Polyacrylamid, von dem 12—67% des Originalcarboxamids zu Carbonylgruppen hydrolysiert sind. (**A. P. 3 039 529** vom 19/5. 1959, ausg. 19/6. 1962.) W. Hauswald 8191

3008 California Research Corp., San Francisco, Calif., übert. von: Harold E. Knowlton, Pleasant Hill, und Robert L. Flauders, San Anselmo, Calif., und Frank M. Parker, Salt Lake City, Utah, V.St.A., **Crackkatalysator-Herstellung.** Kieselsäure wird bei über 1000° F mit einer Alkali-, Erdalkali- oder B-Verb. in Kontakt gebracht, wobei die großoberflächigen SiO_2-Teilchen mit einer Glasschicht überzogen werden. (**A. P. 3 030 314** vom 11/12. 1957, ausg. 17/4. 1962.) E. Kahles 8197

3009 Gas Council, London, England (Erfinder: John Henry Wylde), **Herstellung eines Katalysators für die Dampfcrackung von Kohlenwasserstoffen.** Feinverteiltes kieselsäurehaltiges Material mit > 90 Gew.-% SiO_2 u. NiO werden miteinander gemischt u. unter Zusatz von Sulfitablauge zu Stücken geformt u. dann erhitzt. (**E. P. 913 706** vom 13/7. 1961, ausg. 28/12. 1962.) E. Kahles 8197

3010 Standard Oil Co., übert. von: Bernard L. Evering, Chicago, Ill., und Alan K. Roebuck, Schererville, Ind., V.St.A., **Herstellung von $AlCl_3$-Äther-Komplexkatalysatoren.** Ein fl. Komplex aus $AlCl_3$ u. Dialkyläther wird mit $AlCl_3$ in äquimol. Menge gemischt. Hierzu werden > 7 Gew.-% $AlCl_3$, auf den Komplex bezogen, verwendet. Außerdem wird noch gasförmiges HCl zugegeben. Alkylierung von Benzin. (**A. P. 3 032 508** vom 4/10. 1960, ausg. 1/5. 1962.)
E. Kahles 8201

3011 Ethyl Corp., New York, N.Y., übert. von: Harold D. Orloff, Oak Park, Mich., und Francis X. Markley, Bound Brook, N.J., V.St.A., **Motortreibstoff.** Dieser enthält 10—1500 ppm eines Gemisches von 5 bis 45 (Gew.-%) Triphenylphosphat, 10—55 Diphenylmethylphosphat u. ca. 30—80 Phenyldimethylphosphat. (**A. P. 3 038 791** vom 16/7. 1959, ausg. 12/6. 1962.)
E. Kahles 8205

3012 Standard Oil Co., übert. von: Robert E. Malec, Chicago, Ill., V.St.A., **Motortreibstoff,** bestehend aus Leichtbenzin u. 0,0005—0,5% eines Gemisches von 2 Komponenten, nämlich (1) einem Carbamat, z. B. einem hydroxylierten 3-(N-Alkylamino)-propylcarbamat oder einem hydroxyalkylierten 3-(N-Alkylenamino)-propylcarbamat der allg. Formel

$$RNH-CH_2-CH_2-CH_2-NH-\overset{O}{\overset{\|}{C}}O-\underset{R_2}{\overset{R_1}{C}}-\underset{R_4}{\overset{R_3}{C}}-OH,$$

worin R einen acycl. aliphat. KW-Stoffrest mit 8—32 C-Atomen u. R_1, R_2, R_3 u. R_4 H oder einen Alkylrest mit 1—4 C-Atomen bedeuten, u. (2) einem Propylenharnstoff der allg. Formel **I**,

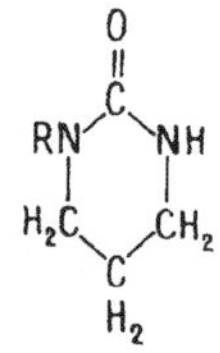

I

worin R einen acyl. aliphat. KW-Stoffrest mit 8—32 C-Atomen bedeutet. Das Verhältnis von Carbamat zu Harnstoff beträgt im Gemisch 2 : 1 bis 1 : 2. (**A. P. 2 991 162** vom 11/5. 1960, ausg. 4/7. 1961.) E. Kahles 8205

3013 Standard Oil Co., Cleveland, übert. von: Sarah H. Belden, Cleveland, Ohio, V.St.A., **Motortreibstoff** aus gebleitem Leichtbenzin u. einem Borkomplex, welcher durch

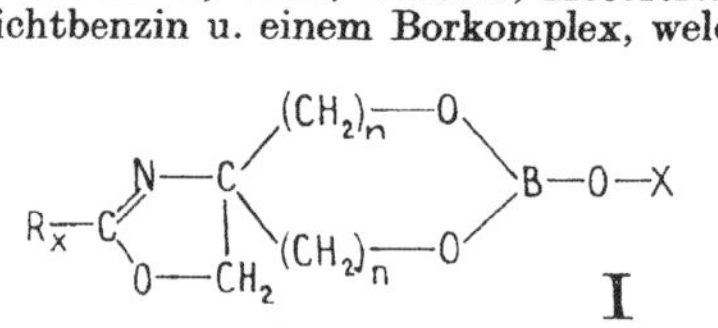

I

II

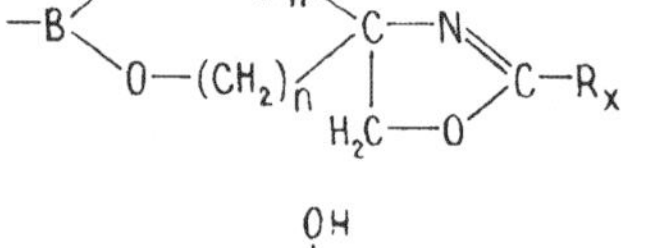

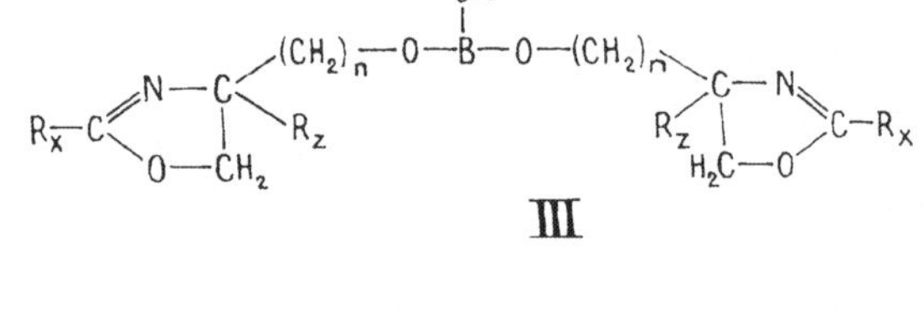

III

Rk. eines B-Oxazolins der Formel **I**, worin X H oder **II** oder **III** u. R_x einen aliphat. Rest. mit 7—9 C-Atomen, n 1—3 u. R_z H oder einen Alkylrest mit 1—3 C-Atomen bedeuten, mit einer nichtoxydierenden Säure erhalten wird, so daß sich der pH-Wert von 3—6 einstellt. Das Leichtbenzin enthält 0,0025—0,06 Gew.-% von diesem Komplex. (**A. P. 2 993 765** vom 25/2. 1949, ausg. 25/7. 1961. E. Prior. 3/3. 1958.)
E. Kahles 8205

3014 Standard Oil Co., übert. von: Martin Hamer, Chicago, Ill., und Sherman R. Oblad, Munster, Ind., V.St.A., **Motortreibstoff,** der ein Antieismittel enthält. Dieses besteht aus 0,005—0,05% eines hydroxylsubstituierten Imidazolins der Formel **I**, worin R einen KW-Stoffrest mit

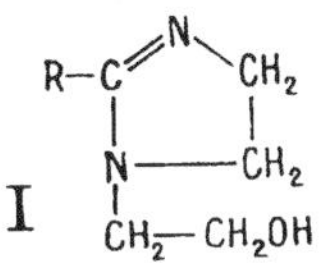

I

10—24 C-Atomen, wie Alkyl-, Alkenyl- oder Alkadienylrest, bedeutet, u. 0,01—3% eines Alkanols mit 1—4 C-Atomen. (**A. P. 3 036 902** vom 3/3. 1958, ausg. 29/5. 1962.)
E. Kahles 8205

3015 Standard Oil Co., übert. von: Martin Hamer, Chicago, Ill., V.St.A., **Leichtbenzinmotortreibstoff.** Dieser enthält 0,5—5 cm^3/Gallone eines Organobleiantiklopfmittels u. 0,5—1,5 Theorie eines Halogenkohlenwasserstoffsprühmittels sowie eine öllösl. Hg-Verb., wie Hg-Naphthenat oder -Oleat. (**A. P. 3 036 905** vom 3/9. 1957, ausg. 29/5. 1962.)
E. Kahles 8205

3016 Texaco, Inc., New York, übert. von: Harry Chafetz, Poughkeepsie, und George W. Eckert und Alfred Arkell, Wappingers Falls, N.Y., V.St.A., **Motortreibstoff** vom Benzinsiedebereich, die ein Organobleiantiklopfmittel enthalten u. mindestens 5 Vol-% hochoctanige Komponenten, wie Olefine, Aromaten oder Gemische beider u. 0,1—5 Vol-% eines Esters eines Hydroxydioxans oder Hydroxytetrahydropyrans aufweisen, worin der acycl. Rest an einem Ring-C-Atom steht, das wiederum an ein Ring-O-Atom u. ein H-haltiges Ring-C-Atom gebunden ist. (**A. P. 3 036 904** vom 21/9. 1959, ausg. 29/5. 1962.)
E. Kahles 8205

3017 Ethyl Corp., New York, N.Y., übert. von: Robert V. Kerley, Birmingham, und Arthur E. Felt, Farmington, Mich., V.St.A., **Halogenspülmittelfreier Motortreibstoff,** zur Hauptsache aus Leichtbenzin bestehend u. 1,2—4,25 g Pb/Gallone enthaltend. Der Treibstoff enthält 10—60 Vol.-% aromat. Leichtbenzin-KW-Stoffe. — Zeichnung. (**A. P. 3 038 792** vom 20/3. 1959, ausg. 12/6. 1962.)
E. Kahles 8205

3018 E. I. du Pont de Nemours & Co., Wilmington, Del., übert. von: Harold I. Scheule, Salem, N.J., V.St.A., **Stabilisiertes gebleites Leichtbenzin,** das $Pb(C_2H_5)_4$ enthält u. 0,0003—0,01 Gew.-% eines Mischpolymeren von Octodecenylmethacrylat, Styrol u. β-Diäthylaminoäthylmethacrylat von einer Viscosität von 0,1—3, die bei einer 0,1 Gew./Vol.-Konz. in Bzl. bei 25° gemessen worden ist, aufweist. (**A. P. 3 037 851** vom 28/6. 1956, ausg. 5/6. 1962.)
E. Kahles 8205

3019 Shell Oil Co., übert. von: Theodore R. Lusebrink, Concord, und Stanley L. Cosgrove, Martinez, Calif., V.St.A., **Benzintreibstoff** mit einem Zusatz von

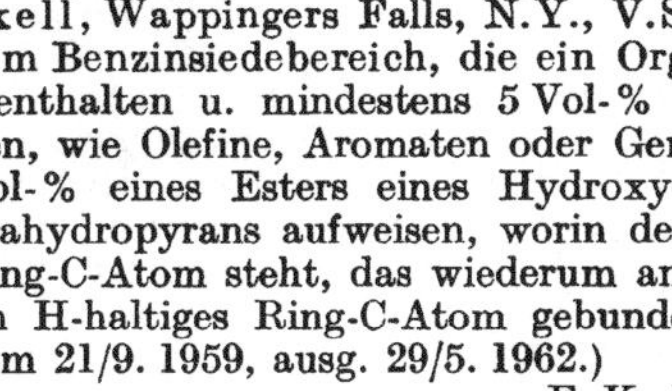

I

0,1—100 ppm eines öllösl. Mischpolymeren der Formel **I** worin R H oder einen niedrigen Alkylrest, O einen Alkyl- oder Alkarylrest mit mindestens 6 C-Atomen, L u. L' höchstens 4 Atome aufweisen u. wovon mindestens eines eine direkte C-Bindung, O oder ein Carbonyloxy- oder Carbonylimidrest sind, sowie B einen Amin-N-enthaltenden Rest bedeuten, wobei das Verhältnis von x : y gleich 1 : 1 bis 50 : 1 ist u. dieses Polymere 0,2—5 Gew.-% Amin-N aufweist; das Verhältnis von C zu Aminstickstoff beträgt mindestens 20 : 1 u. die Viscosität bei einer Konz. von 0,1% in Bzl. bei 25° 0,1—3, (**A. P. 2 982 628** vom 1/12. 1955, ausg. 2/5. 1961.)
E. Kahles 8205

3020 Standard Oil Co., Cleveland, übert. von: Richard I. de Gray, Shaker Heights, und Sarah H. Belden, Cleveland, Ohio, V.St.A., **Bor enthaltende Oxazoline** erhält man durch Rk. von Verbb. der allg. Formel **I** (R_x = aliphat. KW-Stoffrest mit 7—19 C-Atomen; R_y = $-(CH_2)_n-OH$, wobei n = 1,2 oder 3; R_z = R_y oder H bzw. Alkylrest mit 1—3 C-Atomen) mit H_3BO_3 oder B_2O_3 unter bes. azeotroper Entfernung von W. u. ggf. weiterer Umsetzung der Rk.-Prodd. mit nicht oxydierenden Säuren, z. B. H_3BO_3, H_3PO_4, HCl, Essigsäure oder Oxalsäure, so daß das Rk.-Prod.

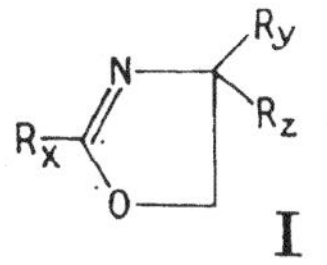

I

einen pH von 3—6 aufweist. — Zu 100 g 2-Heptadecenyl-4.4-bis-(hydroxymethyl)-oxazolin in 200 ml Bzl. gibt man 16,8 g H_3BO_3, erwärmt die Mischung zum Rückfluß, dest. das W. zusammen mit Bzl. azeotrop ab u. erhält eine Verb. der Formel **I**, in der R_x = $C_{17}H_{33}$, R_y u. R_z zusammen $-CH_2-O-B(OH)-O-CH_2-$. Durch weitere Wasserabspaltung entsteht eine >B—O—B< Anhydrid-Bindung. — *Treibstoffzusätze zur Verhinderung der Oberflächenzündung.* (**A. P. 2 965 459** vom 25/2. 1959, ausg. 20/12. 1960. E. Prior. 3/3. 1958. **E. P. 884 730** vom 3/3. 1958, ausg. 13/12. 1961. **A. P. 3 030 375** vom 25/2. 1959, ausg. 17/4. 1962.)
A. Jahn 8205

3021 Standard Oil Co., Cleveland, Ohio, übert. von: Sarah H. Belden, Cleveland, Ohio, V.St.A., **Borhaltige Oxazoline** erhält man durch Rk. von Verbb. der allg. Formeln **I** oder **III** mit H_3PO_4, HCl, Essigsäure (**IV**) oder Oxal-

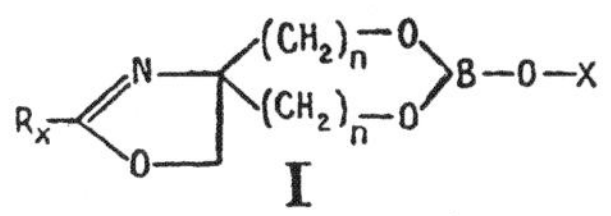

I

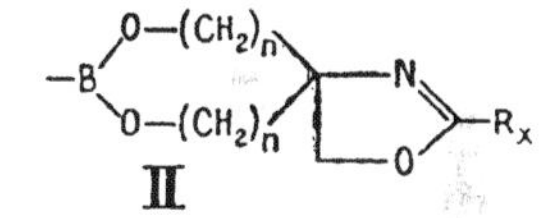

II

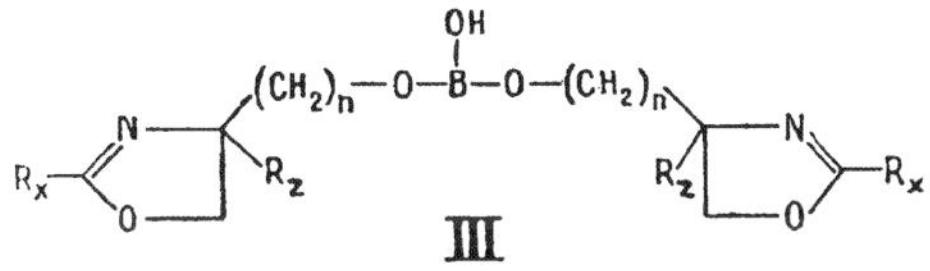

III

säure (**V**) in einer Menge, daß das Endprod. bei Anwendung von Säuren die folgenden pH-Werte besitzt: 4,2 (H_3PO_4), 4,0 (HCl), 5,7 (**IV**) bzw. 3,3 (**V**) (R_x = aliphat. KW-Stoffrest mit 7—19 C-Atomen, n = 1—3, R_z = H, Alkylrest mit 1—3 C-Atomen; x = H oder **II**). — *Treibstoffzusätze* gegen Oberflächenzündung. (**A. P. 3 030 374** vom 25/2. 1959, ausg. 17/4. 1962.)
A. Jahn 8205

3022 Montecatini Soc. Gen per l'Industria Mineraria e Chimica, Mailand, Italien, **Herstellung von Bleitetraäthyl (I).** Feinverteiltes metall. Pb wird unter Druck mit C_2H_4 u. H_2 (Partialdruck zu Beginn der Rk. 2 : 1) in Ggw. eines **I**-lösenden KW-Stoffes (Leichtpetroleum, Dichloräthan oder Dibromäthan, wobei in den beiden letzten Fällen direkt ein festes Antiklopfmittel erhalten wird) behandelt (Druck 50—250 at, Temp. 50—130°). (**It. P. 560 499** vom 15/10. 1956.)
K. Koebke 8209

3023 C. I. P. Comp. Italiana Petrolio S. p. A., Fidenza, Italien, **Herstellung von Pb-Tetraäthyl.** Zu F. P. 1 212 871; C. **1962,** 4401 ist nachzutragen: Die Rk. wird statt mit C_2H_5Br mit C_2H_5Cl durchgeführt. (**Ind. P. 67 866** vom 30/5. 1959, ausg. 8/1. 1962.) C. Lüttgen 8209

3024 Ethyl Corp., New York, N.Y., übert. von: Paul Kobetz und Richard C. Pinkerton, Baton Rouge, La., V.St.A., **Bleitetraorganoverbindungen** werden hergestellt durch Elektrolyse eines wasserfreien Elektrolyten aus Alkalibortetra-KW-Stoff, Alkali-Al-tetraorganokomplexen oder Alkali-Al-trialkylhalogenid an einer Pb-Anode. Bei Verw. von $NaB(C_2H_5)_4$ wird das $B(C_2H_5)_3$ wieder in den Komplex zurücküberführt. — $NaB(C_2H_5)_4$, $NaAl(CH_3)_4$ u. $NaAl(C_2H_5)_4$ → *Bleitetraäthyl* (I); $NaB(C_2H_5)_4$ u. $NaF \cdot 2\,Al(C_2H_5)_3$ → I; $NaB(C_6H_5)_4$, $NaAl(C_6H_5)_4$, $KAl(C_6H_5)_4$ u. Naphthalin → *Bleitetraphenyl*; $NaB(CH_2C_6H_5)_4$, $NaAl(CH_2C_6H_5)_4$ u. $KAl(CH_2 \cdot C_6H_5)_4$ → *Bleitetrabenzyl*; $NaAl(CH_3)_2(C_2H_5)_2$ u. $NaB(C_2H_5)_4$ → I; $KB(C_2H_5)_4$ u. $KAl(C_2H_5)_3OC_2H_5$ → I. — Weitere mögliche Elektrolyte sind angegeben. — *Antiklopfmittel.* (**A. P. 3 028 323** vom 24/12. 1959, ausg. 3/4. 1962.) A. Debo 8209

3025 Sun Oil Co., Philadelphia, übert. von: Earl M. Honeycutt, West Chester, Pa., V.St.A., **Verfestigtes Heizöl.** Asphalt, der aus einem Entasphaltierungsprozeß stammt u. mindestens 30(%) Asphaltene u. weniger als 20 Öl enthält, wird mit 7—15 festem, isotakt. Polypropylen, das ein Molgew. von mindestens 10000 hat, vermischt u. geformt. (**A. P. 3 036 900** vom 1/4. 1960, ausg. 29/5. 1962.) W. Hauswald 8211

3026 Esso Research and Engineering Co., Del., übert. von: Stephen L. Wythe, Westfield, und William C. Hollyday jun., Plainfield, N.J., V.St.A., **Erdöldestillatbrennöl** vom Kp. 250—750° F, das 0,002—2 Gew.-% eines Fließpunkterniedrigers enthält. Dieser besteht aus einem alkylierten Polystyrol u. einem Mischpolymeren von Äthylen u. Vinylacetat. Das Mischpolymerisat hat ein Molgew. von 1000—3000 u. enthält 1—40 Gew.-% Vinylacetat. Das alkylierte Polystyrol hat ein Molgew. von 700—3000 u. weist einen Alkylrest mit 12—20 C-Atomen pro Ring auf. — *Dieselöle* usw. (**A. P. 3 037 850** vom 18/10. 1960, ausg. 5/6. 1962.) E. Kahles 8213

3027 Esso Research and Engineering Co., Del., übert. von: Hiram R. Sanders jun., Cranford, und Arnold J. Morway, Clark, N.J., V.St.A., **Rückstandsheizöl.** Einem schweren Öl wird eine Ca-Base zugemischt, dann wird mit Essigsäure neutralisiert. Nun werden 1—40 Gew.-Teile, bezogen auf die Base, einer feinverteilten, ölunlösl. festen Metall-Verb., wie Fe-Verb., Erdalkaliverb., zugegeben. Das Ganze wird homogenisiert u. dem Rückstandsöl in solchen Mengen zugegeben, daß das Gemisch 0,001—0,5 Gew.-% der Metall-Verb. aufweist. (**A. P. 3 036 901** vom 24/11. 1958, ausg. 29/5. 1962.) E. Kahles 8217

3028 Standard Oil Co., Cleveland, übert. von: Donald D. Emrick, Shaker Heights, und Samuel M. Darling, Lyndhurst, Ohio, V.St.A., **Mineralschmieröle** enthalten als Zusätze Polymere, die aus Monomeren der allg.

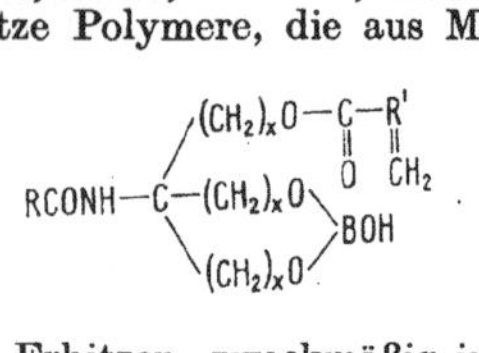

I

Formel I durch Erhitzen, zweckmäßig in einem Öl, ggf. in Ggw. von Katalysatoren erhalten werden. In der Formel bedeuten R einen C_{13-17}-Alkyl- oder Alkenylrest, x 1—3 u. R′ die Gruppe $-C(CH)=$ oder $-C(CH_3)=$. (**A. P. 3 012 968** vom 13/11. 1958, ausg. 12/12. 1961.) E. Drews 8221

3029 Standard Oil Co., Chicago, übert. von: Robert S. Barnes jun., Olympia Fields, und Willard F. Mann, Lansing, Ill., V.St.A., **Schmieröle** auf KW-Stoffbasis enthalten als Korrosionsschutzmittel 0,01—1% eines Trialkylphenols der allg. Formel I, in der R ein C_{1-10}-Alkylrest ist

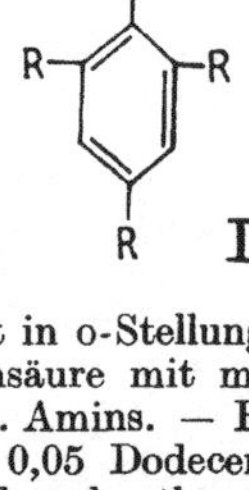

I

u. wenigstenes ein Rest in o-Stellung zur OH-Gruppe steht, 0,3—1 Alkenyldicarbonsäure mit mindestens 10 C-Atomen u. 0,03—1 eines aromat. Amins. — Beispiel: Zusatz von 0,25 Di-tert.-butyl-p-kresol, 0,05 Dodecenylbernsteinsäure, 0,045 Tetramethyldiaminodiphenylmethan. (**A. P. 3 032 502** vom 17/8. 1959, ausg. 1/5. 1962.) E. Drews 8221

3030 Standard Oil Co., Chicago, Ill., übert. von: Stephen J. Zajac, Whiting, Ind., V.St.A., **Reaktionsprodukte von Diisocyanaten und Aminsalzen von Phosphorsäurealkylesteralkylamiden und damit verdickte Schmieröle** erhält man durch Rk. von 0,5—2Mol eines organ. Diisocyanats mit 1 Mol einer Verb. der allg. Formel $R-NH-P(:O)(OR')(ONH_3R)$ (R = Alkyl mit 8—20 C-Atomen; R′ = wasserlösl. Rest) bei ca. 100 bis ca. 450°, ggf. in Ggw. eines ölhaltigen Schmiermittels, bes. Mineralöl, Polyalkylenglykol, Dicarbonsäureester mit höherem Molgew. oder Trifluoräthylenpolymeren. Die so hergestellten Schmierölmischungen können noch Antioxydantien, Hochdruckzusätze, Korrosionsschutzmittel, Dichtungsmittel, Schaum verhütende Mittel, Graphit oder Mo-Sulfid enthalten. Die Rk. verläuft vermutlich nach der Gleichung u. führt zu einem Gemisch: $C_{12}H_{25}-NH-P(:O)(OCH_3)\cdot(OH)\cdot H_2N-C_{12}H_{25}$ +

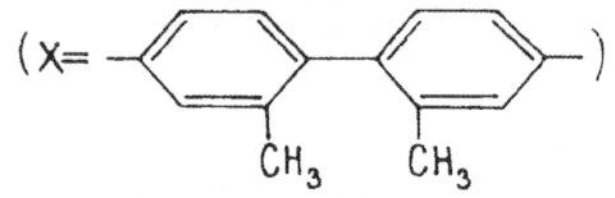

$OCN-X-NCO \rightarrow C_{12}H_{25}-NH-P(:O)(OCH_3)-O-C(:O)-NH-X-N{=}C(OH)(NH-C_{12}H_{25}) + C_{12}H_{25}-NH-C(OH){=}N-X-N{=}C(OH)(NH-C_{12}H_{25}) + C_{12}H_{25}-NH-P(:O)\cdot(OCH_3)-O-C(:O)-NH-X-N-C(:O)-O-P(:O)(OCH_3)\cdot(NH-C_{12}H_{25})$. (**A. P. 3 002 928** vom 13/4. 1959, ausg. 3/10. 1961.) A. Jahn 8221

3031 Raymand W. Hoeppel, Oak View, Calif., V.St.A., **Auf Öl basierende Flüssigkeit zum Bohren und Aufbrechen der Produktionshorizonte.** Sie enthält 0,5 bis 70 (Gew.-%) einer wss. Erdalkalihydroxid enthaltenden Phase, um den pH-Wert auf ca. 9 zu bringen, 0,2—5 einer mehrwertigen Metallseife einer Monocarbonfettsäure mit mindestens 12 C-Atomen, 0,5—1,0 einer mehrwertigen Metallseife einer polymerisierten Monocarbonfettsäure. Die polymerisierte Säure enthält mindestens 2 Carbonylgruppen u. mindestens 24 C-Atome. Z. B. wird zu einer Wasser-in-Öl-Emulsion (mit 38% W.) 63 (lbs./cu.ft.) *$CaCO_3$*, 2,3 *Al-Seife*, die aus destilliertem *Tallöl* hergestellt ist, das 61 Fettsäuren enthält, u. 0,25 einer Al-Seife, die man aus polymerisierten Fettsäuren u. Kalk gewinnt, zugesetzt. Die Emulsion hat eine Viscosität von 22 cP bei 120° F, eine anfängliche Gelstärke von 0 u. nach 3 Min. eine solche von 3 gr. Der Fl.-Verlust beträgt während 30 Min. bei 190° F u. 100 lbs./sq.in. nur 2,9 ml. (**A. P. 3 021 277** vom 23/12. 1957, ausg. 13/2. 1962.) W. Hauswald 8221

3032 Magnet Cove Barium Corp., Houston, übert. von: William A. Reddie und Robert N. Griffin, Houston, Tex., V.St.A., **Wasser-in-Öl-Emulsion als Bohrflüssigkeit** mit 2,5—30 pounds/barrel eines mehrbas. Fettsäurepolymeren, das durch Polymerisation ungesätt. Fettsäuren mit 12—24 C-Atomen erhalten wird. Ferner sind enthalten 1—10 (pds/barrel) eines wasserlösl. Erdalkalisalzes u. 0,5—5 einer Amino-Verb. folgender Formel I. Hierin bedeuten:

I

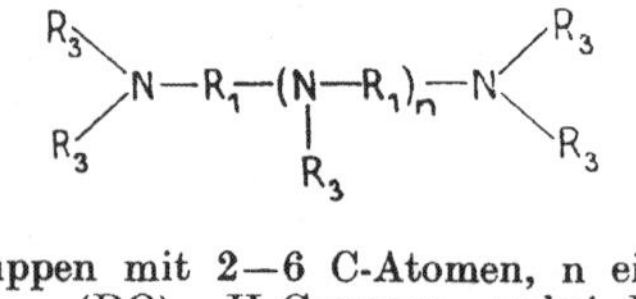

R_1 Alkylengruppen mit 2—6 C-Atomen, n eine Zahl von 0—5, R_3 H u. $-(RO)_m$ H-Gruppen, wobei RO Äthylen-, Propylen- oder Butylenoxid ist. m ist eine Zahl von 1—5. Die Amino-Verb. ist z. B. *Äthylendiamin*, *Diäthylentriamin*, *Triäthylentetramin*, N.N.N.N′.N′-tetrakis-(hydroxyläthyl)-äthylendiamin, Monohydroxyäthyltrihydroxypropyläthylendiamin. (**A. P. 2 994 660** vom 27/5. 1957, ausg. 1/8. 1961.) W. Hauswald 8221

3033 Esso Research and Engineering Co., übert. von: Stephen J. Metro, Scotch Plains, und Adolph J. Garbus, Linden, N.J., V.St.A., **Schwefelhaltige Teilester aromatischer Tri- und Tetracarbonsäuren oder von deren Esteranhydriden** erhält man durch 15—75 Min., bes. 20—60 Min., Erhitzen der Tri- oder Tetracarbonsäureteilester der allg. Formel $(HOOC)_mAr(COOR)_n$ (Ar = Phenyl; R = Alkyl mit 3—20, bes. 5—13 C-Atomen; n u. m = 1, 2 oder 3 u. n + m = 3 oder 4) oder deren Esteranhydriden mit 0,5 bis

40% S (bezogen auf den Teilester) auf 375—430, bes. 390 bis 420° F, u. anschließendes Filtrieren der Lösung. Der S-Geh. des Esters soll 0,5—6,4% betragen. Die Teilester erhält man z. B. aus 1 (Mol) des aromat. Carbonsäuredianhydrids u. 1 oder 2 Alkohol in Abwesenheit eines Katalysators durch Erhitzen auf 300—380° F; wird ein weiteres Mol Alkohol zur Veresterung benötigt, so erfolgt diese in Ggw. eines Schleppmittels. Die Veresterung der freien Säuren erfolgt mit der entsprechenden Menge Alkohol in Ggw. eines Schleppmittels für W. (Heptan, Toluol) u. bes. eines Katalysators ($NaHSO_4$, H_2SO_4, Toluolsulfonsäure, Na-Methylat, CaO). — Aus 1 Pyromellitsäuredianhydrid u. 2 eines Oxoalkohols mit 8 C-Atomen (hergestellt aus einer Propylen-Butylen-Mischung) bei 350 bis 380° F → Pyromellitsäurediester, daraus mit 1% S-Blumen bei 400° F nach 30 Min. → *S-haltiger Ester* mit 0,8% S. 1 des vorst. Diesters wird in Ggw. von Heptan als Schleppmittel auf 518° F erhitzt, wodurch das *Diesteranhydrid* entsteht, das anschließend mit 1% S bei 400° F in die *S-Verb.* übergeführt wird. Ferner werden mit S umgesetzt: Pyromellitsäuremonoester eines Oxoalkohols mit 3 C-Atomen u. -triamylester. Weitere Ausgangsstoffe sind: die Mono-, Di- u. Triester der Hemimellit-, Mellophan- u. Prehnitsäure von n-Decyl-, n-Octyl-, n-Heptyl-, n-Hexyl-, n-Amyl-, n-Butyl-, 2-Äthylhexyl-, 2-Äthylbutylalkohol u. die entsprechenden Esteranhydride. — *Zusatzmittel* zu *Schmierölen*, bes. als *Korrosionsschutzmittel*. — Tabellen. (**A. P. 2 985 645** vom 19/11. 1958, ausg. 23/5. 1961.) G. Krauß 8221

3034 Magnet Cove Barium Corp., übert. von: Kenneth P. Monroe, Houston, Tex., V.St.A., **Bohrflüssigkeit,** bestehend aus einer wss. Dispersion von Ton. Sie enthält eine die Fließgrenze reduzierende Menge eines wasserlösl. Lignit-Deriv., das durch Erhitzen von 100 (Teilen) Lignit in einer alkal. Fl. mit 6—50 S-Verbb., wie schweflige Säure u. deren Salze, erhalten worden ist, eine Methylen-Verb., wie Aldehyde u. Methylketone, bes. Alkyl-, Alkylen-, Alkinyl- u. Alkenylmono- oder -polyaldehyde oder -ketone. Die Menge an Methylen-Verb. ist stöchiometr. äquivalent zu einer Formaldehydmenge im Bereich von 3—25 Teile Formaldehyd je 100 Teile Lignit. Das Erhitzen auf 175—375° F wird so lange fortgesetzt, bis ein wesentlicher Teil der Methylen-Verb. u. der S-Verb. mit dem Lignit reagiert haben, um Seitenketten am Lignit zu bilden, die der Formel $-R-SO_3M$ entsprechen. Hierbei bedeutet —R— die Methylen-Verb. u. M ein Alkalimetall. Das der Bohr-Fl. zugesetzte Mittel wirkt dispergierend. (**A. P. 3 034 982** vom 10/5. 1957, ausg. 15/5. 1962.) W. Hauswald 8221

3035 Monsanto Chemical Co., St. Louis, Mo., übert. von: Harry M. Walker, Dickinson, Tex., V.St.A., **Bohrflüssigkeit für Gas- und Ölbohrungen.** Die wss. Fl. enthält anorgan. festes Material, das zur Bldg. von Filterkuchen an den Bohrwandungen befähigt ist, u. cyanäthylierte Stärke in einer zur Verringerung von Wasserverlusten ausreichenden Menge. Zum Beispiel enthält die Fl. ca. 35% dispergierten *Ton*, 5 lbs. *Kalk*, 3 *Calciumlignosulfonat* u. 1 *NaOH* je Barrel u. 0,5—6 je 42 Gallon barrel Bohrschlamm. (**A. P. 3 032 498** vom 4/1. 1954, ausg. 1/5. 1962.) W. Hauswald 8221

3036 Phillips Petroleum Co., übert. von: Herbert M. Barrett und Charles A. Sauber, Bartlesville, Okla., V.St.A., **Ausflocken von suspendierten Feststoffen aus Flüssigkeiten,** z. B. von suspendiertem Ton aus Bohrflüssigkeiten. Der Fl.-Suspension werden als Ausflockungsmittel das Na-Salz des sulfonierten Dodecyldiphenyloxids u. ein Guar-Mehl u. ein Acrylamidpolymeres zugesetzt, ca. 0,0125 bis 7,5 lbs. je Barrel Flüssigkeit. Das Verhältnis von Guar-Mehl u. Acrylaminpolymeres zu dem Natriumsalz des sulfonierten Dodecyloxids beträgt ca. 0,24:1 bis 15:1. (**A. P. 3 025 236** vom 10/4. 1959, ausg. 13/3. 1962.) W. Hauswald 8221

3037 Olin Mathieson Chemical Corp., übert. von: Herman A. Bruson, North Haven, und Thomas P. O'Day, Hamden, Conn., V.St.A., **Halogenierte organische Phosphorverbindungen** erhält man durch Rk. von halogenierten Cyclopentadienen, bes. Hexachlor- oder Hexabromcyclopentadien mit organ. Phosphorsäuretriestern im Mol-Verh. 1:1 oder 1:2 bei ca. 0—50° u. Erhitzen der Addukte auf >100° bzw. ca. 80° in organ. Lsgm. während mehreren Std. zu Phosphonaten. — Zu 0,4 (Mol) Hexachlorcyclopentadien in 250 ml Bzl. wird während 4 Std. bei 2—6° 0,2 Tri-n-butylphosphit getropft, die Rk.-Mischung dann unter Eiskühlung, dann bei Normal-Temp. 18 Std. lang gerührt u. die Lsg. nach dem Abdestillieren des Bzl. bei 55—88° u. 0,5 Torr dest. u. *1.2.3.4.5-Pentachlorcyclopentadienyltributoxyphosphoniumchlorid*, $Kp._{0,7}$ 76—77,5°, n_D^{25} 1,4765 erhalten. Bei Anwendung eines Mol-Verh. 1:2 erhält man *Tetrachlorcyclopentadien-1.1-bis-(phosphonsäurediäthylester)*, $Kp._{13}$ 82—85°, n_D^{25} 1,4381. — *Hochdruckschmiermittel*. (**A. P. 3 037 044** vom 3/11. 1959, ausg. 29/5. 1962.) A. Jahn 8223

3038 British Petroleum Co. Ltd., London, England (Erfinder: Alfred Champagnat, Louis Molet und Robert Stern, Paris, Frankreich), **Herstellung von Erdölpech,** das für die Agglomeration kleinteiliger Kohle geeignet ist, durch Behandlung eines Erdöl- oder Bitumendestillationsrückstandes, den man durch Entasphaltieren erhalten hat, mit einem O_2-haltigen Gas (Luft), evtl. gemischt mit einem inerten Gas (Dampf), bei nicht über 400° unter atmosphär. Druck. Conradson-Zahl des erzeugten Peches 35—45. (**E. P. 876 191** vom 29/2. 1960, ausg. 30/8. 1961. F. Prior. 3/4. 1959.) P. Unger 8229

3039 **N. V. de Bataafsche Petroleum Mij.** (Erfinder: **Karel Swart**), Den Haag, Niederlande, *Herstellung von methanreichen Gasen*. (**Schwz. P. 369 117** vom 8/10. 1958, ausg. 29/6. 1963. Niederl. Prior. 10/10. 1957. — C. **1960,** 3748 [D. A. S. 1 062 880].)

3040 **Esso Research and Engineering Co.,** Elizabeth, N.J., übert. von: **Max A. Mosesman,** Baytown, Tex., V.St.A., *Regenerieren von Platinreformierungskatalysatoren*. (**A. P. 3 069 352** vom 8/7. 1955, ausg. 18/12. 1962. — C. **1958,** 12860 [D. A. S. 1 029 860].)

3041 **British Petroleum Co. Ltd.,** London (Erfinder: **Samuel Richard Pethrick** und **Walter Morrison,** Sunbury-on-Thames), England, *Schmiermittelgemisch für Motoren*. (**Schwz. P. 368 253** vom 3/5. 1957, ausg. 15/5. 1963. E. Prior. 7/5. 1956. — C. **1961,** 18570 [Ind. P. 60 329].)

3042 **Esso Research and Engineering Co.,** Del., übert. von: **John A. Brown,** Metuchen, N.J., V.St.A., *Katalyse von Phosphorsulfonierungen*. (**A. P. 3 020 270** vom 13/5. 1958, ausg. 6/2. 1962. — C. **1963,** 1134 [E. P. 862 578].)

H_{20}. Schieß- und Sprengstoffe, Zündmittel

3043 **Forschung und Technik bei Sprengstoffen, Explosionen und Flammen: Fiskal-Jahr 1961.** Ruth F. Brinkley und Robert W. Van Dolah. (US Dep. Interior, Bur. Mines, Inform. Circ. **8191,** 1—38, 1963; Pittsburgh, Pa., Bur. Mines, Explosives Res. Labor.; engl.) — Vgl. C. **1963,** 21012. — Übersicht. — 20 Literaturangaben mit Erläuterungen. F. Rosendahl 8290△

3044 **Entwicklung und Erprobung neuer Sprengstoffe in der Deutschen Demokratischen Republik.** Kreuter. (Bergbautechnik **12,** 185—86, 1962; Schönebeck/Elbe, VEB Sprengstoffwerk; dt.) — Als Grundlage für die industriellen Sprengstoffe dient nach wie vor *Ammonnitrat*. Die für den Bergbau in der DDR entwickelten neuartigen Sprengstoffe (Gelatine-Donarit 1, Gelamon, Donarit 1, Donarit 2, Donarit 4 u. Petramon) werden hinsichtlich ihrer speziellen Eigg. charakterisiert u. ein Überblick über die Entw. in einigen anderen Ländern gegeben. H. Herper 8304◇

3045 **Stabilisierung von Nitroglycerin im Magnetfeld.** Stanisław Ropuszyński. (Chem. stosowana **5,** 427—37, 1961; Wrocław, Politechn., Kat. Technol. Związk. Azotow. II; pol.) — 1. vgl. C. **1963,** 4201. — Die Stabilität von Nitroglycerin wird durch Behandlung in W. oder in wss. $NaHCO_3$-Lsg. im Magnetfeld (100—1790 Oe) verbessert. Die Stabilität steigt mit der angewandten Feldstärke u. mit der Behandlungszeit. F. Urban 8304◇

3046 **Untersuchungen an DDNP. 2. Mitt. Methoden zur Herstellung runder DDNP-Granulate und deren Eigenschaften.** M. Ishikawa. (J. ind. Explosives Soc., Japan **23,** 186—93, Juli/Aug. 1962; jap., Auszug: engl.) — 1. vgl. C. **1964,** 2-2855. — Die Kristallform von DDNP (*Diazodinitrophenol*) wird durch Zusätze von oberflächenakt. Stoffen, koll. oder aromat. Verbb. geändert. Die Granulate entstehen hauptsächlich bei Zugabe kleiner Mengen einiger aromat. Verbb. (z. B. Phenole) während der Diazotierung. Vermutlich bilden die Rk.-Prodd. Kristallkeime, an denen DDNP in Form von Nadeln zu dem Granulat kristallisiert. Dieses Granulat detoniert in Sprengkapseln im Gegensatz zu normalem DDNP-Pulver selbst in nassem Zustand. Wie die Unterss. zeigen, ist dieser Unterschied auf die Oberflächenstruktur der Granulate zurückzuführen. H. Pförtner 8304◇

3047 **Energie-Reichweite-Beziehungen für Protonen und α-Teilchen in verschiedenen Explosivstoffen.** Joseph

Cerny, Maurice S. Kirshenbaum und Roger C. Nichols. (Nature [London] **198,** 371—72, 1963; Dover, N.J., Picatinny Arsenal, Explosives Res. Sect.; engl.) — Im Hinblick auf die Unters. von Strahlenschäden in Explosivstoffen wurde die Reichweite von α-Teilchen u. Protonen mit Energien zwischen 20 keV u. 25 MeV in folgenden Explosivstoffen bestimmt: *Cyclonite* (RDX), *Cyclotetramethylentetranitramin* (HMX), *2.4.6-Trinitrotoluol* (TNT), *Pentaerythrittetranitrat* (PETN), *2.4.6-Trinitrophenylmethylnitramin* (Tetryl), *Pb-Styphnat, Hg-Fulminat* u. *Pb-Azid.* B. Schmitt 8304◇

3048 **Angenäherte Explosionswärmen durch Differentialthermoanalyse.** Robert L. Bohon. (Analytic. Chem. **35,** 1845—52, 1963; St. Paul, Minn., 3 M Co., Central Res. Labor.; engl.) — Vf. beschreibt eine DTA-Meth., bei der kleine Proben von Explosivstoffen in einer geschlossenen Hülse verbrennen u. die eine angenäherte Best. der Explosionswärme gestattet. Die Wärmemenge wird aus der Wärmekapazität der Hülse u. an Hand der Abkühlungskurve berechnet. Explosionswärmen von *2.4.6-Trinitrotoluol, Hexogen, Nitropentaerythrit, Tetryl, Tetranitromethan, Nitroglycerin* u. verschiedenen Treibmitteln werden angegeben. — 23 Literaturangaben. G. Krien 8324◇

3049 United States of America, Secretary of Navy, übert. von: William G. Finnegan, Rex L. Smith und Armin T. Wiebke, China Lake, Calif., V.St.A., **Bindemittel für Sprengstoffkompositionen,** bestehend aus Poly-[2-methyl-5-vinyltetrazol], das den Sprenggemischen verschiedenster Art in Mengen von 0,5—25% beigegeben wird. Verw. bes. zusammen mit $Ni(NH_3)_4[C(NO_2)_3]_2$ oder $Co(NH_3)_6(N_3)_3$ als Sprengkomponente. (**A. P. 3 055 780** vom 16/10. 1958, ausg. 25/9. 1962.) A. Gradl 8305

3050 Dow Chemical Co., Midland, Mich., übert. von: Oliver Osborn, Charles William McCutchen, Lake Jackson, Tex., und Joseph R. Hradel, Mount Pleasant, Mich., V.St.A., **Sprengstoff,** bestehend aus einer innigen Mischung von 1—50% MgH_2 mit einem anorgan. Oxydator (Nitrat, Chlorat, Perchlorat, Permanganat, Persulfat). (**A. P. 3 053 710** vom 12/12. 1957, ausg. 11/9. 1962.) A. Gradl 8305

3051 E. I. du Pont de Nemours & Co., Wilmington, Del., übert. von: Clyde O. Davis, Wenonah, und Jesse E. Hughes, Bridgeport, N.J., V.St.A., **Sprengmittel,** bestehend aus einer unter 128° schm. Mischung von NH_4NO_3 in Form von Hohlkugeln mit einem inneren u. äußeren Belag von 4—7% eines Brennstoffes, wie Dinitrotoluol, Kerosin oder Ricinusöl. (**A. P. 3 053 707** vom 11/6. 1957, ausg. 11/9. 1962.) A. Gradl 8305

3052 E. I. du Pont de Nemours & Co., Wilmington, Del., übert. von: James E. Lufkin, Woodbury, N.J., V.St.A., **Verbesserung von nasser, faseriger Nitrocellulose** mit einem N-Geh. von 10,8—12,3% hinsichtlich Sicherheit, Löslichkeit u. Fließfähigkeit, dad. gek., daß sie hohen Verdichtungskräften ($P = > 2M + 6400$; Preßdruck in lbs./sq.in., M = mittlere Faserstärke in μ) ausgesetzt u. anschließend wieder zerkleinert wird. — Zeichnung. (**A. P. 3 057 012** vom 27/5. 1959, ausg. 9/10. 1962.) A. Gradl 8305

3053 Aerojet-General Corp., Azusa, Calif., V.St.A. (Erfinder: Horace Morton Higgins und Calvin Andrew Gongwer), **Feststofftreibsatz** auf der Basis eines stark exotherm oxydierenden Metalls u. eines anorgan. Oxydators, gek. durch den Zusatz eines oder mehrerer Verbrennungskatalysatoren der Gruppe Co, Cu, Fe, V, Pb oder Sn. (**E. P. 903 324** vom 18/8. 1960, ausg. 15/8. 1962.) A. Gradl 8311

3054 Phillips Petroleum Co., übert. von: Eugene D. Guth, Idaho Falls, Idaho, und Claude G. Long, Bartlesville, Okla., V.St.A., **Verfahren zur Erhöhung der Verbrennungsgeschwindigkeit von Feststofftreibsätzen** auf der Basis von anorgan. O_2-Salzen, einem Gummibindemittel, einem Weichmacher u. 20—150 Teilen Ruß pro 100 Teile Gummi, dad. gek., daß das Treibstoffgemisch in Walzenmühlen mit einem Walzenabstand von ca. 0,009 in. soweit vermahlen wird, daß dessen „Shore D"-Härte < 50 ist u. mindestens 90% des maximal erreichbaren Wertes u. dessen elektr. Widerstand mindestens 40% des maximal erreichbaren Wertes betragen. (**A. P. 3 044 910** vom 16/6. 1958, ausg. 17/7. 1962.) A. Gradl 8311

3055 Phillips Petroleum Co., übert. von: Robert L. Hall und Otho D. Ratliff, McGregor, Tex., V.St.A., **Feststofftreibsatz,** gek. durch einen Geh. von 60—81 (%) eines anorgan. Oxydators, 4—10 eines gummiartigen Bindemittels u. 15—32 einer 1—60 Si enthaltenden Mischung von Si u. Al. — Beispiel: 5,5 Butadien-Methylvinylpyridin-Copolymerisat, 1 Ofenruß, 2 fl. Polybutadien, 0,25 MgO, 25 Si, 2,25 Al u. 64 NH_4NO_3. (**A. P. 3 053 708** vom 12/2. 1959, ausg. 11/9. 1962.) A. Gradl 8311

3056 Phillips Petroleum Co., übert. von: Charles H. Herty III, Waco, Tex., V.St.A., **Herstellen von Feststofftreibsätzen** auf der Basis von anorgan. Oxydatoren u. organ. Brennstoffbindemitteln, dad. gek., daß während des Mischvorganges der Mischung Trockeneis zugesetzt u. somit eine Arbeits-Temp. von 70—190° F eingehalten wird. (**A. P. 3 053 709** vom 8/9. 1959, ausg. 11/9. 1962.) A. Gradl 8311

3057 Standard Oil Co., Chicago, Ill., übert. von: Jack Linsk, Highland, Ind., V.St.A., **Ammonnitrat-Spreng- und/oder -Treibstoff,** gek. durch einen Geh. an Polyvinylacetat als Bindemittel, 0,5—5% Triäthanolamin, Triisopropanolamin, N-Hydroxyäthylmorpholin oder N.N-N'.N'-Tetrahydroxyäthyläthylendiamin als Verbrennungsbeschleuniger u. Preußischblau als Katalysator. (**A. P. 3 056 702** vom 29/8. 1957, ausg. 2/10. 1962.) A. Gradl 8311

3058 Standard Oil Co., übert. von: Charles J. Korpics, Chicago, Ill., V.St.A., **Feststofftreibsatz** auf der Basis von NH_4NO_3, gek. durch einen Geh. von 10—40% eines organ. Brennstoffbindemittels (Celluloseester von Alkancarbonsäuren mit 2—4 C-Atomen, Polyvinylchlorid, -acetat oder Polymeres aus Styrol u. Acrylnitril) nebst einem Weichmacher dafür, u. 0,5—15% Äthylendiamintetraacetonitril als Verbrennungskatalysator. (**A. P. 3 056 703** vom 25/2. 1959, ausg. 2/10. 1962.) A. Gradl 8311

H_{21}. Leder, Gerbstoffe

3059 **Aktuelle Probleme der Kollagenforschung.** 4. Mitt. **Stereochemie und makromolekulare Struktur des Kollagens.** Jan Rosmus und Zdeněk Deyl. (Kožařství **12,** 261—69, 283—89, 1962; Praha-Smíchov, Ústř. výzk. úst. potravin prům.; tschech.) — Vgl. C. **1963,** 1924. — Übersicht über Struktur u. Stereochemie nativer Grundeiweiße u. einiger Peptide. — 96 Literaturangaben. E. Knopp 8330◇

3060 **Aktuelle Probleme der Kollagenforschung.** 6. Mitt. **Methoden der Bestimmung von Hydroxyprolin.** J. Hurych und M. Chvapil. (Kožařství **12,** 317—23, 1962; Praha, Ust. hyg. práce a chorob z povol.; tschech.) — Übersicht. — 62 Literaturangaben. E. Knopp 8330◇

3061 **Lösliches Kollagen.** František Bělohradský, Zdeněk Eckmayer und Cyril Halámek. (Kožařství **13,** 108—10, 1963; Gottwaldov, Výzk. úst. kožed.; tschech.) — Vff. befassen sich mit den Verff. der Gewinnung von lösl. Kollagen. E. Knopp 8330◇

3062 **Untersuchungen über die enzymatische Enthaarung von Häuten und Fellen.** 10. Mitt. **Einfluß der enzymatischen Enthaarung auf formaldehydgegerbtes Leder.** Harukazu Toyoda und Masayoshi Kikkawa. (Nihon Hikaku Gijutsu Kyokai-Shi [Bull. Jap. Assoc. Leather Technol.] **8,** 41—48, 1962; Tokyo, Japan, Governm. Chem. Ind. Res. Inst.; jap., Auszug: engl.) — 9. vgl. Rep. Government chem. ind. Res. Inst., Tokyo **57,** [1962], 351; 8. vgl. C. **1963,** 14895 — Geweichte, entfleischte Ziegenhäute wurden durch Kälken sowie enzymat. (*Bacillus megatherium 3 E*-Protease) enthaart, gepickelt, mit CH_2O gegerbt u. gefettet. Diese Leder sowie die enthaarten Häute wurden dann auf ihre chem. u. physikal. Eigg. hin untersucht u. miteinander verglichen. Danach waren die enzymat. enthaarten Häute dünner u. zeigten bei etwa gleicher Dehnung, Druck- u. Biegefestigkeit höhere Schrumpfungs-Temp. sowie Reiß- u. Einreißfestigkeiten (naß u. trokken) als die gekälkten Häute. Beim Vgl. der CH_2O-Leder zeigen die enzymat. enthaarten Proben höhere Schrumpfungs-Temp. u. Festigkeiten, ein höheres Gew., eine größere Fläche u. einen höheren Anteil an Hautsubstanz. H. G. Fröhlich 8334◇

3063 **Untersuchungen über die enzymatische Enthaarung von Häuten und Fellen.** 11. Mitt. **Einfluß der enzymatischen Enthaarung auf die Eigenschaften von Chromleder.** Harukazu Toyoda und Akira Futami. (Nihon Hikaku Gijutsu Kyokai-Shi [Bull. Jap. Assoc. Leather Technol.] **8**, 49—55, 1962; jap., Auszug: engl.) — Stierhautmuster wurden zunächst durch Kälken bzw. enzymat. mit *Bacillus megatherium 3 E*-Protease enthaart u. anschließend mit bas. Cr-Sulfat-Lsgg. gegerbt. Beim Vgl. der erhaltenen Leder wurde gefunden, daß die enzymat. enthaarten Leder neben einer geringeren Cr-Aufnahme, niedrigerer Schrumpfungs-Temp. u. geringerer Zusammendrückbarkeit eine höhere Dichte, Steifheit, Wasseraufnahme, Reiß- u. Einreißfestigkeit, verglichen mit den durch Kälken enthaarten Leder, aufweisen. — 10. vgl. vorst. Referat. H. G. Fröhlich 8334◇

3064 **Untersuchungen über Kollagen und Gelatine.** 2. Mitt. **Die Alterung des Kollagens in vitro.** G. Reich und H. Legutke. (Gesammelte Abh. dtsch. Lederinst. Freiberg/Sa. **1962**, 5—14, herausgeg. 1963; dt.) — 1. vgl. C. **1963**, 7996. — Unterss. über die Alterung von *Kollagen* zeigten, daß aus Citratpuffer (pH 3,7; Ionenstärke 0,1) regeneriertes u. mit organ. Lsgm. entwässertes *Prokollagen* beim Aufbewahren in lufttrockenem Zustand einem Alterungsvorgang unterliegt, der seine Wiederauflösung in Citratpuffer, seine Quellung in W. u. die Aufnahme von Wasserdampf zunehmend beeinträchtigt u. es schließlich in Citratpuffer unlösl. macht. Diese Alterung wird mit zunehmender Temp. ($>50^0$) u. Luftfeuchtigkeit ($>80\%$) bes. begünstigt. Da auch hochgereinigtes Prokollagen der Alterung unterliegt, verursachen die normalerweise anwesenden Glykoproteine u. Mucopolysaccharide den Alterungsvorgang nicht. — 26 Literaturangaben. H. G. Fröhlich 8334◇

3065 **Untersuchungen über Kollagen und Gelatine.** 3. Mitt. **Über einige Gesetzmäßigkeiten bei der Herstellung von Gelatine aus Schweinshaut nach dem sauren Aufschlußverfahren.** G. Reich, S. Walther und F. Stather. (Gesammelte Abh. dtsch. Lederinst. Freiberg/Sa. **1962**, 15—23, herausgeg. 1963; dt.) — 2. vgl. vorst. Referat. — Mechan. entspeckte u. entborstete, mit Aceton entwässerte 9 Monate alte Schweinshaut wird mit 0,3n HCl bzw. $CH_3 \cdot COOH$ bis zu 24 Std. behandelt u. anschließend auf pH 2,8 gestellt. Aus dieser Haut wurde durch Ausschmelzen bei 50, 60, 70 u. 75⁰ *Gelatine* gewonnen. Die Auswertung der Verss. ergab, daß die Säurevorbehandlung von Schweinskollagen kein Aufschluß-Verf. im Sinne des alkal. Hautaufschlusses beim Äscher-Verf. der klass. Arbeitsweise darstellt. Die Säurevorbehandlung dient lediglich der Säurebevorratung des Hautmaterials für das nachfolgende Ausschmelzen. Ein Säure-Geh. der Haut von $^1/_3$—$^1/_2$ des maximalen Säurebindevermögens genügt, um einen mäßigen hydrolyt. Abbau des Kollagens während des Ausschmelzens herbeizuführen, der ausreicht, um in Verbindung mit der therm. Denaturierung hohe Gelatineausbeuten u. bessere Gelatinequalitäten als nach dem alkal. Aufschluß-Verf. zu gewährleisten. Die Möglichkeit, altersbedingte Stabilitätsunterschiede des Hautkollagens verschiedener Ausgangsmaterialien wie beim alkal. Aufschluß-Verf. durch Variation der Vorbehandlungsdauer auszugleichen, bestehen beim sauren Verf. nicht. H. G. Fröhlich 8334◇

3066 **Untersuchungen über Kollagen und Gelatine.** 4. Mitt. **Über den Einfluß des Alters von Rinds- und Schweinshäuten auf Ausbeute und Eigenschaften daraus nach dem sauren Aufschlußverfahren gewonnener Gelatine.** G. Reich, S. Walther und F. Stather. (Gesammelte Abh. dtsch. Lederinst. Freiberg/Sa. **1962**, 24—30, herausgeg. 1963; dt.) — 3. vgl. vorst. Referat. — Rinds- u. Schweinehäute definierter Altersstufen wurden vor u. nach restloser Entfernung lösl. Eiweißstoffe durch nacheinander folgende Behandlung des Hautmaterials mit W., 0,45m NaCl- u. 10%ig. NaCl-Lsgg. sowie mit Citratpuffer von pH 4,2 bei 2—5⁰ in Gelatine nach dem sauren Aufschluß-Verf. umgewandelt (Ausschmelzen des mit CH_3COOH auf pH 3 eingestellten Hautmaterials bei 50, 60, 70 u. 75⁰). Die auf diese Weise erhaltene *Gelatine* wurde hinsichtlich Ausbeute, Viscosität u. F. charakterisiert. Die Ergebnisse zeigen, daß das günstigste Alter für die Herst. von Gelatine nach dem sauren Aufschluß-Verf. für Schweinshäute bei 18 Monaten u. bei größeren Zugeständnissen an die Ausbeute für Kalbs- bzw. Rindshäute bei einem Alter bis zu 2—3 Jahren liegt. Häute älterer Tiere werden nur unvollkommen in Gelatine umgewandelt. Die vorherige Entfernung der Begleiteiweißstoffe führt zu einer höheren Gelatineausbeute u. einer erhöhten Viscosität derselben. H. G. Fröhlich 8334◇

3067 **Untersuchungen über Kollagen und Gelatine.** 5. Mitt. **Affinität und Enthalpie der Reaktion aromatischer Sulfonsäuren mit Kollagen und Gelatine.** G. Reich und H. Sieber. (Gesammelte Abh. dtsch. Lederinst. Freiberg/Sa. **1962**, 31—40, herausgeg. 1963; dt.) — 4. vgl. vorst. Referat. — Die Wechselwrkg. aromat. Sulfonsäuren mit *Kollagen* u. *Gelatine* wurde mit Hilfe der Säurebindungskurven untersucht, wobei aus dem Verlauf dieser Kurven die Rk.-Affinitäten u. aus der Temp.-Abhängigkeit der Affinitäten sowie graph. Auswertung der Freundlichschen Adsorptionsgleichung die Rk.-Enthalpien (für Kollagen u. Gelatine stets exotherm, 1—15 kcal/Mol Säure) ermittelt wurden. Die Beurteilung der zur Beschreibung der Säure–Protein-Wechselwrkg. benutzten Bindungstheorien führt zu einer Bevorzugung der Theorie von Gilbert u. Rideal. — 45 Literaturangaben. H. G. Fröhlich 8334◇

3068 **Untersuchungen über Kollagen und Gelatine.** 6. Mitt. **Über die Wechselwirkung von aromatischen Sulfonsäuren mit Kollagen in nichtwässerigen Lösungsmitteln.** G. Reich und H. Sieber. (Gesammelte Abh. dtsch. Lederinst. Freiberg/Sa. **1962**, 41—44, herausgeg. 1963; dt.) — 5. vgl. vorst. Referat. — Zur Unters. der Wechselwrkg. aromat. Sulfonsäuren mit *Kollagen* in nichtwss. Lsgm. wurde über P_2O_5 bei 110⁰ getrocknetes Hautpulver bei 22⁰ bis zu 24 Std. in wasserfreien Lsgm., wie Methanol, A., Dimethylformamid, Aceton u. Dioxan in Ggw. von 0,05—0,001n HCl, Schäffersäure (**S.**) u. den Sulfonsäuren aus den CH_2O-Kondens.-Prodd. von **S.** mit **S.** bzw. 2-Naphthol behandelt. Die Ergebnisse zeigen, daß die Bindung der aromat. Sulfonsäuren an das Kollagen in nichtwss. Lsg. herabgesetzt wird, u. zwar um so stärker, je größer die ursprüngliche Anionenaffinität dieser Verbb. in wss. Lsg. war. Demgegenüber wird die Bindung des HCl an das Kollagen nicht von der Art des Lsgm. beeinflußt. Hieraus wird geschlossen, daß die Anionenaffinität aromat. Sulfonsäuren auf Nebenvalenzkräfte zurückgeht. H. G. Fröhlich 8334◇

3069 **Untersuchungen über Kollagen und Gelatine.** 7. Mitt. **Über die Verschiebung des isoelektrischen Punktes von Kollagen durch Bindung aromatischer Sulfonsäuren.** G. Reich und H. Sieber. (Gesammelte Abh. dtsch. Lederinst. Freiberg/Sa. **1962**, 45—50, herausgeg. 1963; dt.) — 6. vgl. vorst. Referat. — Die Messung des isoelektr. Punktes (I.P.) von *Kollagen* nach Einw. konstitutionsdefinierter Syntanbestandteile in Form aromat. Sulfonsäuren (**I**) ergab, daß in jedem Falle eine Verschiebung des I.P. nach der sauren Seite infolge Blockierung der positiv geladenen Aminogruppen eintritt. Je höher der Sulfonierungsgrad der aromat. **I** ist, um so stärker wird der I.P. nach der sauren Seite hin verschoben u. um so geringer wird das Dialysepotential. Beide Effekte bestätigen, daß bei Absättigung des Säurebindevermögens von Kollagen durch mehrbas. **I** ein Teil der SO_3H-Gruppen nicht direkt an die bas. Gruppen gebunden ist, sondern eine negative Überschußladung bewirkt. — 19 Literaturangaben. H. G. Fröhlich 8334◇

3070 **Untersuchungen über Kollagen und Gelatine.** 8. Mitt. **Über die Beeinflussung der Säurehydrolyse von Kollagen durch grenzflächenaktive Verbindungen und Ionenaustauscher.** G. Reich und H. Sieber. (Gesammelte Abh. dtsch. Lederinst. Freiberg/Sa. **1962**, 51—60, herausgeg. 1963; dt.) — 7. vgl. vorst. Referat. — Die Beeinflussung der Säurehydrolyse von Hautpulver durch grenzflächenakt. Verbb. u. Wofatit KPS 200 wird ausführlich untersucht. Hierbei wurde gefunden, daß die prim. Säurehydrolyse (Behandlung mit HCl bei 60—100⁰) des Hautpulvers durch *Laurylsulfat* (**I**) um so stärker verzögert wird, je geringer die HCl-Konz., je kürzer die Hydrolysendauer u. je niedriger die Temp. ist. Durch Erhöhung der Konz. von **I** wird die Verzögerung der Hydrolyse verstärkt. Dieser Befund wird auf eine Art von Gerb-Wrkg. von I zurückgeführt. Demgegenüber wird die sek. Säurehydrolyse durch I um so stärker beschleunigt, je niedriger die Säure-Konz. u. die Temp., je kürzer die Behandlungsdauer u. je höher die Konz. von I ist. Beim Einsatz anderer grenzflächenakt. Verbb. zeigt es sich, daß die anionakt. Verbb. weitgehend unabhängig vom Mol.-Aufbau stets die prim. Hydrolyse hemmen u. die sek. beschleunigen. Kationakt. Verbb. wirken in gleicher Weise, jedoch merklich geringer, während nichtionogene Netzmittel die prim. Hydrolyse kaum beeinflussen, dagegen die sek. Hydrolyse hemmen. Wofatit KPS 200 (H-Form) beeinflußt die prim. Hydrolyse infolge seiner Unlöslichkeit fast nicht, beschleunigt dagegen die sek. Hydrolyse in der gleichen Art wie die anionakt. Verbindungen. H. G. Fröhlich 8334◇

3071 **Untersuchungen über Kollagen und Gelatine.** 9. Mitt. **Die Beeinflussung der Fibrillenbildungsgeschwindigkeit von Kollagen durch aromatische Sulfonsäuren und Sulfonamide.** G. Reich, H. Legutke und H. Sieber. (Gesammelte Abh. dtsch. Lederinst. Freiberg/Sa. **1962,** 61—69, herausgeg. 1963; dt.) — 8. vgl. vorst. Referat. — Unterss. über die Geschw. der Fibrillen-Bldg. von *Kollagen* aus Kalbshaut-Prokollagen-Lsgg. in neutraler Lsg. bei 34^0 in Abhängigkeit von Zusätzen aromat. Sulfonsäuren u. Sulfonamiden ergaben, daß beide Verb.-Klassen die Abscheidung von Fibrillen (durch Trübungsmessung bestimmt) beschleunigen. Die Beziehungen zwischen beschleunigter Wrkg. u. Konstit. werden diskutiert, wobei im Falle der aromat. Sulfonsäuren eine Parallele zwischen Gerbvermögen u. beschleunigender Wrkg. auf die Fibrillen-Bldg. gefunden wurde. H. G. Fröhlich 8334◇

3072 **Grundlagen der vegetabilischen Schnellgerbung.** E. Mezei. (Leder **14,** 133—36, 1963; Buenos Aires; dt.) — Verschiedene Vorbehandlungen der Haut u. Modifikationen der Gerbbrühe liegen der vegetabil. Schnellgerbung zugrunde. Ein die Nachteile der bisherigen Arbeitsweise ausschaltendes, die Blößenvorbehandlung u. die Adstringensminderung der Gerbbrühe kombinierendes Verf. wird beschrieben unter Verw. von Quebrachoextrakt. A. Beuther 8336◇

3073 **Untersuchungen zur Technologie der Chromgerbung.** 1. Mitt. **Möglichkeiten zur Rationalisierung der Chromgerbung: Veränderung der Aciditätsverhältnisse und Verbesserung der Chromausnutzung.** F. Stather und G. Wiegand. (Gesammelte Abh. dtsch. Lederinst. Freiberg/Sa. **1962,** 70—97, herausgeg. 1963; dt.) — Unterss. über die Rationalisierung der Cr-Gerbung, wobei eine versuchsmäßige Überprüfung der verschiedenen Varianten der Cr-Gerbung, wie Einfl. der Konz. der Gerb-Lsg., Einfl. der Gerbdauer, Einfl. der Aciditätsverhältnisse u. deren Beeinflussung durch unterschiedliche Säurevorgabe vor dem Gerben oder durch Abstumpfen der Gerbbrühe mit Soda oder komplexaffinen Salzen (z. B. Formiat) u. Einfl. von Temp. u. Salzzusätzen vorgenommen wurde, ergaben zahlenmäßig erfaßbare Werte u. somit Möglichkeiten für eine Rationalisierung des Gerbvorganges. Parallel hierzu wurden Messungen über die Ausnutzbarkeit der Energieeffekte im rotierenden Walkfaß durchgeführt. H. G. Fröhlich 8336◇

3074 **Untersuchungen zur Technologie der Chromgerbung.** 2. Mitt. **Veränderung der Aciditätsverhältnisse und Verbesserung der Chromausnutzung bei der Herstellung von chromgarem Kalbs-, Rinds- und Schweinsleder.** F. Stather und G. Wiegand. (Gesammelte Abh. dtsch. Lederinst. Freiberg/Sa. **1962,** 98—107, herausgeg. 1963; dt.) — Die prakt. Anwendung einer Cr-Gerbtechnologie, die sich auf den grundlegenden Zusammenhängen zwischen Gerbdauer, Flottenmenge, Aciditätsverhältnissen u. Temp. bei der Ausgerbung sowie der möglichen Cr-Ausnutzung aufbaut, wird diskutiert u. gezeigt, daß die Anwendung einer rationellen Technologie wesentliche Materialeinsparungen u. gewisse Vereinfachungen bzgl. der Arbeitsweise ermöglicht, ohne hierbei die Lederqualität zu beeinträchtigen. — 1. vgl. vorst. Referat. H. G. Fröhlich 8336◇

3075 **Probleme der modernen Unterledergerbung.** F. Stather. (Gesammelte Abh. dtsch. Lederinst. Freiberg/Sa. **1962,** 126—33, herausgeg. 1963; dt.) — Die Probleme der Schnellgerbung von Unterleder unter Verw. hoher Anteile an Syntanen (50—70%) werden besprochen, wobei dem altbewährten Gegenstrombetrieb beim Gerben eine wichtige Rolle zufällt. — 21 Literaturangaben. H. G. Fröhlich 8336◇

3076 **Untersuchungen über die Chemie der Arecanuß-Gerbstoffe.** S. Banerjee, S. Rajadurai, K. N. S. Sastry und Y. Nayudamma. (Leather Sci. [Madras, India] **10,** 6—13, 1963; Madras, Indien, Central Leather Res. Inst.; engl.) — Frisch gesammelte Areca-Nüsse unterschiedlichen Reifegrades wurden gemahlen, mit Chlf. behandelt, anschließend mit Lsgm. (W., Methanol, A., Aceton, Äthylacetat) erschöpfend extrahiert u. die Gerbstoffe durch Eindampfen der Lsgm.-Extrakte im Vakuum (50^0, N_2-Atmosphäre) gewonnen. Die günstigsten Ausbeuten werden durch Extraktion mit Aceton bzw. Äthylacetat erhalten. Hierbei lag das Verhältnis von Gerbstoff:Nichtgerbstoff bei 3—3,6. Papierchromatograph. Unterss. ergaben die Anwesenheit von D-Catechin u. Leukocyanidin. Beide Gerbstoffe wurden auch isoliert. H. G. Fröhlich 8336◇

3077 **Untersuchungen über Konstitution und Gerbwirkung synthetischer Gerbstoffe.** 8. Mitt. **Konstitution und Gerbvermögen eines Kondensationsprodukts aus 2-Naphtholsulfonsäuren, p-Kresol und Formaldehyd.** F. Stather, G. Reich und R. Steinhardt. (Gesammelte Abh. dtsch. Lederinst. Freiberg/Sa. **1962,** 108—25, herausgeg. 1963; dt.) — 7. vgl. C. **1963,** 7997. — Das Kondens.-Prod. (**I**) aus 2-Naphtholsulfosäure, p-Kresol u. CH_2O wurde hinsichtlich chem. Zus. u. gerber. Eigg. untersucht, wozu es durch Craig-Verteilung in 40 Fraktionen zerlegt wurde, die qual. papierchromatograph., quant. durch Säuretitration, durch Best. des Geh. an organ. gebundenem SO_3, durch Extinktionsmessungen im UV-Spektrometer u. Best. der freien H_2SO_4 als $BaSO_4$ untersucht wurden. Die Unters. des Gerbvermögens der einzelnen Komponenten von I erfolgte durch Ermittlung der Federkonst. gegerbter Catgutspiralen, durch Gerb-Verss. mit entwässerter Hautblöße in saurem u. neutralem Medium, durch Ermittlung von Raum-Gew. u. Schrumpfungs-Temp. der Gerb-Prodd., durch Best. der Adsorptionsisotherme, Best. der selektiven Aufnahme durch Hautsubstanz sowie durch die Bewertung von I bzgl. gerbender Eigg. durch Filteranalyse bei verschiedener Ansatzmenge u. unterschiedlichem pH u. Probeausgerbungen mit Blößenmaterial bei verschiedenem Gerbstoffangebot. — Die im einzelnen erhaltenen Ergebnisse sind ausführlich besprochen u. diskutiert. H. G. Fröhlich 8336◇

3078 **Über Gerbversuche an synthetischen Polypeptiden.** E. Heidemann und P. Führen. (Leder **14,** 159—64, 1963; Darmstadt, TH, Inst. für Gerbereichemie; dt.) — Es wurde analyt. bewiesen, daß synthet. Polypeptide mit in weiten Grenzen variierten COOH- u. NH_2-Gruppen kation. Gerb-Prodd. (Cr-Sulfat, Uranylacetat) an den COOH-Gruppen, anion. (Cr-Sulfit, Phosphorwolframsäure) an den NH_2-Gruppen binden. Die unterschiedlichen Absitz-Geschw. der verschieden gegerbten synthet. Polypeptide u. ihre elektronenmkr. gemessene Faserverlängerung wird als seitliche Vernetzung gedeutet. A. Beuther 8336◇

3079 **Untersuchungen über Deckfarben und Deckfarbenzurichtung.** 5. Mitt. **Über die Glanzmessung an Oberflächen und den Einfluß verschiedener Faktoren auf die Glanzwerte unpigmentierter Caseinoberflächen.** F. Stather und M. Schlöffel. (Gesammelte Abh. dtsch. Lederinst. Freiberg/Sa. **1962,** 134—52, herausgeg. 1963; dt.) — 4. vgl. C. **1963,** 7998. — Mit Hilfe einer neu entwickelten, ausführlich beschriebenen einfachen Glanzmeß-App. wird der Einfl. verschiedener Faktoren (bakterieller Abbau der Casein-Lsgg., Zusatz von sulfiertem Öl als Weichmacher, Einfl. von Temp. u. Zeit bei der Herst. der Casein-Lsgg., Einfl. von Aufschlußmitteln, wie Ammoniak, Borax, Amine, von Harzen u. hydrotropen Substanzen) auf den Glanz unpigmentierter Caseinaufträge auf mit Nitrocelluloselack schwarz abgedeckten Glasplatten untersucht. Die Ergebnisse lassen gewisse Schlußfolgerungen über eine Beeinflussung der Glanz-Wrkg. von Casein beim Einsatz als Glanzmittel für die Lederzurichte u. als Bindemittel für Lederdeckfarben zu. H. G. Fröhlich 8338◇

3080 **Untersuchungen über Deckfarben und Deckfarbenzurichtung.** 6. Mitt. **Über die Eignung verschiedener Deckfarben für die Zurichtung von Schuhoberleder und Futter-**

leder. F. Stather und A. Meissner. (Gesammelte Abh. dtsch. Lederinst. Freiberg/Sa. **1962**, 153—62, herausgeg. 1963; dt.) — 5. vgl. vorst. Referat. — Die vorliegenden Unterss. zeigen, daß von den überprüften Zurichtarten, wie Casein-, Polymerisat-, Polymerisat/Casein-, (Binder)-Nitrocellulosezurichtung u. Binderzurichtung mit Nitrocellulose- oder Caseinschlußauftrag, die Caseinzurichtung für normales Gebrauchsschuhwerk in jeder Beziehung als die günstigste Zurichtung anzusprechen ist, wenn nicht die Narbenbeschaffenheit zum Schleifen zwingt oder Pastelltöne verlangt werden. In den beiden letzteren Fällen ist die Kombination Polymerisat/Casein, evtl. auch eine Binderzurichtung mit Nitrocellulose- oder Caseinschlußauftrag, zweckmäßig. Die reine Nitrocellulosezurichtung ist nicht vornehmlich aus hygien. Gründen, sondern wegen der weniger günstigen Knick- u. Alterungsbeständigkeit des Deckfilms für Schuhoberleder abzulehnen. Bei Futterleder verschlechtern sämtliche Deckfarbenzurichtungen die hygien. Eigg. dieser Leder.
H. G. Fröhlich 8338◇

3081 **Wandlungen auf dem Gebiet der Lederfettung.** J. Plapper. (Leder **14**, 136—41, 1963; Düsseldorf, Böhme Fettchemie GmbH, Labor.; dt.) — Der Einfl. der Emulsionslicker auf die Eigg. von Cr- u. Cr-pflanzlich-gegerbtem Leder, wie Narbenelastizität u. -dehnbarkeit, Weichheit, Extrahierbarkeit u. Wasser-Verh., hängt wesentlich ab von ihrer %-Zus. an Emulgatoren u. Neutralöl. Bei den heutigen Emulgatoren, bes. bei Verw. von komplexakt. mit oder ohne nichtionogenem Anteil, kann der Neutralölanteil ohne Nachteil stark, in manchen Fällen bis auf 0 gesenkt werden; ans Leder gebunden, wirken die Emulgatoren wie unextrahierbare Fette, was z. B. für lösungsmittelresistente Velourleder wichtig ist.
A. Beuther 8340◇

3082 **Kaltfettung und Kaltfärbung von Leder ohne Flotte.** K. Rosenbusch. (Leder **14**, 141—46, 1963; Frankfurt/M.-Höchst, Farbwerke Hoechst Akt.-Ges.; dt.) — Vgl. C. **1963**, 8397. — Nicht nur mit klar lösl., sondern auch mit milchig emulgierbaren Fettstoffen erreicht man in kalter, kurzer oder auch ohne Flotte bessere Resultate bzgl. Weichheit, Narben- u. Reißfestigkeit, Dehnung u. Lederdicke als in langer, warmer Flotte, wie Reihen-Unterss. mit steigender Flottenlänge (0—500%) zeigten. Auch die Färbung feuchter Leder mit pulverförmigen Farbstoffen, evtl. kombiniert mit hochkonz. Cr-Gerbstoffen bei Zimmer-Temp., bewirkt eine bessere Egalität u. Einfärbung. A. Beuther 8340◇

3083 **Einfluß von Hitze auf das Oberleder des aufgezwickten Schuhes.** R. G. Mitton. (Leder **14**, 153—58, 1963; Egham, Surrey, Brit. Leather Mfg. Res. Assoc.; dt.) — Zur Best. der Formbeständigkeit von Schuhoberleder wird die plast. Dehnung mit einem Wölb-App. gemessen. Durch Temp.-Erhöhung oder noch besser durch Wasserdampf-Einw. in einem geeigneten App., konnte die Verweilzeit auf dem Leisten ohne Lederschaden wesentlich abgekürzt werden.
A. Beuther 8340◇

3084 **Fertigungslacke für Kunstleder.** J. Haeffelman. (Chem. Rdsch. [Solothurn] **16**, 586—88, 1963; Zürich, Schweiz, Sodafabrik; franz.) — Ungünstige Eigg. des Kunstleders (K) aus PVC (klebende Oberfläche, Alterung) können durch Zurichtung mit Lacken („Top Coating") behoben werden. Bei diesen Lacken handelt es sich um eine methyläthylketon. Lsg. von Acrylharzen, die eine gute Haftfestigkeit auf PVC haben. Da beim unsorgfältigen Auftragen des Lackes leicht Risse entstehen, versetzt man die Harz-Lsg. mit einer PVC-Suspension. Für biegsames K sollen auf 1 Teil Acrylharz 8 Teile PVC genommen werden, während bei einem etwas steiferen K das Verhältnis 1:1 sein soll. Es werden Angaben über die Zus. der Lsgg. u. das Auftragen der fertigen Lacke gemacht. F. Rosendahl 8352△

3085 **Dauerbiegeprüfungen zur Ermittlung der mechanischen Haltbarkeit von Leder.** G. Wiegand und F. Stather. (Gesammelte Abh. dtsch. Lederinst. Freiberg/Sa. **1962**, 163—65, herausgeg. 1963; dt.) — Dauerbiegeprüfungen an Cr-Leder (Boxkalb) werden vorteilhaft an ausgestanzten, geschulterten Prüflingen (wie für Zugfestigkeitsprüfungen üblich) vorgenommen, wobei 2 speziell konstruierte Riemenschlösser als verbindendes Element in einen Kernledertreibriemen eingespannt werden. Diese Anordnung hat sich gut bewährt u. erlaubt eine materialsparende Prüfung. In der Regel genügen 6 Verss. mit entsprechend gestaffelten Belastungen, um den Verlauf der Kennlinien festzulegen. Durchgeführte Prüfungen ergaben, daß eine Überladung des Narbens mit Cr, eine zu intensive Walkbehandlung im Faß beim Gerben u. Temp.-Erhöhungen über 40° beim Ausgerben deutliche Qualitätsminderungen bewirken.
H. G. Fröhlich 8368◇

3086 Mearl Corp., Ossining, N.Y., übert. von: Robert S. Robison, Roselle, und Walter J. Nickerson, Princeton, N.J., V.St.A., **Enzymatisches Enthaaren von Häuten und Fellen** erfolgt mit wss. Lsg. von proteolyt. Enzymen von folgenden Eigg.: lösl. in W., nicht dialysierbar, Wrkg.-Verlust nach 5 Min. bei 100°, Best-Wrkg. bei pH 8,5 bis 9,5 u. Fällbarkeit mit $(NH_4)_2SO_4$. Die Enzyme werden durch Behandlung von Keratinmaterial mit Streptomyces fradiae, griseus, griseoluteus, rimosus u. parvus erhalten. — Zum Enthaaren benutzt man Enzym-Lsgg. mit 20 bis 600 Keratinase-Einheiten/cm³ bei 20—40°. (**A. P. 2 988 488** vom 11/4. 1958, ausg. 13/6. 1961.) H. Möllering 8335

3087 Röhm & Haas G. m. b. H., Darmstadt, **Beizen und Enthaaren von Fellen und Häuten** erfolgt in wss. Lsg. mit einem Geh. von Ammonsalzen bei pH 3—5 (Einstellung mit C_1—C_3-Carbonsäuren, C_1—C_4-Hydroxycarbonsäuren oder nichtgerbenden Arylsulfocarbonsäuren) u. Enzymen aus Mikroorganismen. — Mit einem angeschärften Kalkäscher enthaarte u. gewaschene Ziegenfelle werden behandelt mit 300 (%) W., 0,5 Fungusproteasen (aus Asperg. parasiticus), 0,5 NH_4Cl u. 8 NaCl, wobei mit z. B. 2 n Buttersäure pH 4 bis 5 eingestellt wird. — Ferner geeignet zur pH-Einstellung sind Hydroxyisobuttersäure, Propionsäure oder Sulfophthalsäure. (**E.P. 885359** vom 6/7. 1960, ausg. 28/12. 1961. D. Prior. 10/7. 1959.) H. Möllering 8335

3088 Francesco Biemmi, Iseo, Brescia, Italien, **Ledergerbung** in Drehtrommeln mit Tannin-Lsg., dad. gek., daß man den Trommelinhalt durch kontinuierliches Einblasen von Wasserdampf erwärmt, um den Gerbvorgang zu beschleunigen. — Zeichnung. (**It. P. 562 240** vom 19/11. 1956.)
K. Koebke 8337

3089 Diamond Alkali Co., Cleveland, übert. von: Robert G. Banner und John H. Pierce, Painesville, Ohio, V.St.A., **Herstellung von (Sohlen-)Leder.** Man gerbt in üblicher Weise mit dem Rk.-Prod. aus einem größeren Anteil Ligninsulfonsäure u. einem kleineren Anteil einer 6wertigen Cr-Verb., bes. $Na_2Cr_2O_7$, bes. im Verhältnis 66:33. Man kann mit einem Pflanzengerbstoff nachbehandeln u. fettet in üblicher Weise. (**A. P. 2 995 415** vom 4/5. 1960, ausg. 8/8. 1961.) H. Möllering 8337

3090 American Zinc, Lead & Smelting Co., St. Louis, übert. von: Harlan A. Depew, Kirkwood, Mo., V.St.A., **Gerbverfahren.** Man weicht Blößen in einer wss. Lsg. mit einem Geh. von $Ca(OH)_2$, NaOH, KOH, LiOH, $Ba(OH)_2$, NH_4OH, Dimethylaminhydroxid oder Tetramethylammoniumhydroxid u. geht dann in eine wss. Lsg. mit einem Geh. an Zn-Salz, wie z. B. Zn-Chlorid, -Sulfat, -Nitrat, oder an bas. $ZnCl_2$ in NH_4OH gelöst. Die dabei gebildeten bas. Zn-Salze gerben die Blöße. — Kalbseiten, die mit NH_3-enthaltender Lsg. geweicht sind, werden im Faß mit einer Lsg. von 25 (Teilen) $ZnCl_2$ in 475 W. unter Zusatz von Porzellankugeln 7—8 Std. gewalkt. Die Seiten werden abgequetscht u. im Faß nachbehandelt mit 50 gelöschtem Kalk in 450 W. über 7 Std., worauf gewaschen, mit einer gleichen $ZnCl_2$-Lsg. nachbehandelt u. schließlich gefettet wird. (**A. P. 3 000 689** vom 23/10. 1957, ausg. 19/9. 1961.)
H. Möllering 8337

3091 Titanium Zirconium Co., Inc., Flemington, und Robert H. Linnell, Blawenburg, N.J., V.St.A., **Zirkoniumgerbung.** Man verwendet Brühen mit einem Geh. an einem Prod., das durch Erhitzen von Zr-Erz mit Soda u. anschließende Behandlung mit konz. H_2SO_4 (66° Bé) erhalten wird. — 100 lbs. gepickelte Ziegenblößen von pH 2 werden im Faß mit 20 Gallonen W. mit einem Geh. von 25 lbs. komplexer *Zr-Sulfat–Na-Sulfat–SiO_2-Verb.* über 4 bis 6 Std. behandelt, worauf mit Soda auf pH 4 neutralisiert wird. — Vgl. auch A. P. 2 871 138, C. **1960**, 6715. (**A. P. 2 987 369** vom 10/6. 1957, ausg. 6/6. 1961.)
H. Möllering 8337

3092 Cassella Farbwerke Mainkur Akt.-Ges. (Erfinder: Arthur Miekeley und Ernst Honold), Frankfurt/M., **Gerbmittel** sind solche Kondensate aus 1 (Mol) Dicyandiamid (I) u. 1—2 CH_2O, bei denen die Komponenten zunächst in W. durch Erwärmen in Lsg. gebracht u. dann erst nach Zugabe eines sauren Kondens.-Mittels bei höherer Temp. weiterkondensiert sind. — 420 (g) **I**, 600 CH_2O-Lsg. (40% ig) u. 500 W. werden bei 70° bis zur Lsg. gerührt, auf 40° abgekühlt u. dann innerhalb 30 Min. mit 240 HCl (19° Bé) versetzt. Man rührt bei 80° noch 30 Min. u. dampft dann zur Trockne ein. — Das Gerbmittel gibt rein weiße u. lichtechte, waschbare Leder. (**D. B. P. 976 279** Kl. 28a vom 22/7. 1952, ausg. 6/6. 1963. Anmeldung bekanntgemacht 8/12. 1955.) H. Möllering 8337

3093 Jaques Wolf & Co., Newark, übert. von: Lucien Sellet, Saddle River, N.J., V.St.A., **Füllen von porösem Material, insbesondere Leder.** Man imprägniert das Gut mit einem kation-akt. Amin-Formaldehydharz u. mit einer anionakt. hochmol. Sulfo-Verb., worauf im Substrat die Rk. zu einem unlösl. Prod. erfolgt. — Chromgare Kalbfelle werden mit einem Gemisch aus mit Dicyandiamid (I) modifiziertem I–CH_2O-Harz u. dem Na-Salz von Disulfodihydroxydiphenylpropan in wss. Medium 1 Std. gewalkt, worauf der pH-Wert der Brühe mit H_2SO_4 (66° Bé) auf 3 eingestellt wird. Nach 30 Min. Rk.-Zeit wäscht man den Narben vom Nd. frei. — Geeignet ist auch ein Gemisch von mit **I** modifiziertem Guanidin–CH_2O-Harz u. Na-Salz von Disulfodinaphthylmethan. (**A. P. 3 024 136** vom 23/9. 1952, ausg. 6/3. 1962.) H. Möllering 8341

3094 E. I. du Pont de Nemours & Co., Wilmington, Del., übert. von: Charles Thomas Locke, Plymouth, Wis., V.St.A., **Füllen von Chrom- (Rind-) Leder.** Man behandelt die Leder im Faß mit 0,5—2,5% von in W. lösl. anorgan. sauren Salzen des Al, Zr oder Zn (in wss. Lsg.) bei 26—49°, imprägniert dann mit 1,5—30% Di-(methoxymethyl)-dimethylolharnstoff (**I**; als wss. Lsg.) bei 24—57° u. behandelt dann mit 0,5—10% der oben genannten sauren Salze in wss. Lsg. nach. — Chromgare Rindseiten werden mit einem neutralen Naphthalinsyntan nachgegerbt, mit 2% $Al_2(SO_4)_3$ als wss. Lsg. vorbehandelt, mit 27,5% **I**-Lsg. (20% ig) gefüllt u. mit 20% $Al_2(SO_4)_3$-Lsg. (10% ig) nachgebessert. Nach dem Spülen wird wie üblich gefettet. (**A. P. 2 998 294** vom 7/8. 1959, ausg. 29/8. 1961.) H. Möllering 8341

3095 Chemical Materials Pty. Ltd., Sydney, Australien, **Wasserabweisende Leder** erhält man durch Imprägnierung mit einem Gemisch aus (25—70%) niedrigschm. (Paraffin) Wachs, (bis 15%) fl. Polyisobutylen mit Molgew. 600—2000 u. Saybolt-Viscosität 1000—25000 Sek. bei 210° F, (mindestens 2%) Sorbitmonostearat u. (8—58%) hochschm. (mikrokristallinem) Paraffinwachs. — Zweckmäßig taucht man das Leder in die geschmolzene Mischung ein, läßt abtropfen u. wäscht das Leder nach, z. B. mit einer wss. Lsg. mit einem Geh. von 2% Na-Dodecylbenzolsulfonat u. 0,25% Oxalsäure. (**E. P. 867 193** vom 17/12. 1958, ausg. 3/5. 1961. Aust. Prior. 19/12. 1957.) H. Möllering 8341

3096 Böhme Fettchemie G. m. b. H. (Erfinder: Rudi Heyden und Jürgen Plapper), Düsseldorf, **Wasserabweisende (Unter-)Leder.** Den im E. P. 826 065 verwendeten Lsgg. von Kondensaten aus Metallalkoholaten u. höhermol. organ. Phosphorsäure-Verbb. (bes. H_3PO_4-Estern) in organ. Lsgm. oder Ölen setzt man nun noch Siliconöle u. ggf. auch Hartwachse zu. — 20 (Teile) Lsg. aus 204 Al-Isopropylat u. 144 C_{12}—C_{18}-Alkanolphosphorsäureester in 500 Trichloräthylen (I) werden mit 30 **I** verd. u. mit einem Ansatz aus 5 Montanwachs, 7,5 Siliconöl u. 110 **I** vermischt. Die erhaltene Lsg. enthält 12% imprägnierende Bestandteile u. eignet sich zum Imprägnieren von Chromleder. (**Schwz. P. 362 483** vom 16/1. 1960, ausg. 31/7. 1962. **Zusatz zu Schwz. P. 353 486, C. 1962, 2968. E. P. 876 653** vom 17/2. 1960, ausg. 6/9. 1961. **Zusatz zu E. P. 826 065; C. 1962, 364.** Beide D. Prior. 14/5. 1959.) H. Möllering 8341

3097 Leather Research Corp., New York, N.Y., übert. von: Seymour S. Kremen und Robert Lee Southwood, Cincinnati, Ohio, V.St.A., **Imprägniertes (Sohlen-)Leder,** das in der mittleren Schicht mehr u. in den äußeren Schichten weniger nichtgerbendes u. in W. unlösl. harzartiges Imprägniermittel enthält, erhält man durch Behandlung eines imprägnierten Leders mit einem Lsgm. von geringem Geh. an Imprägniermittel u. anschließende Behandlung mit einem Extraktionsmittel, das das Lsgm. löst u. das Imprägniermittel ausfällt. — Quebracho-gares Sohlenleder wird vorbehandelt mit der Lsg. von 20 (Teilen) dimerisiertes Harz u. 10 Paraffinwachs in 70 Propanol, nachbehandelt mit einer 1:4-Lsg. (wie vorst.) u. extrahiert mit kaltem Wasser. — Analog kann eine 2:8-Polybuten–Methylenchlorid-Lsg. verwendet werden. (**A. P. 2 983 566** vom 12/4. 1958, ausg. 9/5. 1961.) H. Möllering.. 8341

3098 **Nopko Chemical Co.** (Erfinder: **Stanley Lipowski** und **Charles A. Fetscher**), *Herstellung synthetischer Gerbstoffe.* (**Aust. P. 237 542** vom 4/9. 1959, ausg. 8/3. 1962. A. Prior. 7/11. 1958. — C. **1963**, 13026 [F. P. 1 238 641].)

H_{22}. Leim, Klebstoffe

3099 **Versuche zur Entwicklung von Thermoplast-Klebern.** G. Müller. (Adhäsion **7**, 307—10, 1963; Köln-Höhenhaus; dt.) — Es wird im Hinblick auf die Entw. von thermoplast. Klebern auf die Möglichkeit der Lösungs-, Perl- u. Emulsionspolymerisation am Beispiel von Vinylacetat hingewiesen. Klebelacke aus Polyvinylacetat-Homo- u. Copolymeren eignen sich bes. zur Verklebung von Papier, Leder, Textilien, Metallen, Glas, Keramik u. Beton mit- u. untereinander. Die Oberflächenklebrigkeit der Filme solcher Vinylcopolymerisate läßt sich steuern. Auch mit Polyäthylen lassen sich nach Anlösen durch Vinylpolymere u. Wärmezufuhr dauerhafte Verklebungen herstellen. Die Verw. von Polyvinylalkohol zur Verbesserung von Klebstoffen wird beschrieben. H. Liese 8388◇

3100 **Polyvinylacetat-Dispersionen als Klebstoffe und Bindemittel.** Heinz Stecher. (Adhäsion **7**, 311—15, 1963; Schorndorf, Wttbg.; dt.) — Die Verw. von Polyvinylacetatdispersionen für Holzleime, flexible Papierklebstoffe, Kaschierleime für Leder, Kunstleder, Gewebe u. Kunststofffolien, Betonverbesserungsmittel u. Anstrichmittel wird allg. unter bes. Erwähnung bestimmter Dispersionstypen dargestellt. H. Liese 8388◇

3101 **Polyäthylen-Klebverbindungen.** J. J. Bikerman und Ching-Rong Huang. (Trans. Soc. Rheol. **3**, 5—12, 1959; Cambridge, Mass., MIT, Dep. of Civil and Sanit. Engng.; engl.) — *Polyäthylen* (**I**) gibt (nach Beseitigung von Stoffen, die schwache Grenzschichten erzeugen können) gute Klebverbindungen (KV) mit Metallen u. Glas. Die Bruchfestigkeit der KV steht in enger Beziehung zur Zugfestigkeit von **I**, unabhängig von der Art der mit **I** verklebten Stoffe. Diese Tatsache stützt die „rheolog." Theorie der KV. W. Wesly 8388◇

3102 **Gewinnung von Polysulfidpolymeren, die Furankerne enthalten.** Iw. Panaiotow und N. Kassabowa. (Mitt. Inst. allg. anorg. Chem. org. Chem., Bulg. Akad. Wiss. **9**, 163—68, 1962; bulg., Auszug: dt.) — Durch Rk. von Bis-[β-chloräthyl]-furfural ($Kp._1$ 123—124°, durch 24 std. Erhitzen von 50 ml Furfurol, 155 ml Äthylenchlorhydrin u. 0,3 g NH_4Cl in 300 ml abs. Toluol auf 110—120°; 48,3% Ausbeute) mit Na_2SO_4 [30 Std. in W. in Ggw. von $Mg(OH)_2$ auf 70° erhitzen] wurden *Polysulfidpolymere* (**I**) mit Furankernen der Struktur $[CH_2CH_2OCHROCH_2CH_2S_4]_n$ [R = Furyl-(2)] dargestellt. **I** ist kautschukartig fest u. lösl. in Bzl., Toluol u. Dichloräthan. Beim Erhitzen von **I** mit 20% ig. NaOH auf 80° werden feste, unlösl. *Polymere* erhalten. Bei der Vulkanisation von **I** entstehen weiche, klebrige Polymere. Die Red. von **I** mit NaHS u. Na_2SO_3 liefert Polymere mit niedrigerem Molgew. als **I**, die bei der Oxydation mit PbO_2, ZnO u. V_2O_5 in weiche, elast. Polymere übergehen. **I** haftet gut an Glas, Metall, Kautschuk u. Leder u. ist als *Klebstoff* für Kautschuk verwendbar. Helmut Schäfer 8388△

3103 **Natürliche fossile Kohlenwasserstoffharze für Klebstoffe und Druckfarben.** Hans Hadert. (Adhäsion **7**, 315—18, 1963; Cannero, Italien; dt.) — Es wird über Gewinnung, Eigg. u. Verw. der aus Kohlenflözen in Utah stammenden fossilen KW-Stoffharze berichtet. Rezeptbeispiele für Zweikomponentenkleber, medizin. u. techn. Bänder sowie deren Verw. für Druckfarben werden erwähnt. H. Liese 8388◇

3104 **Kalthärtende Metallklebstoffe.** W. Triebel. (Schweisstechnik [Wien] **17**, 121—23, 1963; Wolfgang, Hanau;

dt.) — Der Aufbau der kalthärtenden Metallklebstoffe auf der Grundlage Epoxyharze, Polyisocyanate u. der ungesätt. C-Verbb. u. die Verarbeitung der Kleber werden beschrieben.

F. Vier 8388◇

3105 Shawinigan Chemicals Ltd., Montreal, übert. von: Leo M. Germain, Shawinigan, Quebec, Canada, **Herstellen von in der Hitze härtbaren Folien für Papierklebstreifen.** In einem organ. Lsgm., wie Bzl., Toluol, Methanol, Aceton, wird Polyvinylacetat (I) einer Viscosität von ca. 4—20 cP gelöst u. die Lsg. mit 3—10 Gew.-% eines Vulkanisiermittels, wie $FeCl_3$ oder $SnCl_3$, bezogen auf **I**, versetzt. Die Lsg. wird dann auf eine glatte Fläche in dünner Schicht gegossen u. das Lsgm. unterhalb 175° F verdampft. Der von der Unterlage entfernte Film kann unter Zwischenlage von Papierstreifen aufgerollt werden. Bei der Verw. wird die Folie zwischen zwei überlappende Papierenden gelegt u. unter Druck erhitzt, z. B. mit einem Bügeleisen. (**A. P. 3 053 721** vom 20/7. 1959, ausg. 11/9. 1962.)

F. Markhoff 8389

3106 North American Philips Co., Inc., New York, N.Y., Del., V.St.A., übert. von: Thomas Coe, Eindhoven, Niederlande, **Wärmehärtender Klebstoff** zum Verbinden von Cu-Folien mit anderen Stoffen, bestehend aus einem Mischpolymeren aus Butadien u. Acrylnitril, einem wärmehärtbaren Phenol–Alkyd-Harz u. 5—60 (Gew.-%) — bezogen auf die Trockensubstanz des Klebstoffs — einer gesätt. aliphat. Mono-C_{1-4}-, Monohydroxy- oder Monochlorcarbonsäure. — Beispiel: 80 (Teile) kautschukähnliches Butadien–Acrylnitril-Mischpolymeres (75—25), 100 Kresol–Formaldehydharz, 15 Ameisensäure. (**A. P. 3 044 977** vom 23/5. 1958, ausg. 17/7. 1962. Niederl. Prior. 27/5. 1957.)

G. Czerwony 8389

3107 National Starch and Chemical Corp., New York, N.Y., übert. von: Walter B. Armour, Plainfield, N.J., V.St.A., **Elastomerer Heißsiegelkleber,** bestehend aus einer Mischung von Trimethylolphenol u. einem Vinylpolymeren, dispergiert in einer Flüssigkeit. Das Vinylpolymere ist Polyvinylacetat oder Copolymeres von Vinylacetat mit anderen polymerisierbaren Monomeren, wie Alkylresten der Acryl- bzw. Methacrylsäure, α,β-ungesätt. Dicarbonsäuren, deren Anhydriden sowie deren Dialkylestern, Vinyl- u. Vinylidenhalogeniden. Die Dispersions-Fl. ist W., organ. Lsgm. oder wss. Alkalilösung. (**A. P. 3 041 301** vom 27/5. 1959, ausg. (26/6. 1962.) G. Czerwony 8389

3108 United Shoe Machinery Corp., Boston, übert. von: Thomas Clifton Morris, Lexington, Eric Clifford Johnson, Somerville, und Hans Christopher Paulsen, Lexington, Mass., V.St.A., **In geschmolzenem Zustand zum Verbinden von Flächen verwendbarer Klebstoff,** der als aufwickelbarer Strang aus einem trocknen thermoplast. Stoff gebildet ist. Der Strang hat eine speziell ausgebildete Form, indem er wenigstens eine parallel zu seiner Längsachse verlaufende, seine Oberfläche vergrößernde Nut aufweist. Das Vol. der Längsnut (bzw. Nuten) entspricht für eine gegebene Stranglänge der Vol.-Zunahme beim Schmelzen. — Beispiel: Klebstoff aus 25 (Gew.-Teilen) Polyäthylen (Molgew. ca. 18000), 35 Polymerisat aus β-Pinen (F. 135°), 40 Copolymerisat aus 98 Isobutylen u. 2 Isopren, 2 Alterungsschutzmittel. — Zeichnung. (**Schwz. P. 365 472** vom 26/8. 1954, ausg. 29/12. 1962. A. Prior. 28/8. u. 30/11. 1953.)

G. Czerwony 8389

3109 Ralf Korpman, Fairview Knolls, N.J., V.St.A., **Druckempfindlicher Klebstoff,** bestehend aus einem härtbaren, elastomeren Polymeren, einem fl., klebrig werdenden Harz, bestehend aus einem fl. Ester der Dehydroabietinsäure, das mit dem elastomeren Polymeren verträglich ist, in einer Menge, die ausreicht, um einen bei Normaltemp. klebrigen, druckempfindlichen Klebstoff zu erhalten, u. einem Härter, der ein öllösl. Harnstoff–Formaldehyd- oder Melamin–Formaldehyd-Harz, das mit dem elastomeren Polymeren reaktionsfähig ist, enthält. — Beispiel: 50 (Gew.-%) Rohkautschuk, 50 eines Butadien–Styrol-Copolymeren, das 23,5 gebundenes Styrol u. eine Harzsäure zum Emulgieren enthält u. eine Mooney-Viscosität von 78 aufweist, 60 ZnO, 100 Diäthylenglykolester der Dehydroabietinsäure, 2 Antioxydationsmittel, 20 Melamin–Formaldehyd-Harz. (**E. P. 907 780** vom 16/12. 1958, ausg. 10/10. 1962. A. Prior. 16/12. 1957.)

G. Czerwony 8389

3110 Esso Research & Engineering Co., übert. von: Conrad J. Jankowski, Metuchen, und Wilbur F. Fischer, Cranford, N.J., V.St.A., **Feste kautschukartige Klebstoffmassen,** enthaltend neben einem größeren Anteil eines festen Mischpolymerisats (**I**) noch jeweils geringere Mengen von einem in p-Stellung KW-Stoff-substituierten Phenol–Aldehyd-Harz sowie von einem Ester (**II**) eines mehrwertigen Alkohols (mit 4—5 C-Atomen) mit polymerisiertem Kolophonium oder mit durch cycl. Anhydride modifiziertem Kolophonium. Bei **I** handelt es sich um kautschukartige Mischpolymerisate aus a) einem Isoolefin mit 4—7 C-Atomen u. b) einem mehrfach ungesätt. Olefin mit 4—8 C-Atomen. **II** hat einen Erweichungspunkt von mindestens 150° nach der Hercules-Tropfenmethode. (**A. P. 3 023 179** vom 1/12. 1958, ausg. 27/2. 1962.) P. Krug 8389

3111 Kendall Co., Boston, Mass., übert. von: Ludwig Tritsch, Wilmette, Ill., V.St.A., **Druckempfindliche Klebemassen.** Die auf der Basis von Mischungen aus natürlichem oder synthet. Kautschuk u. einem klebrig machenden Harz (**I**) hergestellten Klebmassen werden dadurch verbessert, daß man eine epoxidierte Verb. (**II**) zusetzt. Als **II** kommen z. B. in Frage: epoxidierte fette Öle oder Epoxidharze. Geeignete **I** sind z. B. Kolophonium-Derivv., wie Ester von hydriertem Kolophonium. Eine weitere Modifizierung der Klebmassen ist möglich durch Zusatz von Polyestern aus mehrbas. Säuren u. mehrwertigen Alkoholen, z. B. Estern aus Sebacinsäure u. Polyäthylenpropylenglykol. (**A. P. 3 027 337** vom 18/5. 1959, ausg. 27/3. 1962.) P. Krug 8389

3112 Fujikura Densen Kabushiki Kaisha (Erfinder: Setsuya Ikkaku, Hidekuni Nemoto und Hiroyuki Akiyama), Tôkyô, Japan, **Herstellung eines abziehbaren Klebbandes** zum Schutz von Oberleitungsdrähten gegen Verrußung. Man verwendet als Klebmittel eine Mischung aus Gummi, Polyisobutylen (**I**), einem Abdeckmittel (auf Cu eine Schutzschicht bildende Stoffe, wie Citronen- u. Weinsäure, 8-Hydroxychinolin, $Na_2S_2O_3$, NH_4SCN) u. ggf. Füllstoffen, Weichmachern, Wachs, Alterungsschutzmitteln, z. B. 100 (Gew.-Teile) Butylkautschuk, 100 **I** (Molgew. 100000), 100 **I** (Molgew. 3000), 20 $CaCO_3$, 100 Kolophonium, 5 Salicylsäurealdoxim als Abdeckmittel u. 200 Benzol. Vor Inbetriebnahme der Oberleitung wird der Überzug entfernt. (**Jap. A. S. 7538/1961** vom 14/6. 1958, ausg. 14/6. 1961.) M. Pankow 8389

H_{24}. Photographie

3113 **Die photographische Empfindlichkeit.** John W. Mitchell. (Sci. Ind. photogr. [2] **28**, 493—96, 1957; franz.) — Um einige Behauptungen von Steigmann (Sci. Ind. photogr. [2] **28**, [1957], 400) richtigzustellen, gibt Vf. einen Überblick über die Vorstellungen, nach denen das *latente Bild* im Zustand therm. Gleichgewichts mit dem Halogensilberkristall eine positive Ladung trägt (vgl. Mitchell, C. **1959**, 10114).

E. Moisar 8594◇

3114 **Ein Beitrag zur Theorie des latenten Bildes.** K. Vacek und J. Benes. (Sci. Ind. photogr. [2] **33**, 353—59, 1962; Prague, Univ., Inst. de Phys.; Acad. des Sci., Inst. Rech. Nucl.; franz.) — Nach einer krit. Betrachtung der Theorien von Gurney-Mott u. Mitchell wird für den Aufbau des *latenten Bildes* folgender Mechanismus angenommen: Die nach Quantenabsorption oder Durchgang eines ionisierenden Teilchens gebildeten Defektelektronen werden von Kationenleerstellen eingefangen. Die durch Vermehrung von Ag^-, z. B. bei Dotierung des Silberhalogenidkristalls mit Cd^{2+} oder Pb^{2+} beobachtbare Empfindlichkeitssteigerung ist auf diesen Effekt zurückzuführen. Die ins Leitfähigkeitsband gehobenen Photoelektronen fallen auf Niveaus unterschiedlicher Höhe zurück; diese Niveaus entstehen durch Reifzentren oder durch Fremdionen. E. Moisar 8594◇

3115 **Untersuchungen über die Lichtstreuung von Silberbromidpartikeln.** D. H. Napper und R. H. Ottewill. (J. photogr. Sci. **11**, 84—106, 1963; Cambridge, Univ., Dep. of Coll. Sci.; engl.) — Die Werte der Mieschen Funktion wurden für kugelförmige *AgBr*-Teilchen in W. für Streuwinkel von 35—145°, für Licht der grünen Hg-Linie (5461 Å) u. für Teilchenradien von 50—6500 Å errechnet u. tabellar. angegeben. Die theoret. berechnete Winkelverteilung der

Streulichtintensität wurde mit experimentell ermittelten Streuwerten homodisperser kub. oder oktaedr. AgBr-Teilchen verglichen. Die Übereinstimmung zwischen den experimentell für Oktaeder erhaltenen u. theoret. für kugelförmige Teilchen gleichen Voll. zu erwartenden Werten ist gut; bei kub. Teilchen ist die Abweichung vom theoret. Verlauf größer.
E. Moisar 8596◇

3116 **Die Goldreifung von Silberhalogenidemulsionen und die Bedeutung von Reaktionen in der Korn-Zwischenphase.** A Steigmann. (Sci. Ind. photogr. [2] **33**, 273—84, 1962; franz.) — Übersicht über eine große Zahl von Einzelproblemen im Zusammenhang mit der *Goldreifung*. Es wird bes. auf die in der Zwischenphase zwischen den Körnern ablaufenden Rkk. hingewiesen, z. B. auf die Wrkg. der *Gelatine* (**I**) als Komplexbildner für Ag- u. Au-Ionen u. die Red.-Wrkg. der **I** gegenüber Au-Salzen. E. Moisar 8596◇

3117 **Herstellung und Prüfung von Kernspuremulsionen.** Jean Fournaux, Joseph Demers und Pierre Demers. (Canad. J. Physics **38**, 1482—1509, 1960; Montréal, Univ., Fac. des Sci., Dep. de Phys.; franz. — C. **1962**, 4788.)
W. Günther 8600◇

3118 **Charakteristische Kurven einer elektronenempfindlichen Emulsion.** Robert Potier, Jean-Pascal Valentin und Gilbert Perney. (C. R. hebd. Séances Acad. Sci. **256**, 1238—40, 1963; Besançon, Fac. des Sci., Labor. de Phys. des Solides; franz.) — Die Abhängigkeit der *Schwärzung* von der aufgefallenen Elektronenladungsdichte wurde für die *Emulsion Gevaert Scientia 23D50* bei Verw. von Gevaert-Réfinex-Entwickler gemessen. Die Emulsionsschicht von Elektronenplatten ist dünner gegossen als die von photograph. Platten für Lichtaufzeichnung. Dabei wurde die Elektronenenergie von 53—110 keV u. die Entw.-Dauer von 1,8—8 Min. variiert. Die Elektronenstromdichte wurde mit einem Auffänger gemessen, der gegen den Verlust von Sekundärelektronen gesichert war. Die Belichtungszeit konnte mittels eines magnet. Verschlusses von einer halben bis zu mehreren Sek. variiert werden. Der geradlinige Teil der Schwärzungskurve (Schwärzung als Funktion des Logarithmus der aufgefallenen Ladungsdichte) liegt bei Schwärzungen über 1. Die größte Empfindlichkeit u. Steilheit wird bei 8 Min. Entw.-Zeit für 95-keV-Elektronen erreicht. F. Lenz 8609◇

3119 **Einfluß der Bromidionenkonzentration auf die optische Sensibilisierung photographischer Emulsionen.** A. W. Borin. (J. wiss. angew. Photogr. Kinematogr. [UdSSR] **4**, 380—81, 1959; Kasan, Kinofoto-Forschungsinst., Zweigstelle; russ.) — Vgl. C. **1955**, 7127. — Die Empfindlichkeit (S) von nicht mit *Au*-Salzen behandelten Emulsionen wird nach Sensibilisierung mit *Dibenzothiacarbocyanin* (**I**) bei pBr 2,5 u. 3,5 gemessen. Diagramme zeigen, daß bei pH 6,0 u. 8,6 S durch **I** bei pBr 3,5 erhöht, bei pBr 2,5 vermindert wird. Es wird angenommen, daß dieser Rückgang auf dem Einfl. der Br^--Konz. auf die Wirksamkeit der Sensibilisierung beruht.
R. K. Müller 8610◇

3120 **Xeroradiographie bei Verwendung von Selenplatten mit Reliefmustern.** Koji Yoshida, Takao Kawamura und Shigeaki Kamiuchi. (Bull. Univ. Osaka Prefect., Ser. A **8**, 23—28, 1960; Coll. of Engng., Dep. of Electr. Engng.; engl.) — Der bei *xerograph. Verff.* störende Kanteneffekt kann wesentlich herabgesetzt werden, wenn man die Trägerplatte vor dem Aufdampfen des Selens mit einem kreuzweise angeordneten Reliefmuster versieht. Das Raster wirkt dann so, als würde der Kanteneffekt über die ganze Platte ausgedehnt, wodurch es möglich wird, Halbtöne besser wiederzugeben. Auch die Empfindlichkeit wird auf diese Weise gleichmäßiger über die ganze Platte verteilt. Außerdem ist die Lebensdauer solcher Platten größer. Die Vorteile des Verf., das sich auch für Röntgenaufnahmen anwenden läßt, kommen bes. zur Geltung, wenn mit Kaskaden-Entw. gearbeitet wird. W. Günther 8642◇

3121 **Die sensitometrischen Eigenschaften von Emulsionen mit geringem chemischen Reifungsgrad.** G. C. Farnell und P. G. Powell. (J. photogr. Sci. **11**, 57—64, 1963; Wealdstone, Harrow, Middlesex, Kodak Ltd., Res. Labor.; engl.) — Hochintensitätsbelichtung (HB; Blitzbelichtung, ca. $2 \cdot 10^{-4}$ s) photograph. Schichten aus sehr schwach *schwefelgereiften Ammoniak*- oder *Siedeemulsionen* führt zu einer Maximalschwärzung, die der Entwickelbarkeit prakt. aller Silberhalogenidkörner entspricht. Niedrigintensitätsbelichtung (NB) führt zu Schwärzungskurven mit zwei Schwärzungsplateaus; erst bei log I·t-Werten, bei denen Photolyse beginnt, erreicht die NB-Schwärzung etwa diejenige der HB. Während bei HB alle entwickelbaren Körner Innen- u. Außenbild besitzen, führt NB zu Körnern, die entweder das eine oder das andere aufweisen. Die bevorzugte Bldg. des Innenbildes bei NB beruht auf der erhöhten Wirksamkeit der Fallen im Korninnern. Wie aus Verss. mit Doppelbelichtungen (erst diffuse HB, dann bildmäßige NB u. umgekehrt) u. aus der Wrkg. von Halogenacceptoren geschlossen wird, kommt es zur Ausbildung eines Oberflächenbildes bei NB nur, wenn der zeitliche Abstand aufeinanderfolgender Photoelektroneneinfänge kürzer ist als die mittlere Lebensdauer des mit einem einzigen Ag-Atom besetzten Reifkeims. Die Bldg. des Oberflächenbildes bei NB wird ferner durch Rehalogenierung erschwert. Entsprechend dem treppenartigen Verlauf der Schwätzungskurve bei NB werden bei Oberflächen-Entw. Reziprozitätsfehlerkurven erhalten, die im Bereich geringer Schwärzungen zwei Maxima besitzen, im Gebiet höherer Schwärzungen jedoch nur einen einfachen Niedrigintensitätsfehler zeigen. Es wird angenommen, daß das eine (Hochintensitäts-) Maximum den unter den vorliegenden Bedingungen am relativ stärksten schwefelgereiften Körnern zuzuordnen ist, während das Niedrigintensitätsmaximum von einer anderen, reduktionssensibilisierten Kornklasse hervorgerufen wird. E. Moisar 8660◇

3122 **Das Energiespektrum der durch Lichtbeugung bestimmten Körnigkeit.** H. Thiry. (J. photogr. Sci. **11**, 69—77, 1963; Liège, Univ.; engl.) — Das Energiespektrum der *Körnigkeit* einer gleichmäßig belichteten photograph. Schicht wurde gemessen. Es wird gezeigt, daß das mittels Fraunhoferscher Beugung erhaltene Energiespektrum im allg. nicht mit demjenigen des mikrophotometr. gemessenen Wiener-Spektrums übereinstimmt. Lediglich im Falle einer photograph. Schicht, die aus gleichgroßen, runden u. sich nicht überlappenden Bildpunkten besteht (im Modell durch Abbildung einer gezeichneten Punktvorlage auf Lippmann-Platte realisiert), sind beide Spektren identisch. Neben der Modellschicht wurden handelsübliche Negativ- u. Positivschichten untersucht; Einfl. der opt. Dichte der Schicht infolge vermehrter Bldg. von Kornaggregaten sowie der Art der Entw. auf die Spektren wurden festgestellt.
E. Moisar 8660◇

3123 **Eine Theorie über die Strukturabhängigkeit des Selwyn-Körnigkeitskoeffizienten.** E. F. Haugh. (J. photogr. Sci. **11**, 65—68, 1963; Parlin, N.J., E. I. du Pont de Nemours & Co., Res. Div., Photo Prod. Div.; engl.) — Unter der Voraussetzung, daß die Silberhalogenidkörner entsprechend einer Poisson-Verteilung in der photograph. Schicht angeordnet sind, wird die Siedentopfsche Beziehung $G = (0{,}86\ r\ A\ \overline{D})^b$ abgeleitet (G = Selwyn-Körnigkeit, r A = Projektionsfläche eines entwickelten Korns, $\overline{D}$ = mittlere Dichte), wobei b im Falle gleich großer entwickelter Körner den Wert ½, beim Vorliegen einer Größenverteilung jedoch kleinere Werte annimmt. Es wird gezeigt, daß für A ein Ausdruck eingeführt werden muß, der eine stetige Funktion der Aufbelichtung (Zunahme der Zahl der kleinen Körner mit steigender Belichtung) sowie von $\overline{D}$ ist. Es besteht keine einfache Beziehung zwischen G u. den sensitometr. Eigg. verschiedener photograph. Filmmaterialien. E. Moisar 8660◇

3124 **Verwendung von Gitterbildern zur Abschätzung des Auflösungsvermögens.** A. G. Tull und C. J. Bell. (J. photogr. Sci. **11**, 78—83, 1963; Harmondsworth, West Drayton, Middlesex, Technicolor Ltd.; engl.) — Das *Auflösungsvermögen* photograph. Materialien kann durch Aufbelichten eines Strichrasters (ca. 20—40 Linien/mm) dadurch abgeschätzt werden, daß die opt. Dichte (Schwärzung) des Rasterbildes mit einem gewöhnlichen Densitometer gemessen wird. Erfolgt, z. B. durch Lichtstreuung in der Schicht, durch mangelhafte Fokussierung oder durch Farbstoffdiffusion (bei einem „*Dyetransfer*"-*Prozeß*), eine Verschlechterung der Kontrastübertragung zwischen Gitter u. Bild, so wird eine höhere integrale Schwärzung gemessen als bei idealer Abbildung. E. Moisar 8660◇

3125 **Der Einfluß von durchdringender Strahlung aus dem Weltenraum auf photographische Materialien und andere Sonden.** A. A. Aintablian, E. E. Gaines und J. C. Lewis. (Photogr. Sci. Engng. **7**, 183—88, 1963; Sunnyvale, Calif., Lockhead Missiles and Space Co.; Wright-Patterson AFB, Ohio, U.S.A.F. Aeronat. Syst. Div.; engl.) — Auf drei verschiedenen Satellitenflügen wurde die Einw. der *Raumstrahlung* auf *photograph. Material* getestet. Untersucht wurde die Strahlungs-Wrkg. auf das *latente Bild*, das vor dem Start durch Belichten erzeugt wurde, die Erzeugung eines latenten Bildes durch verschiedene Strahlungsdosen u. die Eindringungstiefe in verschiedenen Absorbern. Für die Verss. wurden folgende Kodak-Filme verwendet: Type SO-132, ein Spezialfliegerfilm mit hohem Auflösungsvermögen auf Polyesterunterlage, Type SO-213, ein Feinkornfliegerfilm auf Triacetat-Gray Base, Type SO-121, Panatomic-X Spezialfliegerfilm auf Triacetat-Gray Base, Plus-X Aerecon Film, Tri-X Aerecon Film u. Type SO-283 Special Royal-X Recording Film auf Triacetatunterlage, außerdem die Du Pont-Dosimeterfilme Type 555 u. 834. — Es zeigte sich, daß die Filme während des Testes durch die Raumstrahlung kaum beeinträchtigt wurden. Sie waren einer Strahlung von 0,5 bzw. 0,06 r ausgesetzt, wie durch sensitometr. Vgl. festgestellt wurde. W. Günther 8662◇

3126 General Aniline & Film Corp., New York (Erfinder: Andre Kurt Schwerin, Binghamton), N.Y., V.St.A., **Photopolymerisierbares Material** besteht aus einem Schichtträger, ggf. einer gehärteten hydrophilen Zwischenschicht u. einer lichtempfindlichen Schicht aus einem hydrophilen Bindemittel, einem Monomeren mit der Gruppe $CH_2{=}C<$, einem Photopolymerisationsbeschleuniger (**I**) u. der dispergierten Lsg. eines öllösl. Farbstoffs in einem wasserunlösl. organ. Lsgm. mit Kp. $> 175^0$. Als **I** werden Ag-Salze, Halogensilberemulsionen, Anthrachinonsulfonsäure, Tl-Salze, amphotere Metalloxide oder Fe(III)-Salze u. Perverbb. verwendet. Das photopolymerisierbare Material ergibt scharfe, farbige Bilder mit schleierfreiem Untergrund, da ein Ausbluten des Farbstoffs während des Auswaschens der nicht polymerisierten Bildteile durch die Einlagerung in das organ. Lsgm. vermieden wird. (**E. P. 905 182** vom 9/12. 1960, ausg. 5/9. 1962. A. Prior. 18/1. 1960.) R. Hartinger 8601

3127 Eastman Kodak Co., übert. von: Charles F. H. Allen, Ralph H. Talbot, Joseph Yudelson und Donald A. Smith, Rochester, N.Y., V.St.A., **Härtung von Gelatine und anderer Polymerer in photographischen Schichten.** Polymere Verbb., die in W. lösl. sind, Carboxylgruppen enthalten u. wie z. B. Gelatine, Celluloseätherphthalate (Äthylcellulosephthalat), Butylacrylat–Acrylnitril–Acrylsäure-Mischpolymerisate, Polyvinylalkohol-Derivv., die Carboxylgruppen enthalten, wie die Phthalsäure- u. Maleinsäure-Derivv., als Bindemittel für photograph. Schichten dienen, werden mit Epoxid-Verbb. (0,5—10% vom polymeren

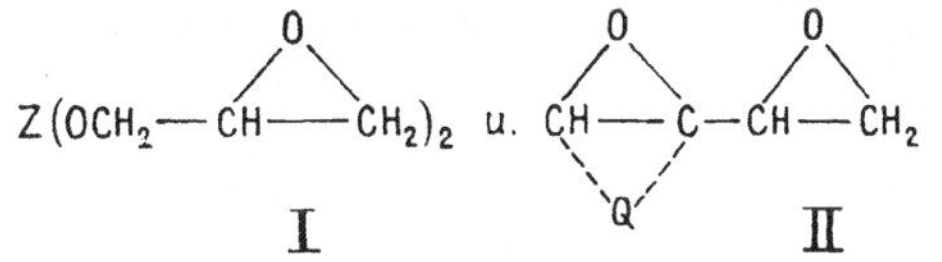

I u. II

Bindemittel) der allg. Formeln **I** u. **II** gehärtet. Hierin ist Z eine Phenylen-, Alkylen- oder —R—O—R-Gruppe, wobei R eine KW-Stoffgruppe ist, Q zwei H-Atome oder die nichtmetall. Atome, die nötig sind, um einen KW-Stoffkern zu bilden. Man verwendet z. B. Äthylen-bis-glycidyläther, Bis-(epoxypropoxyäthyl)-äther, Bis-(2.3-epoxypropyl)-äther oder Vinylcyclohexendiepoxid. (**A. P. 3 047 394** vom 1/8. 1958, ausg. 31/7. 1962.) E. Fuchs 8603

3128 E. I. du Pont de Nemours & Co., Wilmington, Del., V.St.A., übert. von: Andrew Bradshaw Jennings, Wilmington, Del., V.St.A., **Photopolymerisierbare Schicht** besteht aus einer photopolymerisierbaren Verb. (**I**) mit wenigstens einem endständigen äthylenungesätt. Rest, einem Additionspolymerisationskatalysator (**II**), einem Gemisch aus Polyäthylenoxiden (**III**) u. wenigstens einem linearen Celluloseester (**IV**) u. ggf. einem Polymerisationsinhibitor (**V**). Als **I** werden Acrylsäuremethoxytriäthylenglykolester, Dimethacrylsäureäthylenglykolester, Dimethacrylsäurediäthylenglykolester, Dimethacrylsäuretriäthylenglykolester, Diacrylsäurediäthylenglykolester, Methacrylsäuremethoxytriäthylenglykolylester, Acrylsäure- u. Methacrylsäuredi- u. triäthylenglykolester, Acryl-, Diacryl-, Methacryl- oder Dimethacrylsäureester aus Tetraäthylenglykol, Dipropylenglykol oder Polybutylenglykol, ferner Diacryl- oder Dimethacrylsäureester aus Alkoholen der allg. Formel $HOCH_2CH_2OCH_2CH_2OOCR\cdot COOCH_2CH_2OCH_2CH_2OH$, worin R = Methylen oder Äthylen, ferner Triacrylsäureglycerinester, Trimethacrylsäure-1.2.4-butantriolester oder Tetramethacrylsäurepentaerythritester verwendet. Als **II** wird Diacetyl, Benzil, Benzoin, Pivaloin, Benzoinmethyläther, Benzoinäthyläther, α-Methylbenzoin, α-Allylbenzoin, α-Phenylbenzoin, 8.10-Anthrachinon, 1-Chloranthrachinon, 2-Chloranthrachinon, 2-Methylanthrachinon, 2-tert.-5-Butylanthrachinon, Octamethylanthrachinon. 1.4-Naphthochinon, 9.10-Phenanthrachinon, 1.2-Benzanthrachinon, 2.3-Benzanthrachinon, 2-Methyl-1.4-naphthochinon, 2.3-Dichlornaphthochinon, 1.4-Dimethylanthrachinon, 2.3-Dimethylanthrachinon, 2-Phenylanthrachinon, 2.3-Diphenylanthrachinon, anthrachinon-α-sulfonsaures Natrium, 3-Chlor-2-methylanthrachinon, Retenchinon, 7.8.9.10-Tetrahydronaphthacenchinon oder 1.2.3.4-Tetrahydrobenz-[a]-anthracen-7.12-dion. Als **III** wird Polyäthylenoxid mit einem Molgew. zwischen 100000 u. 200000 verwendet. Als **IV** wird Celluloseacetat (**VI**), **VI**-Propionat, **VI**-Butyrat, **VI**-Succinat, **VI**-Glutarat oder **VI**-Phthalat verwendet. Als **V** wird p-Methoxyphenol, ggf. alkyl- oder arylsubstituiertes Hydrochinon, tert.-Butylbrenzcatechin, Pyrogallol, Kupfersalze von Harzsäuren, Naphthylamine, β-Naphthol, Kupfer(I)-chlorid, 2.6-Di-tert.-butyl-p-kresol, Phenthiazin, Pyridin, Nitrobenzol, Dinitrobenzol, p-Toluchinon oder Chloranil verwendet. Die photopolymerisierbare Schicht wird auf einem Schichtträger erzeugt, der ggf. mit einer Lichthofschutzschicht versehen ist, u. wie üblich behandelt. Sie hat eine bes. geringe Sprödigkeit u. eignet sich für viele, einzeln aufgeführte Verw.-Zwecke. (**A. P. 3 036 914** vom 22/1. 1960, ausg. 29/5. 1962.) R. Hartinger. 8605

3129 Eastman Kodak Co., übert. von: George W. Luckney uns William West, Rochester, N.Y., V.St.A., **Photopolymerisierbare Schicht** (**I**) zur Herst. von Reliefbildern besteht aus einem wasserlösl. olefin. ungesätt. Monomeren (**II**), einem Ag-Salz (**III**), einem Alkalisulfit (**IV**) u. Wasser. Als **II** wird Acrylamid, Acrylsäure, Methacrylamid, Calciumacrylat, Acrylnitril, Vinylpyrrolidin oder eine quatern. Vinylpyridin-Verb. verwendet. Als **III** wird Ag-Chlorid, -bromid, -jodid oder eine Mischung dieser Salze in Form einer üblichen photograph. Emulsion (**V**) oder in Form eines feinkörnigen Nd. verwendet. **V** kann in bekannter Weise gehärtet u. sensibilisiert sein. Als **IV** wird Na_2SO_3 verwendet. Ein Aufzeichnungsmaterial ist aus einem transparenten Schichtträger u. einer **I** oder aus einem transparenten Schichtträger, einer Schicht aus einer **V** u. einer **I** ohne **II** zusammengesetzt, wobei **I** mit W. auf eine pastenartige Konsistenz gebracht wurde. Das Aufzeichnungsmaterial wird durch eine Strichkopiervorlage belichtet, anschließend werden die nicht belichteten Bildteile ausgewaschen. (**A. P. 3 038 800** vom 19/12. 1957, ausg. 12/6. 1962.) R. Hartinger. 8605

3130 General Aniline & Film Corp., New York, übert. von: Fritz Dersch und Millet R. De Angelus, Binghamton, N.Y., V.St.A., **Sensibilisierung photographischer Emulsionen.** Zur Erhöhung der Allgemeinempfindlichkeit setzt man der Emulsion heterocycl. Polyoxyalkylen-Verbb. der allg. Formel **I** zu. Hierin ist A gleich O oder S;

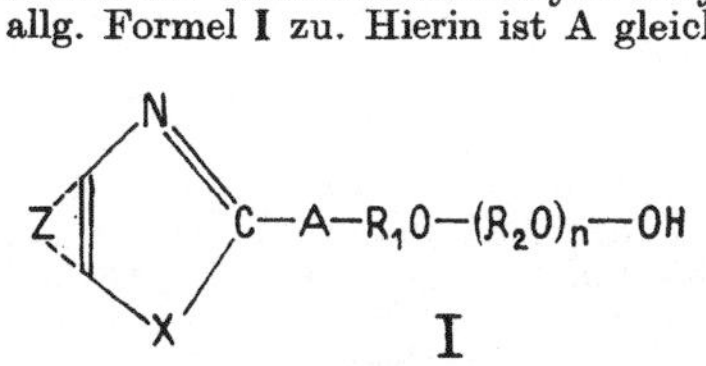

I

R_1 u. R_2 sind Alkylengruppen mit 2 oder 3 C-Atomen, X steht für die Atome, die zur Vervollständigung eines einkernigen Ringes notwendig sind, wie O, S, NH, Vinylen, u. Z steht für die Atome, die einen Benzol- oder Naphthalinring vervollständigen; n ist eine Zahl zwischen 4 u. 10. — Geeignet sind z. B. 2-Polyoxyäthylenmercaptobenzoxazol u. die entsprechenden Benzthiazol- u. Chinolin-Verbb.; ferner 2-Poly-

oxyäthylenoxybenzthiazol u. 2-Polyoxyäthylenpropylenoxymercaptobenzimidazol. Die erhebliche Empfindlichkeitssteigerung wird nicht durch Schleier beeinträchtigt. (**A. P. 3 046 130** vom 12/5. 1960, ausg. 24/7. 1962.)
E. Fuchs 8605

3131 E. I. du Pont de Nemours & Co., Wilmington, Del. (Erfinder: Wilton Robert Holm, Santa Monica, Calif.), V.St.A., **Lichtempfindlicher photographischer Film.** Um das Gleiten des Films in der Kamera u. später im Projektor zu fördern, wird der Emulsion oder einer auf der Emulsionsschicht befindlichen Schutzschicht eine polymere Silicon-Verb. der allg. Formel $(R_1)_3Si-O-[Si(R)_2-O]_n-Si(R_1)_3$ zugesetzt. Hierin ist R ein Alkylrest mit 1—3 C-Atomen, R_1 gleich R oder ein Alkoxyrest mit 1 oder 2 C-Atomen u. n eine Zahl von 0—2000. Geeignet sind Siliconöle, Dialkylpolysiloxane, wie Dimethyl- oder Diäthylpolysiloxan mit einem Molgew. von bes. 10000—20000. Die Silicon-Verbb. werden der Emulsion oder der Koll.-Lsg. für die Schutzschicht in Form einer wss. Dispersion oder in organ. Lsgm. gelöst zugesetzt. (**D. A. S. 1 153 622** Kl. 57b vom 7/6. 1962, ausg. 29/8. 1963. A. Prior. 8/6. 1961.)
E. Fuchs 8611

3132 Adox Fotowerke Dr. C. Schleussner G. m. b. H., Frankfurt/M. (Erfinder: Werner Franke, Wiesbaden), **Antistatischer photographischer Film.** Man setzt dem Überguß, der lichtempfindlichen Schicht oder zusätzlichen Schichten des Films mit Laurinsäure monoacylierte Anhydrosorbite zu, die mit Äthylenoxid oxäthyliert sind u. bis zu 3 Oxäthylgruppen enthalten. (**D. A. S. 1 134 586** Kl. 57b vom 29/7. 1959, ausg. 9/8. 1962. **Zusatz zu D. A. S. 1 121 924; C. 1962, 15 469.**)
E. Fuchs 8613

3133 Eastman Kodak Co., Rochester, N.Y., V.St.A. (Erfinder: Gustav Wilhelm Hammar und Frank Clinton Bennett jun.), **Infrarotdurchlässiges Filter.** Das nur IR u. kein sichtbares Licht durchlassende Filter wird dadurch erhalten, daß man eine gesäuberte polierte Schicht aus krist. AgCl in eine wss. Lsg. von H_2S (Konz. 0,01—0,2n) ca. 2—60 Sek. taucht u. dann trocknet. Danach wird zweckmäßig noch mindestens 10 Min. bei 100—175° erwärmt. (**E. P. 898 222** vom 31/7. 1953, ausg. 6/6. 1962.) E. Fuchs 8613

3134 Eastman Kodak Co., Rochester, N.Y., V.St.A. (Erfinder: Gustav Wilhelm Hammar, Frank Clinton Bennett jun. und Meyer Louis Sugarman jun.), **Infrarotdurchlässiges Filter.** Das nur IR u. kein sichtbares Licht durchlassende Filter wird dadurch erhalten, daß man eine gesäuberte polierte Schicht aus krist. AgCl in eine wss. Lsg. von H_2S (Konz. 0,02—0,1n) 1—30 Sek. taucht u. dann 10—300 Min. auf mindestens 175°, aber $<455°$ (F. des AgCl) erwärmt. Darauf wird noch einmal in eine ähnliche Lsg. getaucht (ca. 10—300 Min.) u. getrocknet. (**E. P. 898 231** vom 31/7. 1953, ausg. 6/6. 1962. **Zusatz zu E. P. 898 222; s. vorst Ref.**)
E. Fuchs 8613

3135 Polaroid Corp., Cambridge, übert. von: Milton Green, Newton Highlands, und Warren E. Solodar, Watertown, Mass., V.St.A., **Photographischer Entwickler.** Die alkal. Entwickler-Lsg. enthält zwei Entwicklersubstanzen. Die erste fällt unter die allg. Formel: Y—O—Ar—X. Hierin ist Ar ein Phenylenrest, X eine Aminogruppe u. Y ein Dihydroxyphenylrest. Geeignet ist bes. p-Aminophenoxyhydrochinon. Zur Beschleunigung der Entw. der ersten Entwicklersubstanz wird als zweite Entwicklersubstanz ein 3-Pyrazolidon, bes. 1-Phenyl-3-pyrazolidon, zugesetzt. Solche Entwickler eignen sich bes. für das Silbersalzdiffusions-Bildübertragungsverfahren. (**A. P. 3 061 434** vom 26/8. 1957, ausg. 30/10. 1962.)
E. Fuchs 8619

3136 Philip A. Hunt Co., Palisades Park, übert. von: Gerald C. Alletag, Tenafly, N.J., V.St.A., **Photographischer Entwickler.** Der Entwickler besteht aus 2 getrennten Lsgg., von denen die eine in W. das Alkali, das Sulfit u. die Stabilisatoren u. die andere als Entwicklersubstanz ein 3-Pyrazolidon, z. B. 1-Phenyl-3-pyrazolidon, enthält. Zur Erhöhung der Haltbarkeit ist diese Entwicklersubstanz möglichst konz. in einem in W. lösl. organ. Lsgm. gelöst, so daß eine gleichmäßige Mischung der beiden Entwicklerteil-Lsgg. im gewünschten Mischungsverhältnis möglich ist. Geeignet sind als Lsgm. Äthylenglykolmonoäthyläther, Diäthylenglykolmonomethyläther, Tetrahydrofurfurylalkohol, 1.4-Dioxan, 2-Chlor-1-äthanol, Methanol, Dimethylformamid u. Methylsulfoxid. (**A. P. 3 038 801** vom 18/2. 1960, ausg. **16/2. 1962.**)
E. Fuchs. 8619

3137 Agfa Akt.-Ges. (Erfinder: Hildegard Haydn und Anita von König), Leverkusen, **Herstellung von Übertragungsbildern nach dem Wärmeentwicklungsverfahren.** Das Negativmaterial enthält in der Emulsionsschicht einen gerbenden Entwickler. Zur Erhöhung der Farbtiefe verwendet man ein Bildempfangsmaterial, das Alkyl-, Aryl- oder Acylthiosemicarbazide, bes. 1-Phenylthiosemicarbazid, enthält. Man tränkt z. B. ein Übertragungspapier mit der ca. 0,75—5%ig. wss. Lsg. eines solchen Thiosemicarbazids. (**D. A. S. 1 149 248** Kl. 57b vom 8/12. 1961, ausg. 22/5. 1963.)
E. Fuchs 8625

3138 International Polaroid Corp., Jersey, N.J. (Erfinder: Edwin Herbert Land, Cambridge, und Howard Gardner Rogers, Weston, Mass.), V.St.A., **Herstellung mehrfarbiger Übertragungsbilder nach dem Farbdiffusionsverfahren.** Die übereinanderliegenden Emulsionsschichten für die verschiedenen Teilfarben werden gemeinsam entwickelt, wobei die Diffusion der bildgleich verteilten diffusionsfähigen, farberzeugenden Substanzen durch chem. u./oder physikal. Mittel bei der Bildübertragung auf die gemeinsame Bildempfangsschicht vorübergehend verzögert wird. Dies geschieht z. B. durch Zwischenschichten aus einer z. B. durch das Alkali des Entwicklers langsam hydrolysierbaren Substanz, ferner durch Einhüllung der farberzeugenden diffundierenden Teilchen in eine durch die Entwickler-Lsg. auflösbare Substanz, durch Zumischung einer mit W. nicht mischbaren Substanz, wie Weichmacher, wodurch eine langsamere Durchsetzung durch den Entwickler erfolgt. Man kann die farberzeugenden Substanzen auch in Form von vorübergehend unlösl. Salzen, wie Ba-Salzen, verwenden, die durch entsprechende Behandlung wieder in eine lösl. Form gebracht werden, wozu z. B. die Einw. von Na-Ionen genügen soll. (**D. A. S. 1 151 176** Kl. 57b vom 12/2. 1957, ausg. 4/7. 1963. A. Prior. 13/2. 1956.)
E. Fuchs 8631

3139 Pavelle Ltd., Epsom (Erfinder: Gerald Noel White, Carshalton), England, **Einverleibung von sauren Farbkupplern in photographische Emulsionen.** Ein Salz des sauren Kupplers wird in der Lsg. eines Bindemittels, wie Gelatine, das als Bindemittel für die photograph. Emulsion dient, in Ggw. eines anion. Netzmittels, z. B. Cyclohexylaminlaurylsulfat, u. eines Glykols, bes. Hexylenglykol, gelöst, worauf die Erstarrung der Dispersion durch Abkühlen erfolgt. Die zerkleinerte Gallerte wird mit Säure, bes. Essigsäure, behandelt, bis die geschmolzene Dispersion neutral oder sauer reagiert. Diese koll. Dispersion des Kupplers in dem Bindemittel wird dann der photograph. Emulsion zugesetzt. (**D. A. S. 1 153 623** Kl. 57b vom 16/6. 1962, ausg. 29/8. 1963. E. Prior. 16/6. 1961.)
E. Fuchs 8631

3140 Eastman Kodak Co., übert. von: Burt H. Carroll, Rochester, N.Y., V.St.A., **Sensibilisierung photographischer Emulsionen, die Pyrazolon-(5)-kuppler enthalten.** Man verwendet bis-quatern. Ammoniumsalze, bei denen die quatern. N-Atome durch eine lineare Kette von mindestens 4 Atomen verbunden sind. Geeignet sind u. a. Dekamethylen-bis-2.6-dimethylpyridiniumperchlorat, Tetradekamethylen-bis-pyridiniumperchlorat, Dekamethylen-bis-pyridiniumbromid, Dekamethylen-bis-2-methyl-5-äthylpyridiniumperchlorat u. Dekamethylen-bis-hydroxymethylpyridiniumperchlorat. Andere Sensibilisatoren, wie Edelmetallsalze u. S-Verbb., können zugleich anwesend sein. (**A. P. 3 062 645** vom 27/11. 1957, ausg. 6/11. 1962.)
E. Fuchs 8631

3141 General Aniline & Film Corp., New York, N.Y., übert. von: Heinz Schulze, Cincinnati, Ohio, V.St.A., **Halogenierte 1.3-disubstituierte Pyrazolone-(5)** der allg. Formel **I** (R = Alkyl, Phenyl, Benzoylamino, Amino,

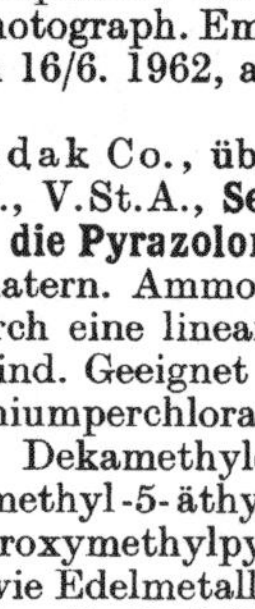

I

Alkylamino, Phenylamino; G = H, Acylamino, Amino, Alkylamino, Dialkylamino, wobei wenigstens einer der Substituenten R u. G eine der genannten Aminogruppen sein muß) werden erhalten durch direkte Halogenierung von entsprechenden Pyrazolonen bei Raum-Temp. u. reduktive Entfernung des in 4-Stellung eingetretenen Halogenatoms. — 3-Phenylamino-1-phenylpyrazolon-(5) wird in Essigsäure bromiert u. das erhaltene 3-Tribromphenylamino-1-phenyl-4-dibrompyrazolon-(5), F. 202—203° (Zers.), in Essigsäure in Ggw. von Fe-Spänen red. → *3-Tribromphenylamino-1-phenylpyrazolon-(5)*, F. 249—250°. — Analog werden die entsprechenden *Cl-Derivv.* erhalten, F. des red. Prod. 255 bis 256° (Zers.). — Analog werden folgende Pyrazolone-(5) erhalten: *3-Benzoylamino-1-(3'-aminotribromphenyl)-*, F. 274° (Zers.); — *3-Propionylamino-1-(3'-aminotribromphenyl)-*; *3-Stearamido-1-tribromphenyl-*; *3-Phenyl-1-(3'-aminobromphenyl)-*, F. 201° (Zers.); *1-(3'-Aminobromphenyl)-3-heptadecyl-*; *3-Amino-1-bromphenyl-*, F. 167—168°; *3-Äthylamino-1-(3'-aminobromphenyl)-*; *3-Heptadecylamino-1-(3'-aminobromphenyl)-*. — Farbkuppler in der Photographie. (**A. P. 2 899 443** vom 7/7. 1958, ausg. 11/8. 1959.) H. Roos 8631

3142 Kodak-Pathé, Frankreich, **Stabilitätserhöhung von Farbbildern.** Das farbig entwickelte Bild wird nach der Entfernung des Ag u. des restlichen Halogensilbers in der wss. Lsg. von Hydroxy-, Dihydroxy- oder Trihydroxymethylbiuret gebadet, bis die Schicht eine ausreichende Menge der Lsg. aufgenommen hat. Die Stabilität der Farbbilder gegenüber Licht u. Luft wird hierdurch erhöht. (**F. P. 1 290 631** vom 26/5. 1961, ausg. 7/9. 1962. E. Prior. 27/5. 1960.) E. Fuchs 8631

3143 I. R. Delmont Ltd., Adelaide, Australien, **Herstellung von Druckplatten und Kopiervorlagen.** In einem Film aus einer bindemittelfreien, photoleitfähigen Substanz, z. B. amorphem Se, auf einer Unterlage wird elektrostat. ein latentes Bild erzeugt u. entwickelt. Mit einem Lsgm., das nicht das Entwicklerpulver angreift, z. B. CS_2, werden die nicht vom Entwickler bedeckten Stellen der photoleitenden Schicht gelöst. Das verbleibende Entwicklerpulver dient dann als Ätzwiderstand. (**E. P. 916 499** vom 23/3. 1959, ausg. 23/1. 1963. Aust. Prior. 24/3. u. 5/12. 1958.) C. Kittler 8645

3144 Kiley Baker Ltd. (Erfinder: Robert Harrison Brown), Johannesburg, Transvaal, Südafrika, **Photographische Herstellung von Schriftkopiervorlagen.** Die Kontaktaufnahme eines Druckes oder einer Zeichnung wird teilweise entwickelt, nach dem Entfernen des Überschusses des Entwicklers nochmal dem Licht ausgesetzt u. dann zu Ende entwickelt, wodurch ein Konturenbild entsteht. Durch Kopieren zweier Bilder außer Register entstehen doppelte Konturen. (**E. P. 916 920** vom 1/5. 1961, ausg. 30/1. 1963.) C. Kittler 8645

3145 E. I. du Pont de Nemours & Co., V.St.A., **Vernetzung von Polymeren und Herstellung von Druckplatten.** Polymere mit C-Ketten u. salzbildenden Gruppen (Polyacrylsäure, sulfoniertes Polystyrol, Polyvinylpyridin, Poly-N-[β-dimethylaminoäthyl]-acrylamid) werden zusammen mit äthylen. ungesätt. Monomeren, die zu den Polymeren komplementäre salzbildende Gruppen enthalten, u. Polymerisationskatalysator polymerisiert. Dabei bewirken die aus den Polymeren u. Monomeren gebildeten Salze durch Polymerisation eine Vernetzung u. Unlöslichkeit des Polymeren. Nimmt man als Katalysatoren solche wie Benzil, so werden die belichteten Stellen der Polymer–Monomer-Mischung vernetzt u. unlösl., die unbelichteten bleiben lösl. u. können ausgewaschen werden; Herst. von *Druckplatten*. — Man gießt eine Lsg. von 2,6 (Gew.-Teilen) Bzl., 2,4 eines viscosen, niedrigmol. Poly-β-diäthylaminoäthylmethacrylats, 1 Methacrylsäure u. 0,05 Benzoinmethyläther zu einem Film aus, läßt das Bzl. im Dunkeln abdampfen, bringt ein Negativ auf die Folie u. belichtet, wäscht den belichteten Film 3—5 Min. mit Bzl. u. erhält ein erhabenes Bild des Negativs. — Die vernetzten Polymeren eignen sich auch zur Herst. von *Dichtungen, Klebstoffen* u. *Textilhilfsmitteln*. (**F. P. 1 231 634** vom 9/1. 1957, ausg. 30/9. 1960.) M. Pankow 8645

3146 Gisela Kallmann Oster und Gerald Oster, New York, N.Y., V.St.A., **Vernetzung von Polymerisaten mit SH-Gruppen** (I) kann durch sichtbares Licht in Ggw. mindestens eines durch Licht reduzierbaren Farbstoffs (II) bewirkt werden. Die Vernetzung (Bldg. einer Disulfidbindung) u. die damit verbundene größere Unlöslichkeit kann in schichtförmigen I zur *Herst. von Reliefbildern* ausgenützt werden. Als I wird thiolierte Gelatine, als II werden Rose bengale, Phloxine, Erythrosine, Eosin, Fluorescein, Acriflavin, Riboflavin, Proflavine, Azur C, Chlorophyll u./oder Hämatoporphyrin verwendet. (**E. P. 903 942** vom 26/7. 1960, ausg. 22/8. 1962. A. Prior. 7/8. 1959.) R. Hartinger 8645

3147 Azoplate Corp., Murray Hill, N.J., V.St.A., übert. von: Maximilian Paul Schmidt und Oskar Süs, Wiesbaden, **Photographisches Material.** Die ggf. Harze als Bindemittel enthaltende lichtempfindliche Schicht enthält als lichtempfindliche Substanz ein o-Diazophenanthrol der allg. Formel $D-SO_2-N(R)R_1$. Hierin ist D ein o-Diazophenanthrolrest, R ein H-Atom oder eine niedermol. Alkylgruppe u. R_1 ein Arylrest. Geeignet sind z. B. 1.2-Diazophenanthrol-(2)-sulfoanilid, 3.4-Diazophenanthrol-(3)-sulfoanilid u. 1.2-Diazophenanthrol-(2)-sulfonaphthylamid. Solche Schichten eignen sich, auf Metallträger, z. B. Al, aufgebracht, bes. zur Herst. von *Flachdruckformen* für Offsetzwecke. Nach der Belichtung wird hierzu mit einer 0,5—5%ig. Lsg. von Na_3PO_4 entwickelt u. kurz mit einer ca. 1%ig. Lsg. von phosphoriger Säure nachbehandelt. (**A. P. 3 046 113** vom 18/7. 1957, ausg. 24/7. 1962. D. Prior. 30/6. 1951.) E. Fuchs 8645

3148 Lithoplate, Inc., El Monte, Calif., V.St.A., **Hydrophile, wasserunlösliche Zwischenschicht für Flachdruckformen** wird aus einem wasserlösl. alkylierten Methylolmelamin–Formaldehyd-Harz oder aus einem Polyalkylenpolyamin–Melamin–Formaldehyd-Harz durch Härten hergestellt. (**E. P. 907 289** vom 14/10. 1958, ausg. 3/10. 1962. A. Prior. 1/11. 1957.) R. Hartinger 8645

3149 Lithoplate, Inc., El Monte, Calif., V.St.A., **Flachdruckformen** bestehen aus einem Schichtträger, einer hydrophilen, wasserunlösl. Zwischenschicht (I) u. einer lichtempfindlichen Schicht. I wird aus einem wasserlösl. polyfunktionalen Amin–Harnstoff–Formaldehyd-Harz (II) u./oder einem sulfonierten Harnstoff–Formaldehyd-Harz durch Härten wasserunlösl. gemacht. Als Aminkomponente in II werden Äthylendiamin, Diäthylentriamin, Triäthylentetramin, Tetraäthylenpentamin, Kondens.-Prodd. aus Tetraäthylenpentamin u. Epichlorhydrin oder Formaldehyd, Guanidine, Biguanide, Guanylharnstoffe, Monoäthanolamin oder Diäthanolamin verwendet. (**E. P. 907 718** vom 14/10. 1958, ausg. 10/10. 1962. A. Prior. 1/11. 1957.) R. Hartinger 8645

3150 M. M. Belorussetz und B. W. Jonow, **Herstellen eines lichtempfindlichen, gerasterten Materials** für den *Tiefdruck*, indem eine Dreischichtenanordnung (lichtundurchlässige Unterlage, Photoschicht, Kontaktraster) durch den Raster hindurch belichtet wird, welcher lichtdurchlässige, gekreuzte Linien in einer sonst lichtundurchlässigen Fläche aufweist. Das auf der Photoschicht erzeugte Rasternetz wird zu einem Halbtonbild vorentwickelt, so daß das Material bei späteren Aufnahmen zu einem Diapositiv eine Rasterform für den Tiefdruck darstellt. (**UdSSR. P. 119 434** vom 16/5. 1958.) B. Pankow 8645

3151 Consolidated Electrodynamics Corp., Pasadena, Calif., V.St.A. (Erfinder: John Howard Jacobs), **Entwickler enthaltendes Photomaterial.** Einer Entwickler-Lsg. setzt man pro 1 Liter ca. 400 g einer wasserunlösl., fein gepulverten Substanz einer Teilchengröße von 1—5 μ hinzu, z. B. durch Erhitzen wasserfrei gemachtes Na–Al-Silicat. Dieses Gemisch wird einer photograph. Emulsion zugesetzt, die z. B. auf Papier aufgetragen wird. Nach der Belichtung erfolgt die Entw. durch Erwärmen, wobei das feine porige Pulver so viel W. abgibt, daß eine Entw. erfolgen kann. (**E. P. 898 964** vom 7/10. 1959, ausg. 14/6. 1962. A. Prior. 2/12. 1958.) E. Fuchs 8653

3152 **E. I. du Pont de Nemours & Co.**, Wilmington, Del., übert. von: **Vaughan Crandall Chambers jun.**, Fair Naven, N.J., V.St.A., *Photographische Silberemulsion*. (**A. P. 3 043 698** vom 18/8. 1960, ausg. 10/7. 1962. **F. P. 1 296 441** vom 31/7. 1961, ausg. 12/11. 1962. A. Prior. 18/8. 1960. — **C. 1963**, 21792 [D. A. S. 1 133 242].)

3153 **Kodak Ltd.**, London, England (Erfinder: **Edward Bowes Knott**), *Mercaptotetrazaindene und deren Verwendung in photographischen Silberhalogenemulsionen*. (**E. P. 893 428** vom 9/4. 1957, ausg. 11/4. 1962. — **C. 1962**, 5536 [F. P. 1 205 377].)

3154 **Agfa Akt.-Ges.**, übert. von: **Edith Weyde**, Leverkusen, *Silbersalzdiffusionsverfahren.* (**A. P. 3 067 033** vom 5/1. 1960, ausg. 4/12. 1962. D. Prior. 8/1. 1959. — C. **1961**, 362 [D. A. S. 1 076 491].)

3155 **Kodak Ltd.**, London, England (Erfinder: **Martin Hepher** und **Wojciech Maria Przezdziecki**), *Bildübertragung durch gerbende Entwicklung.* (**E. P. 931 397** vom 8/10. 1958, ausg. 17/7. 1963. — C. **1961**, 15987 [D. A. S. 1 095 663].)

3156 **International Polaroid Corp.**, Jersey City, N.J. (Erfinder: **Edwin Herbert Land**, Cambridge, Mass.), V.St.A., *Silbersalzdiffusionsübertragungsverfahren.* (**D. A. S. 1 148 447** Kl. 57b vom 23/11. 1960, ausg. 9/5. 1963. A. Prior. 23/11. 1959. — C. **1964**, 6/7-3092 [E. P. 902 314].)

3157 **Ciba Soc. An.**, Schweiz, *Silberfarbbleichverfahren.* (**F. P. 1 289 163** vom 12/5. 1961, ausg. 17/8. 1962. Schwz. Prior. 12/5. 1960. — C. **1964**, 6/7-3098 [D. A. S. 1 137 626].)

3158 **General Aniline & Film Corp.** (Erfinder: **Vsevolad Tulagin** und **Walter Frederick Hoffstadt**), V.St.A., *Ultraviolettstrahlung absorbierende Verbindungen.* (**F. P. 1 245 507** vom 22/8. 1956, ausg. 1/2. 1961. A. Prior. 22/8. 1955. — C. **1958**, 11127 [D. A. S. 1 023 859].)

3159 **Kalle Akt.-Ges.**, Wiesbaden, *Lichtempfindliches Material* (**Niederl. P. 103 895** vom 31/7. 1958, ausg. 15/2. 1963. D. Prior. 1/8. 1957. — C. **1960**, 14578 [D. A. S. 1 053 930].)

3160 **Commonwealth of Australia**, Melbourne (Erfinder: **Kenneth Archibald Metcalfe**, Graymore, und **Robert John Wright**, Hectorville), Australien, *Xerographisches Kopierverfahren.* (**Schwz. P. 364 276** vom 16/6. 1960, ausg. 31/10. 1962. Aust. Prior. 19/6. 1959. — C. **1963**, 21034 [E. P. 887 962].)

3161 **E. I. du Pont de Nemours & Co.**, Wilmington, Del., V.St.A., *Photopolymerisierbare Schicht.* (**E. P. 913 965** vom 15/12. 1960, ausg. 28/12. 1962. A. Prior. 27/1. 1960. — C. **1963**, 22568 [A. P. 3 036 915].)

Redaktionsschluß: 31. Januar 1964

Herausgeber: Prof. Dr. Heinrich Bertsch, Berlin, u. Prof. Dr. Dr. h. c. Wilhelm Klemm, Münster
Chefredakteure und verantwortlich für den Inhalt: Dr. Eugen Klever, Berlin 30, Geisbergstraße 39, Fernsprecher: 249541
und Prof. Dr.-Ing. Eberhard Leibnitz, Berlin N 4, Schiffbauerdamm 19, Fernsprecher: 425571

©

Verlag: Akademie-Verlag GmbH, Berlin W 8, Leipziger Str. 3—4 (Fernsprecher: 220441, Telex-Nr. 011773, Postscheckkonto: Berlin 35021), und Verlag Chemie, GmbH, Weinheim/Bergstr. (Fernsprecher: Weinheim 3635 [Sammelnummer]; Fernschreiber: 0465516 chemieverlwnh; Postscheckkonten: Frankfurt/M. 145314 u. Berlin [West] 7430). Bestellnummer: 1007/135. Das Chemische Zentralblatt erscheint wöchentlich. Preis des Jahrganges einschl. Autoren-, Patent-, Sach- u. Formelregister: DM 1800,—; einseitig bedruckte Ausgabe: DM 2200,—. Abgabe der Zeitschrift nur mit sämtlichen Registern.
Abbestellungen nur bis spätestens 6 Wochen vor Ablauf des Kalenderjahres

Alle Rechte, auch die der Übersetzung sowie der photomechanischen Wiedergabe, sind vorbehalten. — All rights reserved (including those of translations into foreign languages). No part of this issue may be reproduced in any form, by photoprint, microfilm or any other means, without written permission from the publishers
Die Wiedergabe von Gebrauchsnamen, Handelsnamen, Warenbezeichnungen usw. in diesem Heft berechtigt auch ohne besondere Kennzeichnung nicht zu der Annahme, daß solche Namen im Sinne der Warenzeichen- und Markenschutz-Gesetzgebung als frei zu betrachten wären und daher von jedermann benutzt werden dürften

Satz u. Druck: VEB „Maxim Gorki", Altenburg, u. VEB Leipziger Druckhaus, Leipzig, III/18/203. IV. 64
Veröffentlicht unter der Lizenznummer 1278 des Presseamtes beim Vorsitzenden des Ministerrates
Printed in Germany

Die Anzeigenannahme erfolgt bei der DEWAG-Werbung, Berlin C 2, Rosenthaler Str. 28/31, und allen DEWAG-Betrieben in den Bezirksstädten der DDR sowie beim Verlag Chemie, GmbH, Weinheim/Bergstraße

Soeben erschien:

KÄTE DORNBERGER-SCHIFF

Grundzüge einer Theorie der OD-Strukturen aus Schichten

Abhandlungen der Deutschen Akademie der Wissenschaften zu Berlin, Klasse für Chemie, Geologie und Biologie, Jahrgang 1964, Nr. 3

1964
106 Seiten, 13 Abbildungen, 3 Tafeln und Tabellen der OD-Gruppoidfamilien für Strukturen aus gleichartigen Schichten im Anhang, 11 Tabellen, 4°, DM 35,—

Die von der Verfasserin in einer Reihe von Originalarbeiten entwickelte Konzeption der OD-Strukturen (order-disorder-structures) wird hier im Zusammenhang dargestellt.

Dabei werden die grundlegenden Gedankengänge anhand eines konkreten Beispiels (des SiC) erläutert; in Abschnitt B werden CD-Strukturen aus gleichartigen Schichten behandelt, die grundlegenden Begriffe definiert, die wesentlichsten Sätze für derartige Strukturen abgeleitet und schließlich 15 Strukturtypen als Beispiele derartiger OD-Strukturen (z. T. mit mehreren isostrukturellen Vertretern) angegeben. Am Abschnitt C werden ähnliche Angaben für OD-Strukturen M mit verschiedenen Arten von Schichten (M2) gemacht und 5 Strukturtypen als Beispiele angeführt. Im Anhang sind als Ergebnis der systematischen Untersuchung des Abschnittes B die 341 denkbaren OD-Gruppoidfamilien – analog den 230 Raumgruppen – in Form einer Tabelle zusammengestellt.

Bestellungen durch eine Buchhandlung erbeten

AKADEMIE-VERLAG · BERLIN

31 805

Soeben erschien als wichtiger Beitrag zu einem aktuellen Thema

Die Verunreinigung der Luft

Ursachen Wirkungen Gegenmaßnahmen

herausgegeben von der WORLD HEALTH ORGANIZATION

1964. Nach der 1. Auflage von „Air Pollution" übersetzt von Walter H. K. Schladitz und Mitarbeitern. Literatur bis 1963 ergänzt. X, 480 Seiten mit 22 Abbildungen, 4 Farbtafeln und 66 Tabellen. Kunststoffeinband DM 35,—

Die Industrialisierung mit ihren Begleiterscheinungen wie Motorisierung, dichte Besiedlung usw. hat uns allen zwar viele Vorteile gebracht, aber sie fordert auch ihre Opfer. So lebt ein großer Teil der Bevölkerung der modernen Industriestaaten in einer Umgebung, die von Fachleuten als gesundheitsgefährdend bezeichnet wird. Unklar ist jedoch vielen der Verantwortlichen, welchen Einfluß verseuchte Luft auf die Menschen und andere Lebewesen ausübt, die diese Luft dauernd einatmen; unklar ist ihnen ferner, welche Maßnahmen ergriffen werden müssen, um dieser schädlichen Wirkung entgegenzuarbeiten. Hier mitzuhelfen, das heißt die Ursachen der Verunreinigung der Luft und Wege zu ihrer Bekämpfung aufzuzeigen, ist die vornehmste Aufgabe dieses von der World Health Organization herausgegebenen Buches. Jeder, der sich mit der Reinhaltung der Luft zu beschäftigen hat, sei es in der Industrie oder aber in den Behörden, muß sich mit dem Inhalt dieses Buches vertraut machen. Auch für die Politiker, die für die gesetzlichen Grundlagen der Bekämpfung der Luftverunreinigung zu sorgen haben, ist es unumgänglich, die einzelnen Beiträge, die von namhaften Fachleuten aus aller Welt verfaßt wurden, zu lesen und bei ihrer Arbeit zu berücksichtigen. Die deutsche Ausgabe enthält einen Literaturnachtrag, der die wichtigsten Veröffentlichungen auf dem Gebiet der Reinhaltung der Luft bis einschließlich 1963 erfaßt.

Inhalt: Zur Geschichte der Luftverunreinigung – Feststellung des Problems der Luftverunreinigung – Einfluß der Meteorologie – Probenahme, Analyse und Meßinstrumente – Die physikalische und chemische Natur der Luftverunreinigung – Auswirkungen der Luftverunreinigung auf die Gesundheit des Menschen – Auswirkungen der Luftverunreinigung auf Tiere – Auswirkungen der Luftverunreinigung auf Pflanzen – Wirtschaftliche und soziale Seiten – Beeinflussung der Luftverunreinigung durch Standortwahl und Gebietseinweisung – Änderungen an Apparaten und Verfahren als Maßnahmen gegen die Verunreinigung der Luft – Brennstoffwahl und -einsatz – Die Gesetzgebung zur Reinhaltung der Luft: Normen und Durchführung – Die radioaktive Verseuchung der Luft — Literaturnachtrag (Literatur bis 1963) — Sachregister

Verlag Chemie · GmbH · Weinheim/Bergstr.

FSC
www.fsc.org
MIX
Papier | Fördert gute Waldnutzung
FSC® C083411

Kolibri 360 GmbH
Ferdinand-Jühlke-Straße 7
99095 Erfurt, Deutschland
produktsicherheit@kolibri360.de